S0-BXN-134

Beilsteins Handbuch der Organischen Chemie

Beilsteins Handbuch der Organischen Chemie

Vierte Auflage

Drittes und Viertes Ergänzungswerk

Die Literatur von 1930 bis 1959 umfassend

Herausgegeben vom
Beilstein-Institut für Literatur der Organischen Chemie
Frankfurt am Main

Bearbeitet von

Reiner Luckenbach

Unter Mitwirkung von

Oskar Weissbach

Erich Bayer · Adolf Fahrmeir · Friedo Giese · Volker Guth · Irmgard Hagel
Franz-Josef Heinen · Günter Imsieke · Ursula Jacobshagen · Rotraud Kayser
Klaus Koulen · Bruno Langhammer · Dieter Liebegott · Lothar Mähler
Annerose Naumann · Wilma Nickel · Burkhard Polenski · Peter Raig
Helmut Rockelmann · Jürgen Schunck · Eberhard Schwarz · Ilse Sölken
Josef Sunkel · Achim Trede · Paul Vincke

Zweiundzwanzigster Band

Dritter Teil

Springer-Verlag Berlin · Heidelberg · New York 1979

ISBN 3-540-09487-3 Springer-Verlag, Berlin · Heidelberg · New York
ISBN 0-387-09487-3 Springer-Verlag, New York · Heidelberg · Berlin

Library of Congress Catalog Card Number: 22—79
Printed in Germany

Satz, Druck und Bindearbeiten: Universitätsdruckerei H. Stürtz AG Würzburg

Mitarbeiter der Redaktion

22 3. Teil

Seite 2421, Zeile 7. v. o.: Anstelle von „2′-Methoxy-“ ist zu setzen „2-Methoxy-“.
Zeile 12 v. o.: Anstelle von „2′-Äthoxy-“ ist zu setzen „2-Äthoxy-“.

Inhalt — Contents

Dritte Abteilung

Heterocyclische Verbindungen

15. Verbindungen mit einem Stickstoff-Ringatom

IV. Carbonsäuren

F. Hydroxycarbonsäuren

1. Hydroxycarbonsäuren mit 3 Sauerstoff-Atomen

2. Hydroxycarbonsäuren mit 4 Sauerstoff-Atomen

3. Hydroxycarbonsäuren mit 5 Sauerstoff-Atomen

Abkürzungen und Symbole[1]

Abbreviations and symbols[2]

A.	Äthanol	ethanol
Acn.	Aceton	acetone
Ae.	Diäthyläther	diethyl ether
äthanol.	äthanolisch	solution in ethanol
alkal.	alkalisch	alkaline
Anm.	Anmerkung	footnote
at	technische Atmosphäre (98066,5 $N \cdot m^2$ = 0,980665 bar = 735,559 Torr	technical atmosphere
atm	physikalische Atmosphäre	physical (standard) atmosphere
Aufl.	Auflage	edition
B.	Bildungsweise(n), Bildung	formation
Bd.	Band	volume
Bzl.	Benzol	benzene
bzw.	beziehungsweise	or, respectively
c	Konzentration einer optisch aktiven Verbindung in g/100 ml Lösung	concentration of an optically active compound in g/100 ml solution
D	1) Debye (Dimension des Dipolmoments) 2) Dichte (z.B. D_4^{20}: Dichte bei 20° bezogen auf Wasser von 4°)	1) Debye (dimension of dipole moment) 2) density (e.g. D_4^{20}: density at 20° related to water at 4°)
d	Tag	day
$D(R-X)$	Dissoziationsenergie der Verbindung RX in die freien Radikale $R^\bullet$ und $X^\bullet$	dissociation energy of the compound RX to form the free radicals $R^\bullet$ and $X^\bullet$
Diss.	Dissertation	dissertation, thesis
DMF	Dimethylformamid	dimethylformamide
DMSO	Dimethylsulfoxid	dimethyl sulfoxide
E	1) Erstarrungspunkt 2) Ergänzungswerk des Beilstein-Handbuchs	1) freezing (solidification) point 2) Beilstein supplementary series
E.	Äthylacetat	ethyl acetate
Eg.	Essigsäure (Eisessig)	acetic acid
engl. Ausg.	englische Ausgabe	english edition
EPR	Elektronen-paramagnetische Resonanz (= ESR)	electron paramagnetic resonance (= ESR)
F	Schmelzpunkt (-bereich)	melting point (range)
Gew.-%	Gewichtsprozent	percent by weight
grad	Grad	degree
H	Hauptwerk des Beilstein-Handbuchs	Beilstein basic series
h	Stunde	hour
Hz	Hertz (= s^{-1})	cycles per second (= s^{-1})
K	Grad Kelvin	degree Kelvin
konz.	konzentriert	concentrated
korr.	korrigiert	corrected

[1]) Bezüglich weiterer, hier nicht aufgeführter Symbole und Abkürzungen für physikalisch chemische Grössen und Einheiten s.

[2]) For other symbols and abbreviations for physicochemical quantities and units not listed here see

International Union of Pure and Applied Chemistry Manual of Symbols and Terminology for Physicochemical Quantities and Units (1969) [London 1970].

Kp	Siedepunkt (-bereich)	boiling point (range)
l	1) Liter 2) Rohrlänge in dm	1) litre 2) length of cell in dm
$[M]_\lambda^t$	molares optisches Drehungsvermögen für Licht der Wellenlänge λ bei der Temperatur t	molecular rotation for the wavelength λ and the temperature t
m	1) Meter 2) Molarität einer Lösung	1) metre 2) molarity of solution
Me.	Methanol	methanol
n	1) bei Dimensionen von Elementarzellen: Anzahl der Moleküle pro Elementarzelle 2) Normalität einer Lösung 3) nano ($=10^{-9}$) 4) Brechungsindex (z. B. $n_{656,1}^{15}$: Brechungsindex für Licht der Wellenlänge 656,1 nm bei 15°)	1) number of formula units in the unit cell 2) normality of solution 3) nano ($=10^{-9}$) 4) refractive index (e.g. $n_{656,1}^{15}$: refractive index for the wavelength 656.1 nm and 15°)
opt.-inakt.	optisch inaktiv	optically inactive
p	Konzentration einer optisch aktiven Verbindung in g/100 g Lösung	concentration of an optically active compound in g/100 g solution
PAe.	Petroläther, Benzin, Ligroin	petroleum ether, ligroin
Py.	Pyridin	pyridine
S.	Seite	page
s	Sekunde	second
s.	siehe	see
s. a.	siehe auch	see also
s. o.	siehe oben	see above
sog.	sogenannt	so called
Spl.	Supplement	supplement
... stdg.	... stündig (z. B. 3-stündig)	for ... hours (e.g. for 3 hours)
s. u.	siehe unten	see below
Syst.-Nr.	System-Nummer	system number
THF	Tetrahydrofuran	tetrahydrofuran
Tl.	Teil	part
Torr	Torr (= mm Quecksilber)	torr (= millimetre of mercury)
unkorr.	unkorrigiert	uncorrected
unverd.	unverdünnt	undiluted
verd.	verdünnt	diluted
vgl.	vergleiche	compare (cf.)
W.	Wasser	water
wss.	wässrig	aqueous
z. B.	zum Beispiel	for example (e.g.)
Zers.	Zersetzung	decomposition
zit. bei	zitiert bei	cited in
α_λ^t	optisches Drehungsvermögen (Erläuterung s. bei $[M]_\lambda^t$)	angle of rotation (for explanation see $[M]_\lambda^t$)
$[\alpha]_\lambda^t$	spezifisches optisches Drehungsvermögen (Erläuterung s. bei $[M]_\lambda^t$)	specific rotation (for explanation see $[M]_\lambda^t$)
ε	1) Dielektrizitätskonstante 2) Molarer dekadischer Extinktionskoeffizient	1) dielectric constant, relative permittivity 2) molar extinction coefficient
$\lambda_{(max)}$	Wellenlänge (eines Absorptionsmaximums)	wavelength (of an absorption maximum)
μ	Mikron ($=10^{-6}$ m)	micron ($=10^{-6}$ m)
°	Grad Celsius oder Grad (Drehungswinkel)	degree Celsius or degree (angle of rotation)

Stereochemische Bezeichnungsweisen

Übersicht

Präfix	Definition in §	Symbol	Definition in §
allo	5c, 6c	c	4a—e
altro	5c, 6c	c_F	7a
anti	3a, 9	D	6a, b, c
arabino	5c	D_g	6b
cat$_F$	7a	D_r	7b
cis	2	D_s	6b
endo	8	(e)	3b
ent	10e	(E)	3a
erythro	5a	L	6a,b,c
exo	8	L_g	6b
galacto	5c, 6c	L_r	7b
gluco	5c, 6c	L_s	6b
glycero	6c	r	4c, d, e
gulo	5c, 6c	r_F	7a
ido	5c, 6c	(r)	1a
lyxo	5c	(R)	1a
manno	5c, 6c	(R_a)	1b
meso	5b	(R_p)	1b
rac	10e	$(\overline{RS})$	1a
racem.	5b	(s)	1a
rel	1c	(S)	1a
ribo	5c	(S_a)	1b
s-cis	3b	(S_p)	1b
seqcis	3a	t	4a—e
seqtrans	3a	t_F	7a
s-trans	3b	(z)	3b
syn	3a, 9	(Z)	3a
talo	5c, 6c	α	10a, c, d
threo	5a	α_F	10b, c
trans	2	β	10a, c, d
xylo	5c	β_F	10b, c
		ξ	11a
		(ξ)	11c
		Ξ	11b
		(Ξ)	11b
		(Ξ_a)	11c
		(Ξ_p)	11c
		*	12

§ 1. a) Die Symbole (*R*) und (*S*) bzw. (*r*) und (*s*) kennzeichnen die absolute Konfiguration an Chiralitätszentren (Asymmetriezentren) bzw. „Pseudoasymmetriezentren" gemäss der „Sequenzregel" und ihren Anwendungsvorschriften (*Cahn, Ingold, Prelog,* Experientia **12** [1956] 81; Ang. Ch. **78** [1966] 413, 419; Ang. Ch. int. Ed. **5** [1966] 385, 390, 511; *Cahn, Ingold,* Soc. **1951** 612; s. a. *Cahn,* J. chem. Educ. **41** [1964] 116, 508).

Zur Kennzeichnung der Konfiguration von Racematen aus Verbindungen mit mehreren Chiralitätszentren dienen die Buchstabenpaare (*RS*) und (*SR*), wobei z. B. durch das Symbol (1*RS*,2*SR*) das aus dem (1*R*,2*S*)-Enantiomeren und dem (1*S*,2*R*)-Enantiomeren bestehende Racemat spezifiziert wird (vgl. *Cahn, Ingold, Prelog,* Ang. Ch. **78** 435; Ang. Ch. int. Ed. **5** 404).

Das Symbol ($\overline{RS}$) kennzeichnet ein Gemisch von annähernd gleichen Teilen des (*R*)-Enantiomeren und des (*S*)-Enantiomeren.

Beispiele:

(*R*)-Propan-1,2-diol [E IV **1** 2468]
(1*R*,3*S*,4*S*)-3-Chlor-*p*-menthan [E IV **5** 152]
(3a*R*:4*S*:8*R*:8a*S*:9*s*)-9-Hydroxy-2.2.4.8-tetramethyl-decahydro-4.8-methano-azulen [E III **6** 425]
(1*RS*,2*SR*)-2-Amino-1-benzo[1,3]dioxol-5-yl-propan-1-ol [E III/IV **19** 4221]
(2$\overline{RS}$,4'*R*,8'*R*)-*β*-Tocopherol [E III/IV **17** 1427]

b) Die Symbole (R_a) und (S_a) bzw. (R_p) und (S_p) werden in Anlehnung an den Vorschlag von *Cahn, Ingold* und *Prelog* (Ang. Ch. **78** 437; Ang. Ch. int. Ed. **5** 406) zur Kennzeichnung der Konfiguration von Elementen der axialen bzw. planaren Chiralität verwendet.

Beispiele:

(R_a)-1,11-Dimethyl-5,7-dihydro-dibenz[*c,e*]oxepin [E III/IV **17** 642]
(R_a:S_a)-3.3'.6'.3''-Tetrabrom-2'.5'-bis-[((1*R*)-menthyloxy)-acetoxy]-2.4.6.2''.4''.6''-hexamethyl-*p*-terphenyl [E III **6** 5820]
(R_p)-Cyclohexanhexol-(1*r*.2*c*.3*t*.4*c*.5*t*.6*t*) [E III **6** 6925]

c) Das Symbol *rel* in einem mindestens zwei Chiralitätssymbole [(*R*) bzw. (*S*); s. o.] enthaltenden Namen einer optisch-aktiven Verbindung deutet an, dass die Chiralitätssymbole keine absolute, sondern nur eine relative Konfiguration spezifizieren.

Beispiel:

(+)(*rel*-1*R*:1'*S*)-(1*rH*.1'*r*'*H*)-Bicyclohexyl-dicarbonsäure-(2*c*.2'*t*') [E III **9** 4021]

§ 2. Die Präfixe *cis* bzw. *trans* geben an, dass sich die beiden Bezugsliganden auf der gleichen Seite (*cis*) bzw. auf den entgegengesetzten Seiten (*trans*) der Bezugsfläche befinden. Bei Olefinen verläuft die „Bezugsfläche" durch die beiden doppelt gebundenen Atome und steht senkrecht zu der Ebene, in der die doppelt gebundenen und die vier hiermit einfach verbundenen Atome liegen; bei cyclischen Verbindungen wird die Bezugsfläche durch die Ringatome fixiert.

Beispiele:

β-Brom-*cis*-zimtsäure [E III **9** 2732]
2-[4-Nitro-*trans*-styryl]-pyridin [E III/IV **20** 3879]
5-*cis*-Propenyl-benzo[1,3]dioxol [E III/IV **19** 273]

3-[*trans*-2-Nitro-vinyl]-pyridin [E III/IV **20** 2887]
trans-2-Methyl-cyclohexanol [E IV **6** 100]
cis-2-Isopropyl-bicyclohexyl [E IV **5** 352]
4a,8a-Dibrom-*trans*-decahydro-naphthalin [E IV **5** 314]

§ 3. a) Die — bei Bedarf mit einer Stellungsbezeichnung versehenen — Symbole (*E*) bzw. (*Z*) am Anfang eines Namens oder Namensteils kennzeichnen die Konfiguration an vorhandenen Doppelbindungen. Sie zeigen an, dass sich die — jeweils mit Hilfe der Sequenzregel (s. § 1a) ausgewählten — Bezugsliganden an den jeweiligen doppelt gebundenen Atomen auf den entgegengesetzten Seiten (*E*) bzw. auf der gleichen Seite (*Z*) der Bezugsfläche (vgl. § 2) befinden.

Beispiele:
(*E*)-1,2,3-Trichlor-propen [E IV **1** 748]
(*Z*)-1,3-Dichlor-but-2-en [E IV **1** 786]
3endo-[(*Z*)-2-Cyclohexyl-2-phenyl-vinyl]-tropan [E III/IV **20** 3711]
Piperonal-(*E*)-oxim [E III/IV **19** 1667]

Anstelle von (*E*) bzw. (*Z*) waren früher die Bezeichnungen ***seqtrans*** bzw. ***seqcis*** sowie zur Kennzeichnung von stickstoffhaltigen funktionellen Derivaten der Aldehyde auch die Bezeichnungen ***syn*** bzw. ***anti*** in Gebrauch.

Beispiele:
(3*S*)-9.10-Seco-cholestadien-(5(10).7*seqtrans*)-ol-(3) [E III **6** 2602]
1.1.3-Trimethyl-cyclohexen-(3)-on-(5)-*seqcis*-oxim [E III **7** 285]
Perillaaldehyd-*anti*-oxim [E III **7** 567]

b) Die — bei Bedarf mit einer Stellungsbezeichnung versehenen — Symbole (*e*) bzw. (*z*) am Anfang eines Namens oder Namensteils kennzeichnen die Konfiguration (Konformation) an den vorhandenen nicht frei drehbaren Einfachbindungen zwischen zwei dreibindigen Atomen. Sie zeigen an, dass sich die — jeweils mit Hilfe der Sequenzregel (s. § 1a) ausgewählten — Bezugsliganden an den beiden einfach gebundenen Atomen auf den entgegengesetzten Seiten (*e*) bzw. auf der gleichen Seite (*z*) der durch die einfach gebundenen Atome verlaufenden Bezugsgeraden befinden.

Beispiel:
(*e*)-*N*-Methyl-thioformamid [E IV **4** 171]

Mit gleicher Bedeutung werden in der Literatur auch die Bezeichnungen ***s-trans*** (=*single-trans*) bzw. ***s-cis*** (=*single-cis*) verwendet.

§ 4. a) Die Symbole *c* bzw. *t* hinter der Stellungsziffer einer C,C-Doppelbindung geben an, dass die jeweiligen Bezugsliganden an den beiden doppelt-gebundenen Kohlenstoff-Atomen cis-ständig (*c*) bzw. trans-ständig (*t*) sind (vgl. § 2). Als „Bezugsligand" gilt an jedem der beiden doppelt-gebundenen Atome derjenige äussere — d. h. nicht der Bezugsfläche angehörende — Ligand, der der gleichen Bezifferungseinheit angehört wie das mit ihm verknüpfte doppelt-gebundene Atom. Gehören beide äusseren Liganden eines der doppelt-gebundenen Atome der gleichen Bezifferungseinheit an, so gilt der niedrigerbezifferte als Bezugsligand.

Beispiele:
2-Methyl-oct-3*t*-en-2-ol [E IV **1** 2177]
Cycloocta-1*c*,3*t*-dien [E IV **5** 402]

9,11α-Epoxy-5α-ergosta-7,22*t*-dien-3β-ol [E III/IV **17** 1574]
3β-Acetoxy-16α-hydroxy-23,24-dinor-5α-chol-17(20)*t*-en-21-säure-lacton [E III/IV **18** 470]
(3*S*)-9.10-Seco-ergostatrien-(5*t*.7*c*.10(19))-ol-(3) [E III **6** 2832]

b) Die Symbole *c* bzw. *t* hinter der Stellungsziffer eines Substituenten an einem doppelt-gebundenen endständigen Kohlenstoff-Atom oder vor der eine „offene" Valenz an einem solchen Atom anzeigenden Endung -yl geben an, dass dieser Substituent bzw. der mit der „offenen" Valenz verknüpfte Rest cis-ständig (*c*) bzw. trans-ständig (*t*) (vgl. § 2) zum Bezugsliganden (vgl. § 4a) ist.

Beispiele:
1*t*,2-Dibrom-propen [E IV **1** 760]
1*c*,2-Dibrom-3-methyl-buta-1,3-dien [E IV **1** 1005]
1-But-1-en-*t*-yl-cyclohexen [E IV **5** 431]

c) Die Symbole *c* bzw. *t* hinter der Stellungsziffer 2 eines Substituenten am Äthylen-System geben die cis-Stellung (*c*) bzw. die trans-Stellung (*t*) (vgl. § 2) dieses Substituenten zu dem durch das Symbol *r* gekennzeichneten Bezugsliganden an dem mit 1 bezifferten Kohlenstoff-Atom an.

Beispiel:
1.2*t*-Diphenyl-1*r*-[4-chlor-phenyl]-äthylen [E III **5** 2399]

d) Die mit der Stellungsziffer eines Substituenten (oder den Stellungsziffern einer im Namen durch ein Präfix bezeichneten Brücke eines Ringsystems) kombinierten Symbole *c* bzw. *t* geben an, dass sich der Substituent (oder die mit dem Stamm-Ringsystem verknüpften Brückenatome) auf der gleichen Seite (*c*) bzw. der entgegengesetzten Seite (*t*) der Bezugsfläche befinden wie der Bezugsligand. Dieser Bezugsligand ist durch Hinzufügen des Symbols *r* zu seiner Stellungsziffer kenntlich gemacht.
Bei einer aus mehreren isolierten Ringen oder Ringsystemen bestehenden Verbindung kann jeder Ring bzw. jedes Ringsystem als gesonderte Bezugsfläche für Konfigurationskennzeichen fungieren; die zusammengehörigen Sätze von Konfigurationssymbolen *r*, *c* und *t* sind dann im Namen der Verbindung durch Klammerung voneinander getrennt oder durch Strichelung unterschieden (s. Beispiele 1 und 2 unter Abschnitt e).

Beispiele:
1*r*,2*t*,3*c*,4*t*-Tetrabrom-cyclohexan [E IV **5** 76]
1*r*-Acetoxy-1,2*c*-dimethyl-cyclopentan [E IV **6** 111]
[1,2*c*-Dibrom-cyclohex-*r*-yl]-methanol [E IV **6** 109]
2*c*-Chlor-(4a*r*,8a*t*)-decahydro-naphthalin [E IV **5** 313]
5*c*-Brom-(3a*t*,7a*t*)-octahydro-4*r*,7-methano-inden [E IV **5** 467]

e) Die mit einem (gegebenenfalls mit hochgestellter Stellungsziffer ausgestatteten) Atomsymbol kombinierten Symbole *r*, *c* oder *t* beziehen sich auf die räumliche Orientierung des indizierten Atoms relativ zur Bezugsfläche.

Beispiele:

1-[(4a*R*)-6*t*-Hydroxy-2*c*.5.5.8a*t*-tetramethyl-(4a*rH*)-decahydro-naphthyl-(1*t*)]-2-[(4a*R*)-6*t*-hydroxy-2*t*.5.5.8a*t*-tetramethyl-(4a*rH*)-decahydro-naphthyl-(1*t*)]-äthan [E III **6** 4829]

2-[(5*S*)-6,10*c*'-Dimethyl-(5*rC*^{6},5*r*'*C*^{1})-spiro[4.5]dec-6-en-2*t*-yl]-propan-2-ol [E IV **6** 419]

(6*R*)-2ξ-Isopropyl-6*c*,10ξ-dimethyl-(5*rC*^{1})-spiro[4.5]decan [E IV **5** 352]

(1*rC*^{8},2*tH*,4*tH*)-Tricyclo[3.2.2.0^{2,4}]nonan-6*c*,7*c*-dicarbonsäure-anhydrid [E III/IV **17** 6079]

§ 5. a) Die Präfixe *erythro* und *threo* zeigen an, dass sich die Bezugsliganden (das sind zwei gleiche oder jeweils die von Wasserstoff verschiedenen Liganden) an zwei einer Kette angehörenden Chiralitätszentren auf der gleichen Seite (*erythro*) bzw. auf den entgegengesetzten Seiten (*threo*) der Fischer-Projektion dieser Kette befinden.

Beispiele:

threo-Pentan-2,3-diol [E IV **1** 2543]

threo-3-Hydroxy-2-methyl-valeriansäure [E IV **3** 849]

erythro-α'-[4-Methyl-piperidino]-bibenzyl-α-ol [E III/IV **20** 1516]

b) Das Präfix *meso* gibt an, dass ein mit einer geraden Anzahl von Chiralitätszentren ausgestattetes Molekül eine Symmetrieebene oder ein Symmetriezentrum aufweist. Das Präfix *racem.* kennzeichnet ein Gemisch gleicher Mengen von Enantiomeren, die zwei identische Chiralitätszentren oder zwei identische Sätze von Chiralitätszentren enthalten.

Beispiele:

meso-Pentan-2,4-diol [E IV **1** 2543]

meso-1,4-Dipiperidino-butan-2,3-diol [E III/IV **20** 1235]

racem.-3,5-Dichlor-2,6-cyclo-norbornan [E IV **5** 400]

racem.-(1*rH*.1'*r*'*H*)-Bicyclohexyl-dicarbonsäure-(2*c*.2'*c*') [E III **9** 4020]

c) Die „Kohlenhydrat-Präfixe" *ribo, arabino, xylo* und *lyxo* bzw. *allo, altro, gluco, manno, gulo, ido, galacto* und *talo* kennzeichnen die relative Konfiguration von Molekülen mit drei Chiralitätszentren (deren mittleres ein „Pseudoasymmetriezentrum" sein kann) bzw. vier Chiralitätszentren, die sich jeweils in einer unverzweigten Kette befinden. In den nachstehend abgebildeten „Leiter-Mustern" geben die horizontalen Striche die Orientierung der Bezugsliganden an der jeweils als Fischer-Projektion wiedergegebenen Kohlenstoffkette an[1]).

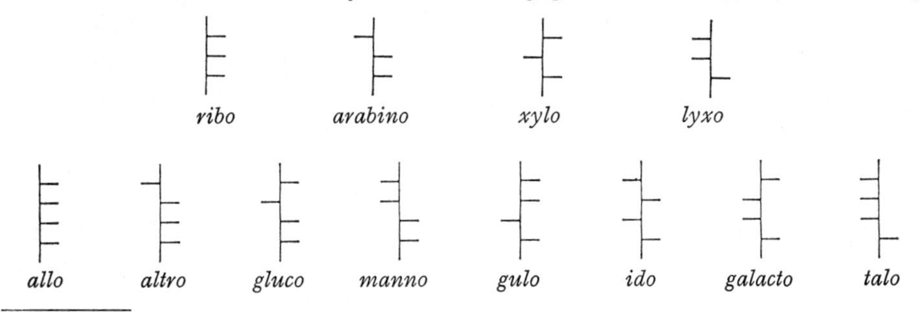

[1]) Das niedrigstbezifferte Atom befindet sich hierbei am oberen Ende der vertikal dargestellten Kette der Bezifferungseinheit.

Beispiele:
ribo-2,3,4-Trimethoxy-pentan-1,5-diol [E IV **1** 2834]
galacto-Hexan-1,2,3,4,5,6-hexaol [E IV **1** 2844]

§ 6. a) Die „Fischer-Symbole" D bzw. L im Namen einer Verbindung mit einem Chiralitätszentrum geben an, dass sich der Bezugsligand (d. i. der von Wasserstoff verschiedene, nicht der durch den Namensstamm gekennzeichneten Kette angehörende Ligand) am Chiralitätszentrum in der Fischer-Projektion [1]) auf der rechten Seite (D) bzw. auf der linken Seite (L) der Kette befindet.

Beispiele:
D-Tetradecan-1,2-diol [E IV **1** 2631]
L-4-Methoxy-valeriansäure [E IV **3** 812]

b) In Kombination mit dem Präfix *erythro* geben die Symbole D und L an, dass sich die beiden Bezugsliganden auf der rechten Seite (D) bzw. auf der linken Seite (L) der Fischer-Projektion [1]) befinden. Die mit dem Präfix *threo* kombinierten Symbole D_g und D_s geben an, dass sich der höherbezifferte (D_g) bzw. der niedrigerbezifferte (D_s) Bezugsligand auf der rechten Seite der Fischer-Projektion [1]) befindet; linksseitige Position des jeweiligen Bezugsliganden wird entsprechend durch die Symbole L_g bzw. L_s angezeigt.
In Kombination mit den in § 5c aufgeführten konfigurationsbestimmenden Präfixen werden die Symbole D und L ohne Index verwendet; sie beziehen sich dabei jeweils auf die Orientierung des höchstbezifferten (d. h. des in der Abbildung am weitesten unten erscheinenden) Bezugsliganden (die in § 5c abgebildeten „Leiter-Muster" repräsentieren jeweils das D-Enantiomere).

Beispiele:
D-*erythro*-Nonan-1,2,3-triol [E IV **1** 2792]
D_s-*threo*-1,4-Dibrom-2,3-dimethyl-butan [E IV **1** 375]
L_g-*threo*-Hexadecan-7,10-diol [E IV **1** 2636]
D-*lyxo*-Pentan-1,2,3,4-tetraol [E IV **1** 2811]
6-Allyloxy-D-*manno*-hexan-1,2,3,4,5-pentaol [E IV **1** 2846]

c) Kombination der Präfixe D-*glycero* oder L-*glycero* mit einem der in § 5c in der zweiten Formelzeile aufgeführten, jeweils mit einem Fischer-Symbol versehenen Kohlenhydrat-Präfixe dienen zur Kennzeichnung der Konfiguration von Molekülen mit fünf in einer Kette angeordneten Chiralitätszentren (deren mittleres auch „Pseudoasymmetriezentrum" sein kann). Dabei bezieht sich das Kohlenhydrat-Präfix auf die vier niedrigstbezifferten Chiralitätszentren, das Präfix D-*glycero* oder L-*glycero* auf das höchstbezifferte (d. h. in der Abbildung am weitesten unten erscheinende) Chiralitätszentrum.

Beispiel:
D-*glycero*-L-*gulo*-Heptit [E IV **1** 2854]

§ 7. a) Die Symbole c_F bzw. t_F hinter der Stellungsziffer eines Substituenten an einer mehrere Chiralitätszentren aufweisenden Kette geben an, dass sich dieser Substituent und der Bezugssubstituent, der seinerseits durch das Symbol r_F gekennzeichnet wird, auf der gleichen Seite (c_F) bzw. auf den entgegengesetzten Seiten (t_F) der Fischer-

Projektion befinden. Ist eines der endständigen Atome der Kette Chiralitätszentrum, so wird der Stellungsziffer des „catenoiden" Substituenten (d. h. des Substituenten, der in der Fischer-Projektion als Verlängerung an der Kette erscheint) das Symbol cat_F beigefügt.

b) Die Symbole D_r bzw. L_r am Anfang eines mit dem Kennzeichen r_F ausgestatteten Namens geben an, dass sich der Bezugssubstituent auf der rechten Seite (D_r) bzw. auf der linken Seite (L_r) der in Fischer-Projektion [1]) wiedergegebenen Kette der Bezifferungseinheit befindet.

Beispiele:
Heptan-1,$2r_F$,$3c_F$,$4t_F$,$5c_F$,$6c_F$,7-heptaol [E IV **1** 2854]
L_r-$1c_F$,$2t_F$,$3t_F$,$4c_F$,$5r_F$-Pentahydroxy-hexan-$1cat_F$-sulfonsäure [E IV **1** 4275]

§ 8. Die Symbole *endo* bzw. *exo* hinter der Stellungsziffer eines Substituenten eines Bicycloalkans geben an, dass der Substituent der niedriger bezifferten Nachbarbrücke zugewandt (*endo*) bzw. abgewandt (*exo*) ist.

Beispiele:
5*endo*-Brom-norborn-2-en [E IV **5** 398]
2*endo*,3*exo*-Dimethyl-norbornan [E IV **5** 294]
4*endo*,7,7-Trimethyl-6-oxa-bicyclo[3.2.1]octan-3*exo*,4*exo*-diol [E III/IV **17** 2044]

§ 9. Die Symbole *syn* bzw. *anti* hinter der Stellungsziffer eines Substituenten an einem Atom der höchstbezifferten Brücke eines Bicycloalkan-Systems oder einer Brücke über ein ortho- oder ortho/perianelliertes Ringsystem geben an, dass der Substituent der Nachbarbrücke zugewandt (*syn*) bzw. abgewandt (*anti*) ist, die das niedrigstbezifferte Ringatom aufweist.

Beispiele:
(3a*R*)-9*syn*-Chlor-1,5,5,8a-tetramethyl-(3a*t*,8a*t*)-decahydro-1*r*,4-methanoazulen [E IV **5** 498]
5*exo*,7*anti*-Dibrom-norborn-2-en [E IV **5** 399]
3*endo*,8*syn*-Dimethyl-7-oxo-6-oxa-bicyclo[3.2.1]octan-2*endo*-carbonsäure [E III/IV **18** 5363]

§ 10. a) Die Symbole α bzw. β hinter der Stellungsziffer eines ringständigen Substituenten im halbrationalen Namen einer Verbindung mit einer dem Cholestan [E III **5** 1132] entsprechenden Bezifferung und Projektionsanlage geben an, dass sich der Substituent auf der dem Betrachter abgewandten (α) bzw. zugewandten (β) Seite der Fläche des Ringgerüstes befindet.

Beispiele:
3β-Piperidino-cholest-5-en [E III/IV **20** 361]
21-Äthyl-4-methyl-16-methylen-7,20-cyclo-veatchan-1α,15β-diol [E III/IV **21** 2308]
3β,21β-Dihydroxy-lupan-29-säure-21-lacton [E III/IV **18** 485]
Onocerandiol-(3β.21α) [E III **6** 4829]

b) Die Symbole α_F bzw. β_F hinter der Stellungsziffer eines an der Seitenkette befindlichen Substituenten im halbrationalen Namen einer Verbindung der unter a) erläuterten Art geben an, dass sich der Substituent auf der rechten (α_F) bzw. linken (β_F) Seite der in Fischer-Projektion dargestellten Seitenkette befindet, wobei sich hier das niedrigstbezifferte Atom am unteren Ende der Kette befindet.

Beispiele:

16α,17-Epoxy-pregn-5-en-3β,20β_F-diol [E III/IV **17** 2137]
22α_F,23α_F-Dibrom-9,11α-epoxy-5α-ergost-7-en-3β-ol [E III/IV **17** 1519]

c) Die Symbole α und β, die zusammen mit der Stellungsziffer eines angularen oder eines tertiären peripheren Kohlenstoff-Atoms (im zuletzt genannten Fall ist hinter α bzw. β das Symbol *H* eingefügt) unmittelbar vor dem Stamm eines Halbrationalnamens erscheinen, kennzeichnen im Sinn von § 10a die räumliche Orientierung der betreffenden angularen Bindung bzw. (im Falle von α*H* und β*H*) des betreffenden (evtl. substituierten) Wasserstoff-Atoms, die entweder durch die Definition des Namensstamms nicht festgelegt ist oder von der Definition abweicht [Epimerie].
In gleicher Weise kennzeichnen die Symbole $\alpha_F H$ und $\beta_F H$ im Sinne von § 10b die von der Definition des Namensstamms abweichende Orientierung des (gegebenenfalls substituierten) Wasserstoff-Atoms an einem Chiralitätszentrum in der Seitenkette von Verbindungen mit einem Halbrationalnamen.

Beispiele:

5,6β-Epoxy-5β,9β,10α-ergosta-7,22*t*-dien-3β-ol [E III/IV **17** 1573]
(25*R*)-5α,20α*H*,22α*H*-Furostan-3β,6α,26-triol [E III/IV **17** 2348]
4β*H*,5α-Eremophilan [E IV **5** 356]
(11*S*)-4-Chlor-8β-hydroxy-4β*H*-eudesman-12-säure-lacton [E III/IV **17** 4674]
5α.20$\beta_F H$.24$\beta_F H$-Ergostanol-(3β) [E III **6** 2161]

d) Die Symbole α bzw. β vor dem halbrationalen Namen eines Kohlenhydrats, eines Glykosids oder eines Glykosyl-Radikals geben an, dass sich der Bezugsligand (d. h. die am höchstbezifferten chiralen Atom der Kohlenstoff-Kette befindliche Hydroxy-Gruppe) und die mit dem Glykosyl-Rest verbundene Gruppe (bei Pyranosen und Furanosen die Hemiacetal-OH-Gruppe) auf der gleichen (α) bzw. der entgegengesetzten (β) Seite der Bezugsgeraden befinden. Die Bezugsgerade besteht dabei aus derjenigen Kette, die die cyclischen Bindungen am acetalischen Kohlenstoff-Atom sowie alle weiteren C,C-Bindungen in der entsprechend § 5c definierten Orientierung der Fischer-Projektion enthält.

Beispiele:

O^2-Methyl-β-D-glucopyranose [E IV **1** 4347]
Methyl-α-D-glucopyranosid [E III/IV **17** 2909]
Tetra-*O*-acetyl-α-D-fructofuranosylchlorid [E III/IV **17** 2651]

e) Das Präfix *ent* vor dem halbrationalen Namen einer Verbindung mit mehreren Chiralitätszentren, deren Konfiguration mit dem Namen festgelegt ist, dient zur Kennzeichnung des Enantiomeren der betreffenden Verbindung. Das Präfix *rac* wird zur Kennzeichnung des einer solchen Verbindung entsprechenden Racemats verwendet.

Beispiele:

ent-(13*S*)-3β,8-Dihydroxy-labdan-15-säure-8-lacton [E III/IV **18** 138]
rac-4,10-Dichlor-4β*H*,10β*H*-cadinan [E IV **5** 354]

§ 11. a) Das Symbol ξ tritt an die Stelle von *cis, trans, c, t,* c_F, t_F, cat_F, *endo, exo, syn, anti,* α, β, α_F oder β_F, wenn die Konfiguration an der betreffenden Doppelbindung bzw. an dem betreffenden Chiralitätszentrum (oder die konfigurative Einheitlichkeit eines Präparats hinsichtlich des betreffenden Strukturelements) ungewiss ist.

Beispiele:

1-Nitro-ξ-cycloocten [E IV **5** 264]
1*t*,2-Dibrom-3-methyl-penta-1,3ξ-dien [E IV **1** 1022]
(4a*S*)-2ξ,5ξ-Dichlor-2ξ,5ξ,9,9-tetramethyl-(4a*r*,9a*t*)-decahydro-benzocyclohepten [E IV **5** 353]
D_r-1ξ-Phenyl-1ξ-*p*-tolyl-hexanpentol-(2r_F.3t_F.4c_F.5c_F.6) [E III **6** 6904]
6ξ-Methyl-bicyclo[3.2.1]octan [E IV **5** 293]
4,10-Dichlor-1β,4ξ*H*,10ξ*H*-cadinan [E IV **5** 354]
(11*S*)-6ξ,12-Epoxy-4ξ*H*,5ξ-eudesman [E III/IV **17** 350]
3β,5-Diacetoxy-9,11α;22ξ,23ξ-diepoxy-5α-ergost-7-en [E III/IV **19** 1091]

b) Das Symbol *Ξ* tritt an die Stelle von D oder L, das Symbol (*Ξ*) an die Stelle von (*R*) oder (*S*) bzw. von (*E*) oder (*Z*), wenn die Konfiguration an dem betreffenden Chiralitätszentrum bzw. an der betreffenden Doppelbindung (oder die konfigurative Einheitlichkeit eines Präparats hinsichtlich des betreffenden Strukturelements) ungewiss ist.

Beispiele:

N-{*N*-[*N*-(Toluol-sulfonyl-(4))-glycyl]-*Ξ*-seryl}-L-glutaminsäure [E III **11** 280]
(3*Ξ*,6*R*)-1,3,6-Trimethyl-cyclohexen [E IV **5** 288]
(1*Z*,3*Ξ*)-1,2-Dibrom-3-methyl-penta-1,3-dien [E IV **1** 1022]

c) Die Symbole (Ξ_a) und (Ξ_p) zeigen unbekannte Konfiguration von Strukturelementen mit axialer bzw. planarer Chiralität (oder ungewisse Einheitlichkeit eines Präparats hinsichtlich dieser Elemente) an; das Symbol (ξ) kennzeichnet unbekannte Konfiguration eines Pseudoasymmetriezentrums.

Beispiele:

(Ξ_a,6*Ξ*)-6-[(1*S*,2*R*)-2-Hydroxy-1-methyl-2-phenyl-äthyl]-6-methyl-5,6,7,8-tetrahydro-dibenz[*c,e*]azocinium-jodid [E III/IV **20** 3932]
(3ξ)-5-Methyl-spiro[2.5]octan-dicarbonsäure-(1*r*.2*c*) [E III **9** 4002]

§ 12. Das Symbol * am Anfang eines Artikels bedeutet, dass über die Konfiguration oder die konfigurative Einheitlichkeit des beschriebenen Präparats keine Angaben oder hinreichend zuverlässige Indizien vorliegen. Wenn mehrere Präparate in einem solchen Artikel beschrieben sind, ist deren Identität nicht gewährleistet.

Stereochemical Conventions

Contents

§ 1. a) The symbols (*R*) and (*S*) or (*r*) and (*s*) describe the absolute configuration of a chiral centre (centre of asymmetry) or pseudo-asymmetrical centre, following the Sequence-Rule and its applications. (*Cahn, Ingold, Prelog,* Experientia **12** [1956] 81; Ang. Ch. **78** [1966] 413, 419; Ang. Ch. int. Ed. **5** [1966] 385, 390; *Cahn, Ingold,* Soc. **1951** 612; see also *Cahn,* J. chem. Educ. **41** [1964] 116, 508). To define the configuration of racemates of compounds with several chiral centres, the letter-pairs (*RS*) and (*SR*) are used; thus (1*RS*,2*SR*) specifies a racemate composed of the (1*R*,2*S*)-enantiomer and the (1*S*,2*R*)-enantiomer. (cf. *Cahn, Ingold, Prelog,* Ang. Ch. **78** 435; Ang. Ch. int. Ed. **5** 404). The symbol ($\overline{RS}$) represents a mixture of approximately equal parts of the (*R*)- and (*S*)-enantiomers.

Examples:

(*R*)-Propan-1,2-diol [E IV **1** 2468]
(1*R*,3*S*,4*S*)-3-Chlor-*p*-menthan [E IV **5** 152]
(3a*R*:4*S*:8*R*:8a*S*:9*s*)-9-Hydroxy-2.2.4.8-tetramethyl-decahydro-4.8-methano-azulen [E III **6** 425]
(1*RS*,2*SR*)-2-Amino-1-benzo[1,3]dioxol-5-yl-propan-1-ol [E III/IV **19** 4221]
(2$\overline{RS}$,4'*R*,8'*R*)-*β*-Tocopherol [E III/IV **17** 1427]

b) The symbols (R_a) and (S_a) or (R_p) and (S_p) are used (following the suggestion of *Cahn, Ingold* and *Prelog,* Ang. Ch. **78** 437; Ang. Ch. int. Ed. **5** 406) to define the configuration of elements of axial or planar chirality.

Examples:

(R_a)-1,11-Dimethyl-5,7-dihydro-dibenz[*c,e*]oxepin [E III/IV **17** 642]
(R_a:S_a)-3.3'.6'.3''-Tetrabrom-2'.5'-bis-[((1*R*)-menthyloxy)-acetoxy]-2.4.6.2''.4''.6''-hexamethyl-*p*-terphenyl [E III **6** 5820]
(R_p)-Cyclohexanhexol-(1*r*.2*c*.3*t*.4*c*.5*t*.6*t*) [E III **6** 6925]

c) The symbol *rel* in an optically active compound containing at least two chirality centres designated (*R*) or (*S*) (see above) indicates that the configurational symbols specify a relative rather than an absolute configuration.

Example:

(+)(*rel*-1*R*:1'*S*)-(1*rH*.1'*r'H*)-Bicyclohexyl-dicarbonsäure-(2*c*.2'*t'*) [E III **9** 4021]

§ 2. The prefices *cis* or *trans* indicate that the given ligands are to be found on the same side (*cis*) or the opposite side (*trans*) of the reference plane. In olefins, this plane contains the two carbon nuclei of the double bond, and lies perpendicular to the nodal plane of the p_z orbitals of the pi bond. In cyclic compounds, the ring atoms are used to define the reference plane.

Examples:

β-Brom-*cis*-zimtsäure [E III **9** 2732]
2-[4-Nitro-*trans*-styryl]-pyridin [E III/IV **20** 3879]
5-*cis*-Propenyl-benzo[1,3]dioxol [E III/IV **19** 273]
3-[*trans*-2-Nitro-vinyl]-pyridin [E III/IV **20** 2887]
trans-2-Methyl-cyclohexanol [E IV **6** 100]
cis-2-Isopropyl-bicyclohexyl [E IV **5** 352]
4a,8a-Dibrom-*trans*-decahydro-naphthalin [E IV **5** 314]

§ 3. a) The symbols (*E*) and (*Z*) (modified where necessary by a locant) at the start of a name or part of a name define the configuration at the given double bond. They indicate that the reference ligands (see Sequence-Rule, § 1. a) at the doubly-bound atoms in question are to be found on the opposite (*E*) or same (*Z*) side of the reference plane, as defined in § 2.

Examples:
(*E*)-1,2,3-Trichlor-propen [E IV **1** 748]
(*Z*)-1,3-Dichlor-but-2-en [E IV **1** 786]
3*endo*-[(*Z*)-2-Cyclohexyl-2-phenyl-vinyl]-tropan [E III/IV **20** 3711]
Piperonal-(*E*)-oxim [E III/IV **19** 1667]

The designations (*E*) and (*Z*) have superseded the older nomenclature ***seqtrans*** and ***seqcis***, as well as ***anti*** and ***syn*** in nitrogen-containing functional derivates of aldehydes.

Examples:
(3*S*)-9.10-Seco-cholestadien-(5(10).7*seqtrans*)-ol-(3) [E III **6** 2602]
1.1.3-Trimethyl-cyclohexen-(3)-on-(5)-*seqcis*-oxim [E III **7** 285]
Perillaaldehyd-*anti*-oxim [E III **7** 567]

b) The symbols (*e*) and (*z*) (modified where necessary by a locant) at the start of a name or part of a name define the configuration at a single bond between two trigonally disposed atoms which does not show free rotation. They indicate that the reference ligands (see Sequence-Rule, § 1. a) attached to the terminal atoms of the single bond in question are to be found on the opposite (*e*) or same (*z*) side of the reference line drawn between the two atoms.

Example:
(*e*)-*N*-Methyl-thioformamid [E IV **4** 171]

The equivalent usage ***s-trans*** (= *single-trans*) and ***s-cis*** (= *single-cis*) is sometimes found in the literature.

§ 4. a) The symbols *c* or *t* following the locant of a double bond indicate that the reference ligands at the carbon termini of the double bond are cis (*c*) or trans (*t*) to one another (cf. § 2). The reference ligands in this case are defined at each of the Carbon atoms as those lateral (i. e. not in the reference plane) groups which belong to the same skeletal unit as the doubly-bound Carbon atom to which they are attached. Should both lateral groups at the carbon of a double bond belong to the same unit, then the group with the lowest-numbered atom as its point of attachment to the doubly-bound Carbon atom is defined as the reference ligand.

Examples:
2-Methyl-oct-3*t*-en-2-ol [E IV **1** 2177]
Cycloocta-1*c*,3*t*-dien [E IV **5** 402]
9,11α-Epoxy-5α-ergosta-7,22*t*-dien-3β-ol [E III/IV **17** 1574]
3β-Acetoxy-16α-hydroxy-23,24-dinor-5α-chol-17(20)*t*-en-21-säure-lacton [E III/IV **18** 470]
(3*S*)-9.10-Seco-ergostatrien-(5*t*.7*c*.10(19))-ol-(3) [E III **6** 2832]

b) The symbols *c* or *t* following the locant assigned to a substituent at a doubly-bound terminal Carbon atom indicate that the substituent is cis (*c*) or trans (*t*) (see § 2) to the reference ligand (see § 4. a). The same symbols placed before the ending yl (showing a 'free'valence) have the corresponding meaning for the substituent attached *via* this valence.

Examples:
1*t*,2-Dibrom-propen [E IV **1** 760]
1*c*,2-Dibrom-3-methyl-buta-1,3-dien [E IV **1** 1005]
1-But-1-en-*t*-yl-cyclohexen [E IV **5** 431]

c) The symbols ***c*** or ***t*** following the locant 2 assigned to a substituent attached to the ethene group indicate respectively the cis and trans configuration (see § 2) for the substituent in question with respect to the reference ligand, labelled ***r***, at the 1-position of the double bond.

Example:
1.2*t*-Diphenyl-1*r*-[4-chlor-phenyl]-äthylen [E III **5** 2399]

d) The symbols ***c*** or ***t*** following the locant assigned to a substituent (or a bridge in a ring-system) indicate that the substituent (or the points of attachment of the bridge) is/are to be found on the same (*c*) side or the opposite (*t*) side of the reference plane as the reference ligand. The reference ligand is indicated by the symbol ***r*** placed after its locant. A compound containing several isolated rings or ring-systems may have for each ring or ring-system a specifically defined reference plane for the purpose of definition of configuration. The sets of symbols *r*, *c* and *t* are then separated in the compound name by brackets or dashes. (see examples 1 and 2 under section § 4. e).

Examples:
1*r*,2*t*,3*c*,4*t*-Tetrabrom-cyclohexan [E IV **5** 76]
1*r*-Acetoxy-1,2*c*-dimethyl-cyclopentan [E IV **6** 111]
[1,2*c*-Dibrom-cyclohex-*r*-yl]-methanol [E IV **6** 109]
2*c*-Chlor-(4a*r*,8a*t*)-decahydro-naphthalin [E IV **5** 313]
5*c*-Brom-(3a*t*,7a*t*)-octahydro-4*r*,7-methano-inden [E IV **5** 467]

e) The symbols ***r***, ***c*** and ***t***, when combined with an atomic symbol (modified when necessary by a locant used as superscript), refer to the steric arrangement of the atom indicated relative to the reference plane (see § 2).

Examples:
1-[(4a*R*)-6*t*-Hydroxy-2*c*.5.5.8a*t*-tetramethyl-(4a*rH*)-decahydro-naphth=yl-(1*t*)]-2-[(4a*R*)-6*t*-hydroxy-2*t*.5.5.8a*t*-tetramethyl-(4a*rH*)-decahydro-naphthyl-(1*t*)]-äthan [E III **6** 4829]
2-[(5*S*)-6,10*c*'-Dimethyl-(5*rC*^{6},5*r*'*C*^{1})-spiro[4.5]dec-6-en-2*t*-yl]-propan-2-ol [E IV **6** 419]
(6*R*)-2ξ-Isopropyl-6*c*,10ξ-dimethyl-(5*rC*^{1})-spiro[4.5]decan [E IV **5** 352]
(1*rC*^{8},2*tH*,4*tH*)-Tricyclo[3.2.2.0^{2,4}]nonan-6*c*,7*c*-dicarbonsäure-anhydrid [E III/IV **17** 6079]

§ 5. a) The prefices ***erythro*** and ***threo*** indicate that the reference ligands (either two identical ligands or two non-identical ligands other than hydrogen) at each of two chiral centres in a chain are located on the same side (*erythro*) or on the opposite side (*threo*) of the Fischer-Projection of the chain.

Examples:
threo-Pentan-2,3-diol [E IV **1** 2543]

threo-3-Hydroxy-2-methyl-valeriansäure [E IV **3** 849]
erythro-α'-[4-Methyl-piperidino]-bibenzyl-α-ol [E III/IV **20** 1516]

b) The prefix *meso* indicates that a molecule with an even number of chiral centres possesses a symmetry plane or a symmetry centre. The prefix *racem.* indicates a mixture of equal molar quantities of enantiomers which each possess two identical centres (or two sets of identical centres) of chirality.

Examples:
meso-Pentan-2,4-diol [E IV **1** 2543]
meso-1,4-Dipiperidino-butan-2,3-diol [E III/IV **20** 1235]
racem.-3,5-Dichlor-2,6-cyclo-norbornan [E IV **5** 400]
racem.-(1*rH*.1'*r'H*)-Bicyclohexyl-dicarbonsäure-(2*c*.2'*c'*) [E III **9** 4020]

c) The carbohydrate prefices (*ribo, arabino, xylo* and *lyxo*) and (*allo' altro, gluco, manno, gulo, ido, galacto* and *talo*) indicate the relative configuration of molecules with three or four centres of chirality, respectively, in an unbranched chain. In the case of three chiral centres, the middle one may be 'pseudo-asymmetric'. The horizontal lines in the following scheme indicate the reference ligands in the Fischer-Projection formulae of the carbon chain.

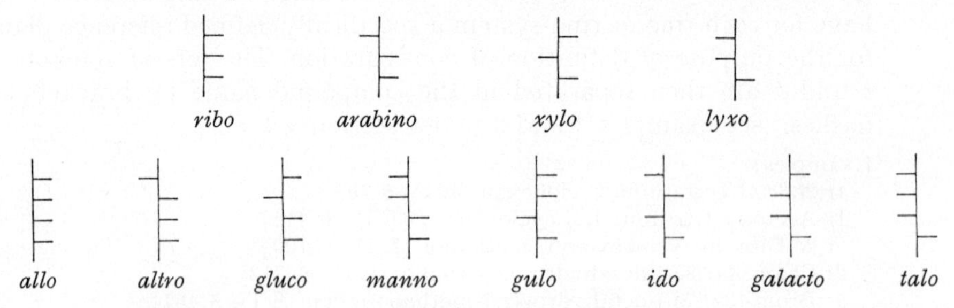

Examples:
ribo-2,3,4-Trimethoxy-pentan-1,5-diol [E IV **1** 2834]
galacto-Hexan-1,2,3,4,5,6-hexaol [E IV **1** 2844]

§ 6. a) The Fischer-Symbols D and L incorporated in the name of a compound with one chiral centre indicate that the reference ligand (which may not be Hydrogen, nor the next member of the chain) lies on the right-hand (D) or left-hand (L) side of the asymmetric centre seen in Fischer-Projection[1]).

Examples:
D-Tetradecan-1,2-diol [E IV **1** 2631]
L-4-Methoxy-valeriansäure [E IV **3** 812]

b) The symbols D and L, when used in conjunction with the prefix *erythro*, indicate that both the reference ligands are to be found on the right-hand side (D) or left-hand side (L) of the Fischer-Projection[1]. Symbols D_g and D_s used in conjunction with the prefix *threo* indicate that the higher-numbered (D_g) or lower-numbered (D_s) reference ligand stands on the right-hand side of the Fischer-Projection[1]). The corresponding symbols L_g and L_s are used for the left-hand side, in the same sense.

[1]) The lowest-numbered atom being placed at the 'North' of the projection.

The symbols D and L are used without suffix when the prefices of § 5. c are applied; in these cases reference is always made to the highest-numbered (i. e. for the scheme of § 5. c, the most 'southerly') reference ligand. The examples of the scheme of § 5. c are therefore in every case the D-enantiomer.

Examples:
D-*erythro*-Nonan-1,2,3-triol [E IV **1** 2792]
D_s-*threo*-1,4-Dibrom-2,3-dimethyl-butan [E IV **1** 375]
L_g-*threo*-Hexadecan-7,10-diol [E IV **1** 2636]
D-*lyxo*-Pentan-1,2,3,4-tetraol [E IV **1** 2811]
6-Allyloxy-D-*manno*-hexan-1,2,3,4,5-pentaol [E IV **1** 2846]

c) The combination of the prefices D-*glycero* or L-*glycero* with any of the carbohydrate prefices of the second row in the scheme of § 5. c designates the configuration for molecules which contain a chain of five consecutive asymmetric centres, of which the middle one may be pseudo-asymmetric. The carbohydrate prefix always refers to the four lowest-numbered chiral centres, while the prefices D-*glycero* or L-*glycero* refer to the configuration at the highest-numbered (i. e. most 'southerly') chiral centre.

Example:
D-*glycero*-L-*gulo*-Heptit [E IV **1** 2854]

§ 7. a) The symbols c_F or t_F following the locant of a substituent attached to a chain containing several chiral centres indicate that the substituent in question is situated on the same side (c_F) or the opposite side (t_F) of the backbone of the Fischer-Projection as does the reference ligand, which is denoted in turn by the symbol r_F. When a terminal atom in the chain is also a chiral centre, the locant of the 'catenoid substituent' (i. e. the group which is placed in the Fischer-Projection as if it were the continuing chain) is modified by the symbol cat_F.

b) The symbols D_r or L_r at the beginning of a name containing the symbol r_F indicate that the reference ligand is to be placed on the right-hand side (D_r) or left-hand side (L_r) of the Fischer-Projection[1]).

Examples:
Heptan-1,2r_F,3c_F,4t_F,5c_F,6c_F,7-heptaol [E IV **1** 2854]
L_r-1c_F,2t_F,3t_F,4c_F,5r_F-Pentahydroxy-hexan-1cat_F-sulfonsäure [E IV **1** 4275]

§ 8. The symbols *endo* or *exo* following the locant of a substituent attached to a bicycloalkane indicate that the substituent in question is orientated towards (*endo*) or away from (*exo*) the lower-numbered neighbouring bridge.

Examples:
5*endo*-Brom-norborn-2-en [E IV **5** 398]
2*endo*,3*exo*-Dimethyl-norbornan [E IV **5** 294]
4*endo*,7,7-Trimethyl-6-oxa-bicyclo[3.2.1]octan-3*exo*,4*exo*-diol [E III/IV **17** 2044]

§ 9. The symbols *syn* and *anti* following the locant of a substituent at an atom of the highest-numbered bridge of a bicycloalkane or the bridge spanning an ortho or ortho/peri fused ring system indicate that the substituent in question is directed towards (*syn*) or away from (*anti*) the neighbouring bridge which contains the lower-numbered atoms.

Examples:

(3a*R*)-9*syn*-Chlor-1,5,5,8a-tetramethyl-(3a*t*,8a*t*)-decahydro-1*r*,4-methano-azulen [E IV **5** 498]
5*exo*,7*anti*-Dibrom-norborn-2-en [E IV **5** 399]
3*endo*,8*syn*-Dimethyl-7-oxo-6-oxa-bicyclo[3.2.1]octan-2*endo*-carbonsäure [E III/IV **18** 5363]

§ 10. a) The symbols α and β following the locant assigned to a substituent attached to the skeleton of a molecule in the steroid series (numbering and form, see cholestane, [E III **5** 1132]) indicate that the substituent in question is attached to the surface of the molecule which is turned away from (α) or towards (β) the observer.

Examples:

3β-Piperidino-cholest-5-en [E III/IV **20** 361]
21-Äthyl-4-methyl-16-methylen-7,20-cyclo-veatchan-1α,15β-diol [E III/IV **21** 2308]
3β,21β-Dihydroxy-lupan-29-säure-21-lacton [E III/IV **18** 485]
Onocerandiol-(3β.21α) [E III **6** 4829]

b) The symbols α_F and β_F following the locant assigned to a substituent in the side chain of a compound of the type dealt with in § 10. a indicate that the substituent in question is to be positioned on the right-hand side (α_F) or the left-hand side (β_F) of the side-chain shown in Fischer-Projection, whereby the lowest-numbered atom is placed at the 'South' of the chain.

Examples:

16α,17-Epoxy-pregn-5-en-3β,20β_F-diol [E III/IV **17** 2137]
22α_F,23α_F-Dibrom-9,11α-epoxy-5α-ergost-7-en-3β-ol [E III/IV **17** 1519]

c) The symbols α and β, when used in conjunction with the locant of an angular Carbon atom immediately preceding the Parent-Stem in the semisystematic name of a compound, e. g., in the steroid series, indicate, (in the sense of § 10. a) the steric arrangement of the angular bond in question, which is either not defined in the Parent-Stem or which deviates from the configuration laid down in the Parent-Stem. (Epimerism). The symbols α*H* and β*H* are used completely analogously with the locant of a peripheral tertiary Carbon atom to indicate the orientation of the single Hydrogen atom (or corresponding substituent). The symbols $\alpha_F H$ and $\beta_F H$ indicate (in the sense of § 10. b) the deviation (from the stereochemistry laid down in the Parent-Stem) of a Hydrogen atom (or corresponding substituent) at a chiral centre in the side-chain of a steroid with a semi-systematic name.

Examples:

5,6β-Epoxy-5β,9β,10α-ergosta-7,22*t*-dien-3β-ol [E III/IV **17** 1573]
(25*R*)-5α,20α*H*,22α*H*-Furostan-3β,6α,26-triol [E III/IV **17** 2348]
4β*H*,5α-Eremophilan [E IV **5** 356]
(11*S*)-4-Chlor-8β-hydroxy-4β*H*-eudesman-12-säure-lacton [E III/IV **17** 4674]
5α.20$\beta_F H$.24$\beta_F H$-Ergostanol-(3β) [E III **6** 2161]

d) The symbols α and β preceding the semi-systematic name of a carbohydrate, glycoside, or glycosyl fragment indicate that the reference ligand (i. e. the hydroxy group at the highest-numbered chiral atom of the carbon chain) and the group attached to the glycosyl unit (which in pyranose and furanose sugars is the hydroxyl group of the hemi-acetal function) are situated on the same (α) or opposite (β) sides of the reference axis. The reference axis is defined as the chain which contains the ring-bond at the acetal Carbon atom and all further C-C bonds of the backbone in the Fischer-Projection, as shown in the scheme of § 5. c.

Examples:
O^2-Methyl-β-D-glucopyranose [E IV **1** 4347]
Methyl-α-D-glucopyranosid [E III/IV **17** 2909]
Tetra-*O*-acetyl-α-D-fructofuranosylchlorid [E III/IV **17** 2651]

e) The prefix ***ent*** preceding the semi-systematic name of a compound which contains several chiral centres, whose configuration is defined in the name, indicates an enantiomer of the compound in question. The prefix ***rac*** indicates the corresponding racemate.

Examples:
ent-(13*S*)-3β,8-Dihydroxy-labdan-15-säure-8-lacton [E III/IV **18** 138]
rac-4,10-Dichlor-4β*H*,10β*H*-cadinan [E IV **5** 354]

§ 11. a) The symbol ξ occurs in place of the symbols *cis, trans, c, t,* c_F, t_F, cat_F, *endo, exo, syn, anti,* α, β, α_F or β_F when configuration at the double bond or chiral centre in question is uncertain or when the configurative purity of the compound at the designated centre is likewise uncertain.

Examples:
1-Nitro-ξ-cycloocten [E IV **5** 264]
1*t*,2-Dibrom-3-methyl-penta-1,3ξ-dien [E IV **1** 1022]
(4a*S*)-2ξ,5ξ-Dichlor-2ξ,5ξ,9,9-tetramethyl-(4a*r*,9a*t*)-decahydro-benzo=cyclohepten [E IV **5** 353]
D_r-1ξ-Phenyl-1ξ-*p*-tolyl-hexanpentol-(2r_F.3t_F.4c_F.5c_F.6) [E III **6** 6904]
6ξ-Methyl-bicyclo[3.2.1]octan [E IV **5** 293]
4,10-Dichlor-1β,4ξ*H*,10ξ*H*-cadinan [E IV **5** 354]
(11*S*)-6ξ,12-Epoxy-4ξ*H*,5ξ-eudesman [E III/IV **17** 350]
3β,5-Diacetoxy-9,11α;22ξ,23ξ-diepoxy-5α-ergost-7-en [E III/IV **19** 1091]

b) The symbol *Ξ* occurs in place of D or L when the configuration at the chiral centre in question is uncertain or when the configurative purity of the compound at the designated centre is likewise uncertain. Similarly (*Ξ*) is used instead of (*R*), (*S*), (*E*) and (*Z*), the latter pair referring to uncertain configuration at a double bond.

Examples:
N-{*N*-[*N*-(Toluol-sulfonyl-(4))-glycyl]-*Ξ*-seryl}-L-glutaminsäure [E III **11** 280]
(3*Ξ*,6*R*)-1,3,6-Trimethyl-cyclohexen [E IV **5** 288]
(1*Z*,3*Ξ*)-1,2-Dibrom-3-methyl-penta-1,3-dien [E IV **1** 1022]

c) The symbols (Ξ_a) and (Ξ_p) indicate the unknown configuration of structural elements with axial and planar chirality respectively, or uncertainty in the optical purity with respect to these elements. The symbol (ξ) indicates the unknown configuration at a pseudo-asymmetric centre:

Examples:

(Ξ_a,6Ξ)-6-[(1*S*,2*R*)-2-Hydroxy-1-methyl-2-phenyl-äthyl]-6-methyl-5,6,7,8-tetrahydro-dibenz[*c*,*e*]azocinium-jodid [E III/IV **20** 3932]

(3ξ)-5-Methyl-spiro[2.5]octan-dicarbonsäure-(1*r*.2*c*) [E III **9** 4002]

§ 12. The symbol * at the beginning of an article indicates that the configuration of the compound described therein is not defined. If several preparations are described in such an article, the identity of the compounds is not guaranteed.

Transliteration von russischen Autorennamen
Key to the Russian Alphabet for Authors Names

Russisches Schriftzeichen	Deutsches Äquivalent (Beilstein)	Englisches Äquivalent (Chemical Abstracts)	Russisches Schriftzeichen	Deutsches Äquivalent (Beilstein)	Englisches Äquivalent (Chemical Abstracts)
А а	a	a	Р р	r	r
Б б	b	b	С с	s̄	s
В в	w	v	Т т	t	t
Г г	g	g	У у	u	u
Д д	d	d	Ф ф	f	f
Е е	e	e	Х х	ch	kh
Ж ж	sh	zh	Ц ц	z	ts
З з	s	z	Ч ч	tsch	ch
И и	i	i	Ш ш	sch	sh
Й й	ĭ	ĭ	Щ щ	schtsch	shch
К к	k	k	Ы ы	y	y
Л л	l	l	ь	’	’
М м	m	m	Э э	ė	e
Н н	n	n	Ю ю	ju	yu
О о	o	o	Я я	ja	ya
П п	p	p			

Dritte Abteilung

Heterocyclische Verbindungen

Verbindungen mit einem cyclisch gebundenen Stickstoff-Atom

F. Hydroxycarbonsäuren

1. Hydroxycarbonsäuren mit 3 Sauerstoff-Atomen

Hydroxycarbonsäuren $C_nH_{2n-1}NO_3$

Hydroxycarbonsäuren $C_5H_9NO_3$

2-Carboxy-3-hydroxy-1,1-dimethyl-pyrrolidinium, 3-Hydroxy-1,1-dimethyl-prolinium $[C_7H_{14}NO_3]^+$.

Konfiguration der beiden folgenden Stereoisomeren: *Sakiyama et al.*, Am. Soc. **86** [1964] 1842.

a) **(2*R*)-2*r*-Carboxy-3*c*-hydroxy-1,1-dimethyl-pyrrolidinium** $[C_7H_{14}NO_3]^+$, Formel I.

Betain $C_7H_{13}NO_3$; 3-Hydroxy-stachydrin-b. Isolierung aus den Früchten von Courbonia virgata: *Cornforth, Henry*, Soc. **1952** 597, 598. — Kristalle (aus H_2O + A.) mit 1 Mol H_2O; F: 209—210° [Zers.]. $[\alpha]_D^{22}$: +53° [H_2O; c = 2,5].

Chlorid $[C_7H_{14}NO_3]Cl$. Kristalle (aus A.); F: 201—202° [Zers.].

b) **(2*S*)-2*r*-Carboxy-3*t*-hydroxy-1,1-dimethyl-pyrrolidinium** $[C_7H_{14}NO_3]^+$, Formel II.

Betain $C_7H_{13}NO_3$; 3-Hydroxy-stachydrin-a. Isolierung aus den Früchten von Courbonia virgata: *Cornforth, Henry*, Soc. **1952** 597, 598. — Kristalle (aus H_2O + A.); F: ca. 250° [Zers.; abhängig von der Geschwindigkeit des Erhitzens]. $[\alpha]_D^{30}$: +10,0° [H_2O; c = 29].

Chlorid $[C_7H_{14}NO_3]Cl$. Kristalle (aus A.); F: 196—197° [Zers.].

Picrat $[C_7H_{14}NO_3]C_6H_2N_3O_7$. Kristalle (aus A.); F: 160°.

I II III IV

***Opt.-inakt. 3-Hydroxy-pyrrolidin-1,2-dicarbonsäure-diäthylester, 1-Äthoxycarbonyl-3-hydroxy-prolin-äthylester** $C_{10}H_{17}NO_5$, Formel III.

B. Bei der Hydrierung von (±)-3-Oxo-pyrrolidin-1,2-dicarbonsäure-diäthylester an Raney-Nickel in Dioxan bei 100°/100 at (*Uchibayashi*, J. pharm. Soc. Japan **78** [1958] 845, 848; C. A. **1959** 331). Beim Erwärmen der folgenden Verbindung mit wss.-äthanol. HCl (*Uch.*).

Kp_1: 161°.

***Opt.-inakt. 2-Cyan-3-hydroxy-pyrrolidin-1-carbonsäure-äthylester** $C_8H_{12}N_2O_3$, Formel IV.

B. Beim Erwärmen von *N*-Äthoxycarbonyl-*N*-cyanmethyl-*β*-alanin-äthylester mit NaH in Äther und Äthanol und Behandeln des Reaktionsprodukts in wss. Äthanol und Essigsäure mit $NaBH_4$ in Methanol (*Uchibayashi*, J. pharm. Soc. Japan **78** [1958] 845, 848; C. A. **1959** 331; s. a. *Blake et al.*, Am. Soc. **86** [1964] 5293, 5296, 5298).

$Kp_{0,3}$: 160—165° (*Uch.*).

4-Hydroxy-pyrrolidin-2-carbonsäure $C_5H_9NO_3$.

a) **(2*R*)-4*c*-Hydroxy-pyrrolidin-2*r*-carbonsäure, *cis*-4-Hydroxy-D-prolin** *allo*-4-Hydroxy-D-prolin $C_5H_9NO_3$, Formel V (E I 546; dort als *d*-b-4-Oxy-prolin bezeichnet).

B. Beim mehrstündigen Erhitzen von *trans*-4-Hydroxy-L-prolin mit Acetanhydrid und Essigsäure und anschliessenden Erwärmen mit wss. HCl (*Robinson, Greenstein*, J. biol. Chem. **195** [1952] 383, 384).

Kristalle (aus wss. A.); $[\alpha]_D^{25}$: +59,2° [H_2O; c = 2] (*Ro., Gr.*).

Reineckat $2C_5H_9NO_3 \cdot H[Cr(CNS)_4(NH_3)_2]$. Rotviolette Kristalle; F: 177—180° [korr.]; $[\alpha]_{623,4}^{20}$: +44,4° [Acn.; c = 0,6] (*Witkop, Beiler*, Am. Soc. **78** [1956] 2882, 2892).

b) **(2*S*)-4*c*-Hydroxy-pyrrolidin-2*r*-carbonsäure, *cis*-4-Hydroxy-L-prolin,** allo-4-Hydroxy-L-prolin $C_5H_9NO_3$, Formel VI (E I 546; dort als *l*-b-4-Oxy-prolin bezeichnet).

Isolierung aus den Blättern von Santalum album: *Radhakrishnan, Giri*, Biochem. J. **58** [1954] 57, 58. Gewinnung aus Phalloidin (aus Amanita phalloides) durch Erwärmen mit H_2SO_4 [30%ig]: *Wieland, Witkop*, A. **543** [1940] 171, 181.

B. Beim Erhitzen von *cis*-1-Acetyl-4-hydroxy-L-prolin mit wss. HCl (*Neuberger*, Soc. **1945** 429, 432). Beim Erhitzen von *cis*-1-Äthoxycarbonyl-4-hydroxy-L-prolin mit wss. HCl (*Wieland, Wehrt*, B. **92** [1959] 2106, 2109).

F: 248° [unkorr.; Zers.; aus wss. A. bzw. aus wss. Propan-1-ol] (*Ne.*; *Ra., Giri*). $[M]_D^{25}$: −39,3° [Eg.; c = 2]; $[M]_D^{25}$: −78,0° [H_2O; c = 2]; $[M]_D^{25}$: −24,7° [wss. HCl (5 n); c = 2] (*J. P. Greenstein, M. Winitz*, Chemistry of the Amino Acids [New York 1961] S. 87, 2019; *Winitz et al.*, Am. Soc. **77** [1955] 716, 718; s. a. *Greenstein et al.*, J. biol. Chem. **204** [1953] 307, 313); $[\alpha]_D$: −58,0° [H_2O; c = 2]; $[\alpha]_D$: −15,7° [wss. HCl (6%ig); c = 1,4] (*Ne.*). ORD (H_2O sowie wss. HCl [5 n]; 589—365 nm): *Gr., Wi.*, l. c. S. 116; s. a. *Otey et al.*, Am. Soc. **77** [1955] 3112. ORD des Kupfer(II)-Salzes (H_2O; 578—365 nm): *Izumiya et al.*, Am. Soc. **78** [1956] 1602, 1603. IR-Spektrum (KBr; 2—15 μ): *Koegel et al.*, Am. Soc. **77** [1955] 5708, 5710, 5716.

c) **(±)-4*c*-Hydroxy-pyrrolidin-2*r*-carbonsäure, *cis*-4-Hydroxy-DL-prolin,** allo-4-Hydroxy-DL-prolin $C_5H_9NO_3$, Formel V + VI (H 191; E I 545; E II 144; dort auch als *dl*-b-4-Oxy-prolin bezeichnet).

B. Bei der Hydrierung von (±)-4-Oxo-pyrrolidin-1,2-dicarbonsäure-diäthylester an Platin in Methanol und Erhitzen des Reaktionsprodukts mit $Ba(OH)_2$ in wss. Methanol (*Kuhn, Osswald*, B. **89** [1956] 1423, 1436). Neben *trans*-4-Hydroxy-DL-prolin beim Erwärmen von (±)-4-Oxo-pyrrolidin-1,2-dicarbonsäure-diäthylester mit Aluminium-isopropylat in Isopropylalkohol und Erhitzen des Reaktionsprodukts mit $Ba(OH)_2$ in wss. Methanol (*Kuhn, Os.*). Bei mehrtägigem Behandeln von (±)-*threo*-2-Amino-5-chlor-4-hydroxy-valeriansäure mit wss. NH_3 (*Feofilaktow, Onischtschenko*, Ž. obšč. Chim. **9** [1939] 331, 337; C. **1939** II 3692; C. r. Doklady **20** [1938] 133). Neben geringen Mengen *trans*-4-Hydroxy-DL-prolin beim Behandeln von opt.-inakt. 3-Amino-5-chlormethyl-dihydro-furan-2-on (E III/IV **18** 7839) mit wss. NH_3 bei 30° (*McIlwain, Richardson*, Biochem. J. **33** [1939] 44, 45). Neben *trans*-4-Hydroxy-DL-prolin beim Erwärmen von opt.-inakt. 2-Oxo-5-phthalimidomethyl-tetrahydro-furan-3-carbonsäure-äthylester (F: 114°) oder von opt.-inakt. 2-Oxo-5-phthalimidomethyl-tetrahydro-furan-3-carbonitril (F: 190°) mit SO_2Cl_2 und Essigsäure auf 70°, Erhitzen des Reaktionsprodukts mit konz. wss. HCl und Essigsäure und Erwärmen des danach erhaltenen Reaktionsprodukts mit wss. $Ba(OH)_2$ (*Gaudry, Godin*, Am. Soc. **76** [1954] 139, 142; s. a. *Wolf et al.*, J. biol. Chem. **223** [1956] 95, 96). Neben *trans*-4-Hydroxy-DL-prolin beim Behandeln von Acetylamino-allyl-malonsäure-diäthylester mit Brom in $CHCl_3$ und mehrtägigen Erhitzen des Reaktionsprodukts mit H_2O (*Wieland, Wintermeyer*, B. **90** [1957] 1721, 1723). Neben *trans*-4-Hydroxy-DL-prolin beim Erhitzen von opt.-inakt. 3-Chlor-5-chlormethyl-dihydro-furan-2-on, von opt.-inakt. 3-Brom-5-chlormethyl-dihydro-furan-2-on oder von opt.-inakt. 5-Brommethyl-3-chlor-dihydro-furan-2-on (jeweils E III IV **17** 4178) mit wss. NH_3 auf 100° (*Ga., Go.*).

Kristalle (aus wss. Acn.); F: 244° (*McI., Ri.*), 241—242° [Zers.] (*Kuhn, Os.*).

Überführung in *trans*-4-Hydroxy-DL-prolin: *Ga.*, *Go.*

d) **(2*R*)-4*t*-Hydroxy-pyrrolidin-2*r*-carbonsäure, *trans*-4-Hydroxy-D-prolin,** 4-Hydroxy-D-prolin $C_5H_9NO_3$, Formel VII (E I 545; dort als *d*-a-4-Hydroxy-prolin bezeichnet).

B. Aus *trans*-1-[3,5-Dinitro-benzoyl]-4-hydroxy-D-prolin beim Erhitzen mit wss. HCl (*Velluz et al.*, Bl. **1954** 1015; *Uclaf*, U.S.P. 2794025 [1955]; *Kovács et al.*, Acta Univ. Szeged **3** [1957] 118). Beim Erhitzen von *cis*-1-Acetyl-4-[toluol-4-sulfonyloxy]-D-prolin mit wss. NaOH und Erhitzen des Reaktionsprodukts mit wss. HCl (*Robinson, Greenstein*, J. biol. Chem. **195** [1952] 383, 387; *Greenstein et al.*, J. biol. Chem. **204** [1953] 307, 308).

F: 274—275° [Zers.] (*Ko. et al.*). $[\alpha]_D^{20}$: +77° [H_2O; c = 1] (*Ko. et al.*; *Uclaf*); $[\alpha]_D^{25}$: +76° [H_2O; c = 2] (*Ro.*, *Gr.*).

Bildung von Pyrrol-2-carbonsäure beim Behandeln mit H_2O_2 in wss. NaOH in Gegenwart von $CuSO_4$ und Behandeln des Reaktionsgemisches mit Essigsäure und wss. HCl: *Radhakrishnan, Meister*, J. biol. Chem. **226** [1957] 559, 564.

e) **(2*S*)-4*t*-Hydroxy-pyrrolidin-2*r*-carbonsäure, *trans*-4-Hydroxy-L-prolin,** 4-Hydroxy-L-prolin $C_5H_9NO_3$, Formel VIII (H 191; E I 545; E II 143; dort auch als *l*-a-4-Oxy-prolin bezeichnet).

Vorkommen in freier und gebundener Form in tierischem Gewebe: *Hoppe-Seyler/Thierfelder*, Handbuch der Physiologisch- und Pathologisch-Chemischen Analyse, 10. Aufl., Bd. 4 [Berlin 1960], Bd. 5 [Berlin 1953] S. 478, 595, 605, 616, 668; *A. Meister*, Biochemistry of the Amino Acids, 2. Aufl. [New York 1965] S. 715, 719.

Isolierung aus Protein-Hydrolysaten: *Klabunde*, J. biol. Chem. **90** [1931] 293; *Synge*, Biochem. J. **33** [1939] 1929; *Weygand, Geiger*, B. **92** [1959] 2099, 2102; vgl. H 191; E II 143. Zusammenfassende Darstellung dieser Isolierung: *J. P. Greenstein, M. Winitz*, Chemistry of the Amino Acids [New York 1961] S. 2019, 2026.

Gewinnung aus *trans*-4-Hydroxy-DL-prolin mit Hilfe von D-Aminosäure-oxidase aus Schweinenieren: *Parikh et al.*, Am. Soc. **80** [1958] 953, 955, 958. Trennung von *cis*-4-Hydroxy-D-prolin an einem Ionenaustauscher (Dowex 50) durch Elution mit einer gepufferten wss. Lösung von pH 3,3: *Piez*, J. biol. Chem. **207** [1954] 77, 80.

B. Aus *trans*-1-[3,5-Dinitro-benzoyl]-4-hydroxy-L-prolin beim Erhitzen mit wss. HCl (*Velluz et al.*, Bl. **1954** 1015; *Uclaf*, U.S.P. 2794025 [1955]; *Kovács et al.*, Acta Univ. Szeged **3** [1957] 118).

Atomabstände und Bindungswinkel (Röntgen-Diagramm): *Donohoe, Trueblood*, Acta cryst. **5** [1952] 414, 418, 419, 428; *Zussman*, Acta cryst. **4** [1951] 493. Atomabstände und Bindungswinkel (Neutronenbeugung): *Koetzle et al.*, Acta cryst. [B] **29** [1973] 231, 235.

Orthorhombische Kristalle; Raumgruppe $P2_12_12_1$ (= D_2^4); Dimensionen der Elementarzelle: a = 4,99 Å; b = 8,307 Å; c = 14,193 Å; n = 4 [aus der Neutronenbeugung ermittelt] (*Koetzle et al.*, Acta cryst. [B] **29** [1973] 231) bzw. a = 5,00 Å; b = 8,31 Å; c = 14,20 Å; n = 4 [aus dem Röntgen-Diagramm ermittelt] (*Donohue, Trueblood*, Acta cryst. **5** [1952] 414, 419; s. a. *Zussman*, Acta cryst. **4** [1951] 72, 493). Bei 190—223°/0,3 Torr [Beginn ab 150°/0,3 Torr] sublimierbar (*Gross, Grodsky*, Am. Soc. **77** [1955] 1678). Dichte der Kristalle: 1,48 (*Zu.*, l. c. S. 72), 1,474 (*Do.*, *Tr.*, l. c. S. 420). $[M]_D^{25}$: −100,9° [Eg.; c = 0,25]; $[M]_D^{25}$: −99,6° [H_2O; c = 2]; $[M]_D^{25}$: −66,2° [wss. HCl (5 n); c = 2] (*J. P. Greenstein, M. Winitz*, Chemistry of the Amino Acids [New York 1961] S. 87, 2019; *Winitz et al.*, Am. Soc. **77** [1955] 716, 718; s. a. *Greenstein et al.*, J. biol. Chem. **204** [1953] 307, 313); $[\alpha]_D^{24}$: −60,8° [wss. HCl (0,1 n); c = 2] (*Levine*, J. biol. Chem. **234** [1959] 1731). $[\alpha]_D^{20}$ in wss. HCl und in wss. NaOH in Abhängigkeit von der HCl- bzw. NaOH-Konzentration: *Lutz, Jirgensons*, B. **64** [1931] 1221, 1231. ORD in H_2O sowie in wss. HCl [5 n] von 589 nm bis 365 nm: *Gr.*, *Wi.*, l. c. S. 116; s. a. *Otey et al.*, Am. Soc. **77** [1955] 3112; in H_2O sowie in wss. HCl [2 n] von 680 nm bis 480 nm: *Froentjes*, R. **62** [1943] 97, 100.

^{1}H-NMR-Absorption in H_2O, in wss. H_2SO_4, in wss. NaOH, in wss. NaCl, in wss. $MgCl_2$ und in wss. $AlCl_3$: *Jardetzky, Jardetzky*, J. biol. Chem. **233** [1958] 383, 385, 387; in Trifluoressigsäure: *Bovey, Tiers*, Am. Soc. **81** [1959] 2870, 2874. IR-Spektrum (KBr; 2—15 μ bzw. Paraffinöl; 2,5—15 μ): *Koegel et al.*, Am. Soc. **77** [1955] 5708, 5716; *Fu et al.*, Arch. Biochem. **31** [1951] 83, 87. Raman-Banden des Zwitterions, des Hydrochlorids und des Natrium-Salzes (H_2O; 3030—400 cm^{-1}): *Garfinkel*, Am. Soc. **80** [1958]

3827, 3829. UV-Spektrum (H_2O; 200—230 nm): *Saidel et al.*, J. biol. Chem. **197** [1952] 285, 287. UV-Spektrum der Säure und des Natrium-Salzes (H_2O; 195—245 nm): *Ley, Arends*, Z. physik. Chem. [B] **17** [1932] 177, 208. Dielektrisches Inkrement in H_2O: *Parts*, Publ. tech. Univ. Tallinn [A] Nr. 8 [1939] 3, 8. Wahre Dissoziationsexponenten pK_{a1} und pK_{a2} der protonierten Verbindung (H_2O; potentiometrisch ermittelt) von 1° (1,900 bzw. 10,274) bis 50° (1,786 bzw. 9,138): *Smith et al.*, J. biol. Chem. **144** [1942] 737, 742, 743. Scheinbare Dissoziationsexponenten pK'_{a1} und pK'_{a2} der protonierten Verbindung (H_2O; potentiometrisch ermittelt) bei 20°: 1,93 bzw. 9,58 (*Perrin*, Soc. **1958** 3125, 3126). Scheinbarer Dissoziationsexponent pK'_{a2} (H_2O; potentiometrisch ermittelt) bei 17°: 9,70 (*Perkins*, Biochem. J. **51** [1952] 487, 489); bei 25°: 9,47 (*Li et al.*, Am. Soc. **80** [1958] 5901). Volumenänderung bei der Protonierung und Dissoziation in wss. Medium: *Weber*, Bio. Z. **218** [1930] 1, 11.

Löslichkeit in H_2O von 0° bis 65° (Kurve): *Tomiyama, Schmidt*, J. gen. Physiol. **19** [1936] 379; s. a. *Smith et al.*, J. biol. Chem. **144** [1942] 737, 739. Löslichkeit [$g \cdot l^{-1}$] in wss. Äthanol [50%ig] bei 30°: 70,5 (*Frediani*, Ann. Chimica **42** [1952] 692, 996); in Essigsäure bei 18°: 16,7; in Buttersäure bei 18°: 0,06 (*Przyłecki, Kasprzyk-Czakowska*, Bio. Z. **298** [1938] 328). Verteilung zwischen Phenol und wss. Lösungen vom pH 2 bis pH 11,2 bei 20—30°: *McCord, Neson*, Pr. Soc. exp. Biol. Med. **97** [1958] 210; zwischen Phenol und wss. HCl [2 n und 5 n] bei 25°: *Booth Co.*, U.S.P. 2471053 [1946]. Partielles Molvolumen in H_2O bei 25°: *To., Sch.* Scheinbares Molvolumen in H_2O bei 25°: *Cohn et al.*, Am. Soc. **56** [1934] 784, 789. Aktivitätskoeffizient und osmotischer Koeffizient von wss. Lösungen (0,2—2,3 m) bei 25°: *Smith, Smith*, J. biol. Chem. **132** [1940] 57, 60, 61. Diffusionskoeffizient in H_2O bei 1°: *Longsworth*, Am. Soc. **74** [1952] 4155, 4158; bei 25°: *Longsworth*, Am. Soc. **75** [1953] 5705, 5706. Lösungsenthalpie in H_2O bei 26°: *To., Sch.*; *Zittle, Schmidt*, J. biol. Chem. **108** [1935] 161, 173.

Zeitlicher Verlauf der Oxidation mit wss. $NaIO_4$ in ungepufferter wss. Lösung sowie in wss. Lösung vom pH 2: *Bragg, Hough*, Soc. **1958** 4050, 4052; Einfluss der Perjodat-Konzentration auf die Reaktion in ungepufferter Lösung: *Carter, Loo*, J. biol. Chem. **174** [1948] 723, 726. Bildung von *trans*-4-Hydroxy-L-prolin-methylester und (2*S*)-2*r*-Carboxy-4*t*-hydroxy-1,1-dimethyl-pyrrolidinium-betain bei der Reaktion mit Diazomethan in wasserhaltigem Äther: *Kuhn, Brydówna*, B. **70** [1937] 1333, 1339. Gleichgewichtskonstante des Reaktionssystems mit Formaldehyd in wss. Lösung bei 30°: *Levy, Silberman*, J. biol. Chem. **118** [1936] 723, 725. Beim Behandeln mit Ninhydrin in wss. Äthanol ist eine vermutlich als (3*R*)-1-[1,3-Dioxo-indan-2-yl]-3-hydroxy-3,4-dihydro-2*H*-pyrrolium-betain (E III/IV **21** 157) zu formulierende Verbindung erhalten worden (*Johnson, McCaldin*, Soc. **1958** 817, 818, 821). Geschwindigkeit der *N*-Acetylierung beim Behandeln mit Acetanhydrid und Essigsäure bei 25°: *Kolb, Toennies*, J. biol. Chem. **144** [1942] 193, 195; der *O*- und *N*-Acetylierung mit Acetanhydrid in Essigsäure in Gegenwart von Perchlorsäure bei 25°: *Sakami, Toennies*, J. biol. Chem. **144** [1942] 204, 213. Überführung in *cis*-4-Hydroxy-D-prolin beim mehrstündigen Erhitzen mit überschüssigem Acetanhydrid und Essigsäure und Erwärmen des Reaktionsprodukts mit wss. HCl: *Robinson, Greenstein*, J. biol. Chem. **195** [1952] 383, 384. Kinetik der Reaktion mit CS_2 (Bildung von *trans*-1-Dithiocarboxy-4-hydroxy-L-prolin) in wss. Lösung vom pH 7,9 bei 40°: *Leonis*, C. r. Trav. Carlsberg Ser. chim. **26** [1949] 315, 337, 345; in wss. Lösungen vom pH 7,7 bis pH 9 bei 10—40°: *Zahradník*, Collect. **23** [1958] 1435. Geschwindigkeitskonstante der Reaktion mit [2-Chlor-phenyl]-[4,6-dichlor-[1,3,5]triazin-2-yl]-amin in wss. Lösung vom pH 7 bei 29°: *Burchfield, Storrs*, Contrib. Boyce Thompson Inst. **18** [1956] 395, 404.

Stabilitätskonstante der Komplexe mit Beryllium(2+), mit Zink(2+), mit Cadmium(2+) und mit Quecksilber(2+) in H_2O bei 17°: *Perkins*, Biochem. J. **51** [1951] 487, 489; mit Calcium(2+) und mit Strontium(2+) in H_2O bei 25°: *Schubert*, Am. Soc. **76** [1954] 3442; mit Eisen(2+) in H_2O bei 20°; *Perrin*, Soc. **1959** 290, 294; mit Eisen(3+) in H_2O bei 20°: *Perrin*, Soc. **1958** 3125, 3126; mit Nickel(2+) in H_2O bei 25°: *Li et al.*, Am. Soc. **80** [1958] 5901.

Hydrochlorid $C_5H_9NO_3 \cdot HCl$ (H 191; E II 143). Dissoziationsdruck bei 25° und 40°: *Czarnetzky, Schmidt*, J. biol. Chem. **105** [1934] 301, 307.

Ammonium-Salz. Dissoziationsdruck bei 2,5°, 25° und 40°: *Czarnetzky, Schmidt*, J. biol. Chem. **105** [1934] 301, 306.

Kupfer(II)-Salz $Cu(C_5H_8NO_3)_2$ (H 191). ORD (H_2O; 578—365 nm) bei 25—27°: *Izumiya et al.*, Am. Soc. **78** [1956] 1602, 1603. Absorptionsspektrum (H_2O; 500—660 nm;

λ_{max} 620 nm): *Ley, Arends*, Z. physiol. Chem. **192** [1930] 131, 133. λ_{max} (H_2O): 245 nm (*Cherkin et al.*, Anal. Chem. **28** [1956] 865; s. a. *Spies*, J. biol. Chem. **195** [1952] 65, 69). Stabilitätskonstante (H_2O) bei 25°: *Li et al.*, Am. Soc. **80** [1958] 5901.

Reineckat $C_5H_9NO_3 \cdot H[Cr(CNS)_4(NH_3)_2]$ (vgl. E II 143). Rosafarbene Kristalle; F: 152—153°; $[\alpha]^{20}_{623,4}$: —38,9° [Acn.; c = 2] (*Witkop, Beiler*, Am. Soc. **78** [1956] 2882, 2892).

Verbindung mit 2-Nitro-indan-1,3-dion $C_5H_9NO_3 \cdot C_9H_5NO_4$. Kristalle; F: 241° [Zers.] (*Larsen et al.*, Mikroch. **34** [1948] 1, 6). Kristalloptik: *La. et al.*

5-Nitro-naphthalin-1-sulfonat $C_5H_9NO_3 \cdot C_{10}H_7NO_5S$. Löslichkeitsprodukt in wss. HCl [1 n] bei 0°: $8,7 \cdot 10^{-4}$ (*Doherty et al.*, J. biol. Chem. **135** [1940] 487, 491).

Rufianat (1,4-Dihydroxy-9,10-dioxo-9,10-dihydro-anthracen-2-sulfonat) $C_5H_9NO_3 \cdot C_{14}H_8O_7S$. Gelbbraune Kristalle (aus wss. A.); F: 292° [Zers.] (*Zimmermann*, Z. physiol. Chem. **189** [1930] 155, 156). Löslichkeit in Äthanol: *Zi.*

Dibenzofuran-2-sulfonat $C_5H_9NO_3 \cdot C_{12}H_8O_4S$. Kristalle; F: 225° (*Wendland, Smith*, Pr. N. Dakota Akad. **3** [1949] 31). Löslichkeit in H_2O bei 0°: 4,75 g/100 ml.

Dilitur at (5-Nitro-barbiturat) $C_5H_9NO_3 \cdot C_4H_3N_3O_5 \cdot 2,5\ H_2O$. Kristalle (aus H_2O); F: 115° [Zers.] (*Larsen et al.*, Mikroch. **34** [1949] 351, 358). Kristalloptik: *La. et al.*

f) **(±)-4*t*-Hydroxy-pyrrolidin-2*r*-carbonsäure, *trans*-4-Hydroxy-DL-prolin,** 4-Hydroxy-DL-prolin $C_5H_9NO_3$, Formel VII + VIII auf S. 2046 (H 190; E I 544; E II 143; dort auch als *dl*-a-4-Oxy-prolin bezeichnet).

B. Neben *cis*-4-Hydroxy-DL-prolin beim Erwärmen von (±)-4-Oxo-pyrrolidin-1,2-dicarbonsäure-diäthylester mit Aluminiumisopropylat in Isopropanol und Erhitzen des Reaktionsprodukts mit $Ba(OH)_2$ in wss. Methanol (*Kuhn, Osswald*, B. **89** [1956] 1423, 1437). Bei mehrtägigem Behandeln von (±)-*erythro*-2-Amino-5-chlor-4-hydroxy-valeriansäure mit wss. NH_3 (*Feofilaktow, Onischtschenko*, Ž. obšč. Chim. **9** [1939] 331, 338; C. **1939** II 3692; C. r. Doklady **20** [1938] 133). Über Bildungsweisen aus opt.-inakt. 2-Oxo-5-phthalimidomethyl-tetrahydro-furan-3-carbonsäure-äthylester (F: 114°), aus opt.-inakt. 2-Oxo-5-phthalimidomethyl-tetrahydro-furan-3-carbonitril (F: 190°), aus Acetylamino-allyl-malonsäure-diäthylester, aus opt.-inakt. 3-Chlor-5-chlormethyl-dihydro-furan-2-on, aus opt.-inakt. 3-Brom-5-chlormethyl-dihydro-furan-2-on oder aus opt.-inakt. 5-Brommethyl-3-chlor-dihydro-furan-2-on s. die Angaben bei *cis*-4-Hydroxy-DL-prolin (S. 2046). Beim Erhitzen von *cis*-1-Acetyl-4-[toluol-4-sulfonyloxy]-DL-prolin mit wss. NaOH und Erhitzen des nicht rein isolierten *trans*-1-Acetyl-4-hydroxy-DL-prolins mit wss. HCl (*Gaudry, Godin*, Am. Soc. **76** [1954] 139, 142).

F: 265—266° [Zers.; bei raschem Erhitzen](*Fe., On.*).

Kupfer(II)-Salz $Cu(C_5H_8NO_3)_2 \cdot 2\ H_2O$ (vgl. H 190; E I 544). Kristalle (*Gaudry, Godin*, Am. Soc. **76** [1954] 139, 141).

***trans*-4-Methoxy-L-prolin** $C_6H_{11}NO_3$, Formel I (R = H, R' = CH_3) auf S. 2051.

B. Beim Behandeln von *trans*-1-Acetyl-4-methoxy-L-prolin-methylester mit wss. $Ba(OH)_2$ und anschliessenden Erhitzen mit wss. H_2SO_4 (*Neuberger*, Soc. **1945** 429, 431).

Hygroskopische Kristalle (aus A. + Ae.); F: 202° (*Ne.*). $[\alpha]^{20}_{D}$: —56,0° [H_2O; c = 2] (*Adams et al.*, J. biol. Chem. **208** [1954] 573, 577; s. a. *Ne.*).

***trans*-4-Acetoxy-L-prolin** $C_7H_{11}NO_4$, Formel I (R = H, R' = CO-CH_3) auf S. 2051.

B. Beim Behandeln von *trans*-4-Hydroxy-L-prolin mit wss. $HClO_4$, Essigsäure und Acetanhydrid (*Sakami, Toennies*, J. biol. Chem. **144** [1942] 203, 212, 215).

Kristalle (aus wss. A.); Zers. bei 179—181°. $[M]^{30}_{D}$: —46° [wss. HCl (0,5 n); c = 0,9]; $[M]^{30}_{D}$: —87° [wss. NaOH (0,2 n); c = 0,9] (*Sa., To.*, l. c. S. 216).

***trans*-4-Benzoyloxy-L-prolin** $C_{12}H_{13}NO_4$, Formel I (R = H, R' = CO-C_6H_5) auf S. 2051.

B. Neben *trans*-4-Hydroxy-L-prolin (Hauptprodukt) beim Erhitzen von *trans*-1-Acetyl-4-benzoyloxy-L-prolin mit wss. H_2SO_4 (*Synge*, Biochem. J. **33** [1939] 1924, 1928).

Kristalle (aus H_2O) mit 1 Mol H_2O; Zers. bei 220°. $[\alpha]^{22}_{D}$: —5,4° [H_2O; c = 1,2].

***trans*-4-Diazoacetoxy-L-prolin** $C_7H_9N_3O_4$, Formel I (R = H, R' = CO—CHN_2) auf S. 2051.

B. Bei der Hydrierung von *trans*-4-Azidoacetoxy-1-[4-nitro-benzyloxycarbonyl]-L-prolin an Palladium/Kohle in wss.-methanol. HCl und Behandeln des Reaktions-

produkts mit wss. $NaNO_2$ bei pH 4,5 (*DeWald et al.*, Am. Soc. **81** [1959] 4364).
Hygroskopisches gelbes Pulver; F: 103—107°. λ_{max} (H_2O): 250 nm.

***trans*-4-[Toluol-4-sulfonyloxy]-L-prolin** $C_{12}H_{15}NO_5S$, Formel I (R = H, R' = SO_2-C_6H_4-CH_3(*p*)).
B. Beim Behandeln von *trans*-1-Benzyloxycarbonyl-4-[toluol-4-sulfonyloxy]-L-prolin mit HBr enthaltender Essigsäure (*Kurtz et al.*, Am. Soc. **80** [1958] 393, 396). Beim Behandeln von *trans*-4-[Toluol-4-sulfonyloxy]-L-prolin-methylester-hydrobromid mit wss. NaOH (*Ku. et al.*).
Kristalle (aus H_2O); F: 163—165° [unkorr.].

***trans*-4-Phosphonooxy-L-prolin** $C_5H_{10}NO_6P$, Formel I (R = H, R' = $PO(OH)_2$.
B. Beim Behandeln von *trans*-4-Hydroxy-L-prolin mit H_3PO_4 und P_2O_5 (*Levene, Schormüller*, J. biol. Chem. **106** [1934] 595, 599; *Plimmer*, Biochem. J. **35** [1941] 461, 462).
Kristalle (aus H_2O + A.) mit 1,5 Mol H_2O; F: 115°; die wasserfreie Verbindung schmilzt bei 130—131° (*Pl.*). $[\alpha]_D$: −28,8° [H_2O; c = 1,8] (*Pl.*); $[\alpha]_D^{25}$: −21,9° [10%ig. wss. HCl; c = 3,6] (*Le.*, *Sch.*).
Barium-Salz $BaC_5H_8NO_6P$. Kristalle (aus H_2O + A.) mit 1 Mol H_2O; $[\alpha]_D^{25}$: −13,3° [10%ig. wss. HCl; c = 6] (*Le.*, *Sch.*). Kristalle (aus H_2O + A.) mit 4 Mol H_2O (*Pl.*).
Brucin-Salz 2 $C_{23}H_{26}N_2O_4 \cdot C_5H_{10}NO_6P$. Kristalle (aus Butan-1-ol); F: 180—183° (*Le.*, *Sch.*).

***trans*-4-Hydroxy-L-prolin-methylester** $C_6H_{11}NO_3$, Formel I (R = CH_3, R' = H).
B. Beim Behandeln von *trans*-4-Hydroxy-L-prolin mit Methanol und HCl (*Smith, Bergmann*, J. biol. Chem. **153** [1944] 627, 646; *Poroschin et al.*, Izv. Akad. S.S.S.R. Otd. chim. **1959** 1851; engl. Ausg. S. 1768). Neben (2*S*)-2*r*-Carboxy-4*t*-hydroxy-1,1-dimethyl-pyrrolidinium-betain (Hauptprodukt) beim Behandeln von *trans*-4-Hydroxy-L-prolin mit Diazomethan in wasserhaltigem Äther (*Kuhn, Brydówna*, B. **70** [1937] 1333, 1339).
Kp_{10}: 120° (*Kuhn, Br.*).
Hydrochlorid $C_6H_{11}NO_3 \cdot HCl$. Kristalle; F: 169—170° (*Wieland et al.*, A. **626** [1959] 154, 170), 162—164° [Zers.; aus Me. + Ae.] (*Sm.*, *Be.*).

***trans*-4-[Toluol-4-sulfonyloxy]-L-prolin-methylester** $C_{13}H_{17}NO_5S$, Formel I (R = CH_3, R' = SO_2-C_6H_4-CH_3(*p*)).
B. Beim Behandeln von *trans*-1-Benzyloxycarbonyl-4-[toluol-4-sulfonyloxy]-L-prolin-methylester mit HBr enthaltender Essigsäure (*Kurtz et al.*, Am. Soc. **80** [1958] 393, 396).
Hydrobromid $C_{13}H_{17}NO_5S \cdot HBr$. Kristalle (aus Me. + Ae.); F: 131—132° [unkorr.].

4-Hydroxy-prolin-äthylester $C_7H_{13}NO_3$.
a) ***cis*-4-Hydroxy-L-prolin-äthylester** $C_7H_{13}NO_3$, Formel II (R = C_2H_5, R' = H).
B. Beim Behandeln von *cis*-4-Hydroxy-L-prolin mit Äthanol und HCl (*Adams et al.*, J. biol. Chem. **208** [1954] 573, 576).
Hydrochlorid $C_7H_{13}NO_3 \cdot HCl$. Kristalle (aus A. + Ae.); F: 148—151°.
b) ***cis*-4-Hydroxy-DL-prolin-äthylester** $C_7H_{13}NO_3$, Formel II (R = C_2H_5, R' = H) + Spiegelbild.
B. Beim Behandeln von *cis*-4-Hydroxy-DL-prolin-hydrochlorid mit Äthanol (*Gaudry, Godin*, Am. Soc. **76** [1954] 139, 142).
Hydrochlorid $C_7H_{13}NO_3 \cdot HCl$. F: 133—136° [unkorr.].
c) ***trans*-4-Hydroxy-L-prolin-äthylester** $C_7H_{13}NO_3$, Formel I (R = C_2H_5, R' = H).
B. Beim Behandeln von *trans*-4-Hydroxy-L-prolin mit Äthanol und HCl (*Kapfhammer, Matthes*, Z. physiol. Chem. **223** [1934] 48, 49).
Kp_1: 112—114° [unkorr.].
Hydrochlorid $C_7H_{13}NO_3 \cdot HCl$. Kristalle; F: 147—148° [unkorr.].
d) ***trans*-4-Hydroxy-DL-prolin-äthylester** $C_7H_{13}NO_3$, Formel I (R = C_2H_5, R' = H) + Spiegelbild.
B. Beim Behandeln von *trans*-4-Hydroxy-DL-prolin-hydrochlorid mit Äthanol (*Gaudry, Godin*, Am. Soc. **76** [1954] 139, 142).
Hydrochlorid $C_7H_{13}NO_3 \cdot HCl$. F: 142° [unkorr.].

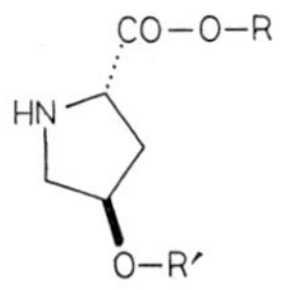

I 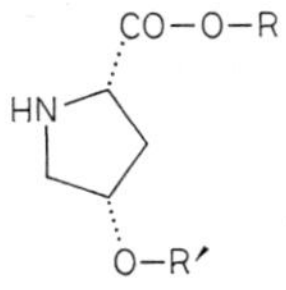 II 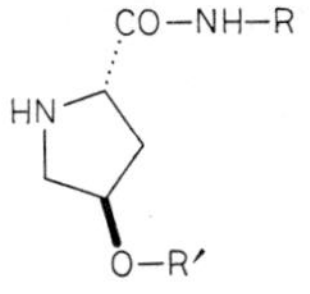 III 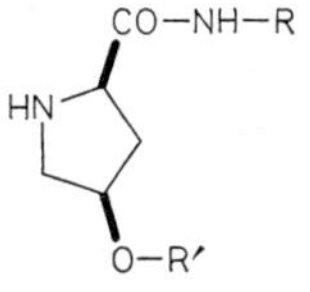 IV

***trans*-4-Methoxy-L-prolin-äthylester** $C_8H_{15}NO_3$, Formel I ($R = C_2H_5$, $R' = CH_3$).

B. Beim Behandeln von *trans*-4-Methoxy-L-prolin mit Äthanol und HCl (*Adams et al.*, J. biol. Chem. **208** [1954] 573, 577).

Hydrochlorid $C_8H_{15}NO_3 \cdot HCl$. Kristalle (aus A. + Ae.); F: 150—152°.

***trans*-4-Hydroxy-L-prolin-benzylester** $C_{12}H_{15}NO_3$, Formel I ($R = CH_2$-C_6H_5, $R' = H$).

B. Aus *trans*-4-Hydroxy-L-prolin und Benzylalkohol beim Behandeln mit HCl (*Smith, Bergmann*, J. biol. Chem. **153** [1944] 627, 645; *Poroschin et al.*, Izv. Akad. S.S.S.R. Otd. chim. **1959** 1851; engl. Ausg. S. 1768, 1769) oder beim Erhitzen mit Toluol-4-sulfonsäure (*Izumiya, Makisumi*, J. chem. Soc. Japan Pure Chem. Sect. **78** [1957] 662; C. A. **1959** 5148).

Hydrochlorid $C_{12}H_{15}NO_3 \cdot HCl$. Kristalle (aus Benzylalkohol + Ae.); F: 149—150° (*Po. et al.*), 147—150° (*Sm., Be.*).

Toluol-4-sulfonat $C_{12}H_{15}NO_3 \cdot C_7H_8O_3S$. Kristalle (aus A. + Ae.) mit 1 Mol H_2O; F: 107—109° (*Iz., Ma.*). $[\alpha]_D^{13}$: −21,8° [H_2O; c = 2] (*Iz., Ma.*).

***trans*-4-Hydroxy-L-prolin-amid** $C_5H_{10}N_2O_2$, Formel III ($R = R' = H$).

B. Beim Behandeln von *trans*-4-Hydroxy-L-prolin-methylester in Methanol mit NH_3 (*Smith, Bergmann*, J. biol. Chem. **153** [1944] 627, 649).

Kristalle (aus E.); F: 139°.

4-Hydroxy-prolin-anilid $C_{11}H_{14}N_2O_2$.

a) ***cis*-4-Hydroxy-D-prolin-anilid** $C_{11}H_{14}N_2O_2$, Formel IV ($R = C_6H_5$, $R' = H$).

B. Beim Behandeln von *cis*-1-Benzyloxycarbonyl-4-hydroxy-D-prolin mit Chloro⸗kohlensäure-äthylester und Tributylamin in $CHCl_3$ und anschliessend mit Anilin und Hydrieren des Reaktionsprodukts an Palladium/Kohle in methanol. HCl (*Friess et al.*, Am. Soc. **79** [1957] 459, 462).

Hydrochlorid $C_{11}H_{14}N_2O_2 \cdot HCl$. Kristalle (aus A. + Ae.); F: 256—258° [korr.]. $[\alpha]_D^{20}$: +10,2° [H_2O; c = 1].

b) ***trans*-4-Hydroxy-L-prolin-anilid** $C_{11}H_{14}N_2O_2$, Formel III ($R = C_6H_5$, $R' = H$).

B. Bei der Hydrierung von *trans*-1-Benzyloxycarbonyl-4-hydroxy-L-prolin-anilid an Palladium/Kohle in Essigsäure oder in methanol. HCl (*Friess et al.*, Am. Soc. **79** [1957] 459, 462).

Kristalle (aus PAe.); F: 150—151° [korr.]. $[\alpha]_D^{25}$: −32,8° [Me.; c = 1].

Hydrochlorid $C_{11}H_{14}N_2O_2 \cdot HCl$. F: 205—206° [korr.].

***trans*-4-Hydroxy-L-prolin-[2]naphthylamid** $C_{15}H_{16}N_2O_2$, Formel V.

B. Bei der Hydrierung von *trans*-1-Benzyloxycarbonyl-4-hydroxy-L-prolin-[2]naphth⸗ylamid an Palladium in wss. HCl (*Folk et al.*, Arch. Biochem. **61** [1956] 257, 258).

Hydrochlorid $C_{15}H_{16}N_2O_2 \cdot HCl$. Kristalle (aus A. + Ae.); F: 228—230°. $[\alpha]_D^{20}$: +13,4° [H_2O; c = 1].

***N*-[4-Hydroxy-prolyl]-glycin** $C_7H_{12}N_2O_4$.

a) ***N*-[*cis*-4-Hydroxy-D-prolyl]-glycin** $C_7H_{12}N_2O_4$, Formel IV ($R = CH_2$-CO-OH, $R' = H$).

B. Beim Behandeln von *cis*-1-Benzyloxycarbonyl-4-hydroxy-D-prolin-lacton mit Glycin-äthylester in THF unter Zusatz von $MgSO_4$, Behandeln des Reaktionsprodukts mit methanol. NaOH und anschliessenden Hydrieren an Palladium/Kohle in Methanol (*Patchett, Witkop*, Am. Soc. **79** [1957] 185, 191).

Kristalle; F: 215—218° [korr.]. $[\alpha]_D^{20}$: +11,3° [H_2O; c = 1].

b) ***N*-[*cis*-4-Hydroxy-L-prolyl]-glycin** $C_7H_{12}N_2O_4$, Formel VI.

B. Beim Behandeln von *cis*-1-Benzyloxycarbonyl-4-hydroxy-L-prolin mit Triäthylamin und Chlorokohlensäure-isobutylester, anschliessend mit Glycin-äthylester in Äthylacetat, Behandeln des Reaktionsprodukts mit NaOH in wss. Aceton und Hydrieren des danach erhaltenen Reaktionsprodukts in Methanol an Palladium (*Davis, Adams*, Arch. Biochem. **57** [1955] 301, 303). Aus *cis*-1-Benzyloxycarbonyl-4-hydroxy-L-prolin-lacton analog dem unter a) beschriebenen Stereoisomeren (*Patchett, Witkop*, Am. Soc. **79** [1957] 185, 191).

Kristalle (aus wss. A. oder Me.) mit 1 Mol H_2O; F: 214–216° [korr.] (*Pa., Wi.*). $[\alpha]_D^{20}$: −21,2° [H_2O; c = 1] [Monohydrat] (*Da., Ad.*), −11,1° [H_2O; c = 1] [Monohydrat] (*Pa., Wi.*).

c) ***N*-[*trans*-4-Hydroxy-L-prolyl]-glycin** $C_7H_{12}N_2O_4$, Formel III (R = CH_2-CO-OH, R′ = H).

B. Bei der Hydrierung von *N*-[*trans*-1-Benzyloxycarbonyl-4-hydroxy-L-prolyl]-glycin-benzylester an Palladium in wss. Methanol und Essigsäure (*Smith, Bergmann*, J. biol. Chem. **153** [1944] 627, 649).

Kristalle (aus wss. Me.); $[\alpha]_D^{26}$: −22,4° [H_2O; c = 8].

***N*-[*N*-(*trans*-4-Hydroxy-L-prolyl)-glycyl]-glycin** $C_9H_{15}N_3O_5$, Formel III (R = CH_2-CO-NH-CH_2-CO-OH, R′ = H).

B. Bei der Hydrierung von *N*-[*N*-(*trans*-1-Benzyloxycarbonyl-4-hydroxy-L-prolyl)-glycyl]-glycin an Palladium in wss. Essigsäure enthaltendem Methanol (*Davis, Smith*, J. biol. Chem. **200** [1953] 373, 381).

Kristalle (aus Me.); F: 216–217° [Zers.]. $[\alpha]_D^{21}$: −13,2° [H_2O; c = 1].

***N*-[*trans*-4-Hydroxy-L-prolyl]-L-alanin** $C_8H_{14}N_2O_4$, Formel VII (R = H).

B. Bei der Hydrierung von *N*-[*trans*-1-Benzyloxycarbonyl-4-hydroxy-L-prolyl]-L-alanin an Palladium in wss. Essigsäure enthaltendem Methanol (*Neuman, Smith*, J. biol. Chem. **193** [1951] 97, 105).

Kristalle (aus H_2O + Me. + E.). $[\alpha]_D^{22}$: −60,3° [H_2O; c = 1].

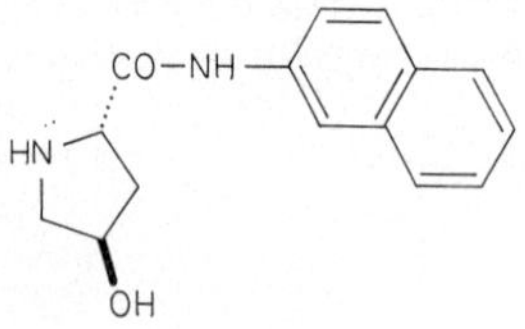

V 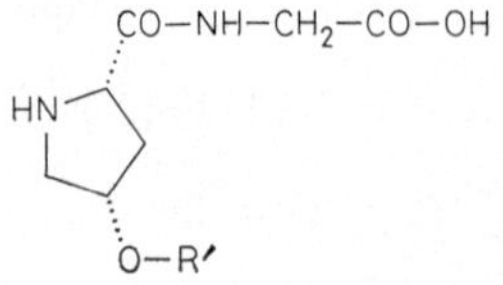 VI 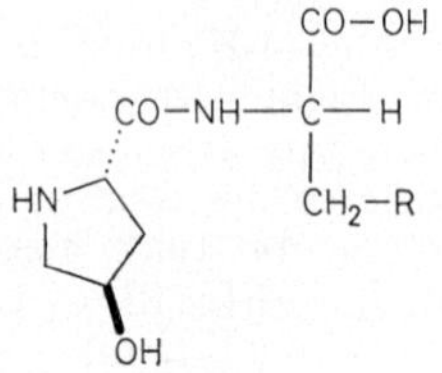 VII

***N*-[*trans*-4-Hydroxy-L-prolyl]-L-leucin** $C_{11}H_{20}N_2O_4$, Formel VII (R = $CH(CH_3)_2$).

B. Bei der Hydrierung von *N*-[*trans*-1-Benzyloxycarbonyl-4-hydroxy-L-prolyl]-L-leucin an Palladium in wss. Essigsäure enthaltendem Methanol (*Neuman, Smith*, J. biol. Chem. **193** [1951] 97, 103).

Kristalle (aus wss. Me.); $[\alpha]_D^{20}$: −62,5° [wss. HCl (1 n); c = 1].

***N*-[*trans*-4-Hydroxy-L-prolyl]-L-phenylalanin** $C_{14}H_{18}N_2O_4$, Formel VII (R = C_6H_5).

B. Bei der Hydrierung von *N*-[*trans*-1-Benzyloxycarbonyl-4-hydroxy-L-prolyl]-L-phenylalanin an Palladium in wss. Essigsäure enthaltendem Methanol (*Neuman, Smith*, J. biol. Chem. **193** [1951] 97, 104).

Kristalle. $[\alpha]_D^{20}$: −30,8° [wss. HCl (1 n); c = 1].

***N*-[*trans*-4-Hydroxy-L-prolyl]-L-tyrosin** $C_{14}H_{18}N_2O_5$, Formel VII (R = C_6H_4-OH(*p*)).

B. Bei der Hydrierung von *N*-[*trans*-1-Benzyloxycarbonyl-4-hydroxy-L-prolyl]-L-tyrosin (*Neuman, Smith*, J. biol. Chem. **193** [1951] 97, 105) oder von *N*-[*trans*-1-Benzyloxycarbonyl-4-hydroxy-L-prolyl]-L-tyrosin-benzylester [aus L-Tyrosin-benzylester-[toluol-4-sulfonat] und *trans*-1-Benzyloxycarbonyl-4-hydroxy-L-prolin hergestellt] (*Izumiya et al.*, J. chem. Soc. Japan Pure Chem. Sect. **79** [1958] 420, 423, 424; C. A. **1960** 4408) an Palladium in wss. Essigsäure enthaltendem Methanol.

Kristalle [aus wss. Me.] (*Ne., Sm.*); Kristalle (aus A. + H_2O) mit 1 Mol H_2O (*Iz. et al.*).

Die wasserfreie Verbindung zersetzt sich bei 222—224° (*Iz. et al.*). $[\alpha]_D^{28}$: —9,7° [H_2O; c = 1] [wasserfreies Präparat] (*Iz. et al.*); $[\alpha]_D^{22}$: —8,7° [H_2O; c = 1] [wasserfreies Präparat] (*Ne.*, *Sm.*).

***N*-[*trans*-4-Hydroxy-L-prolyl]-L-asparaginsäure** $C_9H_{14}N_2O_6$, Formel VII (R = CO-OH).

B. Bei der Hydrierung von *N*-[*trans*-1-Benzyloxycarbonyl-4-hydroxy-L-prolyl]-L-asparaginsäure an Palladium in wss. Essigsäure enthaltendem Methanol (*Neuman, Smith*, J. biol. Chem. **193** [1951] 97, 106).

Kristalle (aus H_2O + A. + E.). $[\alpha]_D^{22}$: —23,3° [H_2O; c = 1].

***N*-[*trans*-4-Hydroxy-L-prolyl]-L-glutaminsäure** $C_{10}H_{16}N_2O_6$, Formel VII (R = CH_2-CO-OH).

B. Bei der Hydrierung von *N*-[*trans*-1-Benzyloxycarbonyl-4-hydroxy-L-prolyl]-L-glutaminsäure (aus *N*-[*trans*-1-Benzyloxycarbonyl-4-hydroxy-L-prolyl]-L-glutaminsäure-diäthylester hergestellt) an Palladium in wss. Essigsäure enthaltendem Methanol (*Neuman, Smith*, J. biol. Chem. **193** [1951] 97, 107).

Kristalle (aus H_2O + A. + E.). $[\alpha]_D^{22}$: —35,8° [H_2O; c = 1].

***N*-[*trans*-4-Methoxy-L-prolyl]-glycin** $C_8H_{14}N_2O_4$, Formel III (R = CH_2-CO-OH, R' = CH_3) auf S. 2051.

B. Beim Behandeln von *trans*-1-Benzyloxycarbonyl-4-methoxy-L-prolylazid (aus *trans*-4-Methoxy-L-prolin über mehrere Stufen hergestellt) mit Glycin-äthylester in Äthylacetat, Behandeln des Reaktionsprodukts mit wss. NaOH und Aceton und anschliessendenden Hydrieren an Palladium in Methanol (*Davis et al.*, Arch. Biochem. **57** [1955] 301, 304).

Kristalle (aus Me. + A.). $[\alpha]_D^{20}$: —19,8° [H_2O; c = 1].

***trans*-4-Hydroxy-1-methyl-L-prolin-methylester** $C_7H_{13}NO_3$, Formel VIII.

B. Beim Erhitzen von (2*S*)-2*r*-Carboxy-4*t*-hydroxy-1,1-dimethyl-pyrrolidinium-betain auf 170° unter vermindertem Druck (*Pailer, Kump*, M. **90** [1959] 396, 400).

Picrolonat $C_7H_{13}NO_3 \cdot C_{10}H_8N_4O_5$. Kristalle (aus A. + Ae.); F: 185—187° [korr.].

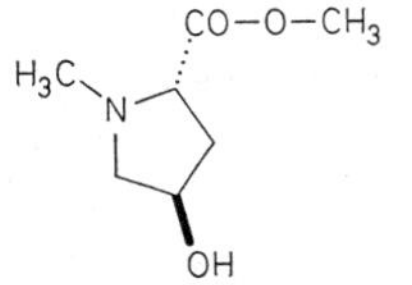

VIII 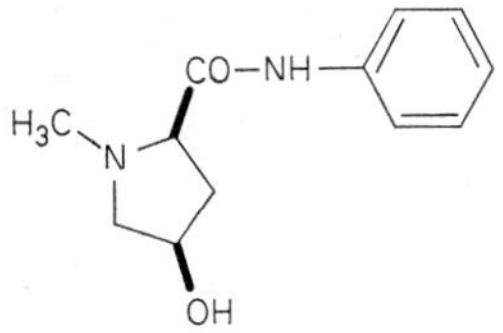 IX 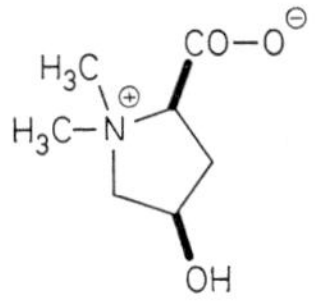 X

***cis*-4-Hydroxy-1-methyl-D-prolin-anilid** $C_{12}H_{16}N_2O_2$, Formel IX.

B. Beim Behandeln von *cis*-4-Hydroxy-D-prolin-anilid-hydrochlorid mit Ag_2O und CH_3I in Methanol (*Friess et al.*, Am. Soc. **79** [1957] 459, 462).

Hydrojodid $C_{12}H_{16}N_2O_2 \cdot HI$. Kristalle (aus A.); F: 220—222° [korr.].

2-Carboxy-4-hydroxy-1,1-dimethyl-pyrrolidinium, 4-Hydroxy-1,1-dimethyl-prolinium $[C_7H_{14}NO_3]^+$.

a) **(2*R*)-2*r*-Carboxy-4*c*-hydroxy-1,1-dimethyl-pyrrolidinium-betain,** D-Turicin $C_7H_{13}NO_3$, Formel X (E I 546).

B. Beim Behandeln von *cis*-4-Hydroxy-D-prolin mit Ag_2O in H_2O und anschliessend mit CH_3I und Methanol (*Patchett, Witkop*, Am. Soc. **79** [1957] 185, 192).

Kristalle (aus E.); F: 259—260° [korr.]. $[\alpha]_D^{20}$: +37,8° [H_2O; c = 1]. $[\alpha]_D^{20}$: +51,1° → 0° (22 h) [wss. NaOH (1 n); c = 1].

b) **(2*S*)-2*r*-Carboxy-4*c*-hydroxy-1,1-dimethyl-pyrrolidinium-betain,** L-Turicin $C_7H_{13}NO_3$, Formel XI.

B. Beim Behandeln von *cis*-4-Hydroxy-L-prolin mit Ag_2O in H_2O und anschliessend mit CH_3I und Methanol (*Friess et al.*, Am. Soc. **79** [1957] 459, 462).

F: 252—254° [korr.]. $[\alpha]_D^{20}$: —39,0° [H_2O; c = 1].

c) **(2*S*)-2*r*-Carboxy-4*t*-hydroxy-1,1-dimethyl-pyrrolidinium** $[C_7H_{14}NO_3]^+$, Formel XII (R = H, X = OH).

Betain $C_7H_{13}NO_3$; L-Betonicin (E I 547). Identität mit Achillein: *Pailer, Kump*, M. **90** [1959] 396. — Isolierung aus Achillea millefolium: *Miller, Chow*, Am. Soc. **76** [1954] 1353; *Pa., Kump*, l. c. S. 399; aus den Samen von Canavalia ensiformis: *Ackermann, Appel*, Z. physiol. Chem. **262** [1939] 103, 108. — *B.* Beim Behandeln von *trans*-4-Hydroxy-L-prolin mit Ag_2O in H_2O und anschliessend mit CH_3I und Methanol (*Patchett, Witkop*, Am. Soc. **79** [1957] 185, 188, 192). Als Hauptprodukt neben *trans*-4-Hydroxy-L-prolin-methylester beim Behandeln von *trans*-4-Hydroxy-L-prolin mit Diazomethan in wasserhaltigem Äther (*Kuhn, Brydówna*, B. **70** [1937] 1333, 1339). — Kristalle (aus A.); F: 254° bis 256° [korr.; Zers.] (*Pa., Kump*), 252—253° [korr.] (*Pa., Wi.*). $[\alpha]_D^{20}$: —34,2° [H_2O; c = 1] (*Pa., Wi.*). $[\alpha]_D^{20}$: —36° → 0° (18 h) [wss. NaOH (1 n); c = 1] (*Pa., Wi.*). IR-Spektrum (Nujol; 5—15 μ): *Pa., Kump*.

Tetrachloroaurat(III) $[C_7H_{14}NO_3]AuCl_4$ (E I 547). F: 232° (*Kuhn, Br.*).

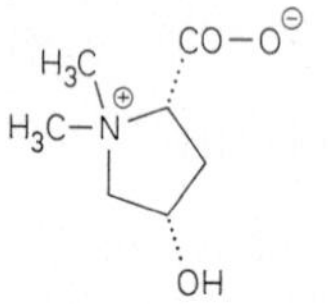

XI 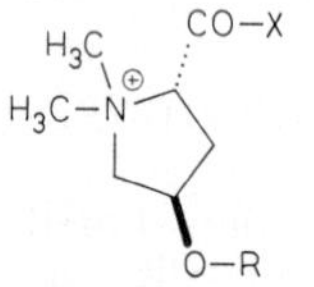 XII 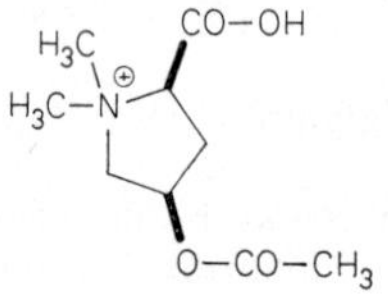 XIII 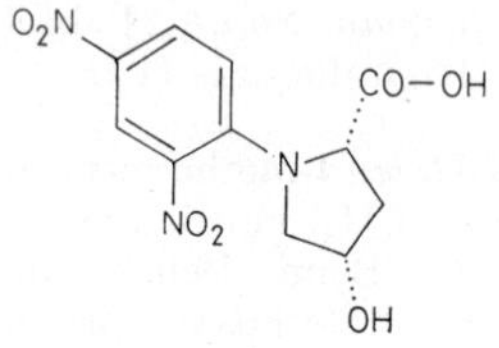 XIV

4-Acetoxy-2-carboxy-1,1-dimethyl-pyrrolidinium, 4-Acetoxy-1,1-dimethyl-prolinium $[C_9H_{16}NO_4]^+$.

a) **(2*R*)-4*c*-Acetoxy-2*r*-carboxy-1,1-dimethyl-pyrrolidinium** $[C_9H_{16}NO_4]^+$, Formel XIII.

Chlorid $[C_9H_{16}NO_4]Cl$; *O*-Acetyl-D-turicin-hydrochlorid. *B.* Beim Behandeln von *cis*-4-Acetoxy-D-prolin mit Ag_2O in H_2O und anschliessend mit CH_3I und Methanol und Behandeln des Reaktionsprodukts mit HCl, Äthanol und Äthylacetat (*Friess et al.*, Am. Soc. **79** [1957] 459, 462). — Geschwindigkeit der Hydrolyse in wss. Lösung vom pH 7,1 bei 25°: *Fr. et al.*, l. c. S. 461.

b) **(2*S*)-4*t*-Acetoxy-2*r*-carboxy-1,1-dimethyl-pyrrolidinium** $[C_9H_{16}NO_4]^+$, Formel XII (R = CO-CH_3, X = OH).

Chlorid $[C_9H_{16}NO_4]Cl$; *O*-Acetyl-L-betonicin-hydrochlorid. *B.* Beim Behandeln von *trans*-4-Acetoxy-L-prolin mit Ag_2O in H_2O und anschliessend mit CH_3I und Methanol und Behandeln des Reaktionsprodukts mit HCl in Äthylacetat (*Patchett, Witkop*, Am. Soc. **79** [1957] 185, 192). — Kristalle (aus E.); F: 200—201° [korr.]. — Geschwindigkeit der Hydrolyse in wss. Lösung vom pH 7,1 bei 25°: *Friess et al.*, Am. Soc. **79** [1957] 459, 461.

(2*S*)-4*t*-Hydroxy-2*r*-methoxycarbonyl-1,1-dimethyl-pyrrolidinium $[C_8H_{16}NO_3]^+$, Formel XII (R = H, X = O-CH_3).

Tetraphenylboranat $[C_8H_{16}NO_3][C_{24}H_{20}B]$. *B.* Beim Erwärmen von (2*S*)-2*r*-Carboxy-4*t*-hydroxy-1,1-dimethyl-pyrrolidinium-betain mit Methanol und HCl und Behandeln des Reaktionsprodukts mit wss. Natrium-tetraphenylboranat unter Zusatz von $AlCl_3$ (*Pailer, Kump*, M. **90** [1959] 396, 400). — Kristalle (aus wss. A.); F: 180—182° [korr.].

(2*S*)-4*t*-Hydroxy-1,1-dimethyl-2*r*-phenylcarbamoyl-pyrrolidinium $[C_{13}H_{19}N_2O_2]^+$, Formel XII (R = H, X = NH-C_6H_5).

Jodid $[C_{13}H_{19}N_2O_2]I$. *B.* Beim Behandeln von *trans*-4-Hydroxy-L-prolin-anilid mit Ag_2O und CH_3I in Methanol (*Friess et al.*, Am. Soc. **79** [1957] 459, 462). — Kristalle (aus A. + Ae.); F: 186—187° [korr.].

1-[2,4-Dinitro-phenyl]-4-hydroxy-prolin $C_{11}H_{11}N_3O_7$.

a) ***cis*-1-[2,4-Dinitro-phenyl]-4-hydroxy-L-prolin** $C_{11}H_{11}N_3O_7$, Formel XIV.

B. Beim Behandeln von *cis*-4-Hydroxy-L-prolin mit 1-Fluor-2,4-dinitro-benzol und $NaHCO_3$ in wss. Äthanol (*Rao, Sober*, Am. Soc. **76** [1954] 1328, 1330).

Hygroskopische gelbe Substanz (aus Ae. + PAe.). $[M]_D^{24-26}$: −2706° [wss. NaOH (1 n); c = 0,2−1]; M_D^{24-26}: −1874° [wss. $NaHCO_3$ (4%ig); c = 0,2−1]; M_D^{24-26}: −1322° [Eg.; c = 0,2−1].

b) ***trans*-1-[2,4-Dinitro-phenyl]-4-hydroxy-L-prolin** $C_{11}H_{11}N_3O_7$, Formel I.

B. Beim Behandeln von *trans*-4-Hydroxy-L-prolin mit 1-Fluor-2,4-dinitro-benzol und $NaHCO_3$ in wss. Äthanol (*Rao, Sober*, Am. Soc. **76** [1954] 1328, 1330; *Friedberg, O'Dell*, Canad. J. Chem. **37** [1959] 1469, 1470).

F: 174−175° [unkorr.; aus Ae. + PAe.] (*Rao, So.*). $[M]_D^{24-26}$: −3852° [wss. NaOH (0,1 n); c = 0,2−1] (*Rao, So.*); $[M]_D^{24-26}$: −3410° [Eg.; c = 0,2−1] (*Rao, So.*). IR-Spektrum (KBr; 5000−625 cm^{-1}): *Fr., O'Dell.* Absorptionsspektrum (wss. NaOH; 240−500 nm): *Rao, So.*

***trans*-4-Hydroxy-1-[6-methyl-3,4-dioxo-cyclohexa-1,5-dienyl]-L-prolin-äthylester** $C_{14}H_{17}NO_5$, Formel II.

Eine Verbindung dieser Konstitution hat wahrscheinlich in dem nachstehend beschriebenen Präparat vorgelegen.

B. Beim Behandeln von 4-Methyl-brenzcatechin mit *trans*-4-Hydroxy-L-prolin-äthyl≈ester-hydrochlorid und Ag_2O in Äthanol (*Jackson, Kendal*, Biochem. J. **44** [1949] 477, 484).

Dunkelrote Kristalle (aus A. + Ae.); F: 125−126°.

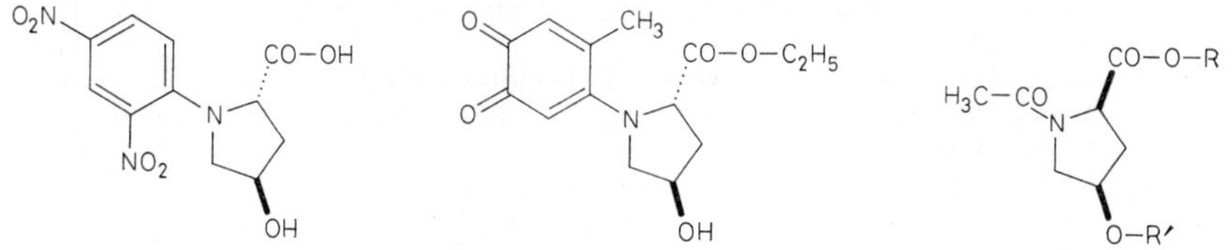

I II III

1-Acetyl-4-hydroxy-prolin $C_7H_{11}NO_4$.

a) ***cis*-1-Acetyl-4-hydroxy-D-prolin** $C_7H_{11}NO_4$, Formel III (R = R' = H).

B. Beim Erhitzen von *cis*-4-Hydroxy-D-prolin mit Essigsäure und Acetanhydrid (*Robinson, Greenstein*, J. biol. Chem. **195** [1952] 383, 386).

Kristalle; F: 145,5° [korr.]. $[\alpha]_D^{25}$: +91,0° [H_2O; c = 2].

b) ***cis*-1-Acetyl-4-hydroxy-L-prolin** $C_7H_{11}NO_4$, Formel IV (R = R' = H).

B. Beim Erhitzen von *trans*-1-Acetyl-4-[toluol-4-sulfonyloxy]-L-prolin mit wss. NaOH (*Neuberger*, Soc. **1945** 429, 431).

Kristalle (aus E.); F: 144−145°. $[\alpha]_D$: −91,5° [H_2O; c = 2].

c) ***cis*-1-Acetyl-4-hydroxy-DL-prolin** $C_7H_{11}NO_4$, Formel IV (R = R' = H) + Spiegelbild.

B. Beim Erhitzen von *cis*-4-Hydroxy-DL-prolin mit Essigsäure und Acetanhydrid (*Gaudry, Godin*, Am. Soc. **76** [1954] 139, 142).

Kristalle (aus A. + Ae.); F: 143−144° [unkorr.].

d) ***trans*-1-Acetyl-4-hydroxy-L-prolin,** Oxaceprol $C_7H_{11}NO_4$, Formel V (R = R' = H).

B. Beim Behandeln von *trans*-4-Hydroxy-L-prolin mit Acetanhydrid und Essigsäure (*Kolb, Toennies*, J. biol. Chem. **144** [1942] 193, 199). Beim Behandeln von *trans*-1-Acetyl-4-benzoyloxy-L-prolin mit wss. NaOH (*Synge*, Biochem. J. **33** [1939] 1924, 1927).

F: 135° (*Neuberger*, Soc. **1945** 429, 432), 133−134° (*Sy.*, l. c. S. 1927), 131−132° [korr.] (*Kolb, To.*). Kristalle (aus wasserhaltigem E.) mit 1 Mol H_2O; F: 74−76° (*Sy.*, l. c. S. 1927). $[\alpha]_D^{20}$: −116,5° [H_2O; c = 3,2] [wasserfreies Präparat] (*Sy.*, l. c. S. 1927); $[\alpha]_D^{28}$: −117,6° [H_2O; c = 3] [wasserfreies Präparat] (*Kolb, To.*). Verteilung zwischen Äthylacetat und H_2O bei 20°: *Synge*, Biochem. J. **33** [1939] 1931, 1932.

***trans*-1-Acetyl-4-methoxy-L-prolin** $C_8H_{13}NO_4$, Formel V (R = H, R' = CH_3).

B. Beim Behandeln von *trans*-1-Acetyl-4-methoxy-L-prolin-methylester mit wss. $Ba(OH)_2$ (*Synge*, Biochem. J. **33** [1939] 1931, 1933).

Kristalle (aus H_2O); F: 152–153°. $[\alpha]_D^{20}$: –104,3° [H_2O; c = 3]. Verteilung zwischen $CHCl_3$ und H_2O bei 20°: *Sy.*

***trans*-1-Acetyl-4-benzoyloxy-L-prolin** $C_{14}H_{15}NO_5$, Formel V (R = H, R′ = CO-C_6H_5).
B. Beim Behandeln von *trans*-4-Hydroxy-L-prolin mit Acetanhydrid und wss. NaOH bei 0° und anschliessend mit Benzoylchlorid (*Synge*, Biochem. J. **33** [1939] 1924, 1927).
Kristalle (aus wss. A. oder A. + Ae.); F: 185–186°. $[\alpha]_D^{20}$: –42,9° [A.; c = 1,1].

1-Acetyl-4-[toluol-4-sulfonyloxy]-prolin $C_{14}H_{17}NO_6S$.

a) ***cis*-1-Acetyl-4-[toluol-4-sulfonyloxy]-D-prolin** $C_{14}H_{17}NO_6S$, Formel III (R = H, R′ = SO_2-C_6H_4-CH_3(*p*)).
B. Beim Behandeln von *cis*-1-Acetyl-4-[toluol-4-sulfonyloxy]-D-prolin-methylester mit wss.-methanol. NaOH (*Robinson, Greenstein*, J. biol. Chem. **195** [1952] 383, 386).
Kristalle (aus E. + PAe.); F: 143,5°. $[\alpha]_D^{25}$: +30,5° [A.; c = 1](?).
Überführung in *trans*-4-Hydroxy-D-prolin durch Erhitzen mit wss. NaOH und anschliessend mit wss. HCl: *Ro., Gr.*

b) ***cis*-1-Acetyl-4-[toluol-4-sulfonyloxy]-DL-prolin** $C_{14}H_{17}NO_6S$, Formel IV (R = H, R′ = SO_2-C_6H_4-CH_3(*p*)) + Spiegelbild.
B. Beim Behandeln von *cis*-1-Acetyl-4-[toluol-4-sulfonyloxy]-DL-prolin-methylester mit wss.-methanol. NaOH (*Gaudry, Godin*, Am. Soc. **76** [1954] 139, 142).
F: 85–86°.

c) ***trans*-1-Acetyl-4-[toluol-4-sulfonyloxy]-L-prolin** $C_{14}H_{17}NO_6S$, Formel V (R = H, R′ = SO_2-C_6H_4-CH_3(*p*)).
B. Beim Behandeln von *trans*-1-Acetyl-4-[toluol-4-sulfonyloxy]-L-prolin-methylester mit wss.-methanol. NaOH bei 0° (*Neuberger*, Soc. **1945** 429, 431; *Patchett, Witkop*, Am. Soc. **79** [1957] 185, 190).
Kristalle; F: 181–182° (*Ne.*), 168,5–170° [korr.; aus Acn.] (*Pa., Wi.*).
Beim Erhitzen mit wss. NaOH ist *cis*-1-Acetyl-4-hydroxy-L-prolin erhalten worden (*Ne.*); beim Erhitzen mit K_2CO_3 in Butanon ist das Lacton des *cis*-1-Acetyl-4-hydroxy-L-prolins erhalten worden (*Pa., Wi.*).

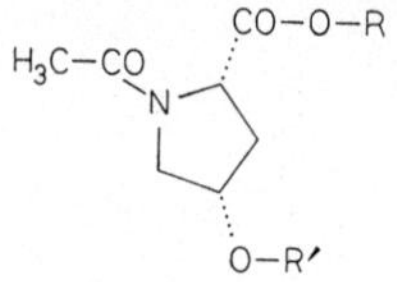

IV 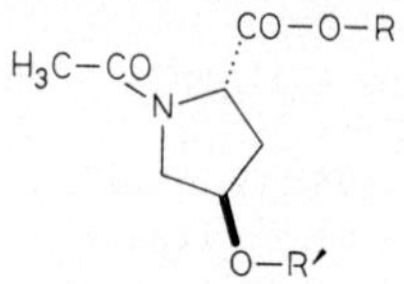 V 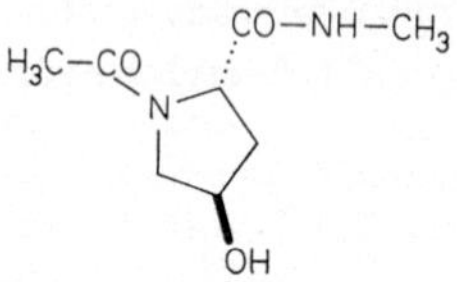 VI

1-Acetyl-4-hydroxy-prolin-methylester $C_8H_{13}NO_4$.

a) ***cis*-1-Acetyl-4-hydroxy-DL-prolin-methylester** $C_8H_{13}NO_4$, Formel IV (R = CH_3, R′ = H) + Spiegelbild.
B. Beim Behandeln von *cis*-1-Acetyl-4-hydroxy-DL-prolin in Dioxan mit Diazomethan in Äther (*Gaudry, Godin*, Am. Soc. **76** [1954] 139, 142).
Kristalle (aus A. + Ae.); F: 79–80°.

b) ***trans*-1-Acetyl-4-hydroxy-L-prolin-methylester** $C_8H_{13}NO_4$, Formel V (R = CH_3, R′ = H).
B. Beim Behandeln von *trans*-1-Acetyl-4-hydroxy-L-prolin in Dioxan mit Diazomethan in Äther (*Neuberger*, Soc. **1945** 429, 431).
Kristalle (aus A. + Ae.); F: 78°.

***trans*-1-Acetyl-4-methoxy-L-prolin-methylester** $C_9H_{15}NO_4$, Formel V (R = R′ = CH_3).
B. Beim Behandeln von *trans*-1-Acetyl-4-hydroxy-L-prolin mit CH_3I und Ag_2O in Aceton (*Synge*, Biochem. J. **33** [1939] 1931,1933).
Kristalle (aus Ae.); F: 76–77°. $[\alpha]_D^{18}$: –81,0° [A.; c = 4,5].

1-Acetyl-4-[toluol-4-sulfonyloxy]-prolin-methylester $C_{15}H_{19}NO_6S$.

a) ***cis*-1-Acetyl-4-[toluol-4-sulfonyloxy]-D-prolin-methylester** $C_{15}H_{19}NO_6S$, Formel III (R = CH_3, R′ = SO_2-C_6H_4-CH_3(*p*)).
B. Beim Behandeln von *cis*-1-Acetyl-4-hydroxy-D-prolin mit Diazomethan und Be-

handeln des Reaktionsprodukts mit Toluol-4-sulfonylchlorid und Pyridin (*Robinson, Greenstein,* J. biol. Chem. **195** [1952] 383, 386).

Kristalle (aus A. + Ae.); F: 143,5° [korr.]. $[\alpha]_D^{25}$: +32,0° [A.; c = 1].

b) ***cis*-1-Acetyl-4-[toluol-4-sulfonyloxy]-DL-prolin-methylester** $C_{15}H_{19}NO_6S$, Formel IV (R = CH_3, R' = SO_2-C_6H_4-CH_3(*p*)) + Spiegelbild.

B. Beim Behandeln von *cis*-1-Acetyl-4-hydroxy-DL-prolin-methylester mit Toluol-4-sulfonylchlorid und Pyridin (*Gaudry, Godin,* Am. Soc. **76** [1954] 139, 142).

F: 119–120° [unkorr.].

c) ***trans*-1-Acetyl-4-[toluol-4-sulfonyloxy]-L-prolin-methylester** $C_{15}H_{19}NO_6S$, Formel V (R = CH_3, R' = SO_2-C_6H_4-CH_3(*p*)).

B. Beim Behandeln von *trans*-1-Acetyl-4-hydroxy-L-prolin-methylester mit Toluol-4-sulfonylchlorid und Pyridin (*Neuberger,* Soc. **1945** 429, 431; *Patchett, Witkop,* Am. Soc. **79** [1957] 185, 190).

Kristalle (aus Ae.); F: 71–73° (*Pa., Wi.*), 60° (*Ne.*).

***trans*-1-Acetyl-4-hydroxy-L-prolin-methylamid** $C_8H_{14}N_2O_3$, Formel VI.

B. Beim Behandeln von *trans*-1-Acetyl-4-hydroxy-L-prolin-methylester mit Methyl= amin in Methanol (*Applewhite, Niemann,* Am. Soc. **81** [1959] 2208, 2213).

Kristalle (aus A. + E.); F: 167,0–168,5° [korr.]. $[\alpha]_D^{25}$: −60,9° [A.; c = 1].

1-[3,5-Dinitro-benzoyl]-4-hydroxy-prolin $C_{12}H_{11}N_3O_8$.

a) ***trans*-1-[3,5-Dinitro-benzoyl]-4-hydroxy-D-prolin** $C_{12}H_{11}N_3O_8$, Formel VII.

Gewinnung aus dem unter c) beschriebenen Racemat mit Hilfe von (1*S*,2*S*)-2-Amino-1-[4-nitro-phenyl]-propan-1,3-diol (*Velluz et al.,* Bl. **1954** 1015; *Uclaf,* U.S.P. 2794025 [1955]) oder mit Hilfe von Brucin (*Kovács et al.,* Acta Univ. Szeged **3** [1957] 118, 120).

Amorph; $[\alpha]_D^{20}$: +147° [wss. A. (50%ig); c = 1] (*Uclaf; Ko. et al.*).

(1*R*,2*R*)-2-Amino-1-[4-nitro-phenyl]-propan-1,3-diol-Salz. Wasserhaltige Kristalle; F: 140–141°; $[\alpha]_D^{20}$: +78° [H_2O; c = 1] (*Uclaf*).

Brucin-Salz. Kristalle (aus H_2O); F: 147–150°; $[\alpha]_D^{20}$: +54° [A.; c = 0,5] (*Ko. et al.*).

b) ***trans*-1-[3,5-Dinitro-benzoyl]-4-hydroxy-L-prolin** $C_{12}H_{11}N_3O_8$, Formel VIII.

Gewinnung aus dem unter c) beschriebenen Racemat mit Hilfe von (1*S*,2*S*)-2-Amino-1-[4-nitro-phenyl]-propan-1,3-diol (*Velluz et al.,* Bl. **1954** 1015; *Uclaf,* U.S.P. 2794025 [1955]) oder mit Hilfe von Brucin (*Kovács et al.,* Acta Univ. Szeged **3** [1957] 118, 121).

$[\alpha]_D^{20}$: −147° [wss. A. (50%ig); c = 1] (*Ve. et al.; Uclaf*), −145° [wss. A. (50%ig); c = 1,1] (*Ko. et al.*).

(1*S*,2*S*)-2-Amino-1-[4-nitro-phenyl]-propan-1,3-diol-Salz. F: 140–141°; $[\alpha]_D$: −78° [H_2O; c = 1] (*Ve. et al.; Uclaf*).

Brucin-Salz. Gelbe Kristalle (aus H_2O); F: 95–108°; $[\alpha]_D^{20}$: −50° [A.; c = 1] (*Ko. et al.*).

c) ***trans*-1-[3,5-Dinitro-benzoyl]-4-hydroxy-DL-prolin** $C_{12}H_{11}N_3O_8$, Formel VII + VIII.

B. Beim Behandeln von *trans*-4-Hydroxy-DL-prolin mit 3,5-Dinitro-benzoylchlorid und wss. NaOH (*Uclaf,* U.S.P. 2794025 [1955]; s. a. *Velluz et al.,* Bl. **1954** 1015).

F: 205–207°.

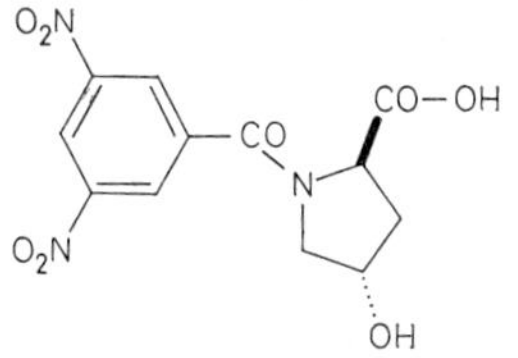

O_2N CO–OH CO N O_2N OH — VII

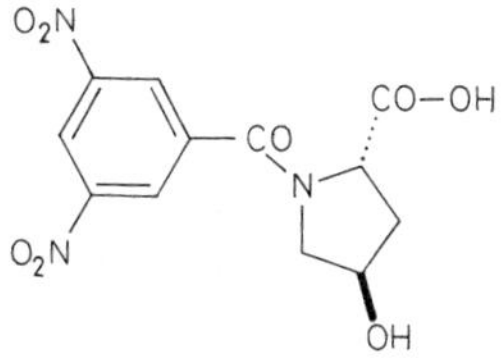

O_2N CO–OH CO N O_2N OH — VIII

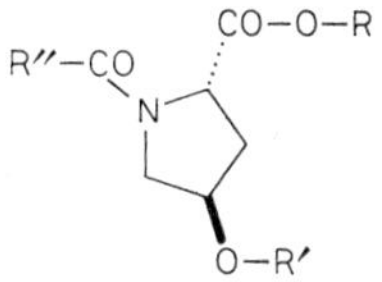

R''–CO CO–O–R N O–R' — IX

***trans*-1-Benzoyl-4-benzoyloxy-L-prolin** $C_{19}H_{17}NO_5$, Formel IX (R = H, R' = CO-C_6H_5, R'' = C_6H_5).

B. Beim Behandeln von *trans*-4-Hydroxy-L-prolin mit Benzoylchlorid und wss. NaOH (*Abderhalden, Heyns,* B. **67** [1934] 530, 546; *Carter, Loo,* J. biol. Chem. **174** [1948]

723, 724).

Kristalle; F: 120,5—121,5° [aus Ae.] (*Ca.*, *Loo*), 92° [aus Bzl. + PAe.] (*Ab.*, *He.*).

Natrium-Salz. Kristalle; F: 247—248° (*Ca.*, *Loo*).

4-Hydroxy-pyrrolidin-1,2-dicarbonsäure-1-äthylester, 1-Äthoxycarbonyl-4-hydroxy-prolin $C_8H_{13}NO_5$.

a) ***cis*-1-Äthoxycarbonyl-4-hydroxy-L-prolin** $C_8H_{13}NO_5$, Formel X (R = R′ = H, R″ = C_2H_5).

Gewinnung aus dem unter b) beschriebenen Racemat über das Brucin-Salz: *Wieland*, *Wehrt*, B. **92** [1959] 2106.

Kristalle (aus E.); F: 97°. $[\alpha]_D^{20}$: —56,5° [H_2O; c = 2].

Brucin-Salz. Kristalle (aus Butanon). $[\alpha]_D^{22}$: —34° [H_2O; c = 2].

b) ***cis*-1-Äthoxycarbonyl-4-hydroxy-DL-prolin** $C_8H_{13}NO_5$, Formel X (R = R′ = H, R″ = C_2H_5) + Spiegelbild.

B. Beim Behandeln von *cis*-1-Äthoxycarbonyl-4-hydroxy-DL-prolin-äthylester mit wss. NaOH (*Wieland*, *Wehrt*, B. **92** [1959] 2106).

Kristalle (aus E.); F: 121,5°.

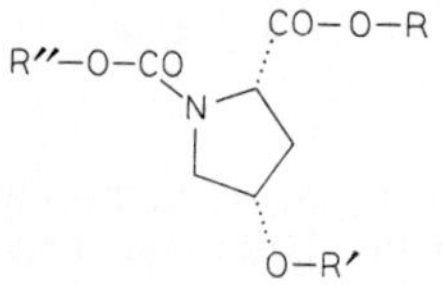

X 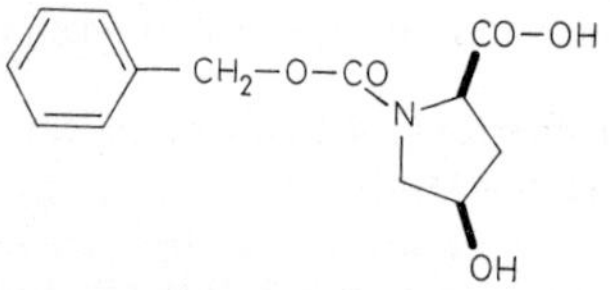 XI

4-Hydroxy-pyrrolidin-1,2-dicarbonsäure-1-benzylester, 1-Benzyloxycarbonyl-4-hydroxy-prolin $C_{13}H_{15}NO_5$.

a) ***cis*-1-Benzyloxycarbonyl-4-hydroxy-D-prolin** $C_{13}H_{15}NO_5$, Formel XI.

B. Beim Behandeln von *cis*-4-Hydroxy-D-prolin mit Chlorokohlensäure-benzylester und wss. NaOH (*Patchett*, *Witkop*, Am. Soc. **79** [1957] 185, 189).

Kristalle (aus E. + PAe.); F: 110,5—111,5° [korr.]. $[\alpha]_D^{20}$: —26,3° [$CHCl_3$; c = 1].

b) ***cis*-1-Benzyloxycarbonyl-4-hydroxy-L-prolin** $C_{13}H_{15}NO_5$, Formel X (R = R′ = H, R″ = CH_2-C_6H_5).

B. Beim Behandeln von *cis*-4-Hydroxy-L-prolin mit Chlorokohlensäure-benzylester und wss. NaOH (*Davis*, *Adams*, Arch. Biochem. **57** [1955] 301, 303). Beim Behandeln von 1-Benzyloxycarbonyl-4-oxo-L-prolin mit $NaBH_4$ in Methanol (*Patchett*, *Witkop*, Am. Soc. **79** [1957] 185, 189).

Kristalle (aus E. + PAe.); F: 110—111° [korr.] (*Pa.*, *Wi.*). $[\alpha]_D^{20}$: —23,7° [$CHCl_3$; c = 1] (*Pa.*, *Wi.*).

c) ***trans*-1-Benzyloxycarbonyl-4-hydroxy-L-prolin** $C_{13}H_{15}NO_5$, Formel IX (R = R′ = H, R″ = O-CH_2-C_6H_5).

B. Beim Behandeln von *trans*-4-Hydroxy-L-prolin mit Chlorokohlensäure-benzylester und wss. NaOH (*Patchett*, *Witkop*, Am. Soc. **79** [1957] 185, 189; *Grassmann*, *Wünsch*, B. **91** [1958] 462, 465) oder mit Chlorokohlensäure-benzylester, $KHCO_3$ und K_2CO_3 in wss. Aceton (*Baer*, *Stedman*, Canad. J. Biochem. Physiol. **37** [1959] 583, 584).

Kristalle (aus E. + PAe.); F: 106—107° [korr.] (*Pa.*, *Wi.*), 106° (*Gr.*, *Wü.*). $[\alpha]_D^{26}$: —77,7° [$CHCl_3$; c = 3] (*Baer*, *St.*); $[\alpha]_D^{20}$: —72° [$CHCl_3$; c = 1] (*Pa.*, *Wi.*); $[\alpha]_D^{20}$: —53,8° [A.; c = 2] (*Gr.*, *Wü.*).

Cyclohexylamin-Salz $C_6H_{13}N \cdot C_{13}H_{15}NO_5$. Kristalle (aus A. + Ae.); F: 191—192° [Zers.]; $[\alpha]_D^{24}$: —43,9° [H_2O; c = 5] (*Baer*, *St.*).

S-Benzyl-isothiouronium-Salz $C_8H_{10}N_2S \cdot C_{13}H_{15}NO_5$. Kristalle (aus A.); F: 188° bis 188,5° [Zers.]; $[\alpha]_D^{25}$: —36° [wss. A. (50%ig); c = 1] (*Baer*, *St.*).

(2*S*)-4*t*-Hydroxy-pyrrolidin-1,2*r*-dicarbonsäure-1-[4-nitro-benzylester], *trans*-4-Hydroxy-1-[4-nitro-benzyloxycarbonyl]-L-prolin $C_{13}H_{14}N_2O_7$, Formel IX (R = R′ = H, R″ = O-CH_2-C_6H_4-NO_2(*p*)).

B. Beim Behandeln von *trans*-4-Hydroxy-L-prolin mit wss. NaOH und Chlorokohlen=

säure-[4-nitro-benzylester] in Dioxan (*Carpenter, Gish*, Am. Soc. **74** [1952] 3818, 3819; *DeWald et al.*, Am. Soc. **81** [1959] 4364).

Kristalle (aus Amylacetat) mit 1 Mol H_2O; F: 136,5—139° (*Ca., Gish*), 133—135° (*DeWald et al.*). $[\alpha]_D^{26}$: —41,6° [wss. NaOH (1n); c = 1] (*Ca., Gish*); $[\alpha]_D^{21,5}$: —37° [wss. NaOH (1n); c = 1] (*DeWald et al.*).

***trans*-4-Hydroxy-1-[4-phenylazo-phenylcarbamoyl]-L-prolin** $C_{18}H_{18}N_4O_4$, Formel XII.

B. Beim Behandeln von *trans*-4-Hydroxy-L-prolin mit wss. NaOH und 4-Phenylazo-phenylisocyanat in Dioxan (*Zeile, Oetzel*, Z. physiol. Chem. **284** [1949] 1, 16).

Gelbe Kristalle (aus A. + H_2O); F: 201°.

XII XIII

***trans*-1-Carbamimidoyl-4-hydroxy-L-prolin** $C_6H_{11}N_3O_3$, Formel XIII.

B. Aus *trans*-4-Hydroxy-L-prolin beim Behandeln mit *O*-Methyl-isoharnstoff in Methanol unter Zusatz von wenig H_2O oder beim Erwärmen mit Cyanamid in wss. Äthanol (*Kapfhammer, Müller*, Z. physiol. Chem. **225** [1934] 1, 8).

Kristalle (aus A. + H_2O) mit 1 Mol H_2O; F: 240° [unkorr.].

Reineckat. Kristalle; F: 160°. In 100 ml H_2O lösen sich bei 20° 0,82 g.

(2*S*)-4*t*-Chloracetoxy-pyrrolidin-1,2*r*-dicarbonsäure-1-[4-nitro-benzylester], *trans*-4-Chloracetoxy-1-[4-nitro-benzyloxycarbonyl]-L-prolin $C_{15}H_{15}ClN_2O_8$, Formel IX (R = H, R' = CO-CH_2-Cl, R'' = O-CH_2-C_6H_4-NO_2(*p*)) auf S. 2057.

B. Beim Behandeln von *trans*-4-Hydroxy-1-[4-nitro-benzyloxycarbonyl]-L-prolin mit Chloressigsäure-anhydrid und *N,N*-Dimethyl-anilin in CH_2Cl_2 (*DeWald et al.*, Am. Soc. **81** [1959] 4364).

Kristalle (aus E. + PAe.); F: 121—122°. $[\alpha]_D^{21,5}$: —44° [A.; c = 1].

(2*S*)-4*t*-Azidoacetoxy-pyrrolidin-1,2*r*-dicarbonsäure-1-[4-nitro-benzylester], *trans*-4-Azidoacetoxy-1-[4-nitro-benzyloxycarbonyl]-L-prolin $C_{15}H_{15}N_5O_8$, Formel IX (R = H, R' = CO-CH_2-N_3, R'' = O-CH_2-C_6H_4-NO_2(*p*)) auf S. 2057.

B. Beim Erhitzen von *trans*-4-Chloracetoxy-1-[4-nitro-benzyloxycarbonyl]-L-prolin mit wss. NaN_3 in Dioxan (*DeWald et al.*, Am. Soc. **81** [1959] 4364).

Kristalle (aus E. + PAe.); F: 105—106°. $[\alpha]_D^{21,5}$: —32° [A.; c = 1].

4-[Toluol-4-sulfonyloxy]-pyrrolidin-1,2-dicarbonsäure-1-benzylester, 1-Benzyloxycarbonyl-4-[toluol-4-sulfonyloxy]-prolin $C_{20}H_{21}NO_7S$.

a) ***cis*-1-Benzyloxycarbonyl-4-[toluol-4-sulfonyloxy]-L-prolin** $C_{20}H_{21}NO_7S$, Formel X (R = H, R'' = SO_2-C_6H_4-CH_3(*p*), R' = CH_2-C_6H_5).

B. Beim Behandeln von *cis*-1-Benzyloxycarbonyl-4-[toluol-4-sulfonyloxy]-L-prolin-methylester mit wss. NaOH in Dioxan und Methanol (*Patchett, Witkop*, Am. Soc. **79** [1957] 185, 191).

Kristalle (aus wss. Me.) mit 1 Mol H_2O; F: 100—101,5° [korr.]. $[\alpha]_D$: —20,0° [Me.; c = 1].

Beim Erwärmen mit Natriummethanthiolat in Äthanol und Aceton und Behandeln des Reaktionsprodukts mit HBr, Essigsäure und Thiophenol ist *trans*-4-Methylmercapto-L-prolin erhalten worden.

b) ***trans*-1-Benzyloxycarbonyl-4-[toluol-4-sulfonyloxy]-L-prolin** $C_{20}H_{21}NO_7S$, Formel IX (R = H, R' = SO_2-C_6H_4-CH_3(*p*), R'' = O-CH_2-C_6H_5) auf S. 2057.

B. Beim Behandeln von *trans*-1-Benzyloxycarbonyl-4-[toluol-4-sulfonyloxy]-L-prolin-methylester mit wss.-methanol. NaOH (*Kurtz et al.*, Am. Soc. **80** [1958] 393, 396).

Benzylamin-Salz $C_7H_9N \cdot C_{20}H_{21}NO_7S$. Kristalle; F: 120—122° [unkorr.].

4-[Toluol-4-sulfonyloxy]-pyrrolidin-1,2-dicarbonsäure-1-benzylester-2-methylester, 1-Benzyloxycarbonyl-4-[toluol-4-sulfonyloxy]-prolin-methylester $C_{21}H_{23}NO_7S$.

a) ***cis*-1-Benzyloxycarbonyl-4-[toluol-4-sulfonyloxy]-L-prolin-methylester** $C_{21}H_{23}NO_7S$, Formel X (R = CH_3, R′ = SO_2-C_6H_4-CH_3(*p*), R″ = CH_2-C_6H_5) auf S. 2058.

B. Beim Behandeln von *cis*-1-Benzyloxycarbonyl-4-hydroxy-L-prolin in Dioxan mit Diazomethan in Äther und Behandeln des Reaktionsprodukts mit Toluol-4-sulfonylchlorid und Pyridin (*Patchett, Witkop*, Am. Soc. **79** [1957] 185, 191).

Kristalle (aus Dioxan + Me.); F: 138–139° [korr.]. $[\alpha]_D^{20}$: –25,4° [$CHCl_3$; c = 1].

b) ***trans*-1-Benzyloxycarbonyl-4-[toluol-4-sulfonyloxy]-L-prolin-methylester** $C_{21}H_{23}NO_7S$, Formel IX (R = CH_3, R′ = SO_2-C_6H_4-CH_3(*p*), R″ = O-CH_2-C_6H_5) auf S. 2057.

B. Beim Behandeln von *trans*-1-Benzyloxycarbonyl-4-hydroxy-L-prolin in Dioxan mit Diazomethan in Äther und Behandeln des Reaktionsprodukts mit Toluol-4-sulfonylchlorid und Pyridin (*Patchett, Witkop*, Am. Soc. **79** [1957] 185, 191).

Kristalle (aus wss. Me.); F: 76–78°. $[\alpha]_D^{20}$: –32,4° [Me.; c = 1].

Beim Erwärmen mit Natriummethanthiolat in Äthanol und Aceton, Behandeln des Reaktionsprodukts mit wss. NaOH, Dioxan und Methanol und Behandeln des danach erhaltenen Reaktionsprodukts mit HBr, Essigsäure und Thiophenol ist *cis*-4-Methylmercapto-L-prolin erhalten worden.

(±)-4*c*-Hydroxy-pyrrolidin-1,2*r*-dicarbonsäure-diäthylester, *cis*-1-Äthoxycarbonyl-4-hydroxy-DL-prolin-äthylester $C_{10}H_{17}NO_5$, Formel X (R = R″ = C_2H_5, R′ = H) auf S. 2058 + Spiegelbild.

Die konfigurative Einheitlichkeit der nachfolgend beschriebenen Präparate ist ungewiss.

B. Bei der Hydrierung von (±)-4-Oxo-pyrrolidin-1,2-dicarbonsäure-diäthylester in Methanol an Platin (*Kuhn, Osswald*, B. **89** [1956] 1423, 1436) oder an Raney-Nickel bei 60°/80 at (*Wieland, Wehrt*, B. **92** [1959] 2106).

Kristalle; F: 46–47° [Rohprodukt] (*Wi., We.*). $Kp_{0,01}$: 109–115° (*Kuhn, Os.*).

O-[4-Nitro-benzoyl]-Derivat $C_{17}H_{20}N_2O_8$; *cis*(?)-1-Äthoxycarbonyl-4-[4-nitro-benzoyloxy]-DL-prolin-äthylester. Kristalle (aus A.); F: 105–107° (*Kuhn, Os.*).

***trans*-1-Benzoylthiocarbamoyl-4-hydroxy-L-prolin-äthylester** $C_{15}H_{18}N_2O_4S$, Formel XIV.

B. Beim Behandeln von *trans*-4-Hydroxy-L-prolin-äthylester-hydrochlorid mit Benzoylisothiocyanat und Triäthylamin in Aceton (*Elmore*, Soc. **1959** 3152, 3155).

Kristalle (aus E. + PAe.) mit 1 Mol H_2O; F: 83–84°.

(2*S*)-4*t*-Hydroxy-pyrrolidin-1,2-dicarbonsäure-dibenzylester, *trans*-1-Benzyloxycarbonyl-4-hydroxy-L-prolin-benzylester $C_{20}H_{21}NO_5$, Formel IX (R = CH_2-C_6H_5, R′ = H, R″ = O-CH_2-C_6H_5) auf S. 2057.

B. Beim Erwärmen von *trans*-1-Benzyloxycarbonyl-4-hydroxy-L-prolin mit Benzylchlorid und Triäthylamin (*Baer, Stedman*, Canad. J. Biochem. Physiol. **37** [1959] 583, 585).

$[\alpha]_D^{26}$: –59° [$CHCl_3$; c = 2].

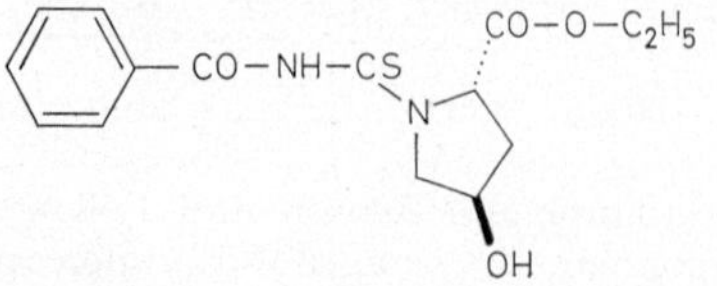

XIV

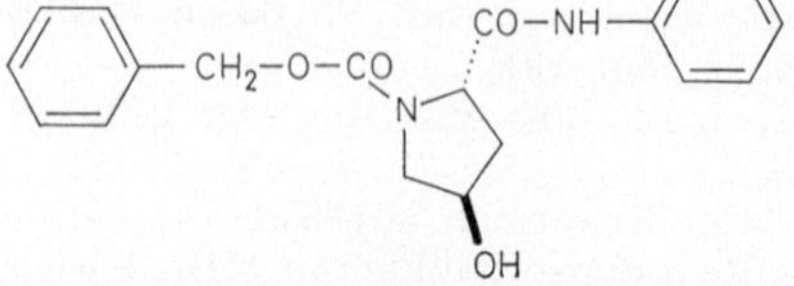

XV

(2*S*)-4*t*-Hydroxy-2*r*-phenylcarbamoyl-pyrrolidin-1-carbonsäure-benzylester, *trans*-1-Benzyloxycarbonyl-4-hydroxy-L-prolin-anilid $C_{19}H_{20}N_2O_4$, Formel XV.

B. Beim Behandeln von *trans*-1-Benzyloxycarbonyl-4-hydroxy-L-prolin mit Chlorokohlensäure-äthylester und Tributylamin in $CHCl_3$ und Behandeln des Reaktionsprodukts

mit Anilin (*Friess et al.*, Am. Soc. **79** [1957] 459, 462).
Kristalle (aus PAe.); F: 150° [korr.]. $[\alpha]_D^{20}$: −49,8° [Me.; c = 1].

(2*S*)-4*t*-Hydroxy-2*r*-[2]naphthylcarbamoyl-pyrrolidin-1-carbonsäure-benzylester, *trans*-1-Benzyloxycarbonyl-4-hydroxy-L-prolin-[2]naphthylamid $C_{23}H_{22}N_2O_4$, Formel I.

B. Beim Behandeln von *trans*-1-Benzyloxycarbonyl-4-hydroxy-L-prolin mit [2]Naphthylamin und Dicyclohexylcarbodiimid in THF (*Folk et al.*, Arch. Biochem. **61** [1956] 257, 258).
Kristalle (aus E. + Pentan); F: 173–174°.

***N*-[*trans*-1-Benzyloxycarbonyl-4-hydroxy-L-prolyl]-glycin-benzylester** $C_{22}H_{24}N_2O_6$, Formel II (X = NH-CH_2-CO-O-CH_2-C_6H_5).

B. Beim Behandeln von *trans*-1-Benzyloxycarbonyl-4-hydroxy-L-prolylazid mit Glycinbenzylester in Äthylacetat (*Smith, Bergmann*, J. biol. Chem. **153** [1944] 627, 648).
Kristalle (aus E.); F: 153°.

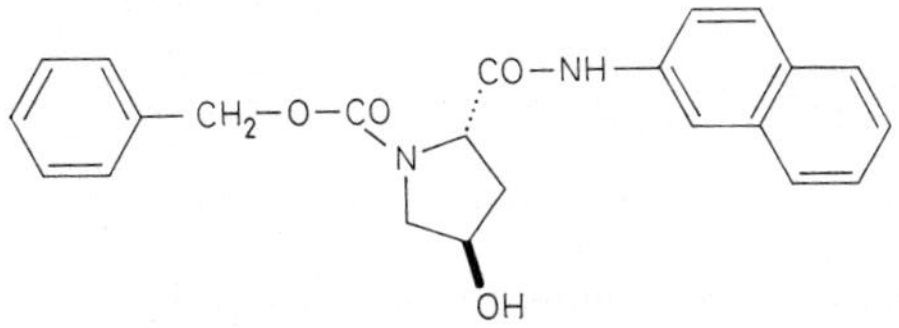

I

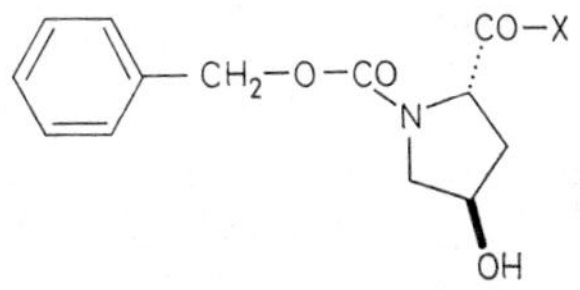

II

***N*-[*N*-(*trans*-1-Benzyloxycarbonyl-4-hydroxy-L-prolyl)-glycyl]-glycin** $C_{17}H_{21}N_3O_7$, Formel II (X = NH-CH_2-CO-NH-CH_2-CO-OH).

B. Beim Behandeln von *N*-[*N*-(*trans*-1-Benzyloxycarbonyl-4-hydroxy-L-prolyl)-glycyl]-glycin-äthylester mit wss. NaOH (*Davis, Smith*, J. biol. Chem. **200** [1953] 373, 381).
Kristalle (aus Acn.); F: 159,5–160°. $[\alpha]_D^{21}$: −53,9° [H_2O; c = 1].

***N*-[*N*-(*trans*-1-Benzyloxycarbonyl-4-hydroxy-L-prolyl)-glycyl]-glycin-äthylester** $C_{19}H_{25}N_3O_7$, Formel II (X = NH-CH_2-CO-NH-CH_2-CO-O-C_2H_5).

B. Beim Behandeln von *trans*-1-Benzyloxycarbonyl-4-hydroxy-L-prolin in $CHCl_3$ mit Triäthylamin und Chlorokohlensäure-isobutylester und anschliessend mit *N*-Glycylglycin-äthylester-hydrochlorid (*Davis, Smith*, J. biol. Chem. **200** [1953] 373, 381). Beim Behandeln von *trans*-1-Benzyloxycarbonyl-4-hydroxy-L-prolylazid mit *N*-Glycyl-glycinäthylester in Äthylacetat (*Da., Sm.*).
Kristalle; F: 144–145°. $[\alpha]_D^{21}$: −11,1° [Ae.; c = 1].

***N*-[*trans*-1-Benzyloxycarbonyl-4-hydroxy-L-prolyl]-L-alanin** $C_{16}H_{20}N_2O_6$, Formel III (R = R′ = H).

B. Beim Behandeln von *N*-[*trans*-1-Benzyloxycarbonyl-4-hydroxy-L-prolyl]-L-alaninmethylester in Aceton mit wss. NaOH (*Neuman, Smith*, J. biol. Chem. **193** [1951] 97, 105).
Kristalle; F: 194–195°.

***N*-[*trans*-1-Benzyloxycarbonyl-4-hydroxy-L-prolyl]-L-alanin-methylester** $C_{17}H_{22}N_2O_6$, Formel III (R = H, R′ = CH_3).

B. Beim Behandeln von *trans*-1-Benzyloxycarbonyl-4-hydroxy-L-prolylazid mit L-Alanin-methylester in Äthylacetat (*Neuman, Smith*, J. biol. Chem. **193** [1951] 97, 104).
Kristalle (aus E. + PAe.); F: 105°.

***N*-[*trans*-1-Benzyloxycarbonyl-4-hydroxy-L-prolyl]-L-leucin** $C_{19}H_{26}N_2O_6$, Formel III (R = CH(CH_3)$_2$, R′ = H).

B. Beim Behandeln von *N*-[*trans*-1-Benzyloxycarbonyl-4-hydroxy-L-prolyl]-L-leucinmethylester mit wss.-methanol. NaOH (*Neuman, Smith*, J. biol. Chem. **193** [1951] 97, 103).
Kristalle (aus E. + PAe.); F: 146–147°.

N-[*trans*-1-Benzyloxycarbonyl-4-hydroxy-L-prolyl]-L-leucin-methylester $C_{20}H_{28}N_2O_6$, Formel III (R = $CH(CH_3)_2$, R' = CH_3).

B. Beim Behandeln von *trans*-1-Benzyloxycarbonyl-4-hydroxy-L-prolylazid mit L-Leucin-methylester in Äthylacetat (*Neuman, Smith*, J. biol. Chem. **193** [1951] 97, 103).

Kristalle (aus Ae.); F: 132–133°.

N-[*trans*-1-Benzyloxycarbonyl-4-hydroxy-L-prolyl]-L-phenylalanin $C_{22}H_{24}N_2O_6$, Formel III (R = C_6H_5, R' = H).

B. Beim Behandeln von *N*-[*trans*-1-Benzyloxycarbonyl-4-hydroxy-L-prolyl]-L-phenylalanin-äthylester mit wss. NaOH und Aceton (*Neuman, Smith*, J. biol. Chem. **193** [1951] 97, 104).

Kristalle (aus E. + PAe.); F: 134–135°.

N-[*trans*-1-Benzyloxycarbonyl-4-hydroxy-L-prolyl]-L-phenylalanin-methylester $C_{23}H_{26}N_2O_6$, Formel III (R = C_6H_5, R' = CH_3).

B. Beim Behandeln von *trans*-1-Benzyloxycarbonyl-4-hydroxy-L-prolin in CH_2Cl_2 mit L-Phenylalanin-methylester und Dicyclohexylcarbodiimid (*Sheehan et al.*, Am. Soc. **78** [1956] 1367).

Kristalle (aus Acn. + Ae. + Hexan); F: 114–115° [korr.]. $[\alpha]_D^{27}$: −29,2° [A.; c = 3].

N-[*trans*-1-Benzyloxycarbonyl-4-hydroxy-L-prolyl]-L-phenylalanin-äthylester $C_{24}H_{28}N_2O_6$, Formel III (R = C_6H_5, R' = C_2H_5).

B. Beim Behandeln von *trans*-1-Benzyloxycarbonyl-4-hydroxy-L-prolylazid mit L-Phenylalanin-äthylester in Äthylacetat (*Neuman, Smith*, J. biol. Chem. **193** [1951] 97, 104).

Kristalle (aus E. + PAe.); F: 102–103°.

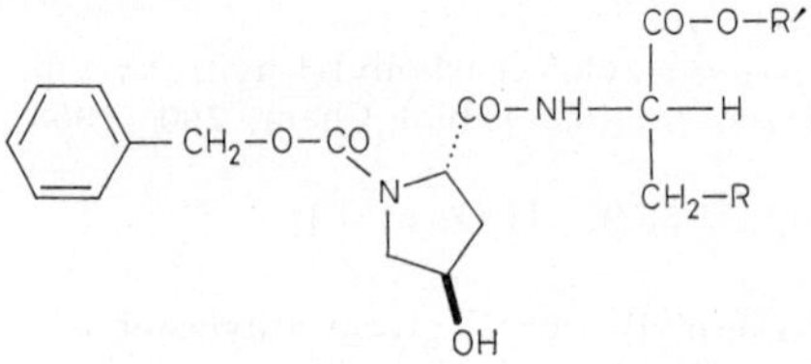

III

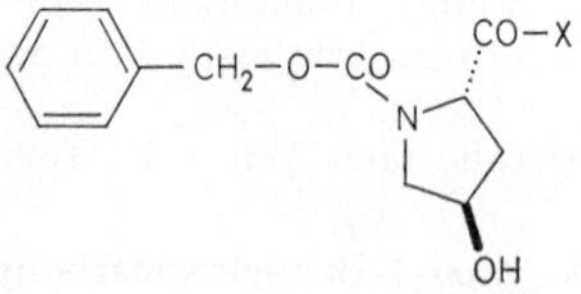

IV

N-[*trans*-1-Benzyloxycarbonyl-4-hydroxy-L-prolyl]-L-tyrosin $C_{22}H_{24}N_2O_7$, Formel III (R = C_6H_4-OH(*p*), R' = H).

B. Beim Behandeln von *trans*-1-Benzyloxycarbonyl-4-hydroxy-L-prolylazid mit L-Tyrosin-äthylester in Äthylacetat und Behandeln des Reaktionsprodukts mit wss. NaOH und Aceton (*Neuman, Smith*, J. biol. Chem. **193** [1951] 97, 105).

Kristalle (aus E. + PAe.); F: 134–135°.

N-[*trans*-1-Benzyloxycarbonyl-4-hydroxy-L-prolyl]-L-asparaginsäure $C_{17}H_{20}N_2O_8$, Formel III (R = CO-OH, R' = H).

B. Beim Behandeln von *N*-[*trans*-1-Benzyloxycarbonyl-4-hydroxy-L-prolyl]-L-asparaginsäure-diäthylester mit wss. NaOH und Aceton (*Neuman, Smith*, J. biol. Chem. **193** [1951] 97, 106).

Kristalle (aus E.); F: 166–167°.

N-[*trans*-1-Benzyloxycarbonyl-4-hydroxy-L-prolyl]-L-asparaginsäure-diäthylester $C_{21}H_{28}N_2O_8$, Formel III (R = CO-O-C_2H_5, R' = C_2H_5).

B. Beim Behandeln von *trans*-1-Benzyloxycarbonyl-4-hydroxy-L-prolylazid mit L-Asparaginsäure-diäthylester in Äthylacetat (*Neuman, Smith*, J. biol. Chem. **193** [1951] 97, 106).

Kristalle (aus E. + PAe.); F: 81–82°.

N-[*trans*-1-Benzyloxycarbonyl-4-hydroxy-L-prolyl]-L-glutaminsäure-diäthylester $C_{22}H_{30}N_2O_8$, Formel III (R = CH_2-CO-O-C_2H_5, R' = C_2H_5).

B. Beim Behandeln von *trans*-1-Benzyloxycarbonyl-4-hydroxy-L-prolylazid mit

L-Glutaminsäure-diäthylester in Äthylacetat (*Neuman, Smith,* J. biol. Chem. **193** [1951] 97, 107).
Kristalle (aus E. + PAe.); F: 64,5–66,5°.

(2*S*)-2*r*-Carbazoyl-4*t*-hydroxy-pyrrolidin-1-carbonsäure-benzylester, *trans*-1-Benzyloxy=carbonyl-4-hydroxy-L-prolin-hydrazid $C_{13}H_{17}N_3O_4$, Formel IV (X = NH-NH$_2$).
B. Beim Behandeln von *trans*-4-Hydroxy-L-prolin-methylester-hydrochlorid in H_2O und $CHCl_3$ mit Chlorokohlensäure-benzylester, MgO und anschliessend mit Pyridin und Behandeln des Reaktionsprodukts mit $N_2H_4 \cdot H_2O$ und Äthanol (*Smith, Bergmann,* J. biol. Chem. **153** [1944] 627, 648).
Kristalle (aus E. + Ae.); F: 149–149,5°.

(2*S*)-2*r*-Azidocarbonyl-4*t*-hydroxy-pyrrolidin-1-carbonsäure-benzylester, *trans*-1-Benzyl=oxycarbonyl-4-hydroxy-L-prolylazid $C_{13}H_{14}N_4O_4$, Formel IV (X = N_3).
B. Aus *trans*-1-Benzyloxycarbonyl-4-hydroxy-L-prolin-hydrazid beim Behandeln mit $NaNO_2$, wss. HCl und Essigsäure (*Smith, Bergmann,* J. biol. Chem. **153** [1944] 627, 648).
Öl.

***trans*-4-Hydroxy-1-[4-methoxycarbonyl-2-nitro-phenyl]-L-prolin** $C_{13}H_{14}N_2O_7$, Formel V.
B. Beim Erwärmen von *trans*-4-Hydroxy-L-prolin mit 4-Fluor-3-nitro-benzoesäure-methylester und $NaHCO_3$ in wss. Methanol (*Holley, Holley,* Am. Soc. **74** [1952] 5445).
Kristalle (aus wss. Me.); F: 171–174° [korr.]. $[\alpha]_D^{23}$: –1140° [Me.; c = 0,5].

1-Glycyl-4-hydroxy-prolin $C_7H_{12}N_2O_4$.
a) ***cis*-1-Glycyl-4-hydroxy-L-prolin** $C_7H_{12}N_2O_4$, Formel VI (R = H).
B. Bei der Hydrierung von *cis*-1-[*N*-Benzyloxycarbonyl-glycyl]-4-hydroxy-L-prolin an Palladium in Essigsäure enthaltendem Methanol (*Adams et al.,* J. biol. Chem. **208** [1954] 573, 577).
Kristalle mit 0,5 Mol H_2O; $[\alpha]_D^{21}$: –86° [H_2O; c = 2,4].
Geschwindigkeitskonstante der Hydrolyse bei der Einwirkung von Dipeptidase aus Pferdeerythrocyten oder aus Schweinenieren in wss. Lösung vom pH 7,8 unter Zusatz von $MnCl_2$ bei 40°: *Ad. et al.*
b) ***trans*-1-Glycyl-4-hydroxy-L-prolin** $C_7H_{12}N_2O_4$, Formel VII (R = R' = H, X = OH) (E II 144).
B. Bei der Hydrierung von *trans*-1-[*N*-Benzyloxycarbonyl-glycyl]-4-hydroxy-L-prolin an Palladium in wss. Essigsäure enthaltendem Methanol (*Smith, Bergmann,* J. biol. Chem. **153** [1944] 627, 645).
Kristalle (aus A.); $[\alpha]_D^{26}$: –128,4° [H_2O; c = 2] (*Sm., Be.*).
Geschwindigkeitskonstante der Hydrolyse bei der Einwirkung von Dipeptidase aus Pferdeerythrocyten oder aus Schweinenieren in wss. Lösung vom pH 7,8 unter Zusatz von $MnCl_2$ bei 40°: *Adams et al.,* J. biol. Chem. **208** [1954] 573, 575.

H$_3$C–O–CO ... CO–OH, N, NO$_2$, OH — V
R–NH–CH$_2$–CO, CO–OH, N, OH — VI
R'–NH–CH$_2$–CO, CO–X, N, O–R — VII

1-[*N*-Benzyloxycarbonyl-glycyl]-4-hydroxy-prolin $C_{15}H_{18}N_2O_6$.
a) ***cis*-1-[*N*-Benzyloxycarbonyl-glycyl]-4-hydroxy-L-prolin** $C_{15}H_{18}N_2O_6$, Formel VI (R = CO-O-CH$_2$-C$_6$H$_5$).
B. Beim Behandeln von *cis*-4-Hydroxy-L-prolin-äthylester mit *N*-Benzyloxycarbonyl-glycylchlorid in Äthylacetat und Behandeln des Reaktionsprodukts mit wss. NaOH (*Adams et al.,* J. biol. Chem. **208** [1954] 573, 576).
Kristalle (aus E.); F: 187–188°.

b) ***trans*-1-[*N*-Benzyloxycarbonyl-glycyl]-4-hydroxy-L-prolin** $C_{15}H_{18}N_2O_6$, Formel VII (R = H, R' = CO-O-CH_2-C_6H_5, X = OH).

B. Beim Behandeln von *trans*-4-Hydroxy-L-prolin mit *N*-Benzyloxycarbonyl-glycylchlorid und wss. NaOH (*Smith, Bergmann,* J. biol. Chem. **153** [1944] 627, 644).

Kristalle (aus wss. E.); F: 124–124,5°.

***trans*-1-[*N*-Glycyl-glycyl]-4-hydroxy-L-prolin** $C_9H_{15}N_3O_5$, Formel VII (R = H, R' = CO-CH_2-NH_2, X = OH).

B. Bei der Hydrierung von *trans*-1-[*N*-(*N*-Benzyloxycarbonyl-glycyl)-glycyl]-4-hydroxy-L-prolin-benzylester an Palladium in wss. Essigsäure und Methanol (*Smith, Bergmann,* J. biol. Chem. **153** [1944] 627, 645).

Kristalle mit 1 Mol H_2O. $[\alpha]_D^{26}$: –97,7° [H_2O; c = 2,8].

***trans*-4-Hydroxy-1-[*N*-L-prolyl-glycyl]-L-prolin** $C_{12}H_{19}N_3O_5$, Formel VIII (R = R' = H).

B. Bei der Hydrierung von *trans*-1-[*N*-(1-Benzyloxycarbonyl-L-prolyl)-glycyl]-4-hydroxy-L-prolin (aus *trans*-1-[*N*-(1-Benzyloxycarbonyl-L-prolyl)-glycyl]-4-hydroxy-L-prolin-methylester hergestellt) oder von *trans*-1-[*N*-(1-Benzyloxycarbonyl-L-prolyl)-glycyl]-4-hydroxy-L-prolin-benzylester an Palladium in Essigsäure enthaltendem Methanol (*Poroschin et al.,* Izv. Akad. S.S.S.R. Otd. chim. **1959** 1851; engl. Ausg. S. 1768, 1770).

Kristalle (aus A. + Ae.) mit 1 Mol Methanol; F: 215–219° [Zers.]. $[\alpha]_D^{23}$: –116° [H_2O; c = 0,5].

***trans*-1-Glycyl-4-methoxy-L-prolin** $C_8H_{14}N_2O_4$, Formel VII (R = CH_3, R' = H, X = OH).

B. Beim Behandeln von *trans*-4-Methoxy-L-prolin-äthylester mit *N*-Benzyloxycarbonyl-glycylchlorid in Äthylacetat, Behandeln des Reaktionsprodukts mit wss. NaOH und Aceton und anschliessenden Hydrieren an Palladium in Essigsäure enthaltendem Methanol (*Adams et al.,* J. biol. Chem. **208** [1954] 573, 577).

Kristalle (aus A. + Ae.) mit 1 Mol H_2O. $[\alpha]_D^{21}$: –99,5° [H_2O; c = 1].

Geschwindigkeitskonstante der Hydrolyse bei der Einwirkung von Dipeptidase aus Pferdeerythrocyten oder aus Schweinenieren in wss. Lösung bei pH 7,8 unter Zusatz von $MnCl_2$ bei 40°: *Ad. et al.*

***trans*-1-[*N*-(1-Benzyloxycarbonyl-L-prolyl)-glycyl]-4-hydroxy-L-prolin-methylester** $C_{21}H_{27}N_3O_7$, Formel VIII (R = CH_3, R' = CO-O-CH_2-C_6H_5).

B. Beim Behandeln von *N*-[1-Benzyloxycarbonyl-L-prolyl]-glycin in $CHCl_3$ mit Triäthylamin und Chlorokohlensäure-äthylester und anschliessend mit *trans*-4-Hydroxy-L-prolin-methylester-hydrochlorid in Triäthylamin enthaltendem $CHCl_3$ (*Poroschin et al.,* Izv. Akad. S.S.S.R. Otd. chim. **1959** 1851; engl. Ausg. S. 1768, 1770).

$[\alpha]_D^{21}$: –104° [Me.; c = 0,5].

***trans*-1-[*N*-(*N*-Benzyloxycarbonyl-glycyl)-glycyl]-4-hydroxy-L-prolin-benzylester** $C_{24}H_{27}N_3O_7$, Formel VII (R = H, R' = CO-CH_2-NH-CO-O-CH_2-C_6H_5, X = O-CH_2-C_6H_5).

B. Beim Behandeln von *N*-[*N*-Benzyloxycarbonyl-glycyl]-glycylazid mit *trans*-4-Hydroxy-L-prolin-benzylester in Äthylacetat (*Smith, Bergmann,* J. biol. Chem. **153** [1944] 627, 645).

Kristalle (aus E. + PAe.); F: 123–127°.

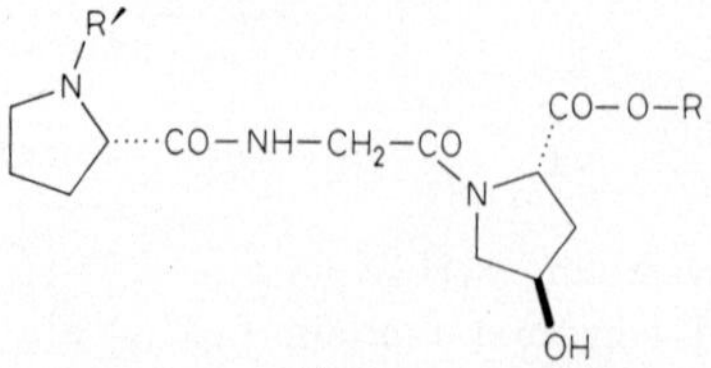

VIII 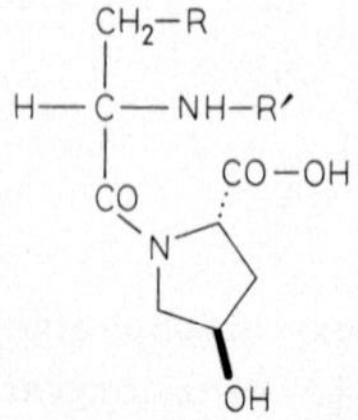 IX

***trans*-1-[*N*-(1-Benzyloxycarbonyl-L-prolyl)-glycyl]-4-hydroxy-L-prolin-benzylester** $C_{27}H_{31}N_3O_7$, Formel VIII (R = CH_2-C_6H_5, R' = CO-O-CH_2-C_6H_5).

B. Beim Behandeln von *N*-[1-Benzyloxycarbonyl-L-prolyl]-glycin in $CHCl_3$ mit

Triäthylamin und Chlorokohlensäure-äthylester und anschliessend mit *trans*-4-Hydroxy-L-prolin-benzylester-hydrochlorid in Triäthylamin enthaltendem $CHCl_3$ (*Poroschin et al.*, Izv. Akad. S.S.S.R. Otd. chim. **1959** 1851; engl. Ausg. S. 1768, 1770).
$[\alpha]_D^{22}$: $-91{,}3°$ [$CHCl_3$; c = 3].

[(2*S*)-2*r*-Carbamoyl-4*t*-hydroxy-pyrrolidin-1-carbonylmethyl]-carbamidsäure-benzylester, *trans*-1-[*N*-Benzyloxycarbonyl-glycyl]-4-hydroxy-L-prolin-amid $C_{15}H_{19}N_3O_5$, Formel VII (R = H, R' = CO-O-CH_2-C_6H_5, X = NH_2) auf S. 2063.

B. Beim Behandeln von *N*-Benzyloxycarbonyl-glycylchlorid mit *trans*-4-Hydroxy-L-prolin-methylester in Äthylacetat und Behandeln des Reaktionsprodukts mit methanol. NH_3 (*Smith, Bergmann*, J. biol. Chem. **153** [1944] 627, 647).

Kristalle (aus Me. + Ae.); F: 208°.

***trans*-1-[*N*-Benzyloxycarbonyl-L-alanyl]-4-hydroxy-L-prolin** $C_{16}H_{20}N_2O_6$, Formel IX (R = H, R' = CO-O-CH_2-C_6H_5).

B. Beim Behandeln von *N*-Benzyloyxcarbonyl-L-alanin mit Triäthylamin und Chlorokohlensäure-äthylester in THF und Behandeln des Reaktionsgemisches mit *trans*-4-Hydroxy-L-prolin und wss. NaOH (*Wieland et al.*, A. **626** [1959] 154, 171).

Kristalle (aus E. + PAe.); F: 175°. $[\alpha]_D^{20}$: $-70°$ [Me.; c = 4,4].

***trans*-4-Hydroxy-1-L-phenylalanyl-L-prolin** $C_{14}H_{18}N_2O_4$, Formel IX (R = C_6H_5, R' = H).

B. Beim Behandeln von *trans*-4-Hydroxy-L-prolin-methylester in Äther mit *N*-Benzyloxycarbonyl-L-phenylalanylchlorid, Behandeln des Reaktionsprodukts mit wss. NaOH und Aceton und Hydrieren des danach erhaltenen Reaktionsprodukts an Palladium in wss. Essigsäure enthaltendem Methanol (*Neuman, Smith*, J. biol. Chem. **193** [1951] 97, 107).

Kristalle (aus Me. + E.); $[\alpha]_D^{20}$: $-29{,}1°$ [H_2O; c = 1].

***trans*-4-Hydroxy-1-L-prolyl-L-prolin** $C_{10}H_{16}N_2O_4$, Formel X (R = R' = H).

B. Bei der Hydrierung von *trans*-1-[1-Benzyloxycarbonyl-L-prolyl]-4-hydroxy-L-prolin an Palladium in Essigsäure enthaltendem Methanol (*Davis, Smith*, J. biol. Chem. **200** [1953] 373, 383).

Kristalle; $[\alpha]_D^{21}$: $-160{,}3°$ [H_2O; c = 1].

***trans*-1-[1-Benzyloxycarbonyl-L-prolyl]-4-hydroxy-L-prolin** $C_{18}H_{22}N_2O_6$, Formel X (R = H, R' = CO-O-CH_2-C_6H_5).

B. Beim Behandeln von *trans*-4-Hydroxy-L-prolin mit wss. NaOH und 1-Benzyloxycarbonyl-L-prolylchlorid in Äther (*Neuman, Smith*, J. biol. Chem. **193** [1951] 97, 109).

Kristalle (aus A. + Ae.); F: 217–218,5°.

***trans*-1-[1-Glycyl-L-prolyl]-4-hydroxy-L-prolin** $C_{12}H_{19}N_3O_5$, Formel X (R = H, R' = CO-CH_2-NH_2).

B. Bei der Hydrierung von *trans*-1-[1-(*N*-Benzyloxycarbonyl-glycyl)-L-prolyl]-4-hydroxy-L-prolin (aus *trans*-1-[1-(*N*-Benzyloxycarbonyl-glycyl)-L-prolyl]- 4-hydroxy-L-prolin-methylester hergestellt) oder von *trans*-1-[1-(*N*-Benzyloxycarbonyl-glycyl)-L-prolyl]-4-hydroxy-L-prolin-benzylester an Palladium in Essigsäure enthaltendem Methanol (*Poroschin et al.*, Izv. Akad. S.S.S.R. Otd. chim. **1959** 1851; engl. Ausg. S. 1768, 1769).

Kristalle (aus Me. + Ae.) mit 1,5 Mol H_2O; F: 209–213° [Zers.]. $[\alpha]_D^{21}$: $-161°$ [H_2O; c = 1].

***trans*-4-Hydroxy-1-[1-(toluol-4-sulfonyl)-L-prolyl]-L-prolin** $C_{17}H_{22}N_2O_6S$, Formel X (R = H, R' = SO_2-C_6H_4-CH_3(*p*)).

B. Beim Behandeln von *trans*-4-Hydroxy-L-prolin in wss. NaOH mit 1-[Toluol-4-sulfonyl]-L-prolylchlorid (*Beecham*, Am. Soc. **79** [1957] 3262).

Atomabstände und Bindungswinkel (aus dem Röntgen-Diagramm): *Fridrichsons, Mathieson*, Acta cryst. **15** [1962] 569, 575.

Kristalle (aus H_2O) mit 1 Mol H_2O (*Beecham et al.*, Am. Soc. **80** [1958] 4739); F: 224° bis 224,5° [unkorr.] (*Be.*). Monoklin; Raumgruppe $P2_1$ (= C_2^2) aus dem Röntgen-Diagramm ermittelte Dimensionen der Elementarzelle: a = 6,291 Å; b = 7,689 Å; c = 19,640 Å; β = 99°27,5'; n = 2 (*Be. et al.*; *Fr., Ma.*, l. c. S. 570). Dichte der Kristalle: 1,415 (*Be. et al.*; *Fr., Ma.*). $[\alpha]_D^{36}$: $-198°$ [wss. $KHCO_3$ (0,5 n); c = 1] (*Be.*).

***trans*-1-[1-(*N*-Benzyloxycarbonyl-glycyl)-L-prolyl]-4-hydroxy-L-prolin-methylester** $C_{21}H_{27}N_3O_7$, Formel X (R = CH_3, R' = CO-CH_2-NH-CO-O-CH_2-C_6H_5).

B. Beim Behandeln von 1-[*N*-Benzyloxycarbonyl-glycyl]-L-prolin in $CHCl_3$ mit Triäthylamin und Chlorokohlensäure-äthylester und anschliessend mit *trans*-4-Hydroxy-L-prolin-methylester-hydrochlorid (*Poroschin et al.*, Izv. Akad. S.S.S.R. Otd. chim. **1959** 1851; engl. Ausg. S. 1768, 1769).

$[\alpha]_D^{20,5}$: −112,5° [Me.; c = 0,9].

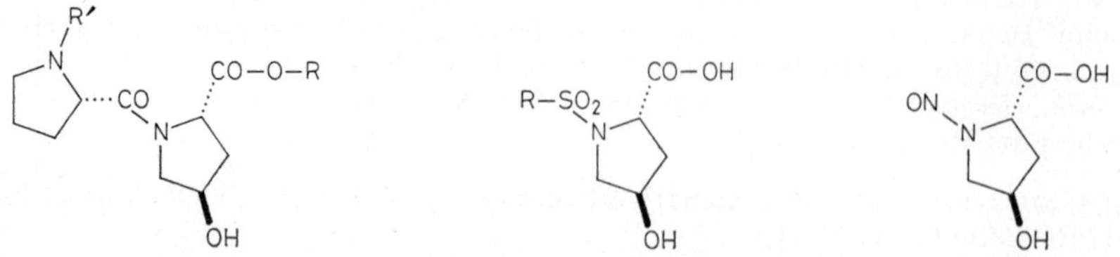

X XI XII

***trans*-1-[1-(*N*-Benzyloxycarbonyl-glycyl)-L-prolyl]-4-hydroxy-L-prolin-benzylester** $C_{27}H_{31}N_3O_7$, Formel X (R = CH_2-C_6H_5, R' = CO-CH_2-NH-CO-O-CH_2-C_6H_5).

B. Beim Behandeln von 1-[*N*-Benzyloxycarbonyl-glycyl]-L-prolin in $CHCl_3$ mit Triäthylamin und Chlorokohlensäure-äthylester und anschliessend mit *trans*-4-Hydroxy-L-prolin-benzylester-hydrochlorid (*Poroschin et al.*, Izv. Akad. S.S.S.R. Otd. chim. **1959** 1851; engl. Ausg. S. 1768, 1769).

$[\alpha]_D^{21}$: −103,3° [$CHCl_3$; c = 1].

***trans*-4-Hydroxy-1-[toluol-4-sulfonyl]-L-prolin** $C_{12}H_{15}NO_5S$, Formel XI (R = C_6H_4-CH_3(*p*)).

B. Beim Behandeln von *trans*-4-Hydroxy-L-prolin in wss. NaOH mit Toluol-4-sulfonylchlorid in Äther (*McChesney, Swann*, Am. Soc. **59** [1937] 1116).

Kristalle (aus wss. A.); F: 153° [unkorr.].

***trans*-4-Hydroxy-1-phenylmethansulfonyl-L-prolin** $C_{12}H_{15}NO_5S$, Formel XI (R = CH_2-C_6H_5).

B. Beim Behandeln von *trans*-4-Hydroxy-L-prolin mit Phenylmethansulfonylchlorid und wss. NaOH (*Milne, Peng*, Am. Soc. **79** [1957] 639, 642).

Kristalle (aus Ae. + Hexan); F: 143–144° [korr.]. $[\alpha]_D^{24}$: −40,6° [wss. NaOH (1 n); c = 1].

***trans*-4-Hydroxy-1-sulfo-L-prolin** $C_5H_9NO_6S$, Formel XI (R = OH).

Dikalium-Salz $K_2C_5H_7NO_6S$. *B.* Beim Behandeln von *trans*-4-Hydroxy-L-prolin mit 1-Sulfo-pyridinium-betain und K_2CO_3 in H_2O (*Baumgarten et al.*, Z. physiol. Chem. **209** [1932] 145, 158). — Kristalle (aus wss. A.).

***trans*-4-Hydroxy-1-nitroso-L-prolin** $C_5H_8N_2O_4$, Formel XII.

B. Beim Einleiten von nitrosen Gasen in eine Lösung von *trans*-4-Hydroxy-L-prolin in wss. H_2SO_4 (*Heyns, Königsdorf*, Z. physiol. Chem. **290** [1952] 171, 176). Beim Erhitzen von *trans*-4-Hydroxy-L-prolin mit wss. HCl und $NaNO_2$ auf 100° (*Hamilton, Ortiz*, J. biol. Chem. **184** [1950] 607, 612).

Kristalle; Zers. bei 126° (*He., Kö.*). IR-Spektrum (Nujol; 1900–750 cm^{-1}): *Zahradník et al.*, Collect. **24** [1959] 347, 350. UV-Spektrum (H_2O; 220–400 nm; λ_{max}: 237 nm und 345 nm): *Za. et al.* λ_{max} (Dioxan): 365 nm (*Za. et al.*, l. c. S. 349). Protonierungsgleichgewicht in wss. H_2SO_4 bei 22°: *Za. et al.*, l. c. S. 351. Polarographie: *Za. et al.*, l. c. S. 351, 353.

Geschwindigkeitskonstante der Zersetzung (Bildung von *trans*-4-Hydroxy-L-prolin) in wss. HCl, in $HClO_4$, in konz. H_2SO_4 und in SO_3 enthaltender H_2SO_4 bei 25°: *Zahradník*, Collect. **23** [1958] 1529, 1530, 1536.

4-Methylmercapto-prolin $C_6H_{11}NO_2S$.

a) ***cis*-4-Methylmercapto-L-prolin** $C_6H_{11}NO_2S$, Formel XIII.

B. Beim Erwärmen von *trans*-1-Benzyloxycarbonyl-4-[toluol-4-sulfonyloxy]-L-prolin-methylester mit Natriummethanthiolat in Äthanol und Aceton, Behandeln des Reaktionsprodukts mit wss. NaOH, Dioxan und Methanol und Behandeln des danach erhaltenen Reaktionsprodukts mit HBr in Essigsäure unter Zusatz von Thiophenol (*Patchett, Witkop*, Am. Soc. **79** [1957] 185, 191).

Kristalle; F: 243—244°.

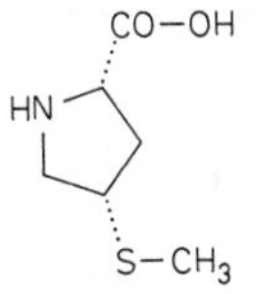

XIII 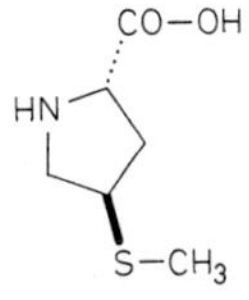 XIV 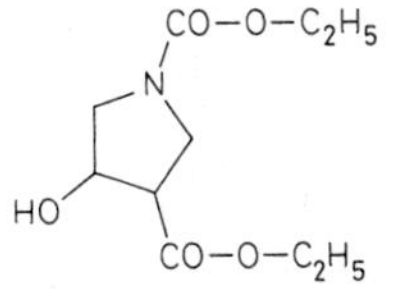 XV

b) ***trans*-4-Methylmercapto-L-prolin** $C_6H_{11}NO_2S$, Formel XIV.

B. Beim Erwärmen von *cis*-1-Benzyloxycarbonyl-4-[toluol-4-sulfonyloxy]-L-prolin mit Natriummethanthiolat in Äthanol und Aceton und Behandeln des erhaltenen Reaktionsprodukts mit HBr in Essigsäure unter Zusatz von Thiophenol (*Patchett, Witkop*, Am. Soc. **79** [1957] 185, 191).

Hydrobromid $C_6H_{11}NO_2S \cdot HBr$. Kristalle (aus A. + Ae.); F: 170—172° [korr.]. $[\alpha]_D^{20}$: —24,0° [H_2O; c = 1].

***Opt.-inakt. 4-Hydroxy-pyrrolidin-1,3-dicarbonsäure-diäthylester** $C_{10}H_{17}NO_5$, Formel XV.

B. Bei der Hydrierung von (±)-4-Oxo-pyrrolidin-1,3-dicarbonsäure-diäthylester an Platin in Äthanol oder an Raney-Nickel in Äthanol bei 80°/80 at (*Miyamoto*, J. pharm. Soc. Japan **77** [1957] 568; C. A. **1957** 16422).

$Kp_{2,5}$: 176—178°. [*Tauchert*]

Hydroxycarbonsäuren $C_6H_{11}NO_3$

***Opt.-inakt. 3-Hydroxy-piperidin-2-carbonsäure** $C_6H_{11}NO_3$, Formel I (R = R' = H).

a) Präparat vom F: 287°.

B. Beim Erhitzen von opt.-inakt. 3-Acetoxy-1-acetyl-piperidin-2-carbonsäure-äthylester (s. u.) mit wss. HCl (*Plieninger, Leonhäuser*, B. **92** [1959] 1579, 1584).

Kristalle (aus wss. A.); F: 287° [Zers.].

b) Präparat, das sich ab 250° zersetzt.

B. Neben anderen Verbindungen bei der Hydrierung von 3-Hydroxy-pyridin-2-carbonsäure an Platin in H_2O unter Zusatz von wenig wss. HCl (*Virtanen, Gmelin*, Acta chem. scand. **13** [1959] 1244; s. a. *Fowden*, Biochem. J. **70** [1958] 629, 630).

Kristalle (aus wss. Acn.); Zers. ab ca. 250° (*Vi., Gm.*).

***Opt.-inakt. 3-Acetoxy-1-acetyl-piperidin-2-carbonsäure-äthylester** $C_{12}H_{19}NO_5$, Formel I (R = CO-CH_3, R' = C_2H_5).

B. Bei der Hydrierung von 1-Acetyl-3-oxo-piperidin-2-carbonsäure-äthylester an Raney-Nickel in H_2O und Erhitzen des Reaktionsprodukts mit Acetanhydrid (*Plieninger, Leonhäuser*, B. **92** [1959] 1579, 1584).

Kristalle (aus Ae.); F: 85°.

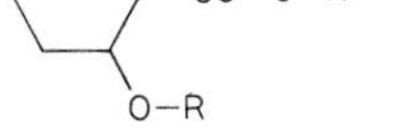

I  II 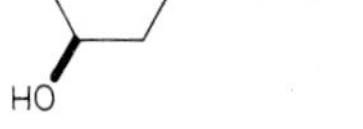 III

4-Hydroxy-piperidin-2-carbonsäure $C_6H_{11}NO_3$.

a) **(±)-*cis*-4-Hydroxy-piperidin-2-carbonsäure** $C_6H_{11}NO_3$, Formel II + Spiegelbild.

Konfiguration: *Clark-Lewis, Mortimer*, Soc. **1961** 189, 190.

B. In geringer Ausbeute neben Piperidin-2-carbonsäure bei der Hydrierung von 4-Hydroxy-pyridin-2-carbonsäure-hydrochlorid an Platin in H_2O bei 90° (*Fowden*, Biochem. J. **70** [1958] 629, 630).

Hydrochlorid. Kristalle; F: 253–255° [Zers.] (*Cl.-Le.*, *Mo.*, l. c. S. 198).

b) **(2*S*)-*trans*-4-Hydroxy-piperidin-2-carbonsäure** $C_6H_{11}NO_3$, Formel III (R = H).

Konstitution: *Virtanen*, *Gmelin*, Acta chem. scand. **13** [1959] 1244; *Shoolery*, *Virtanen*, Acta chem. scand. **16** [1962] 2457. Konfiguration: *Clark-Lewis*, *Mortimer*, Soc. **1961** 189.

Isolierung aus Acacia pentadena, Acacia retinoides, Strelitzia reginae und aus Albizzia lophantha: *Virtanen*, *Kari*, Acta chem. scand. **9** [1955] 170; aus Blättern von Ameria maritima: *Fowden*, Biochem. J. **70** [1958] 629, 630; aus dem Kernholz von Acacia excelsa sowie aus Blättern von Acacia oswaldii: *Clark-Lewis*, *Mortimer*, Nature **184** [1959] 1234; aus Samen von Acacia willardiana und Lysiloma bahamese: *Vi.*, *Gm.*; s. a. *Gmelin*, Z. physiol. Chem. **316** [1959] 164, 168.

Kristalle; F: 294° [Zers.; aus wss. A.] (*Cl.-Le.*, *Mo.*, Nature **184** 1234), 293° [unkorr.; Zers.; nach Bräunung ab ca. 260°; aus wss. Acn.] (*Gm.*). $[\alpha]_D^{20}$: −13,4° [H_2O; c = 1] (*Cl.-Le.*, *Mo.*, Nature **184** 1234); $[\alpha]_D^{21}$: −12,5° [H_2O]; $[\alpha]_D^{21}$: +0,34° [wss. HCl (1 n)]; $[\alpha]_D^{21}$: −18,5° [wss. NaOH (1 n)] (*Vi.*, *Gm.*).

(2*S*)-1-Benzoyl-4*t*-hydroxy-piperidin-2*r*-carbonsäure $C_{13}H_{15}NO_4$, Formel III (R = CO-C_6H_5).

B. Aus (2*S*)-*trans*-4-Hydroxy-piperidin-2-carbonsäure (*Clark-Lewis*, *Mortimer*, Nature **184** [1959] 1234).

Kristalle; F: 172°.

5-Hydroxy-piperidin-2-carbonsäure $C_6H_{11}NO_3$.

Zur Konfiguration der Stereoisomeren s. *Witkop*, *Foltz*, Am. Soc. **79** [1957] 192, 193.

a) **(2*S*)-*cis*-5-Hydroxy-piperidin-2-carbonsäure** $C_6H_{11}NO_3$, Formel IV.

B. Beim Behandeln von (2*S*)-*cis*-5-Hydroxy-piperidin-2-carbonsäure-lacton-hydrobromid mit H_2O (*Witkop*, *Foltz*, Am. Soc. **79** [1957] 192, 196).

Kristalle (aus wss. A. + Acn.); F: 255–258° [korr.; Zers.; nach Sublimation bei 220–240° und Sintern ab 245°]. $[\alpha]_D^{20}$: −31,1° [H_2O; c = 1]. IR-Banden des Hydrobromids (Nujol; 2,88–11,74 μ): *Wi.*, *Fo.*

Hydrobromid $C_6H_{11}NO_3 \cdot HBr$. Kristalle (aus H_2O); F: 205–207° [korr.]. $[\alpha]_D^{20}$: −7,4° [H_2O; c = 1].

b) **(±)-*cis*-5-Hydroxy-piperidin-2-carbonsäure** $C_6H_{11}NO_3$, Formel IV + Spiegelbild.

B. Beim Behandeln von (±)-*cis*-5-Hydroxy-piperidin-2-carbonsäure-lacton-hydrobromid mit H_2O (*Beyerman*, *Boekee*, R. **78** [1959] 648, 655). Neben (±)-Piperidin-2-carbonsäure (Hauptprodukt) und geringen Mengen des unter e) beschriebenen Racemats bei der Hydrierung von 5-Hydroxy-pyridin-2-carbonsäure an Platin in wss. HCl (*Hegarty*, Austral. J. Chem. **10** [1957] 484, 488).

Kristalle (aus wss. A.); F: 236–237° [unkorr.] (*He.*). Kristalle (aus wenig Ae. + Acn. enthaltendem A.) mit 1 Mol H_2O; F: 223–225° [unkorr.; Zers.; nach Trocknen bei 130°/0,1 Torr] (*Be.*, *Bo.*). IR-Banden (KBr; 3410–770 cm^{-1}): *Be.*, *Bo.*

c) **(2*R*)-*trans*-5-Hydroxy-piperidin-2-carbonsäure** $C_6H_{11}NO_3$, Formel V.

Gewinnung aus dem unter e) beschriebenen Racemat mit Hilfe von L_g-Weinsäure: *Beyerman*, *Boekee*, R. **78** [1959] 648, 658.

Kristalle (aus wss. A. + Acn.); F: ca. 248° [unkorr.; Zers.]. $[\alpha]_D^{23}$: +23,1° [H_2O; c = 1].

D_g-Hydrogentartrat. Kristalle (aus wss. A. + Acn.); F: 204–205° [unkorr.; Zers.]. $[\alpha]_D^{22}$: 0° [H_2O; c = 1].

IV V VI

d) **(2*S*)-*trans*-5-Hydroxy-piperidin-2-carbonsäure** $C_6H_{11}NO_3$, Formel VI (R = H).

Gewinnung aus den Früchten von Phoenix dactylifera: *Witkop, Foltz*, Am. Soc. **79** [1957] 192, 195. Isolierung aus Blättern von Rhapis excelsa: *Virtanen, Kari*, Acta chem. scand. **8** [1954] 1290; s. a. *Grobbelaar et al.*, Nature **175** [1955] 703, 705; aus Samen von Baikiaea plurijuga: *Gr. et al.*; aus Ceratonia siliqua: *Gr. et al.*; aus Acacia pentadena, aus Acacia retinoides und aus Strelitzia reginae: *Virtanen, Kari*, Acta chem. scand. **9** [1955] 170; aus Blättern von Leucaena glauca: *Hegarty*, Austral. J. Chem. **10** [1957] 484, 487.

Gewinnung aus dem unter e) beschriebenen Racemat mit Hilfe von L_g-Weinsäure: *Beyerman, Boekee*, R. **78** [1959] 648, 657.

Kristalle; Zers. ab 265° (*Gr. et al.*), Zers. >260° [unkorr.; nach Dunkelfärbung ab 250°; aus wss. Acn.] (*He.*); F: ca. 257° [unkorr.; nach Sintern bei ca. 240°; aus wss. A. + Acn.] (*Be., Bo.*), 235° [korr.; Zers.] (*Wi., Fo.*). $[\alpha]_D^{20}$: −23,1° [H_2O; c = 1] (*Wi., Fo.*); $[\alpha]_D^{22}$: −22,7° [H_2O; c = 1] (*Be., Bo.*); $[\alpha]_D^{25}$: −10,1° [H_2O; c = 1] (*He.*); $[\alpha]_D$: −12,5° [H_2O] (*Gr. et al.*). IR-Spektrum (2,0—15,5 μ) der Säure sowie des Hydrochlorids: *Gr. et al.* IR-Banden (KBr; 3280—687 cm^{-1}): *Be., Bo.* IR-Banden der Säure (Nujol; 3,07—11,45 μ) sowie des Hydrochlorids (Nujol; 3,15—11,68 μ): *Wi., Fo.*

Hydrochlorid $C_6H_{11}NO_3 \cdot HCl$. Kristalle; F: 225—230° (*Vi., Kari*, Acta chem. scand. **8** 1290), 215—220° [korr.; Zers.] (*Wi., Fo.*). $[\alpha]_D^{20}$: −10,9° [H_2O; c = 1] (*Wi., Fo.*).

L_g-Hydrogentartrat $C_6H_{11}NO_3 \cdot C_4H_6O_6$. Kristalle (aus wss. A. + Acn.); F: 206° bis 207° [unkorr.; Zers.]; $[\alpha]_D$: 0° [H_2O; c = 3] (*Be., Bo.*).

e) **(±)-*trans*-5-Hydroxy-piperidin-2-carbonsäure** $C_6H_{11}NO_3$, Formel VI (R = H) + Spiegelbild.

B. Beim Behandeln von (±)-5-Oxo-piperidin-2-carbonsäure-hydrochlorid mit $NaBH_4$ in Methanol (*Beyerman, Boekee*, R. **78** [1959] 648, 656). IR-Banden des Hydrochlorids (KBr; 3350—720 cm^{-1}): *Be., Bo.*

Hydrochlorid $C_6H_{11}NO_3 \cdot HCl$. Kristalle (aus Me.); F: 244—245° [unkorr.; Zers.] und F: 250—252° [unkorr.; Zers.] (*Be., Bo.*).

Stereoisomeren-Gemische von (±)-*trans*-5-Hydroxy-piperidin-2-carbonsäure mit (±)-*cis*-5-Hydroxy-piperidin-2-carbonsäure haben in Präparaten (F: 250—252° [Zers.; aus wss. A.] und F: 251—253° [Zers.; aus H_2O mit 1 Mol H_2O]; Hydrojodid $C_6H_{11}NO_3 \cdot HI$, F: ca. 200° [Zers.; aus A. + Bzl.]; *N*-[3,5-Dinitro-benzoyl]-Derivat $C_{13}H_{13}N_3O_8$, F: 177—178° [aus H_2O]) vorgelegen, die bei der Hydrierung von 5-Hydroxy-pyridin-2-carbonsäure an Platin in wss. HCl enthaltendem Äthanol oder beim Erhitzen von opt.-inakt. 5-Methoxy-piperidin-2-carbonsäure-äthylester-hydrochlorid (s. u.) mit konz. wss. HI auf 130° erhalten worden sind (*Beyerman*, R. **77** [1958] 249, 254, 255).

***Opt.-inakt. 5-Methoxy-piperidin-2-carbonsäure-äthylester** $C_9H_{17}NO_3$, Formel VII.

B. Bei der Hydrierung von 5-Methoxy-pyridin-2-carbonsäure-äthylester-hydrochlorid an Platin in Äthanol bei 40—50° (*Beyerman*, R. **77** [1958] 249, 254).

Gelbliches Öl; $Kp_{0,1}$: 70°.

Hydrochlorid $C_9H_{17}NO_3 \cdot HCl$. Kristalle (aus A. + Bzl.); F: 208° [Zers.].

(2*S*)-2*r*-Carboxy-5*t*-hydroxy-1,1-dimethyl-piperidinium-betain $C_8H_{15}NO_3$, Formel VIII.

B. Beim Behandeln einer Lösung von (2*S*)-*trans*-5-Hydroxy-piperidin-2-carbonsäure in H_2O mit Ag_2O und anschliessend mit CH_3I und Methanol (*Patchett, Witkop*, Am. Soc. **79** [1957] 185, 192).

Kristalle (aus wss. A. + E.); F: 267—268° [korr.; Zers.]. $[\alpha]_D^{20}$: −13,9° [H_2O; c = 1].

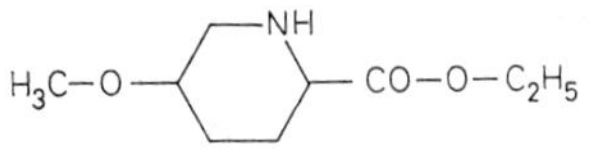

VII 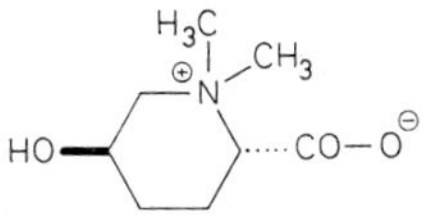 VIII 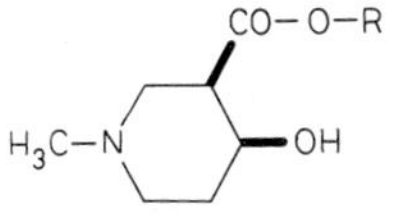 IX

(2*S*)-5*t*-Hydroxy-piperidin-1,2*r*-dicarbonsäure-1-benzylester $C_{14}H_{17}NO_5$, Formel VI (R = CO-O-CH_2-C_6H_5).

B. Beim Behandeln von (2*S*)-*trans*-5-Hydroxy-piperidin-2-carbonsäure mit Chloro=

kohlensäure-benzylester in wss. NaOH (*Witkop, Foltz*, Am. Soc. **79** [1957] 192, 196).
Kristalle (aus Acn. + PAe.); F: 150–152° [korr.]. $[\alpha]_D^{20}$: –17,9° [Acn.; c = 1]. IR-Banden ($CHCl_3$; 2,80–11,09 μ): *Wi., Fo.*

(±)-4c-Hydroxy-1-methyl-piperidin-3r-carbonsäure $C_7H_{13}NO_3$, Formel IX (R = H) + Spiegelbild.

B. Neben überwiegenden Mengen Arecaidin-hydrochlorid (S. 184) bei mehrtägigem Erhitzen von opt.-inakt. 4-Hydroxy-1-methyl-piperidin-3-carbonsäure-äthylester (s. u.) mit wss. HCl (*Dobrowsky*, M. **83** [1952] 443, 446).

Hydrochlorid $C_7H_{13}NO_3 \cdot HCl$. F: 196°.

4-Hydroxy-1-methyl-piperidin-3-carbonsäure-methylester $C_8H_{15}NO_3$.

Konfiguration der Enantiomeren: *Maurit, Preobrashenškiĭ*, Ž. obšč. Chim. **28** [1958] 968, 969; engl. Ausg. S. 943, 944; *Wlašowa et al.*, Chimija prirodn. Soedin. **1970** 591, 595; engl. Ausg. S. 606, 609.

a) **(±)-4c-Hydroxy-1-methyl-piperidin-3r-carbonsäure-methylester** $C_8H_{15}NO_3$, Formel IX (R = CH_3) + Spiegelbild.

B. Beim Behandeln von (±)-4c-Hydroxy-1-methyl-piperidin-3r-carbonsäure (s. o.) mit Methanol und HCl (*Dobrowsky*, M. **83** [1952] 443, 446). Bei der Hydrierung von 1-Methyl-4-oxo-piperidin-3-carbonsäure-methylester an Raney-Nickel in Methanol bei 45–50°/30–50 at (*Preobrashenškiĭ et al.*, Ž. obšč. Chim. **27** [1957] 3162, 3167; engl. Ausg. S. 3200, 3204; *Maurit, Preobrashenškiĭ*, Ž. obšč. Chim. **28** [1958] 968, 970; engl. Ausg. S. 943, 944; s. a. *Ugrjumow*, Doklady Akad. S.S.S.R. **29** [1940] 49, 52; C. r. Doklady **29** [1940] 48, 51). Neben geringeren Mengen des unter b) beschriebenen Racemats bei der elektrochemischen Reduktion von 1-Methyl-4-oxo-piperidin-3-carbonsäure-methylester an Blei-Elektroden in wss. KOH (*Pr. et al.*; *Ma., Pr.*; vgl. *Do.*).

Kristalle; F: 87° (*Do.*), 86–87° [aus A.] (*Pr. et al.*; *Ma., Pr.*).

Hydrochlorid. F: 197° (*Do.*).

Hydrobromid $C_8H_{15}NO_3 \cdot HBr$. Kristalle (aus A.); F: 144,5–145,5° (*Ma., Pr.*).

Tetrachloroaurat(III). F: 182° (*Do.*).

Hexachloroplatinat(IV). F: 209° (*Do.*).

Picrat. F: 201° (*Do.*).

b) **(±)-4t-Hydroxy-1-methyl-piperidin-3r-carbonsäure-methylester** $C_8H_{15}NO_3$, Formel X + Spiegelbild.

B. Als Hauptprodukt neben dem unter a) beschriebenen Racemat beim Behandeln von 1-Methyl-4-oxo-piperidin-3-carbonsäure-methylester-hydrochlorid in wss. HCl mit Natrium-Amalgam (*Maurit, Preobrashenškiĭ*, Ž. obšč. Chim. **28** [1958] 968, 969; engl. Ausg. S. 943, 945).

Kristalle (aus A.); F: 96,5–97,5° (*Ma., Pr.*).

Hydrobromid $C_8H_{15}NO_3 \cdot HBr$. Kristalle (aus A.); F: 182–182,5° (*Ma., Pr.*).

Ein Stereoisomeren-Gemisch von (±)-4t-Hydroxy-1-methyl-piperidin-3r-carbonsäure-methylester mit (±)-4c-Hydroxy-1-methyl-piperidin-3r-carbonsäure-methylester ist von *Mannich, Veit* (B. **68** [1935] 506, 510) bei der Hydrierung von 1-Methyl-4-oxo-piperidin-3-carbonsäure-methylester an Platin in wss. Äthanol erhalten worden und in das Perchlorat eines *O*-Benzoyl-Derivats $C_{15}H_{19}NO_4$ (4-Benzoyloxy-1-methyl-piperidin-3-carbonsäure-methylester-perchlorat; F: 174°) sowie in das Hydrochlorid eines *O*-[4-Nitro-benzoyl]-Derivats $C_{15}H_{18}N_2O_6$ (1-Methyl-4-[4-nitro-benzoyloxy]-piperidin-3-carbonsäure-methylester-hydrochlorid; Kristalle [aus A.]; F: 192°) und dieses in das Dihydrochlorid eines *O*-[4-Amino-benzoyl]-Derivats $C_{15}H_{20}N_2O_4$ (4-[4-Amino-benzoyloxy]-1-methyl-piperidin-3-carbonsäure-methylester-dihydrochlorid; F: 208°) übergeführt worden.

***Opt.-inakt. 4-Hydroxy-1-methyl-piperidin-3-carbonsäure-äthylester** $C_9H_{17}NO_3$, Formel XI (R = CH_3, R' = H, X = O-C_2H_5) (E II 144).

B. Bei der elektrochemischen Reduktion von 1-Methyl-4-oxo-piperidin-3-carbon= säure-äthylester an einer Blei-Kathode in wss. H_2SO_4 (*Dobrowsky*, M. **83** [1952] 443, 445). Beim Behandeln von 1-Methyl-4-oxo-piperidin-3-carbonsäure-äthylester-hydrochlorid mit Natrium-Amalgam in wss. HCl (*Dankowa et al.*, Ž. obšč. Chim. **11** [1941] 934, 937;

C. A. **1943** 381).
Kp$_6$: 115—117° (*Da. et al.*).
Picrat. F: 167° (*Do.*).

***Opt.-inakt. 4-Hydroxy-1-methyl-piperidin-3-carbonsäure-amid** $C_7H_{14}N_2O_2$, Formel XI ($R = CH_3$, $R' = H$, $X = NH_2$).

Hydrochlorid $C_7H_{14}N_2O_2 \cdot HCl$. *B.* Beim Behandeln einer Lösung von opt.-inakt. 4-Amino-1-methyl-piperidin-3-carbonsäure-amid (F: 180°) in wss. HCl mit wss. $NaNO_2$ und Erwärmen des Reaktionsgemisches (*Karrer, Ruckstuhl*, Helv. **27** [1944] 1698). — Kristalle (aus wss. A.); F: 249° [nach Bräunung bei 240° und Sintern bei 248°].

***Opt.-inakt. 1-Äthyl-4-hydroxy-piperidin-3-carbonsäure-äthylester** $C_{10}H_{19}NO_3$, Formel XI ($R = C_2H_5$, $R' = H$, $X = O\text{-}C_2H_5$) (E II 144).

B. Bei der Hydrierung von 1-Äthyl-4-oxo-piperidin-3-carbonsäure-äthylester-hydrochlorid an Raney-Nickel in wss. NaOH bei 48—50° (*Hoffmann-La Roche*, U.S.P. 2546652 [1949]).

Kp$_{0,2}$: 100°.

X XI XII

***Opt.-inakt. 1-Benzoyl-4-hydroxy-piperidin-3-carbonsäure** $C_{13}H_{15}NO_4$, Formel XI ($R = CO\text{-}C_6H_5$, $R' = H$, $X = OH$).

B. Beim Erhitzen von opt.-inakt. 1-Benzoyl-4-hydroxy-piperidin-3-carbonsäure-methylester (s. u.) mit wss. NaOH (*Baker et al.*, J. org. Chem. **17** [1952] 52, 54).

Kristalle (aus H_2O); F: 162—164° (*Ba. et al.*, l. c. S. 54, 55).

O-Acetyl-Derivat $C_{15}H_{17}NO_5$; 4-Acetoxy-1-benzoyl-piperidin-3-carbonsäure. Kristalle (aus Bzl.); F: 193—195° (*Ba. et al.*, l. c. S. 55).

***Opt.-inakt. 1-Benzoyl-4-hydroxy-piperidin-3-carbonsäure-methylester** $C_{14}H_{17}NO_4$, Formel XI ($R = CO\text{-}C_6H_5$, $R' = H$, $X = O\text{-}CH_3$).

B. Bei der Hydrierung von 1-Benzoyl-4-oxo-piperidin-3-carbonsäure-methylester (aus *N,N*-Bis-[2-methoxycarbonyl-äthyl]-benzamid mit Hilfe von Natrium in Benzol erhalten) an Raney-Nickel in Äthanol bei 120°/175 at (*Baker et al.*, J. org. Chem. **17** [1952] 52, 54).

F: 136—138°.

***Opt.-inakt. 1-Benzoyl-4-hydroxy-piperidin-3-carbonsäure-äthylester** $C_{15}H_{19}NO_4$, Formel XI ($R = CO\text{-}C_6H_5$, $R' = H$, $O\text{-}C_2H_5$).

B. Bei der Hydrierung von 1-Benzoyl-4-oxo-piperidin-3-carbonsäure-äthylester an Raney-Nickel in Äthanol bei 120°/175 at (*McElvain, Stork*, Am. Soc. **68** [1946] 1049, 1052).

Kristalle (aus $CHCl_3 + CCl_4$); F: 123—125°.

***Opt.-inakt. 4-Acetoxy-1-benzoyl-piperidin-3-carbonsäure-anilid** $C_{21}H_{22}N_2O_4$, Formel XI ($R = CO\text{-}C_6H_5$, $R' = CO\text{-}CH_3$, $X = NH\text{-}C_6H_5$).

B. Beim Behandeln des aus opt.-inakt. 4-Acetoxy-1-benzoyl-piperidin-3-carbonsäure (s. o.), PCl_5 und Acetylchlorid hergestellten Säurechlorids mit Anilin in Benzol (*Baker et al.*, J. org. Chem. **17** [1952] 52, 56).

Kristalle (aus Bzl. + PAe.); F: 122—124° (*Ba. et al.*, l. c. S. 55).

4-Hydroxy-1-methyl-piperidin-4-carbonsäure-äthylester $C_9H_{17}NO_3$, Formel XII ($R = H$).

B. Beim Erhitzen von 4-Hydroxy-1-methyl-piperidin-4-carbonitril mit konz. wss. HCl und Erwärmen des Reaktionsprodukts mit äthanol. H_2SO_4 (*Lyle, Lyle*, Am. Soc. **76** [1954] 3536, 3538).

Kristalle (aus Ae.); F: 42—45°. Kp_{16}: 127—130°.
Picrat $C_9H_{17}NO_3 \cdot C_6H_3N_3O_7$. Kristalle (aus A.); F: 181,5—183°.

4-Benzoyloxy-1-methyl-piperidin-4-carbonsäure-äthylester $C_{16}H_{21}NO_4$, Formel XII (R = CO-C_6H_5).
B. Beim Erhitzen von 4-Hydroxy-1-methyl-piperidin-4-carbonsäure-äthylester mit Benzoylchlorid (*Lyle, Lyle,* Am. Soc. **76** [1954] 3536, 3538).
Hydrochlorid $C_{16}H_{21}NO_4 \cdot HCl$. Kristalle (aus E. + Ae.); F: 164—165°.

4-Hydroxy-1-methyl-piperidin-4-carbonitril $C_7H_{12}N_2O$, Formel I (R = H).
B. Beim Behandeln von 1-Methyl-piperidin-4-on oder dessen Hydrochlorid mit KCN in H_2O (*Lyle, Lyle,* Am. Soc. **76** [1954] 3536, 3537).
Kristalle (aus E.); F: 137—138°.

4-Acetoxy-1-methyl-piperidin-4-carbonitril $C_9H_{14}N_2O_2$, Formel I (R = CO-CH_3).
B. Beim Erhitzen von 4-Hydroxy-1-methyl-piperidin-4-carbonitril mit Acetanhydrid (*Lyle, Lyle,* Am. Soc. **76** [1954] 3536, 3538).
Hydrochlorid $C_9H_{14}N_2O_2 \cdot HCl$. Kristalle (aus Acn. + Ae.); F: 187—188°.

(2*S*)-*cis*-4-Hydroxymethyl-pyrrolidin-2-carbonsäure, *cis*-4-Hydroxymethyl-L-prolin $C_6H_{11}NO_3$, Formel II.
Konstitution: *Hulme, Steward,* Nature **175** [1955] 171; *Biemann et al.,* Nature **191** [1961] 380; *Abraham et al.,* Nature **192** [1961] 1150. Konfiguration: *Bethell et al.,* Chem. and Ind. **1963** 653; *Untch, Gibbon,* Tetrahedron Letters **1964** 3259, 3263.
Isolierung aus den Schalen von unreifen Worcester-Pearmain-Äpfeln: *Hulme,* Nature **174** [1954] 1055; aus Zweigen von Granny Smith- und Delicious-Apfelbäumen: *Urbach,* Nature **175** [1955] 170.
Kristalle; F: 257—258° [Zers.] (*Be. et al.*), 255—257° [Zers.] (*Un., Gi.*), 250° [Zers.; aus H_2O] (*Ur.*). $[\alpha]_D^{19,5}$: —75,6° [H_2O] (*Be. et al.*). IR-Spektrum (KBr; 2,5—15 μ): *Hu., St.*

I II III

Hydroxycarbonsäuren $C_7H_{13}NO_3$

(±)-[*trans*-3-Phenylcarbamoyloxy-[2]piperidyl]-essigsäure $C_{14}H_{18}N_2O_4$, Formel III (R = H) + Spiegelbild.
B. Beim Erhitzen von (±)-[1-Benzoyl-3*t*-phenylcarbamoyloxy-[2*r*]piperidyl]-essigsäure (S. 2073) mit wss. HCl (*Baker et al.,* J. org. Chem. **18** [1953] 153, 173).
Kristalle; F: 198—200°.

[1-Benzoyl-3-hydroxy-[2]piperidyl]-essigsäure $C_{14}H_{17}NO_4$.
Konfigurationszuordnung: *Barringer et al.,* J. org. Chem. **38** [1973] 1937, 1938.
a) **[(2*S*)-1-Benzoyl-3*t*-hydroxy-[2*r*]piperidyl]-essigsäure** $C_{14}H_{17}NO_4$, Formel IV (R = H, X = OH).
B. Beim Behandeln von [(2*S*)-1-Benzoyl-3*t*-hydroxy-[2*r*]piperidyl]-essigsäure-lacton mit wss. NaOH (*Baker et al.,* J. org. Chem. **18** [1953] 178, 182).
F: 156—157° [Zers.].
b) **(±)-[1-Benzoyl-3*t*-hydroxy-[2*r*]piperidyl]-essigsäure** $C_{14}H_{17}NO_4$, Formel IV (R = H, X = OH) + Spiegelbild.
B. Beim Behandeln von (±)-[1-Benzoyl-3*t*-hydroxy-[2*r*]piperidyl]-essigsäure-lacton mit

wss. NaOH (*Baker et al.*, J. org. Chem. **18** [1953] 153, 171).
Kristalle (aus E.); F: 157—158° [Zers.].

[1-Benzoyl-3-methoxy-[2]piperidyl]-essigsäure $C_{15}H_{19}NO_4$.

a) **[(2*S*)-1-Benzoyl-3*t*-methoxy-[2*r*]piperidyl]-essigsäure** $C_{15}H_{19}NO_4$, Formel IV (R = CH_3, X = OH).

B. Als Hauptprodukt beim Erwärmen des Dinatrium-Salzes der [(2*S*)-1-Benzoyl-3*t*-hydroxy-[2*r*]piperidyl]-essigsäure (S. 2072) mit CH_3I in Aceton (*Baker et al.*, J. org. Chem. **18** [1953] 178, 182).

Kristalle (aus E.); F: 149—150°. $[\alpha]_D^{30}$: +51° [wss. NaOH (0,1 n); c = 1].

b) **(±)-[1-Benzoyl-3*t*-methoxy-[2*r*]piperidyl]-essigsäure** $C_{15}H_{19}NO_4$, Formel IV (R = CH_3, X = OH) + Spiegelbild.

B. Als Hauptprodukt beim Erwärmen des Dinatrium-Salzes der (±)-[1-Benzoyl-3*t*-hydroxy-[2*r*]piperidyl]-essigsäure (S. 2072) mit CH_3I in Aceton (*Baker et al.*, J. org. Chem. **18** [1953] 153, 171).

Kristalle (aus E.); F: 149—150°.

(±)-[3*t*-Acetoxy-1-benzoyl-[2*r*]piperidyl]-essigsäure $C_{16}H_{19}NO_5$, Formel IV (R = CO-CH_3, X = OH) + Spiegelbild.

B. Als Hauptprodukt beim Erhitzen des Dinatrium-Salzes der (±)-[1-Benzoyl-3*t*-hydroxy-[2*r*]piperidyl]-essigsäure (S. 2072) mit Isopropenylacetat und Pyridin (*Baker et al.*, J. org. Chem. **18** [1953] 153, 174).

Kristalle (aus wss. A.); F: 162—163°.

(±)-[1-Benzoyl-3*t*-phenylcarbamoyloxy-[2*r*]piperidyl]-essigsäure $C_{21}H_{22}N_2O_5$, Formel III (R = CO-C_6H_5) + Spiegelbild.

B. Beim Erhitzen des Dinatrium-Salzes der (±)-[1-Benzoyl-3*t*-hydroxy-[2*r*]piperidyl]-essigsäure (S. 2072) mit Phenylisocyanat und Pyridin (*Baker et al.*, J. org. Chem. **18** [1953] 153, 172).

Kristalle (aus E. + Heptan); F: 174—175°.

(±)-[1-Benzoyl-3*t*-hydroxy-[2*r*]piperidyl]-essigsäure-[4-chlor-anilid] $C_{20}H_{21}ClN_2O_3$, Formel IV (R = H, X = NH-C_6H_4-Cl(*p*)) + Spiegelbild.

B. Beim Erwärmen der folgenden Verbindung mit Natriummethylat in Methanol (*Baker et al.*, J. org. Chem. **18** [1953] 153, 174).

Kristalle (aus E. + Heptan); F: 185—186°.

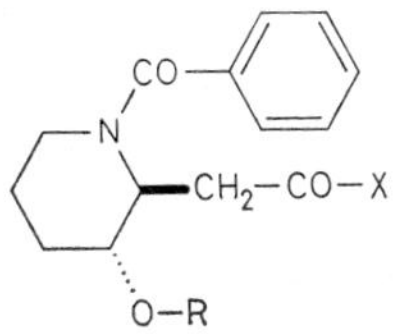

IV 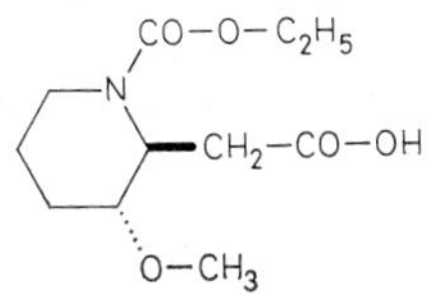 V 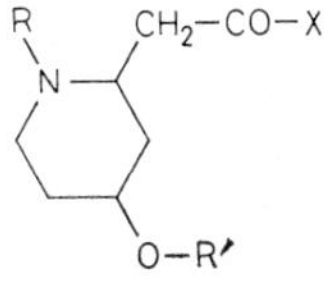 VI

(±)-[3*t*-Acetoxy-1-benzoyl-[2*r*]piperidyl]-essigsäure-[4-chlor-anilid] $C_{22}H_{23}ClN_2O_4$, Formel IV (R = CO-CH_3, X = NH-C_6H_4-Cl(*p*)) + Spiegelbild.

B. Beim Behandeln von (±)-[3*t*-Acetoxy-1-benzoyl-[2*r*]piperidyl]-essigsäure (s. o.) mit Chlorokohlensäure-äthylester und Triäthylamin in $CHCl_3$ und Behandeln der Reaktionslösung mit 4-Chlor-anilin (*Baker et al.*, J. org. Chem. **18** [1953] 153, 174).

Kristalle (aus Toluol); F: 135—137°.

(±)-[1-Benzoyl-3*t*-phenylcarbamoyloxy-[2*r*]piperidyl]-essigsäure-anilid $C_{27}H_{27}N_3O_4$, Formel IV (R = CO-NH-C_6H_5, X = NH-C_6H_5) + Spiegelbild.

B. Beim Behandeln von (±)-[1-Benzoyl-3*t*-phenylcarbamoyloxy-[2*r*]piperidyl]-essigsäure (s. o.) mit Chlorokohlensäure-äthylester und Triäthylamin in $CHCl_3$ und Behandeln der Reaktionslösung mit Anilin (*Baker et al.*, J. org. Chem. **18** [1953] 153, 173).

Kristalle (aus wss. Me.); F: 257—259°.

[(2*S*)-1-Äthoxycarbonyl-3*t*-methoxy-[2*r*]piperidyl]-essigsäure $C_{11}H_{19}NO_5$, Formel V.

B. Beim Erhitzen von [(2*S*)-1-Benzoyl-3*t*-methoxy-[2*r*]piperidyl]-essigsäure (S. 2073) mit wss. HCl und Behandeln des Reaktionsprodukts mit Chlorokohlensäure-äthylester in Toluol und mit wss. NaOH (*Baker et al.*, J. org. Chem. **18** [1953] 178, 182).

Kristalle (aus Bzl. + PAe.); F: 79–80°.

***Opt.-inakt. [4-Methoxy-[2]piperidyl]-essigsäure-äthylester** $C_{10}H_{19}NO_3$, Formel VI ($R = H$, $R' = CH_3$, $X = O\text{-}C_2H_5$).

B. Bei der Hydrierung von (±)-[4-Methoxy-1,4,5,6-tetrahydro-[2]pyridyl]-essigsäure-äthylester an Raney-Nickel in Äthanol bei 120°/140 at (*Baker et al.*, J. org. Chem. **17** [1952] 97, 107).

Kp_1: 85–92°.

***Opt.-inakt. [1-Benzoyl-4-methoxy-[2]piperidyl]-essigsäure** $C_{15}H_{19}NO_4$, Formel VI ($R = CO\text{-}C_6H_5$, $R' = CH_3$, $X = OH$).

B. Beim Behandeln einer Lösung von opt.-inakt. [4-Methoxy-[2]piperidyl]-essigsäure-äthylester in $CHCl_3$ mit Benzoylchlorid und wss. Na_2CO_3 und Erwärmen des Reaktionsprodukts mit äthanol. NaOH (*Baker et al.*, J. org. Chem. **17** [1952] 97, 107).

Kristalle (aus Toluol); F: 153–156°.

***Opt.-inakt. [4-Acetoxy-1-benzoyl-[2]piperidyl]-acetylchlorid** $C_{16}H_{18}ClNO_4$, Formel VI ($R = CO\text{-}C_6H_5$, $R' = CO\text{-}CH_3$, $X = Cl$).

B. Bei der Hydrierung von (±)-[1-Benzoyl-4-oxo-[2]piperidyl]-essigsäure an einem Nickel-Katalysator in wss. NaOH bei 110°/63 at, Erhitzen des Reaktionsprodukts mit Acetanhydrid und Behandeln des danach erhaltenen Reaktionsprodukts mit PCl_5 und Acetylchlorid (*Baker et al.*, J. org. Chem. **17** [1952] 97, 104).

F: 130–137° [Rohprodukt]

***Opt.-inakt. [1-Benzoyl-4-methoxy-[2]piperidyl]-essigsäure-anilid** $C_{21}H_{24}N_2O_3$, Formel VI ($R = CO\text{-}C_6H_5$, $R' = CH_3$, $X = NH\text{-}C_6H_5$).

B. Aus dem aus opt.-inakt. [1-Benzoyl-4-methoxy-[2]piperidyl]-essigsäure (s. o.) und $SOCl_2$ hergestellten Säurechlorid und Anilin (*Baker et al.*, J. org. Chem. **17** [1952] 97, 107).

Kristalle (aus wss Me.); F: 133–135°.

[4-Hydroxy-1-methyl-[4]piperidyl]-essigsäure-*tert*-butylester $C_{12}H_{23}NO_3$, Formel VII ($R = CH_3$, $R' = C(CH_3)_3$).

B. Beim Behandeln von 1-Methyl-piperidin-4-on mit der aus *tert*-Butylacetat mit Hilfe von $LiNH_2$ hergestellten Lithium-Verbindung in Äther (*Grob, Brenneisen*, Helv. **41** [1958] 1184, 1189).

Kp_{12}: 141–146°. n_D^{23}: 1,4602.

Picrat $C_{12}H_{23}NO_3 \cdot C_6H_3N_3O_7$. Gelbe Kristalle (aus Isopropylalkohol); F: 175–178° [korr.; Zers.].

[1-Benzyl-4-hydroxy-[4]piperidyl]-essigsäure-äthylester $C_{16}H_{23}NO_3$, Formel VII ($R = CH_2\text{-}C_6H_5$, $R' = C_2H_5$).

B. Beim Erwärmen einer Suspension von Äthoxycarbonyl-methylzink-bromid in Äther und Benzol mit 1-Benzyl-piperidin-4-on unter Stickstoff und Behandeln des Reaktionsgemisches mit Essigsäure (*Grob, Brenneisen*, Helv. **41** [1958] 1184, 1189).

$Kp_{0,02}$: 136–137°. n_D^{23}: 1,5214.

Methojodid $[C_{17}H_{26}NO_3]I$; 4-Äthoxycarbonylmethyl-1-benzyl-4-hydroxy-1-methyl-piperidinium-jodid. Kristalle (aus Me. + Ae.); F: 190–191° [korr.].

VII

VIII

[1-Benzoyl-4-hydroxy-[4]piperidyl]-essigsäure-äthylester $C_{16}H_{21}NO_4$, Formel VII (R = CO-C_6H_5, R' = C_2H_5).

B. Beim Erwärmen einer Suspension von Äthoxycarbonyl-methylzink-bromid in Äther und Benzol mit 1-Benzoyl-piperidin-4-on unter Stickstoff und Behandeln des Reaktionsgemisches mit Essigsäure und Methanol (*McElvain, McMahon,* Am. Soc. **71** [1949] 901, 906; *Grob, Brenneisen,* Helv. **41** [1958] 1184, 1186).

Kristalle (aus Acn. + Ae.); F: 77—78,5° (*Grob, Br.*). $Kp_{0,05}$: 186—189° (*Grob, Br.*).

***Opt.-inakt. 2-[1-Äthoxycarbonyl-pyrrolidin-3-yl]-3-hydroxy-propionsäure-äthylester, 3-[1-Äthoxycarbonyl-2-hydroxy-äthyl]-pyrrolidin-1-carbonsäure-äthylester** $C_{12}H_{21}NO_5$, Formel VIII.

B. Beim Behandeln von 2-[1-Äthoxycarbonyl-pyrrolidin-3-yliden]-3-hydroxy-propionsäure-äthylester (S. 2095) mit Aluminium-Amalgam in feuchtem Äther (*Umio,* J. pharm. Soc. Japan **79** [1959] 1133, 1137; C. A. **1960** 3376).

$Kp_{2,5}$: 165—166°.

Hydroxycarbonsäuren $C_8H_{15}NO_3$

(±)-2-Hydroxy-3-[4]piperidyl-propionsäure $C_8H_{15}NO_3$, Formel I (R = R' = H).

B. Beim Behandeln von (±)-1,1,1-Trichlor-3-[4]piperidyl-propan-2-ol mit äthanol. KOH (*Rubzow, Michlina,* Ž. obšč. Chim. **25** [1955] 2303, 2307; engl. Ausg. Nr. 12, S. 2275, 2278).

Hydrochlorid $C_8H_{15}NO_3 \cdot HCl$. Hygroskopisches Pulver (aus A. + Ae.) mit 1 Mol H_2O; F: 202—204° [Zers.].

(±)-2-Hydroxy-3-[4]piperidyl-propionsäure-äthylester $C_{10}H_{19}NO_3$, Formel I (R = H, R' = C_2H_5).

B. Beim Erwärmen von (±)-2-Hydroxy-3-[4]piperidyl-propionsäure-hydrochlorid mit äthanol. HCl (*Rubzow, Michlina,* Ž. obšč. Chim. **25** [1955] 2303, 2307; engl. Ausg. Nr. 12, S. 2275, 2278).

Kp_{12}: 147—148°. n_D^{20}: 1,4628.

Nach 3-monatigem Aufbewahren wurde ein kristallines Polymeres vom F: 230—231° erhalten, das beim Erwärmen mit äthanol. HCl wieder in das Monomere überführt worden ist.

(±)-3-[1-Benzoyl-[4]piperidyl]-2-hydroxy-propionsäure-äthylester $C_{17}H_{23}NO_4$, Formel I (R = CO-C_6H_5, R' = C_2H_5).

B. Beim Behandeln von (±)-2-Hydroxy-3-[4]piperidyl-propionsäure-äthylester mit Benzoylchlorid und Pyridin (*Rubzow, Michlina,* Ž. obšč. Chim. **25** [1955] 2303, 2308; engl. Ausg. Nr. 12, S. 2275, 2278).

$Kp_{0,34}$: 175—177°. n_D^{19}: 1,518.

4-Hydroxy-2,5-dimethyl-piperidin-3-carbonsäure-äthylester $C_{10}H_{19}NO_3$.

a) **(±)-4*c*-Hydroxy-2*t*,5*c*-dimethyl-piperidin-3*r*-carbonsäure-äthylester** $C_{10}H_{19}NO_3$, Formel II (R = R' = H) + Spiegelbild.

Konfiguration: *Wlasowa et al.,* Chimija prirodn. Soedin. **1970** 591, 598; engl. Ausg. S. 606, 610.

B. Neben geringeren Mengen des unter b) beschriebenen Präparats bei der Hydrierung von opt.-inakt. 1-Acetyl-2,5-dimethyl-4-oxo-piperidin-3-carbonsäure-äthylester (F: 65° bis 66°) an einem Nickel-Katalysator in Äthanol und Erwärmen der Reaktionslösung mit wss. HCl (*Nasarow et al.,* Izv. Akad. S.S.S.R. Otd. chim. **1954** 95, 103; engl. Ausg. S. 77, 83).

Kristalle (aus Bzl.); F: 158—159° (*Na. et al.*).

Hydrochlorid. Kristalle (aus A. + Ae.); F: 198—199° (*Na. et al.*).

Picrat $C_{10}H_{19}NO_3 \cdot C_6H_3N_3O_7$. Gelbe Kristalle (aus A.); F: 204—205° (*Na. et al.*).

b) ***Opt.-inakt. 4-Hydroxy-2,5-dimethyl-piperidin-3-carbonsäure-äthylester** $C_{10}H_{19}NO_3$, Formel III (R = R' = H).

B. Beim Erwärmen von opt.-inakt. 1-Acetyl-4-hydroxy-2,5-dimethyl-piperidin-3-carb=

onsäure-äthylester (F: 101—102°) mit äthanol. HCl (*Nasarow et al.*, Izv. Akad. S.S.S.R. Otd. chim. **1954** 95, 104; engl. Ausg. S. 77, 84). Weitere Bildungsweise s. unter a).

Kristalle (aus Bzl.); F: 115—116°.

Hydrochlorid. Kristalle (aus A. + Ae.); F: 185—186°.

Picrat $C_{10}H_{19}NO_3 \cdot C_6H_3N_3O_7$. Kristalle (aus A. + PAe.); F: 142—143°.

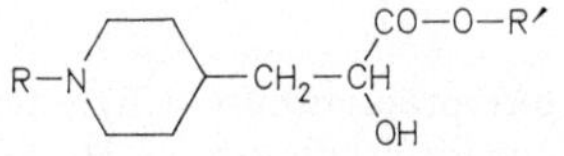

I 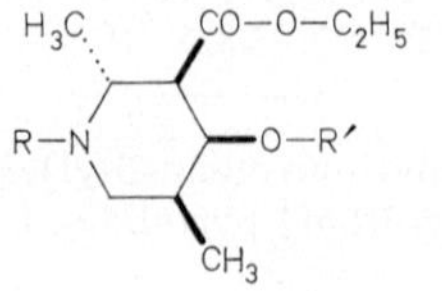 II 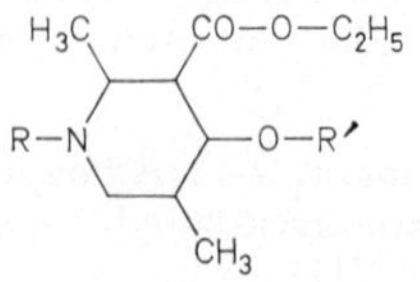 III

***Opt.-inakt. 4-Acetoxy-2,5-dimethyl-piperidin-3-carbonsäure-äthylester** $C_{12}H_{21}NO_4$, Formel III (R = H, R′ = CO-CH$_3$).

B. Neben der folgenden Verbindung bei der Hydrierung von opt.-inakt. 1-Acetyl-2,5-dimethyl-4-oxo-piperidin-3-carbonsäure-äthylester (F: 65—66°) an einem Nickel-Katalysator in Äthanol, Erhitzen des Reaktionsprodukts mit Benzoylchlorid auf 170° und anschliessenden Einleiten von HCl in das Reaktionsgemisch bei 160° (*Nasarow et al.*, Izv. Akad. S.S.S.R. Otd. chim. **1954** 95, 105; engl. Ausg. S. 77, 84).

Kp$_1$: 101—102°. D_4^{20}: 1,065. n_D^{20}: 1,4610.

***Opt.-inakt. 4-Benzoyloxy-2,5-dimethyl-piperidin-3-carbonsäure-äthylester** $C_{17}H_{23}NO_4$, Formel III (R = H, R′ = CO-C$_6$H$_5$).

B. s. im vorangehenden Artikel.

Kp$_1$: 160—164°; D_4^{20}: 1,1145; n_D^{20}: 1,5123 (*Nasarow et al.*, Izv. Akad. S.S.S.R. Otd. chim. **1954** 95, 105; engl. Ausg. S. 77, 84).

4-Hydroxy-1,2,5-trimethyl-piperidin-3-carbonsäure-äthylester $C_{11}H_{21}NO_3$.

a) **(±)-4*c*-Hydroxy-1,2*t*,5*c*-trimethyl-piperidin-3*r*-carbonsäure-äthylester** $C_{11}H_{21}NO_3$, Formel II (R = CH$_3$, R′ = H) + Spiegelbild.

B. Beim Erwärmen von (±)-4*c*-Hydroxy-2*t*,5*c*-dimethyl-piperidin-3*r*-carbonsäure-äthylester mit wss. Formaldehyd und Ameisensäure (*Nasarow et al.*, Izv. Akad. S.S.S.R. Otd. chim. **1954** 95, 106; engl. Ausg. S. 77, 85).

Kristalle (aus PAe.); F: 87—88°.

Hydrochlorid. Kristalle (aus A. + Ae.); F: 174—175°.

Picrat $C_{11}H_{21}NO_3 \cdot C_6H_3N_3O_7$. Gelbe Kristalle (aus A.); F: 168—169°.

b) ***Opt.-inakt. 4-Hydroxy-1,2,5-trimethyl-piperidin-3-carbonsäure-äthylester** $C_{11}H_{21}NO_3$, Formel III (R = CH$_3$, R′ = H).

B. Beim Erwärmen von opt.-inakt. 4-Hydroxy-2,5-dimethyl-piperidin-3-carbonsäure-äthylester (F: 115—116°) mit wss. Formaldehyd und Ameisensäure (*Nasarow et al.*, Izv. Akad. S.S.S.R. Otd. chim. **1954** 95, 105; engl. Ausg. S. 77, 85).

Kp$_1$: 112—113°. D_4^{20}: 1,0528. n_D^{20}: 1,4778.

Hydrochlorid. Kristalle (aus A. + Ae.); F: 151—152°.

Picrat $C_{11}H_{21}NO_3 \cdot C_6H_3N_3O_7$. Gelbe Kristalle (aus A.); F: 141—142°.

4-Benzoyloxy-1,2,5-trimethyl-piperidin-3-carbonsäure-äthylester $C_{18}H_{25}NO_4$.

a) **(±)-4*c*-Benzoyloxy-1,2*t*,5*c*-trimethyl-piperidin-3*r*-carbonsäure-äthylester** $C_{18}H_{25}NO_4$, Formel II (R = CH$_3$, R′ = CO-C$_6$H$_5$) + Spiegelbild.

B. Beim Erhitzen von (±)-4*c*-Hydroxy-1,2*t*,5*c*-trimethyl-piperidin-3*r*-carbonsäure-äthyl= ester-hydrochlorid mit Benzoylchlorid auf 160° (*Nasarow et al.*, Izv. Akad. S.S.S.R. Otd. chim. **1954** 95, 106; engl. Ausg. S. 77, 86).

Kristalle (aus PAe.); F: 59—60°. Kp$_2$: 167—169°. D_4^{20}: 1,089; n_D^{20}: 1,5103 [unterkühlte Schmelze].

Hydrochlorid. Kristalle (aus A. + Ae.); F: 213—214°.

b) ***Opt.-inakt. 4-Benzoyloxy-1,2,5-trimethyl-piperidin-3-carbonsäure-äthylester** $C_{18}H_{25}NO_4$, Formel III (R = CH$_3$, R′ = CO-C$_6$H$_5$).

B. Als Hauptprodukt neben 1,2,5-Trimethyl-1,2,5,6-tetrahydro-pyridin-3-carbon=

säure-äthylester (S. 193) beim Erhitzen von opt.-inakt. 4-Hydroxy-1,2,5-trimethyl-piperidin-3-carbonsäure-äthylester-hydrochlorid (F: 151—152°) mit Benzoylchlorid auf 160° (*Nasarow et al.*, Izv. Akad. S.S.S.R. Otd. chim. **1954** 95, 105; engl. Ausg. S. 77, 85).

Grünliches Öl; Kp_2: 167—170°. D_4^{20}: 1,0873. n_D^{20}: 1,5105.

Hydrochlorid. Kristalle (aus A. + Ae.); F: 185—186°.

Picrat $C_{18}H_{25}NO_4 \cdot C_6H_3N_3O_7$. Gelbe Kristalle (aus A.); F: 184—185°.

***Opt.-inakt. 1-Acetyl-4-hydroxy-2,5-dimethyl-piperidin-3-carbonsäure-äthylester** $C_{12}H_{21}NO_4$, Formel III (R = CO-CH_3, R' = H).

B. Bei der Hydrierung von opt.-inakt. 1-Acetyl-2,5-dimethyl-4-oxo-piperidin-3-carbonsäure-äthylester (F: 65—66°) an einem Nickel-Katalysator in Äthanol (*Nasarow et al.*, Izv. Akad. S.S.S.R. Otd. chim. **1954** 95, 103; engl. Ausg. S. 77, 83).

Kristalle (aus PAe.); F: 101—102° [aus einer Fraktion (Kp_1: 156—161°; n_D^{20}: 1,4902) der erhaltenen flüssigen Stereoisomeren-Gemische].

4-Hydroxy-1,2,6-trimethyl-piperidin-3-carbonsäure $C_9H_{17}NO_3$.

a) **(±)-4c-Hydroxy-1,2c,6c-trimethyl-piperidin-3r-carbonsäure** $C_9H_{17}NO_3$, Formel IV (R = R' = H) + Spiegelbild.

B. Beim Behandeln von (±)-4*c*-Hydroxy-1,2*c*,6*c*-trimethyl-piperidin-3*r*-carbonsäure-methylester mit wss. $Ba(OH)_2$ (*Mannich*, Ar. **272** [1934] 323, 349).

Kristalle (aus A. + Ae.); F: 198—200° [Dunkelfärbung].

b) **(±)-4c-Hydroxy-1,2t,6t-trimethyl-piperidin-3r-carbonsäure** $C_9H_{17}NO_3$, Formel V (R = R' = H) + Spiegelbild.

B. Beim Behandeln von (±)-4*c*-Hydroxy-1,2*t*,6*t*-trimethyl-piperidin-3*r*-carbonsäure-methylester mit wss. $Ba(OH)_2$ (*Mannich*, Ar. **272** [1934] 323, 349). Beim Erhitzen des unter a) beschriebenen Stereoisomeren mit wss. KOH (*Ma.*).

Kristalle (aus wss. Me. + Ae.) mit 1 Mol H_2O; F: 246—248° [Zers.; bei raschem Erhitzen].

4-Hydroxy-1,2,6-trimethyl-piperidin-3-carbonsäure-methylester $C_{10}H_{19}NO_3$.

Konfiguration der Stereoisomeren: *Wlašowa et al.*, Chimija prirodn. Soedin. **1970** 591, 596; engl. Ausg. S. 606, 609.

a) **(±)-4c-Hydroxy-1,2c,6c-trimethyl-piperidin-3r-carbonsäure-methylester** $C_{10}H_{19}NO_3$, Formel IV (R = CH_3, R' = H) + Spiegelbild.

B. Neben überwiegenden Mengen des unter c) beschriebenen Racemats bei der Hydrierung von (±)-1,2*r*,6*c*-Trimethyl-4-oxo-piperidin-3-carbonsäure-methylester-hydrochlorid an Platin in H_2O (*Mannich*, Ar. **272** [1934] 323, 347).

Kristalle (aus PAe.); F: 96°.

b) **(−)-4c-Hydroxy-1,2t,6t-trimethyl-piperidin-3r-carbonsäure-methylester** $C_{10}H_{19}NO_3$, Formel V (R = CH_3, R' = H) oder Spiegelbild.

Gewinnung aus dem unter c) beschriebenen Racemat mit Hilfe von (1*R*)-3*endo*-Brom-2-oxo-bornan-8-sulfonsäure: *Mannich*, Ar. **272** [1934] 323, 348.

Die ölige Base ist linksdrehend.

Hydrochlorid $C_{10}H_{19}NO_3 \cdot HCl$. Kristalle (aus A.); F: 221—222° [Zers.]. $[\alpha]_D^{20}$: −66,6° [H_2O; c = 2].

(1*R*)-3*endo*-Brom-2-oxo-bornan-8-sulfonat. Kristalle (aus Acn.); F: 155° bis 156°.

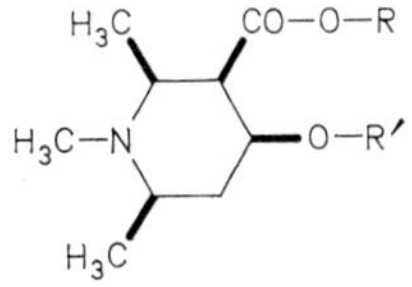

IV 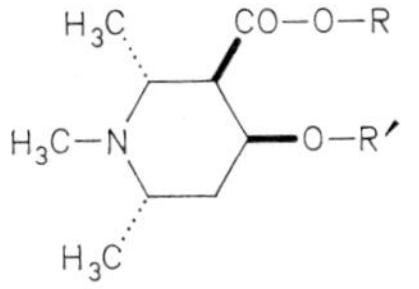 V 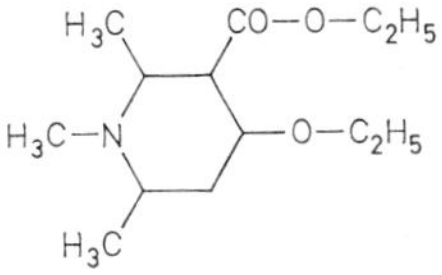 VI

c) **(±)-4c-Hydroxy-1,2t,6t-trimethyl-piperidin-3r-carbonsäure-methylester** $C_{10}H_{19}NO_3$, Formel V (R = CH_3, R' = H) + Spiegelbild.

B. s. bei dem unter a) beschriebenen Racemat.

Kp_{11}: 135—137° (*Mannich*, Ar. **272** [1934] 323, 348).
Picrat $C_{10}H_{19}NO_3 \cdot C_6H_3N_3O_7$. Kristalle (aus A.); F: 154—155° [nach Sintern].

4-Benzoyloxy-1,2,6-trimethyl-piperidin-3-carbonsäure-methylester $C_{17}H_{23}NO_4$.

a) **(+)-4*c*-Benzoyloxy-1,2*c*,6*c*-trimethyl-piperidin-3*r*-carbonsäure-methylester** $C_{17}H_{23}NO_4$, Formel IV (R = CH_3, R′ = CO-C_6H_5) oder Spiegelbild.
Gewinnung aus dem unter c) beschriebenen Racemat mit Hilfe von L_g-Weinsäure: *Mannich*, Ar. **272** [1934] 323, 350.
Die ölige Base ist rechtsdrehend.
L_g-Hydrogentartrat $C_{17}H_{23}NO_4 \cdot C_4H_6O_6$. Kristalle (aus A. + Acn.) mit 3 Mol H_2O; F: 82—84°; das Trihydrat geht nach Trocknen bei 60° unter vermindertem Druck in die wasserfreie Verbindung über. $[\alpha]_D^{20}$: +43,4° [Me.; c = 7,5] [wasserfreies Präparat].

b) **(−)-4*c*-Benzoyloxy-1,2*c*,6*c*-trimethyl-piperidin-3*r*-carbonsäure-methylester** $C_{17}H_{23}NO_4$, Formel IV (R = CH_3, R′ = CO-C_6H_5) oder Spiegelbild.
Gewinnung aus dem unter c) beschriebenen Racemat mit Hilfe von L_g-Weinsäure: *Mannich*, Ar. **272** [1934] 323, 350.
Die ölige Base ist linksdrehend.
L_g-Hydrogentartrat $C_{17}H_{23}NO_4 \cdot C_4H_6O_6$. Kristalle (aus A.) mit 2 Mol H_2O, die an der Luft verwittern und dann bei 102—104° schmelzen und nach Trocknen bei 60° unter vermindertem Druck in die wasserfreie Verbindung von F: 103—104° übergehen. $[\alpha]_D^{20}$: —19,9° [Me.; c = 5] [wasserfreies Präparat].

c) **(±)-4*c*-Benzoyloxy-1,2*c*,6*c*-trimethyl-piperidin-3*r*-carbonsäure-methylester** $C_{17}H_{23}NO_4$, Formel IV (R = CH_3, R′ = CO-C_6H_5) + Spiegelbild.
B. Beim Erwärmen von (±)-4*c*-Hydroxy-1,2*c*,6*c*-trimethyl-piperidin-3*r*-carbonsäure-methylester mit Benzoylchlorid in $CHCl_3$ (*Mannich*, Ar. **272** [1934] 323, 350).
Kristalle (aus PAe.); F: 74—75°.
Hexachloroplatinat(IV). Orangefarbene Kristalle (aus Acn.); F: 162°.

d) **(+)-4*c*-Benzoyloxy-1,2*t*,6*t*-trimethyl-piperidin-3*r*-carbonsäure-methylester** $C_{17}H_{23}NO_4$, Formel V (R = CH_3, R′ = CO-C_6H_5) oder Spiegelbild.
Hydrochlorid $C_{17}H_{23}NO_4 \cdot HCl$. *B.* Beim Erwärmen von (−)-4*c*-Hydroxy-1,2*t*,6*t*-trimethyl-piperidin-3*r*-carbonsäure-methylester mit Benzoylchlorid in $CHCl_3$ (*Mannich*, Ar. **272** [1934] 323, 351). — Kristalle (aus Acn.); F: 189—190°. $[\alpha]_D^{20}$: +50,8° [Me.; c = 0,6].

e) **(±)-4*c*-Benzoyloxy-1,2*t*,6*t*-trimethyl-piperidin-3*r*-carbonsäure-methylester** $C_{17}H_{23}NO_4$, Formel V (R = CH_3, R′ = CO-C_6H_5) + Spiegelbild.
Hydrochlorid $C_{17}H_{23}NO_4 \cdot HCl$. *B.* Beim Erwärmen von (±)-4*c*-Hydroxy-1,2*t*,6*t*-trimethyl-piperidin-3*r*-carbonsäure-methylester mit Benzoylchlorid in $CHCl_3$ (*Mannich*, Ar. **272** [1934] 323, 351). — Kristalle (aus Acn.); F: 204° [Zers.].

***Opt.-inakt. 4-Äthoxy-1,2,6-trimethyl-piperidin-3-carbonsäure-äthylester** $C_{13}H_{25}NO_3$, Formel VI.
B. Bei der Hydrierung von 4-Äthoxy-3-äthoxycarbonyl-1,2,6-trimethyl-pyridinium-[toluol-4-sulfonat] (aus 4-Äthoxy-2,6-dimethyl-nicotinsäure-äthylester und Toluol-4-sulfonsäure-methylester hergestellt) an Platin in Äthanol bei 4at (*Sperber et al.*, Am. Soc. **81** [1959] 704, 709).
Kp_1: 97—103°; n_D^{28}: 1,4522 (*Sp. et al.*, l. c. S. 707).

(±)-4ξ-Hydroxy-2*r*,6*c*-dimethyl-1-phenäthyl-piperidin-3ξ-carbonsäure-methylester $C_{17}H_{25}NO_3$, Formel VII + Spiegelbild.
B. Bei der Hydrierung von (±)-2*r*,6*c*-Dimethyl-4-oxo-1-phenäthyl-piperidin-3-carbonsäure-methylester-hydrochlorid an Platin in H_2O bei 50° (*Mannich*, Ar. **272** [1934] 323, 344).
Hydrochlorid $C_{17}H_{25}NO_3 \cdot HCl$. Kristalle (aus A. + Ae.); F: 195—196°.
O-[4-Nitro-benzoyl]-Derivat $C_{24}H_{28}N_2O_6$; (±)-2*r*,6*c*-Dimethyl-4ξ-[4-nitrobenzoyloxy]-1-phenäthyl-piperidin-3ξ-carbonsäure-methylester. Kristalle (aus PAe.); F: 133°.

(±)-4-Hydroxy-2*c*,5*t*-dimethyl-piperidin-4*r*-carbonsäure $C_8H_{15}NO_3$, Formel VIII (R = R' = H) + Spiegelbild.

Hydrochlorid $C_8H_{15}NO_3 \cdot HCl$. *B.* Beim Erwärmen von (±)-4-Hydroxy-2*c*,5*t*-dimethyl-piperidin-4*r*-carbonitril mit konz. wss. HCl (*Nasarow, Unkowškiĭ*, Ž. obšč. Chim. **26** [1956] 3486, 3491; engl. Ausg. S. 3877, 3881). — Kristalle (aus wss. HCl); F: 269° bis 270° [Zers.].

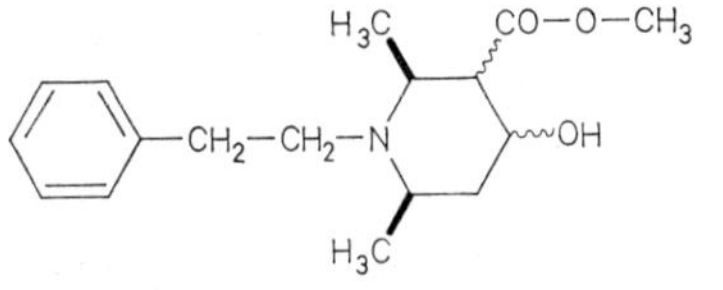

VII 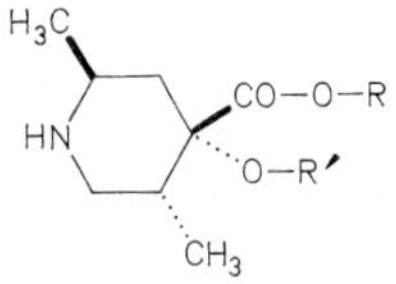 VIII 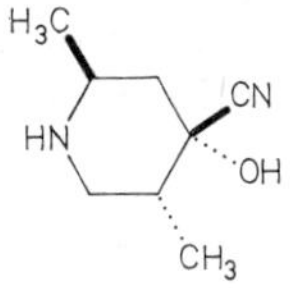 IX

(±)-4-Hydroxy-2*c*,5*t*-dimethyl-piperidin-4*r*-carbonsäure-methylester $C_9H_{17}NO_3$, Formel VIII (R = CH_3, R' = H) + Spiegelbild.

B. Beim Erwärmen von (±)-4-Hydroxy-2*c*,5*t*-dimethyl-piperidin-4*r*-carbonitril mit konz. wss. HCl und Behandeln des Reaktionsprodukts in siedendem Methanol mit HCl (*Nasarow, Unkowškiĭ*, Ž. obšč. Chim. **26** [1956] 3486, 3493; engl. Ausg. S. 3877, 3883).

Kristalle (aus Acn.); F: 107—108°.

Hydrochlorid $C_9H_{17}NO_3 \cdot HCl$. Kristalle (aus A.); F: 212—214° [Zers.].

(±)-4-Benzoyloxy-2*c*,5*t*-dimethyl-piperidin-4*r*-carbonsäure-methylester $C_{16}H_{21}NO_4$, Formel VIII (R = CH_3, R' = CO-C_6H_5) + Spiegelbild.

Hydrochlorid $C_{16}H_{21}NO_4 \cdot HCl$. *B.* Beim Erhitzen von (±)-4-Hydroxy-2*c*,5*t*-dimethyl-piperidin-4*r*-carbonsäure-methylester mit Benzoylchlorid und HCl auf 130—140° (*Nasarow et al.*, Ž. obšč. Chim. **26** [1956] 3500, 3507; engl. Ausg. S. 3891, 3896). — Kristalle (aus Acn.); F: 187° [Zers.].

(±)-4-Hydroxy-2*c*,5*t*-dimethyl-piperidin-4*r*-carbonitril $C_8H_{14}N_2O$, Formel IX + Spiegelbild.

Zur Konfiguration s. *Nasarow et al.*, Ž. obšč. Chim. **29** [1959] 2292; engl. Ausg. S. 2257; *Scharifkanow et al.*, Ž. obšč. Chim. **34** [1964] 2571, 2573; engl. Ausg. S. 2593, 2595; *Mamonow et al.*, Ž. org. Chem. **6** [1970] 1087; engl. Ausg. S. 1089.

B. Beim Behandeln einer Lösung von (±)-*trans*-2,5-Dimethyl-piperidin-4-on in wss. HCl mit wss. NaCN (*Nasarow, Unkowškiĭ*, Ž. obšč. Chim. **26** [1956] 3181, 3185; engl. Ausg. S. 3545, 3549).

Kristalle (aus E.); F: 103,5—104° (*Na., Un.*).

4-Hydroxy-1,2,5-trimethyl-piperidin-4-carbonsäure $C_9H_{17}NO_3$.

a) **(±)-4-Hydroxy-1,2*c*,5*t*-trimethyl-piperidin-4*r*-carbonsäure** $C_9H_{17}NO_3$, Formel X (R = R' = H) auf S. 2081 + Spiegelbild.

B. Beim Erwärmen von (±)-4-Hydroxy-1,2*c*,5*t*-trimethyl-piperidin-4*r*-carbonitril mit konz. wss. HCl (*Nasarow, Unkowškiĭ*, Ž. obšč. Chim. **26** [1956] 3486, 3491; engl. Ausg. S. 3877, 3882). Beim Behandeln von (±)-4-Äthinyl-1,2*t*,5*c*-trimethyl-piperidin-4*r*-ol in wss. HCl mit wss. $KMnO_4$ (*Nasarow et al.*, Ž. obšč. Chim. **29** [1959] 2292, 2294; engl. Ausg. S. 2257, 2258). Beim Behandeln von (±)-1-[4-Hydroxy-1,2*c*,5*t*-trimethyl-[4*r*]piperidyl]-äthanon mit wss. NaOBr (*Na. et al.*).

Hydrochlorid $C_9H_{17}NO_3 \cdot HCl$. Kristalle (aus A.); F: 247—249° [Zers.] (*Na., Un.*; *Na. et al.*).

b) **(±)-4-Hydroxy-1,2*t*,5*c*-trimethyl-piperidin-4*r*-carbonsäure** $C_9H_{17}NO_3$, Formel XI (R = H) auf S. 2081 + Spiegelbild.

Hydrochlorid $C_9H_{17}NO_3 \cdot HCl$. *B.* Beim Erwärmen von (±)-4-Hydroxy-1,2*t*,5*c*-trimethyl-piperidin-4*r*-carbonsäure-methylester mit wss. HCl (*Nasarow et al.*, Ž. obšč. Chim. **29** [1959] 2292, 2296; engl. Ausg. S. 2257, 2260). — Kristalle (aus Acn.); F: 208—209°.

c) **(±)-4-Hydroxy-1,2*r*,5*c*-trimethyl-piperidin-4ξ-carbonsäure** $C_9H_{17}NO_3$, Formel XII (R = H) auf S. 2081 + Spiegelbild.

Hydrochlorid $C_9H_{17}NO_3 \cdot HCl$. *B.* Beim Erwärmen von (±)-4-Hydroxy-1,2*r*,5*c*-tri=

methyl-piperidin-4ξ-carbonsäure-methylester mit wss. HCl (*Nasarow et al.*, Ž. obšč. Chim. **29** [1959] 2292, 2297; engl. Ausg. S. 2257, 2260). — Kristalle (aus Acn.); F: 195,5° bis 196,5°.

4-Hydroxy-1,2,5-trimethyl-piperidin-4-carbonsäure-methylester $C_{10}H_{19}NO_3$.

a) **(±)-4-Hydroxy-1,2*c*,5*t*-trimethyl-piperidin-4*r*-carbonsäure-methylester** $C_{10}H_{19}NO_3$, Formel X (R = CH_3, R' = H) + Spiegelbild.

B. Beim Erhitzen von (±)-4-Hydroxy-1,2*c*,5*t*-trimethyl-piperidin-4*r*-carbonitril mit wss. HCl und Erwärmen des Reaktionsgemisches mit HCl und Methanol (*Nasarow, Unkowškiĭ*, Ž. obšč. Chim. **26** [1956] 3486, 3494; engl. Ausg. S. 3877, 3884). Beim Erwärmen von (±)-4-Hydroxy-1,2*c*,5*t*-trimethyl-piperidin-4*r*-carbonsäure-hydrochlorid mit Methanol und HCl (*Nasarow et al.*, Ž. obšč. Chim. **29** [1959] 2292, 2295; engl. Ausg. S. 2257, 2259).

Kristalle (aus Acn. oder PAe.); F: 117—118° (*Na.*, *Un.*; *Na. et al.*).

Hydrochlorid $C_{10}H_{19}NO_3 \cdot HCl$. Kristalle (aus A.); F: 150—151° [Zers.] (*Na.*, *Un.*).

b) **(±)-4-Hydroxy-1,2*t*,5*c*-trimethyl-piperidin-4*r*-carbonsäure-methylester** $C_{10}H_{19}NO_3$, Formel XI (R = CH_3) + Spiegelbild.

B. Aus (±)-4-Äthinyl-1,2*c*,5*t*-trimethyl-piperidin-4*r*-ol beim Behandeln mit wss. $KMnO_4$ und wss. HCl oder aus (±)-1-[4-Hydroxy-1,2*t*,5*c*-trimethyl-[4*r*]piperidyl]-äthanon beim Behandeln mit wss. NaOBr und anschliessenden Behandeln der erhaltenen Säure mit HCl und Methanol (*Nasarow et al.*, Ž. obšč. Chim. **29** [1959] 2292, 2295; engl. Ausg. S. 2257, 2259).

Kristalle (aus PAe.); F: 70—71°.

Hydrochlorid $C_{10}H_{19}NO_3 \cdot HCl$. Kristalle (aus Acn.); F: 164—165°.

c) **(±)-4-Hydroxy-1,2*r*,5*c*-trimethyl-piperidin-4ξ-carbonsäure-methylester** $C_{10}H_{19}NO_3$, Formel XII (R = CH_3) + Spiegelbild.

B. Aus (±)-4-Äthinyl-1,2*r*,5*c*-trimethyl-piperidin-4ξ-ol (E III/IV **21** 329) oder aus (±)-1-[4-Hydroxy-1,2*r*,5*c*-trimethyl-[4ξ]piperidyl]-äthanon (E III/IV **21** 6036) analog dem unter b) beschriebenen Racemat (*Nasarow et al.*, Ž. obšč. Chim. **29** [1959] 2292, 2296; engl. Ausg. S. 2257, 2260).

Kristalle (aus PAe.); F: 77—78°.

Hydrochlorid $C_{10}H_{19}NO_3 \cdot HCl$. Kristalle (aus Acn.); F: 166—167°.

(±)-4-Acetoxy-1,2*c*,5*t*-trimethyl-piperidin-4*r*-carbonsäure-methylester $C_{12}H_{21}NO_4$, Formel X (R = CH_3, R' = CO-CH_3) + Spiegelbild.

B. Beim Behandeln von (±)-4-Hydroxy-1,2*c*,5*t*-trimethyl-piperidin-4*r*-carbonsäure-methylester mit Acetylchlorid (*Nasarow et al.*, Ž. obšč. Chim. **26** [1956] 3500, 3503; engl. Ausg. S. 3891, 3893).

Kristalle (aus PAe.); F: 87—88°.

Hydrochlorid $C_{12}H_{21}NO_4 \cdot HCl$. Kristalle (aus Acn.); F: 173° [Zers.].

(±)-1,2*c*,5*t*-Trimethyl-4-propionyloxy-piperidin-4*r*-carbonsäure-methylester $C_{13}H_{23}NO_4$, Formel X (R = CH_3, R' = CO-C_2H_5) + Spiegelbild.

Hydrochlorid $C_{13}H_{23}NO_4 \cdot HCl$. *B*. Beim Behandeln von (±)-4-Hydroxy-1,2*c*,5*t*-trimethyl-piperidin-4*r*-carbonsäure-methylester mit Propionylchlorid (*Nasarow et al.*, Ž. obšč. Chim. **26** [1956] 3500, 3504; engl. Ausg. S. 3891, 3894). — Kristalle (aus Acn.); F: 80—81°.

(±)-4-Benzoyloxy-1,2*c*,5*t*-trimethyl-piperidin-4*r*-carbonsäure-methylester $C_{17}H_{23}NO_4$, Formel X (R = CH_3, R' = CO-C_6H_5) + Spiegelbild.

Hydrochlorid $C_{17}H_{23}NO_4 \cdot HCl$. *B*. Beim Erwärmen von (±)-4-Hydroxy-1,2*c*,5*t*-trimethyl-piperidin-4*r*-carbonsäure-methylester mit Benzoylchlorid (*Nasarow et al.*, Ž. obšč. Chim. **26** [1956] 3500, 3504; engl. Ausg. S. 3891, 3894). — Kristalle (aus Acn. + PAe.); F: 125° [Zers.].

(±)-1,2*c*,5*t*-Trimethyl-4-[4-nitro-benzoyloxy]-piperidin-4*r*-carbonsäure-methylester $C_{17}H_{22}N_2O_6$, Formel X (R = CH_3, R' = CO-C_6H_4-NO_2(*p*)) + Spiegelbild.

B. Beim Erhitzen von (±)-4-Hydroxy-1,2*c*,5*t*-trimethyl-piperidin-4*r*-carbonsäure-methylester mit 4-Nitro-benzoylchlorid, zuletzt auf 130—140° (*Nasarow et al.*, Ž. obšč.

Chim. **26** [1956] 3500, 3506; engl. Ausg. S. 3891, 3895).
Gelbe Kristalle (aus Acn.); F: 165–165,5°.
Hydrochlorid $C_{17}H_{22}N_2O_6 \cdot HCl$. Kristalle (aus A.); F: 178° [Zers.].

(±)-1,2*c*,5*t*-Trimethyl-4-phenylacetoxy-piperidin-4*r*-carbonsäure-methylester $C_{18}H_{25}NO_4$, Formel X (R = CH_3, R′ = CO-CH_2-C_6H_5) + Spiegelbild.
Hydrochlorid $C_{18}H_{25}NO_4 \cdot HCl$. *B.* Beim Erhitzen von (±)-4-Hydroxy-1,2*c*,5*t*-tri= methyl-piperidin-4*r*-carbonsäure-methylester mit Phenylacetylchlorid auf 130° (*Nasarow et al.*, Ž. obšč. Chim. **26** [1956] 3500, 3504; engl. Ausg. S. 3891, 3894). — Kristalle (aus A.); F: 157–157,5°.

(±)-1,2*c*,5*t*-Trimethyl-4-[3-phenyl-propionyloxy]-piperidin-4*r*-carbonsäure-methylester $C_{19}H_{27}NO_4$, Formel X (R = CH_3, R′ = CO-CH_2-CH_2-C_6H_5) + Spiegelbild.
Hydrochlorid $C_{19}H_{27}NO_4 \cdot HCl$. *B.* Beim Erhitzen von (±)-4-Hydroxy-1,2*c*,5*t*-tri= methyl-piperidin-4*r*-carbonsäure-methylester mit 3-Phenyl-propionylchlorid, zuletzt auf 130–140° (*Nasarow et al.*, Ž. obšč. Chim. **26** [1956] 3500, 3506; engl. Ausg. S. 3891, 3895). Bei der Hydrierung von (±)-4-*trans*-Cinnamoyloxy-1,2*c*,5*t*-trimethyl-piperidin-4*r*-carbon= säure-methylester-hydrochlorid an einem Nickel-Katalysator in Äthanol (*Na. et al.*). — Kristalle (aus Acn.); F: 164° [Zers.].

X XI XII

(±)-4-*trans*-Cinnamoyloxy-1,2*c*,5*t*-trimethyl-piperidin-4*r*-carbonsäure-methylester $C_{19}H_{25}NO_4$, Formel X (R = CH_3, R′ = CO-CH$\stackrel{t}{=}$CH-C_6H_5) + Spiegelbild.
B. Beim Behandeln von (±)-4-Hydroxy-1,2*c*,5*t*-trimethyl-piperidin-4*r*-carbonsäure-methylester mit *trans*-Cinnamoylchlorid und Erhitzen des Reaktionsgemisches auf 130° bis 135° (*Nasarow et al.*, Ž. obšč. Chim. **26** [1956] 3500, 3505; engl. Ausg. S. 3891, 3895).
Kristalle (aus A. + PAe.); F: 93–94°.
Hydrochlorid $C_{19}H_{25}NO_4 \cdot HCl$. Kristalle (aus A. oder Acn.); F: 166° [Zers.].

(±)-1,2*c*,5*t*-Trimethyl-4-phenoxyacetoxy-piperidin-4*r*-carbonsäure-methylester $C_{18}H_{25}NO_5$, Formel X (R = CH_3, R′ = CO-CH_2-O-C_6H_5) + Spiegelbild.
Hydrochlorid $C_{18}H_{25}NO_5 \cdot HCl$. *B.* Beim Erwärmen von (±)-4-Hydroxy-1,2*c*,5*t*-tri= methyl-piperidin-4*r*-carbonsäure-methylester mit Phenoxyacetylchlorid (*Nasarow et al.*, Ž. obšč. Chim. **26** [1956] 3500, 3505; engl. Ausg. S. 3891, 3894). — Kristalle (aus A.); F: 174° [Zers.].

(±)-4-[4-Amino-benzoyloxy]-1,2*c*,5*t*-trimethyl-piperidin-4*r*-carbonsäure-methylester $C_{17}H_{24}N_2O_4$, Formel X (R = CH_3, R′ = CO-C_6H_4-NH_2(*p*)) + Spiegelbild.
Hydrochlorid $C_{17}H_{24}N_2O_4 \cdot HCl$. *B.* Bei der Hydrierung von (±)-1,2*c*,5*t*-Trimethyl-4-[4-nitro-benzoyloxy]-piperidin-4*r*-carbonsäure-methylester-hydrochlorid an einem Nik= kel-Katalysator in Äthanol (*Nasarow et al.*, Ž. obšč. Chim. **26** [1956] 3500, 3507; engl. Ausg. S. 3891, 3896). — Blassgelbe Kristalle (aus A.); F: 196° [Zers.].

4-Hydroxy-1,2,5-trimethyl-piperidin-4-carbonsäure-äthylester $C_{11}H_{21}NO_3$.

a) **(±)-4-Hydroxy-1,2*c*,5*t*-trimethyl-piperidin-4*r*-carbonsäure-äthylester** $C_{11}H_{21}NO_3$, Formel X (R = C_2H_5, R′ = H) + Spiegelbild.
B. Beim Erhitzen von (±)-4-Hydroxy-1,2*c*,5*t*-trimethyl-piperidin-4*r*-carbonitril mit konz. wss. HCl und Erwärmen des Reaktionsprodukts mit Äthanol und HCl (*Nasarow, Unkowškiĭ*, Ž. obšč. Chim. **26** [1956] 3486, 3495; engl. Ausg. S. 3877, 3884).
Kristalle (aus PAe.); F: 55–56°.

b) **(±)-4-Hydroxy-1,2*t*,5*c*-trimethyl-piperidin-4*r*-carbonsäure-äthylester** $C_{11}H_{21}NO_3$, Formel XI (R = C_2H_5) + Spiegelbild.
B. Beim Erwärmen von (±)-4-Hydroxy-1,2*t*,5*c*-trimethyl-piperidin-4*r*-carbonsäure-

hydrochlorid mit Äthanol und HCl (*Nasarow et al.*, Ž. obšč. Chim. **29** [1959] 2292, 2297; engl. Ausg. S. 2257, 2261).

Kristalle (aus A.); F: 124—125°.

c) **(±)-4-Hydroxy-1,2*r*,5*c*-trimethyl-piperidin-4ξ-carbonsäure-äthylester** $C_{11}H_{21}NO_3$, Formel XII ($R = C_2H_5$) + Spiegelbild.

B. Beim Erwärmen von (±)-4-Hydroxy-1,2*r*,5*c*-trimethyl-piperidin-4ξ-carbonsäure-hydrochlorid mit Äthanol und HCl (*Nasarow et al.*, Ž. obšč. Chim. **29** [1959] 2292, 2297; engl. Ausg. S. 2257, 2261).

Kp_2: 95—96°.

Picrat $C_{11}H_{21}NO_3 \cdot C_6H_3N_3O_7$. Kristalle (aus A.); F: 141,5—142,5°.

(±)-4-Benzoyloxy-1,2*c*,5*t*-trimethyl-piperidin-4*r*-carbonsäure-äthylester $C_{18}H_{25}NO_4$, Formel X ($R = C_2H_5$, $R' = CO\text{-}C_6H_5$) + Spiegelbild.

Hydrochlorid $C_{18}H_{25}NO_4 \cdot HCl$. *B.* Beim Erwärmen von (±)-4-Hydroxy-1,2*c*,5*t*-tri=methyl-piperidin-4*r*-carbonsäure-äthylester mit Benzoylchlorid und HCl (*Nasarow et al.*, Ž. obšč. Chim. **26** [1956] 3500, 3508; engl. Ausg. S. 3891, 3897). — Kristalle (aus A.); F: 101—103°.

4-Hydroxy-1,2,5-trimethyl-piperidin-4-carbonsäure-propylester $C_{12}H_{23}NO_3$.

a) **(±)-4-Hydroxy-1,2*c*,5*t*-trimethyl-piperidin-4*r*-carbonsäure-propylester** $C_{12}H_{23}NO_3$, Formel X ($R = CH_2\text{-}CH_2\text{-}CH_3$, $R' = H$) + Spiegelbild.

B. Beim Erwärmen von (±)-4-Hydroxy-1,2*c*,5*t*-trimethyl-piperidin-4*r*-carbonitril mit wss. HCl und Erhitzen des Reaktionsprodukts mit Propan-1-ol und HCl auf 120—130° (*Nasarow, Unkowškiĭ*, Ž. obšč. Chim. **26** [1956] 3486, 3495; engl. Ausg. S. 3877, 3885).

Kristalle (aus Butanon); F: 51—52°.

b) **(±)-4-Hydroxy-1,2*t*,5*c*-trimethyl-piperidin-4*r*-carbonsäure-propylester** $C_{12}H_{23}NO_3$, Formel XI ($R = CH_2\text{-}CH_2\text{-}CH_3$) + Spiegelbild.

B. Beim Erhitzen von (±)-4-Hydroxy-1,2*t*,5*c*-trimethyl-piperidin-4*r*-carbonsäure-hydrochlorid mit Propan-1-ol und HCl auf 100—110° (*Nasarow et al.*, Ž. obšč. Chim. **29** [1959] 2292, 2297; engl. Ausg. S. 2257, 2261).

Kristalle (aus Acn.); F: 112—113°.

c) **(±)-4-Hydroxy-1,2*r*,5*c*-trimethyl-piperidin-4ξ-carbonsäure-propylester** $C_{12}H_{23}NO_3$, Formel XII ($R = CH_2\text{-}CH_2\text{-}CH_3$) + Spiegelbild.

B. Beim Erhitzen von (±)-4-Hydroxy-1,2*r*,5*c*-trimethyl-piperidin-4ξ-carbonsäure-hydrochlorid mit Propan-1-ol und HCl auf 100—110° (*Nasarow et al.*, Ž. obšč. Chim. **29** [1959] 2292, 2298; engl. Ausg. S. 2257, 2261).

Kp_2: 125—127°.

Picrat $C_{12}H_{23}NO_3 \cdot C_6H_3N_3O_7$. Kristalle (aus A.); F: 132—133°.

(±)-4-Benzoyloxy-1,2*c*,5*t*-trimethyl-piperidin-4*r*-carbonsäure-propylester $C_{19}H_{27}NO_4$, Formel X ($R = CH_2\text{-}CH_2\text{-}CH_3$, $R' = CO\text{-}C_6H_5$) + Spiegelbild.

Hydrochlorid $C_{19}H_{27}NO_4 \cdot HCl$. *B.* Beim Erwärmen von (±)-4-Hydroxy-1,2*c*,5*t*-tri=methyl-piperidin-4*r*-carbonsäure-propylester mit Benzoylchlorid und HCl (*Nasarow et al.*, Ž. obšč. Chim. **26** [1956] 3500, 3508; engl. Ausg. S. 3891, 3897). — Kristalle (aus A. + Ae.); F: 131—132° [Zers.].

(±)-4-Hydroxy-1,2*c*,5*t*-trimethyl-piperidin-4*r*-carbonsäure-butylester $C_{13}H_{25}NO_3$, Formel X ($R = [CH_2]_3\text{-}CH_3$, $R' = H$) + Spiegelbild.

B. Beim Erwärmen von (±)-4-Hydroxy-1,2*c*,5*t*-trimethyl-piperidin-4*r*-carbonitril mit wss. HCl und Erhitzen des Reaktionsprodukts mit Butan-1-ol und HCl auf 115—120° (*Nasarow, Unkowškiĭ*, Ž. obšč. Chim. **26** [1956] 3486, 3495; engl. Ausg. S. 3877, 3885).

Kristalle (aus Butanon); F: 49—50°.

(±)-4-Benzoyloxy-1,2*c*,5*t*-trimethyl-piperidin-4*r*-carbonsäure-butylester $C_{20}H_{29}NO_4$, Formel X ($R = [CH_2]_3\text{-}CH_3$, $R' = CO\text{-}C_6H_5$) + Spiegelbild.

Hydrochlorid $C_{20}H_{29}NO_4 \cdot HCl$. *B.* Beim Erwärmen von (±)-4-Hydroxy-1,2*c*,5*t*-trimethyl-piperidin-4*r*-carbonsäure-butylester mit Benzoylchlorid und HCl (*Nasarow et al.*, Ž. obšč. Chim. **26** [1956] 3500, 3508; engl. Ausg. S. 3891, 3897). — Kristalle (aus A.); F: 158—160°.

(±)-4-Hydroxy-1,2*c*,5*t*-trimethyl-piperidin-4*r*-carbonsäure-isopentylester $C_{14}H_{27}NO_3$, Formel X (R = CH_2-CH_2-$CH(CH_3)_2$, R′ = H) auf S. 2081 + Spiegelbild.

B. Beim Erwärmen von (±)-4-Hydroxy-1,2*c*,5*t*-trimethyl-piperidin-4*r*-carbonitril mit wss. HCl und Erhitzen des Reaktionsprodukts mit 3-Methyl-butan-1-ol und HCl auf 130—140° (*Nasarow, Unkowškiĭ,* Ž. obšč. Chim. **26** [1956] 3486, 3495; engl. Ausg. S. 3877, 3885).

$Kp_{3,5}$: 118—120°.

(±)-4-Benzoyloxy-1,2*c*,5*t*-trimethyl-piperidin-4*r*-carbonsäure-isopentylester $C_{21}H_{31}NO_4$, Formel X (R = CH_2-CH_2-$CH(CH_3)_2$, R′ = CO-C_6H_5) auf S. 2081 + Spiegelbild.

Hydrochlorid $C_{21}H_{31}NO_4 \cdot HCl$. *B.* Beim Erwärmen von (±)-4-Hydroxy-1,2*c*,5*t*-tri=methyl-piperidin-4*r*-carbonsäure-isopentylester mit Benzoylchlorid und HCl (*Nasarow et al.*, Ž. obšč. Chim. **26** [1956] 3500, 3509; engl. Ausg. S. 3891, 3897). — Kristalle (aus Acn.); F: 151—152°.

(±)-4-Hydroxy-1,2*c*,5*t*-trimethyl-piperidin-4*r*-carbonsäure-amid $C_9H_{18}N_2O_2$, Formel XIII (X = O, X′ = NH_2) + Spiegelbild.

B. Beim Erwärmen von (±)-4-Hydroxy-1,2*c*,5*t*-trimethyl-piperidin-4*r*-carbimidsäure-methylester-hydrochlorid (*Nasarow, Unkowškiĭ,* Ž. obšč. Chim. **26** [1956] 3486, 3493; engl. Ausg. S. 3877, 3883).

Kristalle (aus E. oder Acn.); F: 221° [Zers.].

(±)-4-Hydroxy-1,2*c*,5*t*-trimethyl-piperidin-4*r*-carbimidsäure-methylester $C_{10}H_{20}N_2O_2$, Formel XIII (X = NH, X′ = O-CH_3) + Spiegelbild.

B. Beim Behandeln von (±)-4-Hydroxy-1,2*c*,5*t*-trimethyl-piperidin-4*r*-carbonitril mit Methanol und HCl (*Nasarow, Unkowškiĭ,* Ž. obšč. Chim. **26** [1956] 3486, 3492; engl. Ausg. S. 3877, 3882).

Kristalle (aus Acn.); F: 105—106°.

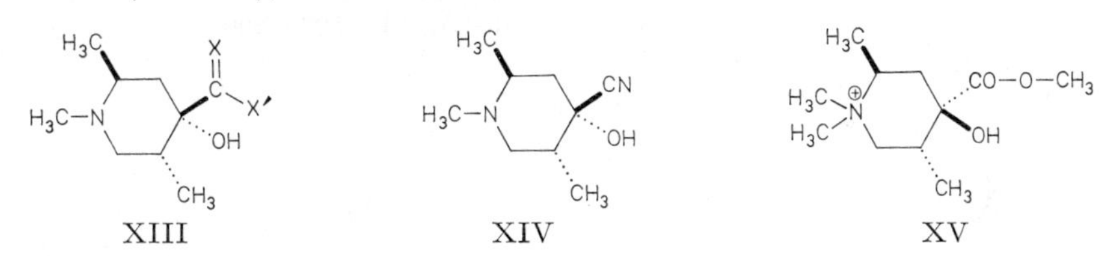

(±)-4-Hydroxy-1,2*c*,5*t*-trimethyl-piperidin-4*r*-carbonitril $C_9H_{16}N_2O$, Formel XIV + Spiegelbild.

Zur Konfiguration s. *Nasarow et al.*, Ž. obšč. Chim. **29** [1959] 2292; engl. Ausg. S. 2257; *Scharifkanow et al.*, Ž. obšč. Chim. **34** [1964] 2571, 2573; engl. Ausg. S. 2593, 2595; *Mamonow et al.*, Ž. org. Chim. **6** [1970] 1087; engl. Ausg. S. 1089.

B. Beim Behandeln von opt.-inakt. 1,2,5-Trimethyl-piperidin-4-on (E III/IV **21** 3237) mit wss. NaCN und wss. HCl (*Nasarow, Unkowškiĭ,* Ž. obšč. Chim. **26** [1956] 3181, 3186; engl. Ausg. S. 3545, 3549) oder mit α-Hydroxy-isobutyronitril und H_2O (*Nasarow et al.*, Ž. obšč. Chim. **25** [1955] 1345, 1349; engl. Ausg. S. 1291, 1294).

Kristalle (aus E.); F: 128—129° (*Na., Un.*).

4-Hydroxy-4-methoxycarbonyl-1,1,2,5-tetramethyl-piperidinium $[C_{11}H_{22}NO_3]^+$.

a) **(±)-4*c*-Hydroxy-4*t*-methoxycarbonyl-1,1,2*r*,5*t*-tetramethyl-piperidinium** $[C_{11}H_{22}NO_3]^+$, Formel XV + Spiegelbild.

Jodid $[C_{11}H_{22}NO_3]I$. *B.* Aus (±)-4-Hydroxy-1,2*t*,5*c*-trimethyl-piperidin-4*r*-carbon=säure-methylester und CH_3I (*Nasarow et al.*, Ž. obšč. Chim. **29** [1959] 2292, 2296; engl. Ausg. S. 2257, 2259). — Kristalle (aus A.); F: 154—156°.

b) **(±)-4ξ-Hydroxy-4ξ-methoxycarbonyl-1,1,2*r*,5*c*-tetramethyl-piperidinium** $[C_{11}H_{22}NO_3]^+$, Formel I + Spiegelbild.

Jodid $[C_{11}H_{22}NO_3]I$. *B.* Aus (±)-4-Hydroxy-1,2*r*,5*c*-trimethyl-piperidin-4ξ-carbon=säure-methylester und CH_3I (*Nasarow et al.*, Ž. obšč. Chim. **29** [1959] 2292, 2297; engl. Ausg. S. 2257, 2260). — Kristalle (aus A.); F: 180—181°.

(±)-4c-Methoxycarbonyl-1,1,2r,5t-tetramethyl-4t-[3-phenyl-propionyloxy]-piperidinium $[C_{20}H_{30}NO_4]^+$, Formel II (R = CH_3, R' = CO-CH_2-CH_2-C_6H_5) + Spiegelbild.

Jodid $[C_{20}H_{30}NO_4]I$. *B.* Aus (±)-1,2c,5t-Trimethyl-4-[3-phenyl-propionyloxy]-piperidin-4r-carbonsäure-methylester und CH_3I (*Nasarow et al.*, Ž. obšč. Chim. **26** [1956] 3500, 3506; engl. Ausg. S. 3891, 3895). — Kristalle (aus A.); F: 146—147°.

(±)-4t-*trans*-Cinnamoyloxy-4c-methoxycarbonyl-1,1,2r,5t-tetramethyl-piperidinium $[C_{20}H_{28}NO_4]^+$, Formel II (R = CH_3, R' = CO-CH≛CH-C_6H_5) + Spiegelbild.

Jodid $[C_{20}H_{28}NO_4]I$. *B.* Aus (±)-4-*trans*-Cinnamoyloxy-1,2c,5t-trimethyl-piperidin-4r-carbonsäure-methylester und CH_3I (*Nasarow et al.*, Ž. obšč. Chim. **26** [1956] 3500, 3506; engl. Ausg. S. 3891, 3895). — Kristalle (aus A.); F: 215° [Zers.].

(±)-4c-Äthoxycarbonyl-4t-hydroxy-1,1,2r,5t-tetramethyl-piperidinium $[C_{12}H_{24}NO_3]^+$, Formel II (R = C_2H_5, R' = H) + Spiegelbild.

Jodid $[C_{12}H_{24}NO_3]I$. *B.* Aus (±)-4-Hydroxy-1,2c,5t-trimethyl-piperidin-4r-carbonsäure-äthylester und CH_3I (*Nasarow, Unkowškiĭ*, Ž. obšč. Chim. **26** [1956] 3486, 3495; engl. Ausg. S. 3877, 3884). — Kristalle (aus Acn.); F: 193—194°.

(±)-4c-Butoxycarbonyl-4t-hydroxy-1,1,2r,5t-tetramethyl-piperidinium $[C_{14}H_{28}NO_3]^+$, Formel II (R = $[CH_2]_3$-CH_3, R' = H) + Spiegelbild.

Jodid $[C_{14}H_{28}NO_3]I$. *B.* Aus (±)-4-Hydroxy-1,2c,5t-trimethyl-piperidin-4r-carbonsäure-butylester und CH_3I (*Nasarow, Unkowškiĭ*, Ž. obšč. Chim. **26** [1956] 3486, 3495; engl. Ausg. S. 3877, 3885). — Kristalle (aus Acn.); F: 120—121°.

(±)-4t-Hydroxy-4c-isopentyloxycarbonyl-1,1,2r,5t-tetramethyl-piperidinium $[C_{15}H_{30}NO_3]^+$, Formel II (R = CH_2-CH_2-$CH(CH_3)_2$, R' = H) + Spiegelbild.

Jodid $[C_{15}H_{30}NO_3]I$. *B.* Aus (±)-4-Hydroxy-1,2c,5t-trimethyl-piperidin-4r-carbonsäure-isopentylester und CH_3I (*Nasarow, Unkowškiĭ*, Ž. obšč. Chim. **26** [1956] 3486, 3496; engl. Ausg. S. 3877, 3885). — Kristalle (aus A.); F: 199—200°.

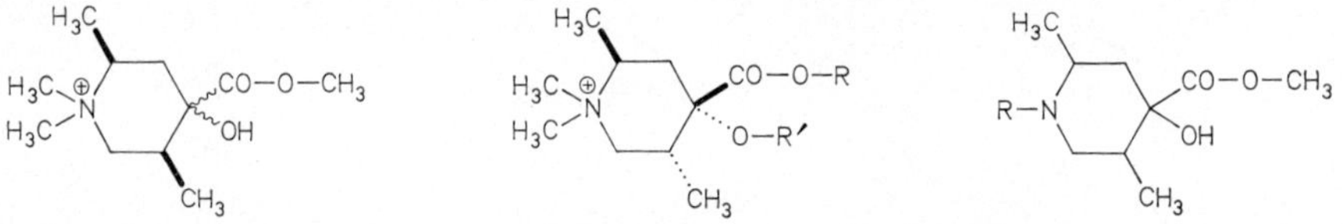

***Opt.-inakt. 1-Äthyl-4-hydroxy-2,5-dimethyl-piperidin-4-carbonsäure-methylester** $C_{11}H_{21}NO_3$, Formel III (R = C_2H_5).

B. Beim Erhitzen der folgenden Verbindung mit wss. HCl und Erwärmen des Reaktionsprodukts mit Methanol und HCl (*Nasarow, Unkowškiĭ*, Ž. obšč. Chim. **26** [1956] 3486, 3496; engl. Ausg. S. 3877, 3885).

$Kp_{2,5}$: 91—93°. n_D^{20}: 1,4730.

Hydrochlorid $C_{11}H_{21}NO_3 \cdot HCl$. Kristalle (aus Acn.); F: 150—151° [Zers.].

***Opt.-inakt. 1-Äthyl-4-hydroxy-2,5-dimethyl-piperidin-4-carbonitril** $C_{10}H_{18}N_2O$, Formel IV (R = C_2H_5) auf S. 2086.

B. Beim Behandeln von opt.-inakt. 1-Äthyl-2,5-dimethyl-piperidin-4-on (Kp_6: 76—78°; n_D^{20}: 1,4600) mit wss. HCl und wss. NaCN (*Nasarow, Unkowškiĭ*, Ž. obšč. Chim. **26** [1956] 3181, 3186; engl. Ausg. S. 3545, 3550).

Kristalle (aus PAe. oder E.); F: 98—99°.

***Opt.-inakt. 4-Hydroxy-2,5-dimethyl-1-propyl-piperidin-4-carbonsäure-methylester** $C_{12}H_{23}NO_3$, Formel III (R = CH_2-CH_2-CH_3).

B. Beim Erhitzen der folgenden Verbindung mit wss. HCl und Erwärmen des Reaktionsprodukts mit Methanol und HCl (*Nasarow, Unkowškiĭ*, Ž. obšč. Chim. **26** [1956] 3486, 3496; engl. Ausg. S. 3877, 3885).

Kp_3: 102—103°. n_D^{20}: 1,4708.

***Opt.-inakt. 4-Hydroxy-2,5-dimethyl-1-propyl-piperidin-4-carbonitril** $C_{11}H_{20}N_2O$, Formel IV (R = CH_2-CH_2-CH_3).

B. Beim Behandeln von opt.-inakt. 2,5-Dimethyl-1-propyl-piperidin-4-on (Kp_8: 88° bis 89°; n_D^{20}: 1,4602) mit wss. HCl und wss. NaCN (*Nasarow, Unkowškiĭ*, Ž. obšč. Chim. **26** [1956] 3181, 3186; engl. Ausg. S. 3545, 3550).

Kristalle (aus PAe. oder E.); F: 93–94°.

Methojodid [$C_{12}H_{23}N_2O$]I; 4-Cyan-4-hydroxy-1,2,5-trimethyl-1-propyl-piperidinium-jodid. Kristalle (aus A.); F: 172–174° [Zers.].

***Opt.-inakt. 4-Hydroxy-1-isopropyl-2,5-dimethyl-piperidin-4-carbonsäure-methylester** $C_{12}H_{23}NO_3$, Formel III (R = $CH(CH_3)_2$).

B. Beim Erhitzen der folgenden Verbindung mit wss. HCl und Erwärmen des Reaktionsprodukts mit Methanol und HCl (*Nasarow, Unkowškiĭ*, Ž. obšč. Chim. **26** [1956] 3486, 3496; engl. Ausg. S. 3877, 3885).

Kp_3: 98–100°. n_D^{20}: 1,4735.

Hydrochlorid $C_{12}H_{23}NO_3 \cdot HCl$. Kristalle (aus Acn.); F: 218–220° [Zers.].

***Opt.-inakt. 4-Hydroxy-1-isopropyl-2,5-dimethyl-piperidin-4-carbonitril** $C_{11}H_{20}N_2O$, Formel IV (R = $CH(CH_3)_2$).

B. Beim Behandeln von opt.-inakt. 1-Isopropyl-2,5-dimethyl-piperidin-4-on (Kp_7: 85–87°; n_D^{20}: 1,4632) mit wss. HCl und wss. NaCN (*Nasarow, Unkowškiĭ*, Ž. obšč. Chim. **26** [1956] 3181, 3187; engl. Ausg. S. 3545, 3550).

Kristalle (aus PAe. oder E.); F: 106–108° [Zers.].

***Opt.-inakt. 1-Butyl-4-hydroxy-2,5-dimethyl-piperidin-4-carbonsäure-methylester** $C_{13}H_{25}NO_3$, Formel III (R = $[CH_2]_3$-CH_3).

B. Beim Erhitzen der folgenden Verbindung mit wss. HCl und Erwärmen des Reaktionsprodukts mit Methanol und HCl (*Nasarow, Unkowškiĭ*, Ž. obšč. Chim. **26** [1956] 3486, 3497; engl. Ausg. S. 3877, 3886).

Kp_4: 111–113°. n_D^{20}: 1,4682.

Methojodid [$C_{14}H_{28}NO_3$]I; 1-Butyl-4-hydroxy-4-methoxycarbonyl-1,2,5-trimethyl-piperidinium-jodid. Kristalle (aus A.); F: 197–198°.

***Opt.-inakt. 1-Butyl-4-hydroxy-2,5-dimethyl-piperidin-4-carbonitril** $C_{12}H_{22}N_2O$, Formel IV (R = $[CH_2]_3$-CH_3).

B. Beim Behandeln von opt.-inakt. 1-Butyl-2,5-dimethyl-piperidin-4-on (Kp_3: 80° bis 81°; n_D^{20}: 1,4630) mit wss. HCl und wss. NaCN (*Nasarow, Unkowškiĭ*, Ž. obšč. Chim. **26** [1956] 3181, 3188; engl. Ausg. S. 3545, 3551).

Kristalle (aus PAe.); F: 82–83°.

***Opt.-inakt. 4-Hydroxy-1-isobutyl-2,5-dimethyl-piperidin-4-carbonsäure-methylester** $C_{13}H_{25}NO_3$, Formel III (R = CH_2-$CH(CH_3)_2$).

B. Beim Behandeln von opt.-inakt. 1-Isobutyl-2,5-dimethyl-piperidin-4-on ($Kp_{3,5}$: 80–81°; n_D^{20}: 1,4605) mit wss. HCl und wss. NaCN, Erhitzen des Reaktionsprodukts mit wss. HCl und Behandeln der erhaltenen Säure mit Methanol und HCl (*Nasarow, Unkowškiĭ*, Ž. obšč. Chim. **26** [1956] 3486, 3497; engl. Ausg. S. 3877, 3886).

Kp_3: 102–103°. n_D^{20}: 1,4644.

***Opt.-inakt. 4-Hydroxy-1-isopentyl-2,5-dimethyl-piperidin-4-carbonsäure-methylester** $C_{14}H_{27}NO_3$, Formel III (R = CH_2-CH_2-$CH(CH_3)_2$).

B. Beim Erhitzen der folgenden Verbindung mit wss. HCl und Erwärmen des Reaktionsprodukts mit Methanol und HCl (*Nasarow, Unkowškiĭ*, Ž. obšč. Chim. **26** [1956] 3486, 3497; engl. Ausg. S. 3877, 3886).

Kp_2: 110–112°. n_D^{20}: 1,4689.

Methojodid [$C_{15}H_{30}NO_3$]I; 4-Hydroxy-1-isopentyl-4-methoxycarbonyl-1,2,5-trimethyl-piperidinium-jodid. Kristalle (aus A.); F: 179–180° [Zers.].

***Opt.-inakt. 4-Hydroxy-1-isopentyl-2,5-dimethyl-piperidin-4-carbonitril** $C_{13}H_{24}N_2O$, Formel IV (R = CH_2-CH_2-$CH(CH_3)_2$).

B. Beim Behandeln von opt.-inakt. 1-Isopentyl-2,5-dimethyl-piperidin-4-on (Kp_2:

90—92°; n_D^{20}: 1,4615) mit wss. HCl und wss. NaCN (*Nasarow, Unkowškiĭ*, Ž. obšč. Chim. **26** [1956] 3181, 3188; engl. Ausg. S. 3545, 3551).

Kristalle (aus PAe.); F: 85—87° [Zers.].

Methojodid $[C_{14}H_{27}N_2O]I$; 4-Cyan-4-hydroxy-1-isopentyl-1,2,5-trimethyl-piperidinium-jodid. Kristalle (aus A. + Acn.); F: 166—167° [Zers.].

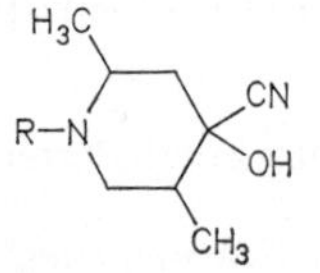

IV 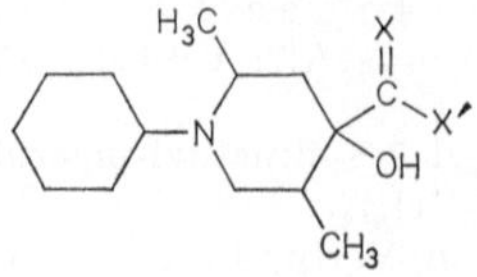 V 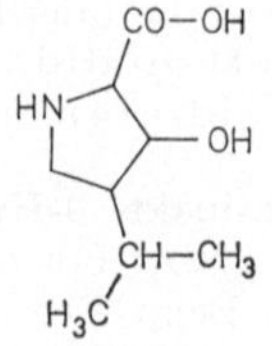 VI

***Opt.-inakt. 1-Allyl-4-hydroxy-2,5-dimethyl-piperidin-4-carbonsäure-methylester** $C_{12}H_{21}NO_3$, Formel III (R = CH_2-CH=CH_2) auf S. 2084.

B. Beim Erhitzen der folgenden Verbindung mit wss. HCl und Erwärmen des Reaktionsprodukts mit Methanol und HCl (*Nasarow, Unkowškiĭ*, Ž. obšč. Chim. **26** [1956] 3486, 3497; engl. Ausg. S. 3877, 3886).

$Kp_{2,5}$: 98—99,5°. n_D^{20}: 1,4827.

Methojodid $[C_{13}H_{24}NO_3]I$; 1-Allyl-4-hydroxy-4-methoxycarbonyl-1,2,5-trimethyl-piperidinium-jodid. Kristalle (aus A.); F: 175° [Zers.].

***Opt.-inakt. 1-Allyl-4-hydroxy-2,5-dimethyl-piperidin-4-carbonitril** $C_{11}H_{18}N_2O$, Formel IV (R = CH_2-CH=CH_2).

B. Beim Behandeln von opt.-inakt. 1-Allyl-2,5-dimethyl-piperidin-4-on ($Kp_{7,5}$: 87,5° bis 88°; n_D^{20}: 1,4740) mit wss. HCl und wss. NaCN (*Nasarow, Unkowškiĭ*, Ž. obšč. Chim. **26** [1956] 3181, 3187; engl. Ausg. S. 3545, 3551).

Kristalle (aus PAe.); F: 74—76°.

Methojodid $[C_{12}H_{21}N_2O]I$; 1-Allyl-4-cyan-4-hydroxy-1,2,5-trimethyl-piperidinium-jodid. Kristalle (aus A.); F: 164—165° [Zers.].

***Opt.-inakt. 1-Cyclohexyl-4-hydroxy-2,5-dimethyl-piperidin-4-carbonsäure-methylester** $C_{15}H_{27}NO_3$, Formel III (R = C_6H_{11}) auf S. 2084.

B. Beim Erhitzen von opt.-inakt. 1-Cyclohexyl-4-hydroxy-2,5-dimethyl-piperidin-4-carbonitril (s. u.) mit wss. HCl und Erwärmen des Reaktionsprodukts mit Methanol und HCl (*Nasarow, Unkowškiĭ*, Ž. obšč. Chim. **26** [1956] 3486, 3498; engl. Ausg. S. 3877, 3886).

$Kp_{2,5}$: 149—151°. n_D^{20}: 1,4934.

Methojodid $[C_{16}H_{30}NO_3]I$; 1-Cyclohexyl-4-hydroxy-4-methoxycarbonyl-1,2,5-trimethyl-piperidinium-jodid. Kristalle (aus A.); F: 205° [Zers.].

***Opt.-inakt. 1-Cyclohexyl-4-hydroxy-2,5-dimethyl-piperidin-4-carbonsäure-amid** $C_{14}H_{26}N_2O_2$, Formel V (X = O, X' = NH_2).

B. Beim Erwärmen von opt.-inakt. 1-Cyclohexyl-4-hydroxy-2,5-dimethyl-piperidin-4-carbimidsäure-methylester-hydrochlorid (*Nasarow, Unkowškiĭ*, Ž. obšč. Chim. **26** [1956] 3486, 3493; engl. Ausg. S. 3877, 3883).

Kristalle (aus PAe.); F: 114—116°.

Hydrochlorid $C_{14}H_{26}N_2O_2 \cdot HCl$. Kristalle (aus A.); F: 174—175°.

***Opt.-inakt. 1-Cyclohexyl-4-hydroxy-2,5-dimethyl-piperidin-4-carbimidsäure-methylester** $C_{15}H_{28}N_2O_2$, Formel V (X = NH, X' = O-CH_3).

B. Beim Behandeln von opt.-inakt. 1-Cyclohexyl-4-hydroxy-2,5-dimethyl-piperidin-4-carbonitril (s. u.) mit HCl und Methanol (*Nasarow, Unkowškiĭ*, Ž. obšč. Chim. **26** [1956] 3486, 3492; engl. Ausg. S. 3877, 3882).

Kristalle (aus Acn.); F: 116—117°.

***Opt.-inakt. 1-Cyclohexyl-4-hydroxy-2,5-dimethyl-piperidin-4-carbonitril** $C_{14}H_{24}N_2O$, Formel IV (R = C_6H_{11}).

B. Beim Behandeln von opt.-inakt. 1-Cyclohexyl-2,5-dimethyl-piperidin-4-on (F: 73°

bis 74,5°) mit wss. HCl und wss. NaCN (*Nasarow, Unkowškiĭ*, Ž. obšč. Chim. **26** [1956] 3181, 3188; engl. Ausg. S. 3545, 3552).

Kristalle (aus E.); F: 108–109°.

Methojodid $[C_{15}H_{27}N_2O]I$; 4-Cyan-1-cyclohexyl-4-hydroxy-1,2,5-trimethyl-piperidinium-jodid. Kristalle (aus A.); F: 184° [Zers.].

***Opt.-inakt. 4-Hydroxy-2,5-dimethyl-1-phenyl-piperidin-4-carbonsäure-methylester** $C_{15}H_{21}NO_3$, Formel III (R = C_6H_5) auf S. 2084.

B. Beim Erhitzen der folgenden Verbindung mit wss. HCl und Erwärmen des Reaktionsprodukts mit Methanol und HCl (*Nasarow, Unkowškiĭ*, Ž. obšč. Chim. **26** [1956] 3486, 3498; engl. Ausg. S. 3877, 3887).

Kp_2: 143–145°. n_D^{20}: 1,5388.

***Opt.-inakt. 4-Hydroxy-2,5-dimethyl-1-phenyl-piperidin-4-carbonitril** $C_{14}H_{18}N_2O$, Formel IV (R = C_6H_5).

B. Beim Behandeln von opt.-inakt. 2,5-Dimethyl-1-phenyl-piperidin-4-on ($Kp_{3,5}$: 127–128°; n_D^{20}: 1,5520) mit wss. HCl und wss. NaCN (*Nasarow, Unkowškiĭ*, Ž. obšč. Chim. **26** [1956] 3181, 3189; engl. Ausg. S. 3545, 3552).

Kristalle (aus PAe.); F: 143–144°.

Opt.-inakt. 3-Hydroxy-4-isopropyl-pyrrolidin-2-carbonsäure $C_8H_{15}NO_3$, Formel VI.

a) Stereoisomeres vom F: 262°.

B. Neben dem unter b) beschriebenen Stereoisomeren beim Hydrieren von (±)-4-Isopropyl-3-oxo-pyrrolidin-1,2-dicarbonsäure-diäthylester an Raney-Nickel in Äthanol bei 100°/100 at und Erhitzen des Reaktionsprodukts mit wss. KOH (*Miyamoto et al.*, J. pharm. Soc. Japan **77** [1957] 571, 573, 575, 578; C. A. **1957** 16422; s. a. *Tanaka et al.*, Pr. Japan Acad. **33** [1957] 47, 49, 51).

F: 262° [unkorr.; Zers.; aus H_2O] (*Mi. et al.*, l. c. S. 578).

b) Stereoisomeres vom F: 244°.

B. s. unter a).

F: 244° [unkorr.; Zers.; aus H_2O] (*Miyamoto et al.*, J. pharm. Soc. Japan **77** [1957] 575, 578; C. A. **1957** 16423).

c) Stereoisomeres vom F: 240°.

B. Beim Behandeln von (±)-4-Isopropyl-3-oxo-pyrrolidin-1,2-dicarbonsäure-diäthylester mit $NaBH_4$ in Äthanol und Essigsäure und Erhitzen des erhaltenen 3-Hydroxy-4-isopropyl-pyrrolidin-1,2-dicarbonsäure-diäthylesters $C_{13}H_{23}NO_5$ ($Kp_{0,2}$: 148°; *O*-Acetyl-Derivat $C_{15}H_{25}NO_6$; $Kp_{0,3}$: 141°) mit wss. KOH (*Miyamoto et al.*, J. pharm. Soc. Japan **77** [1957] 575, 579; C. A. **1957** 16423).

F: 240° [unkorr.; Zers.; aus H_2O].

***Opt.-inakt. 4-[β-Äthoxy-isopropyl]-pyrrolidin-2-carbonsäure** $C_{10}H_{19}NO_3$, Formel VII.

B. Beim Erhitzen von opt.-inakt. 5-[β-Äthoxy-isopropyl]-3,3-dichlor-piperidin-2-on (F: 77–80°) mit wss. $Ba(OH)_2$ und anschliessenden Hydrieren an Platin (*Osugi*, J. pharm. Soc. Japan **78** [1958] 1332, 1338; C. A. **1959** 8109).

Kristalle (aus A. + Acn.); F: 175–177° [Zers.]. IR-Spektrum (Nujol; 2–15 μ): *Os.*, l. c. S. 1334.

***Opt.-inakt. 1-Acetyl-4-[β-hydroxy-isopropyl]-pyrrolidin-2-carbonsäure-methylester** $C_{11}H_{19}NO_4$, Formel VIII (R = H).

B. Neben der folgenden Verbindung beim Erhitzen von opt.-inakt. 5-[β-Äthoxy-isopropyl]-3-chlor-2-oxo-piperidin-3-carbonsäure-äthylester ($Kp_{1,4}$: 200°) mit wss. HCl, Behandeln des Reaktionsprodukts mit wss. NaOH, Erwärmen des danach erhaltenen Reaktionsprodukts mit Acetanhydrid und Essigsäure und Behandeln der erhaltenen Säuren in Methanol mit Diazomethan in Äther (*Honjo*, J. pharm. Soc. Japan **77** [1957] 593, 596; C. A. **1957** 16426).

$Kp_{2,5}$: 188–189°. IR-Banden: 3,05 μ, 5,75 μ, 6,05 μ und 8,35 μ.

O-Acetyl-Derivat $C_{13}H_{21}NO_5$; 4-[β-Acetoxy-isopropyl]-1-acetyl-pyrrolidin-2-carbonsäure-methylester. Kp_6: 186–187°.

***Opt.-inakt. 1-Acetyl-4-[β-äthoxy-isopropyl]-pyrrolidin-2-carbonsäure-methylester** $C_{13}H_{23}NO_4$, Formel VIII (R = C_2H_5).

B. s. im vorangehenden Artikel.

$Kp_{2,5}$: 154° [unkorr.]; IR-Banden: 5,75 μ, 6,05 μ und 9,00 μ (*Honjo*, J. pharm. Soc. Japan **77** [1957] 593, 596; C. A. **1957** 16426).

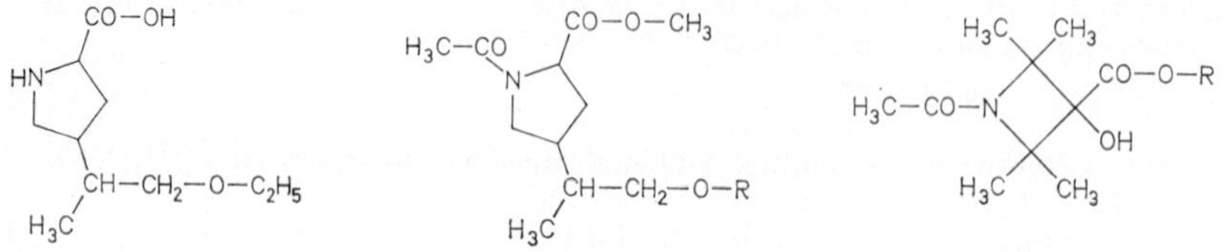

VII VIII IX

1-Acetyl-3-hydroxy-2,2,4,4-tetramethyl-azetidin-3-carbonsäure $C_{10}H_{17}NO_4$, Formel IX (R = H).

B. Beim Erhitzen von 1-Acetyl-2,2,5,5-tetramethyl-pyrrolidin-3,4-dion mit wss. KOH (*Sandris, Ourisson*, Bl. **1958** 345, 349).

Kristalle; F: 205–210° [Zers.; nach Sublimation].

1-Acetyl-3-hydroxy-2,2,4,4-tetramethyl-azetidin-3-carbonsäure-methylester $C_{11}H_{19}NO_4$, Formel IX (R = CH_3).

B. Beim Behandeln von 1-Acetyl-3-hydroxy-2,2,4,4-tetramethyl-azetidin-3-carbonsäure in Äther mit Diazomethan (*Sandris, Ourisson*, Bl. **1958** 345, 349).

Kristalle; F: 119–121° [nach Sublimation].

Hydroxycarbonsäuren $C_9H_{17}NO_3$

***Opt.-inakt. 2-Hydroxy-3-[4]piperidyl-buttersäure** $C_9H_{17}NO_3$, Formel X (R = H).

Hydrochlorid $C_9H_{17}NO_3 \cdot HCl$. *B.* Beim Hydrieren von (±)-Hydroxy-[1-[4]pyridyl-äthyl]-malonsäure-diäthylester an Platin in äthanol. HCl und Erhitzen des Reaktionsprodukts mit wss. HCl (*Michlina, Rubzow*, Ž. obšč. Chim. **27** [1957] 77, 79; engl. Ausg. S. 89, 90). — Kristalle; F: 198–201°.

***Opt.-inakt. 2-Hydroxy-3-[4]piperidyl-buttersäure-äthylester** $C_{11}H_{21}NO_3$, Formel X (R = C_2H_5).

B. Beim Erwärmen der vorangehenden Verbindung mit Äthanol und HCl (*Michlina, Rubzow*, Ž. obšč. Chim. **27** [1957] 77, 80; engl. Ausg. S. 89, 91).

$Kp_{0,2}$: 125–128°. n_D^{18}: 1,4878.

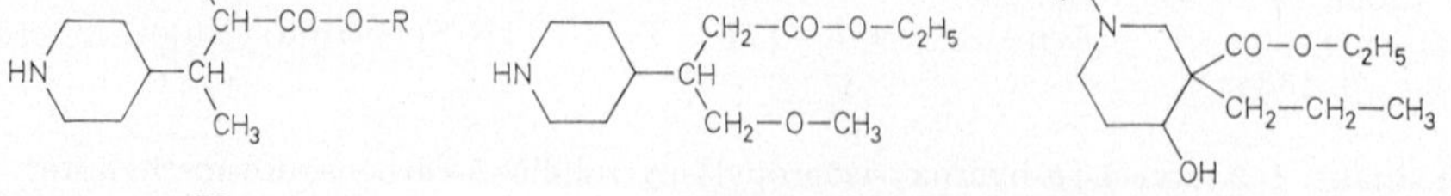

X XI XII

(±)-4-Methoxy-3-[4]piperidyl-buttersäure-äthylester $C_{12}H_{23}NO_3$, Formel XI.

B. Bei der Hydrierung von 4-Methoxy-3-[4]pyridyl-ξ-crotonsäure-äthylester ($Kp_{0,1}$: 118–119°) an Platin in äthanol. HCl (*Michlina, Rubzow*, Ž. obšč. Chim. **28** [1958] 103, 108; engl. Ausg. S. 104, 108).

$Kp_{0,1}$: 105–108°.

***Opt.-inakt. 4-Hydroxy-1-methyl-3-propyl-piperidin-3-carbonsäure-äthylester** $C_{12}H_{23}NO_3$, Formel XII.

B. Bei der Hydrierung von (±)-3-Allyl-1-methyl-4-oxo-piperidin-3-carbonsäure-äthylester an Platin in wss. HCl (*McElvain, Barnett,* Am. Soc. **78** [1956] 3140, 3142).

Kristalle; F: 98–99,5° [nach Sublimation].

***Opt.-inakt. 4-[1-Hydroxy-äthyl]-3,5-dimethyl-pyrrolidin-1,2-dicarbonsäure-diäthylester** $C_{14}H_{25}NO_5$, Formel I.

B. Bei der Hydrierung von 4-Acetyl-3,5-dimethyl-pyrrol-1,2-dicarbonsäure-diäthylester an Raney-Nickel in Äthanol bei 180° unter Druck (*Rainey, Adkins,* Am. Soc. **61** [1939] 1104, 1105).

Kp_1: 165–170°; n_D^{20}: 1,4727 (*Ra., Ad.,* l. c. S. 1109).

I

II

Hydroxycarbonsäuren $C_{10}H_{19}NO_3$

***Opt.-inakt. 2-Hydroxy-5-[2]piperidyl-valeriansäure-äthylester** $C_{12}H_{23}NO_3$, Formel II.

B. Beim Hydrieren von 2-Oxo-5-[2]pyridyl-valeriansäure oder von (±)-2-Hydroxy-5-[2]pyridyl-valeriansäure an Platin in H_2O und Erwärmen des jeweiligen Reaktionsprodukts mit Äthanol und HCl (*Ernest, Pliha,* Collect. **23** [1958] 125, 128).

Kristalle (aus Cyclohexan + Bzl.); F: 92–93° [nach fraktionierter Kristallisation der erhaltenen Stereoisomeren-Gemische aus PAe.].

***Opt.-inakt. 5-Phenoxy-2-[2]piperidyl-valeriansäure-äthylester** $C_{18}H_{27}NO_3$, Formel III ($R = C_6H_5$).

B. Bei der Hydrierung von (±)-5-Phenoxy-2-[2]pyridyl-valeriansäure-äthylester an Platin in Essigsäure bei 7 at (*Clemo et al.,* Soc. **1937** 965, 969; s. a. *Winterfeld, Augstein,* B. **90** [1957] 863, 865).

Kp_1: 190–192° (*Cl. et al.*); $Kp_{0,2}$: 179–180° (*Wi., Au.*).

***Opt.-inakt. 5-Benzyloxy-2-[2]piperidyl-valeriansäure-äthylester** $C_{19}H_{29}NO_3$, Formel III ($R = CH_2-C_6H_5$).

B. Bei der Hydrierung von (±)-5-Benzyloxy-2-[2]pyridyl-valeriansäure-äthylester an Platin in Essigsäure bei 50° (*Winterfeld, Augstein,* B. **90** [1957] 863, 866).

$Kp_{0,2}$: 160–162°.

III

IV

***Opt.-inakt. 4-Hydroxy-3-[2]piperidyl-valeriansäure** $C_{10}H_{19}NO_3$, Formel IV.

Diese Konstitution kommt der von *Winterfeld, Schneider* (A. **581** [1953] 66, 75) als 3-Hydroxymethyl-4-[2]piperidyl-buttersäure formulierten Verbindung zu (*Leonard et al.,* J. org. Chem. **22** [1957] 1445, 1447).

B. Bei der Hydrierung von (±)-4-Oxo-3-[2]pyridyl-valeriansäure-hydrochlorid an Platin in wss. HCl (*Wi., Sch.*).

Beim Erhitzen im Hochvakuum ist 1-[1-Hydroxy-äthyl]-hexahydro-indolizin-3-on (E III/IV **21** 6047) erhalten worden (*Wi., Sch.*; vgl. *Le. et al.*).

Hydrochlorid. Kristalle; F: 182,5–183,5° (*Wi., Sch.*).

***Opt.-inakt. 3-[3-(2-Hydroxy-äthyl)-[4]piperidyl]-propionsäure-äthylester** $C_{12}H_{23}NO_3$, Formel V (R = R' = H).

B. Bei der Hydrierung von 3-[3-(2-Hydroxy-äthyl)-[4]pyridyl]-acrylsäure-äthylester-hydrochlorid (F: 174—175°) an Platin in Äthanol (*Rubzow*, Ž. obšč. Chim. **25** [1955] 1021, 1032; engl. Ausg. S. 987, 995).

$Kp_{0,3}$: 169—171°.

Hexachloroplatinat(IV). Orangefarbene Kristalle; F: 206—209° [Zers.].

***Opt.-inakt. 3-[3-(2-Acetoxy-äthyl)-[4]piperidyl]-propionsäure-äthylester** $C_{14}H_{25}NO_4$, Formel V (R = H, R' = CO-CH_3).

B. Bei der Hydrierung von 3-[3-(2-Acetoxy-äthyl)-[4]pyridyl]-acrylsäure-äthylester-hydrochlorid (F: 140,5—141,5°) an Platin in Äthanol (*Rubzow*, Ž. obšč. Chim. **25** [1955] 1021, 1033; engl. Ausg. S. 987, 995).

$Kp_{0,3}$: 138—141°. D_4^{20}: 1,0583. n_D^{20}: 1,4718.

***Opt.-inakt. 3-[1-Acetyl-3-(2-hydroxy-äthyl)-[4]piperidyl]-propionsäure-äthylester** $C_{14}H_{25}NO_4$, Formel V (R = CO-CH_3, R' = H).

B. Beim Erwärmen der folgenden Verbindung mit Äthanol und HCl (*Rubzow*, Ž. obšč. Chim. **25** [1955] 1021, 1033; engl. Ausg. S. 987, 996).

$Kp_{0,3}$: 199—202°. D_4^{20}: 1,1170. n_D^{20}: 1,4982.

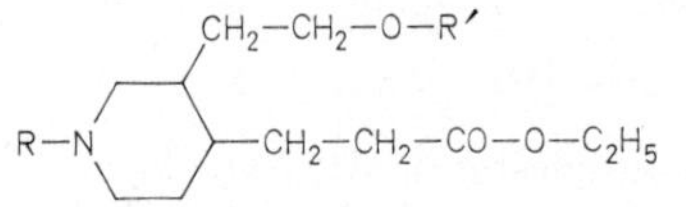

V 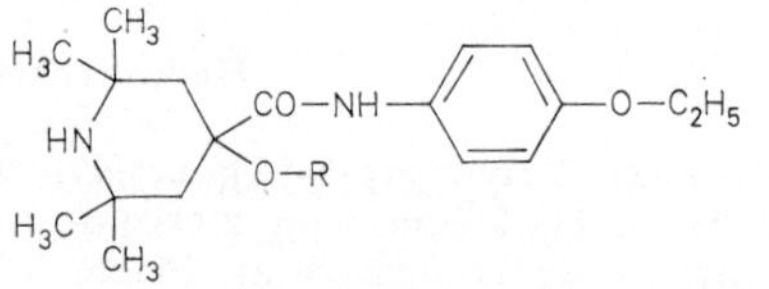 VI

***Opt.-inakt. 3-[3-(2-Acetoxy-äthyl)-1-acetyl-[4]piperidyl]-propionsäure-äthylester** $C_{16}H_{27}NO_5$, Formel V (R = R' = CO-CH_3).

B. Beim Erwärmen von opt.-inakt. 3-[3-(2-Hydroxy-äthyl)-[4]piperidyl]-propionsäure-äthylester (s. o.) mit Acetanhydrid (*Rubzow*, Ž. obšč. Chim. **25** [1955] 1021, 1032; engl. Ausg. S. 987, 995).

$Kp_{0,3}$: 181—184°. D_4^{20}: 1,1117. n_D^{20}: 1,4833.

***Opt.-inakt. 3-[1-Benzoyl-3-(2-hydroxy-äthyl)-[4]piperidyl]-propionsäure-äthylester** $C_{19}H_{27}NO_4$, Formel V (R = CO-C_6H_5, R' = H).

B. Beim Erwärmen der folgenden Verbindung mit Äthanol und HCl (*Rubzow*, Ž. obšč. Chim. **25** [1955] 1021, 1034; engl. Ausg. S. 987, 997).

$Kp_{0,3}$: 231—236° [leichte Zers.]. D_4^{20}: 1,1486. n_D^{20}: 1,5378.

***Opt.-inakt. 3-[3-(2-Acetoxy-äthyl)-1-benzoyl-[4]piperidyl]-propionsäure-äthylester** $C_{21}H_{29}NO_5$, Formel V (R = CO-C_6H_5, R' = CO-CH_3).

B. Beim Behandeln von opt.-inakt. 3-[3-(2-Acetoxy-äthyl)-[4]piperidyl]-propionsäure-äthylester (s. o.) in $CHCl_3$ mit Benzoylchlorid und K_2CO_3 (*Rubzow*, Ž. obšč. Chim. **25** [1955] 1021, 1034; engl. Ausg. S. 987, 996).

$Kp_{0,3}$: 207—210°. D_4^{20}: 1,1335. n_D^{20}: 1,5190.

4-Hydroxy-2,2,6,6-tetramethyl-piperidin-4-carbonsäure-*p*-phenetidid $C_{18}H_{28}N_2O_3$, Formel VI (R = H).

B. Beim Erwärmen der folgenden Verbindung mit methanol. KOH (*Passerini*, *Losco*, Ann. Chimica farm. **1939** (Aug.) 64, 67).

Kristalle (aus Bzl. oder H_2O); F: 116—118°.

4-Benzoyloxy-2,2,6,6-tetramethyl-piperidin-4-carbonsäure-*p*-phenetidid $C_{25}H_{32}N_2O_4$, Formel VI (R = CO-C_6H_5).

B. Beim Behandeln von 2,2,6,6-Tetramethyl-piperidin-4-on mit 4-Äthoxy-phenylisocyanat und Benzoesäure in $CHCl_3$ (*Passerini*, *Losco*, Ann. Chimica farm. **1939** (Aug.) 64, 66).

Kristalle (aus Bzl.) mit 1 Mol H_2O; F: 134–138° [Zers. bei 140°].
Benzoat $C_{25}H_{32}N_2O_4 \cdot C_7H_6O_2$. Kristalle (aus Acn.); F: 250–251° [unter Bräunung].

Hydroxycarbonsäuren $C_{14}H_{27}NO_3$

8-[(2*R*)-5*c*-Hydroxy-6*c*-methyl-[2*r*]piperidyl]-octansäure, Carpamsäure $C_{14}H_{27}NO_3$, Formel VII (R = R' = R'' = H) (E II 149).

Konstitution: *Rapoport et al.*, Am. Soc. **75** [1953] 5290. Konfiguration: *Tichý, Sicher*, Tetrahedron Letters **1962** 511; *Coke, Rice*, J. org. Chem. **30** [1965] 3420.

B. Beim Erhitzen von Carpain (Syst.-Nr. 4641) mit wss. HCl (*Rapoport, Baldridge*, Am. Soc. **74** [1952] 5365, 5367).

Kristalle (aus A.); F: 225–226° [korr.; Zers.; evakuierte Kapillare] (*Ra., Ba.*). Scheinbare Dissoziationsexponenten pK'_{a1} und pK'_{a2} der protonierten Verbindung (H_2O; potentiometrisch ermittelt): 4,6 bzw. 10,4 (*Ra., Ba.*).

Beim Behandeln des Hydrochlorids mit $SOCl_2$ und Erhitzen des Reaktionsprodukts in 1,2-Dichlor-äthan ist Carpain zurückerhalten worden (*Narasimhan*, Chem. and Ind. **1956** 1526).

Hydrochlorid. Kristalle (aus A. + Acn.); F: 160,6–161,4° [korr.] (*Ra., Ba.*).

8-[(2*R*)-5*c*-Hydroxy-6*c*-methyl-[2*r*]piperidyl]-octansäure-methylester, Carpamsäure-methylester $C_{15}H_{29}NO_3$, Formel VII (R = R'' = H, R' = CH_3).

B. Aus Carpamsäure (*Barger et al.*, Helv. **16** [1933] 90, 93).

Kristalle; F: 70°.

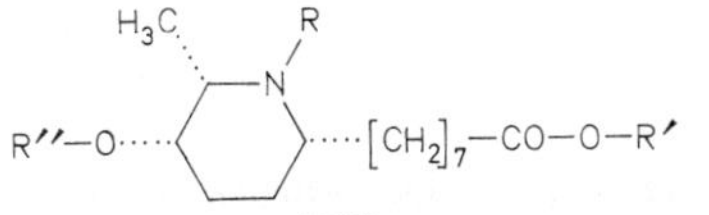

VII 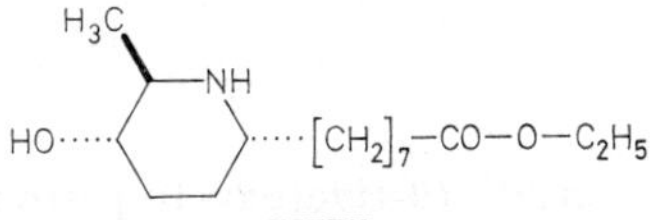 VIII

8-[5-Hydroxy-6-methyl-[2]piperidyl]-octansäure-äthylester $C_{16}H_{31}NO_3$.

a) **8-[(2*R*)-5*c*-Hydroxy-6*c*-methyl-[2*r*]piperidyl]-octansäure-äthylester**, Carpamsäure-äthylester $C_{16}H_{31}NO_3$, Formel VII (R = R'' = H, R' = C_2H_5) (E II 149).

Hydrochlorid $C_{16}H_{31}NO_3 \cdot HCl$. *B.* Neben Pseudocarpamsäure-äthylester-hydrochlorid (s. u.) beim Erhitzen von Pseudocarpain (Syst.-Nr. 4641) mit wss. HCl und Behandeln des Reaktionsprodukts mit Äthanol und HCl (*Govindachari et al.*, Soc. **1954** 1847). – Kristalle (aus A. + Ae.); F: 173°.

b) **8-[(2*R*)-5*c*-Hydroxy-6*t*-methyl-[2*r*]piperidyl]-octansäure-äthylester**, Pseudocarpamsäure-äthylester $C_{16}H_{31}NO_3$, Formel VIII.

Konfiguration: *Govindachari et al.*, Tetrahedron Letters **1965** 1907, 1910.

Hydrochlorid $C_{16}H_{31}NO_3 \cdot HCl$. *B.* s. unter a). – Kristalle (aus A. + Ae.); F: 122° bis 124° (*Govindachari et al.*, Soc. **1954** 1847).

8-[(2*R*)-5*c*-Hydroxy-1,6*c*-dimethyl-[2*r*]piperidyl]-octansäure-äthylester, *N*-Methyl-carpamsäure-äthylester $C_{17}H_{33}NO_3$, Formel VII (R = CH_3, R' = C_2H_5, R'' = H).

B. Beim Erhitzen von Carpamsäure-hydrochlorid (s. o.) mit wss. Formaldehyd-Lösung auf 120–130° und Behandeln des Reaktionsprodukts mit Äthanol und HCl (*Barger et al.*, Helv. **16** [1933] 90, 94). Beim Erhitzen von *N,N'*-Dimethyl-carpain (Syst.-Nr. 4641) mit wss. HCl und Behandeln des Reaktionsprodukts mit Äthanol und HCl (*Govindachari, Narasimhan*, Soc. **1955** 1563).

Kp_{15}: 225° (*Ba. et al.*); $Kp_{0,3}$: 146–150° (*Go., Na.*).

8-[(2*R*)-5*c*-Acetoxy-1,6*c*-dimethyl-[2*r*]piperidyl]-octansäure-äthylester, *O*-Acetyl-*N*-methyl-carpamsäure-äthylester $C_{19}H_{35}NO_4$, Formel VII (R = CH_3, R' = C_2H_5, R'' = CO-CH_3).

B. Aus *N*-Methyl-carpamsäure-äthylester [s. o.] (*Barger et al.*, Helv. **16** [1933] 90, 94).

Kp_{15}: 230°.

(2*S*)-3*c*-Hydroxy-6*c*-[7-methoxycarbonyl-heptyl]-1,1,2*r*-trimethyl-piperidinium $[C_{17}H_{34}NO_3]^+$, Formel IX.

Jodid $[C_{17}H_{34}NO_3]I$. *B*. Beim Erwärmen von Carpain (Syst.-Nr. 4641) mit CH_3I und K_2CO_3 in Methanol (*Rapoport et al.*, Am. Soc. **75** [1953] 5290). — Kristalle (aus A. + Pentan); F: 113—114° [korr.]. $[\alpha]_D^{21}$: —13,5° [A.; c = 1].

8-[(2*R*)-1-Acetyl-5*c*-hydroxy-6*c*-methyl-[2*r*]piperidyl]-octansäure-methylester, *N*-Acetyl-carpamsäure-methylester $C_{17}H_{31}NO_4$, Formel VII (R = CO-CH_3, R′ = CH_3, R″ = H).

B. Beim Behandeln von *N*,*N*′-Diacetyl-carpain (Syst.-Nr. 4641) mit methanol. KOH und Behandeln des Reaktionsprodukts mit Diazomethan (*Barger et al.*, Helv. **16** [1933] 90, 94).

Öl; Kp_{15}: 290°; das Öl erstarrt nach einigen Monaten zu Kristallen vom F: 64°.

8-[(2*R*)-5*c*-Acetoxy-1-acetyl-6*c*-methyl-[2*r*]piperidyl]-octansäure-äthylester, *N*,*O*-Diacetyl-carpamsäure-äthylester $C_{20}H_{35}NO_5$, Formel VII (R = R″ = CO-CH_3, R′ = C_2H_5).

B. Beim Erhitzen von Carpamsäure-äthylester (S. 2091) mit Acetanhydrid, Natrium⸗acetat und wenig Pyridin (*Barger et al.*, Helv. **16** [1933] 90, 93).

Kp_{15}: 280°.

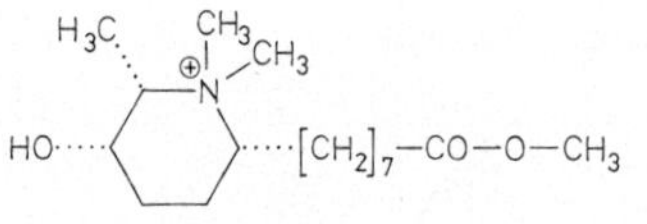

IX 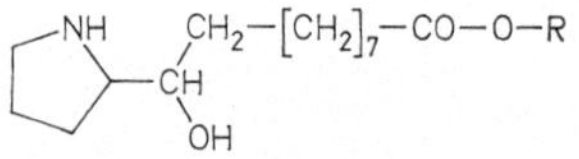 X

*Opt.-inakt. **10-Hydroxy-10-pyrrolidin-2-yl-decansäure** $C_{14}H_{27}NO_3$, Formel X (R = H).

B. Beim Erwärmen der folgenden Verbindung mit äthanol. KOH (*Govindachari*, *Narasimhan*, Soc. **1953** 2635).

Hydrochlorid $C_{14}H_{27}NO_3 \cdot HCl$. F: 124,5—126,5°.

*Opt.-inakt. **10-Hydroxy-10-pyrrolidin-2-yl-decansäure-äthylester** $C_{16}H_{31}NO_3$, Formel X (R = C_2H_5).

B. Bei der Hydrierung von 10-Oxo-10-pyrrol-2-yl-decansäure-äthylester an Platin in Essigsäure (*Govindachari*, *Narasimhan*, Soc. **1953** 2635).

Kristalle (aus PAe.); F: 69,5—70,5°. [*Hofmann*]

Hydroxycarbonsäuren $C_nH_{2n-3}NO_3$

Hydroxycarbonsäuren $C_5H_7NO_3$

(±)-4-Äthoxy-2,3-dihydro-pyrrol-2-carbonsäure $C_7H_{11}NO_3$, Formel I.

Für das nachstehend beschriebene Präparat wird auch eine Formulierung als (±)-4-Äthoxy-2,5-dihydro-pyrrol-2-carbonsäure in Betracht gezogen (*Kuhn*, *Osswald*, B. **89** [1956] 1423, 1426).

B. Beim Erhitzen von (±)-4-Oxo-pyrrolidin-1,2-dicarbonsäure-diäthylester mit Di⸗äthylsulfit und äthanol. HCl auf 200° und Erhitzen des Reaktionsprodukts mit wss. $Ba(OH)_2$ (*Kuhn*, *Os.*, l. c. S. 1438, 1439).

Kristalle (aus wss. Acn.); F: 199—201° [Zers.; evakuierte Kapillare]. UV-Spektrum (Me.; 210—270 nm): *Kuhn*, *Os.*, l. c. S. 1427.

Kupfer(II)-Salz $Cu(C_7H_{10}NO_3)_2$. Blassgelbe wasserhaltige Kristalle (aus H_2O), die sich nach Trocknen über P_2O_5 bei 100°/1 Torr unter Verlust des Kristallwassers violett färben (*Kuhn*, *Os.*, l. c. S. 1439).

1-Phenylcarbamoyl-Derivat $C_{14}H_{16}N_2O_4$. Kristalle (aus wss. A.); F: 179—180° (*Kuhn*, *Os.*, l. c. S. 1439).

I II III

(2*S*)-*trans*-4-Hydroxy-3,4-dihydro-2*H*-pyrrol-2-carbonsäure $C_5H_7NO_3$, Formel II.

In wss. Lösung liegt wahrscheinlich ein Gleichgewicht mit geringen Mengen (2*S*,4*R*)-2-Amino-4-hydroxy-5-oxo-valeriansäure vor (*Adams, Goldstone*, J. biol. Chem. **235** [1960] 3492, 3497).

B. Bei der Oxidation von *trans*-4-Hydroxy-L-prolin mit Luft oder Sauerstoff unter der Einwirkung von Prolinoxidase aus Nieren- oder Leber-Präparaten in wss. gepufferten Lösungen vom pH 7,3—7,6 bei 37° (*Ad., Go.*, l. c. S. 3493; *Lang, Mayer*, Bio. Z. **324** [1953] 237, 238; *Taggart, Krakaur*, J. biol. Chem. **177** [1949] 641, 645).

Hygroskopisch (*Ad., Go.*, l. c. S. 3497). $[\alpha]_D^{25}$: —40,4° [konz. HCl; c = 2] (*Ad., Go.*, l. c. S. 3495). IR-Spektrum (KBr; 2—15 μ): *Ad., Go.*, l. c. S. 3494.

Stabilität wss. Lösungen vom pH 1,9, pH 7,0 und pH 10,9 beim Erhitzen auf 100°: *Ad., Go.*, l. c. S. 3494.

Reineckat $C_5H_7NO_3 \cdot H[Cr(CNS)_4(NH_3)_2]$. Kristalle mit 1 Mol H_2O; F: 226—232° [Zers.] (*Ad., Go.*, l. c. S. 3497).

4-[4-Nitro-benzoyloxy]-2,5-dihydro-pyrrol-1,3-dicarbonsäure-diäthylester $C_{17}H_{18}N_2O_8$, Formel III.

B. Aus (±)-4-Oxo-pyrrolidin-1,3-dicarbonsäure-diäthylester mit Hilfe von 4-Nitrobenzoylchlorid und Pyridin (*Kuhn, Osswald*, B. **89** [1956] 1423, 1424, 1433).

Kristalle (aus A.); F: 85—86°.

Hydroxycarbonsäuren $C_6H_9NO_3$

(±)-1-[2,6-Dichlor-benzyl]-4-phenylmercapto-1,4,5,6-tetrahydro-pyridin-3-carbonsäure-amid $C_{19}H_{18}Cl_2N_2OS$, Formel IV.

Diese Konstitution wird für die nachstehend beschriebene Verbindung in Betracht gezogen (*Wallenfels et al.*, A. **621** [1959] 188, 194).

B. Beim Erwärmen von 1-[2,6-Dichlor-benzyl]-1,6-dihydro-pyridin-3-carbonsäure-amid mit Thiophenol in Methanol (*Wa. et al.*, l. c. S. 196).

Kristalle (aus DMF); F: 192—195°. UV-Spektrum (Me.; 220—350 nm): *Wa. et al.*

IV V

Schwefligsäure-bis-[5-carbamoyl-1-(2,6-dichlor-benzyl)-1,2,3,4-tetrahydro-[3]pyridyl-ester] $C_{26}H_{26}Cl_4N_4O_5S$, Formel V.

Eine unter dieser Konstitution beschriebene Verbindung vom F: 202° (*Wallenfels, Schüly*, Bio. Z. **329** [1957] 75, 81; *Wallenfels et al.*, A. **621** [1959] 188, 195) ist als (±)-3-Carbamoyl-1-[2,6-dichlor-benzyl]-pyridinium-[5-carbamoyl-1-(2,6-dichlor-benzyl)-1,2,3,4-tetrahydro-pyridin-2-sulfonat] $C_{26}H_{24}Cl_4N_4O_5S$ (Syst.-Nr. 3383) zu formulieren (*Diekmann et al.*, A. **674** [1964] 79, 83; Tetrahedron **20** [1964] 281, 287).

***Opt.-inakt. 4-Chlor-1-[2,6-dichlor-benzyl]-5-[2,4-dinitro-phenylmercapto]-1,4,5,6-tetra=hydro-pyridin-3-carbonsäure-amid** $C_{19}H_{15}Cl_3N_4O_5S$, Formel VI (X = Cl, X' = H).

Diese Konstitution wird für die nachstehend beschriebene Verbindung in Betracht gezogen (*Wallenfels et al.*, A. **621** [1951] 188, 194).

B. Beim Behandeln von 1-[2,6-Dichlor-benzyl]-1,6-dihydro-pyridin-3-carbonsäure-amid mit 2,4-Dinitro-benzosulfenylchlorid in Acetonitril (*Wa. et al.*, l. c. S. 197).

Gelbe Kristalle (aus methanol. HCl); F: 155–157° [Zers.].

Beim Erwärmen mit Acetonitril ist 1-[2,6-Dichlor-benzyl]-5-[2,4-dinitro-phenyl=mercapto]-1,6-dihydro-pyridin-3-carbonsäure-amid erhalten worden.

***Opt.-inakt. 6-Chlor-1-[2,6-dichlor-benzyl]-5-[2,4-dinitro-phenylmercapto]-1,4,5,6-tetra=hydro-pyridin-3-carbonsäure-amid** $C_{19}H_{15}Cl_3N_4O_5S$, Formel VI (X = H, X' = Cl).

Diese Konstitution wird für die nachstehend beschriebene Verbindung in Betracht gezogen (*Wallenfels et al.*, A. **621** [1959] 188, 194).

B. Beim Behandeln von 1-[2,6-Dichlor-benzyl]-1,4-dihydro-pyridin-3-carbonsäure-amid mit 2,4-Dinitro-benzolsulfenylchlorid in $CHCl_3$ (*Wa. et al.*, l. c. S. 196).

Gelbe Kristalle (aus methanol. HCl); F: 170–173° [Zers.; auf 165° vorgeheizter App.].

Beim Erwärmen mit Acetonitril ist 1-[2,6-Dichlor-benzyl]-5-[2,4-dinitro-phenyl=mercapto]-1,4-dihydro-pyridin-3-carbonsäure-amid erhalten worden. Beim Erhitzen mit Essigsäure ist eine als 6-Acetoxy-1-[2,6-dichlor-benzyl]-5-[2,4-dinitro-phenyl=mercapto]-1,4,5,6-tetrahydro-pyridin-3-carbonsäure-amid formulierte Verbindung $C_{21}H_{18}Cl_2N_4O_7S$ (F: 189°) erhalten worden.

O₂N, Cl, X', S, NO₂, CH₂—N, X, Cl, CO—NH₂

VI

Cl, CO—NH₂, CH₂—N, Cl, S

VII

(±)-1-[2,6-Dichlor-benzyl]-6-phenylmercapto-1,4,5,6-tetrahydro-pyridin-3-carbonsäure-amid $C_{19}H_{18}Cl_2N_2OS$, Formel VII.

Diese Konstitution wird für die nachstehend beschriebene Verbindung in Betracht gezogen (*Wallenfels et al.*, A. **621** [1959] 188, 194).

B. Beim Erwärmen von 1-[2,6-Dichlor-benzyl]-1,4-dihydro-pyridin-3-carbonsäure-amid mit Thiophenol in Methanol (*Wa. et al.*, l. c. S. 195).

Kristalle (aus Me.); F: 141–142°. UV-Spektrum (Me.; 220–350 nm): *Wa. et al.*, l. c. S. 190.

CO—O—C₂H₅, CO—N, O—CH₂—CH₂—N, CH₃, CH₃

VIII

CO—O—C₂H₅, N, CH₃, O₂N, CO—O, CO—O—C₂H₅

IX

1-Benzoyl-4-[2-dimethylamino-äthoxy]-1,2,5,6-tetrahydro-pyridin-3-carbonsäure-äthylester $C_{19}H_{26}N_2O_4$, Formel VIII.

B. Beim Behandeln von 1-Benzoyl-4-oxo-piperidin-3-carbonsäure-äthylester mit Kalium-*tert*-butylat in *tert*-Butylalkohol und Erhitzen des Gemisches mit [1-Chlor-äthyl]-dimethyl-amin und Toluol (*Doering, Rhoads*, Am. Soc. **73** [1951] 3082).

$Kp_{0,0006}$: 145–147°.

Picrat $C_{19}H_{26}N_2O_4 \cdot C_6H_3N_3O_7$. Kristalle (aus A.); F: 89–91°.

Methojodid $[C_{20}H_{29}N_2O_4]I$; [2-(5-Äthoxycarbonyl-1-benzoyl-1,2,3,6-tetra=

hydro-[4]pyridyloxy)-äthyl]-trimethyl-ammonium-jodid. Kristalle (aus Acn. + A.); F: 159—160° [korr.; Zers.].

(±)-2-Methyl-4-[4-nitro-benzoyloxy]-2,5-dihydro-pyrrol-1,3-dicarbonsäure-diäthylester $C_{18}H_{20}N_2O_8$, Formel IX.

B. Aus (±)-2-Methyl-4-oxo-pyrrolidin-1,3-dicarbonsäure-diäthylester, 4-Nitro-benzoylchlorid und Pyridin (*Kuhn, Osswald*, B. **89** [1956] 1423, 1424, 1432).

Kristalle (aus A.); F: 75—76°.

Hydroxycarbonsäuren $C_7H_{11}NO_3$

(±)-[4-Methoxy-1,4,5,6-tetrahydro-[2]pyridyl]-essigsäure-äthylester $C_{10}H_{17}NO_3$, Formel X.

B. Aus (±)-7-Benzyloxycarbonylamino-5-methoxy-3-oxo-heptansäure-äthylester (hergestellt aus (±)-5-Benzyloxycarbonylamino-3-methoxy-valeriansäure über mehrere Stufen) beim Hydrieren an Palladium/Kohle unter 2—3 at in 2-Methoxy-äthanol (*Baker et al.*, J. org. Chem. **17** [1952] 97, 106).

Kp_1: 124—126°.

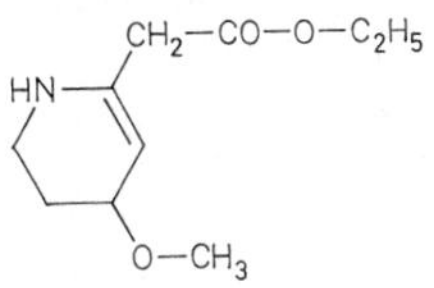

X 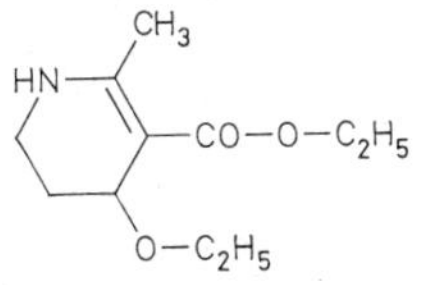 XI 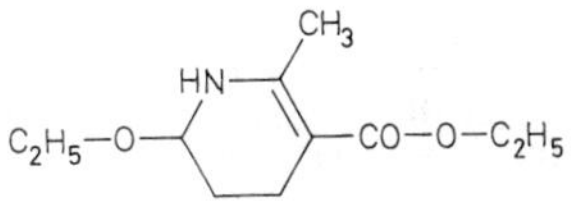 XII

(±)-4(oder 6)-Äthoxy-2-methyl-1,4,5,6-tetrahydro-pyridin-3-carbonsäure-äthylester $C_{11}H_{19}NO_3$, Formel XI oder Formel XII.

B. Beim Behandeln von 3-Amino-crotonsäure-äthylester (E III **3** 1199) mit Acrolein in Piperidin enthaltendem Äthanol bei 40—50° (*Kühnis et al.*, Helv. **40** [1957] 1670, 1672, 1675).

Kristalle (aus Ae. oder PAe.), F: 66—67°; $Kp_{0,001}$: 110—118° (*Kü. et al.*). UV-Spektrum (A.; 210—320 nm): *Kü. et al.*, l. c. S. 1673.

Überführung in 2-Methyl-1,4-dihydro-pyridin-3-carbonsäure-äthylester (S. 252) beim Erhitzen auf 145—160°/12 Torr: *Kü. et al.*; vgl. *Tsuda et al.*, J. org. Chem. **21** [1956] 800. Beim Erwärmen mit [2,4-Dinitro-phenyl]-hydrazin in wss.-äthanol. HCl ist 5-[2,4-Dinitro-phenylhydrazono]-2-[1-(2,4-dinitro-phenylhydrazono)-äthyl]-valeriansäure-äthylester erhalten worden (*Kü. et al.*).

***2-[1-Äthoxycarbonyl-pyrrolidin-3-yliden]-3-hydroxy-propionsäure-äthylester** $C_{12}H_{19}NO_5$, Formel I.

B. Bei der Hydrierung von [1-Äthoxycarbonyl-pyrrolidin-3-yliden]-cyan-essigsäure-äthylester (F: 56—58°) an Palladium/Kohle in wss.-äthanol. HCl (*Umio*, J. pharm. Soc. Japan **79** [1959] 1133, 1137; C. A. **1960** 3376).

Kp_1: 143—145°.

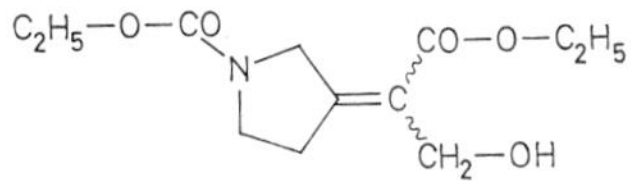

I 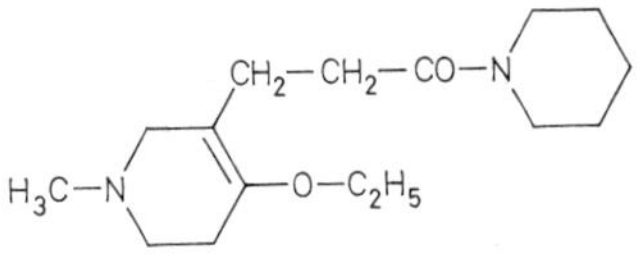 II

Hydroxycarbonsäuren $C_8H_{13}NO_3$

1-[3-(4-Äthoxy-1-methyl-1,2,5,6-tetrahydro-[3]pyridyl)-propionyl]-piperidin, 3-[4-Äthoxy-1-methyl-1,2,5,6-tetrahydro-[3]pyridyl]-propionsäure-piperidid $C_{16}H_{28}N_2O_2$, Formel II.

B. Beim Erhitzen von (±)-3-[4,4-Diäthoxy-1-methyl-[3]piperidyl]-propionsäure-äthylester mit Piperidin und wenig H_2O auf 175° (*McElvain et al.*, Am. Soc. **76** [1954] 5625, 5630).

Gelbes Öl; $Kp_{0,15}$: 147–151°. n_D^{25}: 1,5080.

Methojodid $[C_{17}H_{31}N_2O_2]I$; 4-Äthoxy-1,1-dimethyl-3-[2-(piperidin-1-carb=onyl)-äthyl]-1,2,5,6-tetrahydro-pyridinium-jodid. Kristalle (aus A. + Ae.); F: 195–196°.

***Opt.-inakt. 4-Hydroxy-1,4,6-trimethyl-5-nitro-1,4,5,6-tetrahydro-pyridin-3-carbonsäure-äthylester** $C_{11}H_{18}N_2O_5$, Formel III.

B. Neben 2-Acetyl-3-methylamino-acrylsäure-äthylester (F: 83°) beim Behandeln von (±)-Methyl-[β-nitro-isopropyl]-amin mit 2-Acetyl-3-äthoxy-acrylsäure-äthylester in Di=oxan (*Grob, Camenisch*, Helv. **36** [1953] 37, 47).

Kristalle (aus A.); F: 133–135° [korr.]. UV-Spektrum (A.; 210–360 nm): *Grob, Ca.* Beim Stehenlassen erfolgt Gelbfärbung.

(1*R*)-3*exo*-Hydroxy-nortropan-2*exo*-carbonsäure, (–)-Norecgonin $C_8H_{13}NO_3$, Formel IV (R = H) (H 195; E II 149).

Hygroskopische Kristalle (aus A. + Ae.); F: 233–234° [nach Trocknen bei 100°] (*de Jong*, R. **67** [1948] 97, 98). $[\alpha]_D$: –88° $[H_2O]$ (*de Jong*). Optisches Drehungsvermögen ($[\alpha]_{578}$ und $[\alpha]_{546}$) von wss. Lösungen vom pH 1–12: *Lapp, Lévy*, Bl. Sci. pharmacol. **44** [1937] 305, 313.

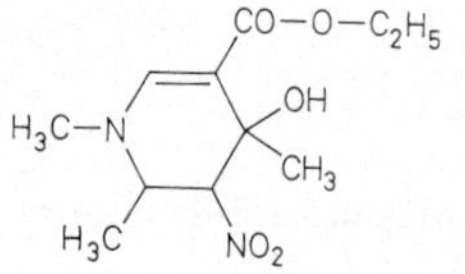

III 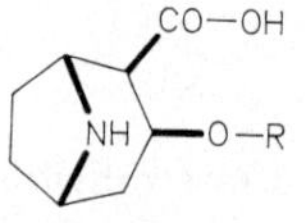 IV 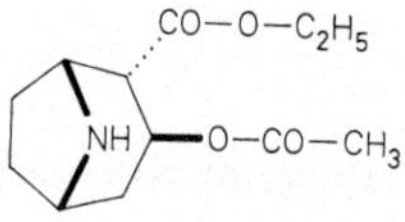 V

(1*R*)-3*exo*-Benzoyloxy-nortropan-2*exo*-carbonsäure, (–)-*O*-Benzoyl-norecgonin $C_{15}H_{17}NO_4$, Formel IV (R = CO-C_6H_5) (H 196).

B. Beim Behandeln von (–)-*O*-Benzoyl-ecgonin (S. 2098) mit wss. $KMnO_4$ (*Findlay*, Am. Soc. **76** [1954] 2855, 2861; vgl. H 196). Beim Erhitzen von (–)-*N*-Benzoyl-norec=gonin (S. 2106) mit HCl in Dioxan (*Fi.*; *Kovács et al.*, Helv. **37** [1954] 892, 905).

Kristalle (aus H_2O); F: 250° [korr.; Zers.] (*Fi.*). $[\alpha]_D^{20}$: –47° $[H_2O; c = 0,9]$ (*Fi.*). IR-Spektrum (Nujol; 4000–680 cm^{-1}): *Fi.*

Beim Behandeln mit wss. K_2CO_3 ist (–)-*N*-Benzoyl-norecgonin (S. 2106) erhalten worden (*Fi.*).

Hydrochlorid $C_{15}H_{17}NO_4 \cdot HCl$. Kristalle (aus A.); F: 228–229° (*Ko. et al.*), 219° bis 221° [korr.; nach Trocknen bei 77°] (*Fi.*). $[\alpha]_D^{20}$: –58,8° $[H_2O; c = 1]$ (*Fi.*), –42° $[H_2O]$ (*Ko. et al.*).

(1*R*)-3*exo*-Acetoxy-nortropan-2*endo*-carbonsäure-äthylester, (+)-*O*-Acetyl-nor=pseudoecgonin-äthylester $C_{12}H_{19}NO_4$, Formel V.

Hydrochlorid $C_{12}H_{19}NO_4 \cdot HCl$. *B.* Beim Erwärmen von (1*R*)-8-Acetyl-3*exo*-hydroxy-nortropan-2*endo*-carbonsäure-äthylester (S. 2106) mit wss. HCl und Dioxan (*Fodor, Kovács*, Soc. **1953** 724, 725). — F: 228–229° [korr.]. $[\alpha]_D^{20}$: +27,3° $[H_2O; c = 2]$. — Beim Behandeln mit äthanol. Natriumäthylat ist (1*R*)-8-Acetyl-3*exo*-hydroxy-nortropan-2*endo*-carbonsäure-äthylester zurückerhalten worden.

3-Hydroxy-tropan-2-carbonsäure $C_9H_{15}NO_3$.

Bezüglich der für die unter a) und c) beschriebenen Stereoisomeren verwendeten Trivialnamen s. *Sinnema et al.*, R. **87** [1968] 1027, 1030, 1032, 1037. Über die Konfiguration der nachfolgend beschriebenen Stereoisomeren s. *Hardegger, Ott*, Helv. **38** [1955] 312; *Si. et al.*

a) **(±)-3*endo*-Hydroxy-tropan-2*endo*-carbonsäure, (±)-Allopseudoecgonin** $C_9H_{15}NO_3$, Formel VI (R = R′ = H) + Spiegelbild (im Original als *racem.*-Alloecgonin bezeichnet).

Die E II **22** 158 als „isomeres (±)-Ecgonin“ beschriebene Verbindung vom F: 229°

ist vermutlich als Gemisch von (±)-Allopseudoecgonin und (±)-Alloecgonin (s. u.), das Hydrochlorid (F: 230°) als (±)-Allopseudoecgonin-hydrochlorid anzusehen (*Findlay*, J. org. Chem. **24** [1959] 1540, 1544).

B. Neben etwa gleichen Mengen (±)-Alloecgonin (s. u.) beim Erhitzen von (±)-Allo-pseudoecgonin-methylester (S. 2098) mit H_2O (*Fi.*, l. c. S. 1543, 1548).

Kristalle (aus A.); F: 239° [korr.]. Kristalle (aus 95%ig. wss. A.) mit 1 Mol H_2O; F: 241,5° [korr.; Zers.]; beim Erhitzen (10 h) im Hochvakuum auf 117° erfolgt Abgabe des Kristallwassers.

Hydrochlorid $C_9H_{15}NO_3 \cdot HCl$. Kristalle (aus A.); F: 231,5—233,5° [korr.].

b) **(1*R*)-3*exo*-Hydroxy-tropan-2*endo*-carbonsäure, (+)-Pseudoecgonin** $C_9H_{15}NO_3$, Formel VII (R = R' = H) (H 205).

B. Beim Erhitzen von (+)-Pseudoecgoninol-hydrochlorid ((1*R*)-2*endo*-Hydroxymethyl-tropan-3*exo*-ol-hydrochlorid) mit Ag_2O und wss. NaOH (*Halmos et al.*, J. org. Chem. **22** [1957] 1699). Beim Erhitzen von (+)-Pseudoecgonin-methylester (S. 2099) mit H_2O (*Findlay*, Am. Soc. **76** [1954] 2855, 2861).

Kristalle (aus A.), F: 275° [korr.; Zers.; evakuierte Kapillare]; $[\alpha]_D^{20}$: +22,7° [H_2O; c = 1 oder 2,5] (*Fi.*). Scheinbarer Dissoziationsexponent pK'_a (H_2O; potentiometrisch ermittelt) bei 25°: 9,70 (*Chilton, Stenlake*, J. Pharm. Pharmacol. **7** [1955] 1004, 1007).

Überführung in (−)-Ecgonin (s. u.) und (−)-Ecgonidin (S. 284) beim Erhitzen mit Benzoesäure auf 115—120°: *de Jong*, R. **56** [1937] 186, 196.

Hydrochlorid $C_9H_{15}NO_3 \cdot HCl$ (H 206). F: 243,5° [korr.] (*Fi.*), 234—236° [aus A. + Ae.] (*Ha. et al.*). $[\alpha]_D^{20}$: +20,9° [H_2O; c = 1,9] (*Ha. et al.*).

Hydrogensulfat $C_9H_{15}NO_3 \cdot H_2SO_4$. F: 225° (*Fodor, Kovács*, Soc. **1953** 724, 727).

c) **(±)-3*endo*-Hydroxy-tropan-2*exo*-carbonsäure, (±)-Alloecgonin** $C_9H_{15}NO_3$, Formel VIII (R = R' = H) + Spiegelbild (im Original als *racem.*-Allopseudoecgonin bezeichnet).

B. s. bei dem unter a) beschriebenen Stereoisomeren.

Kristalle (aus wss. A.); F: 243° [korr.; Zers.] (*Findlay*, J. org. Chem. **24** [1959] 1540, 1548).

Hydrochlorid $C_9H_{15}NO_3 \cdot HCl$. Kristalle (aus A.); F: 213° [korr.].

CO—O—R, H_3C—N, O—R'
VI

CO—O—R, H_3C—N, O—R'
VII

CO—O—R, H_3C—N, O—R'
VIII

d) **(1*R*)-3*exo*-Hydroxy-tropan-2*exo*-carbonsäure, (−)-Ecgonin** $C_9H_{15}NO_3$, Formel IX (R = R' = H) (H 196; E I 547; E II 150).

B. Beim Erhitzen von (−)-Ecgoninol-hydrochlorid ((1*R*)-2*exo*-Hydroxymethyl-tropan-3*exo*-ol-hydrochlorid) mit Ag_2O und wss. NaOH (*Halmos et al.*, J. org. Chem. **22** [1957] 1699).

Bei 152°/0,025 Torr sublimierbar (*Janot, Chaigneau*, C. r. **225** [1947] 1371). $[\alpha]_D$: −50,5° [H_2O]; $[\alpha]_D$: −56,85° [wss. HCl (2 n)]; $[\alpha]_D$: −52,8° [wss. H_2SO_4 (2 n)]; $[\alpha]_D$: −67,2° [wss. NaOH (0,1—2 n)]; $[\alpha]_D$: −57,4° [wss. Na_2CO_3 (2 n)] (*de Jong*, R. **56** [1937] 186, 187, 188); $[\alpha]_D^{20}$: −55,8° [Hydrochlorid in H_2O; c = 2] (*Ha. et al.*). Optisches Drehungsvermögen ($[\alpha]_{578}$, $[\alpha]_{546}$ und $[\alpha]_{436}$) von wss. Lösungen vom pH 1—12: *Lapp, Lévy*, Bl. Sci. pharmacol. **44** [1937] 305, 310. IR-Spektrum ($CHCl_3$; 2—12 μ): *Levi et al.*, Bl. Narotics **7** [1955] Nr. 1, S. 42, 72. UV-Spektrum der Base (A.; 210—310 nm): *Oestreicher et al.*, Bl. Narcotis **6** [1954] Nr. 3/4, S. 42, 51. UV-Spektrum des Hydrochlorids (H_2O; 215 nm bis 240 nm): *Orosco*, Rev. Fac. Farm. Bioquim. Univ. San Marcos **18** [1956] 19, 26, 27, 28; C. A. **1961** 25164. Scheinbare Dissoziationskonstanten K'_b und K'_a (H_2O; potentiometrisch ermittelt) bei Temperaturen von 18° ($6{,}0 \cdot 10^{-12}$ bzw. $7{,}6 \cdot 10^{-12}$) bis 98° ($5{,}4 \cdot 10^{-11}$ bzw. $2{,}2 \cdot 10^{-11}$): *Dietzel, Steeger*, Ar. **271** [1933] 251, 257. Scheinbarer Dissoziationsexponent pK'_a (H_2O; potentiometrisch ermittelt) bei 25°: 10,91 (*Chilton, Stenlake*, J. Pharm. Pharmacol. **7** [1955] 1004, 1007).

Geschwindigkeit der Bildung von (−)-Ecgonidin (S. 284) beim Erhitzen mit wss. HCl verschiedener Konzentration, mit wss. H_2SO_4 und mit Benzoesäure: *de Jong*, l. c.

S. 192. Beim Erwärmen mit CH_3I und Methanol ist entgegen den Angaben von *Hesse* (H 197) (−)-Ecgonin-methylester-hydrojodid [S. 2100] (Hauptprodukt) erhalten worden (*Findlay*, Am. Soc. **76** [1954] 2855, 2858, 2861).

Hydrochlorid $C_9H_{15}NO_3 \cdot HCl$ (H 197; E II 150). Kristalle (aus A. + Ae.); F: 243° bis 245° (*Ha. et al.*).

Hexajodoplatinat(IV) $C_9H_{15}NO_3 \cdot H_2PtI_6$. Schwarze Kristalle (aus A. oder wss. NaI); F: 227°; Zers. bei 240° (*Torricelli*, Mitt. Lebensmittelunters. Hyg. **29** [1938] 48, 51, 52).

(1*R*)-3*exo*-Acetoxy-tropan-2*endo*-carbonsäure, *O*-Acetyl-Derivat des (+)-Pseudoecgonins $C_{11}H_{17}NO_4$, Formel VII (R = H, R′ = CO-CH_3).

Hydrochlorid $C_{11}H_{17}NO_4 \cdot HCl$. *B.* Beim Erhitzen von (+)-Pseudoecgonin-hydrochlorid (S. 2097) mit Acetylchlorid und Acetanhydrid (*Fodor, Kovács*, Soc. **1953** 724, 726). — Kristalle; F: 238–240°.

3-Benzoyloxy-tropan-2-carbonsäure $C_{16}H_{19}NO_4$.

a) **(1*R*)-3*exo*-Benzoyloxy-tropan-2*endo*-carbonsäure,** *O*-Benzoyl-Derivat des (+)-Pseudoecgonins $C_{16}H_{19}NO_4$, Formel VII (R = H, R′ = CO-C_6H_5).

Nitrat $C_{16}H_{19}NO_4 \cdot HNO_3$ (H 206). Kristalle; F: 187° (*Fodor, Kovács*, Soc. **1953** 724, 726).

b) **(1*R*)-3*exo*-Benzoyloxy-tropan-2*exo*-carbonsäure,** (−)-*O*-Benzoyl-ecgonin $C_{16}H_{19}NO_4$, Formel IX (R = H, R′ = CO-C_6H_5) (H 197; E I 547; E II 150).

B. Beim Behandeln (5 d) von (−)-Ecgonin (S. 2097) mit überschüssigem Benzoesäure-anhydrid in wss. Aceton (*de Jong*, R. **66** [1947] 544, 546; vgl. H 197).

Kristalle; F: ca. 202–203° [Zers.] (*Lindpaintner*, Mikroch. **27** [1939] 21, 25), 200–203° (*L.* u. *A. Kofler*, Thermo-Mikro-Methoden, 3. Aufl. [Weinheim 1954] S. 558), 199–201° [korr.; nach Trocknen im Vakuum] (*Findlay*, Am. Soc. **76** [1954] 2855, 2861). Über Polymcrphie s. *Li.* Bei 141°/0,025 Torr sublimierbar (*Janot, Chaigneau*, C. r. **225** [1947] 1371). $[\alpha]_D^{28}$: −45,39° [wss. A. (50%ig)] (*Lasslo et al.*, J. org. Chem. **21** [1956] 958); $[\alpha]_D$: −60,6° [H_2O]; $[\alpha]_D$: −89,2° [wss. HCl (2n)] (*de Jong*, R. **56** [1937] 186, 190). Optisches Drehungsvermögen ($[\alpha]_{578}$, $[\alpha]_{546}$ und $[\alpha]_{436}$) von wss. Lösungen vom pH 1–12: *Lapp, Lévy*, Bl. Sci. pharmacol. **44** [1937] 305, 311. IR-Spektrum (Nujol; 2–15 μ): *Fi.*, l. c. S. 2859. UV-Spektrum (H_2O(?); 215–290 nm): *Dietzel, Steeger*, Ar. **271** [1933] 251, 255. UV-Spektrum des Hydrochlorids (H_2O; 230–350 nm): *Orosco*, Rev. Fac. Farm. Bioquim. Univ. San Marcos **18** [1956] 19, 37, 38, 39; C. A. **1961** 25164. Scheinbare Dissoziationskonstanten K_b' und K_a' (H_2O; potentiometrisch ermittelt) bei Temperaturen von 18° ($1{,}9 \cdot 10^{-12}$ bzw. $1{,}8 \cdot 10^{-12}$) bis 98° ($8{,}3 \cdot 10^{-12}$ bzw. $8{,}4 \cdot 10^{-12}$): *Dietzel, Steeger*, Ar. **271** [1933] 521, 523.

Hydrochlorid. Hygroskopische Kristalle; Zers. ab ca. 220° (*Or.*, l. c. S. 36).

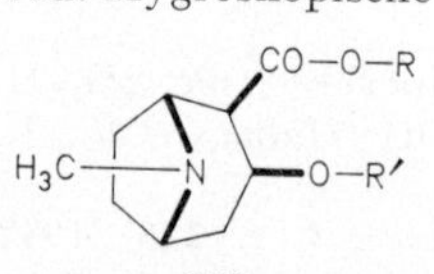

IX 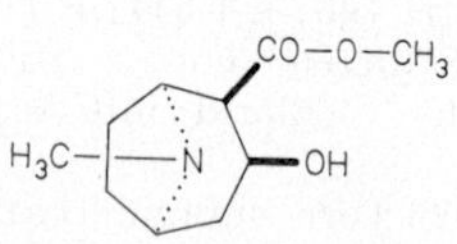 X

3-Hydroxy-tropan-2-carbonsäure-methylester $C_{10}H_{17}NO_3$.

Bezüglich der für die unter a), b), c) und f) beschriebenen Stereoisomeren verwendeten Trivialnamen s. *Sinnema et al.*, R. **87** [1968] 1027, 1030, 1032, 1037.

a) **(1*R*)-3*endo*-Hydroxy-tropan-2*endo*-carbonsäure-methylester,** (+)-Allopseudoecgonin-methylester $C_{10}H_{17}NO_3$, Formel VI (R = CH_3, R′ = H) (im Original als *d*-Alloecgonin-methylester bezeichnet).

B. Bei der Hydrierung von (1*R*)-3-Oxo-tropan-2*endo*-carbonsäure-methylester an Platin in wss. Essigsäure (*Findlay*, J. org. Chem. **24** [1959] 1540, 1550).

Kristalle (aus PAe.), F: 79–82,3°; $[\alpha]_D^{20}$: +0,15° [Me.; c = 2] (*Fi.*, J. org. Chem. **24** 1550).

Beim Erwärmen mit H_2O ist eine Verbindung $C_9H_{15}NO_3$ (Kristalle [aus A.], F: 221,5–222° [korr.; Zers.]; $[\alpha]_D^{20}$: −47,4° [H_2O; c = 2]) erhalten worden (*Fi.*, J. org. Chem. **24** 1550).

Hydrochlorid $C_{10}H_{17}NO_3 \cdot HCl$. Hygroskopische Kristalle (aus Me. + Ae.); $[\alpha]_D^{20}$: −2,1° [Me.; c = 2] (*Fi.*, J. org. Chem. **24** 1550).

Picrat $C_{10}H_{17}NO_3 \cdot C_6H_3N_3O_7$. Kristalle (aus Me.); F: 199—201° [korr.] (*Fi.*, J. org. Chem. **24** 1550).

Acetat. Kristalle (aus Acn.); F: 111,5—113,5° [korr.]; $[\alpha]_D^{20}$: −3,6° [Me.; c = 2] (*Findlay*, J. org. Chem. **22** [1957] 1385, 1393).

Hydrogenoxalat $C_{10}H_{17}NO_3 \cdot C_2H_2O_4$. Kristalle (aus Me. + Acn.); F: 164—165° [korr.] (*Fi.*, J. org. Chem. **24** 1550).

Di-*O*-benzoyl-L_g-hydrogentartrat $C_{10}H_{17}NO_3 \cdot C_{18}H_{14}O_8$. Kristalle (aus Me.); F: 160° [korr.] (*Fi.*, J. org. Chem. **22** 1393).

b) **(1*S*)-3*endo*-Hydroxy-tropan-2*endo*-carbonsäure-methylester**, (−)-Allopseudo-ecgonin-methylester $C_{10}H_{17}NO_3$, Formel X (im Original als *l*-Alloecgonin-methylester bezeichnet).

B. Bei der Hydrierung von (1*S*)-3-Oxo-tropan-2*endo*-carbonsäure-methylester an Platin in wss. Essigsäure (*Findlay*, J. org. Chem. **24** [1959] 1540, 1550).

Kristalle (aus PAe. und nach Sublimation im Hochvakuum); F: 79,5—81,8°. $[\alpha]_D^{20}$: −0,11° [Me.; c = 2].

c) **(±)-3*endo*-Hydroxy-tropan-2*endo*-carbonsäure-methylester**, (±)-Allopseudo-ecgonin-methylester $C_{10}H_{17}NO_3$, Formel X + Spiegelbild (im Original als *racem.*-Alloecgonin-methylester bezeichnet).

B. Bei der Hydrierung von (±)-3-Oxo-tropan-2*endo*-carbonsäure-methylester an Platin in wss. Essigsäure (*Findlay*, J. org. Chem. **24** [1959] 1540, 1546).

Kristalle (aus Acn. oder PAe.); F: 81,5—83,5° (*Fi.*).

Beim Erhitzen mit H_2O sind etwa gleiche Mengen (±)-Alloecgonin (S. 2097) und (±)-Allopseudoecgonin (S. 2096) erhalten worden (*Fi.*, l. c. S. 1543, 1548).

Picrat $C_{10}H_{17}NO_3 \cdot C_6H_3N_3O_7$. Kristalle (aus Me.), F: 194—203,5° [korr.]; Kristalle (aus der Schmelze), F: 203—203,5° [korr.] (*Fi.*, l. c. S. 1548).

Acetat $C_{10}H_{17}NO_3 \cdot C_2H_4O_2$. Kristalle (aus Acn. + Ae.); F: 110—110,5° [korr.] (*Fi.*).

Oxalat $2\,C_{10}H_{17}NO_3 \cdot C_2H_2O_4$. Kristalle (aus Me.); F: 200,5° [korr.] (*Fi.*).

Über ein ebenfalls unter dieser Konstitution und Konfiguration beschriebenes Präparat s. *Zeile, Schulz*, B. **89** [1956] 678; vgl. dazu *Sinnema*, R. **87** [1968] 1027, 1029.

d) **(1*R*)-3*exo*-Hydroxy-tropan-2*endo*-carbonsäure-methylester**, (+)-Pseudo-ecgonin-methylester $C_{10}H_{17}NO_3$, Formel VII (R = CH_3, R′ = H) auf S. 2097 (H 206; E II 156).

B. Beim Erhitzen von (−)-Ecgonin-methylester (S. 2100) unter Druck (*de Jong*, R. **56** [1937] 186, 196). Beim Erwärmen von (−)-Cocain (S. 2101) mit methanol. Natrium-methylat (*Findlay*, Am. Soc. **76** [1954] 2855, 2860).

Kristalle (aus Acn.); F: 114—116° [korr.] (*Fi.*). $[\alpha]_D^{20}$: +22,8° [H_2O; c = 1,7] (*Fi.*). Scheinbarer Dissoziationsexponent pK'_a (NH^+) (H_2O; potentiometrisch ermittelt) bei 25°: 8,21 (*Chilton, Stenlake*, J. Pharm. Pharmacol. **7** [1955] 1004, 1007).

Hydrochlorid (E II 156). Kristalle (aus Me. + Acn.); F: 209,5° [korr.] (*Fi.*). $[\alpha]_D^{20}$: +23,4° [H_2O; c = 2,2] (*Fi.*).

Hydrogenoxalat $C_{10}H_{17}NO_3 \cdot C_2H_2O_4$. Kristalle (aus Me.); F: 190—191° [korr.] (*Fi.*).

e) **(±)-3*exo*-Hydroxy-tropan-2*endo*-carbonsäure-methylester**, (±)-Pseudoecgonin-methylester $C_{10}H_{17}NO_3$, Formel VII (R = CH_3, R′ = H) auf S. 2097 + Spiegelbild (H 210; E II 158).

B. Neben (±)-Ecgonin-methylester (S. 2100) beim Behandeln von (±)-3-Oxo-tropan-2*endo*-carbonsäure-methylester mit wss. H_2SO_4 und Natrium-Amalgam bei ca. 0° (*Basilewškaja et al.*, Chimija chim. Technol. (IVUZ) **1** [1958] Nr. 2, S. 75, 79; C. A. **1959** 423; vgl. E II 158).

Kristalle (aus E.); F: 128,5—130,5°.

Hydrochlorid. F: 211—213°.

f) **(±)-3*endo*-Hydroxy-tropan-2*exo*-carbonsäure-methylester**, (±)-Alloecgonin-methylester $C_{10}H_{17}NO_3$, Formel VIII (R = CH_3, R′ = H) auf S. 2097 + Spiegelbild (im Original als *racem.*-Allopseudoecgonin-methylester bezeichnet).

B. Beim Erwärmen von (±)-Alloecgonin-hydrochlorid (S. 2097) mit methanol. HCl (*Findlay*, J. org. Chem. **24** [1959] 1540, 1548).

Kristalle (aus PAe.); F: 80—80,5°. Bei 60°/1 Torr sublimierbar.

Hydrochlorid $C_{10}H_{17}NO_3 \cdot HCl$. Kristalle (aus Me. + Ae.); F: 191,5—192° [korr.].

Picrat $C_{10}H_{17}NO_3 \cdot C_6H_3N_3O_7$. Gelbe Kristalle (aus Acn.); F: 135—136,3° [korr.].

g) **(1*R*)-3*exo*-Hydroxy-tropan-2*exo*-carbonsäure-methylester,** (–)-Ecgonin-methylester $C_{10}H_{17}NO_3$, Formel IX (R = CH_3, R' = H) auf S. 2098 (H 198; E II 151).

Isolierung aus Cocablättern und Cuskoblättern: *de Jong*, R. **59** [1940] 687.

B. Beim Erwärmen von (–)-Ecgonin (S. 2097) mit methanol. HCl (*Findlay*, Am. Soc. **76** [1954] 2855, 2860; vgl. H 198).

Hygroskopisches Öl; $Kp_{2,0-2,3}$: 104—106°; $Kp_{0,5}$: 84° (*Fi.*, Am. Soc. **76** 2860); Kp_1: 95° (*Findlay*, J. org. Chem. **24** [1959] 1540, 1550). D^{19}: 1,1451; n_D^{19}: 1,4886 (*Fi.*, Am. Soc. **76** 2860); n_D^{20}: 1,4887; $[\alpha]_D^{20}$: —12,75° [Me.; c = 5] (*Fi.*, J. org. Chem. **24** 1550); $[\alpha]_D^{20}$: —12,3° [Me.; c = 2] (*Fi.*, Am. Soc. **76** 2860). Optisches Drehungsvermögen ($[\alpha]_{578}$, $[\alpha]_{546}$ und $[\alpha]_{436}$) von wss. Lösungen vom pH 1—12: *Lapp, Lévy*, Bl. Sci. pharmacol. **44** [1937] 305, 312. Scheinbare Dissoziationskonstante K'_b (H_2O; potentiometrisch ermittelt) bei Temperaturen von 18° ($3,0 \cdot 10^{-6}$) bis 98° ($1,4 \cdot 10^{-5}$): *Dietzel, Steeger*, Ar. **271** [1933] 521, 523. Scheinbarer Dissoziationsexponent $pK'_a(NH^+)$ (H_2O; potentiometrisch ermittelt) bei 25°: 9,22 (*Chilton, Stenlake*, J. Pharm. Pharmacol. **7** [1955] 1004, 1007).

Bildung von (+)-Pseudoecgonin-methylester (S. 2099) beim Erhitzen unter Druck: *de Jong*, R. **56** [1937] 186, 196.

Hydrochlorid $C_{10}H_{17}NO_3 \cdot HCl$ (H 198; E II 151). F: 222° [korr.; nach Trocknen im Vakuum]; Kristalle (aus A. oder Me. + Acn.) mit 1 Mol H_2O, F: 215° [korr.], $[\alpha]_D^{20}$: —50° [Me.; c = 1] (*Fi.*, Am. Soc. **76** 2860).

Hydrojodid $C_{10}H_{17}NO_3 \cdot HI$. Kristalle (aus Me.); F: 211,5—212,5° [korr.]; $[\alpha]_D^{20}$: —38,3° [Me.; c = 1] (*Fi.*, Am. Soc. **76** 2861).

Tetrachloroaurat(III). Gelbe Kristalle (aus wss. Me.); F: 114° [korr.] (*Fi.*, Am. Soc. **76** 2860).

h) **(±)-3*exo*-Hydroxy-tropan-2*exo*-carbonsäure-methylester,** (±)-Ecgonin-methylester $C_{10}H_{17}NO_3$, Formel IX (R = CH_3, R' = H) auf S. 2098 + Spiegelbild (E II 156).

B. Neben (±)-Pseudoecgonin-methylester (S. 2099) beim Behandeln von (±)-3-Oxo-tropan-2*endo*-carbonsäure-methylester mit wss. H_2SO_4 und Natrium-Amalgam bei ca. 0° (*Basilewškaja et al.*, Chimija chim. Technol. (IVUZ) **1** [1958] Nr. 2, S. 75, 79; C. A. **1959** 423; vgl. E II 156).

Hydrochlorid $C_{10}H_{17}NO_3 \cdot HCl$ (E II 156). Kristalle (aus Me.); F: 194,5°.

3-Benzoyloxy-tropan-2-carbonsäure-methylester $C_{17}H_{21}NO_4$.

Bezüglich der für die unter a) und c) beschriebenen Stereoisomeren verwendeten Trivialnamen s. *Sinnema et al.*, R. **87** [1968] 1027, 1030, 1032, 1037. Über die Konfiguration der nachfolgend beschriebenen Stereoisomeren s. *Hardegger, Ott*, Helv. **38** [1955] 312; *Si. et al.*

a) **(±)-3*endo*-Benzoyloxy-tropan-2*endo*-carbonsäure-methylester, (±)-Allopseudococain** $C_{17}H_{21}NO_4$, Formel I + Spiegelbild (im Original als *racem.*-Allococain bezeichnet).

B. Beim Behandeln von (±)-Allopseudoecgonin-methylester (S. 2099) mit Benzoylchlorid in Pyridin (*Findlay*, J. org. Chem. **24** [1959] 1540, 1548).

Kristalle (aus PAe.); F: 82—84° (*Fi.*).

Hydrochlorid $C_{17}H_{21}NO_4 \cdot HCl$. Kristalle (aus Me.); F: 201,5° [korr.] (*Fi.*).

Picrat $C_{17}H_{21}NO_4 \cdot C_6H_3N_3O_7$. Lösungsmittelhaltige (?) Kristalle (aus Me.); F: 178,5° bis 180° [korr.] (*Fi.*).

Hydrogenoxalat $C_{17}H_{21}NO_4 \cdot C_2H_2O_4$. Kristalle (aus Me.); F: 177,5—178,5° [korr.] (*Fi.*).

L_g-Hydrogentartrat $C_{17}H_{21}NO_4 \cdot C_4H_6O_6$. Kristalle (aus Me.); F: 145,5—148° [korr.] (*Fi.*).

Di-*O*-benzoyl-L_g-hydrogentartrat $C_{17}H_{21}NO_4 \cdot C_{18}H_{14}O_8$. Kristalle (aus Me.); F: 168—168,5° [korr.] (*Fi.*).

Über ein ebenfalls unter dieser Konstitution und Konfiguration beschriebenes Präparat s. *Zeile, Schulz*, B. **89** [1956] 678; vgl. dazu *Sinnema et al.*, R. **87** [1968] 1027, 1029.

b) **(1*R*)-3*exo*-Benzoyloxy-tropan-2*endo*-carbonsäure-methylester, (+)-Pseudococain** $C_{17}H_{21}NO_4$, Formel II (H 206; E I 548; E II 156).

Über die Basizität s. *Régnier et al.*, C. r. Soc. Biol. **135** [1941] 1508.

Bildung von (–)-Ecgonidin (S. 284) beim Erhitzen [25 h] auf 115–120°, auch in Gegenwart von Benzoesäure [ca. 10 Mol]: *de Jong*, R. **56** [1937] 186, 196.

Hydrochlorid (H 207; E I 548; E II 157). F: 208–209° (*Régnier, Mercier*, Bl. Sci. pharmacol. **37** [1930] 219, 224). $[\alpha]_D^{15}$: +43,2° [H_2O; c = 5] (*Ré., Me.*). In 100 g H_2O lösen sich bei 15° 6 g (*Ré., Me.*).

Hexachloroplatinat(IV) (H 207). F: 222° (*Fischer*, Ar. **271** [1933] 466, 469).

Formiat. F: 109° (*Ré., Me.*). $[\alpha]_D^{15}$: +42,4° [H_2O; c = 5] (*Ré., Me.*). In 100 g H_2O lösen sich bei 15° 9 g (*Ré., Me.*).

Verbindung mit L_g-Weinsäure und (–)-Ephedrin $C_{17}H_{21}NO_4 \cdot C_{10}H_{15}NO \cdot C_4H_6O_6$. Monokline Kristalle mit 1 Mol H_2O (*E. Merck*, D.R.P. 556734 [1931]; Frdl. **19** 1218; *Brückl*, Z. Kr. **81** [1932] 219, 220). Kristallstruktur-Analyse: *Br.*

Verbindung mit L_g-Weinsäure und (–)-*N*-Methyl-ephedrin $C_{17}H_{21}NO_4 \cdot C_{11}H_{17}NO \cdot C_4H_6O_6$. Monokline Kristalle mit 2 Mol H_2O (*Br.*, l. c. S. 221). Kristallstruktur-Analyse: *Br.*

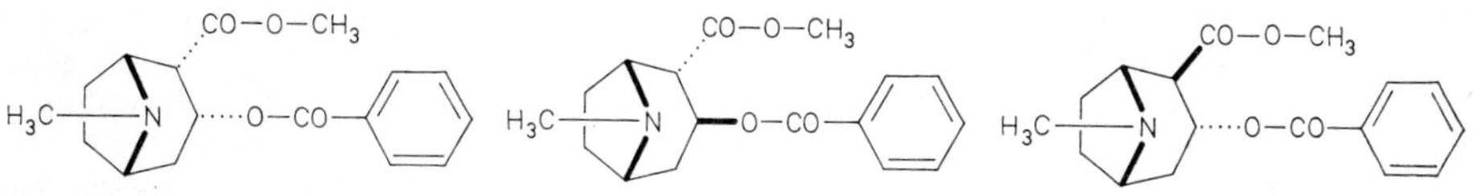

I II III

c) **(±)-3*endo*-Benzoyloxy-tropan-2*exo*-carbonsäure-methylester, (±)-Allococain** $C_{17}H_{21}NO_4$, Formel III + Spiegelbild (im Original als *racem.*-Allopseudococain bezeichnet).

B. Beim Behandeln von (±)-Alloecgonin-methylester (S. 2099) mit Benzoylchlorid in Pyridin (*Findlay*, J. org. Chem. **24** [1959] 1540, 1549).

Kristalle (aus PAe.); F: 93–95°.

Picrat $C_{17}H_{21}NO_4 \cdot C_6H_3N_3O_7$. Kristalle (aus Me.); F: 161–162° [korr.].

d) **(1*R*)-3*exo*-Benzoyloxy-tropan-2*exo*-carbonsäure-methylester, (–)-Cocain,** Cocain $C_{17}H_{21}NO_4$, Formel IV (R = H) auf S. 2104 (H 198; E I 547; E II 151).

B. Beim Behandeln von (–)-*O*-Benzoyl-ecgonin (S. 2098) mit Benzoylchlorid, Na_2CO_3 und Methanol in Benzol (*de Jong*, R. **66** [1947] 544, 548). Herstellung von (1*R*)-3*exo*-[α-^{14}*C*]Benzoyloxy-tropan-2*exo*-carbonsäure-methylester-hydrochlorid: *Markowa et al.*, Ž. obšč. Chim. **25** [1955] 1383, 1386; engl. Ausg. S. 1329, 1331.

F: 98° (*L.* u. *A. Kofler*, Thermo-Mikro-Methoden, 3. Aufl. [Weinheim 1954] S. 432), 96–98° [Geschwindigkeit des Erhitzens: 5°/40 s] (*Farmilo et al.*, Bl. Narcotics **6** [1954] Nr. 1, S. 7, 12). Brechungsindices der Kristalle: *Tillson, Eisenberg*, J. Am. pharm. Assoc. **43** [1954] 760, 762. Brechungsindices der Schmelze bei 107–109° und bei 130–131°: *Ko.* Bei 68°/0,02 Torr sublimierbar (*Janot, Chaigneau*, C. r. **225** [1947] 1371). $Kp_{0,1}$: 187–188° [unter teilweiser Racemisierung] (*v. Braun*, B. **65** [1932] 888, 890). D_4^{20}: 1,216 (*Peschanski*, A. ch. [12] **2** [1947] 599, 616). $[\alpha]_D^{20}$: –15,9° [$CHCl_3$; c = 4]; $[\alpha]_D^{20}$: –29,9° [Me.; c = 1], –31,0° [Me.; c = 2] (*Findlay*, J. org. Chem. **24** [1959] 1540, 1550). Optisches Drehungsvermögen ($[\alpha]_{578}$, $[\alpha]_{546}$ und $[\alpha]_{436}$) von wss. Lösungen vom pH 1–12: *Lapp, Lévy*, Bl. Sci. pharmacol. **44** [1937] 305, 308. IR-Spektrum (Nujol sowie $CHCl_3$ bzw. KBr; 2–16 μ): *Levi et al.*, Bl. Narcotics **7** [1955] Nr. 1, S. 42, 48, 72; *Manning*, Bl. Narcotics **7** [1955] Nr. 1, S. 85, 88. UV-Spektrum (A.; 210–290 nm): *Oestreicher et al.*, Bl. Narcotics **6** [1954] Nr. 3/4, S. 42, 51. UV-Spektrum des Hydrochlorids (H_2O; 205–290 nm): *Oe. et al.*; *Elvidge*, Quart. J. Pharm. Pharmacol. **13** [1940] 219, 222; *Shimoda*, Sci. Crime Detect. **12** [1959] 425, 436; C. A. **1961** 1907. Fluorescenzmaximum (Wellenlänge des erregenden Lichts: 313 nm): 417 nm (*Andant*, Bl. Sci. pharmacol. **37** [1930] 28, 42). Wahrer Dissoziationsexponent pK_a (NH^+) (H_2O; potentiometrisch ermittelt) bei 20°: 8,52 (*Sekera et al.*, Ann. pharm. franç. **16** [1958] 525, 530). Scheinbarer Dissoziationsexponent pK_a'(NH^+) (H_2O; potentiometrisch ermittelt) bei 25°: 8,80 (*Chilton, Stenlake*, J. Pharm. Pharmacol. **7** [1955] 1004, 1007). Scheinbarer Dissoziationsexponent pK_a'(NH^+) (wss. Acn. [50%ig]; potentiometrisch ermittelt) bei 20°: 8,0 (*Levi, Farmilo*, Canad. J. Chem. **30** [1952] 783, 788). Scheinbarer Dissoziationsexponent pK_b' (H_2O; potentiometrisch ermittelt) bei 25°: 5,33 (*Krahl et al.*, J. Pharmacol. exp. Therap. **68** [1940] 330, 333). Scheinbare Dissoziationskonstante K_b' (H_2O; potentiometrisch ermittelt) bei Temperaturen von 18° ($2,4 \cdot 10^{-6}$) bis 98° ($2,1 \cdot 10^{-5}$): *Dietzel, Steeger*, Ar. **271** [1933] 521, 523. Protonierungsgleichgewicht in wss. Äthanol: *Saunders, Srivastava*, J. Pharm. Pharmacol. **3** [1951] 78, 81; in einem Gemisch von Äthanol und $CHCl_3$: *Levi, Farmilo*, Canad. J. Chem. **30** [1952] 793, 796. Polarographie: *Kirkpatrick*, Quart. J. Pharm. Pharmacol. **18** [1945] 245, 250, **19** [1946] 526, 530; *Kashima et al.*, J. pharm. Soc. Japan **75** [1955] 586; C. A. **1955** 12778.

Löslichkeit (g/100 g) in CCl_4: 100; in Benzol: 100; in Petroläther: 2,37 (*Warren*, J. Assoc. agric. Chemists **16** [1933] 571, 572). (−)-Cocain ist aus wss. Lösungen vom pH 5 bis pH 9 mit Äther fast quantitativ extrahierbar (*Makisumi, Ota*, Yonago Acta med. **4** [1959] 31, 33; C. A. **1960** 13554). Verteilung zwischen Äther und H_2O bei 18°: *Collander*, Acta chem. scand. **3** [1949] 717, 726; zwischen H_2O und Isobutylalkohol bei 20°: *Collander*, Acta chem. scand. **4** [1950] 1085, 1090. Oberflächenspannung wss. Lösungen verschiedener Konzentration bei pH 7 bis pH 11 bei 18°: *Suzuki*, J. Biochem. Tokyo **21** [1935] 153, 156, 157, 159, 165.

Elektrolytische Zersetzung des Hydrochlorids in wss. Lösung an Platin- und Stahl-Elektroden: *Babitsch*, Ž. prikl. Chim. **24** [1951] 74, 77; engl. Ausg. S. 83, 87. Bildung von ca. 50% (−)-Ecgonidin (S. 284) neben wechselnden Mengen (−)-Ecgonin (S. 2097) und (+)-Pseudoecgonin (S. 2097) bei 20—50-stdg. Erhitzen auf 115—120° unter Druck: *de Jong*, R. **56** [1937] 186, 195. Bildung von (−)-Ecgonidin beim Erhitzen (22 h) mit Benzoesäure [ca. 6 Mol] auf 115—120° (*de Jong*, l. c. S. 196). Geschwindigkeit der Hydrolyse in wss. Lösungen vom pH 0 bis pH 10 bei 18—98°: *Dietzel, Steeger*, Ar. **271** [1933] 521, 527. Geschwindigkeit der Reaktion eines Einkristalls mit HCl bei 25°: *Peschanski*, A. ch. [12] **2** [1947] 599, 623. Überführung in (+)-Pseudoecgonin beim Behandeln mit wss.-äthanol. KOH: *de Jong*, l. c. S. 193. Beim Behandeln mit $LiAlH_4$ in Äther bei 0° ist (−)-Ecgoninol ((1*R*)-2*exo*-Hydroxymethyl-tropan-3*exo*-ol) erhalten worden (*Fodor, Kovács*, Soc. **1953** 724, 727).

Geschwindigkeit der enzymatischen Hydrolyse (Bildung von (−)-Ecgonin-methylester [S. 2100]) durch „(−)-Cocain-3-Acylhydrolase" aus Kaninchenserum: *Werner*, Z. physiol. Chem. **348** [1967] 1151, 1155.

Übersicht über analytische Methoden zur Bestimmung von (−)-Cocain: *Clarke*, in *R.H.F. Manske*, The Alkaloids, Bd. 16 [New York 1977] S. 162.

Hydrochlorid $C_{17}H_{21}NO_4 \cdot HCl$ (H 200; E I 548; E II 153). F: 189—191° [korr.] (*L.* u. *A. Kofler*, Thermo-Mikro-Methoden, 3. Aufl. [Weinheim 1954] S. 545), 177,5—180° [Geschwindigkeit des Erhitzens: 1°/min] (*Farmilo et al.*, Bl. Narcotics **6** [1954] Nr. 1, S. 7, 12). Zur Abhängigkeit des Schmelzpunkts von der Geschwindigkeit des Erhitzens s. a. *Draganesco*, J. Pharm. Chim. [8] **25** [1937] 389. Ab 160° sublimierbar (*Wickström*, J. Pharm. Pharmacol. **5** [1953] 158, 163). Brechungsindices der Kristalle: *Keenan*, J. Assoc. agric. Chemists **27** [1944] 153, 156; *Wi.*; *Watanabe*, J. pharm. Soc. Japan **59** [1939] 131, 138; dtsch. Ref. S. 30; C. A. **1940** 3438; s. a. *van Zijp*, Pharm. Weekb. **70** [1933] 606, 608. Brechungsindex der Schmelze: *Ko.* $[\alpha]_D^{20}$: −66,4° [Me.; c = 1], −65,6° [Me.; c = 2] (*Findlay*, J. org. Chem. **24** [1959] 1540, 1550); $[\alpha]_D$: −80° [wss. HCl (0,03 n); c = 0,1] (*Kyker, Lewis*, J. biol. Chem. **157** [1945] 707, 714); $[\alpha]_{578}^{18}$: −83,7°; $[\alpha]_{546}^{18}$: −95,5° [jeweils wss. HCl] (*Andant*, Bl. Sci. pharmacol. **37** [1930] 28, 41). $[\alpha]_{589}^{20}$: −72,3°; $[\alpha]_{578}^{20}$: −75,5°; $[\alpha]_{546}^{20}$: −84,1°; $[\alpha]_{435,8}^{20}$: −144,5°; $[\alpha]_{404,7}^{20}$: −168,5° [jeweils H_2O; c = 2] (*Lormand, Gesteau*, Chim. et Ind. Sonderband 14. Congr. Chim. ind. Paris 1934, Bd. 2, Sect. 9, S. 1). IR-Spektrum (Nujol bzw. KBr; 2—16 µ): *Levi et al.*, Bl. Narcotics **7** [1955] Nr. 1, S. 42, 48; *Manning*, Bl. Narcotics **7** [1955] Nr. 1, S. 85, 94. IR-Banden (Nujol; 3—14 µ): *Pleat et al.*, J. Am. pharm. Assoc. **40** [1951] 107, 108. Elektrolytische Leitfähigkeit wss. Lösungen verschiedener Konzentration bei 18°: *Babitsch, Strachowa*, Ž. prikl. Chim. **25** [1952] 207, 209; engl. Ausg. S. 219, 220. Schmelzdiagramm des Systems mit Novocain-hydrochlorid: *Chakravarti, Roy*, Curr. Sci. **6** [1937/38] 219. Oberflächenspannung wss. Lösungen, auch unter Zusatz von Phosphatpuffer: *Rohmann, Scheurle*, Ar. **274** [1936] 225, 229.

Tetrachlorojodat $C_{17}H_{21}NO_4 \cdot HICl_4$. *B.* Aus (−)-Cocain-hydrochlorid und wss. Tetrachlorojodsäure (hergestellt durch Sättigen einer Suspension von Jod in konz. HCl mit Chlor) in konz. HCl (*Chattaway, Parkes*, Soc. **1930** 1003). — Hellgelbe Kristalle (aus wenig Trichlorjodid enthaltender Eg.); F: 141° [Zers.].

Sulfat (E I 548). IR-Spektrum (KBr; 2—15 µ): *Manning*, Bl. Narcotics **7** [1955] Nr. 1, S. 85, 94.

Nitrat (H 200). Kristalle; F: 55–59° (*L.* u. *A. Kofler*, Thermo-Mikro-Methoden, 3. Aufl. [Weinheim 1954] S. 396). Brechungsindex der Schmelze bei 76–77°: *Ko.*

Hexafluorophosphat(V) $C_{17}H_{21}NO_4 \cdot HPF_6$. Kristalle (aus H_2O); F: 174,5° [unkorr.; nach Sintern] (*Lange, Müller*, B. **63** [1930] 1058, 1069). Löslichkeit in H_2O bei 21°: 0,0041 mol·l^{-1} (*La., Mü.*).

Verbindung mit Antimon(III)-jodid $C_{17}H_{21}NO_4 \cdot SbI_3$. Niederschlag (*Wachsmuth*, Bl. Soc. chim. Belg. **57** [1948] 65, 68).

Hexafluoroantimonat(V) $C_{17}H_{21}NO_4 \cdot HSbF_6$. Kristalle (aus H_2O); F: 178,6° [nach Sintern ab 160°] (*Lange, Askitopoulos*, Z. anorg. Ch. **223** [1935] 369, 379). Löslichkeit in H_2O bei 27°: 12,120 g·l^{-1} (*La., As.*).

Tetrajodothallat(III) $C_{17}H_{21}NO_4 \cdot HTlI_4$. Orangefarbene Kristalle; F: 179° (*Wachsmuth*, Chim. anal. **29** [1947] 276).

Verbindung mit Kupfer(I)-cyanid und Cyanwasserstoff $4\,C_{17}H_{21}NO_4 \cdot CuCN \cdot 8\,HCN$. Kristalle, die sich beim Erwärmen zersetzen (*Mesnard*, Bl. Trav. Soc. Pharm. Bordeaux **74** [1936] 35, 48).

Verbindung mit Silber(I)-jodid und Jodwasserstoff $C_{17}H_{21}NO_4 \cdot 2\,AgI \cdot HI$. Kristalle; F: 222° (*Wachsmuth*, Natuurw. Tijdschr. **25** [1943] 71, 76).

Tetrachloroaurat(III) $C_{17}H_{21}NO_4 \cdot HAuCl_4$ (H 200). Gelbe Kristalle (aus H_2O); F: 202–203° [korr.] (*Baggesgaard Rasmussen et al.*, Dansk Tidsskr. Farm. **1956** Spl. II 9, 15).

Tetrabromoaurat(III) $C_{17}H_{21}NO_4 \cdot HAuBr_4$. Kristalle; F: 207,5–209° [korr.] (*Baggesgaard Rasmussen et al.*, Dansk Tidsskr. Farm. **1956** Spl. II 9, 21).

Tetrajodocadmat $2\,C_{17}H_{21}NO_4 \cdot H_2CdI_4$. Niederschlag; F: 113° [bei schnellem Erhitzen] (*Duquénois*, Anal. chim. Acta **1** [1947] 50, 57). Beim langsamen Erhitzen erfolgt bei 109° Gelbfärbung (*Du.*). Löslichkeit in Äthanol, H_2O und wss. HCl bei 20°: *Du.*

Reineckat $C_{17}H_{21}NO_4 \cdot H[Cr(CNS)_4(NH_3)_2]$ (H 200). Zers. bei 159–162° (*Levi, Farmilo*, Canad. J. Chem. **30** [1952] 783, 788). Kristalloptik: *Posdnjakowa*, Med. Promyšl. **11** [1957] Nr. 9, S. 38; C. A. **1958** 10500. $[\alpha]_D^{24,8}$: −56° [A.; c = 0,1] (*Levi, Fa.*). Löslichkeit in H_2O, Methanol und Äthanol bei ca. 20°: *Coupechoux*, J. Pharm. Chim. [8] **30** [1939] 118, 125; *Levi, Fa.*

Picrat $C_{17}H_{21}NO_4 \cdot C_6H_3N_3O_7$. Kristalle; F: 165,5–166,2° [korr.] (*Baggesgaard Rasmussen et al.*, Dansk Tidsskr. Farm. **1956** Spl. II 9, 13), 166° (*Fischer*, Ar. **271** [1933] 466, 469), 165–166° [Zers.] (*Oliverio*, Ann. Chimica applic. **28** [1938] 353, 357), 165–166° (*Massatsch*, Pharm. Ztg. **83** [1947] 210).

Styphnat $C_{17}H_{21}NO_4 \cdot C_6H_3N_3O_8$ (E I 548). Gelbe Kristalle; F: 196–197° [Zers.] (*Oliverio*, Ann. Chimica applic. **28** [1938] 353, 357), 187° [aus A.] (*Sah et al.*, Sci. Rep. Tsing Hua Univ. [A] **2** [1938] 245, 249). Brechungsindices der Kristalle: *Posdnjakowa*, Ukr. chim. Ž. **23** [1957] 777, 782; C. A. **1958** 14089.

Verbindung des Butyrats mit Blei(II)-jodid $2\,C_{17}H_{21}NO_4 \cdot 2\,C_4H_8O_2 \cdot PbI_2$. Blassgelbe Kristalle; F: 241,5° (*Christopoulos*, Praktika Akad. Athen. **13** [1938] 439, 442; C. **1939** II 349).

Verbindung mit Bis-[3,4-dichlor-benzolsulfonyl]-amin $C_{17}H_{21}NO_4 \cdot C_{12}H_7Cl_4NO_4S_2$. F: 151° [unkorr.] (*Hannig, Karan*, Pharm. Zentralhalle **95** [1956] 187).

(1*S*)-2-Oxo-bornan-10-sulfonat $C_{17}H_{21}NO_4 \cdot C_{10}H_{16}O_4S$ (E I 548 [1])). Kristalle (aus A.); F: 172–174° (*Pirrone, Riparbelli*, Atti Soc. toscana Sci. nat. **51** [1943] 43, 51). $[\alpha]_D^{17}$: +10,25° [H_2O; c = 4] (*Pi., Ri.*). Löslichkeit in H_2O bei 15°: 85% (*Pi., Ri.*).

9,10-Dioxo-9,10-dihydro-anthracen-2-sulfonat. Kristalle (aus H_2O); F: 243° bis 246° [unkorr.] (*Steiger, Kühni*, Acta pharm. int. **2** [1951] 1, 3).

Tetraphenylboranat $C_{17}H_{21}NO_4 \cdot HB(C_6H_5)_4$. Kristalle [aus Acn. + H_2O] (*Gautier et al.*, Ann. pharm. franç. **17** [1959] 401, 407); F: 96–98° (*Fischer, Karawia*, Mikroch. Acta **1953** 366, 369). UV-Spektrum (Acetonitril; 250–290 nm): *Ga. et al.*, l. c. S. 402.

e) **(±)-3*exo*-Benzoyloxy-tropan-2*exo*-carbonsäure-methylester, (±)-Cocain** $C_{17}H_{21}NO_4$, Formel IV (R = H) + Spiegelbild (E II 156).

Kristalle (aus Ae.); F: 80–81° (*Basilewškaja et al.*, Chimija chim. Technol. (IVUZ) **1** [1958] Nr. 2, S. 75, 80; C. A. **1959** 423).

---

[1]) Berichtigung zu E I **22**, Seite 548, Zeile 19 und 20 v. o.: An Stelle von „Salz der d- und dl-Campher-π-sulfonsäure" ist zu setzen „Salz der d- und dl-Campher-β-sulfonsäure".

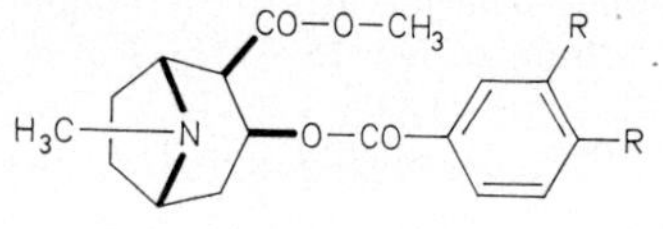

IV 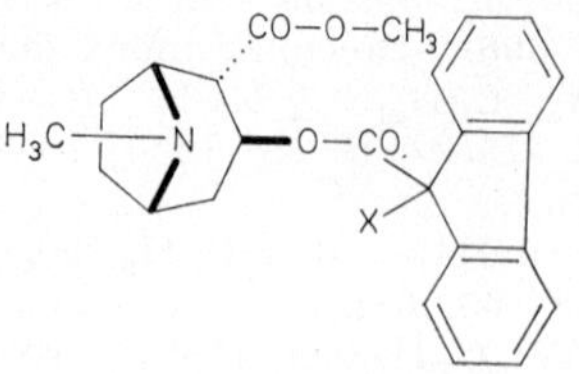 V 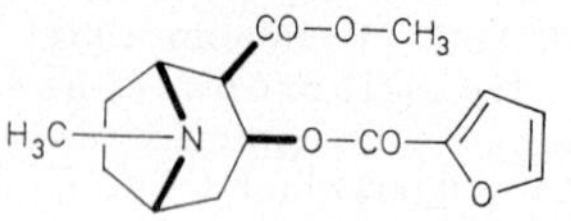 VI

(1*R*)-3*exo*-[3,4-Dimethyl-benzoyloxy]-tropan-2*exo*-carbonsäure-methylester $C_{19}H_{25}NO_4$, Formel IV (R = CH_3).

B. Beim Erhitzen von (–)-Ecgonin-methylester (S. 2100) mit 3,4-Dimethyl-benzoylchlorid in Xylol (*Sugasawa, Sugimoto*, J. pharm. Soc. Japan **61** [1941] 62, 67; engl. Ref. S. 26, 29; C. A. **1942** 93).

Kristalle (aus wss. A.); F: 92°. $[\alpha]_D^{19}$: –18,02° [Me.].

Hydrochlorid. Kristalle; F: 193° [Zers.].

(1*R*)-3*exo*-[9-Chlor-fluoren-9-carbonyloxy]-tropan-2*endo*-carbonsäure-methylester $C_{24}H_{24}ClNO_4$, Formel V (X = Cl).

B. Beim Erwärmen von (+)-Pseudoecgonin-methylester (S. 2099) mit 9-Chlor-fluoren-9-carbonylchlorid in Benzol (*E. Merck*, D.R.P. 657526 [1936]; Frdl. **24** 404; *Merck & Co. Inc.*, U.S.P. 2221828 [1937]).

Hydrochlorid $C_{24}H_{24}ClNO_4 \cdot HCl$. F: 224°.

(1*R*)-3*exo*-[9-Hydroxy-fluoren-9-carbonyloxy]-tropan-2*endo*-carbonsäure-methylester $C_{24}H_{25}NO_5$, Formel V (X = OH).

B. Beim Erwärmen der vorangehenden Verbindung mit wss. Essigsäure und wss. Silberacetat (*E. Merck*, D.R.P. 657526 [1936]; Frdl. **24** 404; *Merck & Co. Inc.*, U.S.P. 2221828 [1937]).

Kristalle (aus Me.); F: 151°.

(1*R*)-3*exo*-[Furan-2-carbonyloxy]-tropan-2*exo*-carbonsäure-methylester $C_{15}H_{19}NO_5$, Formel VI.

B. Beim Erwärmen von (–)-Ecgonin-methylester (S. 2100) mit Furan-2-carbonsäure-anhydrid (*Kacnelson, Goldfarb*, C. r. Doklady **13** [1936] 413, 415).

Kristalle (aus PAe.); F: 142–143°.

Hydrochlorid $C_{15}H_{19}NO_5 \cdot HCl$. Kristalle (aus A. + Ae.); F: 184,5°.

Hexachloroplatinat(IV) 2 $C_{15}H_{19}NO_5 \cdot H_2PtCl_6$. Ziegelrote Kristalle; F: 231° [Zers.].

Picrat $C_{15}H_{19}NO_5 \cdot C_6H_3N_3O_7$. Braune Kristalle (aus H_2O); F: 167–169°.

(1*R*)-3*exo*-Hydroxy-tropan-2*exo*-carbonsäure-äthylester, Äthylester des (–)-Ecgonins $C_{11}H_{19}NO_3$, Formel VII (R = H, X = O-C_2H_5).

B. Beim Erwärmen von (–)-Ecgonin (S. 2097) mit HCl enthaltendem Äthanol (*Rosenmund, Zymalkowski*, B. **85** [1952] 152, 158).

$Kp_{0,14}$: 93°.

(1*R*)-3*exo*-Benzoyloxy-tropan-2*endo*-carbonsäure-propylester, (+)-*O*-Benzoyl-pseudoecgonin-propylester, Neopsicain $C_{19}H_{25}NO_4$, Formel VIII (R = CO-C_6H_5, X = O-CH_2-CH_2-CH_3) (H 209).

F: 22–22,5° (*Brandstätter-Kuhnert, Grimm*, Mikroch. Acta **1957** 427, 438).

Hydrochlorid (H 209). Kristalle; F: 220–225° (*Rosenthaler*, Pharm. Acta Helv. **9** [1934] 59), 221–224° [Zers.] (*Fischer, Reichel*, Pharm. Zentralhalle **85** [1944] 8, 11). Ab 140° sublimierbar (*Fi., Re.*). $[\alpha]_D^{20}$: +44° bis +45° [Lösungsmittel nicht angegeben] (*Ro.*).

Hydrobromid. Kristalle; F: 210–212° (*Fi., Re.*). Ab 180° sublimierbar (*Fi., Re.*).

Hexachloroplatinat(IV). Kristalle; F: 170–174° (*Fischer*, Ar. **271** [1933] 466, 469).

Styphnat. Kristalle; F: 119–120° (*Fi.*).

Trinitrobenzoat. Kristalle; F: 105–108° [Zers.] (*Fi., Re.*).

Flavianat (8-Hydroxy-5,7-dinitro-naphthalin-2-sulfonat). Kristalle, die zwischen 96°

und 105° schmelzen (*Br.-Ku.*, *Gr.*).

9,10-Dioxo-9,10-dihydro-anthracen-2-sulfonat. Kristalle, die zwischen 130° und 140° schmelzen (*Br.-Ku.*, *Gr.*).

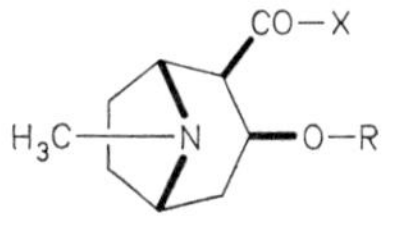

VII 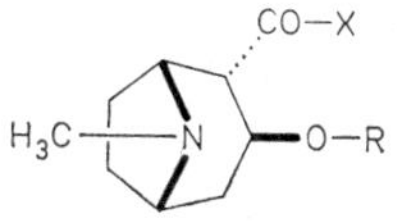 VIII 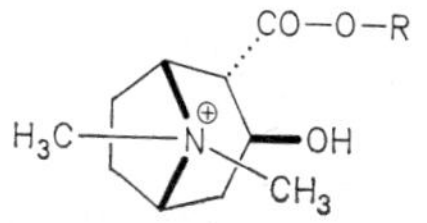 IX

(1*R*)-3*exo*-Acetoxy-tropan-2*endo*-carbonylchlorid $C_{11}H_{16}ClNO_3$, Formel VIII (R = $CO\text{-}CH_3$, X = Cl).

Hydrochlorid $C_{11}H_{16}ClNO_3 \cdot HCl$. *B.* Beim Erwärmen von (1*R*)-3*exo*-Acetoxy-tropan-2*endo*-carbonsäure-hydrochlorid (S. 2098) mit $SOCl_2$ (*Fodor, Kovács*, Soc. **1953** 724, 726). — F: 205–207° [Zers.].

(1*R*)-3*exo*-Benzoyloxy-tropan-2*exo*-carbonsäure-diäthylamid $C_{20}H_{28}N_2O_3$, Formel VII (R = $CO\text{-}C_6H_5$, X = $N(C_2H_5)_2$).

B. Neben (1*R*)-Trop-2-en-2-carbonsäure-diäthylamid beim Erwärmen von (1*R*)-3*exo*-Benzoyloxy-tropan-2*exo*-carbonylchlorid (E II 155) mit Diäthylamin in Benzol (*Lasslo et al.*, J. org. Chem. **21** [1956] 958).

$Kp_{0,08-0,10}$: 192–198°.

Hydrochlorid $C_{20}H_{28}N_2O_3 \cdot HCl$. Kristalle (aus A. + E.); F: 224–226° [unkorr.]. $[\alpha]_D^{18}$: +41,2° [wss. A.].

Tetrachloroaurat(III) $C_{20}H_{28}N_2O_3 \cdot HAuCl_4$. Kristalle (aus wss. A.); F: 160,5–161° [unkorr.].

2-Carboxy-3-hydroxy-8,8-dimethyl-nortropanium $[C_{10}H_{18}NO_3]^+$.

a) **(1*R*)-2*endo*-Carboxy-3*exo*-hydroxy-8,8-dimethyl-nortropanium**, *N*-Methyl-pseudoecgoninium $[C_{10}H_{18}NO_3]^+$, Formel IX (R = H).

Betain $C_{10}H_{17}NO_3$. Diese Konfiguration kommt wahrscheinlich der früher (s. H 204) von *Willstätter* als *N*-Methyl-ecgoninium-betain („Methylbetain des (–)-Ecgonins") beschriebenen Verbindung zu (*Findlay*, Am. Soc. **76** [1954] 2855, 2858). — *B.* Beim Behandeln des Methojodids von (+)-Pseudoecgonin mit feuchtem Ag_2O in H_2O (*Fi.*, l. c. S. 2861). Aus dem Methojodid von (+)-Pseudoecgonin-methylester (S. 2099) mit Hilfe von Ag_2O (*Fi.*). — Kristalle (aus A.); F: 302–306° bzw. F: 304° [korr.; evakuierte Kapillare], 282° [korr.; offene Kapillare]. $[\alpha]_D^{20}$: +28,2° [H_2O; c = 1,9].

Jodid $[C_{10}H_{18}NO_3]I$; Methojodid des (+)-Pseudoecgonins. Diese Konfiguration kommt vermutlich auch dem früher (s. H 203) als Methojodid des (–)-Ecgonins angesehenen Präparat von *Willstätter* zu (*Fi.*, l. c. S. 2861; s. dazu auch die Angaben unter b). — *B.* Beim Erwärmen von (+)-Pseudoecgonin (S. 2097) mit CH_3I und Methanol (*Fi.*). — Kristalle (aus A.), F: 245–246° [korr.]; nach weiterem Umkristallisieren F: 235–236° [korr.].

Tetrachloroaurat(III). Gelbe Kristalle (aus H_2O); F: 217° [korr.].

b) **(1*R*)-2*exo*-Carboxy-3*exo*-hydroxy-8,8-dimethyl-nortropanium**, *N*-Methyl-ecgoninium $[C_{10}H_{18}NO_3]^+$, Formel X (R = CH_3, R′ = R″ = H).

Betain $C_{10}H_{17}NO_3$ (H 204). In dem von *Willstätter* (s. H 204) beschriebenen Präparat hat wahrscheinlich *N*-Methyl-pseudoecgoninium-betain („Methylbetain des (+)-Pseudoecgonins") vorgelegen; die Identität des von *Hesse* (J. pr. [2] **65** [1902] 93) beschriebenen Präparats ist ungewiss (*Findlay*, Am. Soc. **76** [1954] 2855, 2858).

Jodid $[C_{10}H_{18}NO_3]I$; Methojodid des (–)-Ecgonins. In dem früher (s. H 203) von *Hesse* unter dieser Konstitution und Konfiguration beschriebenen Präparat (F: 218°) hat ein Gemisch mit dem Methylester-hydrojodid des (–)-Ecgonins als Hauptbestandteil vorgelegen; das von *Willstätter* (s. H 203) beschriebene Präparat (F: 238–239° [Zers.]) ist vermutlich als Methojodid des (+)-Pseudoecgonins zu formulieren (*Fi.*).

3-Hydroxy-2-methoxycarbonyl-8,8-dimethyl-nortropanium $[C_{11}H_{20}NO_3]^+$.

a) **(±)-3*endo*-Hydroxy-2*endo*-methoxycarbonyl-8,8-dimethyl-nortropanium** $[C_{11}H_{20}NO_3]^+$, Formel XI + Spiegelbild.

Jodid $[C_{11}H_{20}NO_3]I$; (±)-Allopseudoecgonin-methylester-methojodid (im Original als *racem.*-Alloecgonin-methylester-methojodid bezeichnet). *B.* Beim Behandeln von (±)-Allopseudoecgonin-methylester (S. 2099) mit CH_3I in Methanol oder Aceton bei 0° (*Findlay*, J. org. Chem. **24** [1959] 1540, 1549). — Kristalle (aus Me.); F: 196—197° [korr.].

b) **(1*R*)-3*exo*-Hydroxy-2*endo*-methoxycarbonyl-8,8-dimethyl-nortropanium** $[C_{11}H_{20}NO_3]^+$, Formel IX (R = CH_3) (H 210; E II 157).

Jodid $[C_{11}H_{20}NO_3]I$; (+)-Pseudoecgonin-methylester-methojodid. Kristalle (aus Me.); F: 216—216,5° [korr.]; $[\alpha]_D^{20}$: +11,3° [Me.; c = 2] (*Findlay*, Am. Soc. **76** [1954] 2855, 2860).

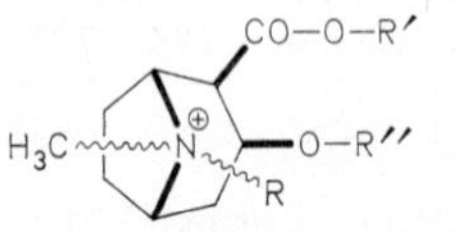

X 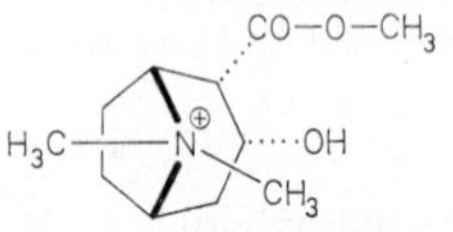 XI 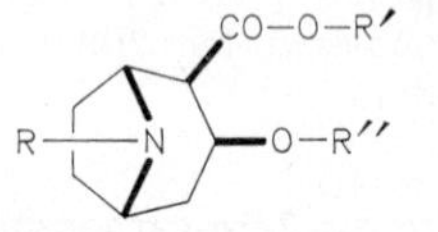 XII 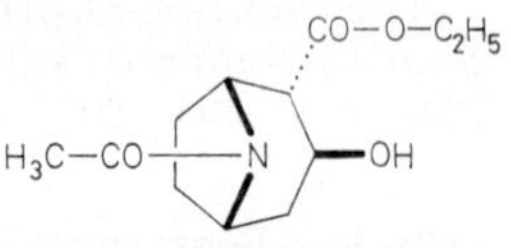 XIII

(1*R*,8Ξ)-8-Allyl-3*exo*-benzoyloxy-2*exo*-methoxycarbonyl-8-methyl-nortropanium $[C_{20}H_{26}NO_4]^+$, Formel X (R = CH_2-CH=CH_2, R′ = CH_3, R″ = CO-C_6H_5).

Bromid $[C_{20}H_{26}NO_4]Br$ (in der Literatur als Homoneurin-cocainbromid bezeichnet). *B.* Beim Erwärmen von (—)-Cocain (S. 2101) mit Allylbromid und Benzol (*Gheorghe*, Comun. Acad. romîne **5** [1955] 821, 823; C. A. **1956** 17323). — Kristalle (aus A. + Ae.): F; 186—187°.

(1*R*)-3*exo*-Benzoyloxy-8-formimidoyl-nortropan-2*exo*-carbonsäure-methylester $C_{17}H_{20}N_2O_4$, Formel XII (R = CH=NH, R′ = CH_3, R″ = CO-C_6H_5) (in der Literatur als *N*-Iminomethyl-norcocain bezeichnet).

Hydrochlorid $C_{17}H_{20}N_2O_4 \cdot HCl$. *B.* Beim Hydrieren von (—)-*N*-Cyan-norcocain (S. 2107) an Palladium/Kohle in Äthanol und Behandeln des Reaktionslösung mit wss.-äthanol. HCl (*Fodor*, Acta chim. hung. **5** [1955] 375, 378). — Kristalle (aus A. + Ae.); F: 214°.

(1*R*)-8-[*N*-Benzoyl-formimidoyl]-3*exo*-benzoyloxy-nortropan-2*exo*-carbonsäure-methylester $C_{24}H_{24}N_2O_5$, Formel XII (R = CH=N-CO-C_6H_5, R′ = CH_3, R″ = CO-C_6H_5) (in der Literatur als *N*-Benzoyliminomethyl-norcocain bezeichnet).

F: 174° (*Fodor*, Acta chim. hung. **5** [1955] 375, 377).

(1*R*)-8-Acetyl-3*exo*-hydroxy-nortropan-2*endo*-carbonsäure-äthylester, *N*-Acetyl-norpseudoecgonin-äthylester $C_{12}H_{19}NO_4$, Formel XIII.

B. Beim Behandeln von (1*R*)-3*exo*-Hydroxy-nortropan-2*endo*-carbonsäure-äthylester (H 205) mit Acetanhydrid (*Fodor, Kovács*, Soc. **1953** 724, 725).

Kristalle (aus E.); F: 112° [korr.].

Beim Erwärmen mit wss. HCl in Dioxan ist (+)-*O*-Acetyl-norpseudoecgonin-äthylester-hydrochlorid (S. 2096) erhalten worden.

(1*R*)-8-Benzoyl-3*exo*-hydroxy-nortropan-2*exo*-carbonsäure, (—)-*N*-Benzoyl-norecgonin $C_{15}H_{17}NO_4$, Formel XII (R = CO-C_6H_5, R′ = R″ = H).

B. Aus (—)-Norecgonin (S. 2096) und Benzoylchlorid (*Kovács et al.*, Helv. **37** [1954] 892, 905). Beim Behandeln von (—)-*O*-Benzoyl-norecgonin (S. 2096) mit wss. K_2CO_3 (*Findlay*, Am. Soc. **76** [1954] 2855, 2862).

Kristalle; F: 163—163,5° [korr.; aus Dioxan] (*Fi.*), 163° (*Ko. et al.*). $[\alpha]_D^{20}$: —17,7° [$CHCl_3$; c = 2,8]; $[\alpha]_D^{20}$: 0° [H_2O; c = 2] (*Fi.*). IR-Spektrum (Nujol; 4000—700 cm^{-1}): *Fi.*

Beim Erhitzen mit HCl in Dioxan ist (—)-*O*-Benzoyl-norecgonin-hydrochlorid (S. 2096) erhalten worden (*Ko. et al.*; *Fi.*).

(1*R*)-8-Carbamoyl-3*exo*-hydroxy-nortropan-2*exo*-carbonsäure-methylester, (−)-*N*-Carbamoyl-norecgonin-methylester $C_{10}H_{16}N_2O_4$, Formel XII (R = CO-NH$_2$, R′ = CH$_3$, R″ = H).

B. Neben (1*R*)-3*exo*-Hydroxy-nortropan-2*exo*,8-dicarbonsäure-imid beim Behandeln (84h) von (−)-*N*-Carbamoyl-norcocain (s. u.) mit Natriummethylat in Methanol bei −15° (*Kovács et al.*, Helv. **37** [1954] 892, 906).

Kristalle; F: 212°. $[\alpha]_D^{20}$: −93,5° [wss. Me. (70%ig)].

(1*R*)-3*exo*-Benzoyloxy-8-carbamoyl-nortropan-2*exo*-carbonsäure-methylester, (−)-*N*-Carbamoyl-norcocain $C_{17}H_{20}N_2O_5$, Formel XII (R = CO-NH$_2$, R′ = CH$_3$, R″ = CO-C$_6$H$_5$).

B. Beim Behandeln von (−)-*N*-Cyan-norcocain (s. u.) mit wss. H_2SO_4 enthaltender Essigsäure (*Kovács et al.*, Helv. **37** [1954] 892, 905).

Kristalle (aus Acn.); F: 179−180°. $[\alpha]_D^{20}$: −27,5° [Me.].

Hydrogensulfat $C_{17}H_{20}N_2O_5 \cdot H_2SO_4$. Kristalle.

(1*R*)-3*exo*-Benzoyloxy-8-cyan-nortropan-2*exo*-carbonsäure-methylester, (−)-*N*-Cyan-norcocain $C_{17}H_{18}N_2O_4$, Formel XII (R = CN, R′ = CH$_3$, R″ = CO-C$_6$H$_5$) (E I 548).

$[\alpha]_D$: −22,8° [CHCl$_3$] (*v. Braun*, B. **65** [1932] 888, 890). [*Rabien*]

3*exo*-Hydroxy-nortropan-3*endo*-carbonsäure-methylester, Nor-α-ecgonin-methylester $C_9H_{15}NO_3$, Formel I (R = R′ = H).

B. Beim Behandeln von 3*exo*-Hydroxy-nortropan-3*endo*-carbonitril mit konz. wss. HCl und Behandeln des Reaktionsprodukts mit methanol. HCl (*Heusner*, Z. Naturf. **12b** [1957] 602).

Kristalle (aus E.); F: 149−151°; nach Wiedererstarren bei 153° schmilzt die Verbindung bis 360° nicht vollständig.

3*exo*-Hydroxy-nortropan-3*endo*-carbonitril, Nor-α-ecgonin-nitril $C_8H_{12}N_2O$, Formel II (R = H).

B. Beim Behandeln von Nortropan-3-on mit wss. HCl und KCN (*Heusner*, Z. Naturf. **12b** [1957] 602).

Kristalle (aus Acetonitril); F: zwischen 115° und 135° [nicht rein erhalten; leicht zersetzlich].

3*exo*-Hydroxy-tropan-3*endo*-carbonsäure-methylester, α-Ecgonin-methylester $C_{10}H_{17}NO_3$, Formel I (R = CH$_3$, R′ = H) (H 211).

B. Aus 3*exo*-Hydroxy-nortropan-3*endo*-carbonsäure-methylester mit Hilfe von CH$_3$I (*Heusner*, Z. Naturf. **12b** [1957] 602). Aus 3*exo*-Hydroxy-tropan-3*endo*-carbonitril und methanol. HCl (*Foster, Ing*, Soc. **1956** 938).

Kristalle (aus PAe.); F: 114° (*Fo., Ing*).

3*exo*-Acetoxy-tropan-3*endo*-carbonsäure-methylester $C_{12}H_{19}NO_4$, Formel I (R = CH$_3$, R′ = CO-CH$_3$).

B. Beim Erwärmen von 3*exo*-Hydroxy-tropan-3*endo*-carbonsäure-methylester mit Acetanhydrid auf 100° (*Smith, Kline & French Labor.*, U.S.P. 2800479 [1955]).

F: 66−67°. Kp$_{15}$: 162−165°.

Picrat. Kristalle (aus wss. A.); F: 215−217°.

3*exo*-Benzoyloxy-tropan-3*endo*-carbonsäure-methylester, α-Cocain $C_{17}H_{21}NO_4$, Formel I (R = CH$_3$, R′ = CO-C$_6$H$_5$) (H 212).

Konfiguration: *Heusner*, Z. Naturf. **12b** [1957] 602.

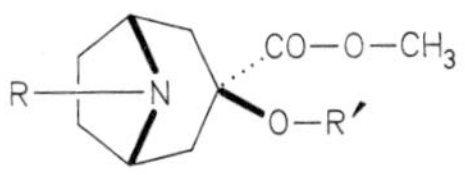

I 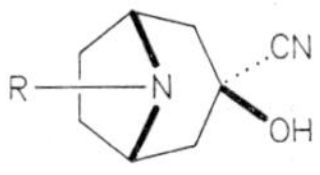 II 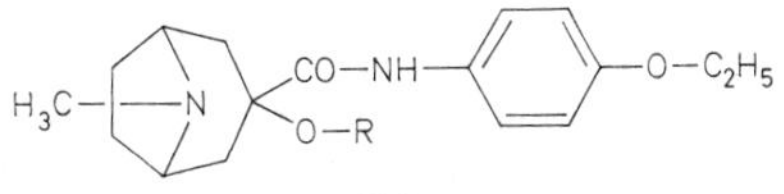 III

3*exo*-[4-Nitro-benzoyloxy]-tropan-3*endo*-carbonsäure-methylester $C_{17}H_{20}N_2O_6$, Formel I (R = CH_3, R' = CO-C_6H_4-NO_2(*p*)).

B. Beim Erwärmen von 3*exo*-Hydroxy-tropan-3*endo*-carbonsäure-methylester mit 4-Nitro-benzoylchlorid auf 100° (*Foster, Ing*, Soc. **1956** 938).

Kristalle (aus E. oder Bzl.); F: 138°.

3*exo*-Benziloyloxy-tropan-3*endo*-carbonsäure-methylester, *O*-Benziloyl-α-ecgonin-methylester $C_{24}H_{27}NO_5$, Formel I (R = CH_3, R' = CO-C(C_6H_5)$_2$-OH).

B. Beim Erwärmen von 3*exo*-Hydroxy-tropan-3*endo*-carbonsäure-methylester mit Chlor-diphenyl-acetylchlorid in Benzol und Behandeln des Reaktionsprodukts mit wss. K_2CO_3 (*Foster, Ing*, Soc. **1956** 938).

Kristalle (aus wss. A.); F: 130°.

Methojodid [$C_{25}H_{30}NO_5$]I; 3-*exo*-Benziloyloxy-3*endo*-methoxycarbonyl-8,8-dimethyl-nortropanium-jodid. Kristalle (aus Isopropylalkohol); F: 196° [Zers.].

3*exo*-[4-Amino-benzoyloxy]-tropan-3*endo*-carbonsäure-methylester $C_{17}H_{22}N_2O_4$, Formel I (R = CH_3, R' = CO-C_6H_4-NH_2(*p*)).

B. Bei der Hydrierung von 3*exo*-[4-Nitro-benzoyloxy]-tropan-3*endo*-carbonsäure-methylester an Raney-Nickel in Äthanol (*Foster, Ing*, Soc. **1956** 938).

Kristalle (aus A.); F: 158,5°.

***3-Hydroxy-tropan-3-carbonsäure-*p*-phenetidid** $C_{17}H_{24}N_2O_3$, Formel III (R = H).

B. Beim Behandeln der folgenden Verbindung mit methanol. KOH (*Passerini, Cima*, Ann. Chimica farm. **1940** (Mai) 5).

Kristalle (aus Bzl.); F: 178–179°.

***3-Benzoyloxy-tropan-3-carbonsäure-*p*-phenetidid** $C_{24}H_{28}N_2O_4$, Formel III (R = CO-C_6H_5).

B. Beim Behandeln von Tropan-3-on mit 4-Äthoxy-phenylisocyanid und Benzoesäure in $CHCl_3$ (*Passerini, Cima*, Ann. Chimica farm. **1940** (Mai) 5).

Kristalle; F: 189–190°.

Benzoat $C_{24}H_{28}N_2O_4 \cdot C_7H_6O_2$. Kristalle; F: 190–191°.

3*exo*-Hydroxy-tropan-3*endo*-carbonitril, α-Ecgonin-nitril $C_9H_{14}N_2O$, Formel II (R = CH_3) (H 212).

Konfiguration: *Heusner*, Z. Naturf. **12b** [1957] 602.

1,6-Bis-[3*exo*-hydroxy-3*endo*-methoxycarbonyl-8-methyl-nortropanium-8ξ-yl]-hexan, 3*exo*,3'*exo*-Dihydroxy-3*endo*,3'*endo*-bis-methoxycarbonyl-8ξ,8'ξ-dimethyl-8ξ,8'ξ-hexandiyl-di-nortropanium [$C_{26}H_{46}N_2O_6$]$^{2+}$, Formel IV (R = H, n = 6).

Dijodid [$C_{26}H_{46}N_2O_6$]I_2. *B.* Aus 3*exo*-Hydroxy-tropan-3*endo*-carbonsäure-methylester und 1,6-Dijod-hexan (*Foster, Ing*, Soc. **1956** 938). — Kristalle (aus Me. + A.); F: 244°.

1,6-Bis-[3*exo*-benzoyloxy-3*endo*-methoxycarbonyl-8-methyl-nortropanium-8ξ-yl]-hexan, 3*exo*,3'*exo*-Bis-benzoyloxy-3*endo*,3'*endo*-bis-methoxycarbonyl-8ξ,8'ξ-dimethyl-8ξ,8'ξ-hexandiyl-di-nortropanium [$C_{40}H_{54}N_2O_8$]$^{2+}$, Formel IV (R = CO-C_6H_5, n = 6).

Dijodid [$C_{40}H_{54}N_2O_8$]I_2. *B.* Aus 3*exo*-Benzoyloxy-tropan-3*endo*-carbonsäure-methylester und 1,6-Dijod-hexan (*Foster, Ing*, Soc. **1956** 938). — Kristalle (aus wss. Me.); F: 244° [Zers.].

1,10-Bis-[3*exo*-hydroxy-3*endo*-methoxycarbonyl-8-methyl-nortropanium-8ξ-yl]-decan, 3*exo*,3'*exo*-Dihydroxy-3*endo*,3'*endo*-bis-methoxycarbonyl-8ξ,8'ξ-dimethyl-8ξ,8'ξ-decandiyl-di-nortropanium [$C_{30}H_{54}N_2O_6$]$^{2+}$, Formel IV (R = H, n = 10).

Dijodid [$C_{30}H_{54}N_2O_6$]I_2. *B.* Aus 3*exo*-Hydroxy-tropan-3*endo*-carbonsäure-methylester und 1,10-Dijod-decan (*Foster, Ing*, Soc. **1956** 938). — Kristalle (aus A.); F: 229°.

1,10-Bis-[3*exo*-benzoyloxy-3*endo*-methoxycarbonyl-8-methyl-nortropanium-8ξ-yl]-decan, 3*exo*,3'*exo*-Bis-benzoyloxy-3*endo*,3'*endo*-bis-methoxycarbonyl-8ξ,8'ξ-dimethyl-8ξ,8'ξ-decandiyl-di-nortropanium [$C_{44}H_{62}N_2O_8$]$^{2+}$, Formel IV (R = CO-C_6H_5, n = 10).

Dijodid [$C_{44}H_{62}N_2O_8$]I_2. *B.* Aus 3*exo*-Benzoyloxy-tropan-3*endo*-carbonsäure-methylester und 1,10-Dijod-decan (*Foster, Ing*, Soc. **1956** 938). — Kristalle (aus A.); F: 182—185°

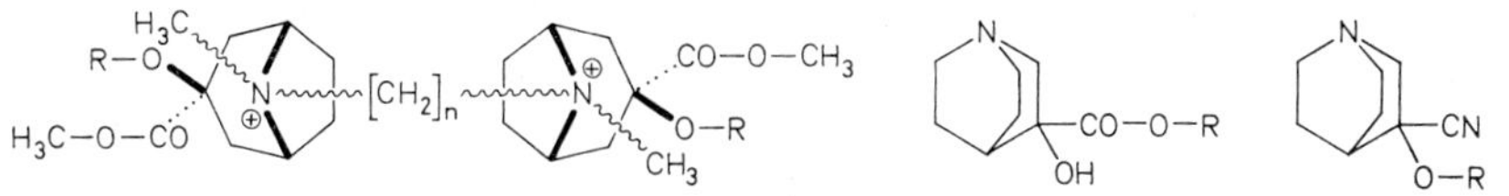

IV V VI

(±)-3-Hydroxy-chinuclidin-3-carbonsäure $C_8H_{13}NO_3$, Formel V (R = H).

Hydrochlorid $C_8H_{13}NO_3 \cdot HCl$. *B.* Beim Behandeln von (±)-3-Hydroxy-chinuclidin-3-carbonsäure-methylester mit konz. wss. HCl (*Grob, Renk*, Helv. **37** [1954] 1689, 1696). — Kristalle (aus A. + Ae.); F: 252—255° [unkorr.; Zers.].

(±)-3-Hydroxy-chinuclidin-3-carbonsäure-methylester $C_9H_{15}NO_3$, Formel V (R = CH_3).

B. Beim Behandeln von (±)-3-Hydroxy-chinuclidin-3-carbonitril mit konz. wss. HCl und Behandeln des Reaktionsprodukts mit methanol. HCl (*Grob, Renk*, Helv. **37** [1954] 1689, 1695).

Kristalle (aus $CHCl_3$ + Pentan); F: 122° [korr.]. Bei 60°/12 Torr sublimierbar.

Hydrochlorid. Kristalle (aus Acn.); F: 140—141° [korr.].

Picrat. Gelbe Kristalle (aus A.); F: 188—189° [korr.].

(±)-3-Hydroxy-chinuclidin-3-carbonitril $C_8H_{12}N_2O$, Formel VI (R = H).

B. Beim Behandeln von Chinuclidin-3-on-hydrochlorid mit KCN in H_2O (*Grob, Renk*, Helv. **37** [1954] 1689, 1695).

Kristalle (aus E.); F: 172—173° [korr.; Zers.].

Picrat $C_8H_{12}N_2O \cdot C_6H_3N_3O_7$. Gelbe Kristalle (aus Isopropylalkohol); F: ca. 133—134° [korr.; Zers.] und (nach Wiedererstarren) F: 210—212° [korr.; Zers.].

(±)-3-Acetoxy-chinuclidin-3-carbonitril $C_{10}H_{14}N_2O_2$, Formel VI (R = CO-CH_3).

B. Beim Erhitzen von (±)-3-Hydroxy-chinuclidin-3-carbonitril mit Acetanhydrid und Acetylchlorid (*Grob et al.*, Helv. **40** [1957] 2170, 2179).

$Kp_{0,05}$: 96—99°. n_D^{26}: 1,4848.

(±)-3-Carboxy-3-hydroxy-1-methyl-chinuclidinium $[C_9H_{16}NO_3]^+$, Formel VII (R = H).

Betain $C_9H_{15}NO_3$. Konstitution: *Grob, Renk*, Helv. **37** [1954] 1689, 1691. — *B.* Beim Erhitzen von (±)-3-Hydroxy-chinuclidin-3-carbonsäure-methylester auf 110—130° (*Grob, Renk*, l. c. S. 1696). — Kristalle (aus Isopropylalkohol) mit 1 Mol H_2O; F: 278—281° [unkorr.; Zers.; nach Verfärbung ab 255°] (*Grob, Renk*, l. c. S. 1696).

Chlorid $[C_9H_{16}NO_3]Cl$. *B.* Beim Erhitzen des Betain-hydrats (s. o.) mit wss. HCl unter vermindertem Druck (*Grob, Renk*, l. c. S. 1696). — Kristalle (aus A. + Ae.); F: 259—261° [unkorr.; Zers.].

Picrat $[C_9H_{16}NO_3]C_6H_2N_3O_7$. Gelbe Kristalle (aus A.); F: 233—236° [korr.; Zers.] (*Grob, Renk*, l. c. S. 1696).

(±)-3-Hydroxy-3-methoxycarbonyl-1-methyl-chinuclidinium $[C_{10}H_{18}NO_3]^+$, Formel VII (R = CH_3).

Chlorid $[C_{10}H_{18}NO_3]Cl$. *B.* Beim Behandeln von (±)-3-Carboxy-3-hydroxy-1-methyl-chinuclidinium-betain-hydrat mit methanol. HCl (*Grob, Renk*, Helv. **37** [1954] 1689, 1696). — Hygroskopische Kristalle (aus Isopropylalkohol).

Jodid $[C_{10}H_{18}NO_3]I$. Kristalle (aus Me. + Ae.); F: 191—192° [korr.] (*Grob, Renk*).

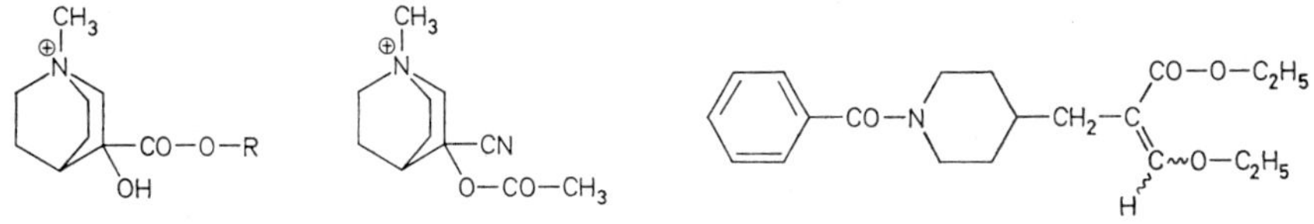

VII VIII IX

(±)-3-Acetoxy-3-cyan-1-methyl-chinuclidinium $[C_{11}H_{17}N_2O_2]^+$, Formel VIII.

Jodid $[C_{11}H_{17}N_2O_2]I$. *B.* Beim Behandeln von (±)-3-Acetoxy-chinuclidin-3-carbonitril mit CH_3I in Aceton (*Grob et al.*, Helv. **40** [1957] 2170, 2179). — Kristalle; F: 245—248° [korr.; Zers.]. — Beim Erwärmen mit Äthanol und Äther ist 1-Methyl-3-oxo-chinuclidinium-jodid erhalten worden.

Hydroxycarbonsäuren $C_9H_{15}NO_3$

3ξ-Äthoxy-2-[1-benzoyl-[4]piperidylmethyl]-acrylsäure-äthylester $C_{20}H_{27}NO_4$, Formel IX.

B. Beim Erhitzen von 3-[1-Benzoyl-[4]piperidyl]-2-formyl-propionsäure-äthylester mit äthanol. HCl (*Jachontow, Rubzow*, Ž. obšč. Chim. **26** [1956] 2844, 2846; engl. Ausg. S. 3163).

Kp: 268—269°. n_D^{20}: 1,5259.

***Opt.-inakt. 1-Acetyl-3-hydroxy-octahydro-indol-2-carbonsäure-äthylester** $C_{13}H_{21}NO_4$, Formel X.

B. Bei der Hydrierung von 1-Acetyl-3-hydroxy-indol-2-carbonsäure-äthylester an einem Nickel-Katalysator in Äthanol bei 110—120°/150 at (*Komai*, Pharm. Bl. **4** [1956] 261, 266).

Kristalle (aus A. + Bzl.); F: 167—168,5°.

***Opt.-inakt. 3-Hydroxy-9-methyl-9-aza-bicyclo[3.3.1]nonan-2-carbonsäure-äthylester** $C_{12}H_{21}NO_3$, Formel XI.

B. Bei der Hydrierung von (±)-9-Methyl-3-oxo-9-aza-bicyclo[3.3.1]nonan-2-carbonsäure-äthylester an Raney-Nickel in Äthanol bei 100°/100 at (*Weisz et al.*, Naturwiss. **45** [1958] 568; s. a. *Matkovics et al.*, J. pr. [4] **12** [1961] 290, 292).

Kp_4: 163—175° (*We. et al.*), 163—174° (*Ma. et al.*).

Picrat $C_{12}H_{21}NO_3 \cdot C_6H_3N_3O_7$. Kristalle (aus A.); F: 217—219° [unkorr.] (*Ma. et al.*).

CO—CH3 / N / CO—O—C2H5 / OH

X

CO—O—C2H5 / H3C—N / OH

XI

CH3 / ⊕N / CO—OH / CH2—OH

XII

(±)-3-Carboxy-3-hydroxymethyl-1-methyl-chinuclidinium $[C_{10}H_{18}NO_3]^+$, Formel XII.

Diese Konstitution ist für das Kation des nachstehend beschriebenen Salzes in Betracht gezogen worden (*Lukeš, Ernest*, Collect. **15** [1950] 150, 152).

Picrat $[C_{10}H_{18}NO_3]C_6H_2N_3O_7$. *B.* In geringer Menge neben 1-Methyl-3-methylen-chinuclidinium-picrat (E III/IV **20** 2169) beim Erwärmen von (±)-3-Acetoxymethyl-3-brommethyl-1-methyl-chinuclidinium-bromid mit methanol. HBr, Erhitzen des Reaktionsprodukts mit Ag_2O in H_2O und anschliessenden Behandeln mit wss. Picrinsäure (*Lu., Er.*). — F: 212—214° (*Lu., Er.*, l. c. S. 153).

Hydroxycarbonsäuren $C_{10}H_{17}NO_3$

***Opt.-inakt. 7-Hydroxy-octahydro-chinolin-4a-carbonsäure-äthylester** $C_{12}H_{21}NO_3$, Formel XIII.

B. Bei der Hydrierung von (±)-7-Oxo-1,3,4,5,6,7-hexahydro-2*H*-chinolin-4a-carbonsäure-äthylester an Palladium/Kohle in Essigsäure bei 50°/3,5 at oder an Platin in Äthanol bei 50° (*Albertson*, Am. Soc. **74** [1952] 249).

Kristalle (aus H_2O); F: 101,6—104,4° [korr.].

(±)-4a-Hydroxy-1-methyl-(4ar,8at?)-octahydro-chinolin-8a-carbonitril $C_{11}H_{18}N_2O$, vermutlich Formel XIV + Spiegelbild.

B. Beim Behandeln von (±)-4a-Hydroxy-1-methyl-2,3,4,4a,5,6,7,8-octahydro-chinolinium-perchlorat mit KCN in H_2O (*Leonard et al.*, Am. Soc. **78** [1956] 3463, 3466).

F: 59—62°. $Kp_{1,4}$: 103—104°.

Beim Behandeln mit $LiAlH_4$ in Äther ist 1-Methyl-1,3,4,5,6,7-hexahydro-2*H*-chinolin-4a-ol erhalten worden. Bei der Einwirkung von Äthanol auf das Perchlorat ist 4a-Hydroxy-1-methyl-2,3,4,4a,5,6,7,8-octahydro-chinolinium-perchlorat erhalten worden.

Perchlorat $C_{11}H_{18}N_2O \cdot HClO_4$. Kristalle (aus A. + Ae.); F: 179° [korr.].

Picrat $C_{11}H_{18}N_2O \cdot C_6H_3N_3O_7$. Gelbe Kristalle; F: 145—146° [korr.].

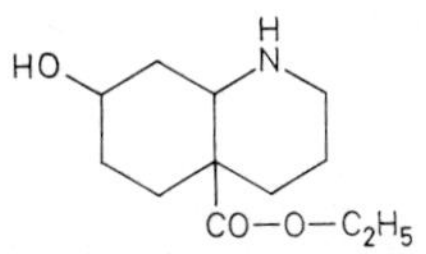

XIII 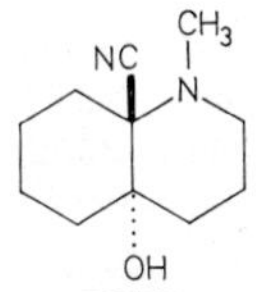 XIV 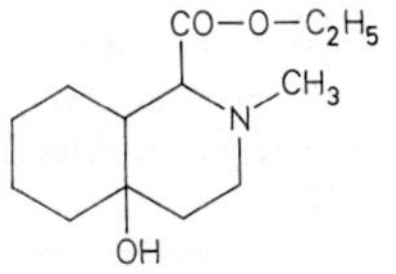 XV 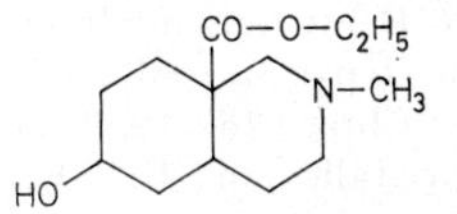 XVI

***Opt.-inakt. 4a-Hydroxy-2-methyl-decahydro-isochinolin-1-carbonsäure-äthylester** $C_{13}H_{23}NO_3$, Formel XV.

B. Beim Behandeln von [2-Cyclohex-1-enyl-äthyl]-methyl-amin mit (±)-Äthoxy-hydroxy-essigsäure-äthylester und mit konz. wss. HCl (*Grewe et al.*, A. **605** [1957] 15, 22).

$Kp_{0,006}$: 110—140°. n_D^{20}: 1,4940.

***Opt.-inakt. 6-Hydroxy-2-methyl-octahydro-isochinolin-8a-carbonsäure-äthylester** $C_{13}H_{23}NO_3$, Formel XVI.

B. Bei der Hydrierung von (±)-2-Methyl-6-oxo-2,3,4,6,7,8-hexahydro-1*H*-isochinolin-8a-carbonsäure-äthylester an Platin in Äthanol (*Sugimoto et al.*, J. pharm. Soc. Japan **75** [1955] 180, 182; C. A. **1956** 1814).

Kp_4: 153—154°.

O-[4-Nitro-benzoyl]-Derivat $C_{20}H_{26}N_2O_6$; 2-Methyl-6-[4-nitro-benzoyloxy]-octahydro-isochinolin-8a-carbonsäure-äthylester. Kristalle (aus PAe.); F: 104—109°.

***Opt.-inakt. 1-Hydroxy-octahydro-chinolizin-2-carbonsäure-äthylester** $C_{12}H_{21}NO_3$, Formel I.

B. Beim Behandeln von (±)-1-Oxo-octahydro-chinolizin-2-carbonsäure-äthylester mit $NaBH_4$ in Methanol (*Leonard et al.*, J. org. Chem. **22** [1957] 1445, 1448).

F: ca. 70°. $Kp_{0,11}$: 102—106°. n_D^{25}: 1,4933—1,4942 [unterkühlte Schmelze]. IR-Banden (Schmelze) im Bereich von 3460 cm^{-1} bis 1735 cm^{-1}: *Le. et al.*

***Opt.-inakt. 9-Hydroxy-octahydro-chinolizin-3-carbonsäure-methylester** $C_{11}H_{19}NO_3$, Formel II.

B. Bei der Hydrierung von opt.-inakt. 9-Oxo-octahydro-chinolizin-3-carbonsäure-methylester ($Kp_{0,2}$: 104—106°) an Platin in Essigsäure (*Winterfeld, Klauke*, Ar. **289** [1956] 405, 408).

Kristalle (aus PAe.); F: 127—132°.

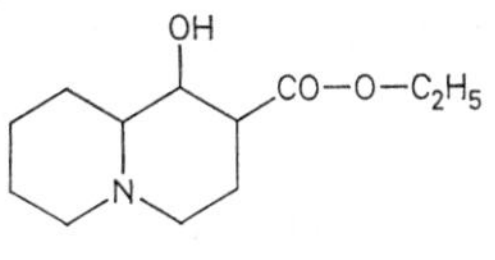

I 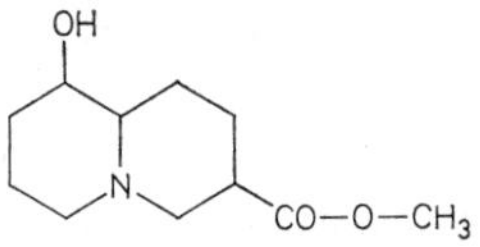 II 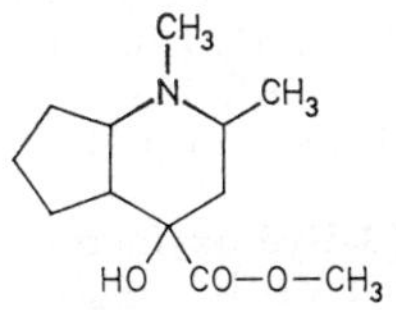 III

***Opt.-inakt. 4-Hydroxy-1,2-dimethyl-octahydro-[1]pyrindin-4-carbonsäure-methylester** $C_{12}H_{21}NO_3$, Formel III.

B. Beim Erhitzen von opt.-inakt. 4-Hydroxy-1,2-dimethyl-octahydro-[1]pyrindin-4-carbonitril (s. u.) mit konz. wss. HCl und Erwärmen des Reaktionsprodukts mit methanol. HCl (*Nasarow, Unkowškiĭ,* Ž. obšč. Chim. **26** [1956] 3486, 3499; engl. Ausg. S. 3877, 3887).

Kristalle (aus Acn.); F: 113–114°.

Methojodid $[C_{13}H_{24}NO_3]I$; 4-Hydroxy-4-methoxycarbonyl-1,1,2-trimethyl-octahydro-[1]pyrindinium-jodid. Kristalle (aus A.); F: 189–190° [Zers.].

***Opt.-inakt. 4-Hydroxy-1,2-dimethyl-octahydro-[1]pyrindin-4-carbonitril** $C_{11}H_{18}N_2O$, Formel IV.

B. Beim Behandeln einer Lösung von opt.-inakt. 1,2-Dimethyl-octahydro-[1]pyrindin-4-on (Kp_2: 85–86°; n_D^{20}: 1,4912) in wss. HCl mit wss. NaCN (*Nasarow, Unkowškiĭ,* Ž. obšč. Chim. **26** [1956] 3181, 3189; engl. Ausg. S. 3545, 3552).

Kristalle (aus E.); F: 135–136°.

***Opt.-inakt. 5-[2-Methoxy-äthyl]-chinuclidin-2-carbonsäure** $C_{11}H_{19}NO_3$, Formel V ($R = H$, $R' = CH_3$).

B. Beim Erhitzen von opt.-inakt. 5-[2-Methoxy-äthyl]-chinuclidin-2,2-dicarbonsäure (Hydrochlorid; F: 182° [Zers.]) auf 160°/10 Torr (*Rubzow, Jachontow,* Ž. obšč. Chim. **25** [1955] 1743, 1747; engl. Ausg. S. 1697, 1699).

Hydrochlorid $C_{11}H_{19}NO_3 \cdot HCl$. Kristalle; F: 190–191° [Zers.].

***Opt.-inakt. 5-[2-Hydroxy-äthyl]-chinuclidin-2-carbonsäure-äthylester** $C_{12}H_{21}NO_3$, Formel V ($R = C_2H_5$, $R' = H$).

B. Beim Erhitzen von opt.-inakt. 5-[2-Acetoxy-äthyl]-chinuclidin-2,2-dicarbonsäure-diäthylester (n_D^{20}: 1,4809) mit konz. wss. HCl und Erwärmen des Reaktionsprodukts mit äthanol. HCl (*Rubzow, Jachontow,* Ž. obšč. Chim. **25** [1955] 1183, 1189; engl. Ausg. S. 1133, 1137; vgl. *Rubzow, Jachontow,* Ž. obšč. Chim. **25** [1955] 1743, 1746; engl. Ausg. S. 1697, 1699).

$Kp_{0,26}$: 102–115°.

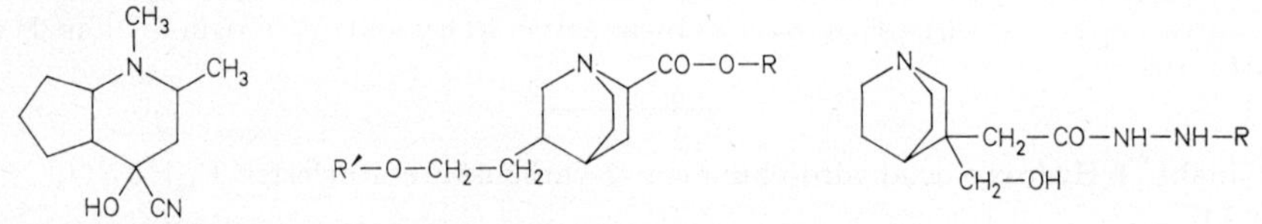

IV V VI

***Opt.-inakt. 5-[2-Methoxy-äthyl]-chinuclidin-2-carbonsäure-äthylester** $C_{13}H_{23}NO_3$, Formel V ($R = C_2H_5$, $R' = CH_3$).

B. Beim Erwärmen von opt.-inakt. 5-[2-Methoxy-äthyl]-chinuclidin-2-carbonsäure (s. o.) mit $SOCl_2$ und anschliessend mit Äthanol (*Rubzow, Jachontow,* Ž. obšč. Chim. **25** [1955] 1743, 1747; engl. Ausg. S. 1697, 1699).

$Kp_{0,4}$: 185–195°.

Picrat $C_{13}H_{23}NO_3 \cdot C_6H_3N_3O_7$. Hellgelbe Kristalle; F: 152–153°.

(±)-[3-Hydroxymethyl-chinuclidin-3-yl]-essigsäure-hydrazid $C_{10}H_{19}N_3O_2$, Formel VI ($R = H$).

B. Beim Erwärmen von (±)-[3-Hydroxymethyl-chinuclidin-3-yl]-essigsäure-lacton mit $N_2H_4 \cdot H_2O$ in Äthanol (*Michlina, Rubzow,* Ž. obšč. Chim. **27** [1957] 691, 694; engl. Ausg. S. 761, 764).

Kristalle (aus $CHCl_3$ + Ae.); F: 145–148°.

(±)-[3-Hydroxymethyl-chinuclidin-3-yl]-essigsäure-[*N'*-phenyl-hydrazid] $C_{16}H_{23}N_3O_2$, Formel VI ($R = C_6H_5$).

B. Beim Erwärmen von (±)-[3-Hydroxymethyl-chinuclidin-3-yl]-essigsäure-lacton

mit Phenylhydrazin in Äthanol (*Michlina, Rubzow*, Ž. obšč. Chim. **27** [1957] 691, 694; engl. Ausg. S. 761, 764).
Kristalle (aus A. + Ae.); F: 151—153° [Zers.].

Hydroxycarbonsäuren $C_{11}H_{19}NO_3$

3-Äthyl-2-hydroxy-4-isopropyl-2-methyl-2,3-dihydro-pyrrol-3-carbonsäure-äthylester $C_{13}H_{23}NO_3$, Formel VII.
Die von *Sanno* (J. pharm. Soc. Japan **78** [1958] 1123, 1127; C. A. **1959** 5240) unter dieser Konstitution beschriebene Verbindung ist als opt.-inakt. 3-Äthyl-4-isopropyl-2-methyl-1-oxy-4,5-dihydro-3*H*-pyrrol-3-carbonsäure-äthylester zu formulieren (*Agolini et al.*, Soc. [C] **1966** 1491).

***Opt.-inakt. 2-Acetoxymethylen-1-acetyl-3-äthyl-4-isopropyl-pyrrolidin-3-carbonsäure-äthylester** $C_{17}H_{27}NO_5$, Formel VIII.
Konstitution: *Agolini et al.*, Soc. [C] **1966** 1491.
B. Beim Erhitzen von opt.-inakt. 3-Äthyl-4-isopropyl-2-methyl-1-oxy-4,5-dihydro-3*H*-pyrrol-3-carbonsäure-äthylester (S. 221) mit Acetanhydrid (*Sanno*, J. pharm. Soc. Japan **78** [1958] 1123, 1127; C. A. **1959** 5240).
$Kp_{0,2-0,3}$: 166—168° (*Sa.*). UV-Spektrum (210—310 nm): *Sa.*

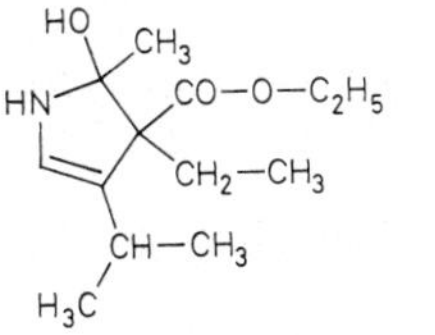

VII 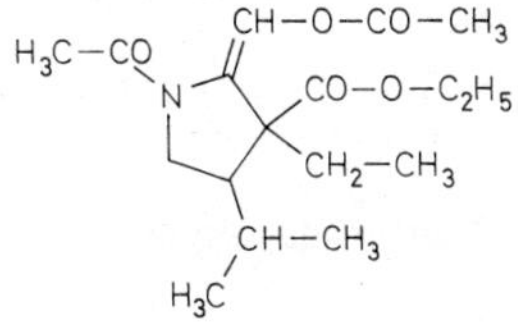 VIII 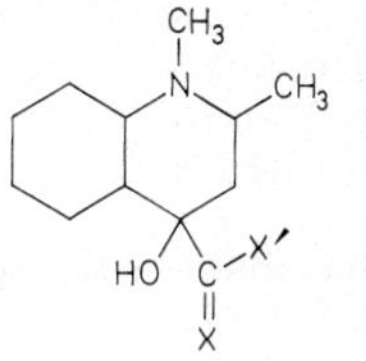 IX

***Opt.-inakt. 4-Hydroxy-1,2-dimethyl-decahydro-chinolin-4-carbonsäure-methylester** $C_{13}H_{23}NO_3$, Formel IX (X = O, X' = O-CH_3).
B. Beim Erhitzen von opt.-inakt. 4-Hydroxy-1,2-dimethyl-decahydro-chinolin-4-carbonitril (S. 2114) mit konz. wss. HCl und Erwärmen des Reaktionsprodukts mit methanol. HCl (*Nasarow, Unkowškiĭ*, Ž. obšč. Chim. **26** [1956] 3486, 3498; engl. Ausg. S. 3877, 3887).
Kristalle; F: 82—85° (*Nasarow et al.*, Ž. obšč. Chim. **26** [1956] 3500, 3509; engl. Ausg. S. 3891, 3897), 73—74° [aus Acn. + PAe.] (*Na., Un.*).
Hydrochlorid $C_{13}H_{23}NO_3 \cdot HCl$. Kristalle (aus A.); F: 182—183° [Zers.] (*Na., Un.*).
O-Benzoyl-Derivat $C_{20}H_{27}NO_4$; 4-Benzoyloxy-1,2-dimethyl-decahydro-chinolin-4-carbonsäure-methylester. Hydrochlorid $C_{20}H_{27}NO_4 \cdot HCl$. Kristalle (aus A.); F: 189—190° [Zers.] (*Na. et al.*).

***Opt.-inakt. 4-Hydroxy-1,2-dimethyl-decahydro-chinolin-4-carbonsäure-amid** $C_{12}H_{22}N_2O_2$, Formel IX (X = O, X' = NH_2).
B. Beim Behandeln von opt.-inakt. 4-Hydroxy-1,2-dimethyl-decahydro-chinolin-4-carbonitril (S. 2114) mit methanol. HCl und Erwärmen des Reaktionsprodukts (*Nasarow, Unkowškiĭ*, Ž. obšč. Chim. **26** [1956] 3486, 3493; engl. Ausg. S. 3877, 3883).
Kristalle (aus Acn.); F: 212° [Zers.].

***Opt.-inakt. 4-Hydroxy-1,2-dimethyl-decahydro-chinolin-4-carbimidsäure-methylester** $C_{13}H_{24}N_2O_2$, Formel IX (X = NH, X' = O-CH_3).
B. Beim Behandeln der folgenden Verbindung mit methanol. HCl (*Nasarow, Unkowškiĭ*, Ž. obšč. Chim. **26** [1956] 3486, 3492; engl. Ausg. S. 3877, 3883).
Kristalle (aus A. + Acn.); F: 101—102°.

***Opt.-inakt. 4-Hydroxy-1,2-dimethyl-decahydro-chinolin-4-carbonitril** $C_{12}H_{20}N_2O$, Formel X.

B. Beim Behandeln einer Lösung von opt.-inakt. 1,2-Dimethyl-octahydro-chinolin-4-on ($Kp_{2,5}$: 88—90°; n_D^{20}: 1,4943) in wss. HCl mit wss. NaCN (*Nasarow, Unkowškiĭ*, Ž. obšč. Chim. **26** [1956] 3181, 3189; engl. Ausg. S. 3545, 3552).

Kristalle (aus E.); F: 119—120°.

Methojodid [$C_{13}H_{23}N_2O$]I; 4-Cyan-4-hydroxy-1,1,2-trimethyl-decahydro-chinolinium-jodid. Kristalle (aus A.); F: 176—177°.

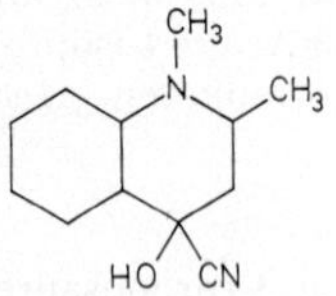

X 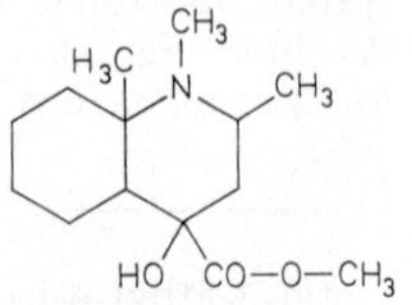 XI 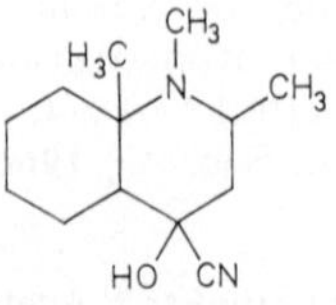 XII

Hydroxycarbonsäuren $C_{12}H_{21}NO_3$

***Opt.-inakt. 4-Hydroxy-1,2,8a-trimethyl-decahydro-chinolin-4-carbonsäure-methylester** $C_{14}H_{25}NO_3$, Formel XI.

B. Beim Erhitzen von opt.-inakt. 4-Hydroxy-1,2,8a-trimethyl-decahydro-4-carbonitril (s. u.) mit wss. HCl und Erwärmen des Reaktionsprodukts mit methanol. HCl (*Nasarow et al.*, Izv. Akad. S.S.S.R. Otd. chim. **1953** 730, 742; engl. Ausg. S. 655, 666).

Kristalle (aus Acn.); F: 138—139°.

O-Benzoyl-Derivat $C_{21}H_{29}NO_4$; 4-Benzoyloxy-1,2,8a-trimethyl-decahydro-chinolin-4-carbonsäure-methylester. Kristalle (aus Acn.); F: 256—257°.

***Opt.-inakt. 4-Hydroxy-1,2,8a-trimethyl-decahydro-chinolin-4-carbonitril** $C_{13}H_{22}N_2O$, Formel XII.

B. Beim Behandeln von opt.-inakt. 1,2,8a-Trimethyl-octahydro-chinolin-4-on (E III/IV **21** 3342) in wss. HCl mit KCN bei 0° (*Nasarow et al.*, Izv. Akad. S.S.S.R. Otd. chim. **1953** 730, 741; engl. Ausg. S. 655, 665).

Kristalle (aus Acn.); F: 118—120°.

Hydroxycarbonsäuren $C_nH_{2n-5}NO_3$

Hydroxycarbonsäuren $C_5H_5NO_3$

4-Hydroxy-pyrrol-2-carbonsäure $C_5H_5NO_3$, Formel I (R = R′ = R″ = H), und Tautomeres (4-Oxo-4,5-dihydro-pyrrol-2-carbonsäure).

Die Identität einer von *Minagawa* (Pr. Acad. Tokyo **21** [1945] 37, 38) unter dieser Konstitution beschriebenen, als Oxyminalin bezeichneten Verbindung vom F: 235° (beim Abbau eines gereinigten Pectase-Präparats isoliert) ist fraglich (*Kuhn, Osswald*, B. **89** [1956] 1423, 1429).

Enol-Gehalt einer wss. Lösung: *Kuhn, Os.*, l. c. S. 1428, 1442.

B. Beim Erwärmen von 4-Äthoxy-pyrrol-2-carbonsäure mit $AlBr_3$ in Benzol (*Kuhn, Os.*, l. c. S. 1441).

Graubraunes amorphes Pulver [nicht rein erhalten] (*Kuhn, Os.*, l. c. S. 1441). UV-Spektrum (H_2O; 200—400 nm; λ_{max}: 233 nm und 283 nm): *Kuhn, Os.*, l. c. S. 1428.

4-Methoxy-pyrrol-2-carbonsäure $C_6H_7NO_3$, Formel I (R = R′ = H, R″ = CH_3).

B. Beim Erwärmen von 4-Methoxy-pyrrol-1,2-dicarbonsäure-diäthylester mit wss.-methanol. NaOH (*Nicolaus, Nicoletti*, Rend. Accad. Sci. fis. mat. Napoli [4] **26** [1959] 148, 151).

Kristalle; F: 179—180° [korr.] (*Rapoport, Willson*, Am. Soc. **84** [1962] 630, 634), 175—175,5° [unkorr.; aus $CHCl_3$ + Ae.] (*Castro et al.*, J. org. Chem. **28** [1963] 857, 860), 157—158° [Zers.; aus Xylol] (*Ni., Ni.*).

4-Äthoxy-pyrrol-2-carbonsäure $C_7H_9NO_3$, Formel I (R = R' = H, R'' = C_2H_5).

B. Beim Erwärmen von 4-Äthoxy-pyrrol-1,2-dicarbonsäure-diäthylester mit wss.-methanol. NaOH (*Kuhn, Osswald*, B. **89** [1956] 1423, 1440).

Kristalle (aus $CHCl_3$); F: 158–160° [nach Schwarzfärbung ab 150°]. UV-Spektrum (Me.; 200–330 nm): *Kuhn, Os.*, l. c. S. 1427.

Beim Behandeln einer Lösung in Äthanol mit wss. 3-Nitro-benzoldiazonium-chlorid ist eine vermutlich als 4-Äthoxy-5-[3-nitro-phenylazo]-pyrrol-2-carbonsäure $C_{13}H_{12}N_4O_5$ anzusehende Verbindung (ziegelroter Niederschlag; F: 176–177° [unter Dunkelfärbung]) erhalten worden (*Kuhn, Os.*, l. c. S. 1441).

Thallium(I)-Salz $TlC_7H_8NO_3$. Kristalle (*Kuhn, Os.*, l. c. S. 1441).

4-Äthoxy-pyrrol-2-carbonsäure-methylester $C_8H_{11}NO_3$, Formel I (R = H, R' = CH_3, R'' = C_2H_5).

B. Beim Behandeln von 4-Äthoxy-pyrrol-2-carbonsäure mit Diazomethan in Äther (*Kuhn, Osswald*, B. **89** [1956] 1423, 1440).

Kristalle (aus Cyclohexan oder PAe.); F: 77–78°.

4-Methoxy-pyrrol-1,2-dicarbonsäure-diäthylester $C_{11}H_{15}NO_5$, Formel I (R = CO-O-C_2H_5, R' = C_2H_5, R'' = CH_3).

B. Beim Erhitzen von 4-Oxo-pyrrolidin-1,2-dicarbonsäure-diäthylester mit Dimethylsulfit und HCl in Methanol, Erhitzen bis auf 200°, Behandeln des Reaktionsprodukts ($Kp_{0,6}$: 132–135°) mit *N*-Brom-succinimid und Triäthylamin in CCl_4 und anschliessenden Erwärmen des Reaktionsgemisches (*Nicolaus, Nicoletti*, Rend. Accad. Sci. fis. mat. Napoli [4] **26** [1959] 148, 151).

Gelbes Öl; $Kp_{0,6(?)}$: 139–144° (*Ni., Ni.*); $Kp_{0,25}$: 112–115° (*Castro et al.*, Tetrahedron **23** [1967] 4499, 4506).

4-Äthoxy-pyrrol-1,2-dicarbonsäure-diäthylester $C_{12}H_{17}NO_5$, Formel I (R = CO-O-C_2H_5, R' = R'' = C_2H_5).

B. Beim Erwärmen von 4-Oxo-pyrrolidin-1,2-dicarbonsäure-diäthylester mit Diäthylsulfit und HCl in Äthanol, Erhitzen des Reaktionsprodukts bis auf 200°, Behandeln des Reaktionsprodukts ($Kp_{0,001}$: 102–104°) mit *N*-Brom-succinimid und Triäthylamin und anschliessenden Erwärmen des Reaktionsgemisches (*Kuhn, Osswald*, B. **89** [1956] 1423, 1440).

$Kp_{0,004}$: 104–105°. UV-Spektrum (Me.; 200–350 nm): *Kuhn, Os.*, l. c. S. 1427.

I II III IV

5-Thiocyanato-pyrrol-2-carbonsäure-methylester $C_7H_6N_2O_2S$, Formel II.

B. Beim Erwärmen von Pyrrol-2-carbonsäure-methylester mit Kupfer(II)-thiocyanat in Methanol (*Neisser*, B. **67** [1934] 2080, 2083).

Kristalle (aus H_2O); F: 107° [unkorr.].

4-Hydroxy-1-phenyl-pyrrol-3-carbonsäure $C_{11}H_9NO_3$, Formel III (R = R' = H), und Tautomeres (4-Oxo-1-phenyl-4,5-dihydro-pyrrol-3-carbonsäure) (E II 159).

IR-Banden (Nujol; 3,87–7,90 μ): *Davoll*, Soc. **1953** 3802, 3806. UV-Spektrum (A.; 200–350 nm; λ_{max}: 243 nm, 249 nm und 255 nm): *Da.*

4-Methoxy-1-phenyl-pyrrol-3-carbonsäure $C_{12}H_{11}NO_3$, Formel III (R = H, R' = CH_3) (E II 159).

B. Bei 5-tägigem Behandeln von 4-Hydroxy-1-phenyl-pyrrol-3-carbonsäure-äthylester mit Diazomethan in Äther und Erwärmen des Reaktionsprodukts mit äthanol. KOH (*Davoll*, Soc. **1953** 3802, 3811).

Hellbraune Kristalle (aus A. oder Bzl.); F: 165–166° [Zers.]. IR-Banden (Nujol; 3,80–7,68 μ): *Da.*, l. c. S. 3806. λ_{max} (A.): 241 nm und 245–247 nm (*Da.*, l. c. S. 3805).

4-Hydroxy-1-phenyl-pyrrol-3-carbonsäure-äthylester $C_{13}H_{13}NO_3$, Formel III ($R = C_2H_5$, $R' = H$), und Tautomeres (4-Oxo-1-phenyl-4,5-dihydro-pyrrol-3-carbonsäure-äthylester) (E II 159).

IR-Banden (Nujol; 5,94–6,64 μ): *Davoll*, Soc. **1953** 3802, 3806. λ_{max} (A.): 246 nm und 255 nm (*Da.*, l. c. S. 3805).

5-Acetoxy-pyrrol-3-carbonsäure-äthylester $C_9H_{11}NO_4$, Formel IV (R = H).

B. Beim Erhitzen von 5-Oxo-4,5-dihydro-pyrrol-3-carbonsäure-äthylester mit Acet= anhydrid und wenig H_2SO_4 (*Grob, Ankli*, Helv. **32** [1949] 2023, 2031).

Kristalle (aus $CHCl_3$ + PAe.); F: 97° (*Grob, An.*, l. c. S. 2031). UV-Spektrum (A.; 200–300 nm): *Grob, Ankli*, Helv. **32** [1949] 2010, 2016.

5-Acetoxy-1-äthyl-pyrrol-3-carbonsäure-äthylester $C_{11}H_{15}NO_4$, Formel IV ($R = C_2H_5$).

B. Beim Erhitzen von 1-Äthyl-5-oxo-4,5-dihydro-pyrrol-3-carbonsäure-äthylester mit Acetanhydrid und Pyridin oder mit Acetanhydrid und wenig H_2SO_4 (*Grob, Ankli*, Helv. **32** [1949] 2023, 2035).

Kristalle (aus Ae. + PAe.); F: 29–30°.

Hydroxycarbonsäuren $C_6H_7NO_3$

1-[2,6-Dichlor-benzyl]-5-[2,4-dinitro-phenylmercapto]-1,6-dihydro-pyridin-3-carbon= säure-amid $C_{19}H_{14}Cl_2N_4O_5S$, Formel V.

B. Beim Erwärmen von 4-Chlor-1-[2,6-dichlor-benzyl]-5-[2,4-dinitro-phenylmercapto]-1,4,5,6-tetrahydro-pyridin-3-carbonsäure-amid mit Acetonitril (*Wallenfels et al.*, A. **621** [1959] 188, 197).

Orangerote Kristalle (aus Acetonitril); F: 197–199° [Zers.].

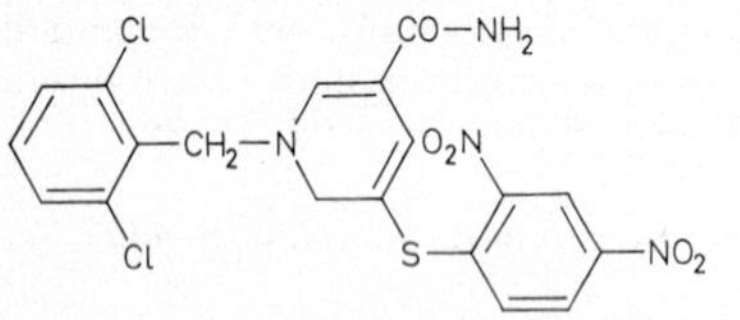

Cl CO–NH2 CH2–N O2N Cl S NO2

V

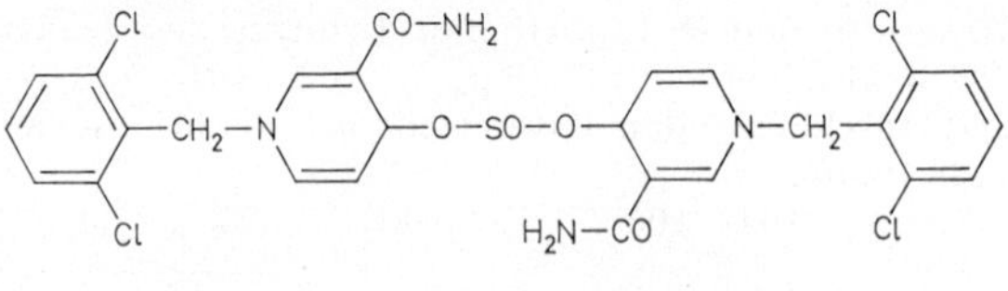

Cl CO–NH2 CH2–N O–SO–O N–CH2 Cl Cl H2N–CO Cl

VI

***Opt.-inakt. Schwefligsäure-bis-[3-carbamoyl-1-(2,6-dichlor-benzyl)-1,4-dihydro-[4]pyridylester]** $C_{26}H_{22}Cl_4N_4O_5S$, Formel VI.

Diese Konstitution ist für die nachstehend beschriebene Verbindung in Betracht gezogen worden (*Wallenfels, Schüly*, A. **621** [1959] 86, 93).

B. Beim Behandeln von 3-Carbamoyl-1-[2,6-dichlor-benzyl]-pyridinium-bromid mit wss. $NaHSO_3$ und mit wss. NaOH (*Wa., Sch.*, l. c. S. 102).

Kristalle (aus Me.); F: 148–150° [Zers.] (*Wa., Sch.*, l. c. S. 102). λ_{max}: 268 nm [Me.] bzw. 268 nm und 340 nm [DMF] (*Wa., Sch.*, l. c. S. 91).

(±)-1-[2,6-Dichlor-benzyl]-4-mercapto-1,4-dihydro-pyridin-3-carbonsäure-amid $C_{13}H_{12}Cl_2N_2OS$, Formel VII (R = H).

Diese Konstitution ist wahrscheinlich der nachstehend beschriebenen Verbindung zuzuordnen (*Wallenfels, Schüly*, A. **621** [1959] 86, 90).

B. Beim Behandeln von 3-Carbamoyl-1-[2,6-dichlor-benzyl]-pyridinium-bromid mit Na_2S in H_2O (*Wa., Sch.*, l. c. S. 104).

Hellgelb (*Wa., Sch.*, l. c. S. 104). UV-Spektrum (230–400 nm) von Lösungen in Meth= anol (λ_{max}: 267 nm und 347 nm), in Dioxan (λ_{max}: 349 nm) sowie in DMF (λ_{max}: 348 nm): *Wa., Sch.*, l. c. S. 90, 91.

(±)-4-Äthylmercapto-1-[2,6-dichlor-benzyl]-1,4-dihydro-pyridin-3-carbonsäure-amid $C_{15}H_{16}Cl_2N_2OS$, Formel VII ($R = C_2H_5$).

Diese Konstitution kommt vermutlich der nachstehend beschriebenen Verbindung zu

(*Wallenfels*, *Schüly*, A. **621** [1959] 86, 90).

B. Beim Behandeln von 3-Carbamoyl-1-[2,6-dichlor-benzyl]-pyridinium-bromid mit Äthanthiol in wss. NaOH (*Wa.*, *Sch.*, l. c. S. 104).

Kristalle (aus Me.); F: 133–136° [Zers.] (*Wa.*, *Sch.*, l. c. S. 104). λ_{max}: 268 nm [Me.], 265 nm und 330 nm [DMF] bzw. 320 nm [Dioxan] (*Wa.*, *Sch.*, l. c. S. 91).

(±)-4-Benzylmercapto-1-[2,6-dichlor-benzyl]-1,4-dihydro-pyridin-3-carbonsäure-amid $C_{20}H_{18}Cl_2N_2OS$, Formel VII (R = CH_2-C_6H_5).

Diese Konstitution kommt vermutlich der nachstehend beschriebenen Verbindung zu (*Wallenfels*, *Schüly*, A. **621** [1959] 86, 90).

B. Beim Behandeln von 3-Carbamoyl-1-[2,6-dichlor-benzyl]-pyridinium-bromid mit Benzylmercaptan in wss. NaOH (*Wa.*, *Sch.*, l. c. S. 104).

Kristalle (aus Me.); F: 131–133° [Zers.] (*Wa.*, *Sch.*, l. c. S. 104). λ_{max}: 268 nm und 335 nm [Me.], 265 nm und 328 nm [DMF] bzw. 335 nm [Dioxan] (*Wa.*, *Sch.*, l. c. S. 91).

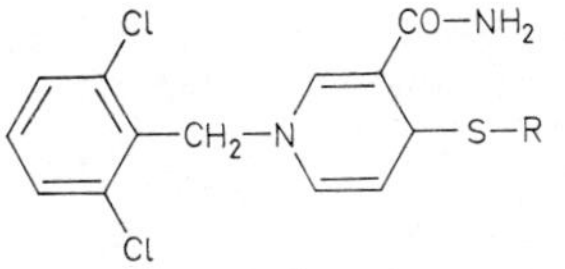

VII 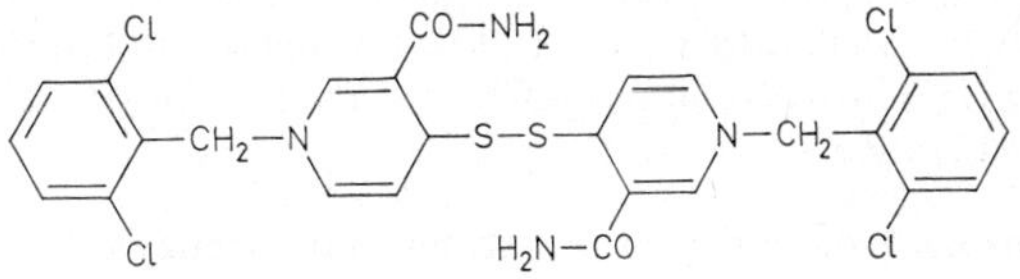 VIII

(±)-1-[2,6-Dichlor-benzyl]-4-phenäthylmercapto-1,4-dihydro-pyridin-3-carbonsäure-amid $C_{21}H_{20}Cl_2N_2OS$, Formel VII (R = CH_2-CH_2-C_6H_5).

Diese Konstitution kommt vermutlich der nachstehend beschriebenen Verbindung zu (*Wallenfels*, *Schüly*, A. **621** [1959] 86, 90).

B. Beim Behandeln von 3-Carbamoyl-1-[2,6-dichlor-benzyl]-pyridinium-bromid mit 2-Phenyl-äthanthiol in wss. NaOH (*Wa.*, *Sch.*, l. c. S. 104).

Kristalle (aus Me.); F: 132–134° [Zers.] (*Wa.*, *Sch.*, l. c. S. 104). λ_{max}: 268 nm [Me.], 265 nm und 329 nm [DMF] bzw. 335 nm [Dioxan] (*Wa.*, *Sch.*, l. c. S. 91).

***Opt.-inakt. Bis-[3-carbamoyl-1-(2,6-dichlor-benzyl)-1,4-dihydro-[4]pyridyl]-disulfid(?)** $C_{26}H_{22}Cl_4N_4O_2S_2$, vermutlich Formel VIII.

B. Aus (±)-1-[2,6-Dichlor-benzyl]-4-mercapto-1,4-dihydro-pyridin-3-carbonsäure-amid (s. o.) in Methanol unter Luftzutritt (*Wallenfels*, *Schüly*, A. **621** [1959] 86, 104).

Gelbe Kristalle (aus Me.); F: 241°. λ_{max} (Me.): 347 nm (*Wa.*, *Sch.*, l. c. S. 91).

1-[2,6-Dichlor-benzyl]-5-[2,4-dinitro-phenylmercapto]-1,4-dihydro-pyridin-3-carbonsäure-amid $C_{19}H_{14}Cl_2N_4O_5S$, Formel IX.

B. Beim Erwärmen von 6-Chlor-1-[2,6-dichlor-benzyl]-5-[2,4-dinitro-phenylmercapto]-1,4,5,6-tetrahydro-pyridin-3-carbonsäure-amid mit Acetonitril (*Wallenfels et al.*, A. **621** [1959] 188, 196).

Dunkelrote Kristalle; F: 211–212° [Zers.] (*Wa. et al.*).

4-Hydroxy-2-methyl-pyrrol-3-carbonsäure $C_6H_7NO_3$, Formel X (R = R′ = H, X = OH) und Tautomeres (2-Methyl-4-oxo-4,5-dihydro-pyrrol-3-carbonsäure).

B. Bei der Hydrierung von 4-Hydroxy-2-methyl-pyrrol-3-carbonsäure-benzylester an Palladium/$SrCO_3$ in wss. NaOH (*Davoll*, Soc. **1953** 3802, 3808).

Blassgelbe Kristalle (aus H_2O); F: 177° [Zers.; nach Dunkelfärbung oberhalb 150°]. λ_{max} (A.): 239 nm und 291,5 nm (*Da.*, l. c. S. 3805).

4-Hydroxy-2-methyl-pyrrol-3-carbonsäure-äthylester $C_8H_{11}NO_3$, Formel X (R = R′ = H, X = O-C_2H_5), und Tautomeres (E I 548; E II 159).

Diese Verbindung liegt nach Ausweis des ^{1}H-NMR-Spektrums, des IR-Spektrums und des UV-Spektrums entgegen den Angaben in E II 159 in sauren, neutralen und alkalischen Lösungen überwiegend als 2-Methyl-4-oxo-4,5-dihydro-pyrrol-3-carbonsäure-äthylester vor (*Atkinson*, *Bullock*, Canad. J. Chem. **41** [1963] 625; s. a. *Davoll*, Soc. **1953** 3802).

B. Beim Erwärmen von 3-[Äthoxycarbonylmethyl-amino]-crotonsäure-äthylester mit Natriumäthylat in Äthanol (*Treibs, Ohorodnik*, A. **611** [1958] 139, 145).

Kristalle (aus A.); F: 213° [Zers.] (*Tr., Oh.*). IR-Banden (Nujol; 3,20–7,46 μ): *Da.*, l. c. S. 3806. λ_{max} (A.): 240 nm und 294 nm (*Da.*, l. c. S. 3805).

Die E II 160 beim Erhitzen mit Acetanhydrid und Natriumacetat oder Kaliumacetat erhaltene, als 4-Acetoxy-2-methyl-pyrrol-3-carbonsäure-äthylester angesehene Verbindung (F: 123°) ist als 4-Acetoxy-1-acetyl-2-methyl-pyrrol-3-carbonsäure-äthylester zu formulieren (*Atkinson, Bullock*, Canad. J. Chem. **42** [1964] 1524, 1526). Beim Erhitzen mit $COCl_2$ in Toluol ist 2,6-Dimethyl-8-oxo-7,8-dihydro-1*H*-pyrano[3,2-*b*;5,6-*b'*]dipyrrol-3,5-dicarbonsäure-diäthylester erhalten worden (*Fischer, Gangl*, Z. physiol. Chem. **267** [1941] 201, 206).

4-Hydroxy-2-methyl-pyrrol-3-carbonsäure-*tert*-butylester $C_{10}H_{15}NO_3$, Formel X (R = R' = H, X = O-C(CH_3)$_3$), und Tautomeres (2-Methyl-4-oxo-4,5-dihydro-pyrrol-3-carbonsäure-*tert*-butylester).

B. Beim Behandeln von 3-[Äthoxycarbonylmethyl-amino]-crotonsäure-*tert*-butylester mit Natriumäthylat in Äthanol (*Treibs, Ohorodnik*, A. **611** [1958] 139, 145).

F: 215° [Zers.].

4-Hydroxy-2-methyl-pyrrol-3-carbonsäure-benzylester $C_{13}H_{13}NO_3$, Formel X (R = R' = H, X = O-CH_2-C_6H_5), und Tautomeres (2-Methyl-4-oxo-4,5-dihydro-pyrrol-3-carbonsäure-benzylester).

B. Als Hauptprodukt beim Erwärmen von Glycin-äthylester mit Acetessigsäure-benzylester und Behandeln des Reaktionsprodukts mit Natriumäthylat in Äther (*Treibs, Ohorodnik*, A. **611** [1958] 139, 145). Beim Behandeln von 3-Amino-2-chloracetyl-crotonsäure-benzylester mit äthanol. KOH (*Davoll*, Soc. **1953** 3802, 3808).

Kristalle (aus A.); F: 216° [Zers.] (*Tr., Oh.*), 205–206° [Zers.; nach Dunkelfärbung] (*Da.*).

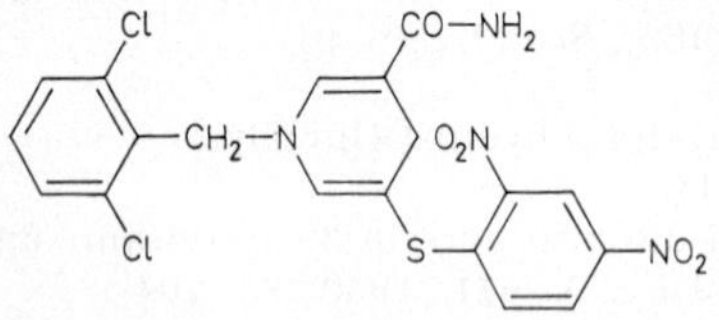

IX 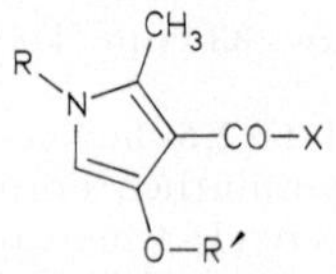 X 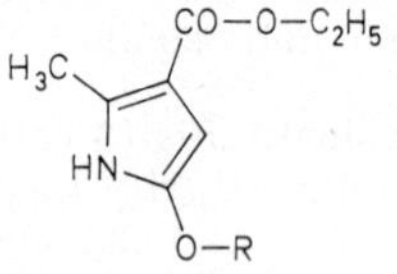 XI

4-Hydroxy-2-methyl-1-phenyl-pyrrol-3-carbonsäure $C_{12}H_{11}NO_3$, Formel X (R = C_6H_5, R' = H, X = OH), und Tautomeres (2-Methyl-4-oxo-1-phenyl-4,5-dihydro-pyrrol-3-carbonsäure) (E II 161).

Rosafarbene Kristalle; F: 174–175° [Zers.] (*Davoll*, Soc. **1953** 3802, 3808; s. dagegen E II 161). IR-Banden (Nujol; 5,82–7,45 μ): *Da.*, l. c. S. 3806. λ_{max} (A.): 246 nm und 309 nm (*Da.*, l. c. S. 3805).

4-Methoxy-2-methyl-1-phenyl-pyrrol-3-carbonsäure $C_{13}H_{13}NO_3$, Formel X (R = C_6H_5, R' = CH_3, X = OH).

B. Beim Erwärmen von 4-Methoxy-2-methyl-1-phenyl-pyrrol-3-carbonsäure-methylester mit äthanol. KOH (*Davoll*, Soc. **1953** 3802, 3811).

Kristalle (aus Bzl.) mit 0,5 Mol H_2O; F: 216–218°. λ_{max} (A.): 242 nm und 305 nm.

4-Hydroxy-2-methyl-1-phenyl-pyrrol-3-carbonsäure-methylester $C_{13}H_{13}NO_3$, Formel X (R = C_6H_5, R' = H, X = O-CH_3), und Tautomeres (2-Methyl-4-oxo-1-phenyl-4,5-dihydro-pyrrol-3-carbonsäure-methylester) (E II 161).

IR-Banden (Nujol; 5,99–7,92 μ): *Davoll*, Soc. **1953** 3802, 3806. λ_{max} (A.): 248 nm und 310 nm (*Da.*, l. c. S. 3805).

4-Methoxy-2-methyl-1-phenyl-pyrrol-3-carbonsäure-methylester $C_{14}H_{15}NO_3$, Formel X (R = C_6H_5, R' = CH_3, X = O-CH_3).

B. Bei 5-tägigem Behandeln von 4-Hydroxy-2-methyl-1-phenyl-pyrrol-3-carbonsäure-methylester oder von 4-Acetoxy-2-methyl-1-phenyl-pyrrol-3-carbonsäure-methylester mit Diazomethan in Äther (*Davoll*, Soc. **1953** 3802, 3811).

Gelbe Kristalle (aus A.); F: 200° [Zers.; nach Dunkelfärbung]. λ_{max} (A.): 235 nm, 322 nm und 393 nm.

4-Acetoxy-2-methyl-1-phenyl-pyrrol-3-carbonsäure-methylester $C_{15}H_{15}NO_4$, Formel X ($R = C_6H_5$, $R' = CO\text{-}CH_3$, $X = O\text{-}CH_3$).

B. Beim Erwärmen von 4-Hydroxy-2-methyl-1-phenyl-pyrrol-3-carbonsäure-methylester mit Acetanhydrid und Kaliumacetat auf 100° (*Davoll*, Soc. **1953** 3802, 3808).

Kristalle (aus A.); F: 101—102°. λ_{max} (A.): 236 nm (*Da.*, l. c. S. 3805).

4-Hydroxy-2-methyl-1-phenyl-pyrrol-3-carbonsäure-hydrazid $C_{12}H_{13}N_3O_2$, Formel X ($R = C_6H_5$, $R' = H$, $X = NH\text{-}NH_2$), und Tautomeres (2-Methyl-4-oxo-1-phenyl-4,5-dihydro-pyrrol-3-carbonsäure-hydrazid).

B. Beim Behandeln von 4-Hydroxy-2-methyl-1-phenyl-pyrrol-3-carbonsäure-methylester mit $N_2H_4 \cdot H_2O$ in Äthanol (*Davoll*, Soc. **1953** 3802, 3808).

Gelbliche Kristalle (aus A.); F: 146—147°.

4-Acetoxy-1-acetyl-2-methyl-pyrrol-3-carbonsäure-äthylester $C_{12}H_{15}NO_5$, Formel X ($R = R' = CO\text{-}CH_3$, $X = O\text{-}C_2H_5$).

Diese Konstitution kommt der früher (s. E II 160; s. a. *Davoll*, Soc. **1953** 3802, 3805, 3806) als 4-Acetoxy-2-methyl-pyrrol-3-carbonsäure-äthylester $C_{10}H_{13}NO_4$ und der von *Treibs*, *Ohorodnik* (A. **611** [1958] 149, 157) als 4-Acetoxy-1,5-diacetyl-2-methyl-pyrrol-3-carbonsäure-äthylester $C_{14}H_{17}NO_6$ angesehenen Verbindung zu (*Atkinson*, *Bullock*, Canad. J. Chem. **42** [1964] 1524, 1526).

Kristalle (aus A.); F: 123—124° (*At.*, *Bu.*), 123° (*Tr.*, *Oh.*). ^{1}H-NMR-Absorption: *At.*, *Bu.* IR-Banden von Lösungen in $CHCl_3$: 1765 cm^{-1}, 1744 cm^{-1} und 1709 cm^{-1}; in CCl_4: 1781 cm^{-1}, 1768 cm^{-1}, 1745 cm^{-1} und 1716 cm^{-1} (*At.*, *Bu.*; vgl. auch *Da.*). λ_{max} (A.): 223 nm und 241 nm (*At.*, *Bu.*; s. a. *Da.*).

5-Acetoxy-2-methyl-pyrrol-3-carbonsäure-äthylester $C_{10}H_{13}NO_4$, Formel XI ($R = CO\text{-}CH_3$) (E II 162).

B. Aus 2-Methyl-5-oxo-4,5-dihydro-pyrrol-3-carbonsäure-äthylester beim Erhitzen mit Acetanhydrid und wenig H_2SO_4 oder beim Erwärmen mit Acetanhydrid und Pyridin (*Grob*, *Ankli*, Helv. **32** [1949] 2023, 2024, 2037).

Kristalle (aus wss. A.); F: 142—143° [korr.]; bei 110° [Badtemperatur]/0,02 Torr sublimierbar. UV-Spektrum (A.; 200—300 nm): *Gr.*, *An.*, l. c. S. 2027.

2-Methyl-5-phenylcarbamoyloxy-pyrrol-3-carbonsäure-äthylester $C_{15}H_{16}N_2O_4$, Formel XI ($R = CO\text{-}NH\text{-}C_6H_5$).

B. Beim Erwärmen von 2-Methyl-5-oxo-4,5-dihydro-pyrrol-3-carbonsäure-äthylester mit Phenylisocyanat und wenig Triäthylamin in Benzol (*Grob*, *Ankli*, Helv. **32** [1949] 2010, 2022).

Kristalle (aus A. + PAe.); F: 116° [korr.].

3-Hydroxy-4-methyl-pyrrol-2-carbonsäure-äthylester $C_8H_{11}NO_3$, Formel XII, und Tautomeres (4-Methyl-3-oxo-2,3-dihydro-pyrrol-2-carbonsäure-äthylester).

B. Beim Erhitzen von β-[Äthoxycarbonyl-methyl-amino]-isobuttersäure-äthylester mit Kalium in Toluol (*Clemo*, *Melrose*, Soc. **1942** 424).

Blassgelbe Kristalle (aus PAe.); F: 85°.

O-[4-Nitro-benzoyl]-Derivat $C_{15}H_{14}N_2O_6$; 4-Methyl-3-[4-nitro-benzoyloxy]-pyrrol-2-carbonsäure-äthylester. Kristalle (aus PAe.); F: 152°.

3-Hydroxy-5-methyl-pyrrol-2-carbonsäure-äthylester $C_8H_{11}NO_3$, Formel XIII ($R = H$), und Tautomeres (5-Methyl-3-oxo-2,3-dihydro-pyrrol-2-carbonsäure-äthylester).

B. Neben überwiegenden Mengen 4-Hydroxy-2-methyl-pyrrol-3-carbonsäure-äthyl-

ester beim Behandeln von 3-[Äthoxycarbonylmethyl-amino]-crotonsäure-äthylester mit Natriumäthylat in Äther (*Treibs, Ohorodnik,* A. **611** [1958] 139, 146).
Kristalle (aus wss. A.); F: 104°.

3-Methoxy-5-methyl-pyrrol-2-carbonsäure-äthylester $C_9H_{13}NO_3$, Formel XIII (R = CH_3).
B. Beim Erwärmen von 3-Hydroxy-5-methyl-pyrrol-2-carbonsäure-äthylester mit Dimethylsulfat und wss. NaOH (*Treibs, Ohorodnik,* A. **611** [1958] 149, 158).
Kristalle (aus A.); F: 136°.

5-Hydroxymethyl-pyrrol-2-carbonsäure $C_6H_7NO_3$, Formel XIV (R = R′ = X = H).
B. Beim Erwärmen von 5-Acetoxymethyl-pyrrol-2-carbonsäure-äthylester mit wss.-methanol. NaOH (*Siedel, Winkler,* A. **554** [1943] 162, 199).
Braunes Pulver, das unterhalb 300° nicht schmilzt.

5-Hydroxymethyl-pyrrol-2-carbonsäure-äthylester $C_8H_{11}NO_3$, Formel XIV (R = C_2H_5, R′ = X = H).
B. Beim Erwärmen von 5-Acetoxymethyl-pyrrol-2-carbonsäure-äthylester mit $NaHCO_3$ in wss. Aceton (*Siedel, Winkler,* A. **554** [1943] 162, 199).
Kristalle (aus PAe.); F: 83–84°.

5-Acetoxymethyl-pyrrol-2-carbonsäure-äthylester $C_{10}H_{13}NO_4$, Formel XIV (R = C_2H_5, R′ = CO-CH_3, X = H).
B. Beim Erwärmen von 5-Methyl-pyrrol-2-carbonsäure-äthylester mit Blei(IV)-acetat in Essigsäure (*Siedel, Winkler,* A. **554** [1943] 162, 198).
Kristalle (aus PAe.); F: 98–99°. Bei 95°/1 Torr sublimierbar.

3,4-Dichlor-5-hydroxymethyl-pyrrol-2-carbonsäure-äthylester $C_8H_9Cl_2NO_3$, Formel XIV (R = C_2H_5, R′ = H, X = Cl).
B. Neben überwiegenden Mengen Bis-[5-äthoxycarbonyl-3,4-dichlor-pyrrol-2-yl]-methan beim Erwärmen von 3,4-Dichlor-5-chlormethyl-pyrrol-2-carbonsäure-äthylester mit H_2O (*Fischer, Elhardt,* Z. physiol. Chem. **257** [1938] 61, 84).
Kristalle (aus wss. A., H_2O oder Bzl.); F: 145°.

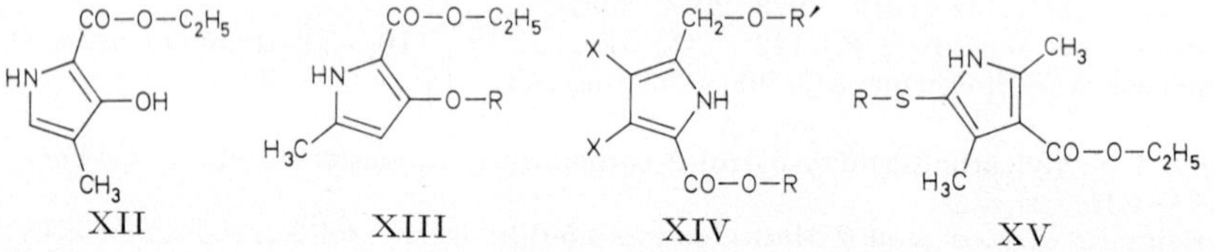

XII XIII XIV XV

3,4-Dichlor-5-methoxymethyl-pyrrol-2-carbonsäure-äthylester $C_9H_{11}Cl_2NO_3$, Formel XIV (R = C_2H_5, R′ = CH_3, X = Cl).
B. Beim Erwärmen von 3,4-Dichlor-5-chlormethyl-pyrrol-2-carbonsäure-äthylester mit Methanol (*Fischer, Elhardt,* Z. physiol. Chem. **257** [1938] 61, 83).
Kristalle (aus wss. Me.); F: 115°.

5-Äthoxymethyl-3,4-dichlor-pyrrol-2-carbonsäure-äthylester $C_{10}H_{13}Cl_2NO_3$, Formel XIV (R = R′ = C_2H_5, X = Cl).
B. Beim Erwärmen von 3,4-Dichlor-5-chlormethyl-pyrrol-2-carbonsäure-äthylester mit Äthanol (*Fischer, Elhardt,* Z. physiol. Chem. **257** [1938] 61, 84).
Kristalle (aus wss. A.); F: 105°.

3,4-Dichlor-5-formyloxymethyl-pyrrol-2-carbonsäure-äthylester $C_9H_9Cl_2NO_4$, Formel XIV (R = C_2H_5, R′ = CHO, X = Cl).
Diese Konstitution kommt wahrscheinlich der nachstehend beschriebenen Verbindung zu (*Fischer, Elhardt,* Z. physiol. Chem. **257** [1938] 61, 68).

B. Neben überwiegenden Mengen Bis-[5-äthoxycarbonyl-3,4-dichlor-pyrrol-2-yl]-methan beim Erhitzen von 3,4-Dichlor-5-chlormethyl-pyrrol-2-carbonsäure-äthylester mit Ameisensäure (*Fi.*, *El.*, l. c. S. 85).

Kristalle (aus E.); F: 168°.

Hydroxycarbonsäuren $C_7H_9NO_3$

5-Acetylmercapto-2,4-dimethyl-pyrrol-3-carbonsäure-äthylester $C_{11}H_{15}NO_3S$, Formel XV (R = CO-CH_3).

B. Beim Erhitzen von 2,4-Dimethyl-5-thiocyanato-pyrrol-3-carbonsäure-äthylester mit Essigsäure, Acetanhydrid, Natriumacetat und Zink-Pulver (*Pratesi*, G. **65** [1935] 43, 48).

Kristalle (aus wss. A.); F: 103–104°.

2,4-Dimethyl-5-thiocyanato-pyrrol-3-carbonsäure-äthylester $C_{10}H_{12}N_2O_2S$, Formel XV (R = CN).

B. Aus 2,4-Dimethyl-pyrrol-3-carbonsäure-äthylester beim Behandeln mit Ammonium=thiocyanat und Brom in Essigsäure (*Pratesi*, R.A.L. [6] **16** [1932] 443, 445) oder beim Erwärmen mit Kupfer(II)-thiocyanat in Methanol (*Neisser*, B. **67** [1934] 2080, 2082).

Kristalle (aus wss. A.); F: 169,5° (*Pr.*).

Bis-[4-äthoxycarbonyl-3,5-dimethyl-pyrrol-2-yl]-sulfid, 2,4,2',4'-Tetramethyl-5,5'-sulfan=diyl-bis-pyrrol-3-carbonsäure-diäthylester $C_{18}H_{24}N_2O_4S$, Formel I (E II 162).

B. Neben Bis-[4-äthoxycarbonyl-3,5-dimethyl-pyrrol-2-yl]-methan beim Erwärmen von 5-Jod-2,4-dimethyl-pyrrol-3-carbonsäure-äthylester in Äthanol mit wss. Form=aldehyd [0,5 Mol], wss. $Na_2S_2O_3$ [2 Mol] und wss. HCl (*Treibs*, *Kolm*, A. **614** [1958] 176, 195).

Kristalle (aus CCl_4); F: 198–200° [Zers.; bei langsamem Erhitzen], 212° [Zers.; bei schnellem Erhitzen].

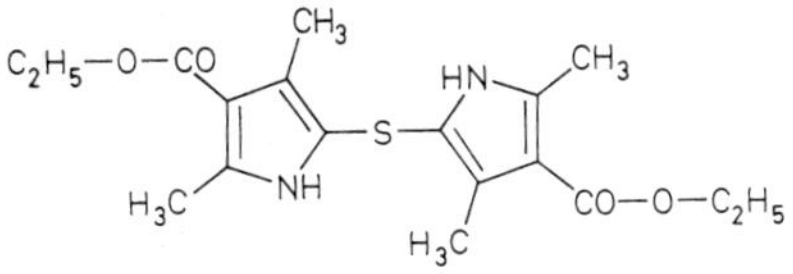

I 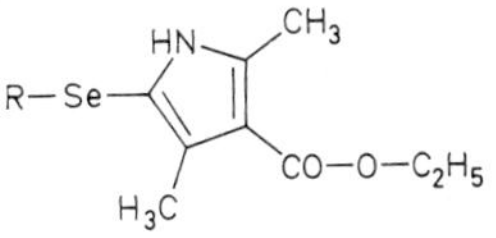 II

2,4-Dimethyl-5-phenylselanyl-pyrrol-3-carbonsäure-äthylester $C_{15}H_{17}NO_2Se$, Formel II (R = C_6H_5).

B. Beim Erhitzen von 5-Jod-2,4-dimethyl-pyrrol-3-carbonsäure-äthylester mit Natri=um-selenophenolat in Äthanol (*Chierici*, Farmaco Ed. scient. **8** [1953] 156, 158).

Kristalle (aus A.); F: 89°.

2,4-Dimethyl-5-selenocyanato-pyrrol-3-carbonsäure-äthylester $C_{10}H_{12}N_2O_2Se$, Formel II (R = CN).

B. Beim Erwärmen von 5-Jod-2,4-dimethyl-pyrrol-3-carbonsäure-äthylester in Methanol mit Kaliumselenocyanat in Äthanol (*Chierici*, Farmaco Ed. scient. **8** [1953] 156, 158).

Kristalle (aus A.); F: 181° [Zers.].

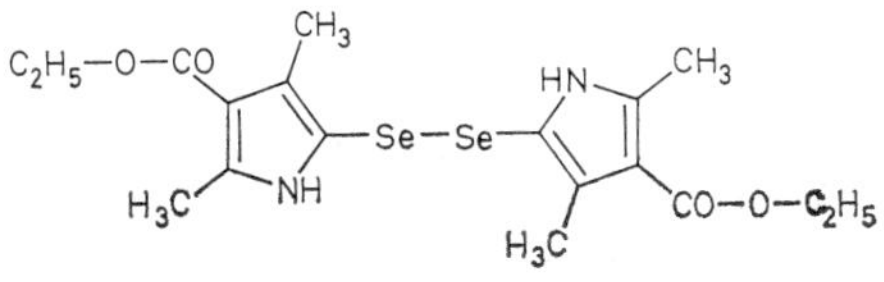

III

Bis-[4-äthoxycarbonyl-3,5-dimethyl-pyrrol-2-yl]-diselenid, 2,4,2',4'-Tetramethyl-5,5'-diselandiyl-bis-pyrrol-3-carbonsäure-diäthylester $C_{18}H_{24}N_2O_4Se_2$, Formel III.

B. Beim Erwärmen von 2,4-Dimethyl-5-selenocyanato-pyrrol-3-carbonsäure-äthylester in Methanol mit Zink-Pulver und Essigsäure (*Chierici*, Farmaco Ed. scient. **8** [1953] 156, 158).

Gelbe Kristalle (aus A.); F: 195°.

Bis-[5-carboxy-2,4-dimethyl-pyrrol-3-yl]-sulfid, 3,5,3',5'-Tetramethyl-4,4'-sulfandiyl-bis-pyrrol-2-carbonsäure $C_{14}H_{16}N_2O_4S$, Formel IV (R = H).

B. Beim Erwärmen von Bis-[5-äthoxycarbonyl-2,4-dimethyl-pyrrol-3-yl]-sulfid mit methanol. KOH (*Fischer, Csukás*, A. **508** [1934] 167, 181).

Kristalle (aus wss. A.); F: 193°.

4-Mercapto-3,5-dimethyl-pyrrol-2-carbonsäure-methylester $C_8H_{11}NO_2S$, Formel V (R = CH_3, R' = H), und Tautomeres (3,5-Dimethyl-4-thioxo-4,5-dihydro-pyrrol-2-carbonsäure-methylester).

UV-Spektrum (A.; 190—350 nm; λ_{max}: 245 nm und 279 nm): *Smakula*, Z. physiol. Chem. **230** [1934] 231, 233, 238.

4-Mercapto-3,5-dimethyl-pyrrol-2-carbonsäure-äthylester $C_9H_{13}NO_2S$, Formel V (R = C_2H_5, R' = H), und Tautomeres (3,5-Dimethyl-4-thioxo-4,5-dihydro-pyrrol-2-carbonsäure-äthylester).

B. Beim Erwärmen von 3,5-Dimethyl-4-thiocyanato-pyrrol-2-carbonsäure-äthylester mit Zink-Pulver und Essigsäure in Äthanol (*Pratesi*, R.A.L. [6] **16** [1932] 442, 446).

Kristalle (aus wss. A.); F: 140°.

Quecksilber(II)-Salze. $Hg(C_9H_{12}NO_2S)Cl$. Gelbliche Kristalle; F: 243—245°. — $Hg(C_9H_{12}NO_2S)_2$; F: 257—258°.

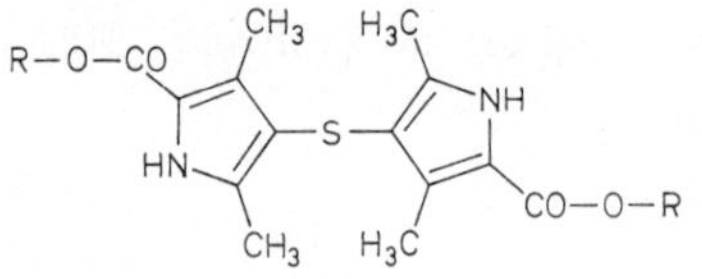

IV 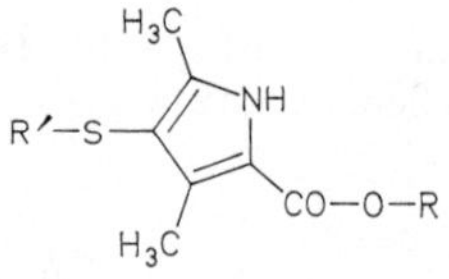 V

3,5-Dimethyl-4-phenylmercapto-pyrrol-2-carbonsäure-äthylester $C_{15}H_{17}NO_2S$, Formel V (R = C_2H_5, R' = C_6H_5) (E II 162).

B. Beim Erwärmen von 4-Jod-3,5-dimethyl-pyrrol-2-carbonsäure-äthylester mit Natrium-thiophenolat in Äthanol (*Chierici*, Farmaco **7** [1952] 618, 620).

Kristalle (aus A.); F: 162°.

3,5-Dimethyl-4-[toluol-4-sulfonyl]-pyrrol-2-carbonsäure-äthylester $C_{16}H_{19}NO_4S$, Formel VI (R = C_6H_4-CH_3(*p*)).

B. In geringer Ausbeute beim Behandeln von Acetessigsäure-äthylester in Essigsäure mit wss. $NaNO_2$ und Erwärmen des Reaktionsgemisches mit [Toluol-4-sulfonyl]-aceton, Ammoniumacetat und mit Zink-Pulver (*MacDonald, Stedman*, Canad. J. Chem. **32** [1954] 812).

Kristalle; F: 185—186°.

3,5-Dimethyl-4-thiocyanato-pyrrol-2-carbonsäure-äthylester $C_{10}H_{12}N_2O_2S$, Formel V (R = C_2H_5, R' = CN).

B. Beim Behandeln von 3,5-Dimethyl-pyrrol-2-carbonsäure-äthylester mit Ammonium-thiocyanat und Brom in Essigsäure (*Pratesi*, R.A.L. [6] **16** [1932] 442, 446).

Kristalle (aus A.); F: 198—199°.

Bis-[5-äthoxycarbonyl-2,4-dimethyl-pyrrol-3-yl]-sulfid, 3,5,3',5'-Tetramethyl-4,4'-sulfandiyl-bis-pyrrol-2-carbonsäure-diäthylester $C_{18}H_{24}N_2O_4S$, Formel IV (R = C_2H_5).

B. Beim Behandeln von 3,5-Dimethyl-pyrrol-2-carbonsäure-äthylester in Äther,

Essigsäure oder $CHCl_3$ mit SCl_2 (*Fischer, Csukás*, A. **508** [1934] 167, 180; *Treibs, Kolm*, A. **614** [1958] 199, 204).

Kristalle; F: 268° [aus E. oder Eg.] (*Tr., Kolm*), 252° [aus Eg.] (*Fi., Cs.*).

Beim Behandeln mit Brom und Essigsäure ist eine Verbindung $C_9H_{11}Br_2NO_2$ (Kristalle [aus Eg.], F: 152°) erhalten worden (*Fi., Cs.*).

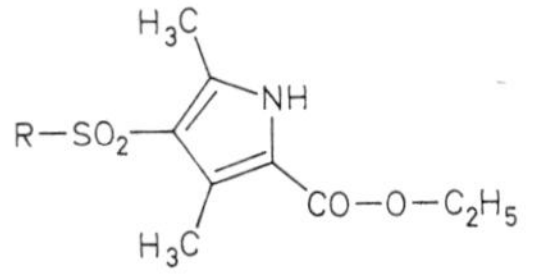

VI 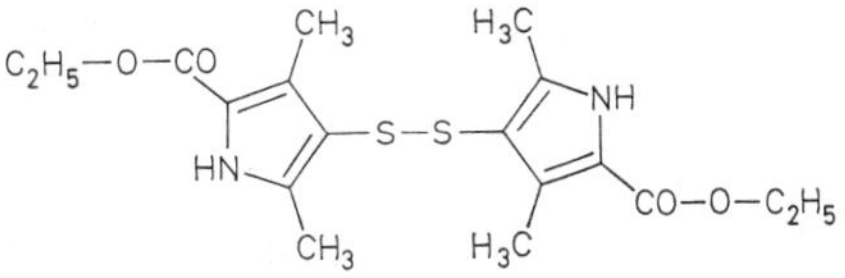 VII

Bis-[5-äthoxycarbonyl-2,4-dimethyl-pyrrol-3-yl]-disulfid, 3,5,3',5'-Tetramethyl-4,4'-disulfandiyl-bis-pyrrol-2-carbonsäure-diäthylester $C_{18}H_{24}N_2O_4S_2$, Formel VII.

B. Beim Erwärmen von 4-Mercapto-3,5-dimethyl-pyrrol-2-carbonsäure-äthylester in Äthanol unter Luftzutritt (*Pratesi*, R.A.L. [6] **16** [1932] 442, 447). Beim Erwärmen von 3,5-Dimethyl-4-thiocyanato-pyrrol-2-carbonsäure-äthylester mit Natrium und Äthanol (*Pr.*). In geringer Menge neben Bis-[5-äthoxycarbonyl-2,4-dimethyl-pyrrol-3-yl]-sulfid bei langsamem Zutropfen von SCl_2 zu einer Lösung von 3,5-Dimethyl-pyrrol-2-carbonsäure-äthylester in Äther oder Essigsäure (*Fischer, Csukás*, A. **508** [1934] 167, 181).

Kristalle; F: 234° [aus A.] (*Pr.*), 222° (*Fi., Cs*).

Bis-[5-carboxy-2,4-dimethyl-pyrrol-3-yl]-diselenid, 3,5,3',5'-Tetramethyl-4,4'-diselandiyl-bis-pyrrol-2-carbonsäure $C_{14}H_{16}N_2O_4Se_2$, Formel VIII (R = H).

B. Beim Erwärmen von Bis-[5-äthoxycarbonyl-2,4-dimethyl-pyrrol-3-yl]-diselenid mit wss.-äthanol. NaOH (*Chierici*, Farmaco **7** [1952] 618, 620).

Gelbe Kristalle (aus A.); Zers. bei 130°.

3,5-Dimethyl-4-phenylselanyl-pyrrol-2-carbonsäure-äthylester $C_{15}H_{17}NO_2Se$, Formel IX ($R = C_6H_5$).

B. Beim Erwärmen von 4-Jod-3,5-dimethyl-pyrrol-2-carbonsäure-äthylester mit Natrium-selenophenolat in Äthanol (*Chierici*, Farmaco **7** [1952] 618, 619).

Kristalle (aus A.); F: 153°.

4-Acetylselanyl-3,5-dimethyl-pyrrol-2-carbonsäure-äthylester $C_{11}H_{15}NO_3Se$, Formel IX ($R = CO\text{-}CH_3$).

B. Beim Erhitzen von 3,5-Dimethyl-4-selenocyanato-pyrrol-2-carbonsäure-äthylester mit Acetanhydrid, Essigsäure, Natriumacetat und Zink-Pulver (*Chierici*, Farmaco Ed. scient. **8** [1953] 156, 158).

Kristalle (aus H_2O); F: 123°.

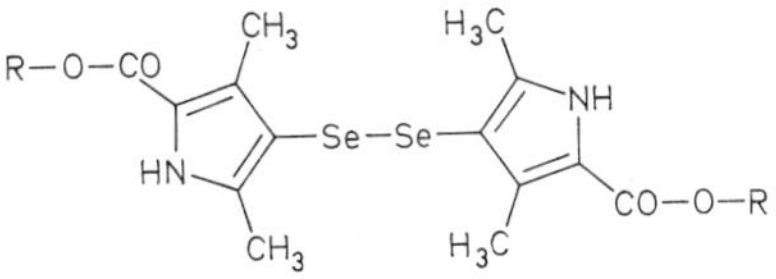

VIII 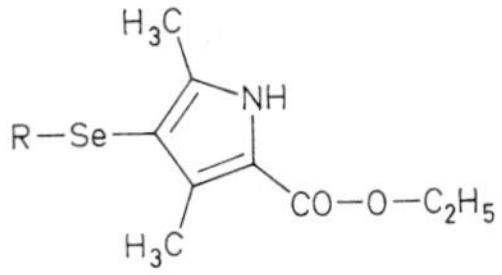 IX

3,5-Dimethyl-4-selenocyanato-pyrrol-2-carbonsäure-äthylester $C_{10}H_{12}N_2O_2Se$, Formel IX (R = CN).

B. Beim Erwärmen von 4-Jod-3,5-dimethyl-pyrrol-2-carbonsäure-äthylester mit Kaliumselenocyanat in Äthanol (*Chierici*, Farmaco **7** [1952] 618, 620).

Kristalle (aus A.); F: 210°.

Bis-[5-äthoxycarbonyl-2,4-dimethyl-pyrrol-3-yl]-diselenid, 3,5,3',5'-Tetramethyl-4,4'-diselandiyl-bis-pyrrol-2-carbonsäure-diäthylester $C_{18}H_{24}N_2O_4Se_2$, Formel VIII ($R = C_2H_5$).

B. Beim Erhitzen von 3,5-Dimethyl-4-selenocyanato-pyrrol-2-carbonsäure-äthylester

mit Zink-Pulver und Essigsäure in Äthanol (*Chierici*, Farmaco **7** [1952] 618, 620).
Gelbe Kristalle (aus A.); F: 228°.

5-Acetoxymethyl-3-methyl-pyrrol-2-carbonsäure-äthylester $C_{11}H_{15}NO_4$, Formel X ($R = C_2H_5$, $R' = CO\text{-}CH_3$, $X = H$).

B. Beim Behandeln von 3,5-Dimethyl-pyrrol-2-carbonsäure-äthylester mit Blei(IV)-acetat in Essigsäure (*Siedel, Winkler*, A. **554** [1943] 162, 198).

Kristalle; F: 110—112° [korr.; nach Sublimation bei 110°/1 Torr].

5-Acetoxymethyl-3-methyl-pyrrol-2-carbonsäure-benzylester $C_{16}H_{17}NO_4$, Formel X ($R = CH_2\text{-}C_6H_5$, $R' = CO\text{-}CH_3$, $X = H$).

B. In geringer Ausbeute beim Behandeln von 3,5-Dimethyl-pyrrol-2-carbonsäure-benzylester mit Blei(IV)-acetat in Essigsäure (*Hayes et al.*, Soc. **1958** 3779, 3784).

Kristalle; F: 121° [nach Sublimation bei 100°/0,01 Torr].

4-Brom-5-hydroxymethyl-3-methyl-pyrrol-2-carbonsäure-äthylester $C_9H_{12}BrNO_3$, Formel X ($R = C_2H_5$, $R' = H$, $X = Br$).

Diese Konstitution kommt der nachstehend beschriebenen, von *Fischer et al.* (Z. physiol. Chem. **279** [1943] 1, 3, 16) als 4-Brommethyl-5-hydroxymethyl-3-methyl-pyrrol-2-carbonsäure-äthylester $C_{10}H_{14}BrNO_3$ angesehenen Verbindung zu (*Fischer, Loewe*, A. **615** [1958] 124, 128).

B. Beim Erwärmen von 4-Brom-5-chlormethyl-3-methyl-pyrrol-2-carbonsäure-äthylester (S. 265) mit äthanol. KOH (*Fi. et al.*).

Kristalle (aus wss. A.); F: 101° (*Fi. et al.*).

5-Acetoxymethyl-4-brom-3-methyl-pyrrol-2-carbonsäure-äthylester $C_{11}H_{14}BrNO_4$, Formel X ($R = C_2H_5$, $R' = CO\text{-}CH_3$, $X = Br$).

B. Beim Erhitzen von 4-Brom-5-chlormethyl-3-methyl-pyrrol-2-carbonsäure-äthylester (S. 265) mit Silberacetat und Essigsäure (*Fischer et al.*, Z. physiol. Chem. **279** [1943] 1, 16).

Kristalle (aus Ae. oder wss. A.); F: 91°.

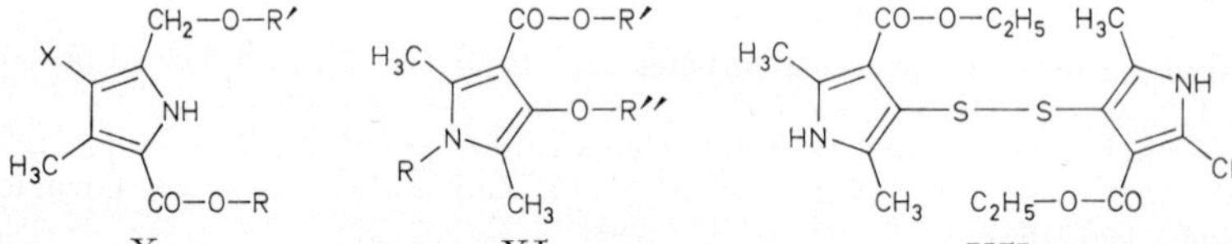

X XI XII

4-Hydroxy-2,5-dimethyl-pyrrol-3-carbonsäure-äthylester $C_9H_{13}NO_3$, Formel XI ($R = R'' = H$, $R' = C_2H_5$), und Tautomeres (2,5-Dimethyl-4-oxo-4,5-dihydro-pyrrol-3-carbonsäure-äthylester).

B. Beim Erwärmen von Alanin-äthylester mit Acetessigsäure-äthylester und Behandeln des Reaktionsprodukts mit Natriumäthylat in Äthanol (*Treibs, Ohorodnik*, A. **611** [1958] 139, 147).

Kristalle (aus H_2O); F: 285°.

4-Hydroxy-2,5-dimethyl-1-phenyl-pyrrol-3-carbonsäure $C_{13}H_{13}NO_3$, Formel XI ($R = C_6H_5$, $R' = R'' = H$), und Tautomeres (2,5-Dimethyl-4-oxo-1-phenyl-4,5-dihydro-pyrrol-3-carbonsäure).

B. Beim Erhitzen von 4-Hydroxy-2,5-dimethyl-1-phenyl-pyrrol-3-carbonsäure-methylester (aus 3-Anilino-2-[2-chlor-propionyl]-crotonsäure-methylester und methanol. KOH hergestellt) mit wss. NaOH (*Davoll*, Soc. **1953** 3802, 3809).

Kristalle (aus E. oder Bzl.); F: 151—152°. IR-Banden (Nujol; 3,03—7,03 μ): *Da.*, l. c. S. 3806. UV-Spektrum (A.; 220—360 nm; λ_{max}: 244 nm und 314 nm): *Da.*, l. c. S. 3805, 3806.

4-Methoxy-2,5-dimethyl-1-phenyl-pyrrol-3-carbonsäure $C_{14}H_{15}NO_3$, Formel XI ($R = C_6H_5$, $R' = H$, $R'' = CH_3$).

B. In geringer Ausbeute beim Behandeln von 4-Hydroxy-2,5-dimethyl-1-phenyl-pyrrol-3-carbonsäure-methylester (aus 3-Anilino-2-[2-chlor-propionyl]-crotonsäure-methylester und methanol. KOH hergestellt) mit wss. NaOH und Dimethylsulfat und Erwärmen des Reaktionsprodukts mit äthanol. KOH (*Davoll*, Soc. **1953** 3802, 3809).

Prismen, F: 162—163° [Zers.] und Nadeln (aus E.), F: 153—155° [Zers.]. UV-Spektrum (A.; 220—300 nm; λ_{max}: 238 nm): *Da.*, l. c. S. 3805, 3806.

4-Acetoxy-2,5-dimethyl-1-phenyl-pyrrol-3-carbonsäure $C_{15}H_{15}NO_4$, Formel XI ($R = C_6H_5$, $R' = H$, $R'' = CO\text{-}CH_3$).

B. Beim Erwärmen von 4-Hydroxy-2,5-dimethyl-1-phenyl-pyrrol-3-carbonsäure mit Acetanhydrid und Kaliumacetat (*Davoll*, Soc. **1953** 3802, 3809).

Kristalle (aus wss. Me.), F: 93—95°, die nach weiterem Umkristallisieren in Kristalle vom F: 206—208° [Zers.] übergehen. λ_{max} (A.): 236 nm (*Da.*, l. c. S. 3805).

Bis-[4-äthoxycarbonyl-2,5-dimethyl-pyrrol-3-yl]-disulfid, 2,5,2',5'-Tetramethyl-4,4'-disulfandiyl-bis-pyrrol-3-carbonsäure-diäthylester $C_{18}H_{24}N_2O_4S_2$, Formel XII (E II 163).

B. Beim Erwärmen von 2,5-Dimethyl-pyrrol-3-carbonsäure-äthylester mit Jod und Thioharnstoff in wss.-äthanol. NaOH (*Woodbridge, Dougherty*, Am. Soc. **72** [1950] 4320).

Kristalle (aus Eg.); Zers. bei 271—272° [korr.].

5-Hydroxymethyl-2-methyl-pyrrol-3-carbonsäure-äthylester $C_9H_{13}NO_3$, Formel XIII (E II 163).

Die beim Erhitzen mit Essigsäure erhaltene, früher (s. E II 163) als 2,6-Dimethyl-4,8-dihydro-pyrrolo[3,2-*f*]indol-3,5-dicarbonsäure-diäthylester $C_{18}H_{22}N_2O_4$ angesehene Verbindung („2.6-Dimethyl-4.8-dihydro-*lin-m*-benzodipyrrol-dicarbonsäure-(3.5)“) ist als [1]5,[3]5,[5]5-Trimethyl-1,3,5-tri-(2,3)pyrrola-cyclohexan-[1]4,[3]4,[5]4-tricarbonsäure-triäthylester $C_{27}H_{33}N_3O_6$ (Syst.-Nr. 3931) zu formulieren (*Treibs et al.*, A. **733** [1970] 37, 38).

Hydroxycarbonsäuren $C_8H_{11}NO_3$

3-Hydroxy-4-isopropyl-pyrrol-2-carbonsäure-äthylester $C_{10}H_{15}NO_3$, Formel XIV ($R = R' = H$, $X = O\text{-}C_2H_5$), und Tautomeres (4-Isopropyl-3-oxo-2,3-dihydro-pyrrol-2-carbonsäure-äthylester).

B. Beim Erwärmen von 3-[Äthoxycarbonylmethyl-amino]-2-isopropyl-acrylsäure-äthylester mit NaOH in Benzol (*Miyazaki et al.*, J. pharm. Soc. Japan **77** [1957] 415, 417; C. A. **1957** 12068).

Kp_2: 122—125° (*Mi. et al.*, l. c. S. 417). IR-Spektrum (2—16 μ): *Mi. et al.*, l. c. S. 417.

3-Benzyloxy-4-isopropyl-pyrrol-2-carbonsäure-äthylester $C_{17}H_{21}NO_3$, Formel XIV ($R = H$, $R' = CH_2\text{-}C_6H_5$, $X = O\text{-}C_2H_5$).

B. Neben (±)-2-Benzyl-4-isopropyl-3-oxo-2,3-dihydro-pyrrol-2-carbonsäure-äthylester beim Erwärmen der Natrium-Verbindung des 3-Hydroxy-4-isopropyl-pyrrol-2-carbon=säure-äthylesters mit Benzylchlorid in Äthanol (*Umio, Mizuno*, J. pharm. Soc. Japan **77** [1957] 418; C. A. **1957** 12068).

Kristalle (aus PAe.); F: 70—71°. IR-Spektrum (Nujol; 2—16 μ): *Umio, Mi.*

3-Acetoxy-4-isopropyl-pyrrol-2-carbonsäure-äthylester $C_{12}H_{17}NO_4$, Formel XIV ($R = H$, $R' = CO\text{-}CH_3$, $X = O\text{-}C_2H_5$).

B. Beim Behandeln von 3-Hydroxy-4-isopropyl-pyrrol-2-carbonsäure-äthylester mit Acetylchlorid und Pyridin (*Umio, Mizuno*, J. pharm. Soc. Japan **77** [1957] 418; C. A. **1957** 12068).

F: 65°. Kp_2: 146—148°.

4-Isopropyl-3-[4-nitro-benzoyloxy]-pyrrol-2-carbonsäure-äthylester $C_{17}H_{18}N_2O_6$, Formel XIV (R = H, R' = CO-C_6H_4-NO_2(*p*), X = O-C_2H_5).

B. Beim Behandeln von 3-Hydroxy-4-isopropyl-pyrrol-2-carbonsäure-äthylester mit 4-Nitro-benzoylchlorid und Pyridin in Aceton (*Miyazaki et al.*, J. pharm. Soc. Japan **77** [1957] 415, 417; C. A. **1957** 12068).

Kristalle (aus Ae. + PAe.); F: 148–150°.

3-Äthoxycarbonyloxy-4-isopropyl-pyrrol-2-carbonsäure-äthylester $C_{13}H_{19}NO_5$, Formel XIV (R = H, R' = CO-O-C_2H_5, X = O-C_2H_5).

B. Beim Erwärmen von 3-Hydroxy-4-isopropyl-pyrrol-2-carbonsäure-äthylester mit NaOH in Benzol und Erhitzen des Reaktionsprodukts mit Chlorokohlensäure-äthylester (*Umio, Mizuno*, J. pharm. Soc. Japan **77** [1957] 418; C. A. **1957** 12068).

Kp_3: 162–165°.

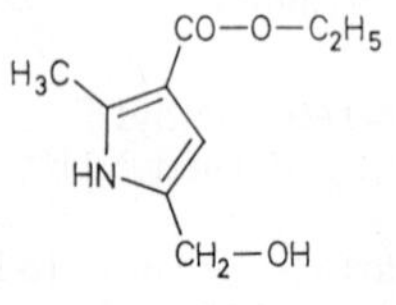

XIII 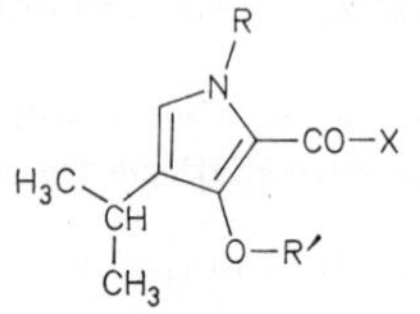 XIV 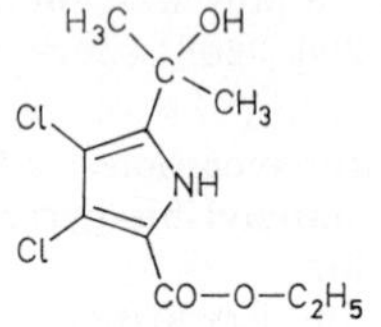 XV

4-Isopropyl-3-[toluol-4-sulfonyloxy]-pyrrol-2-carbonsäure-äthylester $C_{17}H_{21}NO_5S$, Formel XIV (R = H, R' = SO_2-C_6H_4-CH_3(*p*), X = O-C_2H_5).

B. Beim Behandeln von 3-Hydroxy-4-isopropyl-pyrrol-2-carbonsäure-äthylester mit Toluol-4-sulfonylchlorid in Aceton und Pyridin (*Umio, Mizuno*, J. pharm. Soc. Japan **77** [1957] 418; C. A. **1957** 12068).

Kristalle (aus wss. A.); F: 135°.

3-Hydroxy-4-isopropyl-pyrrol-2-carbonsäure-isopropylidenhydrazid $C_{11}H_{17}N_3O_2$, Formel XIV (R = R' = H, X = NH-N=C(CH_3)$_2$), und Tautomeres (4-Isopropyl-3-oxo-2,3-dihydro-pyrrol-2-carbonsäure-isopropylidenhydrazid).

B. Beim Erhitzen von 3-Hydroxy-4-isopropyl-pyrrol-2-carbonsäure-äthylester mit $N_2H_4 \cdot H_2O$ und Erwärmen des Reaktionsprodukts mit Aceton (*Umio, Mizuno*, J. pharm. Soc. Japan **77** [1957] 418; C. A. **1957** 12068).

Kristalle (aus wss. A.); F: 196°.

3-Benzyloxy-4-isopropyl-pyrrol-1,2-dicarbonsäure-diäthylester $C_{20}H_{25}NO_5$, Formel XIV (R = CO-O-C_2H_5, R' = CH_2-C_6H_5, X = O-C_2H_5).

B. Beim Erwärmen von 3-Benzyloxy-4-isopropyl-pyrrol-2-carbonsäure-äthylester mit Kalium in Benzol und anschliessend mit Chlorokohlensäure-äthylester (*Umio, Mizuno*, J. pharm. Soc. Japan **77** [1957] 421, 424; C. A. **1957** 12069).

$Kp_{0,3}$: 165–167°. IR-Spektrum (2–16 μ): *Umio, Mi.*, l. c. S. 423.

3-Acetoxy-4-isopropyl-pyrrol-1,2-dicarbonsäure-1,2-diäthylester $C_{15}H_{21}NO_6$, Formel XIV (R = CO-O-C_2H_5, R' = CO-CH_3, X = O-C_2H_5).

B. Beim Erwärmen von 3-Acetoxy-4-isopropyl-pyrrol-2-carbonsäure-äthylester mit Kalium in Benzol und anschliessend mit Chlorokohlensäure-äthylester (*Umio, Mizuno*, J. pharm. Soc. Japan **77** [1957] 421, 424; C. A. **1957** 12069).

Kp_2: 168–172°. n_D^8: 1,49535.

3-Äthoxycarbonyloxy-4-isopropyl-pyrrol-1,2-dicarbonsäure-diäthylester $C_{16}H_{23}NO_7$, Formel XIV (R = R' = CO-O-C_2H_5, X = O-C_2H_5).

B. Beim Erwärmen von 3-Äthoxycarbonyloxy-4-isopropyl-pyrrol-2-carbonsäure-äthylester mit Kalium in Benzol und anschliessend mit Chlorokohlensäure-äthylester (*Umio, Mizuno*, J. pharm. Soc. Japan **77** [1957] 421, 424; C. A. **1957** 12069).

$Kp_{0,3}$: 154–158°. IR-Spektrum (2–16 μ): *Umio, Mi.*, l. c. S. 423.

3,4-Dichlor-5-[α-hydroxy-isopropyl]-pyrrol-2-carbonsäure-äthylester $C_{10}H_{13}Cl_2NO_3$, Formel XV.

B. Beim Erwärmen von 3,4-Dichlor-5-chlorcarbonyl-pyrrol-2-carbonsäure-2-äthylester mit Methylmagnesiumjodid in Äther (*Fischer, Elhardt*, Z. physiol. Chem. **257** [1939] 61, 88).

Kristalle (aus A.); F: 107—108°.

4-Äthyl-3-hydroxy-5-methyl-pyrrol-2-carbonsäure-äthylester $C_{10}H_{15}NO_3$, Formel I (R = H), und Tautomeres (4-Äthyl-5-methyl-3-oxo-2,3-dihydro-pyrrol-2-carbonsäure-äthylester).

B. Beim Erwärmen von Glycin-äthylester mit 2-Äthyl-acetessigsäure-äthylester und Erwärmen des Reaktionsprodukts mit Natriumäthylat in Äthanol (*Treibs, Ohorodnik*, A. **611** [1958] 139, 147).

Kristalle (aus A.); F: 103°.

4-Äthyl-3-methoxy-5-methyl-pyrrol-2-carbonsäure-äthylester $C_{11}H_{17}NO_3$, Formel I (R = CH_3).

B. Beim Erwärmen von 4-Äthyl-3-hydroxy-5-methyl-pyrrol-2-carbonsäure-äthylester mit Dimethylsulfat und wss. NaOH (*Treibs, Ohorodnik*, A. **611** [1958] 149, 158).

F: 79°.

I II III

(±)-2-[1-Hydroxy-äthyl]-5-methyl-pyrrol-3-carbonsäure-äthylester $C_{10}H_{15}NO_3$, Formel II.

B. Beim Behandeln von 2-Acetyl-5-methyl-pyrrol-3-carbonsäure-äthylester in Äther mit Aluminium-Amalgam (*Fischer et al.*, A. **486** [1931] 55, 62).

Kristalle (aus Bzl.); F: 142°.

4-Methoxymethyl-3,5-dimethyl-pyrrol-2-carbonsäure-äthylester $C_{11}H_{17}NO_3$, Formel III (R = CH_3).

B. Beim Erwärmen von 4-Diäthylaminomethyl-3,5-dimethyl-pyrrol-2-carbonsäure-äthylester mit Dimethylsulfat in Methanol und Behandeln des Reaktionsgemisches mit wss. NaOH (*Treibs, Fritz*, A. **611** [1958] 162, 188). Beim Erwärmen von 4-Acetoxymethyl-3,5-dimethyl-pyrrol-2-carbonsäure-äthylester mit Methanol (*Tr., Fr.*, l. c. S. 192).

Kristalle (aus PAe.); F: 93—93,5°.

4-Acetoxymethyl-3,5-dimethyl-pyrrol-2-carbonsäure-äthylester $C_{12}H_{17}NO_4$, Formel III (R = CO-CH_3).

B. Beim Erhitzen von 3,5-Dimethyl-4-piperidinomethyl-pyrrol-2-carbonsäure-äthylester mit Acetanhydrid (*Treibs, Fritz*, A. **611** [1958] 162, 187).

Kristalle (aus Bzl. + PAe.); F: 111° [Zers.] (*Tr., Fr.*, l. c. S. 192).

5-Hydroxymethyl-3,4-dimethyl-pyrrol-2-carbonsäure $C_8H_{11}NO_3$, Formel IV (R = R′ = H).

B. Beim Erwärmen von 5-Acetoxymethyl-3,4-dimethyl-pyrrol-2-carbonsäure-äthylester mit methanol. KOH (*Siedel, Winkler*, A. **554** [1943] 162, 196).

Braun; F: ca. 135° [korr.; Zers.].

5-Methoxymethyl-3,4-dimethyl-pyrrol-2-carbonsäure-äthylester $C_{11}H_{17}NO_3$, Formel IV (R = C_2H_5, R′ = CH_3).

B. Neben geringen Mengen Bis-[5-äthoxycarbonyl-3,4-dimethyl-pyrrol-2-yl]-methan beim Behandeln von 3,4,5-Trimethyl-pyrrol-2-carbonsäure-äthylester mit Blei(IV)-acetat in Essigsäure und Erwärmen des Reaktionsprodukts mit wss. Methanol (*Eisner, Gore*, Soc. **1958** 922, 926).

Kristalle; F: 68–70° [nach Sublimation bei 80°/20 Torr] (*Ei., Gore*, l. c. S. 927). IR-Banden (Nujol; 3260–740 cm^{-1}): *Eisner, Erskine*, Soc. **1958** 971, 974. λ_{max} (A.): 271 nm und 282 nm (*Ei., Gore*, l. c. S. 923).

5-Acetoxymethyl-3,4-dimethyl-pyrrol-2-carbonsäure-äthylester $C_{12}H_{17}NO_4$, Formel IV ($R = C_2H_5$, $R' = CO\text{-}CH_3$).

B. Beim Behandeln von 3,4,5-Trimethyl-pyrrol-2-carbonsäure-äthylester mit Blei(IV)-acetat in Essigsäure (*Siedel, Winkler*, A. **554** [1943] 162, 196; *Johnson et al.*, Soc. **1959** 3416, 3419).

Kristalle; F: 132° [korr.; aus Ae.] (*Si., Wi.*), 131–132° [aus wss. Acn.] (*Jo. et al.*).

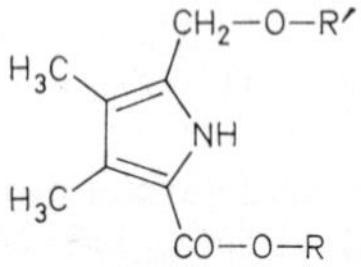

IV 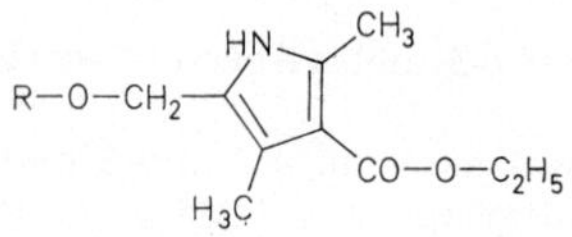 V

5-Acetoxymethyl-3,4-dimethyl-pyrrol-2-carbonsäure-*tert*-butylester $C_{14}H_{21}NO_4$, Formel IV ($R = C(CH_3)_3$, $R' = CO\text{-}CH_3$).

B. Beim Behandeln von 3,4,5-Trimethyl-pyrrol-2-carbonsäure-*tert*-butylester mit Blei(IV)-acetat in Essigsäure (*Bullock et al.*, Soc. **1958** 1430, 1438).

Kristalle (aus wss. Acn.); F: 127–128°.

5-Hydroxymethyl-2,4-dimethyl-pyrrol-3-carbonsäure-äthylester $C_{10}H_{15}NO_3$, Formel V (R = H) (E II 164).

B. Als Hauptprodukt neben Bis-[4-äthoxycarbonyl-3,5-dimethyl-pyrrol-2-yl]-methan und Bis-[4-äthoxycarbonyl-3,5-dimethyl-pyrrol-2-ylmethyl]-äther beim Erwärmen von 2,4-Dimethyl-pyrrol-3-carbonsäure-äthylester mit wss. Formaldehyd und wenig wss. NaOH (*Treibs, Zinsmeister*, B. **90** [1957] 87, 93). Beim Erwärmen der folgenden Verbindung mit wss. Na_2CO_3 (*Tr., Zi.*).

Kristalle; F: 114–115°.

5-[Hydroxymethoxy-methyl]-2,4-dimethyl-pyrrol-3-carbonsäure-äthylester $C_{11}H_{17}NO_4$, Formel V ($R = CH_2\text{-}OH$).

Diese Konstitution kommt vermutlich der nachstehend beschriebenen Verbindung zu (*Treibs, Zinsmeister*, B. **90** [1957] 87, 89, 90).

B. Beim Erwärmen von 2,4-Dimethyl-pyrrol-3-carbonsäure-äthylester mit wss. Formaldehyd und wss. NaOH bei pH 8–10 (*Tr., Zi.*, l. c. S. 93).

Kristalle (aus Bzl.); F: 103°.

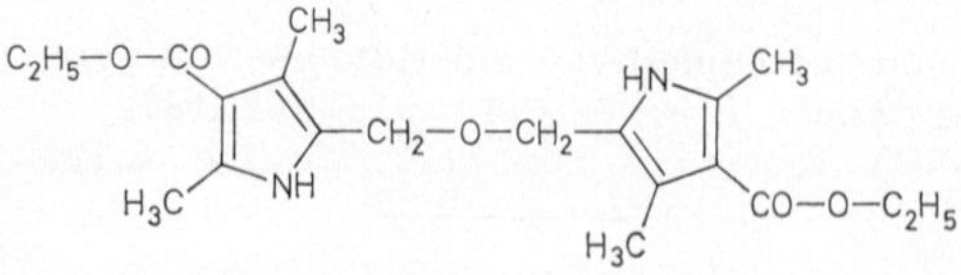

VI

Bis-[4-äthoxycarbonyl-3,5-dimethyl-pyrrol-2-ylmethyl]-äther, 2,4,2′,4′-Tetramethyl-5,5′-[2-oxa-propandiyl]-bis-pyrrol-3-carbonsäure-diäthylester $C_{20}H_{28}N_2O_5$, Formel VI.

B. s. o. im Artikel 5-Hydroxymethyl-2,4-dimethyl-pyrrol-3-carbonsäure-äthylester.

Kristalle (aus Me.); F: 190° und (nach Wiedererstarren) F: 224–225° [Zers.; unter Bildung von Bis-[4-äthoxycarbonyl-3,5-dimethyl-pyrrol-2-yl]-methan] (*Treibs, Zinsmeister*, B. **90** [1957] 87, 93).

(±)-3-Benzoyloxy-trop-2-en-2-carbonsäure-methylester $C_{17}H_{19}NO_4$, Formel VII.

Diese Konstitution kommt dem früher (s. E II **22** 220) beschriebenen Benzoylderivat $C_{17}H_{19}NO_4$ des Tropinon-2-carbonsäure-methylesters zu (*Beyerman et al.*, R. **89** [1970] 257).

Hydroxycarbonsäuren $C_9H_{13}NO_3$

(±)-2,4-Dimethyl-5-[2,2,2-trichlor-1-hydroxy-äthyl]-pyrrol-3-carbonsäure-äthylester $C_{11}H_{14}Cl_3NO_3$, Formel VIII.

B. Beim Erwärmen von 2,4-Dimethyl-pyrrol-3-carbonsäure-äthylester mit Chloralhydrat und wss.-äthanol. HCl (*Treibs, Fritz*, A. **611** [1958] 162, 187).

Kristalle (aus wss. A.); F: 129° [Zers.].

4-Äthyl-5-hydroxymethyl-3-methyl-pyrrol-2-carbonsäure $C_9H_{13}NO_3$, Formel IX (R = H, X = OH).

B. Beim Erwärmen von 4-Äthyl-5-hydroxymethyl-3-methyl-pyrrol-2-carbonsäure-äthylester mit äthanol. KOH (*Siedel, Winkler*, A. **554** [1943] 162, 186).

Braune Kristalle; F: 155° [korr.].

4-Äthyl-5-hydroxymethyl-3-methyl-pyrrol-2-carbonsäure-äthylester $C_{11}H_{17}NO_3$, Formel IX (R = H, X = O-C_2H_5).

B. Beim Behandeln von 4-Äthyl-3,5-dimethyl-pyrrol-2-carbonsäure-äthylester mit Blei(IV)-acetat in Essigsäure und Behandeln einer Lösung des Reaktionsprodukts in $CHCl_3$ mit H_2O (*Siedel, Winkler*, A. **554** [1943] 162, 184).

Kristalle (aus Me.); F: 126–128° [korr.; unter teilweiser Sublimation].

4-Äthyl-5-methoxymethyl-3-methyl-pyrrol-2-carbonsäure-äthylester $C_{12}H_{19}NO_3$, Formel IX (R = CH_3, X = O-C_2H_5).

B. Beim Erwärmen von 4-Äthyl-5-brommethyl-3-methyl-pyrrol-2-carbonsäure-äthylester mit Methanol (*Fischer, Adler*, Z. physiol. Chem. **197** [1931] 237, 266; *Hayes et al.*, Soc. **1958** 3779, 3784). Beim Behandeln von 5-Acetoxymethyl-4-äthyl-3-methyl-pyrrol-2-carbonsäure-äthylester mit methanol. KOH (*Ha. et al.*).

Kristalle; F: 75–77° [nach Sublimation bei 60°/0,001 Torr] (*Ha. et al.*), 73° (*Fi., Ad.*).

5-Äthoxymethyl-4-äthyl-3-methyl-pyrrol-2-carbonsäure-äthylester $C_{13}H_{21}NO_3$, Formel IX (R = C_2H_5, X = O-C_2H_5).

B. Beim Erwärmen von 4-Äthyl-5-brommethyl-3-methyl-pyrrol-2-carbonsäure-äthylester mit Äthanol (*Fischer, Adler*, Z. physiol. Chem. **197** [1931] 237, 266). Beim Erwärmen von 5-Acetoxymethyl-4-äthyl-3-methyl-pyrrol-2-carbonsäure-äthylester mit Äthanol (*Bullock et al.*, Soc. **1958** 1430, 1439) oder äthanol. Natriumäthylat (*Hayes et al.*, Soc. **1958** 3779, 3784).

Kristalle; F: 59–60° (*Ha. et al.*), 56–58° (*Bu. et al.*), 54° (*Fi., Ad.*). Bei 50°/0,1 Torr sublimierbar (*Bu. et al.*).

VII VIII IX

4-Äthyl-5-benzyloxymethyl-3-methyl-pyrrol-2-carbonsäure-äthylester $C_{18}H_{23}NO_3$, Formel IX (R = CH_2-C_6H_5, X = O-C_2H_5).

B. Beim Behandeln von 4-Äthyl-5-brommethyl-3-methyl-pyrrol-2-carbonsäure-äthylester mit Natriumbenzylat in Benzylalkohol (*Hayes et al.*, Soc. **1958** 3779, 3784).

Kristalle (aus PAe.); F: 85–86°.

5-Acetoxymethyl-4-äthyl-3-methyl-pyrrol-2-carbonsäure-äthylester $C_{13}H_{19}NO_4$, Formel IX (R = CO-CH_3, X = O-C_2H_5).

B. Beim Behandeln von 4-Äthyl-3,5-dimethyl-pyrrol-2-carbonsäure-äthylester mit Blei(IV)-acetat in Essigsäure (*Bullock et al.*, Soc. **1958** 1430, 1439; *Hayes et al.*, Soc. **1958** 3779, 3784). Beim Erhitzen von 4-Äthyl-5-hydroxymethyl-3-methyl-pyrrol-2-carbonsäure-äthylester mit Acetanhydrid (*Siedel, Winkler*, A. **554** [1943] 162, 185).

Kristalle; F: 135—136° [korr.; unter teilweiser Sublimation] (*Si., Wi.*), 128° [aus wss. Acn.] (*Bu. et al.*), 127—128° [nach Sublimation bei 110°/0,01 Torr] (*Ha. et al.*). IR-Banden (CCl_4; 1745—1678 cm^{-1}): *Ha. et al.*

Bei der Hydrolyse mit KOH in wss. Aceton oder mit $NaHCO_3$ in wss. Aceton sind geringe Mengen Bis-[5-äthoxycarbonyl-3-äthyl-4-methyl-pyrrol-2-ylmethyl]-äther(?) $C_{22}H_{32}N_2O_5$ (F: 102—104°) erhalten worden (*Ha. et al.*).

4-Äthyl-5-methoxymethyl-3-methyl-pyrrol-2-carbonsäure-benzylester $C_{17}H_{21}NO_3$, Formel IX (R = CH_3, X = O-CH_2-C_6H_5).

B. Beim Erwärmen von 4-Äthyl-5-brommethyl-3-methyl-pyrrol-2-carbonsäure-benzylester mit Methanol (*Hayes et al.*, Soc. **1958** 3779, 3784).

Kristalle (aus PAe.); F: 86—87°.

4-Äthyl-5-benzyloxymethyl-3-methyl-pyrrol-2-carbonsäure-benzylester $C_{23}H_{25}NO_3$, Formel IX (R = CH_2-C_6H_5, X = O-CH_2-C_6H_5).

B. Beim Behandeln von 4-Äthyl-5-brommethyl-3-methyl-pyrrol-2-carbonsäure-benzylester mit Natriumbenzylat in Benzylalkohol (*Hayes et al.*, Soc. **1958** 3779, 3785).

F: 99—100° [nach Destillation bei 120°/0,01 Torr].

5-Acetoxymethyl-4-äthyl-3-methyl-pyrrol-2-carbonsäure-benzylester $C_{18}H_{21}NO_4$, Formel IX (R = CO-CH_3, X = O-CH_2-C_6H_5).

B. Beim Behandeln von 4-Äthyl-3,5-dimethyl-pyrrol-2-carbonsäure-benzylester mit Blei(IV)-acetat in Essigsäure (*Johnson et al.*, Soc. **1959** 3416, 3419).

Kristalle (aus Acn.); F: 122°.

4-Äthyl-5-methoxymethyl-3-methyl-pyrrol-2-carbonylazid $C_{10}H_{14}N_4O_2$, Formel IX (R = CH_3, X = N_3).

B. Beim Erwärmen von 4-Äthyl-5-brommethyl-3-methyl-pyrrol-2-carbonylazid mit Methanol (*Fischer et al.*, A. **481** [1930] 159, 182).

Kristalle (aus Ae. + PAe.); F: 95° [Zers.].

4-Äthyl-3-methyl-5-thiocyanatomethyl-pyrrol-2-carbonsäure-äthylester $C_{12}H_{16}N_2O_2S$, Formel X.

B. Beim Erwärmen von 4-Äthyl-5-brommethyl-3-methyl-pyrrol-2-carbonsäure-äthylester mit Kaliumthiocyanat in wss. Aceton (*Fischer, Neber*, A. **496** [1936] 1, 24).

Kristalle (aus A.); F: 127—128° [korr.].

(±)-4-[1-Hydroxy-äthyl]-3,5-dimethyl-pyrrol-2-carbonsäure-äthylester $C_{11}H_{17}NO_3$, Formel XI (R = H) (E II 164).

B. Beim Behandeln einer Lösung von 4-[*N,N*-Dimethylglycyl]-3,5-dimethyl-pyrrol-2-carbonsäure-äthylester in Äther mit Aluminium-Amalgam (*Fischer, Kutscher*, A. **481** [1930] 193, 203).

Kristalle (aus Bzl. + PAe.); F: 97—100°.

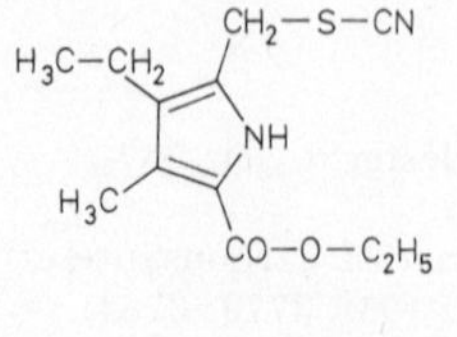

X 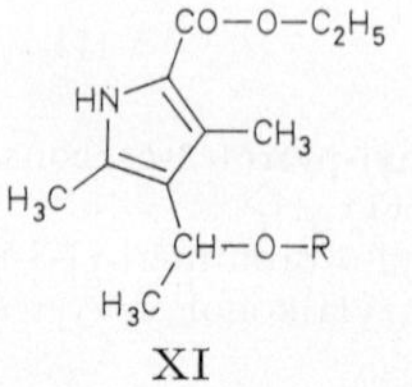 XI 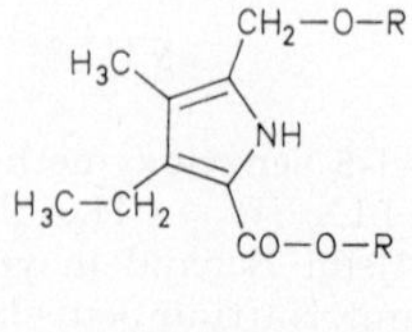 XII

(±)-4-[1-Methoxy-äthyl]-3,5-dimethyl-pyrrol-2-carbonsäure-äthylester $C_{12}H_{19}NO_3$, Formel XI ($R = CH_3$) (E II 164).

Kristalle (aus PAe.); F: 114° (*Treibs, Fritz*, A. **611** [1958] 162, 193).

3-Äthyl-5-hydroxymethyl-4-methyl-pyrrol-2-carbonsäure $C_9H_{13}NO_3$, Formel XII ($R = R' = H$).

B. Beim Erwärmen von 5-Acetoxymethyl-3-äthyl-4-methyl-pyrrol-2-carbonsäure-äthylester mit methanol. KOH (*Siedel, Winkler*, A. **554** [1943] 162, 192).

Hellbraun; F: 135° [korr.; Zers.].

5-Acetoxymethyl-3-äthyl-4-methyl-pyrrol-2-carbonsäure-äthylester $C_{13}H_{19}NO_4$, Formel XII ($R = C_2H_5$, $R' = CO\text{-}CH_3$).

B. Beim Behandeln von 3-Äthyl-4,5-dimethyl-pyrrol-2-carbonsäure-äthylester mit Blei(IV)-acetat in Essigsäure (*Siedel, Winkler*, A. **554** [1943] 162, 192).

Kristalle (aus Acetanhydrid); F: 106° [korr.; unter Sublimation].

(±)-3-Benzoyloxy-9-methyl-9-aza-bicyclo[3.3.1]non-2-en-2-carbonsäure-methylester $C_{18}H_{21}NO_4$, Formel I ($R = CH_3$, $R' = CO\text{-}C_6H_5$).

B. Beim Behandeln von 9-Methyl-3-oxo-9-aza-bicyclo[3.3.1]nonan-2-carbonsäure-methylester mit Benzoylchlorid und Pyridin (*Alder et al.*, A. **620** [1959] 73, 86).

F: 78° [aus wss. Me.].

(±)-3-Acetoxy-9-methyl-9-aza-bicyclo[3.3.1]non-2-en-2-carbonsäure-äthylester $C_{14}H_{21}NO_4$, Formel I ($R = C_2H_5$, $R' = CO\text{-}CH_3$).

B. Beim Erwärmen von 9-Methyl-3-oxo-9-aza-bicyclo[3.3.1]nonan-2-carbonsäure-äthylester mit Acetanhydrid und Pyridin (*Matkovics et al.*, J. pr. [4] **12** [1961] 290, 292; s. a. *Weisz et al.*, Naturwiss. **45** [1959] 568).

Picrat $C_{14}H_{21}NO_4 \cdot C_6H_3N_3O_7$. Kristalle (aus wss. A.); F: 173–175° [unkorr.].

I II III

Hydroxycarbonsäuren $C_{10}H_{15}NO_3$

(±)-5-*sec*-Butyl-4-hydroxy-2-methyl-pyrrol-3-carbonsäure-äthylester $C_{12}H_{19}NO_3$, Formel II, und Tautomeres ((±)-5-*sec*-Butyl-2-methyl-4-oxo-4,5-dihydro-pyrrol-3-carbonsäure-äthylester).

B. Beim Erwärmen von Isoleucin-äthylester mit Acetessigsäure-äthylester und Behandeln des Reaktionsprodukts mit Natriumäthylat in Äther (*Treibs, Ohorodnik*, A. **611** [1958] 139, 148).

Kristalle (aus Ae. + PAe.); F: 218°.

(±)-3-[1-Hydroxy-äthyl]-4-isopropyl-pyrrol-2-carbonsäure-methylester $C_{11}H_{17}NO_3$, Formel III.

B. Neben 3-Äthyl-4-isopropyl-pyrrol-2-carbonsäure-methylester (Hauptprodukt) bei der Hydrierung von 3-Acetyl-4-isopropyl-pyrrol-2-carbonsäure-methylester an Raney-Nickel in Dioxan bei 160–170°/80 at (*Umio*, J. pharm. Soc. Japan **79** [1959] 1048, 1052; C. A. **1960** 5611).

$Kp_{0,25}$: 133–135°.

4-[3-Hydroxy-propyl]-3,5-dimethyl-pyrrol-2-carbonsäure-äthylester $C_{12}H_{19}NO_3$, Formel IV.

B. Beim Erwärmen von 3-[5-Äthoxycarbonyl-2,4-dimethyl-pyrrol-3-yl]-propionsäure

mit $LiAlH_4$ in Äther (*Treibs, Derra-Scherer*, A. **589** [1954] 188, 194).
Blassgelbe Kristalle; F: 101° [nach Sublimation im Vakuum].

3,4-Diäthyl-5-methoxymethyl-pyrrol-2-carbonylazid $C_{11}H_{16}N_4O_2$, Formel V.
B. Beim Behandeln einer Lösung von 3,4-Diäthyl-5-methyl-pyrrol-2-carbonylazid in Äther mit SO_2Cl_2 und Erwärmen des Reaktionsprodukts mit Methanol (*Fischer et al.*, A. **540** [1939] 30, 43).
Kristalle; Zers. bei 58°.

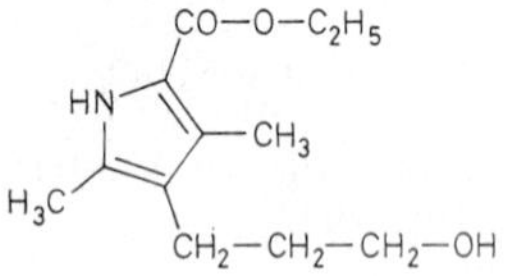

Hydroxycarbonsäuren $C_{12}H_{19}NO_3$

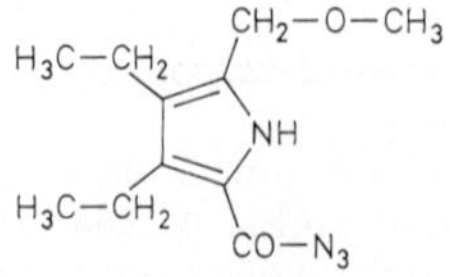

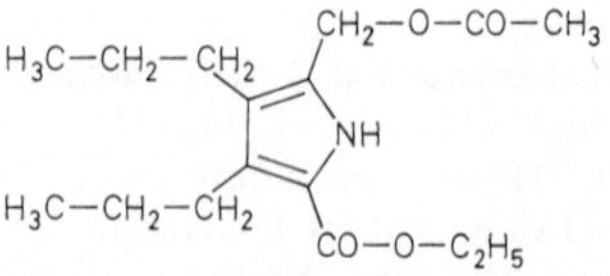

5-Acetoxymethyl-3,4-dipropyl-pyrrol-2-carbonsäure-äthylester $C_{16}H_{25}NO_4$, Formel VI.
B. Beim Behandeln von 5-Methyl-3,4-dipropyl-pyrrol-2-carbonsäure-äthylester mit Blei(IV)-acetat in Essigsäure (*Siedel, Winkler*, A. **554** [1943] 162, 197).
Kristalle (aus PAe.); F: 97°.

Hydroxycarbonsäuren $C_{14}H_{23}NO_3$

(±)-10-Hydroxy-10-pyrrol-2-yl-decansäure $C_{14}H_{23}NO_3$, Formel VII.
B. Beim Erwärmen von opt.-inakt. 10-Hydroxy-10-pyrrolidin-2-yl-decansäure-äthylester (S. 2092) mit Palladium/Kohle in *p*-Cymol im CO_2-Strom und Erwärmen des Reaktionsprodukts mit äthanol. KOH in *p*-Cymol und Benzol (*Govindachari, Narasimhan*, Soc. **1953** 2635).
Leicht zersetzliche Kristalle (aus wss. A.); F: 76—78° [nicht rein erhalten]. Bei 165° bis 175°/0,5 Torr sublimierbar.

Hydroxycarbonsäuren $C_{15}H_{25}NO_3$

(2aS)-7*t*-Hydroxy-6*c*-isopropyl-7b-methyl-(2a*r*,4a*c*,7a*c*,7b*c*)-decahydro-cyclopent[*cd*]indol-5*t*-carbonsäure, 12,13-Seco-14-nor-dendroban-12-säure [1]**, Nordendrobinsäure** $C_{15}H_{25}NO_3$, Formel VIII (R = R' = R'' = H).
Konstitution und Konfiguration ergeben sich aus der genetischen Beziehung zu Dendrobin (Dendroban-12-on; über diese Verbindung s. *Inubushi et al.*, Tetrahedron Letters **1965** 1519; *Behr, Leander*, Acta chem. scand. **26** [1972] 3196).
B. Beim Erwärmen von 12-Oxo-dendroban-14-säure-amid mit äthanol. KOH (*Suzuki et al.*, J. pharm. Soc. Japan **54** [1934] 801, 816; dtsch. Ref. S. 138, 142; C. A. **1935** 798).
Kristalle (aus A. + Ae.) mit 0,33 Mol H_2O; F: 236—240° [unkorr.] (*Inubushi et al.*, Tetrahedron **20** [1964] 2007, 2023).
Tetrachloroaurat(III) $C_{15}H_{25}NO_3 \cdot HAuCl_4$. Gelbe Kristalle (aus H_2O); Zers. bei 197° (*Su. et al.*).

(2aS)-7*t*-Hydroxy-6*c*-isopropyl-1,7b-dimethyl-(2a*r*,4a*c*,7a*c*,7b*c*)-decahydro-cyclopent[*cd*]indol-5*t*-carbonsäure, 12,13-Seco-dendroban-12-säure, Dendrobinsäure $C_{16}H_{27}NO_3$, Formel VIII (R = CH_3, R' = R'' = H).
B. Beim Erwärmen von Dendrobin (Dendroban-12-on; vgl. dazu die Angaben im vorangehenden Artikel) mit äthanol. KOH (*Suzuki et al.*, J. pharm. Soc. Japan **54** [1934] 801, 807; dtsch. Ref. S. 138, 139; C. A. **1935** 798).

---

[1]) Für die Verbindung (5*R*)-6*t*-Isopropyl-1,7b-dimethyl-(2a*t*,4a*t*,7a*t*,7b*t*)-decahydro-7*c*,5*r*-oxaäthano-cyclopent[*cd*]indol (Formel IX) ist die Bezeichnung **Dendroban** vorgeschlagen worden. Die Stellungsbezeichnung bei von Dendroban abgeleiteten Namen entspricht der in Formel IX angegebenen.

Kristalle (aus A. + Ae.); F: 240—242° (*Inubushi et al.*, Chem. pharm. Bl. **13** [1965] 1482); Zers. bei 227° (*Su. et al.*). $[\alpha]_D^{31}$: —27,5° [A.; c = 1] (*Su. et al.*).

Tetrachloroaurat(III) $C_{16}H_{27}NO_3 \cdot HAuCl_4$. Hellgelbes amorphes Pulver, das sich bei 85° zersetzt (*Su. et al.*).

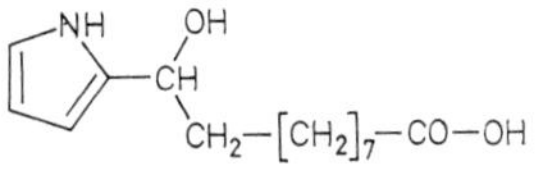

VII 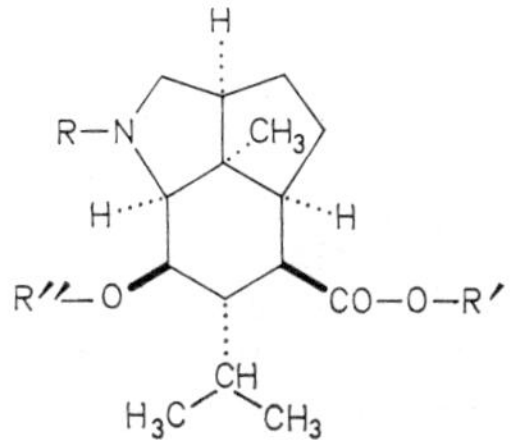 VIII

(2a*S*)-7*t*-Hydroxy-6*c*-isopropyl-1,7b-dimethyl-(2a*r*,4a*c*,7a*c*,7b*c*)-decahydro-cyclopent[*cd*]indol-5*t*-carbonsäure-methylester, 12,13-Seco-dendroban-12-säure-methylester, Dendrobinsäure-methylester $C_{17}H_{29}NO_3$, Formel VIII (R = R′ = CH_3, R″ = H).

B. Beim Behandeln von Dendrobinsäure (S. 2132) mit Diazomethan in Äther (*Suzuki et al.*, J. pharm. Soc. Japan **54** [1934] 801, 809; dtsch. Ref. S. 138, 139; C. A. **1935** 798).

Kristalle (aus Ae.); F: 94°. $[\alpha]_D^{14,5}$: —17,53° [A.; c = 1].

Tetrachloroaurat(III) $C_{17}H_{29}NO_3 \cdot HAuCl_4$. Gelbe Kristalle; F: 169°.

(2a*S*)-7*t*-Acetoxy-6*c*-isopropyl-1,7b-dimethyl-(2a*r*,4a*c*,7a*c*,7b*c*)-decahydro-cyclopent[*cd*]indol-5*t*-carbonsäure-methylester, 13-Acetyl-12,13-seco-dendroban-12-säure-methylester, *O*-Acetyl-dendrobinsäure-methylester $C_{19}H_{31}NO_4$, Formel VIII (R = R′ = CH_3, R″ = $CO\text{-}CH_3$).

B. Beim Erhitzen von Dendrobinsäure-methylester (s. o.) mit Acetanhydrid und Natriumacetat auf 140—150° (*Suzuki et al.*, J. pharm. Soc. Japan **54** [1934] 801, 809; dtsch. Ref. S. 138, 140; C. A. **1935** 798).

Kristalle; F: 76° [nach Sintern ab 73°].

Tetrachloroaurat(III) $C_{19}H_{31}NO_4 \cdot HAuCl_4$. Hellgelbe Kristalle, die bei 93—103° schmelzen und sich bei 140° zersetzen.

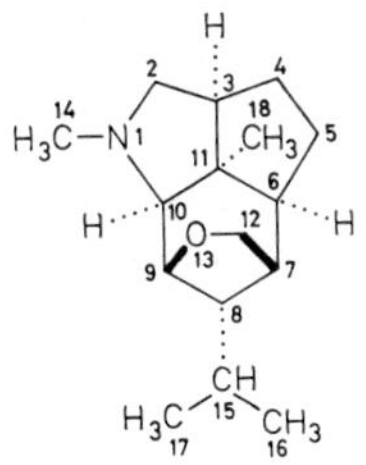

IX 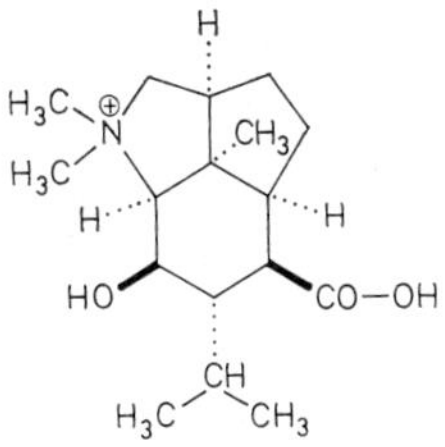 X 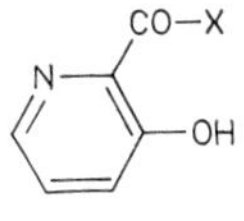 XI

(2a*S*)-5*t*-Carboxy-7*t*-hydroxy-6*c*-isopropyl-1,1,7b-trimethyl-(2a*r*,4a*c*,7a*c*,7b*c*)-decahydro-cyclopent[*cd*]indolium $[C_{17}H_{30}NO_3]^+$, Formel X.

Betain $C_{17}H_{29}NO_3$. Diese Konstitution kommt der von *Suzuki et al.* (J. pharm. Soc. Japan **54** [1934] 801, 803, 812; dtsch. Ref. S. 138, 141; C. A. **1935** 798) als Dendrobin-methohydroxid angesehenen Verbindung zu (*Inubushi et al.*, Chem. pharm. Bl. **13** [1965] 1482). — *B.* Aus Dendrobin-methojodid (1-Methyl-12-oxo-dendrobanium-jodid) und AgOH (*Su. et al.*). — Kristalle; F: 257—258° [Zers.] (*In. et al.*); Zers. bei 251° (*Su. et al.*).

Jodid $[C_{17}H_{30}NO_3]I$; Dendrobinsäure-methojodid. *B.* Beim Erwärmen von Dendrobinsäure (S. 2132) mit CH_3I in Methanol (*Su. et al.*, l. c. S. 808). — Kristalle (aus Me. + Ae.); Zers. bei 211° (*Su. et al.*). [*Hofmann*]

Hydroxycarbonsäuren $C_nH_{2n-7}NO_3$

Hydroxycarbonsäuren $C_6H_5NO_3$

3-Hydroxy-pyridin-2-carbonsäure $C_6H_5NO_3$, Formel XI (X = OH) (H 212).

B. Beim Erhitzen von 3-Hydroxy-pyridin-2-carbaldehyd mit wss. H_2O_2 (*Mathes, Sauermilch*, B. **90** [1957] 758, 761). Beim Erhitzen des Natrium-Salzes des Pyridin-3-ols mit CO_2 auf 215–220°/45 at (*Bojarska-Dahlig, Urbański*, Prace Minist. Przem. chem. **1952** Nr. 1, S. 1, 7; C. A. **1954** 1337; Roczniki Chem. **26** [1952] 158, 162; C. A. **1956** 338).

Kristalle; F: 223° [korr.] (*Fowden*, Biochem. J. **70** [1958] 629, 630), 218–220° (*Bray et al.*, Biochem. J. **46** [1950] 506), 216–218° (*Ma.*, *Sa.*). UV-Spektrum (A., wss. HCl sowie wss. NaOH; 220–350 nm): *Fibel, Spoerri*, Am. Soc. **70** [1948] 3908, 3910.

Beim Erwärmen mit Jod, KI und Na_2CO_3 in wss. Lösung ist 2,6-Dijod-pyridin-3-ol erhalten worden (*Bojarska-Dahlig*, Roczniki Chem. **30** [1956] 315; C. A. **1957** 1163).

Verbindung mit Quecksilber(II)-chlorid $C_6H_5NO_3 \cdot HgCl_2$. Kristalle (aus H_2O); F: 220° [Zers.] (*Bo.-Da.*, *Ur.*).

Picrat $2\,C_6H_5NO_3 \cdot C_6H_3N_3O_7$. Kristalle (aus H_2O); F: 159–162° (*Bo.-Da.*, *Ur.*).

3-Hydroxy-pyridin-2-carbonsäure-methylester $C_7H_7NO_3$, Formel XI (X = O-CH_3).

B. Beim Erwärmen des Silber-Salzes der 3-Hydroxy-pyridin-2-carbonsäure mit CH_3I in Benzol (*Bojarska-Dahlig, Urbański*, Prace Minist. Przem. chem. **1952** Nr. 1, S. 1, 11; C. A. **1954** 1337; s. a. *Urbański*, Soc. **1946** 1104).

Kristalle; F: 73–74° [aus H_2O] (*Bo.-Da.*, *Ur.*), 73° [aus Ae.] (*Ur.*).

Verbindung mit Quecksilber(II)-chlorid. Kristalle (aus H_2O); F: 172–172,5° (*Bo.-Da.*, *Ur.*).

3-Hydroxy-pyridin-2-carbonsäure-äthylester $C_8H_9NO_3$, Formel XI (X = O-C_2H_5).

B. Beim Erwärmen von 3-Hydroxy-pyridin-2-carbonsäure mit Äthanol unter Zusatz von konz. H_2SO_4 (*Arnold et al.*, Soc. **1958** 4466, 4469). Aus dem Silber-Salz der 3-Hydroxy-pyridin-2-carbonsäure beim Erwärmen mit Äthyljodid in Benzol (*Bojarska-Dahlig, Urbański*, Prace Minist. Przem. chem. **1952** Nr. 1, S. 1, 11; C. A. **1954** 1337; Roczniki Chem. **26** [1952] 158, 164; C. A. **1956** 338).

Kp_{37}: 162°; Kp_{33-34}: 152–154°; Kp_{15}: 124° (*Bo.-Da.*, *Ur.*). λ_{max} (A.): 226 nm und 302 nm (*Ar. et al.*).

Verbindung mit Quecksilber(II)-chlorid $C_8H_9NO_3 \cdot HgCl_2$. Kristalle (aus H_2O); F: 147–147,5° (*Bo.-Da.*, *Ur.*).

Picrat $C_8H_9NO_3 \cdot 2\,C_6H_3N_3O_7$. Kristalle (aus H_2O); F: 118–119,5° (*Bo.-Da.*, *Ur.*).

3-Hydroxy-pyridin-2-carbonsäure-amid $C_6H_6N_2O_2$, Formel XI (X = NH_2).

B. Beim Erhitzen von 3-Hydroxy-pyridin-2-carbonsäure-äthylester mit äthanol. NH_3 auf 110° (*Arnold et al.*, Soc. **1958** 4466, 4469).

Kristalle; F: 194° (*Bray et al.*, Biochem. J. **46** [1950] 506), 193–194° [aus $CHCl_3$] (*Ar. et al.*). IR-Banden (KBr; 3406–777 cm^{-1}): *Ar. et al.* λ_{max} (A.): 224 nm und 302 nm (*Ar. et al.*).

[3-Hydroxy-pyridin-2-carbonyl] → L_s-threonyl → D-leucyl → *cis*-4-hydroxy-D-prolyl → *N*-methyl-glycyl → L_s-*threo*-3,*N*-dimethyl-leucyl → L-alanyl → (*S*)-methylamino-phenyl-essigsäure, Viridogriseinsäure, Etamycinsäure $C_{44}H_{64}N_8O_{12}$, Formel I.

B. Beim Behandeln von Viridogrisein (Syst.-Nr. 4719) mit wss. NaOH (*Arnold et al.*, Soc. **1958** 4466, 4469; *Sheehan et al.*, Am. Soc. **80** [1958] 3349, 3352).

Kristalle; F: 140–143° [korr.; Zers.] (*Sh. et al.*), 138–140° [Zers.; aus E. + PAe.] (*Ar. et al.*). Kristalle (aus E. + PAe.) mit 1 Mol H_2O; F: 96–100° [Zers.] (*Ar. et al.*). $[\alpha]_D^{25}$: −7,9° [A.; c = 5] [wasserfreies Präparat] (*Sh. et al.*). λ_{max}: 307 nm [$CHCl_3$], 304 nm [wss. HCl (0,01 n)], 333 nm [wss. NaOH (0,01 n)] (*Ar. et al.*).

N
— CO—Thr—D—Leu—D—Pro(4c—OH)—(Me)Gly—(Me)Leu(*threo*—3—Me)—Ala—(Me)Gly(Ph)
OH

I

3-Mercapto-pyridin-2-carbonsäure $C_6H_5NO_2S$, Formel II (X = OH).

B. Neben Bis-[2-carboxy-[3]pyridyl]-disulfid beim Behandeln einer aus 3-Amino-pyridin-2-carbonsäure in wss. HCl hergestellten Diazoniumsalz-Lösung mit einer Lösung von Natriumpolysulfid in wss. NaOH bei ca. 0° (*Sucharda, Troszkiewiczówna*, Roczniki Chem. **12** [1932] 493, 495; C. **1932** II 3400).

Orangegelbe Kristalle (aus H_2O); F: 183,5° [Zers.].

3-Phenylmercapto-pyridin-2-carbonsäure $C_{12}H_9NO_2S$, Formel III (X = H).

B. Beim Erwärmen einer aus 3-Amino-pyridin-2-carbonsäure in wss. HCl hergestellten Diazoniumsalz-Lösung mit Thiophenol und wss. NaOH (*Kruger, Mann*, Soc. **1954** 3905, 3908).

Hellgelbe Kristalle (aus Eg.); F: 162° [Zers.].

Natrium-Salz $NaC_{12}H_8NO_2S \cdot C_{12}H_9NO_2S$. Kristalle (aus A.); F: 318° [Zers.].

3-[4-Nitro-phenylmercapto]-pyridin-2-carbonsäure $C_{12}H_8N_2O_4S$, Formel III (X = NO_2).

B. Beim Erwärmen einer aus 3-Amino-pyridin-2-carbonsäure in wss. HCl hergestellten Diazoniumsalz-Lösung mit einer Lösung von 4-Nitro-thiophenol in wss. NaOH (*Kruger, Mann*, Soc. **1954** 3905, 3908).

Gelbe Kristalle (aus A.); F: 190° [Zers.].

3-[4-Carboxy-phenylmercapto]-pyridin-2-carbonsäure, 4-[2-Carboxy-[3]pyridylmercapto]-benzoesäure $C_{13}H_9NO_4S$, Formel III (X = CO-OH).

B. Beim Erwärmen einer aus 3-Amino-pyridin-2-carbonsäure in wss. HCl hergestellten Diazoniumsalz-Lösung mit 4-Mercapto-benzoesäure-methylester und wss. NaOH (*Kruger, Mann*, Soc. **1954** 3905, 3909).

Kristalle (aus Dioxan); F: 215° [Zers.].

3-[4(?)-Sulfo-phenylmercapto]-pyridin-2-carbonsäure $C_{12}H_9NO_5S_2$, vermutlich Formel III (X = SO_2-OH).

B. Beim Erhitzen von 3-Phenylmercapto-pyridin-2-carbonsäure mit konz. H_2SO_4 auf 140–150° (*Kruger, Mann*, Soc. **1954** 3905, 3908).

Hellgelbe Kristalle (aus H_2O); F: 262° [Zers.].

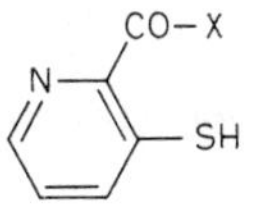

II 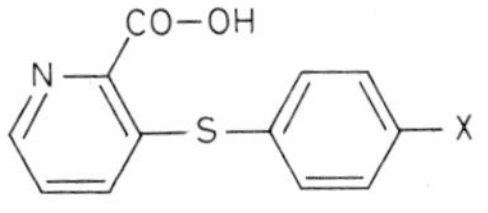 III 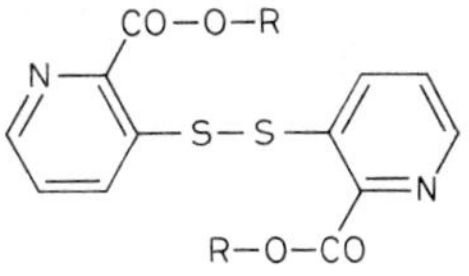 IV

3-[4-Amino-phenylmercapto]-pyridin-2-carbonsäure $C_{12}H_{10}N_2O_2S$, Formel III (X = NH_2).

B. Beim Behandeln von 3-[4-Nitro-phenylmercapto]-pyridin-2-carbonsäure mit Zinn, Äthanol und wss. HCl (*Kruger, Mann*, Soc. **1954** 3905, 3909).

Hydrochlorid $C_{12}H_{10}N_2O_2S \cdot HCl$. Hellgelbe Kristalle (aus A. + Ae.); F: 195° [Zers.].

3-[4-Äthoxycarbonylamino-phenylmercapto]-pyridin-2-carbonsäure $C_{15}H_{14}N_2O_4S$, Formel III (X = NH-CO-O-C_2H_5).

B. Beim Erwärmen von 3-[4-Amino-phenylmercapto]-pyridin-2-carbonsäure-hydrochlorid mit Chlorokohlensäure-äthylester und *N,N*-Diäthyl-anilin in Äthanol (*Kruger, Mann*, Soc. **1954** 3905, 3909).

Hellgelbe Kristalle (aus wss. A.); F: 179–180° [Zers.].

Bis-[2-carboxy-[3]pyridyl]-disulfid, 3,3'-Disulfandiyl-bis-pyridin-2-carbonsäure $C_{12}H_8N_2O_4S_2$, Formel IV (R = H).

B. Beim Behandeln einer aus 3-Amino-pyridin-2-carbonsäure in wss. HCl bereiteten Diazoniumsalz-Lösung mit einer wss. Lösung von Kalium-[*O*-äthyl-dithiocarbonat] bei 70–80° und Erwärmen des Reaktionsprodukts mit wss. NaOH (*Katz et al.*, J. org

Chem. **19** [1954] 711, 715).

Kristalle; F: 206° [Zers.; aus Natriumacetat enthaltendem H_2O] (*Sucharda, Troszkiewiczówna*, Roczniki Chem. **12** [1932] 493, 495; C. **1932** II 3400), 190–193° [unkorr.] (*Katz et al.*).

Bis-[2-methoxycarbonyl-[3]pyridyl]-disulfid, 3,3'-Disulfandiyl-bis-pyridin-2-carbonsäure-dimethylester $C_{14}H_{12}N_2O_4S_2$, Formel IV (R = CH_3).

B. Beim Erwärmen der vorangehenden Verbindung mit methanol. HCl (*Katz et al.*, J. org. Chem. **19** [1954] 711, 715; *Schenley Ind.*, U.S.P. 2824876 [1955]).

Kristalle (aus Me.); F: 210–212° [unkorr.].

3-Mercapto-pyridin-2-carbonsäure-hydrazid $C_6H_7N_3OS$, Formel II (X = NH-NH_2).

B. Beim Erhitzen von 3,3'-Disulfandiyl-bis-pyridin-2-carbonsäure-dimethylester mit $N_2H_4 \cdot H_2O$ (*Katz et al.*, J. org. Chem. **19** [1954] 711, 715; *Schenley Ind.*, U.S.P. 2824876 [1955]).

Hydrochlorid $C_6H_7N_3OS \cdot HCl$. Kristalle (aus Me.); F: 310° [unkorr.].

***3-Mercapto-pyridin-2-carbonsäure-[2,4-dichlor-benzylidenhydrazid], 2,4-Dichlorbenzaldehyd-[3-mercapto-pyridin-2-carbonylhydrazon]** $C_{13}H_9Cl_2N_3OS$, Formel V.

B. Beim Behandeln von 3-Mercapto-pyridin-2-carbonsäure-hydrazid-hydrochlorid mit 2,4-Dichlor-benzaldehyd und NaOH in wss. Äthanol (*Katz et al.*, J. org. Chem. **19** [1954] 711, 715; *Schenley Ind.*, U.S.P. 2824876 [1955]).

Orangefarbene Kristalle (aus Py. + Eg. + H_2O); F: 195–197° [unkorr.].

4-Hydroxy-pyridin-2-carbonsäure $C_6H_5NO_3$, Formel VI (R = X' = H, X = OH), und Tautomeres (4-Oxo-1,4-dihydro-pyridin-2-carbonsäure) (H 213; E II 165).

B. Beim Erhitzen von 4-Chlor-pyridin-2-carbonsäure mit KOH und wenig H_2O auf Schmelztemperatur (*Graf*, J. pr. [2] **148** [1937] 13, 14). Aus 2-Methyl-pyridin-4-ol beim Erwärmen mit wss. $KMnO_4$ und wss. NaOH (*Ochiai et al.*, Pharm. Bl. **2** [1954] 137).

Kristalle; F: 263° [korr.; Zers.] (*Fowden*, Biochem. J. **70** [1958] 629).

4-Hydroxy-pyridin-2-carbonsäure-äthylester $C_8H_9NO_3$, Formel VI (R = X' = H, X = O-C_2H_5), und Tautomeres (4-Oxo-1,4-dihydro-pyridin-2-carbonsäure-äthylester).

B. Beim Erwärmen von 4-Hydroxy-pyridin-2-carbonsäure mit äthanol. HCl (*Heyns, Vogelsang*, B. **87** [1954] 1440, 1444).

Kristalle (aus CH_2Cl_2); F: 124–126°.

4-Hydroxy-pyridin-2-carbonsäure-hydrazid $C_6H_7N_3O_2$, Formel VI (R = X' = H, X = NH-NH_2), und Tautomeres (4-Oxo-1,4-dihydro-pyridin-2-carbonsäure-hydrazid).

B. Beim Behandeln von 4-Hydroxy-pyridin-2-carbonsäure-äthylester mit $N_2H_4 \cdot H_2O$ (*Heyns, Vogelsang*, B. **87** [1954] 1440, 1445).

Kristalle (aus H_2O); F: 220–221° [Zers.].

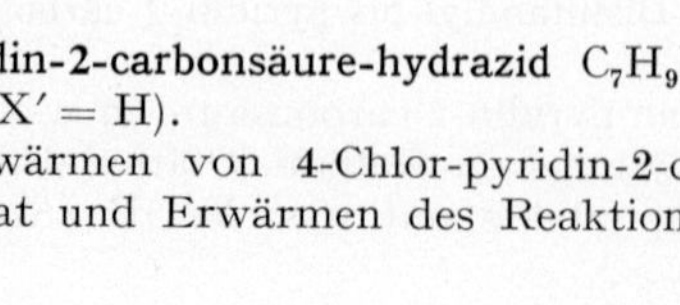

Cl
CO–NH–N=CH– –Cl
N
SH
CO–X
N
X'
X'
O–R

V 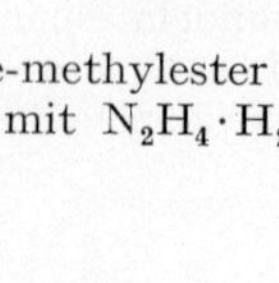 VI

4-Methoxy-pyridin-2-carbonsäure-hydrazid $C_7H_9N_3O_2$, Formel VI (R = CH_3, X = NH-NH_2, X' = H).

B. Beim Erwärmen von 4-Chlor-pyridin-2-carbonsäure-methylester mit methanol. Natriummethylat und Erwärmen des Reaktionsprodukts mit $N_2H_4 \cdot H_2O$ in Methanol

(*Mosher, Look*, J. org. Chem. **20** [1955] 283, 286).

Kristalle (aus H_2O); F: 152–154° [unkorr.].

3,5-Dichlor-4-hydroxy-pyridin-2-carbonsäure $C_6H_3Cl_2NO_3$, Formel VI (R = H, X = OH, X' = Cl), und Tautomeres (3,5-Dichlor-4-oxo-1,4-dihydro-pyridin-2-carbonsäure) (E I 549).

B. Beim Einleiten von Chlor in eine Lösung von 4-Hydroxy-pyridin-2-carbonsäure in wss. KOH (*Dohrn, Diedrich*, A. **494** [1932] 284, 296).

Kristalle (aus wss. HCl); F: > 300°.

3,5-Dibrom-4-hydroxy-pyridin-2-carbonsäure $C_6H_3Br_2NO_3$, Formel VI (R = H, X = OH, X' = Br), und Tautomeres (3,5-Dibrom-4-oxo-1,4-dihydro-pyridin-2-carbonsäure).

B. Beim Behandeln von 4-Hydroxy-pyridin-2-carbonsäure in H_2O mit Brom (*Dohrn, Diedrich*, A. **494** [1932] 284, 296).

Kristalle (aus wss. HCl); F: > 300°.

4-Hydroxy-3,5-dijod-pyridin-2-carbonsäure $C_6H_3I_2NO_3$, Formel VI (R = H, X = OH, X' = I), und Tautomeres (3,5-Dijod-4-oxo-1,4-dihydro-pyridin-2-carbonsäure).

B. Als Hauptprodukt beim Erhitzen von 4-Hydroxy-pyridin-2-carbonsäure mit wss. KOH und Jod (*Dohrn, Diedrich*, A. **494** [1932] 284, 294; *Schering-Kahlbaum A.G.*, D.R.P. 564785 [1931]; Frdl. **19** 1123; U.S.P. 1950543 [1932]). Aus 3,5-Dijod-2-methyl-pyridin-4-ol beim Erwärmen mit wss. $KMnO_4$ und wss. NaOH (*Ochiai et al.*, Pharm. Bl. **2** [1954] 137).

Kristalle; Zers. ab 250° (*Do., Di.*; *Schering-Kahlbaum A.G.*; *Och. et al.*).

5-Hydroxy-pyridin-2-carbonsäure $C_6H_5NO_3$, Formel VII (R = H, X = OH) (H 213).

Vorkommen in Maulbeerblättern (Morus multicaulis): *Kondo*, J. sericult. Soc. Japan **26** [1957] 345, 349; C. A. **1958** 17407.

B. Aus Pyridin-3-ol bei mehrstündigem Erhitzen mit K_2CO_3 und CO_2 auf 215°/38 at (*Bojarska-Dahlig, Urbański*, Prace Minist. Przem. chem. **1952** Nr. 1, S. 1, 10; C. A. **1954** 1337; Roczniki Chem. **26** [1952] 158, 164; C. A. **1956** 338). Beim Erhitzen von 5-Sulfo-pyridin-2-carbonsäure mit NaOH und etwas H_2O auf 220° (*Duesel, Scudi*, Am. Soc. **71** [1949] 1866; *Heyns, Vogelsang*, B. **87** [1954] 13, 18). Beim Erhitzen von 5-Methoxy-pyridin-2-carbonsäure mit wss. HI (*He., Vo.*). Beim Erhitzen einer aus 5-Amino-pyridin-2-carbonsäure in wss. H_2SO_4 hergestellten Diazoniumsalz-Lösung (*Schmidt-Thomé, Goebel*, Z. physiol. Chem. **288** [1951] 237, 243).

Kristalle mit 1 Mol H_2O; F: 270–272° [unkorr.; Zers.] (*Hegarty*, Austral. J. Chem. **10** [1957] 484, 487), 269–270° [Zers.; aus H_2O] (*Du., Sc.*), 267–268° [aus H_2O] (*Bo.-Da., Ur.*). IR-Spektrum (KBr; 4000–660 cm^{-1}): *Sugisawa, Aso*, J. agric. chem. Soc. Japan **33** [1959] 353, 356; C. **1965** 3-0793).

Verbindung mit Quecksilber(II)-chlorid $2C_6H_5NO_3 \cdot HgCl_2$. Kristalle (aus H_2O); F: 253–254° (*Bo.-Da., Ur.*).

Picrat $C_6H_5NO_3 \cdot C_6H_3N_3O_7$. Kristalle (aus H_2O); F: 265–266,5° (*Bo.-Da., Ur.*).

5-Methoxy-pyridin-2-carbonsäure $C_7H_7NO_3$, Formel VII (R = CH_3, X = OH).

Hydrochlorid $C_7H_7NO_3 \cdot HCl$. *B.* Bei mehrtägigem Behandeln von 4-Chlor-5-methoxy-pyridin-2-carbonsäure mit Zinn und wss. HCl unter Zusatz von $HgCl_2$ (*Heyns, Vogelsang*, B. **87** [1954] 13, 17). — F: 202–203°.

5-Hydroxy-pyridin-2-carbonsäure-methylester $C_7H_7NO_3$, Formel VII (R = H, X = O-CH_3).

B. Beim Erwärmen von 5-Hydroxy-pyridin-2-carbonsäure mit Methanol und HCl (*Scudi, Childress*, J. biol. Chem. **218** [1956] 587; *Heyns, Vogelsang*, B. **87** [1954] 13, 18).

Kristalle; F: 193,5–195,5° [korr.; aus Me.] (*Sc., Ch.*), 191–192° (*He., Vo.*).

Die Identität einer von *Bojarska-Dahlig, Urbański* (Prace Minist. Przem. chem. **1952** Nr. 1, S. 1, 12; C. A. **1954** 1337; Roczniki Chem. **26** [1952] 158, 165; C. A. **1956** 338) unter dieser Konstitution beschriebenen, aus 5-Hydroxy-pyridin-2-carbonsäure erhaltenen Verbindung $C_7H_7NO_3$ (Kristalle [aus $CHCl_3$], F: 72–73°; Verbindung mit Quecksilber(II)-chlorid, F: 193,5–194,5° [aus H_2O]) erscheint zweifelhaft.

5-Methoxy-pyridin-2-carbonsäure-äthylester $C_9H_{11}NO_3$, Formel VII (R = CH_3, X = O-C_2H_5).

B. Bei der Hydrierung von 4-Chlor-5-methoxy-pyridin-2-carbonsäure-äthylester an Palladium/Kohle in Äthanol (*Beyerman*, R. **77** [1958] 249, 253).

Kristalle (aus PAe. + Bzl.); F: 33–34°.

Hydrochlorid $C_9H_{11}NO_3 \cdot HCl$. Hygroskopische Kristalle (aus A. + Bzl.); F: 64° bis 67° [Zers.].

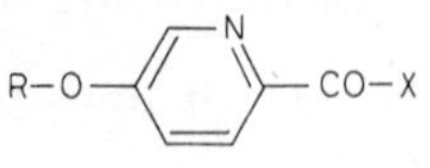

VII 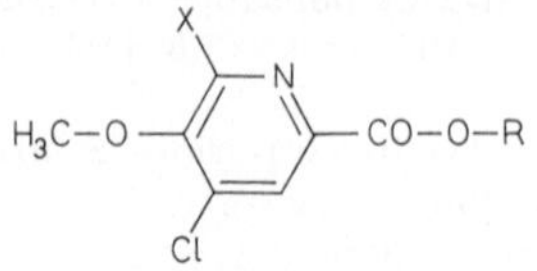 VIII 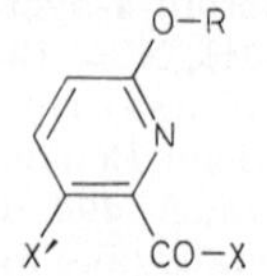 IX

5-Hydroxy-pyridin-2-carbonsäure-hydrazid $C_6H_7N_3O_2$, Formel VII (R = H, X = NH-NH_2).

B. Beim Erwärmen von 5-Hydroxy-pyridin-2-carbonsäure-methylester mit $N_2H_4 \cdot H_2O$ in H_2O (*Scudi, Childress*, J. biol. Chem. **218** [1956] 587, 588).

Kristalle (aus H_2O); F: 270° [korr.; Zers.].

5-Hydroxy-pyridin-2-carbonylazid $C_6H_4N_4O_2$, Formel VII (R = H, X = N_3).

B. Beim Behandeln von 5-Hydroxy-pyridin-2-carbonsäure-hydrazid in Äthanol mit HCl und Butylnitrit (*Scudi, Childress*, J. biol. Chem. **218** [1956] 587, 588).

Hydrochlorid. Kristalle, die beim Erhitzen bei 154° explodieren.

4-Chlor-5-methoxy-pyridin-2-carbonsäure-äthylester $C_9H_{10}ClNO_3$, Formel VIII (R = C_2H_5, X = H) (E II 165).

Kristalle (aus A.); F: 147° (*Beyerman*, R. **77** [1958] 249, 253).

4,6-Dichlor-5-methoxy-pyridin-2-carbonsäure $C_7H_5Cl_2NO_3$, Formel VIII (R = H, X = Cl).

B. Beim Erwärmen von 4,6-Dichlor-5-methoxy-pyridin-2-carbonylchlorid (aus 5-Methoxy-1-methyl-4-oxo-1,4-dihydro-pyridin-2-carbonsäure und $SOCl_2$ hergestellt) mit wss. NaOH (*Heyns, Vogelsang*, B. **87** [1954] 1377, 1384).

F: 185° [Zers.].

4,6-Dichlor-5-methoxy-pyridin-2-carbonsäure-methylester $C_8H_7Cl_2NO_3$, Formel VIII (R = CH_3, X = Cl).

B. Beim Erwärmen von 4,6-Dichlor-5-methoxy-pyridin-2-carbonylchlorid (aus 5-Methoxy-1-methyl-4-oxo-1,4-dihydro-pyridin-2-carbonsäure und $SOCl_2$ hergestellt) mit Methanol (*Heyns, Vogelsang*, B. **87** [1954] 1377, 1384).

Kristalle (aus Me.); F: 122–123°.

6-Hydroxy-pyridin-2-carbonsäure $C_6H_5NO_3$, Formel IX (R = X' = H, X = OH), und Tautomeres (6-Oxo-1,6-dihydro-pyridin-2-carbonsäure) (H 213; E I 549; E II 165).

B. Beim Erhitzen von 6-Oxo-6*H*-pyran-2-carbonsäure mit Ammoniumacetat und Essigsäure (*Fried, Elderfield*, J. org. Chem. **6** [1941] 566, 573).

Kristalle (aus H_2O); Zers. bei ca. 280°.

6-Hydroxy-pyridin-2-carbonsäure-methylester $C_7H_7NO_3$, Formel IX (R = X' = H, X = O-CH_3), und Tautomeres (6-Oxo-1,6-dihydro-pyridin-2-carbonsäure-methylester).

B. Aus 6-Hydroxy-pyridin-2-carbonsäure (*Bray et al.*, Biochem. J. **46** [1950] 506).

Kristalle; F: 80°.

6-Hydroxy-pyridin-2-carbonsäure-amid $C_6H_6N_2O_2$, Formel IX (R = X' = H, X = NH_2), und Tautomeres (6-Oxo-1,6-dihydro-pyridin-2-carbonsäure-amid).

B. Aus 6-Hydroxy-pyridin-2-carbonsäure-methylester (*Bray et al.*, Biochem. J. **46** [1950] 506).

Kristalle; F: 250°.

3-Chlor-6-methoxy-pyridin-2-carbonsäure $C_7H_6ClNO_3$, Formel IX (R = CH_3, X = OH, X' = Cl).

B. Beim Erhitzen von 3-Acetylamino-6-methoxy-pyridin-2-carbonsäure mit wss. NaOH und aufeinanderfolgenden Behandeln der Reaktionslösung mit wss. $NaNO_2$, wss. HCl und einer Lösung von CuCl in wss. HCl (*Besly, Goldberg*, Soc. **1954** 2448, 2455).

Kristalle (aus H_2O); F: 103–104°.

4-Chlor-6-hydroxy-pyridin-2-carbonsäure $C_6H_4ClNO_3$, Formel X (X = X' = H), und Tautomeres (4-Chlor-6-oxo-1,6-dihydro-pyridin-2-carbonsäure) (H 214).

B. Beim Erhitzen von 4,6-Dichlor-pyridin-2-carbonsäure mit wss. H_2SO_4 [80%ig] (*Graf*, J. pr. [2] **133** [1932] 36, 45).

Kristalle (aus H_2O), die bis 300° nicht schmelzen und bei höherer Temperatur aufschäumen und verkohlen.

4,5-Dichlor-6-hydroxy-pyridin-2-carbonsäure $C_6H_3Cl_2NO_3$, Formel X (X = H, X' = Cl), und Tautomeres (4,5-Dichlor-6-oxo-1,6-dihydro-pyridin-2-carbonsäure) (H 214).

B. Beim Erhitzen von 4,5,6-Trichlor-pyridin-2-carbonsäure-methylester mit wss. H_2SO_4 [80%ig] (*Graf*, J. pr. [2] **133** [1932] 36, 49).

Kristalle (aus H_2O) mit 1 Mol H_2O; F: 284° [Zers.].

3,4,5-Trichlor-6-hydroxy-pyridin-2-carbonsäure $C_6H_2Cl_3NO_3$, Formel X (X = X' = Cl), und Tautomeres (3,4,5-Trichlor-6-oxo-1,6-dihydro-pyridin-2-carbonsäure).

B. Beim Behandeln von 4-Chlor-6-hydroxy-pyridin-2-carbonsäure in wss. KOH mit Chlor (*Graf*, J. pr. [2] **148** [1937] 13, 19).

Kristalle (aus wss. HCl); F: 238° [Zers.].

3,4,5-Trichlor-6-hydroxy-pyridin-2-carbonsäure-methylester $C_7H_4Cl_3NO_3$, Formel XI (R = CH_3, X = X' = Cl), und Tautomeres (3,4,5-Trichlor-6-oxo-1,6-dihydro-pyridin-2-carbonsäure-methylester).

B. Beim Erhitzen der vorangehenden Verbindung mit PCl_5 und $POCl_3$ und Behandeln des erhaltenen Säurechlorids mit Methanol (*Graf*, J. pr. [2] **148** [1937] 13, 20).

Kristalle (aus $CHCl_3$); F: 212–214°.

6-Hydroxy-3,5-dijod-pyridin-2-carbonsäure $C_6H_3I_2NO_3$, Formel XI (R = X' = H, X = I), und Tautomeres (3,5-Dijod-6-oxo-1,6-dihydro-pyridin-2-carbonsäure).

B. Aus 6-Hydroxy-pyridin-2-carbonsäure oder aus 6-Hydroxy-pyridin-2,3-dicarbonsäure beim Erhitzen mit wss. KOH und Jod (*Dohrn, Diedrich*, A. **494** [1932] 284, 294; *Schering-Kahlbaum A.G.*, D.R.P. 564785 [1931]; Frdl. **19** 1123; U.S.P. 1950543 [1932]).

Kristalle (aus Pentan-1-ol); Zers. bei 272° [nach Dunkelfärbung ab 240°].

2-Hydroxy-nicotinsäure $C_6H_5NO_3$, Formel XII (R = H, X = OH), und Tautomeres (2-Oxo-1,2-dihydro-pyridin-3-carbonsäure) (H 214; E II 165).

B. Aus 2-Chlor-nicotinonitril (*Taylor, Crovetti*, J. org. Chem. **19** [1954] 1633, 1637) oder 2-Hydroxy-nicotinonitril (*Dornow*, B. **73** [1940] 153, 154) beim Erhitzen mit wss. HCl. Beim Erhitzen von 2-Brom-nicotinsäure mit KOH und wenig H_2O auf 180° (*Hardegger, Nikles*, Helv. **39** [1956] 505, 512). Aus 2-Hydroxy-nicotinsäure-amid (*Bradlow, Vanderwerf*, J. org. Chem. **14** [1949] 509, 513).

Kristalle (aus H_2O); F: 260–261,2° [korr.; Zers.] (*Br., Va.*), 259–261° [korr.] (*Ha., Ni.*), 258–260° [korr.] (*Ta., Cr.*). Bei 135–145°/0,5 Torr sublimierbar (*Ta., Cr.*). UV-Spektrum (A., wss. HCl sowie wss. NaOH; 230–340 nm): *Fibel, Spoerri*, Am. Soc. **70** [1948] 3908, 3910. UV-Spektrum (wss. HCl; 210–350 nm): *Hughes*, Biochem. J. **60** [1955] 303, 306. Scheinbare Dissoziationskonstante K'_a (H_2O; potentiometrisch ermittelt) bei 25°: 5,3·10^{-6} (*Canić et al.*, Glasnik chem. Društva Beograd **21** [1956] 65, 68; C. A. **1960** 8815).

Bildung von NH_3 bei Bestrahlung einer salzsauren wss. Lösung mit UV-Licht: *Lieben, Getreuer*, Bio. Z. **259** [1933] 1, 6.

2-Phenoxy-nicotinsäure $C_{12}H_9NO_3$, Formel XII (R = C_6H_5, X = OH).

B. Beim Erhitzen von 2-Chlor-nicotinsäure mit Phenol und methanol. Natrium=methylat (*Mann, Turnbull*, Soc. **1951** 761).

Kristalle (aus wss. Eg.); F: 179–180°.

Bis-[3-carboxy-[2]pyridyl]-äther, 2,2'-Oxy-di-nicotinsäure $C_{12}H_8N_2O_5$, Formel XIII.

B. Neben 2-[2]Pyridylamino-nicotinsäure und 2-Hydroxy-nicotinsäure beim Erhitzen von 2-Chlor-nicotinsäure mit [2]Pyridylamin und K_2CO_3 unter Zusatz von Kupfer-Pulver auf 190° (*Carboni, Pardi*, Ann. Chimica **49** [1959] 1228, 1233).

Gelbe Kristalle (aus A.); F: 197–198°.

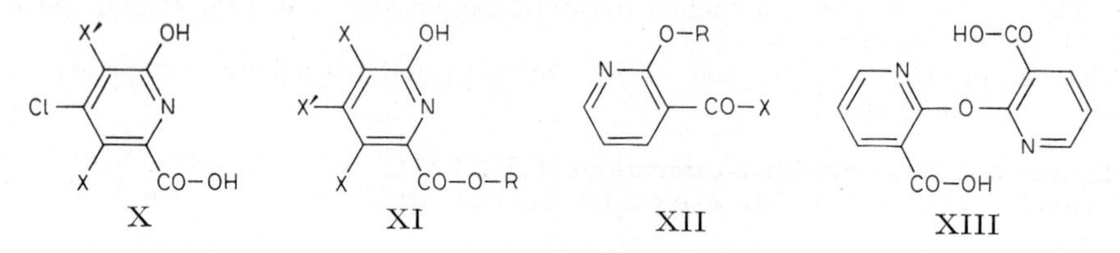

2-Hydroxy-nicotinsäure-methylester $C_7H_7NO_3$, Formel XII (R = H, X = O-CH_3), und Tautomeres (2-Oxo-1,2-dihydro-pyridin-3-carbonsäure-methylester) (H 214).

UV-Spektrum (A., wss. HCl sowie wss. NaOH; 220–350 nm): *Fibel, Spoerri*, Am. Soc. **70** [1948] 3908, 3910.

2-Methoxy-nicotinsäure-methylester $C_8H_9NO_3$, Formel XII (R = CH_3, X = O-CH_3).

B. Aus 2-Brom-nicotinsäure-methylester beim Erhitzen mit methanol. Kaliummethylat auf 120° (*Hardegger, Nikles*, Helv. **39** [1956] 505, 512).

Kristalle (aus Ae. + PAe.); F: 28–29°. Kp_{12}: 114–115°.

Hydrochlorid $C_8H_9NO_3$·HCl. Kristalle (aus äther. HCl); F: 99–100° [Zers. unter Wiederverfestigung].

2-Hydroxy-nicotinsäure-äthylester $C_8H_9NO_3$, Formel XII (R = H, X = O-C_2H_5), und Tautomeres (2-Oxo-1,2-dihydro-pyridin-3-carbonsäure-äthylester).

B. Aus 2-Hydroxy-nicotinsäure und Äthanol unter Zusatz von konz. H_2SO_4 (*Dornow*, B. **73** [1940] 153, 155). Beim Erwärmen von 2-Hydroxy-nicotinoylchlorid (erhalten aus 2-Hydroxy-nicotinsäure und $SOCl_2$) mit Äthanol (*Do.*).

Kristalle (aus Bzl.); F: 139°.

2-[2-Diäthylamino-äthoxy]-nicotinsäure-[2-diäthylamino-äthylester] $C_{18}H_{31}N_3O_3$, Formel XII (R = CH_2-CH_2-N(C_2H_5)$_2$, X = O-CH_2-CH_2-N(C_2H_5)$_2$).

B. Aus 2-Chlor-nicotinsäure-[2-diäthylamino-äthylester] (hergestellt aus 2-Chlor-nicotinoylchlorid und 2-Diäthylamino-äthanol) beim Erhitzen mit Natrium-[2-diäthyl=amino-äthylat] in 2-Diäthylamino-äthanol (*CIBA*, D.R.P. 582319 [1930]; Frdl. **19** 1141; U.S.P. 1881236 [1930]).

Dihydrochlorid. Kristalle; F: 180°.

2-Hydroxy-nicotinsäure-amid $C_6H_6N_2O_2$, Formel XII (R = H, X = NH_2), und Tautomeres (2-Oxo-1,2-dihydro-pyridin-3-carbonsäure-amid).

B. Bei 2-tägigem Behandeln von 2-Hydroxy-nicotinonitril mit konz. H_2SO_4 (*Dornow*, B. **73** [1940] 153, 155). Aus 2-Fluor-nicotinsäure-amid beim Erwärmen mit CH_3I auf 80° und Behandeln des Reaktionsprodukts mit H_2O (*Bradlow, Vanderwerf*, J. org. Chem. **14** [1949] 509, 513).

Kristalle; F: 270,1–272° [korr.; nach Sintern bei 265°; aus H_2O] (*Br., Va.*), 266–267° [aus wss. Me. oder H_2O] (*Do.*).

2-Hydroxy-nicotinsäure-anilid $C_{12}H_{10}N_2O_2$, Formel XII (R = H, X = NH-C_6H_5), und Tautomeres (2-Oxo-1,2-dihydro-pyridin-3-carbonsäure-anilid).

B. Beim Erwärmen von 2-Hydroxy-nicotinoylchlorid (aus 2-Hydroxy-nicotinsäure und $SOCl_2$ hergestellt) mit Anilin (*Dornow*, B. **73** [1940] 153, 155).

Kristalle (aus A.); F: 261°.

2-Methoxy-nicotinsäure-amid $C_7H_8N_2O_2$, Formel XII (R = CH_3, X = NH_2).

B. Beim Behandeln von 2-Methoxy-nicotinonitril mit äthanol. KOH und wss. H_2O_2 (*Taylor, Crovetti*, Am. Soc. **78** [1956] 214, 217).

Kristalle; F: 130—131° [korr.; nach Sublimation im Vakuum bei 100°].

2-[2-Diäthylamino-äthoxy]-nicotinsäure-diäthylamid $C_{16}H_{27}N_3O_2$, Formel XII (R = CH_2-CH_2-N(C_2H_5)$_2$, X = N(C_2H_5)$_2$).

B. Aus 2-Chlor-nicotinsäure-diäthylamid (hergestellt aus 2-Chlor-nicotinoylchlorid und Diäthylamin) beim Erhitzen mit Natrium-[2-diäthylamino-äthylat] in 2-Diäthyl=amino-äthanol (*CIBA*, D.R.P. 582319 [1930]; Frdl. **19** 1141).

Hydrochlorid. F: 184°.

2-[2-Amino-äthoxy]-nicotinsäure-anilid $C_{14}H_{15}N_3O_2$, Formel XII (R = CH_2-CH_2-NH_2, X = NH-C_6H_5).

B. Aus 2-Chlor-nicotinsäure-anilid und Natrium-[2-amino-äthylat] (*CIBA*, D.R.P. 582319 [1930]; Frdl. **19** 1141; U.S.P. 1881236 [1930]).

Hydrochlorid $C_{14}H_{15}N_3O_2 \cdot HCl$. Kristalle; F: 203°.

2-[2-Dimethylamino-äthoxy]-nicotinsäure-anilid $C_{16}H_{19}N_3O_2$, Formel XII (R = CH_2-CH_2-N(CH_3)$_2$, X = NH-C_6H_5).

B. Aus 2-Chlor-nicotinsäure-anilid und Natrium-[2-dimethylamino-äthylat] (*CIBA*, D.R.P. 582319 [1930]; Frdl. **19** 1141; U.S.P. 1881236 [1930]).

Hydrochlorid. Kristalle; F: 204°.

2-[2-Diäthylamino-äthoxy]-nicotinsäure-anilid $C_{18}H_{23}N_3O_2$, Formel XII (R = CH_2-CH_2-N(C_2H_5)$_2$, X = NH-C_6H_5).

B. Aus 2-Chlor-nicotinsäure-anilid und Natrium-[2-diäthylamino-äthylat] (*CIBA*, D.R.P. 582319 [1930]; Frdl. **19** 1141; U.S.P. 1881236 [1930]).

Hydrochlorid. Kristalle; F: 172°.

2-[2-Dibutylamino-äthoxy]-nicotinsäure-anilid $C_{22}H_{31}N_3O_2$, Formel XII (R = CH_2-CH_2-N([CH_2]$_3$-CH_3)$_2$, X = NH-C_6H_5).

B. Aus 2-Chlor-nicotinsäure-anilid und Natrium-[2-dibutylamino-äthylat] (*CIBA*, D.R.P. 582319 [1930; Frdl. **19** 1141; U.S.P. 1881236 [1930]).

Hydrochlorid. Kristalle; F: 123°.

2-[2-(2-Hydroxy-äthylamino)-äthoxy]-nicotinsäure-anilid $C_{16}H_{19}N_3O_3$, Formel XII (R = CH_2-CH_2-NH-CH_2-CH_2-OH, X = NH-C_6H_5).

B. Beim Erhitzen von 2-Chlor-nicotinsäure-anilid und Natrium in Bis-[2-hydroxy-äthyl]-amin (*CIBA*, U.S.P. 1881236 [1930]).

Picrat. F: 206—208°.

Bis-[2-(3-phenylcarbamoyl-[2]pyridyloxy)-äthyl]-amin, 2,2'-[3-Aza-pentandiyldioxy]-di-nicotinsäure-dianilid $C_{28}H_{27}N_5O_4$, Formel I.

B. Beim Erhitzen von Bis-[2-hydroxy-äthyl]-amin mit Natrium in Toluol und anschliessend mit 2-Chlor-nicotinsäure-anilid (*CIBA*, U.S.P. 1881236 [1930]).

Kristalle (aus Bzl.); F: 133°.

2-[2-Piperidino-äthoxy]-nicotinsäure-anilid $C_{19}H_{23}N_3O_2$, Formel II.

B. Aus 2-Chlor-nicotinsäure-anilid und Natrium-[2-piperidino-äthylat] (*CIBA*, D.R.P. 582319 [1930]; Frdl. **19** 1141; U.S.P. 1881236 [1930]).

Hydrochlorid. Kristalle; F: 198°.

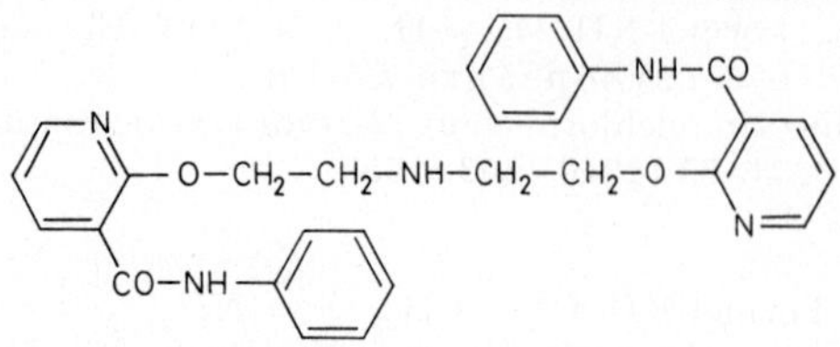

I 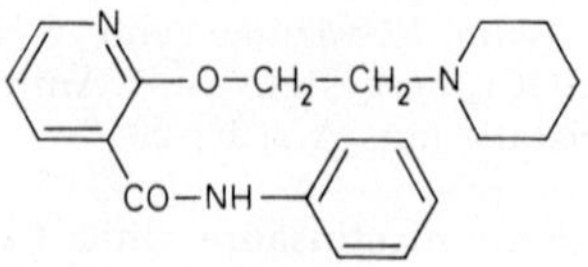 II

2-[2-Diäthylamino-äthoxy]-nicotinsäure-[*N*-äthyl-anilid] $C_{20}H_{27}N_3O_2$, Formel III ($R = C_2H_5$, $X = H$).

B. Aus 2-Chlor-nicotinsäure-[*N*-äthyl-anilid] und Natrium-[2-diäthylamino-äthylat] (*CIBA*, D.R.P. 582319 [1930]; Frdl. **19** 1141; U.S.P. 1881236 [1930]).

Hydrochlorid. Kristalle; F: 142°.

2-[2-Diäthylamino-äthoxy]-nicotinsäure-*p*-phenetidid $C_{20}H_{27}N_3O_3$, Formel III ($R = H$, $X = O\text{-}C_2H_5$).

B. Aus 2-Chlor-nicotinsäure-*p*-phenetidid und Natrium-[2-diäthylamino-äthylat] (*CIBA*, D.R.P. 582319 [1930]; Frdl. **19** 1141; U.S.P. 1881236 [1930]).

Kristalle (aus PAe.); F: 63°.

Hydrochlorid. F: 163°.

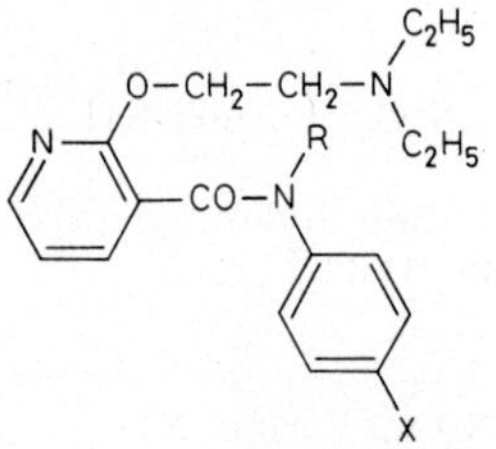

III 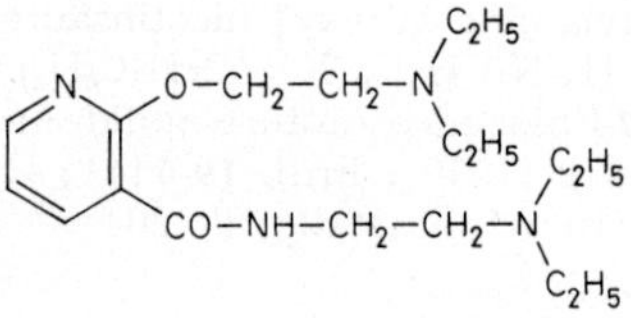 IV

2-[2-Diäthylamino-äthoxy]-nicotinsäure-[2-diäthylamino-äthylamid] $C_{18}H_{32}N_4O_2$, Formel IV.

B. Beim Erwärmen von 2-Chlor-nicotinsäure-[2-diäthylamino-äthylamid] (aus 2-Chlor-nicotinoylchlorid und *N,N*-Diäthyl-äthylendiamin hergestellt) mit Natrium-[2-diäthyl-amino-äthylat] in 2-Diäthylamino-äthanol (*CIBA*, D.R.P. 582319 [1930]; Frdl. **19** 1141; U.S.P. 1881236 [1930]).

Dihydrochlorid. Kristalle; F: 195°.

2-Hydroxy-nicotinonitril $C_6H_4N_2O$, Formel V ($R = X = X' = H$), und Tautomeres (2-Oxo-1,2-dihydro-pyridin-3-carbonitril).

B. Beim Erwärmen von 1,1,3,3-Tetraäthoxy-propan mit wss. HCl, wss. Cyanessigsäure-amid und Triäthylamin (*Protopopowa, Školdinow*, Ž. obšč. Chim. **27** [1957] 1276, 1279; engl. Ausg. S. 1360, 1362). Beim Erwärmen von 1,3,3-Triäthoxy-propen mit Cyan-essigsäure-amid und Piperidin in Äthanol (*Dornow*, B. **73** [1940] 153, 154; *Baumgarten, Dornow*, D.R.P. 713469 [1940]; D.R.P. Org. Chem. **3** 1372).

Kristalle; F: 225—226° [aus A.] (*Do.*; *Ba.*, *Do.*), 224—225° [aus A.] (*Pr.*, *Šk.*), 224° [aus H_2O] (*Schroeter, Finck*, B. **71** [1938] 671, 676).

Verbindung mit Piperidin $C_6H_4N_2O \cdot C_5H_{11}N$. Hellgelbe Kristalle (aus H_2O); F: 197° (*Do.*; *Ba.*, *Do.*).

2-Methoxy-nicotinonitril $C_7H_6N_2O$, Formel V ($R = CH_3$, $X = X' = H$).

B. Neben geringen Mengen 2-Methoxy-nicotinsäure-amid beim Erwärmen von 2-Chlor-nicotinonitril mit methanol. Natriummethylat (*Taylor, Crovetti*, Am. Soc. **78** [1956] 214, 217).

Kristalle; F: 76,5—77,5° [nach Sublimation im Vakuum bei 55—60°].

4,6-Dichlor-2-hydroxy-nicotinonitril $C_6H_2Cl_2N_2O$, Formel V (R = X' = H, X = Cl), und Tautomeres (4,6-Dichlor-2-oxo-1,2-dihydro-pyridin-3-carbonitril).

B. Neben 2,4,6-Trichlor-nicotinonitril beim Erhitzen von 6-Chlor-2,4-dihydroxy-nicotinonitril mit PCl_5 auf 150° (*Schroeter, Finck*, B. **71** [1938] 671, 676). Aus 2,4,6-Tri-chlor-nicotinonitril beim Erwärmen mit wss. NaOH (*Sch., Fi.*).

Kristalle, die in Äthanol leicht löslich und in H_2O schwer löslich sind.

2-Hydroxy-5-nitro-nicotinsäure $C_6H_4N_2O_5$, Formel VI, und Tautomeres (5-Nitro-2-oxo-1,2-dihydro-pyridin-3-carbonsäure).

B. Beim Erwärmen von 2-Hydroxy-nicotinsäure mit HNO_3 [D: 1,52] und rauchender H_2SO_4 (*Carboni*, G. **83** [1953] 637, 645). Aus 2-Amino-5-nitro-nicotinsäure beim Behandeln mit wss. $NaNO_2$ in wss. H_2SO_4 oder beim Erhitzen mit wss. NaOH (*Ca.*). Beim Erhitzen von 2-Hydroxy-5-nitro-nicotinonitril oder von 2-Äthoxy-5-nitro-nicotinonitril mit wss. H_2SO_4 (*Fanta, Stein*, Am. Soc. **77** [1955] 1045).

Kristalle; F: 250–251° [korr.; aus H_2O] (*Fa., St.*), 240–245° [aus A.] (*Ca.*).

Die Identität einer von *Räth* (A. **486** [1931] 284, 293) unter dieser Konstitution beschriebenen Verbindung (gelbe Kristalle, F: 265°) ist ungewiss (*Ca.*, l. c. S. 639).

2-Hydroxy-5-nitro-nicotinonitril $C_6H_3N_3O_3$, Formel V (R = X = H, X' = NO_2), und Tautomeres (5-Nitro-2-oxo-1,2-dihydro-pyridin-3-carbonitril).

B. Beim Behandeln der Natrium-Verbindung des Nitromalonaldehyds mit Cyanessig-säure-amid unter Zusatz von Benzyl-trimethyl-ammonium-hydroxid in H_2O (*Fanta, Stein*, Am. Soc. **77** [1955] 1045).

Kristalle (aus H_2O); F: 265–266° [korr.].

2-Äthoxy-5-nitro-nicotinonitril $C_8H_7N_3O_3$, Formel V (R = C_2H_5, X = H, X' = NO_2).

B. Beim Behandeln von 2-Chlor-5-nitro-nicotinonitril mit äthanol. Natriumäthylat (*Fanta, Stein*, Am. Soc. **77** [1955] 1045).

Kristalle (aus A.); F: 62,5–63°.

2-Mercapto-nicotinsäure $C_6H_5NO_2S$, Formel VII (R = H, X = OH), und Tautomeres (2-Thioxo-1,2-dihydro-pyridin-3-carbonsäure).

B. Aus 2-Chlor-nicotinsäure beim Erhitzen mit KHS in Äthanol (*Sucharda, Trosz-kiewiczówna*, Roczniki Chem. **12** [1932] 493, 494; C. **1932** II 3400) oder mit NaHS in wss. Äthanol (*Fibel, Spoerri*, Am. Soc. **70** [1948] 3908, 3909).

Gelbe Kristalle; F: 270° [Zers.; aus wss. A.] (*Su., Tr.*), 260–261° [unkorr.; Zers.; aus A.] (*Fi., Sp.*). UV-Spektrum (A., wss. HCl sowie wss. NaOH; 230–350 nm): *Fi., Sp.*

Salz mit (±)-3-[3-Carboxy-pyridin-2-carbonylamino]-2-hydroxy-propyl-quecksilber(1+) $[C_{10}H_{11}HgN_2O_4]C_6H_4NO_2S$. Dinatrium-Salz $Na_2C_{16}H_{13}HgN_3O_6S$. Kristalle mit 2 Mol H_2O, die sich zwischen 138° und 172° zersetzen (*Werner, Scholz*, Am. Soc. **76** [1954] 2453, 2454).

V VI VII VIII

2-Phenylmercapto-nicotinsäure $C_{12}H_9NO_2S$, Formel VII (R = C_6H_5, X = OH).

B. Beim Erhitzen von 2-Chlor-nicotinsäure mit Thiophenol bis auf 190° (*Mann, Reid*, Soc. **1952** 2057, 2060).

Kristalle (aus CCl_4); F: 171–171,5°.

2-Carboxymethylmercapto-nicotinsäure, [3-Carboxy-[2]pyridylmercapto]-essigsäure $C_8H_7NO_4S$, Formel VII (R = CH_2-CO-OH, X = OH).

B. Beim Erhitzen von 2-Mercapto-nicotinsäure mit Chloressigsäure und Na_2CO_3 in H_2O (*Tschitschibabin, Woroshtzow*, B. **66** [1933] 364, 370).

Kristalle (aus Eg. enthaltendem H_2O); F: ca. 220° [Zers.].

2-[2-Carboxy-phenylmercapto]-nicotinsäure, 2-[3-Carboxy-[2]pyridylmercapto]-benzoesäure $C_{13}H_9NO_4S$, Formel VIII (R = R' = H).

B. Beim Erhitzen von 2-Chlor-nicotinsäure mit 2-Mercapto-benzoesäure auf 170–175° (*Mann, Reid,* Soc. **1952** 2057, 2061).

Kristalle (aus H_2O); F: 192–193°.

2-[2-Methoxycarbonyl-phenylmercapto]-nicotinsäure $C_{14}H_{11}NO_4S$, Formel VIII (R = H, R' = CH_3).

B. Als Hauptprodukt beim Erhitzen von 2-Chlor-nicotinsäure mit 2-Mercapto-benzoesäure-methylester auf 170° (*Mann, Reid,* Soc. **1952** 2057, 2062).

Kristalle (aus Bzl.); F: 167–168° [Zers.].

2-Mercapto-nicotinsäure-methylester $C_7H_7NO_2S$, Formel VII (R = H, X = O-CH_3), und Tautomeres (2-Thioxo-1,2-dihydro-pyridin-3-carbonsäure-methylester).

B. Aus 2-Mercapto-nicotinsäure und Methanol unter Zusatz von H_2SO_4 (*Fibel, Spoerri,* Am. Soc. **70** [1948] 3908, 3909). Aus 2-Mercapto-nicotinoylchlorid (hergestellt aus 2-Mercapto-nicotinsäure und $SOCl_2$ in Pyridin) beim Behandeln mit Methanol (*Katz et al.*, J. org. Chem. **19** [1954] 711, 713).

Kristalle; F: 204° [unkorr.] (*Fi., Sp.*). UV-Spektrum (A., wss. HCl sowie wss. NaOH; 230–350 nm): *Fi., Sp.*

[3-Methoxycarbonyl-[2]pyridylmercapto]-essigsäure $C_9H_9NO_4S$, Formel VII (R = CH_2-CO-OH, X = O-CH_3).

B. Beim Erhitzen von 2-Chlor-nicotinsäure-methylester mit Mercaptoessigsäure auf 110° (*Tschitschibabin, Woroshtzow,* B. **66** [1933] 364, 370).

Kristalle (aus H_2O); F: 82–83°.

2-Methoxycarbonylmethylmercapto-nicotinsäure-methylester, [3-Methoxycarbonyl-[2]pyridylmercapto]-essigsäure-methylester $C_{10}H_{11}NO_4S$, Formel VII (R = CH_2-CO-O-CH_3, X = O-CH_3).

B. Aus 2-Carboxymethylmercapto-nicotinsäure oder aus [3-Methoxycarbonyl-[2]pyridylmercapto]-essigsäure beim Behandeln in Methanol mit äther. Diazomethan (*Tschitschibabin, Woroshtzow,* B. **66** [1933] 364, 370).

Kristalle; F: 100–100,5°.

Beim Behandeln mit methanol. Natriummethylat ist 3-Hydroxy-thieno[2,3-*b*]pyridin-2-carbonsäure-methylester erhalten worden.

2-[2-Methoxycarbonyl-phenylmercapto]-nicotinsäure-methylester, 2-[3-Methoxycarbonyl-[2]pyridylmercapto]-benzoesäure-methylester $C_{15}H_{13}NO_4S$, Formel VIII (R = R' = CH_3).

B. Beim Erhitzen von 2-Chlor-nicotinsäure-methylester mit 2-Mercapto-benzoesäure-methylester auf 170° (*Mann, Reid,* Soc. **1952** 2057, 2062).

Kristalle (aus PAe.); F: 77–78°.

2-Mercapto-nicotinsäure-hydrazid $C_6H_7N_3OS$, Formel VII (R = H, X = NH-NH_2), und Tautomeres (2-Thioxo-1,2-dihydro-pyridin-3-carbonsäure-hydrazid).

B. Beim Erwärmen von 2-Mercapto-nicotinsäure-methylester mit $N_2H_4 \cdot H_2O$ in wss. Äthanol (*Katz et al.*, J. org. Chem. **19** [1954] 711, 714; *Schenley Ind.*, U.S.P. 2824876 [1955]).

Hellgelbe Kristalle (aus DMF + A.); F: 330° [unkorr.].

***2-Mercapto-nicotinsäure-[2,4-dichlor-benzylidenhydrazid], 2,4-Dichlor-benzaldehyd-[2-mercapto-nicotinoylhydrazon]** $C_{13}H_9Cl_2N_3OS$, Formel IX, und Tautomeres (2-Thioxo-1,2-dihydro-pyridin-3-carbonsäure-[2,4-dichlor-benzylidenhydrazid]).

B. Aus 2-Mercapto-nicotinsäure-hydrazid und 2,4-Dichlor-benzaldehyd in Essigsäure bzw. in Essigsäure enthaltendem Methanol (*Katz et al.*, J. org. Chem. **19** [1954] 711, 714; *Schenley Ind.*, U.S.P. 2824876 [1955]).

Gelbe Kristalle (aus DMF + Me.); F: 265–267° [unkorr.].

SH, N, CO—NH—N=CH, Cl, Cl — IX

SH, N, Cl, CN, Cl — X

4,6-Dichlor-2-mercapto-nicotinonitril $C_6H_2Cl_2N_2S$, Formel X, und Tautomeres (4,6-Dichlor-2-thioxo-1,2-dihydro-pyridin-3-carbonitril).

B. Beim Erwärmen von 2,4,6-Trichlor-nicotinonitril mit Na_2S in H_2O (*Schroeter, Finck*, B. **71** [1938] 671, 677).

Hellgelbe Kristalle, die sich an der Luft rot färben.

Natrium-Salz. Kristalle; löslich in H_2O, Äthanol und Essigsäure.

4-Hydroxy-nicotinsäure $C_6H_5NO_3$, Formel I (R = H, X = OH), und Tautomeres (4-Oxo-1,4-dihydro-pyridin-3-carbonsäure) (H 214).

B. Aus dem Natrium-Salz des 4-Hydroxy-pyridins und CO_2 bei mehrstündigem Erhitzen auf 190—220°/50 at (*Bojarska-Dahlig, Nantka-Namirski*, Roczniki Chem. **29** [1955] 1007, 1011; C. A. **1956** 11337; s. a. *I. G. Farbenind.*, D.R.P. 750398 [1941]; D.R.P. Org. Chem. **6** 2533).

Kristalle; F: 257° [aus H_2O] (*Bo.-Da., Na.-Na.*), 257° (*I. G. Farbenind.*).

Verbindung mit Quecksilber(II)-chlorid 3 $C_6H_5NO_3 \cdot HgCl_2$. Kristalle (aus H_2O); F: 213° (*Bo.-Da., Na.-Na.*).

Picrat 4 $C_6H_5NO_3 \cdot C_6H_3N_3O_7$. Kristalle (aus H_2O); F: 182—183° (*Bo.-Da., Na.-Na.*).

4-Hydroxy-nicotinsäure-methylester $C_7H_7NO_3$, Formel I (R = H, X = O-CH_3), und Tautomeres (4-Oxo-1,4-dihydro-pyridin-3-carbonsäure-methylester).

B. Beim Erwärmen von 4-Hydroxy-nicotinsäure mit Methanol unter Zusatz von konz. H_2SO_4 (*Bojarska-Dahlig, Nantka-Namirski*, Roczniki Chem. **29** [1955] 1007, 1015; C. A. **1956** 11337).

Kristalle (aus A.); F: 221—222°.

4-Hydroxy-nicotinsäure-äthylester $C_8H_9NO_3$, Formel I (R = H, X = O-C_2H_5), und Tautomeres (4-Oxo-1,4-dihydro-pyridin-3-carbonsäure-äthylester).

B. Beim Erwärmen von 4-Hydroxy-nicotinsäure mit Äthanol unter Zusatz von konz. H_2SO_4 (*Bojarska-Dahlig, Nantka-Namirski*, Roczniki Chem. **29** [1955] 1007, 1015; C. A. **1956** 11337).

Kristalle (aus A.); F: 219—220°.

4-Hydroxy-nicotinsäure-amid $C_6H_6N_2O_2$, Formel I (R = H, X = NH_2), und Tautomeres (4-Oxo-1,4-dihydro-pyridin-3-carbonsäure-amid).

B. Beim Behandeln von 4-Hydroxy-nicotinsäure-methylester mit wss. NH_3 (*Bojarska-Dahlig, Nantka-Namirski*, Roczniki Chem. **29** [1955] 1007, 1015; C. A. **1956** 11337).

Kristalle (aus H_2O); F: 276—278° [Zers.; nach Erweichen bei ca. 260°].

4-Phenoxy-nicotinsäure-amid $C_{12}H_{10}N_2O_2$, Formel I (R = C_6H_5, X = NH_2).

B. Beim Erhitzen von 4-Phenoxy-nicotinonitril mit konz. H_2SO_4 auf 110° (*Kruger, Mann*, Soc. **1955** 2755, 2761).

Kristalle; F: 196° [nach Sublimation bei 160°/0,005 Torr].

N, CO—X, O—R — I

N, CN, O—R — II

O, N, CO—X, O—CH_3 — III

N, CO—X, S—R — IV

4-Methoxy-nicotinonitril $C_7H_6N_2O$, Formel II (R = CH_3).

B. Beim Erwärmen einer aus 4-Methoxy-[3]pyridylamin in wss. HCl hergestellten Diazoniumsalz-Lösung mit CuCN und NaCN in H_2O (*Reitmann*, Med. Ch. I. G. **2** [1934] 384, 388).

Kristalle (aus H_2O); F: 124°.

4-Phenoxy-nicotinonitril $C_{12}H_8N_2O$, Formel II (R = C_6H_5).

B. Beim Behandeln einer aus 4-Phenoxy-[3]pyridylamin hergestellten Diazoniumsalz-Lösung mit CuCN und KCN in H_2O (*Kruger, Mann*, Soc. **1955** 2755, 2761).

Kristalle (aus A.); F: 104–105°. Bei 100°/0,2 Torr destillierbar.

4-Hydroxy-nicotinsäure-hydrazid $C_6H_7N_3O_2$, Formel I (R = H, X = NH-NH_2), und Tautomeres (4-Oxo-1,4-dihydro-pyridin-3-carbonsäure-hydrazid).

B. Beim Erwärmen von 4-Hydroxy-nicotinsäure-methylester mit $N_2H_4 \cdot H_2O$ in Methanol (*Bojarska-Dahlig, Nantka-Namirski*, Roczniki Chem. **29** [1955] 1007, 1015; C. A. **1956** 11337).

Kristalle (aus Me.), unterhalb 350° nicht schmelzend.

4-Methoxy-1-oxy-nicotinsäure, 4-Methoxy-nicotinsäure-1-oxid $C_7H_7NO_4$, Formel III (X = OH).

B. Beim Erwärmen von 4-Nitro-nicotinsäure-1-oxid mit Natriummethylat und Methanol (*Taylor, Crovetti*, Am. Soc. **78** [1956] 214, 215).

Kristalle (aus H_2O); F: 202° [korr.; Zers.].

4-Methoxy-1-oxy-nicotinsäure-methylester $C_8H_9NO_4$, Formel III (X = O-CH_3).

B. Beim Erwärmen von 4-Methoxy-nicotinsäure-1-oxid mit Methanol und HCl (*Taylor, Crovetti*, Am. Soc. **78** [1956] 214, 216).

F: 141–143° [korr.; Zers.]; färbt sich im Sonnenlicht rot.

Picrat $C_8H_9NO_4 \cdot C_6H_3N_3O_7$. Kristalle (aus Me.); F: 146–147° [korr.].

4-Methoxy-1-oxy-nicotinsäure-amid $C_7H_8N_2O_3$, Formel III (X = NH_2).

B. Beim Behandeln von 4-Methoxy-1-oxy-nicotinsäure-methylester mit flüssigem NH_3 (*Taylor, Crovetti*, Am. Soc. **78** [1956] 214, 216).

Kristalle (aus Me.); F: 210–211° [korr.; Zers.].

4-Mercapto-nicotinsäure $C_6H_5NO_2S$, Formel IV (R = H, X = OH), und Tautomeres (4-Thioxo-1,4-dihydro-pyridin-3-carbonsäure).

B. Beim Erhitzen von [1,2]Dithiolo[4,3-*c*]pyridin-3-thion mit wss. NaOH (*Katz et al.*, J. org. Chem. **19** [1954] 711, 716; *Schenley Ind.*, U.S.P. 2824876 [1955]).

Hellgelbe Kristalle (aus H_2O); F: 236–238° [unkorr.].

4-Phenylmercapto-nicotinsäure $C_{12}H_9NO_2S$, Formel IV (R = C_6H_5, X = OH).

B. Beim aufeinanderfolgenden Behandeln von [3-Jod-[4]pyridyl]-phenyl-sulfid in Toluol mit einer Lösung von Butyllithium in Toluol und mit festem CO_2 unter Stickstoff bei –38° (*Kruger, Mann*, Soc. **1955** 2755, 2759).

Hellgelbe Kristalle (aus A. oder Eg.); F: 236°.

Hydrochlorid $C_{12}H_9NO_2S \cdot HCl$. Kristalle (aus A.); F: 275° [Zers.].

4-Mercapto-nicotinsäure-methylester $C_7H_7NO_2S$, Formel IV (R = H, X = O-CH_3), und Tautomeres (4-Thioxo-1,4-dihydro-pyridin-3-carbonsäure-methylester).

B. Beim Erwärmen von 4-Mercapto-nicotinsäure mit Methanol und HCl (*Katz et al.*, J. org. Chem. **19** [1954] 711, 716; *Schenley Ind.*, U.S.P. 2824876 [1955]).

Gelbe Kristalle (aus H_2O); F: 170–171° [unkorr.].

4-Phenylmercapto-nicotinonitril $C_{12}H_8N_2S$, Formel V.

B. Beim Behandeln einer aus 4-Phenylmercapto-[3]pyridylamin hergestellten Diazoniumsalz-Lösung mit einer wss. Lösung von CuCN und KCN bei 75° (*Kruger, Mann*, Soc. **1955** 2755, 2758).

Hellgelbe Kristalle (aus PAe.); F: 63–63,5°.

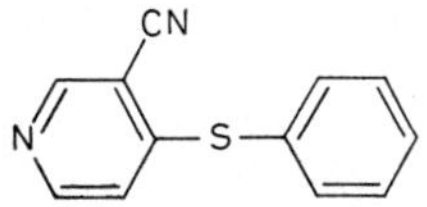

V 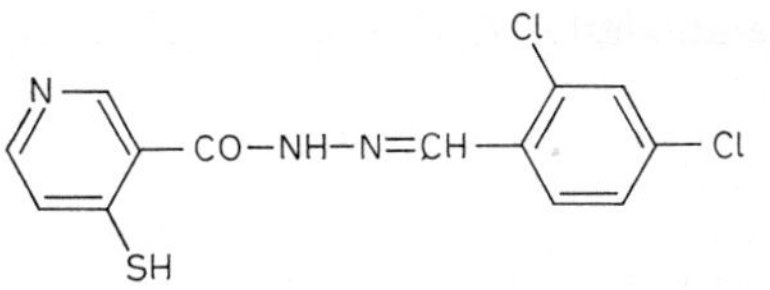 VI 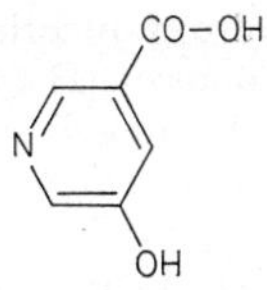 VII

4-Mercapto-nicotinsäure-hydrazid $C_6H_7N_3OS$, Formel IV (R = H, X = NH-NH_2), auf S. 2145, und Tautomeres (4-Thioxo-1,4-dihydro-pyridin-3-carbonsäure-hydrazid).

B. Beim Erwärmen von 4-Mercapto-nicotinsäure-methylester mit $N_2H_4 \cdot H_2O$ (*Katz et al.*, J. org. Chem. **19** [1954] 711, 716; *Schenley Ind.*, U.S.P. 2824876 [1955]).

Gelbe Kristalle (aus H_2O); F: 304—305° [unkorr.; nach Erweichen bei 230°].

***4-Mercapto-nicotinsäure-[2,4-dichlor-benzylidenhydrazid], 2,4-Dichlor-benzaldehyd-[4-mercapto-nicotinoylhydrazon]** $C_{13}H_9Cl_2N_3OS$, Formel VI, und Tautomeres (4-Thioxo-1,4-dihydro-pyridin-3-carbonsäure-[2,4-dichlor-benzylidenhydrazid]).

B. Beim Erwärmen von 4-Mercapto-nicotinsäure-hydrazid mit 2,4-Dichlor-benzaldehyd in Essigsäure enthaltendem Methanol (*Schenley Ind.*, U.S.P. 2824876 [1955]; s. a. *Katz et al.*, J. org. Chem. **19** [1954] 711, 716).

Gelbe Kristalle (aus DMF + Me.); F: 254—255° [unkorr.].

5-Hydroxy-nicotinsäure $C_6H_5NO_3$, Formel VII.

B. Beim Erwärmen einer aus 5-Amino-nicotinsäure in wss. H_2SO_4 hergestellten Diazoniumsalz-Lösung (*Graf*, J. pr. [2] **138** [1933] 244, 254).

Kristalle (aus H_2O); F: 299° [Zers.; bei raschem Erhitzen], 293—294° [bei langsamem Erhitzen].

6-Hydroxy-nicotinsäure $C_6H_5NO_3$, Formel VIII (R = H, X = OH), und Tautomeres (6-Oxo-1,6-dihydro-pyridin-3-carbonsäure) (H 215; E II 165).

B. Beim Erhitzen von 6-Fluor-nicotinsäure oder von 6-Brom-nicotinsäure mit wss. HCl (*Bradlow, Vanderwerf*, J. org. Chem. **14** [1949] 509, 514).

Kristalle; F: 314—316° [Zers.; nach Sintern bei 304°; aus H_2O] (*Hughes*, Biochem. J. **60** [1955] 303, 307), 314—315° [korr.; Zers.; evakuierte Kapillare] (*Behrman, Stanier*, J. biol. Chem. **228** [1957] 923, 931), 309° [korr.; nach Sintern bei 305—308°; aus H_2O] (*Br., Va.*), 308—309° [unkorr.; aus H_2O] (*Harary*, J. biol. Chem. **227** [1957] 823, 825). UV-Spektrum (H_2O; 220—330 nm): *Be., St.*, l. c. S. 925. UV-Spektrum (wss. HCl [1 n]; 210—330 nm): *Hu.*, l. c. S. 306; *Ha.*, l. c. S. 826.

6-Propoxy-nicotinsäure $C_9H_{11}NO_3$, Formel VIII (R = CH_2-CH_2-CH_3, X = OH).

B. Neben anderen Verbindungen beim Behandeln von 6-Hydroxy-nicotinsäure mit wss. KOH und Erhitzen des Reaktionsprodukts mit Propyljodid und Propan-1-ol bis auf 180° (*El'kina, Schemjakin*, Ž. obšč. Chim. **13** [1943] 164, 166; C. A. **1944** 1504).

Kristalle (aus Ae.); F: 116—117°.

6-Hydroxy-nicotinsäure-methylester $C_7H_7NO_3$, Formel VIII (R = H, X = O-CH_3), und Tautomeres (6-Oxo-1,6-dihydro-pyridin-3-carbonsäure-methylester) (H 215).

B. Beim Behandeln von 6-Hydroxy-nicotinsäure mit Methanol und HCl (*Okata*, Bl. Textile Res. Inst. Yokohama Nr. 38 [1956] 82, 85; C. A. **1961** 14455).

Kristalle; F: 166,1—167,5° [korr.] (*Bradlow, Vanderwerf*, J. org. Chem. **14** [1949] 509, 514).

6-Methoxy-nicotinsäure-methylester $C_8H_9NO_3$, Formel VIII (R = CH_3, X = O-CH_3) (H 215).

B. Aus 6-Nitro-nicotinsäure-methylester beim Erwärmen mit Methanol und NaH in Benzol oder beim Erwärmen mit methanol. Natriummethylat (*Dummel, Mosher*, J. org. Chem. **24** [1959] 1007).

Kristalle; F: 48—49° [nach Sublimation].

6-Hydroxy-nicotinsäure-äthylester $C_8H_9NO_3$, Formel VIII (R = H, X = O-C_2H_5), und Tautomeres (H 215).

In Lösungen in Chinolin liegt überwiegend 6-Oxo-1,6-dihydro-pyridin-3-carbonsäure-äthylester vor (*v. Auwers*, Z. physik. Chem. [A] **164** [1933] 33, 39).

B. Beim Erwärmen von 6-Nitro-nicotinsäure mit Äthanol und konz. H_2SO_4 (*Dummel, Mosher*, J. org. Chem. **24** [1959] 1007).

Kristalle (aus E.); F: 149–151° [unkorr.] (*Du., Mo.*). IR-Banden: 2,90 μ und 5,89 μ (*Du., Mo.*).

6-Methoxy-nicotinsäure-[2-diäthylamino-äthylester] $C_{13}H_{20}N_2O_3$, Formel VIII (R = CH_3, X = O-CH_2-CH_2-N(C_2H_5)$_2$).

B. Beim Erwärmen des Natrium-Salzes der 6-Methoxy-nicotinsäure mit Diäthyl-[2-chlor-äthyl]-amin in Äther (*C.F. Boehringer & Söhne*, D.R.P. 743467 [1939]; D.R.P. Org. Chem. **3** 157, 158).

Hydrochlorid. Kristalle (aus Ae. + Butan-1-ol); F: 116–118°.

6-Isopropoxy-nicotinsäure-[2-diäthylamino-äthylester] $C_{15}H_{24}N_2O_3$, Formel VIII (R = CH(CH_3)$_2$, X = O-CH_2-CH_2-N(C_2H_5)$_2$).

B. Beim Erwärmen des Natrium-Salzes der 6-Isopropoxy-nicotinsäure mit Diäthyl-[2-chlor-äthyl]-amin in Äther (*C.F. Boehringer & Söhne*, D.R.P. 743467 [1939]; D.R.P. Org. Chem. **3** 157, 158).

Hydrochlorid $C_{15}H_{24}N_2O_3 \cdot HCl$. Kristalle (aus Acn.); F: 118°.

6-Butoxy-nicotinsäure-[2-diäthylamino-äthylester] $C_{16}H_{26}N_2O_3$, Formel VIII (R = [CH_2]$_3$-CH_3, X = O-CH_2-CH_2-N(C_2H_5)$_2$).

B. Beim Erwärmen des Natrium-Salzes der 6-Butoxy-nicotinsäure mit Diäthyl-[2-chlor-äthyl]-amin in Äther (*C.F. Boehringer & Söhne*, D.R.P. 743467 [1939]; D.R.P. Org. Chem. **3** 157). Beim Behandeln einer Lösung von 6-Butoxy-nicotinsäure in konz. H_2SO_4 mit 2-Diäthylamino-äthanol bei ca. 0° und anschliessenden Erhitzen des Reaktionsgemisches (*C.F. Boehringer & Söhne*). Beim Erwärmen von 6-Butoxy-nicotinoylchlorid mit 2-Diäthylamino-äthanol (*C.F. Boehringer & Söhne*).

Hydrochlorid. Kristalle (aus Ae. + A.); F: 108–111°.

Picrat. Kristalle (aus wss. A.); F: 95–96°.

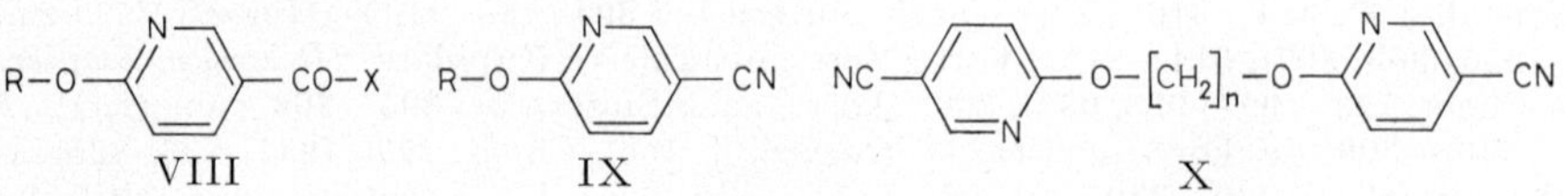

VIII IX X

6-Hydroxy-nicotinsäure-amid $C_6H_6N_2O_2$, Formel VIII (R = H, X = NH_2), und Tautomeres (6-Oxo-1,6-dihydro-pyridin-3-carbonsäure-amid).

B. Beim Erwärmen von 6-Fluor-nicotinsäure-amid mit CH_3I auf 80° und Behandeln des Reaktionsprodukts mit H_2O (*Bradlow, Vanderwerf*, J. org. Chem. **14** [1949] 509, 513).

F: 313–314,4° [korr.].

6-Hydroxy-nicotinsäure-äthylamid $C_8H_{10}N_2O_2$, Formel VIII (R = H, X = NH-C_2H_5), und Tautomeres (6-Oxo-1,6-dihydro-pyridin-3-carbonsäure-äthylamid).

B. Beim Erhitzen von 6-Butoxy-nicotinsäure-äthylamid ($C_{12}H_{18}N_2O_2$; F: 78° bis 79°) mit HCl auf 120–125° (*Chem. Fabr. v. Heyden*, D.R.P. 597974 [1933]; Frdl. **21** 513).

Kristalle; F: 205–206°.

(±)-2-Hydroxy-3-[6-hydroxy-nicotinoylamino]-propylquecksilber(1+) $[C_9H_{11}HgN_2O_3]^+$, Formel VIII (R = H, X = NH-CH_2-CH(OH)-CH_2-Hg]$^+$), und Tautomeres ((±)-2-Hydroxy-3-[6-oxo-1,6-dihydro-pyridin-3-carbonylamino]-propylquecksilber(1+)).

Acetat $[C_9H_{11}HgN_2O_3]C_2H_3O_2$; (±)-6-Hydroxy-nicotinsäure-[3-acetatomercurio-2-hydroxy-propylamid] $C_{11}H_{14}HgN_2O_5$. *B.* Aus 6-Hydroxy-nicotinsäure-allylamid (aus 6-Hydroxy-nicotinoylchlorid und Allylamin hergestellt) beim Erwärmen mit Quecksilber(II)-acetat oder mit HgO und Essigsäure in H_2O (*CIBA*, D.R.P. 641285 [1934]; Frdl. **22** 477, 479; U.S.P. 2136501 [1934]). — F: 128—129°.

6-Butoxy-nicotinsäure-amid $C_{10}H_{14}N_2O_2$, Formel VIII (R = $[CH_2]_3$-CH_3, X = NH_2).
B. Beim Erwärmen von 6-Chlor-nicotinsäure-amid mit Natriumbutylat in Butan-1-ol (*Kushner et al.*, J. org. Chem. **13** [1948] 834).
Kristalle (aus A.); F: 158° (*Forrest, Walker*, Soc. **1948** 1939, 1945), 150—151° (*Ku. et al.*).

6-Cyclohexyloxy-nicotinsäure-diäthylamid $C_{16}H_{24}N_2O_2$, Formel VIII (R = C_6H_{11}, X = $N(C_2H_5)_2$).
B. Beim Erhitzen von 6-Chlor-nicotinsäure-diäthylamid mit Natrium-cyclohexylat in Xylol (*Geigy A.G.*, Schweiz. P. 242949 [1942]).
$Kp_{0,1}$: 170—173°.

6-[2-Diäthylamino-äthoxy]-nicotinsäure-anilid $C_{18}H_{23}N_3O_2$, Formel VIII (R = CH_2-CH_2-$N(C_2H_5)_2$, X = NH-C_6H_5).
B. Beim Erwärmen von 6-Chlor-nicotinsäure-anilid mit Natrium-[2-diäthylamino-äthylat] in 2-Diäthylamino-äthanol (*CIBA*, D.R.P. 582319 [1930]; Frdl. **19** 1141; U.S.P. 1881236 [1930]).
Kristalle (aus PAe.); F: 76—77°.

6-Hydroxy-nicotinonitril $C_6H_4N_2O$, Formel IX (R = H), und Tautomeres (6-Oxo-1,6-dihydro-pyridin-3-carbonitril).
B. Beim Erwärmen einer aus 5-Amino-pyridin-2-ol in wss. H_2SO_4 hergestellten Diazoniumsalz-Lösung mit Cu_2SO_4, KCN und wss. NaOH (*Räth, Schiffmann*, A. **487** [1931] 127, 129). Beim Erwärmen einer aus 6-Amino-nicotinonitril hergestellten wss. Diazoniumsalz-Lösung (*Räth, Sch.*; *Gregory et al.*, Soc. **1947** 87). Beim Behandeln von 6-Äthoxy-nicotinonitril mit HCl bei 110° (*Chem. Fabr. v. Heyden*, D.R.P. 597974 [1933]; Frdl. **21** 513).
Kristalle (aus H_2O); F: 259—260° (*Gr. et al.*), 252—253° (*Räth, Sch.*).

6-Methoxy-nicotinonitril $C_7H_6N_2O$, Formel IX (R = CH_3).
B. Beim Erwärmen von 6-Chlor-nicotinonitril mit Natriummethylat in Methanol und Dioxan (*Forrest, Walker*, Soc. **1948** 1939, 1945).
Kristalle (aus A.); F: 94°.

6-Äthoxy-nicotinonitril $C_8H_8N_2O$, Formel IX (R = C_2H_5).
B. Aus 6-Äthoxy-[3]pyridylamin (*Chem. Fabr. v. Heyden*, D.R.P. 597974 [1933]; Frdl. **21** 513).
F: 98—99°.

6-Butoxy-nicotinonitril $C_{10}H_{12}N_2O$, Formel IX (R = $[CH_2]_3$-CH_3).
B. Beim Erwärmen von 6-Chlor-nicotinonitril mit Natriumbutylat in Butan-1-ol und Dioxan (*Forrest, Walker*, Soc. **1948** 1939, 1945).
Kristalle; F: 24°. Kp_{15}: 140—150°.

1,3-Bis-[5-cyan-[2]pyridyloxy]-propan, 6,6'-Propandiyldioxy-bis-nicotinonitril $C_{15}H_{12}N_4O_2$, Formel X (n = 3).
B. Beim Erhitzen des Silber-Salzes von 6-Hydroxy-nicotinonitril mit 1,3-Dibrompropan in Dioxan (*Gregory et al.*, Soc. **1947** 87).
Kristalle (aus A.); F: 134—135°.

1,5-Bis-[5-cyan-[2]pyridyloxy]-pentan, 6,6'-Pentandiyldioxy-bis-nicotinonitril $C_{17}H_{16}N_4O_2$, Formel X (n = 5).
B. Beim Erhitzen des Silber-Salzes von 6-Hydroxy-nicotinonitril mit 1,5-Dibrompentan in Dioxan (*Gregory et al.*, Soc. **1947** 87).
Kristalle (aus A.); F: 170—171°.

6-Methoxy-nicotinsäure-[amid-imid], 6-Methoxy-nicotinimidsäure-amid, 6-Methoxy-nicotinamidin $C_7H_9N_3O$, Formel XI (R = CH_3).

B. Aus 6-Methoxy-nicotinonitril bei 7-tägigem Behandeln mit HCl in Dioxan und Methanol bei 0° und weiterem 4-tägigen Behandeln des Reaktionsgemisches mit methanol. NH_3 bei 37° (*Forrest, Walker*, Soc. **1948** 1939, 1945).

Hydrochlorid $C_7H_9N_3O \cdot HCl$. Kristalle (aus Me.); F: 278–280°.

Acetat $C_7H_9N_3O \cdot C_2H_4O_2$. Kristalle (aus H_2O); F: 246–248°.

Benzoat $C_7H_9N_3O \cdot C_7H_6O_2$. Kristalle (aus H_2O); F: 253°.

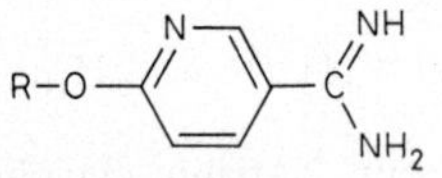

XI 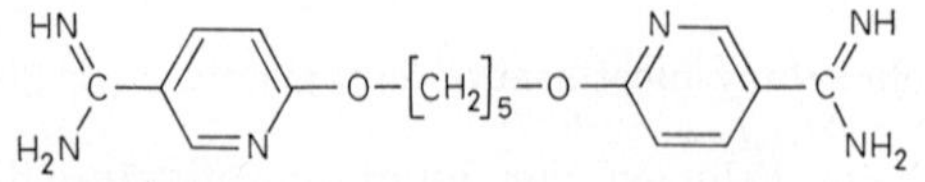 XII

6-Butoxy-nicotinsäure-[amid-imid], 6-Butoxy-nicotinimidsäure-amid, 6-Butoxy-nicotinamidin $C_{10}H_{15}N_3O$, Formel XI (R = $[CH_2]_3$-CH_3).

B. Neben 6-Butoxy-nicotinsäure-amid aus 6-Butoxy-nicotinonitril analog der im vorangehenden Artikel beschriebenen Verbindung (*Forrest, Walker*, Soc. **1948** 1939, 1945).

Hydrochlorid $C_{10}H_{15}N_3O \cdot HCl$. Kristalle (aus H_2O) mit 1 Mol H_2O; F: 95°.

Benzoat $C_{10}H_{15}N_3O \cdot C_7H_6O_2$. Kristalle (aus H_2O); F: 228°.

1,5-Bis-[5-carbamimidoyl-[2]pyridyloxy]-pentan, 6,6'-Pentandiyldioxy-bis-nicotinamidin $C_{17}H_{22}N_6O_2$, Formel XII.

B. Aus 1,5-Bis-[5-cyan-[2]pyridyloxy]-pentan bei 13-tägigem Behandeln mit HCl und Äthanol in $CHCl_3$ bei 0° und anschliessenden Erwärmen des Reaktionsprodukts mit NH_4Cl in wss. Äthanol (*Gregory et al.*, Soc. **1947** 87).

Dihydrochlorid $C_{17}H_{22}N_6O_2 \cdot 2$ HCl. Kristalle (aus A.) mit 0,5 Mol H_2O.

2-Äthoxy-5-äthoxycarbonyl-1-phenäthyl-pyridinium $[C_{18}H_{22}NO_3]^+$, Formel XIII.

Jodid $[C_{18}H_{22}NO_3]I$. *B.* Beim Erhitzen von 6-Oxo-1-phenäthyl-1,6-dihydro-pyridin-3-carbonsäure mit $POCl_3$ in Xylol auf 135° und Behandeln des Reaktionsprodukts mit Äthanol und anschliessend mit KI in H_2O (*Wiley et al.*, Am. Soc. **75** [1953] 4482). — Kristalle; F: 109–110° [Zers.]. λ_{max} (A.): 265 nm und 298 nm.

5-Fluor-6-hydroxy-nicotinsäure $C_6H_4FNO_3$, Formel XIV (R = X = H, X' = F), und Tautomeres (5-Fluor-6-oxo-1,6-dihydro-pyridin-3-carbonsäure).

B. Aus 5-Fluor-nicotinsäure durch bakterielle Oxidation mit Pseudomonas fluorescens (*Behrman, Stanier*, J. biol. Chem. **228** [1957] 947, 949).

Kristalle; F: 353–355° [korr.; Zers.; evakuierte Kapillare]. UV-Spektrum (wss. Lösung vom pH 6,8; 220–330 nm): *Be.*, *St.*, l. c. S. 950.

5-Chlor-6-hydroxy-nicotinsäure-methylester $C_7H_6ClNO_3$, Formel XIV (R = CH_3, X = H, X' = Cl), und Tautomeres (5-Chlor-6-oxo-1,6-dihydro-pyridin-3-carbonsäure-methylester) (H 216).

B. Aus 6-Amino-5-chlor-nicotinsäure-methylester (*Graf*, J. pr. [2] **13** [1933] 244, 258).

Kristalle (aus wss. A.); F: 218°.

6-Hydroxy-2,5-dijod-nicotinsäure $C_6H_3I_2NO_3$, Formel XIV (R = H, X = X' = I), und Tautomeres (2,5-Dijod-6-oxo-1,6-dihydro-pyridin-3-carbonsäure).

B. Beim Erwärmen von 6-Hydroxy-nicotinsäure in wss. NH_3 mit einer wss. Jod-KI-Lösung (*Burger, Bailey*, Am. Soc. **68** [1946] 520).

Gelbe Kristalle (aus Dioxan + A.); F: 242–249° [Zers.].

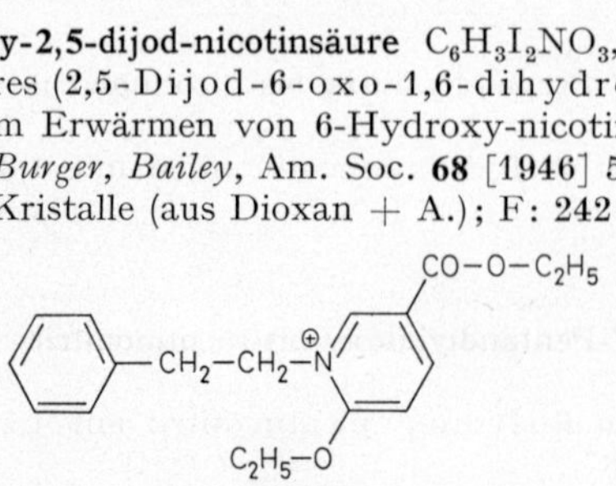

XIII 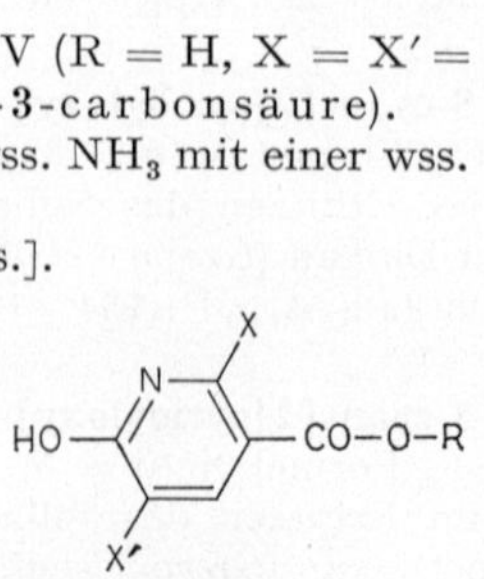 XIV

6-Hydroxy-5-nitro-nicotinsäure $C_6H_4N_2O_5$, Formel XIV (R = X = H, X' = NO_2), und Tautomeres (5-Nitro-6-oxo-1,6-dihydro-pyridin-3-carbonsäure) (H 216; E II 166).

B. Aus 6-Hydroxy-nicotinsäure beim Erwärmen mit HNO_3 [D: 1,52] (*Berrie et al.*, Soc. **1951** 2590, 2592; s. a. *Boyer, Schoen*, Am. Soc. **78** [1956] 423).

Gelbe Kristalle; F: 291° [unkorr.] (*Bo., Sch.*), 279–280° [Zers.; aus H_2O] (*Be. et al.*). λ_{max} (H_2O): 211 nm und 360 nm (*Be. et al.*).

Beim Erhitzen mit HNO_3 [D: 1,52] ist 3,5-Dinitro-pyridin-2-ol erhalten worden (*Be. et al.*).

6-Hydroxy-5-nitro-nicotinsäure-methylester $C_7H_6N_2O_5$, Formel XIV (R = CH_3, X = H, X' = NO_2), und Tautomeres (5-Nitro-6-oxo-1,6-dihydro-pyridin-3-carbonsäure-methylester).

B. Aus 6-Hydroxy-5-nitro-nicotinsäure und Methanol beim Erwärmen in Gegenwart von Mineralsäure (*Berrie et al.*, Soc. **1951** 2590, 2592).

Hellgelbe Kristalle (aus Me.); F: 206°.

6-Hydroxy-5-nitro-nicotinsäure-äthylester $C_8H_8N_2O_5$, Formel XIV (R = C_2H_5, X = H, X' = NO_2), und Tautomeres (5-Nitro-6-oxo-1,6-dihydro-pyridin-3-carbonsäure-äthylester).

B. Aus 6-Hydroxy-5-nitro-nicotinsäure und Äthanol beim Erwärmen in Gegenwart von Mineralsäure (*Berrie et al.*, Soc. **1951** 2590, 2592).

Hellgelbe Kristalle (aus Bzl.); F: 165–167°.

6-Mercapto-nicotinsäure $C_6H_5NO_2S$, Formel I (R = H, X = OH), und Tautomeres (6-Thioxo-1,6-dihydro-pyridin-3-carbonsäure).

B. Beim Erhitzen von 6-Chlor-nicotinsäure mit KHS und Methanol auf 130° (*Räth*, A. **487** [1931] 105, 112).

Gelbe Kristalle; F: 272° [Zers.] (*Räth*); unterhalb 270° nicht schmelzend (*DEGUSSA*, U.S.P. 1753658 [1927]).

Gold(III)-Salz $Au(C_6H_4NO_2S)_3$. Gelbbraune Kristalle; F: 253° (*Räth*).

Äthylquecksilber(1+)-Salz $[C_2H_5Hg]C_6H_4NO_2S$; 6-Äthylmercuriomercapto-nicotinsäure $C_8H_9HgNO_2S$. *B.* Beim Erhitzen von 6-Mercapto-nicotinsäure mit Äthylquecksilberchlorid in äthanol. Alkalilauge (*Walter, Fosbinder*, J. Am. pharm. Assoc. **29** [1940] 211). – Kristalle (aus A.); F: 250° [Zers.] (*Wa., Fo.*).

Propylquecksilber(1+)-Salz $[C_3H_7Hg]C_6H_4NO_2S$; 6-Propylmercuriomercapto-nicotinsäure $C_9H_{11}HgNO_2S$. Kristalle (aus A.); F: 210° [Zers.] (*Wa., Fo.*).

Butylquecksilber(1+)-Salz $[C_4H_9Hg]C_6H_4NO_2S$; 6-Butylmercuriomercapto-nicotinsäure $C_{10}H_{13}HgNO_2S$. Kristalle (aus A.); F: 190° [Zers.] (*Wa., Fo.*).

6-Pentylmercapto-nicotinsäure $C_{11}H_{15}NO_2S$, Formel I (R = $[CH_2]_4$-CH_3, X = OH).

B. Aus 6-Chlor-nicotinonitril beim Erwärmen mit Pentan-1-thiol und äthanol. KOH, zuletzt unter Zusatz von wss. NaOH (*Reinhart*, J. Franklin Inst. **249** [1950] 427, 430).

Kristalle (aus wss. A.); F: 94–95°.

6-[4-Nitro-phenylmercapto]-nicotinsäure $C_{12}H_8N_2O_4S$, Formel I (R = C_6H_4-$NO_2(p)$, X = OH).

B. Aus 6-[4-Nitro-phenylmercapto]-nicotinonitril beim Erwärmen mit wss. NaOH auf 100° (*Reinhart*, J. Franklin Inst. **249** [1950] 427, 428).

Gelbe Kristalle (aus wss. A.); F: 210° [unkorr.].

6-[4-Nitro-benzolsulfonyl]-nicotinsäure $C_{12}H_8N_2O_6S$, Formel II (R = C_6H_4-$NO_2(p)$, X = OH).

B. Beim Erwärmen der im vorangehenden Artikel beschriebenen Verbindung in Essigsäure mit wss. H_2O_2 (*Reinhart*, J. Franklin Inst. **249** [1950] 427, 429).

Kristalle (aus wss. Dioxan); F: 226–228° [unkorr.; Zers.].

6-[4-Amino-phenylmercapto]-nicotinsäure $C_{12}H_{10}N_2O_2S$, Formel I (R = C_6H_4-$NH_2(p)$, X = OH).

B. Beim Behandeln von 6-[4-Nitro-phenylmercapto]-nicotinsäure mit $FeSO_4$ und

wss. NH_3 (*Reinhart*, J. Franklin Inst. **249** [1950] 427, 429).
Kristalle (aus H_2O); F: 196–198°.

R–S–(pyridyl, N)–CO–X   R–SO_2–(pyridyl, N)–CO–X H_3C–SO–(pyridyl, N)–CO–NH_2

I   II   III

6-Sulfanilyl-nicotinsäure $C_{12}H_{10}N_2O_4S$, Formel II (R = C_6H_4-NH_2(*p*), X = OH).
B. Beim Behandeln von 6-[4-Nitro-benzolsulfonyl]-nicotinsäure mit $FeSO_4$ und wss. NaOH (*Reinhart*, J. Franklin Inst. **249** [1950] 427, 429).
Gelbe Kristalle (aus wss. A.); F: 232–233° [unkorr.; Zers.].

6-Mercapto-nicotinsäure-amid $C_6H_6N_2OS$, Formel I (R = H, X = NH_2), und Tautomeres (6-Thioxo-1,6-dihydro-pyridin-3-carbonsäure-amid).
B. Aus 6-Carbamimidoylmercapto-nicotinsäure-amid-hydrochlorid (s. u.) durch Behandeln mit wss. NaOH (*Forrest, Walker*, Soc. **1948** 1939, 1943).
Hellgelbe Kristalle (aus H_2O); F: 266–268°.

6-Methylmercapto-nicotinsäure-amid $C_7H_8N_2OS$, Formel I (R = CH_3, X = NH_2).
B. Beim Behandeln von 6-Mercapto-nicotinsäure-amid mit CH_3I und wss.-äthanol. NaOH (*Forrest, Walker*, Soc. **1948** 1939, 1943).
Kristalle (aus H_2O); F: 166–167°.

(±)-6-Methansulfinyl-nicotinsäure-amid $C_7H_8N_2O_2S$, Formel III.
B. Beim Behandeln von 6-Methylmercapto-nicotinsäure-amid in Aceton mit wss. H_2O_2 (*Forrest, Walker*, Soc. **1948** 1939, 1943).
Kristalle (aus wss. A.); F: 224–226°.

6-Methansulfonyl-nicotinsäure-amid $C_7H_8N_2O_3S$, Formel II (R = CH_3, X = NH_2).
B. Beim Behandeln von 6-Methylmercapto-nicotinsäure-amid in Aceton mit wss. H_2SO_4 und $KMnO_4$ (*Forrest, Walker*, Soc. **1948** 1939, 1943).
Kristalle (aus wss. A.); F: 210°.

6-Carbamimidoylmercapto-nicotinsäure-amid, *S*-[5-Carbamoyl-[2]pyridyl]-isothioharnstoff $C_7H_8N_4OS$, Formel I (R = C(NH_2)=NH, X = NH_2).
Hydrochlorid $C_7H_8N_4OS \cdot HCl$. *B.* Beim Erwärmen von 6-Chlor-nicotinsäure-amid mit Thioharnstoff in Äthanol (*Forrest, Walker*, Soc. **1948** 1939, 1942). – Hellgelbe Kristalle (aus Eg.); F: 195°.

6-Mercapto-nicotinonitril $C_6H_4N_2S$, Formel IV (R = H), und Tautomeres (6-Thioxo-1,6-dihydro-pyridin-3-carbonitril).
B. Beim Erwärmen von 6-Chlor-nicotinonitril mit KHS in Äthanol (*DEGUSSA*, U.S.P. 1753658 [1927]; vgl. jedoch *Räth*, A. **487** [1931] 105, 106). Aus 6-Carbamimidoylmercapto-nicotinonitril-hydrochlorid (S. 2153) durch Behandeln mit wss. NaOH (*Forrest, Walker*, Soc. **1948** 1939, 1942).
Gelbe Kristalle (aus A.); F: 255° (*Fo.*, *Wa.*), ca. 245° (*DEGUSSA*).

6-Methylmercapto-nicotinonitril $C_7H_6N_2S$, Formel IV (R = CH_3).
B. Beim Behandeln von 6-Mercapto-nicotinonitril mit CH_3I und wss.-äthanol. NaOH (*Forrest, Walker*, Soc. **1948** 1939, 1942).
Kristalle (aus wss. A.); F: 78°.

6-Methansulfonyl-nicotinonitril $C_7H_6N_2O_2S$, Formel V.
B. Beim Behandeln einer Lösung von 6-Methylmercapto-nicotinonitril in Aceton mit wss. H_2SO_4 und $KMnO_4$ (*Forrest, Walker*, Soc. **1948** 1939, 1942). Aus 6-Methansulfonyl-nicotinsäure-amid beim Erwärmen mit $POCl_3$ in $CHCl_3$ (*Fo.*, *Wa.*).
Kristalle (aus A.); F: 133°.

6-[4-Nitro-phenylmercapto]-nicotinonitril $C_{12}H_7N_3O_2S$, Formel IV (R = C_6H_4-NO_2(*p*)).
B. Beim Erwärmen von 4-Nitro-thiophenol und 6-Chlor-nicotinonitril auf 90° (*Rein-

hart, J. Franklin Inst. **249** [1950] 427, 428).
Gelbe Kristalle (aus A.); F: 133—134° [unkorr.].

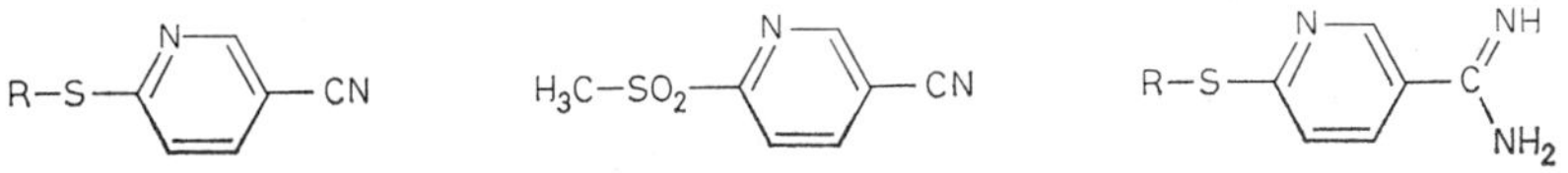

IV V VI

6-Carbamimidoylmercapto-nicotinonitril, *S*-[5-Cyan-[2]pyridyl]-isothioharnstoff $C_7H_6N_4S$, Formel IV (R = C(NH_2)=NH).
Hydrochlorid $C_7H_6N_4S \cdot HCl$. *B.* Aus 6-Chlor-nicotinonitril beim Erwärmen mit Thioharnstoff in Äthanol (*Forrest, Walker*, Soc. **1948** 1939, 1942). — Gelbe Kristalle (aus A.); F: 192°.

6-Mercapto-nicotinsäure-[amid-imid], 6-Mercapto-nicotinimidsäure-amid, 6-Mercapto-nicotinamidin $C_6H_7N_3S$, Formel VI (R = H), und Tautomeres (6-Oxo-1,6-dihydro-pyridin-3-carbamidin).
B. Aus 6-Mercapto-nicotinonitril bei 2,5-tägigem Behandeln mit HCl und Äthanol bei 0° und anschliessenden 5-tägigem Behandeln des Reaktionsprodukts mit äthanol. NH_3 bei 37° (*Forrest, Walker*, Soc. **1948** 1939, 1943).
Hydrochlorid $C_6H_7N_3S \cdot HCl$. Gelbe Kristalle (aus H_2O); F: 290°.
Benzoat $C_6H_7N_3S \cdot C_7H_6O_2$. Gelbe Kristalle (aus H_2O); F: 266° [Zers.].

6-Methylmercapto-nicotinsäure-[amid-imid], 6-Methylmercapto-nicotinimidsäure-amid, 6-Methylmercapto-nicotinamidin $C_7H_9N_3S$, Formel VI (R = CH_3).
B. Aus 6-Methylmercapto-nicotinonitril bei 10-tägigem Behandeln mit HCl und Methanol in Dioxan bei 0° und anschliessenden 7-tägigem Behandeln des Reaktionsprodukts mit methanol. NH_3 bei 37° (*Forrest, Walker*, Soc. **1948** 1939, 1943).
Acetat $C_7H_9N_3S \cdot C_2H_4O_2$. Kristalle (aus H_2O); F: 224—226°.
Benzoat $C_7H_9N_3S \cdot C_7H_6O_2$. Kristalle (aus H_2O); F: 248° [nach Erweichen bei 236°].

6-Methansulfonyl-nicotinsäure-[amid-imid], 6-Methansulfonyl-nicotinimidsäure-amid, 6-Methansulfonyl-nicotinamidin $C_7H_9N_3O_2S$, Formel VII.
B. Aus 6-Methansulfonyl-nicotinonitril bei 12-tägigem Behandeln mit Äthanol und HCl in Dioxan bei 0° und anschliessenden 2,5-tägigem Behandeln des in Äthanol gelösten Reaktionsprodukts mit wss. NH_4Cl bei 37° (*Forrest, Walker*, Soc. **1948** 1939, 1943).
Hydrochlorid $C_7H_9N_3O_2S \cdot HCl$. Kristalle (aus H_2O); F: 238°.
Acetat $C_7H_9N_3O_2S \cdot C_2H_4O_2$. Kristalle (aus H_2O); F: 196—198°.
Benzoat $C_7H_9N_3O_2S \cdot C_7H_6O_2$. Kristalle (aus H_2O); F: 210°.

6-Äthylmercapto-nicotinsäure-hydrazid $C_8H_{11}N_3OS$, Formel I (R = C_2H_5, X = NH-NH_2).
B. Aus 6-Äthylmercapto-nicotinoylchlorid und $N_2H_4 \cdot H_2O$ (*Gardner et al.*, J. org. Chem. **21** [1956] 530, 531).
Gelbe Kristalle (aus Me.); F: 126—127° [korr.].

5-Chlor-6-mercapto-nicotinsäure $C_6H_4ClNO_2S$, Formel VIII (X = Cl), und Tautomeres (5-Chlor-6-thioxo-1,6-dihydro-pyridin-3-carbonsäure).
B. Beim Erhitzen von 5,6-Dichlor-nicotinsäure mit KHS in wss. Methanol auf 120° (*Räth*, A. **487** [1931] 105, 114). Aus 5-Chlor-6-mercapto-thionicotinsäure-amid durch Erhitzen mit wss. HCl auf 120° (*Räth*).
Kristalle; F: 235°.

5-Brom-6-mercapto-nicotinsäure $C_6H_4BrNO_2S$, Formel VIII (X = Br), und Tautomeres (5-Brom-6-thioxo-1,6-dihydro-pyridin-3-carbonsäure).
B. Aus 5-Brom-6-mercapto-thionicotinsäure-amid beim Erhitzen mit wss. HCl auf 120° (*Räth*, A. **487** [1931] 105, 115).
Kristalle; F: 230°.

5-Jod-6-mercapto-nicotinsäure $C_6H_4INO_2S$, Formel VIII (X = I), und Tautomeres (5-Jod-6-thioxo-1,6-dihydro-pyridin-3-carbonsäure).

B. Aus 5-Jod-6-mercapto-thionicotinsäure-amid beim Erhitzen mit wss. HCl auf 120° (*Räth*, A. **487** [1931] 105, 115).

Kristalle; F: 232° [Zers.].

VII VIII IX

6-Mercapto-thionicotinsäure-amid $C_6H_6N_2S_2$, Formel IX (X = H), und Tautomeres (6-Thioxo-1,6-dihydro-pyridin-3-thiocarbonsäure-amid).

B. Beim Erwärmen von 6-Chlor-nicotinonitril mit KHS und Methanol (*Räth*, A. **487** [1931] 105, 113).

Gelbe Kristalle (aus H_2O); F: 252° [Zers.].

5-Chlor-6-mercapto-thionicotinsäure-amid $C_6H_5ClN_2S_2$, Formel IX (X = Cl), und Tautomeres (5-Chlor-6-thioxo-1,6-dihydro-pyridin-3-thiocarbonsäure-amid).

B. Beim Erwärmen von 5,6-Dichlor-nicotinonitril mit KHS und wss. Methanol (*Räth*, A. **487** [1931] 105, 113).

Kristalle; F: 193° [Zers.].

5-Brom-6-mercapto-thionicotinsäure-amid $C_6H_5BrN_2S_2$, Formel IX (X = Br), und Tautomeres (5-Brom-6-thioxo-1,6-dihydro-pyridin-3-thiocarbonsäure-amid).

B. Beim Erwärmen von 5-Brom-6-chlor-nicotinonitril mit KHS und wss. Methanol (*Räth*, A. **487** [1931] 105, 114).

Kristalle; F: 195° [Zers.].

5-Jod-6-mercapto-thionicotinsäure-amid $C_6H_5IN_2S_2$, Formel IX (X = I), und Tautomeres (5-Jod-6-thioxo-1,6-dihydro-pyridin-3-thiocarbonsäure-amid).

B. Beim Erwärmen von 6-Chlor-5-jod-nicotinonitril mit KHS und wss. Methanol (*Räth*, A. **487** [1931] 105, 114).

Kristalle; F: 194° [Zers.].

2-Hydroxy-isonicotinsäure $C_6H_5NO_3$, Formel X (R = R' = H), und Tautomeres (2-Oxo-1,2-dihydro-pyridin-4-carbonsäure).

B. Beim Erhitzen von 2-Brom-isonicotinonitril mit wss. HCl (*Talik*, Roczniki Chem. **31** [1957] 569, 574; C. A. **1958** 5407). Beim Behandeln von 2-Amino-isonicotinsäure mit wss. H_2SO_4 und wss. $NaNO_2$ (*Bäumler et al.*, Helv. **34** [1951] 496, 498). Aus 2-Äthoxy-isonicotinsäure beim Erhitzen mit wss. HBr auf 140° (*Itai et al.*, Bl. nation. hyg. Labor. Tokyo **74** [1956] 115, 117; C. A. **1957** 8740). Aus 2-Methoxy-isonicotinonitril beim Erhitzen mit wss. HCl (*Talik, Płażek*, Roczniki Chem. **33** [1959] 1343, 1347; C. A. **1960** 13123).

Kristalle (aus H_2O); F: 345° (*Ta.*, *Pł.*), 318–325° [Zers.] (*Bä. et al.*).

2-Methoxy-isonicotinsäure $C_7H_7NO_3$, Formel X (R = H, R' = CH_3).

B. Aus 2-Methoxy-isonicotinsäure-methylester beim Erwärmen mit wss.-methanol. KOH (*Isler et al.*, Helv. **38** [1955] 1046, 1058). Aus 2-Chlor-6-methoxy-isonicotinsäure oder aus 2-Chlor-6-methoxy-isonicotinsäure-äthylester bei der Hydrierung an Palladium in wss.-methanol. KOH (*Okajima, Seki*, J. pharm. Soc. Japan **73** [1953] 845, 847; C. A. **1954** 10021).

Kristalle (aus A.); F: 198–203° [unkorr.] (*Is. et al.*), 194° (*Ok.*, *Seki*).

2-Äthoxy-isonicotinsäure $C_8H_9NO_3$, Formel X (R = H, R' = C_2H_5).

B. Beim Erhitzen von 2-Chlor-isonicotinsäure mit äthanol. Natriumäthylat auf

190—200° (*Itai et al.*, Bl. nation. hyg. Labor. Tokyo **74** [1956] 115, 116; C. A. **1957** 8740). Aus 2-Äthoxy-6-chlor-isonicotinsäure sowie aus 2-Äthoxy-6-chlor-isonicotinsäure-äthylester bei der Hydrierung an Palladium in wss.-methanol. KOH (*Okajima, Seki*, J. pharm. Soc. Japan **73** [1953] 845, 847; C. A. **1954** 10021).

Kristalle; F: 176° [aus wss. Me.] (*Ok., Seki*), 175° [aus A.] (*Itai et al.*).

2-Propoxy-isonicotinsäure $C_9H_{11}NO_3$, Formel X (R = H, R' = CH_2-CH_2-CH_3).

B. Beim Erhitzen von 2-Chlor-isonicotinsäure mit Natriumpropylat und Propan-1-ol bis auf 150—160° (*Büchi et al.*, Helv. **30** [1947] 507, 514).

Kristalle (aus wss. Me.); F: 126—127° [korr.].

2-Butoxy-isonicotinsäure $C_{10}H_{13}NO_3$, Formel X (R = H, R' = [CH_2]$_3$-CH_3).

B. Aus 2-Chlor-isonicotinsäure beim Erhitzen mit Natriumbutylat und Butan-1-ol auf 160° (*Büchi et al.*, Helv. **30** [1947] 507, 514) oder auf Siedetemperatur unter Zusatz von Kupfer-Pulver (*Kakimoto, Nishie*, Japan J. Tuberc. **2** [1954] 334, 335; C. A. **1956** 14744).

Kristalle; F: 124° [korr.; aus wss. Me.] (*Bü. et al.*), 120° [aus A.] (*Ka., Ni.*).

2-Isobutoxy-isonicotinsäure $C_{10}H_{13}NO_3$, Formel X (R = H, R' = CH_2-$CH(CH_3)_2$).

B. Beim Erhitzen von 2-Brom-isonicotinsäure mit Natriumisobutylat und Isobutylalkohol (*Yale et al.*, Am. Soc. **75** [1953] 1933, 1939).

Kristalle (aus wss. A.); F: 136—138°.

2-Isopentyloxy-isonicotinsäure $C_{11}H_{15}NO_3$, Formel X (R = H, R' = CH_2-CH_2-$CH(CH_3)_2$).

B. Beim Erhitzen von 2-Chlor-isonicotinsäure mit Natriumisopentylat und Isopentylalkohol auf 190—200° (*Itai et al.*, Bl. nation. hyg. Labor. Tokyo **74** [1956] 115, 117; C. A. **1957** 8740).

Kristalle (aus E.); F: 128—129°.

2-Allyloxy-isonicotinsäure $C_9H_9NO_3$, Formel X (R = H, R' = CH_2-CH=CH_2).

B. Beim Erhitzen von 2-Chlor-isonicotinsäure mit Natriumallylat und Allylalkohol auf 190—200° (*Itai et al.*, Bl. nation. hyg. Labor. Tokyo **74** [1956] 115, 117; C. A. **1957** 8740).

Hellgelbe Kristalle (aus Me.); F: 121,5°.

2-Hydroxy-isonicotinsäure-methylester $C_7H_7NO_3$, Formel X (R = CH_3, R' = H), und Tautomeres (2-Oxo-1,2-dihydro-pyridin-4-carbonsäure-methylester).

B. Beim Behandeln von 2-Hydroxy-isonicotinsäure mit Methanol und HCl (*Bäumler et al.*, Helv. **34** [1951] 496, 498).

Kristalle (aus wss. Me.); F: 209—212°. Im Hochvakuum bei 150—160° sublimierbar.

X: O—R' / N / CO—O—R XI: O—R / N / CO—Cl XII: O—R / N / CO—NH—R' XIII: O—CH₃ / N / CN

2-Methoxy-isonicotinsäure-methylester $C_8H_9NO_3$, Formel X (R = R' = CH_3).

B. Beim Erhitzen von 2-Chlor-isonicotinsäure-methylester mit methanol. Natriummethylat auf 125—135° (*Shimizu et al.*, J. pharm. Soc. Japan **72** [1952] 1639, 1642; C. A. **1953** 9325). Aus 6-Chlor-2-methoxy-isonicotinsäure-methylester bei der Hydrierung an Palladium/Kohle in wss. Methanol unter Zusatz von Kaliumacetat (*Isler et al.*, Helv. **38** [1955] 1033, 1043).

Kristalle; F: 34—35° (*Sh. et al.*), 33—35° (*Is. et al.*). Kp_7: 87° (*Sh. et al.*).

Picrat. F: 101—102° (*Sh. et al.*).

2-Äthoxy-isonicotinsäure-methylester $C_9H_{11}NO_3$, Formel X (R = CH_3, R' = C_2H_5).

B. Bei der Hydrierung von 2-Äthoxy-6-chlor-isonicotinsäure-methylester (aus

2-Äthoxy-6-chlor-isonicotinoylchlorid [$Kp_{0,1}$: 85—100°] durch Erwärmen mit Methanol hergestellt) an Palladium/Kohle in wss. Methanol unter Zusatz von Kaliumacetat (*Isler et al.*, Helv. **38** [1955] 1033, 1043).
Kp_{15}: 107—110°.

2-Isobutoxy-isonicotinsäure-methylester $C_{11}H_{15}NO_3$, Formel X (R = CH_3, R′ = CH_2-$CH(CH_3)_2$).
B. Aus 2-Isobutoxy-isonicotinsäure und Diazomethan (*Yale et al.*, Am. Soc. **75** [1953] 1933, 1939).
Kp_5: 114°.

2-Hydroxy-isonicotinsäure-äthylester $C_8H_9NO_3$, Formel X (R = C_2H_5, R′ = H), und Tautomeres (2-Oxo-1,2-dihydro-pyridin-4-carbonsäure-äthylester).
B. Beim Erwärmen von 2-Hydroxy-isonicotinsäure mit Äthanol unter Zusatz von konz. H_2SO_4 (*Itai et al.*, Bl. nation. hyg. Labor. Tokyo **74** [1956] 115, 118; C. A. **1957** 8740).
Kristalle (aus A.); F: 171°.

2-Methoxy-isonicotinsäure-äthylester $C_9H_{11}NO_3$, Formel X (R = C_2H_5, R′ = CH_3).
B. Aus 2-Methoxy-isonicotinsäure und Äthanol unter Zusatz von konz. H_2SO_4 (*Okajima, Seki*, J. pharm. Soc. Japan **73** [1953] 845, 849; C. A. **1954** 10021).
Kp_2: 97—98°.

2-Äthoxy-isonicotinsäure-äthylester $C_{10}H_{13}NO_3$, Formel X (R = R′ = C_2H_5).
B. Aus 2-Äthoxy-isonicotinsäure und Äthanol unter Zusatz von konz. H_2SO_4 (*Okajima, Seki*, J. pharm. Soc. Japan **73** [1953] 845, 849; C. A. **1954** 10021).
Kp_2: 109—111°.

2-Propoxy-isonicotinsäure-äthylester $C_{11}H_{15}NO_3$, Formel X (R = C_2H_5, R′ = CH_2-CH_2-CH_3).
B. Beim Behandeln von 2-Propoxy-isonicotinsäure mit Äthanol und HCl (*Palát et al.*, Čsl. Farm. **6** [1957] 369, 370; C. A. **1958** 10071).
$Kp_{1,5}$: 138°.

2-Butoxy-isonicotinsäure-äthylester $C_{12}H_{17}NO_3$, Formel X (R = C_2H_5, R′ = $[CH_2]_3$-CH_3).
B. Beim Behandeln von 2-Butoxy-isonicotinsäure mit Äthanol und HCl (*Palát et al.*, Čsl. Farm. **6** [1957] 369, 370; C. A. **1958** 10071).
Kp_2: 172°.

2-Isopentyloxy-isonicotinsäure-äthylester $C_{13}H_{19}NO_3$, Formel X (R = C_2H_5, R′ = CH_2-CH_2-$CH(CH_3)_2$).
B. Beim Erwärmen von 2-Isopentyloxy-isonicotinsäure mit Äthanol unter Zusatz von konz. H_2SO_4 (*Itai et al.*, Bl. nation. hyg. Labor. Tokyo **74** [1956] 115, 117; C. A. **1957** 8740).
Kp_4: 134—136°.

2-Propoxy-isonicotinsäure-[2-diäthylamino-äthylester] $C_{15}H_{24}N_2O_3$, Formel X (R = CH_2-CH_2-$N(C_2H_5)_2$, R′ = CH_2-CH_2-CH_3).
B. Beim Behandeln von 2-Propoxy-isonicotinoylchlorid in Benzol mit überschüssigem 2-Diäthylamino-äthanol (*Büchi et al.*, Helv. **30** [1947] 507, 514, 515).
$Kp_{0,2}$: 152°.
Hydrochlorid $C_{15}H_{24}N_2O_3 \cdot HCl$. Kristalle (aus A.); F: 154° [korr.].

2-Butoxy-isonicotinsäure-[2-diäthylamino-äthylester] $C_{16}H_{26}N_2O_3$, Formel X (R = CH_2-CH_2-$N(C_2H_5)_2$, R′ = $[CH_2]_3$-CH_3).
B. Beim Behandeln von 2-Butoxy-isonicotinoylchlorid in Benzol mit überschüssigem 2-Diäthylamino-äthanol (*Büchi et al.*, Helv. **30** [1947] 507, 514, 515).
$Kp_{0,8}$: 166°.
Hydrochlorid $C_{16}H_{26}N_2O_3 \cdot HCl$. Kristalle (aus A.); F: 142° [korr.].

2-Äthoxy-isonicotinoylchlorid $C_8H_8ClNO_2$, Formel XI (R = C_2H_5) auf S. 2155.
B. Beim Erwärmen von 2-Äthoxy-isonicotinsäure mit $SOCl_2$ in Benzol (*Isler et al.*, Helv. **38** [1955] 1046, 1058).
Kp_8: 100—104°.

2-Propoxy-isonicotinoylchlorid $C_9H_{10}ClNO_2$, Formel XI (R = CH_2-CH_2-CH_3) auf S. 2155.
B. Beim Erwärmen von 2-Propoxy-isonicotinsäure mit PCl_5 in Benzol (*Büchi et al.*, Helv. **30** [1947] 507, 514).
Kp_{13}: 117—118° [Zers.].

2-Butoxy-isonicotinoylchlorid $C_{10}H_{12}ClNO_2$, Formel XI (R = $[CH_2]_3$-CH_3) auf S. 2155.
B. Beim Erwärmen von 2-Butoxy-isonicotinsäure mit PCl_5 in Benzol (*Büchi et al.*, Helv. **30** [1947] 507, 514).
Kp_{10}: 127°.

2-Propoxy-isonicotinsäure-[2-diäthylamino-äthylamid] $C_{15}H_{25}N_3O_2$, Formel XII (R = CH_2-CH_2-CH_3, R′ = CH_2-CH_2-$N(C_2H_5)_2$) auf S. 2155.
B. Beim Behandeln von 2-Propoxy-isonicotinoylchlorid in Benzol mit überschüssigem *N*,*N*-Diäthyl-äthylendiamin (*Büchi et al.*, Helv. **30** [1947] 507, 514, 515).
$Kp_{0,2}$: 189°.

2-Butoxy-isonicotinsäure-[2-diäthylamino-äthylamid] $C_{16}H_{27}N_3O_2$, Formel XII (R = $[CH_2]_3$-CH_3, R′ = CH_2-CH_2-$N(C_2H_5)_2$) auf S. 2155.
B. Beim Behandeln von 2-Butoxy-isonicotinoylchlorid in Benzol mit überschüssigem *N*,*N*-Diäthyl-äthylendiamin (*Büchi et al.*, Helv. **30** [1947] 507, 514, 515).
$Kp_{0,1}$: 196°.

2-Methoxy-isonicotinonitril $C_7H_6N_2O$, Formel XIII auf S. 2155.
B. Beim Erwärmen einer aus 2-Methoxy-[4]pyridylamin hergestellten Diazoniumsalz-Lösung mit CuCN und KCN in H_2O (*Talik*, *Płażek*, Roczniki Chem. **33** [1959] 1343, 1346; C. A. **1960** 13123).
Kristalle (aus wss. A.); F: 95°.

2-Propoxy-isonicotinsäure-hydroxyamid, 2-Propoxy-isonicotinohydroxamsäure $C_9H_{12}N_2O_3$, Formel XII (R = CH_2-CH_2-CH_3, R′ = OH) auf S. 2155.
B. Beim Behandeln von 2-Propoxy-isonicotinsäure-äthylester mit NH_2OH und Na= triumäthylat in Äthanol (*Palát et al.*, Čsl. Farm. **6** [1957] 369, 370; C. A. **1958** 10071).
Kristalle (aus Ae. + PAe.); F: 81°.

2-Butoxy-isonicotinsäure-hydroxyamid, 2-Butoxy-isonicotinohydroxamsäure $C_{10}H_{14}N_2O_3$, Formel XII (R = $[CH_2]_3$-CH_3, R′ = OH) auf S. 2155.
B. Beim Behandeln von 2-Butoxy-isonicotinsäure-äthylester mit NH_2OH und Na= triumäthylat in Äthanol (*Palát et al.*, Čsl. Farm. **6** [1957] 367, 370; C. A. **1958** 10071).
Kristalle (aus Ae. + PAe.); F: 86°.

2-Hydroxy-isonicotinsäure-hydrazid $C_6H_7N_3O_2$, Formel XII (R = H, R′ = NH_2), auf S. 2155, und Tautomeres (2-O x o-1,2-d i h y d r o-p y r i d i n-4-c a r b o n s ä u r e-h y d r a z i d).
B. Beim Erwärmen von 2-Hydroxy-isonicotinsäure-methylester mit $N_2H_4 \cdot H_2O$ in Methanol (*Bäumler et al.*, Helv. **34** [1951] 496, 499) oder von 2-Hydroxy-isonicotinsäure-äthylester mit $N_2H_4 \cdot H_2O$ in Äthanol (*Itai et al.*, Bl. nation. hyg. Labor. Tokyo **74** [1956] 115, 118; C. A. **1957** 8740).
Hellgelbe Kristalle; F: 256—258° [Zers.; aus wss. Me.] (*Bä. et al.*), 245° [Zers.; aus wss. A.] (*Itai et al.*).

2-Methoxy-isonicotinsäure-hydrazid $C_7H_9N_3O_2$, Formel XII (R = CH_3, R′ = NH_2) auf S. 2155.
B. Beim Erwärmen von 2-Methoxy-isonicotinsäure-methylester mit $N_2H_4 \cdot H_2O$ in Äthanol (*Isler et al.*, Helv. **38** [1955] 1033, 1043; s. a. *Shimizu et al.*, J. pharm. Soc. Japan **72** [1952] 1639, 1641; C. A. **1953** 9325; *Okajima*, *Seki*, J. pharm. Soc. Japan **73** [1953] 845, 849; C. A. **1954** 10021).

Kristalle (aus A.); F: 135—138° [unkorr.] (*Is. et al.*), 136—137° (*Sh. et al.*), 136° (*Ok.*, *Seki*).

***N*-[2-Methoxy-isonicotinoyl]-*N'*-[2-methyl-isonicotinoyl]-hydrazin** $C_{14}H_{14}N_4O_3$, Formel XIV (R = CH_3).

B. Beim Erwärmen des aus 2-Methoxy-isonicotinsäure und $SOCl_2$ in Benzol hergestellten Säurechlorids (Kp_{12}: 100—105°) mit 2-Methyl-isonicotinsäure-hydrazid und Pyridin (*Isler et al.*, Helv. **38** [1955] 1046, 1058).

Kristalle (aus Me. + E.); F: 198—199° [unkorr.].

2-Äthoxy-isonicotinsäure-hydrazid $C_8H_{11}N_3O_2$, Formel XII (R = C_2H_5, R' = NH_2), auf S. 2155.

B. Beim Erwärmen von 2-Äthoxy-isonicotinsäure-methylester mit $N_2H_4 \cdot H_2O$ in Äthanol (*Isler et al.*, Helv. **38** [1955] 1033, 1044; s.a. *Okajima*, *Seki*, J. pharm. Soc. Japan **73** [1953] 845, 849; C. A. **1954** 10021; *Itai et al.*, Bl. nation. hyg. Labor. Tokyo **74** [1956] 115, 117; C. A. **1957** 8740).

Kristalle; F: 152° [aus wss. Me.] (*Ok.*, *Seki*), 151° [aus wss. Me.] (*Itai et al.*), 146—149° [unkorr.; aus Bzl. + A.] (*Is. et al.*).

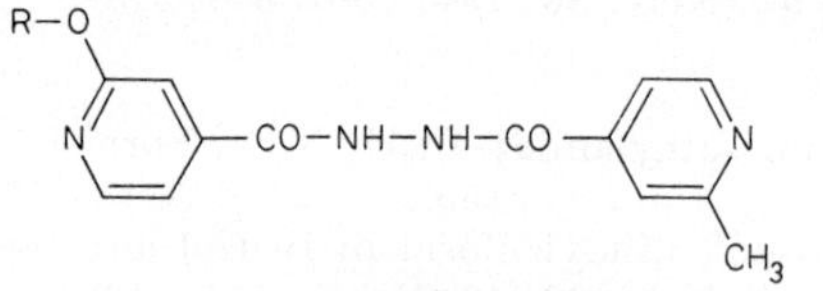

XIV 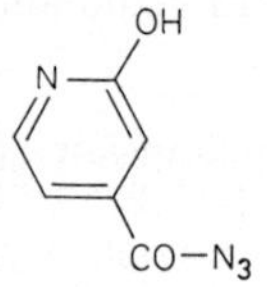 XV

***N*-[2-Äthoxy-isonicotinoyl]-*N'*-[2-methyl-isonicotinoyl]-hydrazin** $C_{15}H_{16}N_4O_3$, Formel XIV (R = C_2H_5).

B. Beim Erwärmen von 2-Äthoxy-isonicotinoylchlorid mit 2-Methyl-isonicotinsäure-hydrazid und Pyridin (*Isler et al.*, Helv. **38** [1955] 1046, 1058).

Kristalle (aus A. + E.); F: 184—185° [unkorr.].

2-Propoxy-isonicotinsäure-hydrazid $C_9H_{13}N_3O_2$, Formel XII (R = CH_2-CH_2-CH_3, R' = NH_2) auf S. 2155.

B. Beim Erwärmen von 2-Propoxy-isonicotinsäure-äthylester mit $N_2H_4 \cdot H_2O$ und Äthanol (*Palát et al.*, Čsl. Farm. **6** [1957] 369, 370; C. A. **1958** 10071).

Kristalle (aus A.); F: 136,5° [korr.].

2-Butoxy-isonicotinsäure-hydrazid $C_{10}H_{15}N_3O_2$, Formel XII (R = $[CH_2]_3$-CH_3, R' = NH_2) auf S. 2155.

B. Beim Erwärmen von 2-Butoxy-isonicotinsäure-äthylester mit $N_2H_4 \cdot H_2O$ und Äthanol (*Palát et al.*, Čsl. Farm. **6** [1957] 369, 370; C. A. **1958** 10071; s. a. *Kakimoto*, *Nishie*, Japan J. Tuberc. **2** [1954] 334, 336; C. A. **1956** 14744).

Kristalle; F: 106° [korr.; aus Bzl.] (*Pa. et al.*), 104° [aus A.] (*Ka.*, *Ni.*).

2-Isobutoxy-isonicotinsäure-hydrazid $C_{10}H_{15}N_3O_2$, Formel XII (R = CH_2-$CH(CH_3)_2$, R' = NH_2) auf S. 2155.

B. Beim Erwärmen von 2-Isobutoxy-isonicotinsäure-methylester mit $N_2H_4 \cdot H_2O$ und Äthanol (*Yale et al.*, Am. Soc. **75** [1953] 1933, 1934, 1938).

Kristalle (aus H_2O); F: 122—123°.

2-Isopentyloxy-isonicotinsäure-hydrazid $C_{11}H_{17}N_3O_2$, Formel XII (R = CH_2-CH_2-$CH(CH_3)_2$, R' = NH_2) auf S. 2155.

B. Beim Erwärmen von 2-Isopentyloxy-isonicotinsäure-äthylester mit $N_2H_4 \cdot H_2O$ (*Itai et al.*, Bl. nation. hyg. Labor. Tokyo **74** [1956] 115, 117; C. A. **1957** 8740).

Kristalle (aus Bzl.); F: 117—118°.

2-Allyloxy-isonicotinsäure-hydrazid $C_9H_{11}N_3O_2$, Formel XII (R = CH_2-CH=CH_2, R' = NH_2) auf S. 2155.

B. Beim Behandeln von 2-Allyloxy-isonicotinsäure mit Äthanol und HCl und Erwärmen des erhaltenen Esters mit $N_2H_4 \cdot H_2O$ (*Itai et al.*, Bl. nation. hyg. Labor. Tokyo **74** [1956] 115, 117; C. A. **1957** 8740).

Kristalle (aus Me.) mit 0,5 Mol H_2O; F: 131°.

2-Hydroxy-isonicotinoylazid $C_6H_4N_4O_2$, Formel XV, und Tautomeres (2-Oxo-1,2-dihydro-pyridin-4-carbonylazid).

B. Beim Behandeln von 2-Hydroxy-isonicotinsäure-hydrazid mit wss. HCl und mit wss. $NaNO_2$ (*Bäumler et al.*, Helv. **34** [1951] 496, 499).

Gelbe Kristalle (aus H_2O); Zers. bei 150°.

2-Chlor-6-methoxy-isonicotinsäure $C_7H_6ClNO_3$, Formel I (R = H, R′ = CH_3).

B. Beim Erhitzen von 2,6-Dichlor-isonicotinsäure mit methanol. Natriummethylat bis auf 120–130° (*Okajima, Seki*, J. pharm. Soc. Japan **73** [1953] 845, 848; C. A. **1954** 10021).

Kristalle (aus wss. A.); F: 215°.

2-Äthoxy-6-chlor-isonicotinsäure $C_8H_8ClNO_3$, Formel I (R = H, R′ = C_2H_5).

B. Beim Erwärmen von 2,6-Dichlor-isonicotinsäure mit äthanol. Natriumäthylat (*Okajima, Seki*, J. pharm. Soc. Japan **73** [1953] 845, 848; C. A. **1954** 10021; *Isler et al.*, Helv. **38** [1955] 1033, 1043; *Farbw. Hoechst*, U.S.P. 2843594 [1956]).

Kristalle; F: 167° (*Farbw. Hoechst*), 166° [aus Bzl.] (*Ok., Seki*), 163–165° [unkorr.; aus A.] (*Is. et al.*).

2-Chlor-6-propoxy-isonicotinsäure $C_9H_{10}ClNO_3$, Formel I (R = H, R′ = CH_2-CH_2-CH_3).

B. Beim Erhitzen von 2,6-Dichlor-isonicotinsäure mit Natriumpropylat und Propan-1-ol bis auf 140–160° (*Okajima, Seki*, J. pharm. Soc. Japan **73** [1953] 845, 848; C. A. **1954** 10021).

Kristalle (aus wss. Me.); F: 96°.

2-Chlor-6-isopropoxy-isonicotinsäure $C_9H_{10}ClNO_3$, Formel I (R = H, R′ = $CH(CH_3)_2$).

B. Beim Erhitzen von 2,6-Dichlor-isonicotinsäure mit Natriumisopropylat und Isopropylalkohol bis auf 150–160° (*Okajima, Seki*, J. pharm. Soc. Japan **73** [1953] 845, 848; C. A. **1954** 10021).

Kristalle (aus PAe.); F: 146° (*Ok., Seki*). IR-Banden (KBr sowie Dioxan; 3000 cm^{-1} bis 710 cm^{-1}): *Yoshida, Asai*, Chem. pharm. Bl. **7** [1959] 162, 170.

2-Butoxy-6-chlor-isonicotinsäure $C_{10}H_{12}ClNO_3$, Formel I (R = H, R′ = $[CH_2]_3$-CH_3).

B. Beim Erwärmen von 2,6-Dichlor-isonicotinsäure mit Natriumbutylat und Butan-1-ol bis auf 110–120° (*Okajima, Seki*, J. pharm. Soc. Japan **73** [1953] 845, 848; C. A. **1954** 10021).

Kristalle (aus wss. Me.); F: 84°.

2-Chlor-6-isopentyloxy-isonicotinsäure $C_{11}H_{14}ClNO_3$, Formel I (R = H, R′ = CH_2-CH_2-$CH(CH_3)_2$).

B. Beim Erhitzen von 2,6-Dichlor-isonicotinsäure mit Natriumisopentylat und Isopentylalkohol bis auf 160–180° (*Okajima, Seki*, J. pharm. Soc. Japan **73** [1953] 845, 848; C. A. **1954** 10021).

Kristalle (aus wss. Me.); F: 101°.

O–R′ N Cl CO–O–R

I

O–CH₂–CH=CH₂ N Cl CO–Cl

II

O–C₂H₅ N Cl CO–NH–CH₂–CH₂–CH Cl Cl

III

2-Chlor-6-phenoxy-isonicotinsäure $C_{12}H_8ClNO_3$, Formel I (R = H, R' = C_6H_5).
B. Neben geringen Mengen 2,6-Diphenoxy-isonicotinsäure beim Erhitzen von 2,6-Dichlor-isonicotinsäure mit Phenol und äthanol. KOH, zuletzt bis auf 170—180° (*Okajima, Seki*, J. pharm. Soc. Japan **73** [1953] 845, 848; C. A. **1954** 10021).
Kristalle (aus PAe.); F: 169°.

2-Chlor-6-methoxy-isonicotinsäure-methylester $C_8H_8ClNO_3$, Formel I (R = R' = CH_3).
B. Beim Erwärmen von 2,6-Dichlor-isonicotinsäure-methylester mit methanol. Natriummethylat (*Isler et al.*, Helv. **38** [1955] 1033, 1042).
Kristalle (aus wss. Me.); F: 102—104° [unkorr.].

2-Chlor-6-methoxy-isonicotinsäure-äthylester $C_9H_{10}ClNO_3$, Formel I (R = C_2H_5, R' = CH_3).
B. Aus 2-Chlor-6-methoxy-isonicotinsäure und Äthanol unter Zusatz von konz. H_2SO_4 (*Okajima, Seki*, J. pharm. Soc. Japan **73** [1953] 845, 848; C. A. **1954** 10021).
Kristalle (aus wss. A.); F: 56—57°.

2-Äthoxy-6-chlor-isonicotinsäure-äthylester $C_{10}H_{12}ClNO_3$, Formel I (R = R' = C_2H_5).
B. Aus 2-Äthoxy-6-chlor-isonicotinsäure und Äthanol unter Zusatz von konz. H_2SO_4 (*Okajima, Seki*, J. pharm. Soc. Japan **73** [1953] 845, 848; C. A. **1954** 10021).
Kristalle (aus wss. A.); F: 46—47°.

2-Chlor-6-propoxy-isonicotinsäure-äthylester $C_{11}H_{14}ClNO_3$, Formel I (R = C_2H_5, R' = CH_2-CH_2-CH_3).
B. Aus 2-Chlor-6-propoxy-isonicotinsäure und Äthanol unter Zusatz von konz. H_2SO_4 (*Okajima, Seki*, J. pharm. Soc. Japan **73** [1953] 845, 848; C. A. **1954** 10021).
Kp_6: 143—145°.

2-Chlor-6-isopropoxy-isonicotinsäure-äthylester $C_{11}H_{14}ClNO_3$, Formel I (R = C_2H_5, R' = $CH(CH_3)_2$).
B. Aus 2-Chlor-6-isopropoxy-isonicotinsäure und Äthanol unter Zusatz von konz. H_2SO_4 (*Okajima, Seki*, J. pharm. Soc. Japan **73** [1953] 845, 848; C. A. **1954** 10021).
Kp_5: 135—136°.

2-Butoxy-6-chlor-isonicotinsäure-äthylester $C_{12}H_{16}ClNO_3$, Formel I (R = C_2H_5, R' = $[CH_2]_3$-CH_3).
B. Aus 2-Butoxy-6-chlor-isonicotinsäure und Äthanol unter Zusatz von konz. H_2SO_4 (*Okajima, Seki*, J. pharm. Soc. Japan **73** [1953] 845, 848; C. A. **1954** 10021).
Kp_2: 144—146°.

2-Chlor-6-isopentyloxy-isonicotinsäure-äthylester $C_{13}H_{18}ClNO_3$, Formel I (R = C_2H_5, R' = CH_2-CH_2-$CH(CH_3)_2$).
B. Aus 2-Chlor-6-isopentyloxy-isonicotinsäure und Äthanol unter Zusatz von konz. H_2SO_4 (*Okajima, Seki*, J. pharm. Soc. Japan **73** [1953] 845, 848; C. A. **1954** 10021).
Kp_1: 146—147°.

2-Chlor-6-phenoxy-isonicotinsäure-äthylester $C_{14}H_{12}ClNO_3$, Formel I (R = C_2H_5, R' = C_6H_5).
B. Aus 2-Chlor-6-phenoxy-isonicotinsäure und Äthanol unter Zusatz von konz. H_2SO_4 (*Okajima, Seki*, J. pharm. Soc. Japan **73** [1953] 845, 848; C. A. **1954** 10021).
F: 33—34°.

2-Allyloxy-6-chlor-isonicotinoylchlorid $C_9H_7Cl_2NO_2$, Formel II.
B. Beim Erhitzen von 2,6-Dichlor-isonicotinsäure mit Natriumallylat in Xylol und Erwärmen der erhaltenen 2-Allyloxy-6-chlor-isonicotinsäure mit $SOCl_2$ in Benzol (*Isler et al.*, Helv. **38** [1955] 1033, 1044).
$Kp_{0,08}$: 93°.

2-Äthoxy-6-chlor-isonicotinsäure-[3,3-bis-(4-chlor-phenyl)-propylamid] $C_{23}H_{21}Cl_3N_2O_2$, Formel III.
B. Aus 2,6-Dichlor-isonicotinsäure-[3,3-bis-(4-chlor-phenyl)-propylamid] beim Er-

wärmen mit äthanol. Natriumäthylat (*Farbw. Hoechst*, U.S.P. 2843594 [1956]).
Kristalle (aus A.); F: 169°.

2-Chlor-6-methoxy-isonicotinsäure-hydrazid $C_7H_8ClN_3O_2$, Formel IV (R = CH_3).
B. Aus 2-Chlor-6-methoxy-isonicotinsäure-äthylester beim Erwärmen mit $N_2H_4 \cdot H_2O$ in wss. Äthanol (*Okajima, Seki*, J. pharm. Soc. Japan **73** [1953] 845, 849; C. A. **1954** 10021).
Kristalle (aus wss. A.); F: 196°.

2-Äthoxy-6-chlor-isonicotinsäure-hydrazid $C_8H_{10}ClN_3O_2$, Formel IV (R = C_2H_5).
B. Beim Erwärmen von 2-Äthoxy-6-chlor-isonicotinsäure-äthylester mit $N_2H_4 \cdot H_2O$ und wss. Äthanol. (*Okajima, Seki*, J. pharm. Soc. Japan **73** [1953] 845, 848; C. A. **1954** 10021; s. a. *Isler et al.*, Helv. **38** [1955] 1033, 1044).
Kristalle (aus A.); F: 192° (*Ok., Seki*), 188—190° [unkorr.] (*Is. et al.*).

2-Chlor-6-propoxy-isonicotinsäure-hydrazid $C_9H_{12}ClN_3O_2$, Formel IV (R = CH_2-CH_2-CH_3).
B. Aus 2-Chlor-6-propoxy-isonicotinsäure-äthylester beim Erwärmen mit $N_2H_4 \cdot H_2O$ und wss. Äthanol (*Okajima, Seki*, J. pharm. Soc. Japan **73** [1953] 845, 849; C. A. **1954** 10021).
Kristalle (aus wasserfreiem A.); F: 152°.

2-Chlor-6-isopropoxy-isonicotinsäure-hydrazid $C_9H_{12}ClN_3O_2$, Formel IV (R = $CH(CH_3)_2$).
B. Aus 2-Chlor-6-isopropoxy-isonicotinsäure-äthylester beim Erwärmen mit $N_2H_4 \cdot H_2O$ und wss. Äthanol (*Okajima, Seki*, J. pharm. Soc. Japan **73** [1953] 845, 849; C. A. **1954** 10021).
Kristalle (aus wasserfreiem A.); F: 171°.

2-Butoxy-6-chlor-isonicotinsäure-hydrazid $C_{10}H_{14}ClN_3O_2$, Formel IV (R = $[CH_2]$-CH_3).
B. Aus 2-Butoxy-6-chlor-isonicotinsäure-äthylester beim Erwärmen mit $N_2H_4 \cdot H_2O$ und wss. Äthanol (*Okajima, Seki*, J. pharm. Soc. Japan **73** [1953] 845, 849; C. A. **1954** 10021).
Kristalle (aus wasserfreiem A.); F: 155°.

2-Chlor-6-isopentyloxy-isonicotinsäure-hydrazid $C_{11}H_{16}ClN_3O_2$, Formel IV (R = CH_2-CH_2-$CH(CH_3)_2$).
B. Aus 2-Chlor-6-isopentyloxy-isonicotinsäure-äthylester beim Erwärmen mit $N_2H_4 \cdot H_2O$ und wss. Äthanol (*Okajima, Seki*, J. pharm. Soc. Japan **73** [1953] 845, 849; C. A. **1954** 10021).
Kristalle (aus wasserfreiem A.); F: 138°.

IV V VI

2-Allyloxy-6-chlor-isonicotinsäure-hydrazid $C_9H_{10}ClN_3O_2$, Formel IV (R = CH_2-$CH{=}CH_2$).
B. Beim Behandeln von 2-Allyloxy-6-chlor-isonicotinoylchlorid mit methanol. Natriummethylat und anschliessenden Erwärmen des erhaltenen 2-Allyloxy-6-chlor-isonicotinsäure-methylesters mit $N_2H_4 \cdot H_2O$ und wss. Äthanol (*Isler et al.*, Helv. **38** [1955] 1033, 1044).
Kristalle (aus Bzl.); F: 126—130° [unkorr.].

2-Chlor-6-phenoxy-isonicotinsäure-hydrazid $C_{12}H_{10}ClN_3O_2$, Formel IV (R = C_6H_5).
B. Aus 2-Chlor-6-phenoxy-isonicotinsäure-äthylester beim Erwärmen mit $N_2H_4 \cdot H_2O$

und wss. Äthanol (*Okajima, Seki,* J. pharm. Soc. Japan **73** [1953] 845, 849; C. A. **1954** 10021).

Kristalle (aus wasserfreiem A.); F: 171°.

2-Mercapto-isonicotinsäure $C_6H_5NO_2S$, Formel V (R = H, X = OH), und Tautomeres (2-Thioxo-1,2-dihydro-pyridin-4-carbonsäure).

B. Beim Behandeln von 2-Chlor-isonicotinsäure mit KHS in Äthanol und anschliessenden Erhitzen des Reaktionsgemisches auf 150° (*Fox, Gibas,* J. org. Chem. **23** [1958] 64).

Orangefarbene Kristalle (aus H_2O); F: 299° [korr.; Zers.].

2-Äthylmercapto-isonicotinsäure $C_8H_9NO_2S$, Formel V (R = C_2H_5, X = OH).

B. Beim Erhitzen von 2-Chlor-isonicotinsäure mit Äthanthiol und Natriumäthylat in Äthanol auf 180—190° (*Itai, Sekijima,* Bl. nation. hyg. Labor. Tokyo **74** [1956] 119; C. A. **1957** 8740).

Kristalle (aus $CHCl_3$); F: 152,5—153°.

2-Benzylmercapto-isonicotinsäure $C_{13}H_{11}NO_2S$, Formel V (R = CH_2-C_6H_5, X = OH).

B. Beim Erhitzen von 2-Chlor-isonicotinsäure mit Benzylmercaptan und Natrium=äthylat in Äthanol auf 180—190° (*Itai, Sekijima,* Bl. nation. hyg. Labor. Tokyo **74** [1956] 119; C. A. **1957** 8740).

Hellgelbe Kristalle (aus E.); F: 195—196°.

Bis-[4-carboxy-[2]pyridyl]-disulfid, 2,2′-Disulfandiyl-di-isonicotinsäure $C_{12}H_8N_2O_4S_2$, Formel VI.

B. Beim Erwärmen von 2-Mercapto-isonicotinsäure in H_2O mit Jod-KI-Lösung (*Fox, Gibas,* J. org. Chem. **23** [1958] 64).

Kristalle; F: 277° [korr.; Zers.].

2-Äthylmercapto-isonicotinsäure-hydrazid $C_8H_{11}N_3OS$, Formel V (R = C_2H_5, X = NH-NH_2).

B. Beim Erwärmen von 2-Äthylmercapto-isonicotinsäure-äthylester (hergestellt aus 2-Äthylmercapto-isonicotinsäure und Äthanol unter Zusatz von konz. H_2SO_4) mit $N_2H_4 \cdot H_2O$ und Äthanol (*Itai, Sekijima,* Bl. nation. hyg. Labor. Tokyo **74** [1956] 119; C. A. **1957** 8740).

Kristalle (aus Bzl.); F: 72—73°.

***2-Äthylmercapto-isonicotinsäure-salicylidenhydrazid, Salicylaldehyd-[2-äthylmercapto-isonicotinoylhydrazon]** $C_{15}H_{15}N_3O_2S$, Formel VII (R = C_2H_5, R′ = H, X = OH).

B. Beim Erwärmen von 2-Äthylmercapto-isonicotinsäure-hydrazid mit Salicylaldehyd in Äthanol (*Itai, Sekijima,* Bl. nation. hyg. Labor. Tokyo **74** [1956] 119; C. A. **1957** 8740).

Hellgelbe Kristalle (aus wss. A.); F: 143—144°.

2-Äthansulfonyl-isonicotinsäure-hydrazid $C_8H_{11}N_3O_3S$, Formel VIII (R = C_2H_5).

B. Beim Erhitzen von 2-Äthylmercapto-isonicotinsäure-äthylester (hergestellt aus 2-Äthylmercapto-isonicotinsäure, Äthanol und konz. H_2SO_4) mit wss. H_2O_2 und Essig=säure und Erwärmen des erhaltenen 2-Äthansulfonyl-isonicotinsäure-äthylesters (braune Kristalle) mit $N_2H_4 \cdot H_2O$ und Äthanol (*Itai, Sekijima,* Bl. nation. hyg. Labor. Tokyo **74** [1956] 119; C. A. **1957** 8740).

Kristalle (aus PAe. + Bzl.); F: 142—144°.

2-Benzylmercapto-isonicotinsäure-hydrazid $C_{13}H_{13}N_3OS$, Formel V (R = CH_2-C_6H_5, X = NH-NH_2).

B. Beim Erwärmen von 2-Benzylmercapto-isonicotinsäure-äthylester (hergestellt aus 2-Benzylmercapto-isonicotinsäure, Äthanol und konz. H_2SO_4) mit $N_2H_4 \cdot H_2O$ und Äthanol (*Itai, Sekijima,* Bl. nation. hyg. Labor. Tokyo **74** [1956] 119; C. A. **1957** 8740).

Kristalle (aus PAe. + Bzl.); F: 92—93°.

***2-Benzylmercapto-isonicotinsäure-[1-phenyl-äthylidenhydrazid], Acetophenon-[2-benzylmercapto-isonicotinoylhydrazon]** $C_{21}H_{19}N_3OS$, Formel VII ($R = CH_2$-C_6H_5, $R' = CH_3$, $X = H$).

B. Beim Erwärmen von 2-Benzylmercapto-isonicotinsäure-hydrazid mit Acetophenon in Äthanol (*Itai, Sekijima*, Bl. nation. hyg. Labor. Tokyo **74** [1956] 119; C. A. **1957** 8740).

Kristalle (aus A.).

***2-Benzylmercapto-isonicotinsäure-salicylidenhydrazid, Salicylaldehyd-[2-benzylmercapto-isonicotinoylhydrazon]** $C_{20}H_{17}N_3O_2S$, Formel VII ($R = CH_2$-C_6H_5, $R' = H$, $X = OH$).

B. Beim Erwärmen von 2-Benzylmercapto-isonicotinsäure-hydrazid mit Salicylaldehyd in Äthanol (*Itai, Sekijima*, Bl. nation. hyg. Labor. Tokyo **74** [1956] 119; C. A. **1957** 8740).

Hellgelbe Kristalle (aus Me.); F: 212—213°.

2-Phenylmethansulfonyl-isonicotinsäure-hydrazid $C_{13}H_{13}N_3O_3S$, Formel VIII ($R = CH_2$-C_6H_5).

B. Beim Erhitzen von 2-Benzylmercapto-isonicotinsäure-äthylester (aus 2-Benzylmercapto-isonicotinsäure, Äthanol und konz. H_2SO_4 hergestellt) mit wss. H_2O_2 und Essigsäure und Erwärmen des erhaltenen 2-Phenylmethansulfonyl-isonicotinsäure-äthylesters mit $N_2H_4 \cdot H_2O$ und Äthanol (*Itai, Sekijima*, Bl. nation. hyg. Labor. Tokyo **74** [1956] 119; C. A. **1957** 8740).

Picrat $C_{13}H_{13}N_3O_3S \cdot C_6H_3N_3O_7$. Gelbe Kristalle; F: 174—175°.

VII VIII IX

2-Mercapto-1-oxy-isonicotinsäure, 2-Mercapto-isonicotinsäure-1-oxid $C_6H_5NO_3S$, Formel IX ($R = H$, $X = OH$), und Tautomeres (1-Hydroxy-2-thioxo-1,2-dihydro-pyridin-4-carbonsäure).

B. Beim Erhitzen von 2-Mercapto-1-oxy-isonicotinsäure-methylester mit wss. NaOH (*Olin Mathieson Chem. Corp.*, U.S.P. 2713049 [1953]).

Kristalle (aus wss. A.); F: 167—168° [Zers.] und (nach Wiedererstarren) F: 245—247° [Zers.].

2-Mercapto-1-oxy-isonicotinsäure-methylester $C_7H_7NO_3S$, Formel IX ($R = H$, $X = O$-CH_3), und Tautomeres (1-Hydroxy-2-thioxo-1,2-dihydro-pyridin-4-carbonsäure-methylester).

B. Beim Erwärmen von 2-Brom-1-oxy-isonicotinsäure-methylester oder dessen Hydrochlorid mit Na_2S in H_2O (*Olin Mathieson Chem. Corp.*, U.S.P. 2713049 [1953]). Aus 2-Carbamimidoylmercapto-1-oxy-isonicotinsäure-methylester beim Behandeln mit wss. Na_2CO_3 (*Yale et al.*, Am. Soc. **75** [1953] 1933, 1939; *Olin Mathieson*).

Kristalle; F: 94,5—95° [aus wss. A.] (*Olin Mathieson*), 94—95° [aus H_2O] (*Yale et al.*).

Ammonium-Salz. Kristalle (aus A.); F: 178—180° (*Olin Mathieson*).

Hydrazin-Salz. Kristalle (aus Me.); F: 176—178° [Zers.] (*Olin Mathieson*).

2-Carbamimidoylmercapto-1-oxy-isonicotinsäure-methylester $C_8H_9N_3O_3S$, Formel IX ($R = C(NH_2){=}NH$, $X = O$-CH_3).

B. Beim Erwärmen von 2-Brom-1-oxy-isonicotinsäure-methylester mit Thioharnstoff in Methanol (*Yale et., al* Am. Soc. **75** [1953] 1933, 1939).

Hydrobromid $C_8H_9N_3O_3S \cdot HBr$. Kristalle; F: 145—146° [Zers.].

2-Mercapto-1-oxy-isonicotinsäure-amid $C_6H_6N_2O_2S$, Formel IX (R = H, X = NH_2), und Tautomeres (1-Hydroxy-2-thioxo-1,2-dihydro-pyridin-4-carbonsäure-amid).
B. Beim Erhitzen von 2-Mercapto-1-oxy-isonicotinsäure-methylester mit äthanol. NH_3 auf 150° (*Olin Mathieson Chem. Corp.*, U.S.P. 2713049 [1953]).
Kristalle (aus Acetonitril); F: 165–168° [Zers.].

2-Mercapto-1-oxy-isonicotinsäure-hydroxyamid, 2-Mercapto-1-oxy-isonicotino-hydroxamsäure $C_6H_6N_2O_3S$, Formel IX (R = H, X = NH-OH), und Tautomeres (1-Hydroxy-2-thioxo-1,2-dihydro-pyridin-4-carbonsäure-hydroxyamid).
B. Beim Behandeln von 2-Mercapto-1-oxy-isonicotinsäure-methylester mit wss. NH_2OH (*Olin Mathieson Chem. Corp.*, U.S.P. 2713049 [1953]).
Kristalle (aus Acetonitril); F: 159–160°.

2-Mercapto-1-oxy-isonicotinsäure-hydrazid $C_6H_7N_3O_2S$, Formel IX (R = H, X = NH-NH_2), und Tautomeres (1-Hydroxy-2-thioxo-1,2-dihydro-pyridin-4-carbonsäure-hydrazid).
Hydrazin-Salz. *B.* Beim Erwärmen von 2-Mercapto-1-oxy-isonicotinsäure-methylester mit $N_2H_4 \cdot H_2O$ (*Yale et al.*, Am. Soc. **75** [1953] 1933, 1938; *Olin Mathieson Chem. Corp.*, U.S.P. 2713049 [1953]). – Kristalle; F: 184–185° [Zers.].

2-Äthylmercapto-6-chlor-isonicotinsäure-[3,3-bis-(4-chlor-phenyl)-propylamid] $C_{23}H_{21}Cl_3N_2OS$, Formel X.
B. Aus 2,6-Dichlor-isonicotinsäure-[3,3-bis-(4-chlor-phenyl)-propylamid] beim Erwärmen mit Äthanthiol und Natriummethylat in Methanol (*Farbw. Hoechst*, U.S.P. 2843594 [1956]).
Kristalle (aus A.); F: 143°.

3-Hydroxy-isonicotinsäure $C_6H_5NO_3$, Formel XI (R = H, X = OH) (H 217; E II 166).
B. Beim Erhitzen des Natrium-Salzes von Pyridin-3-ol mit CO_2 und Kaliumacetat auf 190–240°/60 at (*I.G. Farbenind.*, D.R.P. 750398 [1941]; D.R.P. Org. Chem. **6** 2533).

3-Acetoxy-isonicotinsäure $C_8H_7NO_4$, Formel XI (R = CO-CH_3, X = OH).
B. Beim Behandeln von 3-Hydroxy-isonicotinsäure mit Acetanhydrid und Natriumacetat (*Fox*, J. org. Chem. **17** [1952] 547, 552).
Kristalle (aus Acetanhydrid + Bzl.); F: 226° [korr.; Zers.].

3-Hydroxy-isonicotinsäure-methylester $C_7H_7NO_3$, Formel XI (R = H, X = O-CH_3).
B. Beim Erwärmen von 3-Hydroxy-isonicotinsäure mit Methanol und konz. H_2SO_4 in 1,2-Dichlor-äthan (*Heinert, Martell*, Tetrahedron **3** [1958] 49, 59). Aus 3-Amino-isonicotinsäure-methylester beim Behandeln mit wss. H_2SO_4 und $NaNO_2$ und anschliessenden Erwärmen des Reaktionsgemisches (*Fox*, J. org. Chem. **17** [1952] 547, 553).
Hellgelbe Kristalle; F: 79–80° [aus PAe.] (*He.*, *Ma.*), 78,5–80,5° [aus PAe.] (*Fox*).

3-Methoxy-isonicotinsäure-methylester $C_8H_9NO_3$, Formel XI (R = CH_3, X = O-CH_3).
B. Aus 3-Hydroxy-isonicotinsäure-methylester beim Behandeln mit Diazomethan in Äther und Äthanol (*Heinert, Martell*, Tetrahedron **3** [1958] 49, 59; *Olin Mathieson Chem. Corp.*, U.S.P. 2714595 [1952]).
Kristalle (aus Hexan); F: 55–56° (*He.*, *Ma.*).

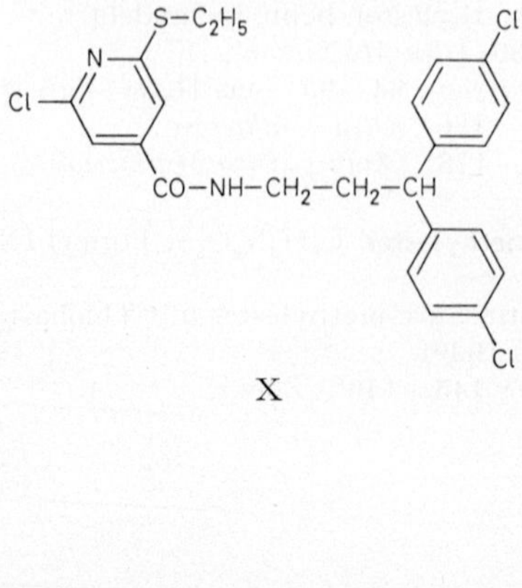

S–C_2H_5, N, Cl, Cl, CO–NH–CH_2–CH_2–CH, Cl

O–R, N, CO–X

S–R, N, CO–X

X 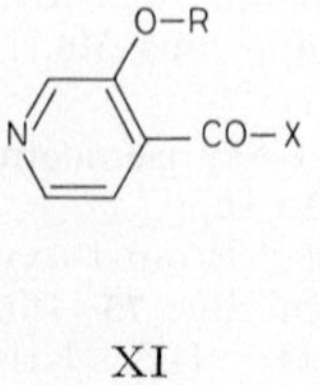 XI 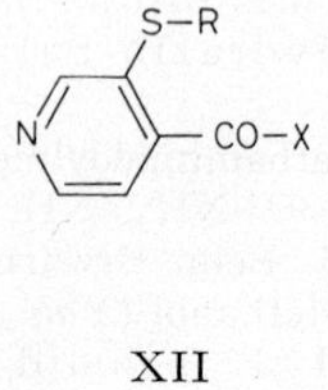 XII

3-Hydroxy-isonicotinsäure-hydrazid $C_6H_7N_3O_2$, Formel XI (R = H, X = NH-NH$_2$).

B. Beim Erwärmen von 3-Hydroxy-isonicotinsäure-methylester mit $N_2H_4 \cdot H_2O$ (*Fox, Gibas,* J. org. Chem. **17** [1952] 1653, 1659).

Orangegelbe Kristalle (aus wss. Isopropylalkohol); F: > 320°.

3-Mercapto-isonicotinsäure $C_6H_5NO_2S$, Formel XII (R = H, X = OH).

B. Neben geringen Mengen Bis-[4-carboxy-[3]pyridyl]-disulfid beim Behandeln einer aus 3-Amino-isonicotinsäure in wss. HCl hergestellten Diazoniumsalz-Lösung mit einer Lösung von Na_2S_x in wss. NaOH bei ca. 0° (*Sucharda, Troszkiewiczówna,* Roczniki Chem. **12** [1932] 493, 497; C. **1932** II 3400).

Orangerote Kristalle; F: 265° [korr.] (*Fox, Gibas,* J. org. Chem. **23** [1958] 64), 255° [Zers.; Kapillare; aus H_2O] (*Su., Tr.*).

3-Phenylmercapto-isonicotinsäure $C_{12}H_9NO_2S$, Formel XII (R = C_6H_5, X = OH).

B. Beim Erwärmen einer aus 3-Amino-isonicotinsäure in wss. HCl hergestellten Diazoniumsalz-Lösung mit Thiophenol und wss. NaOH auf 95° (*Kruger, Mann,* Soc. **1954** 3905, 3907).

Kristalle (aus Eg.); F: 227° [Zers.].

3-[4-Nitro-phenylmercapto]-isonicotinsäure $C_{12}H_8N_2O_4S$, Formel XII (R = C_6H_4-NO_2(*p*), X = OH).

B. Beim Erwärmen einer aus 3-Amino-isonicotinsäure in wss. HCl hergestellten Diazoniumsalz-Lösung mit 4-Nitro-thiophenol und wss. NaOH auf 95° (*Kruger, Mann,* Soc. **1954** 3905, 3907).

Hellgelbe Kristalle (aus Eg.); F: 279° [Zers.].

Bis-[4-carboxy-[3]pyridyl]-disulfid, 3,3'-Disulfandiyl-di-isonicotinsäure $C_{12}H_8N_2O_4S_2$, Formel XIII (R = H).

B. Beim Behandeln einer aus 3-Amino-isonicotinsäure in wss. HCl hergestellten Diazoniumsalz-Lösung mit Kaliumacetat, anschliessend mit einer wss. Lösung von Kalium-[*O*-äthyl-dithiocarbonat] bei 60–70° und Erhitzen des Reaktionsprodukts mit wss. NaOH (*Katz et al.,* J. org. Chem. **19** [1954] 711, 714).

Kristalle; F: 307–308° [Zers.; aus Natriumacetat enthaltendem H_2O] (*Sucharda, Troszkiewiczówna,* Roczniki Chem. **12** [1932] 493, 498; C. **1932** II 3400), 305–308° [unkorr.] (*Katz et al.*).

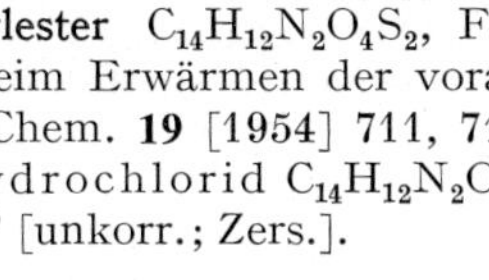

XIII 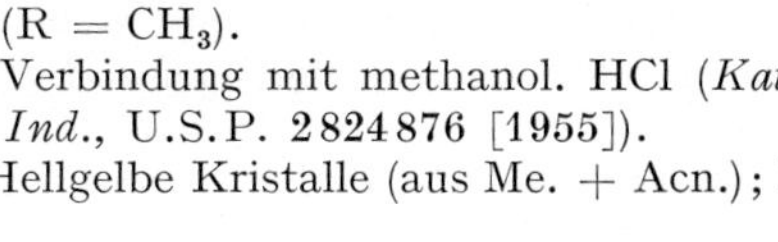 XIV

Bis-[4-methoxycarbonyl-[3]pyridyl]-disulfid, 3,3'-Disulfandiyl-di-isonicotinsäure-dimethylester $C_{14}H_{12}N_2O_4S_2$, Formel XIII (R = CH_3).

B. Beim Erwärmen der vorangehenden Verbindung mit methanol. HCl (*Katz et al.,* J. org. Chem. **19** [1954] 711, 714; *Schenley Ind.,* U.S.P. 2824876 [1955]).

Dihydrochlorid $C_{14}H_{12}N_2O_4S_2 \cdot 2\,HCl$. Hellgelbe Kristalle (aus Me. + Acn.); F: 166° bis 167° [unkorr.; Zers.].

3-Mercapto-isonicotinsäure-hydrazid $C_6H_7N_3OS$, Formel XII (R = H, X = NH-NH$_2$).

B. Beim Erhitzen von Bis-[4-methoxycarbonyl-[3]pyridyl]-disulfid (s. o.) mit $N_2H_4 \cdot H_2O$ (*Katz et al.,* J. org. Chem. **19** [1954] 711, 714; *Schenley Ind.,* U.S.P. 2824876 [1955]).

Kristalle (aus H_2O); F: 239–240° [unkorr.].

***3-Mercapto-isonicotinsäure-[2,4-dichlor-benzylidenhydrazid], 2,4-Dichlor-benzaldehyd-[3-mercapto-isonicotinoylhydrazon]** $C_{13}H_9Cl_2N_3OS$, Formel XIV.

B. Beim Erwärmen von 3-Mercapto-isonicotinsäure-hydrazid mit 2,4-Dichlor-benz=

aldehyd in methanol. Essigsäure (*Katz et al.*, J. org. Chem. **19** [1954] 711, 714; *Schenley Ind.*, U.S.P. 2824876 [1955]).
Orangefarbene Kristalle (aus Py.); F: 239–241° [unkorr.].

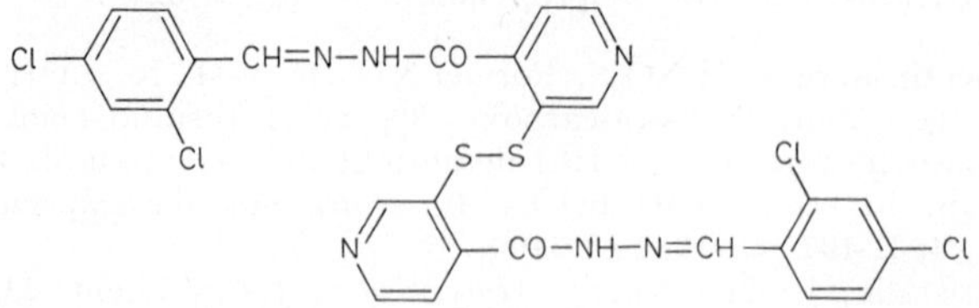

XV

***Bis-[4-(2,4-dichlor-benzylidencarbazoyl)-[3]pyridyl]-disulfid, 3,3'-Disulfandiyl-di-isonicotinsäure-bis-[2,4-dichlor-benzylidenhydrazid]** $C_{26}H_{16}Cl_4N_6O_2S_2$, Formel XV.
B. Beim Behandeln der vorangehenden Verbindung mit Jod in Pyridin (*Katz et al.*, J. org. Chem. **19** [1954] 711, 715; *Schenley Ind.*, U.S.P. 2824876 [1955]).
Gelbe Kristalle (aus DMF); F: 264–265° [unkorr.]. [*Kowol*]

Hydroxycarbonsäuren $C_7H_7NO_3$

[4-Benzyloxy-[2]pyridyl]-essigsäure-äthylester $C_{16}H_{17}NO_3$, Formel I.
B. Beim Erwärmen von [4-Benzyloxy-[2]pyridyl]-acetonitril mit HCl und Äthanol und anschliessend mit H_2O und K_2CO_3 (*Bohlmann et al.*, B. **91** [1958] 2194, 2202).
IR-Banden ($CHCl_3$): 1712 cm^{-1}, 1590 cm^{-1}, 1570 cm^{-1} und 1020 cm^{-1} (*Bo. et al.*).
Picrat. F: 123°.

[4-Benzyloxy-[2]pyridyl]-acetonitril $C_{14}H_{12}N_2O$, Formel II.
B. Beim Erwärmen von 4-Benzyloxy-2-chlormethyl-pyridin-hydrochlorid mit KCN und wenig KI in wss. Äthanol (*Bohlmann et al.*, B. **91** [1958] 2194, 2202).
IR-Banden ($CHCl_3$): 2230 cm^{-1}, 1590 cm^{-1}, 1570 cm^{-1} und 1020 cm^{-1} (*Bo. et al.*).
Picrat. F: 175°.

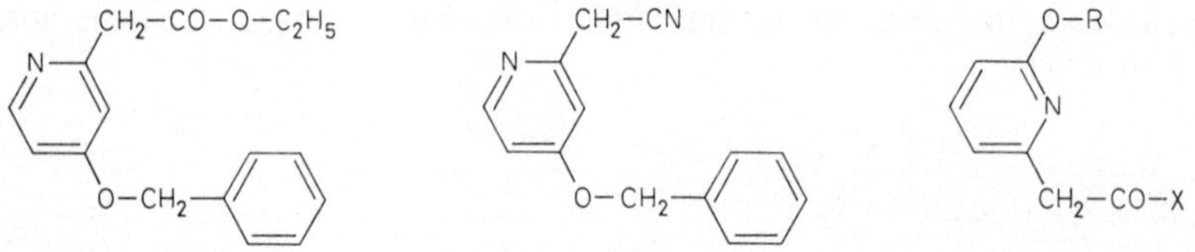

I II III

[6-Hydroxy-[2]pyridyl]-essigsäure-äthylester $C_9H_{11}NO_3$, Formel III (R = H, X = O-C_2H_5), und Tautomeres ([6-Oxo-1,6-dihydro-[2]pyridyl]-essigsäure-äthylester).
B. Beim Behandeln (15 min) von [1-Benzyl-6-oxo-1,6-dihydro-[2]pyridyl]-essigsäure-äthylester mit Natrium und flüssigem NH_3 (*Adams, Reifschneider*, Am. Soc. **81** [1959] 2537, 2539).
Kristalle (aus Bzl.); F: 170°.

[6-Äthoxy-[2]pyridyl]-essigsäure-äthylester $C_{11}H_{15}NO_3$, Formel III (R = C_2H_5, X = O-C_2H_5).
B. Beim Behandeln von [6-Äthoxy-[2]pyridyl]-acetonitril mit Äthanol und HCl (*Adams, Reifschneider*, Am. Soc. **81** [1959] 2537, 2540).
$Kp_{0,3}$: 80° [Badtemperatur].

[6-Hydroxy-[2]pyridyl]-essigsäure-amid $C_7H_8N_2O_2$, Formel III (R = H, X = NH_2), und Tautomeres ([6-Oxo-1,6-dihydro-[2]pyridyl]-essigsäure-amid).
B. Beim Behandeln (24 h) von [1-Benzyl-6-oxo-1,6-dihydro-[2]pyridyl]-essigsäure-äthylester mit flüssigem NH_3 und Natrium (*Adams, Reifschneider*, Am. Soc. **81** [1959]

2537, 2539). Beim Behandeln von [6-Hydroxy-[2]pyridyl]-essigsäure-äthylester mit wss. NH_3 (*Ad.*, *Re.*).
Kristalle (aus A.); F: 254°.

[6-Äthoxy-[2]pyridyl]-acetonitril $C_9H_{10}N_2O$, Formel IV.
B. Beim Erhitzen von 3-[6-Äthoxy-[2]pyridyl]-2-hydroxyimino-propionsäure (*Adams, Reifschneider*, Am. Soc. **81** [1959] 2537, 2540).
Kristalle; F: 54°. $Kp_{0,05}$: 95°.

[6-Benzyloxy-1-oxy-[2]pyridyl]-essigsäure $C_{14}H_{13}NO_4$, Formel V (R = H).
B. Neben geringen Mengen 2-Benzyloxy-6-methyl-pyridin-1-oxid beim Behandeln von 3-[6-Benzyloxy-1-oxy-[2]pyridyl]-2-oxo-propionsäure-äthylester mit H_2O_2 und wss. NaOH (*Adams, Miyano*, Am. Soc. **76** [1954] 3168, 3171).
Gelbbraune Kristalle; F: 147—151° [korr.; Zers.] (nicht rein erhalten).

[6-Benzyloxy-1-oxy-[2]pyridyl]-essigsäure-äthylester $C_{16}H_{17}NO_4$, Formel V ($R = C_2H_5$).
B. Beim Erwärmen von [6-Benzyloxy-1-oxy-[2]pyridyl]-essigsäure mit Äthanol und H_2SO_4 (*Adams, Miyano*, Am. Soc. **76** [1954] 3168, 3171).
Kristalle (aus Bzl. + PAe.); F: 55—56°. Bei 25°/15 Torr sublimierbar.

(±)-Hydroxy-[2]pyridyl-essigsäure $C_7H_7NO_3$, Formel VI (R = H, X = OH).
B. Beim Behandeln von (±)-Hydroxy-[2]pyridyl-acetonitril mit konz. wss. HCl (*Sauermilch, Wolf*, Ar. **292** [1959] 38, 40; s. a. *Sauermilch*, B. **90** [1957] 833).
Kristalle; F: 108° [aus H_2O] (*Sa., Wolf*); Zers. bei 108,5° [aus wss. Me.] (*Sa.*).
Beim Aufbewahren an feuchter Luft erfolgt Zersetzung unter Bildung von [2]Pyridylmethanol und CO_2 (*Sa.*).
Kupfer(II)-Salz. Blaue Kristalle (*Sa.*).

(±)-Hydroxy-[2]pyridyl-essigsäure-methylester $C_8H_9NO_3$, Formel VI (R = H, $X = O\text{-}CH_3$).
B. Beim Behandeln von (±)-Hydroxy-[2]pyridyl-essigsäure mit Methanol und HCl (*Sauermilch, Wolf*, Ar. **292** [1959] 38, 41).
Kristalle; F: 76° [nach Vakuumsublimation].
Hydrochlorid. Kristalle; F: 163°.

(±)-Hydroxy-[2]pyridyl-essigsäure-äthylester $C_9H_{11}NO_3$, Formel VI (R = H, $X = O\text{-}C_2H_5$).
B. Beim Erwärmen von (±)-Benzoyloxy-[2]pyridyl-essigsäure-amid mit Äthanol und HCl (*Zymalkowski, Schauer*, Ar. **290** [1957] 267, 272).
Kristalle (aus A.); F: 82°. $Kp_{0,45}$: 125—130°.

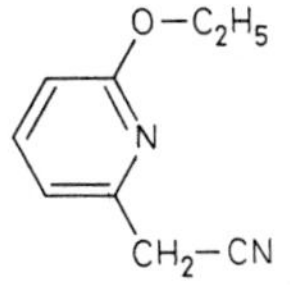

IV 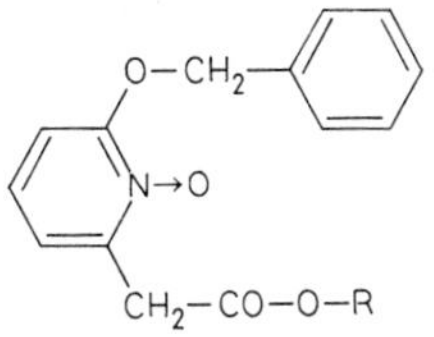 V 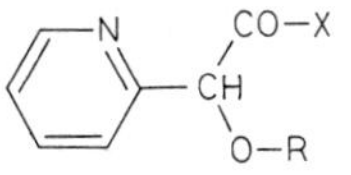 VI 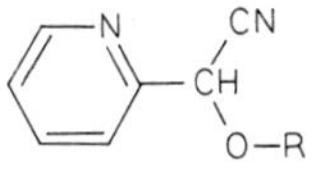 VII

(±)-Acetoxy-[2]pyridyl-essigsäure-äthylester $C_{11}H_{13}NO_4$, Formel VI ($R = CO\text{-}CH_3$, $X = O\text{-}C_2H_5$).
B. Beim Erwärmen von (±)-Brom-[2]pyridyl-essigsäure-äthylester mit Natriumacetat in Äthanol (*Edwards et al.*, Canad. J. Chem. **32** [1954] 785, 790). Beim Behandeln von [2]Pyridyl-essigsäure-äthylester mit Blei(IV)-acetat in Benzol (*Ed. et al.*).
$Kp_{0,2}$: 97° [Badtemperatur]. IR-Banden (Film; 3480—649 cm^{-1}): *Ed. et al.*
Picrat $C_{11}H_{13}NO_4 \cdot C_6H_3N_3O_7$. Kristalle (aus Ae.); F: 100°.

(±)-Benzoyloxy-[2]pyridyl-essigsäure-äthylester $C_{16}H_{15}NO_4$, Formel VI ($R = CO\text{-}C_6H_5$, $X = O\text{-}C_2H_5$).

B. Beim Behandeln von (±)-Benzoyloxy-[2]pyridyl-essigsäure-amid mit Äthanol und HCl (*Zymalkowski, Schauer*, Ar. **290** [1957] 267, 272).

$Kp_{0,2}$: 163°.

Picrat $C_{16}H_{15}NO_4 \cdot C_6H_3N_3O_7$. F: 145–147°.

(±)-Benzoyloxy-[2]pyridyl-essigsäure-amid, (±)-Benzoesäure-[carbamoyl-[2]pyridyl-methylester] $C_{14}H_{12}N_2O_3$, Formel VI ($R = CO\text{-}C_6H_5$, $X = NH_2$).

B. Beim Behandeln von (±)-Benzoyloxy-[2]pyridyl-acetonitril mit konz. H_2SO_4 bei –15° (*Zymalkowski, Schauer*, Ar. **290** [1957] 218, 222).

Kristalle (aus wss. A.); F: 140–142°.

Bei der Hydrierung an Palladium/$BaSO_4$ in Äthanol ist [2]Pyridyl-essigsäure-amid erhalten worden.

(±)-Hydroxy-[2]pyridyl-acetonitril $C_7H_6N_2O$, Formel VII (R = H).

B. Beim Behandeln von Pyridin-2-carbaldehyd mit wss. HCl und KCN bei –10° (*Mathes, Sauermilch*, B. **89** [1956] 1515, 1520; s. a. *Sauermilch, Wolf*, Ar. **292** [1959] 38, 40).

Kristalle (aus Diisopropyläther); F: 88° (*Ma., Sa.*).

Bei 2-tägigem Behandeln mit wss. HCl ist eine Verbindung $C_8H_{14}Cl_2N_2O_5$ (Kristalle; Zers. bei 137°) erhalten worden, die beim Behandeln mit wss. Natriumacetat und Kupfer(II)-acetat in das Kupfer(II)-Salz der Hydroxy-[2]pyridyl-essigsäure überführbar ist (*Sauermilch*, B. **90** [1957] 833).

(±)-Benzoyloxy-[2]pyridyl-acetonitril, (±)-Benzoesäure-[cyan-[2]pyridyl-methylester] $C_{14}H_{10}N_2O_2$, Formel VII ($R = CO\text{-}C_6H_5$).

B. Beim Behandeln von Benzoylchlorid in Äther mit Pyridin-2-carbaldehyd und wss. KCN bei –15° unter Stickstoff (*Zymalkowski, Schauer*, Ar. **290** [1957] 218, 221). Als Hauptprodukt neben 2-Hydroxy-1,2-di-[2]pyridyl-äthanon beim Behandeln von (±)-Hydroxy-[2]pyridyl-acetonitril mit Pyridin und Benzoylchlorid (*Katritzky, Monro*, Soc. **1958** 150, 152).

Kristalle (aus A.); F: 102° (*Ka., Mo.*), 100–102° (*Zy., Sch.*).

(±)-Hydroxy-[1-oxy-[2]pyridyl]-acetonitril $C_7H_6N_2O_2$, Formel VIII.

B. Beim Behandeln von 1-Oxy-pyridin-2-carbaldehyd mit HCN (*Mathes, Sauermilch*, A. **618** [1958] 152, 157).

Kristalle (aus Isopropylalkohol); Zers. bei 125° [abhängig von der Geschwindigkeit des Erhitzens]. Nicht beständig.

[2-Hydroxy-[3]pyridyl]-essigsäure $C_7H_7NO_3$, Formel IX, und Tautomeres ([2-Oxo-1,2-dihydro-[3]pyridyl]-essigsäure).

B. Beim Erhitzen von [2-Chlor-[3]pyridyl]-essigsäure mit wss. NaOH auf 200° (*Okuda, Robison*, Am. Soc. **81** [1959] 740, 743).

Kristalle (aus Me.); F: 240–241° [korr.; Zers.].

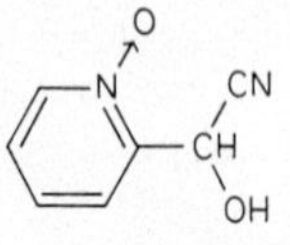

VIII 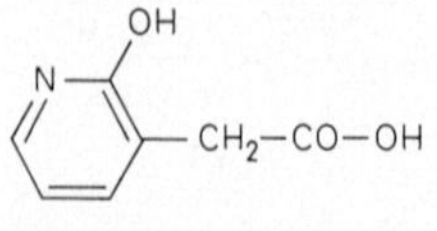 IX 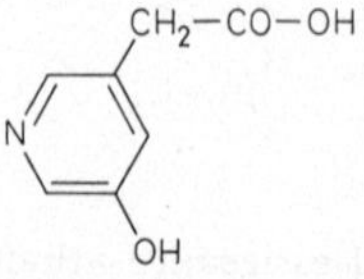 X 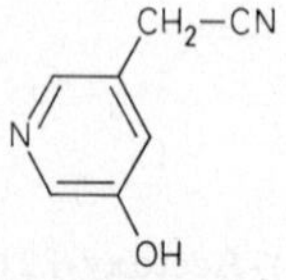 XI

[5-Hydroxy-[3]pyridyl]-essigsäure $C_7H_7NO_3$, Formel X.

B. Beim Erhitzen von [5-Hydroxy-[3]pyridyl]-acetonitril mit konz. wss. HCl (*Okuda, Robison*, Am. Soc. **81** [1959] 740, 742).

Kristalle (aus Me. + Butanon); F: 197° [korr.; Zers.].

[5-Hydroxy-[3]pyridyl]-acetonitril $C_7H_6N_2O$, Formel XI.

B. In geringer Menge neben anderen Verbindungen beim Erhitzen von [1-Oxy-[3]pyridyl]-acetonitril mit $POCl_3$ (*Okuda, Robison*, Am. Soc. **81** [1959] 740, 742).

Kristalle (aus Acn. + Bzl.); F: 180–181° [korr.]. λ_{max}: 216 nm, 254 nm, 279 nm und 319 nm [H_2O] sowie 241 nm und 302 nm [wss. NaOH (0,25 n)].

(±)-Hydroxy-[3]pyridyl-essigsäure $C_7H_7NO_3$, Formel XII (R = H, X = OH).

B. Beim Behandeln von (±)-Hydroxy-[3]pyridyl-acetonitril mit konz. wss. HCl (*Sauermilch, Wolf*, Ar. **292** [1959] 38, 42).

Kristalle (aus A.); F: 160° [Zers.]. Kristalle (aus H_2O) mit 2 Mol H_2O, F: 80° [geschlossene Kapillare], die an der Luft rasch verwittern.

Hydrochlorid $C_7H_7NO_3 \cdot HCl$. Kristalle; F: 164°.

(±)-Hydroxy-[3]pyridyl-essigsäure-äthylester $C_9H_{11}NO_3$, Formel XII (R = H, X = O-C_2H_5).

B. Beim Erwärmen von (±)-Benzoyloxy-[3]pyridyl-essigsäure-amid mit Äthanol und HCl (*Zymalkowski, Schauer*, Ar. **290** [1957] 267, 273). Beim Behandeln von (±)-Hydroxy-[3]pyridyl-essigsäure-hydrochlorid mit Äthanol und HCl (*Sauermilch, Wolf*, Ar. **292** [1959] 38, 42).

Kp_4: 148–149° (*Sa., Wolf*); $Kp_{0,1}$: 111–113° (*Zy., Sch.*).

(±)-Benzoyloxy-[3]pyridyl-essigsäure-äthylester $C_{16}H_{15}NO_4$, Formel XII (R = CO-C_6H_5, X = O-C_2H_5).

B. Beim Behandeln von (±)-Benzoyloxy-[3]pyridyl-essigsäure-amid mit Äthanol und HCl (*Zymalkowski, Schauer*, Ar. **290** [1957] 267, 273).

$Kp_{0,2}$: 165–170°.

(±)-Hydroxy-[3]pyridyl-essigsäure-amid $C_7H_8N_2O_2$, Formel XII (R = H, X = NH_2).

B. Beim Behandeln von (±)-Hydroxy-[3]pyridyl-essigsäure-äthylester in Äthanol mit NH_3 bei 0° (*Zymalkowski, Schauer*, Ar. **290** [1957] 267, 273).

Kristalle; F: 153–156° [aus A.] (*Zy., Sch.*), 152–153° (*Sauermilch, Wolf*, Ar. **292** [1959] 38, 43).

(±)-Benzoyloxy-[3]pyridyl-essigsäure-amid $C_{14}H_{12}N_2O_3$, Formel XII (R = CO-C_6H_5, X = NH_2).

B. Beim Behandeln von (±)-Benzoyloxy-[3]pyridyl-acetonitril mit H_2SO_4 bei –15° (*Zymalkowski, Schauer*, Ar. **290** [1957] 218, 222).

Kristalle (aus H_2O); F: 163–164°.

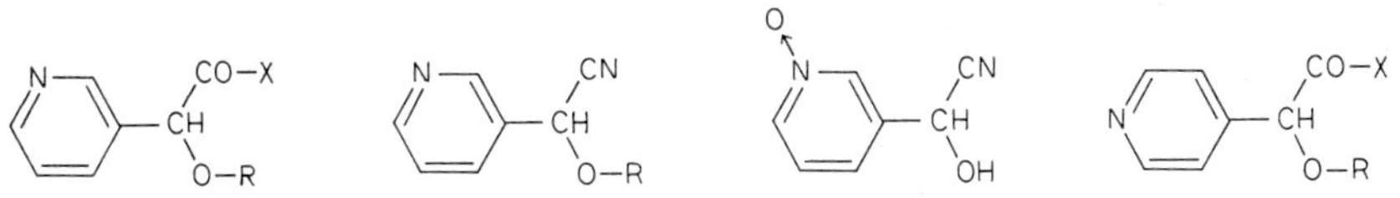

XII XIII XIV XV

(±)-Hydroxy-[3]pyridyl-acetonitril $C_7H_6N_2O$, Formel XIII (R = H).

B. Beim Behandeln von (±)-Hydroxy-[3]pyridyl-methansulfonsäure mit KCN in H_2O (*G. Treuge*, Diss. [Berlin 1938] S. 27).

Kristalle (aus Bzl.); F: 73°.

(±)-Benzoyloxy-[3]pyridyl-acetonitril $C_{14}H_{10}N_2O_2$, Formel XIII (R = CO-C_6H_5).

B. Beim Behandeln von Benzoylchlorid in Äther mit Pyridin-3-carbaldehyd und wss. KCN bei –15° unter Stickstoff (*Zymalkowski, Schauer*, Ar. **290** [1957] 218, 221).

Gelbliche Kristalle (aus Diisopropyläther); F: 94°.

(±)-Hydroxy-[1-oxy-[3]pyridyl]-acetonitril $C_7H_6N_2O_2$, Formel XIV.

B. Beim Erwärmen von (±)-Hydroxy-[3]pyridyl-acetonitril mit wss. H_2O_2 in Essig-

säure auf 50—60° (*Mathes, Sauermilch,* A. **618** [1958] 152, 158).
Kristalle (aus Me.); F: 207° [Zers.; auf 200° vorgeheiztes Bad]. Nicht beständig.

(±)-Hydroxy-[4]pyridyl-essigsäure-äthylester $C_9H_{11}NO_3$, Formel XV (R = H, X = O-C_2H_5).
B. Beim Erwärmen von (±)-Benzoyloxy-[4]pyridyl-essigsäure-amid mit Äthanol und HCl (*Zymalkowski, Schauer,* Ar. **290** [1957] 267, 270 Anm.).
$Kp_{0,14}$: 120—121°.

(±)-Hydroxy-[4]pyridyl-essigsäure-amid $C_7H_8N_2O_2$, Formel XV (R = H, X = NH_2).
B. Beim Behandeln von (±)-Hydroxy-[4]pyridyl-essigsäure-äthylester mit NH_3 in Äthanol bei 0° (*Zymalkowski, Schauer,* Ar. **290** [1957] 267, 270 Anm.).
F: 176—178°.

(±)-Benzoyloxy-[4]pyridyl-essigsäure-amid $C_{14}H_{12}N_2O_3$, Formel XV (R = CO-C_6H_5, X = NH_2).
B. Beim Behandeln von (±)-Benzoyloxy-[4]pyridyl-acetonitril mit H_2SO_4 bei —15° (*Zymalkowski, Schauer,* Ar. **290** [1957] 218, 222).
Kristalle (aus A.); F: 196—198°.

(±)-Hydroxy-[4]pyridyl-acetonitril $C_7H_6N_2O$, Formel I (R = H).
B. Aus Pyridin-4-carbaldehyd und HCN (*Mathes, Sauermilch,* B. **89** [1956] 1515, 1518 Anm.).
F: 103°.

(±)-Benzoyloxy-[4]pyridyl-acetonitril $C_{14}H_{10}N_2O_2$, Formel I (R = CO-C_6H_5).
B. Beim Behandeln von Benzoylchlorid in Äther mit Pyridin-4-carbaldehyd und wss. KCN bei —15° unter Stickstoff (*Zymalkowski, Schauer,* Ar. **290** [1957] 218, 221).
Gelbe Kristalle (aus Me.); F: 130—132°.
Hydrochlorid. Kristalle; F: >180° [Zers.].

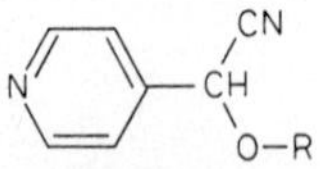

I 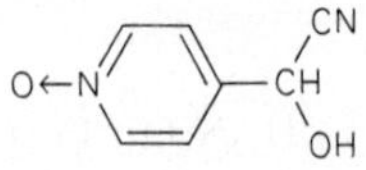 II 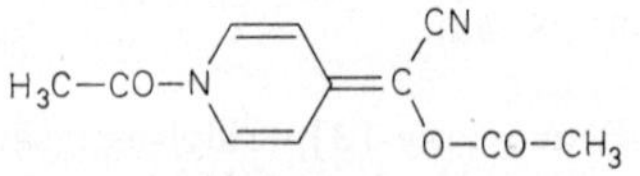 III

(±)-Hydroxy-[1-oxy-[4]pyridyl]-acetonitril $C_7H_6N_2O_2$, Formel II.
B. Beim Behandeln von Pyridin-4-carbaldehyd-1-oxid mit HCN (*Mathes, Sauermilch,* A. **618** [1958] 152, 157).
Kristalle (aus Me.); Zers. bei 118° [abhängig von der Geschwindigkeit des Erhitzens]. Nicht beständig.

Acetoxy-[1-acetyl-1*H*-[4]pyridyliden]-acetonitril $C_{11}H_{10}N_2O_3$, Formel III.
Diese Konstitution ist für die nachstehend beschriebene Verbindung in Betracht gezogen worden (*Mathes, Sauermilch,* B. **89** [1956] 1515, 1518).
B. Beim Erwärmen von 2,3-Dihydroxy-2,3-di-[4]pyridyl-propionitril (F: 144—146°) mit Acetanhydrid (*Ma., Sa.,* l. c. S. 1520).
Gelbe Kristalle (aus A.); F: 163°.

6-Hydroxy-3-methyl-pyridin-2-carbonsäure $C_7H_7NO_3$, Formel IV, und Tautomeres (6-Oxo-3-methyl-1,6-dihydro-pyridin-2-carbonsäure).
B. Aus 3-Methyl-6-oxo-6*H*-pyran-2-carbonsäure beim Erhitzen mit Ammoniumacetat, Essigsäure und Acetanhydrid auf Siedetemperatur (*Fried, Elderfield,* J. org. Chem. **6** [1941] 566, 572) oder mit wss. NH_3 auf 120—140° (*Case,* Am. Soc. **68** [1946] 2574, 2576).
Kristalle; Zers. bei ca. 290—300° [aus wss. A.] (*Fr., El.*), bei 286° [aus Eg.] (*Case*).

4-Hydroxy-2-methyl-nicotinsäure-äthylester $C_9H_{11}NO_3$, Formel V, und Tautomeres (2-Methyl-4-oxo-1,4-dihydro-pyridin-3-carbonsäure-äthylester).

B. Bei mehrtägigem Behandeln von Acetessigsäure-äthylester mit Aminomethylenmalonsäure-diäthylester und HCl (*Ochiai, Ito,* B. **74** [1941] 1111, 1113).

Kristalle (aus Me. + Acn.); F: 207°.

5-Hydroxy-2-methyl-nicotinsäure-äthylester $C_9H_{11}NO_3$, Formel VI.

B. Beim Erhitzen einer aus 5-Amino-2-methyl-nicotinsäure-äthylester in wss. H_2SO_4 bereiteten Diazoniumsalz-Lösung (*Fanta,* Am. Soc. **75** [1953] 738).

Kristalle (aus Bzl. + PAe.); F: 163–164,5° [korr.].

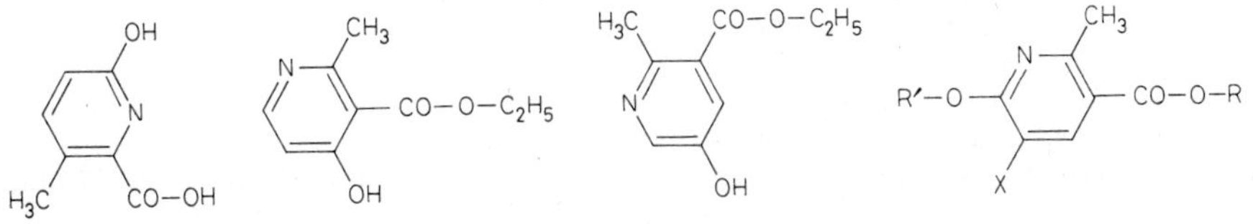

IV V VI VII

6-Hydroxy-2-methyl-nicotinsäure $C_7H_7NO_3$, Formel VII (R = R' = X = H), und Tautomeres (2-Methyl-6-oxo-1,6-dihydro-pyridin-3-carbonsäure).

Eine von *Albertson* (Am. Soc. **74** [1952] 3816) unter dieser Konstitution beschriebene, beim Erhitzen von 2-Brommethyl-6-oxo-1,4,5,6-tetrahydro-pyridin-3-carbonsäure-äthylester auf 130° erhaltene Verbindung vom F: 252° ist als 4,7-Dihydro-1*H*,3*H*-furo=[3,4-*b*]pyridin-2,5-dion zu formulieren (*Ramirez, Paul,* J. org. Chem. **19** [1954] 183, 185; s. a. *Albertson,* Am. Soc. **74** [1952] 6319).

B. Beim Erwärmen von 6-Hydroxy-2-methyl-nicotinsäure-äthylester mit äthanol. KOH (*Ra., Paul,* J. org. Chem. **19** 190). Beim Erhitzen von 6-Chlor-2-methyl-nicotin=säure-äthylester mit Essigsäure und konz. wss. HCl (*Ra., Paul,* J. org. Chem. **19** 191) oder mit wss. NaOH (*Ramirez, Paul,* Am. Soc. **77** [1955] 3337, 3339).

Kristalle (aus H_2O); F: ca. 325° [unkorr.; Zers.] (*Ra., Paul,* J. org. Chem. **19** 190). IR-Spektrum (Nujol; 2–16 μ): *Ra., Paul,* J. org. Chem. **19** 189. UV-Spektrum (A.; 220–330 nm): *Ramirez, Paul,* Am. Soc. **77** [1955] 1035, 1036; s. a. *Ra., Paul,* Am. Soc. **77** 3338. λ_{max} (A.): 261 nm und 303 nm (*Ra., Paul,* J. org. Chem. **19** 187, 190).

6-Hydroxy-2-methyl-nicotinsäure-äthylester $C_9H_{11}NO_3$, Formel VII (R = C_2H_5, R' = X = H), und Tautomeres (2-Methyl-6-oxo-1,6-dihydro-pyridin-3-carbon=säure-äthylester).

B. Beim Erhitzen von 2-Methyl-6-oxo-1,4,5,6-tetrahydro-pyridin-3-carbonsäure-äthyl=ester mit Palladium auf 250–260° (*Ramirez, Paul,* J. org. Chem. **19** [1954] 183, 190).

Kristalle (aus Bzl.); F: 214–215° [unkorr.] (*Ra., Paul,* J. org. Chem. **19** 190). IR-Spektrum ($CHCl_3$; 2–16 μ): *Ra., Paul,* J. org. Chem. **19** 188. UV-Spektrum (A. sowie wss.-äthanol. KOH; 215–320 nm): *Ramirez, Paul,* Am. Soc. **77** [1955] 1035, 1066. λ_{max}: 264 nm und 300 nm [A.] sowie 290 nm [wss.-äthanol. NaOH] (*Ra., Paul,* J. org. Chem. **19** 187, 190).

6-Methoxy-2-methyl-nicotinsäure-äthylester $C_{10}H_{13}NO_3$, Formel VII (R = C_2H_5, R' = CH_3, X = H).

B. Neben überwiegenden Mengen 1,2-Dimethyl-6-oxo-1,6-dihydro-pyridin-3-carbon=säure-äthylester beim Erwärmen von 6-Hydroxy-2-methyl-nicotinsäure-äthylester mit CH_3I und K_2CO_3 in Aceton (*Ramirez, Paul,* Am. Soc. **77** [1955] 1035, 1040).

$Kp_{0,4}$: 80° [Badtemperatur]. n_D^{25}: 1,5098. UV-Spektrum (A.; 215–330 nm): *Ra., Paul,* l. c. S. 1036.

6-Äthoxy-2-methyl-nicotinsäure-äthylester $C_{11}H_{15}NO_3$, Formel VII (R = R' = C_2H_5, X = H).

B. Beim Erwärmen von 6-Hydroxy-2-methyl-nicotinsäure-äthylester mit Natrium=äthylat und Äthanol (*Ramirez, Paul,* J. org. Chem. **19** [1954] 183, 192).

$Kp_{0,3}$: ca. 92°. n_D^{26}: 1,5039. IR-Spektrum ($CHCl_3$; 2—16 μ): *Ra.*, *Paul*, l. c. S. 189. λ_{max} (A.): 248 nm und 275 nm (*Ra.*, *Paul*, l. c. S. 187, 192).

(±)-2-Methyl-6-[2-oxo-cyclohexyloxy]-nicotinsäure-äthylester $C_{15}H_{19}NO_4$, Formel VIII.
B. Beim Erwärmen von 6-Hydroxy-2-methyl-nicotinsäure-äthylester mit (±)-2-Chlor-cyclohexanon und KOH in Äthanol (*Ramirez*, *Paul*, J. org. Chem. **19** [1954] 183, 192). Beim Erwärmen der Natrium-Verbindung des 6-Hydroxy-2-methyl-nicotinsäure-äthylesters mit (±)-2-Chlor-cyclohexanon in Benzol und DMF (*Ra.*, *Paul*).
Kristalle (aus Hexan); F: 100—101° [unkorr.]. IR-Spektrum ($CHCl_3$; 2—16 μ): *Ra.*, *Paul*, l. c. S. 189. λ_{max} (A.): 248 nm und 275 nm (*Ra.*, *Paul*, l. c. S. 187, 192).

5-Brom-6-hydroxy-2-methyl-nicotinsäure-äthylester $C_9H_{10}BrNO_3$, Formel VII ($R = C_2H_5$, $R' = H$, $X = Br$), und Tautomeres (5-Brom-2-methyl-6-oxo-1,6-dihydro-pyridin-3-carbonsäure-äthylester).
B. Beim Behandeln von 6-Hydroxy-2-methyl-nicotinsäure-äthylester mit Brom in $CHCl_3$ (*Ramirez*, *Paul*, J. org. Chem. **19** [1954] 183, 192).
Kristalle (aus A.); F: 226—227° [unkorr.]. λ_{max} (A.): 271 nm, 307 nm und 317 nm.

2-Hydroxy-6-methyl-isonicotinsäure $C_7H_7NO_3$, Formel IX (X = OH), und Tautomeres (6-Methyl-2-oxo-1,2-dihydro-pyridin-4-carbonsäure) (E II 166).
B. Beim Erhitzen von 3-Cyan-2-hydroxy-6-methyl-isonicotinsäure mit wss. HCl (*Musante*, *Fatutta*, Ann. Chimica. **47** [1957] 385, 392). Beim Erhitzen von 3-Cyan-2-hydroxy-6-methyl-isonicotinsäure-äthylester mit wss. NaOH (*Basu*, J. Indian chem. Soc. **7** [1930] 481, 491) oder mit wss. HCl (*Libermann et al.*, Bl. **1958** 687, 691; *Mu.*, *Fa.*, l. c. S. 391).
F: 357° (*Li. et al.*). Kristalle (aus H_2O) mit 1 Mol H_2O; F: 225—226° [bei schnellem Erhitzen] (*Basu*).

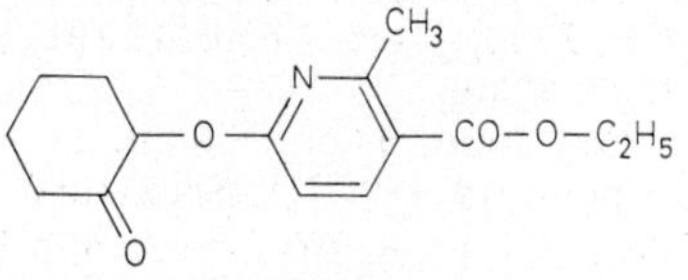

VIII 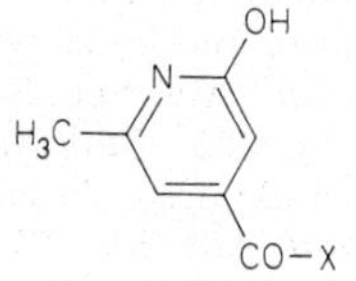 IX 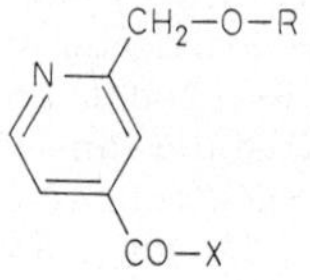 X

2-Hydroxy-6-methyl-isonicotinsäure-methylester $C_8H_9NO_3$, Formel IX ($X = O\text{-}CH_3$), und Tautomeres (6-Methyl-2-oxo-1,2-dihydro-pyridin-4-carbonsäure-methylester) (E II 166).
B. Beim Behandeln von 2-Hydroxy-6-methyl-isonicotinsäure mit Diazomethan in Äther (*Musante*, *Fatutta*, Ann. Chimica **47** [1957] 385, 392).
Kristalle (aus A.); F: 224—225°.

2-Hydroxy-6-methyl-isonicotinsäure-hydrazid $C_7H_9N_3O_2$, Formel IX ($X = NH\text{-}NH_2$), und Tautomeres (6-Methyl-2-oxo-1,2-dihydro-pyridin-4-carbonsäure-hydrazid).
B. Beim Erwärmen von 2-Hydroxy-6-methyl-isonicotinsäure-methylester mit $N_2H_4 \cdot H_2O$ in Methanol (*Isler et al.*, Helv. **38** [1955] 1033, 1045) oder in Äthanol (*Musante*, *Fatutta*, Ann. Chimica **47** [1957] 385, 392).
Kristalle; F: 280° [aus A.] (*Mu.*, *Fa.*), 275—280° [Zers.] (*Is. et al.*).

***2-Hydroxy-6-methyl-isonicotinsäure-benzylidenhydrazid, Benzaldehyd-[2-hydroxy-6-methyl-isonicotinoylhydrazon]** $C_{14}H_{13}N_3O_2$, Formel IX ($X = NH\text{-}N{=}CH\text{-}C_6H_5$), und Tautomeres (6-Methyl-2-oxo-1,2-dihydro-pyridin-4-carbonsäure-benzylidenhydrazid).
B. Beim Erwärmen von 2-Hydroxy-6-methyl-isonicotinsäure-hydrazid mit Benzaldehyd in Äthanol (*Musante*, *Fatutta*, Ann. Chimica **47** [1957] 385, 393).
Kristalle (aus A.); F: 275—277°.

2-Acetoxymethyl-isonicotinsäure-äthylester $C_{11}H_{13}NO_4$, Formel X ($R = CO\text{-}CH_3$, $X = O\text{-}C_2H_5$).

B. Beim Erhitzen von 2-Methyl-1-oxy-isonicotinsäure-äthylester mit Acetanhydrid auf 125° (*Libermann et al.*, Bl. **1958** 694, 697).

$Kp_{2,5}$: 134—136°.

2-Hydroxymethyl-isonicotinsäure-amid $C_7H_8N_2O_2$, Formel X ($R = H$, $X = NH_2$).

B. Beim Behandeln von 2-Acetoxymethyl-isonicotinsäure-äthylester mit wss. NH_3 (*Libermann et al.*, Bl. **1958** 694, 697).

F: 188°.

2-Acetoxymethyl-thioisonicotinsäure-amid $C_9H_{10}N_2O_2S$, Formel XI.

B. Beim Erwärmen von 2-Hydroxymethyl-isonicotinsäure-amid mit Acetylchlorid in Toluol und Pyridin, Erhitzen des Reaktionsprodukts mit $POCl_3$ und Behandeln des danach erhaltenen Reaktionsprodukts mit H_2S und Tris-[2-hydroxy-äthyl]-amin in Äthanol (*Libermann et al.*, Bl. **1958** 694, 697).

Kristalle (aus E. + PAe.); F: 120°.

5-Methoxy-6-methyl-nicotinsäure $C_8H_9NO_3$, Formel XII.

Konstitution: *Palm et al.*, J. org. Chem. **32** [1967] 826.

B. Aus 5-Methoxy-6-methyl-pyridin-3,4-dicarbonsäure beim Erhitzen (*Ichiba, Michi*, Scient Pap. Inst. phys. chem. Res. **36** [1939] 1, 4; s. a. *Palm et al.*).

Kristalle; F: 230° (*Ich., Mi.*), 224° [nach Sublimation bei 180°/14 Torr] (*Palm et al.*).

XI XII XIII XIV

2,4-Dichlor-5-hydroxy-6-methyl-nicotinonitril $C_7H_4Cl_2N_2O$, Formel XIII.

B. Beim Erhitzen einer aus 5-Amino-2,4-dichlor-6-methyl-nicotinonitril bereiteten Diazoniumsalz-Lösung mit wss. Kupfer(II)-sulfat (*Perez-Medina et al.*, Am. Soc. **69** [1947] 2574, 2577).

Kristalle (aus Me.); F: 287—289° [Zers.].

4-Hydroxy-6-methyl-nicotinsäure $C_7H_7NO_3$, Formel XIV, und Tautomeres (6-Methyl-4-oxo-1,4-dihydro-pyridin-3-carbonsäure).

Diese Konstitution kommt wahrscheinlich der nachfolgend beschriebenen Verbindung zu (*Bojarska-Dahlig, Gruda*, Roczniki Chem. **31** [1957] 1147, 1150; C. A. **1958** 10072).

B. Beim Erhitzen von 2-Methyl-pyridin-4-ol mit CO_2 und K_2CO_3 auf 190—200°/45—65 at (*Bo.-Da., Gr.*, l. c. S. 1154). Beim Erhitzen der Kalium-Verbindung des 2-Methyl-pyridin-4-ols mit CO_2 auf 190—200°/50 at (*Bo.-Da., Gr.*, l. c. S. 1153).

Kristalle (aus H_2O); F: 258,6—260° [unkorr.; Zers.].

Picrat. Gelbe Kristalle (aus H_2O); F: ca. 160° [unkorr.; Zers.].

Verbindung mit Quecksilber(II)-chlorid. Kristalle; F: 200—201,5° [unkorr.].

Methylester $C_8H_9NO_3$. Kristalle (aus A.); F: 189,5—190° [unkorr.] (*Bo.-Da., Gr.*, l. c. S. 1154).

2-Hydroxy-6-methyl-nicotinsäure $C_7H_7NO_3$, Formel I ($X = OH$, $X' = H$), und Tautomeres (6-Methyl-2-oxo-1,2-dihydro-pyridin-3-carbonsäure).

B. Beim Erhitzen von 2-Hydroxy-6-methyl-nicotinonitril mit konz. wss. HCl (*Dornow*, B. **73** [1940] 153, 156; *Matsukawa, Matsuno*, J. pharm. Soc. Japan **64** [1944] 145, 148; C. A. **1951** 4724; *Kotschetkow*, Doklady Akad. S.S.S.R. **84** [1952] 289, 291; C. A. **1953** 3309; *Franke, Kraft*, B. **86** [1953] 797, 799). Beim Erwärmen einer aus 2-Amino-6-methyl-pyridin-nicotinsäure bereiteten Diazoniumsalz-Lösung (*Dornow, Karlson,* B. **73** [1940] 542, 545).

Kristalle (aus H_2O); F: 232° (*Fr., Kr.*), 231—232° (*Ma., Ma.*), 229—230° (*Ko.*), 228° (*Do.*).

2-Hydroxy-6-methyl-nicotinsäure-methylester $C_8H_9NO_3$, Formel I (X = O-CH_3, X' = H), und Tautomeres (6-Methyl-2-oxo-1,2-dihydro-pyridin-3-carbonsäure-methylester).

B. Aus 2-Hydroxy-6-methyl-nicotinsäure beim Erwärmen mit Methanol und H_2SO_4 (*Dornow, Hahmann,* Ar. **290** [1957] 61, 64) oder beim Behandeln mit Diazomethan in Methanol (*Mariella, Havlik,* Am. Soc. **74** [1952] 1915). Beim Behandeln des aus 2-Hydroxy-6-methyl-nicotinsäure mit Hilfe von $SOCl_2$ bereiteten Säurechlorids mit Methanol (*Do., Ha.*).

Kristalle; F: 184—185° [aus A.] (*Ma., Ha.*), 162—163° [aus Me.] (*Do., Ha.*).

2-Hydroxy-6-methyl-nicotinonitril $C_7H_6N_2O$, Formel II (R = X = H), und Tautomeres (6-Methyl-2-oxo-1,2-dihydro-pyridin-3-carbonitril).

B. Beim Erhitzen von 4*t*-Chlor-but-3-en-2-on mit Cyanessigsäure-amid und wss. Diäthylamin (*Kotschetkow,* Izv. Akad. S.S.S.R. Otd. chim. **1954** 47, 53; engl. Ausg. S. 37, 41). Aus der Natrium-Verbindung des Acetoacetaldehyds beim Erwärmen mit Cyanessigsäure-amid in Äthanol (*Matsukawa, Matsuno,* J. pharm. Soc. Japan **64** [1944] 145, 148; C. A. **1951** 4724) oder beim Erhitzen mit Cyanessigsäure-amid und Piperidinacetat in wss. Piperidin (*Perez-Medina et al.,* Am. Soc. **69** [1947] 2574, 2576; s. a. *Mariella,* Org. Synth. Coll. Vol. IV [1963] 210). Beim Erhitzen von 4,4-Diäthoxy-butan-2-on (*Kotschetkow,* Doklady Akad. S.S.S.R. **84** [1952] 289, 291; C. A. **1953** 3309) oder von 1,1,3,3-Tetramethoxy-butan (*Franke, Kraft,* B. **86** [1953] 797, 799) mit Cyanessigsäure-amid, Piperidin und wss. Essigsäure. Beim Erwärmen von 1,1,3-Triäthoxy-but-2-en mit Cyanessigsäure-amid und Piperidin in Äthanol und Erhitzen des erhaltenen Piperidin-Addukts (s. u.) mit wss. NaOH (*Dornow,* B. **73** [1940] 153, 155). Beim Erhitzen von 4*t*-Dimethylamino-but-3-en-2-on mit Cyanessigsäure-amid in H_2O (*Ko.,* Izv. Akad. S.S.S.R. Otd. chim. **1954** 53).

Kristalle; F: 296,5—298,5° [korr.; Zers.; geschlossene Kapillare; vorgeheiztes Bad; aus wss. A.] (*Ma.*), 295° [Zers.; aus H_2O, Me. oder A.] (*Fr., Kr.*; s. a. *Do.*), 294—296° [Zers.; aus wss. A.] (*Pe.-Me. et al.*), 292—293° [Zers.; aus wss. A.] (*Ma., Ma.*).

Verbindung mit Piperidin $C_7H_6N_2O \cdot C_5H_{11}N$. Hellgelbe Kristalle (aus H_2O); F: 192° (*Do.*).

2-Methoxy-6-methyl-nicotinonitril $C_8H_8N_2O$, Formel II (R = CH_3, X = H).

B. Beim Erwärmen von 2-Hydroxy-6-methyl-nicotinonitril mit Natriummethylat und Methanol (*Mariella, Havlik,* Am. Soc. **74** [1952] 1915).

Kristalle; F: 81,5°. Kp_5: 184°.

2-Hydroxy-6-methyl-nicotinsäure-hydrazid $C_7H_9N_3O_2$, Formel I (X = NH-NH_2, X' = H), und Tautomeres (6-Methyl-2-oxo-1,2-dihydro-pyridin-3-carbonsäure-hydrazid).

B. Beim Erwärmen von 2-Hydroxy-6-methyl-nicotinsäure-methylester mit $N_2H_4 \cdot H_2O$ in Methanol (*Dornow, Hahmann,* Ar. **290** [1957] 61, 65).

Kristalle (aus Me.); F: 298° und (nach Wiedererstarren bei 306°) F: 365°.

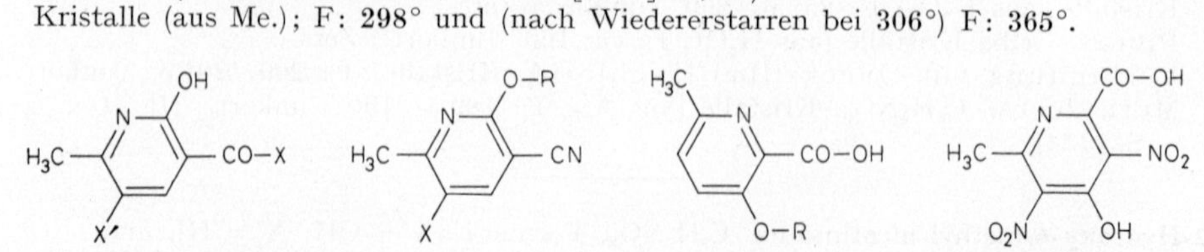

I II III IV

2-Hydroxy-6-methyl-nicotinoylazid $C_7H_6N_4O_2$, Formel I (X = N_3, X' = H), und Tautomeres (6-Methyl-2-oxo-1,2-dihydro-pyridin-3-carbonylazid).

B. Beim Behandeln von 2-Hydroxy-6-methyl-nicotinsäure-hydrazid in wss. Essig-

säure mit wss. $NaNO_2$ (*Dornow, Hahmann*, Ar. **290** [1957] 61, 65).
Kristalle.

2-Hydroxy-6-methyl-5-nitro-nicotinsäure $C_7H_6N_2O_5$, Formel I (X = OH, X' = NO_2), und Tautomeres (6-Methyl-5-nitro-2-oxo-1,2-dihydro-pyridin-3-carbonsäure).

Diese Konstitution kommt auch der von *Mariella, Havlik* (Am. Soc. **74** [1952] 1915) als 2-Chlor-6-methyl-5-nitro-nicotinsäure angesehenen Verbindung vom F: 261—262° zu (*Argoudelis, Kummerow*, J. org. Chem. **26** [1961] 3420).

B. Beim Erhitzen von 2-Chlor-6-methyl-5-nitro-nicotinonitril mit konz. wss. HCl (*Ar., Ku.*; *Ma., Ha.*). Beim Erhitzen von 2-Hydroxy-6-methyl-5-nitro-nicotinonitril mit konz. wss. HCl (*Ma., Ha.*; *Ar., Ku.*).

Kristalle (aus H_2O); F: 271—272° (*Ar., Ku.*), 268° (*Ma., Ha.*).

2-Hydroxy-6-methyl-5-nitro-nicotinonitril $C_7H_5N_3O_3$, Formel II (R = H, X = NO_2), und Tautomeres (6-Methyl-5-nitro-2-oxo-1,2-dihydro-pyridin-3-carbonitril).

B. Beim Behandeln von 2-Hydroxy-6-methyl-nicotinonitril mit rauchender HNO_3, Acetanhydrid und wenig Harnstoff (*Perez-Medina et al.*, Am. Soc. **69** [1947] 2574, 2576).

Kristalle (aus Eg.); F: 253—254° [Zers.].

2-Methoxy-6-methyl-5-nitro-nicotinonitril $C_8H_7N_3O_3$, Formel II (R = CH_3, X = NO_2).

B. Beim Behandeln von 2-Chlor-6-methyl-5-nitro-nicotinonitril mit Natriummethylat in Methanol (*Mariella et al.*, J. org. Chem. **20** [1955] 1721, 1727).

F: 63° [nach Sublimation unter vermindertem Druck].

3-Hydroxy-6-methyl-pyridin-2-carbonsäure $C_7H_7NO_3$, Formel III (R = H).

B. Beim Erhitzen von 3-Methoxy-6-methyl-pyridin-2-carbonsäure mit wss. HBr (*Urbanski*, Soc. **1947** 132).

Kristalle (aus H_2O); F: 228° [Zers.].

3-Methoxy-6-methyl-pyridin-2-carbonsäure $C_8H_9NO_3$, Formel III (R = CH_3).

B. Beim Behandeln von 3-Methoxy-6-methyl-2-styryl-pyridin-hydrochlorid (E III/IV **21** 1502) in Pyridin mit $Ba(MnO_4)_2$ bei 0° (*Govindachari et al.*, Soc. **1957** 558). Beim Behandeln von 3-Methoxy-2-methoxymethyl-6-methyl-pyridin mit $KMnO_4$ in wss. NaOH (*Urbanski*, Soc. **1947** 132).

Kristalle (aus $CHCl_3$ oder PAe.); F: 104° (*Ur.*).

Kupfer(II)-Salz $Cu(C_8H_8NO_3)_2 \cdot H_2O$: *Go. et al.*

4-Hydroxy-6-methyl-3,5-dinitro-pyridin-2-carbonsäure $C_7H_5N_3O_7$, Formel IV, und Tautomeres (6-Methyl-3,5-dinitro-4-oxo-1,4-dihydro-pyridin-2-carbonsäure).

B. Beim Behandeln von 2,6-Dimethyl-3,5-dinitro-pyridin-4-ol mit $KMnO_4$ in wss. KOH (*Fujimoto*, Pharm. Bl. **4** [1956] 77).

Kristalle (aus A.) mit 1 Mol H_2O; F: 264—265° [unkorr.; Zers.].

5-Hydroxy-6-methyl-pyridin-2-carbonsäure $C_7H_7NO_3$, Formel V (R = H).

B. Beim Erhitzen der Kalium-Verbindung des 2-Methyl-pyridin-3-ols mit CO_2 und K_2CO_3 auf 250°/35 at (*Rapoport, Volcheck*, Am. Soc. **78** [1956] 2451, 2454).

Kristalle (nach Sublimation bei 150°/0,005 Torr); F: 246—247° [korr.; Zers.]. Scheinbare Dissoziationsexponenten pK'_{a1} und pK'_{a2} (H_2O; potentiometrisch ermittelt): 5,13 und 9,49.

5-Methoxy-6-methyl-pyridin-2-carbonsäure $C_8H_9NO_3$, Formel V (R = CH_3).

B. Beim Behandeln von 5-Hydroxy-6-methyl-pyridin-2-carbonsäure mit Dimethylsulfat und wss. NaOH (*Rapoport, Volcheck*, Am. Soc. **78** [1956] 2451, 2454).

Kristalle (nach Sublimation bei 95°/0,005 Torr); F: 172—174° [korr.].

6-Hydroxymethyl-pyridin-2-carbonsäure $C_7H_7NO_3$, Formel VI (X = OH).

B. Neben anderen Verbindungen beim Behandeln von Pyridin-2,6-dicarbaldehyd mit wss. KOH (*Mathes et al.*, B. **86** [1953] 584, 588).

Kristalle mit 1 Mol H_2O; F: 88°; die wasserfreie Verbindung schmilzt bei 137°.

Ammonium-Salz $[NH_4]C_7H_6NO_3$. Kristalle; F: 210° [Zers.].

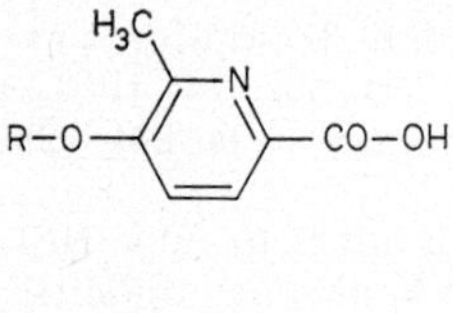

V 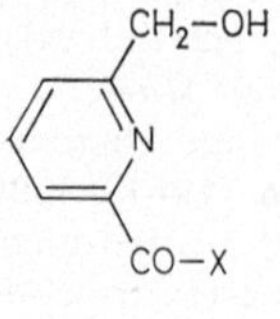 VI 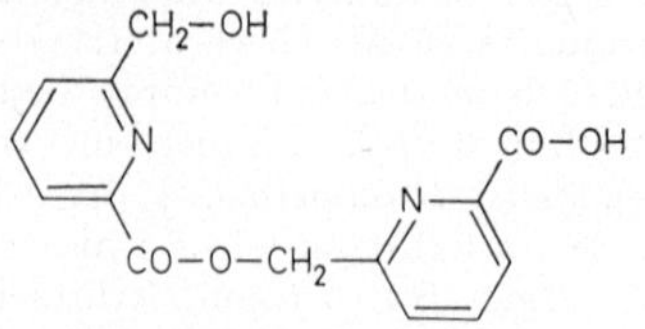 VII

6-Hydroxymethyl-pyridin-2-carbonsäure-methylester $C_8H_9NO_3$, Formel VI (X = O-CH_3).

B. Bei der Hydrierung von 6-Formyl-pyridin-2-carbonsäure-methylester an Palladium/ Al_2O_3 in Methanol (*Mathes et al.*, B. **86** [1953] 584, 587). Aus 6-Hydroxymethyl-pyridin-2-carbonsäure (*Ma. et al.*).

Kristalle; F: 88°.

6-[6-Hydroxymethyl-pyridin-2-carbonyloxymethyl]-pyridin-2-carbonsäure $C_{14}H_{12}N_2O_5$, Formel VII.

Hydrochlorid $C_{14}H_{12}N_2O_5 \cdot HCl$. *B.* Neben anderen Verbindungen beim Behandeln von Pyridin-2,6-dicarbaldehyd mit wss. KOH und Behandeln des Reaktionsgemisches mit wss. HCl (*Mathes et al.*, B. **86** [1953] 584, 587). — Kristalle (aus H_2O) mit 1 Mol H_2O; F: 178°.

6-Hydroxymethyl-pyridin-2-carbonsäure-hydrazid $C_7H_9N_3O_2$, Formel VI (X = NH-NH_2).

B. Beim Erwärmen von 6-Hydroxymethyl-pyridin-2-carbonsäure-methylester mit $N_2H_4 \cdot H_2O$ in H_2O (*Mathes et al.*, B. **86** [1953] 584, 588).

Kristalle (aus A.); F: 185°.

6-Hydroxymethyl-1-oxy-pyridin-2-carbonsäure, 6-Hydroxymethyl-pyridin-2-carbonsäure-1-oxid $C_7H_7NO_4$, Formel VIII.

B. Beim Erhitzen von 6-Hydroxymethyl-pyridin-2-carbonsäure mit wss. H_2O_2 in Essigsäure (*Mathes et al.*, B. **86** [1953] 584, 588).

Kristalle; F: 195° [Zers.].

4-Hydroxy-5-methyl-nicotinsäure $C_7H_7NO_3$, Formel IX, und Tautomeres (5-Methyl-4-oxo-1,4-dihydro-pyridin-3-carbonsäure).

B. Beim Behandeln von 4-Amino-5-methyl-nicotinsäure in warmer wss. H_2SO_4 mit $NaNO_2$ (*Bodendorf, Niemeitz*, Ar. **290** [1957] 494, 508).

Kristalle (aus wss. Acn.); F: 315—320° [Zers.].

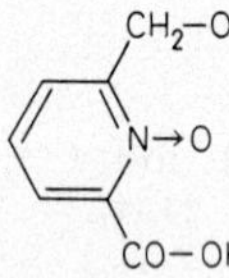

VIII 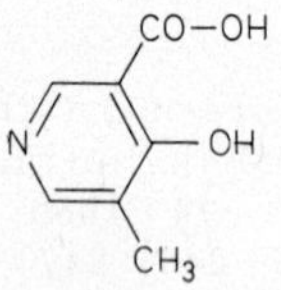 IX 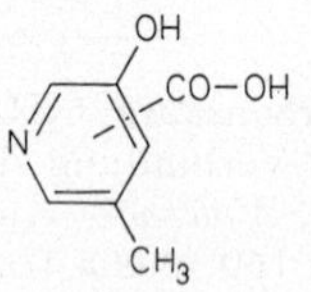 X 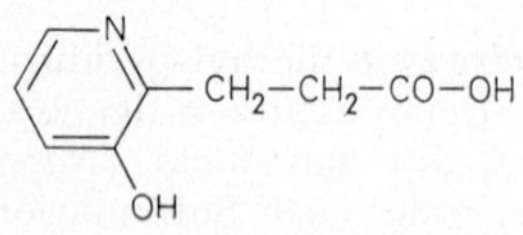 XI

3-Hydroxy-5-methyl-pyridin-x-carbonsäure $C_7H_7NO_3$, Formel X.

B. Beim Erhitzen von 5-Methyl-pyridin-3-ol mit CO_2 und K_2CO_3 auf 215°/50 at (*Bojarska-Dahlig*, Roczniki Chem. **30** [1956] 475, 479; C. A. **1957** 14722).

Kristalle (aus H_2O); F: 230—230,5° [Zers.].

Hydroxycarbonsäuren $C_8H_9NO_3$

3-[3-Hydroxy-[2]pyridyl]-propionsäure $C_8H_9NO_3$, Formel XI.

B. Beim Erhitzen von 4-[2]Furyl-4-oxo-buttersäure mit wss. NH_3 und wenig NH_4Cl

auf 160—170° und Behandeln des Reaktionsgemisches mit wss. NaOH (*Gruber*, B. **88** [1955] 178, 185).
F: 189—191° (*Gr.*, l. c. S. 180).

(±)-3-Hydroxy-3-[2]pyridyl-propionsäure-äthylester $C_{10}H_{13}NO_3$, Formel XII (H 217).
B. Beim Erwärmen von 3-Oxo-3-[2]pyridyl-propionsäure-äthylester mit Zink-Pulver und wss. Essigsäure (*Ochiai et al.*, B. **68** [1935] 1551, 1552).
Kristalle; F: 35—37°. $Kp_{0,003}$: 115—117°.

(±)-3-Hydroxy-3-[4]pyridyl-propionsäure $C_8H_9NO_3$, Formel XIII (R = H).
B. Beim Erhitzen von (±)-3-Hydroxy-3-[4]pyridyl-propionsäure-äthylester mit wss. HCl (*Koelsch*, Am. Soc. **65** [1943] 2460, 2464).
Kristalle (aus A.); F: 201—202° [Zers.; nach Sintern bei 193°].
Hydrochlorid $C_8H_9NO_3 \cdot HCl$. Kristalle (aus A. + Ae.); F: 173—175° [nach Sintern bei 170°].
Kupfer(II)-Salz $Cu(C_8H_8NO_3)_2$. Blaue Kristalle; F: 207—208° [Zers.].

XII XIII XIV

(±)-3-Hydroxy-3-[4]pyridyl-propionsäure-äthylester $C_{10}H_{13}NO_3$, Formel XIII (R = C_2H_5).
B. Bei der Hydrierung von 3-Oxo-3-[4]pyridyl-propionsäure-äthylester an Raney-Nickel in Äthanol bei 100°/155 at (*Koelsch*, Am. Soc. **65** [1943] 2460, 2464).
Hydrochlorid $C_{10}H_{13}NO_3 \cdot HCl$. Kristalle (aus A. + Ae.); F: 155—157° [nach Sintern bei 153°].

(±)-2-Hydroxy-2-[2]pyridyl-propionsäure $C_8H_9NO_3$, Formel XIV.
B. Beim Behandeln von (±)-2-Hydroxy-2-[2]pyridyl-propionitril mit wss. HCl (*Sauermilch, Wolf*, Ar. **292** [1959] 38, 43).
Hydrochlorid $C_8H_9NO_3 \cdot HCl$. Kristalle; F: 131°.
Kupfer(II)-Salz. Blaue Kristalle; F: 165—167° [Zers.].

(±)-2-Hydroxy-2-[2]pyridyl-propionitril $C_8H_8N_2O$, Formel I.
B. Beim Behandeln von 1-[2]Pyridyl-äthanon mit wss. HCl und KCN bei −4° (*Sauermilch, Wolf*, Ar. **292** [1959] 38, 43).
Wasserhaltige Kristalle (aus Me.); F: 50—51°.

(±)-2-Hydroxy-2-[4]pyridyl-propionitril $C_8H_8N_2O$, Formel II (R = H).
B. Beim Behandeln von 1-[4]Pyridyl-äthanon mit HCN (*Katritzky*, Soc. **1955** 2586, 2590).
Kristalle (aus Bzl.); F: 90—95° [Zers.; vorgeheizter Block].
Picrat $C_8H_8N_2O \cdot C_6H_3N_3O_7$. Kristalle (aus Bzl.); F: 133—137° [Zers.].

I II III

(±)-2-Acetoxy-2-[4]pyridyl-propionitril $C_{10}H_{10}N_2O_2$, Formel II (R = CO-CH_3).
B. Beim Behandeln von (±)-2-Hydroxy-2-[4]pyridyl-propionitril mit Acetanhydrid und Pyridin (*Katritzky*, Soc. **1955** 2586, 2590).
Kristalle (aus Bzl. + PAe.); F: 76—78°; Kp_{14}: 165—167° (*Ka.*). IR-Banden ($CHCl_3$;

2990—818 cm^{-1}): *Katritzky, Gardner*, Soc. **1958** 2198, 2199, 2200.
Picrat $C_{10}H_{10}N_2O_2 \cdot C_6H_3N_3O_7$. Kristalle (aus Bzl.); F: 171—174° (*Ka.*).

(±)-2-Benzoyloxy-2-[4]pyridyl-propionitril $C_{15}H_{12}N_2O_2$, Formel II (R = $CO\text{-}C_6H_5$).
B. Beim Behandeln von (±)-2-Hydroxy-2-[4]pyridyl-propionitril mit Benzoylchlorid und Pyridin (*Katritzky*, Soc. **1955** 2586, 2590).
Kristalle (aus A.); F: 112—113,5° (*Ka.*). IR-Banden ($CHCl_3$; 2980—818 cm^{-1}): *Katritzky, Gardner*, Soc. **1958** 2198, 2199, 2200; *Katritzky, Lagowsky*, Soc. **1958** 4155, 4159.

2-[2-Hydroxy-äthyl]-nicotinsäure-amid $C_8H_{10}N_2O_2$, Formel III.
B. Beim Behandeln von 2-[2-Hydroxy-äthyl]-nicotinsäure-lacton in Methanol mit NH_3 (*Ikekawa*, Chem. pharm. Bl. **6** [1958] 263, 267).
Kristalle (aus Me. + Ae.); F: 146—147°.
Beim Erwärmen mit CrO_3 und wss. Essigsäure auf 40—50° ist Pyrido[4,3-*b*]pyridin-5-ol erhalten worden.

[3-Methoxymethyl-[2]pyridyl]-essigsäure-äthylester $C_{11}H_{15}NO_3$, Formel IV.
B. Beim Behandeln von 3-Methoxymethyl-2-methyl-pyridin mit KNH_2 in flüssigem NH_3 und Erwärmen des Reaktionsprodukts mit Diäthylcarbonat in Äther (*Sato*, Chem. pharm. Bl. **7** [1959] 241, 246).
Kp_8: 148° (*Sato*, Chem. pharm. Bl. **6** [1958] 222); Kp_5: 150—152° (*Sato*, Chem. pharm. Bl. **7** 246).
Picrat $C_{11}H_{15}NO_3 \cdot C_6H_3N_3O_7$. F: 116—118° (*Sato*, Chem. pharm. Bl. **6** 222).

[3-Methoxymethyl-[2]pyridyl]-acetonitril $C_9H_{10}N_2O$, Formel V.
B. Beim Erwärmen von 2-Chlormethyl-3-methoxymethyl-pyridin in Äther mit NaCN in Äthanol (*Sato*, Chem. pharm. Bl. **7** [1959] 241, 245).
$Kp_{0,05}$: 110—115°. λ_{max} (A.): 261 nm und 267 nm.
Picrat $C_9H_{10}N_2O \cdot C_6H_3N_3O_7$. Gelbe Kristalle (aus A.); F: 146—148°.

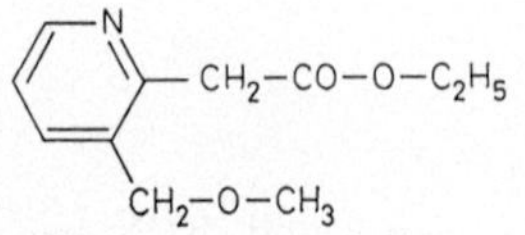

IV 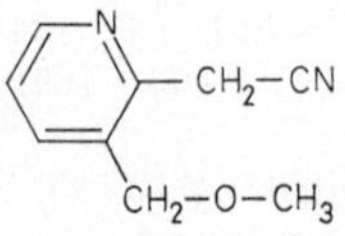 V 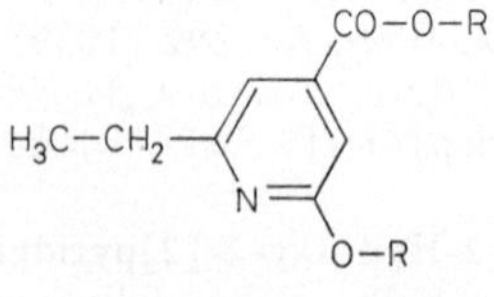 VI

2-Äthyl-6-hydroxy-isonicotinsäure $C_8H_9NO_3$, Formel VI (R = H), und Tautomeres (6-Äthyl-2-oxo-1,2-dihydro-pyridin-4-carbonsäure).
B. Beim Erhitzen von 6-Äthyl-3-cyan-2-hydroxy-isonicotinsäure-äthylester mit konz. wss. HCl (*Tracy, Elderfield*, J. org. Chem. **6** [1941] 70, 74; *Libermann et al.*, Bl. **1958** 687, 691).
Kristalle; F: 308° (*Li. et al.*), 308° [korr.; Zers.; aus H_2O] (*Tr., El.*).

2-Äthyl-6-methoxy-isonicotinsäure-methylester $C_{10}H_{13}NO_3$, Formel VI (R = CH_3).
B. Aus 2-Äthyl-6-hydroxy-isonicotinsäure und Diazomethan (*Tracy, Elderfield*, J. org. Chem. **6** [1941] 70, 74).
Picrat $C_{10}H_{13}NO_3 \cdot C_6H_3N_3O_7$. Kristalle (aus Me.); F: 133—135° [korr.].

(±)-2-[1-Acetoxy-äthyl]-isonicotinsäure-methylester $C_{11}H_{13}NO_4$, Formel VII (R = $CO\text{-}CH_3$, X = $O\text{-}CH_3$).
B. Beim Erhitzen von 2-Äthyl-1-oxy-isonicotinsäure-methylester mit Acetanhydrid auf 125° (*Libermann et al.*, Bl. **1958** 694, 697).
Kp_6: 142—147°.

(±)-2-[1-Hydroxy-äthyl]-isonicotinsäure-amid $C_8H_{10}N_2O_2$, Formel VII (R = H, X = NH_2).

B. Beim Behandeln von (±)-2-[1-Acetoxy-äthyl]-isonicotinsäure-methylester mit wss. NH_3 (*Libermann et al.*, Bl. **1958** 694, 697).

F: 165°.

(±)-2-[1-Acetoxy-äthyl]-isonicotinsäure-amid $C_{10}H_{12}N_2O_3$, Formel VII (R = CO-CH_3, X = NH_2).

B. Beim Erwärmen von (±)-2-[1-Hydroxy-äthyl]-isonicotinsäure-amid mit Acetyl≠chlorid und Pyridin in Toluol auf 60° (*Libermann et al.*, Bl. **1958** 694, 697).

F: 81°.

(±)-2-[1-Hydroxy-äthyl]-isonicotinonitril $C_8H_8N_2O$, Formel VIII.

B. Beim Behandeln des aus (±)-2-[1-Acetoxy-äthyl]-isonicotinsäure-amid und $POCl_3$ hergestellten Nitrils mit konz. wss. NH_3 (*Libermann et al.*, Bl. **1958** 694, 697).

F: 60°. $Kp_{5,5}$: 130–131°.

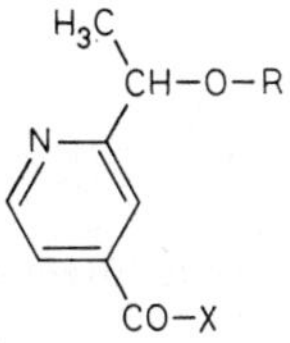

VII 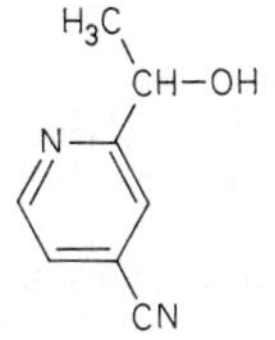 VIII 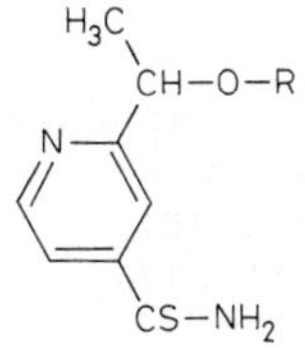 IX 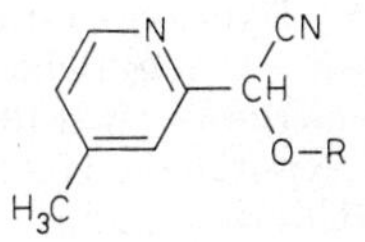 X

(±)-2-[1-Hydroxy-äthyl]-thioisonicotinsäure-amid $C_8H_{10}N_2OS$, Formel IX (R = H).

B. Beim Behandeln von (±)-2-[1-Hydroxy-äthyl]-isonicotinonitril in Äthanol mit H_2S und Tris-[2-hydroxy-äthyl]-amin (*Libermann et al.*, Bl. **1958** 694, 697).

Kristalle (aus A.); F: 166° (*Li. et al.*, l. c. S. 698).

(±)-2-[1-Acetoxy-äthyl]-thioisonicotinsäure-amid $C_{10}H_{12}N_2O_2S$, Formel IX (R = CO-CH_3).

B. Beim Behandeln des aus (±)-2-[1-Acetoxy-äthyl]-isonicotinsäure-amid und $POCl_3$ hergestellten Nitrils in Äthanol mit H_2S und Tris-[2-hydroxy-äthyl]-amin (*Libermann et al.*, Bl. **1958** 694, 697).

Kristalle (aus Ae.); F: 115° (*Li. et al.*, l. c. S. 698).

(±)-Hydroxy-[4-methyl-[2]pyridyl]-acetonitril $C_8H_8N_2O$, Formel X (R = H).

B. Beim Behandeln von 4-Methyl-pyridin-2-carbaldehyd mit wss. HCl und KCN bei –10° (*Mathes, Sauermilch*, B. **89** [1956] 1515, 1521).

Kristalle (aus Bzl.); F: 102°.

(±)-Acetoxy-[4-methyl-[2]pyridyl]-acetonitril $C_{10}H_{10}N_2O_2$, Formel X (R = CO-CH_3).

B. Beim Erwärmen von (±)-Hydroxy-[4-methyl-[2]pyridyl]-acetonitril mit Acetan≠hydrid (*Mathes, Sauermilch*, B. **89** [1956] 1515, 1521).

Kristalle; F: 68,5°.

(±)-Hydroxy-[5-methyl-[2]pyridyl]-acetonitril $C_8H_8N_2O$, Formel XI.

B. Aus 5-Methyl-pyridin-2-carbaldehyd (*Mathes, Sauermilch*, B. **90** [1957] 758, 761).

F: 66°.

(±)-Hydroxy-[6-methyl-[2]pyridyl]-essigsäure $C_8H_9NO_3$, Formel XII.

B. Bei mehrtägigem Behandeln von (±)-Hydroxy-[6-methyl-[2]pyridyl]-acetonitril mit konz. wss. HCl (*Sauermilch, Wolf*, Ar. **292** [1959] 38, 42).

Gelbliche Kristalle; F: 102–106°; nicht beständig.

Hydrochlorid $C_8H_9NO_3 \cdot HCl$. Kristalle; F: 138–140°.

XI XII XIII XIV

(±)-Hydroxy-[6-methyl-[2]pyridyl]-acetonitril $C_8H_8N_2O$, Formel XIII (R = H).

B. Beim Behandeln von 6-Methyl-pyridin-2-carbaldehyd mit wss. HCl und KCN bei −10° (*Mathes, Sauermilch*, B. **89** [1956] 1515, 1520; *Sauermilch, Wolf*, Ar. **292** [1959] 38, 41).

Kristalle (aus Bzl.); F: 134°.

(±)-Acetoxy-[6-methyl-[2]pyridyl]-acetonitril $C_{10}H_{10}N_2O_2$, Formel XIII (R = CO-CH_3).

B. Beim Erwärmen von (±)-Hydroxy-[6-methyl-[2]pyridyl]-acetonitril mit Acetanhydrid (*Mathes, Sauermilch*, B. **89** [1956] 1515, 1521).

Kristalle; F: 62°.

(±)-Hydroxy-[6-methyl-1-oxy-[2]pyridyl]-acetonitril $C_8H_8N_2O_2$, Formel XIV.

B. Beim Behandeln von 6-Methyl-1-oxy-pyridin-2-carbaldehyd mit HCN (*Mathes, Sauermilch*, A. **618** [1958] 152, 157).

Kristalle (aus Acn.); Zers. bei 125° [abhängig von der Geschwindigkeit des Erhitzens]. Nicht beständig.

4-[2-Hydroxy-äthyl]-nicotinsäure-amid $C_8H_{10}N_2O_2$, Formel I.

B. Beim Behandeln von 4-[2-Hydroxy-äthyl]-nicotinsäure-lacton in Methanol mit NH_3 (*Ikekawa*, Chem. pharm. Bl. **6** [1958] 269, 272).

Kristalle (aus Me. + Ae.); F: 152–154°.

3-[2-Acetoxy-äthyl]-isonicotinsäure $C_{10}H_{11}NO_4$, Formel II.

B. Beim Erhitzen von 3-[2-Acetoxy-äthyl]-4-methyl-pyridin mit SeO_2 in Toluol (*Jachontow*, Doklady Akad. S.S.S.R. **113** [1957] 1088; Pr. Acad. Sci. U.S.S.R. Chem. Sect. **112–117** [1957] 375).

Kristalle (aus Toluol); F: 155–156°.

I II III

6-Hydroxy-2,4-dimethyl-nicotinsäure-amid $C_8H_{10}N_2O_2$, Formel III (R = R′ = H).

Die früher (s. H. **22** 219) unter dieser Konstitution beschriebene, beim Erhitzen von Acetessigsäure-amid erhaltene Verbindung ist als 1-[4-Amino-2-hydroxy-6-methyl-[3]pyridyl]-äthanon zu formulieren (*Kato et al.*, Chem. pharm. Bl. **15** [1967] 921, 922); demnach ist auch die Identität eines von *Buckless et al.* (Pr. Minnesota Acad. **25/26** [1957/58] 257) ebenfalls unter dieser Konstitution beschriebenen, beim Behandeln von Acetessigsäure-äthylester mit wss. NH_3 erhaltenen Präparats vom F: 330° als ungewiss anzusehen.

(±)-2-[Äthyl-(6-hydroxy-2,4-dimethyl-nicotinoyl)-amino]-buttersäure-diäthylamid $C_{18}H_{29}N_3O_3$, Formel III (R = C_2H_5, R′ = CH(C_2H_5)-CO-N(C_2H_5)$_2$), und Tautomeres ((±)-2-[Äthyl-(2,4-dimethyl-6-oxo-1,6-dihydro-pyridin-3-carbonyl)-amino]-buttersäure-diäthylamid).

B. Beim Behandeln von 6-Hydroxy-2,4-dimethyl-nicotinoylchlorid mit (±)-2-Äthyl-

amino-buttersäure-diäthylamid in Äther (*Geigy A.G.*, U.S.P. 2447587 [1944]).
F: 79–80°. Kp_{11}: 198–200°.

6-Hydroxy-2,5-dimethyl-nicotinsäure-äthylester $C_{10}H_{13}NO_3$, Formel IV, und Tautomeres (2,5-Dimethyl-6-oxo-1,6-dihydro-pyridin-3-carbonsäure-äthylester) (H 220).

Nach Ausweis der IR-Absorption liegt die Verbindung überwiegend als 2,5-Dimethyl-6-oxo-1,6-dihydro-pyridin-3-carbonsäure-äthylester vor (*Shindo*, Chem. pharm. Bl. **7** [1959] 407, 408).

IR-Banden (perfluorierter Kohlenwasserstoff; 2865–2105 cm^{-1}): *Sh.*, l. c. S. 409. IR-Banden ($CHCl_3$ sowie CCl_4; 3390–2677 cm^{-1}): *Sh.*, l. c. S. 413.

2-Hydroxy-5,6-dimethyl-nicotinsäure $C_8H_9NO_3$, Formel V (X = OH), und Tautomeres (5,6-Dimethyl-2-oxo-1,2-dihydro-pyridin-3-carbonsäure).

B. Beim Erhitzen von 2-Hydroxy-5,6-dimethyl-nicotinsäure-amid (s. u.) mit wss. HCl (*Tracy, Elderfield*, J. org. Chem. **6** [1941] 63, 67). Beim Erhitzen von 2-Hydroxy-5,6-dimethyl-nicotinonitril (s. u.) mit wss. H_2SO_4 (*Barat*, J. Indian chem. Soc. **8** [1931] 801, 814; *Joshi et al.*, J. Indian chem. Soc. **18** [1941] 479, 481). Beim Erwärmen einer aus 2-Amino-5,6-dimethyl-nicotinsäure (*Dornow, v. Loh*, Ar. **290** [1957] 136, 146) oder aus 2-Amino-5,6-dimethyl-nicotinsäure-amid (*Dornow, Neuse*, B. **84** [1951] 296, 300) bereiteten Diazoniumsalz-Lösung.

Kristalle; F: 310–312° [korr.; Zers.; aus H_2O] (*Tr., El.*), 306° [Zers.; aus H_2O] (*Do., Ne.*), 300–302° [Zers.; aus H_2O] (*Ba.*).

IV V VI

2-Hydroxy-5,6-dimethyl-nicotinsäure-amid $C_8H_{10}N_2O_2$, Formel V (X = NH_2), und Tautomeres (5,6-Dimethyl-2-oxo-1,2-dihydro-pyridin-3-carbonsäure-amid).

Diese Konstitution kommt der von *Tracy, Elderfield* (J. org. Chem. **6** [1941] 63, 64) als 4-Hydroxy-5,6-dimethyl-2-oxo-1,2,3,4-tetrahydro-pyridin-3-carbonitril angesehenen Verbindung zu (*Ohta et al.*, Chem. pharm. Bl. **12** [1964] 87, 90).

B. Beim Erwärmen von 2-Methyl-acetoacetaldehyd mit Cyanessigsäure-amid und wenig Piperidin in Äthanol (*Tr., El.*, l. c. S. 66).

Blassgelbe Kristalle (aus Eg.); F: ca. 347° [Zers.] (*Tr., El.*).

2-Hydroxy-5,6-dimethyl-nicotinonitril $C_8H_8N_2O$, Formel VI (R = H), und Tautomeres (5,6-Dimethyl-2-oxo-1,2-dihydro-pyridin-3-carbonitril).

Diese Konstitution kommt der von *Barat* (J. Indian chem. Soc. **8** [1931] 801, 813) als 6-Äthyl-2-hydroxy-nicotinonitril angesehenen Verbindung zu (*Tracy, Elderfield*, J. org. Chem. **6** [1941] 63, 64; *Joshi et al.*, J. Indian chem. Soc. **18** [1941] 479, 481; *Dornow, Neuse*, B. **84** [1951] 296, 298).

B. Beim Behandeln von 2-Methyl-acetoacetaldehyd mit Cyanessigsäure-amid und wenig Piperidin in wss. Äthanol (*Ba.*; *Jo. et al.*). Neben überwiegenden Mengen von 2-Amino-5,6-dimethyl-nicotinonitril beim Behandeln von 2-Methyl-acetoacetaldehyd mit Malononitril, NH_3 und Methanol (*Dornow, Neuse*, Ar. **288** [1955] 174, 183). Beim Erwärmen einer aus 2-Amino-5,6-dimethyl-nicotinonitril bereiteten Diazoniumsalz-Lösung (*Do., Ne.*, Ar. **288** 183).

Blassgelbe Kristalle; F: 278–280° [aus A.] (*Ba.*), 276–277° [bei schnellem Erhitzen; aus wss. A.] (*Do., Ne.*, Ar. **288** 183), 270° [aus A.] (*Jo. et al.*).

2-Methoxy-5,6-dimethyl-nicotinonitril $C_9H_{10}N_2O$, Formel VI (R = CH_3).

B. Beim Erwärmen von 2-Chlor-5,6-dimethyl-nicotinonitril mit Natriummethylat in Methanol (*Mariella, Leech*, Am. Soc. **71** [1949] 331).

Kp_{17}: 145°. n_D^{20}: 1,5278.

4-Äthoxy-2,6-dimethyl-nicotinsäure-äthylester $C_{12}H_{17}NO_3$, Formel VII.

B. Beim Erwärmen von 4-Chlor-2,6-dimethyl-nicotinsäure-äthylester mit Natrium=äthylat und Äthanol (*Sperber et al.*, Am. Soc. **81** [1959] 704, 708).

Kp_1: 122—127°; n_D^{30}: 1,4942 (*Sp. et al.*, l. c. S. 705).

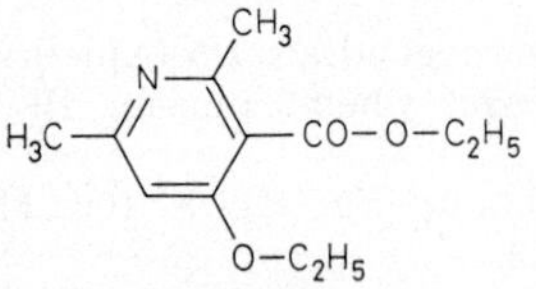

VII 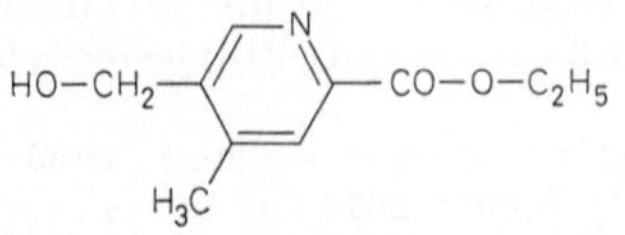 VIII 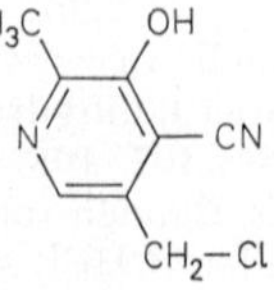 IX

5-Hydroxymethyl-4-methyl-pyridin-2-carbonsäure-äthylester $C_{10}H_{13}NO_3$, Formel VIII.

B. Beim Hydrieren von 6-Chlor-5-cyan-4-methyl-pyridin-2-carbonsäure-äthylester an Palladium in wss. HCl und Erwärmen der vom Katalysator befreiten Reaktionslösung mit $NaNO_2$ auf 60° (*Henecka*, B. **82** [1949] 36, 51).

Kristalle (aus CH_2Cl_2 + PAe.); F: 98—100°.

5-Chlormethyl-3-hydroxy-2-methyl-isonicotinonitril $C_8H_7ClN_2O$, Formel IX.

B. Beim Behandeln von Pyridoxal-oxim (E III/IV **21** 6426) mit $SOCl_2$ (*Heyl*, Am. Soc. **70** [1948] 3434).

Kristalle (aus H_2O); F: 167—168° [Zers.].

5-Acetoxy-2-chlor-4,6-dimethyl-nicotinonitril $C_{10}H_9ClN_2O_2$, Formel X.

B. Beim Behandeln von 5-Acetoxy-2-hydroxy-4,6-dimethyl-nicotinonitril mit PCl_5 und $POCl_3$ oder mit PCl_5 in Chlorbenzol (*Merck & Co. Inc.*, U.S.P. 2481573 [1945]).

F: 246—247°.

2-Hydroxy-4,6-dimethyl-nicotinsäure $C_8H_9NO_3$, Formel XI (R = X′ = H, X = OH), und Tautomeres (4,6-Dimethyl-2-oxo-1,2-dihydro-pyridin-3-carbonsäure) (H 221; E I 550).

B. Beim Erhitzen von 2-Hydroxy-4,6-dimethyl-nicotinonitril mit wss. H_2SO_4 (*Mariella, Belcher*, Am. Soc. **73** [1951] 2616). Beim Erwärmen einer aus 2-Amino-4,6-dimethyl-nicotinsäure (oder dessen Amid) bereiteten Diazoniumsalz-Lösung (*Dornow, Karlson*, B. **73** [1940] 542, 546; *Dornow, Neuse*, B. **84** [1951] 296, 301).

Kristalle; F: 257—258° (*Ma., Be.*), 254° [aus H_2O] (*Do., Ne.*).

2-Hydroxy-4,6-dimethyl-nicotinsäure-methylester $C_9H_{11}NO_3$, Formel XI (R = X′ = H, X = O-CH_3), und Tautomeres (4,6-Dimethyl-2-oxo-1,2-dihydro-pyridin-3-carbonsäure-methylester).

B. Beim Erwärmen von 2-Hydroxy-4,6-dimethyl-nicotinsäure mit Methanol und H_2SO_4 (*Mariella, Belcher*, Am. Soc. **73** [1951] 2616).

Kristalle (aus E.); F: 182—183°.

2-Methoxy-4,6-dimethyl-nicotinsäure-methylester $C_{10}H_{13}NO_3$, Formel XI (R = CH_3, X = O-CH_3, X′ = H).

B. Beim Behandeln von 2-Hydroxy-4,6-dimethyl-nicotinsäure in Methanol mit äther. Diazomethan (*Mariella, Belcher*, Am. Soc. **73** [1951] 2616).

F: 57—58° [nach Sublimation unter vermindertem Druck].

2-Hydroxy-4,6-dimethyl-nicotinsäure-amid $C_8H_{10}N_2O_2$, Formel XI (R = X′ = H, X = NH_2), und Tautomeres (4,6-Dimethyl-2-oxo-1,2-dihydro-pyridin-3-carb=onsäure-amid) (H 222).

B. Beim Erwärmen von Pentan-2,4-dion mit Malonamid und wenig Diäthylamin in wss. Äthanol auf 50° (*Basu*, J. Indian chem. Soc. **7** [1930] 815, 823).

Kristalle (aus H_2O) mit 1 Mol H_2O; F: 224—225°.

2-Hydroxy-4,6-dimethyl-nicotinsäure-[1,1-dimethyl-2-phenyl-äthylamid] $C_{18}H_{22}N_2O_2$, Formel XI (R = X' = H, X = NH-C(CH_3)$_2$-CH_2-C_6H_5), und Tautomeres (4,6-Dimethyl-2-oxo-1,2-dihydro-pyridin-3-carbonsäure-[1,1-dimethyl-2-phenyl-äthylamid]).

B. Beim Behandeln von 2-Hydroxy-4,6-dimethyl-nicotinonitril mit 1-Phenyl-2-methyl-propan-2-ol, H_2SO_4 und Essigsäure (*Ritter, Murphy,* Am. Soc. **74** [1952] 763).

F: 175—177°.

2-Hydroxy-4,6-dimethyl-nicotinonitril $C_8H_8N_2O$, Formel XII (R = X = H), und Tautomeres (4,6-Dimethyl-2-oxo-1,2-dihydro-pyridin-3-carbonitril) (H 222; E II 167).

Nach Ausweis der IR-Absorption liegt in Lösung überwiegend 4,6-Dimethyl-2-oxo-1,2-dihydro-pyridin-carbonitril vor (*Shindo,* Chem. pharm. Bl. **7** [1959] 407, 408).

B. Beim Erwärmen von Pentan-2,4-dion mit Cyanessigsäure-äthylester und NH_3 in Methanol (*Dornow, Neuse,* Ar. **288** [1955] 174, 179; vgl. H 222). Beim Behandeln der Natrium-Verbindung des Cyanessigsäure-amids mit Pentan-2,4-dion in Benzol (*Basu,* J. Indian chem. Soc. **7** [1930] 481, 491). Beim Erwärmen von Pentan-2,4-dion mit Cyanessigsäure-amid in Äthanol unter Zusatz von Piperidin (*van Wagtendonk, Wibaut,* R. **61** [1942] 728, 730) oder unter Zusatz eines Ionenaustauschers (*Trivedi,* Curr. Sci. **28** [1959] 322). Beim Behandeln von Pentan-2,4-dion mit Cyanessigsäure-amid in wss. K_2CO_3 (*Haley, Maitland,* Soc. **1951** 3155, 3169). Beim Behandeln von Pentan-2,4-dion mit Malononitril und wenig Diäthylamin (*Basu,* J. Indian chem. Soc. **7** [1930] 816, 823). Beim Erwärmen einer aus 2-Amino-4,6-dimethyl-nicotinonitril bereiteten Diazoniumsalz-Lösung (*Do., Ne.,* l. c. S. 183).

Kristalle; F: 293° [korr.] (*v. Wa., Wi.*), 289° [aus A.] (*Tr.*), 289° [aus H_2O] (*Basu*), 288—289° [korr.] (*Ha., Ma.*). IR-Banden (perfluorierter Kohlenwasserstoff; 3115 cm^{-1} bis 2105 cm^{-1}): *Sh.,* l. c. S. 409.

2-Methoxy-4,6-dimethyl-nicotinonitril $C_9H_{10}N_2O$, Formel XII (R = CH_3, X = H).

B. Beim Erwärmen von 2-Chlor-4,6-dimethyl-nicotinonitril mit Natriummethylat in Methanol (*Mariella, Leech,* Am. Soc. **71** [1949] 331).

Kristalle; F: 93,5—94° [nach Sublimation].

2-Hydroxy-4,6-dimethyl-nicotinsäure-hydrazid $C_8H_{11}N_3O_2$, Formel XI (R = X' = H, X = NH-NH_2), und Tautomeres (4,6-Dimethyl-2-oxo-1,2-dihydro-pyridin-3-carbonsäure-hydrazid).

B. Beim Erhitzen von 2-Hydroxy-4,6-dimethyl-nicotinsäure-äthylester mit wss. $N_2H_4 \cdot H_2O$ bis auf 150° (*Geissman et al.,* J. org. Chem. **11** [1946] 741, 745).

Kristalle (aus A.); F: 239—240°.

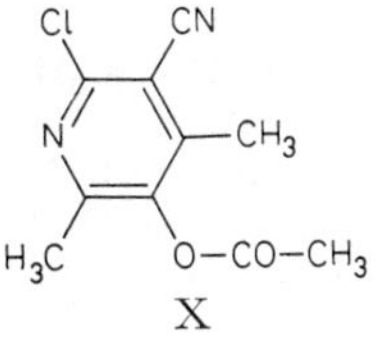

Cl CN N CH3 H3C O—CO—CH3
X

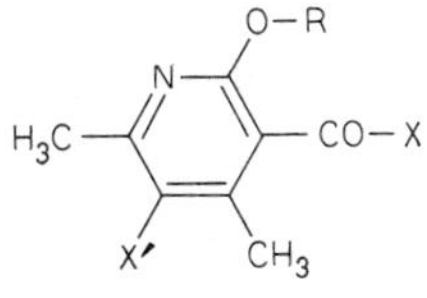

O—R N H3C CO—X X' CH3
XI

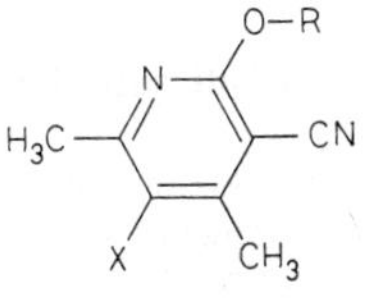

O—R N H3C CN X CH3
XII

***N*-Benzolsulfonyl-*N'*-[2-hydroxy-4,6-dimethyl-nicotinoyl]-hydrazin, 2-Hydroxy-4,6-dimethyl-nicotinsäure-[*N'*-benzolsulfonyl-hydrazid]** $C_{14}H_{15}N_3O_4S$, Formel XI (R = X' = H, X = NH-NH-SO_2-C_6H_5), und Tautomeres (4,6-Dimethyl-2-oxo-1,2-dihydro-pyridin-3-carbonsäure-[*N'*-benzolsulfonyl-hydrazid]).

B. Beim Erhitzen von 2-Hydroxy-4,6-dimethyl-nicotinsäure-hydrazid mit Benzolsulfonylchlorid und Pyridin (*Geissman et al.,* J. org. Chem. **11** [1946] 741, 746).

Kristalle, die sich bei ca. 285° zersetzen.

5-Chlor-2-hydroxy-4,6-dimethyl-nicotinonitril $C_8H_7ClN_2O$, Formel XII (R = H, X = Cl), und Tautomeres (5-Chlor-4,6-dimethyl-2-oxo-1,2-dihydro-pyridin-3-carbonitril).

B. Beim Erwärmen von 3-Chlor-pentan-2,4-dion mit Cyanessigsäure-amid und wenig

Piperidin in Äthanol (*Merck & Co. Inc.*, U.S.P. 2481573 [1945]).
Kristalle (aus A.); F: 279–280°.

5-Brom-2-hydroxy-4,6-dimethyl-nicotinsäure-amid $C_8H_9BrN_2O_2$, Formel XI (R = H, X = NH_2, X' = Br), und Tautomeres (5-Brom-4,6-dimethyl-2-oxo-1,2-dihydro-pyridin-3-carbonsäure-amid).
B. Beim Erwärmen von 2-Hydroxy-4,6-dimethyl-nicotinsäure-amid mit Essigsäure und Brom auf 70° (*Wyeth Inc.*, U.S.P. 2516673 [1947]).
Kristalle (aus wss. A.); F: 325° [Zers.].

2-Hydroxy-4,6-dimethyl-5-nitro-nicotinsäure $C_8H_8N_2O_5$, Formel XI (R = H, X = OH, X' = NO_2), und Tautomeres (4,6-Dimethyl-5-nitro-2-oxo-1,2-dihydro-pyridin-3-carbonsäure) (H 222).
B. Aus 2-Hydroxy-4,6-dimethyl-5-nitro-nicotinsäure-amid beim Erhitzen mit wss. NaOH oder beim Behandeln mit wss. HCl und mit $NaNO_2$ bei 5° und Erwärmen des Reaktionsgemisches auf 100° (*Mariella et al.*, J. org. Chem. **20** [1955] 1721, 1725).
F: 225°.

2-Hydroxy-4,6-dimethyl-5-nitro-nicotinsäure-amid $C_8H_9N_3O_4$, Formel XI (R = H, X = NH_2, X' = NO_2), und Tautomeres (4,6-Dimethyl-5-nitro-2-oxo-1,2-dihydro-pyridin-3-carbonsäure-amid).
B. Beim Behandeln von 2-Hydroxy-4,6-dimethyl-5-nitro-nicotinonitril mit rauchendem H_2SO_4 bei 80° (*Mariella et al.*, J. org. Chem. **20** [1955] 1721, 1725).
Gelbe Kristalle (aus wss. A.); F: 292°.

2-Hydroxy-4,6-dimethyl-5-nitro-nicotinonitril $C_8H_7N_3O_3$, Formel XII (R = H, X = NO_2), und Tautomeres (4,6-Dimethyl-5-nitro-2-oxo-1,2-dihydro-pyridin-3-carbonitril) (H 222).
B. Beim Behandeln von 2-Hydroxy-4,6-dimethyl-nicotinonitril mit rauchendem HNO_3 und Acetanhydrid (*van Wagtendonk, Wibaut*, R. **61** [1942] 728, 731; *Mariella et al.*, J. org. Chem. **20** [1955] 1721, 1725; *Wyeth Inc.*, U.S.P. 2516673 [1947]).
Gelbe Kristalle; F: 280–281° (*Wyeth Inc.*), 268° [Zers.; aus A.] (*Ma. et al.*).

2-Methoxy-4,6-dimethyl-5-nitro-nicotinonitril $C_9H_9N_3O_3$, Formel XII (R = CH_3, X = NO_2).
B. Beim Behandeln von 2-Chlor-4,6-dimethyl-5-nitro-nicotinonitril mit Natriummethylat in Methanol (*Mariella et al.*, J. org. Chem. **20** [1955] 1721, 1727).
Kristalle; F: 84°. Kp_1: 140°.

2-Äthoxy-4,6-dimethyl-5-nitro-nicotinonitril $C_{10}H_{11}N_3O_3$, Formel XII (R = C_2H_5, X = NO_2).
B. Beim Behandeln von 2-Chlor-4,6-dimethyl-5-nitro-nicotinonitril mit Natriumäthylat in Äthanol (*Mariella et al.*, J. org. Chem. **20** [1955] 1721, 1727). Aus 2-Methoxy-4,6-dimethyl-5-nitro-nicotinonitril und Natriumäthylat in Äthanol (*Ma. et al.*).
F: 46° [nach Sublimation unter vermindertem Druck].

2-Chlor-6-methoxymethyl-4-methyl-5-nitro-nicotinonitril $C_9H_8ClN_3O_3$, Formel XIII.
B. Beim Erhitzen von 2-Hydroxy-6-methoxymethyl-4-methyl-5-nitro-nicotinonitril mit PCl_5 in Chlorbenzol (*Heyl et al.*, Am. Soc. **78** [1956] 4474).
Kristalle (aus wss. A.); F: 78–79°.

2-Chlor-4-methoxymethyl-6-methyl-nicotinonitril $C_9H_9ClN_2O$, Formel XIV (R = CH_3, X = Cl, X' = H).
B. Beim Erhitzen von 2-Hydroxy-4-methoxymethyl-6-methyl-nicotinonitril mit PCl_5 in Chlorbenzol (*Mariella, Belcher*, Am. Soc. **74** [1952] 4049, 4050).
Kristalle; F: 66–67°.

4-Äthoxymethyl-2-chlor-6-methyl-nicotinonitril $C_{10}H_{11}ClN_2O$, Formel XIV (R = C_2H_5, X = Cl, X' = H).

B. Beim Erhitzen von 4-Äthoxymethyl-2-hydroxy-6-methyl-nicotinonitril (*Ichiba, Emoto*, Scient. Pap. Inst. phys. chem. Res. **39** [1941/42] 131, 132) oder 4-Äthoxymethyl-2-hydroxy-6-methyl-nicotinsäure-amid (*Hoffmann-La Roche*, Schweiz. P. 220214 [1940]) mit PCl_5 in Chlorbenzol.

F: 35,5–36,5° (*Ich., Em.*). Kp_{12}: 160–161° (*Hoffmann-La Roche*).

2-Chlor-4-methoxymethyl-6-methyl-5-nitro-nicotinonitril $C_9H_8ClN_3O_3$, Formel XIV (R = CH_3, X = Cl, X' = NO_2).

B. Beim Erhitzen von 2-Hydroxy-4-methoxymethyl-6-methyl-5-nitro-nicotinonitril mit PCl_5 und $POCl_3$ (*E. Merck*, D.R.P. **707266** [1939]; D.R.P. Org. Chem. **3** 348; *Bruce, Coover*, Am. Soc. **66** [1944] 2092, 2094) oder mit PCl_5 und Chlorbenzol (*Makino et al.*, Bl. chem. Soc. Japan **19** [1944] 1, 3).

Kristalle; F: 71–73° (*Br., Co.*), 70–73° [aus A.] (*Ma. et al.*).

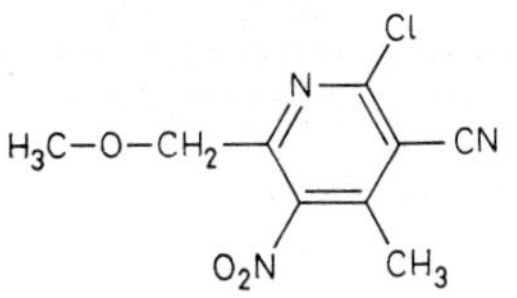

XIII 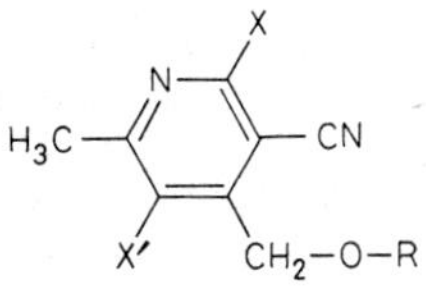 XIV 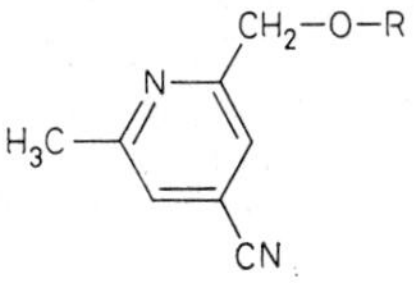 XV

4-Äthoxymethyl-2-chlor-6-methyl-5-nitro-nicotinonitril $C_{10}H_{10}ClN_3O_3$, Formel XIV (R = C_2H_5, X = Cl, X' = NO_2).

B. Aus 4-Äthoxymethyl-2-hydroxy-6-methyl-5-nitro-nicotinonitril beim Erhitzen mit PCl_5 in Chlorbenzol (*Harris, Folkers*, Am. Soc. **61** [1939] 1245; s. a. *Makino et al.*, Bl. chem. Soc. Japan **19** [1944] 1, 4) oder beim Erhitzen mit $POCl_3$ und Pyridin (*Testa, Vecchi*, G. **87** [1957] 467, 469).

Kristalle (aus A.); F: 47–48° (*Ha., Fo.*; *Te., Ve.*), 45° (*Ma. et al.*).

2-Brom-4-methoxymethyl-6-methyl-5-nitro-nicotinonitril $C_9H_8BrN_3O_3$, Formel XIV (R = CH_3, X = Br, X' = NO_2).

B. Beim Behandeln von 2-Chlor-4-methoxymethyl-6-methyl-5-nitro-nicotinonitril mit wss. HBr und Acetanhydrid (*E. Merck*, D.R.P. 707266 [1939]; D.R.P. Org. Chem. **3** 348).

Kristalle (aus Isopropylalkohol); F: 88°.

2-Hydroxymethyl-6-methyl-isonicotinonitril $C_8H_8N_2O$, Formel XV (R = H).

B. Beim Behandeln von 2-Acetoxymethyl-6-methyl-isonicotinonitril mit äthanol. KOH (*Furukawa*, J. pharm. Soc. Japan **79** [1959] 492, 499; C. A. **1959** 18029).

Kristalle (aus A. + PAe.); F: 122–123°.

2-Acetoxymethyl-6-methyl-isonicotinonitril $C_{10}H_{10}N_2O_2$, Formel XV (R = CO-CH_3).

B. Beim Erhitzen von 2,6-Dimethyl-1-oxy-isonicotinonitril mit Acetanhydrid auf 120° bis 130° (*Furukawa*, J. pharm. Soc. Japan **79** [1959] 492, 498; C. A. **1959** 18029).

Kristalle (aus Bzl. + PAe.); F: 59–61°.

Hydroxycarbonsäuren $C_9H_{11}NO_3$

***Opt.-inakt. 3-Hydroxy-2-methyl-3-[3]pyridyl-propionsäure-äthylester** $C_{11}H_{15}NO_3$, Formel I.

B. Bei der Hydrierung von (±)-2-Methyl-3-oxo-3-[3]pyridyl-propionsäure-äthylester an Palladium/$BaSO_4$ in Essigsäure oder an Platin in wasserfreiem Äthanol (*Burger, Walter*, Am. Soc. **72** [1950] 1988).

Kristalle (aus Xylol); F: 94,5–96°.

Hydrochlorid $C_{11}H_{15}NO_3 \cdot HCl$. Kristalle (aus A. + E.); F: 131–131,5° [korr.].

O-Acetyl-Derivat $C_{13}H_{17}NO_4$; 3-Acetoxy-2-methyl-3-[3]pyridyl-propionsäure-äthylester. Kp_1: 130–131°.

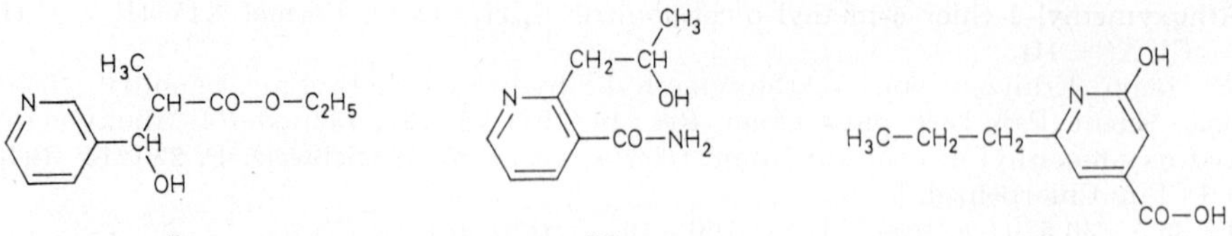

I II III

(±)-2-[2-Hydroxy-propyl]-nicotinsäure-amid $C_9H_{12}N_2O_2$, Formel II.

B. Beim Behandeln von (±)-2-[2-Hydroxy-propyl]-nicotinsäure-lacton in Methanol mit NH_3 (*Ikekawa*, Chem. pharm. Bl. **6** [1958] 263, 267).

Kristalle (aus Me. + Ae.); F: 157°.

2-Hydroxy-6-propyl-isonicotinsäure $C_9H_{11}NO_3$, Formel III, und Tautomeres (2-Oxo-6-propyl-1,2-dihydro-pyridin-4-carbonsäure).

B. Beim Erhitzen von 3-Cyan-2-hydroxy-6-propyl-isonicotinsäure-äthylester mit wss. H_2SO_4 (*Isler et al.*, Helv. **38** [1955] 1033, 1039) oder konz. wss. HCl (*Libermann et al.*, Bl. **1958** 687, 691).

F: 285° (*Li. et al.*), 277–279° [unkorr.; Zers.; evakuierte Kapillare] (*Is. et al.*).

(±)-2-[1-Acetoxy-propyl]-isonicotinsäure-methylester $C_{12}H_{15}NO_4$, Formel IV (R = $CO\text{-}CH_3$, X = $O\text{-}CH_3$).

B. Beim Erhitzen von 1-Oxy-2-propyl-isonicotinsäure-methylester mit Acetanhydrid auf 125° (*Libermann et al.*, Bl. **1958** 694, 697).

Kp_9: 155–162°.

(±)-2-[1-Hydroxy-propyl]-isonicotinsäure-amid $C_9H_{12}N_2O_2$, Formel IV (R = H, X = NH_2).

B. Beim Behandeln von (±)-2-[1-Acetoxy-propyl]-isonicotinsäure-methylester mit wss. NH_3 (*Libermann et al.*, Bl. **1958** 694, 697).

F: 168°.

(±)-2-[1-Acetoxy-propyl]-isonicotinsäure-amid $C_{11}H_{14}N_2O_3$, Formel IV (R = $CO\text{-}CH_3$, X = NH_2).

B. Beim Erwärmen von (±)-2-[1-Hydroxy-propyl]-isonicotinsäure-amid mit Acetyl=chlorid in Toluol auf 60° (*Libermann et al.*, Bl. **1958** 694, 697).

Kristalle; F: 120°.

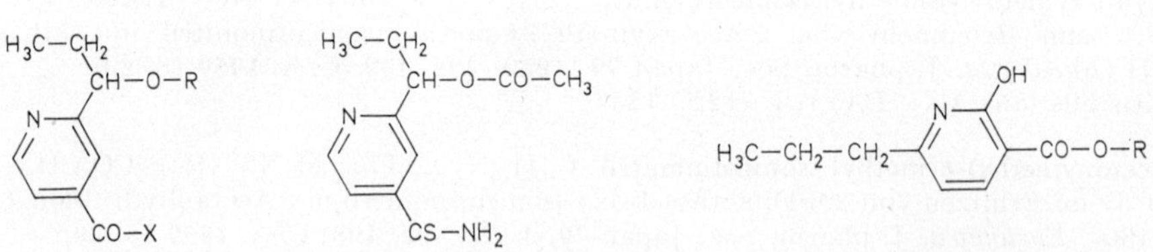

IV V VI

(±)-2-[1-Acetoxy-propyl]-thioisonicotinsäure-amid $C_{11}H_{14}N_2O_2S$, Formel V.

B. Beim Behandeln des aus (±)-2-[1-Acetoxy-propyl]-isonicotinsäure-amid mit Hilfe von $POCl_3$ hergestellten Nitrils mit H_2S in Äthanol unter Zusatz von Tris-[2-hydroxy-äthyl]-amin (*Libermann et al.*, Bl. **1958** 694, 698).

Kristalle (aus E. + PAe.); F: 144°.

2-Hydroxy-6-propyl-nicotinsäure $C_9H_{11}NO_3$, Formel VI (R = H), und Tautomeres (2-Oxo-6-propyl-1,2-dihydro-pyridin-3-carbonsäure).

B. Beim Erhitzen von 2-Hydroxy-6-propyl-nicotinonitril mit wss. NaOH (*Gruber, Schlögl*, M. **81** [1950] 83, 87) oder konz. wss. HCl (*Mariella, Stansfield*, Am. Soc. **73** [1951] 1368; *Kotschetkow*, Doklady Akad. S.S.S.R. **84** [1952] 289, 291; C. A. **1953** 3309).

Kristalle; F: 162–164° [aus H_2O] (*Gr.*, *Sch.*), 160° [aus Me. bzw. aus H_2O] (*Šorm*, *Sicher*, Collect. **14** [1949] 331, 340; *Ma.*, *St.*), 157–158° [aus H_2O] (*Ko.*). UV-Spektrum (210–370 nm): *Šorm*, *Si.*, l. c. S. 334.

2-Hydroxy-6-propyl-nicotinsäure-äthylester $C_{11}H_{15}NO_3$, Formel VI (R = C_2H_5), und Tautomeres (2-Oxo-6-propyl-1,2-dihydro-pyridin-3-carbonsäure-äthylester).

B. Beim Erhitzen von 2-Hydroxy-6-propyl-nicotinsäure mit Äthanol und konz. H_2SO_4 (*Gruber*, *Schlögl*, M. **81** [1950] 83, 87).

Kristalle (aus Ae. + PAe.); F: 91–92°.

2-Hydroxy-6-propyl-nicotinonitril $C_9H_{10}N_2O$, Formel VII, und Tautomeres (2-Oxo-6-propyl-1,2-dihydro-pyridin-3-carbonitril).

B. Beim Erhitzen der Natrium-Verbindung des 3-Oxo-hexanals mit Cyanessigsäure-amid in H_2O unter Zusatz von Piperidin-acetat (*Gruber*, *Schlögl*, M. **81** [1950] 83, 86; *Mariella*, *Stansfield*, Am. Soc. **73** [1951] 1368). Beim Erhitzen von 1,1-Diäthoxy-hexan-3-on mit Cyanessigsäure-amid in H_2O unter Zusatz von Essigsäure und Piperidin (*Kotschetkow*, Doklady Akad. S.S.S.R. **84** [1952] 289, 291; C. A. **1953** 3309). Beim Erhitzen von 1*t*-Dimethylamino-hex-1-en-3-on mit Cyanessigsäure-amid und H_2O (*Kotschetkow*, Izv. Akad. S.S.S.R. Otd. chim. **1954** 47, 53; engl. Ausg. S. 37, 41).

Kristalle; F: 153° [aus A.] (*Ma.*, *St.*), 152–153° [aus A.] (*Gr.*, *Sch.*), 147–148° [aus H_2O] (*Ko.*).

(±)-6-[3,3,3-Trichlor-2-hydroxy-propyl]-pyridin-2-carbonsäure-äthylester $C_{11}H_{12}Cl_3NO_3$, Formel VIII.

B. Beim Erhitzen von 6-Methyl-pyridin-2-carbonsäure-äthylester mit Chloral unter Zusatz von Piperidin in Essigsäure und Xylol auf 150° (*Nikitškaja*, *Rubzow*, Ž. obšč. Chim. **27** [1957] 3133; engl. Ausg. S. 3171).

Kristalle (aus wss. A.) mit 1 Mol H_2O; F: 79–81°.

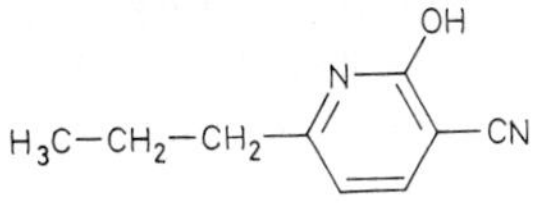

VII 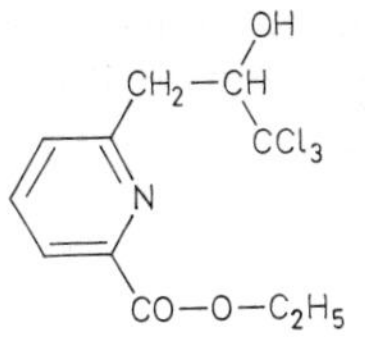 VIII 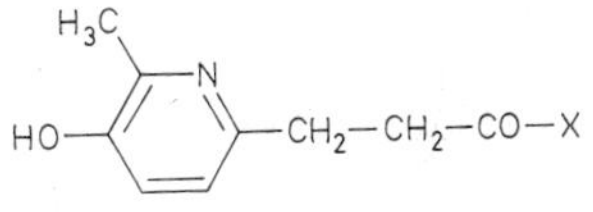 IX

3-[5-Hydroxy-6-methyl-[2]pyridyl]-propionsäure $C_9H_{11}NO_3$, Formel IX (X = OH).

B. Beim Behandeln von 3-[5-Hydroxy-6-methyl-[2]pyridyl]-propionsäure-amid-hydrochlorid mit wss. NaOH (*Gruber*, B. **88** [1955] 178, 186).

F: 140–142°.

3-[5-Hydroxy-6-methyl-[2]pyridyl]-propionsäure-äthylester $C_{11}H_{15}NO_3$, Formel IX (X = O-C_2H_5).

B. Beim Behandeln von 3-[5-Hydroxy-6-methyl-[2]pyridyl]-propionsäure mit Äthanol und HCl (*Gruber*, B. **88** [1955] 178, 181).

F: 70–72°. λ_{max}: 270 nm [A.], 246 nm und 279 nm [äthanol. HCl] bzw. 248 nm, 274 nm und 309 nm [äthanol. NaOH].

Hydrochlorid $C_{11}H_{15}NO_3 \cdot HCl$. F: 156–158°.

3-[5-Hydroxy-6-methyl-[2]pyridyl]-propionsäure-amid $C_9H_{12}N_2O_2$, Formel IX (X = NH_2).

B. Beim Erhitzen von 3-[5-Acetyl-[2]furyl]-propionsäure mit wss. NH_3 und wenig NH_4Cl auf 170° (*Gruber*, B. **88** [1955] 178, 185).

Hydrochlorid $C_9H_{12}N_2O_2 \cdot HCl$. Kristalle (aus Acn. + Me. + Ae.); F: 232–235° [Zers.].

2-Hydroxy-4-propyl-nicotinonitril(?) $C_9H_{10}N_2O$, vermutlich Formel X, und Tautomeres (2-Oxo-4-propyl-1,2-dihydro-pyridin-3-carbonitril(?)).

B. In geringer Menge beim Erhitzen von 3-Oxo-hexanal mit Cyanessigsäure-amid, Äthanol und wenig Piperidin (*Gruber, Schlögl*, M. **81** [1950] 83, 84, 86).

F: 300—303° [Zers.]. Bei 180—190°/0,005 Torr sublimierbar.

3-[2-Hydroxy-4-methyl-[3]pyridyl]-propionsäure $C_9H_{11}NO_3$, Formel XI (X = H), und Tautomeres (3-[4-Methyl-2-oxo-1,2-dihydro-[3]pyridyl]-propionsäure).

B. Beim Erhitzen von 3*c*-[6-Chlor-2-hydroxy-4-methyl-[3]pyridyl]-acrylsäure-lacton mit wss. HI [D: 1,7] und wenig rotem Phosphor (*Robinson, Watt*, Soc. **1934** 1536, 1542).

Kristalle (aus A.); F: 214°.

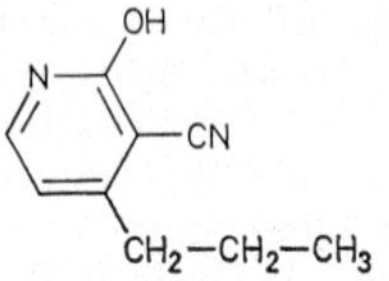

X 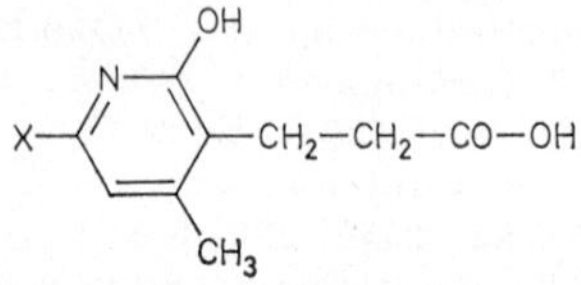 XI 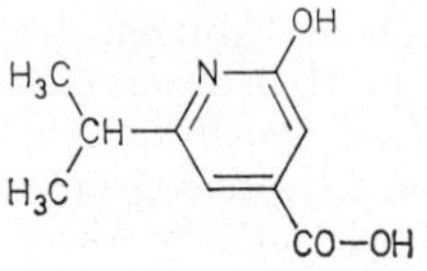 XII

3-[6-Chlor-2-hydroxy-4-methyl-[3]pyridyl]-propionsäure $C_9H_{10}ClNO_3$, Formel XI (X = Cl), und Tautomeres (3-[6-Chlor-4-methyl-2-oxo-1,2-dihydro-[3]pyridyl]-propionsäure).

B. Beim Behandeln von 3*c*-[6-Chlor-2-hydroxy-4-methyl-[3]pyridyl]-acrylsäure-lacton mit Zink-Pulver und wss. HCl (*Robinson, Watt*, Soc. **1934** 1536, 1543).

Kristalle (aus A.); F: 204—206°.

2-Hydroxy-6-isopropyl-isonicotinsäure $C_9H_{11}NO_3$, Formel XII, und Tautomeres (6-Isopropyl-2-oxo-1,2-dihydro-pyridin-4-carbonsäure).

B. Beim Erhitzen von 3-Cyan-2-hydroxy-6-isopropyl-isonicotinsäure-äthylester mit wss. H_2SO_4 (*Isler et al.*, Helv. **38** [1955] 1033, 1040; *Libermann et al.*, Bl. **1958** 687, 691).

Kristalle (aus A.); F: 343—345° [unkorr.; Zers.; evakuierte Kapillare] (*Is. et al.*). F: 343—345° (*Li. et al.*).

2-Hydroxy-6-isopropyl-nicotinsäure $C_9H_{11}NO_3$, Formel XIII, und Tautomeres (6-Isopropyl-2-oxo-1,2-dihydro-pyridin-3-carbonsäure).

B. Beim Erhitzen von 2-Hydroxy-6-isopropyl-nicotinonitril mit konz. wss. HCl (*Kotschetkow*, Doklady Akad. S.S.S.R. **84** [1952] 289, 291; C. A. **1953** 3309).

Kristalle (aus H_2O); F: 185—186°.

2-Hydroxy-6-isopropyl-nicotinonitril $C_9H_{10}N_2O$, Formel XIV, und Tautomeres (6-Isopropyl-2-oxo-1,2-dihydro-pyridin-3-carbonitril).

B. Beim Erhitzen der Natrium-Verbindung des 4-Methyl-3-oxo-valeraldehyds mit Cyanessigsäure-amid unter Zusatz von Essigsäure und Piperidin in H_2O (*Sperber et al.*, Am. Soc. **81** [1959] 704, 708). Beim Erhitzen von 1,1-Diäthoxy-4-methyl-pentan-3-on mit Cyanessigsäure-amid unter Zusatz von Essigsäure und Piperidin in H_2O (*Kotschetkow*, Doklady Akad. S.S.S.R. **84** [1952] 289, 291; C. A. **1953** 3309).

Kristalle; F: 207—208° [korr.; aus A.] (*Sp. et al.*), 203—204° [aus H_2O] (*Ko.*).

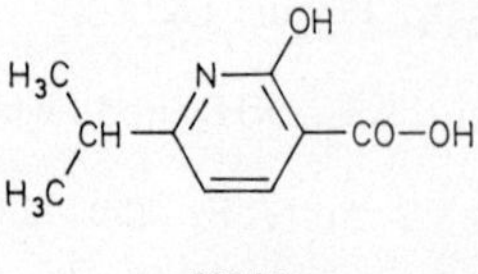

XIII 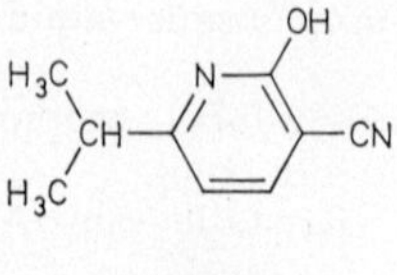 XIV 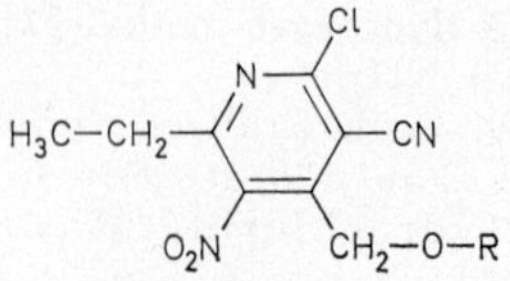 XV

6-Äthyl-2-chlor-4-methoxymethyl-5-nitro-nicotinonitril $C_{10}H_{10}ClN_3O_3$, Formel XV ($R = CH_3$).

B. Beim Erhitzen von 6-Äthyl-2-hydroxy-4-methoxymethyl-5-nitro-nicotinonitril mit PCl_5 in Chlorbenzol (*Harris, Wilson*, Am. Soc. **63** [1941] 2526).

Kristalle (aus A.); F: 56—57°.

4-Äthoxymethyl-6-äthyl-2-chlor-5-nitro-nicotinonitril $C_{11}H_{12}ClN_3O_3$, Formel XV ($R = C_2H_5$).

B. Beim Erhitzen von 4-Äthoxymethyl-6-äthyl-2-hydroxy-5-nitro-nicotinonitril mit PCl_5 in Chlcrbenzol (*Martin et al.*, J. biol. Chem. **174** [1948] 495, 497).

Kristalle; F: 52—53°.

(±)-[4,6-Dimethyl-[2]pyridyl]-hydroxy-acetonitril $C_9H_{10}N_2O$, Formel I (R = H).

B. Beim Behandeln von 4,6-Dimethyl-pyridin-2-carbaldehyd in wss. HCl mit wss. KCN bei —10° (*Mathes, Sauermilch*, B. **89** [1956] 1515, 1521).

Kristalle (aus Bzl.); F: 130°.

(±)-Acetoxy-[4,6-dimethyl-[2]pyridyl]-acetonitril $C_{11}H_{12}N_2O_2$, Formel I (R = CO-CH_3).

B. Beim Behandeln von (±)-[4,6-Dimethyl-[2]pyridyl]-hydroxy-acetonitril mit Acet= anhydrid (*Mathes, Sauermilch*, B. **89** [1956] 1515, 1521).

Kristalle; F: 50,5°.

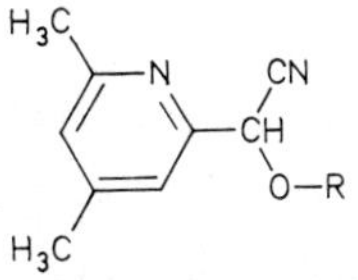

I 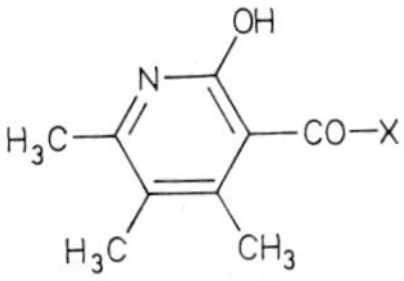 II 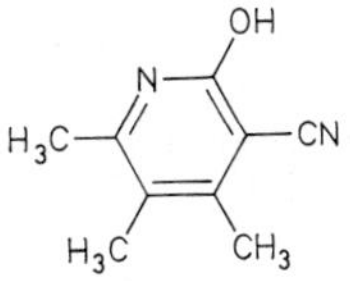 III

2-Hydroxy-4,5,6-trimethyl-nicotinsäure $C_9H_{11}NO_3$, Formel II (X = OH), und Tautomeres (4,5,6-Trimethyl-2-oxo-1,2-dihydro-pyridin-3-carbonsäure).

B. Beim Erwärmen einer aus 2-Amino-4,5,6-trimethyl-nicotinsäure bereiteten wss. Diazoniumsalz-Lösung (*Dornow, Hahmann*, Ar. **290** [1957] 20, 26). Beim Erhitzen von 2-Hydroxy-4,5,6-trimethyl-nicotinsäure-amid mit wss. H_2SO_4 (*Do., Ha.*).

F: 208°.

2-Hydroxy-4,5,6-trimethyl-nicotinsäure-amid $C_9H_{12}N_2O_2$, Formel II (X = NH_2), und Tautomeres (4,5,6-Trimethyl-2-oxo-1,2-dihydro-pyridin-3-carbonsäure-amid).

B. Beim Behandeln von 2-Amino-4,5,6-trimethyl-nicotinsäure-amid mit wss. H_2SO_4 und mit wss. $NaNO_2$ (*Dornow, Hahmann*, Ar. **290** [1957] 20, 26).

Kristalle (aus A.); F: 274° [Zers.].

2-Hydroxy-4,5,6-trimethyl-nicotinonitril $C_9H_{10}N_2O$, Formel III, und Tautomeres (4,5,6-Trimethyl-2-oxo-1,2-dihydro-pyridin-3-carbonitril) (H 223).

Nach Ausweis der IR-Absorption liegt überwiegend 4,5,6-Trimethyl-2-oxo-1,2-dihydro-pyridin-3-carbonitril vor (*Shindo*, Chem. pharm. Bl. **7** [1959] 407, 408).

B. Beim Behandeln von 3-Methyl-pentan-2,4-dion mit Cyanessigsäure-amid und wenig Piperidin in Äthanol (*Basu*, J. Indian chem. Soc. **7** [1930] 481, 493; *Prelog et al.*, Helv. **25** [1942] 1654, 1663). Beim Erhitzen von 4-Amino-3-methyl-pent-3-en-2-on mit Cyanessigsäure-amid (*Basu*, J. Indian chem. Soc. **8** [1931] 319, 328).

Kristalle; F: 306° [aus A.] (*Basu*, J. Indian chem. Soc. **8** 328), 304—305° [aus wss. Eg. oder A.] (*Oparina*, B. **64** [1931] 569, 574), 303° (*Pr. et al.*). NH- und ND-Valenz= schwingungsbanden (perfluorierter Kohlenwasserstoff; 3060—2130 cm^{-1}): *Sh.*, l. c. S. 409.

5-Hydroxymethyl-2,6-dimethyl-nicotinsäure-äthylester $C_{11}H_{15}NO_3$, Formel IV.

B. Beim Behandeln von 2,6-Dimethyl-pyridin-3,5-dicarbonsäure-diäthylester mit

$LiAlH_4$ in Äther (*Bohlmann, Bohlmann*, B. **86** [1953] 1419, 1422).
Kristalle (aus Bzl.); F: 100—101°.

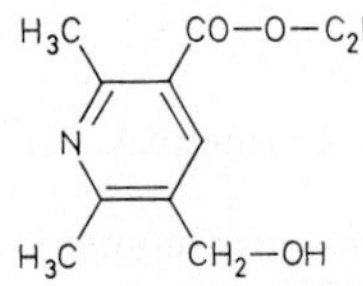

IV 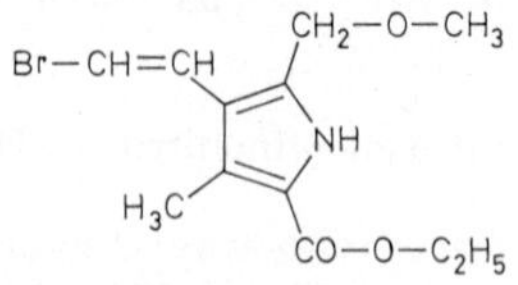 V 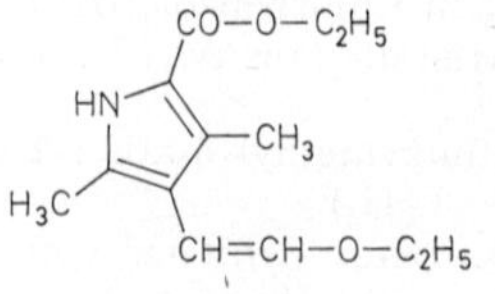 VI

4-[ξ-2-Brom-vinyl]-5-methoxymethyl-3-methyl-pyrrol-2-carbonsäure-äthylester $C_{12}H_{16}BrNO_3$, Formel V.

B. Bei kurzem Erwärmen von 4-[2-Brom-vinyl]-5-chlormethyl-3-methyl-pyrrol-2-carb= onsäure-äthylester (F: 168°) mit Methanol (*Fischer, Riedmair*, A. **499** [1932] 288, 296).

Kristalle (aus wss. Me.); F: 141° [Zers.].

4-[ξ-2-Äthoxy-vinyl]-3,5-dimethyl-pyrrol-2-carbonsäure-äthylester $C_{13}H_{19}NO_3$, Formel VI.

B. Beim Erwärmen von 4-[2-Brom-vinyl]-3,5-dimethyl-pyrrol-2-carbonsäure-äthyl= ester (F: 158° [Zers.]) mit Äthanol und AgCN auf 90—95° (*Fischer, Süs*, A. **484** [1930] 113, 122).

Kristalle (aus A.); F: 87°.

3-Hydroxy-4,5,6,7-tetrahydro-indol-2-carbonsäure-äthylester $C_{11}H_{15}NO_3$, Formel VII (R = H), und Tautomeres (3-Oxo-2,3,4,5,6,7-hexahydro-indol-2-carbonsäure-äthylester).

B. Beim Erwärmen von 3-Acetoxy-4,5,6,7-tetrahydro-indol-2-carbonsäure-äthylester mit äthanol. KOH (*Komai*, Pharm. Bl. **4** [1956] 261, 265).

Kristalle (aus A.); F: 94,5—96°.

3-Acetoxy-4,5,6,7-tetrahydro-indol-2-carbonsäure-äthylester $C_{13}H_{17}NO_4$, Formel VII (R = CO-CH_3).

B. Bei der Hydrierung von 3-Acetoxy-indol-2-carbonsäure-äthylester an einem Nickel-Katalysator in Äthanol bei 100—110°/85 at (*Komai*, Pharm. Bl. **4** [1956] 261, 265).

Kristalle (aus A.); F: 144,5—146°. UV-Spektrum (220—310 nm): *Ko.*, l. c. S. 263.

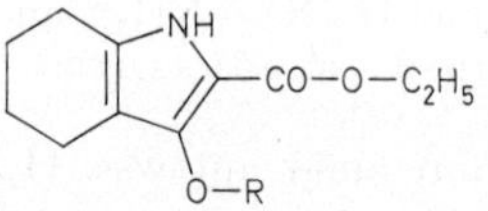

VII 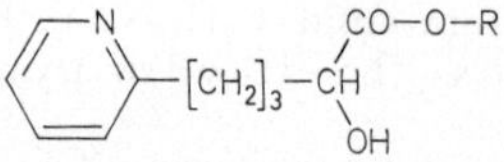 VIII 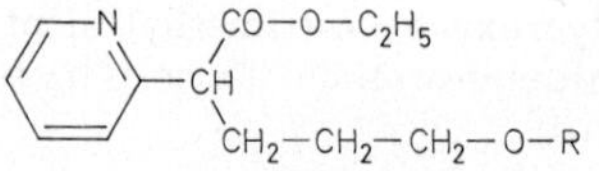 IX

Hydroxycarbonsäuren $C_{10}H_{13}NO_3$

(±)-2-Hydroxy-5-[2]pyridyl-valeriansäure $C_{10}H_{13}NO_3$, Formel VIII (R = H).

B. Bei der Hydrierung von 2-Oxo-5-[2]pyridyl-valeriansäure an Platin in wss. $Ba(OH)_2$ (*Ernest, Piťha*, Collect. **23** [1958] 125, 128).

Kristalie (aus A.); F: 137—139° [korr.].

(±)-2-Hydroxy-5-[2]pyridyl-valeriansäure-äthylester $C_{12}H_{17}NO_3$, Formel VIII (R = C_2H_5).

B. Beim Erwärmen von (±)-2-Hydroxy-5-[2]pyridyl-valeriansäure mit Äthanol und HCl (*Ernest, Piťha*, Collect. **23** [1958] 125, 128).

Kp_2: 150—155° [Badtemperatur]. n_D^{20}: 1,5040.

(±)-5-Phenoxy-2-[2]pyridyl-valeriansäure-äthylester $C_{18}H_{21}NO_3$, Formel IX (R = C_6H_5).

B. Bei 18-stdg. Behandeln von [2]Pyridyl-essigsäure-äthylester mit Kalium in Äther und Erwärmen des Reaktionsgemisches mit 1-Brom-3-phenoxy-propan (*Clemo et al.*, Soc. **1937** 965, 968).

Kp_1: 205–207° (*Cl. et al.*); $Kp_{0,7}$: 201–203° (*Winterfeld, Augstein*, B. **90** [1957] 863, 865).

(±)-5-Benzyloxy-2-[2]pyridyl-valeriansäure-äthylester $C_{19}H_{23}NO_3$, Formel IX ($R = CH_2\text{-}C_6H_5$).

B. Beim Erhitzen von 1-Benzyloxy-3-chlor-propan mit der Kalium-Verbindung des [2]Pyridyl-essigsäure-äthylesters in Xylol (*Winterfeld, Augstein*, B. **90** [1957] 863, 865).

Orangefarbenes Öl; $Kp_{0,6}$: 178–182°.

2-Butyl-6-hydroxy-isonicotinsäure $C_{10}H_{13}NO_3$, Formel X, und Tautomeres (6-Butyl-2-oxo-1,2-dihydro-pyridin-4-carbonsäure).

B. Beim Erhitzen von 6-Butyl-3-cyan-2-hydroxy-isonicotinsäure-äthylester mit wss. H_2SO_4 (*Libermann et al.*, Bl. **1958** 687, 691).

F: 225°.

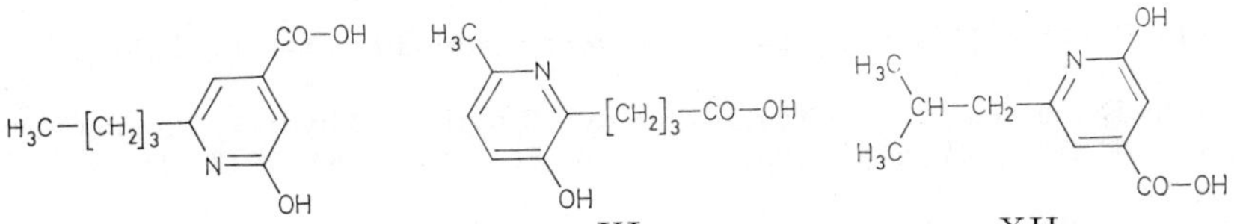

X XI XII

4-[3-Hydroxy-6-methyl-[2]pyridyl]-buttersäure $C_{10}H_{13}NO_3$, Formel XI.

B. Beim Erhitzen von 5-[5-Methyl-[2]furyl]-5-oxo-valeriansäure mit wss. NH_3 und wenig NH_4Cl auf 160–170° und Behandeln des Reaktionsgemisches mit wss. Alkalilauge (*Gruber*, B. **88** [1955] 178, 182).

F: 174–176° (*Gr.*, l. c. S. 180).

2-Hydroxy-6-isobutyl-isonicotinsäure $C_{10}H_{13}NO_3$, Formel XII, und Tautomeres (6-Isobutyl-2-oxo-1,2-dihydro-pyridin-4-carbonsäure).

B. Beim Erhitzen von 3-Cyan-2-hydroxy-6-isobutyl-isonicotinsäure-äthylester mit wss. H_2SO_4 (*Isler et al.*, Helv. **38** [1955] 1033, 1040) oder konz. wss. HCl (*Libermann et al.*, Bl. **1958** 687, 691).

Kristalle (aus wss. A.); F: 277–278° [unkorr.; evakuierte Kapillare] (*Is. et al.*). F: 270° (*Li. et al.*).

2-Hydroxy-6-isobutyl-nicotinsäure $C_{10}H_{13}NO_3$, Formel XIII, und Tautomeres (6-Isobutyl-2-oxo-1,2-dihydro-pyridin-3-carbonsäure).

B. Beim Erhitzen von 2-Hydroxy-6-isobutyl-nicotinonitril mit konz. wss. HCl (*Mariella*, Am. Soc. **69** [1947] 2670).

Kristalle (aus H_2O); F: 170–171°.

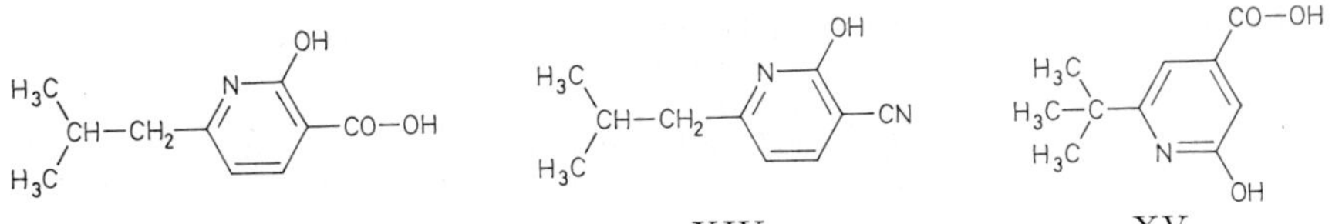

XIII XIV XV

2-Hydroxy-6-isobutyl-nicotinonitril $C_{10}H_{12}N_2O$, Formel XIV, und Tautomeres (6-Isobutyl-2-oxo-1,2-dihydro-pyridin-3-carbonitril).

B. Beim Erhitzen der Natrium-Verbindung des 5-Methyl-3-oxo-hexanals mit Cyan= essigsäure-amid unter Zusatz von Piperidin und Essigsäure in H_2O (*Mariella*, Am. Soc. **69** [1947] 2670). Beim Erhitzen von 1*t*-Dimethylamino-5-methyl-hex-1-en-3-on mit

Cyanessigsäure-amid und H_2O (*Kotschetkow*, Izv. Akad. S.S.S.R. Otd. chim. **1954** 47, 53; engl. Ausg. S. 37, 42).
Kristalle (aus A.); F: 149—150° (*Ma.*), 148—149° (*Ko.*).

2-*tert*-Butyl-6-hydroxy-isonicotinsäure $C_{10}H_{13}NO_3$, Formel XV, und Tautomeres (6-*tert*-Butyl-2-oxo-1,2-dihydro-pyridin-4-carbonsäure).

B. Beim Erhitzen von 6-*tert*-Butyl-3-cyan-2-hydroxy-isonicotinsäure-äthylester mit wss. H_2SO_4 (*Isler et al.*, Helv. **38** [1955] 1033, 1040; *Libermann et al.*, Bl. **1958** 687, 691).

Kristalle (aus A.); F: 331—332° [unkorr.; evakuierte Kapillare] (*Is. et al.*). F: 324° bis 325° (*Li. et al.*).

(±)-3-[4,6-Dimethyl-[2]pyridyl]-2-hydroxy-propionsäure $C_{10}H_{13}NO_3$, Formel I (R = H).

B. Beim Erhitzen von (±)-1,1,1-Trichlor-3-[4,6-dimethyl-[2]pyridyl]-propan-2-ol mit wss.-methanol. Na_2CO_3 (*Takahashi, Saikachi*, J. pharm. Soc. Japan **62** [1942] 38; dtsch. Ref. S. 16; C. A. **1951** 620).

Hydrochlorid $C_{10}H_{13}NO_3 \cdot HCl$. Kristalle (aus wss. HCl); F: 179—181°.

(±)-3-[4,6-Dimethyl-[2]pyridyl]-2-hydroxy-propionsäure-äthylester $C_{12}H_{17}NO_3$, Formel I (R = C_2H_5).

B. Beim Erwärmen von (±)-3-[4,6-Dimethyl-[2]pyridyl]-2-hydroxy-propionsäure mit Äthanol und HCl (*Takahashi et al.*, J. pharm. Soc. Japan **63** [1943] 235; C. A. **1951** 2940).

Kp_4: 131—132°.

Tetrachloroaurat(III) $C_{12}H_{17}NO_3 \cdot HAuCl_4$.

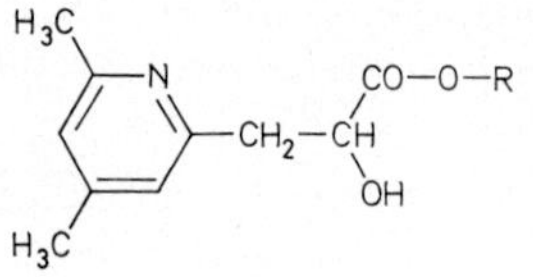

I 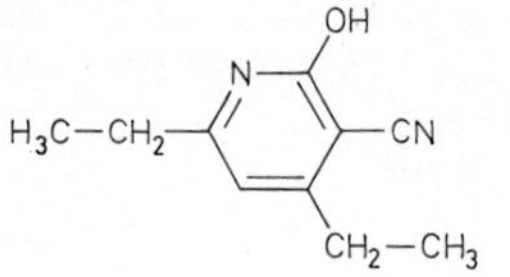 II 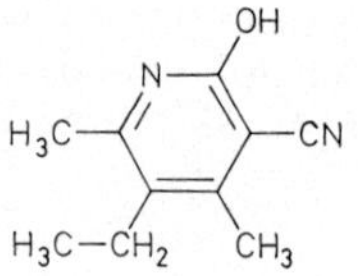 III

4,6-Diäthyl-2-hydroxy-nicotinonitril $C_{10}H_{12}N_2O$, Formel II, und Tautomeres (4,6-Diäthyl-2-oxo-1,2-dihydro-pyridin-3-carbonitril).

B. Beim Erwärmen von Heptan-3,5-dion mit Cyanessigsäure-amid und Diäthylamin in wss. Äthanol (*Basu*, J. Indian chem. Soc. **7** [1930] 815, 822).

Kristalle (aus A.); F: 186°.

5-Äthyl-2-hydroxy-4,6-dimethyl-nicotinonitril $C_{10}H_{12}N_2O$, Formel III, und Tautomeres (5-Äthyl-4,6-dimethyl-2-oxo-1,2-dihydro-pyridin-3-carbonitril) (E II 168).

F: 282—284° [korr.] (*Witkop*, Am. Soc. **70** [1948] 3712, 3715).

Hydroxycarbonsäuren $C_{11}H_{15}NO_3$

2-Hydroxy-6-pentyl-isonicotinsäure $C_{11}H_{15}NO_3$, Formel IV, und Tautomeres (2-Oxo-6-pentyl-1,2-dihydro-pyridin-4-carbonsäure).

B. Beim Erhitzen von 3-Cyan-2-hydroxy-6-pentyl-isonicotinsäure-äthylester mit wss. H_2SO_4 (*Libermann et al.*, Bl. **1958** 687, 691) oder mit konz. wss. HCl auf 150—160° (*Maruyama, Imamura*, Ann. Rep. Takeda Res. Labor. **12** [1953] 62, 65; C. A. **1954** 4695).

Kristalle (aus Me.); F: 242° [Zers.] (*Ma., Im.*). F: 232° (*Li. et al.*).

Methylester $C_{12}H_{17}NO_3$. Kristalle (aus Me.); F: 103—105° (*Ma., Im.*).

2-Hydroxy-6-pentyl-nicotinsäure $C_{11}H_{15}NO_3$, Formel V, und Tautomeres (2-Oxo-6-pentyl-1,2-dihydro-pyridin-3-carbonsäure).

B. Beim Erhitzen von 2-Hydroxy-6-pentyl-nicotinonitril mit konz. wss. HCl (*Kot-*

schetkow, Doklady Akad. S.S.S.R. **84** [1952] 289, 291; C. A. **1953** 3309).
Kristalle (aus Bzl. + PAe.); F: 108–109°.

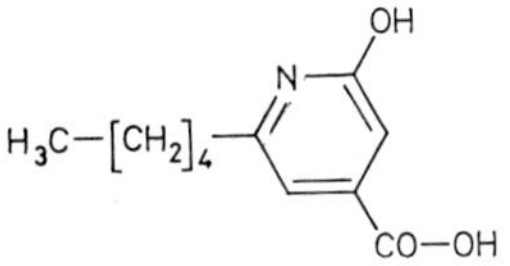

IV 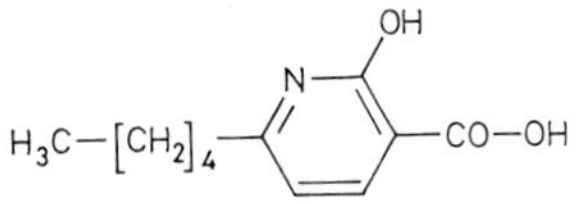 V 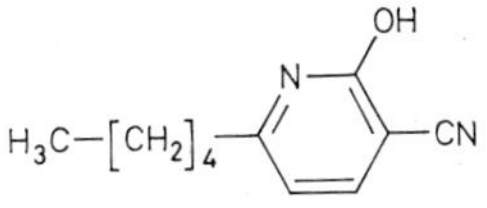 VI

2-Hydroxy-6-pentyl-nicotinonitril $C_{11}H_{14}N_2O$, Formel VI, und Tautomeres (2-Oxo-6-pentyl-1,2-dihydro-pyridin-3-carbonitril).
B. Beim Erhitzen von 1,1-Diäthoxy-octan-3-on mit Cyanessigsäure-amid in H_2O unter Zusatz von Piperidin und Essigsäure (*Kotschetkow*, Doklady Akad. S.S.S.R. **84** [1952] 289, 291; C. A. **1953** 3309).
Kristalle (aus wss. A.); F: 95–96°.

6-Butyl-2-hydroxy-5-methyl-nicotinsäure $C_{11}H_{15}NO_3$, Formel VII, und Tautomeres (6-Butyl-5-methyl-2-oxo-1,2-dihydro-pyridin-3-carbonsäure).
B. Beim Erhitzen von 6-Butyl-2-hydroxy-5-methyl-nicotinonitril mit konz. wss. HCl (*Mariella, Kvinge*, Am. Soc. **70** [1948] 3126).
Kristalle (aus H_2O); F: 211–213°.

6-Butyl-2-hydroxy-5-methyl-nicotinonitril $C_{11}H_{14}N_2O$, Formel VIII, und Tautomeres (6-Butyl-5-methyl-2-oxo-1,2-dihydro-pyridin-3-carbonitril).
B. Beim Erhitzen der Natrium-Verbindung des 2-Methyl-3-oxo-heptanals (aus Heptan-3-on, Äthylformiat und Natrium in Äther hergestellt) mit Cyanessigsäure-amid in H_2O unter Zusatz von Piperidinacetat (*Mariella, Kvinge*, Am. Soc. **70** [1948] 3126).
Kristalle (aus A.); F: 196–197°.

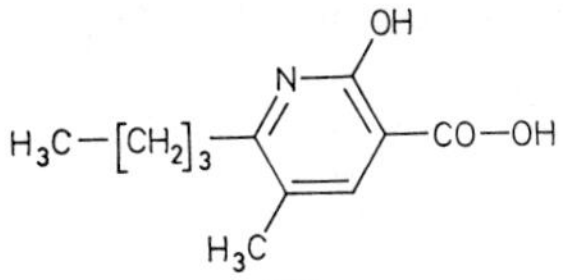

VII 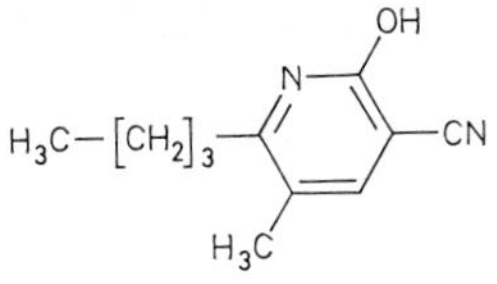 VIII 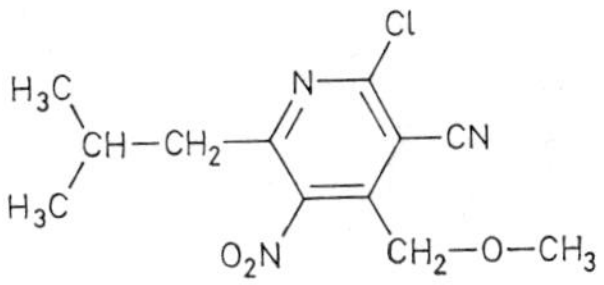 IX

2-Chlor-6-isobutyl-4-methoxymethyl-5-nitro-nicotinonitril $C_{12}H_{14}ClN_3O_3$, Formel IX.
B. Beim Erhitzen von 2-Hydroxy-6-isobutyl-4-methoxymethyl-5-nitro-nicotinonitril mit PCl_5 in Chlorbenzol (*Heyl et al.*, Am. Soc. **75** [1953] 4079).
Kristalle (aus PAe.); F: 42–43°.

***Opt.-inakt. 8a-Hydroxy-2-methyl-4a,5,6,7,8,8a-hexahydro-chinolin-3-carbonsäure-äthylester** $C_{13}H_{19}NO_3$, Formel X.
B. Beim Behandeln von 2-Oxo-cyclohexancarbaldehyd mit 3-Amino-crotonsäure-äthylester (E III **3** 1199) bei –5° (*Basu*, A. **530** [1937] 131, 132).
Kristalle (aus A.); F: 200–201° [Zers.].

Hydroxycarbonsäuren $C_{12}H_{17}NO_3$

2-Hexyl-6-hydroxy-isonicotinsäure $C_{12}H_{17}NO_3$, Formel XI (n = 5), und Tautomeres (6-Hexyl-2-oxo-1,2-dihydro-pyridin-4-carbonsäure).
B. Beim Erhitzen von 3-Cyan-6-hexyl-2-hydroxy-isonicotinsäure-äthylester mit wss. H_2SO_4 (*Libermann et al.*, Bl. **1958** 687, 691).
F: 226–228°.

2-Chlor-4-methoxymethyl-5-nitro-6-pentyl-nicotinonitril $C_{13}H_{16}ClN_3O_3$, Formel XII.

B. Beim Erhitzen von 2-Hydroxy-4-methoxymethyl-5-nitro-6-pentyl-nicotinonitril mit PCl_5 in Chlorbenzol (*Heyl et al.*, Am. Soc. **75** [1953] 4079).

Kristalle (aus PAe.); F: 42—43°.

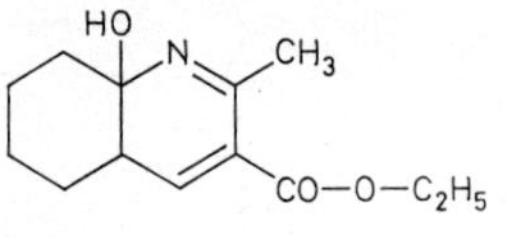

X 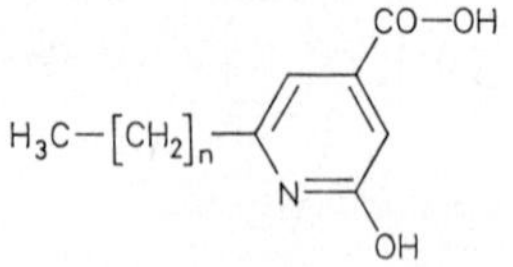 XI 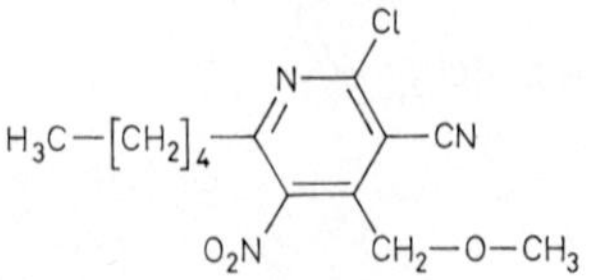 XII

Hydroxycarbonsäuren $C_{13}H_{19}NO_3$

8-[3-Hydroxy-[2]pyridyl]-octansäure $C_{13}H_{19}NO_3$, Formel XIII.

B. Beim Erhitzen von 9-[2]Furyl-9-oxo-nonansäure mit konz. wss. NH_3 und wenig NH_4Cl auf 160—170° und Behandeln des Reaktionsgemisches mit wss. NaOH (*Gruber*, B. **88** [1955] 178, 185).

F: 87—89° (*Gr.*, l. c. S. 180).

2-Heptyl-6-hydroxy-isonicotinsäure $C_{13}H_{19}NO_3$, Formel XI (n = 6), und Tautomeres (6-Heptyl-2-oxo-1,2-dihydro-pyridin-4-carbonsäure).

B. Beim Erhitzen von 3-Cyan-6-heptyl-2-hydroxy-isonicotinsäure-äthylester mit wss. HCl (*Libermann et al.*, Bl. **1958** 687, 691).

F: 242—243°.

Hydroxycarbonsäuren $C_{14}H_{21}NO_3$

8-[5-Hydroxy-6-methyl-[2]pyridyl]-octansäure, Carpyrinsäure $C_{14}H_{21}NO_3$, Formel XIV (R = H, X = OH).

B. Beim Erwärmen des Methylesters (s. u.) mit wss.-äthanol. KOH (*Rapoport, Volcheck*, Am. Soc. **78** [1956] 2451, 2455). Aus dem Äthylester (S. 2195) beim Behandeln mit äthanol. KOH (*Govindachari, Narasimhan*, Soc. **1953** 2635) oder methanol. KOH (*Gruber*, B. **88** [1955] 178, 185).

Hydrochlorid $C_{14}H_{21}NO_3 \cdot HCl$. Kristalle (aus Acn.); F: 110—111° [korr.; nach Trocknen bei 80°/0,2 Torr] (*Ra.*, *Vo.*). Für nicht im Vakuum getrocknete Präparate wurde F: 88—89° (*Gr.*) und F: 85—86,5° (*Go.*, *Na.*) angegeben.

8-[5-Methoxy-6-methyl-[2]pyridyl]-octansäure $C_{15}H_{23}NO_3$, Formel XIV (R = CH_3, X = OH).

B. Beim Erhitzen von 8-[5-Methoxy-6-methyl-[2]pyridyl]-8-oxo-octansäure-methylester mit wss. $N_2H_4 \cdot H_2O$ und Natriumäthylat in Äthanol auf 175° und anschliessenden Erwärmen mit H_2O, zuletzt unter Zusatz von HCl (*Rapoport, Volcheck*, Am. Soc. **78** [1956] 2451, 2454).

Hydrochlorid $C_{15}H_{23}NO_3 \cdot HCl$. Kristalle; F: 134—136° [korr.].

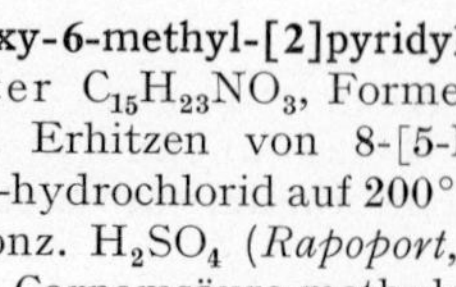

XIII 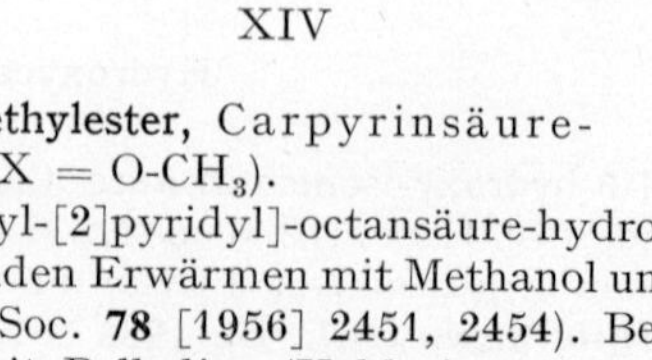 XIV

8-[5-Hydroxy-6-methyl-[2]pyridyl]-octansäure-methylester, Carpyrinsäure-methylester $C_{15}H_{23}NO_3$, Formel XIV (R = H, X = O-CH_3).

B. Beim Erhitzen von 8-[5-Methoxy-6-methyl-[2]pyridyl]-octansäure-hydrochlorid mit Pyridin-hydrochlorid auf 200° und anschliessenden Erwärmen mit Methanol unter Zusatz von konz. H_2SO_4 (*Rapoport, Volcheck*, Am. Soc. **78** [1956] 2451, 2454). Beim Erhitzen von Carpamsäure-methylester (S. 2091) mit Palladium/Kohle in *p*-Cymol (*Ra.*, *Vo.*).

Kristalle (aus Bzl.); F: 125–126° [korr.]. λ_{max}: 224 nm und 288 nm [A.] bzw. 211 nm, 245 nm und 310 nm [äthanol. KOH].

8-[5-Hydroxy-6-methyl-[2]pyridyl]-octansäure-äthylester, Carpyrinsäure-äthylester $C_{16}H_{25}NO_3$, Formel XIV (R = H, X = O-C_2H_5).

B. Aus 8-[5-Hydroxy-6-hydroxymethyl-[2]pyridyl]-octansäure-äthylester beim Behandeln mit $SOCl_2$ in $CHCl_3$, Hydrieren des erhaltenen 8-[6-Chlormethyl-5-hydroxy-[2]pyridyl]-octansäure-äthylesters an Platin in Äthanol bei 4,2 at und Erhitzen des Reaktionsprodukts mit Palladium/Kohle in *p*-Cymol (*Govindachari et al.*, Soc. **1957** 560, 562). Beim Erhitzen der aus 8-[5-Acetyl-[2]furyl]-octansäure-äthylester durch Hydrolyse erhaltenen öligen Säure mit wss. NH_3 und wenig NH_4Cl auf 165°, Behandeln des Reaktionsgemisches mit wss. NaOH und Behandeln der erhaltenen Säure mit Äthanol und HCl (*Gruber*, B. **88** [1955] 178, 185). Beim Erhitzen von Carpamsäure-äthylester [S. 2091] (*Govindachari, Narasimhan*, Soc. **1953** 2635) oder von Pseudocarpamsäure-äthylester [S. 2091] (*Govindachari et al.*, Soc. **1954** 1847) mit Palladium/Kohle in *p*-Cymol.

Kristalle; F: 80–82° [aus Ae. + PAe.] (*Gr.*, l. c. S. 185), 78–80° [aus Ae.] (*Go.*, *Na.*). λ_{max}: 223 nm, 247 nm und 287 nm [A.], 234 nm, 251 nm und 302 nm [äthanol. HCl] bzw. 247 nm, 272 nm und 310 nm [äthanol. NaOH] (*Go.*, *Na.*; s. a. *Gr.*, l. c. S. 181).

8-[5-Hydroxy-6-methyl-[2]pyridyl]-octansäure-amid, Carpyrinsäure-amid $C_{14}H_{22}N_2O_2$, Formel XIV (R = H, X = NH_2).

B. Beim Erhitzen der aus 8-[5-Acetyl-[2]furyl]-octansäure-äthylester durch Hydrolyse erhaltenen öligen Säure mit wss. NH_3 und wenig NH_4Cl auf 170° (*Gruber*, B. **88** [1955] 178, 186).

Hydrochlorid $C_{14}H_{22}N_2O_2 \cdot HCl$. F: 96–98°.

8-[3-Hydroxy-6-methyl-[2]pyridyl]-octansäure, Isocarpyrinsäure $C_{14}H_{21}NO_3$, Formel I (R = H).

B. Beim Erhitzen von 9-[5-Methyl-[2]furyl]-9-oxo-nonansäure oder 9-[5-Methyl-[2]furyl]-9-oxo-nonansäure-äthylester mit NH_3 und wenig NH_4Cl in Äthanol auf 165° und Behandeln des Reaktionsgemisches mit wss. NaOH (*Gruber*, B. **88** [1955] 178, 185).

Kristalle (aus wss. Me.); F: 76–78° (*Gr.*, l. c. S. 180).

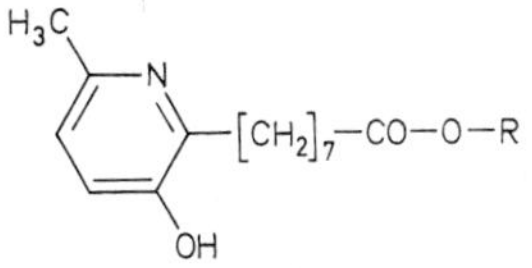

I 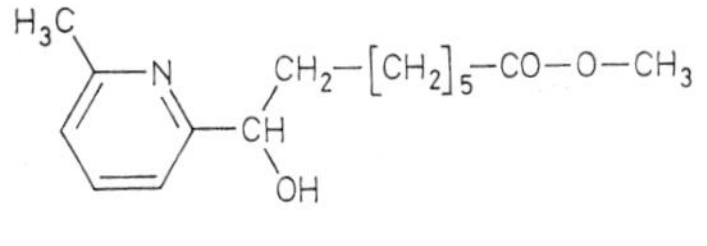 II

8-[3-Hydroxy-6-methyl-[2]pyridyl]-octansäure-äthylester, Isocarpyrinsäure-äthylester $C_{16}H_{25}NO_3$, Formel I (R = C_2H_5).

B. Beim Behandeln von 8-[3-Hydroxy-6-methyl-[2]pyridyl]-octansäure mit Äthanol und HCl (*Gruber*, B. **88** [1955] 178, 185).

Kristalle (aus Ae.); F: 51–53° (*Gr.*, l. c. S. 180). λ_{max}: 251 nm und 291 nm [A.], 256 nm und 303 nm [äthanol. HCl] bzw. 248 nm, 274 nm und 314 nm [äthanol. NaOH].

Hydrochlorid $C_{16}H_{25}NO_3 \cdot HCl$. Kristalle (aus Acn. + Ae.); F: 112–114°.

(±)-8-Hydroxy-8-[6-methyl-[2]pyridyl]-octansäure-methylester $C_{15}H_{23}NO_3$, Formel II.

B. Beim Erhitzen von 6-Methyl-pyridin-2-carbonsäure mit 8-Oxo-octansäure-methylester in *p*-Cymol (*Rapoport, Volcheck*, Am. Soc. **78** [1956] 2451, 2453).

$Kp_{1,3}$: 172–173,5°. n_D^{25}: 1,5013.

Hydroxycarbonsäuren $C_{15}H_{23}NO_3$

2-Hydroxy-6-nonyl-isonicotinsäure $C_{15}H_{23}NO_3$, Formel XI (n = 8), und Tautomeres (6-Nonyl-2-oxo-1,2-dihydro-pyridin-4-carbonsäure).

B. Beim Erhitzen von 3-Cyan-2-hydroxy-6-nonyl-isonicotinsäure-äthylester mit wss.

H_2SO_4 (*Libermann et al.*, Bl. **1958** 687, 691).
F: 233—234°.

Hydroxycarbonsäuren $C_nH_{2n-9}NO_3$

Hydroxycarbonsäuren $C_8H_7NO_3$

3-[2-Phthalimido-äthoxy]-3-[3]pyridyl-acrylsäure-methylester(?) $C_{19}H_{16}N_2O_5$, vermutlich Formel III.

a) Isomeres vom F: 181°.

B. Beim Erhitzen des Hydrochlorids des unter b) beschriebenen Isomeren auf 150° bis 160° und Behandeln des in wss. HCl gelösten Reaktionsprodukts mit wss. Na_2CO_3 (*Stein, Burger*, Am. Soc. **79** [1957] 154).

Kristalle (aus A.); F: 181° [korr.].

Hydrochlorid. F: 190—195°. Beim Erwärmen in Äthanol wird HCl abgegeben.

b) Isomeres vom F: 144°.

B. Neben geringen Mengen des unter a) beschriebenen Isomeren und anderen Verbindungen beim Erwärmen der Kalium-Verbindung des 3-Oxo-3-[3]pyridyl-propionsäure-methylesters mit *N*-[2-Brom-äthyl]-phthalimid in DMF (*Stein, Burger*, Am. Soc. **79** [1957] 154).

Kristalle (aus A.); F: 144° [korr.].

Hydrochlorid. F: 145—146° und (nach Wiedererstarren bei 152—155°) F: 190° bis 195° [Umwandlung in das Hydrochlorid des unter a) beschriebenen Isomeren]. Beim Erwärmen in Äthanol wird HCl abgegeben.

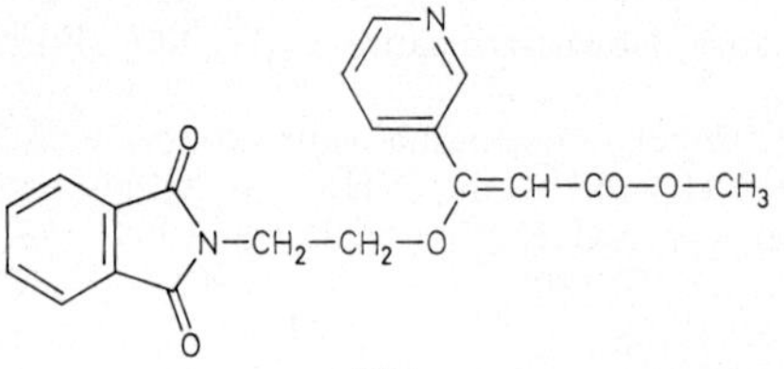

III 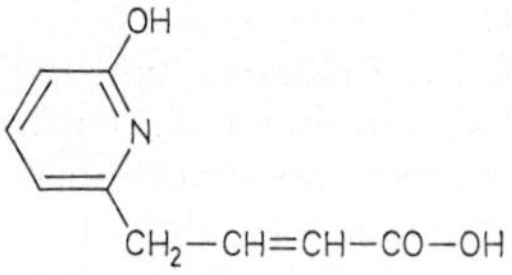 IV

Hydroxycarbonsäuren $C_9H_9NO_3$

4-[6-Hydroxy-[2]pyridyl]-ξ-crotonsäure $C_9H_9NO_3$, Formel IV, und Tautomeres (4-[6-Oxo-1,6-dihydro-[2]pyridyl]-ξ-crotonsäure).

B. Beim Erhitzen von 6-Hydroxy-4-oxo-4*H*-chinolizin-1,3-dicarbonsäure-diäthylester mit konz. wss. HCl oder mit wss. NaOH (*Adams, Reifschneider*, Am. Soc. **81** [1959] 2537, 2540).

Gelbliche Kristalle (aus A. oder Bzl.); F: 199—200°.

4-Methoxy-3-[4]pyridyl-ξ-crotonsäure-äthylester $C_{12}H_{15}NO_3$, Formel V.

B. Beim Behandeln von opt.-inakt. 1,1,1-Trichlor-4-methoxy-3-[4]pyridyl-butan-2-ol (F: 172°) mit äthanol. KOH und Erwärmen des Reaktionsprodukts mit Äthanol und HCl (*Michlina, Rubzow*, Ž. obšč. Chim. **28** [1958] 103, 108; engl. Ausg. S. 104, 108).

$Kp_{0,1}$: 118—119°.

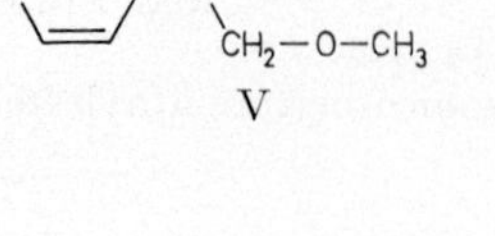

V 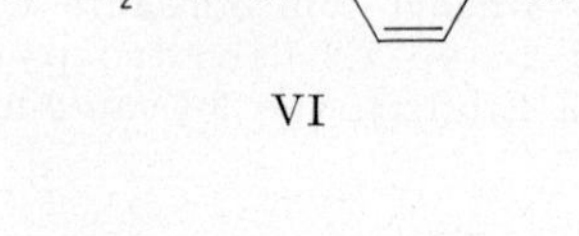 VI

6-[3-Brom-ξ-propenyl]-2-hydroxy-nicotinonitril(?) $C_9H_7BrN_2O$, vermutlich Formel VI, und Tautomeres (6-[3-Brom-ξ-propenyl]-2-oxo-1,2-dihydro-pyridin-3-carbo= nitril(?)).

B. Beim Behandeln einer auf 60° erwärmten Lösung von 6-Cyclopropyl-2-hydroxy-nicotinonitril in Essigsäure mit Brom (*Mariella et al.*, Am. Soc. **70** [1948] 1494, 1496).

Kristalle (aus Bzl.); F: 221—222°.

6-Cyclopropyl-2-hydroxy-nicotinsäure $C_9H_9NO_3$, Formel VII, und Tautomeres (6-Cyclopropyl-2-oxo-1,2-dihydro-pyridin-3-carbonsäure).

B. Beim Erhitzen von 6-Cyclopropyl-2-hydroxy-nicotinonitril mit konz. wss. HCl (*Mariella et al.*, Am. Soc. **70** [1948] 1494, 1496).

Kristalle (aus wss. Eg.); F: 248—250° [Zers.].

6-Cyclopropyl-2-hydroxy-nicotinonitril $C_9H_8N_2O$, Formel VIII, und Tautomeres (6-Cyclopropyl-2-oxo-1,2-dihydro-pyridin-3-carbonitril).

B. Beim Erhitzen der Natrium-Verbindung des 3-Cyclopropyl-3-oxo-propionaldehyds mit Cyanessigsäure-amid unter Zusatz von Piperidin und Essigsäure in H_2O (*Mariella et al.*, Am. Soc. **70** [1948] 1494, 1496).

Kristalle (aus A.); F: 239—240° [Zers.].

VII VIII IX

2-Hydroxy-6,7-dihydro-5*H*-[1]pyrindin-3-carbonsäure $C_9H_9NO_3$, Formel IX (X = OH), und Tautomeres (2-Oxo-2,5,6,7-tetrahydro-1*H*-[1]pyrindin-3-carbon= säure).

B. Beim Erhitzen von (±)-7a-Hydroxy-2-oxo-2,3,5,6,7,7a-hexahydro-1*H*-[1]pyrindin-3-carbonitril mit konz. wss. HCl auf 120—130° (*Thompson*, Am. Soc. **53** [1931] 3160, 3162). Beim Erwärmen einer aus 2-Amino-6,7-dihydro-5*H*-[1]pyrindin-3-carbonsäure-hydrochlorid in wss. H_2SO_4 bereiteten Diazoniumsalz-Lösung (*Dornow, Neuse*, Ar. **287** [1954] 361, 366).

Kristalle (aus H_2O); F: 272° [Zers.] (*Th.*), 270° (*Do., Ne.*).

2-Hydroxy-6,7-dihydro-5*H*-[1]pyrindin-3-carbonsäure-amid $C_9H_{10}N_2O_2$, Formel IX ($X = NH_2$), und Tautomeres (2-Oxo-2,5,6,7-tetrahydro-1*H*-[1]pyrindin-3-carbonsäure-amid).

B. Beim Erwärmen einer aus 2-Amino-6,7-dihydro-5*H*-[1]pyrindin-3-carbonsäure-amid bereiteten wss. Diazoniumsulfat-Lösung (*Dornow, Neuse*, Ar. **287** [1954] 361, 366).

Kristalle (aus H_2O); Zers. bei ca. 365°.

2-Hydroxy-6,7-dihydro-5*H*-[1]pyrindin-4-carbonsäure $C_9H_9NO_3$, Formel X, und Tautomeres (2-Oxo-2,5,6,7-tetrahydro-1*H*-[1]pyrindin-4-carbonsäure).

B. Beim Erhitzen von 3-Cyan-2-hydroxy-6,7-dihydro-5*H*-[1]pyrindin-4-carbonsäure-äthylester mit wss. H_2SO_4 (*Libermann et al.*, Bl. **1958** 689, 691).

F: 370°.

***Opt.-inakt. 1-Acetyl-3-hydroxy-indolin-2-carbonsäure** $C_{11}H_{11}NO_4$, Formel XI (R = H, X = OH).

B. Beim Behandeln von opt.-inakt. 1-Acetyl-3-hydroxy-indolin-2-carbonsäure-methyl= ester (S. 2198) mit methanol. KOH (*Johnson, Andreen*, Am. Soc. **72** [1950] 2862). Beim Erwärmen von opt.-inakt. 1-Acetyl-3-hydroxy-indolin-2-carbonsäure-äthylester (S. 2198) mit äthanol. KOH [0,5%ig] (*Komai*, Pharm. Bl. **4** [1956] 261, 265).

Kristalle mit 1 Mol H_2O (aus A. + Bzl.), F: 164—165° [Zers.] (*Ko.*); Kristalle (aus Me. + Bzl.), Zers. bei 163—167° [Kapillare] bzw. bei ca. 190° [vorgeheizter App.] (*Jo., An.*).

***Opt.-inakt. 1-Acetyl-3-hydroxy-indolin-2-carbonsäure-methylester** $C_{12}H_{13}NO_4$, Formel XI (R = H, X = O-CH_3).

B. Bei der Hydrierung von 1-Acetyl-3-hydroxy-indol-2-carbonsäure-methylester an Platin in Methanol bei 20°/4,2 at (*Johnson, Andreen,* Am. Soc. **72** [1950] 2862).

Kristalle (aus Me.); F: 166—167° (*Jo., An.*). UV-Spektrum (220—300 nm): *Johnson, Buchanan,* Am. Soc. **75** [1953] 2103, 2104. λ_{max}: 250 nm und 280 nm (*Jo., An.*).

***Opt.-inakt. 3-Acetoxy-1-acetyl-indolin-2-carbonsäure-methylester** $C_{14}H_{15}NO_5$, Formel XI (R = CO-CH_3, X = O-CH_3).

B. Beim Behandeln der vorangehenden Verbindung mit Acetylchlorid und Pyridin (*Johnson, Andreen,* Am. Soc. **72** [1950] 2862).

Kristalle (aus Me.); F: 135,5—137°.

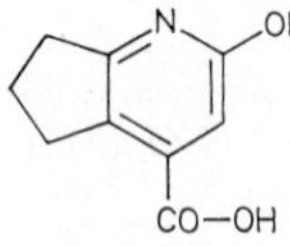

X 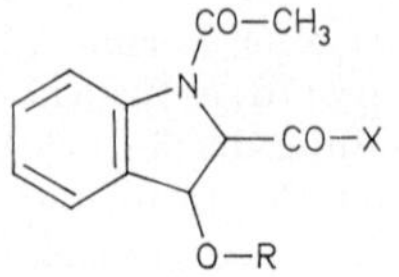 XI 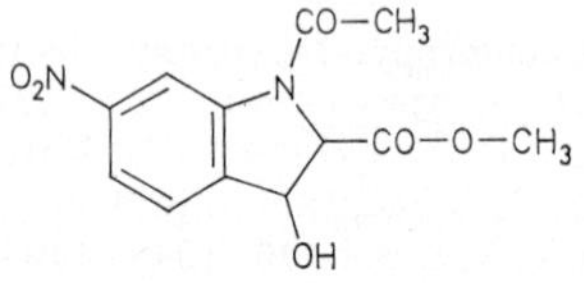 XII

***Opt.-inakt. 1-Acetyl-3-benzoyloxy-indolin-2-carbonsäure-methylester** $C_{19}H_{17}NO_5$, Formel XI (R = CO-C_6H_5, X = O-CH_3).

B. Beim Behandeln von opt.-inakt. 1-Acetyl-3-hydroxy-indolin-2-carbonsäure-methylester (s. o.) mit Benzoylchlorid und Pyridin (*Johnson, Andreen,* Am. Soc. **72** [1950] 2862).

Kristalle (aus Me.); F: 140—141°.

***Opt.-inakt. 1-Acetyl-3-hydroxy-indolin-2-carbonsäure-äthylester** $C_{13}H_{15}NO_4$, Formel XI (R = H, X = O-C_2H_5).

B. Bei der Hydrierung von 1-Acetyl-3-hydroxy-indol-2-carbonsäure-äthylester an einem Nickel-Katalysator in Äthanol bei 60°/60 at (*Komai,* Pharm. Bl. **4** [1956] 261, 265).

Kristalle (aus Bzl.); F: 121—122,5°. UV-Spektrum (230—300 nm): *Ko.,* l. c. S. 263.

***Opt.-inakt. 3-Acetoxy-1-acetyl-indolin-2-carbonsäure-äthylester** $C_{15}H_{17}NO_5$, Formel XI (R = CO-CH_3, X = O-C_2H_5).

B. Beim Erhitzen der vorangehenden Verbindung mit Acetanhydrid und Natriumacetat (*Komai,* Pharm. Bl. **4** [1956] 261, 265).

Kristalle (aus A.); F: 104,5—105,5°.

***Opt.-inakt. 1-Acetyl-3-hydroxy-indolin-2-carbonsäure-methylamid** $C_{12}H_{14}N_2O_3$, Formel XI (R = H, X = NH-CH_3).

B. Beim Behandeln von opt.-inakt. 1-Acetyl-3-hydroxy-indolin-2-carbonsäure-methylester (s. o.) mit Methylamin (*Johnson, Andreen,* Am. Soc. **72** [1950] 2862).

Kristalle (aus Acetonitril); Zers. bei 235—240° [Kapillare] bzw. bei 258° [vorgeheizter App.].

***Opt.-inakt. 1-Acetyl-3-hydroxy-6-nitro-indolin-2-carbonsäure-methylester** $C_{12}H_{12}N_2O_6$, Formel XII.

B. Aus 1-Acetyl-3-hydroxy-6-nitro-indol-2-carbonsäure-methylester und KBH_4 (*Kornmann,* Bl. **1958** 730).

F: 203° [aus Me.].

Hydroxycarbonsäuren $C_{10}H_{11}NO_3$

3-Hydroxymethyl-4-[2]pyridyl-crotonsäure $C_{10}H_{11}NO_3$, Formel XIII.

Die von *Winterfeld, Schneider* (A. **581** [1953] 66, 74) unter dieser Konstitution beschriebene Verbindung (Hydrochlorid; F: 156°) ist als (±)-4-Oxo-3-[2]pyridyl-valeriansäure zu formulieren (*Leonard et al.,* J. org. Chem. **22** [1957] 1445, 1447).

3ξ-[3-(2-Hydroxy-äthyl)-[4]pyridyl]-acrylsäure $C_{10}H_{11}NO_3$, Formel XIV (R = R' = H).

B. Beim Erwärmen von (±)-1,1,1-Trichlor-3-[3-(2-hydroxy-äthyl)-[4]pyridyl]-propan-2-ol mit äthanol. KOH (*Rubzow*, Ž. obšč. Chim. **25** [1955] 1021, 1030; engl. Ausg. S. 987, 994).

Kristalle (aus H_2O); F: 202–202,5°.

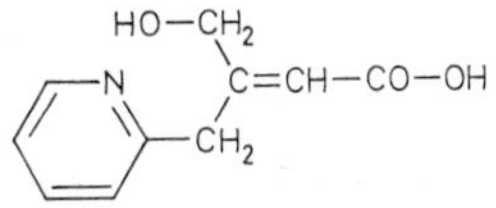

XIII 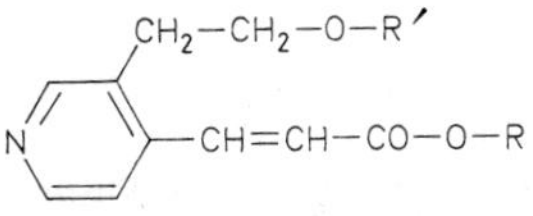 XIV

3ξ-[3-(2-Hydroxy-äthyl)-[4]pyridyl]-acrylsäure-äthylester $C_{12}H_{15}NO_3$, Formel XIV (R = C_2H_5, R' = H).

B. Beim Erwärmen der vorangehenden Säure mit Äthanol und HCl (*Rubzow*, Ž. obšč. Chim. **25** [1955] 1021, 1031; engl. Ausg. S. 987, 994).

Kristalle (aus Acn.); F: 100–101°.

Hydrochlorid $C_{12}H_{15}NO_3 \cdot HCl$. Kristalle; F: 174–175°.

3ξ-[3-(2-Acetoxy-äthyl)-[4]pyridyl]-acrylsäure-äthylester $C_{14}H_{17}NO_4$, Formel XIV (R = C_2H_5, R' = CO-CH_3).

B. Beim Erwärmen der vorangehenden Verbindung mit Acetanhydrid (*Rubzow*, Ž. obšč. Chim. **25** [1955] 1021, 1031; engl. Ausg. S. 987, 995).

Kristalle; F: 39–41°. $Kp_{0,3}$: 145–147°.

Hydrochlorid $C_{14}H_{17}NO_4 \cdot HCl$. Kristalle (aus Acn.); F: 140,5–141,5°.

4-[2-Hydroxy-äthyl]-5-vinyl-nicotinsäure, Gentianinsäure $C_{10}H_{11}NO_3$, Formel I.

Natrium-Salz. *B.* Beim Erwärmen von Gentianin (4-[2-Hydroxy-äthyl]-5-vinyl-nicotinsäure-lacton) mit äthanol. NaOH (*Proškurnina*, Ž. obšč. Chim. **14** [1944] 1148, 1151; C. A. **1946** 7213; *Govindachari et al.*, Soc. **1957** 551, 553; *Fu, Sun*, Acta pharm. sinica **6** [1958] 198, 201; C. A. **1959** 8310). – Zers. >240° (*Fu, Sun*), >200° (*Go. et al.*). F: 132–134° (*Pr.*).

(±)-1-Benzoyl-6-methoxy-1,2,3,4-tetrahydro-chinolin-2-carbonitril $C_{18}H_{16}N_2O_2$, Formel II.

B. Bei der Hydrierung von (±)-1-Benzoyl-6-methoxy-1,2-dihydro-chinolin-2-carbonitril an Platin in Äthanol (*McEwen et al.*, Am. Soc. **74** [1952] 3605, 3607).

Kristalle; F: 141–142° [korr.].

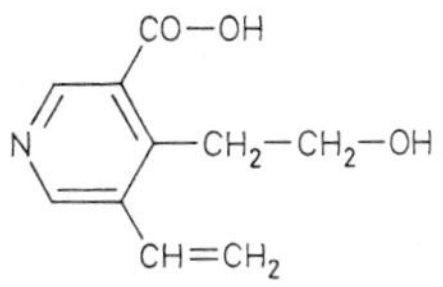

I 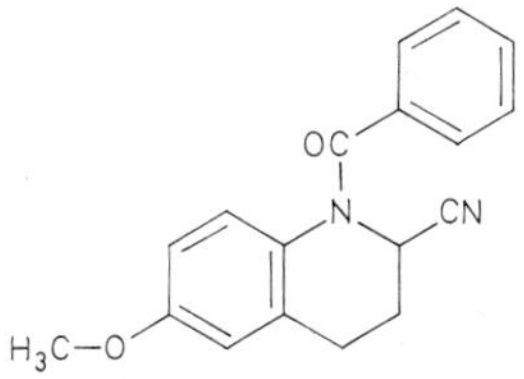 II 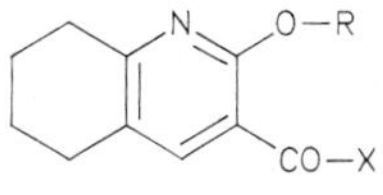 III

2-Hydroxy-5,6,7,8-tetrahydro-chinolin-3-carbonsäure $C_{10}H_{11}NO_3$, Formel III (R = H, X = OH), und Tautomeres (2-Oxo-1,2,5,6,7,8-hexahydro-chinolin-3-carbonsäure) (E I 550).

B. Aus 2-Hydroxy-5,6,7,8-tetrahydro-chinolin-3-carbonsäure-amid beim Erhitzen mit konz. wss. HCl oder beim Behandeln mit $NaNO_2$ und wss. H_2SO_4 (*Dornow, Neuse*, Ar. **288** [1955] 174, 180). Beim Erwärmen einer aus 2-Amino-5,6,7,8-tetrahydro-chinolin-3-carbonsäure bereiteten wss. Diazoniumsulfat-Lösung (*Dornow, Neuse*, B. **84** [1951] 296, 303). Beim Erhitzen von 2-Amino-5,6,7,8-tetrahydro-chinolin-3-carbonsäure-methylester mit konz. wss. HCl (*Do., Ne.*, Ar. **288** 184).

Kristalle (aus Me.); F: 268–269° [Zers.] (*Do., Ne.*, B. **84** 303).

2-Hydroxy-5,6,7,8-tetrahydro-chinolin-3-carbonsäure-amid $C_{10}H_{12}N_2O_2$, Formel III ($R = H$, $X = NH_2$), und Tautomeres (2-Oxo-1,2,5,6,7,8-hexahydro-chinolin-3-carbonsäure-amid).

B. Beim Erhitzen von 2-Oxo-cyclohexancarbaldehyd mit Cyanessigsäure-äthylester und NH_3 in Äthanol auf 250° (*Dornow, Neuse*, Ar. **288** [1955] 174, 180). Beim Behandeln von 2-Amino-5,6,7,8-tetrahydro-chinolin-3-carbonsäure-amid in wss. H_2SO_4 mit wss. $NaNO_2$ (*Do., Ne.*).

Kristalle (aus wss. A.); F: 315° [Zers.].

2-Acetoxy-5,6,7,8-tetrahydro-chinolin-3-carbonsäure-amid $C_{12}H_{14}N_2O_3$, Formel III ($R = CO\text{-}CH_3$, $X = NH_2$).

B. Beim Erhitzen von 2-Hydroxy-5,6,7,8-tetrahydro-chinolin-3-carbonsäure-amid mit Acetanhydrid (*Dornow, Neuse*, Ar. **288** [1955] 174, 180).

Kristalle (aus wss. Me.); F: 270—271° [Zers.].

2-Hydroxy-5,6,7,8-tetrahydro-chinolin-3-carbonitril $C_{10}H_{10}N_2O$, Formel IV, und Tautomeres (2-Oxo-1,2,5,6,7,8-hexahydro-chinolin-3-carbonitril) (E I 550).

B. Beim Erwärmen von 2-Oxo-cyclohexancarbaldehyd mit Cyanessigsäure-äthylester und NH_3 in wss. Methanol (*Dornow, Neuse*, Ar. **288** [1955] 174, 180). Beim Behandeln von 2-Amino-5,6,7,8-tetrahydro-chinolin-3-carbonitril mit $NaNO_2$ in wss. H_2SO_4 (*Do., Ne.*, l. c. S. 183).

F: 248—249° (*Do., Ne.*, l. c. S. 180).

2-Hydroxy-5,6,7,8-tetrahydro-chinolin-4-carbonsäure $C_{10}H_{11}NO_3$, Formel V, und Tautomeres (2-Oxo-1,2,5,6,7,8-hexahydro-chinolin-4-carbonsäure).

B. Aus 3-Cyan-2-hydroxy-5,6,7,8-tetrahydro-chinolin-4-carbonsäure-äthylester beim Erhitzen mit wss. HCl (*Basu*, J. Indian chem. Soc. **7** [1930] 481, 494) oder mit wss. H_2SO_4 (*Isler et al.*, Helv. **38** [1955] 1033, 1041).

Kristalle; F: 308° [nach Sintern; aus wss. Eg.] (*Basu*), 293—296° [unkorr.; aus A.] (*Is. et al.*).

(±)-6-Methoxy-1,2,3,4-tetrahydro-isochinolin-3-carbonsäure $C_{11}H_{13}NO_3$, Formel VI ($R = R' = H$).

B. Beim Behandeln von 3-Methoxy-DL-phenylalanin mit wss. Formaldehyd und wss. $Ba(OH)_2$ (*Chakravarti, Rao*, Soc. **1938** 172, 175). Beim Erwärmen von (±)-6-Methoxy-1,2,3,4-tetrahydro-isochinolin-3-carbonsäure-äthylester mit wss.-äthanol. NaOH (*Swan*, Soc. **1950** 1534, 1537).

Kristalle (aus H_2O); F: 302° [unkorr.; Zers.] (*Swan*), 263—264° [Zers.] (*Ch., Rao*).

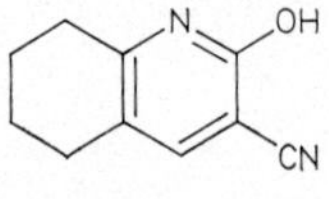

IV 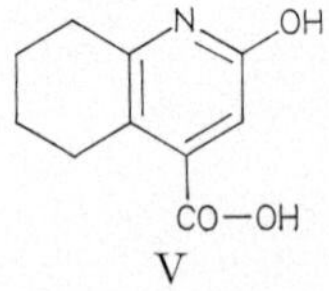 V 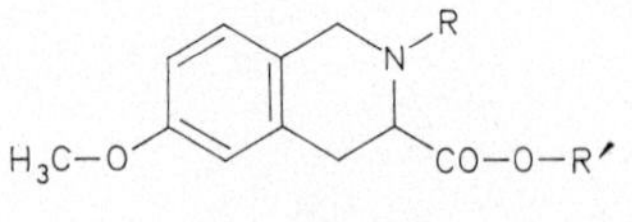 VI

(±)-6-Methoxy-1,2,3,4-tetrahydro-isochinolin-3-carbonsäure-methylester $C_{12}H_{15}NO_3$, Formel VI ($R = H$, $R' = CH_3$).

B. Beim Erwärmen von 3-Methoxy-DL-phenylalanin mit wss. Formaldehyd und wss. NaOH auf 37° und Erwärmen des Reaktionsprodukts mit Methanol und HCl (*Swan*, Soc. **1950** 1534, 1537).

Picrat $C_{12}H_{15}NO_3 \cdot C_6H_3N_3O_7$. Blassgelbe Kristalle (aus Me.); F: 185° [unkorr.].

(±)-6-Methoxy-1,2,3,4-tetrahydro-isochinolin-3-carbonsäure-äthylester $C_{13}H_{17}NO_3$, Formel VI ($R = H$, $R' = C_2H_5$).

B. Beim Erwärmen von 3-Methoxy-DL-phenylalanin mit wss. Formaldehyd und wss. NaOH auf 37° und Erwärmen des Reaktionsprodukts mit Äthanol und HCl (*Swan*, Soc. **1950** 1534, 1536).

Kp_2: 160° [über das Picrat gereinigt].
Picrat $C_{13}H_{17}NO_3 \cdot C_6H_3N_3O_7$. Blassgelbe Kristalle (aus A.); F: 187–188° [unkorr.].

(±)-6-Methoxy-2-[3-methoxy-benzyl]-1,2,3,4-tetrahydro-isochinolin-3-carbonsäure $C_{19}H_{21}NO_4$, Formel VI (R = CH_2-C_6H_4-O-CH_3(*m*), R' = H).
B. Beim Behandeln von 3-Methoxy-*N*-[3-methoxy-benzyl]-DL-phenylalanin mit wss. Formaldehyd und wss. $Ba(OH)_2$ (*Chakravarti, Rao*, Soc. **1938** 172, 175). Beim Erwärmen von (±)-6-Methoxy-1,2,3,4-tetrahydro-isochinolin-3-carbonsäure (F: 263–264°; S. 2200) mit 3-Methoxy-benzylchlorid und Natriumacetat in Äthanol (*Ch., Rao*).
F: 223–225°.
Barium-Salz $Ba(C_{19}H_{20}NO_4)_2$. Kristalle.

(±)-2-[3-Äthoxycarbonyl-propyl]-6-methoxy-1,2,3,4-tetrahydro-isochinolin-3-carbonsäure-äthylester, (±)-4-[3-Äthoxycarbonyl-6-methoxy-3,4-dihydro-1*H*-[2]isochinolyl]-buttersäure-äthylester $C_{19}H_{27}NO_5$, Formel VI (R = $[CH_2]_3$-CO-O-C_2H_5, R' = C_2H_5).
B. Beim Erwärmen von (±)-2-[3-Cyan-propyl]-6-methoxy-1,2,3,4-tetrahydro-isochinolin-3-carbonsäure-äthylester mit Äthanol und HCl (*Swan*, Soc. **1950** 1534, 1537).
Kp_2: 200°.

(±)-2-[3-Cyan-propyl]-6-methoxy-1,2,3,4-tetrahydro-isochinolin-3-carbonsäure-äthylester $C_{17}H_{22}N_2O_3$, Formel VI (R = $[CH_2]_3$-CN, R' = C_2H_5).
B. Beim Erwärmen von (±)-6-Methoxy-1,2,3,4-tetrahydro-isochinolin-3-carbonsäure-äthylester mit 4-Brom-butyronitril und K_2CO_3 (*Swan*, Soc. **1950** 1534, 1537).
Kp_2: 210°.

(±)-7-Hydroxy-1,2,3,4-tetrahydro-isochinolin-3-carbonsäure $C_{10}H_{11}NO_3$, Formel VII (E I 550; E II 168).
Fluorescenzspektrum (500–710 nm): *Bertrand*, Bl. [5] **12** [1945] 1026, 1029.

3-Hydroxy-5,6,7,8-tetrahydro-isochinolin-4-carbonsäure $C_{10}H_{11}NO_3$, Formel VIII (R = H), und Tautomeres (3-Oxo-2,3,5,6,7,8-hexahydro-isochinolin-4-carbonsäure).
B. Beim Erhitzen von 3-Hydroxy-5,6,7,8-tetrahydro-isochinolin-4-carbonsäure-äthylester mit wss. NaOH (*Swan*, Soc. **1958** 2038, 2043). Beim Erhitzen von 3-Hydroxy-5,6,7,8-tetrahydro-isochinolin-4-carbonitril mit wss. H_2SO_4 (*Basu, Banerjee*, A. **516** [1935] 243, 245).
Kristalle (aus A.); F: 224° [Zers.] (*Basu, Ba.*); Zers. bei 221° (*Swan*).

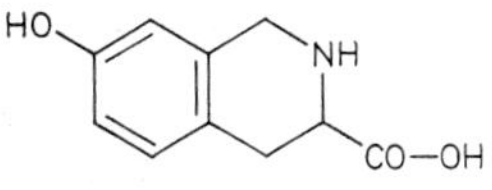

HO NH CO—OH N OH CO—O—R N OH CN O—R N CN

VII 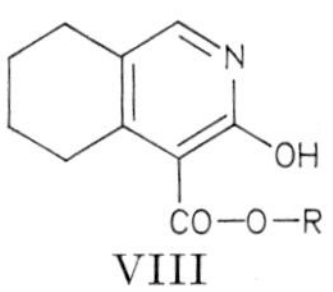 VIII 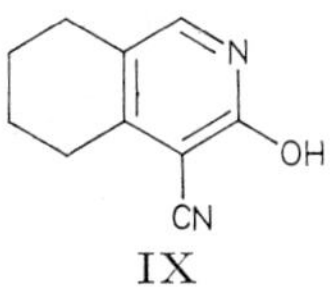 IX 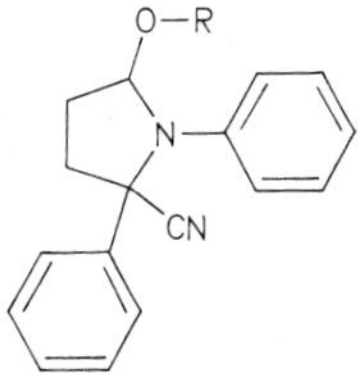 X

3-Hydroxy-5,6,7,8-tetrahydro-isochinolin-4-carbonsäure-äthylester $C_{12}H_{15}NO_3$, Formel VIII (R = C_2H_5), und Tautomeres (3-Oxo-2,3,5,6,7,8-hexahydro-isochinolin-4-carbonsäure-äthylester).
B. Beim Behandeln von Malonsäure-diäthylester mit Natriumäthylat in Äthanol und anschliessend mit 2-Aminomethylen-cyclohexanon (*Hoffmann-La Roche*, D.B.P. 833649 [1949]; D.R.B.P. Org. Chem. 1950–1951 **3** 1498).
Kristalle; F: 168° [nach Sublimation bei 155°/1 Torr] (*Swan*, Soc. **1958** 2038, 2043), 164–166° [aus H_2O oder wss. A.] (*Hoffmann-La Roche*).

3-Hydroxy-5,6,7,8-tetrahydro-isochinolin-4-carbonitril $C_{10}H_{10}N_2O$, Formel IX, und Tautomeres (3-Oxo-2,3,5,6,7,8-hexahydro-isochinolin-4-carbonitril).
B. Beim Erhitzen der Natrium-Verbindung des 2-Aminomethylen-cyclohexanons in

Benzol mit Cyanessigsäure-äthylester (*Basu*, *Banerjee*, A. **516** [1935] 243, 245).
Kristalle (aus H_2O); F: 223°.

Hydroxycarbonsäuren $C_{11}H_{13}NO_3$

***Opt.-inakt. 5-Methoxy-1,2-diphenyl-pyrrolidin-2-carbonitril** $C_{18}H_{18}N_2O$, Formel X ($R = CH_3$).
B. Beim Behandeln von Acrylaldehyd mit (±)-Anilino-phenyl-acetonitril und methanol. KOH (*Treibs*, *Derra*, A. **589** [1954] 176, 184).
Kristalle (aus Ae.); F: 157°.

***Opt.-inakt. 5-Äthoxy-1,2-diphenyl-pyrrolidin-2-carbonitril** $C_{19}H_{20}N_2O$, Formel X ($R = C_2H_5$).
B. Beim Behandeln von Acrylaldehyd mit (±)-Anilino-phenyl-acetonitril und äthanol. KOH (*Treibs*, *Derra*, A. **589** [1954] 176, 184).
Kristalle (aus Ae.); F: 170–171°.

2-Hydroxy-6,7,8,9-tetrahydro-5*H*-cyclohepta[*b*]pyridin-3-carbonsäure $C_{11}H_{13}NO_3$, Formel XI, und Tautomeres (2-Oxo-2,5,6,7,8,9-hexahydro-1*H*-cyclohepta[*b*]pyridin-3-carbonsäure).
B. Beim Erhitzen von 2-Hydroxy-6,7,8,9-tetrahydro-5*H*-cyclohepta[*b*]pyridin-3-carbonitril mit konz. wss. HCl (*Godar*, *Mariella*, Am. Soc. **79** [1957] 1402).
Kristalle (aus A.); F: 245–248°.

2-Hydroxy-6,7,8,9-tetrahydro-5*H*-cyclohepta[*b*]pyridin-3-carbonitril $C_{11}H_{12}N_2O$, Formel XII, und Tautomeres (2-Oxo-2,5,6,7,8,9-hexahydro-1*H*-cyclohepta[*b*]pyridin-3-carbonitril).
B. Beim Behandeln von Cycloheptanon mit Äthylformiat und Natrium in Äther und Erhitzen des Reaktionsprodukts mit Cyanessigsäure-amid und Piperidin in wss. Essigsäure (*Godar*, *Mariella*, Am. Soc. **79** [1957] 1402).
Kristalle (aus Eg.); F: 247–250°.

N OH CO–OH XI

N OH CN XII

N OH CO–OH CH_3 XIII

2-Hydroxy-4-methyl-5,6,7,8-tetrahydro-chinolin-3-carbonsäure $C_{11}H_{13}NO_3$, Formel XIII, und Tautomeres (4-Methyl-2-oxo-1,2,5,6,7,8-hexahydro-chinolin-3-carbonsäure).
B. Beim Erwärmen einer aus 2-Amino-4-methyl-5,6,7,8-tetrahydro-chinolin-3-carbonsäure-amid bereiteten wss. Diazoniumsulfat-Lösung (*Dornow*, *Neuse*, Ar. **287** [1954] 361, 368).
Kristalle (aus A.); F: 240° [nach Sintern ab 230°].

(±)-[6-Methoxy-1,2,3,4-tetrahydro-[1]isochinolyl]-essigsäure-äthylester $C_{14}H_{19}NO_3$, Formel I ($R = H$).
B. Beim Erhitzen von *N*-[3-Methoxy-phenäthyl]-malonamidsäure-äthylester mit P_2O_5 in Toluol und Hydrieren des Reaktionsprodukts an Platin in Essigsäure (*Brossi et al.*, Helv. **41** [1958] 119, 129).
$Kp_{0,02}$: 132°.
Oxalat. F: 150° [unkorr.].

(±)-[2-(2-Äthoxycarbonyl-äthyl)-6-methoxy-1,2,3,4-tetrahydro-[1]isochinolyl]-essigsäure-äthylester $C_{19}H_{27}NO_5$, Formel I ($R = CH_2$-CH_2-CO-O-C_2H_5).
B. Beim Erhitzen von (±)-[6-Methoxy-1,2,3,4-tetrahydro-[1]isochinolyl]-essigsäure-

äthylester mit Acrylsäure-äthylester (*Brossi et al.*, Helv. **41** [1958] 119, 136).
$Kp_{0,03}$: 175°.

(±)-3-Hydroxy-5-methyl-5,6,7,8-tetrahydro-isochinolin-4-carbonsäure $C_{11}H_{13}NO_3$, Formel II (R = CH_3, R' = R'' = H), und Tautomeres ((±)-5-Methyl-3-oxo-2,3,5,6,7,8-hexahydro-isochinolin-4-carbonsäure).

B. Beim Erhitzen von (±)-3-Hydroxy-5-methyl-5,6,7,8-tetrahydro-isochinolin-4-carbo= nitril mit wss. H_2SO_4 (*Basu, Banerjee*, A. **516** [1935] 243, 248).

Kristalle (aus A.); F: 284° [Zers.].

(±)-3-Hydroxy-5-methyl-5,6,7,8-tetrahydro-isochinolin-4-carbonitril $C_{11}H_{12}N_2O$, Formel III (R = CH_3, R' = R'' = H), und Tautomeres ((±)-5-Methyl-3-oxo-2,3,5,6,7,8-hexahydro-isochinolin-4-carbonitril).

B. Beim Behandeln von (±)-2-Aminomethylen-6-methyl-cyclohexanon (aus (±)-2-Hydroxymethylen-6-methyl-cyclohexanon [E III **7** 3231] und NH_3 in $CHCl_3$ erhalten) in Benzol mit Natrium und mit Cyanessigsäure-äthylester (*Basu, Banerjee*, A. **516** [1935] 243, 248; s. a. *Ban, Seo*, Chem. pharm. Bl. **12** [1964] 1296, 1298).

Kristalle; F: 212° (*Basu, Ba.*), 188° [unkorr.; aus A.] (*Ban, Seo*).

(±)-3-Hydroxy-6-methyl-5,6,7,8-tetrahydro-isochinolin-4-carbonsäure $C_{11}H_{13}NO_3$, Formel II (R = R'' = H, R' = CH_3), und Tautomeres ((±)-6-Methyl-3-oxo-2,3,5,6,7,8-hexahydro-isochinolin-4-carbonsäure).

B. Beim Erhitzen von (±)-3-Hydroxy-6-methyl-5,6,7,8-tetrahydro-isochinolin-4-carbo= nitril mit wss. H_2SO_4 (*Basu, Banerjee*, A. **516** [1935] 243, 247).

Kristalle (aus A.); F: 235° [Zers.].

(±)-3-Hydroxy-6-methyl-5,6,7,8-tetrahydro-isochinolin-4-carbonitril $C_{11}H_{12}N_2O$, Formel III (R = R'' = H, R' = CH_3), und Tautomeres ((±)-6-Methyl-3-oxo-2,3,5,6,7,8-hexahydro-isochinolin-4-carbonitril).

B. Beim Behandeln von (±)-2-Aminomethylen-5-methyl-cyclohexanon (E III **7** 3233) in Benzol mit Natrium und mit Cyanessigsäure-äthylester (*Basu, Banerjee*, A. **516** [1935] 243, 247).

Kristalle (aus wss. Eg.); F: 228°.

(±)-3-Hydroxy-7-methyl-5,6,7,8-tetrahydro-isochinolin-4-carbonsäure $C_{11}H_{13}NO_3$, Formel II (R = R' = H, R'' = CH_3), und Tautomeres ((±)-7-Methyl-3-oxo-2,3,5,6,7,8-hexahydro-isochinolin-4-carbonsäure).

B. Beim Erhitzen von (±)-3-Hydroxy-7-methyl-5,6,7,8-tetrahydro-isochinolin-4-carbo= nitril mit wss. H_2SO_4 (*Basu, Banerjee*, A. **516** [1935] 243, 247).

Kristalle (aus A.); F: 216° [Zers.].

(±)-3-Hydroxy-7-methyl-5,6,7,8-tetrahydro-isochinolin-4-carbonitril $C_{11}H_{12}N_2O$, Formel III (R = R' = H, R'' = CH_3), und Tautomeres ((±)-7-Methyl-3-oxo-2,3,5,6,7,8-hexahydro-isochinolin-4-carbonitril).

B. Beim Behandeln von (±)-2-Aminomethylen-4-methyl-cyclohexanon (E III **7** 3232) in Benzol mit Natrium und mit Cyanessigsäure-äthylester (*Basu, Banerjee*, A. **516** [1935] 243, 247).

Kristalle (aus wss. A.); F: 233°.

Hydroxycarbonsäuren $C_{12}H_{15}NO_3$

4-[2-Hydroxy-phenyl]-1-methyl-piperidin-4-carbonsäure $C_{13}H_{17}NO_3$, Formel IV.

B. Beim Behandeln von 4-[2-Hydroxy-phenyl]-1-methyl-piperidin-4-carbonsäure-lacton-hydrobromid mit wss. NaOH (*Kägi, Miescher*, Helv. **32** [1949] 2489, 2506).

Kristalle; F: 222–224° [unkorr.].

4-[2-Methoxy-phenyl]-1-methyl-piperidin-4-carbonitril $C_{14}H_{18}N_2O$, Formel V (R = CH_3).

B. Beim Erhitzen von [2-Methoxy-phenyl]-acetonitril mit Bis-[2-chlor-äthyl]-methyl-amin und $NaNH_2$ in Toluol (*Bergel et al.*, Soc. **1944** 261, 264). Bei der Hydrierung von 1-Benzyl-4-cyan-4-[2-methoxy-phenyl]-1-methyl-piperidinium-bromid an Palladium in wss. Äthanol (*Kägi, Miescher*, Helv. **32** [1949] 2489, 2499; *CIBA*, U.S.P. 2486792 [1944]).

Kristalle; F: 99–100° (*Kägi, Mi.*, l. c. S. 2505), 97–99° [aus PAe.] (*Be. et al.*).

Hydrobromid. Kristalle; F: 262–264° (*CIBA*).

Picrat. Kristalle (aus A.); F: 250° (*Be. et al.*).

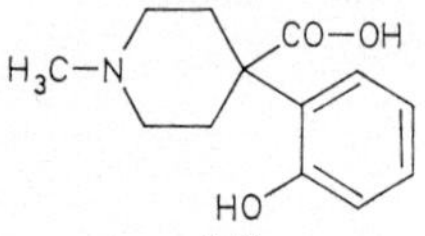

IV 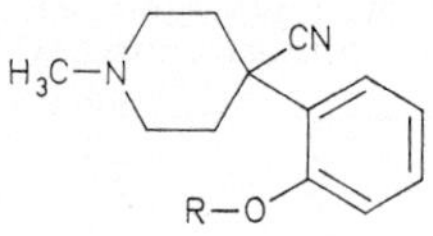 V 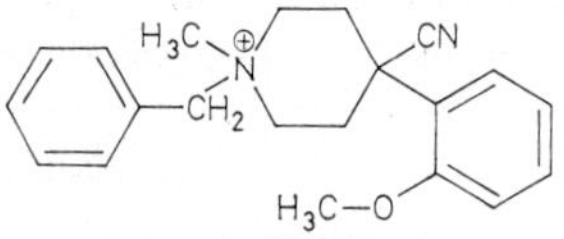 VI

4-[2-Benzyloxy-phenyl]-1-methyl-piperidin-4-carbonitril $C_{20}H_{22}N_2O$, Formel V (R = CH_2-C_6H_5).

B. Beim Erhitzen von [2-Benzyloxy-phenyl]-acetonitril mit Bis-[2-chlor-äthyl]-methyl-amin und $NaNH_2$ in Toluol (*Bergel et al.*, Soc. **1944** 261, 264).

Hydrochlorid $C_{20}H_{22}N_2O \cdot HCl$. Kristalle (aus A. + E.); F: 220–221°.

***1-Benzyl-4-cyan-4-[2-methoxy-phenyl]-1-methyl-piperidinium** $[C_{21}H_{25}N_2O]^+$, Formel VI.

Bromid $[C_{21}H_{25}N_2O]Br$. *B.* Beim Behandeln von 4-[Benzyl-methyl-amino]-2-[2-methoxy-phenyl]-butyronitril in Toluol mit $NaNH_2$ und mit 1,2-Dibrom-äthan (*Kägi, Miescher*, Helv. **32** [1949] 2489, 2497; *CIBA*, U.S.P. 2486792 [1944]). — Kristalle F: 203° bis 204° (*CIBA*), 190–191° [unkorr.; aus H_2O] (*Kägi, Mi.*, l. c. S. 2499).

4-[3-Hydroxy-phenyl]-1-methyl-piperidin-4-carbonsäure $C_{13}H_{17}NO_3$, Formel VII (R = H, X = OH).

B. Beim Erhitzen von 4-[3-Methoxy-phenyl]-1-methyl-piperidin-4-carbonitril mit konz. wss. HBr auf 130° (*I.G. Farbenind.*, D.R.P. 752755 [1942]; D.R.P. Org. Chem. **3** 117; *Morrison, Rinderknecht*, Soc. **1950** 1467) oder mit HBr enthaltender Essigsäure (*CIBA*, U.S.P. 2486792 [1944]).

Wasserhaltige Kristalle (aus H_2O); F: 329–331° [Zers.] (*Mo., Ri.*). F: > 295° (*I.G. Farbenind.*). Bräunliche Kristalle; F: 280–285° (*CIBA*).

4-[3-Methoxy-phenyl]-1-methyl-piperidin-4-carbonsäure $C_{14}H_{19}NO_3$, Formel VII (R = CH_3, X = OH).

B. Beim Erhitzen von 4-[3-Methoxy-phenyl]-1-methyl-piperidin-4-carbonitril mit methanol. NaOH auf 190–200° (*CIBA*, U.S.P. 2486792 [1944], 2486794 [1945]; s. a. *I.G. Farbenind.*, D.R.P. 752755 [1942]; D.R.P. Org. Chem. **3** 117).

Kristalle; F: 322–323° [Zers.] (*CIBA*, U.S.P. 2486794), 280° [Zers.; aus H_2O] (*I.G. Farbenind.*), 272–274° [Zers.] (*CIBA*, U.S.P. 2486792).

4-[3-Methoxy-phenyl]-1-methyl-piperidin-4-carbonsäure-methylester $C_{15}H_{21}NO_3$, Formel VII (R = CH_3, X = O-CH_3).

B. Beim Erhitzen von 4-Cyan-4-[3-methoxy-phenyl]-1,1-dimethyl-piperidinium-chlorid mit wss. NaOH und Erhitzen des Reaktionsprodukts unter vermindertem Druck (*Kägi*,

Miescher, Helv. **32** [1949] 2489, 2500).

Hydrochlorid $C_{15}H_{21}NO_3 \cdot HCl$. F: 172—174° [unkorr.; aus A.].

4-[3-Hydroxy-phenyl]-1-methyl-piperidin-4-carbonsäure-äthylester, Hydroxypethidin, Bemidon $C_{15}H_{21}NO_3$, Formel VII (R = H, X = O-C_2H_5).

B. Beim Erwärmen von 4-[3-Hydroxy-phenyl]-1-methyl-piperidin-4-carbonsäure mit Äthanol und HCl (*Morrison, Rinderknecht*, Soc. **1950** 1467) oder mit Äthanol und konz. H_2SO_4 (*I.G. Farbenind.*, D.R.P. 752755 [1942]; D.R.P. Org. Chem. **3** 117). Aus 4-[3-Methoxy-phenyl]-1-methyl-piperidin-4-carbonsäure-äthylester durch Behandeln mit HBr (*I.G. Farbenind.*).

Kristalle; F: 111—112° [aus A.] (*Farmilo et al.*, Bl. Narcotics **6** [1954] Nr. 1, S. 7, 16), 110° (*Mo., Ri.*). IR-Spektrum (Nujol; 2—16 μ) der Base sowie des Hydrochlorids: *Levi et al.*, Bl. Narcotics **7** [1955] Nr. 1, S. 42, 50. UV-Spektrum der Base (A.; 210 nm bis 290 nm) sowie des Hydrochlorids (H_2O; 210—290 nm): *Oestreicher et al.*, Bl. Narcotics **6** [1954] Nr. 3/4, S. 42, 50. Über das Protonierungsgleichgewicht s. *Fa. et al.*

Hydrochlorid $C_{15}H_{21}NO_3 \cdot HCl$. Kristalle; F: 174—177° (*Fa. et al.*), 173—174° (*I.G. Farbenind.*), 166—167° (*CIBA*, U.S.P. 2486792 [1944]).

Hydrobromid. Kristalle; F: 199—200° (*I.G. Farbenind.*).

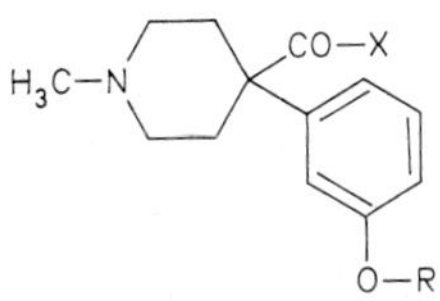

VII 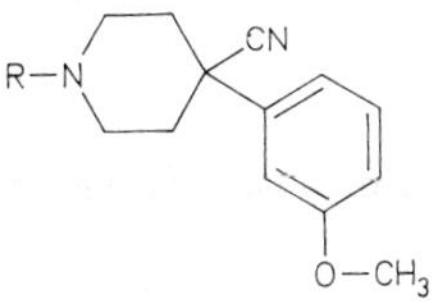 VIII 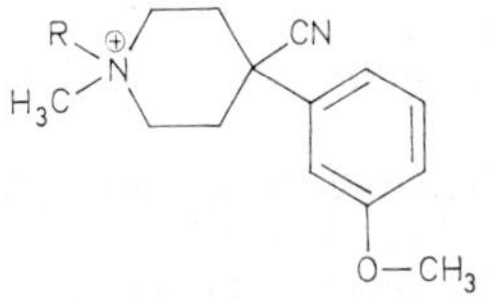 IX

4-[3-Methoxy-phenyl]-1-methyl-piperidin-4-carbonsäure-äthylester $C_{16}H_{23}NO_3$, Formel VII (R = CH_3, X = O-C_2H_5).

B. Aus 4-[3-Methoxy-phenyl]-1-methyl-piperidin-4-carbonsäure und Äthanol (*CIBA*, U.S.P. 2486792 [1944]). Bei der Hydrierung von 1-Benzyl-4-[3-methoxy-phenyl]-piperidin-4-carbonsäure-äthylester-hydrochlorid an Palladium in Äthanol, zuletzt unter Zusatz von wss. Formaldehyd (*I.G. Farbenind.*, D.R.P. 752755 [1942]; D.R.P. Org. Chem. **3** 117).

Kp_{12}: 195—197° (*CIBA*).

Hydrochlorid. Kristalle; F: 176—177° [aus Acn.] (*I.G. Farbenind.*), 175—176° (*CIBA*).

4-[3-Acetoxy-phenyl]-1-methyl-piperidin-4-carbonsäure-äthylester $C_{17}H_{23}NO_4$, Formel VII (R = CO-CH_3, X = O-C_2H_5).

B. Beim Erwärmen von 4-[3-Hydroxy-phenyl]-1-methyl-piperidin-4-carbonsäure-äthylester mit Acetanhydrid und Pyridin (*Morrison, Rinderknecht*, Soc. **1950** 1467).

Hydrochlorid $C_{17}H_{23}NO_4 \cdot HCl$. F: 149—150°.

4-[3-Methoxy-phenyl]-1-methyl-piperidin-4-carbonsäure-amid $C_{14}H_{20}N_2O_2$, Formel VII (R = CH_3, X = NH_2).

B. Beim Erhitzen von 4-[3-Methoxy-phenyl]-1-methyl-piperidin-4-carbonitril mit methanol. NaOH auf 160—170° (*CIBA*, U.S.P. 2486792 [1944]).

Kristalle; F: 133—135° [Zers.].

4-[3-Methoxy-phenyl]-1-methyl-piperidin-4-carbonitril $C_{14}H_{18}N_2O$, Formel VIII (R = CH_3).

B. Beim Erwärmen von [3-Methoxy-phenyl]-acetonitril mit Bis-[2-chlor-äthyl]-methyl-amin und $NaNH_2$ in Toluol (*I.G. Farbenind.*, D.R.P. 752755 [1942]; D.R.P. Org. Chem. **3** 117). Beim Erhitzen von 4-Cyan-4-[3-methoxy-phenyl]-1,1-dimethyl-piperidinium-chlorid unter vermindertem Druck auf 220—250° (*Kägi, Miescher*, Helv. **32** [1949] 2489, 2499; *CIBA*, U.S.P. 2486794 [1945]).

Kristalle; F: 44° (*I.G. Farbenind.*), 43—44° (*Kägi, Mi.*), 40° (*CIBA*). Kp_{12}: 196° bis 197° (*CIBA*); Kp_9: 190° (*I.G. Farbenind.*); Kp_2: 155° (*I.G. Farbenind.*); $Kp_{0,3}$: 134°

bis 136° (*Morrison, Rinderknecht*, Soc. **1950** 1467).
Picrat $C_{14}H_{18}N_2O \cdot C_6H_3N_3O_7$. F: 231—232° (*Mo., Ri.*).

4-Cyan-4-[3-methoxy-phenyl]-1,1-dimethyl-piperidinium $[C_{15}H_{21}N_2O]^+$, Formel IX (R = CH_3).

Chlorid $[C_{15}H_{21}N_2O]Cl$. *B.* Beim Behandeln von 4-Dimethylamino-2-[3-methoxy-phenyl]-butyronitril in Toluol mit $NaNH_2$ und mit 1-Brom-2-chlor-äthan (*Kägi, Miescher*, Helv. **32** [1949] 2489, 2497). Beim Behandeln der mit Hilfe von $NaNH_2$ in Äther hergestellten Natrium-Verbindung des 4-Dimethylamino-2-[3-methoxy-phenyl]-butyronitrils mit Toluol-4-sulfonsäure-[2-chlor-äthylester] in Äther bei 0° (*CIBA*, U.S.P. 2486794 [1945]). — Kristalle [aus A.] (*CIBA*). Pulver, das sich beim Erhitzen ohne zu schmelzen verflüchtigt (*Kägi, Mi.*).

Perchlorat $[C_{15}H_{21}N_2O]ClO_4$. F: 198—200° [unkorr.] (*Kägi, Mi.*).

Jodid $[C_{15}H_{21}N_2O]I$. F: 242—247° [unkorr.; Zers.; aus H_2O] (*Kägi, Mi.*).

1-Benzyl-4-[3-hydroxy-phenyl]-piperidin-4-carbonsäure $C_{19}H_{21}NO_3$, Formel X (R = R' = H).

B. Beim Erhitzen von 1-Benzyl-4-[3-methoxy-phenyl]-piperidin-4-carbonitril-hydrochlorid mit konz. wss. HBr (*I.G. Farbenind.*, D.R.P. 752755 [1942]; D.R.P. Org. Chem. **3** 117).

Kristalle; Zers. bei 295°.

1-Benzyl-4-[3-methoxy-phenyl]-piperidin-4-carbonsäure $C_{20}H_{23}NO_3$, Formel X (R = H, R' = CH_3).

B. Beim Erhitzen von 1-Benzyl-4-[3-methoxy-phenyl]-piperidin-4-carbonitril-hydrochlorid mit wss. H_3PO_4 auf 140—150° (*I.G. Farbenind.*, D.R.P. 752755 [1942]; D.R.P. Org. Chem. **3** 117).

Kristalle; Zers. bei 266°.

1-Benzyl-4-[3-hydroxy-phenyl]-piperidin-4-carbonsäure-äthylester $C_{21}H_{25}NO_3$, Formel X (R = C_2H_5, R' = H).

B. Aus 1-Benzyl-4-[3-hydroxy-phenyl]-piperidin-4-carbonsäure und Äthanol (*I.G. Farbenind.*, D.R.P. 752755 [1942]; D.R.P. Org. Chem. **3** 117).

Kristalle (aus A.); F: 152—153°.

Hydrochlorid. Kristalle; Zers. bei 238—239°.

1-Benzyl-4-[3-methoxy-phenyl]-piperidin-4-carbonsäure-äthylester $C_{22}H_{27}NO_3$, Formel X (R = C_2H_5, R' = CH_3).

B. Beim Erwärmen von 1-Benzyl-4-[3-methoxy-phenyl]-piperidin-4-carbonsäure mit Äthanol und HCl (*I.G. Farbenind.*, D.R.P. 752755 [1942]; D.R.P. Org. Chem. **3** 117).

Hydrochlorid. Kristalle; F: ca. 200°.

1-Benzyl-4-[3-methoxy-phenyl]-piperidin-4-carbonitril $C_{20}H_{22}N_2O$, Formel VIII (R = CH_2-C_6H_5).

B. Beim Erhitzen von [3-Methoxy-phenyl]-acetonitril mit Benzyl-bis-[2-chlor-äthyl]-amin und $NaNH_2$ in Xylol (*I.G. Farbenind.*, D.R.P. 752755 [1942]; D.R.P. Org. Chem. **3** 117).

Hydrochlorid. Kristalle (aus Me.); F: 251°.

***1-Benzyl-4-cyan-4-[3-methoxy-phenyl]-1-methyl-piperidinium** $[C_{21}H_{25}N_2O]^+$, Formel IX (R = CH_2-C_6H_5).

Bromid $[C_{21}H_{25}N_2O]Br$. *B.* Beim Behandeln von 4-[Benzyl-methyl-amino]-2-[3-methoxy-phenyl]-butyronitril in Toluol mit $NaNH_2$ und mit 1,2-Dibrom-äthan (*Kägi, Miescher*, Helv. **32** [1949] 2489, 2499). — F: 222—223,5° [unkorr.; aus H_2O].

4-[4-Methoxy-phenyl]-1-methyl-piperidin-4-carbonitril $C_{14}H_{18}N_2O$, Formel XI.

B. Beim Erwärmen von [4-Methoxy-phenyl]-acetonitril mit Bis-[2-chlor-äthyl]-methyl-amin und $NaNH_2$ in Toluol (*I.G. Farbenind.*, D.R.P. 679281 [1937]; D.R.P.

Org. Chem. **3** 112; *Winthrop Chem. Co.*, U.S.P. 2167351 [1938]).
Öl vom Kp_5: 182–185°, das rasch erstarrt.

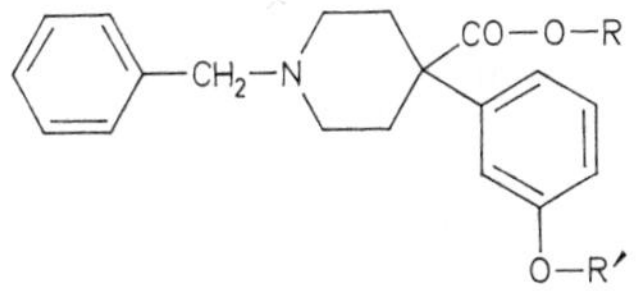

X 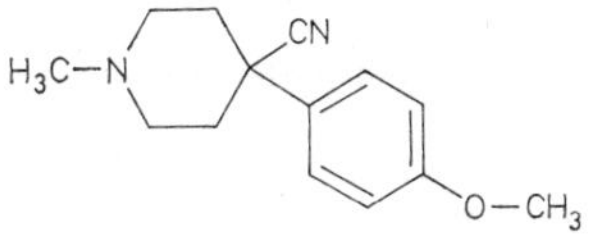 XI 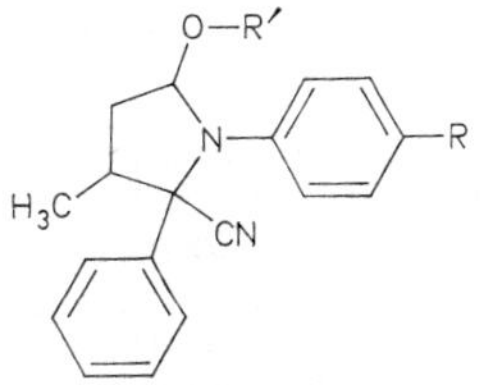 XII

***Opt.-inakt. 5-Methoxy-3-methyl-1,2-diphenyl-pyrrolidin-2-carbonitril** $C_{19}H_{20}N_2O$, Formel XII (R = H, R′ = CH_3).

B. Beim Erwärmen von opt.-inakt. [*N*-(1-Methoxy-but-2*t*-enyl)-anilino]-phenyl-acetonitril (F: 84°) mit methanol. KOH (*Treibs, Derra*, A. **589** [1954] 176, 184).

Kristalle (aus Me.); F: 129°.

***Opt.-inakt. 5-Äthoxy-3-methyl-1,2-diphenyl-pyrrolidin-2-carbonitril** $C_{20}H_{22}N_2O$, Formel XII (R = H, R′ = C_2H_5).

B. Beim Behandeln eines Gemisches von *trans*-Crotonaldehyd und (±)-Anilino-phenyl-acetonitril in Äthanol mit äthanol. KOH (*Treibs, Derra*, A. **589** [1954] 176, 184).

Kristalle (aus A.); F: 146°.

***Opt.-inakt. 5-Methoxy-3-methyl-2-phenyl-1-*p*-tolyl-pyrrolidin-2-carbonitril** $C_{20}H_{22}N_2O$, Formel XII (R = R′ = CH_3).

B. Beim Behandeln eines Gemisches von *trans*-Crotonaldehyd und (±)-Phenyl-*p*-toluidino-acetonitril in Methanol mit methanol. KOH (*Treibs, Derra*, A. **589** [1954] 176, 186).

Kristalle (aus Me.); F: 188°.

***Opt.-inakt. 5-Methoxy-3-methyl-1-[1]naphthyl-2-phenyl-pyrrolidin-2-carbonitril** $C_{23}H_{22}N_2O$, Formel I.

B. Beim Behandeln eines Gemisches von *trans*-Crotonaldehyd und (±)-[1]Naphthylamino-phenyl-acetonitril in Methanol mit methanol. KOH (*Treibs, Derra*, A. **589** [1954] 176, 186).

Kristalle (aus Me.); F: 129°.

***Opt.-inakt. 5-Hydroxy-5-methyl-1,2-diphenyl-pyrrolidin-2-carbonitril** $C_{18}H_{18}N_2O$, Formel II.

B. Beim Behandeln eines Gemisches von But-3-en-2-on und (±)-Anilino-phenyl-acetonitril in Methanol mit methanol. KOH (*Treibs, Derra*, A. **589** [1954] 176, 185).

Kristalle (aus wss. Me.); F: 131,5° [Zers.].

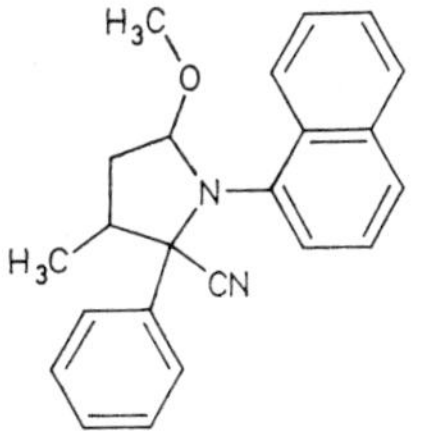

I 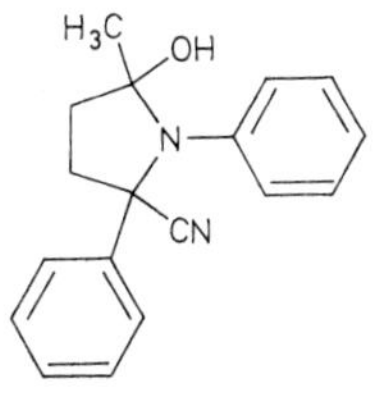 II 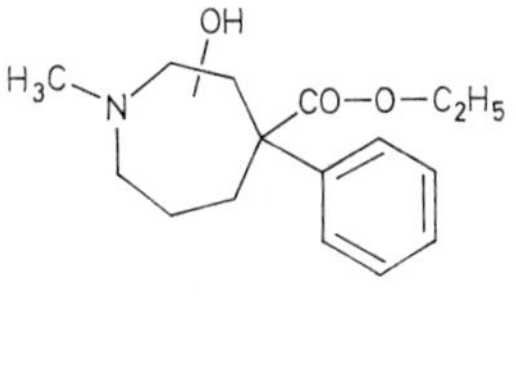 III

Hydroxycarbonsäuren $C_{13}H_{17}NO_3$

***Opt.-inakt. x-Hydroxy-1-methyl-4-phenyl-hexahydro-azepin-4-carbonsäure-äthylester** $C_{16}H_{23}NO_3$, Formel III.

B. Isolierung aus dem Urin von Tieren nach Verabreichung von (±)-1-Methyl-4-phenyl-hexahydro-azepin-4-carbonsäure-äthylester-hydrochlorid (*Walkenstein et al.*, J. Am. pharm. Assoc. **47** [1958] 20, 22).

Hygroskopisch; F: 112–113°.

Hydrochlorid $C_{16}H_{23}NO_3 \cdot HCl$. Kristalle (aus Acn. + Ae.); F: 114–116°.

(±)-4-[3-Methoxy-phenyl]-1-methyl-hexahydro-azepin-4-carbonitril $C_{15}H_{20}N_2O$, Formel IV.

B. Beim Erhitzen von (±)-4-Cyan-4-[3-methoxy-phenyl]-1,1-dimethyl-hexahydro-azepinium-chlorid unter vermindertem Druck auf 200–250° (*Am. Home Prod. Corp.*, U.S.P. 2740779 [1954]).

$Kp_{0,3}$: 150–154°. D_4^{22}: 1,062. n_D^{22}: 1,5332.

(±)-4-Cyan-4-[3-methoxy-phenyl]-1,1-dimethyl-hexahydro-azepinium $[C_{16}H_{23}N_2O]^+$, Formel V.

Chlorid $[C_{16}H_{23}N_2O]Cl$. *B.* Beim Erwärmen von (±)-4-Dimethylamino-2-[3-methoxy-phenyl]-butyronitril mit $NaNH_2$ in Äther, Behandeln des auf –30° abgekühlten Reaktionsgemisches mit 1-Brom-3-chlor-propan und Erwärmen des Reaktionsprodukts in Benzonitril auf 100° (*Am. Home Prod. Corp.*, U.S.P. 2740779 [1954]). — F: 212–213° [Zers.].

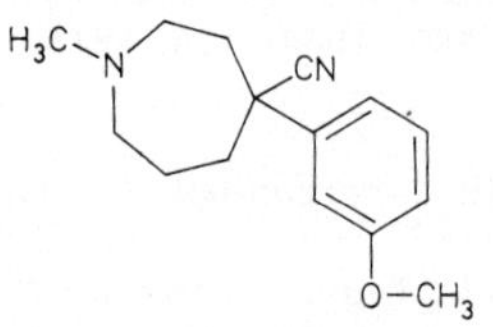

IV 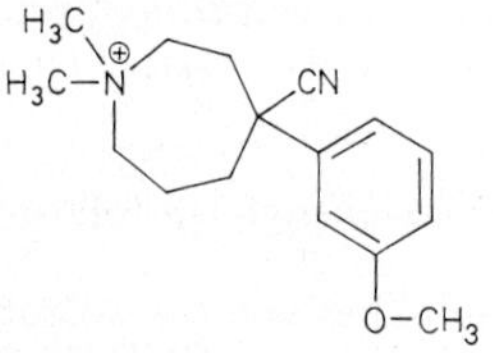 V 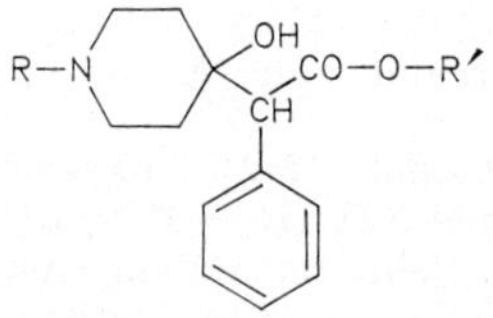 VI

(±)-[4-Hydroxy-1-methyl-[4]piperidyl]-phenyl-essigsäure $C_{14}H_{19}NO_3$, Formel VI ($R = CH_3$, $R' = H$).

B. Beim Behandeln von Phenylessigsäure mit Isopropylmagnesiumchlorid in Äther und anschliessenden Erwärmen mit 1-Methyl-piperidin-4-on und Benzol (*Blicke, Zinnes*, Am. Soc. **77** [1955] 5168).

Zers. ab 231°.

Hydrochlorid. Kristalle (aus Nitromethan).

(±)-[4-Hydroxy-1-methyl-[4]piperidyl]-phenyl-essigsäure-methylester $C_{15}H_{21}NO_3$, Formel VI ($R = R' = CH_3$).

B. Beim Erwärmen von (±)-[4-Hydroxy-1-methyl-[4]piperidyl]-phenyl-essigsäure mit Methanol und konz. H_2SO_4 (*Blicke, Zinnes*, Am. Soc. **77** [1955] 5168).

Kristalle (aus PAe.); F: 82–83°.

Hydrochlorid $C_{15}H_{21}NO_3 \cdot HCl$. Kristalle (aus Me. + Ae.); F: 133–135°.

(±)-[1-Äthyl-4-hydroxy-[4]piperidyl]-phenyl-essigsäure $C_{15}H_{21}NO_3$, Formel VI ($R = C_2H_5$, $R' = H$).

B. Beim Behandeln von Phenylessigsäure mit Isopropylmagnesiumchlorid in Äther und anschliessenden Erwärmen mit 1-Äthyl-piperidin-4-on und Benzol (*Blicke, Zinnes*, Am. Soc. **77** [1955] 5168).

Kristalle (aus Me.); F: 234° [Zers. ab 229°].

Hydrochlorid $C_{15}H_{21}NO_3 \cdot HCl$. Kristalle (aus Isopropylalkohol); F: 201–207° [Zers.].

(±)-[1-Äthyl-4-hydroxy-[4]piperidyl]-phenyl-essigsäure-methylester $C_{16}H_{23}NO_3$, Formel VI ($R = C_2H_5$, $R' = CH_3$).

B. Beim Behandeln von (±)-[1-Äthyl-4-hydroxy-[4]piperidyl]-phenyl-essigsäure in Methanol mit Diazomethan in Äther (*Blicke, Zinnes*, Am. Soc. **77** [1955] 5168).

Kristalle (aus PAe.); F: 70,5–71,5°.

Hydrochlorid $C_{16}H_{23}NO_3 \cdot HCl$. Kristalle (aus Me. + Ae.); F: 162–164°.

***(±)-1-Äthyl-4-hydroxy-4-[methoxycarbonyl-phenyl-methyl]-1-methyl-piperidinium** $[C_{17}H_{26}NO_3]^+$, Formel VII.

Bromid $[C_{17}H_{26}NO_3]Br$. *B.* Aus (±)-[1-Äthyl-4-hydroxy-[4]piperidyl]-phenyl-essigsäure-methylester und CH_3Br (*Blicke, Zinnes*, Am. Soc. **77** [1955] 5168). — Kristalle (aus Me. + Ae.); F: 204—205° [Zers.].

4-[2-Methoxy-5-methyl-phenyl]-1-methyl-piperidin-4-carbonitril $C_{15}H_{20}N_2O$, Formel VIII (R = CH_3).

B. Beim Erwärmen von Bis-[2-chlor-äthyl]-methyl-amin mit [2-Methoxy-5-methyl-phenyl]-acetonitril und $NaNH_2$ in Toluol (*Abbott Labor.*, U.S.P. 2500714 [1944]).

Kristalle (aus PAe.); F: 63—64°.

1-Benzoyl-4-[2-methoxy-5-methyl-phenyl]-piperidin-4-carbonitril $C_{21}H_{22}N_2O_2$, Formel VIII (R = CO-C_6H_5).

B. Beim Erwärmen von *N,N*-Bis-[2-chlor-äthyl]-benzamid mit [2-Methoxy-5-methyl-phenyl]-acetonitril und $NaNH_2$ in Toluol (*Abbott Labor.*, U.S.P. 2500714 [1944]).

Kristalle (aus A.); F: 126—128°.

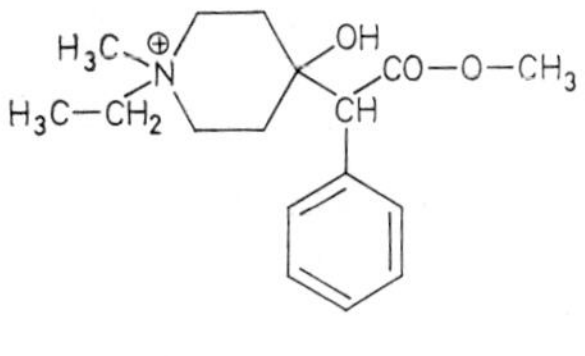

VII 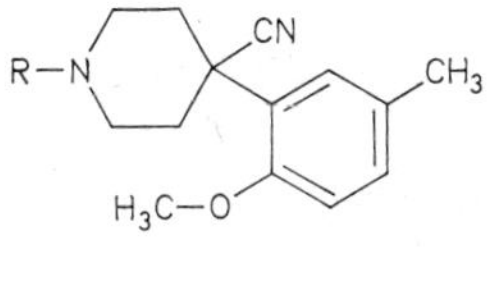 VIII 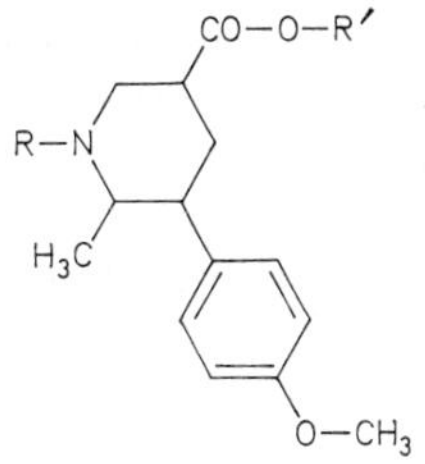 IX

***Opt.-inakt. 5-[4-Methoxy-phenyl]-6-methyl-piperidin-3-carbonsäure-methylester** $C_{15}H_{21}NO_3$, Formel IX (R = H, R′ = CH_3).

B. Neben geringeren Mengen 5-[4-Methoxy-phenyl]-6-methyl-nicotinsäure-ester (isoliert nach der Hydrolyse als 5-[4-Methoxy-phenyl]-6-methyl-nicotinsäure) bei der Hydrierung von opt.-inakt. 2-Cyan-4-[4-methoxy-phenyl]-5-oxo-hexansäure-äthylester (Öl; bei 140—150°/0,01 Torr destillierbar) an Raney-Nickel in Methanol bei 115°/100 at (*Plieninger*, B. **86** [1953] 25, 29).

$Kp_{0,01}$: 155—160°.

Hydrogenoxalat $C_{15}H_{21}NO_3 \cdot C_2H_2O_4$. Kristalle; F: 183—184°.

***Opt.-inakt. 5-[4-Methoxy-phenyl]-1,6-dimethyl-piperidin-3-carbonsäure-methylester** $C_{16}H_{23}NO_3$, Formel IX (R = R′ = CH_3).

B. Bei der Hydrierung von 5-Methoxycarbonyl-3-[4-methoxy-phenyl]-1,2-dimethyl-pyridinium-methylsulfat an Platin in Methanol (*Plieninger*, B. **86** [1953] 25, 30).

Hydrogenoxalat $C_{16}H_{23}NO_3 \cdot C_2H_2O_4$. Kristalle (aus Me.); F: 191°.

Opt.-inakt. 1-Acetyl-5-[4-methoxy-phenyl]-6-methyl-piperidin-3-carbonsäure $C_{16}H_{21}NO_4$, Formel IX (R = CO-CH_3, R′ = H).

a) Präparat vom F: 209—210°.

B. Beim Erhitzen von opt.-inakt. 5-[4-Methoxy-phenyl]-6-methyl-piperidin-3-carbonsäure-methylester (s. o.) mit äthanol. NaOH und Behandeln des Reaktionsgemisches mit Acetanhydrid bei 10° (*Plieninger*, B. **86** [1953] 25, 30).

Kristalle (aus A.); F: 209—210°.

b) Präparat vom F: 207°.

B. Aus einem auf ca. 220° vorerhitzten Präparat des opt.-inakt. 5-[4-Methoxy-phenyl]-6-methyl-piperidin-3-carbonsäure-methylesters analog dem unter a) beschriebenen Präparat (*Pl.*).

Kristalle (aus A.); F: 207°. Mischschmelzpunkt mit dem unter a) beschriebenen Präparat: 180°.

***Opt.-inakt. 4-[3-Methoxy-phenyl]-1,2-dimethyl-piperidin-4-carbonitril** $C_{15}H_{20}N_2O$, Formel X.

B. Beim Behandeln von (±)-4-Dimethylamino-2-[3-methoxy-phenyl]-butyronitril in Toluol mit $NaNH_2$ und mit (±)-1,2-Dibrom-propan und Erhitzen des Reaktionsprodukts unter vermindertem Druck (*Kägi, Miescher,* Helv. **32** [1949] 2489, 2499).

$Kp_{0,05}$: 139° [unkorr.].

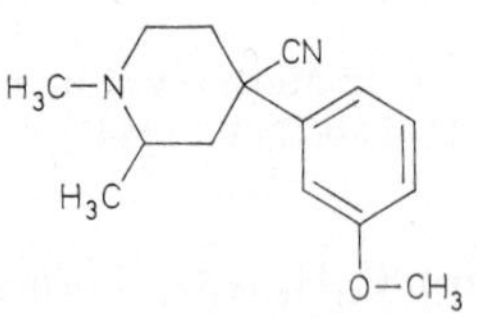

X 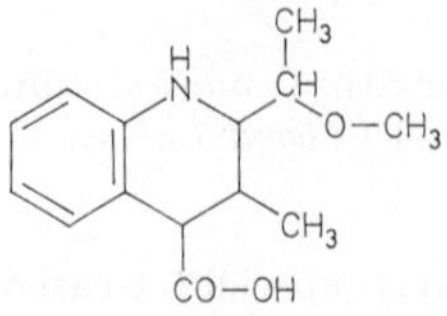 XI 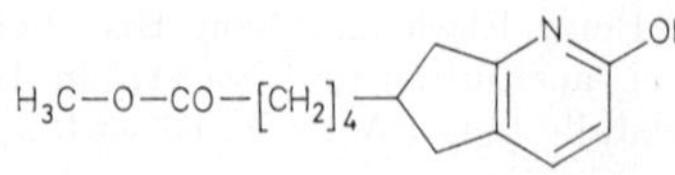 XII

***Opt.-inakt. 2-[1-Methoxy-äthyl]-3-methyl-1,2,3,4-tetrahydro-chinolin-4-carbonsäure** $C_{14}H_{19}NO_3$, Formel XI.

B. Bei der Hydrierung von (±)-2-[1-Methoxy-äthyl]-3-methyl-chinolin-4-carbonsäure an Platin in Äthanol (*Lesesne, Henze,* Am. Soc. **64** [1942] 1897, 1898).

F: 232° [korr.; Zers.].

Picrat $C_{14}H_{19}NO_3 \cdot C_6H_3N_3O_7$. F: 201° [korr.; aus Ae.].

(±)-5-[2-Hydroxy-6,7-dihydro-5*H*-[1]pyrindin-6-yl]-valeriansäure-methylester $C_{14}H_{19}NO_3$, Formel XII, und Tautomeres ((±)-5-[2-Oxo-2,5,6,7-tetrahydro-1*H*-[1]pyrindin-6-yl]-valeriansäure-methylester).

B. Bei der Hydrierung von 5-[2-Hydroxy-7*H*-[1]pyrindin-6-yl]-valeriansäure-methylester an Palladium/Kohle in Äthanol (*Ramirez, Paul,* Am. Soc. **77** [1955] 1035, 1039).

Kristalle (aus Cyclohexan); F: 141–142° [unkorr.]. UV-Spektrum (A.; 215–360 nm [λ_{max}: 233 nm und 323 nm]): *Ra., Paul,* l. c. S. 1036, 1039.

Hydroxycarbonsäuren $C_{14}H_{19}NO_3$

***Opt.-inakt. 3-[4-Hydroxy-1-methyl-4-phenyl-[3]piperidyl]-propionsäure** $C_{15}H_{21}NO_3$, Formel XIII.

B. Beim Erhitzen der folgenden Verbindung mit verd. wss. H_2SO_4 (*McElvain et al.,* Am. Soc. **76** [1954] 5625, 5631).

Picrat $C_{15}H_{21}NO_3 \cdot C_6H_3N_3O_7$. Kristalle (aus Toluol + Acn.); F: 189–190°.

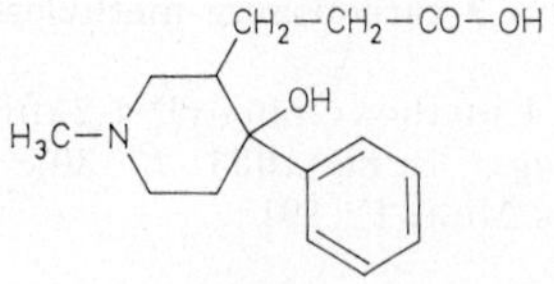

XIII 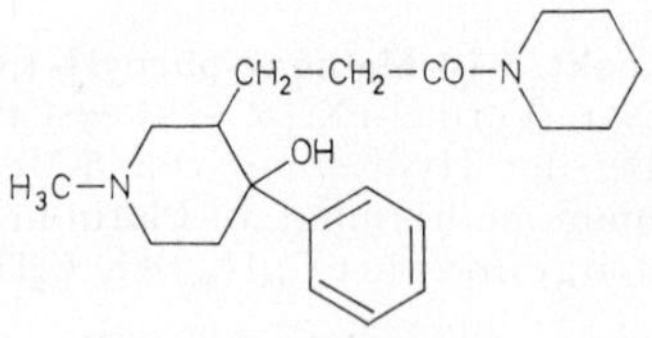 XIV

***Opt.-inakt. 1-[3-(4-Hydroxy-1-methyl-4-phenyl-[3]piperidyl)-propionyl]-piperidin, 3-[4-Hydroxy-1-methyl-4-phenyl-[3]piperidyl]-propionsäure-piperidid** $C_{20}H_{30}N_2O_2$, Formel XIV.

B. Beim Behandeln von (±)-1-[3-(1-Methyl-4-oxo-[3]piperidyl)-propionyl]-piperidin mit Phenylmagnesiumbromid in Äther (*McElvain et al.,* Am. Soc. **76** [1954] 5625, 5630).

Kristalle (aus PAe.); F: 109,5–110,5° (*McE. et al.,* l. c. S. 5631).

Beim Erhitzen des Hydrochlorids mit wss. H_2SO_4 [60%ig] ist 3-[4-Hydroxy-1-methyl-4-phenyl-[3]piperidyl]-propionsäure-lacton-hydrochlorid (F: 282–283°) erhalten worden (*McE. et al.,* l. c. S. 5632).

Hydrochlorid $C_{20}H_{30}N_2O_2 \cdot HCl$. Kristalle (aus Acn. + Ae.); F: 181–181,5° (*McE. et al.,* l. c. S. 5631).

O-Acetyl-Derivat $C_{22}H_{32}N_2O_3$; 1-[3-(4-Acetoxy-1-methyl-4-phenyl-[3]=

piperidyl)-propionyl]-piperidin. Hydrochlorid $C_{22}H_{32}N_2O_3 \cdot HCl$. Kristalle (aus A. + E.); F: 208,5—209,5°.

Methojodid $[C_{21}H_{33}N_2O_2]I$; 4-Hydroxy-1,1-dimethyl-3-[3-oxo-3-piperidino-propyl]-4-phenyl-piperidinium-jodid. Kristalle (aus A. + E.); F: 196—197°.

Hydroxycarbonsäuren $C_{19}H_{29}NO_3$

2-Hydroxy-6,7,8,9,10,11,12,13,14,15,16,17-dodecahydro-5*H*-cyclopentadeca[*b*]pyridin-3-carbonitril $C_{19}H_{28}N_2O$, Formel XV, und Tautomeres (2-Oxo-2,5,6,7,8,9,10,11,12,13,14,15,16,17-tetradecahydro-1*H*-cyclopentadeca[*b*]pyridin-3-carbonitril).

B. In geringer Menge neben 17a-Hydroxy-2-oxo-2,3,5,6,7,8,9,10,11,12,13,14,15,16,17,17a-hexadecahydro-1*H*-cyclopentadeca[*b*]pyridin-3-carbonitril beim Erwärmen von 2-Hydroxymethylen-cyclopentadecanon (E III **7** 3270) mit Cyanessigsäure-amid und wenig Piperidin in wss. Äthanol auf 35—45° (*Prelog, Geyer,* Helv. **28** [1945] 1677, 1681).

Kristalle (aus Acn.); F: 210—211° [korr.].

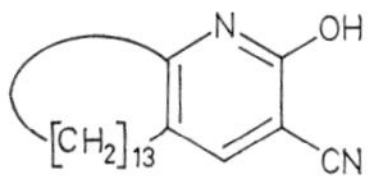

XV 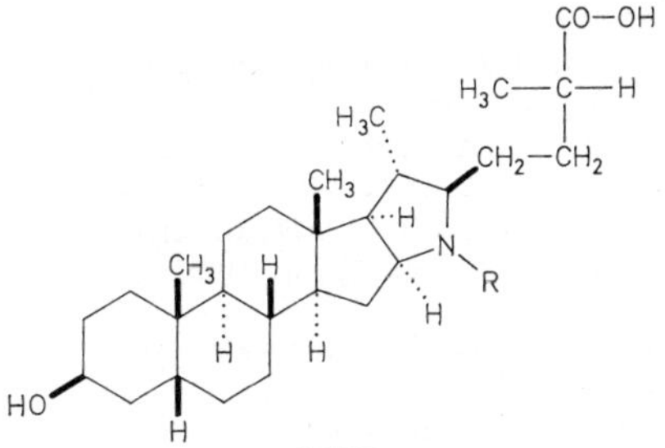 XVI

Hydroxycarbonsäuren $C_{27}H_{45}NO_3$

3β-Hydroxy-26,28-seco-5β-solanidan-26-säure [1]) $C_{27}H_{45}NO_3$, Formel XVI (R = H).

B. Bei der Hydrierung von Sarsasapogeninsäure-dioxim (E III **10** 4626) an Platin in Essigsäure enthaltendem Methanol (*Uhle, Jacobs,* J. biol. Chem. **160** [1945] 243, 246).

Kristalle (aus wss. A.); F: 143° [unter Abspaltung von H_2O]. $[\alpha]_D^{28}$: +25,0° [A.; c = 2].

3β-Hydroxy-28-nitroso-26,28-seco-5β-solanidan-26-säure $C_{27}H_{44}N_2O_4$, Formel XVI (R = NO).

B. Beim Behandeln von 3β-Hydroxy-26,28-seco-5β-solanidan-26-säure mit wss. Essigsäure und mit wss. $NaNO_2$ (*Uhle, Jacobs,* J. biol. Chem. **160** [1945] 243, 246).

Kristalle (aus wss. A.); F: 160—162°. [*Hofmann*]

Hydroxycarbonsäuren $C_nH_{2n-11}NO_3$

Hydroxycarbonsäuren $C_9H_7NO_3$

3-Methoxy-indol-2-carbonsäure $C_{10}H_9NO_3$, Formel I (R = H, R' = CH_3, X = OH) (E I 552).

UV-Spektrum (A.; 220—400 nm): *Pappalardo, Vitali,* G. **88** [1958] 574, 577.

3-β-D-Glucopyranosyloxy-indol-2-carbonsäure $C_{15}H_{17}NO_8$, Formel II (R = X' = H, X = OH).

B. Beim Erwärmen von 3-[Tetra-*O*-acetyl-β-D-glucopyranosyloxy]-indol-2-carbonsäure-methylester mit wss.-methanol. KOH (*Robertson,* Soc. **1927** 1937, 1940).

Kristalle (aus H_2O); Zers. bei 230—231° [nach Verfärbung bei 215—220°] (*Ro.*).

Kalium-Salz. Kristalle (*Ro.*). $[\alpha]_{546,1}^{18}$: —48,4° [H_2O; c = 0,6] (*Robertson, Waters,* Soc. **1933** 30).

---

[1]) Stellungsbezeichnung bei von Solanidan abgeleiteten Namen s. E III/IV **20** 3332.

3-[Tetra-*O*-acetyl-*β*-D-glucopyranosyloxy]-indol-2-carbonsäure-methylester $C_{24}H_{27}NO_{12}$, Formel II (R = CO-CH_3, X = O-CH_3, X' = H).

B. Beim Bchandeln von 3-Hydroxy-indol-2-carbonsäure-methylester mit Tetra-*O*-acetyl-α-D-glucopyranosylbromid und wss. KOH in Aceton bei 10° (*Robertson*, Soc. **1927** 1937, 1939).

Kristalle (aus Me.); F: 229—230° (*Ro.*). $[\alpha]^{18}_{546,1}$: —47,7° [Acn.; c = 0,7] (*Robertson, Waters*, Soc. **1933** 30).

3-Hydroxy-indol-2-carbonsäure-äthylester $C_{11}H_{11}NO_3$, Formel I (R = R' = H, X = O-C_2H_5), und Tautomeres (3-Oxo-indolin-2-carbonsäure-äthylester) (H 228; EI 552).

UV-Spektrum (A.; 220—370 nm): *Tomita et al.*, J. pharm. Soc. Japan **64** [1944] Nr. 3, S. 164, 167; C. A. **1951** 448.

Beim Erwärmen mit $LiAlH_4$ in Äther sind *N*-Acetyl-anthranilsäure, 2,2'-Dimethyl-1,2,1',2'-tetrahydro-[2,2']biindolyl-3,3'-dion (F: 193°) und 2,2'-Dimethyl-1,2-dihydro-[2,3']biindolyl-3-on erhalten worden (*Komai*, Pharm. Bl. **4** [1956] 266, 272).

3-Methoxy-indol-2-carbonsäure-äthylester $C_{12}H_{13}NO_3$, Formel I (R = H, R' = CH_3, X = O-C_2H_5) (E I 552).

UV-Spektrum (A.; 220—370 nm): *Tomita et al.*, J. pharm. Soc. Japan **64** [1944] Nr. 3, S. 164, 167; C. A. **1951** 448; *Pappalardo, Vitali*, G. **88** [1958] 574, 577.

Beim Erwärmen mit $LiAlH_4$ in Äther ist 2-Hydroxymethyl-3-methoxy-indol erhalten worden (*Komai*, Pharm. Bl. **4** [1956] 266, 272).

3-Acetoxy-indol-2-carbonsäure-äthylester $C_{13}H_{13}NO_4$, Formel I (R = H, R' = CO-CH_3, X = O-C_2H_5) (H 228).

B. Beim Erwärmen von 3-Hydroxy-indol-2-carbonsäure-äthylester mit Acetylchlorid (*Komai*, Pharm. Bl. **4** [1956] 261, 264).

Kristalle (aus A.); F: 134,5—135,5°.

Bei der Hydrierung an Nickel in Äthanol bei 100—110°/85 at ist 3-Acetoxy-4,5,6,7-tetrahydro-indol-2-carbonsäure-äthylester erhalten worden.

3-Hydroxy-indol-2-carbonsäure-methylamid $C_{10}H_{10}N_2O_2$, Formel I (R = R' = H, X = NH_2), und Tautomeres (3-Oxo-indolin-2-carbonsäure-methylamid).

B. Beim Erwärmen von (±)-10-Hydroxy-3-methyl-3*H*-[1,4]oxazino[4,3-*a*]indol-1,4-dion mit Methylamin auf 70° (*Elvidge, Spring*, Soc. **1949** 2935, 2942).

Kristalle (aus A. + H_2O); F: 240—242° [Zers.].

3-*β*-D-Glucopyranosyloxy-indol-2-carbonsäure-amid $C_{15}H_{18}N_2O_7$, Formel II (R = X' = H, X = NH_2).

B. Beim Behandeln von 3-[Tetra-*O*-acetyl-*β*-D-glucopyranosyloxy]-indol-2-carbonsäure-methylester in Methanol mit NH_3 bei 0° (*Robertson*, Soc. **1927** 1937, 1940).

Kristalle (aus H_2O); Zers. bei 254—256°.

R, N, CO—X, O—R', I

X', NH, CO—X, O, O, R—O—CH₂, O—R, R—O, O—R, II

1-Acetyl-3-hydroxy-indol-2-carbonsäure $C_{11}H_9NO_4$, Formel I (R = CO-CH_3, R' = H, X = OH), und Tautomeres (1-Acetyl-3-oxo-indolin-2-carbonsäure).

Diese Konstitution wird für die nachstehend beschriebene, früher (H **22** 227) als 3-Acetoxy-indol-2-carbonsäure formulierte Verbindung in Betracht gezogen (*Spencer*, J. Soc. chem. Ind. **50** [1931] 63).

B. Neben 3-Acetoxy-indol beim Erhitzen von *N*-Carboxymethyl-anthranilsäure mit

wss. KOH [80%ig] auf 260° und Behandeln des mit CO_2 und Essigsäure teilweise neutralisierten Reaktionsgemisches mit Acetanhydrid (*Sp.*). Aus 3-Hydroxy-indol-2-carbonsäure durch Acetylierung in saurer Lösung (*Sp.*).
Rotviolette Kristalle; F: 179° [Zers.; nach Blaufärbung bei 150°].

1-Acetyl-3-hydroxy-indol-2-carbonsäure-methylester $C_{12}H_{11}NO_4$, Formel I (R = CO-CH_3, R′ = H, X = O-CH_3), und Tautomeres (1-Acetyl-3-oxo-indolin-2-carbonsäure-methylester) (H 229).
B. Beim Behandeln von *N*-Acetyl-*N*-methoxycarbonylmethyl-anthranilsäure-methylester mit Natriummethylat in Methanol (*Johnson, Andreen*, Am. Soc. **72** [1950] 2862).
Kristalle (aus Me.); F: 124–126°.

1-Acetyl-3-hydroxy-indol-2-carbonsäure-äthylester $C_{13}H_{13}NO_4$, Formel I (R = CO-CH_3, R′ = H, X = O-C_2H_5), und Tautomeres (1-Acetyl-3-oxo-indolin-2-carbonsäure-äthylester) (H 229).
F: 114,5–116° (*Komai*, Pharm. Bl. **4** [1956] 261, 265).
Bei der Hydrierung an Nickel in Äthanol bei 60°/60 at ist 1-Acetyl-3-hydroxy-indolin-2-carbonsäure-äthylester (S. 2198), bei 110–120°/150 at 1-Acetyl-3-hydroxy-octahydro-indol-2-carbonsäure-äthylester (S. 2110) erhalten worden (*Ko.*, l. c. S. 265, 266). Beim Erwärmen mit $LiAlH_4$ in Äther ist [1-Äthyl-indol-2-yl]-methanol erhalten worden (*Komai*, Pharm. Bl. **4** [1956] 266, 272).

3-Acetoxy-1-acetyl-indol-2-carbonsäure-äthylester $C_{15}H_{15}NO_5$, Formel I (R = R′ = CO-CH_3, X = O-C_2H_5) (H 229).
B. Beim Erhitzen von 3-Acetoxy-indol-2-carbonsäure-äthylester mit Acetanhydrid und Natriumacetat (*Komai*, Pharm. Bl. **4** [1956] 261, 265).
Kristalle (aus A.); F: 83–84°.
Bei der Hydrierung an Nickel in Äthanol bei 100–110°/85 at ist 1-Acetyl-indolin-2-carbonsäure-äthylester erhalten worden.

3-Acetoxy-1-DL-lactoyl-indol-2-carbonsäure-methylester $C_{15}H_{15}NO_6$, Formel I (R = CO-CH(OH)-CH_3, R′ = CO-CH_3, X = O-CH_3).
B. Beim Erwärmen von 3-Acetoxy-indol-2-carbonsäure-methylester mit (±)-2-Acetoxy-propionylchlorid und Pyridin auf 100° (*Elvidge, Spring*, Soc. **1949** 2935, 2942).
Kristalle (aus Me. + H_2O); F: 128°. UV-Spektrum (A.; 200–370 nm): *El., Sp.*, l. c. S. 2938.

6-Brom-3-hydroxy-indol-2-carbonsäure $C_9H_6BrNO_3$, Formel III (R = R′ = H), und Tautomeres (6-Brom-3-oxo-indolin-2-carbonsäure).
B. Beim Erwärmen von 6-Brom-3-hydroxy-indol-2-carbonsäure-methylester mit methanol. NaOH (*Robertson, Waters*, Soc. **1931** 72, 74).
Kristalle (aus H_2O) mit 3 Mol H_2O, F: 198° [Zers.]; die wasserfreie Verbindung schmilzt bei 210°.

6-Brom-3-hydroxy-indol-2-carbonsäure-methylester $C_{10}H_8BrNO_3$, Formel III (R = H, R′ = CH_3), und Tautomeres (6-Brom-3-oxo-indolin-2-carbonsäure-methylester).
B. Beim Erwärmen von 4-Brom-2-[methoxycarbonylmethyl-amino]-benzoesäure-methylester mit Natrium in Benzol unter Zusatz von wenig Methanol (*Robertson, Waters*, Soc. **1931** 72, 73).
Kristalle (aus Bzl.); F: 192°.

6-Brom-3-[tetra-*O*-acetyl-β-D-glucopyranosyloxy]-indol-2-carbonsäure-methylester $C_{24}H_{26}BrNO_{12}$, Formel II (R = CO-CH_3, X = O-CH_3, X′ = Br).
B. Beim Behandeln von 6-Brom-3-hydroxy-indol-2-carbonsäure-methylester mit Tetra-*O*-acetyl-α-D-glucopyranosylbromid und wss. KOH in Aceton bei 10° (*Robertson, Waters*, Soc. **1931** 72, 74).
Kristalle (aus Me); F: 171°. $[\alpha]_D^{20}$: −59,7° [Acn.].

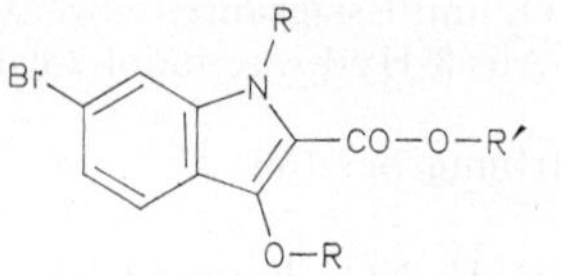

III 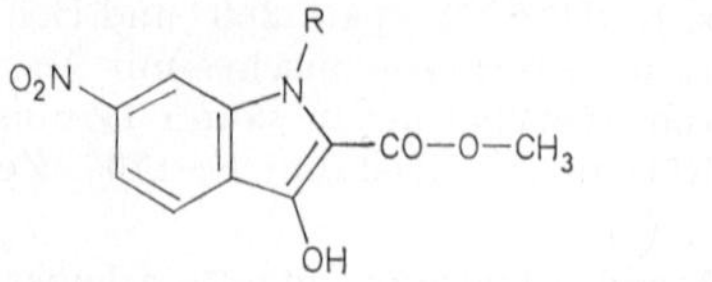 IV

3-Acetoxy-1-acetyl-6-brom-indol-2-carbonsäure-methylester $C_{14}H_{12}BrNO_5$, Formel III ($R = CO\text{-}CH_3$, $R' = CH_3$).

B. Beim Erhitzen von 6-Brom-3-hydroxy-indol-2-carbonsäure-methylester mit Acetanhydrid und Natriumacetat auf 160° (*Robertson, Waters*, Soc. **1931** 72, 74).

Kristalle (aus Me.); F: 151°.

3-Hydroxy-6-nitro-indol-2-carbonsäure-methylester $C_{10}H_8N_2O_5$, Formel IV (R = H), und Tautomeres (6-Nitro-3-oxo-indolin-2-carbonsäure-methylester).

B. Beim Behandeln von 2-[Dichloracetyl-methoxycarbonylmethyl-amino]-4-nitro-benzoesäure-methylester mit methanol. Natriummethylat (*Kornmann*, Bl. **1958** 730).

Kristalle (aus Me.); F: 248°.

1-Acetyl-3-hydroxy-6-nitro-indol-2-carbonsäure-methylester $C_{12}H_{10}N_2O_6$, Formel IV ($R = CO\text{-}CH_3$), und Tautomeres (1-Acetyl-6-nitro-3-oxo-indolin-2-carbonsäure-methylester).

B. Beim Behandeln von 2-[Acetyl-methoxycarbonylmethyl-amino]-4-nitro-benzoesäure-methylester mit methanol. Natriummethylat (*Kornmann*, Bl. **1958** 730).

Kristalle (aus Me.); F: 153°.

Bis-[2-carboxy-indol-3-yl]-sulfid, 3,3'-Sulfandiyl-bis-indol-2-carbonsäure $C_{18}H_{12}N_2O_4S$, Formel V (R = H).

B. Beim Behandeln von Bis-[2-äthoxycarbonyl-indol-3-yl]-sulfid mit wss.-äthanol. KOH (*Kunori*, J. chem. Soc. Japan Pure Chem. Sect. **80** [1959] 407, 409; C. A. **1961** 5457).

Kristalle (aus A. + H_2O); F: 242–244° [Zers.].

Bis-[2-äthoxycarbonyl-indol-3-yl]-sulfid, 3,3'-Sulfandiyl-bis-indol-2-carbonsäure-diäthylester $C_{22}H_{20}N_2O_4S$, Formel V ($R = C_2H_5$).

B. Aus Indol-2-carbonsäure-äthylester und S_2Cl_2 (*Kunori*, J. chem. Soc. Japan Pure Chem. Sect. **80** [1959] 407, 410, 411; C. A. **1961** 5457). Als Hauptprodukt neben anderen Verbindungen beim Erwärmen von Indol-2-carbonsäure-äthylester mit $SOCl_2$ in Benzol (*Ku.*, l. c. S. 408).

Gelbliche Kristalle (aus E.); F: 270–273°.

4-Methoxy-indol-2-carbonsäure $C_{10}H_9NO_3$, Formel VI ($R = CH_3$, X = OH) (E II 169).

Kristalle (aus H_2O + wenig A.); F: 235,5–236° (*Pappalardo, Vitali*, G. **88** [1958] 574, 587). UV-Spektrum (A.; 220–400 nm): *Pa., Vi.*, l. c. S. 578.

4-Benzyloxy-indol-2-carbonsäure $C_{16}H_{13}NO_3$, Formel VI ($R = CH_2\text{-}C_6H_5$, X = OH).

B. Beim Behandeln von 2-Benzyloxy-6-nitro-toluol mit Oxalsäure-diäthylester und Kaliumäthylat in Äther und Toluol und Behandeln der erhaltenen [2-Benzyloxy-6-nitro-phenyl]-brenztraubensäure in wss. NaOH mit $Na_2S_2O_4$ (*Stoll et al.*, Helv. **38** [1955] 1452, 1469).

Kristalle (aus Eg.); F: 241–242°.

4-Methoxy-indol-2-carbonsäure-äthylester $C_{12}H_{13}NO_3$, Formel VI ($R = CH_3$, $X = O\text{-}C_2H_5$) (E II 169).

B. Beim Erwärmen von 4-Methoxy-indol-2-carbonsäure mit Äthanol und HCl (*Pappalardo, Vitali*, G. **88** [1958] 574, 589).

Kristalle (aus wss. A.); F: 171,5—172,5°. UV-Spektrum (A.; 220—400 nm): *Pa.*, *Vi.*, l. c. S. 578.

4-Benzyloxy-indol-2-carbonsäure-dimethylamid $C_{18}H_{18}N_2O_2$, Formel VI ($R = CH_2$-C_6H_5, $X = N(CH_3)_2$).

B. Beim Erwärmen einer Suspension von 4-Benzyloxy-indol-2-carbonsäure in Benzol mit $SOCl_2$ und Behandeln des erhaltenen Säurechlorids mit Dimethylamin in Benzol (*Troxler et al.*, Helv. **42** [1959] 2073, 2101).

Kristalle (aus A.); F: 197—199°.

5-Hydroxy-indol-2-carbonsäure $C_9H_7NO_3$, Formel VII ($R = R' = H$, $X = OH$).

B. Beim Erwärmen von [5-Hydroxy-2-nitro-phenyl]-brenztraubensäure mit $FeSO_4$ und wss. NH_3 (*Beer et al.*, Soc. **1948** 1605, 1607). Bei der Hydrierung von 5-Benzyloxy-indol-2-carbonsäure an Palladium/Kohle in Methanol (*Bergel, Morrison*, Soc. **1943** 49).

Kristalle (aus H_2O); F: 246° [Zers.].

5-Methoxy-indol-2-carbonsäure $C_{10}H_9NO_3$, Formel VII ($R = H$, $R' = CH_3$, $X = OH$) (E II 169).

B. Beim Erwärmen von 5-Methoxy-indol-2-carbonsäure-äthylester mit wss.-äthanol. KOH (*Amorosa*, G. **85** [1955] 1445, 1448; s. a. *Pappalardo, Vitali*, G. **88** [1958] 574, 587).

Kristalle (aus wss. A.); F: 199,5—200° (*Pa.*, *Vi.*). UV-Spektrum (A.; 200—400 nm): *Pa.*, *Vi.*, l. c. S. 581.

5-Äthoxy-indol-2-carbonsäure $C_{11}H_{11}NO_3$, Formel VII ($R = H$, $R' = C_2H_5$, $X = OH$).

B. Beim Erwärmen von [5-Äthoxy-2-nitro-phenyl]-brenztraubensäure mit $FeSO_4$ und wss. NH_3 (*Hoshino, Kotake*, A. **516** [1935] 76, 78). Beim Erwärmen von 5-Äthoxy-indol-2-carbonsäure-äthylester mit methanol. KOH (*Rydon, Siddappa*, Soc. **1951** 2462, 2466).

Kristalle; F: 203—204° [Zers.; aus A.] (*Ho.*, *Ko.*), 202—203° [aus wss. Me.] (*Ry.*, *Si.*).

NH, CO—O—R, S, R—O—CO, HN

V

NH, CO—X, R—O

VI

R, N, CO—X, R'—O

VII

5-Propoxy-indol-2-carbonsäure $C_{12}H_{13}NO_3$, Formel VII ($R = H$, $R' = CH_2$-CH_2-CH_3, $X = OH$).

B. Beim Erwärmen von 5-Propoxy-indol-2-carbonsäure-äthylester mit wss.-methanol. KOH (*Profft et al.*, J. pr. [4] **1** [1954/55] 110, 124).

Kristalle (aus wss. A.); F: 162°.

5-Benzyloxy-indol-2-carbonsäure $C_{16}H_{13}NO_3$, Formel VII ($R = H$, $R' = CH_2$-C_6H_5, $X = OH$).

B. Aus [5-Benzyloxy-2-nitro-phenyl]-brenztraubensäure beim Erwärmen mit $FeSO_4$ und wss. NaOH bzw. wss. NH_3 (*Burton, Stoves*, Soc. **1937** 1726; *Kondo et al.*, Ann. Rep. ITSUU Labor. Nr. 10 [1959] 1,5; engl. Ref. S. 33, 39; C. A. **1960** 492; *Bergel, Morrison*, Soc. **1943** 49) sowie beim Behandeln mit $Na_2S_2O_4$ und wss. NaOH (*Stoll et al.*, Helv. **38** [1955] 1452, 1464). Beim Erwärmen von 5-Benzyloxy-indol-2-carbonsäure-äthylester mit wss.-äthanol. KOH (*Boehme*, Am. Soc. **75** [1953] 2502).

Kristalle; F: 194—196° (*St. et al.*), 194,5—195,5° [Zers.; aus wss. Eg.] (*Bo.*), 194—195° [aus Bzl.] (*Ko. et al.*).

5-Hydroxy-indol-2-carbonsäure-methylester $C_{10}H_9NO_3$, Formel VII ($R = R' = H$, $X = O$-CH_3).

B. Bei der Hydrierung von 5-Benzyloxy-indol-2-carbonsäure-methylester an Palla=

dium/Kohle in Methanol (*Bergel, Morrison*, Soc. **1943** 49).
Kristalle (aus Bzl.); F: 146—147°.

5-Benzyloxy-indol-2-carbonsäure-methylester $C_{17}H_{15}NO_3$, Formel VII (R = H, R' = CH_2-C_6H_5, X = O-CH_3).
B. Aus 5-Benzyloxy-indol-2-carbonsäure beim Erwärmen mit Methanol und HCl sowie beim Behandeln mit äther. Diazomethan (*Bergel, Morrison*, Soc. **1943** 49).
Kristalle (aus Me.); F: 150—151°.

5-Methoxy-indol-2-carbonsäure-äthylester $C_{12}H_{13}NO_3$, Formel VII (R = H, R' = CH_3, X = O-C_2H_5) (E II 170).
B. Beim Erwärmen von 2-[4-Methoxy-phenylhydrazono]-propionsäure-äthylester (F: 139°) mit Äthanol und wenig H_2SO_4 (*Amorosa*, G. **85** [1955] 1445, 1447; *Pappalardo, Vitali*, G. **88** [1958] 574, 589; s. a. *Hughes, Lions*, J. Pr. Soc. N.S. Wales **71** [1937/38] 475, 481).
Kristalle (aus wss. A.); F: 156—156,5° (*Pa., Vi.*). UV-Spektrum (A.; 200—400 nm): *Pa., Vi.*, l. c. S. 581.

5-Äthoxy-indol-2-carbonsäure-äthylester $C_{13}H_{15}NO_3$, Formel VII (R = H, R' = C_2H_5, X = O-C_2H_5).
B. Aus 2-[4-Äthoxy-phenylhydrazono]-propionsäure-äthylester (E II **15** 279) beim Erwärmen mit Äthanol und wenig H_2SO_4 (*Rydon, Siddappa*, Soc. **1951** 2462, 2466; s. a. *Hughes, Lions*, J. Pr. Soc. N.S. Wales **71** [1937/38] 475, 480).
Kristalle; F: 156—157° (*Hoshino, Kotake*, A. **516** [1935] 76, 78), 155—156° [aus A.] (*Hu., Li.*).

5-Propoxy-indol-2-carbonsäure-äthylester $C_{14}H_{17}NO_3$, Formel VII (R = H, R' = CH_2-CH_2-CH_3, X = O-C_2H_5).
B. Aus 2-[4-Propoxy-phenylhydrazono]-propionsäure-äthylester (F: 95°) beim Behandeln mit HCl in Äthanol (*Profft et al.*, J. pr. [4] **1** [1954/55] 110, 123).
Gelbe Kristalle (aus A.); F: 128°.

5-Benzyloxy-indol-2-carbonsäure-äthylester $C_{18}H_{17}NO_3$, Formel VII (R = H, R' = CH_2-C_6H_5, X = O-C_2H_5).
B. Beim Behandeln von 2-Methyl-acetessigsäure-äthylester mit wss.-äthanol. KOH und wss. 4-Benzyloxy-benzoldiazonium-chlorid und Behandeln des Reaktionsprodukts in Äthanol mit HCl (*Boehme*, Am. Soc. **75** [1953] 2502; s. a. *Ash, Wragg*, Soc. **1958** 3887, 3889).
Gelbe Kristalle; F: 162—164° [aus CCl_4] (*Bo.*), 161—163° (*Ash, Wr.*).

5-Benzyloxy-indol-2-carbonsäure-dimethylamid $C_{18}H_{18}N_2O_2$, Formel VII (R = H, R' = CH_2-C_6H_5, X = N(CH_3)$_2$).
B. Beim Erwärmen einer Suspension von 5-Benzyloxy-indol-2-carbonsäure in Benzol mit $SOCl_2$ und Behandeln des Reaktionsgemisches mit Dimethylamin in Benzol (*Schindler*, Helv. **40** [1957] 1130, 1134).
Kristalle (aus A.); F: 203—204° [korr.].

5-Methoxy-1-methyl-indol-2-carbonsäure $C_{11}H_{11}NO_3$, Formel VII (R = R' = CH_3, X = OH).
B. Beim Erwärmen von *N*-[4-Methoxy-phenyl]-*N*-methyl-hydrazin mit Brenztraubensäure und wss. Essigsäure und Erwärmen der erhaltenen 2-[(4-Methoxy-phenyl)-methyl-hydrazono]-propionsäure mit wss. HCl (*Kermack, Tebrich*, Soc. **1940** 314, 317) oder wss.-äthanol. H_2SO_4 (*Bell, Lindwall*, J. org. Chem. **13** [1948] 547, 551; *Cook et al.*, Soc. **1951** 1203, 1206). Aus *N*-[4-Methoxy-phenyl]-*N*-methyl-hydrazin und Oxalessigsäure-diäthylester (*Bell, Li.*).
Kristalle; F: 219—220° [korr.; Zers.; aus A.] (*Cook et al.*), 216° [aus A.] (*Ke., Te.*), 215—216° [Zers.; aus A.] (*Bell, Li.*).

5-Äthoxy-1-methyl-indol-2-carbonsäure $C_{12}H_{13}NO_3$, Formel VII (R = CH_3, R' = C_2H_5, X = OH).
B. Beim Erwärmen von 2-[(4-Äthoxy-phenyl)-methyl-hydrazono]-propionsäure (F: 71°)

mit wss. Essigsäure (*Kološow, Preobrashenškii*, Ž. obšč. Chim. **23** [1953] 1563, 1566; engl. Ausg. S. 1641, 1644).
Kristalle (aus A.); F: 188° [Zers.].

5-Methoxy-1-methyl-indol-2-carbonsäure-[2,2-diäthoxy-äthylamid] $C_{17}H_{24}N_2O_4$, Formel VII (R = R' = CH_3, X = NH-CH_2-CH(O-C_2H_5)$_2$) auf S. 2215.
B. Beim Behandeln von 5-Methoxy-1-methyl-indol-2-carbonsäure mit PCl_5 und Acetylchlorid und Behandeln des erhaltenen Chlorids in $CHCl_3$ mit 2,2-Diäthoxy-äthyl=amin (*Kermack, Tebrich*, Soc. **1940** 314, 318).
Kristalle (aus Bzl. + PAe.); F: 104°.

1-[2-Carboxy-äthyl]-5-methoxy-indol-2-carbonsäure, 3-[2-Carboxy-5-methoxy-indol-1-yl]-propionsäure $C_{13}H_{13}NO_5$, Formel VII (R = CH_2-CH_2-CO-OH, R' = CH_3, X = OH) auf S. 2215.
B. Beim Erwärmen von 1-[2-Cyan-äthyl]-5-methoxy-indol-2-carbonsäure-äthylester mit wss. KOH (*Bell, Lindwall*, J. org. Chem. **13** [1948] 547, 552).
F: 208—209°.

1-[2-Cyan-äthyl]-5-methoxy-indol-2-carbonsäure-äthylester $C_{15}H_{16}N_2O_3$, Formel VII (R = CH_2-CH_2-CN, R' = CH_3, X = O-C_2H_5) auf S. 2215.
B. Beim Erwärmen von 5-Methoxy-indol-2-carbonsäure-äthylester in Dioxan mit Acrylonitril unter Zusatz von wss. Benzyl-trimethyl-ammonium-hydroxid (*Bell, Lindwall*, J. org. Chem. **13** [1948] 547, 552).
Kristalle (aus A.); F: 112°.

6-Hydroxy-indol-2-carbonsäure $C_9H_7NO_3$, Formel VIII (R = R' = H).
B. Bei der Hydrierung von 6-Benzyloxy-indol-2-carbonsäure an Palladium/Kohle in Essigsäure oder Methanol (*Beer et al.*, Soc. **1948** 1605, 1608).
Kristalle (aus H_2O); F: 236° [Zers.].

6-Methoxy-indol-2-carbonsäure $C_{10}H_9NO_3$, Formel VIII (R = H, R' = CH_3) (E II 170).
UV-Spektrum (A.; 200—400 nm): *Pappalardo, Vitali*, G. **88** [1958] 574, 582.

6-Äthoxy-indol-2-carbonsäure $C_{11}H_{11}NO_3$, Formel VIII (R = H, R' = C_2H_5).
B. Aus [4-Äthoxy-2-nitro-phenyl]-brenztraubensäure beim Erwärmen mit wss. $FeSO_4$ und wss. NH_3 (*Adlerová et al.*, Collect. **25** [1960] 784, 792).
Kristalle (aus wss. A.); F: 189—190° [nicht rein erhalten].

6-Benzyloxy-indol-2-carbonsäure $C_{16}H_{13}NO_3$, Formel VIII (R = H, R' = CH_2-C_6H_5).
B. Aus [4-Benzyloxy-2-nitro-phenyl]-brenztraubensäure beim Erwärmen mit $FeSO_4$ und wss. NaOH bzw. wss. NH_3 (*Burton, Stoves*, Soc. **1937** 1726; *Kondo et al.*, Ann. Rep. ITSUU Labor. Nr. 10 [1959] 1,5; engl. Ref. S. 33, 39; C. A. **1960** 492; *Beer et al.*, Soc. **1948** 1605, 1608) sowie beim Behandeln mit $Na_2S_2O_4$ und wss. NaOH (*Stoll et al.*, Helv. **38** [1955] 1452, 1471).
Kristalle; F: 200° [Zers.] (*Beer et al.*), 199—200° [Zers.] (*St. et al.*), 196—197° (*Ko. et al.*), 185—186° [Zers.; aus Bzl.] (*Bu., St.*).

6-Methoxy-indol-2-carbonsäure-äthylester $C_{12}H_{13}NO_3$, Formel VIII (R = C_2H_5, R' = CH_3).
B. Beim Erwärmen von 6-Methoxy-indol-2-carbonsäure mit Äthanol und HCl (*Pappalardo, Vitali*, G. **88** [1958] 574, 589).
Kristalle (aus wss. A.); F: 135—136°. UV-Spektrum (A.; 200—400 nm): *Pa., Vi.*, l. c. S. 582.

7-Hydroxy-indol-2-carbonsäure $C_9H_7NO_3$, Formel IX (R = R' = R'' = H).
B. Bei der Hydrierung von 7-Benzyloxy-indol-2-carbonsäure an Palladium/Kohle in Essigsäure oder Methanol (*Beer et al.*, Soc. **1948** 1605, 1608). Beim Erwärmen von 7-Hydroxy-indol-2-carbonsäure-methylester mit wss. NaOH unter Stickstoff (*Cromartie*,

Harley-Mason, Soc. **1952** 2525).
Kristalle (aus H_2O); F: 252° (*Beer et al.*).

7-Methoxy-indol-2-carbonsäure $C_{10}H_9NO_3$, Formel IX (R = R' = H, R'' = CH_3) (E II 171).
UV-Spektrum (A.; 200–400 nm): *Pappalardo, Vitali*, G. **88** [1958] 574, 583.

7-Benzyloxy-indol-2-carbonsäure $C_{16}H_{13}NO_3$, Formel IX (R = R' = H, R'' = CH_2-C_6H_5).
B. Beim Erwärmen von [3-Benzyloxy-2-nitro-phenyl]-brenztraubensäure mit $FeSO_4$ und wss. NH_3 (*Beer et al.*, Soc. **1948** 1605, 1608).
Kristalle (aus wss. Eg.); F: 164°.

R'–O, NH, CO–O–R

VIII

R''–O, R, N, CO–O–R'

IX

7-Hydroxy-indol-2-carbonsäure-methylester $C_{10}H_9NO_3$, Formel IX (R = R'' = H, R' = CH_3).
B. Beim Erwärmen von 2,3-Dihydroxy-phenylalanin mit Methanol und HCl und Behandeln des erhaltenen 2,3-Dihydroxy-phenylalanin-methylester-hydrochlorids in H_2O und Äthylacetat mit $K_3[Fe(CN)_6]$ und $NaHCO_3$ (*Cromartie, Harley-Mason*, Soc. **1952** 2525).
Gelbliche Kristalle (aus Bzl.); F: 218–220° [Zers.].

7-Methoxy-indol-2-carbonsäure-äthylester $C_{12}H_{13}NO_3$, Formel IX (R = H, R' = C_2H_5, R'' = CH_3) (E II 171).
B. Beim Erwärmen von 7-Methoxy-indol-2-carbonsäure mit Äthanol unter Zusatz von H_2SO_4 (*Pappalardo, Vitali*, G. **88** [1958] 574, 589).
Kristalle (aus Ae. + PAe.); F: 113,5–114,5°. UV-Spektrum (A.; 200–400 nm): *Pa., Vi.*, l. c. S. 583.

7-Äthoxy-indol-2-carbonsäure-äthylester $C_{13}H_{15}NO_3$, Formel IX (R = H, R' = R'' = C_2H_5).
B. Beim Behandeln von 2-Methyl-acetessigsäure-äthylester in Äthanol mit wss. 2-Äthoxy-benzoldiazonium-chlorid und wss. KOH und Behandeln des Reaktionsprodukts in Äthanol mit HCl (*Hughes, Lions*, J. Pr. Soc. N. S. Wales **71** [1937/38] 475, 476, 479).
Kristalle (aus A.); F: 160°. Kp_2: 170–175°.

7-Methoxy-1-methyl-indol-2-carbonsäure $C_{11}H_{11}NO_3$, Formel IX (R = R'' = CH_3, R' = H).
B. Beim Erwärmen von *N*-[2-Methoxy-phenyl]-*N*-methyl-hydrazin mit Brenztraubensäure und wss. Essigsäure und anschliessenden Erwärmen des Reaktionsgemisches mit konz. wss. HCl (*Bell, Lindwall*, J. org. Chem. **13** [1948] 547, 551).
Kristalle (aus wss. A.); F: 200–201°.

1-[2-Carboxy-äthyl]-7-methoxy-indol-2-carbonsäure, 3-[2-Carboxy-7-methoxy-indol-1-yl]-propionsäure $C_{13}H_{13}NO_5$, Formel IX (R = CH_2-CH_2-CO-OH, R' = H, R'' = CH_3).
B. Beim Behandeln von 1-[2-Cyan-äthyl]-7-methoxy-indol-2-carbonsäure-äthylester mit wss. KOH (*Bell, Lindwall*, J. org. Chem. **13** [1948] 547, 552).
F: 200–201°.

1-[2-Cyan-äthyl]-7-methoxy-indol-2-carbonsäure-äthylester $C_{15}H_{16}N_2O_3$, Formel IX (R = CH_2-CH_2-CN, R' = C_2H_5, R'' = CH_3).
B. Beim Erwärmen von 7-Methoxy-indol-2-carbonsäure-äthylester in Dioxan mit Acrylonitril unter Zusatz von wss. Benzyl-trimethyl-ammonium-hydroxid (*Bell, Lindwall*, J. org. Chem. **13** [1948] 547, 552).
F: 110–112°.

2-Methoxy-indol-3-carbonitril $C_{10}H_8N_2O$, Formel X.

B. Beim Erhitzen von 2-Methoxy-indol-3-carbaldehyd-oxim (F: 182°) bis auf 180° (*Wenkert et al.*, Am. Soc. **81** [1959] 3763, 3768).

Kristalle (aus Bzl.); F: 197–198°. Bei 160–170°/2 Torr sublimierbar. IR-Banden (Nujol; 3,1–6,4 μ): *We. et al.* λ_{max} (A.): 245 nm und 281 nm.

5-Hydroxy-indol-3-carbonsäure $C_9H_7NO_3$, Formel XI (R = R' = H).

B. Bei der Hydrierung von 5-Benzyloxy-indol-3-carbonsäure an Palladium/Kohle in Dioxan (*Kimmig et al.*, Z. physiol. Chem. **311** [1958] 234, 237).

Kristalle (aus H_2O); F: 168° [Zers.].

5-Phenoxy-indol-3-carbonsäure $C_{15}H_{11}NO_3$, Formel XI (R = H, R' = C_6H_5).

B. Bei der Belichtung einer Lösung von 3-Diazo-6-phenoxy-3*H*-chinolin-4-on (Syst.-Nr. 3449) in wss. Essigsäure (*Süs, Möller*, A. **593** [1955] 91, 114).

Kristalle (aus Me. + H_2O); F: 198° [Zers.].

NH, O—CH3, CN

X

NH, R'—O, CO—O—R

XI

5-Benzyloxy-indol-3-carbonsäure $C_{16}H_{13}NO_3$, Formel XI (R = H, R' = CH_2-C_6H_5).

B. Beim Behandeln von 5-Benzyloxy-indol mit Äthylmagnesiumjodid in Äther, Erwärmen des Reaktionsgemisches mit Chlorokohlensäure-äthylester und Erhitzen des Reaktionsprodukts mit wss.-äthanol. KOH (*Kimmig et al.*, Z. physiol. Chem. **311** [1958] 234, 236).

Kristalle (aus A. + H_2O); F: 190° [Zers.].

5-Methoxy-indol-3-carbonsäure-äthylester $C_{12}H_{13}NO_3$, Formel XI (R = C_2H_5, R' = CH_3).

Die von *Mentzer* (C. r. **222** [1946] 1176) unter dieser Konstitution beschriebene Verbindung ist als 2-Chlor-3-[4-methoxy-phenylimino]-propionsäure-äthylester (E III **13** 1146) zu formulieren (*Smith*, Soc. **1950** 1637).

Hydroxycarbonsäuren $C_{10}H_9NO_3$

6-Methoxy-1,4-dihydro-chinolin-1,2-dicarbonitril $C_{12}H_9N_3O$, Formel I.

Diese Konsitution kommt der nachstehend beschriebenen, von *Mumm, Ludwig* (A. **514** [1934] 34, 46) als 6-Methoxy-1,2-dihydro-chinolin-1,2-dicarbonitril angesehenen Verbindung zu (s. diesbezüglich *Bramley, Johnson*, Soc. **1965** 1372, 1374).

B. Beim Behandeln von (±)-6-Methoxy-1,2-dihydro-chinolin-1,2-dicarbonitril (S. 2220) mit äthanol. NH_3 (*Mumm, Lu.*).

Gelbliche Kristalle (aus E.); F: 169–170° (*Mumm, Lu.*).

(±)-1-Benzoyl-6-methoxy-1,2-dihydro-chinolin-2-carbonitril $C_{18}H_{14}N_2O_2$, Formel II (R = CO-C_6H_5, R' = CH_3).

B. Beim Behandeln von 6-Methoxy-chinolin mit KCN und Benzoylchlorid in H_2O (*Rupe*, D.R.P. 644075 [1936]; Frdl. **23** 566; *Gassmann, Rupe*, Helv. **22** [1939] 1241, 1242).

Dimorph; Kristalle, F: 127° [aus Bzl.] (*Ga., Rupe*; s. a. *Wolf et al.*, Am. Soc. **78** [1956] 861, 868) bzw. F: 96–99° (*Wolf et al.*), 94–95° (*Rupe*). Beim Stehenlassen geht die niedrigerschmelzende Modifikation in die höherschmelzende über (*Wolf et al.*).

Bei der Hydrierung an Nickel in Äthylacetat bei 90°/120 at ist 2-Benzoylaminomethyl-6-methoxy-1,2,3,4-tetrahydro-chinolin erhalten worden (*Ga., Rupe*, l. c. S. 1245; s. a. *Rupe*). Beim Behandeln mit äther. Methylmagnesiumbromid in Dioxan ist 1-[6-Methoxy-[2]chinolyl]-1-phenyl-äthanol erhalten worden (*Wolf et al.*, l. c. S. 864).

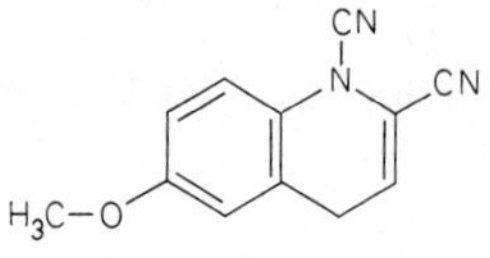

I 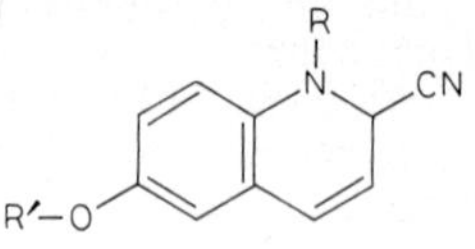 II 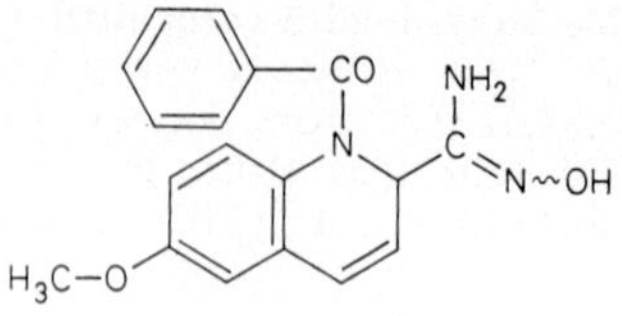 III

(±)-6-Äthoxy-1-benzoyl-1,2-dihydro-chinolin-2-carbonitril $C_{19}H_{16}N_2O_2$, Formel II ($R = CO\text{-}C_6H_5$, $R' = C_2H_5$).

B. Beim Behandeln von 6-Äthoxy-chinolin mit KCN und Benzoylchlorid in H_2O (*Takahashi et al.*, J. pharm. Soc. Japan **77** [1957] 1243; C. A. **1958** 6342).

Kristalle (aus A.); F: 108° (*Ta. et al.*).

Beim Behandeln mit konz. wss. HCl sind 6-Äthoxy-chinolin-2-carbonsäure-[α'-oxo-bibenzyl-α-ylester], 6-Äthoxy-chinolin-2-carbonsäure, 6-Äthoxy-chinolin-2-carbonsäure-amid und Benzaldehyd erhalten worden (*Takahashi, Hamada*, J. pharm. Soc. Japan **77** [1957] 1244; C. A. **1958** 6342).

(±)-1-Benzoyl-6-methoxy-1,2-dihydro-chinolin-2-carbamidoxim $C_{18}H_{17}N_3O_3$, Formel III.

B. Beim Behandeln von (±)-1-Benzoyl-6-methoxy-1,2-dihydro-chinolin-2-carbonitril mit NH_2OH in Methanol (*Gassmann, Rupe*, Helv. **22** [1939] 1241, 1243).

Gelbliche Kristalle (aus A.); F: 148—149° [Zers.].

(±)-6-Methoxy-1,2-dihydro-chinolin-1,2-dicarbonitril $C_{12}H_9N_3O$, Formel II ($R = CN$, $R' = CH_3$).

B. Beim Behandeln von 6-Methoxy-chinolin mit Bromcyan und HCN in Benzol (*Mumm, Ludwig*, A. **514** [1934] 34, 45).

Kristalle (aus Me.); F: 85—87°.

Beim Behandeln mit äthanol. NH_3 ist 6-Methoxy-1,4-dihydro-chinolin-1,2-dicarbonitril (S. 2219) erhalten worden.

1-[Toluol-4-sulfonyl]-4-[toluol-4-sulfonyloxy]-1,2-dihydro-chinolin-3-carbonsäure-methylester $C_{25}H_{23}NO_7S_2$, Formel IV.

B. Beim Behandeln von 4-Oxo-1,2,3,4-tetrahydro-chinolin-3-carbonsäure-methylester mit Toluol-4-sulfonylchlorid und Pyridin (*Proctor, Thomson*, Soc. **1957** 2312).

Kristalle (aus A.); F: 136—137°.

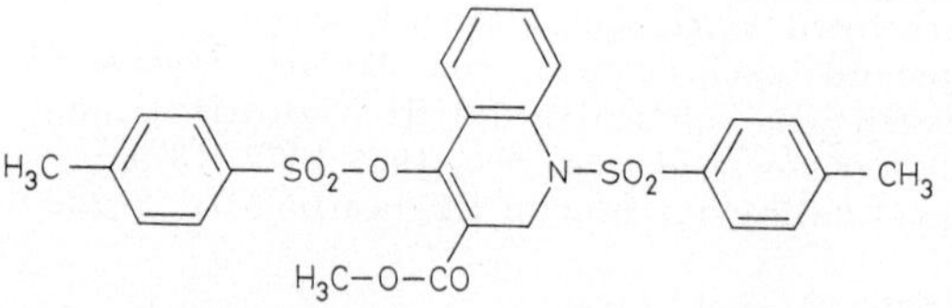

IV 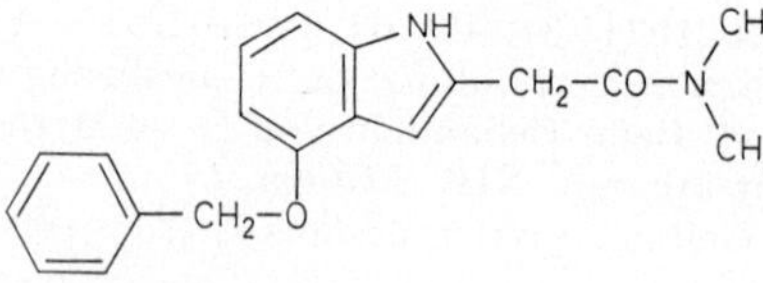 V

[4-Benzyloxy-indol-2-yl]-essigsäure-dimethylamid $C_{19}H_{20}N_2O_2$, Formel V.

B. Beim Erwärmen von [4-Benzyloxy-indol-2-yl]-acetonitril mit wss.-äthanol. KOH, Behandeln des Reaktionsprodukts in Äther mit PCl_5 und anschliessend mit Dimethylamin in Benzol (*Troxler et al.*, Helv. **42** [1959] 2073, 2102).

Kristalle (aus Acn. + E.); F: 147—148° [korr.].

[4-Benzyloxy-indol-2-yl]-acetonitril $C_{17}H_{14}N_2O$, Formel VI.

B. Beim Behandeln von 4-Benzyloxy-2-dimethylaminomethyl-indol mit CH_3I und Erwärmen des Reaktionsprodukts mit NaCN in H_2O (*Troxler et al.*, Helv. **42** [1959] 2073, 2101).

Kristalle (aus Me. + Bzl.); F: 162—164° [korr.].

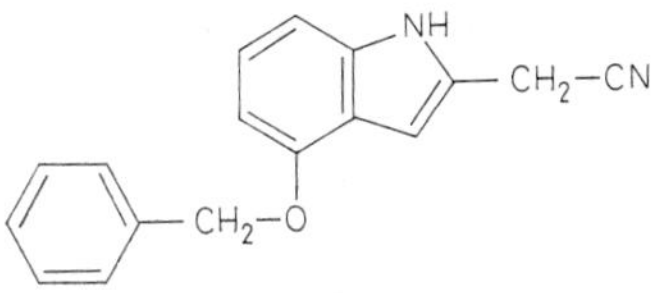

VI 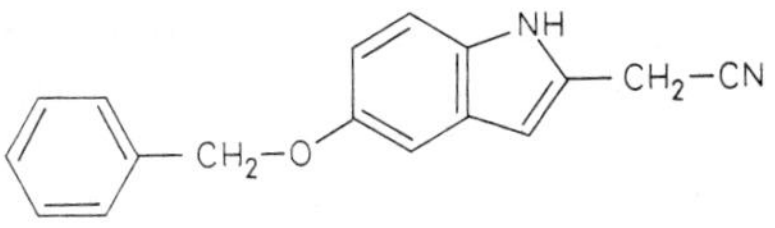 VII

[5-Benzyloxy-indol-2-yl]-acetonitril $C_{17}H_{14}N_2O$, Formel VII.

B. Beim Erwärmen von [5-Benzyloxy-indol-2-ylmethyl]-trimethyl-ammonium-jodid mit KCN in Methanol (*Schindler*, Helv. **40** [1957] 1130, 1135).

Kristalle (aus Me.); F: 182–184° [korr.].

***Opt.-inakt. [3-Methoxycarbonylmethyl-indolin-2-yl]-[3-methoxycarbonylmethyl-indol-2-yl]-äther** $C_{22}H_{22}N_2O_5$, Formel VIII.

B. Als Hauptprodukt beim Behandeln von Indol-3-ylessigsäure-methylester mit $FeCl_3 \cdot 6\,H_2O$ und Dipropylamin in Äther (*v. Dobeneck, Lehnerer*, B. **90** [1957] 161, 170).

F: 232° [korr.].

[2-Methylmercapto-indol-3-yl]-essigsäure $C_{11}H_{11}NO_2S$, Formel IX (R = H).

B. Beim Erwärmen der Silber-Verbindung der [2-Thioxo-indolin-3-yl]-essigsäure mit CH_3I in Äther (*Wieland et al.*, A. **587** [1954] 146, 160). Beim Behandeln einer Lösung von Indol-3-ylessigsäure in THF mit Methansulfenylchlorid in $CHCl_3$ (*Wi. et al.*).

Kristalle (aus H_2O); F: 140–141°. UV-Spektrum (Me.; 230–350 nm): *Wi. et al.*, l. c. S. 153.

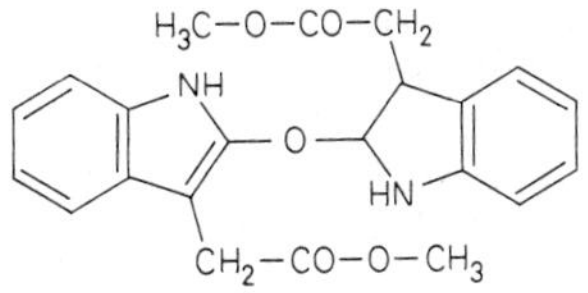

VIII 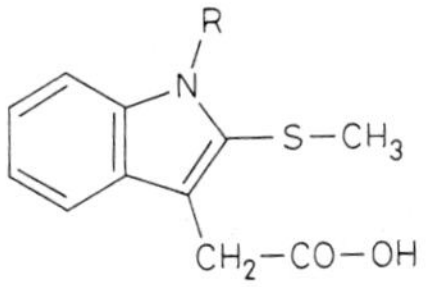 IX 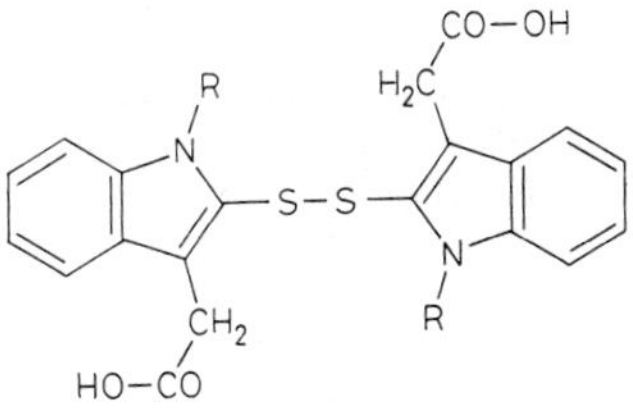 X

Bis-[3-carboxymethyl-indol-2-yl]-disulfid $C_{20}H_{16}N_2O_4S_2$, Formel X (R = H).

B. Beim Behandeln von Indol-3-yl-essigsäure mit S_2Cl_2 in THF (*Wieland et al.*, A. **587** [1954] 146, 156).

Hellgelbe Kristalle (aus Eg.); F: 208° [Zers.]. UV-Spektrum (Me.; 230–370 nm): *Wi. et al.*, l. c. S. 151.

[1-Methyl-2-methylmercapto-indol-3-yl]-essigsäure $C_{12}H_{13}NO_2S$, Formel IX (R = CH_3).

B. Beim Erwärmen der Silber-Verbindung der [1-Methyl-2-thioxo-indolin-3-yl]-essigsäure mit CH_3I in Äther (*Wieland et al.*, A. **587** [1954] 146, 161).

Kristalle (aus H_2O); F: 125–126°. UV-Spektrum (Me.; 230–350 nm): *Wi. et al.*, l. c. S. 153.

Bis-[3-carboxymethyl-1-methyl-indol-2-yl]-disulfid $C_{22}H_{20}N_2O_4S_2$, Formel X (R = CH_3).

B. Beim Behandeln von [1-Methyl-indol-3-yl]-essigsäure mit S_2Cl_2 in THF (*Wieland et al.*, A. **587** [1954] 146, 157).

Hellgelbe Kristalle (aus Eg.); F: 190–191° [Zers.]. UV-Spektrum (Me.; 230–370 nm): *Wi. et al.*, l. c. S. 151.

[4-Benzyloxy-indol-3-yl]-essigsäure $C_{17}H_{15}NO_3$, Formel XI (X = OH).

B. Beim Erwärmen von [4-Benzyloxy-indol-3-yl]-acetonitril mit wss.- äthanol. KOH (*Troxler et al.*, Helv. **42** [1959] 2073, 2094).

Gelbliche Kristalle (aus wss. Me.); F: 186–189° [korr.].

[4-Benzyloxy-indol-3-yl]-essigsäure-methylamid $C_{18}H_{18}N_2O_2$, Formel XI (X = NH-CH_3).
B. Beim Behandeln von [4-Benzyloxy-indol-3-yl]-essigsäure mit PCl_5 in Äther und anschliessend mit Methylamin (*Troxler et al.*, Helv. **42** [1959] 2073, 2095).
Kristalle (aus Bzl.); F: 150–153° [korr.].

[4-Benzyloxy-indol-3-yl]-essigsäure-äthylamid $C_{19}H_{20}N_2O_2$, Formel XI (X = NH-C_2H_5).
B. Beim Behandeln von [4-Benzyloxy-indol-3-yl]-essigsäure mit PCl_5 in Äther und anschliessend mit Äthylamin (*Troxler et al.*, Helv. **42** [1959] 2073, 2095).
Kristalle (aus Bzl.); F: 155–156° [korr.].

[4-Benzyloxy-indol-3-yl]-acetonitril $C_{17}H_{14}N_2O$, Formel XII.
B. Beim Behandeln von 4-Benzyloxy-3-dimethylaminomethyl-indol mit CH_3I und Erwärmen des Reaktionsprodukts mit NaCN in H_2O (*Stoll et al.*, Helv. **38** [1955] 1452, 1470).
Kristalle (aus Bzl.); F: 97–100°.

[5-Hydroxy-indol-3-yl]-essigsäure $C_{10}H_9NO_3$, Formel XIII (R = H, X = OH).
B. Bei der Hydrierung von [5-Benzyloxy-indol-3-yl]-essigsäure an Palladium/Kohle in Äthylacetat oder Äthanol (*Ek, Witkop*, Am. Soc. **76** [1954] 5579, 5584; *Koo et al.*, J. org. Chem. **24** [1959] 179, 182). Beim Erwärmen von [5-Methoxy-indol-3-yl]-essigsäure mit $AlCl_3$ in Benzol (*Asero et al.*, Farmaco Ed. scient. **11** [1956] 219).
Kristalle; F: 166° [korr.; aus H_2O] (*Ek, Wi.*), 163–164° [unkorr.; Zers.] (*Koo et al.*), 160–162° [aus Me.] (*As. et al.*). UV-Spektrum (H_2O; 250–290 nm): *Ray, Thimann*, Arch. Biochem. **64** [1956] 175, 183. λ_{max} (H_2O): 279 nm (*McMenamy, Oncley*, J. biol. Chem. **233** [1958] 1436, 1437). Fluorescenzmaximum (H_2O); 355 nm (*McIsaac, Page*, J. biol. Chem. **234** [1959] 858, 861), 345 nm (*Sprince et al.*, Sci. **125** [1957] 442).

[5-Methoxy-indol-3-yl]-essigsäure $C_{11}H_{11}NO_3$, Formel XIII (R = CH_3, X = OH).
B. Beim Erwärmen von [5-Methoxy-indol-3-yl]-acetonitril mit wss.-methanol. oder wss.-äthanol. KOH (*Hoshino, Shimodaira*, Bl. chem. Soc. Japan **11** [1936] 221, 222; *Asero et al.*, Farmaco Ed. scient. **11** [1956] 219). Beim Erhitzen von 3-Äthoxycarbonylmethyl-5-methoxy-indol-2-carbonsäure mit einem Kupferoxid-Chromoxid-Katalysator in Chinolin auf 205° und Erwärmen des Reaktionsprodukts mit äthanol. NaOH (*Findlay, Dougherty*, J. org. Chem. **13** [1948] 560, 563).
Kristalle; F: 150–151° [aus Bzl.] (*As. et al.*), 146–147° (*Ho., Sh.*), 146° [Zers.; aus H_2O] (*Fi., Do.*).

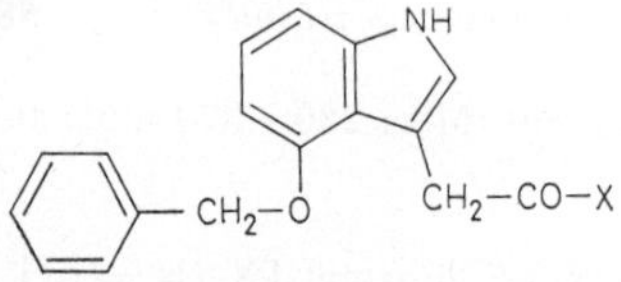

XI 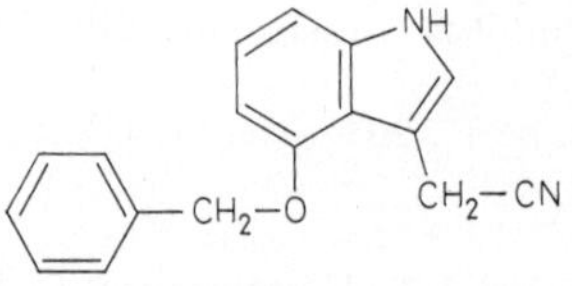 XII 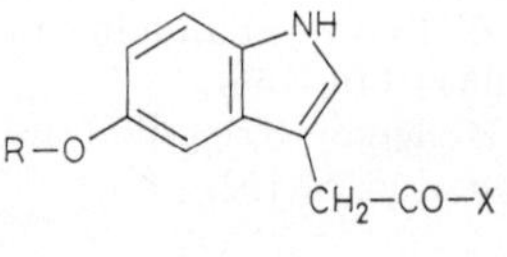 XIII

[5-Äthoxy-indol-3-yl]-essigsäure $C_{12}H_{13}NO_3$, Formel XIII (R = C_2H_5, X = OH).
B. Beim Erwärmen von [5-Äthoxy-indol-3-yl]-acetonitril mit wss.-methanol. KOH (*Hoshino, Shimodaira*, A. **520** [1935] 19, 26).
Kristalle (aus Bzl.); F: 91–92°.

[5-Benzyloxy-indol-3-yl]-essigsäure $C_{17}H_{15}NO_3$, Formel XIII (R = CH_2-C_6H_5, X = OH).
B. Neben [5-Benzyloxy-indol-3-yl]-essigsäure-amid beim Erwärmen von 5-Benzyloxy-3-dimethylaminomethyl-indol mit NaCN und wss. Äthanol (*Ek, Witkop*, Am. Soc. **76** [1954] 5579, 5584; *Koo et al.*, J. org. Chem. **24** [1959] 179, 182). Beim Erwärmen von [5-Benzyloxy-indol-3-yl]-acetonitril mit wss.-äthanol. KOH (*Stoll et al.*, Helv. **38** [1955] 1452, 1465). Beim Erwärmen von 4-[4-Benzyloxy-phenylhydrazono]-buttersäure (F: 142°) mit methanol. H_3PO_4 (*Mentzer et al.*, Bl. **1953** 421).
Kristalle; F: 149–150,5° [korr.; aus H_2O] (*Ek, Wi.*), 147–149° [unkorr.; aus wss.

A.] (*Koo et al.*), 145—147° [aus wss. A.] (*St. et al.*). IR-Banden ($CHCl_3$; 2,8—7,8 μ): *Ek, Wi.* λ_{max} (A.): 275 nm (*Me. et al.*).

[5-Methoxy-indol-3-yl]-essigsäure-äthylester $C_{13}H_{15}NO_3$, Formel XIII (R = CH_3, X = O-C_2H_5).

B. Beim Erwärmen von [5-Methoxy-indol-3-yl]-essigsäure mit äthanol. HCl (*Hoshino, Shimodaira*, Bl. chem. Soc. Japan **11** [1936] 221, 222).

Kristalle (aus Ae.); F: 97—98°. Kp_4: 202—203°.

[5-Äthoxy-indol-3-yl]-essigsäure-äthylester $C_{14}H_{17}NO_3$, Formel XIII (R = C_2H_5, X = O-C_2H_5).

B. Beim Erwärmen von [5-Äthoxy-indol-3-yl]-essigsäure mit äthanol. HCl (*Hoshino, Shimodaira*, A. **520** [1935] 19, 26).

Kristalle; F: 89—90°.

[5-Hydroxy-indol-3-yl]-essigsäure-amid $C_{10}H_{10}N_2O_2$, Formel XIII (R = H, X = NH_2).

B. Bei der Hydrierung von [5-Benzyloxy-indol-3-yl]-essigsäure-amid an Palladium/Kohle in Äthanol (*Koo et al.*, J. org. Chem. **24** [1959] 179, 182).

F: 164—165° [unkorr.].

***N*-[(5-Hydroxy-indol-3-yl)-acetyl]-glycin** $C_{12}H_{12}N_2O_4$, Formel XIII (R = H, X = NH-CH_2-CO-OH).

B. Bei der Hydrierung von *N*-[(5-Benzyloxy-indol-3-yl)-acetyl]-glycin an Palladium/$BaSO_4$ in Methanol (*Keglević et al.*, Biochem. J. **73** [1959] 53, 55).

Kristalle (aus Acn. + $CHCl_3$); F: 186—187° [unkorr.]. IR-Spektrum (Nujol; 2—9 μ): *Ke. et al.*

[5-Benzyloxy-indol-3-yl]-essigsäure-amid $C_{17}H_{16}N_2O_2$, Formel XIII (R = CH_2-C_6H_5, X = NH_2).

B. Neben [5-Benzyloxy-indol-3-yl]-essigsäure beim Erwärmen von 5-Benzyloxy-3-dimethylaminomethyl-indol mit NaCN und wss. Äthanol (*Ek, Witkop*, Am. Soc. **76** [1954] 5579, 5583; *Koo et al.*, J. org. Chem. **24** [1959] 179, 182; s. a. *Hamlin, Fischer*, Am. Soc. **73** [1951] 5007). Beim Behandeln von [1-Acetyl-5-benzyloxy-indol-3-yl]-acetonitril in Aceton mit wss. H_2O_2 und wss. NaOH (*Nenitzescu, Răileanu*, B. **91** [1958] 1141, 1145).

Kristalle; F: 158—159° [korr.; aus Bzl. + wenig Me.] (*Ek, Wi.*), 158° (*Ha., Fi.*), 156—157° [unkorr.; aus A.] (*Koo et al.*). IR-Banden ($CHCl_3$; 2,8—6,8 μ): *Ek, Wi.*

[5-Benzyloxy-indol-3-yl]-essigsäure-methylamid $C_{18}H_{18}N_2O_2$, Formel XIII (R = CH_2-C_6H_5, X = NH-CH_3).

B. Beim Behandeln von [5-Benzyloxy-indol-3-yl]-essigsäure-hydrazid in Dioxan mit wss. $NaNO_2$ und wss. HCl und Behandeln des erhaltenen [5-Benzyloxy-indol-3-yl]-acetylazids mit wss. Methylamin (*Stoll et al.*, Helv. **38** [1955] 1452, 1466).

Kristalle (aus Me. oder $CHCl_3$); F: 141—142°.

[5-Benzyloxy-indol-3-yl]-essigsäure-dimethylamid $C_{19}H_{20}N_2O_2$, Formel XIII (R = CH_2-C_6H_5, X = N(CH_3)$_2$).

B. Beim Behandeln von [5-Benzyloxy-indol-3-yl]-acetylazid mit Dimethylamin (*Stoll et al.*, Helv. **38** [1955] 1452, 1466).

Kristalle (aus Bzl.); F: 138—140°.

[5-Benzyloxy-indol-3-yl]-essigsäure-äthylamid $C_{19}H_{20}N_2O_2$, Formel XIII (R = CH_2-C_6H_5, X = NH-C_2H_5).

B. Beim Behandeln von [5-Benzyloxy-indol-3-yl]-acetylazid mit Äthylamin (*Stoll et al.*, Helv. **38** [1955] 1452, 1466).

Kristalle (aus Bzl.); F: 126—128°.

[5-Benzyloxy-indol-3-yl]-essigsäure-diäthylamid $C_{21}H_{24}N_2O_2$, Formel XIII (R = CH_2-C_6H_5, X = N(C_2H_5)$_2$).

B. Beim Erwärmen von [5-Benzyloxy-indol-3-yl]-acetylazid mit Diäthylamin (*Stoll*

et al., Helv. **38** [1955] 1452, 1466).
Kristalle (aus Ae.); F: 120—121°.

[5-Benzyloxy-indol-3-yl]-essigsäure-benzylamid $C_{24}H_{22}N_2O_2$, Formel XIII (R = CH_2-C_6H_5, X = NH-CH_2-C_6H_5) auf S. 2222.
B. Aus 5-Benzyloxy-indolylmagnesium-jodid und Chloressigsäure-benzylamid (*Upjohn Co.*, U.S.P. 2692882 [1952]).
F: 185—186°.

[5-Benzyloxy-indol-3-yl]-essigsäure-[benzyl-methyl-amid] $C_{25}H_{24}N_2O_2$, Formel XIII (R = CH_2-C_6H_5, X = N(CH_3)-CH_2-C_6H_5) auf S. 2222.
B. Aus 5-Benzyloxy-indolylmagnesium-jodid und Chloressigsäure-[benzyl-methyl-amid] (*Upjohn Co.*, U.S.P. 2692882 [1952], 2804462 [1952]).
Kristalle (aus Isopropylalkohol); F: 151—152°.

[5-Benzyloxy-indol-3-yl]-essigsäure-dibenzylamid $C_{31}H_{28}N_2O_2$, Formel XIII (R = CH_2-C_6H_5, X = N(CH_2-C_6H_5)$_2$) auf S. 2222.
B. Aus 5-Benzyloxy-indolylmagnesium-jodid und Chloressigsäure-dibenzylamid (*Upjohn Co.*, U.S.P. 2692882 [1952]).
F: 156—157°.

[5-Benzyloxy-indol-3-yl]-essigsäure-piperidid $C_{22}H_{24}N_2O_2$, Formel XIV.
B. Beim Erwärmen von [5-Benzyloxy-indol-3-yl]-acetylazid mit Piperidin (*Stoll et al.*, Helv. **38** [1955] 1452, 1466).
Kristalle (aus Bzl.); F: 129—130°.

***N*-[(5-Benzyloxy-indol-3-yl)-acetyl]-glycin** $C_{19}H_{18}N_2O_4$, Formel XIII (R = CH_2-C_6H_5, X = NH-CH_2-CO-OH) auf S. 2222.
B. Beim Erwärmen von *N*-[(5-Benzyloxy-indol-3-yl)-acetyl]-glycin-äthylester mit wss.-äthanol. NaOH (*Keglević et al.*, Biochem. J. **73** [1959] 53, 55).
Kristalle (aus A. + H_2O); F: 143—145° [unkorr.].

***N*-[(5-Benzyloxy-indol-3-yl)-acetyl]-glycin-äthylester** $C_{21}H_{22}N_2O_4$, Formel XIII (R = CH_2-C_6H_5, X = NH-CH_2-CO-O-C_2H_5) auf S. 2222.
B. Beim Erhitzen von [5-Benzyloxy-indol-3-yl]-essigsäure mit Isocyanatoessigsäure-äthylester in Toluol bis auf 110° (*Keglević et al.*, Biochem. J. **73** [1959] 53, 54).
Kristalle (aus Me. + H_2O); F: 112—114° [unkorr.].

[5-Benzyloxy-indol-3-yl]-essigsäure-[2-amino-äthylamid] $C_{19}H_{21}N_3O_2$, Formel XIII (R = CH_2-C_6H_5, X = NH-CH_2-CH_2-NH_2) auf S. 2222.
B. Beim Behandeln von [5-Benzyloxy-indol-3-yl]-acetylazid mit Äthylendiamin (*Stoll et al.*, Helv. **38** [1955] 1452, 1466). Beim Behandeln von [5-Benzyloxy-indol-3-yl]-essigsäure-methylester mit Äthylendiamin (*St. et al.*).
Kristalle (aus $CHCl_3$. + Me. + PAe.); F: 137—139°.

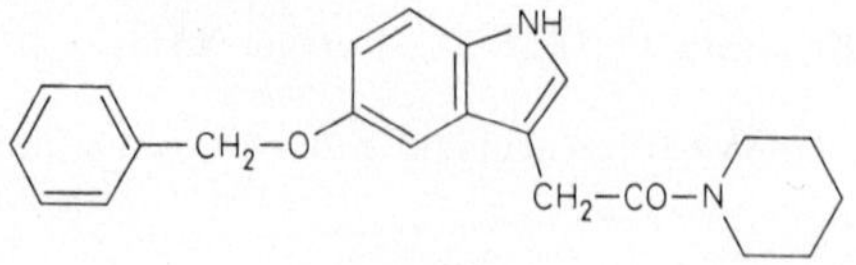

NH
CH_2—O
CH_2—CO—N
XIV

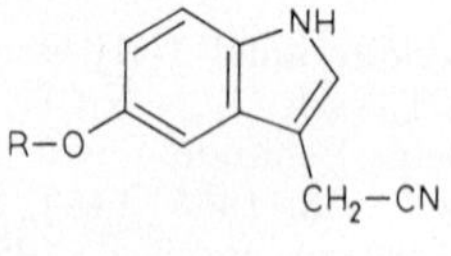

NH
R—O
CH_2—CN
XV

[5-Methoxy-indol-3-yl]-acetonitril $C_{11}H_{10}N_2O$, Formel XV (R = CH_3).
B. Beim Behandeln von 5-Methoxy-indol mit Methylmagnesiumjodid in Äther und Behandeln des Reaktionsgemisches mit Chloracetonitril (*Wieland et al.*, A. **513** [1934] 1, 20).
Kp_4: 221° (*Hoshino, Shimodaira*, Bl. chem. Soc. Japan **11** [1936] 221, 222).

[5-Äthoxy-indol-3-yl]-acetonitril $C_{12}H_{12}N_2O$, Formel XV (R = C_2H_5).
B. Beim Behandeln von 5-Äthoxy-indol mit Äthylmagnesiumjodid in Äther und Be-

handeln des Reaktionsgemisches mit Chloracetonitril (*Hoshino, Kotake*, A. **516** [1935] 76, 78).
Kristalle (aus Bzl.); F: 103—104°.

[5-Benzyloxy-indol-3-yl]-acetonitril $C_{17}H_{14}N_2O$, Formel XV (R = CH_2-C_6H_5).
B. Beim Behandeln von 5-Benzyloxy-indol mit Methylmagnesiumjodid in Äther und Erwärmen des Reaktionsgemisches mit Chloracetonitril (*Upjohn Co.*, U.S.P. 2728778 [1951]). Beim Behandeln von 5-Benzyloxy-3-dimethylaminomethyl-indol mit CH_3I und Erwärmen des erhaltenen Methojodids mit NaCN in H_2O (*Stoll et al.*, Helv. **38** [1955] 1452, 1465).
Kristalle (aus Ae. + PAe.); F: 75—78° (*St. et al.*).

[5-Benzyloxy-indol-3-yl]-essigsäure-hydrazid $C_{17}H_{17}N_3O_2$, Formel XIII (R = CH_2-C_6H_5, X = NH-NH_2) auf S. 2222.
B. Beim Erhitzen von [5-Benzyloxy-indol-3-yl]-essigsäure-methylester mit N_2H_4 auf 135° (*Stoll et al.*, Helv. **38** [1955] 1452, 1465).
Kristalle (aus wss. Me.); F: 153—154°.

[5-Methoxy-1-methyl-indol-3-yl]-essigsäure $C_{12}H_{13}NO_3$, Formel I (R = CH_3, X = OH).
B. Beim Erwärmen von 4-[(4-Methoxy-phenyl)-methyl-hydrazono]-buttersäure mit äthanol. HCl und Behandeln des Reaktionsprodukts mit wss.-äthanol. NaOH (*Shaw*, Am. Soc. **77** [1955] 4319, 4322).
Kristalle (aus A.); F: 136—138° [unkorr.].

[5-Methoxy-1-methyl-indol-3-yl]-essigsäure-amid $C_{12}H_{14}N_2O_2$, Formel I (R = CH_3, X = NH_2).
B. Beim Erhitzen von [5-Methoxy-1-methyl-indol-3-yl]-essigsäure mit Harnstoff auf 185° (*Shaw*, Am. Soc. **77** [1955] 4319, 4322).
Kristalle (aus A.); F: 227—228° [unkorr.].

[1-Benzyl-5-methoxy-indol-3-yl]-essigsäure $C_{18}H_{17}NO_3$, Formel I (R = CH_2-C_6H_5, X = OH).
B. Beim Erwärmen von 4-[Benzyl-(4-methoxy-phenyl)-hydrazono]-buttersäure mit äthanol. HCl und Behandeln des Reaktionsprodukts mit wss.-äthanol. NaOH (*Shaw*, Am. Soc. **77** [1955] 4319, 4322).
Kristalle (aus A.); F: 126° [unkorr.].

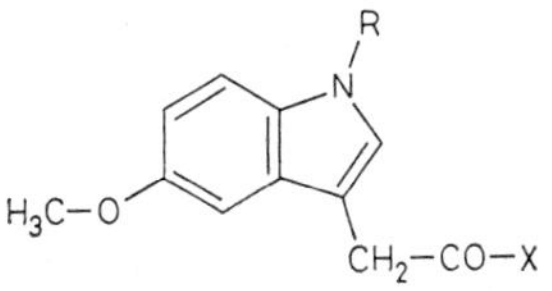

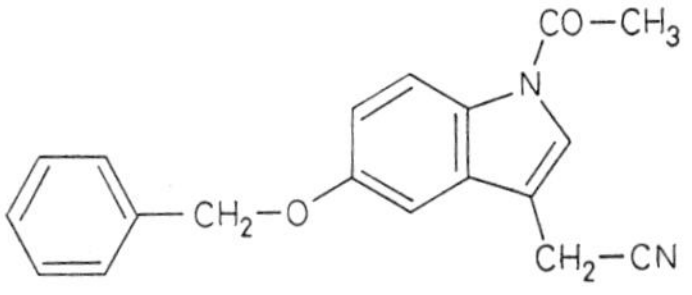

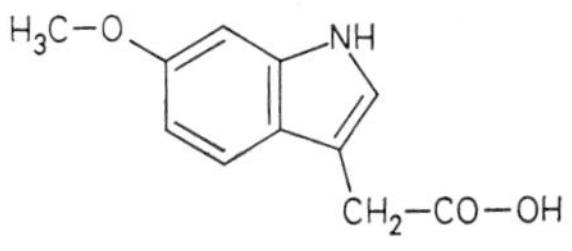

[1-Benzyl-5-methoxy-indol-3-yl]-essigsäure-amid $C_{18}H_{18}N_2O_2$, Formel I (R = CH_2-C_6H_5, X = NH_2).
B. Beim Erhitzen von [1-Benzyl-5-methoxy-indol-3-yl]-essigsäure mit Harnstoff auf 185° (*Shaw*, Am. Soc. **77** [1955] 4319, 4322).
Kristalle (aus A.); F: 156—157° [unkorr.].

[1-Acetyl-5-benzyloxy-indol-3-yl]-acetonitril $C_{19}H_{16}N_2O_2$, Formel II.
B. Beim Erhitzen von 1-Acetyl-5-benzyloxy-indol-3-ol mit Cyanessigsäure, Ammoniumacetat, Phenol und Xylol (*Nenitzescu, Răileanu*, B. **91** [1958] 1141, 1145).
Kristalle (aus Isopropylalkohol); F: 136°.

[6-Methoxy-indol-3-yl]-essigsäure $C_{11}H_{11}NO_3$, Formel III.
B. Beim Erhitzen von 3-Äthoxycarbonylmethyl-6-methoxy-indol-2-carbonsäure mit einem Kupferoxid-Chromoxid-Katalysator in Chinolin bis auf 205° und Erwärmen des

Reaktionsprodukts mit äthanol. KOH (*Findlay, Dougherty*, J. org. Chem. **13** [1948] 560, 565).

Kristalle (aus H_2O); F: 163—164° [Zers.].

[6-Methoxy-indol-3-yl]-acetonitril $C_{11}H_{10}N_2O$, Formel IV (R = CH_3).

B. Beim Erwärmen von 6-Methoxy-indol mit Methylmagnesiumjodid in Äther und Behandeln des Reaktionsgemisches mit Chloracetonitril (*Akabori, Saito*, B. **63** [1930] 2245, 2247). Beim Erwärmen von [6-Methoxy-indol-3-ylmethyl]-trimethyl-ammonium-jodid mit wss. NaCN (*Kametani, Katagi*, Japan. J. Pharm. Chem. **30** [1958] 194; C. A. **1960** 1517). Beim Behandeln von 3-Dimethylaminomethyl-6-methoxy-indol mit Dimethylsulfat und Essigsäure in THF und Erwärmen des Reaktionsprodukts in H_2O mit KCN (*Aldrich et al.*, Am. Soc. **81** [1959] 2481, 2488).

Kristalle; F: 113—114° [aus wss. A.] (*Ak., Sa.*), 112° [aus wss. A.] (*Ka., Ka.*), 111° bis 112° [aus Bzl.] (*Al. et al.*).

[6-Benzyloxy-indol-3-yl]-acetonitril $C_{17}H_{14}N_2O$, Formel IV (R = CH_2-C_6H_5).

B. Beim Behandeln von 6-Benzyloxy-3-dimethylaminomethyl-indol mit CH_3I und Erwärmen des erhaltenen Methojodids mit NaCN in H_2O (*Stoll et al.*, Helv. **38** [1955] 1452, 1472; s. a. *Gaddum et al.*, Quart. J. exp. Physiol. **40** [1955] 49, 55).

Kristalle; F: 137—138° [aus PAe. oder wss. Eg.] (*Ga. et al.*), 136—137° [aus $CHCl_3$] (*St. et al.*).

[7-Hydroxy-indol-3-yl]-essigsäure $C_{10}H_9NO_3$, Formel V (R = H, X = OH).

B. Beim Erwärmen von 4-[2-Hydroxy-phenylhydrazono]-buttersäure mit methanol. H_3PO_4 (*Clerc-Bory*, Bl. **1954** 337). Bei der Hydrierung von [7-Benzyloxy-indol-3-yl]-essigsäure an Palladium/Kohle in Äthylacetat (*Ek, Witkop*, Am. Soc. **76** [1954] 5579, 5586).

Kristalle; F: 177° [aus H_2O] (*Ek, Witkop*, Am. Soc. **75** [1953] 501), 175° [aus Bzl. oder H_2O] (*Cl.-Bory*). UV-Spektrum (H_2O; 250—285 nm): *Ray, Thimann*, Arch. Biochem. **64** [1956] 175, 183. λ_{max} (A.): 285 nm und 360 nm (*Cl.-Bory*).

[7-Methoxy-indol-3-yl]-essigsäure $C_{11}H_{11}NO_3$, Formel V (R = CH_3, X = OH).

B. Beim Erhitzen von 3-Äthoxycarbonylmethyl-7-methoxy-indol-2-carbonsäure mit einem Kupferoxid-Chromoxid-Katalysator in Chinolin auf 210° und Behandeln des erhaltenen [7-Methoxy-indol-3-yl]-essigsäure-äthylesters (Öl) mit äthanol. KOH (*Findlay, Dougherty*, J. org. Chem. **13** [1948] 560, 564).

Kristalle (aus H_2O); F: 127—127,5° [Zers.].

[7-Benzyloxy-indol-3-yl]-essigsäure $C_{17}H_{15}NO_3$, Formel V (R = CH_2-C_6H_5, X = OH).

B. Neben [7-Benzyloxy-indol-3-yl]-essigsäure-amid (Hauptprodukt) und [7-Benzyloxy-indol-3-yl]-acetonitril beim mehrtägigen Erwärmen von 7-Benzyloxy-3-dimethylaminomethyl-indol mit NaCN in wss. Äthanol (*Ek, Witkop*, Am. Soc. **76** [1954] 5579, 5586).

Kristalle (aus wss. A.); F: 164,5—165° [korr.].

[7-Benzyloxy-indol-3-yl]-essigsäure-amid $C_{17}H_{16}N_2O_2$, Formel V (R = CH_2-C_6H_5, X = NH_2).

B. s. im vorangehenden Artikel.

Kristalle (aus Bzl. + wenig A.); F: 187,5—188° [korr.] (*Ek, Witkop*, Am. Soc. **76** [1954] 5579, 5586).

[7-Benzyloxy-indol-3-yl]-acetonitril $C_{17}H_{14}N_2O$, Formel VI.
B. s. S. 2226 im Artikel [7-Benzyloxy-indol-3-yl]-essigsäure.
Kristalle (aus Bzl.); F: 117–118° [korr.] (*Ek, Witkop*, Am. Soc. **76** [1954] 5579, 5586).

(±)-Hydroxy-indol-3-yl-essigsäure $C_{10}H_9NO_3$, Formel VII (X = OH).
Natrium-Salz $NaC_{10}H_8NO_3$. *B.* Aus dem Natrium-Salz der Indol-3-yl-glyoxylsäure bei der Hydrierung an Palladium in H_2O sowie beim Behandeln mit Natrium-Amalgam in wss. NaOH (*Shaw et al.*, J. org. Chem. **23** [1958] 1171, 1177). – Kristalle (aus Me. + Ae.); Zers. bei 306° [korr.] (*Shaw et al.*). UV-Spektrum (A.; 220–325 nm): *Kaper, Veldstra*, Biochim. biophys. Acta **30** [1958] 401, 406.

Die Identität eines gleichfalls unter dieser Konstitution beschriebenen, beim Erwärmen von 2,2-Dichlor-1-indol-3-yl-äthanon mit wss. KOH (*Sanna*, Rend. Fac. Sci. Cagliari **4** [1934] 28, 31) erhaltenen Präparats (F: 174°) ist ungewiss (*Shaw et al.*, l. c. S. 1173).

(±)-Hydroxy-indol-3-yl-essigsäure-methylester $C_{11}H_{11}NO_3$, Formel VII (X = O-CH_3).
B. Beim Behandeln von Indol-3-yl-glyoxylsäure-methylester mit amalgamiertem Aluminium und feuchtem, wenig Methanol enthaltenden Äther (*Baker*, Soc. **1940** 458).
Kristalle (aus Ae. + PAe.); F: 82,5°.

(±)-Hydroxy-indol-3-yl-essigsäure-amid $C_{10}H_{10}N_2O_2$, Formel VII (X = NH_2).
B. Beim Behandeln von Indol-3-yl-glyoxylsäure-amid mit $NaBH_4$ in Äthanol (*Brutcher, Vanderwerff*, J. org. Chem. **23** [1958] 146).
Kristalle (aus A.); F: 175,5–177° [unkorr.; Zers.].

(±)-Hydroxy-indol-3-yl-essigsäure-methylamid $C_{11}H_{12}N_2O_2$, Formel VII (X = NH-CH_3).
B. Bei der Hydrierung von Indol-3-yl-glyoxylsäure-methylamid an Platin in Äthanol (*Upjohn Co.*, U.S.P. 2870162 [1954]).
F: 193–194°.

(±)-Hydroxy-indol-3-yl-essigsäure-benzylamid $C_{17}H_{16}N_2O_2$, Formel VII (X = NH-CH_2-C_6H_5).
B. Bei der Hydrierung von Indol-3-yl-glyoxylsäure-benzylamid an Platin in Äthanol (*Upjohn Co.*, U.S.P. 2870162 [1954]).
Kristalle (aus E. + DMF); F: 181–182°.

5-Äthoxy-3-methyl-indol-2-carbonsäure-methylester $C_{13}H_{15}NO_3$, Formel VIII (R = CH_3).
B. Beim Behandeln von 5-Äthoxy-3-methyl-indol-2-carbonsäure mit Dimethylsulfat und wss. Alkalilauge (*Kobayashi*, A. **539** [1939] 213, 217).
Kristalle (aus A.); F: 178–179°.

NH; CH-CO-X; HO — VII
NH; CO-O-R; C_2H_5-O; CH_3 — VIII
NH; CO-X; CH_2-OH — IX

5-Äthoxy-3-methyl-indol-2-carbonsäure-äthylester $C_{14}H_{17}NO_3$, Formel VIII (R = C_2H_5) (E II 172).
B. Beim Erwärmen von 4-Äthoxy-benzoldiazonium-chlorid in H_2O mit 2-Äthyl-acetessigsäure-äthylester, wss.-äthanol. NaOH und $NaHCO_3$ und Erwärmen des Reaktionsprodukts mit äthanol. HCl (*Kobayashi*, A. **539** [1939] 213, 216).
Kristalle (aus A.); F: 171–172°.

3-Hydroxymethyl-indol-2-carbonsäure $C_{10}H_9NO_3$, Formel IX (X = OH).
B. Beim Behandeln von 1,4-Dihydro-furo[3,4-*b*]indol-3-on mit warmer wss. NaOH

(*Harradence, Lions*, J. Pr. Soc. N. S. Wales **72** [1938] 221, 226).
Kristalle (aus wss. A.); F: 244–245° [Zers.].

3-Hydroxymethyl-indol-2-carbonsäure-hydrazid $C_{10}H_{11}N_3O_2$, Formel IX (X = NH-NH_2).
B. Beim Erwärmen von 1,4-Dihydro-furo[3,4-*b*]indol-3-on mit wss. $N_2H_4 \cdot H_2O$ (*Harradence, Lions*, J. Pr. Soc. N. S. Wales **72** [1938] 221, 226).
Kristalle (aus H_2O oder E.); F: 195–200° [Zers.; bei schnellem Erhitzen].
Beim langsamen Erhitzen bis auf 200° ist 1,2,3,5-Tetrahydro-pyridazino[4,5-*b*]indol-4-on erhalten worden.

3-Hydroxymethyl-indol-2-carbonsäure-[*N'*-phenyl-hydrazid] $C_{16}H_{15}N_3O_2$, Formel IX (X = NH-NH-C_6H_5).
B. Beim Erwärmen von 1,4-Dihydro-furo[3,4-*b*]indol-3-on mit Phenylhydrazin auf 100° (*Harradence, Lions*, J. Pr. Soc. N. S. Wales **72** [1938] 221, 227).
Kristalle (aus E.); F: 196°.

***3-Hydroxymethyl-indol-2-carbonsäure-benzylidenhydrazid, Benzaldehyd-[3-hydroxymethyl-indol-2-carbonylhydrazon]** $C_{17}H_{15}N_3O_2$, Formel IX (X = NH-N=CH-C_6H_5).
B. Beim Erwärmen von 3-Hydroxymethyl-indol-2-carbonsäure-hydrazid mit Benzaldehyd in Äthanol (*Harradence, Lions*, J. Pr. Soc. N. S. Wales **72** [1938] 221, 226).
Kristalle (aus A.), die ab 235° unter Zersetzung schmelzen.

5-Hydroxy-2-methyl-indol-3-carbonsäure-äthylester $C_{12}H_{13}NO_3$, Formel I (R = R″ = H, R′ = C_2H_5) (E II 172).
B. Aus [1,4]Benzochinon und 3-Amino-crotonsäure-äthylester (E III **3** 1199) beim Erwärmen in Benzol oder $CHCl_3$ (*Domschke, Fürst*, B. **92** [1959] 3244) bzw. in 1,2-Dichloräthan (*Grinew et al.*, Ž. obšč. Chim. **29** [1959] 2777, 2779; engl. Ausg. S. 2742, 2743).
Kristalle (aus Eg. + E.); F: 211–212° [korr.] (*Steck et al.*, J. org. Chem. **24** [1959] 1750). UV-Spektrum (Me.; 200–400 nm): *Teuber, Thaler*, B. **91** [1958] 2253, 2258.
Beim Behandeln mit $NO(SO_3K)_2$, KH_2PO_4 und wss. Essigsäure in Aceton ist 2-Methyl-4,5-dioxo-4,5-dihydro-indol-3-carbonsäure-äthylester erhalten worden (*Te., Th.*, l. c. S. 2265). Beim Erwärmen mit wss. NaOH ist 2-Methyl-indol-5-ol erhalten worden (*Beer et al.*, Soc. **1951** 2029, 2031).

5-Methoxy-2-methyl-indol-3-carbonsäure-äthylester $C_{13}H_{15}NO_3$, Formel I (R = H, R′ = C_2H_5, R″ = CH_3) (E II 172).
λ_{max} (Me.): 216 nm, 242 nm und 284 nm (*Neuss et al.*, Am. Soc. **76** [1954] 2463, 2464).

5-Benzyloxy-2-methyl-indol-3-carbonsäure-äthylester $C_{19}H_{19}NO_3$, Formel I (R = H, R′ = C_2H_5, R″ = CH_2-C_6H_5).
B. Beim Erwärmen von 5-Hydroxy-2-methyl-indol-3-carbonsäure-äthylester mit äthanol. Natriumäthylat und Benzylchlorid (*Upjohn Co.*, U.S.P. 2704763 [1952], 2707187 [1952]).
F: 152–152,5°.

[3-Äthoxycarbonyl-2-methyl-indol-5-yloxy]-essigsäure $C_{14}H_{15}NO_5$, Formel I (R = H, R′ = C_2H_5, R″ = CH_2-CO-OH).
B. Beim Erwärmen von 5-Äthoxycarbonylmethoxy-2-methyl-indol-3-carbonsäure-äthylester mit wss. KOH in Dioxan (*Grinew et al.*, Ž. obšč. Chim. **29** [1959] 2777, 2781; engl. Ausg. S. 2742, 2745).
Kristalle (aus H_2O); F: 207,5–208,5° [Zers.].

5-Äthoxycarbonylmethoxy-2-methyl-indol-3-carbonsäure-äthylester, [3-Äthoxycarbonyl-2-methyl-indol-5-yloxy]-essigsäure-äthylester $C_{16}H_{19}NO_5$, Formel I (R = H, R′ = C_2H_5, R″ = CH_2-CO-O-C_2H_5).
B. Beim Erwärmen von 5-Hydroxy-2-methyl-indol-3-carbonsäure-äthylester mit Bromessigsäure-äthylester und äthanol. Natriumäthylat (*Grinew et al.*, Ž. obšč. Chim. **29** [1959] 2777, 2779; engl. Ausg. S. 2742, 2744).
Kristalle (aus wss. A.); F: 147–148°.

5-Methoxy-1,2-dimethyl-indol-3-carbonsäure $C_{12}H_{13}NO_3$, Formel I (R = R″ = CH_3, R′ = H).

B. Beim Erwärmen von 5-Methoxy-1,2-dimethyl-indol-3-carbonsäure-äthylester mit äthanol. KOH (*Grinew et al.*, Ž. obšč. Chim. **28** [1958] 447, 449; engl. Ausg. S. 439, 441).

Kristalle (aus Me.); F: 190–191°.

5-Hydroxy-1,2-dimethyl-indol-3-carbonsäure-äthylester, Mecarbinat $C_{13}H_{15}NO_3$, Formel I (R = CH_3, R′ = C_2H_5, R″ = H).

B. Beim Erwärmen von 3-Methylamino-crotonsäure-äthylester mit [1,4]Benzochinon in Aceton (*Sterling Drug Inc.*, U.S.P. 2852527 [1956]; *Steck et al.*, J. org. Chem. **24** [1959] 1750) oder in 1,2-Dichlor-äthan (*Grinew et al.*, Ž. obšč. Chim. **29** [1959] 2777, 2780; engl. Ausg. S. 2742, 2744).

Kristalle; F: 212–214° [aus 2-Methoxy-äthanol] (*Sterling Drug Inc.*), 211–212° [korr.; aus 2-Methoxy-äthanol] (*St. et al.*), 208,5–209° (*Gr. et al.*).

5-Methoxy-1,2-dimethyl-indol-3-carbonsäure-äthylester $C_{14}H_{17}NO_3$, Formel I (R = R″ = CH_3, R′ = C_2H_5).

B. Beim Behandeln von 5-Hydroxy-1,2-dimethyl-indol-3-carbonsäure-äthylester mit Dimethylsulfat und wss. NaOH in Dioxan (*Grinew et al.*, Ž. obšč. Chim. **28** [1958] 447, 449; engl. Ausg. S. 439, 440).

Kristalle (aus Me.); F: 114–115° (oder 144–145° ?).

R
N
CH_3
R″–O
CO–O–R′
I

R″
N
CH_3
R′–O
CO–O–R
II

[3-Äthoxycarbonyl-1,2-dimethyl-indol-5-yloxy]-essigsäure $C_{15}H_{17}NO_5$, Formel I (R = CH_3, R′ = C_2H_5, R″ = CH_2-CO-OH).

B. Beim Erwärmen von 5-Hydroxy-1,2-dimethyl-indol-3-carbonsäure-äthylester mit Chloressigsäure und wss. NaOH in Dioxan (*Grinew et al.*, Ž. obšč. Chim. **29** [1959] 2777, 2779; engl. Ausg. S. 2742, 2743).

Kristalle (aus Acn.); F: 196–197°.

1-Äthyl-5-methoxy-2-methyl-indol-3-carbonsäure $C_{13}H_{15}NO_3$, Formel I (R = C_2H_5, R′ = H, R″ = CH_3).

B. Beim Erwärmen von 1-Äthyl-5-methoxy-2-methyl-indol-3-carbonsäure-äthylester mit wss. NaOH (*Grinew et al.*, Ž. obšč. Chim. **27** [1957] 1690, 1691; engl. Ausg. S. 1759).

Kristalle (aus A.); F: 171°.

1-Äthyl-5-hydroxy-2-methyl-indol-3-carbonsäure-äthylester $C_{14}H_{17}NO_3$, Formel I (R = R′ = C_2H_5, R″ = H).

B. Beim Behandeln von 3-Äthylamino-crotonsäure-äthylester mit [1,4]Benzochinon in Aceton (*Grinew et al.*, Ž. obšč. Chim. **27** [1957] 1690, 1691; engl. Ausg. S. 1759).

Kristalle (aus Dioxan); F: 184,5°.

1-Äthyl-5-methoxy-2-methyl-indol-3-carbonsäure-äthylester $C_{15}H_{19}NO_3$, Formel I (R = R′ = C_2H_5, R″ = CH_3).

B. Beim Erwärmen von 1-Äthyl-5-hydroxy-2-methyl-indol-3-carbonsäure-äthylester mit Dimethylsulfat und wss. NaOH in Dioxan (*Grinew et al.*, Ž. obšč. Chim. **27** [1957] 1690, 1691; engl. Ausg. S. 1759).

Kristalle (aus Me.); F: 67°.

1-Äthyl-5-benzoyloxy-2-methyl-indol-3-carbonsäure-äthylester $C_{21}H_{21}NO_4$, Formel I (R = R′ = C_2H_5, R″ = CO-C_6H_5).

B. Beim Behandeln von 1-Äthyl-5-hydroxy-2-methyl-indol-3-carbonsäure-äthylester mit Benzoylchlorid und Pyridin (*Grinew et al.*, Ž. obšč. Chim. **28** [1958] 447, 451; engl. Ausg. S. 439, 442).

F: 137°.

1-Hexyl-5-hydroxy-2-methyl-indol-3-carbonsäure-äthylester $C_{18}H_{25}NO_3$, Formel I ($R = [CH_2]_5\text{-}CH_3$, $R' = C_2H_5$, $R'' = H$).

B. Beim Erwärmen von 3-Hexylamino-crotonsäure-äthylester mit [1,4]Benzochinon in Aceton (*Steck et al.*, J. org. Chem. **24** [1959] 1750).

Kristalle (aus Cyclohexan); F: 134,5–135° [korr.].

1-Cyclohexyl-5-hydroxy-2-methyl-indol-3-carbonsäure-äthylester $C_{18}H_{23}NO_3$, Formel I ($R = C_6H_{11}$, $R' = C_2H_5$, $R'' = H$).

B. Beim Erwärmen von 3-Cyclohexylamino-crotonsäure-äthylester mit [1,4]Benzochinon in Aceton (*Grinew et al.*, Ž. obšč. Chim. **28** [1958] 447, 448; engl. Ausg. S. 439, 440).

Kristalle; F: 69°.

5-Carboxymethoxy-2-methyl-1-phenyl-indol-3-carbonsäure, [3-Carboxy-2-methyl-1-phenyl-indol-5-yloxy]-essigsäure $C_{18}H_{15}NO_5$, Formel II ($R = R'' = H$, $R' = CH_2\text{-}CO\text{-}OH$).

B. Beim Erwärmen von 5-Äthoxycarbonylmethoxy-2-methyl-1-phenyl-indol-3-carbonsäure-äthylester mit wss. KOH in Dioxan (*Grinew et al.*, Ž. obšč. Chim. **29** [1959] 2777, 2781; engl. Ausg. S. 2742, 2745).

Kristalle (aus A.); F: 176–176,5°.

5-Hydroxy-2-methyl-1-phenyl-indol-3-carbonsäure-äthylester $C_{18}H_{17}NO_3$, Formel II ($R = C_2H_5$, $R' = R'' = H$) (E II 173).

B. Beim Erwärmen von 3-Anilino-crotonsäure-äthylester mit [1,4]Benzochinon in 1,2-Dichlor-äthan (*Grinew et al.*, Ž. obšč. Chim. **29** [1959] 2777, 2780; engl. Ausg. S. 2742, 2744).

F: 203–204°.

5-Methoxy-2-methyl-1-phenyl-indol-3-carbonsäure-äthylester $C_{19}H_{19}NO_3$, Formel II ($R = C_2H_5$, $R' = CH_3$, $R'' = H$).

B. Beim Behandeln von 5-Hydroxy-2-methyl-1-phenyl-indol-3-carbonsäure-äthylester mit Dimethylsulfat und wss. NaOH in Dioxan (*Grinew et al.*, Ž. obšč. Chim. **28** [1958] 1853; engl. Ausg. S. 1897).

Kristalle (aus Me.); F: 88–90°.

5-Benzoyloxy-2-methyl-1-phenyl-indol-3-carbonsäure-äthylester $C_{25}H_{21}NO_4$, Formel II ($R = C_2H_5$, $R' = CO\text{-}C_6H_5$, $R'' = H$).

B. Beim Behandeln von 5-Hydroxy-2-methyl-1-phenyl-indol-3-carbonsäure-äthylester mit Benzoylchlorid und Pyridin (*Grinew et al.*, Ž. obšč. Chim. **28** [1958] 447, 450; engl. Ausg. S. 439, 441).

Kristalle (aus Dioxan); F: 120–121°.

5-Äthoxycarbonylmethoxy-2-methyl-1-phenyl-indol-3-carbonsäure-äthylester, [3-Äthoxycarbonyl-2-methyl-1-phenyl-indol-5-yloxy]-essigsäure-äthylester $C_{22}H_{23}NO_5$, Formel II ($R = C_2H_5$, $R' = CH_2\text{-}CO\text{-}O\text{-}C_2H_5$, $R'' = H$).

B. Beim Erwärmen von 5-Hydroxy-2-methyl-1-phenyl-indol-3-carbonsäure-äthylester mit Bromessigsäure-äthylester und äthanol. Natriumäthylat (*Grinew et al.*, Ž. obšč. Chim. **29** [1959] 2777, 2781; engl. Ausg. S. 2742, 2744).

Kristalle (aus A.); F: 144,5–145,5°.

5-Hydroxy-2-methyl-1-*o*-tolyl-indol-3-carbonsäure-äthylester $C_{19}H_{19}NO_3$, Formel II ($R = C_2H_5$, $R' = H$, $R'' = CH_3$).

B. Beim Erwärmen von 3-*o*-Toluidino-crotonsäure-äthylester mit [1,4]Benzochinon in 1,2-Dichlor-äthan (*Grinew et al.*, Ž. obšč. Chim. **29** [1959] 2777, 2780; engl. Ausg. S. 2742, 2744; s. a. *Grinew et al.*, Ž. obšč. Chim. **28** [1958] 447, 448; engl. Ausg. S. 439, 440).

Kristalle (aus A.); F: 208–209°.

5-Benzoyloxy-2-methyl-1-*o*-tolyl-indol-3-carbonsäure-äthylester $C_{26}H_{23}NO_4$, Formel III (X = X′ = H).

B. Beim Behandeln von 5-Hydroxy-2-methyl-1-*o*-tolyl-indol-3-carbonsäure-äthylester mit Benzoylchlorid und Pyridin (*Grinew et al.*, Ž. obšč. Chim. **28** [1958] 447, 451; engl. Ausg. S. 439, 442).

Kristalle (aus A.); F: 146–147°.

5-[3,5-Dinitro-benzoyloxy]-2-methyl-1-*o*-tolyl-indol-3-carbonsäure-äthylester $C_{26}H_{21}N_3O_8$, Formel III (X = H, X′ = NO_2).

B. Beim Behandeln von 5-Hydroxy-2-methyl-1-*o*-tolyl-indol-3-carbonsäure-äthylester mit 3,5-Dinitro-benzoylchlorid und Pyridin (*Grinew et al.*, Ž. obšč. Chim. **28** [1958] 447, 451; engl. Ausg. S. 439, 442).

Kristalle (aus A. + Dioxan); F: 121°.

5-[2-Methoxy-benzoyloxy]-2-methyl-1-*o*-tolyl-indol-3-carbonsäure-äthylester $C_{27}H_{25}NO_5$, Formel III (X = O-CH_3, X′ = H).

B. Beim Behandeln von 5-Hydroxy-2-methyl-1-*o*-tolyl-indol-3-carbonsäure-äthylester mit 2-Methoxy-benzoylchlorid und Pyridin (*Grinew et al.*, Ž. obšč. Chim. **28** [1958] 447, 451; engl. Ausg. S. 439, 442).

Kristalle (aus A.); F: 171°.

1-Benzyl-5-hydroxy-2-methyl-indol-3-carbonsäure-äthylester $C_{19}H_{19}NO_3$, Formel IV (R = CH_2-C_6H_5, R′ = H).

B. Aus 3-Benzylamino-crotonsäure-äthylester und [1,4]Benzochinon beim Erwärmen in $CHCl_3$ unter Zusatz von Ameisensäure (*Domschke, Fürst*, B. **92** [1959] 3244), in 1,2-Dichlor-äthan (*Grinew et al.*, Doklady Akad. S.S.S.R. **121** [1958] 862; Pr. Acad. Sci. U.S.S.R. Chem. Sect. **118–123** [1958] 613) oder in Aceton (*Steck et al.*, J. org. Chem. **24** [1959] 1750).

Kristalle; F: 198–199° [korr.; aus A. oder $CHCl_3$] (*Do.*, *Fü.*), 196,5–197,5° [aus E.] (*St. et al.*), 195° [aus A.] (*Gr. et al.*).

1-Benzyl-5-methoxy-2-methyl-indol-3-carbonsäure-äthylester $C_{20}H_{21}NO_3$, Formel IV (R = CH_2-C_6H_5, R′ = CH_3).

B. Beim Behandeln von 1-Benzyl-5-hydroxy-2-methyl-indol-3-carbonsäure-äthylester mit Dimethylsulfat und wss. NaOH in Dioxan (*Grinew et al.*, Doklady Akad. S.S.S.R. **121** [1958] 862; Pr. Acad. Sci. U.S.S.R. Chem. Sect. **118–123** [1958] 613).

Kristalle (aus Me.); F: 102°.

5-Hydroxy-1-[2-hydroxy-äthyl]-2-methyl-indol-3-carbonsäure-äthylester $C_{14}H_{17}NO_4$, Formel IV (R = CH_2-CH_2-OH, R′ = H).

B. Beim Erwärmen von 3-[2-Hydroxy-äthylamino]-crotonsäure-äthylester mit [1,4]Benzochinon in 1,2-Dichlor-äthan (*Grinew et al.*, Ž. obšč. Chim. **29** [1959] 2777, 2780; engl. Ausg. S. 2742, 2744).

F: 174–175°.

1-[2-Hydroxy-äthyl]-5-methoxy-2-methyl-indol-3-carbonsäure-äthylester $C_{15}H_{19}NO_4$, Formel IV (R = CH_2-CH_2-OH, R′ = CH_3).

B. Beim Behandeln von 5-Hydroxy-1-[2-hydroxy-äthyl]-2-methyl-indol-3-carbonsäure-äthylester mit Dimethylsulfat und wss. NaOH in Dioxan (*Grinew et al.*, Ž. obšč. Chim.

29 [1959] 2777, 2779; engl. Ausg. S. 2742, 2743).
Kristalle (aus wss. A.); F: 106°.

[3-Äthoxycarbonyl-1-(2-hydroxy-äthyl)-2-methyl-indol-5-yloxy]-essigsäure $C_{16}H_{19}NO_6$, Formel IV (R = CH_2-CH_2-OH, R' = CH_2-CO-OH).
B. In geringen Mengen beim Erwärmen von 5-Hydroxy-1-[2-hydroxy-äthyl]-2-methyl-indol-3-carbonsäure-äthylester mit Bromessigsäure-äthylester und äthanol. Natrium≈äthylat (*Grinew et al.*, Ž. obšč. Chim. **29** [1959] 2777, 2781; engl. Ausg. S. 2742, 2745).
Kristalle (aus Me.); F: 189°.

1-[2-Cyan-äthyl]-5-hydroxy-2-methyl-indol-3-carbonsäure-äthylester $C_{15}H_{16}N_2O_3$, Formel IV (R = CH_2-CH_2-CN, R' = H).
B. Beim Erwärmen von 3-[2-Cyan-äthylamino]-crotonsäure-äthylester mit [1,4]≈Benzochinon in 1,2-Dichlor-äthan (*Grinew et al.*, Ž. obšč. Chim. **27** [1957] 1690, 1692; engl. Ausg. S. 1759).
Kristalle (aus A.); F: 191°.

1-[2-Cyan-äthyl]-5-methoxy-2-methyl-indol-3-carbonsäure-äthylester $C_{16}H_{18}N_2O_3$, Formel IV (R = CH_2-CH_2-CN, R' = CH_3).
B. Beim Erwärmen von 1-[2-Cyan-äthyl]-5-hydroxy-2-methyl-indol-3-carbonsäure-äthylester mit Dimethylsulfat und wss. NaOH in Dioxan (*Grinew et al.*, Ž. obšč. Chim. **27** [1957] 1690, 1692; engl. Ausg. S. 1759).
Kristalle (aus A.); F: 135°.

5-Benzoyloxy-1-[2-cyan-äthyl]-2-methyl-indol-3-carbonsäure-äthylester $C_{22}H_{20}N_2O_4$, Formel IV (R = CH_2-CH_2-CN, R' = CO-C_6H_5).
B. Beim Behandeln von 1-[2-Cyan-äthyl]-5-hydroxy-2-methyl-indol-3-carbonsäure-äthylester mit Benzoylchlorid und Pyridin (*Grinew et al.*, Ž. obšč. Chim. **28** [1958] 447, 451; engl. Ausg. S. 439, 442).
Kristalle (aus A.); F: 165°.

1-[3-Dimethylamino-propyl]-5-hydroxy-2-methyl-indol-3-carbonsäure-äthylester $C_{17}H_{24}N_2O_3$, Formel IV (R = $[CH_2]_3$-$N(CH_3)_2$, R' = H).
B. In kleinen Mengen beim Erwärmen von 3-[3-Dimethylamino-propylamino]-croton≈säure-äthylester mit [1,4]Benzochinon in Aceton (*Steck et al.*, J. org. Chem. **24** [1959] 1750).
Hydrochlorid $C_{17}H_{24}N_2O_3 \cdot HCl$. Bräunliche Kristalle (aus wss. A.); F: 267,5—269,5° [korr.].

6-Chlor-5-hydroxy-2-methyl-indol-3-carbonsäure-äthylester $C_{12}H_{12}ClNO_3$, Formel V.
Konstitution: *Littell, Allen,* J. org. Chem. **33** [1968] 2064, 2065.
B. Beim Erwärmen von 3-Amino-crotonsäure-äthylester (E III **3** 1199) mit Chlor-[1,4]≈benzochinon in Aceton (*Grinew et al.*, Ž. obšč. Chim. **25** [1955] 1355; engl. Ausg. S. 1301).
Kristalle; F: 216—217° [unkorr.; aus Acn. + Hexan] (*Li., Al.*), 213° [aus Acn.] (*Gr. et al.*).

4,7-Dichlor-5-hydroxy-2-methyl-indol-3-carbonsäure-äthylester $C_{12}H_{11}Cl_2NO_3$, Formel VI (R = H).
B. Beim Erwärmen von 3-Amino-crotonsäure-äthylester (E III **3** 1199) mit 2,5-Dichlor-[1,4]benzochinon in $CHCl_3$ (*Grinew et al.*, Ž. obšč. Chim. **28** [1958] 447, 449; engl. Ausg. S. 439, 440).
Kristalle (aus $CHCl_3$ + A.); F: >320° [Zers.].

1-Äthyl-4,7-dichlor-5-hydroxy-2-methyl-indol-3-carbonsäure-äthylester $C_{14}H_{15}Cl_2NO_3$, Formel VI (R = C_2H_5).
B. Beim Erwärmen von 3-Äthylamino-crotonsäure-äthylester mit 2,5-Dichlor-[1,4]≈benzochinon in Äthanol unter Zusatz von NH_4Cl (*Grinew et al.*, Ž. obšč. Chim. **28** [1958] 447, 449; engl. Ausg. S. 439, 440).
Kristalle (aus A. + $CHCl_3$); F: 247—248°.

6,7-Dichlor-5-hydroxy-2-methyl-indol-3-carbonsäure-äthylester $C_{12}H_{11}Cl_2NO_3$, Formel VII (R = R′ = H).

B. Beim Erwärmen von 3-Amino-crotonsäure-äthylester (E III **3** 1199) mit 2,3-Dichlor-[1,4]benzochinon in $CHCl_3$ (*Grinew et al.*, Ž. obšč. Chim. **28** [1958] 447, 448; engl. Ausg. S. 439, 440).

Kristalle (aus wss. Dioxan); F: 237—238°.

6,7-Dichlor-5-methoxy-2-methyl-indol-3-carbonsäure-äthylester $C_{13}H_{13}Cl_2NO_3$, Formel VII (R = H, R′ = CH_3).

B. Beim Behandeln von 6,7-Dichlor-5-hydroxy-2-methyl-indol-3-carbonsäure-äthylester mit Dimethylsulfat und wss. NaOH in Dioxan (*Grinew et al.*, Ž. obšč. Chim. **28** [1958] 447, 450; engl. Ausg. S. 439, 441).

Kristalle (aus wss. Dioxan); F: 133°.

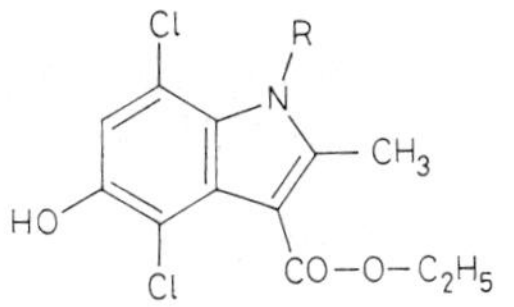

VI 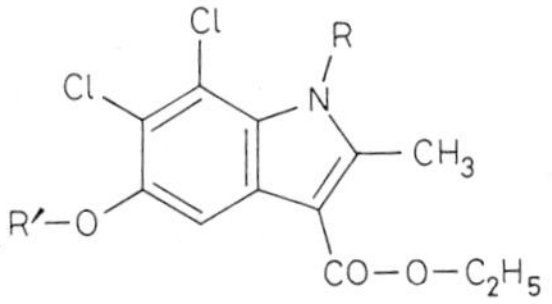 VII 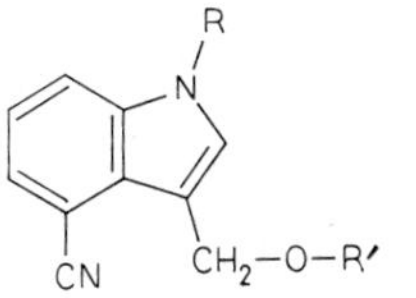 VIII

1-Äthyl-6,7-dichlor-5-hydroxy-2-methyl-indol-3-carbonsäure-äthylester $C_{14}H_{15}Cl_2NO_3$, Formel VII (R = C_2H_5, R′ = H).

B. Beim Erwärmen von 3-Äthylamino-crotonsäure-äthylester mit 2,3-Dichlor-[1,4]benzochinon in $CHCl_3$ (*Grinew et al.*, Ž. obšč. Chim. **26** [1956] 1452; engl. Ausg. S. 1633).

Kristalle (aus Dioxan); F: 209,5—210°.

1-Äthyl-6,7-dichlor-5-methoxy-2-methyl-indol-3-carbonsäure-äthylester $C_{15}H_{17}Cl_2NO_3$, Formel VII (R = C_2H_5, R′ = CH_3).

B. Beim Erwärmen von 1-Äthyl-6,7-dichlor-5-hydroxy-2-methyl-indol-3-carbonsäure-äthylester mit Dimethylsulfat und wss. NaOH in Dioxan (*Grinew et al.*, Ž. obšč. Chim. **26** [1956] 1452; engl. Ausg. S. 1633).

Kristalle (aus Dioxan); F: 127—128°.

3-Hydroxymethyl-indol-4-carbonitril $C_{10}H_8N_2O$, Formel VIII (R = R′ = H).

B. Aus 3-Formyl-indol-4-carbonitril beim Behandeln mit $NaBH_4$ in Pyridin oder mit $LiAlH_4$ in THF (*Uhle, Harris*, Am. Soc. **79** [1957] 102, 108).

Kristalle (aus E.); F: 140—146°.

3-Methoxymethyl-indol-4-carbonitril $C_{11}H_{10}N_2O$, Formel VIII (R = H, R′ = CH_3).

B. Beim Behandeln von 3-Acetoxymethyl-1-acetyl-indol-4-carbonitril mit wss.-methanol. NaOH (*Uhle, Harris*, Am. Soc. **79** [1957] 102, 108). Beim Erwärmen von (±)-[Acetyl-methyl-amino]-[4-cyan-indol-3-ylmethyl]-malonsäure-dimethylester mit methanol. Natriummethylat (*Uhle, Ha.*).

Kristalle (aus E. + PAe. oder wss. Me.); F: 119—120°.

3-Acetoxymethyl-1-acetyl-indol-4-carbonitril $C_{14}H_{12}N_2O_3$, Formel VIII (R = R′ = CO-CH_3).

B. Beim Erwärmen von 3-Dimethylaminomethyl-indol-4-carbonitril mit Acetanhydrid und Natriumacetat (*Uhle, Harris*, Am. Soc. **79** [1957] 102, 107).

Kristalle (aus A.); F: 162,5—163,5°.

Hydroxycarbonsäuren $C_{11}H_{11}NO_3$

(±)-4-Methoxy-2-phenyl-2,5-dihydro-pyrrol-1,3-dicarbonsäure-diäthylester $C_{17}H_{21}NO_5$, Formel I (R = CH_3).

B. Beim Behandeln von (±)-4-Oxo-2-phenyl-pyrrolidin-1,3-dicarbonsäure-diäthylester

mit Diazomethan in Äther (*Kuhn, Osswald*, B. **89** [1956] 1423, 1433).
Kristalle (aus Cyclohexan); F: 102—103°.

(±)-4-[4-Nitro-benzoyloxy]-2-phenyl-2,5-dihydro-pyrrol-1,3-dicarbonsäure-diäthylester $C_{23}H_{22}N_2O_8$, Formel I (R = CO-C_6H_4-NO_2(*p*)).
B. Aus (±)-4-Oxo-2-phenyl-pyrrolidin-1,3-dicarbonsäure-diäthylester und 4-Nitrobenzoylchlorid in Pyridin (*Kuhn, Osswald*, B. **89** [1956] 1423, 1433).
Gelbliche Kristalle (aus A.); F: 129—129,5°.

I II III

***Opt.-inakt. 3-Brom-5-methoxy-4-phenyl-4,5-dihydro-3*H*-pyrrol-2-carbonsäure** $C_{12}H_{12}BrNO_3$, Formel II.
B. Beim Behandeln von 2-Benzyliden-4-brommethyl-2*H*-oxazol-5-on mit Methanol und K_2CO_3 (*Kil'dischewa et al.*, Izv. Akad. S.S.S.R. Otd. chim. **1957** 719, 727; engl. Ausg. S. 737, 745).
F: 138—140° [vorgeheiztes Bad]. UV-Spektrum (220—400 nm): *Ki. et al.*
Beim Erhitzen über den Schmelzpunkt sowie beim Erwärmen mit H_2O oder wss. HCl ist 3-Brom-4-phenyl-pyrrol-2-carbonsäure erhalten worden.
Methylester $C_{13}H_{14}BrNO_3$. Kristalle (aus Ae.); F: 151—152°.

(±)-5-Methoxymethyl-1-methyl-1,4-dihydro-chinolin-4-carbonitril $C_{13}H_{14}N_2O$, Formel III.
B. Beim Erwärmen von 5-Methoxymethyl-chinolin mit Dimethylsulfat in Benzol und Behandeln des erhaltenen 5-Methoxymethyl-1-methyl-chinolinium-methylsulfats in H_2O und Äther mit wss. KCN (*Sato, Nishimura*, Chem. pharm. Bl. **7** [1959] 329).
Kristalle; F: 82—83°. λ_{max} (A.): 237 nm und 299 nm.

7-Hydroxy-4-methyl-1,2-dihydro-chinolin-6-carbonsäure $C_{11}H_{11}NO_3$, Formel IV.
B. Beim Erwärmen des Natrium-Salzes der 4-Amino-2-hydroxy-benzoesäure mit But-3-en-2-on in Methanol (*BASF*, D.B.P. 858553 [1950]; U.S.P. 2686182 [1951]).
Kristalle; F: 203—205°.

3-[5-Benzyloxy-indol-3-yl]-propionsäure $C_{18}H_{17}NO_3$, Formel V (R = H, R' = CH_2-C_6H_5, X = OH).
B. Beim Erhitzen von 3-[5-Benzyloxy-2-carboxy-indol-3-yl]-propionsäure in Tetralin (*Justoni, Pessina*, Farmaco Ed. scient. **10** [1955] 356, 366).
Kristalle (aus wss. A.); F: 164—165°.

3-[5-Benzyloxy-indol-3-yl]-propionsäure-methylester $C_{19}H_{19}NO_3$, Formel V (R = H, R' = CH_2-C_6H_5, X = O-CH_3).
B. Beim Erwärmen von 3-[5-Benzyloxy-indol-3-yl]-propionsäure mit methanol. HCl (*Justoni, Pessina*, Farmaco Ed. scient. **10** [1955] 356, 366).
Kristalle (aus Me.); F: 100—101°.

3-[5-Benzyloxy-indol-3-yl]-propionsäure-äthylester $C_{20}H_{21}NO_3$, Formel V (R = H, R' = CH_2-C_6H_5, X = O-C_2H_5).
B. Beim Erwärmen von 3-[5-Benzyloxy-indol-3-yl]-propionsäure mit äthanol. HCl (*Justoni, Pessina*, Farmaco Ed. scient. **10** [1955] 356, 367).
Kristalle (aus Hexan); F: 62—63°.

IV V VI

3-[5-Benzyloxy-indol-3-yl]-propionsäure-hydrazid $C_{18}H_{19}N_3O_2$, Formel V (R = H, R' = CH_2-C_6H_5, X = NH-NH_2).

B. Beim Erwärmen von 3-[5-Benzyloxy-indol-3-yl]-propionsäure-methylester mit $N_2H_4 \cdot H_2O$ in Äthanol (*Justoni, Pessina*, Farmaco Ed. scient. **10** [1955] 356, 367).

Kristalle (aus wss. A.); F: 137—138°.

3-[5-Benzyloxy-indol-3-yl]-propionylazid $C_{18}H_{16}N_4O_2$, Formel V (R = H, R' = CH_2-C_6H_5, X = N_3).

B. Beim Behandeln von 3-[5-Benzyloxy-indol-3-yl]-propionsäure-hydrazid mit wss. $NaNO_2$, wss. Essigsäure und Benzol (*Justoni, Pessina*, Farmaco Ed. scient. **10** [1955] 356, 367).

Kristalle; Zers. bei 45°.

3-[5-Methoxy-1-methyl-indol-3-yl]-propionsäure $C_{13}H_{15}NO_3$, Formel V (R = R' = CH_3, X = OH).

B. Beim Erhitzen von 3-[2-Carboxy-5-methoxy-1-methyl-indol-3-yl]-propionsäure auf 230° (*Renson*, Bl. Soc. chim. Belg. **68** [1959] 258, 266). Beim Erwärmen einer Lösung von 3-[5-Methoxy-indol-3-yl]-propionsäure in Dioxan mit Kalium und anschliessend mit CH_3I (*Re.*).

Kristalle (aus Bzl.); F: 154°.

Beim Erhitzen mit P_2O_5 in Xylol ist 7-Methoxy-4-methyl-1,4-dihydro-2*H*-cyclopent[*b*]indol-3-on erhalten worden (*Re.*, l. c. S. 267).

3-[7-Methoxy-indol-3-yl]-propionsäure $C_{12}H_{13}NO_3$, Formel VI.

B. Beim Erhitzen von 3-[2-Carboxy-7-methoxy-indol-3-yl]-propionsäure mit Kupfer-Pulver auf 240° (*Manske*, Canad. J. Res. **4** [1931] 591, 594).

Kristalle (aus H_2O); F: 146° [korr.].

2-Hydroxy-3-indol-3-yl-propionsäure [1]) $C_{11}H_{11}NO_3$.

a) **(*S*)-2-Hydroxy-3-indol-3-yl-propionsäure** $C_{11}H_{11}NO_3$, Formel VII.

Gewinnung aus dem Racemat (s. u.) mit Hilfe von Chinin: *Ichihara, Nakata*, Z. physiol. Chem. **243** [1936] 244.

Kristalle (aus Ae. + PAe.); F: 100°. $[\alpha]_D$: +5,18° [H_2O; c = 1].

b) **(±)-2-Hydroxy-3-indol-3-yl-propionsäure** $C_{11}H_{11}NO_3$, Formel VII + Spiegelbild.

B. Aus Indol-3-yl-brenztraubensäure beim Hydrieren an Raney-Nickel bzw. Palladium in Äthanol (*Bauguess, Berg*, J. biol. Chem. **104** [1934] 675, 680; *Shaw et al.*, J. org. Chem. **23** [1958] 1171, 1176) sowie beim Behandeln mit Natrium-Amalgam und wss. NaOH (*Shaw et al.*; s. a. *Ichihara, Iwakura*, Z. physiol. Chem. **195** [1931] 202, 203). Beim Behandeln von Indol-3-yl-brenztraubensäure-methylester in Äthanol mit $NaBH_4$ und Erwärmen des erhaltenen 2-Hydroxy-3-indol-3-yl-propionsäure-methylesters (Glas) mit wss. NaOH (*Bentley et al.*, Biochem. J. **64** [1956] 44, 45). Bei der Hydrierung von Indol-3-yl-brenztraubensäure-äthylester an Raney-Nickel in Äthanol bei 145 at und Hydrolyse des Reaktionsprodukts mit wss. Alkalilauge (*Ratuský, Šorm*, Collect. **23** [1958] 467, 472). Beim Erhitzen von Hydroxy-indol-3-ylmethyl-malonsäure mit Kupfer-Pulver in Chinolin bis auf 145° (*Gortatowski, Armstrong*, J. org. Chem. **22** [1957] 1217, 1218).

---

[1]) (*R*)-2-Hydroxy-3-indol-3-yl-propionsäure s. E I 553; E II 174.

Kristalle; F: 146—147° [korr.; aus E.] (*Shaw et al.*; *Be. et al.*), 146—147° [unkorr.; aus 1,2-Dichlor-äthan] (*Go.*, *Ar.*), 145—146° (*Ich.*, *Iw.*).

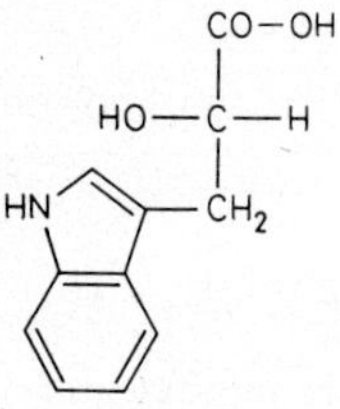

VII 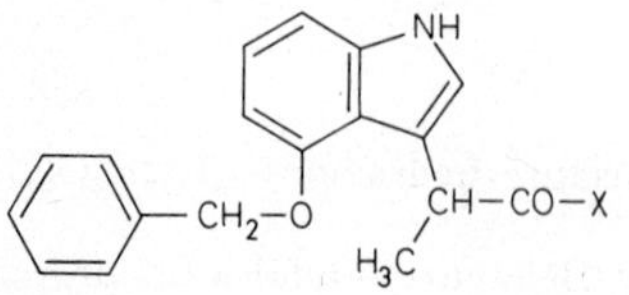 VIII 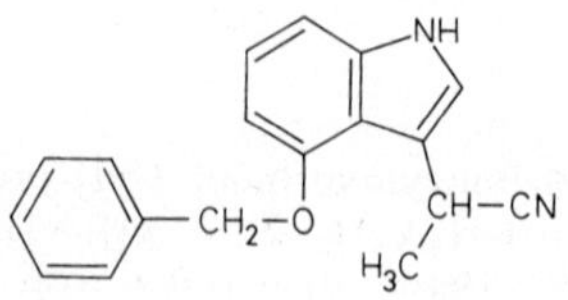 IX

(±)-2-[4-Benzyloxy-indol-3-yl]-propionsäure-dimethylamid $C_{20}H_{22}N_2O_2$, Formel VIII (X = $N(CH_3)_2$).

B. Beim Behandeln von (±)-2-[4-Benzyloxy-indol-3-yl]-propionsäure-hydrazid in Dioxan mit $NaNO_2$ und wss. HCl und Behandeln des Reaktionsprodukts in Äther mit Dimethylamin (*Troxler et al.*, Helv. **42** [1959] 2073, 2098).

Kristalle; F: 148—150° [korr.].

(±)-2-[4-Benzyloxy-indol-3-yl]-propionitril $C_{18}H_{16}N_2O$, Formel IX.

B. Beim Erwärmen von 4-Benzyloxy-3-[1-isopropylamino-äthyl]-indol mit NaCN und wss. Äthanol (*Troxler et al.*, Helv. **42** [1959] 2073, 2098).

Kristalle (aus Bzl. + PAe.); F: 99—100° [korr.].

(±)-2-[4-Benzyloxy-indol-3-yl]-propionsäure-hydrazid $C_{18}H_{19}N_3O_2$, Formel VIII (X = NH-NH_2).

B. Beim Erwärmen von (±)-2-[4-Benzyloxy-indol-3-yl]-propionitril mit wss.-äthanol. KOH, Behandeln des Reaktionsprodukts in Methanol mit äther. Diazomethan und Erwärmen des erhaltenen Methylesters mit N_2H_4 (*Troxler et al.*, Helv. **42** [1959] 2073, 2098).

Kristalle; F: 179—180° [korr.].

3-Äthyl-5-methoxy-indol-2-carbonsäure $C_{12}H_{13}NO_3$, Formel X (R = CH_3, X = OH).

B. Beim Erwärmen von 3-Äthyl-5-methoxy-indol-2-carbonsäure-äthylester mit wss. NaOH (*Goutarel et al.*, Helv. **37** [1954] 1805, 1813).

Kristalle (aus wss. A.); F: 205° [korr.; Zers.].

3-Äthyl-5-benzyloxy-indol-2-carbonsäure $C_{18}H_{17}NO_3$, Formel X (R = CH_2-C_6H_5, X = OH).

B. Beim Behandeln von 3-Äthyl-5-benzyloxy-indol-2-carbonsäure-äthylester mit wss.-äthanol. NaOH (*Shaw*, Am. Soc. **77** [1955] 4319, 4323).

Kristalle (aus wss. Eg.); F: 194—195° [unkorr.; Zers.].

3-Äthyl-5-methoxy-indol-2-carbonsäure-äthylester $C_{14}H_{17}NO_3$, Formel X (R = CH_3, X = O-C_2H_5).

B. Beim Behandeln von 2-Propyl-acetessigsäure-äthylester mit wss. 4-Methoxy-benzoldiazonium-chlorid und wss.-äthanol. NaOH und Erwärmen des erhaltenen 2-[4-Methoxy-phenylhydrazono]-valeriansäure-äthylesters mit H_2SO_4 und Äthanol (*Goutarel et al.*, Helv. **37** [1954] 1805, 1813).

Kristalle (aus wss. Me.); F: 99—100° [korr.].

3-Äthyl-5-benzyloxy-indol-2-carbonsäure-äthylester $C_{20}H_{21}NO_3$, Formel X (R = CH_2-C_6H_5, X = O-C_2H_5).

B. Beim Behandeln von 2-Propyl-acetessigsäure-äthylester mit wss. 4-Benzyloxy-benzoldiazonium-chlorid und wss.-äthanol. KOH und Behandeln des Reaktionsprodukts in Äthanol mit HCl (*Shaw*, Am. Soc. **77** [1955] 4319, 4323).

Kristalle (aus A.); F: 149—150° [unkorr.].

3-Äthyl-5-benzyloxy-indol-2-carbonsäure-amid $C_{18}H_{18}N_2O_2$, Formel X (R = CH_2-C_6H_5, X = NH_2).

B. Beim Behandeln von 3-Äthyl-5-benzyloxy-indol-2-carbonsäure mit PCl_5 und Behandeln des erhaltenen Chlorids mit äthanol. NH_3 (*Shaw*, Am. Soc. **77** [1955] 4319, 4323).

Kristalle (aus Bzl.); F: 162—163° [unkorr.].

3-[2-Phenoxy-äthyl]-indol-2-carbonsäure $C_{17}H_{15}NO_3$, Formel XI (R = H).

B. Beim Behandeln von 3-[2-Phenoxy-äthyl]-indol-2-carbonsäure-äthylester mit äthanol. Alkalilauge (*Manske*, Canad. J. Res. **4** [1931] 591, 593).

Kristalle (aus A. + Bzl.); F: 166—167° [korr.].

3-[2-Phenoxy-äthyl]-indol-2-carbonsäure-äthylester $C_{19}H_{19}NO_3$, Formel XI (R = C_2H_5).

B. Beim Behandeln von 2-Acetyl-5-phenoxy-valeriansäure-äthylester mit wss. Benzol= diazoniumchlorid und wss.-äthanol. KOH und Erwärmen des Reaktionsprodukts mit H_2SO_4 und Äthanol (*Manske*, Canad. J. Res. **4** [1931] 591, 592).

Kristalle (aus A.); F: 135° [korr.].

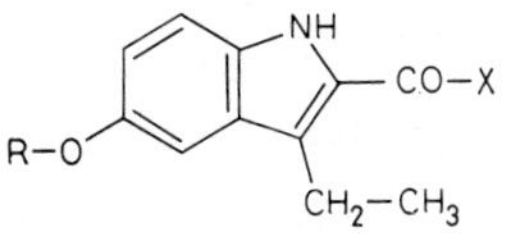

X 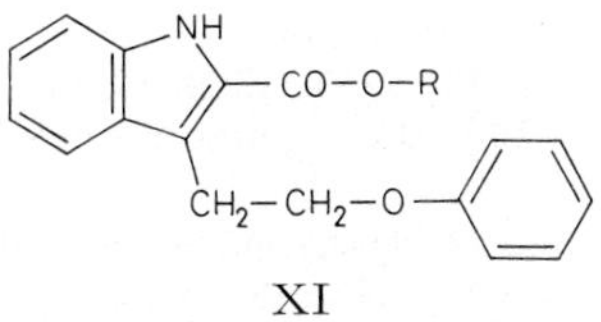 XI 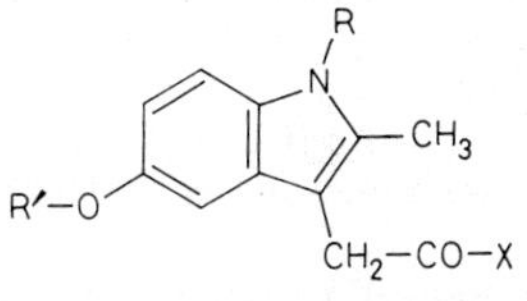 XII

[5-Methoxy-2-methyl-indol-3-yl]-essigsäure $C_{12}H_{13}NO_3$, Formel XII (R = H, R′ = CH_3, X = OH).

B. Beim Erwärmen von 4-[4-Methoxy-phenylhydrazono]-valeriansäure-methylester mit äthanol. HCl und Behandeln des erhaltenen [5-Methoxy-2-methyl-indol-3-yl]-essigsäure-methylesters mit wss.-äthanol. NaOH (*Shaw*, Am. Soc. **77** [1955] 4319, 4322).

Kristalle (aus A.); F: 161—162° [unkorr.] (*Shaw*, l. c. S. 4321).

Dibenzylamin-Salz. Kristalle; F: 141—143° [unkorr.] (*Shaw*, l. c. S. 4323).

[5-Methoxy-2-methyl-indol-3-yl]-essigsäure-amid $C_{12}H_{14}N_2O_2$, Formel XII (R = H, R′ = CH_3, X = NH_2).

B. Beim Erhitzen von [5-Methoxy-2-methyl-indol-3-yl]-essigsäure mit Harnstoff auf 185° (*Shaw*, Am. Soc. **77** [1955] 4319, 4322).

Kristalle (aus E. + Hexan); F: 149—150° [unkorr.] (*Shaw*, l. c. S. 4321).

[5-Methoxy-2-methyl-indol-3-yl]-essigsäure-dimethylamid $C_{14}H_{18}N_2O_2$, Formel XII (R = H, R′ = CH_3, X = $N(CH_3)_2$).

B. Beim Erhitzen von [5-Methoxy-2-methyl-indol-3-yl]-essigsäure mit Tetramethyl= harnstoff auf 195° (*Shaw*, Am. Soc. **77** [1955] 4319, 4322).

Kristalle (aus E. + Hexan); F: 134—135° [unkorr.] (*Shaw*, l. c. S. 4321).

[5-Benzyloxy-2-methyl-indol-3-yl]-essigsäure-amid $C_{18}H_{18}N_2O_2$, Formel XII (R = H, R′ = CH_2-C_6H_5, X = NH_2).

B. Beim Erwärmen von 4-[4-Benzyloxy-phenylhydrazono]-valeriansäure-methylester mit äthanol. HCl, Behandeln des Reaktionsprodukts mit wss.-äthanol. NaOH und Erhitzen der erhaltenen [5-Benzyloxy-2-methyl-indol-3-yl]-essigsäure mit Harnstoff auf 190° (*Shaw*, Am. Soc. **77** [1955] 4319, 4322).

Kristalle (aus A.); F: 143—144° [unkorr.] (*Shaw*, l. c. S. 4321).

[5-Methoxy-1,2-dimethyl-indol-3-yl]-essigsäure $C_{13}H_{15}NO_3$, Formel XII (R = R′ = CH_3, X = OH).

B. Beim Behandeln von *N*-[4-Methoxy-phenyl]-*N*-methyl-hydrazin-hydrochlorid mit Lävulinsäure-methylester, wss. NaOH und Essigsäure, Erwärmen des Reaktionsprodukts mit äthanol. HCl und Behandeln des erhaltenen Esters mit wss.-äthanol. NaOH (*Shaw*, Am. Soc. **77** [1955] 4319, 4322).

Kristalle (aus A.); F: 169–171° [unkorr.] (*Shaw*, l. c. S. 4321).

[5-Methoxy-1,2-dimethyl-indol-3-yl]-essigsäure-amid $C_{13}H_{16}N_2O_2$, Formel XII (R = R' = CH_3, X = NH_2).

B. Beim Erhitzen von [5-Methoxy-1,2-dimethyl-indol-3-yl]-essigsäure mit Harnstoff auf 190° (*Shaw*, Am. Soc. **77** [1955] 4319, 4322).

Kristalle (aus E. + Hexan); F: 164–165° [unkorr.] (*Shaw*, l. c. S. 4321).

[1-Benzyl-5-methoxy-2-methyl-indol-3-yl]-essigsäure $C_{19}H_{19}NO_3$, Formel XII (R = CH_2-C_6H_5, R' = CH_3, X = OH).

B. Beim Behandeln von *N*-Benzyl-*N*-[4-methoxy-phenyl]-hydrazin-hydrochlorid mit Lävulinsäure-methylester, wss. NaOH und Essigsäure, Erwärmen des Reaktionsprodukts mit äthanol. HCl und Behandeln des erhaltenen Esters mit wss.-äthanol. NaOH (*Shaw*, Am. Soc. **77** [1955] 4319, 4322).

Kristalle (aus A.); F: 174–175° [unkorr.] (*Shaw*, l. c. S. 4321).

[1-Benzyl-5-methoxy-2-methyl-indol-3-yl]-essigsäure-amid $C_{19}H_{20}N_2O_2$, Formel XII (R = CH_2-C_6H_5, R' = CH_3, X = NH_2).

B. Beim Erhitzen von [1-Benzyl-5-methoxy-2-methyl-indol-3-yl]-essigsäure mit Harnstoff auf 190° (*Shaw*, Am. Soc. **77** [1955] 4319, 4322).

Kristalle (aus E. + Hexan); F: 130–131° [unkorr.] (*Shaw*, l. c. S. 4321).

[1-Benzyl-5-methoxy-2-methyl-indol-3-yl]-essigsäure-dimethylamid $C_{21}H_{24}N_2O_2$, Formel XII (R = CH_2-C_6H_5, R' = CH_3, X = $N(CH_3)_2$).

B. Beim Erhitzen von [1-Benzyl-5-methoxy-2-methyl-indol-3-yl]-essigsäure mit Tetramethylharnstoff auf 195° (*Research Corp.*, U.S.P. 2890223 [1956]).

Kristalle (aus E. + Hexan); F: 148–149°.

[1-Benzyl-5-methoxy-2-methyl-indol-3-yl]-acetonitril $C_{19}H_{18}N_2O$, Formel XIII.

B. Beim Erwärmen von [1-Benzyl-5-methoxy-2-methyl-indol-3-ylmethyl]-trimethyl-ammonium-jodid in Dioxan mit wss. NaCN (*Grinew et al.*, Doklady Akad. S.S.S.R. **121** [1958] 862; Pr. Acad. Sci. U.S.S.R. Chem. Sect. **118–123** [1958] 613).

Kristalle (aus Toluol); F: 128–129°.

Bis-[3-carboxymethyl-2-methyl-indol-5-yl]-sulfon $C_{22}H_{20}N_2O_6S$, Formel XIV.

B. Beim Erhitzen von Bis-{4-[(3-carboxy-1-methyl-propyliden)-hydrazino]-phenyl}-sulfon (F: 141°) mit $ZnCl_2$ auf 180–190° (*Takubo et al.*, J. pharm. Soc. Japan **79** [1959] 830; C. A. **1959** 21874).

F: 263° [Zers.]. IR-Banden (KBr; 3380–1140 cm^{-1}): *Ta. et al.*

H3C–O, CH2, N, CH3, CH2–CN

XIII

CH2–CO–OH, H3C, HN, SO2, NH, CH3, HO–CO–CH2

XIV

O–CH3, NH, CH3, Cl, CH2–CO–OH

XV

[4-Chlor-7-methoxy-2-methyl-indol-3-yl]-essigsäure $C_{12}H_{12}ClNO_3$, Formel XV.

B. Beim Erhitzen von 4-[5-Chlor-2-methoxy-phenylhydrazono]-valeriansäure-äthylester mit $ZnCl_2$ auf 125° und Erwärmen des Reaktionsprodukts mit methanol. KOH (*Stevens, Higginbotham*, Am. Soc. **76** [1954] 2206).

Kristalle (aus Acn. + $CHCl_3$); F: 237–238° [unkorr.; Zers.].

(±)-Hydroxy-[2-methyl-indol-3-yl]-essigsäure $C_{11}H_{11}NO_3$, Formel I.

Die Identität einer von *Sanna* (G. **61** [1931] 60, 68) unter dieser Konstitution beschriebenen, beim Erwärmen von 3-Dichloracetyl-2-methyl-indol mit wss. KOH erhaltenen Verbindung (Kristalle [aus Ae.], F: 90° [Zers.]; Silber-Salz, F: 247°) ist ungewiss; in der aus ihr beim Erhitzen über den Schmelzpunkt erhaltenen Verbindung (F: 196°) hat nicht [2-Methyl-indol-3-yl]-methanol (s. E III/IV **21** 791) vorgelegen.

5-Methoxy-3,3-dimethyl-3*H*-indol-2-carbonsäure $C_{12}H_{13}NO_3$, Formel II (R = CH_3).

B. Neben 5-Methoxy-3,3-dimethyl-3*H*-indol (Hauptprodukt) beim Behandeln von α-[4-Methoxy-phenylhydrazono]-isovaleriansäure in Äthanol mit HCl (*Millson, Robinson*, Soc. **1955** 3362, 3369).

Kristalle (aus Me.); F: 138–139°.

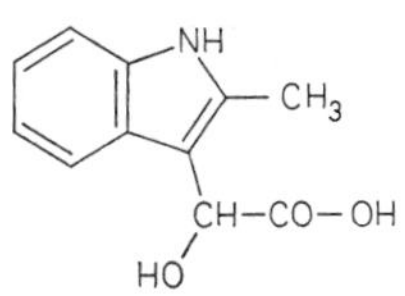

I 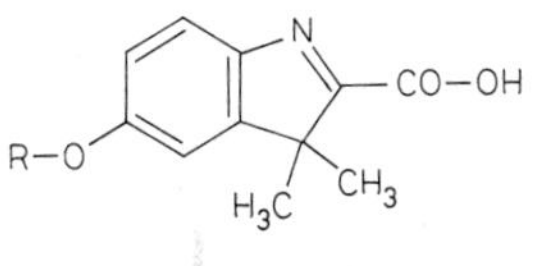 II 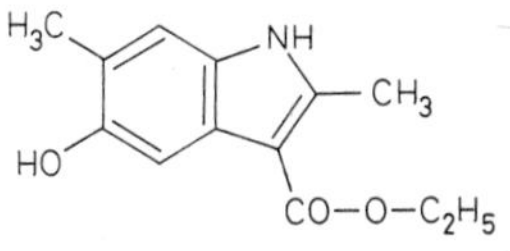 III

5-Äthoxy-3,3-dimethyl-3*H*-indol-2-carbonsäure $C_{13}H_{15}NO_3$, Formel II (R = C_2H_5).

B. In geringen Mengen neben 5-Äthoxy-3,3-dimethyl-3*H*-indol beim Behandeln von α-[4-Äthoxy-phenylhydrazono]-isovaleriansäure in Äthanol mit HCl (*Robinson, Suginome*, Soc. **1932** 298, 302).

Kristalle (aus Bzl.); F: 161–162° [Zers.].

5-Hydroxy-2,6-dimethyl-indol-3-carbonsäure-äthylester $C_{13}H_{15}NO_3$, Formel III.

B. Beim Erwärmen von Methyl-[1,4]benzochinon mit 3-Amino-crotonsäure-äthylester (E III **3** 1199) in Aceton (*Beer et al.*, Soc. **1951** 2029, 2032).

Kristalle; F: 228–229° [korr.; aus Acn. + Hexan] (*Allen et al.*, Am. Soc. **88** [1966] 2536, 2542), 220–221° [aus A.; möglicherweise 5-Hydroxy-2,7-dimethyl-indol-3-carbonsäure-äthylester enthaltendes Präparat; s. hierzu *Al. et al.*] (*Beer et al.*).

Hydroxycarbonsäuren $C_{12}H_{13}NO_3$

4-[5-Methoxy-indol-3-yl]-buttersäure $C_{13}H_{15}NO_3$, Formel IV (R = CH_3, X = OH, X′ = H).

B. Beim Erwärmen von 4-[5-Methoxy-indol-3-yl]-buttersäure-äthylester mit äthanol. KOH (*Šuworow et al.*, Doklady Akad. S.S.S.R. **101** [1955] 103, 105; C. A. **1956** 2543).

Kristalle (aus Bzl.); F: 135–135,5°.

4-[5-Äthoxy-indol-3-yl]-buttersäure $C_{14}H_{17}NO_3$, Formel IV (R = C_2H_5, X = OH, X′ = H).

B. Beim Erhitzen von 4-[5-Äthoxy-2-carboxy-indol-3-yl]-buttersäure auf 230° (*Murphy, Jenkins*, J. Am. pharm. Assoc. **32** [1943] 83, 88).

Kristalle (aus H_2O); F: 133°.

4-[5-Phenoxy-indol-3-yl]-buttersäure $C_{18}H_{17}NO_3$, Formel IV (R = C_6H_5, X = OH, X′ = H).

B. Beim Erwärmen von [4-Phenoxy-phenyl]-hydrazin mit 6-Oxo-hexansäure-äthylester in Äthanol, Erwärmen des Reaktionsprodukts mit H_3PO_4 und Propan-1-ol und Erwärmen des erhaltenen Esters mit äthanol. KOH (*Šuworow et al.*, Doklady Akad. S.S.S.R. **101** [1955] 103, 105; C. A. **1956** 2543).

Kristalle (aus wss. A.); F: 107–108°.

4-[5-Benzyloxy-indol-3-yl]-buttersäure $C_{19}H_{19}NO_3$, Formel IV (R = CH_2-C_6H_5, X = OH, X' = H).

B. Beim Erwärmen von [4-Benzyloxy-phenyl]-hydrazin mit 6-Oxo-hexansäure-äthylester in Äthanol, Erwärmen des Reaktionsprodukts mit H_3PO_4 in Äthanol und Erwärmen des erhaltenen Esters mit äthanol. KOH (*Šuworow et al.*, Doklady Akad. S.S.S.R. **101** [1955] 103, 105; C. A. **1956** 2543).

Kristalle (aus A.); F: 161,5—162,5°.

4-[5-Äthoxy-indol-3-yl]-buttersäure-methylester $C_{15}H_{19}NO_3$, Formel IV (R = C_2H_5, X = O-CH_3, X' = H).

B. Beim Erwärmen von 4-[5-Äthoxy-indol-3-yl]-buttersäure mit methanol. HCl (*Murphy, Jenkins*, J. Am. pharm. Assoc. **32** [1943] 83, 88).

Kristalle (aus wss. Me.); F: 84°.

IV V

4-[5-Methoxy-indol-3-yl]-buttersäure-äthylester $C_{15}H_{19}NO_3$, Formel IV (R = CH_3, X = O-C_2H_5, X' = H).

B. Beim Erwärmen von [4-Methoxy-phenyl]-hydrazin mit 6-Oxo-hexansäure-äthylester in Äthanol und Erwärmen des Reaktionsprodukts mit H_3PO_4 in Methanol (*Šuworow et al.*, Doklady Akad. S.S.S.R. **101** [1955] 103, 105; C. A. **1956** 2543).

Kristalle (aus wss. A.); F: 70,5—71,5°.

4-[5-Äthoxy-indol-3-yl]-buttersäure-äthylester $C_{16}H_{21}NO_3$, Formel IV (R = C_2H_5, X = O-C_2H_5, X' = H).

B. Beim Erwärmen von 4-[5-Äthoxy-indol-3-yl]-buttersäure mit äthanol. HCl (*Murphy, Jenkins*, J. Am. pharm. Assoc. **32** [1943] 83, 88).

Kristalle (aus wss. A.); F: ca. 69°.

4-[5-Äthoxy-indol-3-yl]-buttersäure-hydrazid $C_{14}H_{19}N_3O_2$, Formel IV (R = C_2H_5, X = NH-NH_2, X' = H).

B. Beim Erhitzen von 4-[5-Äthoxy-indol-3-yl]-buttersäure-methylester mit $N_2H_4 \cdot H_2O$ und Äthanol bis auf 145° (*Murphy, Jenkins*, J. Am. pharm. Assoc. **32** [1943] 83, 88).

Kristalle (aus A.); F: 157°.

4-[7-Chlor-5-methoxy-indol-3-yl]-buttersäure $C_{13}H_{14}ClNO_3$, Formel IV (R = CH_3, X = OH, X' = Cl).

B. Beim Erwärmen von [2-Chlor-4-methoxy-phenyl]-hydrazin mit 6-Oxo-hexansäure-äthylester in Äthanol, Erwärmen des Reaktionsprodukts mit H_3PO_4 und Propan-1-ol und Erwärmen des erhaltenen Esters mit äthanol. KOH (*Šuworow et al.*, Doklady Akad. S.S.S.R. **101** [1955] 103, 106; C. A. **1956** 2543).

Kristalle (aus Me.); F: 135,5—136,5°.

4-[4-Chlor-7-methoxy-indol-3-yl]-buttersäure $C_{13}H_{14}ClNO_3$, Formel V (R = H).

B. Aus 4-[4-Chlor-7-methoxy-indol-3-yl]-buttersäure-methylester durch Hydrolyse (*Bullock, Hand*, Am. Soc. **78** [1956] 5854, 5855).

Kristalle mit 1 Mol H_2O; F: 247—249° [unkorr.].

4-[4-Chlor-7-methoxy-indol-3-yl]-buttersäure-methylester $C_{14}H_{16}ClNO_3$, Formel V (R = CH_3).

B. In kleinen Mengen beim Erwärmen von [5-Chlor-2-methoxy-phenyl]-hydrazin-hydrochlorid mit 6-Oxo-hexansäure-methylester in Methanol und anschliessend mit HCl

(*Bullock*, *Hand*, Am. Soc. **78** [1956] 5854, 5857).
Kristalle (aus A.); F: 158—158,5° [unkorr.].

5-Äthoxy-3-propyl-indol-2-carbonsäure $C_{14}H_{17}NO_3$, Formel VI (R = H, R′ = C_2H_5).
B. Beim Erwärmen von 5-Äthoxy-3-propyl-indol-2-carbonsäure-äthylester mit äthanol. KOH (*Hughes*, *Lions*, J. Pr. Soc. N.S. Wales **71** [1937/38] 475, 477).
Kristalle (aus wss. A.); F: 178° (*Hu.*, *Li.*, l. c. S. 481).

5-Methoxy-3-propyl-indol-2-carbonsäure-äthylester $C_{15}H_{19}NO_3$, Formel VI (R = C_2H_5, R′ = CH_3).
B. Beim Behandeln von 2-Butyl-acetessigsäure-äthylester in Äthanol mit wss. 4-Methoxy-benzoldiazonium-chlorid und wss. KOH und Behandeln des Reaktionsprodukts in Äthanol mit HCl (*Hughes*, *Lions*, J. Pr. Soc. N.S. Wales **71** [1937/38] 475, 476).
Kristalle (aus A.); F: 106° (*Hu.*, *Li.*, l. c. S. 482).

5-Äthoxy-3-propyl-indol-2-carbonsäure-äthylester $C_{16}H_{21}NO_3$, Formel VI (R = R′ = C_2H_5).
B. Beim Behandeln von 2-Butyl-acetessigsäure-äthylester in Äthanol mit wss. 4-Äthoxy-benzoldiazonium-chlorid und wss. KOH und Behandeln des Reaktionsprodukts in Äthanol mit HCl (*Hughes*, *Lions*, J. Pr. Soc. N.S. Wales **71** [1937/38] 475, 476).
Kristalle (aus A.); F: 142° (*Hu.*, *Li.*, l. c. S. 481).

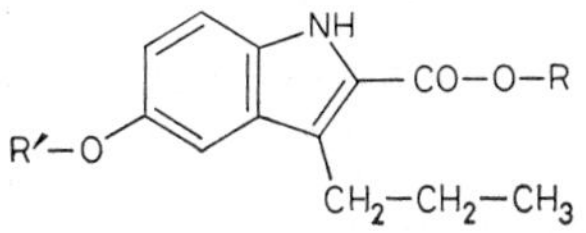

VI 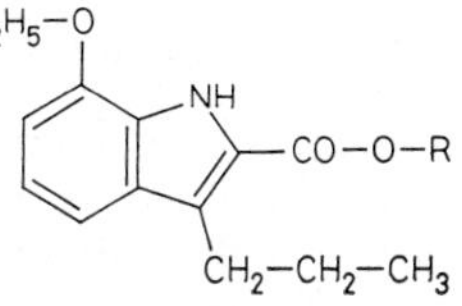 VII

7-Äthoxy-3-propyl-indol-2-carbonsäure $C_{14}H_{17}NO_3$, Formel VII (R = H).
B. Aus 7-Äthoxy-3-propyl-indol-2-carbonsäure-äthylester durch Hydrolyse (*Hughes*, *Lions*, J. Pr. Soc. N.S. Wales **71** [1937/38] 475, 477).
Kristalle (aus wss. A.); F: 162° (*Hu.*, *Li.*, l. c. S. 480).

7-Äthoxy-3-propyl-indol-2-carbonsäure-äthylester $C_{16}H_{21}NO_3$, Formel VII (R = C_2H_5).
B. Beim Behandeln von 2-Butyl-acetessigsäure-äthylester in Äthanol mit wss. 2-Äthoxy-benzoldiazonium-chlorid und wss. KOH und Behandeln des Reaktionsprodukts in Äthanol mit HCl (*Hughes*, *Lions*, J. Pr. Soc. N.S. Wales **71** [1937/38] 475, 476).
Kp_2: 177° (*Hu.*, *Li.*, l. c. S. 480).

3-[5-Hydroxy-2-methyl-indol-3-yl]-propionsäure $C_{12}H_{13}NO_3$, Formel VIII (R = R′ = H).
B. Beim Behandeln von 2-Methyl-indol-5-ol mit Acetanhydrid und Pyridin, Erhitzen des erhaltenen 5-Acetoxy-2-methyl-indols mit Oxetan-2-on auf 110° und Erwärmen des Reaktionsprodukts mit wss. NaOH (*Harley-Mason*, Soc. **1952** 2433).
Kristalle (aus Bzl. + PAe.); F: 182—183°.

3-[5-Hydroxy-1,2-dimethyl-indol-3-yl]-propionsäure $C_{13}H_{15}NO_3$, Formel VIII (R = CH_3, R′ = H).
B. Neben 6-Hydroxy-1,2-dimethyl-3,4-dihydro-1*H*-benz[*c*,*d*]indol-5-on beim Erhitzen von 3-[5-Methoxy-1,2-dimethyl-indol-3-yl]-propionsäure mit H_2SO_4 und H_3PO_4 auf 165° (*Mann*, *Tetlow*, Soc. **1957** 3352, 3362).
Kristalle (aus H_2O); F: 147—149°.

3-[5-Methoxy-1,2-dimethyl-indol-3-yl]-propionsäure $C_{14}H_{17}NO_3$, Formel VIII (R = R′ = CH_3).
B. Beim Erhitzen von 5-Methoxy-1,2-dimethyl-indol mit Oxetan-2-on auf 150° (*Mann*, *Tetlow*, Soc. **1957** 3352, 3362). Beim Erwärmen von 3-[5-Methoxy-1,2-dimethyl-indol-

3-yl]-propionitril mit wss.-äthanol. NaOH (*Mann, Te.*).
Kristalle (aus wss. A.); F: 119—120,5°.

3-[1,2-Dimethyl-5-(toluol-4-sulfonyloxy)-indol-3-yl]-propionsäure $C_{20}H_{21}NO_5S$, Formel VIII (R = CH_3, R' = SO_2-C_6H_4-CH_3(*p*)).

B. Beim Behandeln von 3-[5-Hydroxy-1,2-dimethyl-indol-3-yl]-propionsäure mit Toluol-4-sulfonylchlorid und wss. NaOH in Aceton (*Mann, Tetlow*, Soc. **1957** 3352, 3362).

F: 199—200,5°.

3-[5-Methoxy-1,2-dimethyl-indol-3-yl]-propionitril $C_{14}H_{16}N_2O$, Formel IX.

B. Beim Erwärmen von 5-Methoxy-1,2-dimethyl-indol mit Acrylonitril, CuCl und Essigsäure (*Mann, Tetlow*, Soc. **1957** 3352, 3362).

Kristalle (aus A.); F: 124,5—125,5°.

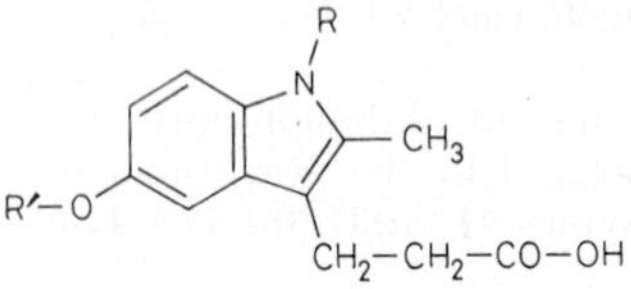

VIII 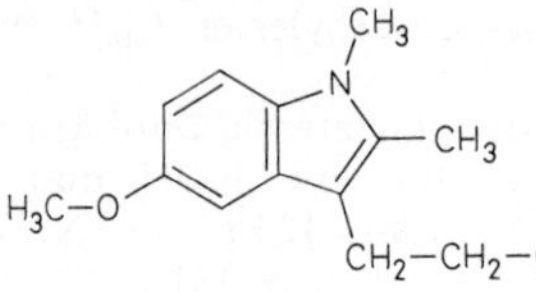 IX 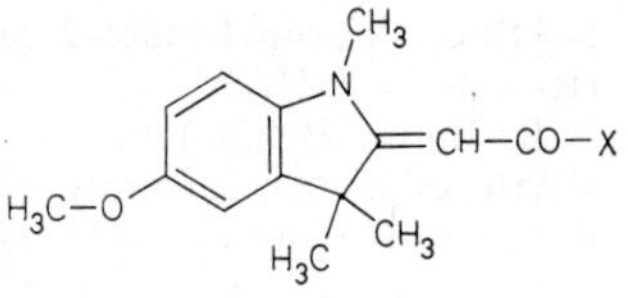 X

***[5-Methoxy-1,3,3-trimethyl-indolin-2-yliden]-essigsäure-methylester** $C_{15}H_{19}NO_3$, Formel X (X = O-CH_3).

B. Beim Erwärmen von [5-Methoxy-1,3,3-trimethyl-indolin-2-yliden]-essigsäure-phenylester mit methanol. KOH (*Coenen*, B. **82** [1949] 66, 70).

Gelbe Kristalle (aus Me.); F: 123—124°.

***[5-Methoxy-1,3,3-trimethyl-indolin-2-yliden]-essigsäure-äthylester** $C_{16}H_{21}NO_3$, Formel X (X = O-C_2H_5).

B. Beim Erhitzen von 5-Methoxy-1,3,3-trimethyl-2-methylen-indolin mit Chloro=kohlensäure-äthylester (*Coenen*, B. **82** [1949] 66, 69).

Gelbliche Kristalle (aus wss. Me.); F: 107°.

***[5-Methoxy-1,3,3-trimethyl-indolin-2-yliden]-essigsäure-phenylester** $C_{20}H_{21}NO_3$, Formel X (X = O-C_6H_5).

B. Beim Behandeln von 5-Methoxy-1,3,3-trimethyl-2-methylen-indolin mit Chloro=kohlensäure-phenylester in Toluol (*Coenen*, B. **82** [1949] 66, 70).

Gelbe Kristalle (aus Me.); F: 132—133°.

***[5-Methoxy-1,3,3-trimethyl-indolin-2-yliden]-essigsäure-benzylester** $C_{21}H_{23}NO_3$, Formel X (X = O-CH_2-C_6H_5).

B. Beim Erhitzen von 5-Methoxy-1,3,3-trimethyl-2-methylen-indolin mit Chloro=kohlensäure-benzylester auf 110—120° (*Coenen*, B. **82** [1949] 66, 69).

Gelbliche Kristalle (aus Me.); F: 98—99°. Kp_5: 220—225°.

***[5-Methoxy-1,3,3-trimethyl-indolin-2-yliden]-essigsäure-anilid** $C_{20}H_{22}N_2O_2$, Formel X (X = NH-C_6H_5).

B. Beim Behandeln von 5-Methoxy-1,3,3-trimethyl-2-methylen-indolin mit Phenyl=isocyanat in Toluol (*Coenen*, B. **80** [1947] 546, 551).

Gelbliche Kristalle (aus Bzl.); F: 166°.

5-Hydroxy-2,6,7-trimethyl-indol-3-carbonsäure-äthylester $C_{14}H_{17}NO_3$, Formel I.

B. Beim Erwärmen von 2,3-Dimethyl-[1,4]benzochinon mit 3-Amino-crotonsäure-äthylester (E III **3** 1199) in Äthanol (*Teuber, Thaler*, B. **91** [1958] 2253, 2264).

Kristalle (aus A. oder Bzl.); F: 236—237° [unkorr.]. UV-Spektrum (Me.; 220—400 nm): *Te., Th.*, l. c. S. 2258.

I II

(±)-6-Hydroxy-1,2,5,6-tetrahydro-4*H*-pyrrolo[3,2,1-*ij*]chinolin-6-carbonitril $C_{12}H_{12}N_2O$, Formel II.

B. Beim Behandeln von 1,2,4,5-Tetrahydro-pyrrolo[3,2,1-*ij*]chinolin-6-on mit HCN und KCN (*Astill, Boekelheide,* J. org. Chem. **23** [1958] 316).

Gelbe Kristalle (aus Hexan); F: 110–112° [korr.].

Beim Erwärmen mit $LiAlH_4$ in Äther ist eine wahrscheinlich als 6-Aminomethyl-1,2,5,6-tetrahydro-4*H*-pyrrolo[3,2,1-*ij*]chinolin zu formulierende Verbindung $C_{12}H_{16}N_2$ ($Kp_{0,005}$: 130°) erhalten worden.

Hydroxycarbonsäuren $C_{13}H_{15}NO_3$

5-[4-Methoxy-phenyl]-1,6-dimethyl-1,2,3,4(oder 1,2,3,6)-tetrahydro-pyridin-3-carbonsäure-äthylester $C_{17}H_{23}NO_3$, Formel III oder IV.

B. Beim Behandeln von 1,6-Dimethyl-5-oxo-piperidin-3-carbonsäure-äthylester (Kp_{20}: 158–163°) mit 4-Methoxy-phenylmagnesium-bromid in Äther und Behandeln des nicht rein erhaltenen 5-Hydroxy-5-[4-methoxy-phenyl]-1,6-dimethyl-piperidin-3-carbonsäure-äthylesters $C_{17}H_{25}NO_4$ ($Kp_{0,6}$: 160–180°) mit $SOCl_2$ und Pyridin (*Plieninger,* B. **86** [1953] 25, 31).

Hydrogenoxalat $C_{17}H_{23}NO_3 \cdot C_2H_2O_4$. Kristalle; F: 129°.

III IV

5-[2-Hydroxy-7*H*-[1]pyrindin-6-yl]-valeriansäure-methylester $C_{14}H_{17}NO_3$, Formel V, und Tautomeres (5-[2-Oxo-2,7-dihydro-1*H*-[1]pyrindin-6-yl]-valeriansäure-methylester).

B. Beim Behandeln von 5-[2,5-Dihydroxy-6,7-dihydro-5*H*-[1]pyrindin-6-yl]-valeriansäure-methylester mit $SOCl_2$ und Pyridin in Benzol (*Ramirez, Paul,* Am. Soc. **77** [1955] 1035, 1039).

Kristalle (aus Bzl. + Hexan); F: 147–148° [unkorr.]. UV-Spektrum (A.; 220–400 nm): *Ra., Paul,* l. c. S. 1036.

Hydrochlorid $C_{14}H_{17}NO_3 \cdot HCl$. Kristalle (aus Acn.); F: 171–175° [unkorr.; Zers.; nach Sintern bei 108°]. UV-Spektrum (A.; 220–400 nm): *Ra., Paul,* l. c. S. 1036.

***Opt.-inakt. [1-Benzoyl-5-hydroxy-1,2,2a,3,4,5-hexahydro-benz[*cd*]indol-5-yl]-essigsäure-methylester** $C_{21}H_{21}NO_4$, Formel VI (R = CH_3).

B. Beim Erwärmen von (±)-1-Benzoyl-2,2a,3,4-tetrahydro-1*H*-benz[*cd*]indol-5-on mit Bromessigsäure-methylester, aktiviertem Zink und wenig Jod in Benzol (*E. Lilly & Co.,* U.S.P. 2751396 [1952]).

Kristalle (aus Bzl.); F: 113–115°.

***Opt.-inakt. [1-Benzoyl-5-hydroxy-1,2,2a,3,4,5-hexahydro-benz[*cd*]indol-5-yl]-essigsäure-äthylester** $C_{22}H_{23}NO_4$, Formel VI (R = C_2H_5).

B. Beim Erwärmen von (±)-1-Benzoyl-2,2a,3,4-tetrahydro-1*H*-benz[*cd*]indol-5-on mit

Bromessigsäure-äthylester, aktiviertem Zink und wenig Jod in Benzol (*Kornfeld et al.*, Am. Soc. **78** [1956] 3087, 3103).

Kristalle (aus E.); F: 142–143° [unkorr.].

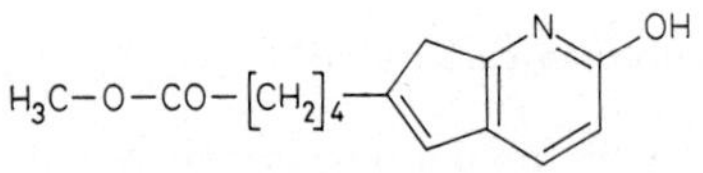

V 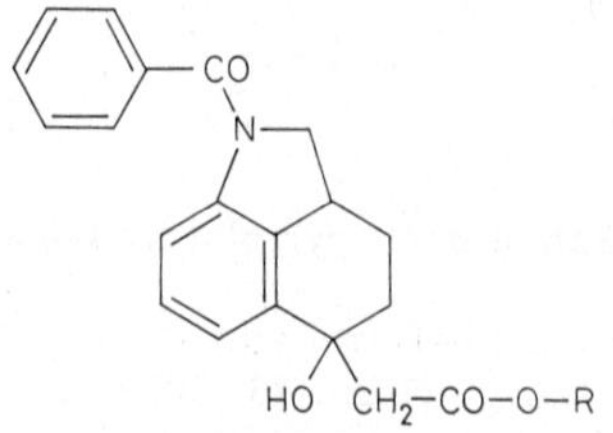 VI 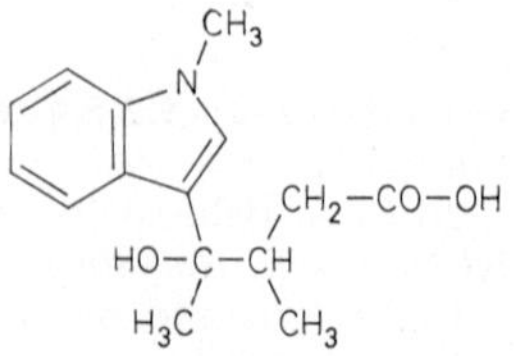 VII

Hydroxycarbonsäuren $C_{14}H_{17}NO_3$

***Opt.-inakt. 4-Hydroxy-3-methyl-4-[1-methyl-indol-3-yl]-valeriansäure** $C_{15}H_{19}NO_3$, Formel VII.

B. Beim Erwärmen von opt.-inakt. 4-Hydroxy-3-methyl-4-[1-methyl-indol-3-yl]-valeriansäure-lacton (F: 147°) mit wss.-äthanol. NaOH (*Cockerill et al.*, Soc. **1955** 4369, 4371).

Kristalle (aus Acn. + H_2O) mit 1 Mol H_2O; F: ca. 140° (nach Abgabe des H_2O bei ca. 59°).

Natrium-Salz $NaC_{15}H_{18}NO_3$. Kristalle (aus Acn. + Bzl.) mit 0,5 Mol H_2O; F: 228° bis 230°.

Methylester $C_{16}H_{21}NO_3$. Kristalle (aus PAe.); F: 73–74°.

Hydroxycarbonsäuren $C_{15}H_{19}NO_3$

***Opt.-inakt. [1-Hydroxymethyl-2,3,5,6-tetrahydro-1*H*-pyrrolo[2,1-*a*]isochinolin-10b-yl]-essigsäure-hydrazid** $C_{15}H_{21}N_3O_2$, Formel VIII.

B. Beim Erwärmen von *allo*-Dihydrodesmethoxy-β-erythroidin (1-Hydroxymethyl-2,3,5,6-tetrahydro-1*H*-pyrrolo[2,1-*a*]isochinolin-10b-yl]-essigsäure-lacton; F: 169–170°) mit $N_2H_4 \cdot H_2O$ mit Äthanol (*Boekelheide et al.*, Am. Soc. **75** [1953] 2558, 2562).

Kristalle (aus Bzl.); F: 138–139° [korr.].

***Opt.-inakt. [6-Hydroxymethyl-1,2,4,5,6,7-hexahydro-azepino[3,2,1-*hi*]indol-7-yl]-essigsäure** $C_{15}H_{19}NO_3$, Formel IX.

B. Neben Dihydroapo-β-erythroidin ([6-Hydroxymethyl-1,2,4,5,6,7-hexahydro-azepino[3,2,1-*hi*]indol-7-yl]-essigsäure-lacton; F: 150–152°) bei der Hydrierung von Apo-β-erythroidin ([6-Hydroxymethyl-1,2,4,5-tetrahydro-azepino[3,2,1-*hi*]indol-7-yl]-essigsäure-lacton) an Raney-Nickel in wss. NaOH (*Grundon et al.*, Am. Soc. **75** [1953] 2541, 2544).

Kristalle (aus Ae. + Hexan); F: 110–111°.

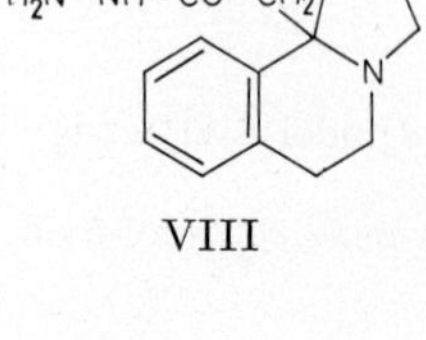

VIII 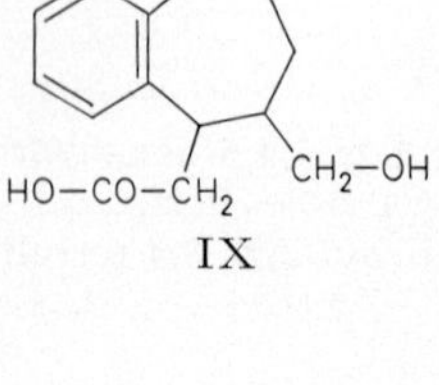 IX 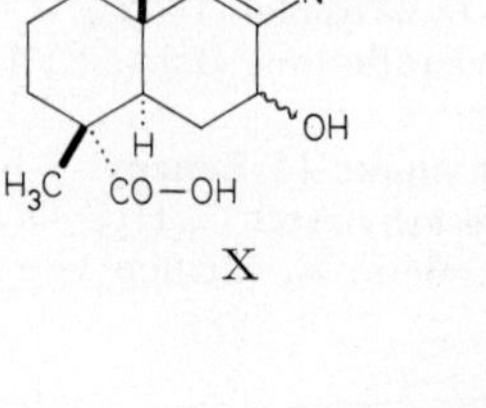 X

Hydroxycarbonsäuren $C_{19}H_{27}NO_3$

(6a*R*)-5ξ-Hydroxy-3-isopropyl-7*t*,10a-dimethyl-(6a*r*,10a*t*)-5,6,6a,7,8,9,10,10a-octa-hydro-benzo[*f*]chinolin-7*c*-carbonsäure, 7ξ-Hydroxy-13-isopropyl-14-aza-podocarpa-8,11,13-trien-15-säure [1]), Hydroxy-azadehydroabietinsäure $C_{19}H_{27}NO_3$, Formel X.

B. Bei der Hydrierung von Keto-azadehydroabietinsäure ((6a*R*)-3-Isopropyl-7*t*,10a-dimethyl-5-oxo-(6a*r*,10a*t*)-5,6,6a,7,8,9,10,10a-octahydro-benzo[*f*]chinolin-7*c*-carbonsäure) an Platin in Essigsäure (*Ruzicka et al.*, Helv. **24** [1941] 504, 513).

Kristalle (aus Me. + E.); F: 205—206° [korr.; evakuierte Kapillare]. UV-Spektrum (A.; 220—320 nm): *Ru. et al.*, l. c. S. 508. [*Goebels*]

Hydroxycarbonsäuren $C_nH_{2n-13}NO_3$

Hydroxycarbonsäuren $C_{10}H_7NO_3$

4-Hydroxy-chinolin-2-carbonsäure $C_{10}H_7NO_3$, Formel I (R = H, X = OH), und Tautomeres (4-Oxo-1,4-dihydro-chinolin-2-carbonsäure); **Kynurensäure** (H 230; E I 553; E II 174).

Isolierung aus dem Harn von Schweinen: *Roy, Price*, J. biol. Chem. **234** [1959] 2759.

B. Bei der Hydrierung von 4-[2-Nitro-phenyl]-2,4-dioxo-buttersäure an Palladium in konz. wss. NH_3 (*Musajo et al.*, G. **80** [1950] 161, 167, 168). Beim Erwärmen von Kynurensäure-äthylester mit wss. KOH (*Musajo*, G. **67** [1937] 222, 227) oder mit wss. NaOH (*Riegel et al.*, Am. Soc. **68** [1946] 2685; *Reid et al.*, J. biol. Chem. **155** [1944] 299, 300; *Albert, Magrath*, Biochem. J. **41** [1947] 534). Beim Hydrieren von 4-Benzyloxy-chinolin-2-carbonsäure an Palladium/Kohle in wss.-methanol. NH_3 (*Nakayama*, J. pharm. Soc. Japan **70** [1950] 423). Beim Erwärmen von Kynurensäure-nitril mit wss. HCl und Essigsäure (*Daeniker, Druey*, Helv. **41** [1958] 2148, 2153). Beim Behandeln von 2-*trans*-Styryl-chinolin-4-ol mit $KMnO_4$ in wss. Pyridin (*Nakajima*, J. Japan. biochem. Soc. **29** [1957] 129; C. A. **1961** 19924). Bildung aus DL-Kynurenin (E III **14** 1657) beim Erhitzen mit wss. $Ba(OH)_2$: *Kotake, Kiyokawa*, Z. physiol. Chem. **195** [1931] 147, 151 oder mit wss. $NaHCO_3$: *Kotake, Schichiri*, Z. physiol. Chem. **195** [1931] 152, 156.

Kristalle (aus Me.); F: 285° (*Nakaj.*); Zers. bei 283° (*Nakay.*). UV-Spektrum von 200 nm bis 360 nm: *Kotake et al.*, J. Biochem. Tokyo **40** [1953] 383, 386; von 220 nm bis 360 nm (A.): *Furst, Olsen*, J. org. Chem. **16** [1951] 412; von 250 nm bis 375 nm (gepufferte wss. Lösung vom pH 7,3 bzw. pH 7,5): *Dalgliesh*, Biochem. J. **52** [1952] 3, 8; *Sensi*, Acta vitaminol. **5** [1951] 105, 108, 109. Fluorescenzspektrum (300—800 nm) von Lösungen in wss. H_2SO_4 und in wss. NaOH nach Erregung durch Licht der Wellenlänge 340 nm bzw. 370 nm: *Satoh, Price*, J. biol. Chem. **230** [1958] 781, 784; s. a. *Duggan et al.*, Arch. Biochem. **68** [1957] 1, 4. Polarographie: *Se.*, l. c. S. 106.

Beim Erhitzen mit Essigsäure und wss. H_2O_2 ist 4-Hydroxy-chinolin-2-carbonsäure-1-oxid (Syst.-Nr. **3366**) erhalten worden (*Mu. et al.*, l. c. S. 169). Beim Behandeln mit wss. KOH und Brom ist 3-Brom-4-hydroxy-chinolin-2-carbonsäure erhalten worden (*Coppini*, G. **80** [1950] 36, 37).

4-Methoxy-chinolin-2-carbonsäure $C_{11}H_9NO_3$, Formel I (R = CH_3, X = OH) (H 231; E II 174).

B. Beim Erwärmen von 4-Methoxy-chinolin-2-carbonitril mit wss.-äthanol. NaOH (*Nakayama*, J. pharm. Soc. Japan **70** [1950] 355; C. A. **1951** 2945).

4-Äthoxy-chinolin-2-carbonsäure $C_{12}H_{11}NO_3$, Formel I (R = C_2H_5, X = OH).

B. Beim Erwärmen von 4-Äthoxy-chinolin-2-carbonitril mit wss.-äthanol. NaOH *Nakayama*, J. pharm. Soc. Japan **70** [1950] 355; C. A. **1951** 2945).

Kristalle (aus Acn.); Zers. bei 193—197°.

4-Propoxy-chinolin-2-carbonsäure $C_{13}H_{13}NO_3$, Formel I (R = CH_2-CH_2-CH_3, X = OH).

B. Beim Erwärmen von 4-Propoxy-chinolin-2-carbonitril mit wss.-äthanol. NaOH

[1]) Stellungsbezeichnung bei von Podocarpan abgeleiteten Namen s. E III **6** 2098 Anm. 2.

(*Nakayama*, J. pharm. Soc. Japan **70** [1950] 355; C. A. **1951** 2945).
Kristalle (aus Acn.); Zers. bei 178°.

4-Butoxy-chinolin-2-carbonsäure $C_{14}H_{15}NO_3$, Formel I (R = $[CH_2]_3$-CH_3, X = OH).
B. Beim Erwärmen von 4-Butoxy-chinolin-2-carbonitril mit wss.-äthanol. NaOH (*Nakayama*, J. pharm. Soc. Japan **70** [1950] 355; C. A. **1951** 2945).
Kristalle (aus Acn.); F: 153°.

4-Benzyloxy-chinolin-2-carbonsäure $C_{17}H_{13}NO_3$, Formel I (R = CH_2-C_6H_5, X = OH).
B. Beim Erhitzen von 4-Chlor-chinolin-2-carbonsäure-äthylester mit Kaliumbenzylat und Xylol (*Ames et al.*, Soc. **1956** 3079, 3082). Beim Erwärmen von 4-Benzyloxy-chinolin-2-carbonitril mit wss.-äthanol. NaOH (*Nakayama*, J. pharm. Soc. Japan **70** [1950] 423).
Kristalle; Zers. bei 189° [aus Acn.] (*Na.*); F: 185—187° [Zers.; aus Me.] (*Ames et al.*).

4-Hydroxy-chinolin-2-carbonsäure-methylester $C_{11}H_9NO_3$, Formel I (R = H, X = O-CH_3), und Tautomeres (4-Oxo-1,4-dihydro-chinolin-2-carbonsäure-methylester); Kynurensäure-methylester (E II 174).
B. Beim Behandeln von Kynurensäure (S. 2245) mit Diazomethan in Äther (*Nakayama*, J. pharm. Soc. Japan **70** [1950] 423).
Kristalle (aus Me.); F: 224° (*Na.*), 215—216° [unkorr.; Zers.] (*Daeniker, Druey*, Helv. **41** [1958] 2148, 2153). λ_{max} (wss. A.): 218 nm, 238 nm, 249 nm, 344 nm und 359 nm (*Da., Dr.*).

4-Benzyloxy-chinolin-2-carbonsäure-methylester $C_{18}H_{15}NO_3$, Formel I (R = CH_2-C_6H_5, X = O-CH_3).
B. Aus 4-Benzyloxy-chinolin-2-carbonsäure und Diazomethan (*Ames et al.*, Soc. **1956** 3079, 3082).
Kristalle (aus Acn. + PAe.); F: 130—132°.

4-Hydroxy-chinolin-2-carbonsäure-äthylester $C_{12}H_{11}NO_3$, Formel I (R = H, X = O-C_2H_5), und Tautomeres (4-Oxo-1,4-dihydro-chinolin-2-carbonsäure-äthylester); Kynurensäure-äthylester.
B. Beim Erwärmen von Oxalessigsäure-diäthylester in Benzol mit Anilin und Erhitzen des Reaktionsprodukts mit Diphenyläther (*Riegel et al.*, Am. Soc. **68** [1946] 2685). Bei der Hydrierung von 4-[2-Nitro-phenyl]-2,4-dioxo-buttersäure an Palladium im Gemisch mit äthanol. HCl (*Musajo et al.*, G. **80** [1950] 161, 168).
Kristalle; F: 215° [aus A.] (*Musajo*, G. **67** [1937] 222, 227), 213° (*Ri. et al.*), 212° [aus Me.] (*Kermack, Weatherhead*, Soc. **1940** 1164, 1168).
Beim Behandeln mit wss. HNO_3 [D: 1,42] und konz. H_2SO_4 bei 0° ist 4-Hydroxy-6-nitro-chinolin-2-carbonsäure-äthylester erhalten worden (*Ke., We.*).

4-Hydroxy-chinolin-2-carbonsäure-amid $C_{10}H_8N_2O_2$, Formel I (R = H, X = NH_2), und Tautomeres (4-Oxo-1,4-dihydro-chinolin-2-carbonsäure-amid); Kynurensäure-amid.
B. Beim Behandeln von 4-Hydroxy-chinolin-2-carbonitril mit wss.-äthanol. NaOH und wss. H_2O_2 (*Daeniker, Druey*, Helv. **41** [1958] 2148, 2153).
Kristalle (aus Me.); F: 292° [unkorr.; Zers.]. λ_{max} (wss. A.): 218 nm, 245 nm und 338 nm.

N CO—X
O—R
I

N CN
O—R
II

4-Methoxy-chinolin-2-carbonsäure-amid $C_{11}H_{10}N_2O_2$, Formel I (R = CH_3, X = NH_2).
B. Beim Behandeln von 4-Methoxy-chinolin-2-carbonitril mit wss.-äthanol. NaOH und wss. H_2O_2 (*Tanida*, Chem. pharm. Bl. **7** [1959] 887, 891).
Kristalle (aus Me.); F: 175—176°.

4-Methoxy-chinolin-2-carbonsäure-[2-diäthylamino-äthylamid] $C_{17}H_{23}N_3O_2$, Formel I (R = CH_3, X = NH-CH_2-CH_2-N(C_2H_5)$_2$).

B. Beim Erwärmen des aus 4-Methoxy-chinolin-2-carbonsäure mit $SOCl_2$ in $CHCl_3$ hergestellten Säurechlorids in Benzol mit *N*,*N*-Diäthyl-äthylendiamin (*Nakayama*, J. pharm. Soc. Japan **70** [1950] 355; C. A. **1951** 2945).

Picrat $C_{17}H_{23}N_3O_2 \cdot C_6H_3N_3O_7$. Gelbe Kristalle; F: 110°.

4-Äthoxy-chinolin-2-carbonsäure-[2-diäthylamino-äthylamid] $C_{18}H_{25}N_3O_2$, Formel I (R = C_2H_5, X = NH-CH_2-CH_2-N(C_2H_5)$_2$).

B. Analog der vorangehenden Verbindung aus 4-Äthoxy-chinolin-2-carbonsäure (*Nakayama*, J. pharm. Soc. Japan **70** [1950] 355; C. A. **1951** 2945).

Picrat $C_{18}H_{25}N_3O_2 \cdot C_6H_3N_3O_7$. Gelbe Kristalle; F: 166°.

4-Propoxy-chinolin-2-carbonsäure-[2-diäthylamino-äthylamid] $C_{19}H_{27}N_3O_2$, Formel I (R = CH_2-CH_2-CH_3, X = NH-CH_2-CH_2-N(C_2H_5)$_2$).

B. Analog den vorangehenden Verbindungen aus 4-Propoxy-chinolin-2-carbonsäure (*Nakayama*, J. pharm. Soc. Japan **70** [1950] 355; C. A. **1951** 2945).

Picrat $C_{19}H_{27}N_3O_2 \cdot C_6H_3N_3O_7$. Gelbe Kristalle; F: 161°.

4-Butoxy-chinolin-2-carbonsäure-[2-diäthylamino-äthylamid] $C_{20}H_{29}N_3O_2$, Formel I (R = [CH_2]$_3$-CH_3, X = NH-CH_2-CH_2-N(C_2H_5)$_2$).

B. Analog den vorangehenden Verbindungen aus 4-Butoxy-chinolin-2-carbonsäure (*Nakayama*, J. pharm. Soc. Japan **70** [1950] 355; C. A. **1951** 2945).

Picrat $C_{20}H_{29}N_3O_2 \cdot C_6H_3N_3O_7$. Gelbe Kristalle; F: 132°.

4-Benzyloxy-chinolin-2-carbonsäure-amid $C_{17}H_{14}N_2O_2$, Formel I (R = CH_2-C_6H_5, X = NH_2).

B. Aus 4-Benzyloxy-chinolin-2-carbonsäure (*Ames et al.*, Soc. **1956** 3079, 3082).

Kristalle (aus A.); F: 150–151°.

4-Hydroxy-chinolin-2-carbonitril $C_{10}H_6N_2O$, Formel II (R = H), und Tautomeres (4-Oxo-1,4-dihydro-chinolin-2-carbonitril); Kynurensäure-nitril.

B. Beim Erhitzen (5d) von 1-Oxy-chinolin-2-carbonitril mit Trifluoressigsäure-anhydrid und CH_2Cl_2 und anschliessenden Hydrolysieren (*Daeniker, Druey*, Helv. **41** [1958] 2148, 2152).

Kristalle (aus Me.); F: 225° [unkorr.; Zers.]. λ_{max} (wss. A.): 220 nm, 241 nm, 340 nm und 356 nm.

Überführung in 4-Hydroxy-chinolin-2-carbonsäure-amid beim Behandeln mit wss.-äthanol. NaOH und wss. H_2O_2: *Da., Dr.*

4-Methoxy-chinolin-2-carbonitril $C_{11}H_8N_2O$, Formel II (R = CH_3).

B. Beim Behandeln von 4-Methoxy-chinolin-1-oxid mit KCN in H_2O und mit Benzoylchlorid (*Nakayama*, J. pharm. Soc. Japan **70** [1950] 355; C. A. **1951** 2945; *Tanida*, Chem. pharm. Bl. **7** [1959] 887, 891). Beim Behandeln von 4-Hydroxy-chinolin-2-carbonitril in Methanol mit Diazomethan in Äther (*Daeniker, Druey*, Helv. **41** [1958] 2148, 2153).

Kristalle; F: 125° [aus Me.] (*Na.*), 119–121° [aus Bzl.] (*Ta.*), 118,5–119,5° [unkorr.; aus Me.] (*Da., Dr.*). λ_{max} (wss. A.): 218 nm, 239 nm, 297 nm und 329 nm (*Da., Dr.*).

4-Äthoxy-chinolin-2-carbonitril $C_{12}H_{10}N_2O$, Formel II (R = C_2H_5).

B. Beim Behandeln von 4-Äthoxy-chinolin-1-oxid mit KCN in H_2O und mit Benzoylchlorid (*Nakayama*, J. pharm. Soc. Japan **70** [1950] 355; C. A. **1951** 2945).

Kristalle (aus Me.); F: 133°.

4-Propoxy-chinolin-2-carbonitril $C_{13}H_{12}N_2O$, Formel II (R = CH_2-CH_2-CH_3).

B. Beim Behandeln von 4-Propoxy-chinolin-1-oxid mit KCN in H_2O und mit Benzoylchlorid (*Nakayama*, J. pharm. Soc. Japan **70** [1950] 355; C. A. **1951** 2945).

Kristalle (aus Me.); F: 127°.

4-Butoxy-chinolin-2-carbonitril $C_{14}H_{14}N_2O$, Formel II (R = [CH_2]$_3$-CH_3).

B. Beim Behandeln von 4-Butoxy-chinolin-1-oxid mit KCN in H_2O und mit Benzoyl=

chlorid (*Nakayama*, J. pharm. Soc. Japan **70** [1950] 355; C. A. **1951** 2945).
Kristalle (aus Me.); F: 122°.

4-Benzyloxy-chinolin-2-carbonitril $C_{17}H_{12}N_2O$, Formel II (R = CH_2-C_6H_5) auf S. 2246.
B. Beim Behandeln von 4-Benzyloxy-chinolin-1-oxid mit KCN in H_2O und mit Benzoyl= chlorid (*Nakayama*, J. pharm. Soc. Japan **70** [1950] 423).
Kristalle (aus Me.); F: 164°.

4-Benzyloxy-chinolin-2-carbonsäure-hydrazid $C_{17}H_{15}N_3O_2$, Formel I (R = CH_2-C_6H_5, X = NH-NH_2) auf S. 2246.
B. Beim Erhitzen von 4-Benzyloxy-chinolin-2-carbonsäure-methylester mit $N_2H_4 \cdot H_2O$ und 2-Methoxy-äthanol (*Ames et al.*, Soc. **1956** 3079, 3082).
Kristalle (aus 2-Methoxy-äthanol); F: 146–147°.

3-Chlor-4-hydroxy-chinolin-2-carbonsäure $C_{10}H_6ClNO_3$, Formel III (R = X = H), und Tautomeres (3-Chlor-4-oxo-1,4-dihydro-chinolin-2-carbonsäure).
B. Beim Erwärmen des Äthylesters (s. u.) mit wss. NaOH (*Surrey, Cutler*, Am. Soc. **68** [1946] 2570, 2571, 2572).
F: 265–266° [unkorr.].

3-Chlor-4-hydroxy-chinolin-2-carbonsäure-äthylester $C_{12}H_{10}ClNO_3$, Formel III (R = C_2H_5, X = H), und Tautomeres (3-Chlor-4-oxo-1,4-dihydro-chinolin-2-carbonsäure-äthylester).
B. Beim Erwärmen von 4-Hydroxy-chinolin-2-carbonsäure-äthylester mit SO_2Cl_2, Essigsäure, Acetanhydrid und geringen Mengen Jod (*Surrey, Cutler*, Am. Soc. **68** [1946] 2570, 2571, 2572).
Kristalle (aus Eg., A. oder Acn.); F: 217–217,5° [unkorr.].

5-Chlor-4-hydroxy-chinolin-2-carbonsäure $C_{10}H_6ClNO_3$, Formel IV (R = X = H), und Tautomeres (5-Chlor-4-oxo-1,4-dihydro-chinolin-2-carbonsäure).
B. Beim Erwärmen des Äthylesters (s. u.) mit wss. NaOH (*Surrey, Hammer*, Am. Soc. **68** [1946] 113, 115; *Andersag*, B. **81** [1948] 499, 504).
F: 291° [Zers.] (*An.*), 270° [Zers.] (*Su., Ha.*).

5-Chlor-4-hydroxy-chinolin-2-carbonsäure-äthylester $C_{12}H_{10}ClNO_3$, Formel IV (R = C_2H_5, X = H), und Tautomeres (5-Chlor-4-oxo-1,4-dihydro-chinolin-2-carbonsäure-äthylester).
B. Neben 7-Chlor-4-hydroxy-chinolin-2-carbonsäure-äthylester beim Behandeln von Oxalessigsäure-diäthylester oder dessen Kalium-Verbindung mit 3-Chlor-anilin in Essig= säure und Erhitzen des Reaktionsprodukts in Paraffinöl auf 250° (*Surrey, Hammer*, Am. Soc. **68** [1946] 113, 115; *Andersag*, B. **81** [1948] 499, 503).
Kristalle; F: 200° [aus A.] (*An.*), 197–198° [aus Dioxan] (*Su., Ha.*).

7-Chlor-4-hydroxy-chinolin-2-carbonsäure $C_{10}H_6ClNO_3$, Formel V (R = X' = H, X = OH), und Tautomeres (7-Chlor-4-oxo-1,4-dihydro-chinolin-2-carbon= säure).
B. Beim Erwärmen des Äthylesters (s. u.) mit wss. NaOH (*Surrey, Hammer*, Am. Soc. **68** [1946] 113, 115; *Andersag*, B. **81** [1948] 499, 504).
Kristalle; F: 292° [Zers.] (*An.*), 277–278° [Zers.; aus Py.] (*Su., Ha.*).

7-Chlor-4-hydroxy-chinolin-2-carbonsäure-methylester $C_{11}H_8ClNO_3$, Formel V (R = X' = H, X = O-CH_3), und Tautomeres (7-Chlor-4-oxo-1,4-dihydro-chinolin-2-carbonsäure-methylester).
B. Beim Erwärmen der Säure (s. o.) mit Methanol und H_2SO_4 (*Breslow et al.*, Am. Soc. **68** [1946] 1232, 1237).
F: 275–277°.

7-Chlor-4-hydroxy-chinolin-2-carbonsäure-äthylester $C_{12}H_{10}ClNO_3$, Formel V (R = X' = H, X = O-C_2H_5), und Tautomeres (7-Chlor-4-oxo-1,4-dihydro-chinolin-2-carbonsäure-äthylester).
B. s. o. im Artikel 5-Chlor-4-hydroxy-chinolin-2-carbonsäure-äthylester. Über die

Bildung aus [3-Chlor-anilino]-butendisäure-diäthylester (E III **12** 1320) beim Erhitzen mit Diphenyläther und Biphenyl auf 250° s. *Kenyon et al.*, Ind. eng. Chem. **41** [1949] 654, 657, 659.

Kristalle; F: 251° [aus wss. Eg.] (*Andersag*, B. **81** [1948] 499, 503), 250—251° [aus Py.] (*Surrey, Hammer*, Am. Soc. **68** [1946] 113, 115).

Verbindung mit 3-[3-Chlor-anilino]-1-[3-chlor-phenyl]-pyrrol-2,5-dion $C_{12}H_{10}ClNO_3 \cdot C_{16}H_{10}Cl_2N_2O_2$. *B.* Beim Erhitzen von 3-Chlor-anilin mit [3-Chlor-anilino]-butendisäure-diäthylester in Mineralöl auf 245° (*Surrey, Cutler*, Am. Soc. **68** [1946] 514, 516). Beim Erhitzen der Komponenten in Pyridin (*Su., Cu.*). — Kristalle (aus Eg.); F: 227—228° [unkorr.] (*Su., Cu.*).

4-Äthoxy-7-chlor-chinolin-2-carbonsäure-amid $C_{12}H_{11}ClN_2O_2$, Formel V (R = C_2H_5, X = NH_2, X′ = H).

B. Beim Erwärmen von 4,7-Dichlor-chinolin-2-carbonsäure-amid mit Natriumäthylat in Äthanol (*Surrey*, Am. Soc. **71** [1949] 2941).

Kristalle (aus A.); F: 201—202° [unkorr.].

4-Äthoxy-7-chlor-chinolin-2-carbonsäure-[2-diäthylamino-äthylamid] $C_{18}H_{24}ClN_3O_2$, Formel V (R = C_2H_5, X = NH-CH_2-CH_2-N$(C_2H_5)_2$, X′ = H).

B. Beim Erwärmen von 4,7-Dichlor-chinolin-2-carbonsäure-[2-diäthylamino-äthylamid] mit Natriumäthylat in Äthanol (*Surrey*, Am. Soc. **71** [1949] 2941).

Kristalle (aus PAe.); F: 65—66°.

Hydrochlorid $C_{18}H_{24}ClN_3O_2 \cdot HCl$. Kristalle (aus A. + Acn. + Ae.); F: 178—179° [unkorr.; Zers.].

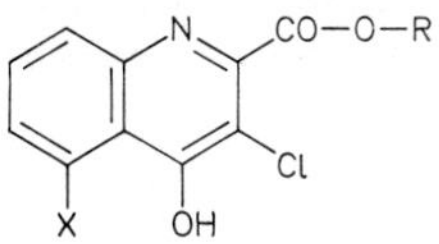

III 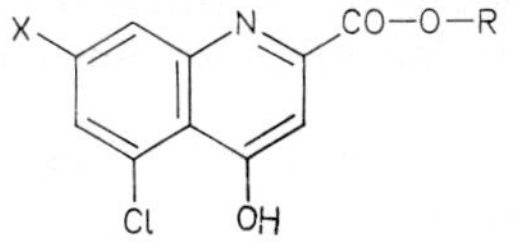 IV 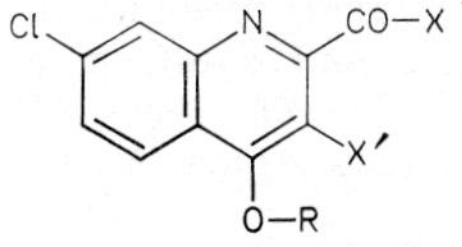 V

7-Chlor-4-propoxy-chinolin-2-carbonsäure-[2-diäthylamino-äthylamid] $C_{19}H_{26}ClN_3O_2$, Formel V (R = CH_2-CH_2-CH_3, X = NH-CH_2-CH_2-N$(C_2H_5)_2$, X′ = H).

B. Beim Erwärmen von 4,7-Dichlor-chinolin-2-carbonsäure-[2-diäthylamino-äthylamid] mit Natriumpropylat in Propan-1-ol (*Surrey*, Am. Soc. **71** [1949] 2941).

Kristalle (aus PAe.); F: 66—67°.

4-Butoxy-7-chlor-chinolin-2-carbonsäure-[2-diäthylamino-äthylamid] $C_{20}H_{28}ClN_3O_2$, Formel V (R = $[CH_2]_3$-CH_3, X = NH-CH_2-CH_2-N$(C_2H_5)_2$, X′ = H).

B. Beim Erhitzen von 4,7-Dichlor-chinolin-2-carbonsäure-[2-diäthylamino-äthylamid] mit Natriumbutylat in Butan-1-ol (*Surrey*, Am. Soc. **71** [1949] 2941).

Kristalle (aus PAe.); F: 68—69°.

3,5-Dichlor-4-hydroxy-chinolin-2-carbonsäure $C_{10}H_5Cl_2NO_3$, Formel III (R = H, X = Cl), und Tautomeres (3,5-Dichlor-4-oxo-1,4-dihydro-chinolin-2-carbonsäure).

B. Beim Erwärmen des Äthylesters (s. u.) mit wss. NaOH (*Surrey, Cutler*, Am. Soc. **68** [1946] 2570, 2571, 2572).

Kristalle mit 1 Mol H_2O; F: 373—375° [unkorr.].

3,5-Dichlor-4-hydroxy-chinolin-2-carbonsäure-äthylester $C_{12}H_9Cl_2NO_3$, Formel III (R = C_2H_5, X = Cl), und Tautomeres (3,5-Dichlor-4-oxo-1,4-dihydro-chinolin-2-carbonsäure-äthylester).

B. Beim Erwärmen von 5-Chlor-4-hydroxy-chinolin-2-carbonsäure-äthylester mit SO_2Cl_2, Essigsäure, Acetanhydrid und geringen Mengen Jod (*Surrey, Cutler*, Am. Soc. **68** [1946] 2570, 2571, 2572).

Kristalle (aus Eg., A. oder Acn.); F: 219—220° [unkorr.].

3,7-Dichlor-4-hydroxy-chinolin-2-carbonsäure $C_{10}H_5Cl_2NO_3$, Formel V (R = H, X = OH, X' = Cl), und Tautomeres (3,7-Dichlor-4-oxo-1,4-dihydro-chinolin-2-carbonsäure).

B. Beim Erwärmen des Äthylesters (s. u.) mit wss. NaOH (*Surrey, Cutler*, Am. Soc. **68** [1946] 2570, 2571, 2572).

F: 381—382° [unkorr.].

3,7-Dichlor-4-hydroxy-chinolin-2-carbonsäure-äthylester $C_{12}H_9Cl_2NO_3$, Formel V (R = H, X = O-C_2H_5, X' = Cl), und Tautomeres (3,7-Dichlor-4-oxo-1,4-dihydro-chinolin-2-carbonsäure-äthylester).

B. Beim Erwärmen von 7-Chlor-4-hydroxy-chinolin-2-carbonsäure-äthylester mit SO_2Cl_2, Essigsäure, Acetanhydrid und geringen Mengen Jod (*Surrey, Cutler*, Am. Soc. **68** [1946] 2570, 2571, 2572).

Kristalle (aus Eg., A. oder Acn.); F: 244—245° [unkorr.].

5,7-Dichlor-4-hydroxy-chinolin-2-carbonsäure $C_{10}H_5Cl_2NO_3$, Formel IV (R = H, X = Cl), und Tautomeres (5,7-Dichlor-4-oxo-1,4-dihydro-chinolin-2-carbonsäure).

B. Beim Erwärmen des Äthylesters (s. u.) mit wss. NaOH (*Surrey, Hammer*, Am. Soc. **68** [1946] 1244).

F: 267—268° [unkorr.].

5,7-Dichlor-4-hydroxy-chinolin-2-carbonsäure-äthylester $C_{12}H_9Cl_2NO_3$, Formel IV (R = C_2H_5, X = Cl), und Tautomeres (5,7-Dichlor-4-oxo-1,4-dihydro-chinolin-2-carbonsäure-äthylester).

B. Beim Behandeln von Oxalessigsäure-diäthylester mit 3,5-Dichlor-anilin in Essigsäure und Erhitzen des Reaktionsprodukts in Mineralöl auf 250° (*Surrey, Hammer*, Am. Soc. **68** [1946] 1244).

Kristalle (aus A., Py. oder Eg.); F: 253—254° [unkorr.].

5,8-Dichlor-4-hydroxy-chinolin-2-carbonsäure $C_{10}H_5Cl_2NO_3$, Formel VI (R = X' = H, X = Cl), und Tautomeres (5,8-Dichlor-4-oxo-1,4-dihydro-chinolin-2-carbonsäure).

B. Beim Erwärmen des Äthylesters (s. u.) mit wss. NaOH (*Surrey, Hammer*, Am. Soc. **68** [1946] 1244).

F: 260—261° [unkorr.].

5,8-Dichlor-4-hydroxy-chinolin-2-carbonsäure-äthylester $C_{12}H_9Cl_2NO_3$, Formel VI (R = C_2H_5, X = Cl, X' = H), und Tautomeres (5,8-Dichlor-4-oxo-1,4-dihydro-chinolin-2-carbonsäure-äthylester).

B. Beim Behandeln von Oxalessigsäure-diäthylester mit 2,5-Dichlor-anilin in Essigsäure und Erhitzen des Reaktionsprodukts in Mineralöl auf 250° (*Surrey, Hammer*, Am. Soc. **68** [1946] 1244).

Kristalle (aus A., Py. oder Eg.); F: 153—154° [unkorr.].

6,8-Dichlor-4-hydroxy-chinolin-2-carbonsäure $C_{10}H_5Cl_2NO_3$, Formel VI (R = X = H, X' = Cl), und Tautomeres (6,8-Dichlor-4-oxo-1,4-dihydro-chinolin-2-carbonsäure).

B. Beim Erwärmen des Äthylesters (s. u.) mit wss. NaOH (*Surrey, Hammer*, Am. Soc. **68** [1946] 1244).

F: 254—255° [unkorr.].

6,8-Dichlor-4-hydroxy-chinolin-2-carbonsäure-äthylester $C_{12}H_9Cl_2NO_3$, Formel VI (R = C_2H_5, X = H, X' = Cl), und Tautomeres (6,8-Dichlor-4-oxo-1,4-dihydro-chinolin-2-carbonsäure-äthylester).

B. Beim Behandeln von Oxalessigsäure-diäthylester mit 2,4-Dichlor-anilin in Essigsäure und Erhitzen des Reaktionsprodukts in Mineralöl auf 250° (*Surrey, Hammer*, Am. Soc. **68** [1946] 1244).

Kristalle (aus Acn.); F: 147,5—148,5° [unkorr.].

3-Brom-4-hydroxy-chinolin-2-carbonsäure $C_{10}H_6BrNO_3$, Formel VII (R = X = H), und Tautomeres (3-Brom-4-oxo-1,4-dihydro-chinolin-2-carbonsäure) (E I 553).

B. Beim Behandeln von Kynurensäure (S. 2245) mit wss. KOH und Brom (*Coppini*, G. **80** [1950] 36, 37). Beim Erwärmen des Äthylesters (s. u.) mit wss. NaOH (*Surrey, Cutler*, Am. Soc. **68** [1946] 2570, 2571, 2572).

Kristalle; F: 290° [Zers.; aus H_2O] (*Co.*), 277—278° [unkorr.] (*Su., Cu.*).

Beim Behandeln mit wss. KOH und $KMnO_4$ ist Kynursäure (*N*-Hydroxyoxalyl-anthranilsäure) erhalten worden (*Co.*).

3-Brom-4-hydroxy-chinolin-2-carbonsäure-methylester $C_{11}H_8BrNO_3$, Formel VII (R = CH_3, X = H), und Tautomeres (3-Brom-4-oxo-1,4-dihydro-chinolin-2-carbonsäure-methylester).

B. Beim Erwärmen der Säure (s. o.) mit Methanol und HCl (*Coppini*, G. **80** [1950] 36, 38).

Kristalle (aus Me.); F: 251—252°.

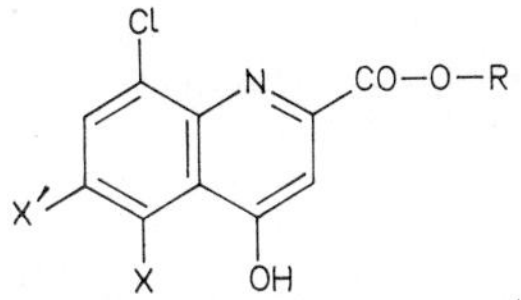

VI 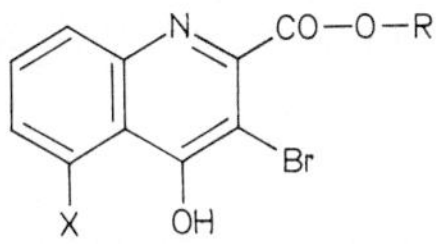 VII 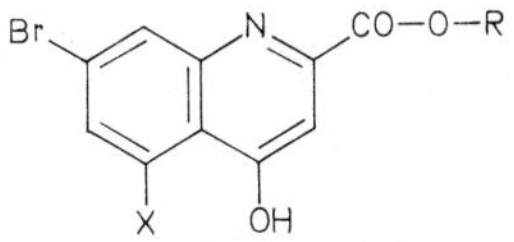 VIII

3-Brom-4-hydroxy-chinolin-2-carbonsäure-äthylester $C_{12}H_{10}BrNO_3$, Formel VII (R = C_2H_5, X = H), und Tautomeres (3-Brom-4-oxo-1,4-dihydro-chinolin-2-carbonsäure-äthylester).

B. Beim Erwärmen von 4-Hydroxy-chinolin-2-carbonsäure-äthylester mit Brom, Essigsäure und geringen Mengen Jod (*Surrey, Cutler*, Am. Soc. **68** [1946] 2570, 2571, 2572).

Kristalle (aus Eg., A. oder Acn.); F: 250—251° [unkorr.].

7-Brom-4-hydroxy-chinolin-2-carbonsäure $C_{10}H_6BrNO_3$, Formel VIII (R = X = H), und Tautomeres (7-Brom-4-oxo-1,4-dihydro-chinolin-2-carbonsäure).

B. Beim Erwärmen des Äthylesters (s. u.) mit wss. NaOH (*Surrey, Hammer*, Am. Soc. **68** [1946] 113, 115).

F: 278—279° [Zers.].

7-Brom-4-hydroxy-chinolin-2-carbonsäure-äthylester $C_{12}H_{10}BrNO_3$, Formel VIII (R = C_2H_5, X = H), und Tautomeres (7-Brom-4-oxo-1,4-dihydro-chinolin-2-carbonsäure-äthylester).

B. Beim Behandeln von Oxalessigsäure-diäthylester mit 3-Brom-anilin in Essigsäure und Erhitzen des Reaktionsprodukts in Mineralöl auf 250° (*Surrey, Hammer*, Am. Soc. **68** [1946] 113, 115).

Kristalle (aus Eg.); F: 251—252°.

3-Brom-5-chlor-4-hydroxy-chinolin-2-carbonsäure $C_{10}H_5BrClNO_3$, Formel VII (R = H, X = Cl), und Tautomeres (3-Brom-5-chlor-4-oxo-1,4-dihydro-chinolin-2-carbonsäure).

B. Beim Erwärmen des Äthylesters (s. u.) mit wss. NaOH (*Surrey, Cutler*, Am. Soc. **68** [1946] 2570, 2571, 2572).

F: 358—359° [unkorr.; nach Trocknen bei 125°/10 Torr].

3-Brom-5-chlor-4-hydroxy-chinolin-2-carbonsäure-äthylester $C_{12}H_9BrClNO_3$, Formel VII (R = C_2H_5, X = Cl), und Tautomeres (3-Brom-5-chlor-4-oxo-1,4-dihydro-chinolin-2-carbonsäure-äthylester).

B. Beim Erwärmen von 5-Chlor-4-hydroxy-chinolin-2-carbonsäure-äthylester mit Brom, Essigsäure und geringen Mengen Jod (*Surrey, Cutler*, Am. Soc. **68** [1946] 2570, 2571, 2572).

Kristalle (aus Eg., A. oder Acn.); F: 222—223° [unkorr.].

3-Brom-7-chlor-4-hydroxy-chinolin-2-carbonsäure $C_{10}H_5BrClNO_3$, Formel IX (R = H), und Tautomeres (3-Brom-7-chlor-4-oxo-1,4-dihydro-chinolin-2-carbonsäure).

B. Beim Erwärmen des Äthylesters (s. u.) mit wss. NaOH (*Surrey, Cutler*, Am. Soc. **68** [1946] 2570, 2571, 2572).

F: 355—356° [unkorr.].

3-Brom-7-chlor-4-hydroxy-chinolin-2-carbonsäure-äthylester $C_{12}H_9BrClNO_3$, Formel IX (R = C_2H_5), und Tautomeres (3-Brom-7-chlor-4-oxo-1,4-dihydro-chinolin-2-carbonsäure-äthylester).

B. Beim Erwärmen von 7-Chlor-4-hydroxy-chinolin-2-carbonsäure-äthylester mit Brom, Essigsäure und geringen Mengen Jod (*Surrey, Cutler*, Am. Soc. **68** [1946] 2570, 2571, 2572).

Kristalle (aus Eg., A. oder Acn.); F: 244—245° [unkorr.].

5,7-Dibrom-4-hydroxy-chinolin-2-carbonsäure $C_{10}H_5Br_2NO_3$, Formel VIII (R = H, X = Br), und Tautomeres (5,7-Dibrom-4-oxo-1,4-dihydro-chinolin-2-carbon=säure).

B. Beim Erwärmen des Äthylesters (s. u.) mit wss. NaOH (*Surrey, Hammer*, Am. Soc. **68** [1946] 1244).

F: 330—332° [unkorr.].

5,7-Dibrom-4-hydroxy-chinolin-2-carbonsäure-äthylester $C_{12}H_9Br_2NO_3$, Formel VIII (R = C_2H_5, X = Br), und Tautomeres (5,7-Dibrom-4-oxo-1,4-dihydro-chinolin-2-carbonsäure-äthylester).

B. Beim Behandeln von Oxalessigsäure-diäthylester mit 3,5-Dibrom-anilin in Essig=säure und Erhitzen des Reaktionsprodukts in Mineralöl auf 250° (*Surrey, Hammer*, Am. Soc. **68** [1946] 1244).

Kristalle (aus A., Py. oder Eg.); F: 256—257° [unkorr.].

4-Hydroxy-3-jod-chinolin-2-carbonsäure $C_{10}H_6INO_3$, Formel X (R = X = H), und Tautomeres (3-Jod-4-oxo-1,4-dihydro-chinolin-2-carbonsäure).

B. Beim Erwärmen des Äthylesters (s. u.) mit wss. NaOH (*Surrey, Cutler*, Am. Soc. **68** [1946] 2570, 2571, 2572).

F: 278—281° [unkorr.].

IX X XI

4-Hydroxy-3-jod-chinolin-2-carbonsäure-äthylester $C_{12}H_{10}INO_3$, Formel X (R = C_2H_5, X = H), und Tautomeres (3-Jod-4-oxo-1,4-dihydro-chinolin-2-carbonsäure-äthylester).

B. Beim Erwärmen von 4-Hydroxy-chinolin-2-carbonsäure-äthylester mit ICl und Essigsäure auf 80° (*Surrey, Cutler*, Am. Soc. **68** [1946] 2570, 2571, 2572).

Kristalle (aus Eg., A. oder Acn.); F: 246—247° [unkorr.].

4-Hydroxy-7-jod-chinolin-2-carbonsäure $C_{10}H_6INO_3$, Formel XI (R = H), und Tautomeres (7-Jod-4-oxo-1,4-dihydro-chinolin-2-carbonsäure).

B. Beim Erwärmen des Äthylesters (s. u.) mit wss. NaOH (*Surrey, Hammer*, Am. Soc. **68** [1946] 113, 115).

F: 279—280° [Zers.].

4-Hydroxy-7-jod-chinolin-2-carbonsäure-äthylester $C_{12}H_{10}INO_3$, Formel XI (R = C_2H_5), und Tautomeres (7-Jod-4-oxo-1,4-dihydro-chinolin-2-carbon=säure-äthylester).

B. Beim Behandeln von Oxalessigsäure-diäthylester mit 3-Jod-anilin in Essigsäure und Erhitzen des Reaktionsprodukts in Mineralöl auf 250° (*Surrey, Hammer*, Am. Soc.

68 [1946] 113, 115).
F: 249—250°.

5-Chlor-4-hydroxy-3-jod-chinolin-2-carbonsäure $C_{10}H_5ClINO_3$, Formel X (R = H, X = Cl), und Tautomeres (5-Chlor-3-jod-4-oxo-1,4-dihydro-chinolin-2-carbonsäure).

B. Beim Erwärmen des Äthylesters (s. u.) mit wss. NaOH (*Surrey, Cutler,* Am. Soc. **68** [1946] 2570, 2571, 2572).
F: 302—304° [unkorr.].

5-Chlor-4-hydroxy-3-jod-chinolin-2-carbonsäure-äthylester $C_{12}H_9ClINO_3$, Formel X (R = C_2H_5, X = Cl), und Tautomeres (5-Chlor-3-jod-4-oxo-1,4-dihydro-chinolin-2-carbonsäure-äthylester).

B. Beim Erwärmen von 5-Chlor-4-hydroxy-chinolin-carbonsäure-äthylester mit ICl und Essigsäure auf 85° (*Surrey, Cutler,* Am. Soc. **68** [1946] 2570, 2571, 2572).
Kristalle (aus Eg., A. oder Acn.); F: 217—218° [unkorr.].

7-Chlor-4-hydroxy-3-jod-chinolin-2-carbonsäure $C_{10}H_5ClINO_3$, Formel I (R = H), und Tautomeres (7-Chlor-3-jod-4-oxo-1,4-dihydro-chinolin-2-carbonsäure).

B. Beim Erwärmen des Äthylesters (s. u.) mit wss. NaOH (*Surrey, Cutler,* Am. Soc. **68** [1946] 2570, 2571, 2572).
F: 348—349° [unkorr.].

7-Chlor-4-hydroxy-3-jod-chinolin-2-carbonsäure-methylester $C_{11}H_7ClINO_3$, Formel I (R = CH_3), und Tautomeres (7-Chlor-3-jod-4-oxo-1,4-dihydro-chinolin-2-carbonsäure-methylester).

B. Beim Erwärmen von 7-Chlor-4-hydroxy-chinolin-2-carbonsäure-methylester mit ICl und Essigsäure auf 80° (*Breslow et al.,* Am. Soc. **68** [1946] 1232, 1237).
Kristalle (aus wss. Dioxan); F: 252°.

7-Chlor-4-hydroxy-3-jod-chinolin-2-carbonsäure-äthylester $C_{12}H_9ClINO_3$, Formel I (R = C_2H_5), und Tautomeres (7-Chlor-3-jod-4-oxo-1,4-dihydro-chinolin-2-carbonsäure-äthylester).

B. Beim Erwärmen von 7-Chlor-4-hydroxy-chinolin-2-carbonsäure-äthylester mit ICl und Essigsäure auf 80° (*Surrey, Cutler,* Am. Soc. **68** [1946] 2570, 2571, 2572).
Kristalle (aus Eg., A. oder Acn.); F: 241—242° [unkorr.].

4-Hydroxy-3-nitro-chinolin-2-carbonsäure-äthylester $C_{12}H_{10}N_2O_5$, Formel II (X = NO_2, X' = H), und Tautomeres (3-Nitro-4-oxo-1,4-dihydro-chinolin-2-carbonsäure-äthylester).

B. Beim Behandeln von 4-Hydroxy-chinolin-2-carbonsäure-äthylester mit konz. H_2SO_4 und konz. HNO_3 bei 30° (*ICI,* U.S.P. 2846307 [1955]).
Gelbe Kristalle (aus Eg.); F: 286°.
Beim Behandeln mit Zink-Pulver in H_2O unter Zusatz von NH_2Cl ist 9-Hydroxy-1*H*-isoxazolo[4,3-*b*]chinolin-3-on erhalten worden.

4-Hydroxy-6-nitro-chinolin-2-carbonsäure-äthylester $C_{12}H_{10}N_2O_5$, Formel II (X = H, X' = NO_2), und Tautomeres (6-Nitro-4-oxo-1,4-dihydro-chinolin-2-carbonsäure-äthylester).

B. Beim Behandeln von 4-Hydroxy-chinolin-2-carbonsäure-äthylester mit konz. H_2SO_4 und HNO_3 [D: 1,42] bei 0° (*Kermack, Weatherhead,* Soc. **1940** 1164, 1168).
Gelbe Kristalle (aus A.); F: 286°.

6-Methoxy-chinolin-2-carbonsäure $C_{11}H_9NO_3$, Formel III (R = CH_3, X = OH).

B. Beim Erwärmen von 6-Methoxy-chinolin-2-carbonitril mit konz. wss. HCl (*Gassmann, Rupe,* Helv. **22** [1939] 1241, 1244) oder mit wss. H_2SO_4 (*Rubzow,* Ž. obšč. Chim. **13** [1943] 593, 598; C. A. **1945** 705). Beim Behandeln von 6-Methoxy-2-*trans*(?)-styryl-chinolin (E III/IV **21** 1700) in wss. Pyridin mit $KMnO_4$ unterhalb 10° (*Campbell et al.,* Am. Soc. **68** [1946] 1840, 1842).

Gelbe Kristalle (aus H_2O); F: 235—236° [Zers.] (*Ga., Rupe*). Kristalle (aus H_2O) mit 0,5 Mol H_2O; F: 182° (*Ca. et al.*). Hellgelbe Kristalle (aus H_2O) mit 1,5 Mol H_2O; F: 187° bis 188° (*Ru.*).

Natrium-Salz. Kristalle (*Ru.*).

Hydrochlorid. F: 217—218° (*Ca. et al.*). Hellgelbe Kristalle mit 1 Mol H_2O; F: 217° [Zers.] (*Ru.*).

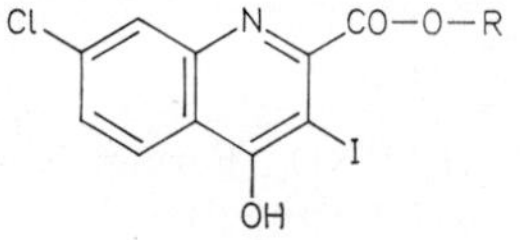

I 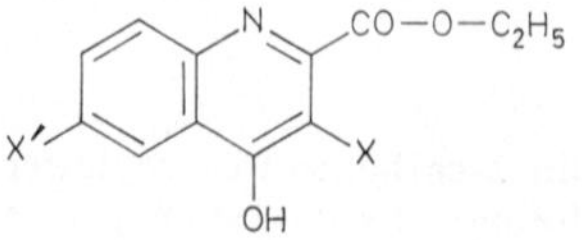 II 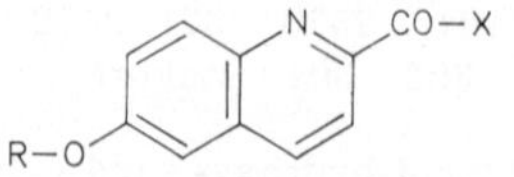 III

6-Äthoxy-chinolin-2-carbonsäure $C_{12}H_{11}NO_3$, Formel III (R = C_2H_5, X = OH).

B. Neben 6-Äthoxy-chinolin-2-carbaldehyd (Hauptprodukt) beim Erhitzen von 6-Äthoxy-2-methyl-chinolin mit SeO_2 in wss. Dioxan (*Seyhan*, B. **92** [1959] 1480). Beim Erwärmen von 6-Äthoxy-chinolin-2-carbonitril mit wss.-äthanol. NaOH (*Takahashi, Hamada*, J. pharm. Soc. Japan **77** [1957] 1244; C. A. **1958** 6342).

Kristalle (aus A.); F: 188—189° (*Se.*); Kristalle (aus H_2O); F: 124° (*Ta., Ha.*).

6-Äthoxy-chinolin-2-carbonsäure-methylester $C_{13}H_{13}NO_3$, Formel III (R = C_2H_5, X = O-CH_3).

B. Beim Erwärmen von 6-Äthoxy-chinolin-2-carbonsäure mit Methanol und H_2SO_4 (*Takahashi, Hamada*, J. pharm. Soc. Japan **77** [1957] 1244; C. A. **1958** 6342).

Kristalle (aus PAe.); F: 86°.

6-Methoxy-chinolin-2-carbonsäure-äthylester $C_{13}H_{13}NO_3$, Formel III (R = CH_3, X = O-C_2H_5).

B. Beim Erwärmen von 6-Methoxy-chinolin-2-carbonsäure mit Äthanol und H_2SO_4 (*Rubzow*, Ž. obšč. Chim. **13** [1943] 593, 599; C. A. **1945** 705; s. a. *Campbell et al.*, Am. Soc. **68** [1946] 1840, 1842).

Kristalle (aus A.); F: 129—130° (*Ru.*), 127,5—128° (*Ca. et al.*).

(±)-6-Äthoxy-chinolin-2-carbonsäure-[α'-oxo-bibenzyl-α-ylester] $C_{26}H_{21}NO_4$, Formel III (R = C_2H_5, X = O-CH(C_6H_5)-CO-C_6H_5).

B. Neben anderen Verbindungen bei mehrstündigem Behandeln von (±)-6-Äthoxy-1-benzoyl-1,2-dihydro-chinolin-2-carbonitril mit konz. wss. HCl (*Takahashi, Hamada*, J. pharm. Soc. Japan **77** [1957] 1244; C. A. **1958** 6342).

Gelbe Kristalle (aus A.); F: 163°.

6-Methoxy-chinolin-2-carbonsäure-amid $C_{11}H_{10}N_2O_2$, Formel III (R = CH_3, X = NH_2).

B. Aus 6-Methoxy-chinolin-2-carbonitril beim Behandeln mit konz. wss. HCl bei Raumtemperatur (*Rubzow*, Ž. obšč. Chim. **13** [1943] 593, 598; C. A. **1945** 705) oder beim Erwärmen einer Lösung in Äther mit wss. HCl (*Montanari, Pentimalli*, G. **83** [1953] 273, 276; *Gassmann, Rupe*, Helv. **22** [1939] 1241, 1244).

Kristalle (aus A.); F: 205—206° (*Ru.*), 202—203° (*Mo., Pe.*; *Ga., Rupe*).

Hydrochlorid $C_{11}H_{10}N_2O_2 \cdot HCl$. Gelbe Kristalle; F: 240—242° (*Mo., Pe.*), 237—238° [nach Sintern bei 225°] (*Ga., Rupe*).

6-Äthoxy-chinolin-2-carbonsäure-amid $C_{12}H_{12}N_2O_2$, Formel III (R = C_2H_5, X = NH_2).

B. Beim Erwärmen von 6-Äthoxy-chinolin-2-carbonitril mit wss. NaOH, Aceton und wss. H_2O_2 (*Takahashi, Hamada*, J. pharm. Soc. Japan **77** [1957] 1244; C. A. **1958** 6342).

Kristalle (aus A.); F: 127°.

6-Methoxy-chinolin-2-carbonitril $C_{11}H_8N_2O$, Formel IV (R = CH_3).

B. Beim Behandeln von 6-Methoxy-chinolin-1-oxid mit wss. KCN und Benzoylchlorid (*Montanari, Pentimalli*, G. **83** [1953] 273, 275). Beim Erhitzen von 2-Chlor-6-methoxy-chinolin mit CuCN und Pyridin (*Rubzow*, Ž. obšč. Chim. **13** [1943] 593, 597; C. A. **1945** 705).

Kristalle (aus A.); F: 178° (*Mo.*, *Pe.*), 177—178° (*Ru.*), 176—177° (*Gassmann*, *Rupe*, Helv. **22** [1939] 1241, 1243).

6-Äthoxy-chinolin-2-carbonitril $C_{12}H_{10}N_2O$, Formel IV (R = C_2H_5).

B. Beim Behandeln von 6-Äthoxy-chinolin-1-oxid-hydrochlorid mit wss. KCN und Benzoylchlorid (*Takahashi et al.*, J. pharm. Soc. Japan **77** [1957] 1243; C. A. **1958** 6342).

Kristalle (aus H_2O); F: 84°.

6-Äthoxy-chinolin-2-carbonsäure-hydrazid $C_{12}H_{13}N_3O_2$, Formel III (R = C_2H_5, X = NH-NH_2).

B. Beim Behandeln von 6-Äthoxy-chinolin-2-carbonsäure-methylester mit $N_2H_4 \cdot H_2O$ in Methanol (*Takahashi*, *Hamada*, J. pharm. Soc. Japan **77** [1957] 1244; C. A. **1958** 6342).

Kristalle (aus Bzl.); F: 136°.

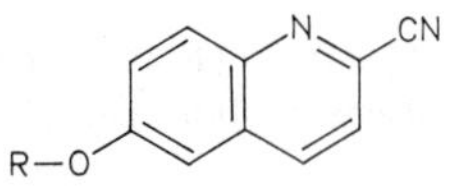

IV 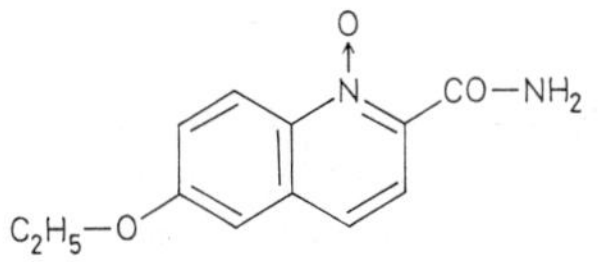 V 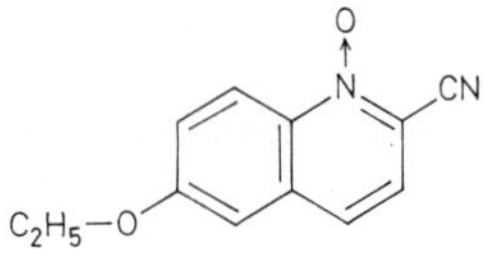 VI

6-Äthoxy-1-oxy-chinolin-2-carbonsäure-amid $C_{12}H_{12}N_2O_3$, Formel V.

B. Beim Erwärmen von 6-Äthoxy-1-oxy-chinolin-2-carbonitril mit wss. NaOH, Aceton und wss. H_2O_2 (*Takahashi*, *Hamada*, J. pharm. Soc. Japan **77** [1957] 1244; C. A. **1958** 6342).

Hellgelbe Kristalle (aus A.); F: 212°.

6-Äthoxy-1-oxy-chinolin-2-carbonitril, 6-Äthoxy-chinolin-2-carbonitril-1-oxid $C_{12}H_{10}N_2O_2$, Formel VI.

B. Beim Erwärmen von 6-Äthoxy-chinolin-2-carbonitril in Essigsäure mit wss. H_2O_2 (*Takahashi*, *Hamada*, J. pharm. Soc. Japan **77** [1957] 1244; C. A. **1958** 6342).

Gelbe Kristalle (aus A.); F: 160°.

4-Chlor-6-methoxy-chinolin-2-carbonsäure $C_{11}H_8ClNO_3$, Formel VII (R = H).

B. Beim Erwärmen des Äthylesters (s. u.) mit wss. NaOH (*Rubzow*, Ž. obšč. Chim. **13** [1943] 593, 600; C. A. **1945** 705).

Kristalle (aus wss. Eg.); F: 191° [Zers.].

Natrium-Salz. Kristalle (aus H_2O).

4-Chlor-6-methoxy-chinolin-2-carbonsäure-äthylester $C_{13}H_{12}ClNO_3$, Formel VII (R = C_2H_5).

B. Beim Erhitzen von 6-Methoxy-chinolin-2-carbonsäure-äthylester mit $POCl_3$ (*Rubzow*, Ž. obšč. Chim. **13** [1943] 593, 600; C. A. **1945** 705).

Kristalle (aus Me.); F: 94°.

8-Hydroxy-chinolin-2-carbonsäure $C_{10}H_7NO_3$, Formel VIII (R = R′ = X = H).

Isolierung aus dem Harn von Kaninchen: *Roy*, *Price*, J. biol. Chem. **234** [1959] 2759, 2760.

B. Beim Erhitzen von 8-Methoxy-chinolin-2-carbonsäure mit KI und H_3PO_4 auf 215—225° (*Irving*, *Pinnington*, Soc. **1954** 3782, 3784). Beim Hydrieren von 4-Chlor-8-hydroxy-chinolin-2-carbonsäure an Palladium/Kohle in wss. KOH (*Musajo*, *Minchilli*, B. **74** [1941] 1839, 1841). Beim Erhitzen von 5-Brom-8-methoxy-chinolin-2-carbonsäure mit HI und rotem Phosphor (*Takahashi*, *Price*, J. biol. Chem. **233** [1958] 150).

Gelbe Kristalle; F: 214,5° [unkorr.] (*Ta.*, *Pr.*), 211° [aus wss. Dioxan] (*Ir.*, *Pi.*).

8-Methoxy-chinolin-2-carbonsäure $C_{11}H_9NO_3$, Formel VIII (R = X = H, R′ = CH_3).

B. Beim Behandeln von 8-Methoxy-2-*trans*(?)-styryl-chinolin in Pyridin mit wss. $KMnO_4$ (*Irving*, *Pinnington*, Soc. **1954** 3782, 3784).

Goldgelbe Kristalle (aus wenig A. enthaltendem Bzl.) mit 1 Mol H_2O; F: 158—159°. Kristalle (aus H_2O) mit 2 Mol H_2O, F: 121—122°.

8-Hydroxy-chinolin-2-carbonsäure-methylester $C_{11}H_9NO_3$, Formel VIII (R = CH_3, R' = X = H).

B. Beim Erwärmen von 8-Hydroxy-chinolin-2-carbonsäure mit Methanol unter Einleiten von HCl (*Musajo, Minchilli*, B. **74** [1941] 1839, 1841).

Kristalle (aus Ae. + PAe.); F: 103—105° [evakuierte Kapillare].

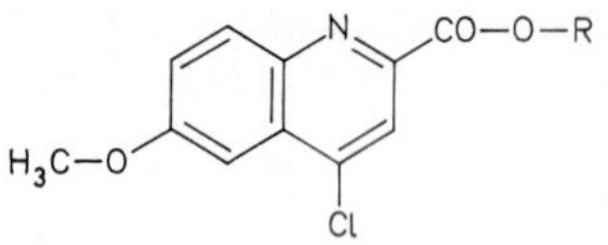

VII 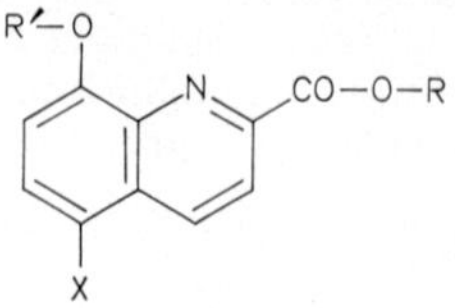 VIII 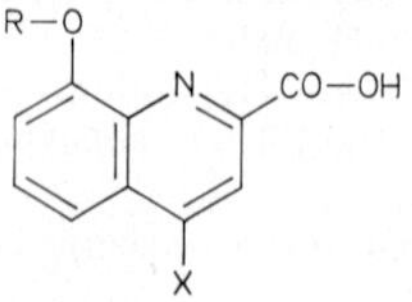 IX

4-Chlor-8-hydroxy-chinolin-2-carbonsäure $C_{10}H_6ClNO_3$, Formel IX (R = H, X = Cl).

B. Beim Erhitzen von Xanthurensäure (4,8-Dihydroxy-chinolin-2-carbonsäure) mit $POCl_3$ auf 135° (*Musajo, Minchilli*, B. **74** [1941] 1839, 1840).

Blassgelbe Kristalle (aus wss. Eg.); F: 209—210° [Zers.; evakuierte Kapillare].

4-Chlor-8-methoxy-chinolin-2-carbonsäure $C_{11}H_8ClNO_3$, Formel IX (R = CH_3, X = Cl).

B. Beim Erhitzen von 4-Hydroxy-8-methoxy-chinolin-2-carbonsäure mit $POCl_3$ (*Price, Dodge*, J. biol. Chem. **223** [1956] 699).

F: 130—133° [unkorr.; Zers.; vorgeheizter Block; Wiedererstarren bei ca. 138°].

8-Äthoxy-4-chlor-chinolin-2-carbonsäure $C_{12}H_{10}ClNO_3$, Formel IX (R = C_2H_5, X = Cl).

B. Beim Erhitzen von 8-Äthoxy-4-hydroxy-chinolin-2-carbonsäure mit $POCl_3$ (*Price, Dodge*, J. biol. Chem. **223** [1956] 699, 700).

F: 159—160° [unkorr.; Zers.; vorgeheizter Block].

4-Brom-8-hydroxy-chinolin-2-carbonsäure $C_{10}H_6BrNO_3$, Formel IX (R = H, X = Br).

B. Beim Erhitzen von Xanthurensäure (4,8-Dihydroxy-chinolin-2-carbonsäure) mit $POBr_3$ (*Irving, Pinnington*, Soc. **1957** 290, 293).

Gelbe Kristalle (aus H_2O oder wss. Dioxan); F: 199—200° [Zers.].

4-Brom-8-methoxy-chinolin-2-carbonsäure $C_{11}H_8BrNO_3$, Formel IX (R = CH_3, X = Br).

B. Neben geringeren Mengen 4-Brom-8-hydroxy-chinolin-2-carbonsäure beim Erhitzen von 4-Hydroxy-8-methoxy-chinolin-2-carbonsäure mit $POBr_3$ auf 100° (*Irving, Pinnington*, Soc. **1957** 290, 293).

Kristalle (aus Dioxan + PAe.); F: 134—135°.

5-Brom-8-methoxy-chinolin-2-carbonsäure $C_{11}H_8BrNO_3$, Formel VIII (R = H, R' = CH_3, X = Br).

B. Aus 5-Brom-8-methoxy-2-tribrommethyl-chinolin beim Erhitzen mit wss. $AgNO_3$ und Dioxan oder beim Erhitzen mit wss. H_2SO_4 [20%ig] (*Irving, Pinnington*, Soc. **1957** 285, 287).

Kristalle (aus Bzl.); F: 170—171°.

2-Hydroxy-chinolin-3-carbonsäure $C_{10}H_7NO_3$, Formel I (R = H, X = OH) auf S. 2258, und Tautomeres (2-Oxo-1,2-dihydro-chinolin-3-carbonsäure) (H 232; E I 553; E II 175; dort auch als Carbostyril-3-carbonsäure bezeichnet).

B. Beim Behandeln von Furo[2,3-*b*]chinolin mit $KMnO_4$ in Aceton (*Grundon, McCorkindale*, Soc. **1957** 2177, 2185).

F: 347—347,5° [korr.; Zers.; nach Sublimation unter vermindertem Druck] (*Taylor, Kalenda*, Am. Soc. **78** [1956] 5108, 5114). λ_{max} (A.): 228 nm, 289 nm und 348 nm (*Gr., McC.*, l. c. S. 2180).

2-Äthoxy-chinolin-3-carbonsäure $C_{12}H_{11}NO_3$, Formel I (R = C_2H_5, X = OH).

B. In geringer Menge neben 2-Butyl-chinolin beim Behandeln von 2-Äthoxy-chinolin mit Butyllithium in Äther und Behandeln des Reaktionsgemisches mit festem CO_2 (*Gilman, Beel*, Am. Soc. **73** [1951] 32).

F: 132–133°.

2-Butoxy-chinolin-3-carbonsäure $C_{14}H_{15}NO_3$, Formel I (R = $[CH_2]_3$-CH_3, X = OH).

B. Beim Erwärmen von 2-Chlor-chinolin-3-carbonylchlorid mit Natriumbutylat in Butan-1-ol (*Wojahn, Kramer*, Ar. **276** [1938] 291, 302).

Kristalle (aus Toluol); F: 81,5°.

2-Äthoxy-chinolin-3-carbonsäure-[2-diäthylamino-äthylester] $C_{18}H_{24}N_2O_3$, Formel I (R = C_2H_5, X = O-CH_2-CH_2-N(C_2H_5)$_2$).

B. Beim Erwärmen von 2-Äthoxy-chinolin-3-carbonsäure mit $SOCl_2$ und $CHCl_3$ und Behandeln des Reaktionsprodukts in $CHCl_3$ mit 2-Diäthylamino-äthanol (*Wojahn, Kramer*, Ar. **276** [1938] 291, 302).

Kp_1: 188°.

Hydrochlorid $C_{18}H_{24}N_2O_3 \cdot HCl$. F: 164° [aus A. + Ae.].

2-Butoxy-chinolin-3-carbonsäure-[2-diäthylamino-äthylester] $C_{20}H_{28}N_2O_3$, Formel I (R = $[CH_2]_3$-CH_3, X = O-CH_2-CH_2-N(C_2H_5)$_2$).

B. Analog der vorangehenden Verbindung (*Wojahn, Kramer*, Ar. **276** [1938] 291, 302).

Kp_6: 230°.

Hydrochlorid $C_{20}H_{28}N_2O_3 \cdot HCl$. Kristalle (aus A.); F: 145°.

2-Hydroxy-chinolin-3-carbonsäure-amid $C_{10}H_8N_2O_2$, Formel I (R = H, X = NH_2), und Tautomeres (2-Oxo-1,2-dihydro-chinolin-3-carbonsäure-amid) (E I 554).

B. Beim Behandeln von 2-Hydroxy-chinolin-3-carbonsäure-methylester in Methanol mit wss. NH_3 (*Tyler*, Soc. **1955** 203, 205). Aus 2-Amino-chinolin-3-carbonsäure-amid (vgl. E I 554; dort irrtümlich als 2-Cyan-indolin-2-carbonsäure-amid formuliert) beim Behandeln mit nitrosen Gasen und H_2O bei 60° oder bei 100° oder mit H_2SO_4 und wss. $NaNO_2$ unterhalb 30° (*Ty.*).

Kristalle (aus H_2O); F: 290°.

2-Methoxy-chinolin-3-carbonsäure-amid $C_{11}H_{10}N_2O_2$, Formel I (R = CH_3, X = NH_2).

B. Beim Erwärmen von 2-Chlor-chinolin-3-carbonsäure-amid mit Natriummethylat in Methanol (*Wojahn, Kramer*, Ar. **276** [1938] 291, 297).

Kristalle (aus Toluol); F: 172°.

2-Äthoxy-chinolin-3-carbonsäure-amid $C_{12}H_{12}N_2O_2$, Formel I (R = C_2H_5, X = NH_2).

B. Beim Erwärmen von 2-Chlor-chinolin-3-carbonsäure-amid mit Natriumäthylat in Äthanol (*Wojahn, Kramer*, Ar. **276** [1938] 291, 297). Beim Behandeln von 2-Äthoxy-chinolin-3-carbonsäure mit $SOCl_2$ und anschliessend mit wss. NH_3 (*Gilman, Beel*, Am. Soc. **73** [1951] 32).

Kristalle (aus Toluol); F: 157,5° (*Wo., Kr.*).

2-Äthoxy-chinolin-3-carbonsäure-diäthylamid $C_{16}H_{20}N_2O_2$, Formel I (R = C_2H_5, X = N(C_2H_5)$_2$).

B. Beim Erwärmen von 2-Chlor-chinolin-3-carbonsäure-diäthylamid (aus 2-Chlor-chinolin-3-carbonylchlorid und Diäthylamin hergestellt) mit Natriumäthylat in Äthanol (*Wojahn, Kramer*, Ar. **276** [1938] 291, 301).

Kristalle (aus PAe.); F: 81°. Kp_{13}: 222°.

2-Propoxy-chinolin-3-carbonsäure-diäthylamid $C_{17}H_{22}N_2O_2$, Formel I (R = CH_2-CH_2-CH_3, X = N(C_2H_5)$_2$).

B. Analog der vorangehenden Verbindung (*Wojahn, Kramer*, Ar. **276** [1938] 291, 301).

Kp_{11}: 232°.

2-Isopropoxy-chinolin-3-carbonsäure-diäthylamid $C_{17}H_{22}N_2O_2$, Formel I (R = $CH(CH_3)_2$, X = $N(C_2H_5)_2$).

B. Analog den vorangehenden Verbindungen (*Wojahn, Kramer*, Ar. **276** [1938] 291, 301).

Kp_{11}: 221°.

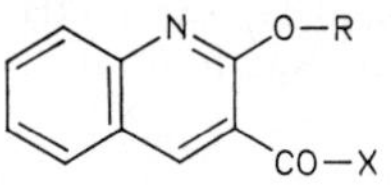

I 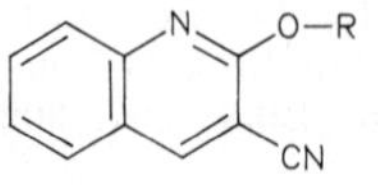 II 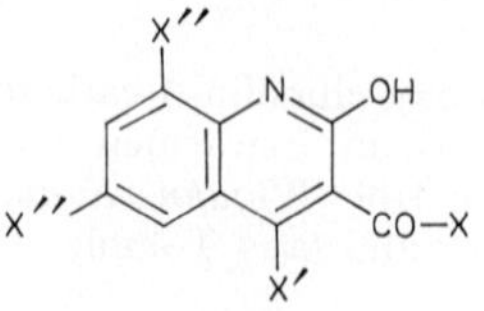 III

2-Butoxy-chinolin-3-carbonsäure-amid $C_{14}H_{16}N_2O_2$, Formel I (R = $[CH_2]_3$-CH_3, X = NH_2).

B. Beim Erwärmen von 2-Chlor-chinolin-3-carbonsäure-amid mit Natriumbutylat in Butan-1-ol (*Wojahn, Kramer*, Ar. **276** [1938] 291, 297).

Kristalle (aus PAe.); F: 137°.

2-Butoxy-chinolin-3-carbonsäure-diäthylamid $C_{18}H_{24}N_2O_2$, Formel I (R = $[CH_2]_3$-CH_3, X = $N(C_2H_5)_2$).

B. Analog 2-Äthoxy-chinolin-3-carbonsäure-diäthylamid [S. 2257] (*Wojahn, Kramer*, Ar. **276** [1938] 291, 301).

Kp_{13}: 233°.

2-Methoxy-chinolin-3-carbonitril $C_{11}H_8N_2O$, Formel II (R = CH_3).

B. Beim Erwärmen von 2-Chlor-chinolin-3-carbonitril mit Natriummethylat in Methanol (*Wojahn, Kramer*, Ar. **276** [1938] 291, 299).

Kristalle (aus wss. A.); F: 74°. Kp_{37}: 228°.

2-Äthoxy-chinolin-3-carbonitril $C_{12}H_{10}N_2O$, Formel II (R = C_2H_5).

B. Beim Erwärmen von 2-Chlor-chinolin-3-carbonitril mit Natriumäthylat in Äthanol (*Wojahn, Kramer*, Ar. **276** [1938] 291, 299).

Kristalle (aus wss. A.); F: 74°. Kp_1: 178°.

2-Propoxy-chinolin-3-carbonitril $C_{13}H_{12}N_2O$, Formel II (R = CH_2-CH_2-CH_3).

B. Beim Erwärmen von 2-Chlor-chinolin-3-carbonitril mit Natriumpropylat in Propan-1-ol (*Wojahn, Kramer*, Ar. **276** [1938] 291, 299).

Kristalle (aus wss. A.); F: 58°. Kp_{13}: 178°.

2-Isopropoxy-chinolin-3-carbonitril $C_{13}H_{12}N_2O$, Formel II (R = $CH(CH_3)_2$).

B. Beim Erwärmen von 2-Chlor-chinolin-3-carbonitril mit Natriumisopropylat in Isopropylalkohol (*Wojahn, Kramer*, Ar. **276** [1938] 291, 299).

Kristalle (aus wss. A.); F: 57°. Kp_{14}: 178°.

2-Butoxy-chinolin-3-carbonitril $C_{14}H_{14}N_2O$, Formel II (R = $[CH_2]_3$-CH_3).

B. Beim Erwärmen von 2-Chlor-chinolin-3-carbonitril mit Natriumbutylat in Butan-1-ol (*Wojahn, Kramer*, Ar. **276** [1938] 291, 299).

Kristalle (aus wss. A.); F: 54°. Kp_{12}: 202°.

4-Chlor-2-hydroxy-chinolin-3-carbonsäure-äthylester $C_{12}H_{10}ClNO_3$, Formel III (X = O-C_2H_5, X′ = Cl, X″ = H), und Tautomeres (4-Chlor-2-oxo-1,2-dihydro-chinolin-3-carbonsäure-äthylester).

B. Beim Erhitzen von 2,4-Dichlor-chinolin-3-carbonsäure-äthylester mit wss. HCl [6 n] und Dioxan (*Grundon, McCorkindale*, Soc. **1957** 2177, 2182).

Kristalle (aus E.); F: 202–203°. λ_{max} (A.): 228 nm, 275 nm und 335 nm (*Gr., McC.*, l. c. S. 2180).

2-Hydroxy-6,8-dinitro-chinolin-3-carbonsäure $C_{10}H_5N_3O_7$, Formel III (X = OH, X′ = H, X″ = NO_2), und Tautomeres (6,8-Dinitro-2-oxo-1,2-dihydro-chinolin-3-carbonsäure).

B. Beim Erwärmen von 2-Hydroxy-chinolin-3-carbonsäure mit konz. HNO_3 und konz. H_2SO_4 (*Menon, Robinson*, Soc. **1932** 780, 782).

Kristalle (aus Eg.); F: 240°.

2-Hydroxy-6,8-dinitro-chinolin-3-carbonsäure-äthylester $C_{12}H_9N_3O_7$, Formel III (X = O-C_2H_5, X′ = H, X″ = NO_2), und Tautomeres (6,8-Dinitro-2-oxo-1,2-dihydro-chinolin-3-carbonsäure-äthylester).

B. Beim Erwärmen von 2-Hydroxy-6,8-dinitro-chinolin-3-carbonsäure mit äthanol. H_2SO_4 (*Menon, Robinson*, Soc. **1932** 780, 782).

Kristalle (aus Eg.); F: 210°.

2-Hydroxy-6,8-dinitro-chinolin-3-carbonsäure-hydrazid $C_{10}H_7N_5O_6$, Formel III (X = NH-NH_2, X′ = H, X″ = NO_2), und Tautomeres (6,8-Dinitro-2-oxo-1,2-dihydro-chinolin-3-carbonsäure-hydrazid).

B. Aus dem Äthylester (s. o.) beim Erwärmen mit wss. $N_2H_4 \cdot H_2O$ (*Menon, Robinson*, Soc. **1932** 780, 783).

Gelb; F: 255°.

2-Hydroxy-6,8-dinitro-chinolin-3-carbonylazid $C_{10}H_4N_6O_6$, Formel III (X = N_3, X′ = H, X″ = NO_2), und Tautomeres (6,8-Dinitro-2-oxo-1,2-dihydro-chinolin-3-carbonylazid).

B. Beim Behandeln von 2-Hydroxy-6,8-dinitro-chinolin-3-carbonsäure-hydrazid mit wss. HCl und $NaNO_2$ (*Menon, Robinson*, Soc. **1932** 780, 783).

Kristalle; F: 95° [Zers.].

4-Hydroxy-chinolin-3-carbonsäure $C_{10}H_7NO_3$, Formel IV (R = H, X = OH), und Tautomeres (4-Oxo-1,4-dihydro-chinolin-3-carbonsäure) (H 232; E I 554).

B. Neben 4-Hydroxy-1*H*-chinolin-2-on beim Erwärmen von [2-Formylamino-phenyl]-propiolsäure-äthylester mit wss.-äthanol. NaOH (*Bornstein et al.*, Am. Soc. **76** [1954] 2760; vgl. H 232). Beim Erwärmen des Äthylesters (s. u.) mit wss. NaOH (*Riegel et al.*, Am. Soc. **68** [1946] 1264, 1266; *Schofield, Simpson*, Soc. **1946** 1033; *Duffin, Kendall*, Soc. **1948** 893).

Kristalle; F: 270° [Zers.; aus Nitrobenzol] (*Du.*, *Ke.*), 269–270° [unkorr.; Zers.; aus Eg.] (*Sch.*, *Si.*), 269° [Zers.; aus A. oder Py.] (*Ri. et al.*). IR-Banden (KCl; 1670 cm^{-1} bis 1510 cm^{-1}): *Grundon et al.*, Soc. **1955** 4284, 4285. UV-Spektrum in Äthanol (220 nm bis 350 nm): *Brown, Lahey*, Austral. J. scient. Res. [A] **3** [1950] 615, 625; in H_2O (220 nm bis 370 nm): *Grinbaum, Marchlewski*, Bl. Acad. polon. [A] **1937** 156, 161. λ_{max} (A.): 245 nm und 308 nm (*Grundon, McCorkindale*, Soc. **1957** 2177, 2180; s. a. *Hearn et al.*, Soc. **1951** 3318, 3319).

4-Hydroxy-chinolin-3-carbonsäure-methylester $C_{11}H_9NO_3$, Formel IV (R = H, X = O-CH_3), und Tautomeres (4-Oxo-1,4-dihydro-chinolin-3-carbonsäure-methylester).

IR-Banden ($CHCl_3$; 1690–1510 cm^{-1}): *Grundon et al.*, Soc. **1955** 4284, 4285.

4-Hydroxy-chinolin-3-carbonsäure-äthylester $C_{12}H_{11}NO_3$, Formel IV (R = H, X = O-C_2H_5), und Tautomeres (4-Oxo-1,4-dihydro-chinolin-3-carbonsäure-äthylester).

B. Beim Erhitzen von Anilinomethylen-malonsäure-diäthylester mit Diphenyläther und Biphenyl auf Siedetemperatur (*Riegel et al.*, Am. Soc. **68** [1946] 1264) oder mit Mineralöl auf 250–265° (*Gould, Jacobs*, Am. Soc. **61** [1939] 2890, 2893). Beim Erwärmen von 4-Hydroxy-chinolin-3-carbonsäure mit Äthanol und H_2SO_4 (*Bornstein et al.*, Am. Soc. **76** [1954] 2760) oder mit Äthanol, SO_3 und H_2SO_4 (*Simpson*, Soc. **1946** 1035).

Kristalle; F: 275–276° [unkorr.; nach Sintern bei ca. 240°; aus Eg.] (*Si.*), 269–271° [korr.; aus A.] (*Bo. et al.*), 270° [aus Eg.] (*Duffin, Kendall*, Soc. **1948** 893). UV-Spektrum (A.; 225–340 nm): *Ochiai, Ohta*, J. pharm. Soc. Japan **74** [1954] 203; C. A. **1955** 2377.

4-Methoxy-chinolin-3-carbonsäure-äthylester $C_{13}H_{13}NO_3$, Formel IV (R = CH_3, X = O-C_2H_5).

B. Beim Erwärmen von 4-Chlor-chinolin-3-carbonsäure-äthylester mit Natriummethylat in Methanol (*Takahashi, Senda*, J. pharm. Soc. Japan **72** [1952] 1112, 1113; C. A. **1953** 6947).

Kristalle (aus Me.); F: 54°.

4-Hydroxy-chinolin-3-carbonsäure-anilid $C_{16}H_{12}N_2O_2$, Formel IV (R = H, X = NH-C_6H_5), und Tautomeres (4-Oxo-1,4-dihydro-chinolin-3-carbonsäure-anilid).

B. Beim Erhitzen von 4-Hydroxy-chinolin-3-carbonsäure-äthylester mit Anilin (*Kermack, Storey*, Soc. **1950** 607, 609). Beim Erhitzen von Anilinomethylen-*N*-phenyl-malonamidsäure-äthylester (F: 118°) mit Biphenyl (*Ke., St.*).

Kristalle (aus Eg.); F: 316—318°.

4-Hydroxy-chinolin-3-carbonsäure-[2-hydroxy-äthylamid] $C_{12}H_{12}N_2O_3$, Formel IV (R = H, X = NH-CH_2-CH_2-OH), und Tautomeres (4-Oxo-1,4-dihydro-chinolin-3-carbonsäure-[2-hydroxy-äthylamid]).

B. Beim Erhitzen von 4-Hydroxy-chinolin-3-carbonsäure-äthylester mit 2-Amino-äthanol (*Phillips, Baltzly*, Am. Soc. **69** [1947] 200, 203).

F: 253—254°.

4-Methoxy-chinolin-3-carbonsäure-amid $C_{11}H_{10}N_2O_2$, Formel IV (R = CH_3, X = NH_2).

B. Beim Erwärmen von 4-Methoxy-chinolin-3-carbonsäure-äthylester mit NH_3 und Methanol auf 100° (*Takahashi, Senda*, J. pharm. Soc. Japan **72** [1952] 1112, 1114; C. A. **1953** 6947).

Kristalle (aus Me.); F: 205°.

4-Methoxy-chinolin-3-carbonsäure-diäthylamid $C_{15}H_{18}N_2O_2$, Formel IV (R = CH_3, X = N(C_2H_5)$_2$).

B. Beim Erhitzen von 4-Hydroxy-chinolin-3-carbonsäure mit $POCl_3$ und PCl_5, Behandeln des Reaktionsprodukts in Benzol mit Diäthylamin und Erwärmen des erhaltenen Amids mit Natriummethylat in Methanol (*Takahashi, Senda*, J. pharm. Soc. Japan **72** [1952] 1112, 1114; C. A. **1953** 6947).

Hydrochlorid $C_{15}H_{18}N_2O_2 \cdot HCl$. Kristalle (aus Me.); Zers. bei 235°.

4-Methoxy-chinolin-3-carbonsäure-[2-diäthylamino-äthylamid] $C_{17}H_{23}N_3O_2$, Formel IV (R = CH_3, X = NH-CH_2-CH_2-N(C_2H_5)$_2$).

B. Beim Erhitzen von 4-Methoxy-chinolin-3-carbonsäure-äthylester mit *N,N*-Diäthyl-äthylendiamin und Benzol (*Takahashi, Senda*, J. pharm. Soc. Japan **72** [1952] 1112, 1114; C. A. **1953** 6947).

Kristalle (aus PAe.); F: 73—74°.

4-Butoxy-chinolin-3-carbonsäure-amid $C_{14}H_{16}N_2O_2$, Formel IV (R = [CH_2]$_3$-CH_3, X = NH_2).

B. Beim Erhitzen von 4-Chlor-chinolin-3-carbonsäure-äthylester mit Natriumbutylat in Butan-1-ol und Erwärmen des Reaktionsprodukts mit NH_3 und Methanol auf 100° (*Takahashi, Senda*, J. pharm. Soc. Japan **72** [1952] 1112, 1114; C. A. **1953** 6947).

Kristalle; F: 178°.

CO—X, O—R — IV; CN, O—CH_3 — V; CO—NH—N=CH—, OH, X, X' — VI

4-Butoxy-chinolin-3-carbonsäure-[2-diäthylamino-äthylamid] $C_{20}H_{29}N_3O_2$, Formel IV (R = [CH_2]$_3$-CH_3, X = NH-CH_2-CH_2-N(C_2H_5)$_2$).

B. Beim Erhitzen von 4-Chlor-chinolin-3-carbonsäure-äthylester mit Natriumbutylat in Butan-1-ol und Erwärmen des Reaktionsprodukts mit *N,N*-Diäthyl-äthylendiamin und Benzol (*Takahashi, Senda,* J. pharm. Soc. Japan **72** [1952] 1112, 1114; C. A. **1953** 6947).

Hydrochlorid $C_{20}H_{29}N_3O_2 \cdot HCl$. Kristalle (aus Acn.); Zers. bei 190—191°.

4-Methoxy-chinolin-3-carbonitril $C_{11}H_8N_2O$, Formel V.

B. Beim Erwärmen einer aus 4-Methoxy-[3]chinolylamin erhaltenen wss. Diazonium≈salz-Lösung mit CuCN (*Colonna,* Boll. scient. Fac. Chim. ind. Univ. Bologna **2** [1941] 107).

Kristalle (aus A.); F: 249°.

4-Hydroxy-chinolin-3-carbonsäure-hydrazid $C_{10}H_9N_3O_2$, Formel IV (R = H, X = NH-NH$_2$), und Tautomeres (4-Oxo-1,4-dihydro-chinolin-3-carbonsäure-hydrazid).

B. Beim Erwärmen von 4-Hydroxy-chinolin-3-carbonsäure-äthylester mit N_2H_4 in wss. Äthanol (*Popli, Dhar,* J. scient. ind. Res. India **14**B [1955] 261).

Kristalle (aus A.); F: 311° [unkorr.].

4-Hydroxy-chinolin-3-carbonsäure-[*N'*-isopropyl-hydrazid] $C_{13}H_{15}N_3O_2$, Formel IV (R = H, X = NH-NH-CH(CH$_3$)$_2$), und Tautomeres (4-Oxo-1,4-dihydro-chinolin-3-carbonsäure-[*N'*-isopropyl-hydrazid]).

B. Beim Hydrieren der folgenden Verbindung an Platin in Essigsäure (*Popli, Vora,* J. scient. ind. Res. India **14**C [1955] 228).

Kristalle (aus A. + Bzl.); F: 282°.

4-Hydroxy-chinolin-3-carbonsäure-isopropylidenhydrazid, Aceton-[4-hydroxy-chinolin-3-carbonylhydrazon] $C_{13}H_{13}N_3O_2$, Formel IV (R = H, X = NH-N=C(CH$_3$)$_2$), und Tautomeres (4-Oxo-1,4-dihydro-chinolin-3-carbonsäure-isopropylidenhydrazid).

B. Beim Erwärmen von 4-Hydroxy-chinolin-3-carbonsäure-hydrazid mit Aceton und H_2O (*Popli, Dhar,* J. scient. ind. Res. India **14**B [1955] 261).

Kristalle (aus A.); F: 361° [unkorr.; Zers.].

4-Hydroxy-chinolin-3-carbonsäure-benzylidenhydrazid, Benzaldehyd-[4-hydroxy-chinolin-3-carbonylhydrazon] $C_{17}H_{13}N_3O_2$, Formel VI (X = X' = H), und Tautomeres (4-Oxo-1,4-dihydro-chinolin-3-carbonsäure-benzylidenhydrazid).

B. Beim Erwärmen von 4-Hydroxy-chinolin-3-carbonsäure-hydrazid mit Benzaldehyd und Äthanol (*Popli, Dhar,* J. scient. ind. Res. India **14** B [1955] 261).

Kristalle (aus A.); F: 324° [unkorr.; Zers.].

4-Hydroxy-chinolin-3-carbonsäure-salicylidenhydrazid, Salicylaldehyd-[4-hydroxy-chinolin-3-carbonylhydrazon] $C_{17}H_{13}N_3O_3$, Formel VI (X = OH, X' = H), und Tautomeres (4-Oxo-1,4-dihydro-chinolin-3-carbonsäure-salicylidenhydrazid).

B. Beim Erwärmen von 4-Hydroxy-chinolin-3-carbonsäure-hydrazid mit Salicyl≈aldehyd und Äthanol (*Popli, Vora,* J. scient. ind. Res. India **14** C [1955] 228).

Kristalle (aus A.); F: 328°.

4-Hydroxy-chinolin-3-carbonsäure-[4-hydroxy-benzylidenhydrazid], 4-Hydroxy-benz≈aldehyd-[4-hydroxy-chinolin-3-carbonylhydrazon] $C_{17}H_{13}N_3O_3$, Formel VI (X = H, X' = OH), und Tautomeres (4-Oxo-1,4-dihydro-chinolin-3-carbonsäure-[4-hydroxy-benzylidenhydrazid]).

B. Beim Erwärmen von 4-Hydroxy-chinolin-3-carbonsäure-hydrazid mit 4-Hydroxy-benzaldehyd und Äthanol (*Popli, Vora,* J. scient. ind. Res. India **14** C [1955] 228).

Kristalle (aus A.); F: 345° [Zers.].

4-Hydroxy-chinolin-3-carbonsäure-[4-methoxy-benzylidenhydrazid], 4-Methoxy-benz≈aldehyd-[4-hydroxy-chinolin-3-carbonylhydrazon] $C_{18}H_{15}N_3O_3$, Formel VI (X = H, X' = O-CH$_3$), und Tautomeres (4-Oxo-1,4-dihydro-chinolin-3-carbonsäure-[4-methoxy-benzylidenhydrazid]).

B. Beim Erwärmen von 4-Hydroxy-chinolin-3-carbonsäure-hydrazid mit 4-Methoxy-

benzaldehyd und Äthanol (*Popli, Vora,* J. scient. ind. Res. India **14** C [1955] 228).
Kristalle (aus A.); F: 327°.

4-Hydroxy-chinolin-3-carbonsäure-[4-dimethylamino-benzylidenhydrazid], 4-Dimethylamino-benzaldehyd-[4-hydroxy-chinolin-3-carbonylhydrazon] $C_{19}H_{18}N_4O_2$, Formel VI ($X = H$, $X' = N(CH_3)_2$) auf S. 2258, und Tautomeres (4-Oxo-1,4-dihydro-chinolin-3-carbonsäure-[4-dimethylamino-benzylidenhydrazid]).
B. Beim Erwärmen von 4-Hydroxy-chinolin-3-carbonsäure-hydrazid mit 4-Dimethylamino-benzaldehyd und Äthanol (*Popli, Vora,* J. scient. ind. Res. India **14** C [1955] 228).
Kristalle (aus A.); F: 325°.

***N*-[4-Hydroxy-chinolin-3-carbonyl]-*N'*-[toluol-4-sulfonyl]-hydrazin, 4-Hydroxy-chinolin-3-carbonsäure-[*N'*-(toluol-4-sulfonyl)-hydrazid]** $C_{17}H_{15}N_3O_4S$, Formel IV ($R = H$, $X = NH\text{-}NH\text{-}SO_2\text{-}C_6H_4\text{-}CH_3(p)$) auf S. 2258, und Tautomeres (4-Oxo-1,4-dihydro-chinolin-3-carbonsäure-[*N'*-(toluol-4-sulfonyl)-hydrazid]).
B. Beim Behandeln von 4-Hydroxy-chinolin-3-carbonsäure-hydrazid mit Toluol-4-sulfonylchlorid und Pyridin (*Gardner et al.,* J. org. Chem. **21** [1956] 530).
Kristalle (aus A.); F: 247—248° [korr.].

6-Fluor-4-hydroxy-chinolin-3-carbonsäure $C_{10}H_6FNO_3$, Formel VII ($R = H$), und Tautomeres (6-Fluor-4-oxo-1,4-dihydro-chinolin-3-carbonsäure).
B. Beim Erwärmen des Äthylesters (s. u.) mit wss. NaOH (*Snyder et al.,* Am. Soc. **69** [1947] 371, 372).
Kristalle (aus Py.); F: 248—249° [unkorr.; Zers.].

6-Fluor-4-hydroxy-chinolin-3-carbonsäure-äthylester $C_{12}H_{10}FNO_3$, Formel VII ($R = C_2H_5$), und Tautomeres (6-Fluor-4-oxo-1,4-dihydro-chinolin-3-carbonsäure-äthylester).
B. Beim Erhitzen von [4-Fluor-anilinomethylen]-malonsäure-diäthylester (aus 4-Fluor-anilin und Äthoxymethylen-malonsäure-diäthylester hergestellt) mit Diphenyläther (*Snyder et al.,* Am. Soc. **69** [1947] 371, 372).
Kristalle (aus Py.); F: 288—289° [unkorr.].

2-Chlor-4-hydroxy-chinolin-3-carbonsäure $C_{10}H_6ClNO_3$, Formel VIII ($R = R' = H$), und Tautomeres (2-Chlor-4-oxo-1,4-dihydro-chinolin-3-carbonsäure).
B. Beim Erhitzen von 2-Chlor-4-methoxy-chinolin-3-carbonsäure mit wss. KOH (*Grundon et al.,* Soc. **1955** 4284, 4290).
Kristalle; F: 196° [unkorr.] (*Brown et al.,* Austral. J. Chem. **7** [1954] 348, 369), 194° bis 195° [Zers.; aus Me.] (*Gr. et al.*). IR-Banden (KCl; 1690—1520 cm^{-1}): *Gr. et al.,* l. c. S. 4285.

2-Chlor-4-methoxy-chinolin-3-carbonsäure $C_{11}H_8ClNO_3$, Formel VIII ($R = H$, $R' = CH_3$).
B. Beim Erhitzen von 2-Hydroxy-4-methoxy-chinolin-3-carbonsäure-äthylester mit $POCl_3$ und Erwärmen des neben 2,4-Dichlor-chinolin-3-carbonsäure-äthylester erhaltenen Reaktionsprodukts mit wss.-methanol. KOH (*Grundon et al.,* Soc. **1955** 4284, 4290).
Kristalle (aus Me.); F: 173—175° [Zers.]. IR-Banden (KCl; 1710—1510 cm^{-1}): *Gr. et al.,* l. c. S. 4285.

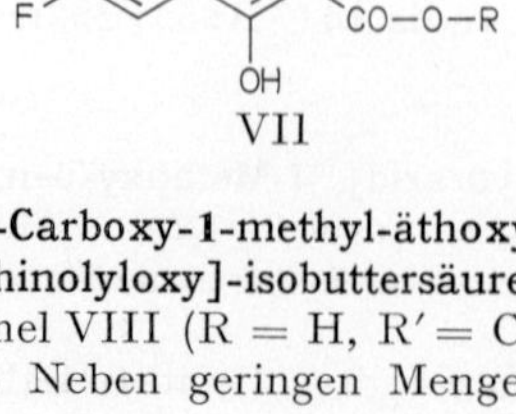

VII 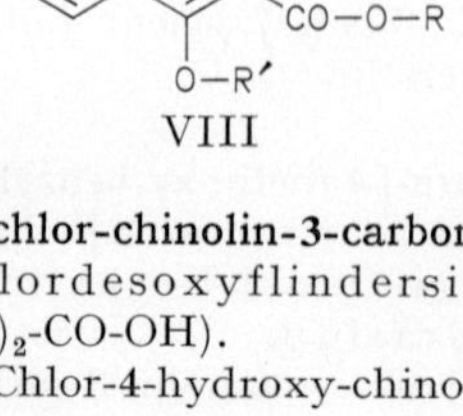 VIII 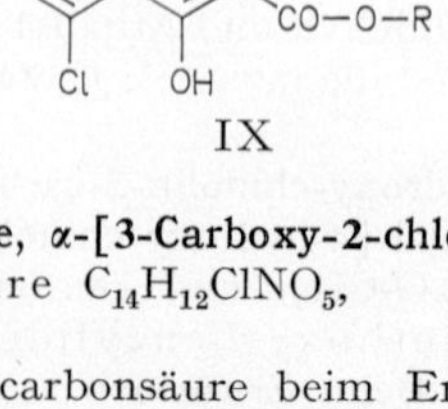 IX

4-[1-Carboxy-1-methyl-äthoxy]-2-chlor-chinolin-3-carbonsäure, α-[3-Carboxy-2-chlor-[4]chinolyloxy]-isobuttersäure, Chlordesoxyflindersinsäure $C_{14}H_{12}ClNO_5$, Formel VIII ($R = H$, $R' = C(CH_3)_2\text{-}CO\text{-}OH$).
B. Neben geringen Mengen 2-Chlor-4-hydroxy-chinolin-3-carbonsäure beim Erwär-

men von Chlordesoxyflindersin (5-Chlor-2,2-dimethyl-2*H*-pyrano[3,2-*c*]chinolin) mit $KMnO_4$ und Aceton (*Brown et al.*, Austral. J. Chem. **7** [1954] 348, 369).

Kristalle (aus Me.). UV-Spektrum (A.; 230—340 nm): *Br. et al.*, l. c. S. 356.

Bei der Hydrierung an Palladium in Methanol in Gegenwart von Kaliumacetat ist 4-[1-Carboxy-1-methyl-äthoxy]-chinolin-3-carbonsäure $C_{14}H_{13}NO_5$ (Kristalle [aus Me.]; beim Erhitzen auf 230° in 4-Hydroxy-chinolin-3-carbonsäure überführbar) erhalten worden.

Dimethylester $C_{16}H_{16}ClNO_5$; 2-Chlor-4-[1-methoxycarbonyl-1-methyl-äthoxy]-chinolin-3-carbonsäure-methylester. Hellgelbe Kristalle (aus PAe.); F: 94°.

5-Chlor-4-hydroxy-chinolin-3-carbonsäure $C_{10}H_6ClNO_3$, Formel IX (R = H), und Tautomeres (5-Chlor-4-oxo-1,4-dihydro-chinolin-3-carbonsäure).

Diese Konstitution ist dem nachstehend beschriebenen Präparat zugeordnet worden (*Mapara, Desai*, J. Indian chem. Soc. **31** [1954] 951, 952); vgl. aber die Angabe über den im folgenden Artikel beschriebenen Äthylester vom F: 271°.

B. Beim Behandeln von 3-[3-Chlor-anilino]-2-cyan-acrylsäure-äthylester (E III **12** 1321) mit H_2SO_4 und Acetanhydrid und Erwärmen des Reaktionsprodukts mit wss. NaOH (*Ma., De.*). Beim Erwärmen des Äthylesters vom F: 271° (s. u.) mit wss. NaOH (*Ma., De.*).

Kristalle (aus A.); F: 241—242°.

5-Chlor-4-hydroxy-chinolin-3-carbonsäure-äthylester $C_{12}H_{10}ClNO_3$, Formel IX (R = C_2H_5), und Tautomeres (5-Chlor-4-oxo-1,4-dihydro-chinolin-3-carbonsäure-äthylester).

B. Neben 7-Chlor-4-hydroxy-chinolin-3-carbonsäure-äthylester beim Behandeln von [3-Chlor-anilinomethylen]-malonsäure-diäthylester (E III **12** 1321) mit Acetanhydrid und H_2SO_4 (*Agui et al.*, J. heterocycl. Chem. **12** [1975] 557, 561).

Kristalle (aus DMF); F: 284—285° (*Agui et al.*).

In einem von *Mapara, Desai* (J. Indian chem. Soc. **31** [1954] 951, 952) nach dem gleichen Verfahren hergestellten Präparat vom F: 271° hat ein Gemisch mit 7-Chlor-4-hydroxy-chinolin-3-carbonsäure-äthylester vorgelegen (*Agui et al.*, l. c. S. 558).

6-Chlor-4-hydroxy-chinolin-3-carbonsäure $C_{10}H_6ClNO_3$, Formel X (X = OH), und Tautomeres (6-Chlor-4-oxo-1,4-dihydro-chinolin-3-carbonsäure).

B. Beim Erhitzen von *N,N'*-Bis-[4-chlor-phenyl]-formamidin mit Malonsäure-diäthylester auf 103° und Erhitzen des Reaktionsprodukts mit Diphenyläther und Biphenyl und anschliessend mit wss. NaOH (*Roberts*, J. org. Chem. **14** [1949] 277, 283). Beim Erwärmen des Äthylesters (s. u.) mit wss. NaOH (*Riegel et al.*, Am. Soc. **68** [1946] 1264, 1266; *Tarbell*, Am. Soc. **68** [1946] 1277).

Kristalle; F: 277° [unkorr.; Zers.] (*Ro.*), 261° [Zers.; aus A. oder Py. bzw. aus Nitrobenzol] (*Ri. et al.*; *Duffin, Kendall*, Soc. **1948** 893).

6-Chlor-4-hydroxy-chinolin-3-carbonsäure-äthylester $C_{12}H_{10}ClNO_3$, Formel X (X = O-C_2H_5), und Tautomeres (6-Chlor-4-oxo-1,4-dihydro-chinolin-3-carbonsäure-äthylester).

B. Beim Erhitzen von [4-Chlor-anilinomethylen]-malonsäure-diäthylester mit Diphenyläther und Biphenyl (*Riegel et al.*, Am. Soc. **68** [1946] 1264, 1266) oder mit Diphenyläther (*Tarbell*, Am. Soc. **68** [1946] 1277; *Popli, Dhar*, J. scient. ind. Res. India **14** B [1955] 261) jeweils auf Siedetemperatur oder mit Paraffin auf 260° (*Duffin, Kendall*, Soc. **1948** 893).

Kristalle; F: 303—305° [korr.; Zers.; aus Nitrobenzol] (*Ta.*), 303° [aus A.] (*Po., Dhar*), 293° [aus Nitrobenzol] (*Du., Ke.*).

6-Chlor-4-hydroxy-chinolin-3-carbonsäure-hydrazid $C_{10}H_8ClN_3O_2$, Formel X (X = NH-NH_2), und Tautomeres (6-Chlor-4-oxo-1,4-dihydro-chinolin-3-carbonsäure-hydrazid).

B. Beim Erwärmen von 6-Chlor-4-hydroxy-chinolin-3-carbonsäure-äthylester mit

N_2H_4 in wss. Äthanol (*Popli*, *Dhar*, J. scient. ind. Res. India **14** B [1955] 261).
Kristalle (aus A.); F: >360°.

6-Chlor-4-hydroxy-chinolin-3-carbonsäure-isopropylidenhydrazid, Aceton-[6-chlor-4-hydroxy-chinolin-3-carbonylhydrazon] $C_{13}H_{12}ClN_3O_2$, Formel X (X = NH-N=C(CH_3)$_2$), und Tautomeres (6-Chlor-4-oxo-1,4-dihydro-chinolin-3-carbonsäure-isopropylidenhydrazid).

B. Beim Erwärmen von 6-Chlor-4-hydroxy-chinolin-3-carbonsäure-hydrazid mit Aceton und H_2O (*Popli*, *Dhar*, J. scient. ind. Res. India **14** B [1955] 261).

Kristalle (aus A.); F: >360°.

6-Chlor-4-hydroxy-chinolin-3-carbonsäure-benzylidenhydrazid, Benzaldehyd-[6-chlor-4-hydroxy-chinolin-3-carbonylhydrazon] $C_{17}H_{12}ClN_3O_2$, Formel X (X = NH-N=CH-C_6H_5), und Tautomeres (6-Chlor-4-oxo-1,4-dihydro-chinolin-3-carbonsäure-benzylidenhydrazid).

B. Beim Erwärmen von 6-Chlor-4-hydroxy-chinolin-3-carbonsäure-hydrazid mit Benzaldehyd und Äthanol (*Popli*, *Dhar*, J. scient. ind. Res. India **14** B [1955] 261).

Kristalle (aus A.); Zers. ab 347°.

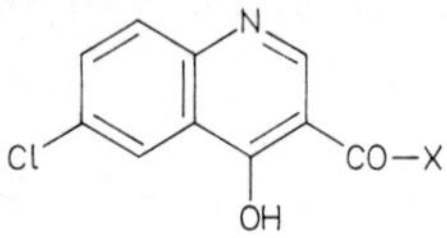

X 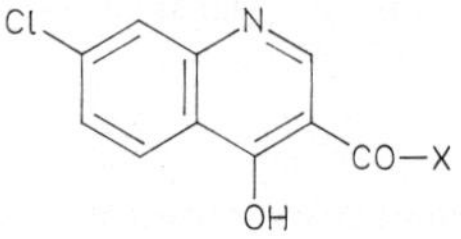 XI 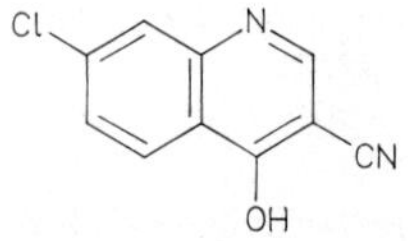 XII

7-Chlor-4-hydroxy-chinolin-3-carbonsäure $C_{10}H_6ClNO_3$, Formel XI (X = OH), und Tautomeres (7-Chlor-4-oxo-1,4-dihydro-chinolin-3-carbonsäure).

B. Neben geringeren Mengen 7-Chlor-4-hydroxy-chinolin-3-carbonsäure-[3-chlor-anilid] beim Erhitzen von *N*,*N'*-Bis-[3-chlor-phenyl]-formamidin mit Malonsäure-diäthylester und Erhitzen des Reaktionsprodukts mit Diphenyläther und Biphenyl und anschliessend mit wss. NaOH (*Roberts*, J. org. Chem. **14** [1949] 277, 282). Beim Erwärmen des Äthylesters (s. u.) mit wss. NaOH (*Price*, *Roberts*, Am. Soc. **68** [1946] 1204, 1206; Org. Synth. Coll. Vol. III [1955] 272). Beim Erwärmen von 7-Chlor-4-hydroxy-chinolin-3-carbonitril mit wss. H_2SO_4 (*Price et al.*, Am. Soc. **68** [1946] 1251).

Kristalle; F: 273–274° [unkorr.; Zers.; aus A.] (*Pr.*, *Ro.*), 270–272° [unkorr.; Zers.] (*Pr. et al.*).

7-Chlor-4-hydroxy-chinolin-3-carbonsäure-äthylester $C_{12}H_{10}ClNO_3$, Formel XI (X = O-C_2H_5), und Tautomeres (7-Chlor-4-oxo-1,4-dihydro-chinolin-3-carbonsäure-äthylester).

B. Beim Erhitzen von [3-Chlor-anilinomethylen]-malonsäure-diäthylester (E III **12** 1321) mit Diphenyläther auf Siedetemperatur (*Price*, *Roberts*, Am. Soc. **68** [1946] 1204, 1206) oder mit Paraffin auf 280° (*Duffin*, *Kendall*, Soc. **1948** 893).

Kristalle; F: 297° [aus Nitrobenzol] (*Du.*, *Ke.*), 295–297° [unkorr.; aus Py.] (*Pr.*, *Ro.*).

7-Chlor-4-hydroxy-chinolin-3-carbonsäure-[3-chlor-anilid] $C_{16}H_{10}Cl_2N_2O_2$, Formel XI (X = NH-C_6H_4-Cl(*m*)), und Tautomeres (7-Chlor-4-oxo-1,4-dihydro-chinolin-3-carbonsäure-[3-chlor-anilid]).

B. Beim Erhitzen von 2-[3-Chlor-anilinomethylen]-*N*-[3-chlor-phenyl]-malonamidsäure-äthylester (E III **12** 1321) mit Diphenyläther (*Price et al.*, Am. Soc. **68** [1946] 1251; *Snyder*, *Jones*, U.S.P. 2504896 [1945]).

Kristalle; F: 321–322° [unkorr.; Zers.; aus wss. A.] (*Pr. et al.*), 320–322° (*Sn.*, *Jo.*).

7-Chlor-4-hydroxy-chinolin-3-carbonitril $C_{10}H_5ClN_2O$, Formel XII, und Tautomeres (7-Chlor-4-oxo-1,4-dihydro-chinolin-3-carbonitril).

B. Beim Erhitzen von 3-[3-Chlor-anilino]-2-cyan-acrylsäure-äthylester (E III **12** 1321) mit Diphenyläther (*Price et al.*, Am. Soc. **68** [1946] 1251; *Snyder*, *Jones*, Am. Soc. **68** [1946] 1253).

Kristalle; F: ca. 370° [Zers.; aus Py.; nach Sublimation unter vermindertem Druck] (*Pr. et al.*), 365—370° (*Sn., Jo.*).

7-Chlor-4-hydroxy-chinolin-3-carbonsäure-hydrazid $C_{10}H_8ClN_3O_2$, Formel XI (X = NH-NH$_2$), und Tautomeres (7-Chlor-4-oxo-1,4-dihydro-chinolin-3-carbonsäure-hydrazid).

B. Beim Erwärmen von 7-Chlor-4-hydroxy-chinolin-3-carbonsäure-äthylester mit N_2H_4 in wss. Äthanol (*Popli, Dhar,* J. scient. ind. Res. India **14** B [1955] 261).

Kristalle (aus A.); F: >360°.

7-Chlor-4-hydroxy-chinolin-3-carbonsäure-isopropylidenhydrazid, Aceton-[7-chlor-4-hydroxy-chinolin-3-carbonylhydrazon] $C_{13}H_{12}ClN_3O_2$, Formel XI (X = NH-N=C(CH$_3$)$_2$), und Tautomeres (7-Chlor-4-oxo-1,4-dihydro-chinolin-3-carbonsäure-isopropylidenhydrazid).

B. Beim Erwärmen von 7-Chlor-4-hydroxy-chinolin-3-carbonsäure-hydrazid mit Aceton und H_2O (*Popli, Dhar,* J. scient. ind. Res. India **14** B [1955] 261).

Kristalle (aus A.); F: >360°.

7-Chlor-4-hydroxy-chinolin-3-carbonsäure-benzylidenhydrazid, Benzaldehyd-[7-chlor-4-hydroxy-chinolin-3-carbonylhydrazon] $C_{17}H_{12}ClN_3O_2$, Formel I (X = X' = H), und Tautomeres (7-Chlor-4-oxo-1,4-dihydro-chinolin-3-carbonsäure-benzylidenhydrazid).

B. Beim Erwärmen von 7-Chlor-4-hydroxy-chinolin-3-carbonsäure-hydrazid mit Benzaldehyd und Äthanol (*Popli, Dhar,* J. scient. ind. Res. India **14** B [1955] 261).

Kristalle (aus A.); Zers. ab 335°.

7-Chlor-4-hydroxy-chinolin-3-carbonsäure-salicylidenhydrazid, Salicylaldehyd-[7-chlor-4-hydroxy-chinolin-3-carbonylhydrazon] $C_{17}H_{12}ClN_3O_3$, Formel I (X = OH, X' = H), und Tautomeres (7-Chlor-4-oxo-1,4-dihydro-chinolin-3-carbonsäure-salicylidenhydrazid).

B. Beim Erwärmen von 7-Chlor-4-hydroxy-chinolin-3-carbonsäure-hydrazid mit Salicylaldehyd und Äthanol (*Popli, Vora,* J. scient. ind. Res. India **14** C [1955] 228).

Kristalle (aus A.); F: 350°.

7-Chlor-4-hydroxy-chinolin-3-carbonsäure-[4-hydroxy-benzylidenhydrazid], 4-Hydroxy-benzaldehyd-[7-chlor-4-hydroxy-chinolin-3-carbonylhydrazon] $C_{17}H_{12}ClN_3O_3$, Formel I (X = H, X' = OH), und Tautomeres (7-Chlor-4-oxo-1,4-dihydro-chinolin-3-carbonsäure-[4-hydroxy-benzylidenhydrazid]).

B. Beim Erwärmen von 7-Chlor-4-hydroxy-chinolin-3-carbonsäure-hydrazid mit 4-Hydroxy-benzaldehyd und Äthanol (*Popli, Vora,* J. scient. ind. Res. India **14** C [1955] 228).

Kristalle (aus A.); F: >350°.

7-Chlor-4-hydroxy-chinolin-3-carbonsäure-[4-methoxy-benzylidenhydrazid], 4-Methoxy-benzaldehyd-[7-chlor-4-hydroxy-chinolin-3-carbonylhydrazon] $C_{18}H_{14}ClN_3O_3$, Formel I (X = H, X' = O-CH$_3$), und Tautomeres (7-Chlor-4-oxo-1,4-dihydro-chinolin-3-carbonsäure-[4-methoxy-benzylidenhydrazid]).

B. Beim Erwärmen von 7-Chlor-4-hydroxy-chinolin-3-carbonsäure-hydrazid mit 4-Methoxy-benzaldehyd und Äthanol (*Popli, Vora,* J. scient. ind. Res. India **14** C [1955] 228).

Kristalle (aus A.); F: 324° [Zers.].

7-Chlor-4-hydroxy-chinolin-3-carbonsäure-[4-dimethylamino-benzylidenhydrazid], 4-Dimethylamino-benzaldehyd-[7-chlor-4-hydroxy-chinolin-3-carbonylhydrazon] $C_{19}H_{17}ClN_4O_2$, Formel I (X = H, X' = N(CH$_3$)$_2$), und Tautomeres (7-Chlor-4-oxo-1,4-dihydro-chinolin-3-carbonsäure-[4-dimethylamino-benzylidenhydrazid]).

B. Beim Erwärmen von 7-Chlor-4-hydroxy-chinolin-3-carbonsäure-hydrazid mit 4-Dimethylamino-benzaldehyd und Äthanol (*Popli, Vora,* J. scient. ind. Res. India **14** C [1955] 228).

Kristalle (aus A.); F: 324° [Zers.].

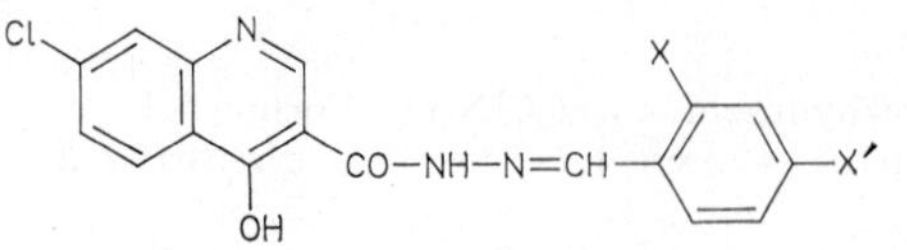

I 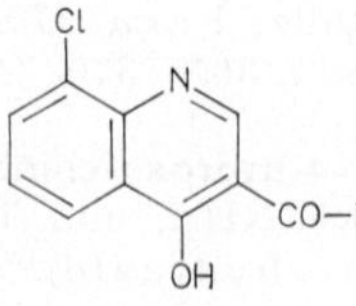 II

8-Chlor-4-hydroxy-chinolin-3-carbonsäure $C_{10}H_6ClNO_3$, Formel II (X = OH), und Tautomeres (8-Chlor-4-oxo-1,4-dihydro-chinolin-3-carbonsäure).

B. Beim Erwärmen des Äthylesters (s. u.) mit wss. KOH (*Tarbell*, Am. Soc. **68** [1946] 1277) oder mit wss. NaOH (*Mapara, Desai*, J. Indian chem. Soc. **31** [1954] 950, 956).

F: 261° [Zers.] (*Ma., De.*), 258° [unkorr.; Zers.] (*Roberts*, J. org. Chem. **14** [1949] 277, 283), 248–250° [korr.; Zers.; abhängig von der Geschwindigkeit des Erhitzens] (*Ta.*).

8-Chlor-4-hydroxy-chinolin-3-carbonsäure-äthylester $C_{12}H_{10}ClNO_3$, Formel II (X = O-C_2H_5), und Tautomeres (8-Chlor-4-oxo-1,4-dihydro-chinolin-3-carbonsäure-äthylester).

B. Beim Erhitzen von [2-Chlor-anilinomethylen]-malonsäure-diäthylester mit Diphenyläther (*Tarbell*, Am. Soc. **68** [1946] 1277; *Roberts*, J. org. Chem. **14** [1949] 277, 282; *Popli, Dhar*, J. scient. ind. Res. India **14** B [1955] 261) oder mit Diphenyläther und Biphenyl (*Ro.*).

Kristalle; F: 256° [aus A.] (*Po., Dhar*), 254–256° [unkorr.; nach Sintern ab 195°; aus Eg.] (*Ro.*), 253–254° [korr.; aus A.] (*Ta.*).

8-Chlor-4-hydroxy-chinolin-3-carbonsäure-hydrazid $C_{10}H_8ClN_3O_2$, Formel II (X = NH-NH_2), und Tautomeres (8-Chlor-4-oxo-1,4-dihydro-chinolin-3-carbonsäure-hydrazid).

B. Beim Erwärmen von 8-Chlor-4-hydroxy-chinolin-3-carbonsäure-äthylester mit N_2H_4 in wss. Äthanol (*Popli, Dhar*, J. scient. ind. Res. India **14** B [1955] 261).

Kristalle (aus A.); F: >360°.

8-Chlor-4-hydroxy-chinolin-3-carbonsäure-[*N'*-isopropyl-hydrazid] $C_{13}H_{14}ClN_3O_2$, Formel II (X = NH-NH-CH(CH_3)$_2$, und Tautomeres (8-Chlor-4-oxo-1,4-dihydro-chinolin-3-carbonsäure-[*N'*-isopropyl-hydrazid]).

B. Beim Hydrieren der folgenden Verbindung an Platin in Essigsäure (*Popli, Vora*, J. scient. ind. Res. India **14** C [1955] 228).

Kristalle (aus A. + Bzl.); F: 229°.

8-Chlor-4-hydroxy-chinolin-3-carbonsäure-isopropylidenhydrazid, Aceton-[8-chlor-4-hydroxy-chinolin-3-carbonylhydrazon] $C_{13}H_{12}ClN_3O_2$, Formel II (X = NH-N=C(CH_3)$_2$), und Tautomeres (8-Chlor-4-oxo-1,4-dihydro-chinolin-3-carbonsäure-isopropylidenhydrazid).

B. Beim Erwärmen von 8-Chlor-4-hydroxy-chinolin-3-carbonsäure-hydrazid mit Aceton und H_2O (*Popli, Dhar*, J. scient. ind. Res. India **14**B [1955] 261).

Kristalle (aus A.); F: 314° [unkorr.].

***8-Chlor-4-hydroxy-chinolin-3-carbonsäure-benzylidenhydrazid, Benzaldehyd-[8-chlor-4-hydroxy-chinolin-3-carbonylhydrazon]** $C_{17}H_{12}ClN_3O_2$, Formel III (X = X' = H), und Tautomeres (8-Chlor-4-oxo-1,4-dihydro-chinolin-3-carbonsäure-benzylidenhydrazid).

B. Beim Erwärmen von 8-Chlor-4-hydroxy-chinolin-3-carbonsäure-hydrazid mit Benzaldehyd und Äthanol (*Popli, Dhar*, J. scient. ind. Res. India **14**B [1955] 261).

Kristalle (aus A.); F: 322° [unkorr.; Zers.].

***8-Chlor-4-hydroxy-chinolin-3-carbonsäure-salicylidenhydrazid, Salicylaldehyd-[8-chlor-4-hydroxy-chinolin-3-carbonylhydrazon]** $C_{17}H_{12}ClN_3O_3$, Formel III (X = OH, X' = H), und Tautomeres (8-Chlor-4-oxo-1,4-dihydro-chinolin-3-carbonsäure-salicylidenhydrazid).

B. Beim Erwärmen von 8-Chlor-4-hydroxy-chinolin-3-carbonsäure-hydrazid mit

Salicylaldehyd und Äthanol (*Popli, Vora,* J. scient. ind. Res. India **14**C [1955] 228).
Kristalle (aus A.); F: 344° [Zers.].

***8-Chlor-4-hydroxy-chinolin-3-carbonsäure-[4-hydroxy-benzylidenhydrazid], 4-Hydroxy-benzaldehyd-[8-chlor-4-hydroxy-chinolin-3-carbonylhydrazon]** $C_{17}H_{12}ClN_3O_3$, Formel III (X = H, X′ = OH), und Tautomeres (8-Chlor-4-oxo-1,4-dihydro-chinolin-3-carbonsäure-[4-hydroxy-benzylidenhydrazid]).
B. Beim Erwärmen von 8-Chlor-4-hydroxy-chinolin-3-carbonsäure-hydrazid mit 4-Hydroxy-benzaldehyd und Äthanol (*Popli, Vora,* J. scient. ind. Res. India **14** C [1955] 228).
Kristalle (aus A.); F: 327°.

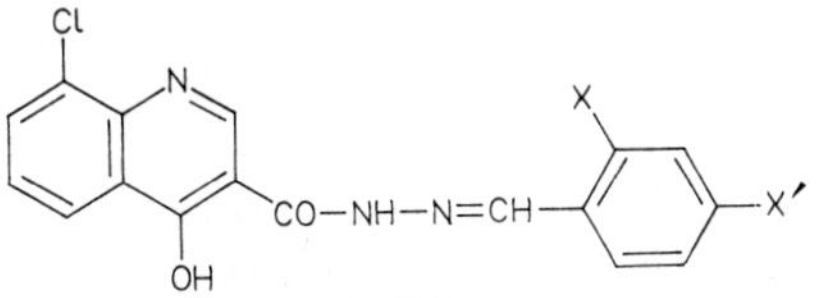

III 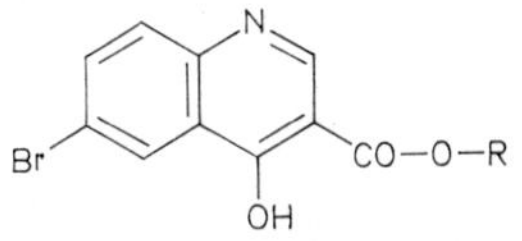 IV

***8-Chlor-4-hydroxy-chinolin-3-carbonsäure-[4-methoxy-benzylidenhydrazid], 4-Methoxy-benzaldehyd-[8-chlor-4-hydroxy-chinolin-3-carbonylhydrazon]** $C_{18}H_{14}ClN_3O_3$, Formel III (X = H, X′ = O-CH_3), und Tautomeres (8-Chlor-4-oxo-1,4-dihydro-chinolin-3-carbonsäure-[4-methoxy-benzylidenhydrazid]).
B. Beim Erwärmen von 8-Chlor-4-hydroxy-chinolin-3-carbonsäure-hydrazid mit 4-Methoxy-benzaldehyd und Äthanol (*Popli, Vora,* J. scient. ind. Res. India **14**C [1955] 228).
Kristalle (aus A.); F: >350°.

***8-Chlor-4-hydroxy-chinolin-3-carbonsäure-[4-dimethylamino-benzylidenhydrazid], 4-Dimethylamino-benzaldehyd-[8-chlor-4-hydroxy-chinolin-3-carbonylhydrazon]** $C_{19}H_{17}ClN_4O_2$, Formel III (X = H, X′ = N(CH_3)$_2$), und Tautomeres (8-Chlor-4-oxo-1,4-dihydro-chinolin-3-carbonsäure-[4-dimethylamino-benzyliden-hydrazid]).
B. Beim Erwärmen von 8-Chlor-4-hydroxy-chinolin-3-carbonsäure-hydrazid mit 4-Dimethylamino-benzaldehyd und Äthanol (*Popli, Vora,* J. scient. ind. Res. India **14**C [1955] 228).
Kristalle (aus A.); F: >350°.

6-Brom-4-hydroxy-chinolin-3-carbonsäure $C_{10}H_6BrNO_3$, Formel IV (R = H), und Tautomeres (6-Brom-4-oxo-1,4-dihydro-chinolin-3-carbonsäure).
B. Beim Erwärmen des Äthylester (s. u.) mit wss. KOH (*Schofield, Swain,* Soc. **1950** 384, 389).
Kristalle; F: 276° [Zers.] (*Elliott, Tittensor,* Soc. **1959** 484), 271° [unkorr.; Zers.; aus A.] (*Sch., Sw.*).

6-Brom-4-hydroxy-chinolin-3-carbonsäure-äthylester $C_{12}H_{10}BrNO_3$, Formel IV (R = C_2H_5), und Tautomeres (6-Brom-4-oxo-1,4-dihydro-chinolin-3-carbonsäure-äthylester).
B. Beim Erhitzen von [4-Brom-anilinomethylen]-malonsäure-diäthylester mit Diphenyläther (*Schofield, Swain,* Soc. **1950** 384, 388).
Kristalle (aus A.); F: 286–287° [unkorr.].

7-Brom-4-hydroxy-chinolin-3-carbonsäure $C_{10}H_6BrNO_3$, Formel V (R = H), und Tautomeres (7-Brom-4-oxo-1,4-dihydro-chinolin-3-carbonsäure).
B. Beim Erwärmen des Äthylesters (S. 2268) mit wss. NaOH (*Conroy et al.,* Am. Soc. **71** [1949] 3236).
Hellgelbes Pulver; F: 266° [unkorr.; Zers.].

7-Brom-4-hydroxy-chinolin-3-carbonsäure-äthylester $C_{12}H_{10}BrNO_3$, Formel V ($R = C_2H_5$), und Tautomeres (7-Brom-4-oxo-1,4-dihydro-chinolin-3-carbonsäure-äthylester).

B. Beim Erhitzen von [3-Brom-anilinomethylen]-malonsäure-diäthylester mit Diphenyläther (*Conroy et al.*, Am. Soc. **71** [1949] 3236).

Pulver (aus Diphenyläther); F: 307—309° [unkorr.].

4-Hydroxy-7-jod-chinolin-3-carbonsäure $C_{10}H_6INO_3$, Formel VI (R = H), und Tautomeres (7-Jod-4-oxo-1,4-dihydro-chinolin-3-carbonsäure).

B. Beim Erwärmen des Äthylesters (s. u.) mit wss. NaOH (*Conroy et al.*, Am. Soc. **71** [1949] 3236).

Pulver; F: 263° [unkorr.; Zers.].

V VI VII

4-Hydroxy-7-jod-chinolin-3-carbonsäure-äthylester $C_{12}H_{10}INO_3$, Formel VI ($R = C_2H_5$), und Tautomeres (7-Jod-4-oxo-1,4-dihydro-chinolin-3-carbonsäure-äthylester).

B. Beim Erhitzen von [3-Jod-anilinomethylen]-malonsäure-diäthylester mit Diphenyläther (*Conroy et al.*, Am. Soc. **71** [1949] 3236).

Pulver (aus Diphenyläther); F: 302—304° [unkorr.].

4-Hydroxy-6-nitro-chinolin-3-carbonsäure $C_{10}H_6N_2O_5$, Formel VII (R = H), und Tautomeres (6-Nitro-4-oxo-1,4-dihydro-chinolin-3-carbonsäure).

B. Beim Erwärmen des Äthylesters (s. u.) mit wss. NaOH (*Riegel et al.*, Am. Soc. **68** [1946] 1264; *Duffin, Kendall*, Soc. **1948** 893).

Kristalle (aus Eg.); F: 273° [Zers.] (*Du., Ke.*).

4-Hydroxy-6-nitro-chinolin-3-carbonsäure-äthylester $C_{12}H_{10}N_2O_5$, Formel VII ($R = C_2H_5$), und Tautomeres (6-Nitro-4-oxo-1,4-dihydro-chinolin-3-carbonsäure-äthylester).

B. Beim Erhitzen von [4-Nitro-anilinomethylen]-malonsäure-diäthylester mit Diphenyläther und Biphenyl auf Siedetemperatur (*Riegel et al.*, Am. Soc. **68** [1946] 1264) oder mit Paraffin auf 250—270° (*Duffin, Kendall*, Soc. **1948** 893).

Kristalle (aus Nitrobenzol); F: >300° (*Du., Ke.*).

4-Hydroxy-8-nitro-chinolin-3-carbonsäure $C_{10}H_6N_2O_5$, Formel VIII (R = H), und Tautomeres (8-Nitro-4-oxo-1,4-dihydro-chinolin-3-carbonsäure).

B. Beim Erwärmen des Äthylesters (s. u.) mit wss. NaOH (*Riegel et al.*, Am. Soc. **68** [1946] 1264).

Kristalle (aus A. oder Py.); F: 268° [Zers.].

4-Hydroxy-8-nitro-chinolin-3-carbonsäure-äthylester $C_{12}H_{10}N_2O_5$, Formel VIII ($R = C_2H_5$), und Tautomeres (8-Nitro-4-oxo-1,4-dihydro-chinolin-3-carbonsäure-äthylester).

B. Beim Erhitzen von [2-Nitro-anilinomethylen]-malonsäure-diäthylester mit Diphenyläther und Biphenyl (*Riegel et al.*, Am. Soc. **68** [1946] 1264).

Kristalle (aus A. oder Py.); F: 252—253°.

VIII IX

4-Chlor-6-methoxy-chinolin-3-carbonsäure-äthylester $C_{13}H_{12}ClNO_3$, Formel IX (R = CH_3, X = O-C_2H_5).

B. Beim Erhitzen von 4-Hydroxy-6-methoxy-chinolin-3-carbonsäure-äthylester mit $POCl_3$ und PCl_5 (*Kermack, Storey*, Soc. **1951** 1389, 1391).

Kristalle (aus PAe.); F: 84—86°.

6-Äthoxy-4-chlor-chinolin-3-carbonsäure-äthylester $C_{14}H_{14}ClNO_3$, Formel IX (R = C_2H_5, X = O-C_2H_5).

B. Beim Erhitzen von 6-Äthoxy-4-hydroxy-chinolin-3-carbonsäure-äthylester mit $POCl_3$ auf ca. 140° (*Takahashi, Senda*, J. pharm. Soc. Japan **72** [1952] 1112, 1113; C. A. **1953** 6947).

Kristalle; F: 98—99°.

6-Äthoxy-4-chlor-chinolin-3-carbonsäure-amid $C_{12}H_{11}ClN_2O_2$, Formel IX (R = C_2H_5, X = NH_2).

B. Beim Erhitzen des Äthylesters (s. o.) mit methanol. NH_3 auf 100° (*Takahashi, Senda*, J. pharm. Soc. Japan **72** [1952] 1112, 1114; C. A. **1953** 6947).

Kristalle (aus Acn.); F: 185°.

4-Chlor-6-methoxy-8-nitro-chinolin-3-carbonsäure-äthylester $C_{13}H_{11}ClN_2O_5$, Formel X.

B. Beim Erhitzen von 4-Hydroxy-6-methoxy-8-nitro-chinolin-3-carbonsäure-äthyl= ester mit $POCl_3$ (*Baker et al.*, Am. Soc. **71** [1949] 3060).

Gelbe Kristalle (aus PAe.); F: 108—109°.

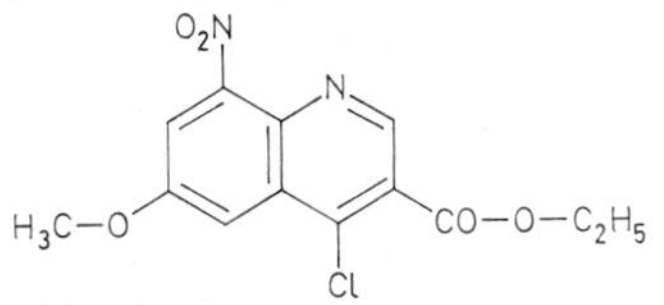

X 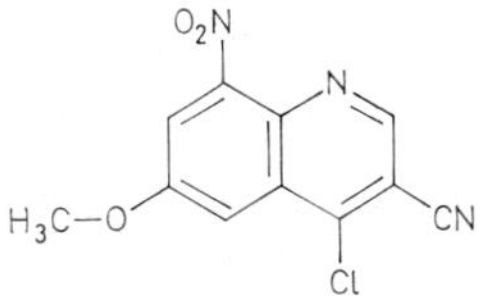 XI

4-Chlor-6-methoxy-8-nitro-chinolin-3-carbonitril $C_{11}H_6ClN_3O_3$, Formel XI.

B. Beim Erhitzen von 4-Hydroxy-6-methoxy-8-nitro-chinolin-3-carbonitril mit $POCl_3$ und PCl_5 (*Baker et al.*, Am. Soc. **71** [1949] 3060).

Gelbe Kristalle (aus A.); F: 194—195°. [*Rabien*]

2-Hydroxy-chinolin-4-carbonsäure $C_{10}H_7NO_3$, Formel I (R = R' = H), und **2-Oxo-1,2-di= hydro-chinolin-4-carbonsäure** $C_{10}H_7NO_3$, Formel II (H 232; E I 554; E II 175; dort auch als Carbostyril-4-carbonsäure bezeichnet).

Diese Konstitution kommt auch einer von *Grassmann, Arnim* (A. **522** [1936] 66, 68, 72) irrtümlich als [2-Oxo-indolin-3-yliden]-essigsäure formulierten Verbindung $C_{10}H_7NO_3$ zu (*Borsche*, B. **69** [1936] 1376).

V. In Papaver somniferum: *Schmid, Karrer*, Helv. **28** [1945] 722, 733.

B. Aus 4-Methyl-chinolin beim Belichten einer Lösung in Benzol in einer Sauerstoff-Atmosphäre unter Zusatz von Anthrachinon und Eisen-, Kupfer- oder Silber-Salzen (*Nozicka*, D.R.P. 526195 [1929]; Frdl. **18** 520; *Heller & Co.*, U.S.P. 1945067 [1930]). Beim Erwärmen von 2-Chlor-chinolin-4-carbonsäure-äthylester mit wss. NaOH [30%ig] (*Thielepape*, B. **71** [1938] 387, 393; D.R.P. 670582 [1937]; Frdl. **25** 366). Beim Erhitzen von Isatin mit Acetanhydrid, Essigsäure und NaOH unter Druck bis auf 220° und Erwärmen des Reaktionsprodukts mit wss. Na_2CO_3 (*Egli, Richter*, Helv. **40** [1957] 499). Aus 1-Acetyl-indolin-2,3-dion beim aufeinanderfolgenden Erhitzen mit wss. Na_2CO_3 und wss. NaOH (*Eg., Ri.*). Beim Erwärmen von [2-Oxo-indolin-3-yliden]-essigsäure-äthylester (F: 170°) mit wss. HCl (*Julian et al.*, Am. Soc. **75** [1953] 5305, 5308).

Gelbe Kristalle; F: 345° [korr.] (*Jones, Henze*, Am. Soc. **64** [1942] 1669, 1671), 343° [korr.; aus A.] (*Th.*). λ_{max} (A.): 230 nm, 282 nm und 340 nm (*Daeniker, Druey*, Helv. **41** [1958] 2148, 2155).

2-Propoxy-chinolin-4-carbonsäure $C_{13}H_{13}NO_3$, Formel I (R = H, R' = CH_2-CH_2-CH_3).
B. Beim Erwärmen von 2-Chlor-chinolin-4-carbonsäure mit Natriumpropylat in Propan-1-ol (*Wojahn*, Ar. **269** [1931] 422, 425).
Kristalle; F: 138–139,4° [korr.; aus Bzl.] (*Gardner, Hammel*, Am. Soc. **58** [1936] 1360), 136° [aus H_2O] (*Wo.*).

2-Isopropoxy-chinolin-4-carbonsäure $C_{13}H_{13}NO_3$, Formel I (R = H, R' = $CH(CH_3)_2$).
B. Beim Erwärmen von 2-Chlor-chinolin-4-carbonsäure mit Natriumisopropylat in Isopropylalkohol (*Wojahn*, Ar. **269** [1931] 422, 426).
Kristalle (aus wss. A.); F: 150°.

2-Butoxy-chinolin-4-carbonsäure $C_{14}H_{15}NO_3$, Formel I (R = H, R' = $[CH_2]_3$-CH_3).
B. Beim Erwärmen von 2-Chlor-chinolin-4-carbonsäure mit Natriumbutylat in Butan-1-ol (*Wojahn*, Ar. **269** [1931] 422, 426).
Kristalle; F: 111° (*Wo.*), 98° [aus wss. A.] (*Lur'e*, Ž. obšč. Chim. **9** [1939] 287, 290; C. **1939** II 3574), 96,6–97,5° [korr.; aus Bzl.] (*Gardner, Hammel*, Am. Soc. **58** [1936] 1360).

2-Isobutoxy-chinolin-4-carbonsäure $C_{14}H_{15}NO_3$, Formel I (R = H, R' = CH_2-$CH(CH_3)_2$).
B. Beim Erwärmen von 2-Chlor-chinolin-4-carbonsäure mit Natriumisobutylat in Isobutylalkohol (*Wojahn*, Ar. **269** [1931] 422, 426).
Kristalle; F: 145–146° [aus wss. A.] (*Lur'e*, Ž. obšč. Chim. **9** [1939] 287, 290; C. **1939** II 3574), 140–141° (*Wo.*).

2-Pentyloxy-chinolin-4-carbonsäure $C_{15}H_{17}NO_3$, Formel I (R = H, R' = $[CH_2]_4$-CH_3).
B. Beim Erwärmen von 2-Chlor-chinolin-4-carbonsäure mit Natriumpentylat in Pentan-1-ol (*Subarošwkiĭ*, Ukr. chim. Ž. **21** [1955] 377, 378; C. A. **1955** 14764).
Kristalle (aus wss. Me.); F: 108° [korr.].

2-Isopentyloxy-chinolin-4-carbonsäure $C_{15}H_{17}NO_3$, Formel I (R = H, R' = CH_2-CH_2-$CH(CH_3)_2$).
B. Beim Erwärmen von 2-Chlor-chinolin-4-carbonsäure mit Natriumisopentylat in Isopentylalkohol (*Wojahn*, Ar. **269** [1931] 422, 426).
Kristalle; F: 122° (*Wo.*), 120–122° [aus wss. A.] (*Lur'e*, Ž. obšč. Chim. **9** [1939] 287, 290; C. **1939** II 3674).

N O–R' CO–O–R
I

H N O CO–OH
II

N O CO–OH
III

2-Cyclopentyloxy-chinolin-4-carbonsäure $C_{15}H_{15}NO_3$, Formel III.
B. Aus 2-Chlor-chinolin-4-carbonylchlorid beim Erhitzen mit Natriumcyclopentylat auf 100° und Erwärmen des erhaltenen 2-Cyclopentyloxy-chinolin-4-carbonsäure-cyclopentylesters mit wss.-methanol. KOH (*CIBA*, U.S.P. 2798873 [1953]).
Kristalle (aus Bzl.); F: 162–164° und (nach Wiedererstarren) Zers. > 300°.

2-Phenoxy-chinolin-4-carbonsäure $C_{16}H_{11}NO_3$, Formel I (R = H, R' = C_6H_5).
B. Aus 2-Phenoxy-chinolin-4-carbonsäure-äthylester beim Erwärmen mit wss.-äthanol. NaOH (*Winstein et al.*, Am. Soc. **68** [1946] 2714, 2717).
F: 218–220° [unkorr.; Zers.].

2-[2-Diäthylamino-äthoxy]-chinolin-4-carbonsäure $C_{16}H_{20}N_2O_3$, Formel IV (R = H) auf S. 2272.
B. Beim Erwärmen von 2-Chlor-chinolin-4-carbonsäure mit Natrium-[2-diäthylamino-äthylat] in 2-Diäthylamino-äthanol (*Wojahn*, Ar. **269** [1931] 422, 426).
Hydrochlorid $C_{16}H_{20}N_2O_3 \cdot HCl$. Kristalle (aus A. + Ae.); F: 185°.

2-Hydroxy-chinolin-4-carbonsäure-methylester $C_{11}H_9NO_3$, Formel I (R = CH_3, R' = H), und Tautomeres (2-Oxo-1,2-dihydro-chinolin-4-carbonsäure-methylester) (H 233).

Kristalle (aus Me.); F: 244,5–245,5° (*Schmid, Karrer*, Helv. **28** [1945] 722, 733), 239° bis 240° [unkorr.] (*Daeniker, Druey*, Helv. **41** [1958] 2148, 2155). λ_{max} (A.): 232 nm, 257 nm, 284 nm und 345 nm (*Da., Dr.*).

2-Propoxy-chinolin-4-carbonsäure-methylester $C_{14}H_{15}NO_3$, Formel I (R = CH_3, R' = CH_2-CH_2-CH_3).

B. Beim Erwärmen von 2-Propoxy-chinolin-4-carbonylchlorid mit Natriummethylat in Methanol (*Subarowškiĭ*, Ukr. chim. Ž. **21** [1955] 377, 378; C. A. **1955** 14764).

Kristalle (aus A.); F: 38°.

2-Pentyloxy-chinolin-4-carbonsäure-methylester $C_{16}H_{19}NO_3$, Formel I (R = CH_3, R' = $[CH_2]_4$-CH_3).

B. Beim Erwärmen von 2-Pentyloxy-chinolin-4-carbonylchlorid mit Natriummethylat in Methanol (*Subarowškiĭ*, Ukr. chim. Ž. **21** [1955] 377, 379; C. A. **1955** 14764).

Kristalle (aus Me.); F: 45°.

2-[2-Diäthylamino-äthoxy]-chinolin-4-carbonsäure-methylester $C_{17}H_{22}N_2O_3$, Formel IV (R = CH_3).

B. Beim Erwärmen von 2-Chlor-chinolin-4-carbonsäure-[2-diäthylamino-äthylester] mit Natriummethylat in Toluol (*CIBA*, D.R.P. 531363 [1927]; Frdl. **17** 2427; U.S.P. 1841970 [1928]).

Kristalle; F: 23°.

Hydrojodid. F: 133°.

2-Hydroxy-chinolin-4-carbonsäure-äthylester $C_{12}H_{11}NO_3$, Formel I (R = C_2H_5, R' = H), und Tautomeres (2-Oxo-1,2-dihydro-chinolin-4-carbonsäure-äthylester) (H 233; E I 554).

B. Beim Behandeln des aus Isatin und Malonsäure in äthanol. NH_3 hergestellten Ammonium-Salzes der [2-Oxo-indolin-3-yliden]-malonsäure mit HCl in Äthanol (*Lindwall, Hill*, Am. Soc. **57** [1935] 735). Beim Erhitzen von 2-Äthoxy-chinolin-4-carbonsäure-äthylester mit 2-Hydroxy-chinolin-4-carbonsäure (*Kondo, Nozoe*, J. pharm. Soc. Japan **56** [1936] 10, 14; dtsch. Ref. S. 6; C. A. **1936** 3432).

Gelbliche Kristalle (aus A.); F: 209–210° [korr.] (*Thielepape*, B. **71** [1938] 387, 394).

Bildung von 2-Oxo-1,2,3,4-tetrahydro-chinolin-4-carbonsäure-äthylester, 4-Hydroxy-methyl-3,4-dihydro-1*H*-chinolin-2-on und 4-Methyl-1,2,3,4-tetrahydro-chinolin bei der Hydrierung von einem Kupferoxid-Chromoxid-Katalysator in Dioxan bei 210–220°/200–300 at: *Sauer, Adkins*, Am. Soc. **60** [1938] 402, 403.

2-Hydroxy-chinolin-4-carbonsäure-[2-chlor-äthylester] $C_{12}H_{10}ClNO_3$, Formel I (R = CH_2-CH_2-Cl, R' = H), und Tautomeres (2-Oxo-1,2-dihydro-chinolin-4-carbonsäure-[2-chlor-äthylester]).

B. Beim Erhitzen von 2-Hydroxy-chinolin-4-carbonsäure mit 2-Chlor-äthanol unter Zusatz von H_2SO_4 (*Wojahn*, Ar. **269** [1931] 422, 426).

Kristalle (aus A.); F: 205°.

2-Äthoxy-chinolin-4-carbonsäure-äthylester $C_{14}H_{15}NO_3$, Formel I (R = R' = C_2H_5) (H 233).

B. Beim Erwärmen von 2-Äthoxy-chinolin-4-carbonylchlorid mit Natriumäthylat in Äthanol (*Winstein et al.*, Am. Soc. **68** [1946] 2714, 2717; *Subarowškiĭ*, Ukr. chim. Ž. **21** [1955] 377, 378; C. A. **1955** 14764).

Kristalle (aus A.); F: 88° (*Su.*), 85–86° (*Wi. et al.*).

2-Phenoxy-chinolin-4-carbonsäure-äthylester $C_{18}H_{15}NO_3$, Formel I (R = C_2H_5, R' = C_6H_5).

B. Beim Erhitzen von 2-Chlor-chinolin-4-carbonsäure-äthylester mit Natriumphenolat in Phenol (*Winstein et al.*, Am. Soc. **68** [1946] 2714, 2717).

Kristalle (aus Hexan); F: 67–68°.

2-[2-Diäthylamino-äthoxy]-chinolin-4-carbonsäure-äthylester $C_{18}H_{24}N_2O_3$, Formel IV ($R = C_2H_5$).

B. Aus 2-Chlor-chinolin-4-carbonsäure-[2-diäthylamino-äthylester] beim Erwärmen mit Natriumäthylat in Toluol (*CIBA*, D.R.P. 531363 [1927]; Frdl. **17** 2427; U.S.P. 1841970 [1928]).

Gelbe Kristalle; F: 36°. $Kp_{0,015}$: 135–140°.

Hydrochlorid. Kristalle; F: 162°.

Hydrojodid. Kristalle (aus H_2O); F: 143°.

2-[2-Diäthylamino-äthoxy]-chinolin-4-carbonsäure-propylester $C_{19}H_{26}N_2O_3$, Formel IV ($R = CH_2\text{-}CH_2\text{-}CH_3$).

B. Beim Erwärmen von 2-Chlor-chinolin-4-carbonsäure-[2-diäthylamino-äthylester] mit Natriumpropylat in Toluol (*CIBA*, D.R.P. 531363 [1927]; Frdl. **17** 2427; U.S.P. 1841970 [1928]).

$Kp_{0,025}$: 154°.

Hydrochlorid. F: 138°.

2-Butoxy-chinolin-4-carbonsäure-butylester $C_{18}H_{23}NO_3$, Formel I ($R = R' = [CH_2]_3\text{-}CH_3$) auf S. 2270.

B. Beim Erwärmen von 2-Chlor-chinolin-4-carbonylchlorid mit Natriumbutylat in Butan-1-ol (*CIBA*, Schweiz. P. 141231 [1927]; *Sekera et al.*, Ann. pharm. franç. **16** [1958] 684, 685).

$Kp_{0,15}$: 166° (*Se. et al.*); $Kp_{0,05}$: 150° [korr.] (*R. Lieberherr*, Diss. [E. T. H. Zürich 1950] S. 133, 134).

2-[2-Diäthylamino-äthoxy]-chinolin-4-carbonsäure-isopentylester $C_{21}H_{30}N_2O_3$, Formel IV ($R = CH_2\text{-}CH_2\text{-}CH(CH_3)_2$).

B. Aus 2-Chlor-chinolin-4-carbonsäure-[2-diäthylamino-äthylester] beim Erwärmen mit Natriumisopentylat in Toluol (*CIBA*, D.R.P. 531363 [1927]; Frdl. **17** 2427; U.S.P. 1841970 [1928]).

$Kp_{0,05}$: 165–170°.

Hydrojodid. F: 124°.

2-[2-Diäthylamino-äthoxy]-chinolin-4-carbonsäure-heptylester $C_{23}H_{34}N_2O_3$, Formel IV ($R = [CH_2]_6\text{-}CH_3$).

B. Aus 2-Chlor-chinolin-4-carbonsäure-[2-diäthylamino-äthylester] beim Erwärmen mit Natriumheptylat in Toluol (*CIBA*, D.R.P. 531363 [1927]; Frdl. **17** 2427; U.S.P. 1841970 [1928]).

$Kp_{0,01}$: 172–175°.

Hydrochlorid. F: 106°.

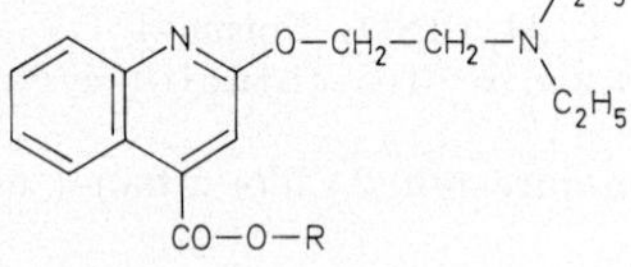

IV 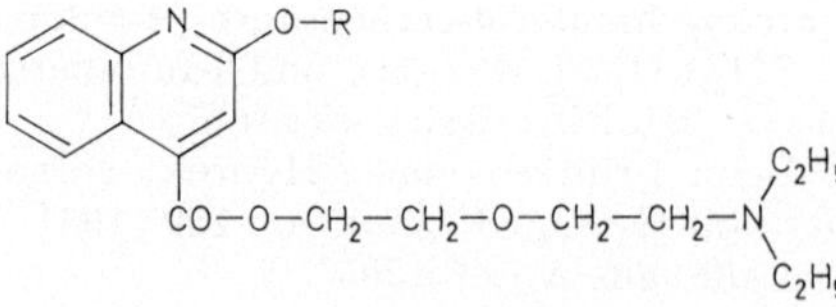 V

2-[2-Diäthylamino-äthoxy]-chinolin-4-carbonsäure-octylester $C_{24}H_{36}N_2O_3$, Formel IV ($R = [CH_2]_7\text{-}CH_3$).

B. Aus 2-Chlor-chinolin-4-carbonsäure-[2-diäthylamino-äthylester] beim Erwärmen mit Natriumoctylat in Toluol (*CIBA*, D.R.P. 531363 [1927]; Frdl. **17** 2427; U.S.P. 1841970 [1928]).

Kristalle; F: 35°. $Kp_{0,03}$: 180–182°.

Hydrochlorid. F: 117°.

2-[2-Diäthylamino-äthoxy]-chinolin-4-carbonsäure-allylester $C_{19}H_{24}N_2O_3$, Formel IV ($R = CH_2\text{-}CH{=}CH_2$).

B. Aus 2-Chlor-chinolin-4-carbonsäure-[2-diäthylamino-äthylester] beim Erwärmen

mit Natriumallylat in Toluol (*CIBA*, D.R.P. 531363 [1927]; Frdl. **17** 2427; U.S.P. 1841970 [1928]).
Hydrojodid. F: 135°.

2-[2-Diäthylamino-äthoxy]-chinolin-4-carbonsäure-cyclohexylester $C_{22}H_{30}N_2O_3$, Formel IV (R = C_6H_{11}).
B. Aus 2-Chlor-chinolin-4-carbonsäure-[2-diäthylamino-äthylester] beim Erwärmen mit Natriumcyclohexylat in Toluol (*CIBA*, D.R.P. 531363 [1927]; Frdl. **17** 2427; U.S.P. 1841970 [1928]).
Kristalle; F: 41°.
Hydrochlorid. F: 146°.

2-[2-Diäthylamino-äthoxy]-chinolin-4-carbonsäure-benzylester $C_{23}H_{26}N_2O_3$, Formel IV (R = CH_2-C_6H_5).
B. Aus 2-Chlor-chinolin-4-carbonsäure-[2-diäthylamino-äthylester] beim Erwärmen mit Natriumbenzylat in Toluol (*CIBA*, D.R.P. 531363 [1927]; Frdl. **17** 2427; U.S.P. 1841970 [1928]).
$Kp_{0,001}$: 210–215°.
Hydrojodid. F: 105°.

1-[2-Äthoxy-chinolin-4-carbonyloxy]-2-[2-diäthylamino-äthoxy]-äthan, 2-Äthoxy-chinolin-4-carbonsäure-[2-(2-diäthylamino-äthoxy)-äthylester] $C_{20}H_{28}N_2O_4$, Formel V (R = C_2H_5).
Hydrochlorid $C_{20}H_{28}N_2O_4 \cdot HCl$. *B.* Beim Erwärmen von 2-Äthoxy-chinolin-4-carbonylchlorid mit 2-[2-Diäthylamino-äthoxy]-äthanol in Benzol (*Chang, Woo*, Am. Soc. **67** [1945] 495). — F: 80°.

1-[2-Diäthylamino-äthoxy]-2-[2-isopropoxy-chinolin-4-carbonyloxy]-äthan, 2-Isopropoxy-chinolin-4-carbonsäure-[2-(2-diäthylamino-äthoxy)-äthylester] $C_{21}H_{30}N_2O_4$, Formel V (R = $CH(CH_3)_2$).
Hydrochlorid $C_{21}H_{30}N_2O_4 \cdot HCl$. *B.* Aus 2-Isopropoxy-chinolin-4-carbonylchlorid (aus 2-Isopropoxy-chinolin-4-carbonsäure und $SOCl_2$ in Benzol hergestellt) beim Erwärmen mit 2-[2-Diäthylamino-äthoxy]-äthanol (*Chang, Woo*, Am. Soc. **67** [1945] 495). — F: 75°.

1-[2-Butoxy-chinolin-4-carbonyloxy]-2-[2-diäthylamino-äthoxy]-äthan, 2-Butoxy-chinolin-4-carbonsäure-[2-(2-diäthylamino-äthoxy)-äthylester] $C_{22}H_{32}N_2O_4$, Formel V (R = $[CH_2]_3$-CH_3).
Hydrochlorid $C_{22}H_{32}N_2O_4 \cdot HCl$. *B.* Aus 2-Butoxy-chinolin-4-carbonylchlorid beim Erwärmen mit 2-[2-Diäthylamino-äthoxy]-äthanol in Benzol (*Chang, Woo*, Am. Soc. **67** [1945] 495). — F: 108°.

1-[2-Butoxy-chinolin-4-carbonyloxy]-2-[2-diäthylamino-äthylmercapto]-äthan, 2-Butoxy-chinolin-4-carbonsäure-[2-(2-diäthylamino-äthylmercapto)-äthylester] $C_{22}H_{32}N_2O_3S$, Formel VI.
Hydrochlorid $C_{22}H_{32}N_2O_3S \cdot HCl$. *B.* Aus 2-Butoxy-chinolin-4-carbonylchlorid und 2-[2-Diäthylamino-äthylmercapto]-äthanol in Benzol (*Clinton et al.*, Am. Soc. **71** [1949] 1300). — Kristalle (aus E.); F: 125,8–127,0° [korr.].

N, O–$[CH_2]_3$–CH_3
CO–O–CH_2–CH_2–S–CH_2–CH_2–N(C_2H_5)$_2$

VI

1-[2-Butoxy-chinolin-4-carbonyloxy]-2-[3-piperidino-propylmercapto]-äthan, 2-Butoxy-chinolin-4-carbonsäure-[2-(3-piperidino-propylmercapto)-äthylester] $C_{24}H_{34}N_2O_3S$, Formel VII.
Hydrochlorid $C_{24}H_{34}N_2O_3S \cdot HCl$. *B.* Aus 2-Butoxy-chinolin-4-carbonylchlorid und

2-[3-Piperidino-propylmercapto]-äthanol in Benzol (*Clinton et al.*, Am. Soc. **71** [1949] 1300). — Kristalle (aus Isopropylalkohol); F: 118,4—120,4° [korr.].

1-[2-Diäthylamino-äthoxy]-2-[2-pentyloxy-chinolin-4-carbonyloxy]-äthan, 2-Pentyloxy-chinolin-4-carbonsäure-[2-(2-diäthylamino-äthoxy)-äthylester] $C_{23}H_{34}N_2O_4$, Formel V (R = $[CH_2]_4$-CH_3) auf S. 2272.

Hydrochlorid $C_{23}H_{34}N_2O_4 \cdot HCl$. *B.* Aus 2-Pentyloxy-chinolin-4-carbonylchlorid beim Erwärmen mit 2-[2-Diäthylamino-äthoxy]-äthanol in Benzol (*Chang*, *Woo*, Am. Soc. **67** [1945] 495). — F: 78°.

2-Hydroxy-chinolin-4-carbonsäure-[2-diäthylamino-äthylester] $C_{16}H_{20}N_2O_3$, Formel VIII (R = H), und Tautomeres (2-Oxo-1,2-dihydro-chinolin-4-carbonsäure-[2-diäthylamino-äthylester]).

B. Aus dem Natrium-Salz der 2-Hydroxy-chinolin-4-carbonsäure und Diäthyl-[2-chlor-äthyl]-amin beim Erwärmen in Toluol (*CIBA*, D.R.P. 531363 [1927]; Frdl. **17** 2427). Beim Erwärmen von 2-Chlor-chinolin-4-carbonsäure-[2-diäthylamino-äthylester] mit wss. HCl (*CIBA*).

Hellgelbe Kristalle (aus Acn.); F: 125—126°.

Hydrochlorid. Gelbliche Kristalle; F: 225—226° [Zers.].

2-Methoxy-chinolin-4-carbonsäure-[2-diäthylamino-äthylester] $C_{17}H_{22}N_2O_3$, Formel VIII (R = CH_3).

B. Beim Erwärmen von 2-Methoxy-chinolin-4-carbonsäure-äthylester mit 2-Diäthyl-amino-äthanol (*CIBA*, D.R.P. 531363 [1927]; Frdl. **17** 2427; U.S.P. 1841970 [1928]). Aus dem Natrium-Salz der 2-Methoxy-chinolin-4-carbonsäure und Diäthyl-[2-chlor-äthyl]-amin beim Erwärmen in Toluol (*CIBA*).

$Kp_{0,02}$: 138—140°.

Hydrochlorid. F: 186°.

Hydrojodid. F: 142°.

2-Äthoxy-chinolin-4-carbonsäure-[2-diäthylamino-äthylester] $C_{18}H_{24}N_2O_3$, Formel VIII (R = C_2H_5).

B. Beim Erwärmen des Natrium-Salzes der 2-Äthoxy-chinolin-4-carbonsäure mit Diäthyl-[2-chlor-äthyl]-amin in Toluol (*CIBA*, D.R.P. 531363 [1927]; Frdl. **17** 2427; U.S.P. 1841970 [1928]). Aus 2-Äthoxy-chinolin-4-carbonylchlorid und 2-Diäthylamino-äthanol in Benzol unter Zusatz von wss. Na_2CO_3 (*Wojahn*, Ar. **269** [1931] 422, 426). Beim Erwärmen von 2-Äthoxy-chinolin-4-carbonsäure-äthylester mit 2-Diäthylamino-äthanol (*CIBA*).

Kp_{20}: 225—227° (*Wo.*); $Kp_{0,002}$: 134—136° (*CIBA*).

Hydrochlorid $C_{18}H_{24}N_2O_3 \cdot HCl$. F: 186° [Zers.] (*CIBA*). Kristalle (aus A. + Ae.); F: 185° (*Wo.*).

Hydrojodid. F: 157° (*CIBA*).

N O—$[CH_2]_3$—CH_3

CO—O—CH_2—CH_2—S—$[CH_2]_3$—N

VII

N O—R

CO—O—CH_2—CH_2—N(C_2H_5)(C_2H_5)

VIII

2-Propoxy-chinolin-4-carbonsäure-[2-diäthylamino-äthylester] $C_{19}H_{26}N_2O_3$, Formel VIII (R = CH_2-CH_2-CH_3).

B. Aus 2-Propoxy-chinolin-4-carbonylchlorid und 2-Diäthylamino-äthanol in Benzol unter Zusatz von wss. Na_2CO_3 (*Wojahn*, Ar. **269** [1931] 422, 427). Beim Erwärmen von 2-Propoxy-chinolin-4-carbonsäure-äthylester mit 2-Diäthylamino-äthanol (*CIBA*, U.S.P. 1841970 [1928]). Aus dem Natrium-Salz der 2-Propoxy-chinolin-4-carbonsäure beim Erwärmen mit Diäthyl-[2-chlor-äthyl]-amin-hydrochlorid in Xylol unter Zusatz von K_2CO_3 (*Lur'e*, Ž. obšč. Chim. **9** [1939] 287, 292; C. **1939** II 3574; *CIBA*).

$Kp_{2,0}$: 230° (*Wo.*); $Kp_{0,03}$: 146° (*CIBA*).
Hydrochlorid $C_{19}H_{26}N_2O_3$. HCl. Kristalle. F: 169,5—170,5° (*Lur'e*), 165° [aus A. + Ae.] (*Wo.*).

2-Isopropoxy-chinolin-4-carbonsäure-[2-diäthylamino-äthylester] $C_{19}H_{26}N_2O_3$, Formel VIII (R = $CH(CH_3)_2$).
B. Aus 2-Isopropoxy-chinolin-4-carbonylchlorid (aus der Säure und $SOCl_2$ in Benzol hergestellt) und 2-Diäthylamino-äthanol in Benzol unter Zusatz von wss. Na_2CO_3 (*Wojahn*, Ar. **269** [1931] 422, 427).
$Kp_{2,0}$: 232°.
Hydrochlorid $C_{19}H_{26}N_2O_3 \cdot HCl$. Kristalle (aus A. + Ae.); F: 173°.

[2-(2-Butoxy-chinolin-4-carbonyloxy)-äthyl]-trimethyl-ammonium, 2-Butoxy-chinolin-4-carbonsäure-[2-trimethylammonio-äthylester] $[C_{19}H_{27}N_2O_3]^+$, Formel IX (R = CH_3, n = 2).
Bromid $[C_{19}H_{27}N_2O_3]Br$; *O*-[2-Butoxy-chinolin-4-carbonyl]-cholin-bromid. *B.* Beim Erwärmen des Silber-Salzes der 2-Butoxy-chinolin-4-carbonsäure mit [2-Brom-äthyl]-trimethyl-ammonium-bromid in H_2O (*Lur'e, Fedorowa*, Ž. obšč. Chim. **9** [1939] 2075, 2078; C. **1940** I 3248). — Kristalle (aus A. + Ae.); F: 133—135°.

2-Butoxy-chinolin-4-carbonsäure-[2-diäthylamino-äthylester] $C_{20}H_{28}N_2O_3$, Formel VIII (R = $[CH_2]_3$-CH_3).
B. Aus 2-Butoxy-chinolin-4-carbonylchlorid und 2-Diäthylamino-äthanol in Benzol unter Zusatz von wss. Na_2CO_3 (*Wojahn*, Ar. **269** [1931] 422, 427). Beim Erwärmen von 2-Butoxy-chinolin-4-carbonsäure-äthylester mit 2-Diäthylamino-äthanol (*CIBA*, U.S.P. 1841970 [1928]). Aus dem Natrium-Salz der 2-Butoxy-chinolin-4-carbonsäure beim Erhitzen mit Diäthyl-[2-chlor-äthyl]-amin-hydrochlorid in Xylol unter Zusatz von K_2CO_3 (*Lur'e*, Ž. obšč. Chim. **9** [1939] 287, 293; C. **1939** II 3574; *CIBA*).
Kp_{20}: 242—245° (*Wo.*); $Kp_{0,06}$: 172° [korr.] (*R. Lieberherr*, Diss. [E. T. H. Zürich 1950] S. 131); $Kp_{0,02}$: 160° (*CIBA*).
Hydrochlorid $C_{20}H_{28}N_2O_3 \cdot HCl$. Kristalle (aus A. + Ae.); F: 149° (*Wo.*; *Lur'e*).
Hydrojodid. F: 106° (*CIBA*).

2-Isobutoxy-chinolin-4-carbonsäure-[2-diäthylamino-äthylester] $C_{20}H_{28}N_2O_3$, Formel VIII (R = CH_2-$CH(CH_3)_2$).
B. Aus 2-Isobutoxy-chinolin-4-carbonylchlorid (aus der Säure und $SOCl_2$ in Bzl. hergestellt) und 2-Diäthylamino-äthanol in Benzol unter Zusatz von wss. Na_2CO_3 (*Wojahn*, Ar. **269** [1931] 422, 427). Beim Erhitzen des Natrium-Salzes der 2-Isobutoxy-chinolin-4-carbonsäure mit Diäthyl-[2-chlor-äthyl]-amin-hydrochlorid in Xylol unter Zusatz von K_2CO_3 (*Lur'e*, Ž. obšč. Chim. **9** [1939] 287, 293; C. **1939** II 3574).
$Kp_{2,0}$: 245° (*Wo.*).
Hydrochlorid $C_{20}H_{28}N_2O_3 \cdot HCl$. F: 152—153° (*Lur'e*).

2-Isopentyloxy-chinolin-4-carbonsäure-[2-diäthylamino-äthylester] $C_{21}H_{30}N_2O_3$, Formel VIII (R = CH_2-CH_2-$CH(CH_3)_2$).
B. Aus 2-Isopentyloxy-chinolin-4-carbonylchlorid (aus der Säure und $SOCl_2$ in Benzol hergestellt) und 2-Diäthylamino-äthanol in Benzol unter Zusatz von wss. Na_2CO_3 (*Wojahn*, Ar. **269** [1931] 422, 427). Beim Erwärmen von 2-Isopentyloxy-chinolin-4-carbonsäure-äthylester mit 2-Diäthylamino-äthanol (*CIBA*, U.S.P. 1841970 [1928]). Aus dem Natrium-Salz der 2-Isopentyloxy-chinolin-4-carbonsäure und Diäthyl-[2-chlor-äthyl]-amin-hydrochlorid beim Erhitzen in Xylol unter Zusatz von K_2CO_3 (*Lur'e*, Ž. obšč. Chim. **9** [1939] 287, 294; C. **1939** II 3574).
$Kp_{2,5}$: 256° (*Wo.*); $Kp_{0,02}$: 158° (*CIBA*).
Hydrochlorid $C_{21}H_{30}N_2O_3 \cdot HCl$. Kristalle; F: 160—161° (*Lur'e*).

2-Cyclohexyloxy-chinolin-4-carbonsäure-[2-diäthylamino-äthylester] $C_{22}H_{30}N_2O_3$, Formel VIII (R = C_6H_{11}).
B. Beim Erwärmen von 2-Cyclohexyloxy-chinolin-4-carbonsäure-äthylester mit 2-Diäthylamino-äthanol (*CIBA*, U.S.P. 1841970 [1928]).
Kristalle (aus PAe.); F: 110—111°.

2-[2-Diäthylamino-äthoxy]-chinolin-4-carbonsäure-[2-diäthylamino-äthylester] $C_{22}H_{33}N_3O_3$, Formel VIII (R = CH_2-CH_2-N(C_2H_5)$_2$) auf S. **2274**.

B. Beim Erwärmen von 2-Chlor-chinolin-4-carbonsäure-[2-diäthylamino-äthylester] mit Natrium-[2-diäthylamino-äthylat] in Toluol (*CIBA*, D.R.P. 531363 [1927]; Frdl. **17** 2427; U.S.P. 1841970 [1928]). Aus 2-Chlor-chinolin-4-carbonylchlorid und Natrium-[2-diäthylamino-äthylat] (*CIBA*).

$Kp_{0,01}$: 170°.

Hydrochlorid. F: 217°.

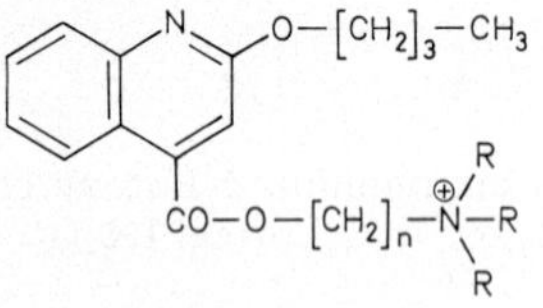

IX 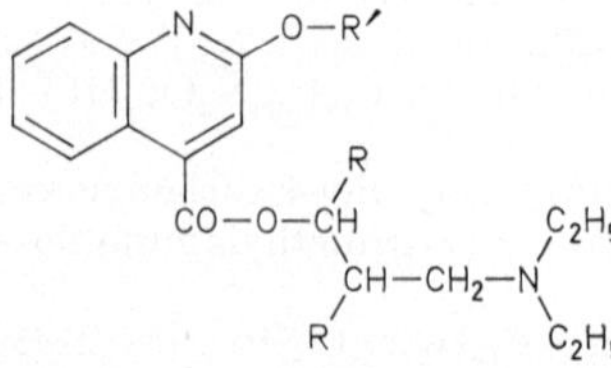 X

2-Äthoxy-chinolin-4-carbonsäure-[3-diäthylamino-propylester] $C_{19}H_{26}N_2O_3$, Formel X (R = H, R' = C_2H_5).

B. Aus dem Natrium-Salz der 2-Äthoxy-chinolin-4-carbonsäure und Diäthyl-[3-chlor-propyl]-amin beim Erhitzen in Xylol (*Lur'e*, Ž. obšč. Chim. **9** [1939] 287, 294; C. **1939** II 3574).

Hydrochlorid. Hygroskopische Kristalle.

Citrat. F: 99–100°.

2-Propoxy-chinolin-4-carbonsäure-[3-diäthylamino-propylester] $C_{20}H_{28}N_2O_3$, Formel X (R = H, R' = CH_2-CH_2-CH_3).

B. Aus dem Natrium-Salz der 2-Propoxy-chinolin-4-carbonsäure und Diäthyl-[3-chlor-propyl]-amin beim Erhitzen in Xylol (*Lur'e*, Ž. obšč. Chim. **9** [1939] 287, 295; C. **1939** II 3574).

Hydrochlorid $C_{20}H_{28}N_2O_3 \cdot HCl$. Kristalle; F: 136°.

[3-(2-Butoxy-chinolin-4-carbonyloxy)-propyl]-trimethyl-ammonium, 2-Butoxy-chinolin-4-carbonsäure-[3-trimethylammonio-propylester] $[C_{20}H_{29}N_2O_3]^+$, Formel IX (R = CH_3, n = 3).

Chlorid $[C_{20}H_{29}N_2O_3]Cl$. *B.* Beim Erwärmen des Silber-Salzes der 2-Butoxy-chinolin-4-carbonsäure mit [3-Chlor-propyl]-trimethyl-ammonium-bromid in H_2O (*Lur'e, Fedorowa*, Ž. obšč. Chim. **9** [1939] 2075, 2079; C. **1940** I 3248). — Kristalle; F: 128–130°.

2-Butoxy-chinolin-4-carbonsäure-[3-diäthylamino-propylester] $C_{21}H_{30}N_2O_3$, Formel X (R = H, R' = [CH_2]$_3$-CH_3).

B. Aus dem Natrium-Salz der 2-Butoxy-chinolin-4-carbonsäure beim Erhitzen mit Diäthyl-[3-chlor-propyl]-amin in Xylol (*Lur'e*, Ž. obšč. Chim. **9** [1939] 287, 295; C. **1939** II 3574).

$Kp_{2,5}$: 207–211°.

Citrat $C_{21}H_{30}N_2O_3 \cdot C_6H_8O_7$. F: 115–116°.

Triäthyl-[3-(2-butoxy-chinolin-4-carbonyloxy)-propyl]-ammonium, 2-Butoxy-chinolin-4-carbonsäure-[3-triäthylammonio-propylester] $[C_{23}H_{35}N_2O_3]^+$, Formel IX (R = C_2H_5, n = 3).

Bromid $[C_{23}H_{35}N_2O_3]Br$. *B.* Beim Erwärmen von 2-Butoxy-chinolin-4-carbonsäure-[3-diäthylamino-propylester] mit Äthylbromid in Benzol (*Lur'e, Fedorowa*, Ž. obšč. Chim. **9** [1939] 2075, 2079; C. **1940** I 3248). — Kristalle; F: 165–166°.

***Opt.-inakt. 2-Butoxy-chinolin-4-carbonsäure-[3-diäthylamino-1,2-dimethyl-propylester]** $C_{23}H_{34}N_2O_3$, Formel X (R = CH_3, R' = [CH_2]$_3$-CH_3).

B. Aus dem Natrium-Salz der 2-Butoxy-chinolin-4-carbonsäure und opt.-inakt. Diäthyl-[3-chlor-2-methyl-butyl]-amin (E III **4** 342) beim Erhitzen in Xylol (*Lur'e*, Ž. obšč. Chim. **9** [1939] 287, 298; C. **1939** II 3574).

Kp_3: 214—217°.
Citrat. Kristalle. F: 78—79°.

2-Äthoxy-chinolin-4-carbonsäure-[3-diäthylamino-2,2-dimethyl-propylester] $C_{21}H_{30}N_2O_3$, Formel XI (R = C_2H_5).
B. Aus dem Natrium-Salz der 2-Äthoxy-chinolin-4-carbonsäure und Diäthyl-[3-chlor-2,2-dimethyl-propyl]-amin (E III **4** 356) beim Erhitzen in Xylol (*Lur'e*, Ž. obšč. Chim. **9** [1939] 287, 297; C. **1939** II 3574).
Kp_3: 207°.
Hydrochlorid $C_{21}H_{30}N_2O_3 \cdot HCl$. Kristalle; F: 115—116°.

2-Propoxy-chinolin-4-carbonsäure-[3-diäthylamino-2,2-dimethyl-propylester] $C_{22}H_{32}N_2O_3$, Formel XI (R = CH_2-CH_2-CH_3).
B. Aus dem Natrium-Salz der 2-Propoxy-chinolin-4-carbonsäure und Diäthyl-[3-chlor-2,2-dimethyl-propyl]-amin beim Erhitzen in Xylol (*Lur'e*, Ž. obšč. Chim. **9** [1939] 287, 297; C. **1939** II 3574).
Hydrochlorid $C_{22}H_{32}N_2O_3 \cdot HCl$. Kristalle; F: 123—124°.

2-Butoxy-chinolin-4-carbonsäure-[3-diäthylamino-2,2-dimethyl-propylester] $C_{23}H_{34}N_2O_3$, Formel XI (R = $[CH_2]_3$-CH_3).
B. Aus dem Natrium-Salz der 2-Butoxy-chinolin-4-carbonsäure und Diäthyl-[3-chlor-2,2-dimethyl-propyl]-amin beim Erhitzen in Xylol (*Lur'e*, Ž. obšč. Chim. **9** [1939] 287, 297; C. **1939** II 3574).
Hellgelbes Öl; Kp_3: 207—210°.
Hydrochlorid $C_{23}H_{34}N_2O_3 \cdot HCl$. Kristalle; F: 137—138°.

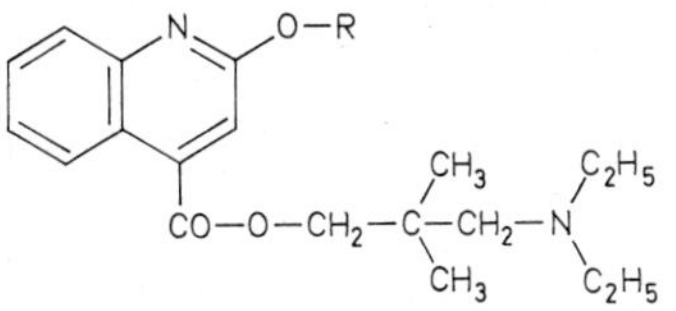

XI 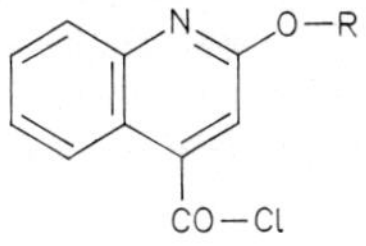 XII 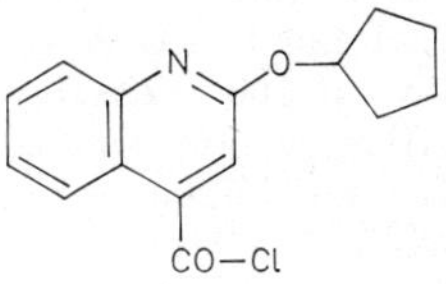 XIII

2-Methoxy-chinolin-4-carbonylchlorid $C_{11}H_8ClNO_2$, Formel XII (R = CH_3).
B. Aus 2-Methoxy-chinolin-4-carbonsäure und $SOCl_2$ in Benzol bei 60° (*Gardner, Hammel*, Am. Soc. **58** [1936] 1360; s. a. *Clinton et al.*, Am. Soc. **71** [1949] 1300 Anm. 8).
F: 45,6—46,5° (*Ga., Ha.*).

2-Äthoxy-chinolin-4-carbonylchlorid $C_{12}H_{10}ClNO_2$, Formel XII (R = C_2H_5).
B. Aus 2-Äthoxy-chinolin-4-carbonsäure und $SOCl_2$ in Benzol bei 60° (*Gardner, Hammel*, Am. Soc. **58** [1936] 1360; s. a. *Clinton et al.*, Am. Soc. **71** [1949] 1300 Anm. 8).
F: 86—86,5° (*Ga., Ha.*).

2-Propoxy-chinolin-4-carbonylchlorid $C_{13}H_{12}ClNO_2$, Formel XII (R = CH_2-CH_2-CH_3).
B. Aus 2-Propoxy-chinolin-4-carbonsäure und $SOCl_2$ in Benzol bei 60° (*Gardner, Hammel*, Am. Soc. **58** [1936] 1360; s. a. *Clinton et al.*, Am. Soc. **71** [1949] 1300 Anm. 8).
F: 54—55° (*Ga., Ha.*).

2-Butoxy-chinolin-4-carbonylchlorid $C_{14}H_{14}ClNO_2$, Formel XII (R = $[CH_2]_3$-CH_3).
B. Aus 2-Butoxy-chinolin-4-carbonsäure und $SOCl_2$ in Benzol bei 60° (*Gardner, Hammel*, Am. Soc. **58** [1936] 1360; s. a. *Clinton et al.*, Am. Soc. **71** [1949] 1300 Anm. 8).
Kristalle; F: 38—39° (*CIBA*, U.S.P. 2798873 [1953]), 35,5—37,5° (*Ga., Ha.*).

2-Pentyloxy-chinolin-4-carbonylchlorid $C_{15}H_{16}ClNO_2$, Formel XII (R = $[CH_2]_4$-CH_3).
B. Aus 2-Pentyloxy-chinolin-4-carbonsäure und $SOCl_2$ in Benzol bei 60° (*Chang, Woo*, Am. Soc. **67** [1945] 495).
F: 41° (*Subarowškiĭ*, Ukr. chim. Ž. **21** [1955] 377, 379; C. A. **1955** 14764).

2-Cyclopentyloxy-chinolin-4-carbonylchlorid $C_{15}H_{14}ClNO_2$, Formel XIII.
B. Aus 2-Cyclopentyloxy-chinolin-4-carbonsäure und $SOCl_2$ in Benzol bei 60° (*CIBA*, U.S.P. 2798873 [1953]).
Kristalle (aus PAe.); F: 88–89°.

2-Hydroxy-chinolin-4-carbonsäure-amid $C_{10}H_8N_2O_2$, Formel I (R = R' = H), und Tautomeres (2-Oxo-1,2-dihydro-chinolin-4-carbonsäure-amid) (H 233).
B. Beim Erhitzen von 2-Hydroxy-chinolin-4-carbonitril mit wss. H_2SO_4 [90%ig] auf 120° (*Daeniker, Druey*, Helv. **41** [1958] 2148, 2154).
Kristalle (aus wss. Eg.); Zers. > 320°. λ_{max} (A.): 231 nm, 275 nm und 332 nm.

2-Hydroxy-chinolin-4-carbonsäure-diäthylamid $C_{14}H_{16}N_2O_2$, Formel I (R = R' = C_2H_5), und Tautomeres (2-Oxo-1,2-dihydro-chinolin-4-carbonsäure-diäthylamid).
B. Aus 2-Hydroxy-chinolin-4-carbonylchlorid und Diäthylamin in Pyridin (*Reichel, Ilberg*, B. **76** [1943] 1108, 1110).
Kristalle (aus Py.); F: 325–326°.

2-Hydroxy-chinolin-4-carbonsäure-anilid $C_{16}H_{12}N_2O_2$, Formel I (R = C_6H_5, R' = H), und Tautomeres (2-Oxo-1,2-dihydro-chinolin-4-carbonsäure-anilid).
B. Beim Behandeln von 2-Chlor-chinolin-4-carbonsäure-anilid mit wss. H_2SO_4 (*CIBA*, D.R.P. 551029 [1930]; Frdl. **19** 1130).
F: 307°.

2-Hydroxy-chinolin-4-carbonsäure-phenäthylamid $C_{18}H_{16}N_2O_2$, Formel I (R = CH_2-CH_2-C_6H_5, R' = H), und Tautomeres (2-Oxo-1,2-dihydro-chinolin-4-carbonsäure-phenäthylamid).
B. Beim Erhitzen von 2-Hydroxy-chinolin-4-carbonsäure-methylester mit Phenäthyl= amin auf 160° (*Thesing, Funk*, B. **89** [1956] 2498, 2506).
Kristalle (aus Dioxan); F: 292° [unkorr.].
Beim Erhitzen mit Polyphosphorsäure auf 175° ist 4-[3,4-Dihydro-isochinolin-1-yl]-chinolin-2-ol erhalten worden.

2-Methoxy-chinolin-4-carbonsäure-diäthylamid $C_{15}H_{18}N_2O_2$, Formel II (R = R' = C_2H_5).
B. Beim Erwärmen von 2-Chlor-chinolin-4-carbonsäure-diäthylamid mit Natrium= methylat in Methanol (*CIBA*, D.R.P. 537104 [1926]; Frdl. **18** 2734).
Kristalle (aus PAe.); F: 93°.

2-Methoxy-chinolin-4-carbonsäure-[2-diäthylamino-äthylamid] $C_{17}H_{23}N_3O_2$, Formel II (R = CH_2-CH_2-$N(C_2H_5)_2$, R' = H).
B. Aus 2-Chlor-chinolin-4-carbonsäure-[2-diäthylamino-äthylamid] beim Erwärmen mit Natriummethylat in Methanol (*CIBA*, D.R.P. 537104 [1926]; Frdl. **18** 2734). Beim Erhitzen von 2-Methoxy-chinolin-4-carbonsäure-methylester (oder -äthylester) mit *N,N*-Diäthyl-äthylendiamin (*CIBA*, D.R.P. 540697 [1925]; Frdl. **18** 2741; U.S.P. 1886481 [1927]).
Kristalle; F: 94°.
Hydrochlorid. Kristalle; F: 127–128°.

2-Methoxy-chinolin-4-carbonsäure-[äthyl-(2-diäthylamino-äthyl)-amid] $C_{19}H_{27}N_3O_2$, Formel II (R = CH_2-CH_2-$N(C_2H_5)_2$, R' = C_2H_5).
B. Beim Erwärmen von 2-Chlor-chinolin-4-carbonsäure-[äthyl-(2-diäthylamino-äthyl)-amid] mit Natriummethylat in Methanol oder mit Methanol und NaOH (*CIBA*, D.R.P. 537104 [1926]; Frdl. **18** 2734).
$Kp_{0,008}$: 150°.

(±)-2-Methoxy-chinolin-4-carbonsäure-[4-diäthylamino-1-methyl-butylamid] $C_{20}H_{29}N_3O_2$, Formel II (R = $CH(CH_3)$-$[CH_2]_3$-$N(C_2H_5)_2$, R' = H).
B. Aus (±)-2-Chlor-chinolin-4-carbonsäure-[4-diäthylamino-1-methyl-butylamid] beim Erwärmen mit Natriummethylat in Methanol (*Magidšon et al.*, Ž. obšč. Chim. **9** [1939] 2097, 2100; C. **1940** I 3922).
$Kp_{1,5-2}$: 220–224°.

(±)-2-Methoxy-chinolin-4-carbonsäure-[3-diäthylamino-2-hydroxy-propylamid] $C_{18}H_{25}N_3O_3$, Formel II (R = CH_2-CH(OH)-CH_2-N(C_2H_5)$_2$, R' = H).

B. Beim Behandeln von 2-Chlor-chinolin-4-carbonylchlorid mit (±)-1-Amino-3-diäthylamino-propan-2-ol in Äther und Erwärmen des erhaltenen (±)-2-Chlor-chinolin-4-carbonsäure-[3-diäthylamino-2-hydroxy-propylamids] mit Natriummethylat in Methanol (*Magidšon et al.*, Ž. obšč. Chim. **9** [1939] 2097, 2102; C. **1940** I 3922).

Kristalle; F: 75—76°.

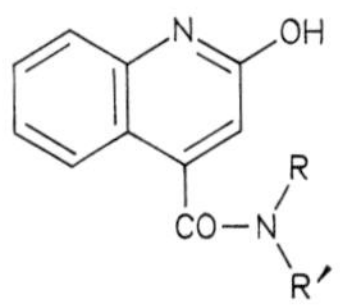

I 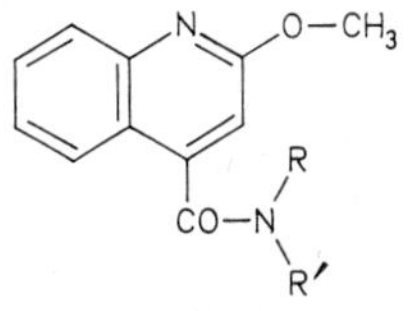 II 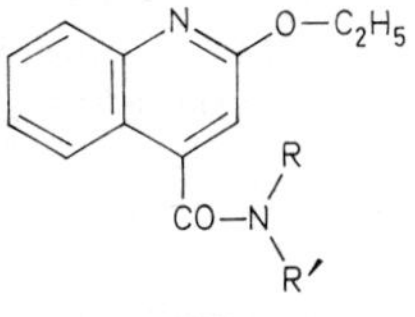 III

2-Äthoxy-chinolin-4-carbonsäure-amid $C_{12}H_{12}N_2O_2$, Formel III (R = R' = H).

B. Beim Erwärmen von 2-Chlor-chinolin-4-carbonsäure-amid mit Natriumäthylat in Äthanol (*CIBA*, D.R.P. 537104 [1926]; Frdl. **18** 2734; *Wojahn*, Ar. **274** [1936] 83, 98).

Kristalle; F: 205° [aus E.] (*CIBA*), 200—201° [aus A.] (*Wo.*).

2-Äthoxy-chinolin-4-carbonsäure-dimethylamid $C_{14}H_{16}N_2O_2$, Formel III (R = R' = CH_3).

B. Beim Erwärmen von 2-Chlor-chinolin-4-carbonsäure-dimethylamid mit Natriumäthylat in Äthanol oder mit wss.-äthanol. Alkalilauge (*CIBA*, D.R.P. 537104 [1926]; Frdl. **18** 2734).

Kristalle (aus PAe.); F: 69°.

2-Äthoxy-chinolin-4-carbonsäure-äthylamid $C_{14}H_{16}N_2O_2$, Formel III (R = C_2H_5, R' = H).

B. Aus 2-Chlor-chinolin-4-carbonsäure-äthylamid analog der vorangehenden Verbindung (*CIBA*, D.R.P. 537104 [1926]; Frdl. **18** 2734).

Kristalle; F: 152°.

2-Äthoxy-chinolin-4-carbonsäure-diäthylamid $C_{16}H_{20}N_2O_2$, Formel III (R = R' = C_2H_5).

B. Aus 2-Chlor-chinolin-4-carbonsäure-diäthylamid analog 2-Äthoxy-chinolin-4-carbonsäure-dimethylamid [s. o.] (*CIBA*, D.R.P. 537104 [1926]; Frdl. **18** 2734).

Kristalle; F: 68°.

2-Äthoxy-chinolin-4-carbonsäure-dipropylamid $C_{18}H_{24}N_2O_2$, Formel III (R = R' = CH_2-CH_2-CH_3).

B. Aus 2-Chlor-chinolin-4-carbonsäure-dipropylamid analog 2-Äthoxy-chinolin-4-carbonsäure-dimethylamid [s. o.] (*CIBA*, D.R.P. 537104 [1926]; Frdl. **18** 2734).

Kristalle; F: 60°.

2-Äthoxy-chinolin-4-carbonsäure-diallylamid $C_{18}H_{20}N_2O_2$, Formel III (R = R' = CH_2-CH=CH_2).

B. Aus 2-Chlor-chinolin-4-carbonsäure-diallylamid analog 2-Äthoxy-chinolin-4-carbonsäure-dimethylamid [s. o.] (*CIBA*, D.R.P. 537104 [1926]; Frdl. **18** 2734).

Kristalle; F: 53°.

2-Äthoxy-chinolin-4-carbonsäure-anilid $C_{18}H_{16}N_2O_2$, Formel III (R = C_6H_5, R' = H).

B. Aus 2-Chlor-chinolin-4-carbonsäure-anilid analog 2-Äthoxy-chinolin-4-carbonsäure-dimethylamid [s. o.] (*CIBA*, Schweiz.P. 156350 [1930]; Brit.P. 368590 [1931]).

Kristalle; F: 180—181°.

2-Äthoxy-chinolin-4-carbonsäure-benzylamid $C_{19}H_{18}N_2O_2$, Formel III (R = CH_2-C_6H_5, R' = H).

B. Aus 2-Chlor-chinolin-4-carbonsäure-benzylamid analog 2-Äthoxy-chinolin-4-carbonsäure-dimethylamid [s. o.] (*CIBA*, D.R.P. 537104 [1926]; Frdl. **18** 2734).

Kristalle; F: 166°.

1-[2-Äthoxy-chinolin-4-carbonyl]-piperidin, 2-Äthoxy-chinolin-4-carbonsäure-piperidid $C_{17}H_{20}N_2O_2$, Formel IV.

B. Aus 1-[2-Chlor-chinolin-4-carbonyl]-piperidin analog 2-Äthoxy-chinolin-4-carbonsäure-dimethylamid [S. 2279] (*CIBA*, D.R.P. 537104 [1926]; Frdl. **18** 2734).

Kristalle; F: 90°.

2-Äthoxy-chinolin-4-carbonsäure-[2-dimethylamino-äthylamid] $C_{16}H_{21}N_3O_2$, Formel III ($R = CH_2\text{-}CH_2\text{-}N(CH_3)_2$, $R' = H$).

B. Aus 2-Chlor-chinolin-4-carbonsäure-[2-dimethylamino-äthylamid] analog 2-Äthoxy-chinolin-4-carbonsäure-dimethylamid [S. 2279] (*CIBA*, D.R.P. 537104 [1926]; Frdl. **18** 2734).

Kristalle; F: 127°.

2-Äthoxy-chinolin-4-carbonsäure-[2-diäthylamino-äthylamid] $C_{18}H_{25}N_3O_2$, Formel III ($R = CH_2\text{-}CH_2\text{-}N(C_2H_5)_2$, $R' = H$).

B. Beim Erwärmen von 2-Chlor-chinolin-4-carbonsäure-[2-diäthylamino-äthylamid] mit Natriumäthylat in Äthanol (*CIBA*, D.R.P. 537104 [1926]; Frdl. **18** 2734). Beim Erhitzen von 2-Äthoxy-chinolin-4-carbonsäure-äthylester mit *N*,*N*-Diäthyl-äthylendiamin auf 130° (*CIBA*, D.R.P. 540697 [1925]; Frdl. **18** 2741; U.S.P. 1886481 [1927]).

Kristalle (aus PAe.); F: 98°.

Hydrochlorid. F: 149—150° (*CIBA*, D.R.P. 537104).

IV V

2-Äthoxy-chinolin-4-carbonsäure-[2-dibutylamino-äthylamid] $C_{22}H_{33}N_3O_2$, Formel III ($R = CH_2\text{-}CH_2\text{-}N([CH_2]_3\text{-}CH_3)_2$, $R' = H$).

B. Beim Erwärmen von 2-Chlor-chinolin-4-carbonsäure-[2-dibutylamino-äthylamid] mit Natriumäthylat in Äthanol (*CIBA*, D.R.P. 537104 [1926]; Frdl. **18** 2734; Schweiz.P. 139448 [1927]).

Kristalle (aus PAe.); F: 51°.

***N*-Acetyl-*N'*-[2-äthoxy-chinolin-4-carbonyl]-äthylendiamin, 2-Äthoxy-chinolin-4-carbonsäure-[2-acetylamino-äthylamid]** $C_{16}H_{19}N_3O_3$, Formel III ($R = CH_2\text{-}CH_2\text{-}NH\text{-}CO\text{-}CH_3$, $R' = H$).

B. Beim Erwärmen von 2-Chlor-chinolin-4-carbonsäure-[2-acetylamino-äthylamid] mit Natriumäthylat in Äthanol (*Wojahn*, Ar. **274** [1936] 83, 97).

Kristalle (aus Xylol); F: 209°.

***N*-[2-Äthoxy-chinolin-4-carbonyl]-*N'*-propionyl-äthylendiamin, 2-Äthoxy-chinolin-4-carbonsäure-[2-propionylamino-äthylamid]** $C_{17}H_{21}N_3O_3$, Formel III ($R = CH_2\text{-}CH_2\text{-}NH\text{-}CO\text{-}C_2H_5$, $R' = H$).

B. Beim Behandeln von Propionsäure-[2-amino-äthylamid] in H_2O mit 2-Äthoxy-chinolin-4-carbonylchlorid in Benzol (*Wojahn*, Ar. **274** [1936] 83, 97).

Kristalle (aus Xylol); F: 204°.

***N*,*N'*-Bis-[2-äthoxy-chinolin-4-carbonyl]-äthylendiamin** $C_{26}H_{26}N_4O_4$, Formel V.

B. Beim Behandeln von Äthylendiamin in H_2O mit 2-Äthoxy-chinolin-4-carbonylchlorid in Benzol (*Wojahn*, Ar. **274** [1936] 83, 97). Aus 2-Äthoxy-chinolin-4-carbonsäure-äthylester und Äthylendiamin beim Erhitzen auf 140—150° (*Wo.*, l. c. S. 98).

Kristalle (aus Pentan-1-ol); F: 280°.

2-Äthoxy-chinolin-4-carbonsäure-[äthyl-(2-diäthylamino-äthyl)-amid] $C_{20}H_{29}N_3O_2$, Formel III (R = CH_2-CH_2-N(C_2H_5)$_2$, R' = C_2H_5) auf S. 2279.

B. Beim Erwärmen von 2-Chlor-chinolin-4-carbonsäure-[äthyl-(2-diäthylamino-äthyl)-amid] mit Äthanol und NaOH (*CIBA*, D.R.P. 537104 [1926]; Frdl. **18** 2734). Beim Erwärmen von 2-Äthoxy-chinolin-4-carbonsäure-äthylamid mit $NaNH_2$ in Toluol und anschliessend mit Diäthyl-[2-chlor-äthyl]-amin (*CIBA*, Brit.P. 368590 [1931]).

Gelbes Öl; $Kp_{0,02}$: 158—160°.

2-Äthoxy-chinolin-4-carbonsäure-[*N*-(2-diäthylamino-äthyl)-anilid] $C_{24}H_{29}N_3O_2$, Formel III (R = CH_2-CH_2-N(C_2H_5)$_2$, R' = C_6H_5) auf S. 2279.

B. Beim Erwärmen von 2-Äthoxy-chinolin-4-carbonsäure-anilid mit $NaNH_2$ in Xylol und anschliessend mit Diäthyl-[2-chlor-äthyl]-amin (*CIBA*, Schweiz.P. 156350 [1930]; Brit.P. 368590 [1931]).

$Kp_{0,5}$: 205—210°.

Perchlorat. Kristalle (aus H_2O); F: 160—162°.

2-Äthoxy-chinolin-4-carbonsäure-[*N*-(2-diäthylamino-äthyl)-2,6-dimethyl-anilid] $C_{26}H_{33}N_3O_2$, Formel VI.

Hydrochlorid $C_{26}H_{33}N_3O_2 \cdot HCl$. F: 200—201° [Zers.] (*Koelzer, Wehr*, Arzneimittel-Forsch. **8** [1958] 708, 711).

2-Äthoxy-chinolin-4-carbonsäure-[bis-(2-diäthylamino-äthyl)-amid], 4-[2-Äthoxy-chinolin-4-carbonyl]-1,1,7,7-tetraäthyl-diäthylentriamin $C_{24}H_{38}N_4O_2$, Formel III (R = R' = CH_2-CH_2-N(C_2H_5)$_2$) auf S. 2279.

B. Beim Erwärmen von 2-Chlor-chinolin-4-carbonsäure-[bis-(2-diäthylamino-äthyl)-amid] mit Natriumäthylat in Äthanol (*CIBA*, D.R.P. 537104 [1926]; Frdl. **18** 2734). Aus 2-Äthoxy-chinolin-4-carbonsäure-[2-diäthylamino-äthylamid] beim Erwärmen mit $NaNH_2$ in Xylol und anschliessend mit Diäthyl-[2-chlor-äthyl]-amin (*CIBA*, Brit. P. 368590 [1931]).

$Kp_{0,01}$: 165°.

(±)-2-Äthoxy-chinolin-4-carbonsäure-[2-diäthylamino-propylamid] $C_{19}H_{27}N_3O_2$, Formel III (R = CH_2-CH(CH_3)-N(C_2H_5)$_2$, R' = H) auf S. 2279.

B. Aus (±)-2-Chlor-chinolin-4-carbonsäure-[2-diäthylamino-propylamid] beim Erwärmen mit Natriumäthylat in Äthanol (*CIBA*, D.R.P. 537104 [1926]; Frdl. **18** 2734; Schweiz. P. 139446 [1937]). Aus 2-Äthoxy-chinolin-4-carbonsäure-amid beim Erwärmen mit $NaNH_2$ in Toluol und anschliessend mit (±)-Diäthyl-[β-chlor-isopropyl]-amin (*CIBA*, Brit. P. 368590 [1931]).

Kristalle; F: 74° [aus PAe.] (*CIBA*, Schweiz. P. 139446), 69° (*CIBA*, D.R.P. 537104; Brit. P. 368590).

2-Äthoxy-chinolin-4-carbonsäure-[4-diäthylamino-butylamid] $C_{20}H_{29}N_3O_2$, Formel III (R = [CH_2]$_4$-N(C_2H_5)$_2$, R' = H) auf S. 2279.

B. Beim Erwärmen von 2-Chlor-chinolin-4-carbonsäure-[4-diäthylamino-butylamid] mit Natriumäthylat in Äthanol (*Magidšon et al.*, Ž. obšč. Chim. **9** [1939] 2097, 2101; C. **1940** I 3922).

Kristalle (aus wss. A.); F: 62—63°.

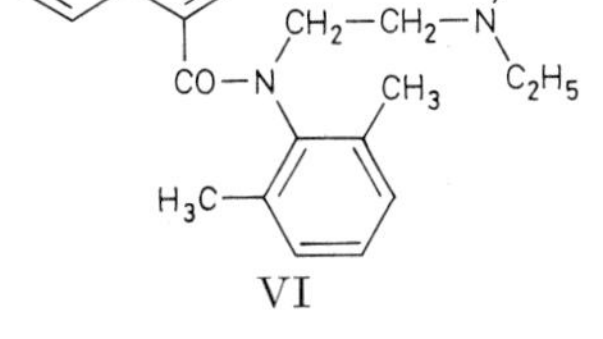

VI 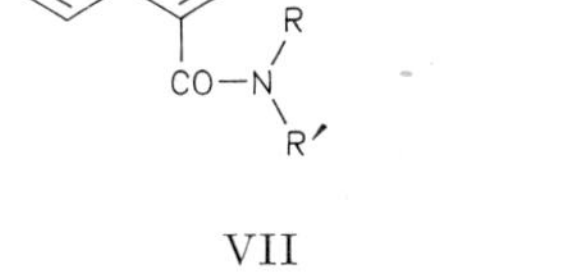 VII

2-Äthoxy-chinolin-4-carbonsäure-[5-diäthylamino-pentylamid] $C_{21}H_{31}N_3O_2$, Formel III (R = [CH_2]$_5$-N(C_2H_5)$_2$, R' = H) auf S. 2279.

B. Aus 2-Chlor-chinolin-4-carbonsäure-[5-diäthylamino-pentylamid] beim Erwärmen

mit Natriumäthylat in Äthanol (*CIBA*, D.R.P. 537104 [1926]; Frdl. **18** 2734). Beim Erwärmen von 2-Äthoxy-chinolin-4-carbonsäure-amid mit Natriumäthylat in Toluol und anschliessend mit Diäthyl-[5-chlor-pentyl]-amin (*CIBA*, Brit. P. 368590 [1931]).
Kristalle; F: 74°.

(±)-2-Äthoxy-chinolin-4-carbonsäure-[4-diäthylamino-1-methyl-butylamid] $C_{21}H_{31}N_3O_2$, Formel III (R = $CH(CH_3)$-$[CH_2]_3$-$N(C_2H_5)_2$, R′ = H) auf S. 2279.
B. Beim Erwärmen von (±)-2-Chlor-chinolin-4-carbonsäure-[4-diäthylamino-1-methyl-butylamid] mit Natriumäthylat in Äthanol (*Magidšon et al.*, Ž. obšč. Chim. **9** [1939] 2097, 2100; C. **1940** I 3922).
Kristalle; F: 71—72°. $Kp_{2-2,5}$: 218—222°.

(±)-2-Äthoxy-chinolin-4-carbonsäure-[3-diäthylamino-2-hydroxy-propylamid] $C_{19}H_{27}N_3O_3$, Formel III (R = CH_2-$CH(OH)$-CH_2-$N(C_2H_5)_2$, R′ = H) auf S. 2279.
B. Beim Behandeln von 2-Chlor-chinolin-4-carbonylchlorid mit (±)-1-Amino-3-diäthylamino-propan-2-ol in Äther und Erwärmen des erhaltenen (±)-2-Chlor-chinolin-4-carbonsäure-[3-diäthylamino-2-hydroxy-propylamids] mit Natriumäthylat in Äthanol (*Magidšon et al.*, Ž. obšč. Chim. **9** [1939] 2097, 2102; C. **1940** I 3922).
Kristalle; F: 85—86°.

2-Propoxy-chinolin-4-carbonsäure-amid $C_{13}H_{14}N_2O_2$, Formel VII (R = R′ = H).
B. Beim Ewärmen von 2-Chlor-chinolin-4-carbonsäure-amid mit Natriumpropylat in Propan-1-ol (*R. Lieberherr*, Diss. [E.T.H. Zürich 1950] S. 93, 94).
Kristalle (aus wss. A.); F: 179—180° [korr.].

2-Propoxy-chinolin-4-carbonsäure-diäthylamid $C_{17}H_{22}N_2O_2$, Formel VII (R = R′ = C_2H_5).
B. Beim Erwärmen von 2-Chlor-chinolin-4-carbonsäure-diäthylamid mit Natriumpropylat in Propan-1-ol (*CIBA*, D.R.P. 537104 [1926]; Frdl. **18** 2734).
Kristalle; F: 61°.

2-Propoxy-chinolin-4-carbonsäure-[2-diäthylamino-äthylamid] $C_{19}H_{27}N_3O_2$, Formel VII (R = CH_2-CH_2-$N(C_2H_5)_2$, R′ = H).
B. Beim Erwärmen von 2-Chlor-chinolin-4-carbonsäure-[2-diäthylamino-äthylamid] mit Natriumpropylat in Propan-1-ol (*CIBA*, D.R.P. 537104 [1926]; Frdl. **18** 2734; Schweiz. P. 139422 [1927]). Beim Erhitzen von 2-Propoxy-chinolin-4-carbonsäure-propylester (aus 2-Chlor-chinolin-4-carbonylchlorid und Natriumpropylat in Propan-1-ol erhalten) mit *N*,*N*-Diäthyl-äthylendiamin (*CIBA*, D.R.P. 540697 [1925]; Frdl. **18** 2741; Schweiz. P. 141230 [1927]).
Kristalle (aus PAe.); F: 63°.

2-Propoxy-chinolin-4-carbonsäure-[äthyl-(2-diäthylamino-äthyl)-amid] $C_{21}H_{31}N_3O_2$, Formel VII (R = CH_2-CH_2-$N(C_2H_5)_2$, R′ = C_2H_5).
B. Beim Erwärmen von 2-Chlor-chinolin-4-carbonsäure-[äthyl-(2-diäthylamino-äthyl)-amid] mit Natriumpropylat in Propan-1-ol (*CIBA*, D.R.P. 537104 [1926]; Frdl. **18** 2734).
$Kp_{0,008}$: 155°.

(±)-2-Isopropoxy-chinolin-4-carbonsäure-[4-diäthylamino-1-methyl-butylamid] $C_{22}H_{33}N_3O_2$, Formel VIII.
B. Beim Erwärmen von (±)-2-Chlor-chinolin-4-carbonsäure-[4-diäthylamino-1-methyl-butylamid] mit Natriumisopropylat in Isopropylalkohol (*Magidšon et al.*, Ž. obšč. Chim. **9** [1939] 2097, 2100; C. **1940** I 3922).
$Kp_{1-1,5}$: 220°. Erstarrt glasartig.

2-Butoxy-chinolin-4-carbonsäure-amid $C_{14}H_{16}N_2O_2$, Formel IX (R = R′ = H).
B. Beim Erwärmen von 2-Chlor-chinolin-4-carbonsäure-amid mit Natriumbutylat in Butan-1-ol (*Graf*, J. pr. [2] **138** [1933] 292, 295; *Wojahn*, Ar. **274** [1936] 83, 98).
Kristalle; F: 161—162° [aus wss. A.] (*Graf*), 160° [aus A.] (*Wo.*).

2-Butoxy-chinolin-4-carbonsäure-diäthylamid $C_{18}H_{24}N_2O_2$, Formel IX (R = R′ = C_2H_5).
B. Beim Erwärmen von 2-Chlor-chinolin-4-carbonsäure-diäthylamid mit Natrium-

butylat in Butan-1-ol (*Wojahn*, Ar. **274** [1936] 83, 99).
Kristalle (aus wss. A.); F: 62°. Kp_{20}: 270°.

2-Butoxy-chinolin-4-carbonsäure-[2-methylmercapto-äthylamid] $C_{17}H_{22}N_2O_2S$, Formel IX (R = CH_2-CH_2-S-CH_3, R' = H).
B. Aus 2-Chlor-chinolin-4-carbonsäure-[2-methylmercapto-äthylamid] und Natrium= butylat in Butan-1-ol (*Protiva et al.*, Chem. Listy **49** [1955] 222, 226; Collect. **20** [1955] 810, 814; C. A. **1956** 1738).
Kristalle (aus wss. A.); F: 107—108°.
Methojodid [$C_{18}H_{25}N_2O_2S$]I. Kristalle (aus A. + Ae.); F: 108—110°.

1-[2-Butoxy-chinolin-4-carbonylamino]-2-[2-diäthylamino-äthylmercapto]-äthan, 2-Butoxy-chinolin-4-carbonsäure-[2-(2-diäthylamino-äthylmercapto)-äthylamid] $C_{22}H_{33}N_3O_2S$, Formel IX (R = CH_2-CH_2-S-CH_2-CH_2-$N(C_2H_5)_2$, R' = H).
B. Aus 2-Butoxy-chinolin-4-carbonylchlorid und [2-Amino-äthyl]-[2-diäthylamino-äthyl]-sulfid in Benzol (*Clinton et al.*, Am. Soc. **71** [1949] 1300).
Kristalle (aus Hexan); F: 63,5—64,5°.
Citrat $C_{22}H_{33}N_3O_2S \cdot C_6H_8O_6$. Kristalle (aus A. + E.); F: 87,5—90,5° [Zers.].

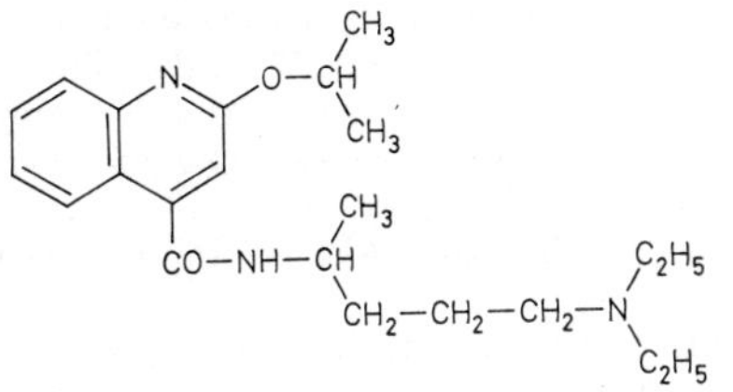

VIII

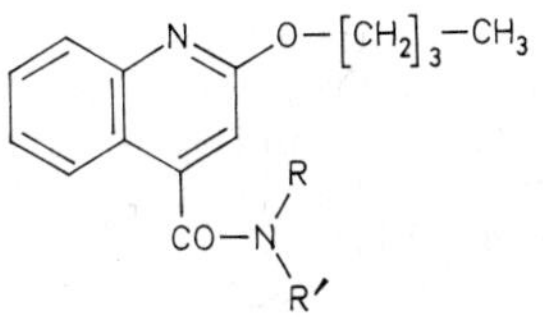

IX

2-Butoxy-chinolin-4-carbonsäure-[hydroxymethyl-amid] $C_{15}H_{18}N_2O_3$, Formel IX (R = CH_2-OH, R' = H).
B. Beim Erwärmen von 2-Butoxy-chinolin-4-carbonsäure-amid mit wss. Formaldehyd unter Zusatz von K_2CO_3 und Äthanol (*Graf*, J. pr. [2] **138** [1933] 292, 296).
Kristalle (aus wss. A.); F: 140° [Zers. ab 129°].

2-Butoxy-chinolin-4-carbonsäure-[diäthylaminomethyl-amid] $C_{19}H_{27}N_3O_2$, Formel IX (R = CH_2-$N(C_2H_5)_2$, R' = H).
B. Beim Behandeln von 2-Butoxy-chinolin-4-carbonsäure-amid in Methanol mit wss. Formaldehyd und Diäthylamin (*Graf*, J. pr. [2] **138** [1933] 292, 296).
Kristalle (aus $CHCl_3$ + PAe.); F: 69—71°.
Zersetzt sich beim Erwärmen mit wss. HCl oder wss. Essigsäure unter Rückbildung von 2-Butoxy-chinolin-4-carbonsäure-amid; beim Erwärmen mit wss. HCl [20%ig] im Überschuss ist eine als *N,N'*-Bis-[2-butoxy-chinolin-4-carbonyl]-methandiyl= diamin $C_{29}H_{32}N_4O_4$ angesehene Verbindung (Kristalle [aus wss. HCl]; F: > 290°) erhalten worden.

4-[2-Butoxy-chinolin-4-carbonylamino]-2-hydroxy-benzoesäure $C_{21}H_{20}N_2O_5$, Formel X.
B. Aus 2-Butoxy-chinolin-4-carbonylchlorid und 4-Amino-2-hydroxy-benzoesäure beim Erwärmen in Aceton unter Zusatz von Na_2CO_3 (*M. Flury*, Diss. [E.T.H. Zürich 1951] S. 90; s. a. *Büchi et al.*, Helv. **34** [1951] 2076).
Kristalle (aus A.); F: 192—192,5° [korr.] (*Fl.*; s. a. *Bü. et al.*, l. c. S. 2080).

2-Butoxy-chinolin-4-carbonsäure-[2-dimethylamino-äthylamid] $C_{18}H_{25}N_3O_2$, Formel IX (R = CH_2-CH_2-$N(CH_3)_2$, R' = H).
B. Aus 2-Chlor-chinolin-4-carbonsäure-[2-dimethylamino-äthylamid] beim Erwärmen mit Natriumbutylat in Butan-1-ol (*CIBA*, D.R.P. 537104 [1926]; Frdl. **18** 2734; Schweiz. P. 139442 [1927]).
Kristalle (aus PAe.); F: 95°.

2-Butoxy-chinolin-4-carbonsäure-[2-diäthylamino-äthylamid] $C_{20}H_{29}N_3O_2$, Formel IX ($R = CH_2$-CH_2-$N(C_2H_5)_2$, R' = H) (E II 175).

B. Beim Behandeln von 2-Butoxy-chinolin-4-carbonsäure-amid mit $NaNH_2$ in Toluol und anschliessenden Erwärmen mit Diäthyl-[2-chlor-äthyl]-amin (*CIBA*, Schweiz. P. 153033 [1930]; Brit. P. 368590 [1931]). Beim Erhitzen von 2-Butoxy-chinolin-4-carbon=säure-butylester mit *N,N*-Diäthyl-äthylendiamin (*CIBA*, D.R.P. 540697 [1925]; Frdl. **18** 2741; Schweiz. P. 141231 [1927]).

F: 68° (*Häring, Stille*, Helv. **44** [1961] 642, 644), 65—65,5° (*Brandstätter-Kuhnert, Grimm*, Mikroch. Acta **1957** 426, 436). Scheinbare Dissoziationsexponenten pK'_{a1} und pK'_{a2} der protonierten Verbindung (H_2O; potentiometrisch ermittelt) bei 18°: 6,84 bzw. 10,72 (*Régnier et al.*, C. r. Soc. Biol. **135** [1941] 1508). Scheinbarer Dissoziationsexponent pK'_b (H_2O; potentiometrisch ermittelt) bei 25°: 5,13 (*Krahl et al.*, J. Pharmacol. exp. Therap. **68** [1940] 330, 333). Bei 21° lösen sich in 100 ml H_2O 4,2 mg und in 100 ml Äther 83,3 g (*Möller*, Bio. Z. **259** [1933] 458, 459).

Hydrochlorid $C_{20}H_{29}N_3O_2 \cdot HCl$; Cinchocainiumchlorid. Kristalle; F: 98,8° bis 100,0° [aus A.] (*Chatten et al.*, J. Am. pharm. Assoc. **48** [1959] 276, 277), 99° (*Br.-Ku., Gr.*). Kristalloptik: *Wickstrøm*, J. Pharm. Pharmacol. **5** [1953] 158, 160. IR-Spektrum (KBr.; 2,5—15 μ): *Ch. et al.*, l. c. S. 281. UV-Spektrum (Me.; 230—350 nm): *Ch. et al.*, l. c. S. 278.

Hexacyanoferrat(II) $C_{20}H_{29}N_3O_2 \cdot H_4[Fe(CN)_6]$. Grünlichgelbe Kristalle (aus A.) mit 0,5 Mol Äthanol (*Cumming, Stewart*, J. Soc. chem. Ind. **51** [1932] 273 T, 275 T).

Hexacyanoferrate(III). a) $3\,C_{20}H_{29}N_3O_2 \cdot 2\,H_3[Fe(CN)_6]$. Grüne Kristalle [aus wss. Säure] (*Cu., St.*, l. c. S. 276 T). — b) $C_{20}H_{29}N_3O_2 \cdot H_3[Fe(CN)_6]$. Grünlichgelbe Kristalle (aus A.) mit 1 Mol Äthanol (*Cu., St.*).

Trinitrobenzoat. Kristalle; F: 104—108° [Zers.] (*Fischer, Reichel*, Pharm. Zentralhalle **85** [1944] 811).

Flavianat (8-Hydroxy-5,7-dinitro-naphthalin-2-sulfonat). Es wurden Kristalle vom F: 90—94°, vom F: 108—114° und vom F: 149—153° erhalten, die sich beim Erhitzen teilweise ineinander umwandeln (*Br.-Ku., Gr.*, l. c. S. 437).

(1*S*)-2-Oxo-bornan-10-sulfonat $C_{20}H_{29}N_3O_2 \cdot C_{10}H_{16}O_4S$. Gelbliche Kristalle (aus A.); $[\alpha]_D^{19}$: +12° [H_2O; c = 2] (*Lenoci*, Boll. chim. farm. **77** [1938] 41, 44).

9,10-Dioxo-9,10-dihydro-anthracen-2-sulfonat. Kristalle; F: 147—151° (*Br.-Ku., Gr.*, l. c. S. 436).

Tetraphenylboranat $C_{20}H_{29}N_3O_2 \cdot H[B(C_6H_5)_4]$. F: 115,5—118° (*Ch. et al.*, l. c. S. 278). IR-Spektrum (KBr; 2,5—15 μ): *Ch. et al.*, l. c. S. 281. UV-Spektrum (Me.; 230 nm bis 350 nm): *Ch. et al.*

Methojodid $[C_{21}H_{32}N_3O_2]I$; Diäthyl-[2-(2-butoxy-chinolin-4-carbonyl=amino)-äthyl]-methyl-ammonium-jodid. Kristalle (aus Acn. + Ae.); F: 114° (*Jensen et al.*, Acta chem. scand. **2** [1948] 381).

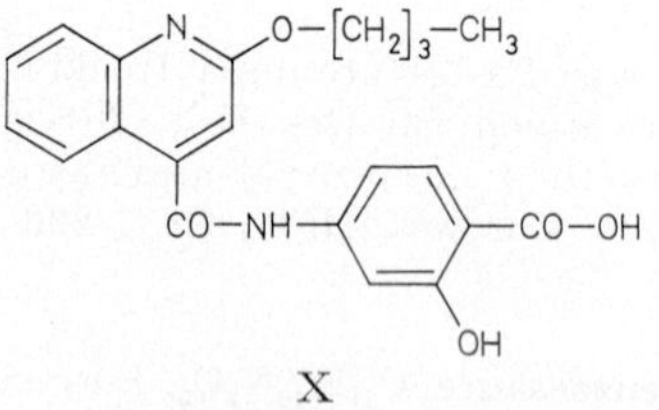

$O-[CH_2]_3-CH_3$; CO—NH—; —CO—OH; OH

X

$O-[CH_2]_3-CH_3$; $CO-NH-CH_2-CH_2-N$

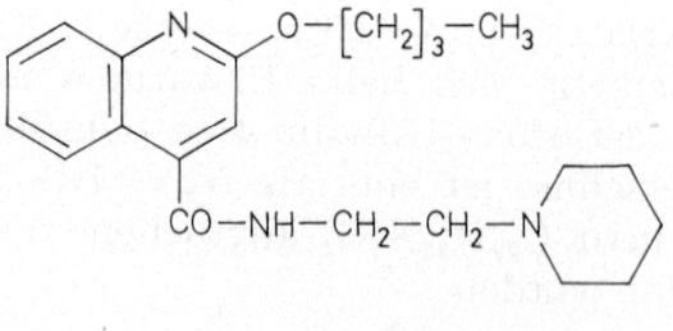

XI

2-Butoxy-chinolin-4-carbonsäure-[2-dibutylamino-äthylamid] $C_{24}H_{37}N_3O_2$, Formel IX ($R = CH_2$-CH_2-$N([CH_2]_3$-$CH_3)_2$, R' = H).

B. Aus 2-Chlor-chinolin-4-carbonsäure-[2-dibutylamino-äthylamid] beim Erwärmen mit Natriumbutylat in Butan-1-ol (*CIBA*, D.R.P. 537104 [1926]; Frdl. **18** 2734; Schweiz. P. 139449 [1927]).

Kristalle (aus PAe.); F: 62° (*CIBA*, Schweiz. P. 139449).

2-Butoxy-chinolin-4-carbonsäure-[2-piperidino-äthylamid] $C_{21}H_{29}N_3O_2$, Formel XI.

B. Aus 2-Chlor-chinolin-4-carbonsäure-[2-piperidino-äthylamid] beim Erwärmen mit Natriumbutylat in Butan-1-ol (*CIBA*, D.R.P. 537104 [1926]; Frdl. **18** 2734; Schweiz. P.

139443 [1927]). Beim Erhitzen von 2-Butoxy-chinolin-4-carbonsäure-amid mit $NaNH_2$ in Toluol und anschliessend mit 1-[2-Chlor-äthyl]-piperidin (*CIBA*, Schweiz. P. 156346 [1930]).
Kristalle (aus Bzl.); F: 93° (*CIBA*, Schweiz. P. 139443).

Äthoxycarbonylmethyl-diäthyl-[2-(2-butoxy-chinolin-4-carbonylamino)-äthyl]-ammonium $[C_{24}H_{36}N_3O_4]^+$, Formel XII.
Bromid $[C_{24}H_{36}N_3O_4]Br$. *B.* Aus 2-Butoxy-chinolin-4-carbonsäure-[2-diäthylamino-äthylamid] und Bromessigsäure-äthylester in Aceton (*Nádor et al.*, Acta chim. hung. **3** [1953] 497, 499). — Kristalle (aus Me. + Ae.); F: 100° [Zers.].

2-Butoxy-chinolin-4-carbonsäure-[äthyl-(2-diäthylamino-äthyl)-amid] $C_{22}H_{33}N_3O_2$, Formel IX (R = CH_2-CH_2-$N(C_2H_5)_2$, R' = C_2H_5) auf S. 2283.
B. Aus 2-Chlor-chinolin-4-carbonsäure-[äthyl-(2-diäthylamino-äthyl)-amid] beim Erwärmen mit Natriumbutylat in Butan-1-ol (*CIBA*, D.R.P. 537104 [1926]; Frdl. **18** 2734; Schweiz. P. 139435 [1927]). Beim Erhitzen von 2-Butoxy-chinolin-4-carbonsäure-äthylamid mit $NaNH_2$ in Toluol und anschliessend mit Diäthyl-[2-chlor-äthyl]-amin (*CIBA*, Schweiz. P. 156345 [1930]).
Kristalle (aus PAe.); F: 65°; $Kp_{0,01}$: 163° (*CIBA*, Schweiz. P. 139435).

2-Butoxy-chinolin-4-carbonsäure-[*N*-(2-diäthylamino-äthyl)-2,6-dimethyl-anilid] $C_{28}H_{37}N_3O_2$, Formel VI (R = $[CH_2]_3$-CH_3) auf S. 2281.
Hydrochlorid $C_{28}H_{37}N_3O_2 \cdot HCl$. F: 161—163° (*Koelzer*, *Wehr*, Arzneimittel-Forsch. **8** [1958] 708, 711).

2-Butoxy-chinolin-4-carbonsäure-[bis-(2-diäthylamino-äthyl)-amid], 1,1,7,7-Tetra-äthyl-4-[2-butoxy-chinolin-4-carbonyl]-diäthylentriamin $C_{26}H_{42}N_4O_2$, Formel IX (R = R' = CH_2-CH_2-$N(C_2H_5)_2$) auf S. 2283.
B. Beim Erhitzen von 2-Chlor-chinolin-4-carbonsäure-[bis-(2-diäthylamino-äthyl)-amid] mit Natriumbutylat in Toluol (*CIBA*, D.R.P. 537104 [1926]; Frdl. **18** 2734).
$Kp_{0,08}$: 172°.

(±)-2-Butoxy-chinolin-4-carbonsäure-[2-diäthylamino-propylamid] $C_{21}H_{31}N_3O_2$, Formel IX (R = CH_2-$CH(CH_3)$-$N(C_2H_5)_2$, R' = H) auf S. 2283.
B. Aus (±)-2-Chlor-chinolin-4-carbonsäure-[2-diäthylamino-propylamid] beim Erwärmen mit Natriumbutylat in Butan-1-ol (*CIBA*, D.R.P. 537104 [1926]; Frdl. **18** 2734).
Kristalle; F: 50°.

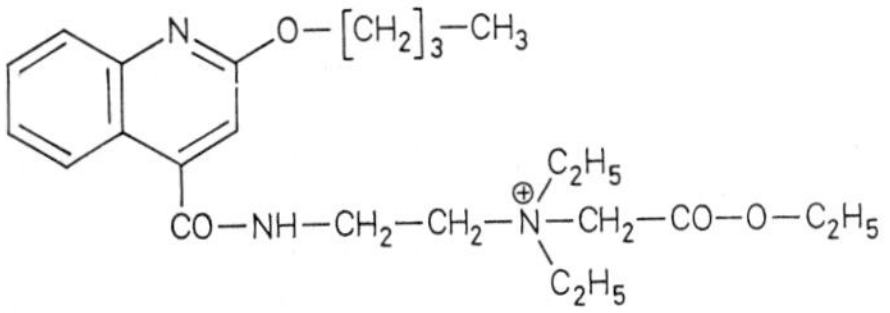

XII

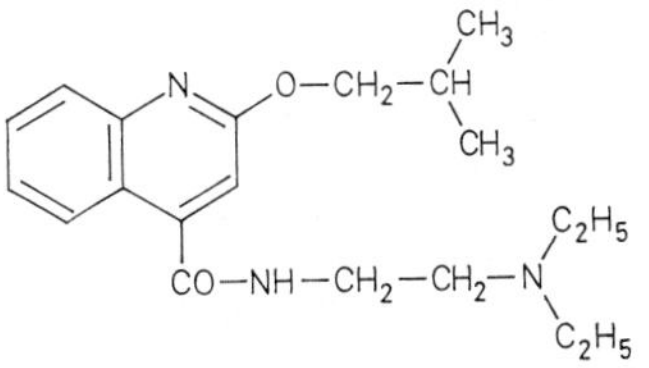

XIII

2-Butoxy-chinolin-4-carbonsäure-[3-diäthylamino-propylamid] $C_{21}H_{31}N_3O_2$, Formel IX (R = $[CH_2]_3$-$N(C_2H_5)_2$, R' = H) auf S. 2283.
B. Aus 2-Chlor-chinolin-4-carbonsäure-[3-diäthylamino-propylamid] beim Erwärmen mit Natriumbutylat in Butan-1-ol (*CIBA*, Schweiz. P. 157849 [1931]). Beim Erwärmen von 2-Butoxy-chinolin-4-carbonsäure-amid mit $NaNH_2$ in Toluol und anschliessend mit Diäthyl-[3-brom-propyl]-amin (*CIBA*, Schweiz. P. 156353 [1930]).
Kristalle (aus PAe.); F: 63°.

2-Butoxy-chinolin-4-carbonsäure-[4-diäthylamino-butylamid] $C_{22}H_{33}N_3O_2$, Formel IX (R = $[CH_2]_4$-$N(C_2H_5)_2$, R' = H) auf S. 2283.
B. Beim Erhitzen von 2-Chlor-chinolin-4-carbonsäure-[4-diäthylamino-butylamid] mit Natriumbutylat in Butan-1-ol (*Magidson et al.*, Ž. obšč. Chim. **9** [1939] 2097, 2101; C.

1940 I 3922).
Kristalle; F: 46—48°. $Kp_{2-2,5}$: 230—236°.

(±)-2-Butoxy-chinolin-4-carbonsäure-[4-diäthylamino-1-methyl-butylamid] $C_{23}H_{35}N_3O_2$, Formel IX (R = $CH(CH_3)$-$[CH_2]_3$-$N(C_2H_5)_2$, R′ = H) auf S. 2283.
B. Beim Erhitzen von (±)-2-Chlor-chinolin-4-carbonsäure-[4-diäthylamino-1-methyl-butylamid] mit Natriumbutylat in Butan-1-ol (*Magidson et al.*, Ž. obšč. Chim. **9** [1939] 2097, 2099; C. **1940** I 3922).
Kristalle; F: 66—67°. $Kp_{1,5-2}$: 222—228°.

(±)-2-Butoxy-chinolin-4-carbonsäure-[3-diäthylamino-2-hydroxy-propylamid] $C_{21}H_{31}N_3O_3$, Formel IX (R = CH_2-CH(OH)-CH_2-$N(C_2H_5)_2$, R′ = H) auf S. 2283.
B. Beim Behandeln von 2-Chlor-chinolin-4-carbonylchlorid mit (±)-1-Amino-3-diäthyl-amino-propan-2-ol in Äther und Erwärmen des Reaktionsprodukts mit Natriumbutylat in Butan-1-ol (*Magidson et al.*, Ž. obšč. Chim. **9** [1939] 2097, 2102; C. **1940** I 3922).
Kristalle; F: 53—54°.

2-Isobutoxy-chinolin-4-carbonsäure-[2-diäthylamino-äthylamid] $C_{20}H_{29}N_3O_2$, Formel XIII.
B. Aus 2-Chlor-chinolin-4-carbonsäure-[2-diäthylamino-äthylamid] beim Erwärmen mit Natriumisobutylat in Isobutylalkohol (*CIBA*, D.R.P. 537104 [1926]; Frdl. **18** 2734; Schweiz. P. 139425 [1927]).
Kristalle; F: 77° (*CIBA*, D.R.P. 537104), 73° [aus PAe.] (*CIBA*, Schweiz. P. 139425).

2-Pentyloxy-chinolin-4-carbonsäure-[2-diäthylamino-äthylamid] $C_{21}H_{31}N_3O_2$, Formel XIV (R = CH_2-CH_2-$N(C_2H_5)_2$, R′ = H, n = 4).
B. Aus 2-Chlor-chinolin-4-carbonsäure-[2-diäthylamino-äthylamid] beim Erwärmen mit Natriumpentylat in Pentan-1-ol (*CIBA*, D.R.P. 537104 [1926]; Frdl. **18** 2734; Schweiz. P. 139426 [1927]). Beim Erhitzen von 2-Pentyloxy-chinolin-4-carbonsäure-pentylester (aus 2-Chlor-chinolin-4-carbonylchlorid und Pentan-1-ol erhalten) mit *N,N*-Diäthyl-äthylendiamin (*CIBA*, Schweiz. P. 141232 [1927]).
Kristalle (aus PAe.); F: 72°.

2-Pentyloxy-chinolin-4-carbonsäure-[äthyl-(2-diäthylamino-äthyl)-amid] $C_{23}H_{35}N_3O_2$, Formel XIV (R = CH_2-CH_2-$N(C_2H_5)_2$, R′ = C_2H_5, n = 4).
B. Beim Erwärmen von 2-Chlor-chinolin-4-carbonsäure-[äthyl-(2-diäthylamino-äthyl)-amid] mit Natriumpentylat in Pentan-1-ol (*CIBA*, D.R.P. 537104 [1926]; Frdl. **18** 2734; Schweiz. P. 139436 [1927]).
$Kp_{0,02}$: 175°.

2-Isopentyloxy-chinolin-4-carbonsäure-[2-diäthylamino-äthylamid] $C_{21}H_{31}N_3O_2$, Formel XV (R = CH_2-CH_2-$N(C_2H_5)_2$, R′ = H).
B. Aus 2-Chlor-chinolin-4-carbonsäure-[2-diäthylamino-äthylamid] beim Erwärmen mit Natriumisopentylat in Isopentylalkohol (*CIBA*, D.R.P. 537104 [1926]; Frdl. **18** 2734; Schweiz. P. 139427 [1927]). Beim Erhitzen von 2-Isopentyloxy-chinolin-4-carbonsäure-isopentylester (aus 2-Chlor-chinolin-4-carbonylchlorid und Natriumisopentylat erhalten) mit *N,N*-Diäthyl-äthylendiamin (*CIBA*, Schweiz. P. 141233 [1927]).
Kristalle (aus PAe.); F: 35°.

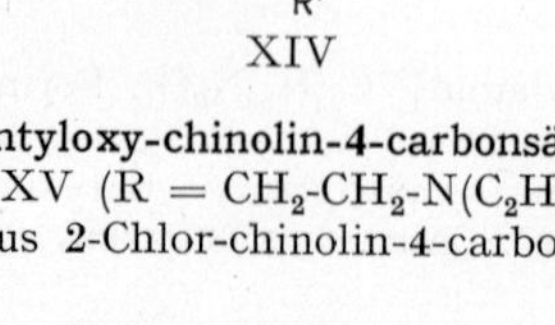

XIV

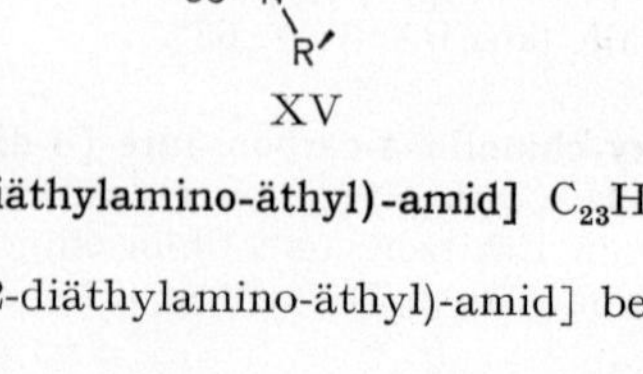

XV

2-Isopentyloxy-chinolin-4-carbonsäure-[äthyl-(2-diäthylamino-äthyl)-amid] $C_{23}H_{35}N_3O_2$, Formel XV (R = CH_2-CH_2-$N(C_2H_5)_2$, R′ = C_2H_5).
B. Aus 2-Chlor-chinolin-4-carbonsäure-[äthyl-(2-diäthylamino-äthyl)-amid] beim Er-

wärmen mit Natriumisopentylat in Isopentylalkohol (*CIBA*, D.R.P. 537104 [1926]; Frdl. **18** 2734; Schweiz.P. 139437 [1927]).

$Kp_{0,01}$: 165—168°.

2-Hexyloxy-chinolin-4-carbonsäure-amid $C_{16}H_{20}N_2O_2$, Formel XIV (R = R' = H, n = 5).

B. Aus 2-Chlor-chinolin-4-carbonsäure-amid und Natriumhexylat in Hexan-1-ol (*CIBA*, Schweiz.P. 156352, 156354 [1930]).

Kristalle; F: 184°.

2-Hexyloxy-chinolin-4-carbonsäure-[2-diäthylamino-äthylamid] $C_{22}H_{33}N_3O_2$, Formel XIV (R = CH_2-CH_2-$N(C_2H_5)_2$, R' = H, n = 5).

B. Aus 2-Chlor-chinolin-4-carbonsäure-[2-diäthylamino-äthylamid] beim Erwärmen mit Natriumhexylat in Hexan-1-ol (*CIBA*, Schweiz.P. 157848 [1931]). Beim Erhitzen von 2-Hexyloxy-chinolin-4-carbonsäure-amid mit $NaNH_2$ in Toluol und anschliessend mit Diäthyl-[2-chlor-äthyl]-amin (*CIBA*, Schweiz.P. 156352 [1930]).

Kristalle (aus PAe.); F: 73°.

2-Hexyloxy-chinolin-4-carbonsäure-[3-diäthylamino-propylamid] $C_{23}H_{35}N_3O_2$, Formel XIV (R = $[CH_2]_3$-$N(C_2H_5)_2$, R' = H, n = 5).

B. Aus 2-Chlor-chinolin-4-carbonsäure-[3-diäthylamino-propylamid] beim Erwärmen mit Natriumhexylat in Hexan-1-ol (*CIBA*, Schweiz.P. 157850 [1931]). Beim Erhitzen von 2-Hexyloxy-chinolin-4-carbonsäure-amid mit $NaNH_2$ in Toluol und anschliessend mit Diäthyl-[3-brom-propyl]-amin (*CIBA*, Schweiz.P. 156354 [1930]).

Kristalle (aus PAe.); F: 75°.

2-Heptyloxy-chinolin-4-carbonsäure-[2-diäthylamino-äthylamid] $C_{23}H_{35}N_3O_2$, Formel XIV (R = CH_2-CH_2-$N(C_2H_5)_2$, R' = H, n = 6).

B. Aus 2-Chlor-chinolin-4-carbonsäure-[2-diäthylamino-äthylamid] beim Erwärmen mit Natriumheptylat in Toluol (*CIBA*, D.R.P. 537104 [1926]; Frdl. **18** 2734; Schweiz.P. 139428 [1927]).

Kristalle (aus PAe.); F: 66°.

2-Octyloxy-chinolin-4-carbonsäure-[2-diäthylamino-äthylamid] $C_{24}H_{37}N_3O_2$, Formel XIV (R = CH_2-CH_2-$N(C_2H_5)_2$, R' = H, n = 7).

B. Aus 2-Chlor-chinolin-4-carbonsäure-[2-diäthylamino-äthylamid] beim Erwärmen mit Natriumoctylat in Toluol (*CIBA*, D.R.P. 537104 [1926]; Frdl. **18** 2734).

Kristalle; F: 61°.

(±)-2-Octyloxy-chinolin-4-carbonsäure-[4-diäthylamino-1-methyl-butylamid] $C_{27}H_{43}N_3O_2$, Formel XIV (R = $CH(CH_3)$-$[CH_2]_3$-$N(C_2H_5)_2$, R' = H, n = 7).

B. Beim Erhitzen von (±)-2-Chlor-chinolin-4-carbonsäure-[4-diäthylamino-1-methyl-butylamid] mit Natriumoctylat in Octan-1-ol (*Magidšon et al.*, Ž. obšč. Chim. **9** [1939] 2097, 2099; C. **1940** I 3922).

Kristalle (aus A.); F: 80—81°.

2-Allyloxy-chinolin-4-carbonsäure-amid $C_{13}H_{12}N_2O_2$, Formel I (R = R' = H).

B. Beim Erwärmen von 2-Chlor-chinolin-4-carbonsäure-amid mit Natriumallylat in Allylalkohol (*Büchi et al.*, Helv. **32** [1949] 1806, 1813).

Kristalle (aus wss. A.); F: 196° [korr.].

2-Allyloxy-chinolin-4-carbonsäure-diäthylamid $C_{17}H_{20}N_2O_2$, Formel I (R = R' = C_2H_5).

B. Beim Erwärmen von 2-Chlor-chinolin-4-carbonsäure-diäthylamid mit Natrium= allylat in Allylalkohol (*CIBA*, D.R.P. 537104 [1926]; Frdl. **18** 2734).

Kristalle; F: 33°.

2-Allyloxy-chinolin-4-carbonsäure-[2-diäthylamino-äthylamid] $C_{19}H_{25}N_3O_2$, Formel I (R = CH_2-CH_2-$N(C_2H_5)_2$, R' = H).

B. Aus 2-Chlor-chinolin-4-carbonsäure-[2-diäthylamino-äthylamid] beim Erwärmen mit Natriumallylat in Allylalkohol (*CIBA*, D.R.P. 537104 [1926]; Frdl. **18** 2734; Schweiz.

P. 139423 [1927]).
Kristalle (aus PAe.); F: 57°.

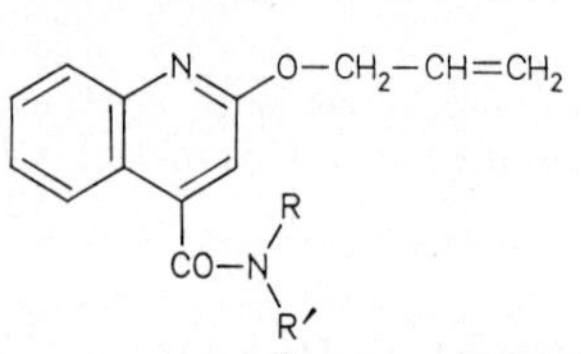

I 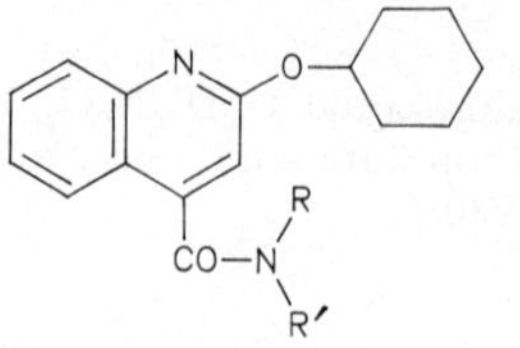 II 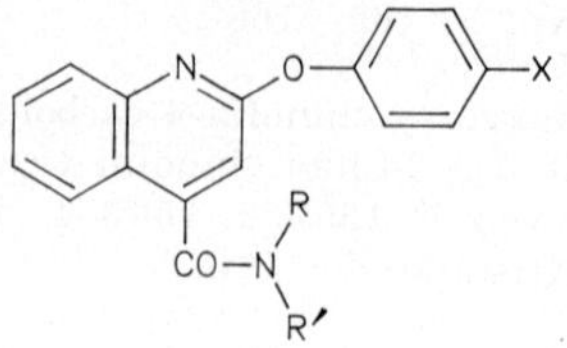 III

2-Cyclohexyloxy-chinolin-4-carbonsäure-diäthylamid $C_{20}H_{26}N_2O_2$, Formel II ($R = R' = C_2H_5$).

B. Aus 2-Chlor-chinolin-4-carbonsäure-diäthylamid beim Erwärmen mit Natrium=cyclohexylat in Cyclohexanol (*CIBA*, D.R.P. 537104 [1926]; Frdl. **18** 2734).

Kristalle (aus PAe.); F: 63°.

2-Cyclohexyloxy-chinolin-4-carbonsäure-[2-diäthylamino-äthylamid] $C_{22}H_{31}N_3O_2$, Formel II ($R = CH_2\text{-}CH_2\text{-}N(C_2H_5)_2$, $R' = H$).

B. Aus 2-Chlor-chinolin-4-carbonsäure-[2-diäthylamino-äthylamid] beim Erwärmen mit Natriumcyclohexylat in Cyclohexanol (*CIBA*, D.R.P. 537104 [1926]; Frdl. **18** 2734; Schweiz. P. 139431 [1927]).

Kristalle (aus PAe.); F: 69°.

2-Cyclohexyloxy-chinolin-4-carbonsäure-[äthyl-(2-diäthylamino-äthyl)-amid] $C_{24}H_{35}N_3O_2$, Formel II ($R = CH_2\text{-}CH_2\text{-}N(C_2H_5)_2$, $R' = C_2H_5$).

B. Aus 2-Chlor-chinolin-4-carbonsäure-[äthyl-(2-diäthylamino-äthyl)-amid] beim Erwärmen mit Natriumcyclohexylat in Toluol (*CIBA*, D.R.P. 537104 [1926]; Frdl. **18** 2734; Schweiz. P. 139438 [1927]).

$Kp_{0,015}$: 185°.

2-Phenoxy-chinolin-4-carbonsäure-diäthylamid $C_{20}H_{20}N_2O_2$, Formel III ($R = R' = C_2H_5$, $X = H$).

B. Aus 2-Chlor-chinolin-4-carbonsäure-diäthylamid beim Erwärmen mit Natrium=phenolat in Phenol (*CIBA*, D.R.P. 537104 [1926]; Frdl. **18** 2734).

Kristalle (aus PAe.); F: 112°.

2-Benzyloxy-chinolin-4-carbonsäure-[2-diäthylamino-äthylamid] $C_{23}H_{27}N_3O_2$, Formel IV ($R = CH_2\text{-}CH_2\text{-}N(C_2H_5)_2$, $R' = H$, $n = 1$).

B. Aus 2-Chlor-chinolin-4-carbonsäure-[2-diäthylamino-äthylamid] beim Erwärmen mit Natriumbenzylat in Benzylalkohol (*CIBA*, D.R.P. 537104 [1926]; Frdl. **18** 2734; Schweiz. P. 139430 [1927]).

Kristalle (aus PAe.); F: 119°.

2-Benzyloxy-chinolin-4-carbonsäure-[äthyl-(2-diäthylamino-äthyl)-amid] $C_{25}H_{31}N_3O_2$, Formel IV ($R = CH_2\text{-}CH_2\text{-}N(C_2H_5)_2$, $R' = C_2H_5$, $n = 1$).

B. Aus 2-Chlor-chinolin-4-carbonsäure-[äthyl-(2-diäthylamino-äthyl)-amid] beim Erwärmen mit Natriumbenzylat in Toluol (*CIBA*, D.R.P. 537104 [1926]; Frdl. **18** 2734; Schweiz. P. 139439 [1927]).

$Kp_{0,01}$: 192°.

2-Phenäthyloxy-chinolin-4-carbonsäure-diäthylamid $C_{22}H_{24}N_2O_2$, Formel IV ($R = R' = C_2H_5$, $n = 2$).

B. Aus 2-Chlor-chinolin-4-carbonsäure-diäthylamid beim Erwärmen mit Natrium=phenäthylat in Phenäthylalkohol (*CIBA*, D.R.P. 537104 [1926]; Frdl. **18** 2734).

Kristalle (aus PAe.); F: 59°.

2-Phenäthyloxy-chinolin-4-carbonsäure-[2-diäthylamino-äthylamid] $C_{24}H_{29}N_3O_2$, Formel IV ($R = CH_2\text{-}CH_2\text{-}N(C_2H_5)_2$, $R' = H$, $n = 2$).

B. Aus 2-Chlor-chinolin-4-carbonsäure-[2-diäthylamino-äthylamid] beim Erwärmen mit Natriumphenäthylat in Toluol (*CIBA*, D.R.P. 537104 [1926]; Frdl. **18** 2734; Schweiz. P. 139429 [1927]).

Kristalle (aus PAe.); F: 90°.

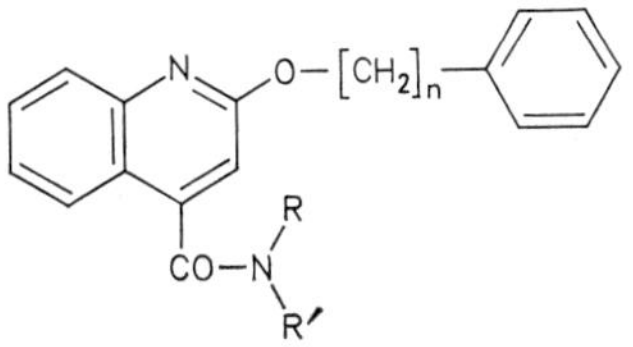

IV

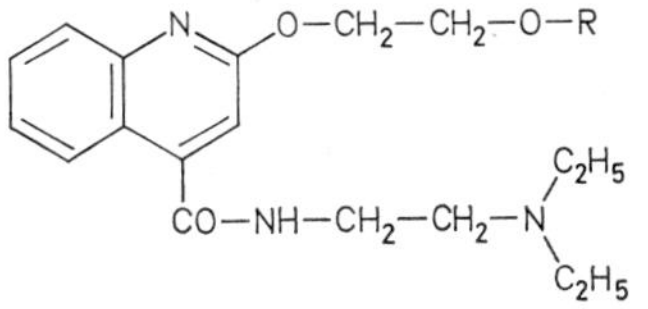

V

2-[2-Methoxy-äthoxy]-chinolin-4-carbonsäure-[2-diäthylamino-äthylamid] $C_{19}H_{27}N_3O_3$, Formel V (R = CH_3).

B. Beim Erwärmen von 2-Chlor-chinolin-4-carbonsäure-[2-diäthylamino-äthylamid] mit Natrium-[2-methoxy-äthylat] in 2-Methoxy-äthanol (*Pavlíček et al.*, Pharmazie **13** [1958] 748, 751; *Sekera et al.*, Bl. **1959** 401, 403).

Kristalle (aus PAe.); F: 79°.

Hydrochlorid $C_{19}H_{27}N_3O_3 \cdot HCl$. Kristalle (aus Bzl. + PAe.); F: 138° [korr.].

2-[2-Äthoxy-äthoxy]-chinolin-4-carbonsäure-[2-diäthylamino-äthylamid] $C_{20}H_{29}N_3O_3$, Formel V (R = C_2H_5).

B. Aus 2-Chlor-chinolin-4-carbonsäure-[2-diäthylamino-äthylamid] beim Erwärmen mit Natrium-[2-äthoxy-äthylat] in 2-Äthoxy-äthanol (*CIBA*, D.R.P. 537104 [1926]; Frdl. **18** 2734; *Pavlíček et al.*, Pharmazie **13** [1958] 748, 751; *Sekera et al.*, Bl. **1959** 401, 403).

Kristalle (aus PAe.); F: 85° (*CIBA*), 83,5° (*Pa. et al.*; *Se. et al.*).

Hydrochlorid $C_{20}H_{29}N_3O_3 \cdot HCl$. Kristalle (aus Bzl. + PAe.); F: 95° (*Pa. et al.*; *Se. et al.*).

2-[4-Methoxy-phenoxy]-chinolin-4-carbonsäure-[2-diäthylamino-äthylamid] $C_{23}H_{27}N_3O_3$, Formel III (R = CH_2-CH_2-$N(C_2H_5)_2$, R' = H, X = O-CH_3).

B. Aus 2-Chlor-chinolin-4-carbonsäure-[2-diäthylamino-äthylamid] beim Erwärmen mit Natrium-[4-methoxy-phenolat] in 4-Methoxy-phenol (*CIBA*, D.R.P. 537104 [1926]; Frdl. **18** 2734).

Kristalle (aus PAe.); F: 108°.

2-[2-Diäthylamino-äthoxy]-chinolin-4-carbonsäure-diäthylamid $C_{20}H_{29}N_3O_2$, Formel VI (R = R' = R'' = C_2H_5).

B. Aus 2-Chlor-chinolin-4-carbonsäure-diäthylamid beim Erhitzen mit Natrium-[2-diäthylamino-äthylat] in Toluol (*CIBA*, D.R.P. 540698 [1926]; Frdl. **18** 2740).

Gelbes Öl; $Kp_{0,005}$: 168–170°.

2-[2-Amino-äthoxy]-chinolin-4-carbonsäure-anilid $C_{18}H_{17}N_3O_2$, Formel VI (R = R'' = H, R' = C_6H_5).

B. Aus 2-Chlor-chinolin-4-carbonsäure-anilid beim Erwärmen mit Natrium-[2-amino-äthylat] in 2-Amino-äthanol (*CIBA*, D.R.P. 540698 [1926]; Frdl. **18** 2740).

Kristalle; F: 215°.

2-[2-Dimethylamino-äthoxy]-chinolin-4-carbonsäure-anilid $C_{20}H_{21}N_3O_2$, Formel VI (R = CH_3, R' = C_6H_5, R'' = H).

B. Aus 2-Chlor-chinolin-4-carbonsäure-anilid beim Erhitzen mit Natrium-[2-dimethyl= amino-äthylat] in Toluol (*CIBA*, D.R.P. 540698 [1926]; Frdl. **18** 2740).

Kristalle; F: 147°.

2-[2-Diäthylamino-äthoxy]-chinolin-4-carbonsäure-anilid $C_{22}H_{25}N_3O_2$, Formel VI (R = C_2H_5, R' = C_6H_5, R'' = H).

B. Aus 2-Chlor-chinolin-4-carbonsäure-anilid beim Erhitzen mit Natrium-[2-diäthyl=

amino-äthylat] in Toluol (*CIBA*, D.R.P. 540698 [1926]; Frdl. **18** 2740).
Kristalle; F: 122°.

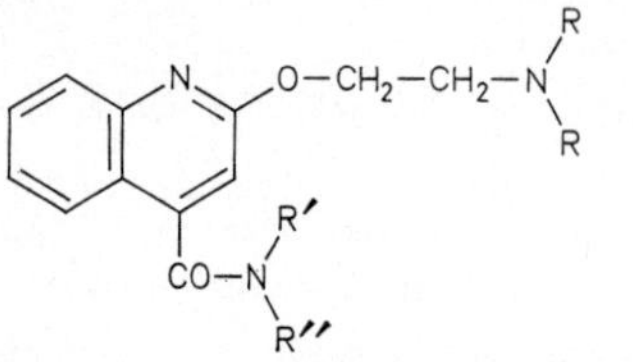

VI

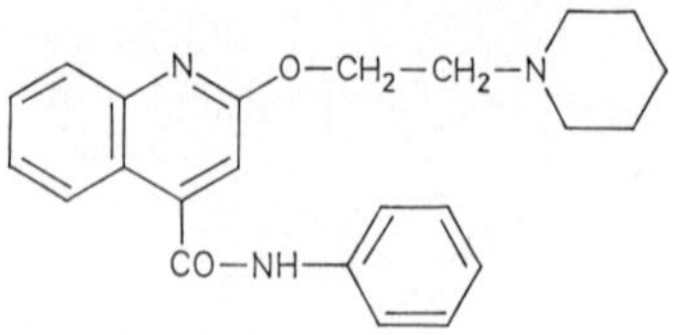

VII

2-[2-Dibutylamino-äthoxy]-chinolin-4-carbonsäure-anilid $C_{26}H_{33}N_3O_2$, Formel VI ($R = [CH_2]_3\text{-}CH_3$, $R' = C_6H_5$, $R'' = H$).
B. Aus 2-Chlor-chinolin-4-carbonsäure-anilid beim Erhitzen mit Natrium-[2-dibutyl=amino-äthylat] in Toluol (*CIBA*, D.R.P. 540698 [1926]; Frdl. **18** 2740).
Kristalle; F: 105°.

2-[2-Piperidino-äthoxy]-chinolin-4-carbonsäure-anilid $C_{23}H_{25}N_3O_2$, Formel VII.
B. Beim Erwärmen von 2-Chlor-chinolin-4-carbonsäure-anilid mit Natrium-[2-piper=idino-äthylat] in 2-Piperidino-äthanol (*CIBA*, D.R.P. 540698 [1926]; Frdl. **18** 2740).
Kristalle (aus E.); F: 172°.

2-[2-Diäthylamino-äthoxy]-chinolin-4-carbonsäure-benzylamid $C_{23}H_{27}N_3O_2$, Formel VI ($R = C_2H_5$, $R' = CH_2\text{-}C_6H_5$, $R'' = H$).
B. Aus 2-Chlor-chinolin-4-carbonsäure-benzylamid beim Erhitzen mit Natrium-[2-di=äthylamino-äthylat] in Toluol (*CIBA*, D.R.P. 540698 [1926]; Frdl. **18** 2740).
Gelbliche Kristalle; F: 106°.

2-[2-Diäthylamino-äthoxy]-chinolin-4-carbonsäure-phenäthylamid $C_{24}H_{29}N_3O_2$, Formel VI ($R = C_2H_5$, $R' = CH_2\text{-}CH_2\text{-}C_6H_5$, $R'' = H$).
B. Aus 2-Chlor-chinolin-4-carbonsäure-phenäthylamid beim Erhitzen mit Natrium-[2-diäthylamino-äthylat] in Toluol (*CIBA*, D.R.P. 540698 [1926]; Frdl. **18** 2740).
Kristalle; F: 87°.

(±)-2-[2-Diäthylamino-äthoxy]-chinolin-4-carbonsäure-[1,2,3,4-tetrahydro-[1?]naphthylamid] $C_{26}H_{31}N_3O_2$, vermutlich Formel VIII.
B. Aus 2-Chlor-chinolin-4-carbonsäure-[1,2,3,4-tetrahydro-[1?]naphthylamid] (S. 1187) beim Erhitzen mit Natrium-[2-diäthylamino-äthylat] in Toluol (*CIBA*, D.R.P. 540698 [1926]; Frdl. **18** 2740).
Gelbliche Kristalle; F: 182°.

2-Hydroxy-chinolin-4-carbonitril $C_{10}H_6N_2O$, Formel IX ($R = H$), und Tautomeres (2-Oxo-1,2-dihydro-chinolin-4-carbonitril).
B. Neben 3-Hydroxy-chinolin-4-carbonitril beim Erwärmen von 1-Oxy-chinolin-4-carbonitril mit Trifluoressigsäure-anhydrid in CH_2Cl_2 und Erwärmen des Reaktionsprodukts mit H_2O (*Daeniker, Druey*, Helv. **41** [1958] 2148, 2154).
Kristalle; F: 290° [unkorr.; Zers.]. Im Hochvakuum bei 200° sublimierbar. λ_{max} (A.): 234 nm, 291 nm und 360 nm.

2-Methoxy-chinolin-4-carbonitril $C_{11}H_8N_2O$, Formel IX ($R = CH_3$).
B. Aus 2-Chlor-chinolin-4-carbonitril beim Erwärmen mit Natriummethylat in Methanol (*Wojahn, Kramer*, Ar. **276** [1938] 291, 294).
Kristalle (aus wss. A.); F: 134°.

2-Äthoxy-chinolin-4-carbonitril $C_{12}H_{10}N_2O$, Formel IX ($R = C_2H_5$).
B. Aus 2-Chlor-chinolin-4-carbonitril beim Erwärmen mit Natriumäthylat in Äthanol (*Wojahn*, Ar. **274** [1936] 83, 100).
Kristalle (aus A.); F: 86°.

2-Propoxy-chinolin-4-carbonitril $C_{13}H_{12}N_2O$, Formel IX (R = CH_2-CH_2-CH_3).
B. Aus 2-Chlor-chinolin-4-carbonitril beim Erwärmen mit Natriumpropylat in Propan-1-ol (*Wojahn, Kramer*, Ar. **276** [1938] 291, 294).
Kristalle (aus wss. A.); F: 58°.

2-Isopropoxy-chinolin-4-carbonitril $C_{13}H_{12}N_2O$, Formel IX (R = $CH(CH_3)_2$).
B. Aus 2-Chlor-chinolin-4-carbonitril beim Erwärmen mit Natriumisopropylat in Isopropylalkohol (*Wojahn, Kramer*, Ar. **276** [1938] 291, 294).
Kristalle (aus wss. A.); F: 73°.

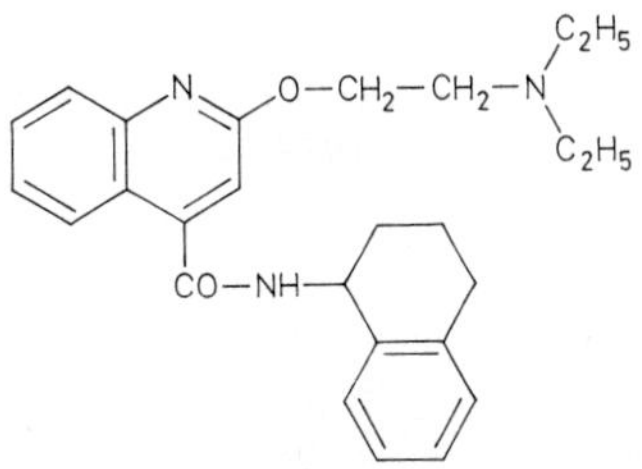

VIII 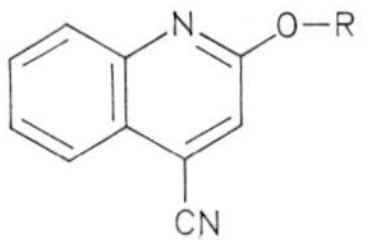 IX 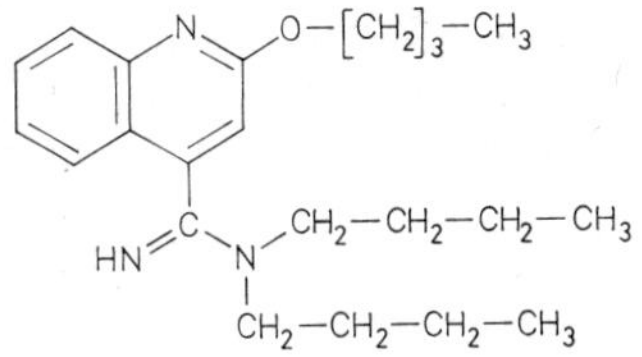 X

2-Butoxy-chinolin-4-carbonitril $C_{14}H_{14}N_2O$, Formel IX (R = $[CH_2]_3$-CH_3).
B. Aus 2-Chlor-chinolin-4-carbonitril beim Erwärmen mit Natriumbutylat in Butan-1-ol (*Wojahn*, Ar. **274** [1936] 83, 100).
Kristalle (aus A.); F: 31°. Kp_{18}: 198°.

(±)-2-*sec*-Butoxy-chinolin-4-carbonitril $C_{14}H_{14}N_2O$, Formel IX (R = $CH(CH_3)$-CH_2-CH_3).
B. Aus 2-Chlor-chinolin-4-carbonitril beim Erwärmen mit (±)-Natrium-*sec*-butylat in (±)-*sec*-Butylalkohol (*Wojahn, Kramer*, Ar. **276** [1938] 291, 295).
Kristalle (aus wss. A.); F: 84°. Kp_{16}: 175°.

2-Isobutoxy-chinolin-4-carbonitril $C_{14}H_{14}N_2O$, Formel IX (R = CH_2-$CH(CH_3)_2$).
B. Aus 2-Chlor-chinolin-4-carbonitril beim Erwärmen mit Natriumisobutylat in Isobutylalkohol (*Wojahn, Kramer*, Ar. **276** [1938] 291, 295).
Kristalle (aus wss. A.); F: 84°. Kp_{10}: 182°.

2-*tert*-Butoxy-chinolin-4-carbonitril $C_{14}H_{14}N_2O$, Formel IX (R = $C(CH_3)_3$).
B. Aus 2-Chlor-chinolin-4-carbonitril beim Erwärmen mit Natrium-*tert*-butylat in *tert*-Butylalkohol (*Wojahn, Kramer*, Ar. **276** [1938] 291, 295).
Kristalle (aus A.); F: 80°. Kp_{12}: 178°.

2-Isopentyloxy-chinolin-4-carbonitril $C_{15}H_{16}N_2O$, Formel IX (R = CH_2-CH_2-$CH(CH_3)_2$).
B. Aus 2-Chlor-chinolin-4-carbonitril beim Erwärmen mit Natriumisopentylat in Isopentylalkohol (*Wojahn, Kramer*, Ar. **276** [1938] 291, 295).
Gelbes Öl; Kp_{15}: 197°.

2-Butoxy-chinolin-4-carbimidsäure-dibutylamid, 2-Butoxy-*N*,*N*-dibutyl-chinolin-4-carbamidin $C_{22}H_{33}N_3O$, Formel X.
B. Beim Erwärmen von 2-Butoxy-chinolin-4-carbonitril mit einer aus Magnesium, Äthylbromid und Dibutylamin in Äther hergestellten Lösung von Magnesium-bromid-dibutylamid (*Burroughs Wellcome Co.*, U.S.P. 2620341 [1949]).
Scheinbarer Dissoziationsexponent pK'_a der protonierten Verbindung (wss. Me. [50%ig]; potentiometrisch ermittelt): 11,13 (*Lorz et al.*, Am. Soc. **73** [1951] 483).
Hydrochlorid $C_{22}H_{33}N_3O \cdot HCl$. Kristalle; F: 199° (*Burroughs Wellcome & Co.*), 197° [korr.; aus A. oder A. + Ae.] (*Lorz et al.*).

2-Hydroxy-chinolin-4-carbonsäure-hydrazid $C_{10}H_9N_3O_2$, Formel XI (R = H, X = NH-NH_2), und Tautomeres (2-Oxo-1,2-dihydro-chinolin-4-carbonsäure-hydrazid).
B. Beim Erwärmen von 2-Hydroxy-chinolin-4-carbonsäure-äthylester mit $N_2H_4 \cdot H_2O$

(*Toldy et al.*, Acta chim. hung. **4** [1954] 303, 308).
Kristalle (aus H_2O); F: 287—288° [Zers.].

2-Äthoxy-chinolin-4-carbonsäure-hydrazid $C_{12}H_{13}N_3O_2$, Formel XI (R = C_2H_5, X = NH-NH_2).
B. Beim Erwärmen von 2-Äthoxy-chinolin-4-carbonsäure-äthylester mit $N_2H_4 \cdot H_2O$ in Äthanol (*Subarowskiĭ*, Ukr. chim. Ž. **21** [1955] 377, 379; C. A. **1955** 14764).
Kristalle (aus A.); F: 205° [korr.].

2-Propoxy-chinolin-4-carbonsäure-hydrazid $C_{13}H_{15}N_3O_2$, Formel XI (R = CH_2-CH_2-CH_3, X = NH-NH_2).
B. Beim Erwärmen von 2-Propoxy-chinolin-4-carbonsäure-methylester mit $N_2H_4 \cdot H_2O$ in Äthanol (*Subarowskiĭ*, Ukr. chim. Ž. **21** [1955] 377, 379; C. A. **1955** 14764).
Kristalle (aus A.); F: 176° [korr.].

XI XII

2-Butoxy-chinolin-4-carbonsäure-hydrazid $C_{14}H_{17}N_3O_2$, Formel XI (R = $[CH_2]_3$-CH_3, X = NH-NH_2).
B. Beim Erwärmen von 2-Butoxy-chinolin-4-carbonsäure-butylester mit $N_2H_4 \cdot H_2O$ in Butan-1-ol (*R. Lieberherr*, Diss. [E.T.H. Zürich 1950] S. 134; *Sekera et al.*, Ann. pharm. franç. **16** [1958] 684, 686; *Pavlíček, Vrba*, Čsl. farm. **7** [1958] 448; C. A. **1959** 8539). Aus 2-Butoxy-chinolin-4-carbonsäure-methylester beim Erwärmen mit $N_2H_4 \cdot H_2O$ in Äthanol (*Subarowskiĭ*, Ukr. chim. Ž. **21** [1955] 377, 379; C. A. **1955** 14764).
Kristalle; F: 159° [korr.; aus Me.] (*Su.*), 158—159° [korr.; aus A.] (*Li.*), 151° [unkorr.; aus A.] (*Se. et al.*).

***N,N'*-Bis-[2-butoxy-chinolin-4-carbonyl]-hydrazin** $C_{28}H_{30}N_4O_4$, Formel XII.
B. Aus 2-Butoxy-chinolin-4-carbonylchlorid und $N_2H_4 \cdot H_2O$ in Petroläther (*Subarowskiĭ*, Ukr. chim. Ž. **21** [1955] 377, 380; C. A. **1955** 14764).
Kristalle (aus Äthylenglykol); F: 258°.

2-Pentyloxy-chinolin-4-carbonsäure-hydrazid $C_{15}H_{19}N_3O_2$, Formel XI (R = $[CH_2]_4$-CH_3, X = NH-NH_2).
B. Beim Erwärmen von 2-Pentyloxy-chinolin-4-carbonsäure-methylester mit $N_2H_4 \cdot H_2O$ in Äthanol (*Subarowskiĭ*, Ukr. chim. Ž. **21** [1955] 377, 379; C. A. **1955** 14764).
Kristalle (aus A.); F: 154° [korr.].

2-Butoxy-chinolin-4-carbonylazid $C_{14}H_{14}N_4O_2$, Formel XI (R = $[CH_2]_3$-CH_3, X = N_3).
B. Beim Behandeln von 2-Butoxy-chinolin-4-carbonsäure-hydrazid in wss. HCl mit wss. $NaNO_2$ bei 0° (*R. Lieberherr*, Diss. [E.T.H. Zürich 1950] S. 135; *Sekera et al.*, Ann. pharm. franç. **16** [1958] 684, 686; *Pavlíček, Vrba*, Čsl. farm. **7** [1958] 448; C. A. **1959** 8539).
Gelbe Kristalle; F: 130—131° [unter explosionsartiger Zers.] (*Li.*); Zers. bei 125° bis 140° (*Pa., Vrba*).

6-Fluor-2-hydroxy-chinolin-4-carbonsäure $C_{10}H_6FNO_3$, Formel XIII (R = H, X = OH, X' = F) auf S. 2294, und Tautomeres (6-Fluor-2-oxo-1,2-dihydro-chinolin-4-carbonsäure).
B. Beim Erwärmen von 1-Acetyl-5-fluor-indolin-2,3-dion mit wss. NaOH (*Yen et al.*, J. org. Chem. **23** [1958] 1858, 1860).
Gelbliche Kristalle (aus Eg.); unterhalb 360° nicht schmelzend.

6-Chlor-2-hydroxy-chinolin-4-carbonsäure $C_{10}H_6ClNO_3$, Formel XIII (R = H, X = OH, X' = Cl), und Tautomeres (6-Chlor-2-oxo-1,2-dihydro-chinolin-4-carbonsäure).

B. Beim Erwärmen von 1-Acetyl-5-chlor-indolin-2,3-dion mit wss. NaOH (*Buchman et al.*, Am. Soc. **68** [1946] 2692, 2693).

Kristalle (aus Eg.); F: >315°.

6-Chlor-2-hydroxy-chinolin-4-carbonsäure-äthylester $C_{12}H_{10}ClNO_3$, Formel XIII (R = H, X = O-C_2H_5, X' = Cl), und Tautomeres (6-Chlor-2-oxo-1,2-dihydro-chinolin-4-carbonsäure-äthylester).

B. Aus 6-Chlor-2-hydroxy-chinolin-4-carbonsäure beim Erwärmen mit Äthanol unter Zusatz von H_2SO_4 (*Buchman et al.*, Am. Soc. **68** [1946] 2692, 2693).

Kristalle (aus A.); F: 236,5° [korr.].

2-Äthoxy-6-brom-chinolin-4-carbonsäure-[2-diäthylamino-äthylamid] $C_{18}H_{24}BrN_3O_2$, Formel XIII (R = C_2H_5, X = NH-CH_2-CH_2-N(C_2H_5)$_2$, X' = Br).

B. Beim Erwärmen von 6-Brom-2-chlor-chinolin-4-carbonsäure-[2-diäthylamino-äthylamid] mit Natriumäthylat in Äthanol (*CIBA*, D.R.P. 537104 [1926]; Frdl. **18** 2734; Schweiz. P. 139450 [1927]).

Kristalle (aus Cyclohexan); F: 91°.

6-Brom-2-butoxy-chinolin-4-carbonsäure-[2-diäthylamino-äthylamid] $C_{20}H_{28}BrN_3O_2$, Formel XIII (R = [CH_2]$_3$-CH_3, X = NH-CH_2-CH_2-N(C_2H_5)$_2$, X' = Br).

B. Beim Erwärmen von 6-Brom-2-chlor-chinolin-4-carbonsäure-[2-diäthylamino-äthylamid] mit Natriumbutylat in Butan-1-ol (*CIBA*, D.R.P. 537104 [1926]; Frdl. **18** 2734).

Kristalle; F: 106°.

2-Hydroxy-6-nitro-chinolin-4-carbonsäure $C_{10}H_6N_2O_5$, Formel XIII (R = H, X = OH, X' = NO_2), und Tautomeres (6-Nitro-2-oxo-1,2-dihydro-chinolin-4-carbonsäure) (E II 176).

B. Beim Behandeln einer Lösung von 2-Hydroxy-chinolin-4-carbonsäure in konz. H_2SO_4 mit KNO_3 bei −5° (*Büchi et al.*, Helv. **33** [1950] 858, 861). Aus 1-Acetyl-5-nitro-indolin-2,3-dion beim Erwärmen in wss. NaOH (*Bü. et al.*). Beim Erhitzen von 5-Nitro-indolin-2,3-dion mit Malonsäure in Essigsäure (*Makino, Hujihara*, Bl. chem. Soc. Japan **19** [1944] 95, 97; s. a. E II 176).

Gelbe Kristalle (aus Eg.); F: 339–344° [korr.; Zers.] (*Bü. et al.*).

6-Nitro-2-propoxy-chinolin-4-carbonsäure-methylester $C_{14}H_{14}N_2O_5$, Formel XIII (R = CH_2-CH_2-CH_3, X = O-CH_3, X' = NO_2).

B. Aus 2-Chlor-6-nitro-chinolin-4-carbonsäure-methylester beim Erwärmen mit Natriumpropylat in Propan-1-ol (*Mei et al.*, Acta pharm. sinica **7** [1959] 311, 316; C. A. **1960** 17397).

Kristalle (aus A.); F: 45,7–47°.

2-Hydroxy-6-nitro-chinolin-4-carbonsäure-äthylester $C_{12}H_{10}N_2O_5$, Formel XIII (R = H, X = O-C_2H_5, X' = NO_2), und Tautomeres (6-Nitro-2-oxo-1,2-dihydro-chinolin-4-carbonsäure-äthylester).

B. Beim Erwärmen von 2-Hydroxy-6-nitro-chinolin-4-carbonsäure mit Äthanol unter Zusatz von wss. H_2SO_4 (*Mei et al.*, Acta pharm. sinica **7** [1959] 311, 316, 317; C. A. **1960** 17397; s. a. *Makino, Hujihara*, Bl. chem. Soc. Japan **19** [1944] 95, 97). Aus 2-Hydroxy-chinolin-4-carbonsäure-äthylester beim Behandeln mit KNO_3 und H_2SO_4 (*Mei et al.*).

Gelbliche Kristalle (aus Acn.); F: 268–270° (*Mei et al.*).

2-Äthoxy-6-nitro-chinolin-4-carbonsäure-äthylester $C_{14}H_{14}N_2O_5$, Formel XIII (R = C_2H_5, X = O-C_2H_5, X' = NO_2).

B. Beim Erwärmen von 2-Chlor-6-nitro-chinolin-4-carbonylchlorid mit Natriumäthylat in Äthanol (*Mei et al.*, Acta pharm. sinica **7** [1959] 311, 316; C. A. **1960** 17397).

Kristalle (aus A.); F: 89,9–91,5°.

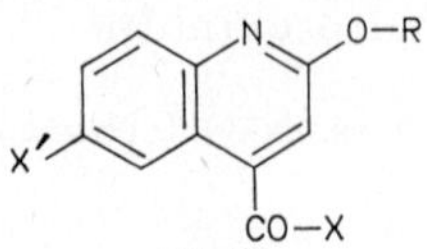

XIII 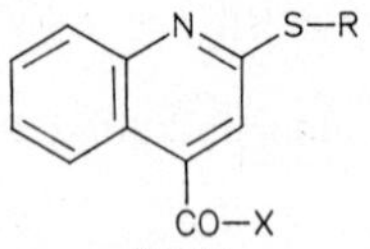 XIV 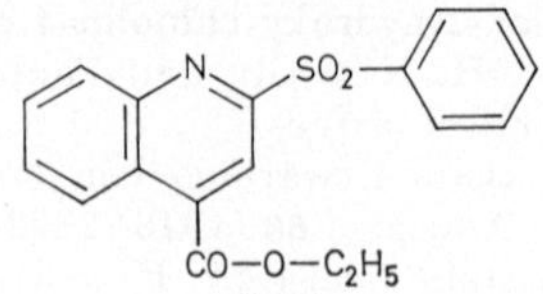 XV

2-Hydroxy-6-nitro-chinolin-4-carbonsäure-hydrazid $C_{10}H_8N_4O_4$, Formel XIII (R = H, X = NH-NH$_2$, X' = NO$_2$), und Tautomeres (6-Nitro-2-oxo-1,2-dihydro-chinolin-4-carbonsäure-hydrazid).

B. Beim Erwärmen von 2-Hydroxy-6-nitro-chinolin-4-carbonsäure-äthylester mit $N_2H_4 \cdot H_2O$ in Äthanol (*Mei et al.*, Acta pharm. sinica **7** [1959] 311, 316, 317; C. A. **1960** 17397).

Hydrochlorid $C_{10}H_8N_4O_4 \cdot HCl$. F: 292° [Zers.].

2-Methoxy-6-nitro-chinolin-4-carbonsäure-hydrazid $C_{11}H_{10}N_4O_4$, Formel XIII (R = CH$_3$, X = NH-NH$_2$, X' = NO$_2$).

B. Aus 2-Methoxy-6-nitro-chinolin-4-carbonsäure-methylester (analog 2-Äthoxy-6-nitro-chinolin-4-carbonsäure-äthylester [S. 2293] hergestellt) beim Erwärmen mit $N_2H_4 \cdot H_2O$ in Äthanol (*Mei et al.*, Acta pharm. sinica **7** [1959] 311, 316; C. A. **1960** 17397).

Kristalle (aus A.); F: 242°.

2-Äthoxy-6-nitro-chinolin-4-carbonsäure-hydrazid $C_{12}H_{12}N_4O_4$, Formel XIII (R = C$_2$H$_5$, X = NH-NH$_2$, X' = NO$_2$).

B. Beim Erwärmen von 2-Äthoxy-6-nitro-chinolin-4-carbonsäure-äthylester mit $N_2H_4 \cdot H_2O$ in Äthanol (*Mei et al.*, Acta pharm. sinica **7** [1959] 311, 316; C. A. **1960** 17397).

Kristalle (aus A.); F: 238–239°.

6-Nitro-2-propoxy-chinolin-4-carbonsäure-hydrazid $C_{13}H_{14}N_4O_4$, Formel XIII (R = CH$_2$-CH$_2$-CH$_3$, X = NH-NH$_2$, X' = NO$_2$).

B. Beim Erwärmen von 6-Nitro-2-propoxy-chinolin-4-carbonsäure-methylester mit $N_2H_4 \cdot H_2O$ in Äthanol (*Mei et al.*, Acta pharm. sinica **7** [1959] 311, 316; C. A. **1960** 17397).

Kristalle (aus A.); F: 206–207°.

2-Butoxy-6-nitro-chinolin-4-carbonsäure-hydrazid $C_{14}H_{16}N_4O_4$, Formel XIII (R = [CH$_2$]$_3$-CH$_3$, X = NH-NH$_2$, X' = NO$_2$).

B. Beim Erwärmen von 2-Butoxy-6-nitro-chinolin-4-carbonsäure-methylester (aus 2-Chlor-6-nitro-chinolin-4-carbonsäure-methylester durch Erwärmen mit Natrium-butylat in Butan-1-ol hergestellt) mit $N_2H_4 \cdot H_2O$ in Äthanol (*Mei et al.*, Acta. pharm. sinica **7** [1959] 311, 316, 317; C. A. **1960** 17397).

Kristalle (aus A.); F: 183,5–184,2°.

2-Phenylmercapto-chinolin-4-carbonsäure $C_{16}H_{11}NO_2S$, Formel XIV (R = C$_6$H$_5$, X = OH).

B. Beim Erwärmen von 2-Phenylmercapto-chinolin-4-carbonsäure-äthylester mit wss.-äthanol. NaOH (*Winstein et al.*, Am. Soc. **68** [1946] 2714, 2717). Aus 2-Chlor-chinolin-4-carbonsäure und Natrium-thiophenolat (*Wi. et al.*).

Kristalle (aus Toluol); F: 210–212° [korr.] (*Wi. et al.*, l. c. S. 2716).

2-[2-Diäthylamino-äthylmercapto]-chinolin-4-carbonsäure $C_{16}H_{20}N_2O_2S$, Formel XIV (R = CH$_2$-CH$_2$-N(C$_2$H$_5$)$_2$, X = OH).

B. Beim Behandeln von 2-Chlor-chinolin-4-carbonsäure mit Natrium-[2-diäthyl-amino-äthanthiolat] in Äthanol (*Gilman, Plunkett*, Am. Soc. **71** [1949] 3667).

Hydrochlorid $C_{16}H_{20}N_2O_2S \cdot HCl$. Kristalle (aus A.); F: 240–242°.

2-Phenylmercapto-chinolin-4-carbonsäure-methylester $C_{17}H_{13}NO_2S$, Formel XIV (R = C$_6$H$_5$, X = O-CH$_3$).

B. Aus 2-Phenylmercapto-chinolin-4-carbonylchlorid (aus der Säure und SOCl$_2$ her-

gestellt) und Methanol (*Winstein et al.*, Am. Soc. **68** [1946] 2714, 2717).
F: 98,5–99,5°.

2-Phenylmercapto-chinolin-4-carbonsäure-äthylester $C_{18}H_{15}NO_2S$, Formel XIV ($R = C_6H_5$, $X = O\text{-}C_2H_5$).

B. Beim Erwärmen von 2-Chlor-chinolin-4-carbonsäure-äthylester mit Natriumthiophenolat in Äthanol (*Winstein et al.*, Am. Soc. **68** [1946] 2714, 2717). Aus 2-Phenylmercapto-chinolin-4-carbonylchlorid (aus der Säure mit Hilfe von $SOCl_2$ hergestellt) und Äthanol (*Wi. et al.*).

Kristalle (aus Hexan); F: 54–56°.

Beim Erwärmen mit $NaNH_2$ in Benzol und Behandeln der Reaktionsmischung mit wss. Essigsäure und Eis ist eine als Bis-[2-phenylmercapto-chinolin-4-carbonyl]-amin $C_{32}H_{21}N_3O_2S_2$ angesehene Verbindung (F: 224–233° [aus Dioxan + H_2O]) erhalten worden.

2-Benzolsulfonyl-chinolin-4-carbonsäure-äthylester $C_{18}H_{15}NO_4S$, Formel XV.

B. Aus 2-Phenylmercapto-chinolin-4-carbonsäure-äthylester beim Behandeln mit wss. H_2O_2 in einem Gemisch aus Acetanhydrid und Essigsäure (*Winstein et al.*, Am. Soc. **68** [1946] 2714, 2717).

F: 155–156° [korr.].

2-Phenylmercapto-chinolin-4-carbonsäure-isopropylester $C_{19}H_{17}NO_2S$, Formel XIV ($R = C_6H_5$, $X = O\text{-}CH(CH_3)_2$).

B. Analog 2-Phenylmercapto-chinolin-4-carbonsäure-methylester [S. 2294] (*Winstein et al.*, Am. Soc. **68** [1946] 2714, 2716, 2717).

F: 75–77°.

2-Äthylmercapto-chinolin-4-carbonsäure-[2-diäthylamino-äthylamid] $C_{18}H_{25}N_3OS$, Formel XIV ($R = C_2H_5$, $X = NH\text{-}CH_2\text{-}CH_2\text{-}N(C_2H_5)_2$).

B. Beim Erwärmen von 2-Chlor-chinolin-4-carbonsäure-[2-diäthylamino-äthylamid] mit Äthanthiol in Äthanol unter Zusatz von Natriumäthylat (*Wander A.G.*, Schweiz. P. **248637** [1945]).

Kristalle (aus PAe.).

2-Phenylmercapto-chinolin-4-carbonsäure-amid $C_{16}H_{12}N_2OS$, Formel XIV ($R = C_6H_5$, $X = NH_2$).

B. Beim Behandeln von 2-Phenylmercapto-chinolin-4-carbonylchlorid (aus der Säure und $SOCl_2$ hergestellt) mit flüssigem NH_3 (*Winstein et al.*, Am. Soc. **68** [1946] 2714, 2717).

Kristalle (aus Dioxan); F: 231–233,5° [korr.].

2-Butoxy-chinolin-4-thiocarbonsäure-*S*-[2-diäthylamino-äthylester] $C_{20}H_{28}N_2O_2S$, Formel I.

B. Aus 2-Butoxy-chinolin-4-carbonylchlorid und 2-Diäthylamino-äthanthiol in Benzol (*Clinton et al.*, Am. Soc. **71** [1949] 3366, 3369).

Hydrochlorid $C_{20}H_{28}N_2O_2S\cdot HCl$. Hellgelbe Kristalle (aus A. + E. + Ae.); F: 161° bis 162° [korr.].

N O–[CH2]3–CH3
CO–S–CH2–CH2–N(C2H5)2

I

N O–[CH2]3–CH3
CO–S–[CH2]3–N

II

2-Butoxy-chinolin-4-thiocarbonsäure-*S*-[3-piperidino-propylester] $C_{22}H_{30}N_2O_2S$, Formel II.

B. Aus 2-Butoxy-chinolin-4-carbonylchlorid und 3-Piperidino-propan-1-thiol in

Benzol (*Clinton et al.*, Am. Soc. **71** [1949] 3366, 3369).
Hydrochlorid $C_{22}H_{30}N_2O_2S \cdot HCl$. Kristalle (aus A. + E.); F: 149—150° [korr.].

3-Hydroxy-chinolin-4-carbonsäure $C_{10}H_7NO_3$, Formel III (R = H, X = OH).
B. Bei 6-tägigem Behandeln von Isatin mit wss. KOH und Chlorbrenztrauben= säure (*Cragoe et al.*, J. org. Chem. **18** [1953] 552, 557; *Cragoe, Robb*, Org. Synth. Coll. Vol. V [1973] 635). Aus 3-Hydroxy-chinolin-4-carbonitril beim Erhitzen mit konz. wss. HCl und Essigsäure auf 170—180° (*Daeniker, Druey*, Helv. **41** [1958] 2148, 2155). Beim Behandeln von 3-Amino-chinolin-4-carbonsäure mit wss. HCl und wss. $NaNO_2$ und Erwärmen der Reaktionslösung bis auf 70° (*Blanchard et al.*, Bl. Johns Hopkins Hosp. **88** [1951] 181, 184).
Kristalle; F: 256—258° [unkorr.; aus wss. Me.] (*Da.*, *Dr.*), 224° [unkorr.; Zers.; auf 205° vorgeheiztes Bad; aus DMF] (*Cr. et al.*; *Cr.*, *Robb*). λ_{max} (A.): 253 nm und 332 nm (*Da.*, *Dr.*).

3-Acetoxy-chinolin-4-carbonsäure $C_{12}H_9NO_4$, Formel III (R = CO-CH_3, X = OH).
B. Beim Erhitzen von 3-Hydroxy-chinolin-4-carbonsäure mit Acetanhydrid (*Cragoe et al.*, J. org. Chem. **18** [1953] 552, 558).
Kristalle (aus DMF + E.); F: 210,5° [auf 205° vorgeheiztes Bad].

3-Butyryloxy-chinolin-4-carbonsäure $C_{14}H_{13}NO_4$, Formel III (R = CO-CH_2-CH_2-CH_3, X = OH).
B. Beim Erhitzen von 3-Hydroxy-chinolin-4-carbonsäure mit Buttersäure-anhydrid (*Cragoe et al.*, J. org. Chem. **18** [1953] 552, 558).
Kristalle (aus E.); F: 175—176° [auf 160° vorgeheiztes Bad].

3-Hydroxy-chinolin-4-carbonsäure-methylester $C_{11}H_9NO_3$, Formel III (R = H, X = O-CH_3).
B. Beim Erwärmen von 3-Hydroxy-chinolin-4-carbonsäure mit Methanol und konz. H_2SO_4 (*Cragoe et al.*, J. org. Chem. **18** [1953] 552, 557).
Blassgelbe Kristalle (aus Heptan); F: 130—132°.

3-Hydroxy-chinolin-4-carbonsäure-äthylester $C_{12}H_{11}NO_3$, Formel III (R = H, X = O-C_2H_5).
B. Beim Erwärmen von 3-Hydroxy-chinolin-4-carbonsäure mit Äthanol und konz. H_2SO_4 (*Cragoe et al.*, J. org. Chem. **18** [1953] 552, 558).
Hellgelbe Kristalle (aus Heptan); F: 69—71°.

3-Hydroxy-chinolin-4-carbonsäure-amid $C_{10}H_8N_2O_2$, Formel III (R = H, X = NH_2).
B. Beim Erhitzen von 3-Hydroxy-chinolin-4-carbonsäure-methylester mit NH_3 enthaltendem Methanol auf 100° (*Cragoe et al.*, J. org. Chem. **18** [1953] 552, 558). Aus 3-Hydroxy-chinolin-4-carbonitril beim Erhitzen mit wss. H_2SO_4 [90%ig] auf 120° (*Daeniker, Druey*, Helv. **41** [1958] 2148, 2155).
Kristalle; F: 252—253° [auf 245° vorgeheiztes Bad; aus Dioxan + Me.] (*Cr. et al.*), 200—205° [unkorr.; nach Sublimation bei 150° im Hochvakuum] (*Da.*, *Dr.*). λ_{max} (A.): 247 nm und 330 nm (*Da.*, *Dr.*).

3-Hydroxy-chinolin-4-carbonsäure-dimethylamid $C_{12}H_{12}N_2O_2$, Formel III (R = H, X = $N(CH_3)_2$).
B. Beim Erhitzen von 3-Hydroxy-chinolin-4-carbonsäure-methylester mit Dimethyl= amin in Methanol auf 100° (*Cragoe et al.*, J. org. Chem. **18** [1953] 552, 558).
Hellgelbe Kristalle (aus H_2O); F: 124—128°.

3-Hydroxy-chinolin-4-carbonitril $C_{10}H_6N_2O$, Formel IV.
B. Neben 2-Hydroxy-chinolin-4-carbonitril beim Erwärmen von 1-Oxy-chinolin-4-carbonitril mit Trifluoracetanhydrid in CH_2Cl_2 und Erwärmen des Reaktionsprodukts mit H_2O (*Daeniker, Druey*, Helv. **41** [1958] 2148, 2154).
Gelbliche Kristalle (aus A.); F: 201—202° [unkorr.]. Im Hochvakuum bei 130° sublimierbar. λ_{max} (A.): 257 nm, 332 nm und 363 nm.

6-Chlor-3-hydroxy-chinolin-4-carbonsäure $C_{10}H_6ClNO_3$, Formel V (X = Cl, X' = H).
B. Bei mehrtägigem Behandeln von 5-Chlor-indolin-2,3-dion mit wss. KOH und Chlorbrenztraubensäure (*Cragoe et al.*, J. org. Chem. **18** [1953] 552, 553).
F: 225–226° [unkorr.; Zers.; auf ca. 215° vorgeheiztes Bad].

6,8-Dichlor-3-hydroxy-chinolin-4-carbonsäure $C_{10}H_5Cl_2NO_3$, Formel V (X = X' = Cl).
B. Bei mehrtägigem Behandeln von 5,7-Dichlor-indolin-2,3-dion mit wss. KOH und Chlorbrenztraubensäure (*Cragoe et al.*, J. org. Chem. **18** [1953] 552, 553).
Kristalle (aus 2-Methoxy-äthanol); F: 238–240° [unkorr.; Zers.; auf ca. 230° vorgeheiztes Bad].

6-Brom-3-hydroxy-chinolin-4-carbonsäure $C_{10}H_6BrNO_3$, Formel V (X = Br, X' = H).
B. Bei mehrtägigem Behandeln von 5-Brom-indolin-2,3-dion mit wss. KOH und Brombrenztraubensäure (*Cragoe et al.*, J. org. Chem. **18** [1953] 552, 553).
Kristalle; F: 233–234° [unkorr.; Zers.; auf ca. 223° vorgeheiztes Bad].

3-Hydroxy-6-jod-chinolin-4-carbonsäure $C_{10}H_6INO_3$, Formel V (X = I, X' = H).
B. Bei mehrtägigem Behandeln von 5-Jod-indolin-2,3-dion mit wss. KOH und Brombrenztraubensäure (*Cragoe et al.*, J. org. Chem. **18** [1953] 552, 553).
F: 239–241° [unkorr.; Zers.; auf ca. 230° vorgeheiztes Bad].

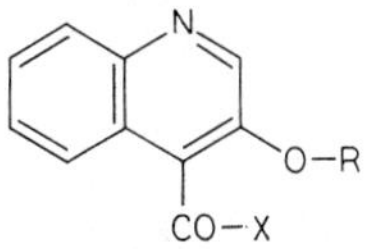

III 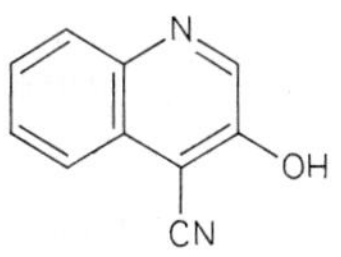 IV 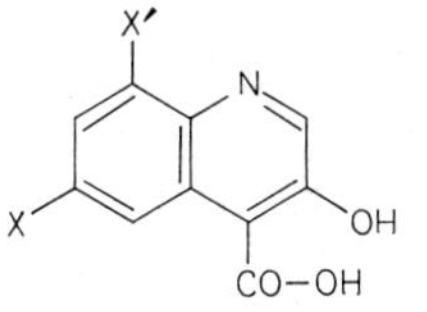 V 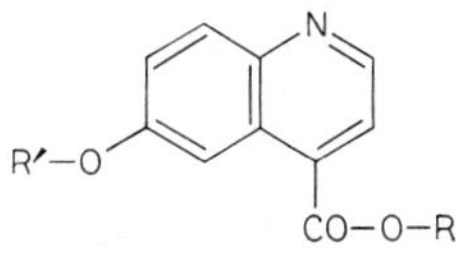 VI

6-Hydroxy-chinolin-4-carbonsäure $C_{10}H_7NO_3$, Formel VI (R = R' = H) (H 233).
B. Beim Erwärmen von 6-Methoxy-chinolin-4-carbonsäure mit wss. HI (*John*, J. pr. [2] **128** [1930] 190, 194).
Kristalle; F: 320° [Zers.].

6-Methoxy-chinolin-4-carbonsäure, Chininsäure $C_{11}H_9NO_3$, Formel VI (R = H, R' = CH_3) (H 234; E I 555; E II 176).
B. Beim Behandeln von 6-Methoxy-4-styryl-chinolin mit $KMnO_4$ in wss. Pyridin (*Rabe et al.*, B. **64** [1931] 2487, 2493; s. a. *Ainley*, *King*, Pr. roy. Soc. [B] **125** [1938] 60, 85; *Campbell et al.*, J. org. Chem. **11** [1946] 803, 810). Aus 6-Methoxy-chinolin-4-carbonitril beim Erwärmen mit wss. H_2SO_4 (*Ai.*, *King*, l. c. S. 83). Aus 2-Chlor-6-methoxy-chinolin-4-carbonsäure-äthylester beim Erwärmen mit $SnCl_2$ und konz. HCl und anschliessenden Behandeln mit wss. NaOH (*Thielepape*, *Fulde*, B. **72** [1939] 1432, 1440) sowie beim Erwärmen mit wss. NaOH und anschliessenden Hydrieren an Palladium/$SrCO_3$ (*King*, *Work*, Soc. **1942** 401, 404) oder an Raney-Nickel (*Koelsch*, Am. Soc. **68** [1946] 146, 147 Anm. 4). Aus 2-Jod-6-methoxy-chinolin-4-carbonsäure bei der Hydrierung an Platin in wss. KOH (*Th.*, *Fu.*, l. c. S. 1443). Beim Behandeln von Chinin oder Chinidin mit CrO_3 in wss. H_2SO_4 (vgl. H 234) unter Zusatz von Metallsalzen (*John*, B. **63** [1930] 2657–2661; *Barković et al.*, Acta pharm. jugosl. **8** [1958] 51; C. A. **1958** 17265).
Kristalle; F: 288° [Zers.] (*Gibbs*, *Henry*, Soc. **1939** 1294, 1297), 285° [korr.; Zers.; aus A.] (*Th.*, *Fu.*, l. c. S. 1441). Absorptionsspektrum (wss. H_2SO_4; 220–470 nm): *Heidt*, *Forber*, Am. Soc. **55** [1933] 2701, 2705. Zur Fluorescenz s. *Szebellédy*, *Jónás*, Z. anal. Chem. **113** [1938] 266.
Chromat $2C_{11}H_9NO_3 \cdot H_2CrO_4$. Orangefarbene Kristalle (*Ba. et al.*, l. c. S. 57).
Dichromat $2C_{11}H_9NO_3 \cdot H_2Cr_2O_7$. Rotorangefarbene Kristalle (*Ba. et al.*).
Hexachlorostannat(IV) $2C_{11}H_9NO_3 \cdot H_2SnCl_6$. Gelbe Kristalle; F: 274–275° [korr.; Zers.; auf 140° vorgeheiztes Bad; Geschwindigkeit des Erhitzens: 20–30 s·grad^{-1}] bzw. 268–269° [korr.; Zers.; auf 140° vorgeheiztes Bad; Geschwindigkeit des Erhitzens: 3–5 s·grad^{-1}] (*Th.*, *Fu.*, l. c. S. 1442).

Tetrachloroaurat(III) $2C_{11}H_9NO_3 \cdot HAuCl_4$. Gelbe Kristalle; F: 223° [korr.] (*Th.*, *Fu.*, l. c. S. 1441).

Picrat $2C_{11}H_9NO_3 \cdot C_6H_3N_3O_7$. Gelbe Kristalle (aus A.); F: 244° [korr.] (*Th.*, *Fu.*, l. c. S. 1442).

Phenylquecksilber-Salz $[C_6H_5Hg]C_{11}H_8NO_3$. F: 207° [Zers.] (*Lever Brothers Co.*, U.S.P. 2177049 [1936]).

6-Äthoxy-chinolin-4-carbonsäure $C_{12}H_{11}NO_3$, Formel VI (R = H, R' = C_2H_5).

B. Beim längeren Erwärmen von 6-Hydroxy-chinolin-4-carbonsäure-äthylester mit Äthyljodid in äthanol. KOH und Erwärmen des Reaktionsprodukts mit äthanol. KOH (*John*, J. pr. [2] **128** [1930] 190, 198). Beim Erwärmen von Optochin (E II **23** 401) in wss. H_2SO_4 mit CrO_3 (*Vernon*, *Resch*, Am. Soc. **54** [1932] 3455; s. a. *Barković*, *Movrin*, Acta pharm. jugosl. **7** [1957] 119, 122; C. A. **1958** 406).

Gelbliche Kristalle; F: 295—296° [Zers.; aus wss. A. + Eg.] (*Barković*, Acta pharm. jugosl. **5** [1955] 189, 191; C. A. **1956** 12053), 292—293° (*Ba.*, *Mo.*), 288,5° [aus A.] (*Ve.*, *Re.*).

Hydrobromid. Verbindung mit Brom $C_{12}H_{11}NO_3 \cdot HBr \cdot Br$. *B.* Aus 6-Äthoxy-chinolin-4-carbonsäure beim Erwärmen mit wss. HBr und wss. H_2O_2 (*Barković*, *Rill-Cerkovnikov*, Acta pharm. jugosl. **8** [1958] 71, 75; C. A. **1958** 18419). — Kristalle (aus Eg.); F: 196—198° [Zers.] (*Ba.*, *Rill-Ce.*).

Dichromat $2C_{12}H_{11}NO_3 \cdot H_2Cr_2O_7$. Orangerote Kristalle (*Ba.*, *Mo.*, l. c. S. 123).

6-Butoxy-chinolin-4-carbonsäure $C_{14}H_{15}NO_3$, Formel VI (R = H, R' = $[CH_2]_3$-CH_3).

B. Beim Erwärmen von (−)-Butylapochinin (Syst.-Nr. 3538) mit wss. H_2SO_4 und CrO_3 (*Miura*, J. pharm. Soc. Japan **62** [1942] 224, 225; C. A. **1950** 10161).

Kristalle (aus A.); F: 185—187°.

6-Isopentyloxy-chinolin-4-carbonsäure $C_{15}H_{17}NO_3$, Formel VI (R = H, R' = CH_2-CH_2-$CH(CH_3)_2$).

B. Aus (−)-Isopentylapochinin (Syst.-Nr. 3538) beim Erwärmen mit wss. H_2SO_4 und CrO_3 (*Miura*, J. pharm. Soc. Japan **62** [1942] 224, 226; C. A. **1950** 10161). Beim Erwärmen von Eucupin (E II **23** 402) in wss. H_2SO_4 mit CrO_3 und $MnSO_4$ (*Barković*, *Movrin*, Acta pharm. jugosl. **7** [1957] 119, 124; C. A. **1958** 406).

Kristalle; F: 230° (*Mi.*), 229—230° [aus A.] (*Ba.*, *Mo.*).

Dichromat $2C_{15}H_{17}NO_3 \cdot H_2Cr_2O_7$. Orangegelbe Kristalle (*Ba.*, *Mo.*).

6-Hydroxy-chinolin-4-carbonsäure-methylester $C_{11}H_9NO_3$, Formel VI (R = CH_3, R' = H).

B. Beim Erwärmen von 6-Hydroxy-chinolin-4-carbonsäure mit Methanol und konz. H_2SO_4 (*John*, J. pr. [2] **128** [1930] 201).

Kristalle (aus Me. oder A.); F: 212°.

6-Methoxy-chinolin-4-carbonsäure-methylester $C_{12}H_{11}NO_3$, Formel VI (R = R' = CH_3).

B. Beim Erwärmen von 6-Methoxy-chinolin-4-carbonsäure mit Methanol und konz. H_2SO_4 (*John*, J. pr. [2] **128** [1930] 180; *Thielepape*, *Fulde*, B. **72** [1939] 1432, 1442).

Blassgelbe Kristalle; F: 87—88° [aus Ae.] (*Barković*, *Rill-Cerkovnikov*, Acta pharm. jugosl. **8** [1958] 71, 73; C. A. **1958** 18419), 87° [aus wss. Me.] (*Th.*, *Fu.*), 85—86° (*Doering*, *Chanley*, Am. Soc. **68** [1946] 586, 587).

Hydrobromid. Verbindung mit Brom $C_{12}H_{11}NO_3 \cdot HBr \cdot Br$. *B.* Aus 6-Methoxy-chinolin-4-carbonsäure-methylester beim Behandeln mit Brom in $CHCl_3$ unter Zusatz von wss. HBr (*Ba.*, *Rill-Ce.*, l. c. S. 74). — Kristalle (aus E.); F: 145° [nach Sintern bei 94—96°] (*Ba.*, *Rill-Ce.*).

6-Äthoxy-chinolin-4-carbonsäure-methylester $C_{13}H_{13}NO_3$, Formel VI (R = CH_3, R' = C_2H_5).

B. Beim Erwärmen von 6-Äthoxy-chinolin-4-carbonsäure mit Methanol und konz. H_2SO_4 (*John*, J. pr. [2] **128** [1930] 190, 199; *Barković*, Acta pharm. jugosl. **5** [1955] 189, 191; C. A. **1956** 12053).

Kristalle; F: 62—63° [aus PAe.] (*Ba.*), 58° [aus wss. A.] (*John*).

6-Hydroxy-chinolin-4-carbonsäure-äthylester $C_{12}H_{11}NO_3$, Formel VI ($R = C_2H_5$, $R' = H$) auf S. 2297.

B. Beim Erwärmen von 6-Hydroxy-chinolin-4-carbonsäure mit Äthanol und konz. H_2SO_4 (*John*, J. pr. [2] **128** [1930] 201, 202).

Gelbe Kristalle (aus A.); F: 185,5°.

6-Hydroxy-chinolin-4-carbonsäure-[2-chlor-äthylester] $C_{12}H_{10}ClNO_3$, Formel VI ($R = CH_2$-CH_2-Cl, $R' = H$) auf S. 2297.

B. Beim Erhitzen von 6-Hydroxy-chinolin-4-carbonylchlorid mit 2-Chlor-äthanol auf 110° (*John*, J. pr. [2] **128** [1930] 190, 197).

Kristalle (aus Chlorbenzol); F: 150°.

6-Methoxy-chinolin-4-carbonsäure-äthylester $C_{13}H_{13}NO_3$, Formel VI ($R = C_2H_5$, $R' = CH_3$) auf S. 2297 (H 234; E I 555; E II 176).

B. Beim Erwärmen von 6-Methoxy-chinolin-4-carbonsäure mit Äthanol und konz. H_2SO_4 (*John*, J. pr. [2] **128** [1930] 180, 181; *Thielepape, Fulde*, B. **72** [1939] 1432, 1442).

Kristalle (aus wss. Acn.); F: 69° (*Th., Fu.*). Kp_1: 172° (*Ainley, King*, Pr. roy. Soc. [B] **125** [1938] 60, 83).

Hydrobromid. Verbindung mit Brom $C_{13}H_{13}NO_3 \cdot HBr \cdot Br$. *B.* Aus 6-Methoxy-chinolin-4-carbonsäure-äthylester beim Behandeln mit wss. HBr und wss. H_2O_2 (*Barković, Rill-Cerkovnikov*, Acta pharm. jugosl. **8** [1958] 71, 74; C. A. **1958** 18419). — Kristalle (aus Eg.); F: 92—93° (*Ba., Rill-Ce.*).

6-Methoxy-chinolin-4-carbonsäure-[2-chlor-äthylester] $C_{13}H_{12}ClNO_3$, Formel VI ($R = CH_2$-CH_2-Cl, $R' = CH_3$) auf S. 2297.

B. Beim Erhitzen von 6-Methoxy-chinolin-4-carbonylchlorid-hydrochlorid mit 2-Chlor-äthanol auf 110° (*John*, J. pr. [2] **128** [1930] 190, 191).

Kristalle (aus Ae.); F: 71°.

6-Hydroxy-chinolin-4-carbonsäure-propylester $C_{13}H_{13}NO_3$, Formel VI ($R = CH_2$-CH_2-CH_3, $R' = H$) auf S. 2297.

B. Beim Erwärmen von 6-Hydroxy-chinolin-4-carbonylchlorid mit Propan-1-ol (*John*, J. pr. [2] **128** [1930] 201, 203).

Kristalle (aus Bzl. oder Ae.); F: 130°.

6-Hydroxy-chinolin-4-carbonsäure-isopropylester $C_{13}H_{13}NO_3$, Formel VI ($R = CH(CH_3)_2$, $R' = H$) auf S. 2297.

B. Beim Erwärmen von 6-Hydroxy-chinolin-4-carbonylchlorid mit Isopropylalkohol (*John*, J. pr. [2] **128** [1930] 201, 203).

Kristalle (aus wss. A. oder Ae.); F: 157°.

6-Hydroxy-chinolin-4-carbonylchlorid $C_{10}H_6ClNO_2$, Formel VII ($R = H$, $X = Cl$).

B. Aus 6-Hydroxy-chinolin-4-carbonsäure beim Erwärmen mit $SOCl_2$ (*John*, J. pr. [2] **128** [1930] 190, 195).

Orangefarbene Kristalle; F: 158° [Zers.].

6-Methoxy-chinolin-4-carbonylchlorid $C_{11}H_8ClNO_2$, Formel VII ($R = CH_3$, $X = Cl$) (E I 555).

Hydrochlorid $C_{11}H_8ClNO_2 \cdot HCl$. Zers. bei 186° (*John*, J. pr. [2] **128** [1930] 190, 191).

6-Butoxy-chinolin-4-carbonylchlorid $C_{14}H_{14}ClNO_2$, Formel VII ($R = [CH_2]_3$-CH_3, $X = Cl$).

B. Beim Erwärmen von 6-Butoxy-chinolin-4-carbonsäure mit $SOCl_2$ (*Miura*, J. pharm. Soc. Japan **62** [1942] 224, 226; C. A. **1950** 10161).

Hydrochlorid. Gelbe Kristalle; F: 178°.

6-Isopentyloxy-chinolin-4-carbonylchlorid $C_{15}H_{16}ClNO_2$, Formel VII ($R = CH_2$-CH_2-$CH(CH_3)_2$, $X = Cl$).

B. Beim Erwärmen von 6-Isopentyloxy-chinolin-4-carbonsäure mit $SOCl_2$ (*Miura*,

J. pharm. Soc. Japan **62** [1942] 224, 226; C. A. **1950** 10161).
Hydrochlorid. F: 140°.

6-Hydroxy-chinolin-4-carbonsäure-amid $C_{10}H_8N_2O_2$, Formel VII (R = H, X = NH_2).
B. Aus 6-Hydroxy-chinolin-4-carbonylchlorid und konz. wss. NH_3 bei −8° (*John*, J. pr. [2] **128** [1930] 190, 195).
Kristalle (aus Me.); F: 264° [nach Braunfärbung].

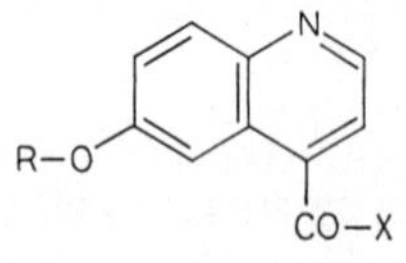

VII 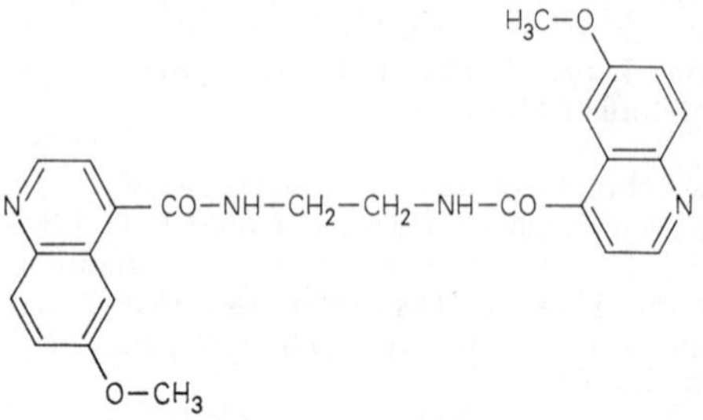 VIII

6-Hydroxy-chinolin-4-carbonsäure-diäthylamid $C_{14}H_{16}N_2O_2$, Formel VII (R = H, X = $N(C_2H_5)_2$).
B. Beim Erwärmen von 6-Hydroxy-chinolin-4-carbonylchlorid mit Diäthylamin in Benzol (*John*, J. pr. [2] **128** [1930] 190, 196).
Kristalle (aus Me. oder wss. A.); F: 119°.

6-Methoxy-chinolin-4-carbonsäure-amid $C_{11}H_{10}N_2O_2$, Formel VII (R = CH_3, X = NH_2) (H 234).
B. Beim Behandeln von 6-Methoxy-chinolin-4-carbonsäure-methylester mit NH_3 in Methanol (*Work*, Soc. **1942** 426, 428).
Kristalle (aus E. oder wss. A.); F: 210–212°.

6-Methoxy-chinolin-4-carbonsäure-[2-hydroxy-äthylamid] $C_{13}H_{14}N_2O_3$, Formel VII (R = CH_3, X = NH-CH_2-CH_2-OH).
B. Beim Erhitzen von 6-Methoxy-chinolin-4-carbonylchlorid-hydrochlorid mit 2-Amino-äthanol auf 110° (*John*, J. pr. [2] **128** [1930] 190, 192).
Kristalle (aus Chlorbenzol); F: 143°.

6-Methoxy-chinolin-4-carbonsäure-[4-sulfamoyl-anilid], ***N*****-[6-Methoxy-chinolin-4-carbonyl]-sulfanilsäure-amid** $C_{17}H_{15}N_3O_4S$, Formel VII (R = CH_3, X = NH-C_6H_4-SO_2-NH_2(*p*)).
B. Beim Erhitzen von 6-Methoxy-chinolin-4-carbonylchlorid mit Sulfanilamid und Pyridin auf 110° (*Dewing et al.*, Soc. **1942** 239, 243).
Kristalle (aus A.) mit 1 Mol H_2O; F: 255°.

N,N'**-Bis-[6-methoxy-chinolin-4-carbonyl]-äthylendiamin** $C_{24}H_{22}N_4O_4$, Formel VIII.
B. Beim Erhitzen von 6-Methoxy-chinolin-4-carbonylchlorid-hydrochlorid mit Äthyl=endiamin auf 110° (*John*, J. pr. [2] **128** [1930] 190, 193).
Kristalle (aus Chlorbenzol); F: 269°.

6-Methoxy-chinolin-4-carbonsäure-[2-benzo[1,3]dioxol-5-yl-äthylamid], 6-Methoxy-chinolin-4-carbonsäure-[3,4-methylendioxy-phenäthylamid] $C_{20}H_{18}N_2O_4$, Formel IX.
B. Beim Erhitzen von 6-Methoxy-chinolin-4-carbonsäure-methylester oder von 6-Methoxy-chinolin-4-carbonylchlorid-hydrochlorid mit 3,4-Methylendioxy-phenäthyl=amin und Pyridin in Benzol (*Alamela, Dey*, Pr. nation. Inst. Sci. India **7** [1941] 207, 211).
Kristalle (aus wss. A.); F: 120°.
Hydrochlorid $C_{20}H_{18}N_2O_4 \cdot HCl$. Kristalle (aus A.); F: 206°.
Picrat $C_{20}H_{18}N_2O_4 \cdot C_6H_3N_3O_7$. Gelbe Kristalle (aus A.); F: 216°.

Methojodid $[C_{21}H_{21}N_2O_4]I$. 6-Methoxy-1-methyl-4-[3,4-methylendioxy-phenäthylcarbamoyl]-chinolinium-jodid. Orangegelbe Kristalle (aus A.); F: 233°.

IX X

6-Butoxy-chinolin-4-carbonsäure-[2-diäthylamino-äthylamid] $C_{20}H_{29}N_3O_2$, Formel VII ($R = [CH_2]_3$-CH_3, X = NH-CH_2-CH_2-N(C_2H_5)$_2$).

B. Beim Erwärmen von 6-Butoxy-chinolin-4-carbonylchlorid-hydrochlorid mit *N,N*-Diäthyl-äthylendiamin in Benzol (*Miura*, J. pharm. Soc. Japan **62** [1942] 224, 226; C. A. **1950** 10161).

Hexachloroplatinat(IV) $C_{20}H_{29}N_3O_2 \cdot H_2PtCl_6$. Gelbe Kristalle; Zers. bei 245—246°.

6-Isopentyloxy-chinolin-4-carbonsäure-[2-diäthylamino-äthylamid] $C_{21}H_{31}N_3O_2$, Formel VII (R = CH_2-CH_2-CH(CH_3)$_2$, X = NH-CH_2-CH_2-N(C_2H_5)$_2$).

B. Aus 6-Isopentyloxy-chinolin-4-carbonylchlorid-hydrochlorid und *N,N*-Diäthyl-äthylendiamin in Benzol (*Miura*, J. pharm. Soc. Japan **62** [1942] 224, 226; C. A. **1950** 10161).

Hexachloroplatinat(IV) $C_{21}H_{31}N_3O_2 \cdot H_2PtCl_6$. Gelbe Kristalle; Zers. bei 224°.

6-Methoxy-chinolin-4-carbonitril $C_{11}H_8N_2O$, Formel X (E I 555).

B. Beim Erhitzen von 6-Methoxy-chinolin-4-carbonsäure-amid mit P_2O_5 in Nitrobenzol (*Work*, Soc. **1942** 426, 428).

Kristalle (aus wss. A.); F: 155°.

6-Hydroxy-chinolin-4-carbonsäure-hydrazid $C_{10}H_9N_3O_2$, Formel VII (R = H, X = NH-NH_2).

B. Beim Erwärmen von 6-Hydroxy-chinolin-4-carbonsäure-äthylester mit $N_2H_4 \cdot H_2O$ in Äthanol (*John*, J. pr. [2] **128** [1930] 201, 204).

Kristalle (aus H_2O); F: 244°.

6-Hydroxy-chinolin-4-carbonsäure-isopropylidenhydrazid, Aceton-[6-hydroxy-chinolin-4-carbonylhydrazon] $C_{13}H_{13}N_3O_2$, Formel VII (R = H, X = NH-N=C(CH_3)$_2$).

B. Beim Erwärmen von 6-Hydroxy-chinolin-4-carbonsäure-hydrazid mit Aceton (*John*, J. pr. [2] **128** [1930] 201, 205).

Kristalle (aus Me.); F: >300°.

***6-Hydroxy-chinolin-4-carbonsäure-[1-phenyl-äthylidenhydrazid], Acetophenon-[6-hydroxy-chinolin-4-carbonylhydrazon]** $C_{18}H_{15}N_3O_2$, Formel VII (R = H, X = NH-N=C(CH_3)-C_6H_5).

B. Beim Erwärmen von 6-Hydroxy-chinolin-4-carbonsäure-hydrazid mit Acetophenon in Äthanol (*John*, J. pr. [2] **128** [1930] 201, 205).

Kristalle (aus A.); F: 276°.

6-Methoxy-chinolin-4-carbonsäure-hydrazid $C_{11}H_{11}N_3O_2$, Formel VII (R = CH_3, X = NH-NH_2).

B. Beim Erhitzen von 6-Methoxy-chinolin-4-carbonsäure-äthylester mit $N_2H_4 \cdot H_2O$ (*Thielepape, Fulde*, B. **72** [1939] 1432, 1441; s. a. *John*, J. pr. [2] **128** [1930] 180, 182).

Kristalle; F: 154° [korr.; aus Me.] (*Th., Fu.*), 151° [aus H_2O] (*John*).

Picrat. Kristalle (aus H_2O); F: 205° (*John*).

6-Methoxy-chinolin-4-carbonsäure-isopropylidenhydrazid, Aceton-[6-methoxy-chinolin-4-carbonylhydrazon] $C_{14}H_{15}N_3O_2$, Formel VII (R = CH_3, X = NH-N=C(CH_3)$_2$).

B. Beim Erwärmen von 6-Methoxy-chinolin-4-carbonsäure-hydrazid mit Aceton

(*John*, J. pr. [2] **128** [1930] 180, 183).
Kristalle (aus Toluol); F: 135°.

***6-Methoxy-chinolin-4-carbonsäure-[1-phenyl-äthylidenhydrazid], Acetophenon-[6-methoxy-chinolin-4-carbonylhydrazon]** $C_{19}H_{17}N_3O_2$, Formel VII (R = CH_3, X = NH-N=C(CH_3)-C_6H_5) auf S. 2300.

B. Beim Erwärmen von 6-Methoxy-chinolin-4-carbonsäure-hydrazid mit Acetophenon in Äthanol (*John*, J. pr. [2] **128** [1930] 180, 183).
Kristalle (aus A.); F: 210°.

***6-Methoxy-chinolin-4-carbonsäure-[4-dimethylamino-benzylidenhydrazid], 4-Dimethylamino-benzaldehyd-[6-methoxy-chinolin-4-carbonylhydrazon]** $C_{20}H_{20}N_4O_2$, Formel VII (R = CH_3, X = NH-N=CH-C_6H_4-N(CH_3)$_2$(*p*)) auf S. 2300.

B. Beim Erwärmen von 6-Methoxy-chinolin-4-carbonsäure-hydrazid mit 4-Dimethylamino-benzaldehyd in Äthanol (*John*, J. pr. [2] **128** [1930] 180, 184).
Gelbe Kristalle (aus Bzl.); F: 132°.

6-Äthoxy-chinolin-4-carbonsäure-hydrazid $C_{12}H_{13}N_3O_2$, Formel VII (R = C_2H_5, X = NH-NH_2) auf S. 2300.

B. Beim Erwärmen von 6-Äthoxy-chinolin-4-carbonsäure-methylester mit $N_2H_4 \cdot H_2O$ in Methanol (*Barković*, Acta pharm. jugosl. **5** [1955] 189, 191; C. A. **1956** 12053).
Kristalle (aus $CHCl_3$ oder Me.); F: 179° [Zers.].

6-Äthoxy-chinolin-4-carbonsäure-cyclohexylidenhydrazid, Cyclohexanon-[6-äthoxy-chinolin-4-carbonylhydrazon] $C_{18}H_{21}N_3O_2$, Formel XI.

B. Beim Erwärmen von 6-Äthoxy-chinolin-4-carbonsäure-hydrazid mit Cyclohexanon in Äthanol unter Zusatz von wss. Essigsäure (*Barković*, Acta pharm. jugosl. **5** [1955] 189, 192; C. A. **1956** 12053).
Kristalle (nach Sublimation); F: 200–202° [Zers.].

6-Hydroxy-chinolin-4-carbonylazid $C_{10}H_6N_4O_2$, Formel VII (R = H, X = N_3) auf S. 2300.

B. Beim Behandeln von 6-Hydroxy-chinolin-4-carbonsäure-hydrazid in wss. HCl mit wss. $NaNO_2$ bei –10° (*John*, J. pr. [2] **128** [1930] 201, 206).
Gelbe Kristalle; Zers. bei 115°.

6-Methoxy-chinolin-4-carbonylazid $C_{11}H_8N_4O_2$, Formel VII (R = CH_3, X = N_3) auf S. 2300.

B. Beim Behandeln von 6-Methoxy-chinolin-4-carbonsäure-hydrazid in wss. HCl mit wss. $NaNO_2$ bei –10° (*John*, J. pr. [2] **128** [1930] 180, 184).
Gelbe Kristalle; Zers. bei 106°.

6-Methoxy-1-oxy-chinolin-4-carbonsäure, 6-Methoxy-chinolin-4-carbonsäure-1-oxid $C_{11}H_9NO_4$, Formel XII.

B. Beim Erwärmen von 6-Methoxy-chinolin-4-carbonsäure mit wss. NaOH und wss. H_2O_2 (*Gibbs, Henry*, Soc. **1939** 1294, 1297).
Kristalle (aus A.); F: 272° [Zers.].
Äthylester $C_{13}H_{13}NO_4$. Gelbe Kristalle; F: 141°.

XI XII XIII

2-Chlor-6-methoxy-chinolin-4-carbonsäure $C_{11}H_8ClNO_3$, Formel XIII (R = X' = H, X = Cl).

B. Beim Erwärmen von 2-Chlor-6-methoxy-chinolin-4-carbonsäure-äthylester mit wss. NaOH (*Thielepape, Fulde*, B. **72** [1939] 1432, 1438).
Gelbliche Kristalle (aus A.); F: 230° [korr.; Zers.].

2-Chlor-6-methoxy-chinolin-4-carbonsäure-äthylester $C_{13}H_{12}ClNO_3$, Formel XIII ($R = C_2H_5$, $X = Cl$, $X' = H$).

B. Beim Erhitzen von 6-Methoxy-1-methyl-2-oxo-1,2-dihydro-chinolin-4-carbonsäure-äthylester mit PCl_5 und $POCl_3$ (*Thielepape, Fulde*, B. **72** [1939] 1432, 1437).

Kristalle (aus A.); F: 100°.

2-Jod-6-methoxy-chinolin-4-carbonsäure $C_{11}H_8INO_3$, Formel XIII ($R = X' = H$, $X = I$).

B. Beim Erhitzen von 2-Chlor-6-methoxy-chinolin-4-carbonsäure-äthylester mit KI, rotem Phosphor und wss. HI bis auf 150° (*Thielepape, Fulde*, B. **72** [1939] 1432, 1439).

Hellgelbe Kristalle (aus A.); F: 190° [korr.; Zers.; nach Braunfärbung bei 180°].

6-Methoxy-8-nitro-chinolin-4-carbonsäure $C_{11}H_8N_2O_5$, Formel XIII ($R = X = H$, $X' = NO_2$).

B. Beim Behandeln von 6-Methoxy-8-nitro-chinolin-4-carbaldehyd in Pyridin mit wss. $KMnO_4$ (*Turner et al.*, Am. Soc. **68** [1946] 2220, 2222).

Kristalle (aus wss. Dioxan) mit 0,5 Mol H_2O; die nach dem Trocknen bei 140°/20 Torr erhaltene wasserfreie Verbindung schmilzt bei 259–260° [korr.; Zers.].

6-Methoxy-8-nitro-chinolin-4-carbonsäure-methylester $C_{12}H_{10}N_2O_5$, Formel XIII ($R = CH_3$, $X = H$, $X' = NO_2$).

B. Aus 6-Methoxy-8-nitro-chinolin-4-carbonsäure und Diazomethan (*Turner et al.*, Am. Soc. **68** [1946] 2220, 2222).

Kristalle (aus $CHCl_3$ + PAe.); F: 171–172° [korr.].

6-Methoxy-8-nitro-chinolin-4-carbonsäure-äthylester $C_{13}H_{12}N_2O_5$, Formel XIII ($R = C_2H_5$, $X = H$, $X' = NO_2$).

B. Beim Erwärmen von 6-Methoxy-8-nitro-chinolin-4-carbonsäure in Benzol mit $SOCl_2$ und anschliessend mit Äthanol (*Campbell et al.*, J. org. Chem. **14** [1949] 346, 349).

Blassgelbe Kristalle (aus A.); F: 142° [unkorr.].

8-Acetoxy-chinolin-4-carbonsäure $C_{12}H_9NO_4$, Formel I ($R = CO\text{-}CH_3$, $X = OH$, $X' = H$).

B. Beim Behandeln einer Lösung von 8-Hydroxy-chinolin-4-carbonsäure (E II 177) in wss. NaOH mit Acetanhydrid (*Turner et al.*, Am. Soc. **68** [1946] 2220, 2221).

Kristalle (aus Dioxan); F: 220–220,5° [korr.].

5-Chlor-8-methoxy-chinolin-4-carbonsäure $C_{11}H_8ClNO_3$, Formel I ($R = CH_3$, $X = OH$, $X' = Cl$).

B. Beim Erhitzen von 5-Chlor-8-methoxy-chinolin-2,4-dicarbonsäure in Nitrobenzol auf 170° (*Gopalchari*, J. scient. ind. Res. India **16** C [1957] 143, 145).

Gelbe Kristalle (aus H_2O); F: 227–228° [Zers.].

5-Chlor-8-methoxy-chinolin-4-carbonsäure-äthylamid $C_{13}H_{13}ClN_2O_2$, Formel I ($R = CH_3$, $X = NH\text{-}C_2H_5$, $X' = Cl$).

B. Beim Erwärmen von 5-Chlor-8-methoxy-chinolin-4-carbonsäure mit $SOCl_2$ und Behandeln des Reaktionsprodukts mit Äthylamin in $CHCl_3$ (*Gopalchari*, J. scient. ind. Res. India **16** C [1957] 143, 145).

Kristalle (aus Bzl. + PAe.); F: 217–218°.

5-Chlor-8-methoxy-chinolin-4-carbonsäure-propylamid $C_{14}H_{15}ClN_2O_2$, Formel I ($R = CH_3$, $X = NH\text{-}CH_2\text{-}CH_2\text{-}CH_3$, $X' = Cl$).

B. Analog der vorangehenden Verbindung unter Verwendung von Propylamin (*Gopalchari*, J. scient. ind. Res. India **16** C [1957] 143, 145).

Kristalle (aus Bzl. + PAe.); F: 179–180°.

5-Chlor-8-methoxy-chinolin-4-carbonsäure-butylamid $C_{15}H_{17}ClN_2O_2$, Formel I ($R = CH_3$, $X = NH\text{-}[CH_2]_3\text{-}CH_3$, $X' = Cl$).

B. Analog den vorangehenden Verbindungen unter Verwendung von Butylamin (*Gopal-*

chari, J. scient. ind. Res. India **16** C [1957] 143, 145).
Kristalle (aus Bzl. + PAe.); F: 171–172°.

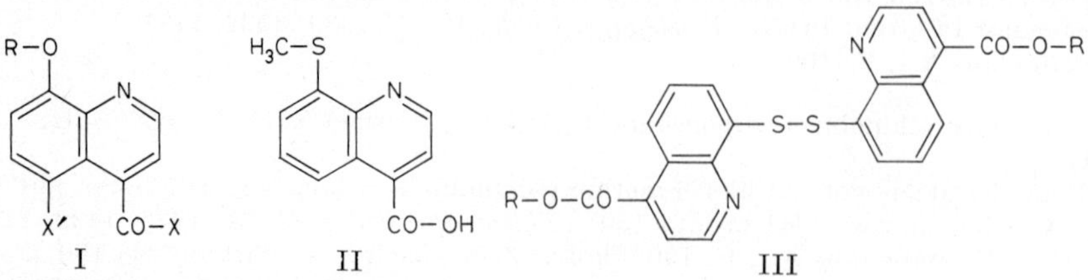

R–O X' CO–X I H3C–S CO–OH II R–O–CO S–S CO–O–R III

5-Chlor-8-methoxy-chinolin-4-carbonsäure-hexylamid $C_{17}H_{21}ClN_2O_2$, Formel I ($R = CH_3$, $X = NH\text{-}[CH_2]_5\text{-}CH_3$, $X' = Cl$).
B. Analog den vorangehenden Verbindungen unter Verwendung von Hexylamin (*Gopalchari*, J. scient. ind. Res. India **16** C [1957] 143, 145).
Kristalle (aus Bzl. + PAe.); F: 167–168°.

5-Chlor-8-methoxy-chinolin-4-carbonsäure-anilid $C_{17}H_{13}ClN_2O_2$, Formel I ($R = CH_3$, $X = NH\text{-}C_6H_5$, $X' = Cl$).
B. Analog den vorangehenden Verbindungen unter Verwendung von Anilin (*Gopalchari*, J. scient. ind. Res. India **16** C [1957] 143, 145).
Kristalle (aus Bzl. + PAe.); F: 251–252°.

5-Chlor-8-methoxy-chinolin-4-carbonsäure-[4-chlor-anilid] $C_{17}H_{12}Cl_2N_2O_2$, Formel I ($R = CH_3$, $X = NH\text{-}C_6H_4\text{-}Cl(p)$, $X' = Cl$).
B. Analog den vorangehenden Verbindungen unter Verwendung von 4-Chlor-anilin (*Gopalchari*, J. scient. ind. Res. India **16** C [1957] 143, 145).
Kristalle (aus Bzl. + PAe.); F: 305–306°.

8-Methylmercapto-chinolin-4-carbonsäure $C_{11}H_9NO_2S$, Formel II.
B. Aus 8-Chlorsulfonyl-chinolin-4-carbonylchlorid (*Martin*, Iowa Coll. J. **21** [1946] 38).
F: 215–215,5°.

Bis-[4-carboxy-[8]chinolyl]-disulfid, 8,8'-Disulfandiyl-bis-chinolin-4-carbonsäure $C_{20}H_{12}N_2O_4S_2$, Formel III (R = H).
B. Aus 8-Chlorsulfonyl-chinolin-4-carbonylchlorid beim Behandeln mit $SnCl_2$ und konz. HCl und Behandeln des Reaktionsprodukts mit Jod (*Martin*, Iowa Coll. J. **21** [1946] 38).
Kristalle mit 4 Mol H_2O; F: 289,5–290,5°.

Bis-[4-methoxycarbonyl-[8]chinolyl]-disulfid, 8,8'-Disulfandiyl-bis-chinolin-4-carbonsäure-dimethylester $C_{22}H_{16}N_2O_4S_2$, Formel III ($R = CH_3$).
B. Aus Bis-[4-carboxy-[8]chinolyl]-disulfid (*Martin*, Iowa Coll. J. **21** [1946] 38).
F: 190,5–191,5°.

6-Hydroxy-chinolin-5-carbonsäure $C_{10}H_7NO_3$, Formel IV (X = OH, X' = H) (H 236).
B. Beim Behandeln von 6-Hydroxy-chinolin-5-carbonsäure-amid mit konz. H_2SO_4 und wss. $NaNO_2$ und anschliessend mit wss. NaOH (*Bobranski*, J. pr. [2] **134** [1932] 141, 151).
Blassgelbe Kristalle, die sich beim langsamen Erhitzen bei 170° unter Bildung von 6-Hydroxy-chinolin zersetzen.

6-Hydroxy-chinolin-5-carbonsäure-amid $C_{10}H_8N_2O_2$, Formel IV ($X = NH_2$, X' = H).
B. Beim Erwärmen von 6-Hydroxy-chinolin-5-carbonitril mit konz. H_2SO_4 (*Bobranski*, J. pr. [2] **134** [1932] 141, 150).
Rote Kristalle (aus H_2O) mit 1 Mol H_2O; die nach dem Trocknen bei 110° erhaltene grünlichgelbe wasserfreie Verbindung schmilzt bei 227,5°.

6-Hydroxy-chinolin-5-carbonitril $C_{10}H_6N_2O$, Formel V (R = H).

B. Beim Erhitzen von 6-Hydroxy-chinolin-5-carbaldehyd-oxim (F: 235°) ohne Lösungsmittel oder in Acetanhydrid (*Bobranski*, J. pr. [2] **134** [1932] 141, 149).

Kristalle (aus wss. Eg.); F: 293° [geschlossene Kapillare].

Natrium-Salz $NaC_{10}H_5N_2O$. Kristalle (aus wss. NaOH) mit 4 Mol H_2O, die bei 120° das H_2O abgeben; das wasserfreie Salz ist gelb und schmilzt nicht unterhalb 300°.

6-Methoxy-chinolin-5-carbonitril $C_{11}H_8N_2O$, Formel V (R = CH_3).

B. Beim Erwärmen von 6-Nitro-chinolin mit KCN und wss.-methanol. KOH (*Huisgen*, A. **559** [1948] 101, 142).

Kristalle (aus Me.); F: 179°.

6-Äthoxy-chinolin-5-carbonitril $C_{12}H_{10}N_2O$, Formel V (R = C_2H_5).

B. Beim Erwärmen von 6-Nitro-chinolin mit KCN und wss.-äthanol. KOH (*Huisgen*, A. **559** [1948] 101, 142).

Kristalle (aus Me.); F: 130°.

6-Hydroxy-8-nitro-chinolin-5-carbonsäure(?) $C_{10}H_6N_2O_5$, vermutlich Formel IV (X = OH, X' = NO_2).

B. Beim Erwärmen von 6-Nitro-[1,3]dioxino[5,4-*f*]chinolin-1-on mit wss. Na_2CO_3 (*Kaslow, Raymond*, Am. Soc. **70** [1948] 3912, 3914).

F: 194–195°.

8-Hydroxy-chinolin-5-carbonsäure $C_{10}H_7NO_3$, Formel VI (R = H, X = OH) (H 236; E I 556).

B. Beim Erwärmen von 8-Hydroxy-chinolin-5-carbonsäure-anilid (*Matsumura, Sone*, Am. Soc. **53** [1931] 1493, 1494) oder von 8-Hydroxy-chinolin-5-carbonsäure-äthylamid (*Matsumura*, Am. Soc. **57** [1935] 124, 127) mit wss. HCl. Aus 8-Hydroxy-chinolin-5-carbonitril beim Erwärmen mit wss. H_2SO_4 (*Clemo, Howe*, Soc. **1955** 3552).

Gelbe Kristalle (aus A.); F: 280° [Zers.] (*Matsumura, Ito*, Am. Soc. **77** [1955] 6671, 6673 Anm. 13), 273° [Zers.] (*Albert, Magrath*, Biochem. J. **41** [1947] 534, 538; *Cl., Howe*; *Ma., Sone*). λ_{max} (A.): 243 nm und 321 nm (*Cl., Howe*). Scheinbare Dissoziationsexponenten pK'_{a1}, pK'_{a2} und pK'_{a3} der protonierten Verbindung (H_2O) bei 20°: 4,0 bzw. 4,8 bzw. 9,32 (*Al., Ma.*, l. c. S. 541). Verteilung zwischen wss. Lösung vom pH 7,3 und Octadec-9*c*-en-1-ol bei 20°: *Albert et al.*, Brit. J. exp. Path. **37** [1956] 500, 505.

Barium-Salz $Ba(C_{10}H_6NO_3)_2$. Gelbe Kristalle (aus H_2O) mit 5,5 Mol H_2O (*Ma., Sone*).

Hydrochlorid $C_{10}H_7NO_3 \cdot HCl$. Kristalle (aus wss. HCl); F: 239° [Zers.] (*Ma., Sone*; *Cl., Howe*).

8-Methoxy-chinolin-5-carbonsäure $C_{11}H_9NO_3$, Formel VI (R = CH_3, X = OH).

B. Beim Behandeln von 8-Hydroxy-chinolin-5-carbonsäure in Methanol mit Diazomethan in Äther und Erwärmen des Reaktionsprodukts mit äthanol. KOH (*Matsumura, Sone*, Am. Soc. **53** [1931] 1493, 1495).

Gelbe Kristalle (aus A.); F: 225–226° [Zers.].

IV V VI VII

8-Äthoxy-chinolin-5-carbonsäure $C_{12}H_{11}NO_3$, Formel VI (R = C_2H_5, X = OH).

B. Beim Erwärmen von 4-Äthoxy-3-amino-benzoesäure-methylester mit Glycerin, H_2SO_4 und As_2O_5 (*Moness, Christiansen*, J. Am. pharm. Assoc. **25** [1936] 501, 503). Aus 8-Hydroxy-chinolin-5-carbonsäure (*Mo., Ch.*).

Kristalle (aus H_2O); F: 292° bzw. F: 285° [zwei Präparate].

8-Acetoxy-chinolin-5-carbonsäure $C_{12}H_9NO_4$, Formel VI (R = CO-CH_3, X = OH).

B. Aus 8-Hydroxy-chinolin-5-carbonsäure (*Matsumura, Sone*, Am. Soc. **53** [1931] 1493, 1495).

Hellgelbe Kristalle (aus E.); Zers. bei 312°.

8-Hydroxy-chinolin-5-carbonsäure-äthylester $C_{12}H_{11}NO_3$, Formel VI (R = H, X = O-C_2H_5) (E I 556).

F: 125—126° [aus Bzl.] (*Albert, Magrath*, Biochem. J. **41** [1947] 534, 535). Intensität der OH-Valenzschwingungsbande bei 3366 cm^{-1} (CCl_4): *Badger, Moritz*, Soc. **1958** 3437, 3440. Scheinbare Dissoziationsexponenten pK'_{a1} und pK'_{a2} der protonierten Verbindung (potentiometrisch ermittelt) bei 25°: 2,88 und 8,73 [wss. Dioxan (50%ig)] bzw. 2,00 und 9,35 [wss. Dioxan (75%ig)] (*Tomkinson, Williams*, Soc. **1958** 1153, 1157, 2010, 2015).

Eisen(II)-Salz. Stabilitätskonstanten (wss. Dioxan) bei 25°: *To., Wi.*, l. c. S. 1157, 2015. Redoxpotential (Fe(II)/Fe(III)) bei 25°: *To., Wi.*, l. c. S. 2015.

Eisen(III)-Salz. λ_{max}: 450 nm und 583 nm [wss. Dioxan (50%ig)] bzw. 455 nm und 583 nm [wss. Dioxan (75%ig)] (*To., Wi.*, l. c. S. 1153). Stabilitätskonstante (wss. Dioxan) bei 25°: *To., Wi.*, l. c. S. 2015. Redoxpotential (Fe(II)/Fe(III)) bei 25°: *To., Wi.*, l. c. S. 2015.

8-Äthoxy-chinolin-5-carbonsäure-[2-diäthylamino-äthylester] $C_{18}H_{24}N_2O_3$, Formel VI (R = C_2H_5, X = O-CH_2-CH_2-N(C_2H_5)$_2$).

B. Aus dem Natrium-Salz der 8-Äthoxy-chinolin-5-carbonsäure beim Erwärmen mit Diäthyl-[2-chlor-äthyl]-amin in Äthanol (*Moness, Christiansen*, J. Am. pharm. Assoc. **25** [1936] 501, 504).

F: 86° [unreines Präparat].

8-Hydroxy-chinolin-5-carbonsäure-amid $C_{10}H_8N_2O_2$, Formel VI (R = H, X = NH_2).

B. Neben 8-Hydroxy-chinolin-5-carbonsäure beim Erwärmen von 8-Hydroxy-chinolin-5-carbonitril mit wss. H_2SO_4 (*Clemo, Howe*, Soc. **1955** 3552).

Gelbliche Kristalle (aus A.); F: 264—265° [Zers.].

8-Hydroxy-chinolin-5-carbonsäure-äthylamid $C_{12}H_{12}N_2O_2$, Formel VI (R = H, X = NH-C_2H_5).

B. Beim Behandeln von 1-[8-Hydroxy-[5]chinolyl]-propan-1-on-(*Z*)-oxim (s. E III/IV **21** 6167) mit $SOCl_2$ in Äther (*Matsumura*, Am. Soc. **57** [1935] 124, 127).

Kristalle (aus A.); F: 193—194°.

8-Hydroxy-chinolin-5-carbonsäure-anilid $C_{16}H_{12}N_2O_2$, Formel VI (R = H, X = NH-C_6H_5).

B. Beim Behandeln von [8-Hydroxy-[5]chinolyl]-phenyl-keton-(*Z*)-oxim mit $SOCl_2$ in Äther (*Matsumura, Sone*, Am. Soc. **53** [1931] 1493, 1494).

Gelbliche Kristalle (aus A.); F: 211—212°.

Sulfat. Gelbe Kristalle (aus A.); Zers. bei 211—215°.

8-Hydroxy-chinolin-5-carbonitril $C_{10}H_6N_2O$, Formel VII (R = H).

B. Aus 8-Hydroxy-chinolin-5-carbaldehyd-oxim (E III/IV **21** 6149) beim Erhitzen mit P_2O_5 in Xylol (*Clemo, Howe*, Soc. **1955** 3552). Beim Erwärmen von 8-Acetoxy-chinolin-5-carbonitril mit wss. NaOH (*Cl., Howe*) oder mit wss.-äthanol. Na_2CO_3 (*Matsumura, Ito*, Am. Soc. **77** [1955] 6671, 6674).

Kristalle; F: 176,5—177° [aus A.] (*Ma., Ito*), 174° [aus PAe.] (*Cl., Howe*). Scheinbare Dissoziationsexponenten pK'_{a1} und pK'_{a2} der protonierten Verbindung (wss. Dioxan [50%ig]; potentiometrisch ermittelt) bei 25°: 2,02 und 7,85 (*Tomkinson, Williams*, Soc. **1958** 1153, 1157, 2010, 2015).

Eisen(II)-Salz. λ_{max} (wss. Dioxan [50%ig]): 600 nm (*To., Wi.*, l. c. S. 1153). Stabilitätskonstanten (wss. Dioxan) bei 25°: *To., Wi.*, l. c. S. 1157, 2015. Redoxpotential (Fe(II)/Fe(III)) bei 25°: *To., Wi.*, l. c. S. 2015.

Eisen(III)-Salz. λ_{max} (wss. Dioxan [50%ig]): 453 nm und 587 nm (*To., Wi.*, l. c. S. 1153). Stabilitätskonstante (wss. Dioxan) bei 25°: *To., Wi.*, l. c. S. 2015. Redoxpotential (Fe(II)/Fe(III)) bei 25°: *To., Wi.*, l. c. S. 2015.

Hydrochlorid $C_{10}H_6N_2O \cdot HCl$. Kristalle (aus wss. HCl); F: 277° [Zers.] (*Ma.*, *Ito*).
Picrat $C_{10}H_6N_2O \cdot C_6H_3N_3O_7$. Kristalle (aus A.); F: 251° (*Ma.*, *Ito*).

8-Äthoxy-chinolin-5-carbonitril $C_{12}H_{10}N_2O$, Formel VII (R = C_2H_5) auf S. 2305.
B. Beim Erwärmen einer aus 8-Äthoxy-[5]chinolylamin in konz. HCl bereiteten Diazoniumsalz-Lösung mit CuCN (*Ghosh*, J. Indian chem. Soc. **24** [1947] 310, 311).
Kristalle (aus A.); F: 129—130°.
Picrat. Gelbe Kristalle (aus A.); F: 172—173°.

8-Acetoxy-chinolin-5-carbonitril $C_{12}H_8N_2O_2$, Formel VII (R = CO-CH_3) auf S. 2305.
B. Beim Erhitzen von 8-Hydroxy-chinolin-5-carbaldehyd-oxim (E III/IV **21** 6149) mit Acetanhydrid (*Clemo*, *Howe*, Soc. **1955** 3552; *Matsumura*, *Ito*, Am. Soc. **77** [1955] 6671, 6674).
Kristalle; F: 163° [aus Bzl.] (*Ma.*, *Ito*), 150° [aus PAe.] (*Cl.*, *Howe*).

8-Äthoxy-chinolin-5-carbonsäure-[amid-imid], 8-Äthoxy-chinolin-5-carbimidsäure-amid, 8-Äthoxy-chinolin-5-carbamidin $C_{12}H_{13}N_3O$, Formel VIII.
B. Bei 4-tägigem Behandeln von 8-Äthoxy-chinolin-5-carbonitril mit HCl in Äthanol und Äther und Behandeln des Reaktionsprodukts mit äthanol. NH_3 (*Ghosh*, J. Indian chem. Soc. **24** [1947] 310, 312).
Kristalle (aus wss. A.); F: 160—262°.

5-Mercapto-chinolin-6-carbonsäure $C_{10}H_7NO_2S$, Formel IX (R = H).
B. Beim Erwärmen einer aus 5-Amino-chinolin-6-carbonsäure in wss. HCl hergestellten Diazoniumsalz-Lösung mit Kupferthiocyanat und Kaliumthiocyanat und Behandeln des Reaktionsprodukts in wss. NaOH mit H_2S (*Maruyama*, Bl. Inst. phys. chem. Res. Tokyo **18** [1939] 1165, 1174; C. A. **1940** 6817).
Rote Kristalle; Zers. bei 252°.

5-Äthoxythiocarbonylmercapto-chinolin-6-carbonsäure $C_{13}H_{11}NO_3S_2$, Formel IX (R = CS-O-C_2H_5).
B. Beim Behandeln einer aus 5-Amino-chinolin-6-carbonsäure in wss. HCl hergestellten Diazoniumsalz-Lösung mit Kalium-*O*-äthyl-dithiocarbonat (*Maruyama*, Bl. Inst. phys. chem. Res. Tokyo **18** [1939] 1165, 1174; C. A. **1940** 6817).
Gelbe Kristalle (aus Me. oder wss. Eg.); Zers. bei ca. 183°.

5-Carboxymethylmercapto-chinolin-6-carbonsäure, [6-Carboxy-[5]chinolylmercapto]-essigsäure $C_{12}H_9NO_4S$, Formel IX (R = CH_2-CO-OH).
B. Aus 5-Mercapto-chinolin-6-carbonsäure beim Erwärmen mit Chloressigsäure in wss. NaOH (*Maruyama*, Bl. Inst. phys. chem. Res. Tokyo **18** [1939] 1165, 1174, 1176; C. A. **1940** 6817). Beim Erwärmen einer aus 5-Amino-chinolin-6-carbonsäure bereiteten wss. Diazoniumchlorid-Lösung mit dem Kupfer(I)-Salz der Mercaptoessigsäure (*Ma.*, l. c. S. 1175).
Gelbe Kristalle (aus wss. Eg.); Zers. bei ca. 213°.

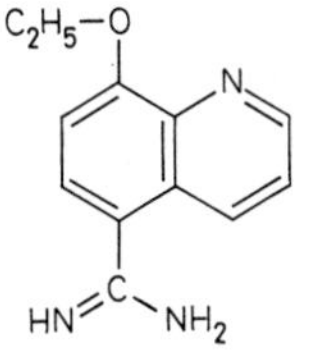

VIII 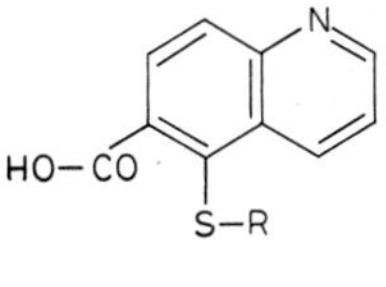 IX 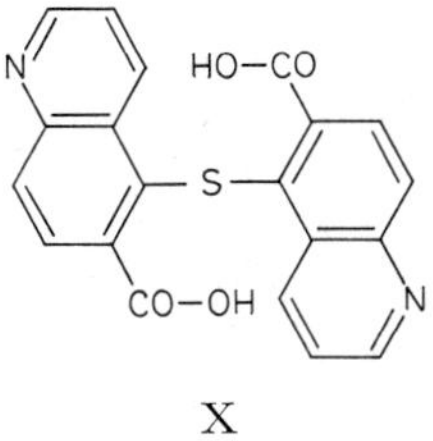 X 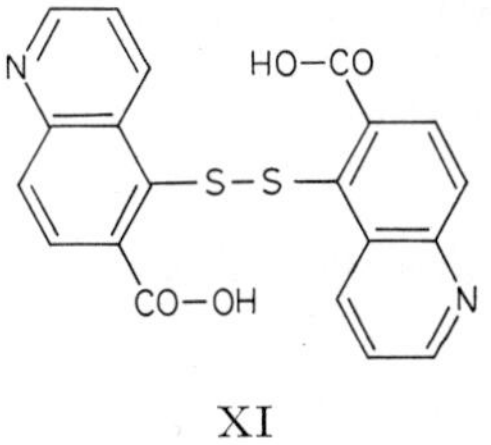 XI

Bis-[6-carboxy-[5]chinolyl]-sulfid, 5,5'-Sulfandiyl-bis-chinolin-6-carbonsäure $C_{20}H_{12}N_2O_4S$, Formel X.
B. Neben Bis-[6-carboxy-[5]chinolyl]-disulfid beim Behandeln einer aus 5-Amino-chinolin-6-carbonsäure bereiteten wss. Diazoniumchlorid-Lösung mit wss. Na_2S_2 und

Erwärmen der mit wss. HCl neutralisierten Reaktionslösung mit Kupfer-Pulver (*Maruyama*, Bl. Inst. phys. chem. Res. Tokyo **18** [1939] 1165, 1173; C. A. **1940** 6817).

Gelbe Kristalle (aus wss. Py.); Zers. bei ca. 303°.

Dihydrochlorid $C_{20}H_{12}N_2O_4S \cdot 2$ HCl. Gelbe Kristalle (aus wss. HCl) mit 2 Mol H_2O; Zers. bei 284–286°.

Bis-[6-carboxy-[5]chinolyl]-disulfid, 5,5'-Disulfandiyl-bis-chinolin-6-carbonsäure $C_{20}H_{12}N_2O_4S_2$, Formel XI.

B. s. bei der voranstehenden Verbindung.

Gelbrote Kristalle; Zers. bei ca. 253° (*Maruyama*, Bl. Inst. phys. chem. Res. Tokyo **18** [1939] 1165, 1173; C. A. **1940** 6817).

8-Hydroxy-chinolin-6-carbonsäure $C_{10}H_7NO_3$, Formel XII (E I 556).

B. Beim Erhitzen von 6-Trifluormethyl-chinolin-8-ol mit konz. H_2SO_4 auf 160–170° (*Belcher et al.*, Soc. **1954** 3846, 3851).

Kristalle (aus A.); F: 286–288°.

4-Hydroxy-3-nitro-chinolin-7-carbonsäure-methylester $C_{11}H_8N_2O_5$, Formel XIII, und Tautomeres (3-Nitro-4-oxo-1,4-dihydro-chinolin-7-carbonsäure-methylester).

B. Beim Erhitzen von 2-[2-Nitro-äthylidenamino]-terephthalsäure-4-methylester mit Acetanhydrid und Natriumacetat auf 105° (*Süs, Möller*, A. **593** [1955] 91, 112).

Blassgelbe Kristalle (aus 2-Methoxy-äthanol); Zers. bei 330°.

8-Acetoxy-chinolin-7-carbonsäure $C_{12}H_9NO_4$, Formel XIV (R = CO-CH_3, X = OH, X' = H).

B. Beim Erhitzen von 8-Hydroxy-chinolin-7-carbonsäure mit Acetanhydrid (*Chinosolfabr. A.G.*, D.R.P. 540842 [1930]; Frdl. **18** 2763).

F: 203–204° [Zers.].

8-Hydroxy-chinolin-7-carbonsäure-äthylester $C_{12}H_{11}NO_3$, Formel XIV (R = X' = H, X = O-C_2H_5) (H 237).

B. Beim Erhitzen von 7-Trifluormethyl-chinolin-8-ol mit H_2SO_4 auf 180–190° und Erwärmen des Reaktionsgemisches mit Äthanol (*Belcher et al.*, Soc. **1954** 3846, 3849). Beim Erwärmen von 8-Hydroxy-chinolin-7-carbonsäure mit Äthanol und konz. H_2SO_4 (*Toldy et al.*, Acta chim. hung. **4** [1954] 303, 309).

Kristalle (aus Bzl. + PAe.); F: 88° (*Be. et al.*), 87–88° (*To. et al.*). $Kp_{0,03}$: 160–163° (*To. et al.*).

Kupfer(II)-Salz. Stabilitätskonstante (H_2O): *Vajda, Nógrádi*, Experientia **10** [1954] 373.

Kobalt(III)-Salz. Stabilitätskonstante (H_2O): *Va., Nó.*

8-Hydroxy-chinolin-7-carbonsäure-hydroxyamid, 8-Hydroxy-chinolin-7-carbohydroxamsäure $C_{10}H_8N_2O_3$, Formel XIV (R = X' = H, X = NH-OH).

B. Beim Behandeln von 8-Hydroxy-chinolin-7-carbonsäure-methylester mit methanol. KOH und NH_2OH (*Urbański et al.*, Roczniki Chem. **27** [1953] 47, 50; C. A. **1954** 13658; s. a. *Urbański*, Bl. Acad. polon. [III] **1** [1953] 319, 320).

Kristalle (aus A.); F: 208–209° [Zers.] (*Ur. et al.*).

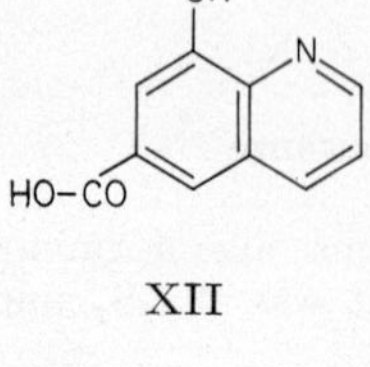

OH, N, HO-CO — XII

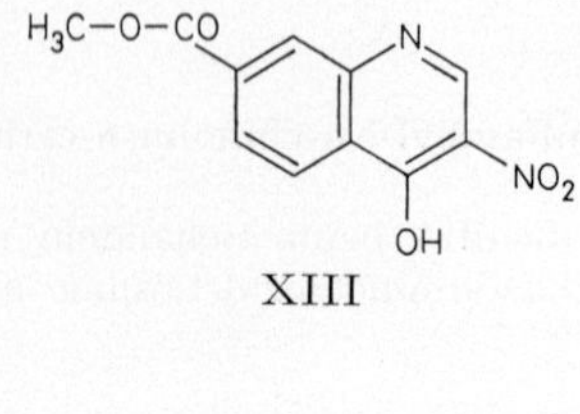

H_3C-O-CO, N, NO_2, OH — XIII

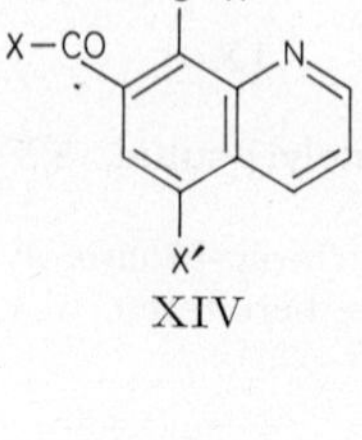

O-R, X-CO, N, X' — XIV

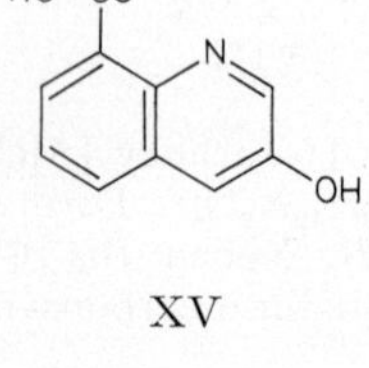

HO-CO, N, OH — XV

8-Hydroxy-chinolin-7-carbonsäure-hydrazid $C_{10}H_9N_3O_2$, Formel XIV (R = X' = H, X = NH-NH_2).

B. Beim Behandeln von 8-Hydroxy-chinolin-7-carbonsäure-äthylester mit $N_2H_4 \cdot H_2O$ in Äthanol (*Toldy et al.*, Acta chim. hung. **4** [1954] 303, 309).

Kristalle (aus A.); F: 140–144° [Zers.].

Kupfer(II)-Salz. Stabilitätskonstante (H_2O): *Vajda, Nógrádi*, Experientia **10** [1954] 373.

Kobalt(III)-Salz. Stabilitätskonstante (H_2O): *Va., Nó.*

8-Hydroxy-5-nitro-chinolin-7-carbonsäure-äthylester $C_{12}H_{10}N_2O_5$, Formel XIV (R = H, X = O-C_2H_5, X' = NO_2).

B. Aus 8-Hydroxy-chinolin-7-carbonsäure-äthylester beim Erwärmen mit HNO_3 und Essigsäure (*Toldy et al.*, Acta chim. hung. **4** [1954] 303, 309).

Kristalle (aus A.); F: 149–150°.

8-Hydroxy-5-nitro-chinolin-7-carbonsäure-hydrazid $C_{10}H_8N_4O_4$, Formel XIV (R = H, X = NH-NH_2, X' = NO_2).

B. Beim Behandeln von 8-Hydroxy-5-nitro-chinolin-7-carbonsäure-äthylester mit $N_2H_4 \cdot H_2O$ in Äthanol (*Toldy et al.*, Acta chim. hung. **4** [1954] 303, 310).

Kristalle (aus A.); F: 220–225° [Zers.].

3-Hydroxy-chinolin-8-carbonsäure $C_{10}H_7NO_3$, Formel XV.

B. Beim Erhitzen von 3-Hydroxy-chinolin-4,8-dicarbonsäure in Nitrobenzol (*Cragoe et al.*, J. org. Chem. **18** [1953] 552, 558).

Kristalle (aus Eg.); F: 279–280° (*Cr. et al.*, l. c. S. 555).

4-Hydroxy-chinolin-8-carbonsäure $C_{10}H_7NO_3$, Formel I (R = H), und Tautomeres (4-Oxo-1,4-dihydro-chinolin-8-carbonsäure).

B. Beim Erhitzen von 4-Hydroxy-chinolin-3,8-dicarbonsäure in Chinolin in Gegenwart von Kupferoxid-Chromoxid (*Grundon, Boekelheide*, Am. Soc. **74** [1952] 2637, 2642).

Kristalle (aus H_2O); F: > 360° [Zers. ab 358°].

4-Hydroxy-chinolin-8-carbonsäure-methylester $C_{11}H_9NO_3$, Formel I (R = CH_3), und Tautomeres (4-Oxo-1,4-dihydro-chinolin-8-carbonsäure-methylester).

B. Beim Behandeln von 4-Hydroxy-chinolin-8-carbonsäure mit Diazomethan in Äther (*Grundon, Boekelheide*, Am. Soc. **74** [1952] 2637, 2642).

Kristalle (aus Hexan); F: 139,5–140,5° [unkorr.].

5-Hydroxy-chinolin-8-carbonsäure $C_{10}H_7NO_3$, Formel II (R = H).

B. Aus dem Natrium-Salz der 5-Amino-chinolin-8-carbonsäure beim Erwärmen mit $NaNO_2$ und wss. H_2SO_4 (*Breckenridge, Singer*, Canad. J. Res. [B] **25** [1947] 49, 50).

Hellgelbe Kristalle (aus A.); Zers. bei 226° [korr.; unter teilweiser Sublimation]. Absorptionsspektren von Salz-Lösungen des Rutheniums, Osmiums, Iridiums und Platins (H_2O; 360–740 nm): *Br., Si.*, l. c. S. 52.

5-Methoxy-chinolin-8-carbonsäure $C_{11}H_9NO_3$, Formel II (R = CH_3).

B. Beim Erhitzen von 2-Amino-4-methoxy-benzonitril mit Glycerin, wss. H_2SO_4 und Natrium-[3-nitro- benzolsulfonat] (*Bradford et al.*, Soc. **1947** 437, 440).

Kristalle (aus A.); F: 210°.

R–O–CO, OH — I; HO–CO, R–O — II; R–O–CO, H_3C–O — III; CN, H_3C–O — IV

6-Methoxy-chinolin-8-carbonsäure $C_{11}H_9NO_3$, Formel III (R = H).

B. Aus 6-Methoxy-chinolin-8-carbonitril beim Erwärmen mit wss. H_2SO_4 (*Rubzow*, Ž. obšč. Chim. **9** [1939] 1493, 1498; C. **1940** I 1989) oder beim Erhitzen mit KOH in Glycerin auf 150—170° (*Campbell et al.*, Am. Soc. **68** [1946] 1844, 1846).

Kristalle; F: 197—197,5° [aus H_2O] (*Ru.*), 195° [aus A.] (*Ca. et al.*).

Beim Behandeln des aus 6-Methoxy-chinolin-8-carbonsäure hergestellten Säurechlorids mit Diazomethan in Äther bei —5° und Behandeln der Reaktionslösung mit wss. HCl bei —10° ist 2-Chlor-1-[6-methoxy-[8]chinolyl]-äthanon-hydrochlorid (E III/IV **21** 6163) erhalten worden; bei Durchführung der Reaktion bei +5° bis +10° ist eine möglicherweise als 1-Hydroxy-3-[6-methoxy-[8]chinolyl]-aceton zu formulierende Verbindung $C_{13}H_{13}NO_3$ (gelbe Kristalle [aus A.], F: 80°; Hydrochlorid $C_{13}H_{13}NO_3 \cdot HCl$: gelbe Kristalle [aus äthanol. HCl]; Zers. ab 175° [nach Sintern bei 168°]) erhalten worden (*McCoubrey, Webster*, Soc. **1948** 97, 99).

Hydrochlorid. Kristalle; F: 256° [Zers.] (*Ca. et al.*).

Sulfat $2C_{11}H_9NO_3 \cdot H_2SO_4$. Kristalle mit 3 Mol H_2O; F: 242—245° [Zers.; bei raschem Erhitzen] (*Ru.*).

6-Methoxy-chinolin-8-carbonsäure-äthylester $C_{13}H_{13}NO_3$, Formel III (R = C_2H_5) (E II 177).

B. Beim Erwärmen von 6-Methoxy-chinolin-8-carbonsäure mit Diäthylsulfat und wss. Na_2CO_3 (*Rubzow*, Ž. obšč. Chim. **9** [1939] 1493, 1499; C. **1940** I 1989). Beim Erwärmen von 6-Methoxy-chinolin-8-carbonsäure mit $SOCl_2$ und Erwärmen des erhaltenen Säurechlorids mit Äthanol (*Campbell et al.*, Am. Soc. **68** [1946] 1844, 1846; s. a. *McCoubrey, Webster*, Soc. **1948** 97).

Kristalle (aus PAe.); F: 64,5—65,5° (*Ru.*), 60—62° (*Ca. et al.*).

6-Methoxy-chinolin-8-carbonitril $C_{11}H_8N_2O$, Formel IV.

B. Beim Erwärmen einer aus 6-Methoxy-[8]chinolylamin in wss. HCl oder H_2SO_4 hergestellten Diazoniumsalz-Lösung mit CuCN und KCN in H_2O und Erwärmen des Reaktionsprodukts mit wss. NaOH (*Campbell et al.*, Am. Soc. **68** [1946] 1844, 1846; s. a. *Rubzow*, Ž. obšč. Chim. **9** [1939] 1493, 1497; C. **1940** I 1989; *Price et al.*, Am. Soc. **68** [1946] 2589). Aus 8-Chlor-6-methoxy-chinolin durch Erhitzen mit CuCN (*Pr. et al.*, l. c. S. 2590).

Kristalle; F: 151—152° [aus Bzl.] (*Ru.*), 150—151° [aus wss. Eg.] (*Pr. et al.*), 149° bis 151° (*Ca. et al.*). $Kp_{0,2}$: 158—161° (*Ca. et al.*).

7-Hydroxy-chinolin-8-carbonitril $C_{10}H_6N_2O$, Formel V (R = H).

B. Beim Erhitzen von 7-Hydroxy-chinolin-8-carbaldehyd-oxim (E III/IV **21** 6151) mit Acetanhydrid (*Kochańska, Bobrański*, B. **69** [1936] 1807, 1811).

Gelbliche Kristalle (aus H_2O); F: 240°.

7-Methoxy-chinolin-8-carbonitril $C_{11}H_8N_2O$, Formel V (R = CH_3).

B. Beim Erwärmen einer aus 7-Methoxy-[8]chinolylamin in wss. HCl hergestellten Diazoniumchlorid-Lösung mit KCN und $CuSO_4$ in H_2O (*Kochańska, Bobrański*, B. **69** [1936] 1807, 1812). Aus 7-Hydroxy-chinolin-8-carbonitril und Dimethylsulfat in wss. NaOH bei 90° (*Ko., Bo.*, l. c. S. 1811).

Kristalle (aus H_2O); F: 140—141°.

1-Hydroxy-isochinolin-3-carbonsäure $C_{10}H_7NO_3$, Formel VI (X = OH), und Tautomeres (1-Oxo-1,2-dihydro-isochinolin-3-carbonsäure) (H 237; E I 557; dort auch als Isocarbostyril-carbonsäure-(3) bezeichnet).

B. Beim Erhitzen von 1-Hydroxy-isochinolin-3,4-dicarbonsäure-4-äthylester mit konz. wss. HCl auf 180° (*Woroshzow, Petuschkowa*, Ž. obšč. Chim. **27** [1957] 2282, 2286; engl. Ausg. S. 2342, 2345). Aus 1-Hydroxy-isochinolin-3-orthocarbonsäure-trimethylester beim Erwärmen mit wss. KOH (*Stiller*, Soc. **1937** 473, 474). Beim Erhitzen von 1-Oxo-1*H*-isothiochromen-3-carbonsäure mit äthanol. NH_3 auf 130° (*Dijksman, Newbold*, Soc. **1951** 1213, 1217).

Kristalle; F: 326—328° [aus A.] (*Di., Ne.*), 325—326° [Zers.; aus Acn.] (*St.*). λ_{max} (A.): 224 nm, 301 nm und 322 nm (*Di., Ne.*).

1-Hydroxy-isochinolin-3-carbonsäure-methylester $C_{11}H_9NO_3$, Formel VI (X = O-CH_3), und Tautomeres (1-Oxo-1,2-dihydro-isochinolin-3-carbonsäure-methylester).

B. Beim Erwärmen von 1-Hydroxy-isochinolin-3-orthocarbonsäure-trimethylester mit wss. HCl (*Stiller*, Soc. **1937** 473, 475). Aus 1-Hydroxy-isochinolin-3-carbonsäure beim Behandeln mit Diazomethan in Äther (*Woroshzow, Petuschkowa*, Ž. obšč. Chim. **27** [1957] 2282, 2286; engl. Ausg. S. 2342, 2345) oder beim Erwärmen mit Methanol und H_2SO_4 (*St.*).

Kristalle (aus A. oder Me.); F: 161–162° (*St.*), 159–160° (*Wo., Pe.*), 157–158° (*Hashimoto, Oyama*, J. pharm. Soc. Japan **74** [1954] 1287; C. A. **1955** 15912).

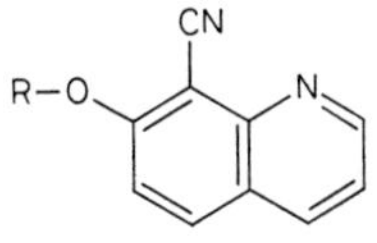

V 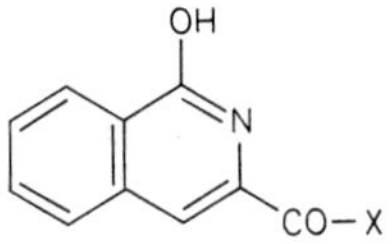 VI 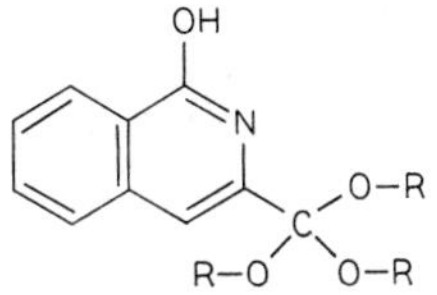 VII

3-Trimethoxymethyl-isochinolin-1-ol, 1-Hydroxy-isochinolin-3-orthocarbonsäure-trimethylester $C_{13}H_{15}NO_4$, Formel VII (R = CH_3), und Tautomeres (1-Oxo-1,2-dihydro-isochinolin-3-orthocarbonsäure-trimethylester).

B. Neben 1-Hydroxy-isochinolin-3-carbonsäure beim Erwärmen von 2-[5-Oxo-2-phenyl-oxazol-4-ylidenmethyl]-benzoesäure-methylester mit methanol. KOH (*Stiller*, Soc. **1937** 473, 474).

Kristalle (aus wss. Me.); F: 134–135°.

Kalium-Salz $KC_{13}H_{14}NO_4$. Kristalle mit 3,5 Mol H_2O.

1-Hydroxy-isochinolin-3-carbonsäure-äthylester $C_{12}H_{11}NO_3$, Formel VI (X = O-C_2H_5), und Tautomeres (1-Oxo-1,2-dihydro-isochinolin-3-carbonsäure-äthylester).

B. Aus 1-Hydroxy-isochinolin-3-orthocarbonsäure-triäthylester beim Erwärmen mit wss. HCl (*Stiller*, Soc. **1937** 473, 475). Aus 1-Hydroxy-isochinolin-3-carbonsäure beim Erwärmen mit Äthanol und H_2SO_4 (*St.*).

Kristalle (aus A.); F: 147–148°.

3-Triäthoxymethyl-isochinolin-1-ol, 1-Hydroxy-isochinolin-3-orthocarbonsäure-triäthylester $C_{16}H_{21}NO_4$, Formel VII (R = C_2H_5), und Tautomeres (1-Oxo-1,2-dihydro-isochinolin-3-orthocarbonsäure-triäthylester).

B. Neben 1-Hydroxy-isochinolin-3-carbonsäure beim Erwärmen von 2-[5-Oxo-2-phenyl-oxazol-4-ylidenmethyl]-benzoesäure-methylester mit äthanol. KOH (*Stiller*, Soc. **1937** 473, 475).

Kristalle (aus A.); F: 183–185°.

1-Hydroxy-isochinolin-3-carbonsäure-amid $C_{10}H_8N_2O_2$, Formel VI (X = NH_2), und Tautomeres (1-Oxo-1,2-dihydro-isochinolin-3-carbonsäure-amid).

B. Beim Behandeln von 1-Hydroxy-isochinolin-3-carbonsäure-methylester mit konz. wss. NH_3 (*Stiller*, Soc. **1937** 473, 475).

Kristalle (aus Eg.); F: 289° [Zers.].

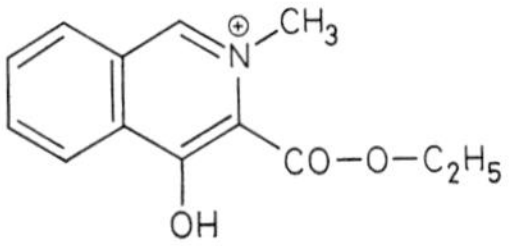

VIII 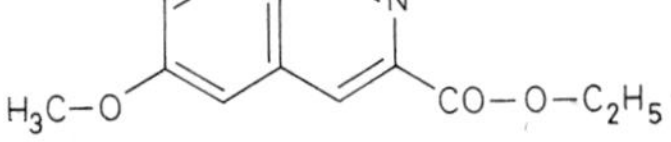 IX

3-Äthoxycarbonyl-4-hydroxy-2-methyl-isochinolinium $[C_{13}H_{14}NO_3]^+$, Formel VIII.

Perchlorat $[C_{13}H_{14}NO_3]ClO_4$. *B.* Beim Behandeln von 2-Methyl-4-oxo-1,2,3,4-tetrahydro-isochinolin-3-carbonsäure-äthylester mit wss. Kupfer(II)-acetat und anschliessend mit wss.-äthanol. $HClO_4$ (*Hinton, Mann*, Soc. **1959** 599, 608). — Kristalle (aus A.); F: 157–158°.

Picrat $[C_{13}H_{14}NO_3]C_6H_2N_3O_7$. Kristalle (aus A.); F: 172°.

6-Methoxy-isochinolin-3-carbonsäure-äthylester $C_{13}H_{13}NO_3$, Formel IX.

B. Beim Erhitzen von 6-Methoxy-1,2,3,4-tetrahydro-isochinolin-3-carbonsäure-äthylester mit Schwefel und 1,2,3,4-Tetrahydro-naphthalin (*Swan*, Soc. **1950** 1534, 1537).

Kristalle (aus Bzl. + PAe.); F: 104—105°.

Picrat $C_{13}H_{13}NO_3 \cdot C_6H_3N_3O_7$. Gelbe Kristalle (aus A.) mit 1 Mol H_2O; F: 181—182°.

1-Hydroxy-isochinolin-4-carbonsäure $C_{10}H_7NO_3$, Formel X (R = H), und Tautomeres (1-Oxo-1,2-dihydro-isochinolin-4-carbonsäure) (H 238; dort auch als Isocarbostyril-carbonsäure-(4) bezeichnet).

B. Neben anderen Verbindungen bei 2-tägigem Erwärmen von 1-[3-Hydroxy-1,4-dioxo-1,4-dihydro-[2]naphthyl]-pyridinium-betain (E III/IV **20** 2426) mit wss. NaOH (*Witkowškiĭ, Schemjakin,* Ž. obšč. Chim. **21** [1951] 540, 544, 1033, 1039; engl. Ausg. S. 599, 602, 1131, 1136).

Kristalle (aus A. oder Eg.); F: 295—296°.

1-Hydroxy-isochinolin-4-carbonsäure-äthylester $C_{12}H_{11}NO_3$, Formel X (R = C_2H_5), und Tautomeres (1-Oxo-1,2-dihydro-isochinolin-4-carbonsäure-äthylester) (H 238).

B. Aus 1-Hydroxy-isochinolin-4-carbonsäure beim Erwärmen mit Äthanol und konz. H_2SO_4 (*Witkowškiĭ, Schemjakin,* Ž. obšč. Chim. **21** [1951] 540, 546; engl. Ausg. S. 599, 604).

Kristalle (aus A.); F: 226—227°.

X

XI

***Biphenyl-4-ylcarbamoyloxy-indol-3-yliden-essigsäure-methylester** $C_{24}H_{18}N_2O_4$, Formel XI.

B. Beim Erwärmen von Indol-3-ylglyoxylsäure-methylester mit Biphenyl-4-ylisocyanat (*Baker*, Soc. **1940** 458).

Kristalle (aus Bzl. oder Bzl. + PAe.); F: 200° [nach Sintern bei 167°]. [*Koetter*]

Hydroxycarbonsäuren $C_{11}H_9NO_3$

4-Hydroxy-2-phenyl-pyrrol-3-carbonsäure-äthylester $C_{13}H_{13}NO_3$, Formel I, und Tautomeres (4-Oxo-2-phenyl-4,5-dihydro-pyrrol-3-carbonsäure-äthylester).

B. In kleinen Mengen beim Erhitzen von 3-Oxo-3-phenyl-propionsäure-äthylester mit Glycin-methylester auf 150° und Behandeln des Reaktionsprodukts in Äther mit Natriumäthylat (*Treibs, Ohorodnik*, A. **611** [1958] 139, 142, 147).

Kristalle (aus A.); F: 102°.

5-Methoxy-4-phenyl-pyrrol-2-carbonsäure $C_{12}H_{11}NO_3$, Formel II (R = H).

B. Beim Behandeln von opt.-inakt. 3-Brom-5-methoxy-4-phenyl-4,5-dihydro-3*H*-pyrrol-2-carbonsäure (S. 2234) mit wss. NaOH (*Kil'dischewa et al.*, Izv. Akad. S.S.S.R. Otd. chim. **1957** 719, 728; engl. Ausg. S. 737, 745).

F: 295°.

5-Methoxy-4-phenyl-pyrrol-2-carbonsäure-methylester $C_{13}H_{13}NO_3$, Formel II (R = CH_3).

B. Beim Behandeln von 5-Methoxy-4-phenyl-pyrrol-2-carbonsäure in Methanol mit äther. Diazomethan (*Kil'dischewa et al.*, Izv. Akad. S.S.S.R. Otd. chim. **1957** 719, 728; engl. Ausg. S. 737, 746).

Kristalle (aus Ae.); F: 159—160°.
Hydrochlorid. F: 125° [Zers.].

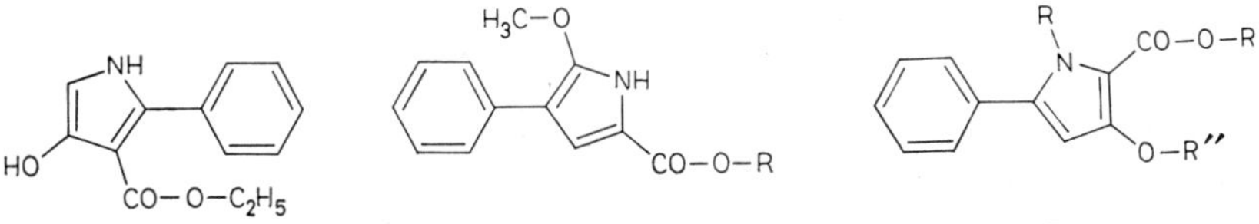

I II III

3-Hydroxy-1-methyl-5-phenyl-pyrrol-2-carbonsäure-methylester $C_{13}H_{13}NO_3$, Formel III (R = R' = CH_3, R'' = H), und Tautomeres (1-Methyl-3-oxo-5-phenyl-2,3-dihydro-pyrrol-2-carbonsäure-methylester).

Die Identität einer von *Davoll* (Soc. **1953** 3802, 3804, 3811) unter dieser Konstitution beschriebenen, neben 1-Acetyl-3-methoxy-5-phenyl-pyrrol-2-carbonsäure-methylester aus 1-Acetyl-3-hydroxy-5-phenyl-pyrrol-2-carbonsäure und Diazomethan erhaltenen Verbindung (F: 182—183° [aus Bzl.]; λ_{max} [A.]: 230 nm, 243 nm und 311 nm) ist ungewiss (*Campaigne, Shutske*, J. heterocycl. Chem. **12** [1975] 67, 68).

B. Beim Erwärmen von 3-Hydroxy-1-methyl-5-phenyl-pyrrol-2,4-dicarbonsäure-2-methylester mit Trifluoressigsäure (*Ca., Sh.*, l. c. S. 72).

Kristalle (aus PAe.); F: 61—62° (*Ca., Sh.*).

1-Acetyl-3-hydroxy-5-phenyl-pyrrol-2-carbonsäure $C_{13}H_{11}NO_4$, Formel III (R = CO-CH_3, R' = R'' = H), und Tautomeres (1-Acetyl-3-oxo-5-phenyl-2,3-dihydro-pyrrol-2-carbonsäure).

B. Beim Behandeln des Dikalium-Salzes der (2*RS*,3*RS*)-3-[Carboxymethyl-amino]-2-hydroxy-3-phenyl-propionsäure mit heissem Acetanhydrid (*Madelung, Obermann*, B. **63** [1930] 2870, 2874).

Kristalle (aus Bzl.); F: 150° (*Ma., Ob.*). λ_{max} (A.): 224,5 nm, 243 nm und 312 nm (*Davoll*, Soc. **1953** 3802, 3805).

1-Acetyl-3-methoxy-5-phenyl-pyrrol-2-carbonsäure-methylester $C_{15}H_{15}NO_4$, Formel III (R = CO-CH_3, R' = R'' = CH_3).

B. Beim Behandeln von 1-Acetyl-3-hydroxy-5-phenyl-pyrrol-2-carbonsäure in Methanol mit äther. Diazomethan (*Davoll*, Soc. **1953** 3802, 3811).

Kristalle (aus PAe.); F: 96—97°. λ_{max} (A.): 232 nm und 292,5 nm (*Da.*, l. c. S. 3805).

[4-Hydroxy-[2]chinolyl]-essigsäure $C_{11}H_9NO_3$, Formel IV (R = H), und Tautomeres ([4-Oxo-1,4-dihydro-[2]chinolyl]-essigsäure).

B. Beim Behandeln von [4-Hydroxy-[2]chinolyl]-essigsäure-äthylester mit wss. NaOH (*Kaslow, Nix*, J. org. Chem. **16** [1951] 895, 897).

F: 100—101° [Zers.].

[4-Hydroxy-[2]chinolyl]-essigsäure-äthylester $C_{13}H_{13}NO_3$, Formel IV (R = C_2H_5), und Tautomeres ([4-Oxo-1,4-dihydro-[2]chinolyl]-essigsäure-äthylester).

B. Bei sehr kurzem Erhitzen von 3-Anilino-pentendisäure-diäthylester (F: 69—70°) in einer Mischung von Mineralöl und Phthalsäure-dibutylester auf 275° (*Kaslow, Nix*, J. org. Chem. **16** [1951] 895, 896).

Gelbe Kristalle (aus A. + PAe. + Bzl.); F: 202—204°.

[6-Chlor-4-hydroxy-[2]chinolyl]-essigsäure-äthylester $C_{13}H_{12}ClNO_3$, Formel V (X = Cl, X' = X'' = H), und Tautomeres ([6-Chlor-4-oxo-1,4-dihydro-[2]chinolyl]-essigsäure-äthylester).

B. Bei sehr kurzem Erhitzen von 3-[4-Chlor-anilino]-pentendisäure-diäthylester (aus 3-Oxo-glutarsäure-diäthylester und 4-Chlor-anilin hergestellt) in Paraffin auf 275° (*Munavalli et al.*, J. Karnatak Univ. **1** [1956] 23, 24).

Kristalle (aus wss. A.); F: 230—231° (*Mu. et al.*, l. c. S. 26).

[7-Chlor-4-hydroxy-[2]chinolyl]-essigsäure-äthylester $C_{13}H_{12}ClNO_3$, Formel V (X = X″ = H, X′ = Cl), und Tautomeres ([7-Chlor-4-oxo-1,4-dihydro-[2]chinolyl]-essigsäure-äthylester).

B. Beim Erhitzen von 3-[3-Chlor-anilino]-pentendisäure-diäthylester (Öl; aus 3-Oxo-glutarsäure-diäthylester und 3-Chlor-anilin hergestellt) in einem Gemisch chlorierter Biphenyle und Polyphenyle („Arochlor") auf 290° (*Kaslow, Nix*, J. org. Chem. **16** [1951] 895, 897; s. a. *Munavalli et al.*, J. Karnatak Univ. **1** [1956] 23, 24).

Kristalle; F: 235,5–238° [aus A.] (*Ka., Nix*), 235–237° [aus wss. A.] (*Mu. et al.*, l. c. S. 26).

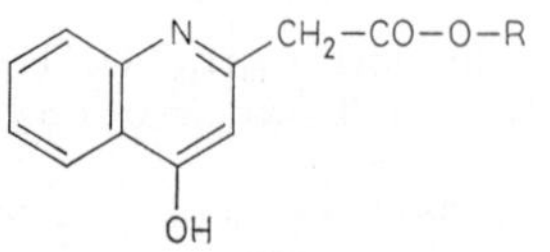

IV 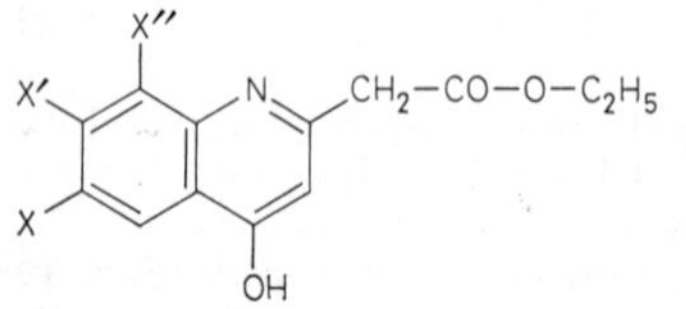 V

[8-Chlor-4-hydroxy-[2]chinolyl]-essigsäure-äthylester $C_{13}H_{12}ClNO_3$, Formel V (X = X′ = H, X″ = Cl), und Tautomeres ([8-Chlor-4-oxo-1,4-dihydro-[2]chinolyl]-essigsäure-äthylester).

B. Bei sehr kurzem Erhitzen von 3-[2-Chlor-anilino]-pentendisäure-diäthylester (aus 3-Oxo-glutarsäure-diäthylester und 2-Chlor-anilin hergestellt) in Paraffin auf 275° (*Munavalli et al.*, J. Karnatak Univ. **1** [1956] 23, 24).

Kristalle (aus wss. A.); F: 202–203° (*Mu. et al.*, l. c. S. 26).

[6-Brom-4-hydroxy-[2]chinolyl]-essigsäure-äthylester $C_{13}H_{12}BrNO_3$, Formel V (X = Br, X′ = X″ = H), und Tautomeres ([6-Brom-4-oxo-1,4-dihydro-[2]chinolyl]-essigsäure-äthylester).

B. Bei sehr kurzem Erhitzen von 3-[4-Brom-anilino]-pentendisäure-diäthylester (aus 3-Oxo-glutarsäure-diäthylester und 4-Brom-anilin hergestellt) in Paraffin auf 275° (*Munavalli et al.*, J. Karnatak Univ. **1** [1956] 23, 24).

Kristalle (aus wss. A.); F: 226–228° (*Mu. et al.*, l. c. S. 26).

[7-Brom-4-hydroxy-[2]chinolyl]-essigsäure-äthylester $C_{13}H_{12}BrNO_3$, Formel V (X = X″ = H, X′ = Br), und Tautomeres ([7-Brom-4-oxo-1,4-dihydro-[2]chinolyl]-essigsäure-äthylester).

B. Bei sehr kurzem Erhitzen von 3-[3-Brom-anilino]-pentendisäure-diäthylester (aus 3-Oxo-glutarsäure-diäthylester und 3-Brom-anilin hergestellt) in Paraffin auf 275° (*Munavalli et al.*, J. Karnatak Univ. **1** [1956] 23, 24).

Kristalle (aus wss. A.); F: 228–230° (*Mu. et al.*, l. c. S. 26).

[8-Brom-4-hydroxy-[2]chinolyl]-essigsäure-äthylester $C_{13}H_{12}BrNO_3$, Formel V (X = X′ = H, X″ = Br), und Tautomeres ([8-Brom-4-oxo-1,4-dihydro-[2]chinolyl]-essigsäure-äthylester).

B. Bei sehr kurzem Erhitzen von 3-[2-Brom-anilino]-pentendisäure-diäthylester (aus 3-Oxo-glutarsäure-diäthylester und 2-Brom-anilin hergestellt) in Paraffin auf 275° (*Munavalli et al.*, J. Karnatak Univ. **1** [1956] 23, 24).

Kristalle (aus wss. A.); F: 215–216° (*Mu. et al.*, l. c. S. 26).

[6-Methoxy-[2]chinolyl]-essigsäure-äthylester $C_{14}H_{15}NO_3$, Formel VI (X = H).

B. Bei der Hydrierung von [4-Chlor-6-methoxy-[2]chinolyl]-essigsäure-äthylester an Palladium/Kohle (*Kaslow, Nix*, J. org. Chem. **16** [1951] 895, 897).

F: 45,5–46°.

[4-Chlor-6-methoxy-[2]chinolyl]-essigsäure-äthylester $C_{14}H_{14}ClNO_3$, Formel VI (X = Cl).

B. Beim Erwärmen von [4-Hydroxy-6-methoxy-[2]chinolyl]-essigsäure-äthylester mit $POCl_3$ in *O,O′*-Diäthyl-diäthylenglykol (*Kaslow, Nix*, J. org. Chem. **16** [1951] 895, 897).

F: 64–65°.

VI VII

(±)-Benzoyloxy-[2]chinolyl-essigsäure-amid $C_{18}H_{14}N_2O_3$, Formel VII.

B. Beim Behandeln von (±)-Benzoyloxy-[2]chinolyl-acetonitril mit H_2SO_4 (*Nerdel et al.*, B. **87** [1954] 276, 281; s. a. *Zymalkowski, Schauer*, Ar. **290** [1957] 218, 222).

Kristalle; F: 214,5—216° [aus A. oder Bzl.] (*Ne. et al.*), 212—216° [aus A.] (*Zy., Sch.*).

(±)-[2]Chinolyl-hydroxy-acetonitril $C_{11}H_8N_2O$, Formel VIII (R = H).

B. Beim Behandeln von Chinolin-2-carbaldehyd in einer Mischung von Äther und Essigsäure mit wss. KCN (*Nerdel et al.*, B. **87** [1954] 276, 280; s. a. *Zymalkowski, Schauer*, Ar. **290** [1957] 267, 271).

Kristalle (aus PAe. + Bzl.); Zers. bei 133—136° (*Ne. et al.*). F: 124° (*Zy., Sch.*).

VIII IX

(±)-Benzoyloxy-[2]chinolyl-acetonitril $C_{18}H_{12}N_2O_2$, Formel VIII (R = CO-C_6H_5).

B. Beim Behandeln von Chinolin-2-carbaldehyd in Äther mit Benzoylchlorid und wss. NaCN (*Nerdel et al.*, B. **87** [1954] 276, 281; s. a. *Zymalkowski, Schauer*, Ar. **290** [1957] 218, 220).

Kristalle; F: 115—116,6° [aus PAe.] (*Ne. et al.*), 114—116° [aus Me.] (*Zy., Sch.*).

***[1-Äthyl-6-methoxy-1*H*-[2]chinolyliden]-dithioessigsäure** $C_{14}H_{15}NOS_2$, Formel IX.

B. Beim Behandeln von 1-Äthyl-6-methoxy-2-methylen-1,2-dihydro-chinolin mit CS_2 in Äthanol (*Gevaert Photo-Prod. N.V.*, U.S.P. 2558400 [1947]).

F: 204°.

[2-Hydroxy-[3]chinolyl]-essigsäure-äthylester $C_{13}H_{13}NO_3$, Formel X, und Tautomeres ([2-Oxo-1,2-dihydro-[3]chinolyl]-essigsäure-äthylester).

B. Beim Erhitzen von (±)-[2-Oxo-1,2,3,4-tetrahydro-[3]chinolyl]-essigsäure-äthylester mit Palladium/Kohle und *p*-Cymol (*Lloyd et al.*, Am. Soc. **77** [1955] 5932).

Kristalle (aus Bzl.); F: 186,5—187°.

[4-Hydroxy-[3]chinolyl]-essigsäure-äthylester $C_{13}H_{13}NO_3$, Formel XI, und Tautomeres ([4-Oxo-1,4-dihydro-[3]chinolyl]-essigsäure-äthylester).

B. Beim Erhitzen von Anilinomethylen-bernsteinsäure-diäthylester (E III **12** 1021) in Paraffinöl auf 260° (*I.G. Farbenind.*, D.R.P. **748540** [1941]; D.R.P. Org. Chem. **3** 1017).

Kristalle; F: 212—213°.

[2-Hydroxy-[4]chinolyl]-essigsäure $C_{11}H_9NO_3$, Formel XII (X = X′ = X″ = H), und Tautomeres ([2-Oxo-1,2-dihydro-[4]chinolyl]-essigsäure).

B. Beim Erwärmen von 3-Oxo-*N*-phenyl-glutaramidsäure mit H_2SO_4 (*Malawski et al.*, Roczniki Chem. **33** [1959] 33, 42; C. A. **1959** 16137).

Kristalle (aus H_2O); F: 210,5—211° und (nach Wiedererstarren) F: 221°.

[6-Chlor-2-hydroxy-[4]chinolyl]-essigsäure $C_{11}H_8ClNO_3$, Formel XII (X = Cl, X' = X'' = H), und Tautomeres ([6-Chlor-2-oxo-1,2-dihydro-[4]chinolyl]-essigsäure).

B. Beim Erwärmen von 3-Oxo-glutarsäure-bis-[4-chlor-anilid] mit H_2SO_4 (*Tikotikar et al.*, J. Karnatak Univ. **1** [1956] 43, 45).

Kristalle (aus Eg.); F: 222—223° (*Ti. et al.*, l. c. S. 47).

Methylester $C_{12}H_{10}ClNO_3$. Kristalle (aus A.); F: 177—178°.

Äthylester $C_{13}H_{12}ClNO_3$. Kristalle (aus A.); F: 198—199°.

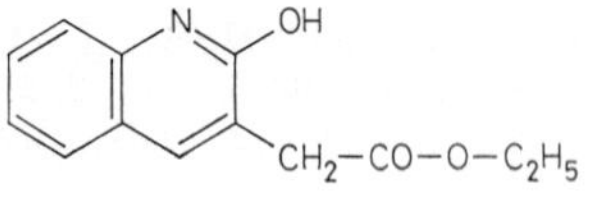

X 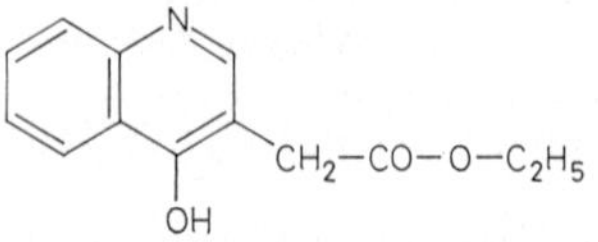 XI 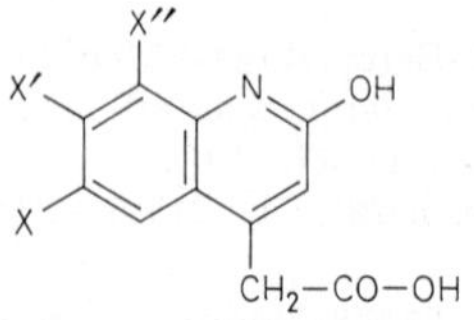 XII

[7-Chlor-2-hydroxy-[4]chinolyl]-essigsäure $C_{11}H_8ClNO_3$, Formel XII (X = X'' = H, X' = Cl), und Tautomeres ([7-Chlor-2-oxo-1,2-dihydro-[4]chinolyl]-essigsäure).

B. Beim Erwärmen von 3-Oxo-glutarsäure-bis-[3-chlor-anilid] mit H_2SO_4 (*Tikotikar et al.*, J. Karnatak Univ. **1** [1956] 43, 45).

Kristalle (aus wss. Eg.); F: 248—249° (*Ti. et al.*, l. c. S. 47).

Methylester $C_{12}H_{10}ClNO_3$. Kristalle (aus A.); F: 194—195°.

Äthylester $C_{13}H_{12}ClNO_3$. Kristalle (aus A.); F: 176—177°.

[8-Chlor-2-hydroxy-[4]chinolyl]-essigsäure $C_{11}H_8ClNO_3$, Formel XII (X = X' = H, X'' = Cl), und Tautomeres ([8-Chlor-2-oxo-1,2-dihydro-[4]chinolyl]-essigsäure).

B. Beim Erwärmen von 3-Oxo-glutarsäure-bis-[2-chlor-anilid] mit H_2SO_4 (*Tikotikar et al.*, J. Karnatak Univ. **1** [1956] 43, 45).

Kristalle (aus Eg.); F: 233—234° (*Ti. et al.*, l. c. S. 47).

Methylester $C_{12}H_{10}ClNO_3$. Kristalle (aus A.); F: 195—196°.

Äthylester $C_{13}H_{12}ClNO_3$. Kristalle (aus A.); F: 205—206°.

[6-Brom-2-hydroxy-[4]chinolyl]-essigsäure $C_{11}H_8BrNO_3$, Formel XII (X = Br, X' = X'' = H), und Tautomeres ([6-Brom-2-oxo-1,2-dihydro-[4]chinolyl]-essigsäure).

B. Beim Erwärmen von *N*-[4-Brom-phenyl]-3-oxo-glutaramidsäure-äthylester mit H_2SO_4 (*Tikotikar et al.*, J. Karnatak Univ. **1** [1956] 43, 45).

Kristalle (aus Eg.); F: 225—226° (*Ti. et al.*, l. c. S. 47).

Methylester $C_{12}H_{10}BrNO_3$. Kristalle (aus wss. A.); F: 214—215°.

Äthylester $C_{13}H_{12}BrNO_3$. Kristalle (aus A.); F: 154—155°.

[7-Brom-2-hydroxy-[4]chinolyl]-essigsäure $C_{11}H_8BrNO_3$, Formel XII (X = X'' = H, X' = Br), und Tautomeres ([7-Brom-2-oxo-1,2-dihydro-[4]chinolyl]-essigsäure).

B. Beim Erwärmen von *N*-[3-Brom-phenyl]-3-oxo-glutaramidsäure-äthylester mit H_2SO_4 (*Tikotikar et al.*, J. Karnatak Univ. **1** [1956] 43, 45).

Kristalle (aus Eg.); F: 205—206° (*Ti. et al.*, l. c. S. 48).

Methylester $C_{12}H_{10}BrNO_3$. Kristalle (aus Me.); F: 214—215°.

Äthylester $C_{13}H_{12}BrNO_3$. Kristalle (aus A.); F: 188—189°.

[8-Brom-2-hydroxy-[4]chinolyl]-essigsäure $C_{11}H_8BrNO_3$, Formel XII (X = X' = H, X'' = Br), und Tautomeres ([8-Brom-2-oxo-1,2-dihydro-[4]chinolyl]-essigsäure).

B. Beim Erwärmen von 3-Oxo-glutarsäure-bis-[2-brom-anilid] mit H_2SO_4 (*Tikotikar et al.*, J. Karnatak Univ. **1** [1956] 43, 45).

Kristalle (aus Eg.); F: 183—184° (*Ti. et al.*, l. c. S. 48).

Methylester $C_{12}H_{10}BrNO_3$. Kristalle (aus Me.); F: 175—176°.

Äthylester $C_{13}H_{12}BrNO_3$. Kristalle (aus wss. A.); F: 139—140°.

(±)-[4]Chinolyl-hydroxy-essigsäure-äthylester $C_{13}H_{13}NO_3$, Formel XIII (R = H, X = O-C_2H_5).

B. Beim Behandeln von (±)-[4]Chinolyl-hydroxy-essigsäure-amid mit HCl in Äthanol (*Zymalkowski, Schauer*, Ar. **290** [1957] 267, 272).

Kristalle (aus Isopropylalkohol); F: 82—83°.

(±)-[4]Chinolyl-hydroxy-essigsäure-amid $C_{11}H_{10}N_2O_2$, Formel XIII (R = H, X = NH_2).

B. Beim Behandeln von (±)-[4]Chinolyl-hydroxy-acetonitril mit H_2SO_4 (*Zymalkowski, Schauer*, Ar. **290** [1957] 267, 271).

Kristalle (aus wss. A.); F: 194—197° [nach Sintern ab 170°].

(±)-Benzoyloxy-[4]chinolyl-essigsäure-amid $C_{18}H_{14}N_2O_3$, Formel XIII (R = CO-C_6H_5, X = NH_2).

B. Beim Behandeln von (±)-Benzoyloxy-[4]chinolyl-acetonitril mit H_2SO_4 (*Zymalkowski, Schauer*, Ar. **290** [1957] 218, 222).

Kristalle (aus wss. A.); F: 198—199°.

XIII XIV XV

(±)-[4]Chinolyl-hydroxy-acetonitril $C_{11}H_8N_2O$, Formel XIV (R = H).

B. Beim Behandeln von Chinolin-4-carbaldehyd in Äther mit wss. KCN und wss. NH_4Cl (*Zymalkowski, Schauer*, Ar. **290** [1957] 267, 271; s. a. *Mathes, Sauermilch*, B. **89** [1956] 1515, 1521).

Kristalle; F: 144° [Zers.; aus Me.] (*Zy., Sch.*), 140—141° (*Ma., Sa.*).

(±)-Benzoyloxy-[4]chinolyl-acetonitril $C_{18}H_{12}N_2O_2$, Formel XIV (R = CO-C_6H_5).

B. Beim Behandeln von Chinolin-4-carbaldehyd mit Benzoylchlorid und wss. KCN in Äther (*Zymalkowski, Schauer*, Ar. **290** [1957] 218, 220).

Gelbliche Kristalle (aus A.); F: 133—134°.

[6-Hydroxy-[5]chinolyl]-essigsäure $C_{11}H_9NO_3$, Formel XV.

B. Beim Erhitzen von 5-Dimethylaminomethyl-chinolin-6-ol mit NaCN und wss. Äthanol auf 150° (*Winthrop Chem. Co.*, U.S.P. 2315661 [1940]).

Kristalle; F: 222°.

[8-Hydroxy-[5]chinolyl]-acetonitril $C_{11}H_8N_2O$, Formel I, und **[8-Hydroxy-[7]chinolyl]-acetonitril** $C_{11}H_8N_2O$, Formel II.

Die Identität von zwei Präparaten (F: >300° bzw. F: 115°), denen diese Konstitutionen zugeordnet worden sind (*Pujari, Ront*, J. Indian chem. Soc. **32** [1955] 431, 433) ist ungewiss (s. diesbezüglich *Fiedler*, Ar. **297** [1964] 108; *Clemo, Howe*, Soc. **1955** 3552; *Büchi et al.*, Helv. **39** [1956] 1676, 1677).

Über authentisches [8-Hydroxy-[5]chinolyl]-acetonitril (F: 178—180°) s. *Warner et al.*, J. med. Chem. **19** [1976] 167.

4-Hydroxy-3-methyl-chinolin-2-carbonsäure $C_{11}H_9NO_3$, Formel III (R = X = X' = H), und Tautomeres (3-Methyl-4-oxo-1,4-dihydro-chinolin-2-carbonsäure).

B. Beim Erwärmen von 4-Hydroxy-3-methyl-chinolin-2-carbonsäure-äthylester mit wss. NaOH (*Steck et al.*, Am. Soc. **68** [1946] 129).

Kristalle (aus Propan-1,2-diol); F: 300° [korr.].

4-Hydroxy-3-methyl-chinolin-2-carbonsäure-äthylester $C_{13}H_{13}NO_3$, Formel III (R = C_2H_5, X = X' = H), und Tautomeres (3-Methyl-4-oxo-1,4-dihydro-chinolin-2-carbonsäure-äthylester).

B. Beim Erwärmen von Methyloxalessigsäure-diäthylester mit Anilin und Erhitzen

des Reaktionsprodukts in Mineralöl auf 255° (*Steck et al.*, Am. Soc. **68** [1946] 129).
Kristalle (aus wss. A.); F: 178° [korr.].

5-Fluor-4-hydroxy-3-methyl-chinolin-2-carbonsäure $C_{11}H_8FNO_3$, Formel III (R = H, X = F, X' = H), und Tautomeres (5-Fluor-3-methyl-4-oxo-1,4-dihydro-chinolin-2-carbonsäure).
B. Beim Erwärmen von 5-Fluor-4-hydroxy-3-methyl-chinolin-2-carbonsäure-äthyl= ester mit wss. NaOH (*Steck et al.*, Am. Soc. **70** [1948] 1012).
Kristalle (aus A.); F: 240° [unkorr.; Zers.].

5-Fluor-4-hydroxy-3-methyl-chinolin-2-carbonsäure-äthylester $C_{13}H_{12}FNO_3$, Formel III (R = C_2H_5, X = F, X' = H), und Tautomeres (5-Fluor-3-methyl-4-oxo-1,4-di= hydro-chinolin-2-carbonsäure-äthylester).
B. Neben 7-Fluor-4-hydroxy-3-methyl-chinolin-2-carbonsäure-äthylester beim Erwärmen von Methyloxalessigsäure-diäthylester mit 3-Fluor-anilin und Erhitzen des Reaktionsprodukts in Mineralöl auf 255° (*Steck et al.*, Am. Soc. **70** [1948] 1012).
Gelbliche Kristalle (aus A.); F: 198—199° [unkorr.].

6-Fluor-4-hydroxy-3-methyl-chinolin-2-carbonsäure $C_{11}H_8FNO_3$, Formel III (R = X = H, X' = F), und Tautomeres (6-Fluor-3-methyl-4-oxo-1,4-dihydro-chinolin-2-carbonsäure).
B. Beim Erwärmen von 6-Fluor-4-hydroxy-3-methyl-chinolin-2-carbonsäure-äthyl= ester mit wss. NaOH (*Steck et al.*, Am. Soc. **70** [1948] 1012).
Kristalle (aus Propan-1,2-diol); F: 255—255,5° [unkorr.; Zers.].

6-Fluor-4-hydroxy-3-methyl-chinolin-2-carbonsäure-äthylester $C_{13}H_{12}FNO_3$, Formel III (R = C_2H_5, X = H, X' = F), und Tautomeres (6-Fluor-3-methyl-4-oxo-1,4-di= hydro-chinolin-2-carbonsäure-äthylester).
B. Beim Erwärmen von Methyloxalessigsäure-diäthylester mit 4-Fluor-anilin und Erhitzen des Reaktionsprodukts in Mineralöl auf 255° (*Steck et al.*, Am. Soc. **70** [1948] 1012).
Kristalle (aus wss. Acn.); F: 233,5—234° [unkorr.].

OH, N, CH_2—CN — I

OH, NC—CH_2, N — II

N, CO—O—R, X', CH_3, X, OH — III

7-Fluor-4-hydroxy-3-methyl-chinolin-2-carbonsäure $C_{11}H_8FNO_3$, Formel IV (R = X' = H, X = F) auf S. 2321, und Tautomeres (7-Fluor-3-methyl-4-oxo-1,4-dihydro-chinolin-2-carbonsäure).
B. Beim Erwärmen von 7-Fluor-4-hydroxy-3-methyl-chinolin-2-carbonsäure-äthyl= ester mit wss. NaOH (*Steck et al.*, Am. Soc. **70** [1948] 1012).
Kristalle (aus A.); F: 246° [unkorr.; Zers.].

7-Fluor-4-hydroxy-3-methyl-chinolin-2-carbonsäure-äthylester $C_{13}H_{12}FNO_3$, Formel IV (R = C_2H_5, X = F, X' = H) auf S. 2321, und Tautomeres (7-Fluor-3-methyl-4-oxo-1,4-dihydro-chinolin-2-carbonsäure-äthylester).
B. s. o. im Artikel 5-Fluor-4-hydroxy-3-methyl-chinolin-2-carbonsäure-äthylester.
Kristalle (aus A.); F: 224,5—225° [unkorr.] (*Steck et al.*, Am. Soc. **70** [1948] 1012).

8-Fluor-4-hydroxy-3-methyl-chinolin-2-carbonsäure $C_{11}H_8FNO_3$, Formel IV (R = X = H, X' = F) auf S. 2321, und Tautomeres (8-Fluor-3-methyl-4-oxo-1,4-dihydro-chinolin-2-carbonsäure).
B. Beim Erwärmen von 8-Fluor-4-hydroxy-3-methyl-chinolin-2-carbonsäure-äthyl=

ester mit wss. NaOH (*Steck et al.*, Am. Soc. **70** [1948] 1012).
Kristalle (aus A.); F: 222—223° [unkorr.; Zers.].

8-Fluor-4-hydroxy-3-methyl-chinolin-2-carbonsäure-äthylester $C_{13}H_{12}FNO_3$, Formel IV (R = C_2H_5, X = H, X′ = F) auf S. 2321, und Tautomeres (8-Fluor-3-methyl-4-oxo-1,4-dihydro-chinolin-2-carbonsäure-äthylester).

B. Beim Erwärmen von Methyloxalessigsäure-diäthylester mit 2-Fluor-anilin und Erhitzen des Reaktionsprodukts in Mineralöl auf 255° (*Steck et al.*, Am. Soc. **70** [1948] 1012).

Kristalle (aus wss. A.); F: 133—135° [unkorr.].

5-Chlor-4-hydroxy-3-methyl-chinolin-2-carbonsäure $C_{11}H_8ClNO_3$, Formel III (R = X′ = H, X = Cl), und Tautomeres (5-Chlor-3-methyl-4-oxo-1,4-dihydro-chinolin-2-carbonsäure).

B. Beim Erwärmen von 5-Chlor-4-hydroxy-3-methyl-chinolin-2-carbonsäure-äthylester mit wss. KOH (*Steck et al.*, Am. Soc. **68** [1946] 380, 382) oder wss. $Ba(OH)_2$ (*Andersag*, B. **81** [1948] 499, 504).

Kristalle; F: 249° (*An.*), 245° [korr.; Zers.; aus Propan-1,2-diol] (*St. et al.*).

Barium-Salz $BaC_{11}H_6ClNO_3$. Kristalle mit 1 Mol H_2O (*An.*).

5-Chlor-4-hydroxy-3-methyl-chinolin-2-carbonsäure-äthylester $C_{13}H_{12}ClNO_3$, Formel III (R = C_2H_5, X = Cl, X′ = H), und Tautomeres (5-Chlor-3-methyl-4-oxo-1,4-dihydro-chinolin-2-carbonsäure-äthylester).

B. Neben 7-Chlor-4-hydroxy-3-methyl-chinolin-2-carbonsäure-äthylester beim Erwärmen von Methyloxalessigsäure-diäthylester mit 3-Chlor-anilin und Erhitzen des Reaktionsprodukts in Mineralöl auf 255° (*Steck et al.*, Am. Soc. **68** [1946] 380, 382; *Andersag*, B. **81** [1948] 499, 504).

Kristalle; F: 220—220,5° [korr.; aus Eg.] (*St. et al.*), 218° (*An.*).

6-Chlor-4-hydroxy-3-methyl-chinolin-2-carbonsäure $C_{11}H_8ClNO_3$, Formel III (R = X = H, X′ = Cl), und Tautomeres (6-Chlor-3-methyl-4-oxo-1,4-dihydro-chinolin-2-carbonsäure).

B. Beim Erwärmen von 6-Chlor-4-hydroxy-3-methyl-chinolin-2-carbonsäure-äthylester mit wss. NaOH (*Steck et al.*, Am. Soc. **68** [1946] 129; *Breslow et al.*, Am. Soc. **68** [1946] 1232, 1235).

Kristalle; F: 265° [korr.; Zers.; aus wss. Eg.] (*St. et al.*), 258° [aus Me.] (*Br. et al.*, l. c. S. 1233).

6-Chlor-4-hydroxy-3-methyl-chinolin-2-carbonsäure-äthylester $C_{13}H_{12}ClNO_3$, Formel III (R = C_2H_5, X = H, X′ = Cl), und Tautomeres (6-Chlor-3-methyl-4-oxo-1,4-dihydro-chinolin-2-carbonsäure-äthylester).

B. Beim Behandeln von Methyloxalessigsäure-diäthylester mit 4-Chlor-anilin und Erhitzen des Reaktionsprodukts in Mineralöl auf 255° (*Steck et al.*, Am. Soc. **68** [1946] 129; s. a. *Breslow et al.*, Am. Soc. **68** [1946] 1232, 1235).

Kristalle; F: 251° [korr.; aus A.] (*St. et al.*), 242—243° [aus Me.] (*Br. et al.*, l. c. S. 1233).

7-Chlor-4-hydroxy-3-methyl-chinolin-2-carbonsäure $C_{11}H_8ClNO_3$, Formel IV (R = X′ = H, X = Cl) auf S. 2321, und Tautomeres (7-Chlor-3-methyl-4-oxo-1,4-dihydro-chinolin-2-carbonsäure).

B. Beim Erwärmen von 7-Chlor-4-hydroxy-3-methyl-chinolin-2-carbonsäure-äthylester mit wss. KOH (*Steck et al.*, Am. Soc. **68** [1946] 380, 382; s. a. *Andersag*, B. **81** [1948] 499, 504).

Kristalle; F: 268° [korr.; Zers.; aus Propan-1,2-diol] (*St. et al.*), 266° [Zers.] (*An.*).

7-Chlor-4-hydroxy-3-methyl-chinolin-2-carbonsäure-äthylester $C_{13}H_{12}ClNO_3$, Formel IV (R = C_2H_5, X = Cl, X′ = H) auf S. 2321, und Tautomeres (7-Chlor-3-methyl-4-oxo-1,4-dihydro-chinolin-2-carbonsäure-äthylester).

B. s. o. im Artikel 5-Chlor-4-hydroxy-3-methyl-chinolin-2-carbonsäure-äthylester.

Kristalle; F: 229,5—230° [korr.; aus Eg.] (*Steck et al.*, Am. Soc. **68** [1946] 380, 382), 226° (*Andersag*, B. **81** [1948] 499, 503).

8-Chlor-4-hydroxy-3-methyl-chinolin-2-carbonsäure-äthylester $C_{13}H_{12}ClNO_3$, Formel IV ($R = C_2H_5$, X = H, X' = Cl), und Tautomeres (8-Chlor-3-methyl-4-oxo-1,4-dihydro-chinolin-2-carbonsäure-äthylester).

a) Präparat vom F: 146°.

B. Beim Behandeln von Methyloxalessigsäure-diäthylester mit 2-Chlor-anilin unter Zusatz von wss. HCl und Erhitzen des Reaktionsprodukts in Mineralöl auf 250—260° (*Breslow et al.*, Am. Soc. **68** [1946] 1232, 1235).

Kristalle (aus Me.); F: 146° (*Br. et al.*, l. c. S. 1233).

Bei der Hydrolyse in wss. NaOH [4%ig] ist 8-Chlor-4-hydroxy-3-methyl-chinolin-2-carbonsäure $C_{11}H_8ClNO_3$ vom F: 230° [aus A.] erhalten worden.

b) Präparat vom F: 88°.

B. Beim Erwärmen von Methyloxalessigsäure-diäthylester mit 2-Chlor-anilin (auch in Essigsäure oder CH_2Cl_2) und Erhitzen des Reaktionsprodukts in Mineralöl auf 250° bis 255° (*Steck et al.*, Am. Soc. **68** [1946] 132).

Kristalle (aus PAe.); F: 88°.

Bei der Hydrolyse in wss. NaOH [5%ig] ist 8-Chlor-4-hydroxy-3-methyl-chinolin-2-carbonsäure $C_{11}H_8ClNO_3$ vom F: >285° [aus Propan-1,2-diol] erhalten worden.

5-Brom-4-hydroxy-3-methyl-chinolin-2-carbonsäure $C_{11}H_8BrNO_3$, Formel III (R = X' = H, X = Br) auf S. 2318, und Tautomeres (5-Brom-3-methyl-4-oxo-1,4-dihydro-chinolin-2-carbonsäure).

B. Beim Erwärmen von 5-Brom-4-hydroxy-3-methyl-chinolin-2-carbonsäure-äthylester mit wss. NaOH (*Steck et al.*, Am. Soc. **68** [1946] 380, 382).

Kristalle (aus Propan-1,2-diol); F: > 285°.

5-Brom-4-hydroxy-3-methyl-chinolin-2-carbonsäure-äthylester $C_{13}H_{12}BrNO_3$, Formel III ($R = C_2H_5$, X =Br, X' = H) auf S. 2318, und Tautomeres (5-Brom-3-methyl-4-oxo-1,4-dihydro-chinolin-2-carbonsäure-äthylester).

B. Neben 7-Brom-4-hydroxy-3-methyl-chinolin-2-carbonsäure-äthylester beim Erwärmen von Methyloxalessigsäure-diäthylester mit 3-Brom-anilin und Erhitzen des Reaktionsprodukts in Mineralöl auf 255° (*Steck et al.*, Am. Soc. **68** [1946] 380, 382).

Kristalle (aus wss. A.); F: 219,5—220° [korr.].

6-Brom-4-hydroxy-3-methyl-chinolin-2-carbonsäure $C_{11}H_8BrNO_3$, Formel III (R = X = H, X' = Br) auf S. 2318, und Tautomeres (6-Brom-3-methyl-4-oxo-1,4-dihydro-chinolin-2-carbonsäure).

B. Beim Erwärmen von 6-Brom-4-hydroxy-3-methyl-chinolin-2-carbonsäure-äthylester mit wss. NaOH (*Steck et al.*, Am. Soc. **68** [1946] 129).

Kristalle (aus A.); F: 257° [korr.; Zers.].

6-Brom-4-hydroxy-3-methyl-chinolin-2-carbonsäure-äthylester $C_{13}H_{12}BrNO_3$, Formel III ($R = C_2H_5$, X = H, X' = Br) auf S. 2318, und Tautomeres (6-Brom-3-methyl-4-oxo-1,4-dihydro-chinolin-2-carbonsäure-äthylester).

B. Beim Erwärmen von Methyloxalessigsäure-diäthylester mit 4-Brom-anilin und Erhitzen des Reaktionsprodukts in Mineralöl auf 255° (*Steck et al.*, Am. Soc. **68** [1946] 129).

Kristalle (aus A.); F: 251° [korr.].

7-Brom-4-hydroxy-3-methyl-chinolin-2-carbonsäure $C_{11}H_8BrNO_3$, Formel IV (R = X' = H, X = Br), und Tautomeres (7-Brom-3-methyl-4-oxo-1,4-dihydro-chinolin-2-carbonsäure).

B. Beim Erwärmen von 7-Brom-4-hydroxy-3-methyl-chinolin-2-carbonsäure-äthylester mit wss. NaOH (*Steck et al.*, Am. Soc. **68** [1946] 380, 382).

Kristalle (aus Propan-1,2-diol); F: >300°.

7-Brom-4-hydroxy-3-methyl-chinolin-2-carbonsäure-äthylester $C_{13}H_{12}BrNO_3$, Formel IV ($R = C_2H_5$, X = Br, X' = H), und Tautomeres (7-Brom-3-methyl-4-oxo-1,4-dihydro-chinolin-2-carbonsäure-äthylester).

B. s. S. 2320 im Artikel 5-Brom-4-hydroxy-3-methyl-chinolin-2-carbonsäure-äthylester.

Kristalle (aus A.); F: 228—228,5° [korr.] (*Steck et al.*, Am. Soc. **68** [1946] 380, 382).

8-Brom-4-hydroxy-3-methyl-chinolin-2-carbonsäure $C_{11}H_8BrNO_3$, Formel IV (R = X = H, X' = Br), und Tautomeres (8-Brom-3-methyl-4-oxo-1,4-dihydro-chinolin-2-carbonsäure).

B. Beim Erwärmen von 8-Brom-4-hydroxy-3-methyl-chinolin-2-carbonsäure-äthylester mit wss. NaOH (*Steck et al.*, Am. Soc. **68** [1946] 132).

Kristalle (aus Propan-1,2-diol); F: 234° [korr.; Zers.].

IV V VI

8-Brom-4-hydroxy-3-methyl-chinolin-2-carbonsäure-äthylester $C_{13}H_{12}BrNO_3$, Formel IV ($R = C_2H_5$, X = H, X' = Br), und Tautomeres (8-Brom-3-methyl-4-oxo-1,4-dihydro-chinolin-2-carbonsäure-äthylester).

B. Beim Erwärmen von Methyloxalessigsäure-diäthylester mit 2-Brom-anilin und Erhitzen des Reaktionsprodukts in Mineralöl auf 255° (*Steck et al.*, Am. Soc. **68** [1946] 132).

Gelbliche Kristalle (aus wss. Acn.); F: 112° [korr.].

4-Hydroxy-5-jod-3-methyl-chinolin-2-carbonsäure-äthylester $C_{13}H_{12}INO_3$, Formel III ($R = C_2H_5$, X = I, X' = H) auf S. 2318, und Tautomeres (5-Jod-3-methyl-4-oxo-1,4-dihydro-chinolin-2-carbonsäure-äthylester).

B. Neben 4-Hydroxy-7-jod-3-methyl-chinolin-2-carbonsäure-äthylester beim Erwärmen von Methyloxalessigsäure-diäthylester mit 3-Jod-anilin und Erhitzen des Reaktionsprodukts in einem Gemisch von Biphenyl und Diphenyläther auf 245° (*Steck et al.*, Am. Soc. **68** [1946] 1241).

Gelbliche Kristalle (aus A.); F: 237—237,5° [unkorr.] (*St. et al.*).

4-Hydroxy-6-jod-3-methyl-chinolin-2-carbonsäure $C_{11}H_8INO_3$, Formel III (R = X = H, X' = I) auf S. 2318, und Tautomeres (6-Jod-3-methyl-4-oxo-1,4-dihydro-chinolin-2-carbonsäure).

B. Beim Erwärmen von 4-Hydroxy-6-jod-3-methyl-chinolin-2-carbonsäure-äthylester mit wss. NaOH (*Steck et al.*, Am. Soc. **68** [1946] 1241).

Gelbliche Kristalle (aus Propan-1,2-diol); F: 269—270° [unkorr.; Zers.].

4-Hydroxy-6-jod-3-methyl-chinolin-2-carbonsäure-äthylester $C_{13}H_{12}INO_3$, Formel III ($R = C_2H_5$, X = H, X' = I) auf S. 2318, und Tautomeres (6-Jod-3-methyl-4-oxo-1,4-dihydro-chinolin-2-carbonsäure-äthylester).

B. Beim Erwärmen von Methyloxalessigsäure-diäthylester mit 4-Jod-anilin und Erhitzen des Reaktionsprodukts in einem Gemisch von Biphenyl und Diphenyläther auf 245° (*Steck et al.*, Am. Soc. **68** [1946] 1241).

Kristalle (aus wss. A.); F: 234—234,2° [unkorr.].

4-Hydroxy-7-jod-3-methyl-chinolin-2-carbonsäure $C_{11}H_8INO_3$, Formel IV (R = X' = H, X = I), und Tautomeres (7-Jod-3-methyl-4-oxo-1,4-dihydro-chinolin-2-carbonsäure).

B. Beim Erwärmen von 4-Hydroxy-7-jod-3-methyl-chinolin-2-carbonsäure-äthylester mit wss. NaOH (*Steck et al.*, Am. Soc. **68** [1946] 1241).

Gelbliche Kristalle (aus Propan-1,2-diol); F: 250° [unkorr.].

4-Hydroxy-7-jod-3-methyl-chinolin-2-carbonsäure-äthylester $C_{13}H_{12}INO_3$, Formel IV ($R = C_2H_5$, $X = I$, $X' = H$), und Tautomeres (7-Jod-3-methyl-4-oxo-1,4-dihydro-chinolin-2-carbonsäure-äthylester).

B. s. S. 2321 im Artikel 4-Hydroxy-5-jod-3-methyl-chinolin-2-carbonsäure-äthylester.

Kristalle (aus A.); F: 231—231,5° [unkorr.] (*Steck et al.*, Am. Soc. **68** [1946] 1241).

4-Hydroxy-8-jod-3-methyl-chinolin-2-carbonsäure $C_{11}H_8INO_3$, Formel IV ($R = X = H$, $X' = I$), und Tautomeres (8-Jod-3-methyl-4-oxo-1,4-dihydro-chinolin-2-carbonsäure).

B. Beim Erwärmen von 4-Hydroxy-8-jod-3-methyl-chinolin-2-carbonsäure-äthylester mit wss. NaOH (*Steck et al.*, Am. Soc. **68** [1946] 1241).

Kristalle (aus Propan-1,2-diol); F: 238—238,5° [unkorr.; Zers.].

4-Hydroxy-8-jod-3-methyl-chinolin-2-carbonsäure-äthylester $C_{13}H_{12}INO_3$, Formel IV ($R = C_2H_5$, $X = H$, $X' = I$), und Tautomeres (8-Jod-3-methyl-4-oxo-1,4-dihydro-chinolin-2-carbonsäure-äthylester).

B. Beim Erwärmen von Methyloxalessigsäure-diäthylester mit 2-Jod-anilin und Erhitzen des Reaktionsprodukts in einem Gemisch von Biphenyl und Diphenyläther auf 245° (*Steck et al.*, Am. Soc. **68** [1946] 1241).

Gelbliche Kristalle (aus A.); F: 179—180° [unkorr.].

4-Hydroxy-3-methyl-5(oder 7)-nitro-chinolin-2-carbonsäure-äthylester $C_{13}H_{12}N_2O_5$, Formel V ($X = NO_2$, $X' = H$ oder $X = H$, $X' = NO_2$), und Tautomeres (3-Methyl-5(oder 7)-nitro-4-oxo-1,4-dihydro-chinolin-2-carbonsäure).

B. Beim Erwärmen von Methyloxalessigsäure-diäthylester mit 3-Nitro-anilin in Benzol und Erhitzen des Reaktionsprodukts in Diphenyläther (*Adams, Hey*, Soc. **1950** 2092, 2095).

Kristalle (aus A.); F: 268—269°.

4-Hydroxy-3-methyl-6-nitro-chinolin-2-carbonsäure $C_{11}H_8N_2O_5$, Formel VI ($R = H$), und Tautomeres (3-Methyl-6-nitro-4-oxo-1,4-dihydro-chinolin-2-carbonsäure).

B. Beim Erwärmen von 4-Hydroxy-3-methyl-6-nitro-chinolin-2-carbonsäure-äthylester mit wss. NaOH (*Adams, Hey*, Soc. **1950** 2092, 2095).

Gelbe Kristalle (aus A.); F: >360°.

4-Hydroxy-3-methyl-6-nitro-chinolin-2-carbonsäure-äthylester $C_{13}H_{12}N_2O_5$, Formel VI ($R = C_2H_5$), und Tautomeres (3-Methyl-6-nitro-4-oxo-1,4-dihydro-chinolin-2-carbonsäure-äthylester).

B. Beim Erwärmen von Methyloxalessigsäure-diäthylester mit 4-Nitro-anilin in Benzol und Erhitzen des Reaktionsprodukts in Diphenyläther (*Adams, Hey*, Soc. **1950** 2092, 2095).

Hellgelbe Kristalle (aus A.); F: 274—276°.

4-Hydroxy-2-methyl-chinolin-3-carbonsäure $C_{11}H_9NO_3$, Formel VII ($R = X = X' = H$), und Tautomeres (2-Methyl-4-oxo-1,4-dihydro-chinolin-3-carbonsäure) (H 238; E II 177).

B. Neben 4-Hydroxy-2-methyl-chinolin-3-carbonsäure-äthylester beim Erwärmen von Benz[*d*][1,3]oxazin-2,4-dion (Isatosäure-anhydrid) mit Acetessigsäure-äthylester unter Zusatz von NaOH in Dioxan (*Steiger, Miller*, J. org. Chem. **24** [1959] 1214, 1216, 1218).

Kristalle; F: 247—248° [unkorr.] (*St., Mi.*), 245—247° [aus A.] (*Bangdiwala, Desai*, J. Indian chem. Soc. **31** [1954] 555, 558; s. a. *Gould, Jacobs*, Am. Soc. **61** [1939] 2890, 2893).

4-Hydroxy-2-methyl-chinolin-3-carbonsäure-äthylester $C_{13}H_{13}NO_3$, Formel VII ($R = C_2H_5$, $X = X' = H$), und Tautomeres (2-Methyl-4-oxo-1,4-dihydro-chinolin-3-carbonsäure-äthylester).

B. Beim Erwärmen von Benz[*d*][1,3]oxazin-2,4-dion (Isatosäure-anhydrid) mit Acetessigsäure-äthylester in Dioxan unter Zusatz von NaOH (*Steiger, Miller*, J. org. Chem. **24** [1959] 1214, 1218). Beim Erwärmen von 2-[2-Nitro-benzoyl]-3-oxo-buttersäure-äthylester mit Cyclohexen, Palladium/Kohle und Äthanol (*Coutts, Wibberley*, Soc. **1962** 2518, 2519).

Kristalle; F: 229—230° [aus A.] (*Co., Wi.*), 228—229° [unkorr.] (*St., Mi.*, l. c. S. 1216).

Über die Identität zweier von *Gould, Jacobs* (Am. Soc. **61** [1939] 2890, 2893) und von *Bangdiwala, Desai* (J. Indian chem. Soc. **31** [1954] 555, 557) gleichfalls unter dieser Konstitution beschriebenen, beim Behandeln von Anilin mit Acetylmalonsäure-diäthylester und Erhitzen des Reaktionsprodukts in Mineralöl oder mit H_2SO_4 und Acetanhydrid erhaltenen Präparate (F: 104—107° bzw. F: 104—106°) s. *Co., Wi.*, l. c. S. 2520.

5-Chlor-4-hydroxy-2-methyl-chinolin-3-carbonsäure $C_{11}H_8ClNO_3$, Formel VII (R = X′ = H, X = Cl), und Tautomeres (5-Chlor-2-methyl-4-oxo-1,4-dihydro-chinolin-3-carbonsäure).

B. Neben 7-Chlor-4-hydroxy-2-methyl-chinolin-3-carbonsäure beim Behandeln von Acetylmalonsäure-diäthylester mit 3-Chlor-anilin, Behandeln des Reaktionsprodukts mit H_2SO_4 und Acetanhydrid und Erwärmen des danach erhaltenen Ester-Gemisches mit wss. NaOH (*Bangdiwala, Desai*, J. Indian chem. Soc. **31** [1954] 555, 559).

Kristalle (aus A.); F: 248—250°.

7-Chlor-4-hydroxy-2-methyl-chinolin-3-carbonsäure $C_{11}H_8ClNO_3$, Formel VII (R = X = H, X′ = Cl), und Tautomeres (7-Chlor-2-methyl-4-oxo-1,4-dihydro-chinolin-3-carbonsäure).

B. s. im vorangehenden Artikel.

Kristalle (aus Eg.); F: 279—280° (*Bangdiwala, Desai*, J. Indian chem. Soc. **31** [1954] 555, 559).

7-Hydroxy-2-methyl-chinolin-3-carbonsäure $C_{11}H_9NO_3$, Formel VIII.

B. Beim Behandeln von 2-Methyl-3-vinyl-chinolin-7-ol oder von (±)-1-[7-Hydroxy-2-methyl-[3]chinolyl]-äthan-1,2-diol in Aceton mit $KMnO_4$ (*Ozawa et al.*, J. pharm. Soc. Japan **79** [1959] 230, 233; C. A. **1959** 13147).

Gelb; F: >250° [Zers.].

VII VIII IX

3-Hydroxy-2-methyl-chinolin-4-carbonsäure $C_{11}H_9NO_3$, Formel IX (R = R′ = H) (E II 178).

B. Beim Erwärmen von Isatin mit $Ca(OH)_2$ in H_2O und anschliessend mit Chloraceton (*I. G. Farbenind.*, D.B.P. 615743 [1934]; Frdl. **22** 482). Beim Erwärmen von Isatin mit Acetoxyaceton und wss. NaOH (*Marshall, Blanchard*, J. Pharmacol. exp. Therap. **95** [1949] 185). Beim Erhitzen von 3-Äthoxy-2-methyl-chinolin-4-carbonsäure mit konz. wss. HCl auf 150° (*Cross, Henze*, Am. Soc. **61** [1939] 2730, 2731).

F: 242—244° [korr.; Zers.] (*Cr., He.*).

3-Äthoxy-2-methyl-chinolin-4-carbonsäure $C_{13}H_{13}NO_3$, Formel IX (R = H, R′ = C_2H_5).

B. Beim Erwärmen von Isatin mit Äthoxyaceton und wss. KOH (*Cross, Henze*, Am. Soc. **61** [1939] 2730, 2731).

Kristalle (aus H_2O); F: 243° [korr.; Zers.].

2-Methyl-3-phenoxy-chinolin-4-carbonsäure $C_{17}H_{13}NO_3$, Formel IX (R = H, R′ = C_6H_5).

B. Beim Erwärmen von Isatin mit Phenoxyaceton und wss. KOH (*Calaway, Henze*, Am. Soc. **61** [1939] 1355, 1356; *Okuda*, J. pharm. Soc. Japan **71** [1951] 1275; C. A. **1952** 6128).

Kristalle; F: 259—260° [aus Me.] (*Ok.*), 259,4° [korr.; Zers.] (*Ca., He.*).

2-Methyl-3-*o*-tolyloxy-chinolin-4-carbonsäure $C_{18}H_{15}NO_3$, Formel X (R = CH_3, R′ = R″ = H).

B. Beim Erwärmen von Isatin mit *o*-Tolyloxyaceton und wss. KOH (*Dowell et al.*, Am. Soc. **70** [1948] 226).

F: 229° [korr.; Zers.].

2-Methyl-3-*m*-tolyloxy-chinolin-4-carbonsäure $C_{18}H_{15}NO_3$, Formel X (R = R′ = H, R″ = CH_3).

B. Beim Erwärmen von Isatin mit *m*-Tolyloxyaceton und wss. KOH (*Dowell et al.*, Am. Soc. **70** [1948] 226).

Kristalle (aus H_2O); F: 224° [korr.; Zers.].

2-Methyl-3-*p*-tolyloxy-chinolin-4-carbonsäure $C_{18}H_{15}NO_3$, Formel X (R = R″ = H, R′ = CH_3).

B. Beim Erwärmen von Isatin mit *p*-Tolyloxyaceton und wss. KOH (*Dowell et al.*, Am. Soc. **70** [1948] 226).

F: 206° [korr.; Zers.].

3-[2-Isopropyl-5-methyl-phenoxy]-2-methyl-chinolin-4-carbonsäure $C_{21}H_{21}NO_3$, Formel X (R = $CH(CH_3)_2$, R′ = H, R″ = CH_3).

B. Beim Erwärmen von Isatin mit [2-Isopropyl-5-methyl-phenoxy]-aceton und wss. KOH (*Calaway, Henze*, Am. Soc. **61** [1939] 1355, 1357).

F: 228° [korr.; Zers.].

2-Methyl-3-[1]naphthyloxy-chinolin-4-carbonsäure $C_{21}H_{15}NO_3$, Formel XI (X = H).

B. Beim Erwärmen von Isatin mit [1]Naphthyloxy-aceton und wss. KOH (*Calaway, Henze*, Am. Soc. **61** [1939] 1355, 1357).

Kristalle (aus A.); F: 265,5° [korr.; Zers.].

2-Methyl-3-[4-nitro-[1]naphthyloxy]-chinolin-4-carbonsäure $C_{21}H_{14}N_2O_5$, Formel XI (X = NO_2).

B. Beim Erwärmen von 2-Methyl-3-[1]naphthyloxy-chinolin-4-carbonsäure mit wss. HNO_3 (*Calaway, Henze*, Am. Soc. **61** [1939] 1355, 1357).

F: 221° [korr.].

3-[4-Methoxy-phenoxy]-2-methyl-chinolin-4-carbonsäure $C_{18}H_{15}NO_4$, Formel X (R = R″ = H, R′ = O-CH_3).

B. Beim Erwärmen von Isatin mit [4-Methoxy-phenoxy]-aceton und wss. KOH (*Sublett, Calaway*, Am. Soc. **70** [1948] 674).

Kristalle (aus H_2O); F: 215° [Zers.].

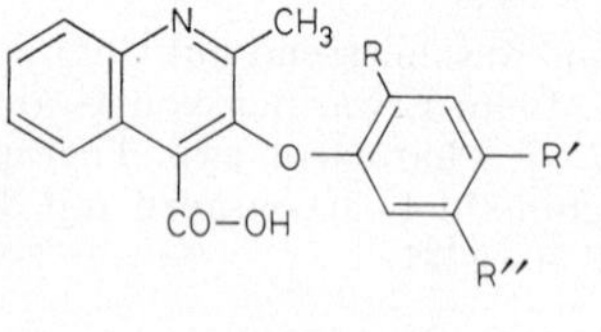

X 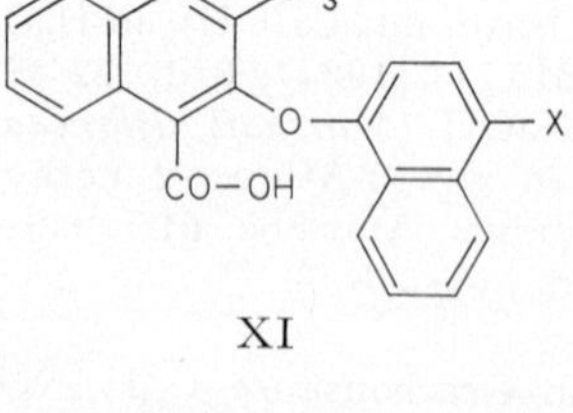 XI 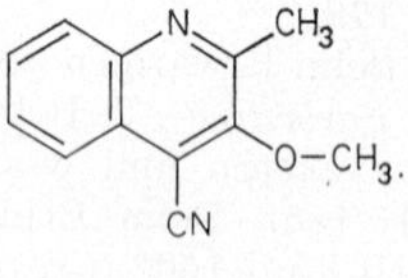 XII

3-[4-Äthoxy-phenoxy]-2-methyl-chinolin-4-carbonsäure $C_{19}H_{17}NO_4$, Formel X (R = R″ = H, R′ = O-C_2H_5).

B. Beim Erwärmen von Isatin mit [4-Äthoxy-phenoxy]-aceton und wss. KOH (*Sublett, Calaway*, Am. Soc. **70** [1948] 674).

Kristalle (aus H_2O); F: 214° [Zers.].

2-Methyl-3-[4-propoxy-phenoxy]-chinolin-4-carbonsäure $C_{20}H_{19}NO_4$, Formel X (R = R″ = H, R′ = O-CH_2-CH_2-CH_3).

B. Beim Erwärmen von Isatin mit [4-Propoxy-phenoxy]-aceton und wss. KOH

(*Sublett, Calaway*, Am. Soc. **70** [1948] 674).
Kristalle (aus H_2O); F: 208° [Zers.].

3-[4-Butoxy-phenoxy]-2-methyl-chinolin-4-carbonsäure $C_{21}H_{21}NO_4$, Formel X (R = R'' = H, R' = O-$[CH_2]_3$-CH_3).
B. Beim Erwärmen von Isatin mit [4-Butoxy-phenoxy]-aceton und wss. KOH (*Sublett, Calaway*, Am. Soc. **70** [1948] 674).
Kristalle (aus H_2O); F: 150° [Zers.].

3-[2-Methoxy-4-methyl-phenoxy]-2-methyl-chinolin-4-carbonsäure $C_{19}H_{17}NO_4$, Formel X (R = O-CH_3, R' = CH_3, R'' = H).
B. Beim Erwärmen von Isatin mit [2-Methoxy-4-methyl-phenoxy]-aceton und wss. KOH (*Sublett, Calaway*, Am. Soc. **70** [1948] 674).
Kristalle (aus H_2O); F: 232° [Zers.].

3-Methoxy-2-methyl-chinolin-4-carbonsäure-methylester $C_{13}H_{13}NO_3$, Formel IX (R = R' = CH_3) auf S. 2323.
B. Aus 3-Hydroxy-2-methyl-chinolin-4-carbonsäure beim Erwärmen mit Dimethylsulfat und K_2CO_3 in Aceton (*I. G. Farbenind.*, D.R.P. 719889 [1939]; D.R.P. Org. Chem. **6** 2528) sowie beim Behandeln mit äther. Diazomethan (*Goto, Hirata*, J. chem. Soc. Japan Pure Chem. Sect. **75** [1954] 64; C. A. **1955** 10294).
Hellgelbes Öl; Kp_3: 160° (*I. G. Farbenind.*).
Hydrochlorid $C_{13}H_{13}NO_3 \cdot HCl$. Kristalle (aus A. + E.); F: 164–166° (*Goto, Hi.*).

2-Methyl-3-phenoxy-chinolin-4-carbonsäure-methylester $C_{18}H_{15}NO_3$, Formel IX (R = CH_3, R' = C_6H_5) auf S. 2323.
B. Beim Behandeln von 2-Methyl-3-phenoxy-chinolin-4-carbonsäure mit Diazomethan in Äther (*Okuda*, J. pharm. Soc. Japan **71** [1951] 1275; C. A. **1952** 6128).
Kristalle (aus Me.); F: 100–101°.
Picrat $C_{18}H_{15}NO_3 \cdot C_6H_3N_3O_7$. Gelbe Kristalle (aus A.); F: 177–178°.

3-Methoxy-2-methyl-chinolin-4-carbonitril $C_{12}H_{10}N_2O$, Formel XII.
B. Beim Behandeln von 3-Methoxy-2-methyl-chinolin-4-carbonsäure mit $SOCl_2$, Behandeln des Reaktionsprodukts mit wss. NH_3 und Erhitzen des erhaltenen 3-Methoxy-2-methyl-chinolin-4-carbonsäure-amids mit $POCl_3$ (*I. G. Farbenind.*, D.R.P. 699555 [1939]; D.R.P. Org. Chem. **6** 2530).
Kristalle; F: 88°. Kp_5: 150°.

6,8-Dichlor-3-hydroxy-2-methyl-chinolin-4-carbonsäure $C_{11}H_7Cl_2NO_3$, Formel XIII.
B. Beim Erwärmen von 5,7-Dichlor-indolin-2,3-dion mit $Ca(OH)_2$ in H_2O und anschliessend mit Chloraceton (*I.G. Farbenind.*, D.R.P. 615743 [1934]; Frdl. **22** 482).
F: 232° [Zers.].

3-Hydroxy-2-methyl-5-nitro-chinolin-4-carbonsäure $C_{11}H_8N_2O_5$, Formel XIV (R = R' = H).
B. Beim Behandeln von 3-Hydroxy-2-methyl-chinolin-4-carbonsäure mit H_2SO_4 und KNO_3 (*Goto, Hirata*, J. chem. Soc. Japan Pure Chem. Sect. **75** [1954] 64; C. A. **1955** 10294).
F: 230° [Zers.].

3-Acetoxy-2-methyl-5-nitro-chinolin-4-carbonsäure $C_{13}H_{10}N_2O_6$, Formel XIV (R = H, R' = CO-CH_3).
B. Beim Behandeln von 3-Hydroxy-2-methyl-5-nitro-chinolin-4-carbonsäure mit Acetylchlorid und Pyridin (*Goto, Hirata*, J. chem. Soc. Japan Pure Chem. Sect. **75** [1954] 64; C. A. **1955** 10294).
Kristalle (aus A.); unterhalb 360° nicht schmelzend.

3-Methoxy-2-methyl-5-nitro-chinolin-4-carbonsäure-methylester $C_{13}H_{12}N_2O_5$, Formel XIV (R = R' = CH_3).
B. Beim Behandeln von 3-Hydroxy-2-methyl-5-nitro-chinolin-4-carbonsäure mit

äther. Diazomethan (*Goto, Hirata*, J. chem. Soc. Japan Pure Chem. Sect. **75** [1954] 64; C. A. **1955** 10294).
Hellgelbe Kristalle (aus PAe.); F: 88–91,5°.

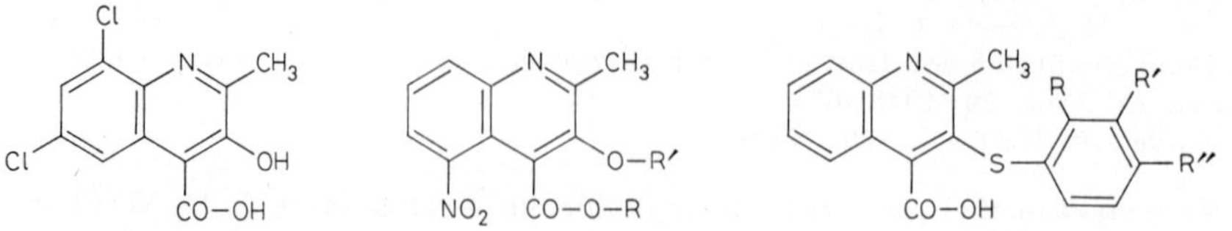

XIII XIV XV

2-Methyl-3-phenylmercapto-chinolin-4-carbonsäure $C_{17}H_{13}NO_2S$, Formel XV (R = R′ = R″ = H).
B. Beim Erwärmen von Isatin mit Phenylmercapto-aceton und wss. KOH (*Knight et al.*, Am. Soc. **66** [1944] 1893).
Kristalle (aus A.); F: 285–286° [korr.; Zers.].

2-Methyl-3-*o*-tolylmercapto-chinolin-4-carbonsäure $C_{18}H_{15}NO_2S$, Formel XV (R = CH_3, R′ = R″ = H).
B. Beim Erwärmen von Isatin mit *o*-Tolylmercapto-aceton und wss. KOH (*Newell, Calaway*, Am. Soc. **69** [1947] 116).
F: 278° [korr.].

2-Methyl-3-*m*-tolylmercapto-chinolin-4-carbonsäure $C_{18}H_{15}NO_2S$, Formel XV (R = R″ = H, R′ = CH_3).
B. Beim Erwärmen von Isatin mit *m*-Tolylmercapto-aceton und wss. KOH (*Newell, Calaway*, Soc. **69** [1947] 116).
F: 258° [korr.].

2-Methyl-3-*p*-tolylmercapto-chinolin-4-carbonsäure $C_{18}H_{15}NO_2S$, Formel XV (R = R′ = H, R″ = CH_3).
B. Beim Erwärmen von Isatin mit *p*-Tolylmercapto-aceton und wss. KOH (*Newell, Calaway*, Am. Soc. **69** [1947] 116).
F: 274° [korr.; Zers.].

6-Hydroxy-2-methyl-chinolin-4-carbonsäure $C_{11}H_9NO_3$, Formel I (R = R′ = H) (E II 178).
B. Beim Behandeln von 4-Amino-phenol mit Brenztraubensäure in Äthanol (*Dane et al.*, A. **607** [1957] 92, 102; s. a. *v. Euler et al.*, Ark. Kemi **5** [1953] 251, 253).
Sulfat. Grün; F: 233° [Zers.] (*Dane et al.*).

6-Methoxy-2-methyl-chinolin-4-carbonsäure $C_{12}H_{11}NO_3$, Formel I (R = H, R′ = CH_3) (E II 178).
B. Beim Erwärmen von Ameisensäure-*p*-anisidid mit Brenztraubensäure in Äthanol (*Silberg*, Bl. [5] **3** [1936] 1767, 1773). Neben anderen Verbindungen beim Behandeln von *p*-Anisidin mit Brenztraubensäure in Äthanol (*Dane et al.*, A. **607** [1957] 92, 104, 106; s. a. *Si.*).
Kristalle (aus A.); F: 286° (*Si.*).

6-Äthoxy-2-methyl-chinolin-4-carbonsäure $C_{13}H_{13}NO_3$, Formel I (R = H, R′ = C_2H_5).
B. Beim Erwärmen von 2-[4-Äthoxy-phenylimino]-propionsäure mit Äthanol (*Passerini, Ragni*, G. **64** [1934] 909, 918).
Gelbliche Kristalle (aus A.); F: 242–244°.

6-Methoxy-2-methyl-chinolin-4-carbonsäure-methylester $C_{13}H_{13}NO_3$, Formel I (R = R′ = CH_3).
B. Beim Behandeln von 6-Hydroxy-2-methyl-chinolin-4-carbonsäure mit äther. Diazomethan (*Dane et al.*, A. **607** [1957] 92, 103). Beim Erwärmen von (±)-4-*p*-Anisidino-

4-methyl-5-oxo-4,5-dihydro-furan-2-carbonsäure-methylester mit Äthanol (*Dane et al.*, l. c. S. 105).

Kristalle (aus A. + H_2O); F: 101—102°.

I II III

6-Methoxy-2-methyl-chinolin-4-carbonsäure-äthylester $C_{14}H_{15}NO_3$, Formel I ($R = C_2H_5$, $R' = CH_3$).

B. Beim Erwärmen von 6-Methoxy-2-methyl-chinolin-4-carbonsäure mit äthanol. H_2SO_4 (*Mead et al.*, Am. Soc. **68** [1946] 2708).

Kristalle (aus PAe.); F: 99—100°.

7-Methoxy-2-methyl-chinolin-4-carbonsäure $C_{12}H_{11}NO_3$, Formel II.

B. Beim Erwärmen von *m*-Anisidin mit Brenztraubensäure und Paraldehyd in Äthanol (*Borsche, Wagner-Roemmich*, A. **544** [1940] 287, 298).

Gelbliche Kristalle (aus Eg.); F: 303°.

2-Phenoxymethyl-chinolin-4-carbonsäure $C_{17}H_{13}NO_3$, Formel III (R = H).

B. In kleinen Mengen neben 2-Methyl-3-phenoxy-chinolin-4-carbonsäure beim Erwärmen von Isatin mit Phenoxyaceton und wss. KOH (*Okuda*, J. pharm. Soc. Japan **71** [1951] 1275; C. A. **1952** 6128).

Kristalle (aus Me.); F: 194—196°.

2-Phenoxymethyl-chinolin-4-carbonsäure-methylester $C_{18}H_{15}NO_3$, Formel III ($R = CH_3$).

B. Beim Behandeln von 2-Phenoxymethyl-chinolin-4-carbonsäure mit äther. Diazomethan (*Okuda*, J. pharm. Soc. Japan **71** [1951] 1275; C. A. **1952** 6128).

Kristalle (aus Me.); F: 95—96°.

Picrat $C_{18}H_{15}NO_3 \cdot C_6H_3N_3O_7$. Gelbe Kristalle (aus A.); F: 133—134°.

4-Hydroxy-6-methyl-chinolin-2-carbonsäure $C_{11}H_9NO_3$, Formel IV (R = H), und Tautomeres (6-Methyl-4-oxo-1,4-dihydro-chinolin-2-carbonsäure) (E II 179).

B. Beim Erwärmen von 4-Hydroxy-6-methyl-chinolin-2-carbonsäure-äthylester mit wss. NaOH (*Mapara, Desai*, J. Indian chem. Soc. **31** [1954] 951, 956).

F: 275° [Zers.].

4-Hydroxy-6-methyl-chinolin-2-carbonsäure-äthylester $C_{13}H_{13}NO_3$, Formel IV ($R = C_2H_5$), und Tautomeres (6-Methyl-4-oxo-1,4-dihydro-chinolin-2-carbonsäure-äthylester).

B. Beim Behandeln von *p*-Toluidino-butendisäure-diäthylester (aus Oxalessigsäure-diäthylester und *p*-Toluidin hergestellt) mit Acetanhydrid und H_2SO_4 (*Mapara, Desai*, J. Indian chem. Soc. **31** [1954] 951, 956).

F: 212°.

4-Hydroxy-2-methyl-chinolin-6-carbonsäure $C_{11}H_9NO_3$, Formel V (R = H, X = OH), und Tautomeres (2-Methyl-4-oxo-1,4-dihydro-chinolin-6-carbonsäure).

B. Beim Erhitzen von 4-Methoxy-2-methyl-chinolin-6-carbonitril mit KOH und Glycerin auf 150—170° (*Chin-Tzu Peng, Daniels*, Am. Soc. **77** [1955] 6682). Beim Erhitzen von 4-[2-Äthoxycarbonyl-1-methyl-vinylamino]-benzoesäure (F: 173°) in einem Gemisch von Biphenyl und Diphenyläther auf 250° (*Schock*, Am. Soc. **79** [1957] 1672).

Kristalle; F: >300° (*Chin-Tzu Peng, Da.*; *Sch.*). λ_{max} (A.; 223—330 nm): *Chin-Tzu Peng, Da.*

4-Hydroxy-2-methyl-chinolin-6-carbonsäure-äthylester $C_{13}H_{13}NO_3$, Formel V (R = H, X = O-C_2H_5), und Tautomeres (2-Methyl-4-oxo-1,4-dihydro-chinolin-6-carbonsäure-äthylester).

B. Beim Erhitzen von 4-[2-Methoxycarbonyl-1-methyl-vinylamino]-benzoesäure-äthylester (E III **14** 1142) in Diphenyläther auf 250° (*Kaslow, Stayner*, Am. Soc. **70** [1948] 3350; s. a. *Schock*, Am. Soc. **79** [1957] 1672). Beim Erwärmen von 4-Hydroxy-2-methyl-chinolin-6-carbonsäure mit $SOCl_2$ in Benzol und Erwärmen des Reaktionsprodukts mit Äthanol (*Chin-Tzu Peng, Daniels*, Am. Soc. **77** [1955] 6682).

Kristalle; F: 267—268° [aus Dioxan] (*Chin-Tzu Peng, Da.*), 260—261° (*Sch.*), 255° bis 256° [aus Butan-1-ol] (*Ka., St.*). λ_{max} (A.; 225—331 nm): *Chin-Tzu Peng, Da.*

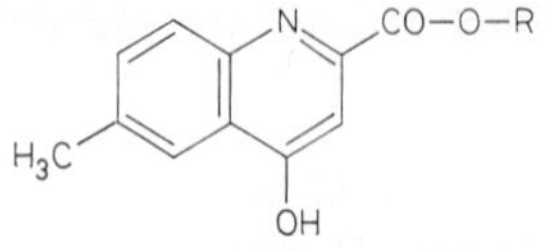

IV 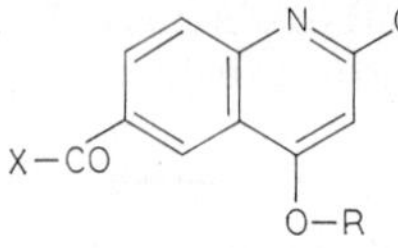 V 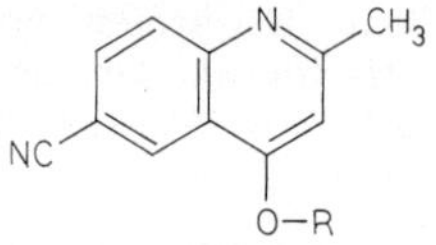 VI

4-Methoxy-2-methyl-chinolin-6-carbonsäure-äthylester $C_{14}H_{15}NO_3$, Formel V (R = CH_3, X = O-C_2H_5).

B. Aus 4-Hydroxy-2-methyl-chinolin-6-carbonsäure-äthylester (*Schock*, Am. Soc. **79** [1957] 1672).

F: 126—127°.

4-Allyloxy-2-methyl-chinolin-6-carbonsäure-äthylester $C_{16}H_{17}NO_3$, Formel V (R = CH_2-CH=CH_2, X = O-C_2H_5).

B. Beim Erwärmen von 4-Hydroxy-2-methyl-chinolin-6-carbonsäure-äthylester mit Allylbromid und äthanol. Natriumäthylat (*Farbenfabr. Bayer*, D.B.P. 883900 [1950]).

F: 110°.

4-Hydroxy-2-methyl-chinolin-6-carbonitril $C_{11}H_8N_2O$, Formel VI (R = H), und Tautomeres (2-Methyl-4-oxo-1,4-dihydro-chinolin-6-carbonitril).

B. Beim Erhitzen von 3-[4-Cyan-anilino]-crotonsäure-methylester (F: 125°) in einem Gemisch von Biphenyl und Diphenyläther auf 250° (*Schock*, Am. Soc. **79** [1957] 1672).

F: 297—298°.

4-Methoxy-2-methyl-chinolin-6-carbonitril $C_{12}H_{10}N_2O$, Formel VI (R = CH_3).

B. Beim Behandeln einer aus 6-Amino-4-methoxy-2-methyl-chinolin hergestellten Diazoniumchlorid-Lösung mit wss. CuCN (*Chin-Tzu Peng, Daniels*, Am. Soc. **77** [1955] 6682).

Kristalle; F: 178,5—179,5° (*Schock*, Am. Soc. **79** [1957] 1672), 172—173° [aus wss. Me.] (*Chin-Tzu Peng, Da.*). λ_{max} (A.; 238—321 nm): *Chin-Tzu Peng, Da.*

4-Hydroxy-2-methyl-chinolin-6-carbonsäure-hydrazid $C_{11}H_{11}N_3O_2$, Formel V (R = H, X = NH-NH_2), und Tautomeres (2-Methyl-4-oxo-1,4-dihydro-chinolin-6-carbonsäure-hydrazid).

B. Beim Erhitzen von 4-Hydroxy-2-methyl-chinolin-6-carbonsäure-äthylester mit $N_2H_4 \cdot H_2O$ und wss. Äthanol auf 110° (*Chin-Tzu Peng, Daniels*, Am. Soc. **77** [1955] 6682).

Kristalle (aus H_2O); F: >300°.

7-Chlor-4-hydroxy-8-methyl-chinolin-2-carbonsäure $C_{11}H_8ClNO_3$, Formel VII (R = H), und Tautomeres (7-Chlor-8-methyl-4-oxo-1,4-dihydro-chinolin-2-carbonsäure).

B. Beim Erwärmen von 7-Chlor-4-hydroxy-8-methyl-chinolin-2-carbonsäure-äthyl=

ester mit wss. NaOH (*Lisk, Stacy*, Am. Soc. **68** [1946] 2686).
Kristalle (aus 2-Äthoxy-äthanol); F: 250—252° [unkorr.].

7-Chlor-4-hydroxy-8-methyl-chinolin-2-carbonsäure-äthylester $C_{13}H_{12}ClNO_3$, Formel VII (R = C_2H_5), und Tautomeres (7-Chlor-8-methyl-4-oxo-1,4-dihydro-chinolin-2-carbonsäure-äthylester).

B. Beim Erhitzen von [3-Chlor-2-methyl-anilino]-butendisäure-diäthylester (aus 3-Chlor-2-methyl-anilin und Oxalessigsäure-diäthylester hergestellt) in einem Gemisch von Biphenyl und Diphenyläther auf 255° (*Lisk, Stacy*, Am. Soc. **68** [1946] 2686).
Kristalle (aus 2-Äthoxy-äthanol); F: 207—208° [unkorr.].

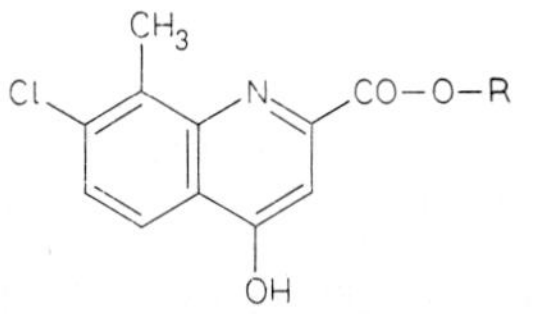

VII 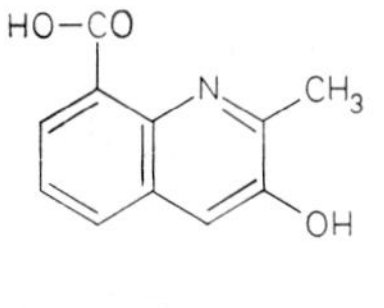 VIII 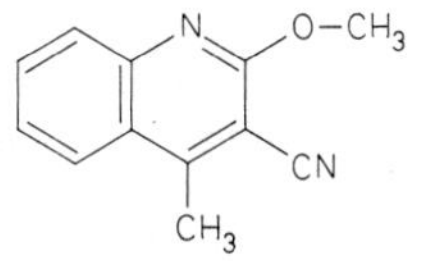 IX

3-Hydroxy-2-methyl-chinolin-8-carbonsäure $C_{11}H_9NO_3$, Formel VIII.

B. Beim Erhitzen von 3-Hydroxy-2-methyl-chinolin-4,8-dicarbonsäure in Nitrobenzol (*Blanchard et al.*, Bl. Johns Hopkins Hosp. **91** [1952] 330, 332).
Kristalle (aus DMF + H_2O); Zers. bei 342—343° [vorgeheiztes Bad].

2-Methoxy-4-methyl-chinolin-3-carbonitril $C_{12}H_{10}N_2O$, Formel IX.

B. Beim Erwärmen von 2-Chlor-4-methyl-chinolin-3-carbonitril mit methanol. Natriummethylat (*Marion et al.*, Canad. J. Res. [B] **24** [1946] 224, 229).
Kristalle (aus Me.); F: 120—121° [korr.].

2-Hydroxy-4-methyl-6-nitro-chinolin-3-carbonsäure-äthylester $C_{13}H_{12}N_2O_5$, Formel X, und Tautomeres (4-Methyl-6-nitro-2-oxo-1,2-dihydro-chinolin-3-carbonsäure-äthylester).

B. Neben der folgenden Verbindung beim Erhitzen von 1-[2-Amino-5-nitro-phenyl]-äthanon mit Malonsäure-diäthylester auf 170° (*Borsche, Herbert*, A. **546** [1941] 293, 301).
Gelbliche Kristalle (aus Eg.); F: 300°.

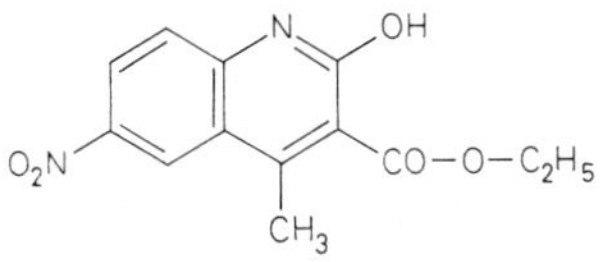

X 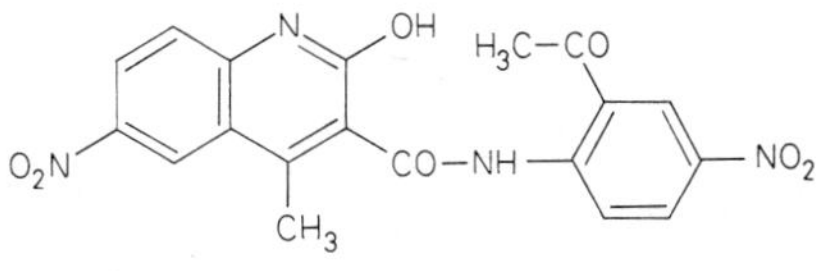 XI

2-Hydroxy-4-methyl-6-nitro-chinolin-3-carbonsäure-[2-acetyl-4-nitro-anilid] $C_{19}H_{14}N_4O_7$, Formel XI, und Tautomeres (4-Methyl-6-nitro-2-oxo-1,2-dihydro-chinolin-3-carbonsäure-[2-acetyl-4-nitro-anilid]).

B. s. im vorangehenden Artikel.
Gelbliche Kristalle (aus Malonsäure-diäthylester oder Nitrobenzol); F: 326° [Zers.] (*Borsche, Herbert*, A. **546** [1941] 293, 301).

2-Hydroxy-3-methyl-chinolin-4-carbonsäure $C_{11}H_9NO_3$, Formel XII (R = H, X = OH), und Tautomeres (3-Methyl-2-oxo-1,2-dihydro-chinolin-4-carbonsäure) (H 239).

B. Beim Erwärmen von 2-[2-Oxo-indolin-3-yliden]-propionsäure mit wss. HCl (*Julian et al.*, Am. Soc. **75** [1953] 5305, 5308).
F: 321—323° (*Lyle et al.*, J. org. Chem. **37** [1972] 3967). UV-Spektrum (Me.; 220 nm bis 330 nm): *Ju. et al.*, l. c. S. 5307.

2-Äthoxy-3-methyl-chinolin-4-carbonsäure-[2-diäthylamino-äthylamid] $C_{19}H_{27}N_3O_2$, Formel XII (R = C_2H_5, X = NH-CH_2-CH_2-N(C_2H_5)$_2$).

B. Beim Erwärmen von 2-Chlor-3-methyl-chinolin-4-carbonsäure-[2-diäthylamino-äthylamid] mit Natriumäthylat und Äthanol (*CIBA*, D.B.P. 537104 [1926]; Frdl. **18** 2734; Schweiz. P. 139444 [1927]).

Kristalle; F: 79°.

4-Hydroxy-5-methyl-chinolin-3-carbonsäure $C_{11}H_9NO_3$, Formel XIII (R = H), und Tautomeres (5-Methyl-4-oxo-1,4-dihydro-chinolin-3-carbonsäure).

B. Beim Erwärmen von 4-Hydroxy-5-methyl-chinolin-3-carbonsäure-äthylester mit wss. NaOH (*Mapara, Desai*, J. Indian chem. Soc. **31** [1954] 951, 953).

Kristalle (aus Nitrobenzol); F: 255° [Zers.].

4-Hydroxy-5-methyl-chinolin-3-carbonsäure-äthylester $C_{13}H_{13}NO_3$, Formel XIII (R = C_2H_5), und Tautomeres (5-Methyl-4-oxo-1,4-dihydro-chinolin-3-carbonsäure-äthylester).

B. Beim Behandeln von *m*-Toluidinomethylen-malonsäure-diäthylester mit H_2SO_4 und Acetanhydrid (*Mapara, Desai*, J. Indian chem. Soc. **31** [1954] 951, 953).

Kristalle (aus A.); F: 246°.

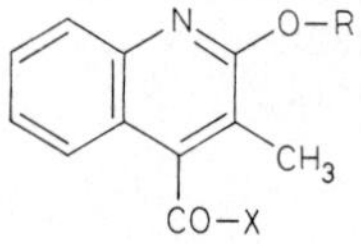

XII 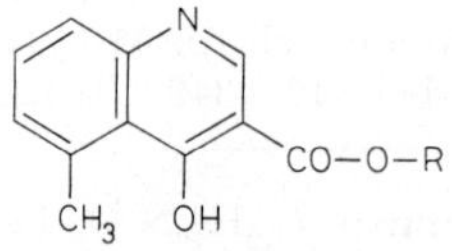 XIII 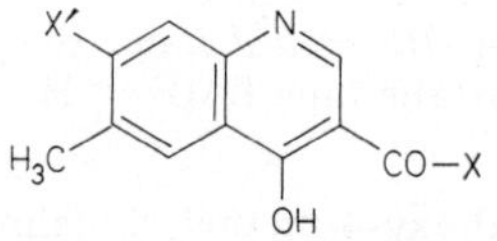 XIV

4-Hydroxy-6-methyl-chinolin-3-carbonsäure $C_{11}H_9NO_3$, Formel XIV (X = OH, X' = H), und Tautomeres (6-Methyl-4-oxo-1,4-dihydro-chinolin-3-carbonsäure).

B. Beim Erwärmen von 4-Hydroxy-6-methyl-chinolin-3-carbonsäure-äthylester mit wss. NaOH (*Duffin, Kendall*, Soc. **1948** 893). Weitere Bildungsweise s. im Artikel 4-Hydroxy-6-methyl-chinolin-3-carbonsäure-*p*-toluidid.

Kristalle; F: 266° [Zers.] (*Du., Ke.*), 257° [unkorr.; Zers.; aus Eg.] (*Roberts*, J. org. Chem. **14** [1949] 277, 281, 283).

4-Hydroxy-6-methyl-chinolin-3-carbonsäure-äthylester $C_{13}H_{13}NO_3$, Formel XIV (X = O-C_2H_5, X' = H), und Tautomeres (6-Methyl-4-oxo-1,4-dihydro-chinolin-3-carbonsäure-äthylester).

B. Beim Erhitzen von *p*-Toluidinomethylen-malonsäure-diäthylester in Paraffinöl auf 290° (*Duffin, Kendall*, Soc. **1948** 893) oder in einem Gemisch von Biphenyl und Diphenyläther (*Roberts*, J. org. Chem. **14** [1949] 277, 280).

Kristalle (aus Bzl.); F: 268° (*Du., Ke.*).

4-Hydroxy-6-methyl-chinolin-3-carbonsäure-*p*-toluidid $C_{18}H_{16}N_2O_2$, Formel XIV (X = NH-C_6H_4-CH_3(*p*), X' = H), und Tautomeres (6-Methyl-4-oxo-1,4-dihydro-chinolin-3-carbonsäure-*p*-toluidid).

B. In geringen Mengen neben 4-Hydroxy-6-methyl-chinolin-3-carbonsäure beim Erhitzen von *N,N'*-Di-*p*-tolyl-formamidin mit Malonsäure-diäthylester, Erhitzen des Reaktionsprodukts in einem Gemisch von Biphenyl und Diphenyläther und anschliessenden Erwärmen mit wss. NaOH (*Roberts*, J. org. Chem. **14** [1949] 277, 283).

F: >300°.

7-Chlor-4-hydroxy-6-methyl-chinolin-3-carbonsäure $C_{11}H_8ClNO_3$, Formel XIV (X = OH, X' = Cl), und Tautomeres (7-Chlor-6-methyl-4-oxo-1,4-dihydro-chinolin-3-carbonsäure).

B. Beim Erwärmen von 7-Chlor-4-hydroxy-6-methyl-chinolin-3-carbonsäure-äthyl=

ester mit wss. NaOH (*Steck et al.*, Am. Soc. **70** [1948] 4063).
Kristalle (aus 2-Methyl-pentan-2,4-diol); F: >280°.

7-Chlor-4-hydroxy-6-methyl-chinolin-3-carbonsäure-äthylester $C_{13}H_{12}ClNO_3$, Formel XIV ($X = O\text{-}C_2H_5$, $X' = Cl$), und Tautomeres (7-Chlor-6-methyl-4-oxo-1,4-dihydro-chinolin-3-carbonsäure-äthylester).

B. Beim Erhitzen von [3-Chlor-4-methyl-anilinomethylen]-malonsäure-diäthylester in Mineralöl oder in einem Gemisch von Biphenyl und Diphenyläther (*Steck et al.*, Am. Soc. **70** [1948] 4063).
Kristalle (aus Nitrobenzol); F: >280°.

4-Hydroxy-7-methyl-chinolin-3-carbonsäure $C_{11}H_9NO_3$, Formel I ($R = X = X' = H$), und Tautomeres (7-Methyl-4-oxo-1,4-dihydro-chinolin-3-carbonsäure).

B. Beim Erwärmen von 4-Hydroxy-7-methyl-chinolin-3-carbonsäure-äthylester mit wss. NaOH (*Mapara, Desai*, J. Indian chem. Soc. **31** [1954] 951, 953).
Kristalle (aus Nitrobenzol); F: 263° [Zers.].

4-Hydroxy-7-methyl-chinolin-3-carbonsäure-äthylester $C_{13}H_{13}NO_3$, Formel I ($R = C_2H_5$, $X = X' = H$), und Tautomeres (7-Methyl-4-oxo-1,4-dihydro-chinolin-3-carbonsäure-äthylester).

B. Beim Erhitzen von *m*-Toluidinomethylen-malonsäure-diäthylester in Diphenyläther (*Mapara, Desai*, J. Indian chem. Soc. **31** [1954] 951, 953).
Kristalle (aus Nitrobenzol); F: 272–273°.

4-Hydroxy-7-trifluormethyl-chinolin-3-carbonsäure $C_{11}H_6F_3NO_3$, Formel I ($R = X = H$, $X' = F$), und Tautomeres (4-Oxo-7-trifluormethyl-1,4-dihydro-chinolin-3-carbonsäure).

B. Beim Erwärmen von 4-Hydroxy-7-trifluormethyl-chinolin-3-carbonsäure-äthylester mit wss. NaOH (*Snyder et al.*, Am. Soc. **69** [1947] 371, 372).
Kristalle (aus A.); F: 250° [unkorr.; Zers.].

4-Hydroxy-7-trifluormethyl-chinolin-3-carbonsäure-äthylester $C_{13}H_{10}F_3NO_3$, Formel I ($R = C_2H_5$, $X = H$, $X' = F$), und Tautomeres (4-Oxo-7-trifluormethyl-1,4-dihydro-chinolin-3-carbonsäure-äthylester).

B. Beim Erhitzen von [3-Trifluormethyl-anilinomethylen]-malonsäure-diäthylester in Diphenyläther (*Snyder et al.*, Am. Soc. **69** [1947] 371, 372).
Kristalle (aus 2-Methoxy-äthanol); F: 294–297° [unkorr.].

4-Hydroxy-7-trifluormethyl-chinolin-3-carbonitril $C_{11}H_5F_3N_2O$, Formel II, und Tautomeres (4-Oxo-7-trifluormethyl-1,4-dihydro-chinolin-3-carbonitril).

B. Beim Erhitzen von 2-Cyan-3-[3-trifluormethyl-anilino]-acrylsäure-äthylester in Diphenyläther (*Snyder, Jones*, Am. Soc. **68** [1946] 1253).
F: 325–330°.

X
X'₃C
N
CO–O–R
OH
I

F₃C
N
CN
OH
II

CH₃
N
CO–X
OH
III

8-Chlor-4-hydroxy-7-methyl-chinolin-3-carbonsäure $C_{11}H_8ClNO_3$, Formel I ($R = X' = H$, $X = Cl$), und Tautomeres (8-Chlor-7-methyl-4-oxo-1,4-dihydro-chinolin-3-carbonsäure).

B. Beim Erwärmen von 8-Chlor-4-hydroxy-7-methyl-chinolin-3-carbonsäure-äthylester mit wss. NaOH (*Breslow et al.*, Am. Soc. **68** [1946] 1232, 1236).
Kristalle (aus Dioxan + H_2O); F: 269°.

8-Chlor-4-hydroxy-7-methyl-chinolin-3-carbonsäure-äthylester $C_{13}H_{12}ClNO_3$, Formel I ($R = C_2H_5$, $X = Cl$, $X' = H$), und Tautomeres (8-Chlor-7-methyl-4-oxo-1,4-di=hydro-chinolin-3-carbonsäure-äthylester).

B. Beim Erhitzen von 2-Chlor-3-methyl-anilin mit Äthoxymethylen-malonsäure-di=äthylester in einem Gemisch von Biphenyl und Diphenyläther auf 150–160° und Erhitzen des Reaktionsgemisches auf 245° (*Breslow et al.*, Am. Soc. **68** [1946] 1232, 1236).

Kristalle (aus Py. + A.); F: 265–266°.

4-Hydroxy-8-methyl-chinolin-3-carbonsäure $C_{11}H_9NO_3$, Formel III (X = OH), und Tautomeres (8-Methyl-4-oxo-1,4-dihydro-chinolin-3-carbonsäure).

B. Beim Erwärmen von 4-Hydroxy-8-methyl-chinolin-3-carbonsäure-äthylester mit wss. NaOH (*Duffin, Kendall*, Soc. **1948** 893).

Kristalle; F: 265° [Zers.; aus Nitrobenzol] (*Du., Ke.*), 259° [unkorr.; Zers.; aus Eg.] (*Roberts*, J. org. Chem. **14** [1949] 277, 281).

4-Hydroxy-8-methyl-chinolin-3-carbonsäure-äthylester $C_{13}H_{13}NO_3$, Formel III ($X = O\text{-}C_2H_5$), und Tautomeres (8-Methyl-4-oxo-1,4-dihydro-chinolin-3-carb=onsäure-äthylester).

B. Beim Erhitzen von *o*-Toluidinomethylen-malonsäure-diäthylester in Paraffinöl auf 250–260° (*Duffin, Kendall*, Soc. **1948** 893) oder in einem Gemisch von Biphenyl und Diphenyläther (*Roberts*, J. org. Chem. **14** [1949] 277, 280).

Kristalle (aus Bzl.); F: 259° (*Du., Ke.*).

4-Hydroxy-8-methyl-chinolin-3-carbonsäure-*p*-toluidid $C_{18}H_{16}N_2O_2$, Formel III ($X = NH\text{-}C_6H_4\text{-}CH_3(p)$), und Tautomeres (8-Methyl-4-oxo-1,4-dihydro-chinolin-3-carbonsäure-*p*-toluidid).

B. Neben 4-Hydroxy-8-methyl-chinolin-3-carbonsäure beim Erhitzen von *N,N'*-Di-*o*-tolyl-formamidin mit 1 Mol Malonsäure-diäthylester auf 118°, Erhitzen des Reaktionsprodukts in einem Gemisch von Biphenyl und Diphenyläther und anschliessenden Erwärmen des Reaktionsgemisches mit wss. NaOH (*Roberts*, J. org. Chem. **14** [1949] 277, 283).

F: 298–305°.

5-Methoxymethyl-chinolin-4-carbonitril $C_{12}H_{10}N_2O$, Formel IV.

B. Beim Behandeln von (±)-5-Methoxymethyl-1-methyl-1,4-dihydro-chinolin-4-carbo=nitril mit Jod, Pyridin und Äthanol und Erhitzen des erhaltenen 4-Cyan-5-methoxy=methyl-1-methyl-chinolinium-jodids (rote Kristalle) bis auf 210°/2 Torr (*Sato, Nishimura*, Chem. pharm. Bl. **7** [1959] 329).

Gelbliche Kristalle (aus Bzl.); F: 85–87,5°. λ_{max} (A.): 242 nm, 316 nm und 329 nm.

Beim Erwärmen mit wss. HCl ist 5-Hydroxymethyl-chinolin-4-carbonsäure-lacton erhalten worden.

$H_3C-O-CH_2$ CN

IV

H_3C OH CO–OH

V

H_3C OH CO–OH

VI

2-Hydroxy-6-methyl-chinolin-4-carbonsäure $C_{11}H_9NO_3$, Formel V, und Tautomeres (6-Methyl-2-oxo-1,2-dihydro-chinolin-4-carbonsäure).

B. Beim Erhitzen des Kalium-Salzes des 5-[5-Methyl-2-oxo-indolin-3-yliden]-2-thioxo-thiazolidin-4-ons mit Dimethylsulfat auf 100° und anschliessenden Behandeln mit wss. HCl (*Jones, Henze*, Am. Soc. **64** [1942] 1669, 1670). Beim Erwärmen einer als 2-Hydr=oxy-3-mercapto-6-methyl-chinolin-4-carbonsäure formulierten Verbindung (S. 3205) mit Chloressigsäure in H_2O (*Jo., He.*, l.c. S. 1671).

Kristalle (aus wss. A.); F: 235–236° [korr.; Zers.].

3-Hydroxy-6-methyl-chinolin-4-carbonsäure $C_{11}H_9NO_3$, Formel VI.

B. Beim Behandeln der Kalium-Verbindung von 5-Methyl-indolin-2,3-dion mit Chlor=brenztraubensäure in H_2O (*Cragoe et al.*, J. org. Chem. **18** [1953] 552, 556).

F: 222—224° [unkorr.; vorgeheiztes Bad] (*Cr. et al.*, l. c. S. 553).

1-Hydroxy-4-methyl-isochinolin-3-carbonsäure $C_{11}H_9NO_3$, Formel VII, und Tautomeres (4-Methyl-1-oxo-1,2-dihydro-isochinolin-3-carbonsäure).

B. Beim Erhitzen von 4-Methyl-1-oxo-1*H*-isothiochromen-3-carbonsäure mit NH_3 und Äthanol auf 130° (*Dijksman, Newbold*, Soc. **1951** 1213, 1217).

Kristalle (aus A.); F: 335—336°. λ_{max} (A.; 212—325 nm): *Di., Ne.*

***[3-*p*-(Tolylmercapto-methylen)-indolin-2-yliden]-essigsäure-äthylester** $C_{20}H_{19}NO_2S$, Formel VIII.

B. Beim Erhitzen von 3-*p*-[Tolylmercapto-methylen]-indolin-2-on mit der Natrium-Verbindung des Malonsäure-diäthylesters in Xylol (*Behringer, Weissauer*, B. **85** [1952] 743, 749).

Bräunlichgelbe Kristalle (aus A.); F: 162° [unkorr.; nach Sintern ab 154°].

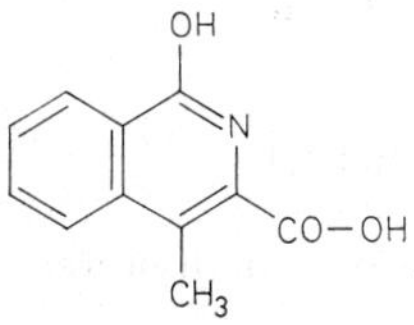

VII 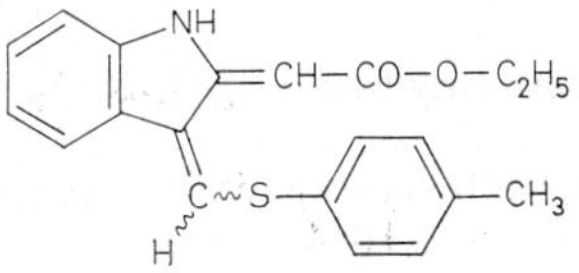 VIII 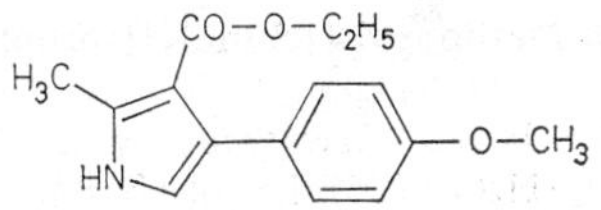 IX

Hydroxycarbonsäuren $C_{12}H_{11}NO_3$

4-[4-Methoxy-phenyl]-2-methyl-pyrrol-3-carbonsäure-äthylester $C_{15}H_{17}NO_3$, Formel IX.

B. Beim Erwärmen von 2-Amino-1-[4-methoxy-phenyl]-äthanon-hydrochlorid mit Acetessigsäure-äthylester, Natriumacetat und wss. Essigsäure (*Cook, Majer*, Soc. **1944** 482, 485).

Kristalle (aus PAe.); F: 124°.

3-[4-Hydroxy-[3]chinolyl]-propionsäure $C_{12}H_{11}NO_3$, Formel X, und Tautomeres (3-[4-Oxo-1,4-dihydro-[3]chinolyl]-propionsäure).

B. Beim Erhitzen von 3-[2-Carboxy-4-hydroxy-[3]chinolyl]-propionsäure auf 215° bis 220° (*Stefanović, Ćelap*, Glasnik chem. Društva Beograd **21** [1956] 213, 214; C. A. **1958** 16351).

Kristalle (aus H_2O); F: 234° [unkorr.].

3-[6-Methoxy-[4]chinolyl]-propionsäure $C_{13}H_{13}NO_3$, Formel XI (X = OH).

B. Bei der Hydrierung von 3*t*(?)-[6-Methoxy-[4]chinolyl]-acrylsäure (S. 2350) an Palladium/$SrCO_3$ in wss. NaOH (*Walker*, Soc. **1947** 1684, 1686).

Kristalle (aus wss. Eg.); F: 225—226°.

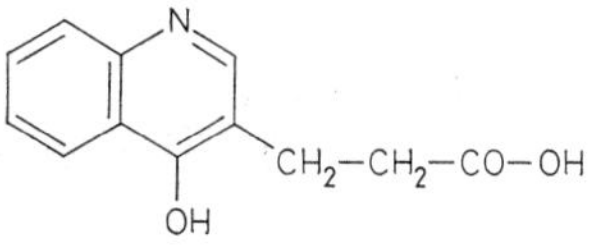

X 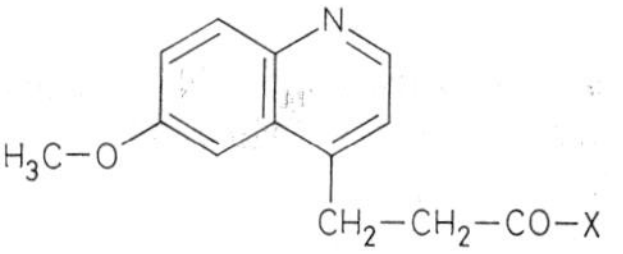 XI 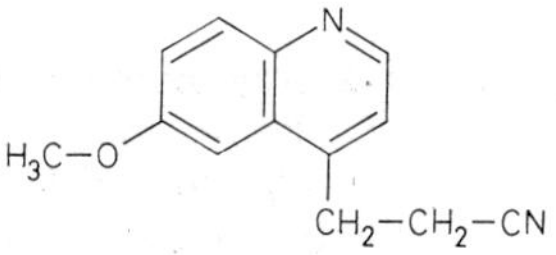 XII

3-[6-Methoxy-[4]chinolyl]-propionsäure-methylester $C_{14}H_{15}NO_3$, Formel XI (X = O-CH_3).

B. Beim Erwärmen von 3-[6-Methoxy-[4]chinolyl]-propionsäure mit Methanol und

H_2SO_4 (*Walker*, Soc. **1947** 1684, 1686).
Kristalle (aus PAe. + wenig Bzl.); F: 90°.

3-[6-Methoxy-[4]chinolyl]-propionsäure-amid $C_{13}H_{14}N_2O_2$, Formel XI (X = NH_2).
B. Bei 5-tägigem Behandeln von 3-[6-Methoxy-[4]chinolyl]-propionsäure-methylester mit wss. NH_3 in Methanol (*Walker*, Soc. **1947** 1684, 1686).
Kristalle (aus H_2O); F: 187–188°.

3-[6-Methoxy-[4]chinolyl]-propionitril $C_{13}H_{12}N_2O$, Formel XII.
B. Beim Erwärmen von 3-[6-Methoxy-[4]chinolyl]-propionsäure-amid mit $POCl_3$ in $CHCl_3$ (*Walker*, Soc. **1947** 1684, 1686).
Kristalle (aus Bzl. + PAe.); F: 96–97°.

3-[6-Methoxy-[4]chinolyl]-propionimidsäure-amid, 3-[6-Methoxy-[4]chinolyl]-propionamidin $C_{13}H_{15}N_3O$, Formel XIII.
B. Beim Behandeln von 3-[6-Methoxy-[4]chinolyl]-propionitril in Äthanol und Dioxan mit HCl und Behandeln des Reaktionsprodukts mit NH_3 in Äthanol (*Walker*, Soc. **1947** 1684, 1687).
Nitrat $C_{13}H_{15}N_3O \cdot HNO_3$. Kristalle (aus H_2O); F: 190–191° [Zers.].
Benzoat $C_{13}H_{15}N_3O \cdot C_7H_6O_2$. Kristalle (aus H_2O); F: 192°.

3-[6-Methoxy-[4]chinolyl]-propionsäure-hydrazid $C_{13}H_{15}N_3O_2$, Formel XI (X = $NH-NH_2$).
B. Beim Erwärmen von 3-[6-Methoxy-[4]chinolyl]-propionsäure-methylester mit $N_2H_4 \cdot H_2O$ in Methanol (*Walker*, Soc. **1947** 1684, 1686).
Kristalle (aus A.); F: 161–162°.

2-[2-Hydroxy-äthyl]-chinolin-3-carbonsäure-amid $C_{12}H_{12}N_2O_2$, Formel XIV.
B. Beim Behandeln einer Lösung von 2-[2-Hydroxy-äthyl]-chinolin-3-carbonsäure-lacton in Methanol mit NH_3 (*Ikekawa*, Chem. pharm. Bl. **6** [1958] 401).
Kristalle (aus $CHCl_3$ + Me.); F: 179–180°.

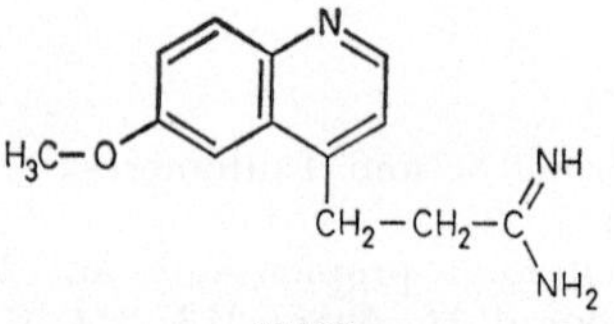

H_3C-O NH CH_2-CH_2-C NH_2 XIII

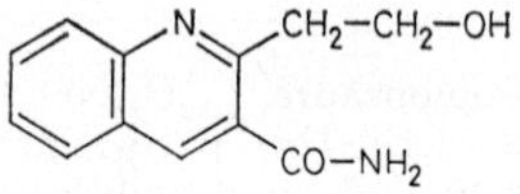

CH_2-CH_2-OH $CO-NH_2$ XIV

CH_2-CH_3 O–R CO–OH XV

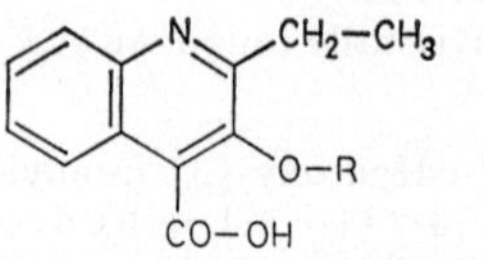

2-Äthyl-3-hydroxy-chinolin-4-carbonsäure $C_{12}H_{11}NO_3$, Formel XV (R = H).
B. Beim Erwärmen von Isatin mit 1-Acetoxy-butan-2-on und wss. NaOH (*Blanchard et al.*, Bl. Johns Hopkins Hosp. **91** [1952] 330, 331). Beim Erhitzen von 3-Äthoxy-2-äthyl-chinolin-4-carbonsäure mit wss. HI und rotem Phosphor auf 125° (*Cross, Henze*, Am. Soc. **61** [1939] 2730, 2732; s. a. *Henze et al.*, Am. Soc. **70** [1948] 2622).
Gelbe Kristalle; F: 208–209° [korr.] (*Cr., He.*), 207–208° [vorgeheiztes Bad; aus wss. HCl] (*Bl. et al.*).

3-Äthoxy-2-äthyl-chinolin-4-carbonsäure $C_{14}H_{15}NO_3$, Formel XV (R = C_2H_5).
B. Beim Erwärmen von Isatin mit 1-Äthoxy-butan-2-on und wss. NaOH (*Cross, Henze*, Am. Soc. **61** [1939] 2730, 2731).
Kristalle (aus H_2O); F: 199–201° [korr.; Zers.].

2-Äthyl-3-propoxy-chinolin-4-carbonsäure $C_{15}H_{17}NO_3$, Formel XV (R = CH_2-CH_2-CH_3).
B. Beim Erwärmen von Isatin mit 1-Propoxy-butan-2-on und wss. NaOH (*Henze et al.*, Am. Soc. **70** [1948] 2622).
Kristalle (aus Acn. oder wss. A.); F: 187°.

2-Äthyl-3-isopropoxy-chinolin-4-carbonsäure $C_{15}H_{17}NO_3$, Formel XV (R = $CH(CH_3)_2$).

B. Beim Erwärmen von Isatin mit 1-Isopropoxy-butan-2-on und wss. NaOH (*Henze et al.*, Am. Soc. **70** [1948] 2622).

Kristalle (aus Acn. oder wss. A.); F: 197°.

(±)-2-[1-Methoxy-äthyl]-chinolin-4-carbonsäure $C_{13}H_{13}NO_3$, Formel I.

B. Beim Erwärmen von Isatin mit (±)-3-Methoxy-butan-2-on und wss. KOH (*Lesesne, Henze*, Am. Soc. **64** [1942] 1897, 1899).

F: 186° [korr.; Zers.].

Beim Erhitzen mit wss. HI und rotem Phosphor ist 2-Äthyl-chinolin-4-carbonsäure erhalten worden.

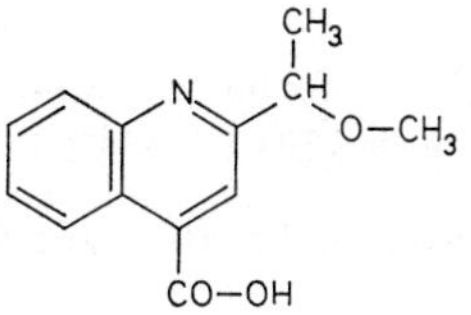

I 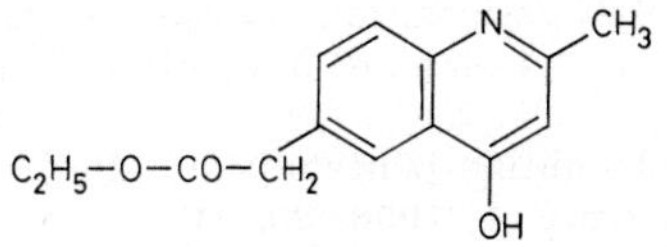 II 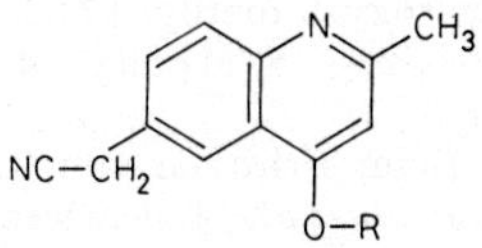 III

[4-Hydroxy-2-methyl-[6]chinolyl]-essigsäure-äthylester $C_{14}H_{15}NO_3$, Formel II, und Tautomeres ([2-Methyl-4-oxo-1,4-dihydro-[6]chinolyl]-essigsäure-äthyl≈ester).

B. Beim Erwärmen von [4-Amino-phenyl]-essigsäure-äthylester mit Acetessigsäure-methylester in CH_2Cl_2 unter Zusatz von wenig wss. HCl und Erhitzen des erhaltenen [4-(2-Methoxycarbonyl-1-methyl-vinylamino)-phenyl]-essigsäure-äthylesters in Diphenyl≈äther auf 250° (*Kaslow, Stayner*, Am. Soc. **70** [1948] 3350).

Kristalle (aus Isopropylalkohol + Bzl.); F: 182,5–184°.

[4-Hydroxy-2-methyl-[6]chinolyl]-acetonitril $C_{12}H_{10}N_2O$, Formel III (R = H), und Tautomeres ([2-Methyl-4-oxo-1,4-dihydro-[6]chinolyl]-acetonitril).

B. Aus 3-[4-Cyanmethyl-anilino]-crotonsäure-äthylester (*I. G. Farbenind.*, D.R.P. 708116 [1939]; D.R.P. Org. Chem. **6** 2580).

F: 268°.

[4-Methoxy-2-methyl-[6]chinolyl]-acetonitril $C_{13}H_{12}N_2O$, Formel III (R = CH_3).

B. Aus [4-Hydroxy-2-methyl-[6]chinolyl]-acetonitril und Dimethylsulfat (*I. G. Farbenind.*, D.R.P. 708116 [1939]; D.R.P. Org. Chem. **6** 2580).

F: 140°.

[4-Hydroxy-6-methyl-[2]chinolyl]-essigsäure $C_{12}H_{11}NO_3$, Formel IV (R = H), und Tautomeres ([6-Methyl-4-oxo-1,4-dihydro-[2]chinolyl]-essigsäure).

B. Beim Behandeln von [4-Hydroxy-6-methyl-[2]chinolyl]-essigsäure-äthylester mit wss. KOH (*Kaslow, Nix*, J. org. Chem. **16** [1951] 895, 897).

F: 115° [Zers.].

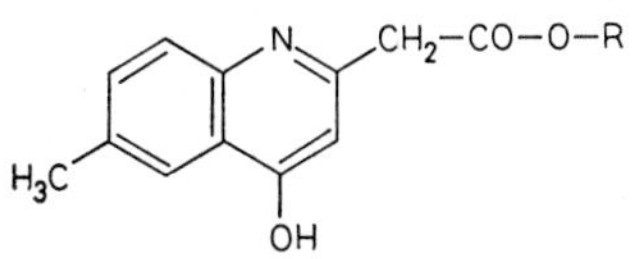

IV 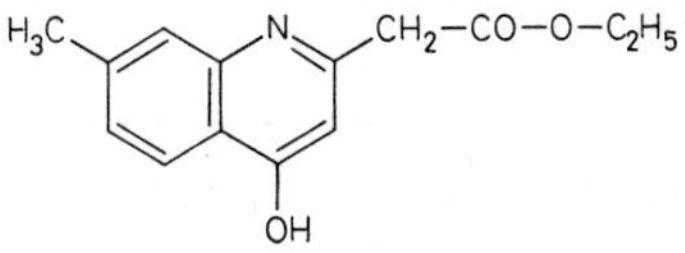 V 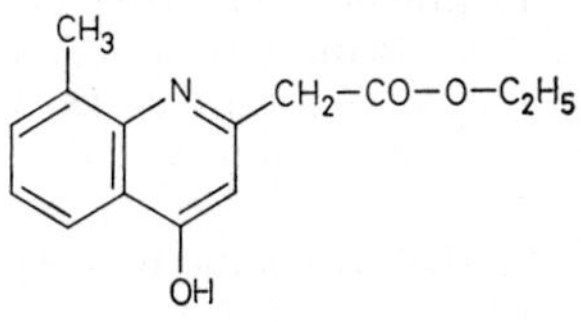 VI

[4-Hydroxy-6-methyl-[2]chinolyl]-essigsäure-äthylester $C_{14}H_{15}NO_3$, Formel IV (R = C_2H_5), und Tautomeres ([6-Methyl-4-oxo-1,4-dihydro-[2]chinolyl]-essigsäure-äthylester).

B. Beim Erhitzen von 3-*p*-Toluidino-pentendisäure-diäthylester in Polychlor-biphenyl auf 290° (*Kaslow, Nix*, J. org. Chem. **16** [1951] 895, 897; s. a. *Munavalli et al.*, J. Karnatak Univ. **1** [1956] 23, 24).

Kristalle; F: 212–214° [aus wss. A.] (*Mu. et al.*, l. c. S. 26), 210–212° [aus A.] (*Ka., Nix*).

[4-Hydroxy-7-methyl-[2]chinolyl]-essigsäure-äthylester $C_{14}H_{15}NO_3$, Formel V, und Tautomeres ([7-Methyl-4-oxo-1,4-dihydro-[2]chinolyl]-essigsäure-äthylester).

B. Beim Erhitzen von 3-*m*-Toluidino-pentendisäure-diäthylester (aus *m*-Toluidin und 3-Oxo-glutarsäure-diäthylester hergestellt) in Paraffin auf 270° (*Munavalli et al.*, J. Karnatak Univ. **1** [1956] 23, 24).

Kristalle (aus wss. A.); F: 172–173° (*Mu. et al.*, l. c. S. 26).

[4-Hydroxy-8-methyl-[2]chinolyl]-essigsäure-äthylester $C_{14}H_{15}NO_3$, Formel VI, und Tautomeres ([8-Methyl-4-oxo-1,4-dihydro-[2]chinolyl]-essigsäure-äthylester).

B. Beim Erhitzen von 3-*o*-Toluidino-pentendisäure-diäthylester in Paraffin auf 270° (*Munavalli et al.*, J. Karnatak Univ. **1** [1956] 23, 24).

Kristalle (aus wss. A.); F: 216–218° (*Mu. et al.*, l. c. S. 26).

[2-Hydroxy-4-methyl-[3]chinolyl]-essigsäure $C_{12}H_{11}NO_3$, Formel VII (R = H), und Tautomeres ([4-Methyl-2-oxo-1,2-dihydro-[3]chinolyl]-essigsäure).

B. Beim Erwärmen von Acetessigsäure-anilid mit Natrium in Benzol, Erwärmen des Reaktionsgemisches mit Bromessigsäure-äthylester und Behandeln des Reaktionsprodukts mit H_2SO_4 (*Raman*, Pr. Indian Acad. [A] **45** [1957] 260).

Kristalle (aus Eg.); F: 285° [Zers.].

[2-Hydroxy-4-methyl-[3]chinolyl]-essigsäure-äthylester $C_{14}H_{15}NO_3$, Formel VII (R = C_2H_5), und Tautomeres ([4-Methyl-2-oxo-1,2-dihydro-[3]chinolyl]-essigsäure-äthylester).

B. Beim Erwärmen von [2-Hydroxy-4-methyl-[3]chinolyl]-essigsäure mit Äthanol unter Zusatz von H_2SO_4 (*Raman*, Pr. Indian Acad. [A] **47** [1958] 244, 248). Beim Erwärmen von [2-Hydroxy-4-methyl-[3]chinolyl]-essigsäure-lacton mit Äthanol (*Raman*, Pr. Indian Acad. [A] **45** [1957] 260).

Kristalle (aus A.); F: 223–225° (*Ra.*, Pr. Indian Acad. [A] **45** 261).

N OH CH2–CO–O–R CH3 VII

N OH NC–CH2 CH3 VIII

N OH H3C CH2–CO–OH IX

[2-Hydroxy-4-methyl-[6]chinolyl]-acetonitril $C_{12}H_{10}N_2O$, Formel VIII, und Tautomeres ([4-Methyl-2-oxo-1,2-dihydro-[6]chinolyl]-acetonitril).

B. Beim Erwärmen von Acetessigsäure-[4-cyanmethyl-anilid] mit H_2SO_4 (*Sastry, Bagchi*, Sci. Culture **18** [1953] 543).

Kristalle (aus A.); F: 258°.

[2-Hydroxy-6-methyl-[4]chinolyl]-essigsäure $C_{12}H_{11}NO_3$, Formel IX, und Tautomeres ([6-Methyl-2-oxo-1,2-dihydro-[4]chinolyl]-essigsäure).

B. Beim Erwärmen von 3-Oxo-glutarsäure-di-*p*-toluidid mit H_2SO_4 (*Tikotikar et al.*, J. Karnatak Univ. **1** [1956] 43, 45).

Kristalle (aus Eg.); F: 239–240° (*Ti. et al.*, l. c. S. 48).

Methylester $C_{13}H_{13}NO_3$. Kristalle (aus Me.); F: 208–210°.

Äthylester $C_{14}H_{15}NO_3$. Kristalle (aus A.); F: 179–180°.

[2-Hydroxy-7-methyl-[4]chinolyl]-essigsäure $C_{12}H_{11}NO_3$, Formel X, und Tautomeres ([7-Methyl-2-oxo-1,2-dihydro-[4]chinolyl]-essigsäure).

B. Beim Erwärmen von 3-Oxo-glutarsäure-äthylester-*m*-toluidid mit H_2SO_4 (*Tikotikar et al.*, J. Karnatak Univ. **1** [1956] 43, 45).

Kristalle (aus Eg.); F: 207—208° (*Ti. et al.*, l. c. S. 48).

Methylester $C_{13}H_{13}NO_3$. Kristalle (aus Me.); F: 187—188°.

Äthylester $C_{14}H_{15}NO_3$. Kristalle (aus A.); F: 169—170°.

[2-Hydroxy-8-methyl-[4]chinolyl]-essigsäure $C_{12}H_{11}NO_3$, Formel XI, und Tautomeres ([8-Methyl-2-oxo-1,2-dihydro-[4]chinolyl]-essigsäure).

B. Beim Erwärmen von 3-Oxo-glutarsäure-äthylester-*o*-toluidid mit H_2SO_4 (*Tikotikar et al.*, J. Karnatak Univ. **1** [1956] 43, 45).

Kristalle (aus Eg.); F: 200—201° (*Ti. et al.*, l. c. S. 48).

Methylester $C_{13}H_{13}NO_3$. Kristalle (aus Me.); F: 188—190°.

Äthylester $C_{14}H_{15}NO_3$. Kristalle (aus A.); F: 160°.

4-Hydroxy-3,5-dimethyl-chinolin-2-carbonsäure $C_{12}H_{11}NO_3$, Formel XII (R = X = X' = H), und Tautomeres (3,5-Dimethyl-4-oxo-1,4-dihydro-chinolin-2-carbonsäure).

B. Aus 4-Hydroxy-3,5-dimethyl-chinolin-2-carbonsäure-äthylester (*Steck, Hallock*, Am. Soc. **71** [1949] 890).

Kristalle (aus wss. A.); F: 242—243° [unkorr.; Zers.].

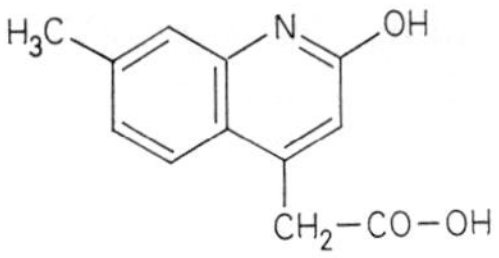

H3C CH2-CO-OH N OH X

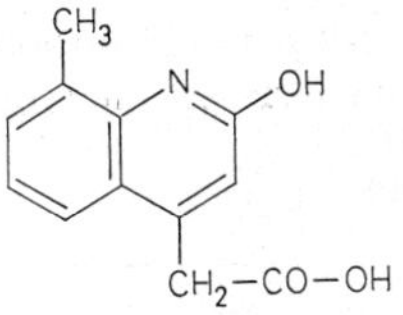

CH3 N OH CH2-CO-OH XI

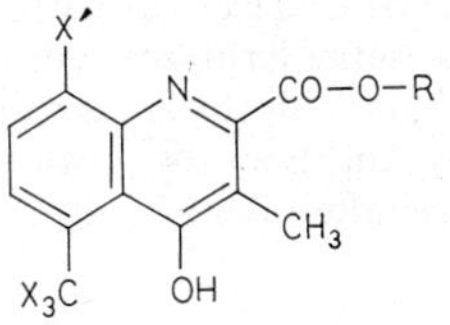

X' N CO-O-R CH3 X3C OH XII

4-Hydroxy-3,5-dimethyl-chinolin-2-carbonsäure-äthylester $C_{14}H_{15}NO_3$, Formel XII (R = C_2H_5, X = X' = H), und Tautomeres (3,5-Dimethyl-4-oxo-1,4-dihydro-chinolin-2-carbonsäure-äthylester).

B. Neben 4-Hydroxy-3,7-dimethyl-chinolin-2-carbonsäure-äthylester beim Erhitzen von 2-Methyl-3-*m*-toluidino-butendisäure-diäthylester (aus *m*-Toluidin und Methyloxalessigsäure-diäthylester hergestellt) in Diphenyläther (*Steck, Hallock*, Am. Soc. **71** [1949] 890).

Kristalle (aus A.); F: 196,2—196,8° [unkorr.].

4-Hydroxy-3-methyl-5-trifluormethyl-chinolin-2-carbonsäure $C_{12}H_8F_3NO_3$, Formel XII (R = X' = H, X = F), und Tautomeres (3-Methyl-4-oxo-5-trifluormethyl-1,4-dihydro-chinolin-2-carbonsäure).

B. Aus 4-Hydroxy-3-methyl-5-trifluormethyl-chinolin-2-carbonsäure-äthylester (*Mooradian, Suter*, Am. Soc. **71** [1949] 3507).

F: >300°.

4-Hydroxy-3-methyl-5-trifluormethyl-chinolin-2-carbonsäure-äthylester $C_{14}H_{12}F_3NO_3$, Formel XII (R = C_2H_5, X = F, X' =H), und Tautomeres (3-Methyl-4-oxo-5-trifluormethyl-1,4-dihydro-chinolin-2-carbonsäure-äthylester).

B. Neben 4-Hydroxy-3-methyl-7-trifluormethyl-chinolin-2-carbonsäure-äthylester beim Erhitzen von 2-Methyl-3-[3-trifluormethyl-anilino]-butendisäure-diäthylester (aus 3-Trifluormethyl-anilin und Methyloxalessigsäure-diäthylester hergestellt) in Diphenyläther auf 265° (*Mooradian, Suter*, Am. Soc. **71** [1949] 3507).

Kristalle (aus Toluol); F: 207—209°.

8-Chlor-4-hydroxy-3,5-dimethyl-chinolin-2-carbonsäure $C_{12}H_{10}ClNO_3$, Formel XII (R = X = H, X' = Cl), und Tautomeres (8-Chlor-3,5-dimethyl-4-oxo-1,4-dihydro-chinolin-2-carbonsäure).

B. Beim Erwärmen von 8-Chlor-4-hydroxy-3,5-dimethyl-chinolin-2-carbonsäure-äthylester mit wss. NaOH (*Breslow et al.*, Am. Soc. **68** [1946] 1232, 1235).

Kristalle (aus A.); F: 239—240° (*Br. et al.*, l. c. S. 1233).

8-Chlor-4-hydroxy-3,5-dimethyl-chinolin-2-carbonsäure-äthylester $C_{14}H_{14}ClNO_3$, Formel XII (R = C_2H_5, X = H, X' = Cl), und Tautomeres (8-Chlor-3,5-dimethyl-4-oxo-1,4-dihydro-chinolin-2-carbonsäure-äthylester).

B. Beim Behandeln von 2-Chlor-5-methyl-anilin mit Methyloxalessigsäure-diäthylester unter Zusatz von konz. wss. HCl und Erhitzen des Reaktionsprodukts in Mineralöl auf 260° (*Breslow et al.*, Am. Soc. **68** [1946] 1232, 1235).

Kristalle (aus A.); F: 120—121° (*Br. et al.*, l. c. S. 1233).

4-Hydroxy-3,6-dimethyl-chinolin-2-carbonsäure $C_{12}H_{11}NO_3$, Formel XIII (R = H), und Tautomeres (3,6-Dimethyl-4-oxo-1,4-dihydro-chinolin-2-carbonsäure).

B. Beim Erwärmen von 4-Hydroxy-3,6-dimethyl-chinolin-2-carbonsäure-äthylester mit wss. NaOH (*Steck et al.*, Am. Soc. **68** [1946] 129, 131).

Kristalle (aus Propylenglykol); F: 252° [korr.; Zers.].

4-Hydroxy-3,6-dimethyl-chinolin-2-carbonsäure-äthylester $C_{14}H_{15}NO_3$, Formel XIII (R = C_2H_5), und Tautomeres (3,6-Dimethyl-4-oxo-1,4-dihydro-chinolin-2-carbonsäure-äthylester).

B. Beim Erhitzen von 2-Methyl-3-*p*-toluidino-butendisäure-diäthylester (aus *p*-Toluidin und Methyloxalessigsäure-diäthylester hergestellt) in Mineralöl auf 255° (*Steck et al.*, Am. Soc. **68** [1946] 129, 131).

Kristalle (aus wss. Acn.); F: 183° [korr.].

4-Hydroxy-2,6-dimethyl-chinolin-3-carbonsäure $C_{12}H_{11}NO_3$, Formel XIV (R = H), und Tautomeres (2,6-Dimethyl-4-oxo-1,4-dihydro-chinolin-3-carbonsäure).

B. Beim Erwärmen von 4-Hydroxy-2,6-dimethyl-chinolin-3-carbonsäure-äthylester mit wss. NaOH (*Bangdiwala, Desai*, J. Indian chem. Soc. **31** [1954] 555, 558).

Kristalle (aus A.); F: 286°.

4-Hydroxy-2,6-dimethyl-chinolin-3-carbonsäure-äthylester $C_{14}H_{15}NO_3$, Formel XIV (R = C_2H_5), und Tautomeres (2,6-Dimethyl-4-oxo-1,4-dihydro-chinolin-3-carbonsäure-äthylester).

B. Beim Behandeln von [1-*p*-Toluidino-äthyliden]-malonsäure-diäthylester (aus *p*-Toluidin und Acetylmalonsäure-diäthylester hergestellt) mit Acetanhydrid und H_2SO_4 (*Bangdiwala, Desai*, J. Indian chem. Soc. **31** [1954] 555, 558).

Kristalle (aus A.); F: 250—252°.

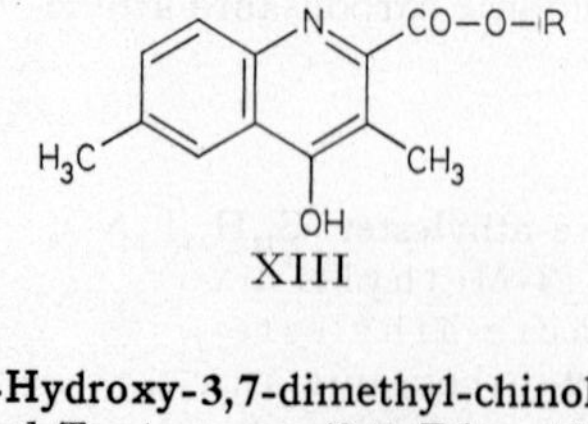

XIII 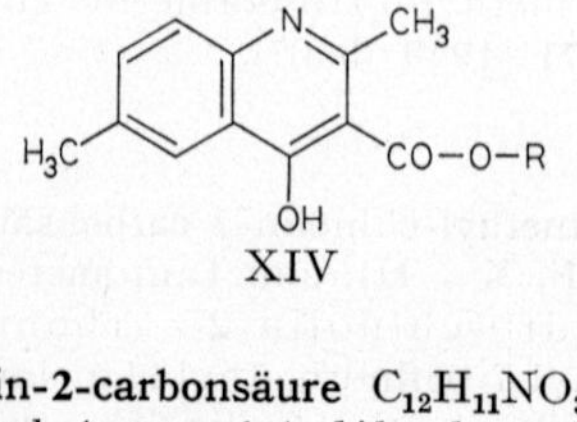 XIV 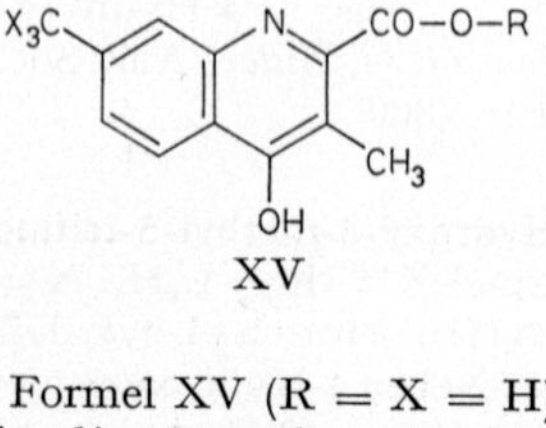 XV

4-Hydroxy-3,7-dimethyl-chinolin-2-carbonsäure $C_{12}H_{11}NO_3$, Formel XV (R = X = H), und Tautomeres (3,7-Dimethyl-4-oxo-1,4-dihydro-chinolin-2-carbonsäure).

B. Aus 4-Hydroxy-3,7-dimethyl-chinolin-2-carbonsäure-äthylester (*Steck, Hallock*, Am. Soc. **71** [1949] 890).

Gelbliche Kristalle (aus A.); F: 231—232° [unkorr.; Zers.].

4-Hydroxy-3,7-dimethyl-chinolin-2-carbonsäure-äthylester $C_{14}H_{15}NO_3$, Formel XV ($R = C_2H_5$, X = H), und Tautomeres (3,7-Dimethyl-4-oxo-1,4-dihydro-chinolin-2-carbonsäure-äthylester).

B. s. S. 2337 im Artikel 4-Hydroxy-3,5-dimethyl-chinolin-2-carbonsäure-äthylester.

Kristalle (aus wss. Acn.); F: 159,5—160° [unkorr.] (*Steck, Hallock*, Am. Soc. **71** [1949] 890).

4-Hydroxy-3-methyl-7-trifluormethyl-chinolin-2-carbonsäure $C_{12}H_8F_3NO_3$, Formel XV (R = H, X = F), und Tautomeres (3-Methyl-4-oxo-7-trifluormethyl-1,4-dihydro-chinolin-2-carbonsäure).

B. Aus 4-Hydroxy-3-methyl-7-trifluormethyl-chinolin-2-carbonsäure-äthylester (*Mooradian, Suter*, Am. Soc. **71** [1949] 3507).

F: 238—240°.

4-Hydroxy-3-methyl-7-trifluormethyl-chinolin-2-carbonsäure-äthylester $C_{14}H_{12}F_3NO_3$, Formel XV ($R = C_2H_5$, X = F), und Tautomeres (3-Methyl-4-oxo-7-trifluormethyl-1,4-dihydro-chinolin-2-carbonsäure-äthylester).

B. s. S. 2337 im Artikel 4-Hydroxy-3-methyl-5-trifluormethyl-chinolin-2-carbonsäure-äthylester.

Kristalle (aus A.); F: 216—217° (*Mooradian, Suter*, Am. Soc. **71** [1949] 3507).

4-Hydroxy-3,8-dimethyl-chinolin-2-carbonsäure $C_{12}H_{11}NO_3$, Formel I (R = H), und Tautomeres (3,8-Dimethyl-4-oxo-1,4-dihydro-chinolin-2-carbonsäure).

B. Aus 4-Hydroxy-3,8-dimethyl-chinolin-2-carbonsäure-äthylester (*Steck et al.*, Am. Soc. **68** [1946] 132).

Kristalle (aus Propylenglykol); F: 244° [korr.; Zers.].

4-Hydroxy-3,8-dimethyl-chinolin-2-carbonsäure-äthylester $C_{14}H_{15}NO_3$, Formel I ($R = C_2H_5$), und Tautomeres (3,8-Dimethyl-4-oxo-1,4-dihydro-chinolin-2-carbonsäure-äthylester).

B. Beim Erhitzen von 2-Methyl-3-*o*-toluidino-butendisäure-diäthylester (aus *o*-Toluidin und Methyloxalessigsäure-diäthylester hergestellt) in Mineralöl auf 255° (*Steck et al.*, Am. Soc. **68** [1946] 132).

Kristalle (aus wss. A.); F: 126° [korr.].

2,6-Dimethyl-3-phenoxy-chinolin-4-carbonsäure $C_{18}H_{15}NO_3$, Formel II (R = R′ = R″ = H).

B. Beim Erwärmen von 5-Methyl-indolin-2,3-dion mit Phenoxyaceton und wss. KOH (*Knight et al.*, Am. Soc. **66** [1944] 1893).

F: 267,5° [korr.; Zers.].

2,6-Dimethyl-3-*o*-tolyloxy-chinolin-4-carbonsäure $C_{19}H_{17}NO_3$, Formel II ($R = CH_3$, R′ = R″ = H).

B. Beim Erwärmen von 5-Methyl-indolin-2,3-dion mit *o*-Tolyloxy-aceton und wss. KOH (*Dowell et al.*, Am. Soc. **70** [1948] 226).

F: 225° [korr.; Zers.].

2,6-Dimethyl-3-*m*-tolyloxy-chinolin-4-carbonsäure $C_{19}H_{17}NO_3$, Formel II (R = R″ = H, $R' = CH_3$).

B. Beim Erwärmen von 5-Methyl-indolin-2,3-dion mit *m*-Tolyloxy-aceton und wss. KOH (*Dowell et al.*, Am. Soc. **70** [1948] 226).

F: 231° [korr.; Zers.].

2,6-Dimethyl-3-*p*-tolyloxy-chinolin-4-carbonsäure $C_{19}H_{17}NO_3$, Formel II (R = R′ = H, $R'' = CH_3$).

B. Beim Erwärmen von 5-Methyl-indolin-2,3-dion mit *p*-Tolyloxy-aceton und wss. KOH (*Dowell et al.*, Am. Soc. **70** [1948] 226).

F: 202° [korr.; Zers.].

2,6-Dimethyl-3-[1]naphthyloxy-chinolin-4-carbonsäure $C_{22}H_{17}NO_3$, Formel III.
B. Beim Erwärmen von 5-Methyl-indolin-2,3-dion mit [1]Naphthyloxy-aceton und wss. KOH (*Dowell et al.*, Am. Soc. **70** [1948] 226).
F: 238° [korr.; Zers.].

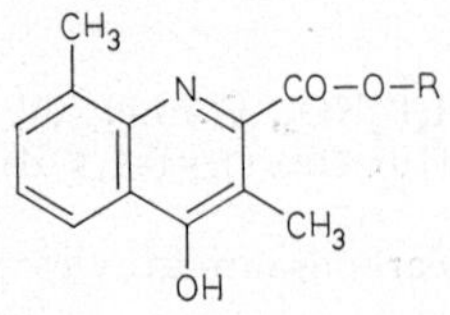

I 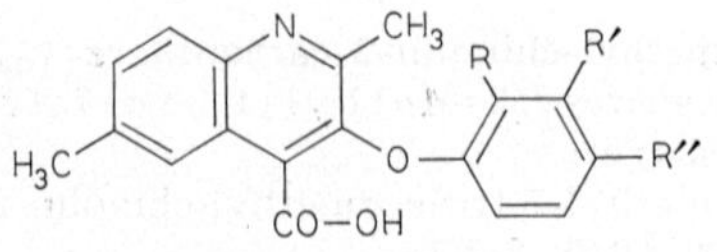 II 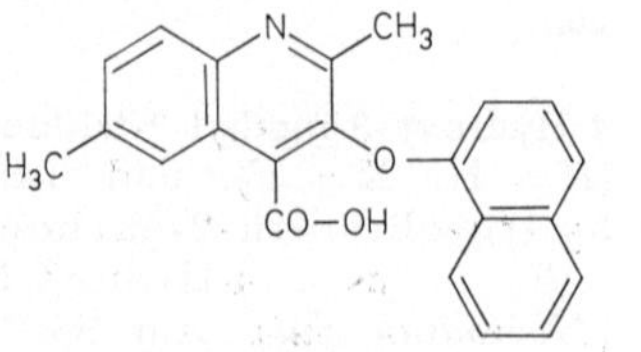 III

2,6-Dimethyl-3-[2]naphthyloxy-chinolin-4-carbonsäure $C_{22}H_{17}NO_3$, Formel IV.
B. Beim Erwärmen von 5-Methyl-indolin-2,3-dion mit [2]Naphthyloxy-aceton und wss. KOH (*Dowell et al.*, Am. Soc. **70** [1948] 226).
F: 233° [korr.; Zers.].

3-[4-Methoxy-phenoxy]-2,6-dimethyl-chinolin-4-carbonsäure $C_{19}H_{17}NO_4$, Formel II (R = R′ = H, R″ = O-CH_3).
B. Beim Erwärmen von 5-Methyl-indolin-2,3-dion mit [4-Methoxy-phenoxy]-aceton und wss. KOH (*Sublett, Calaway*, Am. Soc. **70** [1948] 674).
Kristalle (aus H_2O); F: 234° [Zers.].

3-[4-Äthoxy-phenoxy]-2,6-dimethyl-chinolin-4-carbonsäure $C_{20}H_{19}NO_4$, Formel II (R = R′ = H, R″ = O-C_2H_5).
B. Beim Erwärmen von 5-Methyl-indolin-2,3-dion mit [4-Äthoxy-phenoxy]-aceton und wss. KOH (*Sublett, Calaway*, Am. Soc. **70** [1948] 674).
Kristalle (aus H_2O); F: 198° [Zers.].

2,6-Dimethyl-3-[4-propoxy-phenoxy]-chinolin-4-carbonsäure $C_{21}H_{21}NO_4$, Formel II (R = R′ = H, R″ = O-CH_2-CH_2-CH_3).
B. Beim Erwärmen von 5-Methyl-indolin-2,3-dion mit [4-Propoxy-phenoxy]-aceton und wss. KOH (*Sublett, Calaway*, Am. Soc. **70** [1948] 674).
Kristalle (aus H_2O); F: 204° [Zers.].

3-[4-Butoxy-phenoxy]-2,6-dimethyl-chinolin-4-carbonsäure $C_{22}H_{23}NO_4$, Formel II (R = R′ = H, R″ = O-$[CH_2]_3$-CH_3).
B. Beim Erwärmen von 5-Methyl-indolin-2,3-dion mit [4-Butoxy-phenoxy]-aceton und wss. KOH (*Sublett, Calaway*, Am. Soc. **70** [1948] 674).
Kristalle (aus H_2O); F: 193° [Zers.].

3-[2-Methoxy-4-methyl-phenoxy]-2,6-dimethyl-chinolin-4-carbonsäure $C_{20}H_{19}NO_4$, Formel II (R = O-CH_3, R′ = H, R″ = CH_3).
B. Beim Erwärmen von 5-Methyl-indolin-2,3-dion mit [2-Methoxy-4-methyl-phenoxy]-aceton und wss. KOH (*Sublett, Calaway*, Am. Soc. **70** [1948] 674).
Kristalle (aus H_2O); F: 242° [Zers.].

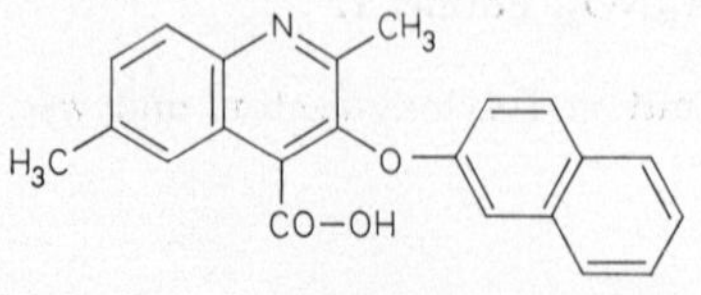

IV 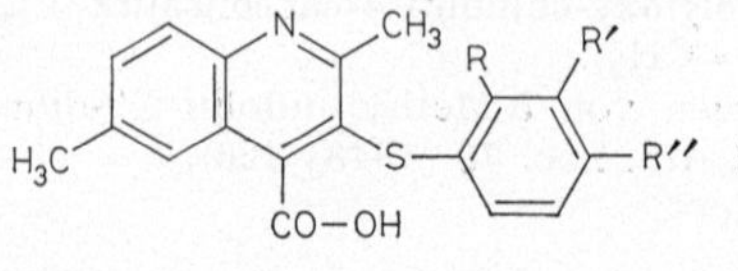 V 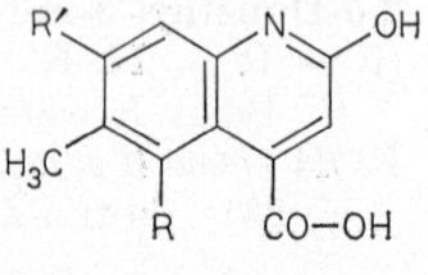 VI

2,6-Dimethyl-3-phenylmercapto-chinolin-4-carbonsäure $C_{18}H_{15}NO_2S$, Formel V (R = R′ = R″ = H).
B. Beim Erwärmen von 5-Methyl-indolin-2,3-dion mit Phenylmercapto-aceton und

wss. KOH (*Knight et al.*, Am. Soc. **66** [1944] 1893).
Kristalle (aus A.); F: 290,8° [korr.; Zers.].

2,6-Dimethyl-3-*o*-tolylmercapto-chinolin-4-carbonsäure $C_{19}H_{17}NO_2S$, Formel V (R = CH_3, R′ = R″ = H).
B. Beim Erwärmen von 5-Methyl-indolin-2,3-dion mit *o*-Tolylmercapto-aceton und wss. KOH (*Newell, Calaway*, Am. Soc. **69** [1947] 116).
F: 266° [korr.].

2,6-Dimethyl-3-*m*-tolylmercapto-chinolin-4-carbonsäure $C_{19}H_{17}NO_2S$, Formel V (R = R″ = H, R′ = CH_3).
B. Beim Erwärmen von 5-Methyl-indolin-2,3-dion mit *m*-Tolylmercapto-aceton und wss. KOH (*Newell, Calaway*, Am. Soc. **69** [1947] 116).
F: 260° [korr.].

2,6-Dimethyl-3-*p*-tolylmercapto-chinolin-4-carbonsäure $C_{19}H_{17}NO_2S$, Formel V (R = R′ = H, R″ = CH_3).
B. Beim Erwärmen von 5-Methyl-indolin-2,3-dion mit *p*-Tolylmercapto-aceton und wss. KOH (*Newell, Calaway*, Am. Soc. **69** [1947] 116).
F: 275° [korr.].

2-Hydroxy-5,6-dimethyl-chinolin-4-carbonsäure $C_{12}H_{11}NO_3$, Formel VI (R = CH_3, R′ = H), und Tautomeres (5,6-Dimethyl-2-oxo-1,2-dihydro-chinolin-4-carbonsäure).
B. Beim Erwärmen von 1-Acetyl-4,5-dimethyl-indolin-2,3-dion mit wss. NaOH (*King, Wright*, Pr. roy. Soc. [B] **135** [1948] 271, 289).
Kristalle; F: 356°.

2-Hydroxy-6,7-dimethyl-chinolin-4-carbonsäure $C_{12}H_{11}NO_3$, Formel VI (R = H, R′ = CH_3), und Tautomeres (6,7-Dimethyl-2-oxo-1,2-dihydro-chinolin-4-carbonsäure).
B. Beim Erwärmen von 1-Acetyl-5,6-dimethyl-indolin-2,3-dion mit wss. NaOH (*King, Wright*, Pr. roy. Soc. [B] **135** [1948] 271, 281). Aus 7,8-Dimethyl-1*H*-benz[*b*]azepin-2,4,5-trion beim Erwärmen mit wss. NaOH (*Rees*, Soc. **1959** 3111, 3113).
F: 342° (*King, Wr.*).
Acetat $C_{12}H_{11}NO_3 \cdot C_2H_4O_2$. Kristalle (aus Eg.); F: 360° (*Rees*, l. c. S. 3115).

Hydroxycarbonsäuren $C_{13}H_{13}NO_3$

3-[5-(4-Methoxy-phenyl)-pyrrol-2-yl]-propionsäure $C_{14}H_{15}NO_3$, Formel VII (X = OH).
B. Beim Erhitzen von 7-[4-Methoxy-phenyl]-4,7-dioxo-heptansäure mit Ammonium=acetat (*Robinson, Todd*, Soc. **1939** 1743, 1746).
Kristalle (aus wss. Eg.); F: 170—171°.

3-[5-(4-Methoxy-phenyl)-pyrrol-2-yl]-propionsäure-äthylester $C_{16}H_{19}NO_3$, Formel VII (X = O-C_2H_5).
B. Beim Erwärmen von 3-[5-(4-Methoxy-phenyl)-pyrrol-2-yl]-propionsäure mit äthanol. H_2SO_4 (*Robinson, Todd*, Soc. **1939** 1743, 1746).
Kristalle (aus Me.); F: 103°.

VII 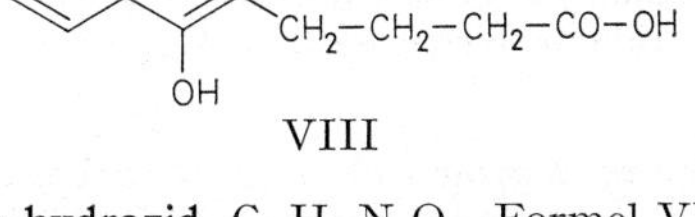 VIII

3-[5-(4-Methoxy-phenyl)-pyrrol-2-yl]-propionsäure-hydrazid $C_{14}H_{17}N_3O_2$, Formel VII (X = NH-NH_2).
B. Aus 3-[5-(4-Methoxy-phenyl)-pyrrol-2-yl]-propionsäure-äthylester und $N_2H_4 \cdot H_2O$

(*Robinson, Todd*, Soc. **1939** 1743, 1746).
Kristalle (aus H_2O); F: 169°.

4-[4-Hydroxy-[3]chinolyl]-buttersäure $C_{13}H_{13}NO_3$, Formel VIII, und Tautomeres (4-[4-Oxo-1,4-dihydro-[3]chinolyl]-buttersäure).

B. Beim Erhitzen von 4-[2-Carboxy-4-hydroxy-[3]chinolyl]-buttersäure auf 235–240° (*Stefanović, Ćelap*, Glasnik chem. Društva Beograd **21** [1956] 213, 215; C. A. **1958** 16351).
Kristalle (aus H_2O); F: 212° [unkorr.].

5-Chlor-4-hydroxy-3-propyl-chinolin-2-carbonsäure $C_{13}H_{12}ClNO_3$, Formel IX (R = X' = H, X = Cl), und Tautomeres (5-Chlor-4-oxo-3-propyl-1,4-dihydro-chinolin-2-carbonsäure).

B. Aus 5-Chlor-4-hydroxy-3-propyl-chinolin-2-carbonsäure-äthylester (*Steck et al.*, Am. Soc. **70** [1948] 1012, 1014).
Gelbe Kristalle (aus Acn.); F: 185–185,5° [unkorr.; Zers.].

5-Chlor-4-hydroxy-3-propyl-chinolin-2-carbonsäure-äthylester $C_{15}H_{16}ClNO_3$, Formel IX (R = C_2H_5, X = Cl, X' = H), und Tautomeres (5-Chlor-4-oxo-3-propyl-1,4-dihydro-chinolin-2-carbonsäure-äthylester).

B. Neben 7-Chlor-4-hydroxy-3-propyl-chinolin-2-carbonsäure-äthylester beim Erhitzen von 2-[3-Chlor-anilino]-3-propyl-butendisäure-diäthylester (aus 3-Chlor-anilin und Propyloxalessigsäure-diäthylester hergestellt) in Mineralöl auf 255° (*Steck et al.*, Am. Soc. **70** [1948] 1012, 1014).
Kristalle (aus wss. A.); F: 170,5–171° [unkorr.].

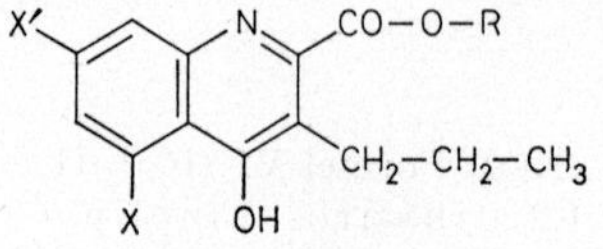

IX

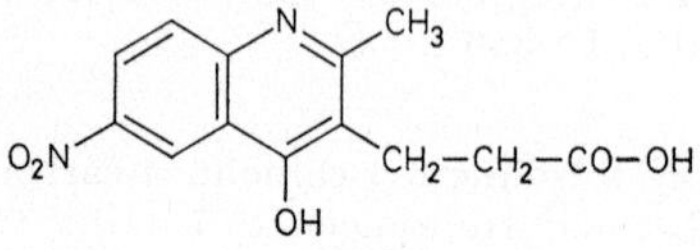

X

7-Chlor-4-hydroxy-3-propyl-chinolin-2-carbonsäure $C_{13}H_{12}ClNO_3$, Formel IX (R = X = H, X' = Cl), und Tautomeres (7-Chlor-4-oxo-3-propyl-1,4-dihydro-chinolin-2-carbonsäure).

B. Aus 7-Chlor-4-hydroxy-3-propyl-chinolin-2-carbonsäure-äthylester (*Steck et al.*, Am. Soc. **70** [1948] 1012, 1014).
Kristalle (aus wss. A.); F: 205° [unkorr.; Zers.].

7-Chlor-4-hydroxy-3-propyl-chinolin-2-carbonsäure-äthylester $C_{15}H_{16}ClNO_3$, Formel IX (R = C_2H_5, X = H, X' = Cl), und Tautomeres (7-Chlor-4-oxo-3-propyl-1,4-dihydro-chinolin-2-carbonsäure-äthylester).

B. s. o. im Artikel 5-Chlor-4-hydroxy-3-propyl-chinolin-2-carbonsäure-äthylester.
Kristalle (aus wss. A.); F: 218–218,5° [unkorr.] (*Steck et al.*, Am. Soc. **70** [1948] 1012, 1014).

3-[4-Hydroxy-2-methyl-6-nitro-[3]chinolyl]-propionsäure $C_{13}H_{12}N_2O_5$, Formel X, und Tautomeres (3-[2-Methyl-6-nitro-4-oxo-1,4-dihydro-[3]chinolyl]-propionsäure).

B. Beim Erwärmen von 5-[2-Acetylamino-5-nitro-phenyl]-5-oxo-valeriansäure mit wss.-äthanol. KOH (*Massey, Plant*, Soc. **1931** 2218, 2223).
Bräunliche Kristalle (aus Eg.); F: 213–214°.

3-Propoxy-2-propyl-chinolin-4-carbonsäure $C_{16}H_{19}NO_3$, Formel XI (R = CH_2-CH_2-CH_3).

B. Beim Erwärmen von Isatin mit 1-Propoxy-pentan-2-on und wss. NaOH (*Henze et al.*, Am. Soc. **70** [1948] 2622).
Kristalle (aus Acn. oder wss. A.); F: 157°.

3-Isopropoxy-2-propyl-chinolin-4-carbonsäure $C_{16}H_{19}NO_3$, Formel XI (R = $CH(CH_3)_2$).

B. Beim Erwärmen von Isatin mit 1-Isopropoxy-pentan-2-on und wss. NaOH (*Henze et al.*, Am. Soc. **70** [1948] 2622).

Kristalle (aus Acn. oder wss. A.); F: 120,5°.

7-Hydroxy-2-propyl-chinolin-4-carbonsäure $C_{13}H_{13}NO_3$, Formel XII.

B. Beim Erwärmen von 3-Amino-phenol mit Brenztraubensäure, Butyraldehyd und Äthanol (*Borsche, Wagner-Roemmich*, A. **544** [1940] 287, 290).

Kristalle (aus Eg.); F: 302° [Zers.].

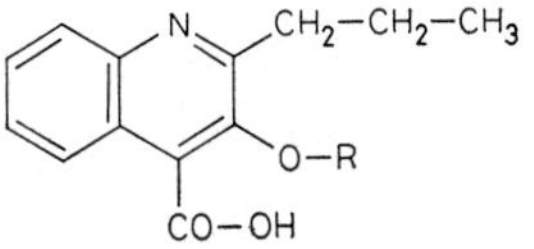

XI 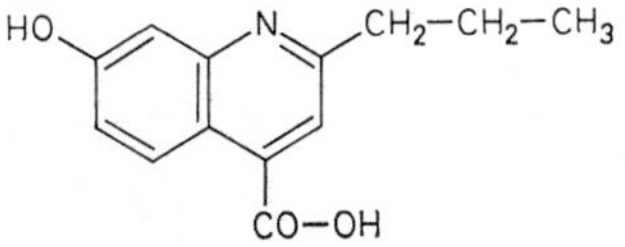 XII 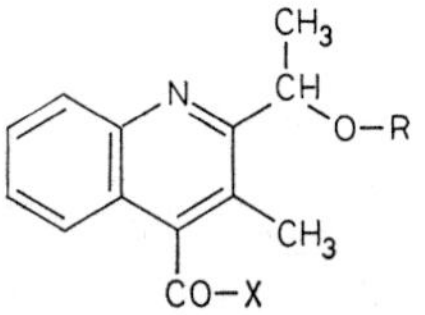 XIII

(±)-2-[1-Hydroxy-äthyl]-3-methyl-chinolin-4-carbonsäure $C_{13}H_{13}NO_3$, Formel XIII (R = H, X = OH).

B. Beim Erwärmen von (±)-2-[1-Methoxy-äthyl]-3-methyl-chinolin-4-carbonsäure mit konz. wss. HCl (*Lesesne, Henze*, Am. Soc. **64** [1942] 1897, 1898).

Kristalle mit 1 Mol H_2O; F: 265° [korr.].

Picrat. F: >310° [unter Explosion].

(±)-2-[1-Methoxy-äthyl]-3-methyl-chinolin-4-carbonsäure $C_{14}H_{15}NO_3$, Formel XIII (R = CH_3, X = OH).

B. Beim Erwärmen von Isatin mit (±)-2-Methoxy-pentan-3-on und wss. KOH (*Lesesne, Henze*, Am. Soc. **64** [1942] 1897, 1898).

Kristalle (aus H_2O); F: 234° [korr.; Zers.].

Picrat. F: 201° [korr.].

(±)-2-[1-Methoxy-äthyl]-3-methyl-chinolin-4-carbonsäure-methylester $C_{15}H_{17}NO_3$, Formel XIII (R = CH_3, X = O-CH_3).

B. Beim Erwärmen von (±)-2-[1-Methoxy-äthyl]-3-methyl-chinolin-4-carbonsäure mit Dimethylsulfat (*Lesesne, Henze*, Am. Soc. **64** [1942] 1897, 1899).

Kristalle; F: 57°.

Picrat. Kristalle (aus A.); F: 179° [korr.].

***Opt.-inakt. Bis-{2-[2-(1-methoxy-äthyl)-3-methyl-chinolin-4-carbonyloxy]-äthyl}-amin** $C_{32}H_{37}N_3O_6$, Formel XIV.

B. Beim Behandeln von (±)-2-[1-Methoxy-äthyl]-3-methyl-chinolin-4-carbonylchlorid (aus der Säure mit Hilfe von $SOCl_2$ erhalten) mit Bis-[2-hydroxy-äthyl]-amin (*Lesesne, Henze*, Am. Soc. **64** [1942] 1897, 1899).

F: 200° [korr.].

Picrat. F: 201° [korr.].

(±)-2-[1-Methoxy-äthyl]-3-methyl-chinolin-4-carbonsäure-diäthylamid $C_{18}H_{24}N_2O_2$, Formel XIII (R = CH_3, X = $N(C_2H_5)_2$).

B. Beim Behandeln von (±)-2-[1-Methoxy-äthyl]-3-methyl-chinolin-4-carbonylchlorid mit Diäthylamin und wss. K_2CO_3 (*Lesesne, Henze*, Am. Soc. **64** [1942] 1897, 1899).

Kristalle (aus PAe.); F: 94°.

Picrat. F: 179° [korr.].

(±)-2-[1-Methoxy-äthyl]-3-methyl-chinolin-4-carbonsäure-diisopentylamid $C_{24}H_{36}N_2O_2$, Formel XIII (R = CH_3, X = $N(CH_2\text{-}CH_2\text{-}CH(CH_3)_2)_2$).

B. Beim Behandeln von (±)-2-[1-Methoxy-äthyl]-3-methyl-chinolin-4-carbonylchlorid mit Diisopentylamin und wss. K_2CO_3 (*Lesesne, Henze*, Am. Soc. **64** [1942] 1897,

1899).
Kristalle (aus PAe.); F: 190° [korr.].
Picrat. F: 200° [korr.].

(±)-2-[1-Methoxy-äthyl]-3-methyl-chinolin-4-carbonsäure-diallylamid $C_{20}H_{24}N_2O_2$, Formel XIII (R = CH_3, X = $N(CH_2\text{-}CH{=}CH_2)_2$).
B. Beim Behandeln von (±)-2-[1-Methoxy-äthyl]-3-methyl-chinolin-4-carbonyl-chlorid mit Diallylamin und wss. K_2CO_3 (*Lesesne, Henze*, Am. Soc. **64** [1942] 1897, 1899).
Kristalle (aus PAe.); F: 112° [korr.].
Picrat. F: 146° [korr.].

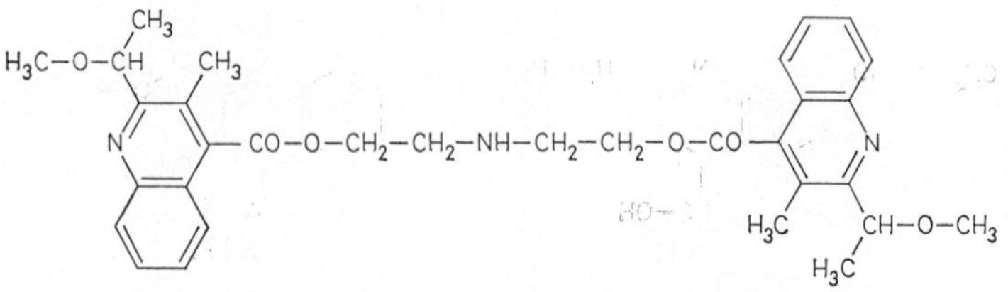

XIV 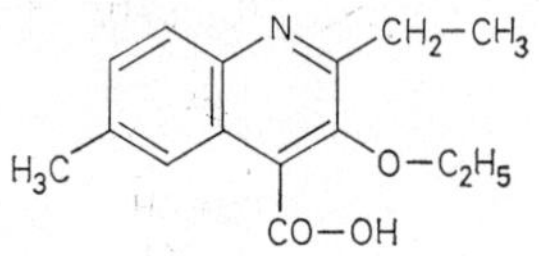 XV

3-Äthoxy-2-äthyl-6-methyl-chinolin-4-carbonsäure $C_{15}H_{17}NO_3$, Formel XV.
B. Beim Erwärmen von 5-Methyl-indolin-2,3-dion mit 1-Äthoxy-butan-2-on und wss. KOH (*Cross, Henze*, Am. Soc. **61** [1939] 2730).
F: 222° [korr.; Zers.].

4-Hydroxy-3,5,6-trimethyl-chinolin-2-carbonsäure $C_{13}H_{13}NO_3$, Formel I (R = H), und Tautomeres (3,5,6-Trimethyl-4-oxo-1,4-dihydro-chinolin-2-carbonsäure).
B. Aus 4-Hydroxy-3,5,6-trimethyl-chinolin-2-carbonsäure-äthylester (*Steck et al.*, Am. Soc. **70** [1948] 1012, 1014).
Gelbe Kristalle (aus Propylenglykol); F: 250–251° [unkorr.; Zers.].

4-Hydroxy-3,5,6-trimethyl-chinolin-2-carbonsäure-äthylester $C_{15}H_{17}NO_3$, Formel I (R = C_2H_5), und Tautomeres (3,5,6-Trimethyl-4-oxo-1,4-dihydro-chinolin-2-carbonsäure-äthylester).
B. Neben 4-Hydroxy-3,6,7-trimethyl-chinolin-2-carbonsäure-äthylester beim Erhitzen von 2-[3,4-Dimethyl-anilino]-3-methyl-butendisäure-diäthylester (aus 3,4-Dimethyl-anilin und Methyloxalessigsäure-diäthylester hergestellt) in Mineralöl auf 255° (*Steck et al.*, Am. Soc. **70** [1948] 1012, 1014).
Gelbliche Kristalle (aus wss. A.); F: 183–184° [unkorr.].

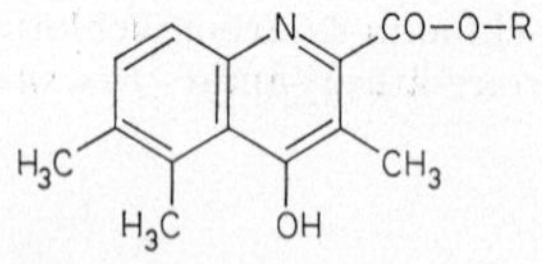

I 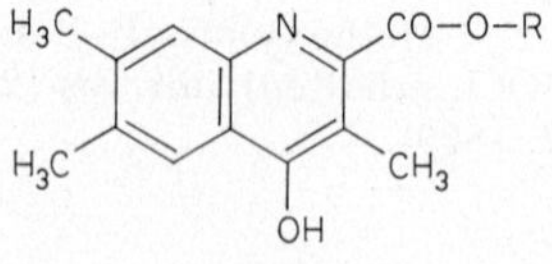 II 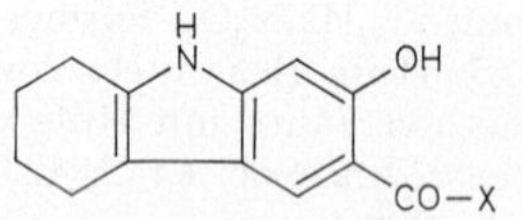 III

4-Hydroxy-3,6,7-trimethyl-chinolin-2-carbonsäure $C_{13}H_{13}NO_3$, Formel II (R = H), und Tautomeres (3,6,7-Trimethyl-4-oxo-1,4-dihydro-chinolin-2-carbonsäure).
B. Aus 4-Hydroxy-3,6,7-trimethyl-chinolin-2-carbonsäure-äthylester (*Steck et al.*, Am. Soc. **70** [1948] 1012, 1014).
Kristalle (aus Propylenglykol); F: 263–264° [unkorr.; Zers.].

4-Hydroxy-3,6,7-trimethyl-chinolin-2-carbonsäure-äthylester $C_{15}H_{17}NO_3$, Formel II (R = C_2H_5), und Tautomeres (3,6,7-Trimethyl-4-oxo-1,4-dihydro-chinolin-2-carbonsäure-äthylester).
B. s. o. im Artikel 4-Hydroxy-3,5,6-trimethyl-chinolin-2-carbonsäure-äthylester.

Kristalle (aus wss. A.); F: 224–225° [unkorr.] (*Steck et al.*, Am. Soc. **70** [1948] 1012, 1014).

2-Hydroxy-5,6,7,8-tetrahydro-carbazol-3-carbonsäure $C_{13}H_{13}NO_3$, Formel III (X = OH).

B. Beim Erwärmen von 4-Cyclohexylidenhydrazino-2-hydroxy-benzoesäure mit HCl enthaltender Essigsäure oder mit wss. H_2SO_4 (*Am. Cyanamid Co.*, U.S.P. 2731474 [1954]).

F: 230–232° [Zers.].

2-Hydroxy-5,6,7,8-tetrahydro-carbazol-3-carbonsäure-[4-chlor-anilid] $C_{19}H_{17}ClN_2O_2$, Formel III (X = NH-C_6H_4-Cl(*p*)).

B. Beim Erwärmen von 4-Cyclohexylidenhydrazino-2-hydroxy-benzoesäure-[4-chlor-anilid] mit HCl enthaltender Essigsäure (*Am. Cyanamid Co.*, U.S.P. 2731474 [1954]).

Kristalle (aus A.); F: 182–198°.

(±)-4b-Hydroperoxy-5,6,7,8-tetrahydro-4b*H*-carbazol-3-carbonsäure-methylester $C_{14}H_{15}NO_4$, Formel IV.

B. Aus 5,6,7,8-Tetrahydro-carbazol-3-carbonsäure-methylester beim Aufbewahren in Benzol und Petroläther unter Luftzutritt (*Beer et al.*, Soc. **1952** 4946, 4950).

Kristalle; F: 136° [Zers.].

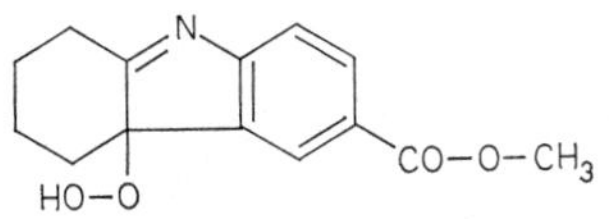

IV 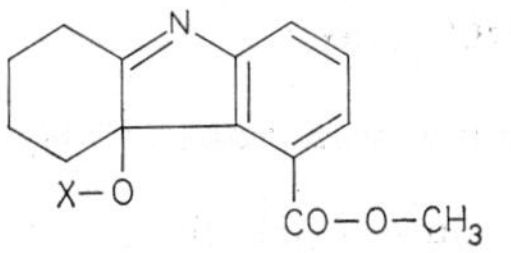 V 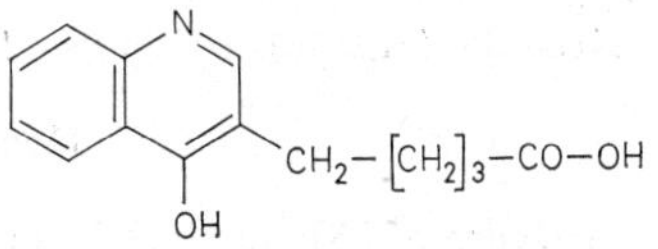 VI

(±)-4b-Hydroxy-5,6,7,8-tetrahydro-4b*H*-carbazol-4-carbonsäure-methylester $C_{14}H_{15}NO_3$, Formel V (X = H).

B. Beim Behandeln von (±)-4b-Hydroperoxy-5,6,7,8-tetrahydro-4b*H*-carbazol-4-carbonsäure-methylester in Äther mit wss. Na_2SO_3 (*Beer et al.*, Soc. **1952** 4946, 4950).

Kristalle; F: 92–95°.

Beim Erwärmen mit methanol. KOH ist 3′-Oxo-spiro[cyclopentan-1,2′-indolin]-4′-carbonsäure erhalten worden.

(±)-4b-Hydroperoxy-5,6,7,8-tetrahydro-4b*H*-carbazol-4-carbonsäure-methylester $C_{14}H_{15}NO_4$, Formel V (X = OH).

B. Aus 5,6,7,8-Tetrahydro-carbazol-4-carbonsäure-methylester beim Aufbewahren einer Lösung in Benzol unter Luftzutritt (*Beer et al.*, Soc. **1952** 4946, 4949).

Kristalle (aus Me.); F: 149–150° [Zers.].

Hydroxycarbonsäuren $C_{14}H_{15}NO_3$

5-[4-Hydroxy-[3]chinolyl]-valeriansäure $C_{14}H_{15}NO_3$, Formel VI, und Tautomeres (5-[4-Oxo-1,4-dihydro-[3]chinolyl]-valeriansäure).

B. Beim Erhitzen von 5-[2-Carboxy-4-hydroxy-[3]chinolyl]-valeriansäure auf 235° bis 240° (*Stefanović, Ćelap*, Glasnik chem. Društva Beograd **21** [1956] 213, 215; C. A. **1958** 16351).

Gelbliche Kristalle (aus H_2O); F: 211° [unkorr.].

2-Butyl-3-propoxy-chinolin-4-carbonsäure $C_{17}H_{21}NO_3$, Formel VII (R = CH_2-CH_2-CH_3).

B. Beim Erwärmen von Isatin mit 1-Propoxy-hexan-2-on und wss.-äthanol. KOH (*Henze et al.*, Am. Soc. **70** [1948] 2622).

Kristalle (aus Acn. oder wss. A.); F: 123°.

2-Butyl-3-isopropoxy-chinolin-4-carbonsäure $C_{17}H_{21}NO_3$, Formel VII (R = $CH(CH_3)_2$).

B. Beim Erwärmen von Isatin mit 1-Isopropoxy-hexan-2-on und wss.-äthanol. KOH

(*Henze et al.*, Am. Soc. **70** [1948] 2622).
Kristalle (aus Acn. oder wss. A.); F: 104,6°.

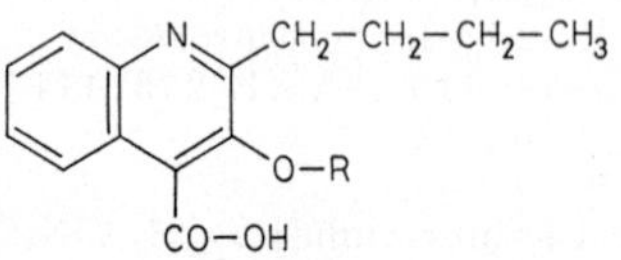

VII 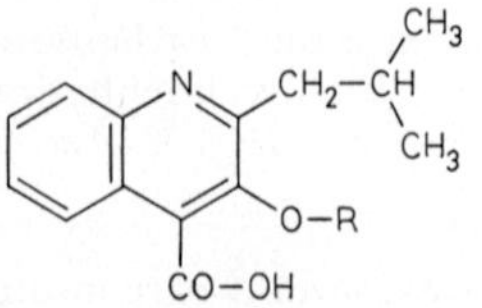 VIII 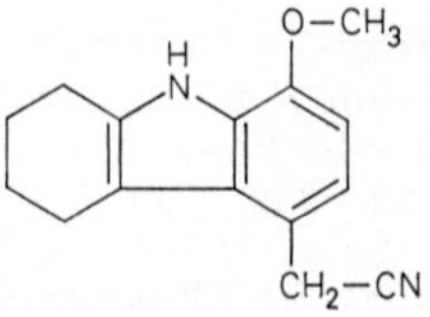 IX

2-Isobutyl-3-isopropoxy-chinolin-4-carbonsäure $C_{17}H_{21}NO_3$, Formel VIII ($R = CH(CH_3)_2$).
B. Beim Erwärmen von Isatin mit 1-Isopropoxy-4-methyl-pentan-2-on und wss.-äthanol. KOH (*Henze et al.*, Am. Soc. **70** [1948] 2622).
Kristalle (aus Acn. oder wss. A.); F: 163,7°.

[1-Methoxy-5,6,7,8-tetrahydro-carbazol-4-yl]-acetonitril $C_{15}H_{16}N_2O$, Formel IX.
B. Beim Erwärmen von [3-Cyclohexylidenhydrazino-4-methoxy-phenyl]-acetonitril mit Essigsäure und wenig konz. wss. HCl (*Manske, Kulka*, Canad. J. Res. [B] **28** [1950] 443, 451).
Kristalle (aus Me.); F: 178–179° [korr.].

Hydroxycarbonsäuren $C_{15}H_{17}NO_3$

6-[4-Hydroxy-[3]chinolyl]-hexansäure $C_{15}H_{17}NO_3$, Formel X (n = 4), und Tautomeres (6-[4-Oxo-1,4-dihydro-[3]chinolyl]-hexansäure).
B. Beim Erhitzen von 6-[2-Carboxy-4-hydroxy-[3]chinolyl]-hexansäure auf 235° (*Stefanović, Ćelap*, Glasnik chem. Društva Beograd **21** [1956] 213, 215; C. A. **1958** 16351).
Kristalle (aus H_2O); F: 177° [unkorr.].

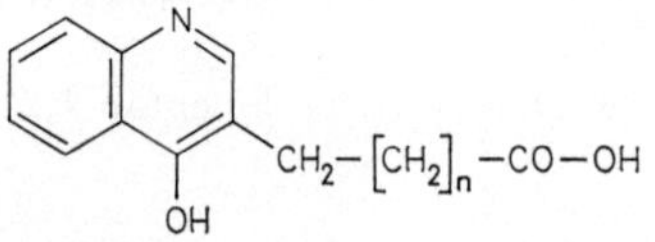

X 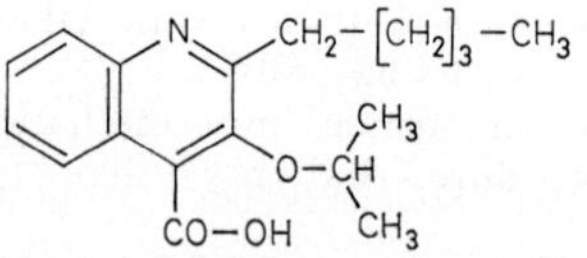 XI

3-Isopropoxy-2-pentyl-chinolin-4-carbonsäure $C_{18}H_{23}NO_3$, Formel XI.
B. Beim Erwärmen von Isatin mit 1-Isopropoxy-heptan-2-on und wss.-äthanol. KOH (*Henze et al.*, Am. Soc. **70** [1948] 2622).
Kristalle (aus Acn. oder wss. A.); F: 68,3°.

2-Isopentyl-3-propoxy-chinolin-4-carbonsäure $C_{18}H_{23}NO_3$, Formel XII ($R = CH_2$-CH_2-CH_3).
B. Beim Erwärmen von Isatin mit 5-Methyl-1-propoxy-hexan-2-on und wss.-äthanol. KOH (*Henze et al.*, Am. Soc. **70** [1948] 2622).
Kristalle (aus Acn. oder wss. A.); F: 129°.

2-Isopentyl-3-isopropoxy-chinolin-4-carbonsäure $C_{18}H_{23}NO_3$, Formel XII ($R = CH(CH_3)_2$).
B. Beim Erwärmen von Isatin mit 1-Isopropoxy-5-methyl-hexan-2-on und wss.-äthanol. KOH (*Henze et al.*, Am. Soc. **70** [1948] 2622).
Kristalle (aus Acn. oder wss. A.); F: 110°.

2-[1-Äthyl-propyl]-8-hydroxy-chinolin-4-carbonsäure $C_{15}H_{17}NO_3$, Formel XIII (R = H).
B. Beim Erwärmen von 2-Amino-phenol mit Brenztraubensäure, 2-Äthyl-butyr=

aldehyd und Äthanol (*Hollingshead*, Anal. chim. Acta **19** [1958] **447**, 449). Beim Erwärmen von 2-[1-Äthyl-propyl]-8-methoxy-chinolin-4-carbonsäure mit wss. HBr (*Irving, Clifton*, Soc. **1959** 288).
Gelbe Kristalle; F: 205° [unkorr.; aus A.] (*Ho.*), 204° [aus Eg.] (*Ir., Cl.*).

2-[1-Äthyl-propyl]-8-methoxy-chinolin-4-carbonsäure $C_{16}H_{19}NO_3$, Formel XIII ($R = CH_3$).
B. Beim Erwärmen von *o*-Anisidin mit Brenztraubensäure, 2-Äthyl-butyraldehyd und Äthanol (*Irving, Clifton*, Soc. **1959** 288).
Gelbe Kristalle (aus A.); F: 230°.

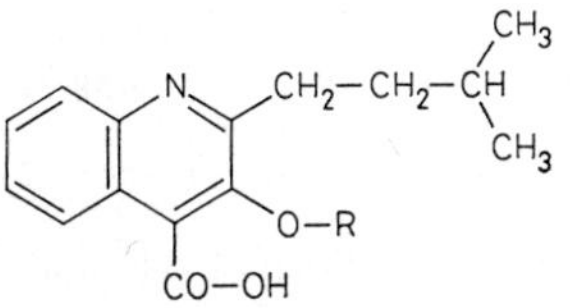

XII 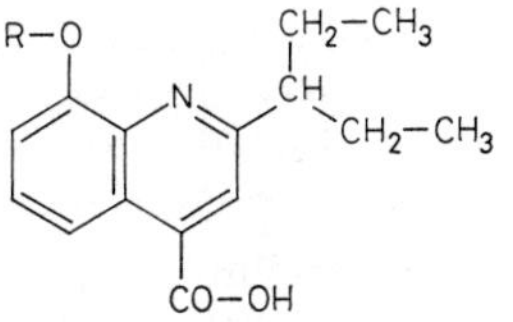 XIII 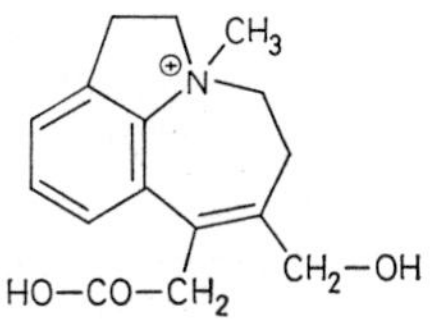 XIV

7-Carboxymethyl-6-hydroxymethyl-3-methyl-1,2,4,5-tetrahydro-azepino[3,2,1-*hi*]indolium $[C_{16}H_{20}NO_3]^+$, Formel XIV.
Betain $C_{16}H_{19}NO_3$. *B.* Aus Apo-β-erythroidin-methojodid (6-Methyl-11-oxo-4,5,7,8,11,12-hexahydro-9*H*-pyrano[4′,3′:4,5]azepino[3,2,1-*hi*]indolium-jodid) mit Hilfe eines Ionenaustauschers (*Grundon, Boekelheide*, Am. Soc. **75** [1953] 2537, 2539). — Kristalle (aus A. + Ae.) mit 1 Mol H_2O; F: 189,5—191,5° [Zers.]. IR-Spektrum (Nujol; 2—15 μ): *Gr., Bo.* — Beim Behandeln mit wss. KOH ist Des-*N*-methyl-apo-β-erythroidin (4-[1-Methyl-indolin-7-yl]-5-vinyl-3,6-dihydro-pyran-2-on) erhalten worden.

Hydroxycarbonsäuren $C_{16}H_{19}NO_3$

7-[4-Hydroxy-[3]chinolyl]-heptansäure $C_{16}H_{19}NO_3$, Formel X ($n = 5$), und Tautomeres (7-[4-Oxo-1,4-dihydro-[3]chinolyl]-heptansäure).
B. Beim Erhitzen von 7-[2-Carboxy-4-hydroxy-[3]chinolyl]-heptansäure auf 220° (*Stefanović, Ćelap*, Glasnik chem. Društva Beograd **21** [1956] 213, 215; C. A. **1958** 16351).
Gelbliche Kristalle (aus H_2O); F: 174—176° [unkorr.].

2-Hexyl-8-hydroxy-chinolin-4-carbonsäure $C_{16}H_{19}NO_3$, Formel I.
B. Beim Erwärmen von 2-Amino-phenol mit Brenztraubensäure, Heptanal und Äthanol (*Hollingshead*, Anal. chim. Acta **19** [1958] 447, 449).
Kristalle (aus A.); F: 137—139° [unkorr.].

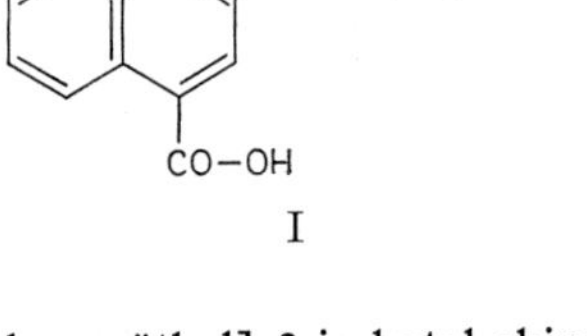

I 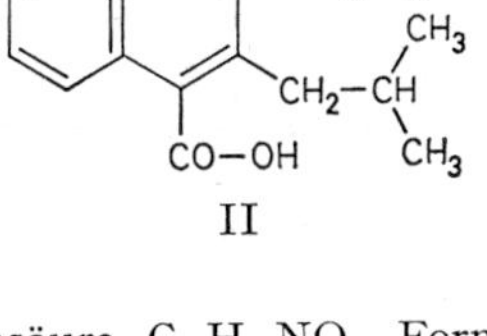 II

(±)-2-[1-Hydroxy-äthyl]-3-isobutyl-chinolin-4-carbonsäure $C_{16}H_{19}NO_3$, Formel II ($R = H$).
B. Beim Erhitzen von (±)-3-Isobutyl-2-[1-methoxy-äthyl]-chinolin-4-carbonsäure mit konz. wss. HCl oder wss. HI auf 160—170° (*Isbell, Henze*, Am. Soc. **66** [1944] 2096).
Kristalle; F: 213,5—214° [korr.; Zers.].

(±)-3-Isobutyl-2-[1-methoxy-äthyl]-chinolin-4-carbonsäure $C_{17}H_{21}NO_3$, Formel II ($R = CH_3$).

B. Als Verbindung mit Anthranilsäure (s. u.) beim Erhitzen von Isatin mit (±)-2-Methoxy-6-methyl-heptan-3-on und wss. KOH (*Isbell, Henze*, Am. Soc. **66** [1944] 2096).

Kristalle (aus E.); F: 195–196° [korr.; Zers.].

Verbindung mit Anthranilsäure $C_{17}H_{21}NO_3 \cdot C_7H_7NO_2$. F: 221,5–222° [korr.; Zers.].

Hydroxycarbonsäuren $C_{17}H_{21}NO_3$

8-[4-Hydroxy-[3]chinolyl]-octansäure $C_{17}H_{21}NO_3$, Formel X (n = 6) auf S. 2346, und Tautomeres (8-[4-Oxo-1,4-dihydro-[3]chinolyl]-octansäure).

B. Beim Erhitzen von 8-[2-Carboxy-4-hydroxy-[3]chinolyl]-octansäure auf 200–205° (*Stefanović, Čelap*, Glasnik chem. Društva Beograd **21** [1956] 213, 216; C. A. **1958** 16351).

Gelbliche Kristalle (aus wss. A.); F: 160–161° [unkorr.].

6-Heptyl-4-hydroxy-chinolin-2-carbonsäure-äthylester $C_{19}H_{25}NO_3$, Formel III, und Tautomeres (6-Heptyl-4-oxo-1,4-dihydro-chinolin-2-carbonsäure-äthylester).

B. Beim Behandeln von 4-Heptyl-anilin in Essigsäure mit der Natrium-Verbindung des Oxalessigsäure-diäthylesters bei 10° und Erhitzen des Reaktionsprodukts in Biphenyl und Diphenyläther (*Ames et al.*, Soc. **1956** 3079, 3082).

Kristalle (aus A. + E.); F: 152–153°.

6-Heptyl-4-hydroxy-chinolin-3-carbonsäure $C_{17}H_{21}NO_3$, Formel IV (R = H), und Tautomeres (6-Heptyl-4-oxo-1,4-dihydro-chinolin-3-carbonsäure).

B. Beim Erwärmen von 6-Heptyl-4-hydroxy-chinolin-3-carbonsäure-äthylester mit wss. NaOH (*Ames et al.*, Soc. **1956** 3079, 3080).

Kristalle (aus wss. Acn.); F: 192–193°.

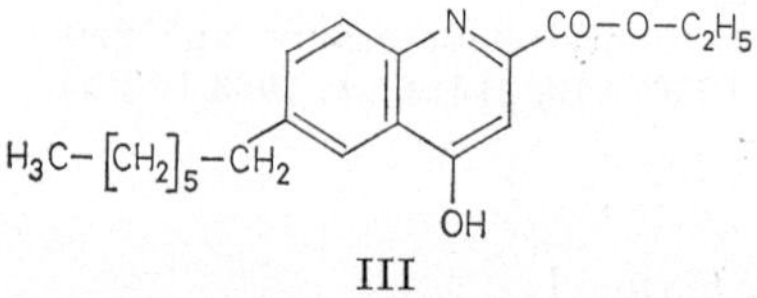

III 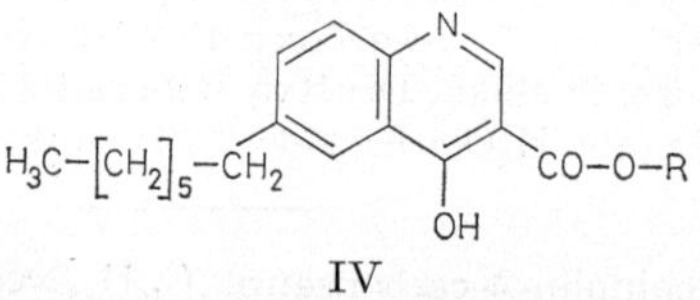 IV 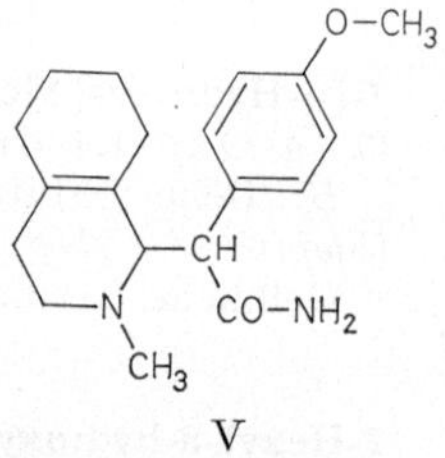 V

6-Heptyl-4-hydroxy-chinolin-3-carbonsäure-äthylester $C_{19}H_{25}NO_3$, Formel IV ($R = C_2H_5$), und Tautomeres (6-Heptyl-4-oxo-1,4-dihydro-chinolin-3-carbonsäure-äthylester).

B. Beim Erhitzen von [4-Heptyl-anilinomethylen]-malonsäure-diäthylester (aus 4-Heptyl-anilin und Äthoxymethylen-malonsäure-diäthylester hergestellt) in Biphenyl und Diphenyläther (*Ames et al.*, Soc. **1956** 3079, 3080).

Kristalle (aus A.); F: 233°.

***Opt.-inakt. [4-Methoxy-phenyl]-[2-methyl-1,2,3,4,5,6,7,8-octahydro-[1]isochinolyl]-essigsäure-amid** $C_{19}H_{26}N_2O_2$, Formel V.

B. Beim Erwärmen von (±)-[4-Methoxy-phenyl]-[5,6,7,8-tetrahydro-[1]isochinolyl]-essigsäure-amid mit CH_3I, Benzol und Äthanol und Hydrieren des Reaktionsprodukts an Platin in wss.-methanol. NaOH (*Ikehara*, Pharm. Bl. **3** [1955] 291; *Shionogi & Co.*, U.S.P. 2769810 [1955]).

Beim Erhitzen mit H_3PO_4 auf 150–160° ist *rac*-17-Methyl-morphinan-3-ol erhalten worden (*Ik.*; *Shionogi & Co.*).

Picrat $C_{19}H_{26}N_2O_2 \cdot C_6H_3N_3O_7$. Kristalle (aus Me.); F: 126–128°. [*Goebels*]

Hydroxycarbonsäuren $C_nH_{2n-15}NO_3$

Hydroxycarbonsäuren $C_{12}H_9NO_3$

2-Hydroxy-4(oder 6)-[3]pyridyl-benzoesäure $C_{12}H_9NO_3$, Formel VI oder VII.
B. Beim Erhitzen von 2-Hydroxy-4-[3]pyridyl-isophthalsäure-diäthylester mit wss. HCl auf 180° (*Prelog et al.*, Helv. **30** [1947] 675, 685).
F: 281° [Zers.].

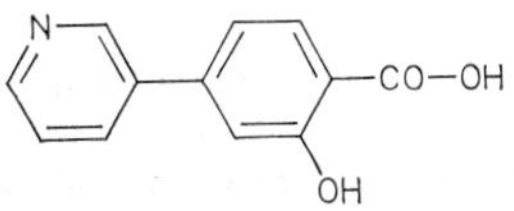

VI 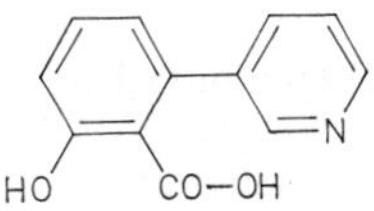 VII 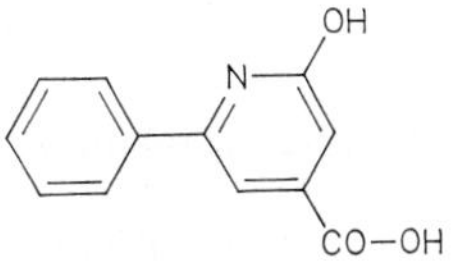 VIII

2-Hydroxy-6-phenyl-isonicotinsäure $C_{12}H_9NO_3$, Formel VIII, und Tautomeres (2-Oxo-6-phenyl-1,2-dihydro-pyridin-4-carbonsäure).
B. Aus 3-Cyan-2-hydroxy-6-phenyl-isonicotinsäure-äthylester beim Erhitzen mit wss. H_2SO_4 (*Isler et al.*, Helv. **38** [1955] 1033, 1041; vgl. *Basu*, J. Indian chem. Soc. **8** [1931] 119, 127).
Kristalle; F: 350° [aus Eg.] (*Basu*), 342° (*Libermann et al.*, Bl. **1958** 687, 691), 330° [unkorr.; Zers.; aus Eg.] (*Is. et al.*).

2-Hydroxy-6-phenyl-nicotinsäure $C_{12}H_9NO_3$, Formel IX, und Tautomeres (2-Oxo-6-phenyl-1,2-dihydro-pyridin-3-carbonsäure) (E I 558).
B. Beim Behandeln von 2-Amino-6-phenyl-nicotinsäure mit $NaNO_2$ und wss. H_2SO_4 und anschliessenden Erwärmen des Reaktionsgemisches (*Dornow, Neuse*, B. **84** [1951] 296, 300; *Dornow, Karlson*, B. **73** [1940] 542, 546).
Kristalle (aus Eg.); F: 304° [Zers.] (*Do., Ne.*), 300—302° [Zers.] (*Barat*, J. Indian chem. Soc. **8** [1931] 801, 811).

2-Hydroxy-6-phenyl-nicotinonitril $C_{12}H_8N_2O$, Formel X, und Tautomeres (2-Oxo-6-phenyl-1,2-dihydro-pyridin-3-carbonitril).
B. Beim Behandeln der Natrium-Verbindung von 3-Oxo-3-phenyl-propionaldehyd mit Cyanessigsäure-amid in H_2O unter Zusatz von Piperidin (*Barat*, J. Indian chem. Soc. **8** [1931] 801, 810).
Hellgelbe Kristalle (aus Eg. oder Py.); F: 292—293°.

3t(?)-[8-Hydroxy-[2]chinolyl]-acrylsäure $C_{12}H_9NO_3$, vermutlich Formel XI (R = R′ = H).
B. Aus (±)-1,1,1-Trichlor-3-[8-hydroxy-[2]chinolyl]-propan-2-ol beim Erwärmen mit äthanol. KOH (*Vaidya, Cannon*, J. Am. pharm. Assoc. **48** [1959] 10, 12).
Kristalle (aus A.); F: 205—206° [unkorr.; Zers.].

3t(?)-[8-Methoxy-[2]chinolyl]-acrylsäure $C_{13}H_{11}NO_3$, vermutlich Formel XI (R = H, R′ = CH_3).
B. Aus (±)-1,1,1-Trichlor-3-[8-methoxy-[2]chinolyl]-propan-2-ol beim Erwärmen mit äthanol. KOH (*Vaidya, Cannon*, J. Am. pharm. Assoc. **48** [1959] 10, 12).
Kristalle (aus A.); F: 197—198° [unkorr.; Zers.].

3t(?)-[8-Äthoxy-[2]chinolyl]-acrylsäure $C_{14}H_{13}NO_3$, vermutlich Formel XI (R = H, R′ = C_2H_5).
B. Aus (±)-3-[8-Äthoxy-[2]chinolyl]-1,1,1-trichlor-propan-2-ol beim Erwärmen mit äthanol. KOH (*Vaidya, Cannon*, J. Am. pharm. Assoc. **48** [1959] 10, 12).
Kristalle (aus A.); F: 214—216° [unkorr.; Zers.].

3t(?)-[8-Propoxy-[2]chinolyl]-acrylsäure $C_{15}H_{15}NO_3$, vermutlich Formel XI (R = H, R' = CH_2-CH_2-CH_3).

B. Aus (±)-1,1,1-Trichlor-3-[8-propoxy-[2]chinolyl]-propan-2-ol beim Erwärmen mit äthanol. KOH (*Vaidya, Cannon*, J. Am. pharm. Assoc. **48** [1959] 10, 12).

Kristalle (aus A.); F: 181–182° [unkorr.].

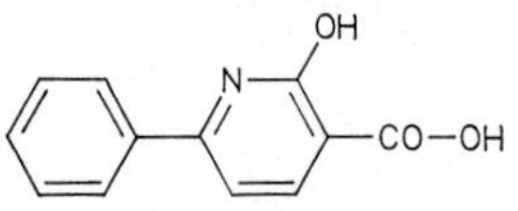

IX 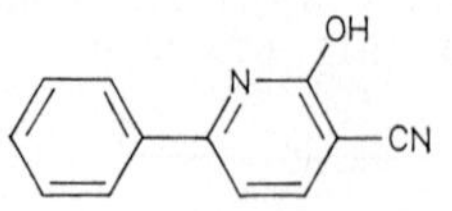 X 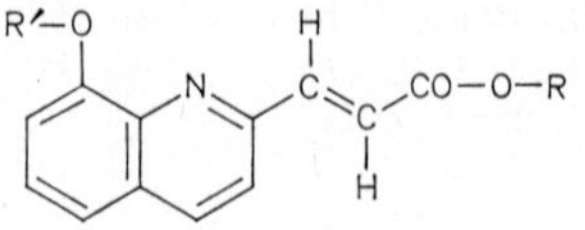 XI

3t(?)-[8-(2-Diäthylamino-äthoxy)-[2]chinolyl]-acrylsäure $C_{18}H_{22}N_2O_3$, vermutlich Formel XI (R = H, R' = CH_2-CH_2-N(C_2H_5)$_2$).

B. Aus (±)-1,1,1-Trichlor-3-[8-(2-diäthylamino-äthoxy)-[2]chinolyl]-propan-2-ol beim Erwärmen mit äthanol. KOH (*Vaidya, Cannon*, J. Am. pharm. Assoc. **48** [1959] 10, 13).

Kristalle (aus A.); F: 198–200° [unkorr.; Zers.].

3t(?)-[8-Hydroxy-[2]chinolyl]-acrylsäure-äthylester $C_{14}H_{13}NO_3$, vermutlich Formel XI (R = C_2H_5, R' = H).

B. Beim Erwärmen von 3t(?)-[8-Hydroxy-[2]chinolyl]-acrylsäure (S. 2349) mit Äthanol und HCl (*Vaidya, Cannon*, J. Am. pharm. Assoc. **48** [1959] 10, 12).

Kristalle (aus PAe.); F: 85–86°.

3t(?)-[8-Methoxy-[2]chinolyl]-acrylsäure-äthylester $C_{15}H_{15}NO_3$, vermutlich Formel XI (R = C_2H_5, R' = CH_3).

B. Beim Erwärmen von 3t(?)-[8-Methoxy-[2]chinolyl]-acrylsäure (S. 2349) mit Äthanol und HCl (*Vaidya, Cannon*, J. Am. pharm. Assoc. **48** [1959] 10, 12).

Kristalle (aus PAe.); F: 51–52°.

3t(?)-[8-Äthoxy-[2]chinolyl]-acrylsäure-äthylester $C_{16}H_{17}NO_3$, vermutlich Formel XI (R = R' = C_2H_5).

B. Beim Erwärmen von 3t(?)-[8-Äthoxy-[2]chinolyl]-acrylsäure (S. 2349) mit Äthanol und HCl (*Vaidya, Cannon*, J. Am. pharm. Assoc. **48** [1959] 10, 12).

Kristalle (aus PAe.); F: 104–105° [unkorr.].

3t(?)-[8-Propoxy-[2]chinolyl]-acrylsäure-äthylester $C_{17}H_{19}NO_3$, vermutlich Formel XI (R = C_2H_5, R' = CH_2-CH_2-CH_3).

B. Beim Erwärmen von 3t(?)-[8-Propoxy-[2]chinolyl]-acrylsäure (s. o.) mit Äthanol HCl (*Vaidya, Cannon*, J. Am. pharm. Assoc. **48** [1959] 10, 12).

Kristalle (aus PAe.); F: 81–82°.

3t(?)-[8-(2-Diäthylamino-äthoxy)-[2]chinolyl]-acrylsäure-äthylester $C_{20}H_{26}N_2O_3$, vermutlich Formel XI (R = C_2H_5, R' = CH_2-CH_2-N(C_2H_5)$_2$).

B. Beim Erwärmen von 3t(?)-[8-(2-Diäthylamino-äthoxy)-[2]chinolyl]-acrylsäure (s. o.) mit Äthanol und HCl (*Vaidya, Cannon*, J. Am. pharm. Assoc. **48** [1959] 10, 13).

Kristalle (aus PAe.); F: 75–76°.

2-Benzoyloxy-3ξ-[2]chinolyl-acrylsäure-äthylester $C_{21}H_{17}NO_4$, Formel XII.

B. Beim Erwärmen der Kalium-Verbindung von 3-[2]Chinolyl-2-hydroxy-acrylsäure-äthylester (H 317) mit Benzoylchlorid in Äther (*Borsche, Manteuffel*, A. **526** [1936] 22, 30).

Hellgelbe Kristalle (aus A.); F: 114°.

3t(?)-[6-Methoxy-[4]chinolyl]-acrylsäure $C_{13}H_{11}NO_3$, vermutlich Formel XIII.

B. Beim Erwärmen von 6-Methoxy-chinolin-4-carbaldehyd mit Malonsäure in Piper= idin enthaltendem Pyridin (*Walker*, Soc. **1947** 1684, 1686). Aus (±)-1,1,1-Trichlor-3-[6-methoxy-[4]chinolyl]-propan-2-ol beim Erwärmen mit äthanol. KOH (*Wa.*; *Corn-*

forth, Cornforth, Soc. **1948** 93, 96).

Hellgelbe Kristalle mit 1 Mol H_2O (*Wa.*); F: 277—278° [aus wss. Eg.] (*Wa.*), 270° [Zers.; aus Butan-1-ol] (*Co., Co.*).

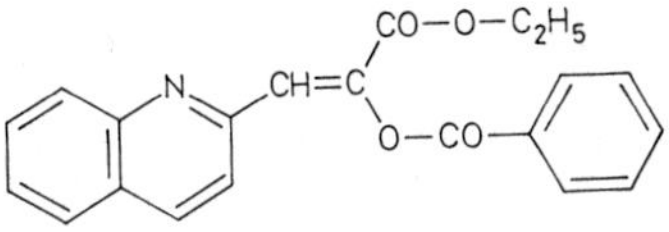

XII 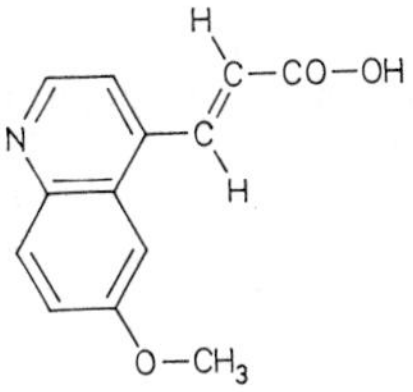 XIII

3*t*(?)-[2-Hydroxy-[7]chinolyl]-acrylsäure $C_{12}H_9NO_3$, vermutlich Formel I (R = R′ = X = H), und Tautomeres (3*t*(?)-[2-Oxo-1,2-dihydro-[7]chinolyl]-acrylsäure).

B. Beim Erhitzen von 3*t*,3′*t*-[Amino-*p*-phenylen]-di-acrylsäure mit konz. wss. HCl (*Ruggli, Preiswerk,* Helv. **22** [1939] 478, 488).

Kristalle (aus Eg.), die sich bei 330—335° braun färben ohne zu schmelzen.

3*t*(?)-[2-Methoxy-[7]chinolyl]-acrylsäure-methylester $C_{14}H_{13}NO_3$, vermutlich Formel I (R = R′ = CH_3, X = H).

B. Aus der vorangehenden Verbindung beim Erhitzen mit PCl_5 und Behandeln des Reaktionsgemisches in Methanol (*Ruggli, Preiswerk,* Helv. **22** [1939] 478, 489).

Kristalle (aus Me.); F: 183—185°.

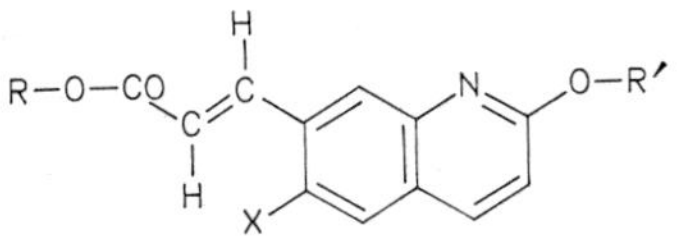

I 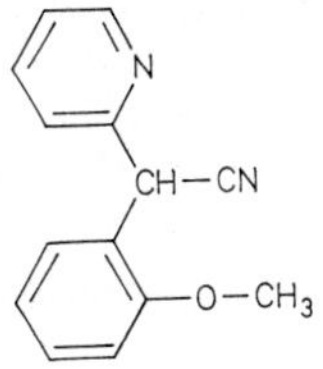 II 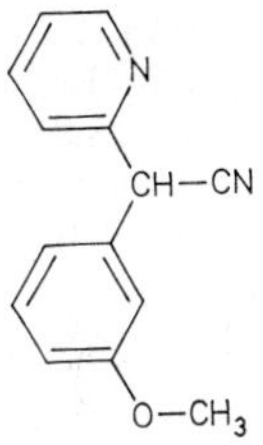 III

3*t*(?)-[2-Hydroxy-[7]chinolyl]-acrylsäure-äthylester $C_{14}H_{13}NO_3$, vermutlich Formel I (R = C_2H_5, R′ = X = H), und Tautomeres (3*t*(?)-[2-Oxo-1,2-dihydro-[7]chinolyl]-acrylsäure-äthylester).

B. Beim Erwärmen von 3*t*(?)-[2-Hydroxy-[7]chinolyl]-acrylsäure (s. o.) mit äthanol. HCl (*Ruggli, Preiswerk,* Helv. **22** [1939] 478, 488).

Kristalle (aus wss. A.); F: 209—210°.

3*t*(?)-[2-Hydroxy-6-nitro-[7]chinolyl]-acrylsäure $C_{12}H_8N_2O_5$, vermutlich Formel I (R = R′ = H, X = NO_2), und Tautomeres (3*t*(?)-[6-Nitro-2-oxo-1,2-dihydro-[7]chinolyl]-acrylsäure).

B. Beim Behandeln von 3*t*(?)-[2-Hydroxy-[7]chinolyl]-acrylsäure (s. o.) mit KNO_3 und konz. H_2SO_4 (*Ruggli, Preiswerk,* Helv. **22** [1939] 478, 490).

Kristalle (aus Eg. + H_2O); Zers. bei 310°.

Hydroxycarbonsäuren $C_{13}H_{11}NO_3$

(±)-[2-Methoxy-phenyl]-[2]pyridyl-acetonitril $C_{14}H_{12}N_2O$, Formel II.

B. Beim Erwärmen von [2-Methoxy-phenyl]-acetonitril mit $NaNH_2$ und 2-Brom-pyridin (*Morel, Stoll,* Helv. **33** [1950] 516, 520) oder 2-Chlor-pyridin (*Bristol Labor. Inc.,* U.S.P. 2703324 [1950]) in Toluol.

Kristalle (aus E.); F: 84—85°; $Kp_{0,6}$: 170—175° (*Mo., St.*).

(±)-[3-Methoxy-phenyl]-[2]pyridyl-acetonitril $C_{14}H_{12}N_2O$, Formel III.

B. Beim Erwärmen von [3-Methoxy-phenyl]-acetonitril mit $NaNH_2$ und 2-Chlor-pyridin in Toluol (*CIBA*, D.B.P. 931471 [1944]; U.S.P. 2507631 [1945]).

Kristalle; F: 54–55°.

2-Benzyl-6-hydroxy-isonicotinsäure $C_{13}H_{11}NO_3$, Formel IV, und Tautomeres (6-Benzyl-2-oxo-1,2-dihydro-pyridin-4-carbonsäure).

B. Aus 6-Benzyl-3-cyan-2-hydroxy-isonicotinsäure-äthylester beim Erhitzen mit wss. H_2SO_4 (*Libermann et al.*, Bl. **1958** 687, 691).

Kristalle; F: 320–325°.

2-Hydroxy-6-*p*-tolyl-nicotinsäure $C_{13}H_{11}NO_3$, Formel V, und Tautomeres (2-Oxo-6-*p*-tolyl-1,2-dihydro-pyridin-3-carbonsäure).

B. Aus 2-Hydroxy-6-*p*-tolyl-nicotinonitril und wss. H_2SO_4 (*Barat*, J. Indian chem. Soc. **8** [1931] 801, 812).

F: 288–290° [Zers.].

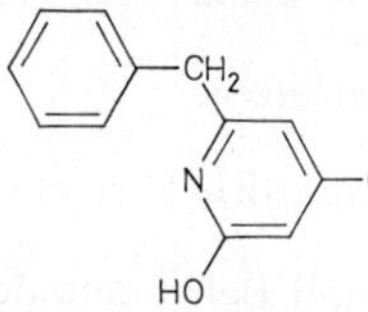

IV 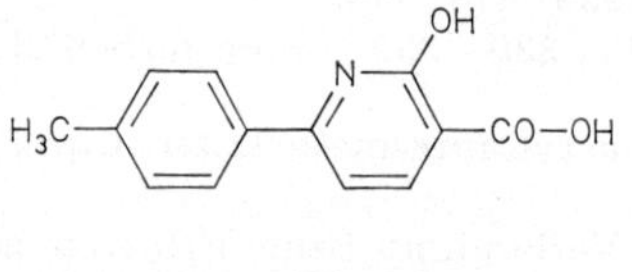 V 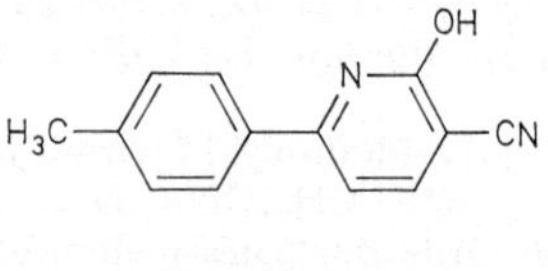 VI

2-Hydroxy-6-*p*-tolyl-nicotinonitril $C_{13}H_{10}N_2O$, Formel VI, und Tautomeres (2-Oxo-6-*p*-tolyl-1,2-dihydro-pyridin-3-carbonitril).

B. Beim Behandeln von 3-Hydroxy-1-*p*-tolyl-propenon (E III **7** 3501) und Cyanessigsäure-amid mit Natriumäthylat in Äthanol oder mit Piperidin in wss. Äthanol (*Barat*, J. Indian chem. Soc. **8** [1931] 801, 812).

Hellgelbe Kristalle (aus Eg. oder Py.); F: 297–298°.

5-[4-Methoxy-phenyl]-6-methyl-nicotinsäure $C_{14}H_{13}NO_3$, Formel VII.

B. Neben 5-[4-Methoxy-phenyl]-6-methyl-piperidin-3-carbonsäure-methylester bei der Hydrierung von opt.-inakt. 2-Cyan-4-[4-methoxy-phenyl]-5-oxo-hexansäure-äthylester in Methanol an Raney-Nickel bei 115°/100 at und Erwärmen des Reaktionsprodukts mit äthanol. NaOH (*Plieninger*, B. **86** [1953] 25, 29; *Knoll A.G.*, D.B.P. 844298 [1950]; D.R.B.P. Org. Chem. 1950–1951 **3** 1507).

Kristalle (aus Ae.); F: 254°.

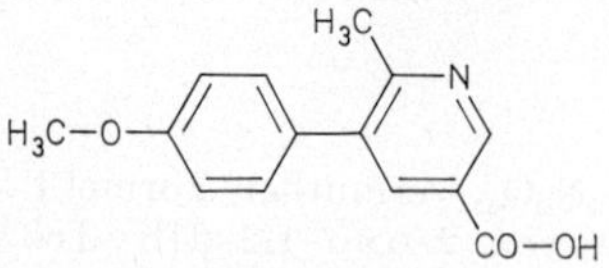

VII 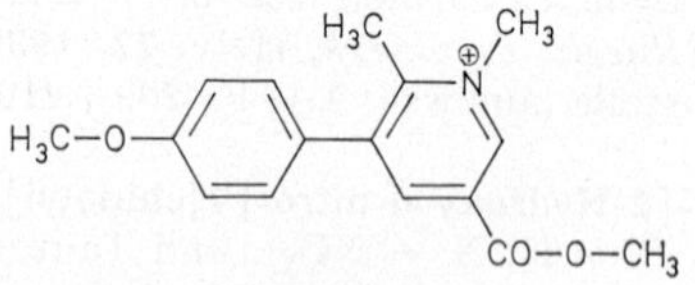 VIII

5-Methoxycarbonyl-3-[4-methoxy-phenyl]-1,2-dimethyl-pyridinium $[C_{16}H_{18}NO_3]^+$, Formel VIII.

Methylsulfat $[C_{16}H_{18}NO_3]CH_3O_4S$. *B.* Beim Erwärmen der vorangehenden Verbindung mit methanol. HCl und Erwärmen des Reaktionsprodukts mit Dimethylsulfat (*Plieninger*, B. **86** [1953] 25, 30; *Knoll A.G.*, D.B.P. 844298 [1950]; D.R.B.P. Org. Chem. 1950–1951 **3** 1507). — Kristalle (aus Me. + Ae.); F: 193° (*Pl.*), 185° (*Knoll A.G.*).

2-Hydroxy-5-methyl-6-phenyl-nicotinsäure $C_{13}H_{11}NO_3$, Formel IX, und Tautomeres (5-Methyl-2-oxo-6-phenyl-1,2-dihydro-pyridin-3-carbonsäure).

B. Aus 2-Hydroxy-5-methyl-6-phenyl-nicotinonitril beim Erwärmen mit wss. H_2SO_4

oder beim Erhitzen mit konz. wss. HCl auf 150—160° (*Barat*, J. Indian chem. Soc. **8** [1931] 801, 813).

Kristalle (aus wss. Eg.); F: 295° [Zers.].

2-Hydroxy-5-methyl-6-phenyl-nicotinonitril $C_{13}H_{10}N_2O$, Formel X, und Tautomeres (5-Methyl-2-oxo-6-phenyl-1,2-dihydro-pyridin-3-carbonitril).

B. Beim Behandeln von 3-Hydroxy-2-methyl-1-phenyl-propenon (E III **7** 3497) und Cyanessigsäure-amid mit Natriumäthylat in Äthanol oder mit Piperidin in wss. Äthanol (*Barat*, J. Indian chem. Soc. **8** [1931] 801, 813).

Hellgelbe Kristalle (aus Eg.); F: 264—265°.

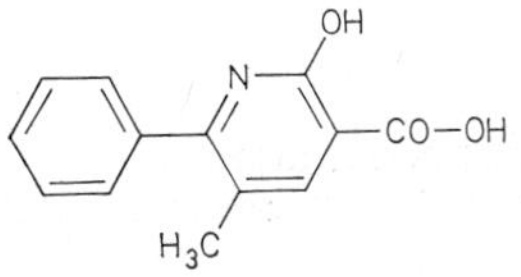

IX 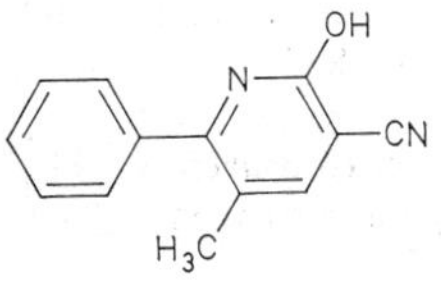 X 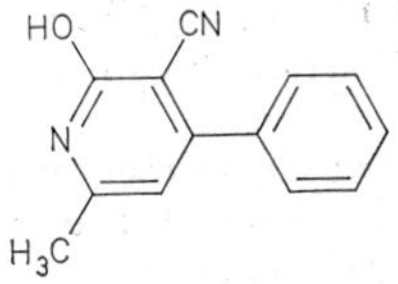 XI

2-Hydroxy-6-methyl-4-phenyl-nicotinonitril $C_{13}H_{10}N_2O$, Formel XI, und Tautomeres (6-Methyl-2-oxo-4-phenyl-1,2-dihydro-pyridin-3-carbonitril) (H 243; E II 180).

B. Beim Behandeln von 4-Phenyl-but-3-in-2-on mit der Natrium-Verbindung des Cyanessigsäure-amids in Äthanol (*Barat*, J. Indian chem. Soc. **7** [1930] 851, 855, 860). Beim Erwärmen von 3-Amino-1-phenyl-but-2-en-1-on (E III **7** 3487) mit Cyanessigsäure-äthylester und äthanol. Natriumäthylat (*Basu*, J. Indian chem. Soc. **12** [1935] 299, 305; *Hauser*, *Eby*, Am. Soc. **79** [1957] 728, 731). Aus 6-Methyl-2-oxo-4-phenyl-2,3,4,5-tetrahydro-pyridin-3-carbonitril beim Behandeln mit wss. Essigsäure und $NaNO_2$ (*Barat*, J. Indian chem. Soc. **7** [1930] 321, 330, 337).

Kristalle; F: 277° [aus A.] (*Basu*), 276—277° [aus Me.] (*Ha.*, *Eby*), 275—276° [aus Eg.] (*Bar.*).

Natrium-Salz $NaC_{13}H_9N_2O$. Kristalle (*Troccoli*, Ann. Chimica applic. **21** [1931] 41, 43).

Kalium-Salz $KC_{13}H_9N_2O$. Kristalle (*Tr.*).

Kupfer(II)-Salz $Cu(C_{13}H_9N_2O)_2$. Grüne Kristalle (*Tr.*).

Barium-Salz $Ba(C_{13}H_9N_2O)_2$. Kristalle (*Tr.*).

Kobalt(II)-Salz $Co(C_{13}H_9N_2O)_2$. Violette Kristalle (*Tr.*).

Nickel(II)-Salz $Ni(C_{13}H_9N_2O)_2$. Grüne Kristalle (*Tr.*).

2-Hydroxy-4-methyl-6-phenyl-nicotinsäure $C_{13}H_{11}NO_3$, Formel XII (X = OH), und Tautomeres (4-Methyl-2-oxo-6-phenyl-1,2-dihydro-pyridin-3-carbonsäure).

B. Beim Erwärmen von 2-Amino-4-methyl-6-phenyl-nicotinsäure oder von 2-Amino-4-methyl-6-phenyl-nicotinsäure-amid mit wss. H_2SO_4 und $NaNO_2$ (*Dornow*, *Neuse*, B. **84** [1951] 296, 301; s. a. *Dornow*, *v. Loh*, Ar. **290** [1957] 136, 147).

Kristalle; F: 279° [aus Eg.] (*Do.*, *Ne.*).

2-Hydroxy-4-methyl-6-phenyl-nicotinsäure-äthylester $C_{15}H_{15}NO_3$, Formel XII (X = O-C_2H_5), und Tautomeres (4-Methyl-2-oxo-6-phenyl-1,2-dihydro-pyridin-3-carbonsäure-äthylester).

B. Beim Erhitzen von 1-Phenyl-butan-1,3-dion mit Cyanessigsäure-äthylester unter Zusatz von Diäthylamin (*Basu*, J. Indian chem. Soc. **7** [1930] 815, 823). Beim Erhitzen von 2-Amino-4-methyl-6-phenyl-nicotinsäure-äthylester mit Essigsäure und $NaNO_2$ (*Dornow*, *Neuse*, B. **84** [1951] 296, 302).

Hellgelbe Kristalle (aus Eg.); F: 216—217° [Zers.] (*Basu*). Kristalle (aus H_2O); F: 163° (*Do.*, *Neuse*).

Beim Erhitzen mit wss. H_2SO_4 [80%ig] ist 4-Methyl-6-phenyl-pyridin-2-ol erhalten worden (*Basu*; *Do.*, *Neuse*).

XII XIII XIV

2-Hydroxy-4-methyl-6-phenyl-nicotinsäure-amid $C_{13}H_{12}N_2O_2$, Formel XII (X = NH_2), und Tautomeres (4-Methyl-2-oxo-6-phenyl-1,2-dihydro-pyridin-3-carbonsäure-amid).

B. Beim Erhitzen von 3-Amino-1-phenyl-but-2-en-1-on (E III **7** 3487) mit Malonamid auf 175—180° (*Basu*, J. Indian chem. Soc. **12** [1935] 299, 305).

Kristalle (aus wss. A.); F: 286—287°.

2-Hydroxy-4-methyl-6-phenyl-nicotinonitril $C_{13}H_{10}N_2O$, Formel XIII, und Tautomeres (4-Methyl-2-oxo-6-phenyl-1,2-dihydro-pyridin-3-carbonitril) (H 243; E II 181).

B. Neben geringen Mengen 4-Methyl-6-phenyl-pyridin-2-ol beim Behandeln von 1-Phenyl-butan-1,3-dion mit Malononitril unter Zusatz von Diäthylamin in Äthanol (*Basu*, J. Indian chem. Soc. **7** [1930] 815, 824). Beim Behandeln von 3-Äthoxy-1-phenyl-but-2-en-1-on (E III **8** 816) mit der Natrium-Verbindung des Cyanessigsäure-amids in Äthanol (*Basu*, J. Indian chem. Soc. **7** [1930] 481, 487) oder beim Erwärmen mit Cyanessigsäure-amid unter Zusatz von Diäthylamin in wss. Äthanol (*Basu*, J. Indian chem. Soc. **7** 488). Beim Erhitzen von 3-Amino-1-phenyl-but-2-en-1-on (E III **7** 3487) mit Cyanessigsäure-amid auf 150° (*Basu*, J. Indian chem. Soc. **8** [1931] 319, 327).

Kristalle (aus Eg.); F: 310°.

6-Hydroxy-4-methyl-5-phenyl-nicotinsäure-amid $C_{13}H_{12}N_2O_2$, Formel XIV, und Tautomeres (4-Methyl-6-oxo-5-phenyl-1,6-dihydro-pyridin-3-carbonsäure-amid).

B. Beim Behandeln von 6-Amino-4-methyl-5-phenyl-nicotinsäure-amid mit konz. H_2SO_4 und $NaNO_2$ bei 0° (*Moore, Püschner*, Am. Soc. **81** [1959] 6041, 6043).

Kristalle (aus DMF); F: 350—352°.

9-Hydroxy-2,3-dihydro-1*H*-cyclopenta[*b*]chinolin-5-carbonsäure $C_{13}H_{11}NO_3$, Formel I, und Tautomeres (9-Oxo-2,3,4,9-tetrahydro-1*H*-cyclopenta[*b*]chinolin-5-carbonsäure).

B. Beim Erhitzen von *N*-[2-Äthoxycarbonyl-cyclopent-1-enyl]-anthranilsäure in Paraffin oder in Diphenyläther auf ca. 250° (*Mohindra et al.*, J. scient. ind. Res. India **10** B [1951] 1).

Kristalle (aus A.); F: 298°.

9-Hydroxy-2,3-dihydro-1*H*-cyclopenta[*b*]chinolin-6-carbonsäure $C_{13}H_{11}NO_3$, Formel II, und Tautomeres (9-Oxo-2,3,4,9-tetrahydro-1*H*-cyclopenta[*b*]chinolin-6-carbonsäure).

B. Beim Behandeln einer Lösung von 5,6,7,8-Tetrahydro-carbazol-2-carbonsäure in wss. NaOH mit Luft (*Beer et al.*, Soc. **1952** 4946, 4949).

Kristalle; F: >360°. λ_{max} (wss. Lösung vom pH 8): 251 nm und 326 nm.

I II III IV

9-Hydroxy-2,3-dihydro-1*H*-cyclopenta[*b*]chinolin-7-carbonsäure $C_{13}H_{11}NO_3$, Formel III, und Tautomeres (9-Oxo-2,3,4,9-tetrahydro-1*H*-cyclopenta[*b*]chinolin-7-carbonsäure).

B. Beim Erhitzen von 4-[2-Äthoxycarbonyl-cyclopent-1-enylamino]-benzoesäure in Paraffin oder in Diphenyläther auf ca. 250° (*Mohindra et al.*, J. scient. ind. Res. India **10** B [1951] 1). Beim Behandeln einer Lösung von 5,6,7,8-Tetrahydro-carbazol-3-carbon=säure in wss. NaOH mit Luft (*Beer et al.*, Soc. **1952** 4946, 4949).

Kristalle; F: 375° [Zers.; aus A.] (*Mo. et al.*) bzw. unterhalb 360° nicht schmelzend (*Beer et al.*). λ_{max} (wss. Lösung vom pH 8): 255 nm, 315 nm und 332 nm (*Beer et al.*).

9-Hydroxy-2,3-dihydro-1*H*-cyclopenta[*b*]chinolin-8-carbonsäure $C_{13}H_{11}NO_3$, Formel IV, und Tautomeres (9-Oxo-2,3,4,9-tetrahydro-1*H*-cyclopenta[*b*]chinolin-8-carbonsäure).

B. Neben geringen Mengen 3'-Oxo-spiro[cyclopentan-1,2'-indolin]-4'-carbonsäure beim Behandeln einer Lösung von 5,6,7,8-Tetrahydro-carbazol-4-carbonsäure in wss. NaOH mit Luft (*Beer et al.*, Soc. **1952** 4946, 4949).

Kristalle. λ_{max} (wss. Lösung vom pH 8): 240 nm, 319 nm und 333 nm.

Hydroxycarbonsäuren $C_{14}H_{13}NO_3$

(±)-3-Hydroxy-3-phenyl-3-[2]pyridyl-propionsäure-äthylester $C_{16}H_{17}NO_3$, Formel V.

B. Beim Erwärmen von Phenyl-[2]pyridyl-keton mit Bromessigsäure und Zink in Benzol (*De Fazi et al.*, G. **89** [1959] 1701, 1706).

Kristalle (aus Me.); F: 65—67°.

(±)-3-Hydroxy-3-phenyl-3-[4]pyridyl-propionsäure-äthylester $C_{16}H_{17}NO_3$, Formel VI.

B. Beim Erwärmen von Phenyl-[4]pyridyl-keton mit Bromessigsäure und Zink in Benzol (*De Fazi et al.*, G. **89** [1959] 1701, 1705).

Kristalle (aus Me.); F: 99—100°.

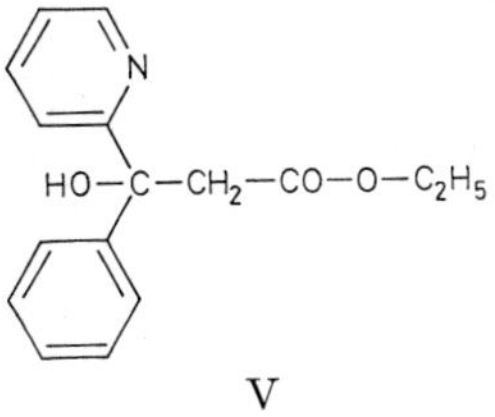

HO—C—CH₂—CO—O—C₂H₅ (V) HO—C—CH₂—CO—O—C₂H₅ (VI) HO, N, CH₂—CH₂, CO—OH (VII)

V 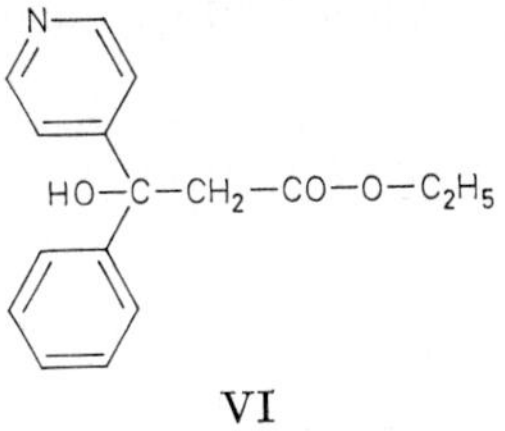 VI 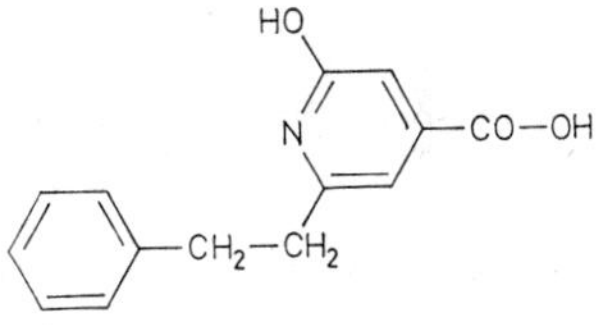 VII

2-Hydroxy-6-phenäthyl-isonicotinsäure $C_{14}H_{13}NO_3$, Formel VII, und Tautomeres (2-Oxo-6-phenäthyl-1,2-dihydro-pyridin-4-carbonsäure).

B. Beim Erhitzen von 3-Cyan-2-hydroxy-6-phenäthyl-isonicotinsäure-äthylester mit wss. H_2SO_4 (*Libermann et al.*, Bl. **1958** 687, 691).

F: 293°.

5-Hydroxy-6-phenäthyl-nicotinsäure-methylester $C_{15}H_{15}NO_3$, Formel VIII.

B. In geringer Menge beim Behandeln von 5-Amino-6-phenäthyl-nicotinsäure-methyl=ester mit wss. H_2SO_4 und wss. $NaNO_2$ und anschliessend mit Kupfer-Pulver (*Plieninger, Schach v. Wittenau*, B. **91** [1958] 1905, 1909).

Kristalle (aus Me.); F: 208°.

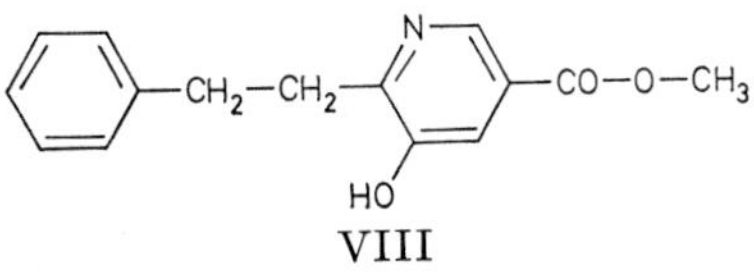

VIII 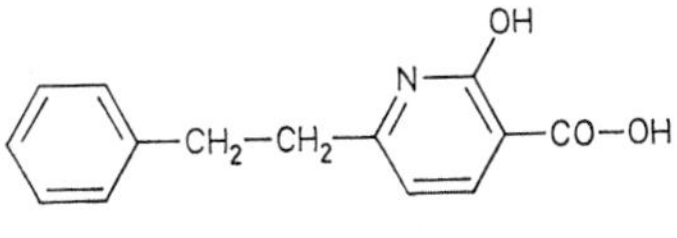 IX

2-Hydroxy-6-phenäthyl-nicotinsäure $C_{14}H_{13}NO_3$, Formel IX, und Tautomeres (2-Oxo-6-phenäthyl-1,2-dihydro-pyridin-3-carbonsäure).

B. Aus der folgenden Verbindung beim Erhitzen mit wss. H_2SO_4 auf 150° (*Joshi et al.*, J. Indian chem. Soc. **18** [1941] 479, 483).

Kristalle (aus Eg.); F: 211–212°.

2-Hydroxy-6-phenäthyl-nicotinonitril $C_{14}H_{12}N_2O$, Formel X, und Tautomeres (2-Oxo-6-phenäthyl-1,2-dihydro-pyridin-3-carbonitril).

B. Beim Erwärmen von 1-Hydroxy-5-phenyl-pent-1-en-3-on (E III **7** 3510) mit Cyanessigsäure-amid in wss. Äthanol unter Zusatz von Piperidin (*Joshi et al.*, J. Indian chem. Soc. **18** [1941] 479, 483).

Kristalle (aus A.); F: 198° [Zers.].

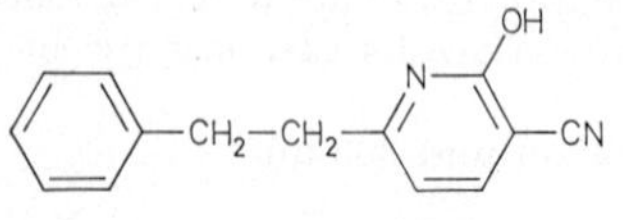

X 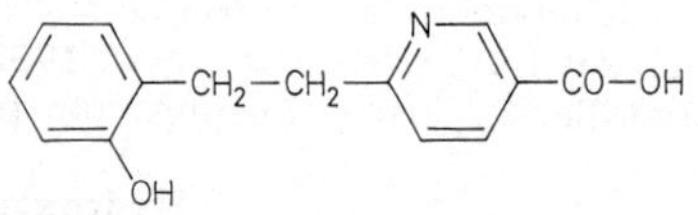 XI

6-[2-Hydroxy-phenäthyl]-nicotinsäure $C_{14}H_{13}NO_3$, Formel XI.

B. Beim Erwärmen einer aus 6-[2-Amino-phenäthyl]-nicotinsäure-hergestellten Diazoniumchlorid-Lösung mit NaH_2PO_2 in H_2O (*Plieninger, Suehiro*, B. **87** [1954] 882, 886).

Hellgelbe Kristalle (aus H_2O); F: 233°.

(±)-6-[β-Hydroxy-phenäthyl]-nicotinsäure-äthylester $C_{16}H_{17}NO_3$, Formel XII.

B. Beim Erhitzen von 6-Methyl-nicotinsäure-äthylester mit Benzaldehyd auf 160° (*Plieninger et al.*, B. **91** [1958] 1898, 1902).

Kristalle (aus H_2O); F: 145°. λ_{max}: 230 nm, 270 nm und 320 nm.

2-Hydroxy-6-methyl-4-*p*-tolyl-nicotinonitril $C_{14}H_{12}N_2O$, Formel XIII, und Tautomeres (6-Methyl-2-oxo-4-*p*-tolyl-1,2-dihydro-pyridin-3-carbonitril).

B. s. im folgenden Artikel.

Kristalle (aus wss. A.); F: 275° [unscharf; nach Sintern bei 260°] (*Basu*, J. Indian chem. Soc. **8** [1931] 119, 125).

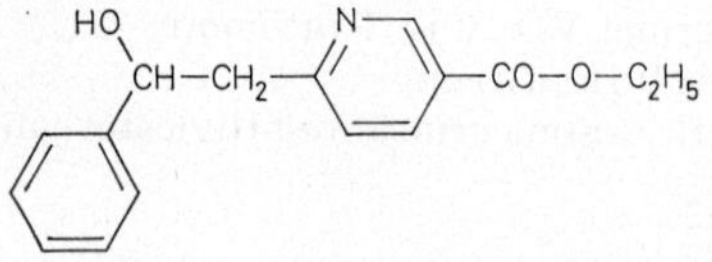

XII 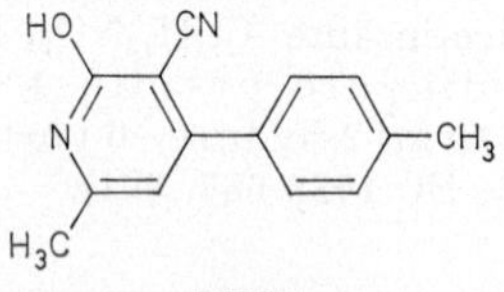 XIII 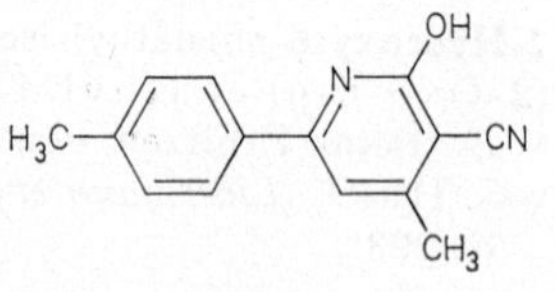 XIV

2-Hydroxy-4-methyl-6-*p*-tolyl-nicotinonitril $C_{14}H_{12}N_2O$, Formel XIV, und Tautomeres (4-Methyl-2-oxo-6-*p*-tolyl-1,2-dihydro-pyridin-3-carbonitril).

B. Neben geringen Mengen 2-Hydroxy-6-methyl-4-*p*-tolyl-nicotinonitril beim Erwärmen von 1-*p*-Tolyl-butan-1,3-dion mit Cyanessigsäure-amid in wss. Äthanol unter Zusatz von Diäthylamin (*Basu*, J. Indian chem. Soc. **8** [1931] 119, 123). Aus 3-Äthoxy-1-*p*-tolyl-but-2-en-1-on (E III **8** 839) beim Behandeln mit der Natrium-Verbindung des Cyanessigsäure-amids in Äthanol sowie beim Erwärmen mit Cyanessigsäure-amid unter Zusatz von Diäthylamin in Äthanol (*Basu*, l. c. S. 125). Beim Erhitzen von 3-Amino-1-*p*-tolyl-but-2-en-1-on (E III **7** 3514) mit Cyanessigsäure-amid auf 140° (*Basu*).

Kristalle (aus Eg.); F: 330–331°.

6-Äthyl-2-hydroxy-4-phenyl-nicotinonitril $C_{14}H_{12}N_2O$, Formel I, und Tautomeres (6-Äthyl-2-oxo-4-phenyl-1,2-dihydro-pyridin-3-carbonitril) (E II 182).

B. Beim Erwärmen von 1-Phenyl-pent-1-in-3-on mit Cyanessigsäure-amid in wss. Äthanol unter Zusatz von Piperidin oder Diäthylamin auf 40–50° (*Barat,* J. Indian chem. Soc. **7** [1930] 851, 861).

Hellgelbe Kristalle (aus wss. Eg.); F: 267–268° [nach Sintern und Dunkelfärbung].

4-[2-Methoxy-phenyl]-2,6-dimethyl-nicotinsäure $C_{15}H_{15}NO_3$, Formel II (R = H).

B. Beim Erwärmen der folgenden Verbindung mit äthanol. KOH (*Kahn et al.*, Soc. **1949** 2128, 2132).

Sulfat $2C_{15}H_{15}NO_3 \cdot H_2SO_4$. Kristalle (aus A. + PAe.); F: 170° [korr.].

4-[2-Methoxy-phenyl]-2,6-dimethyl-nicotinsäure-äthylester $C_{17}H_{19}NO_3$, Formel II (R = C_2H_5).

B. Aus 4-[2-Methoxy-phenyl]-2,6-dimethyl-pyridin-3,5-dicarbonsäure-monoäthylester beim Erhitzen auf 260–270° (*Kahn et al.*, Soc. **1949** 2128, 2132).

Kp_{30}: 238°.

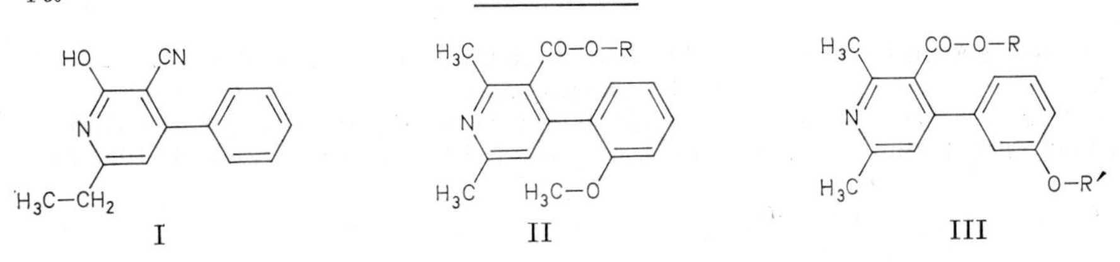

4-[3-Methoxy-phenyl]-2,6-dimethyl-nicotinsäure $C_{15}H_{15}NO_3$, Formel III (R = H, R′ = CH_3).

B. Beim Erwärmen von 4-[3-Methoxy-phenyl]-2,6-dimethyl-nicotinsäure-äthylester mit äthanol. KOH (*Kahn et al.*, Soc. **1949** 2128, 2132).

Kristalle (aus wss. A.); F: 261° [korr.; Zers.].

4-[3-Hydroxy-phenyl]-2,6-dimethyl-nicotinsäure-äthylester $C_{16}H_{17}NO_3$, Formel III (R = C_2H_5, R′ = H).

B. Aus 4-[3-Hydroxy-phenyl]-2,6-dimethyl-pyridin-3,5-dicarbonsäure-monoäthyl= ester beim Erhitzen auf 260–270° (*Kahn et al.*, Soc. **1949** 2128, 2132).

Kristalle (aus Acn. + PAe.); F: 164–165° [korr.].

4-[3-Methoxy-phenyl]-2,6-dimethyl-nicotinsäure-äthylester $C_{17}H_{19}NO_3$, Formel III (R = C_2H_5, R′ = CH_3).

B. Beim Erhitzen von 4-[3-Methoxy-phenyl]-2,6-dimethyl-pyridin-3,5-dicarbonsäure-monoäthylester auf 260–270° (*Kahn et al.*, Soc. **1949** 2128, 2132).

Kp_{40}: 245°.

4-[4-Methoxy-phenyl]-2,6-dimethyl-nicotinsäure $C_{15}H_{15}NO_3$, Formel IV (R = H).

B. Beim Erhitzen von 4-[4-Methoxy-phenyl]-2,6-dimethyl-1,4-dihydro-pyridin-3,5-dicarbonsäure-diäthylester und Erwärmen des Reaktionsprodukts mit äthanol. KOH (*Borsche, Hahn,* A. **537** [1939] 219, 230). Aus der folgenden Verbindung beim Erwärmen mit äthanol. KOH (*Kahn et al.*, Soc. **1949** 2128, 2133).

Kristalle; F: ca. 230° (*Bo., Hahn*).

Hydrogensulfat $C_{15}H_{15}NO_3 \cdot H_2SO_4$. Kristalle (aus A.); F: 161–162° [korr.] (*Kahn et al.*).

4-[4-Methoxy-phenyl]-2,6-dimethyl-nicotinsäure-äthylester $C_{17}H_{19}NO_3$, Formel IV (R = C_2H_5).

B. Aus 4-[4-Methoxy-phenyl]-2,6-dimethyl-pyridin-3,5-dicarbonsäure-monoäthylester beim Erhitzen auf 260–270° (*Kahn et al.*, Soc. **1949** 2128, 2133).

Gelbliches Öl; Kp_{20}: 218–219°.

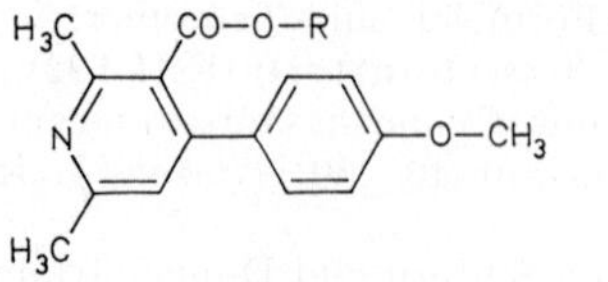

3-Allyl-4-hydroxy-2-methyl-chinolin-6-carbonsäure-äthylester $C_{16}H_{17}NO_3$, Formel V, und Tautomeres (3-Allyl-2-methyl-4-oxo-1,4-dihydro-chinolin-6-carbonsäure-äthylester).

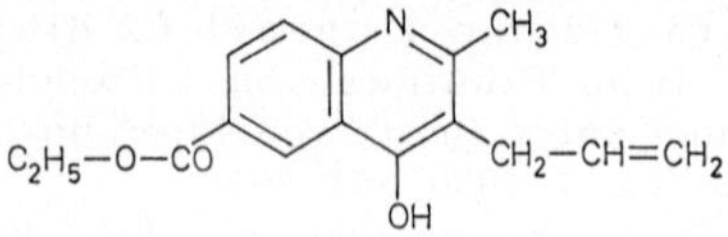

B. Aus 4-Allyloxy-2-methyl-chinolin-6-carbonsäure-äthylester beim Erhitzen in 1-Chlor-naphthalin (*Farbenfabr. Bayer*, D.B.P. 883900 [1950]; *Schenley Ind.*, U.S.P. 2650226 [1951]).

F: 306°.

Beim Behandeln mit wss. HBr ist 2,4-Dimethyl-2,3-dihydro-furo[3,2-*c*]chinolin-8-carbonsäure-äthylester erhalten worden.

9-Hydroxy-5,6,7,8-tetrahydro-acridin-2-carbonsäure $C_{14}H_{13}NO_3$, Formel VI (R = H), und Tautomeres (9 Oxo-5,6,7,8,9,10-hexahydro-acridin-2-carbonsäure).

B. Beim Erhitzen von 4-[2-Äthoxycarbonyl-cyclohex-1-enylamino]-benzoesäure (E III **14** 1142) in Paraffinöl auf 280° (*Hughes, Lions*, J. Pr. Soc. N.S. Wales **71** [1937/38] 458, 460).

Kristalle (aus A.); F: >300°.

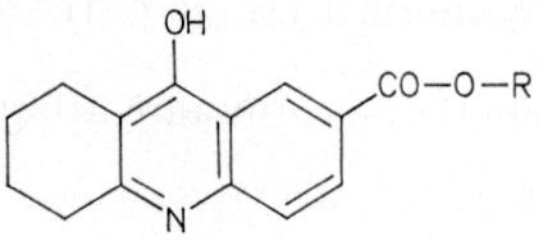

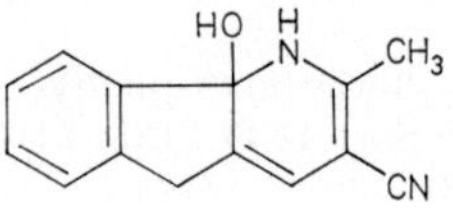

9-Hydroxy-5,6,7,8-tetrahydro-acridin-2-carbonsäure-äthylester $C_{16}H_{17}NO_3$, Formel VI ($R = C_2H_5$), und Tautomeres (9-Oxo-5,6,7,8,9,10-hexahydro-acridin-2-carbonsäure-äthylester).

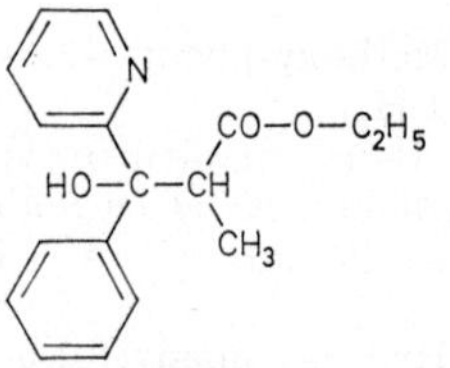

B. Beim Behandeln von 4-Amino-benzoesäure-äthylester mit 2-Oxo-cyclohexancarbonsäure-äthylester unter Zusatz von wss. HCl und Erhitzen des Reaktionsprodukts in Paraffinöl auf 280° (*Hughes, Lions*, J. Pr. Soc. N. S. Wales **71** [1937/38] 458, 460).

Gelbe Kristalle (aus A.); F: >300°.

(±)-9b-Hydroxy-2-methyl-5,9b-dihydro-1*H*-indeno[1,2-*b*]pyridin-3-carbonitril $C_{14}H_{12}N_2O$, Formel VII.

B. Bei 3-tägigem Behandeln von 2-Hydroxymethylen-indan-1-on (E III **7** 3602) mit 3-Amino-crotononitril (E III **3** 1205) in Äthanol (*Chatterjea, Prasad*, J. Indian chem. Soc. **34** [1957] 375, 376).

Gelbe Kristalle (aus A.); F: 232° [unkorr.].

Hydroxycarbonsäuren $C_{15}H_{15}NO_3$

***Opt.-inakt. 3-Hydroxy-2-methyl-3-phenyl-3-[2]pyridyl-propionsäure-äthylester** $C_{17}H_{19}NO_3$, Formel VIII.

B. Beim Erwärmen von Phenyl-[2]pyridyl-keton mit (±)-2-Brom-propionsäure-äthylester und Zink in Benzol (*De Fazi et al.*, G. **89** [1959] 1701, 1706).

Kristalle (aus Me. oder PAe.); F: 51–53°.

***Opt.-inakt. 3-Hydroxy-2-methyl-3-phenyl-3-[4]pyridyl-propionsäure-äthylester** $C_{17}H_{19}NO_3$, Formel IX.

B. Beim Erwärmen von Phenyl-[4]pyridyl-keton mit (±)-2-Brom-propionsäure-äthylester und Zink in Benzol (*De Fazi et al.*, G. **89** [1959] 1701, 1706).

Kristalle (aus Me.); F: 121—122°.

4-Äthyl-2-hydroxy-5-methyl-6-phenyl-nicotinsäure $C_{15}H_{15}NO_3$, Formel X, und Tautomeres (4-Äthyl-5-methyl-2-oxo-6-phenyl-1,2-dihydro-pyridin-3-carbonsäure).

B. Aus 4-Äthyl-5-methyl-2-oxo-6-phenyl-2*H*-pyran-3-carbonsäure-äthylester beim Behandeln mit NH_3 in Methanol und Erhitzen des Reaktionsprodukts mit wss. NaOH (*Smith, Kelly*, Am. Soc. **74** [1952] 3305, 3307).

Kristalle (aus Bzl. + PAe.); F: 240—242°.

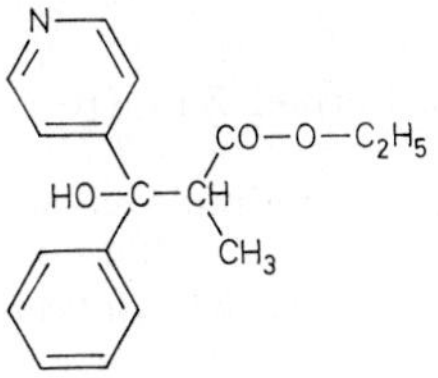

IX 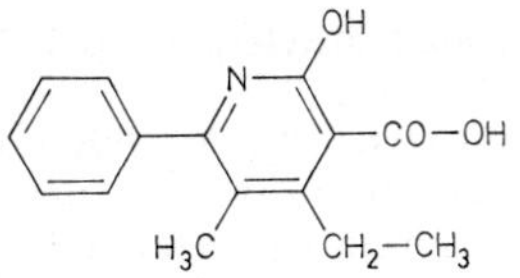 X 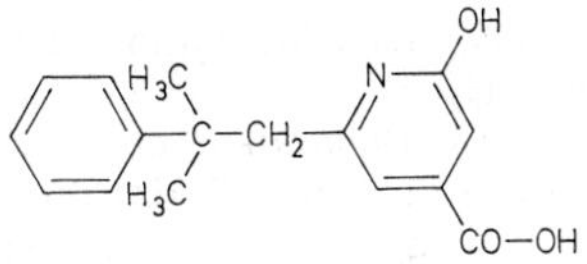 XI

Hydroxycarbonsäuren $C_{16}H_{17}NO_3$

2-Hydroxy-6-[2-methyl-2-phenyl-propyl]-isonicotinsäure $C_{16}H_{17}NO_3$, Formel XI, und Tautomeres (6-[2-Methyl-2-phenyl-propyl]-2-oxo-1,2-dihydro-pyridin-4-carbonsäure).

B. Beim Erhitzen von 3-Cyan-2-hydroxy-6-[2-methyl-2-phenyl-propyl]-isonicotinsäure-äthylester mit wss. H_2SO_4 (*Libermann et al.*, Bl. **1958** 687, 691).

F: 250°.

Hydroxycarbonsäuren $C_{19}H_{23}NO_3$

3-[3-Cyclohexyl-propyl]-4-hydroxy-chinolin-2-carbonsäure $C_{19}H_{23}NO_3$, Formel XII (R = H), und Tautomeres (3-[3-Cyclohexyl-propyl]-4-oxo-1,4-dihydro-chinolin-2-carbonsäure).

B. Beim Erwärmen des folgenden Äthylesters mit wss.-äthanol. NaOH (*Baker, Dodson*, Am. Soc. **68** [1946] 1283).

Kristalle (aus wss. A.); F: 214—214,5° [Zers.].

3-[3-Cyclohexyl-propyl]-4-hydroxy-chinolin-2-carbonsäure-äthylester $C_{21}H_{27}NO_3$, Formel XII (R = C_2H_5), und Tautomeres (3-[3-Cyclohexyl-propyl]-4-oxo-1,4-dihydro-chinolin-2-carbonsäure-äthylester).

B. Beim Erwärmen von 5-Cyclohexyl-valeriansäure-äthylester mit Oxalsäure-diäthylester und Natriumäthylat in Äther, Behandeln des Reaktionsprodukts mit Anilin-hydrochlorid in H_2O und Erhitzen des danach erhaltenen Reaktionsprodukts in Mineralöl auf 250—260° (*Baker, Dodson*, Am. Soc. **68** [1946] 1283).

Kristalle (aus Bzl. + PAe.); F: 166—167°.

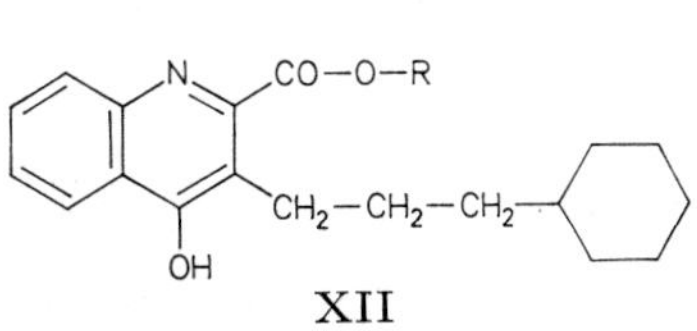

XII 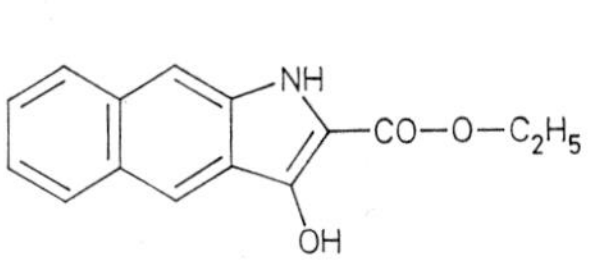 XIII 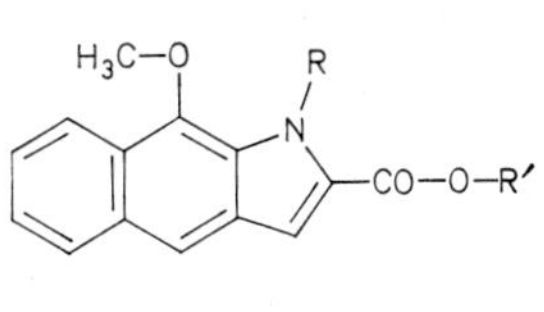 XIV

Hydroxycarbonsäuren $C_nH_{2n-17}NO_3$

Hydroxycarbonsäuren $C_{13}H_9NO_3$

3-Hydroxy-1*H*-benz[*f*]indol-2-carbonsäure-äthylester $C_{15}H_{13}NO_3$, Formel XIII, und Tautomeres (3-Oxo-2,3-dihydro-1*H*-benz[*f*]indol-2-carbonsäure-äthylester).
B. Aus 3-[Äthoxycarbonylmethyl-amino]-[2]naphthoesäure-äthylester beim Behandeln mit Natrium in wasserfreiem Äther (*Étienne, Staehelin*, Bl. **1954** 743, 745).
Grüngelbe Kristalle (aus Bzl.); F: 155–156°.

9-Methoxy-1*H*-benz[*f*]indol-2-carbonsäure $C_{14}H_{11}NO_3$, Formel XIV (R = R′ = H).
B. Beim Erhitzen des folgenden Äthylesters mit wss. NaOH (*Goldsmith, Lindwall*, J. org. Chem. **18** [1953] 507, 514).
Kristalle (aus wss. A.); F: 243–245° [Zers.].

9-Methoxy-1*H*-benz[*f*]indol-2-carbonsäure-äthylester $C_{16}H_{15}NO_3$, Formel XIV (R = H, R′ = C_2H_5).
B. Beim Behandeln einer aus 1-Methoxy-[2]naphthylamin hergestellten Diazoniumchlorid-Lösung mit 2-Methyl-acetessigsäure-äthylester und wss.-äthanol. KOH bei 5° und Behandeln des Reaktionsprodukts mit HCl und Äthanol (*Goldsmith, Lindwall*, J. org. Chem. **18** [1953] 507, 513).
Kristalle (aus A.); F: 229–230°.

1-[2-Carboxy-äthyl]-9-methoxy-1*H*-benz[*f*]indol-2-carbonsäure, 3-[2-Carboxy-9-methoxy-benz[*f*]indol-1-yl]-propionsäure $C_{17}H_{15}NO_5$, Formel XIV (R = CH_2-CH_2-CO-OH, R′ = H).
B. Aus der folgenden Verbindung (*Goldsmith, Lindwall*, J. org. Chem. **18** [1953] 507, 514).
Kristalle (aus A.); F: 269–271° [Zers.].

1-[2-Cyan-äthyl]-9-methoxy-1*H*-benz[*f*]indol-2-carbonsäure-äthylester $C_{19}H_{18}N_2O_3$, Formel XIV (R = CH_2-CH_2-CN, R′ = C_2H_5).
B. Beim Erwärmen von 9-Methoxy-1*H*-benz[*f*]indol-2-carbonsäure-äthylester mit Acrylonitril und Benzyl-trimethyl-ammonium-hydroxid in Dioxan auf 75° (*Goldsmith, Lindwall*, J. org. Chem. **18** [1953] 507, 514).
Kristalle (aus A.); F: 168,5–169,5°.

2-Hydroxy-carbazol-1-carbonsäure $C_{13}H_9NO_3$, Formel I (X = OH).
Diese Konstitution kommt der früher (*I.G. Farbenind.*, D.R.P. 512234 [1928]; Frdl. **17** 734; *Gen. Aniline & Film Corp.*, U.S.P. 2453105 [1945]) als 2-Hydroxy-carbazol-3-carbonsäure beschriebenen Verbindung zu (*Bhagwanth et al.*, Indian J. Chem. **7** [1969] 1065, 1067; *Joshi et al.*, Soc. [C] **1969** 1518).
B. Beim Erhitzen von Carbazol-2-ol mit CO_2 und $KHCO_3$ auf 180–200°/40 at (*I.G. Farbenind.*). Neben geringen Mengen 2-Hydroxy-carbazol-3-carbonsäure beim Erhitzen des Kalium-Salzes von Carbazol-2-ol mit CO_2 in 1,2-Dichlor-benzol auf 150°/4 at (*Gen. Aniline*).
Grüngelbe Kristalle (aus A.); F: 273–274° [Zers.] (*I.G. Farbenind.*), 269–270° (*Bh. et al.*).
Acetyl-Derivat $C_{15}H_{11}NO_4$. Kristalle (aus Eg.); F: 227° (*I.G. Farbenind.*).

2-Hydroxy-carbazol-1-carbonsäure-[4-chlor-anilid], Naphthol-AS-LB $C_{19}H_{13}ClN_2O_2$, Formel I (X = NH-C_6H_4-Cl(*p*)).
Konstitution: *Bhagwanth et al.*, Indian J. Chem. **7** [1969] 1065; *Joshi et al.*, Soc. [C] **1969** 1518.
B. Aus 2-Hydroxy-carbazol-1-carbonsäure und 4-Chlor-anilin (*Desai, Mehta*, J. Soc. Dyers Col. **54** [1938] 422, 423).
Kristalle (aus A.); F: 259° (*De., Me.*), 246° (*Kunze*, Textil-Praxis **12** [1957] 1253).

Bei 230° sublimierbar (*Ku.*). UV-Spektrum (wss. NaOH [0,01 n]; 240–390 nm): *Hajós, Fodor*, Acta chim. hung. **16** [1958] 291, 293.

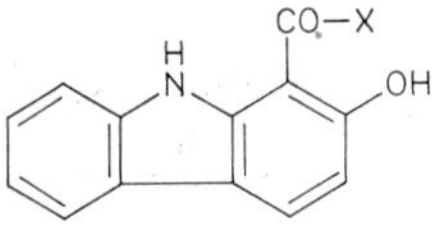

I 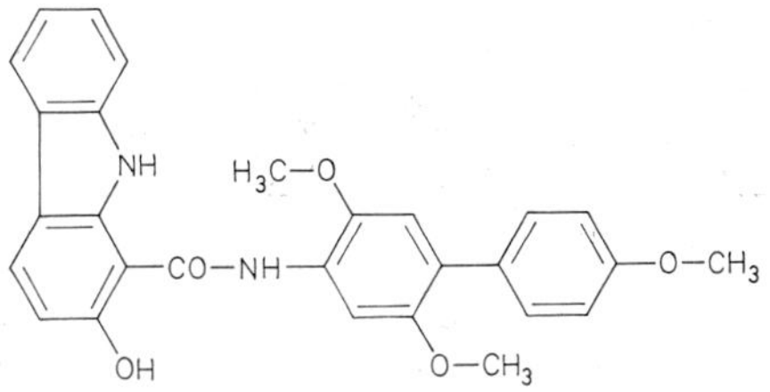 II

2-Hydroxy-carbazol-1-carbonsäure-*o*-anisidid $C_{20}H_{16}N_2O_3$, Formel I ($X = NH\text{-}C_6H_4\text{-}O\text{-}CH_3(o)$).

B. Aus 2-Hydroxy-carbazol-1-carbonsäure [S. 2360] (*I.G. Farbenind.*, D.R.P. 512234 [1928]; Frdl. **17** 734).

Kristalle (aus Bzl. oder Me.); F: 204–206°.

2-Hydroxy-carbazol-1-carbonsäure-[2,5,4'-trimethoxy-biphenyl-4-ylamid] $C_{28}H_{24}N_2O_5$, Formel II.

B. Beim Erwärmen von 2 Hydroxy-carbazol-1-carbonsäure (S. 2360) mit 2,5,4'-Tri⸗methoxy-biphenyl-4-ylamin und PCl_3 in Toluol (*Farbenfabr. Bayer*, U.S.P. 2878244 [1957]).

F: 234–235°.

3-Hydroxy-5-[2-hydroxy-carbazol-1-carbonylamino]-[2?]naphthoesäure $C_{24}H_{16}N_2O_5$, vermutlich Formel III.

B. Beim Erhitzen des Kalium-Salzes von 2-Hydroxy-carbazol-1-carbonsäure-[7-hydr⸗oxy-[1]naphthylamid] (aus 2-Hydroxy-carbazol-1-carbonsäure [S. 2360] und 8-Amino-[2]naphthol hergestellt) mit CO_2 und K_2CO_3 auf 220–230°/60 at (*I.G. Farbenind.*, D.R.P. 565479 [1931]; Frdl. **19** 794).

Gelbe Kristalle; F: 241–242°.

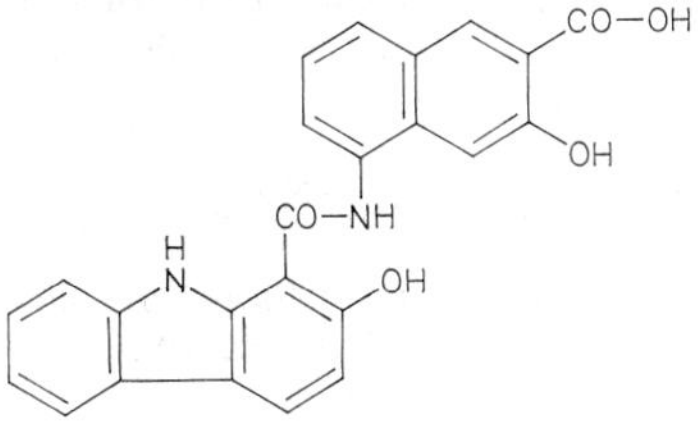

III 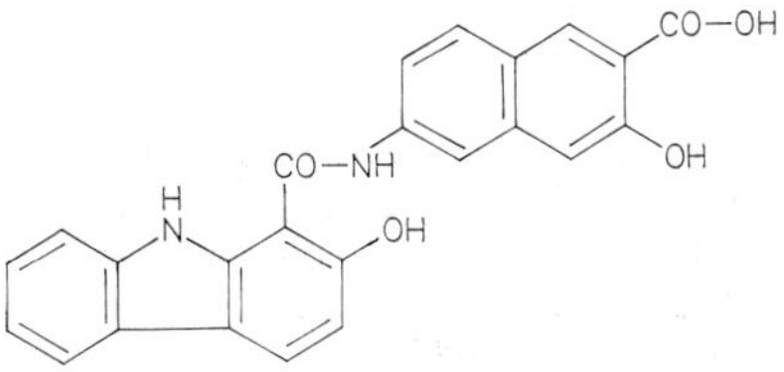 IV

3-Hydroxy-6-[2-hydroxy-carbazol-1-carbonylamino]-[2?]naphthoesäure $C_{24}H_{16}N_2O_5$, vermutlich Formel IV.

B. Beim Erhitzen des Kalium-Salzes von 2-Hydroxy-carbazol-1-carbonsäure-[7-hydr⸗oxy-[2]naphthylamid] (aus 2-Hydroxy-carbazol-1-carbonsäure [S. 2360] und 7-Amino-[2]naphthol hergestellt) mit CO_2 und K_2CO_3 auf 220–230°/60 at (*I.G. Farbenind.*, D.R.P. 565479 [1931]; Frdl. **19** 794).

Kristalle; F: 272–273°.

***N,N'*-Bis-[2-hydroxy-carbazol-1-carbonyl]-3,3'-dimethoxy-benzidin** $C_{40}H_{30}N_4O_6$, Formel V.

B. Aus 2-Hydroxy-carbazol-1-carbonsäure (S. 2360) und 3,3'-Dimethoxy-benzidin (*ICI*, U.S.P. 2128101 [1935]).

F: 260–267°.

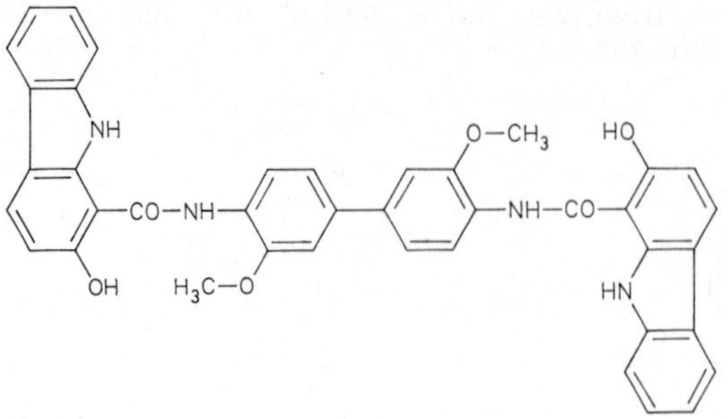

V 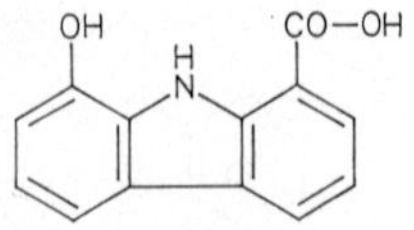 VI

8-Hydroxy-carbazol-1-carbonsäure $C_{13}H_9NO_3$, Formel VI.

B. Beim Erhitzen von 8-Hydroxy-3,6-disulfo-carbazol-1-carbonsäure (aus 1-Diazo-8-hydroxy-carbazol-3,6-disulfonsäure über 8-Hydroxy-3,6-disulfo-carbazol-1-carbonitril hergestellt) mit wss. H_2SO_4 auf 170—180° (*I.G. Farbenind.*, D.R.P. 511021 [1928]; Frdl. **17** 723).

Gelbe Kristalle (aus A. oder Xylol); F: 284—285°.

1-Hydroxy-carbazol-2-carbonsäure $C_{13}H_9NO_3$, Formel VII.

B. Beim Erhitzen von Carbazol-1-ol mit CO_2 und $KHCO_3$ auf 180—200°/40 at (*I.G. Farbenind.*, D.R.P. 512234 [1928]; Frdl. **17** 734; *Gen. Aniline Works*, U.S.P. 1819127 [1929]).

Hellgelbe Kristalle (aus A.); F: 233—234° (*I.G. Farbenind.*), 224—225° [Zers.] (*Gen. Aniline Works*).

Beim Erhitzen mit Natrium und Amylalkohol und anschliessenden Erhitzen des Reaktionsprodukts im Stickstoff-Strom auf 200—230° sind 4-Indolyl-3-yl-buttersäure und 2,3,4,9-Tetrahydro-carbazol-1-on erhalten worden (*Vystrčil, Kalfus*, Collect. **19** [1954] 179).

3-Hydroxy-carbazol-2-carbonsäure $C_{13}H_9NO_3$, Formel VIII (R = H).

B. Aus Carbazol-3-ol und CO_2 (*I.G. Farbenind.*, D.R.P. 645549 [1935]; Frdl. **24** 198).

Gelbe Kristalle (aus A.); F: 287° (*I.G. Farbenind.*). IR-Banden (2600—900 cm^{-1}): *Flett*, Soc. **1951** 962, 965.

3-Hydroxy-carbazol-2-carbonsäure-[4-chlor-2-methoxy-anilid] $C_{20}H_{15}ClN_2O_3$, Formel IX (R = X' = H, X = Cl).

B. Beim Erwärmen von 3-Hydroxy-carbazol-2-carbonsäure mit 4-Chlor-2-methoxy-anilin und PCl_3 in Toluol (*I.G. Farbenind.*, D.R.P. 645549 [1935]; Frdl. **24** 198).

Kristalle; F: 293°.

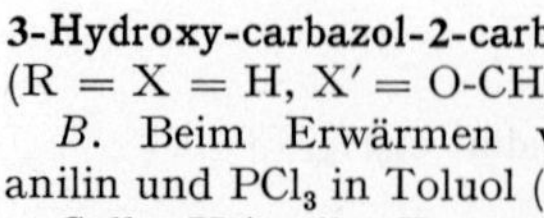

VII 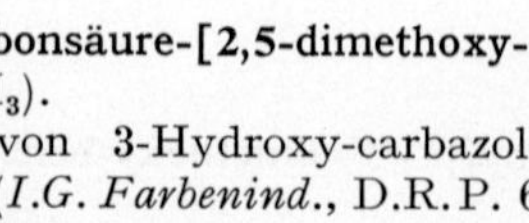 VIII 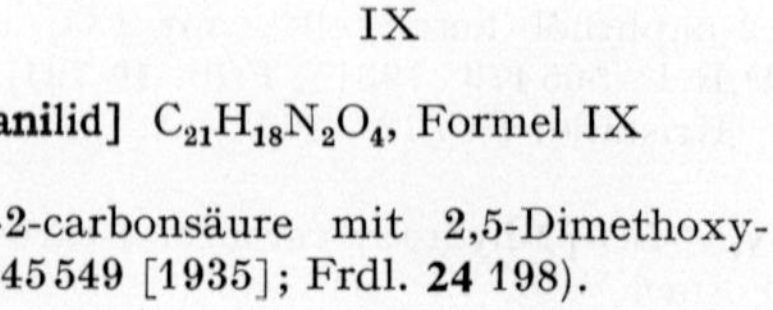 IX

3-Hydroxy-carbazol-2-carbonsäure-[2,5-dimethoxy-anilid] $C_{21}H_{18}N_2O_4$, Formel IX (R = X = H, X' = O-CH_3).

B. Beim Erwärmen von 3-Hydroxy-carbazol-2-carbonsäure mit 2,5-Dimethoxy-anilin und PCl_3 in Toluol (*I.G. Farbenind.*, D.R.P. 645549 [1935]; Frdl. **24** 198).

Gelbe Kristalle; F: >300°.

3-Hydroxy-9-methyl-carbazol-2-carbonsäure $C_{14}H_{11}NO_3$, Formel VIII (R = CH_3).

B. Aus 9-Methyl-carbazol-3-ol und CO_2 (*I.G. Farbenind.*, D.R.P. 645549 [1935];

Frdl. **24** 198).
Gelbe Kristalle (aus Toluol oder Py. + wenig A.); F: 265°.

3-Hydroxy-9-methyl-carbazol-2-carbonsäure-[2,5-dimethoxy-anilid] $C_{22}H_{20}N_2O_4$, Formel IX (R = CH_3, X = H, X' = O-CH_3).
B. Beim Erwärmen von 3-Hydroxy-9-methyl-carbazol-2-carbonsäure mit 2,5-Dimethoxy-anilin und PCl_3 in Toluol (*I.G. Farbenind.*, D.R.P. 645549 [1935]; Frdl. **24** 198).
Grüngelbe Kristalle (aus Chlorbenzol); F: 240°.

2-Hydroxy-carbazol-3-carbonsäure $C_{13}H_9NO_3$, Formel X (R = H).
Diese Konstitution kommt der ursprünglich (*I.G. Farbenind.*, D.R.P. 512234 [1928]; Frdl. **17** 734; *Gen. Aniline & Film Corp.*, U.S.P. 2453105 [1945]) als 2-Hydroxy-carbazol-1-carbonsäure beschriebenen Verbindung zu (*Bhagwanth et al.*, Indian J. Chem. **7** [1969] 1065, 1066; *Joshi et al.*, Soc. [C] **1969** 1518).
B. In geringer Menge neben 2-Hydroxy-carbazol-1-carbonsäure beim Erhitzen von Carbazol-2-ol mit CO_2 und $KHCO_3$ auf 275°/25 at (*I.G. Farbenind.*) sowie beim Erhitzen des Kalium-Salzes von Carbazol-2-ol mit CO_2 in 1,2-Dichlor-benzol auf 150°/4 at (*Gen. Aniline*).
Hellgelbe Kristalle (aus Xylol); F: 271—272° (*I.G. Farbenind.*), 248° [Zers.] (*Bh. et al.*).

2-Hydroxy-carbazol-3-carbonsäure-*o*-anisidid $C_{20}H_{16}N_2O_3$, Formel XI (R = X' = H, X = O-CH_3).
B. Aus 2-Hydroxy-carbazol-3-carbonsäure (*I.G. Farbenind.*, D.R.P. 512234 [1928]; Frdl. **17** 734).
Kristalle (aus Xylol); F: 192—193°.

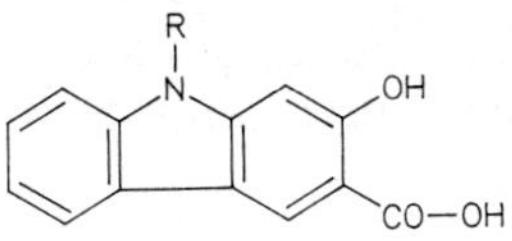

X 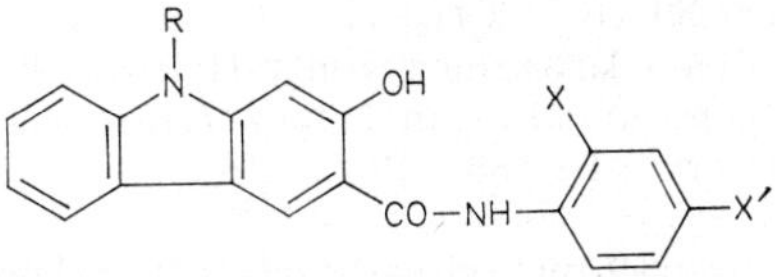 XI

2-Hydroxy-9-methyl-carbazol-3(?)-carbonsäure $C_{14}H_{11}NO_3$, vermutlich Formel X (R = CH_3).
Die Position der Carboxy-Gruppe ist nicht bewiesen (vgl. die Angaben im Artikel 2-Hydroxy-carbazol-1-carbonsäure; S. 2360).
B. Beim Erhitzen von 9-Methyl-carbazol-2-ol mit CO_2 und K_2CO_3 auf 150°/50 at (*I.G. Farbenind.*, D.R.P. 554645 [1931]; Frdl. **19** 803). Aus dem Natrium-Salz von 9-Methyl-carbazol-2-ol beim Erhitzen mit CO_2 auf 220°/15 at (*I.G. Farbenind.*).
Kristalle (aus Toluol oder A.); F: 239—240°.

2-Hydroxy-9-methyl-carbazol-3(?)-carbonsäure-anilid $C_{20}H_{16}N_2O_2$, vermutlich Formel XI (R = CH_3, X = X' = H).
B. Beim Erwärmen von 2-Hydroxy-9-methyl-carbazol-3(?)-carbonsäure (s. o.) mit Anilin und PCl_3 in Toluol (*I. G. Farbenind.*, D.R.P. 576966 [1932]; Frdl. **20** 516).
Kristalle; F: 245°.

2-Hydroxy-9-methyl-carbazol-3(?)-carbonsäure-[4-chlor-anilid] $C_{20}H_{15}ClN_2O_2$, vermutlich Formel XI (R = CH_3, X = H, X' = Cl).
B. Beim Erwärmen von 2-Hydroxy-9-methyl-carbazol-3(?)-carbonsäure (s. o.) mit 4-Chlor-anilin und PCl_3 in Toluol (*I. G. Farbenind.*, D.R.P. 576966 [1932]; Frdl. **20** 516).
Kristalle (aus Py.); F: 277—278°.

2-Hydroxy-9-methyl-carbazol-3(?)-carbonsäure-*o*-toluidid $C_{21}H_{18}N_2O_2$, vermutlich Formel XI (R = X = CH_3, X' = H).
B. Beim Erwärmen von 2-Hydroxy-9-methyl-carbazol-3(?)-carbonsäure (s. o.) mit

o-Toluidin und PCl_3 in Toluol (*I. G. Farbenind.*, D.R.P. 576966 [1932]; Frdl. **20** 516).
Kristalle; F: 193°.

2-Hydroxy-9-methyl-carbazol-3(?)-carbonsäure-[1]naphthylamid $C_{24}H_{18}N_2O_2$, vermutlich Formel XII.
B. Beim Erwärmen von 2-Hydroxy-9-methyl-carbazol-3(?)-carbonsäure (S. 2363) mit [1]Naphthylamin und PCl_3 in Toluol (*I. G. Farbenind.*, D.R.P. 576966 [1932]; Frdl. **20** 516).
Kristalle; F: 232°.

XII XIII

2-Hydroxy-9-methyl-carbazol-3(?)-carbonsäure-[2]naphthylamid $C_{24}H_{18}N_2O_2$, vermutlich Formel XIII.
B. Beim Erwärmen von 2-Hydroxy-9-methyl-carbazol-3(?)-carbonsäure (S. 2363) mit [2]Naphthylamin und PCl_3 in Toluol (*I. G. Farbenind.*, D.R.P. 576966 [1932]; Frdl. **20** 516).
Kristalle; F: 183°.

2-Hydroxy-9-methyl-carbazol-3(?)-carbonsäure-*o*-anisidid $C_{21}H_{18}N_2O_3$, vermutlich Formel XI (R = CH_3, X = O-CH_3, X' = H).
B. Beim Erwärmen von 2-Hydroxy-9-methyl-carbazol-3(?)-carbonsäure (S. 2363) mit *o*-Anisidin und PCl_3 in Toluol (*I. G. Farbenind.*, D.R.P. 576966 [1932]; Frdl. **20** 516).
Kristalle; F: 188—190°.

2-Hydroxy-9-methyl-carbazol-3(?)-carbonsäure-*o*-phenetidid $C_{22}H_{20}N_2O_3$, vermutlich Formel XI (R = CH_3, X = O-C_2H_5, X' = H).
B. Beim Erwärmen von 2-Hydroxy-9-methyl-carbazol-3(?)-carbonsäure (S. 2363) mit *o*-Phenetidin und PCl_3 in Toluol (*I. G. Farbenind.*, Schweiz. P. 192753 [1936]).
Kristalle; F: 216°.

2-Hydroxy-9-methyl-carbazol-3(?)-carbonsäure-[4-chlor-2-methoxy-anilid] $C_{21}H_{17}ClN_2O_3$, vermutlich Formel XI (R = CH_3, X = O-CH_3, X' = Cl).
B. Beim Erwärmen von 2-Hydroxy-9-methyl-carbazol-3(?)-carbonsäure (S. 2363) mit 4-Chlor-2-methoxy-anilin und PCl_3 in Toluol (*I. G. Farbenind.*, D.R.P. 576966 [1932]; Frdl. **20** 516).
Kristalle; F: 222°.

2-Hydroxy-9-methyl-carbazol-3(?)-carbonsäure-[4-methoxy-2-methyl-anilid] $C_{22}H_{20}N_2O_3$, vermutlich Formel XI (R = X = CH_3, X' = O-CH_3).
B. Beim Erwärmen von 2-Hydroxy-9-methyl-carbazol-3(?)-carbonsäure (S. 2363) mit 4-Methoxy-2-methyl-anilin und PCl_3 in Toluol (*I. G. Farbenind.*, D.R.P. 576966 [1932]; Frdl. **20** 516).
Kristalle; F: 183°.

2-Hydroxy-9-methyl-carbazol-3(?)-carbonsäure-[2,5-dimethoxy-anilid] $C_{22}H_{20}N_2O_4$, vermutlich Formel XIV.
B. Beim Erwärmen von 2-Hydroxy-9-methyl-carbazol-3(?)-carbonsäure (S. 2363) mit 2,5-Dimethoxy-anilin und PCl_3 in Toluol (*I. G. Farbenind.*, D.R.P. 576966 [1932]; Frdl. **20** 516).
Kristalle; F: 245°.

9-Äthyl-2-hydroxy-carbazol-3(?)-carbonsäure $C_{15}H_{13}NO_3$, vermutlich Formel X ($R = C_2H_5$) auf S. 2363.

Die Position der Carboxyl-Gruppe ist nicht bewiesen (vgl. die Angaben im Artikel 2-Hydroxy-carbazol-1-carbonsäure; S. 2360).

B. Beim Erhitzen des Kalium-Salzes von 9-Äthyl-carbazol-2-ol mit CO_2 und K_2CO_3 auf 210–220°/40–60 at (*I. G. Farbenind.*, D.R.P. 554645 [1931]; Frdl. **19** 803).

Kristalle (aus Toluol); F: 229°.

9-Äthyl-2-hydroxy-carbazol-3(?)-carbonsäure-*o*-toluidid $C_{22}H_{20}N_2O_2$, vermutlich Formel XI ($R = C_2H_5$, $X = CH_3$, $X' = H$) auf S. 2363.

B. Beim Erwärmen von 9-Äthyl-2-hydroxy-carbazol-3(?)-carbonsäure (s. o.) mit *o*-Toluidin und PCl_3 in Toluol (*I. G. Farbenind.*, D.R.P. 576966 [1932]; Frdl. **20** 516).

Kristalle; F: 187°.

XIV

XV

9-Äthyl-2-hydroxy-carbazol-3(?)-carbonsäure-[4-chlor-2-methoxy-anilid] $C_{22}H_{19}ClN_2O_3$, vermutlich Formel XI ($R = C_2H_5$, $X = O\text{-}CH_3$, $X' = Cl$) auf S. 2363.

B. Beim Erwärmen von 9-Äthyl-2-hydroxy-carbazol-3(?)-carbonsäure (s. o.) mit 4-Chlor-2-methoxy-anilin und PCl_3 in Toluol (*I. G. Farbenind.*, Schweiz. P. 170317 [1932]).

Hellgelbe Kristalle; F: 226°.

2-Hydroxy-9-phenyl-carbazol-3(?)-carbonsäure $C_{19}H_{13}NO_3$, vermutlich Formel X ($R = C_6H_5$) auf S. 2363.

B. Beim Erhitzen des Kalium-Salzes von 9-Phenyl-carbazol-2-ol mit CO_2 und K_2CO_3 auf 210–220°/20–25 at (*I. G. Farbenind.*, Schweiz. P. 161225 [1932]).

Kristalle; F: 231–232°.

2-Hydroxy-9-phenyl-carbazol-3(?)-carbonsäure-*o*-toluidid $C_{26}H_{20}N_2O_2$, vermutlich Formel XI ($R = C_6H_5$, $X = CH_3$, $X' = H$) auf S. 2363.

B. Beim Erwärmen von 2-Hydroxy-9-phenyl-carbazol-3(?)-carbonsäure (s. o.) mit *o*-Toluidin und PCl_3 in Toluol (*I. G. Farbenind.*, D.R.P. 576966 [1932]; Frdl. **20** 516).

Kristalle; F: 135°.

9-Benzyl-2-hydroxy-carbazol-3(?)-carbonsäure $C_{20}H_{15}NO_3$, vermutlich Formel X ($R = CH_2\text{-}C_6H_5$) auf S. 2363.

B. Beim Erhitzen des Kalium-Salzes von 9-Benzyl-carbazol-2-ol mit CO_2 und K_2CO_3 auf 210–220°/15 at (*I. G. Farbenind.*, Schweiz. P. 167701 [1933]).

Kristalle (aus Toluol); F: 249–250°.

[3-Cyan-carbazol-2(?)-ylmercapto]-essigsäure $C_{15}H_{10}N_2O_2S$, vermutlich Formel XV.

B. Aus 9-Benzoyl-carbazol-3-ylamin (F: 148–150°) über mehrere Stufen (*I. G. Farbenind.*, D.R.P. 601721 [1931]; Frdl. **21** 989).

Hellgelbe Kristalle (aus Chlorbenzol); F: 200–202°.

6-Äthoxy-carbazol-3-carbonsäure-methylester $C_{16}H_{15}NO_3$, Formel I.

B. Aus 1-*p*-Phenetidino-1*H*-benzotriazol-5-carbonsäure-methylester bei kurzem Erhitzen bis auf 340° (*Berkengeĭm, Lur'e*, Ž. obšč. Chim. **6** [1936] 1043, 1054; C. **1937** I 2595).

F: 136° [nach Dunkelfärbung bei 100°].

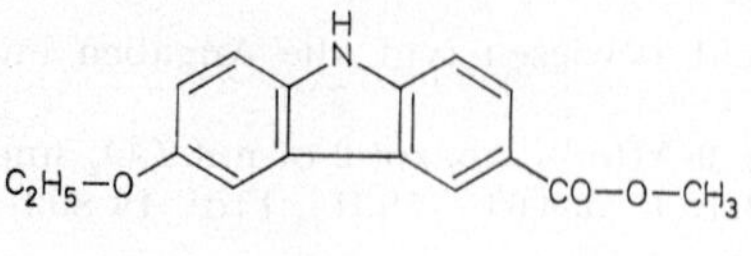

I 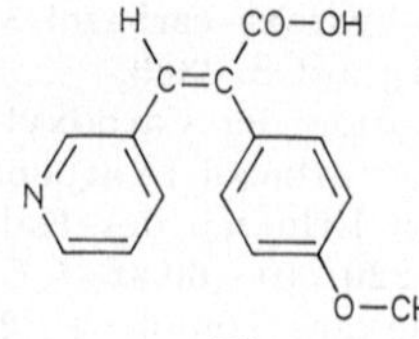 II

Hydroxycarbonsäuren $C_{14}H_{11}NO_3$

2-[4-Methoxy-phenyl]-3*t*(?)-[3]pyridyl-acrylsäure $C_{15}H_{13}NO_3$, vermutlich Formel II.
B. Aus Pyridin-3-carbaldehyd und [4-Methoxy-phenyl]-essigsäure (*Schering Corp.*, U.S.P. 2606922 [1949]).
Kristalle (aus wss. Acn.); F: 191,5—192°.

6-[2-Hydroxy-*trans*(?)-styryl]-nicotinsäure $C_{14}H_{11}NO_3$, vermutlich Formel III.
B. Beim Erwärmen einer aus 6-[2-Amino-*trans*(?)-styryl]-nicotinsäure hergestellten Diazoniumchlorid-Lösung mit Äthanol oder mit wss. NaH_2PO_2 (*Plieninger, Suehiro*, B. **87** [1954] 882, 886).
Kristalle (aus A.); F: 282°.

(±)-9,10-Dihydroxy-9,10-dihydro-acridin-9-carbonsäure-amid(?) $C_{14}H_{12}N_2O_3$, vermutlich Formel IV.
B. Beim Erwärmen von Acridin-9-carbonsäure-amid mit methanol. Natriummethylat und Brom (*Lehmstedt*, B. **64** [1931] 1232, 1234).
Rote Kristalle (aus A.); Zers. bei 169° [auf 167° vorgeheiztes Bad].

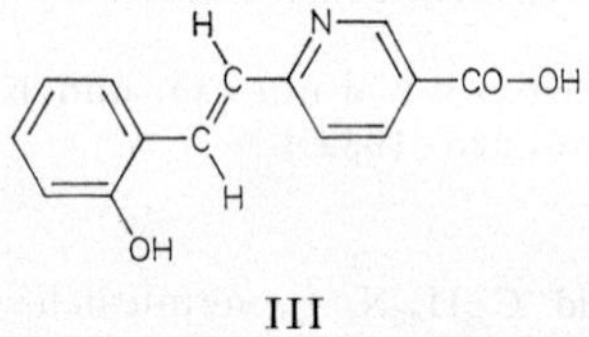

III 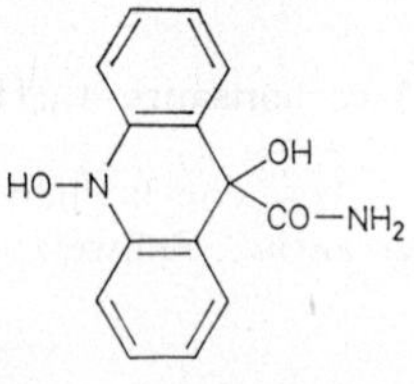 IV 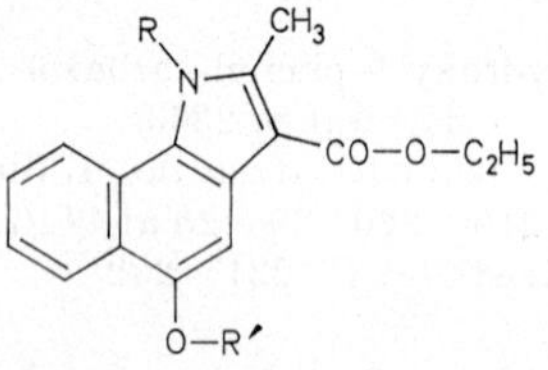 V

5-Hydroxy-2-methyl-1*H*-benz[*g*]indol-3-carbonsäure-äthylester $C_{16}H_{15}NO_3$, Formel V (R = R′ = H).
B. Aus [1,4]Naphthochinon und 3-Amino-crotonsäure-äthylester (E III **3** 1199) beim Erwärmen in Aceton (*Grinew et al.*, Ž. obšč. Chim. **25** [1955] 1355; engl. Ausg. S. 1301) oder in Äthanol unter Stickstoff (*Teuber, Thaler*, B. **92** [1959] 667, 672).
Kristalle; F: 264—265° (*Gr. et al.*). Aceton enthaltende Kristalle (aus Acn.) die unter Verlust des Acetons an der Luft verwittern; F: 261—262° [unter Dunkelfärbung] (*Te., Th.*). UV-Spektrum (Me.; 200—380 nm): *Te., Th.*, l. c. S. 671.
Beim Behandeln mit Kalium-nitrosodisulfonat unter Zusatz von KH_2PO_4 in wss. Aceton ist das Dikalium-Salz einer Verbindung $C_{16}H_{16}N_2O_{10}S_2$ (gelbe Kristalle; IR-Spektrum [2,5—15 μ]; als 4-Disulfoaminooxy-2-methyl-5-oxo-4,5-dihydro-1*H*-benz[*g*]indol-3-carbonsäure-äthylester formuliert) erhalten worden, das mit wss. HCl in 2-Methyl-4,5-dioxo-4,5-dihydro-1*H*-benz[*g*]indol-3-carbonsäure-äthylester übergeführt wurde (*Te., Th.*).

5-Hydroxy-1,2-dimethyl-1*H*-benz[*g*]indol-3-carbonsäure-äthylester $C_{17}H_{17}NO_3$, Formel V (R = CH_3, R′ = H).
B. Beim Erwärmen von [1,4]Naphthochinon mit 3-Methylamino-ξ-crotonsäure-äthylester (E IV **4** 260) in Aceton (*Grinew et al.*, Ž. obšč. Chim. **25** [1955] 1355; engl. Ausg. S. 1301).
Kristalle (aus Acn.); F: 279—280°.

1-Äthyl-5-hydroxy-2-methyl-benz[g]indol-3-carbonsäure-äthylester $C_{18}H_{19}NO_3$, Formel V ($R = C_2H_5$, $R' = H$).

B. Beim Erwärmen von [1,4]Naphthochinon mit 3-Äthylamino-ξ-crotonsäure-äthylester (E II **4** 616) in Aceton (*Grinew et al.*, Ž. obšč. Chim. **27** [1957] 1690, 1692; engl. Ausg. S. 1759, 1761).

Kristalle (aus A.); F: 210°.

5-Hydroxy-2-methyl-1-phenyl-benz[g]indol-3-carbonsäure-äthylester $C_{22}H_{19}NO_3$, Formel V ($R = C_6H_5$, $R' = H$).

B. Beim Erwärmen von [1,4]Naphthochinon mit 3-Anilino-*trans*-crotonsäure-äthylester (E III **12** 992) in Dichloräthan unter Entfernen des entstehenden Wassers (*Grinew et al.*, Ž. obšč. Chim. **29** [1959] 2777, 2780; engl. Ausg. S. 2742, 2744).

Kristalle; F: 227—228°.

5-Benzoyloxy-2-methyl-1-phenyl-benz[g]indol-3-carbonsäure-äthylester $C_{29}H_{23}NO_4$, Formel V ($R = C_6H_5$, $R' = CO\text{-}C_6H_5$).

B. Beim Behandeln von 5-Hydroxy-2-methyl-1-phenyl-benz[g]indol-3-carbonsäure-äthylester mit Benzoylchlorid und Pyridin (*Grinew et al.*, Ž. obšč. Chim. **28** [1958] 447, 450; engl. Ausg. S. **439**, **441**).

Kristalle (aus A. + Dioxan); F: 185°.

Hydroxycarbonsäuren $C_{16}H_{15}NO_3$

***Opt.-inakt. 4-Hydroxy-2-phenyl-1,2,3,4-tetrahydro-chinolin-3-carbonsäure-äthylester(?)** $C_{18}H_{19}NO_3$, vermutlich Formel VI.

B. Beim Erhitzen von 4-Hydroxy-2-phenyl-chinolin-3-carbonsäure-äthylester mit Zinn und äthanol. HCl (*Heeramaneck, Shah*, Pr. Indian Acad. [A] **5** [1937] 442, 445).

Kristalle [aus wss. A.]; F: 245°.

2-Hydroxy-4-phenyl-5,6,7,8-tetrahydro-chinolin-3-carbonitril $C_{16}H_{14}N_2O$, Formel VII, und Tautomeres (2-Oxo-4-phenyl-1,2,5,6,7,8-hexahydro-chinolin-3-carbonitril).

B. Beim Behandeln von 8a-Hydroxy-2-oxo-4-phenyl-decahydro-chinolin-3-carbonitril (F: 272°) mit äthanol. Natriumäthylat (*Palit*, J. Indian chem. Soc. **26** [1949] 501, 503).

Kristalle (aus A.); F: 257—258°.

VI VII VIII

(±)-1-Hydroxy-5a,6,7,8,9,10-hexahydro-naphth[3,2,1-cd]indol-5-carbonsäure-äthylester $C_{18}H_{19}NO_3$, Formel VIII ($R = H$).

B. Aus (±)-5-Hydroxy-3-[2-oxo-cyclohexylmethyl]-indol-2-carbonsäure-äthylester beim Erwärmen mit H_3PO_4 (85%ig) oder mit wss. H_2SO_4 sowie mit HBr und Essigsäure (*Plieninger, Suehiro*, B. **88** [1955] 550, 555). Beim Behandeln von (±)-5-Methoxy-3-[2-oxo-cyclohexylmethyl]-indol-2-carbonsäure-äthylester mit HBr und Essigsäure (*Pl., Su.*).

Rote Kristalle (aus A.); F: 268°. IR-Spektrum (2—15 μ): *Pl., Su.*, l. c. S. 553. UV-Spektrum (Me.; 200—400 nm): *Pl., Su.*, l. c. S. 552.

(±)-1-Methoxy-5a,6,7,8,9,10-hexahydro-naphth[3,2,1-cd]indol-5-carbonsäure-äthylester $C_{19}H_{21}NO_3$, Formel VIII ($R = CH_3$).

B. Beim Behandeln der vorangehenden Verbindung in Äthanol mit äther. Diazomethan

(*Plieninger*, *Suehiro*, B. **88** [1955] 550, 555).
Orangefarbene Kristalle (aus A.); F: 191° [Zers.].

Hydroxycarbonsäuren $C_{17}H_{17}NO_3$

***Opt.-inakt. 5-Hydroxy-1,2,3-triphenyl-pyrrolidin-2-carbonitril** $C_{23}H_{20}N_2O$, Formel IX (R = X = X′ = H).

B. Beim Behandeln von (±)-Anilino-phenyl-acetonitril mit *trans*-Zimtaldehyd und methanol. KOH in Äthanol (*Bodforss*, B. **64** [1931] 1111, 1114).
Kristalle (aus Py. + Ae.); F: 183° [Zers.].

***Opt.-inakt. 5-Hydroxy-1-[2]naphthyl-2,3-diphenyl-pyrrolidin-2-carbonitril** $C_{27}H_{22}N_2O$, Formel X.

B. Beim Behandeln von (±)-[2]Naphthylamino-phenyl-acetonitril mit *trans*-Zimtaldehyd und äthanol. KOH (*Bodforss*, B. **64** [1931] 1111, 1114).
Hellgelbe Kristalle (aus Acn.); F: 191—195° [Zers.].

***Opt.-inakt. 5-Methoxy-3-[2-nitro-phenyl]-1,2-diphenyl-pyrrolidin-2-carbonitril** $C_{24}H_{21}N_3O_3$, Formel IX (R = CH_3, X = NO_2, X′ = H).

B. Beim Behandeln von 2-Nitro-*trans*-zimtaldehyd mit (±)-Anilino-phenyl-acetonitril und methanol. KOH (*Treibs*, *Derra*, A. **589** [1954] 176, 185).
Kristalle (aus Me.); F: 183°.

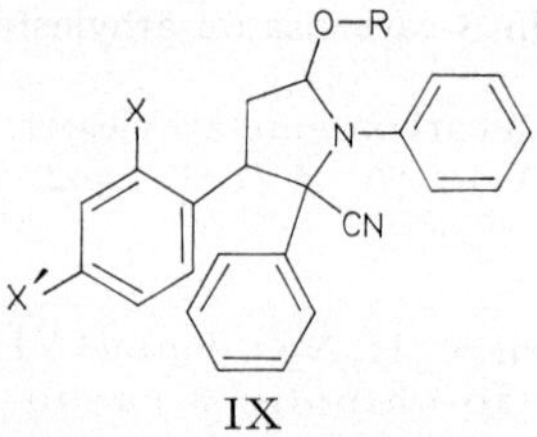

IX 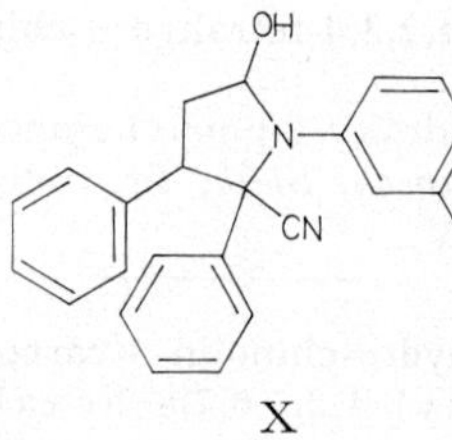 X 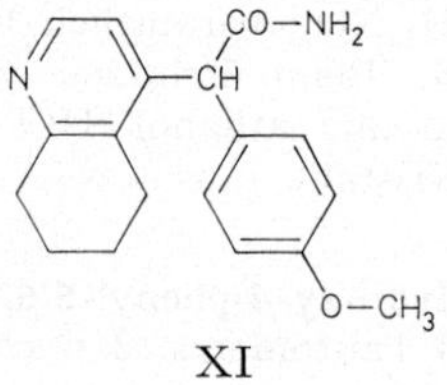 XI

***Opt.-inakt. 5-Methoxy-3-[4-nitro-phenyl]-1,2-diphenyl-pyrrolidin-2-carbonitril** $C_{24}H_{21}N_3O_3$, Formel IX (R = CH_3, X = H, X′ = NO_2).

B. Beim Behandeln von 4-Nitro-*trans*-zimtaldehyd mit (±)-Anilino-phenyl-acetonitril und methanol. KOH (*Treibs*, *Derra*, A. **589** [1954] 176, 185).
Gelbe Kristalle (aus Me.); F: 164°.

(±)-[4-Methoxy-phenyl]-[5,6,7,8-tetrahydro-[4]chinolyl]-essigsäure-amid $C_{18}H_{20}N_2O_2$, Formel XI.

B. Beim Erwärmen der folgenden Verbindung mit konz. wss. HCl (*Harasawa*, J. pharm. Soc. Japan **77** [1957] 168, 170; C. A. **1957** 10523).
Kristalle (aus A. + Ae. oder Bzl.); F: 220—221°.

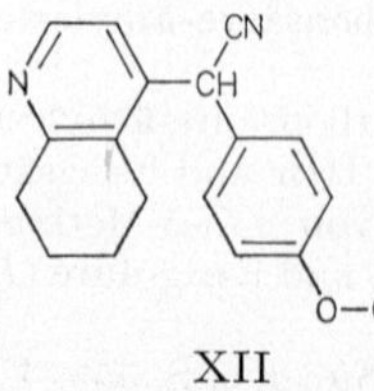

XII 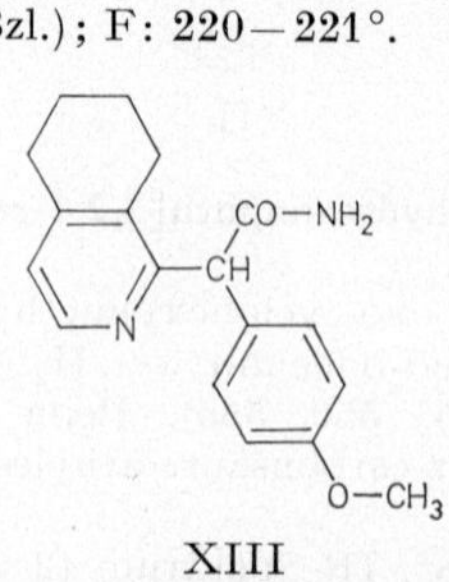 XIII 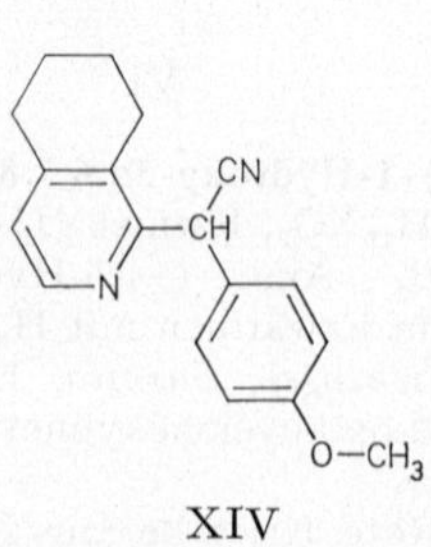 XIV

(±)-[4-Methoxy-phenyl]-[5,6,7,8-tetrahydro-[4]chinolyl]-acetonitril $C_{18}H_{18}N_2O$, Formel XII.

B. Beim Behandeln von [4-Methoxy-phenyl]-acetonitril mit $NaNH_2$ in Toluol und mit 4-Chlor-5,6,7,8-tetrahydro-chinolin (*Harasawa*, J. pharm. Soc. Japan **77** [1957]

168, 170; C. A. **1957** 10523).
$Kp_{0,003}$: 195—205°.

(±)-[4-Methoxy-phenyl]-[5,6,7,8-tetrahydro-[1]isochinolyl]-essigsäure-amid $C_{18}H_{20}N_2O_2$, Formel XIII.

B. Beim Erwärmen der folgenden Verbindung mit konz. wss. HCl (*Ikehara*, Pharm. Bl. **3** [1955] 291, 292; *Shionogi & Co.*, U.S.P. 2769810 [1955]).

Kristalle (aus Bzl.); F: 136—137°.

(±)-[4-Methoxy-phenyl]-[5,6,7,8-tetrahydro-[1]isochinolyl]-acetonitril $C_{18}H_{18}N_2O$, Formel XIV.

B. Beim Behandeln von [4-Methoxy-phenyl]-acetonitril mit $NaNH_2$ in Toluol und mit 1-Chlor-5,6,7,8-tetrahydro-isochinolin (*Ikehara*, Pharm. Bl. **3** [1955] 291, 292; *Shionogi & Co.*, U.S.P. 2769810 [1955]).

Dipicrat $C_{18}H_{18}N_2O \cdot 2\,C_6H_3N_3O_7$. Kristalle; F: 218°.

1-Benzyl-3-hydroxy-5,6,7,8-tetrahydro-isochinolin-4-carbonitril $C_{17}H_{16}N_2O$, Formel I, und Tautomeres (1-Benzyl-3-oxo-2,3,5,6,7,8-hexahydro-isochinolin-4-carbo=nitril).

B. Beim Erwärmen von (±)-2-Phenylacetyl-cyclohexanon mit Cyanessigsäure-amid und K_2CO_3 in Aceton (*Henecka*, A. **583** [1953] 110, 123; *Farbenfabr. Bayer*, D.B.P. 912812 [1951]; D.R.B.P. Org. Chem. 1950—1951 **6** 2419; U.S.P. 2651634 [1953]).

Kristalle (aus Eg.); F: 245—248°.

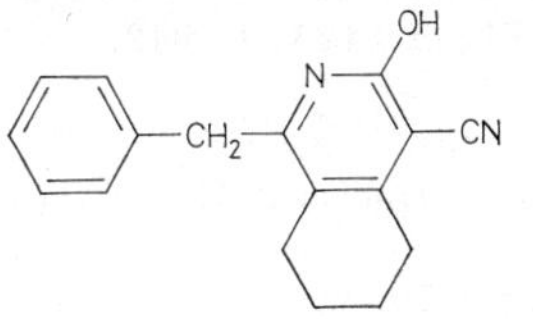

I 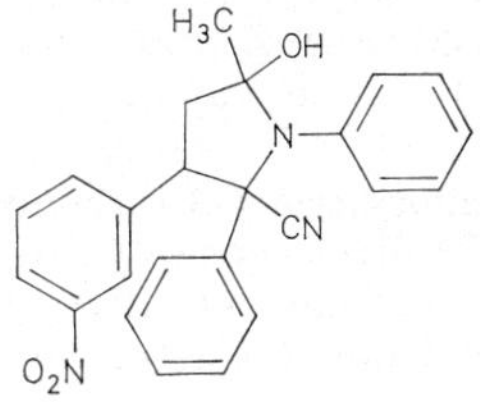 II

Hydroxycarbonsäuren $C_{18}H_{19}NO_3$

***Opt.-inakt. 5-Hydroxy-5-methyl-3-[3-nitro-phenyl]-1,2-diphenyl-pyrrolidin-2-carbo=nitril** $C_{24}H_{21}N_3O_3$, Formel II.

B. Beim Behandeln von (±)-Anilino-phenyl-acetonitril mit 4-[3-Nitro-phenyl]-but-3-en-2-on und methanol. KOH (*Treibs, Derra*, A. **589** [1954] 176, 185).

Gelbe Kristalle (aus Me.); F: 144° [Zers.] (nicht rein erhalten).

Hydroxycarbonsäuren $C_nH_{2n-19}NO_3$

Hydroxy-carbonsäuren $C_{14}H_9NO_3$

4-Methoxy-benzo[g]chinolin-2-carbonsäure $C_{15}H_{11}NO_3$, Formel III.

B. Beim Behandeln von 4-Methoxy-2-*trans*(?)-styryl-benzo[*g*]chinolin (E III/IV **21** 1788) mit $KMnO_4$ in wss. Pyridin (*Albert et al.*, Soc. **1948** 1284, 1293).

Gelbe Kristalle; F: 255° [Zers.].

2-Hydroxy-benzo[g]chinolin-4-carbonsäure $C_{14}H_9NO_3$, Formel IV (R = H), und Tautomeres (2-Oxo-1,2-dihydro-benzo[*g*]chinolin-4-carbonsäure).

B. Beim Erhitzen von 1-Acetyl-1*H*-benz[*f*]indol-2,3-dion mit wss. KOH (*Etienne, Staehelin*, Bl. **1954** 748, 750).

Gelbe Kristalle (aus Eg.) mit 0,75 Mol Essigsäure; beim Erhitzen auf 160° unter vermindertem Druck wird das Lösungsmittel abgegeben; F: 341—342° [vorgeheizter Block]. Bei 300° unter vermindertem Druck sublimierbar.

III IV V

2-Hydroxy-benzo[g]chinolin-4-carbonsäure-methylester $C_{15}H_{11}NO_3$, Formel IV (R = CH_3), und Tautomeres (2-Oxo-1,2-dihydro-benzo[g]chinolin-4-carbonsäure-methylester).

B. Beim Erwärmen von 2-Hydroxy-benzo[g]chinolin-4-carbonsäure mit Methanol und H_2SO_4 (*Etienne, Staehelin*, Bl. **1954** 748, 750).

Gelbe Kristalle (aus Me. oder Dioxan); F: 284—285° [vorgeheizter Block].

9-Chlor-7-methoxy-acridin-2-carbonitril $C_{15}H_9ClN_2O$, Formel V.

B. Beim Erhitzen von 2-*p*-Anisidino-5-cyan-benzoesäure mit $POCl_3$ (*Gildberg, Kelly*, Soc. **1947** 637, 640).

Gelbe Kristalle (aus Xylol); F: 270—272°.

9-Chlor-7-methoxy-acridin-3-carbonitril $C_{15}H_9ClN_2O$, Formel VI (R = CH_3).

B. Beim Erhitzen von 2-*p*-Anisidino-4-cyan-benzoesäure mit $POCl_3$ (*Magidson, Trawin*, B. **69** [1936] 537, 540; Ž. obšč. Chim. **6** [1936] 909, 912; C. **1937** I 1942).

Gelbgrüne Kristalle (aus Bzl.); F: 228—230°.

7-Äthoxy-9-chlor-acridin-3-carbonitril $C_{16}H_{11}ClN_2O$, Formel VI (R = C_2H_5).

B. Beim Erhitzen von 4-Cyan-2-*p*-phenetidino-benzoesäure mit $POCl_3$ (*Magidson, Trawin*, Ž. obšč. Chim. **11** [1941] 243, 246; C. A. **1941** 7965).

Hellgelbe Kristalle (aus Bzl.); F: 224—226°.

2-Methoxy-acridin-9-carbonitril $C_{15}H_{10}N_2O$, Formel VII (R = CH_3, X = H).

B. Beim Behandeln von 2,9-Dimethoxy-9,10-dihydro-acridin-9-ol mit wss. HCN in Äthanol (*Drosdow, Tschernzow*, Ž. obšč. Chim. **14** [1944] 181, 184; C. A. **1945** 2290). Beim Erwärmen der $NaHSO_3$-Verbindung des 2-Methoxy-acridins mit KCN in wss. Äthanol (*Drosdow, Tschernzow*, Ž. obšč. Chim. **21** [1951] 1918, 1922; engl. Ausg. S. 2131, 2135).

Grüngelbe Kristalle (aus A. oder wss. A.); F: 185°.

6-Chlor-2-hydroxy-acridin-9-carbonsäure $C_{14}H_8ClNO_3$, Formel VIII (R = H, X = OH, X' = Cl).

B. s. S. 2371 im Artikel 6-Chlor-2-methoxy-acridin-9-carbonsäure-amid.

Gelbe Kristalle (aus A.); Zers. bei 330—331° (*Bras*, Ž. obšč. Chim. **11** [1941] 851, 854; C. A. **1942** 4122).

VI VII VIII

6-Chlor-2-methoxy-acridin-9-carbonsäure $C_{15}H_{10}ClNO_3$, Formel VIII (R = CH_3, X = OH, X' = Cl).

B. Beim Erwärmen von 6-Chlor-2-methoxy-acridin-9-carbonsäure-amid mit H_2SO_4, Essigsäure und $NaNO_2$ auf 70—75° (*Bras*, Ž. obšč. Chim. **11** [1941] 851, 855; C. A. **1942**

4122).

Goldgelbe Kristalle; Zers. bei 287—288°.

6-Chlor-2-methoxy-acridin-9-carbonylchlorid $C_{15}H_9Cl_2NO_2$, Formel VIII (R = CH_3, X = X' = Cl).

B. Beim Erwärmen von 6-Chlor-2-methoxy-acridin-9-carbonsäure mit $SOCl_2$ in Benzol (*Bras*, Ž. obšč. Chim. **11** [1941] 851, 855; C. A. **1942** 4122).

Gelbe Kristalle; F: 176—178° [geschlossene Kapillare].

Hydrochlorid $C_{15}H_9Cl_2NO_2 \cdot HCl$. Orangegelbe Kristalle; Zers. bei 213—215°.

6-Chlor-2-methoxy-acridin-9-carbonsäure-amid $C_{15}H_{11}ClN_2O_2$, Formel VIII (R = CH_3, X = NH_2, X' = Cl).

B. Als Hauptprodukt neben 6-Chlor-2-hydroxy-acridin-9-carbonsäure und 6-Chlor-2-hydroxy-acridin-9-carbonitril beim Erwärmen von 6-Chlor-2-methoxy-acridin-9-carbonitril mit H_2SO_4 und Essigsäure auf 95° (*Bras*, Ž. obšč. Chim. **11** [1941] 851, 854; C. A. **1942** 4122).

Grüngelbe Kristalle (aus A.); F: 289—290°.

6-Chlor-2-hydroxy-acridin-9-carbonitril $C_{14}H_7ClN_2O$, Formel VII (R = H, X = Cl).

B. s. im vorangehenden Artikel.

Orangefarbene Kristalle (aus Pentan-1-ol), die sich beim Erhitzen auf 328° dunkel färben (*Bras*, Ž. obšč. Chim. **11** [1941] 851, 854; C. A. **1942** 4122).

6-Chlor-2-methoxy-acridin-9-carbonitril $C_{15}H_9ClN_2O$, Formel VII (R = CH_3, X = Cl).

B. Neben anderen Verbindungen beim Erhitzen von 6,9-Dichlor-2-methoxy-acridin mit NaCN und Methanol (*Bras*, Ž. obšč. Chim. **11** [1941] 851, 853; C. A. **1942** 4122).

Gelbe Kristalle (aus Bzl.); F: 217,5—218,5°.

Hydrochlorid. Rote Kristalle.

3-Hydroxy-acridin-9-carbonsäure $C_{14}H_9NO_3$, Formel IX (R = R' = H).

B. Beim Erhitzen von [2-Amino-phenyl]-glyoxylsäure mit Resorcin und konz. wss. KOH auf 120° (*Linnell, Sharp*, Quart. J. Pharm. Pharmacol. **21** [1948] 58, 60).

Gelbes Pulver; Zers. bei ca. 304°.

Natrium-Salz $NaC_{14}H_8NO_3$. Rosafarbene Kristalle (aus A.).

Silber-Salz $AgC_{14}H_8NO_3$. Gelbbraun.

3-Acetoxy-acridin-9-carbonsäure $C_{16}H_{11}NO_4$, Formel IX (R = H, R' = CO-CH_3).

B. Beim Erhitzen von 3-Hydroxy-acridin-9-carbonsäure mit Acetanhydrid und Natriumacetat (*Linnell, Sharp*, Quart. J. Pharm. Pharmacol. **21** [1948] 58, 60).

Gelbe Kristalle, die unterhalb 310° nicht schmelzen.

Acetat $C_{16}H_{11}NO_4 \cdot C_2H_4O_2$. Hellgelbe Kristalle; F: 283° [geschlossene Kapillare].

3-Hydroxy-acridin-9-carbonsäure-methylester $C_{15}H_{11}NO_3$, Formel IX (R = CH_3, R' = H).

B. Beim Erwärmen des Silber-Salzes der 3-Hydroxy-acridin-9-carbonsäure mit CH_3I in Äthanol (*Linnell, Sharp*, Quart. J. Pharm. Pharmacol. **21** [1948] 58, 61).

Rot (aus A. + H_2O); F: ca. 200° [Zers.].

CO—O—R ... N ... O—R' — IX

CO—O—R ... N ... OH — X

N ... CO—O—R ... OH — XI

4-Hydroxy-benzo[*h*]chinolin-2-carbonsäure $C_{14}H_9NO_3$, Formel X (R = H), und Tautomeres (4-Oxo-1,4-dihydro-benzo[*h*]chinolin-2-carbonsäure).

B. Beim Erhitzen von 4-Hydroxy-benzo[*h*]chinolin-2-carbonsäure-äthylester mit wss.

NaOH (*Foster et al.*, Am. Soc. **68** [1946] 1327, 1329).
Kristalle; F: 280° [korr.; Zers.].

4-Hydroxy-benzo[*h*]chinolin-2-carbonsäure-äthylester $C_{16}H_{13}NO_3$, Formel X (R = C_2H_5), und Tautomeres (4-Oxo-1,4-dihydro-benzo[*h*]chinolin-2-carbonsäure-äthylester).

B. Aus [1]Naphthylamino-bernsteinsäure-diäthylester beim Erhitzen mit Mineralöl auf 230° (*Foster et al.*, Am. Soc. **68** [1946] 1327, 1329).

Kristalle; F: 126–127° [korr.].

4-Hydroxy-benzo[*h*]chinolin-3-carbonsäure $C_{14}H_9NO_3$, Formel XI (R = H), und Tautomeres (4-Oxo-1,4-dihydro-benzo[*h*]chinolin-3-carbonsäure).

B. Beim Erhitzen von 4-Hydroxy-benzo[*h*]chinolin-3-carbonsäure-äthylester mit wss. NaOH (*Foster et al.*, Am. Soc. **68** [1946] 1327, 1328; *Duffin, Kendall*, Soc. **1948** 893).

Kristalle; F: 291–292° [korr.; Zers.] (*Fo. et al.*), 278° [Zers.] (*Du., Ke.*).

4-Hydroxy-benzo[*h*]chinolin-3-carbonsäure-äthylester $C_{16}H_{13}NO_3$, Formel XI (R = C_2H_5), und Tautomeres (4-Oxo-1,4-dihydro-benzo[*h*]chinolin-3-carbonsäure-äthylester).

B. Aus [[1]Naphthylimino-methyl]-malonsäure-diäthylester beim Erhitzen mit Diphenyläther bis auf 255° (*Foster et al.*, Am. Soc. **68** [1946] 1327, 1328) oder mit Paraffinöl bis auf 290° (*Duffin, Kendall*, Soc. **1948** 893).

Kristalle; F: 261–262° [korr.; aus Eg.] (*Fo. et al.*), 256° [aus Nitrobenzol] (*Du., Ke.*).

9-Hydroxy-benzo[*h*]chinolin-8-carbonsäure $C_{14}H_9NO_3$, Formel XII.

B. Beim Erhitzen des Kalium-Salzes des Benzo[*h*]chinolin-9-ols mit CO_2 auf 230°/50 at (*I. G. Farbenind.*, D.R.P. 571832 [1931]; Frdl. **19** 822).

Gelbe Kristalle (aus Trichlorbenzol); F: 295°.

8-Hydroxy-benzo[*h*]chinolin-9-carbonsäure $C_{14}H_9NO_3$, Formel XIII.

B. Beim Erhitzen des Kalium-Salzes des Benzo[*h*]chinolin-8-ols mit CO_2 auf 230°/50 at (*I. G. Farbenind.*, D.R.P. 571832 [1931]; Frdl. **19** 822).

Gelbe Kristalle (aus Trichlorbenzol + Chinolin); F: 330°.

1-Hydroxy-benzo[*f*]chinolin-2-carbonsäure $C_{14}H_9NO_3$, Formel XIV (X = OH), und Tautomeres (1-Oxo-1,4-dihydro-benzo[*f*]chinolin-2-carbonsäure).

B. Aus 1-Hydroxy-benzo[*f*]chinolin-2-carbonsäure-äthylester beim Erhitzen mit wss. NaOH (*Foster et al.*, Am. Soc. **68** [1946] 1327, 1328) oder mit wss.-äthanol. KOH (*Blicke, Gearien*, Am. Soc. **76** [1954] 3991).

Kristalle; F: 297–299° (*Bl., Ge.*).

1-Hydroxy-benzo[*f*]chinolin-2-carbonsäure-äthylester $C_{16}H_{13}NO_3$, Formel XIV (X = O-C_2H_5), und Tautomeres (1-Oxo-1,4-dihydro-benzo[*f*]chinolin-2-carbonsäure-äthylester).

B. Beim Erhitzen von [[2]Naphthylimino-methyl]-malonsäure-diäthylester mit Diphenyläther auf 250° (*Foster et al.*, Am. Soc. **68** [1946] 1327, 1328). Neben 3-[2]Naphthylimino-propan-1-ol beim Behandeln von [[2]Naphthylimino-methyl]-malonsäure-diäthylester mit $LiAlH_4$ (1 Mol) in Äther (*Sardesai et al.*, J. scient. ind. Res. India **17**B [1958] 282).

Kristalle; F: 261–265° [korr.; aus Eg.] (*Fo. et al.*), 261–263° [nach Destillation unter vermindertem Druck] (*Sa. et al.*).

1-Hydroxy-benzo[*f*]chinolin-2-carbonsäure-[2-diäthylamino-äthylester] $C_{20}H_{22}N_2O_3$, Formel XIV (X = O-CH_2-CH_2-N(C_2H_5)$_2$), und Tautomeres (1-Oxo-1,4-dihydro-benzo[*f*]chinolin-2-carbonsäure-[2-diäthylamino-äthylester]).

B. Beim Erwärmen von 1-Hydroxy-benzo[*f*]chinolin-2-carbonsäure-äthylester mit

2-Diäthylamino-äthanol (*Blicke, Gearien*, Am. Soc. **76** [1954] 3991). Beim Erwärmen von 1-Hydroxy-benzo[*f*]chinolin-2-carbonylchlorid (aus dem Kalium-Salz der 1-Hydroxy-benzo[*f*]chinolin-2-carbonsäure und $SOCl_2$ hergestellt) mit 2-Diäthylamino-äthanol in Benzol (*Bl., Ge.*).

Kristalle (aus A.); F: 187—189°.

Dihydrochlorid $C_{20}H_{22}N_2O_3 \cdot 2\,HCl$. Kristalle; F: 150—152° und (nach Wiedererstarren) F: 273—275°.

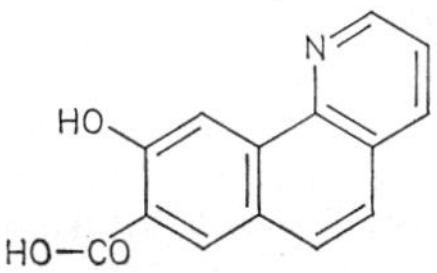

XII 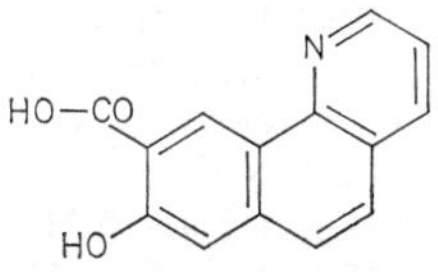 XIII 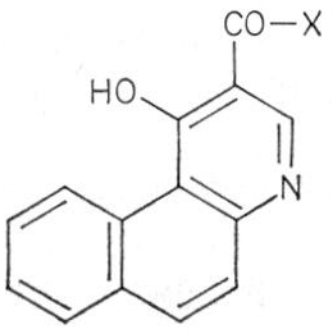 XIV 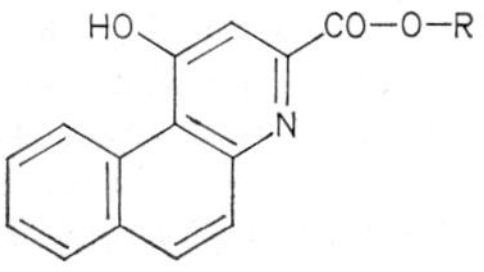 XV

(±)-1-Hydroxy-benzo[*f*]chinolin-2-carbonsäure-[β-hydroxy-isopropylamid] $C_{17}H_{16}N_2O_3$, Formel XIV (X = NH-CH(CH_3)-CH_2-OH), und Tautomeres ((±)-1-Oxo-1,4-dihydro-benzo[*f*]chinolin-2-carbonsäure-[β-hydroxy-isopropyl-amid]).

B. Beim Erhitzen 1-Hydroxy-benzo[*f*]chinolin-2-carbonsäure-äthylester mit (±)-2-Amino-propan-1-ol (*Blicke, Gearien*, Am. Soc. **76** [1954] 3991). Beim Erwärmen von 1-Hydroxy-benzo[*f*]chinolin-2-carbonylchlorid (aus dem Kalium-Salz der 1-Hydroxy-benzo[*f*]chinolin-2-carbonsäure und $SOCl_2$ hergestellt) mit (±)-2-Amino-propan-1-ol in Benzol (*Bl., Ge.*).

Kristalle (aus A.); F: 220—222°.

Hydrochlorid $C_{17}H_{16}N_2O_3 \cdot HCl$. Kristalle (aus A.); F: 205—207°.

1-Hydroxy-benzo[*f*]chinolin-3-carbonsäure $C_{14}H_9NO_3$, Formel XV (R = H), und Tautomeres (1-Oxo-1,4-dihydro-benzo[*f*]chinolin-3-carbonsäure).

B. Beim Erhitzen von 1-Hydroxy-benzo[*f*]chinolin-3-carbonsäure-äthylester mit wss. NaOH (*Mueller, Hamilton*, Am. Soc. **65** [1943] 1017).

F: 302° [Zers.].

1-Hydroxy-benzo[*f*]chinolin-3-carbonsäure-äthylester $C_{16}H_{13}NO_3$, Formel XV (R = C_2H_5), und Tautomeres (1-Oxo-1,4-dihydro-benzo[*f*]chinolin-3-carbonsäure-äthyl-ester).

B. Beim Erhitzen von [2]Naphthylimino-bernsteinsäure-diäthylester mit Mineralöl auf 230° (*Mueller, Hamilton*, Am. Soc. **65** [1943] 1017).

Kristalle (aus Eg.); F: 215—217°.

9-Hydroxy-benzo[*f*]chinolin-8-carbonsäure $C_{14}H_9NO_3$, Formel I.

B. Beim Erhitzen des Kalium-Salzes des Benzo[*f*]chinolin-9-ols mit CO_2 auf 230°/50 at (*I. G. Farbenind.*, D.R.P. 571832 [1931]; Frdl. **19** 822).

Gelbliche Kristalle (aus Chinolin); F: 315° [Zers.].

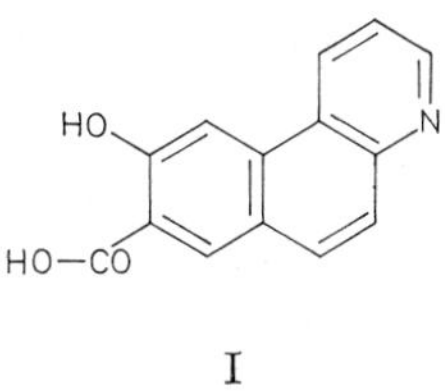

I 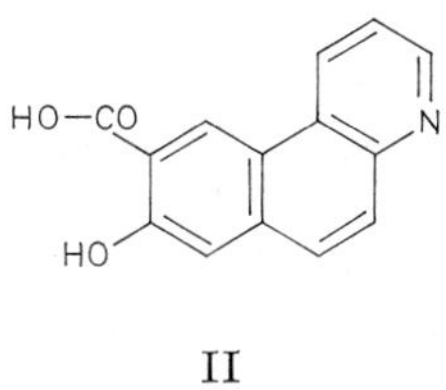 II 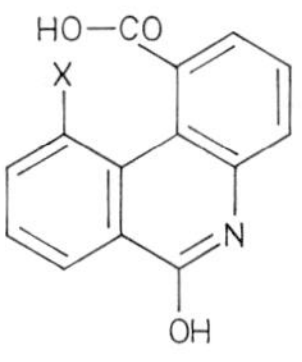 III 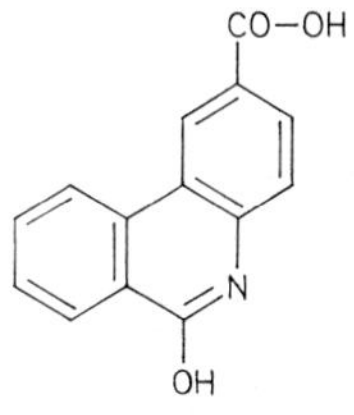 IV

8-Hydroxy-benzo[*f*]chinolin-9-carbonsäure $C_{14}H_9NO_3$, Formel II.

B. Beim Erhitzen des Kalium-Salzes des Benzo[*f*]chinolin-8-ols mit CO_2 auf 230°/50 at

(*I. G. Farbenind.*, D.R.P. 571832 [1931]; Frdl. **19** 822).
Braungelbe Kristalle (aus Chinolin); F: 340–342°.

6-Hydroxy-phenanthridin-1-carbonsäure $C_{14}H_9NO_3$, Formel III (X = H), und Tautomeres (6-Oxo-5,6-dihydro-phenanthridin-1-carbonsäure).
Konstitution: *Migatschew et al.*, Ž. vsesojuz. chim. Obšč. **21** [1976] 237; C. A. **85** [1976] 46352; vgl. *Chandler et al.*, Austral. J. Chem. **20** [1967] 2037, 2044.
B. Aus 6-Nitro-diphensäure beim Behandeln mit $Na_2S_2O_4$ in wss. Äthanol (*Krasowizkiĭ et al.*, Ukr. Chim. Ž. **18** [1952] 97, 101; C. A. **1954** 11422; *Mi. et al.*).
Kristalle; F: 332–333° [Zers.; aus Eg.] (*Ch. et al.*), 327° (*Kr. et al.*).
Die von *Bell* (Soc. **1934** 835, 837) und *Krasowizkiĭ et al.* (l. c. S. 99) unter dieser Konstitution beschriebene, beim Behandeln von 6-Nitro-diphensäure mit Zinn und wss. HCl erhaltene Verbindung (F: 285° [*Kr. et al.*]) ist als 5-Hydroxy-6-oxo-5,6-dihydro-phenanthridin-1-carbonsäure zu formulieren (*Hey et al.*, Soc. **1962** 4579, 4581; *Mi. et al.*). Eine von *I. G. Farbenind.* (Schweiz. P. 150172 [1930]) ebenfalls unter dieser Konstitution beschriebene, aus 9-Oxo-fluoren-4-carbonsäure beim Behandeln mit H_2SO_4 und NH_3 in Benzol erhaltene Verbindung (Kristalle [aus Nitrobenzol]; F: 305°) ist nicht rein erhaltenes 1-Amino-phenanthridin-6-ol gewesen (*Mi. et al.*).

6-Hydroxy-10-nitro-phenanthridin-1-carbonsäure $C_{14}H_8N_2O_5$, Formel III (X = NO_2), und Tautomeres (10-Nitro-6-oxo-5,6-dihydro-phenanthridin-1-carbonsäure).
B. Beim Erwärmen von 6-Acetylamino-6′-nitro-diphensäure mit H_2SO_4 (*Sako*, Bl. chem. Soc. Japan **9** [1934] 393, 401).
Gelbe Kristalle, die unterhalb 330° nicht schmelzen.

6-Hydroxy-phenanthridin-2-carbonsäure $C_{14}H_9NO_3$, Formel IV, und Tautomeres (6-Oxo-5,6-dihydro-phenanthridin-2-carbonsäure).
B. Beim Behandeln von 2-Brom-phenanthridin-6-ol mit Butyllithium in Äther bei −35° und anschliessend mit CO_2 (*Gilman, Eisch*, Am. Soc. **79** [1957] 5479, 5483).
Kristalle (aus Eg.); F: 361–363° [korr.; Zers.].

6-Hydroxy-phenanthridin-4-carbonsäure $C_{14}H_9NO_3$, Formel V, und Tautomeres (6-Oxo-5,6-dihydro-phenanthridin-4-carbonsäure).
Konstitution: *Resplandy, Le Roux*, Bl. **1968** 4975.
B. Neben Fluoreno[9,1-*cd*][1,2]oxazin-3-on beim Erwärmen von 9-Oxo-fluoren-1-carbonsäure mit NaN_3 und H_2SO_4 in $CHCl_3$ (*Cook, Moffatt*, Soc. **1950** 1160, 1164; s. dagegen *Re., Le Roux*).
Gelbe Kristalle (aus Eg.); F: 299° [Zers.] (*Cook, Mo.*); Kristalle (aus A.); F: 298–300° (*Re., Le Roux*).

Hydroxycarbonsäuren $C_{15}H_{11}NO_3$

5-Äthoxy-3-phenyl-indol-2-carbonsäure $C_{17}H_{15}NO_3$, Formel VI (R = C_2H_5, X = OH).
B. Beim Erwärmen von 5-Äthoxy-3-phenyl-indol-2-carbonsäure-äthylester mit äthanol. KOH (*Hughes, Lions*, J. Pr. Soc. N. S. Wales **71** [1937/38] 475, 481).
Hellbraune Kristalle (aus wss A.); F: 183–185°.

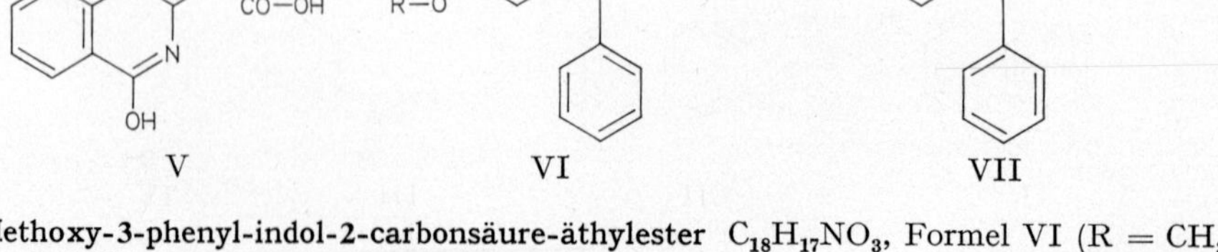

CO–OH, N, OH — V; NH, CO–X, R–O — VI; R–O, NH, CO–O–C_2H_5 — VII

5-Methoxy-3-phenyl-indol-2-carbonsäure-äthylester $C_{18}H_{17}NO_3$, Formel VI (R = CH_3, X = O-C_2H_5).
B. Beim Behandeln von 2-Benzyl-acetessigsäure-äthylester in wss.-äthanol. KOH mit

einer aus *p*-Anisidin hergestellten Diazoniumchlorid-Lösung und Behandeln des Reaktionsprodukts mit HCl und Äthanol (*Hughes, Lions*, J. Pr. Soc. N. S. Wales **71** [1937/38] 475, 482).
Kristalle (aus A.); F: 121—122°.

5-Äthoxy-3-phenyl-indol-2-carbonsäure-äthylester $C_{19}H_{19}NO_3$, Formel VI (R = C_2H_5, X = O-C_2H_5).
B. Beim Behandeln von 2-Benzyl-acetessigsäure-äthylester in wss.-äthanol. KOH mit einer aus *p*-Phenetidin hergestellten Diazoniumchlorid-Lösung und Behandeln des Reaktionsprodukts mit HCl und Äthanol (*Hughes, Lions*, J. Pr. Soc. N. S. Wales **71** [1937/38] 475, 481).
Kristalle (aus A.); F: 148—149°.

5-Äthoxy-3-phenyl-indol-2-carbonsäure-[2-diäthylamino-äthylamid] $C_{23}H_{29}N_3O_2$, Formel VI (R = C_2H_5, X = NH-CH_2-CH_2-N(C_2H_5)$_2$).
B. Beim Erhitzen von 5-Äthoxy-3-phenyl-indol-2-carbonsäure mit *N,N*-Diäthyl-äthylendiamin auf 190—210° (*CIBA*, D.R.P. 540697 [1925]; Frdl. **18** 2741, 2743).
Kristalle (aus A.); F: 142—143°.

6-Methoxy-3-phenyl-indol-2-carbonsäure-äthylester $C_{18}H_{17}NO_3$, Formel VII (R = CH_3).
B. Beim Behandeln von 2-Benzyl-acetessigsäure-äthylester in wss.-äthanol. NaOH mit einer aus *m*-Anisidin hergestellten Diazoniumchlorid-Lösung und Erwärmen des Reaktionsprodukts mit HCl und Äthanol (*Morton, Slaunwhite*, J. biol. Chem. **179** [1949] 259, 269).
Kristalle (aus A. oder E.); F: 176—176,5°.

6-Benzyloxy-3-phenyl-indol-2-carbonsäure-äthylester $C_{24}H_{21}NO_3$, Formel VII (R = CH_2-C_6H_5).
B. Beim Behandeln von 2-Benzyl-acetessigsäure-äthylester in wss.-äthanol. NaOH mit einer aus 3-Benzyloxy-anilin hergestellten Diazoniumchlorid-Lösung und Erwärmen des Reaktionsprodukts mit HCl und Äthanol (*Morton, Slaunwhite*, J. biol. Chem. **179** [1949] 259, 264).
Kristalle (aus A., E., CCl_4 oder Nitromethan); F: 165—165,5° [korr.].
Beim Erwärmen mit $AlCl_3$ in Benzol ist 6-Hydroxy-3-phenyl-indol-2-carbonsäure $C_{15}H_{11}NO_3$ (hellbraune Kristalle; F: 170—175° [Rohprodukt]) erhalten worden.

7-Äthoxy-3-phenyl-indol-2-carbonsäure $C_{17}H_{15}NO_3$, Formel VIII (R = H).
B. Beim Erwärmen von 7-Äthoxy-3-phenyl-indol-2-carbonsäure-äthylester mit äthanol. KOH (*Hughes, Lions*, J. Pr. Soc. N.S. Wales **71** [1937/38] 475, 480).
Hellgelbe Kristalle (aus A.); F: 206—207°.

7-Äthoxy-3-phenyl-indol-2-carbonsäure-äthylester $C_{19}H_{19}NO_3$, Formel VIII (R = C_2H_5).
B. Beim Behandeln von 2-Benzyl-acetessigsäure-äthylester in wss.-äthanol. KOH mit einer aus *o*-Phenetidin hergestellten Diazoniumchlorid-Lösung und Behandeln des Reaktionsprodukts mit HCl und Äthanol (*Hughes, Lions*, J. Pr. Soc. N.S. Wales **71** [1937/38] 475, 480).
Kristalle (aus A.); F: 93°. Kp_2: 216—224°.

3-[4-Hydroxy-2-methyl-benzo[*g*]chinolin-3-carbonylamino]-[2]naphthoesäure $C_{26}H_{18}N_2O_4$, Formel IX, und Tautomeres (3-[2-Methyl-4-oxo-1,4-dihydro-benzo[*g*]chinolin-3-carbonylamino]-[2]naphthoesäure).
B. Beim Erhitzen von 3-Acetylamino-[2]naphthoesäure-äthylester mit $POCl_3$ bis auf 125° (*Albert et al.*, Soc. **1948** 1284, 1288).

Gelblich, amorph, 0,5 Mol H_2O enthaltend.

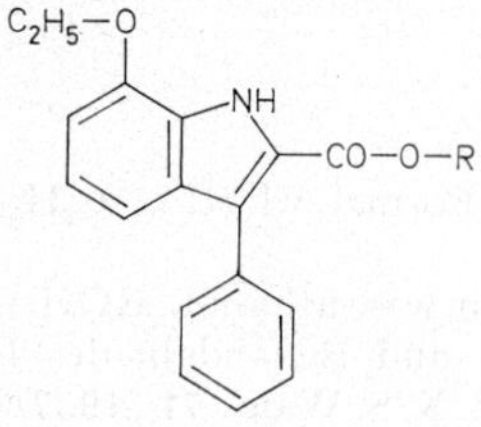

VIII 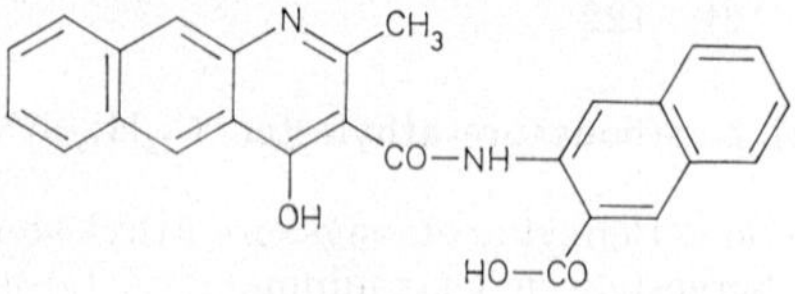 IX 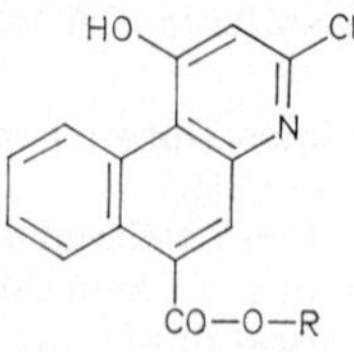 X

1-Hydroxy-3-methyl-benzo[f]chinolin-6-carbonsäure $C_{15}H_{11}NO_3$, Formel X (R = H), und Tautomeres (3-Methyl-1-oxo-1,4-dihydro-benzo[f]chinolin-6-carbonsäure).

B. Beim Erhitzen von 3-[4-Carboxy-[2]naphthylamino]-crotonsäure-äthylester (E III **14** 1332) mit Mineralöl auf 250–265° (*Gould, Jacobs*, Am. Soc. **61** [1939] 2890, 2893).

Kristalle, die unterhalb 360° nicht schmelzen.

Hydrochlorid $C_{15}H_{11}NO_3 \cdot HCl$. Kristalle (aus wss. HCl).

1-Hydroxy-3-methyl-benzo[f]chinolin-6-carbonsäure-methylester $C_{16}H_{13}NO_3$, Formel X ($R = CH_3$), und Tautomeres (3-Methyl-1-oxo-1,4-dihydro-benzo[f]chinolin-6-carbonsäure-methylester).

B. Beim Erwärmen von 1-Hydroxy-3-methyl-benzo[f]chinolin-6-carbonsäure mit Methanol und HCl (*Gould, Jacobs*, Am. Soc. **61** [1939] 2890, 2893).

Kristalle (aus Me.); F: 295–296° [Zers.].

1-Hydroxy-3-methyl-benzo[f]chinolin-6-carbonsäure-äthylester $C_{17}H_{15}NO_3$, Formel X ($R = C_2H_5$), und Tautomeres (3-Methyl-1-oxo-1,4-dihydro-benzo[f]chinolin-6-carbonsäure-äthylester).

B. Aus 1-Hydroxy-3-methyl-benzo[f]chinolin-6-carbonsäure und Äthanol unter Zusatz von H_2SO_4 (*Gould, Jacobs*, Am. Soc. **61** [1939] 2890, 2893).

Kristalle (aus A.); F: 295–297°.

6-Hydroxy-9-methyl-phenanthridin-7-carbonsäure $C_{15}H_{11}NO_3$, Formel XI, und Tautomeres (9-Methyl-6-oxo-5,6-dihydro-phenanthridin-7-carbonsäure).

B. Beim Erhitzen von 9-Methyl-6-oxo-5,6,6a,7,8,10a-hexahydro-phenanthridin-7-carbonsäure (F: 274–275°) mit Schwefel auf 235–255° (*Taylor, Strojny*, Am. Soc. **78** [1956] 5104, 5107).

Hellgelbe Kristalle (aus Eg.); F: 322–325° [korr.; Zers.].

Hydroxycarbonsäuren $C_{16}H_{13}NO_3$

(±)-Hydroxy-[1-methyl-2-phenyl-indol-3-yl]-essigsäure-dimethylamid $C_{19}H_{20}N_2O_2$, Formel XII.

B. Beim Erwärmen von [1-Methyl-2-phenyl-indol-3-yl]-glyoxylsäure-dimethylamid mit KBH_4 in wss. Äthanol auf 45–50° (*Ames et al.*, Soc. **1959** 3388, 3395).

Kristalle (aus A.); F: 137–139°.

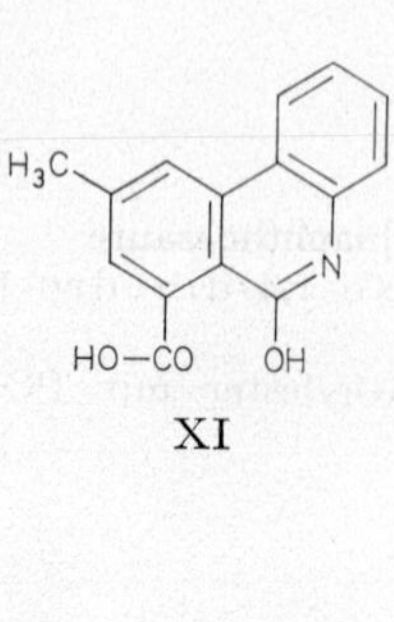

XI 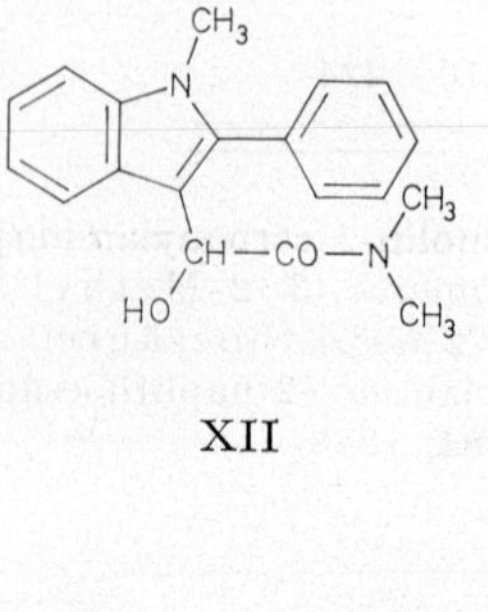 XII 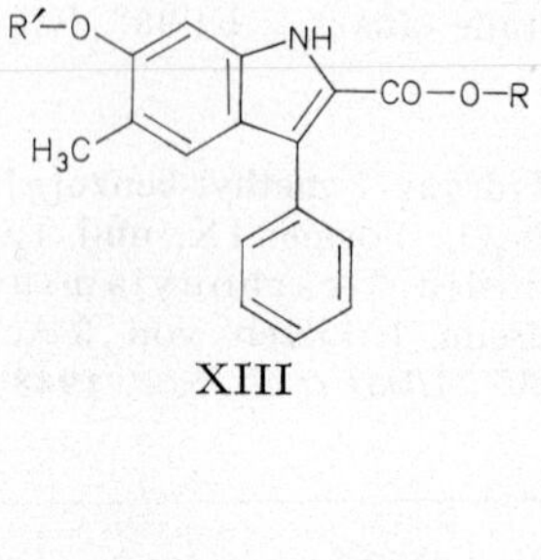 XIII

6-Hydroxy-5-methyl-3-phenyl-indol-2-carbonsäure $C_{16}H_{13}NO_3$, Formel XIII ($R = R' = H$).

B. Aus 6-Benzyloxy-5-methyl-3-phenyl-indol-2-carbonsäure-äthylester beim Erwärmen mit $AlCl_3$ in Benzol (*Morton, Slaunwhite*, J. biol. Chem. **179** [1949] 259, 267).

Gelbbraune Kristalle (aus Bzl.); F: 205—205,5° [korr.; Zers.].

6-Benzyloxy-5-methyl-3-phenyl-indol-2-carbonsäure-äthylester $C_{25}H_{23}NO_3$, Formel XIII ($R = C_2H_5$, $R' = CH_2\text{-}C_6H_5$).

B. Beim Behandeln von 2-Benzyl-acetessigsäure-äthylester in wss.-äthanol. NaOH mit einer aus 3-Benzyloxy-4-methyl-anilin hergestellten Diazoniumchlorid-Lösung und Erwärmen des Reaktionsprodukts mit HCl und Äthanol (*Morton, Slaunwhite*, J. biol. Chem. **179** [1949] 259, 267).

Kristalle (aus Cyclohexan); F: 173,5—174,5° [korr.].

Hydroxycarbonsäuren $C_{17}H_{15}NO_3$

(±)-3-Indol-3-yl-3-[3-methoxy-phenyl]-propionitril $C_{18}H_{16}N_2O$, Formel I.

B. Aus opt.-inakt. 2-Cyan-3-indol-3-yl-3-[3-methoxy-phenyl]-propionsäure-methyl≠ester (F: 129°) beim Erwärmen mit wss. NaOH (*Farbw. Hoechst*, D.B.P. 929065 [1952]; U.S.P. 2752358 [1952]).

Kristalle (aus Me.); F: 119—120°.

(±)-2-Hydroxy-2-[1-methyl-2-phenyl-indol-3-yl]-propionsäure-dimethylamid $C_{20}H_{22}N_2O_2$, Formel II ($R = CH_3$, $X = H$).

B. Beim Behandeln von [1-Methyl-2-phenyl-indol-3-yl]-glyoxylsäure-dimethylamid in Benzol mit Methylmagnesiumjodid in Äther und Erhitzen des Reaktionsgemisches unter Abdestillieren des Äthers (*Ames et al.*, Soc. **1959** 3388, 3395).

Kristalle (aus wss. Me.); F: 140—142°.

(±)-2-Hydroxy-2-[1-methyl-2-phenyl-indol-3-yl]-propionsäure-diäthylamid $C_{22}H_{26}N_2O_2$, Formel II ($R = C_2H_5$, $X = H$).

B. Beim Behandeln von [1-Methyl-2-phenyl-indol-3-yl]-glyoxylsäure-diäthylamid in Benzol mit Methylmagnesiumjodid in Äther und Erhitzen des Reaktionsgemisches unter Abdestillieren des Äthers (*Ames et al.*, Soc. **1959** 3388, 3395).

Kristalle (aus Bzl. + PAe.); F: 127—129°.

I II III

(±)-2-[2-(4-Chlor-phenyl)-1-methyl-indol-3-yl]-2-hydroxy-propionsäure-diäthylamid $C_{22}H_{25}ClN_2O_2$, Formel II ($R = C_2H_5$, $X = Cl$).

B. Aus [2-(4-Chlor-phenyl)-1-methyl-indol-3-yl]-glyoxylsäure-diäthylamid analog der im vorangehenden Artikel beschriebenen Verbindung (*Ames et al.*, Soc. **1959** 3388, 3395).

Kristalle (aus Bzl. + PAe.); F: 165—166°.

Hydroxycarbonsäuren $C_{18}H_{17}NO_3$

(±)-4-Benzoyloxy-1,2*r*,6*c*-triphenyl-1,2,5,6-tetrahydro-pyridin-3-carbonsäure-methyl≠ester $C_{32}H_{27}NO_4$, Formel III ($R = CH_3$) + Spiegelbild.

B. Aus (±)-4-Oxo-1,2*r*,6*c*-triphenyl-piperidin-3-carbonsäure-methylester und Benzoyl≠

chlorid in Pyridin (*Boehm, Stöcker*, Ar. **281** [1943] 62, 77).
Kristalle (aus E.); F: 156°.

(±)-4-Benzoyloxy-1,2*r*,6*c*-triphenyl-1,2,5,6-tetrahydro-pyridin-3-carbonsäure-äthylester $C_{33}H_{29}NO_4$, Formel III (R = C_2H_5) + Spiegelbild.

B. Beim Erwärmen von (±)-4-Oxo-1,2*r*,6*c*-triphenyl-piperidin-3-carbonsäure-äthylester mit Benzoylchlorid und Pyridin (*Boehm, Stöcker*, Ar. **281** [1943] 62, 71).

Kristalle (aus E.); F: 166–167°.

2-[4-Methoxy-*trans*(?)-styryl]-5,6,7,8-tetrahydro-chinolin-3-carbonsäure-äthylester $C_{21}H_{23}NO_3$, vermutlich Formel IV.

B. Beim Erhitzen von 2-Methyl-5,6,7,8-tetrahydro-chinolin-3-carbonsäure-äthylester mit 4-Methoxy-benzaldehyd und Acetanhydrid auf 130° (*Basu*, A. **530** [1937] 131, 138).

Hellgelbe Kristalle (aus A.); F: 96°.

Hydrochlorid $C_{21}H_{23}NO_3 \cdot HCl$. Orangegelbe Kristalle (aus wss. HCl); F: 173°.

Methomethylsulfat $[C_{22}H_{26}NO_3]CH_3O_4S$; 3-Äthoxycarbonyl-2-[4-methoxy-*trans*(?)-styryl]-1-methyl-5,6,7,8-tetrahydro-chinolinium-methylsulfat. Orangegelbe Kristalle; F: 214°.

IV

V

(±)-3-[3-Methoxy-phenyl]-3-[2-methyl-indol-3-yl]-propionitril $C_{19}H_{18}N_2O$, Formel V (X = H).

B. Beim Erwärmen von 2-Methyl-indolylmagnesium-bromid mit 2-Cyan-3*t*(?)-[3-methoxy-phenyl]-acrylsäure-methylester (E III **10** 2256) in Äther und Benzol und Erhitzen des Reaktionsprodukts mit wss. NaOH (*Farbw. Hoechst*, D.B.P. 849108 [1951]; D.R.B.P. Org. Chem. 1950–1951 **3** 86, 89; U.S.P. 2752358 [1952]).

Kristalle (aus A.); F: 139°.

(±)-3-[5-Chlor-2-methyl-indol-3-yl]-3-[3-methoxy-phenyl]-propionitril $C_{19}H_{17}ClN_2O$, Formel V (X = Cl).

B. Beim Erwärmen von 5-Chlor-2-methyl-indolylmagnesium-bromid mit 2-Cyan-3*t*(?)-[3-methoxy-phenyl]-acrylsäure-methylester (E III **10** 2256) in Äther und Benzol und Erhitzen des Reaktionsprodukts mit wss. NaOH (*Farbw. Hoechst*, D.B.P. 929065 [1952]; U.S.P. 2752358 [1952]).

Kristalle (aus A.); F: 144°. [*Kowol*]

Hydroxycarbonsäuren $C_nH_{2n-21}NO_3$

Hydroxycarbonsäuren $C_{16}H_{11}NO_3$

2-[4-Hydroxy-[2]chinolyl]-benzoesäure $C_{16}H_{11}NO_3$, Formel VI, und Tautomeres (2-[4-Oxo-1,4-dihydro-[2]chinolyl]-benzoesäure).

In einer von *Hope et al.* (Soc. **1933** 1000) als 2-[4-Oxo-1,4-dihydro-[2]chinolyl]-benzoesäure angesehenen Verbindung vom F: 237° hat vermutlich Spiro[indolin-2,3'-isochroman]-3,1'-dion vorgelegen (*de Diesbach et al.*, Helv. **31** [1948] 724, 728).

B. Aus Isoindolo[2,1-*a*]chinolin-5,11-dion beim Erwärmen mit methanol. KOH (*de Diesbach et al.*, Helv. **26** [1943] 1869, 1877).

Kristalle (aus wss. A.), die beim Erhitzen ohne Lösungsmittel oder in Nitrobenzol wieder in Isoindolo[2,1-*a*]chinolin-5,11-dion (F: 263°) übergehen (*de Di. et al.*, Helv. **26** 1877).

Überführung in ein Monomethyl-Derivat $C_{17}H_{13}NO_3$ (Kristalle [aus Me.]; F: 314°) mit Hilfe von Dimethylsulfat und wss. NaOH: *de Di. et al.*, Helv. **26** 1877.

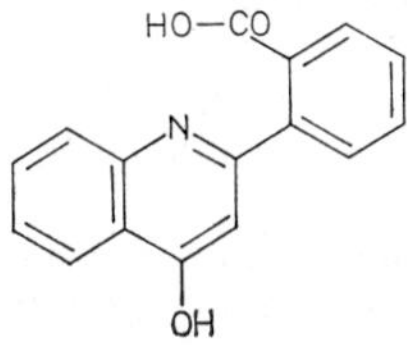

VI 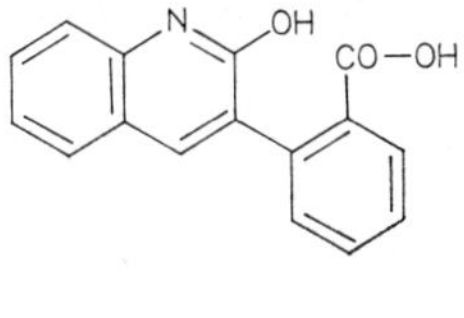 VII 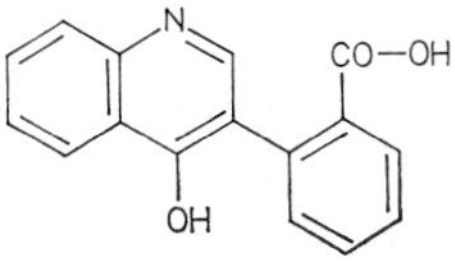 VIII

2-[2-Hydroxy-[3]chinolyl]-benzoesäure $C_{16}H_{11}NO_3$, Formel VII, und Tautomeres (2-[2-Oxo-1,2-dihydro-[3]chinolyl]-benzoesäure).

B. Beim Erwärmen von Isochromeno[3,4-*b*]chinolin-5-on mit wss. NaOH (*de Diesbach et al.*, Helv. **34** [1951] 1050, 1055).

Kristalle (aus A.); F: 282°.

2-[4-Hydroxy-[3]chinolyl]-benzoesäure $C_{16}H_{11}NO_3$, Formel VIII, und Tautomeres (2-[4-Oxo-1,4-dihydro-[3]chinolyl]-benzoesäure).

Ein Monomethyl-Derivat $C_{17}H_{13}NO_3$ dieser Verbindung (Kristalle [aus A.] mit 0,5 Mol H_2O; F: 189° [nach H_2O-Abgabe bei 130°]; ursprünglich irrtümlich als 2-[3-Hydroxy-[2]chinolyl]-benzoesäure-methylester angesehen) ist aus Iso⸗chromeno[4,3-*c*]chinolin-6-on (über die Konstitution dieser Verbindung s. *de Diesbach et al.*, Helv. **34** [1951] 1050, 1054) beim Erwärmen mit Dimethylsulfat und wss. NaOH erhalten worden (*de Diesbach et al.*, Helv. **17** [1934] 113, 124).

4-Hydroxy-2-phenyl-chinolin-3-carbonsäure $C_{16}H_{11}NO_3$, Formel IX (X = OH, X' = H), und Tautomeres (4-Oxo-2-phenyl-1,4-dihydro-chinolin-3-carbonsäure) (H 245).

B. Aus [α-Phenylimino-benzyl]-malonsäure-diäthylester beim längeren Behandeln mit konz. H_2SO_4 (*Shah, Heeramaneck*, Soc. **1936** 428). Beim Erwärmen von [4-Hydroxy-2-phenyl-[3]chinolyl]-glyoxal mit H_2O_2 und wss. Alkalilauge (*Singh, Nair*, J. scient. ind. Res. India **13** B [1954] 79; *Singh, Nair*, Am. Soc. **78** [1956] 6105, 6108).

Kristalle (aus A.); F: 230—232° [unkorr.; Zers.] (*Si., Nair*).

4-Hydroxy-2-phenyl-chinolin-3-carbonsäure-äthylester $C_{18}H_{15}NO_3$, Formel IX (X = O-C_2H_5, X' = H), und Tautomeres (4-Oxo-2-phenyl-1,4-dihydro-chinolin-3-carbonsäure-äthylester) (H 245; E II 182).

B. Aus [α-Phenylimino-benzyl]-malonsäure-diäthylester beim Erwärmen mit $POCl_3$ (*Shah, Heeramaneck*, Soc. **1936** 428) oder beim Behandeln mit Acetanhydrid und konz. H_2SO_4 (*Bangdiwala, Desai*, J. Indian chem. Soc. **31** [1954] 711, 714).

Kristalle; F: 261—262° [aus A., Eg. oder Nitrobenzol] (*Seka, Fuchs*, M. **57** [1931] 52, 58), 260—261° [aus A.] (*Ba., De.*, l. c. S. 712).

Beim Erwärmen mit amalgamiertem Zink und wss.-äthanol. HCl ist eine als 2-Phenyl-3,4-dihydro-chinolin-3-carbonsäure-äthylester $C_{18}H_{17}NO_2$ formulierte Verbindung (gelbliche Kristalle [aus wss. A.], Zers. bei 125°) erhalten worden (*Heeramaneck, Shah*, Pr. Indian Acad. [A] **5** [1937] 442, 444). Beim Erwärmen mit 1 Mol PCl_5 in Toluol und Behandeln des Reaktionsgemisches mit Eis wird nach *Heeramaneck, Shah* (l. c. S. 445) 4-Chlor-2-phenyl-chinolin-3-carbonsäure-äthylester (F: 101° bis 103°) erhalten; beim Erwärmen mit 1,5 Mol PCl_5 in Toluol und anschliessenden Abdestillieren des Toluols ist von *Żankowska-Jasińska et al.* (Roczniki Chem. **48** [1974] 2253, 2254) 4-Chlor-2-phenyl-chinolin-3-carbonylchlorid (F: 103°) erhalten worden. Beim Behandeln mit PCl_5 und $POCl_3$ und Erwärmen des Reaktionsprodukts mit $N_2H_4 \cdot H_2O$ ist eine Verbindung $C_{16}H_{11}N_3O$ (Kristalle [aus Nitrobenzol]; F: 317°), für die eine Formulierung als 4-Phenyl-1,2-dihydro-pyrazolo[4,3-*c*]chinolin-3-on in Betracht gezogen wurde, erhalten worden (*Seka, Fu.*, l. c. S. 62). Bildung von 3-Äthyl-4-oxo-2-phenyl-3,4-dihydro-chinolin-3-carbonsäure-äthylester (Syst.-Nr. 3366) beim Behandeln mit Äthyljodid und Natriumäthylat in Äthanol: *He., Shah*, l. c. S. 443.

Sulfat $C_{18}H_{15}NO_3 \cdot H_2SO_4$. Kristalle (aus wss. A.); F: 212—215° (*He., Shah*, l. c. S. 445).

Picrat $C_{18}H_{15}NO_3 \cdot C_6H_3N_3O_7$. Kristalle (aus A.); F: 247—250° (*He., Shah*, l. c. S. 445).

4-Hydroxy-2-phenyl-chinolin-3-carbonsäure-amid $C_{16}H_{12}N_2O_2$, Formel IX (X = NH_2, X' = H), und Tautomeres (4-Oxo-2-phenyl-1,4-dihydro-chinolin-3-carbonsäure-amid).

B. Beim Erhitzen von [α-Phenylimino-benzyl]-malonsäure-amid-anilid mit Polyphosphorsäure auf 130° (*Moszew, Zawrzykray*, Bl. Acad. polon. Ser. chim. **12** [1964] 517; Zesz. Uniw. Krakow Ser. chem. Nr. 9 [1964] 57, 62).

Kristalle (aus Me.); F: 259—260° [Zers.] (*Mo., Za.*).

Die Identität einer von *Seka, Fuchs* (M. **57** [1931] 52, 61) ebenfalls unter dieser Konstitution beschriebenen, aus 4-Hydroxy-2-phenyl-chinolin-3-carbonsäure-äthylester beim Behandeln mit PCl_5 und $POCl_3$ und Behandeln des Reaktionsprodukts mit konz. wss. NH_3 erhaltenen Verbindung vom F: 208° ist ungewiss (vgl. die Angaben im vorangehenden Artikel).

4-Hydroxy-2-phenyl-chinolin-3-carbonsäure-*p*-toluidid $C_{23}H_{18}N_2O_2$, Formel IX (X = NH-C_6H_4-CH_3(*p*), X' = H), und Tautomeres (4-Oxo-2-phenyl-1,4-dihydro-chinolin-3-carbonsäure-*p*-toluidid).

B. Beim Erhitzen von [α-Phenylimino-benzyl]-malonsäure-diäthylester oder von 4-Hydroxy-2-phenyl-chinolin-3-carbonsäure-äthylester mit *p*-Toluidin (*Shah, Heeramaneck*, Soc. **1936** 428).

Kristalle (aus A.); F: 255—257°.

5-Chlor-4-hydroxy-2-phenyl-chinolin-3-carbonsäure $C_{16}H_{10}ClNO_3$, Formel X (R = X' = H, X = Cl), und Tautomeres (5-Chlor-4-oxo-2-phenyl-1,4-dihydro-chinolin-3-carbonsäure).

B. Neben 7-Chlor-4-hydroxy-2-phenyl-chinolin-3-carbonsäure beim Behandeln von 2-Cyan-3-oxo-3-phenyl-propionsäure-äthylester mit 3-Chlor-anilin unter Zusatz von wss. HCl und Behandeln des Reaktionsprodukts mit Acetanhydrid und konz. H_2SO_4 (*Bangdiwala, Desai*, J. Indian chem. Soc. **31** [1954] 714).

Kristalle (aus A.); F: 242—245°.

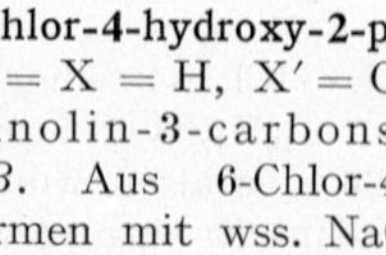

IX 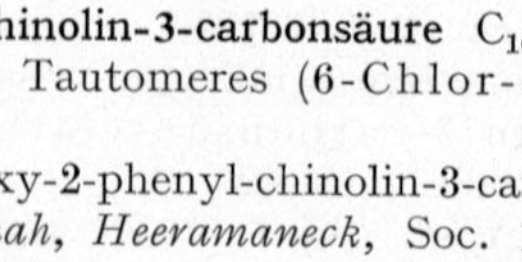 X 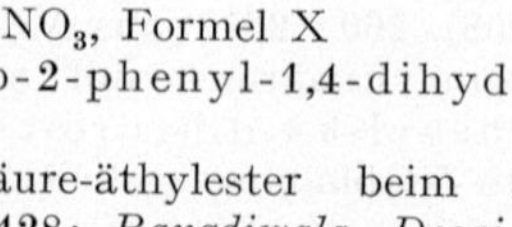 XI

6-Chlor-4-hydroxy-2-phenyl-chinolin-3-carbonsäure $C_{16}H_{10}ClNO_3$, Formel X (R = X = H, X' = Cl), und Tautomeres (6-Chlor-4-oxo-2-phenyl-1,4-dihydro-chinolin-3-carbonsäure).

B. Aus 6-Chlor-4-hydroxy-2-phenyl-chinolin-3-carbonsäure-äthylester beim Erwärmen mit wss. NaOH (*Shah, Heeramaneck*, Soc. **1936** 428; *Bangdiwala, Desai*, J. Indian chem. Soc. **31** [1954] 711).

Kristalle (aus A.); F: 301—302° [Zers.] (*Ba., De.*), 300° (*Shah, He.*).

6-Chlor-4-hydroxy-2-phenyl-chinolin-3-carbonsäure-äthylester $C_{18}H_{14}ClNO_3$, Formel X (R = C_2H_5, X = H, X' = Cl), und Tautomeres (6-Chlor-4-oxo-2-phenyl-1,4-dihydro-chinolin-3-carbonsäure-äthylester).

B. Aus [α-(4-Chlor-phenylimino)-benzyl]-malonsäure-diäthylester beim Erhitzen auf 190° (*Shah, Heeramaneck*, Soc. **1936** 430) oder beim Behandeln mit Acetanhydrid und

konz. H_2SO_4 (*Bangdiwala, Desai*, J. Indian chem. Soc. **31** [1954] 711).
Kristalle; F: 251—252° (*Shah, He.*), 250—252° [aus A.] (*Ba., De.*).

7-Chlor-4-hydroxy-2-phenyl-chinolin-3-carbonsäure $C_{16}H_{10}ClNO_3$, Formel XI (R = X' = H, X = Cl), und Tautomeres (7-Chlor-4-oxo-2-phenyl-1,4-dihydro-chinolin-3-carbonsäure).
B. Aus 7-Chlor-4-hydroxy-2-phenyl-chinolin-3-carbonsäure-äthylester beim Erwärmen mit wss. NaOH (*Elderfield et al.*, Am. Soc. **68** [1946] 1272, 1274). Eine weitere Bildung s. S. 2380 im Artikel 5-Chlor-4-hydroxy-2-phenyl-chinolin-3-carbonsäure.
Kristalle (aus Eg.); F: 350—352° (*Bangdiwala, Desai*, J. Indian chem. Soc. **31** [1954] 714).

7-Chlor-4-hydroxy-2-phenyl-chinolin-3-carbonsäure-äthylester $C_{18}H_{14}ClNO_3$, Formel XI (R = C_2H_5, X = Cl, X' = H), und Tautomeres (7-Chlor-4-oxo-2-phenyl-1,4-dihydro-chinolin-3-carbonsäure-äthylester).
B. Beim Erwärmen von *N*-[3-Chlor-phenyl]-benzimidoylchlorid mit der Natrium-Verbindung des Malonsäure-diäthylesters in Toluol und Erhitzen des Reaktionsprodukts auf 190° (*Elderfield et al.*, Am. Soc. **68** [1946] 1272, 1274; *Shah, Heeramaneck*, Soc. **1936** 428).
Kristalle (aus A.); F: 237—240° [korr.] (*El. et al.*), 234—237° (*Shah, He.*).

8-Chlor-4-hydroxy-2-phenyl-chinolin-3-carbonsäure $C_{16}H_{10}ClNO_3$, Formel XI (R = X = H, X' = Cl), und Tautomeres (8-Chlor-4-oxo-2-phenyl-1,4-dihydro-chinolin-3-carbonsäure).
B. Aus 8-Chlor-4-hydroxy-2-phenyl-chinolin-3-carbonsäure-äthylester beim Erwärmen mit wss. NaOH (*Shah, Heeramaneck*, Soc. **1936** 428).
F: 184—186°.

8-Chlor-4-hydroxy-2-phenyl-chinolin-3-carbonsäure-äthylester $C_{18}H_{14}ClNO_3$, Formel XI (R = C_2H_5, X = H, X' = Cl), und Tautomeres (8-Chlor-4-oxo-2-phenyl-1,4-dihydro-chinolin-3-carbonsäure-äthylester).
B. Aus [α-(2-Chlor-phenylimino)-benzyl]-malonsäure-diäthylester beim Erhitzen auf 190° (*Shah, Heeramaneck*, Soc. **1936** 428).
F: 155—156°.

2-[2-Chlor-phenyl]-4-hydroxy-chinolin-3-carbonsäure $C_{16}H_{10}ClNO_3$, Formel IX (X = OH, X' = Cl), und Tautomeres (2-[2-Chlor-phenyl]-4-oxo-1,4-dihydro-chinolin-3-carbonsäure).
B. Aus 2-[2-Chlor-phenyl]-4-hydroxy-chinolin-3-carbonsäure-äthylester beim Erwärmen mit wss. NaOH (*Shah, Heeramaneck*, Soc. **1936** 428).
Kristalle; F: 242—244°.

2-[2-Chlor-phenyl]-4-hydroxy-chinolin-3-carbonsäure-äthylester $C_{18}H_{14}ClNO_3$, Formel IX (X = O-C_2H_5, X' = Cl), und Tautomeres (2-[2-Chlor-phenyl]-4-oxo-1,4-dihydro-chinolin-3-carbonsäure-äthylester).
B. Beim Erhitzen von [2-Chlor-α-phenylimino-benzyl]-malonsäure-diäthylester auf 180—190° (*Shah, Heeramaneck*, Soc. **1936** 428).
Kristalle; F: 239—242°.

2-[3-Brom-phenyl]-4-hydroxy-chinolin-3-carbonsäure $C_{16}H_{10}BrNO_3$, Formel XII (R = X' = H, X = Br), und Tautomeres (2-[3-Brom-phenyl]-4-oxo-1,4-dihydro-chinolin-3-carbonsäure).
B. Aus 2-[3-Brom-phenyl]-4-hydroxy-chinolin-3-carbonsäure-äthylester beim Erwärmen mit äthanol. NaOH (*Kulkarni, Shah*, J. Indian chem. Soc. **26** [1949] 171, 173).
Kristalle (aus Eg.); F: 238—240° [Zers.].

2-[3-Brom-phenyl]-4-hydroxy-chinolin-3-carbonsäure-äthylester $C_{18}H_{14}BrNO_3$, Formel XII (R = C_2H_5, X = Br, X' = H), und Tautomeres (2-[3-Brom-phenyl]-4-oxo-1,4-dihydro-chinolin-3-carbonsäure-äthylester).
B. Beim Erhitzen von 3-Brom-*N*-phenyl-benzimidoylchlorid mit der Natrium-Ver-

bindung des Malonsäure-diäthylesters in Toluol und Erhitzen des Reaktionsprodukts unter vermindertem Druck auf 150—160° (*Kulkarni, Shah,* J. Indian chem. Soc. **26** [1949] 171, 173).

Kristalle (aus A.); F: 231—233°.

2-[4-Brom-phenyl]-4-hydroxy-chinolin-3-carbonsäure $C_{16}H_{10}BrNO_3$, Formel XII (R = X = H, X' = Br), und Tautomeres (2-[4-Brom-phenyl]-4-oxo-1,4-dihydro-chinolin-3-carbonsäure).

B. Beim Erwärmen von 2-[4-Brom-phenyl]-4-hydroxy-chinolin-3-carbonsäure-äthylester mit äthanol. NaOH (*Kulkarni, Shah,* J. Indian chem. Soc. **26** [1949] 171, 173).

Kristalle (aus Eg.); F: 277—280° [Zers.].

2-[4-Brom-phenyl]-4-hydroxy-chinolin-3-carbonsäure-äthylester $C_{18}H_{14}BrNO_3$, Formel XII (R = C_2H_5, X = H, X' = Br), und Tautomeres (2-[4-Brom-phenyl]-4-oxo-1,4-dihydro-chinolin-3-carbonsäure-äthylester).

B. Beim Erhitzen von 4-Brom-*N*-phenyl-benzimidoylchlorid mit der Natrium-Verbindung des Malonsäure-diäthylesters in Toluol und Erhitzen des Reaktionsprodukts unter vermindertem Druck auf 150—160° (*Kulkarni, Shah,* J. Indian chem. Soc. **26** [1949] 171, 173).

Kristalle (aus A.); F: 258—260°.

4-Hydroxy-6-nitro-2-phenyl-chinolin-3-carbonsäure $C_{16}H_{10}N_2O_5$, Formel X (R = X = H, X' = NO_2) auf S. 2380, und Tautomeres (6-Nitro-4-oxo-2-phenyl-1,4-dihydro-chinolin-3-carbonsäure).

B. Beim Erwärmen von 4-Hydroxy-6-nitro-2-phenyl-chinolin-3-carbonsäure-äthylester mit wss.-äthanol. NaOH (*Shah, Heeramaneck,* Soc. **1936** 428).

Gelbliche Kristalle (aus Eg.); F: 295—297°.

4-Hydroxy-6-nitro-2-phenyl-chinolin-3-carbonsäure-äthylester $C_{18}H_{14}N_2O_5$, Formel X (R = C_2H_5, X = H, X' = NO_2) auf S. 2380, und Tautomeres (6-Nitro-4-oxo-2-phenyl-1,4-dihydro-chinolin-3-carbonsäure-äthylester).

B. Aus [α-(4-Nitro-phenylimino)-benzyl]-malonsäure-diäthylester beim Erhitzen auf 180—190° (*Shah, Heeramaneck,* Soc. **1936** 428).

Kristalle; F: >300°.

4-Hydroxy-2-[4-nitro-phenyl]-chinolin-3-carbonsäure $C_{16}H_{10}N_2O_5$, Formel XII (R = X = H, X' = NO_2), und Tautomeres (2-[4-Nitro-phenyl]-4-oxo-1,4-dihydro-chinolin-3-carbonsäure).

B. Beim Erwärmen von 4-Hydroxy-2-[4-nitro-phenyl]-chinolin-3-carbonsäure-äthylester mit wss.-äthanol. NaOH (*Shah, Heeramaneck,* Soc. **1936** 428; *Elderfield et al.,* Am. Soc. **68** [1946] 1272, 1275).

Kristalle; F: 220° [korr.; Zers.] (*El. et al.*), 197—199° [Zers.; aus Eg.] (*Shah, He.*).

XII XIII XIV

4-Hydroxy-2-[4-nitro-phenyl]-chinolin-3-carbonsäure-äthylester $C_{18}H_{14}N_2O_5$, Formel XII (R = C_2H_5, X = H, X' = NO_2), und Tautomeres (2-[4-Nitro-phenyl]-4-oxo-1,4-dihydro-chinolin-3-carbonsäure-äthylester).

B. Aus [4-Nitro-α-phenylimino-benzyl]-malonsäure-diäthylester beim Erhitzen ohne Lösungsmittel auf 180—190° (*Shah, Heeramaneck,* Soc. **1936** 428) oder in einem Bi=

phenyl-Diphenyläther-Gemisch auf 270° (*Elderfield et al.*, Am. Soc. **68** [1946] 1272, 1275).

Kristalle (aus A.); F: 248–251° [korr.] (*El. et al.*), 239–241° (*Shah, He.*).

3-Hydroxy-2-phenyl-chinolin-4-carbonsäure, Oxycinchophen $C_{16}H_{11}NO_3$, Formel XIII (R = H) (H 245; E II 183).

B. Beim Erwärmen von Isatin mit Essigsäure-phenacylester in wss.-äthanol. NaOH (*Marshall, Blanchard*, J. Pharmacol. exp. Therap. **95** [1949] 185, 186; *Chemo Puro Mfg. Corp.*, U.S.P. 2749347 [1953]). Beim Erhitzen von Phenacylchlorid mit Kalium= acetat in Cymol auf 145° und Erwärmen des Reaktionsgemisches mit Isatin und wss. NaOH (*Riedel-de Haën*, D.B.P. 912219 [1951]). Beim Erwärmen von Isatin mit Phen= acylbromid und wss. KOH (*John*, J. pr. [2] **133** [1932] 259, 261).

λ_{max}: 258 nm, 313–317 nm und 362–363 nm [A.], 255–256 nm und 368–371 nm [wss. NaOH (0,001 n)], 356–357 nm [wss. HCl (0,001 n)] bzw. 251 nm und 397 nm [konz. H_2SO_4] (*Colonna*, R.A.L. [8] **11** [1951] 268, 271).

Silber-Salz $AgC_{16}H_{10}NO_3$. Hellbraune Kristalle; F: 221,5° [korr.; Zers.] (*Chemo Puro Mfg. Corp.*; *Kreysa et al.*, J. org. Chem. **20** [1955] 971).

2-Phenyl-3-propoxy-chinolin-4-carbonsäure $C_{19}H_{17}NO_3$, Formel XIII (R = CH_2-CH_2-CH_3).

B. Beim Erhitzen von 1-Phenyl-2-propoxy-äthanon mit Isatin und wss.-äthanol. KOH (*Henze et al.*, Am. Soc. **70** [1948] 2622).

Kristalle (aus wss. A. oder Acn.); F: 216°.

3-Isopropoxy-2-phenyl-chinolin-4-carbonsäure $C_{19}H_{17}NO_3$, Formel XIII (R = $CH(CH_3)_2$).

B. Beim Erhitzen von 2-Isopropoxy-1-phenyl-äthanon mit Isatin und wss.-äthanol. KOH (*Henze et al.*, Am. Soc. **70** [1948] 2622).

Kristalle (aus wss. A. oder Acn.); F: 210°.

3-Phenoxy-2-phenyl-chinolin-4-carbonsäure $C_{22}H_{15}NO_3$, Formel XIII (R = C_6H_5) (E II 184).

B. Beim Erhitzen von 2-Phenoxy-1-phenyl-äthanon mit Isatin und wss.-äthanol. KOH (*Royer, Bisagni*, Bl. **1959** 1468, 1473).

Gelbliche Kristalle (aus A.); F: 251–252° [vorgeheizter App.] bzw. Zers. <180° [bei langsamem Erhitzen].

3-[4-Isopropyl-3-methyl-phenoxy]-2-phenyl-chinolin-4-carbonsäure $C_{26}H_{23}NO_3$, Formel XIV (R = H, R' = $CH(CH_3)_2$), und **3-[2-Isopropyl-5-methyl-phenoxy]-2-phenyl-chinolin-4-carbonsäure** $C_{26}H_{23}NO_3$, Formel XIV (R = $CH(CH_3)_2$, R' = H).

Zwei Verbindungen (F: 235° bzw. F: 237°; die jeweilige Position der Isopropyl-Gruppe ist aufgrund eines Druckfehlers in der Originalarbeit nicht eindeutig festzulegen) sind aus 2-[4-Isopropyl-3-methyl-phenoxy]-1-phenyl-äthanon bzw. aus 2-[2-Isopropyl-5-methyl-phenoxy]-1-phenyl-äthanon beim Erwärmen mit Isatin und wss.-äthanol. KOH erhalten worden (*Royer, Bisagni*, Helv. **42** [1959] 2364, 2368).

3-[1]Naphthyloxy-2-phenyl-chinolin-4-carbonsäure $C_{26}H_{17}NO_3$, Formel I.

B. Beim Erwärmen von 2-[1]Naphthyloxy-1-phenyl-äthanon mit Isatin und wss.-äthanol. KOH (*Royer, Bisagni*, Helv. **42** [1959] 2364, 2368).

F: 300° [Zers.].

N O CO—OH

I

N O CO—OH

II

3-[2]Naphthyloxy-2-phenyl-chinolin-4-carbonsäure $C_{26}H_{17}NO_3$, Formel II.

B. Aus 2-[2]Naphthyloxy-1-phenyl-äthanon und Isatin beim Erwärmen in wss.-äthanol. KOH (*Royer, Bisagni*, Helv. **42** [1959] 2364, 2368).

F: 258° [Zers.].

3-[4-Carboxy-phenoxy]-2-phenyl-chinolin-4-carbonsäure $C_{23}H_{15}NO_5$, Formel III.

B. Beim Erhitzen von 4-Phenacyloxy-benzoesäure mit Isatin und wss.-äthanol. KOH (*Royer, Bisagni*, Bl. **1959** 1468, 1473).

Kristalle; unterhalb 300° nicht schmelzend.

3-Hydroxy-2-phenyl-chinolin-4-carbonsäure-methylester $C_{17}H_{13}NO_3$, Formel IV ($R = CH_3$).

B. Beim Erwärmen von 3-Hydroxy-2-phenyl-chinolin-4-carbonsäure mit Methanol und konz. H_2SO_4 (*Kreysa et al.*, J. org. Chem. **20** [1955] 971, 973; *Chemo Puro Mfg. Corp.*, U.S.P. 2749347 [1953]).

Hellgelbe Kristalle (aus A.); F: 104—105° [korr.].

3-Hydroxy-2-phenyl-chinolin-4-carbonsäure-äthylester $C_{18}H_{15}NO_3$, Formel IV ($R = C_2H_5$).

B. Aus 3-Hydroxy-2-phenyl-chinolin-4-carbonsäure beim Erwärmen mit Äthanol und konz. H_2SO_4 oder beim Behandeln des Silber-Salzes mit Äthylbromid in Benzol (*Kreysa et al.*, J. org. Chem. **20** [1955] 971, 973; *Chemo Puro Mfg. Corp.*, U.S.P. 2749347 [1953]).

Gelbe Kristalle (aus Ae. oder Bzl.); F: 110—111° [korr.].

3-Hydroxy-2-phenyl-chinolin-4-carbonsäure-propylester $C_{19}H_{17}NO_3$, Formel IV ($R = CH_2\text{-}CH_2\text{-}CH_3$).

B. Beim Erwärmen von 3-Hydroxy-2-phenyl-chinolin-4-carbonsäure mit Propan-1-ol und konz. H_2SO_4 (*Kreysa et al.*, J. org. Chem. **20** [1955] 971, 973; *Chemo Puro Mfg. Corp.*, U.S.P. 2749347 [1953]).

Gelbliche Kristalle (aus Ae.); F: 75,3—75,5°.

3-Hydroxy-2-phenyl-chinolin-4-carbonsäure-butylester $C_{20}H_{19}NO_3$, Formel IV ($R = [CH_2]_3\text{-}CH_3$).

B. Beim Erwärmen von 3-Hydroxy-2-phenyl-chinolin-4-carbonsäure mit Butan-1-ol und konz. H_2SO_4 (*Kreysa et al.*, J. org. Chem. **20** [1955] 971, 973; *Chemo Puro Mfg. Corp.*, U.S.P. 2749347 [1953]).

Hellgelbe Kristalle (aus A. + Acn.); F: 74,5°.

3-Hydroxy-2-phenyl-chinolin-4-carbonsäure-pentylester $C_{21}H_{21}NO_3$, Formel IV ($R = [CH_2]_4\text{-}CH_3$).

B. Beim Erwärmen von 3-Hydroxy-2-phenyl-chinolin-4-carbonsäure mit Pentan-1-ol und konz. H_2SO_4 (*Kreysa et al.*, J. org. Chem. **20** [1955] 971, 973; *Chemo Puro Mfg. Corp.*, U.S.P. 2749347 [1953]).

Gelbe Kristalle (aus A.); F: 73,5—74,0°.

6-Chlor-3-hydroxy-2-phenyl-chinolin-4-carbonsäure $C_{16}H_{10}ClNO_3$, Formel V ($X = Cl$, $X' = X'' = H$).

B. Beim Erwärmen von 5-Chlor-indolin-2,3-dion mit Phenacylbromid und wss. KOH (*John*, J. pr. [2] **133** [1932] 259, 262).

Gelbe Kristalle (aus wss. A.); F: 211°.

2-[4-Chlor-phenyl]-3-hydroxy-chinolin-4-carbonsäure $C_{16}H_{10}ClNO_3$, Formel V ($X = X' = H$, $X'' = Cl$).

B. Beim Erwärmen von Isatin mit 2-Brom-1-[4-chlor-phenyl]-äthanon und wss. KOH (*John*, J. pr. [2] **133** [1932] 259, 265).

Hellgelbe Kristalle (aus wss. A.); F: 169°.

6-Chlor-2-[4-chlor-phenyl]-3-hydroxy-chinolin-4-carbonsäure $C_{16}H_9Cl_2NO_3$, Formel V ($X = X'' = Cl$, $X' = H$).

B. Beim Erwärmen von 5-Chlor-indolin-2,3-dion mit 2-Brom-1-[4-chlor-phenyl]-

äthanon und wss. KOH (*John*, J. pr. [2] **133** [1932] 259, 268).
Gelbe Kristalle (aus wss. A.); F: 191°.

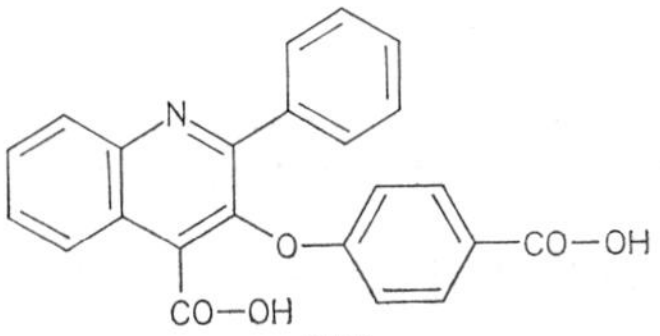

III 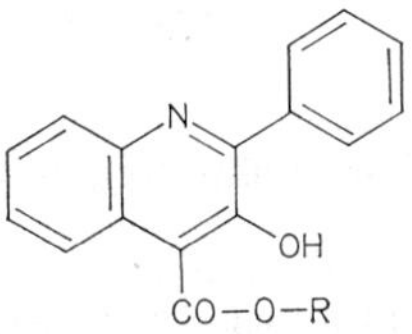 IV 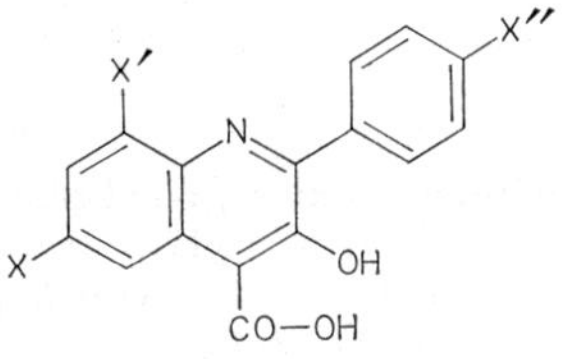 V

6-Brom-3-hydroxy-2-phenyl-chinolin-4-carbonsäure $C_{16}H_{10}BrNO_3$, Formel V (X = Br, X' = X'' = H).
B. Beim Erwärmen von 5-Brom-indolin-2,3-dion mit Phenacylbromid und wss. KOH (*John*, J. pr. [2] **133** [1932] 259, 262).
Gelbe Kristalle (aus Me.); F: 185°.

2-[4-Brom-phenyl]-3-hydroxy-chinolin-4-carbonsäure $C_{16}H_{10}BrNO_3$, Formel V (X = X' = H, X'' = Br).
B. Beim Erwärmen von Isatin mit 2-Brom-1-[4-brom-phenyl]-äthanon und wss. KOH (*John*, J. pr. [2] **133** [1932] 259, 265).
Kristalle (aus Ae.); F: 152°.

6,8-Dibrom-3-hydroxy-2-phenyl-chinolin-4-carbonsäure $C_{16}H_9Br_2NO_3$, Formel V (X = X' = Br, X'' = H).
B. Beim Erwärmen von 5,7-Dibrom-indolin-2,3-dion mit Phenacylbromid und wss. KOH (*John*, J. pr. [2] **133** [1932] 259, 264).
Kristalle (aus Me.); F: 187°.

6-Brom-2-[4-brom-phenyl]-3-hydroxy-chinolin-4-carbonsäure $C_{16}H_9Br_2NO_3$, Formel V (X = X'' = Br, X' = H).
B. Beim Erwärmen von 5-Brom-indolin-2,3-dion mit 2-Brom-1-[4-brom-phenyl]-äthanon und wss. KOH (*John*, J. pr. [2] **133** [1932] 259, 269).
Kristalle (aus A.); F: 220°.

6,8-Dibrom-2-[4-brom-phenyl]-3-hydroxy-chinolin-4-carbonsäure $C_{16}H_8Br_3NO_3$, Formel V (X = X' = X'' = Br).
B. Beim Erwärmen von 5,7-Dibrom-indolin-2,3-dion mit 2-Brom-1-[4-brom-phenyl]-äthanon und wss. KOH (*John*, J. pr. [2] **133** [1932] 259, 271).
Kristalle (aus A.); F: 208°.

3-Hydroxy-6-jod-2-phenyl-chinolin-4-carbonsäure $C_{16}H_{10}INO_3$, Formel V (X = I, X' = X'' = H).
B. Beim Erwärmen von 5-Jod-indolin-2,3-dion mit Phenacylbromid und wss. KOH (*John*, J. pr. [2] **133** [1932] 259, 263).
Orangefarbene Kristalle (aus A.); F: 195°.

3-Hydroxy-2-[4-jod-phenyl]-chinolin-4-carbonsäure $C_{16}H_{10}INO_3$, Formel V (X = X' = H, X'' = I).
B. Beim Erwärmen von Isatin mit 2-Brom-1-[4-jod-phenyl]-äthanon und wss. KOH (*John*, J. pr. [2] **133** [1932] 259, 266).
Orangefarbene Kristalle (aus A.); F: 161°.

2-[4-Chlor-phenyl]-3-hydroxy-6-jod-chinolin-4-carbonsäure $C_{16}H_9ClINO_3$, Formel V (X = I, X' = H, X'' = Cl).
B. Beim Erwärmen von 5-Jod-indolin-2,3-dion mit 2-Brom-1-[4-chlor-phenyl]-äthanon und wss. KOH (*John*, J. pr. [2] **133** [1932] 259, 269).
Gelbe Kristalle (aus A.); F: 228°.

2-[4-Brom-phenyl]-3-hydroxy-6-jod-chinolin-4-carbonsäure $C_{16}H_9BrINO_3$, Formel V (X = I, X′ = H, X″ = Br).

B. Beim Erwärmen von 5-Jod-indolin-2,3-dion mit 2-Brom-1-[4-brom-phenyl]-äthanon und wss. KOH (*John*, J. pr. [2] **133** [1932] 259, 270).

Kristalle (aus wss. A.); F: 240°.

3-Hydroxy-6-jod-2-[4-jod-phenyl]-chinolin-4-carbonsäure $C_{16}H_9I_2NO_3$, Formel V (X = X″ = I, X′ = H).

B. Beim Erwärmen von 5-Jod-indolin-2,3-dion mit 2-Brom-1-[4-jod-phenyl]-äthanon und wss. KOH (*John*, J. pr. [2] **133** [1932] 259, 269).

Kristalle (aus A.); F: 182°.

6-Hydroxy-2-phenyl-chinolin-4-carbonsäure $C_{16}H_{11}NO_3$, Formel VI (R = R′ = H) (H 245; E II 184).

B. Beim Erwärmen von 4-Benzylidenamino-phenol mit Brenztraubensäure in Äthanol (*John*, J. pr. [2] **130** [1931] 304, 305). Aus 6-Methoxy-2-phenyl-chinolin-4-carbonsäure beim Erhitzen mit wss. HBr (*Schneider, Pothmann*, B. **74** [1941] 471, 482) oder mit wss. HI (*John*).

6-Methoxy-2-phenyl-chinolin-4-carbonsäure $C_{17}H_{13}NO_3$, Formel VI (R = H, R′ = CH_3) (H 246; E II 184).

B. Beim Erwärmen von Benzaldehyd-[4-methoxy-phenylimin] mit Brenztrauben-säure in Äthanol (*John*, J. pr. [2] **130** [1931] 314).

Beim Behandeln mit KNO_3 und H_2SO_4 sind ein Mononitro-Derivat $C_{17}H_{12}N_2O_5$ (F: 250—251° [Zers.]; vgl. E II 184) und geringe Mengen eines Dinitro-Derivats $C_{17}H_{11}N_3O_7$ (F: 273—275° [Zers.]) erhalten worden (*Martin*, Iowa Coll. J. **21** [1946] 38, 40).

6-Äthoxy-2-phenyl-chinolin-4-carbonsäure $C_{18}H_{15}NO_3$, Formel VI (R = H, R′ = C_2H_5).

B. Beim Erwärmen von Benzaldehyd-[4-äthoxy-phenylimin] mit Brenztraubensäure in Äthanol (*John*, J. pr. [2] **130** [1931] 332).

Hellgelbe Kristalle (aus A. oder Bzl.); F: 203°.

6-[2-Hydroxy-äthoxy]-2-phenyl-chinolin-4-carbonsäure $C_{18}H_{15}NO_4$, Formel VI (R = H, R′ = CH_2-CH_2-OH).

B. Beim Erwärmen von 2-[4-Amino-phenoxy]-äthanol mit Benzaldehyd in Äthanol und anschliessend mit Brenztraubensäure (*Schering-Kahlbaum A. G.*, D.R.P. 600294 [1933]; Frdl. **21** 545; U.S.P. 2064297 [1934]).

Hellbraunes Pulver (aus A.); F: 198°.

2-Phenyl-6-[2-piperidino-äthoxy]-chinolin-4-carbonsäure $C_{23}H_{24}N_2O_3$, Formel VII.

B. Beim Erwärmen von 4-[2-Piperidino-äthoxy]-anilin-hydrochlorid mit Benzaldehyd in Äthanol und anschliessend mit Brenztraubensäure (*CIBA*, D.R.P. 547082 [1930]; Frdl. **18** 2744).

Kristalle (aus A.); F: 220—221°.

R′—O … N … CO—O—R
VI

N—CH₂—CH₂—O … N … CO—OH
VII

6-Hydroxy-2-phenyl-chinolin-4-carbonsäure-methylester $C_{17}H_{13}NO_3$, Formel VI (R = CH_3, R′ = H) (H 246).

B. Beim Erwärmen von 6-Hydroxy-2-phenyl-chinolin-4-carbonsäure mit Methanol und konz. H_2SO_4 (*John*, J. pr. [2] **130** [1931] 304, 307).

Kristalle; F: 183° [aus Bzl.] (*John*), 166—167° [aus wss. Me.] (*Zisin, Rubzow*, Chimija geterocikl. Soedin. **1969** 687, 689; engl. Ausg. S. 509).

6-Äthoxy-2-phenyl-chinolin-4-carbonsäure-methylester $C_{19}H_{17}NO_3$, Formel VI (R = CH_3, R' = C_2H_5).

B. Beim Erwärmen von 6-Äthoxy-2-phenyl-chinolin-4-carbonsäure mit Methanol und konz. H_2SO_4 (*John*, J. pr. [2] **130** [1931] 332, 333).

Kristalle (aus Toluol oder A.); F: 118°.

6-Hydroxy-2-phenyl-chinolin-4-carbonsäure-äthylester $C_{18}H_{15}NO_3$, Formel VI (R = C_2H_5, R' = H).

B. Beim Erwärmen von 6-Hydroxy-2-phenyl-chinolin-4-carbonsäure mit Äthanol und konz. H_2SO_4 (*John*, J. pr. [2] **130** [1931] 304, 307).

Hellgelbe Kristalle (aus Bzl.); F: 176°.

6-Methoxy-2-phenyl-chinolin-4-carbonsäure-äthylester $C_{19}H_{17}NO_3$, Formel VI (R = C_2H_5, R' = CH_3) (H 246).

B. Beim Erwärmen von 5-Methoxy-indolin-2,3-dion mit Acetophenon und wss.-äthanol. KOH (*Fourneau et al.*, Ann. Inst. Pasteur **44** [1930] 719, 730). Aus 6-Methoxy-2-phenyl-chinolin-4-carbonsäure beim Erwärmen mit Äthanol und H_2SO_4 (*John*, J. pr. [2] **130** [1931] 314, 318; *Fo. et al.*) sowie beim Erwärmen des Kalium-Salzes mit Äthyljodid in Äthanol oder beim Erwärmen des Säurechlorids mit Äthanol (*John*, l. c. S. 317, 319).

Gelbe Kristalle (aus A.); F: 110° (*Fo. et al.*), 106° (*John*).

6-Methoxy-2-phenyl-chinolin-4-carbonsäure-[2-chlor-äthylester] $C_{19}H_{16}ClNO_3$, Formel VI (R = CH_2-CH_2-Cl, R' = CH_3).

B. Beim Erhitzen von 6-Methoxy-2-phenyl-chinolin-4-carbonylchlorid mit 2-Chlor-äthanol (*John*, J. pr. [2] **130** [1931] 289, 291).

Gelbe Kristalle (aus Me.); F: 98°.

6-Äthoxy-2-phenyl-chinolin-4-carbonsäure-äthylester $C_{20}H_{19}NO_3$, Formel VI (R = R' = C_2H_5) (E II 184).

B. Beim Erwärmen von 6-Äthoxy-2-phenyl-chinolin-4-carbonsäure mit Äthanol und konz. H_2SO_4 (*John*, J. pr. [2] **130** [1931] 332, 334).

Kristalle (aus Toluol oder A.); F: 114°.

6-Methoxy-2-phenyl-chinolin-4-carbonsäure-propylester $C_{20}H_{19}NO_3$, Formel VI (R = CH_2-CH_2-CH_3, R' = CH_3).

B. Aus 6-Methoxy-2-phenyl-chinolin-4-carbonylchlorid und Propan-1-ol (*John*, J. pr. [2] **130** [1931] 314, 319).

Kristalle (aus Ae. oder Propan-1-ol + Me.); F: 85°.

6-Methoxy-2-phenyl-chinolin-4-carbonsäure-isopropylester $C_{20}H_{19}NO_3$, Formel VI (R = $CH(CH_3)_2$, R' = CH_3).

B. Aus 6-Methoxy-2-phenyl-chinolin-4-carbonylchlorid und Isopropylalkohol (*John*, J. pr. [2] **130** [1931] 314, 320).

Kristalle (aus Isopropylalkohol); F: 80°.

(±)-6-Methoxy-2-phenyl-chinolin-4-carbonsäure-[2,3-dihydroxy-propylester], (±)-*O*¹-[6-Methoxy-2-phenyl-chinolin-4-carbonyl]-glycerin $C_{20}H_{19}NO_5$, Formel VI (R = CH_2-CH(OH)-CH_2-OH, R' = CH_3).

B. Beim Erwärmen von 6-Methoxy-2-phenyl-chinolin-4-carbonsäure mit Glycerin und konz. H_2SO_4 (*John*, D.B.P. 626355 [1933]; Frdl. **22** 480; U.S.P. 2079318 [1934]). Aus 6-Methoxy-2-phenyl-chinolin-4-carbonylchlorid und Glycerin (*John*). Aus dem Kalium-Salz der 6-Methoxy-2-phenyl-chinolin-4-carbonsäure und (±)-3-Chlor-propan-1,2-diol (*John*).

F: 167°.

1,3-Bis-[6-methoxy-2-phenyl-chinolin-4-carbonyloxy]-propan-2-ol, *O*¹,*O*³-Bis-[6-meth= oxy-2-phenyl-chinolin-4-carbonyl]-glycerin $C_{37}H_{30}N_2O_7$, Formel VIII.

B. Beim Erhitzen des Kalium-Salzes der 6-Methoxy-2-phenyl-chinolin-4-carbonsäure [Überschuss] mit 1,3-Dichlor-propan-2-ol auf 170° (*John*, D.R.P. 626355 [1933]; Frdl.

22 480; U.S.P. 2079318 [1934]).
F: 92–94°.

6-Methoxy-2-phenyl-chinolin-4-carbonsäure-[2-diäthylamino-äthylester] $C_{23}H_{26}N_2O_3$, Formel VI (R = CH_2-CH_2-$N(C_2H_5)_2$, R′ = CH_3) auf S. 2386.

B. Beim Erhitzen von 6-Methoxy-2-phenyl-chinolin-4-carbonsäure-[2-chlor-äthylester] mit Diäthylamin (*John*, J. pr. [2] **130** [1931] 289, 292).
Kristalle (aus PAe. oder wss. Ae.); F: 78°.

6-Methoxy-2-phenyl-chinolin-4-carbonylchlorid $C_{17}H_{12}ClNO_2$, Formel IX (R = CH_3, X = Cl).

B. Beim Erwärmen von 6-Methoxy-2-phenyl-chinolin-4-carbonsäure mit $SOCl_2$ (*John*, J. pr. [2] **130** [1931] 314, 316).
Orangegelbe Kristalle; F: 237°.

6-Methoxy-2-phenyl-chinolin-4-carbonsäure-amid $C_{17}H_{14}N_2O_2$, Formel IX (R = CH_3, X = NH_2).

B. Aus 6-Methoxy-2-phenyl-chinolin-4-carbonylchlorid beim Behandeln mit konz. wss. NH_3 (*John*, J. pr. [2] **130** [1931] 314, 316).
Kristalle (aus Bzl. + Me. oder A.); F: 246°.

6-Methoxy-2-phenyl-chinolin-4-carbonsäure-diäthylamid $C_{21}H_{22}N_2O_2$, Formel IX (R = CH_3, X = $N(C_2H_5)_2$).

B. Beim Erwärmen von 6-Methoxy-2-phenyl-chinolin-4-carbonylchlorid mit Diäthylamin in Benzol (*John*, J. pr. [2] **130** [1931] 293, 301).
Kristalle (aus A.); F: 163°.
Picrat. Gelbe Kristalle (aus A.); F: 141°.

6-Methoxy-2-phenyl-chinolin-4-carbonsäure-[2-hydroxy-äthylamid] $C_{19}H_{18}N_2O_3$, Formel IX (R = CH_3, X = NH-CH_2-CH_2-OH).

B. Aus 6-Methoxy-2-phenyl-chinolin-4-carbonylchlorid und 2-Amino-äthanol (*John*, J. pr. [2] **130** [1931] 293, 296).
Kristalle (aus Xylol); F: 243°.

6-Methoxy-2-phenyl-chinolin-4-carbonsäure-*p*-phenetidid $C_{25}H_{22}N_2O_3$, Formel IX (R = CH_3, X = NH-C_6H_4-O-C_2H_5(*p*)).

B. Beim Erwärmen von 6-Methoxy-2-phenyl-chinolin-4-carbonylchlorid mit *p*-Phenetidin und *N,N*-Diäthyl-anilin in Benzol (*John*, J. pr. [2] **130** [1931] 293, 302).
Kristalle (aus Toluol oder Me.); F: 230°.

[6-Methoxy-2-phenyl-chinolin-4-carbonyl]-harnstoff, 6-Methoxy-2-phenyl-chinolin-4-carbonsäure-ureid $C_{18}H_{15}N_3O_3$, Formel IX (R = CH_3, X = NH-CO-NH_2).

B. Beim Erhitzen von 6-Methoxy-2-phenyl-chinolin-4-carbonylchlorid mit Harnstoff [1 Mol] (*John*, J. pr. [2] **130** [1931] 293, 295).
Kristalle (aus Eg.); F: 245°.

***N,N′*-Bis-[6-methoxy-2-phenyl-chinolin-4-carbonyl]-harnstoff** $C_{35}H_{26}N_4O_5$, Formel X.

B. Neben [6-Methoxy-2-phenyl-chinolin-4-carbonyl]-harnstoff beim Erhitzen von

6-Methoxy-2-phenyl-chinolin-4-carbonylchlorid mit Harnstoff [0,5 Mol] (*John*, J. pr. [2] **130** [1931] 293, 299).
Kristalle (aus Me.); F: 181°.

X

6-Methoxy-2-phenyl-chinolin-4-carbonsäure-[2-amino-äthylamid] $C_{19}H_{19}N_3O_2$, Formel IX ($R = CH_3$, $X = NH\text{-}CH_2\text{-}CH_2\text{-}NH_2$).
B. Beim Erwärmen von 6-Methoxy-2-phenyl-chinolin-4-carbonylchlorid mit Äthylendiamin [1 Mol] in Benzol (*John*, J. pr. [2] **130** [1931] 293, 297).
Kristalle (aus A.); F: 105°.

***N,N'*-Bis-[6-methoxy-2-phenyl-chinolin-4-carbonyl]-äthylendiamin** $C_{36}H_{30}N_4O_4$, Formel XI.
B. Beim Erwärmen von 6-Methoxy-2-phenyl-chinolin-4-carbonylchlorid mit Äthylendiamin [0,5 Mol] in Benzol (*John*, J. pr. [2] **130** [1931] 293, 300).
Kristalle (aus Chlorbenzol und Nitrobenzol); F: $>300°$.

6-Methoxy-2-phenyl-chinolin-4-carbonsäure-[3-diäthylamino-propylamid] $C_{24}H_{29}N_3O_2$, Formel IX ($R = CH_3$, $X = NH\text{-}[CH_2]_3\text{-}N(C_2H_5)_2$).
B. Beim Erhitzen von 6-Methoxy-2-phenyl-chinolin-4-carbonsäure-äthylester mit *N,N*-Diäthyl-propandiyldiamin (*Tarbell et al.*, Am. Soc. **67** [1945] 1582, 1583).
Kristalle (aus wss. A.); F: 114—115°.

6-Äthoxy-2-phenyl-chinolin-4-carbonsäure-[2-diäthylamino-äthylamid] $C_{24}H_{29}N_3O_2$, Formel IX ($R = C_2H_5$, $X = NH\text{-}CH_2\text{-}CH_2\text{-}N(C_2H_5)_2$).
B. Aus 6-Äthoxy-2-phenyl-chinolin-4-carbonsäure und *NN*,-Diäthyl-äthylendiamin bei 220° (*CIBA*, Schweiz. P. 139418 [1927]; D.R.P. 540697 [1925]; Frdl. **18** 2741).
Kristalle (aus E. oder Ae.); F: 127—128°.

6-Hydroxy-2-phenyl-chinolin-4-carbonsäure-hydrazid $C_{16}H_{13}N_3O_2$, Formel IX ($R = H$, $X = NH\text{-}NH_2$).
B. Beim Erwärmen von 6-Hydroxy-2-phenyl-chinolin-4-carbonsäure-äthylester mit $N_2H_4 \cdot H_2O$ (*John*, J. pr. [2] **130** [1931] 304, 308).
Gelbe Kristalle (aus Amylalkohol); F: 242°.
Überführung in 6-Hydroxy-2-phenyl-chinolin-4-carbonylazid $C_{16}H_{10}N_4O_2$ (rotgelbe Kristalle; Zers. bei 100°) durch Behandeln mit $NaNO_2$ und wss. HCl: *John*, l. c. S. 310.

6-Hydroxy-2-phenyl-chinolin-4-carbonsäure-isopropylidenhydrazid, Aceton-[6-hydroxy-2-phenyl-chinolin-4-carbonylhydrazon] $C_{19}H_{17}N_3O_2$, Formel IX ($R = H$, $X = NH\text{-}N{=}C(CH_3)_2$).
B. Beim Erwärmen von 6-Hydroxy-2-phenyl-chinolin-4-carbonsäure-hydrazid (s. o.) mit Aceton (*John*, J. pr. [2] **130** [1931] 304, 309).
Gelbe Kristalle; F: 218°.

***6-Hydroxy-2-phenyl-chinolin-4-carbonsäure-benzylidenhydrazid, Benzaldehyd-[6-hydroxy-2-phenyl-chinolin-4-carbonylhydrazon]** $C_{23}H_{17}N_3O_2$, Formel IX ($R = H$, $X = NH\text{-}N{=}CH\text{-}C_6H_5$).
B. Beim Erwärmen von 6-Hydroxy-2-phenyl-chinolin-4-carbonsäure-hydrazid (s. o.)

mit Benzaldehyd in Äthanol (*John*, J. pr. [2] **130** [1931] 304, 309).
Gelbe Kristalle; F: 287°.

6-Methoxy-2-phenyl-chinolin-4-carbonsäure-hydrazid $C_{17}H_{15}N_3O_2$, Formel IX (R = CH_3, X = NH-NH_2) auf S. 2388.
B. Beim Erwärmen von 6-Methoxy-2-phenyl-chinolin-4-carbonsäure-äthylester mit $N_2H_4 \cdot H_2O$ (*John*, J. pr. [2] **130** [1931] 314, 320).
Kristalle (aus A. oder Toluol); F: 200°.
Überführung in 6-Methoxy-2-phenyl-chinolin-4-carbonylazid $C_{17}H_{12}N_4O_2$ (orangegelber Niederschlag) durch Behandeln mit $NaNO_2$ und wss. HCl: *John*, l. c. S. 322.

***6-Methoxy-2-phenyl-chinolin-4-carbonsäure-benzylidenhydrazid, Benzaldehyd-[6-methoxy-2-phenyl-chinolin-4-carbonylhydrazon]** $C_{24}H_{19}N_3O_2$, Formel IX (R = CH_3, X = NH-N=CH-C_6H_5) auf S. 2388.
B. Beim Erwärmen von 6-Methoxy-2-phenyl-chinolin-4-carbonsäure-hydrazid (s. o.) mit Benzaldehyd in Äthanol (*John*, J. pr. [2] **130** [1931] 314, 321).
Kristalle (aus A.); F: 223°.

***6-Methoxy-2-phenyl-chinolin-4-carbonsäure-[1-phenyl-äthylidenhydrazid], Acetophenon-[6-methoxy-2-phenyl-chinolin-4-carbonylhydrazon]** $C_{25}H_{21}N_3O_2$, Formel IX (R = CH_3, X = NH-N=C(CH_3)-C_6H_5) auf S. 2388.
B. Beim Erwärmen von 6-Methoxy-2-phenyl-chinolin-4-carbonsäure-hydrazid (s. o.) mit Acetophenon in Äthanol (*John*, J. pr. [2] **130** [1931] 314, 322).
Kristalle (aus A.); F: 218°.

6-Äthoxy-2-phenyl-chinolin-4-carbonsäure-hydrazid $C_{18}H_{17}N_3O_2$, Formel IX (R = C_2H_5, X = NH-NH_2) auf S. 2388.
B. Beim Erwärmen von 6-Äthoxy-2-phenyl-chinolin-4-carbonsäure-äthylester mit $N_2H_4 \cdot H_2O$ (*John*, J. pr. [2] **130** [1931] 332, 335).
Kristalle (aus Chlorbenzol oder A.); F: 195°.
Überführung in 6-Äthoxy-2-phenyl-chinolin-4-carbonylazid $C_{18}H_{14}N_4O_2$ (hellgelb; Zers. bei 108°) durch Behandeln mit $NaNO_2$ und wss. HCl: *John*, l. c. S. 336.

6-Äthoxy-2-phenyl-chinolin-4-carbonsäure-isopropylidenhydrazid, Aceton-[6-äthoxy-2-phenyl-chinolin-4-carbonylhydrazon] $C_{21}H_{21}N_3O_2$, Formel IX (R = C_2H_5, X = NH-N=C(CH_3)$_2$) auf S. 2388.
B. Beim Erwärmen von 6-Äthoxy-2-phenyl-chinolin-4-carbonsäure-hydrazid mit Aceton (*John*, J. pr. [2] **130** [1931] 332, 335).
Kristalle (aus A.); F: 183°.

***6-Äthoxy-2-phenyl-chinolin-4-carbonsäure-benzylidenhydrazid, Benzaldehyd-[6-äthoxy-2-phenyl-chinolin-4-carbonylhydrazon]** $C_{25}H_{21}N_3O_2$, Formel IX (R = C_2H_5, X = NH-N=CH-C_6H_5) auf S. 2388.
B. Beim Erwärmen von 6-Äthoxy-2-phenyl-chinolin-4-carbonsäure-hydrazid mit Benzaldehyd in Äthanol (*John*, J. pr. [2] **130** [1931] 332, 336).
Kristalle (aus $CHCl_3$); F: 218°.

XI

XII

7-Chlor-6-methoxy-2-phenyl-chinolin-4-carbonsäure $C_{17}H_{12}ClNO_3$, Formel XII (X = OH, X' = Cl, X'' = H).

B. Neben 1-[3-Chlor-4-methoxy-phenyl]-3-[3-chlor-4-methoxy-phenylimino]-5-phenyl-pyrrolidin-2-on beim Erwärmen von Benzaldehyd mit 3-Chlor-4-methoxy-anilin und Brenztraubensäure in Äthanol (*Lutz et al.*, Am. Soc. **68** [1946] 1813, 1814, 1816).

F: 267—272° [korr.].

7-Chlor-6-methoxy-2-phenyl-chinolin-4-carbonsäure-methylester $C_{18}H_{14}ClNO_3$, Formel XII (X = O-CH_3, X' = Cl, X'' = H).

B. Aus 7-Chlor-6-methoxy-2-phenyl-chinolin-4-carbonylchlorid und Methanol (*Lutz et al.*, Am. Soc. **68** [1946] 1813, 1816, 1817).

Kristalle (aus Me.); F: 192—193° [korr.].

7-Chlor-6-methoxy-2-phenyl-chinolin-4-carbonylchlorid $C_{17}H_{11}Cl_2NO_2$, Formel XII (X = X' = Cl, X'' = H).

Hydrochlorid $C_{17}H_{11}Cl_2NO_2 \cdot HCl$. *B.* Aus 7-Chlor-6-methoxy-2-phenyl-chinolin-4-carbonsäure beim Erwärmen mit $SOCl_2$ (*Lutz et al.*, Am. Soc. **68** [1946] 1813, 1817). – Orangefarbene Kristalle (aus $SOCl_2$); F: 194—198° [korr.].

2-[4-Chlor-phenyl]-6-methoxy-chinolin-4-carbonsäure $C_{17}H_{12}ClNO_3$, Formel XII (X = OH, X' = H, X'' = Cl).

B. Beim Erwärmen von 4-Chlor-benzaldehyd mit *p*-Anisidin und Brenztraubensäure in Äthanol (*Lutz et al.*, Am. Soc. **68** [1946] 1813, 1815, 1816).

Kristalle (aus A.); F: 269—272° [korr.].

2-[4-Chlor-phenyl]-6-methoxy-chinolin-4-carbonylchlorid $C_{17}H_{11}Cl_2NO_2$, Formel XII (X = X'' = Cl, X' = H).

Hydrochlorid $C_{17}H_{11}Cl_2NO_2 \cdot HCl$. *B.* Beim Erwärmen von 2-[4-Chlor-phenyl]-6-methoxy-chinolin-4-carbonsäure mit $SOCl_2$ (*Lutz et al.*, Am. Soc. **68** [1946] 1813, 1817). – Kristalle (aus $SOCl_2$); F: 166—169° [korr.].

7-Chlor-2-[4-chlor-phenyl]-6-methoxy-chinolin-4-carbonsäure $C_{17}H_{11}Cl_2NO_3$, Formel XII (X = OH, X' = X'' = Cl).

B. Neben 1-[3-Chlor-4-methoxy-phenyl]-3-[3-chlor-4-methoxy-phenylimino]-5-[4-chlor-phenyl]-pyrrolidin-2-on beim Erwärmen von 4-Chlor-benzaldehyd mit 3-Chlor-4-methoxy-anilin und Brenztraubensäure in Äthanol (*Lutz et al.*, Am. Soc. **68** [1946] 1813, 1814, 1816).

Kristalle (aus A.); F: 284—286° [korr.].

7-Chlor-2-[4-chlor-phenyl]-6-methoxy-chinolin-4-carbonsäure-äthylester $C_{19}H_{15}Cl_2NO_3$, Formel XII (X = O-C_2H_5, X' = X'' = Cl).

B. Aus 7-Chlor-2-[4-chlor-phenyl]-6-methoxy-chinolin-4-carbonylchlorid beim Erwärmen mit Äthanol (*Lutz et al.*, Am. Soc. **68** [1946] 1813, 1816).

Kristalle (aus A.); F: 146—148° [korr.].

7-Chlor-2-[4-chlor-phenyl]-6-methoxy-chinolin-4-carbonylchlorid $C_{17}H_{10}Cl_3NO_2$, Formel XII (X = X' = X'' = Cl).

B. Beim Erwärmen von 7-Chlor-2-[4-chlor-phenyl]-6-methoxy-chinolin-4-carbonsäure mit $SOCl_2$ (*Lutz et al.*, Am. Soc. **68** [1946] 1813, 1817).

Kristalle (aus Toluol); F: 243—245° [korr.].

6-Methoxy-8-nitro-2-phenyl-chinolin-4-carbonsäure-äthylester $C_{19}H_{16}N_2O_5$, Formel XIII (R = C_2H_5, X = NO_2, X' = H).

B. Beim Erwärmen von 4-Methoxy-2-nitro-anilin mit Benzaldehyd, konz. H_2SO_4, Essigsäure und Brenztraubensäure und Behandeln der erhaltenen 6-Methoxy-8-nitro-2-phenyl-chinolin-4-carbonsäure mit Äthanol und H_2SO_4 (*Buchman et al.*, Am. Soc. **69** [1947] 380, 383).

Kristalle (aus Butanon); F: 160—160,5°. Absorptionsspektrum (A.; 220—460 nm): *Bu. et al.*, l. c. S. 381.

6-Methoxy-2-[3-nitro-phenyl]-chinolin-4-carbonsäure $C_{17}H_{12}N_2O_5$, Formel XIII (R = X = H, X' = NO_2).

B. Beim Erwärmen von *p*-Anisidin mit 3-Nitro-benzaldehyd und Brenztraubensäure in Äthanol (*Mathur, Robinson,* Soc. **1934** 1520).

Gelbliche Kristalle (aus Eg.); F: 268—269° (*Ma., Ro.*).

Die Verbindung konnte durch Erhitzen mit Glycerin oder mit *N,N*-Dimethyl-anilin nicht decarboxyliert werden (*Ma., Ro.*); auch beim Erhitzen mit Kupfer-Pulver konnten nur sehr geringe Mengen 6-Methoxy-2-[3-nitro-phenyl]-chinolin erhalten werden (*Martin,* Iowa Coll. J. **21** [1946/47] 38, 40).

6-Methylmercapto-2-phenyl-chinolin-4-carbonsäure $C_{17}H_{13}NO_2S$, Formel XIV (R = H, R' = CH_3).

B. Neben 1-[4-Methylmercapto-phenyl]-3-[4-methylmercapto-phenylimino]-5-phenyl-pyrrolidin-2-on beim Erwärmen von 4-Methylmercapto-anilin mit Benzaldehyd und Brenztraubensäure (*Brand,* Ar. **272** [1934] 257, 262).

Gelbe Kristalle (aus Eg.); F: 224°.

Natrium-Salz $NaC_{17}H_{12}NO_2S$. Kristalle (aus H_2O) mit 6 Mol H_2O; F: 85°.

Kalium-Salz $KC_{17}H_{12}NO_2S$. Gelbliche Kristalle (aus H_2O) mit 6 Mol H_2O; F: 65°.

Barium-Salz $Ba(C_{17}H_{12}NO_2S)_2$. Kristalle (aus H_2O).

6-Allylmercapto-2-phenyl-chinolin-4-carbonsäure $C_{19}H_{15}NO_2S$, Formel XIV (R = H, R' = CH_2-CH=CH_2).

B. Neben 1-[4-Allylmercapto-phenyl]-3-[4-allylmercapto-phenylimino]-5-phenyl-pyrrolidin-2-on (Hauptprodukt) beim Erwärmen von 4-Allylmercapto-anilin mit Benz= aldehyd und Brenztraubensäure in Äthanol (*Brand,* Ar. **273** [1935] 65, 75).

Gelbe Kristalle (aus A.); F: 168°.

6-Methylmercapto-2-phenyl-chinolin-4-carbonsäure-methylester $C_{18}H_{15}NO_2S$, Formel XIV (R = R' = CH_3).

B. Beim Erwärmen von 6-Methylmercapto-2-phenyl-chinolin-4-carbonsäure mit Methanol unter Durchleiten von HCl (*Brand,* Ar. **272** [1934] 257, 263).

Gelbe Kristalle (aus Me.); F: 125°.

6-Methylmercapto-2-phenyl-chinolin-4-carbonsäure-äthylester $C_{19}H_{17}NO_2S$, Formel XIV (R = C_2H_5, R' = CH_3).

B. Beim Erwärmen von 6-Methylmercapto-2-phenyl-chinolin-4-carbonsäure mit Äthanol unter Durchleiten von HCl (*Brand,* Ar. **272** [1934] 257, 263).

Hellgelbe Kristalle (aus A.); F: 94,5°.

7-Methoxy-2-phenyl-chinolin-4-carbonsäure $C_{17}H_{13}NO_3$, Formel XV.

B. Beim Erwärmen von *m*-Anisidin mit Brenztraubensäure und Benzaldehyd in Äthanol (*Borsche, Wagner-Roemmich,* A. **544** [1940] 287, 298; *Schneider, Pothmann,* B. **74** [1941] 471, 479).

Gelbe Kristalle; F: 238° [aus A.] (*Sch., Po.*), 237—238° [aus Acn. oder Eg.] (*Bo., Wa.-Ro.*).

8-Hydroxy-2-phenyl-chinolin-4-carbonsäure $C_{16}H_{11}NO_3$, Formel I (R = H, X = OH) (H 247; E I 559).

Kristalle (aus wss. Acn.); F: 251—252° [korr.] (*Turner, Cope,* Am. Soc. **68** [1946]

2214, 2216). Absorptionsspektrum (A.; 220—420 nm): *Buchman et al.*, Am. Soc. **69** [1947] 380, 381.

8-[2-Hydroxy-äthoxy]-2-phenyl-chinolin-4-carbonsäure $C_{18}H_{15}NO_4$, Formel I ($R = CH_2$-CH_2-OH, X = OH).

B. Beim Erwärmen von 2-[2-Amino-phenoxy]-äthanol mit Benzaldehyd in Äthanol und anschliessend mit Brenztraubensäure (*Schering-Kahlbaum A.G.*, D.R.P. 600294 [1933]; Frdl. **21** 545; U.S.P. 2064297 [1934]).

Kristalle (aus wss. A.); F: 190°.

8-Acetoxy-2-phenyl-chinolin-4-carbonsäure $C_{18}H_{13}NO_4$, Formel I (R = CO-CH_3, X = OH).

B. Beim Behandeln von 8-Hydroxy-2-phenyl-chinolin-4-carbonsäure mit Acetanhydrid und Pyridin (*Turner, Cope*, Am. Soc. **68** [1946] 2214, 2216).

Kristalle (aus wss. Dioxan); F: 231—231,5° [korr.; Zers.].

8-Acetoxy-2-phenyl-chinolin-4-carbonsäure-methylester $C_{19}H_{15}NO_4$, Formel I (R = CO-CH_3, X = O-CH_3).

B. Aus 8-Acetoxy-2-phenyl-chinolin-4-carbonsäure und Diazomethan (*Turner, Cope*, Am. Soc. **68** [1946] 2214, 2216).

Kristalle (aus CH_2Cl_2 + Cyclohexan); F: 138—139° [korr.].

8-Hydroxy-2-phenyl-chinolin-4-carbonsäure-äthylester $C_{18}H_{15}NO_3$, Formel I (R = H, X = O-C_2H_5).

B. Beim Erwärmen von 8-Hydroxy-2-phenyl-chinolin-4-carbonsäure mit Äthanol und H_2SO_4 (*Turner, Cope*, Am. Soc. **68** [1946] 2214, 2216).

Dimorph (*Buchman et al.*, Am. Soc. **69** [1947] 280, 383 Anm. 17); Kristalle (aus Ae. + PAe.), F: 87,5—88° (*Tu., Cope*) bzw. Kristalle (aus Diisopropyläther), F: 71° bis 71,5° (*Bu. et al.*). Absorptionsspektrum (A.; 220—420 nm): *Bu. et al.*, l. c. S. 381.

8-Methoxy-2-phenyl-chinolin-4-carbonsäure-äthylester $C_{19}H_{17}NO_3$, Formel I (R = CH_3, X = O-C_2H_5).

B. Aus 8-Methoxy-2-phenyl-chinolin-4-carbonsäure beim Erwärmen mit Äthanol und H_2SO_4 (*Rapport et al.*, Am. Soc. **68** [1946] 2697, 2702).

Blassgelbe Kristalle (aus A.); F: 106,5—107,5° [korr.].

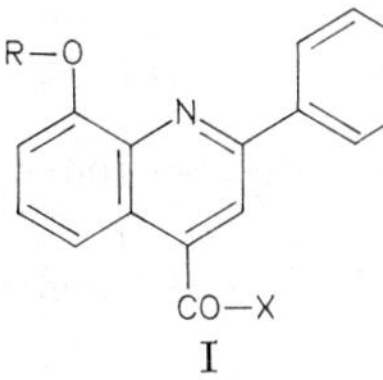

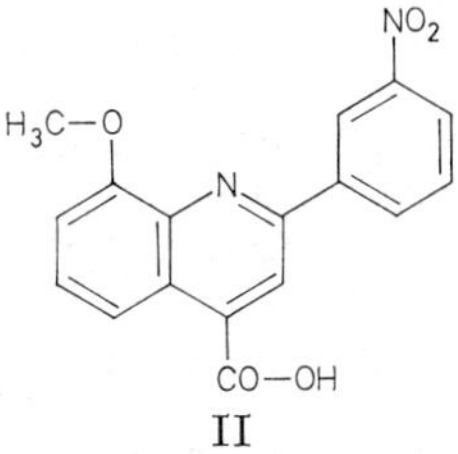

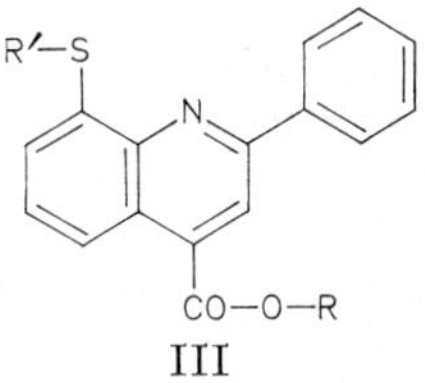

[8-Methoxy-2-phenyl-chinolin-4-carbonyl]-carbamidsäure-äthylester $C_{20}H_{18}N_2O_4$, Formel I (R = CH_3, X = NH-CO-O-C_2H_5).

B. Beim Erwärmen von 8-Methoxy-2-phenyl-chinolin-4-carbonsäure mit Carbamidsäure-äthylester und $SOCl_2$ in Benzol (*E. Merck*, D.R.P. 541257 [1929]; Frdl. **17** 2421).

Hellgelbe Kristalle (aus Acn.); F: 212°.

8-Methoxy-2-[3-nitro-phenyl]-chinolin-4-carbonsäure $C_{17}H_{12}N_2O_5$, Formel II.

B. Beim Erwärmen von *o*-Anisidin mit Brenztraubensäure und 3-Nitro-benzaldehyd in Äthanol (*Weil et al.*, Roczniki Chem. **9** [1929] 661, 663; C. **1930** I 1149).

Gelbe Kristalle (aus Acn. + Me.); F: 252—253° [Zers.].

8-Methylmercapto-2-phenyl-chinolin-4-carbonsäure $C_{17}H_{13}NO_2S$, Formel III (R = H, R' = CH_3).

B. Beim Erwärmen von 2-Methylmercapto-anilin mit Benzaldehyd und Brenztrauben-

säure in Äthanol (*Brand*, Ar. **272** [1934] 257, 264).
Gelbe Kristalle (aus Eg.); F: 257°.
Natrium-Salz $NaC_{17}H_{12}NO_2S$. Hellorangefarbene Kristalle mit 6 Mol H_2O; F: 102°.
Kalium-Salz $KC_{17}H_{12}NO_2S$. Gelbe Kristalle mit 6 Mol H_2O; F: 125°.
Barium-Salz $Ba(C_{17}H_{12}NO_2S)_2$. Gelbe oder orangefarbene Kristalle (aus H_2O).

8-Allylmercapto-2-phenyl-chinolin-4-carbonsäure $C_{19}H_{15}NO_2S$, Formel III (R = H, R' = CH_2-CH=CH_2).
B. Beim Erwärmen von 2-Allylmercapto-anilin mit Benzaldehyd und Brenztraubensäure in Äthanol (*Brand*, Ar. **273** [1935] 65, 71).
Gelbe Kristalle (aus Eg.); F: 212°.

8-Methylmercapto-2-phenyl-chinolin-4-carbonsäure-methylester $C_{18}H_{15}NO_2S$, Formel III (R = R' = CH_3).
B. Beim Erwärmen von 8-Methylmercapto-2-phenyl-chinolin-4-carbonsäure mit Methanol unter Durchleiten von HCl (*Brand*, Ar. **272** [1934] 257, 264).
Gelbgrüne Kristalle (aus Me.); F: 113°.

8-Methylmercapto-2-phenyl-chinolin-4-carbonsäure-äthylester $C_{19}H_{17}NO_2S$, Formel III (R = C_2H_5, R' = CH_3).
B. Beim Erwärmen von 8-Methylmercapto-2-phenyl-chinolin-4-carbonsäure mit Äthanol unter Durchleiten von HCl (*Brand*, Ar. **272** [1934] 257, 265).
Grüngelbe Kristalle (aus A.); F: 123,5°.

2-[2-(2-Hydroxy-äthoxy)-phenyl]-chinolin-4-carbonsäure $C_{18}H_{15}NO_4$, Formel IV (R = CH_2-CH_2-OH, X = H).
B. Beim Erwärmen von Isatin mit 1-[2-(2-Hydroxy-äthoxy)-phenyl]-äthanon (aus der Natrium-Verbindung des 1-[2-Hydroxy-phenyl]-äthanons und 2-Chlor-äthanol hergestellt) und wss. KOH (*Schering-Kahlbaum A.G.*, D.R.P. 600294 [1933]; Frdl. **21** 545; U.S.P. 2064297 [1934]).
Kristalle (aus A.); F: 139°.

(±)-2-[2-(2,3-Dihydroxy-propoxy)-phenyl]-chinolin-4-carbonsäure $C_{19}H_{17}NO_5$, Formel IV (R = CH_2-CH(OH)-CH_2-OH, X = H).
B. Beim Erwärmen von Isatin mit (±)-1-[2-(2,3-Dihydroxy-propoxy)-phenyl]-äthanon (aus der Natrium-Verbindung des 1-[2-Hydroxy-phenyl]-äthanons und 3-Chlor-propan-1,2-diol hergestellt) und wss.-äthanol. KOH (*Schering-Kahlbaum A.G.*, D.R.P. 600294 [1933]; Frdl. **21** 545; U.S.P. 2064297 [1934]).
Kristalle (aus H_2O oder A.) mit 1 Mol H_2O; F: 130° [nach Trocknen bei 100°].

2-[2-β-D-Glucopyranosyloxy-phenyl]-chinolin-4-carbonsäure $C_{22}H_{21}NO_8$, Formel V (R = H, X = OH).
B. Beim Erwärmen von Helicin (E III/IV **17** 3010) mit Anilin und Brenztraubensäure in Äthanol unter Zusatz von Piperidin (*Deželić*, Croat. chem. Acta **29** [1957] 297, 300). Aus 2-[2-β-D-Glucopyranosyloxy-phenyl]-chinolin-4-carbonsäure-äthylester beim Erwärmen mit wss.-äthanol. HCl (*De.*).
Gelbe Kristalle (aus A. + Ae.); F: 152° [nach Trocknen im Vakuum bei 60°]. Kristalle (aus H_2O) mit 0,5 Mol H_2O; F: 152° [nach Trocknen im Vakuum]. Absorptionsspektrum (A.; 270–400 nm): *De.*, l. c. S. 298.

2-[2-(Tetra-*O*-acetyl-β-D-glucopyranosyloxy)-phenyl]-chinolin-4-carbonsäure $C_{30}H_{29}NO_{12}$, Formel V (R = CO-CH_3, X = OH).
B. Beim Erwärmen von Tetra-*O*-acetyl-helicin (E III/IV **17** 3219) mit Anilin und Brenztraubensäure in Äthanol unter Zusatz von Piperidin (*Deželić*, Croat. chem. Acta **29** [1957] 297, 300).
Gelblichbraune Kristalle (aus wss. A.); F: 99°.
Kupfer(II)-Salz $Cu(C_{30}H_{28}NO_2)_2$. Grünlich; F: 148°.

2-[2-β-D-Glucopyranosyloxy-phenyl]-chinolin-4-carbonsäure-äthylester $C_{24}H_{25}NO_8$, Formel V (R = H, X = O-C_2H_5).

B. Beim Erwärmen (5 h) von Helicin (E III/IV **17** 3010) mit Anilin und Brenztraubensäure in Äthanol unter Zusatz von Piperidin (*Deželić*, Croat. chem. Acta **29** [1957] 297, 301).

Gelbe Kristalle (aus A. + Ae.); F: 191° [Zers.].

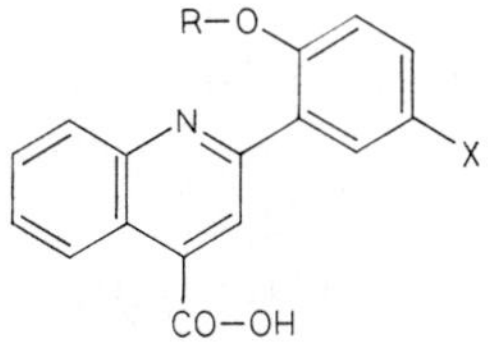

IV 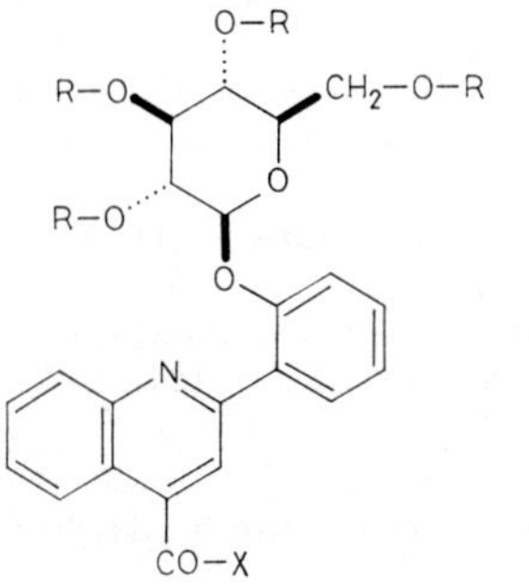 V 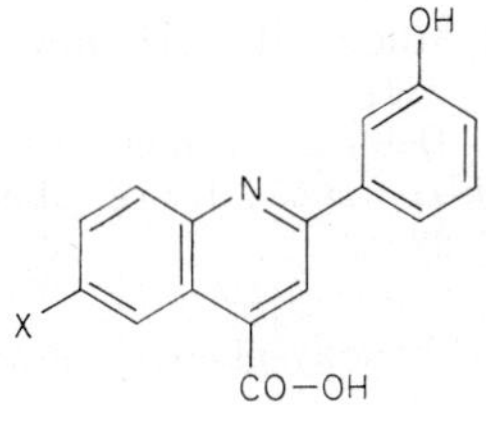 VI

2-[2-β-D-Glucopyranosyloxy-phenyl]-chinolin-4-carbonsäure-hydrazid $C_{22}H_{23}N_3O_7$, Formel V (R = H, X = NH-NH_2).

B. Beim Erwärmen der vorangehenden Verbindung mit $N_2H_4 \cdot H_2O$ (*Deželić*, Croat. chem. Acta **29** [1957] 297, 301).

Kristalle (aus A. + Ae.); F: 134°.

2-[2-(Tetra-*O*-acetyl-β-D-glucopyranosyloxy)-phenyl]-chinolin-4-carbonsäure-hydrazid $C_{30}H_{31}N_3O_{11}$, Formel V (R = CO-CH_3, X = NH-NH_2).

B. Beim Erwärmen von 2-[2-(Tetra-*O*-acetyl-β-D-glucopyranosyloxy)-phenyl]-chinolin-4-carbonsäure mit $N_2H_4 \cdot H_2O$ (*Deželić*, Croat. chem. Acta **29** [1957] 297, 301).

Kristalle (aus A.); F: 106°.

2-[5-Fluor-2-methoxy-phenyl]-chinolin-4-carbonsäure $C_{17}H_{12}FNO_3$, Formel IV (R = CH_3, X = F).

B. Beim Erwärmen von 1-[5-Fluor-2-methoxy-phenyl]-äthanon mit Isatin und äthanol. KOH (*Buu-Hoi et al.*, J. org. Chem. **19** [1954] 1617, 1620).

Gelbe Kristalle (aus A.); F: 200–202°.

2-[3-Hydroxy-phenyl]-chinolin-4-carbonsäure $C_{16}H_{11}NO_3$, Formel VI (X = H) (E I 559).

B. Beim Erwärmen von 1-[3-Hydroxy-phenyl]-äthanon mit Isatin und äthanol. KOH (*Buu-Hoi et al.*, Bl. **1956** 629, 630).

Gelbliche Kristalle (aus A. oder Eg.); F: 339–341° [Zers.; vorgeheizter App.].

6-Brom-2-[3-hydroxy-phenyl]-chinolin-4-carbonsäure $C_{16}H_{10}BrNO_3$, Formel VI (X = Br).

B. Beim Erwärmen von 1-[3-Hydroxy-phenyl]-äthanon mit 5-Brom-indolin-2,3-dion und äthanol. KOH (*Buu-Hoi et al.*, Bl. **1956** 629, 630).

Gelbliche Kristalle (aus Eg.), die unterhalb 325° nicht schmelzen.

2-[4-Hydroxy-phenyl]-chinolin-4-carbonsäure $C_{16}H_{11}NO_3$, Formel VII (R = H, X = OH) (E I 559; E II 184).

B. Aus 2-[4-Methoxy-phenyl]-chinolin-4-carbonsäure beim Erwärmen mit wss. HI oder beim Erhitzen mit konz. wss. HCl auf ca. 200° (*Kaku*, J. pharm. Soc. Japan **50** [1930] 235, 236; dtsch. Ref. S. 31; C. A. **1930** 3511).

F: 330° (*Schneider, Pothmann*, B. **74** [1941] 471, 484), 327° [Zers.] (*Kaku*).

Trinitro-Verbindung $C_{16}H_8N_4O_9$. Gelbe Kristalle (aus Eg.); F: 284–286° (*Parrini*, G. **88** [1958] 24, 33).

2-[4-Methoxy-phenyl]-chinolin-4-carbonsäure $C_{17}H_{13}NO_3$, Formel VII (R = CH_3, X = OH) (E I 559).

B. Aus Isatin und 1-[4-Methoxy-phenyl]-äthanon beim Erwärmen in wss.-äthanol. KOH (*Lindwall et al.*, Am. Soc. **53** [1931] 317).

Blassgelbe Kristalle (aus E.); F: 216° (*Li. et al.*). λ_{max}: 273—274 nm und 334—335 nm [A. sowie wss. NaOH (0,001 n)], 288—289 nm und 365—367 nm [wss. HCl (0,01 n)] bzw. 257—258 nm und 385—389 nm [konz. H_2SO_4] (*Colonna*, R.A.L. [8] **11** [1951] 268, 270).

Trinitro-Verbindungen $C_{17}H_{10}N_4O_9$. a) Hellgelbe Kristalle [aus Eg.]; F: 240° (*Parrini*, G. **88** [1958] 24, 33). — b) Braunes Pulver; F: 170° (*Pa.*, l. c. S. 36).

2-[4-Äthoxy-phenyl]-chinolin-4-carbonsäure $C_{18}H_{15}NO_3$, Formel VII (R = C_2H_5, X = OH).

B. Beim Erwärmen von Isatin mit 1-[4-Äthoxy-phenyl]-äthanon und äthanol. KOH (*Buu-Hoi et al.*, J. org. Chem. **18** [1953] 1209, 1215).

F: 222°.

2-[4-Phenoxy-phenyl]-chinolin-4-carbonsäure $C_{22}H_{15}NO_3$, Formel VII (R = C_6H_5, X = OH).

B. Beim Erwärmen von Isatin mit 1-[4-Phenoxy-phenyl]-äthanon und äthanol. KOH (*Buu-Hoi et al.*, J. org. Chem. **18** [1953] 1209, 1215).

F: 203°.

2-[4-(2-Hydroxy-äthoxy)-phenyl]-chinolin-4-carbonsäure $C_{18}H_{15}NO_4$, Formel VII (R = CH_2-CH_2-OH, X = OH).

B. Beim Erwärmen von Isatin mit 1-[4-(2-Hydroxy-äthoxy)-phenyl]-äthanon (aus der Natrium-Verbindung des 1-[4-Hydroxy-phenyl]-äthanons und 2-Chlor-äthanol hergestellt) und wss.-äthanol. KOH (*Schering-Kahlbaum A.G.*, D.R.P. 600294 [1933]; Frdl. **21** 545; U.S.P. 2064297 [1934]).

Blassgelbe Kristalle; F: 243° [aus A.] (*Baker et al.*, J. Soc. chem. Ind. **62** [1943] 193), 241° (*Schering-Kahlbaum A.G.*).

2-[4-Acetoxy-phenyl]-chinolin-4-carbonsäure $C_{18}H_{13}NO_4$, Formel VII (R = CO-CH_3, X = OH).

B. Aus 2-[4-Hydroxy-phenyl]-chinolin-4-carbonsäure beim Erhitzen mit Acetanhydrid (*Baker et al.*, J. Soc. chem. Ind. **62** [1943] 193; *Kaku*, J. pharm. Soc. Japan **50** [1930] 235, 240; dtsch. Ref. S. 31; C. A. **1930** 3511).

Hellgelbe Kristalle; F: 216° [aus A.] (*Kaku*), 212—213° [aus wss. A.] (*Ba. et al.*).

VII VIII

2-[4-Methoxy-phenyl]-chinolin-4-carbonsäure-äthylester $C_{19}H_{17}NO_3$, Formel VII (R = CH_3, X = O-C_2H_5).

B. Aus 2-[4-Methoxy-phenyl]-chinolin-4-carbonsäure und Äthanol beim Erwärmen mit H_2SO_4 (*Brown et al.*, Am. Soc. **68** [1946] 2704, 2707, 2708) oder beim Behandeln mit HCl (*Kaku*, J. pharm. Soc. Japan **50** [1930] 235, 248; dtsch. Ref. S. 31; C. A. **1930** 3511).

Kristalle; F: 81—82° (*Kaku*), 80—82° [aus A.] (*Musante, Parrini*, G. **84** [1954] 209, 221), 79—80° (*Br. et al.*). Kp_{5-6}: 257—258° (*Kaku*, l. c. S. 238).

2-[4-Methoxy-phenyl]-chinolin-4-carbonsäure-amid $C_{17}H_{14}N_2O_2$, Formel VII (R = CH_3, X = NH_2).

B. Beim Erwärmen von 2-[4-Methoxy-phenyl]-chinolin-4-carbonsäure mit $SOCl_2$ und Behandeln des Reaktionsprodukts mit konz. wss. NH_3 (*White, Bergstrom*, J. org. Chem. **7** [1942] 497, 500).

Kristalle (aus 2-Äthoxy-äthanol); F: 245—246° [unkorr.].

2-[4-Hydroxy-phenyl]-chinolin-4-carbonsäure-hydrazid $C_{16}H_{13}N_3O_2$, Formel VII (R = H, X = NH-NH_2).

B. Aus 2-[4-Hydroxy-phenyl]-chinolin-4-carbonsäure-äthylester und $N_2H_4 \cdot H_2O$ (*Musante, Parrini*, G. **84** [1954] 209, 220).

Kristalle (aus A.); F: 267°.

Dihydrochlorid $C_{16}H_{13}N_3O_2 \cdot 2$ HCl. Gelbliches Pulver; unterhalb 320° nicht schmelzend.

***3-[2-(4-Hydroxy-phenyl)-chinolin-4-carbonylhydrazono]-buttersäure-äthylester** $C_{22}H_{21}N_3O_4$, Formel VII (R = H, X = NH-N=C(CH_3)-CH_2-CO-O-C_2H_5), und Tautomeres.

B. Aus 2-[4-Hydroxy-phenyl]-chinolin-4-carbonsäure-hydrazid und Acetessigsäure-äthylester (*Musante, Parrini*, G. **84** [1954] 209, 221).

Kristalle; F: 205° [Zers.].

Beim Erhitzen auf 210° sind *N,N'*-Bis-[2-(4-hydroxy-phenyl)-chinolin-4-carbonyl]-hydrazin und 3,4-Dimethyl-1*H*-pyrano[2,3-*c*]pyrazol-6-on erhalten worden.

***N,N'*-Bis-[2-(4-hydroxy-phenyl)-chinolin-4-carbonyl]-hydrazin** $C_{32}H_{22}N_4O_4$, Formel VIII (R = H).

B. s. im vorangehenden Artikel.

F: 310° [Zers.] (*Musante, Parrini*, G. **84** [1954] 209, 221).

2-[4-Methoxy-phenyl]-chinolin-4-carbonsäure-hydrazid $C_{17}H_{15}N_3O_2$, Formel VII (R = CH_3, X = NH-NH_2).

B. Aus 2-[4-Methoxy-phenyl]-chinolin-4-carbonsäure-äthylester beim Erwärmen mit $N_2H_4 \cdot H_2O$ (*Musante, Parrini*, G. **84** [1954] 209, 221).

Kristalle (aus A.); F: 195—198°.

***3-[2-(4-Methoxy-phenyl)-chinolin-4-carbonylhydrazono]-3-phenyl-propionsäure-äthylester** $C_{28}H_{25}N_3O_4$, Formel VII (R = CH_3, X = NH-N=C(C_6H_5)-CH_2-CO-O-C_2H_5), und Tautomeres.

B. Beim Erwärmen von 2-[4-Methoxy-phenyl]-chinolin-4-carbonsäure-hydrazid mit 3-Oxo-3-phenyl-propionsäure-äthylester (*Musante, Parrini*, G. **84** [1954] 209, 222).

Kristalle (aus A.); F: 163—164°.

Beim Erhitzen auf 190° sind *N,N'*-Bis-[2-(4-methoxy-phenyl)-chinolin-4-carbonyl]-hydrazin und 2-[2-(4-Methoxy-phenyl)-chinolin-4-carbonyl]-5-phenyl-2,4-dihydro-pyrazol-3-on erhalten worden.

***N,N'*-Bis-[2-(4-methoxy-phenyl)-chinolin-4-carbonyl]-hydrazin** $C_{34}H_{26}N_4O_4$, Formel VIII (R = CH_3).

B. s. im vorangehenden Artikel.

Kristalle; F: 319° (*Musante, Parrini*, G. **84** [1954] 209, 222).

2-[3-Fluor-4-methoxy-phenyl]-chinolin-4-carbonsäure $C_{17}H_{12}FNO_3$, Formel IX (R = CH_3, X = H, X' = F).

B. Beim Erwärmen von Isatin mit 1-[3-Fluor-4-methoxy-phenyl]-äthanon und wss.-äthanol. KOH (*Buu-Hoi et al.*, J. org. Chem. **18** [1953] 910, 914).

Kristalle (aus A.); F: 232°.

7-Chlor-2-[4-methoxy-phenyl]-chinolin-4-carbonsäure $C_{17}H_{12}ClNO_3$, Formel X (X = OH).

B. Neben 1-[3-Chlor-phenyl]-3-[3-chlor-phenylimino]-5-[4-methoxy-phenyl]-pyrrolidin-

2-on beim Erwärmen von 4-Methoxy-benzaldehyd mit 3-Chlor-anilin und Brenztraubensäure in Äthanol (*Lutz et al.*, Am. Soc. **68** [1946] 1813, 1814, 1816). Aus 6-Chlor-indolin-2,3-dion und 1-[4-Methoxy-phenyl]-äthanon beim Erwärmen mit wss.-äthanol. KOH (*Lutz et al.*).

Kristalle (aus H_2O); F: 222—225° [korr.].

Natrium-Salz $NaC_{17}H_{11}ClNO_3$. Kristalle (aus A.) mit 1 Mol H_2O.

7-Chlor-2-[4-methoxy-phenyl]-chinolin-4-carbonylchlorid $C_{17}H_{11}Cl_2NO_2$, Formel X (X = Cl).

B. Beim Erwärmen von 7-Chlor-2-[4-methoxy-phenyl]-chinolin-4-carbonsäure mit $SOCl_2$ (*Lutz et al.*, Am. Soc. **68** [1946] 1813, 1815, 1817).

F: 164—167° [korr.].

2-[3-Chlor-4-methoxy-phenyl]-chinolin-4-carbonsäure $C_{17}H_{12}ClNO_3$, Formel IX (R = CH_3, X = H, X' = Cl).

B. Beim Erwärmen von Isatin mit 1-[3-Chlor-4-methoxy-phenyl]-äthanon und wss.-äthanol. KOH (*Nguyen-Hoán, Buu-Hoi*, C. r. **224** [1947] 1363).

F: 267°.

2-[4-Äthoxy-3-chlor-phenyl]-chinolin-4-carbonsäure $C_{18}H_{14}ClNO_3$, Formel IX (R = C_2H_5, X = H, X' = Cl).

B. Beim Erwärmen von Isatin mit 1-[4-Äthoxy-3-chlor-phenyl]-äthanon und wss.-äthanol. KOH (*Nguyen-Hoán, Buu-Hoi*, C. r. **224** [1947] 1363).

F: 210°.

6,8-Dichlor-2-[3-chlor-4-methoxy-phenyl]-chinolin-4-carbonsäure $C_{17}H_{10}Cl_3NO_3$, Formel XI (R = CH_3, X = X' = Cl).

B. Beim Erwärmen von 5,7-Dichlor-indolin-2,3-dion mit 1-[3-Chlor-4-methoxy-phenyl]-äthanon und wss.-äthanol. KOH (*Nguyen-Hoán, Buu-Hoi*, C. r. **224** [1947] 1363).

F: 249°.

IX X XI

2-[4-Äthoxy-3-chlor-phenyl]-6,8-dichlor-chinolin-4-carbonsäure $C_{18}H_{12}Cl_3NO_3$, Formel XI (R = C_2H_5, X = X' = Cl).

B. Beim Erwärmen von 5,7-Dichlor-indolin-2,3-dion mit 1-[4-Äthoxy-3-chlor-phenyl]-äthanon und wss.-äthanol. KOH (*Nguyen-Hoán, Buu-Hoi*, C. r. **224** [1947] 1363).

F: 219°.

6-Brom-2-[4-hydroxy-phenyl]-chinolin-4-carbonsäure $C_{16}H_{10}BrNO_3$, Formel IX (R = X' = H, X = Br).

B. Beim Erwärmen von 1-[4-Hydroxy-phenyl]-äthanon mit 5-Brom-indolin-2,3-dion und äthanol. KOH (*Buu-Hoi et al.*, Bl. **1956** 629, 630).

Blassgelbe Kristalle (aus Eg.); unterhalb 320° nicht schmelzend.

2-[3-Brom-4-methoxy-phenyl]-chinolin-4-carbonsäure $C_{17}H_{12}BrNO_3$, Formel IX (R = CH_3, X = H, X' = Br).

B. Beim Erwärmen von Isatin mit 1-[3-Brom-4-methoxy-phenyl]-äthanon und wss.-äthanol. KOH (*Nguyen-Hoán, Buu-Hoi*, C. r. **224** [1947] 1363).

F: 265°.

6-Brom-2-[3-fluor-4-methoxy-phenyl]-chinolin-4-carbonsäure $C_{17}H_{11}BrFNO_3$, Formel IX (R = CH_3, X = Br, X' = F).

B. Beim Erwärmen von 5-Brom-indolin-2,3-dion mit 1-[3-Fluor-4-methoxy-phenyl]-äthanon und wss.-äthanol. KOH (*Buu-Hoi et al.*, J. org. Chem. **18** [1953] 910, 914).

Blassgelbe Kristalle (aus A. + Bzl.); F: >355°.

6-Brom-2-[3-chlor-4-methoxy-phenyl]-chinolin-4-carbonsäure $C_{17}H_{11}BrClNO_3$, Formel IX (R = CH_3, X = Br, X' = Cl).

B. Beim Erwärmen von 5-Brom-indolin-2,3-dion mit 1-[3-Chlor-4-methoxy-phenyl]-äthanon und wss.-äthanol KOH (*Nguyen-Hoán, Buu-Hoi*, C. r. **224** [1947] 1363).

F: 287°.

2-[4-Äthoxy-3-chlor-phenyl]-6-brom-chinolin-4-carbonsäure $C_{18}H_{13}BrClNO_3$, Formel IX (R = C_2H_5, X = Br, X' = Cl).

B. Beim Erwärmen von 5-Brom-indolin-2,3-dion mit 1-[4-Äthoxy-3-chlor-phenyl]-äthanon und wss.-äthanol. KOH (*Nguyen-Hoán, Buu-Hoi*, C. r. **224** [1947] 1363).

F: 235°.

6,8-Dibrom-2-[4-methoxy-phenyl]-chinolin-4-carbonsäure $C_{17}H_{11}Br_2NO_3$, Formel XI (R = CH_3, X = Br, X' = H).

B. Beim Erwärmen von 5,7-Dibrom-indolin-2,3-dion mit 1-[4-Methoxy-phenyl]-äthanon und wss.-äthanol. KOH (*Lindwall et al.*, Am. Soc. **53** [1931] 317).

Blassgelbe Kristalle (aus E.); F: 263–264°.

2-[4-Carboxymethoxy-3,5-dijod-phenyl]-chinolin-4-carbonsäure $C_{18}H_{11}I_2NO_5$, Formel XII (R = CH_2-CO-OH, X = H).

B. Beim Erwärmen von [4-Acetyl-2,6-dijod-phenoxy]-essigsäure mit Isatin und wss. KOH (*Schering A.G.*, D.R.P. 659496 [1935]; Frdl. **24** 376; U.S.P. 2220086 [1936]).

Kristalle (aus A.); F: 266–267° [Zers.].

2-[4-Hydroxy-3,5-dijod-phenyl]-6-jod-chinolin-4-carbonsäure $C_{16}H_8I_3NO_3$, Formel XII (R = H, X = I).

B. Beim Erwärmen von 5-Jod-indolin-2,3-dion mit 1-[4-Hydroxy-3,5-dijod-phenyl]-äthanon und wss.-äthanol. KOH (*Baker et al.*, J. Soc. chem. Ind. **62** [1943] 193; s. a. *Schering A.G.*, D.R.P. 659496 [1935]; Frdl. **24** 376; U.S.P. 2220086 [1936]).

Gelbe Kristalle (aus Butanon); F: 274° [Zers.] (*Ba. et al.*).

2-[3,5-Dijod-4-methoxy-phenyl]-6-jod-chinolin-4-carbonsäure $C_{17}H_{10}I_3NO_3$, Formel XII (R = CH_3, X = I).

B. Beim Erwärmen von 5-Jod-indolin-2,3-dion mit 1-[3,5-Dijod-4-methoxy-phenyl]-äthanon und wss.-äthanol. KOH (*Schering A.G.*, D.R.P. 659496 [1935]; Frdl. **24** 376; U.S.P. 2220086 [1936]).

Hellbraun; F: 262° [Zers.].

2-[4-Äthoxy-3,5-dijod-phenyl]-6-jod-chinolin-4-carbonsäure $C_{18}H_{12}I_3NO_3$, Formel XII (R = C_2H_5, X = I).

B. Beim Erwärmen von 5-Jod-indolin-2,3-dion mit 1-[4-Äthoxy-3,5-dijod-phenyl]-äthanon und wss.-äthanol. KOH (*Schering A.G.*, D.R.P. 659496 [1935]; Frdl. **24** 376; U.S.P. 2220086 [1936]).

Hellbraun; F: 254° [Zers.].

2-[3,5-Dijod-4-methoxymethoxy-phenyl]-6-jod-chinolin-4-carbonsäure $C_{18}H_{12}I_3NO_4$, Formel XII (R = CH_2-O-CH_3, X = I).

B. Beim Erwärmen von 5-Jod-indolin-2,3-dion mit 1-[3,5-Dijod-4-methoxymethoxy-phenyl]-äthanon und wss.-äthanol. KOH (*Schering A.G.*, D.R.P. 659496 [1935]; Frdl. **24** 376; U.S.P. 2220086 [1936]).

Hellbraun; Zers. bei 234°.

2-[4-Carboxymethoxy-3,5-dijod-phenyl]-6-jod-chinolin-4-carbonsäure $C_{18}H_{10}I_3NO_5$, Formel XII (R = CH_2-CO-OH, X = I).

B. Beim Erwärmen von 5-Jod-indolin-2,3-dion mit [4-Acetyl-2,6-dijod-phenoxy]-

essigsäure und wss.-äthanol. KOH (*Schering A.G.*, D.R.P. 659496 [1935]; Frdl. **24** 376; U.S.P. 2220086 [1936]).

Orangegelb; Zers. bei 260°.

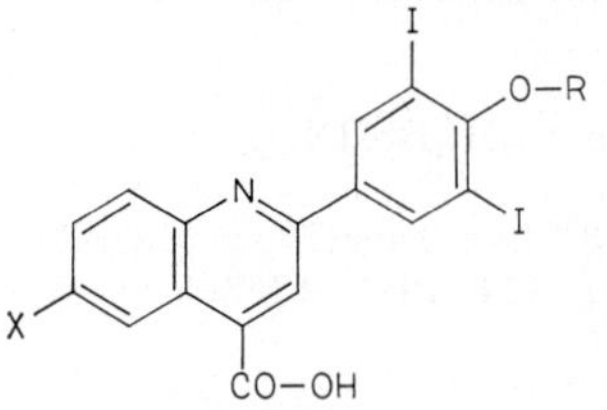

XII 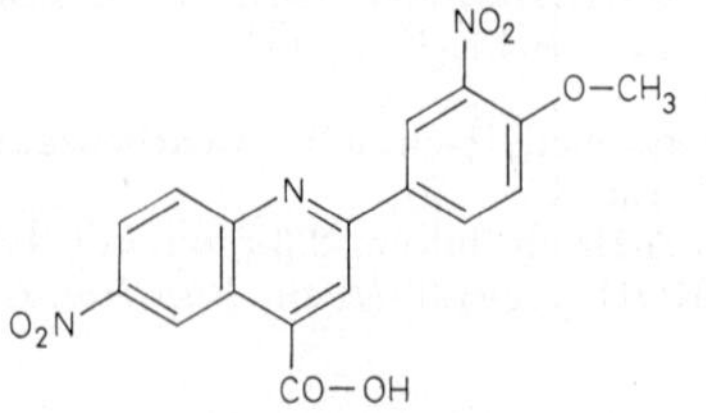 XIII 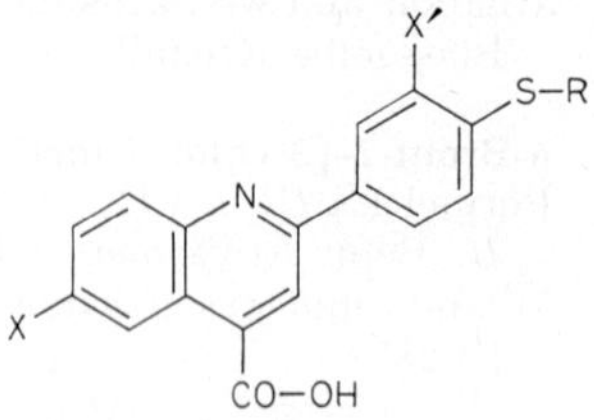 XIV

2-[4-Methoxy-3-nitro-phenyl]-6-nitro-chinolin-4-carbonsäure $C_{17}H_{11}N_3O_7$, Formel XIII.

B. Beim Erwärmen von 5-Nitro-indolin-2,3-dion mit 1-[4-Methoxy-3-nitro-phenyl]-äthanon und wss.-äthanol. KOH (*Parrini*, G. **88** [1958] 24, 34).

Dunkelbraun; F: 340°.

Über eine Trinitro-Verbindung $C_{17}H_{10}N_4O_9$ (dunkelbraun; F: 340°) s. *Pa.*, l. c. S. 36.

2-[4-Äthylmercapto-phenyl]-chinolin-4-carbonsäure $C_{18}H_{15}NO_2S$, Formel XIV ($R = C_2H_5$, $X = X' = H$).

B. Beim Erwärmen von Isatin mit 1-[4-Äthylmercapto-phenyl]-äthanon und äthanol. KOH (*Buu-Hoi et al.*, J. org. Chem. **18** [1953] 1209, 1215).

Kristalle; F: 195°.

2-[4-Phenylmercapto-phenyl]-chinolin-4-carbonsäure $C_{22}H_{15}NO_2S$, Formel XIV ($R = C_6H_5$, $X = X' = H$).

B. Beim Erwärmen von Isatin mit 1-[4-Phenylmercapto-phenyl]-äthanon und äthanol. KOH (*Buu-Hoi et al.*, J. org. Chem. **18** [1953] 1209, 1215).

Kristalle; F: 215°.

2-[3-Chlor-4-methylmercapto-phenyl]-chinolin-4-carbonsäure $C_{17}H_{12}ClNO_2S$, Formel XIV ($R = CH_3$, $X = H$, $X' = Cl$).

B. Aus 1-[3-Chlor-4-methylmercapto-phenyl]-äthanon und Isatin (*Tri-Tuc, Nguyèn-Hoán*, C.r. **237** [1953] 1016).

F: 264°.

6-Chlor-2-[3-chlor-4-methylmercapto-phenyl]-chinolin-4-carbonsäure $C_{17}H_{11}Cl_2NO_2S$, Formel XIV ($R = CH_3$, $X = X' = Cl$).

B. Aus 1-[3-Chlor-4-methylmercapto-phenyl]-äthanon und 5-Chlor-indolin-2,3-dion (*Tri-Tuc, Nguyèn-Hoán*, C. r. **237** [1953] 1016).

F: 215°.

6-Brom-2-[3-chlor-4-methylmercapto-phenyl]-chinolin-4-carbonsäure $C_{17}H_{11}BrClNO_2S$, Formel XIV ($R = CH_3$, $X = Br$, $X' = Cl$).

B. Aus 1-[3-Chlor-4-methylmercapto-phenyl]-äthanon und 5-Brom-indolin-2,3-dion (*Tri-Tuc, Nguyèn-Hoán*, C. r. **237** [1953] 1016).

F: 254°.

4-Hydroxy-6-phenyl-chinolin-2-carbonsäure $C_{16}H_{11}NO_3$, Formel I ($R = H$), und Tautomeres (4-Oxo-6-phenyl-1,4-dihydro-chinolin-2-carbonsäure).

B. Aus 4-Hydroxy-6-phenyl-chinolin-2-carbonsäure-äthylester beim Erwärmen mit wss. NaOH (*Kaslow, Hayek*, Am. Soc. **73** [1951] 4986).

F: 261–261,5° [Zers.].

4-Hydroxy-6-phenyl-chinolin-2-carbonsäure-äthylester $C_{18}H_{15}NO_3$, Formel I ($R = C_2H_5$), und Tautomeres (4-Oxo-6-phenyl-1,4-dihydro-chinolin-2-carbonsäure-äthyl=ester).

B. Beim Behandeln von Biphenyl-4-ylamin-hydrochlorid mit der Natrium-Verbindung

des Oxalessigsäure-diäthylesters in Äthanol unter Zusatz von Na_2SO_4 und Erhitzen des Reaktionsprodukts in Diphenyläther (*Kaslow, Hayek*, Am. Soc. **73** [1951] 4986).
F: 226–227°.

4-Hydroxy-7-phenyl-chinolin-2-carbonsäure $C_{16}H_{11}NO_3$, Formel II (R = X = X' = H), und Tautomeres (4-Oxo-7-phenyl-1,4-dihydro-chinolin-2-carbonsäure).
B. Beim Erwärmen von 4-Hydroxy-7-phenyl-chinolin-2-carbonsäure-äthylester mit wss. NaOH (*Kaslow, Summers*, J. org. Chem. **20** [1955] 1738, 1740).
F: 262° [Zers.].

4-Hydroxy-7-phenyl-chinolin-2-carbonsäure-äthylester $C_{18}H_{15}NO_3$, Formel II (R = C_2H_5, X = X' = H), und Tautomeres (4-Oxo-7-phenyl-1,4-dihydro-chinolin-2-carbonsäure-äthylester).
B. Beim Erwärmen von Biphenyl-3-ylamin mit Oxalessigsäure-diäthylester in $CHCl_3$ unter Zusatz von wenig H_2SO_4 und Erhitzen des Reaktionsprodukts in einem Biphenyl-Diphenyläther-Gemisch (*Kaslow, Summers*, J. org. Chem. **20** [1955] 1738, 1740).
Kristalle (aus A.); F: 206,5–208°.

7-[2-Chlor-phenyl]-4-hydroxy-chinolin-2-carbonsäure $C_{16}H_{10}ClNO_3$, Formel II (R = X' = H, X = Cl), und Tautomeres (7-[2-Chlor-phenyl]-4-oxo-1,4-dihydro-chinolin-2-carbonsäure).
B. Aus 7-[2-Chlor-phenyl]-4-hydroxy-chinolin-2-carbonsäure-äthylester beim Erwärmen mit wss. NaOH (*Kaslow, Summers*, J. org. Chem. **20** [1955] 1738, 1741).
F: 262–263° [Zers.].

7-[2-Chlor-phenyl]-4-hydroxy-chinolin-2-carbonsäure-äthylester $C_{18}H_{14}ClNO_3$, Formel II (R = C_2H_5, X = Cl, X' = H), und Tautomeres (7-[2-Chlor-phenyl]-4-oxo-1,4-dihydro-chinolin-2-carbonsäure-äthylester).
B. Beim Erwärmen von 2'-Chlor-biphenyl-3-ylamin mit Oxalessigsäure-diäthylester in $CHCl_3$ unter Zusatz von wenig H_2SO_4 und Erhitzen des Reaktionsprodukts in einem Biphenyl-Diphenyläther-Gemisch (*Kaslow, Summers*, J. org. Chem. **20** [1955] 1738, 1741).
Kristalle (aus A.); F: 230–231°.

CO–O–R OH I

X' X CO–O–R OH II

CO–O–R OH III

7-[4-Chlor-phenyl]-4-hydroxy-chinolin-2-carbonsäure $C_{16}H_{10}ClNO_3$, Formel II (R = X = H, X' = Cl), und Tautomeres (7-[4-Chlor-phenyl]-4-oxo-1,4-dihydro-chinolin-2-carbonsäure).
B. Beim Erwärmen von 7-[4-Chlor-phenyl]-4-hydroxy-chinolin-2-carbonsäure-äthylester mit wss. NaOH (*Kaslow, Summers*, J. org. Chem. **20** [1955] 1738, 1740).
F: 275° [Zers.].

7-[4-Chlor-phenyl]-4-hydroxy-chinolin-2-carbonsäure-äthylester $C_{18}H_{14}ClNO_3$, Formel II (R = C_2H_5, X = H, X' = Cl), und Tautomeres (7-[4-Chlor-phenyl]-4-oxo-1,4-dihydro-chinolin-2-carbonsäure-äthylester).
B. Aus 4'-Chlor-biphenyl-3-ylamin analog 7-[2-Chlor-phenyl]-4-hydroxy-chinolin-2-carbonsäure-äthylester [s. o.] (*Kaslow, Summers*, J. org. Chem. **20** [1955] 1738, 1740).
Kristalle (aus A.); F: 263–264°.

7-[4-Brom-phenyl]-4-hydroxy-chinolin-2-carbonsäure $C_{16}H_{10}BrNO_3$, Formel II (R = X = H, X′ = Br), und Tautomeres (7-[4-Brom-phenyl]-4-oxo-1,4-dihydro-chinolin-2-carbonsäure).

B. Aus 7-[4-Brom-phenyl]-4-hydroxy-chinolin-2-carbonsäure-äthylester beim Erwärmen mit wss. NaOH (*Kaslow, Summers*, J. org. Chem. **20** [1955] 1738, 1740).

F: 279° [Zers.].

7-[4-Brom-phenyl]-4-hydroxy-chinolin-2-carbonsäure-äthylester $C_{18}H_{14}BrNO_3$, Formel II (R = C_2H_5, X = H, X′ = Br) und Tautomeres (7-[4-Brom-phenyl]-4-oxo-1,4-dihydro-chinolin-2-carbonsäure-äthylester).

B. Aus 4′-Brom-biphenyl-3-ylamin analog 7-[2-Chlor-phenyl]-4-hydroxy-chinolin-2-carbonsäure-äthylester [S. 2401] (*Kaslow, Summers*, J. org. Chem. **20** [1955] 1738, 1740).

Kristalle (aus A.); F: 262–264°.

4-Hydroxy-8-phenyl-chinolin-2-carbonsäure $C_{16}H_{11}NO_3$, Formel III (R = H), und Tautomeres (4-Oxo-8-phenyl-1,4-dihydro-chinolin-2-carbonsäure).

B. Aus 4-Hydroxy-8-phenyl-chinolin-2-carbonsäure-äthylester beim Erwärmen mit wss. NaOH (*Kaslow, Hayek*, Am. Soc. **73** [1951] 4986).

F: 236–238° [Zers.].

4-Hydroxy-8-phenyl-chinolin-2-carbonsäure-äthylester $C_{18}H_{15}NO_3$, Formel III (R = C_2H_5), und Tautomeres (4-Oxo-8-phenyl-1,4-dihydro-chinolin-2-carbonsäure-äthylester).

B. Beim Behandeln von Biphenyl-2-ylamin mit der Natrium-Verbindung des Oxalessigsäure-diäthylesters in Äthanol unter Zusatz von Na_2SO_4 und Erhitzen des Reaktionsprodukts in Diphenyläther (*Kaslow, Hayek*, Am. Soc. **73** [1951] 4986).

F: 154,5–156°.

3-Hydroxy-2-phenyl-chinolin-8-carbonsäure $C_{16}H_{11}NO_3$, Formel IV (X = X′ = H).

B. Beim Erhitzen von 3-Hydroxy-2-phenyl-chinolin-4,8-dicarbonsäure in Nitrobenzol (*Blanchard et al.*, Bl. Johns Hopkins Hosp. **91** [1952] 330, 332; *Cragoe et al.*, J. org. Chem. **18** [1953] 561, 569).

Gelbe Kristalle; F: 323–325° [auf 305° vorgeheizter Block; aus Nitrobenzol] (*Bl. et al.*), 316–318° [unkorr.; aus *O*-Äthyl-diäthylenglykol] (*Cr. et al.*).

6-Chlor-3-hydroxy-2-phenyl-chinolin-8-carbonsäure $C_{16}H_{10}ClNO_3$, Formel IV (X = Cl, X′ = H).

B. Beim Erhitzen von 6-Chlor-3-hydroxy-2-phenyl-chinolin-4,8-dicarbonsäure in Nitrobenzol (*Cragoe et al.*, J. org. Chem. **18** [1953] 561, 565).

Kristalle (aus *O*-Äthyl-diäthylenglykol); F: 344–345° [unkorr.].

2-[4-Chlor-phenyl]-3-hydroxy-chinolin-8-carbonsäure $C_{16}H_{10}ClNO_3$, Formel IV (X = H, X′ = Cl).

B. Beim Erhitzen von 2-[4-Chlor-phenyl]-3-hydroxy-chinolin-4,8-dicarbonsäure in Nitrobenzol (*Cragoe et al.*, J. org. Chem. **18** [1953] 561, 565).

Kristalle (aus *O*-Äthyl-diäthylenglykol); F: 340–342° [unkorr.].

2-[4-Brom-phenyl]-3-hydroxy-chinolin-8-carbonsäure $C_{16}H_{10}BrNO_3$, Formel IV (X = H, X′ = Br).

B. Beim Erhitzen von 2-[4-Brom-phenyl]-3-hydroxy-chinolin-4,8-dicarbonsäure in Nitrobenzol (*Cragoe et al.*, J. org. Chem. **18** [1953] 561, 565).

Kristalle (aus *O*-Äthyl-diäthylenglykol); F: 326–327° [unkorr.].

2-Hydroxy-4-phenyl-chinolin-3-carbonsäure $C_{16}H_{11}NO_3$, Formel V (R = H), und Tautomeres (2-Oxo-4-phenyl-1,2-dihydro-chinolin-3-carbonsäure).

B. Beim Erwärmen von 2-Hydroxy-4-phenyl-chinolin-3-carbonsäure-äthylester mit wss. HCl (*Borsche, Sinn*, A. **532** [1937] 146, 161) oder wss.-äthanol. KOH (*Borsche, Sinn*,

A. **538** [1939] 283, 289).
Kristalle (aus Eg.); F: 283° [Zers.] (*Bo.*, *Sinn*, A. **532** 161).

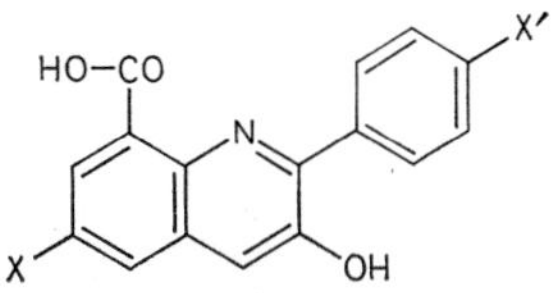

IV 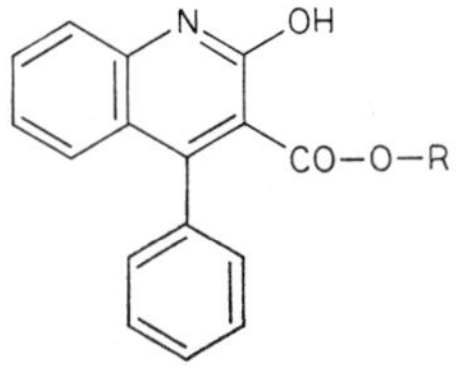 V 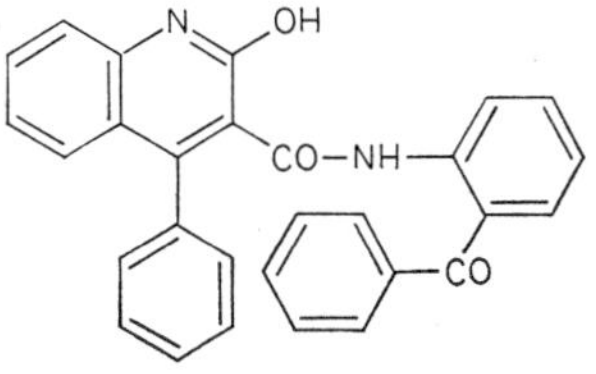 VI

2-Hydroxy-4-phenyl-chinolin-3-carbonsäure-äthylester $C_{18}H_{15}NO_3$, Formel V (R = C_2H_5), und Tautomeres (2-Oxo-4-phenyl-1,2-dihydro-chinolin-3-carbonsäure-äthylester).
B. Beim Erhitzen von 2-Amino-benzophenon mit Malonsäure-diäthylester (*Borsche*, *Sinn*, A. **538** [1939] 283, 288; *Mills*, *Schofield*, Soc. **1956** 4213, 4215, 4220; s. a. *Borsche*, *Sinn*, A. **532** [1937] 146, 161).
Gelbliche Kristalle; F: 199° [aus wss. A.] (*Bo.*, *Sinn*, A. **538** 288), 196—198° [aus A.] (*Mi.*, *Sch.*).

2-Hydroxy-4-phenyl-chinolin-3-carbonsäure-[2-benzoyl-anilid] $C_{29}H_{20}N_2O_3$, Formel VI, und Tautomeres (2-Oxo-4-phenyl-1,2-dihydro-chinolin-3-carbonsäure-[2-benzoyl-anilid]).
Diese Verbindung wurde gelegentlich neben der im vorangehenden Artikel beschriebenen Verbindung beim Erhitzen von 2-Amino-benzophenon mit ca. 2 Mol Malonsäure-diäthylester erhalten (*Borsche*, *Sinn*, A. **538** [1939] 283, 288, 289).
Kristalle (aus Eg.); F: 278°.

2-Äthoxy-3-phenyl-chinolin-4-carbonsäure-[2-diäthylamino-äthylamid] $C_{24}H_{29}N_3O_2$, Formel VII (R = C_2H_5, X = NH-CH_2-CH_2-N(C_2H_5)$_2$).
B. Beim Erwärmen von 2-Chlor-3-phenyl-chinolin-4-carbonsäure-[2-diäthylamino-äthylamid] mit Natriumäthylat in Äthanol (*CIBA*, D.R.P. 537104 [1926]; Frdl. **18** 2734; Schweiz. P. 140619 [1927]).
Kristalle (aus Ae.); F: 119°.

3-Phenyl-2-propoxy-chinolin-4-carbonsäure-[2-diäthylamino-äthylamid] $C_{25}H_{31}N_3O_2$, Formel VII (R = CH_2-CH_2-CH_3, X = NH-CH_2-CH_2-N(C_2H_5)$_2$).
B. Beim Erwärmen von 2-Chlor-3-phenyl-chinolin-4-carbonsäure-[2-diäthylamino-äthylamid] mit Natriumpropylat in Propan-1-ol (*CIBA*, D.R.P. 537104 [1926]; Frdl. **18** 2734).
Kristalle; F: 88°.

2-[2-Diäthylamino-äthoxy]-3-phenyl-chinolin-4-carbonsäure-diäthylamid $C_{26}H_{33}N_3O_2$, Formel VII (R = CH_2-CH_2-N(C_2H_5)$_2$, X = N(C_2H_5)$_2$).
B. Aus 2-Chlor-3-phenyl-chinolin-4-carbonsäure-diäthylamid und Natrium-[2-diäthylamino-äthylat] (*CIBA*, D.R.P. 551029 [1930]; Frdl. **19** 1130; U.S.P. 1941312 [1930]).
Hydrochlorid. F: 154°.

3-[2-Hydroxy-3-phenyl-chinolin-4-carbonylhydrazono]-buttersäure-äthylester $C_{22}H_{21}N_3O_4$, Formel VII (R = H, X = NH-N=C(CH_3)-CH_2-CO-O-C_2H_5), und Tautomere (z. B. 3-[2-Oxo-3-phenyl-1,2-dihydro-chinolin-4-carbonylhydrazono]-buttersäure-äthylester).
B. Beim Erwärmen von 2-Hydroxy-3-phenyl-chinolin-4-carbonsäure-hydrazid mit Acetessigsäure-äthylester (*Musante*, *Parrini*, G. **84** [1954] 209, 228).
Kristalle (aus A.); F: 195° [Zers.].

3-[2-Methoxy-phenyl]-chinolin-4-carbonsäure $C_{17}H_{13}NO_3$, Formel VIII.

B. Beim Erwärmen von Isatin mit [2-Methoxy-phenyl]-acetaldehyd-oxim und wss. KOH (*Reichert, Iwanoff*, Ar. **276** [1938] 515, 519).

Kristalle (aus A.); F: 253° [Zers.].

VII VIII IX X

3-[4-Methoxy-phenyl]-chinolin-4-carbonsäure $C_{17}H_{13}NO_3$, Formel IX.

B. Beim Erwärmen von Isatin mit [4-Methoxy-phenyl]-acetaldehyd-oxim und wss. KOH (*Reichert, Iwanoff*, Ar. **276** [1938] 515, 519).

Kristalle (aus A.); F: 263—264° [Zers.].

4-Hydroxy-8-phenyl-chinolin-3-carbonsäure $C_{16}H_{11}NO_3$, Formel X (R = X = H), und Tautomeres (4-Oxo-8-phenyl-1,4-dihydro-chinolin-3-carbonsäure).

B. Aus 4-Hydroxy-8-phenyl-chinolin-3-carbonsäure-äthylester beim Erwärmen mit wss. NaOH (*Wilkinson*, Soc. **1950** 464, 466).

Kristalle (aus Butanon); F: 141—142° [unkorr.].

4-Hydroxy-8-phenyl-chinolin-3-carbonsäure-äthylester $C_{18}H_{15}NO_3$, Formel X (R = C_2H_5, X = H), und Tautomeres (4-Oxo-8-phenyl-1,4-dihydro-chinolin-3-carbonsäure-äthylester).

B. Beim Erhitzen von Biphenyl-2-ylamin mit Äthoxymethylen-malonsäure-diäthylester in einem inerten Lösungsmittel bis auf 270° (*Wilkinson*, Soc. **1950** 464, 466).

Kristalle (aus A.); F: 249° [unkorr.].

4-Hydroxy-8-[4-nitro-phenyl]-chinolin-3-carbonsäure $C_{16}H_{10}N_2O_5$, Formel X (R = H, X = NO_2), und Tautomeres (8-[4-Nitro-phenyl]-4-oxo-1,4-dihydro-chinolin-3-carbonsäure).

B. Aus 4-Hydroxy-8-[4-nitro-phenyl]-chinolin-3-carbonsäure-äthylester beim Erwärmen mit wss. NaOH (*Wilkinson*, Soc. **1950** 464, 467).

F: 280° [unkorr.; Zers.].

4-Hydroxy-8-[4-nitro-phenyl]-chinolin-3-carbonsäure-äthylester $C_{18}H_{14}N_2O_5$, Formel X (R = C_2H_5, X = NO_2), und Tautomeres (8-[4-Nitro-phenyl]-4-oxo-1,4-dihydro-chinolin-3-carbonsäure-äthylester).

B. Beim Erhitzen von 4'-Nitro-biphenyl-2-ylamin mit Äthoxymethylen-malonsäure-diäthylester in einem inerten Lösungsmittel bis auf 270° (*Wilkinson*, Soc. **1950** 464, 467).

Blassgelbe Kristalle (aus wss. Py.); F: 285° [unkorr.].

Hydroxycarbonsäuren $C_{17}H_{13}NO_3$

(±)-[8-Hydroxy-[5]chinolyl]-phenyl-essigsäure $C_{17}H_{13}NO_3$, Formel XI.

B. Beim Erwärmen von Chinolin-8-ol mit DL-Mandelsäure und wss. H_2SO_4 (*Arventi*, Ann. scient. Univ. Jassy **23** [1937] 344, 349).

Wasserhaltige gelbliche Kristalle (aus Ae.), die bei 85—90° sintern und bei 180° in 5-Benzyl-chinolin-8-ol übergehen.

Sulfat $2C_{17}H_{13}NO_3 \cdot H_2SO_4$. Gelbliche Kristalle; Zers. bei 242—243°.

6-Benzyl-4-hydroxy-chinolin-2-carbonsäure $C_{17}H_{13}NO_3$, Formel XII (R = H), und Tautomeres (6-Benzyl-4-oxo-1,4-dihydro-chinolin-2-carbonsäure).

B. Aus 6-Benzyl-4-hydroxy-chinolin-2-carbonsäure-äthylester beim Erwärmen mit wss. NaOH (*Kaslow, Aronoff,* J. org. Chem. **19** [1954] 857, 860).

Kristalle (aus 2-Äthoxy-äthanol); F: 243—244°.

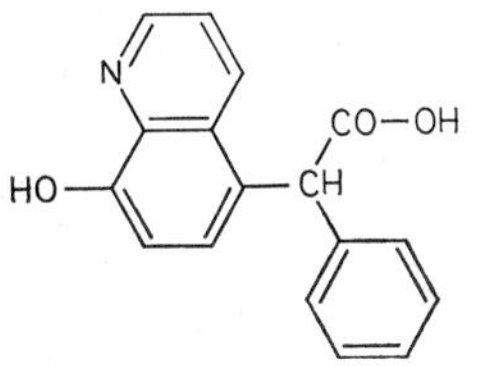

XI 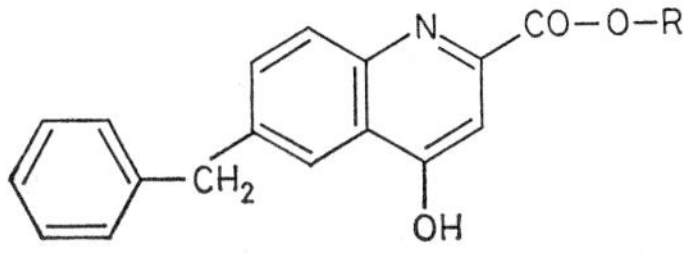 XII 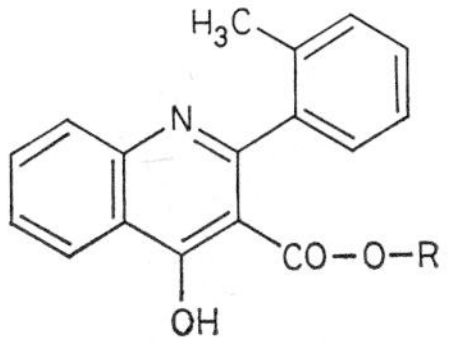 XIII

6-Benzyl-4-hydroxy-chinolin-2-carbonsäure-äthylester $C_{19}H_{17}NO_3$, Formel XII ($R = C_2H_5$), und Tautomeres (6-Benzyl-4-oxo-1,4-dihydro-chinolin-2-carbon=säure-äthylester).

B. Beim Erwärmen von 4-Benzyl-anilin mit Oxalessigsäure-diäthylester in $CHCl_3$ oder $CHCl_2$ unter Zusatz von wenig wss. HCl und Erhitzen des Reaktionsprodukts mit Diphenyläther auf 260° (*Kaslow, Aronoff,* J. org. Chem. **19** [1954] 857, 858).

Kristalle (aus A.); F: 212—213°.

4-Hydroxy-2-*o*-tolyl-chinolin-3-carbonsäure $C_{17}H_{13}NO_3$, Formel XIII (R = H), und Tautomeres (4-Oxo-2-*o*-tolyl-1,4-dihydro-chinolin-3-carbonsäure).

B. Aus 4-Hydroxy-2-*o*-tolyl-chinolin-3-carbonsäure-äthylester beim Erwärmen mit äthanol. NaOH (*Kulkarni, Shah,* J. Indian chem. Soc. **26** [1949] 171, 172).

Kristalle (aus Eg.); F: 198—200° [Zers.].

4-Hydroxy-2-*o*-tolyl-chinolin-3-carbonsäure-äthylester $C_{19}H_{17}NO_3$, Formel XIII ($R = C_2H_5$), und Tautomeres (4-Oxo-2-*o*-tolyl-1,4-dihydro-chinolin-3-carbon=säure-äthylester).

B. Beim Erhitzen von *N*-Phenyl-*o*-toluimidoylchlorid mit der Natrium-Verbindung des Malonsäure-diäthylesters in Toluol auf 140° und Erhitzen des Reaktionsprodukts unter vermindertem Druck auf 160° (*Kulkarni, Shah,* J. Indian chem. Soc. **26** [1949] 171, 172).

Kristalle (aus A.); F: 184—186°.

2-[4-Methoxy-2-methyl-phenyl]-chinolin-4-carbonsäure $C_{18}H_{15}NO_3$, Formel I ($R = CH_3$, X = H).

B. Aus Isatin, 1-[4-Methoxy-2-methyl-phenyl]-äthanon und wss.-äthanol. KOH (*de Clercq, Buu-Hoi,* C. r. **227** [1948] 1251).

F: 215°.

2-[2-Methyl-4-propoxy-phenyl]-chinolin-4-carbonsäure $C_{20}H_{19}NO_3$, Formel I ($R = CH_2$-CH_2-CH_3, X = H).

B. Aus Isatin, 1-[2-Methyl-4-propoxy-phenyl]-äthanon und wss.-äthanol. KOH (*de Clercq, Buu-Hoi,* C. r. **227** [1948] 1251).

F: 190°.

2-[4-Isobutoxy-2-methyl-phenyl]-chinolin-4-carbonsäure $C_{21}H_{21}NO_3$, Formel I ($R = CH_2$-$CH(CH_3)_2$, X = H).

B. Aus Isatin, 1-[4-Isobutoxy-2-methyl-phenyl]-äthanon und wss.-äthanol. KOH (*de Clercq, Buu-Hoi,* C. r. **227** [1948] 1251).

F: 195°.

6-Brom-2-[4-methoxy-2-methyl-phenyl]-chinolin-4-carbonsäure $C_{18}H_{14}BrNO_3$, Formel I ($R = CH_3$, X = Br).

B. Aus 5-Brom-indolin-2,3-dion, 1-[4-Methoxy-2-methyl-phenyl]-äthanon und wss.-

äthanol. KOH (*de Clercq, Buu-Hoi,* C. r. **227** [1948] 1251).
F: 225°.

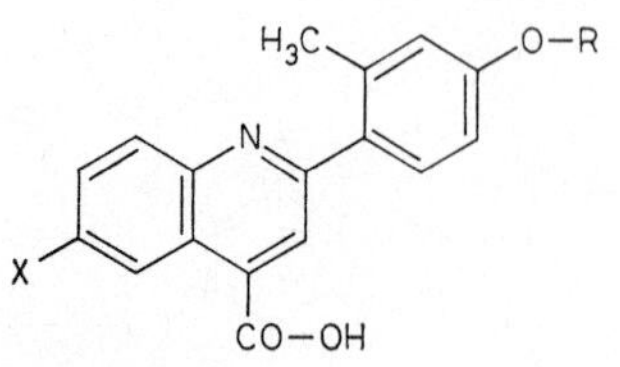

I 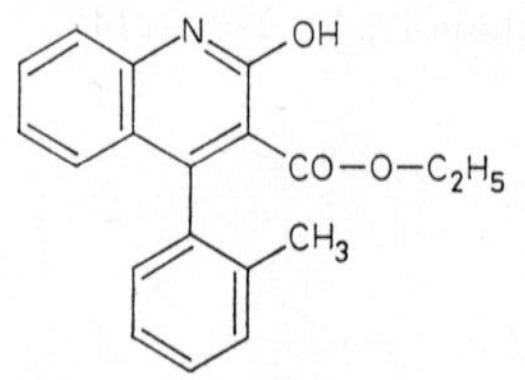 II 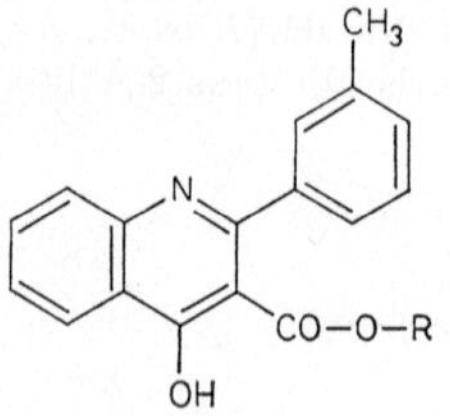 III

2-Hydroxy-4-*o*-tolyl-chinolin-3-carbonsäure-äthylester $C_{19}H_{17}NO_3$, Formel II, und Tautomeres (2-Oxo-4-*o*-tolyl-1,2-dihydro-chinolin-3-carbonsäure-äthylester).

B. Beim Erhitzen von 2-Amino-2'-methyl-benzophenon mit Malonsäure-diäthylester auf 180° (*Mills, Schofield,* Soc. **1956** 4213, 4220).

Kristalle (aus A.); F: 171—173°.

4-Hydroxy-2-*m*-tolyl-chinolin-3-carbonsäure $C_{17}H_{13}NO_3$, Formel III (R = H), und Tautomeres (4-Oxo-2-*m*-tolyl-1,4-dihydro-chinolin-3-carbonsäure).

B. Aus 4-Hydroxy-2-*m*-tolyl-chinolin-3-carbonsäure-äthylester beim Erwärmen mit äthanol. NaOH (*Kulkarni, Shah,* J. Indian chem. Soc. **26** [1949] 171, 173).

Kristalle (aus Eg.); F: 183—186° [Zers.].

4-Hydroxy-2-*m*-tolyl-chinolin-3-carbonsäure-äthylester $C_{19}H_{17}NO_3$, Formel III R = C_2H_5), und Tautomeres (4-Oxo-2-*m*-tolyl-1,4-dihydro-chinolin-3-carbonsäure-äthylester).

B. Beim Erhitzen von *N*-Phenyl-*m*-toluimidoylchlorid mit der Natrium-Verbindung des Malonsäure-diäthylesters in Toluol auf 140° und Erhitzen des Reaktionsprodukts unter vermindertem Druck auf 160° (*Kulkarni, Shah,* J. Indian chem. Soc. **26** [1949] 171, 173).

Kristalle (aus A.); F: 175—177°.

2-[4-Methoxy-3-methyl-phenyl]-chinolin-4-carbonsäure $C_{18}H_{15}NO_3$, Formel IV (R = CH_3, X = H).

B. Aus Isatin, 1-[4-Methoxy-3-methyl-phenyl]-äthanon und wss.-äthanol. KOH (*de Clercq, Buu-Hoi,* C. r. **227** [1948] 1251).

F: 224°.

2-[4-Äthoxy-3-methyl-phenyl]-chinolin-4-carbonsäure $C_{19}H_{17}NO_3$, Formel IV (R = C_2H_5, X = H).

B. Aus Isatin, 1-[4-Äthoxy-3-methyl-phenyl]-äthanon und wss.-äthanol. KOH (*de Clercq, Buu-Hoi,* C. r. **227** [1948] 1251).

F: 222°.

2-[4-Butoxy-3-methyl-phenyl]-chinolin-4-carbonsäure $C_{21}H_{21}NO_3$, Formel IV (R = $[CH_2]_3$-CH_3, X = H).

B. Aus Isatin, 1-[4-Butoxy-3-methyl-phenyl]-äthanon und wss.-äthanol. KOH (*de Clercq, Buu-Hoi,* C. r. **227** [1948] 1251).

F: 190°.

2-[4-Isopentyloxy-3-methyl-phenyl]-chinolin-4-carbonsäure $C_{22}H_{23}NO_3$, Formel IV (R = CH_2-CH_2-$CH(CH_3)_2$, X = H).

B. Aus Isatin, 1-[4-Isopentyloxy-3-methyl-phenyl]-äthanon und wss.- äthanol. KOH (*de Clerq, Buu Hoi,* C. r. **227** [1948] 1251).

F: 220°.

6-Brom-2-[4-methoxy-3-methyl-phenyl]-chinolin-4-carbonsäure $C_{18}H_{14}BrNO_3$, Formel IV (R = CH_3, X = Br).

B. Aus 5-Brom-indolin-2,3-dion, 1-[4-Methoxy-3-methyl-phenyl]-äthanon und wss.-äthanol. KOH (*de Clercq, Buu-Hoi*, C. r. **227** [1948] 1251).

F: 254°.

2-[4-Äthoxy-3-methyl-phenyl]-6-brom-chinolin-4-carbonsäure $C_{19}H_{16}BrNO_3$, Formel IV (R = C_2H_5, X = Br.)

B. Aus 5-Brom-indolin-2,3-dion, 1-[4-Äthoxy-3-methyl-phenyl]-äthanon und wss.-äthanol. KOH (*de Clercq, Buu-Hoi*, C. r. **227** [1948] 1251).

F: 263°.

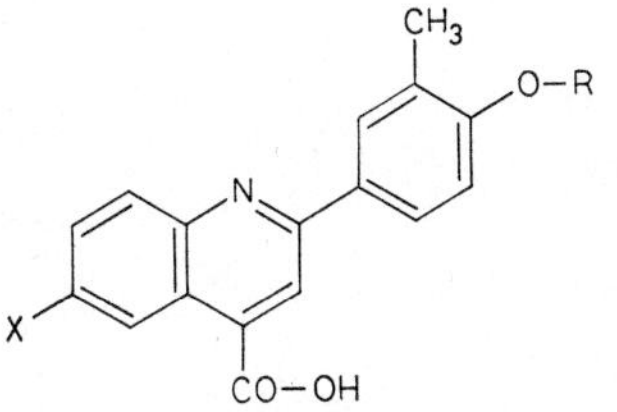

2-[2-Hydroxy-5-methyl-phenyl]-chinolin-4-carbonsäure $C_{17}H_{13}NO_3$, Formel V (R = X = H).

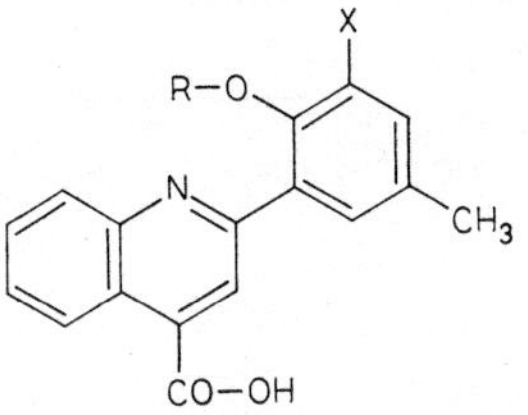

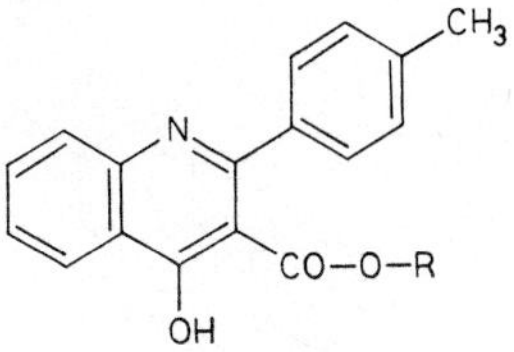

B. Beim Erwärmen von Isatin mit 1-[2-Hydroxy-5-methyl-phenyl]-äthanon und äthanol. KOH (*Miquel et al.*, Bl. **1956** 633, 635).

Gelbliche Kristalle (aus Butan-1-ol); F: 264°.

2-[2-Isopentyloxy-5-methyl-phenyl]-chinolin-4-carbonsäure $C_{22}H_{23}NO_3$, Formel V (R = CH_2-CH_2-$CH(CH_3)_2$, X = H).

B. Aus Isatin, 1-[2-Isopentyloxy-5-methyl-phenyl]-äthanon und wss.-äthanol. KOH (*de Clercq, Buu-Hoi*, C. r. **227** [1948] 1251).

F: 278°.

2-[2-(2-Hydroxy-äthoxy)-5-methyl-phenyl]-chinolin-4-carbonsäure $C_{19}H_{17}NO_4$, Formel V (R = CH_2-CH_2-OH, X = H).

B. Beim Erwärmen von Isatin mit 1-[2-(2-Hydroxy-äthoxy)-5-methyl-phenyl]-äthanon und wss.-äthanol. KOH (*Schering-Kahlbaum A.G.*, U.S.P. **2064297** [1934]).

Hellgelb; F: 133°.

2-[3-Brom-2-hydroxy-5-methyl-phenyl]-chinolin-4-carbonsäure $C_{17}H_{12}BrNO_3$, Formel V (R = H, X = Br).

B. Beim Erwärmen von Isatin mit 1-[3-Brom-2-hydroxy-5-methyl-phenyl]-äthanon und äthanol. KOH (*Buu-Hoi et al.*, Bl. **1956** 629, 632).

Gelbliche Kristalle (aus Eg.); F: 319—320°.

4-Hydroxy-2-*p*-tolyl-chinolin-3-carbonsäure $C_{17}H_{13}NO_3$, Formel VI (R = H), und Tautomeres (4-Oxo-2-*p*-tolyl-1,4-dihydro-chinolin-3-carbonsäure).

B. Aus 4-Hydroxy-2-*p*-tolyl-chinolin-3-carbonsäure-äthylester beim Erwärmen mit äthanol. NaOH (*Kulkarni, Shah*, J. Indian chem. Soc. **26** [1949] 171, 173).

Kristalle (aus Eg.); F: 273—275° [Zers.].

4-Hydroxy-2-*p*-tolyl-chinolin-3-carbonsäure-äthylester $C_{19}H_{17}NO_3$, Formel VI (R = C_2H_5), und Tautomeres (4-Oxo-2-*p*-tolyl-1,4-dihydro-chinolin-3-carbonsäure-äthylester).

B. Beim Erhitzen von *N*-Phenyl-*p*-toluimidoylchlorid mit der Natrium-Verbindung des Malonsäure-diäthylesters in Toluol auf 140° und Erhitzen des Reaktionsprodukts unter vermindertem Druck auf 160° (*Kulkarni, Shah*, J. Indian chem. Soc. **26** [1949]

171, 173).
Kristalle (aus A.); F: 233—235°.

3-Hydroxy-2-*p*-tolyl-chinolin-4-carbonsäure $C_{17}H_{13}NO_3$, Formel VII (R = H).
B. Beim Erwärmen von Isatin mit 2-Brom-1-*p*-tolyl-äthanon und wss. KOH (*John*, J. pr. [2] **133** [1932] 259, 267).
Gelbe Kristalle (aus A.); F: 180°.

2-*p*-Tolyl-3-*p*-tolyloxy-chinolin-4-carbonsäure $C_{24}H_{19}NO_3$, Formel VII (R = C_6H_4-CH_3(*p*)).
B. Beim Erwärmen von Isatin mit 1-*p*-Tolyl-2-*p*-tolyloxy-äthanon und wss.-äthanol. KOH (*Royer*, *Bisagni*, Helv. **42** [1959] 2364, 2368).
F: 258° [vorgeheizter Block].

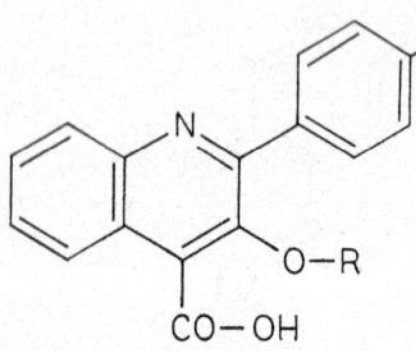

VII 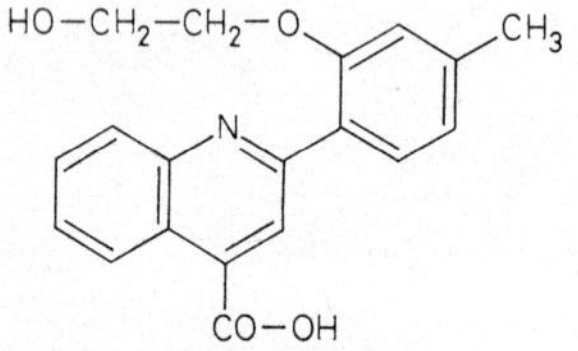 VIII 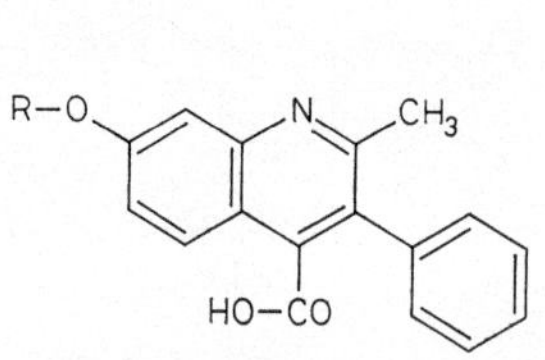 IX

2-[2-(2-Hydroxy-äthoxy)-4-methyl-phenyl]-chinolin-4-carbonsäure $C_{19}H_{17}NO_4$, Formel VIII.
B. Beim Erwärmen von Isatin mit 1-[2-(2-Hydroxy-äthoxy)-4-methyl-phenyl]-äthanon in wss.-äthanol. KOH (*Schering-Kahlbaum A.G.*, U.S.P. 2064297 [1934]).
Kristalle (aus wss. A.); F: 216°.

7-Hydroxy-2-methyl-3-phenyl-chinolin-4-carbonsäure $C_{17}H_{13}NO_3$, Formel IX (R = H).
B. Beim Erwärmen von 3-Amino-phenol mit Phenylbrenztraubensäure und Acetaldehyd in Äthanol (*Borsche*, *Wagner-Roemmich*, A. **544** [1940] 287, 291).
Kristalle (aus Eg.); F: 323° [Zers.].

7-Methoxy-2-methyl-3-phenyl-chinolin-4-carbonsäure $C_{18}H_{15}NO_3$, Formel IX (R = CH_3).
B. Beim Erwärmen von *m*-Anisidin mit Phenylbrenztraubensäure und Acetaldehyd in Äthanol (*Borsche*, *Wagner-Roemmich*, A. **544** [1940] 287, 298).
Kristalle (aus Eg.); F: 323°.

2-[2-Hydroxy-phenyl]-3-methyl-chinolin-4-carbonsäure $C_{17}H_{13}NO_3$, Formel X (R = X = H).
B. Bei 5-tägigem Erwärmen von Isatin mit 1-[2-Hydroxy-phenyl]-propan-1-on und wss. KOH (*Buu-Hoi*, *Miquel*, Soc. **1953** 3768).
Kristalle (aus wss. Eg.), die unterhalb 320° nicht schmelzen.

2-[5-Fluor-2-methoxy-phenyl]-3-methyl-chinolin-4-carbonsäure $C_{18}H_{14}FNO_3$, Formel X (R = CH_3, X = F).
B. Beim Erwärmen von Isatin mit 1-[5-Fluor-2-methoxy-phenyl]-propan-1-on und äthanol. KOH (*Buu-Hoi et al.*, J. org. Chem. **19** [1954] 1617, 1620).
Kristalle (aus A.); F: 326°. Oberhalb 295° sublimierbar.

2-[4-Hydroxy-phenyl]-3-methyl-chinolin-4-carbonsäure $C_{17}H_{13}NO_3$, Formel XI (R = X = X′ = H).
B. Beim Erwärmen von 2-[4-Methoxy-phenyl]-3-methyl-chinolin-4-carbonsäure mit Pyridin-hydrochlorid (*Buu-Hoi*, *Miquel*, Soc. **1953** 3768). Bei 3-wöchigem Erwärmen

von Isatin mit 1-[4-Hydroxy-phenyl]-propan-1-on und wss. KOH (*Buu-Hoi, Mi.*).
Gelbliche Kristalle (aus Nitrobenzol), die unterhalb 350° nicht schmelzen.

2-[4-Methoxy-phenyl]-3-methyl-chinolin-4-carbonsäure $C_{18}H_{15}NO_3$, Formel XI ($R = CH_3$, $X = X' = H$).

B. Beim Erwärmen von Isatin mit 1-[4-Methoxy-phenyl]-propan-1-on und wss.-äthanol. KOH (*Buu-Hoi, Miquel*, Soc. **1953** 3768).

Kristalle; F: 301–302° [aus A.] (*Buu-Hoi, Mi.*), 284–285° (*Colonna*, R.A.L. [8] **11** [1951] 268, 271). λ_{max}: 265–266 nm und 321 nm [A.], 263 nm und 322 nm [wss. NaOH (0,001 n)], 291 nm und 346–348 nm [wss. HCl (0,01 n)] bzw. 288 nm und 357 nm bis 358 nm [H_2SO_4] (*Co.*).

2-[4-Äthoxy-phenyl]-3-methyl-chinolin-4-carbonsäure $C_{19}H_{17}NO_3$, Formel XI ($R = C_2H_5$, $X = X' = H$).

B. Beim Erwärmen von Isatin mit 1-[4-Äthoxy-phenyl]-propan-1-on und äthanol. KOH (*Buu-Hoi et al.*, J. org. Chem. **18** [1953] 1209, 1215).

Kristalle; F: 302°.

2-[4-Butoxy-phenyl]-3-methyl-chinolin-4-carbonsäure $C_{21}H_{21}NO_3$, Formel XI ($R = [CH_2]_3$-CH_3, $X = X' = H$).

B. Beim Erwärmen von Isatin mit 1-[4-Butoxy-phenyl]-propan-1-on und äthanol. KOH (*Xuong, Buu-Hoi*, Soc. **1952** 3741, 3743).

Gelbliche Kristalle (aus Eg.); F: 275°.

3-Methyl-2-[4-tetradecyloxy-phenyl]-chinolin-4-carbonsäure $C_{31}H_{41}NO_3$, Formel XI ($R = [CH_2]_{13}$-CH_3, $X = X' = H$).

B. Beim Erwärmen von Isatin mit 1-[4-Tetradecyloxy-phenyl]-propan-1-on und wss.-äthanol. KOH (*Buu-Hoi*, R. **68** [1949] 759, 772).

Kristalle (aus A.); F: 239–240°.

2-[4-Hexadecyloxy-phenyl]-3-methyl-chinolin-4-carbonsäure $C_{33}H_{45}NO_3$, Formel XI ($R = [CH_2]_{15}$-CH_3, $X = X' = H$).

B. Beim Erwärmen von Isatin mit 1-[4-Hexadecyloxy-phenyl]-propan-1-on und wss.-äthanol. KOH (*Buu-Hoi*, R. **68** [1949] 759, 772).

Kristalle (aus A.); F: 236–237°.

3-Methyl-2-[4-phenoxy-phenyl]-chinolin-4-carbonsäure $C_{23}H_{17}NO_3$, Formel XI ($R = C_6H_5$, $X = X' = H$).

B. Aus Isatin und 1-[4-Phenoxy-phenyl]-propan-1-on beim Erwärmen mit äthanol. KOH (*Buu-Hoi et al.*, J. org. Chem. **18** [1953] 1209, 1215).

Kristalle; F: 303°.

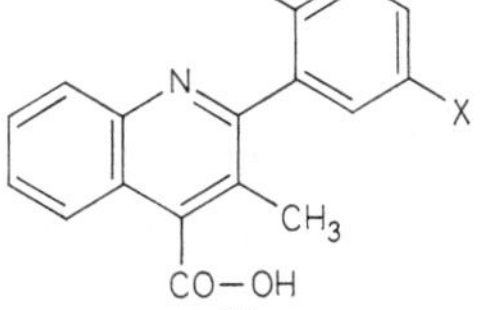

X 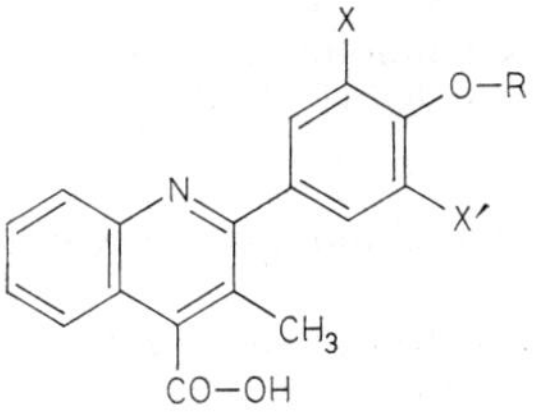 XI 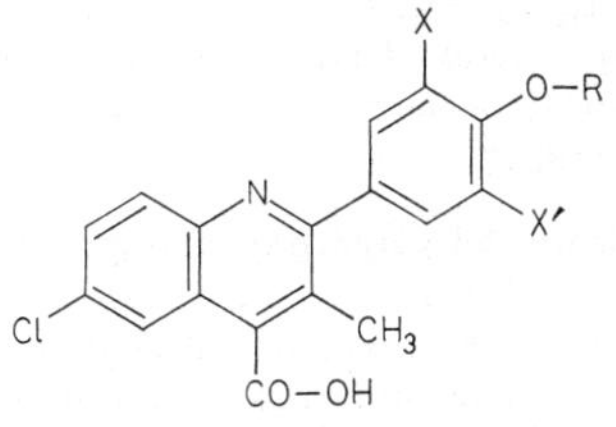 XII

2-[3-Fluor-4-hydroxy-phenyl]-3-methyl-chinolin-4-carbonsäure $C_{17}H_{12}FNO_3$, Formel XI ($R = X' = H$, $X = F$).

B. Bei 7-tägigem Erwärmen von Isatin mit 1-[3-Fluor-4-hydroxy-phenyl]-propan-1-on und äthanol. KOH (*Buu-Hoi et al.*, Bl. **1956** 629, 631).

Gelbliche Kristalle (aus Eg.); F: >320°.

2-[3-Fluor-4-methoxy-phenyl]-3-methyl-chinolin-4-carbonsäure $C_{18}H_{14}FNO_3$, Formel XI ($R = CH_3$, $X = F$, $X' = H$).

B. Aus Isatin und 1-[3-Fluor-4-methoxy-phenyl]-propan-1-on beim Erwärmen mit

wss.-äthanol. KOH (*Buu-Hoi et al.*, J. org. Chem. **18** [1953] 910, 914).
Gelbliche Kristalle (aus A.); F: 312°.

6-Chlor-2-[4-hydroxy-phenyl]-3-methyl-chinolin-4-carbonsäure $C_{17}H_{12}ClNO_3$, Formel XII (R = X = X' = H).

B. Bei 15-tägigem Erwärmen von 5-Chlor-indolin-2,3-dion mit 1-[4-Hydroxy-phenyl]-propan-1-on und wss.-äthanol. KOH (*Buu-Hoi, Miquel*, Soc. **1953** 3768).
Kristalle (aus Eg.), die unterhalb 320° nicht schmelzen.

2-[3-Chlor-4-hydroxy-phenyl]-3-methyl-chinolin-4-carbonsäure $C_{17}H_{12}ClNO_3$, Formel XI (R = X' = H, X = Cl).

B. Bei 11-tägigem Erwärmen von Isatin mit 1-[3-Chlor-4-hydroxy-phenyl]-propan-1-on und wss.-äthanol. KOH (*Buu-Hoi, Miquel*, Soc. **1953** 3768).
Kristalle (aus Eg.), die unterhalb 320° nicht schmelzen.

2-[3-Chlor-4-methoxy-phenyl]-3-methyl-chinolin-4-carbonsäure $C_{18}H_{14}ClNO_3$, Formel XI (R = CH_3, X = Cl, X' = H).

B. Aus Isatin und 1-[3-Chlor-4-methoxy-phenyl]-propan-1-on beim Erwärmen mit äthanol. KOH (*Buu-Hoi et al.*, Bl. **1956** 629, 631).
Kristalle; F: 312° (*Nguyen-Hoán, Buu-Hoi*, C. r. **224** [1947] 1363), 310° [aus Eg.] (*Buu-Hoi et al.*).

2-[4-Äthoxy-3-chlor-phenyl]-3-methyl-chinolin-4-carbonsäure $C_{19}H_{16}ClNO_3$, Formel XI (R = C_2H_5, X = Cl, X' = H).

B. Aus Isatin und 1-[4-Äthoxy-3-chlor-phenyl]-propan-1-on beim Erwärmen mit wss.-äthanol. KOH (*Nguyen-Hoán, Buu-Hoi*, C. r. **224** [1947] 1363).
F: 278°.

6-Chlor-2-[3-fluor-4-methoxy-phenyl]-3-methyl-chinolin-4-carbonsäure $C_{18}H_{13}ClFNO_3$, Formel XII (R = CH_3, X = F, X' = H).

B. Aus 5-Chlor-indolin-2,3-dion und 1-[3-Fluor-4-methoxy-phenyl]-propan-1-on beim Erwärmen mit wss.-äthanol. KOH (*Buu-Hoi et al.*, J. org. Chem. **18** [1953] 910, 915).
Kristalle (aus Bzl.); F: 328°.

2-[3,5-Dichlor-4-methoxy-phenyl]-3-methyl-chinolin-4-carbonsäure $C_{18}H_{13}Cl_2NO_3$, Formel XI (R = CH_3, X = X' = Cl).

B. Beim Erwärmen von Isatin mit 1-[3,5-Dichlor-4-methoxy-phenyl]-propan-1-on und wss.-äthanol. KOH (*Hoán*, C. r. **236** [1953] 614).
F: 225°.

6-Chlor-2-[3,5-dichlor-4-methoxy-phenyl]-3-methyl-chinolin-4-carbonsäure $C_{18}H_{12}Cl_3NO_3$, Formel XII (R = CH_3, X = X' = Cl).

B. Beim Erwärmen von 5-Chlor-indolin-2,3-dion mit 1-[3,5-Dichlor-4-methoxy-phenyl]-propan-1-on und wss.-äthanol. KOH (*Hoán*, C. r. **236** [1953] 614).
F: 221°.

6-Brom-2-[4-hydroxy-phenyl]-3-methyl-chinolin-4-carbonsäure $C_{17}H_{12}BrNO_3$, Formel XIII (R = X = H).

B. Bei 15-tägigem Erwärmen von 5-Brom-indolin-2,3-dion mit 1-[4-Hydroxy-phenyl]-propan-1-on und wss.-äthanol. KOH (*Buu-Hoi, Miquel*, Soc. **1953** 3768).
Kristalle (aus Eg.), die unterhalb 320° nicht schmelzen.

6-Brom-2-[4-methoxy-phenyl]-3-methyl-chinolin-4-carbonsäure $C_{18}H_{14}BrNO_3$, Formel XIII (R = CH_3, X = H).

B. Beim Erwärmen von 5-Brom-indolin-2,3-dion mit 1-[4-Methoxy-phenyl]-propan-1-on und wss.-äthanol. KOH (*Buu-Hoi*, R. **68** [1949] 759, 771).
Kristalle (aus A.); F: 307–308° [unter Sublimation].

6-Brom-2-[4-butoxy-phenyl]-3-methyl-chinolin-4-carbonsäure $C_{21}H_{20}BrNO_3$, Formel XIII (R = $[CH_2]_3$-CH_3, X = H).

B. Beim Erwärmen von 5-Brom-indolin-2,3-dion mit 1-[4-Butoxy-phenyl]-propan-1-on

und äthanol. KOH (*Xuong, Buu-Hoi*, Soc. **1952** 3741, 3743).
Gelbliche Kristalle (aus Toluol); F: 299—300°.

2-[3-Brom-4-hydroxy-phenyl]-3-methyl-chinolin-4-carbonsäure $C_{17}H_{12}BrNO_3$, Formel XI (R = X' = H, X = Br) auf S. 2409.

B. Bei 11-tägigem Erwärmen von Isatin mit 1-[3-Brom-4-hydroxy-phenyl]-propan-1-on und wss.-äthanol. KOH (*Buu-Hoi, Miquel*, Soc. **1953** 3768).
Kristalle (aus Eg.), die unterhalb 320° nicht schmelzen.

2-[3-Brom-4-methoxy-phenyl]-3-methyl-chinolin-4-carbonsäure $C_{18}H_{14}BrNO_3$, Formel XI (R = CH_3, X = Br, X' = H) auf S. 2409.

B. Aus Isatin und 1-[3-Brom-4-methoxy-phenyl]-propan-1-on beim Erwärmen mit wss.-äthanol. KOH (*Nguyen-Hoán, Buu-Hoi*, C. r. **224** [1947] 1363).
F: 318°.

6-Brom-2-[3-fluor-4-methoxy-phenyl]-3-methyl-chinolin-4-carbonsäure $C_{18}H_{13}BrFNO_3$, Formel XIII (R = CH_3, X = F).

B. Aus 5-Brom-indolin-2,3-dion und 1-[3-Fluor-4-methoxy-phenyl]-propan-1-on beim Erwärmen mit wss.-äthanol. KOH (*Buu-Hoi et al.*, J. org. Chem. **18** [1953] 910, 914).
Gelbliche Kristalle (aus A. + Bzl.); F: 315°.

6-Brom-2-[3-chlor-4-methoxy-phenyl]-3-methyl-chinolin-4-carbonsäure $C_{18}H_{13}BrClNO_3$, Formel XIII (R = CH_3, X = Cl).

B. Aus 5-Brom-indolin-2,3-dion und 1-[3-Chlor-4-methoxy-phenyl]-propan-1-on beim Erwärmen mit äthanol. KOH (*Buu-Hoi et al.*, Bl. **1956** 629, 631).
Gelbliche Kristalle (aus Eg.); F: >320°.

2-[3,5-Dibrom-4-methoxy-phenyl]-3-methyl-chinolin-4-carbonsäure $C_{18}H_{13}Br_2NO_3$, Formel XI (R = CH_3, X = X' = Br) auf S. 2409.

B. Beim Erwärmen von Isatin mit 1-[3,5-Dibrom-4-methoxy-phenyl]-propan-1-on und wss.-äthanol. KOH (*Hoán*, C. r. **236** [1953] 614).
F: 305°.

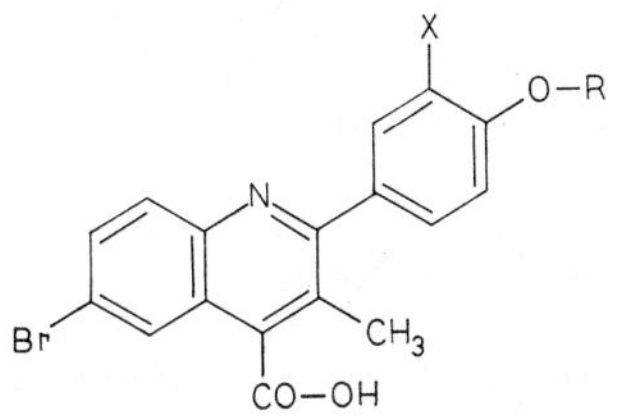

XIII 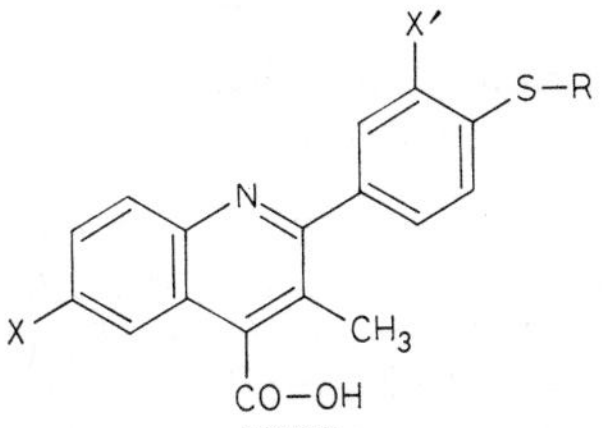 XIV 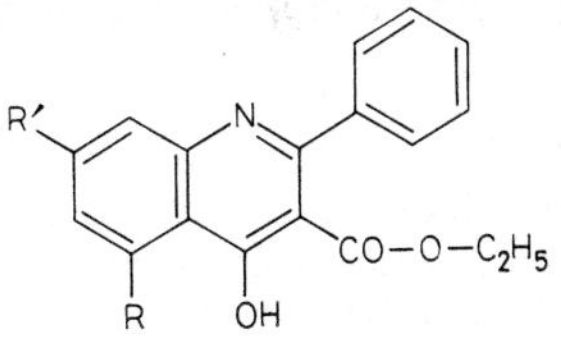 XV

6-Chlor-2-[3,5-dibrom-4-methoxy-phenyl]-3-methyl-chinolin-4-carbonsäure $C_{18}H_{12}Br_2ClNO_3$, Formel XII (R = CH_3, X = X' = Br) auf S. 2409.

B. Beim Erwärmen von 5-Chlor-indolin-2,3-dion mit 1-[3,5-Dibrom-4-methoxy-phenyl]-propan-1-on und wss.-äthanol KOH (*Hoán*, C. r. **236** [1953] 614).
F: 309°.

2-[4-Methylmercapto-phenyl]-3-methyl-chinolin-4-carbonsäure $C_{18}H_{15}NO_2S$, Formel XIV (R = CH_3, X = X' = H).

B. Aus Isatin und 1-[4-Methylmercapto-phenyl]-propan-1-on beim Erwärmen mit äthanol. KOH (*Buu-Hoi et al.*, J. org. Chem. **18** [1953] 1209, 1215).
F: 305°.

2-[4-Äthylmercapto-phenyl]-3-methyl-chinolin-4-carbonsäure $C_{19}H_{17}NO_2S$, Formel XIV (R = C_2H_5, X = X' = H).

B. Aus Isatin und 1-[4-Äthylmercapto-phenyl]-propan-1-on beim Erwärmen mit äthanol. KOH (*Buu-Hoi et al.*, J. org. Chem. **18** [1953] 1209, 1215).
F: 278°.

3-Methyl-2-[4-phenylmercapto-phenyl]-chinolin-4-carbonsäure $C_{23}H_{17}NO_2S$, Formel XIV ($R = C_6H_5$, $X = X' = H$).

B. Aus Isatin und 1-[4-Phenylmercapto-phenyl]-propan-1-on beim Erwärmen mit äthanol. KOH (*Buu-Hoi et al.*, J. org. Chem. **18** [1953] 1209, 1215).

F: 275°.

2-[3-Chlor-4-methylmercapto-phenyl]-3-methyl-chinolin-4-carbonsäure $C_{18}H_{14}ClNO_2S$, Formel XIV ($R = CH_3$, $X = H$, $X' = Cl$).

B. Beim Erwärmen von Isatin mit 1-[3-Chlor-4-methylmercapto-phenyl]-propan-1-on und äthanol. KOH (*Tri-Tuc, Nguyèn-Hoán*, C. r. **237** [1953] 1016).

F: 301°.

6-Chlor-2-[3-chlor-4-methylmercapto-phenyl]-3-methyl-chinolin-4-carbonsäure $C_{18}H_{13}Cl_2NO_2S$, Formel XIV ($R = CH_3$, $X = X' = Cl$).

B. Aus 5-Chlor-indolin-2,3-dion und 1-[3-Chlor-4-methylmercapto-phenyl]-propan-1-on beim Erwärmen mit äthanol. KOH (*Tri-Tuc, Nguyèn-Hoán*, C. r. **237** [1953] 1016).

F: >320°.

6-Brom-2-[3-chlor-4-methylmercapto-phenyl]-3-methyl-chinolin-4-carbonsäure $C_{18}H_{13}BrClNO_2S$, Formel XIV ($R = CH_3$, $X = Br$, $X' = Cl$).

B. Aus 5-Brom-indolin-2,3-dion und 1-[3-Chlor-4-methylmercapto-phenyl]-propan-1-on beim Erwärmen mit äthanol. KOH (*Tri-Tuc, Nguyèn-Hoán*, C. r. **237** [1953] 1016).

F: >320°.

4-Hydroxy-5-methyl-2-phenyl-chinolin-3-carbonsäure-äthylester $C_{19}H_{17}NO_3$, Formel XV ($R = CH_3$, $R' = H$), und **4-Hydroxy-7-methyl-2-phenyl-chinolin-3-carbonsäure-äthylester** $C_{19}H_{17}NO_3$, Formel XV ($R = H$, $R' = CH_3$), sowie Tautomere.

Zwei Verbindungen (jeweils Kristalle [aus E.]; F: 237—240° [wenig löslich in E.] bzw. F: 225—228° [leich löslich in E.]), für die diese Konstitutionsformeln in Betracht kommen, sind beim Erhitzen von [α-*m*-Tolylimino-benzyl]-malonsäure-diäthylester auf 180—190° erhalten worden (*Shah, Heeramaneck*, Soc. **1936** 428, 430).

4-Hydroxy-6-methyl-2-phenyl-chinolin-3-carbonsäure $C_{17}H_{13}NO_3$, Formel I ($R = H$), und Tautomeres (6-Methyl-4-oxo-2-phenyl-1,4-dihydro-chinolin-3-carbonsäure) (H 248).

B. Bei 3-tägigem Behandeln von 2-Cyan-3-oxo-3-phenyl-propionsäure-äthylester mit *p*-Toluidin unter Zusatz von wenig wss. HCl und Behandeln des Reaktionsprodukts mit Acetanhydrid und H_2SO_4 (*Bangdiwala, Desai*, J. Indian chem. Soc. **31** [1954] 714).

Kristalle; F: 210—211° [aus A.] (*Bangdiwala, Desai*, J. Indian chem. Soc. **31** [1954] 711), 209—211° [Zers.] (*Shah, Heeramaneck*, Soc. **1936** 428, 430).

4-Hydroxy-6-methyl-2-phenyl-chinolin-3-carbonsäure-äthylester $C_{19}H_{17}NO_3$, Formel I ($R = C_2H_5$), und Tautomeres (6-Methyl-4-oxo-2-phenyl-1,4-dihydro-chinolin-3-carbonsäure-äthylester) (H 248).

B. Aus [α-*p*-Tolylimino-benzyl]-malonsäure-diäthylester beim Behandeln mit Acetanhydrid und H_2SO_4 (*Bangdiwala, Desai*, J. Indian chem. Soc. **31** [1954] 711).

Kristalle; F: 253—254° (*Shah, Heeramaneck*, Soc. **1936** 428, 430), 252—253° [aus A.] (*Ba., De.*).

I: H₃C, N, CO—O—R, OH

II: CH₃, N, CO—O—R, OH

III: N, CH₃, OH, CO—OH

I II III

4-Hydroxy-8-methyl-2-phenyl-chinolin-3-carbonsäure $C_{17}H_{13}NO_3$, Formel II (R = H), und Tautomeres (8-Methyl-4-oxo-2-phenyl-1,4-dihydro-chinolin-3-carbonsäure).

B. Bei 3-tägigem Behandeln von 2-Cyan-3-oxo-3-phenyl-propionsäure-äthylester mit *o*-Toluidin unter Zusatz von wenig wss. HCl und Behandeln des Reaktionsprodukts mit Acetanhydrid und H_2SO_4 (*Bangdiwala, Desai,* J. Indian chem. Soc. **31** [1954] 714). Aus 4-Hydroxy-8-methyl-2-phenyl-chinolin-3-carbonsäure-äthylester (*Shah, Heeramaneck,* Soc. **1936** 428, 430; *Ba., De.*).

Kristalle; F: 202—203° [Zers.; aus wss. A.] (*Ba., De.*), 201—203° [Zers.] (*Shah, He.*).

4-Hydroxy-8-methyl-2-phenyl-chinolin-3-carbonsäure-äthylester $C_{19}H_{17}NO_3$, Formel II (R = C_2H_5), und Tautomeres (8-Methyl-4-oxo-2-phenyl-1,4-dihydro-chinolin-3-carbonsäure-äthylester) (H 248).

B. Aus [α-*o*-Tolylimino-benzyl]-malonsäure-diäthylester beim Behandeln mit Acetanhydrid und H_2SO_4 (*Bangdiwala, Desai,* J. Indian chem. Soc. **31** [1954] 711) oder beim Erhitzen auf 180—190° (*Shah, Heeramaneck,* Soc. **1936** 428, 430; vgl. H 248).

Kristalle; F: 243—244° [aus A.] (*Ba., De.*), 242° (*Shah, He.*).

3-Hydroxy-2-methyl-6-phenyl-chinolin-4-carbonsäure $C_{17}H_{13}NO_3$, Formel III.

B. Beim Erwärmen von 5-Phenyl-indolin-2,3-dion in Dioxan und Äthanol mit wss. $Ca(OH)_2$ und anschliessend mit Chloraceton (*I. G. Farbenind.,* D.R.P. 615743 [1934]; Frdl. **22** 482).

Gelb; F: 246° [Zers.] und (nach Wiedererstarren) F: 270—277°.

3-Hydroxy-6-methyl-2-phenyl-chinolin-4-carbonsäure $C_{17}H_{13}NO_3$, Formel IV.

B. Beim Erwärmen von 5-Methyl-indolin-2,3-dion mit Phenacylbromid und wss. KOH (*John,* J. pr. [2] **133** [1932] 259, 263).

Gelbe Kristalle (aus A.); F: 193°.

2-[4-Hydroxy-phenyl]-6-methyl-chinolin-4-carbonsäure $C_{17}H_{13}NO_3$, Formel V (R = R′ = H).

B. Aus 2-[4-Methoxy-phenyl]-6-methyl-chinolin-4-carbonsäure beim Erhitzen mit wss. HCl auf 200° oder beim Erwärmen mit wss. HI (*Kaku,* J. pharm. Soc. Japan **50** [1930] 235, 240; dtsch. Ref. S. 31; C. A. **1930** 3511).

Gelbe Kristalle; F: 330—331° [Zers.].

O-Acetyl-Derivat $C_{19}H_{15}NO_4$; 2-[4-Acetoxy-phenyl]-6-methyl-chinolin-4-carbonsäure. Hellgelbe Kristalle; F: 236—237°.

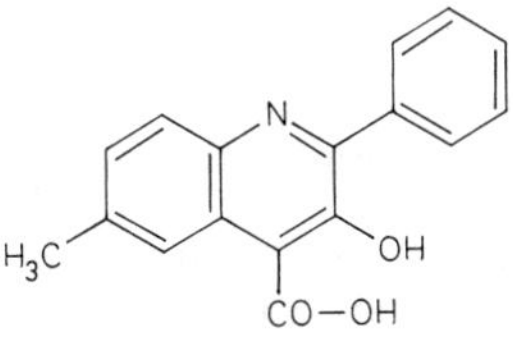

IV 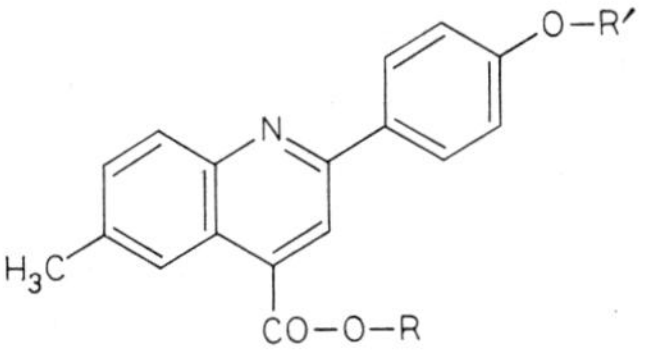 V 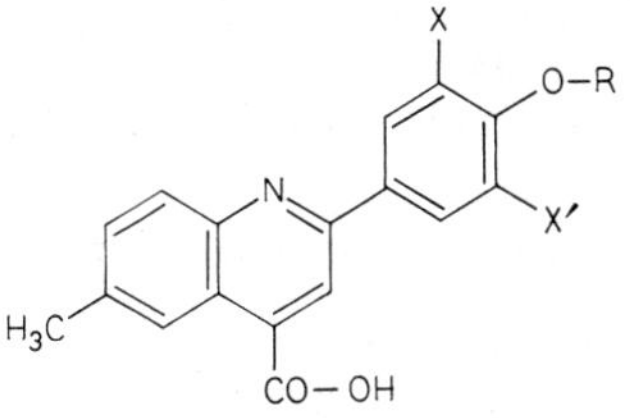 VI

2-[4-Methoxy-phenyl]-6-methyl-chinolin-4-carbonsäure-äthylester $C_{20}H_{19}NO_3$, Formel V (R = C_2H_5, R′ = CH_3).

B. Aus 2-[4-Methoxy-phenyl]-6-methyl-chinolin-4-carbonsäure beim Erwärmen mit Äthanol und HCl (*Kaku,* J. pharm. Soc. Japan **50** [1930] 235, 248; dtsch. Ref. S. 31; C. A. **1930** 3511).

F: 124°; Kp_{5-6}: 267° (*Kaku,* l. c. S. 238).

2-[3-Fluor-4-methoxy-phenyl]-6-methyl-chinolin-4-carbonsäure $C_{18}H_{14}FNO_3$, Formel VI (R = CH_3, X = F, X′ = H).

B. Aus 5-Methyl-indolin-2,3-dion und 1-[3-Fluor-4-methoxy-phenyl]-äthanon beim

Erwärmen mit wss.-äthanol. KOH (*Buu-Hoi et al.*, J. org. Chem. **18** [1953] 910, 914).
Gelbliche Kristalle (aus A.); F: 248—249°.

2-[4-Äthoxy-3,5-dijod-phenyl]-6-methyl-chinolin-4-carbonsäure $C_{19}H_{15}I_2NO_3$, Formel VI (R = C_2H_5, X = X' = I).

B. Aus 5-Methyl-indolin-2,3-dion und 1-[4-Äthoxy-3,5-dijod-phenyl]-äthanon beim Erwärmen mit wss.-äthanol. KOH (*Schering A.G.*, D.R.P. 659496 [1935]; Frdl. **24** 376).

Kristalle (aus Eg. oder Nitrobenzol); Zers. bei 245° (*Schering Corp.*, U.S.P. 2220086 [1936]), bei 220° (*Schering A.G.*).

2-[3-Chlor-4-methylmercapto-phenyl]-6-methyl-chinolin-4-carbonsäure $C_{18}H_{14}ClNO_2S$, Formel VII.

B. Aus 5-Methyl-indolin-2,3-dion und 1-[3-Chlor-4-methylmercapto-phenyl]-äthanon beim Erwärmen mit äthanol. KOH (*Tri-Tuc, Nguyèn-Hoán*, C. r. **237** [1953] 1016).

F: 254°.

2-[4-Hydroxy-phenyl]-7-methyl-chinolin-4-carbonsäure $C_{17}H_{13}NO_3$, Formel VIII (R = R' = H).

B. Aus 2-[4-Methoxy-phenyl]-7-methyl-chinolin-4-carbonsäure beim Erhitzen mit wss. HCl auf 200° oder beim Erwärmen mit wss. HI (*Kaku*, J. pharm. Soc. Japan **50** [1930] 235, 241; dtsch. Ref. S. 31; C. A. **1930** 3511).

Gelbe Kristalle; F: 342—344° [Zers.].

O-Acetyl-Derivat $C_{19}H_{15}NO_4$; 2-[4-Acetoxy-phenyl]-7-methyl-chinolin-4-carbonsäure. Hellgelbe Kristalle; F: 218°.

2-[4-Methoxy-phenyl]-7-methyl-chinolin-4-carbonsäure-äthylester $C_{20}H_{19}NO_3$, Formel VIII (R = C_2H_5, R' = CH_3).

B. Aus 2-[4-Methoxy-phenyl]-7-methyl-chinolin-4-carbonsäure beim Erwärmen mit Äthanol und HCl (*Kaku*, J. pharm. Soc. Japan **50** [1930] 235, 248; dtsch. Ref. S. 31; C. A. **1930** 3511).

Kristalle; F: 107—108°; Kp_{5-6}: 268—269° (*Kaku*, l. c. S. 238).

2-[4-Hydroxy-phenyl]-8-methyl-chinolin-4-carbonsäure $C_{17}H_{13}NO_3$, Formel IX (R = R' = H).

B. Aus 2-[4-Methoxy-phenyl]-8-methyl-chinolin-4-carbonsäure beim Erhitzen mit wss. HCl auf 220° oder beim Erwärmen mit wss. HI (*Kaku*, J. pharm. Soc. Japan **50** [1930] 235, 241; dtsch. Ref. S. 31; C. A. **1930** 3511).

Gelbe Kristalle; F: 240—241°.

O-Acetyl-Derivat $C_{19}H_{15}NO_4$; 2-[4-Acetoxy-phenyl]-8-methyl-chinolin-4-carbonsäure. Hellgelbe Kristalle; F: 237—238°.

2-[4-Methoxy-phenyl]-8-methyl-chinolin-4-carbonsäure-äthylester $C_{20}H_{19}NO_3$, Formel IX (R = C_2H_5, R' = CH_3).

B. Aus 2-[4-Methoxy-phenyl]-8-methyl-chinolin-4-carbonsäure beim Erwärmen mit Äthanol und HCl (*Kaku*, J. pharm. Soc. Japan **50** [1930] 235, 248; dtsch. Ref. S. 31; C. A. **1930** 3511).

Hellgelbe Kristalle; F: 76—77°; Kp_{5-6}: 261—262° (*Kaku*, l. c. S. 238).

(±)-[1]Isochinolyl-[4-methoxy-phenyl]-essigsäure-amid $C_{18}H_{16}N_2O_2$, Formel X.

B. Beim Erwärmen von (±)-[1]Isochinolyl-[4-methoxy-phenyl]-acetonitril mit wss.-äthanol. HCl (*Ikehara*, Pharm. Bl. **3** [1955] 294).

Kristalle (aus Acn.); F: 205–206°.

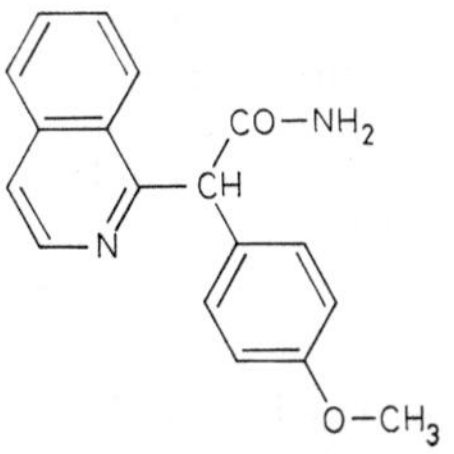

X 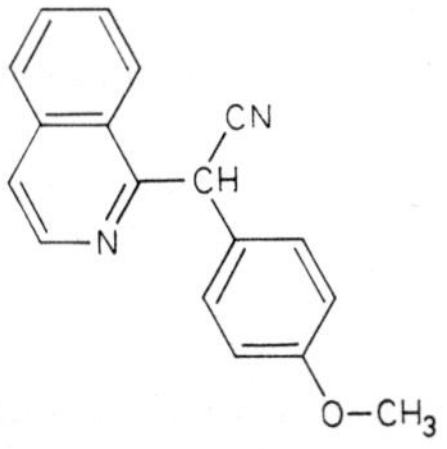 XI 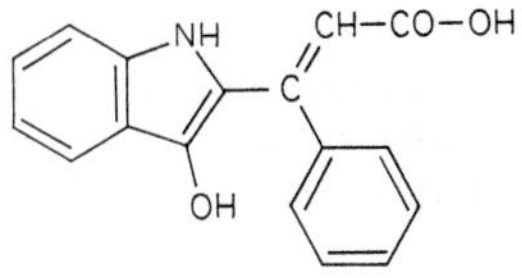 XII

(±)-[1]Isochinolyl-[4-methoxy-phenyl]-acetonitril $C_{18}H_{14}N_2O$, Formel XI.

B. Beim Behandeln von [4-Methoxy-phenyl]-acetonitril mit $NaNH_2$ in Toluol und anschliessenden Erhitzen mit 1-Chlor-isochinolin auf 150° (*Ikehara*, Pharm. Bl. **3** [1955] 294).

Kristalle (aus Acn.) mit 1 Mol H_2O; F: 142°.

***3-[3-Hydroxy-indol-2-yl]-3-phenyl-acrylsäure** $C_{17}H_{13}NO_3$, Formel XII.

In der früher (s. E I **22** 560) unter dieser Konstitution beschriebenen, als „β-[3-Oxy-indolyl-(2)]-zimtsäure" bezeichneten Verbindung hat 1-Phenacyl-1*H*-chinolin-2,4-dion (E III/IV **21** 5441) vorgelegen (*Franck, Gilligan*, J. org. Chem. **36** [1971] 222); dementsprechend ist die beim Erwärmen mit Acetanhydrid erhaltene Verbindung (s. E I 560) vermutlich als 4-Acetoxy-1-phenacyl-1*H*-chinolin-2-on zu formulieren.

9-Hydroxy-6,11-dihydro-5*H*-benzo[*a*]carbazol-8-carbonsäure $C_{17}H_{13}NO_3$, Formel XIII.

B. Beim Erhitzen von 6,11-Dihydro-5*H*-benzo[*a*]carbazol-9-ol mit CO_2 und K_2CO_3 auf 260°/50 at (*I. G. Farbenind.*, D.R.P. 588042 [1932]; Frdl. **20** 518; *Gen. Aniline Works*, U.S.P. 2161524 [1933]).

Zers. bei ca. 220°.

3-Chlor-anilid $C_{23}H_{17}ClN_2O_2$. Kristalle; F: 237°.

4-Chlor-anilid $C_{23}H_{17}ClN_2O_2$. Kristalle; F: 264°.

o-Toluidid $C_{24}H_{20}N_2O_2$. Kristalle; F: 247°.

p-Anisidid $C_{24}H_{20}N_2O_3$. Kristalle; F: 251° (*Gen. Aniline Works*), 244° (*I. G. Farbenind.*).

4-Methoxy-2-methyl-anilid $C_{25}H_{22}N_2O_3$. Kristalle; F: 234°.

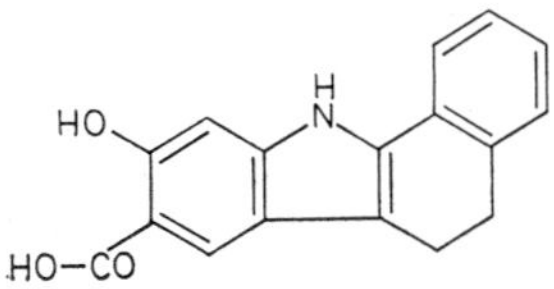

XIII 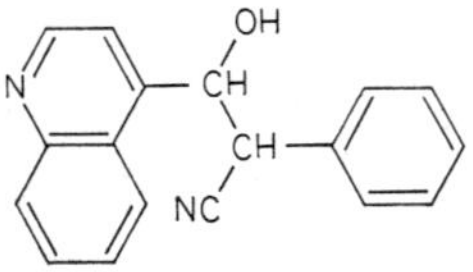 XIV 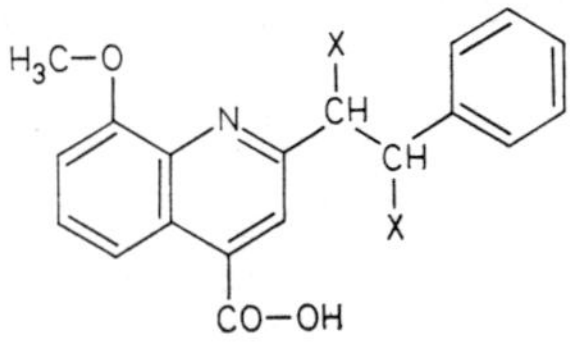 XV

Hydroxycarbonsäuren $C_{18}H_{15}NO_3$

***Opt.-inakt. 3-[4]Chinolyl-3-hydroxy-2-phenyl-propionitril** $C_{18}H_{14}N_2O$, Formel XIV.

B. Aus Phenylacetonitril und Chinolin-4-carbaldehyd beim Erwärmen mit wenig Diäthylamin in Äthanol oder beim Behandeln mit Diäthylamin in H_2O (*Phillips*, Am. Soc. **74** [1952] 5230).

F: 184–185° [unkorr.].

8-Methoxy-2-phenäthyl-chinolin-4-carbonsäure $C_{19}H_{17}NO_3$, Formel XV (X = H).

B. Beim Behandeln von 8-Methoxy-2-*trans*-styryl-chinolin-4-carbonsäure mit Natrium-Amalgam und wss. NaOH (*Weil et al.*, Roczniki Chem. **9** [1929] 661, 665; C. **1930** I 1149).

Kristalle (aus wss. A.); F: 168—170°.

Opt.-inakt. 2-[α,β-Dibrom-phenäthyl]-8-methoxy-chinolin-4-carbonsäure $C_{19}H_{15}Br_2NO_3$, Formel XV (X = Br).

B. Beim Behandeln von 8-Methoxy-2-*trans*-styryl-chinolin-4-carbonsäure mit Brom in $CHCl_3$ (*Weil et al.*, Roczniki Chem. **9** [1929] 661, 665; C. **1930** I 1149).

Orangefarbene Kristalle; F: 175—178°.

2-[2,4-Dimethyl-phenyl]-3-hydroxy-chinolin-8-carbonsäure $C_{18}H_{15}NO_3$, Formel I.

B. Beim Erhitzen von 2-[2,4-Dimethyl-phenyl]-3-hydroxy-chinolin-4,8-dicarbonsäure mit Nitrobenzol (*Cragoe et al.*, J. org. Chem. **18** [1953] 561, 565).

Kristalle (aus Propan-1-ol); F: 281—282° [unkorr.].

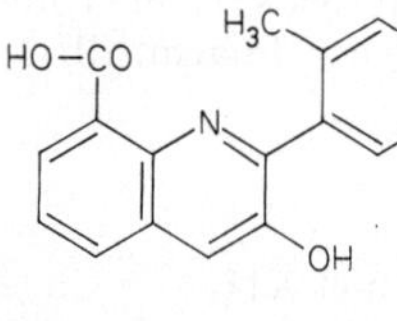

I 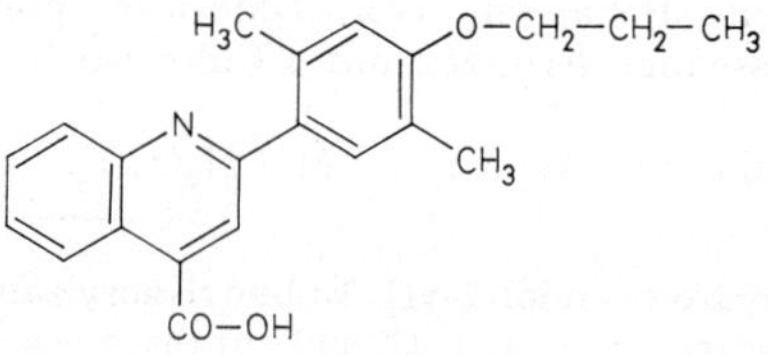 II

2-[2,5-Dimethyl-4-propoxy-phenyl]-chinolin-4-carbonsäure $C_{21}H_{21}NO_3$, Formel II.

B. Beim Erwärmen von Isatin mit 1-[2,5-Dimethyl-4-propoxy-phenyl]-äthanon und wss.-äthanol. KOH (*de Clercq, Buu-Hoi*, C. r. **227** [1948] 1377).

F: 213°.

2-[4-Methoxy-2,6-dimethyl-phenyl]-chinolin-4-carbonsäure $C_{19}H_{17}NO_3$, Formel III (X = H).

B. Beim Erwärmen von Isatin mit 1-[4-Methoxy-2,6-dimethyl-phenyl]-äthanon und wss.-äthanol. KOH (*de Clercq, Buu-Hoi*, C. r. **227** [1948] 1377).

F: 243°.

6-Brom-2-[4-methoxy-2,6-dimethyl-phenyl]-chinolin-4-carbonsäure $C_{19}H_{16}BrNO_3$, Formel III (X = Br).

B. Beim Erwärmen von 5-Brom-indolin-2,3-dion mit 1-[4-Methoxy-2,6-dimethyl-phenyl]-äthanon und wss.-äthanol. KOH (*de Clercq, Buu-Hoi*, C. r. **227** [1948] 1377).

F: 254°.

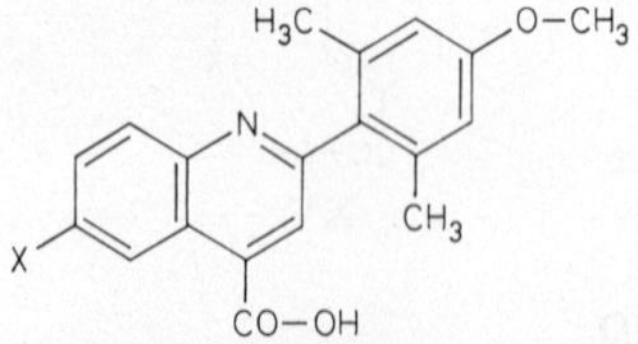

III 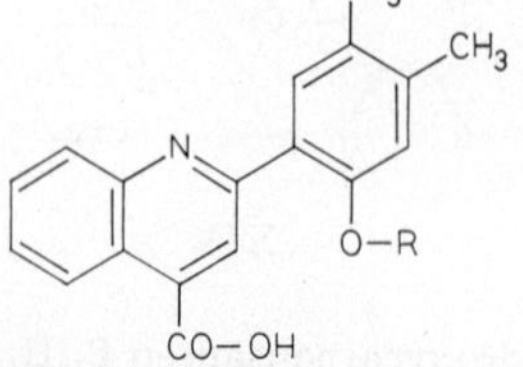 IV 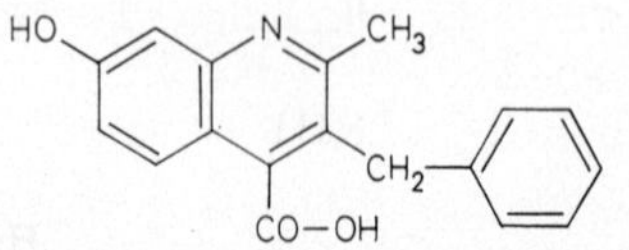 V

2-[2-Methoxy-4,5-dimethyl-phenyl]-chinolin-4-carbonsäure $C_{19}H_{17}NO_3$, Formel IV (R = CH_3).

B. Beim Erwärmen von Isatin mit 1-[2-Methoxy-4,5-dimethyl-phenyl]-äthanon und wss.-äthanol. KOH (*de Clercq, Buu-Hoi*, C. r. **227** [1948] 1377).

F: 273°.

2-[2-Isopentyloxy-4,5-dimethyl-phenyl]-chinolin-4-carbonsäure $C_{23}H_{25}NO_3$, Formel IV ($R = CH_2$-CH_2-$CH(CH_3)_2$).

B. Beim Erwärmen von Isatin mit 1-[2-Isopentyloxy-4,5-dimethyl-phenyl]-äthanon und wss.-äthanol. KOH (*de Clercq, Buu-Hoi*, C. r. **227** [1948] 1377).

F: 237°.

3-Benzyl-7-hydroxy-2-methyl-chinolin-4-carbonsäure $C_{18}H_{15}NO_3$, Formel V.

B. Beim Erwärmen von 3-Amino-phenol mit 2-Oxo-4-phenyl-buttersäure und Acet= aldehyd in Äthanol (*Borsche, Wagner-Roemmich*, A. **544** [1940] 287, 292).

F: 307—309° [Zers.].

2-[4-Hydroxy-2-methyl-phenyl]-3-methyl-chinolin-4-carbonsäure $C_{18}H_{15}NO_3$, Formel VI (R = X = H).

B. Beim Erwärmen von Isatin mit 1-[4-Hydroxy-2-methyl-phenyl]-propan-1-on und äthanol. KOH (*Miquel et al.*, Bl. **1956** 633, 635).

Gelbliche Kristalle (aus Eg.), die unterhalb 350° nicht schmelzen.

2-[4-Methoxy-2-methyl-phenyl]-3-methyl-chinolin-4-carbonsäure $C_{19}H_{17}NO_3$, Formel VI ($R = CH_3$, X = H).

B. Beim Erwärmen von Isatin mit 1-[4-Methoxy-2-methyl-phenyl]-propan-1-on und äthanol. KOH (*Miquel*, Bl. **1956** 633, 635).

Kristalle; F: 343—345° [Zers.].

3-Methyl-2-[2-methyl-4-propoxy-phenyl]-chinolin-4-carbonsäure $C_{21}H_{21}NO_3$, Formel VI ($R = CH_2$-CH_2-CH_3, X = H).

B. Beim Ewärmen von Isatin mit 1-[2-Methyl-4-propoxy-phenyl]-propan-1-on und wss.- äthanol. KOH (*de Clercq, Buu-Hoi*, C. r. **227** [1948] 1251).

F: 272°.

6-Brom-2-[4-methoxy-2-methyl-phenyl]-3-methyl-chinolin-4-carbonsäure $C_{19}H_{16}BrNO_3$, Formel VI ($R = CH_3$, X = Br).

B. Beim Erwärmen von 5-Brom-indolin-2,3-dion mit 1-[4-Methoxy-2-methyl-phenyl]-propan-1-on und wss.-äthanol. KOH (*de Clercq, Buu-Hoi*, C. r. **227** [1948] 1251).

F: >322°.

2-[4-Methoxy-3-methyl-phenyl]-3-methyl-chinolin-4-carbonsäure $C_{19}H_{17}NO_3$, Formel VII ($R = CH_3$, X = H).

B Beim Erwärmen von Isatin mit 1-[4-Methoxy-3-methyl-phenyl]-propan-1-on und wss.-äthanol. KOH (*de Clercq, Buu-Hoi*, C. r. **227** [1948] 1251).

F: 284°.

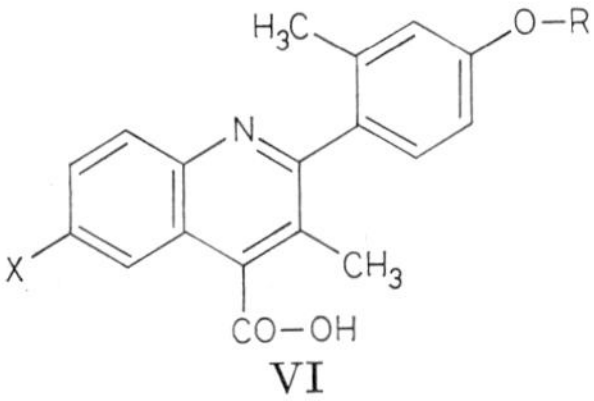

VI 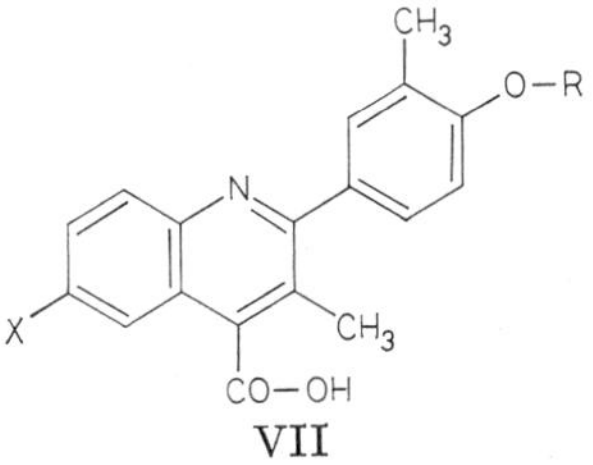 VII 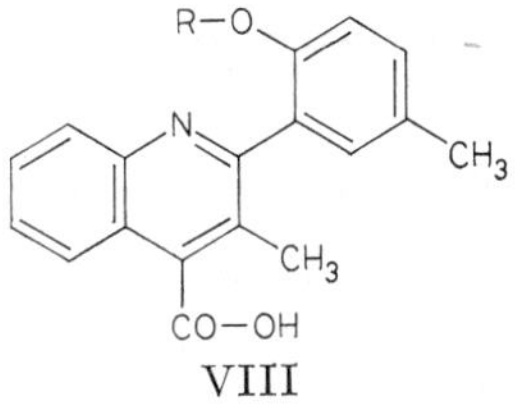 VIII

2-[4-Äthoxy-3-methyl-phenyl]-3-methyl-chinolin-4-carbonsäure $C_{20}H_{19}NO_3$, Formel VII ($R = C_2H_5$, X = H).

B. Beim Erwärmen von Isatin mit 1-[4-Äthoxy-3-methyl-phenyl]-propan-1-on und wss.-äthanol. KOH (*de Clercq, Buu-Hoi*, C. r. **227** [1948] 1251).

F: 278°.

2-[4-Butoxy-3-methyl-phenyl]-3-methyl-chinolin-4-carbonsäure $C_{22}H_{23}NO_3$, Formel VII ($R = [CH_2]_3$-CH_3, $X = H$).

B. Beim Erwärmen von Isatin mit 1-[4-Butoxy-3-methyl-phenyl]-propan-1-on und wss.-äthanol. KOH (*de Clercq, Buu-Hoi*, C. r. **227** [1948] 1251).

F: 265°.

6-Brom-2-[4-methoxy-3-methyl-phenyl]-3-methyl-chinolin-4-carbonsäure $C_{19}H_{16}BrNO_3$, Formel VII ($R = CH_3$, $X = Br$).

B. Beim Erwärmen von 5-Brom-indolin-2,3-dion mit 1-[4-Methoxy-3-methyl-phenyl]-propan-1-on und wss.-äthanol. KOH (*de Clercq, Buu-Hoi*, C. r. **227** [1948] 1251).

F: 308°.

2-[2-Hydroxy-5-methyl-phenyl]-3-methyl-chinolin-4-carbonsäure $C_{18}H_{15}NO_3$, Formel VIII ($R = H$).

B. Beim Erwärmen von Isatin mit 1-[2-Hydroxy-5-methyl-phenyl]-propan-1-on und äthanol. KOH (*Miquel et al.*, Bl. **1956** 633, 636).

Gelbe Kristalle (aus Butan-1-ol); F: 280°.

2-[2-Methoxy-5-methyl-phenyl]-3-methyl-chinolin-4-carbonsäure $C_{19}H_{17}NO_3$, Formel VIII ($R = CH_3$).

B. Beim Erwärmen von Isatin mit 1-[2-Methoxy-5-methyl-phenyl]-propan-1-on und wss.-äthanol. KOH (*de Clercq, Buu-Hoi*, C. r. **227** [1948] 1251).

F: 312°.

2-[2-Isopentyloxy-5-methyl-phenyl]-3-methyl-chinolin-4-carbonsäure $C_{23}H_{25}NO_3$, Formel VIII ($R = CH_2$-CH_2-$CH(CH_3)_2$).

B. Beim Erwärmen von Isatin mit 1-[2-Isopentyloxy-5-methyl-phenyl]-propan-1-on und wss.-äthanol. KOH (*de Clercq, Buu-Hoi*, C. r. **227** [1948] 1251).

F: $>312°$.

3-Hydroxy-6-methyl-2-*p*-tolyl-chinolin-4-carbonsäure $C_{18}H_{15}NO_3$, Formel IX.

B. Beim Erwärmen von 5-Methyl-indolin-2,3-dion mit 2-Brom-1-*p*-tolyl-äthanon und wss. KOH (*John*, J. pr. [2] **133** [1932] 259, 270).

Kristalle (aus A.); F: 212°.

3-Äthyl-2-[2-hydroxy-phenyl]-chinolin-4-carbonsäure $C_{18}H_{15}NO_3$, Formel X.

B. Bei 5-tägigem Erwärmen von Isatin mit 1-[2-Hydroxy-phenyl]-butan-1-on und wss.-äthanol. KOH (*Buu-Hoi, Miquel*, Soc. **1953** 3768).

Kristalle (aus Eg.), die unterhalb 320° nicht schmelzen.

3-Äthyl-2-[4-hydroxy-phenyl]-chinolin-4-carbonsäure $C_{18}H_{15}NO_3$, Formel XI ($R = X = H$).

B. Bei 15-tägigem Erwärmen von Isatin mit 1-[4-Hydroxy-phenyl]-butan-1-on und wss.-äthanol. KOH (*Buu-Hoi, Miquel*, Soc. **1953** 3768).

Kristalle (aus Eg.), die unterhalb 320° nicht schmelzen.

2-[4-Äthoxy-phenyl]-3-äthyl-chinolin-4-carbonsäure $C_{20}H_{19}NO_3$, Formel XI ($R = C_2H_5$, $X = H$).

B. Beim Erwärmen von Isatin mit 1-[4-Äthoxy-phenyl]-butan-1-on und äthanol. KOH (*Buu-Hoi et al.*, J. org. Chem. **18** [1953] 1209, 1215).

Kristalle; F: 305°.

3-Äthyl-2-[4-phenoxy-phenyl]-chinolin-4-carbonsäure $C_{24}H_{19}NO_3$, Formel XI ($R = C_6H_5$, $X = H$).

B. Beim Erwärmen von Isatin mit 1-[4-Phenoxy-phenyl]-butan-1-on und äthanol. KOH (*Buu-Hoi et al.*, J. org. Chem. **18** [1953] 1209, 1215).

Kristalle; F: 282°.

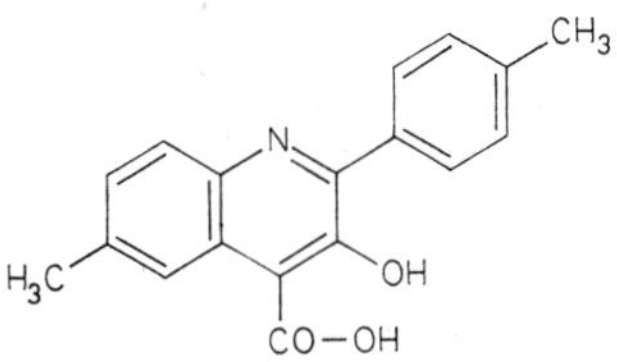

IX 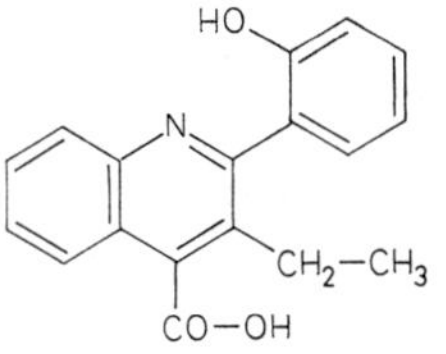 X 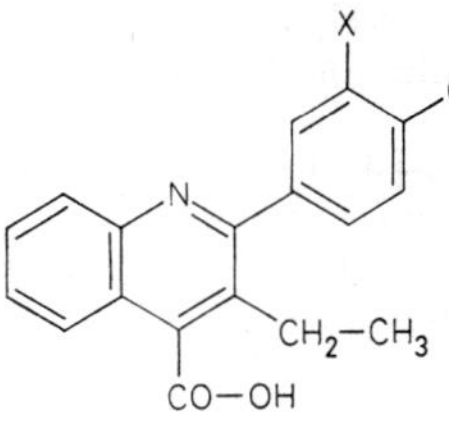 XI

3-Äthyl-2-[3-fluor-4-methoxy-phenyl]-chinolin-4-carbonsäure $C_{19}H_{16}FNO_3$, Formel XI ($R = CH_3$, $X = F$).

B. Beim Erwärmen von Isatin mit 1-[3-Fluor-4-methoxy-phenyl]-butan-1-on und wss.-äthanol. KOH (*Buu-Hoi et al.*, J. org. Chem. **18** [1953] 910, 914).

Kristalle (aus A. + Bzl.); F: 267°.

3-Äthyl-2-[3-chlor-4-methoxy-phenyl]-chinolin-4-carbonsäure $C_{19}H_{16}ClNO_3$, Formel XI ($R = CH_3$, $X = Cl$).

B. Beim Erwärmen von Isatin mit 1-[3-Chlor-4-methoxy-phenyl]-butan-1-on und wss.-äthanol. KOH (*Nguyen-Hoán, Buu-Hoi*, C. r. **224** [1947] 1363).

F: 301°.

2-[4-Äthoxy-3-chlor-phenyl]-3-äthyl-chinolin-4-carbonsäure $C_{20}H_{18}ClNO_3$, Formel XI ($R = C_2H_5$, $X = Cl$).

B. Beim Erwärmen von Isatin mit 1-[4-Äthoxy-3-chlor-phenyl]-butan-1-on und wss.-äthanol. KOH (*Nguyen-Hoán, Buu-Hoi*, C. r. **224** [1947] 1363).

F: 284°.

3-Äthyl-2-[3-brom-4-methoxy-phenyl]-chinolin-4-carbonsäure $C_{19}H_{16}BrNO_3$, Formel XI ($R = CH_3$, $X = Br$).

B. Beim Erwärmen von Isatin mit 1-[3-Brom-4-methoxy-phenyl]-butan-1-on und wss.-äthanol. KOH (*Nguyen-Hoán, Buu-Hoi*, C. r. **224** [1947] 1363).

F: 314°.

3-Äthyl-6-brom-2-[3-fluor-4-methoxy-phenyl]-chinolin-4-carbonsäure $C_{19}H_{15}BrFNO_3$, Formel XII.

B. Beim Erwärmen von 5-Brom-indolin-2,3-dion mit 1-[3-Fluor-4-methoxy-phenyl]-butan-1-on und wss.-äthanol. KOH (*Buu-Hoi et al.*, J. org. Chem. **18** [1953] 910, 914).

Gelbliche Kristalle (aus A. + Bzl.); F: 296°.

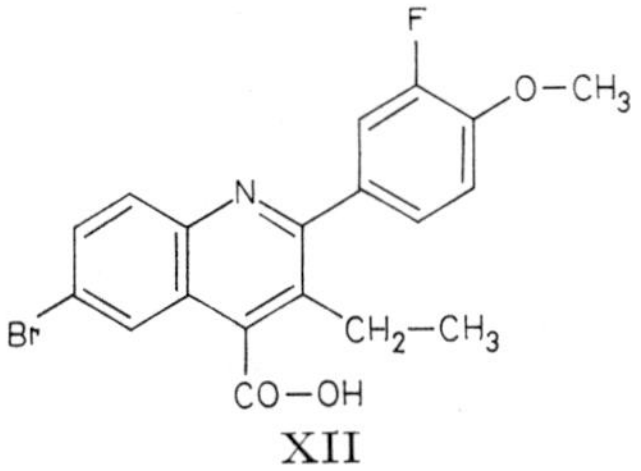

XII 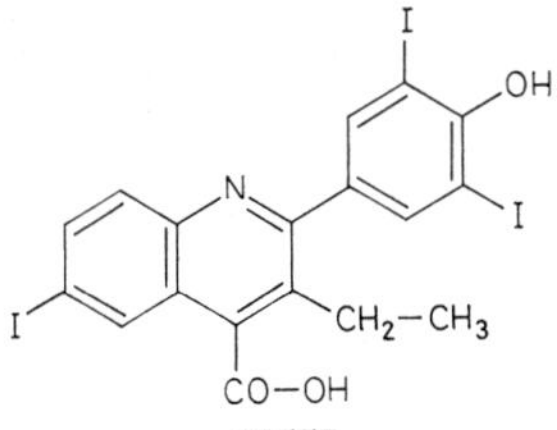 XIII 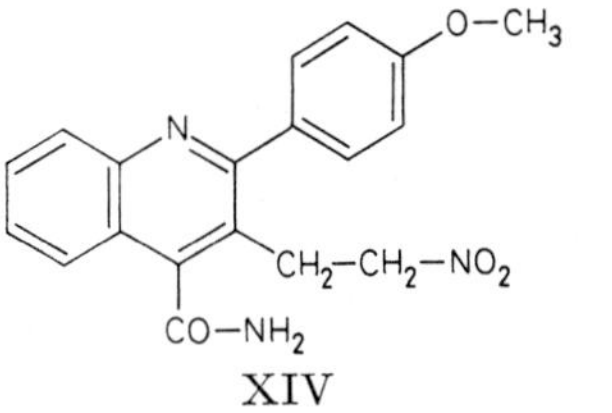 XIV

3-Äthyl-2-[4-hydroxy-3,5-dijod-phenyl]-6-jod-chinolin-4-carbonsäure $C_{18}H_{12}I_3NO_3$, Formel XIII.

B. Beim Erwärmen von 5-Jod-indolin-2,3-dion mit 1-[4-Hydroxy-3,5-dijod-phenyl]-butan-1-on und wss.-äthanol. KOH (*Schering A. G.*, D.R.P. 668741 [1936]; Frdl. **25** 299).

Zers. bei 230°.

2-[4-Methoxy-phenyl]-3-[2-nitro-äthyl]-chinolin-4-carbonsäure-amid $C_{19}H_{17}N_3O_4$, Formel XIV.

B. Beim Erwärmen von Isatin mit 1-[4-Methoxy-phenyl]-4-nitro-butan-1-on und wss.-

methanol. NH_3 (*Reichert, Posemann*, Ar. **275** [1937] 67, 78).
Kristalle (aus Eg.); F: 217°.

3-Äthyl-2-[4-äthylmercapto-phenyl]-chinolin-4-carbonsäure $C_{20}H_{19}NO_2S$, Formel I.
B. Beim Erwärmen von Isatin mit 1-[4-Äthylmercapto-phenyl]-butan-1-on und äthanol. KOH (*Buu-Hoi et al.*, J. org. Chem. **18** [1953] 1209, 1215).
F: 269°.

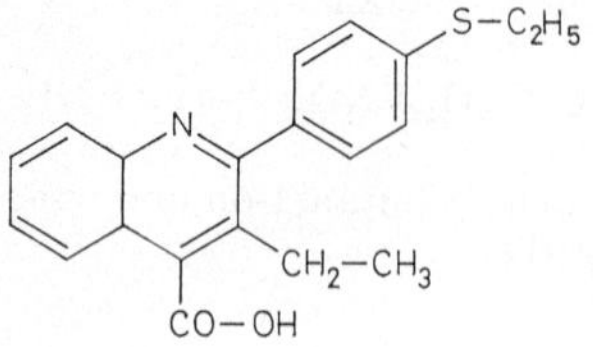

I 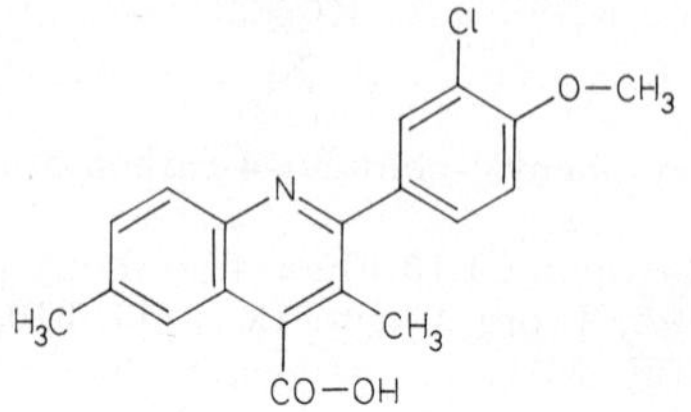 II 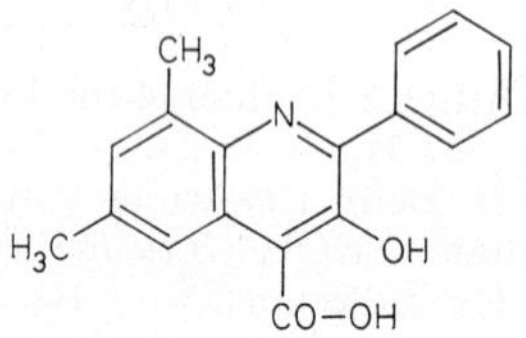 III

2-[3-Chlor-4-methoxy-phenyl]-3,6-dimethyl-chinolin-4-carbonsäure $C_{19}H_{16}ClNO_3$, Formel II.
B. Beim Erwärmen von 5-Methyl-indolin-2,3-dion mit 1-[3-Chlor-4-methoxy-phenyl]-propan-1-on und äthanol. KOH (*Buu-Hoi et al.*, Bl. **1956** 629, 631).
Gelbliche Kristalle (aus Eg.); F: >320°.

3-Hydroxy-6,8-dimethyl-2-phenyl-chinolin-4-carbonsäure $C_{18}H_{15}NO_3$, Formel III.
B. Beim Erwärmen von 5,7-Dimethyl-indolin-2,3-dion mit Phenacylbromid und wss. KOH (*John*, J. pr. [2] **133** [1932] 259, 264).
Kristalle (aus wss. Me.); F: 155°.

2-[4-Hydroxy-phenyl]-6,8-dimethyl-chinolin-4-carbonsäure $C_{18}H_{15}NO_3$, Formel IV (R = R′ = H).
B. Aus 2-[4-Methoxy-phenyl]-6,8-dimethyl-chinolin-4-carbonsäure beim Erhitzen mit wss. HCl auf 220° oder beim Erwärmen mit wss. HI (*Kaku*, J. pharm. Soc. Japan **50** [1930] 235, 242; dtsch. Ref. S. 31; C. A. **1930** 3511).
Gelbe Kristalle; F: 291–293°.
O-Acetyl-Derivat $C_{20}H_{17}NO_4$; 2-[4-Acetoxy-phenyl]-6,8-dimethyl-chinolin-4-carbonsäure. Hellgelbe Kristalle; F: 257–258°.

2-[4-Methoxy-phenyl]-6,8-dimethyl-chinolin-4-carbonsäure-äthylester $C_{21}H_{21}NO_3$, Formel IV (R = C_2H_5, R′ = CH_3).
B. Beim Erwärmen von 2-[4-Methoxy-phenyl]-6,8-dimethyl-chinolin-4-carbonsäure mit Äthanol und HCl (*Kaku*, J. pharm. Soc. Japan **50** [1930] 235, 238, 249; dtsch. Ref. S. 31; C. A. **1930** 3511).
Hellgelbe Kristalle; F: 107–108°. Kp_{5-6}: 271–272°.

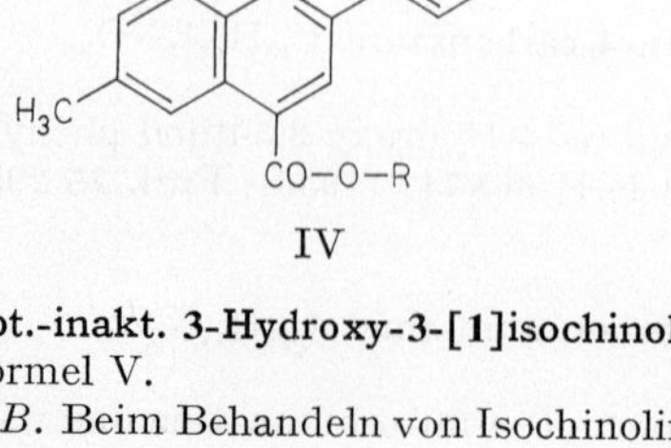

IV 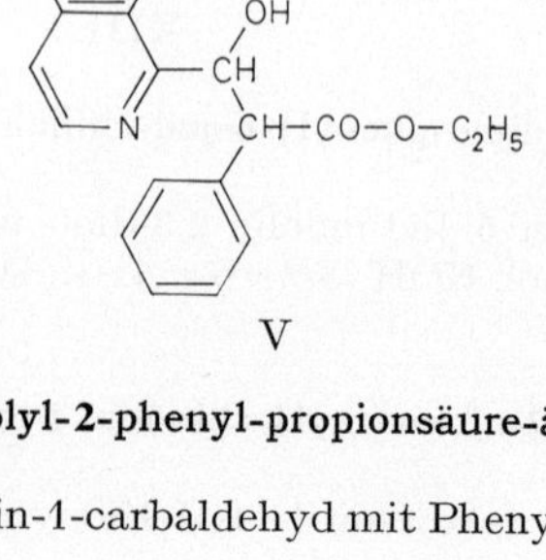 V 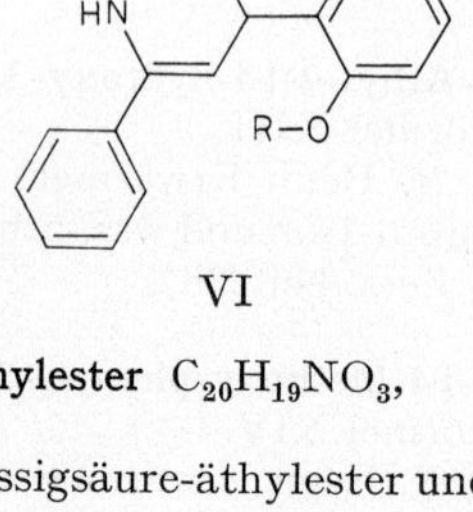 VI

Opt.-inakt. 3-Hydroxy-3-[1]isochinolyl-2-phenyl-propionsäure-äthylester $C_{20}H_{19}NO_3$, Formel V.
B. Beim Behandeln von Isochinolin-1-carbaldehyd mit Phenylessigsäure-äthylester und

äthanol. Natriumäthylat (*Barrows, Lindwall,* Am. Soc. **64** [1942] 2430).
Kristalle (aus A.); F: 134,5–135,5°.

Hydroxycarbonsäuren $C_{19}H_{17}NO_3$

(±)-4-[2-Methoxy-phenyl]-2-methyl-6-phenyl-1,4-dihydro-pyridin-3-carbonitril $C_{20}H_{18}N_2O$, Formel VI (R = CH_3).

B. Neben 4-[2-Methoxy-phenyl]-2-methyl-6-phenyl-nicotinonitril beim Erwärmen von 2'-Methoxy-*trans*-chalkon mit 3-Amino-crotononitril (E III **3** 1205) und Natriumäthylat in Äthanol (*Chatterjea, Prasad,* J. scient. ind. Res. India **14**B [1955] 383, 387).

Gelbe Kristalle (aus Eg.); F: 196–199° [unkorr.].

(±)-4-[2-Äthoxy-phenyl]-2-methyl-6-phenyl-1,4-dihydro-pyridin-3-carbonitril $C_{21}H_{20}N_2O$, Formel VI (R = C_2H_5).

B. Aus 2'-Äthoxy-*trans*-chalkon analog der vorangehenden Verbindung neben 4-[2-Äthoxy-phenyl]-2-methyl-6-phenyl-nicotinonitril (*Chatterjea, Prasad,* J. scient. ind. Res. India **14**B [1955] 383, 387).

Kristalle (aus Eg.); F: 143–144° [unkorr.].

2-[6-Methoxy-2,3,4-trimethyl-phenyl]-chinolin-4-carbonsäure $C_{20}H_{19}NO_3$, Formel VII.

B. Bei 6-tägigem Erwärmen von Isatin mit 1-[6-Methoxy-2,3,4-trimethyl-phenyl]-äthanon und äthanol. KOH (*Buu-Hoi et al.,* R. **75** [1956] 311, 315).

F: 175°.

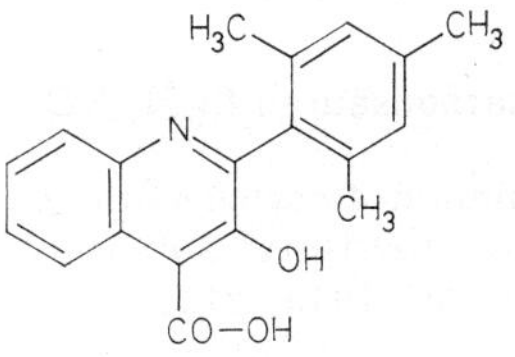

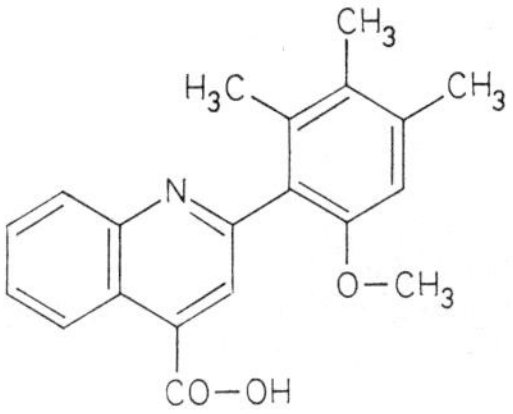

3-Hydroxy-2-mesityl-chinolin-4-carbonsäure $C_{19}H_{17}NO_3$, Formel VIII.

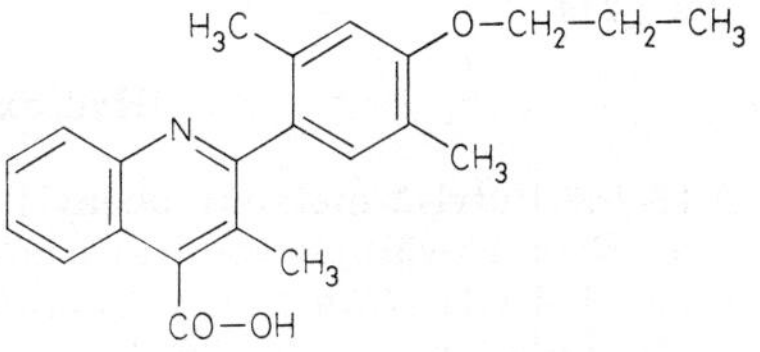

B. Beim Erwärmen von Isatin mit 2-Brom-1-mesityl-äthanon und wss. KOH (*John,* J. pr. [2] **133** [1932] 259, 268).

Gelbbraune Kristalle (aus wss. A.); F: 174°.

2-[2,5-Dimethyl-4-propoxy-phenyl]-3-methyl-chinolin-4-carbonsäure $C_{22}H_{23}NO_3$, Formel IX.

B. Beim Erwärmen von Isatin mit 1-[2,5-Dimethyl-4-propoxy-phenyl]-propan-1-on und wss.-äthanol. KOH (*de Clercq, Buu-Hoi,* C. r. **227** [1948] 1377).

F: 300°.

2-[2-Methoxy-4,5-dimethyl-phenyl]-3-methyl-chinolin-4-carbonsäure $C_{20}H_{19}NO_3$, Formel X (R = CH_3).

B. Beim Erwärmen von Isatin mit 1-[2-Methoxy-4,5-dimethyl-phenyl]-propan-1-on und wss.-äthanol. KOH (*de Clercq, Buu*-Hoi, C. r. **227** [1948] 1377).

F: >312°.

2-[2-Isopentyloxy-4,5-dimethyl-phenyl]-3-methyl-chinolin-4-carbonsäure $C_{24}H_{27}NO_3$, Formel X (R = CH_2-CH_2-$CH(CH_3)_2$).

B. Beim Erwärmen von Isatin mit 1-[2-Isopentyloxy-4,5-dimethyl-phenyl]-propan-1-on und wss.-äthanol. KOH (*de Clercq, Buu-Hoi,* C. r. **227** [1948] 1377).

F: >312°.

3-Äthyl-2-[4-methoxy-3-methyl-phenyl]-chinolin-4-carbonsäure $C_{20}H_{19}NO_3$, Formel XI (R = CH_3).

B. Beim Erwärmen von Isatin mit 1-[4-Methoxy-3-methyl-phenyl]-butan-1-on und wss.-äthanol. KOH (*de Clercq, Buu-Hoi,* C. r. **227** [1948] 1251).

F: 297°.

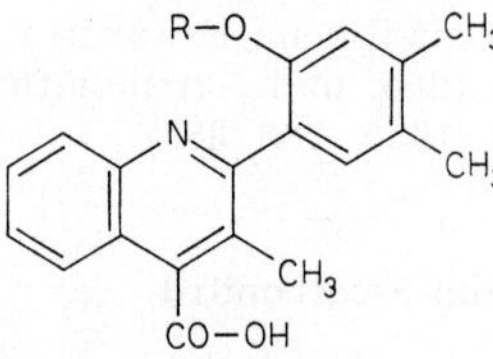

X 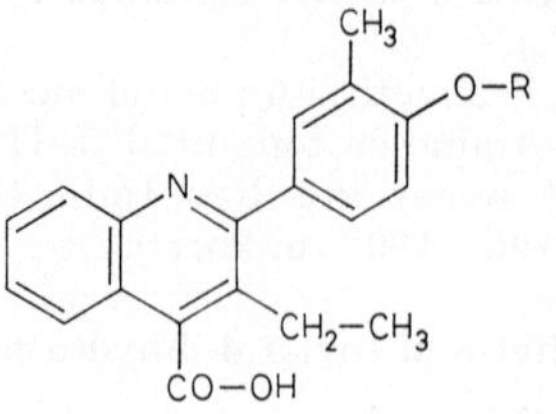 XI 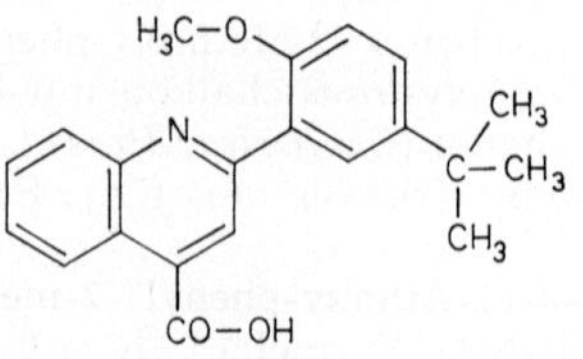 XII

2-[4-Äthoxy-3-methyl-phenyl]-3-äthyl-chinolin-4-carbonsäure $C_{21}H_{21}NO_3$, Formel XI (R = C_2H_5).

B. Beim Erwärmen von Isatin mit 1-[4-Äthoxy-3-methyl-phenyl]-butan-1-on und wss.-äthanol. KOH (*de Clercq, Buu-Hoi,* C. r. **227** [1948] 1251).

F: 273°.

3-Äthyl-2-[4-butoxy-3-methyl-phenyl]-chinolin-4-carbonsäure $C_{23}H_{25}NO_3$, Formel XI (R = $[CH_2]_3$-CH_3).

B. Beim Erwärmen von Isatin mit 1-[4-Butoxy-3-methyl-phenyl]-butan-1-on und wss.-äthanol. KOH (*de Clercq, Buu-Hoi,* C. r. **227** [1948] 1251).

F: 244°.

Hydroxycarbonsäuren $C_{20}H_{19}NO_3$

2-[5-*tert*-Butyl-2-methoxy-phenyl]-chinolin-4-carbonsäure $C_{21}H_{21}NO_3$, Formel XII.

B. Beim Erwärmen von Isatin mit 1-[5-*tert*-Butyl-2-methoxy-phenyl]-äthanon und wss.-äthanol. KOH (*Buu-Hoi, Cagniant,* R. **64** [1945] 214, 217).

Kristalle (aus A.); F: 201°.

2-[6-Hydroxy-3-isopropyl-2-methyl-phenyl]-chinolin-4-carbonsäure $C_{20}H_{19}NO_3$, Formel XIII (R = H).

B. Bei 3-tägigem Erwärmen von Isatin mit 1-[6-Hydroxy-3-isopropyl-2-methyl-phenyl]-äthanon und äthanol. KOH (*Royer et al.,* Bl. **1958** 1378, 1385).

Orangefarbene Kristalle (aus Eg.); F: 266° [Zers.; vorgeheizter Block].

2-[6-Äthoxy-3-isopropyl-2-methyl-phenyl]-chinolin-4-carbonsäure $C_{22}H_{23}NO_3$, Formel XIII (R = C_2H_5).

B. In geringer Menge bei 3-tägigem Erwärmen von Isatin mit 1-[6-Äthoxy 3-isopropyl-2-methyl-phenyl]-äthanon und äthanol. KOH (*Royer et al.,* Bl. **1958** 1378, 1386).

Gelbliche Kristalle (aus wss. Eg.); F: 253° [vorgeheizter Block].

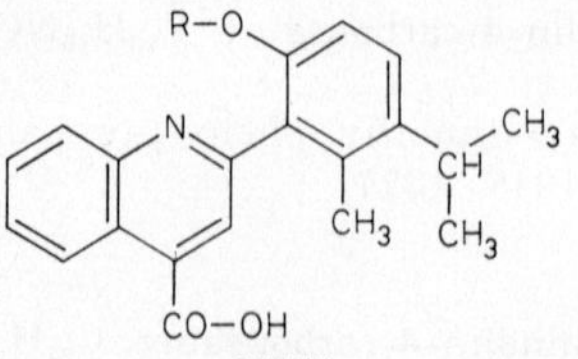

XIII 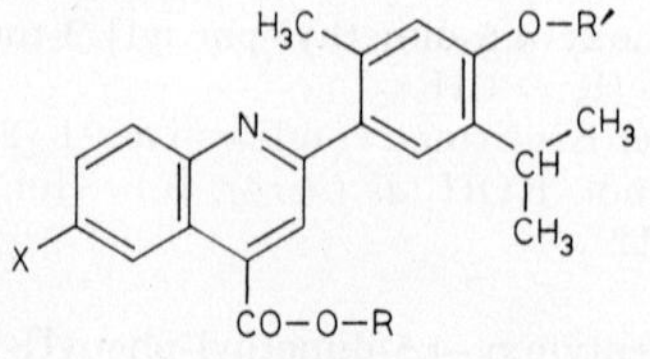 XIV

2-[4-Hydroxy-5-isopropyl-2-methyl-phenyl]-chinolin-4-carbonsäure $C_{20}H_{19}NO_3$, Formel XIV (R = R' = X = H).

B. Beim Erwärmen von Isatin mit 1-[4-Hydroxy-5-isopropyl-2-methyl-phenyl]-äth=

anon und wss. KOH (*John, Andraschko,* J. pr. [2] **131** [1931] 90).
Kristalle (aus Ae.); F: 282°.

2-[5-Isopropyl-4-methoxy-2-methyl-phenyl]-chinolin-4-carbonsäure $C_{21}H_{21}NO_3$, Formel XIV (R = X = H, R' = CH_3).
B. Beim Erwärmen von Isatin mit 1-[5-Isopropyl-4-methoxy-2-methyl-phenyl]-äthanon und wss.-äthanol. KOH (*de Clercq, Buu-Hoi,* C. r. **227** [1948] 1377).
F: 195°.

2-[4-Hydroxy-5-isopropyl-2-methyl-phenyl]-chinolin-4-carbonsäure-äthylester $C_{22}H_{23}NO_3$, Formel XIV (R = C_2H_5, R' = X = H).
B. Beim Erwärmen von 2-[4-Hydroxy-5-isopropyl-2-methyl-phenyl]-chinolin-4-carbonsäure mit Äthanol und H_2SO_4 (*John, Andraschko,* J. pr. [2] **131** [1931] 90, 92).
Kristalle (aus wss. A. oder Bzl.); F: 131°.

2-[4-Hydroxy-5-isopropyl-2-methyl-phenyl]-6-jod-chinolin-4-carbonsäure $C_{20}H_{18}INO_3$, Formel XIV (R = R' = H, X = I).
B. Beim längeren Erwärmen von 5-Jod-indolin-2,3-dion mit 1-[4-Hydroxy-5-isopropyl-2-methyl-phenyl]-äthanon und wss. KOH (*John, Andraschko,* J. pr. [2] **131** [1931] 90, 94).
Gelbe Kristalle (aus A.); F: 142°.

2-[4-Hydroxy-2-isopropyl-5-methyl-phenyl]-chinolin-4-carbonsäure $C_{20}H_{19}NO_3$, Formel I (X = H).
Bezüglich der Konstitution s. *John, Beetz,* J. pr. [2] **143** [1935] 253, 254.
B. Beim Erwärmen von Isatin mit 1-[4-Hydroxy-2-isopropyl-5-methyl-phenyl]-äthanon (E II **8** 140) und wss. KOH (*John,* J. pr. [2] **137** [1933] 365, 376).
Gelbe Kristalle (aus Eg. oder Tetralin); F: 288° (*John*).

Ein ebenfalls unter dieser Konstitution beschriebenes Präparat (gelbe Kristalle [aus A.], F: 279°; Methylester $C_{21}H_{21}NO_3$: gelbe Kristalle [aus wss. A. oder Toluol], F: 192°) ist von *John, Andraschko* (J. pr. [2] **133** [1932] 114) in gleicher Weise aus Isatin und einem 1-[4-Hydroxy-2-isopropyl-5-methyl-phenyl]-äthanon von unbekannter Herkunft (F: 89°; Einheitlichkeit fraglich) erhalten worden.

6-Brom-2-[4-hydroxy-2-isopropyl-5-methyl-phenyl]-chinolin-4-carbonsäure $C_{20}H_{18}BrNO_3$, Formel I (X = Br).
B. Aus 5-Brom-indolin-2,3-dion und 1-[4-Hydroxy-2-isopropyl-5-methyl-phenyl]-äthanon (F: 89°; Präparat von unbekannter Herkunft; Einheitlichkeit fraglich) beim Erwärmen mit wss. KOH (*John, Andraschko,* J. pr. [2] **133** [1932] 114, 117).
Gelbe Kristalle (aus A. oder Me.); F: 295°.

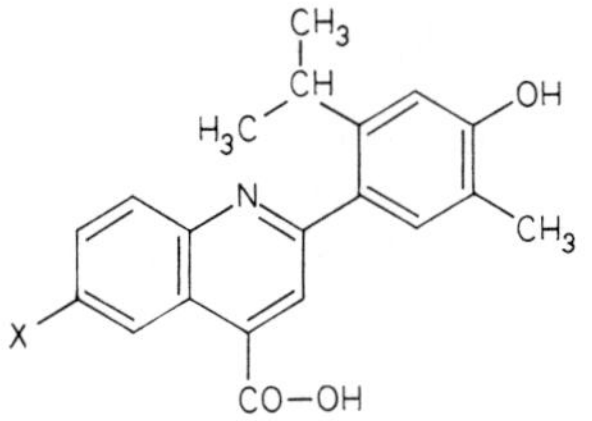

I 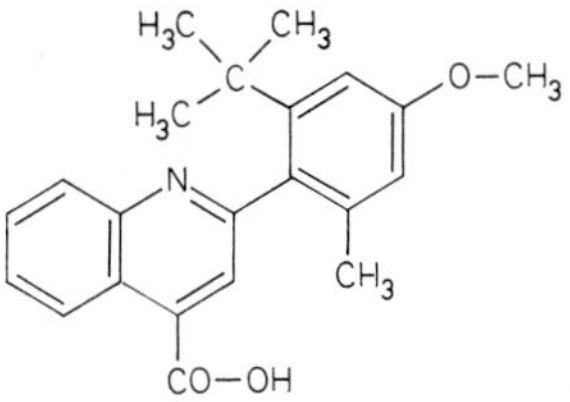 II 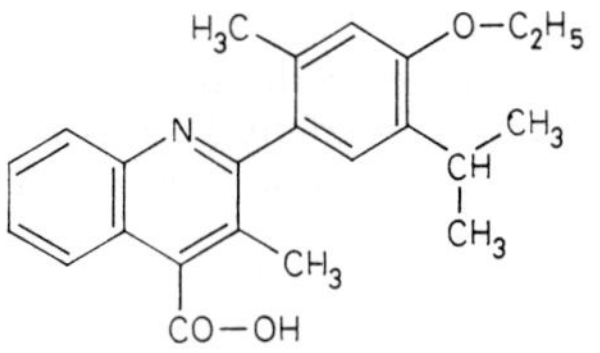 III

Hydroxycarbonsäuren $C_{21}H_{21}NO_3$

2-[2-*tert*-Butyl-4-methoxy-6-methyl-phenyl]-chinolin-4-carbonsäure $C_{22}H_{23}NO_3$, Formel II.
B. Beim Erwärmen von Isatin mit 1-[2-*tert*-Butyl-4-methoxy-6-methyl-phenyl]-äthanon und wss.-äthanol KOH (*Buu-Hoi, Cagniant,* Bl. **1946** 123, 126).
Kristalle (aus wenig A. enthaltendem H_2O); F: 184°.

2-[4-Äthoxy-5-isopropyl-2-methyl-phenyl]-3-methyl-chinolin-4-carbonsäure $C_{23}H_{25}NO_3$, Formel III.

B. Beim Erwärmen von Isatin mit 1-[4-Äthoxy-5-isopropyl-2-methyl-phenyl]-propan-1-on und wss.-äthanol. KOH (*de Clercq, Buu-Hoi*, C. r. **227** [1948] 1377).

F: 297°.

3-Hydroxy-2-mesityl-6,8-dimethyl-chinolin-4-carbonsäure $C_{21}H_{21}NO_3$, Formel IV.

B. Beim Erwärmen von 5,7-Dimethyl-indolin-2,3-dion mit 2-Brom-1-mesityl-äthanon und wss. KOH (*John*, J. pr. [2] **133** [1932] 259, 272).

Gelbe Kristalle (aus wss. A.); F: 202°.

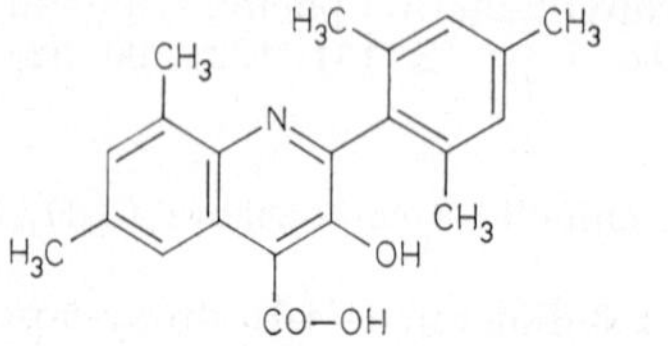

IV 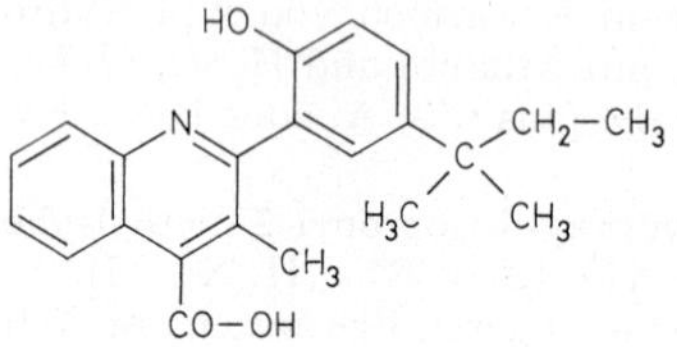 V

Hydroxycarbonsäuren $C_{22}H_{23}NO_3$

2-[2-Hydroxy-5-*tert*-pentyl-phenyl]-3-methyl-chinolin-4-carbonsäure $C_{22}H_{23}NO_3$, Formel V.

B. Bei 3-tägigem Erwärmen von Isatin mit 1-[2-Hydroxy-5-*tert*-pentyl-phenyl]-propan-1-on und äthanol. KOH (*Buu-Hoi et al.*, Bl. **1956** 629, 632).

Gelbliche Kristalle (aus Eg.); F: >320°. [*Koetter*]

Hydroxycarbonsäuren $C_nH_{2n-23}NO_3$

Hydroxycarbonsäuren $C_{16}H_9NO_3$

2-Hydroxy-indeno[1,2,3-*de*]chinolin-1-carbonsäure $C_{16}H_9NO_3$, Formel VI (R = X = H), und Tautomeres (2-Oxo-2,3-dihydro-indeno[1,2,3-*de*]chinolin-1-carbon=säure).

B. Beim Erhitzen von 2-Hydroxy-indeno[1,2,3-*de*]chinolin-1-carbonsäure-äthylester mit wss. NaOH (*Cook, Moffatt*, Soc. **1950** 1160, 1166; *Koelsch, Steinhauer*, J. org. Chem. **18** [1953] 1516, 1518).

Orangefarbene Kristalle; F: 310° [Zers.; aus Eg.] (*Cook, Mo.*), 298–300° (*Ko., St.*).

2-Hydroxy-indeno[1,2,3-*de*]chinolin-1-carbonsäure-äthylester $C_{18}H_{13}NO_3$, Formel VI (R = C_2H_5, X = H), und Tautomeres (2-Oxo-2,3-dihydro-indeno[1,2,3-*de*]chin=olin-1-carbonsäure-äthylester).

B. Beim Erhitzen von *N*-[9-Oxo-fluoren-1-yl]-malonamidsäure-äthylester mit Na=triummethylat in Nitrobenzol (*Cook, Moffatt*, Soc. **1950** 1160, 1166) oder mit Natrium=äthylat in Äthanol (*Koelsch, Steinhauer*, J. org. Chem. **18** [1953] 1516, 1518).

Gelbe Kristalle (aus Nitrobenzol + Dioxan); F: 264–266° (*Ko., St.*).

2-Hydroxy-6-nitro-indeno[1,2,3-*de*]chinolin-1-carbonsäure $C_{16}H_8N_2O_5$, Formel VI (R = H, X = NO_2), und Tautomeres (6-Nitro-2-oxo-2,3-dihydro-indeno[1,2,3-*de*]=chinolin-1-carbonsäure).

B. Beim Erhitzen von 2-Hydroxy-6-nitro-indeno[1,2,3-*de*]chinolin-1-carbonsäure-äthylester mit wss. NaOH (*Cook, Moffatt*, Soc. **1950** 1160, 1167).

Kristalle (aus Eg.); F: 340–345° [Zers.].

2-Hydroxy-6-nitro-indeno[1,2,3-*de*]chinolin-1-carbonsäure-äthylester $C_{18}H_{12}N_2O_5$, Formel VI (R = C_2H_5, X = NO_2), und Tautomeres (6-Nitro-2-oxo-2,3-dihydro-indeno[1,2,3-*de*]chinolin-1-carbonsäure-äthylester).

B. Beim Erhitzen von *N*-[4-Nitro-9-oxo-fluoren-1-yl]-malonamidsäure-äthylester mit

Natriummethylat in Nitrobenzol (*Cook*, *Moffatt*, Soc. **1950** 1160, 1167).
Gelbe Kristalle (aus Eg.); F: 290—291°.

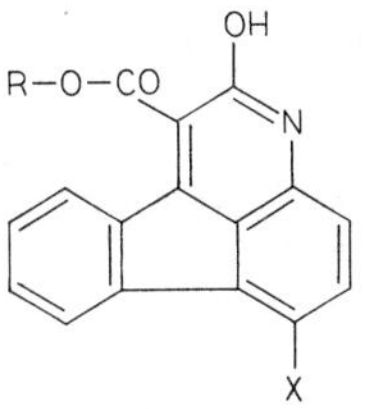

VI 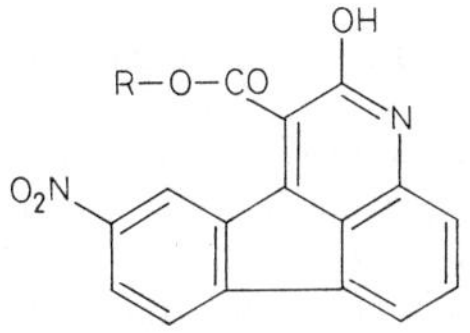 VII 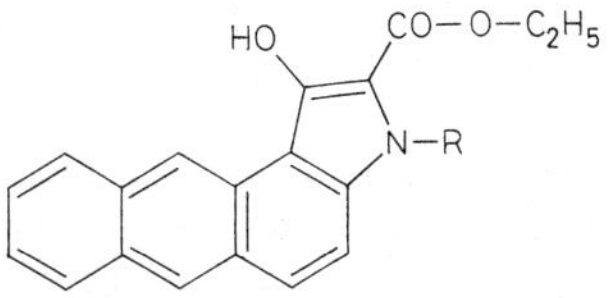 VIII

2-Hydroxy-9-nitro-indeno[1,2,3-*de*]chinolin-1-carbonsäure $C_{16}H_8N_2O_5$, Formel VII (R = H), und Tautomeres (9-Nitro-2-oxo-2,3-dihydro-indeno[1,2,3-*de*]chinolin-1-carbonsäure).

B. Beim Erhitzen von 2-Hydroxy-9-nitro-indeno[1,2,3-*de*]chinolin-1-carbonsäure-äthyl= ester mit wss. H_2SO_4 (*Koelsch*, *Steinhauer*, J. org. Chem. **18** [1953] 1516, 1522).
Kristalle (aus Eg.); F: 336—338° [Zers.].

2-Hydroxy-9-nitro-indeno[1,2,3-*de*]chinolin-1-carbonsäure-äthylester $C_{18}H_{12}N_2O_5$, Formel VII (R = C_2H_5), und Tautomeres (9-Nitro-2-oxo-2,3-dihydro-indeno= [1,2,3-*de*]chinolin-1-carbonsäure-äthylester).

B. Beim Erwärmen von *N*-[7-Nitro-9-oxo-fluoren-1-yl]-malonamidsäure-äthylester mit Natriumäthylat in Äthanol (*Koelsch*, *Steinhauer*, J. org. Chem. **18** [1953] 1516, 1522).
Gelbe Kristalle (aus Eg.); F: 305—307°.

Hydroxycarbonsäuren $C_{17}H_{11}NO_3$

1-Hydroxy-3*H*-naphth[2,3-*e*]indol-2-carbonsäure-äthylester $C_{19}H_{15}NO_3$, Formel VIII (R = H), und Tautomeres (1-Oxo-2,3-dihydro-1*H*-naphth[2,3-*e*]indol-2-carbon= säure-äthylester).

B. Beim Erhitzen von [2]Anthrylamino-malonsäure-diäthylester auf 220° (*Ruggli*, *Henzi*, Helv. **13** [1930] 409, 430).
Hellbraune Kristalle (aus wss. Acn.); F: 203°.
Beim Erhitzen mit NaOH und wenig H_2O auf 195° und Behandeln des mit H_2O versetzten Reaktionsgemisches mit Luft bei 70° sind 3*H*,3'*H*-[2,2']Bi[naphth[2,3-*e*]= indolyliden]-1,1'-dion $C_{32}H_{18}N_2O_2$(?; blauschwarze Kristalle [aus Nitrobenzol], F: 425—430° [Zers.]) sowie 3*H*-Naphth[2,3-*e*]indol-1,2-dion(?; E III/IV **21** 5643) erhalten worden (*Ru.*, *He.*, l. c. S. 433, 435).
Kalium-Salz $KC_{19}H_{14}NO_3$. Orangegelbe Kristalle; F: >360°.

3-Acetyl-1-hydroxy-3*H*-naphth[2,3-*e*]indol-2-carbonsäure-äthylester $C_{21}H_{17}NO_4$, Formel VIII (R = CO-CH_3), und Tautomeres (3-Acetyl-1-oxo-2,3-dihydro-1*H*-naphth[2,3-*e*]indol-2-carbonsäure-äthylester).

B. Beim Erhitzen der vorangehenden Verbindung mit Acetanhydrid (*Ruggli*, *Henzi*, Helv. **13** [1930] 409, 432).
Kristalle (aus Eg.); Zers. bei 265—270°.

1-Hydroxy-11*H*-indeno[2,1-*f*]chinolin-2-carbonsäure $C_{17}H_{11}NO_3$, Formel IX (R = X = H), und Tautomeres (1-Oxo-4,11-dihydro-1*H*-indeno[2,1-*f*]chinolin-2-carbonsäure).

B. Beim Erwärmen der folgenden Verbindung mit äthanol. KOH (*Bremer*, *Hamilton*, Am. Soc. **73** [1951] 1844).
F: 309° [Zers.].

1-Hydroxy-11*H*-indeno[2,1-*f*]chinolin-2-carbonsäure-äthylester $C_{19}H_{15}NO_3$, Formel IX (R = C_2H_5, X = H), und Tautomeres (1-Oxo-4,11-dihydro-1*H*-indeno[2,1-*f*]= chinolin-2-carbonsäure-äthylester).

B. Beim Erhitzen von [Fluoren-2-ylamino-methylen]-malonsäure-diäthylester in Di=

phenyläther auf 245° (*Bremer, Hamilton,* Am. Soc. **73** [1951] 1844).
F: 283—285°.

1-Hydroxy-5-nitro-11*H*-indeno[2,1-*f*]chinolin-2-carbonsäure-äthylester $C_{19}H_{14}N_2O_5$, Formel IX (R = C_2H_5, X = NO_2), und Tautomeres (5-Nitro-1-oxo-4,11-dihydro-1*H*-indeno[2,1-*f*]chinolin-2-carbonsäure-äthylester).

B. Beim Erhitzen von [(3-Nitro-fluoren-2-ylamino)-methylen]-malonsäure-diäthylester in Diphenyläther auf 246° (*Bremer, Hamilton,* Am. Soc. **73** [1951] 1844).

Braune Kristalle (aus 2-Äthoxy-äthanol); unterhalb 355° nicht schmelzend.

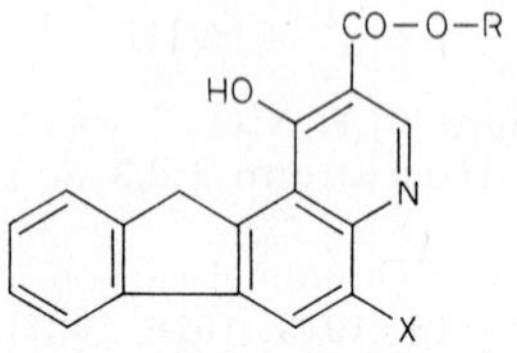

IX 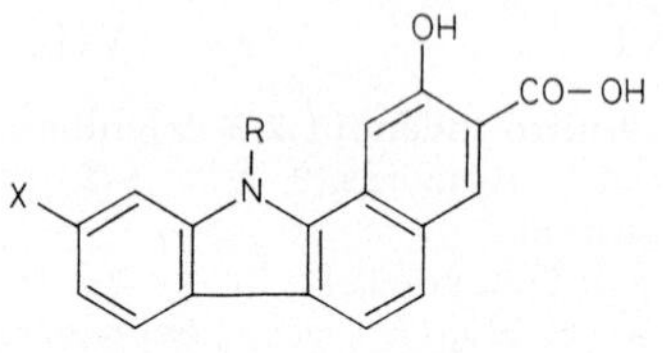 X

2-Hydroxy-11*H*-benzo[*a*]carbazol-3-carbonsäure $C_{17}H_{11}NO_3$, Formel X (R = X = H).

B. Beim Erhitzen von 3,5-Dihydroxy-[2]naphthoesäure mit wss. $NaHSO_3$ und wss. NaOH und anschliessend mit Phenylhydrazin und H_2SO_4 (*I. G. Farbenind.*, D.R.P. 553627 [1930]; Frdl. **19** 801; *Gen. Aniline Works,* U.S.P. 1948923 [1931]). Beim Erhitzen von 11*H*-Benzo[*a*]carbazol-2-ol mit CO_2 und K_2CO_3 oder KOH auf 220°/40 at (*I. G. Farbenind.*, D.R.P. 514420 [1929]; Frdl. **17** 737; *Gen. Aniline Works,* U.S.P. 1867106 [1930]).

Grüngelbe Kristalle (aus Nitrobenzol); F: 329—330° (*Gen. Aniline,* U.S.P. 1948923).

Natrium-Salz $NaC_{17}H_{10}NO_3$. Gelbgrüne Kristalle (*Desai, Mehta,* J. Soc. Dyers Col. **54** [1938] 422, 424).

Acetyl-Derivat $C_{19}H_{13}NO_4$. F: 233—235° (*De., Me.*).

2-Hydroxy-11*H*-benzo[*a*]carbazol-3-carbonsäure-*p*-anisidid, Naphthol-AS-SG $C_{24}H_{18}N_2O_3$, Formel XI (R = H).

Gelbgrüne Kristalle (aus Chlorbenzol); F: 322—323° (*Desai, Mehta,* J. Soc. Dyers Col. **54** [1938] 422, 424). F: 297° [nach Sublimation bei 290°] (*Kunze,* Textil-Praxis **12** [1957] 1253).

2-Hydroxy-11*H*-benzo[*a*]carbazol-3-carbonsäure-[4-methoxy-2-methyl-anilid], Naphthol-AS-SR $C_{25}H_{20}N_2O_3$, Formel XI (R = CH_3).

Grünlichgelbe Kristalle (aus Chlorbenzol), F: 315° (*Desai, Mehta,* J. Soc. Dyers Col. **54** [1938] 422, 424); Kristalle, F: 285° [nach Sublimation bei 200—220°] (*Kunze,* Textil-Praxis **12** [1957] 1253). UV-Spektrum (wss. NaOH; 240—390 nm): *Hajós, Fodor,* Acta chim. hung. **16** [1958] 291, 293.

2-Hydroxy-11-methyl-11*H*-benzo[*a*]carbazol-3-carbonsäure $C_{18}H_{13}NO_3$, Formel X (R = CH_3, X = H).

B. Beim Erhitzen von 3,5-Dihydroxy-[2]naphthoesäure mit wss. $NaHSO_3$ und wss. NaOH und anschliessend mit *N*-Methyl-*N*-phenyl-hydrazin und H_2SO_4 (*Gen. Aniline Works,* U.S.P. 1948923 [1931]; *I.G. Farbenind.*, Schweiz. P. 156005 [1931]).

Gelbe Kristalle (aus Nitrobenzol); F: 310°.

9(?)-Chlor-2-hydroxy-11*H*-benzo[*a*]carbazol-3-carbonsäure $C_{17}H_{10}ClNO_3$, vermutlich Formel X (R = H, X = Cl).

B. Beim Erhitzen von 3,5-Dihydroxy-[2]naphthoesäure mit wss. $NaHSO_3$ und wss. NaOH und anschliessend mit [3-Chlor-phenyl]-hydrazin und H_2SO_4 (*Gen. Aniline Works,* U.S.P. 1948923 [1931]).

Gelb; F: >330°.

XI XII

9(?)-Hydroxy-11*H*-benzo[*a*]carbazol-8-carbonsäure $C_{17}H_{11}NO_3$, vermutlich Formel XII.

B. Beim Erhitzen von 11*H*-Benzo[*a*]carbazol-9(?)-ol (E III/IV **21** 1697) mit CO_2 und K_2CO_3 auf 260°/50 at (*I. G. Farbenind.*, D.R.P. 588043 [1932]; Frdl. **20** 519).

F: 241° [Zers.].

[2-Chlor-anilid] $C_{23}H_{15}ClN_2O_2$. F: 237°.

[3-Chlor-anilid] $C_{23}H_{15}ClN_2O_2$. F: 249°.

[4-Chlor-anilid] $C_{23}H_{15}ClN_2O_2$. F: 257°.

[5-Chlor-2-methyl-anilid] $C_{24}H_{17}ClN_2O_2$. F: 243°.

[4-Chlor-2-methyl-anilid] $C_{24}H_{17}ClN_2O_2$. F: 248°.

[4-Chlor-2-methoxy-anilid] $C_{24}H_{17}ClN_2O_3$. F: 248°.

[5-Chlor-2-methoxy-anilid] $C_{24}H_{17}ClN_2O_3$. F: 246°.

p-Anisidid $C_{24}H_{18}N_2O_3$. F: 246°.

9-Hydroxy-7*H*-benzo[*c*]carbazol-10-carbonsäure $C_{17}H_{11}NO_3$, Formel I.

B. Beim Erhitzen des Natrium-Salzes von 7*H*-Benzo[*c*]carbazol-9-ol mit CO_2 auf 280°/50 at (*I. G. Farbenind.*, D.R.P. 588043 [1932]; Frdl. **20** 519).

F: 245° [Zers.].

[3-Chlor-anilid] $C_{23}H_{15}ClN_2O_2$. F: 273°.

[4-Chlor-anilid] $C_{23}H_{15}ClN_2O_2$. F: 292°.

o-Toluidid $C_{24}H_{18}N_2O_2$. F: 254°.

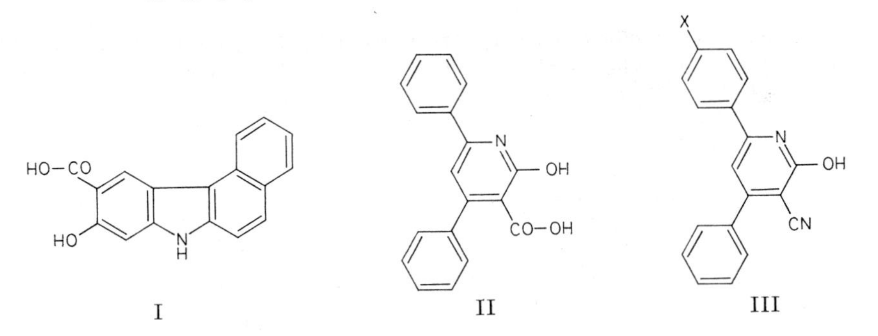

I II III

Hydroxycarbonsäuren $C_{18}H_{13}NO_3$

2-Hydroxy-4,6-diphenyl-nicotinsäure $C_{18}H_{13}NO_3$, Formel II, und Tautomeres (2-Oxo-4,6-diphenyl-1,2-dihydro-pyridin-3-carbonsäure) (E II 186).

B. Beim Erwärmen von 1-Amino-2-oxo-4,6-diphenyl-1,2-dihydro-pyridin-3-carbonsäure-amid mit $NaNO_2$ und konz. H_2SO_4 (*Ried, Meyer*, B. **90** [1957] 2841, 2846).

2-Hydroxy-4,6-diphenyl-nicotinonitril $C_{18}H_{12}N_2O$, Formel III (X = H), und Tautomeres (2-Oxo-4,6-diphenyl-1,2-dihydro-pyridin-3-carbonitril) (E II 187).

B. Beim Behandeln von *β*-Hydroxy-chalkon (F: 78°) mit Cyanessigsäure-amid in Äthanol unter Zusatz von Diäthylamin (*Basu*, J. Indian chem. Soc. **7** [1930] 815, 819) oder unter Zusatz von Piperidin (*Basu*, J. Indian chem. Soc. **7** [1930] 481, 490). Beim Behandeln von *β*-Äthoxy-*cis*-chalkon (*Basu*, l. c. S. 820) oder von 1,3-Diphenyl-propinon (*Barat*, J. Indian chem. Soc. **7** [1930] 851, 856) mit der Natrium-Verbindung des Cyanessigsäure-amids in Äthanol. Beim Behandeln von 1-Amino-2-oxo-4,6-diphenyl-1,2-di=

hydro-pyridin-3-carbonitril mit Essigsäure und wss. $NaNO_2$ (*Ried, Meyer*, B. **90** [1957] 2841, 2846).

F: 320° [aus Eg. oder A. + Py.] (*Barat*, J. Indian chem. Soc. **7** [1930] 321, 333), 320° (*Basu*, l. c. S. 820).

2-Hydroxy-6-[4-nitro-phenyl]-4-phenyl-nicotinonitril $C_{18}H_{11}N_3O_3$, Formel III (X = NO_2), und Tautomeres (6-[4-Nitro-phenyl]-2-oxo-4-phenyl-1,2-dihydro-pyridin-3-carbonitril).

B. Beim Behandeln von 1-[4-Nitro-phenyl]-3-phenyl-propinon mit der Natrium-Verbindung des Cyanessigsäure-amids in Äthanol (*Barat*, J. Indian chem. Soc. **7** [1930] 851, 859).

Gelbe Kristalle (aus Py. + A.); F: 332—333°.

2-[2]Chinolyl-3c(?)-[4-methoxy-phenyl]-acrylonitril [1]) $C_{19}H_{14}N_2O$, vermutlich Formel IV.

B. Beim Behandeln von [2]Chinolylacetonitril mit 4-Methoxy-benzaldehyd in Äthanol (*Borsche, Manteuffel*, A. **526** [1936] 22, 39).

Kristalle (aus Me.); F: 148°.

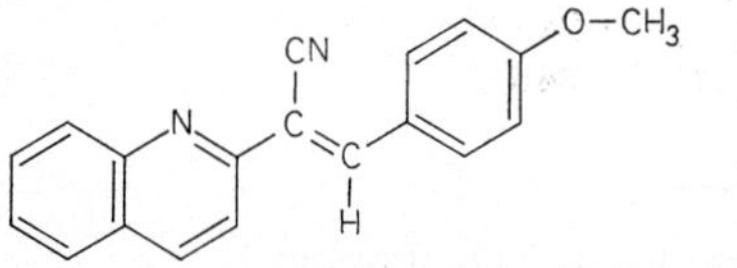

IV 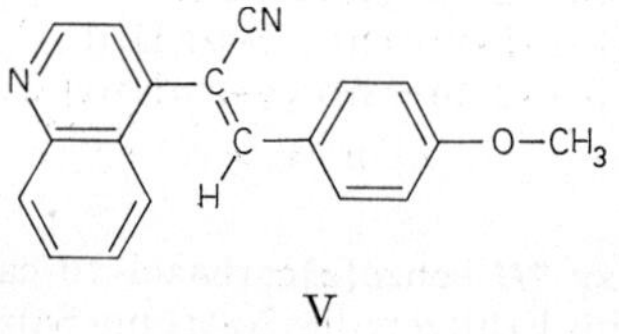 V

2-[4]Chinolyl-3c(?)-[4-methoxy-phenyl]-acrylonitril [1]) $C_{19}H_{14}N_2O$, vermutlich Formel V.

B. Beim Erhitzen von [4]Chinolylacetonitril mit 4-Methoxy-benzaldehyd und Piperidin auf 150° (*Borsche, Bütschli*, A. **529** [1937] 266, 272).

Hellgelbe Kristalle (aus Me.); F: 143—144°.

3c(?)-[4]Chinolyl-2-[2-methoxy-phenyl]-acrylonitril [1]) $C_{19}H_{14}N_2O$, vermutlich Formel VI.

B. Beim Erhitzen von Chinolin-4-carbaldehyd mit [2-Methoxy-phenyl]-acetonitril und wss.-äthanol. KOH (*Phillips*, Am. Soc. **74** [1952] 5230).

Kristalle (aus A. oder Bzl. + Hexan); F: 149—150° [unkorr.].

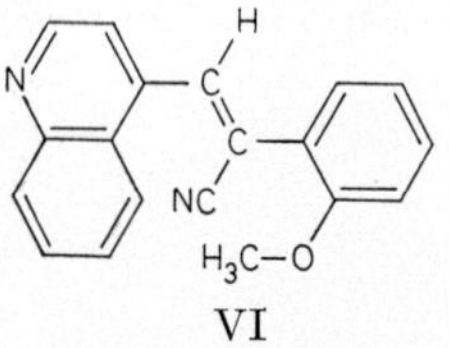

VI 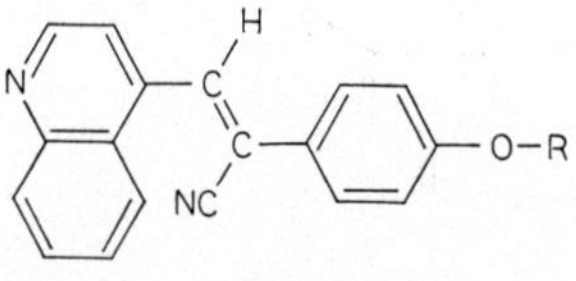 VII

3c(?)-[4]Chinolyl-2-[4-methoxy-phenyl]-acrylonitril [1]) $C_{19}H_{14}N_2O$, vermutlich Formel VII (R = CH_3).

B. Beim Behandeln von Chinolin-4-carbaldehyd und [4-Methoxy-phenyl]-acetonitril in Äthanol mit wss. KOH (*Phillips*, Am. Soc. **74** [1952] 5230).

Kristalle (aus A. oder Bzl. + Hexan); F: 180—181° [unkorr.].

2-[4-Äthoxy-phenyl]-3c(?)-[4]chinolyl-acrylonitril [1]) $C_{20}H_{16}N_2O$, vermutlich Formel VII (R = C_2H_5).

B. Beim Behandeln von Chinolin-4-carbaldehyd und [4-Äthoxy-phenyl]-acetonitril in Äthanol mit wss. KOH (*Phillips*, Am. Soc. **74** [1952] 5230).

Kristalle (aus A. oder Bzl. + Hexan); F: 155—156° [unkorr.].

[1]) Bezüglich der Konfiguration s. *Baker, Howes*, Soc. **1953** 119, 121; *Clarke et al.*, J. org. Chem. **27** [1962] 533, 534.

4-[*trans*(?)-2-(6-Äthoxy-[2]chinolyl)-vinyl]-benzonitril $C_{20}H_{16}N_2O$, vermutlich Formel VIII (R = C_2H_5, X = H).

B. Beim Erhitzen von 6-Äthoxy-2-methyl-chinolin mit 4-Formyl-benzonitril unter Zusatz von $ZnCl_2$ (*Fields*, Am. Soc. **71** [1949] 1495).

F: 173° [unkorr.].

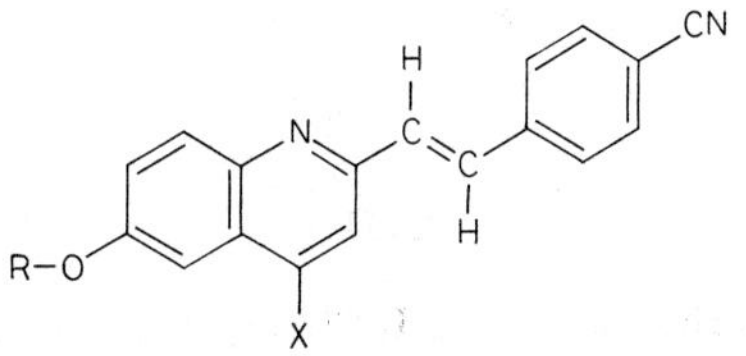

VIII 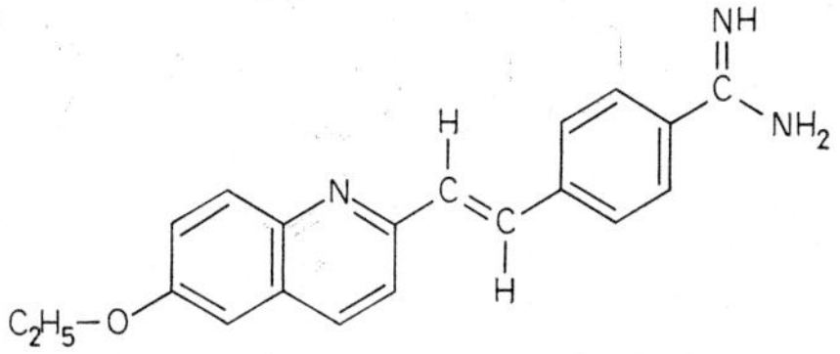 IX

4-[*trans*(?)-2-(6-Äthoxy-[2]chinolyl)-vinyl]-benzimidsäure-amid, 4-[*trans*(?)-2-(6-Äthoxy-[2]chinolyl)-vinyl]-benzamidin $C_{20}H_{19}N_3O$, vermutlich Formel IX.

B. Beim Behandeln der vorangehenden Verbindung mit HCl in methanol. $CHCl_3$ und Behandeln des Reaktionsprodukts mit methanol. NH_3 (*Fields*, Am. Soc. **71** [1949] 1495).

Hydrochlorid $C_{20}H_{19}N_3O \cdot HCl$. Kristalle; F: 271° [Zers.].

4-[*trans*(?)-2-(4-Chlor-6-methoxy-[2]chinolyl)-vinyl]-benzonitril $C_{19}H_{13}ClN_2O$, vermutlich Formel VIII (R = CH_3, X = Cl).

B. Beim Erhitzen von 4-Chlor-6-methoxy-2-methyl-chinolin [1]) mit 4-Formyl-benzonitril unter Zusatz von $ZnCl_2$ (*Fields*, Am. Soc. **71** [1949] 1495).

F: 190—192° [unkorr.].

2-[4-Methoxy-*trans*(?)-styryl]-chinolin-3-carbonsäure-äthylester $C_{21}H_{19}NO_3$, vermutlich Formel X.

B. Beim Erhitzen von 2-Methyl-chinolin-3-carbonsäure-äthylester mit 4-Methoxy-benzaldehyd unter Zusatz von Piperidin auf 200° (*Borsche et al.*, B. **76** [1943] 1099, 1103).

Gelbe Kristalle (aus Me.); F: 107—108°.

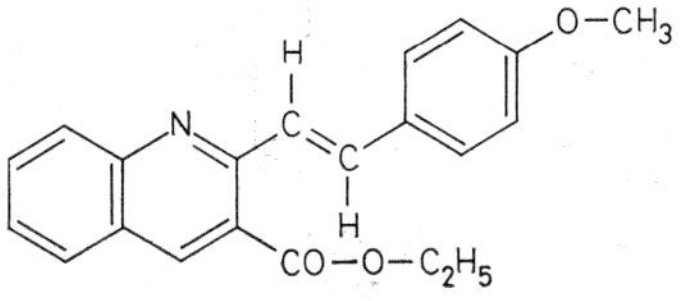

X 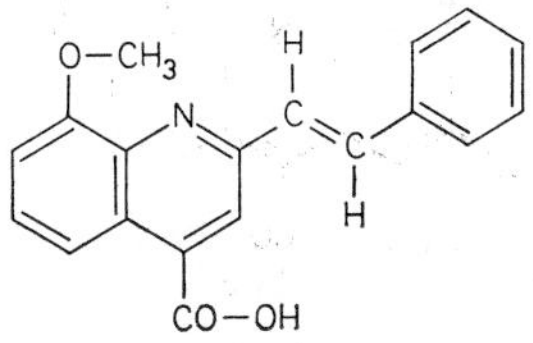 XI

8-Methoxy-2-*trans*-styryl-chinolin-4-carbonsäure $C_{19}H_{15}NO_3$, Formel XI.

B. Beim Erwärmen von Brenztraubensäure mit *trans*-Zimtaldehyd und *o*-Anisidin in Äthanol (*Weil et al.*, Roczniki Chem. **9** [1929] 661, 664; C. **1930** I 1149).

Gelbe Kristalle (aus wss. A.); F: 243—244°.

2-Benzoyloxy-3ξ-[3-phenyl-[2]chinolyl]-acrylsäure-äthylester $C_{27}H_{21}NO_4$, Formel XII.

B. Aus 3-[3-Phenyl-[2]chinolyl]-brenztraubensäure-äthylester (*Borsche, Vorbach*, A. **537** [1936] 22, 37).

Gelbe Kristalle (aus A.); F: 117°.

2-Methoxy-5,6-dihydro-benz[*c*]acridin-7-carbonsäure $C_{19}H_{15}NO_3$, Formel XIII (X = H) (E II 188).

B. Beim Erwärmen von 7-Methoxy-3,4-dihydro-2*H*-naphthalin-1-on mit Isatin und wss.-

---

[1]) Im Original irrtümlich als 6-Äthoxy-4-chlor-chinaldin bezeichnet.

äthanol. KOH (*Buu-Hoi et al.*, Soc. **1952** 279).
Kristalle (aus Me.); F: 229° (der E II 188 angegebene Schmelzpunkt von 123° ist falsch).

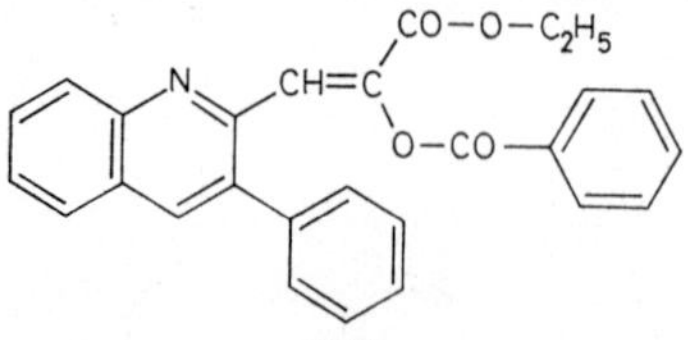

XII 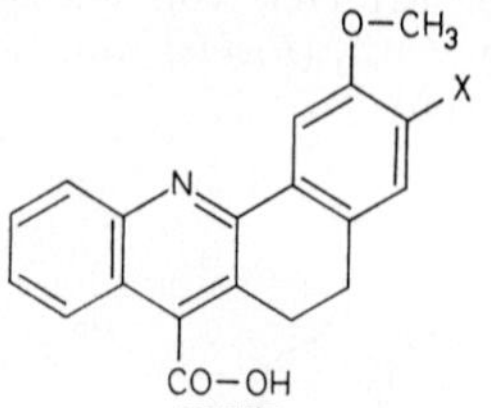 XIII

3-Chlor-2-methoxy-5,6-dihydro-benz[*c*]acridin-7-carbonsäure $C_{19}H_{14}ClNO_3$, Formel XIII (X = Cl).
B. Beim Behandeln von 6-Chlor-7-methoxy-3,4-dihydro-2*H*-naphthalin-1-on mit Isatin und wss. Alkalilauge (*Nguyen-Hoán, Buu-Hoi*, C. r. **224** [1947] 1228).
F: 268°.

2-Methylmercapto-5,6-dihydro-benz[*c*]acridin-7-carbonsäure $C_{19}H_{15}NO_2S$, Formel XIV (X = H).
B. Beim Erwärmen von 7-Methylmercapto-3,4-dihydro-2*H*-naphthalin-1-on mit Isatin und wss.-äthanol. KOH (*Buu-Hoi et al.*, J. org. Chem. **15** [1950] 511, 515).
Gelbe Kristalle (aus Me.); F: 219° [nach Erweichen bei 160°].

9-Brom-2-methylmercapto-5,6-dihydro-benz[*c*]acridin-7-carbonsäure $C_{19}H_{14}BrNO_2S$, Formel XIV (X = Br).
B. Beim Erwärmen von 7-Methylmercapto-3,4-dihydro-2*H*-naphthalin-1-on mit 5-Brom-indolin-2,3-dion und wss.-äthanol. KOH (*Buu-Hoi et al.*, J. org. Chem. **15** [1950] 511, 515).
Gelbe Kristalle (aus A.); F: 231°.

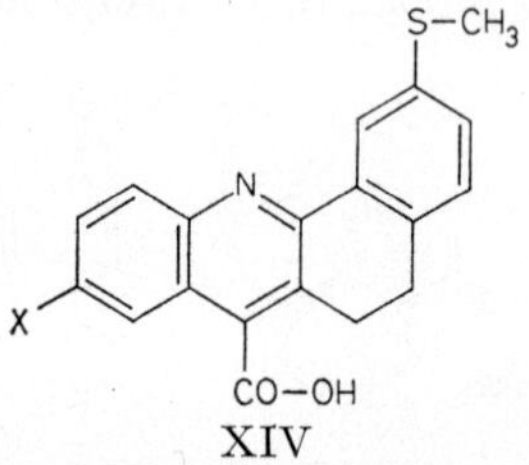

XIV 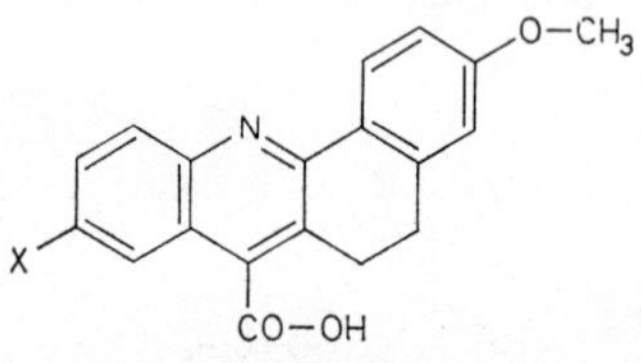 XV

3-Methoxy-5,6-dihydro-benz[*c*]acridin-7-carbonsäure $C_{19}H_{15}NO_3$, Formel XV (X = H).
B. Beim Erwärmen von 6-Methoxy-3,4-dihydro-2*H*-naphthalin-1-on mit Isatin und wss.-äthanol. KOH (*Buu-Hoi et al.*, Soc. **1952** 279).
Kristalle (aus Xylol); F: 329°.

9-Brom-3-methoxy-5,6-dihydro-benz[*c*]acridin-7-carbonsäure $C_{19}H_{14}BrNO_3$, Formel XV (X = Br).
B. Beim Erwärmen von 6-Methoxy-3,4-dihydro-2*H*-naphthalin-1-on mit 5-Brom-indolin-2,3-dion und wss.-äthanol. KOH (*Buu-Hoi et al.*, Soc. **1952** 279).
Kristalle (aus Eg.); F: 308°.

3-Hydroxy-11,12-dihydro-naphtho[1,2-*h*]chinolin-2-carbonsäure $C_{18}H_{13}NO_3$, Formel I (R = H), und Tautomeres (3-Oxo-3,4,11,12-tetrahydro-naphtho[1,2-*h*]chinolin-2-carbonsäure).
B. Beim Erhitzen von 3-Hydroxy-11,12-dihydro-naphtho[1,2-*h*]chinolin-2-carbonitril mit wss. HCl auf 150° (*Cook, Thomson*, Soc. **1945** 395, 397).
Gelbe Kristalle (aus 2-Methoxy-äthanol); F: 324—325°.

3-Methoxy-11,12-dihydro-naphtho[1,2-*h*]chinolin-2-carbonsäure-methylester $C_{20}H_{17}NO_3$, Formel I (R = CH_3).

B. Beim Behandeln der vorangehenden Verbindung mit Diazomethan in Äther (*Cook, Thomson,* Soc. **1945** 395, 397).

Kristalle (aus A.); F: 118–120°.

3-Hydroxy-11,12-dihydro-naphtho[1,2-*h*]chinolin-2-carbonitril $C_{18}H_{12}N_2O$, Formel II, und Tautomeres (3-Oxo-3,4,11,12-tetrahydro-naphtho[1,2-*h*]chinolin-2-carbonitril).

B. Bei mehrtägigem Erwärmen von 2-Hydroxymethylen-3,4-dihydro-2*H*-phenanthren-1-on (E III **7** 3852) mit Cyanessigsäure-amid in wss. Äthanol unter Zusatz von Piperidin (*Cook, Thomson,* Soc. **1945** 395, 397).

Gelbe Kristalle (aus Eg.) mit 2 Mol Essigsäure; F: 364–366°.

(±)-10-Hydroxy-2-methyl-10*H*-indeno[1,2-*g*]chinolin-4-carbonsäure $C_{18}H_{13}NO_3$, Formel III.

B. Beim Erwärmen von (±)-2-Amino-fluoren-9-ol mit Brenztraubensäure in Äthanol (*Campbell, Temple,* Soc. **1957** 207, 211).

Kristalle (aus Nitrobenzol); F: 300–310° [nicht rein erhalten].

Beim Erhitzen mit Kupfer-Pulver in Chinolin ist 2-Methyl-indeno[1,2-*g*]chinolin-10-on erhalten worden.

Methylester $C_{19}H_{15}NO_3$. F: 227–228°.

1-Methoxy-4-methyl-11*H*-indeno[1,2-*b*]chinolin-10-carbonsäure $C_{19}H_{15}NO_3$, Formel IV (X = H).

B. Beim Erwärmen von Isatin mit 4-Methoxy-7-methyl-indan-1-on und wss.-äthanol. KOH (*Buu-Hoi, Cagniant,* Bl. [5] **11** [1944] 343, 348).

Hellgelbe Kristalle (aus A.); Zers. >300°.

8-Brom-1-methoxy-4-methyl-11*H*-indeno[1,2-*b*]chinolin-10-carbonsäure $C_{19}H_{14}BrNO_3$, Formel IV (X = Br).

B. Beim Erwärmen von 5-Brom-indolin-2,3-dion mit 4-Methoxy-7-methyl-indan-1-on und wss.-äthanol. KOH (*Buu-Hoi, Cagniant,* Bl. [5] **11** [1944] 343, 348).

Rötliche Kristalle (aus A.); F: ca. 325° [Zers.].

2-Hydroxy-8-methyl-11*H*-benzo[*a*]carbazol-3-carbonsäure $C_{18}H_{13}NO_3$, Formel V (R = CH_3, R′ = H).

B. Beim Erhitzen von 3,5-Dihydroxy-[2]naphthoesäure mit wss. $NaHSO_3$ und wss. NaOH und anschliessend mit *p*-Tolylhydrazin und H_2SO_4 (*Gen. Aniline Works,* U.S.P. 1948923 [1931]).

F: 334°.

2-Hydroxy-10-methyl-11*H*-benzo[*a*]carbazol-3-carbonsäure $C_{18}H_{13}NO_3$, Formel V (R = H, R′ = CH_3).

B. Beim Erhitzen von 3,5-Dihydroxy-[2]naphthoesäure mit wss. $NaHSO_3$ und wss. NaOH und anschliessend mit *o*-Tolylhydrazin und H_2SO_4 (*Gen. Aniline Works,* U.S.P. 1948923 [1931]; *I. G. Farbenind.,* Schweiz. P. 156006 [1931]).

Gelb; F: 330°.

IV V VI

Hydroxycarbonsäuren $C_{19}H_{15}NO_3$

(±)-4-[(4-Chlor-phenyl)-hydroxy-[4]pyridyl-methyl]-benzoesäure $C_{19}H_{14}ClNO_3$, Formel VI (R = H) + Spiegelbild.

B. Beim Erwärmen von (±)-[4-Chlor-phenyl]-[4]pyridyl-*p*-tolyl-methanol mit Pyridin und wss. $KMnO_4$ (*Ravenna*, Farmaco Ed. scient. **14** [1959] 473, 480).

Kristalle (aus E. + PAe.); F: 162–164° [Zers.].

(±)-4-[(4-Chlor-phenyl)-hydroxy-[4]pyridyl-methyl]-benzoesäure-methylester $C_{20}H_{16}ClNO_3$, Formel VI (R = CH_3) + Spiegelbild.

B. Aus (±)-4-[(4-Chlor-phenyl)-hydroxy-[4]pyridyl-methyl]-benzoesäure beim Erwärmen mit methanol. HCl oder beim Behandeln mit Diazomethan in Äther (*Ravenna*, Farmaco Ed. scient. **14** [1959] 473, 480).

Kristalle (aus Isopropylalkohol); F: 172–173°.

(±)-4-[(4-Chlor-phenyl)-hydroxy-[4]pyridyl-methyl]-benzoesäure-[2-diäthylamino-äthylester] $C_{25}H_{27}ClN_2O_3$, Formel VI (R = CH_2-CH_2-$N(C_2H_5)_2$) + Spiegelbild.

B. Beim Erwärmen von (±)-4-[(4-Chlor-phenyl)-hydroxy-[4]pyridyl-methyl]-benzoesäure mit NaOH in Aceton und anschliessend mit Diäthyl-[2-chlor-äthyl]-amin (*Ravenna*, Farmaco Ed. scient. **14** [1959] 473, 480).

Dihydrochlorid $C_{25}H_{27}ClN_2O_3 \cdot 2$ HCl. F: 165°.

(±)-4-[(4-Chlor-phenyl)-hydroxy-[4]pyridyl-methyl]-benzoesäure-[2-dipropylamino-äthylester] $C_{27}H_{31}ClN_2O_3$, Formel VI (R = CH_2-CH_2-$N(CH_2$-CH_2-$CH_3)_2$) + Spiegelbild.

B. Beim Erwärmen von (±)-4-[(4-Chlor-phenyl)-hydroxy-[4]pyridyl-methyl]-benzoesäure mit NaOH in Aceton und anschliessend mit [2-Chlor-äthyl]-dipropyl-amin (*Ravenna*, Farmaco Ed. scient. **14** [1959] 473, 481).

Dihydrochlorid $C_{27}H_{31}ClN_2O_3 \cdot 2$ HCl. Kristalle (aus Ae. + A.); F: 190°.

(±)-4-[(4-Chlor-phenyl)-hydroxy-[4]pyridyl-methyl]-benzoesäure-[2-dibutylamino-äthylester] $C_{29}H_{35}ClN_2O_3$, Formel VI (R = CH_2-CH_2-$N([CH_2]_3$-$CH_3)_2$) + Spiegelbild.

B. Beim Erwärmen von (±)-4-[(4-Chlor-phenyl)-hydroxy-[4]pyridyl-methyl]-benzoesäure mit NaOH in Aceton und anschliessend mit Dibutyl-[2-chlor-äthyl]-amin (*Ravenna*, Farmaco Ed. scient. **14** [1959] 473, 481).

Dihydrochlorid $C_{29}H_{35}ClN_2O_3 \cdot 2$ HCl. Kristalle (aus Ae. + A.); F: 120°.

(±)-4-[(4-Chlor-phenyl)-hydroxy-[4]pyridyl-methyl]-benzoesäure-[2-piperidino-äthylester] $C_{26}H_{27}ClN_2O_3$, Formel VII + Spiegelbild.

B. Beim Erwärmen von (±)-4-[(4-Chlor-phenyl)-hydroxy-[4]pyridyl-methyl]-benzoesäure mit NaOH in Aceton und anschliessend mit 1-[2-Chlor-äthyl]-piperidin (*Ravenna*, Farmaco Ed. scient. **14** [1959] 473, 481).

Dihydrochlorid $C_{26}H_{27}ClN_2O_3 \cdot 2$ HCl. Kristalle (aus A. + Ae.); F: 190°.

(±)-4-[(1-Äthyl-pyridinium-4-yl)-(4-chlor-phenyl)-hydroxy-methyl]-benzoesäure-[2-triäthylammonio-äthylester], (±)-1-Äthyl-4-{[4-chlor-phenyl]-hydroxy-[4-(2-triäthylammonio-äthoxycarbonyl)-phenyl]-methyl}-pyridinium $[C_{29}H_{37}ClN_2O_3]^{2+}$, Formel VIII + Spiegelbild.

Dijodid $[C_{29}H_{37}ClN_2O_3]I_2$. *B.* Beim Erwärmen von (±)-4-[(4-Chlor-phenyl)-hydroxy-

[4]pyridyl-methyl]-benzoesäure-[2-diäthylamino-äthylester] mit Äthyljodid in Äthanol (*Ravenna*, Farmaco Ed. scient. **14** [1959] 483, 490). — F: 180° [Zers.; aus A. + Ae.].

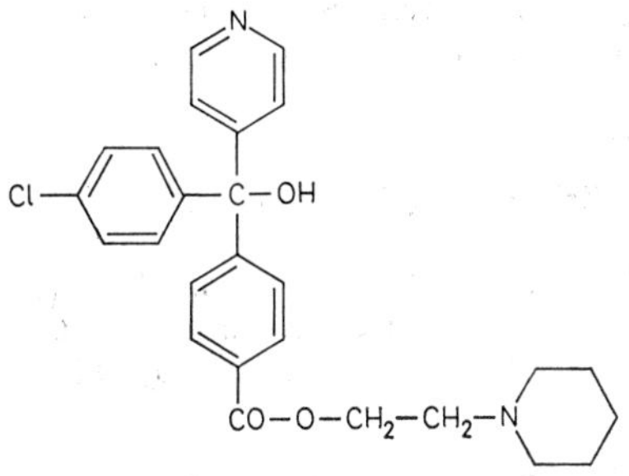

VII 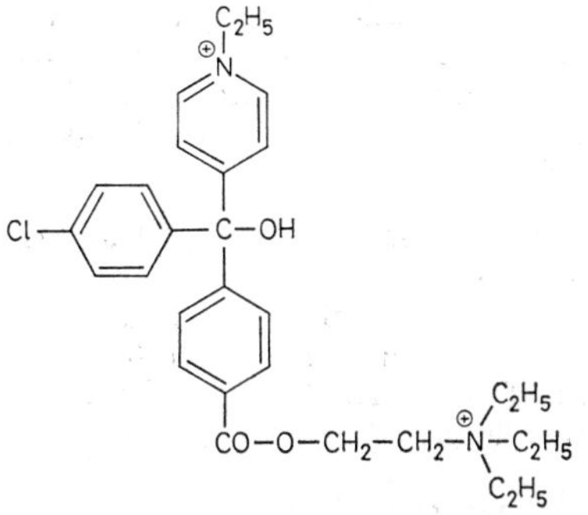 VIII

2-Hydroxy-6-phenyl-4-*p*-tolyl-nicotinonitril $C_{19}H_{14}N_2O$, Formel IX (R = CH_3, R' = H), und Tautomeres (2-Oxo-6-phenyl-4-*p*-tolyl-1,2-dihydro-pyridin-3-carbonitril).

B. s. im folgenden Artikel.

Kristalle (aus Eg.); F: 311—312° (*Basu*, J. Indian chem. Soc. **7** [1930] 815, 820).

2-Hydroxy-4-phenyl-6-*p*-tolyl-nicotinonitril $C_{19}H_{14}N_2O$, Formel IX (R = H, R' = CH_3), und Tautomeres (2-Oxo-4-phenyl-6-*p*-tolyl-1,2-dihydro-pyridin-3-carbonitril).

B. Als Hauptprodukt neben der vorangehenden Verbindung beim Behandeln von 1-Phenyl-3-*p*-tolyl-propan-1,3-dion (F: 84—85°; E III **7** 3866) mit Cyanessigsäure-amid in Äthanol unter Zusatz von Diäthylamin (*Basu*, J. Indian chem. Soc. **7** [1930] 815, 820). Beim Behandeln von β-Methoxy-4'-methyl-chalkon [E III **8** 1494] (*Basu*) oder von 3-Phenyl-1-*p*-tolyl-propinon (*Barat*, J. Indian chem. Soc. **7** [1930] 851, 857) mit der Natrium-Verbindung des Cyanessigsäure-amids in Äthanol. Beim Behandeln von 2-Oxo-4-phenyl-6-*p*-tolyl-1,2,3,4-tetrahydro-pyridin-3-carbonitril mit wss. $NaNO_2$ und Essigsäure (*Barat*, J. Indian chem. Soc. **7** [1930] 321, 330, 335).

Kristalle (aus Eg.); F: 268° (*Barat*), 267° (*Basu*).

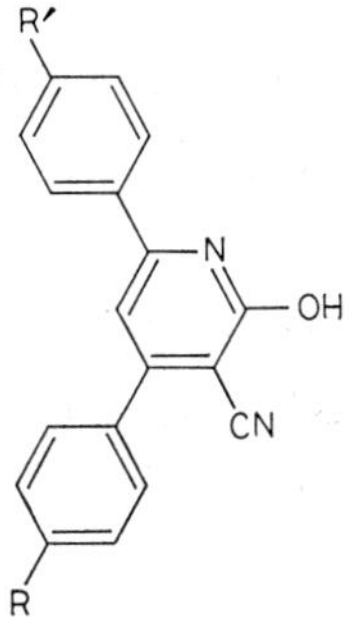

IX 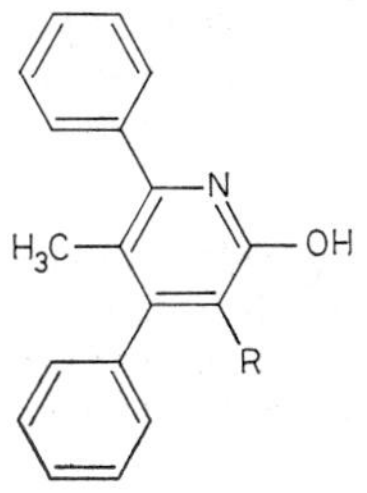 X 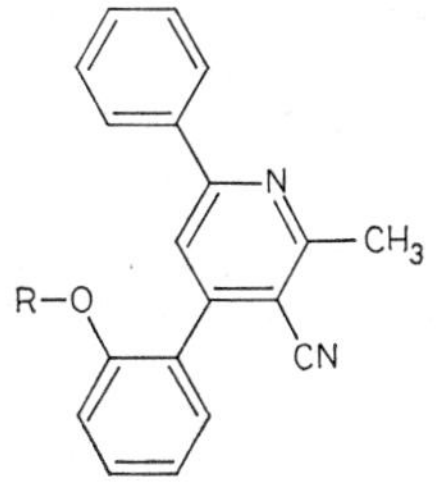 XI

2-Hydroxy-5-methyl-4,6-diphenyl-nicotinsäure $C_{19}H_{15}NO_3$, Formel X (R = CO-OH), und Tautomeres (5-Methyl-2-oxo-4,6-diphenyl-1,2-dihydro-pyridin-3-carbonsäure).

B. Neben 5-Methyl-4,6-diphenyl-1*H*-pyridin-2-on (E III/IV **21** 1719) beim Erhitzen von 2-Hydroxy-5-methyl-4,6-diphenyl-nicotinonitril mit wss. NaOH auf 160° (*Plati, Wenner*, J. org. Chem. **15** [1950] 1165, 1170).

Kristalle (aus Me.); F: 270—271° [unkorr.].

2-Hydroxy-5-methyl-4,6-diphenyl-nicotinonitril $C_{19}H_{14}N_2O$, Formel X (R = CN), und Tautomeres (5-Methyl-2-oxo-4,6-diphenyl-1,2-dihydro-pyridin-3-carbonitril).

B. Aus 2-Methyl-1,3-diphenyl-propan-1,3-dion und Cyanessigsäure-amid beim Erwärmen mit Diäthylamin in wss. Äthanol (*Basu*, J. Indian chem. Soc. **7** [1930] 481, 489) oder mit Piperidin in Äthanol (*Plati, Wenner*, J. org. Chem. **15** [1950] 1165, 1170).

Kristalle (aus Py. + H_2O); F: 304—305° (*Basu*).

4-[2-Methoxy-phenyl]-2-methyl-6-phenyl-nicotinonitril $C_{20}H_{16}N_2O$, Formel XI (R = CH_3).

B. Beim Erwärmen von 2-Methoxy-*trans*-chalkon mit 3-Amino-crotononitril (E III **3** 1205) und Natriumäthylat in Äthanol und Behandeln des Reaktionsprodukts mit CrO_3 in Essigsäure (*Chatterjea, Prasad*, J. scient. ind. Res. India **14**B [1955] 383, 387).

Kristalle (aus A.); F: 128—129°.

4-[2-Äthoxy-phenyl]-2-methyl-6-phenyl-nicotinonitril $C_{21}H_{18}N_2O$, Formel XI (R = C_2H_5).

B. Beim Erwärmen von 2-Äthoxy-*trans*(?)-chalkon (Kp_5: 202—204°) mit 3-Amino-crotononitril (E III **3** 1205) und Natriumäthylat in Äthanol und Erwärmen des Reaktionsprodukts mit wss. HNO_3 (*Chatterjea, Prasad*, J. scient. ind. Res. India **14**B [1955] 383, 387).

Kristalle (aus Eg.); F: 141—142°.

[2-Hydroxy-4-*trans*(?)-styryl-[6]chinolyl]-acetonitril $C_{19}H_{14}N_2O$, vermutlich Formel XII, und Tautomeres ([2-Oxo-4-*trans*(?)-styryl-1,2-dihydro-[6]chinolyl]-acetonitril).

B. Aus [2-Hydroxy-4-methyl-[6]chinolyl]-acetonitril und Benzaldehyd (*Sastry, Bagchi*, Sci. Culture **18** [1953] 543, 544).

F: 126°.

2-Methoxy-3-methyl-5,6-dihydro-benz[*c*]acridin-7-carbonsäure $C_{20}H_{17}NO_3$, Formel XIII (X = O-CH_3, X′ = H).

B. Beim Erwärmen von 7-Methoxy-6-methyl-3,4-dihydro-2*H*-naphthalin-1-on mit Isatin und wss.-äthanol. KOH (*Buu-Hoi et al.*, Soc. **1952** 279).

Kristalle (aus A.); F: 264°.

3-Methyl-2-methylmercapto-5,6-dihydro-benz[*c*]acridin-7-carbonsäure $C_{20}H_{17}NO_2S$, Formel XIII (X = S-CH_3, X′ = H).

B. Beim Erwärmen von 6-Methyl-7-methylmercapto-3,4-dihydro-2*H*-naphthalin-1-on mit Isatin und wss.-äthanol. KOH (*Buu-Hoi, Hoán*, Soc. **1951** 2868).

Gelbe Kristalle (aus Me.), die bei ca. 235° erweichen und bis 288° noch nicht vollständig geschmolzen sind.

9-Brom-3-methyl-2-methylmercapto-5,6-dihydro-benz[*c*]acridin-7-carbonsäure $C_{20}H_{16}BrNO_2S$, Formel XIII (X = S-CH_3, X′ = Br).

B. Beim Erwärmen von 6-Methyl-7-methylmercapto-3,4-dihydro-2*H*-naphthalin-1-on mit 5-Brom-indolin-2,3-dion und wss.-äthanol. KOH (*Buu-Hoi, Hoán*, Soc. **1951** 2868).

Gelbe Kristalle (aus A.); F: >320°.

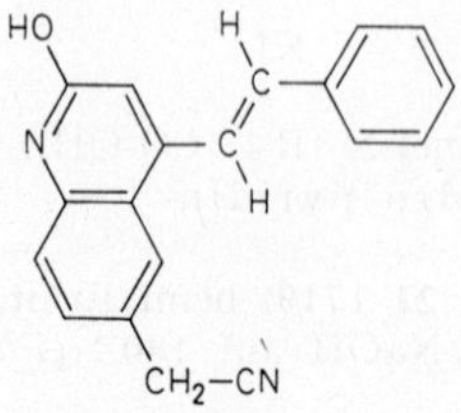

HO H C N C H CH_2-CN

XII

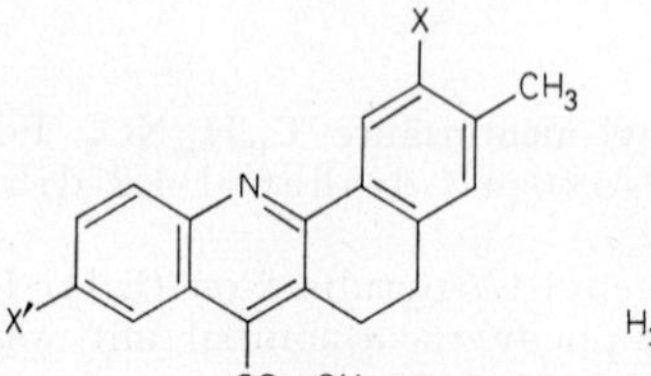

X CH_3 N X′ CO—OH

XIII

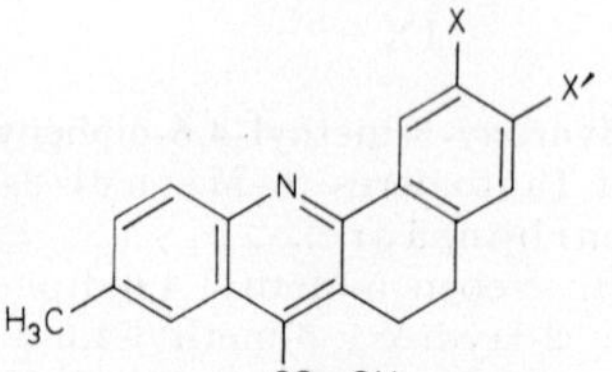

X X′ N H_3C CO—OH

XIV

9-Methyl-2-methylmercapto-5,6-dihydro-benz[*c*]acridin-7-carbonsäure $C_{20}H_{17}NO_2S$, Formel XIV (X = S-CH_3, X' = H).

B. Beim Erwärmen von 7-Methylmercapto-3,4-dihydro-2*H*-naphthalin-1-on mit 5-Methyl-indolin-2,3-dion und wss.-äthanol. KOH (*Buu-Hoi et al.*, J. org. Chem. **15** [1950] 511, 515).

Gelbe Kristalle (aus Me.); F: 212° [nach Erweichen bei 150°].

3-Methoxy-9-methyl-5,6-dihydro-benz[*c*]acridin-7-carbonsäure $C_{20}H_{17}NO_3$, Formel XIV (X = H, X' = O-CH_3).

B. Beim Erwärmen von 6-Methoxy-3,4-dihydro-2*H*-naphthalin-1-on mit 5-Methyl-indolin-2,3-dion und wss.-äthanol. KOH (*Buu-Hoi et al.*, Soc. **1952** 279).

Kristalle (aus Xylol); F: 319°.

Hydroxycarbonsäuren $C_{20}H_{17}NO_3$

***Opt.-inakt. 3-Hydroxy-2,3-diphenyl-3-[2]pyridyl-propionsäure** $C_{20}H_{17}NO_3$, Formel I.

B. Beim Behandeln von Phenylessigsäure mit Isopropylmagnesiumbromid in Äther und anschliessenden Erwärmen mit Phenyl-[2]pyridyl-keton und Benzol (*De Fazi, Marsili*, G. **89** [1959] 1709, 1715).

F: 162,5° [Zers.] (Rohprodukt).

Beim Behandeln mit konz. H_2SO_4 sind 2-Phenyl-3-[2]pyridyl-inden-1-on und 2,3-Diphenyl-3-[2]pyridyl-acrylsäure (S. 1438) erhalten worden.

Methylester $C_{21}H_{19}NO_3$. Kristalle (aus E.); F: 149–151°.

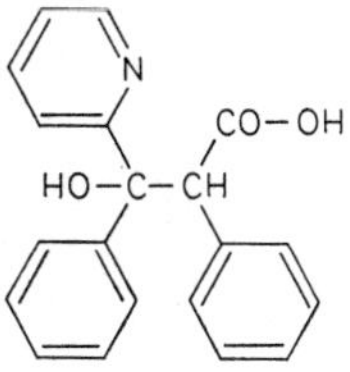

I 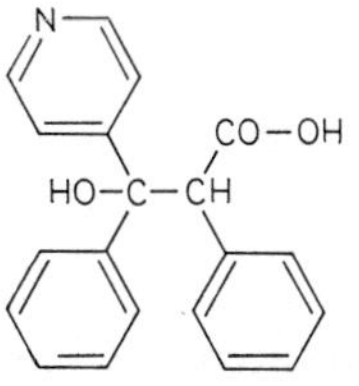 II 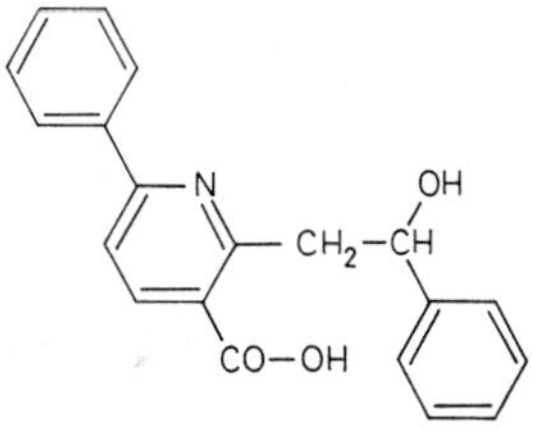 III

***Opt.-inakt. 3-Hydroxy-2,3-diphenyl-3-[4]pyridyl-propionsäure** $C_{20}H_{17}NO_3$, Formel II.

B. Beim Behandeln von Phenylessigsäure mit Isopropylmagnesiumbromid in Äther und anschliessenden Erwärmen mit Phenyl-[4]pyridyl-keton und Benzol (*De Fazi, Marsili*, G. **89** [1959] 1709, 1715).

F: 209–213° [Rohprodukt].

Methylester $C_{21}H_{19}NO_3$. Kristalle (aus A.); F: 166–168°.

(±)-2-[*β*-Hydroxy-phenäthyl]-6-phenyl-nicotinsäure $C_{20}H_{17}NO_3$, Formel III.

B. Beim Erhitzen von 2-Methyl-6-phenyl-nicotinsäure mit Benzaldehyd und H_2O auf 180° (*Tittensor, Wibberley*, Soc. **1956** 1778, 1779).

Kristalle (aus wss. A.); F: 116–117°.

3-[4-Hydroxy-6-nitro-2-*trans*-styryl-[3]chinolyl]-propionsäure $C_{20}H_{16}N_2O_5$, Formel IV, und Tautomeres (3-[6-Nitro-4-oxo-2-*trans*-styryl-1,4-dihydro-[3]chinolyl]-propionsäure).

B. Beim Erwärmen von 5-[2-*trans*-Cinnamoylamino-5-nitro-phenyl]-5-oxo-valeriansäure mit wss. KOH (*Massey, Plant*, Soc. **1931** 2218, 2222).

Gelbe Kristalle (aus A.); F: 306° [Zers.].

2-Methoxy-3,9-dimethyl-5,6-dihydro-benz[*c*]acridin-7-carbonsäure $C_{21}H_{19}NO_3$, Formel V.

B. Beim Erwärmen von 7-Methoxy-6-methyl-3,4-dihydro-2*H*-naphthalin-1-on mit 5-Methyl-indolin-2,3-dion und wss.-äthanol. KOH (*Buu-Hoi et al.*, Soc. **1952** 279).

Kristalle (aus A.); F: 256°.

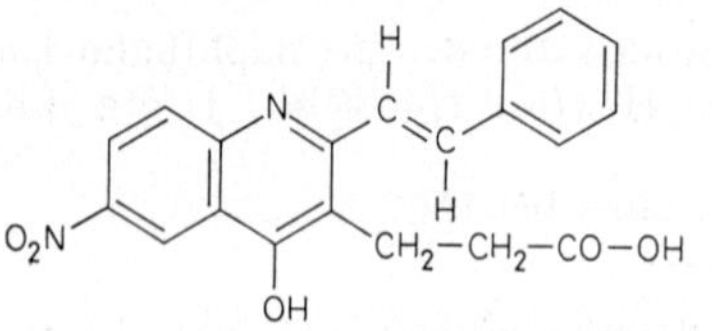

IV

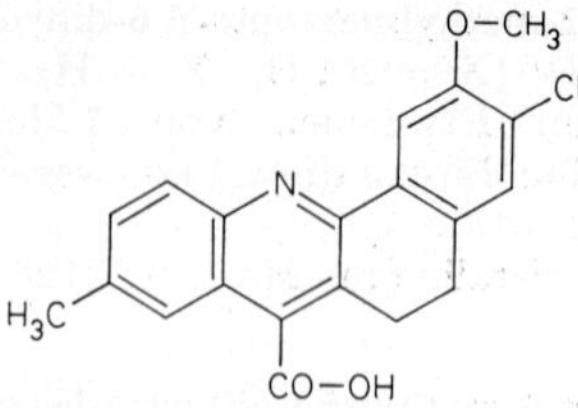

V

Hydroxycarbonsäuren $C_nH_{2n-25}NO_3$

***Benzoyloxy-indeno[1,2-*b*]chinolin-11-yliden-essigsäure-äthylester** $C_{27}H_{19}NO_4$, Formel VI.

B. Beim Behandeln von [11*H*-Indeno[1,2-*b*]chinolin-11-yl]-glyoxylsäure-äthylester mit Benzoylchlorid und Pyridin (*Borsche, Sinn,* A. **532** [1937] 146, 161).

Kristalle; F: 167–168°.

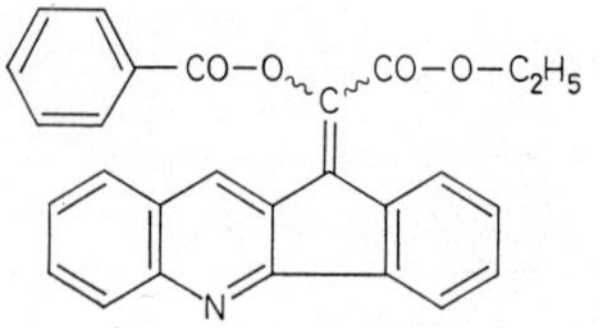

VI

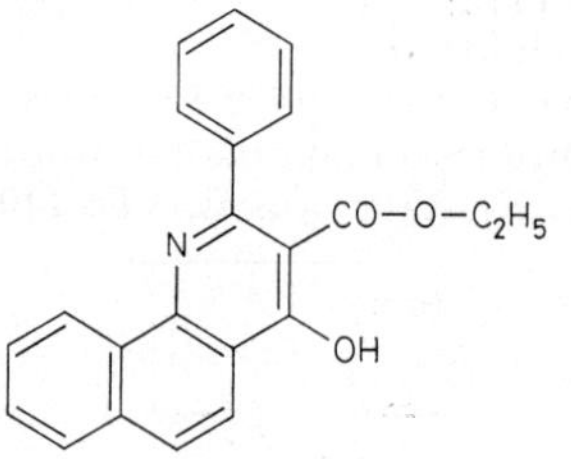

VII

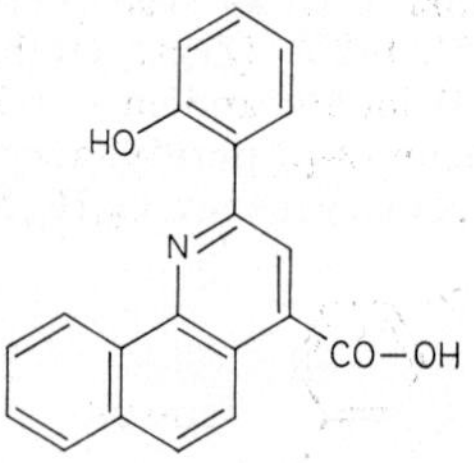

VIII

Hydroxycarbonsäuren $C_nH_{2n-27}NO_3$

Hydroxycarbonsäuren $C_{20}H_{13}NO_3$

4-Hydroxy-2-phenyl-benzo[*h*]chinolin-3-carbonsäure-äthylester $C_{22}H_{17}NO_3$, Formel VII, und Tautomeres (4-Oxo-2-phenyl-1,4-dihydro-benzo[*h*]chinolin-3-carbonsäure-äthylester).

B. Beim Erhitzen von [α-[1]Naphthylimino-benzyl]-malonsäure-diäthylester auf 185° (*Heeramaneck, Shah,* Soc. **1937** 867).

Kristalle (aus E.); F: 228–230°.

2-[2-Hydroxy-phenyl]-benzo[*h*]chinolin-4-carbonsäure $C_{20}H_{13}NO_3$, Formel VIII.

B. Beim Erwärmen von [1]Naphthylamin mit Salicylaldehyd und Brenztraubensäure in Äthanol (*Masulli,* Chimica **6** [1951] 83, 85).

Orangefarbene Kristalle; F: 282°.

8-Methylmercapto-3-phenyl-benzo[*f*]chinolin-1-carbonsäure $C_{21}H_{15}NO_2S$, Formel IX (X = X′ = X″ = H).

B. Aus 6-Methylmercapto-[2]naphthylamin, Benzaldehyd und Brenztraubensäure (*Buu-Hoi et al.,* Soc. **1953** 485, 486, 488).

Gelbe Kristalle (aus Eg.); F: 314° [Zers.].

3-[4-Chlor-phenyl]-8-methylmercapto-benzo[*f*]chinolin-1-carbonsäure $C_{21}H_{14}ClNO_2S$, Formel IX (X = Cl, X′ = X″ = H).

B. Aus 6-Methylmercapto-[2]naphthylamin, 4-Chlor-benzaldehyd und Brenztraubensäure (*Buu-Hoi et al.,* Soc. **1953** 485, 486, 488).

Gelbe Kristalle (aus Eg.); F: 296° [Zers.].

3-[2,4-Dichlor-phenyl]-8-methylmercapto-benzo[f]chinolin-1-carbonsäure $C_{21}H_{13}Cl_2NO_2S$, Formel IX (X = X′ = Cl, X″ = H).

B. Aus 6-Methylmercapto-[2]naphthylamin, 2,4-Dichlor-benzaldehyd und Brenztraubensäure (*Buu-Hoi et al.*, Soc. **1953** 485, 486, 488).

Gelbe Kristalle (aus Eg.); F: 301° [Zers.].

3-[3,4-Dichlor-phenyl]-8-methylmercapto-benzo[f]chinolin-1-carbonsäure $C_{21}H_{13}Cl_2NO_2S$, Formel IX (X = X″ = Cl, X′ = H).

B. Aus 6-Methylmercapto-[2]naphthylamin, 3,4-Dichlor-benzaldehyd und Brenztraubensäure (*Buu-Hoi et al.*, Soc. **1953** 485, 486, 488).

Gelbe Kristalle (aus Eg.); F: 307° [Zers.].

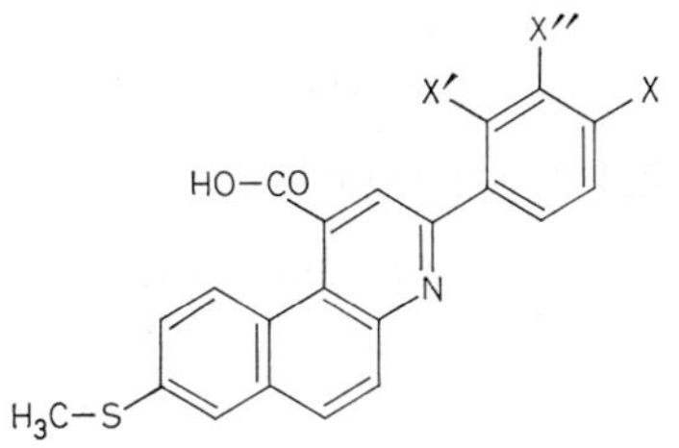

IX 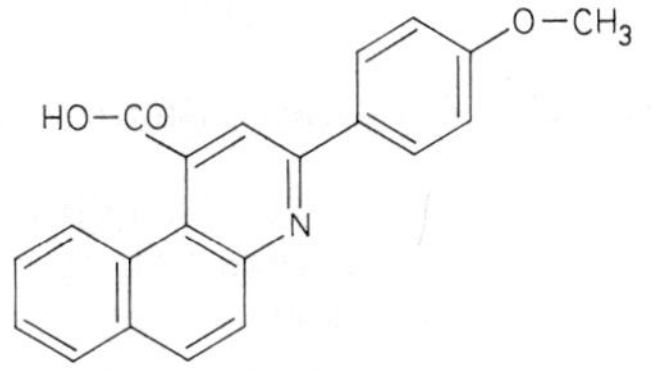 X 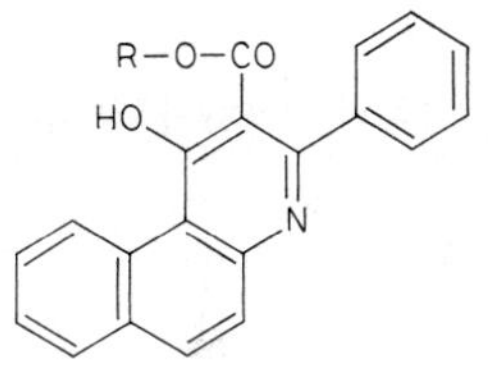 XI

3-[4-Methoxy-phenyl]-benzo[f]chinolin-1-carbonsäure $C_{21}H_{15}NO_3$, Formel X (H 250; E II 189).

B. Beim Erhitzen von 3*H*-Benz[*e*]indol-1,2-dion mit wss. NaOH und anschliessend mit 1-[4-Methoxy-phenyl]-äthanon und Äthanol (*Robinson, Bogert*, J. org. Chem. **1** [1936] 65, 69).

1-Hydroxy-3-phenyl-benzo[f]chinolin-2-carbonsäure $C_{20}H_{13}NO_3$, Formel XI (R = H), und Tautomeres (1-Oxo-3-phenyl-1,4-dihydro-benzo[*f*]chinolin-2-carbonsäure).

B. Beim Behandeln der folgenden Verbindung mit wss.-äthanol. NaOH (*Heeramaneck, Shah*, Soc. **1937** 867).

Kristalle (aus A.); F: 248–250°.

1-Hydroxy-3-phenyl-benzo[f]chinolin-2-carbonsäure-äthylester $C_{22}H_{17}NO_3$, Formel XI (R = C_2H_5), und Tautomeres (1-Oxo-3-phenyl-1,4-dihydro-benzo[*f*]chinolin-2-carbonsäure-äthylester).

B. Beim Erhitzen von [α-[2]Naphthylimino-benzyl]-malonsäure-diäthylester auf 185° (*Heeramaneck, Shah*, Soc. **1937** 867).

Kristalle (aus A.); F: 280–282°.

Picrat $C_{22}H_{17}NO_3 \cdot C_6H_3N_3O_7$. Orangefarbene Kristalle; F: 179–181°.

4-Hydroxy-2-[2]naphthyl-chinolin-3-carbonsäure $C_{20}H_{13}NO_3$, Formel XII (R = H), und Tautomeres (2-[2]Naphthyl-4-oxo-1,4-dihydro-chinolin-3-carbonsäure).

B. Beim Erwärmen der folgenden Verbindung mit äthanol. NaOH (*Kulkarni, Shah*, J. Indian chem. Soc. **26** [1949] 171, 174).

F: 238–240° [Zers.].

4-Hydroxy-2-[2]naphthyl-chinolin-3-carbonsäure-äthylester $C_{22}H_{17}NO_3$, Formel XII (R = C_2H_5), und Tautomeres (2-[2]Naphthyl-4-oxo-1,4-dihydro-chinolin-3-carbonsäure-äthylester).

B. Beim Erhitzen von [[2]Naphthyl-phenylimino-methyl]-malonsäure-diäthylester unter vermindertem Druck auf 150° (*Kulkarni, Shah*, J. Indian chem. Soc. **26** [1949] 171, 174).

F: 227–230°.

3-Hydroxy-2-[1]naphthyl-chinolin-4-carbonsäure $C_{20}H_{13}NO_3$, Formel XIII (X = OH, X′ = X″ = H).

B. Beim Erwärmen von 2-Brom-1-[1]naphthyl-äthanon mit Isatin und wss.-äthanol. KOH (*Benary*, B. **66** [1933] 1569).

Dunkelgelb; F: 130–145°.

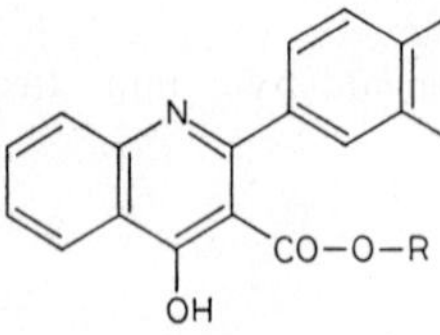

XII 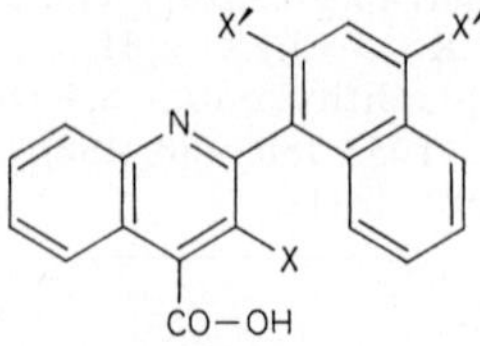 XIII 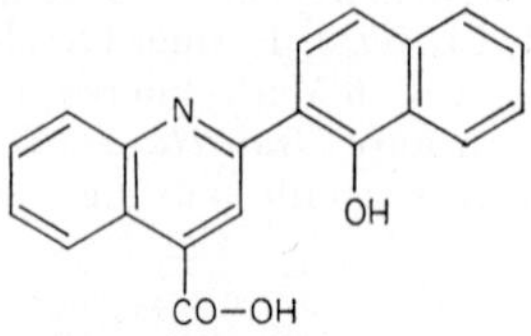 XIV

2-[2-Methoxy-[1]naphthyl]-chinolin-4-carbonsäure $C_{21}H_{15}NO_3$, Formel XIII (X = X″ = H, X′ = O-CH_3).

B. Beim Erwärmen von 1-[2-Methoxy-[1]naphthyl]-äthanon mit Isatin und wss.-äthanol. KOH (*Buu-Hoi, Cagniant*, Bl. **1946** 123, 128).

Kristalle (aus Nitrobenzol); Zers. >250°.

2-[4-Methoxy-[1]naphthyl]-chinolin-4-carbonsäure $C_{21}H_{15}NO_3$, Formel XIII (X = X′ = H, X″ = O-CH_3).

B. Beim Erwärmen von 1-[4-Methoxy-[1]naphthyl]-äthanon mit Isatin und wss.-äthanol. KOH (*Buu-Hoi, Cagniant*, R. **64** [1945] 214, 218).

Kristalle (aus A.); F: 245–246° [Zers.].

2-[1-Hydroxy-[2]naphthyl]-chinolin-4-carbonsäure $C_{20}H_{13}NO_3$, Formel XIV (E I 561).

Kristalle (aus Bzl.); F: 302° (*Buu-Hoi, Lavit*, J. org. Chem. **20** [1955] 823, 827).

2-[6-Methoxy-[2]naphthyl]-chinolin-4-carbonsäure $C_{21}H_{15}NO_3$, Formel I (X = X′ = H).

B. Beim Erwärmen von 1-[6-Methoxy-[2]naphthyl]-äthanon mit Isatin und wss.-äthanol. KOH (*Buu-Hoi*, R. **68** [1949] 759, 776).

Kristalle (aus A.); F: 258–259° [Zers.].

6-Brom-2-[6-methoxy-[2]naphthyl]-chinolin-4-carbonsäure $C_{21}H_{14}BrNO_3$, Formel I (X = Br, X′ = H).

B. Beim Erwärmen von 1-[6-Methoxy-[2]naphthyl]-äthanon mit 5-Brom-indolin-2,3-dion und wss.-äthanol. KOH (*Buu-Hoi*, R. **68** [1949] 759, 776).

Gelbe Kristalle (aus Bzl.); F: 314–315° [unter Sublimation und Zers.].

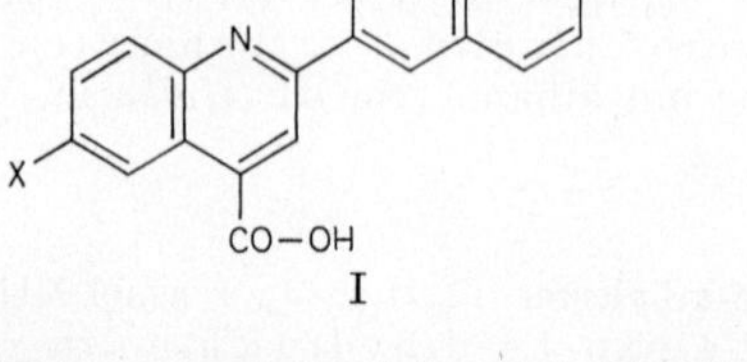

I 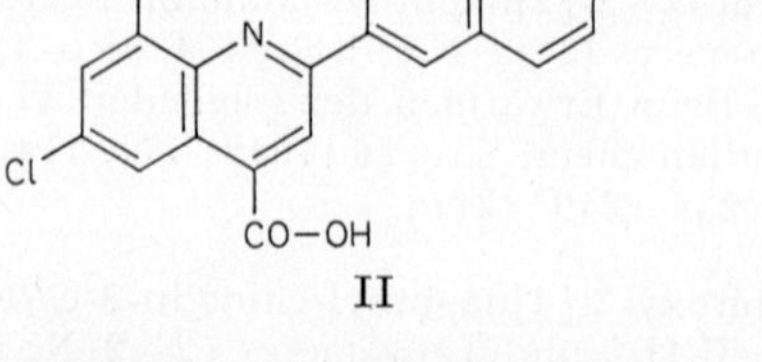 II

2-[5-Brom-6-methoxy-[2]naphthyl]-chinolin-4-carbonsäure $C_{21}H_{14}BrNO_3$, Formel I (X = H, X′ = Br).

B. Beim Erwärmen von 1-[5-Brom-6-methoxy-[2]naphthyl]-äthanon mit Isatin und wss.-äthanol. KOH (*Royer*, A. ch. [12] **1** [1946] 395, 420).

Hellgelbe Kristalle (aus Nitrobenzol); F: 315° [vorgeheizter App.] bzw. Zers. ab 302° [bei langsamem Erhitzen].

2-[5-Brom-6-methoxy-[2]naphthyl]-6,8-dichlor-chinolin-4-carbonsäure $C_{21}H_{12}BrCl_2NO_3$, Formel II.

B. Beim Erwärmen von 1-[5-Brom-6-methoxy-[2]naphthyl]-äthanon mit 5,7-Dichlor-indolin-2,3-dion und wss.-äthanol. KOH (*Royer*, A. ch. [12] **1** [1946] 395, 421).

Gelbe Kristalle (aus Nitrobenzol); F: 314° [vorgeheizter App.] bzw. Zers. ab 288° [bei langsamem Erhitzen].

6-Brom-2-[5-brom-6-methoxy-[2]naphthyl]-chinolin-4-carbonsäure $C_{21}H_{13}Br_2NO_3$, Formel I (X = X' = Br).

B. Beim Erwärmen von 1-[5-Brom-6-methoxy-[2]naphthyl]-äthanon mit 5-Brom-indolin-2,3-dion und wss.-äthanol. KOH (*Royer*, A. ch. [12] **1** [1946] 395, 420).

Kristalle (aus Nitrobenzol); F: 309° [vorgeheizter App.] bzw. Zers. bei 295–296° [bei langsamem Erhitzen].

2-[6-Methylmercapto-[2]naphthyl]-chinolin-4-carbonsäure $C_{21}H_{15}NO_2S$, Formel III (R = X = H).

B. Aus 1-[6-Methylmercapto-[2]naphthyl]-äthanon und Isatin (*Buu-Hoi et al.*, Soc. **1953** 485, 486, 488).

Hellgelbe Kristalle (aus A. + Toluol); F: 252°.

6-Chlor-2-[6-methylmercapto-[2]naphthyl]-chinolin-4-carbonsäure $C_{21}H_{14}ClNO_2S$, Formel III (R = H, X = Cl).

B. Aus 1-[6-Methylmercapto-[2]naphthyl]-äthanon und 5-Chlor-indolin-2,3-dion (*Buu-Hoi et al.*, Soc. **1953** 485, 486, 488).

Hellgelbe Kristalle (aus A. + Toluol); F: 270°.

6-Brom-2-[6-methylmercapto-[2]naphthyl]-chinolin-4-carbonsäure $C_{21}H_{14}BrNO_2S$, Formel III (R = H, X = Br).

B. Aus 1-[6-Methylmercapto-[2]naphthyl]-äthanon und 5-Brom-indolin-2,3-dion (*Buu-Hoi et al.*, Soc. **1953** 485, 486, 488).

Hellgelbe Kristalle (aus A. + Toluol); F: 276°.

S–CH3 N X R CO–OH

III

H3C–O N CH3 CO–OH

IV

Hydroxycarbonsäuren $C_{21}H_{15}NO_3$

2-[2-Methoxy-6-methyl-[1]naphthyl]-chinolin-4-carbonsäure $C_{22}H_{17}NO_3$, Formel IV.

B. Beim Erwärmen von 1-[2-Methoxy-6-methyl-[1]naphthyl]-äthanon mit Isatin und wss.-äthanol. KOH (*Royer*, A. ch. [12] **1** [1946] 395, 413).

Gelbe Kristalle (aus Eg.); unterhalb 310° nicht schmelzend [vorgeheizter App.] bzw. Zers. bei 260° [bei langsamem Erhitzen].

2-[6-Methoxy-[2]naphthyl]-3-methyl-chinolin-4-carbonsäure $C_{22}H_{17}NO_3$, Formel V (R = CH_3, X = H).

B. Beim Erwärmen von 1-[6-Methoxy-[2]naphthyl]-propan-1-on mit Isatin und wss.-äthanol. KOH (*Buu-Hoi*, R. **68** [1949] 759, 776).

Gelbliche Kristalle (aus A.); F: 295–297° [unter Sublimation].

2-[6-Benzyloxy-[2]naphthyl]-3-methyl-chinolin-4-carbonsäure $C_{28}H_{21}NO_3$, Formel V (R = CH_2-C_6H_5, X = H).

B. Beim Erwärmen von 1-[6-Benzyloxy-[2]naphthyl]-propan-1-on mit Isatin und

wss.-äthanol. KOH (*Buu-Hoi*, R. **68** [1949] 759, 778).
Gelbliche Kristalle (aus Eg.); F: 287—288° [Zers.].

6-Brom-2-[6-methoxy-[2]naphthyl]-3-methyl-chinolin-4-carbonsäure $C_{22}H_{16}BrNO_3$, Formel V (R = CH_3, X = Br).
B. Beim Erwärmen von 1-[6-Methoxy-[2]naphthyl]-propan-1-on mit 5-Brom-indolin-2,3-dion und wss.-äthanol. KOH (*Buu-Hoi*, R. **68** [1949] 759, 777).
Gelbliche Kristalle; F: 311—313° [unter Sublimation].

3-Methyl-2-[6-methylmercapto-[2]naphthyl]-chinolin-4-carbonsäure $C_{22}H_{17}NO_2S$, Formel III (R = CH_3, X = H).
B. Aus 1-[6-Methylmercapto-[2]naphthyl]-propan-1-on und Isatin (*Buu-Hoi et al.*, Soc. **1953** 485, 486, 488).
Hellgelbe Kristalle (aus A. + Toluol); F: 286°.

6-Chlor-3-methyl-2-[6-methylmercapto-[2]naphthyl]-chinolin-4-carbonsäure $C_{22}H_{16}ClNO_2S$, Formel III (R = CH_3, X = Cl).
B. Aus 1-[6-Methylmercapto-[2]naphthyl]-propan-1-on und 5-Chlor-indolin-2,3-dion (*Buu-Hoi et al.*, Soc. **1953** 485, 486, 488).
Hellgelbe Kristalle (aus A. + Toluol); F: 316°.

6-Brom-3-methyl-2-[6-methylmercapto-[2]naphthyl]-chinolin-4-carbonsäure $C_{22}H_{16}BrNO_2S$, Formel III (R = CH_3, X = Br).
B. Aus 1-[6-Methylmercapto-[2]naphthyl]-propan-1-on und 5-Brom-indolin-2,3-dion (*Buu-Hoi et al.*, Soc. **1953** 485, 486, 488).
Hellgelbe Kristalle (aus A. + Toluol); F: 310°.

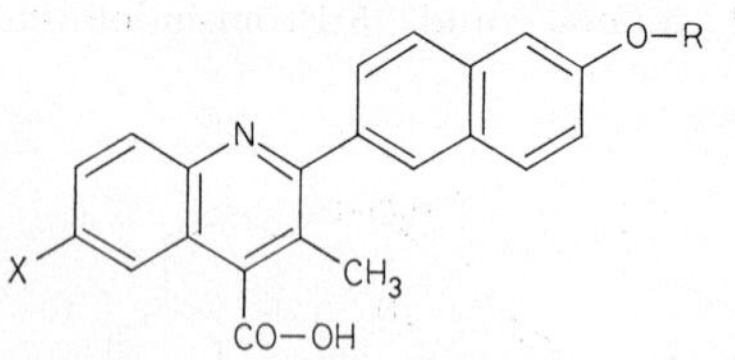

V

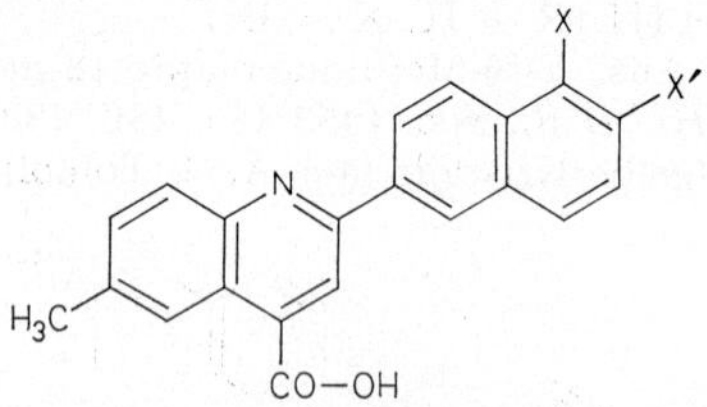

VI

2-[5-Brom-6-methoxy-[2]naphthyl]-6-methyl-chinolin-4-carbonsäure $C_{22}H_{16}BrNO_3$, Formel VI (X = Br, X' = O-CH_3).
B. Beim Erwärmen von 1-[5-Brom-6-methoxy-[2]naphthyl]-äthanon mit 5-Methyl-indolin-2,3-dion und wss.-äthanol. KOH (*Royer*, A. ch. [12] **1** [1946] 395, 420).
Gelbe Kristalle (aus Nitrobenzol); F: 313° [vorgeheizter App.] bzw. Zers. bei 296° [bei langsamem Erhitzen].

6-Methyl-2-[6-methylmercapto-[2]naphthyl]-chinolin-4-carbonsäure $C_{22}H_{17}NO_2S$, Formel VI (X = H, X' = S-CH_3).
B. Aus 1-[6-Methylmercapto-[2]naphthyl]-äthanon und 5-Methyl-indolin-2,3-dion (*Buu-Hoi et al.*, Soc. **1953** 485, 486, 488).
Hellgelbe Kristalle (aus A. + Toluol); F: 242°.

Hydroxycarbonsäuren $C_{22}H_{17}NO_3$

(±)-Hydroxy-[1-methyl-2-phenyl-indol-3-yl]-phenyl-essigsäure-dimethylamid $C_{25}H_{24}N_2O_2$, Formel VII.
B. Beim Erwärmen von [1-Methyl-2-phenyl-indol-3-yl]-glyoxylsäure-dimethylamid mit Phenylmagnesiumbromid in Benzol (*Ames et al.*, Soc. **1959** 3388, 3395).
Kristalle (aus Me.); F: 156—158°.

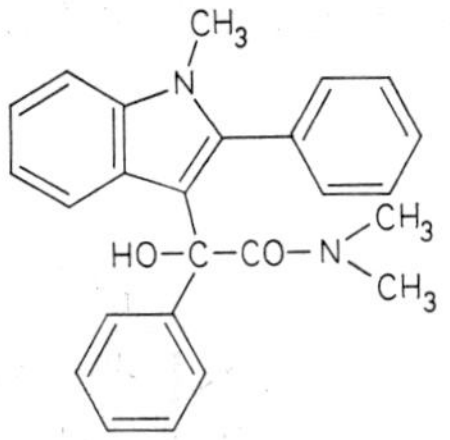

VII 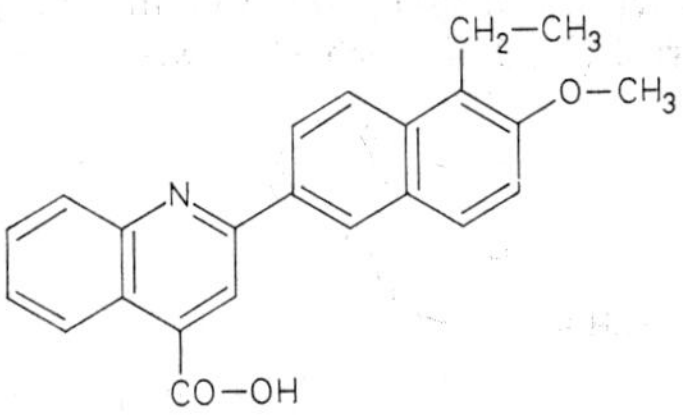 VIII

2-[5-Äthyl-6-methoxy-[2]naphthyl]-chinolin-4-carbonsäure $C_{23}H_{19}NO_3$, Formel VIII.

B. Beim Erwärmen von 1-[5-Äthyl-6-methoxy-[2]naphthyl]-äthanon mit Isatin und äthanol. KOH (*Buu-Hoi*, J. org. Chem. **23** [1958] 542).

Gelbliche Kristalle (aus A.); F: 248°.

3-Äthyl-2-[6-methoxy-[2]naphthyl]-chinolin-4-carbonsäure $C_{23}H_{19}NO_3$, Formel IX (X = H).

B. Beim Erwärmen von 1-[6-Methoxy-[2]naphthyl]-butan-1-on mit Isatin und wss.-äthanol. KOH (*Buu-Hoi*, R. **68** [1949] 759, 777).

Kristalle (aus A.); F: 301–302° [unter Sublimation und Zers.].

3-Äthyl-6-brom-2-[6-methoxy-[2]naphthyl]-chinolin-4-carbonsäure $C_{23}H_{18}BrNO_3$, Formel IX (X = Br).

B. Beim Erwärmen von 1-[6-Methoxy-[2]naphthyl]-butan-1-on mit 5-Brom-indolin-2,3-dion und wss.-äthanol. KOH (*Buu-Hoi*, R. **68** [1949] 759, 777).

Kristalle (aus A. + Bzl.); F: 301–302° [unter Sublimation und Zers.].

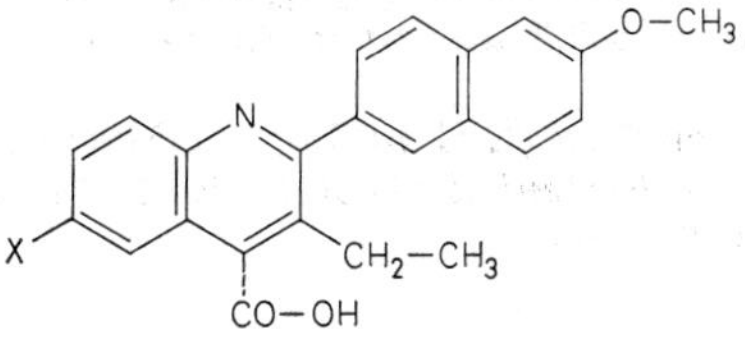

IX 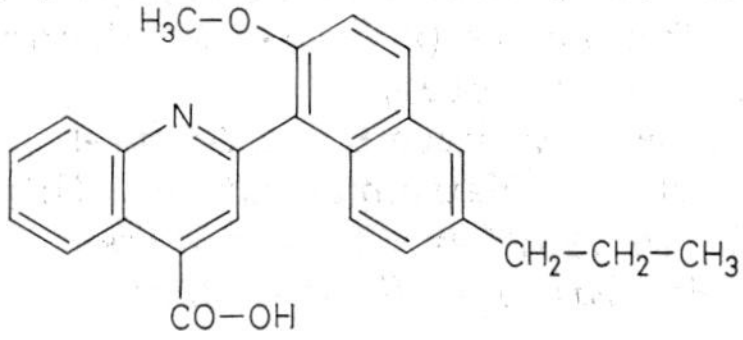 X

3,6-Dimethyl-2-[6-methylmercapto-[2]naphthyl]-chinolin-4-carbonsäure $C_{23}H_{19}NO_2S$, Formel III (R = X = CH_3) auf S. 2439.

B. Aus 1-[6-Methylmercapto-[2]naphthyl]-propan-1-on und 5-Methyl-indolin-2,3-dion (*Buu-Hoi et al.*, Soc. **1953** 485, 486, 488).

Hellgelbe Kristalle (aus A. + Toluol); F: 302°.

Hydroxycarbonsäuren $C_{23}H_{19}NO_3$

2-[2-Methoxy-6-propyl-[1]naphthyl]-chinolin-4-carbonsäure $C_{24}H_{21}NO_3$, Formel X.

B. Beim Erwärmen von 2-Methoxy-6-propyl-[1]naphthaldehyd mit Anilin, Brenztraubensäure und äthanol. KOH (*Buu-Hoi et al.*, Croat. chem. Acta **29** [1957] 291, 294). Beim Erwärmen von 1-[2-Methoxy-6-propyl-[1]naphthyl]-äthanon mit Isatin und wss.-äthanol. KOH (*Buu-Hoi et al.*).

Gelbliche Kristalle (aus Me.); F: 209°.

Hydroxycarbonsäuren $C_{25}H_{23}NO_3$

***Opt.-inakt. 5-Hydroxy-1,2,3-triphenyl-5-styryl-pyrrolidin-2-carbonitril** $C_{31}H_{26}N_2O$, Formel XI.

B. Beim Behandeln von 1*t*,5*t*-Diphenyl-penta-1,4-dien-3-on mit (±)-Anilino-phenyl-acetonitril und methanol. KOH (*Treibs, Derra*, A. **589** [1954] 176, 186).

Kristalle (aus Me. + Ae.); F: 200°.

Beim Erhitzen auf 205° sowie beim Erwärmen mit methanol. HCl ist 1,2,3-Triphenyl-5-styryl-pyrrol (F: 184°) erhalten worden.

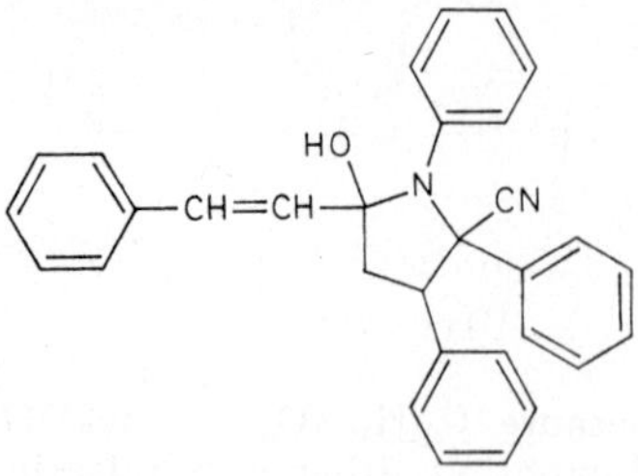

XI 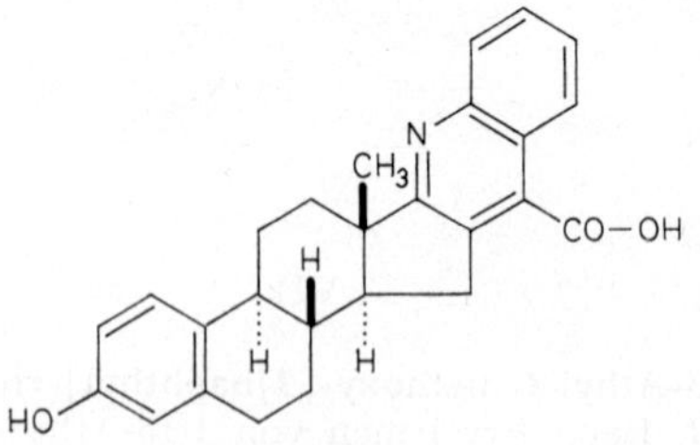 XII

Hydroxycarbonsäuren $C_{26}H_{25}NO_3$

(4b*S*)-2-Hydroxy-6a-methyl-(4b*r*,6a*t*,13a*c*,13b*t*)-5,6,6a,13,13a,13b,14,15-octahydro-4b*H*-naphth[2′,1′:4,5]indeno[1,2-*b*]chinolin-12-carbonsäure, 3-Hydroxy-östra-1,3,5(10),16-tetraeno[17,16-*b*]chinolin-4′-carbonsäure $C_{26}H_{25}NO_3$, Formel XII.

B. Beim Erwärmen von Östron mit Isatin und wss.-äthanol. KOH (*Buu-Hoi, Cagniant*, B. **77/79** [1944/46] 118, 120).

Hellgelbe Kristalle.

Hydroxycarbonsäuren $C_nH_{2n-29}NO_3$

Hydroxycarbonsäuren $C_{20}H_{11}NO_3$

2-Hydroxy-phenaleno[1,2,3-*de*]chinolin-1-carbonsäure-äthylester $C_{22}H_{15}NO_3$, Formel I, und Tautomeres (2-Oxo-2,3-dihydro-phenaleno[1,2,3-*de*]chinolin-1-carbonsäure-äthylester).

B. Beim Erhitzen von 8-Amino-benz[*de*]anthracen-7-on (E II **14** 75) mit Malonsäure-diäthylester, Natriumacetat und Nitrobenzol (*I. G. Farbenind.*, D.R.P. 661151 [1936]; Frdl. **25** 785; *Gen. Aniline Works*, U.S.P. 2163950 [1937]).

Gelbe Kristalle; F: 319–320°.

Hydroxycarbonsäuren $C_{22}H_{15}NO_3$

2-[6-Hydroxy-biphenyl-3-yl]-chinolin-4-carbonsäure $C_{22}H_{15}NO_3$, Formel II (R = X = H).

B. Beim Erhitzen von 2-[6-Methoxy-biphenyl-3-yl]-chinolin-4-carbonsäure mit Pyridin-hydrochlorid (*Buu-Hoi, Sy*, J. org. Chem. **21** [1956] 136).

Gelbliche Kristalle (aus A.); F: 296–297°.

2-[6-Methoxy-biphenyl-3-yl]-chinolin-4-carbonsäure $C_{23}H_{17}NO_3$, Formel II (R = CH_3, X = H).

B. Beim Erwärmen von 1-[6-Methoxy-biphenyl-3-yl]-äthanon mit Isatin und wss.-äthanol. KOH (*Buu-Hoi, Sy*, J. org. Chem. **21** [1956] 136).

Kristalle (aus Eg.); F: 248°.

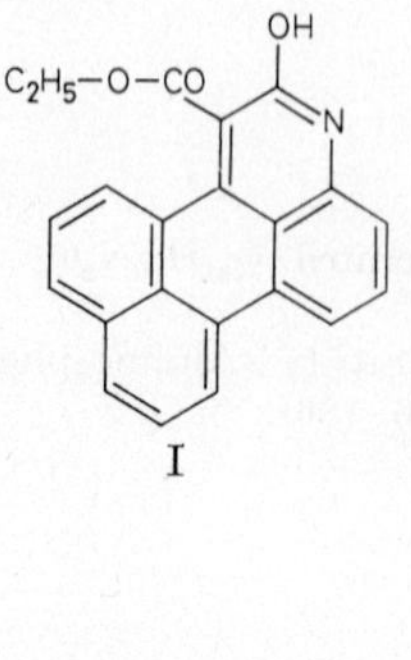

I 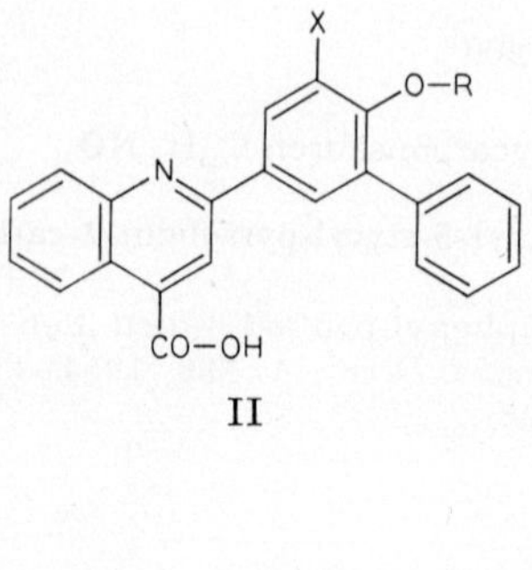 II 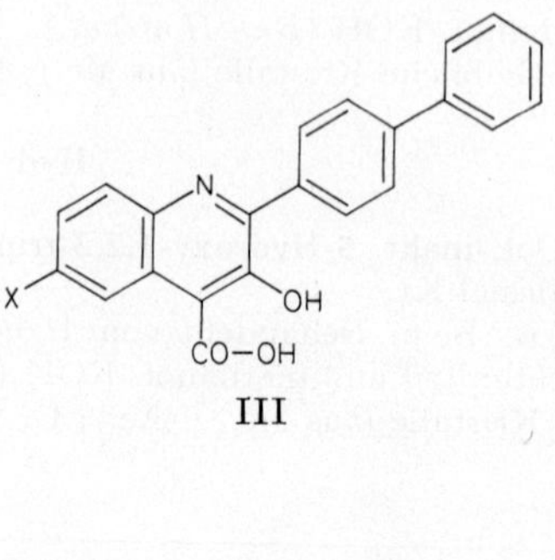 III

2-[5-Chlor-6-methoxy-biphenyl-3-yl]-chinolin-4-carbonsäure $C_{23}H_{16}ClNO_3$, Formel II ($R = CH_3$, $X = Cl$).

B. Beim Erwärmen von 1-[5-Chlor-6-methoxy-biphenyl-3-yl]-äthanon mit Isatin und äthanol. KOH (*Buu-Hoi, Petit,* J. org. Chem. **24** [1959] 39).

Gelbliche Kristalle; F: 232°.

2-Biphenyl-4-yl-3-hydroxy-chinolin-4-carbonsäure $C_{22}H_{15}NO_3$, Formel III ($X = H$).

B. Beim Erwärmen von 1-Biphenyl-4-yl-2-brom-äthanon mit Isatin und wss. KOH (*John, Fränkel,* J. pr. [2] **133** [1932] 259, 267).

Kristalle (aus A.); F: 161°.

2-Biphenyl-4-yl-6-brom-3-hydroxy-chinolin-4-carbonsäure $C_{22}H_{14}BrNO_3$, Formel III ($X = Br$).

B. Beim Erwärmen von 1-Biphenyl-4-yl-2-brom-äthanon mit 5-Brom-indolin-2,3-dion und wss. KOH (*John, Fränkel,* J. pr. [2] **133** [1932] 259, 271).

Kristalle (aus A.); F: 274°.

2-[3'-Chlor-2'-methoxy-biphenyl-4-yl]-chinolin-4-carbonsäure $C_{23}H_{16}ClNO_3$, Formel IV.

B. Beim Erwärmen von 1-[3'-Chlor-2'-methoxy-biphenyl-4-yl]-äthanon mit Isatin und äthanol. KOH (*Buu-Hoi, Petit,* J. org. Chem. **24** [1959] 39).

Gelbliche Kristalle (aus Eg.); F: 209°.

2-[4'-Hydroxy-biphenyl-4-yl]-chinolin-4-carbonsäure $C_{22}H_{15}NO_3$, Formel V ($R = X = H$).

B. Beim Erhitzen von 2-[4'-Methoxy-biphenyl-4-yl]-chinolin-4-carbonsäure mit Pyridin-hydrochlorid (*Buu-Hoi et al.,* R. **72** [1953] 774, 777).

Gelbe Kristalle (aus Eg.); F: 335–336°.

2-[4'-Methoxy-biphenyl-4-yl]-chinolin-4-carbonsäure $C_{23}H_{17}NO_3$, Formel V ($R = CH_3$, $X = H$).

B. Beim Erwärmen von 1-[4'-Methoxy-biphenyl-4-yl]-äthanon mit Isatin und äthanol. KOH (*Buu-Hoi et al.,* R. **72** [1953] 774, 779; J. org. Chem. **18** [1953] 1209, 1215).

Hellgelbe Kristalle (aus Eg.); F: 260° (*Buu-Hoi et al.,* R. **72** 779).

2-[3'-Chlor-4'-hydroxy-biphenyl-4-yl]-chinolin-4-carbonsäure $C_{22}H_{14}ClNO_3$, Formel V ($R = H$, $X = Cl$).

B. Beim Erhitzen von 2-[3'-Chlor-4'-methoxy-biphenyl-4-yl]-chinolin-4-carbonsäure mit Pyridin-hydrochlorid (*Buu-Hoi et al.,* J. org. Chem. **22** [1957] 668, 670).

F: 316°.

2-[3'-Chlor-4'-methoxy-biphenyl-4-yl]-chinolin-4-carbonsäure $C_{23}H_{16}ClNO_3$, Formel V ($R = CH_3$, $X = Cl$).

B. Beim Erwärmen von 1-[3'-Chlor-4'-methoxy-biphenyl-4-yl]-äthanon mit Isatin und äthanol. KOH (*Buu-Hoi et al.,* J. org. Chem. **22** [1957] 668, 670).

Hellgelbe Kristalle (aus Nitrobenzol); F: 283–284°.

2-Biphenyl-4-yl-3-hydroxy-chinolin-8-carbonsäure $C_{22}H_{15}NO_3$, Formel VI.

B. Beim Erhitzen von 2-Biphenyl-4-yl-3-hydroxy-chinolin-4,8-dicarbonsäure in Nitrobenzol (*Cragoe et al.*, J. org. Chem. **18** [1953] 561, 565).

Kristalle (aus 2-[2-Äthoxy-äthoxy]-äthanol); F: 329—331° [unkorr.].

7-Hydroxy-2,3-diphenyl-chinolin-4-carbonsäure $C_{22}H_{15}NO_3$, Formel VII (R = H).

B. Beim Erwärmen von Phenylbrenztraubensäure mit 3-Amino-phenol und Benzaldehyd in Äthanol (*Borsche, Wagner-Roemmich*, A. **544** [1940] 287, 292).

Gelbliche Kristalle (aus Eg. oder A.); F: 313°.

7-Methoxy-2,3-diphenyl-chinolin-4-carbonsäure $C_{23}H_{17}NO_3$, Formel VII (R = CH_3).

B. Beim Erwärmen von Phenylbrenztraubensäure mit *m*-Anisidin und Benzaldehyd in Äthanol (*Borsche, Wagner-Roemmich*, A. **544** [1940] 287, 299).

Kristalle (aus A. + H_2O, Acn. + H_2O oder Eg. + H_2O); F: 276—278°.

2-[5-Fluor-2-hydroxy-phenyl]-3-phenyl-chinolin-4-carbonsäure $C_{22}H_{14}FNO_3$, Formel VIII (R = H).

B. Beim Erwärmen von 5-Fluor-2-hydroxy-desoxybenzoin mit Isatin und äthanol. KOH (*Buu-Hoi et al.*, Bl. **1956** 629, 632).

Gelbliche Kristalle (aus Eg.); F: >320°.

2-[5-Fluor-2-methoxy-phenyl]-3-phenyl-chinolin-4-carbonsäure $C_{23}H_{16}FNO_3$, Formel VIII (R = CH_3).

B. Beim Erwärmen von 5-Fluor-2-methoxy-desoxybenzoin mit Isatin und äthanol. KOH (*Buu-Hoi et al.*, J. org. Chem. **19** [1954] 1617, 1621; Bl. **1956** 629, 632).

Kristalle (aus A. bzw. aus Eg.); F: 298°.

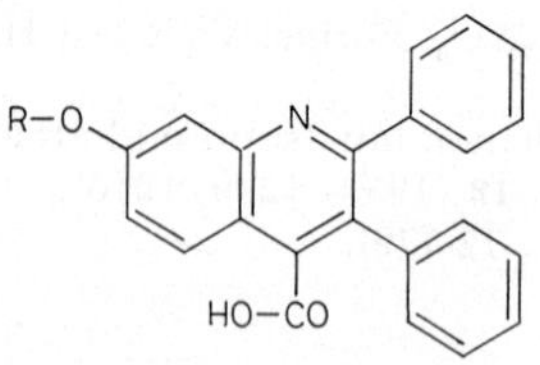

VII 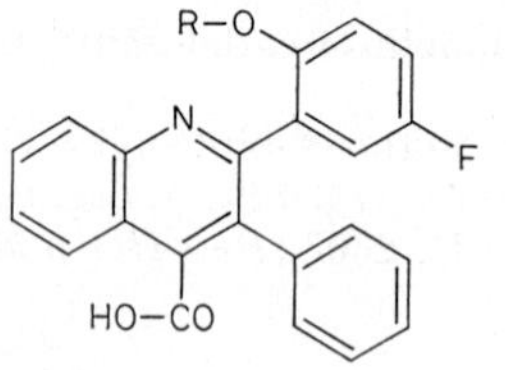 VIII 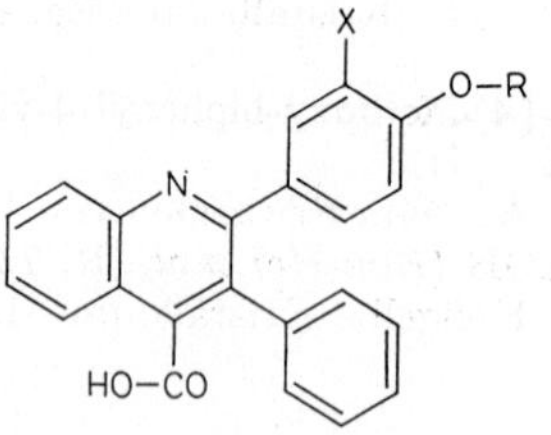 IX

2-[4-Hydroxy-phenyl]-3-phenyl-chinolin-4-carbonsäure $C_{22}H_{15}NO_3$, Formel IX (R = X = H).

B. Beim Erwärmen von 4-Hydroxy-desoxybenzoin mit Isatin und wss.-äthanol. KOH (*Buu-Hoi, Miquel*, Soc. **1953** 3768).

Kristalle (aus Eg.); unterhalb 320° nicht schmelzend.

2-[4-Äthoxy-phenyl]-3-phenyl-chinolin-4-carbonsäure $C_{24}H_{19}NO_3$, Formel IX (R = C_2H_5, X = H).

B. Beim Erwärmen von 4-Äthoxy-desoxybenzoin mit Isatin und äthanol. KOH (*Buu-Hoi et al.*, J. org. Chem. **18** [1953] 1209, 1215).

F: 295°.

2-[4-Phenoxy-phenyl]-3-phenyl-chinolin-4-carbonsäure $C_{28}H_{19}NO_3$, Formel IX (R = C_6H_5, X = H).

B. Beim Erwärmen von 4-Phenoxy-desoxybenzoin mit Isatin und äthanol. KOH (*Buu-Hoi et al.*, J. org. Chem. **18** [1953] 1209, 1215).

F: 283°.

2-[3-Fluor-4-hydroxy-phenyl]-3-phenyl-chinolin-4-carbonsäure $C_{22}H_{14}FNO_3$, Formel IX (R = H, X = F).

B. Beim Erwärmen von 3-Fluor-4-hydroxy-desoxybenzoin mit Isatin und äthanol.

KOH (*Buu-Hoi et al.*, Bl. **1956** 629, 631).
Hellgelbe Kristalle (aus Eg.); F: >330°.

2-[3-Fluor-4-methoxy-phenyl]-3-phenyl-chinolin-4-carbonsäure $C_{23}H_{16}FNO_3$, Formel IX (R = CH_3, X = F).
B. Beim Erwärmen von 3-Fluor-4-methoxy-desoxybenzoin mit Isatin und äthanol. KOH (*Buu-Hoi et al.*, Bl. **1956** 629, 631).
Kristalle (aus Eg.); F: 300°.

2-[3-Chlor-4-methoxy-phenyl]-3-phenyl-chinolin-4-carbonsäure $C_{23}H_{16}ClNO_3$, Formel IX (R = CH_3, X = Cl).
B. Aus 3-Chlor-4-methoxy-desoxybenzoin und Isatin (*Nguyen-Hoán, Buu-Hoi*, C. r. **224** [1947] 1228).
F: 315° [Zers.].

6-Brom-2-[4-hydroxy-phenyl]-3-phenyl-chinolin-4-carbonsäure $C_{22}H_{14}BrNO_3$, Formel X (X = H).
B. Beim Erwärmen von 4-Hydroxy-desoxybenzoin mit 5-Brom-indolin-2,3-dion und wss.-äthanol. KOH (*Buu-Hoi, Miquel*, Soc. **1953** 3768).
Kristalle (aus Eg.); unterhalb 320° nicht schmelzend.

2-[3-Brom-4-methoxy-phenyl]-3-phenyl-chinolin-4-carbonsäure $C_{23}H_{16}BrNO_3$, Formel XI.
B. Aus 3-Brom-4-methoxy-desoxybenzoin und Isatin (*Nguyen-Hoán, Buu-Hoi*, C. r. **224** [1947] 1228).
F: 310° [Zers.].

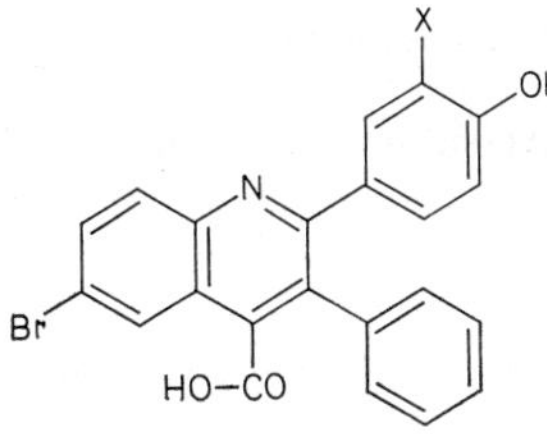

X 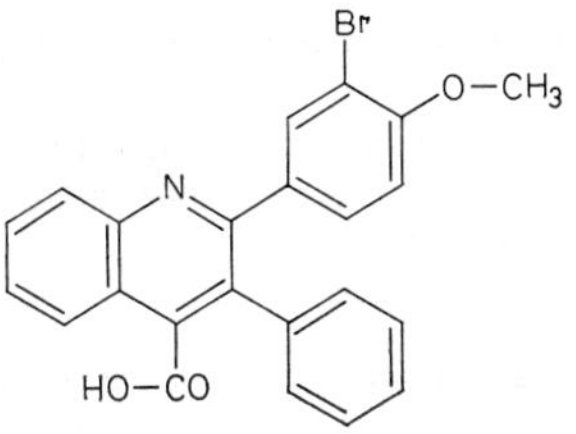 XI 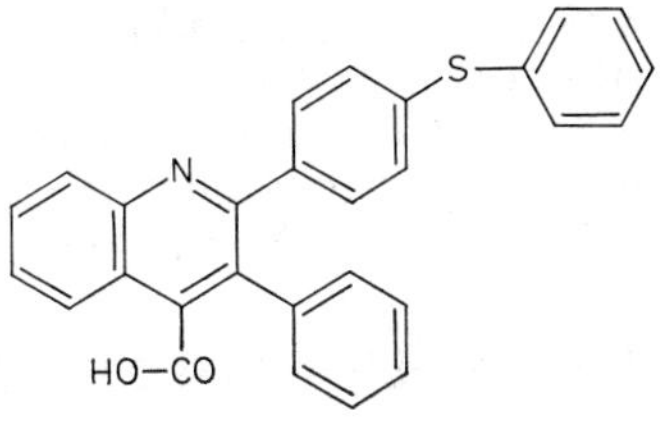 XII

6-Brom-2-[3-fluor-4-hydroxy-phenyl]-3-phenyl-chinolin-4-carbonsäure $C_{22}H_{13}BrFNO_3$, Formel X (X = F).
B. Beim Erwärmen von 3-Fluor-4-hydroxy-desoxybenzoin mit 5-Brom-indolin-2,3-dion und äthanol. KOH (*Buu-Hoi et al.*, Bl. **1956** 629, 631).
Hellgelbe Kristalle (aus Eg.); F: >330°.

3-Phenyl-2-[4-phenylmercapto-phenyl]-chinolin-4-carbonsäure $C_{28}H_{19}NO_2S$, Formel XII.
B. Beim Erwärmen von 4-Phenylmercapto-desoxybenzoin mit Isatin und äthanol. KOH (*Buu-Hoi et al.*, J. org. Chem. **18** [1953] 1209, 1215).
F: 289°.

14-Methoxy-5,6-dihydro-naphth[1,2-*c*]acridin-7-carbonsäure $C_{23}H_{17}NO_3$, Formel XIII.
B. Beim Erwärmen von 9-Methoxy-3,4-dihydro-2*H*-phenanthren-1-on mit Isatin und wss.-äthanol. KOH (*Buu-Hoi, Cagniant*, C. r. **215** [1942] 144).
Hellgelbes Pulver (aus Eg.); Zers. bei 260–262°.

Hydroxycarbonsäuren $C_{23}H_{17}NO_3$

6-Benzhydryl-4-hydroxy-chinolin-2-carbonsäure $C_{23}H_{17}NO_3$, Formel XIV (R = H), und Tautomeres (6-Benzhydryl-4-oxo-1,4-dihydro-chinolin-2-carbonsäure).
B. Beim Erwärmen von 6-Benzhydryl-4-hydroxy-chinolin-2-carbonsäure-äthylester

mit wss. NaOH (*Kaslow, Aronoff*, J. org. Chem. **19** [1954] 857, 859).
Kristalle (aus A.); F: 258–259°.

6-Benzhydryl-4-hydroxy-chinolin-2-carbonsäure-äthylester $C_{25}H_{21}NO_3$, Formel XIV ($R = C_2H_5$), und Tautomeres (6-Benzhydryl-4-oxo-1,4-dihydro-chinolin-2-carbonsäure-äthylester).

B. Beim Erwärmen von 4-Benzhydryl-anilin mit Oxalessigsäure-diäthylester in $CHCl_3$ oder CH_2Cl_2 unter Zusatz von wenig wss. HCl und Erhitzen des Reaktionsprodukts in Diphenyläther (*Kaslow, Aronoff*, J. org. Chem. **19** [1954] 857, 859).
Kristalle (aus A.); F: 198–199°.

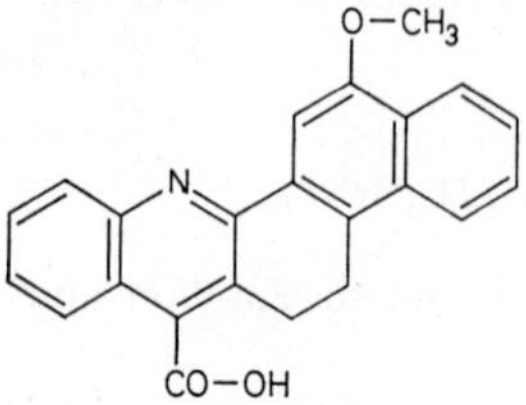

XIII 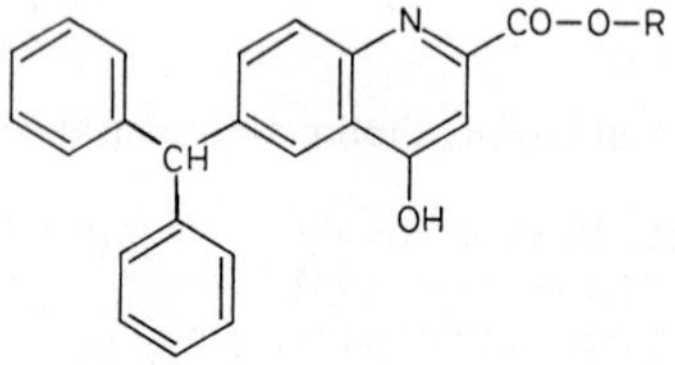 XIV 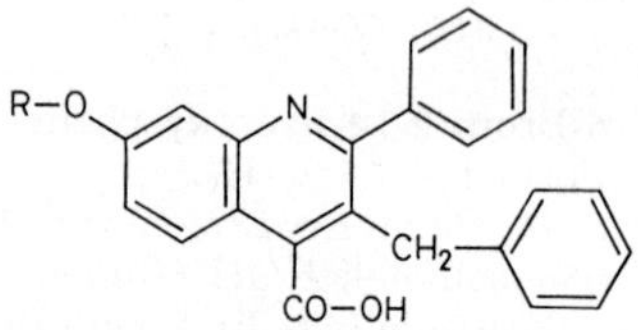 XV

3-Benzyl-7-hydroxy-2-phenyl-chinolin-4-carbonsäure $C_{23}H_{17}NO_3$, Formel XV (R = H).

B. Beim Erwärmen von 2-Oxo-4-phenyl-buttersäure mit 3-Amino-phenol und Benzaldehyd in Äthanol (*Borsche, Wagner-Roemmich*, A. **544** [1940] 287, 292).
Zers. bei 327°.

3-Benzyl-7-methoxy-2-phenyl-chinolin-4-carbonsäure $C_{24}H_{19}NO_3$, Formel XV ($R = CH_3$).

B. Beim Erwärmen von 2-Oxo-4-phenyl-buttersäure mit *m*-Anisidin und Benzaldehyd in Äthanol (*Borsche, Wagner-Roemmich*, A. **544** [1940] 287, 299).
Kristalle (aus A. oder Eg.); F: 295°.

3-Benzyl-2-[4-methoxy-phenyl]-chinolin-4-carbonsäure $C_{24}H_{19}NO_3$, Formel I (X = H).

B. Aus 1-[4-Methoxy-phenyl]-3-phenyl-propan-1-on und Isatin (*Buu-Hoi et al.*, Soc. **1951** 3499, 3500).
Kristalle (aus Eg.); F: 271°.

3-[4-Chlor-benzyl]-2-[4-methoxy-phenyl]-chinolin-4-carbonsäure $C_{24}H_{18}ClNO_3$, Formel I (X = Cl).

B. Aus 3-[4-Chlor-phenyl]-1-[4-methoxy-phenyl]-propan-1-on und Isatin (*Buu-Hoi et al.*, Soc. **1951** 3499, 3501).
Kristalle (aus Eg.); F: 259°.

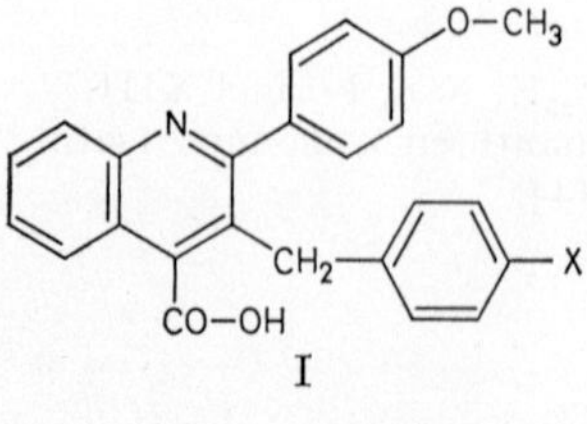

I 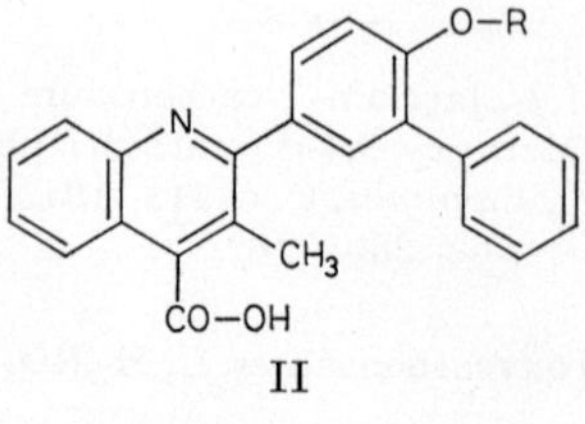 II 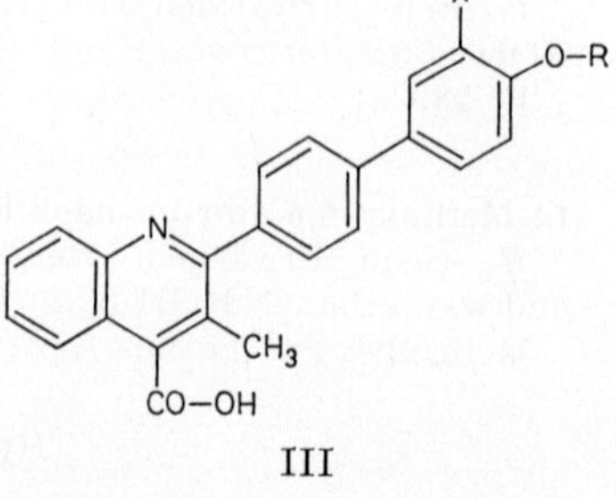 III

2-[6-Hydroxy-biphenyl-3-yl]-3-methyl-chinolin-4-carbonsäure $C_{23}H_{17}NO_3$, Formel II (R = H).

B. Beim Erhitzen von 2-[6-Methoxy-biphenyl-3-yl]-3-methyl-chinolin-4-carbonsäure

mit Pyridin-hydrochlorid (*Buu-Hoi, Sy,* J. org. Chem. **21** [1956] 136).
Kristalle (aus Eg.); F: 312°.

2-[6-Methoxy-biphenyl-3-yl]-3-methyl-chinolin-4-carbonsäure $C_{24}H_{19}NO_3$, Formel II ($R = CH_3$).
B. Beim Erwärmen von 1-[6-Methoxy-biphenyl-3-yl]-propan-1-on mit Isatin und wss.-äthanol. KOH (*Buu-Hoi, Sy,* J. org. Chem. **21** [1956] 136).
Kristalle (aus Eg.); F: 292–293°.

2-[4′-Methoxy-biphenyl-4-yl]-3-methyl-chinolin-4-carbonsäure $C_{24}H_{19}NO_3$, Formel III ($R = CH_3$, $X = H$).
B. Beim Erwärmen von 1-[4′-Methoxy-biphenyl-4-yl]-propan-1-on mit Isatin und äthanol. KOH (*Buu-Hoi et al.,* R. **72** [1953] 774, 779; J. org. Chem. **18** [1953] 1209, 1215).
Kristalle (aus Eg.); F: 300–302° [Zers.] (*Buu-Hoi et al.,* R. **72** 779).

2-[3′-Chlor-4′-hydroxy-biphenyl-4-yl]-3-methyl-chinolin-4-carbonsäure $C_{23}H_{16}ClNO_3$, Formel III ($R = H$, $X = Cl$).
B. Beim Erhitzen von 2-[3′-Chlor-4′-methoxy-biphenyl-4-yl]-3-methyl-chinolin-4-carbonsäure mit Pyridin-hydrochlorid (*Buu-Hoi et al.,* J. org. Chem. **22** [1957] 668, 670).
F: 371°.

2-[3′-Chlor-4′-methoxy-biphenyl-4-yl]-3-methyl-chinolin-4-carbonsäure $C_{24}H_{18}ClNO_3$, Formel III ($R = CH_3$, $X = Cl$).
B. Beim Erwärmen von 1-[3′-Chlor-4′-methoxy-biphenyl-4-yl]-propan-1-on mit Isatin und äthanol. KOH (*Buu-Hoi et al.,* J. org. Chem. **22** [1957] 668, 670).
Hellgelbe Kristalle (aus Nitrobenzol); F: 325°.

2-[4-Hydroxy-2-methyl-phenyl]-3-phenyl-chinolin-4-carbonsäure $C_{23}H_{17}NO_3$, Formel IV ($R = X = H$).
B. Beim Erwärmen von 4-Hydroxy-2-methyl-desoxybenzoin mit Isatin und äthanol. KOH (*Miquel et al.,* Bl. **1956** 633, 635).
Hellgelbe Kristalle (aus Eg.); F: >350°.

2-[4-Methoxy-2-methyl-phenyl]-3-phenyl-chinolin-4-carbonsäure $C_{24}H_{19}NO_3$, Formel IV ($R = CH_3$, $X = H$).
B. Beim Erwärmen von 4-Methoxy-2-methyl-desoxybenzoin mit Isatin und äthanol. KOH (*Miquel et al.,* Bl. **1956** 633, 635).
Kristalle (aus Me.); F: 312–314°.

2-[2-Methyl-4-propoxy-phenyl]-3-phenyl-chinolin-4-carbonsäure $C_{26}H_{23}NO_3$, Formel IV ($R = CH_2\text{-}CH_2\text{-}CH_3$, $X = H$).
B. Aus 2-Methyl-4-propoxy-desoxybenzoin und Isatin (*de Clercq, Buu-Hoi,* C. r. **227** [1948] 1251).
F: 290°.

6-Brom-2-[4-methoxy-2-methyl-phenyl]-3-phenyl-chinolin-4-carbonsäure $C_{24}H_{18}BrNO_3$, Formel IV ($R = CH_3$, $X = Br$).
B. Aus 4-Methoxy-2-methyl-desoxybenzoin und 5-Brom-indolin-2,3-dion (*de Clercq, Buu-Hoi,* C. r. **227** [1948] 1251).
F: >322°.

2-[4-Methoxy-3-methyl-phenyl]-3-phenyl-chinolin-4-carbonsäure $C_{24}H_{19}NO_3$, Formel V ($X = H$).
B. Aus 4-Methoxy-3-methyl-desoxybenzoin und Isatin (*de Clercq, Buu-Hoi,* C. r. **227** [1948] 1251).
F: 303°.

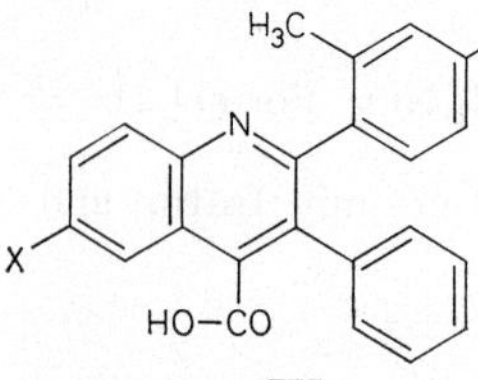

IV 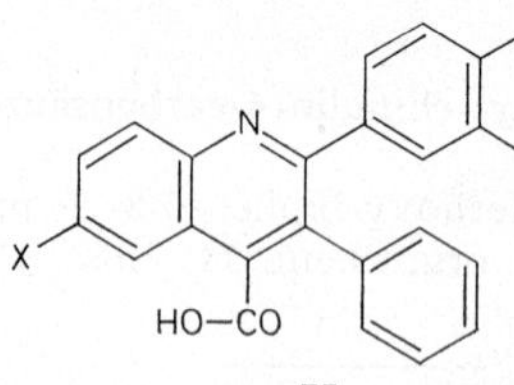 V 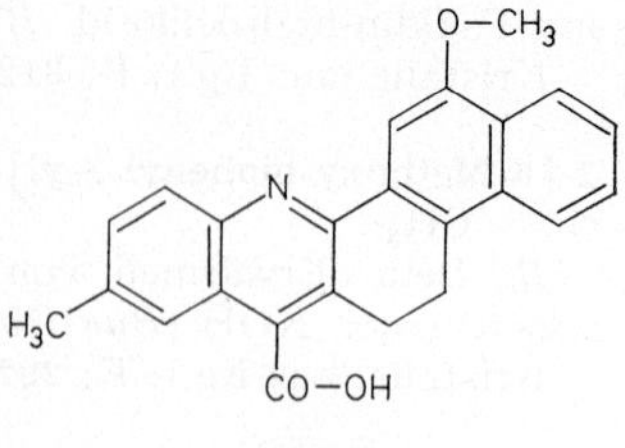 VI

6-Brom-2-[4-methoxy-3-methyl-phenyl]-3-phenyl-chinolin-4-carbonsäure $C_{24}H_{18}BrNO_3$, Formel V (X = Br).

B. Aus 4-Methoxy-3-methyl-desoxybenzoin und 5-Brom-indolin-2,3-dion (*de Clercq, Buu-Hoi*, C. r. **227** [1948] 1251).

F: 294°.

14-Methoxy-9-methyl-5,6-dihydro-naphth[1,2-*c*]acridin-7-carbonsäure $C_{24}H_{19}NO_3$, Formel VI.

B. Beim Erwärmen von 9-Methoxy-3,4-dihydro-2*H*-phenanthren-1-on mit 5-Methyl-indolin-2,3-dion und wss.-äthanol. KOH (*Buu-Hoi, Cagniant*, C. r. **215** [1942] 144).

Gelbe Kristalle; Zers. >180°.

Hydroxycarbonsäuren $C_{24}H_{19}NO_3$

2-[4-Methoxy-phenyl]-3-phenäthyl-chinolin-4-carbonsäure $C_{25}H_{21}NO_3$, Formel VII.

B. Aus 1-[4-Methoxy-phenyl]-4-phenyl-butan-1-on und Isatin (*Buu-Hoi et al.*, Soc. **1951** 3499, 3500).

Kristalle (aus Eg.); F: 278°.

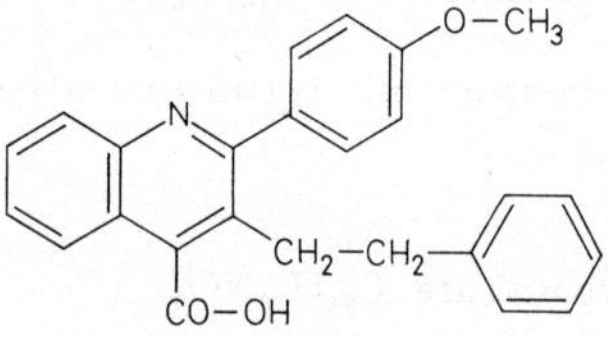

VII 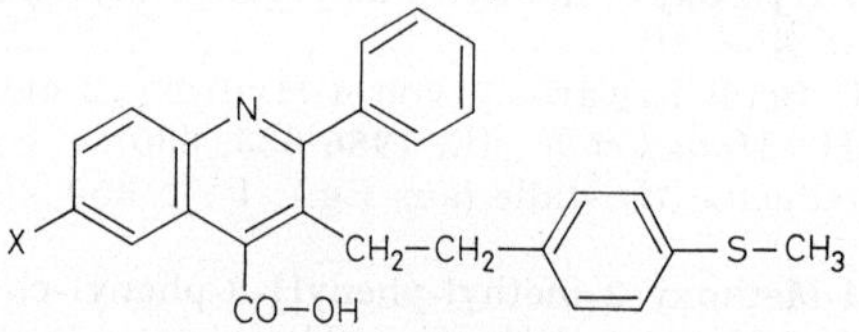 VIII

3-[4-Methylmercapto-phenäthyl]-2-phenyl-chinolin-4-carbonsäure $C_{25}H_{21}NO_2S$, Formel VIII (X = H).

B. Beim Behandeln von 4-[4-Methylmercapto-phenyl]-1-phenyl-butan-1-on mit Isatin und äthanol. KOH (*Buu-Hoi et al.*, J. org. Chem. **15** [1950] 511, 515).

Gelbe Kristalle (aus A.); F: 232° [Zers.].

6-Brom-3-[4-methylmercapto-phenäthyl]-2-phenyl-chinolin-4-carbonsäure $C_{25}H_{20}BrNO_2S$, Formel VIII (X = Br).

B. Beim Behandeln von 4-[4-Methylmercapto-phenyl]-1-phenyl-butan-1-on mit 5-Brom-indolin-2,3-dion und äthanol. KOH (*Buu-Hoi et al.*, J. org. Chem. **15** [1950] 511, 515).

Gelbe Kristalle (aus Eg.); F: 260° [Zers.].

2-[4-Methoxy-phenyl]-3-[4-methyl-benzyl]-chinolin-4-carbonsäure $C_{25}H_{21}NO_3$, Formel IX.

B. Aus 1-[4-Methoxy-phenyl]-3-*p*-tolyl-propan-1-on und Isatin (*Buu-Hoi et al.*, Soc. **1951** 3499, 3500).

Kristalle (aus Eg.); F: 276°.

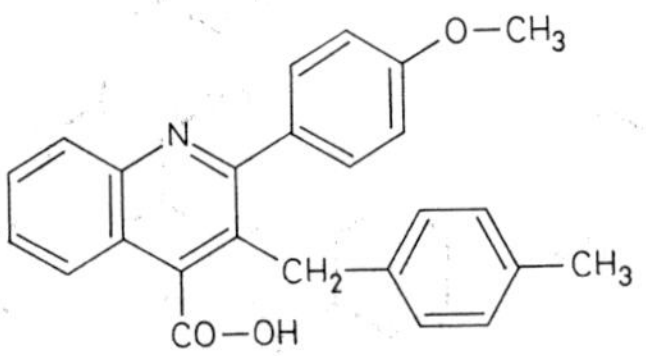

IX

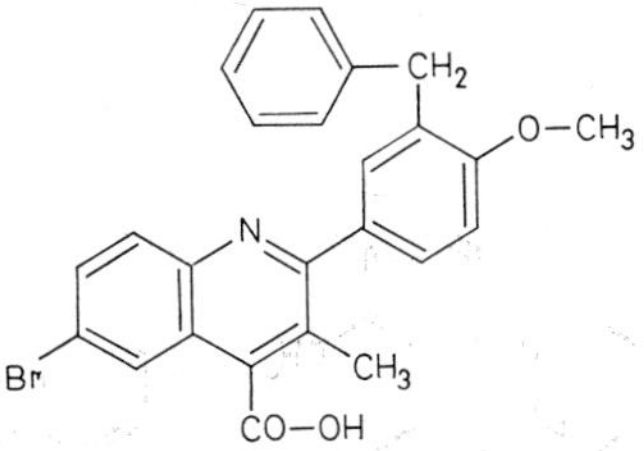

X

2-[3-Benzyl-4-methoxy-phenyl]-6-brom-3-methyl-chinolin-4-carbonsäure $C_{25}H_{20}BrNO_3$, Formel X.

B. Beim Erwärmen von 1-[3-Benzyl-4-methoxy-phenyl]-propan-1-on mit 5-Brom-indolin-2,3-dion und äthanol. KOH (*Buu-Hoi et al.*, J. org. Chem. **19** [1954] 726, 731).

Kristalle (aus A.); F: 253° [Zers.].

3-Äthyl-2-[6-hydroxy-biphenyl-3-yl]-chinolin-4-carbonsäure $C_{24}H_{19}NO_3$, Formel XI (R = H).

B. Beim Erhitzen von 3-Äthyl-2-[6-methoxy-biphenyl-3-yl]-chinolin-4-carbonsäure mit Pyridin-hydrochlorid (*Buu-Hoi, Sy*, J. org. Chem. **21** [1956] 136).

Kristalle (aus A.); F: 328°.

3-Äthyl-2-[6-methoxy-biphenyl-3-yl]-chinolin-4-carbonsäure $C_{25}H_{21}NO_3$, Formel XI (R = CH_3).

B. Beim Erwärmen von 1-[6-Methoxy-biphenyl-3-yl]-butan-1-on mit Isatin und wss.-äthanol. KOH (*Buu-Hoi, Sy*, J. org. Chem. **21** [1956] 136).

Kristalle (aus Eg.); F: 274–285°.

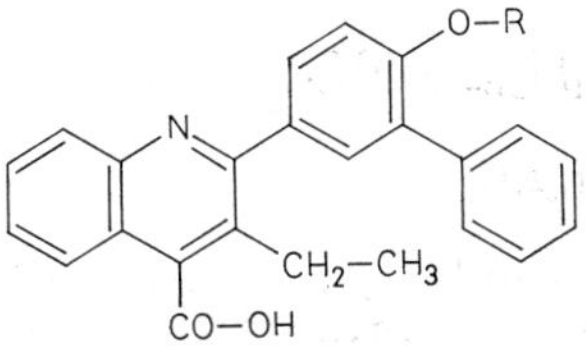

XI

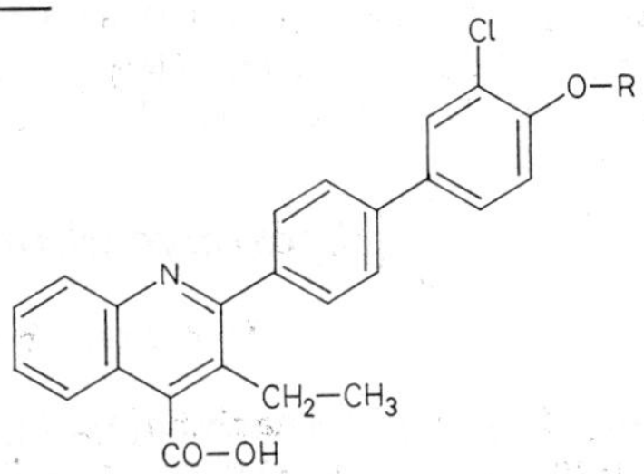

XII

3-Äthyl-2-[3′-chlor-4′-hydroxy-biphenyl-4-yl]-chinolin-4-carbonsäure $C_{24}H_{18}ClNO_3$, Formel XII (R = H).

B. Beim Erwärmen von 3-Äthyl-2-[3′-chlor-4′-methoxy-biphenyl-4-yl]-chinolin-4-carb=onsäure mit Pyridin-hydrochlorid (*Buu-Hoi et al.*, J. org. Chem. **22** [1957] 668, 670).

F: 331°.

3-Äthyl-2-[3′-chlor-4′-methoxy-biphenyl-4-yl]-chinolin-4-carbonsäure $C_{25}H_{20}ClNO_3$, Formel XII (R = CH_3).

B. Beim Erwärmen von 1-[3′-Chlor-4′-methoxy-biphenyl-4-yl]-butan-1-on mit Isatin und äthanol. KOH (*Buu-Hoi et al.*, J. org. Chem. **22** [1957] 668, 670).

Gelbliche Kristalle (aus Nitrobenzol); F: 307°.

2-[2,5-Dimethyl-4-propoxy-phenyl]-3-phenyl-chinolin-4-carbonsäure $C_{27}H_{25}NO_3$, Formel XIII (R = CH_2-CH_2-CH_3).

B. Aus 2,5-Dimethyl-4-propoxy-desoxybenzoin und Isatin (*de Clercq, Buu-Hoi*, C. r. **227** [1948] 1377, 1379).

F: 285°.

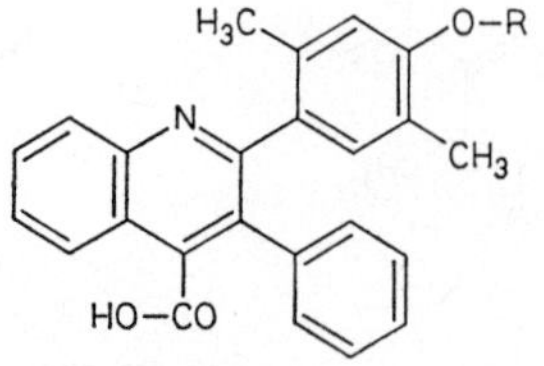

XIII 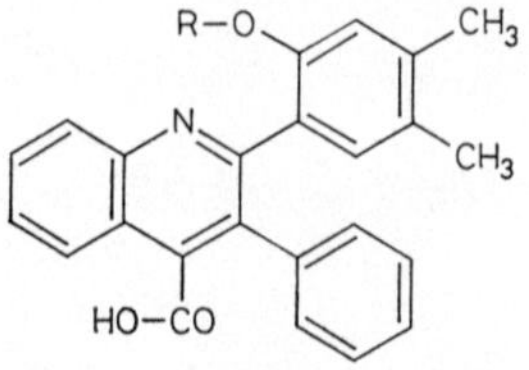 XIV 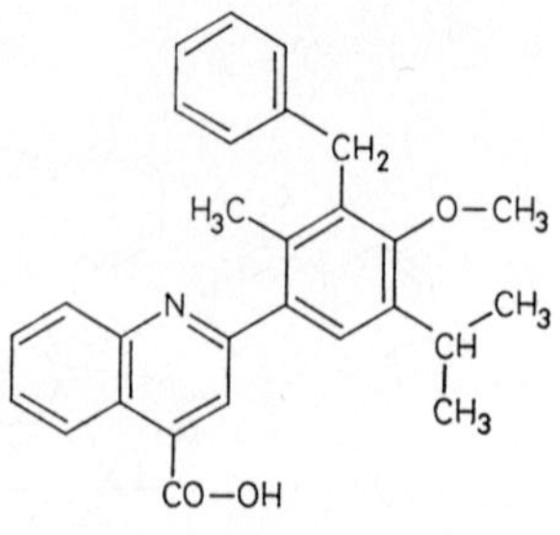 XV

2-[2-Methoxy-4,5-dimethyl-phenyl]-3-phenyl-chinolin-4-carbonsäure $C_{25}H_{21}NO_3$, Formel XIV (R = CH_3).

B. Aus 2-Methoxy-4,5-dimethyl-desoxybenzoin und Isatin (*de Clercq, Buu-Hoi*, C. r. **227** [1948] 1377).

F: 306°.

2-[2-Isopentyloxy-4,5-dimethyl-phenyl]-3-phenyl-chinolin-4-carbonsäure $C_{29}H_{29}NO_3$, Formel XIV (R = CH_2-CH_2-$CH(CH_3)_2$).

B. Aus 2-Isopentyloxy-4,5-dimethyl-desoxybenzoin und Isatin (*de Clercq, Buu-Hoi*, C. r. **227** [1948] 1377).

F: >310°.

Hydroxycarbonsäuren $C_{27}H_{25}NO_3$

2-[3-Benzyl-5-isopropyl-4-methoxy-2-methyl-phenyl]-chinolin-4-carbonsäure $C_{28}H_{27}NO_3$, Formel XV.

B. Beim Erwärmen von 1-[3-Benzyl-5-isopropyl-4-methoxy-2-methyl-phenyl]-äthanon mit Isatin und äthanol. KOH (*Royer et al.*, Bl. **1956** 1297, 1301).

Gelbe Kristalle (aus wss. A.); F: 193,5–194°.

Hydroxycarbonsäuren $C_nH_{2n-31}NO_3$

Hydroxycarbonsäuren $C_{22}H_{13}NO_3$

8-Hydroxy-10-phenyl-acenaphtho[1,2-*b*]pyridin-9-carbonitril $C_{22}H_{12}N_2O$, Formel I, und Tautomeres (8-Oxo-10-phenyl-7,8-dihydro-acenaphtho[1,2-*b*]pyridin-9-carbonitril).

B. Beim Behandeln von 2-Benzyliden-acenaphthen-1-on mit Cyanessigsäure-amid und Natriumäthylat in Äthanol (*Chatterjea, Prasad*, J. Indian chem. Soc. **34** [1957] 375, 380).

Orangefarbene Kristalle (aus Eg.); F: >320°.

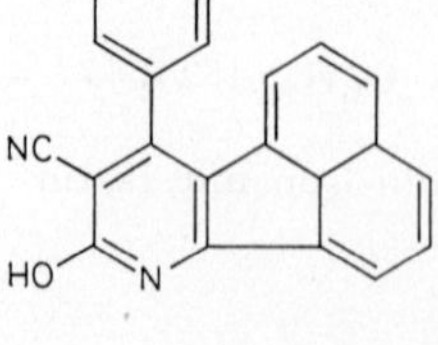

I 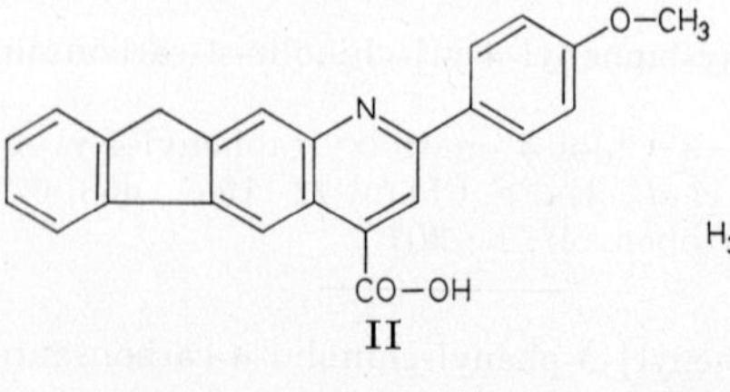 II 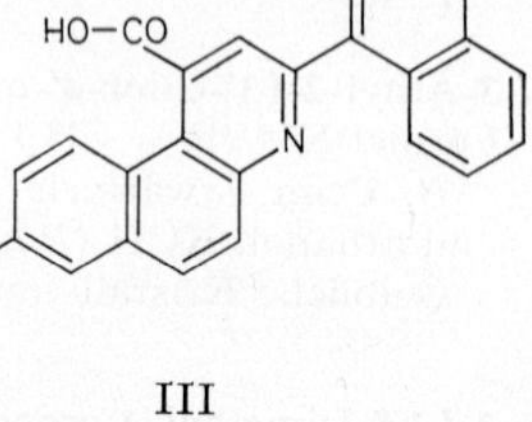 III

Hydroxycarbonsäuren $C_{23}H_{15}NO_3$

2-[4-Methoxy-phenyl]-10*H*-indeno[1,2-*g*]chinolin-4-carbonsäure $C_{24}H_{17}NO_3$, Formel II.

Diese Konstitution kommt vermutlich der nachstehend beschriebenen, ursprünglich von

Hughes et al. (J. Pr. Soc. N. S. Wales **71** [1937/38] 449, 455) als 3-[4-Methoxy-phenyl]-11*H*-indeno[2,1-*f*]chinolin-1-carbonsäure angesehenen Verbindung zu (s. diesbezüglich *Campbell, Temple*, Soc. **1957** 207, 209).

B. Beim Erwärmen von Fluoren-2-ylamin, Brenztraubensäure und 4-Methoxy-benzaldehyd in Äthanol (*Hu. et al.*).

Gelbe Kristalle; Zers. bei ca. 255° (*Hu. et al.*).

Hydroxycarbonsäuren $C_nH_{2n-33}NO_3$

8-Methylmercapto-3-[1]naphthyl-benzo[*f*]chinolin-1-carbonsäure $C_{25}H_{17}NO_2S$, Formel III.

B. Aus 6-Methylmercapto-[2]naphthylamin, [1]Naphthaldehyd und Brenztraubensäure (*Buu-Hoi et al.*, Soc. **1953** 485, 488).

Gelbe Kristalle (aus Eg.); F: 314° [Zers.].

Hydroxycarbonsäuren $C_nH_{2n-35}NO_3$

Hydroxycarbonsäuren $C_{26}H_{17}NO_3$

2-[4-Methoxy-[1]naphthyl]-3-phenyl-chinolin-4-carbonsäure $C_{27}H_{19}NO_3$, Formel IV.

B. Beim Erwärmen von 1-[4-Methoxy-[1]naphthyl]-2-phenyl-äthanon mit Isatin und wss.-methanol. KOH (*Buu-Hoi, Royer*, Bl. **1946** 374, 377).

Kristalle (aus Eg.); Zers. bei ca. 320°.

2-[6-Methoxy-[2]naphthyl]-3-phenyl-chinolin-4-carbonsäure $C_{27}H_{19}NO_3$, Formel V (X = H).

B. Beim Erwärmen von 1-[6-Methoxy-[2]naphthyl]-2-phenyl-äthanon mit Isatin und wss.-äthanol. KOH (*Buu-Hoi*, R. **68** [1949] 759, 777).

Gelbliche Kristalle (aus Toluol oder Eg.); F: 294—295° [unter Sublimation und Zers.].

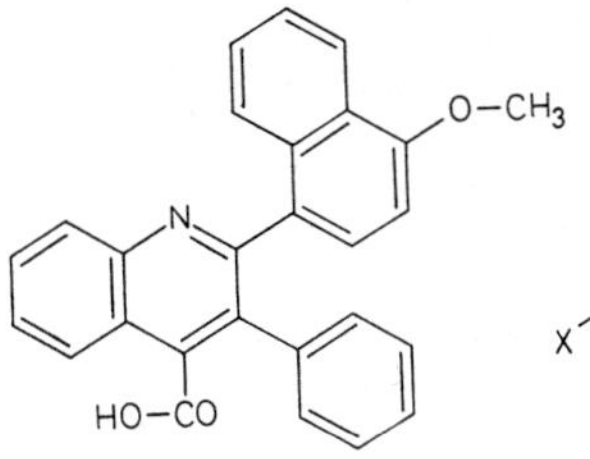

O—CH₃ N HO—CO
IV

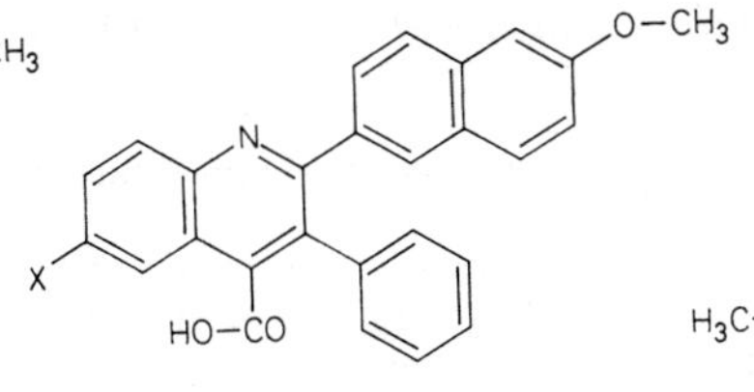

X N O—CH₃ HO—CO
V

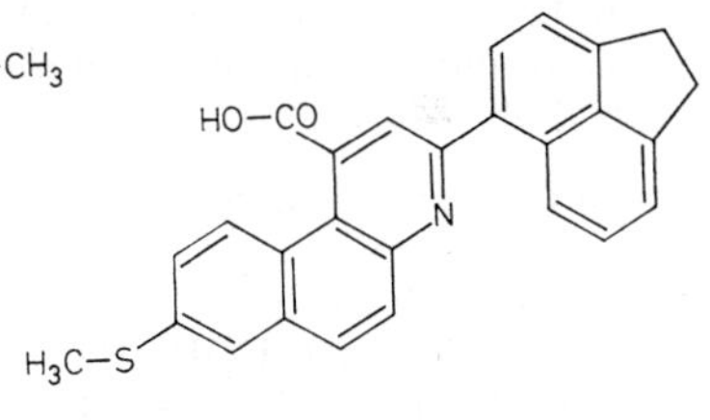

HO—CO N H₃C—S
VI

6-Brom-2-[6-methoxy-[2]naphthyl]-3-phenyl-chinolin-4-carbonsäure $C_{27}H_{18}BrNO_3$, Formel V (X = Br).

B. Beim Erwärmen von 1-[6-Methoxy-[2]naphthyl]-2-phenyl-äthanon mit 5-Brom-indolin-2,3-dion und wss.-äthanol. KOH (*Buu-Hoi*, R. **68** [1949] 759, 778).

Hellgelbe Kristalle (aus A. oder Eg.); F: 263—265° [Zers.].

3-Acenaphthen-5-yl-8-methylmercapto-benzo[*f*]chinolin-1-carbonsäure $C_{27}H_{19}NO_2S$, Formel VI.

B. Aus 6-Methylmercapto-[2]naphthylamin, Acenaphthen-5-carbaldehyd und Brenztraubensäure (*Buu-Hoi et al.*, Soc. **1953** 485, 488).

Gelbe Kristalle (aus Eg.); F: 305° [Zers.].

Hydroxycarbonsäuren $C_{27}H_{19}NO_3$

3-[4-Benzyl-2-hydroxy-phenyl]-benzo[*f*]chinolin-1-carbonsäure $C_{27}H_{19}NO_3$, Formel VII.

B. Beim Erwärmen von 4-Benzyl-2-hydroxy-benzaldehyd mit [2]Naphthylamin und

Brenztraubensäure in Äthanol (*Buu-Hoi et al.*, Bl. **1956** 1650, 1653).
Gelbliche Kristalle (aus Eg.); F: 251°.

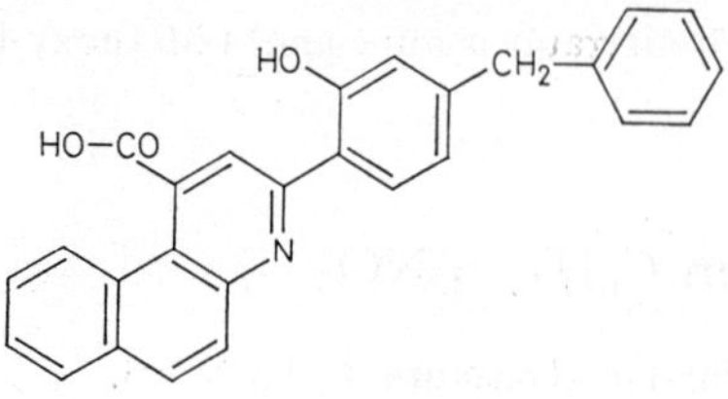

VII

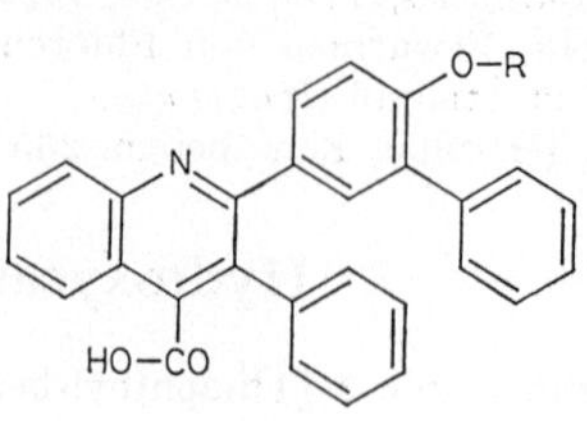

VIII

Hydroxycarbonsäuren $C_nH_{2n-37}NO_3$

Hydroxycarbonsäuren $C_{28}H_{19}NO_3$

2-[6-Hydroxy-biphenyl-3-yl]-3-phenyl-chinolin-4-carbonsäure $C_{28}H_{19}NO_3$, Formel VIII (R = H).

B. Beim Erhitzen von 2-[6-Methoxy-biphenyl-3-yl]-3-phenyl-chinolin-4-carbonsäure mit Pyridin-hydrochlorid (*Buu-Hoi, Sy*, J. org. Chem. **21** [1956] 136).

Gelbliche Kristalle (aus A.); F: 295°.

2-[6-Methoxy-biphenyl-3-yl]-3-phenyl-chinolin-4-carbonsäure $C_{29}H_{21}NO_3$, Formel VIII (R = CH_3).

B. Beim Erwärmen von 4-Methoxy-3-phenyl-desoxybenzoin mit Isatin und wss.-äthanol. KOH (*Buu-Hoi, Sy*, J. org. Chem. **21** [1956] 136).

Gelbliche Kristalle (aus Eg.); F: 275°.

2-[3'-Chlor-4'-hydroxy-biphenyl-4-yl]-3-phenyl-chinolin-4-carbonsäure $C_{28}H_{18}ClNO_3$, Formel IX (R = H).

B. Beim Erhitzen von 2-[3'-Chlor-4'-methoxy-biphenyl-4-yl]-3-phenyl-chinolin-4-carbonsäure mit Pyridin-hydrochlorid (*Buu-Hoi et al.*, J. org. Chem. **22** [1957] 668, 670).

F: 344—346°.

2-[3'-Chlor-4'-methoxy-biphenyl-4-yl]-3-phenyl-chinolin-4-carbonsäure $C_{29}H_{20}ClNO_3$, Formel IX (R = CH_3).

B. Beim Erwärmen von 1-[3'-Chlor-4'-methoxy-biphenyl-4-yl]-2-phenyl-äthanon mit Isatin und äthanol. KOH (*Buu-Hoi et al.*, J. org. Chem. **22** [1957] 668, 670).

Gelbliche Kristalle (aus Nitrobenzol); F: 309°.

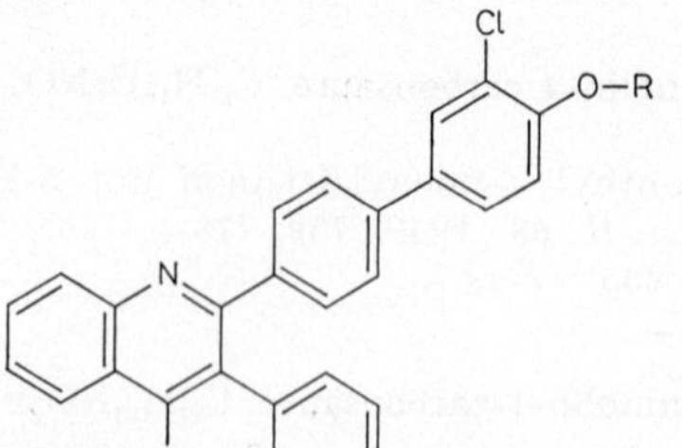

IX

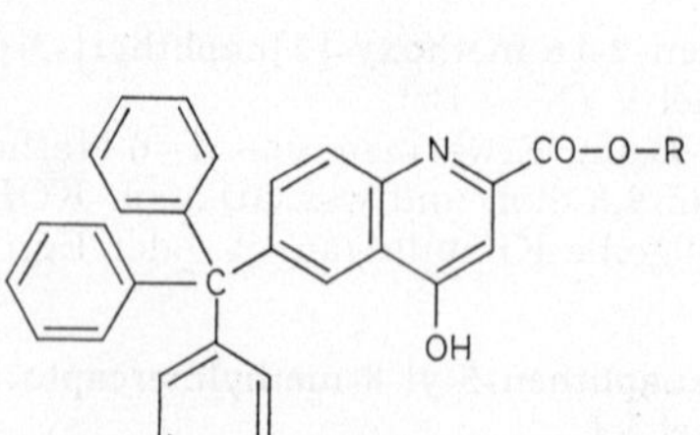

X

Hydroxycarbonsäuren $C_{29}H_{21}NO_3$

4-Hydroxy-6-trityl-chinolin-2-carbonsäure $C_{29}H_{21}NO_3$, Formel X (R = H), und Tautomeres (4-Oxo-6-trityl-1,4-dihydro-chinolin-2-carbonsäure).

B. Beim Erwärmen von 4-Hydroxy-6-trityl-chinolin-2-carbonsäure-äthylester mit wss.

NaOH (*Kaslow, Aronoff*, J. org. Chem. **19** [1954] 857, 859).
F: 258—259°.

4-Hydroxy-6-trityl-chinolin-2-carbonsäure-äthylester $C_{31}H_{25}NO_3$, Formel X (R = C_2H_5), und Tautomeres (4-Oxo-6-trityl-1,4-dihydro-chinolin-2-carbonsäure-äthylester).

B. Beim Erhitzen von [4-Trityl-anilino]-butendisäure-diäthylester (F: 143°) in Diphenyläther (*Kaslow, Aronoff*, J. org. Chem. **19** [1954] 857, 859).

Kristalle (aus A. oder 2-Äthoxy-äthanol); F: 263—264°.

Hydroxycarbonsäuren $C_nH_{2n-39}NO_3$

8-Methylmercapto-3-[9]phenanthryl-benzo[*f*]chinolin-1-carbonsäure $C_{29}H_{19}NO_2S$, Formel XI.

B. Aus 6-Methylmercapto-[2]naphthylamin, Phenanthren-9-carbaldehyd und Brenztraubensäure (*Buu-Hoi et al.*, Soc. **1953** 485, 488).

Gelbe Kristalle (aus Eg.); F: 303° [Zers.].

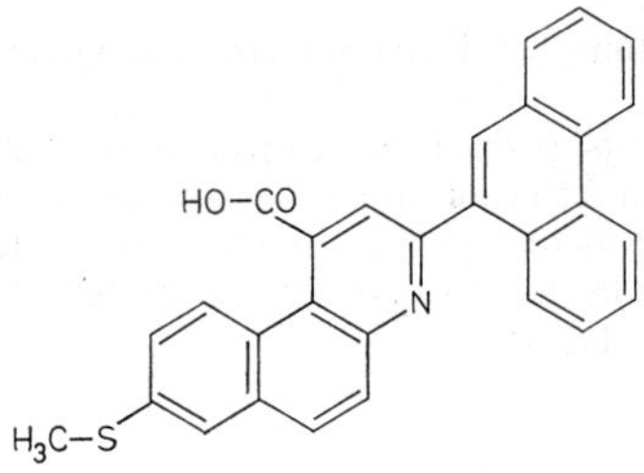

HO—CO N H_3C—S XI

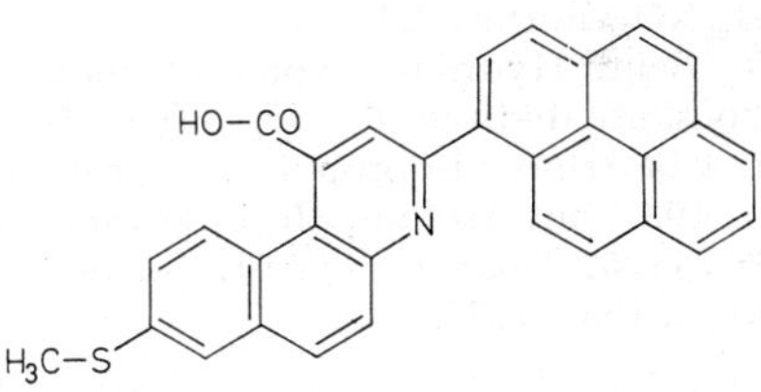

HO—CO N H_3C—S XII

Hydroxycarbonsäuren $C_nH_{2n-43}NO_3$

8-Methylmercapto-3-pyren-1-yl-benzo[*f*]chinolin-1-carbonsäure $C_{31}H_{19}NO_2S$, Formel XII.

B. Aus 6-Methylmercapto-[2]naphthylamin, Pyren-1-carbaldehyd und Brenztraubensäure (*Buu-Hoi et al.*, Soc. **1953** 485, 488).

Gelbe Kristalle (aus Eg.); F: 310° [Zers.]. [*Tauchert*]

2. Hydroxycarbonsäuren mit 4 Sauerstoff-Atomen

Hydroxycarbonsäuren $C_nH_{2n-1}NO_4$

Hydroxycarbonsäuren $C_6H_{11}NO_4$

(−)-4,5-Dihydroxy-1-methyl-piperidin-2-carbonsäure $C_7H_{13}NO_4$, Formel XIII.

Diese Konstitution kommt dem nachstehend beschriebenen **Glabrin** zu (*Kumar et al.*, Tetrahedron Letters **1971** 4451).

Isolierung aus Pongamia glabra: *Rao*, *Rao*, Pr. Indian Acad. [A] **14** [1941] 123.

Kristalle (aus H_2O + Ae.); F: 290° [Zers.]; $[\alpha]_D$: −56,1° [H_2O?] (*Rao*, *Rao*).

Hydroxycarbonsäuren $C_8H_{15}NO_4$

***Opt.-inakt. 3-Acetoxy-4-[β-äthoxy-isopropyl]-pyrrolidin-1,2-dicarbonsäure-diäthylester** $C_{17}H_{29}NO_7$, Formel XIV.

B. Beim Hydrieren von opt.-inakt. 4-[β-Äthoxy-isopropyl]-3-oxo-pyrrolidin-1,2-dicarbonsäure-diäthylester (Kp_1: 165−168°) an Platin in Äthanol und Erhitzen des erhaltenen 4-[β-Äthoxy-isopropyl]-3-hydroxy-pyrrolidin-1,2-dicarbonsäure-diäthylesters (Kp_1: 182−193°) mit Acetanhydrid (*Miyamoto et al.*, J. pharm. Soc. Japan **77** [1957] 586; C. A. **1957** 16425; *Tanaka et al.*, Pr. Japan Acad. **33** [1957] 47, 51).

$Kp_{0,7}$: 165−167°.

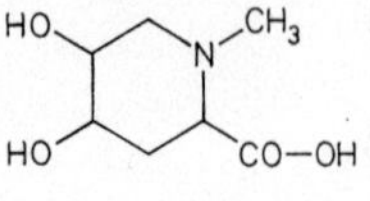

XIII 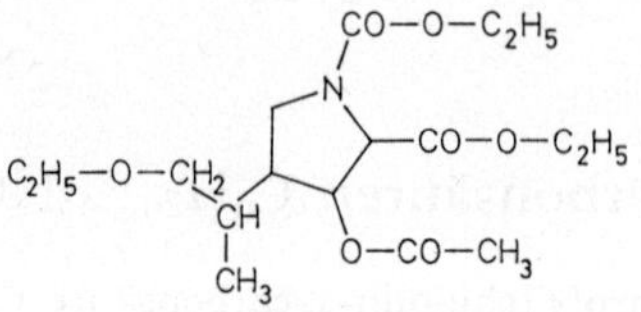 XIV 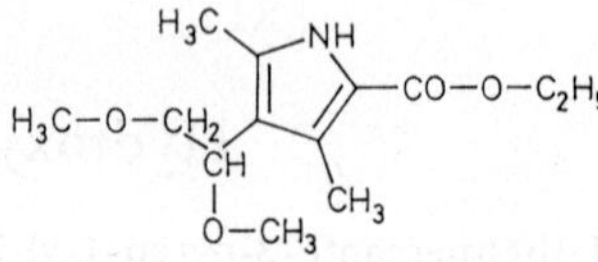 XV

Hydroxycarbonsäuren $C_nH_{2n-5}NO_4$

(±)-4-[1,2-Dimethoxy-äthyl]-3,5-dimethyl-pyrrol-2-carbonsäure-äthylester $C_{13}H_{21}NO_4$, Formel XV.

B. Beim Erwärmen von 4-[2-Brom-vinyl]-3,5-dimethyl-pyrrol-2-carbonsäure-äthylester (S. 760) mit Methanol und AgCN, Silber, Ag_2O oder Kupfer-Pulver (*Fischer, Süs*, A. **484** [1930] 113, 121).

Kristalle (aus Me.); F: 112° [nach Sublimation bei ca. 170° unter vermindertem Druck].

Hydroxycarbonsäuren $C_nH_{2n-7}NO_4$

Hydroxycarbonsäure $C_6H_5NO_4$

3,5-Diäthoxy-pyridin-2-carbonsäure $C_{10}H_{13}NO_4$, Formel I (X = H).

B. Beim Erwärmen von 3,5-Diäthoxy-pyridin-2-carbonitril mit wss. KOH (*den Hertog, Mulder*, R. **67** [1948] 957, 965).

Kristalle (aus A.); F: 132−133° [korr.].

3,5-Diäthoxy-pyridin-2-carbonitril $C_{10}H_{12}N_2O_2$, Formel II (X = H).

B. Beim Erwärmen von 3,5-Diäthoxy-2-brom-pyridin mit CuCN und Pyridin (*den Hertog, Mulder*, R. **67** [1948] 957, 965).

Kristalle (aus PAe.); F: 105−106° [korr.].

3,5-Diäthoxy-6-brom-pyridin-2-carbonsäure $C_{10}H_{12}BrNO_4$, Formel I (X = Br).

B. Beim Behandeln von 3,5-Diäthoxy-pyridin-2-carbonsäure mit Brom in Essigsäure (*den Hertog, Mulder*, R. **67** [1948] 957, 966). Beim Erwärmen von 3,5-Diäthoxy-6-brom-pyridin-2-carbonitril mit wss. KOH (*d. He., Mu.*).

Kristalle (aus PAe.); F: 163—164° [korr.].

3,5-Diäthoxy-6-brom-pyridin-2-carbonitril $C_{10}H_{11}BrN_2O_2$, Formel II (X = Br).

B. Beim Behandeln von 3,5-Diäthoxy-pyridin-2-carbonitril mit Brom in Essigsäure (*den Hertog, Mulder*, R. **67** [1948] 957, 966). Beim Erhitzen von 3,5-Diäthoxy-2,6-dibrom-pyridin mit 1 Mol CuCN und Chinolin (*d. He., Mu.*).

Kristalle (aus Bzl.); F: 164—165° [korr.].

4,5-Dihydroxy-pyridin-2-carbonsäure $C_6H_5NO_4$, Formel III (R = H, X = OH), und Tautomeres (5-Hydroxy-4-oxo-1,4-dihydro-pyridin-2-carbonsäure); **Komenaminsäure** (H 251; E I 562; E II 190).

Kristalle (aus H_2O) mit 2 Mol H_2O; F: 278° [Zers.] (*Takeuchi, Kaneko*, Japan. J. Pharm. Chem. **25** [1953] 22, 24; C. A. **1954** 676). UV-Spektrum (wss. HCl [0,1 n]; 220—310 nm): *Kostermans*, R. **66** [1947] 93, 94.

4-Hydroxy-5-methoxy-pyridin-2-carbonsäure $C_7H_7NO_4$, Formel III (R = CH_3, X = OH), und Tautomeres (5-Methoxy-4-oxo-1,4-dihydro-pyridin-2-carbonsäure) (E II 190).

B. Beim Behandeln von [4-Hydroxy-5-methoxy-[2]pyridyl]-methanol mit konz. wss. HNO_3 (*Armit, Nolan*, Soc. **1931** 3023, 3027; *Beyerman*, R. **77** [1958] 249, 253).

Kristalle (aus H_2O); F: 267° (*Ar., No.*).

Nitrat $C_7H_7NO_4 \cdot HNO_3$. Kristalle; F: 235—238° (*Be.*), 236—237° [Zers.; aus wss. HNO_3] (*Ar., No.*).

Picrat. Kristalle (aus H_2O); F: 225° [Zers.] (*Ar., No.*).

5-Butoxy-4-hydroxy-pyridin-2-carbonsäure $C_{10}H_{13}NO_4$, Formel III (R = $[CH_2]_3$-CH_3, X = OH), und Tautomeres (5-Butoxy-4-oxo-1,4-dihydro-pyridin-2-carbonsäure).

B. Beim Behandeln von [5-Butoxy-4-hydroxy-[2]pyridyl]-methanol mit konz. wss. HNO_3 (*Heyns, Vogelsang*, B. **87** [1954] 1440, 1443).

F: 245—246°.

Nitrat $C_{10}H_{13}NO_4 \cdot HNO_3$. F: 132—133° [Zers.].

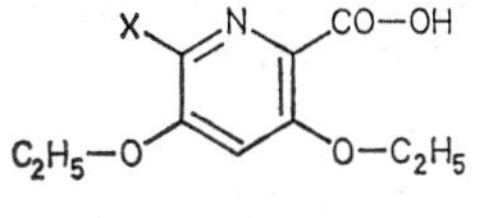

I 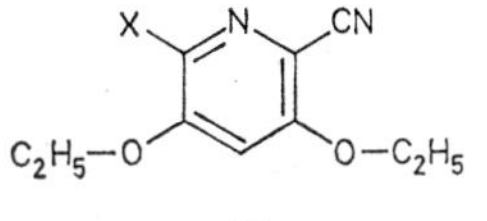 II 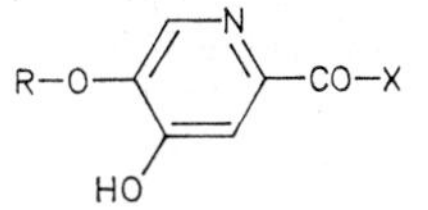 III

4,5-Dihydroxy-pyridin-2-carbonsäure-methylester $C_7H_7NO_4$, Formel III (R = H, X = O-CH_3), und Tautomeres (5-Hydroxy-4-oxo-1,4-dihydro-pyridin-2-carbonsäure-methylester); Komenaminsäure-methylester.

B. Beim Erwärmen von Komenaminsäure (s. o.) mit Methanol unter Zusatz von H_2SO_4 (*Takeuchi, Kaneko*, Japan. J. Pharm. Chem. **25** [1953] 22, 25; C. A. **1954** 676).

Kristalle; F: 219—220°.

4-Hydroxy-5-methoxy-pyridin-2-carbonsäure-methylester $C_8H_9NO_4$, Formel III (R = CH_3, X = O-CH_3), und Tautomeres (5-Methoxy-4-oxo-1,4-dihydro-pyridin-2-carbonsäure-methylester) (H 252).

B. Beim Behandeln von 4-Hydroxy-5-methoxy-pyridin-2-carbonsäure mit äther. Diazomethan (*Armit, Nolan*, Soc. **1931** 3023, 3028).

Kristalle (aus A.); F: 134° [nach Erweichen bei 94°; rote Schmelze].

Picrat. Kristalle (aus A.); F: 205—207°.

4,5-Dihydroxy-pyridin-2-carbonsäure-äthylester $C_8H_9NO_4$, Formel III (R = H, X = O-C_2H_5), und Tautomeres (5-Hydroxy-4-oxo-1,4-dihydro-pyridin-2-carbonsäure-äthylester); Komenaminsäure-äthylester (H 253).

B. Beim Erwärmen von Komenaminsäure (S. 2455) mit Äthanol unter Zusatz von H_2SO_4 (*Takeuchi, Kaneko*, Japan. J. Pharm. Chem. **25** [1953] 22, 25; C. A. **1954** 676).

Kristalle (aus H_2O); F: 209—210°.

4-Hydroxy-5-methoxy-pyridin-2-carbonsäure-äthylester $C_9H_{11}NO_4$, Formel III (R = CH_3, X = O-C_2H_5), und Tautomeres (5-Methoxy-4-oxo-1,4-dihydro-pyridin-2-carbonsäure-äthylester).

B. Beim Behandeln von 4-Hydroxy-5-methoxy-pyridin-2-carbonsäure mit Äthanol und HCl (*Ettel, Hebký*, Collect. **15** [1950] 356, 365; *Heyns, Vogelsang*, B. **87** [1954] 1440, 1444).

Kristalle; F: 145—146° [aus Bzl.] (*Et., He.*), 145—146° (*He., Vo.*).

5-Butoxy-4-hydroxy-pyridin-2-carbonsäure-äthylester $C_{12}H_{17}NO_4$, Formel III (R = $[CH_2]_3$-CH_3, X = O-C_2H_5), und Tautomeres (5-Butoxy-4-oxo-1,4-dihydro-pyridin-2-carbonsäure-äthylester).

B. Beim Behandeln von 5-Butoxy-4-hydroxy-pyridin-2-carbonsäure mit Äthanol und HCl (*Heyns, Vogelsang*, B. **87** [1954] 1440, 1444).

F: 85—86°.

4,5-Dihydroxy-pyridin-2-carbonsäure-diäthylamid $C_{10}H_{14}N_2O_3$, Formel III (R = H, X = N(C_2H_5)$_2$), und Tautomeres (5-Hydroxy-4-oxo-1,4-dihydro-pyridin-2-carbonsäure-diäthylamid); Komenaminsäure-diäthylamid.

B. Beim Behandeln von Komenaminsäure-äthylester (s. o.) mit Diäthylamin (*Belonošow*, Ž. prikl. Chim. **24** [1951] 113, 115; engl. Ausg. S. 127, 129).

Hydrochlorid. Kristalle; F: 159°.

4,5-Dihydroxy-pyridin-2-carbonsäure-hydrazid $C_6H_7N_3O_3$, Formel III (R = H, X = NH-NH_2), und Tautomeres (5-Hydroxy-4-oxo-1,4-dihydro-pyridin-2-carbonsäure-hydrazid); Komenaminsäure-hydrazid.

B. Beim Erwärmen von Komenaminsäure-methylester (S. 2455) oder Komenaminsäure-äthylester (s. o.) mit $N_2H_4 \cdot H_2O$ (*Takeuchi, Kaneko*, Japan. J. Pharm. Chem. **25** [1953] 22, 25; C. A. **1954** 676; *Heyns, Vogelsang*, B. **87** [1954] 1440, 1445).

Kristalle; F: ca. 270° [Zers.; aus H_2O] (*Ta., Ka.*), 265—270° [Zers.] (*He., Vo.*).

Beim Erwärmen mit Vanillin in H_2O ist eine wahrscheinlich als 4,5-Dihydroxy-pyridin-2-carbonsäure-vanillylidenhydrazid $C_{14}H_{13}N_3O_5$ zu formulierende Verbindung (gelbe Kristalle [aus A.], F: 267—268°) erhalten worden (*Ta., Ka.*).

4-Hydroxy-5-methoxy-pyridin-2-carbonsäure-hydrazid $C_7H_9N_3O_3$, Formel III (R = CH_3, X = NH-NH_2), und Tautomeres (5-Methoxy-4-oxo-1,4-dihydro-pyridin-2-carbonsäure-hydrazid).

B. Beim Erwärmen von 4-Hydroxy-5-methoxy-pyridin-2-carbonsäure-äthylester mit $N_2H_4 \cdot H_2O$ (*Heyns, Vogelsang*, B. **87** [1954] 1440, 1445).

Kristalle (aus H_2O) mit 1,5 Mol H_2O; F: 213—214° [Zers.].

5-Butoxy-4-hydroxy-pyridin-2-carbonsäure-hydrazid $C_{10}H_{15}N_3O_3$, Formel III (R = $[CH_2]_3$-CH_3, X = NH-NH_2), und Tautomeres (5-Butoxy-4-oxo-1,4-dihydro-pyridin-2-carbonsäure-hydrazid).

B. Beim Erwärmen von 5-Butoxy-4-hydroxy-pyridin-2-carbonsäure-äthylester mit $N_2H_4 \cdot H_2O$ (*Heyns, Vogelsang*, B. **87** [1954] 1440, 1445).

Kristalle (aus A.); F: 179—181° [Zers.].

4-Hydroxy-5-methoxy-pyridin-2-carbonylazid $C_7H_6N_4O_3$, Formel III (R = CH_3, X = N_3), und Tautomeres (5-Methoxy-4-oxo-1,4-dihydro-pyridin-2-carbonyl=azid).

B. Beim Behandeln von 4-Hydroxy-5-methoxy-pyridin-2-carbonsäure-hydrazid mit

wss. HCl und $NaNO_2$ (*Heyns, Vogelsang*, B. **87** [1954] 1440, 1445).
Kristalle, die bei 130—132° verpuffen.

4,6-Dihydroxy-pyridin-2-carbonsäure $C_6H_5NO_4$, Formel IV (R = H), und Tautomere (z. B. 4-Hydroxy-6-oxo-1,6-dihydro-pyridin-2-carbonsäure) (H 253).

B. Beim Erhitzen von 4-Hydroxy-6-oxo-6*H*-pyran-2-carbonsäure (E III/IV **18** 5986) mit wss. NH_3 auf 120° (*Stetter, Schellhammer*, B. **90** [1957] 755, 757).

Kristalle (aus wss. HBr); F: 323° [Zers.].

4,6-Dihydroxy-pyridin-2-carbonsäure-äthylester $C_8H_9NO_4$, Formel IV ($R = C_2H_5$), und Tautomere (z. B. 4-Hydroxy-6-oxo-1,6-dihydro-pyridin-2-carbonsäure-äthylester).

Die früher (s. E I **22** 562) unter dieser Konstitution beschriebene Verbindung ist als 4-Äthoxy-6-oxo-6*H*-pyran-2-carbonsäure-amid (E III/IV **18** 6288) zu formulieren (*Stetter, Schellhammer*, B. **90** [1957] 755).

B. Beim Erwärmen von 4,6-Dihydroxy-pyridin-2-carbonsäure mit Äthanol und HCl (*St., Sch.*).

Kristalle (aus H_2O); F: 229°.

5,6-Dihydroxy-pyridin-2-carbonsäure $C_6H_5NO_4$, Formel V (R = H), und Tautomeres (5-Hydroxy-6-oxo-1,6-dihydro-pyridin-2-carbonsäure).

B. Beim Erhitzen von 5,6-Dimethoxy-pyridin-2-carbonsäure mit konz. HI auf 140° (*Aso*, J. agric. chem. Soc. Japan **16** [1940] 253, 260; C. A. **1940** 6940).

Kristalle (aus H_2O); F: 236—237°.

5,6-Dimethoxy-pyridin-2-carbonsäure $C_8H_9NO_4$, Formel V ($R = CH_3$).

B. Beim Erwärmen von 2,3-Dimethoxy-6-methyl-pyridin mit $KMnO_4$ in H_2O (*Aso*, J. agric. chem. Soc. Japan **16** [1940] 253, 260; C. A. **1940** 6940).

Kristalle (aus H_2O); F: 175°.

HO, N, HO, CO—O—R — IV

R—O, N, R—O, CO—OH — V

OH, N, X', CO—X, OH — VI

2,4-Dihydroxy-nicotinsäure $C_6H_5NO_4$, Formel VI (X = OH, X' = H), und Tautomere (z. B. 4-Hydroxy-2-oxo-1,2-dihydro-pyridin-3-carbonsäure).

B. Beim Erwärmen von 2,4-Dihydroxy-nicotinonitril mit H_2SO_4 und Behandeln des Reaktionsgemisches mit wss. $NaNO_2$ (*Schroeter et al.*, B. **65** [1932] 432, 439).

Kristalle (aus H_2O oder A.); F: 182° und (nach Wiedererstarren) F: 245°.

2,4-Dihydroxy-nicotinonitril $C_6H_4N_2O_2$, Formel VII (R = X = H), und Tautomere (z. B. 4-Hydroxy-2-oxo-1,2-dihydro-pyridin-3-carbonitril); **Norricinin.**

B. Beim Erwärmen von 6-Chlor-2,4-dihydroxy-nicotinonitril mit Zink-Pulver und wss. H_2SO_4 (*Schroeter et al.*, B. **65** [1932] 432, 439).

Kristalle (aus H_2O) mit 1 Mol H_2O; Zers. bei 307°.

2,4-Dimethoxy-nicotinonitril $C_8H_8N_2O_2$, Formel VII ($R = CH_3$, X = H) (E II 190).

F: 146,5—147,5° [korr.; nach Sublimation] (*Taylor, Crovetti*, Am. Soc. **78** [1956] 214, 216).

6-Chlor-2,4-dihydroxy-nicotinsäure $C_6H_4ClNO_4$, Formel VI (X = OH, X' = Cl), und Tautomere (z. B. 6-Chlor-4-hydroxy-2-oxo-1,2-dihydro-pyridin-3-carbonsäure).

B. Beim Behandeln von 6-Chlor-2,4-dihydroxy-nicotinsäure-amid mit wss. $NaNO_2$ und

H_2SO_4 (*Schroeter, Finck*, B. **71** [1938] 671, 675).
Gelbliche Kristalle; F: 226° [Zers.; über das Ammonium-Salz gereinigtes Präparat].

6-Chlor-2,4-dihydroxy-nicotinsäure-methylester $C_7H_6ClNO_4$, Formel VI (X = O-CH_3, X' = Cl), und Tautomere (z. B. 6-Chlor-4-hydroxy-2-oxo-1,2-dihydro-pyridin-3-carbonsäure-methylester).
B. Aus dem Silber-Salz der 6-Chlor-2,4-dihydroxy-nicotinsäure und CH_3Br (*Schroeter, Finck*, B. **71** [1938] 671, 675).
F: 154°.

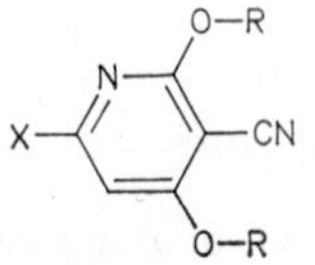

VII 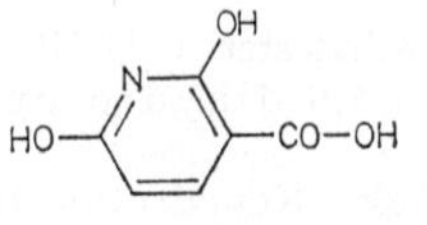 VIII 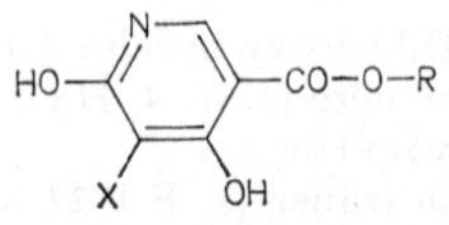 IX

6-Chlor-2,4-dihydroxy-nicotinonitril $C_6H_3ClN_2O_2$, Formel VII (R = H, X = Cl), und Tautomere (z. B. 6-Chlor-4-hydroxy-2-oxo-1,2-dihydro-pyridin-3-carbonitril) (E II 190).
B. Aus Cyanacetylchlorid (*Schroeter et al.*, B. **65** [1932] 432, 437).
Kristalle (aus H_2O) mit 2 Mol H_2O, die das Kristallwasser bei 90—100° abgeben.

2,6-Dihydroxy-nicotinsäure $C_6H_5NO_4$, Formel VIII, und Tautomere (H 253).
UV-Spektrum (wss. HCl [1 n]; 210—350 nm): *Hughes*, Biochem. J. **60** [1955] 303, 306.

4,6-Dihydroxy-nicotinsäure-äthylester $C_8H_9NO_4$, Formel IX (R = C_2H_5, X = H), und Tautomere (z. B. 4-Hydroxy-6-oxo-1,6-dihydro-pyridin-3-carbonsäure-äthylester) (H 254).
Kristalle (aus A.); F: 218—219° (*den Hertog*, R. **65** [1946] 129, 139).

4,6-Dimethoxy-nicotinonitril $C_8H_8N_2O_2$, Formel X.
B. Beim Erwärmen von 4,6-Dichlor-nicotinonitril mit methanol. Natriummethylat (*Taylor et al.*, Am. Soc. **77** [1955] 5445).
Kristalle; F: 154,7—155,7° [nach Sublimation unter vermindertem Druck].

5-Chlor-4,6-dihydroxy-nicotinsäure-äthylester $C_8H_8ClNO_4$, Formel IX (R = C_2H_5, X = Cl), und Tautomere (z. B. 5-Chlor-4-hydroxy-6-oxo-1,6-dihydro-pyridin-3-carbonsäure-äthylester).
B. Beim Behandeln von 4,6-Dihydroxy-nicotinsäure-äthylester mit konz. wss. HCl und wss. H_2O_2 (*den Hertog et al.*, R. **69** [1950] 673, 694).
Kristalle (aus A.); F: 257—258° [korr.].

4,6-Dihydroxy-5-nitro-nicotinsäure $C_6H_4N_2O_6$, Formel IX (R = H, X = NO_2), und Tautomere (z. B. 4-Hydroxy-5-nitro-6-oxo-1,6-dihydro-pyridin-3-carbonsäure).
B. Beim Erwärmen von 4,6-Dihydroxy-nicotinsäure mit wss. HNO_3 unter Zusatz von wenig KNO_3 (*Kögl et al.*, R. **67** [1948] 29, 38). Beim Erwärmen von 4,6-Dihydroxy-5-nitro-nicotinsäure-äthylester mit wss. NaOH (*Kögl et al.*, l. c. S. 37).
Gelbe Kristalle (aus H_2O + wss. HCl) mit 0,5 Mol H_2O; F: 253°.

4,6-Dihydroxy-5-nitro-nicotinsäure-äthylester $C_8H_8N_2O_6$, Formel IX (R = C_2H_5, X = NO_2), und Tautomere (z. B. 4-Hydroxy-5-nitro-6-oxo-1,6-dihydro-pyridin-3-carbonsäure-äthylester).
B. Beim Erwärmen von 4,6-Dihydroxy-nicotinsäure-äthylester mit konz. wss. HNO_3 und Essigsäure (*Kögl et al.*, R. **67** [1948] 29, 37).
Hellgelbe Kristalle (aus H_2O); F: 236—237°.

2,6-Dihydroxy-isonicotinsäure $C_6H_5NO_4$, Formel XI (R = R' = H), und Tautomeres (6-Hydroxy-2-oxo-1,2-dihydro-pyridin-4-carbonsäure); **Citrazinsäure** (H 254).

B. Beim Erhitzen von Citronensäure mit Harnstoff auf 150° (*Benckiser G.m.b.H.*, D.B.P. 1011885 [1954]). Beim Erhitzen von Citronensäure-triamid mit Na_2CO_3 in Äthylenglykol und Erwärmen des Reaktionsgemisches mit wss. NaOH (*C.H. Boehringer Sohn*, D.B.P. 957033 [1952]). Beim Behandeln von Citronensäure-trimethylester mit wss. NH_3 und Erhitzen des Reaktionsprodukts mit wss. H_2SO_4 [75%ig] auf 130° (*Palát et al.*, Čsl. Farm. **6** [1957] 369, 370; C. A. **1958** 10071). Beim Erwärmen von Citronensäure mit Methanol unter Zusatz von Toluol-4-sulfonsäure, Erhitzen des Reaktionsgemisches mit wss. NH_3 auf 130° und anschliessenden Erwärmen mit NaOH (*Baizer et al.*, J. Am. pharm. Assoc. **45** [1956] 478).

F: 300° [korr.; Zers.] (*Pa. et al.*).

2,6-Dimethoxy-isonicotinsäure $C_8H_9NO_4$, Formel XI (R = R' = CH_3).

B. Beim Erhitzen von 2,6-Dichlor-isonicotinsäure oder 2,6-Dichlor-isonicotinsäure-methylester mit methanol. Natriummethylat auf 130–140° (*McMillan et al.*, J. Am. pharm. Assoc. **42** [1953] 457, 461; s. a. *Okajima, Seki*, J. pharm. Soc. Japan **73** [1953] 845, 846, 847; C. A. **1954** 10021).

Kristalle; F: 227–228° [aus Me.] (*McM. et al.*), 224° [aus A.] (*Ok., Seki*).

2,6-Diäthoxy-isonicotinsäure $C_{10}H_{13}NO_4$, Formel XI (R = R' = C_2H_5).

B. Beim Erhitzen von 2,6-Dichlor-isonicotinsäure mit äthanol. Natriumäthylat auf 130–140° (*Büchi et al.*, Helv. **30** [1947] 507, 512; *Okajima, Seki*, J. pharm. Soc. Japan **73** [1953] 845, 846, 847; C. A. **1954** 10021).

Kristalle (aus PAe.); F: 104° (*Ok., Seki*), 100–101° [korr.] (*Bü. et al.*). IR-Spektrum (Nujol; 5000–650 cm^{-1}): *Yoshida, Asai*, Chem. pharm. Bl. **7** [1959] 162, 169. IR-Banden (KBr; 2990–720 cm^{-1}): *Yo., Asai*, l. c. S. 170.

2,6-Dipropoxy-isonicotinsäure $C_{12}H_{17}NO_4$, Formel XI (R = R' = CH_2-CH_2-CH_3).

B. Beim Erhitzen von 2,6-Dichlor-isonicotinsäure mit Natriumpropylat in Propan-1-ol auf 150–160° (*Büchi et al.*, Helv. **30** [1947] 507, 513; *Okajima, Seki*, J. pharm. Soc. Japan **73** [1953] 845, 846, 847; C. A. **1954** 10021).

Kristalle (aus PAe.); F: 97° (*Ok., Seki*), 91° (*Bü. et al.*).

2,6-Diisopropoxy-isonicotinsäure $C_{12}H_{17}NO_4$, Formel XI (R = R' = $CH(CH_3)_2$).

B. Beim Erhitzen von 2,6-Dichlor-isonicotinsäure mit Natriumisopropylat in Isopropylalkohol auf 150–160° (*Okajima, Seki*, J. pharm. Soc. Japan **73** [1953] 845, 846, 847; C. A. **1954** 10021).

Kristalle (aus PAe.); F: 131° (*Ok., Seki*). IR-Banden (KBr; 3000–720 cm^{-1}): *Yoshida, Asai*, Chem. pharm. Bl. **7** [1959] 162, 170.

2-Butoxy-6-hydroxy-isonicotinsäure $C_{10}H_{13}NO_4$, Formel XI (R = $[CH_2]_3$-CH_3, R' = H), und Tautomeres (6-Butoxy-2-oxo-1,2-dihydro-pyridin-4-carbonsäure).

B. Aus 2-Butoxy-6-hydroxy-isonicotinsäure-butylester durch alkalische Hydrolyse (*Schering A.G.*, D.R.P. 657451 [1936]; Frdl. **24** 375).

F: 252°.

X XI XII

2,6-Dibutoxy-isonicotinsäure $C_{14}H_{21}NO_4$, Formel XI (R = R' = $[CH_2]_3$-CH_3).

B. Beim Erhitzen von 2,6-Dichlor-isonicotinsäure mit Natriumbutylat in Butan-1-ol auf 150–160° (*Büchi et al.*, Helv. **30** [1947] 507, 513; *Okajima, Seki*, J. pharm. Soc.

Japan **73** [1953] 845, 846, 847; C. A. **1954** 10021).
Kristalle; F: 78° [aus wss. A.] (*Ok., Seki*), 74° [aus PAe.] (*Bü. et al.*). IR-Banden (Nujol; 2650–720 cm^{-1}): *Yoshida, Asai*, Chem. pharm. Bl. **7** [1959] 162, 170.

2,6-Diisobutoxy-isonicotinsäure $C_{14}H_{21}NO_4$, Formel XI (R = R' = CH_2-$CH(CH_3)_2$).
B. Beim Erhitzen von 2,6-Dichlor-isonicotinsäure mit Natriumisobutylat in Isobutylalkohol (*Yale et al.*, Am. Soc. **75** [1953] 1933, 1939).
Kristalle (aus wss. A.); F: 149–150°.

2-Hydroxy-6-isopentyloxy-isonicotinsäure $C_{11}H_{15}NO_4$, Formel XI (R = H, R' = CH_2-CH_2-$CH(CH_3)_2$), und Tautomeres (6-Isopentyloxy-2-oxo-1,2-dihydro-pyridin-4-carbonsäure).
B. Aus 2-Hydroxy-6-isopentyloxy-isonicotinsäure-isopentylester durch alkalische Hydrolyse (*Schering A. G.*, D.R.P. 657451 [1936]; Frdl. **24** 375).
F: 258° [Zers.].

2,6-Bis-isopentyloxy-isonicotinsäure $C_{16}H_{25}NO_4$, Formel XI (R = R' = CH_2-CH_2-$CH(CH_3)_2$).
B. Beim Erhitzen von 2,6-Dichlor-isonicotinsäure mit Natriumisopentylat in Isopentylalkohol auf 170–190° (*Büchi et al.*, Helv. **30** [1947] 507, 513; *Okajima, Seki*, J. pharm. Soc. Japan **73** [1953] 845, 846, 847; C. A. **1954** 10021).
Kristalle (aus PAe.); F: 81° (*Ok., Seki*), 72–73° (*Bü. et al.*).

2-Cyclohexyloxy-6-hydroxy-isonicotinsäure $C_{12}H_{15}NO_4$, Formel XII, und Tautomeres (6-Cyclohexyloxy-2-oxo-1,2-dihydro-pyridin-4-carbonsäure).
B. Aus 2-Cyclohexyloxy-6-hydroxy-isonicotinsäure-cyclohexylester durch alkalische Hydrolyse (*Schering A. G.*, D.R.P. 657451 [1936]; Frdl. **24** 375).
F: 223°.

2,6-Diphenoxy-isonicotinsäure $C_{18}H_{13}NO_4$, Formel XI (R = R' = C_6H_5).
B. Als Hauptprodukt neben 2-Chlor-6-phenoxy-isonicotinsäure beim Erhitzen von 2,6-Dichlor-isonicotinsäure mit Kaliumphenolat auf 170–180° (*Okajima, Seki*, J. pharm. Soc. Japan **73** [1953] 845, 846, 847; C. A. **1954** 10021).
Kristalle (aus Bzl. + PAe.); F: 183° (*Ok., Seki*). IR-Banden (Nujol; 2760–760 cm^{-1}): *Yoshida, Asai*, Chem. pharm. Bl. **7** [1959] 162, 170.

2,6-Diisobutoxy-isonicotinsäure-methylester $C_{15}H_{23}NO_4$, Formel XIII.
B. Aus 2,6-Diisobutoxy-isonicotinsäure und methanol. HCl (*Yale et al.*, Am. Soc. **75** [1953] 1933, 1939).
Kp_1: 146°.

2,6-Dimethoxy-isonicotinsäure-äthylester $C_{10}H_{13}NO_4$, Formel XIV (R = CH_3).
B. Aus 2,6-Dimethoxy-isonicotinsäure und Äthanol mit Hilfe von H_2SO_4 (*Okajima, Seki*, J. pharm. Soc. Japan **73** [1953] 845, 847; C. A. **1954** 10021), HCl oder $SOCl_2$ (*Palát et al.*, Čsl. Farm. **6** [1957] 369, 370; C. A. **1958** 10071).
Kristalle (aus wss. A.); F: 33–34° (*Ok., Seki*), 33° (*Pa. et al.*). Kp: 263–267° (*Ok., Seki*); $Kp_{1,5}$: 124° (*Pa. et al.*).

2-Äthoxy-6-hydroxy-isonicotinsäure-äthylester $C_{10}H_{13}NO_4$, Formel XV (R = C_2H_5), und Tautomeres (6-Äthoxy-2-oxo-1,2-dihydro-pyridin-4-carbonsäure-äthylester).
B. Beim Erwärmen von 2,6-Dihydroxy-isonicotinsäure mit Äthanol unter Zusatz von $HClO_4$ (*Schering A. G.*, D.R.P. 657451 [1936]; Frdl. **24** 375).
F: 67°.

2,6-Diäthoxy-isonicotinsäure-äthylester $C_{12}H_{17}NO_4$, Formel XIV (R = C_2H_5).
B. Aus 2,6-Diäthoxy-isonicotinsäure und Äthanol mit H_2SO_4 (*Okajima, Seki*, J. pharm. Soc. Japan **73** [1953] 845, 847; C. A. **1954** 10021) oder mit HCl (*Palát et al.*, Čsl. Farm. **6** [1957] 369, 370; C. A. **1958** 10071).
Kp: 283–286° (*Ok., Seki*); Kp_1: 158° (*Pa. et al.*).

2,6-Dipropoxy-isonicotinsäure-äthylester $C_{14}H_{21}NO_4$, Formel XIV (R = CH_2-CH_2-CH_3).
B. Aus 2,6-Dipropoxy-isonicotinsäure, Äthanol und H_2SO_4 (*Okajima, Seki*, J. pharm. Soc. Japan **73** [1953] 845, 847; C. A. **1954** 10021).
Kp_5: 153—155°.

2,6-Diisopropoxy-isonicotinsäure-äthylester $C_{14}H_{21}NO_4$, Formel XIV (R = $CH(CH_3)_2$).
B. Aus 2,6-Diisopropoxy-isonicotinsäure, Äthanol und H_2SO_4 (*Okajima, Seki*, J. pharm. Soc. Japan **73** [1953] 845, 847; C. A. **1954** 10021).
Kp_7: 144—146°.

XIII XIV XV

2,6-Dibutoxy-isonicotinsäure-äthylester $C_{16}H_{25}NO_4$, Formel XIV (R = $[CH_2]_3$-CH_3).
B. Aus 2,6-Dibutoxy-isonicotinsäure und Äthanol mit H_2SO_4 (*Okajima, Seki*, J. pharm. Soc. Japan **73** [1953] 845, 847; C. A. **1954** 10021) oder mit $SOCl_2$ (*Palát et al.*, Čsl. Farm. **6** [1957] 369, 370; C. A. **1958** 10071).
Kp_1: 202° (*Pa. et al.*), 173—174° (*Ok., Seki*).

2,6-Bis-isopentyloxy-isonicotinsäure-äthylester $C_{18}H_{29}NO_4$, Formel XIV (R = CH_2-CH_2-$CH(CH_3)_2$).
B. Aus 2,6-Bis-isopentyloxy-isonicotinsäure, Äthanol und H_2SO_4 (*Okajima, Seki*, J. pharm. Soc. Japan **73** [1953] 845, 847; C. A. **1954** 10021).
Kp_1: 175—177°.

2,6-Diphenoxy-isonicotinsäure-äthylester $C_{20}H_{17}NO_4$, Formel XIV (R = C_6H_5).
B. Aus 2,6-Diphenoxy-isonicotinsäure, Äthanol und H_2SO_4 (*Okajima, Seki*, J. pharm. Soc. Japan **73** [1953] 845, 847; C. A. **1954** 10021).
Kp_2: 225—227°.

2,6-Dihydroxy-isonicotinsäure-isopropylester $C_9H_{11}NO_4$, Formel I (R = $CH(CH_3)_2$), und Tautomeres (6-Hydroxy-2-oxo-1,2-dihydro-pyridin-4-carbonsäure-isopropylester); Citrazinsäure-isopropylester.
B. Beim Erwärmen von 2,6-Dihydroxy-isonicotinsäure mit Isopropylalkohol und H_2SO_4 (*Eastman Kodak Co.*, U.S.P. 2857372 [1954]).
Kristalle (aus A.); F: 232—233°.

2-Butoxy-6-hydroxy-isonicotinsäure-butylester $C_{14}H_{21}NO_4$, Formel XV (R = $[CH_2]_3$-CH_3), und Tautomeres (6-Butoxy-2-oxo-1,2-dihydro-pyridin-4-carbonsäure-butylester).
B. Beim Erwärmen von 2,6-Dihydroxy-isonicotinsäure mit Butan-1-ol und $SOCl_2$ (*Schering A.G.*, D.R.P. 657451 [1936]; Frdl. **24** 375).
Kristalle (aus PAe.); F: 60—61°.

(±)-2,6-Dihydroxy-isonicotinsäure-*sec*-butylester $C_{10}H_{13}NO_4$, Formel I (R = $CH(CH_3)$-CH_2-CH_3), und Tautomeres (±)-6-Hydroxy-2-oxo-1,2-dihydro-pyridin-4-carbonsäure-*sec*-butylester); (±)-Citrazinsäure-*sec*-butylester.
B. Beim Erwärmen von 2,6-Dihydroxy-isonicotinsäure mit (±)-Butan-2-ol und Schwefelsäure (*Eastman Kodak Co.*, U.S.P. 2857372 [1954]).
Kristalle (aus A.); F: 217—218°.

2,6-Dihydroxy-isonicotinsäure-isobutylester $C_{10}H_{13}NO_4$, Formel I (R = CH_2-$CH(CH_3)_2$), und Tautomeres (6-Hydroxy-2-oxo-1,2-dihydro-pyridin-4-carbonsäure-isobutylester); Citrazinsäure-isobutylester.
B. Neben 2-Hydroxy-6-isobutoxy-isonicotinsäure-isobutylester beim Erwärmen von

2,6-Dihydroxy-isonicotinsäure mit Isobutylalkohol und HCl (*Eastman Kodak Co.*, U.S.P 2857372 [1954]).

F: 191–192°.

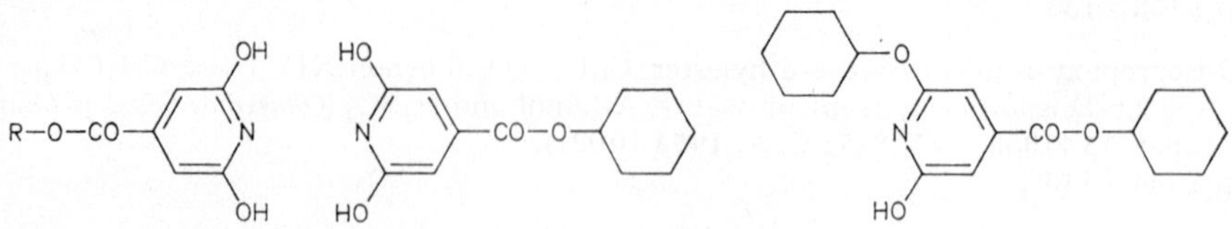

I II III

2-Hydroxy-6-isobutoxy-isonicotinsäure-isobutylester $C_{14}H_{21}NO_4$, Formel XV ($R = CH_2$-$CH(CH_3)_2$), und Tautomeres (6-Isobutoxy-2-oxo-1,2-dihydro-pyridin-4-carbonsäure-isobutylester).

B. s. im vorangehenden Artikel.

F: 110–110,5° (*Eastman Kodak Co.*, U.S.P. 2857372 [1954]).

2-Hydroxy-6-isopentyloxy-isonicotinsäure-isopentylester $C_{16}H_{25}NO_4$, Formel XV ($R = CH_2$-CH_2-$CH(CH_3)_2$), und Tautomeres (6-Isopentyloxy-2-oxo-1,2-dihydro-pyridin-4-carbonsäure-isopentylester).

B. Beim Erhitzen von 2,6-Dihydroxy-isonicotinsäure mit Isopentylalkohol und wenig $HClO_4$ auf 130° (*Schering A.G.*, D.R.P. 657451 [1936]; Frdl. **24** 375).

F: 82°.

2,6-Dihydroxy-isonicotinsäure-cyclohexylester $C_{12}H_{15}NO_4$, Formel II, und Tautomeres (6-Hydroxy-2-oxo-1,2-dihydro-pyridin-4-carbonsäure-cyclohexylester); Citrazinsäure-cyclohexylester.

B. Beim Erwärmen von 2,6-Dihydroxy-isonicotinsäure mit Cyclohexanol und H_2SO_4 (*Eastman Kodak Co.*, U.S.P. 2857372 [1954]).

Kristalle (aus A.); F: 217–218°.

2-Cyclohexyloxy-6-hydroxy-isonicotinsäure-cyclohexylester $C_{18}H_{25}NO_4$, Formel III, und Tautomeres (6-Cyclohexyloxy-2-oxo-1,2-dihydro-pyridin-4-carbonsäure-cyclohexylester).

B. Beim Erwärmen von 2,6-Dihydroxy-isonicotinsäure-cyclohexylester mit Cyclohexanol und H_2SO_4 (*Schering A.G.*, D.R.P. 657451 [1936]; Frdl. **24** 375).

Kristalle (aus PAe.); F: 97°.

2,6-Dihydroxy-isonicotinsäure-[2-methoxy-äthylester] $C_9H_{11}NO_5$, Formel I ($R = CH_2$-CH_2-O-CH_3), und Tautomeres (6-Hydroxy-2-oxo-1,2-dihydro-pyridin-4-carbonsäure-[2-methoxy-äthylester]); Citrazinsäure-[2-methoxy-äthylester].

B. Beim Erwärmen von 2,6-Dihydroxy-isonicotinsäure mit 2-Methoxy-äthanol und HCl (*Eastman Kodak Co.*, U.S.P. 2857372 [1954]).

Kristalle; F: 183°.

2,6-Diäthoxy-isonicotinsäure-[2-diäthylamino-äthylester] $C_{16}H_{26}N_2O_4$, Formel IV ($R = C_2H_5$, $n = 2$).

B. Beim Erwärmen von 2,6-Diäthoxy-isonicotinoylchlorid mit 2-Diäthylamino-äthanol in Benzol (*Büchi et al.*, Helv. **30** [1947] 507, 514).

$Kp_{0,7}$: 166° (*Bü. et al.*, l. c. S. 515).

Hydrochlorid. Kristalle (aus A.); F: 121° [korr.].

2,6-Dipropoxy-isonicotinsäure-[2-diäthylamino-äthylester] $C_{18}H_{30}N_2O_4$, Formel IV ($R = CH_2$-CH_2-CH_3, $n = 2$).

B. Beim Erwärmen von 2,6-Dipropoxy-isonicotinoylchlorid mit 2-Diäthylamino-äthanol in Benzol (*Büchi et al.*, Helv. **30** [1947] 507, 514).

$Kp_{0,8}$: 180° (*Bü. et al.*, l. c. S. 516).

Hydrochlorid. Kristalle (aus A.); F: 106° [korr.].

2,6-Dibutoxy-isonicotinsäure-[2-diäthylamino-äthylester] $C_{20}H_{34}N_2O_4$, Formel IV ($R = [CH_2]_3$-CH_3, n = 2).

B. Beim Erwärmen von 2,6-Dibutoxy-isonicotinoylchlorid mit 2-Diäthylamino-äthanol in Benzol (*Büchi et al.*, Helv. **30** [1947] 507, 514).

$Kp_{0,6}$: 188° (*Bü. et al.*, l. c. S. 516).

Hydrochlorid. Kristalle (aus A.); F: 114° [korr.].

2,6-Dibutoxy-isonicotinsäure-[2-piperidino-äthylester] $C_{21}H_{34}N_2O_4$, Formel V ($R = [CH_2]_3$-CH_3, n = 2).

B. Beim Erwärmen von 2,6-Dibutoxy-isonicotinoylchlorid mit 2-Piperidino-äthanol in Benzol (*Büchi et al.*, Helv. **30** [1947] 507, 514).

Kp_2: 221° (*Bü. et al.*, l. c. S. 516).

Hydrochlorid. Kristalle (aus A.); F: 166° [korr.].

R—O, N, CO—O—[CH2]n—N, C2H5, C2H5, R—O

IV

R—O, N, CO—O—[CH2]n—N, R—O

V

2,6-Bis-isopentyloxy-isonicotinsäure-[2-diäthylamino-äthylester] $C_{22}H_{38}N_2O_4$, Formel IV ($R = CH_2$-CH_2-$CH(CH_3)_2$, n = 2).

B. Beim Erwärmen von 2,6-Bis-isopentyloxy-isonicotinoylchlorid mit 2-Diäthylamino-äthanol in Benzol (*Büchi et al.*, Helv. **30** [1947] 507, 514).

$Kp_{0,2}$: 188° (*Bü. et al.*, l. c. S. 516).

Hydrochlorid. Kristalle (aus A.); F: 135° [korr.].

2,6-Bis-isopentyloxy-isonicotinsäure-[2-piperidino-äthylester] $C_{23}H_{38}N_2O_4$, Formel V ($R = CH_2$-CH_2-$CH(CH_3)_2$, n = 2).

B. Beim Erwärmen von 2,6-Bis-isopentyloxy-isonicotinoylchlorid mit 2-Piperidino-äthanol in Benzol (*Büchi et al.*, Helv. **30** [1947] 507, 514).

$Kp_{0,15}$: 206° (*Bü. et al.*, l. c. S. 516).

Hydrochlorid. Kristalle (aus A.); F: 165° [korr.].

2,6-Dipropoxy-isonicotinsäure-[3-diäthylamino-propylester] $C_{19}H_{32}N_2O_4$, Formel IV ($R = CH_2$-CH_2-CH_3, n = 3).

B. Beim Erwärmen von 2,6-Dipropoxy-isonicotinoylchlorid mit 3-Diäthylamino-propan-1-ol in Benzol (*Büchi et al.*, Helv. **30** [1947] 507, 514).

$Kp_{1,8}$: 191° (*Bü. et al.*, l. c. S. 516).

Hydrochlorid. Kristalle (aus A.); F: 118° [korr.].

2,6-Dibutoxy-isonicotinsäure-[3-diäthylamino-propylester] $C_{21}H_{36}N_2O_4$, Formel IV ($R = [CH_2]_3$-CH_3, n = 3).

B. Beim Erwärmen von 2,6-Dibutoxy-isonicotinoylchlorid mit 3-Diäthylamino-propan-1-ol in Benzol (*Büchi et al.*, Helv. **30** [1947] 507, 514).

$Kp_{0,7}$: 203° (*Bü. et al.*, l. c. S. 516).

Hydrochlorid. Hygroskopische Kristalle (aus A.); F: 87°.

2,6-Dibutoxy-isonicotinsäure-[3-piperidino-propylester] $C_{22}H_{36}N_2O_4$, Formel V ($R = [CH_2]_3$-CH_3, n = 3).

B. Beim Erwärmen von 2,6-Dibutoxy-isonicotinoylchlorid mit 3-Piperidino-propan-1-ol in Benzol (*Büchi et al.*, Helv. **30** [1947] 507, 514).

$Kp_{0,07}$: 217° (*Bü. et al.*, l. c. S. 516).

Hydrochlorid. Kristalle (aus A.); F: 135° [korr.].

2,6-Bis-isopentyloxy-isonicotinsäure-[3-diäthylamino-propylester] $C_{23}H_{40}N_2O_4$, Formel IV ($R = CH_2$-CH_2-$CH(CH_3)_2$, n = 3).

B. Beim Erwärmen von 2,6-Bis-isopentyloxy-isonicotinoylchlorid mit 3-Diäthylamino-

propan-1-ol in Benzol (*Büchi et al.*, Helv. **30** [1947] 507, 514).
$Kp_{0,3}$: 196° (*Bü. et al.*, l. c. S. 516).
Hydrochlorid. Kristalle (aus A.); F: 109° [korr.].

2,6-Bis-isopentyloxy-isonicotinsäure-[3-piperidino-propylester] $C_{24}H_{40}N_2O_4$, Formel V ($R = CH_2\text{-}CH_2\text{-}CH(CH_3)_2$, n = 3).
B. Beim Erwärmen von 2,6-Bis-isopentyloxy-isonicotinoylchlorid mit 3-Piperidino-propan-1-ol in Benzol (*Büchi et al.*, Helv. **30** [1947] 507, 514).
$Kp_{0,15}$: 217° (*Bü. et al.*, l. c. S. 516).
Hydrochlorid. Kristalle (aus A.); F: 158° [korr.].

2,6-Dibutoxy-isonicotinsäure-[3-dimethylamino-1,1-dimethyl-propylester] $C_{21}H_{36}N_2O_4$, Formel VI ($R = [CH_2]_3\text{-}CH_3$).
B. Beim Erwärmen von 2,6-Dibutoxy-isonicotinoylchlorid mit 4-Dimethylamino-2-methyl-butan-2-ol in Benzol (*Büchi et al.*, Helv. **30** [1947] 507, 514).
$Kp_{0,8}$: 184° (*Bü. et al.*, l. c. S. 516).

2,6-Bis-isopentyloxy-isonicotinsäure-[3-dimethylamino-1,1-dimethyl-propylester] $C_{23}H_{40}N_2O_4$, Formel VI ($R = CH_2\text{-}CH_2\text{-}CH(CH_3)_2$).
B. Beim Erwärmen von 2,6-Bis-isopentyloxy-isonicotinoylchlorid mit 4-Dimethyl=amino-2-methyl-butan-2-ol in Benzol (*Büchi et al.*, Helv. **30** [1947] 507, 514).
$Kp_{0,5}$: 206° (*Bü. et al.*, l. c. S. 516).

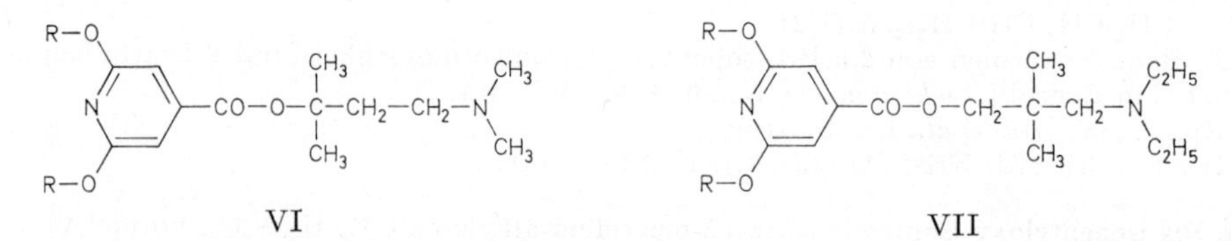

VI VII

2,6-Dibutoxy-isonicotinsäure-[3-diäthylamino-2,2-dimethyl-propylester] $C_{23}H_{40}N_2O_4$, Formel VII ($R = [CH_2]_3\text{-}CH_3$).
B. Beim Erwärmen von 2,6-Dibutoxy-isonicotinoylchlorid mit 3-Diäthylamino-2,2-dimethyl-propan-1-ol in Benzol (*Büchi et al.*, Helv. **30** [1947] 507, 514),
$Kp_{0,3}$: 202° (*Bü. et al.*, l. c. S. 516).
Hydrochlorid. Kristalle (aus A.); F: 130° [korr.].

2,6-Bis-isopentyloxy-isonicotinsäure-[3-diäthylamino-2,2-dimethyl-propylester] $C_{25}H_{44}N_2O_4$, Formel VII ($R = CH_2\text{-}CH_2\text{-}CH(CH_3)_2$).
B. Beim Erwärmen von 2,6-Bis-isopentyloxy-isonicotinoylchlorid mit 3-Diäthylamino-2,2-dimethyl-propan-1-ol in Benzol (*Büchi et al.*, Helv. **30** [1947] 507, 514).
$Kp_{0,4}$: 218° (*Bü. et al.*, l. c. S. 516).
Hydrochlorid. Kristalle (aus A.); F: 127° [korr.].

2,6-Diäthoxy-isonicotinoylchlorid $C_{10}H_{12}ClNO_3$, Formel VIII ($R = C_2H_5$).
B. Beim Erwärmen von 2,6-Diäthoxy-isonicotinsäure mit PCl_5 in Benzol (*Büchi et al.*, Helv. **30** [1947] 507, 514).
F: 35°. Kp_1: 118–120°.

2,6-Dipropoxy-isonicotinoylchlorid $C_{12}H_{16}ClNO_3$, Formel VIII ($R = CH_2\text{-}CH_2\text{-}CH_3$).
B. Beim Erwärmen von 2,6-Dipropoxy-isonicotinsäure mit PCl_5 in Benzol (*Büchi et al.*, Helv. **30** [1947] 507, 514).
$Kp_{1,4}$: 122–124°.

2,6-Dibutoxy-isonicotinoylchlorid $C_{14}H_{20}ClNO_3$, Formel VIII ($R = [CH_2]_3\text{-}CH_3$).
B. Beim Erwärmen von 2,6-Dibutoxy-isonicotinsäure mit PCl_5 in Benzol (*Büchi et al.*, Helv. **30** [1947] 507, 514).
$Kp_{1,6}$: 154–155°.

2,6-Bis-isopentyloxy-isonicotinoylchlorid $C_{16}H_{24}ClNO_3$, Formel VIII ($R = CH_2$-CH_2-$CH(CH_3)_2$).

B. Beim Erwärmen von 2,6-Bis-isopentyloxy-isonicotinsäure mit PCl_5 in Benzol (*Büchi et al.*, Helv. **30** [1947] 507, 514).

Kp_1: 158–160°.

2,6-Dihydroxy-isonicotinsäure-amid $C_6H_6N_2O_3$, Formel IX (R = X = H), und Tautomeres (6-Hydroxy-2-oxo-1,2-dihydro-pyridin-4-carbonsäure-amid); Citrazinsäure-amid (H 257).

B. Beim Erhitzen von Citronensäure-triamid mit Na_2CO_3, K_2CO_3, $NaHCO_3$, Na_3PO_4 oder CaO in Glycerin auf 140° (*C. H. Boehringer Sohn*, D.B.P. 957033 [1952]).

2,6-Diäthoxy-isonicotinsäure-[2-diäthylamino-äthylamid] $C_{16}H_{27}N_3O_3$, Formel X ($R = C_2H_5$).

B. Beim Erwärmen von 2,6-Diäthoxy-isonicotinoylchlorid mit *N,N*-Diäthyl-äthylendiamin in Benzol (*Büchi et al.*, Helv. **30** [1947] 507, 514).

F: 30–32°; Kp_2: 203° (*Bü. et al.*, l. c. S. 515).

Hydrochlorid. Kristalle (aus A.); F: 134° [korr.].

2,6-Dipropoxy-isonicotinsäure-[2-diäthylamino-äthylamid] $C_{18}H_{31}N_3O_3$, Formel X ($R = CH_2$-CH_2-CH_3).

B. Beim Erwärmen von 2,6-Dipropoxy-isonicotinoylchlorid mit *N,N*-Diäthyl-äthylendiamin in Benzol (*Büchi et al.*, Helv. **30** [1947] 507, 514).

F: 28–29°; Kp_1: 211° (*Bü. et al.*, l. c. S. 516).

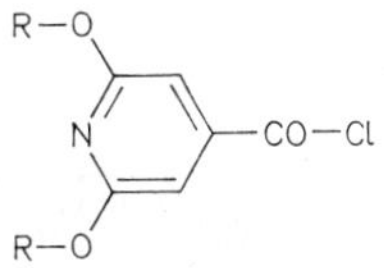

R—O, N, R—O, —CO—Cl
VIII

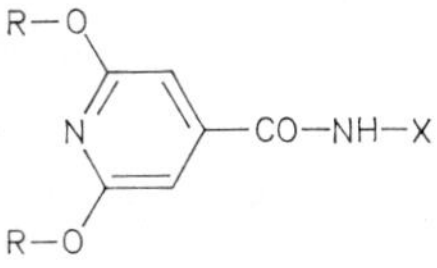

R—O, N, R—O, —CO—NH—X
IX

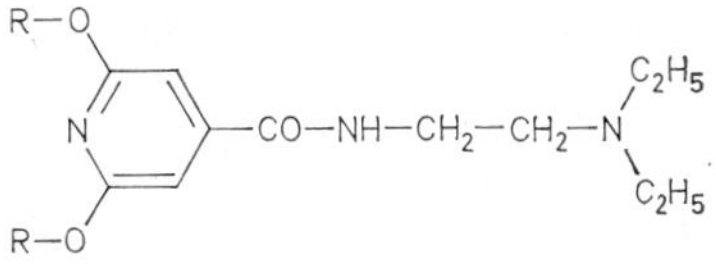

R—O, N, R—O, —CO—NH—CH₂—CH₂—N(C₂H₅)₂
X

2,6-Dibutoxy-isonicotinsäure-[2-diäthylamino-äthylamid] $C_{20}H_{35}N_3O_3$, Formel X ($R = [CH_2]_3$-CH_3).

B. Beim Erwärmen von 2,6-Dibutoxy-isonicotinoylchlorid mit *N,N*-Diäthyl-äthylendiamin in Benzol (*Büchi et al.*, Helv. **30** [1947] 507, 514).

$Kp_{0,6}$: 219° (*Bü. et al.*, l. c. S. 516).

2,6-Bis-isopentyloxy-isonicotinsäure-[2-diäthylamino-äthylamid] $C_{22}H_{39}N_3O_3$, Formel X ($R = CH_2$-CH_2-$CH(CH_3)_2$).

B. Beim Erwärmen von 2,6-Bis-isopentyloxy-isonicotinoylchlorid mit *N,N*-Diäthyl-äthylendiamin in Benzol (*Büchi et al.*, Helv. **30** [1947] 507, 514).

Kp_2: 226° (*Bü. et al.*, l. c. S. 516).

2,6-Dimethoxy-isonicotinsäure-hydroxyamid, 2,6-Dimethoxy-isonicotinohydroxamsäure $C_8H_{10}N_2O_4$, Formel IX ($R = CH_3$, X = OH).

B. Beim Behandeln von 2,6-Dimethoxy-isonicotinsäure-äthylester mit NH_2OH und Natrium in Äthanol (*Palát et al.*, Čsl. Farm. **6** [1957] 369, 370; C. A. **1958** 10071).

Kristalle (aus A. + PAe.); F: 168° [korr.].

2,6-Diäthoxy-isonicotinsäure-hydroxyamid, 2,6-Diäthoxy-isonicotinohydroxamsäure $C_{10}H_{14}N_2O_4$, Formel IX ($R = C_2H_5$, X = OH).

B. Beim Behandeln von 2,6-Diäthoxy-isonicotinsäure-äthylester mit NH_2OH und Natrium in Äthanol (*Palát et al.*, Čsl. Farm. **6** [1957] 369, 370; C. A. **1958** 10071).

Kristalle (aus Bzl. + PAe.); F: 107° [korr.].

2,6-Dihydroxy-isonicotinsäure-hydrazid $C_6H_7N_3O_3$, Formel XI (R = H), und Tautomeres (6-Hydroxy-2-oxo-1,2-dihydro-pyridin-4-carbonsäure-hydrazid); Citrazinsäure-hydrazid.

B. Beim Erwärmen von 2,6-Dihydroxy-isonicotinsäure-methylester mit $N_2H_4 \cdot H_2O$ in

Methanol (*Beyerman, Bontekoe*, R. **72** [1953] 252, 268; *Liberman et al.*, Bl. **1954** 1430, 1437).

Kristalle mit 1 Mol H_2O; F: 235° [korr.; Zers.; aus H_2O + wenig Eg.] (*Be., Bo.*), 215–220° [Zers.; aus H_2O] (*Li. et al.*, l. c. S. 1435).

2,6-Dimethoxy-isonicotinsäure-hydrazid $C_8H_{11}N_3O_3$, Formel XI (R = CH_3).

B. Beim Erwärmen von 2,6-Dimethoxy-isonicotinsäure-äthylester mit $N_2H_4 \cdot H_2O$ in Äthanol (*Okajima, Seki*, J. pharm. Soc. Japan **73** [1953] 845, 847, 848; C. A. **1954** 10021; *McMillan et al.*, J. Am. pharm. Assoc. **42** [1953] 457, 463; *Palát et al.*, Čsl. Farm. **6** [1957] 369, 370; C. A. **1958** 10071).

Kristalle; F: 170–171° [aus H_2O] (*McM. et al.*, l. c. S. 462), 168° [aus A.] (*Ok., Seki*), 167° [korr.; aus A.] (*Pa. et al.*).

2,6-Diäthoxy-isonicotinsäure-hydrazid $C_{10}H_{15}N_3O_3$, Formel XI (R = C_2H_5).

B. Beim Erwärmen von 2,6-Diäthoxy-isonicotinsäure-äthylester mit $N_2H_4 \cdot H_2O$ in Äthanol (*Okajima, Seki*, J. pharm. Soc. Japan **73** [1953] 845, 847, 848; C. A. **1954** 10021; *Isler et al.*, Helv. **38** [1955] 1033, 1044; *Palát et al.*, Čsl. Farm. **6** [1957] 369, 370; C. A. **1958** 10071).

Kristalle; F: 138° [korr.; aus Bzl.] (*Pa. et al.*), 137° [aus A.] (*Ok., Seki*), 128,5–132° [aus wss. Me.] (*Is. et al.*).

***N*-[2,6-Diäthoxy-isonicotinoyl]-*N'*-[2-methyl-isonicotinoyl]-hydrazin** $C_{17}H_{20}N_4O_4$, Formel XII.

B. Beim Erwärmen von 2,6-Diäthoxy-isonicotinoylchlorid mit 2-Methyl-isonicotin= säure-hydrazid in Pyridin (*Isler et al.*, Helv. **38** [1955] 1046, 1058).

Kristalle (aus E.); F: 174–176° [unkorr.].

XI XII

2,6-Dipropoxy-isonicotinsäure-hydrazid $C_{12}H_{19}N_3O_3$, Formel XI (R = CH_2-CH_2-CH_3).

B. Beim Erwärmen von 2,6-Dipropoxy-isonicotinsäure-äthylester mit $N_2H_4 \cdot H_2O$ in Äthanol (*Okajima, Seki*, J. pharm. Soc. Japan **73** [1953] 845, 847, 848; C. A. **1954** 10021).

Kristalle (aus PAe. + Bzl.); F: 94°.

2,6-Diisopropoxy-isonicotinsäure-hydrazid $C_{12}H_{19}N_3O_3$, Formel XI (R = $CH(CH_3)_2$).

B. Beim Erwärmen von 2,6-Diisopropoxy-isonicotinsäure-äthylester mit $N_2H_4 \cdot H_2O$ in Äthanol (*Okajima, Seki*, J. pharm. Soc. Japan **73** [1953] 845, 847, 848; C. A. **1954** 10021).

Kristalle (aus PAe. + Bzl.); F: 141°.

2,6-Dibutoxy-isonicotinsäure-hydrazid $C_{14}H_{23}N_3O_3$, Formel XI (R = $[CH_2]_3$-CH_3).

B. Beim Erwärmen von 2,6-Dibutoxy-isonicotinsäure-äthylester mit $N_2H_4 \cdot H_2O$ in Äthanol (*Okajima, Seki*, J. pharm. Soc. Japan **73** [1953] 845, 847, 848; C. A. **1954** 10021; *Isler et al.*, Helv. **38** [1955] 1033, 1045; *Palát et al.*, Čsl. Farm. **6** [1957] 369, 370; C. A. **1958** 10071).

Kristalle; F: 98° [aus PAe. + Bzl.] (*Ok., Seki*), 96–98° [aus wss. Me. oder wss. A.] (*Is. et al.*), 96–97° [aus Bzl. + PAe.] (*Pa. et al.*).

2,6-Diisobutoxy-isonicotinsäure-hydrazid $C_{14}H_{23}N_3O_3$, Formel XI (R = CH_2-$CH(CH_3)_2$).

B. Beim Erwärmen von 2,6-Diisobutoxy-isonicotinsäure-methylester mit $N_2H_4 \cdot H_2O$ in Äthanol (*Yale et al.*, Am. Soc. **75** [1953] 1933, 1934).

Kristalle (aus A.); F: 95–97°.

2,6-Bis-isopentyloxy-isonicotinsäure-hydrazid $C_{16}H_{27}N_3O_3$, Formel XI (R = CH_2-CH_2-$CH(CH_3)_2$).

B. Beim Erwärmen von 2,6-Bis-isopentyloxy-isonicotinsäure-äthylester mit $N_2H_4 \cdot$

H_2O in Äthanol (*Okajima, Seki,* J. pharm. Soc. Japan **73** [1953] 845, 847, 848; C. A. **1954** 10021).
Kristalle (aus wss. Me.); F: 75°.

2,6-Diphenoxy-isonicotinsäure-hydrazid $C_{18}H_{15}N_3O_3$, Formel XI (R = C_6H_5).
B. Beim Erwärmen von 2,6-Diphenoxy-isonicotinsäure-äthylester mit $N_2H_4 \cdot H_2O$ in Äthanol (*Okajima, Seki,* J. pharm. Soc. Japan **73** [1953] 845, 847, 848; C. A. **1954** 10021).
Kristalle (aus A.); F: 155°. [*Goebels*]

Hydroxycarbonsäuren $C_7H_7NO_4$

2,4-Dihydroxy-6-methyl-nicotinsäure-äthylester $C_9H_{11}NO_4$, Formel I (X = O-C_2H_5), und Tautomere (z. B. 4-Hydroxy-6-methyl-2-oxo-1,2-dihydro-pyridin-3-carbon= säure-äthylester) (H 258).
F: 208–210° (*Klosa,* Ar. **285** [1952] 453, 456).

2,4-Dihydroxy-6-methyl-nicotinsäure-pentylester $C_{12}H_{17}NO_4$, Formel I (X = O-$[CH_2]_4$-CH_3), und Tautomere (z. B. 4-Hydroxy-6-methyl-2-oxo-1,2-di= hydro-pyridin-3-carbonsäure-pentylester).
B. Beim Erhitzen von 3-Amino-crotonsäure-äthylester (E III **3** 1199) mit Malonsäure-diäthylester und Natriumpentylat in Pentylalkohol (*Bruce, Perez-Medina,* Am. Soc. **69** [1947] 2571, 2572).
Kristalle (aus A.); F: 146–147°.

2,4-Dihydroxy-6-methyl-nicotinsäure-amid $C_7H_8N_2O_3$, Formel I (X = NH_2), und Tautomere (z. B. 4-Hydroxy-6-methyl-2-oxo-1,2-dihydro-pyridin-3-carbon= säure-amid) (E II 191).
B. Beim Behandeln von 2,4-Dihydroxy-6-methyl-nicotinsäure-pentylester in Äthanol mit wss. NH_3 (*Bruce, Perez-Medina,* Am. Soc. **69** [1947] 2571, 2573).
Zers. bei 280°.

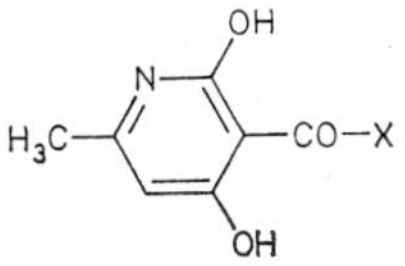

I 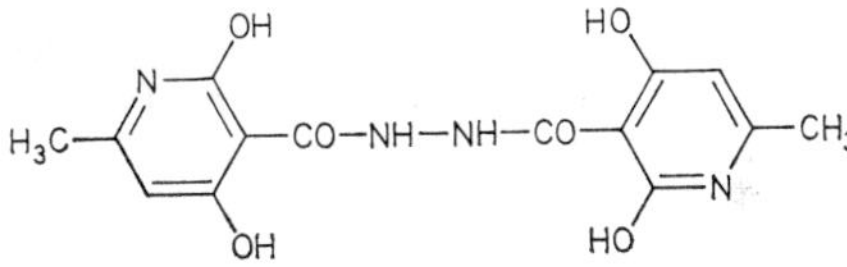 II

2,4-Dihydroxy-6-methyl-nicotinsäure-anilid $C_{13}H_{12}N_2O_3$, Formel I (X = NH-C_6H_5), und Tautomere (z. B. 4-Hydroxy-6-methyl-2-oxo-1,2-dihydro-pyridin-3-carbon= säure-anilid).
B. Beim Erhitzen von 2,4-Dihydroxy-6-methyl-nicotinsäure-äthylester mit Anilin auf 170° (*Das-Gupta, Ghosh,* J. Indian chem. Soc. **18** [1941] 120).
Kristalle (aus Bzl.); F: 279–280°.

***N,N'*-Bis-[2,4-dihydroxy-6-methyl-nicotinoyl]-hydrazin** $C_{14}H_{14}N_4O_6$, Formel II, und Tautomere (z. B. *N,N'*-Bis-[4-hydroxy-6-methyl-2-oxo-1,2-dihydro-pyridin-3-carbonyl]-hydrazin).
B. Beim Erwärmen von 2,4-Dihydroxy-6-methyl-nicotinsäure-äthylester mit $N_2H_4 \cdot H_2O$ in H_2O (*Klosa,* Ar. **285** [1952] 453, 458).
Kristalle (aus H_2O), die bei 260° schmelzen und sich nach Wiedererstarren unter Dunkelfärbung zersetzen.

5-Brom-2,4-dihydroxy-6-methyl-nicotinsäure $C_7H_6BrNO_4$, Formel III (R = H, X = Br), und Tautomere (z. B. 5-Brom-4-hydroxy-6-methyl-2-oxo-1,2-di= hydro-pyridin-3-carbonsäure).
B. Beim Erwärmen von 5-Brom-2,4-dihydroxy-6-methyl-nicotinsäure-äthylester mit wss. NaOH (*Klosa,* Ar. **285** [1952] 453, 457).
Kristalle (aus Eg.); Zers. ab 265°.

5-Brom-2,4-dihydroxy-6-methyl-nicotinsäure-äthylester $C_9H_{10}BrNO_4$, Formel III ($R = C_2H_5$, X = Br), und Tautomere (z. B. 5-Brom-4-hydroxy-6-methyl-2-oxo-1,2-dihydro-pyridin-3-carbonsäure-äthylester) (H 258).

B. Neben einer vermutlich als 1,5-Dibrom-2,4-dioxo-1,2,3,4-tetrahydro-pyridin-3-carbonsäure-äthylester anzusehenden Verbindung beim Behandeln von 2,4-Dihydroxy-6-methyl-nicotinsäure-äthylester mit Brom in Essigsäure (*Klosa*, Ar. **285** [1952] 453, 456).

Kristalle (aus A.); F: 249—250°.

2,4-Dihydroxy-5-jod-6-methyl-nicotinsäure $C_7H_6INO_4$, Formel III (R = H, X = I), und Tautomere (z. B. 4-Hydroxy-5-jod-6-methyl-2-oxo-1,2-dihydro-pyridin-3-carbonsäure).

B. Beim Erwärmen von 2,4-Dihydroxy-5-jod-6-methyl-nicotinsäure-äthylester mit wss. NaOH (*Klosa*, Ar. **285** [1952] 453, 457).

F: 220° [Zers.; nach Braunfärbung ab 190°; aus Me.].

2,4-Dihydroxy-5-jod-6-methyl-nicotinsäure-äthylester $C_9H_{10}INO_4$, Formel III ($R = C_2H_5$, X = I), und Tautomere (z. B. 4-Hydroxy-5-jod-6-methyl-2-oxo-1,2-dihydro-pyridin-3-carbonsäure-äthylester).

B. Beim Behandeln von 2,4-Dihydroxy-6-methyl-nicotinsäure-äthylester in wss. NaOH mit Jod in Äthanol (*Klosa*, Ar. **285** [1952] 453, 457).

Kristalle (aus Me.); F: 238° [Zers.].

2,4-Dihydroxy-6-methyl-5-nitro-nicotinsäure $C_7H_6N_2O_6$, Formel IV (X = OH), und Tautomere (z. B. 4-Hydroxy-6-methyl-5-nitro-2-oxo-1,2-dihydro-pyridin-3-carbonsäure).

B. Beim Erwärmen von 2,4-Dihydroxy-6-methyl-5-nitro-nicotinsäure-äthylester mit wss. NaOH (*Klosa*, Ar. **285** [1952] 453, 458).

Kristalle (aus A.); F: 237° [Zers.].

2,4-Dihydroxy-6-methyl-5-nitro-nicotinsäure-äthylester $C_9H_{10}N_2O_6$, Formel IV ($X = O\text{-}C_2H_5$), und Tautomere (z. B. 4-Hydroxy-6-methyl-5-nitro-2-oxo-1,2-dihydro-pyridin-3-carbonsäure-äthylester).

B. Beim Behandeln von 2,4-Dihydroxy-6-methyl-nicotinsäure-äthylester mit HNO_3 [D: 1,5] und H_2SO_4 (*Bruce, Perez-Medina*, Am. Soc. **69** [1947] 2571, 2574; s. a. *Klosa*, Ar. **285** [1952] 453, 458).

Kristalle (aus A.); F: 256—258° (*Kl.*), 253° [Zers.] (*Br.*, *Pe.-Me.*).

2,4-Dihydroxy-6-methyl-5-nitro-nicotinsäure-pentylester $C_{12}H_{16}N_2O_6$, Formel IV ($X = O\text{-}[CH_2]_4\text{-}CH_3$), und Tautomere (z. B. 4-Hydroxy-6-methyl-5-nitro-2-oxo-1,2-dihydro-pyridin-3-carbonsäure-pentylester).

B. Beim Behandeln von 2,4-Dihydroxy-6-methyl-nicotinsäure-pentylester mit HNO_3 [D: 1,5] und H_2SO_4 (*Bruce, Perez-Medina*, Am. Soc. **69** [1947] 2571, 2572).

Kristalle (aus wss. Me.); F: 201—202°.

2,4-Dihydroxy-6-methyl-5-nitro-nicotinsäure-amid $C_7H_7N_3O_5$, Formel IV ($X = NH_2$), und Tautomere (z. B. 4-Hydroxy-6-methyl-5-nitro-2-oxo-1,2-dihydro-pyridin-3-carbonsäure-amid).

B. Beim Erwärmen von 2,4-Dihydroxy-6-methyl-5-nitro-nicotinsäure-pentylester mit methanol. NH_3 unter Druck (*Bruce, Perez-Medina*, Am. Soc. **69** [1947] 2571, 2573).

Kristalle; F: 307–309° [Zers.; im auf 305° vorgeheizten Bad].

2,4-Dihydroxy-6-methyl-5-nitro-nicotinonitril $C_7H_5N_3O_4$, Formel V, und Tautomere (z. B. 4-Hydroxy-6-methyl-5-nitro-2-oxo-1,2-dihydro-pyridin-3-carbonitril).

B. Beim Erwärmen von 2,4-Dihydroxy-6-methyl-5-nitro-nicotinsäure-amid mit $POCl_3$ (*Bruce, Perez-Medina*, Am. Soc. **69** [1947] 2571, 2573).

Kristalle (aus Me.); F: 253° [Zers.].

2,4-Dihydroxy-6-methyl-5-nitro-nicotinsäure-hydrazid $C_7H_8N_4O_5$, Formel IV (X = NH-NH_2), und Tautomere (z. B. 4-Hydroxy-6-methyl-5-nitro-2-oxo-1,2-dihydro-pyridin-3-carbonsäure-hydrazid).

B. Beim Erwärmen von 2,4-Dihydroxy-6-methyl-5-nitro-nicotinsäure-äthylester mit N_2H_4 in H_2O (*Klosa*, Ar. **285** [1952] 453, 458).

Gelbe Kristalle (aus wss. A.); F: 238°.

***2,4-Dihydroxy-6-methyl-5-nitro-nicotinsäure-D-glucit-1-ylidenhydrazid, D-Glucose-[2,4-dihydroxy-6-methyl-5-nitro-nicotinoylhydrazon]** $C_{13}H_{18}N_4O_{10}$, Formel VI, und Tautomere.

B. Beim Erwärmen von 2,4-Dihydroxy-6-methyl-5-nitro-nicotinsäure-hydrazid mit D-Glucose in H_2O (*Klosa*, Ar. **285** [1952] 453, 458).

Gelbe Kristalle (aus wss. A.); F: 170–172°.

2,6-Dihydroxy-4-methyl-nicotinsäure-amid $C_7H_8N_2O_3$, Formel VII, und Tautomere.

B. Aus 3-Amino-crotonsäure-äthylester (E III **3** 1199) und Malonamid beim Erhitzen ohne Lösungsmittel oder beim Behandeln mit Piperidin enthaltendem wss. Äthanol (*Basu*, J. Indian chem. Soc. **12** [1935] 299, 306).

Kristalle (aus H_2O); F: 198° [Zers.].

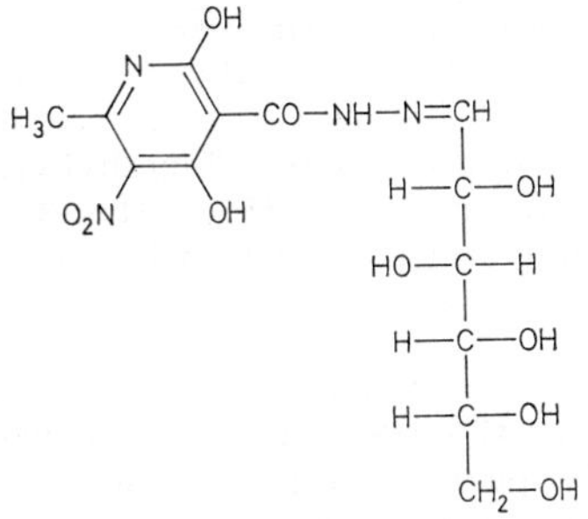

VI 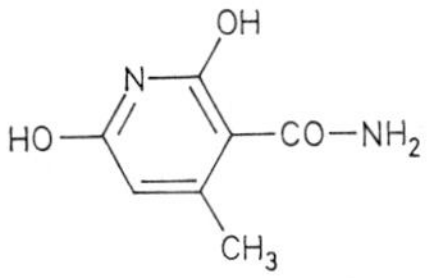 VII 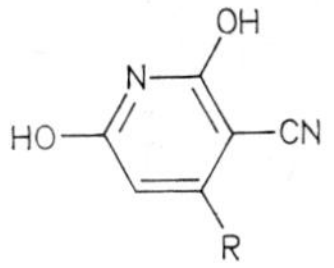 VIII

2,6-Dihydroxy-4-methyl-nicotinonitril $C_7H_6N_2O_2$, Formel VIII (R = CH_3), und Tautomere (H 258; E I 563; E II 191).

B. Beim Behandeln von 3-Äthoxy-crotonsäure-äthylester mit der Natrium-Verbindung des Cyanessigsäure-amids in Äthanol (*Basu*, J. Indian chem. Soc. **8** [1931] 319, 324). Beim Erhitzen von Acetessigsäure-äthylester und Cyanessigsäure-äthylester mit methanol. NH_3, mit wss.-äthanol. NH_3 oder mit Ammoniumthiocyanat (*Dornow, Neuse*, Ar. **288** [1955] 174, 178, 179). Beim Erhitzen von 3-Amino-crotonsäure-äthylester (E III **3** 1199) mit Cyanessigsäure-amid auf 130° (*Basu*, l. c. S. 324). Beim Erwärmen von 2-Acetyl-3-oxo-buttersäure-äthylester mit Cyanessigsäure-amid in äthanol. Piperidin (*Basu*, l. c. S. 323).

Kristalle; F: 304° [Zers.; nach Sintern; aus H_2O] (*Basu*, l. c. S. 323), 300–302° (*Do., Ne.*).

Hydroxycarbonsäuren $C_8H_9NO_4$

3-[2,6-Dihydroxy-[4]pyridyl]-propionsäure $C_8H_9NO_4$, Formel IX, und Tautomeres (3-[6-Hydroxy-2-oxo-1,2-dihydro-[4]pyridyl]-propionsäure) (E II 191).

B. Beim Erhitzen von 3-[3-Cyan-2,6-dihydroxy-[4]pyridyl]-propionsäure-äthylester

mit konz. wss. HCl (*Stevens, Beutel*, Am. Soc. **65** [1943] 449).
Kristalle (aus H_2O); F: 268—269°.

4-Äthyl-2,6-dihydroxy-nicotinonitril $C_8H_8N_2O_2$, Formel VIII (R = C_2H_5), und Tautomere.

B. Beim Erwärmen von 3-Oxo-valeriansäure-äthylester mit Cyanessigsäure-amid und Piperidin in Methanol (*Govindachari et al.*, Soc. **1957** 551, 554).
Kristalle (aus H_2O); Zers. bei 260° [nach Schwarzfärbung oberhalb 250°].

2,4-Dihydroxy-5,6-dimethyl-nicotinsäure-äthylester $C_{10}H_{13}NO_4$, Formel X, und Tautomere (z. B. 4-Hydroxy-5,6-dimethyl-2-oxo-1,2-dihydro-pyridin-3-carbonsäure-äthylester).

B. Beim Erhitzen von 3-Amino-2-methyl-crotonsäure-äthylester (E III **3** 1227) mit Malonsäure-diäthylester und Natriumäthylat in Äthanol auf 150° (*Wibaut, Kooyman*, R. **63** [1944] 231, 236).
Kristalle (aus A. oder Acn.); F: 222° [korr.].

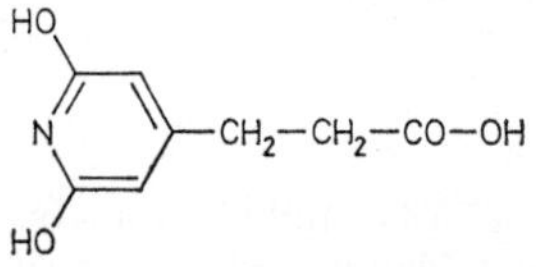

IX 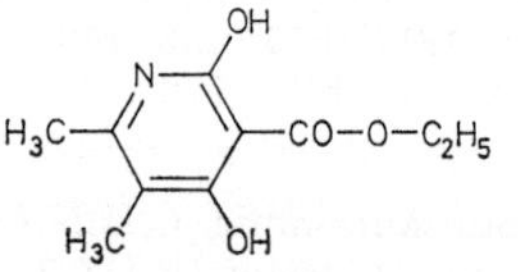 X 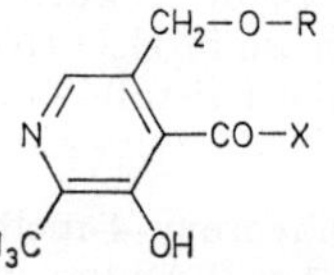 XI

3-Hydroxy-5-hydroxymethyl-2-methyl-isonicotinsäure, Pyridoxin-4-säure $C_8H_9NO_4$, Formel XI (R = H, X = OH).

B. Beim Erhitzen von 3-Acetoxy-5-acetoxymethyl-2-methyl-isonicotinonitril mit wss. KOH (*Heyl*, Am. Soc. **70** [1948] 3434). Aus 3-Hydroxy-5-hydroxymethyl-2-methyl-isonicotinsäure-amid-hydrochlorid und wss. Alkalilauge (*Merck & Co. Inc.*, U.S.P. 2583774 [1948]). Beim Erwärmen von 3-Hydroxy-5-hydroxymethyl-2-methyl-isonicotinsäure-5-lacton mit wss. KOH (*Huff, Perlzweig*, J. biol. Chem. **155** [1944] 345, 349; *Heyl*). Beim Behandeln einer gepufferten wss. Lösung von Pyridoxal-hydrochlorid (pH 7) mit aus Pferdeleber gewonnener Aldehydoxydase bei 34° (*Schwartz, Kjeldgaard*, Biochem. J. **48** [1951] 333, 336).

Kristalle; F: 258—258,5° [Zers.] (*Heyl*), 256° [Zers.] (*Korte, Bannuscher*, Bio. Z. **329** [1958] 451, 456), 253—254° [Zers.] (*Merck & Co. Inc.*), 247—248° [unkorr.; auf 200° vorgeheiztes Bad; aus Py.] (*Huff, Pe.*, l. c. S. 349). UV-Spektrum (gepufferte wss. Lösung vom pH 7,2; 220—400 nm): *Sch., Kj.* λ_{max}: 316 nm [H_2O sowie wss. HCl (0,1 n)] bzw. 308 nm [gepufferte wss. Lösung vom pH 11] (*Ko., Ba.*). Intensität der Fluorescenz in wss. Lösungen vom pH 0,5—12,5 bzw. 0,5—10: *Ko., Ba.*, l. c. S. 452; *Huff, Pe.*, l. c. S. 347. Scheinbare Dissoziationsexponenten pK'_{a1} und pK'_{a2} (H_2O): 5,5 bzw. 9,75 (*Huff, Pe.*, l. c. S. 350, 351).

3-Hydroxy-2-methyl-5-phosphonooxymethyl-isonicotinsäure $C_8H_{10}NO_7P$, Formel XI (R = $PO(OH)_2$, X = OH).

B. Beim Behandeln von Pyridoxal-5'-phosphat (E III/IV **21** 6420) in wss. NaOH mit Sauerstoff unter Bestrahlung mit UV-Licht (*Morrison, Long*, Soc. **1958** 211, 214). Beim Behandeln von Phosphorsäure-mono-[4-aminomethyl-5-hydroxy-6-methyl-[3]pyridylmethylester] mit MnO_2 in wss. H_2SO_4 (*Mo., Long*). Beim Behandeln von Bis-[3-hydroxy-2-methyl-5-phosphonooxymethyl-[4]pyridyl]-äthandion mit wss. NaOH und wss. H_2O_2 oder mit wss. $NaIO_4$ (*Mo., Long*).

Kristalle (aus H_2O); F: 203—205°. λ_{max} (wss. Lösung vom pH 7): 318 nm.

3-Hydroxy-5-hydroxymethyl-2-methyl-isonicotinsäure-amid $C_8H_{10}N_2O_3$, Formel XI (R = H, X = NH_2).

Hydrochlorid $C_8H_{10}N_2O_3 \cdot HCl$. *B.* Beim Erwärmen von 5-Chlormethyl-3-hydroxy-

2-methyl-isonicotinonitril-hydrochlorid mit H_2O (*Heyl*, Am. Soc. **70** [1948] **3434**). — Kristalle (aus A.); F: 210—211° [Zers.].

5-Acetoxymethyl-3-hydroxy-2-methyl-isonicotinonitril $C_{10}H_{10}N_2O_3$, Formel XII (R = H).

B. Beim Erwärmen von 3-Acetoxy-5-acetoxymethyl-2-methyl-isonicotinonitril mit Natriumäthylat in Äthanol (*Heyl*, Am. Soc. **70** [1948] **3434**).

Kristalle (aus A.); F: 209—210°.

3-Acetoxy-5-acetoxymethyl-2-methyl-isonicotinonitril $C_{12}H_{12}N_2O_4$, Formel XII (R = CO-CH_3).

B. Beim Erhitzen von Pyridoxal-oxim (E III/IV **21** 6426) mit Acetanhydrid (*Heyl*, Am. Soc. **70** [1948] **3434**).

Kristalle (aus Ae. + PAe.); F: 62—63°.

3-Hydroxy-5-hydroxymethyl-2-methyl-isonicotinsäure-hydrazid $C_8H_{11}N_3O_3$, Formel XI (R = H, X = NH-NH_2).

B. Aus 3-Hydroxy-5-hydroxymethyl-2-methyl-isonicotinsäure-5-lacton beim Behandeln mit $N_2H_4 \cdot H_2O$ in H_2O (*Emoto*, J. scient. Res. Inst. Tokyo **47** [1953] **37**) oder in wss. Äthanol (*Isler et al.*, Helv. **38** [1955] **1033**, **1045**).

Kristalle; F: 189—190° [aus H_2O] (*Em.*), 184—186° [aus Acetonitril] (*Yale et al.*, Am. Soc. **75** [1953] **1933**, **1934**), 179° [unkorr.; aus A.] (*Is. et al.*).

XII XIII XIV

5-Acetoxy-2-hydroxy-4,6-dimethyl-nicotinsäure-amid $C_{10}H_{12}N_2O_4$, Formel XIII, und Tautomeres (5-Acetoxy-4,6-dimethyl-2-oxo-1,2-dihydro-pyridin-3-carbonsäure-amid).

B. Beim Erwärmen von Cyanessigsäure-äthylester mit 3-Acetoxy-pentan-2,4-dion und wenig Piperidin in Äthanol und Behandeln der eingeengten Reaktionslösung mit konz. wss. NH_3 (*Merck & Co. Inc.*, U.S.P. 2481573 [1945]).

F: 345—346° [Zers.].

5-Acetoxy-2-hydroxy-4,6-dimethyl-nicotinonitril $C_{10}H_{10}N_2O_3$, Formel XIV, und Tautomeres (5-Acetoxy-4,6-dimethyl-2-oxo-1,2-dihydro-pyridin-3-carbonitril).

B. Beim Erwärmen von Cyanessigsäure-amid mit 3-Acetoxy-pentan-2,4-dion und wenig Piperidin in Äthanol (*Merck & Co. Inc.*, U.S.P. 2481573 [1945]).

F: 313° [Zers.].

5-Hydroxy-4-hydroxymethyl-6-methyl-nicotinsäure, Pyridoxin-5-säure $C_8H_9NO_4$, Formel I (R = H, X = OH) auf S. 2473.

B. Neben anderen Verbindungen aus Pyridoxin (E III/IV **21** 2509) mit Hilfe von Pseudomonas-Kulturen (*Rodwell et al.*, J. biol. Chem. **233** [1958] **1548**, **1552**).

Blassgelbe Kristalle (aus A.); F: 280—283° [Zers.] (*Argoudelis*, *Kummerow*, Biochim. biophys. Acta **74** [1963] **568**); Zers. bei 273° [korr.] (*Ro. et al.*). λ_{max}: 296 nm [wss. HCl (0,1 n)], 267 nm und 327 nm [wss. Lösung vom pH 7] bzw. 315 nm [wss. NaOH (0,1 n)] (*Ro. et al.*).

5-Methoxy-4-methoxymethyl-6-methyl-nicotinsäure $C_{10}H_{13}NO_4$, Formel I (R = CH_3, X = OH) auf S. 2473.

B. Aus 3-Methoxy-4-methoxymethyl-2-methyl-x-nitro-chinolin (E III/IV **21** 2273) beim Erwärmen mit $SnCl_2$ und HCl, Behandeln des erhaltenen 3-Methoxy-4-methoxymethyl-2-methyl-[x]chinolylamins $C_{13}H_{16}N_2O_2$ ($Kp_{0,4}$: 160°) in wss. $Ba(OH)_2$ mit

$Ba(MnO_4)_2$ und anschliessenden Erhitzen der erhaltenen 5-Methoxy-4-methoxymethyl-6-methyl-pyridin-2,3-dicarbonsäure [gelbes Pulver] (*I. G. Farbenind.*, D.R.P. 699555 [1939]; D.R.P. Org. Chem. **6** 2530; *Winthrop Chem. Co.*, U.S.P. 2250396 [1940]).
F: 134°.

5-Acetoxy-4-acetoxymethyl-6-methyl-nicotinsäure $C_{12}H_{13}NO_6$, Formel I (R = $CO-CH_3$, X = OH).

B. Beim Behandeln von [5-Acetoxy-4-acetoxymethyl-6-methyl-[3]pyridyl]-methanol mit CrO_3 in wss. Essigsäure (*Testa, Fava,* Chimia **11** [1957] 307).

Kristalle (aus A.) mit 1 Mol H_2O; F: 172° [nach Sintern bei 165°].

5-Methoxy-4-methoxymethyl-6-methyl-nicotinsäure-methylester $C_{11}H_{15}NO_4$, Formel I (R = CH_3, X = $O-CH_3$).

B. Aus 5-Methoxy-4-methoxymethyl-6-methyl-nicotinsäure (*I. G. Farbenind.*, D.R.P. 699555 [1939]; D.R.P. Org. Chem. **6** 2530; *Winthrop Chem. Co.*, U.S.P. 2250396 [1940]).

Kp_2: 135° (*I. G. Farbenind.*; *Winthrop Chem. Co.*).

Picrat. F: 129° [aus A.] (*Winthrop Chem. Co.*).

5-Methoxy-4-methoxymethyl-6-methyl-nicotinsäure-amid $C_{10}H_{14}N_2O_3$, Formel I (R = CH_3, X = NH_2).

B. Beim Behandeln des aus 5-Methoxy-4-methoxymethyl-6-methyl-nicotinsäure und $SOCl_2$ hergestellten Säurechlorids mit konz. wss. NH_3 (*I. G. Farbenind.*, D.R.P. 710396 [1939]; D.R.P. Org. Chem. **6** 2538; *Winthrop Chem. Co.*, U.S.P. 2250396 [1940]).

Kristalle; F: 130°.

Beim Erhitzen mit $POCl_3$ ist 5-Methoxy-4-methoxymethyl-6-methyl-nicotinonitril $C_{10}H_{12}N_2O_2$ ($Kp_{0,01}$: 80—90° [Badtemperatur]) erhalten worden.

2-Hydroxy-6-hydroxymethyl-4-methyl-nicotinsäure $C_8H_9NO_4$, Formel II (R = H), und Tautomeres (6-Hydroxymethyl-4-methyl-2-oxo-1,2-dihydro-pyridin-3-carbonsäure).

B. Beim Erwärmen von 6-Äthoxymethyl-2-hydroxy-4-methyl-nicotinonitril mit H_2SO_4 (SO_3 enthaltend) und Behandeln des Reaktionsgemisches mit Eis und mit $NaNO_2$ in H_2O (*Wenner, Plati,* J. org. Chem. **11** [1946] 751, 757).

Kristalle (aus H_2O); F: 223—224° [unkorr.; Zers.].

2-Hydroxy-6-methoxymethyl-4-methyl-nicotinsäure $C_9H_{11}NO_4$, Formel II (R = CH_3), und Tautomeres (6-Methoxymethyl-4-methyl-2-oxo-1,2-dihydro-pyridin-3-carbonsäure).

B. Beim Erhitzen von 2-Hydroxy-6-methoxymethyl-4-methyl-nicotinonitril mit wss. NaOH auf 170° (*Wenner, Plati,* J. org. Chem. **11** [1946] 751, 758).

Kristalle (aus A.); F: 200—201° [unkorr.].

6-Äthoxymethyl-2-hydroxy-4-methyl-nicotinsäure $C_{10}H_{13}NO_4$, Formel II (R = C_2H_5), und Tautomeres (6-Äthoxymethyl-4-methyl-2-oxo-1,2-dihydro-pyridin-3-carbonsäure).

B. Beim Erhitzen von 6-Äthoxymethyl-2-hydroxy-4-methyl-nicotinonitril mit wss. NaOH auf 170° (*Wenner, Plati,* J. org. Chem. **11** [1946] 751, 757).

Kristalle (aus H_2O); F: 177—179° [unkorr.].

2-Hydroxy-6-hydroxymethyl-4-methyl-nicotinonitril $C_8H_8N_2O_2$, Formel III (R = X = H), und Tautomeres (6-Hydroxymethyl-4-methyl-2-oxo-1,2-dihydro-pyridin-3-carbonitril).

B. Beim Behandeln von 6-Äthoxymethyl-2-hydroxy-4-methyl-nicotinonitril mit H_2SO_4 [SO_3 enthaltend] (*Wenner, Plati,* J. org. Chem. **11** [1946] 751, 757).

Kristalle (aus H_2O); F: 224—227° [unkorr.; Zers.].

2-Hydroxy-6-methoxymethyl-4-methyl-nicotinonitril $C_9H_{10}N_2O_2$, Formel III (R = CH_3, X = H), und Tautomeres (6-Methoxymethyl-4-methyl-2-oxo-1,2-dihydro-pyridin-3-carbonitril).

B. Neben 2-Hydroxy-4-methoxymethyl-6-methyl-nicotinonitril (Hauptprodukt) beim

Behandeln von Cyanessigsäure-amid mit 1-Methoxy-pentan-2,4-dion in Äthanol unter Zusatz von Piperidin (*Wenner, Plati,* J. org. Chem. **11** [1946] 751, 756; *Mariella, Belcher,* Am. Soc. **74** [1952] 4049).

Kristalle; F: 154° (*Ma., Be.*), 152° [unkorr.; aus E.] (*We., Pl.*). Fluorescenzmaximum der Kristalle: 410 nm; einer gepufferten wss. Lösung vom pH 7: 375 nm (*Chan-Magnetowa,* Biofiz. **3** [1958] 558, 560; engl. Ausg. S. 528, 531).

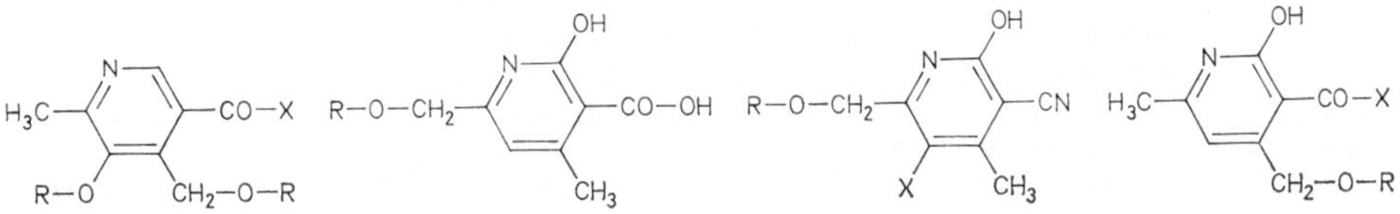

I II III IV

6-Äthoxymethyl-2-hydroxy-4-methyl-nicotinonitril $C_{10}H_{12}N_2O_2$, Formel III ($R = C_2H_5$, $X = H$), und Tautomeres (6-Äthoxymethyl-4-methyl-2-oxo-1,2-dihydro-pyridin-3-carbonitril).

B. Neben 4-Äthoxymethyl-2-hydroxy-6-methyl-nicotinonitril (Hauptprodukt) beim Behandeln von Cyanessigsäure-amid mit 1-Äthoxy-pentan-2,4-dion in Äthanol unter Zusatz von Piperidin (*Wenner, Plati,* J. org. Chem. **11** [1946] 751, 756).

F: 130° [unkorr.].

2-Hydroxy-6-methoxymethyl-4-methyl-5-nitro-nicotinonitril $C_9H_9N_3O_4$, Formel III ($R = CH_3$, $X = NO_2$), und Tautomeres (6-Methoxymethyl-4-methyl-5-nitro-2-oxo-1,2-dihydro-pyridin-3-carbonitril).

B. Beim Behandeln von 2-Hydroxy-6-methoxymethyl-4-methyl-nicotinonitril mit Acetanhydrid und rauchendem HNO_3 unter Zusatz von Harnstoff (*Heyl et al.,* Am. Soc. **78** [1956] 4474).

Kristalle (aus A.); F: 191—192°.

2-Hydroxy-4-hydroxymethyl-6-methyl-nicotinsäure $C_8H_9NO_4$, Formel IV ($R = H$, $X = OH$), und Tautomeres (4-Hydroxymethyl-6-methyl-2-oxo-1,2-dihydro-pyridin-3-carbonsäure).

B. Beim Erhitzen von 4-Äthoxymethyl-2-hydroxy-6-methyl-nicotinonitril mit wss. H_2SO_4 (*Bruce, Coover,* Am. Soc. **66** [1944] 2092). Beim Erhitzen von 2-Hydroxy-4-hydroxymethyl-6-methyl-nicotinsäure-4-lacton mit wss. NaOH (*Wenner, Plati,* J. org. Chem. **11** [1946] 751, 758).

Kristalle, Zers. bei 340° (*Br., Co.*); die Verbindung schmilzt im auf 250° vorgeheizten Block unter Aufschäumen und (nach Wiedererstarren) bei ca. 300° [Zers.] (*We., Pl.*).

2-Hydroxy-4-methoxymethyl-6-methyl-nicotinsäure $C_9H_{11}NO_4$, Formel IV ($R = CH_3$, $X = OH$), und Tautomeres (4-Methoxymethyl-6-methyl-2-oxo-1,2-dihydro-pyridin-3-carbonsäure).

B. Beim Erhitzen von 2-Hydroxy-4-methoxymethyl-6-methyl-nicotinonitril mit wss. NaOH auf 170° (*Wenner, Plati,* J. org. Chem. **11** [1946] 751, 758).

Kristalle (aus A.); F: 222—223° [unkorr.; Zers.].

4-Äthoxymethyl-2-hydroxy-6-methyl-nicotinsäure $C_{10}H_{13}NO_4$, Formel IV ($R = C_2H_5$, $X = OH$), und Tautomeres (4-Äthoxymethyl-6-methyl-2-oxo-1,2-dihydro-pyridin-3-carbonsäure).

B. Beim Erhitzen von 4-Äthoxymethyl-2-hydroxy-6-methyl-nicotinonitril mit wss. NaOH auf 170° (*Wenner, Plati,* J. org. Chem. **11** [1946] 751, 758). Beim Erhitzen von 4-Äthoxymethyl-2-hydroxy-6-methyl-nicotinsäure-äthylester mit wss. Alkalilauge (*We., Pl.*).

Kristalle (aus A.); F: 218—219° [unkorr.].

4-Acetoxymethyl-2-hydroxy-6-methyl-nicotinsäure $C_{10}H_{11}NO_5$, Formel IV ($R = CO\text{-}CH_3$, $X = OH$), und Tautomeres (4-Acetoxymethyl-6-methyl-2-oxo-1,2-dihydro-pyridin-3-carbonsäure).

B. Beim Erhitzen von 2-Hydroxy-4-hydroxymethyl-6-methyl-nicotinsäure mit Acet=

anhydrid (*Mariella, Belcher*, Am. Soc. **74** [1952] 4049).
Blassgelbe Kristalle (aus wss. A.); F: 226°.

4-Äthoxymethyl-2-hydroxy-6-methyl-nicotinsäure-äthylester $C_{12}H_{17}NO_4$, Formel IV ($R = C_2H_5$, $X = O\text{-}C_2H_5$), und Tautomeres (4-Äthoxymethyl-6-methyl-2-oxo-1,2-dihydro-pyridin-3-carbonsäure-äthylester).

B. Beim Erwärmen von Cyanessigsäure-äthylester mit 1-Äthoxy-pentan-2,4-dion und Piperidin in Äthanol (*Wenner, Plati*, J. org. Chem. **11** [1946] 751, 758; *Wyeth Inc.*, U.S.P. 2532055 [1945]). Beim Erwärmen von Malonsäure-diäthylester mit 1-Äthoxy-4-amino-pent-3-en-2-on (E III **1** 3316) und Natriumäthylat in Äthanol (*Hoffmann-La Roche*, U.S.P. 2384136 [1941]).

Kristalle; F: 138–138,5° [aus A.] (*Wyeth Inc.*), 132° [unkorr.] (*We., Pl.*), 117–118° (*Hoffmann-La Roche*).

2-Hydroxy-4-hydroxymethyl-6-methyl-nicotinsäure-amid $C_8H_{10}N_2O_3$, Formel IV ($R = H$, $X = NH_2$), und Tautomeres (4-Hydroxymethyl-6-methyl-2-oxo-1,2-dihydro-pyridin-3-carbonsäure-amid).

B. Beim Behandeln von 2-Hydroxy-4-hydroxymethyl-6-methyl-nicotinsäure-4-lacton in H_2O mit NH_3 (*Bruce, Coover*, Am. Soc. **66** [1944] 2092).

Kristalle (aus H_2O oder wss. A.); Zers. bei ca. 360°.

2-Methoxy-4-methoxymethyl-6-methyl-nicotinsäure-amid $C_{10}H_{14}N_2O_3$, Formel V.

B. Beim Erwärmen von 2-Chlor-4-methoxymethyl-6-methyl-nicotinonitril mit Natriummethylat in feuchtem Methanol (*Mariella, Belcher*, Am. Soc. **74** [1952] 4049).

F: 126–127°.

4-Äthoxymethyl-2-hydroxy-6-methyl-nicotinsäure-amid $C_{10}H_{14}N_2O_3$, Formel IV ($R = C_2H_5$, $X = NH_2$), und Tautomeres (4-Äthoxymethyl-6-methyl-2-oxo-1,2-dihydro-pyridin-3-carbonsäure-amid).

B. Beim Erwärmen von Malonamid mit 1-Äthoxy-pentan-2,4-dion und Piperidin in Äthanol (*Wyeth Inc.*, U.S.P. 2532055 [1945]). Beim Erhitzen von Malonamid mit 1-Äthoxy-4-amino-pent-3-en-2-on (E III **1** 3316) auf 180–185° (*Hoffmann-La Roche*, U.S.P. 2384136 [1941]).

Kristalle; F: 273–274° [aus wss. A.] (*Wyeth Inc.*), 266–267° [aus wss. Eg.] (*Hoffmann-La Roche*).

2-Hydroxy-4-methoxymethyl-6-methyl-nicotinonitril $C_9H_{10}N_2O_2$, Formel VI ($R = CH_3$, $R' = H$), und Tautomeres (4-Methoxymethyl-6-methyl-2-oxo-1,2-dihydro-pyridin-3-carbonitril).

B. Als Hauptprodukt neben 2-Hydroxy-6-methoxymethyl-4-methyl-nicotinonitril beim Behandeln von Cyanessigsäure-amid mit 1-Methoxy-pentan-2,4-dion in Äthanol unter Zusatz von Piperidin (*Wenner, Plati*, J. org. Chem. **11** [1946] 751, 756; *Mariella, Belcher*, Am. Soc. **74** [1952] 4049; s. a. *Bruce, Coover*, Am. Soc. **66** [1944] 2092; *Makino et al.*, Bl. chem. Soc. Japan **19** [1944] 1, 3; *Merck & Co. Inc.*, U.S.P. 2422616 [1943]). Beim Erwärmen von Cyanessigsäure-äthylester mit 1-Methoxy-pentan-2,4-dion und wss. NH_3 (*E. Merck*, D.R.P. 707266 [1939]; D.R.P. Org. Chem. **3** 348).

Kristalle; F: 242–243° [aus Eg.] (*Merck & Co. Inc.*), 241–242° [aus A.] (*Br., Co.*), 241° (*Ma., Be.*), 226° [aus A.] (*Ma. et al.*).

2-Methoxy-4-methoxymethyl-6-methyl-nicotinonitril $C_{10}H_{12}N_2O_2$, Formel VI ($R = R' = CH_3$).

B. Beim Erwärmen von 2-Chlor-4-methoxymethyl-6-methyl-nicotinonitril mit Natriummethylat in Methanol (*Mariella, Belcher*, Am. Soc. **74** [1952] 4049).

Kristalle; F: 56–58° [nach Sublimation im Vakuum].

4-Äthoxymethyl-2-hydroxy-6-methyl-nicotinonitril $C_{10}H_{12}N_2O_2$, Formel VI ($R = C_2H_5$, $R' = H$), und Tautomeres (4-Äthoxymethyl-6-methyl-2-oxo-1,2-dihydro-pyridin-3-carbonitril).

B. Als Hauptprodukt neben 6-Äthoxymethyl-2-hydroxy-4-methyl-nicotinonitril beim Behandeln von Cyanessigsäure-amid mit 1-Äthoxy-pentan-2,4-dion unter Zusatz von

Piperidin in Äthanol (*Wenner, Plati*, J. org. Chem. **11** [1946] 751, 756; s. a. *Harris et al.*, Am. Soc. **61** [1939] 1242; *Makino et al.*, Bl. chem. Soc. Japan **19** [1944] 1, 4). Beim Erwärmen der Natrium-Verbindung von 1-Äthoxy-pentan-2,4-dion mit Cyanessigsäure-amid in Methanol unter Zusatz von wss. HCl (*Suzuki et al.*, Ann. Rep. Takamine Labor. **3** [1951] 11, 12; C. A. **1955** 316). Aus 1-Äthoxy-4-amino-pent-3-en-2-on (E III **1** 3316) beim Erhitzen mit Cyanessigsäure-amid auf 140—150° oder beim Behandeln mit Malononitril und H_2O (*Hoffmann-La Roche*, U.S.P. 2384136 [1941]).

Kristalle (aus A.); F: 210° (*Ha. et al.*; *Ma. et al.*; *Hoffmann-La Roche*). IR-Spektrum (Nujol; 2—15 μ): *Sensi, Gallo*, Ann. Chimica **44** [1954] 232, 241.

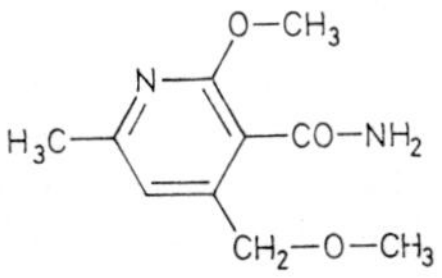

V 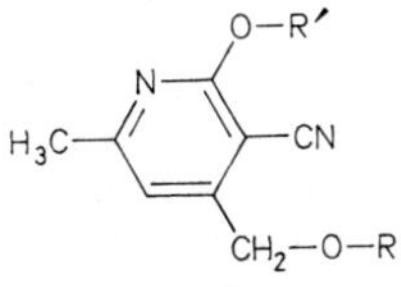 VI 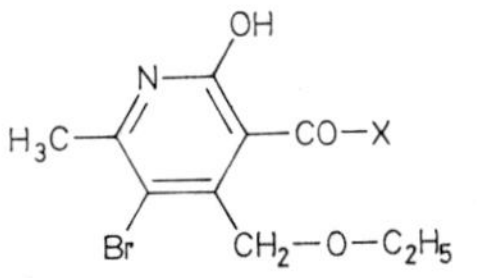 VII 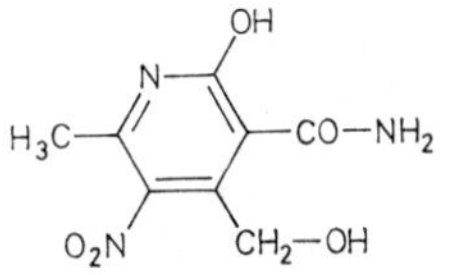 VIII

4-Äthoxymethyl-2-methoxy-6-methyl-nicotinonitril $C_{11}H_{14}N_2O_2$, Formel VI (R = C_2H_5, R′ = CH_3).

B. In geringer Menge neben 4-Äthoxymethyl-1,6-dimethyl-2-oxo-1,2-dihydro-pyridin-3-carbonitril beim Erwärmen von 4-Äthoxymethyl-2-hydroxy-6-methyl-nicotinonitril mit wss. NaOH und Dimethylsulfat (*Plati, Wenner*, J. org. Chem. **14** [1949] 447, 450).

Kristalle (aus wss. Me.); F: 80—81°.

4-Benzyloxymethyl-2-hydroxy-6-methyl-nicotinonitril $C_{15}H_{14}N_2O_2$, Formel VI (R = CH_2-C_6H_5, R′ = H), und Tautomeres (4-Benzyloxymethyl-6-methyl-2-oxo-1,2-dihydro-pyridin-3-carbonitril).

B. Beim Erwärmen von Cyanessigsäure-amid mit 1-Benzyloxy-pentan-2,4-dion und Piperidin in Äthanol (*Wenner, Plati*, J. org. Chem. **11** [1946] 751, 756).

Kristalle (aus Butan-1-ol); F: 208—210° [unkorr.].

4-Äthoxymethyl-2-hydroxy-6-methyl-nicotinsäure-hydrazid $C_{10}H_{15}N_3O_3$, Formel IV (R = C_2H_5, X = NH-NH_2) auf S. 2473, und Tautomeres (4-Äthoxymethyl-6-methyl-2-oxo-1,2-dihydro-pyridin-3-carbonsäure-hydrazid).

B. Beim Erhitzen von 4-Äthoxymethyl-2-hydroxy-6-methyl-nicotinsäure-äthylester mit wss. $N_2H_4 \cdot H_2O$ (*Gardner et al.*, J. org. Chem. **21** [1956] 530, 531).

Kristalle (aus H_2O); F: 220—222° [korr.].

4-Äthoxymethyl-5-brom-2-hydroxy-6-methyl-nicotinsäure-äthylester $C_{12}H_{16}BrNO_4$, Formel VII (X = O-C_2H_5), und Tautomeres (4-Äthoxymethyl-5-brom-6-methyl-2-oxo-1,2-dihydro-pyridin-3-carbonsäure-äthylester).

B. Beim Behandeln von 4-Äthoxymethyl-2-hydroxy-6-methyl-nicotinsäure-äthylester in Essigsäure mit Brom (*Wyeth Inc.*, U.S.P. 2532055 [1945]).

Kristalle (aus A.); F: 181°.

4-Äthoxymethyl-5-brom-2-hydroxy-6-methyl-nicotinsäure-amid $C_{10}H_{13}BrN_2O_3$, Formel VII (X = NH_2), und Tautomeres (4-Äthoxymethyl-5-brom-6-methyl-2-oxo-1,2-dihydro-pyridin-3-carbonsäure-amid).

B. Beim Behandeln von 4-Äthoxymethyl-2-hydroxy-6-methyl-nicotinsäure-amid in Essigsäure mit Brom (*Wyeth Inc.*, U.S.P. 2532055 [1945]).

Kristalle (aus Eg.); F: 310°.

2-Hydroxy-4-hydroxymethyl-6-methyl-5-nitro-nicotinsäure-amid $C_8H_9N_3O_5$, Formel VIII, und Tautomeres (4-Hydroxymethyl-6-methyl-5-nitro-2-oxo-1,2-dihydro-pyridin-3-carbonsäure-amid).

B. Beim Behandeln von 2-Hydroxy-4-hydroxymethyl-6-methyl-5-nitro-nicotinsäure-4-lacton in H_2O mit NH_3 (*Bruce, Coover*, Am. Soc. **66** [1944] 2092).

Kristalle; F: 280° [Zers.].

2-Hydroxy-4-methoxymethyl-6-methyl-5-nitro-nicotinonitril $C_9H_9N_3O_4$, Formel IX ($R = CH_3$), und Tautomeres (4-Methoxymethyl-6-methyl-5-nitro-2-oxo-1,2-dihydro-pyridin-3-carbonitril).

B. Beim Behandeln von 2-Hydroxy-4-methoxymethyl-6-methyl-nicotinonitril mit rauchendem HNO_3 und Acetanhydrid (*Bruce, Coover*, Am. Soc. **66** [1944] 2092; *Makino et al.*, Bl. chem. Soc. Japan **19** [1944] 1, 4).

Kristalle (aus A.); F: 212° (*Br., Co.*), 210° (*Ma. et al.*).

4-Äthoxymethyl-2-hydroxy-6-methyl-5-nitro-nicotinonitril $C_{10}H_{11}N_3O_4$, Formel IX ($R = C_2H_5$), und Tautomeres (4-Äthoxymethyl-6-methyl-5-nitro-2-oxo-1,2-dihydro-pyridin-3-carbonitril).

B. Aus 4-Äthoxymethyl-2-hydroxy-6-methyl-nicotinonitril beim Behandeln mit HNO_3 und Acetanhydrid unter Zusatz von Harnstoff (*Harris, Folkers*, Am. Soc. **61** [1939] 1245; *Suzuki et al.*, Ann. Rep. Takamine Labor. **3** [1951] 11, 12; C. A. **1955** 316) oder beim Erwärmen mit $Fe(NO_3)_3 \cdot 9\,H_2O$ und Acetanhydrid (*Merck & Co. Inc.*, U.S.P. 2382876 [1942]).

Kristalle; F: 164–165° [aus H_2O, A., Bzl. oder E.] (*Merck & Co. Inc.*; s. a. *Ha., Fo.*), 163–165,5° [aus Me.] (*Su. et al.*), 157° (*Makino et al.*, Bl. chem. Soc. Japan **19** [1944] 1, 4). IR-Spektrum (Nujol; 2–15 μ): *Sensi, Gallo*, Ann. Chimica **44** [1954] 232, 241.

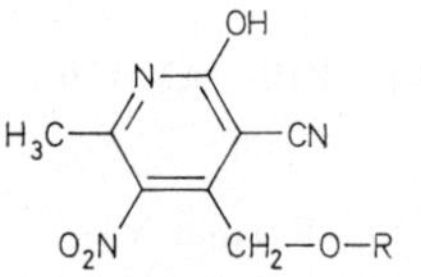

IX 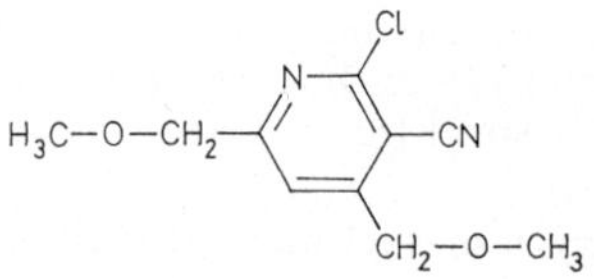 X 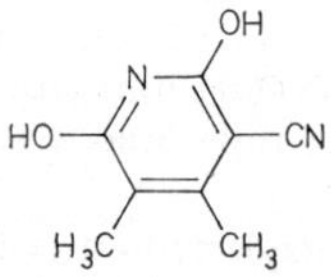 XI

2-Chlor-4,6-bis-methoxymethyl-nicotinonitril $C_{10}H_{11}ClN_2O_2$, Formel X.

B. Beim Erhitzen von 2-Hydroxy-4,6-bis-methoxymethyl-nicotinonitril mit PCl_5 und $POCl_3$ (*Mariella, Havlik*, Am. Soc. **73** [1951] 1864).

Kristalle (nach Sublimation im Vakuum); F: 77,5°.

2,6-Dihydroxy-4,5-dimethyl-nicotinonitril $C_8H_8N_2O_2$, Formel XI, und Tautomere (H 260; E II 191).

B. Beim 4-tägigen Behandeln von 2-Methyl-acetessigsäure-amid mit Cyanessigsäure-äthylester und wss. NH_3 (*Wibaut, Kooyman*, R. **63** [1944] 231, 235; s. a. H 260).

Ammonium-Salz $[NH_4]C_8H_7N_2O_2$. Kristalle; F: 343° [korr.; Zers.].

Hydroxycarbonsäuren $C_9H_{11}NO_4$

5-Äthyl-2,4-dihydroxy-6-methyl-nicotinsäure-äthylester $C_{11}H_{15}NO_4$, Formel XII, und Tautomere (z.B. 5-Äthyl-4-hydroxy-6-methyl-2-oxo-1,2-dihydro-pyridin-3-carbonsäure-äthylester).

B. Beim Erhitzen von 2-Äthyl-3-amino-crotonsäure-äthylester (E III **3** 1239) mit Malonsäure-diäthylester und Natriumäthylat in Äthanol auf 150° (*Wibaut, Kooyman*, R. **63** [1944] 231, 238).

Kristalle; F: 196–197° [korr.] (*Wi., Ko.*), 195–197° (*Lutz, Schnider*, Chimia **12** [1958] 291).

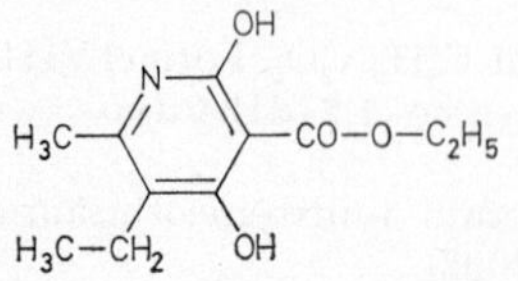

XII 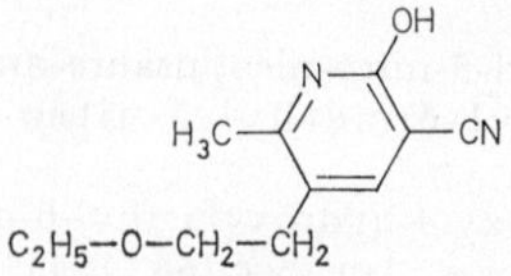 XIII 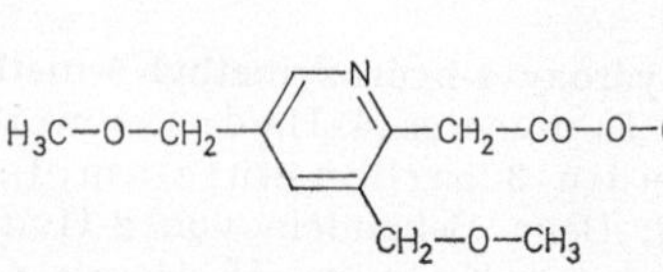 XIV

5-[2-Äthoxy-äthyl]-2-hydroxy-6-methyl-nicotinonitril $C_{11}H_{14}N_2O_2$, Formel XIII, und Tautomeres (5-[2-Äthoxy-äthyl]-6-methyl-2-oxo-1,2-dihydro-pyridin-3-carbonitril).

B. Aus 2-Acetyl-4-äthoxy-butyraldehyd und Cyanessigsäure-amid beim Erwärmen mit Piperidin und Essigsäure enthaltendem Äthanol (*Tracy, Elderfield*, J. org. Chem. **6** [1941] 63, 68).

Kristalle (aus A.); F: 179—181° [korr.].

[3,5-Bis-methoxymethyl-[2]pyridyl]-essigsäure-äthylester $C_{13}H_{19}NO_4$, Formel XIV.

B. Beim Behandeln von 3,5-Bis-methoxymethyl-2-methyl-pyridin mit KNH_2 in flüssigem NH_3 und Erwärmen des Reaktionsprodukts in Äther mit Diäthylcarbonat (*Bohlmann et al.*, B. **88** [1955] 1831, 1835).

Gelbliches Öl; $Kp_{0,02}$: 120—125°. IR-Banden (1725—1090 cm^{-1}): *Bo. et al.*

Picrat $C_{13}H_{19}NO_4 \cdot C_6H_3N_3O_7$. Kristalle (aus Me.); F: 114° [unkorr.].

6-Äthyl-2-hydroxy-4-methoxymethyl-nicotinonitril $C_{10}H_{12}N_2O_2$, Formel I ($R = CH_3$, $X = H$), und Tautomeres (6-Äthyl-4-methoxymethyl-2-oxo-1,2-dihydro-pyridin-3-carbonitril).

B. Beim Behandeln von 1-Methoxy-hexan-2,4-dion mit Cyanessigsäure-äthylester in Piperidin enthaltendem Äthanol (*Harris, Wilson*, Am. Soc. **63** [1941] 2526) oder in konz. wss. NH_3 (*Merck & Co. Inc.*, U.S.P. 2422616 [1943]).

Kristalle; F: 190—191° (*Ha., Wi.*), 187° (*Merck & Co. Inc.*).

4-Äthoxymethyl-6-äthyl-2-hydroxy-nicotinonitril $C_{11}H_{14}N_2O_2$, Formel I ($R = C_2H_5$, $X = H$), und Tautomeres (4-Äthoxymethyl-6-äthyl-2-oxo-1,2-dihydro-pyridin-3-carbonitril).

B. Beim Behandeln von Cyanessigsäure-amid mit 1-Äthoxy-hexan-2,4-dion und Piperidin in Äthanol (*Martin et al.*, J. biol. Chem. **174** [1948] 495, 497).

Kristalle (aus A.); F: 174—175°.

6-Äthyl-2-hydroxy-4-methoxymethyl-5-nitro-nicotinonitril $C_{10}H_{11}N_3O_4$, Formel I ($R = CH_3$, $X = NO_2$), und Tautomeres (6-Äthyl-4-methoxymethyl-5-nitro-2-oxo-1,2-dihydro-pyridin-3-carbonitril).

B. Beim Behandeln von 6-Äthyl-2-hydroxy-4-methoxymethyl-nicotinonitril mit rauchendem HNO_3 und Acetanhydrid unter Zusatz von Harnstoff (*Harris, Wilson*, Am. Soc. **63** [1941] 2526).

Kristalle; F: 171—172°.

4-Äthoxymethyl-6-äthyl-2-hydroxy-5-nitro-nicotinonitril $C_{11}H_{13}N_3O_4$, Formel I ($R = C_2H_5$, $X = NO_2$), und Tautomeres (4-Äthoxymethyl-6-äthyl-5-nitro-2-oxo-1,2-dihydro-pyridin-3-carbonitril).

B. Beim Behandeln von 4-Äthoxymethyl-6-äthyl-2-hydroxy-nicotinonitril mit rauchendem HNO_3 und Acetanhydrid unter Zusatz von Harnstoff (*Martin et al.*, J. biol. Chem. **174** [1938] 495, 497).

Kristalle; F: 127—128°.

Hydroxycarbonsäuren $C_{10}H_{13}NO_4$

2,4-Dihydroxy-6-methyl-5-propyl-nicotinsäure-äthylester $C_{12}H_{17}NO_4$, Formel II ($R = CH_2\text{-}CH_2\text{-}CH_3$), und Tautomere (z.B. 4-Hydroxy-6-methyl-2-oxo-5-propyl-1,2-dihydro-pyridin-3-carbonsäure-äthylester).

B. Beim Erhitzen von 3-Amino-2-propyl-crotonsäure-äthylester mit Malonsäure-diäthylester und Natriumäthylat in Äthanol (*Woodburn, Hellmann*, Am. Soc. **70** [1948] 2294; *Ishiguro et al.*, J. pharm. Soc. Japan **78** [1958] 216, 219; C. A. **1958** 11846).

Kristalle; F: 192—193° (*Wo., He.*), 191—193° [aus A.] (*Ish. et al.*).

2,4-Dihydroxy-5-isopropyl-6-methyl-nicotinsäure-äthylester $C_{12}H_{17}NO_4$, Formel II ($R = CH(CH_3)_2$), und Tautomere (z. B. 4-Hydroxy-5-isopropyl-6-methyl-2-oxo-1,2-dihydro-pyridin-3-carbonsäure-äthylester).

B. Beim Erhitzen von 3-Amino-2-isopropyl-crotonsäure-äthylester mit Malonsäure-di=

äthylester und Natriumäthylat in Äthanol (*Ishiguro et al.*, J. pharm. Soc. Japan **78** [1958] 216, 219; C. A. **1958** 11846).

Kristalle (aus A.); F: 220—221°.

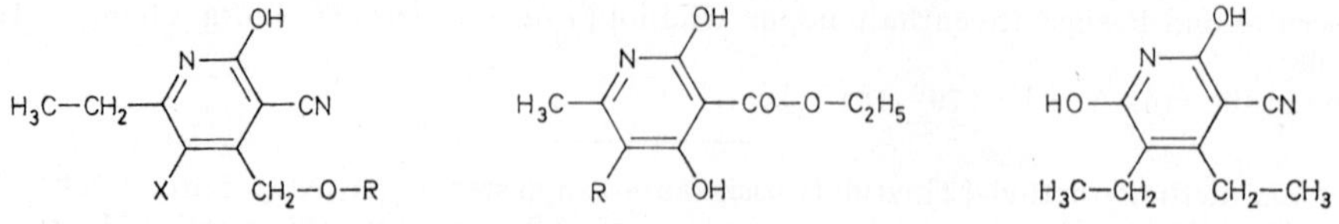

I II III

4,5-Diäthyl-2,6-dihydroxy-nicotinonitril $C_{10}H_{12}N_2O_2$, Formel III, und Tautomere.

B. Beim 6-tägigen Behandeln von 2-Äthyl-3-oxo-valeriansäure-äthylester mit konz. wss. NH_3 und anschliessenden 4-tägigen Behandeln des Reaktionsgemisches mit Cyanessigsäure-äthylester (*Govindachari et al.*, Soc. **1957** 551, 555).

Kristalle (aus H_2O); F: 186—187° [Zers.].

5-[2-Acetoxy-äthyl]-2-hydroxy-4,6-dimethyl-nicotinonitril $C_{12}H_{14}N_2O_3$, Formel IV, und Tautomeres (5-[2-Acetoxy-äthyl]-4,6-dimethyl-2-oxo-1,2-dihydro-pyridin-3-carbonitril).

B. Aus 3-[2-Acetoxy-äthyl]-pentan-2,4-dion und Cyanessigsäure-amid (*Henecka*, B. **81** [1948] 179, 189).

Kristalle (aus wss. Eg.); F: 228—229°.

Hydroxycarbonsäuren $C_{11}H_{15}NO_4$

5-Butyl-2,4-dihydroxy-6-methyl-nicotinsäure-äthylester $C_{13}H_{19}NO_4$, Formel II ($R = [CH_2]_3$-CH_3), und Tautomere (z.B. 5-Butyl-4-hydroxy-6-methyl-2-oxo-1,2-dihydro-pyridin-3-carbonsäure-äthylester).

B. Beim Erhitzen von 3-Amino-2-butyl-crotonsäure-äthylester (E III **3** 1253) mit Malonsäure-diäthylester und Natriumäthylat in Äthanol (*Woodburn, Hellmann*, Am. Soc. **70** [1948] 2294; *Ishiguro et al.*, J. pharm. Soc. Japan **78** [1958] 216, 219; C. A. **1958** 11846).

Kristalle; F: 188—189° [aus A.] (*Ish. et al.*), 182—184° (*Wo., He.*).

(±)-5-*sec*-Butyl-2,4-dihydroxy-6-methyl-nicotinsäure-äthylester $C_{13}H_{19}NO_4$, Formel II ($R = CH(CH_3)$-CH_2-CH_3), und Tautomere (z. B. (±)-5-*sec*-Butyl-4-hydroxy-6-methyl-2-oxo-1,2-dihydro-pyridin-3-carbonsäure-äthylester).

B. Beim Erhitzen von (±)-3-Amino-2-*sec*-butyl-crotonsäure-äthylester mit Malonsäure-diäthylester und Natriumäthylat in Äthanol (*Ishiguro et al.*, J. pharm. Soc. Japan **78** [1958] 216, 219; C. A. **1958** 11846).

Kristalle (aus A.); F: 186—186,5°.

2,4-Dihydroxy-5-isobutyl-6-methyl-nicotinsäure-äthylester $C_{13}H_{19}NO_4$, Formel II ($R = CH_2$-$CH(CH_3)_2$), und Tautomere (z. B. 4-Hydroxy-5-isobutyl-6-methyl-2-oxo-1,2-dihydro-pyridin-3-carbonsäure-äthylester).

B. Beim Erhitzen von 3-Amino-2-isobutyl-crotonsäure-äthylester mit Malonsäure-diäthylester und Natriumäthylat in Äthanol (*Ishiguro et al.*, J. pharm. Soc. Japan **78** [1958] 216, 219; C. A. **1958** 11846).

Kristalle (aus A.); F: 190—192°.

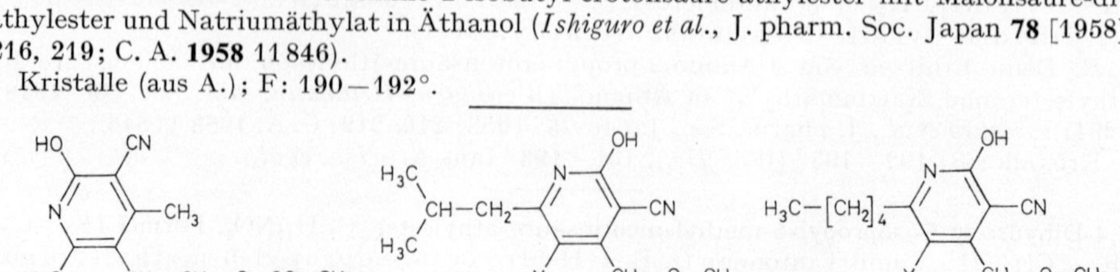

IV V VI

2-Hydroxy-6-isobutyl-4-methoxymethyl-nicotinonitril $C_{12}H_{16}N_2O_2$, Formel V (X = H), und Tautomeres (6-Isobutyl-4-methoxymethyl-2-oxo-1,2-dihydro-pyridin-3-carbonitril).

B. Beim Behandeln von Cyanessigsäure-amid mit 1-Methoxy-6-methyl-heptan-2,4-dion in Äthanol unter Zusatz von Piperidin (*Heyl et al.*, Am. Soc. **75** [1953] 4079).

Kristalle (aus A.); F: 204–205°.

2-Hydroxy-6-isobutyl-4-methoxymethyl-5-nitro-nicotinonitril $C_{12}H_{15}N_3O_4$, Formel V (X = NO_2), und Tautomeres (6-Isobutyl-4-methoxymethyl-5-nitro-2-oxo-1,2-dihydro-pyridin-3-carbonitril).

B. Beim Behandeln von 2-Hydroxy-6-isobutyl-4-methoxymethyl-nicotinonitril mit rauchendem HNO_3 und Acetanhydrid unter Zusatz von Harnstoff (*Heyl et al.*, Am. Soc. **75** [1953] 4079).

Kristalle (aus A.); F: 167–168°.

Hydroxycarbonsäuren $C_{12}H_{17}NO_4$

2-Hydroxy-4-methoxymethyl-6-pentyl-nicotinonitril $C_{13}H_{18}N_2O_2$, Formel VI (X = H), und Tautomeres (4-Methoxymethyl-2-oxo-6-pentyl-1,2-dihydro-pyridin-3-carbonitril).

B. Beim Behandeln von Cyanessigsäure-amid mit 1-Methoxy-nonan-2,4-dion in Äthanol unter Zusatz von Piperidin (*Heyl et al.*, Am. Soc. **75** [1953] 4079).

Kristalle (aus A.); F: 131–132°.

2-Hydroxy-4-methoxymethyl-5-nitro-6-pentyl-nicotinonitril $C_{13}H_{17}N_3O_4$, Formel VI (X = NO_2), und Tautomeres (4-Methoxymethyl-5-nitro-2-oxo-6-pentyl-1,2-dihydro-pyridin-3-carbonitril).

B. Beim Behandeln von 2-Hydroxy-4-methoxymethyl-6-pentyl-nicotinonitril mit rauchendem HNO_3 und Acetanhydrid unter Zusatz von Harnstoff (*Heyl et al.*, Am. Soc. **75** [1953] 4079).

Kristalle (aus wss. A.); F: 161–162°.

2,4-Dihydroxy-5-isopentyl-6-methyl-nicotinsäure-äthylester $C_{14}H_{21}NO_4$, Formel VII, und Tautomere (z. B. 4-Hydroxy-5-isopentyl-6-methyl-2-oxo-1,2-dihydro-pyridin-3-carbonsäure-äthylester).

B. Beim Erhitzen von 3-Amino-2-isopentyl-crotonsäure-äthylester mit Malonsäure-diäthylester und Natriumäthylat in Äthanol (*Ishiguro et al.*, J. pharm. Soc. Japan **78** [1958] 216, 219; C. A. **1958** 11846).

Kristalle (aus A.); F: 208°.

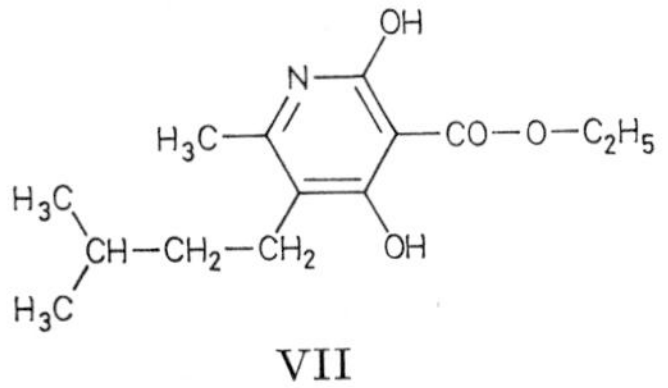

VII

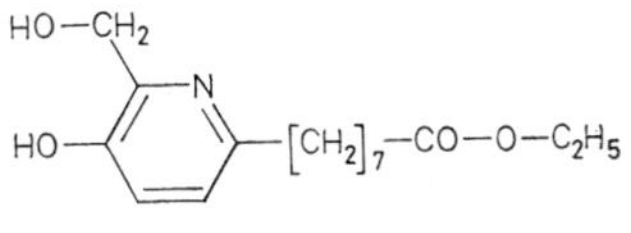

VIII

Hydroxycarbonsäuren $C_{14}H_{21}NO_4$

8-[5-Hydroxy-6-hydroxymethyl-[2]pyridyl]-octansäure-äthylester $C_{16}H_{25}NO_4$, Formel VIII.

B. Beim Erwärmen von 8-[5-Hydroxy-[2]pyridyl]-octansäure-hydrobromid (durch Erhitzen von [6-(5-Methoxy-[2]pyridyl)-hexyl]-malonsäure-diäthylester mit wss. HBr erhalten) mit wss. Formaldehyd in wss. NaOH und Erwärmen des Reaktionsprodukts mit HCl oder H_2SO_4 enthaltendem Äthanol (*Govindachari et al.*, Soc. **1957** 560, 562).

Picrat $C_{16}H_{25}NO_4 \cdot C_6H_3N_3O_7$. Kristalle (aus A.); F: 115°.

IX

(±)-8-Hydroxy-8-[5-methoxy-6-methyl-[2]pyridyl]-octansäure-methylester $C_{16}H_{25}NO_4$, Formel IX.

B. Beim Erhitzen von 5-Methoxy-6-methyl-pyridin-2-carbonsäure mit 8-Oxo-octansäure-methylester und *p*-Cymol (*Rapoport, Volcheck*, Am. Soc. **78** [1956] 2451, 2454).

Bei 0° erstarrendes Öl; $Kp_{0,7}$: 181,5–182,5°. n_D^{20}: 1,5068; n_D^{25}: 1,5053. λ_{max} (A.): 224 nm und 282 nm.

Hydroxycarbonsäuren $C_nH_{2n-9}NO_4$

Hydroxycarbonsäuren $C_9H_9NO_4$

2,4-Dihydroxy-6,7-dihydro-5*H*-[1]pyrindin-3-carbonsäure-äthylester $C_{11}H_{13}NO_4$, Formel X, und Tautomere (z. B. 4-Hydroxy-2-oxo-2,5,6,7-tetrahydro-1*H*-[1]pyrindin-3-carbonsäure-äthylester).

B. Beim Erhitzen von 2-Amino-cyclopent-1-encarbonsäure-äthylester (E III **10** 2810) mit Malonsäure-diäthylester und Natriumäthylat in Äthanol auf 110° (*Prelog, Szpilfogel*, Helv. **28** [1945] 1684, 1688).

Kristalle; F: 221° [korr.; Zers.; nach Sublimation im Hochvakuum].

1,3-Dihydroxy-6,7-dihydro-5*H*-[2]pyrindin-4-carbonsäure-äthylester $C_{11}H_{13}NO_4$, Formel XI, und Tautomere (z. B. 3-Hydroxy-1-oxo-2,5,6,7-tetrahydro-1*H*-[2]pyrindin-4-carbonsäure-äthylester).

B. Aus [2-Äthoxycarbonyl-cyclopentyliden]-cyan-essigsäure-äthylester (über die Konstitution dieser Verbindung s. *Kasturi, Srinivasan*, Tetrahedron **22** [1966] 2657) beim Erhitzen mit wss. HCl oder beim Behandeln mit H_2SO_4 (*Kon, Nanji*, Soc. **1932** 2426, 2430).

Kristalle (aus Eg.); F: 241° [Zers.] (*Kon, Na.*).

X XI XII XIII

1,3-Dihydroxy-6,7-dihydro-5*H*-[2]pyrindin-4-carbonitril $C_9H_8N_2O_2$, Formel XII, und Tautomere (z. B. 3-Hydroxy-1-oxo-2,5,6,7-tetrahydro-1*H*-[2]pyrindin-4-carbonitril).

B. Beim Erwärmen von 2-Oxo-cyclopentancarbonsäure-äthylester mit Cyanessigsäure-amid und Piperidin in wss. Äthanol (*Prelog, Metzler*, Helv. **29** [1946] 1170, 1171).

F: 276–278° [korr.; nach Sublimation unter vermindertem Druck].

(Ξ)-5,6-Dihydroxy-7-jod-indolin-2-carbonsäure-äthylester $C_{11}H_{12}INO_4$, Formel XIII.

Konstitution: *Büchi, Kamikawa*, J. org. Chem. **42** [1977] 4153.

B. Beim Behandeln von (Ξ)-7-Jod-5,6-dioxo-2,3,5,6-tetrahydro-indol-2-carbonsäure-äthylester in wss. Äthanol mit $Na_2S_2O_4$ (*Bu'Lock, Harley-Mason*, Soc. **1951** 2248, 2252).

Kristalle (aus E. + PAe.); F: 103° [Zers.] (*Bu'Lock, Ha.-Ma.*).

Hydroxycarbonsäuren $C_{10}H_{11}NO_4$

2,4-Dihydroxy-5,6,7,8-tetrahydro-chinolin-3-carbonsäure-äthylester $C_{12}H_{15}NO_4$, Formel I, und Tautomere (z. B. 4-Hydroxy-2-oxo-1,2,5,6,7,8-hexahydro-chinolin-3-carbonsäure-äthylester).

B. Beim Erhitzen von 2-Amino-cyclohex-1-encarbonsäure-äthylester (E III **10** 2815) mit Malonsäure-diäthylester und Natriumäthylat in Äthanol (*Prelog, Szpilfogel*, Helv. **28** [1945] 1684, 1690).

Kristalle (nach Sublimation im Hochvakuum); F: 234° [korr.; Zers.].

(±)-6,7-Dimethoxy-1,2,3,4-tetrahydro-isochinolin-1-carbonsäure-äthylester $C_{14}H_{19}NO_4$, Formel II (R = H).

B. Beim Erhitzen von [3,4-Dimethoxy-phenäthyl]-oxalamidsäure-äthylester mit $POCl_3$ in Äthanol und Toluol auf 120° und Hydrieren des Reaktionsprodukts an Platin in Methanol (*Grüssner et al.*, Helv. **42** [1959] 2431, 2436).

Hydrogenoxalat $C_{14}H_{19}NO_4 \cdot C_2H_2O_4$. Kristalle; F: 188–189° [korr.].

***Opt.-inakt. 2-[2-Äthoxycarbonylmethyl-butyryl]-6,7-dimethoxy-1,2,3,4-tetrahydro-isochinolin-1-carbonsäure-äthylester, 3-[1-Äthoxycarbonyl-6,7-dimethoxy-3,4-dihydro-1*H*-isochinolin-2-carbonyl]-valeriansäure-äthylester** $C_{22}H_{31}NO_7$, Formel II (R = CO-CH(C_2H_5)-CH_2-CO-O-C_2H_5).

B. Beim Behandeln der folgenden Verbindung mit wss.-äthanol. NaOH, Erwärmen der Tricarbonsäure mit Toluol auf 100° und Behandeln des Reaktionsprodukts mit äthanol. HCl (*Grüssner et al.*, Helv. **42** [1959] 2431, 2436).

Kristalle (aus Diisopropyläther); F: 139–140° [korr.].

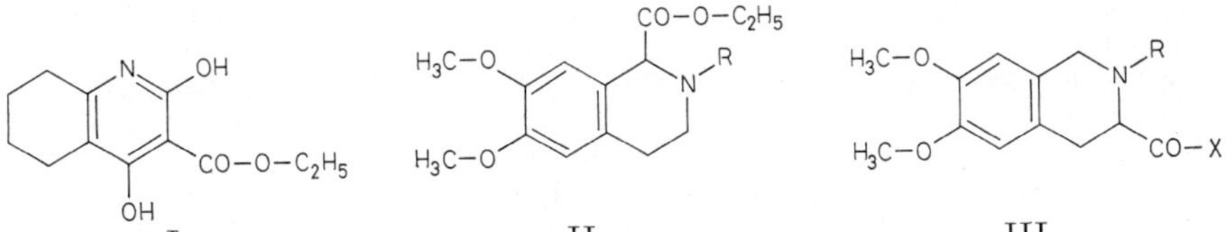

I II III

***Opt.-inakt. 2-[2-(Bis-äthoxycarbonyl-methyl)-butyryl]-6,7-dimethoxy-1,2,3,4-tetrahydro-isochinolin-1-carbonsäure-äthylester, [1-(1-Äthoxycarbonyl-6,7-dimethoxy-3,4-dihydro-1*H*-isochinolin-2-carbonyl)-propyl]-malonsäure-diäthylester** $C_{25}H_{35}NO_9$, Formel II (R = CO-CH(C_2H_5)-CH(CO-O-C_2H_5)$_2$).

B. Beim Behandeln von (±)-6,7-Dimethoxy-1,2,3,4-tetrahydro-isochinolin-1-carbonsäure-äthylester mit (±)-[1-Chlorcarbonyl-propyl]-malonsäure-diäthylester und K_2CO_3 in Äther und Aceton (*Grüssner et al.*, Helv. **42** [1959] 2431, 2436).

Kristalle (aus Diisopropyläther); F: 76–78°.

(±)-6,7-Dimethoxy-1,2,3,4-tetrahydro-isochinolin-3-carbonsäure $C_{12}H_{15}NO_4$, Formel III (R = H, X = OH).

B. Beim Erwärmen von 3,4-Dimethoxy-DL-phenylalanin mit Formaldehyd und wss. HCl (*Sugimoto*, J. pharm. Soc. Japan **64** [1944] Nr. 9, S. 27; C. A. **1951** 8535).

Kristalle (aus A.); F: 257°.

Äthylester $C_{14}H_{19}NO_4$. Hydrochlorid. F: 215° [aus A. + Ae.].

(±)-2-[3-Äthoxycarbonyl-propyl]-6,7-dimethoxy-1,2,3,4-tetrahydro-isochinolin-3-carbonsäure-äthylester, (±)-4-[3-Äthoxycarbonyl-6,7-dimethoxy-3,4-dihydro-1*H*-[2]isochinolyl]-buttersäure-äthylester $C_{20}H_{29}NO_6$, Formel III (R = $[CH_2]_3$-CO-O-C_2H_5, X = O-C_2H_5).

B. Beim Erhitzen von (±)-6,7-Dimethoxy-1,2,3,4-tetrahydro-isochinolin-3-carbonsäure-äthylester mit 4-Chlor-butyronitril, K_2CO_3 und wenig KI in Xylol auf 130° und anschliessenden Erwärmen mit äthanol. HCl (*Sugimoto*, J. pharm. Soc. Japan **64** [1944] Nr. 9, S. 27; C. A. **1951** 8535).

$Kp_{0,05}$: 220–230°.

1,3-Dihydroxy-5,6,7,8-tetrahydro-isochinolin-4-carbonsäure-amid $C_{10}H_{12}N_2O_3$, Formel IV, und Tautomere (z. B. 1-Hydroxy-3-oxo-2,3,5,6,7,8-hexahydro-isochinolin-4-carbonsäure-amid).

B. Beim Erwärmen von 2-Oxo-cyclohexancarbonsäure-äthylester mit Malonamid und Piperidin in wss. Äthanol (*Basu*, J. Indian chem. Soc. **12** [1935] 299, 307).

Kristalle (aus wss. Eg.); F: 183—184°.

IV V VI

1,3-Dihydroxy-5,6,7,8-tetrahydro-isochinolin-4-carbonitril $C_{10}H_{10}N_2O_2$, Formel V und Tautomere.

1-Hydroxy-3-oxo-2,3,5,6,7,8-hexahydro-isochinolin-4-carbonitril $C_{10}H_{10}N_2O_2$, Formel VI.

Diese Konstitution ist der nachstehend beschriebenen Verbindung sowie der früher (s. E II **22** 306) unter Vorbehalt als 4a-Hydroxy-1,3-dioxo-decahydro-isochinolin-4-carbonitril $C_{10}H_{12}N_2O_3$ formulierten Verbindung zuzuordnen (*Bogdanowicz-Szwed*, Roczniki Chem. **48** [1974] 641, 644).

B. Beim Behandeln von 2-Oxo-cyclohexancarbonsäure-äthylester mit der Natrium-Verbindung des Cyanessigsäure-amids in Äthanol (*Basu*, J. Indian chem. Soc. **8** [1931] 319, 325; s. a. E II **22** 306; *Bo.-Sz.*). Beim Erhitzen von 2-Amino-cyclohex-1-encarbonsäure-äthylester (E III **10** 2815) mit Cyanessigsäure-amid auf 120° (*Basu*, l. c. S. 326).

Kristalle; F: 278—280° [unkorr.; aus Me. oder Eg.] (*Bo.-Sz.*, l. c. S. 646), 278° [Zers.; aus H_2O oder Eg.] (*Basu*, l. c. S. 325). IR-Spektrum (KBr; 3—15 μ): *Dornow, Neuse*, Ar. **287** [1954] 361, 375. IR-Banden (KBr oder Nujol; 2,9—8,5 μ): *Bo.-Sz.*, l. c. S. 647.

Kalium-Salz $KC_{10}H_9N_2O_2$. Kristalle (aus H_2O) mit 1 Mol H_2O (*Basu*, l. c. S. 325).

Ammonium-Salz $[NH_4]C_{10}H_9N_2O_2$. Kristalle (aus wss.-äthanol. NH_3); F: 320—321° (*Bo.-Sz.*), 320° [Zers.; nach Sintern] (*Basu*, l. c. S. 326).

Hydroxycarbonsäuren $C_{11}H_{13}NO_4$

2,4-Dihydroxy-6,7,8,9-tetrahydro-5*H*-cyclohepta[*b*]pyridin-3-carbonsäure-äthylester $C_{13}H_{17}NO_4$, Formel VII, und Tautomere.

B. Beim Erhitzen von 2-Amino-cyclohept-1-encarbonsäure-äthylester (E III **10** 2819) mit Malonsäure-diäthylester und Natriumäthylat in Äthanol auf 110° (*Prelog, Hinden*, Helv. **27** [1944] 1854, 1857).

Kristalle (aus A.); F: 213° [korr.]. Im Hochvakuum sublimierbar.

(±)-[6,7-Dimethoxy-1,2,3,4-tetrahydro-[1]isochinolyl]-essigsäure $C_{13}H_{17}NO_4$, Formel VIII (R = H, X = OH).

Hydrochlorid $C_{13}H_{17}NO_4 \cdot HCl$. *B.* Beim Erwärmen von [3,4-Dimethoxy-phenäthylaminomethylen]-malonsäure-diäthylester mit wss. HCl (*Gensler, Bluhm*, J. org. Chem. **21** [1956] 336, 337). — Kristalle (aus Eg.); F: 218—218,5° [unkorr.; Zers.].

(±)-[6,7-Dimethoxy-1,2,3,4-tetrahydro-[1]isochinolyl]-essigsäure-methylester $C_{14}H_{19}NO_4$, Formel VIII (R = H, X = O-CH_3).

F: 84—86° (*Hoffmann-La Roche*, U.S.P. 2830993 [1956]).

(±)-[6,7-Dimethoxy-1,2,3,4-tetrahydro-[1]isochinolyl]-essigsäure-äthylester $C_{15}H_{21}NO_4$, Formel VIII (R = H, X = O-C_2H_5).

B. Beim Erwärmen von (±)-[6,7-Dimethoxy-1,2,3,4-tetrahydro-[1]isochinolyl]-essigsäure-hydrochlorid mit $SOCl_2$ und Behandeln des Reaktionsgemisches mit Äthanol (*Gensler, Bluhm*, J. org. Chem. **21** [1956] 336, 338). Bei der Hydrierung von [6,7-Dimethoxy-3,4-dihydro-2*H*-[1]isochinolyliden]-essigsäure-äthylester (S. 2494) an Platin in Essigsäure (*Battersby et al.*, Soc. **1953** 2463, 2466).

Kristalle; F: 78° (*Brossi et al.*, Helv. **41** [1958] 119, 129), 77,5—78° [aus PAe.] (*Ge.*, *Bl.*), 77—78° (*Ba. et al.*).

Sulfat $2 C_{15}H_{21}NO_4 \cdot H_2SO_4$. F: 171° [unkorr.] (*Br. et al.*).

Picrat $C_{15}H_{21}NO_4 \cdot C_6H_3N_3O_7$. Goldgelbe Kristalle (aus A.); F: 181—183° (*Ba. et al.*).

Oxalat. F: 164° [unkorr.] (*Br. et al.*).

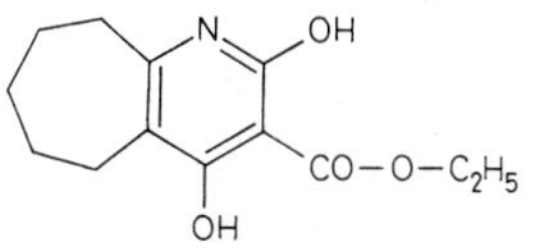

VII 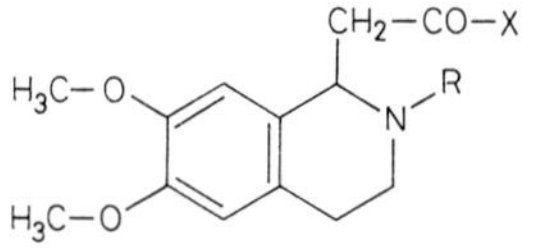 VIII 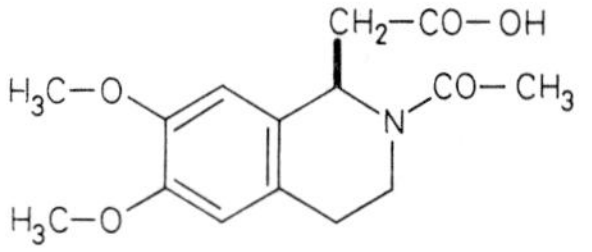 IX

[(1*R*)-2-Acetyl-6,7-dimethoxy-1,2,3,4-tetrahydro-[1]isochinolyl]-essigsäure $C_{15}H_{19}NO_5$, Formel IX.

B. Beim Erwärmen von [(1*R*)-6,7-Dimethoxy-1,2,3,4-tetrahydro-[1]isochinolyl]-essigsäure-äthylester (aus dem Racemat mit Hilfe von Di-*O*-benzoyl-L_g-weinsäure erhalten) mit Acetanhydrid auf 100° und Behandeln des Reaktionsprodukts mit wss.-äthanol. NaOH (*Battersby et al.*, Chem. and Ind. **1957** 982; Soc. **1960** 3474, 3480). Beim Behandeln von (*R*)-2-Acetyl-1-[2-(2-äthyl-4,5-dimethoxy-ξ-styryl)-3-methyl-pent-2ξ-enyl]-6,7-dimethoxy-1,2,3,4-tetrahydro-isochinolin (E III/IV **21** 2812) mit Ozon in Äthylchlorid bei —70° (*Ba. et al.*, Soc. **1960** 3479).

Kristalle (aus H_2O); F: 99—102° [nach Sintern bei 96°] (*Ba. et al.*, Soc. **1960** 3479). $[\alpha]_D^{19}$: —144° [A.; c = 2,4].

(±)-[2-(2-Äthoxycarbonyl-äthyl)-6,7-dimethoxy-1,2,3,4-tetrahydro-[1]isochinolyl]-essigsäure-äthylester $C_{20}H_{29}NO_6$, Formel VIII (R = CH_2-CH_2-CO-O-C_2H_5, X = O-C_2H_5).

B. Beim Erhitzen von (±)-[6,7-Dimethoxy-1,2,3,4-tetrahydro-[1]isochinolyl]-essigsäure-äthylester mit Acrylsäure-äthylester (*Brossi et al.*, Helv. **41** [1958] 119, 136), auch unter Zusatz von wenig wss. Benzyl-trimethyl-ammonium-hydroxid (*Mizukami*, Chem. pharm. Bl. **6** [1958] 312, 315).

Kristalle (aus PAe.); F: 37—39° (*Br. et al.*).

Picrat $C_{20}H_{29}NO_6 \cdot C_6H_3N_3O_7$. Gelbe Kristalle (aus A.); F: 117—118° (*Mi.*).

***Opt.-inakt. [2-(2-Äthoxycarbonyl-propyl)-6,7-dimethoxy-1,2,3,4-tetrahydro-[1]isochinolyl]-essigsäure-äthylester** $C_{21}H_{31}NO_6$, Formel VIII (R = CH_2-$CH(CH_3)$-CO-O-C_2H_5, X = O-C_2H_5).

B. Beim Behandeln von (±)-*β*-[3,4-Dimethoxy-phenäthylamino]-isobuttersäure-äthylester mit Malonsäure-äthylester-chlorid und wss. Na_2CO_3 in Benzol, Erwärmen des Reaktionsprodukts mit $POCl_3$ in Benzol und Hydrieren des Reaktionsprodukts an Platin in Äthanol und Essigsäure (*Mizukami*, Chem. pharm. Bl. **6** [1958] 312, 316).

Gelbliche Kristalle (aus Hexan); F: 83—84°.

***Opt.-inakt. [2-(2-Äthoxycarbonyl-butyl)-6,7-dimethoxy-1,2,3,4-tetrahydro-[1]isochinolyl]-essigsäure-äthylester** $C_{22}H_{33}NO_6$, Formel VIII (R = CH_2-$CH(C_2H_5)$-CO-O-C_2H_5, X = O-C_2H_5).

B. Aus (±)-2-[(3,4-Dimethoxy-phenäthylamino)-methyl]-buttersäure-äthylester analog der im vorangehenden Artikel beschriebenen Verbindung (*Ban*, Pharm. Bl. **3** [1955] 53, 57). Beim Erwärmen von (±)-[6,7-Dimethoxy-1,2,3,4-tetrahydro-[1]isochinolyl]-essigsäure-äthylester mit (±)-2-Formyl-buttersäure-äthylester in Benzol und Hydrieren des Reaktionsprodukts an Platin in Essigsäure (*Battersby et al.*, Soc. **1953** 2463, 2466). Neben anderen Verbindungen beim Behandeln von (±)-[1-Äthoxycarbonylmethyl-6,7-dimethoxy-3,4-dihydro-1*H*-[2]isochinolylmethyl]-äthyl-malonsäure (S. 2484) mit äthanol. HCl (*Brossi et al.*, Helv. **41** [1958] 119, 133).

Kristalle; F: 78—79° [aus Hexan] (*Ban*), 76—77° [aus PAe.] (*Ba. et al.*). $Kp_{0,06}$: 185—190° (*Br. et al.*).

(±)-[1-Äthoxycarbonylmethyl-6,7-dimethoxy-3,4-dihydro-1*H*-[2]isochinolylmethyl]-methyl-malonsäure-dimethylester $C_{22}H_{31}NO_8$, Formel X (R = CH_3, X = O-CH_3).

B. Beim Erwärmen von (±)-[6,7-Dimethoxy-1,2,3,4-tetrahydro-[1]isochinolyl]-essigsäure-äthylester mit Methylmalonsäure-dimethylester und Paraformaldehyd in Methanol (*Hoffmann-La Roche*, U.S.P. 2830993 [1956]).

Kristalle (aus wss. Me.); F: 89—91°.

(±)-Äthyl-[6,7-dimethoxy-1-methoxycarbonylmethyl-3,4-dihydro-1*H*-[2]isochinolylmethyl]-malonsäure-dimethylester $C_{22}H_{31}NO_8$, Formel XI (R = C_2H_5).

B. Beim Erwärmen von (±)-[6,7-Dimethoxy-1,2,3,4-tetrahydro-[1]isochinolyl]-essigsäure-methylester mit Äthylmalonsäure-dimethylester und Paraformaldehyd in Methanol (*Hoffmann-La Roche*, U.S.P. 2830993 [1956]).

Kristalle (aus wss. Me.); F: 125—126°.

(±)-[1-Äthoxycarbonylmethyl-6,7-dimethoxy-3,4-dihydro-1*H*-[2]isochinolylmethyl]-äthyl-malonsäure $C_{21}H_{29}NO_8$, Formel X (R = C_2H_5, X = OH).

B. Beim Behandeln von (±)-[6,7-Dimethoxy-1,2,3,4-tetrahydro-[1]isochinolyl]-essigsäure-äthylester mit Äthylmalonsäure und wss. Formaldehyd (*Brossi et al.*, Helv. **41** [1958] 119, 130).

Kristalle (aus H_2O); F: 69—70°.

(±)-[1-Äthoxycarbonylmethyl-6,7-dimethoxy-3,4-dihydro-1*H*-[2]isochinolylmethyl]-äthyl-malonsäure-dimethylester $C_{23}H_{33}NO_8$, Formel X (R = C_2H_5, X = O-CH_3).

B. Beim Erwärmen von (±)-[6,7-Dimethoxy-1,2,3,4-tetrahydro-[1]isochinolyl]-essigsäure-äthylester mit Äthylmalonsäure-dimethylester und Paraformaldehyd in Methanol (*Hoffmann-La Roche*, U.S.P. 2830993 [1956]). Beim Behandeln von (±)-[1-Äthoxycarbonylmethyl-6,7-dimethoxy-3,4-dihydro-1*H*-[2]isochinolylmethyl]-äthyl-malonsäure mit Diazomethan in Äther oder mit Dimethylsulfat und K_2CO_3 in Aceton (*Brossi et al.*, Helv. **41** [1958] 119, 130).

Kristalle (aus Me.); F: 118—120° (*Hoffmann-La Roche*), 116—118° (*Br. et al.*).

(±)-[1-Äthoxycarbonylmethyl-6,7-dimethoxy-3,4-dihydro-1*H*-[2]isochinolylmethyl]-isopropyl-malonsäure $C_{22}H_{31}NO_8$, Formel X (R = $CH(CH_3)_2$, X = OH).

B. Beim Behandeln von (±)-[6,7-Dimethoxy-1,2,3,4-tetrahydro-[1]isochinolyl]-essigsäure-äthylester mit Isopropylmalonsäure und wss. Formaldehyd (*Hoffmann-La Roche*, U.S.P. 2830993 [1956]).

Kristalle (aus Dioxan + Ae.); F: 89° [Zers.].

Dimethylester $C_{24}H_{35}NO_8$. Kristalle (aus E. + PAe.); F: 64—65°.

X XI

(±)-[1-Äthoxycarbonylmethyl-6,7-dimethoxy-3,4-dihydro-1*H*-[2]isochinolylmethyl]-butyl-malonsäure-dimethylester $C_{25}H_{37}NO_8$, Formel X (R = $[CH_2]_3$-CH_3, X = O-CH_3).

B. Beim Erwärmen von (±)-[6,7-Dimethoxy-1,2,3,4-tetrahydro-[1]isochinolyl]-essigsäure-äthylester mit Butylmalonsäure-dimethylester und Paraformaldehyd in Methanol (*Brossi et al.*, Helv. **41** [1958] 119, 131).

Kristalle; F: 80—81°.

(±)-[1-Äthoxycarbonylmethyl-6,7-dimethoxy-3,4-dihydro-1*H*-[2]isochinolylmethyl]-isobutyl-malonsäure-dimethylester $C_{25}H_{37}NO_8$, Formel X (R = CH_2-$CH(CH_3)_2$, X = O-CH_3).

B. Beim Erwärmen von (±)-[6,7-Dimethoxy-1,2,3,4-tetrahydro-[1]isochinolyl]-essig-

säure-äthylester mit Isobutylmalonsäure-dimethylester und Paraformaldehyd in Methanol (*Brossi et al.*, Helv. **41** [1958] 119, 132).
Kristalle; F: 93–94°.

(±)-[1-Äthoxycarbonylmethyl-6,7-dimethoxy-3,4-dihydro-1*H*-[2]isochinolylmethyl]-hexyl-malonsäure-dimethylester $C_{27}H_{41}NO_8$, Formel X (R = $[CH_2]_5$-CH_3, X = O-CH_3).
B. Beim Erwärmen von (±)-[6,7-Dimethoxy-1,2,3,4-tetrahydro-[1]isochinolyl]-essigsäure-äthylester mit Hexylmalonsäure-dimethylester und Paraformaldehyd in Methanol (*Hoffmann-La Roche*, U.S.P. 2830993 [1956]).
Kristalle (aus Me.); F: 91–93°.

(±)-Allyl-[6,7-dimethoxy-1-methoxycarbonylmethyl-3,4-dihydro-1*H*-[2]isochinolylmethyl]-malonsäure-dimethylester $C_{23}H_{31}NO_8$, Formel XI (R = CH_2-CH=CH_2).
B. Beim Erwärmen von (±)-[6,7-Dimethoxy-1,2,3,4-tetrahydro-[1]isochinolyl]-essigsäure-äthylester mit Allylmalonsäure-dimethylester und Paraformaldehyd in Methanol (*Hoffmann-La Roche*, U.S.P. 2830993 [1956]).
F: 93–95°.

(±)-[1-Äthoxycarbonylmethyl-6,7-dimethoxy-3,4-dihydro-1*H*-[2]isochinolylmethyl]-benzyl-malonsäure-dimethylester $C_{28}H_{35}NO_8$, Formel X (R = CH_2-C_6H_5, X = O-CH_3).
B. Beim Erwärmen von (±)-[6,7-Dimethoxy-1,2,3,4-tetrahydro-[1]isochinolyl]-essigsäure-äthylester mit Benzylmalonsäure-dimethylester und Paraformaldehyd in Methanol (*Hoffmann-La Roche*, U.S.P. 2830993 [1956]).
Kristalle (aus Ae. + PAe.); F: 97–98°.

(±)-6,7-Dihydroxy-1-methyl-1,2,3,4-tetrahydro-isochinolin-1-carbonsäure $C_{11}H_{13}NO_4$, Formel XII (R = R′ = H, X = OH).
B. Bei mehrtägigem Behandeln von 3,4-Dimethoxy-phenäthylamin-hydrochlorid mit Brenztraubensäure in H_2O (*Hahn, Stiehl*, B. **69** [1936] 2627, 2643; *Hahn*, D.R.P. 646706 [1936]; Frdl. **24** 414; *Merchant*, J. scient. ind. Res. India **16** B [1957] 373).
Kristalle (aus H_2O); F: 238–241° [Zers.] (*Me.*); Zers. bei 240° bzw. bei 230–235° [abhängig von der Geschwindigkeit des Erhitzens] (*Hahn*; *Hahn, St.*). λ_{max}: 228 nm und 288 nm (*Me.*). In 1 ml H_2O lösen sich bei 20° 40 mg (*Hahn*).

(±)-6-Hydroxy-7-methoxy-1-methyl-1,2,3,4-tetrahydro-isochinolin-1-carbonsäure $C_{12}H_{15}NO_4$, Formel XII (R = H, R′ = CH_3, X = OH).
B. Bei mehrtägigem Behandeln von Brenztraubensäure mit 3-Hydroxy-4-methoxy-phenäthylamin-hydrochlorid und wss. NH_3 (*Hahn, Rumpf*, B. **71** [1938] 2141, 2151).
Kristalle (aus H_2O); Zers. bei 254°.
Hydrochlorid $C_{12}H_{15}NO_4 \cdot HCl$. Kristalle (aus wss. oder methanol. HCl); Zers. bei 252°.

(±)-6,7-Dimethoxy-1-methyl-1,2,3,4-tetrahydro-isochinolin-1-carbonsäure-methylester $C_{14}H_{19}NO_4$, Formel XII (R = R′ = CH_3, X = O-CH_3).
B. Aus (±)-6,7-Dihydroxy-1-methyl-1,2,3,4-tetrahydro-isochinolin-1-carbonsäure und Diazomethan (*Merchant*, J. scient. ind. Res. India **16**B [1957] 373).
$Kp_{0,001}$: 110–120°.

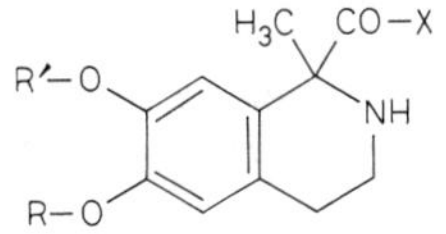

XII 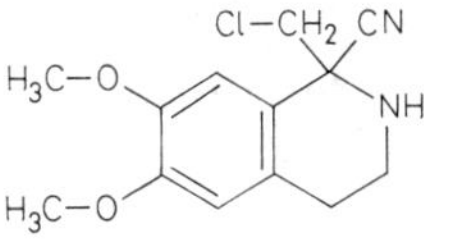 XIII 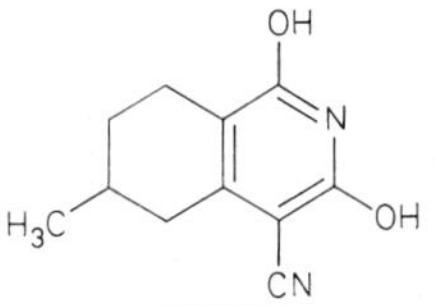 XIV

(±)-6,7-Diäthoxy-1-methyl-1,2,3,4-tetrahydro-isochinolin-1-carbonsäure-anilid $C_{21}H_{26}N_2O_3$, Formel XII (R = R′ = C_2H_5, X = NH-C_6H_5).
B. Neben anderen Verbindungen beim Erwärmen von 2-[3,4-Diäthoxy-phenäthyl-

imino]-1-phenyl-propan-1-on-oxim (F: 128—129°) mit wss. H_3PO_4 [95%ig] auf 50—55° (*Gardent*, A. ch. [12] **10** [1955] 413, 444).

Kristalle; F: 133° (*Ga.*, l. c. S. 447).

(±)-1-Chlormethyl-6,7-dimethoxy-1,2,3,4-tetrahydro-isochinolin-1-carbonitril $C_{13}H_{15}ClN_2O_2$, Formel XIII.

B. Beim Behandeln von (±)-1-Chlormethyl-6,7-dimethoxy-3,4-dihydro-isochinolin-hydrochlorid mit KCN in H_2O (*Child, Pyman*, Soc. **1931** 36, 41).

Kristalle; F: 125° [korr.; Zers.; nach Sintern bei 122°].

(±)-1,3-Dihydroxy-6-methyl-5,6,7,8-tetrahydro-isochinolin-4-carbonitril $C_{11}H_{12}N_2O_2$, Formel XIV, und Tautomere (z. B. (±)-1-Hydroxy-6-methyl-3-oxo-2,3,5,6,7,8-hexahydro-isochinolin-4-carbonitril).

B. Beim Behandeln von opt.-inakt. 4-Methyl-2-oxo-cyclohexancarbonsäure-äthylester (E III **10** 2826) mit der Natrium-Verbindung des Cyanessigsäure-amids in Äthanol (*Basu*, J. Indian chem. Soc. **8** [1931] 319, 326).

Kristalle (aus wss. A.) vom F: 271—272° [Zers.], die sich an der Luft allmählich rosa färben.

Hydroxycarbonsäuren $C_{12}H_{15}NO_4$

4-[2,3-Dihydroxy-phenyl]-1-methyl-piperidin-4-carbonsäure $C_{13}H_{17}NO_4$, Formel I.

Hydrobromid $C_{13}H_{17}NO_4 \cdot HBr$. *B.* Beim Erhitzen von 4-[2,3-Dimethoxy-phenyl]-1-methyl-piperidin-4-carbonitril mit wss. HBr [D: 1,5] (*Barltrop*, Soc. **1946** 958, 965). — Kristalle (aus A.); F: 272,5°.

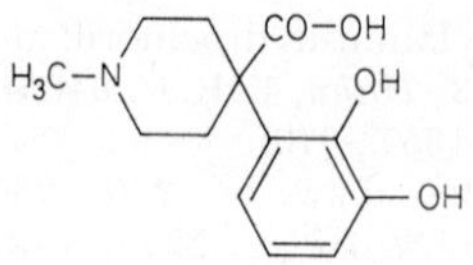

I 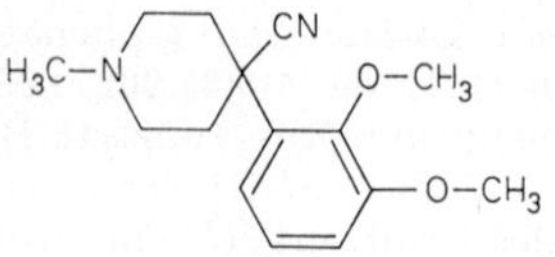 II 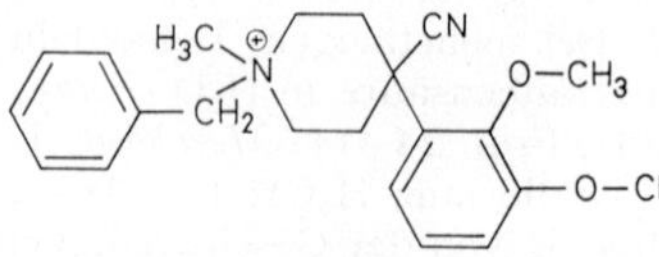 III

4-[2,3-Dimethoxy-phenyl]-1-methyl-piperidin-4-carbonitril $C_{15}H_{20}N_2O_2$, Formel II.

B. Beim Erwärmen von [2,3-Dimethoxy-phenyl]-acetonitril mit Bis-[2-chlor-äthyl]-methyl-amin und $NaNH_2$ in Toluol (*Bergel et al.*, Soc. **1944** 261, 264; s. a. *Barltrop*, Soc. **1946** 958, 965). Bei der Hydrierung von 1-Benzyl-4-cyan-4-[2,3-dimethoxy-phenyl]-1-methyl-piperidinium-bromid (s. u.) an Palladium in wss. Äthanol (*Kägi, Miescher*, Helv. **32** [1949] 2489; s. a. *CIBA*, U.S.P. 2489792 [1944]).

Kristalle; F: 110—112° [unkorr.] (*Kägi, Mi.*), 107—110° (*Be. et al.*), 96° (*Ba.*). $Kp_{0,06}$: 155—157° (*Be. et al.*).

Picrat $C_{15}H_{20}N_2O_2 \cdot C_6H_3N_3O_7$. Gelbe Kristalle (aus A.); F: 194—196° (*Be. et al.*), 194° (*Ba.*).

***1-Benzyl-4-cyan-4-[2,3-dimethoxy-phenyl]-1-methyl-piperidinium** $[C_{22}H_{27}N_2O_2]^+$, Formel III.

Bromid $[C_{22}H_{27}N_2O_2]Br$. *B.* Beim Behandeln von (±)-4-[Benzyl-methyl-amino]-2-[2,3-dimethoxy-phenyl]-butyronitril mit $NaNH_2$ in Toluol und mit 1,2-Dibrom-äthan (*Kägi, Miescher*, Helv. **32** [1949] 2489, 2497; s. a. *CIBA*, U.S.P. 2489792 [1944]). — Kristalle; F: 232—233,5° (*CIBA*), 216—217° [unkorr.; aus H_2O] (*Kägi, Mi.*, l. c. S. 2499).

4-[2,5-Dimethoxy-phenyl]-1-methyl-piperidin-4-carbonitril $C_{15}H_{20}N_2O_2$, Formel IV.

B. Beim Erwärmen von [2,5-Dimethoxy-phenyl]-acetonitril mit Bis-[2-chlor-äthyl]-methyl-amin und $NaNH_2$ in Xylol (*Mason, Jackson*, Soc. **1955** 374).

$Kp_{0,7}$: 160—165°.

Hydrochlorid $C_{15}H_{20}N_2O_2 \cdot HCl$. Kristalle (aus A. + Ae.); F: 233—234° [Zers.].

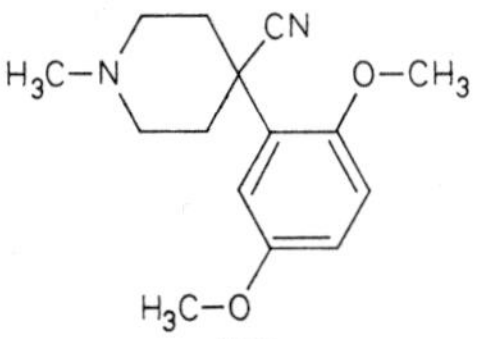

IV 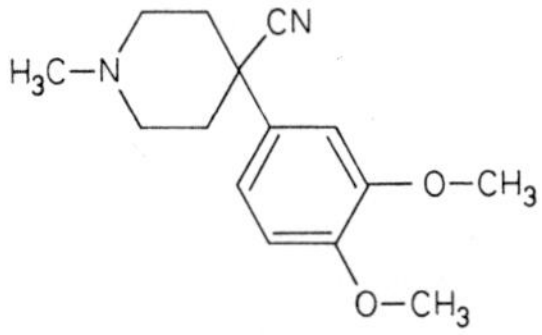 V 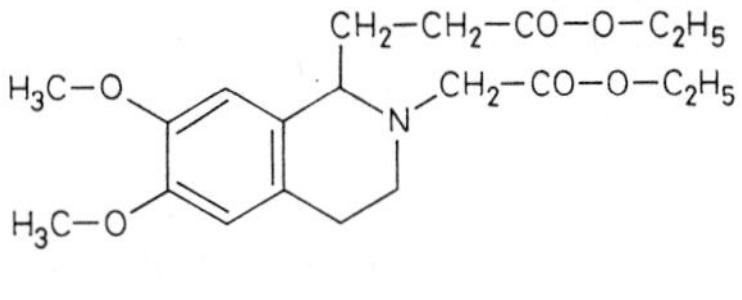 VI

4-[3,4-Dimethoxy-phenyl]-1-methyl-piperidin-4-carbonitril $C_{15}H_{20}N_2O_2$, Formel V.

B. Beim Erwärmen von [3,4-Dimethyl-phenyl]-acetonitril mit Bis-[2-chlor-äthyl]-methyl-amin und $NaNH_2$ in Toluol (*Chiavarelli et al.*, G. **87** [1957] 427, 434).

Öl vom $Kp_{0,3}$: 164°, das zu hygroskopischen Kristallen erstarrt.

Hydrochlorid $C_{15}H_{20}N_2O_2 \cdot HCl$. Kristalle (aus A.); F: 244°.

Picrat $C_{15}H_{20}N_2O_2 \cdot C_6H_3N_3O_7$. F: 212°.

(±)-3-[2-Äthoxycarbonylmethyl-6,7-dimethoxy-1,2,3,4-tetrahydro-[1]isochinolyl]-propionsäure-äthylester $C_{20}H_{29}NO_6$, Formel VI.

B. Beim Erhitzen von *N*-Äthoxycarbonylmethyl-*N*-[3,4-dimethoxy-phenäthyl]-succinamidsäure-äthylester mit $POCl_3$ auf 120–130° und Hydrieren des Reaktionsprodukts an Platin in wss. HCl (*Sugasawa, Mizukami*, Chem. pharm. Bl. **6** [1958] 359, 361).

$Kp_{0,01}$: 210°.

(±)-1-Äthyl-6,7-dihydroxy-1,2,3,4-tetrahydro-isochinolin-1-carbonsäure $C_{12}H_{15}NO_4$, Formel VII.

B. Beim 5-tägigen Behandeln von 3,4-Dihydroxy-phenäthylamin-hydrobromid mit 2-Oxo-buttersäure in H_2O (*Merchant*, J. scient. ind. Res. India **16**B [1957] 373).

Kristalle (aus H_2O); F: 243–244° [Zers.].

Überführung in (±)-1-Äthyl-6,7-dimethoxy-1,2,3,4-tetrahydro-isochinolin-1-carbonsäure-methylester $C_{15}H_{21}NO_4$ ($Kp_{0,001}$: 100–110°) mit Hilfe von Diazomethan: *Me.*

(±)-[6,7-Diäthoxy-1-methyl-1,2,3,4-tetrahydro-[1]isochinolyl]-essigsäure-äthylester $C_{18}H_{27}NO_4$, Formel VIII.

B. Beim mehrtägigen Behandeln von 3,4-Diäthoxy-phenäthylamin mit Acetessigsäure-äthylester und wss. H_3PO_4 [95%ig] (*Gardent*, A. ch. [12] **10** [1955] 413, 422).

Hydrochlorid $C_{18}H_{27}NO_4 \cdot HCl$. Kristalle (aus Me. + Ae.); F: 140°.

Picrat $C_{18}H_{27}NO_4 \cdot C_6H_3N_3O_7$. Gelbe Kristalle (aus A.); F: 209°.

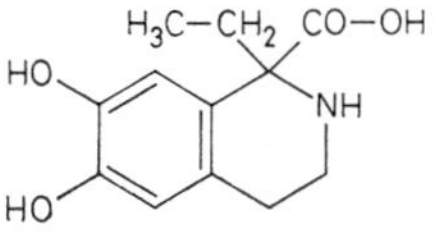

VII 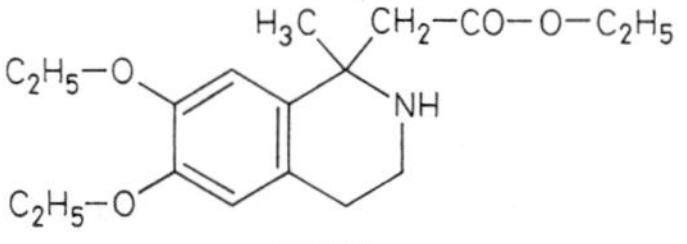 VIII 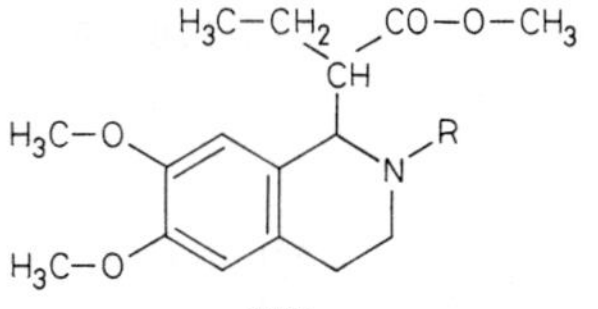 IX

Hydroxycarbonsäuren $C_{13}H_{17}NO_4$

***Opt.-inakt. 2-[6,7-Dimethoxy-1,2,3,4-tetrahydro-[1]isochinolyl]-buttersäure-methylester** $C_{16}H_{23}NO_4$, Formel IX (R = H).

B. Beim Erhitzen von (±)-2-[(3,4-Dimethoxy-phenäthyl)-carbamoyl]-buttersäure-methylester mit P_2O_5 in Toluol und Hydrieren des Reaktionsprodukts an Platin in Essigsäure (*Brossi et al.*, Helv. **41** [1958] 119, 129).

F: 82–83°.

***Opt.-inakt. 2-[2-(2-Äthoxycarbonyl-äthyl)-6,7-dimethoxy-1,2,3,4-tetrahydro-[1]isochinolyl]-buttersäure-methylester** $C_{21}H_{31}NO_6$, Formel IX (R = CH_2-CH_2-CO-O-C_2H_5).

B. Beim Erwärmen von opt.-inakt. 2-[6,7-Dimethoxy-1,2,3,4-tetrahydro-[1]isochin=

olyl]-buttersäure-methylester (S. 2487) mit Acrylsäure-äthylester (*Brossi et al.*, Helv. **41** [1958] 119, 137).

$Kp_{0,001}$: 190° [Badtemperatur].

***Opt.-inakt. 3-[2-Äthoxycarbonylmethyl-6,7-dimethoxy-1,2,3,4-tetrahydro-[1]isochinolyl]-2-methyl-propionsäure-äthylester** $C_{21}H_{31}NO_6$, Formel X.

B. Beim Erhitzen von (±)-*N*-Äthoxycarbonylmethyl-*N*-[3,4-dimethoxy-phenäthyl]-2-methyl-succinamidsäure-äthylester mit $POCl_3$ auf 110–120° und Hydrieren des Reaktionsprodukts an Platin in wss. HCl bei 50° (*Sugasawa, Mizukami*, Chem. pharm. Bl. **6** [1958] 359, 364).

$Kp_{0,05}$: 215–225°.

Picrat $C_{21}H_{31}NO_6 \cdot C_6H_3N_3O_7$. Gelbe Kristalle (aus A.); F: 214°.

***Opt.-inakt. 5-[2,5-Dihydroxy-6,7-dihydro-5*H*-[1]pyrindin-6-yl]-valeriansäure-methylester** $C_{14}H_{19}NO_4$, Formel XI, und Tautomeres (5-[5-Hydroxy-2-oxo-2,5,6,7-tetrahydro-1*H*-[1]pyrindin-6-yl]-valeriansäure-methylester).

B. Beim Behandeln von (±)-5-[2-Hydroxy-5-oxo-6,7-dihydro-5*H*-[1]pyrindin-6-yl]-valeriansäure-methylester mit $NaBH_4$ in wss. Methanol (*Ramirez, Paul*, Am. Soc. **77** [1955] 1035, 1038).

Kristalle (aus Acetonitril); F: 152–156° [unkorr.; Zers.; nach Erweichen bei 145°]. UV-Spektrum in Äthanol (215–350 nm; λ_{max}: 233 nm und 317 nm) sowie in äthanol. KOH (215–335 nm; λ_{max}: 229 nm und 307 nm): *Ra., Paul*, l. c. S. 1036, 1038.

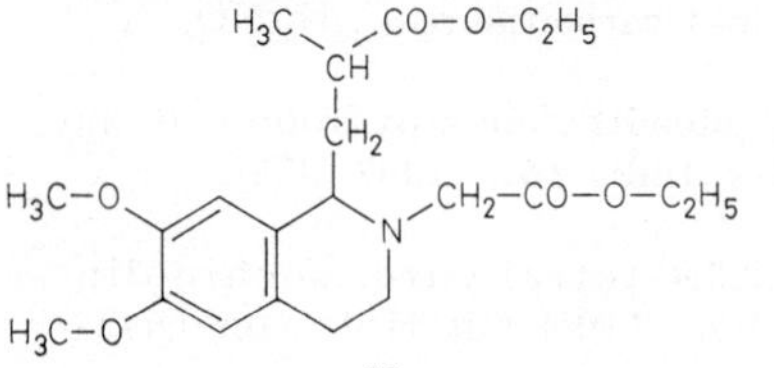

X 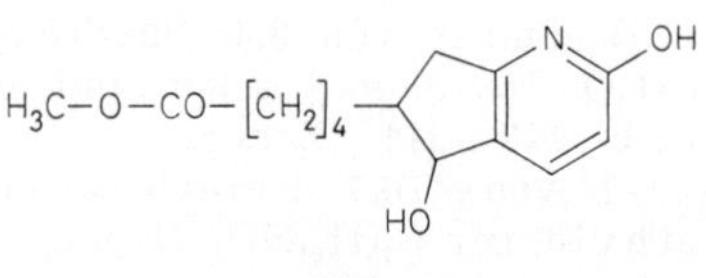 XI 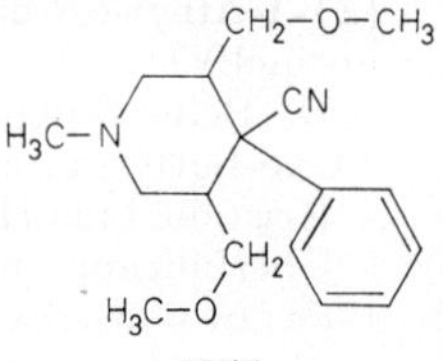 XII

Hydroxycarbonsäuren $C_{14}H_{19}NO_4$

***Opt.-inakt. 3,5-Bis-methoxymethyl-1-methyl-4-phenyl-piperidin-4-carbonitril** $C_{17}H_{24}N_2O_2$, Formel XII.

B. Beim Behandeln von opt.-inakt. Bis-[2-chlor-3-methoxy-propyl]-methyl-amin (E III **4** 750) mit Phenylacetonitril und $NaNH_2$ in Toluol und Erhitzen des Reaktionsgemisches (*I. G. Farbenind.*, D.R.P. 679281 [1937]; D.R.P. Org. Chem. **3** 112; *Winthrop Chem. Co.*, U.S.P. 2167351 [1938]).

Kp_6: 185–195°.

Hydroxycarbonsäuren $C_{15}H_{21}NO_4$

***Opt.-inakt. 3-Äthyl-4-[2,3-dimethoxy-phenyl]-6-methyl-piperidin-3-carbonsäure-äthylester** $C_{19}H_{29}NO_4$, Formel XIII (R = H).

B. Bei der Hydrierung von opt.-inakt. 2-Äthyl-2-cyan-3-[2,3-dimethoxy-phenyl]-5-oxo-hexansäure-äthylester ($Kp_{1,5}$: 151–187°) an Raney-Nickel in Äthanol (*Albertson*, Am. Soc. **72** [1950] 2594, 2599).

$Kp_{0,8}$: 158°; n_D^{25}: 1,5194 (*Al.*, l. c. S. 2597).

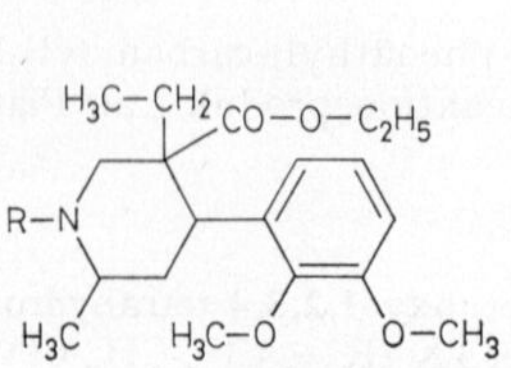

XIII 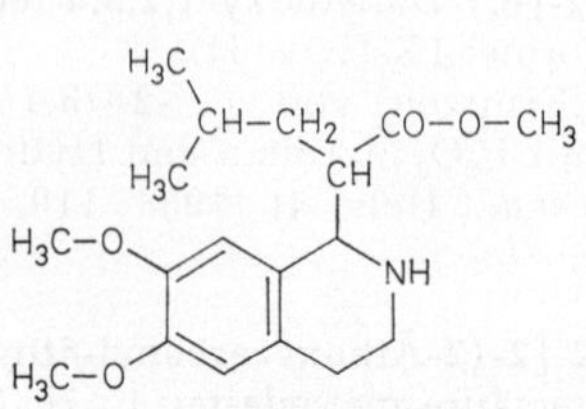 XIV

***Opt.-inakt. 3-Äthyl-4-[2,3-dimethoxy-phenyl]-1,6-dimethyl-piperidin-3-carbonsäure-äthylester** $C_{20}H_{31}NO_4$, Formel XIII (R = CH_3).

B. Bei der Hydrierung der vorangehenden Verbindung im Gemisch mit Formaldehyd an Palladium/Kohle in wss. Äthanol (*Albertson*, Am. Soc. **72** [1950] 2594, 2599).

$Kp_{0,9}$: 153°; n_D^{25}: 1,5152 (*Al.*, l. c. S. 2597).

***Opt.-inakt. 2-[6,7-Dimethoxy-1,2,3,4-tetrahydro-[1]isochinolyl]-4-methyl-valeriansäure-methylester** $C_{18}H_{27}NO_4$, Formel XIV.

B. Beim Erhitzen von (±)-2-[(3,4-Dimethoxy-phenäthyl)-carbamoyl]-4-methyl-valeriansäure-methylester mit P_2O_5 in Toluol und Hydrieren des Reaktionsprodukts an Platin in Essigsäure (*Brossi et al.*, Helv. **41** [1958] 119, 129).

F: 69°.

Oxalat. F: 176° [unkorr.].

Hydroxycarbonsäuren $C_{16}H_{23}NO_4$

(4*S*)-5*t*-Äthyl-2*c*-[2-äthyl-4,5-dimethoxy-phenyl]-1-methyl-piperidin-4*r*-carbonsäure $C_{19}H_{29}NO_4$, Formel XV.

B. Beim Behandeln von Des-*N*(a)-emetin-tetrahydromethin ((2*S*)-5*t*-Äthyl-2*r*-[2-äthyl-4,5-dimethoxy-phenyl]-4*c*-[2-äthyl-4,5-dimethoxy-ξ-styryl]-1-methyl-piperidin [E III/IV **21** 2782]) mit $Ba(MnO_4)_2$ in wss. Aceton bei 0° (*Battersby, Openshaw*, Soc. **1949** 3207, 3210).

Kristalle (aus H_2O) mit 2 Mol H_2O; F: 218—221° [unter Dunkelfärbung].

Methylester $C_{20}H_{31}NO_4$. $Kp_{2\cdot10^{-5}}$: 100—110° [Badtemperatur].

Äthylester $C_{21}H_{33}NO_4$. $Kp_{4\cdot10^{-5}}$: 120° [Badtemperatur].

XV XVI XVII

***Opt.-inakt. 3-[6,7-Dimethoxy-1,2,3,4-tetrahydro-[1]isochinolylmethyl]-hexansäure-methylester** $C_{19}H_{29}NO_4$, Formel XVI.

Hydrochlorid $C_{19}H_{29}NO_4 \cdot HCl$. *B.* Bei der Hydrierung von (±)-3-[6,7-Dimethoxy-3,4-dihydro-[1]isochinolylmethyl]-hexansäure-methylester-hydrochlorid an Platin in Methanol (*Osbond*, Soc. **1952** 4785, 4790). — Kristalle (aus A. + Ae.); F: 150—152°.

Hydroxycarbonsäuren $C_{19}H_{29}NO_4$

2,4-Dihydroxy-6,7,8,9,10,11,12,13,14,15,16,17-dodecahydro-5*H*-cyclopentadeca[*b*]pyridin-3-carbonsäure-äthylester $C_{21}H_{33}NO_4$, Formel XVII, und Tautomere.

B. In kleiner Menge neben 2-Amino-cyclopentadec-1-encarbonsäure-äthylester beim Erhitzen von 2-Amino-cyclopentadec-1-encarbonsäure-methylester (E III **10** 2894) mit Malonsäure-diäthylester und Natriumäthylat in Äthanol bis auf 120° (*Prelog, Geyer*, Helv. **28** [1945] 1677, 1680).

Kristalle (aus Bzl. + PAe.); Zers. bei 280—300°. [*Hofmann*]

Hydroxycarbonsäuren $C_nH_{2n-11}NO_4$

Hydroxycarbonsäuren $C_9H_7NO_4$

5,6-Dihydroxy-indol-2-carbonsäure $C_9H_7NO_4$, Formel I (R = R′ = H).

B. Beim Behandeln von 5,6-Diacetoxy-indol-2-carbonsäure in Methanol mit $Na_2S_2O_4$ und wss. NaOH bei 0° (*Beer et al.*, Soc. **1949** 2061, 2065).

Kristalle (aus wss. Eg.); F: 234° [Zers.; nach Dunkelfärbung ab ca. 225°] (*Beer et al.*). Absorptionsspektrum (H_2O; 230—500 nm): *Mason*, J. biol. Chem. **172** [1948] 83, 87; s. a. *Bouchilloux, Kodja*, C. r. **247** [1958] 2484.

5,6-Dimethoxy-indol-2-carbonsäure $C_{11}H_{11}NO_4$, Formel I (R = H, R' = CH_3) (E II 192).

B. Beim Erwärmen von [4,5-Dimethoxy-2-nitro-phenyl]-brenztraubensäure mit $FeSO_4$ und wss. NH_3 (*Harvey*, Soc. **1955** 2536; vgl. E II 192). Beim Behandeln von 3,4-Dihydroxy-DL-phenylalanin mit Ag_2O in H_2O, Behandeln der Reaktionslösung mit Essigsäure und SO_2 und anschliessend mit Dimethylsulfat und wss. NaOH (*Dulière, Raper*, Biochem. J. **24** [1930] 239, 246). Aus dem Äthylester (s. u.) und äthanol. KOH (*Lions, Spruson*, J. Pr. Soc. N. S. Wales **66** [1932] 171, 176).

Kristalle; F: 223° [Zers.; aus A.] (*Ha.*), 203° [aus H_2O] (*Li., Sp.*). UV-Spektrum (A.; 230—345 nm): *Mason*, J. biol. Chem. **172** [1948] 83, 90, 94.

5,6-Diacetoxy-indol-2-carbonsäure $C_{13}H_{11}NO_6$, Formel I (R = H, R' = CO-CH_3).

B. Beim Erwärmen von [4,5-Diacetoxy-2-nitro-phenyl]-brenztraubensäure mit Eisen-Pulver, Essigsäure und Äthanol (*Beer et al.*, Soc. **1949** 2061, 2064).

Braune Kristalle (aus Me.); F: 256° [Zers.].

5,6-Dihydroxy-indol-2-carbonsäure-methylester $C_{10}H_9NO_4$, Formel I (R = CH_3, R' = H). F: 255—260° [Zers.] (*Wyler, Dreiding*, Helv. **42** [1959] 1699, 1701). λ_{max} (A.): 211 nm und 320—322 nm.

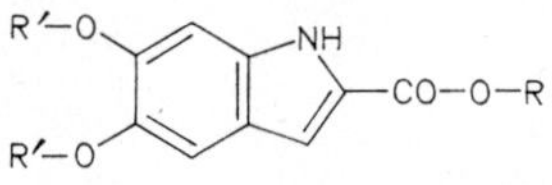

I 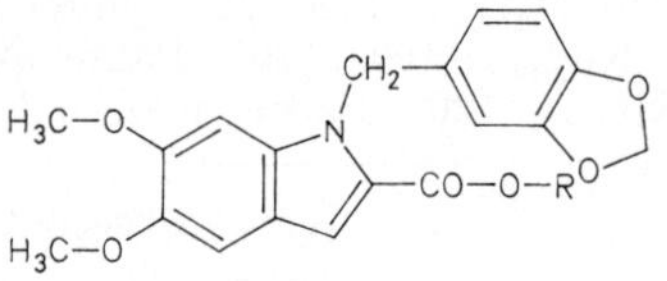 II 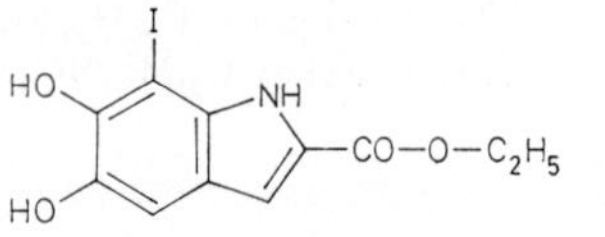 III

5,6-Diacetoxy-indol-2-carbonsäure-methylester $C_{14}H_{13}NO_6$, Formel I (R = CH_3, R' = CO-CH_3).

B. Beim Behandeln von 5,6-Diacetoxy-indol-2-carbonsäure mit Diazomethan in Äther oder Dioxan (*Beer et al.*, Soc. **1949** 2061, 2065).

Kristalle (aus A.); F: 179°.

5,6-Dimethoxy-indol-2-carbonsäure-äthylester $C_{13}H_{15}NO_4$, Formel I (R = C_2H_5, R' = CH_3) (E II 193).

B. Beim Behandeln von 2-[3,4-Dimethoxy-phenylhydrazono]-propionsäure-äthylester (erhalten aus 3,4-Dimethoxy-benzoldiazonium-chlorid und 2-Methyl-acetessigsäure-äthylester in wss.-äthanol. KOH) mit äthanol. HCl (*Lions, Spruson*, J. Pr. Soc. N. S. Wales **66** [1932] 171, 175; vgl. E II 193). Beim Erwärmen des Silber-Salzes der 5,6-Dimethoxy-indol-2-carbonsäure mit Äthyljodid und Benzol (*Harvey*, Soc. **1955** 2536).

Orangegelbe Kristalle; F: 174° [aus A.] (*Li., Sp.*), 162° (*Ha.*).

5,6-Dimethoxy-1-piperonyl-indol-2-carbonsäure $C_{19}H_{17}NO_6$, Formel II (R = H).

B. Beim Behandeln von 3,4-Dimethoxy-*N*-nitroso-*N*-piperonyl-anilin mit Zink-Pulver und Essigsäure in Dioxan und Erwärmen der Reaktionslösung mit Brenztraubensäure und wss. H_2SO_4 (*Forbes*, Soc. **1956** 513, 516).

Kristalle (aus Me.); F: 189°.

5,6-Dimethoxy-1-piperonyl-indol-2-carbonsäure-methylester $C_{20}H_{19}NO_6$, Formel II (R = CH_3).

B. Beim Behandeln der Säure (s. o.) in Dioxan mit äther. Diazomethan (*Forbes*, Soc. **1956** 513, 517).

Kristalle (aus Me.); F: 136°.

5,6-Dihydroxy-7-jod-indol-2-carbonsäure-äthylester $C_{11}H_{10}INO_4$, Formel III.

Über die Position des Jods s. *Büchi, Kamikawa*, J. org. Chem. **42** [1977] 4153.

B. Beim Behandeln von 7-Jod-5,6-dioxo-2,3,5,6-tetrahydro-indol-2-carbonsäure-äthyl=

ester mit wss.-äthanol. NaOH oder mit Zinkacetat in H_2O (*Bu'Lock, Harley-Mason,* Soc. **1951** 2248, 2251).
Kristalle (aus E. + PAe.); F: ca. 140° [Zers.] (*Bu'Lock, Ha.-Ma.*).

6-Hydroxy-7-methoxy-indol-2-carbonsäure $C_{10}H_9NO_4$, Formel IV.
B. Beim Erwärmen von [4-Hydroxy-3-methoxy-2-nitro-phenyl]-brenztraubensäure mit Eisen-Pulver, Essigsäure und Äthanol (*Beer et al.*, Soc. **1951** 2029, 2031).
Kristalle (aus E.); F: 244–245° [Zers.].

2-Äthoxy-5-hydroxy-indol-3-carbonsäure-äthylester $C_{13}H_{15}NO_4$, Formel V (R = R' = H).
B. Beim Erwärmen von 3-Äthoxy-3-amino-acrylsäure-äthylester (E IV **2** 1888) mit [1,4]Benzochinon in Äthanol (*Beer et al.*, Soc. **1953** 1262).
Kristalle (aus A.); F: 168°.

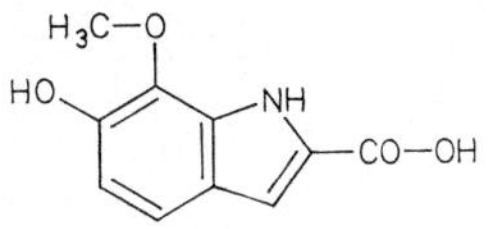

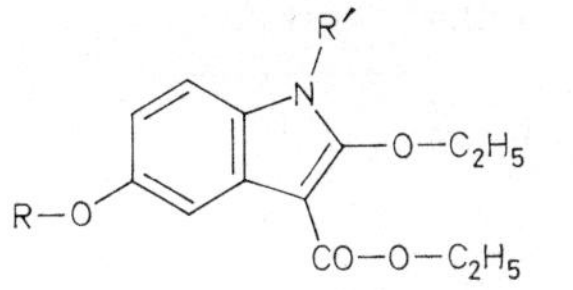

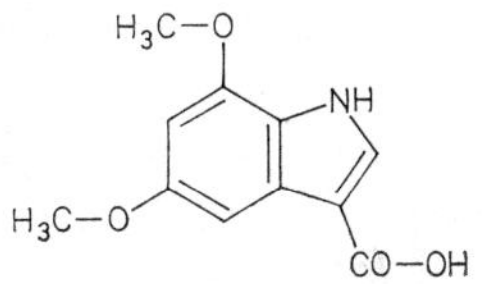

IV V VI

2-Äthoxy-5-methoxy-1-methyl-indol-3-carbonsäure-äthylester $C_{15}H_{19}NO_4$, Formel V (R = R' = CH_3).
B. Aus der vorangehenden Verbindung, Dimethylsulfat und Alkalilauge (*Beer et al.*, Soc. **1953** 1262).
Kristalle (aus A.); F: 95–96°.

5,7-Dimethoxy-indol-3-carbonsäure $C_{11}H_{11}NO_4$, Formel VI.
B. Beim Bestrahlen einer Lösung von 3-Diazo-6,8-dimethoxy-3*H*-chinolin-4-on in wss. Essigsäure mit Sonnenlicht oder Bogenlampenlicht (*Süs et al.*, A. **583** [1953] 150, 156).
Kristalle (aus H_2O); F: 178°.
Beim Erhitzen über den Schmelzpunkt ist eine als 5,7-Dimethoxy-indol angesehene Verbindung vom F: 160° erhalten worden (*Süs et al.*; vgl. aber E III/IV **21** 2167).

Hydroxycarbonsäuren $C_{10}H_9NO_4$

6,7-Dimethoxy-3,4-dihydro-isochinolin-1-carbonsäure-äthylester $C_{14}H_{17}NO_4$, Formel VII.
B. Beim Erhitzen von *N*-[3,4-Dimethoxy-phenäthyl]-oxalamidsäure-äthylester mit P_2O_5 in Toluol (*Battersby, Edwards*, Soc. **1959** 1909).
Kristalle (aus Ae.); F: 79–80°.

(±)-2-Benzoyl-6,7-dimethoxy-1,2-dihydro-isochinolin-1-carbonitril $C_{19}H_{16}N_2O_3$, Formel VIII (R = C_6H_5) (E II 193).
B. Aus 6,7-Dimethoxy-isochinolin, Benzoylchlorid und KCN in H_2O (*Popp, McEwen*, Am. Soc. **79** [1957] 3773, 3775; vgl. E II 193).

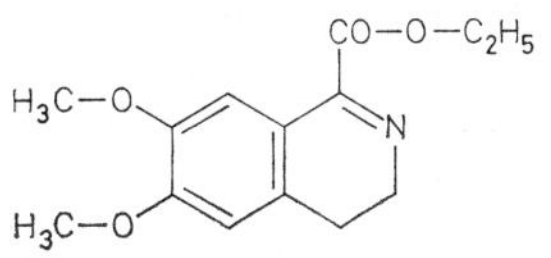

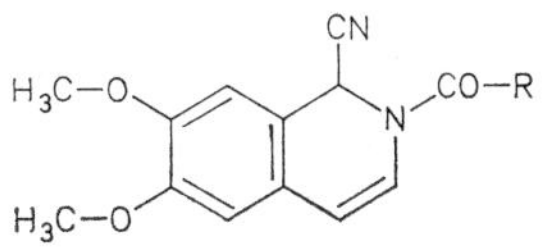

VII VIII

(±)-2-*trans*-Cinnamoyl-6,7-dimethoxy-1,2-dihydro-isochinolin-1-carbonitril $C_{21}H_{18}N_2O_3$, Formel IX.
B. Beim Behandeln von 6,7-Dimethoxy-isochinolin mit flüssigem HCN und *trans*-

Cinnamoylchlorid in Benzol (*Popp, McEwen*, Am. Soc. **79** [1957] 3773, 3776).
Gelbe Kristalle (aus A.); F: 164,8–165,4° [korr.].
Beim Behandeln mit HCl in $CHCl_3$ unter Stickstoff bei 0° ist eine Verbindung $C_{21}H_{19}ClN_2O_3 \cdot H_2O$ (rot; Zers. bei 190–192°) erhalten worden.

(±)-6,7-Dimethoxy-2-[4-methoxy-benzoyl]-1,2-dihydro-isochinolin-1-carbonitril $C_{20}H_{18}N_2O_4$, Formel VIII (R = C_6H_4-O-CH_3(*p*)).
B. Beim Behandeln von 6,7-Dimethoxy-isochinolin mit flüssigem HCN und 4-Methoxy-benzoylchlorid in Benzol (*Popp, McEwen*, Am. Soc. **79** [1957] 3773, 3776).
Kristalle (aus A.); F: 156,4–157,2° [korr.].

(±)-6,7-Dimethoxy-2-veratroyl-1,2-dihydro-isochinolin-1-carbonitril $C_{21}H_{20}N_2O_5$, Formel VIII (R = C_6H_3(O-CH_3)$_2$(*m,p*)).
B. Beim Behandeln von 6,7-Dimethoxy-isochinolin mit flüssigem HCN und Veratroyl-chlorid in Benzol (*Popp, McEwen*, Am. Soc. **79** [1957] 3773, 3776).
Kristalle (aus A.); F: 152,0–152,4° [korr.].

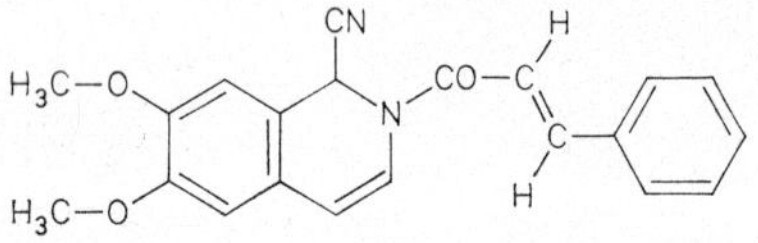

IX 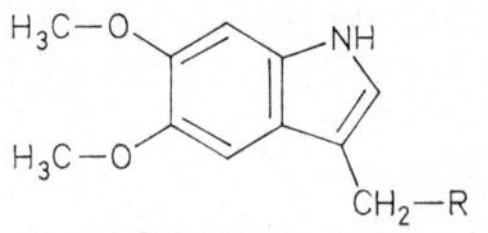 X

[5,6-Dimethoxy-indol-3-yl]-essigsäure $C_{12}H_{13}NO_4$, Formel X (R = CO-OH).
B. Beim Erhitzen des Nitrils (s. u.) mit wss. KOH und wenig $Na_2S_2O_4$ (*Huebner et al.*, Am. Soc. **75** [1953] 5887, 5890).
Kristalle (aus H_2O); F: 136–138°.

[5,6-Dimethoxy-indol-3-yl]-acetonitril $C_{12}H_{12}N_2O_2$, Formel X (R = CN).
B. Beim Erwärmen von [5,6-Dimethoxy-indol-3-ylmethyl]-trimethyl-ammonium-methylsulfat mit wss. KCN auf 65–75° (*Huebner et al.*, Am. Soc. **75** [1953] 5887, 5889).
Kristalle (aus Bzl. + Hexan); F: 120–125°.

5,6-Dihydroxy-3-methyl-indol-2-carbonsäure $C_{10}H_9NO_4$, Formel XI (R = R′ = H).
B. Beim Erhitzen von 5,6-Dimethoxy-3-methyl-indol-2-carbonsäure mit $AlBr_3$ und Benzol (*Beer et al.*, Soc. **1949** 2061, 2065).
F: 158° [Zers.].

5,6-Dimethoxy-3-methyl-indol-2-carbonsäure $C_{12}H_{13}NO_4$, Formel XI (R = H, R′ = CH_3).
B. Aus dem Äthylester (s. u.) und äthanol. KOH (*Lions, Spruson*, J. Pr. Soc. N. S. Wales **66** [1932] 171, 177).
Kristalle; F: 208° [Zers.].

5,6-Dimethoxy-3-methyl-indol-2-carbonsäure-äthylester $C_{14}H_{17}NO_4$, Formel XI (R = C_2H_5, R′ = CH_3).
B. Beim Behandeln von 2-[3,4-Dimethoxy-phenylhydrazono]-buttersäure-äthylester (erhalten aus 3,4-Dimethoxy-benzoldiazonium-chlorid und 2-Äthyl-acetessigsäure-äthyl-ester in wss.-äthanol. NaOH) mit äthanol. HCl (*Lions, Spruson*, J. Pr. Soc. N. S. Wales **66** [1932] 171, 176).
Orangefarbene Kristalle; F: 182°.

4,5-Dihydroxy-2-methyl-indol-3-carbonsäure-äthylester $C_{12}H_{13}NO_4$, Formel XII (R = X = H).
B. Beim Behandeln von 2-Methyl-4,5-dioxo-4,5-dihydro-indol-3-carbonsäure-äthyl-ester in Aceton mit wss. Dithionit (*Teuber, Thaler*, B. **91** [1958] 2253, 2266).

Kristalle (aus Bzl.); F: 186° [unkorr.; nach Sintern ab 183°]. UV-Spektrum (Me.; 220—350 nm): *Te.*, *Th.*, l. c. S. 2258.

XI XII

4,5-Diacetoxy-2-methyl-indol-3-carbonsäure-äthylester $C_{16}H_{17}NO_6$, Formel XII (R = CO-CH_3, X = H).

B. Beim Erwärmen von 2-Methyl-4,5-dioxo-4,5-dihydro-indol-3-carbonsäure-äthyl= ester mit Acetanhydrid und Zink-Pulver in Pyridin (*Teuber, Thaler*, B. **91** [1958] 2253, 2266).

Kristalle (aus PAe.); F: 188—189° [unkorr.].

7-Chlor-4,5-dihydroxy-2-methyl-indol-3-carbonsäure-äthylester $C_{12}H_{12}ClNO_4$, Formel XII (R = H, X = Cl).

B. Beim Behandeln von 2-Methyl-4,5-dioxo-4,5-dihydro-indol-3-carbonsäure-äthyl= ester in Aceton mit wss. HCl (*Teuber, Thaler*, B. **91** [1958] 2253, 2266).

Kristalle (aus $CHCl_3$ + PAe.); F: 198° [unkorr.; Zers.; nach Verfärbung ab 180°].

5,6-Dihydroxy-2-methyl-indol-3-carbonsäure-äthylester $C_{12}H_{13}NO_4$, Formel XIII (R = H, X = OH).

B. Beim Erwärmen von Hydroxy-[1,4]benzochinon mit 3-Amino-crotonsäure-äthyl= ester (E III **3** 1199) in Äthanol (*Beer et al.*, Soc. **1951** 2029, 2032).

Kristalle (aus A.), die sich bei 200° unter Schwarzfärbung zersetzen.

5-Hydroxy-6-methoxy-2-methyl-indol-3-carbonsäure-äthylester $C_{13}H_{15}NO_4$, Formel XIII (R = H, X = O-CH_3).

B. Beim Erwärmen von Methoxy-[1,4]benzochinon mit 3-Amino-crotonsäure-äthyl= ester (E III **3** 1199) in Äthanol (*Beer et al.*, Soc. **1951** 2029, 2031).

Lösungsmittelhaltige Kristalle (aus A.); F: 220°.

6-Benzylmercapto-5-hydroxy-1,2-dimethyl-indol-3-carbonsäure-äthylester $C_{20}H_{21}NO_3S$, Formel XIII (R = CH_3, X = S-CH_2-C_6H_5).

B. Beim Erwärmen von 3-Methylamino-crotonsäure-äthylester (E IV **4** 260) mit Benzylmercapto-[1,4]benzochinon in Aceton unter Stickstoff (*Steck et al.*, J. org. Chem. **24** [1959] 1750).

Kristalle (aus Eg.); F: 182,5—184° [korr.].

XIII XIV XV

Hydroxycarbonsäuren $C_{11}H_{11}NO_4$

[6,7-Dimethoxy-3,4-dihydro-[1]isochinolyl]-acetonitril $C_{13}H_{14}N_2O_2$, Formel XIV.

Für die nachstehend beschriebene Verbindung ist auch die Formulierung als [6,7-Di= methoxy-3,4-dihydro-2*H*-[1]isochinolyliden]-acetonitril in Betracht zu ziehen (vgl. *Schneider, Schilken*, Ar. **296** [1963] 389, 392).

B. Beim Erwärmen von 1-Chlormethyl-6,7-dimethoxy-3,4-dihydro-isochinolin-hydro= chlorid mit KCN und wss. Äthanol (*Child, Pyman*, Soc. **1931** 36, 42). Beim Erhitzen von Cyanessigsäure-[3,4-dimethoxy-phenäthylamid] mit P_2O_5 in Toluol (*Osbond*, Soc. **1951**

3464, 3472; *Ch.*, *Py.*).

Gelbe Kristalle (aus A.); F: 173° [korr.] (*Ch.*, *Py.*), 170° (*Os.*).

Hydrochlorid $C_{13}H_{14}N_2O_2 \cdot HCl$. Hellgelbe Kristalle (aus A.); F: 205–206° [korr.] (*Ch.*, *Py.*).

Picrat $C_{13}H_{14}N_2O_2 \cdot C_6H_3N_3O_7$. Orangegelbe Kristalle (aus Eg.); F: 225° [Zers.] (*Ch.*, *Py.*).

[(*Z*)-6,7-Dimethoxy-3,4-dihydro-2*H*-[1]isochinolyliden]-essigsäure-äthylester $C_{15}H_{19}NO_4$, Formel XV.

Konstitution und Konfiguration: *Schneider*, *Schilken*, Ar. **296** [1963] 389, 392.

B. Beim Erhitzen von *N*-[3,4-Dimethoxy-phenäthyl]-malonamidsäure-äthylester mit P_2O_5 in Toluol (*Battersby et al.*, Soc. **1953** 2463, 2466; *Murayama*, Chem. pharm. Bl. **6** [1958] 183, 184). Beim Behandeln von [6,7-Dimethoxy-3,4-dihydro-[1]isochinolyl]-acetonitril (S. 2493) mit äthanol. HCl (*Osbond*, Soc. **1951** 3464, 3472).

Gelbe Kristalle (aus PAe.), F: 86–87° und F: 80–82° (*Os.*); gelbe Kristalle, F: 85,5° bis 86,5° [aus Ae.] (*Ba. et al.*), 81° (*Mu.*).

Hydrobromid $C_{15}H_{19}NO_4 \cdot HBr$. Gelbe Kristalle (aus A. + Ae.) mit 0,5 Mol H_2O; F: 160° [Zers.; nach Sintern ab 155°] (*Os.*).

Picrat $C_{15}H_{19}NO_4 \cdot C_6H_3N_3O_7$. Dimorph; gelbe Kristalle, F: 168–169,5° [Zers.; aus A.] und F: 161–163° [Zers.; aus E.] (*Ba. et al.*); gelbe Kristalle, F: 170–171° [aus A.] (*Os.*), 170–171° (*Mu.*).

3-[5,6-Dimethoxy-indol-3-yl]-propionsäure $C_{13}H_{15}NO_4$, Formel I (X = OH).

B. Beim Erwärmen des Methylesters (s. u.) mit wss. NaOH (*Walker*, Am. Soc. **78** [1956] 3698, 3700).

Kristalle (aus Bzl.) mit 1 Mol H_2O; F: 124–126° [korr.; nach Trocknen im Vakuum bei 80°].

3-[5,6-Dimethoxy-indol-3-yl]-propionsäure-methylester $C_{14}H_{17}NO_4$, Formel I (X = O-CH_3).

B. Bei der Hydrierung von 4-Cyan-4-[4,5-dimethoxy-2-nitro-phenyl]-buttersäure-methylester (hergestellt durch Erwärmen von [4,5-Dimethoxy-2-nitro-phenyl]-acetonitril mit Methylacrylat und Tetramethylammonium-hydroxid in Methanol) an Palladium/Kohle in Äthylacetat bei 80° (*Walker*, Am. Soc. **78** [1956] 3698, 3700).

Kristalle (aus Me.); F: 107,5–109,5° [korr.].

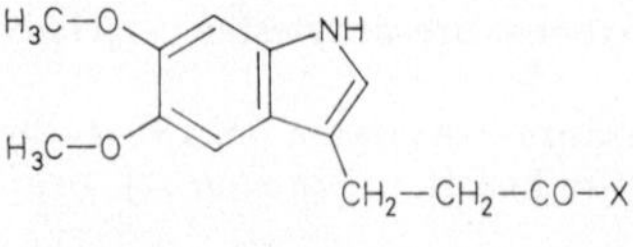

H_3C-O, H_3C-O, NH, CH_2-CH_2-CO-X

I

R–O, NH, CO–OH, CH_2-CH, OH

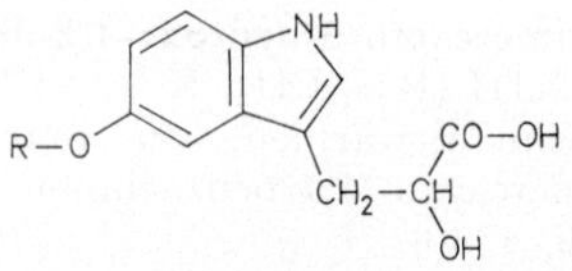

II

3-[5,6-Dimethoxy-indol-3-yl]-propionsäure-hydrazid $C_{13}H_{17}N_3O_3$, Formel I (X = NH-NH_2).

B. Beim Erhitzen von 3-[5,6-Dimethoxy-indol-3-yl]-propionsäure-methylester mit N_2H_4 (*Walker*, Am. Soc. **78** [1956] 3698, 3700).

Kristalle (aus E. + Me.); F: 145–147° [korr.].

(±)-2-Hydroxy-3-[5-methoxy-indol-3-yl]-propionsäure $C_{12}H_{13}NO_4$, Formel II (R = CH_3).

B. Beim Erhitzen von Hydroxy-[5-methoxy-indol-3-ylmethyl]-malonsäure mit Chinolin und Kupfer-Pulver auf 155° (*Gortatowski*, *Armstrong*, J. org. Chem. **22** [1957] 1217, 1219).

Kristalle (aus 1,2-Dichlor-äthan + Eg.); F: 128–129°.

(±)-3-[5-Benzyloxy-indol-3-yl]-2-hydroxy-propionsäure $C_{18}H_{17}NO_4$, Formel II (R = CH_2-C_6H_5).

B. Beim Erhitzen von [5-Benzyloxy-indol-3-ylmethyl]-hydroxy-malonsäure mit

Chinolin und Kupfer-Pulver auf 200° (*Gortatowski, Armstrong*, J. org. Chem. **22** [1957] 1217, 1219).

Braune Kristalle (aus 1,2-Dichlor-äthan); F: 124—125°.

5-Methoxy-3-[2-phenoxy-äthyl]-indol-2-carbonsäure $C_{18}H_{17}NO_4$, Formel III (R = H).

B. Beim Erwärmen des Äthylesters (s. u.) mit äthanol. NaOH (*King, Robinson*, Soc. **1932** 326, 330).

Kristalle (aus Bzl.); F: 179—180°.

5-Methoxy-3-[2-phenoxy-äthyl]-indol-2-carbonsäure-äthylester $C_{20}H_{21}NO_4$, Formel III (R = C_2H_5).

B. Beim Behandeln von 2-[3-Phenoxy-propyl]-acetessigsäure-äthylester mit einer aus *p*-Anisidin erhaltenen Diazoniumchlorid-Lösung in wss.-äthanol. KOH und Erwärmen des Reaktionsprodukts mit H_2SO_4 und Äthanol (*King, Robinson*, Soc. **1932** 326, 330).

Kristalle (aus A.); F: 179°.

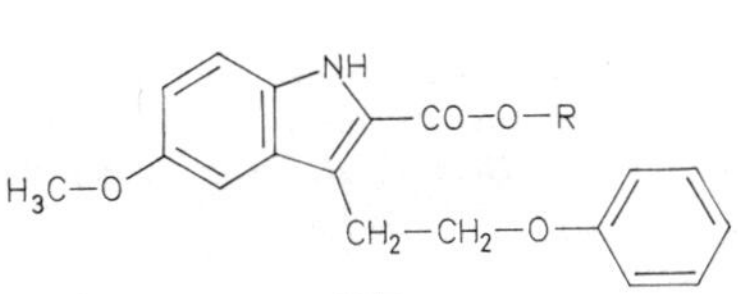

III 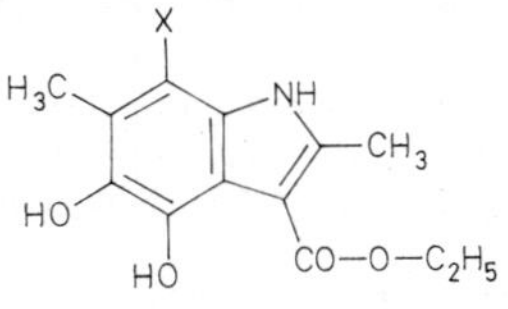 IV 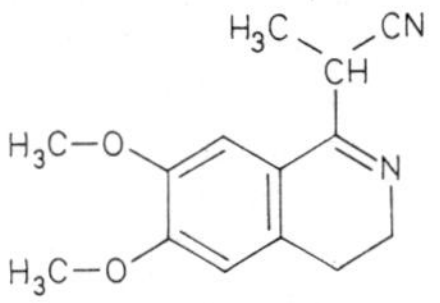 V

4,5-Dihydroxy-2,6-dimethyl-indol-3-carbonsäure-äthylester $C_{13}H_{15}NO_4$, Formel IV (X = H).

B. Beim Behandeln von 2,6-Dimethyl-4,5-dioxo-4,5-dihydro-indol-3-carbonsäure-äthylester in Aceton mit wss. Dithionit (*Teuber, Thaler*, B. **91** [1958] 2253, 2268).

Kristalle (aus Acn. + H_2O); F: 182° [unkorr.; unter Dunkelfärbung]. UV-Spektrum (Me.; 220—350 nm): *Te., Th.*, l. c. S. 2258.

7-Chlor-4,5-dihydroxy-2,6-dimethyl-indol-3-carbonsäure-äthylester $C_{13}H_{14}ClNO_4$, Formel IV (X = Cl).

B. Beim Behandeln von 2,6-Dimethyl-4,5-dioxo-4,5-dihydro-indol-3-carbonsäure-äthylester in Aceton mit wss. HCl (*Teuber, Thaler*, B. **91** [1958] 2253, 2268).

Kristalle (aus PAe.); F: 212° [unkorr.; Zers.].

Hydroxycarbonsäuren $C_{12}H_{13}NO_4$

2-[6,7-Dimethoxy-3,4-dihydro-[1]isochinolyl]-propionitril $C_{14}H_{16}N_2O_2$, Formel V.

Für die nachstehend beschriebene Verbindung ist auch die Formulierung als 2-[6,7-Dimethoxy-3,4-dihydro-2*H*-[1]isochinolyliden]-propionitril in Betracht zu ziehen (vgl. *Schneider, Schilken*, Ar. **296** [1963] 389, 392).

B. Beim Erwärmen von (±)-1-[1-Chlor-äthyl]-6,7-dimethoxy-3,4-dihydro-isochinolin mit KCN in wss. Äthanol (*Dey, Govindachari*, Ar. **277** [1939] 177, 191).

Picrat $C_{14}H_{16}N_2O_2 \cdot C_6H_3N_3O_7$. Orangegelbe Kristalle (aus A.); F: 186° (*Dey, Go.*).

(±)-3-[5,6-Dimethoxy-indol-3-yl]-buttersäure-hydrazid $C_{14}H_{19}N_3O_3$, Formel VI.

B. Bei der Hydrierung von 4-Cyan-4-[4,5-dimethoxy-2-nitro-phenyl]-3-methyl-buttersäure-äthylester (hergestellt durch Erwärmen von [4,5-Dimethoxy-2-nitro-phenyl]-acetonitril mit Äthyl-*trans*(?)-crotonat und Tetramethylammonium-hydroxid) an Palladium/Kohle in Äthylacetat bei 80° und anschliessendem Erhitzen des Reaktionsprodukts mit wasserfreiem N_2H_4 (*Walker*, Am. Soc. **78** [1956] 3698, 3700).

Kristalle (aus E. + Me.); F: 166—168° [korr.].

5,6-Dihydroxy-4-propyl-indol-2-carbonsäure $C_{12}H_{13}NO_4$, Formel VII (R = R' = H).

B. Beim Erhitzen von 5,6-Dimethoxy-4-propyl-indol-2-carbonsäure mit $AlBr_3$ in

Toluol (*Beer et al.*, Soc. **1951** 2426, 2429).
F: 206° [Zers.].

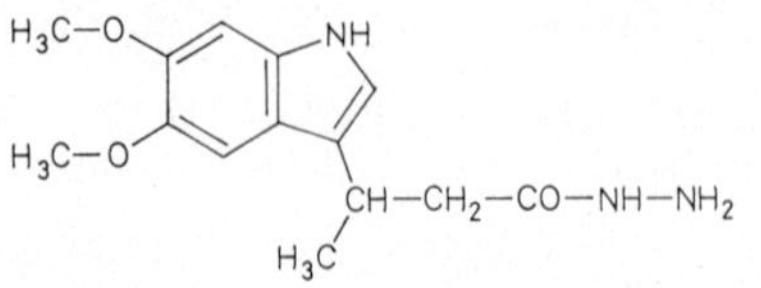

VI

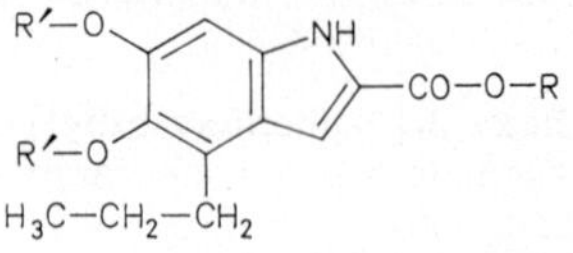

VII

5,6-Dimethoxy-4-propyl-indol-2-carbonsäure $C_{14}H_{17}NO_4$, Formel VII (R = H, R' = CH_3).
B. Beim Erwärmen des Äthylesters (s. u.) mit äthanol. KOH (*Beer et al.*, Soc. **1951** 2426, 2429).
Kristalle (aus Bzl.); F: 162—164° [Zers.].

5,6-Dimethoxy-4-propyl-indol-2-carbonsäure-äthylester $C_{16}H_{21}NO_4$, Formel VII (R = C_2H_5, R' = CH_3).
B. Beim Behandeln einer aus 3,4-Dimethoxy-5-propyl-anilin in wss. HCl erhaltenen Diazoniumsalz-Lösung mit 2-Methyl-acetessigsäure-äthylester in wss.-äthanol. NaOH und Behandeln des Reaktionsprodukts mit äthanol. HCl (*Beer et al.*, Soc. **1951** 2426, 2429).
Kristalle (aus PAe.); F: 133°.

5,6-Dihydroxy-7-propyl-indol-2-carbonsäure $C_{12}H_{13}NO_4$, Formel VIII (R = R' = H).
B. Beim Erhitzen von 5,6-Dimethoxy-7-propyl-indol-2-carbonsäure mit $AlBr_3$ in Toluol (*Beer et al.*, Soc. **1951** 2426, 2428).
F: 180—182° [Zers.].

5,6-Dimethoxy-7-propyl-indol-2-carbonsäure $C_{14}H_{17}NO_4$, Formel VIII (R = H, R' = CH_3).
B. Beim Erwärmen des Äthylesters (s. u.) mit äthanol. KOH (*Beer et al.*, Soc. **1951** 2426, 2428).
Kristalle (aus Bzl.); F: 164°.

5,6-Dimethoxy-7-propyl-indol-2-carbonsäure-äthylester $C_{16}H_{21}NO_4$, Formel VIII (R = C_2H_5, R' = CH_3).
B. Beim Behandeln einer aus 3,4-Dimethoxy-2-propyl-anilin in wss. HCl erhaltenen Diazoniumsalz-Lösung mit 2-Methyl-acetessigsäure-äthylester in wss.-äthanol. NaOH und Behandeln des Reaktionsprodukts mit äthanol. HCl (*Beer et al.*, Soc. **1951** 2426, 2428).
Kristalle (aus Me.); F: 95—96°.

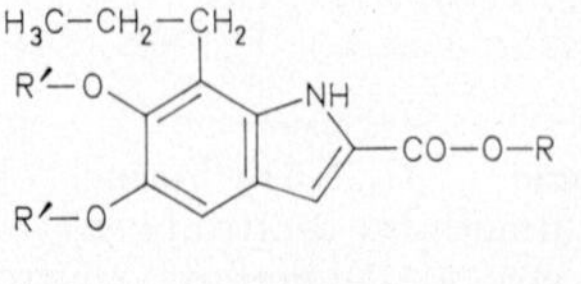

VIII

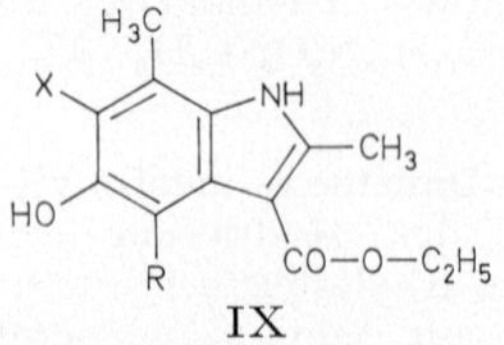

IX

5,6-Dihydroxy-2,4,7-trimethyl-indol-3-carbonsäure-äthylester $C_{14}H_{17}NO_4$, Formel IX (R = CH_3, X = OH).
B. Beim Erwärmen von 3-Hydroxy-2,5-dimethyl-[1,4]benzochinon mit 3-Amino-crotonsäure-äthylester (E III **3** 1199) in Äthanol (*Beer et al.*, Soc. **1951** 2022, 2032).
Kristalle (aus A.) mit 1 Mol H_2O; F: 174°.

4,5-Dihydroxy-2,6,7-trimethyl-indol-3-carbonsäure-äthylester $C_{14}H_{17}NO_4$, Formel IX (R = OH, X = CH_3).

B. Beim Behandeln von 2,6,7-Trimethyl-4,5-dioxo-4,5-dihydro-indol-3-carbonsäure-äthylester in Aceton mit wss. Dithionit (*Teuber, Thaler*, B. **91** [1958] 2253, 2269).

Kristalle (aus Acn. + H_2O); F: 222° [unkorr.]. UV-Spektrum (Me.; 220—350 nm): *Te., Th.*, l. c. S. 2258.

Hydroxycarbonsäuren $C_{13}H_{15}NO_4$

4-[6,7-Dimethoxy-3,4-dihydro-[1]isochinolyl]-buttersäure-äthylester $C_{17}H_{23}NO_4$, Formel X (X = O-C_2H_5).

B. Beim Erhitzen von *N*-[3,4-Dimethoxy-phenäthyl]-glutaramidsäure-äthylester mit $POCl_3$ in Toluol (*Amin et al.*, J. Pharm. Pharmacol. **9** [1957] 588, 597).

Kristalle (aus PAe.). λ_{max}: 244 nm und 303 nm (*Amin et al.*, l. c. S. 591). Scheinbarer Dissoziationsexponent pK'_a der protonierten Verbindung (wss. A. [60%ig]; potentiometrisch ermittelt): ca. 7,4.

Hydrochlorid $C_{17}H_{23}NO_4 \cdot HCl$. F: 124—125° [unkorr.].

Picrat $C_{17}H_{23}NO_4 \cdot C_6H_3N_3O_7$. F: 172—173,5° [unkorr.].

4-[6,7-Dimethoxy-3,4-dihydro-[1]isochinolyl]-buttersäure-[3,4-dimethoxy-phenäthyl-amid] $C_{25}H_{32}N_2O_5$, Formel X (X = NH-CH_2-CH_2-$C_6H_3(O\text{-}CH_3)_2$(*m, p*)) (E II 193).

B. Neben 1,3-Bis-[6,7-dimethoxy-3,4-dihydro-[1]isochinolyl]-propan (Hauptprodukt) beim Erhitzen von *N,N'*-Bis-[3,4-dimethoxy-phenäthyl]-glutaramid mit P_2O_5 in Toluol (*Osbond*, Soc. **1951** 3464, 3467, 3473; vgl. E II 193).

Kristalle (aus Bzl.); F: 135°.

Hydrojodid $C_{25}H_{32}N_2O_5 \cdot HI$. Gelbe Kristalle (aus Me.); F: 133—135° (s. dagegen E II 193).

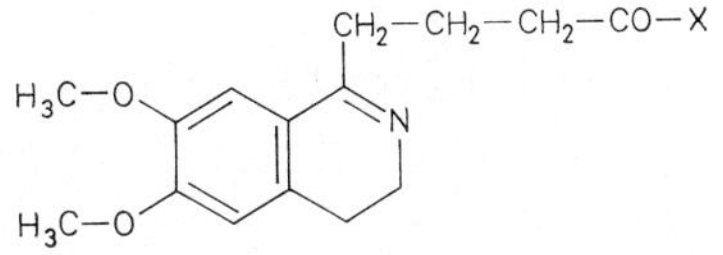

H3C—O, H3C—O, CH2—CH2—CH2—CO—X, N

X

H3C—CH2, CO—O—C2H5, C, H3C—O, NH, H3C—O

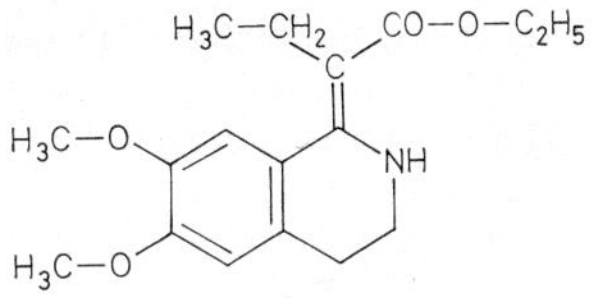

XI

2-[(*Z*)-6,7-Dimethoxy-3,4-dihydro-2*H*-[1]isochinolyliden]-buttersäure-äthylester $C_{17}H_{23}NO_4$, Formel XI.

Bezüglich der Konstitution und Konfiguration s. *Schneider, Schilken*, Ar. **296** [1963] 389, 392.

B. Beim Erhitzen von 2-Äthyl-*N*-[3,4-dimethoxy-phenäthyl]-malonamidsäure-äthylester mit P_2O_5 in Toluol (*Murayama*, Chem. pharm. Bl. **6** [1958] 183, 185).

$Kp_{0,04}$: 170—175° (*Mu.*).

Hydrochlorid. F: 134,5—135° (*Mu.*).

Picrat $C_{17}H_{23}NO_4 \cdot C_6H_3N_3O_7$. Gelbe Kristalle (aus A.); F: 113—114,5° (*Mu.*).

2-[6,7-Dimethoxy-3,4-dihydro-[1]isochinolyl]-2-methyl-propionsäure-äthylester $C_{17}H_{23}NO_4$, Formel XII.

B. Beim Erhitzen von *N*-[3,4-Dimethoxy-phenäthyl]-2,2-dimethyl-malonamidsäure-äthylester (erhalten aus 3,4-Dimethoxy-phenäthylamin und Dimethylmalonsäure-äthylester-chlorid in Äther) mit P_2O_5 in Toluol (*Murayama*, Chem. pharm. Bl. **6** [1958] 183, 185).

Kristalle; F: 74,5—76°. $Kp_{0,5}$: 179—181°.

Picrat $C_{17}H_{23}NO_4 \cdot C_6H_3N_3O_7$. Gelbe Kristalle; F: 141—142°.

5,6-Dihydroxy-3-methyl-4-propyl-indol-2-carbonsäure $C_{13}H_{15}NO_4$, Formel XIII (R = R' = H).

B. Beim Erhitzen von 5,6-Dimethoxy-3-methyl-4-propyl-indol-2-carbonsäure mit

$AlBr_3$ in Toluol (*Beer et al.*, Soc. **1951** 2426, 2429).
F: 202° [Zers.].

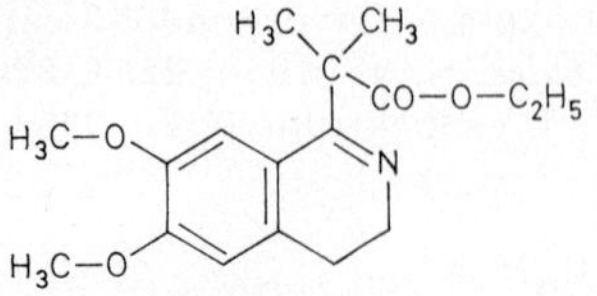

XII 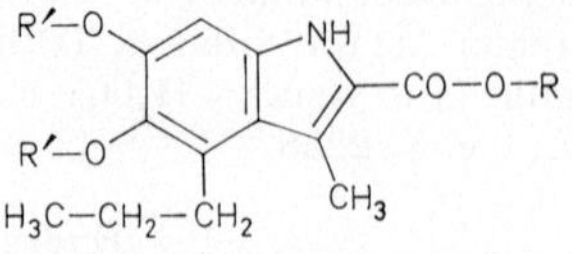 XIII

5,6-Dimethoxy-3-methyl-4-propyl-indol-2-carbonsäure $C_{15}H_{19}NO_4$, Formel XIII (R = H, R′ = CH_3).

B. Beim Erwärmen des Äthylesters (s. u.) mit äthanol. KOH (*Beer et al.*, Soc. **1951** 2426, 2429).

Kristalle (aus Bzl.); F: 189°.

5,6-Dimethoxy-3-methyl-4-propyl-indol-2-carbonsäure-äthylester $C_{17}H_{23}NO_4$, Formel XIII (R = C_2H_5, R′ = CH_3).

B. Beim Behandeln einer aus 3,4-Dimethoxy-5-propyl-anilin erhaltenen Diazoniumchlorid-Lösung mit 2-Äthyl-acetessigsäure-äthylester in wss.-äthanol. NaOH und Behandeln des Reaktionsprodukts mit äthanol. HCl (*Beer et al.*, Soc. **1951** 2426, 2429).

Kristalle (aus Me.); F: 134–135°.

5,6-Dihydroxy-3-methyl-7-propyl-indol-2-carbonsäure $C_{13}H_{15}NO_4$, Formel XIV (R = R′ = H).

B. Beim Erhitzen von 5,6-Dimethoxy-3-methyl-7-propyl-indol-2-carbonsäure mit $AlBr_3$ in Toluol (*Beer et al.*, Soc. **1951** 2426, 2428).

F: 190–192° [Zers.] (Rohprodukt).

5,6-Dimethoxy-3-methyl-7-propyl-indol-2-carbonsäure $C_{15}H_{19}NO_4$, Formel XIV (R = H, R′ = CH_3).

B. Beim Erwärmen des Äthylesters (s. u.) mit äthanol. KOH (*Beer et al.*, Soc. **1951** 2426, 2428).

Kristalle (aus Me.); F: 156–157°.

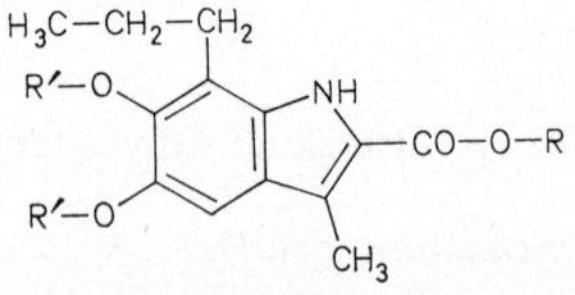

XIV 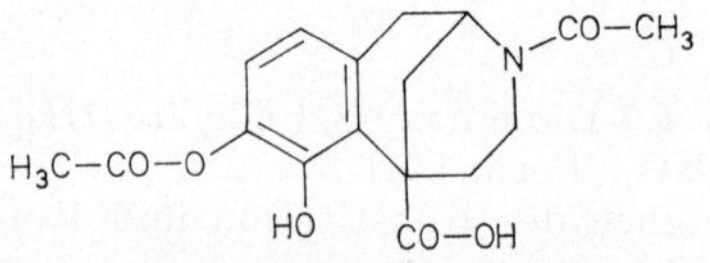 XV

5,6-Dimethoxy-3-methyl-7-propyl-indol-2-carbonsäure-äthylester $C_{17}H_{23}NO_4$, Formel XIV (R = C_2H_5, R′ = CH_3).

B. Beim Behandeln einer aus 3,4-Dimethoxy-2-propyl-anilin erhaltenen Diazoniumchlorid-Lösung mit 2-Äthyl-acetessigsäure-äthylester in wss.-äthanol. NaOH und Behandeln des Reaktionsprodukts mit äthanol. HCl (*Beer et al.*, Soc. **1951** 2426, 2428).

Kristalle (aus wss. Me.); F: 106°.

(±)-8-Acetoxy-3-acetyl-7-hydroxy-2,3,4,5-tetrahydro-1*H*-2,6-methano-benz[*d*]azocin-6-carbonsäure(?) $C_{17}H_{19}NO_6$, vermutlich Formel XV.

B. Aus opt.-inakt. 4-[2-Äthoxy-äthyl]-4-cyan-5,6-dimethoxy-1,2,3,4-tetrahydro-[2]naphthoesäure (E III **10** 2578) über mehrere Stufen (*Horning, Schock*, Am. Soc. **71** [1949] 1359, 1361).

Kristalle (aus wss. Eg.); F: 258–262° [korr.; Zers.].

Hydroxycarbonsäuren $C_{14}H_{17}NO_4$

(±)-4-[6,7-Dimethoxy-3,4-dihydro-[1]isochinolyl]-3-methyl-buttersäure-methylester $C_{17}H_{23}NO_4$, Formel I.

B. Beim Erhitzen von (±)-*N*-[3,4-Dimethoxy-phenäthyl]-3-methyl-glutaramidsäuremethylester mit P_2O_5 in Toluol (*Dúbravková et al.*, Chem. Zvesti **10** [1956] 156, 159; C. A. **1956** 15551).

Kristalle (aus Ae. + PAe.); F: 98,5—99,5°. $Kp_{0,075}$: 215—218° [unkorr.].

Hexachloroplatinat(IV) $2 C_{17}H_{23}NO_4 \cdot H_2PtCl_6$. Kristalle (aus A.); F: 161—162° [unkorr.; Zers.].

***Opt.-inakt. 9,10-Dimethoxy-1,3,4,6,7,11b-hexahydro-2*H*-pyrido[2,1-*a*]isochinolin-2-carbonsäure** $C_{16}H_{21}NO_4$, Formel II.

a) Präparat, dessen Hydrochlorid bei 175—178° schmilzt.

B. Beim Erwärmen von (±)-2-Carboxy-9,10-dimethoxy-1,2,3,4,6,7-hexahydro-pyrido[2,1-*a*]isochinolinylium-jodid mit AgCl in H_2O und folgenden Hydrieren der Reaktionslösung an Platin nach Zusatz von wenig HCl (*Pailer et al.*, M. **83** [1952] 513, 520).

Hydrochlorid $C_{16}H_{21}NO_4 \cdot HCl$. Kristalle (aus wss. A.); F: 175—178°.

Methylester $C_{17}H_{23}NO_4$. Kristalle (aus Ae.); F: 102° (*Pa. et al.*, l. c. S. 522).

b) Präparat, dessen Hydrochlorid bei 165° schmilzt.

B. Aus opt.-inakt. 9,10-Dimethoxy-1,3,4,6,7,11b-hexahydro-2*H*-pyrido[2,1-*a*]isochinolin-2-carbonsäure-äthylester (erhalten aus (±)-2-Äthoxycarbonyl-9,10-dimethoxy-1,2,3,4,6,7-hexahydro-pyrido[2,1-*a*]isochinolinylium-jodid durch Überführung in das Chlorid und Hydrierung an Platin [*Sugasawa, Oka*, Pharm. Bl. **1** [1953] 230]) beim Erwärmen mit wss. HCl (*Sugasawa, Suzuta*, J. pharm. Soc. Japan **79** [1959] 1323; C. A. **1960** 4577).

F: 242° [Zers.] (*Su., Oka*).

Hydrochlorid. Kristalle (aus A.); F: 165° [Zers.] (*Su., Su.*).

[3,4-Dimethoxy-phenäthylamid] $C_{26}H_{34}N_2O_5$. Kristalle (aus A.); F: 158—159° (*Su., Oka*).

Hydrazid $C_{16}H_{23}N_3O_3$. Kristalle (aus A.); F: 204—207° (*Su., Oka*).

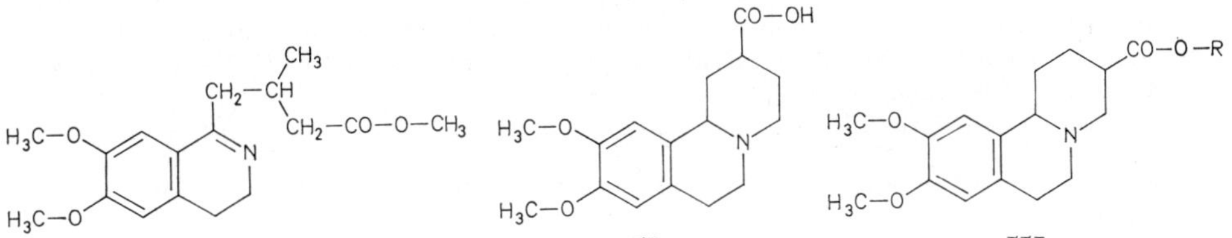

I II III

***Opt.-inakt. 9,10-Dimethoxy-1,3,4,6,7,11b-hexahydro-2*H*-pyrido[2,1-*a*]isochinolin-3-carbonsäure** $C_{16}H_{21}NO_4$, Formel III (R = H).

B. Beim Erwärmen von opt.-inakt. 9,10-Dimethoxy-1,3,4,6,7,11b-hexahydro-2*H*-pyrido[2,1-*a*]isochinolin-3-carbonsäure-äthylester (F: 83—84°) mit wss. HCl (*Suzuta*, J. pharm. Soc. Japan **79** [1959] 1319, 1323; C. A. **1960** 4581).

Hydrochlorid $C_{16}H_{21}NO_4 \cdot HCl$. Kristalle (aus wss. A.); F: 275°.

***Opt.-inakt. 9,10-Dimethoxy-1,3,4,6,7,11b-hexahydro-2*H*-pyrido[2,1-*a*]isochinolin-3-carbonsäure-äthylester** $C_{18}H_{25}NO_4$, Formel III (R = C_2H_5).

a) Stereoisomeres vom F: 83—84°, dessen Picrolonat bei 232° schmilzt.

B. Neben dem unter b) beschriebenen Stereoisomeren beim Erwärmen von (±)-1-[3,4-Dimethoxy-phenäthyl]-6-oxo-piperidin-3-carbonsäure mit $POCl_3$ in Benzol, Behandeln des Reaktionsprodukts mit äthanol. HCl und Hydrieren des Reaktionsprodukts an Platin in H_2O (*Suzuta*, J. pharm. Soc. Japan **79** [1959] 1319, 1322; C. A. **1960** 4581).

Kristalle (aus A.); F: 83—84°.

Picrolonat $C_{18}H_{25}NO_4 \cdot C_{10}H_8N_4O_5$. Gelbe Kristalle (aus A.); F: 231—232° [Zers.].

b) Stereoisomeres, dessen Picrolonat bei 209° schmilzt.

B. s. bei dem unter a) beschriebenen Stereoisomeren.

Picrolonat $C_{18}H_{25}NO_4 \cdot C_{10}H_8N_4O_5$. Gelbe Kristalle (aus A.); F: 208—209° [Zers.] (*Suzuta*, J. pharm. Soc. Japan **79** [1959] 1319, 1322; C. A. **1960** 4581).

Hydroxycarbonsäuren $C_{15}H_{19}NO_4$

2-Äthyl-2-[6,7-dimethoxy-3,4-dihydro-[1]isochinolyl]-buttersäure-äthylester $C_{19}H_{27}NO_4$, Formel IV (R = C_2H_5).

B. Beim Erhitzen von 2,2-Diäthyl-*N*-[3,4-dimethoxy-phenäthyl]-malonamidsäure-äthylester mit P_2O_5 in Toluol (*Murayama*, Chem. pharm. Bl. **6** [1958] 183, 184).

Kristalle (aus PAe.); F: 65—67°. $Kp_{0,02}$: 160—163°.

Picrat $C_{19}H_{27}NO_4 \cdot C_6H_3N_3O_7$. Gelbe Kristalle (aus A.); F: 163—165°.

2-Äthyl-2-[6,7-dimethoxy-3,4-dihydro-[1]isochinolyl]-buttersäure-[2-chlor-äthylester] $C_{19}H_{26}ClNO_4$, Formel IV (R = CH_2-CH_2Cl).

B. Beim Erhitzen von 2,2-Diäthyl-*N*-[3,4-dimethoxy-phenäthyl]-malonamidsäure-[2-chlor-äthylester] (erhalten aus 2,2-Diäthyl-*N*-[3,4-dimethoxy-phenäthyl]-malonamidsäure und 2-Chlor-äthanol) mit $POCl_3$ in Xylol (*Murayama*, Chem. pharm. Bl. **6** [1958] 183, 185).

Kristalle (aus Bzl. + PAe.); F: 72°.

Picrat $C_{19}H_{26}ClNO_4 \cdot C_6H_3N_3O_7$. Gelbe Kristalle (aus A.); F: 188—189°.

2-Äthyl-2-[6,7-dimethoxy-3,4-dihydro-[1]isochinolyl]-buttersäure-[2-diäthylamino-äthylester] $C_{23}H_{36}N_2O_4$, Formel IV (R = CH_2-CH_2-$N(C_2H_5)_2$).

B. Beim Erhitzen von 2-Äthyl-2-[6,7-dimethoxy-3,4-dihydro-[1]isochinolyl]-buttersäure-[2-chlor-äthylester] mit Diäthylamin auf 100—120° (*Murayama*, Chem. pharm. Bl. **6** [1958] 183, 185).

UV-Spektrum (A.; 210—330 nm): *Mu.*

Dipicrat $C_{23}H_{36}N_2O_4 \cdot 2\,C_6H_3N_3O_7$. Gelbe Kristalle (aus A.); F: 131—132,5° [Zers.].

***Opt.-inakt. [9,10-Dimethoxy-1,3,4,6,7,11b-hexahydro-2*H*-pyrido[2,1-*a*]isochinolin-2-yl]-essigsäure** $C_{17}H_{23}NO_4$, Formel V (X = OH).

B. Beim Erwärmen von (±)-9,10-Dimethoxy-2-methoxycarbonylmethyl-1,2,3,4,6,7-hexahydro-pyrido[2,1-*a*]isochinolinylium-jodid mit AgCl in H_2O, anschliessenden Hydrieren an Platin und Erwärmen des Reaktionsprodukts mit wss. HCl (*Pailer*, *Strohmayer*, M. **83** [1952] 1198, 1206).

Hydrochlorid. Kristalle; F: 226—230°.

***Opt.-inakt. [9,10-Dimethoxy-1,3,4,6,7,11b-hexahydro-2*H*-pyrido[2,1-*a*]isochinolin-2-yl]-essigsäure-äthylester** $C_{19}H_{27}NO_4$, Formel V (X = O-C_2H_5).

B. Beim Erwärmen der folgenden Verbindung mit äthanol. KOH und Erwärmen des Reaktionsprodukts mit äthanol. HCl (*Sugasawa*, *Suzuta*, J. pharm. Soc. Japan **79** [1959] 1323; C. A. **1960** 4577).

Picrolonat $C_{19}H_{27}NO_4 \cdot C_{10}H_8N_4O_5$. Gelbe Kristalle; F: 174° [Zers.].

***Opt.-inakt. [9,10-Dimethoxy-1,3,4,6,7,11b-hexahydro-2*H*-pyrido[2,1-*a*]isochinolin-2-yl]-essigsäure-amid** $C_{17}H_{24}N_2O_3$, Formel V (X = NH_2).

B. Beim Erwärmen von opt.-inakt. 9,10-Dimethoxy-1,3,4,6,7,11b-hexahydro-2*H*-pyrido[2,1-*a*]isochinolin-2-carbonsäure-hydrochlorid (F: 165°; S. 2499) mit $SOCl_2$, Behandeln des Reaktionsprodukts in $CHCl_3$ mit Diazomethan in Benzol und Erwärmen des Reaktionsprodukts in Äthanol mit wss. $AgNO_3$ und wss. NH_3 (*Sugasawa*, *Suzuta*, J. pharm. Soc. Japan **79** [1959] 1323; C. A. **1960** 4577).

Hydrochlorid $C_{17}H_{24}N_2O_3 \cdot HCl$. Kristalle (aus A.); F: 167—169° [Zers.].

H_3C-CH_2 CO—O—R, C, CH_2-CH_3, H_3C-O, N, H_3C-O

IV

CH_2-CO-X, H_3C-O, N, H_3C-O

V

CH_2-CO-X, H_3C-O, N, H_3C-O

VI

***Opt.-inakt. [9,10-Dimethoxy-1,3,4,6,7,11b-hexahydro-2*H*-pyrido[2,1-*a*]isochinolin-3-yl]-essigsäure-äthylester** $C_{19}H_{27}NO_4$, Formel VI (X = O-C_2H_5).

a) Stereoisomeres, dessen Picrolonat bei 178° schmilzt.

B. Neben dem unter b) beschriebenen Stereoisomeren beim Erwärmen von (±)-[1-(3,4-Dimethoxy-phenäthyl)-6-oxo-[3]piperidyl]-essigsäure mit $POCl_3$ in Benzol, Erwärmen des Reaktionsprodukts mit Äthanol und anschliessenden Hydrieren an Platin (*Suzuta*, J. pharm. Soc. Japan **79** [1959] 1314, 1317; C. A. **1960** 4580).

Picrolonat $C_{19}H_{27}NO_4 \cdot C_{10}H_8N_4O_5$. Gelbe Kristalle (aus A.); F: 178° [Zers.].

b) Stereoisomeres, dessen Picrolonat bei 147° schmilzt.

B. s. bei dem unter a) beschriebenen Stereoisomeren.

Picrolonat $C_{19}H_{27}NO_4 \cdot C_{10}H_8N_4O_5$. Gelbe Kristalle (aus A.); F: 146—147° [Zers.] (*Suzuta*, J. pharm. Soc. Japan **79** [1959] 1314, 1317; C. A. **1960** 4580).

***Opt.-inakt. [9,10-Dimethoxy-1,3,4,6,7,11b-hexahydro-2*H*-pyrido[2,1-*a*]isochinolin-3-yl]-essigsäure-amid** $C_{17}H_{24}N_2O_3$, Formel VI (X = NH_2).

B. Beim Erwärmen von opt.-inakt. 9,10-Dimethoxy-1,3,4,6,7,11b-hexahydro-2*H*-pyrido[2,1-*a*]isochinolin-3-carbonsäure-hydrochlorid (F: 275°; S. 2499) mit $SOCl_2$, Behandeln des Reaktionsprodukts mit Diazomethan in Benzol und Erwärmen des Reaktionsprodukts in Äthanol mit wss. $AgNO_3$ und wss. NH_3 (*Suzuta*, J. pharm. Soc. Japan **79** [1959] 1319, 1323; C. A. **1960** 4581). Beim Erhitzen von opt.-inakt. [9,10-Dimethoxy-1,3,4,6,7,11b-hexahydro-2*H*-pyrido[2,1-*a*]isochinolin-3-yl]-essigsäure-äthylester (Stereoisomeren-Gemisch) mit wss. HCl, Erwärmen des Reaktionsprodukts mit $SOCl_2$ und Behandeln des erhaltenen Chlorids in $CHCl_3$ mit wss. NH_3 (*Suzuta*, J. pharm. Soc. Japan **79** [1959] 1314, 1317; C. A. **1960** 4580).

Kristalle (aus A.); F: 187° (*Su.*, l. c. S. 1317, 1323).

***Opt.-inakt. 9,10-Dimethoxy-1-methyl-1,3,4,6,7,11b-hexahydro-2*H*-pyrido[2,1-*a*]isochinolin-3-carbonsäure** $C_{17}H_{23}NO_4$, Formel VII (X = OH).

B. Beim Erwärmen des Äthylesters (s. u.) mit äthanol. KOH (*Sugasawa, Kobayashi*, J. pharm. Soc. Japan **69** [1949] 85; C. A. **1950** 1514; Pr. Japan Acad. **24** Nr. 9 [1948] 17, 19; C. A. **1953** 6957).

Hydrochlorid $C_{17}H_{23}NO_4 \cdot HCl$. Kristalle (aus wss. A.); Zers. bei 263°.

***Opt.-inakt. 9,10-Dimethoxy-1-methyl-1,3,4,6,7,11b-hexahydro-2*H*-pyrido[2,1-*a*]isochinolin-3-carbonsäure-äthylester** $C_{19}H_{27}NO_4$, Formel VII (X = O-C_2H_5).

B. Bei der Hydrierung von opt.-inakt. 3-Äthoxycarbonyl-9,10-dimethoxy-1-methyl-1,2,3,4,6,7-hexahydro-pyrido[2,1-*a*]isochinolinylium-chlorid (vgl. S. 2537) an Platin in Äthanol (*Sugasawa et al.*, J. pharm. Soc. Japan **62** [1942] 77, 82; C. A. **1951** 2955; B. **74** [1941] 537, 541).

Kristalle (aus wss. Me.); F: 115—116°.

***Opt.-inakt. 9,10-Dimethoxy-1-methyl-1,3,4,6,7,11b-hexahydro-2*H*-pyrido[2,1-*a*]isochinolin-3-carbonsäure-amid** $C_{17}H_{24}N_2O_3$, Formel VII (X = NH_2).

B. Aus opt.-inakt. 9,10-Dimethoxy-1-methyl-1,3,4,6,7,11b-hexahydro-2*H*-pyrido[2,1-*a*]isochinolin-3-carbonsäure (s. o.) über das Säurechlorid (*Sugasawa, Kobayashi*, Pr. Japan Acad. **24** Nr. 9 [1948] 17, 19; C. A. **1953** 6957).

Kristalle; F: 240—242° [Zers.].

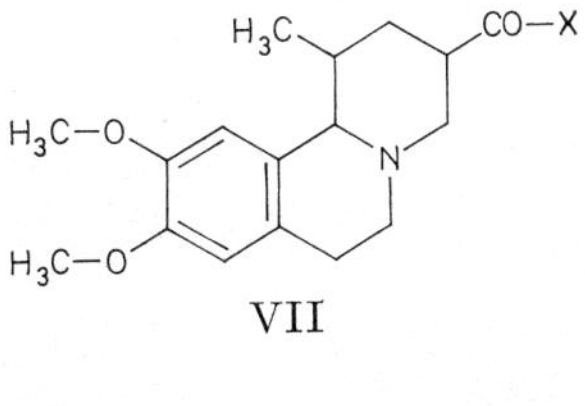

H3C CO—X H3C—O N H3C—O

VII

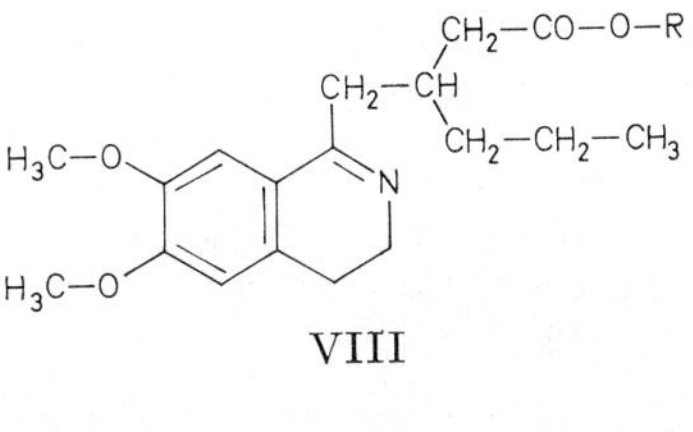

CH2—CO—O—R CH2—CH CH2—CH2—CH3 H3C—O N H3C—O

VIII

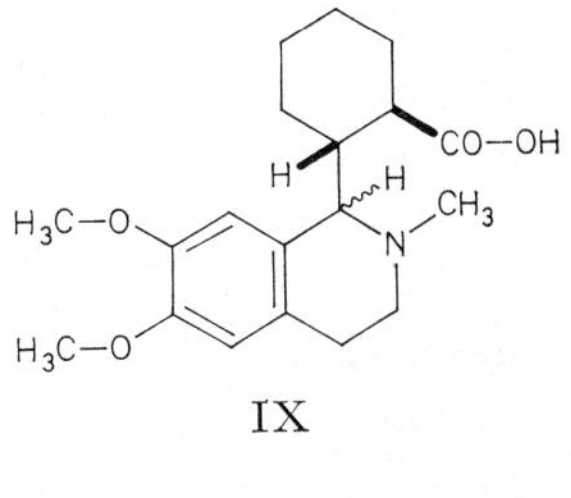

CO—OH H H CH3 H3C—O N H3C—O

IX

Hydroxycarbonsäuren $C_{16}H_{21}NO_4$

(±)-3-[6,7-Dimethoxy-3,4-dihydro-[1]isochinolylmethyl]-hexansäure $C_{18}H_{25}NO_4$, Formel VIII (R = H).

B. Neben 1-[3,4-Dimethoxy-phenäthyl]-4-propyl-piperidin-2,6-dion (Hauptprodukt) beim Erhitzen von (±)-*N*-[3,4-Dimethoxy-phenäthyl]-3-propyl-glutaramidsäure mit P_2O_5 in Toluol (*Osbond*, Soc. **1952** 4785, 4789).

Picrat $C_{18}H_{25}NO_4 \cdot C_6H_3N_3O_7$. Kristalle (aus A.); F: 179–181°.

(±)-3-[6,7-Dimethoxy-3,4-dihydro-[1]isochinolylmethyl]-hexansäure-methylester $C_{19}H_{27}NO_4$, Formel VIII (R = CH_3).

B. Beim Behandeln von (±)-*N*-[3,4-Dimethoxy-phenäthyl]-3-propyl-glutaramidsäure mit methanol. HCl und Erhitzen des erhaltenen Methylesters mit $POCl_3$ in Toluol (*Osbond*, Soc. **1952** 4785, 4789).

Hydrochlorid $C_{19}H_{27}NO_4 \cdot HCl$. Kristalle (aus A. + Ae.); F: 177–178°.

(±)(1Ξ)-*trans*-2-[(Ξ)-6,7-Dimethoxy-2-methyl-1,2,3,4-tetrahydro-[1]isochinolyl]-cyclohexancarbonsäure $C_{19}H_{27}NO_4$, Formel IX + Spiegelbild.

B. Beim Erwärmen von (±)-1-[*trans*-2-Carboxy-cyclohexyl]-6,7-dimethoxy-2-methyl-3,4-dihydro-isochinolinium-jodid mit AgCl in Äthanol und Hydrieren der Reaktionslösung an Platin (*Tomimatsu*, J. pharm. Soc. Japan **77** [1957] 186, 190; C. A. **1957** 10522). Beim Erwärmen von opt.-inakt. 5,6-Dicarboxy-11,12-dimethoxy-7-methyl-2,3,4,4a,5,6,8,9,13b,13c-decahydro-1*H*-isochino[1,2-*a*]isochinolinium-jodid (F: 188° bis 189°) mit Ag_2O in Äthanol, Erhitzen der Reaktionslösung mit KOH auf 150°/3 Torr und Behandeln des Reaktionsprodukts in Aceton mit wss. $KMnO_4$ (*To.*).

Picrat $C_{19}H_{27}NO_4 \cdot C_6H_3N_3O_7$. Gelbe Kristalle (aus Dioxan + PAe.); F: 152–153°.

***Opt.-inakt. 3-[9,10-Dimethoxy-1,3,4,6,7,11b-hexahydro-2*H*-pyrido[2,1-*a*]isochinolin-3-yl]-propionsäure-äthylester** $C_{20}H_{29}NO_4$, Formel X.

B. Beim Erwärmen von (±)-3-[1-(3,4-Dimethoxy-phenäthyl)-6-oxo-[3]piperidyl]-propionsäure mit $POCl_3$ in Benzol, Erwärmen des Reaktionsprodukts mit Äthanol und folgenden Hydrieren an Platin (*Suzuta*, J. pharm. Soc. Japan **79** [1959] 1314, 1318; C. A. **1960** 4580).

Perchlorat $C_{20}H_{29}NO_4 \cdot HClO_4$. Kristalle (aus Me.); F: 174° [Zers.].

X

XI

***Opt.-inakt. [9,10-Dimethoxy-1-methyl-1,3,4,6,7,11b-hexahydro-2*H*-pyrido[2,1-*a*]isochinolin-3-yl]-essigsäure** $C_{18}H_{25}NO_4$, Formel XI (X = OH).

B. Beim Erwärmen des Hydrochlorids der folgenden Verbindung mit wss.-äthanol. KOH (*Sugasawa, Kobayashi*, J. pharm. Soc. Japan **69** [1949] 88, 89; C. A. **1950** 1514; Pr. Japan Acad. **24** Nr. 9 [1948] 17, 20; C. A. **1953** 6957).

Hydrochlorid $C_{18}H_{25}NO_4 \cdot HCl$. Kristalle (aus wss. A.) mit 1 Mol H_2O; Zers. bei 249–249,6°.

***Opt.-inakt. [9,10-Dimethoxy-1-methyl-1,3,4,6,7,11b-hexahydro-2*H*-pyrido[2,1-*a*]isochinolin-3-yl]-essigsäure-amid** $C_{18}H_{26}N_2O_3$, Formel XI (X = NH_2).

B. Beim Erwärmen von opt.-inakt. 2-Diazo-1-[9,10-dimethoxy-1-methyl-1,3,4,6,7,11b-hexahydro-2*H*-pyrido[2,1-*a*]isochinolin-3-yl]-äthanon (F: 123,5°) mit wss. NH_3 und $AgNO_3$ in Äthanol (*Sugasawa, Kobayashi*, J. pharm. Soc. Japan **69** [1949] 88, 89; C. A. **1950** 1514; Pr. Japan Acad. **24** Nr. 9 [1948] 17, 20; C. A. **1953** 6957).

Kristalle (aus Me.); F: 187–189°.

Hydrochlorid $C_{18}H_{26}N_2O_3\cdot HCl$. Kristalle (aus wss. A.); Zers. bei 242,5—243°.

(11bS)-3c-Äthyl-9,10-dimethoxy-(11br)-1,3,4,6,7,11b-hexahydro-2H-pyrido[2,1-a]isochinolin-2t-carbonsäure $C_{18}H_{25}NO_4$, Formel XII (X = OH).

B. Beim Erwärmen von (11bS)-3c-Äthyl-2t-[6,7-dimethoxy-3,4-dihydro-[1]isochinolylmethyl]-9,10-dimethoxy-(11br)-1,3,4,6,7,11b-hexahydro-2H-pyrido[2,1-a]isochinolin (O-Methyl-psychotrin; über die Konfiguration der Verbindung s. *Battersby, Garratt*, Soc. **1959** 3512, 3516) mit Benzylchlorid und Behandeln des Reaktionsprodukts in Dioxan mit wss. NaOH und $KMnO_4$ (*Battersby et al.*, Soc. **1959** 2704, 2708).

Kristalle (aus A. oder H_2O) mit 1 Mol H_2O; F: 193—200° [Zers.] bzw. 185—194° [bei langsamem Erhitzen] (*Ba. et al.*).

Hydrochlorid $C_{18}H_{25}NO_4\cdot HCl$. Kristalle (aus wss. HCl); F: 264—266° [Zers.]; $[\alpha]_D^{20}$: −46,5° [H_2O; c = 3,1] (*Ba. et al.*).

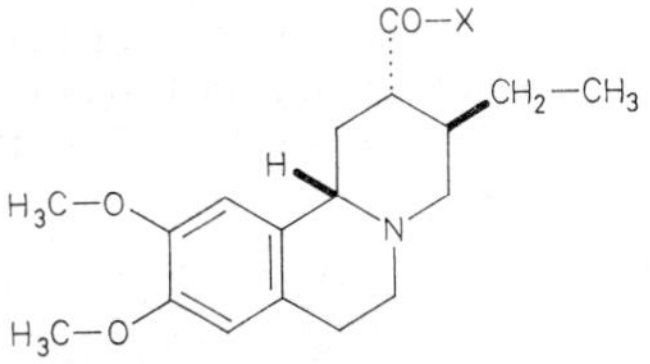

XII 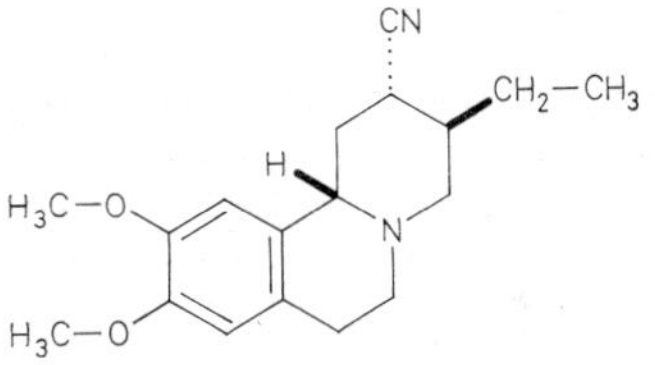 XIII

(11bS)-3c-Äthyl-9,10-dimethoxy-(11br)-1,3,4,6,7,11b-hexahydro-2H-pyrido[2,1-a]isochinolin-2t-carbonsäure-methylester $C_{19}H_{27}NO_4$, Formel XII (X = O-CH_3).

B. Aus dem Hydrochlorid der vorangehenden Säure beim Erwärmen mit konz. H_2SO_4 und Methanol (*Battersby et al.*, Soc. **1959** 2704, 2709).

Kristalle (aus PAe.); F: 73,5—75,5°.

(11bS)-3c-Äthyl-9,10-dimethoxy-(11br)-1,3,4,6,7,11b-hexahydro-2H-pyrido[2,1-a]isochinolin-2t-carbonsäure-amid $C_{18}H_{26}N_2O_3$, Formel XII (X = NH_2).

B. Aus (11bS)-3c-Äthyl-9,10-dimethoxy-(11br)-1,3,4,6,7,11b-hexahydro-2H-pyrido[2,1-a]isochinolin-2t-carbonylchlorid (erhalten aus der Säure [s. o.] und Oxalylchlorid) und NH_3 in Benzol (*Battersby et al.*, Soc. **1959** 2704, 2710).

Kristalle (aus wss. A.); F: 243—244° [Zers.].

(11bS)-3c-Äthyl-9,10-dimethoxy-(11br)-1,3,4,6,7,11b-hexahydro-2H-pyrido[2,1-a]isochinolin-2t-carbonitril $C_{18}H_{24}N_2O_2$, Formel XIII.

B. Beim Erhitzen der vorangehenden Verbindung mit $POCl_3$ (*Batterby et al.*, Soc. **1959** 2704, 2710).

Kristalle (aus wss. A.); F: 158—159°.

***Opt.-inakt. [9,10-Dimethoxy-3-methyl-1,3,4,6,7,11b-hexahydro-2H-pyrido[2,1-a]isochinolin-2-yl]-essigsäure-äthylester** $C_{20}H_{29}NO_4$, Formel XIV.

B. Beim Erwärmen von opt.-inakt. [1-(3,4-Dimethoxy-phenäthyl)-5-methyl-2-oxo-[4]piperidyl]-essigsäure-äthylester ($Kp_{0,05}$: 215—220°) mit $POCl_3$ in Benzol und Hydrieren des Reaktionsprodukts an Platin in H_2O (*Suzuta*, J. pharm. Soc. Japan **79** [1959] 1319, 1321; C. A. **1960** 4581).

Picrolonat $C_{20}H_{29}NO_4\cdot C_{10}H_8N_4O_5$. Gelbe Kristalle (aus A.); F: 178—179° [Zers.].

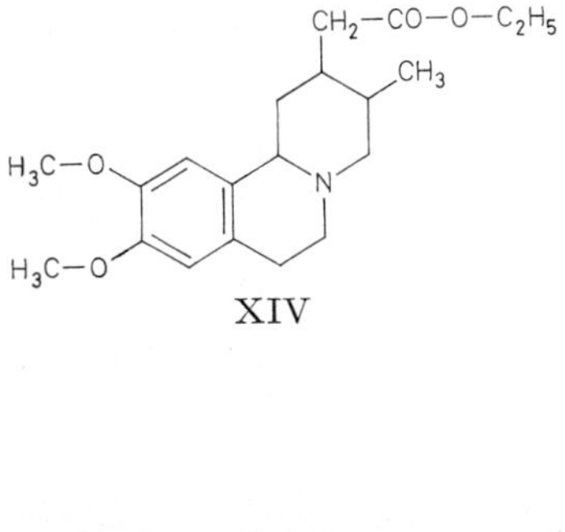

XIV 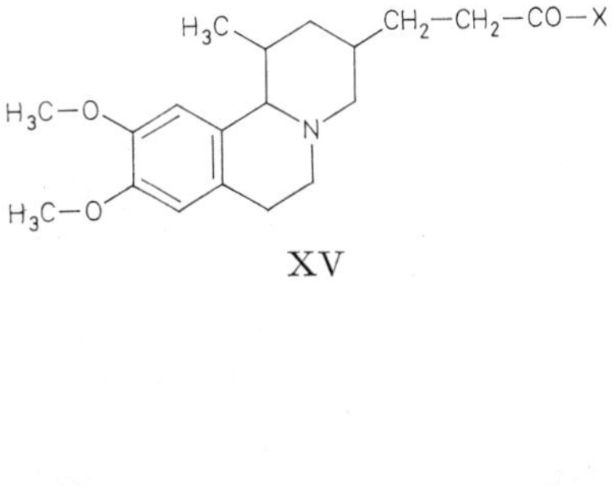 XV

Hydroxycarbonsäuren $C_{17}H_{23}NO_4$

***Opt.-inakt. 3-[9,10-Dimethoxy-1-methyl-1,3,4,6,7,11b-hexahydro-2*H*-pyrido[2,1-*a*]isochinolin-3-yl]-propionsäure** $C_{19}H_{27}NO_4$, Formel XV (X = OH).

B. Beim Erwärmen der folgenden Verbindung mit wss. HCl (*Kobayashi*, J. pharm. Soc. Japan **69** [1949] 91; C. A. **1950** 1514; *Sugasawa*, *Kobayashi*, Pr. Japan Acad. **24** Nr. 9 [1948] 23; C. A. **1953** 6958).

Hydrochlorid $C_{19}H_{27}NO_4 \cdot HCl$. Kristalle (aus H_2O) mit 0,5 Mol H_2O; Zers. bei 233—235°.

***Opt.-inakt. 3-[9,10-Dimethoxy-1-methyl-1,3,4,6,7,11b-hexahydro-2*H*-pyrido[2,1-*a*]isochinolin-3-yl]-propionsäure-[3,4-dimethoxy-phenäthylamid]** $C_{29}H_{40}N_2O_5$, Formel XV (X = NH-CH_2-CH_2-C_6H_3(O-CH_3)$_2$(*m*, *p*)).

B. Beim Erwärmen von opt.-inakt. [9,10-Dimethoxy-1-methyl-1,3,4,6,7,11b-hexahydro-2*H*-pyrido[2,1-*a*]isochinolin-3-yl]-essigsäure-hydrochlorid (S. 2502) mit $SOCl_2$ in Benzol, Behandeln des erhaltenen Säurechlorids in $CHCl_3$ mit Diazomethan in Benzol und Erhitzen des Reaktionsprodukts mit 3,4-Dimethoxy-phenäthylamin in Dioxan und wss. $AgNO_3$ (*Sugasawa*, *Kobayashi*, J. pharm. Soc. Japan **69** [1949] 88, 90; C. A. **1950** 1514; Pr. Japan Acad. **24** Nr. 9 [1948] 17, 21; C. A. **1953** 6957).

Kristalle (aus Me.); F: 168—170°.

[3-Äthyl-9,10-dimethoxy-1,3,4,6,7,11b-hexahydro-2*H*-pyrido[2,1-*a*]isochinolin-2-yl]-essigsäure $C_{19}H_{27}NO_4$.

a) **[(11b*S*)-3*c*-Äthyl-9,10-dimethoxy-(11b*r*)-1,3,4,6,7,11b-hexahydro-2*H*-pyrido[2,1-*a*]isochinolin-2*t*-yl]-essigsäure** $C_{19}H_{27}NO_4$, Formel I (R = H).

B. Beim Erwärmen von [(11b*S*)-3*c*-Äthyl-9,10-dimethoxy-(11b*r*)-1,3,4,6,7,11b-hexahydro-2*H*-pyrido[2,1-*a*]isochinolin-2*t*-yl]-essigsäure-methylester mit wss. HCl (*Battersby et al.*, Soc. **1959** 2704, 2710).

Hydrochlorid. Kristalle; F: 199—202°.

b) **(±)-[3*t*-Äthyl-9,10-dimethoxy-(11b*r*)-1,3,4,6,7,11b-hexahydro-2*H*-pyrido[2,1-*a*]isochinolin-2*t*-yl]-essigsäure** $C_{19}H_{27}NO_4$, Formel II (R = H) + Spiegelbild.

Hydrochlorid $C_{19}H_{27}NO_4 \cdot HCl$. *B.* Beim Erwärmen von (±)(*Ξ*)-[(11b*Ξ*)-3*t*-Äthyl-9,10-dimethoxy-(11b*r*)-1,3,4,6,7,11b-hexahydro-2*H*-pyrido[2,1-*a*]isochinolin-2*t*-yl]-cyanessigsäure-äthylester-hydrochlorid (S. 2657) mit wss. HCl (*Hoffmann-La Roche*, U.S.P. 2877226 [1956]; *Brossi*, *Schnider*, Helv. **45** [1962] 1899, 1904). — Kristalle (aus H_2O) mit 1 Mol H_2O; F: 170—180° [nicht rein erhalten] (*Br.*, *Sch.*).

I II

[3-Äthyl-9,10-dimethoxy-1,3,4,6,7,11b-hexahydro-2*H*-pyrido[2,1-*a*]isochinolin-2-yl]-essigsäure-methylester $C_{20}H_{29}NO_4$.

a) **[(11b*S*)-3*c*-Äthyl-9,10-dimethoxy-(11b*r*)-1,3,4,6,7,11b-hexahydro-2*H*-pyrido[2,1-*a*]isochinolin-2*t*-yl]-essigsäure-methylester** $C_{20}H_{29}NO_4$, Formel I (R = CH_3).

B. Beim Behandeln von (11b*S*)-3*c*-Äthyl-9,10-dimethoxy-(11b*r*)-1,3,4,6,7,11b-hexahydro-2*H*-pyrido[2,1-*a*]isochinolin-2*t*-carbonsäure (S. 2503) mit Oxalylchlorid in Benzol, anschliessend mit Diazomethan in Äther und Erwärmen des Reaktionsprodukts mit Methanol und Ag_2O (*Battersby et al.*, Soc. **1959** 2704, 2709). Beim Behandeln von Protoemetin (E III/IV **21** 6488) in Äthanol mit Ag_2O und Erwärmen des Reaktionsprodukts mit Methanol und konz. H_2SO_4 (*Battersby*, *Harper*, Soc. **1959** 1748, 1752).

Kristalle (aus PAe.); F: 98—99° (*Ba.*, *Ha.*), 93—94° (*Ba. et al.*). $[\alpha]_D^{20}$: —35,4° [Me.; c = 3] (*Ba.*, *Ha.*).

b) **(±)-[3*c*-Äthyl-9,10-dimethoxy-(11b*r*)-1,3,4,6,7,11b-hexahydro-2*H*-pyrido[2,1-*a*]isochinolin-2*t*-yl]-essigsäure-methylester** $C_{20}H_{29}NO_4$, Formel I (R = CH_3) + Spiegelbild.

B. Beim Erhitzen von (±)-[5*t*-Äthyl-1-(3,4-dimethoxy-phenäthyl)-2-oxo-[4*r*]piperidyl]-essigsäure-methylester (erhalten aus der entsprechenden Säure) mit $POCl_3$ in Toluol unter Stickstoff und Hydrieren des Reaktionsprodukts in Äthanol an Platin (*van Tamelen et al.*, Am. Soc. **81** [1959] 6214, 6220).

Kristalle (aus PAe.); F: 79–98° [einmal wurden Kristalle vom F: 78,9–79,2° erhalten] (*v. Ta. et al.*), 79,5–82° (*Openshaw, Whittaker*, Soc. **1963** 1461, 1465). λ_{max}: 282 nm und 296 nm (*v. Ta. et al.*).

Hydrochlorid $C_{20}H_{29}NO_4 \cdot HCl$. Kristalle (aus Me. + Methylacetat); F: 205,6° bis 206,1° [korr.; evakuierte Kapillare] (*v. Ta. et al.*).

c) **(±)-[3*t*-Äthyl-9,10-dimethoxy-(11b*r*)-1,3,4,6,7,11b-hexahydro-2*H*-pyrido[2,1-*a*]isochinolin-2*t*-yl]-essigsäure-methylester** $C_{20}H_{29}NO_4$, Formel II (R = CH_3) + Spiegelbild.

Hydrochlorid $C_{20}H_{29}NO_4 \cdot HCl$. *B.* Aus (±)-[3*t*-Äthyl-9,10-dimethoxy-(11b*r*)-1,3,4,6,7,11b-hexahydro-2*H*-pyrido[2,1-*a*]isochinolin-2*t*-yl]-essigsäure-hydrochlorid (S. 2504) (*Hoffmann-La Roche*, U.S.P. 2877226 [1956]; *Brossi, Schnider*, Helv. **45** [1962] 1899, 1904). — F: 215–216° [unkorr.; aus A. + Ae.] (*Br., Sch.*; *Hoffmann-La Roche*). λ_{max}: (A.): 230 nm und 282 nm (*Br., Sch.*).

[3-Äthyl-9,10-dimethoxy-1,3,4,6,7,11b-hexahydro-2*H*-pyrido[2,1-*a*]isochinolin-2-yl]-essigsäure-äthylester $C_{21}H_{31}NO_4$.

a) **[(11b*S*)-3*c*-Äthyl-9,10-dimethoxy-(11b*r*)-1,3,4,6,7,11b-hexahydro-2*H*-pyrido[2,1-*a*]isochinolin-2*t*-yl]-essigsäure-äthylester** $C_{21}H_{31}NO_4$, Formel I (R = C_2H_5).

B. Beim Erwärmen von [(11b*S*)-3*c*-Äthyl-9,10-dimethoxy-(11b*r*)-1,3,4,6,7,11b-hexahydro-2*H*-pyrido[2,1-*a*]isochinolin-2*t*-yl]-acetonitril (S. 2508) mit wss.-äthanol. KOH und Erwärmen des Reaktionsprodukts mit Äthanol und konz. H_2SO_4 (*Battersby, Harper*, Soc. **1959** 1748, 1752).

Kristalle (aus PAe.); F: 88–90°.

b) **(±)-[3*c*-Äthyl-9,10-dimethoxy-(11b*r*)-1,3,4,6,7,11b-hexahydro-2*H*-pyrido[2,1-*a*]isochinolin-2*t*-yl]-essigsäure-äthylester** $C_{21}H_{31}NO_4$, Formel I (R = C_2H_5) + Spiegelbild.

B. Aus (±)-2*r*-Äthoxycarbonylmethyl-3*t*-äthyl-9,10-dimethoxy-1,2,3,4,6,7-hexahydro-pyrido[2,1-*a*]isochinolinylium-jodid beim Hydrieren an Platin in Methanol (*Barash et al.*, Soc. **1959** 3530, 3540; *Battersby, Turner*, Chem. and Ind. **1958** 1324; Soc. **1960** 717, 723) oder beim Behandeln mit $Na_2S_2O_4$ in $NaHCO_3$ enthaltendem wss. Methanol sowie beim Behandeln mit wss.-methanol. NaOH und Ameisensäure (*Ba. et al.*).

Kristalle (aus PAe.); F: 66–66,5° (*Ba., Tu.*).

Hydrojodid $C_{21}H_{31}NO_4 \cdot HI$. Kristalle (aus Me. + Ae.); F: 163–165° und F: 183,5° bis 184,5° (*Ba. et al.*).

Perchlorat $C_{21}H_{31}NO_4 \cdot HClO_4$. Kristalle (aus A.); F: 145–146,5° (*Ba., Tu.*, Soc. **1960** 723).

Picrat $C_{21}H_{31}NO_4 \cdot C_6H_3N_3O_7$. Kristalle (aus A.); F: 165–166° (*Ba., Tu.*, Soc. **1960** 723).

c) **(±)-[3*t*-Äthyl-9,10-dimethoxy-(11b*r*)-1,3,4,6,7,11b-hexahydro-2*H*-pyrido[2,1-*a*]isochinolin-2*t*-yl]-essigsäure-äthylester** $C_{21}H_{31}NO_4$, Formel II (R = C_2H_5) + Spiegelbild.

Über die Konfiguration am C-Atom 11b s. *Brossi, Schnider*, Helv. **45** [1962] 1899, 1900.

B. Beim Hydrieren von (±)-2*r*-Äthoxycarbonylmethyl-3*c*-äthyl-9,10-dimethoxy-1,2,3,4,6,7-hexahydro-pyrido[2,1-*a*]isochinolinylium-jodid an Platin in Methanol (*Barash et al.*, Soc. **1959** 3530, 3541; s. a. *Ewštigneewa*, Ž. obšč. Chim. **28** [1958] 2458, 2461; engl. Ausg. S. 2494, 2496).

Hydrojodid $C_{21}H_{31}NO_4 \cdot HI$. Kristalle (aus Me. + Ae.); F: 214,5–216,5° (*Ba. et al.*).

[3-Äthyl-9,10-dimethoxy-1,3,4,6,7,11b-hexahydro-2*H*-pyrido[2,1-*a*]isochinolin-2-yl]-essigsäure-[3,4-dimethoxy-phenäthylamid] $C_{29}H_{40}N_2O_5$.

Über die Konfiguration der nachstehend beschriebenen Stereoisomeren s. *Brossi*,

Schnider, Helv. **45** [1962] 1899.

a) **(±)-[3c-Äthyl-9,10-dimethoxy-(11br)-1,3,4,6,7,11b-hexahydro-2*H*-pyrido[2,1-*a*]isochinolin-2c-yl]-essigsäure-[3,4-dimethoxy-phenäthylamid]** $C_{29}H_{40}N_2O_5$, Formel III + Spiegelbild.

B. Aus dem unter d) beschriebenen Stereoisomeren beim Erhitzen in Methanol auf 130°/100 at unter Wasserstoff in Gegenwart von Palladium/Kohle (*Brossi, Schnider*, Helv. **45** [1962] 1899, 1905). Über die Bildung aus (±)-[3-Äthyl-9,10-dimethoxy-1,6,7,11b-tetrahydro-4*H*-pyrido[2,1-*a*]isochinolin-2-yl]-essigsäure-[3,4-dimethoxy-phenäthylamid] s. die Angaben bei dem unter d) beschriebenen Stereoisomeren.

Kristalle (aus E.); F: 130° [unkorr.] (*Br., Sch.*), 129–130° [unkorr.] (*Brossi et al.*, Helv. **42** [1959] 1515, 1520). λ_{max} (A.): 230 nm und 280 nm (*Br. et al.*).

III

b) **[(11bS)-3c-Äthyl-9,10-dimethoxy-(11br)-1,3,4,6,7,11b-hexahydro-2*H*-pyrido[2,1-*a*]isochinolin-2*t*-yl]-essigsäure-[3,4-dimethoxy-phenäthylamid]** $C_{29}H_{40}N_2O_5$, Formel IV.

B. Aus [(11b*S*)-3*c*-Äthyl-9,10-dimethoxy-(11b*r*)-1,3,4,6,7,11b-hexahydro-2*H*-pyrido[2,1-*a*]isochinolin-2*t*-yl]-acetylchlorid (erhalten aus der entsprechenden Säure [S. 2504] mit Hilfe von Oxalylchlorid) beim Behandeln mit 3,4-Dimethoxy-phenäthylamin oder beim Erhitzen von [(11b*S*)-3*c*-Äthyl-9,10-dimethoxy-(11b*r*)-1,3,4,6,7,11b-hexahydro-2*H*-pyrido[2,1-*a*]isochinolin-2*t*-yl]-essigsäure-methylester (S. 2504) mit 3,4-Dimethoxy-phenyläthylamin auf 180° (*Battersby, Harper*, Soc. **1959** 1748, 1752).

Kristalle (aus wss. A.); F: 171,5–172,5°.

IV

c) **(±)-[3c-Äthyl-9,10-dimethoxy-(11br)-1,3,4,6,7,11b-hexahydro-2*H*-pyrido[2,1-*a*]isochinolin-2*t*-yl]-essigsäure-[3,4-dimethoxy-phenäthylamid]** $C_{29}H_{40}N_2O_5$, Formel IV + Spiegelbild.

B. Aus (±)-[3*c*-Äthyl-9,10-dimethoxy-(11b*r*)-1,3,4,6,7,11b-hexahydro-2*H*-pyrido[2,1-*a*]isochinolin-2*t*-yl]-essigsäure (erhalten aus dem entsprechenden Äthylester; S. 2505) beim Erhitzen mit 3,4-Dimethoxy-phenäthylamin, Ammoniumacetat und Essigsäure in Xylol (*Barash et al.*, Soc. **1959** 3530, 3541) oder beim Behandeln mit Chlorokohlensäure-äthylester in Triäthylamin enthaltenden DMF und anschliessend mit 3,4-Dimethoxy-phenäthylamin (*Battersby, Turner*, Chem. and Ind. **1958** 1324; Soc. **1960** 717, 724). Beim Erhitzen von (±)-[3*c*-Äthyl-9,10-dimethoxy-(11b*r*)-1,3,4,6,7,11b-hexahydro-2*H*-pyrido[2,1-*a*]isochinolin-2*t*-yl]-essigsäure-methylester (S. 2505) beim Erhitzen mit 3,4-Dimethoxy-phenäthylamin unter Stickstoff auf 180–200° (*van Tamelen et al.*, Am. Soc. **81** [1959] 6214, 6220). Über die Bildung aus (±)-[3-Äthyl-9,10-dimethoxy-1,6,7,11b-tetrahydro-4*H*-pyrido[2,1-*a*]isochinolin-2-yl]-essigsäure-[3,4-dimethoxy-phenäthylamid] s. die Angaben bei dem unter d) beschriebenen Stereoisomeren.

Kristalle; F: 154,2–155,7° [korr.; evakuierte Kapillare; aus E.] (*v. Ta. et al.*), 151,5°

bis 154,5° [aus E.] (*Ba. et al.*), 148—149° [unkorr.; aus E.] (*Brossi et al.*, Helv. **42** [1959] 1513, 1520). λ_{max} (A.): 230 nm und 280 nm (*Br. et al.*).

Hydrojodid $C_{29}H_{40}N_2O_5 \cdot HI$. F: 227—228° (*Ba. et al.*), 222—223° [unkorr.; aus Me. + Ae.] (*Br. et al.*).

Nitrat $C_{29}H_{40}N_2O_5 \cdot HNO_3$. Kristalle (aus Me. + Ae.); F: 180—181° [unkorr.; nach Trocknen bei 70° im Hochvakuum] (*Br. et al.*).

Hydrogenoxalat $C_{29}H_{40}N_2O_5 \cdot C_2H_2O_4$. F: 184—186° [unkorr.; aus Me. + Ae.] (*Br. et al.*).

d) **(±)-[3*t*-Äthyl-9,10-dimethoxy-(11b*r*)-1,3,4,6,7,11b-hexahydro-2*H*-pyrido[2,1-*a*]isochinolin-2*t*-yl]-essigsäure-[3,4-dimethoxy-phenäthylamid]** $C_{29}H_{40}N_2O_5$, Formel V ($R = CH_3$, $X = H$) + Spiegelbild.

B. Beim Erhitzen von (±)-[3*t*-Äthyl-9,10-dimethoxy-(11b*r*)-1,3,4,6,7,11b-hexahydro-2*H*-pyrido[2,1-*a*]isochinolin-2*t*-yl]-essigsäure-hydrochlorid (S. 2504) mit 3,4-Dimethoxy-phenäthylamin, Ammoniumacetat und Essigsäure in Xylol (*Hoffmann-La Roche*, U.S.P. 2877226 [1956]; *Brossi, Schnider*, Helv. **45** [1962] 1899, 1904). Neben dem unter a) und c) beschriebenen Stereoisomeren bei der Hydrierung von (±)-[3-Äthyl-9,10-dimethoxy-1,6,7,11b-tetrahydro-4*H*-pyrido[2,1-*a*]isochinolin-2-yl]-essigsäure-[3,4-dimethoxy-phenäthylamid] an Palladium in Methanol bei 120—130°/100 at (*Brossi et al.*, Helv. **42** [1959] 1515, 1516, 1520).

Kristalle; F: 157—158° [unkorr.; aus E.] (*Br.*, *Sch.*), 156—157° [unkorr.; aus Me.] (*Br. et al.*). λ_{max} (A.): 230 nm und 280 nm (*Br. et al.*).

Hydrojodid $C_{29}H_{40}N_2O_5 \cdot HI$. F: 228—230° [unkorr.; aus Me. + Ae.] (*Br. et al.*), 220—221° (*Hoffmann-La Roche*).

Hydrogenoxalat $C_{29}H_{40}N_2O_5 \cdot C_2H_2O_4$. F: 146—148° [unkorr.; aus A. + Ae.] (*Br. et al.*).

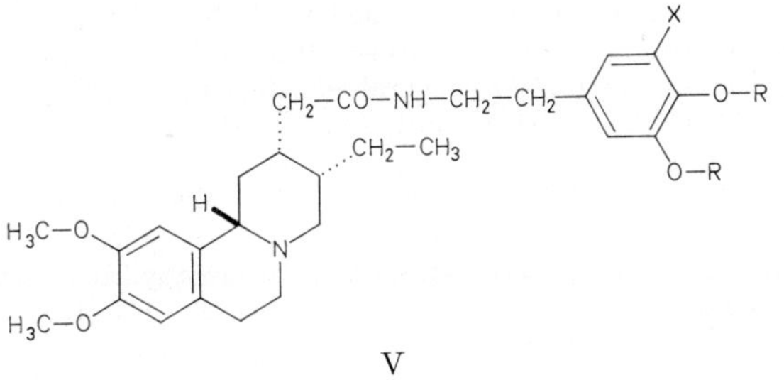

V

(±)-[3*t*-Äthyl-9,10-dimethoxy-(11b*r*)-1,3,4,6,7,11b-hexahydro-2*H*-pyrido[2,1-*a*]isochinolin-2*t*-yl]-essigsäure-[3,4-diäthoxy-phenäthylamid] $C_{31}H_{44}N_2O_5$, Formel V ($R = C_2H_5$, $X = H$) + Spiegelbild.

B. Beim Erhitzen von (±)-[3*t*-Äthyl-9,10-dimethoxy-(11b*r*)-1,3,4,6,7,11b-hexahydro-2*H*-pyrido[2,1-*a*]isochinolin-2*t*-yl]-essigsäure-hydrochlorid (S. 2504) mit 3,4-Diäthoxy-phenäthylamin, Ammoniumacetat und Essigsäure in Xylol (*Hoffmann-La Roche*, U.S.P. 2877226 [1956]).

F: 130—131° [aus E. + PAe.].

(±)-[3*t*-Äthyl-9,10-dimethoxy-(11b*r*)-1,3,4,6,7,11b-hexahydro-2*H*-pyrido[2,1-*a*]isochinolin-2*t*-yl]-essigsäure-[3,4,5-trimethoxy-phenäthylamid] $C_{30}H_{42}N_2O_6$, Formel V ($R = CH_3$, $X = O\text{-}CH_3$) + Spiegelbild.

B. Analog der im vorangehenden Artikel beschriebenen Verbindung (*Hoffmann-La Roche*, U.S.P. 2877226 [1956]).

F: 123—125° [aus E. + PAe.].

(±)-[(11b*Ξ*)-3*c*-Äthyl-9,10-dimethoxy-(11b*r*)-1,3,4,6,7,11b-hexahydro-2*H*-pyrido[2,1-*a*]isochinolin-2*t*-yl]-essigsäure-[(*Ξ*)-3,4,*β*-trimethoxy-phenäthylamid] $C_{30}H_{42}N_2O_6$, Formel VI + Spiegelbild.

B. Beim Behandeln von (±)-[3*c*-Äthyl-9,10-dimethoxy-(11b*r*)-1,3,4,6,7,11b-hexahydro-2*H*-pyrido[2,1-*a*]isochinolin-2*t*-yl]-essigsäure (erhalten aus dem entsprechenden Äthylester, S. 2505) mit Chlorokohlensäure-äthylester und Trimethylamin in DMF und anschliessend mit (±)-3,4,β-Trimethoxy-phenäthylamin (*Battersby et al.*, Soc. **1961** 3899, 3906; s. a. *Ewštigneewa et al.*, Doklady Akad. S.S.S.R. **117** [1957] 227; Pr. Acad. Sci. U.S.S.R. Chem. Sect. **112–117** [1957] 989).

Kristalle (aus A.); F: 179–180° (*Ba. et al.*).

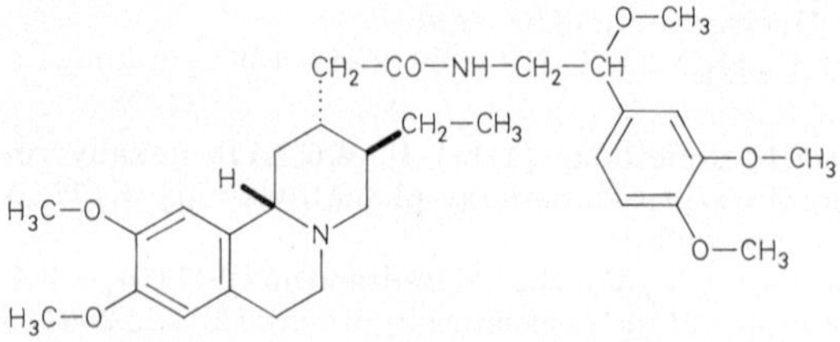

VI

(±)-[3*t*-Äthyl-9,10-dimethoxy-(11b*r*)-1,3,4,6,7,11b-hexahydro-2*H*-pyrido[2,1-*a*]isochinolin-2*t*-yl]-essigsäure-[2-benzo[1,3]dioxol-5-yl-äthylamid], (±)-[3*t*-Äthyl-9,10-dimethoxy-(11b*r*)-1,3,4,6,7,11b-hexahydro-2*H*-pyrido[2,1-*a*]isochinolin-2*t*-yl]-essigsäure-[3,4-methylendioxy-phenäthylamid] $C_{28}H_{36}N_2O_5$, Formel VII + Spiegelbild.

B. Analog (±)-[3*t*-Äthyl-9,10-dimethoxy-(11b*r*)-1,3,4,6,7,11b-hexahydro-2*H*-pyrido[2,1-*a*]isochinolin-2*t*-yl]-essigsäure-[3,4-diäthoxy-phenäthylamid] [S. 2507] (*Hoffmann-La Roche*, U.S.P. 2877226 [1956]).

F: 135–136° [aus E. + PAe.].

[(11b*S*)-3*c*-Äthyl-9,10-dimethoxy-(11b*r*)-1,3,4,6,7,11b-hexahydro-2*H*-pyrido[2,1-*a*]isochinolin-2*t*-yl]-acetonitril $C_{19}H_{26}N_2O_2$, Formel VIII (R = CN).

B. Beim Erhitzen von [(11b*S*)-3*c*-Äthyl-9,10-dimethoxy-(11b*r*)-1,3,4,6,7,11b-hexahydro-2*H*-pyrido[2,1-*a*]isochinolin-2*t*-yl]-acetaldehyd-oxim (Protoemetin-oxim; erhalten aus Protoemetin [E III/IV **21** 6488]) mit Acetanhydrid (*Battersby, Harper*, Soc. **1959** 1748, 1751).

Kristalle (aus wss. A.); F: 153,5–154°. $Kp_{0,02}$: 160° [Badtemperatur].

[(11b*S*)-3*c*-Äthyl-9,10-dimethoxy-(11b*r*)-1,3,4,6,7,11b-hexahydro-2*H*-pyrido[2,1-*a*]isochinolin-2*t*-yl]-essigsäure-hydrazid $C_{19}H_{29}N_3O_3$, Formel VIII (R = CO-NH-NH_2).

B. Beim Erwärmen von [(11b*S*)-3*c*-Äthyl-9,10-dimethoxy-(11b*r*)-1,3,4,6,7,11b-hexahydro-2*H*-pyrido[2,1-*a*]isochinolin-2*t*-yl]-essigsäure-methylester (S. 2504) mit N_2H_4 und wenig Methanol (*Battersby et al.*, Soc. **1959** 2704, 2710).

Kristalle (aus A.); F: 206–207° [Zers.].

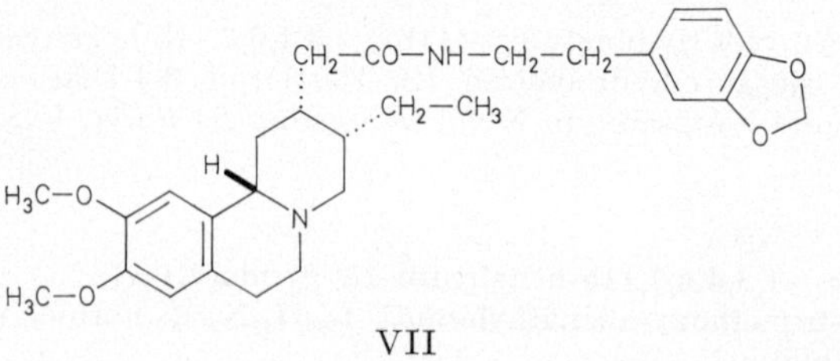

VII

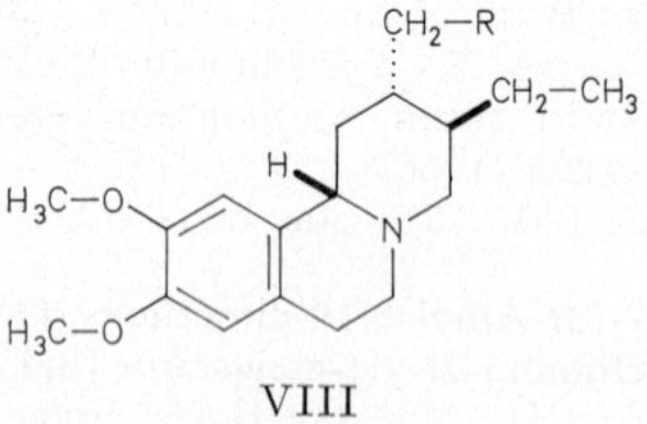

VIII

Hydroxycarbonsäuren $C_{18}H_{25}NO_4$

***Opt.-inakt. [3-Äthyl-9,10-dimethoxy-1-methyl-1,3,4,6,7,11b-hexahydro-2*H*-pyrido[2,1-*a*]isochinolin-2-yl]-essigsäure-äthylester** $C_{22}H_{33}NO_4$, Formel IX.

B. Beim Erhitzen von opt.-inakt. [5-Äthyl-1-(3,4-dimethoxy-phenäthyl)-3-methyl-2-oxo-[4]piperidyl]-essigsäure-äthylester ($Kp_{0,1}$: 198–199°) mit $POCl_3$ in Toluol und Hydrieren des Reaktionsgemisches an Raney-Nickel bei 75–80°/70 at (*Ewštigneewa et al.*, Ž. obšč. Chim. **28** [1958] 1190, 1194; engl. Ausg. S. 1246, 1249).

Hydrochlorid $C_{22}H_{33}NO_4 \cdot HCl$. Kristalle; F: 184–185,5°.

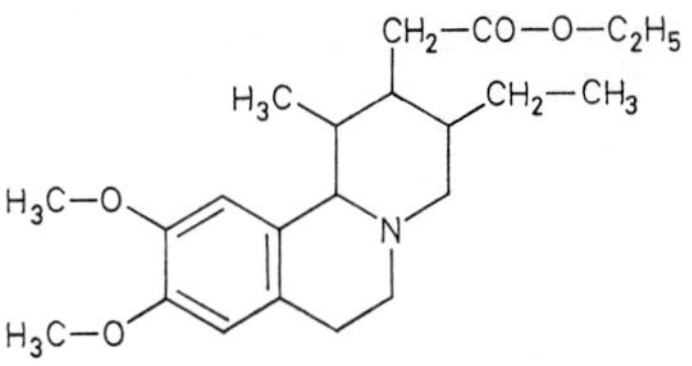

IX

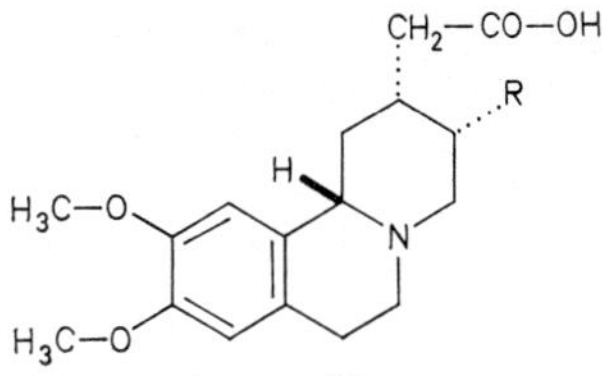

X

Hydroxycarbonsäuren $C_{19}H_{27}NO_4$

(±)-[3*t*-Butyl-9,10-dimethoxy-(11b*r*)-1,3,4,6,7,11b-hexahydro-2*H*-pyrido[2,1-*a*]iso=chinolin-2*t*-yl]-essigsäure $C_{21}H_{31}NO_4$, Formel X (R = $[CH_2]_3$-CH_3) + Spiegelbild.

Hydrochlorid. *B.* Beim Erhitzen (±)(*Ξ*)-[(11b*Ξ*)-3*t*-Butyl-9,10-dimethoxy-(11b*r*)-1,3,4,6,7,11b-hexahydro-2*H*-pyrido[2,1-*a*]isochinolin-2*t*-yl]-cyan-essigsäure-äthylester-hydrochlorid (F: 200–202°; S. 2658) mit wss. HCl, Essigsäure und Kupfer-Pulver (*Hoff=mann-La Roche*, U.S.P. 2877226 [1956]). — F: 148–150° [aus H_2O].

(±)-[3*t*-Butyl-9,10-dimethoxy-(11b*r*)-1,3,4,6,7,11b-hexahydro-2*H*-pyrido[2,1-*a*]iso=chinolin-2*t*-yl]-essigsäure-[3,4-dimethoxy-phenäthylamid] $C_{31}H_{44}N_2O_5$, Formel XI (R = $[CH_2]_3$-CH_3) + Spiegelbild.

B. Beim Erhitzen der vorangehenden Verbindung mit 3,4-Dimethoxy-phenäthylamin, Ammoniumacetat und Essigsäure in Xylol (*Hoffmann-La Roche*, U.S.P. 2877226 [1956]).

F: 128–129°.

(±)-[3*t*-Isobutyl-9,10-dimethoxy-(11b*r*)-1,3,4,6,7,11b-hexahydro-2*H*-pyrido[2,1-*a*]iso=chinolin-2*t*-yl]-essigsäure $C_{21}H_{31}NO_4$, Formel X (R = CH_2-$CH(CH_3)_2$) + Spiegelbild.

Hydrochlorid. *B.* Beim Erhitzen von (±)(*Ξ*)-Cyan-[(11b*Ξ*)-3*t*-isobutyl-9,10-di=methoxy-(11b*r*)-1,3,4,6,7,11b-hexahydro-2*H*-pyrido[2,1-*a*]isochinolin-2*t*-yl]-essigsäure-äthylester-hydrochlorid (F: 205–207°; S. 2658) mit wss. HCl, Essigsäure und Kupfer-Pulver (*Hoffmann-La Roche*, U.S.P. 2877226 [1956]). — F: 233–234° [aus A. + Ae.].

(±)-[3*t*-Isobutyl-9,10-dimethoxy-(11b*r*)-1,3,4,6,7,11b-hexahydro-2*H*-pyrido[2,1-*a*]=isochinolin-2*t*-yl]-essigsäure-[3,4-dimethoxy-phenäthylamid] $C_{31}H_{44}N_2O_5$, Formel XI (R = CH_2-$CH(CH_3)_2$) + Spiegelbild.

B. Beim Erhitzen der vorangehenden Verbindung mit 3,4-Dimethoxy-phenäthylamin, Ammoniumacetat und Essigsäure in Xylol (*Hoffmann-La Roche*, U.S.P. 2877226 [1956]).

F: 119–121°.

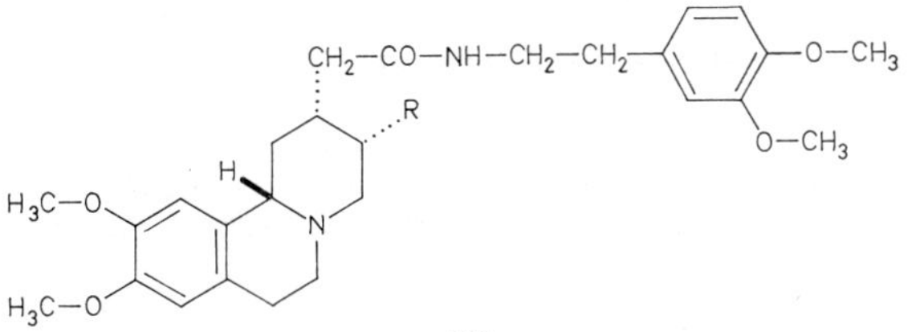

XI

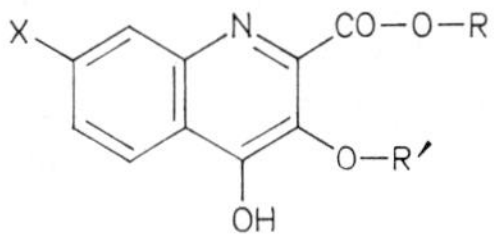

XII

Hydroxycarbonsäuren $C_{21}H_{31}NO_4$

(±)-[3*t*-Hexyl-9,10-dimethoxy-(11b*r*)-1,3,4,6,7,11b-hexahydro-2*H*-pyrido[2,1-*a*]iso=chinolin-2*t*-yl]-essigsäure $C_{23}H_{35}NO_4$, Formel X (R = $[CH_2]_5$-CH_3) + Spiegelbild.

Hydrochlorid. *B.* Beim Behandeln von (±)(*Ξ*)-Cyan-[(11b*Ξ*)-3*t*-hexyl-9,10-di=methoxy-(11b*r*)-1,3,4,6,7,11b-hexahydro-2*H*-pyrido[2,1-*a*]isochinolin-2*t*-yl]-essigsäure-äthylester-hydrobromid (F: 195–198°; S. 2659) mit wss. Natriumcarbonat und Erhitzen des in Äther löslichen Anteils des Reaktionsgemisches mit wss. HCl, Essigsäure und Kupfer-Pulver (*Hoffmann-La Roche*, U.S.P. 2877226 [1956]). — F: 208–210° [aus A. + Ae.].

(±)-[3t-Hexyl-9,10-dimethoxy-(11br)-1,3,4,6,7,11b-hexahydro-2H-pyrido[2,1-a]isochinolin-2t-yl]-essigsäure-[3,4-dimethoxy-phenäthylamid] $C_{33}H_{48}N_2O_5$, Formel XI (R = $[CH_2]_5$-CH_3) + Spiegelbild.

B. Beim Erhitzen der vorangehenden Verbindung mit 3,4-Dimethoxy-phenäthylamin, Ammoniumacetat und Essigsäure in Xylol (*Hoffmann-La Roche*, U.S.P. 2877226 [1946]).

Kristalle (aus wss. Me.); F: 135–135°. [*Rabien*]

Hydroxycarbonsäuren $C_nH_{2n-13}NO_4$

Hydroxycarbonsäuren $C_{10}H_7NO_4$

3,4-Dihydroxy-chinolin-2-carbonsäure $C_{10}H_7NO_4$, Formel XII (R = R′ = X = H), und Tautomeres (3-Hydroxy-4-oxo-1,4-dihydro-chinolin-2-carbonsäure).

B. Beim Erhitzen von 3-Brom-4-hydroxy-chinolin-2-carbonsäure mit wss. KOH auf 190° (*Coppini*, G. **80** [1950] 36, 39). Neben anderen Verbindungen beim Erwärmen von [2,3-Dioxo-indolin-1-yl]-essigsäure-äthylester mit Natriummethylat in Methanol (*Putochin*, Ž. obšč. Chim. **5** [1935] 1176, 1180; C. **1936** I 3328).

Gelbe Kristalle (aus wss. Eg.); F: 261–262° [Zers.] (*Co.*).

Silber-Salze. a) $AgC_{10}H_6NO_4$. Orangefarbene Kristalle [aus H_2O] (*Pu.*). – b) $Ag_2C_{10}H_5NO_4$. Gelbe Kristalle [aus H_2O] (*Pu.*).

3,4-Dihydroxy-chinolin-2-carbonsäure-methylester $C_{11}H_9NO_4$, Formel XII (R = CH_3, R′ = X = H), und Tautomeres (3-Hydroxy-4-oxo-1,4-dihydro-chinolin-2-carbonsäure-methylester).

B. Aus 3,4-Dihydroxy-chinolin-2-carbonsäure beim Behandeln mit Methanol und HCl (*Coppini*, G. **80** [1950] 36, 39).

Gelbe Kristalle (aus Me.); F: 241–242°. Bei 200–220°/0,005 Torr sublimierbar.

3-Äthoxy-4-hydroxy-chinolin-2-carbonsäure-äthylester $C_{14}H_{15}NO_4$, Formel XII (R = R′ = C_2H_5, X = H), und Tautomeres (3-Äthoxy-4-oxo-1,4-dihydro-chinolin-2-carbonsäure-äthylester).

B. Aus 3,4-Dihydroxy-chinolin-2-carbonsäure beim Behandeln des Disilber-Salzes mit Äthyljodid (*Putochin*, Ž. obšč. Chim. **5** [1935] 1176, 1182; C. **1936** I 3328).

Gelbe Kristalle (aus A.); F: 119–120°.

7-Chlor-4-hydroxy-3-methoxy-chinolin-2-carbonsäure $C_{11}H_8ClNO_4$, Formel XII (R = H, R′ = CH_3, X = Cl), und Tautomeres (7-Chlor-3-methoxy-4-oxo-1,4-dihydro-chinolin-2-carbonsäure).

B. Aus 7-Chlor-4-hydroxy-3-methoxy-chinolin-2-carbonsäure-äthylester beim Erwärmen mit wss. NaOH (*Breslow et al.*, Am. Soc. **68** [1946] 1232, 1236).

Kristalle (aus A. + PAe.); F: 280°.

7-Chlor-4-hydroxy-3-methoxy-chinolin-2-carbonsäure-methylester $C_{12}H_{10}ClNO_4$, Formel XII (R = R′ = CH_3, X = Cl), und Tautomeres (7-Chlor-3-methoxy-4-oxo-1,4-dihydro-chinolin-2-carbonsäure-methylester).

B. Aus 7-Chlor-4-hydroxy-3-jod-chinolin-2-carbonsäure-methylester beim Erhitzen mit Natriummethylat in Methanol auf 120° (*Breslow et al.*, Am. Soc. **68** [1946] 1232, 1237).

Kristalle (aus wss. Me.); F: 262–263°.

7-Chlor-4-hydroxy-3-methoxy-chinolin-2-carbonsäure-äthylester $C_{13}H_{12}ClNO_4$, Formel XII (R = C_2H_5, R′ = CH_3, X = Cl), und Tautomeres (7-Chlor-3-methoxy-4-oxo-1,4-dihydro-chinolin-2-carbonsäure-äthylester).

B. Beim Behandeln von 3-Chlor-anilin mit Methoxy-oxalessigsäure-diäthylester unter Zusatz von wenig konz. HCl und Erhitzen des Reaktionsprodukts in Mineralöl (*Breslow et al.*, Am. Soc. **68** [1946] 1232, 1236).

Gelbe Kristalle (aus wss. A.); F: 200–202°.

4,5-Dihydroxy-chinolin-2-carbonsäure $C_{10}H_7NO_4$, Formel XIII (R = X = H), und Tautomeres (5-Hydroxy-4-oxo-1,4-dihydro-chinolin-2-carbonsäure).

B. Aus 4,5-Dihydroxy-chinolin-2-carbonsäure-methylester beim Erwärmen mit wss.

KOH (*Musajo, Minchilli*, G. **71** [1941] 762, 764).
Gelbe Kristalle; F: 305° [Zers.].

4,5-Dihydroxy-chinolin-2-carbonsäure-methylester $C_{11}H_9NO_4$, Formel XIII (R = CH_3, X = H), und Tautomeres (5-Hydroxy-4-oxo-1,4-dihydro-chinolin-2-carbonsäure-methylester).

B. Bei der Hydrierung von 8-Chlor-4,5-dihydroxy-chinolin-2-carbonsäure-methylester an Palladium/Kohle in Natriumacetat enthaltendem wss. Methanol (*Musajo, Minchilli*, G. **71** [1941] 762, 764).

Gelbe Kristalle (aus Me.); F: 253°.

8-Chlor-4,5-dihydroxy-chinolin-2-carbonsäure-methylester $C_{11}H_8ClNO_4$, Formel XIII (R = CH_3, X = Cl), und Tautomeres (8-Chlor-5-hydroxy-4-oxo-1,4-dihydro-chinolin-2-carbonsäure-methylester).

B. Beim Erhitzen von [2-Chlor-5-hydroxy-anilino]-butendisäure-dimethylester in Mineralöl (*Musajo, Minchilli*, G. **71** [1941] 762, 764).

Gelbe Kristalle (aus Me.); F: 143°.

4,6-Dihydroxy-chinolin-2-carbonsäure $C_{10}H_7NO_4$, Formel XIV (R = R′ = R″ = H), und Tautomeres (6-Hydroxy-4-oxo-1,4-dihydro-chinolin-2-carbonsäure).

B. Beim Erwärmen von 4-Hydroxy-6-methoxy-chinolin-2-carbonsäure-äthylester mit wss. HI (*Makino, Takahashi*, Am. Soc. **76** [1954] 6193). Enzymatische Bildung aus 2-Amino-4-[2-amino-5-hydroxy-phenyl]-4-oxo-buttersäure (5-Hydroxy-kynurenin): *Ma.*, *Ta.*

λ_{max}: 356 nm (*Ma.*, *Ta.*).

Hydrochlorid $C_{10}H_7NO_4 \cdot HCl$. Gelbe Kristalle (aus wss. HCl); F: 298—300° [Zers.].

Hydrojodid $C_{10}H_7NO_4 \cdot HI$. Gelbe Kristalle; F: 285° [Zers.].

4-Hydroxy-6-methoxy-chinolin-2-carbonsäure $C_{11}H_9NO_4$, Formel XIV (R = R′ = H, R″ = CH_3), und Tautomeres (6-Methoxy-4-oxo-1,4-dihydro-chinolin-2-carbonsäure).

B. Aus 4-Hydroxy-6-methoxy-chinolin-2-carbonsäure-äthylester beim Erwärmen mit wss. NaOH (*Rubzow, Lisgunowa*, Ž. obšč. Chim. **13** [1943] 697, 699; C. A. **1945** 704; *Riegel et al.*, Am. Soc. **68** [1946] 2685; *Surrey, Hammer*, Am. Soc. **68** [1946] 113, 115).

F: 305—308° [Zers.] (*Ri. et al.*), 287° [Zers.] (*Su., Ha.*; *Mapata, Desai*, J. Indian chem. Soc. **31** [1954] 951, 956), 283—284° [Zers.] (*Ru., Li.*).

4-Äthoxy-6-methoxy-chinolin-2-carbonsäure $C_{13}H_{13}NO_4$, Formel XIV (R = H, R′ = C_2H_5, R″ = CH_3).

B. Aus 4-Äthoxy-6-methoxy-chinolin-2-carbonsäure-äthylester beim Erwärmen mit wss. NaOH (*Landquist*, Soc. **1951** 1038, 1045).

Kristalle (aus H_2O) mit 0,5 Mol H_2O; F: 212—213° [Zers.].

Hydrochlorid $C_{13}H_{13}NO_4 \cdot HCl$. Gelbliche Kristalle (aus wss. HCl) mit 2,5 Mol H_2O; F: 276° [Zers.].

XIII XIV XV

4-Hydroxy-6-methoxy-chinolin-2-carbonsäure-äthylester $C_{13}H_{13}NO_4$, Formel XIV (R = C_2H_5, R′ = H, R″ = CH_3), und Tautomeres (6-Methoxy-4-oxo-1,4-dihydro-chinolin-2-carbonsäure-äthylester).

Diese Verbindung hat vermutlich auch in der früher (s. E II **22** 197) als 2-Hydroxy-6-methoxy-chinolin-4-carbonsäure-äthylester formulierten, aus *p*-Anisidin beim Erhitzen mit Oxalessigsäure-diäthylester in Essigsäure erhaltenen Verbindung (F: **231**°) vorgelegen (*Thielepape, Fulde*, B. **72** [1939] 1432, 1439 Anm. 18).

B. Beim Behandeln von *p*-Anisidin mit Oxalessigsäure-diäthylester und Erhitzen des Reaktionsprodukts in Mineralöl (*Rubzow, Lisgunowa*, Ž. obšč. Chim. **13** [1943] 697, 699; C. A. **1945** 704; *Riegel et al.*, Am. Soc. **68** [1946] 2685; s. a. *Surrey, Hammer*, Am. Soc. **68** [1946] 113, 115; *Jensch*, A. **568** [1950] 73, 81; *Landquist*, Soc. **1951** 1038, 1045). Neben geringeren Mengen 3-*p*-Anisidino-1-[4-methoxy-phenyl]-pyrrol-2,5-dion beim Behandeln von *p*-Anisidin mit Butindisäure-diäthylester in Äther und Erhitzen des Reaktionsprodukts in Paraffinöl auf 250° (*La.*).

Hellgelbe Kristalle; F: 220—221° [aus A.] (*Ru., Li.*), 216° (*La.*; *Ri. et al.*).

4-Äthoxy-6-methoxy-chinolin-2-carbonsäure-äthylester $C_{15}H_{17}NO_4$, Formel XIV ($R = R' = C_2H_5$, $R'' = CH_3$).

B. Neben 4-Hydroxy-6-methoxy-chinolin-2-carbonsäure-äthylester beim Behandeln von *p*-Anisidin-hydrochlorid mit der Natrium-Verbindung des Oxalessigsäure-diäthylesters in Äthanol und Erhitzen des Reaktionsprodukts in Paraffinöl auf 300° (*Landquist*, Soc. **1951** 1038, 1045).

Kristalle (aus A.); F: 125°.

7-Chlor-4-hydroxy-6-methoxy-chinolin-2-carbonsäure $C_{11}H_8ClNO_4$, Formel XV (R = H), und Tautomeres (7-Chlor-6-methoxy-4-oxo-1,4-dihydro-chinolin-2-carbonsäure).

B. Beim Erwärmen von 7-Chlor-4-hydroxy-6-methoxy-chinolin-2-carbonsäure-äthylester mit wss. NaOH (*Surrey, Hammer*, Am. Soc. **68** [1946] 113, 115).

F: 281—282° [Zers.].

7-Chlor-4-hydroxy-6-methoxy-chinolin-2-carbonsäure-äthylester $C_{13}H_{12}ClNO_4$, Formel XV ($R = C_2H_5$), und Tautomeres (7-Chlor-6-methoxy-4-oxo-1,4-dihydro-chinolin-2-carbonsäure-äthylester).

B. Neben 5-Chlor-4-hydroxy-6-methoxy-chinolin-2-carbonsäure-äthylester beim Erwärmen von 3-Chlor-4-methoxy-anilin mit Oxalessigsäure-diäthylester in Essigsäure und Erhitzen des Reaktionsprodukts in Mineralöl auf 250° (*Surrey, Hammer*, Am. Soc. **68** [1946] 113, 115).

Kristalle (aus Eg.); F: 281—282°.

4-Hydroxy-7-methoxy-chinolin-2-carbonsäure $C_{11}H_9NO_4$, Formel I ($X = X' = X'' = H$, und Tautomeres (7-Methoxy-4-oxo-1,4-dihydro-chinolin-2-carbonsäure).

B. Beim Behandeln von 4-[4-Methoxy-2-nitro-phenyl]-2,4-dioxo-buttersäure in wss. NH_3 mit $FeSO_4$ (*Ashley et al.*, Soc. **1930** 382, 394).

Kristalle (aus Eg.); F: 278° [Zers.].

4-Hydroxy-7-phenoxy-chinolin-2-carbonsäure $C_{16}H_{11}NO_4$, Formel II, und Tautomeres (4-Oxo-7-phenoxy-1,4-dihydro-chinolin-2-carbonsäure).

B. Beim Erwärmen von 3-Phenoxy-anilin mit Oxalessigsäure-diäthylester in CH_2Cl_2, Erhitzen des Reaktionsprodukts in Mineralöl und Erwärmen des erhaltenen Ester-Gemisches mit wss.-äthanol. NaOH (*Clinton, Suter*, Am. Soc. **69** [1947] 704).

Gelbliche Kristalle (aus wss. A.); F: 254—256° [korr.; Zers.].

4-Hydroxy-7-methoxy-3(oder 8)-nitro-chinolin-2-carbonsäure $C_{11}H_8N_2O_6$, Formel I ($X = NO_2$, $X' = X'' = H$ oder $X = X' = H$, $X'' = NO_2$), und Tautomeres (7-Methoxy-3(oder 8)-nitro-4-oxo-1,4-dihydro-chinolin-2-carbonsäure).

B. Aus 4-Hydroxy-7-methoxy-chinolin-2-carbonsäure beim Behandeln mit HNO_3 [D: 1,5] bei 30° (*Ashley et al.*, Soc. **1930** 382, 394).

Kristalle (aus Eg.); F: 250° [Zers.].

4-Hydroxy-7-methoxy-3,6,8-trinitro-chinolin-2-carbonsäure $C_{11}H_6N_4O_{10}$, Formel I ($X = X' = X'' = NO_2$), und Tautomeres (7-Methoxy-3,6,8-trinitro-4-oxo-1,4-dihydro-chinolin-2-carbonsäure).

B. Aus 4-Hydroxy-7-methoxy-chinolin-2-carbonsäure beim Erhitzen mit HNO_3 [D: 1,5] (*Ashley et al.*, Soc. **1930** 382, 394).

Kristalle (aus Eg.); die sich beim Erhitzen dunkel färben und unterhalb 310° nicht schmelzen.

4,8-Dihydroxy-chinolin-2-carbonsäure $C_{10}H_7NO_4$, Formel III (R = R' = R'' = H), und Tautomeres (8-Hydroxy-4-oxo-1,4-dihydro-chinolin-2-carbonsäure); **Xanthurensäure.**

B. Aus 4-Hydroxy-8-methoxy-chinolin-2-carbonsäure-äthylester beim Erwärmen mit wss. H_3PO_4 [95%ig] und KI (*Heinrich, v. Holt,* Z. physiol. Chem. **297** [1954] 247; s. a. *Weitzel et al.,* Z. physiol. Chem. **298** [1954] 169, 181; *Furst, Olsen,* J. org. Chem. **16** [1951] 412; *Mebane, Oroshnik,* Am. Soc. **73** [1951] 3520). Beim Erwärmen von 4-Hydroxy-8-methoxy-chinolin-2-carbonsäure-methylester mit wss. HI [D: 1,7] (*Musajo, Minchilli,* B. **74** [1941] 1839, 1842). Aus 2-Amino-4-[2-amino-3-hydroxy-phenyl]-4-oxo-buttersäure (3-Hydroxy-kynurenin) beim Erwärmen mit wss. $Ba(OH)_2$ (*Musajo et al.,* G. **80** [1950] 171, 176). Über die Bildung von 4,8-Dihydroxy-[4-^{14}C]chinolin-2-carbonsäure s. *Rothstein,* J. org. Chem. **22** [1957] 324; *Rothstein, Greenberg,* Arch. Biochem. **68** [1957] 206, 207.

Gelbe Kristalle; F: 297–298° (*We. et al.*), 297° [Zers.] (*Me., Or.*), 296,5° [Zers.] (*Kotake, Kato,* Pr. Japan Acad. **32** [1956] 210, 211), 295° [Zers.] (*He., v. Holt*). Kristalloptik: *Fu., Ol.* Absorptionsspektrum in Äthanol (220–360 nm): *Fu., Ol.*; *Umebachi, Tsuchitani,* J. Biochem. Tokyo **42** [1955] 817, 820; in gepufferter wss. Lösung vom pH 7,3 (250–380 nm): *Dalgliesh,* Biochem. J. **52** [1952] 3, 8; in wss. $NaHCO_3$ (500 nm bis 700 nm): *Glazer et al.,* Arch. Biochem. **33** [1951] 243, 245. λ_{max} (gepufferte wss. Lösung vom pH 7,4): 240 nm und 330 nm (*Kotake et al.,* J. Biochem. Tokyo **41** [1954] 621, 625). Fluorescenzspektrum (200–800 nm) in starker wss. H_2SO_4 und in starker wss. NaOH (Wellenlänge des erregenden Lichts: 340 nm bzw. 370 nm): *Satoh, Price,* J. biol. Chem. **230** [1958] 781, 784. Fluorescenzmaximum [Wellenlänge des erregenden Lichts: 350 nm] (wss. NH_3): 460 nm (*Duggan et al.,* Arch. Biochem. **68** [1957] 1, 5).

Natrium-Salze. a) $NaC_{10}H_6NO_4 \cdot 2\,H_2O$. Hellgelbe Kristalle [aus H_2O] (*Musajo,* G. **67** [1937] 165, 168), die beim Trocknen bei 170° wasserfrei werden (*Musajo,* G. **67** [1937] 171, 174). — b) $Na_2C_{10}H_5NO_4$. Dunkelgelbe Kristalle [aus A.] (*Mu.,* l. c. S. 175).

Barium-Salz $Ba(C_{10}H_6NO_4)_2 \cdot 4\,H_2O$. Gelbgrüne Kristalle (aus H_2O), die nach Trocknen bei 100° in $Ba(C_{10}H_6NO_4)_2 \cdot H_2O$, nach Trocknen bei 170° in $Ba(C_{10}H_6NO_4)_2$ übergehen (*Mu.,* l. c. S. 175).

Kupfer-Salz $Cu(C_{10}H_6NO_4)_2$. Grüngelb [nach Trocknen bei 110°] (*Mu.,* l. c. S. 175).

Zink-Salz $ZnC_{10}H_5NO_4 \cdot H_2O$. Gelb (*We. et al.*).

Eisen(II)-Salz. λ_{max} (wss. Dioxan [50%ig]): 535 nm (*Tomkinson, Williams,* Soc. **1958** 1153).

Eisen(III)-Salz. λ_{max} (wss. Dioxan [50%ig]): 625 nm (*To., Wi.*).

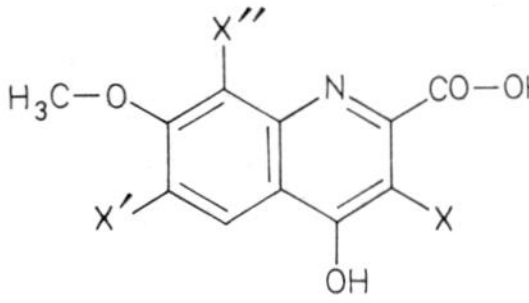

I 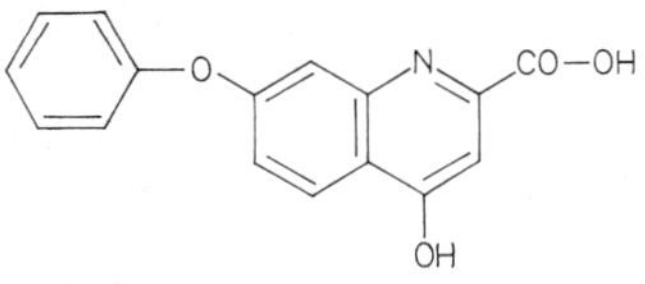 II 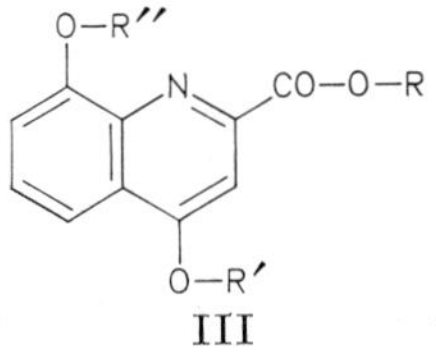 III

4-Hydroxy-8-methoxy-chinolin-2-carbonsäure $C_{11}H_9NO_4$, Formel III (R = R' = H, R'' = CH_3), und Tautomeres (8-Methoxy-4-oxo-1,4-dihydro-chinolin-2-carbonsäure).

B. Beim Erhitzen von *o*-Anisidino-butendisäure-diäthylester in Biphenyl und Behandeln des Reaktionsgemisches mit wss. HCl bei 100° (*Irving, Pinnington,* Soc. **1957** 290, 293). Aus 4-Hydroxy-8-methoxy-chinolin-2-carbonsäure-äthylester (*Price, Dodge,* J. biol. Chem. **223** [1956] 699).

Kristalle; F: 259° [aus H_2O] (*Ir., Pi.*), 249–250° (*Kotake, Kato,* Pr. Japan Acad. **32** [1956] 210, 211), 240–241° [unkorr.; Zers.; auf 220° vorgeheizter Block] (*Pr., Do.*). Fluorescenzspektrum (200–800 nm) in starker wss. H_2SO_4 und in starker wss. NaOH (Wellenlänge des erregenden Lichts: 340 nm bzw. 370 nm): *Satoh, Price,* J. biol. Chem. **230** [1958] 781, 784.

8-Äthoxy-4-hydroxy-chinolin-2-carbonsäure $C_{12}H_{11}NO_4$, Formel III (R = R′ = H, R″ = C_2H_5), und Tautomeres (8-Äthoxy-4-oxo-1,4-dihydro-chinolin-2-carbonsäure).

B. Aus 8-Äthoxy-4-hydroxy-chinolin-2-carbonsäure-äthylester (*Price, Dodge*, J. biol. Chem. **223** [1956] 699).

Kristalle; F: 240–241° [unkorr.; Zers.; auf 220° vorgeheizter Block].

4,8-Dihydroxy-chinolin-2-carbonsäure-methylester $C_{11}H_9NO_4$, Formel III (R = CH_3, R′ = R″ = H), und Tautomeres (8-Hydroxy-4-oxo-1,4-dihydro-chinolin-2-carbonsäure-methylester).

B. Beim Erwärmen von 4,8-Dihydroxy-chinolin-2-carbonsäure mit Methanol und HCl (*Musajo*, G. **67** [1937] 165, 169, 230, 233; *Musajo, Minchilli*, B. **74** [1941] 1839, 1843).

Gelbe Kristalle (aus A.); F: 262° (*Mu.*, l. c. S. 169, 233).

4-Hydroxy-8-methoxy-chinolin-2-carbonsäure-methylester $C_{12}H_{11}NO_4$, Formel III (R = R″ = CH_3, R′ = H), und Tautomeres (8-Methoxy-4-oxo-1,4-dihydro-chinolin-2-carbonsäure-methylester).

B. Beim Erhitzen von *o*-Anisidino-butendisäure-dimethylester in Paraffinöl auf 240° (*Musajo, Minchilli*, B. **74** [1941] 1839, 1842).

Kristalle (aus Bzl.); F: 159–160° [evakuierte Kapillare].

4,8-Dimethoxy-chinolin-2-carbonsäure-methylester $C_{13}H_{13}NO_4$, Formel III (R = R′ = R″ = CH_3).

B. Aus 4,8-Dihydroxy-chinolin-2-carbonsäure (*Butenandt et al.*, A. **586** [1954] 229, 238) sowie aus 4,8-Dihydroxy-chinolin-2-carbonsäure-methylester (*Musajo, Minchilli*, B. **74** [1941] 1839, 1841) und Diazomethan in Methanol und Äther.

Kristalle; F: 142,5° [aus Ae.] (*Mu., Mi.*), 140,5° [aus E. + PAe.] (*Bu. et al.*).

4,8-Bis-benzoyloxy-chinolin-2-carbonsäure-methylester $C_{25}H_{17}NO_6$, Formel III (R = CH_3, R′ = R″ = CO-C_6H_5).

B. Beim Behandeln von 4,8-Dihydroxy-chinolin-2-carbonsäure-methylester in Pyridin mit Benzoylchlorid (*Musajo*, G. **67** [1937] 171, 175).

Kristalle (aus A.); F: 171°.

4-Hydroxy-8-methoxy-chinolin-2-carbonsäure-äthylester $C_{13}H_{13}NO_4$, Formel III (R = C_2H_5, R′ = H, R″ = CH_3), und Tautomeres (8-Methoxy-4-oxo-1,4-dihydro-chinolin-2-carbonsäure-äthylester).

B. Beim Erhitzen von *o*-Anisidino-butendisäure-diäthylester ohne Zusatz (*Matsuo et al.*, J. pharm. Soc. Japan **72** [1952] 1456, 1458; C. A. **1953** 8076) oder in einem Gemisch von Diphenyläther und Biphenyl (*Furst, Olsen*, J. org. Chem. **16** [1951] 412; *Heinrich, v. Holt*, Z. physiol. Chem. **297** [1954] 247). Aus 4-Hydroxy-8-methoxy-chinolin-2-carbonsäure beim Erwärmen mit Äthanol und H_2SO_4 (*Irving, Pinnington*, Soc. **1957** 290, 293). Über die Bildung von 4-Hydroxy-8-methoxy-[4-^{14}C]chinolin-2-carbonsäure-äthylester s. *Rothstein*, J. org. Chem. **22** [1957] 324.

Kristalle (aus H_2O) mit 0,5 Mol H_2O; F: 108–109° (*Ma. et al.*). F: 109° (*Kotake, Kato*, Pr. Japan Acad. **32** [1956] 210, 211), 107–108° [aus PAe.] (*Ir., Pi.*).

6,7-Dimethoxy-chinolin-2-carbonsäure $C_{12}H_{11}NO_4$, Formel IV.

B. Beim Erwärmen von 2-Amino-4,5-dimethoxy-benzaldehyd-*p*-tolylimin mit Brenztraubensäure und wss.-äthanol. NaOH (*Borsche, Ried*, A. **554** [1943] 269, 274). Beim Behandeln von 6,7-Dimethoxy-2-vinyl-chinolin mit $KMnO_4$ in H_2O (*Mannich, Schilling*, Ar. **276** [1938] 582, 591).

Kristalle (aus H_2O); F: 216° (*Ma., Sch.*), 215° (*Bo., Ried*).

Picrat $C_{12}H_{11}NO_4 \cdot C_6H_3N_3O_7$. Gelbe Kristalle (aus A.); F: 215° (*Bo., Ried*).

6,7-Dimethoxy-chinolin-2-carbonitril $C_{12}H_{10}N_2O_2$, Formel V.

B. Beim längeren Erhitzen von 6,7-Dimethoxy-chinolin-2-carbaldehyd-(*Z*)-oxim mit Acetanhydrid (*Borsche, Ried*, A. **554** [1943] 269, 290).

Kristalle (aus A.); F: 232–233°.

IV V VI

7,8-Dimethoxy-chinolin-2-carbonsäure $C_{12}H_{11}NO_4$, Formel VI.

B. Beim Erwärmen von 2-Amino-3,4-dimethoxy-benzaldehyd mit Brenztraubensäure und Natriumäthylat in Äthanol (*Ried et al.*, B. **85** [1952] 204, 212).

Gelbe Kristalle (aus H_2O); F: 181° [Zers.].

2,4-Dihydroxy-chinolin-3-carbonsäure $C_{10}H_7NO_4$, Formel VII (R = R′ = R″ = H), und Tautomere (z. B. 4-Hydroxy-2-oxo-1,2-dihydro-chinolin-3-carbonsäure).

B. Aus 2,4-Dihydroxy-chinolin-3-carbonsäure-äthylester beim Erwärmen mit $Ba(OH)_2$ in H_2O (*Brain et al.*, Soc. **1963** 491, 494). Neben 2,4-Dihydroxy-chinolin-3-carbonsäure-äthylester beim Behandeln von Flindersin (2,2-Dimethyl-2,6-dihydro-pyrano[3,2-*c*]chinolin-5-on) mit $KMnO_4$ in Aceton und Erwärmen des nach Ansäuern mit wss. H_3PO_4 erhaltenen Reaktionsprodukts mit Äthanol (*Brown et al.*, Austral. J. Chem. **7** [1954] 348, 367).

Kristalle (aus Eg.); F: ca. 360° [Zers.] (*Brain et al.*), 324° [unkorr.; Zers.] (*Brown et al.*, l. c. S. 373). UV-Spektrum (A.; 230–350 nm): *Brown et al.*, l. c. S. 352.

Die Identität einer von *Sato, Ohta* (Bl. chem. Soc. Japan **29** [1956] 817, 821) ebenfalls als 2,4-Dihydroxy-chinolin-3-carbonsäure angesehenen, neben anderen Verbindungen aus 3-Dimethoxymethyl-2-methoxy-chinolin-4-ol beim Erwärmen mit wss. HCl erhaltenen Verbindung vom F: 172–173° [aus wss. Me.] ist ungewiss.

4-Hydroxy-2-methoxy-chinolin-3-carbonsäure $C_{11}H_9NO_4$, Formel VII (R = R″ = H, R′ = CH_3), und Tautomeres (2-Methoxy-4-oxo-1,4-dihydro-chinolin-3-carbonsäure).

Diese Konstitution ist für die nachstehend beschriebene Verbindung in Betracht gezogen worden (*Sato, Ohta*, Bl. chem. Soc. Japan **29** [1956] 817, 818).

B. Neben anderen Verbindungen beim Erwärmen von 3-Dimethoxymethyl-2-methoxy-chinolin-4-ol mit wss. HCl (*Sato, Ohta*, l. c. S. 821).

Kristalle (aus wss. Me.); F: 110°.

2-Hydroxy-4-methoxy-chinolin-3-carbonsäure $C_{11}H_9NO_4$, Formel VII (R = R′ = H, R″ = CH_3), und Tautomeres (4-Methoxy-2-oxo-1,2-dihydro-chinolin-3-carbonsäure); **Dictamninsäure.**

Konstitution: *Grundon et al.*, Soc. **1955** 4284, 4287.

B. Beim Erwärmen von 2-Hydroxy-4-methoxy-chinolin-3-carbonsäure-äthylester mit wss. KOH (*Brown et al.*, Austral. J. Chem. **7** [1954] 348, 376). Aus 2-Hydroxy-4-methoxy-chinolin-3-carbaldehyd (Dictamnal) sowie aus 4-Methoxy-furo[2,3-*b*]chinolin (Dictamnin) beim Behandeln mit $KMnO_4$ in Aceton (*Asahina et al.*, B. **63** [1930] 2045, 2049; J. pharm. Soc. Japan **50** [1930] 1117, 1122).

Kristalle (aus Eg. bzw. aus Me.); F: 260° [unkorr.; Zers.] (*As. et al.*; *Br. et al.*).

4-[1-Carboxy-1-methyl-äthoxy]-2-hydroxy-chinolin-3-carbonsäure, α-[3-Carboxy-2-hydroxy-[4]chinolyloxy]-isobuttersäure $C_{14}H_{13}NO_6$, Formel VII (R = R′ = H, R″ = $C(CH_3)_2$-CO-OH), und Tautomeres (4-[1-Carboxy-1-methyl-äthoxy]-2-oxo-1,2-dihydro-chinolin-3-carbonsäure); **Flindersinsäure.**

B. Aus Flindersin (2,2-Dimethyl-2,6-dihydro-pyrano[3,2-*c*]chinolin-5-on) beim Behandeln mit $KMnO_4$ in Aceton (*Brown et al.*, Austral. J. Chem. **7** [1954] 348, 367).

Gelbe Kristalle (aus Acn.), die sich bei ca. 180° zersetzen ohne zu schmelzen und bei weiterem Erhitzen bei 320–325° unter CO_2-Entwicklung schmelzen.

Dimethylester $C_{16}H_{17}NO_6$. Kristalle (aus Me.); F: 192° [unkorr.].

2,4-Dihydroxy-chinolin-3-carbonsäure-methylester $C_{11}H_9NO_4$, Formel VII ($R = CH_3$, $R' = R'' = H$), und Tautomere (z. B. 4-Hydroxy-2-oxo-1,2-dihydro-chinolin-3-carbonsäure-methylester).

Diese Konstitution ist der von *Asahina et al.* (B. **63** [1930] 2045, 2050) als 4-Hydroxy-2-methoxy-chinolin-3-carbonsäure angesehenen Verbindung vom F: 225° zuzuordnen (*Brown et al.*, Austral. J. Chem. **7** [1954] 348, 363, 364). In der E II 193 als 2,4-Dihydroxy-chinolin-3-carbonsäure-methylester beschriebenen Verbindung vom F: 203–204° hat wahrscheinlich 2,4-Dihydroxy-chinolin-3-carbonsäure-äthylester vorgelegen (*Br. et al.*, l. c. S. 362, 363).

B. Beim Behandeln von [2-Nitro-benzoyl]-malonsäure-dimethylester mit Zink und HCl in Methanol und Behandeln des Reaktionsprodukts mit methanol. KOH (*Br. et al.*, l. c. S. 364; *Asahina et al.*, B. **63** [1930] 2045, 2050; J. pharm. Soc. Japan **50** [1930] 1117, 1124). Beim Erwärmen von *N*-[2-Methoxycarbonyl-phenyl]-malonamidsäure-methylester mit Natriummethylat in Methanol (*Br. et al.*, l. c. S. 375). Aus Flindersinsäure (S. 2515) beim Erwärmen mit Methanol unter Zusatz von wenig H_3PO_4 (*Br. et al.*, l. c. S. 368).

Kristalle; F: 225° [aus A.] (*As. et al.*), 225° [unkorr.; aus Acn.] (*Br. et al.*).

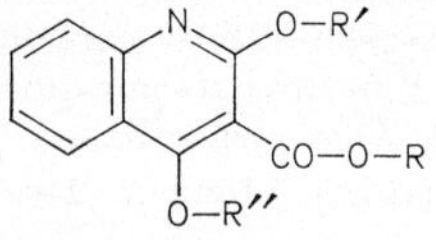

VII 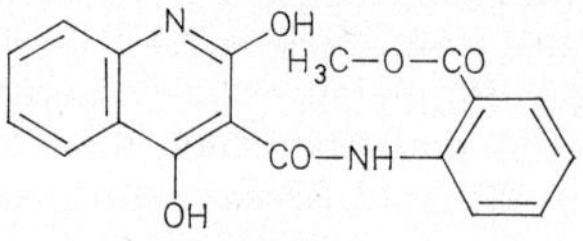 VIII 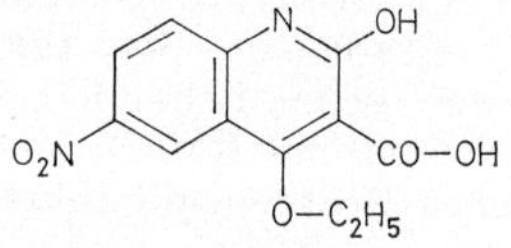 IX

2-Hydroxy-4-methoxy-chinolin-3-carbonsäure-methylester $C_{12}H_{11}NO_4$, Formel VII ($R = R'' = CH_3$, $R' = H$), und Tautomeres (4-Methoxy-2-oxo-1,2-dihydro-chinolin-3-carbonsäure-methylester); Dictamninsäure-methylester.

B. Aus 2,4-Dihydroxy-chinolin-3-carbonsäure-methylester sowie aus 2-Hydroxy-4-methoxy-chinolin-3-carbonsäure und Diazomethan in Methanol und Äther (*Brown et al.*, Austral. J. Chem. **7** [1954] 348, 376).

Kristalle (aus E.); F: 186° [unkorr.].

2,4-Dihydroxy-chinolin-3-carbonsäure-äthylester $C_{12}H_{11}NO_4$, Formel VII ($R = C_2H_5$, $R' = R'' = H$), und Tautomere (z. B. 4-Hydroxy-2-oxo-1,2-dihydro-chinolin-3-carbonsäure-äthylester).

Diese Konstitution kommt wahrscheinlich auch der E II **22** 193 als 2,4-Dihydroxy-chinolin-3-carbonsäure-methylester beschriebenen Verbindung (F: 203–204°) zu (*Brown et al.*, Austral. J. Chem. **7** [1954] 348, 362, 363).

B. Beim Erwärmen von *N*-[2-Methoxycarbonyl-phenyl]-malonamidsäure-methylester mit Natriumäthylat in Äthanol (*Br. et al.*, l. c. S. 375; s. a. *Grundon et al.*, Soc. **1955** 4284, 4289). Beim Behandeln einer Lösung von [2-Nitro-benzoyl]-malonsäure-diäthylester in Äthanol mit Zink und HCl und Behandeln des Reaktionsprodukts mit wss.-äthanol. KOH (*Br. et al.*, l. c. S. 375). Aus 2,4-Dihydroxy-chinolin-3-carbonsäure sowie aus Flindersinsäure (S. 2515) beim Erwärmen mit Äthanol unter Zusatz von wenig H_3PO_4 (*Br. et al.*, l. c. S. 368).

Kristalle (aus A.); F: 208° (*Gr. et al.*), 208° [unkorr.; Zers.] (*Br. et al.*).

2-Hydroxy-4-methoxy-chinolin-3-carbonsäure-äthylester $C_{13}H_{13}NO_4$, Formel VII ($R = C_2H_5$, $R' = H$, $R'' = CH_3$), und Tautomeres (4-Methoxy-2-oxo-1,2-dihydro-chinolin-3-carbonsäure-äthylester).

B. Aus 2,4-Dihydroxy-chinolin-3-carbonsäure-äthylester und Diazomethan (*Brown et al.*, Austral. J. Chem. **7** [1954] 348, 376; *Grundon et al.*, Soc. **1955** 4284, 4289).

Kristalle; F: 145° [unkorr.; aus E.] (*Br. et al.*), 144° [aus wss. Me.] (*Gr. et al.*).

2-Äthoxy-4-hydroxy-chinolin-3-carbonsäure-äthylester $C_{14}H_{15}NO_4$, Formel VII ($R = R' = C_2H_5$, $R'' = H$), und Tautomeres (2-Äthoxy-4-oxo-1,4-dihydro-chinolin-3-carbonsäure-äthylester) (H 263).

Kristalle (aus A.); F: 103° [unkorr.] (*Brown et al.*, Austral. J. Chem. **7** [1954] 348, 365, 375).

Beim Erwärmen mit wss. KOH ist 2-Äthoxy-4-hydroxy-chinolin-3-carbon= säure $C_{12}H_{11}NO_4$ (gelbe Kristalle [aus Eg.]; F: 163—164° [unkorr.; Zers.]) erhalten und durch weiteres Erhitzen auf 180° in 2-Äthoxy-chinolin-4-ol überführt worden (*Br. et al.*, l. c. S. 375).

4-Äthoxy-2-hydroxy-chinolin-3-carbonsäure-äthylester $C_{14}H_{15}NO_4$, Formel VII ($R = R'' = C_2H_5$, $R' = H$), und Tautomeres (4-Äthoxy-2-oxo-1,2-dihydro-chinolin-3-carbonsäure-äthylester).

B. Aus 2,4-Dihydroxy-chinolin-3-carbonsäure-äthylester und Diazoäthan (*Brown et al.*, Austral. J. Chem. **7** [1954] 348, 376).

Kristalle (aus A.); F: 173—174° [unkorr.].

***N*-[2,4-Dihydroxy-chinolin-3-carbonyl]-anthranilsäure-methylester** $C_{18}H_{14}N_2O_5$, Formel VIII, und Tautomere (z. B. *N*-[4-Hydroxy-2-oxo-1.2-dihydro-chinolin-3-carbonyl]-anthranilsäure-methylester).

B. Beim Erwärmen von Malonsäure-bis-[2-methoxycarbonyl-anilid] mit Natrium= methylat in Methanol (*Brown et al.*, Austral. J. Chem. **7** [1954] 348, 374).

Kristalle (aus Acn.); F: 242—243° [unkorr.].

4-Äthoxy-2-hydroxy-6-nitro-chinolin-3-carbonsäure $C_{12}H_{10}N_2O_6$, Formel IX, und Tautomeres (4-Äthoxy-6-nitro-2-oxo-1,2-dihydro-chinolin-3-carbonsäure).

B. Beim Erwärmen von 4-Äthoxy-2-hydroxy-chinolin-3-carbonsäure mit HNO_3 [D: 1,42] (*Menon, Robinson*, Soc. **1932** 780, 784).

Kristalle (aus Eg.); F: 285° [Zers.].

7-Chlor-4-hydroxy-5-methoxy-chinolin-3-carbonsäure-äthylester $C_{13}H_{12}ClNO_4$, Formel X, und Tautomeres (7-Chlor-5-methoxy-4-oxo-1,4-dihydro-chinolin-3-carbonsäure-äthylester).

B. Beim Erhitzen von [3-Chlor-5-methoxy-anilinomethylen]-malonsäure-diäthylester in Diphenyläther (*Snyder et al.*, Am. Soc. **69** [1947] 371, 372).

F: 310—312° [unkorr.; Zers.; nach Sublimation].

4-Hydroxy-6-methoxy-chinolin-3-carbonsäure $C_{11}H_9NO_4$, Formel XI ($R = R' = H$, $R'' = CH_3$), und Tautomeres (6-Methoxy-4-oxo-1,4-dihydro-chinolin-3-carbon= säure).

B. Aus 4-Hydroxy-6-methoxy-chinolin-3-carbonsäure-äthylester beim Erwärmen mit wss. HCl (*Price, Roberts*, Am. Soc. **68** [1946] 1204, 1205) oder mit wss. NaOH (*Schofield, Simpson*, Soc. **1946** 1033, 1035; *Ramsey, Cretcher*, Am. Soc. **69** [1947] 1659, 1660).

Kristalle; F: 278—279° [Zers.; aus Eg.] (*Sch., Si.*), 271—272° [unkorr.; Zers.] (*Pr., Ro.*), 265—266° [unkorr.] (*Ra., Cr.*). λ_{max} (A.; 242,5—345 nm): *Hearn et al.*, Soc. **1951** 3318, 3319.

6-Äthoxy-4-hydroxy-chinolin-3-carbonsäure $C_{12}H_{11}NO_4$, Formel XI ($R = R' = H$, $R'' = C_2H_5$), und Tautomeres (6-Äthoxy-4-oxo-1,4-dihydro-chinolin-3-carbon= säure).

B. Beim Erwärmen von 6-Äthoxy-4-hydroxy-chinolin-3-carbonsäure-äthylester mit wss. NaOH (*Takahashi, Senda*, J. pharm. Soc. Japan **72** [1952] 1112; C. A. **1953** 6947).

Kristalle (aus A.); F: 285°.

4-Hydroxy-6-phenoxy-chinolin-3-carbonsäure $C_{16}H_{11}NO_4$, Formel XI ($R = R' = H$, $R'' = C_6H_5$), und Tautomeres (4-Oxo-6-phenoxy-1,4-dihydro-chinolin-3-carbon= säure).

B. Aus 4-Hydroxy-6-phenoxy-chinolin-3-carbonsäure-äthylester beim Erwärmen mit wss. NaOH (*Riegel et al.*, Am. Soc. **68** [1946] 1264).

Kristalle (aus A. oder Py.); F: 252° [Zers.].

4-Hydroxy-6-methoxy-chinolin-3-carbonsäure-äthylester $C_{13}H_{13}NO_4$, Formel XI ($R = C_2H_5$, $R' = H$, $R'' = CH_3$), und Tautomeres (6-Methoxy-4-oxo-1,4-dihydro-chinolin-3-carbonsäure-äthylester).

B. Aus *p*-Anisidinomethylen-malonsäure-diäthylester beim Erhitzen in einem Di=

phenyläther-Biphenyl-Gemisch (*Price*, *Roberts*, Am. Soc. **68** [1946] 1204, 1205; s. a. *Ramsey*, *Cretcher*, Am. Soc. **69** [1947] 1659, 1660) oder in Paraffin (*Schofield*, *Simpson*, Soc. **1946** 1033, 1035).

Kristalle; F: 280—281° [unkorr.; aus Eg.] (*Sch.*, *Si.*), 276—277° [unkorr.] (*Lappin*, J. chem. Educ. **28** [1951] 126), 274—277° [unkorr.; aus wss. A.] (*Pr.*, *Ro.*).

6-Äthoxy-4-hydroxy-chinolin-3-carbonsäure-äthylester $C_{14}H_{15}NO_4$, Formel XI (R = R'' = C_2H_5, R' = H), und Tautomeres (6-Äthoxy-4-oxo-1,4-dihydro-chinolin-3-carbonsäure-äthylester).

B. Aus *p*-Phenetidinomethylen-malonsäure-diäthylester beim Erhitzen in Diphenyläther (*Takahashi*, *Senda*, J. pharm. Soc. Japan **72** [1952] 1112; C. A. **1953** 6967).

Kristalle (aus A.); F: 261—262°.

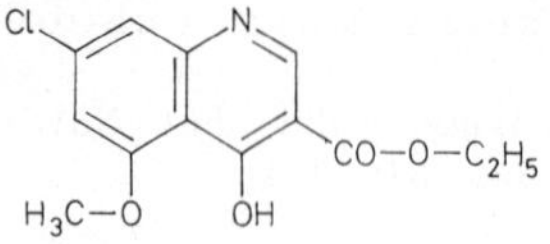

X 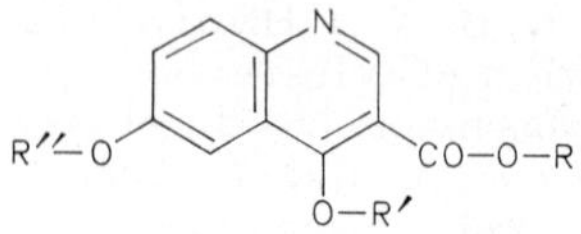 XI 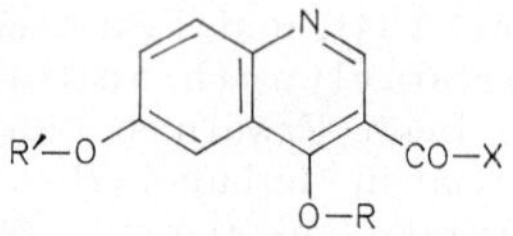 XII

6-Äthoxy-4-methoxy-chinolin-3-carbonsäure-äthylester $C_{15}H_{17}NO_4$, Formel XI (R = R'' = C_2H_5, R' = CH_3).

B. Beim Erhitzen von 6-Äthoxy-4-chlor-chinolin-3-carbonsäure-äthylester mit Natriummethylat in Methanol auf 100° (*Takahashi*, *Senda*, J. pharm. Soc. Japan **72** [1952] 1112; C. A. **1953** 6947).

Kristalle; F: 104°.

4-Hydroxy-6-phenoxy-chinolin-3-carbonsäure-äthylester $C_{18}H_{15}NO_4$, Formel XI (R = C_2H_5, R' = H, R'' = C_6H_5), und Tautomeres (4-Oxo-6-phenoxy-1,4-dihydro-chinolin-3-carbonsäure-äthylester).

B. Beim Erhitzen von [4-Phenoxy-anilinomethylen]-malonsäure-diäthylester in Mineralöl (*Riegel et al.*, Am. Soc. **68** [1946] 1264).

Kristalle (aus A. oder Py.); F: 274—275° (*Ri. et al.*), 274—275° [unkorr.] (*Lappin*, J. chem. Educ. **28** [1951] 126).

4-Acetoxy-6-methoxy-chinolin-3-carbonsäure-äthylester $C_{15}H_{15}NO_5$, Formel XI (R = C_2H_5, R' = CO-CH_3, R'' = CH_3).

B. Aus 4-Hydroxy-6-methoxy-chinolin-3-carbonsäure-äthylester beim Erhitzen mit Acetanhydrid (*Simpson*, Soc. **1946** 1035).

Kristalle (aus Bzl. + PAe.); F: 124—125° [unkorr.].

6-Äthoxy-4-methoxy-chinolin-3-carbonsäure-amid $C_{13}H_{14}N_2O_3$, Formel XII (R = CH_3, R' = C_2H_5, X = NH_2).

B. Aus 6-Äthoxy-4-methoxy-chinolin-3-carbonsäure-äthylester und NH_3 in Methanol bei 100° (*Takahashi*, *Senda*, J. pharm. Soc. Japan **72** [1952] 1112; C. A. **1953** 6947). Aus 6-Äthoxy-4-chlor-chinolin-3-carbonsäure-amid beim Erhitzen mit Natriummethylat in Methanol auf 100° (*Ta.*, *Se.*).

Kristalle; F: 228°.

6-Äthoxy-4-methoxy-chinolin-3-carbonsäure-[2-diäthylamino-äthylamid] $C_{19}H_{27}N_3O_3$, Formel XII (R = CH_3, R' = C_2H_5, X = NH-CH_2-CH_2-N(C_2H_5)$_2$).

B. Beim Erhitzen von 6-Äthoxy-4-methoxy-chinolin-3-carbonsäure-äthylester mit *N,N*-Diäthyl-äthylendiamin in Benzol (*Takahashi*, *Senda*, J. pharm. Soc. Japan **72** [1952] 1112; C. A. **1953** 6947).

Kristalle; F: 72°.

4-Hydroxy-6-methoxy-chinolin-3-carbonsäure-hydrazid $C_{11}H_{11}N_3O_3$, Formel XII (R = H, R' = CH_3, X = NH-NH_2), und Tautomeres (6-Methoxy-4-oxo-1,4-dihydro-chinolin-3-carbonsäure-hydrazid).

B. Aus 4-Hydroxy-6-methoxy-chinolin-3-carbonsäure-äthylester beim Erwärmen mit

$N_2H_4 \cdot H_2O$ in Äthanol (*Popli, Dhar*, J. scient. ind. Res. India **14** B [1955] 261).
Kristalle (aus A.); F: 353° [unkorr.].

4-Hydroxy-6-methoxy-chinolin-3-carbonsäure-[*N'*-isopropyl-hydrazid] $C_{14}H_{17}N_3O_3$, Formel XII (R = H, R' = CH_3, X = NH-NH-CH$(CH_3)_2$), und Tautomeres (6-Methoxy-4-oxo-1,4-dihydro-chinolin-3-carbonsäure-[*N'*-isopropyl-hydrazid]).

B. Bei der Hydrierung von 4-Hydroxy-6-methoxy-chinolin-3-carbonsäure-isopropyl=idenhydrazid an Platin in Essigsäure (*Popli, Vora*, J. scient. ind. Res. India **14** C [1955] 228).
Kristalle (aus A.); F: 284°.

4-Hydroxy-6-methoxy-chinolin-3-carbonsäure-isopropylidenhydrazid $C_{14}H_{15}N_3O_3$, Formel XII (R = H, R' = CH_3, X = NH-N=C$(CH_3)_2$), und Tautomeres (6-Methoxy-4-oxo-1,4-dihydro-chinolin-3-carbonsäure-isopropylidenhydrazid).

B. Beim Erwärmen von 4-Hydroxy-6-methoxy-chinolin-3-carbonsäure-hydrazid mit wss. Aceton (*Popli, Dhar*, J. scient. ind. Res. India **14** B [1955] 261).
Kristalle (aus A.); F: 357° [unkorr.].

***4-Hydroxy-6-methoxy-chinolin-3-carbonsäure-benzylidenhydrazid** $C_{18}H_{15}N_3O_3$, Formel XIII (X = X' = H), und Tautomeres (6-Methoxy-4-oxo-1,4-dihydro-chinolin-3-carbonsäure-benzylidenhydrazid).

B. Beim Erwärmen von 4-Hydroxy-6-methoxy-chinolin-3-carbonsäure-hydrazid mit Benzaldehyd in Äthanol (*Popli, Dhar*, J. scient. ind. Res. India **14** B [1955] 261).
Kristalle (aus A.); F: 329° [unkorr.; Zers.].

***4-Hydroxy-6-methoxy-chinolin-3-carbonsäure-salicylidenhydrazid, Salicylaldehyd-[4-hydroxy-6-methoxy-chinolin-3-carbonylhydrazon]** $C_{18}H_{15}N_3O_4$, Formel XIII (X = OH, X' = H), und Tautomeres (6-Methoxy-4-oxo-1,4-dihydro-chinolin-3-carbonsäure-salicylidenhydrazid).

B. Beim Erwärmen von 4-Hydroxy-6-methoxy-chinolin-3-carbonsäure-hydrazid mit Salicylaldehyd in Äthanol (*Popli, Vora*, J. scient. ind. Res. India **14** C [1955] 228).
Kristalle (aus A.); F: 334°.

***4-Hydroxy-6-methoxy-chinolin-3-carbonsäure-[4-hydroxy-benzylidenhydrazid], 4-Hydroxy-benzaldehyd-[4-hydroxy-6-methoxy-chinolin-3-carbonylhydrazon]** $C_{18}H_{15}N_3O_4$, Formel XIII (X = H, X' = OH), und Tautomeres (6-Methoxy-4-oxo-1,4-dihydro-chinolin-3-carbonsäure-[4-hydroxy-benzylidenhydrazid]).

B. Beim Erwärmen von 4-Hydroxy-6-methoxy-chinolin-3-carbonsäure-hydrazid mit 4-Hydroxy-benzaldehyd in Äthanol (*Popli, Vora*, J. scient. ind. Res. India **14** C [1955] 228).
Kristalle (aus A.); F: 343°.

***4-Hydroxy-6-methoxy-chinolin-3-carbonsäure-[4-methoxy-benzylidenhydrazid], 4-Methoxy-benzaldehyd-[4-hydroxy-6-methoxy-chinolin-3-carbonylhydrazon]** $C_{19}H_{17}N_3O_4$, Formel XIII (X = H, X' = O-CH_3), und Tautomeres (6-Methoxy-4-oxo-1,4-dihydro-chinolin-3-carbonsäure-[4-methoxy-benzylidenhydrazid]).

B. Beim Erwärmen von 4-Hydroxy-6-methoxy-chinolin-3-carbonsäure-hydrazid mit 4-Methoxy-benzaldehyd in Äthanol (*Popli, Vora*, J. scient. ind. Res. India **14** C [1955] 228).
Kristalle (aus A.); F: 317°.

***4-Hydroxy-6-methoxy-chinolin-3-carbonsäure-[4-dimethylamino-benzylidenhydrazid], 4-Dimethylamino-benzaldehyd-[4-hydroxy-6-methoxy-chinolin-3-carbonylhydrazon]** $C_{20}H_{20}N_4O_3$, Formel XIII (X = H, X' = N$(CH_3)_2$), und Tautomeres (6-Methoxy-4-oxo-1,4-dihydro-chinolin-3-carbonsäure-[4-dimethylamino-benzylidenhydrazid]).

B. Beim Erwärmen von 4-Hydroxy-6-methoxy-chinolin-3-carbonsäure-hydrazid mit 4-Dimethylamino-benzaldehyd in Äthanol (*Popli, Vora*, J. scient. ind. Res. India **14** C [1955] 228).

Kristalle; F: 307°.

7-Chlor-4-hydroxy-6-methoxy-chinolin-3-carbonsäure $C_{11}H_8ClNO_4$, Formel XIV (R = X' = H, X = Cl), und Tautomeres (7-Chlor-6-methoxy-4-oxo-1,4-dihydro-chinolin-3-carbonsäure).

B. Aus 7-Chlor-4-hydroxy-6-methoxy-chinolin-3-carbonsäure-äthylester beim Erwärmen mit wss. NaOH (*Snyder et al.*, Am. Soc. **69** [1947] 371, 372).

Kristalle (aus Eg.); F: 276° [unkorr.; Zers.].

XIII XIV

7-Chlor-4-hydroxy-6-methoxy-chinolin-3-carbonsäure-äthylester $C_{13}H_{12}ClNO_4$, Formel XIV (R = C_2H_5, X = Cl, X' = H), und Tautomeres (7-Chlor-6-methoxy-4-oxo-1,4-dihydro-chinolin-3-carbonsäure-äthylester).

B. Beim Erhitzen von [3-Chlor-4-methoxy-anilinomethylen]-malonsäure-diäthylester in Diphenyläther (*Snyder et al.*, Am. Soc. **69** [1947] 371, 372).

Kristalle (aus Eg.); F: 299° [unkorr.; Zers.].

4-Hydroxy-6-methoxy-8-nitro-chinolin-3-carbonsäure $C_{11}H_8N_2O_6$, Formel XIV (R = X = H, X' = NO_2), und Tautomeres (6-Methoxy-8-nitro-4-oxo-1,4-dihydro-chinolin-3-carbonsäure).

B. Aus 4-Hydroxy-6-methoxy-8-nitro-chinolin-3-carbonsäure-äthylester beim Erwärmen mit wss. NaOH (*Riegel et al.*, Am. Soc. **68** [1946] 1264).

Kristalle (aus A. oder Py.); F: 270° [Zers.].

4-Hydroxy-6-methoxy-8-nitro-chinolin-3-carbonsäure-äthylester $C_{13}H_{12}N_2O_6$, Formel XIV (R = C_2H_5, X = H, X' = NO_2), und Tautomeres (6-Methoxy-8-nitro-4-oxo-1,4-dihydro-chinolin-3-carbonsäure-äthylester).

B. Aus [4-Methoxy-2-nitro-anilinomethylen]-malonsäure-diäthylester beim Erhitzen in einem Diphenyläther-Biphenyl-Gemisch (*Riegel et al.*, Am. Soc. **68** [1946] 1264).

Kristalle (aus A. oder Py.); F: 222—224° (*Ri. et al.*), 222—224° [unkorr.] (*Lappin*, J. chem. Educ. **28** [1951] 126).

4-Hydroxy-6-methoxy-8-nitro-chinolin-3-carbonitril $C_{11}H_7N_3O_4$, Formel I, und Tautomeres (6-Methoxy-8-nitro-4-oxo-1,4-dihydro-chinolin-3-carbonitril).

B. Beim Erhitzen von 2-Cyan-3-[4-methoxy-2-nitro-anilino-acrylsäure-äthylester (F: 160—164°; aus 4-Methoxy-2-nitro-anilin, Orthoameisensäure-triäthylester und Cyanessigsäure-äthylester erhalten) in einem Diphenyläther-Biphenyl-Gemisch (*Baker et al.*, Am. Soc. **71** [1949] 3060).

Gelbe Kristalle (aus Eg.); F: 320°.

Bis-[3-carboxy-4-hydroxy-[6]chinolyl]-sulfid, 4,4'-Dihydroxy-6,6'-sulfandiyl-bis-chinolin-3-carbonsäure $C_{20}H_{12}N_2O_6S$, Formel II (R = H), und Tautomere (z. B. 4,4'-Dioxo-1,4,1',4'-tetrahydro-6,6'-sulfandiyl-bis-chinolin-3-carbonsäure).

B. Aus Bis-[3-äthoxycarbonyl-4-hydroxy-[6]chinolyl]-sulfid beim Erwärmen mit wss. NaOH (*Price et al.*, Am. Soc. **69** [1947] 855, 856).

F: 295—297° [korr.; Zers.].

I II

Bis-[3-carboxy-4-hydroxy-[6]chinolyl]-disulfid, 4,4′-Dihydroxy-6,6′-disulfandiyl-bis-chinolin-3-carbonsäure $C_{20}H_{12}N_2O_6S_2$, Formel III (R = X = H), und Tautomere (z. B. 4,4′-Dioxo-1,4,1′,4′-tetrahydro-6,6′-disulfandiyl-bis-chinolin-3-carbonsäure).

B. Aus Bis-[3-äthoxycarbonyl-4-hydroxy-[6]chinolyl]-disulfid beim Erwärmen mit wss. NaOH (*Price et al.*, Am. Soc. **69** [1947] 855, 857).

F: 275° [korr.; Zers.].

Bis-[3-äthoxycarbonyl-4-hydroxy-[6]chinolyl]-sulfid, 4,4′-Dihydroxy-6,6′-sulfandiyl-bis-chinolin-3-carbonsäure-diäthylester $C_{24}H_{20}N_2O_6S$, Formel II (R = C_2H_5), und Tautomere (z. B. 4,4′-Dioxo-1,4,1′,4′-tetrahydro-6,6′-sulfandiyl-bis-chinolin-3-carbonsäure-diäthylester).

B. Aus Bis-[4-(2,2-bis-äthoxycarbonyl-vinylamino)-phenyl]-sulfid beim Erhitzen in Diphenyläther (*Price et al.*, Am. Soc. **69** [1947] 855, 856).

F: 325–327° [korr.; Zers.].

Bis-[3-äthoxycarbonyl-4-hydroxy-[6]chinolyl]-disulfid, 4,4′-Dihydroxy-6,6′-disulfandiyl-bis-chinolin-3-carbonsäure-diäthylester $C_{24}H_{20}N_2O_6S_2$, Formel III (R = C_2H_5, X = H), und Tautomere (z. B. 4,4′-Dioxo-1,4,1′,4′-tetrahydro-6,6′-disulfandiyl-bis-chinolin-3-carbonsäure-diäthylester).

B. Aus Bis-[4-(2,2-bis-äthoxycarbonyl-vinylamino)-phenyl]-disulfid beim Erhitzen in Diphenyläther (*Price et al.*, Am. Soc. **69** [1947] 855, 857).

F: 321–322° [korr.; Zers.].

6-Benzylmercapto-7-chlor-4-hydroxy-chinolin-3-carbonsäure $C_{17}H_{12}ClNO_3S$, Formel IV (R = H), und Tautomeres (6-Benzylmercapto-7-chlor-4-oxo-1,4-dihydro-chinolin-3-carbonsäure).

B. Aus 6-Benzylmercapto-7-chlor-4-hydroxy-chinolin-3-carbonsäure-äthylester beim Erwärmen mit wss. NaOH (*Riegel et al.*, Am. Soc. **68** [1946] 1264).

Kristalle (aus A. oder Py.); F: 279° [Zers.].

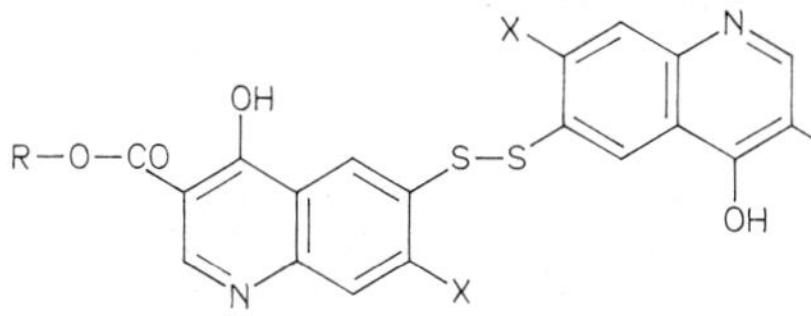

III 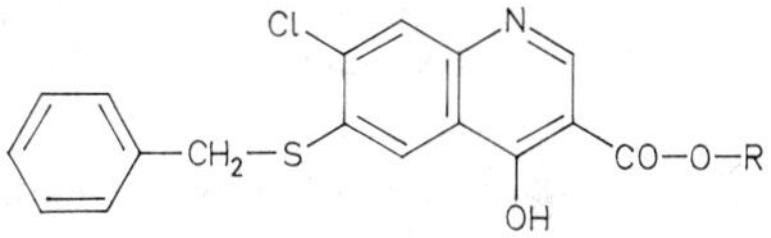 IV

Bis-[3-carboxy-7-chlor-4-hydroxy-[6]chinolyl]-disulfid, 7,7′-Dichlor-4,4′-dihydroxy-6,6′-disulfandiyl-bis-chinolin-3-carbonsäure $C_{20}H_{10}Cl_2N_2O_6S_2$, Formel III (R = H, X = Cl), und Tautomere (z. B. 7,7′-Dichlor-4,4′-dioxo-1,4,1′,4′-tetrahydro-6,6′-disulfandiyl-bis-chinolin-3-carbonsäure).

B. Aus Bis-[3-äthoxycarbonyl-7-chlor-4-hydroxy-[6]chinolyl]-disulfid beim Erwärmen mit wss. NaOH (*Riegel et al.*, Am. Soc. **68** [1946] 1264).

Kristalle (aus A. oder Py.); F: >300° [Zers.].

6-Benzylmercapto-7-chlor-4-hydroxy-chinolin-3-carbonsäure-äthylester $C_{19}H_{16}ClNO_3S$, Formel IV (R = C_2H_5), und Tautomeres (6-Benzylmercapto-7-chlor-4-oxo-1,4-dihydro-chinolin-3-carbonsäure-äthylester).

B. Aus [4-Benzylmercapto-3-chlor-anilinomethylen]-malonsäure-diäthylester beim Erhitzen in einem Biphenyl-Diphenyläther-Gemisch (*Riegel et al.*, Am. Soc. **68** [1946] 1264).

Kristalle (aus A. oder Py.); F: 264–266°.

Bis-[3-äthoxycarbonyl-7-chlor-4-hydroxy-[6]chinolyl]-disulfid, 7,7′-Dichlor-4,4′-dihydroxy-6,6′-disulfandiyl-bis-chinolin-3-carbonsäure-diäthylester $C_{24}H_{18}Cl_2N_2O_6S_2$, Formel III (R = C_2H_5, X = Cl), und Tautomere (z. B. 7,7′-Dichlor-4,4′-dioxo-1,4,1′,4′-tetrahydro-6,6′-disulfandiyl-bis-chinolin-3-carbonsäure-diäthylester).

B. Aus Bis-[4-(2,2-bis-äthoxycarbonyl-vinylamino)-2-chlor-phenyl]-disulfid beim Er-

hitzen in einem Biphenyl-Diphenyläther-Gemisch (*Riegel et al.*, Am. Soc. **68** [1946] 1264).
Kristalle (aus A. oder Py.); F: >300°.

4-Hydroxy-7-methoxy-chinolin-3-carbonsäure $C_{11}H_9NO_4$, Formel V (R = H, R' = CH_3), und Tautomeres (7-Methoxy-4-oxo-1,4-dihydro-chinolin-3-carbonsäure).
B. Aus 4-Hydroxy-7-methoxy-chinolin-3-carbonsäure-äthylester beim Erwärmen mit wss. NaOH (*Lauer et al.*, Am. Soc. **68** [1946] 1268).
F: 257–260° [unkorr.].

4-Hydroxy-7-phenoxy-chinolin-3-carbonsäure $C_{16}H_{11}NO_4$, Formel V (R = H, R' = C_6H_5), und Tautomeres (4-Oxo-7-phenoxy-1,4-dihydro-chinolin-3-carbonsäure).
B. Aus 4-Hydroxy-7-phenoxy-chinolin-3-carbonsäure-äthylester beim Erwärmen mit wss. NaOH (*Riegel et al.*, Am. Soc. **68** [1946] 1264).
Kristalle (aus A. oder Py.); F: 269° [Zers.].

4-Hydroxy-7-methoxy-chinolin-3-carbonsäure-äthylester $C_{13}H_{13}NO_4$, Formel V (R = C_2H_5, R' = CH_3), und Tautomeres (7-Methoxy-4-oxo-1,4-dihydro-chinolin-3-carbonsäure-äthylester).
B. Beim Erhitzen von *m*-Anisidin mit Äthoxymethylen-malonsäure-diäthylester auf 120° und Erhitzen des Reaktionsprodukts in Diphenyläther (*Lauer et al.*, Am. Soc. **68** [1946] 1268).
Kristalle (aus Cyclohexanon oder Isophoron); F: 275° [unkorr.; Zers.].

4-Hydroxy-7-phenoxy-chinolin-3-carbonsäure-äthylester $C_{18}H_{15}NO_4$, Formel V (R = C_2H_5, R' = C_6H_5), und Tautomeres (4-Oxo-7-phenoxy-1,4-dihydro-chinolin-3-carbonsäure-äthylester).
B. Beim Erhitzen von [3-Phenoxy-anilinomethylen]-malonsäure-diäthylester (Öl; aus 3-Phenoxy-anilin und Äthoxymethylen-malonsäure-diäthylester hergestellt) in Mineralöl (*Riegel et al.*, Am. Soc. **68** [1946] 1264).
Kristalle (aus A. oder Py.); F: 278–279°.

4-Hydroxy-8-methoxy-chinolin-3-carbonsäure $C_{11}H_9NO_4$, Formel VI (R = H, R' = CH_3), und Tautomeres (8-Methoxy-4-oxo-1,4-dihydro-chinolin-3-carbonsäure).
B. Aus 4-Hydroxy-8-methoxy-chinolin-3-carbonsäure-äthylester beim Erwärmen mit wss. NaOH (*Lauer et al.*, Am. Soc. **68** [1946] 1268).
Kristalle (aus Cyclohexanon); F: 280° [unkorr.; Zers.].

8-Äthoxy-4-hydroxy-chinolin-3-carbonsäure $C_{12}H_{11}NO_4$, Formel VI (R = H, R' = C_2H_5), und Tautomeres (8-Äthoxy-4-oxo-1,4-dihydro-chinolin-3-carbonsäure).
B. Aus 8-Äthoxy-4-hydroxy-chinolin-3-carbonsäure-äthylester beim Erwärmen mit wss. NaOH (*Mapara, Desai*, J. Indian chem. Soc. **31** [1954] 951, 956).
F: 270° [Zers.].

R'–O … CO–O–R … OH — V

R'–O … CO–O–R … OH — VI

H_3C–O … CO–X … OH — VII

4,8-Dihydroxy-chinolin-3-carbonsäure-äthylester $C_{12}H_{11}NO_4$, Formel VI (R = C_2H_5, R' = H), und Tautomeres (8-Hydroxy-4-oxo-1,4-dihydro-chinolin-3-carbonsäure-äthylester).
B. Beim Erhitzen von [2-Hydroxy-anilinomethylen]-malonsäure-diäthylester in Diphenyläther (*Sardesai, Sunthankar*, J. scient. ind. Res. India **18** B [1959] 158, 161).

Kristalle (aus wss. A.); F: 240°.

4-Hydroxy-8-methoxy-chinolin-3-carbonsäure-äthylester $C_{13}H_{13}NO_4$, Formel VI ($R = C_2H_5$, $R' = CH_3$), und Tautomeres (8-Methoxy-4-oxo-1,4-dihydro-chinolin-3-carbonsäure-äthylester).

B. Beim Erhitzen von *o*-Anisidinomethylen-malonsäure-diäthylester in Diphenyläther (*Lauer et al.*, Am. Soc. **68** [1946] 1268).

Kristalle; F: 274–275° [unkorr.; Zers.; aus A. oder Py.] (*Lappin*, J. chem. Educ. **28** [1951] 126), 256° [aus A.] (*Popli*, *Dhar*, J. scient. ind. Res. India **14** B [1955] 261), 234–236° [unkorr.; aus Cyclohexanon] (*La. et al.*).

8-Äthoxy-4-hydroxy-chinolin-3-carbonsäure-äthylester $C_{14}H_{15}NO_4$, Formel VI ($R = R' = C_2H_5$), und Tautomeres (8-Äthoxy-4-oxo-1,4-dihydro-chinolin-3-carbonsäure-äthylester).

B. Beim Erwärmen von *o*-Phenetidin mit Äthoxymethylen-malonsäure-diäthylester und Behandeln des Reaktionsprodukts mit Acetanhydrid und konz. H_2SO_4 (*Mapara*, *Desai*, J. Indian chem. Soc. **31** [1954] 951, 956).

F: 242°.

4-Hydroxy-8-methoxy-chinolin-3-carbonsäure-hydrazid $C_{11}H_{11}N_3O_3$, Formel VII ($X = NH\text{-}NH_2$), und Tautomeres (8-Methoxy-4-oxo-1,4-dihydro-chinolin-3-carbonsäure-hydrazid).

B. Aus 4-Hydroxy-8-methoxy-chinolin-3-carbonsäure-äthylester beim Erwärmen mit $N_2H_4 \cdot H_2O$ in Äthanol (*Popli*, *Dhar*, J. scient. ind. Res. India **14** B [1955] 261).

Kristalle (aus A.); F: 308° [unkorr.].

4-Hydroxy-8-methoxy-chinolin-3-carbonsäure-[*N'*-isopropyl-hydrazid] $C_{14}H_{17}N_3O_3$, Formel VII ($X = NH\text{-}NH\text{-}CH(CH_3)_2$), und Tautomeres (8-Methoxy-4-oxo-1,4-dihydro-chinolin-3-carbonsäure-[*N'*-isopropyl-hydrazid]).

B. Bei der Hydrierung von 4-Hydroxy-8-methoxy-chinolin-3-carbonsäure-isopropylidenhydrazid an Platin in Essigsäure (*Popli*, *Vora*, J. scient. ind. Res. India **14** C [1955] 228).

Kristalle (aus wss. A.); F: 211°.

4-Hydroxy-8-methoxy-chinolin-3-carbonsäure-isopropylidenhydrazid $C_{14}H_{15}N_3O_3$, Formel VII ($X = NH\text{-}N{=}C(CH_3)_2$), und Tautomeres (8-Methoxy-4-oxo-1,4-dihydro-chinolin-3-carbonsäure-isopropylidenhydrazid).

B. Beim Erwärmen von 4-Hydroxy-8-methoxy-chinolin-3-carbonsäure-hydrazid mit wss. Aceton (*Popli*, *Dhar*, J. scient. ind. Res. India **14** B [1955] 261).

Kristalle (aus A.); F: 286° [unkorr.].

***4-Hydroxy-8-methoxy-chinolin-3-carbonsäure-benzylidenhydrazid** $C_{18}H_{15}N_3O_3$, Formel VIII ($X = X' = H$), und Tautomeres (8-Methoxy-4-oxo-1,4-dihydro-chinolin-3-carbonsäure-benzylidenhydrazid).

B. Beim Erwärmen von 4-Hydroxy-8-methoxy-chinolin-3-carbonsäure-hydrazid mit Benzaldehyd in Äthanol (*Popli*, *Dhar*, J. scient. ind. Res. India **14** B [1955] 261).

Kristalle (aus A.); F: 297° [unkorr.].

***4-Hydroxy-8-methoxy-chinolin-3-carbonsäure-salicylidenhydrazid, Salicylaldehyd-[4-hydroxy-8-methoxy-chinolin-3-carbonylhydrazon]** $C_{18}H_{15}N_3O_4$, Formel VIII ($X = OH$, $X' = H$), und Tautomeres (8-Methoxy-4-oxo-1,4-dihydro-chinolin-3-carbonsäure-salicylidenhydrazid).

B. Beim Erwärmen von 4-Hydroxy-8-methoxy-chinolin-3-carbonsäure-hydrazid mit Salicylaldehyd in Äthanol (*Popli*, *Vora*, J. scient. ind. Res. India **14** C [1955] 228).

Kristalle (aus A.); F: 330°.

***4-Hydroxy-8-methoxy-chinolin-3-carbonsäure-[4-hydroxy-benzylidenhydrazid], 4-Hydroxy-benzaldehyd-[4-hydroxy-8-methoxy-chinolin-3-carbonylhydrazon]** $C_{18}H_{15}N_3O_4$, Formel VIII ($X = H$, $X' = OH$), und Tautomeres (8-Methoxy-4-oxo-1,4-dihydro-chinolin-3-carbonsäure-[4-hydroxy-benzylidenhydrazid]).

B. Beim Erwärmen von 4-Hydroxy-8-methoxy-chinolin-3-carbonsäure-hydrazid mit

4-Hydroxy-benzaldehyd in Äthanol (*Popli, Vora,* J. scient. ind. Res. India **14** C [1955] 228).

Kristalle (aus A.); F: 338°.

***4-Hydroxy-8-methoxy-chinolin-3-carbonsäure-[4-methoxy-benzylidenhydrazid], 4-Methoxy-benzaldehyd-[4-hydroxy-8-methoxy-chinolin-3-carbonylhydrazon]** $C_{19}H_{17}N_3O_4$, Formel VIII (X = H, X' = O-CH_3), und Tautomeres (8-Methoxy-4-oxo-1,4-dihydro-chinolin-3-carbonsäure-[4-methoxy-benzylidenhydrazid]).

B. Beim Erwärmen von 4-Hydroxy-8-methoxy-chinolin-3-carbonsäure-hydrazid mit 4-Methoxy-benzaldehyd in Äthanol (*Popli, Vora,* J. scient. ind. Res. India **14** C [1955] 228).

Kristalle (aus A.); F: 313°.

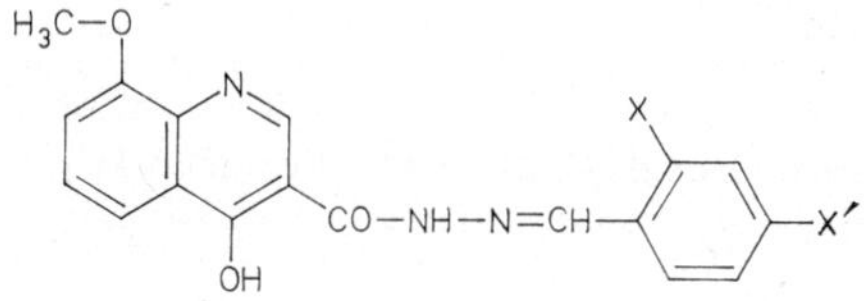

VIII 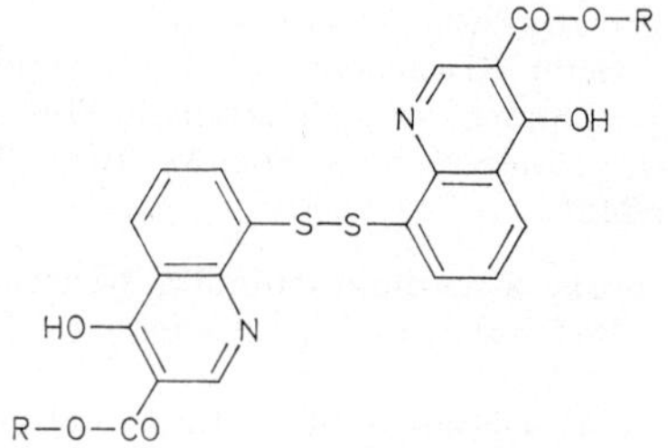 IX

***4-Hydroxy-8-methoxy-chinolin-3-carbonsäure-[4-dimethylamino-benzylidenhydrazid], 4-Dimethylamino-benzaldehyd-[4-hydroxy-8-methoxy-chinolin-3-carbonylhydrazon]** $C_{20}H_{20}N_4O_3$, Formel VIII (X = H, X' = N(CH_3)$_2$), und Tautomeres (8-Methoxy-4-oxo-1,4-dihydro-chinolin-3-carbonsäure-[4-dimethylamino-benzylidenhydrazid]).

B. Beim Erwärmen von 4-Hydroxy-8-methoxy-chinolin-3-carbonsäure-hydrazid mit 4-Dimethylamino-benzaldehyd in Äthanol (*Popli, Vora,* J. scient. ind. Res. India **14** C [1955] 228).

Kristalle; F: 303°.

Bis-[3-carboxy-4-hydroxy-[8]chinolyl]-disulfid, 4,4'-Dihydroxy-8,8'-disulfandiyl-bis-chinolin-3-carbonsäure $C_{20}H_{12}N_2O_6S_2$, Formel IX (R = H), und Tautomere (z. B. 4,4'-Dioxo-1,4,1',4'-tetrahydro-8,8'-disulfandiyl-bis-chinolin-3-carbon≈säure).

B. Aus Bis-[3-äthoxycarbonyl-4-hydroxy-[8]chinolyl]-disulfid beim Erwärmen mit wss. NaOH (*Riegel et al.,* Am. Soc. **68** [1946] 1264).

F: 284° [Zers.].

Bis-[3-äthoxycarbonyl-4-hydroxy-[8]chinolyl]-disulfid, 4,4'-Dihydroxy-8,8'-disulfandiyl-bis-chinolin-3-carbonsäure-diäthylester $C_{24}H_{20}N_2O_6S_2$, Formel IX (R = C_2H_5), und Tautomere (z. B. 4,4'-Dioxo-1,4,1',4'-tetrahydro-8,8'-disulfandiyl-bis-chinolin-3-carbonsäure-diäthylester).

B. Beim Erhitzen von Bis-[2-(2,2-bis-äthoxycarbonyl-vinylamino)-phenyl]-disulfid (Öl; aus Bis-[2-amino-phenyl]-disulfid und Äthoxymethylen-malonsäure-diäthylester hergestellt) in einem Biphenyl-Diphenyläther-Gemisch (*Riegel et al.,* Am. Soc. **68** [1946] 1264).

F: 260–262°.

2,3-Dihydroxy-chinolin-4-carbonsäure $C_{10}H_7NO_4$, Formel X (X = H), und Tautomeres (3-Hydroxy-2-oxo-1,2-dihydro-chinolin-4-carbonsäure) (E II 194, 195).

Diese Konstitution wird für das früher (s. E II **22** 195) unter Vorbehalt als 2,3-Di≈hydroxy-chinolin-4-carbonsäure formulierte Präparat von *Wislicenus, Bubeck* [Zers. bei 180°] bestätigt (*Stefanović, Mihajlović,* Glasnik chem. Društva Beograd **22** [1957]

459, 463; s. a. *Eistert, Selzer*, B. **96** [1963] 1234, 1238, 1247). Dagegen hat in den weiteren E II 194 unter dieser Konstitution beschriebenen orangegelben Präparaten (Schmelzpunkte zwischen 260° und 270°) Hydroxy-[2-oxo-indolin-3-yliden]-essigsäure (Syst.-Nr. 3367) vorgelegen (*St., Mi.*; *Harley-Mason, Ingleby*, Soc. **1958** 3639; s. a. *Hannah et al.*, Soc. [C] **1967** 256, 259).

2,3-Dihydroxy-6-nitro-chinolin-4-carbonsäure $C_{10}H_6N_2O_6$, Formel X (X = NO_2), und Tautomeres (3-Hydroxy-6-nitro-2-oxo-1,2-dihydro-chinolin-4-carbonsäure).

B. Beim Behandeln von 2,3-Dihydroxy-chinolin-4-carbonsäure-äthylester mit HNO_3 [D: 1,42], zuletzt bei 100° (*Menon, Robinson*, Soc. **1932** 780, 784).

Kristalle (aus Eg.); F: 212° [Zers.].

2-Hydroxy-3-mercapto-chinolin-4-carbonsäure $C_{10}H_7NO_3S$, Formel XI, und Tautomeres (3-Mercapto-2-oxo-1,2-dihydro-chinolin-4-carbonsäure).

Die früher (s. E II **22** 195 sowie von *Jones, Henze*, Am. Soc. **64** [1942] 1669) unter dieser Konstitution beschriebene Verbindung ist wahrscheinlich als Mercapto-[2-oxo-indolin-3-yliden]-essigsäure (Syst.-Nr. 3367) zu formulieren (*Stefanović, Mihajlović*, Glasnik chem. Društva Beograd **22** [1957] 459, 463).

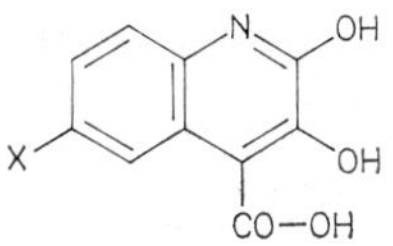

X 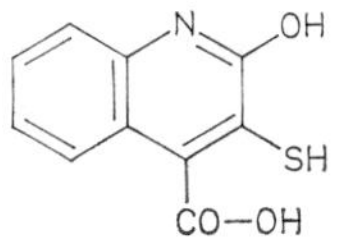 XI 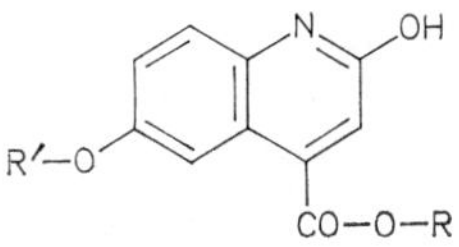 XII

2,6-Dihydroxy-chinolin-4-carbonsäure $C_{10}H_7NO_4$, Formel XII (R = R′ = H), und Tautomeres (6-Hydroxy-2-oxo-1,2-dihydro-chinolin-4-carbonsäure) (E II 196).

Kristalle; F: 337° [Zers.] (*Makino, Hujikara*, Bl. chem. Soc. Japan **19** [1944] 95, 98).

2-Hydroxy-6-methoxy-chinolin-4-carbonsäure $C_{11}H_9NO_4$, Formel XII (R = H, R′ = CH_3), und Tautomeres (6-Methoxy-2-oxo-1,2-dihydro-chinolin-4-carbonsäure) (E II 197).

B. Aus 2-Chlor-6-methoxy-chinolin-4-carbonsäure beim Erwärmen mit wss. NaOH (*Thielepape, Fulde*, B. **72** [1939] 1432, 1438).

Gelbe Kristalle (aus A.) mit 1 Mol H_2O; F: 335–336° [korr.]. Löslichkeit in H_2O bei 21°: 0,017% (*Th., Fu.*, l. c. S. 1439).

2-Hydroxy-6-methoxy-chinolin-4-carbonsäure-methylester $C_{12}H_{11}NO_4$, Formel XII (R = R′ = CH_3), und Tautomeres (6-Methoxy-2-oxo-1,2-dihydro-chinolin-4-carbonsäure-methylester).

B. Aus 2-Hydroxy-6-methoxy-chinolin-4-carbonsäure beim Erwärmen mit Methanol und konz. H_2SO_4 (*Thielepape, Fulde*, B. **72** [1939] 1432, 1439).

Gelbe Kristalle (aus Me.); F: 233–234° [korr.].

2-Hydroxy-6-methoxy-chinolin-4-carbonsäure-äthylester $C_{13}H_{13}NO_4$, Formel XII (R = C_2H_5, R′ = CH_3), und Tautomeres (6-Methoxy-2-oxo-1,2-dihydro-chinolin-4-carbonsäure-äthylester).

In der E II **22** 197 unter dieser Konstitution beschriebenen Verbindung hat vermutlich 4-Hydroxy-6-methoxy-chinolin-2-carbonsäure-äthylester vorgelegen (*Thielepape, Fulde*, B. **72** [1939] 1432, 1439 Anm. 18).

B. Beim Erwärmen von 2-Hydroxy-6-methoxy-chinolin-4-carbonsäure mit Äthanol und konz. H_2SO_4 (*Th., Fu.*).

Gelbe Kristalle; F: 195° [korr.; aus A.] (*Th., Fu.*), 183–186° [aus Me.] (*Ishikawa*, Chem. Pharm. Bl. **6** [1958] 67, 70). UV-Spektrum (A.; 230–400 nm; λ_{max}: 235 nm, 278 nm und 370 nm): *Ish.*, l. c. S. 68.

3,6-Dihydroxy-chinolin-4-carbonsäure $C_{10}H_7NO_4$, Formel XIII (R = H).

B. Aus 3-Hydroxy-6-methoxy-chinolin-4-carbonsäure beim Erwärmen mit wss. HBr (*Cragoe et al.*, J. org. Chem. **18** [1953] 552, 557).

Kristalle; F: 252° und (nach Wiedererstarren) F: 290° [unkorr.; auf 250° vorgeheiztes Bad].

3-Hydroxy-6-methoxy-chinolin-4-carbonsäure $C_{11}H_9NO_4$, Formel XIII (R = CH_3).

B. Beim Behandeln von 5-Methoxy-indolin-2,3-dion mit Chlor (oder Brom-)-brenztraubensäure und wss. KOH (*Cragoe et al.*, J. org. Chem. **18** [1953] 552, 556).

F: 227° [unkorr.; auf ca. 215° vorgeheiztes Bad] (*Cr. et al.*, l. c. S. 553).

2,3-Dihydroxy-chinolin-8-carbonsäure $C_{10}H_7NO_4$, Formel XIV (R = R' = H), und Tautomeres (3-Hydroxy-2-oxo-1,2-dihydro-chinolin-8-carbonsäure).

B. Aus 2,3-Dihydroxy-chinolin-8-carbonsäure-methylester beim Erwärmen mit wss. NaOH (*Grundon, Boekelheide*, Am. Soc. **74** [1952] 2637, 2643).

Kristalle (aus H_2O), die bei 315–320° sublimieren ohne zu schmelzen.

2-Hydroxy-3-methoxy-chinolin-8-carbonsäure $C_{11}H_9NO_4$, Formel XIV (R = H, R' = CH_3), und Tautomeres (3-Methoxy-2-oxo-1,2-dihydro-chinolin-8-carbonsäure).

B. Beim Erwärmen von 2-Hydroxy-3-methoxy-chinolin-8-carbonsäure-methylester mit wss. NaOH (*Grundon, Boekelheide*, Am. Soc. **74** [1952] 2637, 2643).

Kristalle (aus A.); F: 282–284° [korr.].

R—O (XIII: OH, CO—OH) XIII

R—O—CO (XIV: N, OH, O—R') XIV

H_3C—O—CO (XV: N, OH, OH) XV

2,3-Dihydroxy-chinolin-8-carbonsäure-methylester $C_{11}H_9NO_4$, Formel XIV (R = CH_3, R' = H), und Tautomeres (3-Hydroxy-2-oxo-1,2-dihydro-chinolin-8-carbonsäure-methylester).

B. Neben 2-Hydroxy-3-methoxy-chinolin-8-carbonsäure-methylester und 2,4-Dihydroxy-chinolin-8-carbonsäure-methylester (?; s. u.) beim Behandeln von 2,3-Dioxo-indolin-7-carbonsäure in Aceton mit äther. Diazomethan (*Grundon, Boekelheide*, Am. Soc. **74** [1952] 2637, 2642).

Kristalle (aus Me.); F: 233–236° [korr.]. IR-Spektrum (Nujol; 5–7 μ): *Gr.*, *Bo.*, l. c. S. 2638.

2-Hydroxy-3-methoxy-chinolin-8-carbonsäure-methylester $C_{12}H_{11}NO_4$, Formel XIV (R = R' = CH_3), und Tautomeres (3-Methoxy-2-oxo-1,2-dihydro-chinolin-8-carbonsäure-methylester).

B. Aus 2,3-Dihydroxy-chinolin-8-carbonsäure-methylester beim Behandeln mit Diazomethan in Äther (*Grundon, Boekelheide*, Am. Soc. **74** [1952] 2637, 2643).

Kristalle (aus Hexan); F: 163–164°.

2,4-Dihydroxy-chinolin-8-carbonsäure-methylester $C_{11}H_9NO_4$, Formel XV, und Tautomere (z. B. 4-Hydroxy-2-oxo-1,2-dihydro-chinolin-8-carbonsäure-methylester).

Für die nachstehend beschriebene, von *Grundon, Boekelheide* (Am. Soc. **74** [1952] 2637, 2638) mit Vorbehalt so formulierte Verbindung ist auch die Formulierung als 2-Oxo-spiro[indolin-3,2'-oxiran]-7-carbonsäure-methylester $C_{11}H_9NO_4$ in Betracht zu ziehen.

B. s. o. im Artikel 2,3-Dihydroxy-chinolin-8-carbonsäure-methylester.

Kristalle (aus Me.); F: 178–179° (*Gr.*, *Bo.*, l. c. S. 2643). IR-Spektrum (Nujol; 5–7 μ): *Gr.*, *Bo.*, l. c. S. 2638.

6,7-Dimethoxy-isochinolin-1-carbonsäure $C_{12}H_{11}NO_4$, Formel I (X = OH) (H 263; E I 563; E II 197).

Kristalle (aus H_2O); F: 208—209° [unkorr.; Zers.] (*White*, New Zealand J. Sci. Technol. [B] **33** [1951] 38, 43). Absorptionsspektrum (H_2O, wss. HCl sowie wss. NaOH; 220 nm bis 420 nm): *Wh.*, l. c. S. 40.

6,7-Dimethoxy-isochinolin-1-carbonsäure-amid $C_{12}H_{12}N_2O_3$, Formel I (X = NH_2) (E II 197).

B. Aus 6,7-Dimethoxy-isochinolin-1-carbonitril beim Erwärmen mit Polyphosphor= säure (*Popp, McEwen*, Am. Soc. **80** [1958] 1181, 1184).

Kristalle (aus A.); F: 169—170° [korr.].

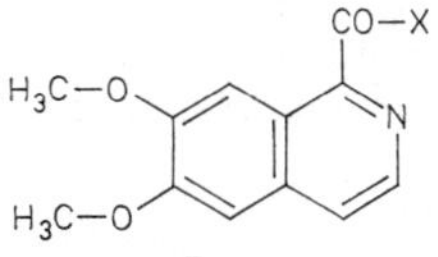

I 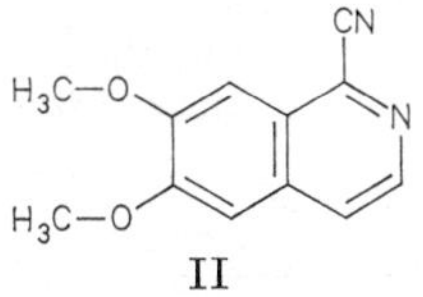 II 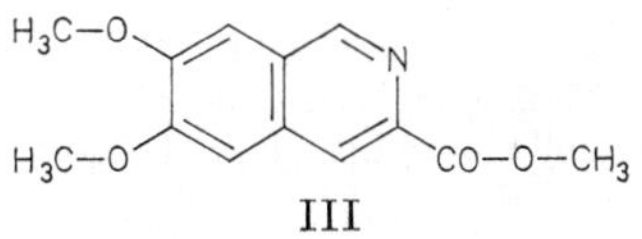 III

6,7-Dimethoxy-isochinolin-1-carbonitril $C_{12}H_{10}N_2O_2$, Formel II.

B. Aus 2-Benzoyl-6,7-dimethoxy-1,2-dihydro-isochinolin-1-carbonitril beim Erwärmen mit $SOCl_2$ (*Popp, McEwen*, Am. Soc. **80** [1958] 1181, 1184).

Kristalle (aus A.); F: 198,4—199,0° [korr.].

6,7-Dimethoxy-isochinolin-3-carbonsäure-methylester $C_{13}H_{13}NO_4$, Formel III.

B. Aus 3-[3,4-Dimethoxy-phenyl]-2-formylamino-propionsäure-methylester beim Erwärmen mit $POCl_3$ (*Gensler, Bluhm*, J. org. Chem. **21** [1956] 336, 339).

Kristalle (aus Me.); F: 209—210°.

1-Chlor-7,8-dimethoxy-isochinolin-3-carbonsäure $C_{12}H_{10}ClNO_4$, Formel IV (X = OH).

B. Aus 1-Chlor-7,8-dimethoxy-isochinolin-3-carbonylchlorid beim Erwärmen mit wss. KOH (*Linewitsch*, Ž. obšč. Chim. **28** [1958] 2514, 2517; engl. Ausg. S. 2551, 2553).

Kristalle (aus A.); F: 294°.

1-Chlor-7,8-dimethoxy-isochinolin-3-carbonsäure-methylester $C_{13}H_{12}ClNO_4$, Formel IV (X = O-CH_3).

B. Beim Erwärmen von 1-Hydroxy-7,8-dimethoxy-isochinolin-3-carbonsäure-methyl= ester mit $POCl_3$ (*Linewitsch*, Ž. obšč. Chim. **28** [1958] 2514, 2517; engl. Ausg. S. 2551, 2553). Aus 1-Chlor-7,8-dimethoxy-isochinolin-3-carbonsäure und Diazomethan (*Li.*). Aus 1-Chlor-7,8-dimethoxy-isochinolin-3-carbonylchlorid beim Behandeln mit Natrium= methylat in Methanol (*Li.*).

Kristalle (aus Me.); F: 166°.

1-Chlor-7,8-dimethoxy-isochinolin-3-carbonsäure-äthylester $C_{14}H_{14}ClNO_4$, Formel IV (X = O-C_2H_5).

B. Beim Erwärmen von 1-Hydroxy-7,8-dimethoxy-isochinolin-3-carbonsäure-äthyl= ester mit $POCl_3$ (*Linewitsch*, Ž. obšč. Chim. **28** [1958] 2514, 2517; engl. Ausg. S. 2551, 2553). Aus 1-Chlor-7,8-dimethoxy-isochinolin-3-carbonylchlorid beim Behandeln mit Natriumäthylat in Äthanol (*Li.*).

Kristalle (aus A.); F: 106°.

1-Chlor-7,8-dimethoxy-isochinolin-3-carbonsäure-propylester $C_{15}H_{16}ClNO_4$, Formel IV (X = O-CH_2-CH_2-CH_3).

B. Analog der vorangehenden Verbindung (*Linewitsch*, Ž. obšč. Chim. **28** [1958] 2514, 2517; engl. Ausg. S. 2551, 2553).

Kristalle (aus Propan-1-ol); F: 102°.

1-Chlor-7,8-dimethoxy-isochinolin-3-carbonsäure-butylester $C_{16}H_{18}ClNO_4$, Formel IV (X = O-$[CH_2]_3$-CH_3).

B. Analog den vorangehenden Verbindungen (*Linewitsch*, Ž. obšč. Chim. **28** [1958]

2514, 2518; engl. Ausg. S. 2551, 2553).
Kristalle (aus Butan-1-ol); F: 77°.

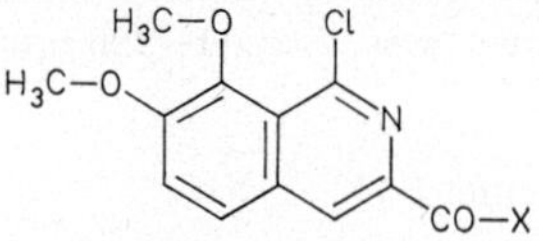

IV 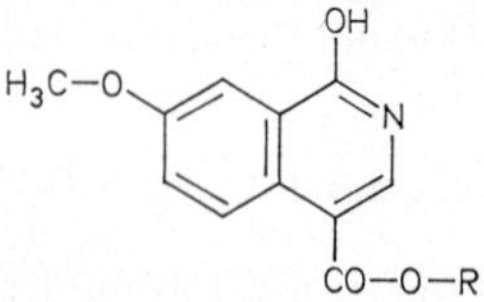 V 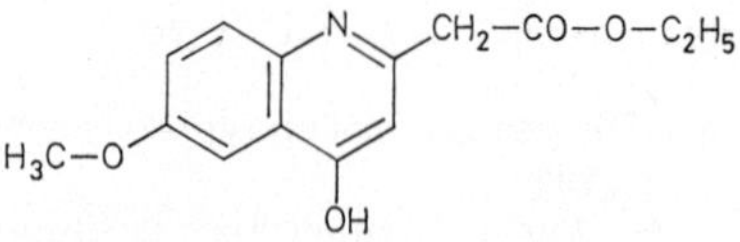 VI

1-Chlor-7,8-dimethoxy-isochinolin-3-carbonylchlorid $C_{12}H_9Cl_2NO_3$, Formel IV (X = Cl).
B. Beim Erwärmen von 1-Hydroxy-7,8-dimethoxy-isochinolin-3-carbonsäure mit $POCl_3$ oder mit $POCl_3$ und PCl_5 in 1,2-Dichlor-äthan (*Linewitsch*, Ž. obšč. Chim. **28** [1958] 2514, 2516; engl. Ausg. S. 2551, 2553).
Hellgelbe Kristalle (aus Toluol); F: 168°.

1-Hydroxy-7-methoxy-isochinolin-4-carbonsäure $C_{11}H_9NO_4$, Formel V (R = H), und Tautomeres (7-Methoxy-1-oxo-1,2-dihydro-isochinolin-4-carbonsäure).
B. Aus 1-Hydroxy-7-methoxy-isochinolin-4-carbonsäure-methylester beim Erwärmen mit Essigsäure und wss. HCl (*Ungnade et al.*, J. org. Chem. **10** [1945] 533, 535).
F: 345° [Zers.].

1-Hydroxy-7-methoxy-isochinolin-4-carbonsäure-methylester $C_{12}H_{11}NO_4$, Formel V (R = CH_3), und Tautomeres (7-Methoxy-1-oxo-1,2-dihydro-isochinolin-4-carbonsäure-methylester).
B. Beim Erwärmen von 7-Methoxy-1-oxo-1*H*-isochromen-4-carbonsäure-methylester mit konz. wss. NH_3 (*Ungnade et al.*, J. org. Chem. **10** [1945] 533, 535).
Kristalle (aus Me.); F: 223–223,5°.

Hydroxycarbonsäuren $C_{11}H_9NO_4$

[4-Hydroxy-6-methoxy-[2]chinolyl]-essigsäure-äthylester $C_{14}H_{15}NO_4$, Formel VI, und Tautomeres ([6-Methoxy-4-oxo-1,4-dihydro-[2]chinolyl]-essigsäure-äthylester).
B. Aus 3-[4-Methoxy-phenylimino]-glutarsäure-diäthylester beim sehr kurzen Erhitzen in einem Phthalsäure-dibutylester/Mineralöl-Gemisch auf 275° (*Kaslow, Nix*, J. org. Chem. **16** [1951] 895, 897).
Kristalle (aus A. + Bzl. + PAe.); F: 181–184°.
Beim Erwärmen mit wss. Alkalilauge ist 6-Methoxy-2-methyl-chinolin-4-ol erhalten worden.

[2,4-Dihydroxy-[3]chinolyl]-essigsäure $C_{11}H_9NO_4$, Formel VII (R = R′ = R″ = H), und Tautomere (z. B. [4-Hydroxy-2-oxo-1,2-dihydro-[3]chinolyl]-essigsäure).
B. Aus 2,5-Dioxo-2,3,4,5-tetrahydro-1*H*-benz[*b*]azepin-4-carbonsäure-methylester beim Erwärmen mit wss. KOH (*Geissman, Cho*, J. org. Chem. **24** [1959] 41) oder mit wss. H_2SO_4, in diesem Fall neben [2,4-Dihydroxy-[3]chinolyl]-essigsäure-methylester (*Ge., Cho*).
Kristalle (aus A.); F: 295–300° [Zers.] (*Ge., Cho*). λ_{max} (A.): 272 nm, 281 nm, 316 nm und 326 nm (*Ge., Cho*).
Diese Konstitution ist nach *Geissman, Cho* (l. c.) auch einer Verbindung (Kristalle [aus A.]; F: 322–323° [unkorr.; Zers.] zuzuschreiben, die von *MacPhillamy* (Am. Soc. **80** [1958] 2172) aus 2,5-Dioxo-2,3,4,5-tetrahydro-1*H*-benz[*b*]azepin-4-carbonsäure-äthylester beim Erwärmen mit wss.-äthanol. NaOH und anschliessend mit wss. H_2SO_4 erhalten und als 2,5-Dioxo-2,3,4,5-tetrahydro-1*H*-benz[*b*]azepin-4-carbonsäure angesehen worden ist.

[2,4-Dihydroxy-[3]chinolyl]-essigsäure-methylester $C_{12}H_{11}NO_4$, Formel VII (R = CH_3, R' = R'' = H), und Tautomere (z. B. [4-Hydroxy-2-oxo-1,2-dihydro-[3]chinolyl]-essigsäure-methylester).

B. Neben 2,5-Dioxo-2,3,4,5-tetrahydro-1*H*-benz[*b*]azepin-4-carbonsäure-methylester beim Erwärmen von *N*-[3-Methoxycarbonyl-propionyl]-anthranilsäure-methylester mit Natrium in Toluol (*Cooke, Haynes*, Austral. J. Chem. **11** [1958] 225, 226; s. a. *Geissman, Cho*, J. org. Chem. **24** [1959] 41). Bildung aus 2,5-Dioxo-2,3,4,5-tetrahydro-1*H*-benz[*b*]azepin-4-carbonsäure-methylester s. im vorangehenden Artikel.

Kristalle (aus Me.); unterhalb 320° nicht schmelzend (*Co., Ha.*); F: 185–190° und (nach Wiedererstarren) F: 305–307° [Zers.] bzw. F: 200–205° und (nach Wiedererstarren) F: 310–315° [zwei Präparate] (*Ge., Cho*). IR-Banden (1725–1605 cm^{-1}): *Ge., Cho*. λ_{max} (A.): 272 nm, 282 nm und 316 nm (*Ge., Cho*).

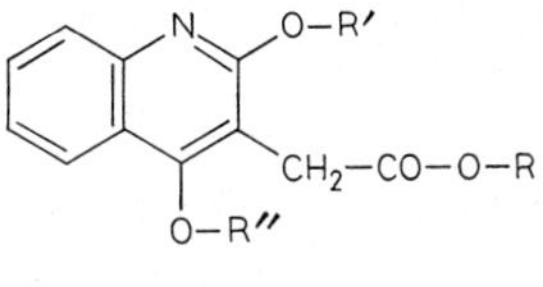

VII 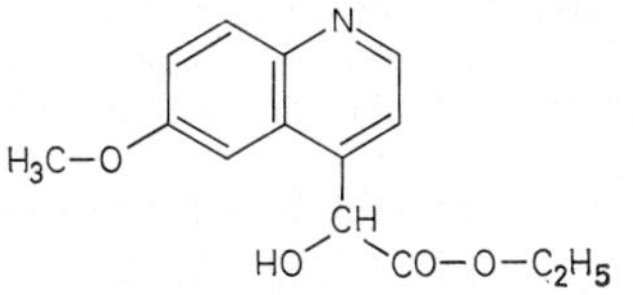 VIII 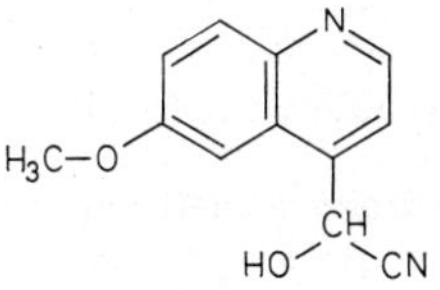 IX

[2-Hydroxy-4-methoxy-[3]chinolyl]-essigsäure-methylester $C_{13}H_{13}NO_4$, Formel VII (R = R'' = CH_3, R' = H), und Tautomeres ([4-Methoxy-2-oxo-1,2-dihydro-[3]chinolyl]-essigsäure-methylester).

B. Aus [2,4-Dihydroxy-[3]chinolyl]-essigsäure-methylester und Diazomethan in Äther (*Cooke, Haynes*, Austral. J. Chem. **11** [1958] 225, 227; *Geissman, Cho*, J. org. Chem. **24** [1959] 41).

Kristalle (aus Me. oder A.); F: 171–171,5° [korr.]. λ_{max} (A.): 269 nm, 278 nm und 324 nm (*Ge., Cho*).

[2,4-Dimethoxy-[3]chinolyl]-essigsäure-methylester $C_{14}H_{15}NO_4$, Formel VII (R = R' = R'' = CH_3).

B. Neben [2-Hydroxy-4-methoxy-[3]chinolyl]-essigsäure-methylester beim Behandeln von [2,4-Dihydroxy-[3]chinolyl]-essigsäure mit überschüssigem Diazomethan in Äther (*Geissman, Cho*, J. org. Chem. **24** [1959] 41).

Kristalle (aus PAe.); F: 69–70°.

[2,4-Dihydroxy-[3]chinolyl]-essigsäure-äthylester $C_{13}H_{13}NO_4$, Formel VII (R = C_2H_5, R' = R'' = H), und Tautomere (z. B. [4-Hydroxy-2-oxo-1,2-dihydro-[3]chinolyl]-essigsäure-äthylester).

B. Beim Erwärmen von Anthranilsäure-methylester mit Bernsteinsäure-diäthylester und Natrium (*Cooke, Haynes*, Austral. J. Chem. **11** [1958] 225, 227).

Kristalle (aus Me.); unterhalb 320° nicht schmelzend.

[2-Hydroxy-4-methoxy-[3]chinolyl]-essigsäure-äthylester $C_{14}H_{15}NO_4$, Formel VII (R = C_2H_5, R' = H, R'' = CH_3), und Tautomeres ([4-Methoxy-2-oxo-1,2-dihydro-[3]chinolyl]-essigsäure-äthylester).

B. Aus [2,4-Dihydroxy-[3]chinolyl]-essigsäure-äthylester und Diazomethan in Äther (*Cooke, Haynes*, Austral. J. Chem. **11** [1958] 225, 228).

Kristalle (aus wss. Me.); F: 154–154,5° [korr.].

(±)-Hydroxy-[6-methoxy-[4]chinolyl]-essigsäure-äthylester $C_{14}H_{15}NO_4$, Formel VIII.

B. Aus (±)-Hydroxy-[6-methoxy-[4]chinolyl]-acetonitril beim Behandeln mit äthanol. HCl (*Knoll A.G.*, D.B.P. 880444 [1950]).

Kristalle (aus A.); F: 134°.

(±)-Hydroxy-[6-methoxy-[4]chinolyl]-acetonitril $C_{12}H_{10}N_2O_2$, Formel IX.

B. Aus 6-Methoxy-chinolin-4-carbaldehyd und HCN in Pyridin (*Knoll A.G.*, D.B.P. 880444 [1950]).

Kristalle; F: 180° [Zers.].

4-Hydroxy-6-methoxy-3-methyl-chinolin-2-carbonsäure $C_{12}H_{11}NO_4$, Formel X (R = H, R′ = CH_3), und Tautomeres (6-Methoxy-3-methyl-4-oxo-1,4-dihydro-chinolin-2-carbonsäure).

B. Aus 4-Hydroxy-6-methoxy-3-methyl-chinolin-2-carbonsäure-äthylester beim Erwärmen mit wss. NaOH (*Steck et al.*, Am. Soc. **68** [1946] 129, 130).

Blassgelbe Kristalle (aus Propan-1,2-diol); F: 263° [korr.; Zers.].

6-Äthoxy-4-hydroxy-3-methyl-chinolin-2-carbonsäure $C_{13}H_{13}NO_4$, Formel X (R = H, R′ = C_2H_5), und Tautomeres (6-Äthoxy-3-methyl-4-oxo-1,4-dihydro-chinolin-2-carbonsäure).

B. Aus 6-Äthoxy-4-hydroxy-3-methyl-chinolin-2-carbonsäure-äthylester beim Erwärmen mit wss. NaOH (*Steck et al.*, Am. Soc. **68** [1946] 129, 130).

Kristalle (aus Propan-1,2-diol); F: 249° [korr.; Zers.].

4-Hydroxy-6-methoxy-3-methyl-chinolin-2-carbonsäure-äthylester $C_{14}H_{15}NO_4$, Formel X (R = C_2H_5, R′ = CH_3), und Tautomeres (6-Methoxy-3-methyl-4-oxo-1,4-dihydro-chinolin-2-carbonsäure-äthylester).

B. Neben 3-*p*-Anisidino-1-[4-methoxy-phenyl]-4-methyl-pyrrol-2,5-dion (E III/IV **21** 5714) beim Behandeln von Methyloxalessigsäure-diäthylester mit *p*-Anisidin in Äthanol und Erhitzen des Reaktionsprodukts in Paraffin (*Landquist*, Soc. **1951** 1038, 1045; s. a. *Steck et al.*, Am. Soc. **68** [1946] 129, 131).

Kristalle (aus A.); F: 186° [korr.] (*St. et al.*). Kristalle (aus A.) mit 1 Mol H_2O; F: 185–186° (*La.*).

6-Äthoxy-4-hydroxy-3-methyl-chinolin-2-carbonsäure-äthylester $C_{15}H_{17}NO_4$, Formel X (R = R′ = C_2H_5), und Tautomeres (6-Äthoxy-3-methyl-4-oxo-1,4-dihydro-chinolin-2-carbonsäure-äthylester).

B. Beim Erwärmen von *p*-Phenetidin mit Methyloxalessigsäure-diäthylester und Erhitzen des Reaktionsprodukts in Mineralöl (*Steck et al.*, Am. Soc. **68** [1946] 129, 130).

Kristalle (aus A.); F: 194° [korr.].

4-Hydroxy-7-methoxy-3-methyl-chinolin-2-carbonsäure $C_{12}H_{11}NO_4$, Formel XI (R = H, R′ = CH_3), und Tautomeres (7-Methoxy-3-methyl-4-oxo-1,4-dihydro-chinolin-2-carbonsäure).

B. Aus 4-Hydroxy-7-methoxy-3-methyl-chinolin-2-carbonsäure-äthylester beim Erwärmen mit wss. NaOH (*Breslow et al.*, Am. Soc. **68** [1946] 1232, 1233, 1235).

Kristalle (aus wss. Eg.); F: 250–251°.

7-Äthoxy-4-hydroxy-3-methyl-chinolin-2-carbonsäure $C_{13}H_{13}NO_4$, Formel XI (R = H, R′ = C_2H_5), und Tautomeres (7-Äthoxy-3-methyl-4-oxo-1,4-dihydro-chinolin-2-carbonsäure).

B. Aus 7-Äthoxy-4-hydroxy-3-methyl-chinolin-2-carbonsäure-äthylester (*Steck, Hallock*, Am. Soc. **71** [1949] 890).

Gelbliche Kristalle (aus Propan-1,2-diol); F: 245–245,5° [unkorr.; Zers.].

4-Hydroxy-7-methoxy-3-methyl-chinolin-2-carbonsäure-äthylester $C_{14}H_{15}NO_4$, Formel XI (R = C_2H_5, R′ = CH_3), und Tautomeres (7-Methoxy-3-methyl-4-oxo-1,4-dihydro-chinolin-2-carbonsäure-äthylester).

B. Beim Behandeln von *m*-Anisidin mit Methyloxalessigsäure-diäthylester und konz.

wss. HCl und Erhitzen des Reaktionsprodukts in Mineralöl (*Breslow et al.*, Am. Soc. **68** [1946] 1232, 1233, 1235). Aus 2-Jod-5-methoxy-anilin (aus 4-Jod-3-nitro-anisol in Äthanol mittels Eisen-Pulver und wss. HCl hergestellt) und Methyloxalessigsäure-diäthylester in gleicher Weise (*Steck, Hallock*, Am. Soc. **71** [1949] 890).

Kristalle (aus Acn.); F: 192—192,5° [unkorr.] (*St., Ha.*), 189—191° (*Br. et al.*).

7-Äthoxy-4-hydroxy-3-methyl-chinolin-2-carbonsäure-äthylester $C_{15}H_{17}NO_4$, Formel XI (R = R' = C_2H_5), und Tautomeres (7-Äthoxy-3-methyl-4-oxo-1,4-dihydro-chinolin-2-carbonsäure-äthylester).

B. Beim Behandeln von *m*-Phenetidin mit Methyloxalessigsäure-diäthylester und Erhitzen des Reaktionsprodukts in Mineralöl (*Steck, Hallock*, Am. Soc. **71** [1949] 890).

Kristalle (aus A.); F: 182,5—183° [unkorr.].

4-Hydroxy-8-methoxy-3-methyl-chinolin-2-carbonsäure $C_{12}H_{11}NO_4$, Formel XII (R = H, R' = CH_3), und Tautomeres (8-Methoxy-3-methyl-4-oxo-1,4-dihydro-chinolin-2-carbonsäure).

B. Aus 4-Hydroxy-8-methoxy-3-methyl-chinolin-2-carbonsäure-äthylester beim Erhitzen mit wss. NaOH (*Steck et al.*, Am. Soc. **68** [1946] 132).

Gelbliche Kristalle (aus Propan-1,2-diol); F: 254° [korr.; Zers.].

8-Äthoxy-4-hydroxy-3-methyl-chinolin-2-carbonsäure $C_{13}H_{13}NO_4$, Formel XII (R = H, R' = C_2H_5), und Tautomeres (8-Äthoxy-3-methyl-4-oxo-1,4-dihydro-chinolin-2-carbonsäure).

B. Aus 8-Äthoxy-4-hydroxy-3-methyl-chinolin-2-carbonsäure-äthylester beim Erwärmen mit wss. NaOH (*Steck et al.*, Am. Soc. **68** [1946] 132).

Gelbliche Kristalle (aus Propan-1,2-diol); F: 228° [korr.; Zers.].

4-Hydroxy-8-methoxy-3-methyl-chinolin-2-carbonsäure-äthylester $C_{14}H_{15}NO_4$, Formel XII (R = C_2H_5, R' = CH_3), und Tautomeres (8-Methoxy-3-methyl-4-oxo-1,4-dihydro-chinolin-2-carbonsäure-äthylester).

B. Beim Erwärmen von *o*-Anisidin mit Methyloxalessigsäure-diäthylester und Erhitzen des Reaktionsprodukts in Mineralöl (*Steck et al.*, Am. Soc. **68** [1946] 132).

Gelbliche Kristalle (aus wss. A.); F: 128° [korr.].

8-Äthoxy-4-hydroxy-3-methyl-chinolin-2-carbonsäure-äthylester $C_{15}H_{17}NO_4$, Formel XII (R = R' = C_2H_5), und Tautomeres (8-Äthoxy-3-methyl-4-oxo-1,4-dihydro-chinolin-2-carbonsäure-äthylester).

B. Analog der vorangehenden Verbindung unter Verwendung von *o*-Phenetidin (*Steck et al.*, Am. Soc. **68** [1946] 132).

Kristalle (aus wss. Acn.); F: 150° [korr.].

5,6-Dimethoxy-2-methyl-chinolin-3-carbonsäure $C_{13}H_{13}NO_4$, Formel XIII (R = H).

B. Aus 5,6-Dimethoxy-2-methyl-chinolin-3-carbonsäure-äthylester beim Erwärmen mit wss.-äthanol. KOH (*Ried, Schiller*, B. **85** [1952] 216, 224).

Hellgelb; Zers. bei 200°.

5,6-Dimethoxy-2-methyl-chinolin-3-carbonsäure-äthylester $C_{15}H_{17}NO_4$, Formel XIII (R = C_2H_5).

B. Beim Erwärmen von 6-Amino-2,3-dimethoxy-benzaldehyd mit Acetessigsäure-äthylester und Piperidin in Äthylacetat (*Ried, Schiller*, B. **85** [1952] 216, 223).

Kristalle (aus A.); F: 127°.

Picrat $C_{15}H_{17}NO_4 \cdot C_6H_3N_3O_7$. Gelbe Kristalle (aus Me.); F: 191°.

6,7-Dimethoxy-2-methyl-chinolin-3-carbonsäure $C_{13}H_{13}NO_4$, Formel XIV (R = H).

B. Beim Erwärmen von 2-Amino-4,5-dimethoxy-benzaldehyd-*p*-tolylimin mit Acetessigsäure-äthylester und wss.-äthanol. NaOH (*Borsche, Barthenheier*, A. **548** [1941] 50, 58). Aus 6,7-Dimethoxy-2-methyl-chinolin-3-carbonsäure-äthylester beim Erwärmen mit wss.-methanol. KOH (*Bo., Ba.*).

Kristalle (aus wss. Me.); F: 238–240° [Zers.].

6,7-Dimethoxy-2-methyl-chinolin-3-carbonsäure-äthylester $C_{15}H_{17}NO_4$, Formel XIV ($R = C_2H_5$).

B. Beim Erwärmen von 2-Amino-4,5-dimethoxy-benzaldehyd-*p*-tolylimin mit Acetessigsäure-äthylester und Piperidin (*Borsche, Barthenheier*, A. **548** [1941] 50, 57).

Kristalle (aus Me.); F: 116–117°.

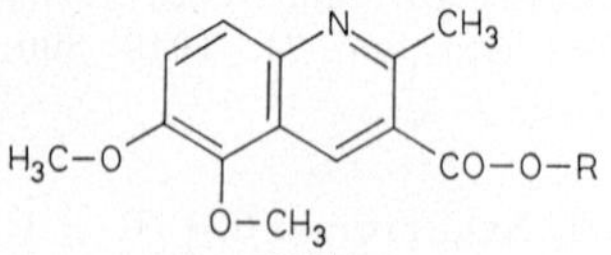

XIII 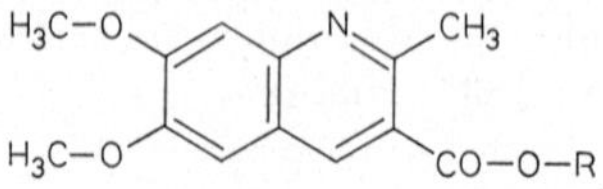 XIV 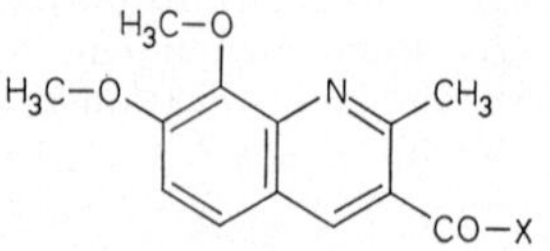 XV

7,8-Dimethoxy-2-methyl-chinolin-3-carbonsäure $C_{13}H_{13}NO_4$, Formel XV (X = OH).

B. Beim Erwärmen von 7,8-Dimethoxy-2-methyl-chinolin-3-carbonsäure-äthylester mit wss.-äthanol. NaOH (*Borsche, Ried*, B. **76** [1943] 1011, 1015).

Kristalle (aus H_2O); F: 191–193°.

7,8-Dimethoxy-2-methyl-chinolin-3-carbonsäure-äthylester $C_{15}H_{17}NO_4$, Formel XV ($X = O\text{-}C_2H_5$).

B. Beim Erwärmen von 2-Amino-3,4-dimethoxy-benzaldehyd mit Acetessigsäure-äthylester und Piperidin ohne Lösungsmittel (*Borsche, Ried*, B. **76** [1943] 1011, 1014) oder in Äthylacetat (*Ried et al.*, B. **85** [1952] 204, 214).

Kristalle (aus A.); F: 112° (*Bo., Ried*).

Picrat $C_{15}H_{17}NO_4 \cdot C_6H_3N_3O_7$. Gelbe Kristalle (aus A.); F: 196–197° (*Bo., Ried*).

7,8-Dimethoxy-2-methyl-chinolin-3-carbonsäure-hydrazid $C_{13}H_{15}N_3O_3$, Formel XV ($X = NH\text{-}NH_2$).

B. Aus 7,8-Dimethoxy-2-methyl-chinolin-3-carbonsäure-äthylester beim Erwärmen mit $N_2H_4 \cdot H_2O$ (*Ried et al.*, B. **85** [1952] 204, 215).

Kristalle (aus H_2O); F: 200°.

***N*-Benzolsulfonyl-*N'*-[7,8-dimethoxy-2-methyl-chinolin-3-carbonyl]-hydrazin, 7,8-Dimethoxy-2-methyl-chinolin-3-carbonsäure-[*N'*-benzolsulfonyl-hydrazid]** $C_{19}H_{19}N_3O_5S$, Formel XV ($X = NH\text{-}NH\text{-}SO_2\text{-}C_6H_5$).

B. Aus 7,8-Dimethoxy-2-methyl-chinolin-3-carbonsäure-hydrazid und Benzolsulfonylchlorid in Pyridin (*Ried et al.*, B. **85** [1952] 204, 215).

Hydrochlorid $C_{19}H_{19}N_3O_5S \cdot HCl$. Gelbe Kristalle; F: 174°.

2-Hydroxy-4-hydroxymethyl-chinolin-6-carbonsäure $C_{11}H_9NO_4$, Formel I (R = H), und Tautomeres (4-Hydroxymethyl-2-oxo-1,2-dihydro-chinolin-6-carbonsäure).

B. Beim Erwärmen einer aus L-Ascorbinsäure in H_2O und [1,4]Benzochinon in Äther bereiteten Lösung von Dehydro-L-ascorbinsäure (E III/IV **18** 3062) mit 4-Amino-benzoesäure und wss. HCl (*Hasselquist*, Ark. Kemi **7** [1954/55] 121, 125).

F: 270°.

Beim Erwärmen mit CrO_3 in Essigsäure ist eine Verbindung $C_9H_9NO_6$ (F: 226° [Zers.]) erhalten worden.

2-Hydroxy-4-methoxymethyl-chinolin-6-carbonsäure-methylester $C_{13}H_{13}NO_4$, Formel I ($R = CH_3$), und Tautomeres (4-Methoxymethyl-2-oxo-1,2-dihydro-chinolin-6-carbonsäure-methylester).

B. Aus 2-Hydroxy-4-hydroxymethyl-chinolin-6-carbonsäure und Diazomethan in Äther (*Hasselquist*, Ark. Kemi **7** [1954/55] 121, 125).

Kristalle (aus Me.); F: 156,5–157°.

6,7-Dimethoxy-3-methyl-isochinolin-1-carbonsäure $C_{13}H_{13}NO_4$, Formel II (R = H).

B. Aus [(1*RS*,2*SR*)-2-(3,4-Dimethoxy-phenyl)-2-hydroxy-1-methyl-äthyl]-oxalamidsäure-äthylester (E III **13** 2408) beim Erhitzen mit $POCl_3$ in Toluol, Behandeln des Reaktionsgemisches mit H_2O und Erwärmen des Reaktionsprodukts mit wss.-methanol. NaOH (*Fodor et al.*, Am. Soc. **71** [1949] 3694, 3696).

Gelbliche Kristalle (aus Me.); F: 203–204° [Zers.]; beim Umkristallisieren aus H_2O ist das Monohydrat erhalten worden (*Fo. et al.*).

Beim Erwärmen mit Picrinsäure in Methanol ist 6,7-Dimethoxy-3-methyl-isochinolin-picrat erhalten worden (*Fo. et al.*).

Die Identität einer von *Pfeiffer et al.* (J. pr. [2] **154** [1940] 157, 164, 192) ebenfalls unter dieser Konstitution beschriebenen Verbindung (Picrat $C_{13}H_{13}NO_4 \cdot C_6H_3N_3O_7$; gelbe Kristalle [aus Me.] mit 1 Mol Methanol, Zers. bei 240° [nach Sintern >230°]; aus vermeintlichem 6-[6,7-Dimethoxy-3-methyl-[1]isochinolyl]-2,3-dimethoxy-phenol [s. E III/IV **21** 2845] und wss. HNO_3 erhalten) sowie die eines daraus hergestellten Methylesters (Picrat $C_{14}H_{15}NO_4 \cdot C_6H_3N_3O_7$; gelbe Kristalle [aus Me.], F: 212°) ist ungewiss (*Fo. et al.*, l. c. S. 3695).

6,7-Dimethoxy-3-methyl-isochinolin-1-carbonsäure-methylester $C_{14}H_{15}NO_4$, Formel II (R = CH_3).

B. Aus 6,7-Dimethoxy-3-methyl-isochinolin-1-carbonsäure und Diazomethan in Äther (*Fodor et al.*, Am. Soc. **71** [1949] 3694, 3697).

Kristalle (aus Bzl. + PAe.); F: 151–153°.

Picrat $C_{14}H_{15}NO_4 \cdot C_6H_3N_3O_7$. Gelbe Kristalle (aus Me.); F: 168–170°.

6,7-Dimethoxy-3-methyl-isochinolin-1-carbonsäure-äthylester $C_{15}H_{17}NO_4$, Formel II (R = C_2H_5).

B. Aus [(1*RS*,2*SR*)-2-(3,4-Dimethoxy-phenyl)-2-hydroxy-1-methyl-äthyl]-oxalamidsäure-äthylester (E III **13** 2408) beim Erhitzen mit $POCl_3$ in Toluol und Behandeln des Reaktionsgemisches mit Äthanol (*Fodor et al.*, Am. Soc. **71** [1949] 3694, 3697).

Gelbliche Kristalle; F: 86–87°.

Picrat $C_{15}H_{17}NO_4 \cdot C_6H_3N_3O_7$. Gelbe Kristalle (aus A.); F: 176–177°.

R—O—CO, N, OH, CH_2—O—R — I

CO—O—R, H_3C—O, N, H_3C—O, CH_3 — II

O—R′, H_3C, N, R′—O, CO—O—R, Cl — III

5-Chlor-6,8-dihydroxy-7-methyl-isochinolin-3-carbonsäure, Aposclerotaminsäure, Sclerazinsäure $C_{11}H_8ClNO_4$, Formel III (R = R′ = H).

Synthese: *Bell et al.*, Soc. **1964** 4307.

B. Aus Sclerotaminsäure ((*R*)-7-Acetoxy-5-chlor-7-methyl-6,8-dioxo-2,6,7,8-tetrahydro-isochinolin-3-carbonsäure) bei der Hydrierung an Palladium in Essigsäure oder an Platin in Äthanol sowie beim Behandeln mit Zink-Pulver und wss. NaOH (*Fielding et al.*, Soc. **1958** 1814, 1821, 1822). Aus Di-*O*-acetyl-aposclerotaminsäure (S. 2534) beim Erwärmen mit wss. NaOH (*Fielding et al.*, Soc. **1957** 4931, 4941) oder mit wss. HCl (*Birkinshaw, Chaplen*, Biochem. J. **69** [1958] 505, 508).

Gelbe Kristalle (aus Me. oder Dioxan) mit 1 Mol H_2O; F: >320° (*Fi. et al.*, Soc. **1958** 1822). λ_{max} (A.): 267 und 354 nm (*Bi.*, *Ch.*).

Hydrochlorid $C_{11}H_8ClNO_4 \cdot HCl$. Kristalle mit 1 Mol H_2O; unterhalb 360° nicht schmelzend (*Bi.*, *Ch.*).

5-Chlor-6,8-dimethoxy-7-methyl-isochinolin-3-carbonsäure, Di-*O*-methyl-aposclerotaminsäure $C_{13}H_{12}ClNO_4$, Formel III (R = H, R′ = CH_3).

B. Beim Erwärmen von Di-*O*-methyl-aposclerotaminsäure-methylester (S. 2534) mit wss. NaOH oder mit konz. wss. HCl (*Fielding et al.*, Soc. **1958** 1814, 1822).

Kristalle (aus Me.); F: 227°.

6,8-Diacetoxy-5-chlor-7-methyl-isochinolin-3-carbonsäure, Di-*O*-acetyl-aposclerotaminsäure $C_{15}H_{12}ClNO_6$, Formel III (R = H, R' = CO-CH_3).

B. Aus Di-*O*-acetyl-aposclerotioramin (E III/IV **21** 2376) bei der Ozonolyse in Äthylacetat (*Fielding et al.*, Soc. **1957** 4931, 4940) oder in $CHCl_3$ (*Birkinshaw, Chaplen*, Biochem. J. **69** [1958] 505, 508; *Yamamoto, Nishikawa*, J. pharm. Soc. Japan **79** [1959] 297, 301; C. A. **1959** 15070).

Kristalle; F: 243–245° [Zers.; aus A. + Dioxan] (*Fi. et al.*), 235–236° [unkorr.; Zers.; aus Malonsäure-diäthylester] (*Bi., Ch.*), 231° [unkorr.; Zers.; aus THF] (*Ya., Ni.*). UV-Spektrum (220–340 nm): *Ya., Ni.*, l. c. S. 299.

Beim Behandeln mit wss.-äthanol. NH_3 ist eine Mono-*O*-acetyl-aposclerotaminsäure (6(oder 8)-Acetoxy-5-chlor-8(oder 6)-hydroxy-7-methyl-isochinolin-3-carbonsäure $C_{13}H_{10}ClNO_5$; hellbraune Kristalle [aus Eg.]; F: 280° [Zers.; nach Verfärbung ab 230°]) erhalten worden (*Fi. et al.*, l. c. S. 4941).

6,8-Bis-benzoyloxy-5-chlor-7-methyl-isochinolin-3-carbonsäure, Di-*O*-benzoyl-aposclerotaminsäure $C_{25}H_{16}ClNO_6$, Formel III (R = H, R' = CO-C_6H_5).

B. Aus Di-*O*-benzoyl-aposclerotioramin (E III/IV **21** 2376) bei der Ozonolyse in Äthylacetat (*Fielding et al.*, Soc. **1957** 4931, 4942).

Kristalle (aus A.); F: 212–214° [Zers.].

5-Chlor-7-methyl-6,8-bis-[toluol-4-sulfonyloxy]-isochinolin-3-carbonsäure, Bis-*O*-[toluol-sulfonyl]-aposclerotaminsäure $C_{25}H_{20}ClNO_8S_2$, Formel III (R = H, R' = SO_2-C_6H_4-CH_3(*p*)).

B. Aus Bis-*O*-[toluol-4-sulfonyl]-aposclerotioramin (E III/IV **21** 2376) bei der Ozonolyse in Äthylacetat (*Fielding et al.*, Soc. **1957** 4931, 4942).

Kristalle (aus A.); F: 217° [Zers.].

Beim Erwärmen mit Raney-Nickel in Methanol ist ein Nickel-Salz $Ni(C_{25}H_{19}ClNO_8S_2)_2$ (hellgrüne Kristalle [aus Bzl.], F: >300°) erhalten worden.

5-Chlor-6,8-dihydroxy-7-methyl-isochinolin-3-carbonsäure-methylester, Aposclerotaminsäure-methylester $C_{12}H_{10}ClNO_4$, Formel III (R = CH_3, R' = H).

B. Aus Aposclerotaminsäure (S. 2533) beim Behandeln mit Methanol und HCl (*Fielding et al.*, Soc. **1957** 4931, 4941). Beim Erwärmen von Di-*O*-acetyl-aposclerotaminsäure (s. o.) mit Methanol und konz. wss. HCl (*Fi. et al.*, Soc. **1957** 4941).

Gelbe Kristalle (aus Me.); F: 245° [Zers.] (*Fi. et al.*, Soc. **1957** 4941).

Beim Erhitzen mit $POCl_3$ ist 5,6(oder 5,8)-Dichlor-8(oder 6)-hydroxy-7-methyl-isochinolin-3-carbonsäure-methylester $C_{12}H_9Cl_2NO_3$ (Kristalle [aus Dioxan]; F: 175°) erhalten worden (*Fielding et al.*, Soc. **1958** 1814, 1822).

5-Chlor-6,8-dimethoxy-7-methyl-isochinolin-3-carbonsäure-methylester, Di-*O*-methyl-aposclerotaminsäure-methylester $C_{14}H_{14}ClNO_4$, Formel III (R = R' = CH_3).

B. Neben *N,O*-Dimethyl-aposclerotaminsäure-methylester (S. 2535) beim Behandeln von Aposclerotaminsäure (S. 2533) oder von Aposclerotaminsäure-methylester (s. o.) mit CH_3I und K_2CO_3 in Aceton (*Fielding et al.*, Soc. **1957** 4931, 4941, **1958** 1814, 1822).

Kristalle (aus Me. bzw. aus wss. Acn.); F: 168° (*Fi. et al.*, Soc. **1957** 4941, **1958** 1822).

6,8-Diacetoxy-5-chlor-7-methyl-isochinolin-3-carbonsäure-methylester, Di-*O*-acetyl-aposclerotaminsäure-methylester $C_{16}H_{14}ClNO_6$, Formel III (R = CH_3, R' = CO-CH_3).

B. Aus Aposclerotaminsäure-methylester (s. o.) beim Behandeln mit Acetanhydrid und Pyridin (*Fielding et al.*, Soc. **1957** 4931, 4941). Beim Behandeln von Di-*O*-acetyl-aposclerotaminsäure (s. o.) mit Diazomethan in Methanol (*Fi. et al.*, Soc. **1957** 4941; s. a. *Fielding et al.*, Soc. **1958** 1814, 1821).

Kristalle (aus Me.); F: 185° (*Fi. et al.*, Soc. **1957** 4941).

Beim Behandeln mit Al_2O_3 in Methanol sowie beim längeren Aufbewahren in wss. Methanol ist ein Mono-*O*-acetyl-aposclerotaminsäure-methylester (6(oder 8)-Acetoxy-5-chlor-8(oder 6)-hydroxy-7-methyl-isochinolin-3-carbonsäure-methylester $C_{14}H_{12}ClNO_5$; Kristalle [aus Me.], F: 213–216° [Zers.]) erhalten worden (*Fi. et al.*, Soc. **1957** 4941).

5-Chlor-7-methyl-6,8-bis-[toluol-4-sulfonyloxy]-isochinolin-3-carbonsäure-methylester, Bis-*O*-[toluol-4-sulfonyl]-aposclerotaminsäure-methylester $C_{26}H_{22}ClNO_8S_2$, Formel III (R = CH_3, R' = SO_2-C_6H_4-CH_3(*p*)) auf S. 2533.

B. Aus Bis-*O*-[toluol-4-sulfonyl]-aposclerotaminsäure (S. 2534) und Diazomethan in Methanol (*Fielding et al.*, Soc. **1957** 4931, 4942).

Kristalle (aus Me.); F: 158°.

5-Chlor-6(oder 8)-hydroxy-8(oder 6)-methoxy-3-methoxycarbonyl-2,7-dimethyl-isochinolinium $[C_{14}H_{15}ClNO_4]^+$, Formel IV (R = H, R' = CH_3 oder R = CH_3, R' = H).

Betain $C_{14}H_{14}ClNO_4$. Der nachstehend beschriebene *N*,*O*-Dimethyl-aposclerotaminsäure-methylester wird von *Fielding et al.* (Soc. **1958** 1814, 1816) als 5-Chlor-6(oder 8)-methoxy-2,7-dimethyl-8(oder 6)-oxo-2,8(oder 2,6)-dihydro-isochinolin-3-carbonsäure-methylester (z. B. Formel V) formuliert. — *B.* s. S. 2534 im Artikel Di-*O*-methyl-aposclerotaminsäure-methylester. — Gelbe Kristalle (aus Me.); F: 224° (*Fielding et al.*, Soc. **1957** 4931, 4941, **1958** 1816).

Ein ebenfalls als *N*,*O*-Dimethyl-aposclerotaminsäure-methylester bezeichnetes Präparat vom F: 130° (Kristalle [aus Dioxan]) ist beim Behandeln von Aposclerotaminsäure mit Diazomethan in Äther erhalten worden (*Fi. et al.*, Soc. **1958** 1822).

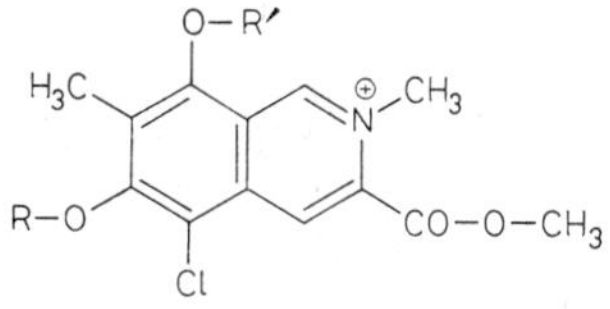

IV 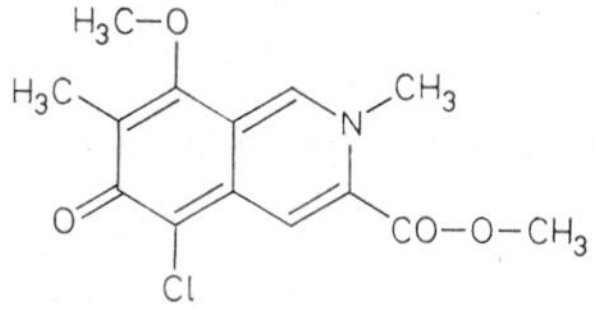 V 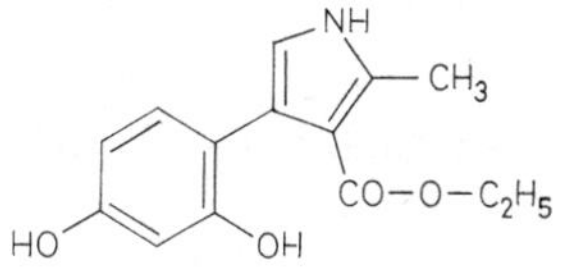 VI

Hydroxycarbonsäuren $C_{12}H_{11}NO_4$

4-[2,4-Dihydroxy-phenyl]-2-methyl-pyrrol-3-carbonsäure-äthylester $C_{14}H_{15}NO_4$, Formel VI.

B. Aus 2-Amino-1-[2,4-dihydroxy-phenyl]-äthanon und Acetessigsäure-äthylester in wss. Aceton (*Yamamoto, Tsujii*, J. pharm. Soc. Japan **75** [1955] 1226; C. A. **1956** 8598).

Kristalle (aus A.) mit 1 Mol H_2O; F: 179° [Zers.].

3-[2,4-Dihydroxy-[3]chinolyl]-propionsäure $C_{12}H_{11}NO_4$, Formel VII, und Tautomere (z. B. 3-[4-Hydroxy-2-oxo-1,2-dihydro-[3]chinolyl]-propionsäure).

B. Aus der Natrium-Verbindung des Propan-1,1,3-tricarbonsäure-triäthylesters beim Behandeln mit 2-Nitro-benzoylchlorid in Benzol und Erwärmen des Reaktionsprodukts mit wss. HI und rotem Phosphor (*Brown et al.*, Austral. J. Chem. **7** [1954] 348, 376).

Kristalle (aus Me.); F: 314° [unkorr.].

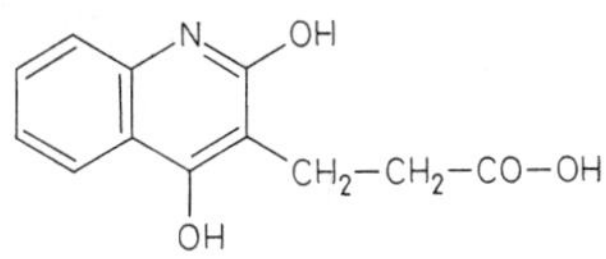

VII 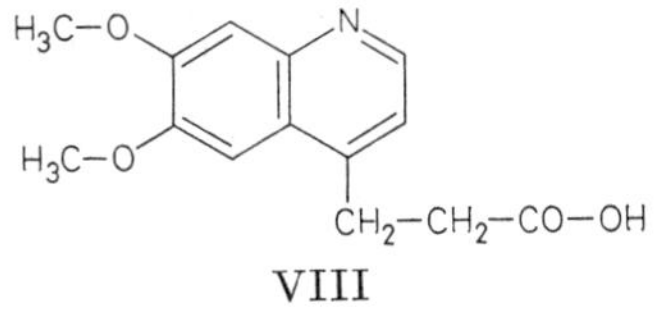 VIII 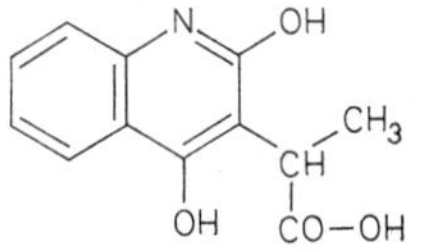 IX

3-[6,7-Dimethoxy-[4]chinolyl]-propionsäure $C_{14}H_{15}NO_4$, Formel VIII.

B. Aus 4-[2-Amino-4,5-dimethoxy-phenyl]-4-oxo-buttersäure und Acetaldehyd (*Haq et al.*, Soc. **1934** 1326; s. a. *Haq et al.*, Soc. **1933** 1087; *Miki, Robinson*, Soc. **1933** 1467).

F: 241° [nach Sintern] (*Haq et al.*, Soc. **1934** 1327).

(±)-2-[2,4-Dihydroxy-[3]chinolyl]-propionsäure $C_{12}H_{11}NO_4$, Formel IX, und Tautomere (z. B. 2-[4-Hydroxy-2-oxo-1,2-dihydro-[3]chinolyl]-propionsäure.)

B. Aus (±)-Propan-1,1,2-tricarbonsäure-triäthylester analog 3-[2,4-Dihydroxy-[3]chin=

olyl]-propionsäure [S. 2535] (*Brown et al.*, Austral. J. Chem. **7** [1954] 348, 376).
Kristalle (aus Me.); F: 304° [unkorr.]. UV-Spektrum (A.; 230—340 nm): *Br. et al.*, l. c. S. 352.

2-[6,7-Dimethoxy-3,4-dihydro-[1]isochinolyl]-acrylsäure-äthylester $C_{16}H_{19}NO_4$, Formel X.

B. Beim Behandeln von [6,7-Dimethoxy-3,4-dihydro-[1]isochinolyl]-essigsäure-äthyl= ester mit wss. Formaldehyd und Essigsäure (*Osbond*, Soc. **1951** 3464, 3473).

Gelbe Kristalle (aus Bzl.); F: 179—181°.

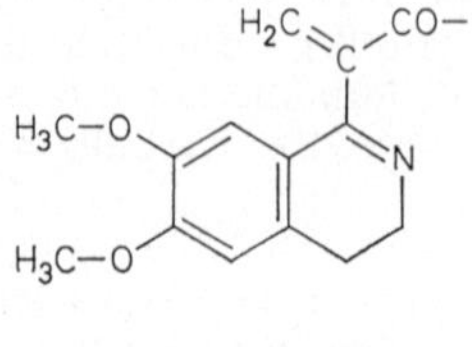

$H_2C{=}C(CO{-}O{-}C_2H_5)$; $H_3C{-}O$; $H_3C{-}O$; N

X

$H_3C{-}O$; $H_3C{-}O$; N; CH_3; $CH_2{-}CH_2{-}CO{-}X$

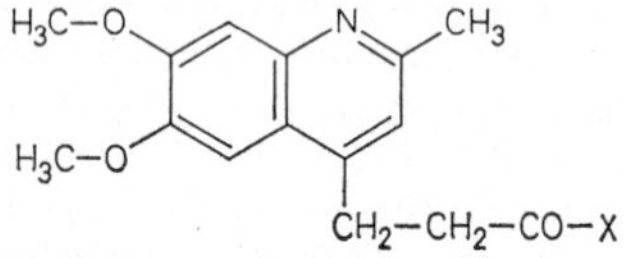

XI

Hydroxycarbonsäuren $C_{13}H_{13}NO_4$

3-[6,7-Dimethoxy-2-methyl-[4]chinolyl]-propionsäure $C_{15}H_{17}NO_4$, Formel XI (X = OH).

B. Beim Erwärmen von 4-[2-Amino-4,5-dimethoxy-phenyl]-4-oxo-buttersäure mit Aceton und äthanol. NaOH (*Miki, Robinson*, Soc. **1933** 1467).

Kristalle (aus wss. A.); F: 249°.

Hydrochlorid $C_{15}H_{17}NO_4 \cdot HCl$. Kristalle (aus A.); F: 216° [Zers.].

3-[6,7-Dimethoxy-2-methyl-[4]chinolyl]-propionsäure-methylester $C_{16}H_{19}NO_4$, Formel XI (X = O-CH_3).

B. Aus der vorangehenden Verbindung beim Erwärmen mit Methanol und HCl (*Miki, Robinson*, Soc. **1933** 1467).

Kristalle (aus $CHCl_3$ + PAe.); F: 101,5—102°.

3-[6,7-Dimethoxy-2-methyl-[4]chinolyl]-propionsäure-[2-diäthylamino-äthylester] $C_{21}H_{30}N_2O_4$, Formel XI (X = O-CH_2-CH_2-N(C_2H_5)$_2$).

B. Beim Erhitzen von 3-[6,7-Dimethoxy-2-methyl-[4]chinolyl]-propionsäure-methyl= ester mit 2-Diäthylamino-äthanol (*Robinson, Tomlinson*, Soc. **1934** 1524, 1528).

Picrat $C_{21}H_{30}N_2O_4 \cdot 2\,C_6H_3N_3O_7$. Gelbe Kristalle (aus Acn.); F: 186° [nach Sintern bei 175°].

3-[6,7-Dimethoxy-2-methyl-[4]chinolyl]-propionsäure-hydrazid $C_{15}H_{19}N_3O_3$, Formel XI (X = NH-NH_2).

B. Aus 3-[6,7-Dimethoxy-2-methyl-[4]chinolyl]-propionsäure-methylester beim Erwärmen mit $N_2H_4 \cdot H_2O$ in Äthanol (*Miki, Robinson*, Soc. **1933** 1467).

Kristalle (aus A. + Ae.) mit 1 Mol H_2O; F: 188,5°.

Überführung in 3-[6,7-Dimethoxy-2-methyl-[4]chinolyl]-propionylazid ($C_{15}H_{16}N_4O_3$; Zers. bei 94—95°): *Miki, Ro.*

Hydroxycarbonsäuren $C_{14}H_{15}NO_4$

4-[4-Hydroxy-7-methoxy-2-methyl-[3]chinolyl]-buttersäure-äthylester $C_{17}H_{21}NO_4$, Formel XII, und Tautomeres (4-[7-Methoxy-2-methyl-4-oxo-1,4-dihydro-[3]chinolyl]-buttersäure-äthylester).

B. Beim Erwärmen von *m*-Anisidin mit 2-Acetyl-adipinsäure-diäthylester (aus Acet= essigsäure-äthylester und 4-Brom-buttersäure-äthylester hergestellt) und wenig HCl in Benzol und Erhitzen des Reaktionsprodukts in Paraffinöl (*Salzer et al.*, B. **81** [1948] 12, 18).

F: 179°.

(±)-8-Acetoxy-6-[2-acetoxy-propyl]-7-methyl-isochinolin-3-carbonsäure $C_{18}H_{19}NO_6$, Formel XIII.

B. Aus Di-*O*-acetyl-aporotioraminol (E III/IV **21** 2382) bei der Ozonolyse in Äthylacetat (*Jackman et al.*, Soc. **1958** 1825, 1831).

Kristalle (aus A.); F: 196°.

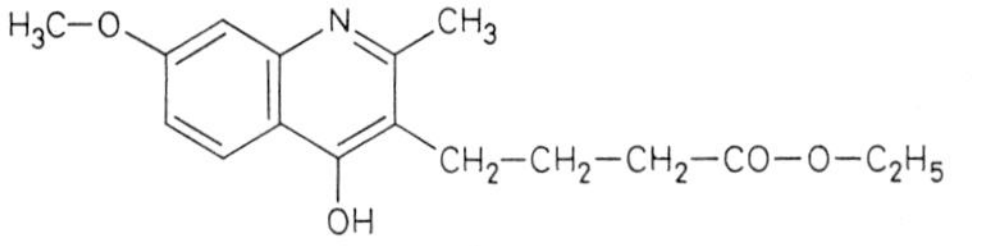

XII 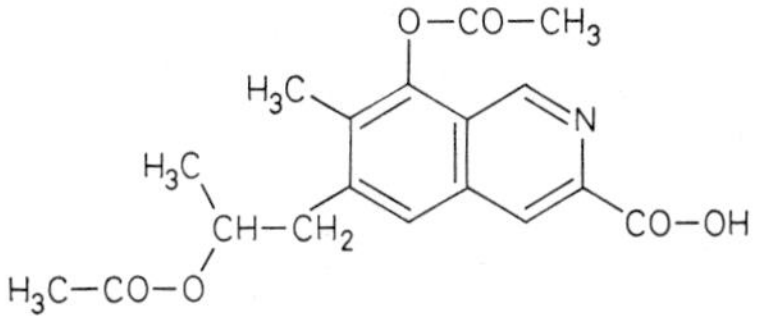 XIII

(±)-2-Carboxy-9,10-dimethoxy-1,2,3,4,6,7-hexahydro-pyrido[2,1-*a*]isochinolinylium $[C_{16}H_{20}NO_4]^+$, Formel XIV (R = H).

Jodid $[C_{16}H_{20}NO_4]I$. *B.* Beim Erwärmen von (±)-1-[3,4-Dimethoxy-phenäthyl]-2-oxo-piperidin-4-carbonsäure-methylester mit $POCl_3$ in Benzol, Erwärmen des Reaktionsprodukts mit H_2O und Behandeln der Reaktionslösung mit KI und Natriumacetat (*Pailer et al.*, M. **83** [1952] 513, 519). — Kristalle (aus H_2O); F: 207—209°.

(±)-2-Äthoxycarbonyl-9,10-dimethoxy-1,2,3,4,6,7-hexahydro-pyrido[2,1-*a*]isochinolinylium $[C_{18}H_{24}NO_4]^+$, Formel XIV (R = C_2H_5).

Jodid $[C_{18}H_{24}NO_4]I$. *B.* Aus (±)-1-[3,4-Dimethoxy-phenäthyl]-2-oxo-piperidin-4-carbonsäure beim Erwärmen mit $POCl_3$ in Benzol, Erwärmen des Reaktionsprodukts mit Äthanol und Behandeln des danach erhaltenen Reaktionsprodukts mit KI in H_2O (*Sugasawa, Oka*, Pharm. Bl. **1** [1953] 230). — Gelbbraune Kristalle (aus H_2O); F: 182° bis 184° [Zers.].

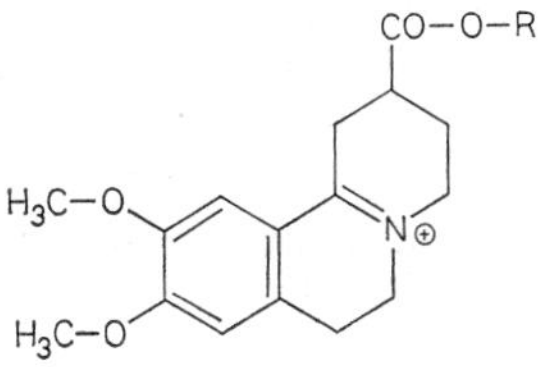

XIV 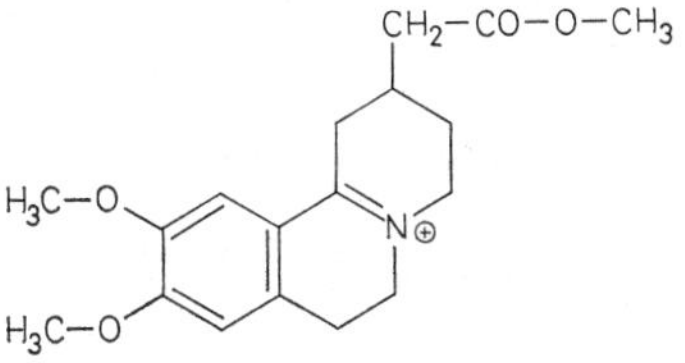 XV 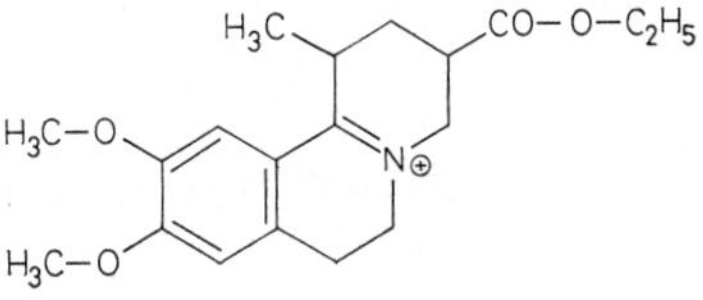 XVI

Hydroxycarbonsäuren $C_{15}H_{17}NO_4$

(±)-9,10-Dimethoxy-2-methoxycarbonylmethyl-1,2,3,4,6,7-hexahydro-pyrido[2,1-*a*]isochinolinylium $[C_{18}H_{24}NO_4]^+$, Formel XV.

Jodid $[C_{18}H_{24}NO_4]I$. *B.* Beim Erwärmen von (±)-[1-(3,4-Dimethoxy-phenäthyl)-2-oxo-[4]piperidyl]-essigsäure-methylester mit $POCl_3$ in Toluol und Behandeln des Reaktionsprodukts mit KI in H_2O (*Pailer, Strohmayer*, M. **83** [1952] 1198, 1206; s. a. *Barash, Osbond*, Soc. **1959** 2157, 2166). — Gelbe Kristalle (aus H_2O); F: 218—220° [Zers.] (*Pa., St.*), 218—219,5° (*Ba., Os.*). λ_{max} (H_2O): 232 nm, 300 nm und 345(?) nm (*Ba., Os.*).

***Opt.-inakt. 3-Äthoxycarbonyl-9,10-dimethoxy-1-methyl-1,2,3,4,6,7-hexahydro-pyrido[2,1-*a*]isochinolinylium** $[C_{19}H_{26}NO_4]^+$, Formel XVI.

Perchlorat. *B.* Beim Erwärmen von opt.-inakt. 1-[3,4-Dimethoxy-phenäthyl]-5-methyl-6-oxo-piperidin-3-carbonsäure-äthylester (aus 3,4-Dimethoxy-phenäthylamin und (±)-2-Formyl-4-methyl-glutarsäure-diäthylester hergestellt) mit $POCl_3$ in Toluol und Behandeln des Reaktionsprodukts mit $HClO_4$ in H_2O (*Sugasawa et al.*, B. **74** [1941] 537, 541; *Sugasawa et al.*, J. pharm. Soc. Japan **62** [1942] 77, 82; C. A. **1951** 2955). — Grünlichgelbe Kristalle (aus wss. Me.); F: 177—178° (*Su. et al.*).

Jodid. Hellgelbe Kristalle (aus A.); F: 180—182° [nach Sintern bei 88° unter Verfärbung] (*Sugasawa, Kobayashi*, J. pharm. Soc. Japan **69** [1949] 87; C. A. **1950** 1514).

Hydroxycarbonsäuren $C_{16}H_{19}NO_4$

6-[5,8-Dimethoxy-4-methyl-[2]chinolyl]-hexansäure-methylester $C_{19}H_{25}NO_4$, Formel I (n = 5).

B. Beim Behandeln von 5,8-Dimethoxy-2,4-dimethyl-chinolin mit Phenyllithium in Äther, anschliessenden Erwärmen mit 5-Brom-valeriansäure-äthylester und Behandeln des nach der Hydrolyse erhaltenen Reaktionsprodukts mit Diazomethan in Äther (*Graef et al.*, J. org. Chem. **11** [1946] 257, 262).

Blassgelb; F: 79–80° [nach Sublimation bei 75°/0,1 Torr].

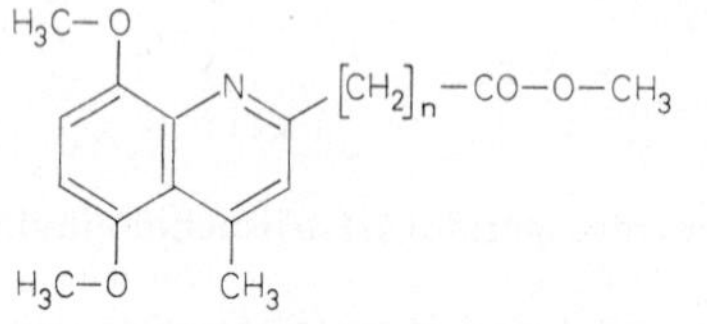

I 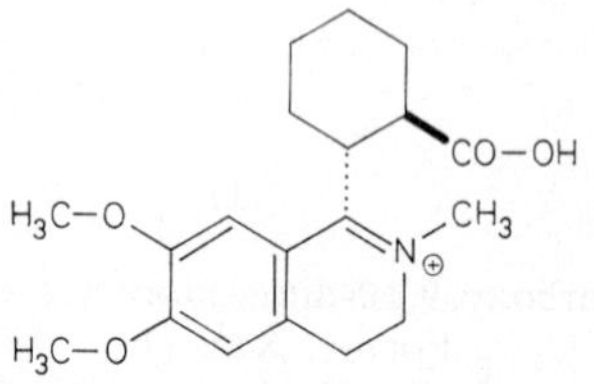 II

(±)-1-[*trans*-2-Carboxy-cyclohexyl]-6,7-dimethoxy-2-methyl-3,4-dihydro-isochinolinium $[C_{19}H_{26}NO_4]^+$, Formel II + Spiegelbild.

Jodid $[C_{19}H_{26}NO_4]I$. *B.* Beim Erhitzen von (±)-*trans*-2-[(3,4-Dimethoxy-phenäthyl)-methyl-carbamoyl]-cyclohexancarbonsäure mit $POCl_3$ in Toluol und Behandeln des Reaktionsprodukts mit NaI in H_2O (*Tomimatsu*, J. pharm. Soc. Japan **77** [1957] 186, 190; C. A. **1957** 10522). – Bräunlichrote Kristalle (aus $CHCl_3$ + PAe.); F: 201–202°.

(±)-[9,10-Dimethoxy-3-methyl-1,6,7,11b-tetrahydro-4*H*-pyrido[2,1-*a*]isochinolin-2-yl]-essigsäure $C_{18}H_{23}NO_4$, Formel III (R = CH_3, X = OH).

B. Aus (±)-[9,10-Dimethoxy-3*t*-methyl-(11b*r*)-1,3,4,6,7,11b-hexahydro-pyrido[2,1-*a*]isochinolin-2-yliden]-malononitril (S. 2662) beim Erwärmen mit wss. HCl (*Brossi et al.*, Helv. **42** [1959] 772, 780), auch unter Zusatz von Kupfer-Pulver (*Hoffmann-La Roche*, U.S.P. 2877226 [1956]).

F: 201° [unkorr.] (*Br. et al.*), 200–201° (*Hoffmann-La Roche*).

(±)-[9,10-Dimethoxy-3-methyl-1,6,7,11b-tetrahydro-4*H*-pyrido[2,1-*a*]isochinolin-2-yl]-essigsäure-[3,4-dimethoxy-phenäthylamid] $C_{28}H_{36}N_2O_5$, Formel IV (R = CH_3, X = X' = O-CH_3).

B. Aus (±)-[9,10-Dimethoxy-3-methyl-1,6,7,11b-tetrahydro-4*H*-pyrido[2,1-*a*]isochinolin-2-yl]-essigsäure beim Erhitzen mit 3,4-Dimethoxy-phenäthylamin in Xylol (*Brossi et al.*, Helv. **42** [1959] 772, 781), auch unter Zusatz von Essigsäure und Ammoniumacetat (*Hoffmann-La Roche*, U.S.P. 2877226 [1956]) sowie beim Erwärmen mit 4-Nitro-phenol und Dicyclohexylcarbodiimid in CH_2Cl_2 und Behandeln des in Äther gelösten Reaktionsprodukts mit 3,4-Dimethoxy-phenäthylamin (*Br. et al.*).

Kristalle (aus E.); F: 130° [unkorr.].

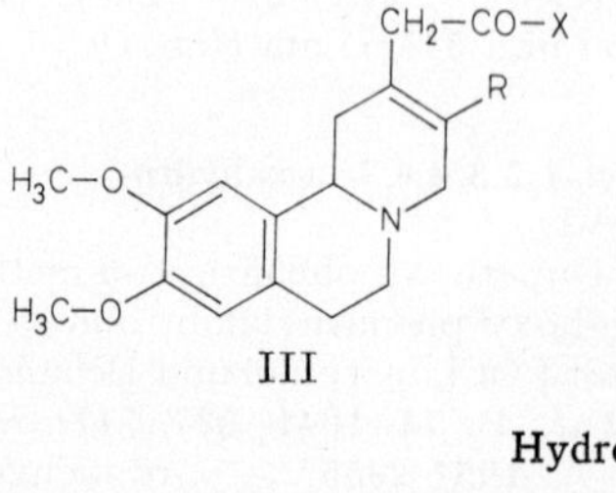

III 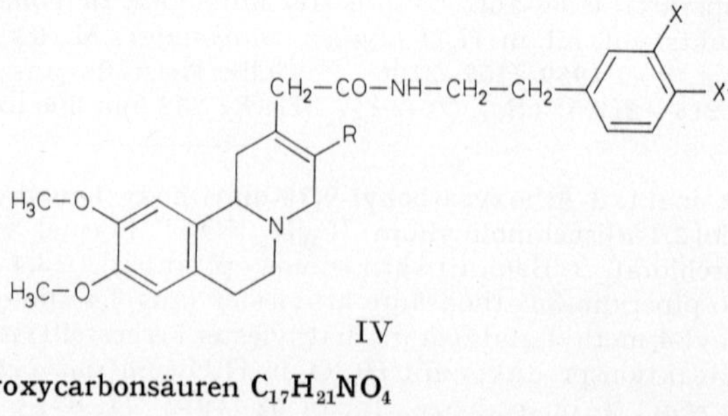 IV

Hydroxycarbonsäuren $C_{17}H_{21}NO_4$

7-[5,8-Dimethoxy-4-methyl-[2]chinolyl]-heptansäure-methylester $C_{20}H_{27}NO_4$, Formel I (n = 6).

B. Bei der Hydrierung von 7-[5,8-Dimethoxy-4-methyl-[2]chinolyl]-6-oxo-heptansäure an Palladium/$BaSO_4$ in Essigsäure unter Zusatz von wenig $HClO_4$ und Behandeln des Reaktionsprodukts mit Diazomethan in Äther (*Graef et al.*, J. org. Chem. **11** [1946] 257, 262).

F: 65—66° [nach Sublimation bei 50°/0,1 Torr].

***Opt.-inakt. [3,4-Dimethoxy-phenyl]-[2-methyl-1,2,3,4,5,6,7,8-octahydro-[1]isochinolyl]-essigsäure-amid** $C_{20}H_{28}N_2O_3$, Formel V.

B. Aus (±)-[3,4-Dimethoxy-phenyl]-[5,6,7,8-tetrahydro-[1]isochinolyl]-essigsäure-amid beim Erhitzen mit CH_3I in Äthanol und Benzol und Hydrieren des Reaktionsprodukts an Platin in wss.-methanol. NaOH (*Ikehara*, Pharm. Bl. **3** [1955] 291, 293).

Picrat $C_{20}H_{28}N_2O_3 \cdot C_6H_3N_3O_7$. Kristalle (aus A.); F: 192°.

(±)-[3-Äthyl-9,10-dimethoxy-1,6,7,11b-tetrahydro-4*H*-pyrido[2,1-*a*]isochinolin-2-yl]-essigsäure $C_{19}H_{25}NO_4$, Formel III (R = C_2H_5, X = OH).

B. Aus (±)-[3*t*-Äthyl-9,10-dimethoxy-(11b*r*)-1,3,4,6,7,11b-hexahydro-pyrido[2,1-*a*]isochinolin-2-yliden]-malononitril (S. 2663) beim Erwärmen mit wss. HCl (*Brossi et al.*, Helv. **42** [1959] 772, 779), auch unter Zusatz von Kupfer-Pulver (*Hoffmann-La Roche*, U.S.P. 2877226 [1956]).

Kristalle (aus Acn.); F: 198—200° [unkorr.] (*Br. et al.*), 190—195° [nach Sintern bei 180°] (*Hoffmann-La Roche*). λ_{max} (A.): 232 nm und 284 nm (*Br. et al.*).

Hydrochlorid $C_{19}H_{25}NO_4 \cdot HCl$. Kristalle (aus wss. A. + Ae.); F: 216—218° [unkorr.] (*Br. et al.*).

(±)-[3-Äthyl-9,10-dimethoxy-1,6,7,11b-tetrahydro-4*H*-pyrido[2,1-*a*]isochinolin-2-yl]-essigsäure-methylester $C_{20}H_{27}NO_4$, Formel III (R = C_2H_5, X = O-CH_3).

B. Aus (±)-[3-Äthyl-9,10-dimethoxy-1,6,7,11b-tetrahydro-4*H*-pyrido[2,1-*a*]isochinolin-2-yl]-essigsäure beim Behandeln mit Methanol und HCl (*Brossi et al.*, Helv. **42** [1959] 772, 780).

Hydrochlorid $C_{20}H_{27}NO_4 \cdot HCl$. Kristalle (aus Acn. + Ae.); F: 139—140° [unkorr.].

(±)-[3-Äthyl-9,10-dimethoxy-1,6,7,11b-tetrahydro-4*H*-pyrido[2,1-*a*]isochinolin-2-yl]-essigsäure-amid $C_{19}H_{26}N_2O_3$, Formel III (R = C_2H_5, X = NH_2).

B. Beim Behandeln des aus (±)-[3-Äthyl-9,10-dimethoxy-1,6,7,11b-tetrahydro-4*H*-pyrido[2,1-*a*]isochinolin-2-yl]-essigsäure mit $SOCl_2$ in $CHCl_3$ hergestellten Säurechlorids mit NH_3 in $CHCl_3$ (*Brossi et al.*, Helv. **42** [1959] 772, 781).

Kristalle (aus Butylacetat); F: 190—191° [unkorr.].

H3C—O O—CH3 CH CO—NH2 N CH3

V

CH2—CO—NH—CH2—CH2 CH2—CH3 H3C—O H3C—O N

VI

(±)-[3-Äthyl-9,10-dimethoxy-1,6,7,11b-tetrahydro-4*H*-pyrido[2,1-*a*]isochinolin-2-yl]-essigsäure-[2-cyclohex-1-enyl-äthylamid] $C_{27}H_{38}N_2O_3$, Formel VI.

B. Aus (±)-[3-Äthyl-9,10-dimethoxy-1,6,7,11b-tetrahydro-4*H*-pyrido[2,1-*a*]isochinolin-2-yl]-essigsäure beim Erhitzen mit 2-Cyclohex-1-enyl-äthylamin in Xylol (*Brossi et al.*, Helv. **42** [1959] 772, 782), auch unter Zusatz von Essigsäure und Ammoniumacetat (*Hoffmann-La Roche*, U.S.P. 2877 226 [1956]), oder beim Erwärmen mit 4-Nitro-phenol und Dicyclohexylcarbodiimid in CH_2Cl_2 und Behandeln des Reaktionsprodukts in Äther mit 2-Cyclohex-1-enyl-äthylamin (*Br. et al.*).

Kristalle (aus E.); F: 155—156° [unkorr.].

(±)-[3-Äthyl-9,10-dimethoxy-1,6,7,11b-tetrahydro-4*H*-pyrido[2,1-*a*]isochinolin-2-yl]-essigsäure-[3-methoxy-phenäthylamid] $C_{28}H_{36}N_2O_4$, Formel IV (R = C_2H_5, X = O-CH_3, X' = H).

B. Analog der vorangehenden Verbindung unter Verwendung von 3-Methoxy-phen=

äthylamin (*Brossi et al.*, Helv. **42** [1959] 772, 782; *Hoffmann-La Roche*, U.S.P. 2877226 [1956]).

Kristalle (aus E.); F: 110° (*Hoffmann-La Roche*).

Hydrobromid $C_{28}H_{36}N_2O_4 \cdot HBr$. F: 180° [unkorr.] (*Br. et al.*).

(±)-[3-Äthyl-9,10-dimethoxy-1,6,7,11b-tetrahydro-4*H*-pyrido[2,1-*a*]isochinolin-2-yl]-essigsäure-[3,4-dimethoxy-phenäthylamid] $C_{29}H_{38}N_2O_5$, Formel IV (R = C_2H_5, X = X' = O-CH_3) auf S. 2538.

B. Analog den vorangehenden Verbindungen unter Verwendung von 3,4-Dimethoxy-phenäthylamin (*Brossi et al.*, Helv. **42** [1959] 772, 781; *Hoffmann-La Roche*, U.S.P. 2877226 [1956]). Aus (±)-[3-Äthyl-9,10-dimethoxy-1,6,7,11b-tetrahydro-4*H*-pyrido[2,1-*a*]isochinolin-2-yl]-acetylchlorid (aus der Säure und $SOCl_2$ in $CHCl_3$ hergestellt) und 3,4-Dimethoxy-phenäthylamin in $CHCl_3$ (*Hoffmann-La Roche*).

Kristalle (aus E.); F: 154—155° (*Hoffmann-La Roche*), 151—152° [unkorr.] (*Br. et al.*, l. c. S. 781). IR-Spektrum (KBr; 2—15 μ): *Br. et al.*, l. c. S. 776. λ_{max} (A.): 282 nm (*Br. et al.*, l. c. S. 781).

Hydrojodid $C_{29}H_{38}N_2O_5 \cdot HI$. Kristalle (aus A. + Ae.); F: 176—177° [unkorr.] (*Br. et al.*, l. c. S. 781). λ_{max} (A.): 226 nm und 280 nm (*Br. et al.*, l. c. S. 781).

Bei der Hydrierung an Palladium in Methanol bei 120—130°/100 at ist [3*t*-Äthyl-9,10-dimethoxy-(11b*r*)-1,3,4,6,7,11b,hexahydro-2*H*-pyrido[2,1-*a*]isochinolin-2*t*-yl]-essigsäure-[3,4-dimethoxy-phenäthylamid] (S. 2507; Hauptprodukt neben [3*c*-Äthyl-9,10-dimethoxy-(11b*r*)-1,3,4,6,7,11b-hexahydro-2*H*-pyrido[2,1-*a*]isochinolin-2*t*-yl]-essigsäure-[3,4-dimethoxy-phenäthylamid] (S. 2506) und geringen Mengen [3*c*-Äthyl-9,10-dimethoxy-(11b*r*)-1,3,4,6,7,11b-hexahydro-2*H*-pyrido[2,1-*a*]isochinolin-2*c*-yl]-essigsäure-[3,4-dimethoxy-phenäthylamid] (S. 2506) erhalten worden (*Brossi et al.*, Helv. **42** [1959] 1515, 1520; *Brossi, Schnider*, Helv. **45** [1962] 1899).

(±)-[3-Äthyl-9,10-dimethoxy-1,6,7,11b-tetrahydro-4*H*-pyrido[2,1-*a*]isochinolin-2-yl]-essigsäure-[3,4-diäthoxy-phenäthylamid] $C_{31}H_{42}N_2O_5$, Formel IV (R = C_2H_5, X = X' = O-C_2H_5) auf S. 2538.

B. Analog den vorangehenden Verbindungen unter Verwendung von 3,4-Diäthoxy-phenäthylamin (*Brossi et al.*, Helv. **42** [1959] 772, 782; *Hoffmann-La Roche*, U.S.P. 2877226 [1956]).

Kristalle (aus E.); F: 120—127° [unkorr.].

(±)-[3-Äthyl-9,10-dimethoxy-1,6,7,11b-tetrahydro-4*H*-pyrido[2,1-*a*]isochinolin-2-yl]-essigsäure-[3,4,5-trimethoxy-phenäthylamid] $C_{30}H_{40}N_2O_6$, Formel VII.

B. Analog den vorangehenden Verbindungen unter Verwendung von 3,4,5-Trimethoxy-phenäthylamin (*Brossi et al.*, Helv. **42** [1959] 772, 782; *Hoffmann-La Roche*, U.S.P. 2877226 [1956]).

Kristalle (aus E.); F: 126—128° [unkorr.].

VII

(±)-[3-Äthyl-9,10-dimethoxy-1,6,7,11b-tetrahydro-4*H*-pyrido[2,1-*a*]isochinolin-2-yl]-essigsäure-[2-benzo[1,3]dioxol-5-yl-äthylamid], (±)-[3-Äthyl-9,10-dimethoxy-1,6,7,11b-tetrahydro-4*H*-pyrido[2,1-*a*]isochinolin-2-yl]-essigsäure-[3,4-methylendioxy-phenäthylamid] $C_{28}H_{34}N_2O_5$, Formel VIII.

B. Analog den vorangehenden Verbindungen unter Verwendung von 3,4-Methylendioxy-phenäthylamin (*Brossi et al.*, Helv. **42** [1959] 772, 782; *Hoffmann-La Roche*,

U.S.P. 2877226 [1956]).
Kristalle (aus E.); F: 150° [unkorr.].

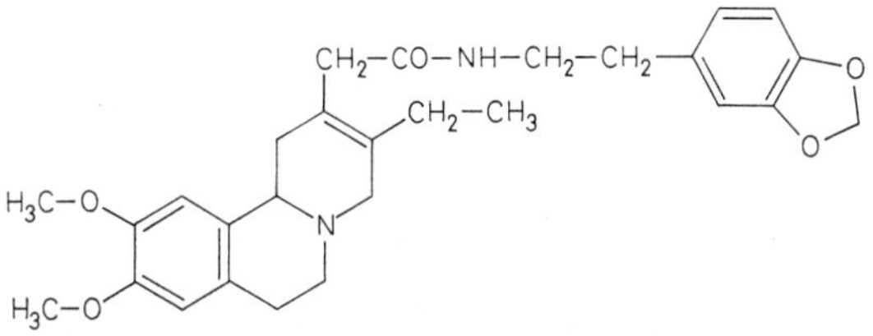

VIII

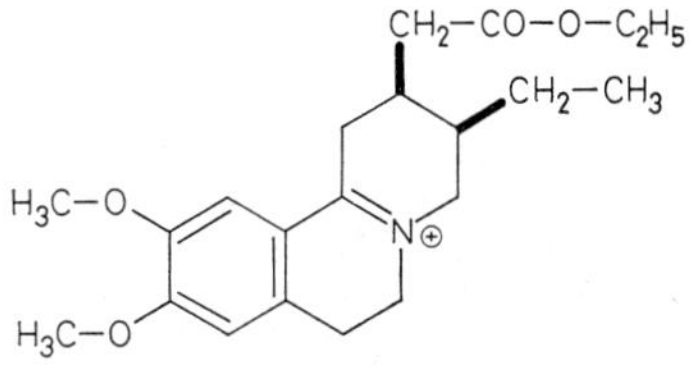

IX

2-Äthoxycarbonylmethyl-3-äthyl-9,10-dimethoxy-1,2,3,4,6,7-hexahydro-pyrido[2,1-*a*]isochinolinylium $[C_{21}H_{30}NO_4]^+$.

a) **(±)-2*r*-Äthoxycarbonylmethyl-3*c*-äthyl-9,10-dimethoxy-1,2,3,4,6,7-hexahydro-pyrido[2,1-*a*]isochinolinylium** $[C_{21}H_{30}NO_4]^+$, Formel IX + Spiegelbild.

Jodid $[C_{21}H_{30}NO_4]I$. *B.* Analog dem unter b) beschriebenen Stereoisomeren aus (±)-[5*c*-Äthyl-1-(3,4-dimethoxy-phenäthyl)-2-oxo-[4*r*]piperidyl]-essigsäure (*Barash et al.*, Soc. **1959** 3530, 3540). — Kristalle (aus Me. + E.); F: 168—170°.

b) **(±)-2*r*-Äthoxycarbonylmethyl-3*t*-äthyl-9,10-dimethoxy-1,2,3,4,6,7-hexahydro-pyrido[2,1-*a*]isochinolinylium** $[C_{21}H_{30}NO_4]^+$, Formel X + Spiegelbild.

Perchlorat $[C_{21}H_{30}NO_4]ClO_4$. *B.* Beim Erwärmen des aus (±)-[5*t*-Äthyl-1-(3,4-dimethoxy-phenäthyl)-2-oxo-[4*r*]piperidyl]-essigsäure mit Äthanol und H_2SO_4 hergestellten Äthylesters mit $POCl_3$ in Toluol und Behandeln des Reaktionsprodukts mit HCl und $HClO_4$ (*Battersby, Turner*, Chem. and Ind. **1958** 1324; Soc. **1960** 717, 723). — Kristalle (aus A.); F: 113—114° (*Ba., Tu.*, Soc. **1960** 723; s. a. *Ba., Tu.*, Chem. and Ind. **1958** 1324). λ_{max} (A.): 246 nm, 304 nm und 354 nm (*Ba., Tu.*, Soc. **1960** 723).

Jodid $[C_{21}H_{30}NO_4]I$. *B.* Wie beim Perchlorat (s. o.) bei anschliessendem Behandeln des erhaltenen Chlorids mit wss. KI (*Barash et al.*, Soc. **1959** 3530, 3540). — Gelbe Kristalle (aus A. + E.); F: 135—140° und F: 167—170° (*Ba. et al.*). λ_{max} (H_2O): 235 nm, 302 nm und 348 nm (*Ba. et al.*).

Ein Präparat (gelbe Kristalle [aus Me. + Ae.]; F: 170—171,5°) ist beim Behandeln von (±)-[3*c*-Äthyl-9,10-dimethoxy-(11b*r*)-1,3,4,6,7,11b-hexahydro-2*H*-pyrido[2,1-*a*]isochinolin-2*t*-yl]-essigsäure-äthylester-hydrojodid (S. 2505) mit Quecksilber(II)-acetat und Essigsäure erhalten worden (*Ba. et al.*).

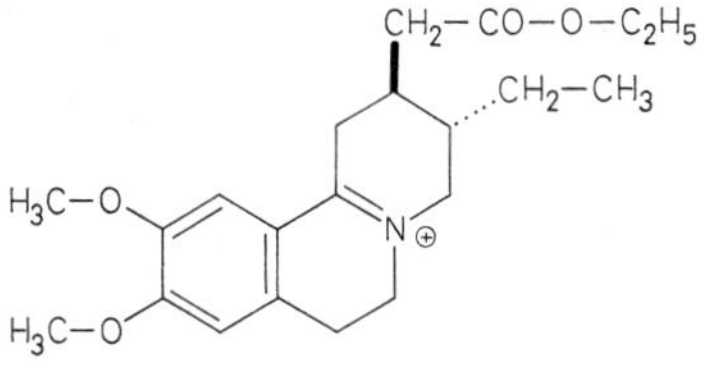

X

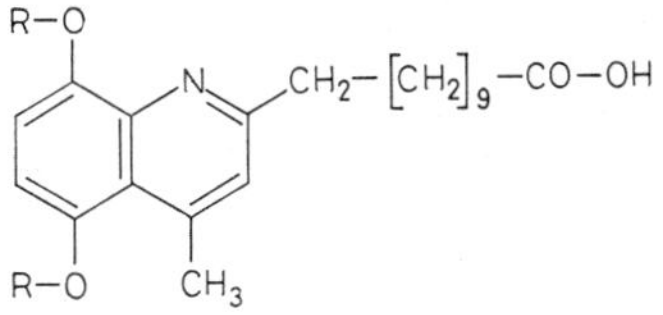

XI

Hydroxycarbonsäuren $C_{19}H_{25}NO_4$

(±)-[3-Butyl-9,10-dimethoxy-1,6,7,11b-tetrahydro-4*H*-pyrido[2,1-*a*]isochinolin-2-yl]-essigsäure $C_{21}H_{29}NO_4$, Formel III (R = $[CH_2]_3$-CH_3, X = OH) auf S. 2538.

B. Aus (±)-[3*t*-Butyl-9,10-dimethoxy-(11b*r*)-1,3,4,6,7,11b-hexahydro-pyrido[2,1-*a*]isochinolin-2-yliden]-malononitril (S. 2664) beim Erwärmen mit wss. HCl (*Brossi et al.*, Helv. **42** [1959] 772, 780), auch unter Zusatz von Kupfer-Pulver (*Hoffmann-La Roche*, U.S.P. 2877226 [1956]).

Kristalle; F: 165—167° [aus E.] (*Hoffmann-La Roche*); F: 155° [unkorr.] (*Br. et al.*).

(±)-[3-Butyl-9,10-dimethoxy-1,6,7,11b-tetrahydro-4*H*-pyrido[2,1-*a*]isochinolin-2-yl]-essigsäure-[3,4-dimethoxy-phenäthylamid] $C_{31}H_{42}N_2O_5$, Formel IV (R = $[CH_2]_3$-CH_3, X = X' = O-CH_3) auf S. 2538.

B. Aus (±)-[3-Butyl-9,10-dimethoxy-1,6,7,11b-tetrahydro-4*H*-pyrido[2,1-*a*]isochin=

olin-2-yl]-essigsäure analog (±)-[9,10-Dimethoxy-3-methyl-1,6,7,11b-tetrahydro-4*H*-pyrido[2,1-*a*]isochinolin-2-yl]-essigsäure-[3,4-dimethoxy-phenäthylamid] [S. 2538] (*Brossi et al.*, Helv. **42** [1959] 772, 782).

F: 133° [unkorr.].

(±)-[3-Isobutyl-9,10-dimethoxy-1,6,7,11b-tetrahydro-4*H*-pyrido[2,1-*a*]isochinolin-2-yl]-essigsäure $C_{21}H_{29}NO_4$, Formel III (R = CH_2-$CH(CH_3)_2$, X = OH) auf S. 2538.

B. Aus (±)-[3*t*-Isobutyl-9,10-dimethoxy-(11b*r*)-1,3,4,6,7,11b-hexahydro-pyrido[2,1-*a*]isochinolin-2-yliden]-malononitril (S. 2664) beim Erwärmen mit wss. HCl (*Brossi et al.*, Helv. **42** [1959] 772, 780), auch unter Zusatz von Kupfer-Pulver (*Hoffmann-La Roche*, U.S.P. 2877226 [1956]).

F: 155° [unkorr.] (*Br. et al.*), 110° (*Hoffmann-La Roche*).

Hydroxycarbonsäuren $C_{21}H_{29}NO_4$

1-[5,8-Dihydroxy-4-methyl-[2]chinolyl]-undecansäure $C_{21}H_{29}NO_4$, Formel XI (R = H).

B. Beim längeren Erwärmen von 11-[5,8-Dimethoxy-4-methyl-[2]chinolyl]-undecansäure mit wss. HBr [48%ig] (*Graef et al.*, J. org. Chem. **11** [1946] 257, 263).

Kristalle (aus H_2O); F: 233–234° [korr.; Zers.].

11-[5,8-Dimethoxy-4-methyl-[2]chinolyl]-undecansäure $C_{23}H_{33}NO_4$, Formel XI (R = CH_3).

B. Beim Hydrieren von 11-[5,8-Dimethoxy-4-methyl-[2]chinolyl]-10-oxo-undecansäure an Palladium/$BaSO_4$ in Essigsäure unter Zusatz von wenig $HClO_4$ (*Graef et al.*, J. org. Chem. **11** [1946] 257, 263).

Kristalle (aus H_2O); F: 126–127° [korr.].

(±)-[3-Hexyl-9,10-dimethoxy-1,6,7,11b-tetrahydro-4*H*-pyrido[2,1-*a*]isochinolin-2-yl]-essigsäure $C_{23}H_{33}NO_4$, Formel III (R = $[CH_2]_5$-CH_3, X = OH) auf S. 2538.

B. Aus (±)-[3*t*-Hexyl-9,10-dimethoxy-(11b*r*)-1,3,4,6,7,11b-hexahydro-pyrido[2,1-*a*]isochinolin-2-yliden]-malononitril (S. 2664) beim Erwärmen mit wss. HCl (*Brossi et al.*, Helv. **42** [1959] 772, 780) oder mit konz. wss. HCl und Essigsäure (*Hoffmann-La Roche*, U.S.P. 2877226 [1956]).

Kristalle (aus Butylacetat + PAe.); F: 153° [unkorr.].

(±)-[3-Hexyl-9,10-dimethoxy-1,6,7,11b-tetrahydro-4*H*-pyrido[2,1-*a*]isochinolin-2-yl]-essigsäure-[3,4-dimethoxy-phenäthylamid] $C_{33}H_{46}N_2O_5$, Formel IV (R = $[CH_2]_5$-CH_3, X = X′ = O-CH_3) auf S. 2538.

B. Aus der voranstehenden Verbindung analog (±)-[9,10-Dimethoxy-3-methyl-1,6,7,11b-tetrahydro-4*H*-pyrido[2,1-*a*]isochinolin-2-yl]-essigsäure-[3,4-dimethoxy-phenäthylamid] [S. 2538] (*Brossi et al.*, Helv. **42** [1959] 772, 782; *Hoffmann-La Roche*, U.S.P. 2877226 [1956]).

F: 100° [unkorr.]. [*Koetter*]

Hydroxycarbonsäuren $C_nH_{2n-15}NO_4$

Hydroxycarbonsäuren $C_{12}H_9NO_4$

5-[4-Chlor-phenyl]-2,6-dihydroxy-nicotinsäure-amid $C_{12}H_9ClN_2O_3$, Formel I, und Tautomere.

B. Beim Erwärmen von 3-Äthoxy-2-[4-chlor-phenyl]-acrylsäure-äthylester ($Kp_{0,2}$: 128°) mit Cyanessigsäure-amid und Natriumäthylat in Äthanol und Erwärmen des wasserhaltigen Reaktionsprodukts mit Essigsäure und konz. wss. HBr (*Chase, Walker*, Soc. **1953** 3548, 3554).

Rötliche Kristalle (aus DMF + A.); F: 280° [Zers.].

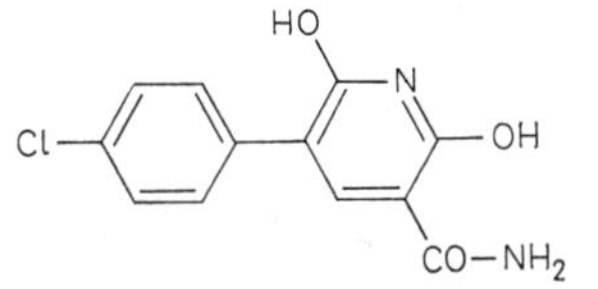

I

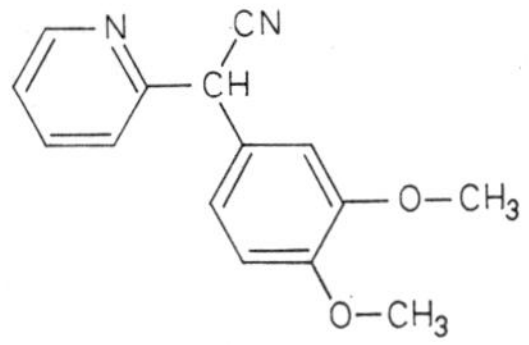

II

Hydroxycarbonsäuren $C_{13}H_{11}NO_4$

(±)-[3,4-Dimethoxy-phenyl]-[2]pyridyl-acetonitril $C_{15}H_{14}N_2O_2$, Formel II.
B. Beim Erwärmen von [3,4-Dimethoxy-phenyl]-acetonitril mit 2-Chlor-pyridin und $NaNH_2$ in Toluol (*CIBA*, U.S.P. 2507631 [1946]).
$Kp_{0,2}$: 192—195°.

***4-Acetoxy-5-[4-acetoxy-benzyliden]-2-methyl-5*H*-pyrrol-3-carbonsäure-äthylester** $C_{19}H_{19}NO_6$, Formel III.
B. Beim Erhitzen von 4-Hydroxy-5-[4-hydroxy-benzyliden]-2-methyl-5*H*-pyrrol-3-carbonsäure-äthylester (Syst.-Nr. 3371) mit Acetanhydrid und Natriumacetat (*Beer et al.*, Soc. **1954** 2679, 2684).
Gelbe Kristalle (aus A.); F: 212—214°.

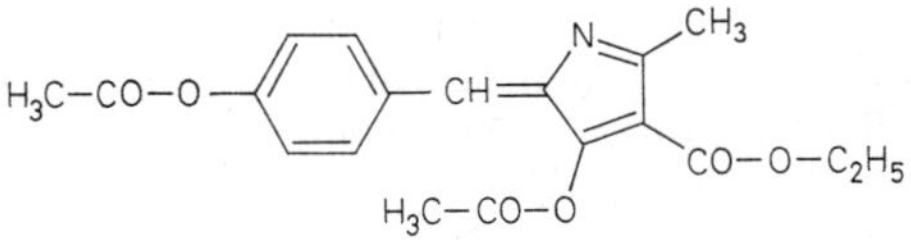

III

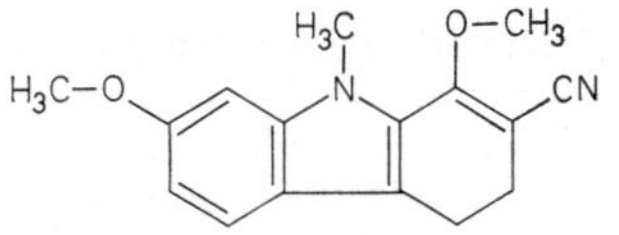

IV

1,7-Dimethoxy-9-methyl-3,4-dihydro-carbazol-2-carbonitril $C_{16}H_{16}N_2O_2$, Formel IV.
Konstitution: *Bhide et al.*, Tetrahedron **10** [1960] 230, 231.
B. Beim Erwärmen von 8-Methoxy-10-methyl-5,10-dihydro-4*H*-isoxazolo[5,4-*a*]carbazol mit Kalium-*tert*-butylat in *tert*-Butylalkohol und anschliessend mit CH_3I (*Bh. et al.*, Tetrahedron **10** 236; s. a. *Bhide et al.*, Tetrahedron **4** [1958] 420).
Hellgelbe Kristalle (aus A.); F: 156°. IR-Spektrum (2,5—15 μ): *Bh. et al.*, Tetrahedron **10** 233.

Hydroxycarbonsäuren $C_{14}H_{13}NO_4$

4-[3,4-Dimethoxy-2-nitro-phenyl]-2,6-dimethyl-nicotinonitril $C_{16}H_{15}N_3O_4$, Formel V.
B. Bei der Hydrolyse von 5-Cyan-4-[3,4-dimethoxy-2-nitro-phenyl]-2,6-dimethyl-nicotinsäure-äthylester und anschliessenden Decarboxylierung (*Petrow*, Soc. **1946** 884, 888).
Kristalle (aus Bzl. + PAe.); F: 182—183° [korr.].
Picrat $C_{16}H_{15}N_3O_4 \cdot C_6H_3N_3O_7$. Gelbe Kristalle (aus A.); F: 190,5—191,5° [korr.].

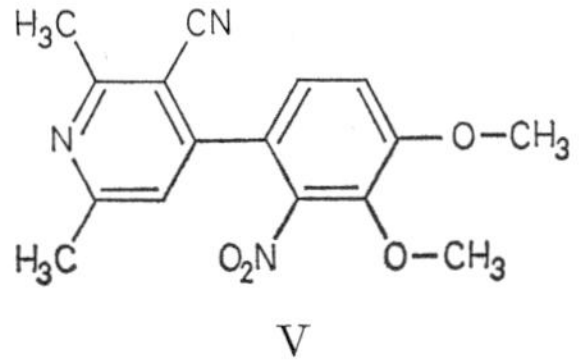

V

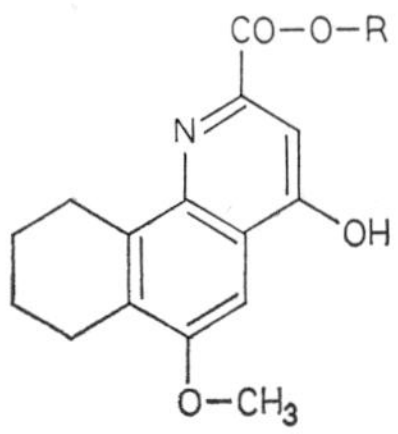

VI

4-Hydroxy-6-methoxy-7,8,9,10-tetrahydro-benzo[*h*]chinolin-2-carbonsäure $C_{15}H_{15}NO_4$, Formel VI (R = H), und Tautomeres (6-Methoxy-4-oxo-1,4,7,8,9,10-hexahydro-benzo[*h*]chinolin-2-carbonsäure).

B. Beim Erwärmen der folgenden Verbindung mit wss. NaOH (*Bachman, Wetzel*, J. org. Chem. **11** [1946] 454, 460).

Kristalle (aus A.); F: 263—264° [Zers.].

4-Hydroxy-6-methoxy-7,8,9,10-tetrahydro-benzo[*h*]chinolin-2-carbonsäure-äthylester $C_{17}H_{19}NO_4$, Formel VI (R = C_2H_5), und Tautomeres (6-Methoxy-4-oxo-1,4,7,8,9,10-hexahydro-benzo[*h*]chinolin-2-carbonsäure-äthylester).

B. Bei kurzem Erhitzen von [4-Methoxy-5,6,7,8-tetrahydro-[1]naphthylimino]-bernsteinsäure-diäthylester mit Mineralöl (*Bachman, Wetzel*, J. org. Chem. **11** [1946] 454, 460).

Kristalle (aus Bzl.); F: 212—214°.

Hydroxycarbonsäuren $C_nH_{2n-17}NO_4$

Hydroxycarbonsäuren $C_{14}H_{11}NO_4$

2-[3,4-Dimethoxy-phenyl]-3*c*(?)-[2]pyridyl-acrylonitril [1]) $C_{16}H_{14}N_2O_2$, vermutlich Formel VII (X = H).

B. Beim Erwärmen von [3,4-Dimethoxy-phenyl]-acetonitril mit Pyridin-2-carbaldehyd und Natriummethylat in Methanol (*Castle, Seese*, J. org. Chem. **20** [1955] 987).

Hellgelbe Kristalle (aus wss. A.); F: 110—111° [unkorr.].

2-[4,5-Dimethoxy-2-nitro-phenyl]-3*c*(?)-[2]pyridyl-acrylonitril [1]) $C_{16}H_{13}N_3O_4$, vermutlich Formel VII (X = NO_2).

B. Beim Erwärmen von [4,5-Dimethoxy-2-nitro-phenyl]-acetonitril mit Pyridin-2-carbaldehyd und Pyridin in Methanol (*Walker*, Am. Soc. **78** [1956] 3698, 3701).

Gelbe Kristalle (aus E. + Me.); F: 189—191° [korr.; Zers.].

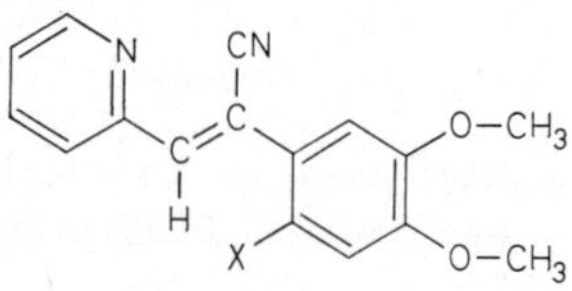

N CN C C H X O—CH3 O—CH3

VII

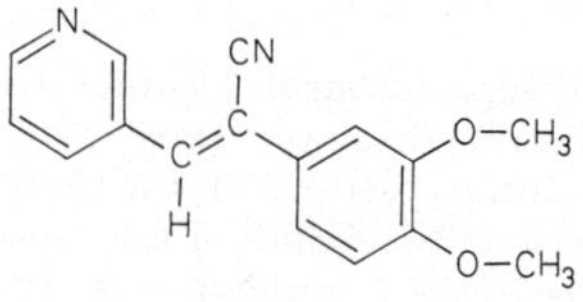

N CN C C H O—CH3 O—CH3

VIII

N CN C C H O—CH3 O—CH3

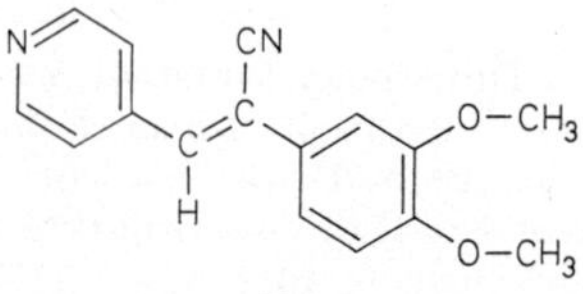

IX

2-[3,4-Dimethoxy-phenyl]-3*c*(?)-[3]pyridyl-acrylonitril [1]) $C_{16}H_{14}N_2O_2$, vermutlich Formel VIII.

B. Aus [3,4-Dimethoxy-phenyl]-acetonitril und Nicotinaldehyd beim Erwärmen mit Natriummethylat in Methanol (*Castle, Seese*, J. org. Chem. **20** [1955] 987) oder beim Erwärmen mit äthanol. KOH (*Lavagnino, Shepard*, J. org. Chem. **22** [1957] 457).

Hellgelbe Kristalle; F: 142—143,5° [unkorr.; aus 2-Methoxy-äthanol] (*La., Sh.*), 141—142° [unkorr.; aus wss. A.] (*Ca., Se.*).

Hydrochlorid $C_{16}H_{14}N_2O_2 \cdot HCl$. Gelbe Kristalle (aus wss. A.); F: 220—222° [Zers.] (*La., Sh.*).

2-[3,4-Dimethoxy-phenyl]-3*c*(?)-[4]pyridyl-acrylonitril [1]) $C_{16}H_{14}N_2O_2$, vermutlich Formel IX.

B. Aus [3,4-Dimethoxy-phenyl]-acetonitril und Isonicotinaldehyd beim Erwärmen mit Natriummethylat in Methanol (*Castle, Seese*, J. org. Chem. **20** [1955] 987) oder beim Behandeln mit HCl in Essigsäure (*Lavagnino, Shepard*, J. org. Chem. **22** [1957] 457).

Kristalle; F: 141—142° [unkorr.; aus 2-Methoxy-äthanol] (*La., Sh.*), 138,5—139,5° [unkorr.; aus wss. A.] (*Ca., Se.*).

[1]) Bezüglich der Konfigurationszuordnung vgl. *Baker, Howes*, Soc. **1953** 119, 121.

***N,N'*-Bis-[2,4-dihydroxy-6-*trans*(?)-styryl-nicotinoyl]-hydrazin** $C_{28}H_{22}N_4O_6$, vermutlich Formel X, und Tautomere (z. B. *N,N'*-Bis-[4-hydroxy-2-oxo-1,2-dihydro-6-*trans*(?)-styryl-nicotinoyl]-hydrazin).

B. Beim Erwärmen von *N,N'*-Bis-[2,4-dihydroxy-6-methyl-nicotinoyl]-hydrazin mit Benzaldehyd in Äthanol (*Klosa*, Ar. **285** [1952] 453, 459).

Kristalle (aus A.); F: 330° [Zers.].

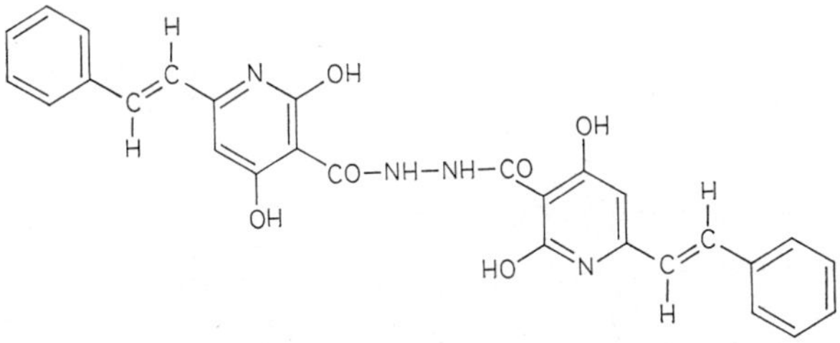

X

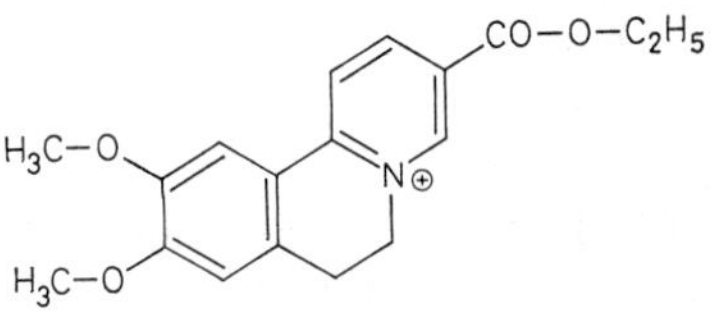

XI

3-Äthoxycarbonyl-9,10-dimethoxy-6,7-dihydro-pyrido[2,1-*a*]isochinolinylium $[C_{18}H_{20}NO_4]^+$, Formel XI.

Jodid $[C_{18}H_{20}NO_4]I$. *B.* Beim Erhitzen von 1-[3,4-Dimethoxy-phenäthyl]-6-oxo-1,6-dihydro-pyridin-3-carbonsäure mit $POCl_3$ in Xylol, Behandeln des Reaktionsprodukts mit Äthanol und anschliessend mit KI in H_2O (*Wiley et al.*, Am. Soc. **75** [1953] 4482, 6363). — F: 223—224° [Zers.; nach Erweichen bei 200°]. λ_{max} (A.): 270 nm, 305 nm und 390 nm.

4,5-Dihydroxy-2-methyl-1*H*-benz[*g*]indol-3-carbonsäure-äthylester $C_{16}H_{15}NO_4$, Formel XII.

B. Bei der Hydrierung von 2-Methyl-4,5-dioxo-4,5-dihydro-1*H*-benz[*g*]indol-3-carbon≈säure-äthylester an Platin in Methanol (*Teuber, Thaler*, B. **92** [1959] 667, 673).

Kristalle (aus wss. Me.), die sich beim Erhitzen violettrot färben.

Hydroxycarbonsäuren $C_{16}H_{15}NO_4$

(±)-6,7-Diäthoxy-1-phenyl-1,2,3,4-tetrahydro-isochinolin-1-carbonsäure $C_{20}H_{23}NO_4$, Formel XIII (R = H, X = OH).

B. Beim Erwärmen von (±)-6,7-Diäthoxy-2-benzoyl-1-phenyl-1,2,3,4-tetrahydro-isochinolin-1-carbonitril mit amylalkohol. KOH (*Gardent*, C. r. **247** [1958] 2153, 2155).

Kristalle; F: 255°.

(±)-6,7-Diäthoxy-1-phenyl-1,2,3,4-tetrahydro-isochinolin-1-carbonsäure-amid $C_{20}H_{24}N_2O_3$, Formel XIII (R = H, X = NH_2).

B. Beim Erwärmen von (±)-6,7-Diäthoxy-2-benzoyl-1-phenyl-1,2,3,4-tetrahydro-iso≈chinolin-1-carbonitril mit äthanol. KOH (*Gardent*, C. r. **247** [1958] 2153, 2155).

Kristalle; F: 156°.

Hydrochlorid $C_{20}H_{24}N_2O_3 \cdot HCl$. Kristalle; F: 163—165°.

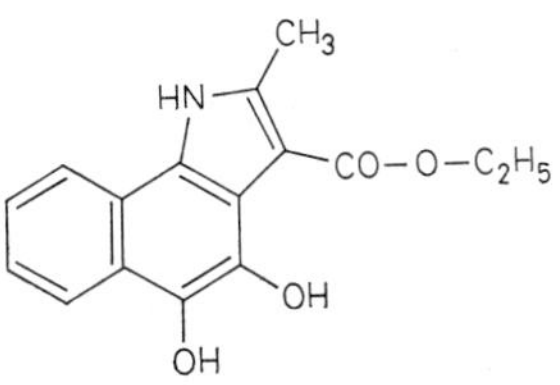

XII

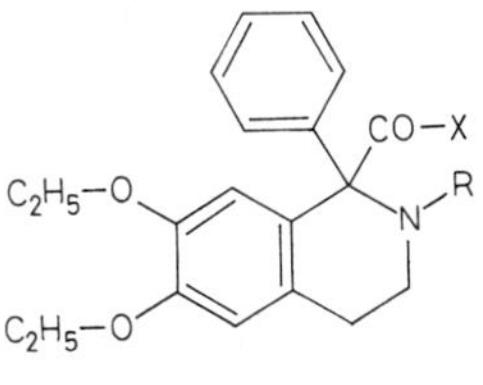

XIII

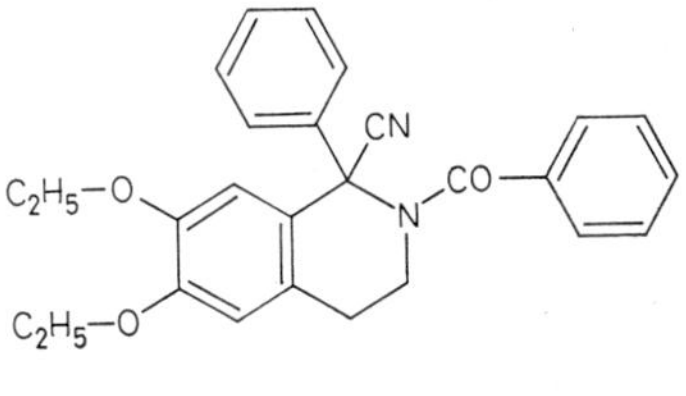

XIV

(±)-6,7-Diäthoxy-2-benzoyl-1-phenyl-1,2,3,4-tetrahydro-isochinolin-1-carbonsäure $C_{27}H_{27}NO_5$, Formel XIII (R = CO-C_6H_5, X = OH).

B. Bei der Benzoylierung von (±)-6,7-Diäthoxy-1-phenyl-1,2,3,4-tetrahydro-isochinolin-1-carbonsäure oder beim Erhitzen von (±)-4,5-Diäthoxy-2-[2-benzoylamino-äthyl]-benzilsäure auf 175—180° (*Chazerain, Gardent*, C. r. **249** [1959] 1758).

Kristalle; F: 247°.

(±)-6,7-Diäthoxy-2-benzoyl-1-phenyl-1,2,3,4-tetrahydro-isochinolin-1-carbonitril $C_{27}H_{26}N_2O_3$, Formel XIV.

B. Beim Behandeln von 6,7-Diäthoxy-1-phenyl-3,4-dihydro-isochinolin in Benzol und wenig Essigsäure mit Phenylglyoxylonitril (*Gardent*, C. r. **247** [1958] 2153, 2155).

Kristalle; F: 128—129°.

Hydroxycarbonsäuren $C_{17}H_{17}NO_4$

(±)-[3,4-Dimethoxy-phenyl]-[5,6,7,8-tetrahydro-[4]chinolyl]-essigsäure-äthylester $C_{21}H_{25}NO_4$, Formel I.

B. Beim Erwärmen von (±)-[3,4-Dimethoxy-phenyl]-[5,6,7,8-tetrahydro-[4]chinolyl]-acetonitril mit äthanol. HCl (*Harasawa*, J. pharm. Soc. Japan **77** [1957] 168, 172; C. A. **1957** 10523).

$Kp_{0,005}$: 181—190°.

Picrat $C_{21}H_{25}NO_4 \cdot C_6H_3N_3O_7$. Kristalle (aus A.) mit 0,5 Mol H_2O; F: 226—227°.

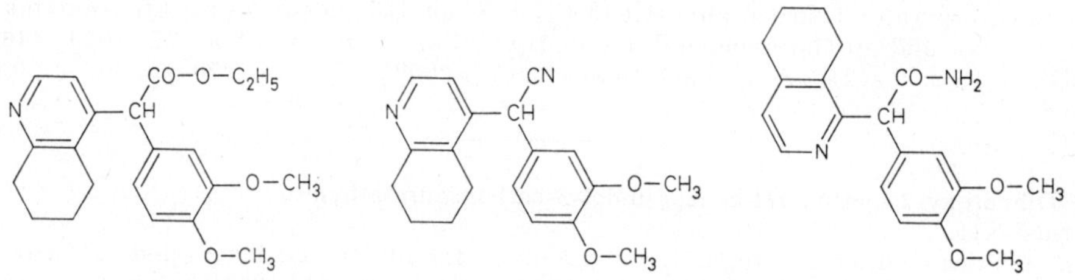

CO—O—C_2H_5 / CH / N / O—CH_3 / O—CH_3 — I

CN / CH / N / O—CH_3 / O—CH_3 — II

CO—NH_2 / CH / N / O—CH_3 / O—CH_3 — III

(±)-[3,4-Dimethoxy-phenyl]-[5,6,7,8-tetrahydro-[4]chinolyl]-acetonitril $C_{19}H_{20}N_2O_2$, Formel II.

B. Beim Erhitzen von 4-Chlor-5,6,7,8-tetrahydro-chinolin mit [3,4-Dimethoxy-phenyl]-acetonitril und $NaNH_2$ in Toluol auf 150° (*Harasawa*, J. pharm. Soc. Japan **77** [1957] 168, 171; C. A. **1957** 10523).

$Kp_{0,003-0,005}$: 200—208°.

(±)-[3,4-Dimethoxy-phenyl]-[5,6,7,8-tetrahydro-[1]isochinolyl]-essigsäure-amid $C_{19}H_{22}N_2O_3$, Formel III.

B. Beim Erwärmen von [3,4-Dimethoxy-phenyl]-acetonitril mit 1-Chlor-5,6,7,8-tetrahydro-isochinolin und $NaNH_2$ in Toluol und Erwärmen des Reaktionsprodukts mit wss. HCl (*Ikehara*, Pharm. Bl. **3** [1955] 291, 293).

Kristalle (aus Acn.); F: 228°.

(±)-1-Benzyl-6,7-dihydroxy-1,2,3,4-tetrahydro-isochinolin-1-carbonsäure $C_{17}H_{17}NO_4$, Formel IV (R = R' = H).

B. Beim Behandeln von Phenylbrenztraubensäure mit wss. NH_3 und mit 4-[2-Amino-äthyl]-brenzcatechin-hydrochlorid (*Hahn, Stiehl*, B. **69** [1936] 2627, 2640).

Kristalle.

Hydrochlorid $C_{17}H_{17}NO_4 \cdot HCl$. Kristalle; Zers. ab ca. 240°.

(±)-1-Benzyl-6,7-dimethoxy-2-methyl-1,2,3,4-tetrahydro-isochinolin-1-carbonsäure $C_{20}H_{23}NO_4$, Formel IV (R = CH_3, R' = H).

B. Beim Erwärmen von (±)-1-Benzyl-6,7-dimethoxy-2-methyl-1,2,3,4-tetrahydro-isochinolin-1-carbonsäure-methylester mit methanol. KOH (*Hahn, Stiehl*, B. **69** [1936] 2627, 2642).

Wasserhaltige Kristalle (aus H_2O); Zers. bei 179–181°.

Bei der Einwirkung von Sonnenlicht erfolgt Zersetzung unter Abspaltung von CO_2.

Hydrochlorid $C_{20}H_{23}NO_4 \cdot HCl$. Kristalle (aus wss. HCl); F: 199–200°.

(±)-1-Benzyl-6,7-dimethoxy-2-methyl-1,2,3,4-tetrahydro-isochinolin-1-carbonsäure-methylester $C_{21}H_{25}NO_4$, Formel IV (R = R' = CH_3).

B. Neben (±)-1-Benzyl-1-carboxy-6,7-dimethoxy-2,2-dimethyl-1,2,3,4-tetrahydro-isochinolinium-betain beim Behandeln von (±)-1-Benzyl-6,7-dihydroxy-1,2,3,4-tetrahydro-isochinolin-1-carbonsäure mit Dimethylsulfat und wss. NaOH (*Hahn, Stiehl*, B. **69** [1936] 2627, 2641).

Kristalle (aus Me.); F: 118°.

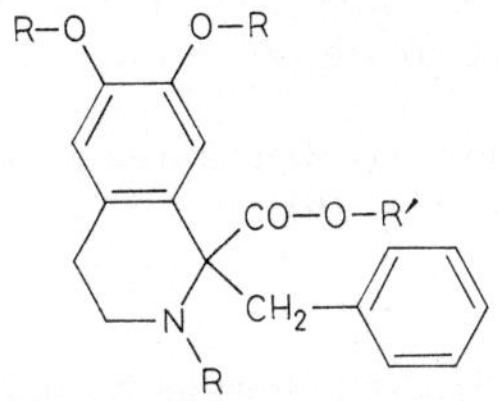

IV 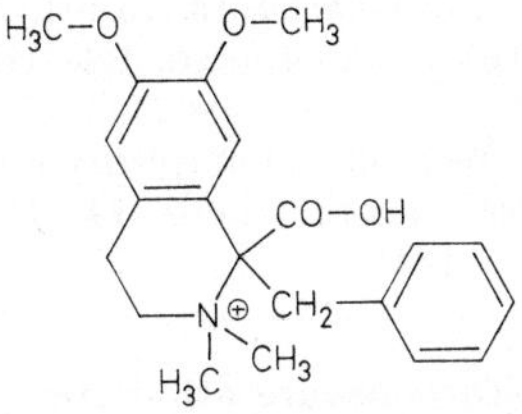 V 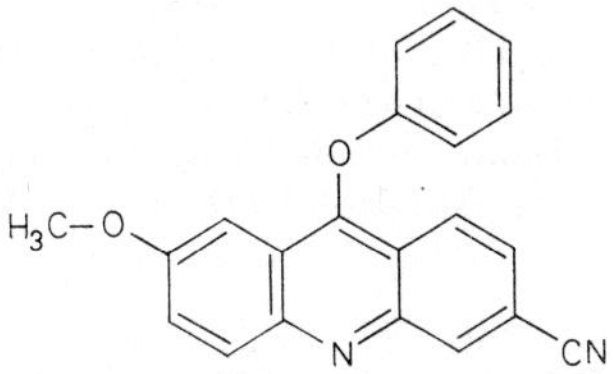 VI

(±)-1-Benzyl-1-carboxy-6,7-dimethoxy-2,2-dimethyl-1,2,3,4-tetrahydro-isochinolinium $[C_{21}H_{26}NO_4]^+$, Formel V.

Betain $C_{21}H_{25}NO_4$. *B.* s. im vorangehenden Artikel. — Kristalle (aus A. + E. oder A. + Acn.); F: 138–139° (*Hahn, Stiehl*, B. **69** [1936] 2627, 2641).

Chlorid $[C_{21}H_{26}NO_4]Cl$. *B.* Aus dem Betain beim Behandeln mit HCl in Äthanol (*Hahn, St.*). — Kristalle (aus H_2O); Zers. ab 167°.

Hydroxycarbonsäuren $C_nH_{2n-19}NO_4$

Hydroxycarbonsäuren $C_{14}H_9NO_4$

7-Methoxy-9-phenoxy-acridin-3-carbonitril $C_{21}H_{14}N_2O_2$, Formel VI.

B. Beim Erhitzen von 9-Chlor-7-methoxy-acridin-3-carbonitril mit Phenol (*Goldberg, Kelly*, Soc. **1947** 637, 639).

Gelbe Kristalle (aus A.); F: 188°.

7-Methoxy-9-phenoxy-acridin-3-carbonsäure-[amid-oxim], 7-Methoxy-9-phenoxy-acridin-3-carbohydroximsäure-amid, 7-Methoxy-9-phenoxy-acridin-3-carbamidoxim $C_{21}H_{17}N_3O_3$, Formel VII.

B. Beim Erwärmen von 7-Methoxy-9-phenoxy-acridin-3-carbonitril mit NH_2OH in Pyridin und Äthanol (*Goldberg, Kelly*, Soc. **1947** 637, 639).

Gelbe Kristalle (aus A. + Py.); F: 216° [Zers.].

1,3-Dihydroxy-acridin-9-carbonsäure $C_{14}H_9NO_4$, Formel VIII.

B. Beim Erwärmen von Isatin mit Phloroglucin und wss.-äthanol. KOH (*Linnell et al.*, Quart. J. Pharm. Pharmacol. **21** [1948] 58, 61).

Orangerotes Pulver, das bei 280° CO_2 abspaltet und unterhalb 350° nicht schmilzt.

Hydrochlorid $C_{14}H_9NO_4 \cdot HCl$. Dunkelrote Kristalle (aus wss. HCl).

Silber-Salz $AgC_{14}H_8NO_4 \cdot AgOH$. Braunes Pulver.

4-Hydroxy-6-methoxy-benzo[*h*]chinolin-2-carbonsäure $C_{15}H_{11}NO_4$, Formel IX (R = H), und Tautomeres (6-Methoxy-4-oxo-1,4-dihydro-benzo[*h*]chinolin-2-carbonsäure).

B. Beim Erwärmen der im nachfolgenden Artikel beschriebenen Verbindung mit wss.

NaOH (*Bachman, Wetzel*, J. org. Chem. **11** [1946] 454, 461).
Gelbe Kristalle (aus A.); F: 253–255° [Zers.].

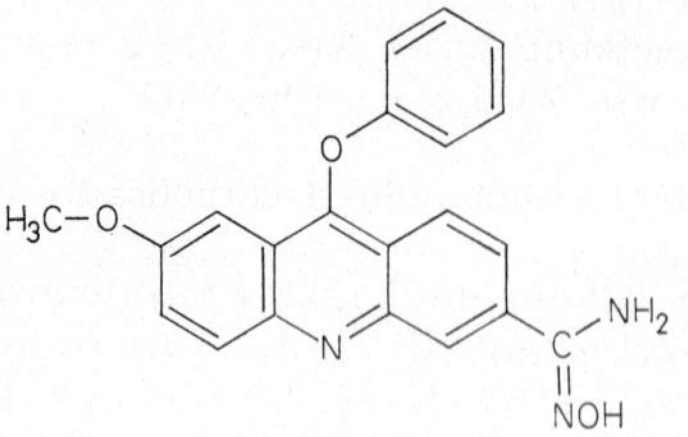

VII 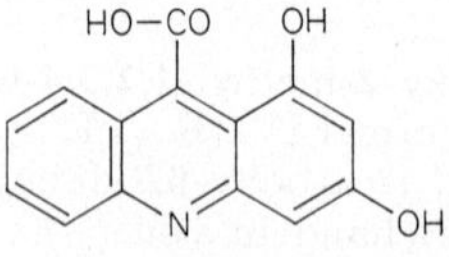 VIII 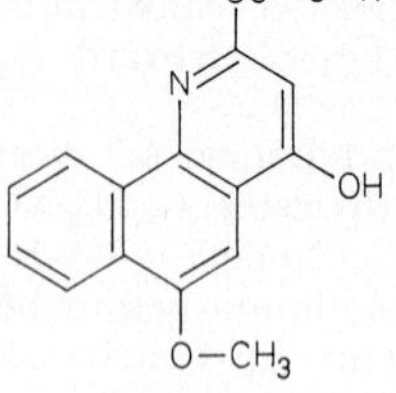 IX

4-Hydroxy-6-methoxy-benzo[*h*]chinolin-2-carbonsäure-äthylester $C_{17}H_{15}NO_4$, Formel IX ($R = C_2H_5$), und Tautomeres (6-Methoxy-4-oxo-1,4-dihydro-benzo[*h*]chinolin-2-carbonsäure-äthylester).

B. Beim kurzen Erhitzen von [4-Methoxy-[1]naphthylamino]-bernsteinsäure-diäthylester mit Mineralöl (*Bachman, Wetzel*, J. org. Chem. **11** [1946] 454, 461).

Gelbe Kristalle (aus Bzl.); F: 180–181°.

1,4-Dihydroxy-benz[*h*]isochinolin-3-carbonsäure-äthylester $C_{16}H_{13}NO_4$, Formel X, und Tautomeres (4-Hydroxy-1-oxo-1,2-dihydro-benz[*h*]isochinolin-3-carbonsäure-äthylester).

B. Als Hauptprodukt neben 1,4-Dihydroxy-benz[*f*]isochinolin-2-carbonsäure-äthylester beim Erwärmen von [1,3-Dioxo-1,3-dihydro-benz[*e*]isoindol-2-yl]-essigsäure-äthylester mit Natriumäthylat in Äthanol (*Koelsch, Lundquist*, J. org. Chem. **21** [1956] 657).

Hellbraune Kristalle (aus A.); F: 214–214,5°.

1,4-Dihydroxy-benz[*f*]isochinolin-2-carbonsäure-äthylester $C_{16}H_{13}NO_4$, Formel XI, und Tautomeres (1-Hydroxy-4-oxo-3,4-dihydro-benz[*f*]isochinolin-2-carbonsäure-äthylester).

B. s. im vorangehenden Artikel.

Gelbe Kristalle (aus Eg.); F: 232–234° (*Koelsch, Lundquist*, J. org. Chem. **21** [1956] 657).

1-Hydroxy-7-methoxy-benzo[*f*]chinolin-3-carbonsäure $C_{15}H_{11}NO_4$, Formel XII ($R = X' = H$, $X = O\text{-}CH_3$), und Tautomeres (7-Methoxy-1-oxo-1,4-dihydro-benzo[*f*]chinolin-3-carbonsäure).

B. Beim Erhitzen von 1-Hydroxy-7-methoxy-benzo[*f*]chinolin-3-carbonsäure-äthylester mit wss. Alkalilauge (*Mueller, Hamilton*, Am. Soc. **66** [1944] 860).

F: 292–295° [Zers.].

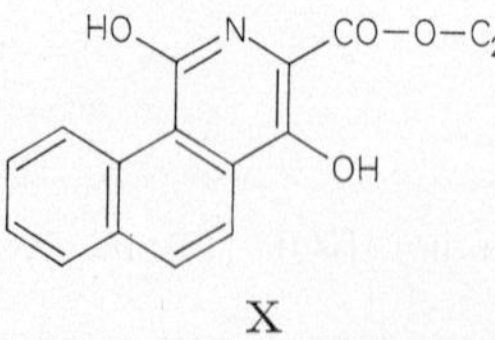

X 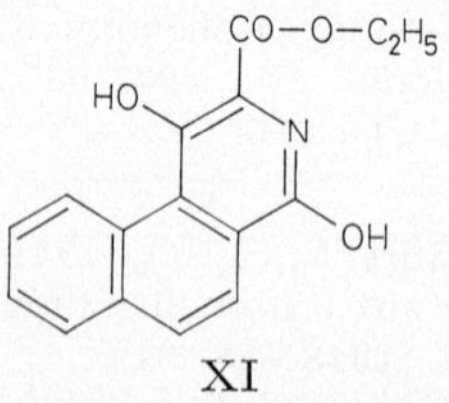 XI 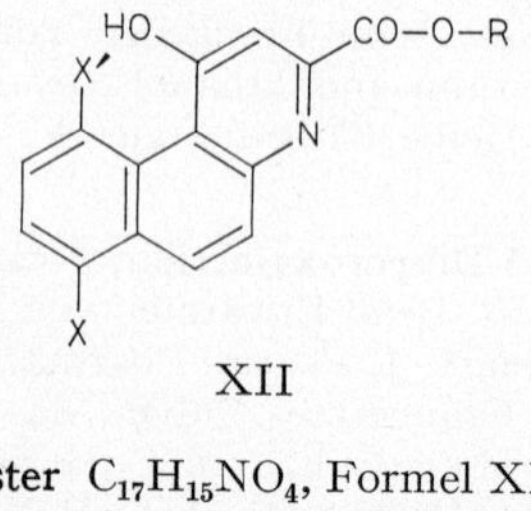 XII

1-Hydroxy-7-methoxy-benzo[*f*]chinolin-3-carbonsäure-äthylester $C_{17}H_{15}NO_4$, Formel XII ($R = C_2H_5$, $X = O\text{-}CH_3$, $X' = H$), und Tautomeres (7-Methoxy-1-oxo-1,4-dihydro-benzo[*f*]chinolin-3-carbonsäure-äthylester).

B. Beim Behandeln von 5-Methoxy-[2]naphthylamin mit Oxalessigsäure-diäthylester und Erhitzen des Reaktionsprodukts mit Mineralöl (*Mueller, Hamilton*, Am. Soc. **66** [1944] 860).

Kristalle (aus A.); F: 256–258°.

1-Hydroxy-10-methoxy-benzo[*f*]chinolin-3-carbonsäure $C_{15}H_{11}NO_4$, Formel XII (R = X = H, X' = O-CH_3), und Tautomeres (10-Methoxy-1-oxo-1,4-dihydro-benzo[*f*]chinolin-3-carbonsäure).

B. Beim Erhitzen von 1-Hydroxy-10-methoxy-benzo[*f*]chinolin-3-carbonsäure-äthyl-ester mit wss. Alkalilauge (*Mueller, Hamilton*, Am. Soc. **66** [1944] 860).

Zers. bei 250—253°.

Hydrochlorid $C_{15}H_{11}NO_4 \cdot HCl$. Gelbe Kristalle.

1-Hydroxy-10-methoxy-benzo[*f*]chinolin-3-carbonsäure-äthylester $C_{17}H_{15}NO_4$, Formel XII (R = C_2H_5, X = H, X' = O-CH_3), und Tautomeres (10-Methoxy-1-oxo-1,4-dihydro-benzo[*f*]chinolin-3-carbonsäure-äthylester).

B. Beim Behandeln von 8-Methoxy-[2]naphthylamin mit der Natrium-Verbindung des Oxalessigsäure-diäthylesters in Äthanol unter Zusatz von wenig konz. wss. HCl und Erhitzen des Reaktionsprodukts mit Mineralöl (*Mueller, Hamilton*, Am. Soc. **66** [1944] 860).

Kristalle (aus wss. A.); F: 181—183°.

Hydroxycarbonsäuren $C_{15}H_{11}NO_4$

5,6-Dimethoxy-3-phenyl-indol-2-carbonsäure $C_{17}H_{15}NO_4$, Formel XIII (R = H).

B. Beim Behandeln von 5,6-Dimethoxy-3-phenyl-indol-2-carbonsäure-äthylester mit äthanol. KOH (*Lions, Spruson*, J. Pr. Soc. N.S. Wales **66** [1932] 171, 178).

Kristalle (aus A.); F: 203° [Zers.].

5,6-Dimethoxy-3-phenyl-indol-2-carbonsäure-äthylester $C_{19}H_{19}NO_4$, Formel XIII (R = C_2H_5).

B. Beim Behandeln von 2-[3,4-Dimethoxy-phenylhydrazono]-3-phenyl-propionsäure-äthylester (aus 2-Benzyl-acetessigsäure-äthylester und 3,4-Dimethoxy-benzoldiazonium-chlorid erhalten) in Äthanol mit HCl (*Lions, Spruson*, J. Pr. Soc. N.S. Wales **66** [1932] 171, 177).

Orangefarbene Kristalle (aus A.); F: 167°.

3-[3,4-Dimethoxy-phenyl]-1-methyl-indol-2-carbonsäure $C_{18}H_{17}NO_4$, Formel XIV.

B. Beim Behandeln von [3,4-Dimethoxy-phenyl]-brenztraubensäure mit *N*-Methyl-*N*-phenyl-hydrazin in Äthanol (*Chalmers, Lions*, J. Pr. Soc. N.S. Wales **67** [1933] 178, 198).

Gelbe Kristalle (aus Me.); F: 194°.

XIII XIV XV

Hydroxycarbonsäuren $C_{16}H_{13}NO_4$

(±)-6,7-Dimethoxy-1-phenyl-3,4-dihydro-isochinolin-3-carbonsäure-methylester $C_{19}H_{19}NO_4$, Formel XV (R = CH_3) (E II 198).

B. Beim Erwärmen von *N*-Benzoyl-3,4-dimethoxy-DL-phenylalanin-methylester mit P_2O_5 in Xylol (*Harwood, Johnson*, Am. Soc. **56** [1934] 468).

Kristalle (aus wss. Me.); F: 120,5—121,5°.

(±)-6,7-Dimethoxy-1-phenyl-3,4-dihydro-isochinolin-3-carbonsäure-äthylester $C_{20}H_{21}NO_4$, Formel XV (R = C_2H_5).

B. Aus *N*-Benzoyl-3,4-dimethoxy-DL-phenylalanin-äthylester beim Erhitzen mit

P_2O_5 in Xylol (*Harwood, Johnson*, Am. Soc. **56** [1934] 468) oder beim kurzen Erhitzen mit $POCl_3$ in Xylol (*Hosono*, J. pharm. Soc. Japan **65** [1945] Ausg. B, S. 540; C. A. **1952** 115).

Picrolonat $C_{20}H_{21}NO_4 \cdot C_{10}H_8N_4O_5$. Gelbe Kristalle (aus A.); F: 193° [Zers.] (*Ho.*).

[2-(2,4-Dimethoxy-phenyl)-1-methyl-indol-3-yl]-essigsäure $C_{19}H_{19}NO_4$, Formel I ($X = O\text{-}CH_3$, $X' = H$).

B. Beim Erwärmen von 4-[2,4-Dimethoxy-phenyl]-4-oxo-buttersäure mit *N*-Methyl-*N*-phenyl-hydrazin in Essigsäure (*Chalmers, Lions*, J. Pr. Soc. N.S. Wales **67** [1933] 178, 191).

Kristalle (aus Me.); F: 210°.

[2-(3,4-Dimethoxy-phenyl)-indol-3-yl]-acetonitril $C_{18}H_{16}N_2O_2$, Formel II.

B. Beim Behandeln von [2-(3,4-Dimethoxy-phenyl)-indol-3-ylmethyl]-trimethyl-ammonium-jodid mit NaCN in DMF (*Woodward et al.*, Am. Soc. **76** [1954] 4749).

F: 237—238°.

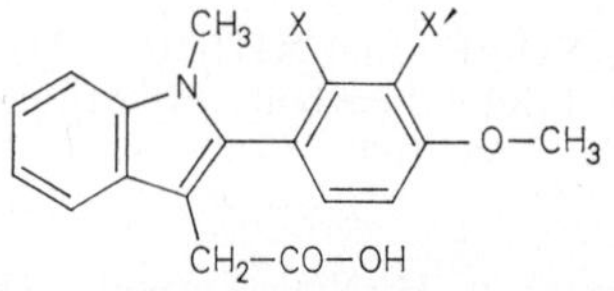

I 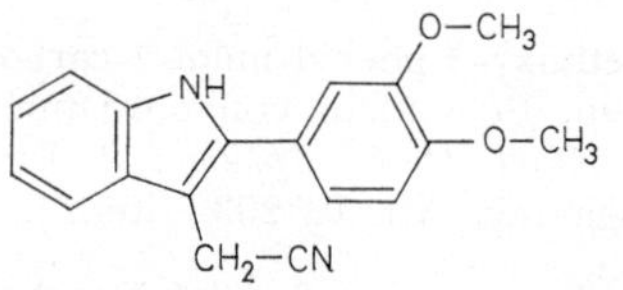 II

[2-(3,4-Dimethoxy-phenyl)-1-methyl-indol-3-yl]-essigsäure $C_{19}H_{19}NO_4$, Formel I ($X = H$, $X' = O\text{-}CH_3$).

B. Beim Erhitzen von 4-[3,4-Dimethoxy-phenyl]-4-[methyl-phenyl-hydrazono]-buttersäure mit HCl in Xylol (*Chalmers, Lions*, J. Pr. Soc. N.S. Wales **67** [1933] 178, 190).

Kristalle (aus Xylol); F: 153—156°.

Bildung eines Brom-Derivats $C_{19}H_{18}BrNO_4$ (Kristalle [aus Acn.]; F: 206—207°) beim Behandeln mit Brom in CCl_4 und Erwärmen des Reaktionsprodukts mit Benzol: *Ch., Li.*

Hydroxycarbonsäuren $C_{17}H_{15}NO_4$

4-[6,7-Dimethoxy-3,4-dihydro-[1]isochinolylmethyl]-benzonitril $C_{19}H_{18}N_2O_2$, Formel III.

B. Beim Erwärmen von [4-Cyan-phenyl]-essigsäure-[3,4-dimethoxy-phenäthylamid] mit $POCl_3$ in Toluol oder mit PCl_5 in $CHCl_3$ (*Govindachari, Nagarajan*, Pr. Indian Acad. [A] **42** [1955] 136, 138).

Hydrochlorid $C_{19}H_{18}N_2O_2 \cdot HCl$. Kristalle (aus A. + Ae.); F: 209—211°.

Picrat $C_{19}H_{18}N_2O_2 \cdot C_6H_3N_3O_7$. F: 200—202° [Zers.].

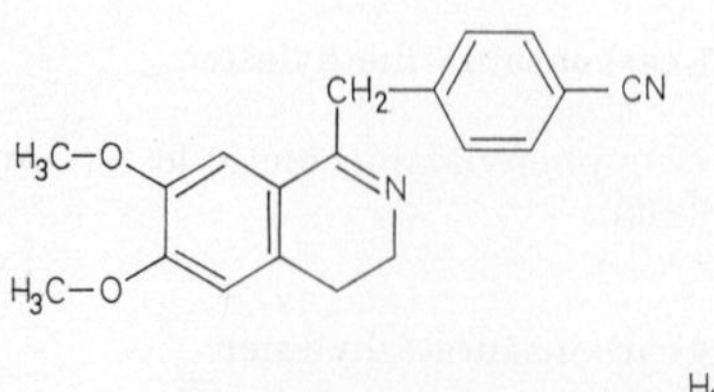

III 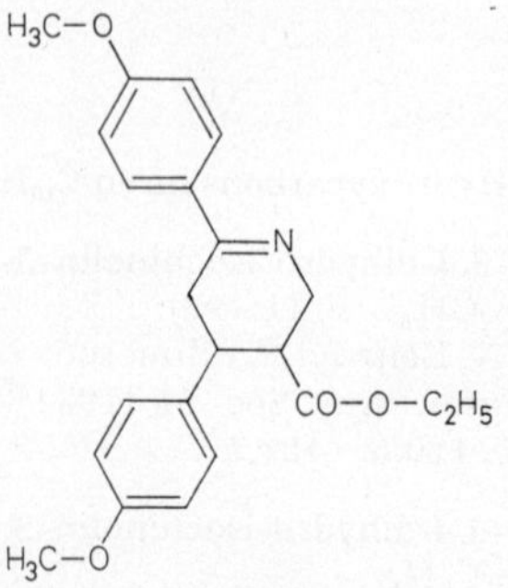 IV 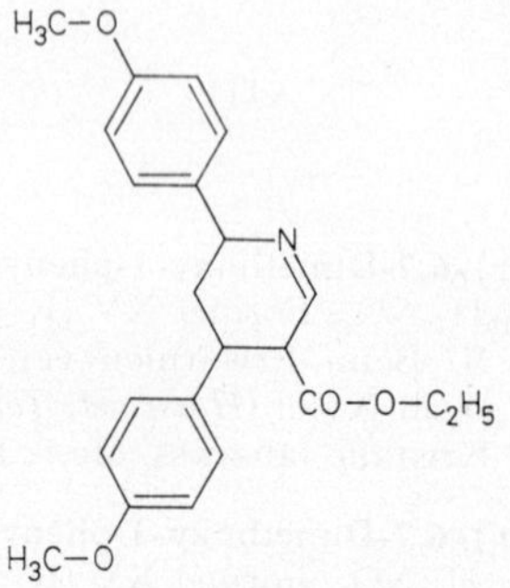 V

Hydroxycarbonsäuren $C_{18}H_{17}NO_4$

***Opt.-inakt. 4,6-Bis-[4-methoxy-phenyl]-2,3,4,5-tetrahydro-pyridin-3-carbonsäure-äthylester** $C_{22}H_{25}NO_4$, Formel IV.

Diese Konstitution kommt vermutlich der nachstehend beschriebenen Verbindung zu.

B. Neben der folgenden Verbindung bei der Hydrierung von opt.-inakt. 2-Cyan-3,5-bis-[4-methoxy-phenyl]-5-oxo-valeriansäure-äthylester (F: 115–116°) an Raney-Nickel in Äthanol (*Davey, Tivey*, Soc. **1958** 2606, 2608).

IR-Banden: 1715 cm^{-1}, 1609 cm^{-1}, 1591 cm^{-1} und 1517 cm^{-1}.

Picrat $C_{22}H_{25}NO_4 \cdot C_6H_3N_3O_7$. Gelbe Kristalle (aus Bzl.); F: 192–193°.

***Opt.-inakt. 4,6-Bis-[4-methoxy-phenyl]-3,4,5,6-tetrahydro-pyridin-3-carbonsäure-äthylester** $C_{22}H_{25}NO_4$, Formel V.

Diese Konstitution kommt vermutlich der nachstehend beschriebenen Verbindung zu.

B. s. im vorangehenden Artikel.

Kristalle (aus PAe.); F: 117–118° (*Davey, Tivey*, Soc. **1958** 2606, 2608). IR-Banden: 1731 cm^{-1}, 1640 cm^{-1}, 1605 cm^{-1} und 1512 cm^{-1}.

Picrat $C_{22}H_{25}NO_4 \cdot C_6H_3N_3O_7$. Gelbe Kristalle (aus Bzl.); F: 176–177°.

Hydroxycarbonsäuren $C_{30}H_{41}NO_4$

7α,12α-Dihydroxy-1′*H*-5β-chol-3-eno[3,4-*b*]indol-24-säure $C_{30}H_{41}NO_4$, Formel VI (R = R′ = R″ = H).

B. Beim Erwärmen von 7α,12α-Diacetoxy-1′*H*-5β-chol-3-eno[3,4-*b*]indol-24-säure-methylester mit wss.-äthanol. KOH (*Chaplin et al.*, Soc. **1959** 3194, 3200).

Kristalle (aus wss. Me.) mit 1 Mol H_2O; F: 172° und (nach Wiedererstarren) F: 210° bis 212°.

7α,12α-Diacetoxy-1′*H*-5β-chol-3-eno[3,4-*b*]indol-24-säure-methylester $C_{35}H_{47}NO_6$, Formel VI (R = CH_3, R′ = CO-CH_3, R″ = H).

B. Beim Erwärmen von 7α,12α-Diacetoxy-3-oxo-5β-cholan-24-säure-methylester mit Phenylhydrazin und Essigsäure (*Chaplin et al.*, Soc. **1959** 3194, 3200).

Kristalle (aus PAe. + Bzl.); F: 238,5–240°. $[\alpha]_D$: +218° [$CHCl_3$].

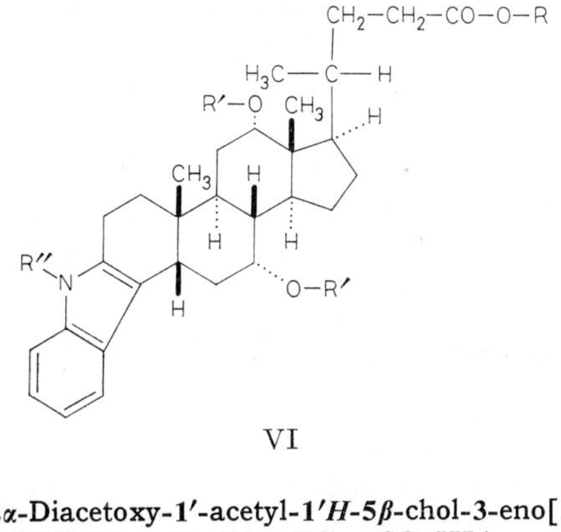

VI 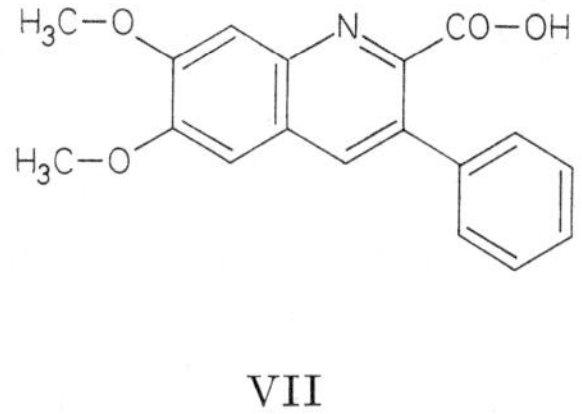 VII

7α,12α-Diacetoxy-1′-acetyl-1′*H*-5β-chol-3-eno[3,4-*b*]indol-24-säure $C_{36}H_{47}NO_7$, Formel VI (R = H, R′ = R″ = CO-CH_3).

B. Beim Behandeln von 7α,12α-Dihydroxy-1′*H*-5β-chol-3-eno[3,4-*b*]indol-24-säure mit Acetanhydrid, Essigsäure und $HClO_4$ (*Chaplin et al.*, Soc. **1959** 3194, 3200).

Kristalle (aus wss. A.); F: 260–263° [Zers.].

7α,12α-Diacetoxy-1′-acetyl-1′*H*-5β-chol-3-eno[3,4-*b*]indol-24-säure-methylester $C_{37}H_{49}NO_7$, Formel VI (R = CH_3, R′ = R″ = CO-CH_3).

B. Beim Behandeln von 7α,12α-Diacetoxy-1′*H*-5β-chol-3-eno[3,4-*b*]indol-24-säure-methylester mit Acetanhydrid, Essigsäure und $HClO_4$ (*Chaplin et al.*, Soc. **1959** 3194,

3200). Beim Behandeln von 7α,12α-Diacetoxy-1′-acetyl-1′*H*-5β-chol-3-eno[3,4-*b*]indol-24-säure mit Diazomethan in Äther (*Ch. et al.*).

Kristalle (aus wss. A.); F: 222–224°.

Hydroxycarbonsäuren $C_nH_{2n-21}NO_4$

Hydroxycarbonsäuren $C_{16}H_{11}NO_4$

6,7-Dimethoxy-3-phenyl-chinolin-2-carbonsäure $C_{18}H_{15}NO_4$, Formel VII.

B. Beim Erwärmen von 2-Amino-4,5-dimethoxy-benzaldehyd-*p*-tolylimin mit Phenylbrenztraubensäure und wss.-äthanol. NaOH (*Borsche, Ried,* A. **554** [1943] 269, 270, 276).

Kristalle (aus H_2O); F: 151–152°.

7-Hydroxy-8-methoxy-3-phenyl-chinolin-2-carbonsäure $C_{17}H_{13}NO_4$, Formel VIII.

B. Beim Erwärmen von 2-Amino-4-hydroxy-3-methoxy-benzaldehyd mit Phenylbrenztraubensäure, Piperidin und Äthylacetat (*Ried et al.*, B. **85** [1952] 204, 212).

Orangefarbene Kristalle (aus Me.) mit 1 Mol H_2O, F: 190° [unter Abspaltung von CO_2]; die wasserfreie Verbindung schmilzt bei 205°.

4-Hydroxy-6-methoxy-2-phenyl-chinolin-3-carbonsäure $C_{17}H_{13}NO_4$, Formel IX ($R = CH_3$, $R' = H$), und Tautomeres (6-Methoxy-4-oxo-2-phenyl-1,4-dihydro-chinolin-3-carbonsäure).

B. Beim Erwärmen von 4-Hydroxy-6-methoxy-2-phenyl-chinolin-3-carbonsäure-äthylester mit wss. KOH (*Seka, Fuchs,* M. **57** [1931] 52, 60).

Kristalle (aus wss. Eg.) mit 1 Mol H_2O; F: 235°; im Hochvakuum sublimierbar.

6-Äthoxy-4-hydroxy-2-phenyl-chinolin-3-carbonsäure $C_{18}H_{15}NO_4$, Formel IX ($R = C_2H_5$, $R' = H$), und Tautomeres (6-Äthoxy-4-oxo-2-phenyl-1,4-dihydro-chinolin-3-carbonsäure).

B. Beim Behandeln von 6-Äthoxy-4-hydroxy-2-phenyl-chinolin-3-carbonsäure-äthylester mit äthanol. KOH (*Šorm, Novotný,* Chem. Listy **49** [1954] 901, 902, 907; Collect. **20** [1955] 1206, 1208; C. A. **1955** 13244).

F: 269° [unkorr.].

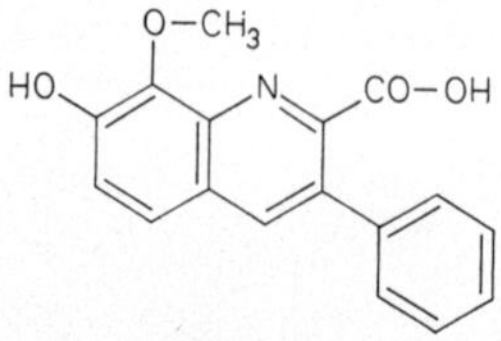

VIII

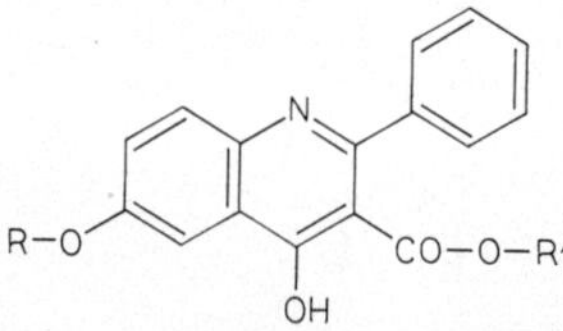

IX

4-Hydroxy-6-methoxy-2-phenyl-chinolin-3-carbonsäure-äthylester $C_{19}H_{17}NO_4$, Formel IX ($R = CH_3$, $R' = C_2H_5$), und Tautomeres (6-Methoxy-4-oxo-2-phenyl-1,4-dihydro-chinolin-3-carbonsäure-äthylester).

B. Beim Erwärmen von *N*-[4-Methoxy-phenyl]-benzimidoylchlorid mit der Natrium-Verbindung des Malonsäure-diäthylesters in Toluol (*Elderfield et al.*, Am. Soc. **68** [1946] 1272, 1274) oder in Äther auf 100–120° (*Seka, Fuchs,* M. **57** [1931] 52, 59) und Erhitzen des jeweils erhaltenen Reaktionsprodukts bis auf 170°.

Kristalle; F: 248–249° [korr.; aus A.] (*El. et al.*), 245° [aus Eg.] (*Seka, Fu.*).

6-Äthoxy-4-hydroxy-2-phenyl-chinolin-3-carbonsäure-äthylester $C_{20}H_{19}NO_4$, Formel IX ($R = R' = C_2H_5$), und Tautomeres (6-Äthoxy-4-oxo-2-phenyl-1,4-dihydro-chinolin-3-carbonsäure-äthylester).

B. Beim Erwärmen von *N*-[4-Äthoxy-phenyl]-benzimidoylchlorid (aus Benzoesäure-*p*-phenetidid und PCl_5 hergestellt) mit der Natrium-Verbindung des Malonsäure-diäthylesters in Toluol und Erhitzen des Reaktionsprodukts auf 150–170° (*Šorm, Novotný,*

Chem. Listy **49** [1954] 901, 902, 907; Collect. **20** [1955] 1206, 1208; C. A. **1955** 13244).
F: 257° [unkorr.].

4-Hydroxy-7-methoxy-2-phenyl-chinolin-3-carbonsäure $C_{17}H_{13}NO_4$, Formel X (R = H), und Tautomeres (7-Methoxy-4-oxo-2-phenyl-1,4-dihydro-chinolin-3-carbonsäure).

B. Beim Erhitzen von 4-Hydroxy-7-methoxy-2-phenyl-chinolin-3-carbonsäure-äthylester mit wss. NaOH (*Elderfield et al.*, Am. Soc. **68** [1946] 1272, 1274).

Kristalle (aus Eg.); F: 238–240° [korr.; Zers.; bei schnellem Erhitzen].

4-Hydroxy-7-methoxy-2-phenyl-chinolin-3-carbonsäure-äthylester $C_{19}H_{17}NO_4$, Formel X (R = C_2H_5), und Tautomeres (7-Methoxy-4-oxo-2-phenyl-1,4-dihydro-chinolin-3-carbonsäure-äthylester).

B. Beim Erwärmen von *N*-[3-Methoxy-phenyl]-benzimidoylchlorid mit der Natrium-Verbindung des Malonsäure-diäthylesters in Toluol und Erhitzen des Reaktionsprodukts auf 150–170° (*Elderfield et al.*, Am. Soc. **68** [1946] 1272, 1274).

Kristalle; F: 241–241,5° [korr.] (*Johnstone et al.*, Austral. J. Chem. **11** [1958] 562, 573), 232–233° [korr.; aus A.] (*El. et al.*).

Beim Erwärmen mit wss. KOH sind 7-Methoxy-2-phenyl-chinolin-4-ol und 3-[5-Methoxy-2-carboxy-phenylimino]-3-phenyl-propionsäure erhalten worden (*El. et al.*).

5,6-Dimethoxy-2-phenyl-chinolin-3-carbonsäure $C_{18}H_{15}NO_4$, Formel XI.

B. Beim Erwärmen von 5,6-Dimethoxy-2-phenyl-chinolin-3-carbonitril mit wss. H_2SO_4 (*Ried, Schiller*, B. **85** [1952] 216, 222).

Gelbe Kristalle (aus H_2O); Zers. bei 205°.

Sulfat. Rote Kristalle.

H_3C-O ... N ... CO–O–R, OH — X; H_3C-O ... N ... CO–OH, $O-CH_3$ — XI; H_3C-O ... N ... CN, O–R — XII

5-Hydroxy-6-methoxy-2-phenyl-chinolin-3-carbonitril $C_{17}H_{12}N_2O_2$, Formel XII (R = H).

B. Beim Erwärmen von 6-Amino-2-hydroxy-3-methoxy-benzaldehyd (aus 2-Hydroxy-3-methoxy-6-nitro-benzaldehyd durch Hydrierung an Raney-Nickel hergestellt) mit 3-Oxo-3-phenyl-propionitril und Piperidin in Äthylacetat (*Ried, Schiller*, B. **85** [1952] 216, 221).

Kristalle (aus Me.); F: 224°.

5,6-Dimethoxy-2-phenyl-chinolin-3-carbonitril $C_{18}H_{14}N_2O_2$, Formel XII (R = CH_3).

B. Beim Erwärmen von 6-Amino-2,3-dimethoxy-benzaldehyd mit 3-Oxo-3-phenyl-propionitril und Piperidin in Äthylacetat (*Ried, Schiller*, B. **85** [1952] 216, 221).

Gelbe Kristalle (aus A.); F: 153°.

5-Acetoxy-6-methoxy-2-phenyl-chinolin-3-carbonitril $C_{19}H_{14}N_2O_3$, Formel XII (R = CO-CH_3).

B. Beim Erwärmen von 2-Acetoxy-6-amino-3-methoxy-benzaldehyd (aus 2-Acetoxy-3-methoxy-6-nitro-benzaldehyd durch Hydrierung an Raney-Nickel hergestellt) mit 3-Oxo-3-phenyl-propionitril und Piperidin in Äthylacetat (*Ried, Schiller*, B. **85** [1952] 216, 222).

Kristalle (aus Me.); F: 212°.

5-Benzolsulfonyloxy-6-methoxy-2-phenyl-chinolin-3-carbonitril $C_{23}H_{16}N_2O_4S$, Formel XII (R = SO_2-C_6H_5).

B. Beim Erwärmen von 6-Amino-2-benzolsulfonyloxy-3-methoxy-benzaldehyd (aus 2-Benzolsulfonyloxy-3-methoxy-6-nitro-benzaldehyd durch Hydrierung an Raney-

Nickel hergestellt) mit 3-Oxo-3-phenyl-propionitril und Piperidin in Äthylacetat (*Ried, Schiller*, B. **85** [1952] 216, 222).

Kristalle (aus E.).

6,7-Dimethoxy-2-phenyl-chinolin-3-carbonsäure $C_{18}H_{15}NO_4$, Formel XIII (X = OH).

B. Aus 6,7-Dimethoxy-2-phenyl-chinolin-3-carbonsäure-äthylester (*Borsche, Ried*, A. **554** [1943] 269, 284).

Kristalle (aus wss. Eg.); F: 238—239° [Zers.].

6,7-Dimethoxy-2-phenyl-chinolin-3-carbonsäure-äthylester $C_{20}H_{19}NO_4$, Formel XIII (X = O-C_2H_5).

B. Beim Erwärmen von 6-Amino-3,4-dimethoxy-benzaldehyd-*p*-tolylimin mit 3-Oxo-3-phenyl-propionsäure-äthylester und Piperidin (*Borsche, Ried*, A. **554** [1943] 269, 284).

Hellgelbe Kristalle (aus A.); F: 155°.

6,7-Dimethoxy-2-phenyl-chinolin-3-carbonylchlorid $C_{18}H_{14}ClNO_3$, Formel XIII (X = Cl).

B. Beim Behandeln von 6,7-Dimethoxy-2-phenyl-chinolin-3-carbonsäure mit $SOCl_2$ (*Borsche, Ried*, A. **554** [1943] 269, 287).

Kristalle; F: 225°.

Beim Behandeln mit $AlCl_3$ in Nitrobenzol ist 7,8-Dimethoxy-indeno[1,2-*b*]chinolin-11-on erhalten worden.

7,8-Dihydroxy-2-phenyl-chinolin-3-carbonitril $C_{16}H_{10}N_2O_2$, Formel XIV (R = R' = H).

B. Beim Erhitzen von 7,8-Dimethoxy-2-phenyl-chinolin-3-carbonitril mit Pyridin-hydrochlorid auf 200—220° (*Ried et al.*, B. **85** [1952] 204, 209).

Kristalle (aus Me.); F: 235°.

Picrat $C_{16}H_{10}N_2O_2 \cdot C_6H_3N_3O_7$. Rote Kristalle (aus Me.); F: 193—195°.

7-Hydroxy-8-methoxy-2-phenyl-chinolin-3-carbonitril $C_{17}H_{12}N_2O_2$, Formel XIV (R = H, R' = CH_3).

B. Beim Erwärmen von 2-Amino-4-hydroxy-3-methoxy-benzaldehyd (aus 4-Hydroxy-3-methoxy-2-nitro-benzaldehyd durch Hydrierung an Raney-Nickel hergestellt) mit 3-Oxo-3-phenyl-propionitril und Piperidin in Äthylacetat (*Ried et al.*, B. **85** [1952] 204, 209).

Kristalle (aus wss. A.); F: 212—214°.

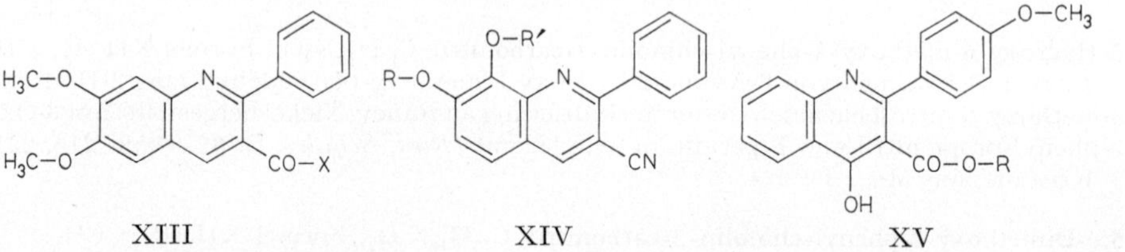

XIII XIV XV

7,8-Dimethoxy-2-phenyl-chinolin-3-carbonitril $C_{18}H_{14}N_2O_2$, Formel XIV (R = R' = CH_3).

B. Beim Erwärmen von 2-Amino-3,4-dimethoxy-benzaldehyd (aus 3,4-Dimethoxy-2-nitro-benzaldehyd durch Hydrierung an Raney-Nickel hergestellt) mit 3-Oxo-3-phenyl-propionitril und Piperidin in Äthylacetat (*Ried et al.*, B. **85** [1952] 204, 209). Beim Behandeln von 7-Hydroxy-8-methoxy-2-phenyl-chinolin-3-carbonitril mit Dimethylsulfat und wss. Alkalilauge (*Ried et al.*).

Gelbe Kristalle (aus A.); F: 122—124°.

7-Acetoxy-8-methoxy-2-phenyl-chinolin-3-carbonitril $C_{19}H_{14}N_2O_3$, Formel XIV (R = CO-CH_3, R' = CH_3).

B. Beim Erwärmen von 4-Acetoxy-2-amino-3-methoxy-benzaldehyd (aus 4-Acetoxy-3-methoxy-2-nitro-benzaldehyd durch Hydrierung an Raney-Nickel hergestellt) mit 3-Oxo-3-phenyl-propionitril und Piperidin in Äthylacetat (*Ried et al.*, B. **85** [1952] 204, 210). Beim Behandeln von 7-Hydroxy-8-methoxy-2-phenyl-chinolin-3-carbonitril mit Acet=

anhydrid (*Ried et al.*).
Gelbe Kristalle (aus Me. oder E.); F: 170°.

7,8-Diacetoxy-2-phenyl-chinolin-3-carbonitril $C_{20}H_{14}N_2O_4$, Formel XIV (R = R' = CO-CH_3).

B. Beim Behandeln von 7,8-Dihydroxy-2-phenyl-chinolin-3-carbonitril mit Acetanhydrid (*Ried et al.*, B. **85** [1952] 204, 209).

Kristalle; F: 178°.

4-Hydroxy-2-[4-methoxy-phenyl]-chinolin-3-carbonsäure $C_{17}H_{13}NO_4$, Formel XV (R = H), und Tautomeres (2-[4-Methoxy-phenyl]-4-oxo-1,4-dihydro-chinolin-3-carbonsäure).

B. Beim Behandeln von 4-Hydroxy-2-[4-methoxy-phenyl]-chinolin-3-carbonsäure-äthylester mit äthanol. NaOH (*Kulkarni, Shah,* J. Indian chem. Soc. **26** [1949] 171, 174) oder mit äthanol. KOH (*Šorm, Novotný,* Chem. Listy **49** [1954] 901, 902, 907; Collect. **20** [1955] 1206, 1209; C. A. **1955** 13244).

F: 270° [unkorr.] (*Šorm, No.*).

4-Hydroxy-2-[4-methoxy-phenyl]-chinolin-3-carbonsäure-äthylester $C_{19}H_{17}NO_4$, Formel XV (R = C_2H_5), und Tautomeres (2-[4-Methoxy-phenyl]-4-oxo-1,4-dihydro-chinolin-3-carbonsäure-äthylester).

B. Beim Erwärmen von 4-Methoxy-*N*-phenyl-benzimidoylchlorid mit der Natrium-Verbindung des Malonsäure-diäthylesters in Toluol und Erhitzen des Reaktionsprodukts auf 150—170° (*Kulkarni, Shah,* J. Indian chem. Soc. **26** [1949] 171, 174; *Šorm, Novotný,* Chem. Listy **49** [1954] 901, 902, 907; Collect. **20** [1955] 1206, 1209; C. A. **1955** 13244).

F: 229° [unkorr.] (*Šorm, No.*).

6,7-Dimethoxy-4-phenyl-chinolin-2-carbonsäure $C_{18}H_{15}NO_4$, Formel I.

B. Neben 6,7-Dimethoxy-4-phenyl-chinolin-2-carbaldehyd beim Erhitzen von 6,7-Dimethoxy-2-methyl-4-phenyl-chinolin mit SeO_2 in H_2O enthaltendem Dioxan (*Fehnel,* J. org. Chem. **23** [1958] 432).

Gelbe Kristalle (aus A.); F: 182—183°.

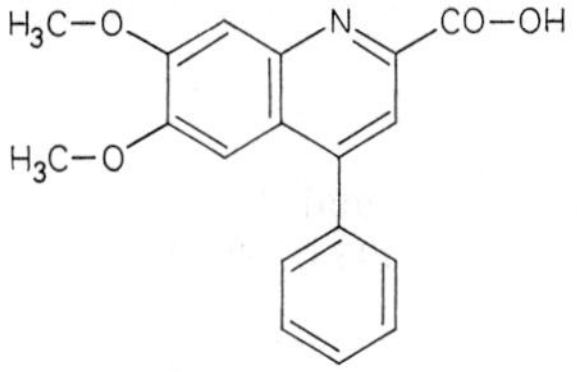

I 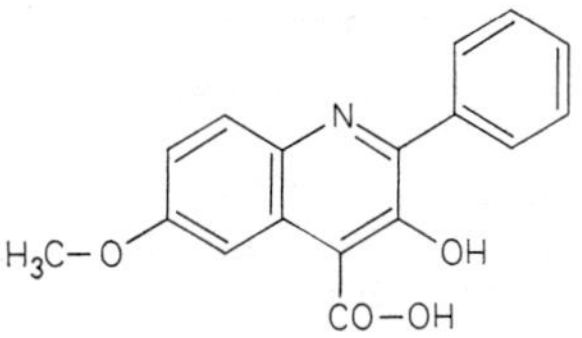 II 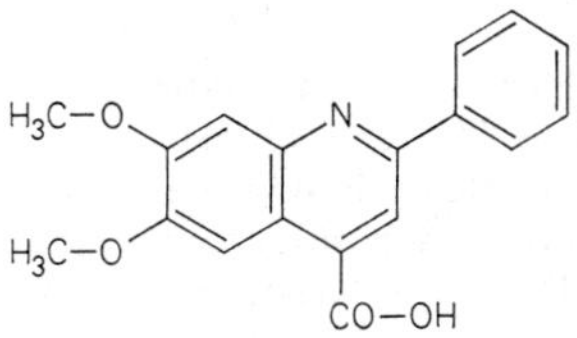 III

3-Hydroxy-6-methoxy-2-phenyl-chinolin-4-carbonsäure $C_{17}H_{13}NO_4$, Formel II.

B. Beim Erwärmen von 5-Methoxy-indolin-2,3-dion mit Essigsäure-phenacylester und wss.-äthanol. KOH (*Cragoe et al.*, J. org. Chem. **18** [1953] 561, 567).

F: 202—203° [Zers.].

6,7-Dimethoxy-2-phenyl-chinolin-4-carbonsäure $C_{18}H_{15}NO_4$, Formel III.

B. Beim Erwärmen von 3,4-Dimethoxy-anilin mit Benzaldehyd und Brenztraubensäure in Essigsäure (*Borsche, Barthenheier,* A. **548** [1941] 50, 56).

Kristalle (aus A. oder Eg.) mit 2 Mol H_2O; F: ca. 255° [unter Abspaltung von CO_2].

2-[4-Methoxy-phenyl]-3-phenoxy-chinolin-4-carbonsäure $C_{23}H_{17}NO_4$, Formel IV.

B. Beim Erhitzen von 1-[4-Methoxy-phenyl]-2-phenoxy-äthanon mit Isatin und wss.-äthanol. KOH (*Royer, Bisagni,* Bl. **1959** 1468, 1473).

Gelbe Kristalle (aus A.); F: 251—252° [vorgeheizter Block] bzw. Zers. ab 180° [bei langsamem Erhitzen].

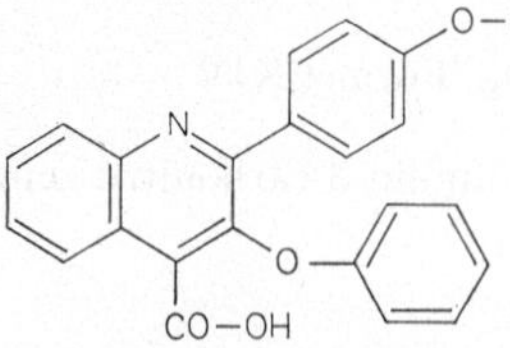

IV 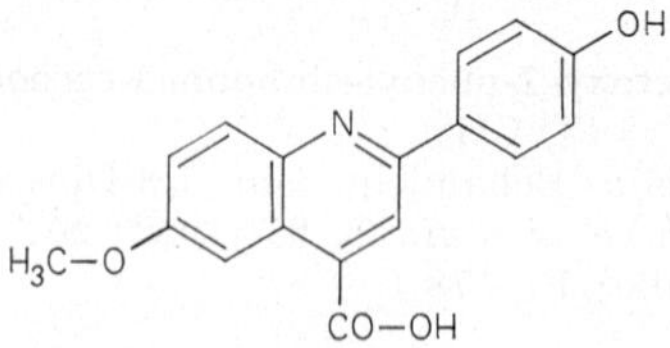 V

2-[4-Hydroxy-phenyl]-6-methoxy-chinolin-4-carbonsäure $C_{17}H_{13}NO_4$, Formel V.

B. Beim Erwärmen von 4-Hydroxy-benzaldehyd-[4-methoxy-phenylimin] mit Brenztraubensäure in Äthanol (*Gilman, Broadbent,* Am. Soc. **70** [1948] 3963).

Gelblichrote Kristalle; Zers. bei 305—310°.

7-Hydroxy-2-[2-hydroxy-phenyl]-chinolin-4-carbonsäure $C_{16}H_{11}NO_4$, Formel VI.

B. Beim Erwärmen von 3-Amino-phenol mit Salicylaldehyd und Brenztraubensäure in Äthanol (*Holdsworth, Lions,* J. Pr. Soc. N. S. Wales **66** [1932] 473, 474).

Gelbes Pulver, das unterhalb 300° nicht schmilzt.

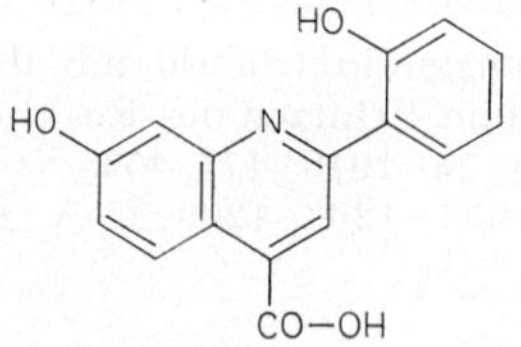

VI 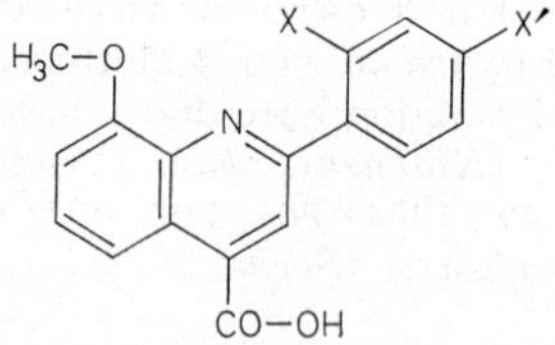 VII

2-[2-Hydroxy-phenyl]-8-methoxy-chinolin-4-carbonsäure $C_{17}H_{13}NO_4$, Formel VII (X = OH, X' = H).

B. Beim Erwärmen von *o*-Anisidin mit Salicylaldehyd und Brenztraubensäure in Äthanol (*Weil et al.,* Roczniki Chem. **9** [1929] 661, 664; C. **1930** I 1149).

Gelbes Pulver (aus Bzl.) mit 0,5 Mol H_2O; F: 192—194°.

8-Methoxy-2-[4-methoxy-phenyl]-chinolin-4-carbonsäure $C_{18}H_{15}NO_4$, Formel VII (X = H, X' = O-CH_3).

B. Beim Erwärmen von *o*-Anisidin mit 4-Methoxy-benzaldehyd und Brenztraubensäure in Äthanol (*Leskiewiczowna, Weil,* Roczniki Chem. **18** [1938] 174; C. **1939** II 1491).

Hellgelbe Kristalle (aus A.); F: 203—204°.

2-[2,4-Dihydroxy-phenyl]-chinolin-4-carbonsäure $C_{16}H_{11}NO_4$, Formel VIII (R = R' = H, X = OH).

B. Beim Erhitzen von 1-[2,4-Dihydroxy-phenyl]-äthanon mit Isatin und wss. NaOH (*Bucherer, Russischwili,* J. pr. [2] **128** [1930] 89, 132).

Hellgelbes Pulver.

Acetat $C_{16}H_{11}NO_4 \cdot C_2H_4O_2$. Gelbe Kristalle (aus Eg. oder aus Eg. enthaltendem A.); Zers. bei 305°.

2-[2,4-Dimethoxy-phenyl]-chinolin-4-carbonsäure $C_{18}H_{15}NO_4$, Formel VIII (R = R' = CH_3, X = OH).

B. Beim Erwärmen von 1-[2,4-Dimethoxy-phenyl]-äthanon mit Isatin und wss.-äthanol. KOH (*Buu-Hoi, Cagniant,* R. **64** [1945] 214, 217).

Gelbe Kristalle (aus A.); F: 201°.

2-[2-(2-Diäthylamino-äthoxy)-4-methoxy-phenyl]-chinolin-4-carbonsäure $C_{23}H_{26}N_2O_4$, Formel VIII (R = CH_2-CH_2-N(C_2H_5)$_2$, R' = CH_3, X = OH).

B. Beim Erhitzen von Isatin mit 1-[2-(2-Diäthylamino-äthoxy)-4-methoxy-phenyl]-

äthanon und äthanol. NaOH (*CIBA*, D.R.P. 547082 [1930]; Frdl. **18** 2744).
Gelbe Kristalle; F: 229–230°.

2-[2,4-Dihydroxy-phenyl]-chinolin-4-carbonsäure-methylester $C_{17}H_{13}NO_4$, Formel VIII (R = R' = H, X = O-CH_3).
B. Beim Erwärmen von 2-[2,4-Dihydroxy-phenyl]-chinolin-4-carbonsäure mit methanol. HCl (*Bucherer, Russischwili*, J. pr. [2] **128** [1930] 89, 133).
Braune Kristalle (aus Me.); F: 211–212°.

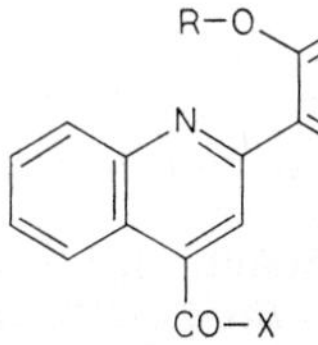

VIII 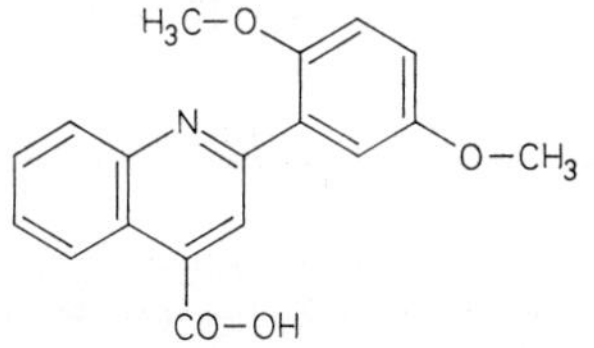 IX 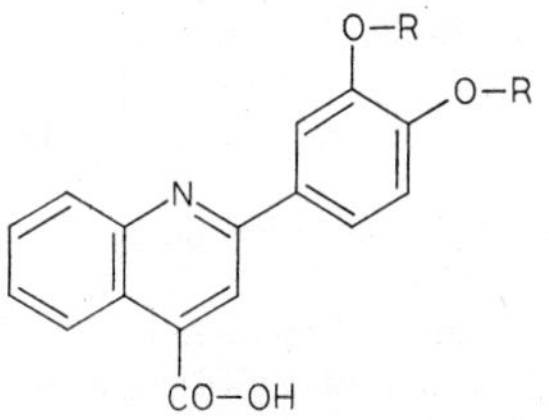 X

2-[2,4-Dihydroxy-phenyl]-chinolin-4-carbonsäure-äthylester $C_{18}H_{15}NO_4$, Formel VIII (R = R' = H, X = O-C_2H_5).
B. Beim Erwärmen von 2-[2,4-Dihydroxy-phenyl]-chinolin-4-carbonsäure mit äthanol. HCl (*Bucherer, Russischwili*, J. pr. [2] **128** [1930] 89, 133).
Braune Kristalle (aus A. + H_2O); F: 195–196°.

2-[2,5-Dimethoxy-phenyl]-chinolin-4-carbonsäure $C_{18}H_{15}NO_4$, Formel IX.
B. Beim Erwärmen von 1-[2,5-Dimethoxy-phenyl]-äthanon mit Isatin und wss.-äthanol. KOH (*Buu-Hoi, Cagniant*, R. **64** [1945] 214, 217).
Hellgelbe Kristalle (aus A.); F: 237–238°.

2-[3,4-Dihydroxy-phenyl]-chinolin-4-carbonsäure $C_{16}H_{11}NO_4$, Formel X (R = H).
B. Beim Erwärmen von Anilin mit 3,4-Dihydroxy-benzaldehyd und Brenztraubensäure in Äthanol (*Holdsworth, Lions*, J. Pr. Soc. N.S. Wales **66** [1932] 473, 474).
Orangegelbes Pulver, das unterhalb 300° nicht schmilzt.

2-[3,4-Dimethoxy-phenyl]-chinolin-4-carbonsäure $C_{18}H_{15}NO_4$, Formel X (R = CH_3).
B. Beim Erwärmen von Anilin mit Veratrumaldehyd und Brenztraubensäure in Äthanol (*Holdsworth, Lions*, J. Pr. Soc. N.S. Wales **66** [1932] 273, 276). Beim Erwärmen von 1-[3,4-Dimethoxy-phenyl]-äthanon mit Isatin und äthanol. KOH (*Ho., Li.*; *Buu-Hoi, Cagniant*, R. **64** [1945] 214, 217).
Hellgelbe Kristalle (aus A.); F: 235° (*Ho., Li.*); Zers. bei 232–234° (*Buu-Hoi, Ca.*).

3-Hydroxy-2-[4-methoxy-phenyl]-chinolin-8-carbonsäure $C_{17}H_{13}NO_4$, Formel XI.
B. Beim Erhitzen von 3-Hydroxy-2-[4-methoxy-phenyl]-chinolin-4,8-dicarbonsäure mit Nitrobenzol (*Cragoe et al.*, J. org. Chem. **18** [1953] 561, 565).
Kristalle (aus [2-Äthoxy-äthoxy]-äthanol); F: 318–319° [unkorr.].

3-[2,4-Dimethoxy-phenyl]-chinolin-4-carbonsäure $C_{18}H_{15}NO_4$, Formel XII (R = H).
B. Beim Erwärmen von [2,4-Dimethoxy-phenyl]-acetaldehyd-oxim mit Isatin und wss. KOH (*Reichert, Iwanoff*, Ar. **276** [1938] 515, 520).
Kristalle (aus Eg.); F: ca. 266–267° [Zers.].

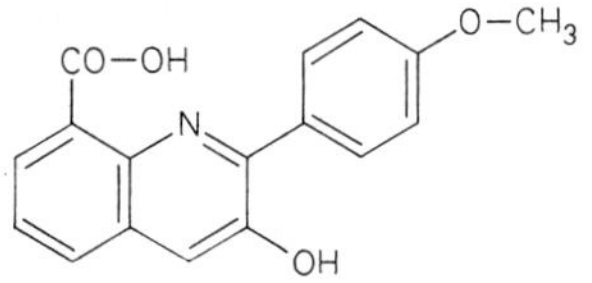

XI 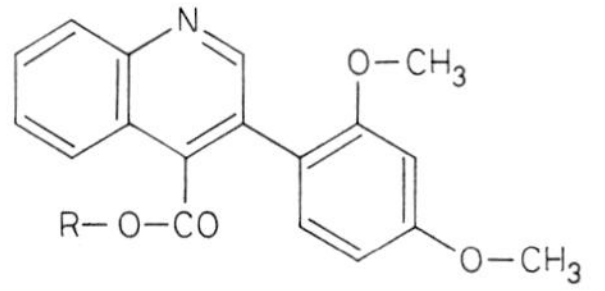 XII 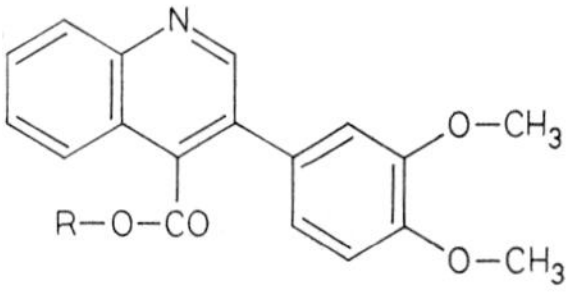 XIII

3-[2,4-Dimethoxy-phenyl]-chinolin-4-carbonsäure-methylester $C_{19}H_{17}NO_4$, Formel XII ($R = CH_3$).

B. Beim Erwärmen von 3-[2,4-Dimethoxy-phenyl]-chinolin-4-carbonsäure mit $SOCl_2$ in $CHCl_3$ und Erwärmen des Reaktionsprodukts mit Methanol (*Reichert, Iwanoff,* Ar. **276** [1938] 515, 520).

Kristalle (aus A.); F: 100°.

3-[3,4-Dimethoxy-phenyl]-chinolin-4-carbonsäure $C_{18}H_{15}NO_4$, Formel XIII (R = H).

B. Beim Erwärmen von [3,4-Dimethoxy-phenyl]-acetaldehyd-oxim mit Isatin und wss. KOH (*Reichert, Iwanoff,* Ar. **276** [1938] 515, 518).

Kristalle (aus A.); F: 239,5° [Zers.].

3-[3,4-Dimethoxy-phenyl]-chinolin-4-carbonsäure-äthylester $C_{20}H_{19}NO_4$, Formel XIII ($R = C_2H_5$).

B. Beim Erwärmen von 3-[3,4-Dimethoxy-phenyl]-chinolin-4-carbonsäure mit $SOCl_2$ in $CHCl_3$ und Erwärmen des Reaktionsprodukts mit Äthanol (*Reichert, Iwanoff,* Ar. **276** [1938] 515, 519).

Kristalle (aus Acn. + H_2O); F: 118–119°.

6,7-Dimethoxy-1-phenyl-isochinolin-3-carbonsäure $C_{18}H_{15}NO_4$, Formel XIV (X = OH).

B. Beim Behandeln von 6,7-Dimethoxy-1-phenyl-isochinolin-3-carbonsäure-methyl= ester mit wss. NaOH (*Harwood, Johnson,* Am. Soc. **56** [1934] 468).

Kristalle (aus A.); F: 216–216,5°.

6,7-Dimethoxy-1-phenyl-isochinolin-3-carbonsäure-methylester $C_{19}H_{17}NO_4$, Formel XIV ($X = O\text{-}CH_3$).

B. Beim Erwärmen von 6,7-Dimethoxy-1-phenyl-3,4-dihydro-isochinolin-3-carbon= säure-methylester mit $KMnO_4$ und wss. H_2SO_4 (*Harwood, Johnson,* Am. Soc. **56** [1934] 468; *Kametani,* J. pharm. Soc. Japan **71** [1951] 329; C. A. **1952** 4547).

Kristalle (aus Me.); F: 172–173°.

6,7-Dimethoxy-1-phenyl-isochinolin-3-carbonsäure-äthylester $C_{20}H_{19}NO_4$, Formel XIV ($X = O\text{-}C_2H_5$).

B. Beim längeren Erhitzen von *N*-Benzoyl-3,4-dimethoxy-DL-phenylalanin-äthylester mit $POCl_3$ in Xylol (*Hosono,* J. pharm. Soc. Japan **65** [1945] Ausg. B, S. 540; C. A. **1952** 115). Aus 6,7-Dimethoxy-1-phenyl-3,4-dihydro-isochinolin-3-carbonsäure-äthyl= ester beim Erwärmen mit $KMnO_4$ in Essigsäure und wss. HCl (*Kametani,* J. pharm. Soc. Japan **71** [1951] 329; C. A. **1952** 4547) oder beim Erhitzen mit Palladium und Zimtsäure (*Ho.*).

Kristalle; F: 170° [aus A.] (*Ho.*), 168–170° [aus Me.] (*Ka.*).

Picrolonat. Gelbe Kristalle (aus A.); Zers. bei 153° (*Ho.*).

6,7-Dimethoxy-1-phenyl-isochinolin-3-carbonsäure-[2-diäthylamino-äthylester] $C_{24}H_{28}N_2O_4$, Formel XIV ($X = O\text{-}CH_2\text{-}CH_2\text{-}N(C_2H_5)_2$).

B. Beim Behandeln von 6,7-Dimethoxy-1-phenyl-3,4-dihydro-isochinolin-3-carbon= säure-methylester mit wss. Alkalilauge, Behandeln der erhaltenen Säure mit $SOCl_2$ und Behandeln des Reaktionsprodukts mit 2-Diäthylamino-äthanol in $CHCl_3$ (*Harwood, Johnson,* Am. Soc. **56** [1934] 468).

Kristalle (aus Bzl. + PAe.); F: 158,5–159°.

XIV

XV

6,7-Dimethoxy-1-phenyl-isochinolin-3-carbonsäure-hydrazid $C_{18}H_{17}N_3O_3$, Formel XIV (X = $NH\text{-}NH_2$).

B. Beim Erwärmen von 6,7-Dimethoxy-1-phenyl-isochinolin-3-carbonsäure-äthylester mit $N_2H_4 \cdot H_2O$ in Äthanol (*Hosono*, J. pharm. Soc. Japan **65** [1945] Ausg. B, S. 540; C. A. **1952** 115).

Kristalle (aus A.); F: 217° (*Kametani*, J. pharm. Soc. Japan **71** [1951] 329; C.A. **1952** 4547), 215–216° (*Ho.*).

6,7-Dimethoxy-1-phenyl-isochinolin-3-carbonylazid $C_{18}H_{14}N_4O_3$, Formel XIV (X = N_3).

B. Beim Behandeln von 6,7-Dimethoxy-1-phenyl-isochinolin-3-carbonsäure-hydrazid mit wss. HCl und $NaNO_2$ (*Hosono*, J. pharm. Soc. Japan **65** [1945] Ausg. B., S. 540; C. A. **1952** 115).

Kristalle; Zers. bei 121–122°.

Hydroxycarbonsäuren $C_{17}H_{13}NO_4$

2-[3,4-Dimethoxy-phenyl]-3*c*(?)-indol-3-yl-acrylonitril $C_{19}H_{16}N_2O_2$, vermutlich Formel XV [1]).

B. Beim Erwärmen von [3,4-Dimethoxy-phenyl]-acetonitril mit Indol-3-carbaldehyd und Piperidin in Äthanol (*Lavagnino, Shepard*, J. org. Chem. **22** [1957] 457).

Gelbe Kristalle (aus 2-Methoxy-äthanol); F: 196–197°.

Hydroxycarbonsäuren $C_{18}H_{15}NO_4$

3-[6,7-Dimethoxy-2-phenyl-[4]chinolyl]-propionsäure $C_{20}H_{19}NO_4$, Formel I.

B. Beim Erhitzen von 4-[2-Amino-4,5-dimethoxy-phenyl]-4-oxo-buttersäure mit Acetophenon und $ZnCl_2$ (*Haq et al.*, Soc. **1933** 1087).

Kristalle (aus A.); F: 231–232°.

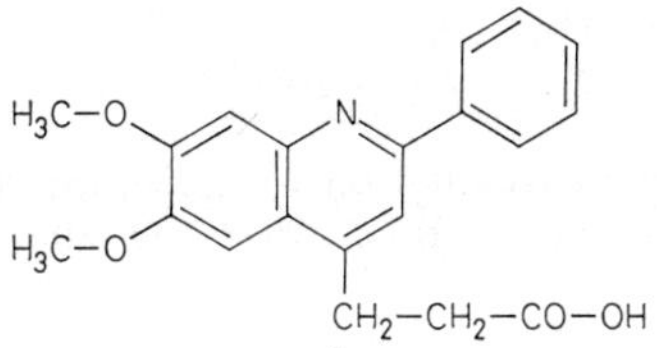

I

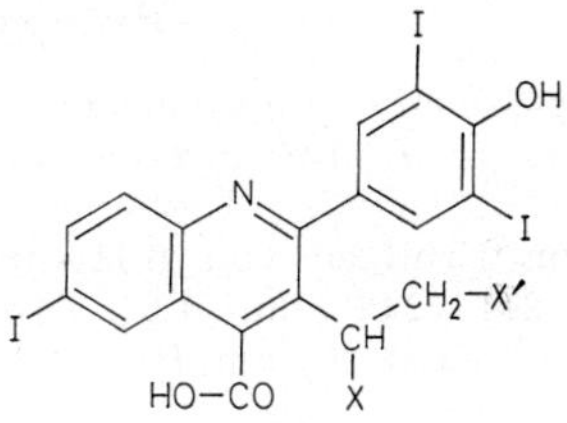

II

(±)-3-[1-Hydroxy-äthyl]-2-[4-hydroxy-3,5-dijod-phenyl]-6-jod-chinolin-4-carbonsäure $C_{18}H_{12}I_3NO_4$, Formel II (X = OH, X′ = H).

B. Beim Erhitzen von 5-Jod-indolin-2,3-dion mit 3-Hydroxy-1-[4-hydroxy-3,5-dijod-phenyl]-butan-1-on und wss. KOH (*Schering A.G.*, D.R.P. 668741 [1936]; Frdl. **25** 299).

F: 256° [Zers.].

3-[2-Hydroxy-äthyl]-2-[4-hydroxy-3,5-dijod-phenyl]-6-jod-chinolin-4-carbonsäure $C_{18}H_{12}I_3NO_4$, Formel II (X = H, X′ = OH).

B. Beim Erwärmen von 5-Jod-indolin-2,3-dion mit 4-Hydroxy-1-[4-hydroxy-3,5-dijod-phenyl]-butan-1-on und äthanol. KOH (*Schering A.G.*, D.R.P. 668741 [1936]; Frdl. **25** 299; U.S.P. 2202086 [1936]).

Zers. bei 244–245°.

3-Äthyl-6-brom-2-[3,4-dimethoxy-phenyl]-chinolin-4-carbonsäure $C_{20}H_{18}BrNO_4$, Formel III.

B. Beim Erwärmen von 5-Brom-indolin-2,3-dion mit 1-[3,4-Dimethoxy-phenyl]-butan-1-on und äthanol. KOH (*Buu-Hoi et al.*, J. org. Chem. **18** [1953] 1209, 1217).

F: 240°.

---

[1]) Siehe S. 2544 Anm.

Hydroxycarbonsäuren $C_{21}H_{21}NO_4$

2-[3,4-Dimethoxy-phenyl]-3c(?)-[2,3,6,7-tetrahydro-1*H*,5*H*-pyrido[3,2,1-*ij*]chinolin-9-yl]-acrylonitril [1]) $C_{23}H_{24}N_2O_2$, vermutlich Formel IV.

B. Beim Erwärmen von 2,3,6,7-Tetrahydro-1*H*,5*H*-pyrido[3,2,1-*ij*]chinolin-9-carbaldehyd mit [3,4-Dimethoxy-phenyl]-acetonitril und äthanol. KOH (*Lavagnino, Shepard*, J. org. Chem. **22** [1957] 457).

Gelbe Kristalle (aus 2-Methoxy-äthanol + H_2O); F: 157,5–158,5°.

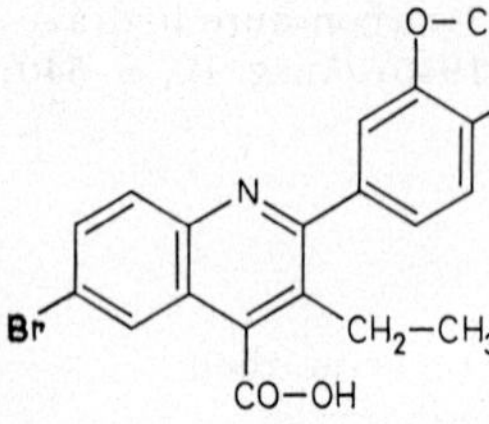

III 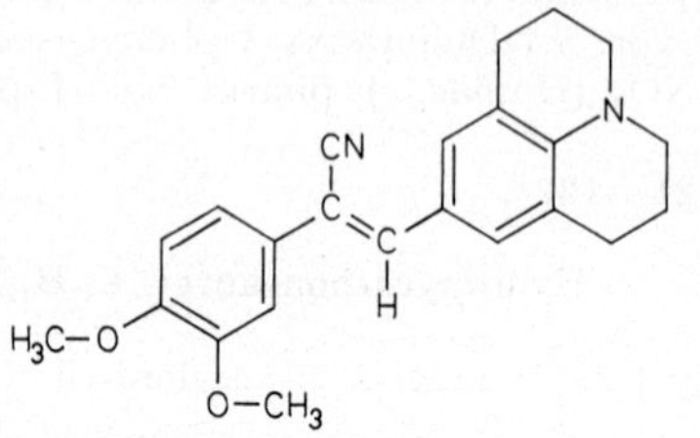 IV 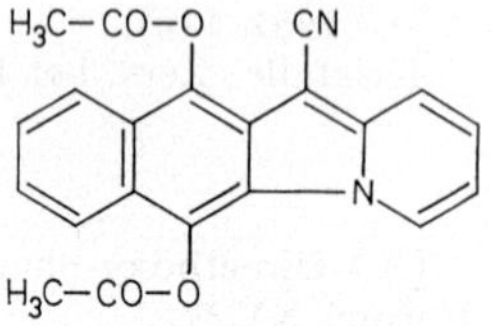 V

Hydroxycarbonsäuren $C_nH_{2n-23}NO_4$

Hydroxycarbonsäuren $C_{17}H_{11}NO_4$

6,11-Diacetoxy-benzo[*f*]pyrido[1,2-*a*]indol-12-carbonitril $C_{21}H_{14}N_2O_4$, Formel V.

B. Beim Erhitzen von 6,11-Dioxo-6,11-dihydro-benzo[*f*]pyrido[1,2-*a*]indol-12-carbonitril mit Zink, Acetanhydrid und Pyridin (*Pratt et al.*, Am. Soc. **79** [1957] 1212, 1214).

Gelbe Kristalle (aus Toluol); F: 268–269° [korr.; nach Sintern bei 235°].

Hydroxycarbonsäuren $C_{18}H_{13}NO_4$

2-Hydroxy-5-methoxy-4,6-diphenyl-nicotinonitril $C_{19}H_{14}N_2O_2$, Formel VI, und Tautomeres (5-Methoxy-2-oxo-4,6-diphenyl-1,2-dihydro-pyridin-3-carbonitril).

B. Beim Erhitzen von 6-Hydroxy-5-methoxy-2-oxo-4,6-diphenyl-piperidin-3-carbonitril (F: 241–242°) mit PCl_5 (*Allen, Scarrow*, Canad. J. Res. [1934] **11** 395, 401).

Gelbgrüne Kristalle (aus Py.); F: 318–320° [Zers.].

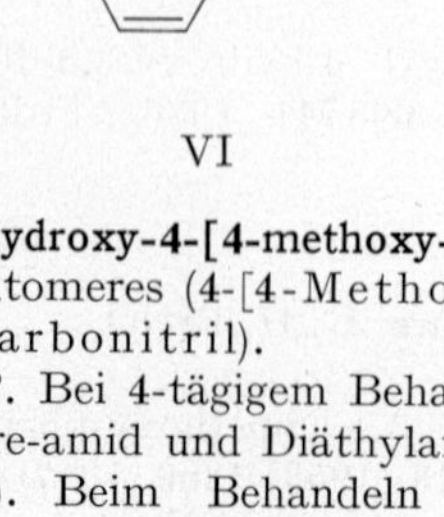

VI 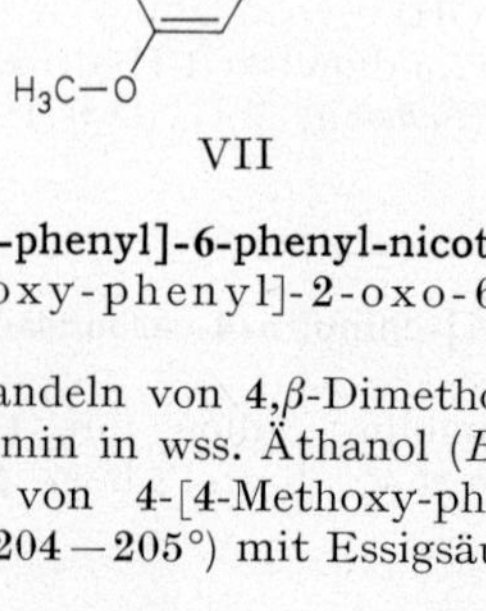 VII 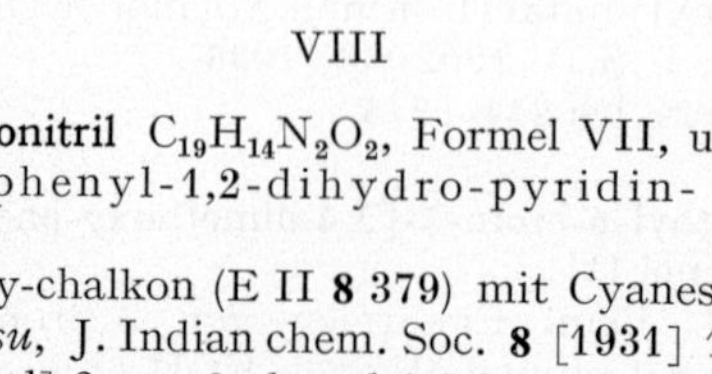 VIII

2-Hydroxy-4-[4-methoxy-phenyl]-6-phenyl-nicotinonitril $C_{19}H_{14}N_2O_2$, Formel VII, und Tautomeres (4-[4-Methoxy-phenyl]-2-oxo-6-phenyl-1,2-dihydro-pyridin-3-carbonitril).

B. Bei 4-tägigem Behandeln von 4,β-Dimethoxy-chalkon (E II **8** 379) mit Cyanessigsäure-amid und Diäthylamin in wss. Äthanol (*Basu*, J. Indian chem. Soc. **8** [1931] 119, 128). Beim Behandeln von 4-[4-Methoxy-phenyl]-2-oxo-6-phenyl-1,2,3,4-tetrahydro-pyridin-3-carbonitril (F: 204–205°) mit Essigsäure und wss. $NaNO_2$ (*Basu*).

---

[1]) Siehe S. 2544 Anm.

Kristalle (aus Py.); F: 314°.

3c(?)-[2]Chinolyl-2-[3,4-dimethoxy-phenyl]-acrylonitril [1]) $C_{20}H_{16}N_2O_2$, vermutlich Formel VIII.

B. Beim Erwärmen von [3,4-Dimethoxy-phenyl]-acetonitril mit Chinolin-2-carbaldehyd und äthanol. KOH (*Lavagnino, Shepard*, J. org. Chem. **22** [1957] 457).

Hellgelbe Kristalle (aus 2-Methoxy-äthanol); F: 139–140°.

Hydrochlorid $C_{20}H_{16}N_2O_2 \cdot HCl$. Rote Kristalle (aus A.); F: 229–231° [Zers.].

3c(?)-[4]Chinolyl-2-[3,4-dimethoxy-phenyl]-acrylonitril [1]) $C_{20}H_{16}N_2O_2$, vermutlich Formel IX (R = CH_3).

B. Beim Erwärmen von [3,4-Dimethoxy-phenyl]-acetonitril mit Chinolin-4-carbaldehyd und äthanol. KOH (*Lavagnino, Shepard*, J. org. Chem. **22** [1957] 457).

Gelbe Kristalle (aus 2-Methoxy-äthanol); F: 180–181,5°.

Hydrochlorid $C_{20}H_{16}N_2O_2 \cdot HCl$. Rote Kristalle (aus wss. A.); F: 233–235° [Zers.].

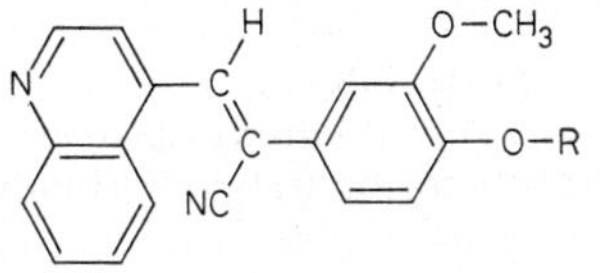

IX 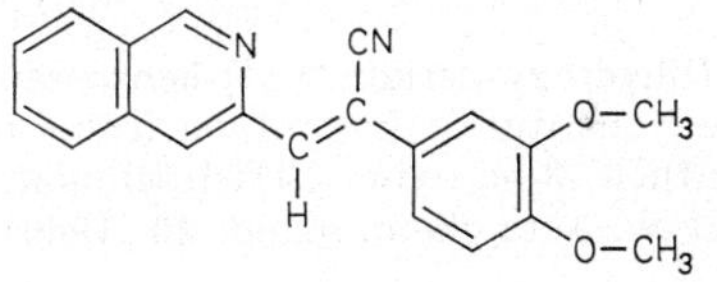 X

2-[4-Äthoxy-3-methoxy-phenyl]-3c(?)-[4]chinolyl-acrylonitril [1]) $C_{21}H_{18}N_2O_2$, vermutlich Formel IX (R = C_2H_5).

B. Beim Behandeln von [4-Äthoxy-3-methoxy-phenyl]-acetonitril mit Chinolin-4-carbaldehyd und wss.-äthanol. KOH (*Phillips*, Am. Soc. **74** [1952] 5230).

Kristalle (aus A. oder Bzl. + PAe.); F: 160–161° [unkorr.].

2-[3,4-Dimethoxy-phenyl]-3c(?)-[3]isochinolyl-acrylonitril [1]) $C_{20}H_{16}N_2O_2$, vermutlich Formel X.

B. Beim Erwärmen von [3,4-Dimethoxy-phenyl]-acetonitril mit Isochinolin-3-carbaldehyd und äthanol. KOH (*Lavagnino, Shepard*, J. org. Chem. **22** [1957] 457).

Gelbe Kristalle (aus 2-Methoxy-äthanol); F: 147–148°.

Hydrochlorid $C_{20}H_{16}N_2O_2 \cdot HCl$. Hellgrüne Kristalle (aus A.); F: 105–107° [Zers.].

2,3-Dimethoxy-5,6-dihydro-benz[c]acridin-7-carbonsäure $C_{20}H_{17}NO_4$, Formel XI.

B. Beim Erwärmen von 6,7-Dimethoxy-3,4-dihydro-2*H*-naphthalin-1-on mit Isatin und wss. KOH (*Buu-Hoi et al.*, Soc. **1952** 279).

Kristalle (aus A.); F: 263–264°.

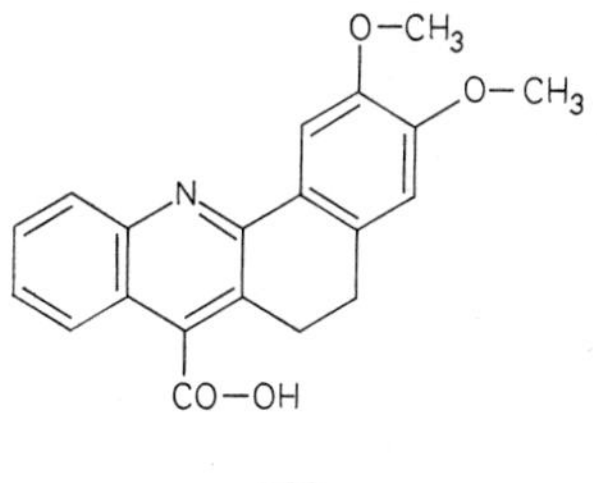

XI 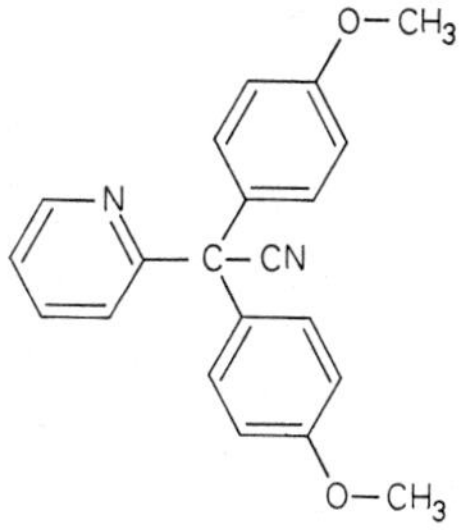 XII 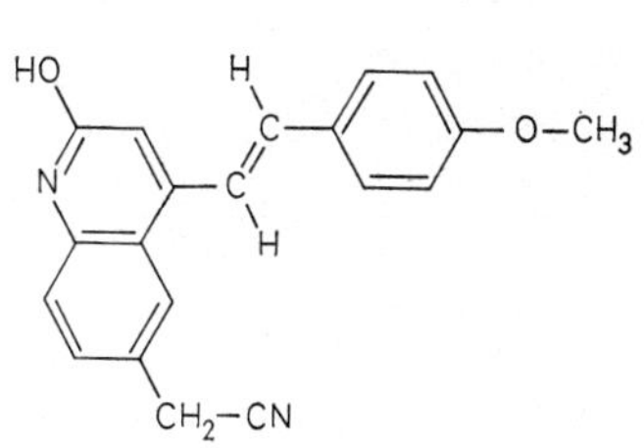 XIII

---

[1]) Siehe S. 2544 Anm.

Hydroxycarbonsäuren $C_{19}H_{15}NO_4$

Bis-[4-methoxy-phenyl]-[2]pyridyl-acetonitril $C_{21}H_{18}N_2O_2$, Formel XII.
B. Beim Erhitzen von Bis-[4-methoxy-phenyl]-acetonitril in Dioxan mit $NaNH_2$ und anschliessend mit 2-Brom-pyridin (*Sury, Hoffmann*, Helv. **37** [1954] 2133, 2138, 2139).
Kristalle (aus Me. oder A.); F: 120—121° [unkorr.].

[2-Hydroxy-4-(4-methoxy-*trans*(?)-styryl)-[6]chinolyl]-acetonitril $C_{20}H_{16}N_2O_2$, vermutlich Formel XIII, und Tautomeres ([4-(4-Methoxy-*trans*(?)-styryl)-2-oxo-1,2-dihydro-[6]chinolyl]-acetonitril).
B. Aus [2-Hydroxy-4-methyl-[6]chinolyl]-acetonitril und 4-Methoxy-benzaldehyd (*Sastry, Bagchi*, Sci. Culture **18** [1953] 543, 544).
F: 142°.

Hydroxycarbonsäuren $C_nH_{2n-27}NO_4$

Hydroxycarbonsäuren $C_{20}H_{13}NO_4$

2-[2,7-Dihydroxy-acridin-9-yl]-benzoesäure $C_{20}H_{13}NO_4$, Formel XIV.
Diese Konstitution kommt der früher (s. H **19** 221) als 2',7'-Dihydroxy-spiro[phthalan-1,9'-xanthen]-3-on-oxim („Hydrochinonphthalein-γ-oxim") formulierten Verbindung zu (*Lund et al.*, Acta chem. scand. **20** [1966] 1631, 1637).

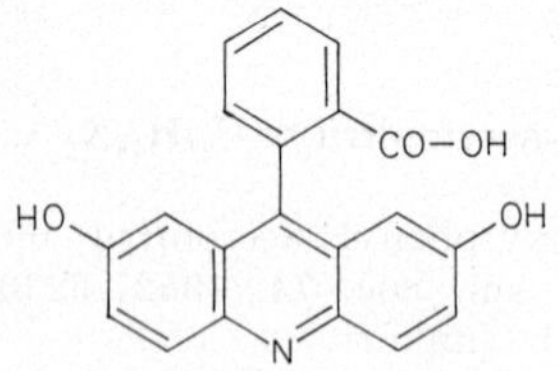

XIV 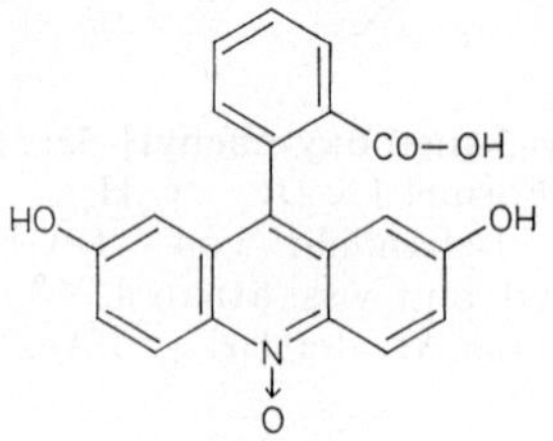 XV

2-[2,7-Dihydroxy-10-oxy-acridin-9-yl]-benzoesäure $C_{20}H_{13}NO_5$, Formel XV.
Diese Konstitution kommt der früher (s. H **19** 221) als 2',7'-Dihydroxy-spiro[phthalan-1,9'-xanthen]-3-on-oxim („Hydrochinonphthalein-β-oxim") formulierten Verbindung zu (*Lund et al.*, Acta chem. scand. **20** [1966] 1631, 1637).

3-[4-Methoxy-phenyl]-8-methylmercapto-benzo[*f*]chinolin-1-carbonsäure $C_{22}H_{17}NO_3S$, Formel I.
B. Aus 6-Methylmercapto-[2]naphthylamin, 4-Methoxy-benzaldehyd und Brenztraubensäure (*Buu-Hoi et al.*, Soc. **1953** 485, 486, 488).
Gelbe Kristalle (aus Eg.); F: 322° [Zers.].

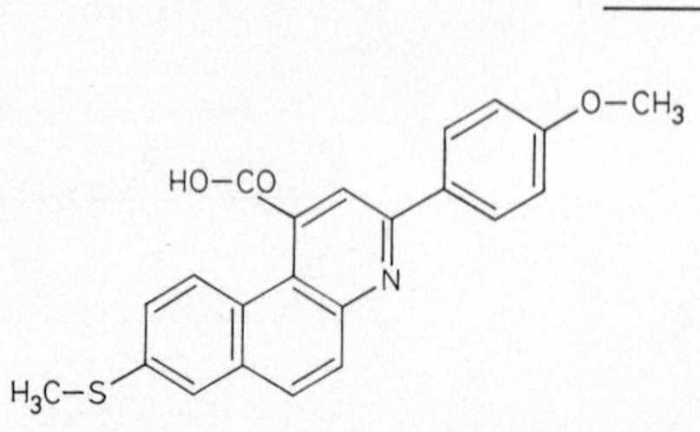

I 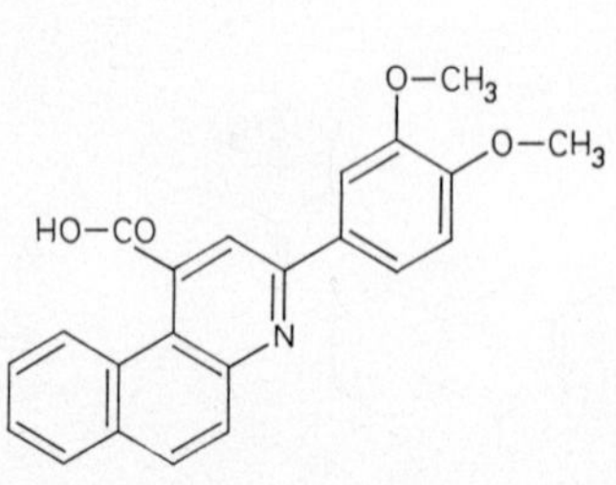 II

3-[3,4-Dimethoxy-phenyl]-benzo[*f*]chinolin-1-carbonsäure $C_{22}H_{17}NO_4$, Formel II.
B. Beim Erwärmen von [2]Naphthylamin mit Veratrumaldehyd und Brenztrauben-

säure in Äthanol (*Holdsworth, Lions,* J. Pr. Soc. N.S. Wales **66** [1932] 273, 275).
Gelbliche Kristalle (aus A.); F: 142—143°.

2-[4,5-Dimethoxy-[1]naphthyl]-chinolin-4-carbonsäure $C_{22}H_{17}NO_4$, Formel III (X = O-CH_3, X′ = X″ = H).

B. Beim Erwärmen von 1-[4,5-Dimethoxy-[1]naphthyl]-äthanon mit Isatin und äthanol. KOH (*Buu-Hoi, Lavit,* Soc. **1956** 2412, 2414). Beim Erwärmen von 4,5-Dimethoxy-[1]naphthaldehyd mit Anilin und Brenztraubensäure in Äthanol (*Buu-Hoi, La.*).
Gelbe Kristalle (aus A.); F: 274°.

2-[4,6-Dimethoxy-[1]naphthyl]-chinolin-4-carbonsäure $C_{22}H_{17}NO_4$, Formel III (X = X″ = H, X′ = O-CH_3).

B. Beim Erwärmen von 1-[4,6-Dimethoxy-[1]naphthyl]-äthanon mit Isatin und äthanol. KOH (*Buu-Hoi, Lavit,* J. org. Chem. **21** [1956] 1257).
Gelbe Kristalle (aus A.); F: 259—260°.

2-[4,7-Dimethoxy-[1]naphthyl]-chinolin-4-carbonsäure $C_{22}H_{17}NO_4$, Formel III (X = X′ = H, X″ = O-CH_3).

B. Beim Erwärmen von 1-[4,7-Dimethoxy-[1]naphthyl]-äthanon mit Isatin und äthanol. KOH (*Buu-Hoi, Lavit,* Soc. **1956** 1743, 1747).
Gelbliche Kristalle (aus A.); F: 226°.

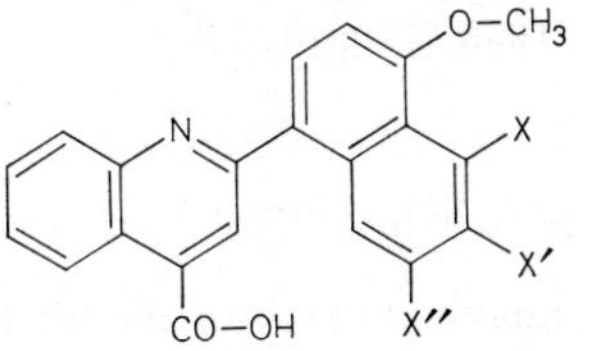

III

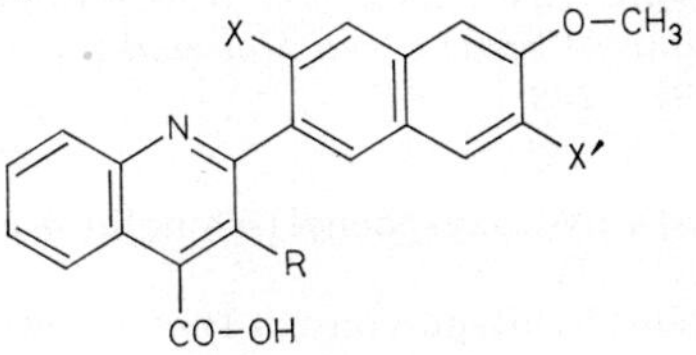

IV

2-[3,6-Dimethoxy-[2]naphthyl]-chinolin-4-carbonsäure $C_{22}H_{17}NO_4$, Formel IV (R = X′ = H, X = O-CH_3).

B. Beim Erwärmen von 1-[3,6-Dimethoxy-[2]naphthyl]-äthanon mit Isatin und äthanol. KOH (*Buu-Hoi, Lavit,* Soc. **1956** 1743, 1748).
Gelbliche Kristalle (aus A.); F: 230°.

2-[6,7-Dimethoxy-[2]naphthyl]-chinolin-4-carbonsäure $C_{22}H_{17}NO_4$, Formel IV (R = X = H, X′ = O-CH_3).

B. Beim Erwärmen von 1-[6,7-Dimethoxy-[2]naphthyl]-äthanon mit Isatin und äthanol. KOH (*Buu-Hoi, Lavit,* J. org. Chem. **21** [1956] 21, 23).
Gelbe Kristalle (aus A.); F: 244°.

Hydroxycarbonsäuren $C_{21}H_{15}NO_4$

2-[6,7-Dimethoxy-[2]naphthyl]-3-methyl-chinolin-4-carbonsäure $C_{23}H_{19}NO_4$, Formel IV (R = CH_3, X = H, X′ = O-CH_3).

B. Beim Erwärmen von 1-[6,7-Dimethoxy-[2]naphthyl]-propan-1-on mit Isatin und äthanol. KOH (*Buu-Hoi, Lavit,* J. org. Chem. **21** [1956] 21).
Kristalle (aus A.); F: 286°.

Hydroxycarbonsäuren $C_nH_{2n-29}NO_4$

Hydroxycarbonsäuren $C_{21}H_{13}NO_4$

8,13-Diacetoxy-benz[5,6]indolo[1,2-*a*]chinolin-7-carbonsäure-äthylester $C_{27}H_{21}NO_6$, Formel V.

B. Beim Erhitzen von 8,13-Dioxo-8,13-dihydro-benz[5,6]indolo[1,2-*a*]chinolin-

7-carbonsäure-äthylester mit Zink, Pyridin und Acetanhydrid (*Pratt et al.*, J. org. Chem. **19** [1954] 176, 180).

Gelbliche Kristalle (aus Bzl.); F: 239,5—240,5° [korr.].

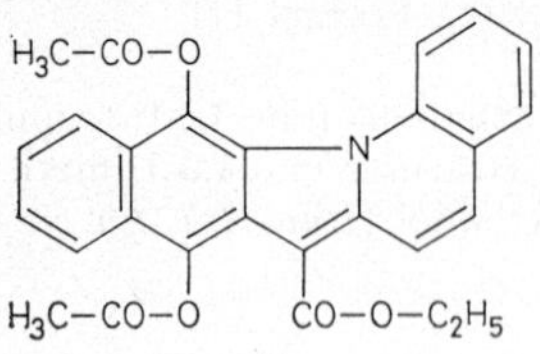

V 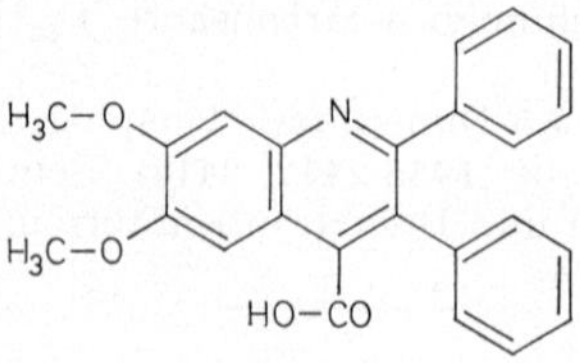 VI 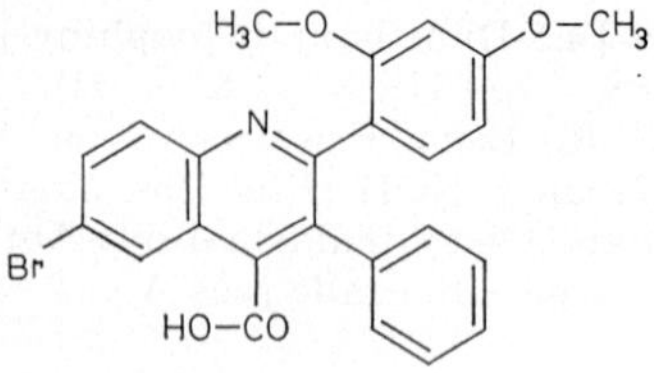 VII

Hydroxycarbonsäuren $C_{22}H_{15}NO_4$

6,7-Dimethoxy-2,3-diphenyl-chinolin-4-carbonsäure $C_{24}H_{19}NO_4$, Formel VI.

B. Beim Erwärmen von 3,4-Dimethoxy-anilin mit Benzaldehyd und Phenylbrenztraubensäure in Äthanol (*Borsche, Barthenheier*, A. **548** [1941] 50, 57).

Kristalle (aus A.); F: 284—285° [unter Abspaltung von CO_2].

6-Brom-2-[2,4-dimethoxy-phenyl]-3-phenyl-chinolin-4-carbonsäure $C_{24}H_{18}BrNO_4$, Formel VII.

B. Beim Erwärmen von 5-Brom-indolin-2,3-dion mit 2,4-Dimethoxy-desoxybenzoin und äthanol. KOH (*Buu-Hoi et al.*, J. org. Chem. **18** [1953] 1209, 1217).

F: 297—298°.

2,3-Bis-[4-hydroxy-phenyl]-chinolin-4-carbonsäure $C_{22}H_{15}NO_4$, Formel VIII (R = X = H).

B. Beim Erhitzen von 2,3-Bis-[4-methoxy-phenyl]-chinolin-4-carbonsäure mit Pyridinhydrochlorid (*Buu-Hoi et al.*, Bl. **1956** 629, 631).

Gelbliche Kristalle (aus Eg.), die unterhalb 350° nicht schmelzen.

2,3-Bis-[4-methoxy-phenyl]-chinolin-4-carbonsäure $C_{24}H_{19}NO_4$, Formel VIII (R = CH_3, X = H).

B. Beim Erwärmen von Isatin mit 4,4'-Dimethoxy-desoxybenzoin und äthanol. KOH (*Buu-Hoi et al.*, Bl. **1956** 629, 631).

Gelbliche Kristalle (aus Eg.); F: 335—336°.

6-Brom-2,3-bis-[4-methoxy-phenyl]-chinolin-4-carbonsäure $C_{24}H_{18}BrNO_4$, Formel VIII (R = CH_3, X = Br).

B. Beim Erwärmen von 5-Brom-indolin-2,3-dion mit 4,4'-Dimethoxy-desoxybenzoin und äthanol. KOH (*Buu-Hoi et al.*, Bl. **1956** 629, 631).

Gelbliche Kristalle (aus Eg.); Zers. bei 316—317°.

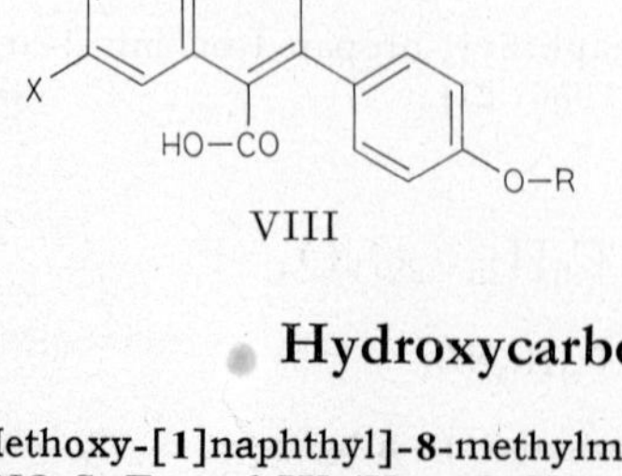

VIII 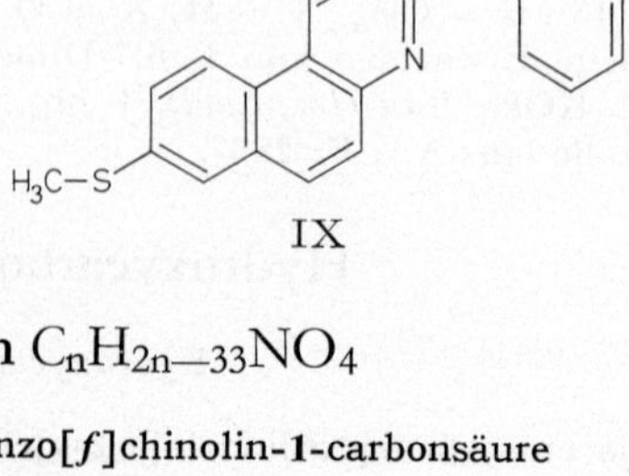 IX

Hydroxycarbonsäuren $C_nH_{2n-33}NO_4$

3-[2-Methoxy-[1]naphthyl]-8-methylmercapto-benzo[*f*]chinolin-1-carbonsäure $C_{26}H_{19}NO_3S$, Formel IX (X = O-CH_3).

B. Aus 6-Methylmercapto-[2]naphthylamin, 2-Methoxy-[1]naphthaldehyd und Brenz=

traubensäure (*Buu-Hoi et al.*, Soc. **1953** 485, 486, 488).
Gelbe Kristalle (aus Eg.); F: 305° [Zers.].

8-Methylmercapto-3-[2-methylmercapto-[1]naphthyl]-benzo[*f*]chinolin-1-carbonsäure $C_{26}H_{19}NO_2S_2$, Formel IX (X = S-CH_3).

B. Aus 6-Methylmercapto-[2]naphthylamin, 2-Methylmercapto-[1]naphthaldehyd und Brenztraubensäure (*Buu-Hoi et al.*, Soc. **1953** 485, 486, 488).
Gelbe Kristalle (aus Eg.); F: 304° [Zers.]. [*Tauchert*]

3. Hydroxycarbonsäuren mit 5 Sauerstoff-Atomen

Hydroxycarbonsäuren $C_nH_{2n-3}NO_5$

Hydroxycarbonsäuren $C_7H_{11}NO_5$

1-Benzoyl-5-hydroxy-piperidin-2,4-dicarbonsäure-diäthylester $C_{18}H_{23}NO_6$, Formel X.

Ein Präparat ($Kp_{0,1}$: 200—210° [Badtemperatur]) von unbekanntem optischen Drehungsvermögen ist beim Erwärmen von *N*-Äthoxycarbonylmethyl-*N*-benzoyl-L-glut= aminsäure-diäthylester mit Natriumäthylat in Benzol und anschliessenden Hydrieren an Raney-Nickel erhalten worden (*King et al.*, Soc. **1950** 3590, 3596).

Hydroxycarbonsäuren $C_9H_{15}NO_5$

3*t*,5*t*-Bis-äthoxycarbonylmethyl-piperidin-4*r*-ol, [4*t*-Hydroxy-piperidin-3*r*,5*c*-diyl]-di-essigsäure-diäthylester $C_{13}H_{23}NO_5$, Formel XI (R = R' = H).

B. Beim Erhitzen von [4*t*-Acetoxy-1-cyan-piperidin-3*r*,5*c*-diyl]-di-essigsäure-diäthyl= ester mit wss. HCl und Erwärmen des Reaktionsprodukts mit Äthanol unter Zusatz von H_2SO_4 (*Tsuda, Sakai*, Chem. pharm. Bl. **7** [1959] 199, 204).

Kristalle; F: 70—71°.

Hydrochlorid. F: 208—210°.

3,5-Bis-äthoxycarbonylmethyl-1-methyl-piperidin-4-ol, [4-Hydroxy-1-methyl-piperidin-3,5-diyl]-di-essigsäure-diäthylester $C_{14}H_{25}NO_5$.

a) **3*c*,5*c*-Bis-äthoxycarbonylmethyl-1-methyl-piperidin-4*r*-ol, [4*c*-Hydroxy-1-methyl-piperidin-3*r*,5*c*-diyl]-di-essigsäure-diäthylester** $C_{14}H_{25}NO_5$, Formel XII (R = CH_3, R' = H).

B. Neben dem unter b) beschriebenen Stereoisomeren (Hauptprodukt) bei der Hydrierung von [1-Methyl-4-oxo-piperidin-3*r*,5*c*-diyl]-di-essigsäure-diäthylester an Platin in Äthanol (*Tsuda, Sakai*, Chem. pharm. Bl. **7** [1959] 199, 203).

Kristalle (aus Ae. + PAe.); F: 91—92°.

b) **3*t*,5*t*-Bis-äthoxycarbonylmethyl-1-methyl-piperidin-4*r*-ol, [4*t*-Hydroxy-1-methyl-piperidin-3*r*,5*c*-diyl]-di-essigsäure-diäthylester** $C_{14}H_{25}NO_5$, Formel XI (R = CH_3, R' = H).

B. Beim Behandeln von [1-Methyl-4-oxo-piperidin-3*r*,5*c*-diyl]-di-essigsäure-diäthyl= ester mit $NaBH_4$ in Methanol (*Tsuda, Sakai*, Chem. pharm. Bl. **7** [1959] 199, 203). Eine weitere Bildungsweise s. bei dem unter a) beschriebenen Stereoisomeren.

Kristalle (aus Ae. + PAe.); F: 82—83°.

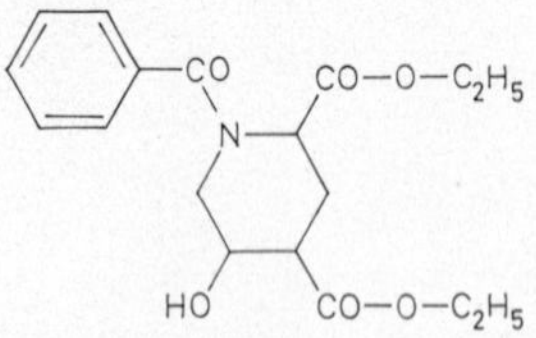

X 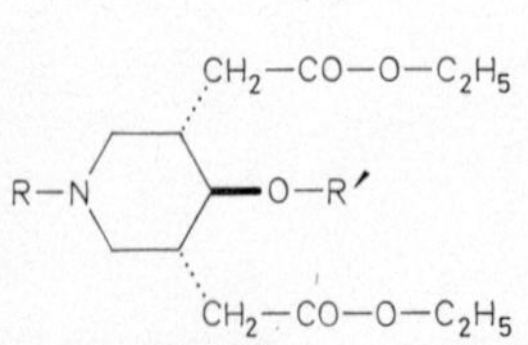 XI 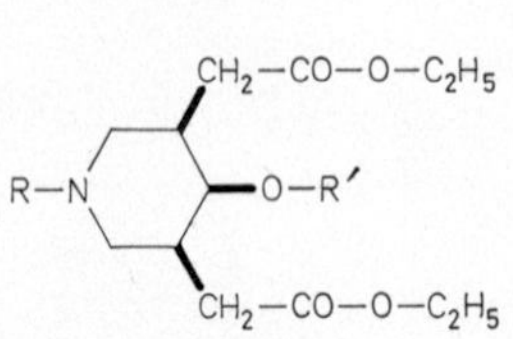 XII

4-Acetoxy-3,5-bis-äthoxycarbonylmethyl-1-methyl-piperidin, [4-Acetoxy-1-methyl-piperidin-3,5-diyl]-di-essigsäure-diäthylester $C_{16}H_{27}NO_6$.

a) **4*c*-Acetoxy-3*r*,5*c*-bis-äthoxycarbonylmethyl-1-methyl-piperidin, [4*c*-Acetoxy-1-methyl-piperidin-3*r*,5*c*-diyl]-di-essigsäure-diäthylester** $C_{16}H_{27}NO_6$, Formel XII (R = CH_3, R' = CO-CH_3).

B. Aus [4*c*-Hydroxy-1-methyl-piperidin-3*r*,5*c*-diyl]-di-essigsäure-diäthylester beim

Behandeln mit Acetanhydrid und Pyridin oder beim Erhitzen mit Acetanhydrid (*Tsuda, Sakai*, Chem. pharm. Bl. **7** [1959] 199, 203).

Kristalle; F: 31—34°.

Picrat $C_{16}H_{27}NO_6 \cdot C_6H_3N_3O_7$. F: 129—130°.

b) **4*t*-Acetoxy-3*r*,5*c*-bis-äthoxycarbonylmethyl-1-methyl-piperidin, [4*t*-Acetoxy-1-methyl-piperidin-3*r*,5*c*-diyl]-di-essigsäure-diäthylester** $C_{16}H_{27}NO_6$, Formel XI ($R = CH_3$, $R' = CO\text{-}CH_3$).

B. Beim Behandeln von [4*t*-Hydroxy-1-methyl-piperidin-3*r*,5*c*-diyl]-di-essigsäure-diäthylester mit Acetanhydrid und Pyridin (*Tsuda, Sakai*, Chem. pharm. Bl. **7** [1959] 199, 203).

Kristalle (aus PAe.); F: 52—53°.

Picrat $C_{16}H_{27}NO_6 \cdot C_6H_3N_3O_7$. F: 92—93°.

1-Benzoyl-3*t*,5*t*-bis-carboxymethyl-piperidin-4*r*-ol, [1-Benzoyl-4*t*-hydroxy-piperidin-3*r*,5*c*-diyl]-di-essigsäure $C_{16}H_{19}NO_6$, Formel XIII ($X = X' = OH$).

B. Beim Erwärmen von [1-Benzoyl-4*t*-hydroxy-piperidin-3*r*,5*c*-diyl]-di-essigsäure-diäthylester mit wss. HCl (*Tsuda, Sakai*, Chem. pharm. Bl. **7** [1959] 199, 205).

Kristalle (aus wss. A.); F: 210—211° [Zers.]. IR-Banden (Nujol; 3480—1580 cm^{-1}): *Ts., Sa.*

3,5-Bis-äthoxycarbonylmethyl-1-benzoyl-piperidin-4-ol, [1-Benzoyl-4-hydroxy-piperidin-3,5-diyl]-di-essigsäure-diäthylester $C_{20}H_{27}NO_6$.

a) **3*c*,5*c*-Bis-äthoxycarbonylmethyl-1-benzoyl-piperidin-4*r*-ol, [1-Benzoyl-4*c*-hydroxy-piperidin-3*r*,5*c*-diyl]-di-essigsäure-diäthylester** $C_{20}H_{27}NO_6$, Formel XII ($R = CO\text{-}C_6H_5$, $R' = H$).

B. Beim Behandeln von [4*c*-Hydroxy-piperidin-3*r*,5*c*-diyl]-di-essigsäure-diäthylester (aus [4*c*-Acetoxy-1-cyan-piperidin-3*r*,5*c*-diyl]-di-essigsäure-diäthylester hergestellt) mit Benzoylchlorid und Pyridin bei 0° (*Tsuda, Sakai*, Chem. pharm. Bl. **7** [1959] 199, 204).

Kristalle (aus $CHCl_3$ + Ae.); F: 121—122°.

b) **3*t*,5*t*-Bis-äthoxycarbonylmethyl-1-benzoyl-piperidin-4*r*-ol, [1-Benzoyl-4*t*-hydroxy-piperidin-3*r*,5*c*-diyl]-di-essigsäure-diäthylester** $C_{20}H_{27}NO_6$, Formel XI ($R = CO\text{-}C_6H_5$, $R' = H$).

B. Beim Behandeln von [4*t*-Hydroxy-piperidin-3*r*,5*c*-diyl]-di-essigsäure-diäthylester mit Benzoylchlorid und Pyridin bei 0° (*Tsuda, Sakai*, Chem. pharm. Bl. **7** [1959] 199, 204). Beim Behandeln von [4-Oxo-piperidin-3*r*,5*c*-diyl]-di-essigsäure-diäthylester mit Benzoylchlorid in Pyridin bei 0° und Hydrierung des Reaktionsprodukts an Platin in Äthanol (*Ts., Sa.*).

F: 78—79°.

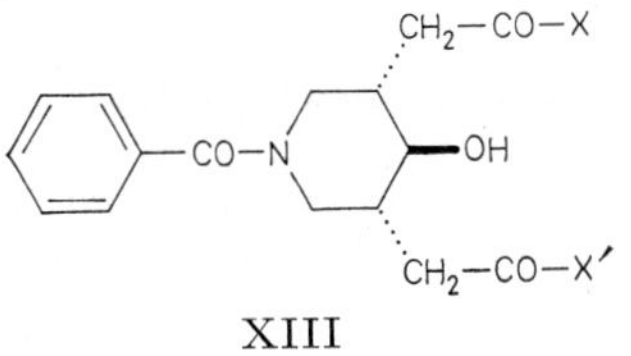

XIII

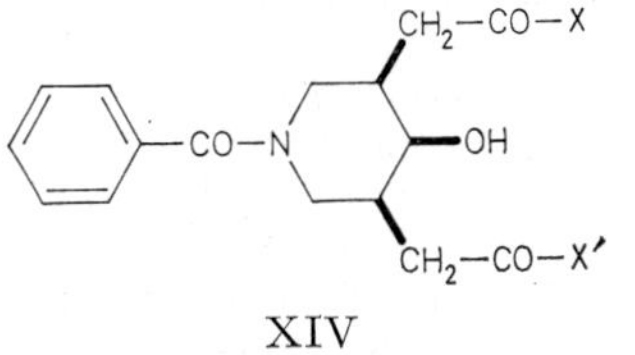

XIV

1-Benzoyl-3-carbamoylmethyl-5-methoxycarbonylmethyl-piperidin-4-ol, [1-Benzoyl-5-carbamoylmethyl-4-hydroxy-[3]piperidyl]-essigsäure-methylester $C_{17}H_{22}N_2O_5$.

a) **(±)-[1-Benzoyl-5*c*-carbamoylmethyl-4*c*-hydroxy-[3*r*]piperidyl]-essigsäure-methylester** $C_{17}H_{22}N_2O_5$, Formel XIV ($X = O\text{-}CH_3$, $X' = NH_2$).

B. Beim Behandeln von 9-Benzoyl-11*syn*-hydroxy-4,9-diaza-bicyclo[5.3.1]undecan-3,5-dion ([1-Benzoyl-4*c*-hydroxy-piperidin-3*r*,5*c*-diyl]-di-essigsäure-imid) mit methanol. HCl (*Tsuda, Sakai*, Chem. pharm. Bl. **7** [1959] 199, 205).

Kristalle (aus H_2O); F: 156—157°. IR-Banden (Nujol; 3380—1580 cm^{-1}): *Ts., Sa.*

b) **(±)-[1-Benzoyl-5*c*-carbamoylmethyl-4*t*-hydroxy-[3*r*]piperidyl]-essigsäure-methylester** $C_{17}H_{22}N_2O_5$, Formel XIII ($X = O\text{-}CH_3$, $X' = NH_2$).

B. Beim Behandeln von 9-Benzoyl-11*anti*-hydroxy-4,9-diaza-bicyclo[5.3.1]undecan-3,5-dion ([1-Benzoyl-4*t*-hydroxy-piperidin-3*r*,5*c*-diyl]-di-essigsäure-imid) mit methanol.

HCl (*Tsuda, Sakai*, Chem. pharm. Bl. **7** [1959] 199, 205).
Kristalle (aus Bzl. + A.); F: 122—124°. IR-Banden (Nujol; 3425—1570 cm⁻¹): *Ts., Sa.*

1-Benzoyl-3,5-bis-carbamoylmethyl-piperidin-4-ol, [1-Benzoyl-4-hydroxy-piperidin-3,5-diyl]-di-essigsäure-diamid $C_{16}H_{21}N_3O_4$.

a) **1-Benzoyl-3*c*,5*c*-bis-carbamoylmethyl-piperidin-4*r*-ol, [1-Benzoyl-4*c*-hydroxy-piperidin-3*r*,5*c*-diyl]-di-essigsäure-diamid** $C_{16}H_{21}N_3O_4$, Formel XIV (X = X′ = NH_2).
B. Bei 5-tägigem Behandeln von [1-Benzoyl-4*c*-hydroxy-piperidin-3*r*,5*c*-diyl]-di-essigsäure-diäthylester mit konz. wss. NH_3 (*Tsuda, Sakai*, Chem. pharm. Bl. **7** [1959] 199, 205).
Kristalle (aus A.); F: 223—224°. IR-Banden (Nujol; 3340—1570 cm⁻¹): *Ts., Sa.*

b) **1-Benzoyl-3*t*,5*t*-bis-carbamoylmethyl-piperidin-4*r*-ol, [1-Benzoyl-4*t*-hydroxy-piperidin-3*r*,5*c*-diyl]-di-essigsäure-diamid** $C_{16}H_{21}N_3O_4$, Formel XIII (X = X′ = NH_2).
B. Bei 5-tägigem Behandeln von [1-Benzoyl-4*t*-hydroxy-piperidin-3*r*,5*c*-diyl]-di-essigsäure-diäthylester mit konz. wss. NH_3 (*Tsuda, Sakai*, Chem. pharm. Bl. **7** [1959] 199, 205).
Kristalle; F: 179—183°. IR-Banden (Nujol; 3360—1570 cm⁻¹): *Ts., Sa.*

4-Acetoxy-3,5-bis-äthoxycarbonylmethyl-piperidin-1-carbonitril, [4-Acetoxy-1-cyan-piperidin-3,5-diyl]-di-essigsäure-diäthylester $C_{16}H_{24}N_2O_6$.

a) **4*c*-Acetoxy-3*r*,5*c*-bis-äthoxycarbonylmethyl-piperidin-1-carbonitril, [4*c*-Acetoxy-1-cyan-piperidin-3*r*,5*c*-diyl]-di-essigsäure-diäthylester** $C_{16}H_{24}N_2O_6$, Formel XII (R = CN, R′ = CO-CH_3) auf S. 2566.
B. Beim Behandeln von [4*c*-Acetoxy-1-methyl-piperidin-3*r*,5*c*-diyl]-di-essigsäure-diäthylester mit Bromcyan in Äther (*Tsuda, Sakai*, Chem. pharm. Bl. **7** [1959] 199, 204).
Kristalle (aus Ae.); F: 43—44°.

b) **4*t*-Acetoxy-3*r*,5*c*-bis-äthoxycarbonylmethyl-piperidin-1-carbonitril, [4*t*-Acetoxy-1-cyan-piperidin-3*r*,5*c*-diyl]-di-essigsäure-diäthylester** $C_{16}H_{24}N_2O_6$, Formel XI (R = CN, R′ = CO-CH_3) auf S. 2566.
B. Beim Behandeln von [4*t*-Acetoxy-1-methyl-piperidin-3*r*,5*c*-diyl]-di-essigsäure-diäthylester mit Bromcyan in Äther (*Tsuda, Sakai*, Chem. pharm. Bl. **7** [1959] 199, 204).
Kristalle; F: 59—60°.

(±)-4ξ-Hydroxy-1,2*r*,6*c*-trimethyl-piperidin-3ξ,5ξ-dicarbonsäure $C_{10}H_{17}NO_5$, Formel I (R = H).
B. Beim Erwärmen des folgenden Dimethylesters mit wss. H_2SO_4 (*Mannich*, Ar. **272** [1934] 323, 339).
Kristalle (aus H_2O) mit 2 Mol H_2O; F: 240—242° [Zers.].

(±)-4ξ-Hydroxy-1,2*r*,6*c*-trimethyl-piperidin-3ξ,5ξ-dicarbonsäure-dimethylester $C_{12}H_{21}NO_5$, Formel I (R = CH_3).
B. Aus (±)-1,2*r*,6*c*-Trimethyl-4-oxo-piperidin-3,5-dicarbonsäure-dimethylester (F: 76°) beim Behandeln mit Natrium-Amalgam in wss. HCl (*Mannich*, Ar. **272** [1934] 323, 338).
Kristalle (aus PAe.); F: 69°. Kp_1: 170—175°.
Perchlorat. Kristalle (aus A.); F: 232°.
O-Benzoyl-Derivat $C_{19}H_{25}NO_6$; (±)-4ξ-Benzoyloxy-1,2*r*,6*c*-trimethyl-piperidin-3ξ,5ξ-dicarbonsäure-dimethylester. Hydrochlorid $C_{19}H_{25}NO_6 \cdot HCl$. Kristalle (aus H_2O); F: 176—177°.
O-[4-Nitro-benzoyl]-Derivat $C_{19}H_{24}N_2O_8$; (±)-1,2*r*,6*c*-Trimethyl-4ξ-[4-nitro-benzoyloxy]-piperidin-3ξ,5ξ-dicarbonsäure-dimethylester. Hydrochlorid. Kristalle (aus Acn.); F: 161°. — Das Hydrochlorid ist durch Hydrierung an Palladium/Kohle in H_2O in (±)-4ξ-[4-Amino-benzoyloxy]-1,2*r*,6*c*-trimethyl-piperidin-3ξ,5ξ-dicarbonsäure-dimethylester-hydrochlorid $C_{19}H_{26}N_2O_6 \cdot HCl$ (F: 175°) übergeführt worden.

(±)-4ξ-Hydroxy-1,2*r*,6*c*-trimethyl-piperidin-3ξ,5ξ-dicarbonsäure-diäthylester $C_{14}H_{25}NO_5$, Formel I (R = C_2H_5).
B. Beim Behandeln von (±)-1,2*r*,6*c*-Trimethyl-4-oxo-piperidin-3,5-dicarbonsäure-di=

äthylester (Nitrat; F: 123—124°) mit Natrium-Amalgam in wss. HCl oder wss. Essigsäure (*Mannich*, Ar. **272** [1934] 323, 336).

Hydrochlorid $C_{14}H_{25}NO_5 \cdot HCl$. Kristalle (aus A.); F: 133—134°.

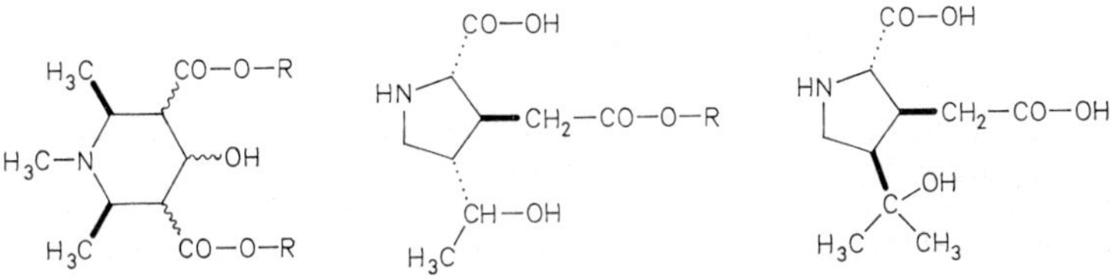

I II III

[(3*S*)-2*t*-Carboxy-4*t*-((Ξ)-1-hydroxy-äthyl)-pyrrolidin-3*r*-yl]-essigsäure, (2*S*)-3*t*-Carboxymethyl-4*c*-[(Ξ)-1-hydroxy-äthyl]-pyrrolidin-2*r*-carbonsäure $C_9H_{15}NO_5$, Formel II (R = H).

B. Bei der Hydrierung von [(3*S*)-4*t*-Acetyl-2*t*-carboxy-pyrrolidin-3*r*-yl]-essigsäure an Platin in Essigsäure (*Nakamori*, J. pharm. Soc. Japan **76** [1956] 287, 290; C. A. **1956** 13866; Pr. Japan Acad. **32** [1956] 35, 37).

Kristalle (aus H_2O + Me.); F: 188° [Zers.]; $[\alpha]_D^{27}$: −9,8°; $[\alpha]_D^{28}$: −9,5°; $[\alpha]_D^{31}$: −10° [jeweils in H_2O; c = 1] (*Na.*, J. pharm. Soc. Japan **76** 290, 291). IR-Spektrum (2—15 μ): *Na.*, J. pharm. Soc. Japan **76** 289. Scheinbare Dissoziationsexponenten pK'_{a1}, pK'_{a2} und pK'_{a3} der protonierten Verbindung (H_2O?): 2,94 bzw. 4,35 bzw. 10,08 (*Nakamori*, J. pharm. Soc. Japan **76** [1956] 545, 547; C. A. **1957** 364).

(2*S*)-4*c*-[(Ξ)-1-Hydroxy-äthyl]-3*t*-methoxycarbonylmethyl-pyrrolidin-2*r*-carbonsäure $C_{10}H_{17}NO_5$, Formel II (R = CH_3).

B. Beim Behandeln der vorangehenden Verbindung mit Methanol und HCl (*Nakamori*, J. pharm. Soc. Japan **76** [1956] 545, 550; C. A. **1957** 364). Bei der Hydrierung von (2*S*)-4*c*-Acetyl-3*t*-methoxycarbonylmethyl-pyrrolidin-2*r*-carbonsäure an Platin in wss. HCl (*Na.*).

Kristalle (aus wss. A.); F: 189° [unkorr.; Zers.]. $[\alpha]_D^{20}$: −4,5° [H_2O; c = 1]. IR-Spektrum (2—15,5 μ): *Na.*, l. c. S. 548. Scheinbare Dissoziationsexponenten pK'_{a1} und pK'_{a2} der protonierten Verbindung (H_2O?): 2,40 bzw. 9,41 (*Na.*, l. c. S. 547).

Hydroxycarbonsäuren $C_{10}H_{17}NO_5$

[(3*S*)-2*t*-Carboxy-4*c*-(α-hydroxy-isopropyl)-pyrrolidin-3*r*-yl]-essigsäure, (2*S*)-3*t*-Carboxymethyl-4*t*-[α-hydroxy-isopropyl]-pyrrolidin-2*r*-carbonsäure, Hydroxy-α-kaininsäure $C_{10}H_{17}NO_5$, Formel III.

Die Konstitution und Konfiguration ergibt sich aus der genetischen Beziehung zu (−)-α-Kaininsäure (S. 1523).

B. Beim Erwärmen von sog. α-Kainin-lacton ([(3*S*)-2*t*-Carboxy-4*c*-(α-hydroxy-isopropyl)-pyrrolidin-3*r*-yl]-essigsäure-lacton) mit wss. KOH (*Miyasaki et al.*, J. pharm. Soc. Japan **76** [1956] 189; C. A. **1956** 14701).

Kristalle (aus wss. A.); F: 260° [Zers.]. IR-Spektrum (Nujol; 2,5—15,5 μ): *Mi. et al.*

[(3*S*)-1-Acetyl-4*t*-(α-hydroxy-isopropyl)-2*t*-methoxycarbonyl-pyrrolidin-3*r*-yl]-essigsäure-methylester, (2*S*)-1-Acetyl-4*c*-[α-hydroxy-isopropyl]-3*t*-methoxycarbonylmethyl-pyrrolidin-2*r*-carbonsäure-methylester $C_{14}H_{23}NO_6$, Formel IV.

B. Beim Behandeln von (+)-α-Allokaininsäure (S. 1525) mit konz. H_2SO_4 und anschliessend mit H_2O, Erwärmen des Reaktionsgemisches mit Acetanhydrid auf 70° und Behandeln des Reaktionsprodukts mit Diazomethan in Methanol und Äther (*Morimoto*, *Nakamori*, J. pharm. Soc. Japan **76** [1956] 294, 298; C. A. **1956** 13867; Pr. Japan Acad. **32** [1956] 41, 42).

Kristalle (aus H_2O); F: 124° [unkorr.]; $[\alpha]_D^{20}$: −47° [Me.; c = 1] (*Mo.*, *Na.*, J. pharm. Soc. Japan **76** 298). IR-Spektrum (Nujol; 2—15,5 μ): *Mo.*, *Na.*, J. pharm. Soc. Japan **76** 297.

[(3S)-4t-((Ξ)-β-Brom-α-hydroxy-isopropyl)-2t-carboxy-pyrrolidin-3r-yl]-essigsäure, (2S)-4c-[(Ξ)-β-Brom-α-hydroxy-isopropyl]-3t-carboxymethyl-pyrrolidin-2r-carbonsäure $C_{10}H_{16}BrNO_5$, Formel V.

B. Aus (+)-α-Allokaininsäure (S. 1525) beim Behandeln mit Brom und H_2O (*Takemoto et al.*, J. pharm. Soc. Japan **76** [1956] 298; C. A. **1956** 13865).

Kristalle (aus H_2O); F: 225—226° [Zers.].

[2-Carboxy-4-(β-hydroxy-isopropyl)-pyrrolidin-3-yl]-essigsäure, 3-Carboxymethyl-4-[β-hydroxy-isopropyl]-pyrrolidin-2-carbonsäure $C_{10}H_{17}NO_5$.

Die konfigurative Zuordnung der nachstehend beschriebenen Stereoisomeren wurde aufgrund ihrer Überführung in (±)-α-Kaininsäure (S. 1525) bzw. (±)-α-Allokaininsäure (S. 1526) getroffen (*Sugawa*, J. pharm. Soc. Japan **78** [1958] 867, 868; C. A. **1959** 334; *Honjo*, J. pharm. Soc. Japan **78** [1958] 888, 892; C. A. **1959** 335); die konfigurative Einheitlichkeit der Präparate ist ungewiss.

a) **(±)-[(3Ξ)-2t-Carboxy-4c-((Ξ)-β-hydroxy-isopropyl)-pyrrolidin-3r-yl]-essigsäure** $C_{10}H_{17}NO_5$, Formel VI (R = R′ = R″ = H) + Spiegelbild.

B. Beim Erhitzen von (±)-[(3Ξ)-4c-((Ξ)-β-Äthoxy-isopropyl)-2t-carboxy-pyrrolidin-3r-yl]-essigsäure (s. u.) mit konz. wss. HBr (*Ueyanagi et al.*, J. pharm. Soc. Japan **77** [1957] 618, 620; C. A. **1957** 16430; s. a. *Ueno et al.*, Pr. Japan Acad. **33** [1957] 53, 56, 57).

Kristalle (aus Me.); F: 235° [unkorr.; Zers.] (*Uey. et al.*).

b) **(±)-[(3Ξ)-2t-Carboxy-4t-((Ξ)-β-hydroxy-isopropyl)-pyrrolidin-3r-yl]-essigsäure** $C_{10}H_{17}NO_5$, Formel VII (R = R′ = R″ = H) + Spiegelbild.

B. Beim Erhitzen von (±)-[(3Ξ)-4t-((Ξ)-β-Äthoxy-isopropyl)-2t-carboxy-pyrrolidin-3r-yl]-essigsäure (s. u.) mit konz. wss. HBr (*Sugawa*, J. pharm. Soc. Japan **78** [1958] 867, 872; C. A. **1959** 334; *Honjo*, J. pharm. Soc. Japan **78** [1958] 888, 894; C. A. **1959** 335).

Hygroskopische Kristalle (*Ho.*).

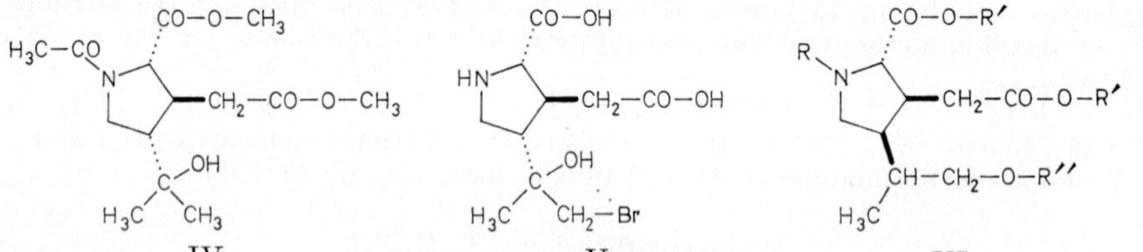

IV V VI

[4-(β-Äthoxy-isopropyl)-2-carboxy-pyrrolidin-3-yl]-essigsäure, 4-[β-Äthoxy-isopropyl]-3-carboxymethyl-pyrrolidin-2-carbonsäure $C_{12}H_{21}NO_5$.

Über die Konfiguration der nachstehend beschriebenen Stereoisomeren s. die Angaben bei [2-Carboxy-4-(β-hydroxy-isopropyl)-pyrrolidin-3-yl]-essigsäure.

a) **(±)-[(3Ξ)-4c-((Ξ)-β-Äthoxy-isopropyl)-2t-carboxy-pyrrolidin-3r-yl]-essigsäure** $C_{12}H_{21}NO_5$, Formel VI (R = R′ = H, R″ = C_2H_5) + Spiegelbild.

B. Neben dem unter c) beschriebenen Stereoisomeren beim Erwärmen von opt.-inakt. [5-(β-Äthoxy-isopropyl)-2-oxo-[4]piperidyl]-malonsäure-diäthylester ($Kp_{0,05}$: 198—203°) mit Brom in Essigsäure und Behandeln des Reaktionsprodukts mit wss.-äthanol. KOH (*Ueyanagi et al.*, J. pharm. Soc. Japan **77** [1957] 613, 617; C. A. **1957** 16429; *Ueno et al.*, Pr. Japan Acad. **33** [1957] 53, 56, 57).

Kristalle (aus H_2O); F: 219° [unkorr.; Zers.] (*Uey. et al.*).

b) **(±)-[(3Ξ)-4t-((Ξ)-β-Äthoxy-isopropyl)-2t-carboxy-pyrrolidin-3r-yl]-essigsäure** $C_{12}H_{21}NO_5$, Formel VII (R = R′ = H, R″ = C_2H_5) + Spiegelbild.

B. Beim Erwärmen von opt.-inakt. 1,2-Bis-äthoxycarbonyl-[4-(β-äthoxy-isopropyl)-pyrrolidin-3-yl]-malonsäure-diäthylester (S. 2675) mit wss. KOH (*Honjo*, J. pharm. Soc. Japan **78** [1958] 888, 894; C. A. **1959** 335). Aus opt.-inakt. [5-(β-Äthoxy-isoprop=yl)-2-oxo-[4]piperidyl]-essigsäure-äthylester (Kp_1: 200—201°) beim Erwärmen mit Brom und rotem Phosphor in CCl_4 auf 60°, Erhitzen des Reaktionsprodukts mit wss. $Ba(OH)_2$, Behandeln des Reaktionsgemisches mit wss. H_2SO_4 und Erhitzen des danach erhaltenen Reaktionsprodukts auf 180° (*Ho.*). Beim Erwärmen von opt.-inakt. [3-Äthoxy-carbonyl-5-(β-äthoxy-isopropyl)-2-oxo-[4]piperidyl]-essigsäure-äthylester ($Kp_{0,1}$: 185° bis 190°) mit SO_2Cl_2 in $CHCl_3$ und Erhitzen des Reaktionsprodukts mit wss. $Ba(OH)_2$ (*Sugawa*, J. pharm. Soc. Japan **78** [1958] 867, 872; C. A. **1959** 334).

Gelbes, hygroskopisches Pulver.

c) ***Opt.-inakt. [4-(β-Äthoxy-isopropyl)-2-carboxy-pyrrolidin-3-yl]-essigsäure** $C_{12}H_{21}NO_5$, Formel VIII.

B. Aus opt.-inakt. [5-(β-Äthoxy-isopropyl)-2-oxo-[4]piperidyl]-brom-essigsäure (F: 173°) beim Behandeln mit wss. KOH oder beim Erwärmen mit wss. $Ba(OH)_2$ (*Ueyanagi et al.*, J. pharm. Soc. Japan **77** [1957] 613, 617; C. A. **1957** 16429). Eine weitere Bildung s. bei dem unter a) beschriebenen Stereoisomeren.

Kristalle (aus H_2O); F: 235° [unkorr.; Zers.].

4-[β-Hydroxy-isopropyl]-3-methoxycarbonylmethyl-pyrrolidin-1,2-dicarbonsäure-1-äthylester-2-methylester $C_{15}H_{25}NO_7$.

a) **(±)(2Ξ)-4*t*-[(Ξ)-β-Hydroxy-isopropyl]-3*t*-methoxycarbonylmethyl-pyrrolidin-1,2*r*-dicarbonsäure-1-äthylester-2-methylester** $C_{15}H_{25}NO_7$, Formel VI (R = CO-O-C_2H_5, R' = CH_3, R'' = H) + Spiegelbild.

B. Beim Behandeln von (±)-[(3Ξ)-2*t*-Carboxy-4*c*-((Ξ)-β-hydroxy-isopropyl)-pyrrolidin-3*r*-yl]-essigsäure (S. 2570) mit Methanol und HCl und Behandeln des Reaktionsprodukts mit Chlorokohlensäure-äthylester und wss. $NaHCO_3$ (*Ueyanagi et al.*, J. pharm. Soc. Japan **77** [1957] 618, 621; C. A. **1957** 16430; *Ueno et al.*, Pr. Japan Acad. **33** [1957] 53, 56, 57).

$Kp_{0,08}$: 210° [unkorr.] (*Uey. et al.*).

b) **(±)(2Ξ)-4*c*-[(Ξ)-β-Hydroxy-isopropyl]-3*t*-methoxycarbonylmethyl-pyrrolidin-1,2*r*-dicarbonsäure-1-äthylester-2-methylester** $C_{15}H_{25}NO_7$, Formel VII (R = CO-O-C_2H_5, R' = CH_3, R'' = H) + Spiegelbild.

B. Aus (±)-[(3Ξ)-2*t*-Carboxy-4*t*-((Ξ)-β-hydroxy-isopropyl)-pyrrolidin-3*r*-yl]-essigsäure (S. 2570) beim Behandeln mit Methanol und HCl und Behandeln des Reaktionsprodukts mit Chlorokohlensäure-äthylester und wss. Na_2CO_3 (*Sugawa*, J. pharm. Soc. Japan **78** [1958] 867, 872; C. A. **1959** 334; *Honjo*, J. pharm. Soc. Japan **78** [1958] 888, 895; C. A. **1959** 335; s. a. *Osugi*, J. pharm. Soc. Japan **78** [1958] 1371, 1374; C. A. **1959** 8114).

$Kp_{0,3}$: 195° (*Ho.*); $Kp_{0,07}$: 185—187° (*Os.*).

(±)(2Ξ)-4*c*-[(Ξ)-β-Äthoxy-isopropyl]-3*t*-methoxycarbonylmethyl-pyrrolidin-1,2*r*-dicarbonsäure-1-äthylester-2-methylester $C_{17}H_{29}NO_7$, Formel VII (R = CO-O-C_2H_5, R' = CH_3, R'' = C_2H_5) + Spiegelbild.

B. Aus (±)-[(3Ξ)-4*t*-((Ξ)-β-Äthoxy-isopropyl)-2*t*-carboxy-pyrrolidin-3*r*-yl]-essigsäure (S. 2570) beim Behandeln mit Methanol und HCl und Erwärmen des Reaktionsprodukts mit Chlorokohlensäure-äthylester und wss. Na_2CO_3 (*Sugawa*, J. pharm. Soc. Japan **78** [1958] 867, 872; C. A. **1959** 334; *Honjo*, J. pharm. Soc. Japan **78** [1958] 888, 894; C. A. **1959** 335).

$Kp_{0,5}$: 166—168° [unkorr.]; $Kp_{0,2}$: 157—159° [unkorr.] (*Ho.*). — $Kp_{0,4}$: 165°; IR-Spektrum (2—15 μ): *Su.*, l. c. S. 870, 872 (zwei Präparate von ungewisser konfigurativer Einheitlichkeit).

CO—O—R'; R; N; CH_2—CO—O—R'; CH—CH_2—O—R''; H_3C

VII

CO—OH; HN; CH_2—CO—OH; CH—CH_2—O—C_2H_5; H_3C

VIII

R—O—CH_2; CH_2; HN; CH_2—CH; CO—O—C_2H_5; CO—O—C_2H_5

IX

Hydroxycarbonsäuren $C_{11}H_{19}NO_5$

***Opt.-inakt. [3-(2-Methoxy-äthyl)-[4]piperidylmethyl]-malonsäure-diäthylester** $C_{16}H_{29}NO_5$, Formel IX (R = CH_3).

B. Bei 12-tägiger Hydrierung von [3-(2-Methoxy-äthyl)-[4]pyridylmethylen]-malonsäure-diäthylester an Platin in Äthanol (*Rubzow*, *Jachontow*, Ž. obšč. Chim. **25** [1955] 1743, 1745; engl. Ausg. S. 1697, 1698).

Öl; beim Destillieren unter vermindertem Druck tritt Zersetzung ein.

N-Acetyl-Derivat $C_{18}H_{31}NO_6$; [1-Acetyl-3-(2-methoxy-äthyl)-[4]piperidyl= methyl]-malonsäure-diäthylester. Kp: 215—217°.

***Opt.-inakt. [3-(2-Acetoxy-äthyl)-[4]piperidylmethyl]-malonsäure-diäthylester** $C_{17}H_{29}NO_6$, Formel IX (R = CO-CH_3).

B. Bei 15—20-tägiger Hydrierung von [3-(2-Acetoxy-äthyl)-[4]pyridylmethylen]-malonsäure-diäthylester an Platin in Äthanol (*Rubzow*, *Jachontow*, Ž. obšč. Chim. **25** [1955] 1183, 1187; engl. Ausg. S. 1133, 1136).

$Kp_{0,3}$: 194—197° [unter Verharzung]. n_D^{20}: 1,4790.

***Opt.-inakt. 2-[2-Carboxy-4-isopropyl-pyrrolidin-3-yl]-3-hydroxy-propionsäure, 3-[1-Carboxy-2-hydroxy-äthyl]-4-isopropyl-pyrrolidin-2-carbonsäure** $C_{11}H_{19}NO_5$, Formel X (R = H).

B. Beim Erhitzen der folgenden Verbindung mit wss. HCl (*Umio*, J. pharm. Soc. Japan **78** [1958] 1072, 1074; C. A. **1959** 3189).

Kristalle (aus H_2O); F: 206° [Zers.].

***Opt.-inakt. 2-[2-Äthoxycarbonyl-4-isopropyl-pyrrolidin-3-yl]-3-hydroxy-propionsäure-äthylester, 3-[1-Äthoxycarbonyl-2-hydroxy-äthyl]-4-isopropyl-pyrrolidin-2-carbonsäure-äthylester** $C_{15}H_{27}NO_5$, Formel X (R = C_2H_5).

B. Beim Erwärmen von (±)-1-Benzyl-4-isopropyl-3-oxo-pyrrolidin-2-carbonsäure-äthylester mit Cyanessigsäure-äthylester in Benzol unter Zusatz von Ammoniumacetat, Hydrieren des Reaktionsprodukts an Palladium/Kohle in äthanol. HCl und weiteren Hydrieren der danach erhaltenen Verbindung an Platin in Essigsäure (*Umio*, J. pharm. Soc. Japan **78** [1958] 1072, 1074; C. A. **1959** 2189).

Hellgelbes Öl; $Kp_{0,4}$: 145—149°.

Picrat $C_{15}H_{27}NO_5 \cdot C_6H_3N_3O_7$. Kristalle (aus Ae. + THF); F: 139—140°.

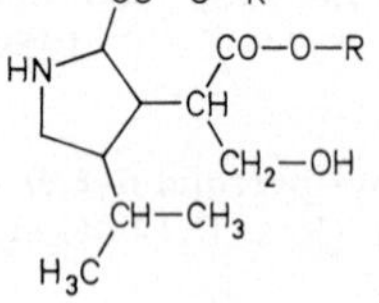

X 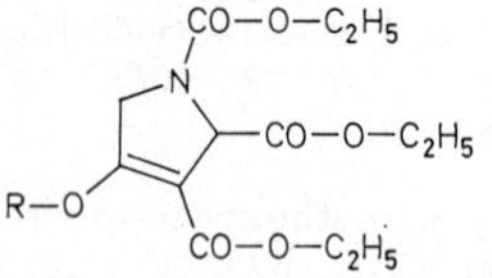 XI 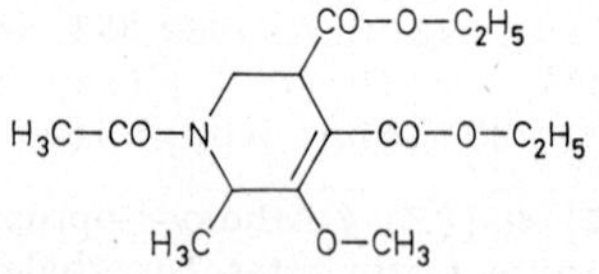 XII

Hydroxycarbonsäuren $C_nH_{2n-5}NO_5$

Hydroxycarbonsäuren $C_6H_7NO_5$

(±)-4-Methoxy-2,5-dihydro-pyrrol-1,2,3-tricarbonsäure-triäthylester $C_{14}H_{21}NO_7$, Formel XI (R = CH_3).

Konstitution: *Mattocks*, J. C.S. Perkin I **1974** 707, 710.

B. Beim Behandeln von (±)-4-Oxo-pyrrolidin-1,2,3-tricarbonsäure-triäthylester mit Diazomethan in Äther (*Kuhn*, *Osswald*, B. **89** [1956] 1423, 1430).

Kristalle (aus wss. A.); F: 65—68°.

(±)-4-Benzyloxy-2,5-dihydro-pyrrol-1,2,3-tricarbonsäure-triäthylester $C_{20}H_{25}NO_7$, Formel XI (R = CH_2-C_6H_5).

B. Beim Erwärmen der Natrium-Verbindung von (±)-4-Oxo-pyrrolidin-1,2,3-tri= carbonsäure-triäthylester mit Benzylbromid in Dioxan (*Kuhn*, *Osswald*, B. **89** [1956] 1423, 1431).

$Kp_{0,005}$: 135—145° [Luftbadtempratur].

(±)-4-[4-Nitro-benzoyloxy]-2,5-dihydro-pyrrol-1,2,3-tricarbonsäure-triäthylester $C_{20}H_{22}N_2O_{10}$, Formel XI (R = CO-C_6H_4-NO_2(*p*)).

B. Beim Behandeln von (±)-4-Oxo-pyrrolidin-1,2,3-tricarbonsäure-triäthylester mit

4-Nitro-benzoylchlorid in Pyridin (*Kuhn, Osswald*, B. **89** [1956] 1423, 1430, 1431).
Orangefarbene Kristalle (aus A.); F: 99,5—101°.

Hydroxycarbonsäuren $C_8H_{11}NO_5$

***Opt.-inakt. 1-Acetyl-5-methoxy-6-methyl-1,2,3,6-tetrahydro-pyridin-3,4-dicarbonsäure-diäthylester** $C_{15}H_{23}NO_6$, Formel XII.

B. Beim Behandeln von opt.-inakt. {[Acetyl-(1-äthoxycarbonyl-äthyl)-amino]-methyl}-bernsteinsäure-diäthylester (E III **4** 1554) mit Kalium-*tert*-pentylat in Benzol und Behandeln des rohen 1-Acetyl-6-methyl-5-oxo-piperidin-3,4-dicarbonsäure-diäthylesters mit Diazomethan in Äther (*Grob, Ankli*, Helv. **32** [1949] 2010, 2017).

$Kp_{0,03}$: 130—140° [Badtemperatur].

Hydroxycarbonsäuren $C_{11}H_{17}NO_5$

***Opt.-inakt. 5-[2-Methoxy-äthyl]-chinuclidin-2,2-dicarbonsäure** $C_{12}H_{19}NO_5$, Formel XIII (R = H, R' = CH_3).

B. Beim Erhitzen von opt.-inakt. 5-[2-Methoxy-äthyl]-chinuclidin-2,2-dicarbonsäure-diäthylester (s. u.) mit wss. NaOH (*Rubzow, Jachontow*, Ž. obšč. Chim. **25** [1955] 1743, 1746; engl. Ausg. S. 1697, 1699).

Hydrochlorid $C_{12}H_{19}NO_5 \cdot HCl$. Kristalle (aus A.); F: 182° [Zers.].

***Opt.-inakt. 5-[2-Methoxy-äthyl]-chinuclidin-2,2-dicarbonsäure-diäthylester** $C_{16}H_{27}NO_5$, Formel XIII (R = C_2H_5, R' = CH_3).

B. Beim Behandeln von opt.-inakt. [3-(2-Methoxy-äthyl)-[4]piperidylmethyl]-malonsäure-diäthylester (S. 2571) mit Brom in $CHCl_3$ und Erhitzen des Reaktionsprodukts mit Pyridin (*Rubzow, Jachontow*, Ž. obšč. Chim. **25** [1955] 1743, 1746; engl. Ausg. S. 1697, 1698).

D_4^{20}: 1,097. n_D^{20}: 1,4809.

***Opt.-inakt. 5-[2-Acetoxy-äthyl]-chinuclidin-2,2-dicarbonsäure-diäthylester** $C_{17}H_{27}NO_6$, Formel XIII (R = C_2H_5, R' = CO-CH_3).

B. Beim Behandeln von opt.-inakt. [3-(2-Acetoxy-äthyl)-[4]piperidylmethyl]-malonsäure-diäthylester (S. 2572) mit Brom in $CHCl_3$ und Erhitzen des Reaktionsprodukts mit Pyridin (*Rubzow, Jachontow*, Ž. obšč. Chim. **25** [1955] 1183, 1188; engl. Ausg. S. 1133, 1136).

D_4^{20}: 1,133. n_D^{20}: 1,4809.

Hydroxycarbonsäuren $C_{13}H_{21}NO_5$

(±)-2,2-Bis-[2-cyan-äthyl]-chinuclidin-3-ol $C_{13}H_{19}N_3O$, Formel XIV.

B. Beim Erwärmen von 2,2-Bis-[2-cyan-äthyl]-chinuclidin-3-on mit $LiAlH_4$ in Äther und Benzol auf 65—70° (*Michlina, Rubzow*, Ž. obšč. Chim. **29** [1959] 118, 123; engl. Ausg. S. 123, 127).

Kristalle (aus A.); F: 179—180°.

XIII XIV XV

Hydroxycarbonsäuren $C_nH_{2n-7}NO_5$

Hydroxycarbonsäuren $C_6H_5NO_5$

3,5-Diäthoxy-6-hydroxy-pyridin-2-carbonsäure(?) $C_{10}H_{13}NO_5$, vermutlich Formel XV, und Tautomeres (3,5-Diäthoxy-6-oxo-1,6-dihydro-pyridin-2-carbonsäure(?).

B. Beim Erhitzen von 3,5-Diäthoxy-2,6-dibrom-pyridin mit CuCN in Chinolin und

8-stdg. Erhitzen des Reaktionsprodukts mit wss. KOH (*de Hertog, Mulder*, R. **67** [1948] 957, 966).
Kristalle (aus A.); F: 212—213° [korr.; Zers.].

2,4,6-Trihydroxy-nicotinsäure-amid $C_6H_6N_2O_4$, Formel I, und Tautomere (z. B. 2,4,6-Tri=oxo-piperidin-3-carbonsäure-amid).
Diese Konstitution kommt der früher (s. E I **24** 443) als [1,5]Diazocin-2,4,6,8-tetraon („N,N'-Malonyl-malonamid") beschriebenen Verbindung zu (*Schulte, Mang*, Ar. **296** [1963] 501, 502).
Kristalle; F: 254—256° [Zers.].

2,4,6-Trihydroxy-nicotinonitril, Oxynorricinin $C_6H_4N_2O_3$, Formel II, und Tautomere (z. B. 2,4,6-Trioxo-piperidin-3-carbonitril).
B. Beim Erhitzen von 6-Chlor-2,4-dihydroxy-nicotinonitril mit wss. KOH auf 150° (*Schroeter et al.*, B. **65** [1932] 432, 440).
Kristalle (aus wss. HCl).
Kalium-Salz $KC_6H_3N_2O_3 \cdot C_6H_4N_2O_3$. Kristalle mit 4 Mol H_2O.
Silber-Salz $AgC_6H_3N_2O_3 \cdot C_6H_4N_2O_3$. Kristalle (aus H_2O) mit 6 Mol H_2O.

OH N HO CO—NH₂ OH
I

OH N HO CN OH
II

OH N H₃C CN HO OH
III

Hydroxycarbonsäuren $C_7H_7NO_5$

2,4,5-Trihydroxy-6-methyl-nicotinonitril $C_7H_6N_2O_3$, Formel III, und Tautomere (z. B. 4,5-Dihydroxy-6-methyl-2-oxo-1,2-dihydro-pyridin-3-carbonitril).
B. Beim Erhitzen von 2-Acetoxy-acetessigsäure-äthylester mit Cyanessigsäure-amid und Natrium in Äthanol auf 150° (*Merck & Co. Inc.*, U.S.P. 2481573 [1945]).
F: 330° [Zers.].

2,4-Dihydroxy-6-methyl-5-[4-nitro-phenylmercapto]-nicotinsäure-äthylester $C_{15}H_{14}N_2O_6S$, Formel IV (R = H), und Tautomere (z. B. 4-Hydroxy-6-methyl-5-[4-nitro-phenylmercapto]-2-oxo-1,2-dihydro-pyridin-3-carbonsäure-äthylester).
B. Beim Erwärmen von 2,4-Dihydroxy-6-methyl-nicotinsäure-äthylester mit 4-Nitro-benzolsulfenylchlorid in $CHCl_3$ und Nitrobenzol (*Burton, Davy*, Soc. **1947** 52, 54).
Kristalle (aus 2-Methoxy-äthanol); F: 261° [Zers.] und F: 256° (zwei Präparate).
Mono-*O*-acetyl-Derivat $C_{17}H_{16}N_2O_7S$. Kristalle; F: 176°.
Di-*O*-acetyl-Derivat s. S. 2575.

O—R N H₃C CO—O—C₂H₅ O₂N S O—R
IV

OH N H₃C CO—O—C₂H₅ O₂N SO₂ OH
V

2,4-Dihydroxy-6-methyl-5-[4-nitro-benzolsulfonyl]-nicotinsäure-äthylester $C_{15}H_{14}N_2O_8S$, Formel V, und Tautomere (z. B. 4-Hydroxy-6-methyl-5-[4-nitro-benzol=sulfonyl]-2-oxo-1,2-dihydro-pyridin-3-carbonsäure-äthylester).
B. Beim Erwärmen von 2,4-Diacetoxy-6-methyl-5-[4-nitro-phenylmercapto]-nicotin=säure-äthylester mit wss. H_2O_2, Essigsäure und Acetanhydrid auf 100° (*Burton, Davy*, Soc. **1947** 52, 54).
Kristalle (aus Eg.); F: 276° [Zers.].

2,4-Diacetoxy-6-methyl-5-[4-nitro-phenylmercapto]-nicotinsäure-äthylester $C_{19}H_{18}N_2O_8S$, Formel IV ($R = CO\text{-}CH_3$).

B. Beim Erwärmen von 2,4-Dihydroxy-6-methyl-5-[4-nitro-phenylmercapto]-nicotinsäure-äthylester (F: 256°) mit Acetanhydrid und Natriumacetat (*Burton, Davy*, Soc. **1947** 52, 54).

Kristalle (aus A.); F: 123°.

6-Chlor-2,4-dihydroxy-5-hydroxymethyl-nicotinonitril $C_7H_5ClN_2O_3$, Formel VI (R = H), und Tautomere (z. B. 6-Chlor-4-hydroxy-5-hydroxymethyl-2-oxo-1,2-dihydro-pyridin-3-carbonitril).

B. Beim Erhitzen des Dinatrium-Salzes von 6-Chlor-2,4-dihydroxy-nicotinonitril mit wss. Formaldehyd (*Schroeter, Finck*, B. **71** [1938] 671, 677, 678).

Kristalle, die sich beim Erhitzen zersetzen.

Natrium-Salz $NaC_7H_4ClN_2O_3$. Kristalle mit 2 Mol H_2O.

Kupfer(II)-Salze. a) $CuC_7H_3ClN_2O_3$. Grüne Kristalle mit 2 Mol H_2O. – b) $Cu(C_7H_4ClN_2O_3)_2$. Gelbe Kristalle mit 4 Mol H_2O.

Silber-Salz $AgC_7H_4ClN_2O_3$. Kristalle.

5-Acetoxymethyl-6-chlor-2,4-dihydroxy-nicotinonitril $C_9H_7ClN_2O_4$, Formel VI ($R = CO\text{-}CH_3$), und Tautomere (z. B. 5-Acetoxymethyl-6-chlor-4-hydroxy-2-oxo-1,2-dihydro-pyridin-3-carbonitril).

B. Beim Behandeln des Dinatrium-Salzes von 6-Chlor-2,4-dihydroxy-5-hydroxymethyl-nicotinonitril mit Acetanhydrid unter Zusatz von konz. H_2SO_4 (*Schroeter, Finck*, B. **71** [1938] 671, 678).

Kristalle (aus H_2O), die bei 130° unter Gasentwicklung erweichen und nach Wiedererstarren unterhalb 300° nicht schmelzen.

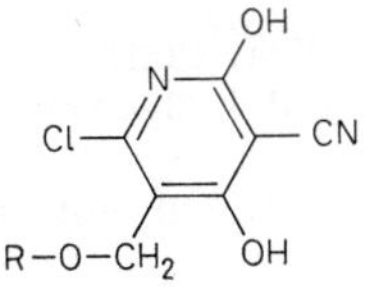

VI 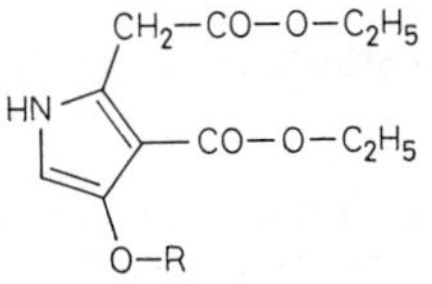 VII 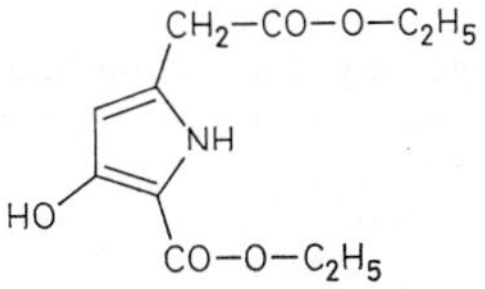 VIII

[3-Äthoxycarbonyl-4-hydroxy-pyrrol-2-yl]-essigsäure-äthylester, 2-Äthoxycarbonylmethyl-4-hydroxy-pyrrol-3-carbonsäure-äthylester $C_{11}H_{15}NO_5$, Formel VII (R = H) und Tautomeres.

B. Neben geringen Mengen [5-Äthoxycarbonyl-4-hydroxy-pyrrol-2-yl]-essigsäure-äthylester beim Behandeln von 3-[Äthoxycarbonylmethyl-imino]-glutarsäure-diäthylester (aus 3-Oxo-glutarsäure-diäthylester und Glycin-äthylester hergestellt) mit Natriumäthylat in Äthanol (*Treibs, Ohorodnik*, A. **611** [1958] 139, 146).

Kristalle (aus Ae. + PAe.); F: 121,5°.

[3-Äthoxycarbonyl-4-methoxy-pyrrol-2-yl]-essigsäure-äthylester, 2-Äthoxycarbonylmethyl-4-methoxy-pyrrol-3-carbonsäure-äthylester $C_{12}H_{17}NO_5$, Formel VII ($R = CH_3$).

B. Beim Erwärmen von [3-Äthoxycarbonyl-4-hydroxy-pyrrol-2-yl]-essigsäure-äthylester mit Dimethylsulfat und wss. NaOH (*Treibs, Ohorodnik*, A. **611** [1958] 149, 158).

F: 112°.

[5-Äthoxycarbonyl-4-hydroxy-pyrrol-2-yl]-essigsäure-äthylester, 5-Äthoxycarbonylmethyl-3-hydroxy-pyrrol-2-carbonsäure-äthylester $C_{11}H_{15}NO_5$, Formel VIII und Tautomeres.

B. Beim Behandeln von 3-[Äthoxycarbonylmethyl-imino]-glutarsäure-diäthylester (aus 3-Oxo-glutarsäure-diäthylester und Glycin-äthylester hergestellt) mit Natriumäthylat in Äther (*Treibs, Ohorodnik*, A. **611** [1958] 139, 147).

Kristalle (aus A.); F: 78°.

4-Hydroxy-2-methyl-5-phenylcarbamoyl-pyrrol-3-carbonsäure-äthylester $C_{15}H_{16}N_2O_4$, Formel IX und Tautomeres.

B. Beim Erhitzen von 4-Hydroxy-2-methyl-pyrrol-3-carbonsäure-äthylester mit

Phenylisocyanat in Xylol (*Treibs, Ohorodnik*, A. **611** [1958] 149, 157).
Kristalle (aus $CHCl_3$ + Ae.); F: 220°.

3-Chlor-4-cyan-5-hydroxymethyl-pyrrol-2-carbonsäure-äthylester $C_9H_9ClN_2O_3$, Formel X.

B. Beim Erhitzen von 3-Chlor-5-chlormethyl-4-cyan-pyrrol-2-carbonsäure-äthylester mit H_2O (*Fischer, Elhardt*, Z. physiol. Chem. **257** [1939] 61, 98).

Kristalle (aus wss. A.); F: 180°.

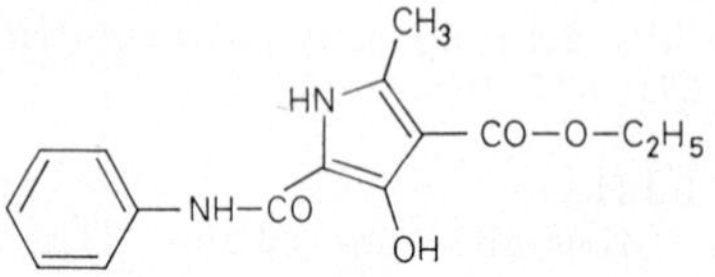

IX 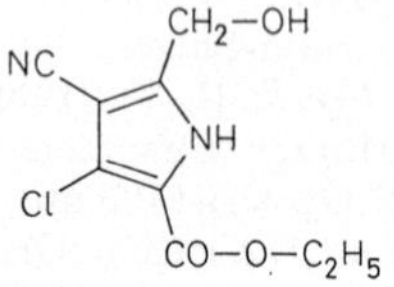 X 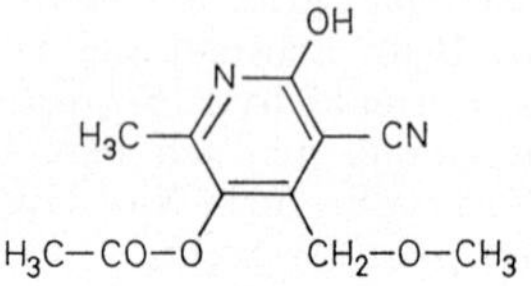 XI

Hydroxycarbonsäuren $C_8H_9NO_5$

5-Acetoxy-2-hydroxy-4-methoxymethyl-6-methyl-nicotinonitril $C_{11}H_{12}N_2O_4$, Formel XI, und Tautomeres (5-Acetoxy-4-methoxymethyl-6-methyl-2-oxo-1,2-dihydro-pyridin-3-carbonitril).

B. Beim Erwärmen von 3-Acetoxy-1-methoxy-pentan-2,4-dion (aus 3-Chlor-1-methoxy-pentan-2,4-dion erhalten) mit Cyanessigsäure-amid in Äthanol unter Zusatz von Piperidin (*Merck & Co. Inc.*, U.S.P. 2481573 [1945]).

F: 254–256°.

2-Hydroxy-4,6-bis-methoxymethyl-nicotinsäure $C_{10}H_{13}NO_5$, Formel XII, und Tautomeres (4,6-Bis-methoxymethyl-2-oxo-1,2-dihydro-pyridin-3-carbonsäure).

B. Beim Erhitzen von 2-Hydroxy-4,6-bis-methoxymethyl-nicotinonitril mit konz. wss. HCl (*Mariella, Havlik*, Am. Soc. **73** [1951] 1864).

Kristalle (aus H_2O); F: 246° [Zers.].

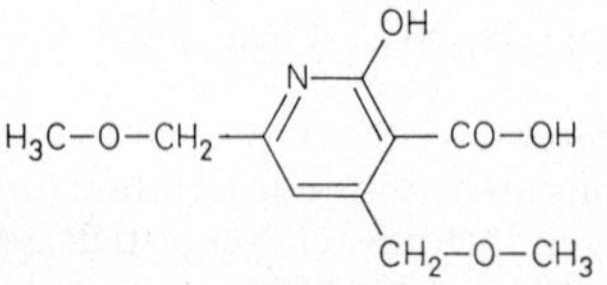

XII 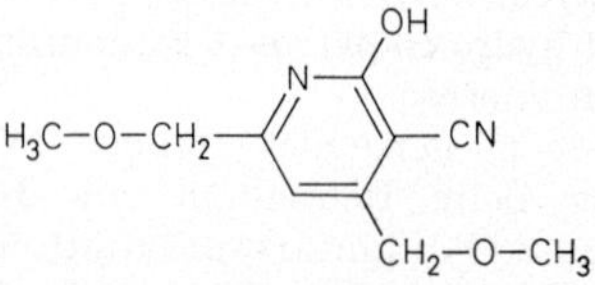 XIII

2-Hydroxy-4,6-bis-methoxymethyl-nicotinonitril $C_{10}H_{12}N_2O_3$, Formel XIII, und Tautomeres (4,6-Bis-methoxymethyl-2-oxo-1,2-dihydro-pyridin-3-carbonitril).

B. Beim Erhitzen von 1,5-Dimethoxy-pentan-2,4-dion mit Cyanessigsäure-amid unter Zusatz von Piperidin-acetat in H_2O (*Mariella, Havlik*, Am. Soc. **73** [1951] 1864).

Kristalle (aus A.); F: 160°.

Acetoxy-pyrrol-2-ylmethyl-malonsäure-diäthylester $C_{14}H_{19}NO_6$, Formel XIV.

B. Beim Behandeln von Dimethyl-pyrrol-2-ylmethyl-amin mit Dimethylsulfat in Äthanol und anschliessenden 7-tägigen Erwärmen des Reaktionsgemisches mit der Natrium-Verbindung des Acetoxy-malonsäure-diäthylesters in Äthanol (*Leonard, Burk*, Am. Soc. **72** [1950] 2543, 2545).

$Kp_{0,4}$: 132°. D_4^{20}: 1,167. n_D^{20}: 1,4891.

(±)-5-Hydroxy-3,5-dimethyl-5*H*-pyrrol-2,4-dicarbonsäure-diäthylester $C_{12}H_{17}NO_5$, Formel XV (X = H).

Diese Konstitution kommt der früher (s. E II **22** 199) als 3-Hydroxymethyl-

5-methyl-pyrrol-2,4-dicarbonsäure-diäthylester beschriebenen Verbindung zu (*Treibs, Bader*, A. **627** [1959] 182, 186).

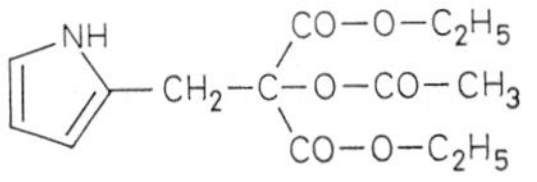

XIV 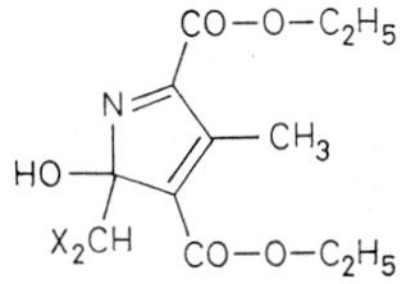 XV

(±)-5-Dibrommethyl-5-hydroxy-3-methyl-5*H*-pyrrol-2,4-dicarbonsäure-diäthylester $C_{12}H_{15}Br_2NO_5$, Formel XV (X = Br).

Diese Konstitution kommt der früher (s. E II **22** 199) als 5-Dibrommethyl-3-hydroxymethyl-pyrrol-2,4-dicarbonsäure-diäthylester beschriebenen Verbindung zu (*Treibs, Bader*, A. **627** [1959] 182, 186).

B. Neben 5-Brommethyl-3-methyl-pyrrol-2,4-dicarbonsäure-diäthylester beim Behandeln von 3,5-Dimethyl-pyrrol-2,4-dicarbonsäure-diäthylester mit Brom in Essigsäure und Petroläther (*Tr., Ba.*, l. c. S. 193).

Kristalle (aus wss. A.); F: 130–131° (*Tr., Ba.*).

4-Cyan-3-hydroxymethyl-5-tribrommethyl-pyrrol-2-carbonsäure-äthylester $C_{10}H_9Br_3N_2O_3$, Formel I.

B. Beim Behandeln von 4-Cyan-3,5-dimethyl-pyrrol-2-carbonsäure-äthylester mit Brom und wss. Natriumbromat bei ca. 50° (*Fischer, Rothemund*, B. **63** [1930] 2249, 2254).

Kristalle (aus wss. Eg.); F: 183°.

Beim Erhitzen mit Zink und Essigsäure ist 4-Cyan-3,5-dimethyl-pyrrol-2-carbonsäure-äthylester zurückerhalten worden.

5-Äthoxymethyl-3-methyl-pyrrol-2,4-dicarbonsäure-4-äthylester $C_{12}H_{17}NO_5$, Formel II (R = R′ = H, R″ = C_2H_5).

B. Beim Erwärmen von 5-Äthoxymethyl-3-methyl-pyrrol-2,4-dicarbonsäure-diäthylester mit äthanol. NaOH (*Harrell, Corwin*, Am. Soc. **78** [1956] 3135, 3139).

Kristalle (aus Isooctan); F: 147,5–149° [unkorr.].

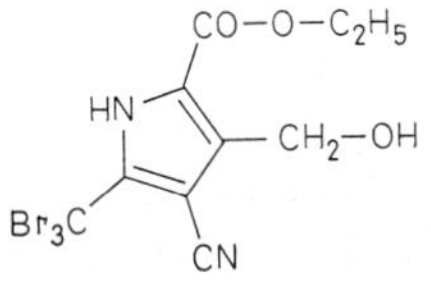

I 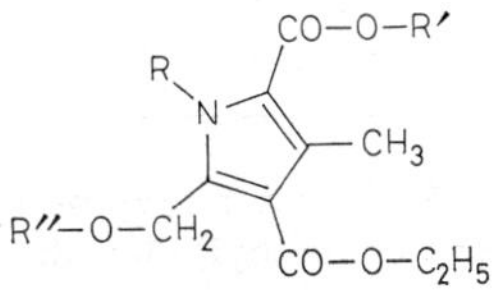 II 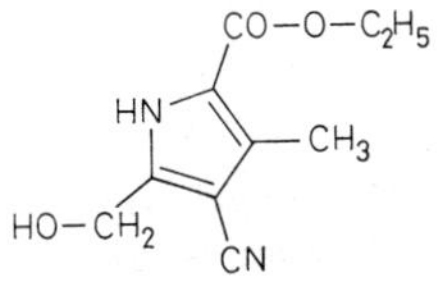 III

5-Hydroxymethyl-3-methyl-pyrrol-2,4-dicarbonsäure-diäthylester $C_{12}H_{17}NO_5$, Formel II (R = R″ = H, R′ = C_2H_5) (E II 199).

B. Beim Erwärmen von 5-Chlormethyl-3-methyl-pyrrol-2,4-dicarbonsäure-diäthylester mit wss. Na_2CO_3 in Aceton (*Corwin et al.*, Am. Soc. **64** [1942] 1267, 1270).

Kristalle (aus CCl_4 + Hexan); F: 123° [Zers.] (*Co. et al.*). Verbrennungsenthalpie bei 15°: *Stern, Klebs*, A. **500** [1933] 91, 107.

Beim Erhitzen mit $KHSO_4$ ohne Lösungsmittel oder in Xylol ist Bis-[3,5-bis-äthoxycarbonyl-4-methyl-pyrrol-2-yl]-methan erhalten worden (*Co. et al.*).

4-Cyan-5-hydroxymethyl-3-methyl-pyrrol-2-carbonsäure-äthylester $C_{10}H_{12}N_2O_3$, Formel III.

B. Beim Behandeln von 4-Cyan-3,5-dimethyl-pyrrol-2-carbonsäure-äthylester mit SO_2Cl_2 in Äther und anschliessenden Erhitzen des Reaktionsprodukts mit H_2O (*Fischer, Rothemund*, B. **63** [1930] 2249, 2253).

Kristalle (aus Eg.); F: 195–196° [unscharf; nach Rotfärbung ab 145° und Sintern].

5-Hydroxymethyl-1,3-dimethyl-pyrrol-2,4-dicarbonsäure-diäthylester $C_{13}H_{19}NO_5$, Formel II ($R = CH_3$, $R' = C_2H_5$, $R'' = H$).

B. Beim aufeinanderfolgenden Erhitzen von 5-Hydroxymethyl-3-methyl-pyrrol-2,4-dicarbonsäure-diäthylester in Toluol mit Natrium und mit Dimethylsulfat (*Corwin et al.*, Am. Soc. **64** [1942] 1267, 1271). Aus 5-Chlormethyl-1,3-dimethyl-pyrrol-2,4-di=carbonsäure-diäthylester beim Erwärmen mit Na_2CO_3 in wss. Aceton (*Co. et al.*).

Kristalle (aus Hexan); F: 98°.

3-Methyl-5-thiocyanatomethyl-pyrrol-2,4-dicarbonsäure-diäthylester $C_{13}H_{16}N_2O_4S$, Formel IV.

B. Beim Erwärmen von 5-Brommethyl-3-methyl-pyrrol-2,4-dicarbonsäure-diäthyl=ester mit Kaliumthiocyanat in wss. Äthanol (*Fischer, Neber*, A. **496** [1932] 1, 24).

Kristalle (aus Eg. oder A.); F: 171° [korr.].

IV V

Hydroxycarbonsäuren $C_9H_{11}NO_5$

[2,6-Dihydroxy-3-phenoxyäthyl-[4]pyridyl]-essigsäure $C_{15}H_{15}NO_5$, Formel V, und Tautomere.

B. Beim Erhitzen von 3-[1-Cyan-3-phenoxy-propyl]-pentendisäure-diäthylester (E III **6** 633) mit konz. wss. HCl (*Robinson, Watt*, Soc. **1934** 1536, 1540).

Hydrochlorid $C_{15}H_{15}NO_5 \cdot HCl$. Kristalle (aus Eg.); F: 146° [Zers.].

5-[2-Äthoxy-äthyl]-2,4-dihydroxy-6-methyl-nicotinsäure-äthylester $C_{13}H_{19}NO_5$, Formel VI, und Tautomere (z. B. 5-[2-Äthoxy-äthyl]-4-hydroxy-6-methyl-2-oxo-1,2-dihydro-pyridin-3-carbonsäure-äthylester).

B. Beim Erhitzen von 2-[2-Äthoxy-äthyl]-3-amino-crotonsäure-äthylester (E III **3** 1457) mit Malonsäure-diäthylester und äthanol. Natriumäthylat-Lösung auf 145—150° (*Tracy, Elderfield*, J. org. Chem. **6** [1941] 54, 58).

Kristalle (aus A.); F: 174—176° [korr.].

(±)-Hydroxy-[3-hydroxy-2-methyl-5-phosphonooxymethyl-[4]pyridyl]-acetonitril, Phosphorsäure-mono-[4-(cyan-hydroxy-methyl)-5-hydroxy-6-methyl-[3]pyridylmethyl=ester] $C_9H_{11}N_2O_6P$, Formel VII.

B. Aus Pyridoxal-5'-phosphat (E III/IV **21** 6420) und KCN in wss. Natriumphosphat (*Bonavita, Scardi*, Anal. chim. Acta **20** [1959] 47).

UV-Spektrum (250—390 nm) von wss. Lösungen vom pH 5—11: *Bonavita, Scardi*, Arch. Biochem. **82** [1959] 300, 306; s. a. *Bo., Sc.*, Anal. chim. Acta **20** 48. Fluorescenz-spektrum (340—500 nm) von wss. Lösungen vom pH 1—6,2: *Bo., Sc.*, Arch. Biochem. **82** 306, 307. Scheinbare Dissoziationsexponenten pK'_{a1} und pK'_{a2} (H_2O; spektrophoto-metrisch ermittelt) bei 18°: 5,93 bzw. 9,85 (*Bo., Sc.*, Arch. Biochem. **82** 307).

VI VII VIII

2,6-Dihydroxy-5-[2-hydroxy-äthyl]-4-methyl-nicotinonitril $C_9H_{10}N_2O_3$, Formel VIII (R = H), und Tautomere.

B. Aus 3-Acetyl-dihydro-furan-2-on und Cyanessigsäure-amid bei 8-tägigem Behandeln mit konz. wss. NH_3 oder bei 3-tägigem Erwärmen in Äthanol unter Zusatz von Piperidin (*Ritchie*, Austral. J. Chem. **9** [1956] 244, 249). Bei 14-tägigem Behandeln von 3-Acetyl-dihydro-furan-2-on mit Cyanessigsäure-äthylester und konz. wss. NH_3 (*Ri.*; *Stevens et al.*, Am. Soc. **64** [1942] 1093).

Kristalle (aus H_2O); Zers. bei ca. 315° [nach Gelbfärbung bei ca. 200°] (*Ri.*).

Beim Erhitzen mit konz. wss. HCl auf Siedetemperatur ist 6-Hydroxy-4-methyl-2,3-dihydro-furo[2,3-*b*]pyridin-5-carbonitril erhalten worden (*Ri.*; *St. et al.*). Beim Erhitzen mit konz. wss. HCl auf mindestens 150° sowie beim Erhitzen mit konz. wss. HBr ist 4-Methyl-2,3-dihydro-furo[2,3-*b*]pyridin-6-ol erhalten worden (*Ri.*).

Ammonium-Salz $[NH_4]C_9H_9N_2O_3$. Kristalle (aus wss. A.); Zers. bei ca. 290° [nach Dunkelfärbung bei ca. 250°] (*Ri.*).

5-[2-Äthoxy-äthyl]-2,6-dihydroxy-4-methyl-nicotinonitril $C_{11}H_{14}N_2O_3$, Formel VIII (R = C_2H_5), und Tautomere.

Ammonium-Salz $[NH_4]C_{11}H_{13}N_2O_3$. *B.* Beim Behandeln von 2-[2-Äthoxy-äthyl]-acetessigsäure-äthylester mit Cyanessigsäure-amid und konz. wss. NH_3 (*Stevens et al.*, Am. Soc. **64** [1942] 1093).

Bis-[5-carboxy-3-(2-carboxy-äthyl)-4-methyl-pyrrol-2-yl]-sulfid, 4,4'-Bis-[2-carboxy-äthyl]-3,3'-dimethyl-5,5'-sulfandiyl-bis-pyrrol-2-carbonsäure $C_{18}H_{20}N_2O_8S$, Formel IX (R = H).

B. Beim Behandeln von Bis-[5-äthoxycarbonyl-3-(2-carboxy-äthyl)-4-methyl-pyrrol-2-yl]-sulfid mit wss.-äthanol. KOH (*Fischer, Csukás*, A. **508** [1934] 167, 182).

Kristalle (aus Dioxan); F: 240° [Zers.; nach Blaufärbung bei 210°].

Bis-[5-äthoxycarbonyl-3-(2-carboxy-äthyl)-4-methyl-pyrrol-2-yl]-sulfid $C_{22}H_{28}N_2O_8S$, Formel IX (R = C_2H_5).

B. Beim Behandeln von 3-[5-Äthoxycarbonyl-4-methyl-pyrrol-3-yl]-propionsäure in $CHCl_3$ mit einer äther. SCl_2-Lösung (*Fischer, Csukás*, A. **508** [1934] 167, 181).

Kristalle (aus A.); F: 217°.

IX

X

Bis-[3-(2-carboxy-äthyl)-5-cyan-4-methyl-pyrrol-2-yl]-sulfid $C_{18}H_{18}N_4O_4S$, Formel X (R = H).

B. Neben 3-[2-Chlor-5-cyan-4-methyl-pyrrol-3-yl]-propionsäure beim Erwärmen von 3-[5-(Hydroxyimino-methyl)-4-methyl-pyrrol-3-yl]-propionsäure (F: 185°) mit SCl_2 enthaltendem $SOCl_2$ (*Fischer, Csukás*, A. **508** [1934] 167, 170, 178).

Kristalle (aus Eg.); F: 249° [Zers.].

Bis-[3-(2-äthoxycarbonyl-äthyl)-5-cyan-4-methyl-pyrrol-2-yl]-sulfid $C_{22}H_{26}N_4O_4S$, Formel X (R = C_2H_5).

B. Aus Bis-[3-(2-carboxy-äthyl)-5-cyan-4-methyl-pyrrol-2-yl]-sulfid beim Behandeln mit Äthanol und HCl (*Fischer, Csukás*, A. **508** [1934] 167, 179).

Kristalle (aus A.); F: 120°.

4-Methyl-5-[2-methylmercapto-äthyl]-pyrrol-2,3-dicarbonsäure $C_{10}H_{13}NO_4S$, Formel XI (R = H).

B. Beim Erwärmen von 4-Methyl-5-[2-methylmercapto-äthyl]-pyrrol-2,3-dicarbon=

säure-3-äthylester mit äthanol. KOH (*Yamamoto et al.*, J. pharm. Soc. Japan **75** [1955] 1219; C. A. **1956** 8597).

Kristalle (aus A.); F: 178° [Zers.].

4-Methyl-5-[2-methylmercapto-äthyl]-pyrrol-2,3-dicarbonsäure-3-äthylester $C_{12}H_{17}NO_4S$, Formel XI (R = C_2H_5).

B. Aus 3-Acetylamino-5-methylmercapto-pentan-2-on und Oxalessigsäure-diäthylester (*Yamamoto et al.*, J. pharm. Soc. Japan **75** [1955] 1219; C. A. **1956** 8597).

Kristalle (aus A.); F: 164°.

H3C–S–CH2–CH2, HN, CO–OH, CO–O–R, H3C

XI

CO–O–C2H5, HN, CH3, X–CH2, CH, R–O, CO–O–C2H5

XII

(±)-5-[1-Hydroxy-äthyl]-3-methyl-pyrrol-2,4-dicarbonsäure-diäthylester $C_{13}H_{19}NO_5$, Formel XII (R = X = H) (E II 200).

Verbrennungsenthalpie bei 15°: *Stern, Klebs*, A. **500** [1933] 91, 107.

(±)-5-[1-Acetoxy-äthyl]-3-methyl-pyrrol-2,4-dicarbonsäure-diäthylester $C_{15}H_{21}NO_6$, Formel XII (R = CO-CH_3, X = H).

B. Neben 5-[2-Acetylamino-äthyl]-3-methyl-pyrrol-2,4-dicarbonsäure-diäthylester bei der Hydrierung von 3-Methyl-5-[2-nitro-vinyl]-pyrrol-2,4-dicarbonsäure-diäthylester an Raney-Nickel in Acetanhydrid (*Kutscher, Klamerth*, Z. physiol. Chem. **286** [1950] 190, 198).

Kristalle (aus PAe. + Bzl.); F: 112°.

(±)-5-[1-Hydroxy-2-nitro-äthyl]-3-methyl-pyrrol-2,4-dicarbonsäure-diäthylester $C_{13}H_{18}N_2O_7$, Formel XII (R = H, X = NO_2).

B. Neben 3-Methyl-5-[2-nitro-vinyl]-pyrrol-2,4-dicarbonsäure-diäthylester beim Behandeln von 5-Formyl-3-methyl-pyrrol-2,4-dicarbonsäure-diäthylester in Äthanol mit Nitromethan und methanol. KOH bei −5° (*Fischer, Neber*, A. **496** [1932] 1, 12; *Kutscher, Klamerth*, Z. physiol. Chem. **286** [1950] 190, 197).

Kristalle (aus A.); F: 157° [korr.] (*Fi., Ne.*).

3-Äthyl-4-cyan-5-hydroxymethyl-pyrrol-2-carbonsäure-äthylester $C_{11}H_{14}N_2O_3$, Formel XIII.

B. Neben 3-Äthyl-4-cyan-5-formyl-pyrrol-2-carbonsäure-äthylester beim Behandeln von 3-Äthyl-4-cyan-5-methyl-pyrrol-2-carbonsäure-äthylester in Äther mit SO_2Cl_2 und Erhitzen des Reaktionsprodukts mit H_2O (*Fischer, Elhardt*, Z. physiol. Chem. **257** [1939] 61, 101).

Kristalle (aus H_2O); F: 128°.

CH2–OH, NC, NH, H3C–CH2, CO–O–C2H5

XIII

CO–OH, H3C, NH, H3C, CH, OH, CO–OH

XIV

HO–CH2, CH2–CO–OH, HN, CO–O–C2H5, H3C

XV

(±)-3-[1-Hydroxy-äthyl]-4-methyl-pyrrol-2,5-dicarbonsäure $C_9H_{11}NO_5$, Formel XIV.

B. Beim Erhitzen von 3-Acetyl-4-methyl-pyrrol-2,5-dicarbonsäure mit $NaBH_4$ und wss. NaOH (*Nicolaus et al.*, Rend. Accad. Sci. fis. mat. Napoli [4] **26** [1959] 262, 263).

F: 202° [Zers.]. IR-Spektrum (KBr; 2—15 μ): *Ni. et al.*, l. c. S. 265.

[4-Äthoxycarbonyl-2-hydroxymethyl-5-methyl-pyrrol-3-yl]-essigsäure(?) $C_{11}H_{15}NO_5$, vermutlich Formel XV.

B. Beim Erwärmen von 3-Äthoxycarbonylmethyl-5-methyl-pyrrol-2,4-dicarbonsäure-diäthylester mit Natrium und Äthanol (*Fischer et al.*, Z. physiol. Chem. **279** [1943] 1, 13, 22).

Kristalle (aus Ae.); F: 211°.

Hydroxycarbonsäuren $C_{10}H_{13}NO_5$

3-[5-Carboxy-2-hydroxymethyl-4-methyl-pyrrol-3-yl]-propionsäure, 4-[2-Carboxy-äthyl]-5-hydroxymethyl-3-methyl-pyrrol-2-carbonsäure $C_{10}H_{13}NO_5$, Formel I (R = R′ = R″ = H).

B. Beim Erwärmen von 3-[5-Äthoxycarbonyl-2-hydroxymethyl-4-methyl-pyrrol-3-yl]-propionsäure mit methanol. KOH (*Siedel, Winkler*, A. **554** [1943] 162, 193).

F: ca. 200° [korr.; auf vorgeheizter Platte; unter Porphyrin-Bildung].

3-[5-Äthoxycarbonyl-2-hydroxymethyl-4-methyl-pyrrol-3-yl]-propionsäure $C_{12}H_{17}NO_5$, Formel I (R = R″ = H, R′ = C_2H_5).

B. Beim Behandeln von 3-[5-Äthoxycarbonyl-2,4-dimethyl-pyrrol-3-yl]-propionsäure mit Blei(IV)-acetat in Essigsäure (*Siedel, Winkler*, A. **554** [1943] 162, 193).

Kristalle (aus Ae.); F: 277–278° [korr.].

3-[5-Äthoxycarbonyl-2-methoxymethyl-4-methyl-pyrrol-3-yl]-propionsäure $C_{13}H_{19}NO_5$, Formel I (R = H, R′ = C_2H_5, R″ = CH_3).

B. Bei kurzem Erwärmen von 3-[5-Äthoxycarbonyl-2-brommethyl-4-methyl-pyrrol-3-yl]-propionsäure mit Methanol (*Fischer, Adler*, Z. physiol. Chem. **197** [1931] 237, 266).

F: 75°.

3-[2-Acetoxymethyl-5-*tert*-butoxycarbonyl-4-methyl-pyrrol-3-yl]-propionsäure-äthylester, 5-Acetoxymethyl-4-[2-äthoxycarbonyl-äthyl]-3-methyl-pyrrol-2-carbonsäure-*tert*-butylester $C_{18}H_{27}NO_6$, Formel I (R = C_2H_5, R′ = $C(CH_3)_3$, R″ = CO-CH_3).

B. Beim Behandeln von 3-[5-*tert*-Butoxycarbonyl-2,4-dimethyl-pyrrol-3-yl]-propionsäure-äthylester mit Blei(IV)-acetat in Essigsäure (*Johnson et al.*, Soc. **1959** 3416, 3419).

Kristalle; F: 84–85°.

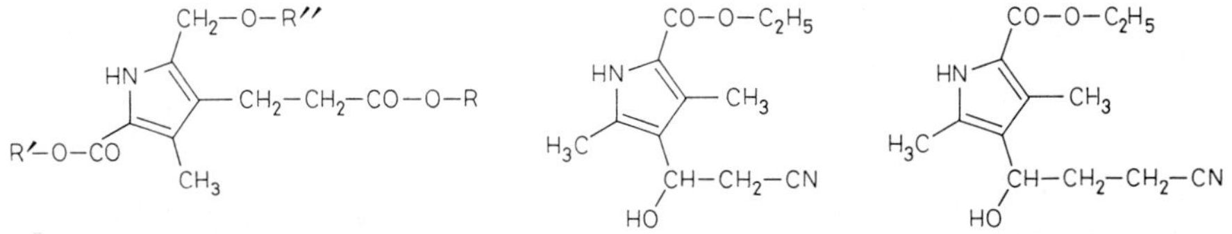

I II III

3-[2-Acetoxymethyl-5-benzyloxycarbonyl-4-methyl-pyrrol-3-yl]-propionsäure-methylester, 5-Acetoxymethyl-4-[2-methoxycarbonyl-äthyl]-3-methyl-pyrrol-2-carbonsäure-benzylester $C_{20}H_{23}NO_6$, Formel I (R = CH_3, R′ = CH_2-C_6H_5, R″ = CO-CH_3).

B. Beim Behandeln von 3-[5-Benzyloxycarbonyl-2,4-dimethyl-pyrrol-3-yl]-propionsäure-methylester mit Blei(IV)-acetat in Essigsäure (*Johnson et al.*, Soc. **1959** 3416, 3419).

Kristalle (aus wss. Acn.); F: 111–112°.

3-[2-Acetoxymethyl-5-benzyloxycarbonyl-4-methyl-pyrrol-3-yl]-propionsäure-äthylester, 5-Acetoxymethyl-4-[2-äthoxycarbonyl-äthyl]-3-methyl-pyrrol-2-carbonsäure-benzylester $C_{21}H_{25}NO_6$, Formel I (R = C_2H_5, R′ = CH_2-C_6H_5, R″ = CO-CH_3).

B. Beim Behandeln von 3-[5-Benzyloxycarbonyl-2,4-dimethyl-pyrrol-3-yl]-propionsäure-äthylester mit Blei(IV)-acetat in Essigsäure (*Bullock et al.*, Soc. **1958** 1430, 1438).

Kristalle (aus Acn.); F: 121–122°.

(±)-4-[2-Cyan-1-hydroxy-äthyl]-3,5-dimethyl-pyrrol-2-carbonsäure-äthylester $C_{12}H_{16}N_2O_3$, Formel II.

B. Aus 4-Cyanacetyl-3,5-dimethyl-pyrrol-2-carbonsäure-äthylester beim Behandeln mit Aluminium-Amalgam in Äther (*Fischer, Kutscher*, A. **481** [1930] 193, 208).

Kristalle; F: 134–136°.

Hydroxycarbonsäuren $C_{11}H_{15}NO_5$

(±)-4-[3-Cyan-1-hydroxy-propyl]-3,5-dimethyl-pyrrol-2-carbonsäure-äthylester $C_{13}H_{18}N_2O_3$, Formel III.

B. Aus 4-[3-Cyan-propionyl]-3,5-dimethyl-pyrrol-2-carbonsäure-äthylester beim Behandeln mit Aluminium-Amalgam in Äther (*Fischer, Kutscher*, A. **481** [1930] 193, 210).

Kristalle (aus wss. A.); F: 113–115°. [*Kowol*]

Hydroxycarbonsäuren $C_nH_{2n-9}NO_5$

Hydroxycarbonsäuren $C_7H_5NO_5$

6-Hydroxy-pyridin-2,3-dicarbonsäure-dimethylester $C_9H_9NO_5$, Formel IV (R = CH_3, X = H), und Tautomeres (6-Oxo-1,6-dihydro-pyridin-2,3-dicarbonsäure-dimethylester).

B. Beim Erwärmen von 6-Hydroxy-pyridin-2,3-dicarbonsäure mit Methanol und konz. H_2SO_4 (*Gleu, Wackernagel*, J. pr. [2] **148** [1937] 72, 77).

Kristalle (aus H_2O); F: 158°.

5-Chlor-6-hydroxy-pyridin-2,3-dicarbonsäure $C_7H_4ClNO_5$, Formel IV (R = H, X = Cl), und Tautomeres (5-Chlor-6-oxo-1,6-dihydro-pyridin-2,3-dicarbonsäure).

B. Beim Erhitzen von 5-Chlor-6-hydroxy-pyridin-2,3-dicarbonsäure-dimethylester mit wss. NaOH (*Gleu, Wackernagel*, J. pr. [2] **148** [1937] 72, 79).

Kristalle (aus wss. H_2SO_4); F: 228° [Zers.].

5-Chlor-6-hydroxy-pyridin-2,3-dicarbonsäure-dimethylester $C_9H_8ClNO_5$, Formel IV (R = CH_3, X = Cl), und Tautomeres (5-Chlor-6-oxo-1,6-dihydro-pyridin-2,3-dicarbonsäure-dimethylester).

B. Beim Behandeln von 6-Hydroxy-pyridin-2,3-dicarbonsäure-dimethylester in warmem H_2O mit Chlor (*Gleu, Wackernagel*, J. pr. [2] **148** [1937] 72, 79).

Kristalle (aus wenig A. enthaltendem H_2O); F: 163°.

5-Brom-6-hydroxy-pyridin-2,3-dicarbonsäure $C_7H_4BrNO_5$, Formel IV (R = H, X = Br), und Tautomeres (5-Brom-6-oxo-1,6-dihydro-pyridin-2,3-dicarbonsäure).

B. Beim Erhitzen von 5-Brom-6-hydroxy-pyridin-2,3-dicarbonsäure-dimethylester mit wss. NaOH (*Gleu, Wackernagel*, J. pr. [2] **148** [1937] 72, 79).

Kristalle (aus wss. H_2SO_4); F: 229° [Zers.].

5-Brom-6-hydroxy-pyridin-2,3-dicarbonsäure-dimethylester $C_9H_8BrNO_5$, Formel IV (R = CH_3, X = Br), und Tautomeres (5-Brom-6-oxo-1,6-dihydro-pyridin-2,3-dicarbonsäure-dimethylester).

B. Beim Behandeln von 6-Hydroxy-pyridin-2,3-dicarbonsäure-dimethylester in warmem H_2O mit Brom (*Gleu, Wackernagel*, J. pr. [2] **148** [1937] 72, 79).

Kristalle (aus A.); F: 182°.

CO–O–R N HO CO–O–R X

IV

HO N HO–CO CO–OH

V

CO–OH N HO CO–OH

VI

6-Hydroxy-5-jod-pyridin-2,3-dicarbonsäure $C_7H_4INO_5$, Formel IV (R = H, X = I), und Tautomeres (5-Jod-6-oxo-1,6-dihydro-pyridin-2,3-dicarbonsäure).

B. Beim Erhitzen von 6-Hydroxy-5-jod-pyridin-2,3-dicarbonsäure-dimethylester mit wss. NaOH (*Gleu, Wackernagel,* J. pr. [2] **148** [1937] 72, 79).

Kristalle (aus wss. H_2SO_4); F: 235° [Zers.].

6-Hydroxy-5-jod-pyridin-2,3-dicarbonsäure-dimethylester $C_9H_8INO_5$, Formel IV (R = CH_3, X = I), und Tautomeres (5-Jod-6-oxo-1,6-dihydro-pyridin-2,3-dicarbonsäure-dimethylester).

B. Beim Behandeln von 6-Hydroxy-pyridin-2,3-dicarbonsäure-dimethylester in wss. Na_2CO_3 mit ICl in wss. HCl (*Gleu, Wackernagel,* J. pr. [2] **148** [1937] 72, 79).

Kristalle (aus A.); F: 216°.

6-Hydroxy-pyridin-2,5-dicarbonsäure $C_7H_5NO_5$, Formel V, und Tautomeres (6-Oxo-1,6-dihydro-pyridin-2,5-dicarbonsäure) (H 267).

B. Beim Erwärmen von Chinolin-2-carbonsäure mit $KMnO_4$ in wss. Essigsäure (*Ueda,* J. pharm. Soc. Japan **57** [1937] 654, 657; C. A. **1939** 3380).

Kristalle (aus wss. HCl); F: 303—305°.

Monomethylester $C_8H_7NO_5$. Kristalle (aus H_2O); F: 252°.

Monoäthylester $C_9H_9NO_5$. Kristalle (aus H_2O); F: 206°.

3-Hydroxy-pyridin-2,6-dicarbonsäure $C_7H_5NO_5$, Formel VI.

B. Beim Erhitzen von 2,6-Dijod-pyridin-3-ol mit CuCN in Pyridin und Erhitzen des Reaktionsprodukts mit wss. KOH (*Bojarska-Dahlig, Świrska,* Roczniki Chem. **27** [1953] 258, 264; C. A. **1955** 10287). Beim Behandeln von 2,6-Bis-hydroxymethyl-pyridin-3-ol mit wss. $KMnO_4$ (*Bo.-Da., Św.*).

Kristalle (aus H_2O); F: 220° [unter Decarboxylierung; bei raschem Erhitzen] und (nach Wiedererstarren) F: ca. 250° [unter Decarboxylierung].

4-Hydroxy-pyridin-2,6-dicarbonsäure $C_7H_5NO_5$, Formel VII (R = H, X = OH) auf S. 2586, und Tautomeres (4-Oxo-1,4-dihydro-pyridin-2,6-dicarbonsäure); **Chelidamsäure** (H 268; E I 565; E II 201).

B. Beim Erwärmen von 2,6-Dimethyl-pyridin-4-ol mit $KMnO_4$ in wss. KOH (*Ochiai, Fujimoto,* Pharm. Bl. **2** [1954] 131, 135). Beim Erhitzen von 4-Chlor-pyridin-2,6-dicarbonsäure mit wss. KOH auf 150° (*Kuczinski,* Acta Polon. pharm. **12** [1955] 105,109; C. A. **1956** 3427; vgl. H 268). Aus 4-Amino-pyridin-2,6-dicarbonsäure beim Diazotieren in wss. H_2SO_4 und Behandeln der Reaktionslösung mit heissem H_2O (*Ku.*).

Kristalle; F: 263° [Zers.] (*Hackman, Lemberg,* J. Soc. chem. Ind. **65** [1946] 204), Zers. bei 251—255° [aus H_2O] (*Och., Fu.*). Kristalle (aus H_2O) mit 1 Mol H_2O; F: 247° bis 248° [unkorr.; Zers.] (*Fibel, Spoerri,* Am. Soc. **70** [1948] 3908). UV-Spektrum (220 nm bis 340 nm) in Äthanol, in wss. HCl und in wss. NaOH: *Fi., Sp.,* l. c. S. 3910. In 2000 g H_2O lösen sich bei Raumtemperatur 3 g, bei 100° 10 g (*Ha., Le.*).

Beim Erhitzen sind neben Pyridin-4-ol (s. H 268) [1,4']Bipyridyl-4-on, eine Verbindung vom F: 276° [Zers.] sowie einmal eine Verbindung vom F: 255° erhalten worden (*Arndt, Kalischek,* B. **63** [1930] 587, 593; s. a. *Arndt,* B. **65** [1932] 92).

Trinatrium-Salz $Na_3C_7H_2NO_5 \cdot 3\,H_2O$. Pulver; unterhalb 300° nicht schmelzend (*Gorton, Shive,* Am. Soc. **79** [1957] 670).

Bis-[4-hydroxy-pyridin-2,6-dicarbonato]-eisen(III)-säure $H[Fe(C_7H_3NO_5)_2]$. Gelbe Kristalle mit 2 Mol H_2O (*Gorvin,* Soc. **1944** 25, 26). Absorptionsspektrum (H_2O; 450—650 nm): *Go.,* l. c. S. 27. Scheinbarer Dissoziationsexponent pK'_a (H_2O; potentiometrisch ermittelt) bei 15°: 1,57 (*Go.,* l. c. S. 28). Natrium-Salz $Na[Fe(C_7H_3NO_5)_2] \cdot 2\,H_2O$. Grüne Kristalle (*Go.*). — Kalium-Salz $K[Fe(C_7H_3NO_5)_2] \cdot 2\,H_2O$. Gelbgrüne Kristalle (*Go.*). Stabilitätskonstante in H_2O bei 11,5°: *Go.* — Silber-Salz $Ag[Fe(C_7H_3NO_5)_2] \cdot 2\,H_2O$. Orangegelbe Kristalle (*Go.*). — Barium-Salz $Ba[Fe(C_7H_3NO_5)_2]_2 \cdot 2{,}5\,H_2O$. Gelbbraune Kristalle (*Go.*). — Ammonium-Salz $[NH_4][Fe(C_7H_3NO_5)_2] \cdot 2{,}5\,H_2O$. Gelbgrüne Kristalle (*Go.*). Absorptionsspektrum (H_2O; 450—650 nm): *Go.* Stabilitätskonstante in H_2O bei 11,5°: *Go.* — Tetraäthylammonium-Salz $[C_8H_{20}N][Fe(C_7H_3NO_5)_2] \cdot 2\,H_2O$. Grüne Kristalle (*Go.*). — *o*-Tolu=

idin-Salze. a) $C_7H_9N \cdot H[Fe(C_7H_3NO_5)_2]$. Braune Kristalle (*Go.*). b) 2 $C_7H_9N \cdot H[Fe(C_7H_3NO_5)_2] \cdot H_2O$. Orangebraune Kristalle; Zers. bei 220—225° (*Go.*). — Salz des (+)-Norpseudoephedrins ((1*S*,2*S*)-2-Amino-1-phenyl-propan-1-ol) 2 $C_9H_{13}NO \cdot H[Fe(C_7H_3NO_5)_2]$. Rotes Pulver (*Go.*). — Pyridin-Salz $C_5H_5N \cdot H[Fe(C_7H_3NO_5)_2]$. Gelbe Kristalle (*Go.*). — Chinolin-Salz $C_9H_7N \cdot H[Fe(C_7H_3NO_5)_2]$. Gelbe Kristalle (*Go.*). — Chinin-Salz $C_{20}H_{24}N_2O_2 \cdot 2\,H[Fe(C_7H_3NO_5)_2]$. Gelbe Kristalle (*Go.*).

Bis-[4-hydroxy-pyridin-2,6-dicarbonato]-oxo-eisen(III)-säure. — Silber-Salz $Ag_3[Fe(C_7H_3NO_5)_2O]$. Rotbraunes Pulver (*Go.*). — Eisen(III)-Salze $Fe[Fe(C_7H_3NO_5)_2O]$. Orangerotes Pulver mit ca. 2 Mol H_2O; gelbe Kristalle mit 3 Mol H_2O (*Go.*). — Bis-[tris-(2-hydroxy-äthyl)-amin]-Salz 2 $C_6H_{15}NO_3 \cdot H_3[Fe(C_7H_3NO_5)_2O]$. Absorptionsspektrum ($H_2O$ sowie wss. Tris-[2-hydroxy-äthyl]-amin; 450—650 nm; λ_{max}: 460 nm): *Go.*

4-Methoxy-pyridin-2,6-dicarbonsäure $C_8H_7NO_5$, Formel VII (R = CH_3, X = OH) auf S. 2586.

Konstitution: *Gorvin*, Chem. and Ind. **1958** 437.

B. Beim Erhitzen von 4-Methoxy-pyridin-2,6-dicarbonsäure-dimethylester mit wss. NaOH (*Fibel, Spoerri*, Am. Soc. **70** [1948] 3908, 3910; *Markees*, J. org. Chem. **23** [1958] 1030; *Go.*).

Kristalle (aus H_2O) mit 1 Mol H_2O; F: 225—226° [Zers.] (*Fi., Sp.*; *Go.*), 222,5—223,5° [korr.; Zers.] (*Ma.*). UV-Spektrum (220—340 nm) in Äthanol, in wss. HCl und in wss. NaOH: *Fi., Sp.*

Verbindung $Na[Fe(C_8H_5NO_5)_2]$. Grüne Kristalle mit 3,5 Mol H_2O, die bei 120°/0,1 Torr in die wasserfreie Verbindung übergehen (*Go.*).

4-Äthoxy-pyridin-2,6-dicarbonsäure $C_9H_9NO_5$, Formel VII (R = C_2H_5, X = OH) auf S. 2586.

Die Identität der früher (s. E II **22** 201) unter dieser Konstitution beschriebenen Verbindung vom F: 200° ist ungewiss (*Gorvin*, Chem. and Ind. **1958** 437).

B. Beim Erhitzen von 4-Äthoxy-pyridin-2,6-dicarbonsäure-diäthylester mit wss. NaOH (*Markees*, J. org. Chem. **23** [1958] 1030; *Go.*).

Kristalle (aus E.); F: 182—184° [korr.; Zers.] (*Ma.*). Kristalle mit 1 Mol H_2O; F: 186° bis 187° (*Go.*).

4-Hydroxy-pyridin-2,6-dicarbonsäure-dimethylester $C_9H_9NO_5$, Formel VII (R = H, X = O-CH_3) auf S. 2586, und Tautomeres (4-Oxo-1,4-dihydro-pyridin-2,6-dicarbonsäure-dimethylester); Chelidamsäure-dimethylester.

Die früher (s. H **22** 268) unter dieser Konstitution beschriebene Verbindung ist als 4-Methoxy-pyridin-2,6-dicarbonsäure-dimethylester (s. u.) erkannt worden (*Markees, Kidder*, Am. Soc. **78** [1956] 4130, 4131; *Gorvin*, Chem. and Ind. **1958** 437).

B. Beim Behandeln von Chelidamsäure (S. 2583) mit Methanol und konz. H_2SO_4 (*Fibel, Spoerri*, Am. Soc. **70** [1948] 3908, 3909).

Kristalle (aus H_2O) mit 1 Mol H_2O; F: 165° [unkorr.] (*Fi., Sp.*). UV-Spektrum (220 nm bis 340 nm) in Äthanol, in wss. HCl und in wss. NaOH: *Fi., Sp.*

4-Methoxy-pyridin-2,6-dicarbonsäure-dimethylester $C_{10}H_{11}NO_5$, Formel VII (R = CH_3, X = O-CH_3) auf S. 2586.

Diese Konstitution kommt der früher (s. H **22** 268) als 4-Hydroxy-pyridin-2,6-dicarbonsäure-dimethylester sowie der von *Fibel, Spoerri* (Am. Soc. **70** [1948] 3908, 3909) als 1-Methyl-4-oxo-1,4-dihydro-pyridin-2,6-dicarbonsäure-dimethylester angesehenen Verbindung zu (*Markees, Kidder*, Am. Soc. **78** [1956] 4130, 4131; *Gorvin*, Chem. and Ind. **1958** 437).

B. Beim Erwärmen von 4-Chlor-pyridin-2,6-dicarbonsäure-dimethylester (oder -diäthylester) mit Natriummethylat in Methanol (*Ma., Ki.*). Aus Chelidamsäure [S. 2583] (*Fi., Sp.*) oder aus Chelidamsäure-dimethylester [s. o.] (*Ma., Ki.*) und Diazomethan. Beim Behandeln von Chelidamsäure-dimethylester mit CH_3I und Ag_2O in wasserhaltigem Aceton (*Go.*).

Kristalle; F: 128—129° [unkorr.; aus H_2O] (*Fi., Sp.*), 126,5—128° [korr.; aus Me.] (*Ma., Ki.*). UV-Spektrum (220—340 nm) in Äthanol, in wss. HCl und in wss. NaOH: *Fi., Sp.*

4-Hydroxy-pyridin-2,6-dicarbonsäure-diäthylester $C_{11}H_{13}NO_5$, Formel VII (R = H, X = O-C_2H_5), und Tautomeres (4-Oxo-1,4-dihydro-pyridin-2,6-dicarbonsäure-diäthylester); Chelidamsäure-diäthylester (H 268).

B. Beim Erwärmen von Chelidamsäure (S. 2583) mit äthanol. HCl (*Gorton, Shive*, Am. Soc. **79** [1957] 670).

Kristalle; F: 125° (*v. Auwers*, Z. physik. Chem. [A] **164** [1933] 33, 42), 120—121° [korr.; aus wss. A.; nach Trocknen bei 78°/2 Torr] (*Markees*, J. org. Chem. **29** [1964] 3120), 112—113° [unkorr.; aus H_2O; nach Trocknen über $CaCl_2$ unter vermindertem Druck] (*Go., Sh.*).

Hydrazin-Salz $N_2H_4 \cdot C_{11}H_{13}NO_5$. Kristalle (aus A.); F: 128—130° [unkorr.] (*Go., Sh.*).

4-Äthoxy-pyridin-2,6-dicarbonsäure-diäthylester $C_{13}H_{17}NO_5$, Formel VII (R = C_2H_5, X = O-C_2H_5).

B. Beim Erwärmen von 4-Chlor-pyridin-2,6-dicarbonsäure-diäthylester mit Natrium= äthylat in Äthanol (*Markees, Kidder*, Am. Soc. **78** [1956] 4130, 4132). Beim Behandeln von Chelidamsäure-diäthylester (s. o.) mit Äthyljodid und Ag_2O in wasserhaltigem Aceton (*Gorvin*, Chem. and Ind. **1958** 437).

Kristalle; F: 85° [aus Heptan] (*Ma., Ki.*), 84,5—85,5° (*Go.*).

4-Methoxy-pyridin-2,6-dicarbonylchlorid $C_8H_5Cl_2NO_3$, Formel VII (R = CH_3, X = Cl).

B. Beim Erhitzen von 4-Methoxy-pyridin-2,6-dicarbonsäure mit $SOCl_2$ (*Markees*, J. org. Chem. **23** [1958] 1030).

Kristalle (aus Hexan); F: 97—99°.

4-Äthoxy-pyridin-2,6-dicarbonylchlorid $C_9H_7Cl_2NO_3$, Formel VII (R = C_2H_5, X = Cl).

B. Beim Erhitzen von 4-Äthoxy-pyridin-2,6-dicarbonsäure mit $SOCl_2$ (*Markees*, J. org. Chem. **23** [1958] 1030).

Kristalle (aus PAe.); F: 77—78°.

4-Hydroxy-pyridin-2,6-dicarbonsäure-bis-[4-sulfamoyl-anilid] $C_{19}H_{17}N_5O_7S_2$, Formel VII (R = H, X = NH-C_6H_4-SO_2-NH_2(*p*)), und Tautomeres (4-Oxo-1,4-dihydro-pyridin-2,6-dicarbonsäure-bis-[4-sulfamoyl-anilid]).

B. Beim Erhitzen von Chelidamsäure (S. 2583) mit Sulfanilamid unter vermindertem Druck (*Jain et al.*, J. Indian chem. Soc. **24** [1947] 177, 180).

F: 322° [Zers.].

4-Methoxy-pyridin-2,6-dicarbonsäure-diamid $C_8H_9N_3O_3$, Formel VII (R = CH_3, X = NH_2).

B. Beim Behandeln einer Lösung von 4-Methoxy-pyridin-2,6-dicarbonylchlorid in Benzol mit NH_3 (*Markees*, J. org. Chem. **23** [1958] 1030).

Kristalle (aus wss. Eg.); F: > 300°.

4-Methoxy-pyridin-2,6-dicarbonsäure-dianilid $C_{20}H_{17}N_3O_3$, Formel VII (R = CH_3, X = NH-C_6H_5).

B. Beim Behandeln einer Lösung von 4-Methoxy-pyridin-2,6-dicarbonylchlorid in Benzol mit Anilin (*Markees*, J. org. Chem. **23** [1958] 1030).

Kristalle (aus Dioxan); F: 275—277° [korr.].

4-Äthoxy-pyridin-2,6-dicarbonsäure-diamid $C_9H_{11}N_3O_3$, Formel VII (R = C_2H_5, X = NH_2).

B. Beim Behandeln einer Lösung von 4-Äthoxy-pyridin-2,6-dicarbonylchlorid in Benzol mit NH_3 (*Markees*, J. org. Chem. **23** [1958] 1030).

Kristalle (aus H_2O); F: 298° [korr.].

4-Äthoxy-pyridin-2,6-dicarbonsäure-dianilid $C_{21}H_{19}N_3O_3$, Formel VII (R = C_2H_5, X = NH-C_6H_5).

B. Beim Behandeln einer Lösung von 4-Äthoxy-pyridin-2,6-dicarbonylchlorid in Benzol mit Anilin (*Markees*, J. org. Chem. **23** [1958] 1030).

Kristalle (aus A.); F: 258—259° [korr.].

6-Carbazoyl-4-hydroxy-pyridin-2-carbonsäure-äthylester, 4-Hydroxy-pyridin-2,6-dicarbonsäure-äthylester-hydrazid $C_9H_{11}N_3O_4$, Formel VIII (X = NH-NH_2, X' = H), und Tautomeres (6-Carbazoyl-4-oxo-1,4-dihydro-pyridin-2-carbonsäure-äthylester).

Hydrazin-Salz $N_2H_4 \cdot C_9H_{11}N_3O_4$. *B.* Beim Erwärmen des Hydrazin-Salzes des Chelidamsäure-diäthylesters (S. 2585) mit N_2H_4 in Äthanol (*Gorton, Shive*, Am. Soc. **79** [1957] 670). – Kristalle (aus Py.); unterhalb 300° nicht schmelzend.

4-Hydroxy-pyridin-2,6-dicarbonsäure-dihydrazid $C_7H_9N_5O_3$, Formel VII (R = H, X = NH-NH_2), und Tautomeres (4-Oxo-1,4-dihydro-pyridin-2,6-dicarbonsäure-dihydrazid).

B. Beim Erwärmen von Chelidamsäure-diäthylester (S. 2585) mit wss. N_2H_4 in Äthanol und Behandeln des Reaktionsprodukts mit wss. HCl (*Gorton, Shive*, Am. Soc. **79** [1957] 670).

Kristalle (aus H_2O) mit 0,5 Mol H_2O; unterhalb 300° nicht schmelzend.

4-Methoxy-pyridin-2,6-dicarbonsäure-dihydrazid $C_8H_{11}N_5O_3$, Formel VII (R = CH_3, X = NH-NH_2).

B. Beim Erwärmen von 4-Methoxy-pyridin-2,6-dicarbonsäure-dimethylester mit N_2H_4 in wss. Äthanol (*Markees, Kidder*, Am. Soc. **78** [1956] 4130, 4132).

Kristalle (aus H_2O); F: 252–254° [korr.].

4-Äthoxy-pyridin-2,6-dicarbonsäure-dihydrazid $C_9H_{13}N_5O_3$, Formel VII (R = C_2H_5, X = NH-NH_2).

B. Beim Erwärmen von 4-Äthoxy-pyridin-2,6-dicarbonsäure-diäthylester mit N_2H_4 in wss. Äthanol (*Markees, Kidder*, Am. Soc. **78** [1956] 4130, 4133).

Kristalle; F: 231° (*Gorvin*, Chem. and Ind. **1958** 437), 229–230° [korr.; aus H_2O] (*Ma., Ki.*).

4-Hydroxy-pyridin-2,6-dicarbonylazid $C_7H_3N_7O_3$, Formel VII (R = H, X = N_3), und Tautomeres (4-Oxo-1,4-dihydro-pyridin-2,6-dicarbonylazid).

B. Beim Erwärmen von Chelidamsäure-diäthylester (S. 2585) mit N_2H_4 in wss. Äthanol und Behandeln des Reaktionsprodukts mit wss. HCl und wss. $NaNO_2$ bei 5° (*Gorton, Shive*, Am. Soc. **79** [1957] 670).

Zers. bei 100° [unter Explosion].

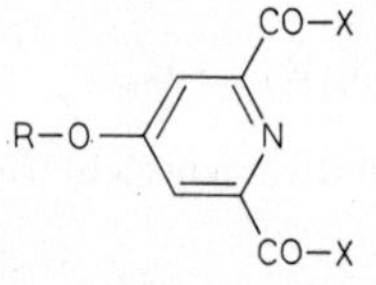

VII 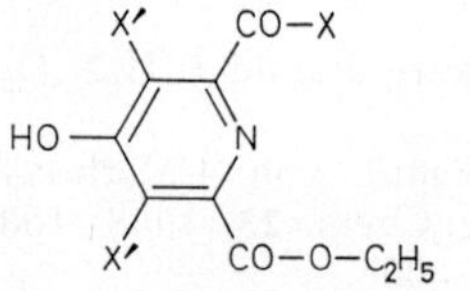 VIII 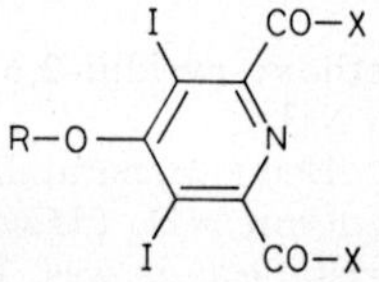 IX

3,5-Dichlor-4-hydroxy-pyridin-2,6-dicarbonsäure-diäthylester $C_{11}H_{11}Cl_2NO_5$, Formel VIII (X = O-C_2H_5, X' = Cl), und Tautomeres (3,5-Dichlor-4-oxo-1,4-dihydro-pyridin-2,6-dicarbonsäure-diäthylester).

F: 96° (*Dohrn, Diedrich*, A. **494** [1932] 284, 297).

3,5-Dibrom-4-hydroxy-pyridin-2,6-dicarbonsäure-diäthylester $C_{11}H_{11}Br_2NO_5$, Formel VIII (X = O-C_2H_5, X' = Br), und Tautomeres (3,5-Dibrom-4-oxo-1,4-dihydro-pyridin-2,6-dicarbonsäure-diäthylester).

F: 108° (*Dohrn, Diedrich*, A. **494** [1932] 284, 298).

4-Hydroxy-3,5-dijod-pyridin-2,6-dicarbonsäure $C_7H_3I_2NO_5$, Formel IX (R = H, X = OH), und Tautomeres (3,5-Dijod-4-oxo-1,4-dihydro-pyridin-2,6-dicarbonsäure) (H 269).

B. Beim Erwärmen von 3,5-Dijod-2,6-dimethyl-pyridin-4-ol mit $KMnO_4$ in wss. NaOH (*Ochiai, Fujimoto*, Pharm. Bl. **2** [1954] 131, 135). Beim Erhitzen von Chelidamsäure (S. 2583) mit Jod und Borax in H_2O (*Graf*, J. pr. [2] **148** [1937] 13, 14). Beim Behandeln von Chelidamsäure in siedender wss. KOH oder Natriumacetat enthaltender wss. NaOH mit Jod und mehrmaligem Ansäuern und Neutralisieren des Reaktionsgemisches (*Dohrn, Diedrich*, A. **494** [1932] 284, 289; *Hackman, Lemberg*, J. Soc. chem. Ind. **65** [1946] 204). Beim Behandeln von Chelidamsäure in wss. $NaHCO_3$ mit ICl bei 95° (*Morren*, U.S.P. 2573712 [1946]).

Kristalle; F: 235—238° [Zers.; aus A.] (*Och.*, *Fu.*); Zers. bei ca. 220° (*Ha.*, *Le.*).

3,5-Dijod-4-methoxy-pyridin-2,6-dicarbonsäure $C_8H_5I_2NO_5$, Formel IX (R = CH_3, X = OH).

B. Beim Erwärmen von 3,5-Dijod-4-methoxy-pyridin-2,6-dicarbonsäure-dimethylester mit äthanol. KOH (*Herold et al.*, Č. čsl. Lékárn. **16** [1936] 210, 214; C. **1937** I 2371) oder von 3,5-Dijod-4-methoxy-pyridin-2,6-dicarbonsäure-diäthylester mit methanol. KOH (*Dohrn, Diedrich*, A. **494** [1932] 284, 291).

Kristalle; F: 176° [aus H_2O] (*He. et al.*), 176° [Zers.] (*Do.*, *Di.*).

4-Äthoxy-3,5-dijod-pyridin-2,6-dicarbonsäure $C_9H_7I_2NO_5$, Formel IX (R = C_2H_5, X = OH).

B. Beim Erwärmen von 4-Äthoxy-3,5-dijod-pyridin-2,6-dicarbonsäure-dimethylester mit äthanol. KOH (*Dohrn, Diedrich*, A. **494** [1932] 284, 291; *Herold et al.*, Č. čsl. Lékárn. **16** [1936] 210, 214; C. **1937** I 2371).

Kristalle; F: 174° [Zers.; aus wss. HCl] (*Do.*, *Di.*), 173° (*He. et al.*).

3,5-Dijod-4-propoxy-pyridin-2,6-dicarbonsäure $C_{10}H_9I_2NO_5$, Formel IX (R = CH_2-CH_2-CH_3, X = OH).

B. Beim Erwärmen von 3,5-Dijod-4-propoxy-pyridin-2,6-dicarbonsäure-dimethylester mit äthanol. KOH (*Dohrn, Diedrich*, A. **494** [1932] 284, 292; *Herold et al.*, Č. čsl. Lékárn. **16** [1936] 210, 214; C. **1937** I 2371).

Kristalle; F: 156° [Zers.] (*Do.*, *Di.*), 155° (*He. et al.*).

4-Butoxy-3,5-dijod-pyridin-2,6-dicarbonsäure $C_{11}H_{11}I_2NO_5$, Formel IX (R = $[CH_2]_3$-CH_3, X = OH).

B. Beim Erwärmen von 4-Butoxy-3,5-dijod-pyridin-2,6-dicarbonsäure-dimethylester mit äthanol. KOH (*Dohrn, Diedrich*, A. **494** [1932] 284, 292).

Kristalle; F: 145° [Zers.].

4-Allyloxy-3,5-dijod-pyridin-2,6-dicarbonsäure $C_{10}H_7I_2NO_5$, Formel IX (R = CH_2-CH=CH_2, X = OH).

B. Beim Erwärmen von 4-Allyloxy-3,5-dijod-pyridin-2,6-dicarbonsäure-dimethylester mit äthanol. KOH (*Schering-Kahlbaum A.G.*, D.R.P. 553823 [1931]; Frdl. **19** 1121).

Kristalle; F: 143—144° [Zers.].

4-Benzyloxy-3,5-dijod-pyridin-2,6-dicarbonsäure $C_{14}H_9I_2NO_5$, Formel IX (R = CH_2-C_6H_5, X = OH).

B. Beim Erwärmen von 4-Benzyloxy-3,5-dijod-pyridin-2,6-dicarbonsäure-dimethylester mit äthanol. KOH (*Dohrn, Diedrich*, A. **494** [1932] 284, 292).

Kristalle; F: 167° [Zers.].

4-Hydroxy-3,5-dijod-pyridin-2,6-dicarbonsäure-dimethylester $C_9H_7I_2NO_5$, Formel IX (R = H, X = O-CH_3), und Tautomeres (3,5-Dijod-4-oxo-1,4-dihydro-pyridin-2,6-dicarbonsäure-dimethylester).

B. Beim Behandeln von 4-Hydroxy-3,5-dijod-pyridin-2,6-dicarbonylchlorid mit Methanol (*Dohrn, Diedrich*, A. **494** [1932] 284, 289).

Kristalle; F: 173° [aus Me.] (*Do.*, *Di.*), 168° (*Herold et al.*, Č. čsl. Lékárn. **16** [1936] 210, 212; C. **1937** I 2371).

3,5-Dijod-4-methoxy-pyridin-2,6-dicarbonsäure-dimethylester $C_{10}H_9I_2NO_5$, Formel IX (R = CH_3, X = O-CH_3).

B. Aus 4-Hydroxy-3,5-dijod-pyridin-2,6-dicarbonsäure-dimethylester beim Erhitzen mit CH_3I und Ag_2O in Xylol auf 110° oder beim Behandeln mit Diazomethan in Äther (*Herold et al.*, Č. čsl. Lékárn. **16** [1936] 210, 213, 214; C. **1937** I 2371). Beim Erhitzen des

Silber-Salzes des 4-Hydroxy-3,5-dijod-pyridin-2,6-dicarbonsäure-dimethylesters mit CH_3I in Xylol (*Schering-Kahlbaum A.G.*, D.R.P. 553823 [1931]; Frdl. **19** 1121).
Kristalle (aus wss. Me.); F: 125° [unscharf] (*Schering-Kahlbaum A.G.*; *He. et al.*).

4-Äthoxy-3,5-dijod-pyridin-2,6-dicarbonsäure-dimethylester $C_{11}H_{11}I_2NO_5$, Formel IX ($R = C_2H_5$, $X = O\text{-}CH_3$) auf S. 2586.
B. Beim Erhitzen von 4-Hydroxy-3,5-dijod-pyridin-2,6-dicarbonsäure-dimethylester mit Äthyljodid und Ag_2O in Xylol auf 110° (*Herold et al.*, Č. čsl. Lékárn. **16** [1936] 210, 214; C. **1937** I 2371). Beim Erhitzen des Silber-Salzes des 4-Hydroxy-3,5-dijod-pyridin-2,6-dicarbonsäure-dimethylesters mit Äthyljodid in Xylol (*Dohrn, Diedrich*, A. **494** [1932] 284, 291).
Kristalle; F: 131° (*Do.*, *Di.*), 130° (*He. et al.*).

3,5-Dijod-4-propoxy-pyridin-2,6-dicarbonsäure-dimethylester $C_{12}H_{13}I_2NO_5$, Formel IX ($R = CH_2\text{-}CH_2\text{-}CH_3$, $X = O\text{-}CH_3$) auf S. 2586.
B. Beim Erhitzen von 4-Hydroxy-3,5-dijod-pyridin-2,6-dicarbonsäure-dimethylester mit Propyljodid und Ag_2O in Xylol auf 110° (*Herold et al.*, Č. čsl. Lékárn. **16** [1936] 210, 214; C. **1937** I 2371). Beim Erhitzen des Silber-Salzes des 4-Hydroxy-3,5-dijod-pyridin-2,6-dicarbonsäure-dimethylesters mit Propyljodid in Xylol (*Dohrn, Diedrich*, A. **494** [1932] 284, 291).
Kristalle; F: 89°.

4-Butoxy-3,5-dijod-pyridin-2,6-dicarbonsäure-dimethylester $C_{13}H_{15}I_2NO_5$, Formel IX ($R = [CH_2]_3\text{-}CH_3$, $X = O\text{-}CH_3$) auf S. 2586.
B. Beim Erhitzen des Silber-Salzes des 4-Hydroxy-3,5-dijod-pyridin-2,6-dicarbonsäure-dimethylesters mit Butyljodid in Xylol (*Dohrn, Diedrich*, A. **494** [1932] 284, 292).
F: 82°.

4-Allyloxy-3,5-dijod-pyridin-2,6-dicarbonsäure-dimethylester $C_{12}H_{11}I_2NO_5$, Formel IX ($R = CH_2\text{-}CH{=}CH_2$, $X = O\text{-}CH_3$) auf S. 2586.
B. Beim Erhitzen des Silber-Salzes des 4-Hydroxy-3,5-dijod-pyridin-2,6-dicarbonsäure-dimethylesters mit Allyljodid in Xylol (*Schering-Kahlbaum A.G.*, D.R.P. 553823 [1931]; Frdl. **19** 1121).
F: 98°.

4-Benzyloxy-3,5-dijod-pyridin-2,6-dicarbonsäure-dimethylester $C_{16}H_{13}I_2NO_5$, Formel IX ($R = CH_2\text{-}C_6H_5$, $X = O\text{-}CH_3$) auf S. 2586.
B. Beim Erhitzen des Silber-Salzes des 4-Hydroxy-3,5-dijod-pyridin-2,6-dicarbonsäure-dimethylesters mit Benzylchlorid in Xylol (*Dohrn, Diedrich*, A. **494** [1932] 284, 292).
Kristalle (aus Me.); F: 120°.

4-Hydroxy-3,5-dijod-pyridin-2,6-dicarbonsäure-diäthylester $C_{11}H_{11}I_2NO_5$, Formel IX ($R = H$, $X = O\text{-}C_2H_5$) auf S. 2586, und Tautomeres (3,5-Dijod-4-oxo-1,4-dihydro-pyridin-2,6-dicarbonsäure-diäthylester).
B. Beim Behandeln von 4-Hydroxy-3,5-dijod-pyridin-2,6-dicarbonylchlorid mit Äthanol (*Dohrn, Diedrich*, A. **494** [1932] 284, 289).
Kristalle; F: 169° (*Do.*, *Di.*), 97,5° (*Herold et al.*, Č. čsl. Lékárn. **16** [1936] 210, 212; C. **1937** I 2371).

3,5-Dijod-4-methoxy-pyridin-2,6-dicarbonsäure-diäthylester $C_{12}H_{13}I_2NO_5$, Formel IX ($R = CH_3$, $X = O\text{-}C_2H_5$) auf S. 2586.
B. Beim Erhitzen des Silber-Salzes des 4-Hydroxy-3,5-dijod-pyridin-2,6-dicarbonsäure-diäthylesters mit CH_3I in Xylol (*Dohrn, Diedrich*, A. **494** [1932] 284, 290).
Kristalle (aus A.); F: 100–101°.

4-Hydroxy-3,5-dijod-pyridin-2,6-dicarbonsäure-dibenzylester $C_{21}H_{15}I_2NO_5$, Formel IX ($R = H$, $X = O\text{-}CH_2\text{-}C_6H_5$) auf S. 2586, und Tautomeres (3,5-Dijod-4-oxo-1,4-dihydro-pyridin-2,6-dicarbonsäure-dibenzylester).
B. Beim Behandeln von 4-Hydroxy-3,5-dijod-pyridin-2,6-dicarbonylchlorid mit

Benzylalkohol (*Dohrn, Diedrich*, A. **494** [1932] 284, 290).
Kristalle (aus Me.); F: 200° [Zers.].

4-Hydroxy-3,5-dijod-pyridin-2,6-dicarbonylchlorid $C_7HCl_2I_2NO_3$, Formel IX (R = H, X = Cl) auf S. 2586, und Tautomeres (3,5-Dijod-4-oxo-1,4-dihydro-pyridin-2,6-dicarbonylchlorid).
B. Beim Erwärmen von 4-Hydroxy-3,5-dijod-pyridin-2,6-dicarbonsäure mit PCl_5 und $POCl_3$ (*Dohrn, Diedrich*, A. **494** [1932] 284, 289).
Kristalle; F: 149°.

5-Hydroxy-pyridin-3,4-dicarbonsäure $C_7H_5NO_5$, Formel X.
B. Beim Behandeln einer aus 5-Amino-pyridin-3,4-dicarbonsäure mit Hilfe von Nitrosylschwefelsäure bereiteten Diazoniumsulfat-Lösung mit H_2O bei 80° (*Reed, Shive*, Am. Soc. **68** [1946] 2740).
Kristalle (aus Me.), F: 243—244° [Zers.], die an feuchter Luft rasch in das Monohydrat vom F: 237—238° [Zers.] übergehen.

4-Hydroxy-pyridin-3,5-dicarbonsäure $C_7H_5NO_5$, Formel XI (X = OH), und Tautomeres (4-Oxo-1,4-dihydro-pyridin-3,5-dicarbonsäure) (H 269).
B. Beim Erhitzen von 4-Hydroxy-nicotinsäure mit CO_2 und wss. K_2CO_3 auf 220°/50 at (*Bojarska-Dahlig, Nantka-Namirski*, Roczniki Chem. **29** [1955] 1007, 1014; C. A. **1956** 11337). Neben 4-Hydroxy-nicotinsäure beim Erhitzen von Pyridin-4-ol mit CO_2 und K_2CO_3 auf 240°/50 at (*Bo.-Da., Na.-Na.*, l. c. S. 1013) oder beim Erhitzen der Natrium-Verbindung des Pyridin-4-ols mit CO_2 und Kaliumacetat auf 150—175°/60 at (*I.G. Farbenind.*, D.R.P. 750398 [1941]; D.R.P. Org. Chem. **6** 2533).
Kristalle; F: 327° (*I.G. Farbenind.*), 312—313° [aus H_2O] (*Bo.-Da., Na.-Na.*, l. c. S. 1012).

4-Hydroxy-pyridin-3,5-dicarbonsäure-dimethylester $C_9H_9NO_5$, Formel XI (X = O-CH_3), und Tautomeres (4-Oxo-1,4-dihydro-pyridin-3,5-dicarbonsäure-dimethylester).
B. Beim Erwärmen von 4-Hydroxy-pyridin-3,5-dicarbonsäure mit Methanol und konz. H_2SO_4 (*Bojarska-Dahlig, Nantka-Namirski*, Roczniki Chem. **29** [1955] 1007, 1016; C. A. **1956** 11337).
Kristalle (aus wss. A.); F: 236,5—238° [Zers.].

4-Hydroxy-pyridin-3,5-dicarbonsäure-diamid $C_7H_7N_3O_3$, Formel XI (X = NH_2), und Tautomeres (4-Oxo-1,4-dihydro-pyridin-3,5-dicarbonsäure-diamid).
B. Beim Behandeln von 4-Hydroxy-pyridin-3,5-dicarbonsäure-dimethylester mit wss. NH_3 (*Bojarska-Dahlig, Nantka-Namirski*, Roczniki Chem. **29** [1955] 1007, 1016; C. A. **1956** 11337).
Kristalle (aus wss. Me.); F: 320—323° [Zers.; nach Dunkelfärbung ab 300°].

4-Hydroxy-pyridin-3,5-dicarbonsäure-dihydrazid $C_7H_9N_5O_3$, Formel XI (X = NH-NH_2), und Tautomeres (4-Oxo-1,4-dihydro-pyridin-3,5-dicarbonsäure-dihydrazid).
B. Beim Erwärmen von 4-Hydroxy-pyridin-3,5-dicarbonsäure-dimethylester mit N_2H_4 in wss. Äthanol (*Bojarska-Dahlig, Nantka-Namirski*, Roczniki Chem. **29** [1955] 1007, 1016; C. A. **1956** 11337).
Kristalle (aus wss. Me.); unterhalb 350° nicht schmelzend.

CO—OH, N, CO—OH, OH
X

CO—X, N, OH, CO—X
XI

H_3C, CO—X, N, OH, CO—X'
XII

Hydroxycarbonsäuren $C_8H_7NO_5$

4-Hydroxy-2-methyl-pyridin-3,5-dicarbonsäure-diäthylester $C_{12}H_{15}NO_5$, Formel XII ($X = X' = O\text{-}C_2H_5$), und Tautomeres (2-Methyl-4-oxo-1,4-dihydro-pyridin-3,5-dicarbonsäure-diäthylester).

B. Beim Erwärmen von Aminomethylen-malonsäure-diäthylester (E III **3** 1365) mit der Natrium-Verbindung des Acetessigsäure-äthylesters in Benzol (*Ochiai, Ito*, B. **74** [1941] 1111, 1114).

Kristalle (aus E.); F: 156—157°.

5-Carbamoyl-4-hydroxy-2(?)-methyl-nicotinsäure-äthylester $C_{10}H_{12}N_2O_4$, vermutlich Formel XII ($X = O\text{-}C_2H_5$, $X' = NH_2$), und Tautomeres (5-Carbamoyl-2(?)-methyl-4-oxo-1,4-dihydro-pyridin-3-carbonsäure-äthylester).

B. Neben 4-Hydroxy-2-methyl-pyridin-3,5-dicarbonsäure-diamid beim Erwärmen von 4-Hydroxy-2-methyl-pyridin-3,5-dicarbonsäure-diäthylester mit äthanol. NH_3 auf 100° (*Ochiai, Ito*, B. **74** [1941] 1111, 1112 Anm. 3, 1114).

Kristalle (aus wss. A.); F: 252°.

4-Hydroxy-2-methyl-pyridin-3,5-dicarbonsäure-diamid $C_8H_9N_3O_3$, Formel XII ($X = X' = NH_2$), und Tautomeres (2-Methyl-4-oxo-1,4-dihydro-pyridin-3,5-dicarbonsäure-diamid).

B. s. im vorangehenden Artikel.

Kristalle (aus H_2O); Zers. bei 321° (*Ochiai, Ito*, B. **74** [1941] 1111, 1114).

2-Hydroxy-6-methyl-pyridin-3,5-dicarbonsäure $C_8H_7NO_5$, Formel XIII ($R = R' = H$), und Tautomeres (6-Methyl-2-oxo-1,2-dihydro-pyridin-3,5-dicarbonsäure) (H 269).

B. Beim Erwärmen (3 h) von 2-Hydroxy-6-methyl-pyridin-3,5-dicarbonsäure-diäthylester mit methanol. KOH (*Ochiai, Ito*, B. **74** [1941] 1111, 1112).

Kristalle (aus H_2O); F: 305°.

2-Hydroxy-6-methyl-pyridin-3,5-dicarbonsäure-5-äthylester $C_{10}H_{11}NO_5$, Formel XIII ($R = H$, $R' = C_2H_5$), und Tautomeres (6-Methyl-2-oxo-1,2-dihydro-pyridin-3,5-dicarbonsäure-5-äthylester) (H 269).

B. Beim Erwärmen (20—30 min) von 2-Hydroxy-6-methyl-pyridin-3,5-dicarbonsäure-diäthylester mit methanol. KOH (*Ochiai, Ito*, B. **74** [1941] 1111, 1112).

Kristalle (aus H_2O); F: 225°.

2-Hydroxy-6-methyl-pyridin-3,5-dicarbonsäure-diäthylester $C_{12}H_{15}NO_5$, Formel XIII ($R = R' = C_2H_5$), und Tautomeres (6-Methyl-2-oxo-1,2-dihydro-pyridin-3,5-dicarbonsäure-diäthylester).

B. Beim Erwärmen von Äthoxymethylen-malonsäure-diäthylester (E III **3** 960) mit 3-Amino-crotonsäure-äthylester (E III **3** 1199) auf 100° (*Ochiai, Ito*, B. **74** [1941] 1111, 1112).

Kristalle (aus Acn. + E.); F: 205°.

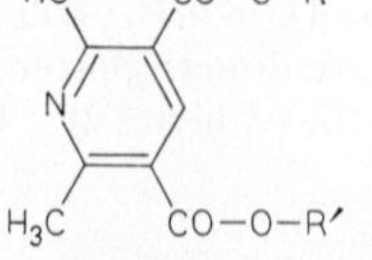

XIII 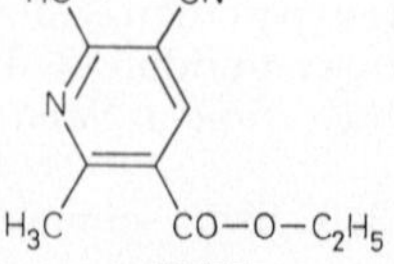 XIV 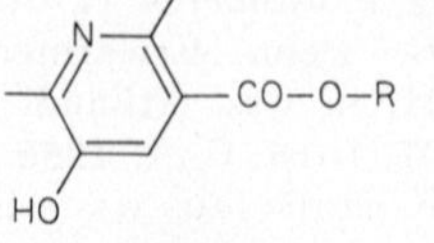 XV

5-Cyan-6-hydroxy-2-methyl-nicotinsäure-äthylester $C_{10}H_{10}N_2O_3$, Formel XIV, und Tautomeres (5-Cyan-2-methyl-6-oxo-1,6-dihydro-pyridin-3-carbonsäure-äthylester) (H 270; E I 566).

Nach Ausweis des IR-Spektrums liegt im festen Zustand sowie in Lösungen in $CHCl_3$ und CCl_4 überwiegend 5-Cyan-2-methyl-6-oxo-1,6-dihydro-pyridin-3-carbonsäure-äthyl=

ester vor (*Shindo*, Chem. pharm. Bl. **7** [1959] 407, 408).

IR-Banden (Perfluorkohlenwasserstoff, $CHCl_3$ sowie CCl_4; 3375–2675 cm^{-1}): *Sh.*, l. c. S. 409, 413. IR-Banden (Perfluorkohlenwasserstoff) von 5-Cyan-1-deuterio-2-methyl-6-oxo-1,6-dihydro-pyridin-3-carbonsäure-äthylester: 2203 cm^{-1} und 2198 cm^{-1}.

5-Hydroxy-6-methyl-pyridin-2,3-dicarbonsäure $C_8H_7NO_5$, Formel XV (R = H).

B. Beim Behandeln von 5-Amino-6-methyl-pyridin-2,3-dicarbonsäure in wss. HCl mit wss. $NaNO_2$ (*Jones*, Am. Soc. **74** [1952] 1489).

Kristalle; unterhalb 300° nicht schmelzend.

5-Hydroxy-6-methyl-pyridin-2,3-dicarbonsäure-dimethylester $C_{10}H_{11}NO_5$, Formel XV (R = CH_3).

B. Beim Erwärmen von 5-Hydroxy-6-methyl-pyridin-2,3-dicarbonsäure mit methanol. HCl (*Jones*, Am. Soc. **74** [1952] 1489).

Kristalle (aus E. + Ae. + PAe.); F: 157–157,5°.

5-Cyan-6-hydroxy-4-methyl-pyridin-2-carbonsäure-äthylester $C_{10}H_{10}N_2O_3$, Formel I, und Tautomeres (5-Cyan-4-methyl-6-oxo-1,6-dihydro-pyridin-2-carbonsäure-äthylester).

B. Beim Erwärmen von 4-Äthoxy-2-oxo-pent-3-ensäure-äthylester (E III **3** 1464) mit Cyanessigsäure-amid und K_2CO_3 in Aceton (*Henecka*, B. **82** [1949] 36, 41).

Kristalle (aus wss. Eg.); F: 235–237°.

5-Hydroxy-6-methyl-pyridin-3,4-dicarbonsäure $C_8H_7NO_5$, Formel II (R = H, X = OH).

B. Beim Behandeln von 5-Amino-6-methyl-pyridin-3,4-dicarbonsäure in wss. H_2SO_4 bei 90–95° mit wss. $NaNO_2$ (*Ichiba, Emoto*, Scient. Pap. Inst. phys. chem. Res. **38** [1941] 347, 352; s. a. *Blackwood et al.*, Am. Soc. **80** [1958] 6244, 6248; *Wuest et al.*, R. **78** [1959] 226, 236). Beim Erhitzen von 5-Hydroxy-6-methyl-pyridin-3,4-dicarbonsäure-dimethylester (oder -diäthylester) mit wss. NaOH (*Cohen et al.*, Soc. **1952** 4374, 4380; s. a. *Hoffmann-La Roche*, U.S.P. 2440218 [1943]).

Kristalle; F: 265–267° [unkorr.; Zers.; bei schnellem Erhitzen; aus H_2O] (*Wu. et al.*), 265° (*Hoffmann-La Roche*), 259° [Zers.; aus H_2O] (*Co. et al.*), 258–259° [Zers.; aus H_2O] (*Ich., Em.*). λ_{max}: 303 nm [methanol. HCl] bzw. 312 nm [methanol. NaOH] (*Bl. et al.*).

Monomethylester $C_9H_9NO_5$. λ_{max}: 305 nm [methanol. HCl] bzw. 270 nm und 316 nm [methanol. NaOH] (*Bl. et al.*).

Dimethylester s. S. 2592.

5-Methoxy-6-methyl-pyridin-3,4-dicarbonsäure $C_9H_9NO_5$, Formel II (R = CH_3, X = OH).

B. Neben 4-Hydroxymethyl-5-methoxy-6-methyl-nicotinsäure-lacton aus 4,5-Bis-hydroxymethyl-3-methoxy-2-methyl-pyridin beim Erwärmen mit $KMnO_4$ in wss. KOH auf 50–60° (*Ichiba, Michi*, Scient. Pap. Inst. phys. chem. Res. **35** [1938] 73, 76) oder beim Behandeln mit wss. $Ba(MnO_4)_2$ (*Kuhn et al.*, B. **72** [1939] 310; *Stiller et al.*, Am. Soc. **61** [1939] 1237, 1241). Beim Behandeln von 4-Hydroxymethyl-5-methoxy-6-methyl-nicotinsäure-lacton mit wss. $Ba(OH)_2$ und mit wss. $Ba(MnO_4)_2$ (*Harris et al.*, Am. Soc. **61** [1939] 1242). Aus 5-Hydroxymethyl-3-methoxy-2-methyl-isonicotinsäure-lacton beim Behandeln mit wss. $Ba(OH)_2$ und mit wss. $Ba(MnO_4)_2$ (*Huff, Perlzweig*, J. biol. Chem. **155** [1944] 345, 353). Beim Behandeln von 5-Methoxy-6-methyl-pyridin-3,4-dicarbonsäure-anhydrid mit H_2O (*I.G. Farbenind.*, D.R.P. 719889 [1939]; D.R.P. Org. Chem. **6** 2528; *Winthrop Chem. Co.*, U.S.P. 2345633 [1940]). Beim Behandeln von 4-Methoxy-3-methyl-isochinolin in wss. KOH mit wss. $KMnO_4$ bei 60° (*Ichiba, Michi*, Scient. Pap. Inst. phys. chem. Res. **36** [1939] 173, 177; s. a. *I.G. Farbenind.*, D.R.P. 702829 [1939]; D.R.P. Org. Chem. **6** 2532; *Winthrop Chem. Co.*, U.S.P. 2302903 [1940]; *Kuhn et al.*, Naturwiss. **27** [1939] 469).

Kristalle; F: 218–220° [Zers.; aus A.] (*Ich., Mi.*, Scient. Pap. Inst. phys. chem. Res. **36** 177), 218° [Zers.; aus H_2O] (*I.G. Farbenind.*; *Winthrop Chem. Co.*). Kristalle (aus H_2O) mit 1 Mol H_2O; F: 209—210° [Zers.] (*St. et al.*). Kristalle (aus H_2O) mit 1,5 Mol H_2O (*Kuhn et al.*, B. **72** 310). UV-Spektrum (Me.; 200—300 nm): *Ichiba, Michi*, Scient. Pap. Inst. phys. chem. Res. **36** [1939] 1, 6.

Beim Erhitzen ist 5-Methoxy-6-methyl-nicotinsäure (S. 2173; Hauptprodukt) und eine Verbindung $C_8H_{11}NO_4$ (F: 197—200°) erhalten worden (*Ich., Mi.*, Scient. Pap. Inst. phys. chem. Res. **36** 4; *Palm et al.*, J. org. Chem. **32** [1967] 826).

Barium-Salz $BaC_9H_7NO_5$. Kristalle [aus H_2O] (*Ich., Mi.*, Scient. Pap. Inst. phys. chem. Res. **35** 77).

5-Acetoxy-6-methyl-pyridin-3,4-dicarbonsäure-monomethylester $C_{11}H_{11}NO_6$, Formel III (R = CO-CH_3, X = O-CH_3, X' = OH oder R = CO-CH_3, X = OH, X' = O-CH_3).

B. Beim Erwärmen von 5-Hydroxy-6-methyl-pyridin-3,4-dicarbonsäure mit Acetanhydrid und wenig Acetylchlorid und Erwärmen des Reaktionsprodukts mit Methanol (*Wuest et al.*, R. **78** [1959] 226, 238).

Grünliche Kristalle (aus Me.); F: 207—211° [unkorr.; Zers.].

5-Hydroxy-6-methyl-pyridin-3,4-dicarbonsäure-dimethylester $C_{10}H_{11}NO_5$, Formel II (R = H, X = O-CH_3).

B. Beim Erwärmen von 5-Hydroxy-6-methyl-pyridin-3,4-dicarbonsäure mit methanol. HCl (*Jones, Kornfeld*, Am. Soc. **73** [1951] 107). Bei der Hydrierung von 1-Benzyl-3-hydroxy-4,5-bis-methoxycarbonyl-2-methyl-pyridinium-chlorid an Palladium/Kohle in Methanol (*Cohen et al.*, Soc. **1952** 4374, 4379).

Kristalle; F: 138—140° [aus Me. oder PAe.] (*Co. et al.*), 138,5—139° [aus E. + PAe.] (*Jo., Ko.*).

Hydrochlorid $C_{10}H_{11}NO_5 \cdot HCl$. Dimorph; Kristalle (aus Me. + Ae.); F: 223° [Zers.] und F: 165—168° [Zers.] (*Co. et al.*).

5-Methoxy-6-methyl-pyridin-3,4-dicarbonsäure-dimethylester $C_{11}H_{13}NO_5$, Formel II (R = CH_3, X = O-CH_3).

B. Beim Behandeln von 5-Hydroxy-6-methyl-pyridin-3,4-dicarbonsäure in Methanol mit Diazomethan in Äther bei —15° (*Ichiba et al.*, Scient. Pap. Inst. phys. chem. Res. **39** [1941] 126, 129; *Wuest et al.*, R. **78** [1959] 226, 238; vgl. *Cohen et al.*, Soc. **1952** 4374, 4380). Beim Behandeln von 5-Methoxy-6-methyl-pyridin-3,4-dicarbonsäure in Methanol mit Diazomethan in Äther (*I.G. Farbenind.*, D.R.P. 701955 [1939]; D.R.P. Org. Chem. **6** 2537; *Winthrop Chem. Co.*, U.S.P. 2371694 [1940]). Beim Behandeln der Natrium-Verbindung des 5-Hydroxy-6-methyl-pyridin-3,4-dicarbonsäure-dimethylesters mit Tri-*N*-methyl-anilinium-chlorid in Methanol und Erhitzen des Reaktionsgemisches in Xylol unter Stickstoff (*Co. et al.*).

Kristalle; F: 40—41° (*Ich. et al.*). Kp_{1-2}: 145—150° (*Wu. et al.*); Kp_1: 126° (*I.G. Farbenind.*; *Winthrop Chem. Co.*); $Kp_{0,5}$: 114—116°; $Kp_{0,2}$: 109—112° (*Co. et al.*).

Picrat $C_{11}H_{13}NO_5 \cdot C_6H_3N_3O_7$. Kristalle (aus Butan-1-ol); F: 142—143° [unkorr.] (*Wu. et al.*).

5-Benzyloxy-6-methyl-pyridin-3,4-dicarbonsäure-dimethylester $C_{17}H_{17}NO_5$, Formel II (R = CH_2-C_6H_5, X = O-CH_3).

B. Beim Behandeln der Natrium-Verbindung des 5-Hydroxy-6-methyl-pyridin-3,4-dicarbonsäure-dimethylesters mit *N*-Benzyl-*N,N*-dimethyl-anilinium-chlorid in Methanol und Erhitzen des Reaktionsgemisches in Xylol unter Stickstoff (*Cohen et al.*, Soc. **1952** 4374, 4381).

Kristalle (aus PAe.); F: 68°. $Kp_{0,3}$: 173—176°.

HO, N, CN, CO—O—C_2H_5, H_3C — I

CO—X, N, CO—X, H_3C, O—R — II

CO—X, N, CO—X', H_3C, O—R — III

5-Acetoxy-6-methyl-pyridin-3,4-dicarbonsäure-dimethylester $C_{12}H_{13}NO_6$, Formel II ($R = CO\text{-}CH_3$, $X = O\text{-}CH_3$).

B. Beim Erwärmen von 5-Hydroxy-6-methyl-pyridin-3,4-dicarbonsäure-dimethylester mit Acetanhydrid (*Jones, Kornfeld*, Am. Soc. **73** [1951] 107). Beim Behandeln von 5-Acetoxy-6-methyl-pyridin-3,4-dicarbonsäure-monomethylester (S. 2592) mit Diazomethan in Äther (*Wuest et al.*, R. **78** [1959] 226, 238).

Kristalle (aus Ae. + PAe.); F: 61—62° (*Jo., Ko.*), 60,5—61° (*Wu. et al.*).

6-Methyl-5-[toluol-4-sulfonyloxy]-pyridin-3,4-dicarbonsäure-dimethylester $C_{17}H_{17}NO_7S$, Formel II ($R = SO_2\text{-}C_6H_4\text{-}CH_3(p)$, $X = O\text{-}CH_3$).

B. Beim Behandeln von 5-Hydroxy-6-methyl-pyridin-3,4-dicarbonsäure-dimethylester-hydrochlorid in Pyridin mit Toluol-4-sulfonylchlorid (*Cohen et al.*, Soc. **1952** 4374, 4379).

Kristalle (aus Me.); F: 99—100°.

5-Hydroxy-6-methyl-pyridin-3,4-dicarbonsäure-diäthylester $C_{12}H_{15}NO_5$, Formel II ($R = H$, $X = O\text{-}C_2H_5$).

Hydrochlorid $C_{12}H_{15}NO_5 \cdot HCl$. *B.* Bei der Hydrierung von 4,5-Bis-äthoxycarbonyl-1-benzyl-3-hydroxy-2-methyl-pyridinium-chlorid an Palladium/Kohle in Methanol (*Cohen et al.*, Soc. **1952** 4374, 4380). — Kristalle (aus A. + Ae.); F: 144—145°.

5-Benzyloxy-6-methyl-pyridin-3,4-dicarbonsäure-diäthylester $C_{19}H_{21}NO_5$, Formel II ($R = CH_2\text{-}C_6H_5$, $X = O\text{-}C_2H_5$).

B. Beim Behandeln der Natrium-Verbindung des 5-Hydroxy-6-methyl-pyridin-3,4-dicarbonsäure-diäthylesters mit *N*-Benzyl-*N,N*-dimethyl-anilinium-chlorid in Methanol und Erhitzen des Reaktionsgemisches in Xylol unter Stickstoff (*Cohen et al.*, Soc. **1952** 4374, 4381).

Kristalle (aus PAe.); F: 48—49°. $Kp_{0,3}$: 187—189°.

Beim Erwärmen mit Aluminium-Amalgam in wss. Äthanol ist ein 5-Benzyloxy-6-methyl-x-dihydro-pyridin-3,4-dicarbonsäure-diäthylester $C_{19}H_{23}NO_5$ vom F: 102—104° erhalten worden (*Co. et al.*, l. c. S. 4383).

5-Benzyloxy-6-methyl-pyridin-3,4-dicarbonsäure-dibenzylester $C_{29}H_{25}NO_5$, Formel II ($R = CH_2\text{-}C_6H_5$, $X = O\text{-}CH_2\text{-}C_6H_5$).

B. Beim Behandeln von 5-Hydroxy-6-methyl-pyridin-3,4-dicarbonsäure mit *N*-Benzyl-*N,N*-dimethyl-anilinium-hydroxid (aus dem Chlorid und äthanol. Natriumäthylat hergestellt) in Äthanol und Erhitzen des vom Äthanol befreiten Reaktionsgemisches auf 115—125° (*Wuest et al.*, R. **78** [1959] 226, 239).

Kristalle; F: 77—79°.

Hydrochlorid $C_{29}H_{25}NO_5 \cdot HCl$. Kristalle; F: 110° [unkorr.].

Picrat $C_{29}H_{25}NO_5 \cdot C_6H_3N_3O_7$. F: 98—98,5°.

4-Carbamoyl-5-methoxy-6-methyl-nicotinsäure $C_9H_{10}N_2O_4$, Formel III ($R = CH_3$, $X = OH$, $X' = NH_2$) und/oder **5-Carbamoyl-3-methoxy-2-methyl-isonicotinsäure** $C_9H_{10}N_2O_4$, Formel III ($R = CH_3$, $X = NH_2$, $X' = OH$).

Ammonium-Salz. *B.* Beim Erwärmen von 5-Methoxy-6-methyl-pyridin-3,4-dicarbonsäure-anhydrid in Benzol mit NH_3 (*Ichiba et al.*, Scient. Pap. Inst. phys. chem. Res. **39** [1941] 126, 128). — F: 215° [nach Sintern bei 140—150°]; Zers. bei 230°.

5-Hydroxy-6-methyl-pyridin-3,4-dicarbonsäure-diamid $C_8H_9N_3O_3$, Formel II ($R = H$, $X = NH_2$).

B. Bei der Hydrierung von 1-Benzyl-4,5-dicarbamoyl-3-hydroxy-2-methyl-pyridinium-betain an Palladium/Kohle in wss.-methanol. HCl (*Cohen et al.*, Soc. **1952** 4374, 4379).

Blassgelbe Kristalle (aus Me.), die sich langsam oberhalb 250° zersetzen.

Hydrochlorid $C_8H_9N_3O_3 \cdot HCl$. Zers. >200°.

5-Methoxy-6-methyl-pyridin-3,4-dicarbonsäure-diamid $C_9H_{11}N_3O_3$, Formel II ($R = CH_3$, $X = NH_2$).

B. Aus 5-Methoxy-6-methyl-pyridin-3,4-dicarbonsäure-dimethylester beim Erhitzen mit äthanol. NH_3 auf 130—150° (*Ichiba et al.*, Scient. Pap. Inst. phys. chem. Res. **39** [1941] 126, 129), beim Behandeln mit flüssigem NH_3 (*Cohen et al.*, Soc. **1952** **4374**, **4380**) oder beim Behandeln mit wss. NH_3 (*I.G. Farbenind.*, D.R.P. 701955 [1939]; D.R.P. Org. Chem. **6** 2537; *Winthrop Chem. Co.*, U.S.P. 2371694 [1940]). Beim Erwärmen von 5-Methoxy-6-methyl-pyridin-3,4-dicarbonsäure-imid mit äthanol. NH_3 auf 100° (*Ich. et al.*, l. c. S. 128).

Kristalle; F: 210—212° [aus A.] (*Ich. et al.*, l. c. S. 128); Zers. bei 210° [unter Bildung des Imids vom F: 250°; aus Me.] (*Co. et al.*).

5-Benzyloxy-6-methyl-pyridin-3,4-dicarbonsäure-diamid $C_{15}H_{15}N_3O_3$, Formel II ($R = CH_2$-C_6H_5, $X = NH_2$) auf S. 2592.

B. Beim Behandeln von 5-Benzyloxy-6-methyl-pyridin-3,4-dicarbonsäure-dimethyl=ester mit flüssigem NH_3 (*Cohen et al.*, Soc. **1952** **4374**, **4381**). Aus 5-Hydroxy-6-methyl-pyridin-3,4-dicarbonsäure-dimethylester beim aufeianderfolgenden Behandeln mit Di=azo-phenyl-methan und mit flüssigem NH_3 (*Co. et al.*).

Blassgelbe Kristalle (aus Me.); Zers. bei 194° [unter Abgabe von NH_3].

5-Hydroxy-6-methyl-pyridin-3,4-dicarbonitril $C_8H_5N_3O$, Formel IV (R = H).

B. In kleiner Menge beim Erhitzen von Äthoxymethylen-succinonitril mit DL-Alanin-äthylester, $FeCl_3$, [1,4]Benzochinon und Pyridin in Essigsäure auf 135° unter Einleiten von Sauerstoff (*Makino et al.*, Bl. chem. Soc. Japan **19** [1944] 1).

Kristalle (aus Me.); F: ca. 60°.

5-Methoxy-6-methyl-pyridin-3,4-dicarbonitril $C_9H_7N_3O$, Formel IV ($R = CH_3$).

B. Aus 5-Methoxy-6-methyl-pyridin-3,4-dicarbonsäure-diamid beim Erhitzen mit Acetanhydrid (*I.G. Farbenind.*, D.R.P. 701955 [1939]; D.R.P. Org. Chem. **6** 2537; *Winthrop Chem. Co.*, U.S.P. 2371694 [1940]; s. a. *Kuhn et al.*, Naturwiss. **27** [1939] 469) oder beim Erwärmen mit $POCl_3$ in Benzol und Pyridin auf 60—70° (*Cohen et al.*, Soc. **1952** **4374**, **4380**).

Kristalle; F: 78° [aus wss. Me.] (*Co. et al.*), 70° (*Kuhn et al.*). $Kp_{0,2}$: 110° (*I.G. Farbenind.*; *Winthrop Chem. Co.*).

5-Benzyloxy-6-methyl-pyridin-3,4-dicarbonitril $C_{15}H_{11}N_3O$, Formel IV ($R = CH_2$-C_6H_5).

B. Beim Erwärmen von 5-Benzyloxy-6-methyl-pyridin-3,4-dicarbonsäure-diamid mit $POCl_3$ in Benzol und Pyridin auf 65—70° (*Cohen et al.*, Soc. **1952** **4374**, **4381**).

Blassgelbe Kristalle; F: 96° (nach Sublimation bei 90—95°/10^{-5} Torr).

4,5-Dicarboxy-3-hydroxy-1,2-dimethyl-pyridinium $[C_9H_{10}NO_5]^+$, Formel V ($R = CH_3$, $X = OH$).

Betain $C_9H_9NO_5$. *B.* Beim Behandeln von 4,5-Bis-äthoxycarbonyl-3-hydroxy-1,2-di=methyl-pyridinium-chlorid mit wss. NaOH (*Cohen et al.*, Soc. **1952** **4374**, **4377**; *Hoff=mann-La Roche*, U.S.P. 2440218 [1943]). — Kristalle (aus H_2O); F: 230° [Zers.] (*Hoffmann-La Roche*; s. a. *Co. et al.*).

4,5-Bis-äthoxycarbonyl-3-hydroxy-1,2-dimethyl-pyridinium $[C_{13}H_{18}NO_5]^+$, Formel V ($R = CH_3$, $X = O$-C_2H_5).

Betain $C_{13}H_{17}NO_5$. *B.* Beim Behandeln des Chlorids mit wss. $NaHCO_3$ oder mit wss. NaOH (*Cohen et al.*, Soc. **1952** **4374**, **4377**). — Kristalle (aus E.); F: 162—165° (*Hoffmann-La Roche*, U.S.P. 2440218 [1943]), 160° (*Co. et al.*). Kristalle mit 1,5 Mol H_2O; F: ca. 90° (*Co. et al.*).

Chlorid $[C_{13}H_{18}NO_5]Cl$. *B.* Beim Erwärmen von {[(1-Äthoxycarbonyl-äthyl)-methyl-amino]-methylen}-bernsteinsäure-diäthylester (E III **4** 1563) mit Natrium, $NaNH_2$ oder Natriumäthylat in Benzol und Behandeln des Reaktionsprodukts mit SO_2Cl_2 in Benzol oder mit äthanol. HCl (*Co. et al.*). — Kristalle (aus A. + Ae.); F: 165° [Zers.], 161—162° [Zers.] (*Co. et al.*).

1-Benzyl-3-hydroxy-4,5-bis-methoxycarbonyl-2-methyl-pyridinium $[C_{17}H_{18}NO_5]^+$, Formel V ($R = CH_2$-C_6H_5, $X = O$-CH_3).

Betain $C_{17}H_{17}NO_5$. *B.* Beim Behandeln des Chlorids mit wss. NaOH bei 0° (*Cohen et al.*, Soc. **1952** **4374**, **4379**). — Wasserhaltige Kristalle (aus H_2O), die nach Trocknen bei 66° im Vakuum in gelbe wasserfreie Kristalle vom F: 138—140° [rote Schmelze] übergehen.

Chlorid $[C_{17}H_{18}NO_5]Cl$. *B.* Beim Erwärmen von {[Benzyl-(1-methoxycarbonyl-äthyl)-amino]-methylen}-bernsteinsäure-dimethylester (E III **12** 2296) mit Natrium, $NaNH_2$ oder Natriummethylat in Benzol und Behandeln des Reaktionsprodukts mit Chlor in Benzol und CCl_4, mit äthanol. HCl oder mit SO_2Cl_2 in Benzol (*Co. et al.*). — Kristalle (aus Me. + Ae.); F: 148—150° [Zers.].

Bromid $[C_{17}H_{18}NO_5]Br$. *B.* Beim Erwärmen von {[Benzyl-(1-methoxycarbonyl-äthyl)-amino]-methylen}-bernsteinsäure-dimethylester (E III **12** 2296) mit Natrium⸗methylat in Benzol und Behandeln des Reaktionsprodukts in Benzol mit Brom in CCl_4 bei 0° (*Co. et al.*). — Kristalle (aus Me. + Ae.); F: 134—135° [Zers.].

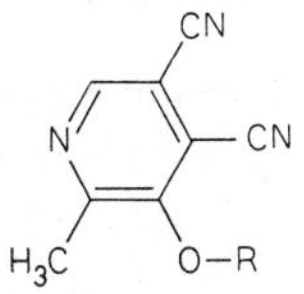

IV 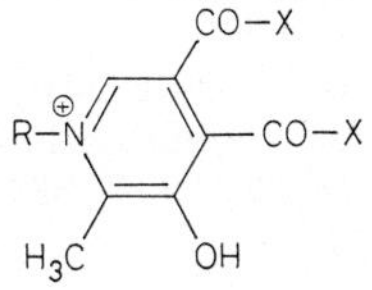 V 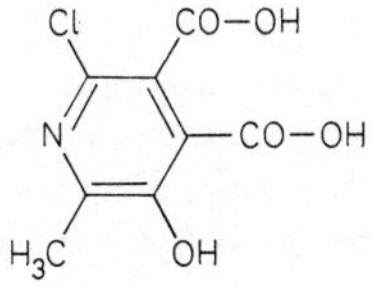 VI

4,5-Bis-äthoxycarbonyl-1-benzyl-3-hydroxy-2-methyl-pyridinium $[C_{19}H_{22}NO_5]^+$, Formel V (R = CH_2-C_6H_5, X = O-C_2H_5).

Chlorid $[C_{19}H_{22}NO_5]Cl$. *B.* Beim Erwärmen von {[(1-Äthoxycarbonyl-äthyl)-benzyl-amino]-methylen}-bernsteinsäure-diäthylester (aus *N*-Benzyl-alanin-äthylester und Formyl-bernsteinsäure-diäthylester erhalten) mit Natriumäthylat in Benzol und Erwärmen des Reaktionsprodukts in Benzol mit SO_2Cl_2 (*Cohen et al.*, Soc. **1952** 4374, 4379). — Kristalle (aus Acn. + Ae.); F: 135—136° [Zers.].

1-Benzyl-4,5-dicarbamoyl-3-hydroxy-2-methyl-pyridinium $[C_{15}H_{16}N_3O_3]^+$, Formel V (R = CH_2-C_6H_5, X = NH_2).

Betain $C_{15}H_{15}N_3O_3$. *B.* Beim Behandeln von 1-Benzyl-3-hydroxy-4,5-bis-methoxy⸗carbonyl-2-methyl-pyridinium-betain mit konz. wss. NH_3 bei 0° (*Cohen et al.*, Soc. **1952** 4374, 4379). — Kristalle; F: 255—257° [Zers.].

2-Chlor-5-hydroxy-6-methyl-pyridin-3,4-dicarbonsäure $C_8H_6ClNO_5$, Formel VI.

B. Beim Behandeln von 5-Amino-2-chlor-6-methyl-pyridin-3,4-dicarbonsäure in H_2O bei 70° mit wss. $NaNO_2$ (*Blackwood et al.*, Am. Soc. **80** [1958] 6244, 6248).

Kristalle (aus Me. + Bzl.); F: 215—216° [unkorr.; Zers.]. λ_{max}: 327 nm [methanol. HCl] bzw. 320 nm [methanol. NaOH].

2-Hydroxy-6-methyl-pyridin-3,4-dicarbonsäure $C_8H_7NO_5$, Formel VII (R = H), und Tautomeres (6-Methyl-2-oxo-1,2-dihydro-pyridin-3,4-dicarbonsäure).

B. Beim Behandeln von 3-Cyan-2-hydroxy-6-methyl-isonicotinsäure-amid mit wss. HCl und wss. $NaNO_2$ (*Am. Cyanamid Co.*, U.S.P. 2417541 [1942]).

Kristalle; F: 222° [Zers.].

2-Hydroxy-6-methyl-pyridin-3,4-dicarbonsäure-dimethylester $C_{10}H_{11}NO_5$, Formel VII (R = CH_3), und Tautomeres (6-Methyl-2-oxo-1,2-dihydro-pyridin-3,4-di⸗carbonsäure-dimethylester).

B. Beim Behandeln von 2-Hydroxy-6-methyl-pyridin-3,4-dicarbonsäure mit methanol. HCl (*Am. Cyanamid Co.*, U.S.P. 2431463 [1942]).

Kristalle; F: 173—175°.

3-Cyan-2-hydroxy-6-methyl-isonicotinsäure $C_8H_6N_2O_3$, Formel VIII (R = H, X = OH), und Tautomeres (3-Cyan-6-methyl-2-oxo-1,2-dihydro-pyridin-4-carbonsäure).

B. Neben 3-Cyan-2-hydroxy-6-methyl-isonicotinsäure-äthylester (Hauptprodukt) beim Behandeln von Cyanessigsäure-amid mit 2,4-Dioxo-valeriansäure-äthylester in Äthanol unter Zusatz von Diäthylamin (*Musante, Fatutta*, Ann. Chimica **47** [1957] 385, 391).

Gelbes Pulver; unterhalb 330° nicht schmelzend.

3-Cyan-2-hydroxy-6-methyl-isonicotinsäure-methylester $C_9H_8N_2O_3$, Formel VIII (R = H, X = O-CH_3), und Tautomeres (3-Cyan-6-methyl-2-oxo-1,2-dihydro-pyridin-4-carbonsäure-methylester).

B. Beim Erwärmen von Cyanessigsäure-amid mit der Natrium-Verbindung des 2,4-Dioxo-valeriansäure-methylesters in Methanol (*Blackwood et al.*, Am. Soc. **80** [1958] 6244, 6247).

Kristalle (aus Me.); F: 229—233° [unkorr.; Zers.]. λ_{max}: ca. 222 nm und 364 nm [methanol. HCl] bzw. 229 nm und 364 nm [methanol. NaOH].

3-Cyan-2-methoxy-6-methyl-isonicotinsäure-methylester $C_{10}H_{10}N_2O_3$, Formel VIII (R = CH_3, X = O-CH_3).

B. Neben 3-Cyan-1,6-dimethyl-2-oxo-1,2-dihydro-pyridin-4-carbonsäure-methylester beim Behandeln von 3-Cyan-2-hydroxy-6-methyl-isonicotinsäure mit Diazomethan in Äther (*Musante, Fatutta*, Ann. Chimica **47** [1957] 385, 391).

Blassgelbe Kristalle (aus A.); F: 114°.

3-Cyan-2-hydroxy-6-methyl-isonicotinsäure-äthylester $C_{10}H_{10}N_2O_3$, Formel VIII (R = H, X = O-C_2H_5), und Tautomeres (3-Cyan-6-methyl-2-oxo-1,2-dihydro-pyridin-4-carbonsäure-äthylester) (E II 201).

B. Aus Cyanessigsäure-amid und 2,4-Dioxo-valeriansäure-äthylester beim Erhitzen auf 150° (*Musante, Fatutta*, Ann. Chimica **47** [1957] 385, 390) sowie beim Behandeln mit K_2CO_3 in Aceton (*Henecka*, B. **82** [1949] 36, 39), mit Natriumäthylat in Äthanol (*He.*) mit Piperidin in Äthanol (*Libermann et al.*, Bl. **1958** 687, 690; *He.*), mit Diäthylamin in Äthanol (*Ichiba et al.*, Scient. Pap. Inst. phys. chem. Res. **38** [1941] 347, 349; *Mu.*, *Fa.*; *Wuest et al.*, R. **78** [1959] 226, 233) oder mit Natrium in Benzol (*Basu*, J. Indian chem. Soc. **7** [1930] 481, 491; *Mu.*, *Fa.*).

Kristalle; F: 218—220° [unkorr.; Zers.; aus wss. Eg.] (*Wu. et al.*), 218—219° [korr.; Zers.] (*Scott et al.*, Am. Soc. **67** [1945] 157), 218° [aus Eg.] (*Basu*).

Die beim Behandeln mit CH_3I und Natriummethylat in Methanol erhaltene, E II 201 als 3-Cyan-1,6-dimethyl-2-oxo-1,2-dihydro-pyridin-4-carbonsäure-äthylester angesehene Verbindung ist als 3-Cyan-1,6-dimethyl-2-oxo-1,2-dihydro-pyridin-4-carbonsäure-methylester zu formulieren (*Mu.*, *Fa.*, l. c. S. 388, 391).

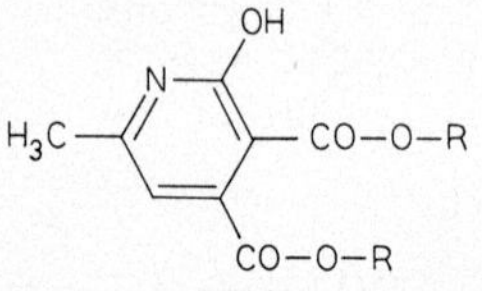

VII 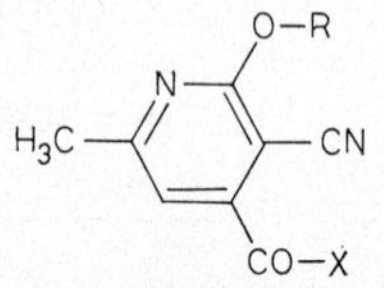 VIII 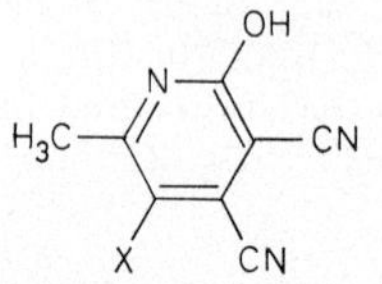 IX

3-Cyan-2-methoxy-6-methyl-isonicotinsäure-äthylester $C_{11}H_{12}N_2O_3$, Formel VIII (R = CH_3, X = O-C_2H_5).

B. Neben 3-Cyan-1,6-dimethyl-2-oxo-1,2-dihydro-pyridin-4-carbonsäure-äthylester beim Behandeln von 3-Cyan-2-hydroxy-6-methyl-isonicotinsäure-äthylester mit Diazomethan in Äther (*Musante, Fatutta*, Ann. Chimica **47** [1957] 385, 390) oder mit Dimethylsulfat und K_2CO_3 in Aceton (*Henecka*, B. **82** [1949] 36, 40).

Kristalle; F: 75—76° [aus PAe.] (*He.*), 70° [aus A.] (*Mu.*, *Fa.*).

3-Cyan-2-hydroxy-6-methyl-isonicotinsäure-amid $C_8H_7N_3O_2$, Formel VIII (R = H, X = NH_2), und Tautomeres (3-Cyan-6-methyl-2-oxo-1,2-dihydro-pyridin-4-carbonsäure-amid).

B. Beim Behandeln von Cyanessigsäure-amid mit 2,4-Dioxo-valeriansäure-amid und Diäthylamin in Äthanol (*Ichiba et al.*, J. scient. Res. Inst. Tokyo **43** [1948] 23, 26). Beim Behandeln von 3-Cyan-2-hydroxy-6-methyl-isonicotinsäure-äthylester mit methanol. NH_3 (*Mowat et al.*, Am. Soc. **65** [1943] 954).

Kristalle; F: >300° [Zers.] (*Mo. et al.*), >280° [aus H_2O] (*Ich. et al.*).

3-Cyan-2-hydroxy-6-methyl-isonicotinsäure-diäthylamid $C_{12}H_{15}N_3O_2$, Formel VIII ($R = H$, $X = N(C_2H_5)_2$), und Tautomeres (3-Cyan-6-methyl-2-oxo-1,2-dihydro-pyridin-4-carbonsäure-diäthylamid).

B. Beim Behandeln von 3-Cyan-2-hydroxy-6-methyl-isonicotinsäure-äthylester mit wss. Diäthylamin (*Musante, Fatutta*, Ann. Chimica **47** [1957] 385, 393).

Kristalle (aus A.); F: 197–198°.

2-Hydroxy-6-methyl-pyridin-3,4-dicarbonitril $C_8H_5N_3O$, Formel IX ($X = H$), und Tautomeres (6-Methyl-2-oxo-1,2-dihydro-pyridin-3,4-dicarbonitril).

B. Aus 3-Cyan-2-hydroxy-6-methyl-isonicotinsäure-amid beim Erhitzen mit $POCl_3$ ohne Lösungsmittel oder in Toluol (*Mowat et al.*, Am. Soc. **65** [1943] 954), beim Erwärmen mit $POCl_3$ in Pyridin oder $CHCl_3$ (*Ichiba et al.*, J. scient. Res. Inst. Tokyo **43** [1948] 23, 26; *Am. Cyanamid Co.*, U.S.P. 2752353 [1954]) sowie beim Erwärmen mit $POCl_3$ unter Zusatz von Na_2SO_3 (*Am. Cyanamid Co.*, U.S.P. 2459128 [1946]). Beim Erhitzen von 3-Cyan-2-hydroxy-6-methyl-isonicotinsäure-amid mit $[NH_4]_2MoO_4$ und Acetanhydrid auf 165° (*Ichiba, Emoto*, J. scient. Res. Inst. Tokyo **43** [1948] 30).

Kristalle; F: 244,5–245° [aus Acn. + Ae.] (*Am. Cyanamid Co.*, U.S.P. 2459128), 241–243° [aus wss. A.] (*Mo. et al.*), 238–242° [unkorr.; aus A.] (*Ich. et al.*).

3-Cyan-2-hydroxy-6-methyl-isonicotinsäure-hydroxyamid, 3-Cyan-2-hydroxy-6-methyl-isonicotinohydroxamsäure $C_8H_7N_3O_3$, Formel VIII ($R = H$, $X = NH\text{-}OH$), und Tautomeres (3-Cyan-6-methyl-2-oxo-1,2-dihydro-pyridin-4-carbonsäure-hydroxyamid).

B. Aus einem 3-Cyan-2-hydroxy-6-methyl-isonicotinsäure-ester und NH_2OH (*Gardner et al.*, Am. Soc. **73** [1951] 5455).

Gelbes Pulver; F: >250°.

3-Cyan-2-hydroxy-6-methyl-isonicotinsäure-hydrazid $C_8H_8N_4O_2$, Formel VIII ($R = H$, $X = NH\text{-}NH_2$), und Tautomeres (3-Cyan-6-methyl-2-oxo-1,2-dihydro-pyridin-4-carbonsäure-hydrazid).

B. Beim Erwärmen von 3-Cyan-2-hydroxy-6-methyl-isonicotinsäure-äthylester mit wss. N_2H_4 (*Gardner et al.*, J. org. Chem. **21** [1956] 530, 531).

Gelb; F: >270°.

3-Cyan-2-hydroxy-6-methyl-5-nitro-isonicotinsäure-methylester $C_9H_7N_3O_5$, Formel X ($R = CH_3$), und Tautomeres (3-Cyan-6-methyl-5-nitro-2-oxo-1,2-dihydro-pyridin-4-carbonsäure-methylester).

B. Beim Behandeln von 3-Cyan-2-hydroxy-6-methyl-isonicotinsäure-methylester mit HNO_3 und wenig Harnstoff in Acetanhydrid (*Blackwood et al.*, Am. Soc. **80** [1958] 6244, 6247).

Kristalle; F: 213–214° [unkorr.; Zers.]. λ_{max}: 298 nm [methanol. HCl] bzw. 277 nm und 306 nm [methanol. NaOH].

3-Cyan-2-hydroxy-6-methyl-5-nitro-isonicotinsäure-äthylester $C_{10}H_9N_3O_5$, Formel X ($R = C_2H_5$), und Tautomeres (3-Cyan-6-methyl-5-nitro-2-oxo-1,2-dihydro-pyridin-4-carbonsäure-äthylester).

B. Beim Behandeln von 3-Cyan-2-hydroxy-6-methyl-isonicotinsäure-äthylester mit HNO_3 und wenig Harnstoff in Acetanhydrid (*Ichiba, Emoto*, Scient. Pap. Inst. phys. chem. Res. **38** [1941] 347, 349; s. a. *I. G. Farbenind.*, D.R.P. 714540 [1939]; D.R.P. Org. Chem. **6** 2535; *Scott et al.*, Am. Soc. **67** [1945] 157; *Wuest et al.*, R. **78** [1959] 226, 233).

Kristalle; F: 196–198° [unkorr.; Zers.; aus wss. H_2SO_4 enthaltendem A.] (*Wu. et al.*), 193° [aus wss. A.] (*Ich., Em.*), 192–194° [aus H_2O oder wss. A.] (*I. G. Farbenind.*).

2-Hydroxy-6-methyl-5-nitro-pyridin-3,4-dicarbonitril $C_8H_4N_4O_3$, Formel IX ($X = NO_2$), und Tautomeres (6-Methyl-5-nitro-2-oxo-1,2-dihydro-pyridin-3,4-dicarbonitril).

B. Beim Behandeln von 2-Hydroxy-6-methyl-pyridin-3,4-dicarbonitril mit HNO_3 und wenig Harnstoff in Acetanhydrid (*Mowat et al.*, Am. Soc. **65** [1943] 954; *Ichiba et al.*, J. scient. Res. Inst. Tokyo **43** [1948] 23, 26).

Kristalle; F: 242–244° [aus Acn. + Ae.] (*Mo. et al.*), 240° [unkorr.; aus A.] (*Ich. et al.*).

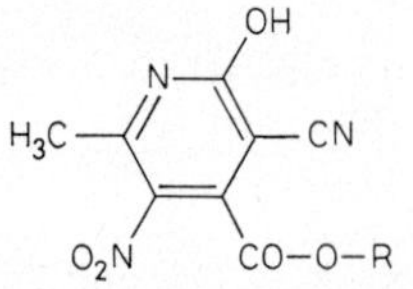

X 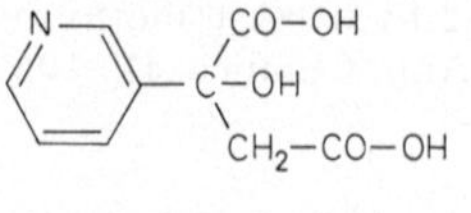 XI 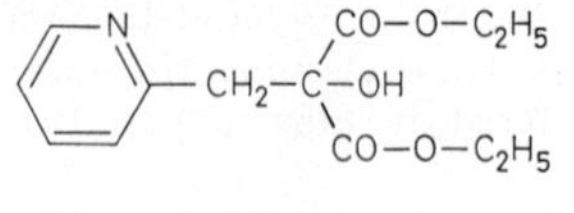 XII

Hydroxycarbonsäure $C_9H_9NO_5$

(±)-2-Hydroxy-2-[3]pyridyl-bernsteinsäure $C_9H_9NO_5$, Formel XI.
B. Beim Erhitzen von [3]Pyridyl-glyoxylsäure mit Malonsäure und Pyridin (*Jerchel et al.*, A. **613** [1958] 153, 170).
Kristalle (aus wss. Me.); F: 217–218° [Zers.].

Hydroxy-[2]pyridylmethyl-malonsäure-diäthylester $C_{13}H_{17}NO_5$, Formel XII.
B. Neben anderen Verbindungen beim Erhitzen von 2-Methyl-pyridin mit Mesoxal=säure-diäthylester auf 140° (*McElvain, Johnson*, Am. Soc. **63** [1941] 2213, 2216).
F: 38–39°. Kp_1: 148–150°.

Hydroxy-[4]pyridylmethyl-malonsäure-diäthylester $C_{13}H_{17}NO_5$, Formel XIII.
B. Beim Erwärmen von 4-Methyl-pyridin mit Mesoxalsäure-diäthylester und Piperidin-acetat auf 100° (*Rubzow, Dorochowa*, Ž. obšč. Chim. **23** [1953] 706, 707; engl. Ausg. S. 733, 734).
Kristalle (aus Ae.); F: 79–80°.
Hydrochlorid. Kristalle; F: 164–166°.

6-Äthyl-3-cyan-2-hydroxy-isonicotinsäure-äthylester $C_{11}H_{12}N_2O_3$, Formel XIV, und Tautomeres (6-Äthyl-3-cyan-2-oxo-1,2-dihydro-pyridin-4-carbonsäure-äthylester).
B. Beim Behandeln von 2,4-Dioxo-hexansäure-äthylester mit Cyanessigsäure-amid und Piperidin in Äthanol bei 60° (*Tracy, Elderfield*, J. org. Chem. **6** [1941] 70, 74; *Libermann et al.*, Bl. **1958** 687, 690).
Kristalle; F: 217–218° (*Li. et al.*), 217–218° [korr.; Zers.; aus Eg.] (*Tr., El.*).

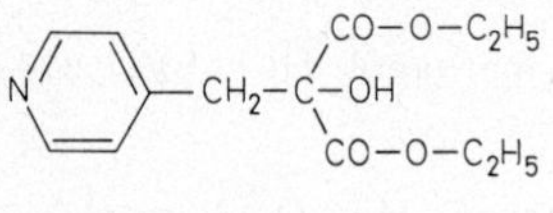

XIII 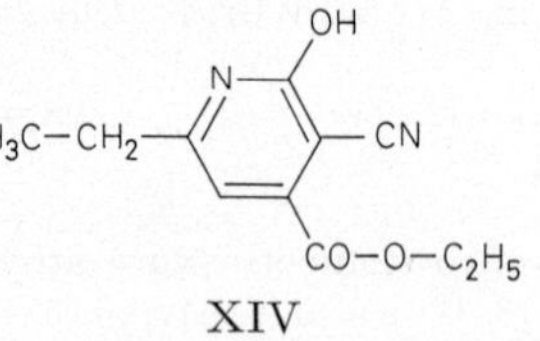 XIV 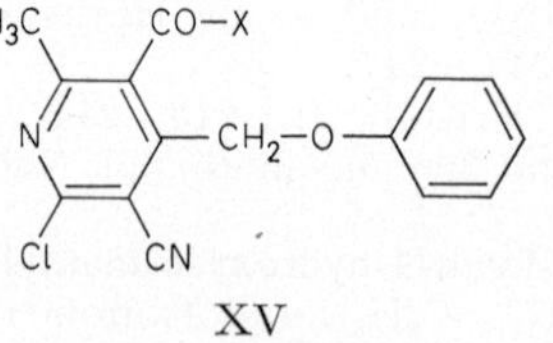 XV

6-Chlor-5-cyan-2-methyl-4-phenoxymethyl-nicotinoylchlorid $C_{15}H_{10}Cl_2N_2O_2$, Formel XV (X = Cl).
B. Beim Erhitzen von 5-Cyan-6-hydroxy-2-methyl-4-phenoxymethyl-nicotinsäure mit PCl_5 und $POCl_3$ (*Hoffmann-La Roche*, D.R.P. 732238 [1941]; D.R.P. Org. Chem. **3** 343; U.S.P. 2389054 [1941]).
Kristalle; F: 155–157° (*Hoffmann-La Roche*, U.S.P. 2389054).

6-Chlor-5-cyan-2-methyl-4-phenoxymethyl-nicotinsäure-hydrazid $C_{15}H_{13}ClN_4O_2$, Formel XV (X = NH-NH_2).
B. Beim Behandeln von 6-Chlor-5-cyan-2-methyl-4-phenoxymethyl-nicotinoylchlorid mit $N_2H_4 \cdot H_2O$ und wss. NaOH in Benzol (*Hoffmann-La Roche*, D.R.P. 732238 [1941]; D.R.P. Org. Chem. **3** 343; U.S.P. 2389054 [1941]).
Kristalle (aus E. + PAe.); F: 114–115°.

Hydroxycarbonsäuren $C_{10}H_{11}NO_5$

(±)-Hydroxy-[1-[4]pyridyl-äthyl]-malonsäure-diäthylester $C_{14}H_{19}NO_5$, Formel I.

B. Beim Erhitzen von 4-Äthyl-pyridin mit Dihydroxymalonsäure-diäthylester in Acetanhydrid auf 90° (*Michlina, Rubzow*, Ž. obšč. Chim. **27** [1957] 77, 79; engl. Ausg. S. 89, 90).

Gelbliches Öl; $Kp_{0,45}$: 160—162°.

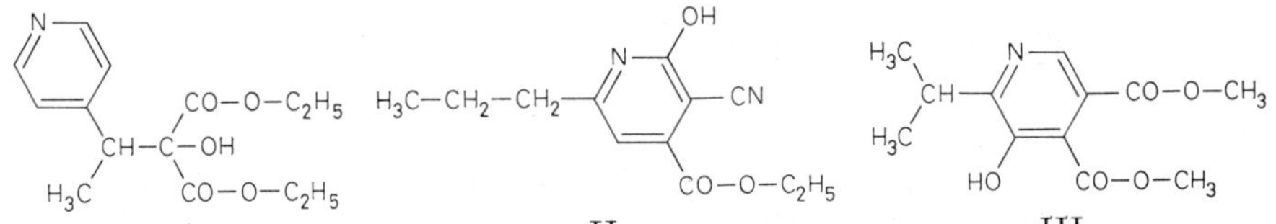

I II III

3-Cyan-2-hydroxy-6-propyl-isonicotinsäure-äthylester $C_{12}H_{14}N_2O_3$, Formel II, und Tautomeres (3-Cyan-2-oxo-6-propyl-1,2-dihydro-pyridin-4-carbonsäure-äthylester).

B. Beim Erwärmen von 2,4-Dioxo-heptansäure-äthylester mit Cyanessigsäure-amid und Piperidin in Äthanol (*Gruber, Schlögl*, M. **81** [1950] 83, 88; *Libermann et al.*, Bl. **1958** 687, 690).

Gelbe Kristalle; F: 153—155° [aus wss. A.] (*Gr., Sch.*), 152° (*Li. et al.*).

5-Hydroxy-6-isopropyl-pyridin-3,4-dicarbonsäure-dimethylester $C_{12}H_{15}NO_5$, Formel III.

B. Bei der Hydrierung der folgenden Verbindung an Palladium/Kohle in Methanol (*Davoll, Kipping*, Soc. **1953** 1395, 1396).

Kristalle (aus wss. A.); F: 68°.

1-Benzyl-3-hydroxy-2-isopropyl-4,5-bis-methoxycarbonyl-pyridinium $[C_{19}H_{22}NO_5]^+$, Formel IV.

Chlorid $[C_{19}H_{22}NO_5]Cl$. *B.* Beim Erwärmen von {[Benzyl-(1-methoxycarbonyl-2-methyl-propyl)-amino]-methylen}-bernsteinsäure-dimethylester mit Natrium in Benzol und Erwärmen des Reaktionsprodukts mit SO_2Cl_2 in Benzol (*Davoll, Kipping*, Soc. **1953** 1395, 1396). — Kristalle (aus A. + Ae.) mit 0,5 Mol H_2O; F: 146° [Zers.].

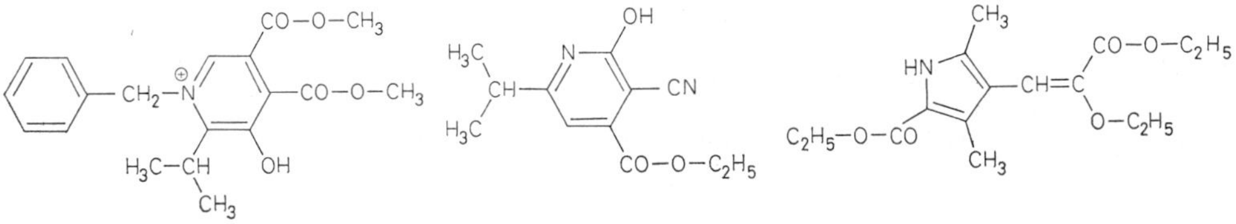

IV V VI

3-Cyan-2-hydroxy-6-isopropyl-isonicotinsäure-äthylester $C_{12}H_{14}N_2O_3$, Formel V, und Tautomeres (3-Cyan-6-isopropyl-2-oxo-1,2-dihydro-pyridin-4-carbonsäure-äthylester).

B. Aus Cyanessigsäure-amid und 5-Methyl-2,4-dioxo-hexansäure-äthylester beim Erwärmen mit K_2CO_3 in Aceton (*Isler et al.*, Helv. **38** [1955] 1033, 1039) oder mit Piperidin in Äthanol (*Libermann et al.*, Bl. **1958** 687, 690).

Gelbe Kristalle; F: 197° (*Li. et al.*), 189—191° [unkorr.; aus wss. A.] (*Is. et al.*).

2-Äthoxy-3ξ-[5-äthoxycarbonyl-2,4-dimethyl-pyrrol-3-yl]-acrylsäure-äthylester, 4-[ξ-2-Äthoxy-2-äthoxycarbonyl-vinyl]-3,5-dimethyl-pyrrol-2-carbonsäure-äthylester $C_{16}H_{23}NO_5$, Formel VI.

B. Beim Erwärmen von opt.-inakt. 3-[5-Äthoxycarbonyl-2,4-dimethyl-pyrrol-3-yl]-

2,3-dibrom-propionsäure-äthylester (F: 121° [Zers.]) mit äthanol. KOH (*Fischer, Süs*, A. **484** [1930] 113, 129).

Kristalle (aus A.); F: 136°. Bei 170° unter vermindertem Druck sublimierbar.

(±)-4,6,7-Trihydroxy-1,2,3,4-tetrahydro-isochinolin-5-carbonsäure $C_{10}H_{11}NO_5$, Formel VII (R = H).

Hydrobromid $C_{10}H_{11}NO_5 \cdot HBr$. *B.* Beim Behandeln einer Lösung von (±)-3-Amino=methyl-6,7-dihydroxy-phthalid-hydrobromid in H_2O mit wss. Formaldehyd (*Beke, Szántay*, Ar. **291** [1958] 342, 349). — Kristalle (aus H_2O); Zers. bei 189—190°.

(±)-6,7-Dihydroxy-4-methoxy-1,2,3,4-tetrahydro-isochinolin-5-carbonsäure-methylester $C_{12}H_{15}NO_5$, Formel VII (R = CH_3).

Hydrochlorid $C_{12}H_{15}NO_5 \cdot HCl$. *B.* Beim Behandeln von (±)-4,6,7-Trihydroxy-1,2,3,4-tetrahydro-isochinolin-5-carbonsäure-hydrobromid mit methanol. HCl (*Beke, Szántay*, Ar. **291** [1958] 342, 349). — Kristalle; F: 181° [Zers.].

(±)-4-Äthoxy-6,7-dihydroxy-1,2,3,4-tetrahydro-isochinolin-5-carbonsäure-äthylester $C_{14}H_{19}NO_5$, Formel VII (R = C_2H_5).

Hydrochlorid $C_{14}H_{19}NO_5 \cdot HCl$. *B.* Beim Behandeln von (±)-4,6,7-Trihydroxy-1,2,3,4-tetrahydro-isochinolin-5-carbonsäure-hydrobromid mit äthanol. HCl (*Beke, Szántay*, Ar. **291** [1958] 342, 349). — Kristalle; F: 171—172° [Zers.].

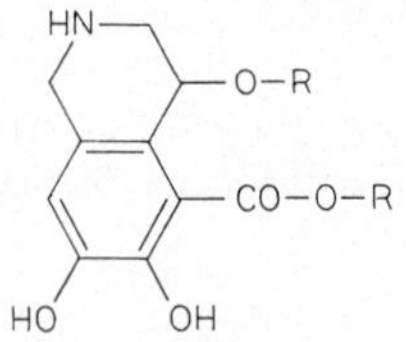

VII 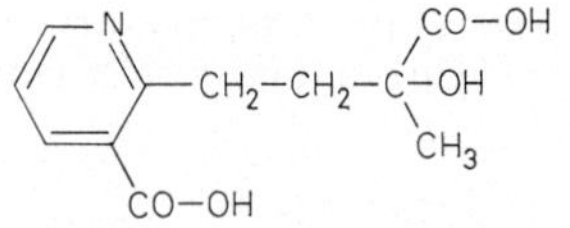 VIII 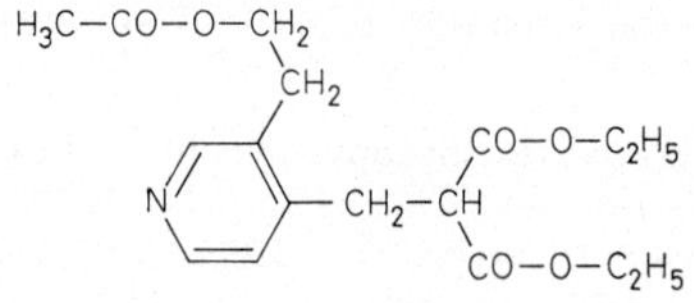 IX

Hydroxycarbonsäuren $C_{11}H_{13}NO_5$

(−)-4-[3-Carboxy-[2]pyridyl]-2-hydroxy-2-methyl-buttersäure, (−)-2-[3-Carboxy-3-hydroxy-butyl]-nicotinsäure, Hydroxywilfordinsäure $C_{11}H_{13}NO_5$, Formel VIII.

Konstitution: *Beroza*, J. org. Chem. **28** [1963] 3562.

B. Beim Behandeln der aus Tripterygium wilfordii isolierten Alkaloide Wilfordin oder Wilfortrin (jeweils Syst.-Nr. 4475) mit wss. KOH in Äthylenglykol (*Beroza*, Am. Soc. **75** [1953] 44, 45).

Kristalle (aus A.); F: 178—179° [korr.] (*Be.*, Am. Soc. **75** 45). Netzebenenabstände: *Be.*, Am. Soc. **75** 46. $[\alpha]_D^{24}$: −24,1° [H_2O] (*Be.*, J. org. Chem. **28** 3562). UV-Spektrum (220—300 nm) in H_2O und in wss. NaOH: *Be.*, Am. Soc. **75** 49.

[3-(2-Acetoxy-äthyl)-[4]pyridylmethyl]-malonsäure-diäthylester $C_{17}H_{23}NO_6$, Formel IX.

Hydrochlorid $C_{17}H_{23}NO_6 \cdot HCl$. *B.* Bei der Hydrierung von [3-(2-Acetoxy-äthyl)-[4]pyridylmethylen]-malonsäure-diäthylester-hydrochlorid an Platin in Äthanol (*Rubzow, Jachontow*, Ž. obšč. Chim. **25** [1955] 1183, 1187; engl. Ausg. S. 1133, 1136). — Kristalle (aus A. + Ae.); F: 109—110°.

6-Butyl-3-cyan-2-hydroxy-isonicotinsäure-äthylester $C_{13}H_{16}N_2O_3$, Formel X, und Tautomeres (6-Butyl-3-cyan-2-oxo-1,2-dihydro-pyridin-4-carbonsäure-äthylester).

B. Aus Cyanessigsäure-amid und 2,4-Dioxo-octansäure-äthylester beim Erwärmen mit Piperidin in Äthanol (*Libermann et al.*, Bl. **1958** 687, 690).

Kristalle; F: 114°.

5-Hydroxy-6-isobutyl-pyridin-3,4-dicarbonsäure-dimethylester $C_{13}H_{17}NO_5$, Formel XI.

B. Bei der Hydrierung der folgenden Verbindung an Palladium/Kohle in Methanol

(*Davoll, Kipping*, Soc. **1953** 1395, 1397).
Kristalle (aus wss. A.).

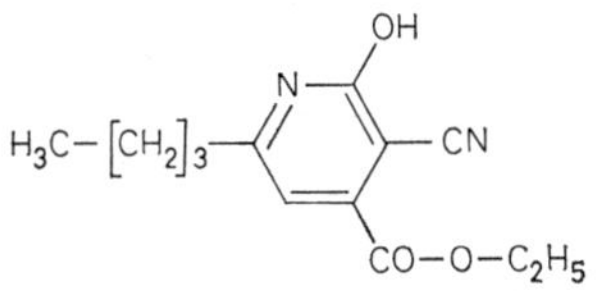

X 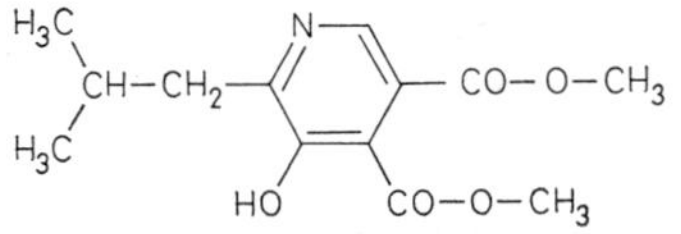 XI 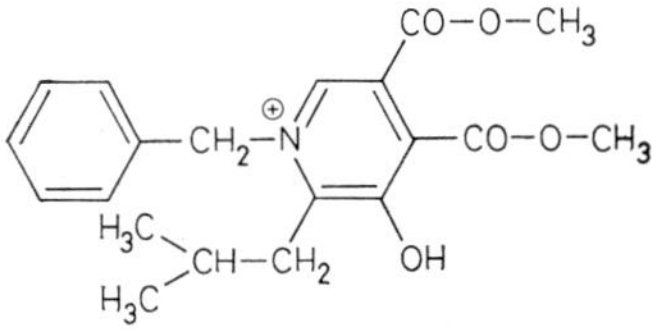 XII

1-Benzyl-3-hydroxy-2-isobutyl-4,5-bis-methoxycarbonyl-pyridinium $[C_{20}H_{24}NO_5]^+$, Formel XII.

Chlorid $[C_{20}H_{24}NO_5]Cl$. *B.* Beim Erwärmen von {[Benzyl-(1-methoxycarbonyl-3-methyl-butyl)-amino]-methylen}-bernsteinsäure-dimethylester mit Natrium in Benzol und Behandeln des Reaktionsprodukts mit SO_2Cl_2 in Benzol (*Davoll, Kipping*, Soc. **1953** 1395, 1397). — Kristalle (aus A. + Ae.); F: 130° [Zers.].

3-Cyan-2-hydroxy-6-isobutyl-isonicotinsäure-äthylester $C_{13}H_{16}N_2O_3$, Formel XIII, und Tautomeres (3-Cyan-6-isobutyl-2-oxo-1,2-dihydro-pyridin-4-carbonsäure-äthylester).

B. Aus Cyanessigsäure-amid und 6-Methyl-2,4-dioxo-heptansäure-äthylester beim Erwärmen mit K_2CO_3 in Aceton (*Isler et al.*, Helv. **38** [1955] 1033, 1040) oder mit Piperidin in Äthanol (*Libermann et al.*, Bl. **1958** 687, 690).

Hellgelbe Kristalle; F: 156° (*Li. et al.*), 152—154° [unkorr.; aus A.] (*Is. et al.*).

6-*tert*-Butyl-3-cyan-2-hydroxy-isonicotinsäure-äthylester $C_{13}H_{16}N_2O_3$, Formel XIV, und Tautomeres (6-*tert*-Butyl-3-cyan-2-oxo-1,2-dihydro-pyridin-4-carbonsäure-äthylester).

B. Beim Erwärmen von 5,5-Dimethyl-2,4-dioxo-hexansäure-äthylester mit Cyanessigsäure-amid und K_2CO_3 in Aceton (*Isler et al.*, Helv. **38** [1955] 1033, 1040; *Libermann et al.*, Bl. **1958** 687, 691).

Hellgelbe Kristalle; F: 191—193° [unkorr.; aus A.] (*Is. et al.*), 189° (*Li. et al.*).

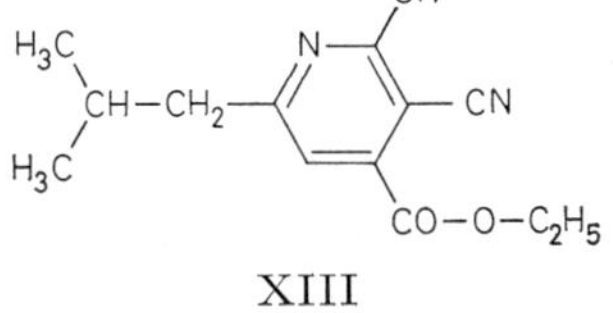

XIII 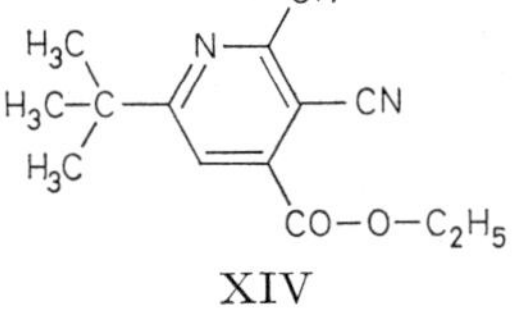 XIV 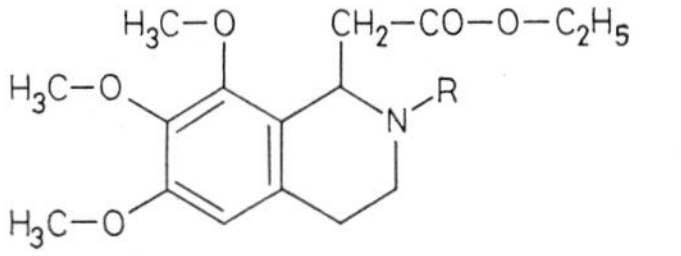 XV

(±)-[6,7,8-Trimethoxy-1,2,3,4-tetrahydro-[1]isochinolyl]-essigsäure-äthylester $C_{16}H_{23}NO_5$, Formel XV (R = H).

B. Bei der Hydrierung von [6,7,8-Trimethoxy-3,4-dihydro-[1]isochinolyl]-essigsäure-äthylester an Platin in Essigsäure (*Brossi et al.*, Helv. **41** [1958] 119, 129).

$Kp_{0,01}$: 168°.

(±)-[2-(2-Äthoxycarbonyl-äthyl)-6,7,8-trimethoxy-1,2,3,4-tetrahydro-[1]isochinolyl]-essigsäure-äthylester $C_{21}H_{31}NO_7$, Formel XV (R = CH_2-CH_2-CO-O-C_2H_5).

B. Beim Erhitzen von (±)-[6,7,8-Trimethoxy-1,2,3,4-tetrahydro-[1]isochinolyl]-essigsäure-äthylester mit Acrylsäure-äthylester (*Brossi et al.*, Helv. **41** [1958] 119, 136).

$Kp_{0,01}$: 180°.

(±)-6,7,8-Trihydroxy-1-methyl-1,2,3,4-tetrahydro-isochinolin-1-carbonsäure $C_{11}H_{13}NO_5$, Formel I.

B. Beim Behandeln von 3,4,5-Trihydroxy-phenäthylamin-hydrochlorid mit Brenztraubensäure in H_2O unter Zusatz von wenig NH_3 [pH 7] (*Hahn, Rumpf*, B. **71** [1938] 2141, 2146).

Kristalle (aus H_2O); Zers. bei 250° [nach Dunkelfärbung].

Hydrochlorid. Zers. bei 227—228°.

Hydroxycarbonsäuren $C_{12}H_{15}NO_5$

3-Cyan-2-hydroxy-6-pentyl-isonicotinsäure-äthylester $C_{14}H_{18}N_2O_3$, Formel II, und Tautomeres (3-Cyan-2-oxo-6-pentyl-1,2-dihydro-pyridin-4-carbonsäure-äthylester).

B. Aus Cyanessigsäure-amid und 2,4-Dioxo-nonansäure-äthylester beim Erwärmen in Äthanol unter Zusatz von Diäthylamin (*Maruyama, Imamura*, Ann. Rep. Takeda Res. Labor. **12** [1953] 62, 64; C. A. **1954** 4695) oder von Piperidin (*Libermann et al.*, Bl. **1958** 687, 690).

Kristalle; F: 118—120° [aus wss. A.] (*Ma., Im.*), 117° (*Li. et al.*).

HO, HO, HO, H_3C, CO—OH, NH

I

OH, N, $H_3C-[CH_2]_4$, CN, CO—O—C_2H_5

II

HO, N, CH_3, CO—O—R, CO—O—R

III

***Opt.-inakt. 8a-Hydroxy-2-methyl-4a,5,6,7,8,8a-hexahydro-chinolin-3,4-dicarbonsäure** $C_{12}H_{15}NO_5$, Formel III (R = H).

B. Aus der folgenden Verbindung beim Erhitzen mit wss. KOH (*Basu*, A. **530** [1937] 131, 133).

Kristalle (aus H_2O); F: 257° [Zers.; geschlossene Kapillare].

***Opt.-inakt. 8a-Hydroxy-2-methyl-4a,5,6,7,8,8a-hexahydro-chinolin-3,4-dicarbonsäure-diäthylester** $C_{16}H_{23}NO_5$, Formel III (R = C_2H_5).

B. Bei 7-tägigem Behandeln von [2-Oxo-cyclohexyl]-glyoxylsäure-äthylester mit 3-Amino-crotonsäure-äthylester [E III **3** 1199] (*Basu*, A. **530** [1937] 131, 133).

Gelbe Flüssigkeit; Kp_5: 191°.

Picrat $C_{16}H_{23}NO_5 \cdot C_6H_3N_3O_7$. Kristalle (aus A.); F: 134°.

Hydroxycarbonsäuren $C_{13}H_{17}NO_5$

3-Cyan-6-hexyl-2-hydroxy-isonicotinsäure-äthylester $C_{15}H_{20}N_2O_3$, Formel IV, und Tautomeres (3-Cyan-6-hexyl-2-oxo-1,2-dihydro-pyridin-4-carbonsäure-äthylester).

B. Beim Behandeln von Cyanessigsäure-amid mit Natriummethylat und 2,4-Dioxo-decansäure-äthylester in Methanol und Äthanol (*Libermann et al.*, Bl. **1958** 687, 691).

F: 120°.

***Opt.-inakt. 8a-Hydroxy-2,6-dimethyl-4a,5,6,7,8,8a-hexahydro-chinolin-3,4-dicarbonsäure** $C_{13}H_{17}NO_5$, Formel V (R = H).

B. Aus der folgenden Verbindung beim Erhitzen mit wss. KOH (*Basu*, A. **530** [1937] 131, 135).

Kristalle (aus H_2O); F: 236° [Zers.].

***Opt.-inakt. 8a-Hydroxy-2,6-dimethyl-4a,5,6,7,8,8a-hexahydro-chinolin-3,4-dicarbonsäure-diäthylester** $C_{17}H_{25}NO_5$, Formel V (R = C_2H_5).

B. Bei 15-tägigem Behandeln von (±)-[5-Methyl-2-oxo-cyclohexyl]-glyoxylsäure-äthylester (H **10** 794) mit 3-Amino-crotonsäure-äthylester [E III **3** 1199] (*Basu*, A. **530**

[1937] 131, 135).
Kp_{15}: 205°.
Picrat $C_{17}H_{25}NO_5 \cdot C_6H_3N_3O_7$. Kristalle (aus A.); F: 128°.

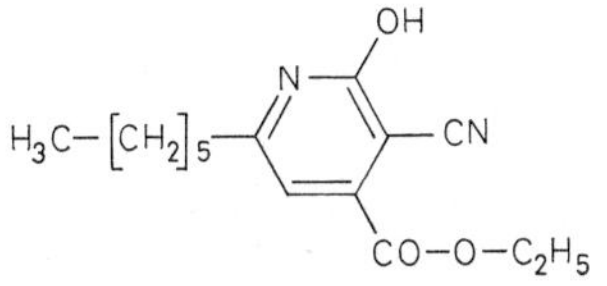

IV 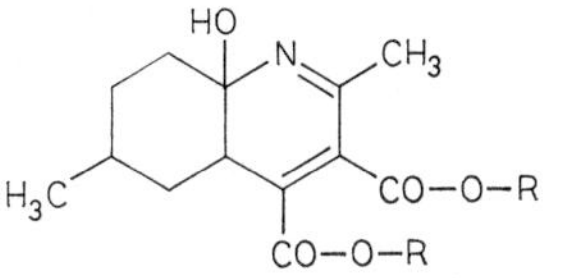 V 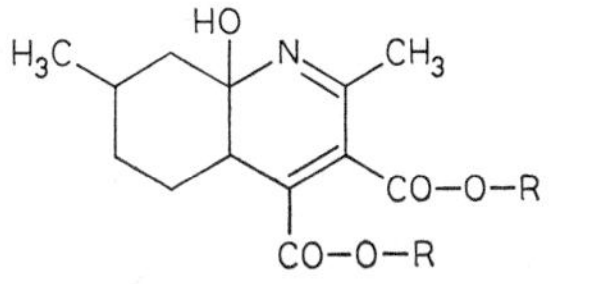 VI

*Opt.-inakt. **8a-Hydroxy-2,7-dimethyl-4a,5,6,7,8,8a-hexahydro-chinolin-3,4-dicarbon=säure** $C_{13}H_{17}NO_5$, Formel VI (R = H).
B. Aus der folgenden Verbindung beim Erhitzen mit wss. KOH (*Basu*, A. **530** [1937] 131, 134).
F: 238–239° [Zers.].

*Opt.-inakt. **8a-Hydroxy-2,7-dimethyl-4a,5,6,7,8,8a-hexahydro-chinolin-3,4-dicarbon=säure-diäthylester** $C_{17}H_{25}NO_5$, Formel VI (R = C_2H_5).
B. Bei 14-tägigem Behandeln von (±)-[4-Methyl-2-oxo-cyclohexyl]-glyoxylsäure-äthylester (H **10** 794) mit 3-Amino-crotonsäure-äthylester [E III **3** 1199] (*Basu*, A. **530** [1937] 131, 134).
Kp_{12}: 206°.
Picrat $C_{17}H_{25}NO_5 \cdot C_6H_3N_3O_7$. Gelbe Kristalle; F: 87°.

*Opt.-inakt. **8a-Hydroxy-2,8-dimethyl-4a,5,6,7,8,8a-hexahydro-chinolin-3,4-dicarbon=säure** $C_{13}H_{17}NO_5$, Formel VII (R = H).
B. Aus der folgenden Verbindung beim Erhitzen mit wss. KOH (*Basu*, A. **530** [1937] 131, 134).
Kristalle (aus H_2O); F: 210–211° [Zers.; geschlossene Kapillare].

*Opt.-inakt. **8a-Hydroxy-2,8-dimethyl-4a,5,6,7,8,8a-hexahydro-chinolin-3,4-dicarbon=säure-diäthylester** $C_{17}H_{25}NO_5$, Formel VII (R = C_2H_5).
B. Bei 10-tägigem Behandeln von (±)-[3-Methyl-2-oxo-cyclohexyl]-glyoxylsäure-äthylester (H **10** 794) mit 3-Amino-crotonsäure-äthylester [E III **3** 1199] (*Basu*, A. **530** [1937] 131, 134).
Kp_{12}: 191–192°.
Picrat $C_{17}H_{25}NO_5 \cdot C_6H_3N_3O_7$. Gelbe Kristalle (aus A.); F: 144°.

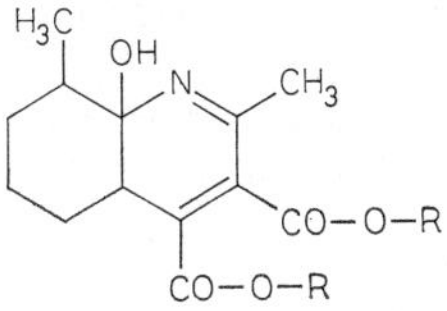

VII 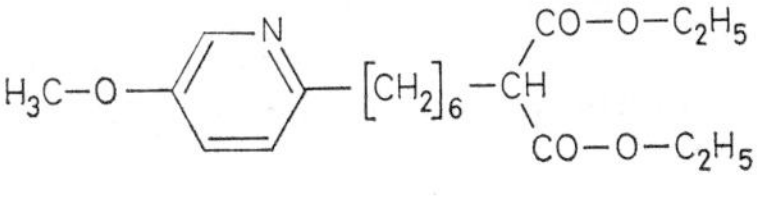 VIII

Hydroxycarbonsäuren $C_{14}H_{19}NO_5$

[6-(5-Methoxy-[2]pyridyl)-hexyl]-malonsäure-diäthylester $C_{19}H_{29}NO_5$, Formel VIII.
B. Beim Erwärmen der Natrium-Verbindung des Malonsäure-diäthylesters mit 2-[6-Chlor-hexyl]-5-methoxy-pyridin in Äthanol (*Govindachari et al.*, Soc. **1957** 560, 562).
$Kp_{1,5}$: 204°.

3-Cyan-6-heptyl-2-hydroxy-isonicotinsäure-äthylester $C_{16}H_{22}N_2O_3$, Formel IX, und Tautomeres (3-Cyan-6-heptyl-2-oxo-1,2-dihydro-pyridin-4-carbonsäure-äthylester).
B. Beim Behandeln von Oxalsäure-diäthylester mit Nonan-2-on und Natriumäthylat

in Äthanol und Erwärmen des Reaktionsgemisches mit Cyanessigsäure-amid (*Libermann et al.*, Bl. **1958** 687, 691).
F: 88–89°.

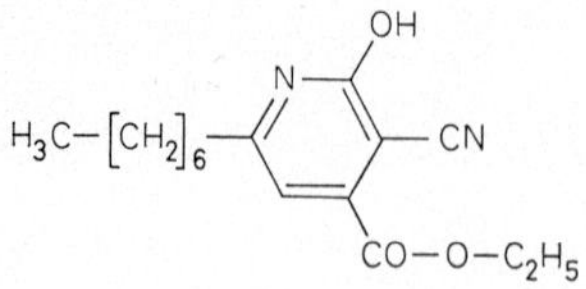

IX 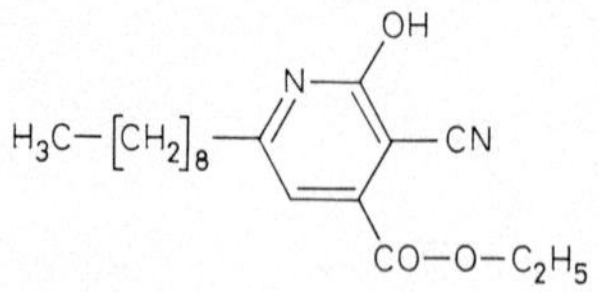 X

Hydroxycarbonsäuren $C_{16}H_{23}NO_5$

3-Cyan-2-hydroxy-6-nonyl-isonicotinsäure-äthylester $C_{18}H_{26}N_2O_3$, Formel X, und Tautomeres (3-Cyan-6-nonyl-2-oxo-1,2-dihydro-pyridin-4-carbonsäure-äthylester).

B. Beim Behandeln von Oxalsäure-diäthylester mit Undecan-2-on und Natriumäthylat in Äthanol und Erwärmen des Reaktionsgemisches mit Cyanessigsäure-amid (*Libermann et al.*, Bl. **1958** 687, 691).
F: 97–98°.

[*Hofmann*]

Hydroxycarbonsäuren $C_nH_{2n-11}NO_5$

Hydroxycarbonsäuren $C_9H_7NO_5$

2-Äthoxy-5-hydroxy-6-methoxy-indol-3-carbonsäure-äthylester $C_{14}H_{17}NO_5$, Formel XI.

B. Beim Erwärmen von Methoxy-[1,4]benzochinon mit 3-Äthoxy-3-amino-acrylsäure-äthylester (E IV **2** 1888) in Äthanol (*Beer et al.*, Soc. **1953** 1262).
Kristalle (aus A.); F: 160°.

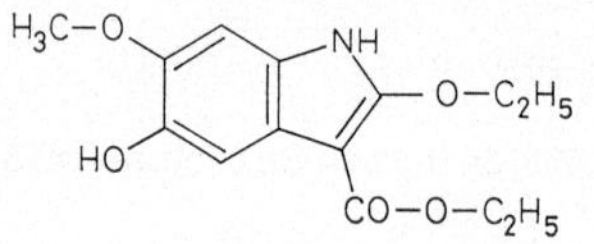

XI 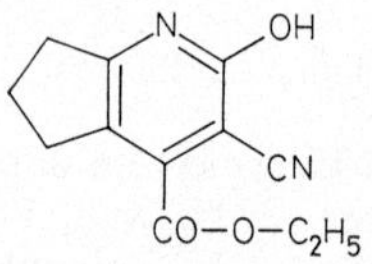 XII

Hydroxycarbonsäuren $C_{10}H_9NO_5$

3-Cyan-2-hydroxy-6,7-dihydro-5*H*-[1]pyrindin-4-carbonsäure-äthylester $C_{12}H_{12}N_2O_3$, Formel XII, und Tautomeres (3-Cyan-2-oxo-2,5,6,7-tetrahydro-1*H*-[1]pyrindin-4-carbonsäure-äthylester).

B. Beim Behandeln von [2-Oxo-cyclopentyl]-glyoxylsäure-äthylester mit Natriummethylat in Methanol und Cyanessigsäure-amid in Äthanol (*Libermann et al.*, Bl. **1958** 687, 691).
F: 206°.

7-[3-Äthoxycarbonyl-4-hydroxy-2-methyl-indol-5-yloxy]-4,5-dihydroxy-2-methyl-indol-3-carbonsäure-äthylester, 4,4',5'-Trihydroxy-2,2'-dimethyl-5,7'-oxy-bis-indol-3-carbonsäure-diäthylester $C_{24}H_{24}N_2O_8$, Formel XIII (R = H).

B. Beim Behandeln von 2-Methyl-4,5-dioxo-4,5-dihydro-indol-3-carbonsäure-äthylester in Methanol mit wss. HCl (*Teuber, Thaler*, B. **91** [1958] 2253, 2259, 2267).
Kristalle (aus Acn. + H_2O), die sich ab 240° allmählich dunkel färben und unterhalb 370° nicht schmelzen.

4,5-Diacetoxy-7-[4-acetoxy-3-äthoxycarbonyl-2-methyl-indol-5-yloxy]-2-methyl-indol-3-carbonsäure-äthylester, 4,4',5'-Triacetoxy-2,2'-dimethyl-5,7'-oxy-bis-indol-3-carbonsäure-diäthylester $C_{30}H_{30}N_2O_{11}$, Formel XIII (R = CO-CH_3).

B. Beim Erhitzen der vorangehenden Verbindung mit Acetanhydrid und Zink-Pulver in Pyridin (*Teuber, Thaler*, B. **91** [1958] 2253, 2267).

Kristalle (aus Acn. + H_2O); F: 318° [Zers.; nach Dunkelfärbung ab ca. 270°]. UV-Spektrum (Me.; 230—350 nm): *Te., Th.*, l. c. S. 2259.

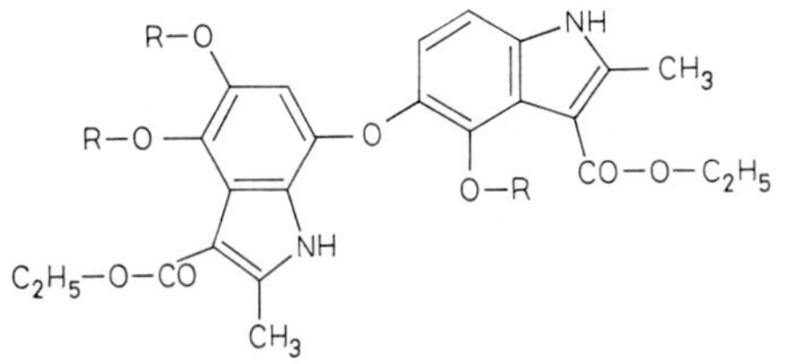

XIII 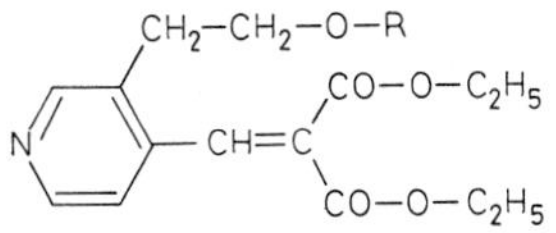 XIV

Hydroxycarbonsäuren $C_{11}H_{11}NO_5$

[3-(2-Methoxy-äthyl)-[4]pyridylmethylen]-malonsäure-diäthylester $C_{16}H_{21}NO_5$, Formel XIV (R = CH_3).

B. Beim Erwärmen von 3-[2-Methoxy-äthyl]-4-methyl-pyridin mit Dihydroxymalonsäure-diäthylester und Acetanhydrid (*Rubzow, Jachontow*, Ž. obšč. Chim. **25** [1955] 1743, 1745; engl. Ausg. S. 1697, 1698).

Hydrochlorid $C_{16}H_{21}NO_5 \cdot HCl$. Kristalle (aus Toluol); F: 98,5—99°.

[3-(2-Acetoxy-äthyl)-[4]pyridylmethylen]-malonsäure-diäthylester $C_{17}H_{21}NO_6$, Formel XIV (R = CO-CH_3).

B. Beim Erwärmen von 3-[2-Acetoxy-äthyl]-4-methyl-pyridin mit Dihydroxymalonsäure-diäthylester und Acetanhydrid (*Rubzow, Jachontow*, Ž. obšč. Chim. **25** [1955] 1183, 1185; engl. Ausg. S. 1133, 1135).

UV-Spektrum (260—300 nm): *Ru., Ja.*

Hydrochlorid $C_{17}H_{21}NO_6 \cdot HCl$. Kristalle (aus A. + Ae.); F: 111—112°. — Beim Erwärmen mit äthanol. HCl ist eine wahrscheinlich als [3,4-Dihydro-1*H*-pyrano[4,3-*c*]pyridin-1-yl]-malonsäure-diäthylester-hydrochlorid zu formulierende Verbindung (F: 147—148°) erhalten worden.

Picrat. Gelbe Kristalle; F: 115—116°.

3-Cyan-2-hydroxy-5,6,7,8-tetrahydro-chinolin-4-carbonsäure-äthylester $C_{13}H_{14}N_2O_3$, Formel I, und Tautomeres (3-Cyan-2-oxo-1,2,5,6,7,8-hexahydro-chinolin-4-carbonsäure-äthylester).

B. Aus [2-Oxo-cyclohexyl]-glyoxylsäure-äthylester und Cyanessigsäure-amid beim Behandeln mit Natriumäthylat in Äthanol (*Isler et al.*, Helv. **38** [1955] 1033, 1038, 1041) sowie beim Erwärmen mit wss. Äthanol unter Zusatz von Piperidin (*Basu*, J. Indian chem. Soc. **7** [1930] 481, 493).

Gelbliche Kristalle; F: 214—215° [aus Amylalkohol] (*Basu*), 204—207° [aus Me.] (*Is. et al.*).

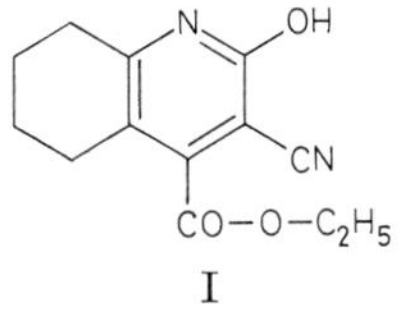

I 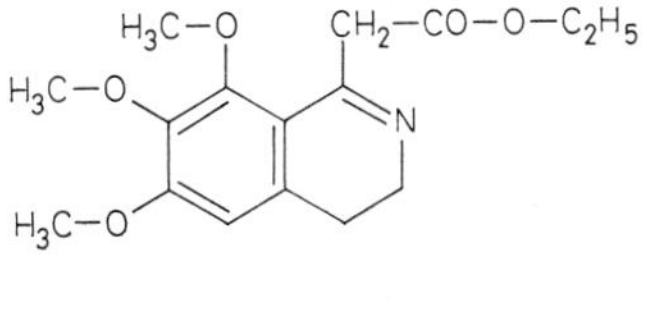 II 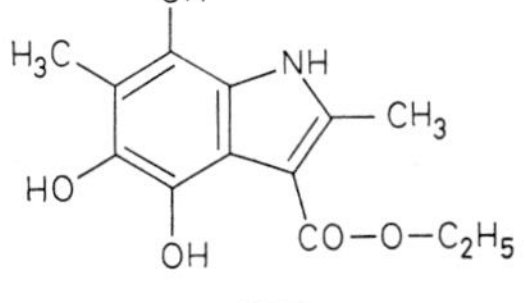 III

[6,7,8-Trimethoxy-3,4-dihydro-[1]isochinolyl]-essigsäure-äthylester $C_{16}H_{21}NO_5$, Formel II.

B. Beim Erhitzen von *N*-[3,4,5-Trimethoxy-phenäthyl]-malonamidsäure-äthylester mit P_2O_5 in Toluol (*Brossi et al.*, Helv. **41** [1958] 119, 129).

F: 120° [unkorr.].

4,5,7-Trihydroxy-2,6-dimethyl-indol-3-carbonsäure-äthylester $C_{13}H_{15}NO_5$, Formel III.

B. Beim Behandeln von 5-Hydroxy-2,6-dimethyl-4,7-dioxo-4,7-dihydro-indol-3-carbonsäure-äthylester in Methanol mit wss. $Na_2S_2O_4$ (*Teuber, Thaler*, B. **91** [1958] 2253, 2269).

Kristalle; F: 238° [nach Verfärbung ab 210°].

Hydroxycarbonsäuren $C_nH_{2n-13}NO_5$

Hydroxycarbonsäuren $C_{10}H_7NO_5$

4,5,8-Trihydroxy-chinolin-2-carbonsäure $C_{10}H_7NO_5$, Formel IV (R = R' = H), und Tautomeres (5,8-Dihydroxy-4-oxo-1,4-dihydro-chinolin-2-carbonsäure).

B. Beim Erhitzen von 4-Hydroxy-5,8-dimethoxy-chinolin-2-carbonsäure-äthylester mit wss. HI (*Butenandt et al.*, A. **590** [1954] 75, 87).

Gelbe Kristalle (aus wss. A.); Zers. bei 295°.

4-Hydroxy-5,8-dimethoxy-chinolin-2-carbonsäure $C_{12}H_{11}NO_5$, Formel IV (R = H, R' = CH_3), und Tautomeres (5,8-Dimethoxy-4-oxo-1,4-dihydro-chinolin-2-carbonsäure).

B. Beim Behandeln von 4-Hydroxy-5,8-dimethoxy-chinolin-2-carbonsäure-äthylester mit wss. NaOH (*Kaslow, Young*, Am. Soc. **72** [1950] 5325).

Kristalle (aus A.); F: 215–216° [Zers.].

4,5,8-Trihydroxy-chinolin-2-carbonsäure-äthylester $C_{12}H_{11}NO_5$, Formel IV (R = C_2H_5, R' = H), und Tautomeres (5,8-Dihydroxy-4-oxo-1,4-dihydro-chinolin-2-carbonsäure-äthylester).

B. Beim Behandeln von 4,5,8-Trihydroxy-chinolin-2-carbonsäure mit äthanol. HCl (*Butenandt et al.*, A. **590** [1954] 75, 87).

Orangerote Kristalle (aus E. + PAe.); F: 255°.

4-Hydroxy-5,8-dimethoxy-chinolin-2-carbonsäure-äthylester $C_{14}H_{15}NO_5$, Formel IV (R = C_2H_5, R' = CH_3), und Tautomeres (5,8-Dimethoxy-4-oxo-1,4-dihydro-chinolin-2-carbonsäure-äthylester).

B. Beim Erhitzen von 2,5-Dimethoxy-anilin mit Oxalessigsäure-diäthylester und Erhitzen des Reaktionsprodukts in Paraffinöl auf 240° (*Butenandt et al.*, A. **590** [1954] 75, 86; *Kaslow, Young*, Am. Soc. **72** [1950] 5325).

Kristalle; F: 152–153° [aus E.] (*Bu. et al.*), 146–147° [aus Acn., Isopropylalkohol oder H_2O] (*Ka., Yo.*).

R'–O, N, CO–O–R, R'–O, OH — IV

H_3C–O, N, OH, CO–OH, O–R — V

H_3C–O, H_3C–O, N, OH, CO–X — VI

2-Hydroxy-4,8-dimethoxy-chinolin-3-carbonsäure, γ-Fagarinsäure $C_{12}H_{11}NO_5$, Formel V (R = CH_3), und Tautomeres (4,8-Dimethoxy-2-oxo-1,2-dihydro-chinolin-3-carbonsäure).

B. Aus γ-Fagarin (4,8-Dimethoxy-furo[2,3-*b*]chinolin) oder γ-Fagarinaldehyd (2-Hydroxy-4,8-dimethoxy-chinolin-3-carbaldehyd) beim Erwärmen mit $KMnO_4$ in Aceton (*Deulofeu et al.*, Am. Soc. **64** [1942] 2326; *Junušow, Šidjakin*, Doklady Akad. Uzbeksk. S.S.R. **1953** Nr. 12, S. 22; C. A. **1956** 8691).

Kristalle; F: 215–216° [aus wss. Eg.] (*Ju., Ši.*), 215° [aus Acn.] (*De. et al.*). UV-Spektrum (A. sowie wss. NaOH; 220–360 nm): *Deulofeu, Bassi*, An. Asoc. quim. arg. **40** [1952] 249, 252.

4-Äthoxy-2-hydroxy-8-methoxy-chinolin-3-carbonsäure $C_{13}H_{13}NO_5$, Formel V ($R = C_2H_5$), und Tautomeres (4-Äthoxy-8-methoxy-2-oxo-1,2-dihydro-chinolin-3-carbonsäure).

B. Beim Erwärmen von 4-Äthoxy-8-methoxy-furo[2,3-*b*]chinolin in Aceton mit $KMnO_4$ (*Berinzaghi et al.*, Am. Soc. **65** [1943] 1357).

Kristalle (aus Eg.); F: 210—211°.

2-Hydroxy-6,7-dimethoxy-chinolin-3-carbonsäure $C_{12}H_{11}NO_5$, Formel VI (X = OH), und Tautomeres (6,7-Dimethoxy-2-oxo-1,2-dihydro-chinolin-3-carbonsäure).

B. Beim Erwärmen des Äthylesters (s. u.) mit wss. KOH (*Somasekhara, Phadke*, J. Indian Inst. Sci. [A] **37** [1955] 120, 126).

Kristalle (aus Eg.); F: 320° [Zers.].

2-Hydroxy-6,7-dimethoxy-chinolin-3-carbonsäure-äthylester $C_{14}H_{15}NO_5$, Formel VI ($X = O\text{-}C_2H_5$), und Tautomeres (6,7-Dimethoxy-2-oxo-1,2-dihydro-chinolin-3-carbonsäure-äthylester).

B. Beim Behandeln von [4,5-Dimethoxy-2-nitro-benzyliden]-malonsäure-diäthylester in Äthanol mit NH_3 und H_2S (*Somasekhara, Phadke*, J. Indian Inst. Sci. [A] **37** [1955] 120, 125).

Kristalle (aus A.); F: 270—271°.

2-Hydroxy-6,7-dimethoxy-chinolin-3-carbonsäure-anilid $C_{18}H_{16}N_2O_4$, Formel VI ($X = NH\text{-}C_6H_5$), und Tautomeres (6,7-Dimethoxy-2-oxo-1,2-dihydro-chinolin-3-carbonsäure-anilid).

B. Beim Erhitzen des Äthylesters (s. o.) mit $POCl_3$ und Erhitzen des Reaktionsprodukts mit Anilin (*Somasekhara, Phadke*, J. Indian Inst. Sci. [A] **37** [1955] 120, 126).

Gelbe Kristalle (aus Eg.); F: 350—351°.

4-Hydroxy-5,8-dimethoxy-chinolin-3-carbonsäure $C_{12}H_{11}NO_5$, Formel VII (R = H), und Tautomeres (5,8-Dimethoxy-4-oxo-1,4-dihydro-chinolin-3-carbonsäure).

B. Aus dem Äthylester [s. u.] (*Kaslow, Young*, Am. Soc. **72** [1950] 5325).

Kristalle (aus A.); F: 261—262° [Zers.].

4-Hydroxy-5,8-dimethoxy-chinolin-3-carbonsäure-äthylester $C_{14}H_{15}NO_5$, Formel VII ($R = C_2H_5$), und Tautomeres (5,8-Dimethoxy-4-oxo-1,4-dihydro-chinolin-3-carbonsäure-äthylester).

B. Beim Erhitzen von 2,5-Dimethoxy-anilin mit Äthoxymethylen-malonsäure-diäthylester und Erhitzen des Reaktionsprodukts in einem Gemisch von Diphenyläther und Biphenyl auf 250° (*Kaslow, Young*, Am. Soc. **72** [1950] 5325).

Kristalle (aus Acn. oder Isopropylalkohol); F: 197—198°.

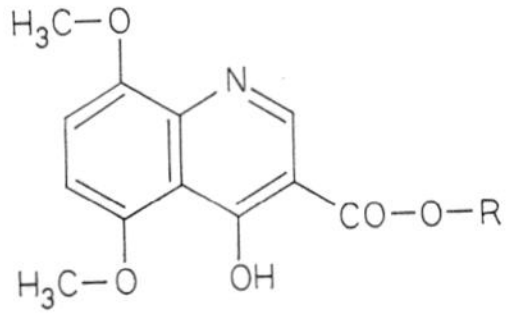

VII

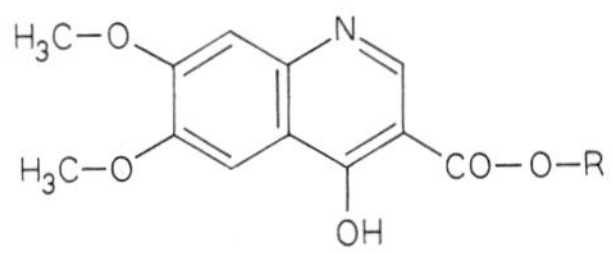

VIII

4-Hydroxy-6,7-dimethoxy-chinolin-3-carbonsäure $C_{12}H_{11}NO_5$, Formel VIII (R = H), und Tautomeres (6,7-Dimethoxy-4-oxo-1,4-dihydro-chinolin-3-carbonsäure).

B. Beim Erwärmen des Äthylesters (s. u.) mit wss. NaOH (*Riegel et al.*, Am. Soc. **68** [1946] 1264).

Kristalle (aus A. + Py.); F: 276° [Zers.].

4-Hydroxy-6,7-dimethoxy-chinolin-3-carbonsäure-äthylester $C_{14}H_{15}NO_5$, Formel VIII ($R = C_2H_5$), und Tautomeres (6,7-Dimethoxy-4-oxo-1,4-dihydro-chinolin-3-carbonsäure-äthylester).

B. Beim Erwärmen von 3,4-Dimethoxy-anilin mit Äthoxymethylen-malonsäure-diäthylester und Erhitzen des Reaktionsprodukts in einem Gemisch von Diphenyläther und Biphenyl auf 250° (*Riegel et al.*, Am. Soc. **68** [1946] 1264).

Kristalle (aus A. oder Py.); F: 272—273°.

4-Hydroxy-6,8-dimethoxy-chinolin-3-carbonsäure-äthylester $C_{14}H_{15}NO_5$, Formel IX (X = O-C_2H_5), und Tautomeres (6,8-Dimethoxy-4-oxo-1,4-dihydro-chinolin-3-carbonsäure-äthylester).

B. Beim Erwärmen von 2,4-Dimethoxy-anilin mit Äthoxymethylen-malonsäure-diäthylester und Erhitzen des Reaktionsprodukts in Diphenyläther (*Popli, Dhar*, J. scient. ind. Res. India **14** B [1955] 261).

Kristalle (aus A.); F: 241°.

4-Hydroxy-6,8-dimethoxy-chinolin-3-carbonsäure-hydrazid $C_{12}H_{13}N_3O_4$, Formel IX (X = NH-NH_2), und Tautomeres (6,8-Dimethoxy-4-oxo-1,4-dihydro-chinolin-3-carbonsäure-hydrazid).

B. Beim Erwärmen des Äthylesters (s. o.) mit N_2H_4 in wss. Äthanol (*Popli, Dhar*, J. scient. ind. Res. India **14** B [1955] 261).

Kristalle (aus A.); F: 273°.

4-Hydroxy-6,8-dimethoxy-chinolin-3-carbonsäure-[*N'*-isopropyl-hydrazid] $C_{15}H_{19}N_3O_4$, Formel IX (X = NH-NH-CH(CH_3)$_2$), und Tautomeres (6,8-Dimethoxy-4-oxo-1,4-dihydro-chinolin-3-carbonsäure-[*N'*-isopropyl-hydrazid]).

B. Beim Hydrieren der folgenden Verbindung an Platin in Essigsäure (*Popli, Vora*, J. scient. ind. Res. India **14** C [1955] 228).

Kristalle (aus wss. A.); F: 217°.

4-Hydroxy-6,8-dimethoxy-chinolin-3-carbonsäure-isopropylidenhydrazid $C_{15}H_{17}N_3O_4$, Formel IX (X = NH-N=C(CH_3)$_2$), und Tautomeres (6,8-Dimethoxy-4-oxo-1,4-di=hydro-chinolin-3-carbonsäure-isopropylidenhydrazid).

B. Beim Erwärmen von 4-Hydroxy-6,8-dimethoxy-chinolin-3-carbonsäure-hydrazid mit wss. Aceton (*Popli, Dhar*, J. scient. ind. Res. India **14**B [1955] 261).

Kristalle (aus A.); F: 297° [unkorr.; Zers.].

***4-Hydroxy-6,8-dimethoxy-chinolin-3-carbonsäure-benzylidenhydrazid** $C_{19}H_{17}N_3O_4$, Formel X (X = X' = H), und Tautomeres (6,8-Dimethoxy-4-oxo-1,4-dihydro-chinolin-3-carbonsäure-benzylidenhydrazid).

B. Beim Erwärmen von 4-Hydroxy-6,8-dimethoxy-chinolin-3-carbonsäure-hydrazid mit Benzaldehyd in Äthanol (*Popli, Dhar*, J. scient. ind. Res. India **14**B [1955] 261).

Kristalle (aus A.); F: 310° [unkorr.].

H3C–O, N, H3C–O, CO–X, OH

IX

H3C–O, N, H3C–O, CO–NH–N=CH, X, X', OH

X

***4-Hydroxy-6,8-dimethoxy-chinolin-3-carbonsäure-salicylidenhydrazid, Salicylaldehyd-[4-hydroxy-6,8-dimethoxy-chinolin-3-carbonylhydrazon]** $C_{19}H_{17}N_3O_5$, Formel X (X = OH, X' = H), und Tautomeres (6,8-Dimethoxy-4-oxo-1,4-dihydro-chinolin-3-carbonsäure-salicylidenhydrazid).

B. Beim Erwärmen von 4-Hydroxy-6,8-dimethoxy-chinolin-3-carbonsäure-hydrazid mit Salicylaldehyd in Äthanol (*Popli, Vora*, J. scient. ind. Res. India **14**C [1955] 228).

Kristalle (aus A.); F: 320°.

***4-Hydroxy-6,8-dimethoxy-chinolin-3-carbonsäure-[4-hydroxy-benzylidenhydrazid], 4-Hydroxy-benzaldehyd-[4-hydroxy-6,8-dimethoxy-chinolin-3-carbonylhydrazon]** $C_{19}H_{17}N_3O_5$, Formel X (X = H, X' = OH), und Tautomeres (6,8-Dimethoxy-4-oxo-1,4-dihydro-chinolin-3-carbonsäure-[4-hydroxy-benzylidenhydrazid]).

B. Analog der vorangehenden Verbindung (*Popli, Vora*, J. scient. ind. Res. India

14C [1955] 228).
Kristalle (aus A.); F: 308°.

***4-Hydroxy-6,8-dimethoxy-chinolin-3-carbonsäure-[4-methoxy-benzylidenhydrazid], 4-Methoxy-benzaldehyd-[4-hydroxy-6,8-dimethoxy-chinolin-3-carbonylhydrazon]** $C_{20}H_{19}N_3O_5$, Formel X (X = H, X' = O-CH_3), und Tautomeres (6,8-Dimethoxy-4-oxo-1,4-dihydro-chinolin-3-carbonsäure-[4-methoxy-benzyliden= hydrazid]).

B. Beim Erwärmen von 4-Hydroxy-6,8-dimethoxy-chinolin-3-carbonsäure-hydrazid mit 4-Methoxy-benzaldehyd in Äthanol (*Popli, Vora,* J. scient. ind. Res. India **14**C [1955] 228).
Kristalle (aus A.); F: 304°.

***4-Hydroxy-6,8-dimethoxy-chinolin-3-carbonsäure-[4-dimethylamino-benzyliden= hydrazid], 4-Dimethylamino-benzaldehyd-[4-hydroxy-6,8-dimethoxy-chinolin-3-carbonylhydrazon]** $C_{21}H_{22}N_4O_4$, Formel X (X = H, X' = N(CH_3)$_2$), und Tautomeres (6,8-Dimethoxy-4-oxo-1,4-dihydro-chinolin-3-carbonsäure-[4-dimethyl= amino-benzylidenhydrazid]).

B. Analog der vorangehenden Verbindung (*Popli, Vora,* J. scient. ind. Res. India **14**C [1955] 228).
Kristalle (aus A.); F: 309°.

1-Hydroxy-7,8-dimethoxy-isochinolin-3-carbonsäure $C_{12}H_{11}NO_5$, Formel XI (R = H, R' = CH_3, X = OH), und Tautomeres (7,8-Dimethoxy-1-oxo-1,2-dihydro-isochinolin-3-carbonsäure) (E I 566).

B. Beim Erwärmen von 7,8-Dimethoxy-1-oxo-1*H*-isochromen-3-carbonsäure mit wss. NH_3 (*Kanewškaja, Malinina,* Ž. obšč. Chim. **25** [1955] 761; engl. Ausg. S. 727). Beim Erhitzen von 7,8-Dimethoxy-1-oxo-1*H*-isothiochromen-3-carbonsäure mit äthanol. NH_3 auf 130° (*Dijksman, Newbold,* Soc. **1951** 1213, 1217). Beim Erwärmen von 4-[2-Benzyl= oxycarbonyl-3,4-dimethoxy-benzyliden]-2-phenyl-4*H*-oxazol-5-on mit wss. KOH (*Line-witsch,* Ž. obšč. Chim. **28** [1958] 2510, 2512; engl. Ausg. S. 2547, 2549).

Kristalle; F: 261° [aus Eg.] (*Li.*), 256–257° [aus A.] (*Di., Ne.*). λ_{max} (A.): 221 nm, 312 nm, 340 nm und 345 nm (*Di., Ne.*).

Beim Erhitzen auf 270–300° ist 1,8-Dihydroxy-7-methoxy-isochinolin-3-carbon= säure-methylester erhalten worden (*Li.*; *Chatterjea et al.,* J. Indian chem. Soc. **43** [1966] 633, 638).

1,7,8-Trimethoxy-isochinolin-3-carbonsäure $C_{13}H_{13}NO_5$, Formel XI (R = R' = CH_3, X = OH).

B. Aus 1,7,8-Trimethoxy-isochinolin-3-carbonsäure-methylester beim Erwärmen mit wss. NaOH (*Linewitsch,* Ž. obšč. Chim. **29** [1959] 202, 206; engl. Ausg. S. 206, 208).
Kristalle (aus Me.); F: 185°.

Beim Erwärmen mit methanol. H_2SO_4 ist 1-Hydroxy-7,8-dimethoxy-isochinolin-3-carbonsäure-methylester erhalten worden.

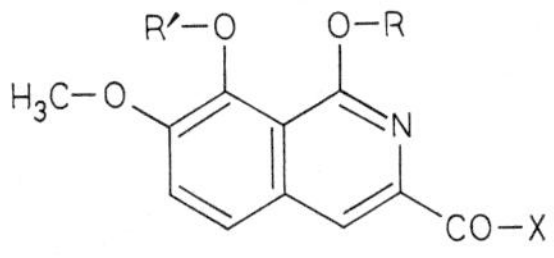

R'—O O—R H3C—O N CO—X

XI

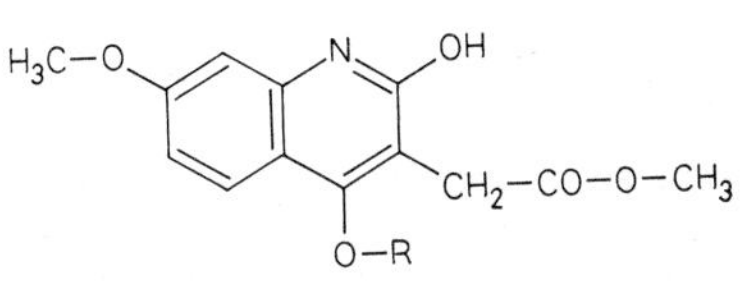

H3C—O N OH CH2—CO—O—CH3 O—R

XII

1-Äthoxy-7,8-dimethoxy-isochinolin-3-carbonsäure $C_{14}H_{15}NO_5$, Formel XI (R = C_2H_5, R' = CH_3, X = OH).

B. Aus 1-Äthoxy-7,8-dimethoxy-isochinolin-3-carbonsäure-äthylester beim Erwärmen mit wss. NaOH (*Linewitsch,* Ž. obšč. Chim. **29** [1959] 202, 206; engl. Ausg. S. 206, 209).
Kristalle (aus A.); F: 153°.

7,8-Dimethoxy-1-propoxy-isochinolin-3-carbonsäure $C_{15}H_{17}NO_5$, Formel XI ($R = CH_2$-CH_2-CH_3, $R' = CH_3$, $X = OH$).

B. Aus 7,8-Dimethoxy-1-propoxy-isochinolin-3-carbonsäure-propylester beim Erwärmen mit wss. NaOH (*Linewitsch*, Ž. obšč. Chim. **29** [1959] 202, 206; engl. Ausg. S. 206, 209).

Kristalle (aus Propan-1-ol?); F: 136°.

1-Butoxy-7,8-dimethoxy-isochinolin-3-carbonsäure $C_{16}H_{19}NO_5$, Formel XI ($R = [CH_2]_3$-CH_3, $R' = CH_3$, $X = OH$).

B. Aus 7,8-Dimethoxy-1-butoxy-isochinolin-3-carbonsäure-butylester beim Erwärmen mit wss. NaOH (*Linewitsch*, Ž. obšč. Chim. **29** [1959] 202, 206; engl. Ausg. S. 206, 209).

Kristalle (aus Butan-1-ol?); F: 127°.

1,8-Dihydroxy-7-methoxy-isochinolin-3-carbonsäure-methylester $C_{12}H_{11}NO_5$, Formel XI ($R = R' = H$, $X = O$-CH_3), und Tautomeres (8-Hydroxy-7-methoxy-1-oxo-1,2-dihydro-isochinolin-3-carbonsäure-methylester).

Diese Konstitution kommt der von *Bain et al.* (Soc. **1914** 2392, 2395) und von *Linewitsch* (Ž. obšč. Chim. **28** [1958] 2510, 2513; engl. Ausg. S. 2547, 2549) als 7,8-Dimethoxy-isochinolin-1-ol angesehenen Verbindung zu (*Chatterjea et al.*, J. Indian chem. Soc. **43** [1966] 633, 635, 638).

B. Beim Erhitzen von 1-Hydroxy-7,8-dimethoxy-isochinolin-3-carbonsäure auf 270° bis 300° (*Li.*; *Ch. et al.*; s. a. *Bain et al.*).

Kristalle; F: 233° [aus Dioxan] (*Li.*; s. a. *Bain et al.*), 233° [unkorr.; aus Eg.] (*Ch. et al.*). λ_{max} ($CHCl_3$): 225 nm, 352 nm und 367 nm (*Ch. et al.*).

1-Hydroxy-7,8-dimethoxy-isochinolin-3-carbonsäure-methylester $C_{13}H_{13}NO_5$, Formel XI ($R = H$, $R' = CH_3$, $X = O$-CH_3), und Tautomeres (7,8-Dimethoxy-1-oxo-1,2-dihydro-isochinolin-3-carbonsäure-methylester) (E I 566).

B. Aus 1,7,8-Trimethoxy-isochinolin-3-carbonsäure oder aus 1-Butoxy-7,8-dimethoxy-isochinolin-3-carbonsäure beim Erwärmen mit Methanol und H_2SO_4 (*Linewitsch*, Ž. obšč. Chim. **29** [1959] 202, 207; engl. Ausg. S. 206, 209).

Kristalle (aus Me.); F: 195°.

1,7,8-Trimethoxy-isochinolin-3-carbonsäure-methylester $C_{14}H_{15}NO_5$, Formel XI ($R = R' = CH_3$, $X = O$-CH_3).

B. Beim Behandeln von 1,7,8-Trimethoxy-isochinolin-3-carbonsäure in Methanol mit Diazomethan in Äther (*Linewitsch*, Ž. obšč. Chim. **29** [1959] 202, 207; engl. Ausg. S. 206, 209). Beim Erwärmen von 1-Chlor-7,8-dimethoxy-isochinolin-3-carbonsäure-methylester mit Natriummethylat in Methanol (*Li.*, Ž. obšč. Chim. **29** 205). Beim Behandeln von 1-Chlor-7,8-dimethoxy-isochinolin-3-carbonylchlorid mit Methanol (*Linewitsch*, Ž. obšč. Chim. **28** [1958] 2514, 2519; engl. Ausg. S. 2551, 2555, **29** 204).

Kristalle (aus Me.); F: 131° (*Li.*, Ž. obšč. Chim. **28** 2519, **29** 206).

1-Äthoxy-7,8-dimethoxy-isochinolin-3-carbonsäure-methylester $C_{15}H_{17}NO_5$, Formel XI ($R = C_2H_5$, $R' = CH_3$, $X = O$-CH_3).

B. Beim Behandeln von 1-Äthoxy-7,8-dimethoxy-isochinolin-3-carbonsäure in Methanol mit Diazomethan in Äther (*Linewitsch*, Ž. obšč. Chim. **29** [1959] 202, 206, 207; engl. Ausg. S. 206, 209).

Kristalle (aus Me.); F: 114°.

7,8-Dimethoxy-1-propoxy-isochinolin-3-carbonsäure-methylester $C_{16}H_{19}NO_5$, Formel XI ($R = CH_2$-CH_2-CH_3, $R' = CH_3$, $X = O$-CH_3).

B. Beim Behandeln von 7,8-Dimethoxy-1-propoxy-isochinolin-3-carbonsäure in Methanol mit Diazomethan in Äther (*Linewitsch*, Ž. obšč. Chim. **29** [1959] 202, 206, 207; engl. Ausg. S. 206, 209).

Kristalle (aus Me.); F: 86°.

1-Butoxy-7,8-dimethoxy-isochinolin-3-carbonsäure-methylester $C_{17}H_{21}NO_5$, Formel XI ($R = [CH_2]_3$-CH_3, $R' = CH_3$, $X = O$-CH_3).

B. Beim Behandeln von 1-Butoxy-7,8-dimethoxy-isochinolin-3-carbonsäure in Meth=

anol mit Diazomethan in Äther (*Linewitsch*, Ž. obšč. Chim. **29** [1959] 202, 206, 207; engl. Ausg. S. 206, 209).
Kristalle (aus Me.); F: 85°.

1-Hydroxy-7,8-dimethoxy-isochinolin-3-carbonsäure-äthylester $C_{14}H_{15}NO_5$, Formel XI (R = H, R' = CH_3, X = O-C_2H_5) auf S. 2609, und Tautomeres (7,8-Dimethoxy-1-oxo-1,2-dihydro-isochinolin-3-carbonsäure-äthylester) (E I 566).
Kristalle (aus A.); F: 180° (*Linewitsch*, Ž. obšč. Chim. **28** [1958] 2510, 2512; engl. Ausg. S. 2547, 2549).

1-Äthoxy-7,8-dimethoxy-isochinolin-3-carbonsäure-äthylester $C_{16}H_{19}NO_5$, Formel XI (R = C_2H_5, R' = CH_3, X = O-C_2H_5) auf S. 2609.
B. Beim Erwärmen von 1-Chlor-7,8-dimethoxy-isochinolin-3-carbonsäure-äthylester (oder-methylester) mit Natriumäthylat in Äthanol (*Linewitsch*, Ž. obšč. Chim. **29** [1959] 202, 205; engl. Ausg. S. 206, 208). Beim Behandeln von 1-Chlor-7,8-dimethoxy-isochinolin-3-carbonylchlorid mit Äthanol (*Li.*).
Kristalle (aus A.); F: 86°.

1-Hydroxy-7,8-dimethoxy-isochinolin-3-carbonsäure-propylester $C_{15}H_{17}NO_5$, Formel XI (R = H, R' = CH_3, X = O-CH_2-CH_2-CH_3) auf S. 2609, und Tautomeres (7,8-Dimeth⸗oxy-1-oxo-1,2-dihydro-isochinolin-3-carbonsäure-propylester).
B. Beim Erwärmen von 1-Hydroxy-7,8-dimethoxy-isochinolin-3-carbonsäure mit Propan-1-ol und H_2SO_4 (*Linewitsch*, Ž. obšč. Chim. **28** [1958] 2510, 2512; engl. Ausg. S. 2547, 2549).
Kristalle (aus Propan-1-ol); F: 146°.

7,8-Dimethoxy-1-propoxy-isochinolin-3-carbonsäure-propylester $C_{18}H_{23}NO_5$, Formel XI (R = CH_2-CH_2-CH_3, R' = CH_3, X = O-CH_2-CH_2-CH_3) auf S. 2609.
B. Beim Erwärmen von 1-Chlor-7,8-dimethoxy-isochinolin-3-carbonsäure-propylester oder von 1-Chlor-7,8-dimethoxy-isochinolin-3-carbonsäure-methylester mit Natriumprop⸗ylat und Propan-1-ol (*Linewitsch*, Ž. obšč. Chim. **29** [1959] 202, 205; engl. Ausg. S. 206, 208). Beim Behandeln von 1-Chlor-7,8-dimethoxy-isochinolin-3-carbonylchlorid mit Propan-1-ol (*Li.*).
Kristalle (aus Propan-1-ol); F: 69—70°.

1,8-Dihydroxy-7-methoxy-isochinolin-3-carbonsäure-butylester $C_{15}H_{17}NO_5$, Formel XI (R = R' = H, X = O-$[CH_2]_3$-CH_3) auf S. 2609, und Tautomeres (8-Hydroxy-7-methoxy-1-oxo-1,2-dihydro-isochinolin-3-carbonsäure-butylester).
Bezüglich der Konstitutionszuordnung vgl. *Chatterjea et al.*, J. Indian chem. Soc. **43** [1966] 633, 636.
B. Beim Erwärmen von 1-Hydroxy-7,8-dimethoxy-isochinolin-3-carbonsäure mit Butan-1-ol und H_2SO_4 auf ca. 100° (*Linewitsch*, Ž. obšč. Chim. **28** [1958] 2510, 2511, 2513; engl. Ausg. S. 2547, 2548).
Kristalle (aus Toluol); F: 168° (*Li.*).

1-Hydroxy-7,8-dimethoxy-isochinolin-3-carbonsäure-butylester $C_{16}H_{19}NO_5$, Formel XI (R = H, R' = CH_3, X = O-$[CH_2]_3$-CH_3) auf S. 2609, und Tautomeres (7,8-Dimeth⸗oxy-1-oxo-1,2-dihydro-isochinolin-3-carbonsäure-butylester).
B. Beim Erwärmen von 1-Hydroxy-7,8-dimethoxy-isochinolin-3-carbonsäure mit Butan-1-ol und H_2SO_4 auf 60—65° (*Linewitsch*, Ž. obšč. Chim. **28** [1958] 2510, 2512; engl. Ausg. S. 2547, 2549).
Kristalle (aus Butan-1-ol); F: 128°.

1-Butoxy-7,8-dimethoxy-isochinolin-3-carbonsäure-butylester $C_{20}H_{27}NO_5$, Formel XI (R = $[CH_2]_3$-CH_3, R' = CH_3, X = O-$[CH_2]_3$-CH_3) auf S. 2609.
B. Beim Erwärmen von 1-Chlor-7,8-dimethoxy-isochinolin-3-carbonsäure-butylester oder von 1-Chlor-7,8-dimethoxy-isochinolin-3-carbonsäure-methylester mit Butan-1-ol (*Linewitsch*, Ž. obšč. Chim. **29** [1959] 202, 205; engl. Ausg. S. 206, 208). Beim Behandeln von 1-Chlor-7,8-dimethoxy-isochinolin-3-carbonylchlorid mit Natriumbutylat und Butan-1-ol (*Li.*).

Kristalle (aus PAe.); F: 51—52°.

1,7,8-Trimethoxy-isochinolin-3-carbonsäure-hydrazid $C_{13}H_{15}N_3O_4$, Formel XI ($R = R' = CH_3$, $X = NH\text{-}NH_2$) auf S. 2609.

B. Beim Behandeln von 1,7,8-Trimethoxy-isochinolin-3-carbonsäure-methylester in Äthanol mit wss. $N_2H_4 \cdot H_2O$ (*Linewitsch*, Ž. obšč. Chim. **29** [1959] 202, 206, 207; engl. Ausg. S. 206, 210).

Kristalle (aus A.); F: 196—197° [Zers.].

1-Äthoxy-7,8-dimethoxy-isochinolin-3-carbonsäure-hydrazid $C_{14}H_{17}N_3O_4$, Formel XI ($R = C_2H_5$, $R' = CH_3$, $X = NH\text{-}NH_2$) auf S. 2609.

B. Analog der vorangehenden Verbindung (*Linewitsch*, Ž. obšč. Chim. **29** [1959] 202, 206, 207; engl. Ausg. S. 206, 210).

Kristalle (aus A.); F: 196—197° [Zers.].

7,8-Dimethoxy-1-propoxy-isochinolin-3-carbonsäure-hydrazid $C_{15}H_{19}N_3O_4$, Formel XI ($R = CH_2\text{-}CH_2\text{-}CH_3$, $R' = CH_3$, $X = NH\text{-}NH_2$) auf S. 2609.

B. Analog 1,7,8-Trimethoxy-isochinolin-3-carbonsäure-hydrazid (*Linewitsch*, Ž. obšč. Chim. **29** [1959] 202, 206, 207; engl. Ausg. S. 206, 210).

Kristalle (aus A.); F: 169—172°.

1-Butoxy-7,8-dimethoxy-isochinolin-3-carbonsäure-hydrazid $C_{16}H_{21}N_3O_4$, Formel XI ($R = [CH_2]_3\text{-}CH_3$, $R' = CH_3$, $X = NH\text{-}NH_2$) auf S. 2609.

B. Analog 1,7,8-Trimethoxy-isochinolin-3-carbonsäure-hydrazid (*Linewitsch*, Ž. obšč. Chim. **29** [1959] 202, 206, 207; engl. Ausg. S. 206, 210).

Kristalle (aus A.); F: 169—170°.

Hydroxycarbonsäuren $C_{11}H_9NO_5$

[2,4-Dihydroxy-7-methoxy-[3]chinolyl]-essigsäure-methylester $C_{13}H_{13}NO_5$, Formel XII ($R = H$) auf S. 2609, und Tautomere (z. B. [4-Hydroxy-7-methoxy-2-oxo-1,2-dihydro-[3]chinolyl]-essigsäure-methylester).

B. Beim Erhitzen von *N*-[5-Methoxy-2-methoxycarbonyl-phenyl]-succinamidsäure-methylester mit Natrium in Toluol (*Cooke*, *Haynes*, Austral. J. Chem. **11** [1958] 225, 228).

Kristalle (aus Me.); unterhalb 320° nicht schmelzend.

[4,7-Dimethoxy-2-hydroxy-[3]chinolyl]-essigsäure-methylester $C_{14}H_{15}NO_5$, Formel XII ($R = CH_3$) auf S. 2609, und Tautomeres ([4,7-Dimethoxy-2-oxo-1,2-dihydro-[3]chinolyl]-essigsäure-methylester).

B. Beim Behandeln der vorangehenden Verbindung mit Diazomethan in Äther (*Cooke*, *Haynes*, Austral. J. Chem. **11** [1958] 225, 228).

Kristalle (aus H_2O oder Bzl. + PAe.); F: 183—183,5° [korr.].

[2-Carboxy-5-methoxy-indol-3-yl]-essigsäure, 3-Carboxymethyl-5-methoxy-indol-2-carbonsäure $C_{12}H_{11}NO_5$, Formel I ($R = R' = H$) (E II 202).

B. Beim Erwärmen von [2-Äthoxycarbonyl-5-methoxy-indol-3-yl]-essigsäure-äthylester mit wss. NaOH (*Findlay*, *Dougherty*, J. org. Chem. **13** [1948] 560, 562).

Gelbbraune Kristalle (aus Eg.); F: 257° [Zers.; abhängig von der Geschwindigkeit des Erhitzens].

3-Äthoxycarbonylmethyl-5-methoxy-indol-2-carbonsäure $C_{14}H_{15}NO_5$, Formel I ($R = H$, $R' = C_2H_5$).

B. Beim Erwärmen der vorangehenden Verbindung mit äthanol. HCl (*Findlay*, *Dougherty*, J. org. Chem. **13** [1948] 560, 563).

Kristalle (aus wss. A.); F: 201,5—203,5° [Zers.].

[2-Äthoxycarbonyl-5-methoxy-indol-3-yl]-essigsäure-äthylester, 3-Äthoxycarbonylmethyl-5-methoxy-indol-2-carbonsäure-äthylester $C_{16}H_{19}NO_5$, Formel I ($R = R' = C_2H_5$).

B. Beim Behandeln einer aus *p*-Anisidin hergestellten wss. Diazoniumchlorid-Lösung mit 2-Acetyl-glutarsäure-diäthylester in wss.-äthanol. NaOH und Erwärmen des Reaktionsprodukts mit äthanol. HCl (*Findlay, Dougherty*, J. org. Chem. **13** [1948] 560, 562, 563).

Blassgelbe Kristalle (aus wss. A.); F: 110–110,5°.

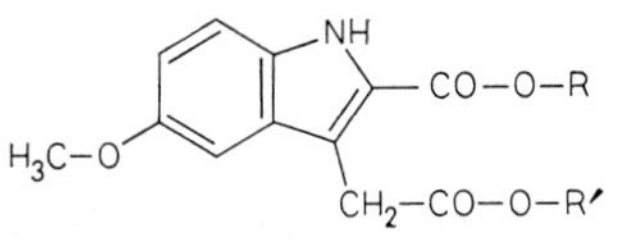

I 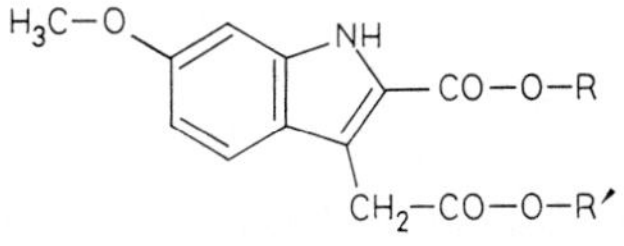 II

[2-Carboxy-6-methoxy-indol-3-yl]-essigsäure, 3-Carboxymethyl-6-methoxy-indol-2-carbonsäure $C_{12}H_{11}NO_5$, Formel II (R = R′ = H) (E II 202).

B. Beim Erwärmen von [2-Äthoxycarbonyl-6-methoxy-indol-3-yl]-essigsäure-äthylester mit wss.-äthanol. NaOH (*Findlay, Dougherty*, J. org. Chem. **13** [1948] 560, 565).

Kristalle (aus wss. Eg.); F: 225° [Zers.].

3-Äthoxycarbonylmethyl-6-methoxy-indol-2-carbonsäure $C_{14}H_{15}NO_5$, Formel II (R = H, R′ = C_2H_5).

B. Beim Erwärmen der vorangehenden Verbindung mit äthanol. HCl (*Findlay, Dougherty*, J. org. Chem. **13** [1948] 560, 565).

Kristalle (aus wss. A.); F: 176°.

[2-Äthoxycarbonyl-6-methoxy-indol-3-yl]-essigsäure-äthylester, 3-Äthoxycarbonylmethyl-6-methoxy-indol-2-carbonsäure-äthylester $C_{16}H_{19}NO_5$, Formel II (R = R′ = C_2H_5).

B. Beim Behandeln einer aus *m*-Anisidin hergestellten wss. Diazoniumchlorid-Lösung mit 2-Acetyl-glutarsäure-diäthylester in wss. KOH und Erwärmen des Reaktionsprodukts mit äthanol. HCl (*Findlay, Dougherty*, J. org. Chem. **13** [1948] 560, 565).

Kristalle (aus A.); F: 107,5–108,5°.

3-Äthoxycarbonylmethyl-7-methoxy-indol-2-carbonsäure $C_{14}H_{15}NO_5$, Formel III (R = H).

B. Beim Erwärmen von [2-Carboxy-7-methoxy-indol-3-yl]-essigsäure (E II **22** 203) mit äthanol. HCl (*Findlay, Dougherty*, J. org. Chem. **13** [1948] 560, 564).

Kristalle (aus Bzl.); F: 147–148° [nicht rein erhalten].

[2-Äthoxycarbonyl-7-methoxy-indol-3-yl]-essigsäure-äthylester, 3-Äthoxycarbonylmethyl-7-methoxy-indol-2-carbonsäure-äthylester $C_{16}H_{19}NO_5$, Formel III (R = C_2H_5) (E II 203).

B. Beim Erwärmen von 2-[2-Methoxy-phenylhydrazono]-glutarsäure-diäthylester mit äthanol. HCl (*Findlay*, J. org. Chem. **13** [1948] 560, 563).

Braune Kristalle (aus A.); F: 116°.

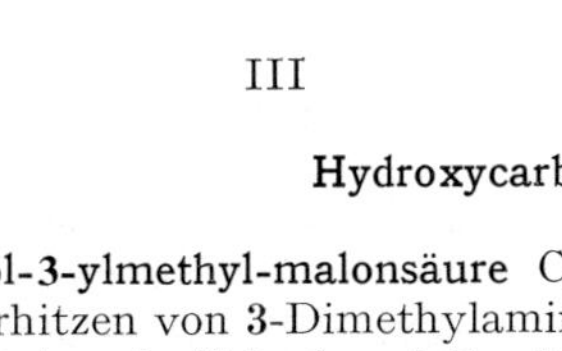

III 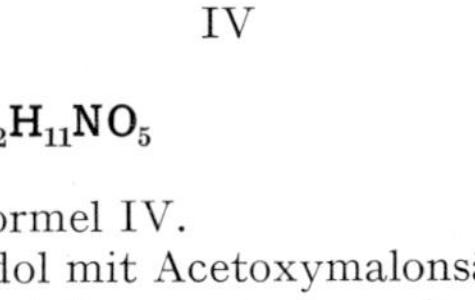 IV

Hydroxycarbonsäuren $C_{12}H_{11}NO_5$

Hydroxy-indol-3-ylmethyl-malonsäure $C_{12}H_{11}NO_5$, Formel IV.

B. Beim Erhitzen von 3-Dimethylaminomethyl-indol mit Acetoxymalonsäure-diäthylester und Natrium in Toluol und Erwärmen des Reaktionsgemisches mit wss.-äthanol.

NaOH (*Gortatowski, Armstrong*, J. org. Chem. **22** [1957] 1217, 1218).
Kristalle (aus 1,2-Dichlor-äthan + Eg.); F: 165° [unkorr.; Zers.].

3-[5-Benzyloxy-2-carboxy-indol-3-yl]-propionsäure, 5-Benzyloxy-3-[2-carboxy-äthyl]-indol-2-carbonsäure $C_{19}H_{17}NO_5$, Formel V (R = R′ = H, R″ = CH_2-C_6H_5).
B. Beim Erhitzen von 2-[4-Benzyloxy-phenylhydrazono]-adipinsäure mit HCl enthaltendem Dioxan (*Justoni, Pessina*, Farmaco Ed. scient. **10** [1955] 356, 364).
Kristalle (aus wss. A.); F: 191–192° [unkorr.].

3-[5-Benzyloxy-2-methoxycarbonyl-indol-3-yl]-propionsäure-methylester, 5-Benzyloxy-3-[2-methoxycarbonyl-äthyl]-indol-2-carbonsäure-methylester $C_{21}H_{21}NO_5$, Formel V (R = H, R′ = CH_3, R″ = CH_2-C_6H_5).
B. Beim Erwärmen von 2-[4-Benzyloxy-phenylhydrazono]-adipinsäure-dimethylester mit methanol. HCl (*Justoni, Pessina*, Farmaco Ed. scient. **10** [1955] 356, 365).
Kristalle (aus A.); F: 122,5–123,5° [unkorr.].

3-[2-Äthoxycarbonyl-5-benzyloxy-indol-3-yl]-propionsäure-äthylester, 3-[2-Äthoxycarbonyl-äthyl]-5-benzyloxy-indol-2-carbonsäure-äthylester $C_{23}H_{25}NO_5$, Formel V (R = H, R′ = C_2H_5, R″ = CH_2-C_6H_5).
B. Beim Erwärmen von 2-[4-Benzyloxy-phenylhydrazono]-adipinsäure mit äthanol. HCl (*Justoni, Pessina*, Farmaco Ed. scient. **10** [1955] 356, 365). Aus 3-[5-Benzyloxy-2-carboxy-indol-3-yl]-propionsäure und äthanol. HCl (*Ju., Pe.*).
Kristalle (aus A.); F: 108–109° [unkorr.].

3-[2-Carboxy-5-methoxy-1-methyl-indol-3-yl]-propionsäure, 3-[2-Carboxy-äthyl]-5-methoxy-1-methyl-indol-2-carbonsäure $C_{14}H_{15}NO_5$, Formel V (R = R″ = CH_3, R′ = H).
B. Beim Erwärmen des Diäthylesters (s. u.) mit äthanol. NaOH (*Renson*, Bl. Soc. chim. Belg. **68** [1959] 258, 266).
Kristalle (aus wss. A.); F: 215° [Zers.].

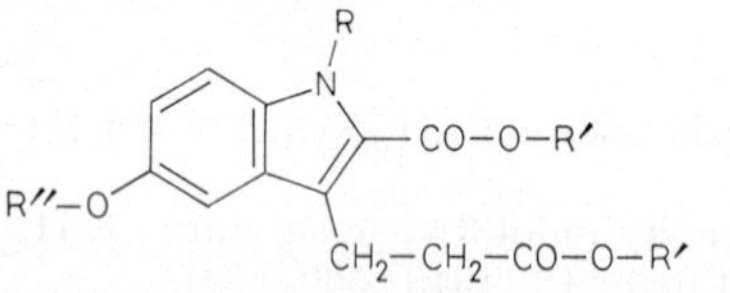

V 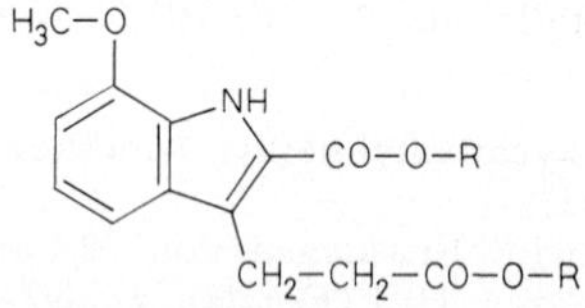 VI

3-[2-Äthoxycarbonyl-5-methoxy-1-methyl-indol-3-yl]-propionsäure-äthylester, 3-[2-Äthoxycarbonyl-äthyl]-5-methoxy-1-methyl-indol-2-carbonsäure-äthylester $C_{18}H_{23}NO_5$, Formel V (R = R″ = CH_3, R′ = C_2H_5).
B. Beim Behandeln von 3-[2-Äthoxycarbonyl-5-methoxy-indol-3-yl]-propionsäure-äthylester mit Kalium und anschliessenden Erhitzen mit CH_3I (*Renson*, Bl. Soc. chim. Belg. **68** [1959] 258, 266).
Kristalle (aus PAe.); F: 69–71°. Kp_1: 198–200°.

3-[2-Carboxy-7-methoxy-indol-3-yl]-propionsäure, 3-[2-Carboxy-äthyl]-7-methoxy-indol-2-carbonsäure $C_{13}H_{13}NO_5$, Formel VI (R = H).
B. Aus dem Diäthylester (s. u.) mit äthanol. Alkalilauge (*Manske*, Canad. J. Res. **4** [1931] 591, 594).
Kristalle (aus A.); F: 232° [korr.; Zers.].

3-[2-Äthoxycarbonyl-7-methoxy-indol-3-yl]-propionsäure-äthylester, 3-[2-Äthoxycarbonyl-äthyl]-7-methoxy-indol-2-carbonsäure-äthylester $C_{17}H_{21}NO_5$, Formel VI (R = C_2H_5).
B. Beim Behandeln einer aus *o*-Anisidin hergestellten wss. Diazoniumchlorid-Lösung mit 2-Oxo-cyclopentancarbonsäure-äthylester in wss. KOH und Erwärmen des Reaktionsprodukts mit Äthanol und konz. H_2SO_4 (*Manske*, Canad. J. Res. **4** [1931] 591, 593).
Kristalle (aus Bzl. oder A.); F: 95–96°.

Hydroxycarbonsäuren $C_{13}H_{13}NO_5$

4-[5-Äthoxy-2-carboxy-indol-3-yl]-buttersäure, 5-Äthoxy-3-[3-carboxy-propyl]-indol-2-carbonsäure $C_{15}H_{17}NO_5$, Formel VII (R = H).

B. Beim Behandeln des Diäthylesters (s. u.) mit äthanol. NaOH (*Murphy, Jenkins*, J. Am. pharm. Assoc. **32** [1943] 83, 88).

Kristalle (aus wss. Eg.); F: 260° (*Purdue Research Found.*, U.S.P. 2416258 [1944]) oder F: 206° (*Mu., Je.*).

4-[5-Äthoxy-2-äthoxycarbonyl-indol-3-yl]-buttersäure-äthylester, 5-Äthoxy-3-[3-äthoxycarbonyl-propyl]-indol-2-carbonsäure-äthylester $C_{19}H_{25}NO_5$, Formel VII (R = C_2H_5).

B. Beim Erwärmen von 2-[4-Äthoxy-phenylhydrazono]-heptandisäure-1-äthylester (E III **15** 785) mit Äthanol und konz. H_2SO_4 (*Murphy, Jenkins*, J. Am. pharm. Assoc. **32** [1943] 83, 88).

Kristalle (aus wss. Acn.); F: 93°.

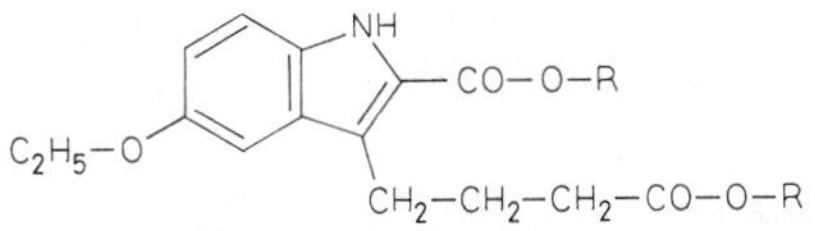

VII 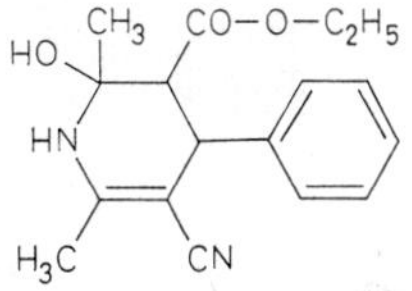 VIII

Hydroxycarbonsäuren $C_{15}H_{17}NO_5$

***Opt.-inakt. 5-Cyan-2-hydroxy-2,6-dimethyl-4-phenyl-1,2,3,4-tetrahydro-pyridin-3-carbonsäure-äthylester** $C_{17}H_{20}N_2O_3$, Formel VIII.

B. Beim Behandeln von 2-Acetyl-3-phenyl-acrylsäure-äthylester mit 3-Amino-crotononitril (E III **3** 1205) in Äthanol unter Zusatz von Diäthylamin (*Chatterjea*, J. Indian chem. Soc. **29** [1952] 323, 325).

Kristalle; F: 186–188°.

Hydroxycarbonsäuren $C_{16}H_{19}NO_5$

(1Ξ)-6α-Chlor-5α-hydroxy-17-methyl-3,4-seco-morphin-7-en-3,4-disäure [1]) $C_{17}H_{20}ClNO_5$, Formel IX.

B. Beim Erhitzen von (1Ξ)-6α-Chlor-5α-hydroxy-17-methyl-3,4-seco-morphin-7-en-3,4-disäure-4-lacton-3-methylester (F: 104–105°; E II **27** 404; dort als „Ozo-α-chlorokodid" bezeichnet) mit wss. H_2SO_4 (*Speyer, Roell*, B. **63** [1930] 539, 549).

Kristalle (aus Me.) mit 1 Mol H_2O; Zers. bei 192°.

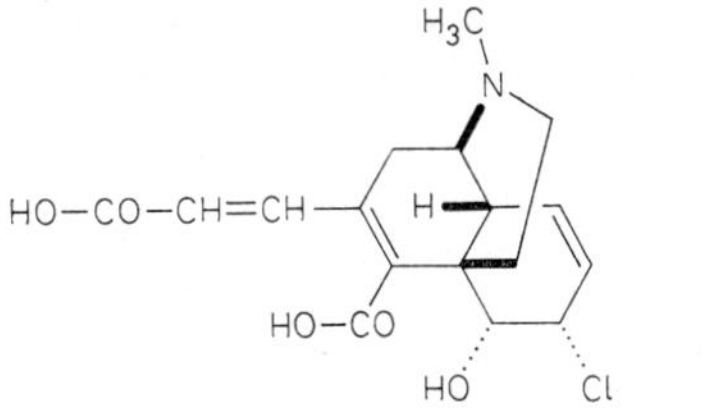

IX 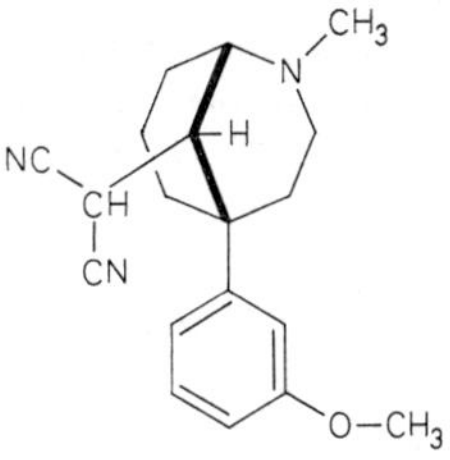 X

Hydroxycarbonsäuren $C_{17}H_{21}NO_5$

(±)-[5-(3-Methoxy-phenyl)-2-methyl-2-aza-bicyclo[3.3.1]non-9*anti*(?)-yl]-malononitril $C_{19}H_{23}N_3O$, vermutlich Formel X + Spiegelbild.

Hydrochlorid $C_{19}H_{23}N_3O \cdot HCl$. *B.* Bei der partiellen Hydrierung von (±)-[5-(3-Methoxy-phenyl)-2-methyl-2-aza-bicyclo[3.3.1]non-9-yliden]-malononitril-hydrochlorid an

[1]) Stellungsbezeichnung bei von Morphinan abgeleiteten Namen s. E III/IV **20** 3625.

Platin in Methanol (*May*, J. org. Chem. **23** [1958] 947). — Kristalle (aus Me. + Ae.); F: 246—248° [Zers.]. — Beim Erwärmen mit wss. HCl sind *rac*-3-Methoxy-17-methyl-8β,17-cyclo-9,17-seco-morphinan-10-on (Hauptprodukt) und *rac*-3-Hydroxy-17-methyl-8β,17-cyclo-9,17-seco-morphinan-10-on erhalten worden.

XI XIIa XIIb

Hydroxycarbonsäuren $C_{21}H_{29}NO_5$

16α-Benzoyloxy-20-hydroxy-14α-methoxy-himbosan-18-säure-methylester [1]**, Himandrin** $C_{30}H_{37}NO_6$, Formel XI.

Konstitution und Konfiguration: *Guise et al.*, Austral. J. Chem. **20** [1967] 1029, 1031.

Isolierung aus der Rinde von Himantandra baccata und Himantandra belgraveana: *Brown et al.*, Austral. J. Chem. **9** [1956] 283, 285.

Kristalle (aus A. oder wss. A.); F: 185—186° [unkorr.]; $[\alpha]_D^{20}$: —38° [$CHCl_3$; c = 1,2] (*Br. et al.*).

Hydrochlorid $C_{30}H_{37}NO_6 \cdot HCl$. Kristalle; F: 222° [unkorr.; Zers.] (*Br. et al.*).

Hydrojodid $C_{30}H_{37}NO_6 \cdot HI$. Kristalle (aus A.); F: 201—202° [unkorr.] (*Br. et al.*).

Methomethylsulfat $[C_{31}H_{40}NO_6]CH_3O_4S$. Kristalle; F: 202° [unkorr.] (*Br. et al.*).

[*Rabien*]

Hydroxycarbonsäuren $C_nH_{2n-15}NO_5$

Hydroxycarbonsäuren $C_{11}H_7NO_5$

5-Chlor-8-methoxy-chinolin-2,4-dicarbonsäure $C_{12}H_8ClNO_5$, Formel I.

B. Beim Behandeln von 4-Chlor-7-methoxy-indolin-2,3-dion mit wss. KOH und Brenztraubensäure (*Gopalchari*, J. scient. ind. Res. India **16**C [1957] 143, 144).

Gelbe Kristalle (aus H_2O); F: 223—224°.

2-Hydroxy-chinolin-3,4-dicarbonsäure $C_{11}H_7NO_5$, Formel II (R = H, X = OH), und Tautomeres (2-Oxo-1,2-dihydro-chinolin-3,4-dicarbonsäure).

B. Beim Erhitzen von Cyan-[2-oxo-indolin-3-yliden]-essigsäure-methylester (F: 239—240°) mit wss. HCl und Essigsäure (*Fiesselmann, Ehmann*, B. **91** [1958] 1706, 1712). Beim Erhitzen von Cyan-[2-oxo-indolin-3-yliden]-essigsäure-amid (F: 248—250°) oder von [2-Oxo-indolin-3-yliden]-malononitril mit wss. HCl (*Zrike, Lindwall*, Am. Soc. **58** [1936] 49). Beim Behandeln von 3-Carbamoyl-2-hydroxy-chinolin-4-carbonsäure mit wss. H_2SO_4 und $NaNO_2$ (*King et al.*, Soc. **1948** 552, 554).

Kristalle; F: ca. 350° [nach Sintern ab 300°; aus H_2O oder Eg.] (*Fi., Eh.*), 340° [aus

---

[1] Für die Verbindung (4a*S*)-2,9*t*-Dimethyl-(4a*r*,5a*c*,10b*c*,14a*t*)-Δ^2-hexadecahydro-3*t*,6*t*-cyclo-benz[6,7]indeno[1,7a-*b*]indolizin (Formel XIIa≡XIIb) ist die Bezeichnung **Himbosan** vorgeschlagen worden. Die Stellungsbezeichnung bei von Himbosan abgeleiteten Namen entspricht der in Formel XIIb angegebenen.

H_2O] (*Zr.*, *Li.*); Zers. bei 304—305° (*Yokoyama*, J. chem. Soc. Japan **57** [1936] 251, 254; C. A. **1936** 5204).

2-Hydroxy-chinolin-3,4-dicarbonsäure-3-äthylester $C_{13}H_{11}NO_5$, Formel II (R = H, X = O-C_2H_5), und Tautomeres (2-Oxo-1,2-dihydro-chinolin-3,4-dicarbonsäure-3-äthylester).

B. Beim Behandeln von Cyan-[(*E*)-2-oxo-indolin-3-yliden]-essigsäure-äthylester mit wss. KOH, Aluminium-Amalgam und Äthanol und Erwärmen des Reaktionsprodukts mit Äthanol und H_2SO_4 (*Yokoyama*, J. chem. Soc. Japan **57** [1936] 251, 254; C. A. **1936** 5204).

Kristalle (aus A.), die unterhalb 305° nicht schmelzen.

2-Hydroxy-chinolin-3,4-dicarbonsäure-diäthylester $C_{15}H_{15}NO_5$, Formel II (R = C_2H_5, X = O-C_2H_5), und Tautomeres (2-Oxo-1,2-dihydro-chinolin-3,4-dicarbonsäure-diäthylester).

B. Beim Behandeln des Disilber-Salzes der 2-Hydroxy-chinolin-3,4-dicarbonsäure mit Äthyljodid (*Zrike*, *Lindwall*, Am. Soc. **58** [1936] 49).

Hellgelbe Kristalle (aus H_2O); F: 150—151°.

Über ein Präparat (F: 149°), in dem vermutlich ebenfalls diese Verbindung vorgelegen hat, s. *Yokoyama*, J. chem. Soc. Japan **57** [1936] 251, 253; C. A. **1936** 5204).

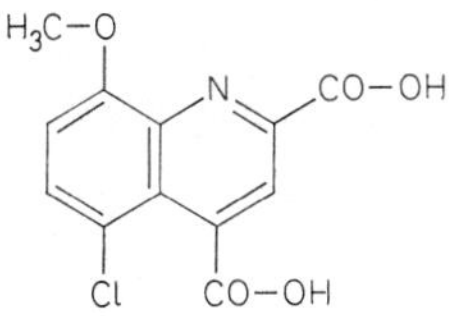

I 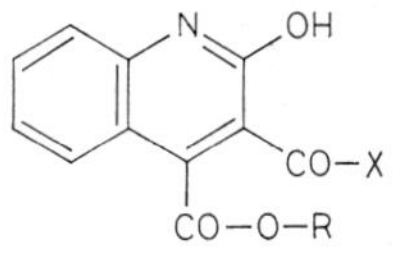 II 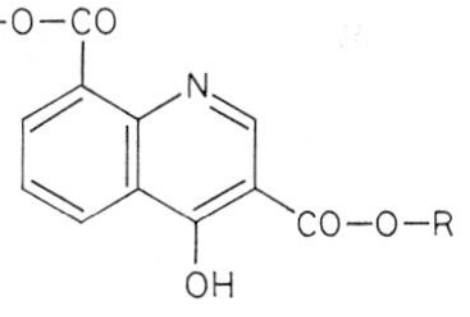 III

3-Carbamoyl-2-hydroxy-chinolin-4-carbonsäure $C_{11}H_8N_2O_4$, Formel II (R = H, X = NH_2), und Tautomeres (3-Carbamoyl-2-oxo-1,2-dihydro-chinolin-4-carbonsäure).

B. Beim Erhitzen von 2,4-Dihydroxy-pyrimido[4,5-*b*]chinolin-5-carbonsäure mit wss. NaOH auf 180° (*King et al.*, Soc. **1948** 552, 554).

Kristalle; F: 245° [Zers.].

3-Carbamoyl-2-hydroxy-chinolin-4-carbonsäure-äthylester $C_{13}H_{12}N_2O_4$, Formel II (R = C_2H_5, X = NH_2), und Tautomeres (3-Carbamoyl-2-oxo-1,2-dihydro-chinolin-4-carbonsäure-äthylester).

B. Beim Erhitzen von 3-Carbamoyl-2-hydroxy-chinolin-4-carbonsäure mit äthanol. HCl (*King et al.*, Soc. **1948** 552, 554).

Kristalle; F: 258° [Zers.].

4-Hydroxy-chinolin-3,8-dicarbonsäure $C_{11}H_7NO_5$, Formel III (R = R′ = H), und Tautomeres (4-Oxo-1,4-dihydro-chinolin-3,8-dicarbonsäure).

B. Beim Erwärmen von 4-Hydroxy-chinolin-3,8-dicarbonsäure-3-äthylester-8-methylester mit wss. NaOH (*Grundon*, *Boekelheide*, Am. Soc. **74** [1952] 2637, 2642). Über die Bildung aus Apo-β-erythroidin (4,5,7,8,9,12-Hexahydro-pyrano[4′,3′:4,5]azepino[3,2,1-*hi*]indol-11-on) oder Dehydroapo-β-erythroidin (7,8,9,12-Tetrahydro-pyrano[4′,3′:4,5]azepino[3,2,1-*hi*]indol-11-on) durch Behandlung mit wss. KOH und wss. $KMnO_4$ s. *Gr.*, *Bo.*

Kristalle (aus A. oder wss. A.); F: >360° [nach Dunkelfärbung bei ca. 300° und Zers. ab 340°].

4-Hydroxy-chinolin-3,8-dicarbonsäure-dimethylester $C_{13}H_{11}NO_5$, Formel III (R = R′ = CH_3), und Tautomeres (4-Oxo-1,4-dihydro-chinolin-3,8-dicarbonsäure-dimethylester).

B. Beim Behandeln von 4-Hydroxy-chinolin-3,8-dicarbonsäure mit Diazomethan in Äther (*Grundon*, *Boekelheide*, Am. Soc. **74** [1952] 2637, 2642).

Kristalle (aus wss. Me.); F: 223—224°.

4-Hydroxy-chinolin-3,8-dicarbonsäure-3-äthylester-8-methylester $C_{14}H_{13}NO_5$, Formel III ($R = C_2H_5$, $R' = CH_3$), und Tautomeres (4-Oxo-1,4-dihydro-chinolin-3,8-dicarbonsäure-3-äthylester-8-methylester).

B. Beim Erwärmen von Anthranilsäure-methylester mit Äthoxymethylen-malonsäure-diäthylester und Erhitzen des Reaktionsprodukts mit Diphenyläther (*Grundon, Boekelheide*, Am. Soc. **74** [1952] 2637, 2642).

Kristalle (aus E.); F: 161,5—162°.

3-Hydroxy-chinolin-4,8-dicarbonsäure $C_{11}H_7NO_5$, Formel IV.

B. Beim Behandeln von 2,3-Dioxo-indolin-7-carbonsäure mit wss. KOH und Brombrenztraubensäure (*Cragoe et al.*, J. org. Chem. **18** [1953] 552, 553).

Kristalle (aus DMF); F: 240—241°.

1-Hydroxy-isochinolin-3,4-dicarbonsäure-4-äthylester $C_{13}H_{11}NO_5$, Formel V, und Tautomeres (1-Oxo-1,2-dihydro-isochinolin-3,4-dicarbonsäure-4-äthylester).

B. Beim Behandeln von 1-Oxo-1*H*-isochromen-3,4-dicarbonsäure-4-äthylester mit wss. NH_3 oder beim Erhitzen von 1-Oxo-1*H*-isochromen-3,4-dicarbonsäure-diäthylester mit wss. NH_3 auf 140° (*Woroshzow, Petuschkowa*, Ž. obšč. Chim. **27** [1957] 2282, 2285; engl. Ausg. S. 2342, 2345).

Kristalle (aus A.); F: 297—298°.

HO—CO, N, OH, CO—OH — IV

OH, N, CO—OH, CO—O—C_2H_5 — V

HN, CO—OH, CO—O—C_2H_5, HO — VI

Hydroxycarbonsäuren $C_{12}H_9NO_5$

4-[4-Hydroxy-phenyl]-pyrrol-2,3-dicarbonsäure-3-äthylester $C_{14}H_{13}NO_5$, Formel VI.

B. Beim Erwärmen von 2-Amino-1-[4-hydroxy-phenyl]-äthanon-hydrojodid mit der Natrium-Verbindung des Oxalessigsäure-diäthylesters in H_2O (*Yamamoto, Kimura*, J. pharm. Soc. Japan **76** [1956] 482, 485; C. A. **1957** 365).

Kristalle (aus A.); F: 238° [Zers.].

[2-Carboxy-4-hydroxy-[3]chinolyl]-essigsäure, 3-Carboxymethyl-4-hydroxy-chinolin-2-carbonsäure $C_{12}H_9NO_5$, Formel VII ($R = H$), und Tautomeres ([2-Carboxy-4-oxo-1,4-dihydro-[3]chinolyl]-essigsäure).

B. Beim Erwärmen von [2-Äthoxycarbonyl-4-hydroxy-[3]chinolyl]-essigsäure-äthylester mit wss. NaOH (*Stefanović, Čelap*, R. **72** [1953] 825, 831).

Hellgelbe Kristalle (aus H_2O); F: 221° [unkorr.].

[2-Äthoxycarbonyl-4-hydroxy-[3]chinolyl]-essigsäure-äthylester, 3-Äthoxycarbonylmethyl-4-hydroxy-chinolin-2-carbonsäure-äthylester $C_{16}H_{17}NO_5$, Formel VII ($R = C_2H_5$), und Tautomeres ([2-Äthoxycarbonyl-4-oxo-1,4-dihydro-[3]chinolyl]-essigsäure-äthylester).

B. Beim Behandeln von 1-Oxo-propan-1,2,3-tricarbonsäure-triäthylester mit Anilin und Erhitzen des Reaktionsprodukts mit Paraffinöl auf 240° (*Stefanović, Čelap*, R. **72** [1953] 825, 829).

Hellgelbe Kristalle (aus Bzl.); F: 181° [unkorr.].

3-Hydroxy-2-methyl-chinolin-4,8-dicarbonsäure $C_{12}H_9NO_5$, Formel VIII.

B. Beim Erwärmen von 2,3-Dioxo-indolin-7-carbonsäure mit wss. NaOH und Acetoxy-

aceton (*Marshall et al.*, Bl. Johns Hopkins Hosp. **86** [1950] 89, 95).
Pulver, das unterhalb 310° nicht schmilzt.

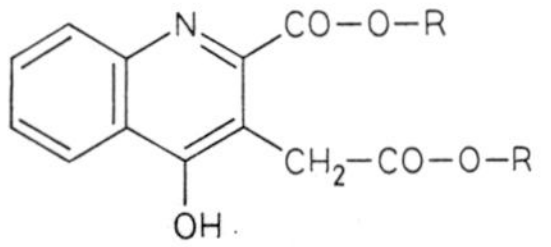

VII 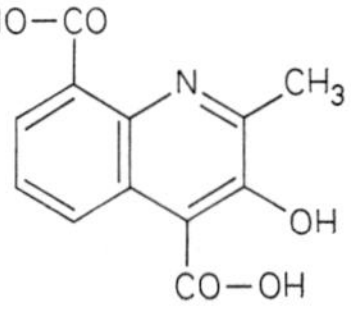 VIII 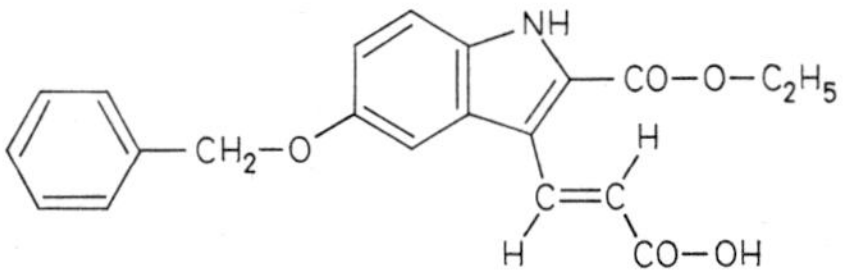 IX

3t(?)-[2-Äthoxycarbonyl-5-benzyloxy-[3]indolyl]-acrylsäure $C_{21}H_{19}NO_5$, vermutlich Formel IX.

B. Beim Erwärmen von 5-Benzyloxy-3-formyl-indol-2-carbonsäure-äthylester mit Malonsäure und Pyridin unter Zusatz von Piperidin (*Koo et al.*, J. org. Chem. **24** [1959] 179, 183).

Hellgelbe Kristalle (aus A.); F: 230° [unkorr.; Zers.].

Hydroxycarbonsäuren $C_{13}H_{11}NO_5$

[3-Äthoxycarbonyl-4-(4-hydroxy-phenyl)-pyrrol-2-yl]-essigsäure-äthylester, 2-Äthoxy=carbonylmethyl-4-[4-hydroxy-phenyl]-pyrrol-3-carbonsäure-äthylester $C_{17}H_{19}NO_5$, Formel X.

B. Beim Erwärmen von 2-Amino-1-[4-hydroxy-phenyl]-äthanon-hydrojodid mit 3-Oxo-glutarsäure-diäthylester, Natriumacetat und Essigsäure (*Yamamoto, Kimura*, J. pharm. Soc. Japan **76** [1956] 482, 485; C. A. **1957** 365).

Kristalle (aus wss. A.); F: 148°.

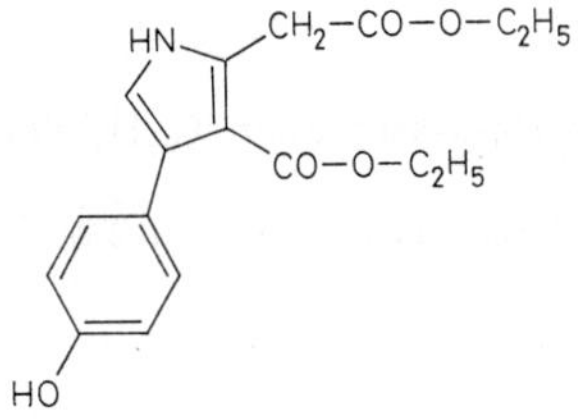

X 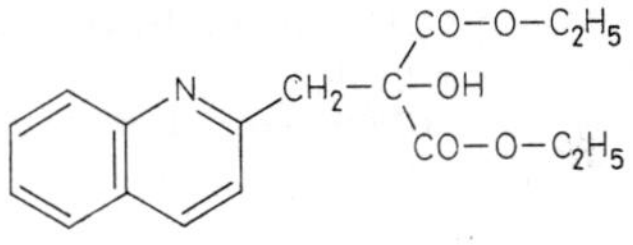 XI

[2]Chinolylmethyl-hydroxy-malonsäure-diäthylester $C_{17}H_{19}NO_5$, Formel XI.

B. Beim Erhitzen von 2-Methyl-chinolin mit Mesoxalsäure-diäthylester auf 140° (*McElvain, Johnson*, Am. Soc. **63** [1941] 2213, 2216).

F: 70—71°.

Opt.-inakt. Bis-[2,2-dicarboxy-1-[4]chinolyl-äthyl]-äther, [1,3-Di-[4]chinolyl-2-oxa-propandiyl]-di-malonsäure $C_{26}H_{20}N_2O_9$, Formel XII.

Diese Konstitution wird für die nachstehend beschriebene Verbindung in Betracht gezogen (*Phillips*, Am. Soc. **70** [1948] 452).

B. Beim Behandeln von Chinolin-4-carbaldehyd mit Malonsäure in Äthanol unter Zusatz von wenig Piperidin (*Ph.*).

F: 190—191°.

3-[2-Carboxy-4-hydroxy-[3]chinolyl]-propionsäure, 3-[2-Carboxy-äthyl]-4-hydroxy-chinolin-2-carbonsäure $C_{13}H_{11}NO_5$, Formel XIII (R = H), und Tautomeres (3-[2-Carboxy-4-oxo-1,4-dihydro-[3]chinolyl]-propionsäure).

B. Beim Erwärmen von 3-[2-Äthoxycarbonyl-4-hydroxy-[3]chinolyl]-propionsäure-äthylester mit wss. NaOH (*Stefanović, Čelap*, R. **72** [1953] 825, 831).

Hellgelbe Kristalle (aus H_2O); F: 204° [unkorr.].

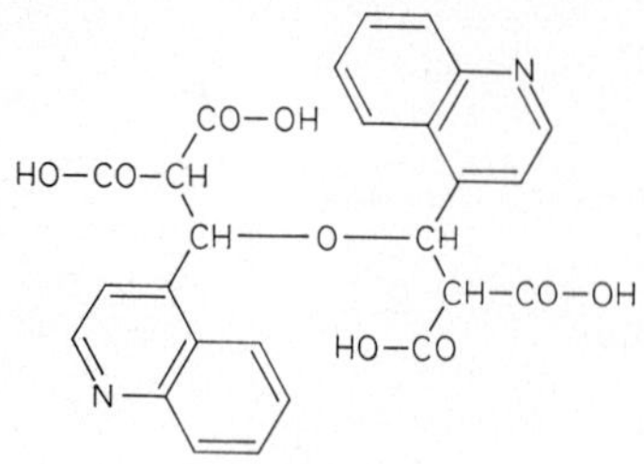

XII 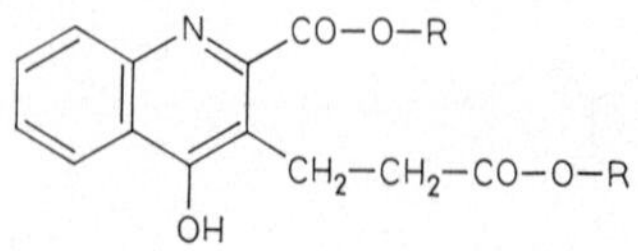 XIII

3-[2-Äthoxycarbonyl-4-hydroxy-[3]chinolyl]-propionsäure-äthylester, 3-[2-Äthoxy=carbonyl-äthyl]-4-hydroxy-chinolin-2-carbonsäure-äthylester $C_{17}H_{19}NO_5$, Formel XIII ($R = C_2H_5$), und Tautomeres (3-[2-Äthoxycarbonyl-4-oxo-1,4-dihydro-[3]chinolyl]-propionsäure-äthylester).

B. Beim Behandeln von 1-Oxo-butan-1,2,4-tricarbonsäure-triäthylester mit Anilin und Erhitzen des Reaktionsprodukts mit Paraffinöl auf 250° (*Stefanović, Čelap*, R. **72** [1953] 825, 829).

Hellgelbe Kristalle (aus A.); F: 163° [unkorr.].

Hydroxycarbonsäuren $C_{14}H_{13}NO_5$

5-[4-Hydroxy-benzyl]-4-methyl-pyrrol-2,3-dicarbonsäure $C_{14}H_{13}NO_5$, Formel XIV ($R = H$).

B. Beim Erwärmen von 5-[4-Hydroxy-benzyl]-4-methyl-pyrrol-2,3-dicarbonsäure-3-äthylester mit äthanol. KOH (*Yamamoto, Tsujii*, J. pharm. Soc. Japan **75** [1955] 1226; C. A. **1956** 8598).

Kristalle (aus wss. A.); F: 172° [Zers.].

5-[4-Hydroxy-benzyl]-4-methyl-pyrrol-2,3-dicarbonsäure-3-äthylester $C_{16}H_{17}NO_5$, Formel XIV ($R = C_2H_5$).

B. Beim Erwärmen von 4-[4-Acetoxy-phenyl]-3-acetylamino-butan-2-on mit wss. Na_2CO_3 und anschliessend mit wss. HCl und Erwärmen des Reaktionsprodukts mit Oxalessigsäure-diäthylester in H_2O (*Yamamoto, Tsujii*, J. pharm. Soc. Japan **75** [1955] 1226; C. A. **1956** 8598).

Kristalle (aus A.); F: 225° [Zers.].

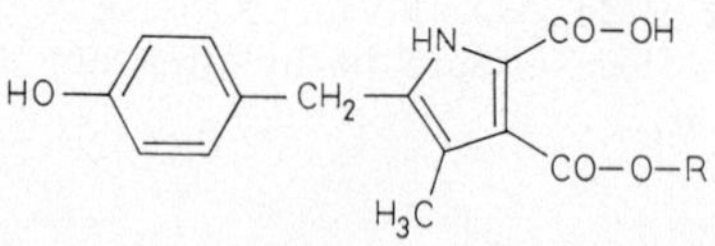

XIV 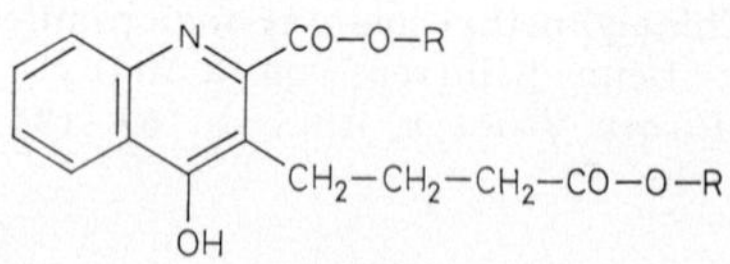 XV

4-[2-Carboxy-4-hydroxy-[3]chinolyl]-buttersäure, 3-[3-Carboxy-propyl]-4-hydroxy-chinolin-2-carbonsäure $C_{14}H_{13}NO_5$, Formel XV ($R = H$), und Tautomeres (4-[2-Carboxy-4-oxo-1,4-dihydro-[3]chinolyl]-buttersäure).

B. Beim Erwärmen von 4-[2-Äthoxycarbonyl-4-hydroxy-[3]chinolyl]-buttersäure-äthylester mit wss. NaOH (*Stefanović, Čelap*, R. **72** [1953] 825, 831).

Gelbliche Kristalle (aus H_2O); F: 230° [unkorr.].

4-[2-Äthoxycarbonyl-4-hydroxy-[3]chinolyl]-buttersäure-äthylester, 3-[3-Äthoxy=carbonyl-propyl]-4-hydroxy-chinolin-2-carbonsäure-äthylester $C_{18}H_{21}NO_5$, Formel XV ($R = C_2H_5$), und Tautomeres (4-[2-Äthoxycarbonyl-4-oxo-1,4-dihydro-[3]chin=olyl]-buttersäure-äthylester).

B. Beim Behandeln von 1-Oxo-pentan-1,2,5-tricarbonsäure-triäthylester mit Anilin

und Erhitzen des Reaktionsprodukts mit Paraffinöl auf 250° (*Stefanović, Čelap*, R. **72** [1953] 825, 830).
Gelbliche Kristalle (aus A.); F: 158° [unkorr.].

(±)-9b-Hydroxy-7,8-dimethoxy-2-methyl-5,9b-dihydro-1*H*-indeno[1,2-*b*]pyridin-3-carbonitril $C_{16}H_{16}N_2O_3$, Formel I.
B. Beim Behandeln von 2-Hydroxymethylen-5,6-dimethoxy-indan-1-on mit 3-Amino-crotononitril (E III **3** 1205) in Äthanol (*Chatterjea, Prasad*, J. Indian chem. Soc. **34** [1957] 375, 377).
Gelbe Kristalle (aus A.); F: 300–302° [unkorr.].

Hydroxy-carbonsäuren $C_{15}H_{15}NO_5$

***Opt.-inakt. 5-Cyan-6-methoxy-2,5-dimethyl-4-phenyl-4,5-dihydro-pyridin-3-carbonsäure-äthylester** $C_{18}H_{20}N_2O_3$, Formel II.
B. Beim Behandeln von opt.-inakt. 5-Cyan-2-methyl-6-oxo-4-phenyl-3,4,5,6-tetrahydro-pyridin-3-carbonsäure-äthylester (F: 142°) mit Dimethylsulfat (*Palit*, J. Indian chem. Soc. **14** [1937] 219, 224).
Kristalle (aus Me.); F: 149°.

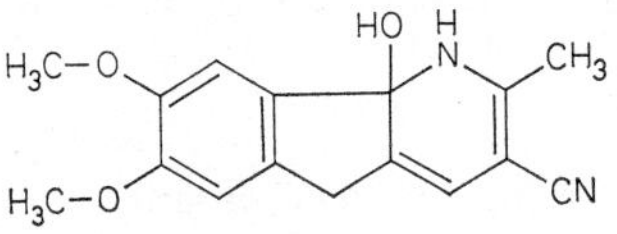

I 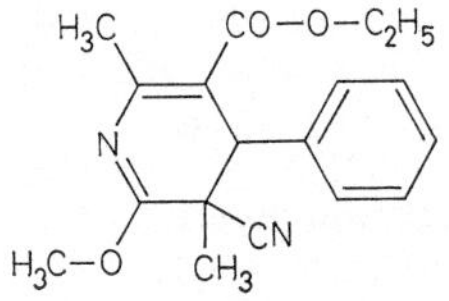 II 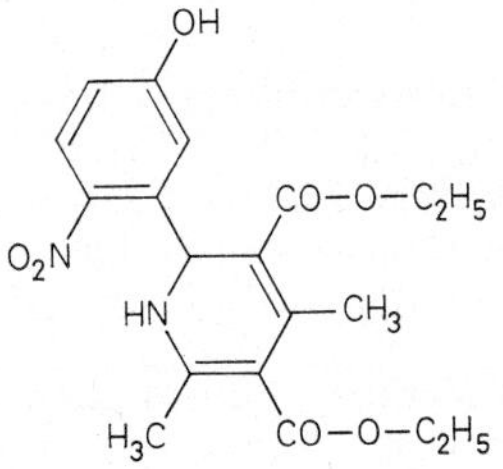 III

(±)-2-[5-Hydroxy-2-nitro-phenyl]-4,6-dimethyl-1,2-dihydro-pyridin-3,5-dicarbonsäure-diäthylester $C_{19}H_{22}N_2O_7$, Formel III.
Diese Konstitution wird für die nachstehend beschriebene Verbindung in Betracht gezogen (*Hinkel et al.*, Soc. **1932** 1112, 1114).
B. Neben 4-[5-Hydroxy-2-nitro-phenyl]-2,6-dimethyl-1,4-dihydro-pyridin-3,5-dicarbonsäure-diäthylester beim Erwärmen von Acetessigsäure-äthylester mit 5-Hydroxy-2-nitro-benzaldehyd und NH_3 in Äthanol (*Hi. et al.*, l. c. S. 1118).
Orangefarbene Kristalle (aus A.); F: 205°.
O-Methyl-Derivat $C_{20}H_{24}N_2O_7$; (±)-2-[5-Methoxy-2-nitro-phenyl]-4,6-dimethyl-1,2-dihydro-pyridin-3,5-dicarbonsäure-diäthylester. Rötliche Kristalle (aus wss. A.); F: 118°. — Beim Erwärmen mit wss. HNO_3 ist eine Verbindung $C_{20}H_{22}N_2O_7$ (Kristalle [aus wss. Me.]; F: 91,5°; vermutlich 2-[5-Methoxy-2-nitro-phenyl]-4,6-dimethyl-pyridin-3,5-dicarbonsäure-diäthylester) erhalten worden.

4-[2-Methoxy-phenyl]-2,6-dimethyl-1,4-dihydro-pyridin-3,5-dicarbonitril $C_{16}H_{15}N_3O$, Formel IV (X = H).
B. Beim Erhitzen von 2-Methoxy-benzaldehyd mit 3-Amino-crotononitril (E III **3** 1205) und Essigsäure (*Courts, Petrow*, Soc. **1952** 334, 335).
Kristalle (aus Eg. + PAe.); F: 190° [unkorr.].

4-[2-Hydroxy-5-nitro-phenyl]-2,6-dimethyl-1,4-dihydro-pyridin-3,5-dicarbonsäure-diäthylester $C_{19}H_{22}N_2O_7$, Formel V (R = H).
B. Beim Erwärmen von Acetessigsäure-äthylester mit 2-Hydroxy-5-nitro-benzaldehyd und NH_3 in Äthanol (*Hinkel et al.*, Soc. **1932** 1112, 1117).
Hellgelbe Kristalle (aus A.); F: 184°.

4-[2-Methoxy-5-nitro-phenyl]-2,6-dimethyl-1,4-dihydro-pyridin-3,5-dicarbonsäure-diäthylester $C_{20}H_{24}N_2O_7$, Formel V (R = CH_3).

B. Beim Erwärmen von Acetessigsäure-äthylester mit 2-Methoxy-5-nitro-benzaldehyd und NH_3 in Äthanol (*Hinkel et al.*, Soc. **1932** 1112, 1116).

Hellgelbe Kristalle (aus wss. A.); F: 221°.

4-[2-Methoxy-5-nitro-phenyl]-2,6-dimethyl-1,4-dihydro-pyridin-3,5-dicarbonitril $C_{16}H_{14}N_4O_3$, Formel IV (X = NO_2).

B. Beim Erhitzen von 2-Methoxy-5-nitro-benzaldehyd mit 3-Amino-crotononitril (E III 3 1205) und Essigsäure (*Courts, Petrow*, Soc. **1952** 334, 336).

Kristalle (aus A.); F: 226—229° [unkorr.].

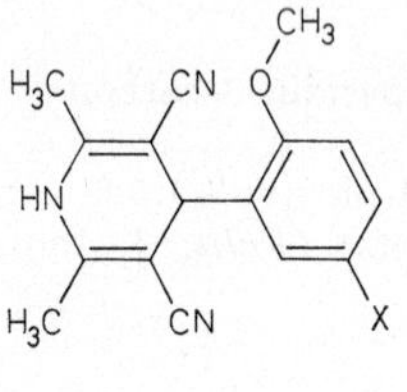

IV 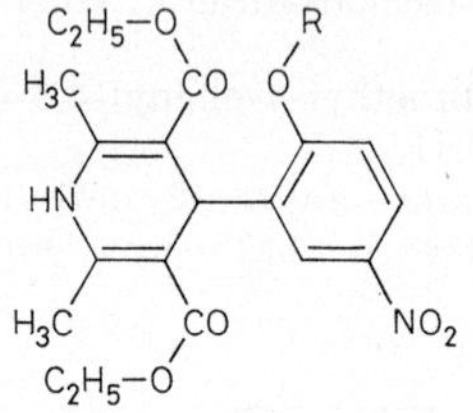 V 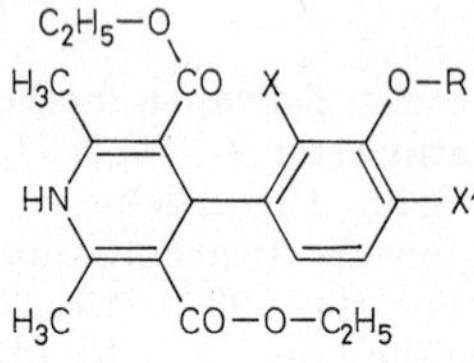 VI

4-[3-Acetoxy-phenyl]-2,6-dimethyl-1,4-dihydro-pyridin-3,5-dicarbonsäure-diäthylester $C_{21}H_{25}NO_6$, Formel VI (R = CO-CH_3, X = X' = H).

B. Beim Erhitzen von 4-[3-Hydroxy-phenyl]-2,6-dimethyl-1,4-dihydro-pyridin-3,5-dicarbonsäure-diäthylester mit Acetanhydrid (*Kahn et al.*, Soc. **1949** 2128, 2132).

Kristalle (aus wss. A.); F: 125—126° [korr.].

4-[3-Methoxy-2-nitro-phenyl]-2,6-dimethyl-1,4-dihydro-pyridin-3,5-dicarbonsäure-diäthylester $C_{20}H_{24}N_2O_7$, Formel VI (R = CH_3, X = NO_2, X' = H).

B. Beim Erwärmen von Acetessigsäure-äthylester mit 3-Methoxy-2-nitro-benzaldehyd und NH_3 in Äthanol (*Hinkel et al.*, Soc. **1932** 1112, 1117).

Kristalle (aus Bzl. + PAe.); F: 137°.

4-[3-Hydroxy-4-nitro-phenyl]-2,6-dimethyl-1,4-dihydro-pyridin-3,5-dicarbonsäure-diäthylester $C_{19}H_{22}N_2O_7$, Formel VI (R = X = H, X' = NO_2).

B. Beim Erwärmen von Acetessigsäure-äthylester mit 3-Hydroxy-4-nitro-benzaldehyd und NH_3 in Äthanol (*Hinkel et al.*, Soc. **1932** 1112, 1117).

Hellgelbe Kristalle (aus A.); F: 145°.

4-[3-Methoxy-4-nitro-phenyl]-2,6-dimethyl-1,4-dihydro-pyridin-3,5-dicarbonsäure-diäthylester $C_{20}H_{24}N_2O_7$, Formel VI (R = CH_3, X = H, X' = NO_2).

B. Beim Erwärmen von Acetessigsäure-äthylester mit 3-Methoxy-4-nitro-benzaldehyd und NH_3 in Äthanol (*Hinkel et al.*, Soc. **1932** 1112, 1117).

Hellgelbe Kristalle (aus wss. A.); F: 134°.

4-[5-Hydroxy-2-nitro-phenyl]-2,6-dimethyl-1,4-dihydro-pyridin-3,5-dicarbonsäure-diäthylester $C_{19}H_{22}N_2O_7$, Formel VII (R = H).

B. s. S. 2621 im Artikel bei (±)-2-[5-Hydroxy-2-nitro-phenyl]-4,6-dimethyl-1,2-dihydro-pyridin-3,5-dicarbonsäure-diäthylester.

Gelbe Kristalle (aus A.); F: 214° (*Hinkel et al.*, Soc. **1932** 1112, 1118).

4-[5-Methoxy-2-nitro-phenyl]-2,6-dimethyl-1,4-dihydro-pyridin-3,5-dicarbonsäure-diäthylester $C_{20}H_{24}N_2O_7$, Formel VII (R = CH_3).

B. Beim Erwärmen von Acetessigsäure-äthylester mit 5-Methoxy-2-nitro-benzaldehyd und NH_3 in Äthanol (*Hinkel et al.*, Soc. **1932** 1112, 1117). Beim Behandeln von 4-[5-Hydr=oxy-2-nitro-phenyl]-2,6-dimethyl-1,4-dihydro-pyridin-3,5-dicarbonsäure-diäthylester mit Dimethylsulfat und wss. NaOH (*Hi. et al.*, l. c. S. 1118).

Hellgelbe Kristalle (aus Me.); F: 170°.

4-[4-Methoxy-phenyl]-2,6-dimethyl-1,4-dihydro-pyridin-3,5-dicarbonsäure-diäthylester $C_{20}H_{25}NO_5$, Formel VIII (R = CH_3, X = H) (E II 205).

B. Beim Erwärmen von Acetessigsäure-äthylester mit 3-Amino-crotonsäure-äthylester (E III **3** 1199) und 4-Methoxy-benzaldehyd (*Borsche, Hahn*, A. **537** [1939] 219, 230; *Berson, Brown*, Am. Soc. **77** [1955] 444, 446).

F: 159–159,5° [korr.] (*Be., Br.*). λ_{max} (A.): 275 nm und 278 nm (*Be., Br.*).

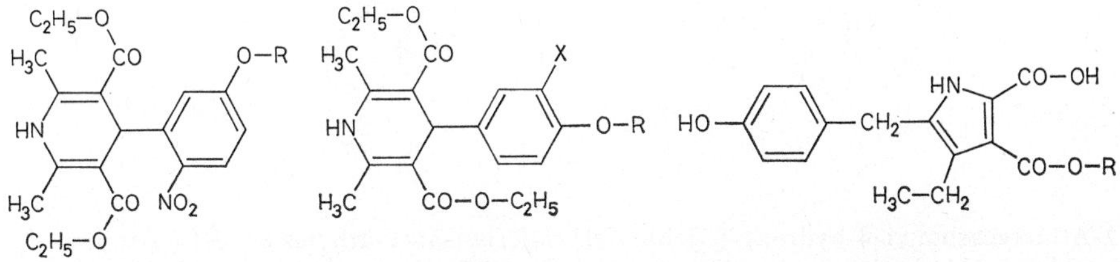

VII VIII IX

4-[4-Hydroxy-3-nitro-phenyl]-2,6-dimethyl-1,4-dihydro-pyridin-3,5-dicarbonsäure-diäthylester $C_{19}H_{22}N_2O_7$, Formel VIII (R = H, X = NO_2).

B. Beim Erwärmen von Acetessigsäure-äthylester mit 4-Hydroxy-3-nitro-benzaldehyd und NH_3 in Äthanol (*Hinkel et al.*, Soc. **1932** 1112, 1117).

Orangefarbene Kristalle (aus A.); F: 161°.

4-[4-Methoxy-3-nitro-phenyl]-2,6-dimethyl-1,4-dihydro-pyridin-3,5-dicarbonsäure-diäthylester $C_{20}H_{24}N_2O_7$, Formel VIII (R = CH_3, X = NO_2).

B. Beim Erwärmen von Acetessigsäure-äthylester mit 4-Methoxy-3-nitro-benzaldehyd und NH_3 in Äthanol (*Hinkel et al.*, Soc. **1932** 1112, 1117).

Kristalle (aus A.); F: 113°.

4-Äthyl-5-[4-hydroxy-benzyl]-pyrrol-2,3-dicarbonsäure $C_{15}H_{15}NO_5$, Formel IX (R = H).

B. Beim Erwärmen von 4-Äthyl-5-[4-hydroxy-benzyl]-pyrrol-2,3-dicarbonsäure-3-äthylester mit äthanol. KOH (*Yamamoto, Tsujii*, J. pharm. Soc. Japan **75** [1955] 1226; C. A. **1956** 8598).

Kristalle (aus wss. A.); F: 171° [Zers.].

4-Äthyl-5-[4-hydroxy-benzyl]-pyrrol-2,3-dicarbonsäure-3-äthylester $C_{17}H_{19}NO_5$, Formel IX (R = C_2H_5).

B. Beim Erwärmen von 2-Propionylamino-1-[4-propionyloxy-phenyl]-pentan-3-on mit wss. Na_2CO_3 und anschliessend mit wss. HCl und Erwärmen des Reaktionsprodukts mit Oxalessigsäure-diäthylester in H_2O (*Yamamoto, Tsujii*, J. pharm. Soc. Japan **75** [1955] 1226; C. A. **1956** 8598).

Kristalle (aus A.); F: 217° [Zers.].

[3-Äthoxycarbonyl-5-(4-hydroxy-benzyl)-4-methyl-pyrrol-2-yl]-essigsäure $C_{17}H_{19}NO_5$, Formel X (R = H).

B. Beim Erwärmen von [3-Äthoxycarbonyl-5-(4-hydroxy-benzyl)-4-methyl-pyrrol-2-yl]-essigsäure-äthylester mit äthanol. KOH (*Yamamoto, Kimura*, J. pharm. Soc. Japan **76** [1956] 482, 484; C. A. **1957** 365).

Kristalle (aus wss. A.); F: 152° [Zers.].

[3-Äthoxycarbonyl-5-(4-hydroxy-benzyl)-4-methyl-pyrrol-2-yl]-essigsäure-äthylester, 2-Äthoxycarbonylmethyl-5-[4-hydroxy-benzyl]-4-methyl-pyrrol-3-carbonsäure-äthylester $C_{19}H_{23}NO_5$, Formel X (R = C_2H_5).

B. Beim Erwärmen von 3-Amino-4-[4-hydroxy-phenyl]-butan-2-on-hydrochlorid mit 3-Oxo-glutarsäure-diäthylester, Natriumacetat und Essigsäure (*Yamamoto, Kimura*, J. pharm. Soc. Japan **76** [1956] 482, 484; C. A. **1957** 365).

Kristalle (aus A.); F: 138° [Zers.].

5-[2-Carboxy-4-hydroxy-[3]chinolyl]-valeriansäure, 3-[4-Carboxy-butyl]-4-hydroxy-chinolin-2-carbonsäure $C_{15}H_{15}NO_5$, Formel XI (R = H), und Tautomeres (5-[2-Carboxy-4-oxo-1,4-dihydro-[3]chinolyl]-valeriansäure).

B. Beim Erwärmen von 5-[2-Äthoxycarbonyl-4-hydroxy-[3]chinolyl]-valeriansäure-äthylester mit wss. NaOH (*Stefanović, Čelap*, R. **72** [1953] 825, 832).

Kristalle (aus H_2O); F: 227° [unkorr.].

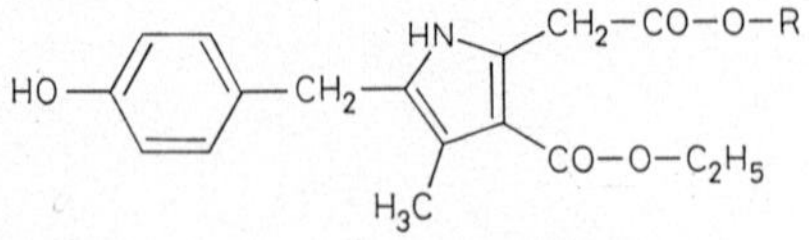

X

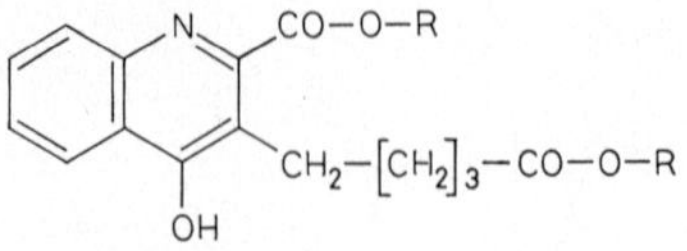

XI

5-[2-Äthoxycarbonyl-4-hydroxy-[3]chinolyl]-valeriansäure-äthylester, 3-[4-Äthoxy-carbonyl-butyl]-4-hydroxy-chinolin-2-carbonsäure-äthylester $C_{19}H_{23}NO_5$, Formel XI (R = C_2H_5), und Tautomeres (5-[2-Äthoxycarbonyl-4-oxo-1,4-dihydro-[3]chinolyl]-valeriansäure-äthylester).

B. Beim Behandeln von 1-Oxo-hexan-1,2,6-tricarbonsäure-triäthylester mit Anilin und Erhitzen des Reaktionsprodukts mit Paraffinöl auf 240° (*Stefanović, Čelap*, R. **72** [1953] 825, 830).

Hellgelbe Kristalle (aus A.); F: 128° [unkorr.].

***2-Cyan-4-[5-methoxy-1,3,3-trimethyl-indolin-2-yliden]-crotonsäure** $C_{17}H_{18}N_2O_3$, Formel XII.

B. Beim Erhitzen von [5-Methoxy-1,3,3-trimethyl-indolin-2-yliden]-acetaldehyd (E III/IV **21** 6134) mit Cyanessigsäure-äthylester und Piperidin und Erwärmen des Reaktionsprodukts mit methanol. NaOH (*Coenen*, B. **82** [1949] 66, 72).

Gelbe Kristalle; F: 174–175°.

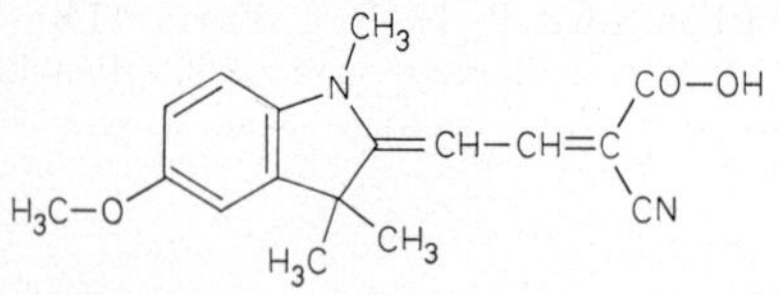

XII

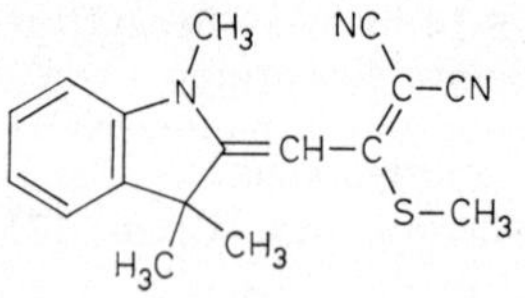

XIII

***[1-Methylmercapto-2-(1,3,3-trimethyl-indolin-2-yliden)-äthyliden]-malononitril** $C_{17}H_{17}N_3S$, Formel XIII.

B. Beim Erwärmen von 1,3,3-Trimethyl-2-methylen-indolin mit [Bis-methylmercapto-methylen]-malononitril und Triäthylamin in Äthanol (*McKusick et al.*, Am. Soc. **80** [1958] 2806, 2812).

Kristalle (aus Bzl. + Cyclohexan); F: 155–157°. λ_{max} (Acn.): 439 nm.

Hydroxycarbonsäuren $C_{16}H_{17}NO_5$

5-[4-Hydroxy-benzyl]-4-propyl-pyrrol-2,3-dicarbonsäure $C_{16}H_{17}NO_5$, Formel XIV (R = H).

B. Beim Erwärmen von 5-[4-Hydroxy-benzyl]-4-propyl-pyrrol-2,3-dicarbonsäure-3-äthylester mit äthanol. KOH (*Yamamoto, Tsujii*, J. pharm. Soc. Japan **75** [1955] 1226; C. A. **1956** 8598).

Kristalle (aus wss. A.); F: 157° [Zers.].

5-[4-Hydroxy-benzyl]-4-propyl-pyrrol-2,3-dicarbonsäure-3-äthylester $C_{18}H_{21}NO_5$, Formel XIV (R = C_2H_5).

B. Beim Erwärmen von 2-Butylamino-1-[4-butyryloxy-phenyl]-hexan-3-on mit wss. Na_2CO_3 und anschliessend mit wss. HCl und Erwärmen des Reaktionsprodukts mit Oxal-essigsäure-diäthylester in H_2O (*Yamamoto, Tsujii*, J. pharm. Soc. Japan **75** [1955] 1226; C. A. **1956** 8598).

Kristalle (aus A.); F: 192°.

6-[2-Carboxy-4-hydroxy-[3]chinolyl]-hexansäure, 3-[5-Carboxy-pentyl]-4-hydroxy-chinolin-2-carbonsäure $C_{16}H_{17}NO_5$, Formel XV (R = H, n = 4), und Tautomeres (6-[2-Carboxy-4-oxo-1,4-dihydro-[3]chinolyl]-hexansäure).

B. Beim Erwärmen von 6-[2-Äthoxycarbonyl-4-hydroxy-[3]chinolyl]-hexansäure-äthylester mit wss. NaOH (*Stefanović, Čelap*, R. **72** [1953] 825, 832).

Gelbe Kristalle (aus A.); F: 225° [unkorr.].

6-[2-Äthoxycarbonyl-4-hydroxy-[3]chinolyl]-hexansäure-äthylester, 3-[5-Äthoxy-carbonyl-pentyl]-4-hydroxy-chinolin-2-carbonsäure-äthylester $C_{20}H_{25}NO_5$, Formel XV (R = C_2H_5, n = 4), und Tautomeres (6-[2-Äthoxycarbonyl-4-oxo-1,4-dihydro-[3]chinolyl]-hexansäure-äthylester).

B. Beim Behandeln von 1-Oxo-heptan-1,2,7-tricarbonsäure-triäthylester (aus Octandi-säure-diäthylester und Oxalsäure-diäthylester hergestellt) mit Anilin und Erhitzen des Re-aktionsprodukts mit Paraffinöl auf 245° (*Stefanović, Čelap*, R. **72** [1953] 825, 830).

Gelbe Kristalle; F: 94–96°.

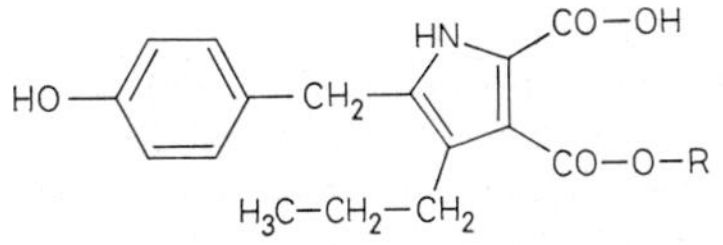

XIV 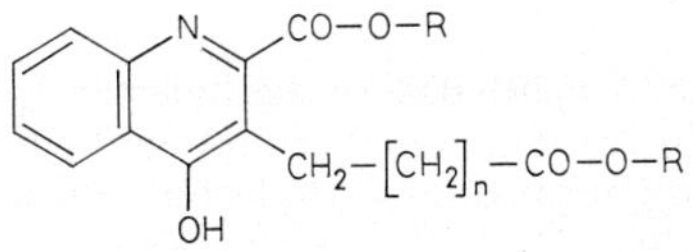 XV 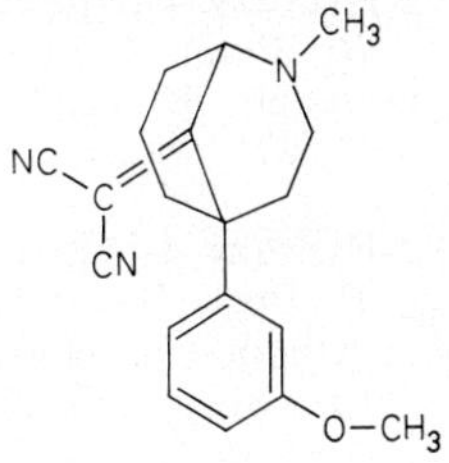 XVI

Hydroxycarbonsäuren $C_{17}H_{19}NO_5$

7-[2-Carboxy-4-hydroxy-[3]chinolyl]-heptansäure, 3-[6-Carboxy-hexyl]-4-hydroxy-chinolin-2-carbonsäure $C_{17}H_{19}NO_5$, Formel XV (R = H, n = 5), und Tautomeres (7-[2-Carboxy-4-oxo-1,4-dihydro-[3]chinolyl]-heptansäure).

B. Beim Erwärmen von 7-[2-Äthoxycarbonyl-4-hydroxy-[3]chinolyl]-heptansäure-äthylester mit wss. NaOH (*Stefanović, Čelap*, R. **72** [1953] 825, 832).

Kristalle (aus H_2O); F: 210° [unkorr.].

7-[2-Äthoxycarbonyl-4-hydroxy-[3]chinolyl]-heptansäure-äthylester, 3-[6-Äthoxy-carbonyl-hexyl]-4-hydroxy-chinolin-2-carbonsäure-äthylester $C_{21}H_{27}NO_5$, Formel XV (R = C_2H_5, n = 5), und Tautomeres (7-[2-Äthoxycarbonyl-4-oxo-1,4-dihydro-[3]chinolyl]-heptansäure-äthylester).

B. Beim Behandeln von 1-Oxo-octan-1,2,8-tricarbonsäure-triäthylester (aus Nonandi-säure-diäthylester und Oxalsäure-diäthylester hergestellt) mit Anilin und Erhitzen des Reaktionsprodukts mit Paraffinöl auf 250° (*Stefanović, Čelap*, R. **72** [1953] 825, 830).

Gelb; F: 78–80°.

(±)-[5-(3-Methoxy-phenyl)-2-methyl-2-aza-bicyclo[3.3.1]non-9-yliden]-malononitril $C_{19}H_{21}N_3O$, Formel XVI.

B. Beim Erwärmen von (±)-5-[3-Methoxy-phenyl]-2-methyl-2-aza-bicyclo[3.3.1]-nonan-9-on mit Malononitril, Ammoniumacetat, Essigsäure und Benzol (*May*, J. org. Chem. **23** [1958] 947, 948).

Hydrochlorid $C_{19}H_{21}N_3O \cdot HCl$. Kristalle (aus Acn. + Ae.); F: 208–212° [Zers.].

Hydroxycarbonsäuren $C_{18}H_{21}NO_5$

8-[2-Carboxy-4-hydroxy-[3]chinolyl]-octansäure, 3-[7-Carboxy-heptyl]-4-hydroxy-chinolin-2-carbonsäure $C_{18}H_{21}NO_5$, Formel XV (R = H, n = 6), und Tautomeres (8-[2-Carboxy-4-oxo-1,4-dihydro-[3]chinolyl]-octansäure).

B. Beim Erwärmen von 8-[2-Äthoxycarbonyl-4-hydroxy-[3]chinolyl]-octansäure-

äthylester mit wss. NaOH (*Stefanović, Čelap*, R. **72** [1953] 825, 832).
Hellgelbe Kristalle (aus H_2O); F: 190° [unkorr.].

8-[2-Äthoxycarbonyl-4-hydroxy-[3]chinolyl]-octansäure-äthylester, 3-[7-Äthoxycarbonyl-heptyl]-4-hydroxy-chinolin-2-carbonsäure-äthylester $C_{22}H_{29}NO_5$, Formel XV ($R = C_2H_5$, $n = 6$), und Tautomeres (8-[2-Äthoxycarbonyl-4-oxo-1,4-dihydro-[3]chinolyl]-octansäure-äthylester).

B. Beim Behandeln von 1-Oxo-nonan-1,2,9-tricarbonsäure-triäthylester (aus Decandisäure-diäthylester mit Oxalsäure-diäthylester hergestellt) mit Anilin und Erhitzen des Reaktionsprodukts mit Paraffinöl auf 240° (*Stefanović, Čelap*, R. **72** [1953] 825, 831).
Gelb; F: 75–77°.

Hydroxycarbonsäuren $C_nH_{2n-17}NO_5$

Hydroxycarbonsäuren $C_{13}H_9NO_5$

2-Hydroxy-4-[3]pyridyl-isophthalsäure $C_{13}H_9NO_5$, Formel I (R = H).

B. Beim Behandeln von 2-Hydroxy-4-[3]pyridyl-isophthalsäure-diäthylester mit methanol. KOH (*Prelog et al.*, Helv. **30** [1947] 675, 685).
F: 271° [korr.; Zers.].

2-Hydroxy-4-[3]pyridyl-isophthalsäure-diäthylester $C_{17}H_{17}NO_5$, Formel I ($R = C_2H_5$).

B. Beim Behandeln der Natrium-Verbindung von 3-Oxo-3-[3]pyridyl-propionaldehyd in Äthanol mit 3-Oxo-glutarsäure-diäthylester (*Prelog et al.*, Helv. **30** [1947] 675, 685).
Picrolonat $C_{17}H_{17}NO_5 \cdot C_{10}H_8N_4O_5$. Gelbe Kristalle; F: 183° [korr.; Zers.].

4-Hydroxy-3-phenyl-pyridin-2,6-dicarbonsäure $C_{13}H_9NO_5$, Formel II, und Tautomeres (4-Oxo-3-phenyl-1,4-dihydro-pyridin-2,6-dicarbonsäure).

B. Beim Behandeln von 4-Oxo-3-phenyl-4*H*-pyran-2,6-dicarbonsäure mit wss. NH_3 (*Neelakantan et al.*, J. Indian Inst. Sci. [A] **31** [1949] 51, 54).
Kristalle (aus A. + H_2O); F: 210–215°.

N CO–O–R R–O–CO OH I

HO CO–OH N HO–CO II

N CO–X R–O CO–X III

5-Hydroxy-6-phenyl-pyridin-3,4-dicarbonsäure $C_{13}H_9NO_5$, Formel III (R = H, X = OH).

B. Beim Behandeln von 5-Hydroxy-6-phenyl-pyridin-3,4-dicarbonsäure-dimethylester mit wss. $Ba(OH)_2$ (*Davoll, Kipping*, Soc. **1953** 1395, 1397).
Kristalle (aus H_2O); F: 244°.

5-Hydroxy-6-phenyl-pyridin-3,4-dicarbonsäure-dimethylester $C_{15}H_{13}NO_5$, Formel III (R = H, X = O-CH_3).

B. Bei der Hydrierung von 1-Benzyl-3-hydroxy-4,5-bis-methoxycarbonyl-2-phenyl-pyridinium-chlorid an Palladium/Kohle in Methanol (*Davoll, Kipping*, Soc. **1953** 1395, 1397).
Hellgelbe Kristalle (aus PAe. + A.); F: 89°.
Picrat $C_{15}H_{13}NO_5 \cdot C_6H_3N_3O_7$. Gelbe Kristalle (aus A.); F: 202°.

5-Methoxy-6-phenyl-pyridin-3,4-dicarbonsäure-dimethylester $C_{16}H_{15}NO_5$, Formel III ($R = CH_3$, X = O-CH_3).

B. Beim Behandeln von 5-Hydroxy-6-phenyl-pyridin-3,4-dicarbonsäure-dimethylester mit Diazomethan in Äther (*Davoll, Kipping*, Soc. **1953** 1395, 1397).
Kristalle (aus wss. Eg.); F: 109°.

5-Methoxy-6-phenyl-pyridin-3,4-dicarbonsäure-diamid $C_{14}H_{13}N_3O_3$, Formel III (R = CH_3, X = NH_2).

B. Beim Erwärmen von 5-Methoxy-6-phenyl-pyridin-3,4-dicarbonsäure-dimethylester mit NH_3 in Methanol auf 60° (*Davoll, Kipping*, Soc. **1953** 1395, 1397).

Kristalle (aus Me. + PAe.); F: 224° [Zers.].

5-Methoxy-6-phenyl-pyridin-3,4-dicarbonitril $C_{14}H_9N_3O$, Formel IV.

B. Beim Erwärmen von 5-Methoxy-6-phenyl-pyridin-3,4-dicarbonsäure-diamid mit $POCl_3$, Pyridin und Benzol (*Davoll, Kipping*, Soc. **1953** 1395, 1397).

Kristalle (nach Sublimation); F: 128°.

1-Benzyl-3-hydroxy-4,5-bis-methoxycarbonyl-2-phenyl-pyridinium $[C_{22}H_{20}NO_5]^+$, Formel V.

Chlorid $[C_{22}H_{20}NO_5]Cl$. *B.* Beim Erwärmen von (±)-{[Benzyl-(methoxycarbonyl-phenyl-methyl)-amino]-methylen}-bernsteinsäure-dimethylester mit Natriumäthylat in Benzol und Behandeln des Reaktionsprodukts mit SO_2Cl_2 in Benzol (*Davoll, Kipping*, Soc. **1953** 1395, 1397).

Picrat $[C_{22}H_{20}NO_5]C_6H_2N_3O_7$. Gelbe Kristalle (aus A.); F: 165°.

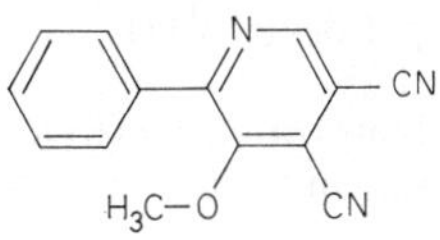

IV 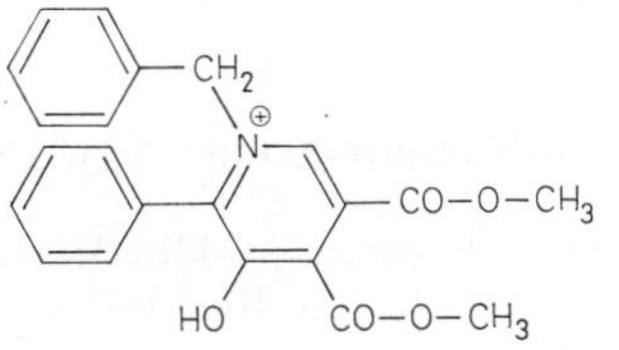 V 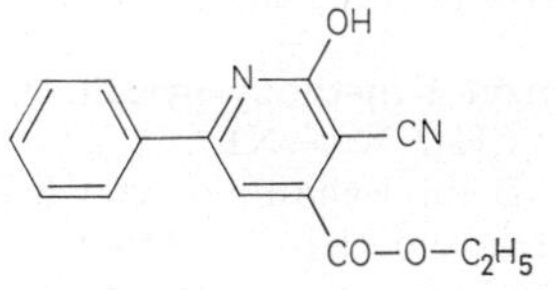 VI

3-Cyan-2-hydroxy-6-phenyl-isonicotinsäure-äthylester $C_{15}H_{12}N_2O_3$, Formel VI, und Tautomeres (3-Cyan-2-oxo-6-phenyl-1,2-dihydro-pyridin-4-carbonsäure-äthylester).

B. Aus 2,4-Dioxo-4-phenyl-buttersäure-äthylester und Cyanessigsäure-amid beim Behandeln mit Diäthylamin in wss. Äthanol (*Basu*, J. Indian chem. Soc. **8** [1931] 119, 127) oder beim Erwärmen mit Piperidin in Äthanol (*Isler et al.*, Helv. **38** [1955] 1033, 1041; *Libermann et al.*, Bl. **1958** 687, 689, 691; *Chim. et Atomistique*, U.S.P. 2901488 [1957]).

Gelbe Kristalle; F: 237° (*Li. et al.*), 229—230° [aus Eg.] (*Basu*), 228—220° [aus Eg.] (*Is. et al.*).

2-Acetoxy-3ξ-[3-äthoxycarbonyl-[2]chinolyl]-acrylsäure-äthylester $C_{19}H_{19}NO_6$, Formel VII (R = $CO-CH_3$).

B. Beim Erwärmen von [3-Äthoxycarbonyl-[2]chinolyl]-brenztraubensäure-äthylester mit Acetanhydrid (*Borsche et al.*, B. **76** [1943] 1099, 1101, 1104).

Braune Kristalle (aus Me.); F: 149—150°.

3ξ-[3-Äthoxycarbonyl-[2]chinolyl]-2-benzoyloxy-acrylsäure-äthylester $C_{24}H_{21}NO_6$, Formel VII (R = $CO-C_6H_5$).

B. Beim Behandeln von [3-Äthoxycarbonyl-[2]chinolyl]-brenztraubensäure-äthylester mit Benzoylchlorid in Pyridin (*Borsche et al.*, B. **76** [1943] 1099, 1101, 1104).

Gelbe Kristalle (aus A.); F: 191—192°.

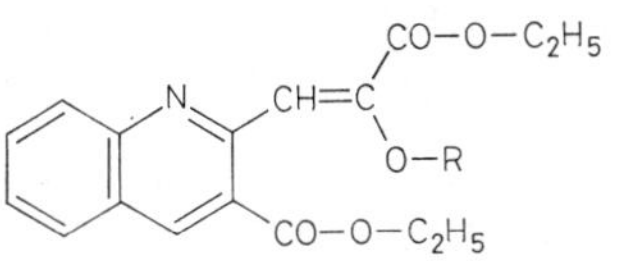

VII 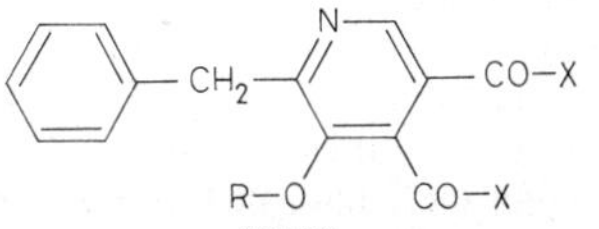 VIII

Hydroxycarbonsäuren $C_{14}H_{11}NO_5$

6-Benzyl-5-hydroxy-pyridin-3,4-dicarbonsäure $C_{14}H_{11}NO_5$, Formel VIII (R = H, X = OH).

B. Beim Behandeln von 6-Benzyl-5-hydroxy-pyridin-3,4-dicarbonsäure-dimethylester mit wss. NaOH (*Cohen, Silk,* Soc. **1952** 4386, 4389).

F: 241°.

6-Benzyl-5-hydroxy-pyridin-3,4-dicarbonsäure-dimethylester $C_{16}H_{15}NO_5$, Formel VIII (R = H, X = O-CH_3).

Hydrochlorid $C_{16}H_{15}NO_5 \cdot HCl$. *B.* Bei der Hydrierung von 1,2-Dibenzyl-3-hydroxy-4,5-bis-methoxycarbonyl-pyridinium-chlorid an Palladium/Kohle in Methanol (*Cohen, Silk,* Soc. **1952** 4386, 4388). — Kristalle (aus Me. + Ae.); F: 148—150° [Zers.].

6-Benzyl-5-benzyloxy-pyridin-3,4-dicarbonsäure-dimethylester $C_{23}H_{21}NO_5$, Formel VIII (R = CH_2-C_6H_5, X = O-CH_3).

B. Beim Behandeln von 6-Benzyl-5-hydroxy-pyridin-3,4-dicarbonsäure-dimethylester-hydrochlorid mit Natriummethylat in Methanol und anschliessenden Erhitzen mit *N*-Benzyl-*N*,*N*-dimethyl-anilinium-chlorid in Methanol und Xylol (*Cohen, Silk,* Soc. **1952** 4386, 4389).

Kristalle (aus Me.); F: 78°.

6-Benzyl-5-methoxy-pyridin-3,4-dicarbonsäure-diamid $C_{15}H_{15}N_3O_3$, Formel VIII (R = CH_3, X = NH_2).

B. Beim Behandeln von 6-Benzyl-5-hydroxy-pyridin-3,4-dicarbonsäure-dimethylester mit Diazomethan in Äther und Behandeln des Reaktionsprodukts mit flüssigem NH_3 (*Cohen, Silk,* Soc. **1952** 4386, 4389).

Kristalle (aus Me.); F: 194° [Zers.].

6-Benzyl-5-methoxy-pyridin-3,4-dicarbonitril $C_{15}H_{11}N_3O$, Formel IX.

B. Beim Erwärmen von 6-Benzyl-5-methoxy-pyridin-3,4-dicarbonsäure-diamid mit $POCl_3$ in Pyridin und Benzol (*Cohen, Silk,* Soc. **1952** 4386, 4389).

Kristalle; F: 64° [nach Hochvakuumsublimation].

IX X

1,2-Dibenzyl-3-hydroxy-4,5-bis-methoxycarbonyl-pyridinium $[C_{23}H_{22}NO_5]^+$, Formel X.

Betain $C_{23}H_{21}NO_5$. *B.* Aus dem Chlorid (s. u.) beim Behandeln mit H_2O (*Cohen, Silk,* Soc. **1952** 4386, 4388). — Kristalle (aus Me. + Ae.); F: 168° [Zers.].

Chlorid $[C_{23}H_{22}NO_5]Cl$. *B.* Beim Erwärmen von (±)-{[Benzyl-(1-methoxycarbonyl-2-phenyl-äthyl)-amino]-methylen}-bernsteinsäure-dimethylester mit Natriummethylat in Methanol und Behandeln des Reaktionsprodukts mit SO_2Cl_2 in Benzol (*Co., Silk*). — Kristalle (aus Acn. + Ae.); F: 135—137° [Zers.].

6-Benzyl-3-cyan-2-hydroxy-isonicotinsäure-äthylester $C_{16}H_{14}N_2O_3$, Formel XI, und Tautomeres (6-Benzyl-3-cyan-2-oxo-1,2-dihydro-pyridin-4-carbonsäure-äthylester).

B. Beim Behandeln von Cyanessigsäure-amid in Äthanol mit Natriummethylat in Methanol und anschliessend mit 2,4-Dioxo-5-phenyl-valeriansäure-äthylester (*Libermann et al.*, Bl. **1958** 687, 690, 691; *Chim. et Atomistique*, U.S.P. 2901488 [1957]).

F: 167—168°.

5-Cyan-6-hydroxy-2-methyl-4-phenyl-nicotinsäure-äthylester $C_{16}H_{14}N_2O_3$, Formel XII (X = H), und Tautomeres (5-Cyan-2-methyl-6-oxo-4-phenyl-1,6-dihydro-pyridin-3-carbonsäure-äthylester).

B. Beim Erwärmen von 5-Cyan-2-methyl-6-oxo-4-phenyl-3,4,5,6-tetrahydro-pyridin-3-carbonsäure-äthylester mit $SOCl_2$ (*Hoffmann-La Roche,* D.R.P. 730910 [1941]; D.R.P. Org. Chem. **6** 2542; U.S.P. 2400045 [1941]).

F: 238°.

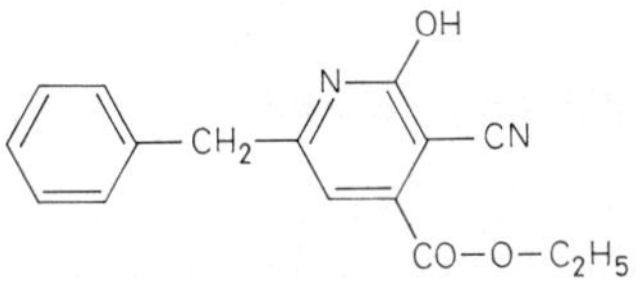

XI 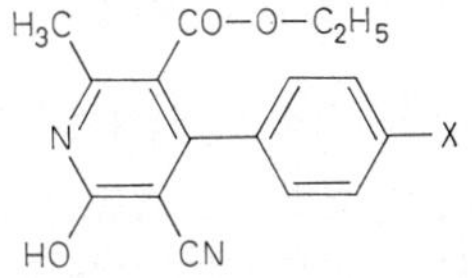 XII

5-Cyan-6-hydroxy-2-methyl-4-[4-nitro-phenyl]-nicotinsäure-äthylester $C_{16}H_{13}N_3O_5$, Formel XII (X = NO_2), und Tautomeres (5-Cyan-2-methyl-4-[4-nitro-phenyl]-6-oxo-1,6-dihydro-pyridin-3-carbonsäure-äthylester).

B. Beim Erwärmen von opt.-inakt. 5-Cyan-2-methyl-4-[4-nitro-phenyl]-6-oxo-3,4,5,6-tetrahydro-pyridin-3-carbonsäure-äthylester (F: 141°) mit Amylnitrit und HCl in Äthanol (*Hoffmann-La Roche,* D.R.P. 730910 [1941]; D.R.P. Org. Chem. **6** 2542; U.S.P. 2400045 [1941]).

Hellgelbe Kristalle; F: 232°.

***[2-(1-Methyl-1*H*-[4]chinolyliden)-1-methylmercapto-äthyliden]-malononitril** $C_{16}H_{13}N_3S$, Formel XIII.

B. Beim Erwärmen von [Bis-methylmercapto-methylen]-malononitril mit 1,4-Dimethyl-chinolinium-jodid und Triäthylamin in Äthanol (*Ilford Ltd.,* U.S.P. 2533233 [1948]).

Rote Kristalle (aus Bzl.); F: 221°.

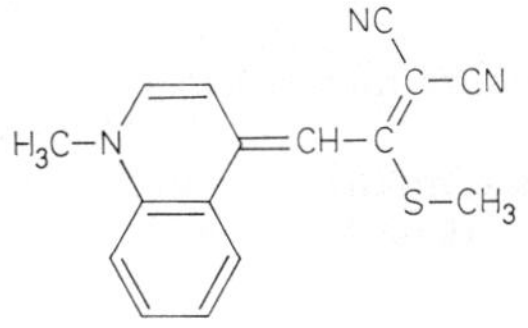

XIII 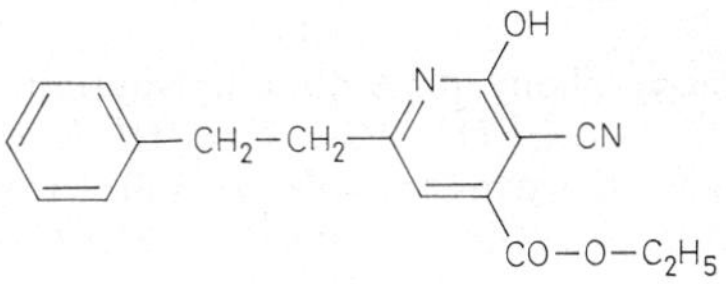 XIV

Hydroxycarbonsäuren $C_{15}H_{13}NO_5$

3-Cyan-2-hydroxy-6-phenäthyl-isonicotinsäure-äthylester $C_{17}H_{16}N_2O_3$, Formel XIV, und Tautomeres (3-Cyan-2-oxo-6-phenäthyl-1,2-dihydro-pyridin-4-carbonsäure-äthylester).

B. Beim Erwärmen von 2,4-Dioxo-6-phenyl-hexansäure-äthylester mit Cyanessigsäure-amid und Piperidin in Äthanol (*Libermann et al.,* Bl. **1958** 687, 691).

F: 207°.

4-[2-Methoxy-phenyl]-2,6-dimethyl-pyridin-3,5-dicarbonsäure $C_{16}H_{15}NO_5$, Formel I (R = H).

B. Beim Erwärmen von 4-[2-Methoxy-phenyl]-2,6-dimethyl-pyridin-3,5-dicarbonsäure-diäthylester mit äthanol. KOH [Überschuss] (*Kahn et al.,* Soc. **1949** 2128, 2131).

Kristalle (aus Eg.); F: 314° [korr.; Zers.] (nicht rein erhalten).

Beim Erhitzen mit wss. HBr ist 4-[2-Hydroxy-phenyl]-2,6-dimethyl-pyridin-3,5-dicarbonsäure-lacton erhalten worden.

4-[2-Methoxy-phenyl]-2,6-dimethyl-pyridin-3,5-dicarbonsäure-monoäthylester $C_{18}H_{19}NO_5$, Formel I (R = C_2H_5).

B. Beim Erwärmen von 4-[2-Methoxy-phenyl]-2,6-dimethyl-pyridin-3,5-dicarbonsäure-

diäthylester mit äthanol. KOH [1 Mol] (*Kahn et al.*, Soc. **1949** 2128, 2132).
Kristalle (aus wss. A.); F: 195–196°.

4-[2-Methoxy-phenyl]-2,6-dimethyl-pyridin-3,5-dicarbonitril $C_{16}H_{13}N_3O$, Formel II (X = H).
B. Beim Behandeln von 4-[2-Methoxy-phenyl]-2,6-dimethyl-1,4-dihydro-pyridin-3,5-dicarbonitril mit CrO_3 in Essigsäure (*Courts, Petrow*, Soc. **1952** 334, 335).
Gelbe Kristalle (aus Eg.); F: 177° [unkorr.].

4-[2-Methoxy-5-nitro-phenyl]-2,6-dimethyl-pyridin-3,5-dicarbonitril $C_{16}H_{12}N_4O_3$, Formel II (X = NO_2).
B. Aus 4-[2-Methoxy-5-nitro-phenyl]-2,6-dimethyl-1,4-dihydro-pyridin-3,5-dicarbonitril beim Behandeln mit CrO_3 in Essigsäure (*Courts, Petrow*, Soc. **1952** 334, 336).
Hellgelbe Kristalle (aus A.); F: 222,5–223° [unkorr.].

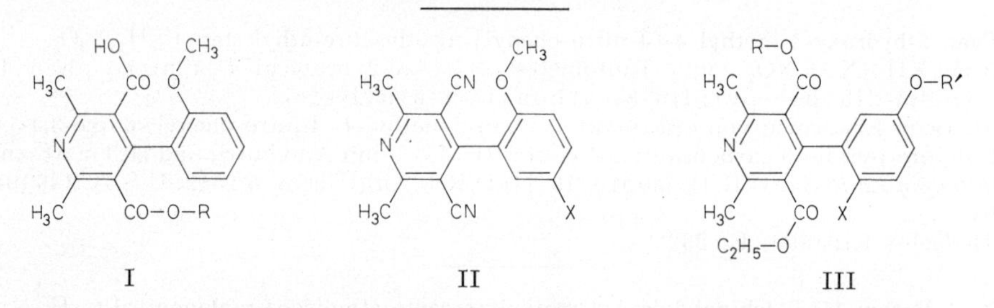

4-[3-Hydroxy-phenyl]-2,6-dimethyl-pyridin-3,5-dicarbonsäure-monoäthylester $C_{17}H_{17}NO_5$, Formel III (R = R′ = X = H).
B. Beim Erwärmen von 4-[3-Hydroxy-phenyl]-2,6-dimethyl-pyridin-3,5-dicarbonsäure-diäthylester mit äthanol. KOH (*Kahn et al.*, Soc. **1949** 2128, 2132).
Kristalle (aus A.); F: 279° [korr.].

4-[3-Methoxy-phenyl]-2,6-dimethyl-pyridin-3,5-dicarbonsäure-monoäthylester $C_{18}H_{19}NO_5$, Formel III (R = X = H, R′ = CH_3).
B. Beim Erwärmen von 4-[3-Methoxy-phenyl]-2,6-dimethyl-pyridin-3,5-dicarbonsäure-diäthylester mit äthanol. KOH (*Kahn et al.*, Soc. **1949** 2128, 2132).
Kristalle (aus wss. A.); F: 195° [korr.].

4-[3-Hydroxy-phenyl]-2,6-dimethyl-pyridin-3,5-dicarbonsäure-diäthylester $C_{19}H_{21}NO_5$, Formel III (R = C_2H_5, R′ = X = H).
B. Beim Erhitzen von 4-[3-Acetoxy-phenyl]-2,6-dimethyl-pyridin-3,5-dicarbonsäure-diäthylester mit äthanol. KOH (*Kahn et al.*, Soc. **1949** 2128, 2132).
Kristalle (aus wss. A.); F: 180–181° [korr.].

4-[3-Methoxy-phenyl]-2,6-dimethyl-pyridin-3,5-dicarbonsäure-diäthylester $C_{20}H_{23}NO_5$, Formel III (R = C_2H_5, R′ = CH_3, X = H).
B. Beim Behandeln von 4-[3-Hydroxy-phenyl]-2,6-dimethyl-pyridin-3,5-dicarbonsäure-diäthylester mit Dimethylsulfat und wss. KOH (*Kahn et al.*, Soc. **1949** 2128, 2132).
Kristalle (aus wss. A.); F: 70°.

4-[3-Acetoxy-phenyl]-2,6-dimethyl-pyridin-3,5-dicarbonsäure-diäthylester $C_{21}H_{23}NO_6$, Formel III (R = C_2H_5, R′ = CO-CH_3, X = H).
B. Beim Erwärmen von 4-[3-Acetoxy-phenyl]-2,6-dimethyl-1,4-dihydro-pyridin-3,5-dicarbonsäure-diäthylester mit CrO_3 und wss. Essigsäure (*Kahn et al.*, Soc. **1949** 2128, 2132).
Kristalle (aus wss. Me.); F: 98°.

4-[5-Methoxy-2-nitro-phenyl]-2,6-dimethyl-pyridin-3,5-dicarbonsäure-diäthylester $C_{20}H_{22}N_2O_7$, Formel III (R = C_2H_5, R′ = CH_3, X = NO_2).
B. Beim Erwärmen von 4-[5-Methoxy-2-nitro-phenyl]-2,6-dimethyl-1,4-dihydro-

pyridin-3,5-dicarbonsäure-diäthylester mit wss. HNO_3 (*Hinkel et al.*, Soc. **1932** 1112, 1117).

Kristalle (aus wss. A.); F: 99°.

4-[4-Methoxy-phenyl]-2,6-dimethyl-pyridin-3,5-dicarbonsäure $C_{16}H_{15}NO_5$, Formel IV (R = R' = H).

B. Beim Erwärmen von 4-[4-Methoxy-phenyl]-2,6-dimethyl-pyridin-3,5-dicarbon= säure-diäthylester mit äthanol. KOH (*Kahn et al.*, Soc. **1949** 2128, 2132).

Kristalle (aus wss. Eg.); F: 295–296° [korr.; Zers.].

4-[4-Methoxy-phenyl]-2,6-dimethyl-pyridin-3,5-dicarbonsäure-monoäthylester $C_{18}H_{19}NO_5$, Formel IV (R = H, R' = C_2H_5).

B. Beim Erwärmen von 4-[4-Methoxy-phenyl]-2,6-dimethyl-pyridin-3,5-dicarbon= säure-diäthylester mit äthanol. KOH (*Kahn et al.*, Soc. **1949** 2128, 2133).

Kristalle (aus wss. A.); F: 189,5–191,5° [korr.].

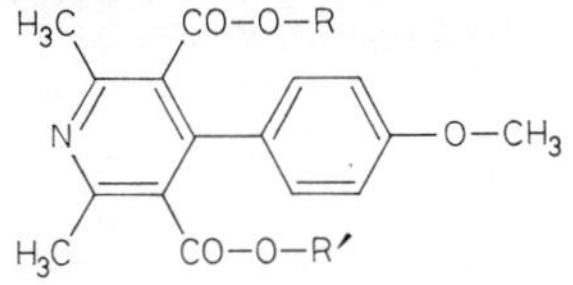

IV 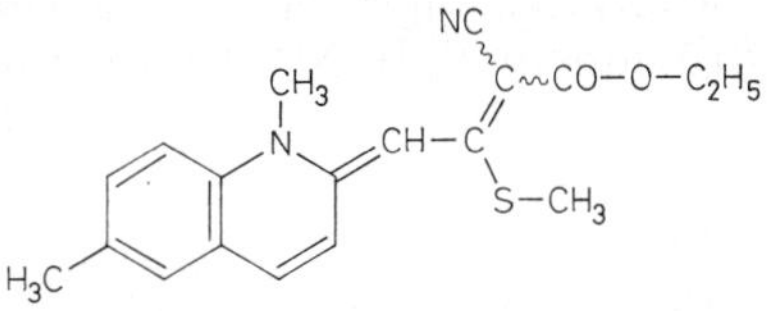 V

4-[4-Methoxy-phenyl]-2,6-dimethyl-pyridin-3,5-dicarbonsäure-diäthylester $C_{20}H_{23}NO_5$, Formel IV (R = R' = C_2H_5) (E II 206).

B. Beim Behandeln von 4-[4-Methoxy-phenyl]-2,6-dimethyl-1,4-dihydro-pyridin-3,5-dicarbonsäure-diäthylester mit CrO_3 in Essigsäure (*Borsche, Hahn*, A. **537** [1939] 219, 230).

***2-Cyan-4-[1,6-dimethyl-1*H*-[2]chinolyliden]-3-methylmercapto-crotonsäure-äthyl= ester** $C_{19}H_{20}N_2O_2S$, Formel V.

B. Beim Erhitzen von 2-Cyan-3,3-bis-methylmercapto-acrylsäure-äthylester mit 2,6-Dimethyl-chinolin und Toluol-4-sulfonsäure-methylester und Erwärmen des Reaktionsgemisches mit Pyridin (*Ilford Ltd.*, U.S.P. 2511210 [1947]).

Kristalle (aus Bzl. + PAe.); F: 114°.

Hydroxycarbonsäuren $C_{17}H_{17}NO_5$

3-Cyan-2-hydroxy-6-[2-methyl-2-phenyl-propyl]-isonicotinsäure-äthylester $C_{19}H_{20}N_2O_3$, Formel VI, und Tautomeres (3-Cyan-6-[2-methyl-2-phenyl-propyl]-2-oxo-1,2-dihydro-pyridin-4-carbonsäure-äthylester).

B. Beim Erwärmen von 6-Methyl-2,4-dioxo-6-phenyl-heptansäure-äthylester mit Cyanessigsäure-amid und Piperidin in Äthanol (*Libermann et al.*, Bl. **1958** 687, 691).

F: 178°.

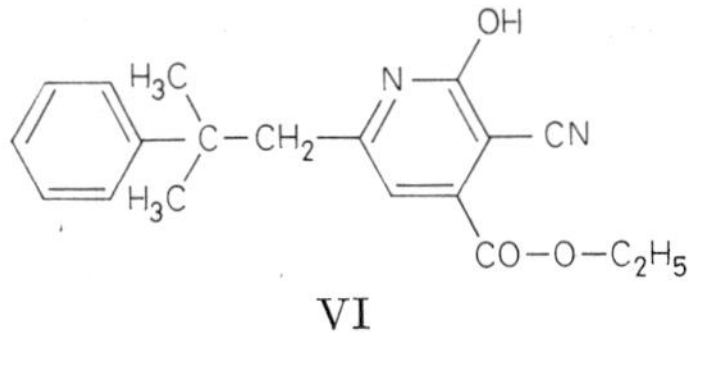

VI 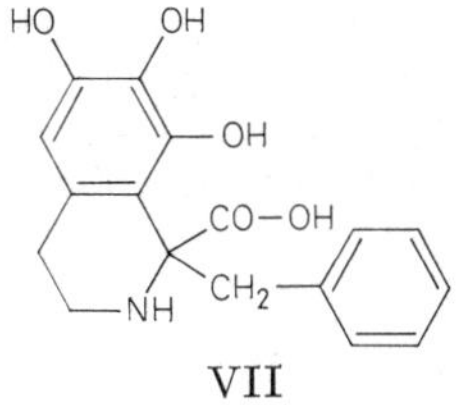 VII

(±)-1-Benzyl-6,7,8-trihydroxy-1,2,3,4-tetrahydro-isochinolin-1-carbonsäure $C_{17}H_{17}NO_5$, Formel VII.

B. Beim Behandeln von Phenylbrenztraubensäure mit 5-[2-Amino-äthyl]-pyrogallol-hydrochlorid und wss. NH_3 (*Hahn, Rumpf*, B. **71** [1938] 2141, 2147).

Kristalle (aus Me.); Zers. bei 239—240°.

Hydrochlorid. Zers. ab 245° [nach Aufschäumen bei 176°].

(±)-6,7-Dihydroxy-1-salicyl-1,2,3,4-tetrahydro-isochinolin-1-carbonsäure $C_{17}H_{17}NO_5$, Formel VIII.

B. Aus 3-Hydroxy-cumarin (E III/IV **17** 6152) und 4-[2-Amino-äthyl]-brenzcatechin-hydrochlorid (*Hahn, Stiehl,* B. **69** [1936] 2627, 2644).

Zers. ab 250°.

Hydrochlorid $C_{17}H_{17}NO_5 \cdot HCl$. Kristalle (aus wss. HCl) mit 3 Mol H_2O, die ab 155° schmelzen; Zers. ab 220°.

(±)-6,7-Dihydroxy-1-[3-hydroxy-benzyl]-1,2,3,4-tetrahydro-isochinolin-1-carbonsäure $C_{17}H_{17}NO_5$, Formel IX (R = H).

B. Beim Behandeln von [3-Hydroxy-phenyl]-brenztraubensäure mit 4-[2-Amino-äthyl]-brenzcatechin-hydrochlorid und wss. NH_3 (*Hahn, Stiehl,* B. **69** [1936] 2627, 2644).

Hydrochlorid $C_{17}H_{17}NO_5 \cdot HCl$. Kristalle (aus wss. HCl); Zers. ab 255°.

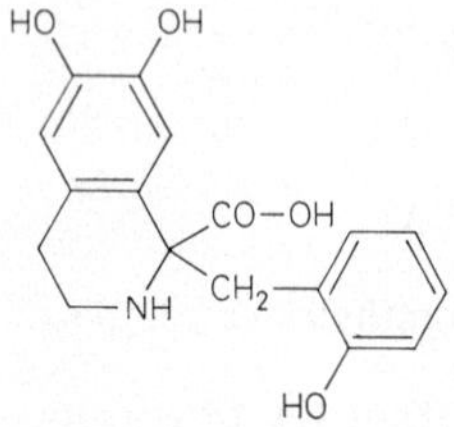

VIII 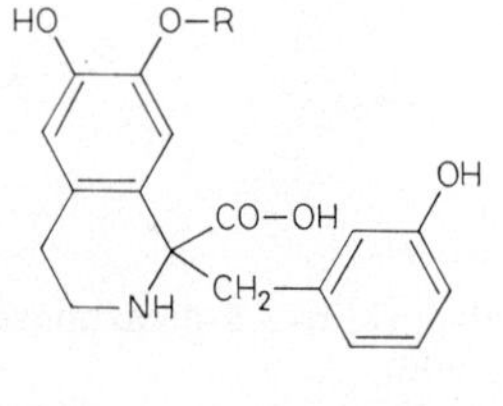 IX 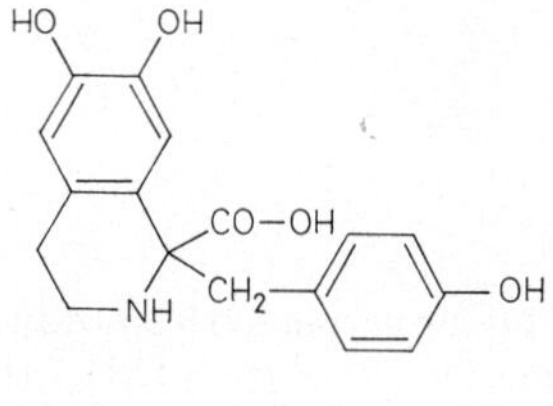 X

(±)-6-Hydroxy-1-[3-hydroxy-benzyl]-7-methoxy-1,2,3,4-tetrahydro-isochinolin-1-carbonsäure $C_{18}H_{19}NO_5$, Formel IX (R = CH_3).

B. Beim Behandeln von [3-Hydroxy-phenyl]-brenztraubensäure mit 5-[2-Amino-äthyl]-2-methoxy-phenol-sulfat und wss. NH_3 (*Hahn, Rumpf,* B. **71** [1938] 2141, 2152).

Zers. bei 228°.

Hydrochlorid. $C_{18}H_{19}NO_5 \cdot HCl$. Zers. ab 220° [nach Sintern bei 172—174°].

(±)-6,7-Dihydroxy-1-[4-hydroxy-benzyl]-1,2,3,4-tetrahydro-isochinolin-1-carbonsäure $C_{17}H_{17}NO_5$, Formel X.

B. Beim Behandeln von [4-Hydroxy-phenyl]-brenztraubensäure mit 4-[2-Amino-äthyl]-brenzcatechin-hydrochlorid und wss. NH_3 (*Hahn, Stiehl,* B. **69** [1936] 2627, 2643).

Hydrochlorid $C_{17}H_{17}NO_5 \cdot HCl$. Kristalle (aus konz. HCl); Zers. bei 260° [nach Verfärbung ab 240°].

***[4-(5-Methoxy-1,3,3-trimethyl-indolin-2-yliden)-but-2-enyliden]-malononitril** $C_{19}H_{19}N_3O$, Formel XI.

B. Beim Erwärmen von 5-Methoxy-1,3,3-trimethyl-2-methylen-indolin mit 3-[*N*-Methyl-anilino]-acrylaldehyd in Pyridin und Erwärmen des Reaktionsprodukts mit Malononitril und Piperidin in Äthanol (*Strell et al.,* A. **587** [1954] 195, 201, 205).

Rote Kristalle; F: 200° [Zers.]. λ_{max} (A.): 540 nm.

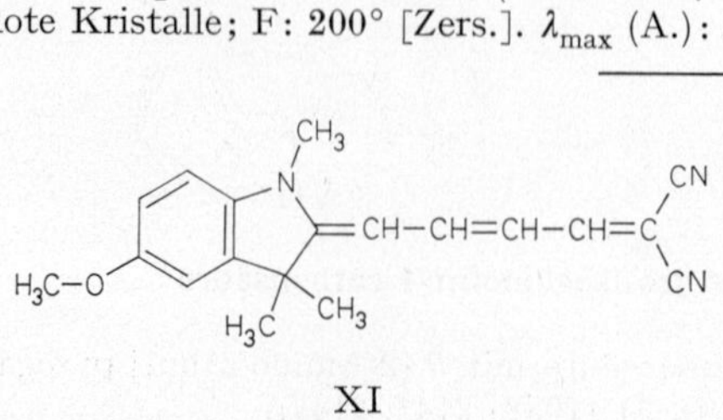

XI 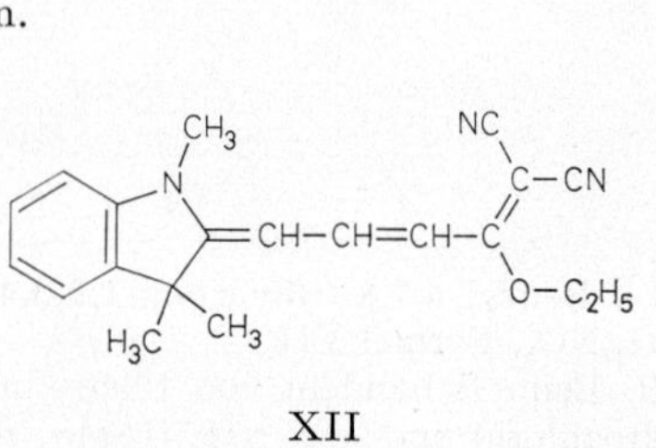 XII

***[1-Äthoxy-4-(1,3,3-trimethyl-indolin-2-yliden)-but-2-enyliden]-malononitril** $C_{20}H_{21}N_3O$, Formel XII.

B. Beim Erwärmen von [1-Äthoxy-äthyliden]-malononitril mit 2-[2-(*N*-Acetyl-anilino)-vinyl]-1,3,3-trimethyl-3*H*-indolium-jodid und Triäthylamin in Äthanol (*Eastman Kodak Co.*, U.S.P. 2721799 [1951]).

Rote Kristalle (aus Bzl.); F: 198°.

***3-Äthylmercapto-2-cyan-6-[1,3,3-trimethyl-indolin-2-yliden]-hexa-2,4-diensäure-äthylester** $C_{22}H_{26}N_2O_2S$, Formel XIII.

B. Beim Erwärmen von 1,3,3-Trimethyl-2-[2-methylmercapto-vinyl]-3*H*-indolium-jodid (E III/IV **21** 1321) mit 3-Äthylmercapto-2-cyan-crotonsäure-äthylester (E IV **3** 1197) und Triäthylamin in Äthanol (*Ilford Ltd.*, U.S.P. 2600380 [1949]).

Violette Kristalle (aus Me.); F: 117°.

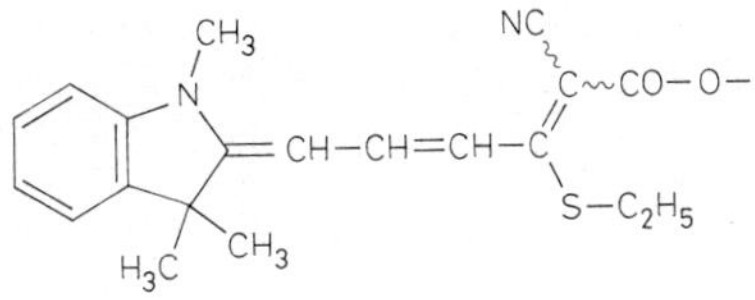

XIII 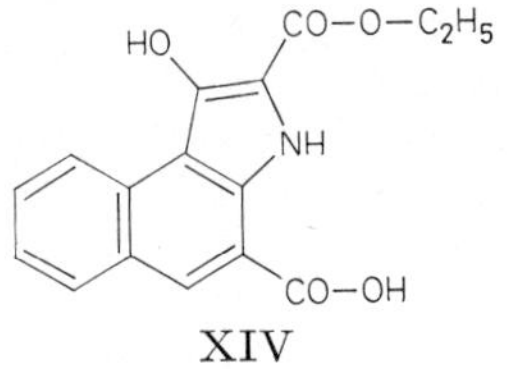 XIV

Hydroxycarbonsäuren $C_nH_{2n-19}NO_5$

Hydroxycarbonsäuren $C_{14}H_9NO_5$

1-Hydroxy-3*H*-benz[*e*]indol-2,4-dicarbonsäure-2-äthylester $C_{16}H_{13}NO_5$, Formel XIV.

B. Beim Erwärmen von 3-Amino-[2]naphthoesäure mit Brom-malonsäure-diäthylester in Äthanol und Erhitzen des erhaltenen Reaktionsprodukts auf 220° (*CIBA*, D.R.P. 579918 [1931]; Frdl. **20** 1253).

Hellgrüne Kristalle; F: >250°.

Hydroxycarbonsäuren $C_{15}H_{11}NO_5$

9-Hydroxy-5,6-dihydro-phenanthridin-8,10-dicarbonsäure $C_{15}H_{11}NO_5$, Formel I (R = R' = H).

B. Beim Erwärmen von 5-Formyl-9-hydroxy-5,6-dihydro-phenanthridin-8,10-dicarbonsäure-diäthylester mit methanol. KOH (*Edmiston, Wiesner*, Canad. J. Chem. **29** [1951] 105).

5-Formyl-9-hydroxy-5,6-dihydro-phenanthridin-8,10-dicarbonsäure-diäthylester $C_{20}H_{19}NO_6$, Formel I (R = CHO, R' = C_2H_5).

B. Beim Behandeln der Natrium-Verbindung von 1-Formyl-4-oxo-1,2,3,4-tetrahydro-chinolin-3-carbaldehyd in H_2O mit 3-Oxo-glutarsäure-diäthylester in Äthanol (*Edmiston, Wiesner*, Canad. J. Chem. **29** [1951] 105).

Kristalle; F: 140–141° [nach Vakuumsublimation].

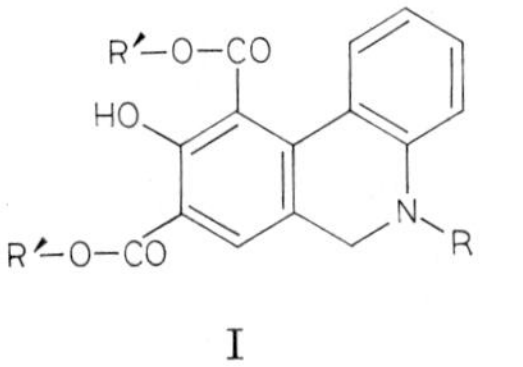

I 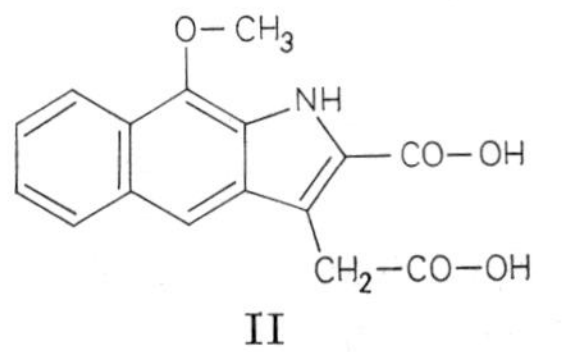 II

[2-Carboxy-9-methoxy-1*H*-benz[*f*]indol-3-yl]-essigsäure, 3-Carboxymethyl-9-methoxy-1*H*-benz[*f*]indol-2-carbonsäure $C_{16}H_{13}NO_5$, Formel II.

B. Beim Erwärmen von 3-Dimethylaminomethyl-9-methoxy-1*H*-benz[*f*]indol-2-carbon-

säure-äthylester mit NaCN in wss. Äthanol und Erwärmen des Reaktionsprodukts mit wss. NaOH (*Goldsmith, Lindwall*, J. org. Chem. **18** [1953] 507, 514).
F: 251,5—253° [Zers.].

Hydroxycarbonsäuren $C_{16}H_{13}NO_5$

***6-[1-Äthyl-1*H*-[2]chinolyliden]-3-äthylmercapto-2-cyan-hexa-2,4-diensäure-äthylester** $C_{22}H_{24}N_2O_2S$, Formel III.

B. Beim Erhitzen von 1-Äthyl-2-methyl-chinolinium-jodid mit Trithioorthoameisensäure-triäthylester und Acetanhydrid und Erwärmen des Reaktionsprodukts mit 3-Äthylmercapto-2-cyan-crotonsäure-äthylester (E IV **3** 1197) und Triäthylamin in Äthanol (*Ilford Ltd.*, U.S.P. 2600380 [1949]).

Grüne Kristalle (aus Me.); F: 146°.

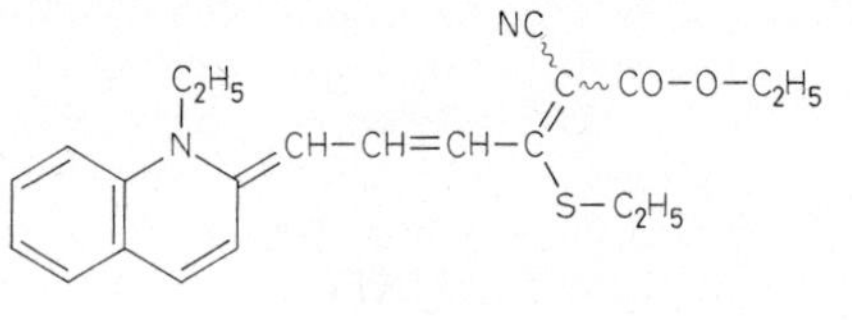

III 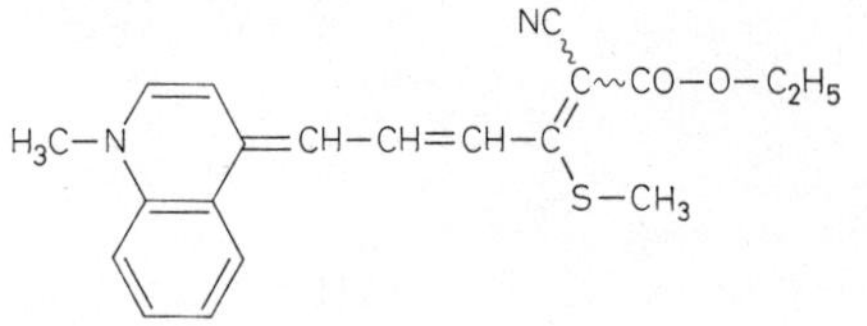 IV

***2-Cyan-6-[1-methyl-1*H*-[4]chinolyliden]-3-methylmercapto-hexa-2,4-diensäure-äthylester** $C_{20}H_{20}N_2O_2S$, Formel IV.

B. Beim Erhitzen von 4-Methyl-chinolin mit Toluol-4-sulfonsäure-methylester, anschliessend mit Trithioorthoameisensäure-triäthylester und Acetanhydrid und Erwärmen des Reaktionsprodukts mit 2-Cyan-3-methylmercapto-crotonsäure-äthylester und Triäthylamin in Äthanol (*Ilford Ltd.*, U.S.P. 2600380 [1949]).

Kristalle (aus Me.); F: 154°.

Hydroxycarbonsäuren $C_{17}H_{15}NO_5$

***[1-Äthoxy-4-(1-äthyl-1*H*-[2]chinolyliden)-2-methyl-but-2-enyliden]-malononitril** $C_{21}H_{21}N_3O$, Formel V.

B. Beim Erwärmen von [1-Äthoxy-propyliden]-malononitril mit 2-[2-(*N*-Acetyl-anilino)-vinyl]-1-äthyl-chinolinium-jodid und Triäthylamin in Äthanol (*Eastman Kodak Co.*, U.S.P. 2721799 [1951]).

Dunkelgrüne Kristalle (aus Bzl.); F: 166°.

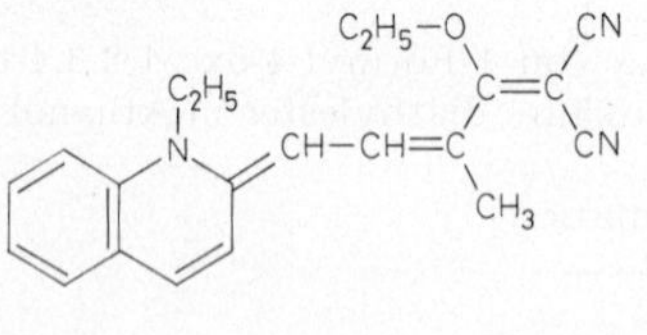

V 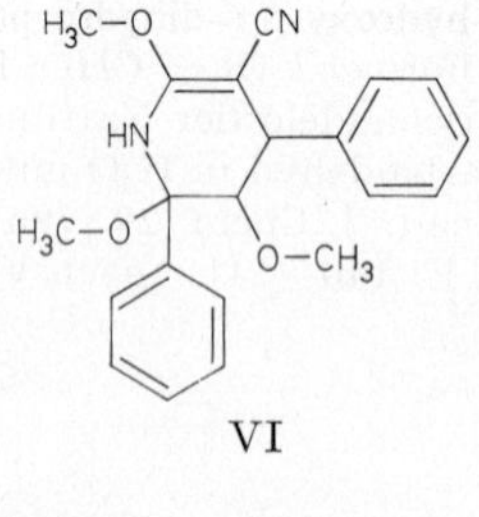 VI

Hydroxycarbonsäuren $C_{18}H_{17}NO_5$

***Opt.-inakt. 2,5,6-Trimethoxy-4,6-diphenyl-1,4,5,6-tetrahydro-pyridin-3-carbonitril** $C_{21}H_{22}N_2O_3$, Formel VI.

B. Beim Behandeln von opt.-inakt. 6-Hydroxy-5-methoxy-2-oxo-4,6-diphenyl-piperidin-3-carbonitril (F: 242°) mit Dimethylsulfat und NaOH (*Allen, Scarrow*, Canad. J. Res. **11** [1934] 395, 401).

Kristalle (aus Me.); F: 290° [unter Sublimation].

Hydroxycarbonsäuren $C_{19}H_{19}NO_5$

***[6-(5-Methoxy-1,3,3-trimethyl-indolin-2-yliden)-hexa-2,4-dienyliden]-malononitril** $C_{21}H_{21}N_3O$, Formel VII.

B. Beim Erwärmen von 5-Methoxy-1,3,3-trimethyl-2-methylen-indolin mit 5-[*N*-Methyl-anilino]-penta-2,4-dienal in Pyridin und Erwärmen des Reaktionsprodukts mit Malononitril und Piperidin in Äthanol (*Strell et al.*, A. **587** [1954] 195, 201, 205).

Blaue Kristalle; F: 185° [Zers.]. λ_{max} (A.): 646 nm.

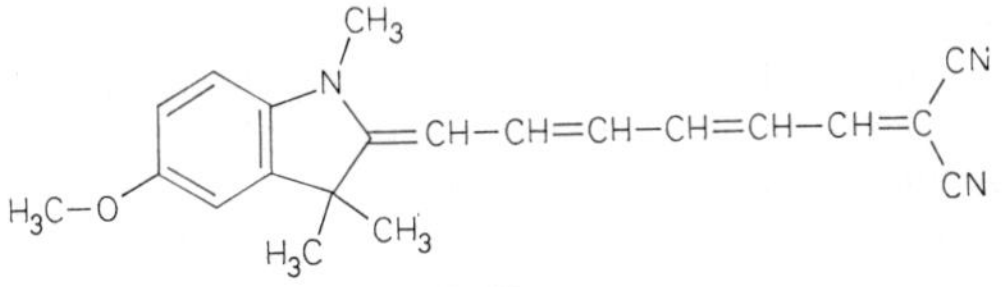

VII

Hydroxycarbonsäuren $C_{21}H_{23}NO_5$

***Opt.-inakt. 4-Äthyl-4-hydroxy-1-methyl-2,6-diphenyl-piperidin-3,5-dicarbonsäure-diäthylester** $C_{26}H_{33}NO_5$, Formel VIII (R = C_2H_5, R' = CH_3).

B. Beim Behandeln von opt.-inakt. 1-Methyl-4-oxo-2,6-diphenyl-piperidin-3,5-dicarbonsäure-diäthylester (F: 86°) mit Äthylmagnesiumjodid in Äther (*Zaheer et al.*, J. Indian chem. Soc. **24** [1947] 293, 294).

Kristalle (aus A.); F: 163°.

***Opt.-inakt. 1,4-Diäthyl-4-hydroxy-2,6-diphenyl-piperidin-3,5-dicarbonsäure-diäthylester** $C_{27}H_{35}NO_5$, Formel VIII (R = R' = C_2H_5).

B. Beim Behandeln von opt.-inakt. 1-Äthyl-4-oxo-2,6-diphenyl-piperidin-3,5-dicarbonsäure-diäthylester (F: 135—137°) mit Äthylmagnesiumjodid in Äther (*Sen, Sidhu*, J. Indian chem. Soc. **25** [1948] 433, 436).

Kristalle (aus A.); F: 142—143°.

Hydroxycarbonsäuren $C_{22}H_{25}NO_5$

***Opt.-inakt. 4-Hydroxy-1-methyl-2,6-diphenyl-4-propyl-piperidin-3,5-dicarbonsäure-diäthylester** $C_{27}H_{35}NO_5$, Formel VIII (R = CH_2-CH_2-CH_3, R' = CH_3).

B. Beim Behandeln von 1-Methyl-4-oxo-2,6-diphenyl-piperidin-3,5-dicarbonsäure-diäthylester (F: 86°) mit Propylmagnesiumbromid in Äther (*Zaheer et al.*, J. Indian chem. Soc. **24** [1947] 293, 295).

Kristalle (aus A.); F: 186—187°.

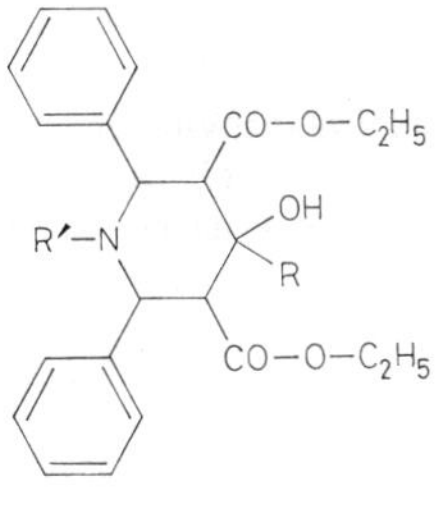

VIII 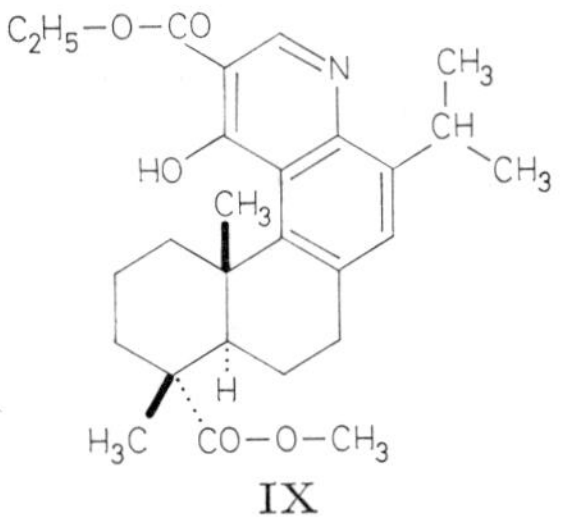 IX 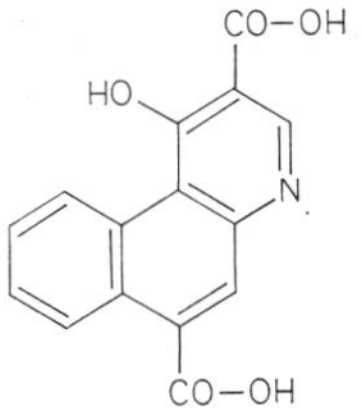 X

Hydroxycarbonsäuren $C_{23}H_{27}NO_5$

***Opt.-inakt. 4-Butyl-4-hydroxy-1-methyl-2,6-diphenyl-piperidin-3,5-dicarbonsäure-diäthylester** $C_{28}H_{37}NO_5$, Formel VIII (R = $[CH_2]_3$-CH_3, R' = CH_3).

B. Beim Behandeln von opt.-inakt. 1-Methyl-4-oxo-2,6-diphenyl-piperidin-3,5-dicarbonsäure-diäthylester (F: 86°) mit Butylmagnesiumbromid in Äther (*Zaheer et al.*, J. Indian

chem. Soc. **24** [1947] 293, 295).
Kristalle (aus A.); F: 191—192°.

Hydroxycarbonsäuren $C_{24}H_{29}NO_5$

(8a*R*)-1-Hydroxy-5-isopropyl-9*t*,12a-dimethyl-(8a*r*,12a*t*)-7,8,8a,9,10,11,12,12a-octahydro-naphtho[1,2-*f*]chinolin-2,9*c*-dicarbonsäure-2-äthylester-9-methylester $C_{27}H_{35}NO_5$, Formel IX, und Tautomeres ((8a*R*)-5-Isopropyl-9*t*-12a-dimethyl-1-oxo-(8a*r*,12a*t*)-1,4,7,8,8a,9,10,11,12,12a-decahydro-naphtho[1,2-*f*]chinolin-2,9*c*-dicarbonsäure-2-äthylester-9-methylester).

B. Beim Erhitzen von [(13-Isopropyl-4α-methoxycarbonyl-15-nor-podocarpa-8,11,13-trien-12-ylamino)-methylen]-malonsäure-diäthylester auf 250° (*Ochiai, Ohta*, J. pharm. Soc. Japan **74** [1954] 203, 205; C. A. **1955** 2377).

Kristalle (aus Me.); F: 156—158°. UV-Spektrum (A.; 230—350 nm): *Och., Ohta.*

Hydroxycarbonsäuren $C_nH_{2n-21}NO_5$

Hydroxycarbonsäuren $C_{15}H_9NO_5$

1-Hydroxy-benzo[*f*]chinolin-2,6-dicarbonsäure $C_{15}H_9NO_5$, Formel X, und Tautomeres (1-Oxo-1,4-dihydro-benzo[*f*]chinolin-2,6-dicarbonsäure).

B. Beim Erhitzen von [(4-Methoxycarbonyl-[2]naphthylamino)-methylen]-malonsäure-diäthylester in Mineralöl unter Stickstoff auf 250° und Erwärmen des Reaktionsprodukts mit wss. NaOH (*Gould, Jacobs*, Am. Soc. **61** [1939] 2890, 2893).

Die Verbindung schmilzt nicht unterhalb 360°.

Hydroxycarbonsäuren $C_{16}H_{11}NO_5$

4-Hydroxy-6-methoxy-2-[4-methoxy-phenyl]-chinolin-3-carbonsäure $C_{18}H_{15}NO_5$, Formel XI (R = H, R′ = CH_3), und Tautomeres (6-Methoxy-2-[4-methoxy-phenyl]-4-oxo-1,4-dihydro-chinolin-3-carbonsäure).

B. Beim Erhitzen von 4-Hydroxy-6-methoxy-2-[4-methoxy-phenyl]-chinolin-3-carbonsäure-äthylester mit wss. KOH (*Seka, Fuchs*, M. **57** [1931] 52, 60).

F: 252°.

6-Äthoxy-4-hydroxy-2-[4-methoxy-phenyl]-chinolin-3-carbonsäure $C_{19}H_{17}NO_5$, Formel XI (R = H, R′ = C_2H_5), und Tautomeres (6-Äthoxy-2-[4-methoxy-phenyl]-4-oxo-1,4-dihydro-chinolin-3-carbonsäure).

B. Beim Behandeln von 6-Äthoxy-4-hydroxy-2-[4-methoxy-phenyl]-chinolin-3-carbonsäure-äthylester mit äthanol. KOH (*Šorm, Novotný*, Chem. Listy **49** [1954] 901, 903, 907; Collect. **20** [1955] 1206, 1209; C. A. **1955** 13244).

F: >300° [Zers.].

4-Hydroxy-6-methoxy-2-[4-methoxy-phenyl]-chinolin-3-carbonsäure-äthylester $C_{20}H_{19}NO_5$, Formel XI (R = C_2H_5, R′ = CH_3), und Tautomeres (6-Methoxy-2-[4-methoxy-phenyl]-4-oxo-1,4-dihydro-chinolin-3-carbonsäure-äthylester).

B. Beim Erwärmen von 4-Methoxy-*N*-[4-methoxy-phenyl]-benzimidoylchlorid mit der Natrium-Verbindung des Malonsäure-diäthylesters in Äther auf 80—90° (*Seka, Fuchs*, M. **57** [1931] 52, 59).

Kristalle (aus A.); F: 265—266°.

O—CH3 R′—O N CO—O—R OH

XI

C2H5—O O—CH3 N CO—O—R OH

XII

6-Äthoxy-4-hydroxy-2-[4-methoxy-phenyl]-chinolin-3-carbonsäure-äthylester $C_{21}H_{21}NO_5$, Formel XI (R = R' = C_2H_5), und Tautomeres (6-Äthoxy-2-[4-methoxy-phenyl]-4-oxo-1,4-dihydro-chinolin-3-carbonsäure-äthylester).

B. Beim Erwärmen von *N*-[4-Äthoxy-phenyl]-4-methoxy-benzimidoylchlorid (aus 4-Methoxy-benzoesäure-*p*-phenetidid und PCl_5 in Benzol erhalten) mit der Natrium-Verbindung des Malonsäure-diäthylesters in Toluol und Erhitzen des Reaktionsprodukts auf 150—170° (*Šorm, Novotný*, Chem. Listy **49** [1954] 901, 903, 907; Collect. **20** [1955] 1206, 1209; C. A. **1955** 13244).

F: 232° [unkorr.].

8-Äthoxy-4-hydroxy-2-[4-methoxy-phenyl]-chinolin-3-carbonsäure $C_{19}H_{17}NO_5$, Formel XII (R = H), und Tautomeres (8-Äthoxy-2-[4-methoxy-phenyl]-4-oxo-1,4-dihydro-chinolin-3-carbonsäure).

B. Beim Behandeln von 8-Äthoxy-4-hydroxy-2-[4-methoxy-phenyl]-chinolin-3-carbonsäure-äthylester mit äthanol. KOH (*Šorm, Novotný*, Chem. Listy **49** [1954] 901, 903, 907; Collect. **20** [1955] 1206, 1209; C. A. **1955** 13244).

F: 227° [unkorr.].

8-Äthoxy-4-hydroxy-2-[4-methoxy-phenyl]-chinolin-3-carbonsäure-äthylester $C_{21}H_{21}NO_5$, Formel XII (R = C_2H_5), und Tautomeres (8-Äthoxy-2-[4-methoxy-phenyl]-4-oxo-1,4-dihydro-chinolin-3-carbonsäure-äthylester).

B. Beim Erwärmen von *N*-[2-Äthoxy-phenyl]-4-methoxy-benzimidoylchlorid (aus 4-Methoxy-benzoesäure-*o*-phenetidid und PCl_5 in Benzol erhalten) mit der Natrium-Verbindung des Malonsäure-diäthylesters in Toluol und Erhitzen des Reaktionsprodukts auf 150—170° (*Šorm, Novotný*, Chem. Listy **49** [1954] 901, 903, 907; Collect. **20** [1955] 1206, 1209; C. A. **1955** 13244).

F: 173° [unkorr.].

2-[3,4-Dimethoxy-phenyl]-6-hydroxy-chinolin-4-carbonsäure $C_{18}H_{15}NO_5$, Formel XIII (R = H).

B. Beim Erwärmen von 4-Amino-phenol mit Veratrumaldehyd und Brenztraubensäure in Äthanol (*Holdsworth, Lions*, J. Pr. Soc. N. S. Wales **66** [1932] 273, 277).

Gelbes Pulver; unterhalb 300° nicht schmelzend.

2-[3,4-Dimethoxy-phenyl]-6-methoxy-chinolin-4-carbonsäure $C_{19}H_{17}NO_5$, Formel XIII (R = CH_3).

B. Beim Erwärmen von *p*-Anisidin mit Veratrumaldehyd und Brenztraubensäure in Äthanol (*Holdsworth, Lions*, J. Pr. Soc. N. S. Wales **66** [1932] 273, 277).

Gelbe Kristalle (aus A.); F: 257°.

O—CH₃ O—CH₃ N R—O CO—OH

XIII

O—R' O—R' R—O N CO—OH

XIV

2-[3,4-Dihydroxy-phenyl]-7-hydroxy-chinolin-4-carbonsäure $C_{16}H_{11}NO_5$, Formel XIV (R = R' = H).

B. Beim Erwärmen von 3-Amino-phenol mit 3,4-Dihydroxy-benzaldehyd und Brenztraubensäure in Äthanol (*Holdsworth, Lions*, J. Pr. Soc. N. S. Wales **66** [1932] 473, 476).

Braunes Pulver; unterhalb 300° nicht schmelzend.

2-[3,4-Dimethoxy-phenyl]-7-hydroxy-chinolin-4-carbonsäure $C_{18}H_{15}NO_5$, Formel XIV (R = H, R' = CH_3).

B. Beim Erwärmen von 3-Amino-phenol mit Veratrumaldehyd und Brenztraubensäure

in Äthanol (*Holdsworth, Lions*, J. Pr. Soc. N. S. Wales **66** [1932] 273, 277).
Gelbes Pulver; unterhalb 300° nicht schmelzend.

2-[3,4-Dimethoxy-phenyl]-7-methoxy-chinolin-4-carbonsäure $C_{19}H_{17}NO_5$, Formel XIV (R = R' = CH_3).

B. Beim Erwärmen von *m*-Anisidin mit Veratrumaldehyd und Brenztraubensäure in Äthanol (*Holdsworth, Lions*, J. Pr. Soc. N. S. Wales **66** [1932] 273, 277).

Gelbe Kristalle (aus A.); F: 222°.

2-[4-Hydroxy-3-methoxy-phenyl]-8-methoxy-chinolin-4-carbonsäure $C_{18}H_{15}NO_5$, Formel I (R = CH_3, R' = X = H).

B. Beim Erwärmen von *o*-Anisidin mit Vanillin und Brenztraubensäure in Äthanol (*Weil et al.*, Roczniki Chem. **9** [1929] 661, 662; C. **1930** I 1149; *Leskiewiczowna, Weil*, Roczniki Chem. **18** [1938] 174; C. **1939** II 1491).

Zers. bei 242–243° (*Le., Weil*; *Weil et al.*).

2-[3,4-Dimethoxy-phenyl]-8-hydroxy-chinolin-4-carbonsäure $C_{18}H_{15}NO_5$, Formel I (R = X = H, R' = CH_3).

B. Beim Erwärmen von 2-Amino-phenol mit Veratrumaldehyd und Brenztraubensäure in Äthanol (*Hollingshead*, Research **8** [1955] Spl. 11; Anal. Chim. Acta **19** [1958] 447, 449).

Kristalle (aus A.); F: 237–238°.

2-[3,4-Dimethoxy-phenyl]-8-methoxy-chinolin-4-carbonsäure $C_{19}H_{17}NO_5$, Formel I (R = R' = CH_3, X = H).

B. Beim Erwärmen von *o*-Anisidin mit Veratrumaldehyd und Brenztraubensäure in Äthanol (*Holdsworth, Lions*, J. Pr. Soc. N. S. Wales **66** [1932] 273, 276; *Leskiewiczowna, Weil*, Roczniki Chem. **18** [1938] 174; C. **1939** II 1491).

Gelbe Kristalle (aus A.); F: 116° (*Ho., Li.*). Gelbe Kristalle (aus A.) mit 1 Mol H_2O; F: 105–106° (*Le., Weil*).

2-[4-Hydroxy-3-methoxy-2-nitro-phenyl]-8-methoxy-chinolin-4-carbonsäure $C_{18}H_{14}N_2O_7$, Formel I (R = CH_3, R' = H, X = NO_2).

B. Aus *o*-Anisidin, Brenztraubensäure und 4-Hydroxy-3-methoxy-2-nitro-benzaldehyd (*Leskiewiczowna, Weil*, Roczniki Chem. **18** [1938] 174; C. **1939** II 1491).

Braunes Pulver (aus A.) mit 1 Mol H_2O; F: 170–173° [Zers.].

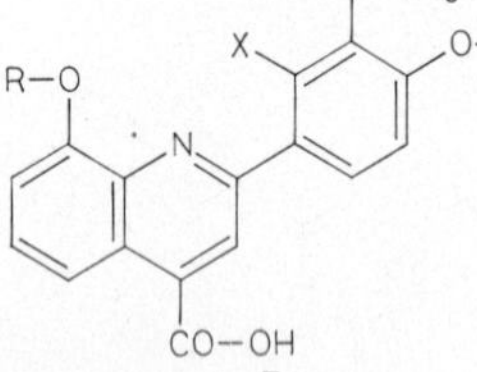

I 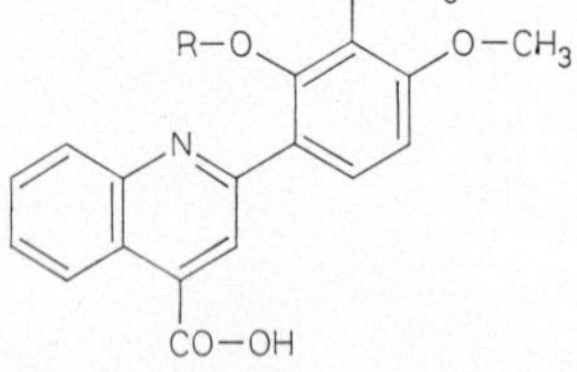 II 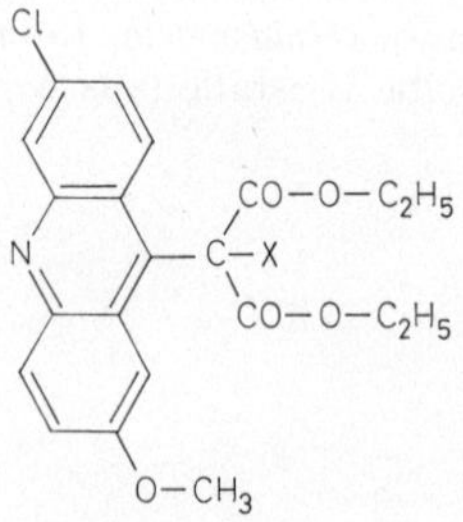 III

2-[2-Hydroxy-3,4-dimethoxy-phenyl]-chinolin-4-carbonsäure $C_{18}H_{15}NO_5$, Formel II (R = H).

B. Beim Erhitzen von 1-[2-Hydroxy-3,4-dimethoxy-phenyl]-äthanon mit Isatin und wss. KOH (*Holdsworth, Lions*, J. Pr. Soc. N. S. Wales **66** [1932] 473, 475).

Braune Kristalle (aus A.); F: 245°.

2-[2,3,4-Trimethoxy-phenyl]-chinolin-4-carbonsäure $C_{19}H_{17}NO_5$, Formel II (R = CH_3).

B. Beim Erwärmen von 1-[2,3,4-Trimethoxy-phenyl]-äthanon mit Isatin und wss.-äthanol. KOH (*Buu-Hoi, Cagniant*, R. **64** [1945] 214, 218; s. a. *Holdsworth, Lions*, J. Pr. Soc. N. S. Wales **66** [1932] 473, 475).

Hellgelbe Kristalle (aus A.); F: 196° (*Ho., Li.*), 184° (*Buu-Hoi, Ca.*).

[6-Chlor-2-methoxy-acridin-9-yl]-malonsäure-diäthylester $C_{21}H_{20}ClNO_5$, Formel III (X = H).

B. Beim Erwärmen von 6,9-Dichlor-2-methoxy-acridin mit der Natrium-Verbindung des Malonsäure-diäthylesters in Äthanol (*Campbell et al.*, Soc. **1958** 1145, 1147).

Kristalle (aus A.); F: 115°.

Brom-[6-chlor-2-methoxy-acridin-9-yl]-malonsäure-diäthylester $C_{21}H_{19}BrClNO_5$, Formel III (X = Br).

B. Beim Erwärmen von [6-Chlor-2-methoxy-acridin-9-yl]-malonsäure-diäthylester mit *N*-Brom-succinimid in CCl_4 (*Campbell et al.*, Soc. **1958** 1145, 1147).

Kristalle (aus PAe.); F: 137°.

1-Hydroxy-3-methyl-benzo[*f*]chinolin-2,6-dicarbonsäure $C_{16}H_{11}NO_5$, Formel IV (R = H), und Tautomeres (3-Methyl-1-oxo-1,4-dihydro-benzo[*f*]chinolin-2,6-dicarbon=säure).

B. Beim Erhitzen von 1-Hydroxy-3-methyl-benzo[*f*]chinolin-6-carbonsäure mit CCl_4 und wss. KOH unter Zusatz von Kupfer-Pulver (*Gould, Jacobs*, Am. Soc. **61** [1939] 2890, 2894).

Kristalle (aus wss. Py.); unterhalb 360° nicht schmelzend.

Monomethylester $C_{17}H_{13}NO_5$. Kristalle (aus wss. Py.); F: 290—295° [Zers.].

Dimethylester $C_{18}H_{15}NO_5$. Kristalle (aus Me.); F: 239—240°.

1-Methoxy-3-methyl-benzo[*f*]chinolin-2,6-dicarbonsäure-dimethylester $C_{19}H_{17}NO_5$, Formel IV (R = CH_3).

B. Beim Behandeln von 1-Hydroxy-3-methyl-benzo[*f*]chinolin-2,6-dicarbonsäure in Methanol mit Diazomethan (*Gould, Jacobs*, Am. Soc. **61** [1939] 2890, 2894).

Kristalle (aus Ae. oder Me.); F: 142—144°.

Hydroxycarbonsäuren $C_{18}H_{15}NO_5$

***Opt.-inakt. 2-Cyan-3-indol-3-yl-3-[3-methoxy-phenyl]-propionsäure-methylester** $C_{20}H_{18}N_2O_3$, Formel V.

B. Beim Behandeln von 2-Cyan-3-[3-methoxy-phenyl]-acrylsäure-methylester in Benzol mit Indolylmagnesiumbromid in Äther (*Farbw. Hoechst*, D.B.P. 929065 [1955]; U.S.P. 2752358 [1952]).

Kristalle (aus Bzl.); F: 129°.

Hydroxycarbonsäure $C_{20}H_{19}NO_5$

***Opt.-inakt. 2-Hydroxy-6-methyl-2,4-diphenyl-1,2,3,4-tetrahydro-pyridin-3,5-dicarbon=säure-diäthylester** $C_{24}H_{27}NO_5$, Formel VI.

Konstitution: *Chatterjea*, J. Indian chem. Soc. **29** [1952] 323, 325.

B. Beim Behandeln von 2-Benzoyl-3-phenyl-acrylsäure-äthylester mit 3-Amino-croton=säure-äthylester (E III **3** 1199) und Diäthylamin in Äthanol bei 50—60° (*Palit, Chatterjea*, J. Indian chem. Soc. **27** [1950] 667, 670).

Kristalle (aus A.); F: 190—192° (*Pa., Ch.*).

Hydroxycarbonsäuren $C_nH_{2n-23}NO_5$

Hydroxycarbonsäuren $C_{17}H_{11}NO_5$

2-[3-Carboxy-4-hydroxy-phenyl]-chinolin-4-carbonsäure $C_{17}H_{11}NO_5$, Formel VII (E I 567; E II 206).

Elektrische Leitfähigkeit einer Lösung des Lithium-Salzes in H_2O bei 18°: *Zipf*, Z. physiol. Chem. **187** [1930] 217, 218.

Äthylendiamin-Salz $C_2H_8N_2 \cdot C_{17}H_{11}NO_5$. Kristalle; F: 98° (*Heisler*, D.R.P. 541147 [1930]; Frdl. **18** 2746).

2-[4-Carboxy-phenyl]-6-methoxy-chinolin-4-carbonsäure $C_{18}H_{13}NO_5$, Formel VIII (X = OH).

B. Beim Erwärmen von 2-[4-Cyan-phenyl]-6-methoxy-chinolin-4-carbonsäure mit methanol. KOH (*Zorn*, *Mankel*, Z. physiol. Chem. **296** [1954] 239, 244).

Kristalle (aus A.); F: 245°.

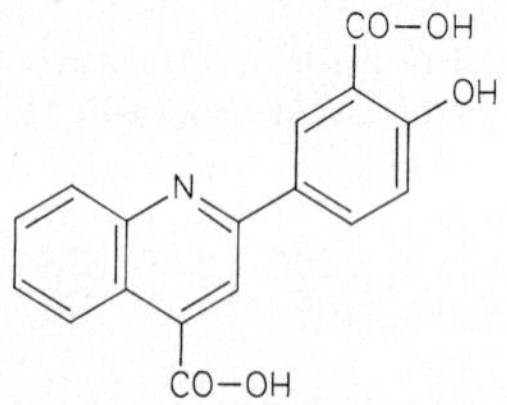

VII 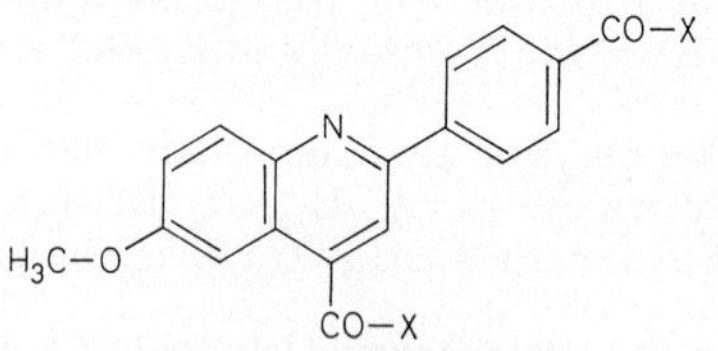 VIII

2-[4-Chlorcarbonyl-phenyl]-6-methoxy-chinolin-4-carbonylchlorid $C_{18}H_{11}Cl_2NO_3$, Formel VIII (X = Cl).

Hydrochlorid $C_{18}H_{11}Cl_2NO_3 \cdot HCl$. *B.* Beim Erwärmen von 2-[4-Carboxy-phenyl]-6-methoxy-chinolin-4-carbonsäure mit $SOCl_2$ (*Zorn*, *Mankel*, Z. physiol. Chem. **296** [1954] 239, 244). — Braune Kristalle; F: 196°.

2-[4-Cyan-phenyl]-6-methoxy-chinolin-4-carbonsäure $C_{18}H_{12}N_2O_3$, Formel IX.

B. Beim Erwärmen von 4-[(4-Methoxy-phenylimino)-methyl]-benzonitril mit Brenztraubensäure in Äthanol (*Zorn*, *Mankel*, Z. physiol. Chem. **296** [1954] 239, 244).

Kristalle (aus PAe.); F: 214°.

3-Hydroxy-2-phenyl-chinolin-4,6-dicarbonsäure $C_{17}H_{11}NO_5$, Formel X.

B. Beim Erwärmen von 2,3-Dioxo-indolin-5-carbonsäure mit Essigsäure-phenacylester und wss. NaOH (*Blanchard et al.*, Bl. Johns Hopkins Hosp. **91** [1952] 330, 332).

Kristalle (aus 2-[2-Methoxy-äthoxy]-äthanol + H_2O); Zers. bei 315—316° [nach Braunfärbung ab 248—249°; auf 250° vorgeheizter Block].

3-Hydroxy-2-phenyl-chinolin-4,8-dicarbonsäure $C_{17}H_{11}NO_5$, Formel XI (R = H, X = OH).

B. Beim Erwärmen von 2,3-Dioxo-indolin-7-carbonsäure und Essigsäure-phenacylester mit wss.-äthanol. NaOH (*Chemo Puro Mfg. Corp.*, U.S.P. 2749347 [1953]; s. a. *Kreysa et al.*, J. org. Chem. **20** [1955] 971, 974) oder mit wss.-äthanol. KOH (*Cragoe et al.*, J. org. Chem. **18** [1953] 563).

F: 305—307° [unkorr.] (*Cr. et al.*), 305° [Zers.; aus A.] (*Chemo Puro Mfg. Corp.*).

Silber-Salz $Ag_2C_{17}H_9NO_5$. Dunkelbraune Kristalle; unterhalb 315° nicht schmelzend (*Chemo Puro Mfg. Corp.*; *Kr. et al.*).

3-Acetoxy-2-phenyl-chinolin-4,8-dicarbonsäure $C_{19}H_{13}NO_6$, Formel XI (R = CO-CH_3, X = OH).

B. Beim Erhitzen von 3-Hydroxy-2-phenyl-chinolin-4,8-dicarbonsäure mit Acetanhydrid (*Cragoe et al.*, J. org. Chem. **18** [1953] 561, 568).

Kristalle (aus Acetanhydrid); F: 222—223° [unkorr.].

3-Butyryloxy-2-phenyl-chinolin-4,8-dicarbonsäure $C_{21}H_{17}NO_6$, Formel XI ($R = CO\text{-}CH_2\text{-}CH_2\text{-}CH_3$, $X = OH$).

B. Beim Erhitzen von 3-Hydroxy-2-phenyl-chinolin-4,8-dicarbonsäure mit Buttersäure-anhydrid auf 165° (*Cragoe et al.*, J. org. Chem. **18** [1953] 561, 568).

Hellgelb; F: 204—205° [unkorr.].

3-Hexanoyloxy-2-phenyl-chinolin-4,8-dicarbonsäure $C_{23}H_{21}NO_6$, Formel XI ($R = CO\text{-}[CH_2]_4\text{-}CH_3$, $X = OH$).

B. Beim Erhitzen von 3-Hydroxy-2-phenyl-chinolin-4,8-dicarbonsäure mit Hexansäureanhydrid auf 150° (*Cragoe et al.*, J. org. Chem. **18** [1953] 561, 568).

Hellgelbe Kristalle (aus E.); F: 185,5—187,5° [unkorr.].

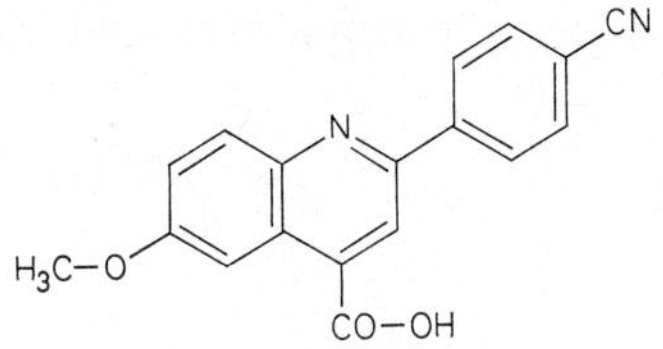

IX 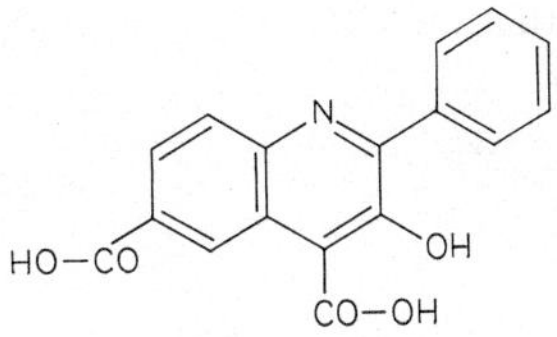 X 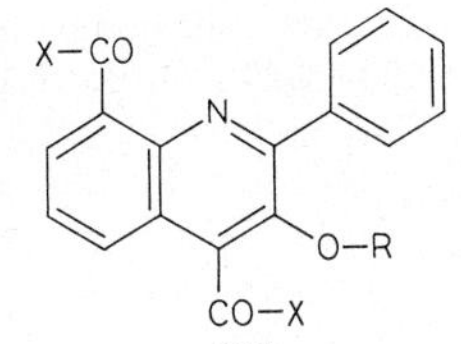 XI

3-Hydroxy-2-phenyl-chinolin-4,8-dicarbonsäure-dimethylester $C_{19}H_{15}NO_5$, Formel XI ($R = H$, $X = O\text{-}CH_3$).

B. Beim Erwärmen von 3-Hydroxy-2-phenyl-chinolin-4,8-dicarbonsäure mit Methanol und konz. H_2SO_4 (*Cragoe et al.*, J. org. Chem. **18** [1953] 561, 568; *Kreysa et al.*, J. org. Chem. **20** [1955] 971, 974; *Chemo Puro Mfg. Corp.*, U.S.P. 2749347 [1953]).

Orangefarbene Kristalle; F: 118—120° [unkorr.; aus Me.] (*Cr. et al.*), 118,5° [korr.; aus A.] (*Kr. et al.*; *Chemo Puro Mfg. Corp.*).

3-Hydroxy-2-phenyl-chinolin-4,8-dicarbonsäure-diäthylester $C_{21}H_{19}NO_5$, Formel XI ($R = H$, $X = O\text{-}C_2H_5$).

B. Beim Erwärmen von 3-Hydroxy-2-phenyl-chinolin-4,8-dicarbonsäure mit Äthanol und konz. H_2SO_4 (*Cragoe et al.*, J. org. Chem. **18** [1953] 561, 568; *Kreysa et al.*, J. org. Chem. **20** [1955] 971, 974; *Chemo Puro Mfg. Corp.*, U.S.P. 2749347 [1953]).

Gelbe Kristalle; F: 121° [korr.] (*Kr. et al.*; *Chemo Puro Mfg. Corp.*), 111—113° [unkorr.; aus A.] (*Cr. et al.*).

3-Hydroxy-2-phenyl-chinolin-4,8-dicarbonsäure-dipropylester $C_{23}H_{23}NO_5$, Formel XI ($R = H$, $X = O\text{-}CH_2\text{-}CH_2\text{-}CH_3$).

B. Beim Erwärmen von 3-Hydroxy-2-phenyl-chinolin-4,8-dicarbonsäure mit Propan-1-ol und konz. H_2SO_4 (*Kreysa et al.*, J. org. Chem. **20** [1955] 971, 974; *Chemo Puro Mfg. Corp.*, U.S.P. 2749347 [1953]).

Gelbe Kristalle (aus A. + H_2O); F: 86,5—87°.

3-Hydroxy-2-phenyl-chinolin-4,8-dicarbonsäure-dibutylester $C_{25}H_{27}NO_5$, Formel XI ($R = H$, $X = O\text{-}[CH_2]_3\text{-}CH_3$).

B. Beim Erwärmen von 3-Hydroxy-2-phenyl-chinolin-4,8-dicarbonsäure mit Butan-1-ol und konz. H_2SO_4 (*Kreysa et al.*, J. org. Chem. **20** [1955] 971, 974; *Chemo Puro Mfg. Corp.*, U.S.P. 2749347 [1953]).

Gelbe Kristalle (aus Butan-1-ol + A.); F: 59,5—60°.

3-Hydroxy-2-phenyl-chinolin-4,8-dicarbonsäure-diamid $C_{17}H_{13}N_3O_3$, Formel XI ($R = H$, $X = NH_2$).

B. Beim Erhitzen von 3-Hydroxy-2-phenyl-chinolin-4,8-dicarbonsäure-dimethylester mit NH_3 in Methanol auf 100° (*Cragoe et al.*, J. org. Chem. **18** [1953] 561, 568).

Hellgelbe Kristalle (aus 2-Methoxy-äthanol); F: 257—258° [unkorr.].

6-Chlor-3-hydroxy-2-phenyl-chinolin-4,8-dicarbonsäure $C_{17}H_{10}ClNO_5$, Formel XII ($X = Cl$, $X' = H$).

B. Beim Erwärmen von 5-Chlor-2,3-dioxo-indolin-7-carbonsäure-methylester mit

Essigsäure-phenacylester und wss.-äthanol. KOH (*Cragoe et al.*, J. org. Chem. **18** [1953] 561, 563).
F: 337–338° [unkorr.].

2-[4-Chlor-phenyl]-3-hydroxy-chinolin-4,8-dicarbonsäure $C_{17}H_{10}ClNO_5$, Formel XII (X = H, X' = Cl).
B. Beim Erwärmen von 2,3-Dioxo-indolin-7-carbonsäure mit Essigsäure-[4-chlor-phenacylester] und wss.-äthanol. KOH (*Cragoe et al.*, J. org. Chem. **18** [1953] 561, 563).
F: 347–350° [unkorr.].

2-[4-Brom-phenyl]-3-hydroxy-chinolin-4,8-dicarbonsäure $C_{17}H_{10}BrNO_5$, Formel XII (X = H, X' = Br).
B. Beim Erwärmen von 2,3-Dioxo-indolin-7-carbonsäure mit Essigsäure-[4-brom-phenacylester] und wss.-äthanol. KOH (*Cragoe et al.*, J. org. Chem. **18** [1953] 561, 563).
F: 323–327° [unkorr.].

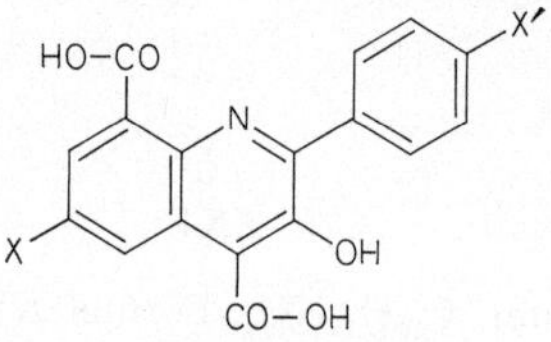

XII 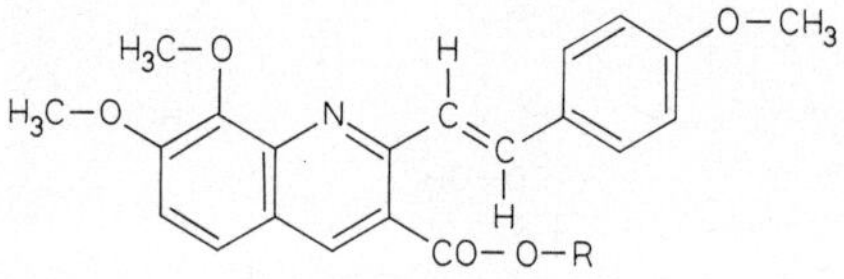 XIII

Hydroxycarbonsäuren $C_{18}H_{13}NO_5$

7,8-Dimethoxy-2-[4-methoxy-*trans*(?)-styryl]-chinolin-3-carbonsäure $C_{21}H_{19}NO_5$, vermutlich Formel XIII (R = H).
B. Beim Erwärmen der folgenden Verbindung mit wss.-äthanol. KOH (*Borsche, Ried*, B. **76** [1943] 1011, 1015).
Gelbe Kristalle (aus Me. + H_2O); F: 168°.

7,8-Dimethoxy-2-[4-methoxy-*trans*(?)-styryl]-chinolin-3-carbonsäure-äthylester $C_{23}H_{23}NO_5$, vermutlich Formel XIII (R = C_2H_5).
B. Beim Erhitzen von 7,8-Dimethoxy-2-methyl-chinolin-3-carbonsäure-äthylester mit 4-Methoxy-benzaldehyd und Piperidin auf 200° (*Borsche, Ried*, B. **76** [1943] 1012, 1015).
Gelbe Kristalle (aus A.); F: 115–116°.

[4-Carboxy-2-(4-methoxy-phenyl)-[3]chinolyl]-essigsäure, 3-Carboxymethyl-2-[4-methoxy-phenyl]-chinolin-4-carbonsäure $C_{19}H_{15}NO_5$, Formel XIV.
B. Beim Erwärmen von Isatin mit äthanol. KOH und anschliessend mit 4-[4-Methoxy-phenyl]-4-oxo-buttersäure (*Bose, Guha*, J. Indian chem. Soc. **13** [1936] 700, 703).
F: 273° [nach Rotfärbung bei 210°].

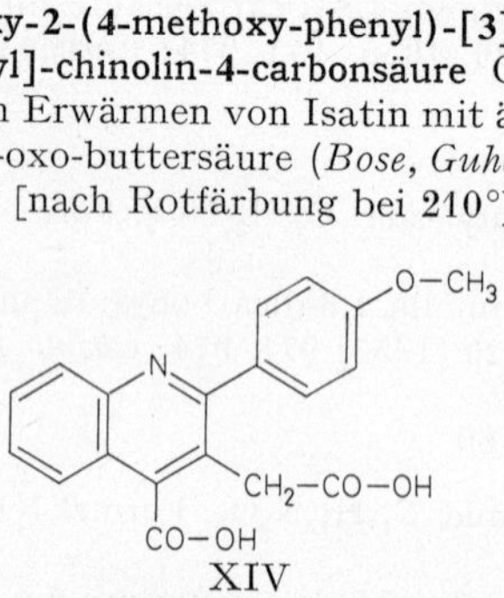

XIV 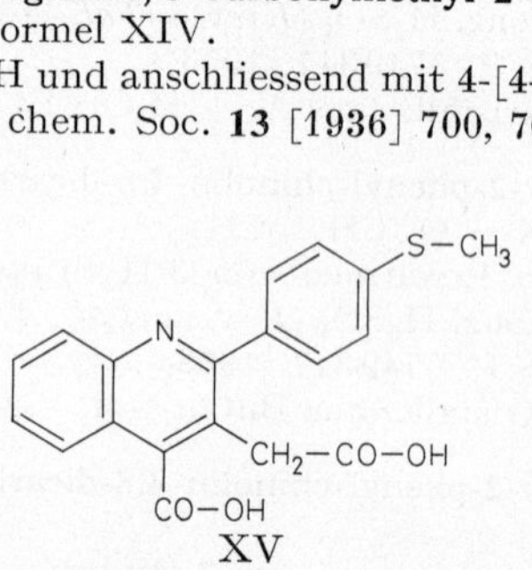 XV

[4-Carboxy-2-(4-methylmercapto-phenyl)-[3]chinolyl]-essigsäure, 3-Carboxymethyl-2-[4-methylmercapto-phenyl]-chinolin-4-carbonsäure $C_{19}H_{15}NO_4S$, Formel XV.
B. Beim Erwärmen von Isatin mit 4-[4-Methylmercapto-phenyl]-4-oxo-buttersäure und äthanol. KOH (*Buu-Hoi et al.*, J. org. Chem. **18** [1953] 1209, 1215).
F: 325°.

Hydroxycarbonsäuren $C_{19}H_{15}NO_5$

2-[2,4-Dimethyl-phenyl]-3-hydroxy-chinolin-4,8-dicarbonsäure $C_{19}H_{15}NO_5$, Formel I.

B. Beim Erwärmen von 2,3-Dioxo-indolin-7-carbonsäure mit Essigsäure-[2,4-dimethyl-phenacylester] und wss.-äthanol. KOH (*Cragoe et al.*, J. org. Chem. **18** [1953] 561, 563).

F: 308–310° [unkorr.].

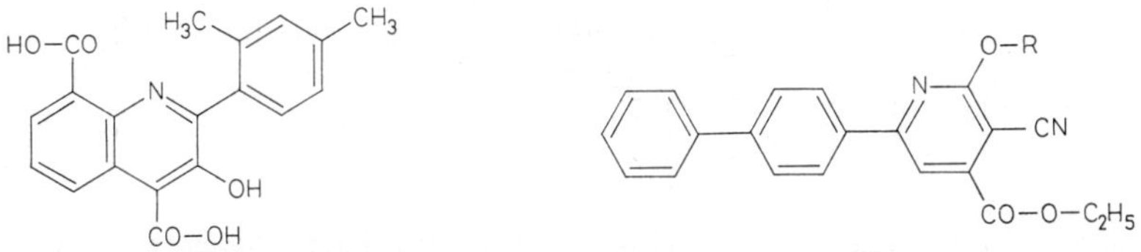

Hydroxycarbonsäuren $C_nH_{2n-25}NO_5$

Hydroxycarbonsäuren $C_{19}H_{13}NO_5$

6-Biphenyl-4-yl-3-cyan-2-hydroxy-isonicotinsäure-äthylester $C_{21}H_{16}N_2O_3$, Formel II (R = H), und Tautomeres (6-Biphenyl-4-yl-3-cyan-2-oxo-1,2-dihydro-pyridin-4-carbonsäure-äthylester).

B. Beim Behandeln von 4-Biphenyl-4-yl-2,4-dioxo-buttersäure-äthylester mit Cyan-essigsäure-amid und Diäthylamin in Äthanol (*Fatutta, Balestra*, G. **88** [1958] 899, 908).

Orangegelbe Kristalle (aus A.); F: 272°.

6-Biphenyl-4-yl-3-cyan-2-methoxy-isonicotinsäure-äthylester $C_{22}H_{18}N_2O_3$, Formel II (R = CH_3).

B. Neben 6-Biphenyl-4-yl-3-cyan-1-methyl-2-oxo-1,2-dihydro-pyridin-4-carbonsäure-äthylester beim Behandeln von 6-Biphenyl-4-yl-3-cyan-2-hydroxy-isonicotinsäure-äthyl-ester mit Diazomethan (*Fatutta, Balestra*, G. **88** [1958] 899, 909).

Gelbe Kristalle (aus A.); F: 155°.

2-Hydroxy-4,6-diphenyl-pyridin-3,5-dicarbonitril $C_{19}H_{11}N_3O$, Formel III (R = H), und Tautomeres (2-Oxo-4,6-diphenyl-1,2-dihydro-pyridin-3,5-dicarbonitril).

B. Beim Behandeln von 2-Cyan-3-phenyl-acrylsäure-äthylester (E III **9** 4380) mit β-Amino-cinnamonitril (E III **10** 2995) und Diäthylamin in Äthanol und Erwärmen des Reaktionsprodukts mit wss. NaOH oder Acetanhydrid (*Palit*, J. Indian chem. Soc. **14** [1937] 354, 357).

Kristalle (aus A.); F: 250–251°.

Diäthylamin-Salz. Kristalle (aus A.); F: 208–210°.

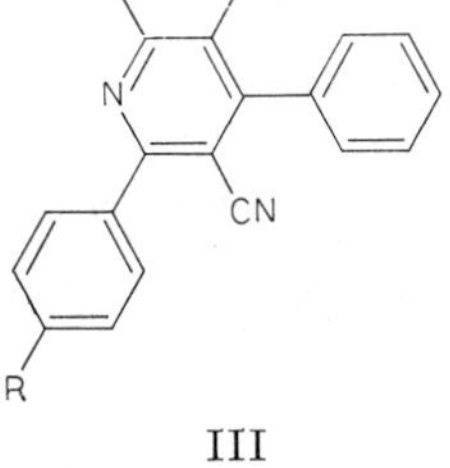

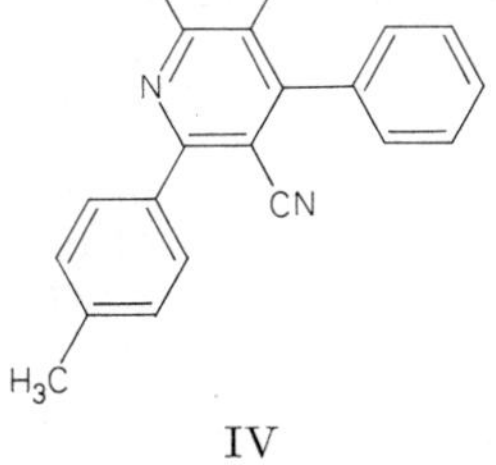

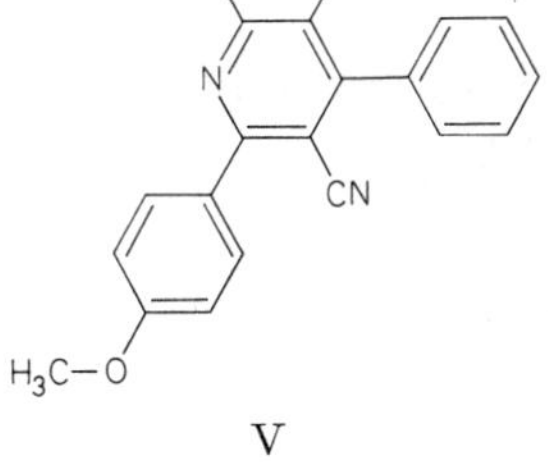

Hydroxycarbonsäuren $C_{20}H_{15}NO_5$

5-Cyan-2-hydroxy-4-phenyl-6-*p*-tolyl-nicotinsäure-äthylester $C_{22}H_{18}N_2O_3$, Formel IV, und Tautomeres (5-Cyan-2-oxo-4-phenyl-6-*p*-tolyl-1,2-dihydro-pyridin-3-carbonsäure-äthylester).

B. Bei 2-wöchigem Behandeln von Benzyliden-malonsäure-diäthylester mit β-Amino-

4-methyl-cinnamonitril (E III **10** 3056) und Natriummethylat in Methanol (*Palit*, J. Indian chem. Soc. **26** [1949] 501, 503).

Kristalle (aus Me.); F: 208°.

2-Hydroxy-4-phenyl-6-*p*-tolyl-pyridin-3,5-dicarbonitril $C_{20}H_{13}N_3O$, Formel III ($R = CH_3$), und Tautomeres (2-Oxo-4-phenyl-6-*p*-tolyl-1,2-dihydro-pyridin-3,5-dicarbonitril).

B. Beim Erwärmen von 2-Cyan-3-phenyl-acrylsäure-äthylester (E III **9** 4380) mit β-Amino-4-methyl-cinnamonitril (E III **10** 3056) und Natriumäthylat in Äthanol (*Palit*, J. Indian chem. Soc. **14** [1937] 354, 357).

Kristalle (aus Eg.); F: 293°.

5-Cyan-6-[4-methoxy-phenyl]-2-methyl-4-phenyl-nicotinsäure-äthylester $C_{23}H_{20}N_2O_3$, Formel V.

B. Beim Behandeln von 2-Acetyl-3-phenyl-acrylsäure-äthylester (E III **10** 3158) mit β-Amino-4-methoxy-cinnamonitril (E III **10** 4212) und Natriummethylat in Methanol und Erwärmen des Reaktionsprodukts mit wss. HCl (*Palit*, J. Indian chem. Soc. **14** [1937] 354, 356).

Kristalle (aus A.); F: 190—192°.

***3-[4-Äthoxycarbonyl-3-hydroxy-5-phenyl-pyrrol-2-yl]-3-phenyl-acrylsäure-äthylester** $C_{24}H_{23}NO_5$, Formel VI.

B. Beim Erwärmen von Glycin-methylester mit 3-Oxo-3-phenyl-propionsäure-äthylester auf 150° und anschliessenden Behandeln des Reaktionsprodukts mit Natriumäthylat in Äther (*Treibs, Ohorodnik*, A. **611** [1958] 139, 147).

F: 178°.

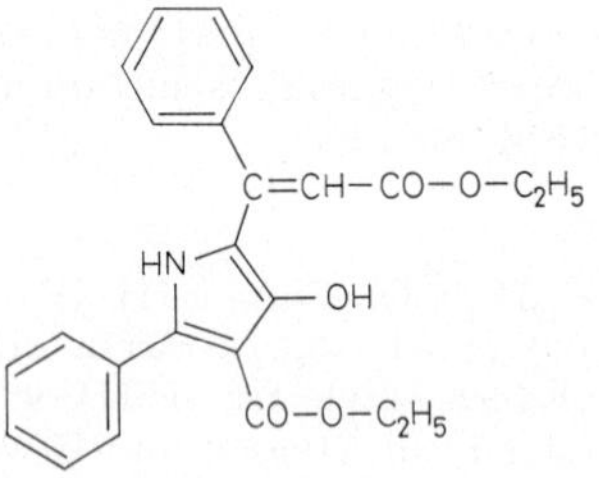

C=CH-CO-O-C_2H_5 HN OH CO-O-C_2H_5

VI

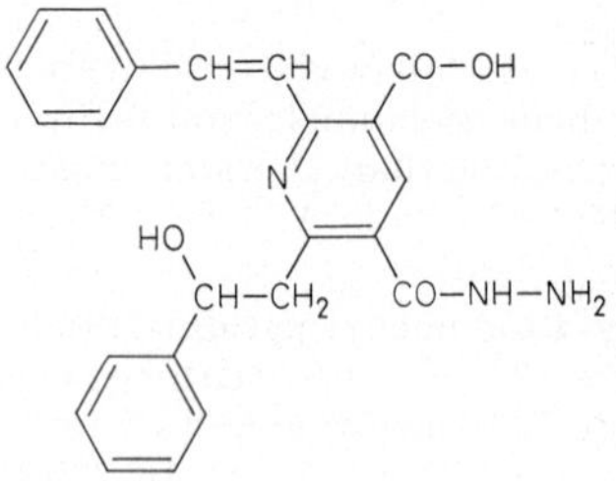

CH=CH CO-OH N HO CH-CH_2 CO-NH-NH_2

VII

Hydroxycarbonsäuren $C_nH_{2n-27}NO_5$

Hydroxycarbonsäuren $C_{23}H_{19}NO_5$

(±)-5-Carbazoyl-6-[β-hydroxy-phenäthyl]-2-ξ-styryl-nicotinsäure $C_{23}H_{21}N_3O_4$, Formel VII.

B. Beim Erwärmen von 3,7-Diphenyl-3,4,6,7-tetrahydro-dipyrano[4,3-*b*;3',4'-*e*]pyridin-1,9-dion (?) (F: 269°; s. S. 1656 im Artikel 2,6-Dimethyl-pyridin-3,5-dicarbonsäure-diäthylester) mit $N_2H_4 \cdot H_2O$ in Äthanol (*Plieninger et al.*, B. **91** [1958] 1898, 1905).

Kristalle (aus A. + H_2O); F: 159°.

Hydroxycarbonsäuren $C_{25}H_{23}NO_5$

***Opt.-inakt. 4-Hydroxy-1-methyl-2,4,6-triphenyl-piperidin-3,5-dicarbonsäure-diäthylester** $C_{30}H_{33}NO_5$, Formel VIII ($R = CH_3$).

B. Beim Behandeln von opt.-inakt. 1-Methyl-4-oxo-2,6-diphenyl-piperidin-3,5-dicarbonsäure-diäthylester (F: 86°) mit Phenylmagnesiumbromid in Äther (*Zaheer et al.*, J. Indian chem. Soc. **24** [1947] 293, 295).

Kristalle (aus Me.); F: 186°.

***Opt.-inakt. 1-Äthyl-4-hydroxy-2,4,6-triphenyl-piperidin-3,5-dicarbonsäure-diäthylester** $C_{31}H_{35}NO_5$, Formel VIII (R = C_2H_5).

B. Beim Behandeln von opt.-inakt. 1-Äthyl-4-oxo-2,6-diphenyl-piperidin-3,5-dicarbonsäure-diäthylester (F: 135–137°) mit Phenylmagnesiumbromid in Äther (*Sen, Sidhu*, J. Indian chem. Soc. **25** [1948] 433, 435).

Kristalle (aus A.); F: 151–152°.

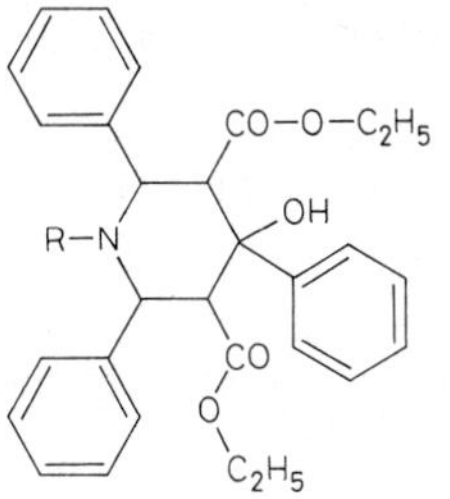

VIII 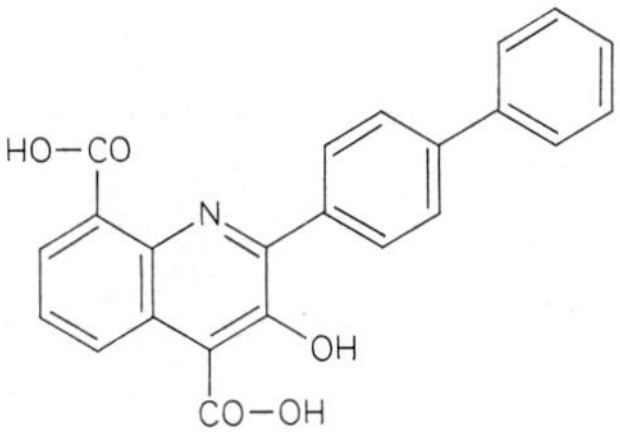 IX 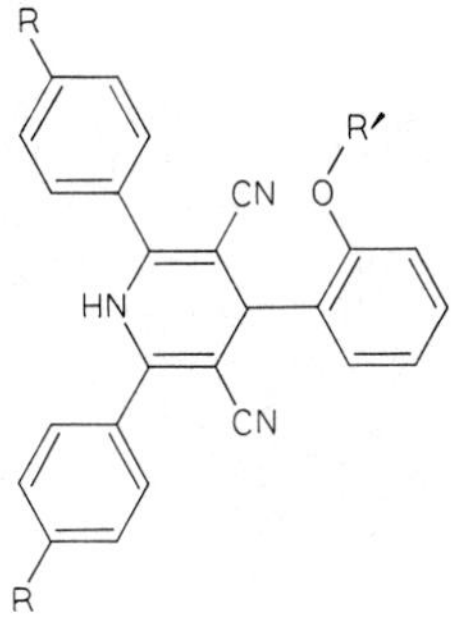 X

Hydroxycarbonsäuren $C_nH_{2n-31}NO_5$

Hydroxycarbonsäuren $C_{23}H_{15}NO_5$

2-Biphenyl-4-yl-3-hydroxy-chinolin-4,8-dicarbonsäure $C_{23}H_{15}NO_5$, Formel IX.

B. Beim Erwärmen von 2,3-Dioxo-indolin-7-carbonsäure mit Essigsäure-[4-phenyl-phenacylester] und wss.-äthanol. KOH (*Cragoe et al.*, J. org. Chem. **18** [1953] 561, 563).

F: 320° [unkorr.].

Hydroxycarbonsäuren $C_{25}H_{19}NO_5$

4-[2-Methoxy-phenyl]-2,6-diphenyl-1,4-dihydro-pyridin-3,5-dicarbonintril $C_{26}H_{19}N_3O$, Formel X (R = H, R' = CH_3).

B. Beim Erwärmen von 2-Methoxy-benzaldehyd mit β-Amino-cinnamonitril (E III **10** 2995) und Essigsäure (*Courts, Petrow*, Soc. **1952** 334, 335).

Gelbe Kristalle (aus A.); F: 242,5° [unkorr.].

4-[3-Hydroxy-phenyl]-2,6-diphenyl-1,4-dihydro-pyridin-3,5-dicarbonitril $C_{25}H_{17}N_3O$, Formel XI (R = X' = H, X = OH).

B. Beim Erwärmen von 3-Hydroxy-benzaldehyd mit β-Amino-cinnamonitril (E III **10** 2995) und Essigsäure (*Palit*, J. Indian chem. Soc. **10** [1933] 529, 535).

Kristalle (aus Eg.); F: 267–268°.

4-[4-Hydroxy-phenyl]-2,6-diphenyl-1,4-dihydro-pyridin-3,5-dicarbonitril $C_{25}H_{17}N_3O$, Formel XI (R = X = H, X' = OH).

B. Beim Erwärmen von 4-Hydroxy-benzaldehyd mit β-Amino-cinnamonitril (E III **10** 2995) und Essigsäure (*Palit*, J. Indian chem. Soc. **10** [1933] 529, 533).

Kristalle (aus Eg.); F: 218–219°.

Hydroxycarbonsäuren $C_{27}H_{23}NO_5$

4-[2-Hydroxy-phenyl]-2,6-di-*p*-tolyl-1,4-dihydro-pyridin-3,5-dicarbonitril $C_{27}H_{21}N_3O$, Formel X (R = CH_3, R' = H).

B. Beim Erwärmen von Salicylaldehyd mit β-Amino-4-methyl-cinnamonitril (E III **10** 3056) und Essigsäure (*Palit*, J. Indian chem. Soc. **10** [1933] 529, 532).

Kristalle (aus Acn. oder Eg.); F: 266–267°.

4-[3-Hydroxy-phenyl]-2,6-di-*p*-tolyl-1,4-dihydro-pyridin-3,5-dicarbonitril $C_{27}H_{21}N_3O$, Formel XI (R = CH_3, X = OH, X' = H).

B. Beim Erwärmen von 3-Hydroxy-benzaldehyd mit β-Amino-4-methyl-cinnamonitril (E III **10** 3056) und Essigsäure (*Palit*, J. Indian chem. Soc. **10** [1933] 529, 535).

Kristalle (aus Eg.); F: 269–270°.

Beim Behandeln mit N_2O_3 in Essigsäure ist 3-[3-Hydroxy-phenyl]-2,4-dioxo-glutaronitril erhalten worden.

4-[4-Hydroxy-phenyl]-2,6-di-*p*-tolyl-1,4-dihydro-pyridin-3,5-dicarbonitril $C_{27}H_{21}N_3O$, Formel XI (R = CH_3, X = H, X' = OH).

B. Beim Erwärmen von 4-Hydroxy-benzaldehyd mit β-Amino-4-methyl-cinnamonitril (E III **10** 3056) und Essigsäure (*Palit*, J. Indian chem. Soc. **10** [1933] 529, 534).

Kristalle (aus Eg.); F: 259–260°.

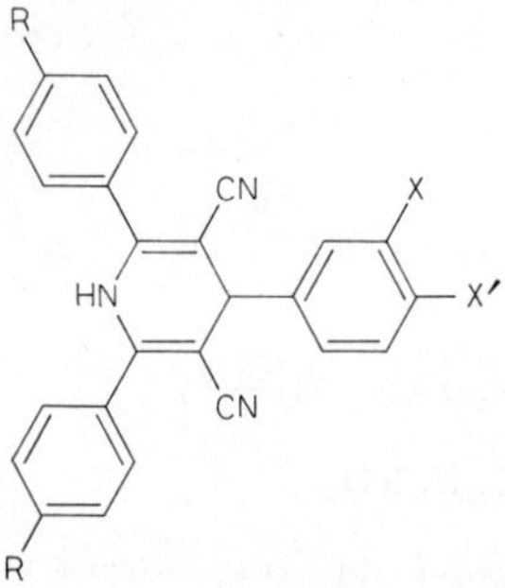

XI 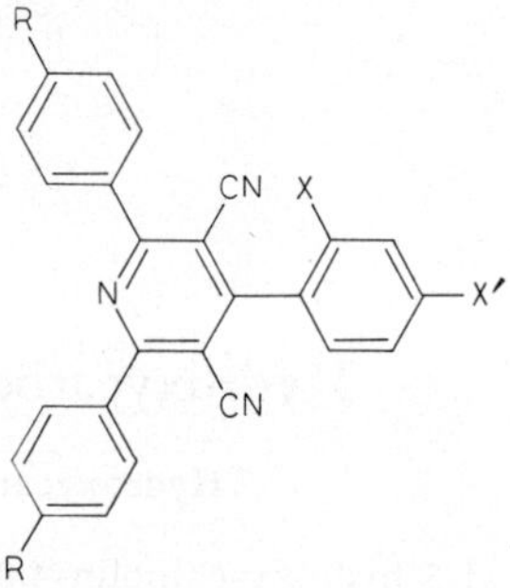 XII

Hydroxycarbonsäuren $C_nH_{2n-33}NO_5$

Hydroxycarbonsäuren $C_{25}H_{17}NO_5$

4-[2-Methoxy-phenyl]-2,6-diphenyl-pyridin-3,5-dicarbonitril $C_{26}H_{17}N_3O$, Formel XII (R = X' = H, X = O-CH_3).

B. Beim Erwärmen von 4-[2-Methoxy-phenyl]-2,6-diphenyl-1,4-dihydro-pyridin-3,5-dicarbonitril mit CrO_3 in wss. Essigsäure (*Courts, Petrow*, Soc. **1952** 334, 335).

Hellgelbe Kristalle (aus Eg.); F: 219–220° [unkorr.].

4-[4-Hydroxy-phenyl]-2,6-diphenyl-pyridin-3,5-dicarbonitril $C_{25}H_{15}N_3O$, Formel XII (R = X = H, X' = OH).

B. Beim Behandeln von 4-[4-Hydroxy-phenyl]-2,6-diphenyl-1,4-dihydro-pyridin-3,5-dicarbonitril in Äthanol mit N_2O_3 (*Palit*, J. Indian chem. Soc. **10** [1933] 529, 533).

Kristalle (aus A.); F: 265° [nach Sintern bei 255°].

Hydroxycarbonsäuren $C_{27}H_{21}NO_5$

4-[4-Hydroxy-phenyl]-2,6-di-*p*-tolyl-pyridin-3,5-dicarbonitril $C_{27}H_{19}N_3O$, Formel XII (R = CH_3, X = H, X' = OH).

B. Beim Behandeln von 4-[4-Hydroxy-phenyl]-2,6-di-*p*-tolyl-1,4-dihydro-pyridin-3,5-dicarbonitril in Äthanol mit N_2O_3 (*Palit*, J. Indian chem. Soc. **10** [1933] 529, 534).

Kristalle (aus Acn.); F: 245–246°. [*Tauchert*]

4. Hydroxycarbonsäuren mit 6 Sauerstoff-Atomen

Hydroxycarbonsäuren $C_nH_{2n-5}NO_6$

2-Methyl-4-[D$_r$-1t_F,2c_F,3r_F,4-tetrahydroxy-but-*cat*$_F$-yl]-pyrrol-3-carbonsäure-äthylester $C_{12}H_{19}NO_6$, Formel I (R = H).

B. Beim Erwärmen von 1-Amino-1-desoxy-D-fructose (*García González et al.*, An. Soc. españ. [B] **54** [1958] 513, 517), von D-Glucosylamin (E IV **1** 4386) oder von D-Mannosylamin [E IV **1** 4387] (*Gómez Sánchez, Gasch Gómez*, An. Soc. españ. [B] **54** [1958] 753, 757, 758) mit Acetessigsäure-äthylester in wss. Aceton bzw. in Methanol unter Zusatz von Piperidin.

Kristalle; F: 139—141° [aus H_2O] (*Ga. Go. et al.*), 139—140° [aus E. + A.] (*Gó. Sá., Ga. Gó.*). $[\alpha]_D^{25}$: $-46{,}2°$ [H_2O; c = 0,6] (*Ga. Go. et al.*). IR-Spektrum (KCl; 2—15 μ): *Ga. Go. et al.*, l. c. S. 516. UV-Spektrum (H_2O; 210—310 nm): *Ga. Go. et al.*, l. c. S. 515.

2-Methyl-4-[D$_r$-1t_F,2c_F,3r_F,4-tetraacetoxy-but-*cat*$_F$-yl]-pyrrol-3-carbonsäure-äthylester $C_{20}H_{27}NO_{10}$, Formel I (R = CO-CH_3).

B. Beim Behandeln der vorangehenden Verbindung mit Acetanhydrid und Pyridin (*García González et al.*, An. Soc. españ. [B] **54** [1958] 513, 517).

Kristalle (aus wss. A.); F: 56—57°.

2-Methyl-4-[D$_r$-1t_F,2c_F,3r_F,4-tetrahydroxy-but-*cat*$_F$-yl]-1-*p*-tolyl-pyrrol-3-carbonsäure-äthylester $C_{19}H_{25}NO_6$, Formel II.

B. Beim Erwärmen von 1-*p*-Toluidino-1-desoxy-D-fructose oder von *N*-*p*-Tolyl-D-glucosylamin mit Acetessigsäure-äthylester (*García González et al.*, An. Soc. españ. [B] **54** [1958] 519, 524; *Gómez Sánchez, Gasch Gómez*, An. Soc. españ. [B] **54** [1958] 753, 759).

Kristalle (aus A. + H_2O); F: 160°; $[\alpha]_D^{13-20}$: $-36{,}9°$ [A.] (*Ga. Go. et al.*, l. c. S. 520).

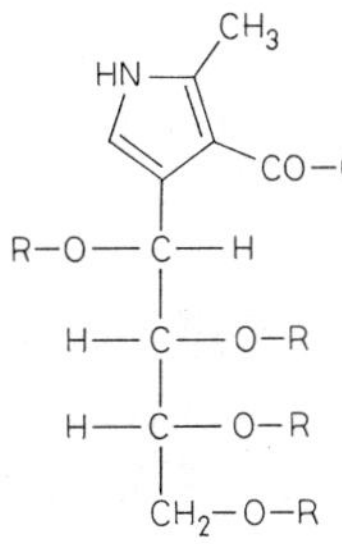

I 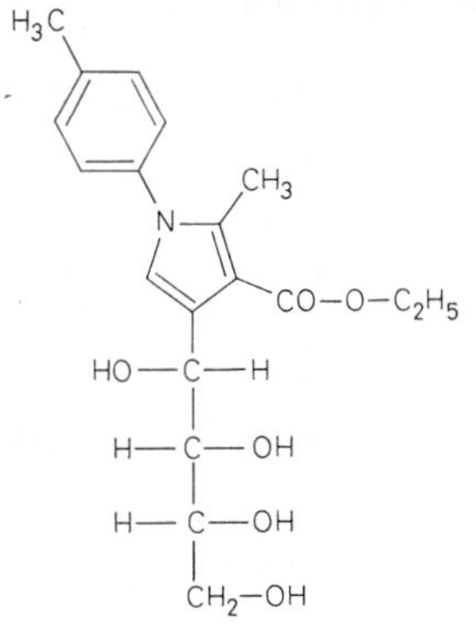 II 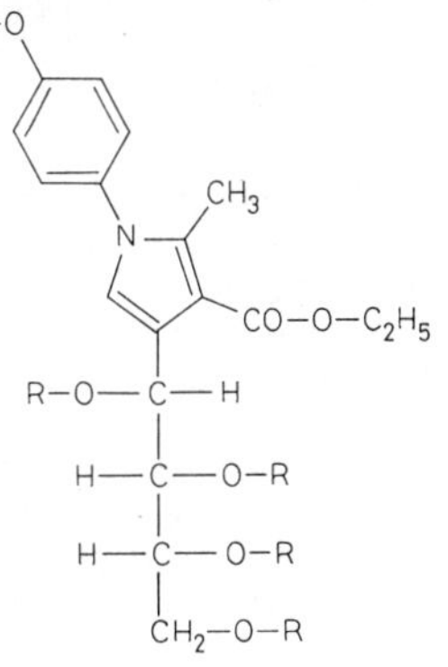 III

1-[4-Methoxy-phenyl]-2-methyl-4-[D$_r$-1t_F,2c_F,3r_F,4-tetrahydroxy-but-*cat*$_F$-yl]-pyrrol-3-carbonsäure-äthylester $C_{19}H_{25}NO_7$, Formel III (R = H, R′ = CH_3).

B. Beim Erwärmen von 1-*p*-Anisidino-1-desoxy-D-fructose oder von *N*-[4-Methoxy-phenyl]-D-glucosylamin mit Acetessigsäure-äthylester (*García González et al.*, An. Soc. españ. [B] **54** [1958] 519, 524; *Gómez Sánchez, Gasch Gómez*, An. Soc. españ. [B] **54** [1958] 753, 760).

Kristalle (aus A. + H_2O); F: 154°; $[\alpha]_D^{13-20}$: $-21{,}8°$ [A.] (*Ga. Go. et al.*, l. c. S. 520).

1-[4-Äthoxy-phenyl]-2-methyl-4-[D$_r$-1t_F,2c_F,3r_F,4-tetrahydroxy-but-*cat*$_F$-yl]-pyrrol-3-carbonsäure-äthylester $C_{20}H_{27}NO_7$, Formel III (R = H, R′ = C_2H_5).

B. Beim Erwärmen von 1-*p*-Phenetidino-1-desoxy-D-fructose oder von *N*-[4-Äthoxy-phenyl]-D-glucosylamin mit Acetessigsäure-äthylester (*García González et al.*, An. Soc. españ. [B] **54** [1958] 519, 524; *Gómez Sánchez, Gasch Gómez*, An. Soc. españ. [B] **54** [1958] 753, 760).

Kristalle (aus A. + H_2O); F: 172°; $[\alpha]_D^{13-20}$: −27,9° [A.] (*Ga. Go. et al.*, l. c. S. 520).

1-[4-Methoxy-phenyl]-2-methyl-4-[D$_r$-1t_F,2c_F,3r_F,4-tetraacetoxy-but-*cat*$_F$-yl]-pyrrol-3-carbonsäure-äthylester $C_{27}H_{33}NO_{11}$, Formel III (R = CO-CH_3, R' = CH_3).

B. Beim Behandeln von 1-[4-Methoxy-phenyl]-2-methyl-4-[D$_r$-1t_F,2c_F,3r_F,4-tetrahydroxy-but-*cat*$_F$-yl]-pyrrol-3-carbonsäure-äthylester mit Acetanhydrid und Pyridin (*García González et al.*, An. Soc. españ. [B] **54** [1958] 519, 524).

Kristalle (aus A. + H_2O); F: 107° (*Ga. Go. et al.*, l. c. S. 520).

1-[4-Äthoxy-phenyl]-2-methyl-4-[D$_r$-1t_F,2c_F,3r_F,4-tetraacetoxy-but-*cat*$_F$-yl]-pyrrol-3-carbonsäure-äthylester $C_{28}H_{35}NO_{11}$, Formel III (R = C_2H_5, R' = CO-CH_3).

B. Beim Behandeln von 1-[4-Äthoxy-phenyl]-2-methyl-4-[D$_r$-1t_F,2c_F,3r_F,4-tetrahydroxy-but-*cat*$_F$-yl]-pyrrol-3-carbonsäure-äthylester mit Acetanhydrid und Pyridin (*García González et al.*, An. Soc. españ. [B] **54** [1958] 519, 524).

Kristalle (aus A. + H_2O); F: 103° (*Ga. Go. et al.*, l. c. S. 520).

2-Methyl-5-[D$_r$-1t_F,2c_F,3r_F,4-tetrahydroxy-but-*cat*$_F$-yl]-pyrrol-3-carbonsäure-äthylester $C_{12}H_{19}NO_6$, Formel IV (E II 207).

B. Beim Behandeln von 2-Amino-2-desoxy-D-glucose (D-Glucosamin) mit Acetessigsäure-äthylester in wss. Aceton (*García González*, An. Soc. españ. [B] **32** [1934] 815, 829; *Müller, Varga*, B. **72** [1939] 1993, 1998). Beim Behandeln von D-Fructosylamin (E IV **1** 4425) mit Acetessigsäure-äthylester in Methanol unter Zusatz von Piperidin (*Gómez Sánchez, Gasch Gómez*, An. Soc. españ. [B] **54** [1958] 753, 758).

Kristalle (aus H_2O); F: 148—150° (*Mü., Va.*), 146—147° (*Gó. Sá., Ga. Gó.*), 141—142° (*Ga. Go.*). $[\alpha]_D^{20}$: −23,9° [Me.; c = 2] (*Ga. Go.*); $[\alpha]_D^{24}$: −24,1° [Me.; c = 1,8] (*Mü., Va.*). IR-Spektrum (KCl; 2—15 μ): *García González et al.*, An. Soc. españ. [B] **54** [1958] 513, 516. UV-Spektrum (H_2O; 210—310 nm): *Ga. Go. et al.*, l. c. S. 515.

Hydroxycarbonsäuren $C_nH_{2n-7}NO_6$

Hydroxycarbonsäuren $C_6H_5NO_6$

3,4-Dihydroxy-pyrrol-2,5-dicarbonsäure-dimethylester $C_8H_9NO_6$, Formel V (R = R'' = H, R' = CH_3), und Tautomere.

B. Beim Behandeln von Iminodiessigsäure-dimethylester mit Oxalsäure-diäthylester und methanol. Natriummethylat (*Wåhlstam*, Ark. Kemi **11** [1957] 251, 253).

Kristalle (aus Me.); F: 207°. UV-Spektrum (220—350 nm): *Wå.*

3,4-Diacetoxy-pyrrol-2,5-dicarbonsäure-dimethylester $C_{12}H_{13}NO_8$, Formel V (R = H, R' = CH_3, R'' = CO-CH_3).

B. Beim Erwärmen von 3,4-Dihydroxy-pyrrol-2,5-dicarbonsäure-dimethylester mit Acetanhydrid unter Zusatz von H_2SO_4 (*Wåhlstam*, Ark. Kemi **11** [1957] 251, 254).

Kristalle (aus E.); F: 135°.

H_3C CO—O—C_2H_5 HN HO—C—H H—C—OH H—C—OH CH_2—OH

IV

CO—O—R' R''—O N—R R''—O CO—O—R'

V

R—S CN HN CN R—S

VI

1-Äthyl-3,4-dihydroxy-pyrrol-2,5-dicarbonsäure-diäthylester $C_{12}H_{17}NO_6$, Formel V ($R = R' = C_2H_5$, $R'' = H$), und Tautomere.

B. Beim Erwärmen von Äthylimino-di-essigsäure-diäthylester mit Oxalsäure-diäthylester und äthanol. Natriumäthylat (*Eastman, Wagner*, Am. Soc. **71** [1949] 4089, 4090).

Kristalle (aus wss. A.); F: 83—83,5°. UV-Spektrum (äthanol. HCl sowie konz. H_2SO_4; 230—400 nm): *Ea., Wa.*, l. c. S. 4091.

3,4-Dihydroxy-1-phenyl-pyrrol-2,5-dicarbonsäure-dimethylester $C_{14}H_{13}NO_6$, Formel V ($R = C_6H_5$, $R' = CH_3$, $R'' = H$), und Tautomere (H 275).

UV-Spektrum (220—350 nm): *Wåhlstam*, Ark. Kemi **11** [1957] 251, 252.

3,4-Diacetoxy-1-phenyl-pyrrol-2,5-dicarbonsäure-dimethylester $C_{18}H_{17}NO_8$, Formel V ($R = C_6H_5$, $R' = CH_3$, $R'' = CO\text{-}CH_3$).

B. Beim Behandeln von 3,4-Dihydroxy-1-phenyl-pyrrol-2,5-dicarbonsäure-dimethylester mit Acetanhydrid unter Zusatz von H_2SO_4 (*v. Euler, Hasselquist*, Z. physiol. Chem. **306** [1956] 49, 55).

Kristalle; F: 188°.

2,5-Bis-methylmercapto-pyrrol-3,4-dicarbonitril $C_8H_7N_3S_2$, Formel VI ($R = CH_3$).

B. Beim Erwärmen von 2,3-Bis-[amino-methylmercapto-methylen]-succinonitril (E IV **2** 2416) mit wss. HCl und Äthanol (*Middleton et al.*, Am. Soc. **80** [1958] 2822, 2828).

Kristalle (aus A.); F: 224—225°.

2,5-Bis-äthylmercapto-pyrrol-3,4-dicarbonitril $C_{10}H_{11}N_3S_2$, Formel VI ($R = C_2H_5$).

B. Beim Erwärmen von 2,3-Bis-[äthylmercapto-amino-methylen]-succinonitril (E IV **2** 2416) mit wss. HCl und Äthanol (*Middleton et al.*, Am. Soc. **80** [1958] 2822, 2828).

Kristalle (aus A.); F: 140—141°.

2,5-Bis-[2-chlor-äthansulfonyl]-pyrrol-3,4-dicarbonitril $C_{10}H_9Cl_2N_3O_4S_2$, Formel VII.

B. Beim Behandeln von 2,5-Bis-[2-hydroxy-äthylmercapto]-pyrrol-3,4-dicarbonitril mit konz. wss. HCl und wss. H_2O_2 (*Middleton et al.*, Am. Soc. **80** [1958] 2822, 2828).

Kristalle (aus H_2O); F: 210—212°. Scheinbarer Dissoziationsexponent pK'_a (H_2O?): 2,6 (*Mi. et al.*, l. c. S. 2824).

Tetramethylammonium-Salz $[C_4H_{12}N]C_{10}H_8Cl_2N_3O_4S_2$. Kristalle (aus H_2O); F: 185—186°.

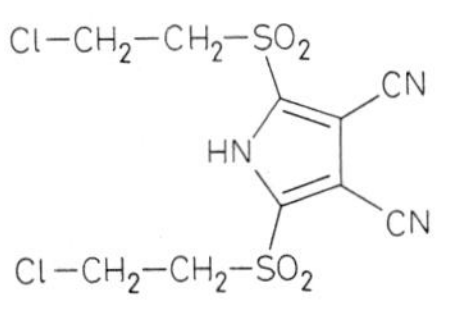

VII 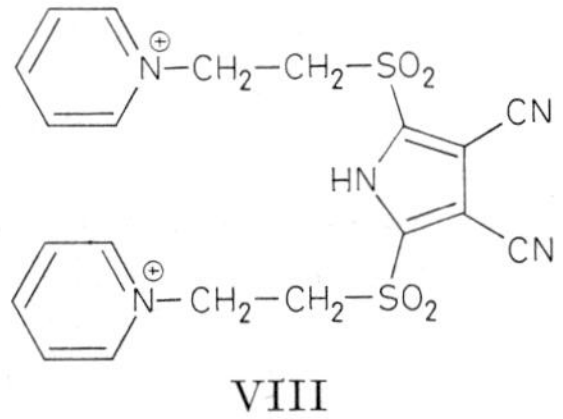 VIII

2,5-Bis-[2-hydroxy-äthylmercapto]-pyrrol-3,4-dicarbonitril $C_{10}H_{11}N_3O_2S_2$, Formel VI ($R = CH_2\text{-}CH_2\text{-}OH$).

B. Beim Behandeln von 2,3-Bis-[amino-(2-hydroxy-äthylmercapto)-methylen]-succinonitril (E IV **2** 2416) mit konz. wss. HCl (*Middleton et al.*, Am. Soc. **80** [1958] 2822, 2828).

Kristalle (aus H_2O); F: 108—110°.

2,5-Bis-[2-pyridinio-äthansulfonyl]-pyrrol-3,4-dicarbonitril $[C_{20}H_{19}N_5O_4S_2]^{2+}$, Formel VIII.

Betain-chlorid $[C_{20}H_{18}N_5O_4S_2]Cl$. *B.* Beim Erwärmen von 2,5-Bis-[2-chlor-äthansulfonyl]-pyrrol-3,4-dicarbonitril mit Pyridin (*Middleton et al.*, Am. Soc. **80** [1958] 2822, 2828). — Kristalle (aus H_2O) mit 2 Mol H_2O; F: 158—160° und (nach Wiedererstarren) F: 245—248°.

Hydroxycarbonsäuren $C_{10}H_{13}NO_6$

***Opt.-inakt. 3-[5-Äthoxycarbonyl-2,4-dimethyl-pyrrol-3-yl]-2,3-dimethoxy-propionsäure-äthylester, 4-[2-Äthoxycarbonyl-1,2-dimethoxy-äthyl]-3,5-dimethyl-pyrrol-2-carbonsäure-äthylester** $C_{16}H_{25}NO_6$, Formel IX.

B. Beim Erwärmen von opt.-inakt. 3-[5-Äthoxycarbonyl-2,4-dimethyl-pyrrol-3-yl]-2,3-dibrom-propionsäure-äthylester (S. 1607) mit methanol. Kaliummethylat (*Fischer, Süs*, A. **484** [1930] 113, 118, 130).

Kristalle (aus Me.); F: 178°.

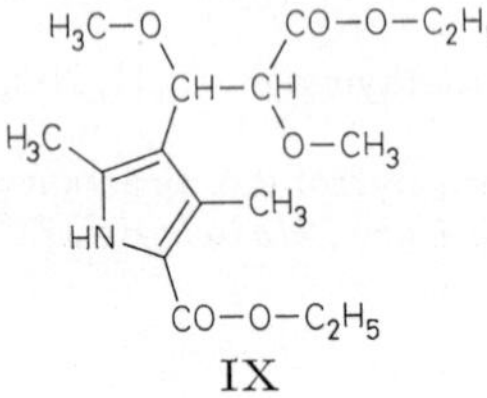

IX 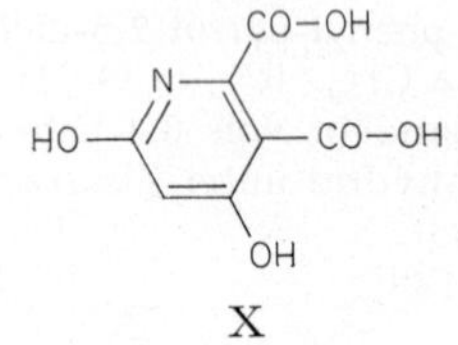 X

Hydroxycarbonsäuren $C_nH_{2n-9}NO_6$

Hydroxycarbonsäuren $C_7H_5NO_6$

4,6-Dihydroxy-pyridin-2,3-dicarbonsäure $C_7H_5NO_6$, Formel X, und Tautomere.

Die Identität einer von *Meyer, Heimann* (C. r. **203** [1936] 264) unter dieser Konstitution beschriebenen, aus Chinolin-2,4-diol durch Erwärmen mit $KMnO_4$ in wss. NaOH erhaltenen Verbindung vom F: 263° ist ungewiss (*Stefanović et al.*, Glasnik chem. Društva Beograd **21** [1956] 157, 160; C. A. **1958** 16352). Entsprechendes gilt für eine von *Meyer, Heimann* (l. c.) als 5-Brom-4,6-dihydroxy-pyridin-2,3-dicarbonsäure $C_7H_4BrNO_6$ beschriebene Verbindung vom F: 240°.

3,4-Dihydroxy-pyridin-2,6-dicarbonsäure-dihydrazid $C_7H_9N_5O_4$, Formel XI (R = H), und Tautomeres (3-Hydroxy-4-oxo-1,4-dihydro-pyridin-2,6-dicarbonsäure-dihydrazid).

B. Beim Erwärmen von Mekonsäure-dihydrazid (E III/IV **18** 6204) mit wss. NH_3 (*Wolkowa, Gorjaew*, Vestnik Akad. Kazachsk. S.S.R. **14** [1958] Nr. 7, S. 98, 101; C. A. **1959** 3210).

Rote Kristalle (aus H_2O); F: 245—250° [Zers.].

***3,4-Dihydroxy-pyridin-2,6-dicarbonsäure-bis-benzylidenhydrazid** $C_{21}H_{17}N_5O_4$, Formel XII (X = X′ = H), und Tautomeres (3-Hydroxy-4-oxo-1,4-dihydro-pyridin-2,6-dicarbonsäure-bis-benzylidenhydrazid).

B. Beim Erwärmen von 3,4-Dihydroxy-pyridin-2,6-dicarbonsäure-dihydrazid mit Benzaldehyd in wss. Äthanol (*Wolkowa, Gorjaew*, Vestnik Akad. Kazachsk. S.S.R. **14** [1958] Nr. 7, S. 98, 103; C.A. **1959** 3210).

Orangerote Kristalle (aus A.); F: 225—227° [Zers.].

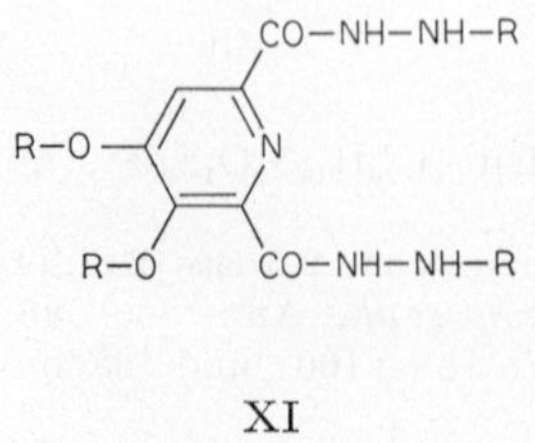

XI 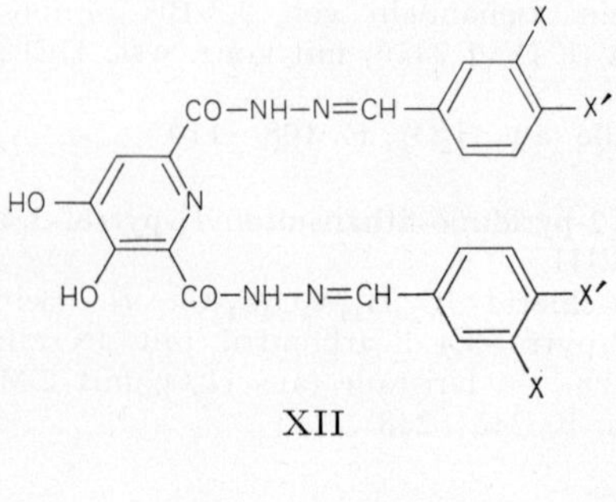 XII

***3,4-Dihydroxy-pyridin-2,6-dicarbonsäure-bis-vanillylidenhydrazid** $C_{23}H_{21}N_5O_8$, Formel XII (X = O-CH_3, X′ = OH), und Tautomeres (3-Hydroxy-4-oxo-1,4-dihydro-pyridin-2,6-dicarbonsäure-bis-vanillylidenhydrazid).

B. Beim Erwärmen von 3,4-Dihydroxy-pyridin-2,6-dicarbonsäure-dihydrazid mit Vanillin, wss. Na_2CO_3 und Äthanol (*Wolkowa, Gorjaew,* Vestnik Akad. Kazachsk. S.S.R. **14** [1958] Nr. 7, S. 98, 102; C. A. **1959** 3210).

Kristalle (aus wss. A.); F: 210—215° [Zers.].

3,4-Bis-benzoyloxy-pyridin-2,6-dicarbonsäure-bis-[*N*′-benzoyl-hydrazid] $C_{35}H_{25}N_5O_8$, Formel XI (R = CO-C_6H_5).

B. Beim Behandeln von 3,4-Dihydroxy-pyridin-2,6-dicarbonsäure-dihydrazid mit Benzoylchlorid und wss. KOH (*Wolkowa, Gorjaew,* Vestnik Akad. Kazachsk. S.S.R. **14** [1958] Nr. 7, S. 98, 101; C. A. **1959** 3210).

F: 213°.

3,5-Diäthoxy-pyridin-2,6-dicarbonsäure $C_{11}H_{13}NO_6$, Formel XIII.

B. Beim Erwärmen von 3,5-Diäthoxy-pyridin-2,6-dicarbonitril mit wss. KOH (*den Hertog, Mulder,* R. **67** [1948] 957, 967).

Kristalle (aus A.); F: 161—162° [korr.; Zers.].

3,5-Diäthoxy-pyridin-2,6-dicarbonitril $C_{11}H_{11}N_3O_2$, Formel XIV.

B. Beim kurzen Erhitzen von 6-Brom-3,5-diäthoxy-pyridin-2-carbonitril mit CuCN in Chinolin (*den Hertog, Mulder,* R. **67** [1948] 957, 967).

Kristalle (aus Bzl.); F: 170° [korr.].

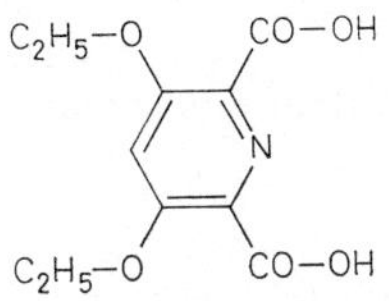

XIII 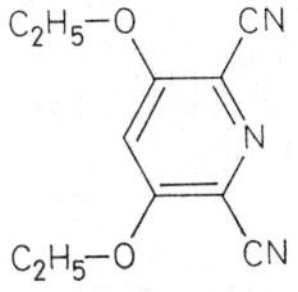 XIV 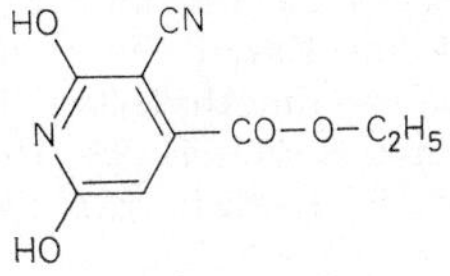 XV

3-Cyan-2,6-dihydroxy-isonicotinsäure-äthylester $C_9H_8N_2O_4$, Formel XV, und Tautomere.

B. Beim Behandeln von Oxalessigsäure-diäthylester mit Cyanessigsäure-amid und Piperidin in Methanol (*Stevens, Beutel,* Am. Soc. **65** [1943] 449).

Kristalle (aus wss. Me.), die bei 120° erweichen und bis 150° vollständig schmelzen.

Verbindung mit Piperidin $C_5H_{11}N \cdot C_9H_8N_2O_2$. Orangerote Kristalle (aus H_2O); F: 180—181°.

2-Äthoxy-6-hydroxy-pyridin-3,5-dicarbonsäure $C_9H_9NO_6$, Formel I (R = H, R′ = C_2H_5, X = OH), und Tautomeres (6-Äthoxy-2-oxo-1,2-dihydro-pyridin-3,5-dicarbonsäure) (H 276).

B. Beim Erwärmen von 2-Äthoxy-5-cyan-6-hydroxy-nicotinsäure-äthylester mit wss. NaOH (*Hellmann, Seegmüller,* B. **91** [1958] 2420, 2426).

Kristalle (aus Acn.); F: 181—182° [Zers.]. IR-Spektrum (2,5—15 μ): *He., Se.,* l. c. S. 2422. UV-Spektrum (A.; 220—350 nm): *He., Se.,* l. c. S. 2421.

5-Carbamoyl-6-hydroxy-2-methoxy-nicotinsäure-methylester $C_9H_{10}N_2O_5$, Formel I (R = R′ = CH_3, X = NH_2), und Tautomeres (5-Carbamoyl-2-methoxy-6-oxo-1,6-dihydro-pyridin-3-carbonsäure-methylester).

B. Beim Behandeln von 5-Cyan-6-hydroxy-2-methoxy-nicotinsäure-methylester mit H_2SO_4 (*Hellmann, Seegmüller,* B. **91** [1958] 2420, 2425).

Kristalle (aus Acn. + Bzl.); F: 221—222°. λ_{max} (A.): 261 nm und 298 nm.

2-Äthoxy-5-carbamoyl-6-hydroxy-nicotinsäure-äthylester $C_{11}H_{14}N_2O_5$, Formel I (R = R′ = C_2H_5, X = NH_2), und Tautomeres (2-Äthoxy-5-carbamoyl-6-oxo-1,6-dihydro-pyridin-3-carbonsäure-äthylester).

B. Beim Behandeln von 2-Äthoxy-5-cyan-6-hydroxy-nicotinsäure-äthylester mit

H_2SO_4 (*Hellmann, Seegmüller*, B. **91** [1958] 2420, 2425).
Kristalle (aus Acn.); F: 213—214°.

5-Cyan-6-hydroxy-2-methoxy-nicotinsäure $C_8H_6N_2O_4$, Formel II (R = H, R′ = CH_3), und Tautomeres (5-Cyan-2-methoxy-6-oxo-1,6-dihydro-pyridin-3-carbon≈säure).

B. Beim Erwärmen von 5-Cyan-6-hydroxy-2-methoxy-nicotinsäure-methylester mit wss.-äthanol. KOH (*Hellmann, Seegmüller*, B. **91** [1958] 2420, 2425).
Kristalle (aus Dioxan); F: 184—185° [Zers.]. λ_{max} (A.): 260 nm und 300 nm.

2-Äthoxy-5-cyan-6-hydroxy-nicotinsäure $C_9H_8N_2O_4$, Formel II (R = H, R′ = C_2H_5), und Tautomeres (2-Äthoxy-5-cyan-6-oxo-1,6-dihydro-pyridin-3-carbonsäure).

B. Beim Erwärmen von 2-Äthoxy-5-cyan-6-hydroxy-nicotinsäure-äthylester mit wss.-äthanol. KOH (*Hellmann, Seegmüller*, B. **91** [1958] 2420, 2426).
Kristalle (aus wss. Me.); F: 205—206° [Zers.]. λ_{max} (A.): 260 nm und 298 nm.

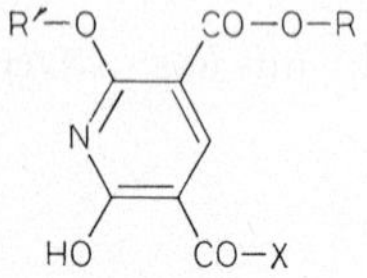

I 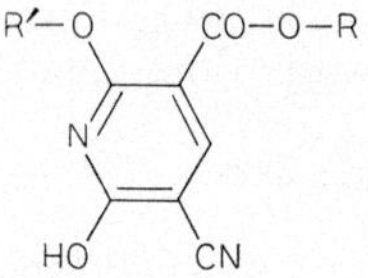 II 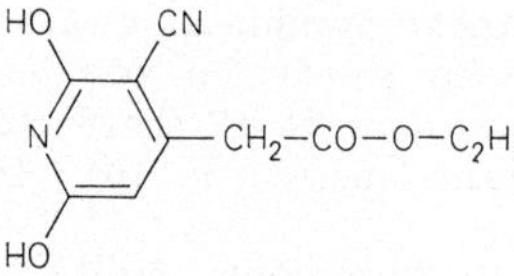 III

5-Cyan-6-hydroxy-2-methoxy-nicotinsäure-methylester $C_9H_8N_2O_4$, Formel II (R = R′ = CH_3), und Tautomeres (5-Cyan-2-methoxy-6-oxo-1,6-dihydro-pyridin-3-carbonsäure-methylester).

B. Beim Erwärmen von 2,4-Dicyan-glutarsäure-diäthylester oder von 2,4-Dicyan-glutarsäure-dimethylester (beide E IV **2** 2417) mit methanol. Natriummethylat (*Hellmann, Seegmüller*, B. **91** [1958] 2420, 2425).
Kristalle; F: 221—222° [Zers.].

5-Cyan-2,6-dihydroxy-nicotinsäure-äthylester $C_9H_8N_2O_4$, Formel II (R = C_2H_5, R′ = H), und Tautomere.

B. Beim Behandeln von Äthoxymethylen-malonsäure-diäthylester mit Natrium-cyan≈essigsäure-amid in Äthanol (*Hellmann, Seegmüller*, B. **91** [1958] 2420, 2426).
Kristalle (aus A.); F: 226—227° [Zers.].

2-Äthoxy-5-cyan-6-hydroxy-nicotinsäure-äthylester $C_{11}H_{12}N_2O_4$, Formel II (R = R′ = C_2H_5), und Tautomeres (2-Äthoxy-5-cyan-6-oxo-1,6-dihydro-pyridin-3-carbonsäure-äthylester).

B. Beim Erwärmen von 2,4-Dicyan-glutarsäure-diäthylester (E IV **2** 2417) mit äthanol. Natriumäthylat (*Hellmann, Seegmüller*, B. **91** [1958] 2420, 2425).
Kristalle (aus Dioxan); F: 194—195° [Zers.]. IR-Spektrum (2,5-15 μ): *He.*, *Se.*, l. c. S. 2422. UV-Spektrum (A.; 220—350 nm): *He.*, *Se.*, l. c. S. 2421.

Hydroxycarbonsäuren $C_8H_7NO_6$

[3-Cyan-2,6-dihydroxy-[4]pyridyl]-essigsäure-äthylester $C_{10}H_{10}N_2O_4$, Formel III, und Tautomere.

B. Beim Erwärmen von 3-Oxo-glutarsäure-diäthylester mit Cyanessigsäure-amid und Piperidin in Methanol (*Stevens, Beutel*, Am. Soc. **65** [1943] 449).
Kristalle (aus H_2O); F: 239°.

Hydroxycarbonsäuren $C_9H_9NO_6$

3-[3-Cyan-2,6-dihydroxy-[4]pyridyl]-propionsäure-äthylester $C_{11}H_{12}N_2O_4$, Formel IV, und Tautomere.

B. Beim Erwärmen von 3-Oxo-hexandisäure-diäthylester mit Cyanessigsäure-amid und Piperidin in Äthanol (*Stevens, Beutel*, Am. Soc. **65** [1943] 449).
Kristalle (aus A.); F: 247°.

***Opt.-inakt. 2,6-Bis-[cyan-hydroxy-methyl]-pyridin, 2,2′-Dihydroxy-2,2′-pyridin-2,6-diyl-di-acetonitril** $C_9H_7N_3O_2$, Formel V.

B. Aus Pyridin-2,6-dicarbaldehyd und HCN (*Sauermilch, Wolf*, Ar. **292** [1959] 38, 43).

Kristalle; F: 105° [Zers.].

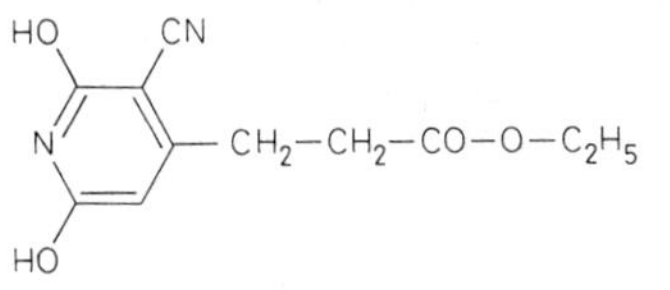

IV 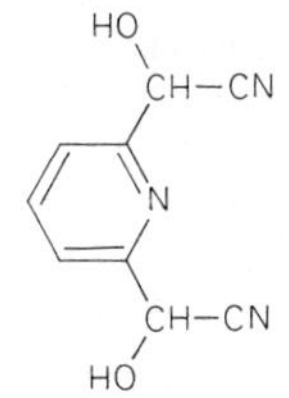 V 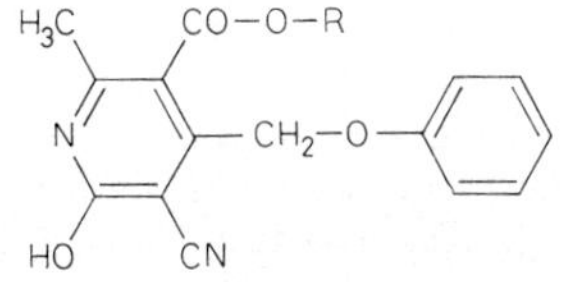 VI

5-Cyan-6-hydroxy-2-methyl-4-phenoxymethyl-nicotinsäure $C_{15}H_{12}N_2O_4$, Formel VI (R = H), und Tautomeres (5-Cyan-2-methyl-6-oxo-4-phenoxymethyl-1,6-dihydro-pyridin-3-carbonsäure).

B. Beim Erwärmen von 5-Cyan-6-hydroxy-2-methyl-4-phenoxymethyl-nicotinsäure-äthylester mit wss. KOH (*Hoffmann-La Roche*, Schweiz. P. 219144 [1940]; D.R.P. 730910 [1941]; D.R.P. Org. Chem. **6** 2542).

F: 260° [Zers.].

5-Cyan-6-hydroxy-2-methyl-4-phenoxymethyl-nicotinsäure-äthylester $C_{17}H_{16}N_2O_4$, Formel VI (R = C_2H_5), und Tautomeres (5-Cyan-2-methyl-6-oxo-4-phenoxymethyl-1,6-dihydro-pyridin-3-carbonsäure-äthylester).

B. Beim Behandeln von opt.-inakt. 5-Cyan-2-methyl-6-oxo-4-phenoxymethyl-3,4,5,6-tetrahydro-pyridin-3-carbonsäure-äthylester (F: 152°) mit $K_3[Fe(CN)_6]$ und wss. NH_3 (*Hoffmann-La Roche*, Schweiz. P. 219144 [1940]; D.R.P. 730910 [1941]; D.R.P. Org. Chem. **6** 2542).

Kristalle (aus A.); F: 186°.

Hydroxycarbonsäuren $C_{12}H_{15}NO_6$

[2-(3,5-Bis-methoxymethyl-[2]pyridyl)-äthyl]-malonsäure-diäthylester $C_{18}H_{27}NO_6$, Formel VII.

B. Beim Erwärmen von 3,5-Bis-methoxymethyl-2-vinyl-pyridin mit Malonsäure-diäthylester und äthanol. Natriumäthylat (*Bohlmann et al.*, B. **89** [1956] 792, 798).

$Kp_{0,005}$: 165–175°.

Bei der Hydrierung an Raney-Nickel in Dioxan bei 185°/200 at ist opt.-inakt. 7,9-Bis-methoxymethyl-octahydro-chinolizin-4-on (E III/IV **21** 6411) erhalten worden.

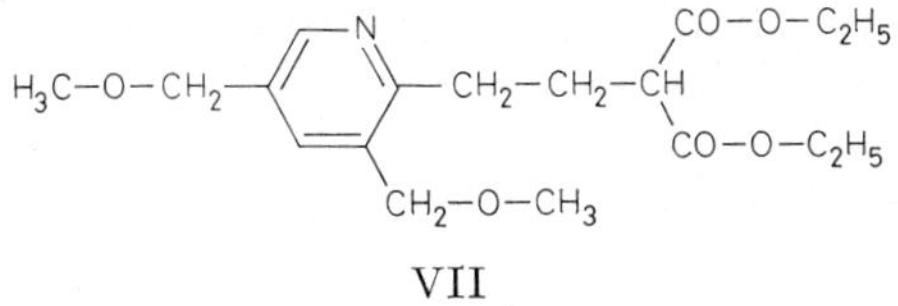

VII 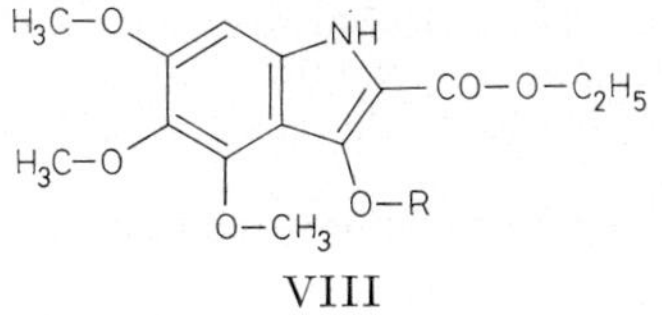 VIII

Hydroxycarbonsäuren $C_nH_{2n-11}NO_6$

Hydroxycarbonsäuren $C_9H_7NO_6$

3-Hydroxy-4,5,6-trimethoxy-indol-2-carbonsäure-äthylester $C_{14}H_{17}NO_6$, Formel VIII (R = H), und Tautomeres (4,5,6-Trimethoxy-3-oxo-indolin-2-carbonsäure-äthylester).

B. Beim Erhitzen von [3,4,5-Trimethoxy-anilino]-malonsäure-diäthylester in Mineralöl auf 250° (*Benington et al.*, J. org. Chem. **20** [1955] 1454).

Gelbe Kristalle (nach Sublimation unter vermindertem Druck); F: 168–169° [unkorr.].

3,4,5,6-Tetramethoxy-indol-2-carbonsäure-äthylester $C_{15}H_{19}NO_6$, Formel VIII (R = CH_3).

B. Beim Behandeln von 3-Hydroxy-4,5,6-trimethoxy-indol-2-carbonsäure-äthylester mit Dimethylsulfat und wss. KOH (*Benington et al.*, J. org. Chem. **20** [1955] 1454).

Grünliche Kristalle (aus Bzl. + PAe.); F: 135—136° [unkorr.].

3-Hydroxy-5,6,7-trimethoxy-indol-2-carbonsäure-äthylester $C_{14}H_{17}NO_6$, Formel IX, und Tautomeres (5,6,7-Trimethoxy-3-oxo-indolin-2-carbonsäure-äthylester).

B. Beim Erwärmen von 2,3,4-Trimethoxy-anilin mit Brommalonsäure-diäthylester in Benzol und Erhitzen des Reaktionsprodukts unter vermindertem Druck (*Benington et al.*, J. org. Chem. **23** [1958] 19, 22).

Gelbliche Kristalle (aus Bzl. + PAe.); F: 118—119° [unkorr.].

Hydroxycarbonsäuren $C_{12}H_{.3}NO_6$

*Opt.-inakt. **[3-Carboxy-6,7-dimethoxy-1,2,3,4-tetrahydro-[1]isochinolyl]-essigsäure, 1-Carboxymethyl-6,7-dimethoxy-1,2,3,4-tetrahydro-isochinolin-3-carbonsäure** $C_{14}H_{17}NO_6$, Formel X.

Hydrochlorid $C_{14}H_{17}NO_6 \cdot HCl$. *B.* Beim Behandeln von 3,4-Dimethoxy-DL-phenyl-alanin-äthylester-hydrochlorid mit der Natrium-Verbindung des Propen-1,1,3,3-tetra-carbonsäure-tetraäthylesters in Äthanol und Erwärmen des erhaltenen {[1-Äthoxy-carbonyl-2-(3,4-dimethoxy-phenyl)-äthylamino]-methylen}-malonsäure-diäthylesters ($n_D^{24,8}$: 1,5328) mit wss. HCl (*Gensler, Bluhm*, J. org. Chem. **21** [1956] 336, 338). — Kristalle (aus Eg.); F: 254—255° [Zers.].

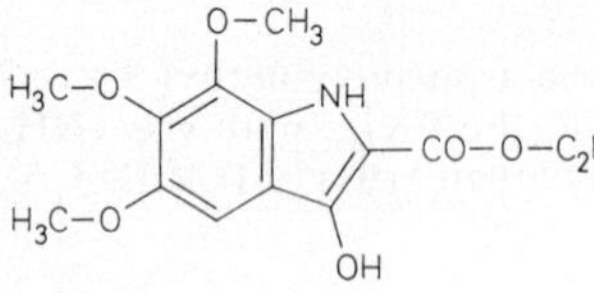

IX 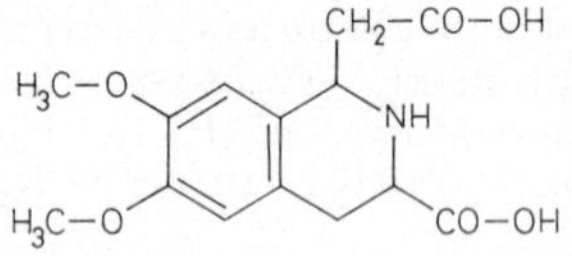 X 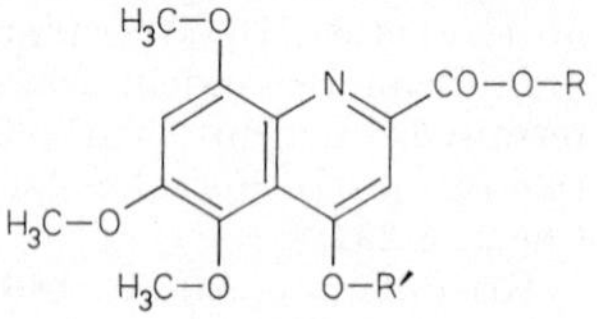 XI

Hydroxycarbonsäuren $C_nH_{2n-13}NO_6$

Hydroxycarbonsäuren $C_{10}H_7NO_6$

4-Hydroxy-5,6,8-trimethoxy-chinolin-2-carbonsäure $C_{13}H_{13}NO_6$, Formel XI (R = R′ = H), und Tautomeres (5,6,8-Trimethoxy-4-oxo-1,4-dihydro-chinolin-2-carbonsäure).

B. Beim Erwärmen von 4-Hydroxy-5,6,8-trimethoxy-chinolin-2-carbonsäure-äthyl-ester mit wss. NaOH (*Butenandt et al.*, A. **590** [1954] 75, 88).

Gelbe Kristalle (aus H_2O); Zers. bei 233°.

4,5,6,8-Tetramethoxy-chinolin-2-carbonsäure-methylester $C_{15}H_{17}NO_6$, Formel XI (R = R′ = CH_3).

B. Beim Behandeln von 4-Hydroxy-5,6,8-trimethoxy-chinolin-2-carbonsäure in Meth-anol mit Diazomethan in Äther (*Butenandt et al.*, A. **590** [1954] 75, 88).

Hellgelbe Kristalle (aus Bzl. + PAe.); F: 163°.

4-Hydroxy-5,6,8-trimethoxy-chinolin-2-carbonsäure-äthylester $C_{15}H_{17}NO_6$, Formel XI (R = C_2H_5, R′ = H), und Tautomeres (5,6,8-Trimethoxy-4-oxo-1,4-dihydro-chinolin-2-carbonsäure-äthylester).

B. Beim Erwärmen von 2,4,5-Trimethoxy-anilin mit Oxalessigsäure-diäthylester und Erhitzen des Reaktionsprodukts in Paraffinöl auf 240° (*Butenandt et al.*, A. **590** [1954] 75, 88).

Hellgelbe Kristalle (aus Bzl.); F: 133—134°.

2-Hydroxy-4,6,7-trimethoxy-chinolin-3-carbonsäure $C_{13}H_{13}NO_6$, Formel XII (R = R″ = H, R′ = CH_3), und Tautomeres (4,6,7-Trimethoxy-2-oxo-1,2-dihydro-chinolin-3-carbonsäure); **Kokusagininsäure.**

B. Neben 2-Hydroxy-4,6,7-trimethoxy-chinolin-3-carbaldehyd beim Behandeln von Kokusaginin (4,6,7-Trimethoxy-furo[2,3-*b*]chinolin) mit $KMnO_4$ in Aceton (*Anet et al.*, Austral. J. scient. Res. [A] **5** [1952] 412, 415).

Kristalle (aus A.); F: ca. 340° [Zers.; auf 340° vorgeheiztes Bad].

2,4-Dihydroxy-6,7-dimethoxy-chinolin-3-carbonsäure-methylester $C_{13}H_{13}NO_6$, Formel XII (R = CH_3, R′ = R″ = H), und Tautomere (z. B. 4-Hydroxy-6,7-dimethoxy-2-oxo-1,2-dihydro-chinolin-3-carbonsäure-methylester).

Konstitution: *Brown*, Austral. J. Chem. **8** [1955] 121, 123.

B. Beim Erwärmen von *N*-[4,5-Dimethoxy-2-methoxycarbonyl-phenyl]-malonamidsäure-methylester mit methanol. Natriummethylat (*Br.*). Beim Erwärmen von 4,5-Dimethoxy-2-nitro-benzoylchlorid mit Malonsäure-dimethylester und Natriummethylat in Benzol und Behandeln des erhaltenen [4,5-Dimethoxy-2-nitro-benzoyl]-malonsäure-dimethylesters (rotes Öl) mit Zink und HCl in Methanol (*Anet et al.*, Austral. J. scient. Res. [A] **5** [1952] 412, 416).

Kristalle (aus Me. oder Eg.); F: >300° [unscharf] (*Br.*; s. a. *Anet et al.*).

2,4,6,7-Tetramethoxy-chinolin-3-carbonsäure-methylester $C_{15}H_{17}NO_6$, Formel XII (R = R′ = R″ = CH_3).

B. Beim Behandeln von Kokusagininsäure (s. o.) oder von 2,4-Dihydroxy-6,7-dimethoxy-chinolin-3-carbonsäure-methylester in Methanol mit Diazomethan in Äther (*Brown*, Austral. J. Chem. **8** [1955] 121, 123).

Kristalle (aus wss. Me.); F: 117° [unkorr.].

2-Hydroxy-4,7,8-trimethoxy-chinolin-3-carbonsäure $C_{13}H_{13}NO_6$, Formel XIII (R = H, R′ = CH_3), und Tautomeres (4,7,8-Trimethoxy-2-oxo-1,2-dihydro-chinolin-3-carbonsäure); **Skimmianinsäure.**

B. Neben Skimmianal (E III/IV **21** 6712) beim Erwärmen einer Lösung von Skimmianin (4,7,8- Trimethoxy-furo[2,3-*b*]chinolin) in Aceton mit $KMnO_4$ (*Asahina, Inubuse*, B. **63** [1930] 2052, 2055; *Mookerjee, Bose*, J. Indian chem. Soc. **23** [1946] 1, 4).

Kristalle (aus Eg.); F: 248° (*As., In.*), 248° [Zers.] (*Mo., Bose*). UV-Spektrum (A. sowie wss. NaOH [2 n]; 220—360 nm): *Deulofeu, Bassi*, An. Asoc. quim. arg. **40** [1952] 249, 252.

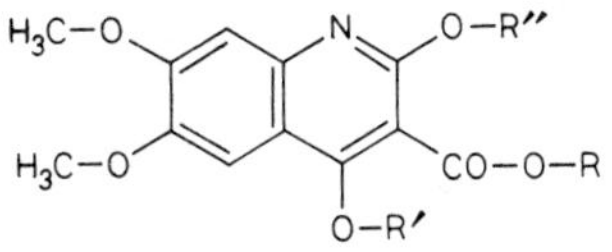

XII 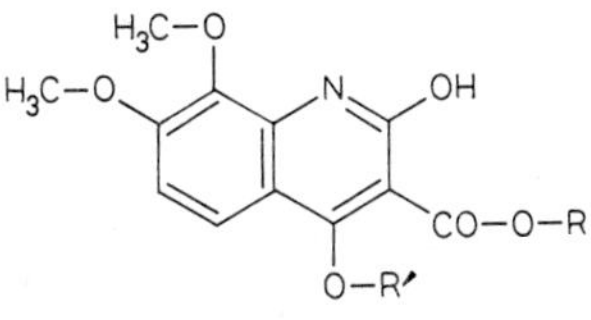 XIII 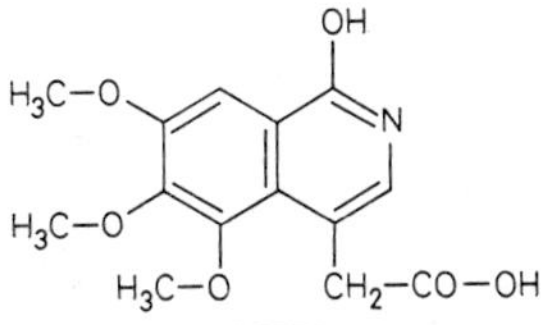 XIV

4-Äthoxy-2-hydroxy-7,8-dimethoxy-chinolin-3-carbonsäure $C_{14}H_{15}NO_6$, Formel XIII (R = H, R′ = C_2H_5), und Tautomeres (4-Äthoxy-7,8-dimethoxy-2-oxo-1,2-dihydro-chinolin-3-carbonsäure).

B. Neben 4-Äthoxy-2-hydroxy-7,8-dimethoxy-chinolin-3-carbaldehyd beim Behandeln von 4-Äthoxy-7,8-dimethoxy-furo[2,3-*b*]chinolin mit $KMnO_4$ in Aceton (*Berinzaghi et al.*, Am. Soc. **65** [1943] 1357).

Kristalle; F: 225°.

2,4-Dihydroxy-7,8-dimethoxy-chinolin-3-carbonsäure-methylester $C_{13}H_{13}NO_6$, Formel XIII (R = CH_3, R′ = H), und Tautomere (z. B. 4-Hydroxy-7,8-dimethoxy-2-oxo-1,2-dihydro-chinolin-3-carbonsäure-methylester).

B. Beim Erwärmen von *N*-[2,3-Dimethoxy-6-methoxycarbonyl-phenyl]-malonamidsäure-methylester mit methanol. Natriummethylat (*Brown*, Austral. J. Chem. **8** [1955] 121, 123).

Kristalle (aus Eg.); Zers. >320° [nach Sintern bei 233°].

2-Hydroxy-4,7,8-trimethoxy-chinolin-3-carbonsäure-methylester $C_{14}H_{15}NO_6$, Formel XIII ($R = R' = CH_3$), und Tautomeres (4,7,8-Trimethoxy-2-oxo-1,2-dihydro-chinolin-3-carbonsäure-methylester); Skimmianinsäure-methylester.

B. Beim Behandeln von Skimmianinsäure (S. 2655) oder von 2,4-Dihydroxy-7,8-di⸗methoxy-chinolin-3-carbonsäure-methylester in Methanol mit Diazomethan in Äther (*Brown*, Austral. J. Chem. **8** [1955] 121, 123).

Kristalle (aus Me.); F: 234° [unkorr.].

Hydroxycarbonsäuren $C_{11}H_9NO_6$

[1-Hydroxy-5,6,7-trimethoxy-[4]isochinolyl]-essigsäure $C_{14}H_{15}NO_6$, Formel XIV, und Tautomeres ([5,6,7-Trimethoxy-1-oxo-1,2-dihydro-[4]isochinolyl]-essigsäure).

B. Beim Erwärmen von [5,6,7-Trimethoxy-1-oxo-1*H*-isochromen-4-yl]-essigsäure mit NH_3 in Methanol (*Haworth et al.*, Soc. **1954** 3617, 3621).

Kristalle (aus Eg.); F: 242–244°.

[2-Carboxy-5,6-dimethoxy-indol-3-yl]-essigsäure, 3-Carboxymethyl-5,6-dimethoxy-indol-2-carbonsäure $C_{13}H_{13}NO_6$, Formel I ($R = R' = H$).

B. Beim Erwärmen von [2-Äthoxycarbonyl-5,6-dimethoxy-indol-3-yl]-essigsäure-äthylester mit methanol. NaOH (*Findlay, Dougherty*, J. org. Chem. **13** [1948] 560, 566).

Kristalle (aus Eg.); F: ca. 225° [Zers.] (unreines Präparat).

3-Äthoxycarbonylmethyl-5,6-dimethoxy-indol-2-carbonsäure $C_{15}H_{17}NO_6$, Formel I ($R = H$, $R' = C_2H_5$).

B. Beim Erwärmen von [2-Carboxy-5,6-dimethoxy-indol-3-yl]-essigsäure mit äthanol. HCl (*Findlay, Dougherty*, J. org. Chem. **13** [1948] 560, 566).

Kristalle (aus Me.); F: 195,5° [Zers.].

[2-Äthoxycarbonyl-5,6-dimethoxy-indol-3-yl]-essigsäure-äthylester, 3-Äthoxycarbonyl⸗methyl-5,6-dimethoxy-indol-2-carbonsäure-äthylester $C_{17}H_{21}NO_6$, Formel I ($R = R' = C_2H_5$).

B. Beim Behandeln von 2-Acetyl-glutarsäure-diäthylester in Äthanol mit wss. 3,4-Di⸗methoxy-benzoldiazonium-chlorid und Natriumacetat und Erwärmen des erhaltenen 2-[3,4-Dimethoxy-phenylhydrazono]-glutarsäure-diäthylesters (rotes Öl) mit äthanol. HCl (*Findlay, Dougherty*, J. org. Chem. **13** [1948] 560, 566).

Rosafarbene Kristalle (aus A.); F: 126°.

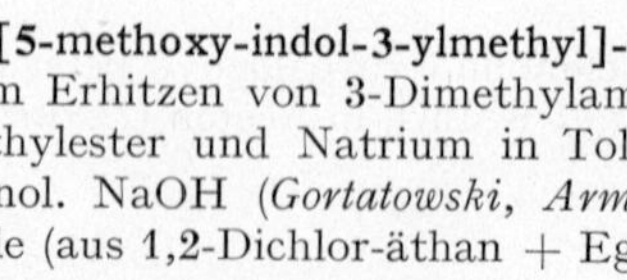

I 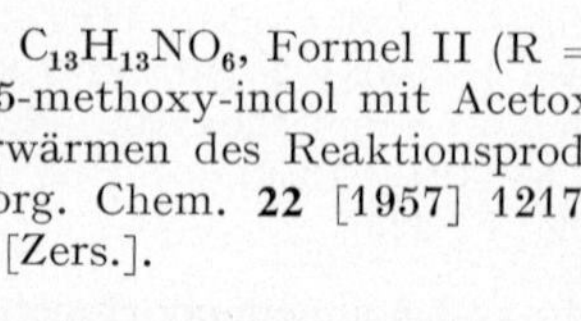 II

Hydroxycarbonsäuren $C_{12}H_{11}NO_6$

Hydroxy-[5-methoxy-indol-3-ylmethyl]-malonsäure $C_{13}H_{13}NO_6$, Formel II ($R = CH_3$).

B. Beim Erhitzen von 3-Dimethylaminomethyl-5-methoxy-indol mit Acetoxymalon⸗säure-diäthylester und Natrium in Toluol und Erwärmen des Reaktionsprodukts mit wss.-äthanol. NaOH (*Gortatowski, Armstrong*, J. org. Chem. **22** [1957] 1217, 1219).

Kristalle (aus 1,2-Dichlor-äthan + Eg.); F: 154° [Zers.].

[5-Benzyloxy-indol-3-ylmethyl]-hydroxy-malonsäure $C_{19}H_{17}NO_6$, Formel II ($R = CH_2$-C_6H_5).

B. Beim Erhitzen von 5-Benzyloxy-3-dimethylaminomethyl-indol mit Acetoxymalon⸗säure-diäthylester und Natrium in Toluol und Erwärmen des Reaktionsprodukts mit wss.-äthanol. NaOH (*Gortatowski, Armstrong*, J. org. Chem. **22** [1957] 1217, 1219).

Kristalle (aus 1,2-Dichlor-äthan + Eg.); F: 140° [Zers.].

Hydroxycarbonsäuren $C_{13}H_{13}NO_6$

4-[2-Äthoxycarbonyl-5,6-dimethoxy-indol-3-yl]-buttersäure-äthylester, 3-[3-Äthoxy=carbonyl-propyl]-5,6-dimethoxy-indol-2-carbonsäure-äthylester $C_{19}H_{25}NO_6$, Formel III.

B. Beim Behandeln von 2-Oxo-cyclohexancarbonsäure-äthylester in Äthanol mit wss. 3,4-Dimethoxy-benzoldiazonium-chlorid und wss. NaOH und Behandeln des erhaltenen 2-[3,4-Dimethoxy-phenylhydrazono]-heptandisäure-1-äthylesters in Äthanol mit HCl (*Lions, Spruson,* J. Pr. Soc. N.S. Wales **66** [1932] 171, 178).

Kristalle (aus Ae.); F: 163°.

Hydroxycarbonsäuren $C_{15}H_{17}NO_6$

***Opt.-inakt. 5-Cyan-2-hydroxy-6-methoxy-2,5-dimethyl-4-phenyl-2,3,4,5-tetrahydro-3-pyridin-carbonsäure-äthylester** $C_{18}H_{22}N_2O_4$, Formel IV.

Diese Konstitution ist für die nachstehend beschriebene Verbindung in Betracht gezogen worden (*Palit,* J. Indian chem. Soc. **14** [1937] 219, 220).

B. Beim Behandeln von 5-Cyan-2-hydroxy-2-methyl-6-oxo-4-phenyl-piperidin-3-car=bonsäure-äthylester mit Dimethylsulfat und wss. NaOH (*Pa.,* l. c. S. 223).

Kristalle (aus A.); F: 162°.

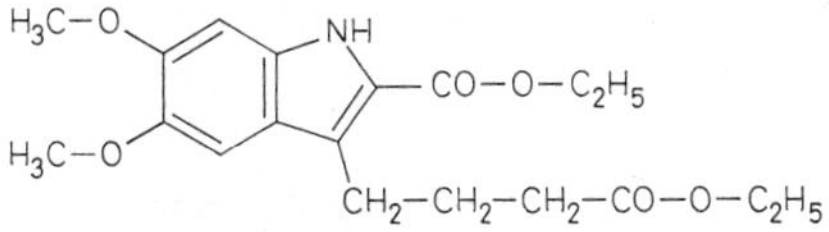

Hydroxycarbonsäuren $C_{16}H_{19}NO_6$

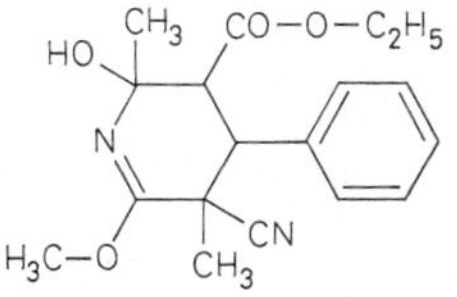

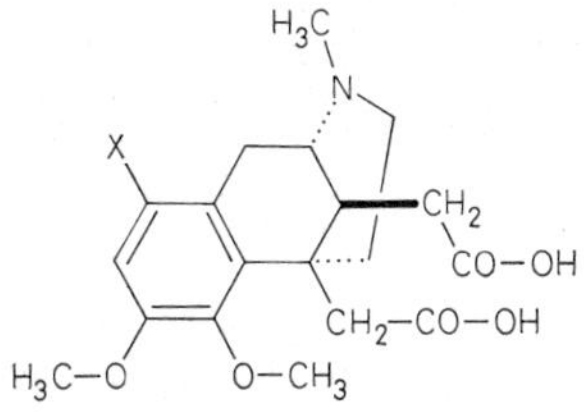

***ent*-3,4-Dimethoxy-17-methyl-6,7-seco-morphinan-6,7-disäure** [1]), *O*-Methyl-sinomeninsäure $C_{19}H_{25}NO_6$, Formel V (X = H).

B. Beim Erwärmen von *O*-Methyl-sinomeninon (E III/IV **21** 6671) mit wss. H_2O_2 und Essigsäure (*Goto et al.,* A. **494** [1932] 1, 5).

Kristalle; F: 295° [Zers.]; $[\alpha]_D^{18}$: +12,4° [H_2O; c = 0,4] (*Goto et al.*).

Beim Behandeln mit $SOCl_2$ und Behandeln des Reaktionsprodukts mit H_2O ist Si=nomeninsäure (wahrscheinlich *ent*-4-Hydroxy-3-methoxy-17-methyl-6,7-seco-morphinan-6,7-disäure-6-lacton [Syst.-Nr. 4331]) erhalten worden (*Goto, Michi,* Bl. chem. Soc. Japan **19** [1944] 140).

Barium-Salz $BaC_{19}H_{23}NO_6$. Kristalle; Zers. >300° (*Goto et al.*).

***ent*-1-Brom-3,4-dimethoxy-17-methyl-6,7-seco-morphinan-6,7-disäure** $C_{19}H_{24}BrNO_6$, Formel V (X = Br).

B. Beim Erwärmen von *ent*-1-Brom-3,4-dimethoxy-17-methyl-morphinan-6,7-dion mit wss. H_2O_2 und Essigsäure (*Goto, Arai,* Bl. chem. Soc. Japan **17** [1942] 304, 307).

Kristalle (aus wss. Me.); F: 271°. Die Verbindung ist rechtsdrehend.

Barium-Salz. Kristalle; F: >320°.

Hydroxycarbonsäuren $C_{18}H_{23}NO_6$

(±)(Ξ)-[(11bΞ)-3*t*-Äthyl-9,10-dimethoxy-(11b*r*)-1,3,4,6,7,11b-hexahydro-2*H*-pyrido=[2,1-*a*]isochinolin-2*t*-yl]-cyan-essigsäure-äthylester $C_{22}H_{30}N_2O_4$, Formel VI (R = C_2H_5) + Spiegelbild.

Konfiguration: *Brossi, Schnider,* Helv. **45** [1962] 1899, 1900.

Hydrochlorid. *B.* Bei der Hydrierung von (±)-[(2Ξ)-3*t*-Äthyl-9,10-dimethoxy-(11b*r*)-1,3,4,6,7,11b-hexahydro-pyrido[2,1-*a*]isochinolin-2-yliden]-cyan-essigsäure-äthyl=ester-hydrochlorid (S. 2662) an Platin in Äthanol (*Hoffmann-La Roche,* U.S.P. 2877226

---

[1]) Stellungsbezeichnung bei von Morphinan abgeleiteten Namen s. E III/IV **20** 3625.

[1956]). — Kristalle (aus A. + Ae.); F: 213—214°; λ_{max} (A.): 230 nm und 284 nm (*Hoffmann-La Roche*).

(±)(Ξ)-[(11bΞ)-3t-Äthyl-9,10-dimethoxy-(11br)-1,3,4,6,7,11b-hexahydro-2H-pyrido[2,1-a]isochinolin-2t-yl]-cyan-essigsäure-[3,4-dimethoxy-phenäthylamid] $C_{30}H_{39}N_3O_5$, Formel VII + Spiegelbild.

Bezüglich der Konfiguration vgl. *Brossi, Schnider*, Helv. **45** [1962] 1899, 1900.

B. Bei der Hydrierung von (±)-[(2Ξ)-3t-Äthyl-9,10-dimethoxy-(11br)-1,3,4,6,7,11b-hexahydro-pyrido[2,1-a]isochinolin-2-yliden]-cyan-essigsäure-[3,4-dimethoxy-phenäthylamid] (S. 2662) an Palladium/$SrCO_3$ in Äthanol (*Battersby et al.*, Soc. **1953** 2463, 2469).

Kristalle (aus A.); F: 174—175° (*Ba. et al.*).

VI

VII

Hydroxycarbonsäuren $C_{20}H_{27}NO_6$

(±)(Ξ)-[(11bΞ)-3t-Butyl-9,10-dimethoxy-(11br)-1,3,4,6,7,11b-hexahydro-2H-pyrido[2,1-a]isochinolin-2t-yl]-cyan-essigsäure-äthylester $C_{24}H_{34}N_2O_4$, Formel VI (R = $[CH_2]_3$-CH_3) + Spiegelbild.

Bezüglich der Konfiguration vgl. *Brossi, Schnider*, Helv. **45** [1962] 1899, 1900.

Hydrochlorid. *B*. Bei der Hydrierung von (±)-[(2Ξ)-3t-Butyl-9,10-dimethoxy-(11br)-1,3,4,6,7,11b-hexahydro-pyrido[2,1-a]isochinolin-2-yliden]-cyan-essigsäure-äthylester-hydrochlorid (S. 2663) an Platin in Äthanol (*Hoffmann-La Roche*, U.S.P. 2877226 [1956]). — F: 200—202°; λ_{max} (A.): 232 nm und 284 nm (*Hoffmann-La Roche*).

(±)(Ξ)-Cyan-[(11bΞ)-3t-isobutyl-9,10-dimethoxy-(11br)-1,3,4,6,7,11b-hexahydro-2H-pyrido[2,1-a]isochinolin-2t-yl]-essigsäure-äthylester $C_{24}H_{34}N_2O_4$, Formel VI (R = CH_2-$CH(CH_3)_2$) + Spiegelbild.

Bezüglich der Konfiguration vgl. *Brossi, Schnider*, Helv. **45** [1962] 1899, 1900.

B. Bei der Hydrierung von (±)-Cyan-[(2Ξ)-3t-isobutyl-9,10-dimethoxy-(11br)-1,3,4,6,7,11b-hexahydro-pyrido[2,1-a]isochinolin-2-yliden]-essigsäure-äthylester-hydrobromid (S. 2664) an Platin in Äthanol (*Hoffmann-La Roche*, U.S.P. 2877226 [1956]).

Hydrochlorid. F: 205—207° (*Hoffmann-La Roche*).

Hydroxycarbonsäuren $C_{21}H_{29}NO_6$

16α-Benzoyloxy-13α,20-dihydroxy-14α-methoxy-himbosan-18-säure-methylester [1]), Himandridin $C_{30}H_{37}NO_7$, Formel VIII.

Konstitution und Konfiguration: *Mander et al.*, Austral. J. Chem. **20** [1967] 981.

In dem von *Brown et al.* (Austral. J. Chem. **9** [1956] 283, 286) aus Himantandra bel-gravena isolierten Himandrelin (Kristalle [aus Bzl. + PAe.], F: 189—190° [unkorr.]; $[\alpha]_D^{14}$: −12° [$CHCl_3$; c = 1]) hat eine polymorphe Modifikation des Himandridins vorgelegen (*Binns et al.*, Austral. J. Chem. **18** [1965] 569, 572).

Isolierung aus Himantandra baccata: *Br. et al.*

Kristalle (aus wss. Me. oder Bzl. + PAe.); F: 204—205° [unkorr.]; $[\alpha]_D^{18}$: −22° [$CHCl_3$; c = 2] (*Br. et al.*).

Hydrojodid $C_{30}H_{37}NO_7 \cdot HI$. Kristalle (aus A. + Ae.); F: 194—195° [unkorr.] (*Br. et al.*).

[1]) Stellungsbezeichnung bei von Himbosan abgeleiteten Namen s. S. 2616.

13α,16α,20-Triacetoxy-14α-benzoyloxy-himbosan-18-säure-methylester, Himbosin $C_{35}H_{41}NO_{10}$, Formel IX.

Konstitution und Konfiguration: *Mander et al.*, Austral. J. Chem. **20** [1967] 1021.

Isolierung aus Himantandra baccata: *Brown et al.*, Austral. J. Chem. **9** [1956] 283, 286.

Kristalle (aus Me.); F: 262° [unkorr.]; $[\alpha]_D^{15}$: +55° [$CHCl_3$; c = 1] (*Br. et al.*).

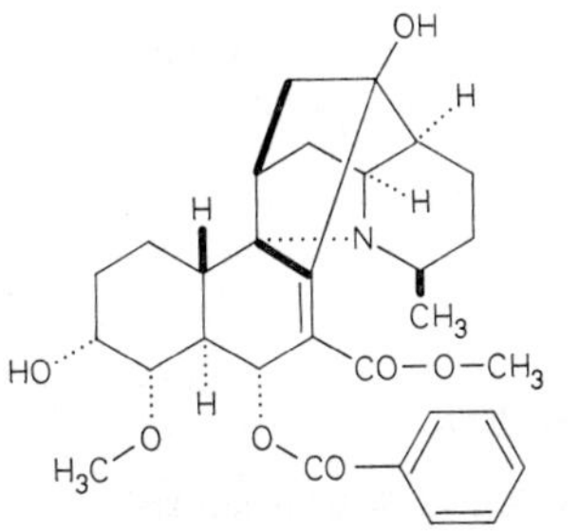

VIII 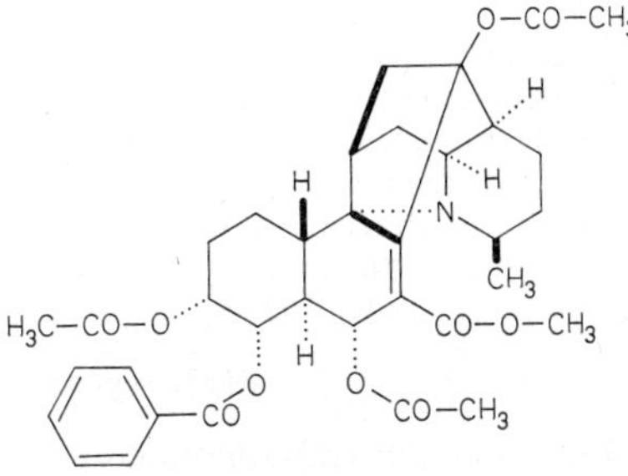 IX

Hydroxycarbonsäuren $C_{22}H_{31}NO_6$

(±)(Ξ)-Cyan-[(11bΞ)-3t-hexyl-9,10-dimethoxy-(11br)-1,3,4,6,7,11b-hexahydro-2H-pyrido[2,1-a]isochinolin-2t-yl]-essigsäure-äthylester $C_{26}H_{38}N_2O_4$, Formel VI (R = $[CH_2]_5$-CH_3) + Spiegelbild.

Bezüglich der Konfiguration vgl. *Brossi, Schnider*, Helv. **45** [1962] 1899, 1900.

Hydrobromid. *B.* Bei der Hydrierung von (±)-Cyan-[(2Ξ)-3t-hexyl-9,10-dimethoxy-(11br)-1,3,4,6,7,11b-hexahydro-pyrido[2,1-*a*]isochinolin-2-yliden]-essigsäure-äthylester-hydrobromid (S. 2664) an Platin in Äthanol (*Hoffmann-La Roche*, U.S.P. 2877226 [1956]). — F: 195—198° (*Hoffmann-La Roche*).

Hydroxycarbonsäuren $C_nH_{2n-15}NO_6$

Hydroxycarbonsäuren $C_{11}H_7NO_6$

5,6-Dimethoxy-chinolin-2,3-dicarbonsäure-diäthylester $C_{17}H_{19}NO_6$, Formel X.

B. Beim Erwärmen von 6-Amino-2,3-dimethoxy-benzaldehyd mit Oxalessigsäure-diäthylester in Äthylacetat unter Zusatz von Piperidin (*Ried, Schiller*, B. **85** [1952] 216, 223).

Kristalle (aus Me.); F: 92°.

7-Hydroxy-8-methoxy-chinolin-2,3-dicarbonsäure $C_{12}H_9NO_6$, Formel XI (R = R' = H).

B. Beim Erwärmen von 2-Amino-4-hydroxy-3-methoxy-benzaldehyd mit Oxalessigsäure-diäthylester in Äthylacetat unter Zusatz von Piperidin und Erwärmen des Reaktionsprodukts mit wss.-äthanol. KOH (*Ried et al.*, B. **85** [1952] 204, 214).

Kristalle (aus H_2O); F: 180—185° [unter Decarboxylierung].

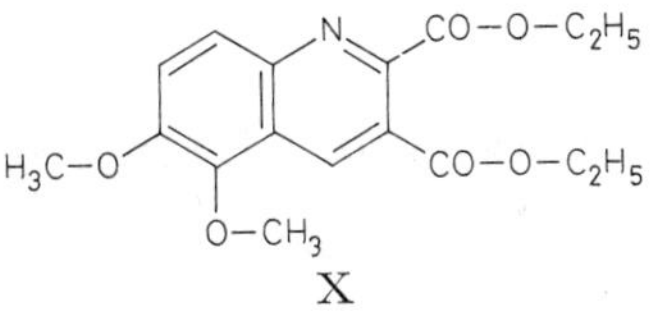

X 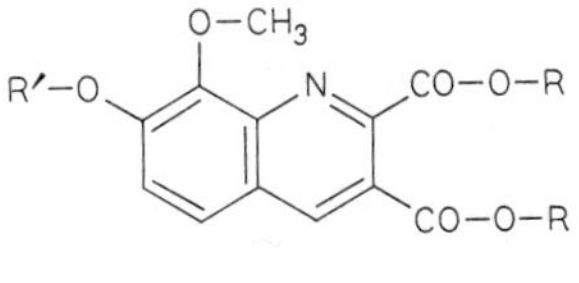 XI

7,8-Dimethoxy-chinolin-2,3-dicarbonsäure $C_{13}H_{11}NO_6$, Formel XI (R = H, R' = CH_3).

B. Beim Erwärmen von 6,7-Dimethoxy-1,4-dioxo-1,2,3,4-tetrahydro-pyridazino[4,5-*b*]chinolin mit wss.-methanol. NaOH (*Ried et al.*, B. **85** [1952] 204, 214).

Kristalle (aus H_2O); F: 222° [Zers.].

7,8-Dimethoxy-chinolin-2,3-dicarbonsäure-diäthylester $C_{17}H_{19}NO_6$, Formel XI ($R = C_2H_5$, $R' = CH_3$).

B. Beim Erwärmen von 2-Amino-3,4-dimethoxy-benzaldehyd mit Oxalessigsäure-diäthylester in Äthylacetat unter Zusatz von Piperidin (*Ried et al.*, B. **85** [1952] 204, 213).

Kristalle; F: 124°.

Hydroxycarbonsäuren $C_{13}H_{11}NO_6$

[3-Äthoxycarbonyl-4-(2,4-dihydroxy-phenyl)-pyrrol-2-yl]-essigsäure-äthylester, 2-Äthoxycarbonylmethyl-4-[2,4-dihydroxy-phenyl]-pyrrol-3-carbonsäure-äthylester $C_{17}H_{19}NO_6$, Formel XII.

B. Beim Erhitzen von 2-Amino-1-[2,4-dihydroxy-phenyl]-äthanon-hydrochlorid mit 3-Oxo-glutarsäure-diäthylester, Natriumacetat und Essigsäure (*Yamamoto, Kimura*, J. pharm. Soc. Japan **76** [1956] 482, 485; C. A. **1957** 365).

Kristalle (aus A.); F: 192°.

Hydroxycarbonsäuren $C_{15}H_{15}NO_6$

4-[2,4-Dimethoxy-phenyl]-2,6-dimethyl-1,4-dihydro-pyridin-3,5-dicarbonitril $C_{17}H_{17}N_3O_2$, Formel XIII (X = H).

B. Beim Erhitzen von 2,4-Dimethoxy-benzaldehyd mit 3-Amino-crotononitril (E III **3** 1205) in Essigsäure (*Courts, Petrow*, Soc. **1952** 334, 337).

Kristalle (aus A.); F: 210—211° [unkorr.].

XII XIII XIV

4-[2,4-Dimethoxy-5-nitro-phenyl]-2,6-dimethyl-1,4-dihydro-pyridin-3,5-dicarbonitril $C_{17}H_{16}N_4O_4$, Formel XIII ($X = NO_2$).

B. Beim Erhitzen von 2,4-Dimethoxy-5-nitro-benzaldehyd mit 3-Amino-crotononitril (E III **3** 1205) in Essigsäure (*Courts, Petrow*, Soc. **1952** 334, 337).

Gelbliche Kristalle (aus A.); F: 192—193° [unkorr.].

4-[3,6-Dimethoxy-2-nitro-phenyl]-2,6-dimethyl-1,4-dihydro-pyridin-3,5-dicarbonitril $C_{17}H_{16}N_4O_4$, Formel XIV.

B. Beim Erhitzen von 3,6-Dimethoxy-2-nitro-benzaldehyd mit 3-Amino-crotononitril (E III **3** 1205) in Essigsäure (*Courts, Petrow*, Soc. **1952** 334, 337).

Gelbe Kristalle (aus A.); F: 268—273° [unkorr.; Zers.].

4-[4-Hydroxy-3-methoxy-phenyl]-2,6-dimethyl-1,4-dihydro-pyridin-3,5-dicarbonsäure-diäthylester $C_{20}H_{25}NO_6$, Formel I ($R = CH_3$, $R' = H$).

B. Beim Behandeln von Vanillin mit Acetessigsäure-äthylester und NH_3 in Äthanol (*Hinkel et al.*, Soc. **1935** 816).

Kristalle (aus A.); F: 164°.

4-[3-Hydroxy-4-methoxy-phenyl]-2,6-dimethyl-1,4-dihydro-pyridin-3,5-dicarbonsäure-diäthylester $C_{20}H_{25}NO_6$, Formel I ($R = H$, $R' = CH_3$).

B. Beim Behandeln von 3-Hydroxy-4-methoxy-benzaldehyd mit Acetessigsäure-äthylester und NH_3 in Äthanol (*Hinkel et al.*, Soc. **1935** 816).

Hellgelbe Kristalle (aus wss. A.); F: 165°.

4-[3,4-Dimethoxy-phenyl]-2,6-dimethyl-1,4-dihydro-pyridin-3,5-dicarbonsäure-diäthylester $C_{21}H_{27}NO_6$, Formel I ($R = R' = CH_3$).

B. Beim Behandeln von Veratrumaldehyd mit Acetessigsäure-äthylester und NH_3 in

Äthanol (*Hinkel et al.*, Soc. **1935** 816). Beim Behandeln von 4-[4-Hydroxy-3-methoxy-phenyl]-2,6-dimethyl-1,4-dihydro-pyridin-3,5-dicarbonsäure-diäthylester oder von 4-[3-Hydroxy-4-methoxy-phenyl]-2,6-dimethyl-1,4-dihydro-pyridin-3,5-dicarbonsäure-diäthylester mit Dimethylsulfat und wss. NaOH (*Hi. et al.*).

Kristalle (aus A.); F: 144°.

4-[4-Acetoxy-3-methoxy-phenyl]-2,6-dimethyl-1,4-dihydro-pyridin-3,5-dicarbonsäure-diäthylester $C_{22}H_{27}NO_7$, Formel I (R = CH_3, R' = CO-CH_3).

B. Beim Erwärmen von 4-[4-Hydroxy-3-methoxy-phenyl]-2,6-dimethyl-1,4-dihydro-pyridin-3,5-dicarbonsäure-diäthylester mit Acetanhydrid (*Kahn et al.*, Soc. **1949** 2128, 2133).

Kristalle (aus wss. A.); F: 132–133° [korr.].

(±)-5-Cyan-4-[4-hydroxy-3-methoxy-phenyl]-2,6-dimethyl-1,4-dihydro-pyridin-3-carbonsäure-äthylester $C_{18}H_{20}N_2O_4$, Formel II (R = X = H).

B. Beim Erwärmen von Vanillin mit 3-Amino-crotonsäure-äthylester (E III **3** 1199) und 3-Amino-crotononitril (E III **3** 1205) in Äthanol (*Petrow*, Soc. **1946** 884, 888).

Gelbliche Kristalle (aus wss. A.); F: 161–162° [korr.].

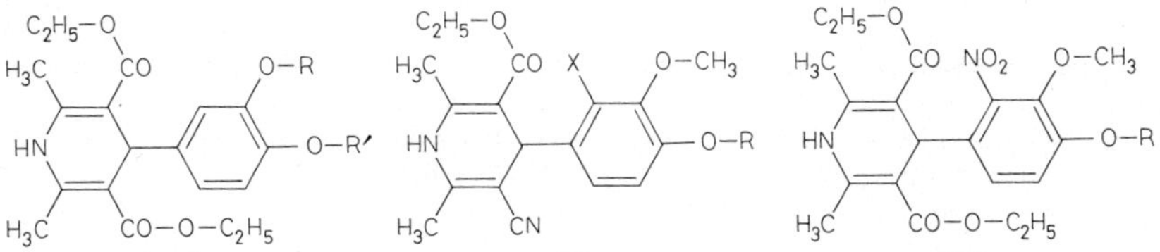

I II III

(±)-5-Cyan-4-[3,4-dimethoxy-phenyl]-2,6-dimethyl-1,4-dihydro-pyridin-3-carbonsäure-äthylester $C_{19}H_{22}N_2O_4$, Formel II (R = CH_3, X = H).

B. Beim Erwärmen von Veratrumaldehyd mit 3-Amino-crotonsäure-äthylester (E III **3** 1199) und 3-Amino-crotononitril (E III **3** 1205) in Äthanol (*Petrow*, Soc. **1946** 884, 888).

Gelbliche Kristalle (aus wss. A. oder PAe.); F: 166–167,5° [korr.].

4-[4-Hydroxy-3-methoxy-2-nitro-phenyl]-2,6-dimethyl-1,4-dihydro-pyridin-3,5-dicarbonsäure-diäthylester $C_{20}H_{24}N_2O_8$, Formel III (R = H).

B. Beim Behandeln von 4-Hydroxy-3-methoxy-2-nitro-benzaldehyd mit Acetessigsäure-äthylester und NH_3 in Äthanol (*Hinkel et al.*, Soc. **1935** 816).

Hellgelbe Kristalle (aus E.); F: 118°.

4-[3,4-Dimethoxy-2-nitro-phenyl]-2,6-dimethyl-1,4-dihydro-pyridin-3,5-dicarbonsäure-diäthylester $C_{21}H_{26}N_2O_8$, Formel III (R = CH_3).

B. Beim Behandeln von 3,4-Dimethoxy-2-nitro-benzaldehyd mit Acetessigsäure-äthylester und NH_3 in Äthanol (*Hinkel et al.*, Soc. **1935** 816).

Kristalle (aus A.); F: 141,5°.

(±)-4-[4-Acetoxy-3-methoxy-2-nitro-phenyl]-5-cyan-2,6-dimethyl-1,4-dihydro-pyridin-3-carbonsäure-äthylester $C_{20}H_{21}N_3O_7$, Formel II (R = CO-CH_3, X = NO_2).

B. Beim Erwärmen von 4-Hydroxy-3-methoxy-2-nitro-benzaldehyd mit 3-Amino-crotonsäure-äthylester (E III **3** 1199) und 3-Amino-crotononitril (E III **3** 1205) in Äthanol und Erhitzen des Reaktionsprodukts mit Acetanhydrid (*Petrow*, Soc. **1946** 884, 887).

Gelbe Kristalle (aus wss. Eg.); F: 175–177° [korr.].

4-[4-Hydroxy-3-methoxy-2-nitro-phenyl]-2,6-dimethyl-1,4-dihydro-pyridin-3,5-dicarbonitril $C_{16}H_{14}N_4O_4$, Formel IV (R = H).

B. Beim Erhitzen von 4-Hydroxy-3-methoxy-2-nitro-benzaldehyd mit 3-Amino-crotononitril (E III **3** 1205) und Essigsäure (*Courts*, *Petrow*, Soc. **1952** 1, 4).

Gelbliche Kristalle (aus Eg.); F: 266° [unkorr.; Zers.].

4-[4-Acetoxy-3-methoxy-2-nitro-phenyl]-2,6-dimethyl-1,4-dihydro-pyridin-3,5-dicarbonitril $C_{18}H_{16}N_4O_5$, Formel IV (R = CO-CH_3).

B. Beim Erhitzen der vorangehenden Verbindung mit Acetanhydrid (*Courts*, *Petrow*,

Soc. **1952** 1, 4).
Gelbliche Kristalle (aus Eg.); F: 214° [unkorr.].

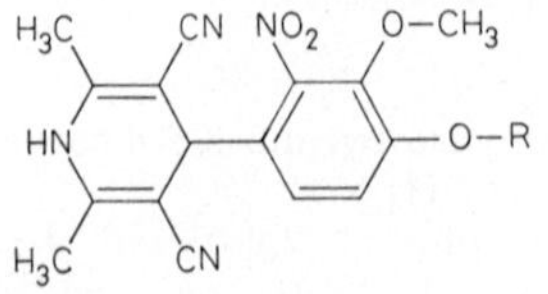

IV 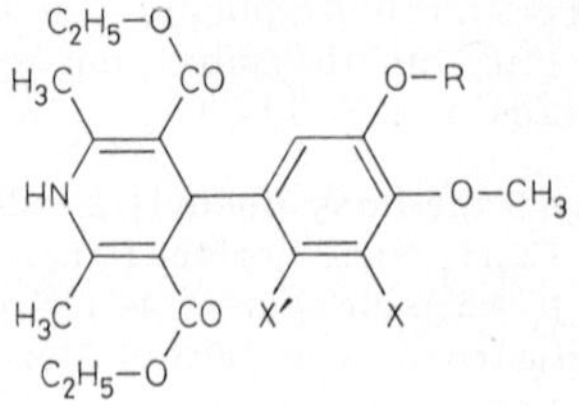 V

4-[3-Hydroxy-4-methoxy-5-nitro-phenyl]-2,6-dimethyl-1,4-dihydro-pyridin-3,5-dicarbonsäure-diäthylester $C_{20}H_{24}N_2O_8$, Formel V (R = X' = H, X = NO_2).

B. Beim Behandeln von 3-Hydroxy-4-methoxy-5-nitro-benzaldehyd mit Acetessigsäure-äthylester und NH_3 in Äthanol (*Hinkel et al.*, Soc. **1935** 816).

Orangegelbe Kristalle (aus A.) mit 1 Mol Äthanol; F: 185°; die äthanolfreie Verbindung schmilzt ebenfalls bei 185°.

4-[3,4-Dimethoxy-5-nitro-phenyl]-2,6-dimethyl-1,4-dihydro-pyridin-3,5-dicarbonsäure-diäthylester $C_{21}H_{26}N_2O_8$, Formel V (R = CH_3, X = NO_2, X' = H).

B. Beim Behandeln von 3,4-Dimethoxy-5-nitro-benzaldehyd mit Acetessigsäure-äthylester und NH_3 in Äthanol (*Hinkel et al.*, Soc. **1935** 816).

Hellgelbe Kristalle (aus A.); F: 154°.

4-[4,5-Dimethoxy-2-nitro-phenyl]-2,6-dimethyl-1,4-dihydro-pyridin-3,5-dicarbonsäure-diäthylester $C_{21}H_{26}N_2O_8$, Formel V (R = CH_3, X = H, X' = NO_2).

B. Beim Behandeln von 4,5-Dimethoxy-2-nitro-benzaldehyd mit Acetessigsäure-äthylester und NH_3 in Äthanol (*Hinkel et al.*, Soc. **1935** 816).

Gelbe Kristalle (aus A.); F: 229°.

Hydroxycarbonsäuren $C_{17}H_{19}NO_6$

(±)-[9,10-Dimethoxy-3*t*-methyl-(11b*r*)-1,3,4,6,7,11b-hexahydro-pyrido[2,1-*a*]isochinolin-2-yliden]-malononitril $C_{19}H_{21}N_3O_2$, Formel VI (R = CH_3) + Spiegelbild.

Bezüglich der Konfiguration vgl. *Openshaw, Whittaker*, Soc. **1963** 1461, 1463; s. a. *Brossi, Schnider*, Helv. **45** [1962] 1899, 1900.

B. Beim Erwärmen von (±)-9,10-Dimethoxy-3*c*-methyl-(11b*r*)-1,3,4,5,7,11b-hexahydro-pyrido[2,1-*a*]isochinolin-2-on mit Malononitril, Ammoniumacetat, Essigsäure und Benzol (*Brossi et al.*, Helv. **42** [1959] 772, 780).

F: 137° [unkorr.] (*Br. et al.*).

Hydroxycarbonsäuren $C_{18}H_{21}NO_6$

(±)-[(2Ξ)-3*t*-Äthyl-9,10-dimethoxy-(11b*r*)-1,3,4,6,7,11b-hexahydro-pyrido[2,1-*a*]isochinolin-2-yliden]-cyan-essigsäure-äthylester $C_{22}H_{28}N_2O_4$, Formel VII (R = C_2H_5) + Spiegelbild.

Konfiguration: *Openshaw, Whittaker*, Soc. **1963** 1461, 1463; s. a. *Brossi, Schnider*, Helv. **45** [1962] 1899, 1900.

B. Beim Erwärmen von (±)-3*c*-Äthyl-9,10-dimethoxy-(11b*r*)-1,3,4,6,7,11b-hexahydro-pyrido[2,1-*a*]isochinolin-2-on mit Cyanessigsäure-äthylester, Ammoniumacetat, Essigsäure und Toluol (*Hoffmann-La Roche*, U.S.P. 2877226 [1956]).

F: 130—132° (*Hoffmann-La Roche*).

Hydrochlorid. F: 160—162°; λ_{max} (A.): 233 nm und 283 nm (*Hoffmann-La Roche*).

Hydrobromid. F: 182—184° (*Hoffmann-La Roche*).

(±)-[(2Ξ)-3*t*-Äthyl-9,10-dimethoxy-(11b*r*)-1,3,4,6,7,11b-hexahydro-pyrido[2,1-*a*]isochinolin-2-yliden]-cyan-essigsäure-[3,4-dimethoxy-phenäthylamid] $C_{30}H_{37}N_3O_5$, Formel VIII + Spiegelbild.

Bezüglich der Konfiguration vgl. *Openshaw, Whittaker*, Soc. **1963** 1461, 1463; s. a.

Brossi, Schnider, Helv. **45** [1962] 1899, 1900.

B. Beim Erwärmen von (±)-3*c*-Äthyl-9,10-dimethoxy-(11b*r*)-1,3,4,6,7,11b-hexahydro-pyrido[2,1-*a*]isochinolin-2-on mit Cyanessigsäure-[3,4-dimethoxy-phenäthylamid] und Ammoniumacetat in Benzol (*Battersby et al.*, Soc. **1953** 2463, 2468).

Gelbe Kristalle (aus Ae.); F: 147—147,5° (*Ba. et al.*).

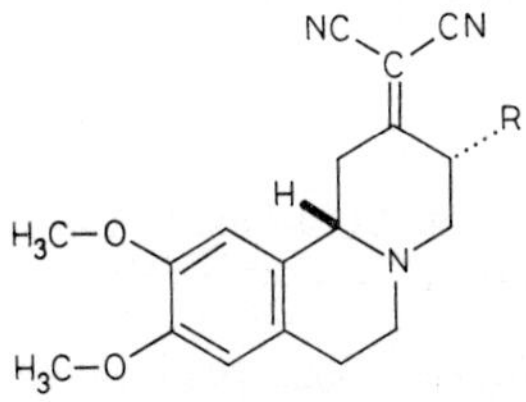

VI 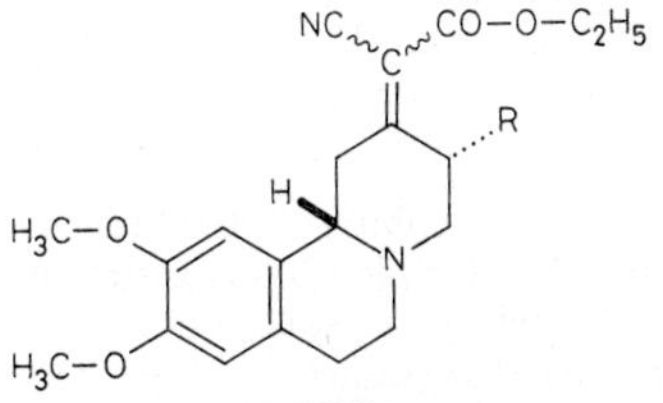 VII

(±)-[3*t*-Äthyl-9,10-dimethoxy-(11b*r*)-1,3,4,6,7,11b-hexahydro-pyrido[2,1-*a*]isochinolin-2-yliden]-malononitril $C_{20}H_{23}N_3O_2$, Formel VI (R = C_2H_5) + Spiegelbild.

Bezüglich der Konfiguration vgl. *Openshaw, Whittaker*, Soc. **1963** 1461, 1463; s. a. *Brossi, Schnider*, Helv. **45** [1962] 1899, 1900.

B. Beim Erwärmen von (±)-3*c*-Äthyl-9,10-dimethoxy-(11b*r*)-1,3,4,6,7,11b-hexahydro-pyrido[2,1-*a*]isochinolin-2-on mit Malononitril, Ammoniumacetat, Essigsäure und Benzol (*Battersby et al.*, Soc. **1953** 2463, 2468; *Brossi et al.*, Helv. **42** [1959] 772, 779).

Gelbe Kristalle; F: 159—160° [unkorr.; aus E.] (*Br. et al.*), 159—159,5° [aus Ae.] (*Ba. et al.*). λ_{max} (A.): 234 nm, 286 nm, 438 nm und 460 nm (*Br. et al.*).

Hydrobromid $C_{20}H_{23}N_3O_2 \cdot HBr$. F: 190° [unkorr.] (*Br. et al.*).

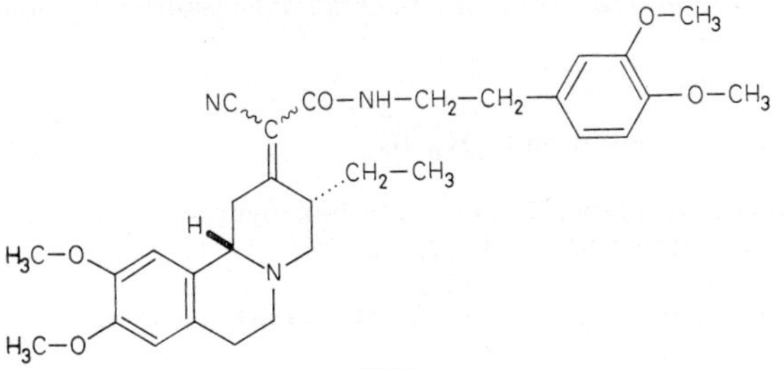

VIII 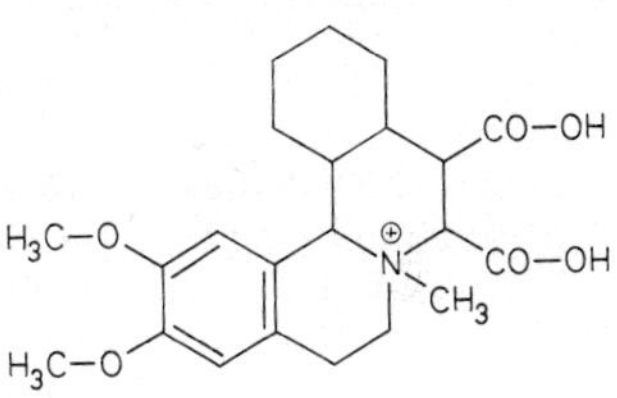 IX

Hydroxycarbonsäuren $C_{19}H_{23}NO_6$

***Opt.-inakt. 5,6-Dicarboxy-11,12-dimethoxy-7-methyl-2,3,4,4a,5,6,8,9,13b,13c-decahydro-1*H*-isochino[1,2-*a*]isochinolinium** $[C_{22}H_{30}NO_6]^+$, Formel IX.

Jodid $[C_{22}H_{30}NO_6]I$. *B.* Beim Hydrieren von opt.-inakt. 11,12-Dimethoxy-2,3,4,4a,5,6,8,9-octahydro-1*H*-isochino[1,2-*a*]isochinolin-5,6-dicarbonsäure-anhydrid (Picrat; F: 206° bis 207° [Zers.]) an Platin in Äthanol, Erwärmen des Reaktionsprodukts mit äthanol. KOH und Behandeln des danach erhaltenen Reaktionsprodukts mit CH_3I (*Tomimatsu*, J. pharm. Soc. Japan **77** [1957] 186, 189; C. A. **1957** 10522). — Kristalle (aus Me.); F: 188° bis 189°.

Hydroxycarbonsäuren $C_{20}H_{25}NO_6$

(±)-[(2Ξ)-3*t*-Butyl-9,10-dimethoxy-(11b*r*)-1,3,4,6,7,11b-hexahydro-pyrido[2,1-*a*]isochinolin-2-yliden]-cyan-essigsäure-äthylester $C_{24}H_{32}N_2O_4$, Formel VII (R = $[CH_2]_3$-CH_3) + Spiegelbild.

Bezüglich der Konfiguration vgl. *Openshaw, Whittaker*, Soc. **1963** 1461, 1463; s. a. *Brossi, Schnider*, Helv. **45** [1962] 1899, 1900.

B. Beim Erwärmen von (±)-3*c*-Butyl-9,10-dimethoxy-(11b*r*)-1,3,4,6,7,11b-hexahydro-pyrido[2,1-*a*]isochinolin-2-on mit Cyanessigsäure-äthylester, Ammoniumacetat, Essigsäure und Toluol (*Hoffmann-La Roche*, U.S.P. 2877226 [1956]).

Hydrochlorid. F: 176—178°; λ_{max} (A.): 234 nm und 282 nm (*Hoffmann-La Roche*).

(±)-[3*t*-Butyl-9,10-dimethoxy-(11b*r*)-1,3,4,6,7,11b-hexahydro-pyrido[2,1-*a*]isochinolin-2-yliden]-malononitril $C_{22}H_{27}N_3O_2$, Formel VI (R = $[CH_2]_3$-CH_3) + Spiegelbild.
Bezüglich der Konfiguration vgl. *Openshaw, Whittaker*, Soc. **1963** 1461, 1463; s. a. *Brossi, Schnider*, Helv. **45** [1962] 1899, 1900.
B. Beim Erwärmen von (±)-3*c*-Butyl-9,10-dimethoxy-(11b*r*)-1,3,4,6,7,11b-hexahydro-pyrido[2,1-*a*]isochinolin-2-on mit Malononitril, Ammoniumacetat, Essigsäure und Benzol (*Brossi et al.*, Helv. **42** [1959] 772, 780).
F: 169° [unkorr.] (*Br. et al.*).

(±)-Cyan-[(2Ξ)-3*t*-isobutyl-9,10-dimethoxy-(11b*r*)-1,3,4,6,7,11b-hexahydro-pyrido[2,1-*a*]isochinolin-2-yliden]-essigsäure-äthylester $C_{24}H_{32}N_2O_4$, Formel VII (R = CH_2-$CH(CH_3)_2$) + Spiegelbild.
Bezüglich der Konfiguration vgl. *Openshaw, Whittaker*, Soc. **1963** 1461, 1463; s. a. *Brossi, Schnider*, Helv. **45** [1962] 1899, 1900.
B. Beim Erwärmen von (±)-3*c*-Isobutyl-9,10-dimethoxy-(11b*r*)-1,3,4,6,7,11b-hexahydro-pyrido[2,1-*a*]isochinolin-2-on mit Cyanessigsäure-äthylester, Ammoniumacetat, Essigsäure und Toluol (*Hoffmann-La Roche*, U.S.P. 2877226 [1956]).
Hydrobromid. F: 189—190° (*Hoffmann-La Roche*).

(±)-[3*t*-Isobutyl-9,10-dimethoxy-(11b*r*)-1,3,4,6,7,11b-hexahydro-pyrido[2,1-*a*]isochinolin-2-yliden]-malononitril $C_{22}H_{27}N_3O_2$, Formel VI (R = CH_2-$CH(CH_3)_2$) + Spiegelbild.
Bezüglich der Konfiguration vgl. *Openshaw, Whittaker*, Soc. **1963** 1461, 1463; s. a. *Brossi, Schnider*, Helv. **45** [1962] 1899, 1900.
B. Beim Erwärmen von (±)-3*c*-Isobutyl-9,10-dimethoxy-(11b*r*)-1,3,4,6,7,11b-hexahydro-pyrido[2,1-*a*]isochinolin-2-on mit Malononitril, Ammoniumacetat, Essigsäure und Benzol (*Brossi et al.*, Helv. **42** [1959] 772, 780).
F: 175° [unkorr.] (*Br. et al.*).

Hydroxycarbonsäuren $C_{22}H_{29}NO_6$

(±)-Cyan-[(2Ξ)-3*t*-hexyl-9,10-dimethoxy-(11b*r*)-1,3,4,6,7,11b-hexahydro-pyrido[2,1-*a*]isochinolin-2-yliden]-essigsäure-äthylester $C_{26}H_{36}N_2O_4$, Formel VII (R = $[CH_2]_5$-CH_3) + Spiegelbild.
Bezüglich der Konfiguration vgl. *Openshaw, Whittaker*, Soc. **1963** 1461, 1463; s. a. *Brossi, Schnider*, Helv. **45** [1962] 1899, 1900.
B. Beim Erwärmen von (±)-3*c*-Hexyl-9,10-dimethoxy-(11b*r*)-1,3,4,6,7,11b-hexahydro-pyrido[2,1-*a*]isochinolin-2-on mit Cyanessigsäure-äthylester, Ammoniumacetat, Essigsäure und Toluol (*Hoffmann-La Roche*, U.S.P. 2877226 [1956]).
Hydrobromid. F: 185—187° (*Hoffmann-La Roche*).

(±)-[3*t*-Hexyl-9,10-dimethoxy-(11b*r*)-1,3,4,6,7,11b-hexahydro-pyrido[2,1-*a*]isochinolin-2-yliden]-malononitril $C_{24}H_{31}N_3O_2$, Formel VI (R = $[CH_2]_5$-CH_3) + Spiegelbild.
Bezüglich der Konfiguration vgl. *Openshaw, Whittaker*, Soc. **1963** 1461, 1463; s. a. *Brossi, Schnider*, Helv. **45** [1962] 1899, 1900.
B. Beim Erwärmen von (±)-3*c*-Hexyl-9,10-dimethoxy-(11b*r*)-1,3,4,6,7,11b-hexahydro-pyrido[2,1-*a*]isochinolin-2-on mit Malononitril, Ammoniumacetat, Essigsäure und Benzol (*Brossi et al.*, Helv. **42** [1959] 772, 780).
F: 125° [unkorr.] (*Br. et al.*).

Hydroxycarbonsäuren $C_nH_{2n-17}NO_6$

Hydroxycarbonsäuren $C_{13}H_9NO_6$

5-Cyan-2,6-dihydroxy-4-phenyl-nicotinsäure-äthylester $C_{15}H_{12}N_2O_4$, Formel X, und Tautomere.
B. Beim Behandeln von Benzylidenmalonsäure-diäthylester mit der Natrium-Verbindung des Cyanessigsäure-amids und äthanol. Natriumäthylat (*Palit*, J. Indian chem.

Soc. **26** [1949] 501).
Kristalle (aus A.); F: 179°.

2,6-Dihydroxy-4-phenyl-pyridin-3,5-dicarbonitril $C_{13}H_7N_3O_2$, Formel XI, und Tautomere (z. B. 6-Hydroxy-2-oxo-4-phenyl-1,2-dihydro-pyridin-3,5-dicarbonitril) (H 280; E II 209).

B. Beim mehrtägigen Behandeln von 2-Cyan-3-phenyl-acrylsäure-äthylester mit Cyanessigsäure-amid in Äthanol unter Zusatz von Diäthylamin (*Palit*, J. Indian chem. Soc. **14** [1937] 219, 224).

Kristalle; F: 245°.

X XI XII

[2,4-Dihydroxy-[3]chinolylmethylen]-malonsäure $C_{13}H_9NO_6$, Formel XII, und Tautomere (z. B. [4-Hydroxy-2-oxo-1,2-dihydro-[3]chinolylmethylen]-malonsäure).

Diese Verbindung hat als Hauptbestandteil in einem von *Asahina, Inubuse* (B. **65** [1932] 61) als 2-Cyan-3-[2,4-dihydroxy-[3]chinolyl]-acrylsäure $C_{13}H_8N_2O_4$ angesehenen Präparat (F: 275° [Zers.]) vorgelegen (*Ohta et al.*, Chem. pharm. Bl. **7** [1959] 547).

B. Beim Behandeln von Nordictamnal (E III/IV **21** 6503) mit Cyanessigsäure und wss. KOH (*As., In.*; *Ohta et al.*).

Gelbe Kristalle (aus Eg.); F: 289—291° [unkorr.; Zers.] [Präparat von ungewisser Einheitlichkeit] (*Ohta et al.*).

Geht beim wiederholten Umkristallisieren aus Essigsäure in 5-Hydroxy-2-oxo-2*H*-pyrano[3,2-*c*]chinolin-3-carbonsäure (F: 306°) über (*Ohta et al.*).

Hydroxycarbonsäuren $C_{15}H_{13}NO_6$

4-[2,4-Dimethoxy-phenyl]-2,6-dimethyl-pyridin-3,5-dicarbonitril $C_{17}H_{15}N_3O_2$, Formel XIII (X = H).

B. Beim Behandeln von 4-[2,4-Dimethoxy-phenyl]-2,6-dimethyl-1,4-dihydro-pyridin-3,5-dicarbonitril in warmer Essigsäure mit wss. CrO_3 (*Courts, Petrow*, Soc. **1952** 334, 337).

Gelbe Kristalle (aus A.); F: 134,5° [unkorr.].

4-[2,4-Dimethoxy-5-nitro-phenyl]-2,6-dimethyl-pyridin-3,5-dicarbonitril $C_{17}H_{14}N_4O_4$, Formel XIII (X = NO_2).

B. Beim Behandeln von 4-[2,4-Dimethoxy-5-nitro-phenyl]-2,6-dimethyl-1,4-dihydro-pyridin-3,5-dicarbonitril in warmer Essigsäure mit wss. CrO_3 (*Courts, Petrow*, Soc. **1952** 334, 337).

Gelbliche Kristalle (aus A.); F: 229° [unkorr.].

4-[3,6-Dimethoxy-2-nitro-phenyl]-2,6-dimethyl-pyridin-3,5-dicarbonitril $C_{17}H_{14}N_4O_4$, Formel XIV.

B. Beim Behandeln von 4-[3,6-Dimethoxy-2-nitro-phenyl]-2,6-dimethyl-1,4-dihydro-pyridin-3,5-dicarbonitril in warmer Essigsäure mit wss. CrO_3 (*Courts, Petrow*, Soc. **1952** 334, 337).

Gelbliche Kristalle (aus A.); F: 229—229,5° [unkorr.].

4-[4-Hydroxy-3-methoxy-phenyl]-2,6-dimethyl-pyridin-3,5-dicarbonsäure-diäthylester $C_{20}H_{23}NO_6$, Formel XV (R = H).

B. Beim Erwärmen von 4-[4-Acetoxy-3-methoxy-phenyl]-2,6-dimethyl-pyridin-3,5-dicarbonsäure-diäthylester mit äthanol. KOH (*Kahn et al.*, Soc. **1949** 2128, 2133).

Kristalle (aus wss. A.); F: 160—161° [korr.].

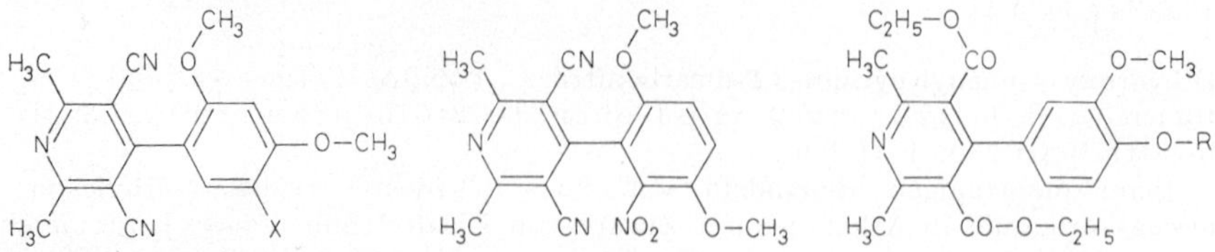

XIII XIV XV

4-[3,4-Dimethoxy-phenyl]-2,6-dimethyl-pyridin-3,5-dicarbonsäure-diäthylester $C_{21}H_{25}NO_6$, Formel XV (R = CH_3).

B. Beim Behandeln der vorangehenden Verbindung mit Dimethylsulfat und wss. KOH (*Kahn et al.*, Soc. **1949** 2128, 2133).

Kristalle (aus wss. A.); F: 101—102° [korr.].

4-[4-Acetoxy-3-methoxy-phenyl]-2,6-dimethyl-pyridin-3,5-dicarbonsäure-diäthylester $C_{22}H_{25}NO_7$, Formel XV (R = CO-CH_3).

B. Beim Erwärmen von 4-[4-Acetoxy-3-methoxy-phenyl]-2,6-dimethyl-1,4-dihydro-pyridin-3,5-dicarbonsäure-diäthylester mit Essigsäure und CrO_3 (*Kahn et al.*, Soc. **1949** 2128, 2133).

Kristalle (aus PAe. + Acn.); F: 148° [korr.].

5-Cyan-4-[4-hydroxy-3-methoxy-phenyl]-2,6-dimethyl-nicotinsäure-äthylester $C_{18}H_{18}N_2O_4$, Formel I (R = X = H).

B. Beim Erwärmen von 4-[4-Acetoxy-3-methoxy-phenyl]-5-cyan-2,6-dimethyl-nicotinsäure-äthylester mit wss. KOH (*Petrow*, Soc. **1946** 884, 888).

Kristalle (aus A. + PAe.); F: 132,5—133,5° [korr.].

5-Cyan-4-[3,4-dimethoxy-phenyl]-2,6-dimethyl-nicotinsäure-äthylester $C_{19}H_{20}N_2O_4$, Formel I (R = CH_3, X = H).

B. Aus 5-Cyan-4-[3,4-dimethoxy-phenyl]-2,6-dimethyl-1,4-dihydro-pyridin-3-carbonsäure-äthylester und CrO_3 (*Petrow*, Soc. **1946** 884, 888).

Kristalle (aus wss. A.); F: 148—149° [korr.].

4-[4-Acetoxy-3-methoxy-phenyl]-5-cyan-2,6-dimethyl-nicotinsäure-äthylester $C_{20}H_{20}N_2O_5$, Formel I (R = CO-CH_3, X = H).

B. Beim Behandeln von 5-Cyan-4-[4-hydroxy-3-methoxy-phenyl]-2,6-dimethyl-1,4-dihydro-pyridin-3-carbonsäure-äthylester mit Acetanhydrid und Behandeln des Reaktionsprodukts mit CrO_3 und H_2O (*Petrow*, Soc. **1946** 884, 888).

Kristalle (aus wss. Me.); F: 165—166° [korr.].

5-Cyan-4-[4-hydroxy-3-methoxy-2-nitro-phenyl]-2,6-dimethyl-nicotinsäure-äthylester $C_{18}H_{17}N_3O_6$, Formel I (R = H, X = NO_2).

B. Beim Erwärmen von 4-[4-Acetoxy-3-methoxy-2-nitro-phenyl]-5-cyan-2,6-dimethyl-nicotinsäure-äthylester mit wss.-äthanol. KOH (*Petrow*, Soc. **1946** 884, 887).

Kristalle (aus wss. Me.); F: 187,5—188,5° [korr.].

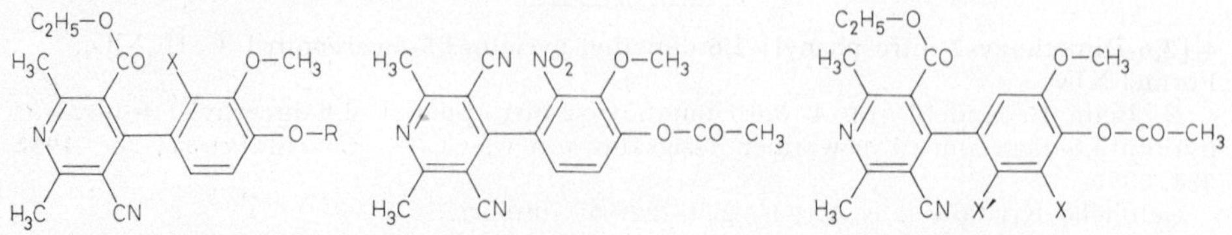

I II III

5-Cyan-4-[3,4-dimethoxy-2-nitro-phenyl]-2,6-dimethyl-nicotinsäure-äthylester $C_{19}H_{19}N_3O_6$, Formel I (R = CH_3, X = NO_2).

B. Beim Behandeln der vorangehenden Verbindung mit Dimethylsulfat und wss. KOH

(*Petrow*, Soc. **1946** 884, 888).
Kristalle (aus wss. A.); F: 131,5–132,5° [korr.].

4-[4-Acetoxy-3-methoxy-2-nitro-phenyl]-5-cyan-2,6-dimethyl-nicotinsäure-äthylester $C_{20}H_{19}N_3O_7$, Formel I (R = CO-CH_3, X = NO_2).
B. Beim Behandeln von 4-[4-Acetoxy-3-methoxy-2-nitro-phenyl]-5-cyan-2,6-dimethyl-1,4-dihydro-pyridin-3-carbonsäure-äthylester in warmer Essigsäure mit CrO_3 und H_2O (*Petrow*, Soc. **1946** 884, 887).
Kristalle; F: 112–113° [korr.].

4-[4-Acetoxy-3-methoxy-2-nitro-phenyl]-2,6-dimethyl-pyridin-3,5-dicarbonitril $C_{18}H_{14}N_4O_5$, Formel II.
B. Aus 4-[4-Acetoxy-3-methoxy-2-nitro-phenyl]-2,6-dimethyl-1,4-dihydro-pyridin-3,5-dicarbonitril mit Hilfe von CrO_3 (*Courts*, *Petrow*, Soc. **1952** 1, 4).
Kristalle (aus A.); F: 190,5° [unkorr.].

4-[4-Acetoxy-5-methoxy-2-nitro-phenyl]-5-cyan-2,6-dimethyl-nicotinsäure-äthylester $C_{20}H_{19}N_3O_7$, Formel III (X = H, X' = NO_2), und **4-[4-Acetoxy-3-methoxy-5-nitro-phenyl]-5-cyan-2,6-dimethyl-nicotinsäure-äthylester** $C_{20}H_{19}N_3O_7$, Formel III (X = NO_2, X' = H).
B. Neben 4-[4-Acetoxy-3-methoxy-2-nitro-phenyl]-5-cyan-2,6-dimethyl-nicotinsäure-äthylester beim Behandeln von 4-[4-Acetoxy-3-methoxy-phenyl]-5-cyan-2,6-dimethyl-nicotinsäure-äthylester mit rauchender HNO_3 (*Petrow*, Soc. **1946** 884, 888).
Kristalle (aus wss. Me.); F: 177–178° [korr.].

Hydroxycarbonsäuren $C_{16}H_{15}NO_6$

(±)-6,7-Diäthoxy-1-[3,4-diäthoxy-phenyl]-1,2,3,4-tetrahydro-isochinolin-1-carbonsäure-amid $C_{24}H_{32}N_2O_5$, Formel IV.
B. Beim längeren Behandeln von (±)-6,7-Diäthoxy-1-[3,4-diäthoxy-phenyl]-3,4-dihydro-isochinolin mit Phenylglyoxylonitril und wenig Essigsäure in Benzol und Erwärmen des Reaktionsprodukts mit äthanol. KOH (*Gardent*, C. r. **247** [1958] 2153).
Kristalle; F: 117°.
Hydrochlorid $C_{24}H_{32}N_2O_5 \cdot HCl$. Kristalle; F: 186–188°.

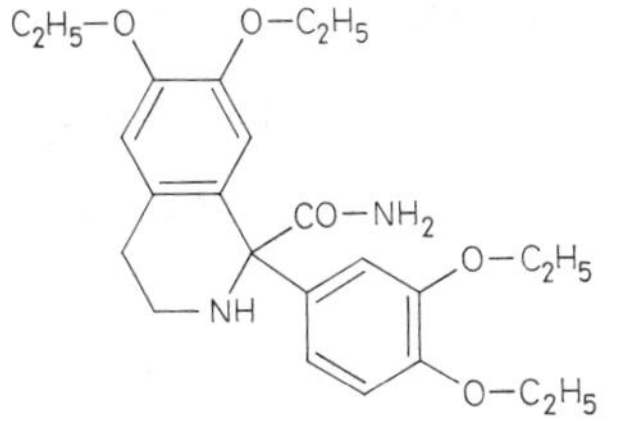

IV

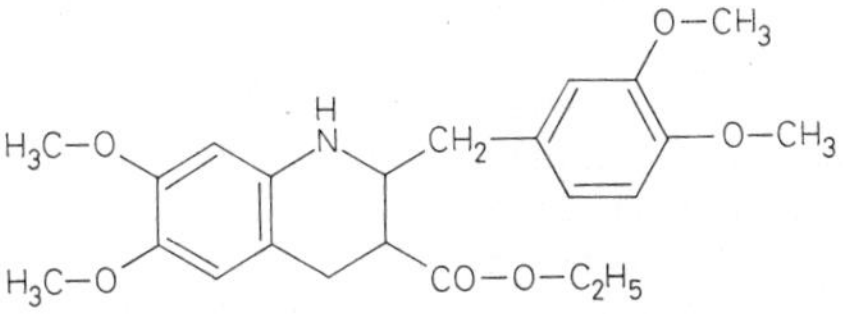

V

Hydroxycarbonsäuren $C_{17}H_{17}NO_6$

***Opt.-inakt. 6,7-Dimethoxy-2-veratryl-1,2,3,4-tetrahydro-chinolin-3-carbonsäure-äthylester** $C_{23}H_{29}NO_6$, Formel V.
B. Bei der Hydrierung von 6,7-Dimethoxy-2-veratryl-chinolin-3-carbonsäure-äthylester an Platin in wss. HCl (*Sugasawa et al.*, B. **74** [1941] 455, 457).
Kristalle (aus A.); F: 94–95°.

(±)-6,7,8-Trihydroxy-1-[3-hydroxy-benzyl]-1,2,3,4-tetrahydro-isochinolin-1-carbonsäure $C_{17}H_{17}NO_6$, Formel VI.
B. Beim Behandeln von 5-[2-Amino-äthyl]-pyrogallol-hydrochlorid mit [3-Hydroxy-phenyl]-brenztraubensäure und wss. NH_3 (*Hahn*, *Rumpf*, B. **71** [1938] 2141, 2147).
Kristalle (aus Me.); Zers. bei 247°.
Hydrochlorid. Zers. bei 268–270°.

(±)-6,7,8-Trihydroxy-1-[4-hydroxy-benzyl]-1,2,3,4-tetrahydro-isochinolin-1-carbonsäure $C_{17}H_{17}NO_6$, Formel VII.

B. Beim Behandeln von 5-[2-Amino-äthyl]-pyrogallol-hydrochlorid mit [4-Hydroxy-phenyl]-brenztraubensäure und wss. NH_3 (*Hahn, Rumpf*, B. **71** [1938] 2141, 2148).

Zers. bei 258—260°.

Hydrochlorid $C_{17}H_{17}NO_6 \cdot HCl$. Zers. bei 268—270°.

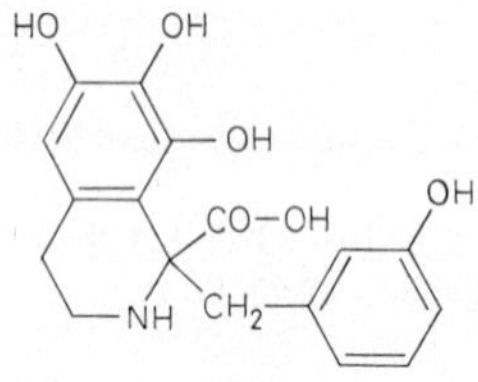

VI 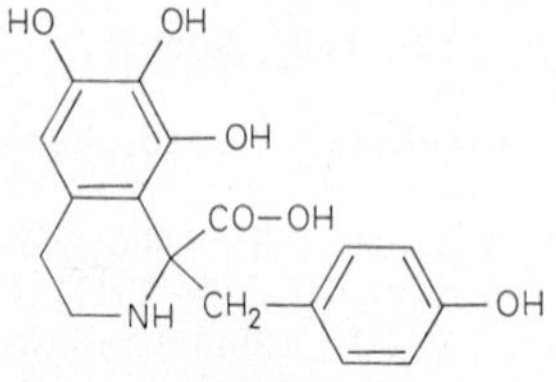 VII

(±)-6,7-Dihydroxy-1-vanillyl-1,2,3,4-tetrahydro-isochinolin-1-carbonsäure $C_{18}H_{19}NO_6$, Formel VIII (R = H).

B. Beim Behandeln von 4-[2-Amino-äthyl]-brenzcatechin-hydrochlorid mit [4-Hydroxy-3-methoxy-phenyl]-brenztraubensäure und wss. NH_3 (*Hahn, Stiehl*, B. **69** [1936] 2627, 2645).

Kristalle mit 1 Mol H_2O; Zers. ab 230°.

Hydrochlorid $C_{18}H_{19}NO_6 \cdot HCl$. Kristalle (aus Me. + E.) mit 1 Mol H_2O; Zers. bei 255—260°.

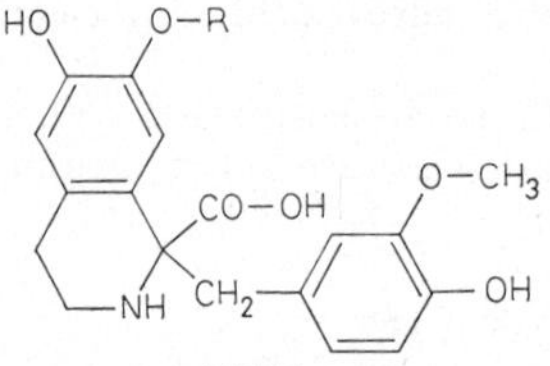

VIII 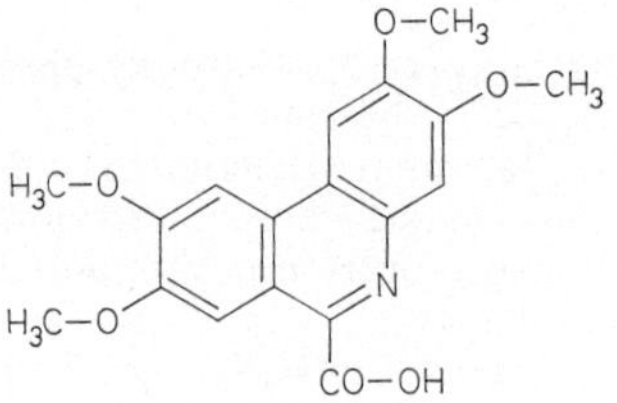 IX

(±)-6-Hydroxy-7-methoxy-1-vanillyl-1,2,3,4-tetrahydro-isochinolin-1-carbonsäure $C_{19}H_{21}NO_6$, Formel VIII (R = CH_3).

B. Beim Behandeln von 5-[2-Amino-äthyl]-2-methoxy-phenol-hydrochlorid mit [4-Hydroxy-3-methoxy-phenyl]-brenztraubensäure und wss. NH_3 (*Hahn, Rumpf*, B. **71** [1938] 2141, 2153).

Kristalle; Zers. bei 253°.

Hydrochlorid $C_{19}H_{21}NO_6 \cdot HCl$. Kristalle (aus wss.-methanol. HCl oder A. + Ae.); Zers. bei 252°.

Hydroxycarbonsäuren $C_nH_{2n-19}NO_6$

Hydroxycarbonsäuren $C_{14}H_9NO_6$

2,3,8,9-Tetramethoxy-phenanthridin-6-carbonsäure $C_{18}H_{17}NO_6$, Formel IX.

B. Beim Erwärmen von 2-[2,3,8,9-Tetramethoxy-phenanthridin-6-yl]-propan-1,3-diol mit $K_2Cr_2O_7$ und wss. H_2SO_4 (*Ritchie*, J. Pr. Soc. N.S. Wales **78** [1944] 134, 139).

F: 240° [Zers.].

1,8-Dihydroxy-carbazol-2,7-dicarbonsäure $C_{14}H_9NO_6$, Formel X.

B. Beim Erhitzen von Carbazol-1,8-diol mit $KHCO_3$ und CO_2 auf 190—200°/50 at (*I.G. Farbenind.*, D.R.P. 512234 [1928]; Frdl. **17** 734).

F: > 305° [Zers.].

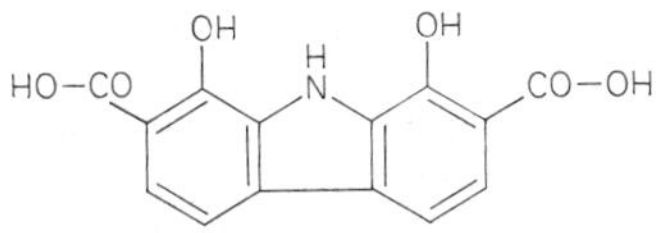

X

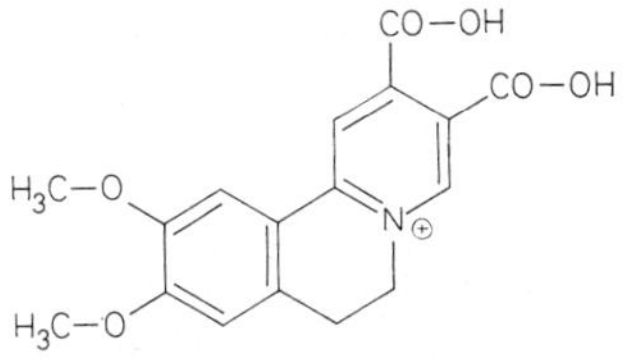

XI

Hydroxycarbonsäuren $C_{15}H_{11}NO_6$

2,3-Dicarboxy-9,10-dimethoxy-6,7-dihydro-pyrido[2,1-*a*]isochinolinylium $[C_{17}H_{16}NO_6]^+$, Formel XI.

Betain $C_{17}H_{15}NO_6$. *B.* Beim Behandeln von Palmatin-nitrat (E III/IV **21** 2816) mit wss. HNO_3 (*Resplandy*, C. r. **247** [1958] 2428, 2429). — Kristalle; F: 255—257° [Zers.].

Hydroxycarbonsäuren $C_{16}H_{13}NO_6$

(±)-1-[3,4-Dimethoxy-phenyl]-6,7-dimethoxy-3,4-dihydro-isochinolin-3-carbonsäure-methylester $C_{21}H_{23}NO_6$, Formel XII.

B. Beim Erhitzen von 3,4-Dimethoxy-*N*-veratroyl-DL-phenylalanin-methylester mit $POCl_3$ auf 135° (*Redel, Bouteville*, Bl. **1949** 443, 446).

Kristalle (aus Me.); F: 144—145°.

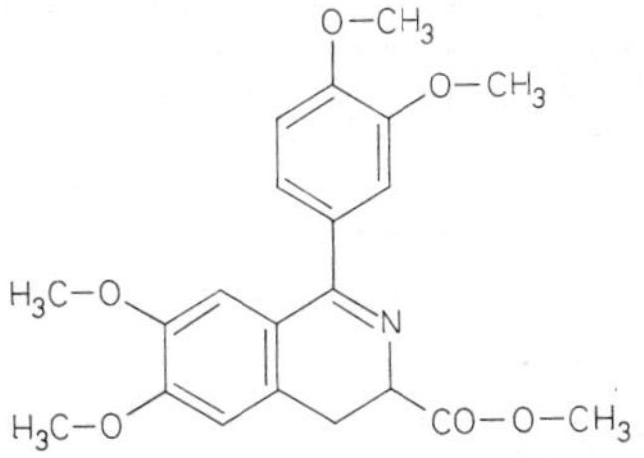

XII

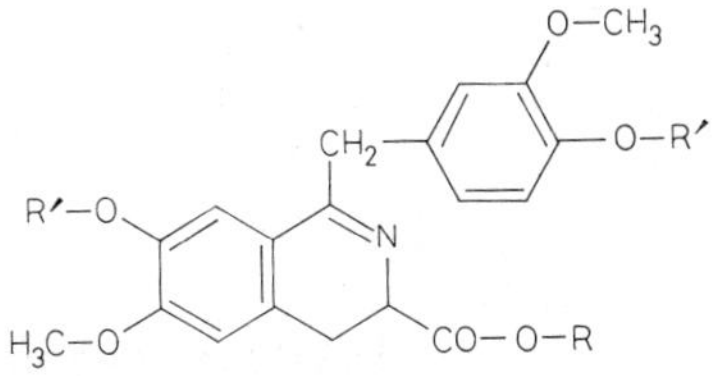

XIII

Hydroxycarbonsäuren $C_{17}H_{15}NO_6$

(±)-6,7-Dimethoxy-1-veratryl-3,4-dihydro-isochinolin-3-carbonsäure $C_{21}H_{23}NO_6$, Formel XIII (R = H, R' = CH_3).

B. Beim Erhitzen von (±)-6,7-Dimethoxy-1-veratryl-3,4-dihydro-isochinolin-3-carbon= säure-methylester mit methanol. KOH (*Galat*, Am. Soc. **73** [1951] 3654; *Martinez*, An Acad. Farm. **23** [1957] 387, 392; s. a. *Riedel-de Haën*, D.R.P. 674400 [1937]; Frdl. **25** 397).

Kristalle; F: 147—148° [aus Isopropylalkohol] (*Ga.*), 142—145° (*Ma.*).

(±)-7-Äthoxy-1-[4-äthoxy-3-methoxy-benzyl]-6-methoxy-3,4-dihydro-isochinolin-3-carbonsäure $C_{23}H_{27}NO_6$, Formel XIII (R = H, R' = C_2H_5).

B. Beim Erwärmen von (±)-7-Äthoxy-1-[4-äthoxy-3-methoxy-benzyl]-6-methoxy-3,4-dihydro-isochinolin-3-carbonsäure-methylester mit methanol. KOH (*Galat*, Am. Soc. **73** [1951] 3654).

Kristalle (aus Isopropylalkohol); F: 132—133° [Zers.].

(±)-6,7-Diäthoxy-1-[3,4-diäthoxy-benzyl]-3,4-dihydro-isochinolin-3-carbonsäure $C_{25}H_{31}NO_6$, Formel XIV (R = H).

B. Beim Erwärmen von (±)-6,7-Diäthoxy-1-[3,4-diäthoxy-benzyl]-3,4-dihydro-iso= chinolin-3-carbonsäure-methylester mit methanol. KOH (*Galat*, Am. Soc. **73** [1951] 3654).

Kristalle (aus Isopropylalkohol); F: 132—133° [Zers.].

(±)-6,7-Dimethoxy-1-veratryl-3,4-dihydro-isochinolin-3-carbonsäure-methylester $C_{22}H_{25}NO_6$, Formel XIII (R = R' = CH_3).

B. Beim Erhitzen von *N*-[(3,4-Dimethoxy-phenyl)-acetyl]-3,4-dimethoxy-DL-phenyl=

alanin-methylester mit $POCl_3$ in Toluol (*Galat*, Am. Soc. **73** [1951] 3654; *Wahl, Sempa*, Bl. **1950** 680; s. a. *Redel, Bouteville*, Bl. **1949** 443, 445).
Kristalle; F: 137–139° [aus Me.] (*Ga.*), 125–128° (*Re., Bo.*), 125–126° (*Wahl, Se.*).

(±)-7-Äthoxy-1-[4-äthoxy-3-methoxy-benzyl]-6-methoxy-3,4-dihydro-isochinolin-3-carbonsäure-methylester $C_{24}H_{29}NO_6$, Formel XIII (R = CH_3, R' = C_2H_5).
B. Beim Erhitzen von 4-Äthoxy-*N*-[(4-äthoxy-3-methoxy-phenyl)-acetyl]-3-methoxy-DL-phenylalanin-methylester mit $POCl_3$ in Toluol (*Galat*, Am. Soc. **73** [1951] 3654).
Kristalle (aus Me.); F: 149–150°.

(±)-6,7-Diäthoxy-1-[3,4-diäthoxy-benzyl]-3,4-dihydro-isochinolin-3-carbonsäure-methylester $C_{26}H_{33}NO_6$, Formel XIV (R = CH_3).
B. Beim Erhitzen von 3,4-Diäthoxy-*N*-[(3,4-diäthoxy-phenyl)-acetyl]-DL-phenylalanin-methylester mit $POCl_3$ in Toluol (*Galat*, Am. Soc. **73** [1951] 3654).
Kristalle (aus Me.); F: 108–109°.

(±)-6,7-Dimethoxy-1-veratryl-3,4-dihydro-isochinolin-3-carbonsäure-äthylester $C_{23}H_{27}NO_6$, Formel XIII (R = C_2H_5, R' = CH_3).
B. Beim Erwärmen von *N*-[(3,4-Dimethoxy-phenyl)-acetyl]-3,4-dimethoxy-DL-phenyl-alanin-äthylester mit $POCl_3$ in Benzol (*Riedel-de Haën*, D.R.P. 674400 [1937]; Frdl. **25** 397).
F: 115°.

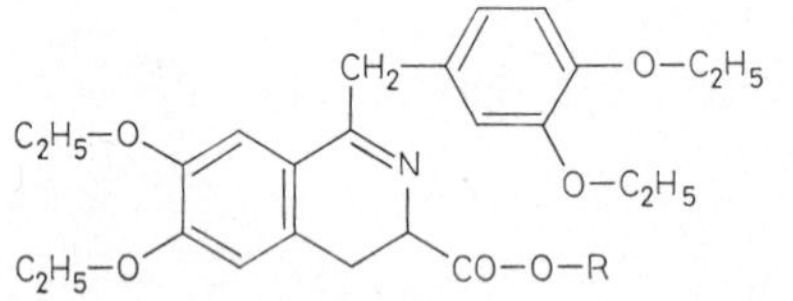

XIV

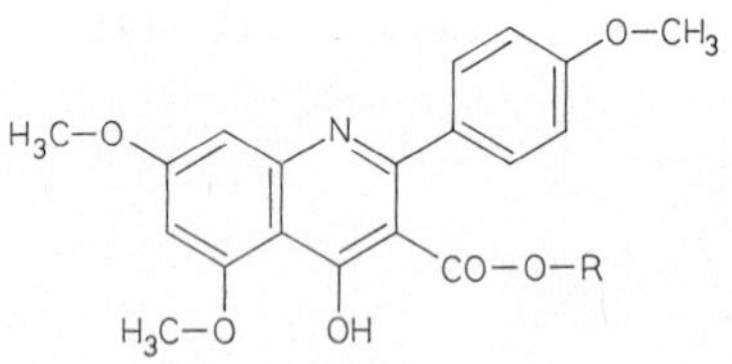

XV

Hydroxycarbonsäuren $C_nH_{2n-21}NO_6$

Hydroxycarbonsäuren $C_{16}H_{11}NO_6$

4-Hydroxy-5,7-dimethoxy-2-[4-methoxy-phenyl]-chinolin-3-carbonsäure $C_{19}H_{17}NO_6$, Formel XV (R = H), und Tautomeres (5,7-Dimethoxy-2-[4-methoxy-phenyl]-4-oxo-1,4-dihydro-chinolin-3-carbonsäure).
B. Beim Erwärmen von 4-Hydroxy-5,7-dimethoxy-2-[4-methoxy-phenyl]-chinolin-3-carbonsäure-äthylester mit äthanol. KOH (*Šorm, Novotný*, Chem. Listy **49** [1955] 901, 907; Collect. **20** [1955] 1206, 1213; C. A. **1955** 13244).
Kristalle (aus Eg.); F: 207° [unkorr.].

4-Hydroxy-5,7-dimethoxy-2-[4-methoxy-phenyl]-chinolin-3-carbonsäure-äthylester $C_{21}H_{21}NO_6$, Formel XV (R = C_2H_5), und Tautomeres (5,7-Dimethoxy-2-[4-methoxy-phenyl]-4-oxo-1,4-dihydro-chinolin-3-carbonsäure-äthylester).
B. Beim Behandeln von 4-Methoxy-benzoesäure-[3,5-dimethoxy-anilid] mit $POCl_3$ in Benzol, Erhitzen des Reaktionsprodukts in Toluol mit der Natrium-Verbindung des Malonsäure-diäthylesters und Erhitzen des Reaktionsprodukts auf 150–170° (*Šorm, Novotný*, Chem. Listy **49** [1955] 901, 907; Collect. **20** [1955] 1206, 1213; C. A. **1955** 13244).
Kristalle (aus A.); F: 221° [unkorr.].

4-Hydroxy-6,8-dimethoxy-2-[4-methoxy-phenyl]-chinolin-3-carbonsäure $C_{19}H_{17}NO_6$, Formel I (R = H), und Tautomeres (6,8-Dimethoxy-2-[4-methoxy-phenyl]-4-oxo-1,4-dihydro-chinolin-3-carbonsäure).
B. Beim Erwärmen von 4-Hydroxy-6,8-dimethoxy-2-[4-methoxy-phenyl]-chinolin-3-carbonsäure-äthylester mit äthanol. KOH (*Šorm, Novotný*, Chem. Listy **49** [1955] 901, 903; Collect. **20** [1955] 1206, 1209; C. A. **1955** 13244).
F: 215° [unkorr.].

4-Hydroxy-6,8-dimethoxy-2-[4-methoxy-phenyl]-chinolin-3-carbonsäure-äthylester $C_{21}H_{21}NO_6$, Formel I (R = C_2H_5), und Tautomeres (6,8-Dimethoxy-2-[4-methoxy-phenyl]-4-oxo-1,4-dihydro-chinolin-3-carbonsäure-äthylester).

B. Beim Erhitzen von [α-(2,4-Dimethoxy-phenylimino)-4-methoxy-benzyl]-malonsäure-diäthylester (F: 118°) auf 150—170° (*Šorm, Novotný*, Chem. Listy **49** [1955] 901, 903; Collect. **20** [1955] 1206, 1209; C. A. **1955** 13244).

F: 208° [unkorr.].

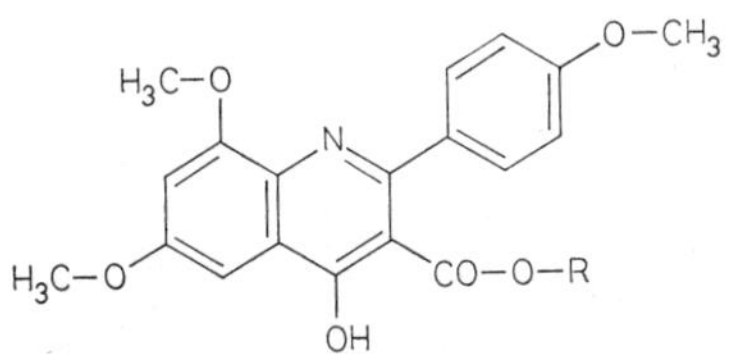

I

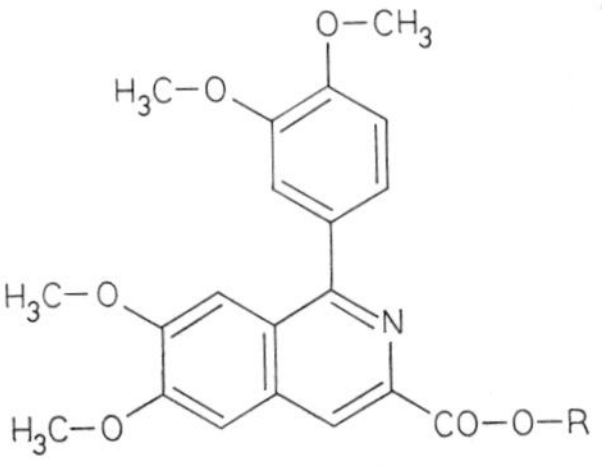

II

1-[3,4-Dimethoxy-phenyl]-6,7-dimethoxy-isochinolin-3-carbonsäure $C_{20}H_{19}NO_6$, Formel II (R = H).

B. Beim Erwärmen der folgenden Verbindung mit äthanol. NaOH (*Redel, Bouteville*, Bl. **1949** 443, 446).

Kristalle (aus Acn. + H_2O); F: 212—213°.

1-[3,4-Dimethoxy-phenyl]-6,7-dimethoxy-isochinolin-3-carbonsäure-methylester $C_{21}H_{21}NO_6$, Formel II (R = CH_3).

B. Beim Erhitzen von 1-[3,4-Dimethoxy-phenyl]-6,7-dimethoxy-3,4-dihydro-isochinolin-3-carbonsäure-methylester mit Schwefel auf 155° (*Redel, Bouteville*, Bl. **1949** 443, 446).

Kristalle (aus Acn.); F: 210—213°.

1-[3,4-Dimethoxy-phenyl]-6,7-dimethoxy-isochinolin-3-carbonsäure-[2-diäthylamino-äthylester] $C_{26}H_{32}N_2O_6$, Formel II (R = CH_2-CH_2-$N(C_2H_5)_2$).

Hydrochlorid $C_{26}H_{32}N_2O_6 \cdot HCl$. *B.* Beim Erwärmen von 1-[3,4-Dimethoxy-phenyl]-6,7-dimethoxy-isochinolin-3-carbonsäure mit Diäthyl-[2-chlor-äthyl]-amin in Isopropylalkohol (*Redel, Bouteville*, Bl. **1949** 443, 446). — Kristalle (aus Isopropylalkohol); F: 191° bis 192°.

Hydroxycarbonsäuren $C_{17}H_{13}NO_6$

6,7-Dimethoxy-2-veratryl-chinolin-3-carbonsäure $C_{21}H_{21}NO_6$, Formel III (R = H).

B. Beim Behandeln von 6,7-Dimethoxy-2-veratryl-chinolin-3-carbonsäure-äthylester mit äthanol. KOH (*Sugasawa et al.*, B. **74** [1941] 455, 457).

Kristalle (aus A.); Zers. bei 230°.

6,7-Dimethoxy-2-veratryl-chinolin-3-carbonsäure-äthylester $C_{23}H_{25}NO_6$, Formel III (R = C_2H_5).

B. Beim Behandeln von [3,4-Dimethoxy-phenyl]-acetylchlorid mit der Natrium-Verbindung des Acetessigsäure-äthylesters in Äther und Behandeln des Reaktionsprodukts mit 2-Amino-4,5-dimethoxy-benzaldehyd in Äthanol unter Zusatz von wenig Piperidin (*Sugasawa et al.*, B. **74** [1941] 455, 456).

Kristalle (aus E.); F: 140°.

Picrat $C_{23}H_{25}NO_6 \cdot C_6H_3N_3O_7$. Gelbe Kristalle (aus A.); Zers. bei 179°.

6,7-Dimethoxy-1-veratryl-isochinolin-3-carbonsäure $C_{21}H_{21}NO_6$, Formel IV (R = H, R′ = R″ = CH_3).

B. Beim Erwärmen von 6,7-Dimethoxy-1-veratryl-isochinolin-3-carbonsäure-methylester mit äthanol. NaOH (*Redel, Bouteville*, Bl. **1949** 443, 445; s. a. *Riedel-de Haën*, D.R.P. 674400 [1937]; Frdl. **25** 397).

F: 175—176° (*Re., Bo.*), 173° (*Riedel-de Haën*).

7-Äthoxy-1-[4-äthoxy-3-methoxy-benzyl]-6-methoxy-isochinolin-3-carbonsäure $C_{23}H_{25}NO_6$, Formel IV (R = H, R′ = CH_3, R″ = C_2H_5).

B. Aus 7-Äthoxy-1-[4-äthoxy-3-methoxy-benzyl]-6-methoxy-isochinolin-3-carbon=säure-methylester (*Galat*, Am. Soc. **73** [1951] 3654).

F: 180–182°.

6,7-Diäthoxy-1-[3,4-diäthoxy-benzyl]-isochinolin-3-carbonsäure $C_{25}H_{29}NO_6$, Formel IV (R = H, R′ = R″ = C_2H_5).

B. Aus 6,7-Diäthoxy-1-[3,4-diäthoxy-benzyl]-isochinolin-3-carbonsäure-methylester (*Galat*, Am. Soc. **73** [1951] 3654).

F: 172–173°.

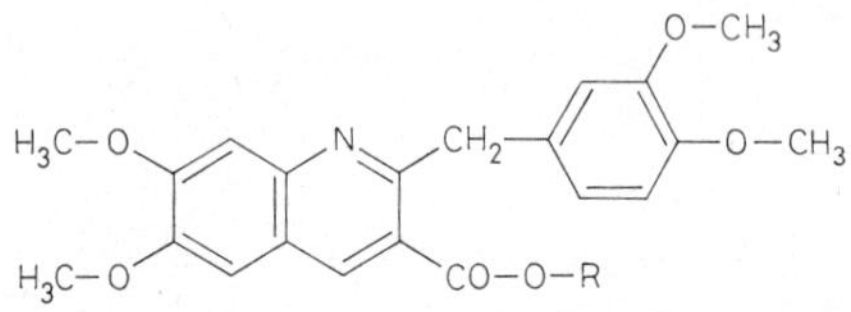

III 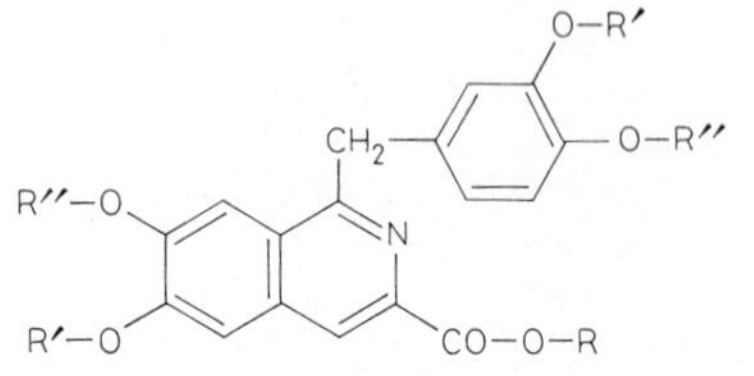 IV

6,7-Dimethoxy-1-veratryl-isochinolin-3-carbonsäure-methylester $C_{22}H_{23}NO_6$, Formel IV (R = R′ = R″ = CH_3).

B. Beim Erhitzen von 6,7-Dimethoxy-1-veratryl-3,4-dihydro-isochinolin-3-carbon=säure-methylester mit Schwefel auf 155° (*Redel, Bouteville*, Bl. **1949** 443, 445).

Kristalle (aus Acn. + Me.); F: 178°.

7-Äthoxy-1-[4-äthoxy-3-methoxy-benzyl]-6-methoxy-isochinolin-3-carbonsäure-methylester $C_{24}H_{27}NO_6$, Formel IV (R = R′ = CH_3, R″ = C_2H_5).

B. Beim Erhitzen von 7-Äthoxy-1-[4-äthoxy-3-methoxy-benzyl]-6-methoxy-3,4-di=hydro-isochinolin-3-carbonsäure-methylester mit Schwefel (*Galat*, Am. Soc. **73** [1951] 3654).

F: 187–189°.

6,7-Diäthoxy-1-[3,4-diäthoxy-benzyl]-isochinolin-3-carbonsäure-methylester $C_{26}H_{31}NO_6$, Formel IV (R = CH_3, R′ = R″ = C_2H_5).

B. Beim Erhitzen von 6,7-Diäthoxy-1-[3,4-diäthoxy-benzyl]-3,4-dihydro-isochinolin-3-carbonsäure-methylester mit Schwefel (*Galat*, Am. Soc. **73** [1951] 3654).

F: 166°.

6,7-Dimethoxy-1-veratryl-isochinolin-3-carbonsäure-äthylester $C_{23}H_{25}NO_6$, Formel IV (R = C_2H_5, R′ = R″ = CH_3).

B. Beim Erhitzen von 6,7-Dimethoxy-1-veratryl-3,4-dihydro-isochinolin-3-carbon=säure-äthylester mit Schwefel auf 110° oder mit Selen auf 180° (*Riedel-de Haën*, D.R.P. 674400 [1937]; Frdl. **25** 397).

Kristalle (aus A.); F: 141°.

6,7-Dimethoxy-1-veratryl-isochinolin-3-carbonsäure-[2-diäthylamino-äthylester] $C_{27}H_{34}N_2O_6$, Formel IV (R = CH_2-CH_2-$N(C_2H_5)_2$, R′ = R″ = CH_3).

Hydrochlorid $C_{27}H_{34}N_2O_6 \cdot HCl$. *B.* Beim Erwärmen von 6,7-Dimethoxy-1-veratryl-isochinolin-3-carbonsäure mit Diäthyl-[2-chlor-äthyl]-amin in Isopropylalkohol (*Redel, Bouteville*, Bl. **1949** 443, 445). — Kristalle (aus Acn.); F: 113–114°.

Hydroxycarbonsäuren $C_{21}H_{21}NO_6$

***Opt.-inakt. 3,4-Dicarboxy-9,10-dimethoxy-5-methyl-2-phenyl-1,3,4,6,7,11b-hexahydro-2*H*-pyrido[2,1-*a*]isochinolinium** $[C_{24}H_{28}NO_6]^+$, Formel V.

Jodid $[C_{24}H_{28}NO_6]I$. *B.* Beim Hydrieren von opt.-inakt. 9,10-Dimethoxy-2-phenyl-3,4,6,7-tetrahydro-2*H*-pyrido[2,1-*a*]isochinolin-3,4-dicarbonsäure-anhydrid (Picrat; F: 218–220°) an Platin in Äthanol, Erwärmen des Reaktionsprodukts mit äthanol. KOH und Behandeln des Reaktionsprodukts mit CH_3I (*Tomimatsu*, J. pharm. Soc. Japan **77** [1957] 7, 10; C. A. **1957** 8753). — Kristalle (aus Me.); F: 177–178° [nach Sintern ab 170°].

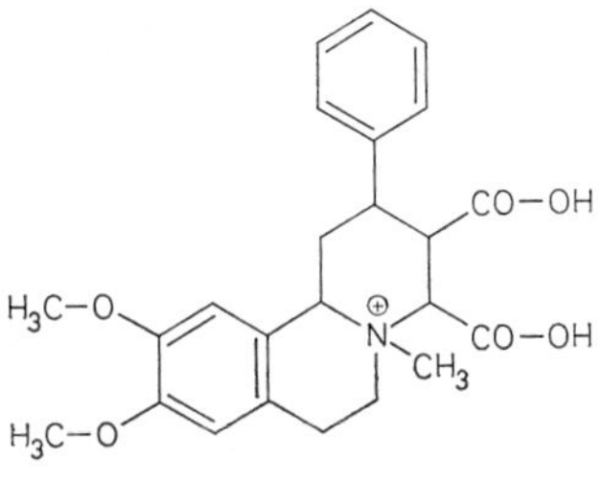

V 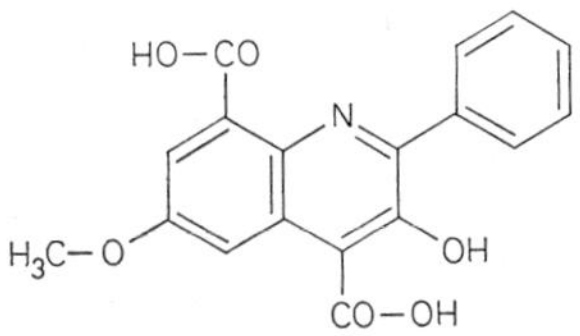 VI 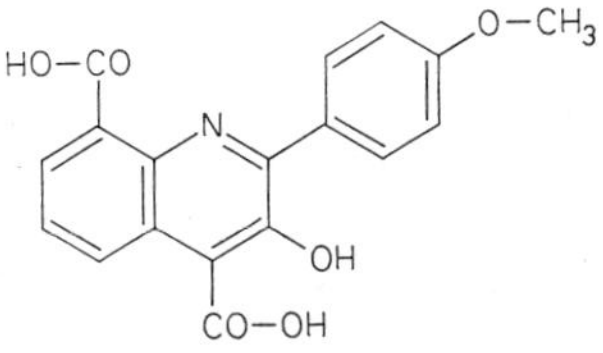 VII

Hydroxycarbonsäuren $C_nH_{2n-23}NO_6$

Hydroxycarbonsäuren $C_{17}H_{11}NO_6$

3-Hydroxy-6-methoxy-2-phenyl-chinolin-4,8-dicarbonsäure $C_{18}H_{13}NO_6$, Formel VI.

B. Beim Erwärmen von 5-Methoxy-2,3-dioxo-indolin-7-carbonsäure mit 2-Acetoxy-1-phenyl-äthanon und wss.-äthanol. KOH (*Cragoe et al.*, J. org. Chem. **18** [1953] 561, 567).

Kristalle (aus 2-Methoxy-äthanol + DMF); F: 310–312° [unkorr.] (*Cr. et al.*, l. c. S. 563).

3-Hydroxy-2-[4-methoxy-phenyl]-chinolin-4,8-dicarbonsäure $C_{18}H_{13}NO_6$, Formel VII.

B. Beim Erwärmen von 2,3-Dioxo-indolin-7-carbonsäure mit 2-Acetoxy-1-[4-methoxy-phenyl]-äthanon und wss.-äthanol. KOH (*Cragoe et al.*, J. org. Chem. **18** [1953] 561, 567).

F: 320–322° [unkorr.; Zers.].

Hydroxycarbonsäuren $C_{18}H_{13}NO_6$

(±)-2,3,7,8-Tetramethoxy-5-methyl-5,6-dihydro-benzo[*c*]phenanthridin-6-carbonitril $C_{23}H_{22}N_2O_4$, Formel VIII.

B. Beim Behandeln von 2,3,7,8-Tetramethoxy-5-methyl-benzo[*c*]phenanthridinium-methylsulfat mit KCN in H_2O unter Zusatz von wenig wss. HCl (*Bailey et al.*, Soc. **1950** 2277, 2280).

Kristalle (aus E.); F: 178–180° [Zers.].

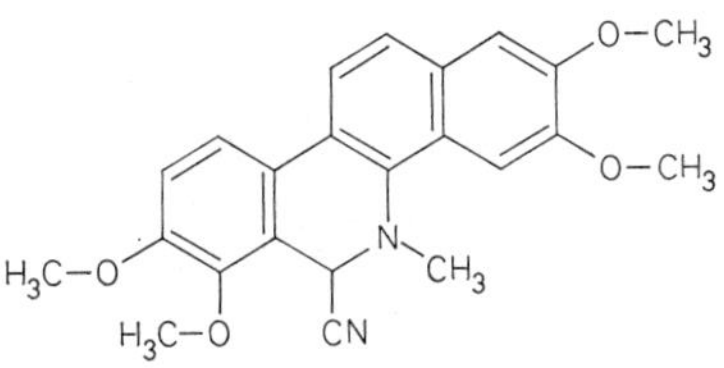

VIII 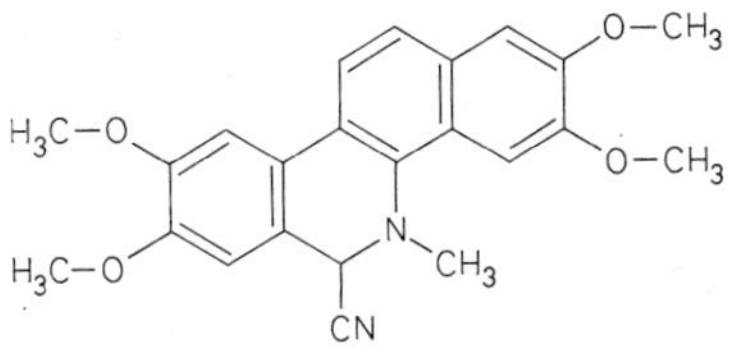 IX

(±)-2,3,8,9-Tetramethoxy-5-methyl-5,6-dihydro-benzo[*c*]phenanthridin-6-carbonitril $C_{23}H_{22}N_2O_4$, Formel IX.

B. Beim Behandeln von 2,3,8,9-Tetramethoxy-5-methyl-benzo[*c*]phenanthridinium-methylsulfat mit KCN in H_2O (*Bailey et al.*, Soc. **1950** 2277, 2281).

Kristalle (aus 2-Methoxy-äthanol); F: 227–229° [Zers.].

Hydroxycarbonsäuren $C_nH_{2n-25}NO_6$

5-Cyan-2-hydroxy-6-[4-methoxy-phenyl]-4-phenyl-nicotinsäure-äthylester $C_{22}H_{18}N_2O_4$, Formel X, und Tautomeres (5-Cyan-6-[4-methoxy-phenyl]-2-oxo-4-phenyl-1,2-dihydro-pyridin-3-carbonsäure-äthylester).

B. Beim 2-wöchigen Behandeln von *β*-Amino-4-methoxy-cinnamonitril (E III **10** 4212)

mit Benzylidenmalonsäure-diäthylester und methanol. Natriummethylat (*Palit,* J. Indian chem. Soc. **26** [1949] 501).
Kristalle (aus Me.); F: 204°.

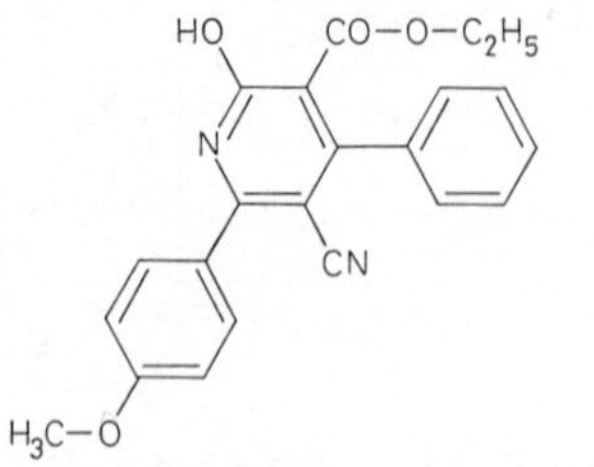

X 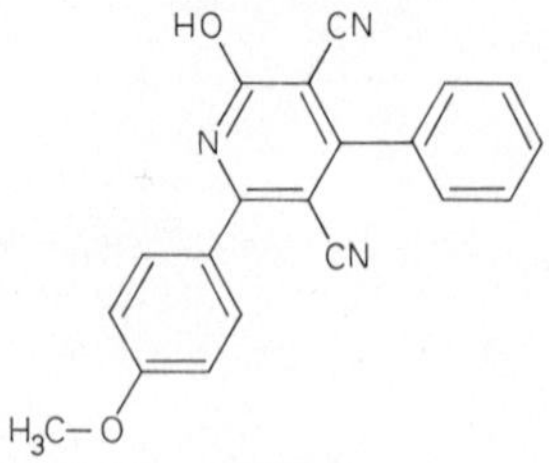 XI

2-Hydroxy-6-[4-methoxy-phenyl]-4-phenyl-pyridin-3,5-dicarbonitril $C_{20}H_{13}N_3O_2$, Formel XI, und Tautomeres (6-[4-Methoxy-phenyl]-2-oxo-4-phenyl-1,2-dihydro-pyridin-3,5-dicarbonitril).
B. Aus β-Amino-4-methoxy-cinnamonitril (E III **10** 4212) und 2-Cyan-3*t*-phenyl-acrylsäure-äthylester (*Palit,* J. Indian chem. Soc. **14** [1937] 354, 357).
Gelbe Kristalle (aus Acn. oder Eg.); F: 296°.

Hydroxycarbonsäuren $C_nH_{2n-31}NO_6$

4-[4-Hydroxy-3-methoxy-2-nitro-phenyl]-2,6-diphenyl-1,4-dihydro-pyridin-3,5-dicarbonitril $C_{26}H_{18}N_4O_4$, Formel XII (R = H).
B. Beim Erhitzen von β-Amino-cinnamonitril (E III **10** 2995) mit 4-Hydroxy-3-methoxy-2-nitro-benzaldehyd und Essigsäure (*Courts, Petrow,* Soc. **1952** 1, 4).
Kristalle (aus Eg.) mit 0,5 Mol H_2O; F: 279° [unkorr.].

4-[4-Acetoxy-3-methoxy-2-nitro-phenyl]-2,6-diphenyl-1,4-dihydro-pyridin-3,5-dicarbonitril $C_{28}H_{20}N_4O_5$, Formel XII (R = CO-CH_3).
B. Aus 4-[4-Hydroxy-3-methoxy-2-nitro-phenyl]-2,6-diphenyl-1,4-dihydro-pyridin-3,5-dicarbonitril und Acetanhydrid (*Courts, Petrow,* Soc. **1952** 1, 4).
Gelbliche Kristalle (aus A.); F: 242° [unkorr.].

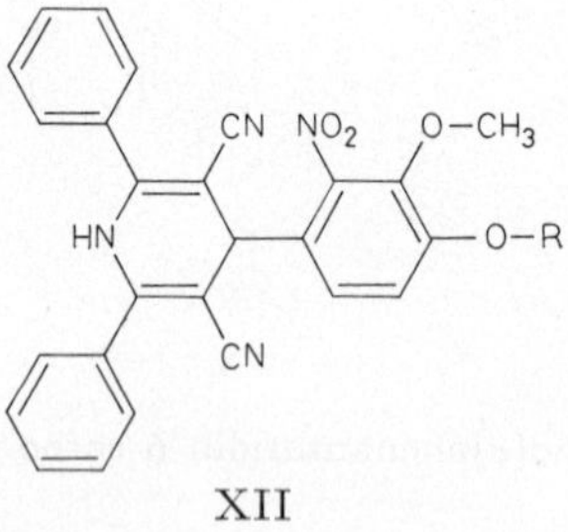

XII 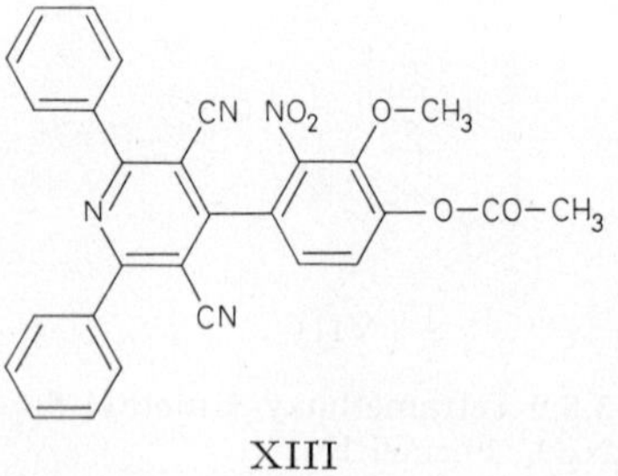 XIII

Hydroxycarbonsäuren $C_nH_{2n-33}NO_6$

4-[4-Acetoxy-3-methoxy-2-nitro-phenyl]-2,6-diphenyl-pyridin-3,5-dicarbonitril $C_{28}H_{18}N_4O_5$, Formel XIII.
B. Aus 4-[4-Acetoxy-3-methoxy-2-nitro-phenyl]-2,6-diphenyl-1,4-dihydro-pyridin-3,5-dicarbonitril mit Hilfe von CrO_3 (*Courts, Petrow,* Soc. **1952** 1, 4).
Kristalle (aus A.); F: 184–185° [unkorr.].

5. Hydroxycarbonsäuren mit 7 Sauerstoff-Atomen

Hydroxycarbonsäuren $C_nH_{2n-5}NO_7$

***Opt.-inakt. [1,2-Bis-äthoxycarbonyl-4-(β-äthoxy-isopropyl)-pyrrolidin-3-yl]-malonsäure-diäthylester, 4-[β-Äthoxy-isopropyl]-3-[bis-äthoxycarbonyl-methyl]-pyrrolidin-1,2-dicarbonsäure-diäthylester** $C_{22}H_{37}NO_9$, Formel I.

B. Beim Erwärmen von opt.-inakt. 3-Acetoxy-4-[β-äthoxy-isopropyl]-pyrrolidin-1,2-dicarbonsäure-diäthylester ($Kp_{0,7}$: 165—167°) mit der Natrium-Verbindung des Malonsäure-diäthylesters in Äthanol (*Miyamoto et al.*, J. pharm. Soc. Japan **77** [1957] 586; C. A. **1957** 16425; *Tanaka et al.*, Pr. Japan Acad. **33** [1957] 47, 51).

$Kp_{0,4}$: 183—185°.

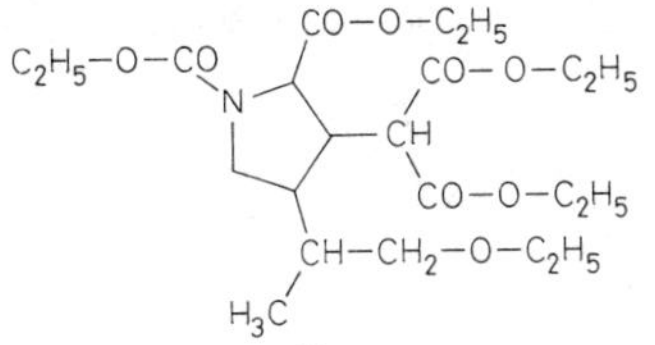

I 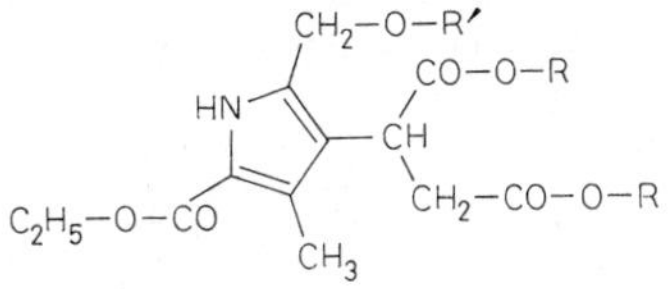 II

Hydroxycarbonsäuren $C_nH_{2n-9}NO_7$

(±)-[5-Äthoxycarbonyl-2-methoxymethyl-4-methyl-pyrrol-3-yl]-bernsteinsäure-dimethylester $C_{16}H_{23}NO_7$, Formel II (R = R' = CH_3).

B. Beim Behandeln von [5-Äthoxycarbonyl-2-methoxymethyl-4-methyl-pyrrol-3-yl]-fumarsäure-dimethylester mit Natrium-Amalgam und wenig $NaHCO_3$ in Methanol (*Fischer, Staff*, Z. physiol. Chem. **234** [1935] 97, 111). Beim 3-stdg. Erwärmen von (±)-[5-Äthoxycarbonyl-2-brommethyl-4-methyl-pyrrol-3-yl]-bernsteinsäure-dimethylester mit Methanol (*Fi.*, *St.*, l. c. S. 116).

Kristalle (aus wss. Me.); F: 71°.

(±)-[5-Äthoxycarbonyl-2-hydroxymethyl-4-methyl-pyrrol-3-yl]-bernsteinsäure-diäthylester $C_{17}H_{25}NO_7$, Formel II (R = C_2H_5, R' = H).

B. Bei kurzem Erwärmen von (±)-[5-Äthoxycarbonyl-2-brommethyl-4-methyl-pyrrol-3-yl]-bernsteinsäure-diäthylester oder (±)-[5-Äthoxycarbonyl-2-chlormethyl-4-methyl-pyrrol-3-yl]-bernsteinsäure-diäthylester mit Methanol (*Fischer, Zischler*, Z. physiol. Chem. **245** [1937] 123, 135).

Kristalle (aus Me. + H_2O); F: 58°.

4-[2-Äthoxycarbonyl-äthyl]-3-äthoxycarbonylmethyl-5-hydroxymethyl-pyrrol-2-carbonsäure-äthylester $C_{17}H_{25}NO_7$, Formel III (R = H).

B. Aus 4-[2-Äthoxycarbonyl-äthyl]-3-äthoxycarbonylmethyl-5-methyl-pyrrol-2-carbonsäure-äthylester mit Hilfe von Blei(IV)-acetat (*Prasad, Raper*, Nature **175** [1955] 629).

F: 102°.

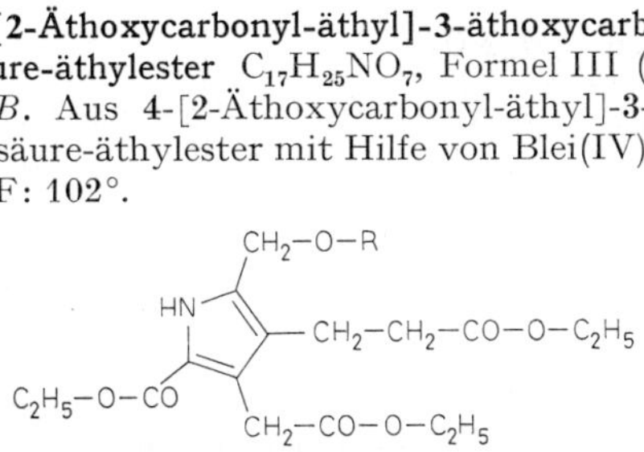

III 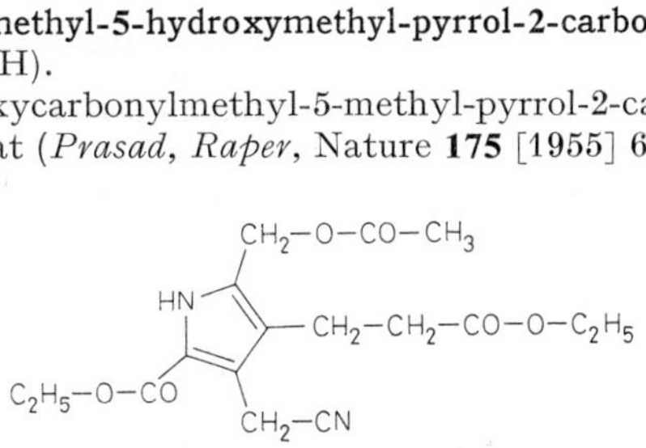 IV

5-Acetoxymethyl-4-[2-äthoxycarbonyl-äthyl]-3-äthoxycarbonylmethyl-pyrrol-2-carbonsäure-äthylester $C_{19}H_{27}NO_8$, Formel III (R = CO-CH_3).

B. Beim Behandeln von 4-[2-Äthoxycarbonyl-äthyl]-3-äthoxycarbonylmethyl-5-methyl-pyrrol-2-carbonsäure-äthylester mit Blei(IV)-acetat und Essigsäure (*Treibs, Ott*, A. **615** [1958] 137, 161).

Kristalle (aus Bzl. + PAe.); F: 111°.

3-[2-Acetoxymethyl-5-äthoxycarbonyl-4-cyanmethyl-pyrrol-3-yl]-propionsäure-äthylester, 5-Acetoxymethyl-4-[2-äthoxycarbonyl-äthyl]-3-cyanmethyl-pyrrol-2-carbonsäure-äthylester $C_{17}H_{22}N_2O_6$, Formel IV.

B. Beim Erwärmen von 3-[5-Äthoxycarbonyl-4-cyanmethyl-2-methyl-pyrrol-3-yl]-propionsäure-äthylester mit Blei(IV)-acetat und Essigsäure (*Treibs, Ott*, A. **615** [1958] 137, 160).

Kristalle (aus Bzl. + PAe.); F: 134—135°.

3-[2-Äthoxycarbonyl-äthyl]-4-äthoxycarbonylmethyl-5-hydroxymethyl-pyrrol-2-carbonsäure-äthylester $C_{17}H_{25}NO_7$, Formel V.

B. Beim Behandeln von 3-[2-Äthoxycarbonyl-äthyl]-4-äthoxycarbonylmethyl-5-methyl-pyrrol-2-carbonsäure-äthylester mit Blei(IV)-acetat (*Prasad, Raper*, Nature **175** [1955] 629).

F: 99°.

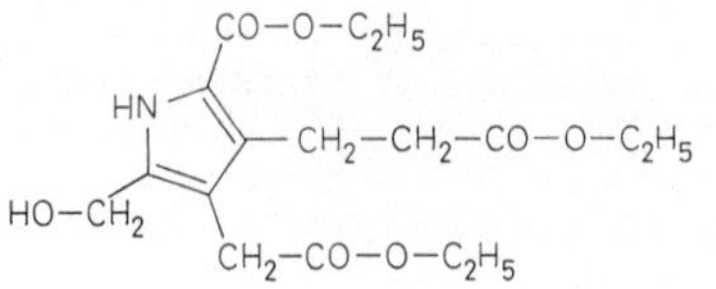

V

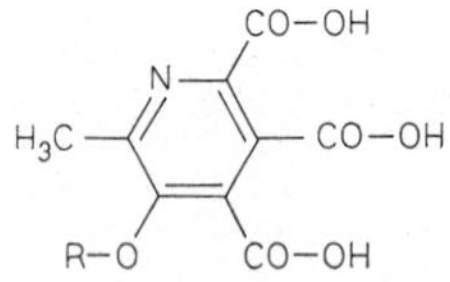

VI

Hydroxycarbonsäuren $C_nH_{2n-11}NO_7$

Hydroxycarbonsäuren $C_9H_7NO_7$

5-Hydroxy-6-methyl-pyridin-2,3,4-tricarbonsäure $C_9H_7NO_7$, Formel VI (R = H).

B. Beim Erwärmen von 5-Amino-6-methyl-pyridin-2,3,4-tricarbonsäure mit $NaNO_2$ und wss. HCl (*Jones*, Am. Soc. **73** [1951] 5610, 5613).

Kristalle; F: 204—206° [unkorr.; Zers.].

5-Methoxy-6-methyl-pyridin-2,3,4-tricarbonsäure $C_{10}H_9NO_7$, Formel VI (R = CH_3).

B. Beim Erwärmen von 3-Methoxy-2-methyl-chinolin-4-carbonsäure-methylester mit $KMnO_4$ und wss. KOH (*Goto, Hirata*, J. chem. Soc. Japan Pure Chem. Sect. **75** [1954] 64; C. A. **1955** 10924; vgl. auch *I. G. Farbenind.*, D.R.P. 719889 [1939]; D.R.P. Org. Chem. **6** 2528).

Kristalle; F: 205—215° [Zers.] (*I. G. Farbenind.*), 203—205° [Zers.; aus H_2O] (*Goto, Hi.*).

Beim Erhitzen mit Acetanhydrid ist 5-Methoxy-6-methyl-pyridin-3,4-dicarbonsäure erhalten worden (*Goto, Hi.*).

Hydroxycarbonsäuren $C_{11}H_{11}NO_7$

[5-Äthoxycarbonyl-2-methoxymethyl-4-methyl-pyrrol-3-yl]-fumarsäure-dimethylester $C_{16}H_{21}NO_7$, Formel VII.

B. Beim Erwärmen von [5-Äthoxycarbonyl-2-brommethyl-4-methyl-pyrrol-3-yl]-fumarsäure-dimethylester oder von [5-Äthoxycarbonyl-2-chlormethyl-4-methyl-pyrrol-3-yl]-fumarsäure-dimethylester mit Methanol (*Fischer, Staff*, Z. physiol. Chem. **234** [1935] 97, 110, 112).

Kristalle (aus Me. + H_2O); F: 93°.

Bei 4-wöchigem Behandeln mit Diazomethan in Äther ist eine als 3-[5-Äthoxycarbonyl-2-methoxymethyl-4-methyl-pyrrol-3-yl]-4,5-dihydro-3*H*-pyrazol-3,4-dicarbonsäure-dimethylester oder 4-[5-Äthoxycarbonyl-2-meth=

oxymethyl-4-methyl-pyrrol-3-yl]-4,5-dihydro-1(3)*H*-pyrazol-3,4-dicarbon-säure-dimethylester zu formulierende Verbindung $C_{17}H_{23}N_3O_7$ (Kristalle [aus Me.], F: 117—118°) erhalten worden (*Fi.*, *St.*, l. c. S. 126).

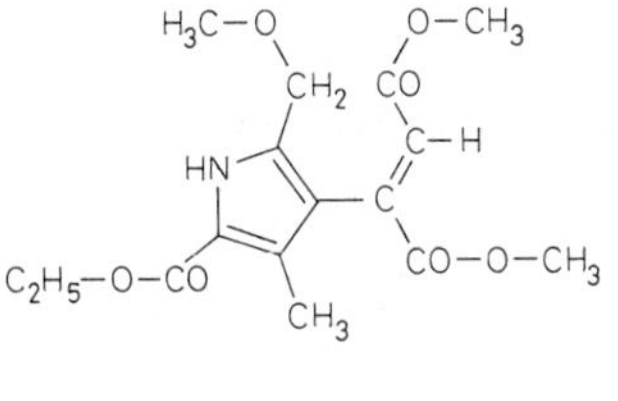

VII 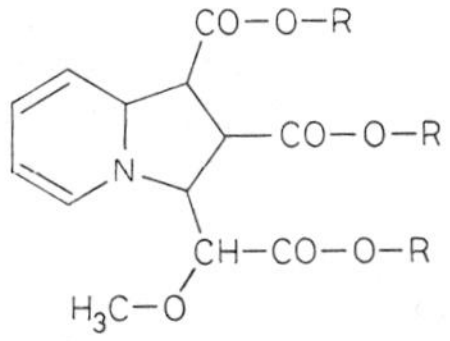 VIII

Hydroxycarbonsäuren $C_{12}H_{13}NO_7$

***Opt.-inakt. 3-[Carboxy-methoxy-methyl]-1,2,3,8a-tetrahydro-indolizin-1,2-dicarbonsäure** $C_{13}H_{15}NO_7$, Formel VIII (R = H).

B. Beim Erwärmen der folgenden Verbindung mit wss. KOH (*Diels*, *Meyer*, A. **513** [1934] 129, 143).

Kristalle (aus Me.); F: 130° [Zers.].

Beim Erhitzen mit Acetanhydrid ist eine Verbindung $C_{13}H_{13}NO_6$ (Kristalle [aus $CHCl_3$ + PAe.], F: 154—155°) erhalten worden.

***Opt.-inakt. 3-[Methoxy-methoxycarbonyl-methyl]-1,2,3,8a-tetrahydro-indolizin-1,2-dicarbonsäure-dimethylester** $C_{16}H_{21}NO_7$, Formel VIII (R = CH_3).

B. Bei der Hydrierung von (±)-3-[Methoxy-methoxycarbonyl-methyl]-indolizin-1,2-dicarbonsäure-dimethylester (S. 2678) an Platin in Essigsäure (*Diels*, *Meyer*, A. **513** [1934] 129, 142).

Kristalle (aus PAe.); F: 103—105°.

Hydroxycarbonsäuren $C_{19}H_{27}NO_7$

14α-Cyclohexancarbonyloxy-20-formyl-8,13-dihydroxy-1α,6α-dimethoxy-aconitan-4-carbonsäure-methylester [1]) $C_{30}H_{43}NO_9$, Formel IX.

B. Bei der Hydrierung von 14α-Benzoyloxy-20-formyl-8,13-dihydroxy-1α,6α-dimethoxy-aconit-15-en-4-carbonsäure-methylester an Platin in Methanol (*Jacobs*, *Pelletier*, Am. Soc. **76** [1954] 161, 166).

Kristalle (aus Bzl. oder Acn.); F: 183,5° [korr.]. $[\alpha]_D^{27}$: —68° [Me.; c = 1].

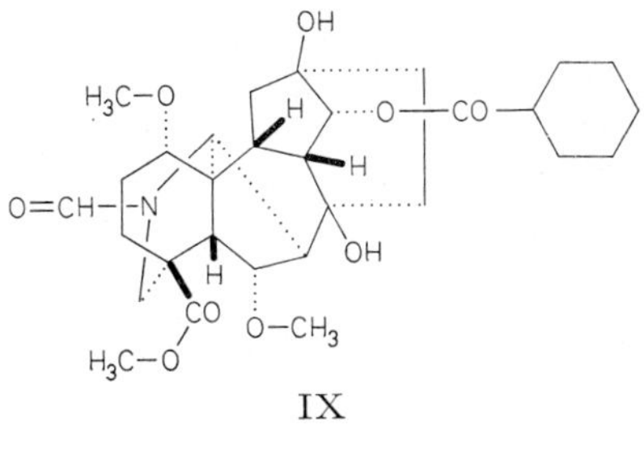

IX 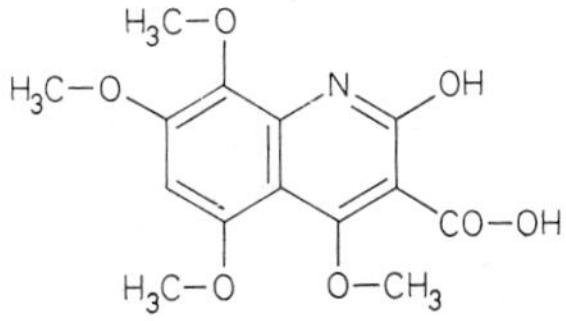 X

Hydroxycarbonsäuren $C_nH_{2n-13}NO_7$

Hydroxycarbonsäuren $C_{10}H_7NO_7$

2-Hydroxy-4,5,7,8-tetramethoxy-chinolin-3-carbonsäure $C_{14}H_{15}NO_7$, Formel X, und Tautomeres (4,5,7,8-Tetramethoxy-2-oxo-1,2-dihydro-chinolin-3-carbonsäure).

B. Neben 2-Hydroxy-4,5,7,8-tetramethoxy-chinolin-3-carbaldehyd beim Behandeln

[1]) Stellungsbezeichnung bei von Aconitan abgeleiteten Namen s. E III/IV **21** 2672.

von Acronycidin (4,5,7,8-Tetramethoxy-furo[2,3-*b*]chinolin) mit $KMnO_4$ in Aceton (*Lahey et al.*, Austral. J. scient. Res. [A] **3** [1950] 155, 163).
Kristalle (aus A.); F: 210—212° [korr.; Zers.; vorgeheiztes Bad].

Hydroxycarbonsäuren $C_{19}H_{25}NO_7$

14α-Benzoyloxy-20-formyl-8,13-dihydroxy-1α,6α-dimethoxy-aconit-15-en-4-carbonsäure[1]) $C_{29}H_{33}NO_9$, Formel XI (R = H, R′ = CO-C_6H_5).
B. Aus 14α-Benzoyloxy-20-formyl-8,13-dihydroxy-1α,6α-dimethoxy-aconit-15-en-4-carbaldehyd beim Behandeln mit CrO_3, wss. H_2SO_4 und wss. Essigsäure sowie beim Behandeln mit wss. $KMnO_4$ in Aceton (*Jacobs, Pelletier*, Am. Soc. **76** [1954] 161, 165).
Kristalle; F: 219—223° [korr.]. $[\alpha]_D^{26}$ —5,4° [wss. A. (50%ig); c = 1].

20-Formyl-8,13,14α-trihydroxy-1α,6α-dimethoxy-aconit-15-en-4-carbonsäure-methylester $C_{23}H_{31}NO_8$, Formel XI (R = CH_3, R′ = H).
B. Beim Behandeln von 14α-Benzoyloxy-20-formyl-8,13-dihydroxy-1α,6α-dimethoxy-aconit-15-en-4-carbonsäure-methylester mit wss.-methanol. NaOH (*Jacobs, Pelletier*, Am. Soc. **76** [1954] 161, 166).
Kristalle (aus Acn. + H_2O); F: 276—277° [korr.]. $[\alpha]_D^{26}$: —2° [Me.; c = 1]. UV-Spektrum (A.; 230—330 nm): *Ja., Pe.*, l. c. S. 163.

14α-Benzoyloxy-20-formyl-8,13-dihydroxy-1α,6α-dimethoxy-aconit-15-en-4-carbonsäure-methylester $C_{30}H_{35}NO_9$, Formel XI (R = CH_3, R′ = CO-C_6H_5).
B. Beim Behandeln von 14α-Benzoyloxy-20-formyl-8,13-dihydroxy-1α,6α-dimethoxy-aconit-15-en-4-carbonsäure in Aceton mit Diazomethan (*Jacobs, Pelletier*, Am. Soc. **76** [1954] 161, 166).
Kristalle (aus Acn.); F: 267—272°. $[\alpha]_D^{20}$: —3,7° [Me.; c = 1]. UV-Spektrum (A.; 240—360 nm): *Ja., Pe.*, l. c. S. 163.

Hydroxycarbonsäuren $C_nH_{2n-15}NO_7$

(±)-3-[Carboxy-methoxy-methyl]-indolizin-1,2-dicarbonsäure $C_{13}H_{11}NO_7$, Formel XII (R = H).
B. Beim Erwärmen von 3-[Methoxy-methoxycarbonyl-methyl]-indolizin-1,2-dicarbon-säure-dimethylester (s. u.) mit methanol. KOH (*Diels, Meyer*, A. **513** [1934] 129, 140).
Grünliche Kristalle (aus Me. + H_2O); Zers. bei ca. 100°.
Beim Erhitzen mit Acetanhydrid ist eine als 3-[1-Methoxy-2-oxo-propyl]-indolizin-1,2-dicarbonsäure-anhydrid angesehene Verbindung erhalten worden.
Trikalium-Salz $K_3C_{13}H_8NO_7$. Kristalle (aus Me.) mit 4 Mol H_2O.

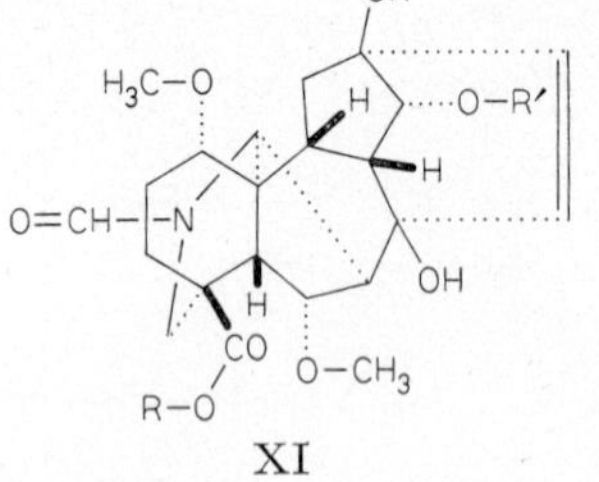

XI 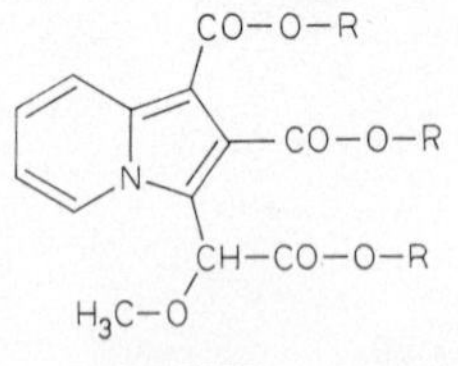 XII 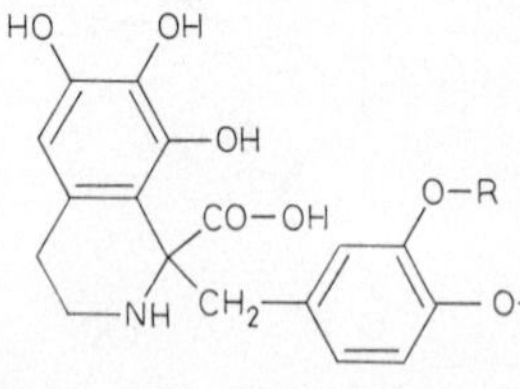 XIII

(±)-3-[Methoxy-methoxycarbonyl-methyl]-indolizin-1,2-dicarbonsäure-dimethylester $C_{16}H_{17}NO_7$, Formel XII (R = CH_3).
Diese Konstitution kommt der ursprünglich von *Diels, Meyer* (A. **513** [1934] 129, 131) als 1-[Methoxy-methoxycarbonyl-methyl]-indolizin-2,3-dicarbonsäure-dimethylester angesehenen Verbindung $C_{16}H_{17}NO_7$ zu (*Crabtree et al.*, Soc. **1961** 3497, 3500; vgl. *Borrows, Holland*, Soc. **1947** 672).
B. Beim Behandeln von Butindisäure-dimethylester mit Pyridin und Methanol bei

[1]) Stellungsbezeichnung bei von Aconitan abgeleiteten Namen s. E III/IV **21** 2672.

0° (*Di.*, *Me.*, l. c. S. 138; *Bo.*, *Ho.*).
Kristalle (aus Me.); F: 142—143° (*Di.*, *Me.*), 138—139,5° [unkorr.] (*Bo.*, *Ho.*).
Beim Erwärmen mit HNO_3 und Essigsäure ist 3-Nitro-indolizin-1,2-dicarbonsäure-dimethylester erhalten worden (*Di.*, *Me.*, l. c. S. 144; *Bo.*, *Ho.*). Beim Behandeln mit Brom in Methanol oder Essigsäure ist Indolizin-1,2,3-tricarbonsäure-trimethylester erhalten worden (*Di.*, *Me.*, l. c. S. 139). Beim Erwärmen mit methanol. KOH ist eine wahrscheinlich als 3-[Methoxy-methoxycarbonyl-methyl]-indolizin-1,2-dicarbonsäure (Monokalium-Salz $KC_{14}H_{12}NO_7 \cdot C_{14}H_{13}NO_7$; Kristalle [aus Me.] mit 1 Mol H_2O; Zers. bei ca. 200° [unter Blaufärbung]) zu formulierende Verbindung erhalten worden (*Di.*, *Me.*, l. c. S. 139).

Hydroxycarbonsäuren $C_nH_{2n-17}NO_7$

(±)-6,7,8-Trihydroxy-1-vanillyl-1,2,3,4-tetrahydro-isochinolin-1-carbonsäure $C_{18}H_{19}NO_7$, Formel XIII (R = CH_3, R' = H).
B. Beim Behandeln von 5-[2-Amino-äthyl]-pyrogallol-hydrochlorid mit [4-Hydroxy-3-methoxy-phenyl]-brenztraubensäure und wss. NH_3 (*Hahn*, *Rumpf*, B. **71** [1938] 2141, 2149).
Hydrochlorid $C_{18}H_{19}NO_7 \cdot HCl$. Kristalle (aus methanol. HCl + Ae.); Zers. bei 217—222°.

(±)-6,7,8-Trihydroxy-1-[3-hydroxy-4-methoxy-benzyl]-1,2,3,4-tetrahydro-isochinolin-1-carbonsäure $C_{18}H_{19}NO_7$, Formel XIII (R = H, R' = CH_3).
B. Beim Behandeln von 5-[2-Amino-äthyl]-pyrogallol-hydrochlorid mit [3-Hydroxy-4-methoxy-phenyl]-brenztraubensäure und wss. NH_3 (*Hahn*, *Rumpf*, B. **71** [1938] 2141, 2149).
Kristalle; F: 259—260°.
Hydrochlorid $C_{18}H_{19}NO_7 \cdot HCl$. Kristalle (aus methanol. HCl + Ae.): Zers. bei 252—253°.

(±)-6,7,8-Trihydroxy-1-veratryl-1,2,3,4-tetrahydro-isochinolin-1-carbonsäure $C_{19}H_{21}NO_7$, Formel XIII (R = R' = CH_3).
B. Beim Behandeln von 5-[2-Amino-äthyl]-pyrogallol-hydrochlorid mit [3,4-Dimethoxy-phenyl]-brenztraubensäure und wss. NH_3 (*Hahn*, *Rumpf*, B. **71** [1938] 2141, 2150).
Wasserhaltige Kristalle (aus H_2O); Zers. bei 238°.
Hydrochlorid. Zers. ab 260°.

Hydroxycarbonsäuren $C_nH_{2n-19}NO_7$

6-[2,2-Bis-äthoxycarbonyl-vinyl]-2-hydroxy-chinolin-3-carbonsäure $C_{18}H_{17}NO_7$, Formel I, und Tautomeres (6-[2,2-Bis-äthoxycarbonyl-vinyl]-2-oxo-1,2-dihydro-chinolin-3-carbonsäure).
B. Beim Erwärmen von 2,4-Bis-[2,2-bis-äthoxycarbonyl-vinyl]-anilin in Äthanol mit konz. wss. HCl (*Ruggli*, *Staub*, Helv. **20** [1937] 918, 924).
Kristalle (aus wss. A.); F: 247—250°.

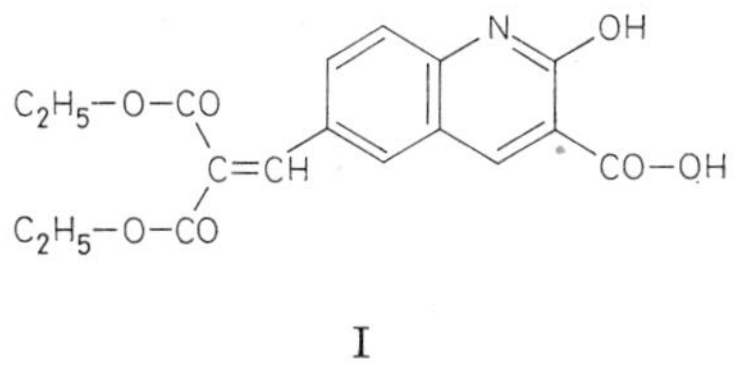

C_2H_5—O—CO, C=CH, C_2H_5—O—CO, N, OH, CO—OH

I

H_3C—O, H_3C—O, N, CO—OH, H_3C—O, O—CH_3, O—CH_3

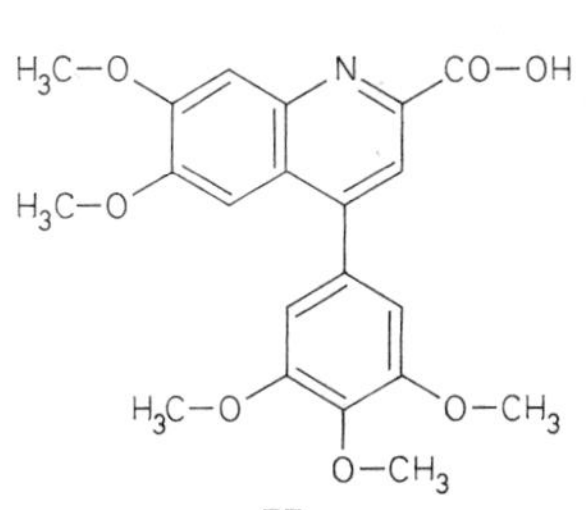

II

Hydroxycarbonsäuren $C_nH_{2n-21}NO_7$

6,7-Dimethoxy-4-[3,4,5-trimethoxy-phenyl]-chinolin-2-carbonsäure $C_{21}H_{21}NO_7$, Formel II.

B. Neben 6,7-Dimethoxy-4-[3,4,5-trimethoxy-phenyl]-chinolin-2-carbaldehyd beim Erwärmen von 6,7-Dimethoxy-2-methyl-4-[3,4,5-trimethoxy-phenyl]-chinolin mit SeO_2 in wss. Dioxan (*Fehnel*, J. org. Chem. **23** [1958] 432). Beim Erwärmen von 6,7-Dimethoxy-4-[3,4,5-trimethoxy-phenyl]-chinolin-2-carbaldehyd mit wss. H_2O_2 in Aceton (*Fe.*).

Gelbe Kristalle (aus Dioxan); F: 224–225° [Zers.].

Hydroxycarbonsäuren $C_nH_{2n-31}NO_7$

4-[3-Hydroxy-phenyl]-2,6-bis-[4-methoxy-phenyl]-1,4-dihydro-pyridin-3,5-dicarbonitril $C_{27}H_{21}N_3O_3$, Formel III (X = OH, X' = H).

B. Beim Erwärmen von β-Amino-4-methoxy-cinnamonitril (E III **10** 4212) mit 3-Hydroxy-benzaldehyd und Essigsäure (*Palit*, J. Indian chem. Soc. **10** [1933] 529, 534).

Kristalle (aus Eg.); F: 218–220°.

4-[4-Hydroxy-phenyl]-2,6-bis-[4-methoxy-phenyl]-1,4-dihydro-pyridin-3,5-dicarbonitril $C_{27}H_{21}N_3O_3$, Formel III (X = H, X' = OH).

B. Beim Erwärmen von β-Amino-4-methoxy-cinnamonitril (E III **10** 4212) mit 4-Hydroxy-benzaldehyd und Essigsäure (*Palit*, J. Indian chem. Soc. **10** [1933] 529, 534).

Kristalle (aus Acn.); F: 385° [nach Erweichen bei 379°].

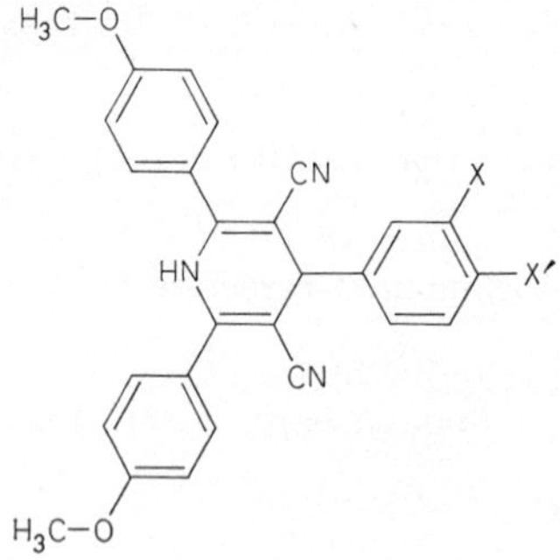

III 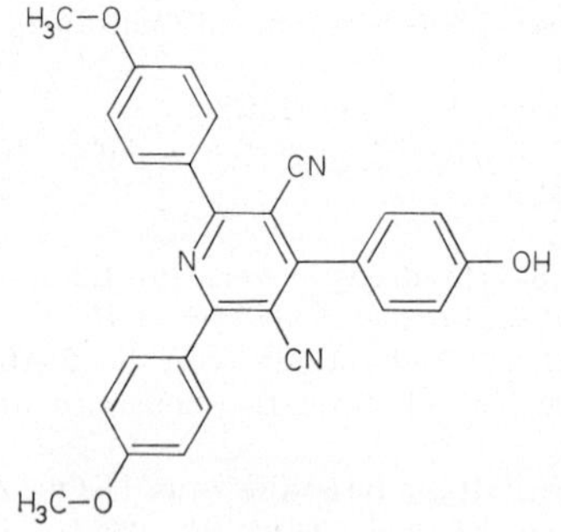 IV

Hydroxycarbonsäuren $C_nH_{2n-33}NO_7$

4-[4-Hydroxy-phenyl]-2,6-bis-[4-methoxy-phenyl]-pyridin-3,5-dicarbonitril $C_{27}H_{19}N_3O_3$, Formel IV.

B. Beim Behandeln von 4-[4-Hydroxy-phenyl]-2,6-bis-[4-methoxy-phenyl]-1,4-dihydro-pyridin-3,5-dicarbonitril in Äthanol mit N_2O_3 (*Palit*, J. Indian chem. Soc. **10** [1933] 529, 534).

Kristalle (aus Acn.); F: 248–250°.

6. Hydroxycarbonsäuren mit 8 Sauerstoff-Atomen

Hydroxycarbonsäuren $C_nH_{2n-7}NO_8$

[3-Äthoxycarbonyl-5-(D$_r$-1t_F,2c_F,3r_F,4-tetrahydroxy-but-*cat*$_F$-yl)-pyrrol-2-yl]-essigsäure-äthylester, 2-Äthoxycarbonylmethyl-5-[D$_r$-1t_F,2c_F,3r_F,4-tetrahydroxy-but-*cat*$_F$-yl]-pyrrol-3-carbonsäure-äthylester $C_{15}H_{23}NO_8$, Formel V.

B. Beim Behandeln von 2-Amino-2-desoxy-D-glucose-hydrochlorid (D-Glucosamin-hydrochlorid) mit wss. Na_2CO_3 und anschliessend mit 3-Oxo-glutarsäure-diäthylester und Aceton (*Ollero Gomez, Fernandez Jimenez*, An. Soc. españ. **41** [1945] 1165, 1168).

Kristalle (aus H_2O); F: 119°. $[\alpha]_D^{20}$: −42° [H_2O; c = 0,4].

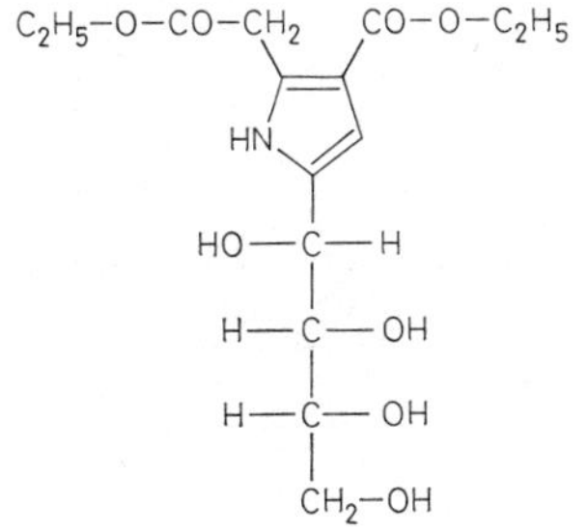

V 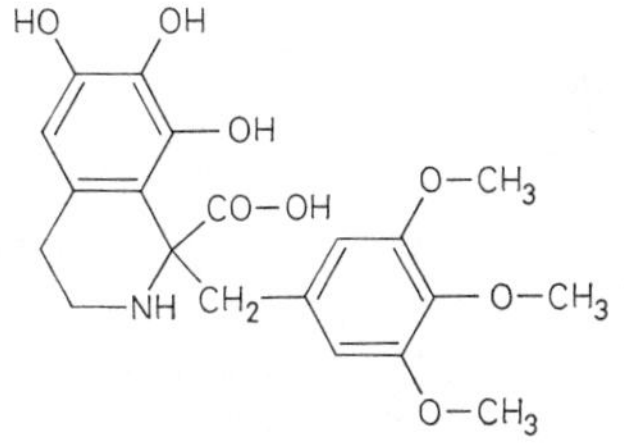 VI

Hydroxycarbonsäuren $C_nH_{2n-17}NO_8$

(±)-6,7,8-Trihydroxy-1-[3,4,5-trimethoxy-benzyl]-1,2,3,4-tetrahydro-isochinolin-1-carbonsäure $C_{20}H_{23}NO_8$, Formel VI.

B. Beim Behandeln von 5-[2-Amino-äthyl]-pyrogallol-hydrochlorid mit [3,4,5-Trimethoxy-phenyl]-brenztraubensäure und wss. NH_3 (*Hahn, Rumpf*, B. **71** [1938] 2141, 2150).

Zers. bei 241°.

Hydrochlorid $C_{20}H_{23}NO_8 \cdot HCl$. Zers. bei 223—224°.

7. Hydroxycarbonsäuren mit 9 Sauerstoff-Atomen

Hydroxycarbonsäuren $C_nH_{2n-13}NO_9$

3-[4-Äthoxycarbonyl-5-äthoxycarbonylmethyl-3-hydroxy-pyrrol-2-yl]-ξ-pentendisäure-diäthylester $C_{20}H_{27}NO_9$, Formel VII, und Tautomeres.

Diese Konstitution wird für die nachstehend beschriebene Verbindung in Betracht gezogen (*Treibs, Ohorodnik*, A. **611** [1958] 139, 142).

B. In kleiner Menge neben [5-Äthoxycarbonyl-4-hydroxy-pyrrol-2-yl]-essigsäure-äthylester beim Behandeln von 3-Äthoxycarbonylmethylimino-glutarsäure-diäthylester (aus 3-Oxo-glutarsäure-diäthylester und Glycin-äthylester hergestellt) mit Natrium-äthylat in Äther (*Tr.*, *Oh.*, l. c. S. 147).

Kristalle (aus A.); F: 110°.

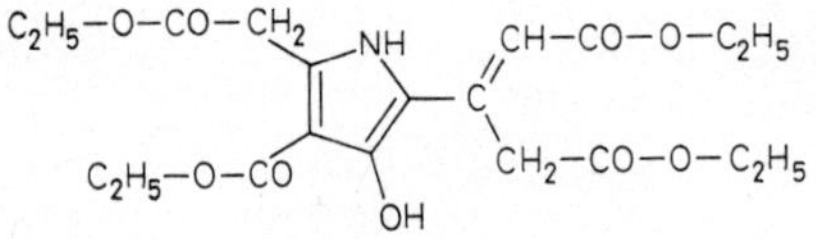

C_2H_5–O–CO–CH_2 NH CH–CO–O–C_2H_5 C C_2H_5–O–CO OH CH_2–CO–O–C_2H_5

VII

CO–O–CH_3 N CO–O–CH_3 CO–O–CH_3 HO CO–O–CH_3

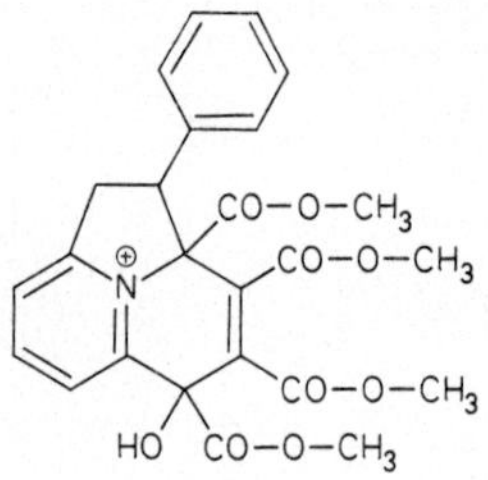

VIII

Hydroxycarbonsäuren $C_nH_{2n-27}NO_9$

***Opt.-inakt. 5-Hydroxy-2a,3,4,5-tetrakis-methoxycarbonyl-2-phenyl-1,2,2a,5-tetrahydro-pyrrolo[2,1,5-*de*]chinolizinylium** $[C_{25}H_{24}NO_9]^+$, Formel VIII.

Diese Konstitution kommt dem Kation des nachstehend beschriebenen Nitrats zu (*Acheson, Feinberg*, Soc. [C] **1968** 351, 353).

Nitrat $[C_{25}H_{24}NO_9]NO_3$. *B.* Beim Erhitzen von (±)-2*t*-Phenyl-1,2-dihydro-pyrrolo[2,1,5-*de*]chinolizin-2a*r*,3,4,5-tetracarbonsäure-tetramethylester (S. 1820) mit wss. HNO_3 [D:1,4] (*Diels, Möller*, A. **516** [1935] 45, 59). — Kristalle (aus Me. + Ae.); F: 194° [Zers.] (*Di.*, *Mö.*). [*Goebels*]

Sachregister

Das folgende Register enthält die Namen der in diesem Band abgehandelten Verbindungen im allgemeinen mit Ausnahme der Namen von Salzen, deren Kationen aus Metall-Ionen, Metallkomplex-Ionen oder protonierten Basen bestehen, und von Additionsverbindungen.

Die im Register aufgeführten Namen („Registernamen“) unterscheiden sich von den im Text verwendeten Namen im allgemeinen dadurch, dass Substitutionspräfixe und Hydrierungsgradpräfixe hinter den Stammnamen gesetzt („invertiert“) sind, und dass alle zur Konfigurationskennzeichnung dienenden genormten Präfixe und Symbole (s. „Stereochemische Bezeichnungsweisen“) weggelassen sind.

Der Registername enthält demnach die folgenden Bestandteile in der angegebenen Reihenfolge:

1. den Register-Stammnamen (in Fettdruck); dieser setzt sich, sofern nicht ein Radikofunktionalname (s. u.) vorliegt, zusammen aus
   a) dem Stammvervielfachungsaffix (z. B. Bi in [1,2′]Binaphthyl),
   b) stammabwandelnden Präfixen [1]),
   c) dem Namensstamm (z. B. Hex in Hexan; Pyrr in Pyrrol),
   d) Endungen (z. B. an, en, in zur Kennzeichnung des Sättigungszustandes von Kohlenstoff-Gerüsten; ol, in, olidin zur Kennzeichnung von Ringgrösse und Sättigungszustand bei Heterocyclen; ium, id zur Kennzeichnung der Ladung eines Ions),
   e) dem Funktionssuffix zur Kennzeichnung der Hauptfunktion (z. B. -säure, -carbonsäure, -on, -ol),
   f) Additionssuffixen (z. B. oxid in Äthylenoxid).

2. Substitutionspräfixe*), d.h. Präfixe, die den Ersatz von Wasserstoff-Atomen durch andere Atome oder Gruppen („Substituenten“) kennzeichnen (z. B. Äthyl-chlor in 2-Äthyl-1-chlor-naphthalin; Epoxy in 1,4-Epoxy-*p*-menthan).

3. Hydrierungsgradpräfixe (z. B. Hydro in 1,2,3,4-Tetrahydro-naphthalin; Dehydro in 4,4′-Didehydro-*β*,*β*′-carotin-3,3′-dion).

4. Funktionsabwandlungssuffixe (z.B. -oxim in Aceton-oxim; -methylester in Bernsteinsäure-dimethylester; -anhydrid in Benzoesäure-anhydrid).

---

[1]) Zu den stammabwandelnden Präfixen gehören:
Austauschpräfixe*) (z. B. Oxa in 3,9-Dioxa-undecan; Thio in Thioessigsäure),
Gerüstabwandlungspräfixe (z. B. Cyclo in 2,5-Cyclo-benzocyclohepten; Bicyclo in Bicyclo[2.2.2]octan; Spiro in Spiro[4.5]decan; Seco in 5,6-Seco-cholestan-5-on; Iso in Isopentan),
Brückenpräfixe*) (nur in Namen verwendet, deren Stamm ein Ringgerüst ohne Seitenkette bezeichnet; z. B. Methano in 1,4-Methano-naphthalin; Epoxido in 4,7-Epoxido-inden [zum Stammnamen gehörig im Gegensatz zu dem bedeutungsgleichen Substitutionspräfix Epoxy]),
Anellierungspräfixe (z. B. Benzo in Benzocyclohepten; Cyclopenta in Cyclopenta[*a*]phenanthren),
Erweiterungspräfixe (z. B. Homo in *D*-Homo-androst-5-en),
Subtraktionspräfixe (z. B. Nor in *A*-Nor-cholestan; Desoxy in 2-Desoxy-hexose).

Beispiele:

Dibrom-chlor-methan wird registriert als **Methan**, Dibrom-chlor-;
meso-1,6-Diphenyl-hex-3-in-2,5-diol wird registriert als **Hex-3-in-2,5-diol**, 1,6-Diphenyl-;
4a,8a-Dimethyl-octahydro-naphthalin-2-on-semicarbazon wird registriert als **Naphthalin-2-on**, 4a,8a-Dimethyl-octahydro-, semicarbazon;
5,6-Dihydroxy-hexahydro-4,7-ätheno-isobenzofuran-1,3-dion wird registriert als **4,7-Ätheno-isobenzofuran-1,3-dion**, 5,6-Dihydroxy-hexahydro-.

Besondere Regelungen gelten für Radikofunktionalnamen, d.h. Namen, die aus einer oder mehreren Radikalbezeichnungen und der Bezeichnung einer Funktionsklasse (z. B. Äther) oder eines Ions (z. B. Chlorid) zusammengesetzt sind:

a) Bei Radikofunktionalnamen von Verbindungen deren (einzige) durch einen Funktionsklassen-Namen oder Ionen-Namen bezeichnete Funktionsgruppe mit nur einem (einwertigen) Radikal unmittelbar verknüpft ist, umfasst der Register-Stammname die Bezeichnung des Radikals und die Funktionsklassenbezeichnung (oder Ionenbezeichnung) in unveränderter Reihenfolge; ausgenommen von dieser Regelung sind jedoch Radikofunktionalnamen, die auf die Bezeichnung eines substituierbaren (d. h. Wasserstoff-Atome enthaltenden) Anions enden (s. unter c)). Präfixe, die eine Veränderung des Radikals ausdrücken, werden hinter den Stammnamen gesetzt[2]).

Beispiele:

Äthylbromid, Phenyllithium und Butylamin werden unverändert registriert;
4'-Brom-3-chlor-benzhydrylchlorid wird registriert als **Benzhydrylchlorid**, 4'-Brom-3-chlor-;
1-Methyl-butylamin wird registriert als **Butylamin**, 1-Methyl-.

b) Bei Radikofunktionalnamen von Verbindungen mit einem mehrwertigen Radikal, das unmittelbar mit den durch Funktionsklassen-Namen oder Ionen-Namen bezeichneten Funktionsgruppen verknüpft ist, umfasst der Register-Stammname die Bezeichnung dieses Radikals und die (gegebenenfalls mit einem Vervielfachungsaffix versehene) Funktionsklassenbezeichnung (oder Ionenbezeichnung), nicht aber weitere im Namen enthaltene Radikalbezeichnungen, auch wenn sie sich auf unmittelbar mit einer der Funktionsgruppen verknüpfte Radikale beziehen.

Beispiele:

Äthylendiamin und Äthylenchlorid werden unverändert registriert;
6-Methyl-1,2,3,4-tetrahydro-naphthalin-1,4-diyldiamin wird registriert als **Naphthalin-1,4-diyldiamin**, 6-Methyl-1,2,3,4-tetrahydro-;
N,N-Diäthyl-äthylendiamin wird registriert als **Äthylendiamin**, *N,N*-Diäthyl-.

c) Bei Radikofunktionalnamen, deren (einzige) Funktionsgruppe mit mehreren Radikalen unmittelbar verknüpft ist oder deren als Anion bezeichnete Funktionsgruppe Wasserstoff-Atome enthält, besteht der Register-Stammname nur aus der Funktionsklassenbezeichnung (oder Ionenbezeichnung); die Radikalbezeichnungen werden dahinter angeordnet.

Beispiele:

Benzyl-methyl-amin wird registriert als **Amin**, Benzyl-methyl-;
Äthyl-trimethyl-ammonium wird registriert als **Ammonium**, Äthyl-trimethyl-;

---

[2]) Namen mit Präfixen, die eine Veränderung des als Anion bezeichneten Molekülteils ausdrücken sollen (z. B. Methyl-chloracetat), werden im Handbuch nicht mehr verwendet.

Diphenyläther wird registriert als **Äther,** Diphenyl-;
[2-Äthyl-[1]naphthyl]-phenyl-keton-oxim wird registriert als **Keton,** [2-Äthyl-[1]naphthyl]-phenyl-, oxim.

Nach der sog. Konjunktiv-Nomenklatur gebildete Namen (z. B. Cyclohexanmethanol, 2,3-Naphthalindiessigsäure) werden im Handbuch nicht mehr verwendet.

Massgebend für die Anordnung von Verbindungsnamen sind in erster Linie die nicht kursiv gesetzten Buchstaben des Register-Stammnamens; in zweiter Linie werden die durch Kursivbuchstaben und/oder Ziffern repräsentierten Differenzierungsmarken des Register-Stammnamens berücksichtigt; erst danach entscheiden die nachgestellten Präfixe und zuletzt die Funktionsabwandlungssuffixe.

Beispiele:

***o*-Phenylendiamin,** 3-Brom- erscheint unter dem Buchstaben P nach ***m*-Phenylendiamin,** 2,4,6-Trinitro-;
Cyclopenta[*b*]naphthalin, 1-Brom-1*H*- erscheint nach **Cyclopenta[*a*]naphthalin,** 3-Methyl-1*H*-;
Aceton, 1,3-Dibrom-, hydrazon erscheint nach **Aceton,** Chlor-, oxim.

Von griechischen Zahlwörtern abgeleitete Namen oder Namensteile sind einheitlich mit c (nicht mit k) geschrieben.

Die Buchstaben i und j werden unterschieden. Die Umlaute ä, ö und ü gelten hinsichtlich ihrer alphabetischen Einordnung als ae, oe bzw. ue.

---

*) Verzeichnis der in systematischen Namen verwendeten Substitutionspräfixe, Austauschpräfixe und Brückenpräfixe s. Gesamtregister, Sachregister für die Bände 17 + 18, S. V—XXXII.

Subject Index

The following index contains the names of compounds dealt with in this volume, with the exception of salts whose cations are formed by metal ions, complex metal ions or protonated bases; addition compounds are likewise omitted.

The names used in the index (Index Names) are different from the systematic nomenclature used in the text only insofar as Substitution and Degree-of-Unsaturation Prefices are placed after the name (inverted), and all configurational prefices and symbols (see "Stereochemical Conventions") are omitted.

The Index Names are comprised of the following components in the order given:

1. the Index-Stem-Name (boldface type); this (insofar as a Radiofunctional name is not involved) is in turn made up of:
   a) the Parent-Multiplier (e. g. bi in [1,2′]Binaphthyl),
   b) Parent-Modifying Prefices [1],
   c) the Parent-Stem (e. g. Hex in Hexan, Pyrr in Pyrrol),
   d) endings (e. g. an, en, defining the degree of unsaturation in the hydro= carbon entity; ol, in, olidin, referring to the ring size and degree of unsaturation of heterocycles; ium, id, indicating the charge of ions),
   e) the Functional-Suffix, indicating the main chemical function (e.g. -säure, -carbonsäure, -on, -ol),
   f) the Additive-Suffix (e.g. oxid in Äthylenoxid).

2. Substitutive Prefices*, i.e., prefices which denote the substitution of Hydrogen atoms with other atoms or groups (substituents) (e.g. äthyl and chlor in 2-Äthyl-1-chlor-naphthalin; epoxy in 1,4-Epoxy-*p*-menthan).

3. Hydrogenation-Prefices (e.g. hydro in 1,2,3,4-Tetrahydro-naphthalin; dehydro in 4,4′-Didehydro-β,β'-carotin-3,3′-dion).

4. Function-Modifying-Suffices (e.g. oxim in Aceton-oxim; methylester in Bernsteinsäure-dimethylester; anhydrid in Benzoesäure-anhydrid).

---

[1] Parent-Modifying Prefices include the following:

Replacement Prefices* (e. g. oxa in 3,9-Dioxa-undecan; thio in Thioessigsäure),

Skeleton Prefices (e. g. cyclo in 2,5-Cyclo-benzocyclohepten; bicyclo in Bicyclo[2.2.2]octan; spiro in Spiro[4.5]decan; seco in 5,6-Seco-cholestan-5-on; iso in Isopentan),

Bridge Prefices* (only used for names of which the Parent is a ring system without a side chain), e. g. methano in 1,4-Methano-naphthalin; epoxido in 4,7-Epoxido-inden (used here as part of the Stem-name in preference to the Substitutive Prefix epoxy),

Fusion Prefices (e. g. benzo in Benzocyclohepten, cyclopenta in Cyclopenta[*a*]phen= anthren),

Incremental Prefices (e. g. homo in *D*-Homo-androst-5-en),

Subtractive Prefices (e. g. nor in *A*-Nor-cholestan; desoxy in 2-Desoxy-hexose).

Examples:

Dibrom-chlor-methan is indexed under **Methan,** Dibrom-chlor-;
meso-1,6-Diphenyl-hex-3-in-2,5-diol is indexed under **Hex-3-in-2,5-diol,** 1,6-Diphenyl-;
4a,8a-Dimethyl-octahydro-naphthalin-2-on-semicarbazon is indexed under **Naphthalin-2-on,** 4a,8a-Dimethyl-octahydro-, semicarbazon;
5,6-Dihydroxy-hexahydro-4,7-ätheno-isobenzofuran-1,3-dion is indexed under **4,7-Ätheno-isobenzofuran-1,3-dion,** 5,6-Dihydroxy-hexahydro-.

Special rules are used for Radicofunctional Names (i.e. names comprised of one or more Radical Names and the name of either a class of compounds (e.g. Äther) or an ion (e.g. chlorid)):

a) For Radicofunctional names of compounds whose single functional group is described by a class name or ion, and is immediately connected to a single univalent radical, the Index-Stem-Name comprises the radical name followed by the functional name (or ion) in unaltered order; the only exception to this rule is found when the Radicofunctional Name would end with a Hydrogen-containing (i.e. substitutable) anion, (see under c), below). Prefices which modify the radical part of the name are placed after the Stem-Name[2].

Examples:

Äthylbromid, Phenyllithium and Butylamin are indexed unchanged.
4′-Brom-3-chlor-benzhydrylchlorid is indexed under **Benzhydrylchlorid,** 4′-Brom-3-chlor-;
1-Methyl-butylamin is indexed under **Butylamin,** 1-Methyl-.

b) For Radicofunctional names of compounds with a multivalent radical attached directly to a functional group described by a class name (or ion), the Index-Stem-Name is comprised of the name of the radical and the functional group (modified by a multiplier when applicable), but not those of other radicals contained in the molecule, even when they are attached to the functional group in question.

Examples:

Äthylendiamin and Äthylenchlorid are indexed unchanged;
6-Methyl-1,2,3,4-tetrahydro-naphthalin-1,4-diyldiamin is indexed under **Naphthalin-1,4-diyldiamin,** 6-Methyl-1,2,3,4-tetrahydro-;
N,N-Diäthyl-äthylendiamin is indexed under **Äthylendiamin,** *N,N*-Diäthyl-.

c) In the case of Radicofunctional names whose single functional group is directly bound to several different radicals, or whose functional group is an anion containing exchangeable Hydrogen atoms, the Index-Stem-Name is comprised of the functional class name (or ion) alone; the names of the radicals are listed after the Stem-Name.

Examples:

Benzyl-methyl-amin is indexed under **Amin,** Benzyl-methyl-;
Äthyl-trimethyl-ammonium is indexed under **Ammonium,** Äthyl-trimethyl-;
Diphenyläther is indexed under **Äther,** Diphenyl-;
[2-Äthyl-[1]naphthyl]-phenyl-keton-oxim is indexed under **Keton,** [2-Äthyl-[1]naphthyl]-phenyl-, oxim.

---

[2] Names using prefices which imply an alteration of the anionic component (e. g. Methyl-chloracetat) are no longer used in the Handbook.

Conjunctive names (e.g. Cyclohexanmethanol; 2,3-Naphthalindiessigsäure) are no longer in use in the Handbook.

The alphabetical listings follow the non-italic letters of the Stem-Name; the italic letters and/or modifying numbers of the Stem-Name then take precedence over prefices. Function-Modifying Suffices have the lowest priority.

Examples:

***o*-Phenylendiamin,** 3-Brom- appears under the letter P, after ***m*-Phenylendiamin,** 2,4,6-Trinitro-;

Cyclopenta[*b*]naphthalin, 1-Brom-1*H*- appears after **Cyclopenta[*a*]naphthalin,** 3-Methyl-1*H*-;

Aceton, 1,3-Dibrom-, hydrazon appears after **Aceton,** Chlor-, oxim.

Names or parts of names derived from Greek numerals are written throughout with c (not k). The letters i an j are treated separately and the modified vowels ä, ö, and ü are treated as ae, oe and ue respectively for the purposes of alphabetical ordering.

---

* For a list of the Substitutive, Replacement and Bridge Prefices, see: Gesamtregister, Subject Index for Volumes 17 and 18, pages V–XXXII.

A

B

Buttersäure (Fortsetzung)
–, 4-[7-Chlor-5-methoxy-indol-3-yl]- 2240
–, 4-[6,7-Dimethoxy-3,4-dihydro-[1]isochinolyl]-,
– äthylester 2497
– [3,4-dimethoxy-phenäthylamid] 2497
–, 2-[6,7-Dimethoxy-3,4-dihydro-2*H*-[1]isochinolyliden]-,
– äthylester 2497
–, 4-[6,7-Dimethoxy-3,4-dihydro-[1]isochinolyl]-3-methyl-,
– methylester 2498
–, 3-[5,6-Dimethoxy-indol-3-yl]-,
– hydrazid 2495
–, 2-[6,7-Dimethoxy-1,2,3,4-tetrahydro-[1]isochinolyl]-,
– methylester 2487
–, 4-[4-Hydroxy-[3]chinolyl]- 2342
–, 4-[4-Hydroxy-7-methoxy-2-methyl-[3]chinolyl]-,
– äthylester 2536
–, 3-Hydroxymethyl-4-[2]piperidyl- 2089
–, 4-[3-Hydroxy-6-methyl-[2]pyridyl]- 2191
–, 3-[2-Hydroxy-3-phenyl-chinolin-4-carbonylhydrazono]-,
– äthylester 2403
–, 3-[2-(4-Hydroxy-phenyl)-chinolin-4-carbonylhydrazono]-,
– äthylester 2397
–, 2-Hydroxy-3-[4]piperidyl- 2088
– äthylester 2088
–, 4-[5-Methoxy-indol-3-yl]- 2239
– äthylester 2240
–, 4-[7-Methoxy-2-methyl-4-oxo-1,4-dihydro-[3]chinolyl]-,
– äthylester 2536
–, 4-Methoxy-3-[4]piperidyl-,
– äthylester 2088
–, 4-[4-Oxo-1,4-dihydro-[3]chinolyl]- 2342
–, 3-[2-Oxo-3-phenyl-1,2-dihydro-chinolin-4-carbonylhydrazono]-,
– äthylester 2403
–, 4-[5-Phenoxy-indol-3-yl]- 2239
Butylquecksilber(1+) 2151

C

Carbamidsäure
–, [2-Carbamoyl-4-hydroxy-pyrrolidin-1-carbonylmethyl]-,
– benzylester 2065
–, [8-Methoxy-2-phenyl-chinolin-4-carbonyl]-,
– äthylester 2393
Carbazol-2-carbonitril
–, 1,7-Dimethoxy-9-methyl-3,4-dihydro- 2543
Carbazol-1-carbonsäure
–, 2-Hydroxy- 2360
– *o*-anisidid 2361
– [4-chlor-anilid] 2360
– [2,5,4′-trimethoxy-biphenyl-4-ylamid] 2361
–, 8-Hydroxy- 2362
Carbazol-2-carbonsäure
–, 1-Hydroxy- 2362
–, 3-Hydroxy- 2362
– [4-chlor-2-methoxy-anilid] 2362
– [2,5-dimethoxy-anilid] 2362
–, 3-Hydroxy-9-methyl- 2362
– [2,5-dimethoxy-anilid] 2363
Carbazol-3-carbonsäure
–, 6-Äthoxy-,
– methylester 2365
–, 9-Äthyl-2-hydroxy- 2365
– [4-chlor-2-methoxy-anilid] 2365
– *o*-toluidid 2365
–, 9-Benzyl-2-hydroxy- 2365
–, 4b-Hydroperoxy-5,6,7,8-tetrahydro-4b*H*-,
– methylester 2345
–, 2-Hydroxy- 2363
– *o*-anisidid 2363
–, 2-Hydroxy-9-methyl- 2363
– anilid 2363
– *o*-anisidid 2364
– [4-chlor-anilid] 2363
– [4-chlor-2-methoxy-anilid] 2364
– [2,5-dimethoxy-anilid] 2364
– [4-methoxy-2-methyl-anilid] 2364
– [1]naphthylamid 2364
– [2]naphthylamid 2364
– *o*-phenetidid 2364
– *o*-toluidid 2363
–, 2-Hydroxy-9-phenyl- 2365
– *o*-toluidid 2365
–, 2-Hydroxy-5,6,7,8-tetrahydro- 2345
– [4-chlor-anilid] 2345
Carbazol-4-carbonsäure
–, 4b-Hydroperoxy-5,6,7,8-tetrahydro-4b*H*-,
– methylester 2345
–, 4b-Hydroxy-5,6,7,8-tetrahydro-4b*H*-,
– methylester 2345
Carbazol-2,7-dicarbonsäure
–, 1,8-Dihydroxy- 2668
Carpamsäure 2091
– äthylester 2091
– methylester 2091

Carpamsäure (Fortsetzung)
–, *N*-Acetyl-,
– methylester 2092
–, *O*-Acetyl-*N*-methyl-,
– äthylester 2091
–, *N*,*O*-Diacetyl-,
– äthylester 2092
–, *N*-Methyl-,
– äthylester 2091
Carpyrinsäure 2194
– äthylester 2195
– amid 2195
– methylester 2194
Chelidamsäure 2583
– dimethylester 2584
Chininsäure 2297
Chinolin-4-carbamidin
–, 2-Butoxy-*N*,*N*-dibutyl- 2291
Chinolin-5-carbamidin
–, 8-Äthoxy- 2307
Chinolin-2-carbamidoxim
–, 1-Benzoyl-6-methoxy-1,2-dihydro- 2220
Chinolin-4-carbimidsäure
–, 2-Butoxy-,
– dibutylamid 2291
–, 4-Hydroxy-1,2-dimethyl-decahydro-,
– methylester 2113
Chinolin-5-carbimidsäure
–, 8-Äthoxy-,
– amid 2307
Chinolin-7-carbohydroxamsäure
–, 8-Hydroxy- 2308
Chinolin-2-carbonitril
–, 4-Äthoxy- 2247
–, 6-Äthoxy- 2255
–, 6-Äthoxy-1-benzoyl-1,2-dihydro- 2220
–, 6-Äthoxy-1-oxy- 2255
–, 1-Benzoyl-6-methoxy-1,2-dihydro- 2219
–, 1-Benzoyl-6-methoxy-1,2,3,4-tetrahydro- 2199
–, 4-Benzyloxy- 2248
–, 4-Butoxy- 2247
–, 6,7-Dimethoxy- 2514
–, 4-Hydroxy- 2247
–, 4-Methoxy- 2247
–, 6-Methoxy- 2254
–, 4-Oxo-1,4-dihydro- 2247
–, 4-Propoxy- 2247
Chinolin-3-carbonitril
–, 5-Acetoxy-6-methoxy-2-phenyl- 2553
–, 7-Acetoxy-8-methoxy-2-phenyl- 2554
–, 2-Äthoxy- 2258
–, 5-Benzolsulfonyloxy-6-methoxy-2-phenyl- 2553
–, 2-Butoxy- 2258
–, 7-Chlor-4-hydroxy- 2264
–, 4-Chlor-6-methoxy-8-nitro- 2269
–, 7-Chlor-4-oxo-1,4-dihydro- 2264
–, 7,8-Diacetoxy-2-phenyl- 2555
–, 7,8-Dihydroxy-2-phenyl- 2554
–, 5,6-Dimethoxy-2-phenyl- 2553
–, 7,8-Dimethoxy-2-phenyl- 2554
–, 4-Hydroxy-6-methoxy-8-nitro- 2520
–, 5-Hydroxy-6-methoxy-2-phenyl- 2553
–, 7-Hydroxy-8-methoxy-2-phenyl- 2554
–, 2-Hydroxy-4-phenyl-5,6,7,8-tetrahydro- 2367
–, 2-Hydroxy-5,6,7,8-tetrahydro- 2200
–, 4-Hydroxy-7-trifluormethyl- 2331
–, 2-Isopropoxy- 2258
–, 2-Methoxy- 2258
–, 4-Methoxy- 2261
–, 2-Methoxy-4-methyl- 2329
–, 6-Methoxy-8-nitro-4-oxo-1,4-dihydro- 2520
–, 2-Oxo-1,2,5,6,7,8-hexahydro- 2200
–, 2-Oxo-4-phenyl-1,2,5,6,7,8-hexahydro- 2367
–, 4-Oxo-7-trifluormethyl-1,4-dihydro- 2331
–, 2-Propoxy- 2258
Chinolin-4-carbonitril
–, 2-Äthoxy- 2290
–, 2-Butoxy- 2291
–, 2-*sec*-Butoxy- 2291
–, 2-*tert*-Butoxy- 2291
–, 2-Hydroxy- 2290
–, 3-Hydroxy- 2296
–, 4-Hydroxy-1,2-dimethyl-decahydro- 2114
–, 4-Hydroxy-1,2,8a-trimethyl-decahydro- 2114
–, 2-Isobutoxy- 2291
–, 2-Isopentyloxy- 2291
–, 2-Isopropoxy- 2291
–, 2-Methoxy- 2290
–, 6-Methoxy- 2301
–, 3-Methoxy-2-methyl- 2325
–, 5-Methoxymethyl- 2332
–, 5-Methoxymethyl-1-methyl-1,4-dihydro- 2234
–, 2-Oxo-1,2-dihydro- 2290
–, 2-Propoxy- 2291
Chinolin-5-carbonitril
–, 8-Acetoxy- 2307
–, 6-Äthoxy- 2305
–, 8-Äthoxy- 2307
–, 6-Hydroxy- 2305
–, 8-Hydroxy- 2306
–, 6-Methoxy- 2305
Chinolin-6-carbonitril
–, 4-Hydroxy-2-methyl- 2328
–, 4-Methoxy-2-methyl- 2328
–, 2-Methyl-4-oxo-1,4-dihydro- 2328
Chinolin-8-carbonitril
–, 7-Hydroxy- 2310

Chinolin-8-carbonitril (Fortsetzung)
–, 6-Methoxy- 2310
–, 7-Methoxy- 2310
Chinolin-8a-carbonitril
–, 4a-Hydroxy-1-methyl-octahydro- 2111
Chinolin-2-carbonitril-1-oxid
–, 6-Äthoxy- 2255
Chinolin-2-carbonsäure
–, 4-Äthoxy- 2245
– [2-diäthylamino-äthylamid] 2247
–, 6-Äthoxy- 2254
– amid 2254
– hydrazid 2255
– methylester 2254
– [α'-oxo-bibenzyl-α-ylester] 2254
–, 3-[2-Äthoxycarbonyl-äthyl]-4-hydroxy-,
– äthylester 2620
–, 3-[4-Äthoxycarbonyl-butyl]-4-hydroxy-,
– äthylester 2624
–, 3-[7-Äthoxycarbonyl-heptyl]-4-hydroxy-,
– äthylester 2626
–, 3-[6-Äthoxycarbonyl-hexyl]-4-hydroxy-,
– äthylester 2625
–, 3-Äthoxycarbonylmethyl-4-hydroxy-,
– äthylester 2618
–, 3-[5-Äthoxycarbonyl-pentyl]-4-hydroxy-,
– äthylester 2625
–, 3-[3-Äthoxycarbonyl-propyl]-4-hydroxy-,
– äthylester 2620
–, 4-Äthoxy-7-chlor-,
– amid 2249
– [2-diäthylamino-äthylamid] 2249
–, 8-Äthoxy-4-chlor- 2256
–, 3-Äthoxy-4-hydroxy-,
– äthylester 2510
–, 8-Äthoxy-4-hydroxy- 2514
–, 6-Äthoxy-4-hydroxy-3-methyl- 2530
– äthylester 2530
–, 7-Äthoxy-4-hydroxy-3-methyl- 2530
– äthylester 2531
–, 8-Äthoxy-4-hydroxy-3-methyl- 2531
– äthylester 2531
–, 4-Äthoxy-6-methoxy- 2511
– äthylester 2512
–, 6-Äthoxy-3-methyl-4-oxo-1,4-dihydro- 2530
– äthylester 2530
–, 7-Äthoxy-3-methyl-4-oxo-1,4-dihydro- 2530
– äthylester 2531
–, 8-Äthoxy-3-methyl-4-oxo-1,4-dihydro- 2531
– äthylester 2531
–, 3-Äthoxy-4-oxo-1,4-dihydro-,
– äthylester 2510
–, 8-Äthoxy-4-oxo-1,4-dihydro- 2514
–, 6-Äthoxy-1-oxy-,
– amid 2255
–, 6-Benzhydryl-4-hydroxy- 2445
– äthylester 2446
–, 6-Benzhydryl-4-oxo-1,4-dihydro- 2445
– äthylester 2446
–, 6-Benzyl-4-hydroxy- 2405
– äthylester 2405
–, 6-Benzyl-4-oxo-1,4-dihydro- 2405
– äthylester 2405
–, 4-Benzyloxy- 2246
– amid 2247
– hydrazid 2248
– methylester 2246
–, 4,8-Bis-benzoyloxy-,
– methylester 2514
–, 3-Brom-5-chlor-4-hydroxy- 2251
– äthylester 2251
–, 3-Brom-7-chlor-4-hydroxy- 2252
– äthylester 2252
–, 3-Brom-5-chlor-4-oxo-1,4-dihydro- 2251
– äthylester 2251
–, 3-Brom-7-chlor-4-oxo-1,4-dihydro- 2252
– äthylester 2252
–, 3-Brom-4-hydroxy- 2251
– äthylester 2251
– methylester 2251
–, 4-Brom-8-hydroxy- 2256
–, 7-Brom-4-hydroxy- 2251
– äthylester 2251
–, 5-Brom-4-hydroxy-3-methyl- 2320
– äthylester 2320
–, 6-Brom-4-hydroxy-3-methyl- 2320
– äthylester 2320
–, 7-Brom-4-hydroxy-3-methyl- 2320
– äthylester 2321
–, 8-Brom-4-hydroxy-3-methyl- 2321
– äthylester 2321
–, 4-Brom-8-methoxy- 2256
–, 5-Brom-8-methoxy- 2256
–, 5-Brom-3-methyl-4-oxo-1,4-dihydro- 2320
– äthylester 2320
–, 6-Brom-3-methyl-4-oxo-1,4-dihydro- 2320
– äthylester 2320
–, 7-Brom-3-methyl-4-oxo-1,4-dihydro- 2320
– äthylester 2321
–, 8-Brom-3-methyl-4-oxo-1,4-dihydro- 2321
– äthylester 2321

Chinolin-2-carbonsäure (Fortsetzung)
–, 7-[4-Chlor-phenyl]-4-oxo-1,4-dihydro- 2401
– äthylester 2401
–, 7-Chlor-4-propoxy-,
– [2-diäthylamino-äthylamid] 2249
–, 3-[3-Cyclohexyl-propyl]-4-hydroxy- 2359
– äthylester 2359
–, 3-[3-Cyclohexyl-propyl]-4-oxo-1,4-dihydro- 2359
– äthylester 2359
–, 5,7-Dibrom-4-hydroxy- 2252
– äthylester 2252
–, 5,7-Dibrom-4-oxo-1,4-dihydro- 2252
– äthylester 2252
–, 3,5-Dichlor-4-hydroxy- 2249
– äthylester 2249
–, 3,7-Dichlor-4-hydroxy- 2250
– äthylester 2250
–, 5,7-Dichlor-4-hydroxy- 2250
– äthylester 2250
–, 5,8-Dichlor-4-hydroxy- 2250
– äthylester 2250
–, 6,8-Dichlor-4-hydroxy- 2250
– äthylester 2250
–, 3,5-Dichlor-4-oxo-1,4-dihydro- 2249
– äthylester 2249
–, 3,7-Dichlor-4-oxo-1,4-dihydro- 2250
– äthylester 2250
–, 5,7-Dichlor-4-oxo-1,4-dihydro- 2250
– äthylester 2250
–, 5,8-Dichlor-4-oxo-1,4-dihydro- 2250
– äthylester 2250
–, 6,8-Dichlor-4-oxo-1,4-dihydro- 2250
– äthylester 2250
–, 3,4-Dihydroxy- 2510
– methylester 2510
–, 4,5-Dihydroxy- 2510
– methylester 2511
–, 4,6-Dihydroxy- 2511
–, 4,8-Dihydroxy- 2513
– methylester 2514
–, 5,8-Dihydroxy-4-oxo-1,4-dihydro- 2606
– äthylester 2606
–, 4,8-Dimethoxy-,
– methylester 2514
–, 6,7-Dimethoxy- 2514
–, 7,8-Dimethoxy- 2515
–, 5,8-Dimethoxy-4-oxo-1,4-dihydro- 2606
– äthylester 2606
–, 6,7-Dimethoxy-3-phenyl- 2552
–, 6,7-Dimethoxy-4-phenyl- 2555
–, 6,7-Dimethoxy-4-[3,4,5-trimethoxy-phenyl]- 2680
–, 3,5-Dimethyl-4-oxo-1,4-dihydro- 2337
– äthylester 2337
–, 3,6-Dimethyl-4-oxo-1,4-dihydro- 2338
– äthylester 2338
–, 3,7-Dimethyl-4-oxo-1,4-dihydro- 2338
– äthylester 2339
–, 3,8-Dimethyl-4-oxo-1,4-dihydro- 2339
– äthylester 2339
–, 5-Fluor-4-hydroxy-3-methyl- 2318
– äthylester 2318
–, 6-Fluor-4-hydroxy-3-methyl- 2318
– äthylester 2318
–, 7-Fluor-4-hydroxy-3-methyl- 2318
– äthylester 2318
–, 8-Fluor-4-hydroxy-3-methyl- 2318
– äthylester 2319
–, 5-Fluor-3-methyl-4-oxo-1,4-dihydro- 2318
– äthylester 2318
–, 6-Fluor-3-methyl-4-oxo-1,4-dihydro- 2318
– äthylester 2318
–, 7-Fluor-3-methyl-4-oxo-1,4-dihydro- 2318
– äthylester 2318
–, 8-Fluor-3-methyl-4-oxo-1,4-dihydro- 2318
– äthylester 2319
–, 6-Heptyl-4-hydroxy-,
– äthylester 2348
–, 6-Heptyl-4-oxo-1,4-dihydro-,
– äthylester 2348
–, 4-Hydroxy- 2245
– äthylester 2246
– amid 2246
– methylester 2246
–, 8-Hydroxy- 2255
– methylester 2256
–, 4-Hydroxy-5,8-dimethoxy- 2606
– äthylester 2606
–, 4-Hydroxy-3,5-dimethyl- 2337
– äthylester 2337
–, 4-Hydroxy-3,6-dimethyl- 2338
– äthylester 2338
–, 4-Hydroxy-3,7-dimethyl- 2338
– äthylester 2339
–, 4-Hydroxy-3,8-dimethyl- 2339
– äthylester 2339
–, 4-Hydroxy-3-jod- 2252
– äthylester 2252
–, 4-Hydroxy-7-jod- 2252
– äthylester 2252
–, 4-Hydroxy-5-jod-3-methyl-,
– äthylester 2321
–, 4-Hydroxy-6-jod-3-methyl- 2321
– äthylester 2321
–, 4-Hydroxy-7-jod-3-methyl- 2321
– äthylester 2322

Chinolin-2-carbonsäure (Fortsetzung)
–, 4-Hydroxy-8-jod-3-methyl- 2322
– äthylester 2322
–, 4-Hydroxy-6-methoxy- 2511
– äthylester 2511
–, 4-Hydroxy-7-methoxy- 2512
–, 4-Hydroxy-8-methoxy- 2513
– äthylester 2514
– methylester 2514
–, 4-Hydroxy-6-methoxy-3-methyl- 2530
– äthylester 2530
–, 4-Hydroxy-7-methoxy-3-methyl- 2530
– äthylester 2530
–, 4-Hydroxy-8-methoxy-3-methyl- 2531
– äthylester 2531
–, 4-Hydroxy-7-methoxy-3-nitro- 2512
–, 4-Hydroxy-7-methoxy-8-nitro- 2512
–, 7-Hydroxy-8-methoxy-3-phenyl- 2552
–, 4-Hydroxy-7-methoxy-3,6,8-trinitro- 2512
–, 4-Hydroxy-3-methyl- 2317
– äthylester 2317
–, 4-Hydroxy-6-methyl- 2327
– äthylester 2327
–, 4-Hydroxy-3-methyl-5-nitro-,
– äthylester 2322
–, 4-Hydroxy-3-methyl-6-nitro- 2322
– äthylester 2322
–, 4-Hydroxy-3-methyl-7-nitro-,
– äthylester 2322
–, 4-Hydroxy-3-methyl-5-trifluormethyl- 2337
– äthylester 2337
–, 4-Hydroxy-3-methyl-7-trifluormethyl- 2339
– äthylester 2339
–, 4-Hydroxy-3-nitro-,
– äthylester 2253
–, 4-Hydroxy-6-nitro-,
– äthylester 2253
–, 3-Hydroxy-4-oxo-1,4-dihydro- 2510
– methylester 2510
–, 5-Hydroxy-4-oxo-1,4-dihydro- 2510
– methylester 2511
–, 6-Hydroxy-4-oxo-1,4-dihydro- 2511
–, 8-Hydroxy-4-oxo-1,4-dihydro- 2513
– methylester 2514
–, 4-Hydroxy-7-phenoxy- 2512
–, 4-Hydroxy-6-phenyl- 2400
– äthylester 2400
–, 4-Hydroxy-7-phenyl- 2401
– äthylester 2401
–, 4-Hydroxy-8-phenyl- 2402
– äthylester 2402
–, 4-Hydroxy-5,6,8-trimethoxy- 2654
– äthylester 2654
–, 4-Hydroxy-3,5,6-trimethyl- 2344
– äthylester 2344
–, 4-Hydroxy-3,6,7-trimethyl- 2344
– äthylester 2344
–, 4-Hydroxy-6-trityl- 2452
– äthylester 2453
–, 5-Jod-3-methyl-4-oxo-1,4-dihydro-,
– äthylester 2321
–, 6-Jod-3-methyl-4-oxo-1,4-dihydro- 2321
– äthylester 2321
–, 7-Jod-3-methyl-4-oxo-1,4-dihydro- 2321
– äthylester 2322
–, 8-Jod-3-methyl-4-oxo-1,4-dihydro- 2322
– äthylester 2322
–, 3-Jod-4-oxo-1,4-dihydro- 2252
– äthylester 2252
–, 7-Jod-4-oxo-1,4-dihydro- 2252
– äthylester 2252
–, 4-Methoxy- 2245
– amid 2246
– [2-diäthylamino-äthylamid] 2247
–, 6-Methoxy- 2253
– äthylester 2254
– amid 2254
–, 8-Methoxy- 2255
–, 6-Methoxy-3-methyl-4-oxo-1,4-dihydro- 2530
– äthylester 2530
–, 7-Methoxy-3-methyl-4-oxo-1,4-dihydro- 2530
– äthylester 2530
–, 8-Methoxy-3-methyl-4-oxo-1,4-dihydro- 2531
– äthylester 2531
–, 7-Methoxy-3-nitro-4-oxo-1,4-dihydro- 2512
–, 7-Methoxy-8-nitro-4-oxo-1,4-dihydro- 2512
–, 6-Methoxy-4-oxo-1,4-dihydro- 2511
– äthylester 2511
–, 7-Methoxy-4-oxo-1,4-dihydro- 2512
–, 8-Methoxy-4-oxo-1,4-dihydro- 2513
– äthylester 2514
– methylester 2514
–, 7-Methoxy-3,6,8-trinitro-4-oxo-1,4-dihydro- 2512
–, 3-Methyl-5-nitro-4-oxo-1,4-dihydro- 2322
–, 3-Methyl-6-nitro-4-oxo-1,4-dihydro- 2322
– äthylester 2322
–, 3-Methyl-7-nitro-4-oxo-1,4-dihydro- 2322
–, 3-Methyl-4-oxo-1,4-dihydro- 2317
– äthylester 2317

Chinolin-4-carbonsäure (Fortsetzung)
–, 6-Brom-2-[2,4-dimethoxy-phenyl]-3-phenyl- 2564
–, 6-Brom-2-[3-fluor-4-hydroxy-phenyl]-3-phenyl- 2445
–, 6-Brom-2-[3-fluor-4-methoxy-phenyl]-2399
–, 6-Brom-2-[3-fluor-4-methoxy-phenyl]-3-methyl- 2411
–, 6-Brom-3-hydroxy- 2297
–, 6-Brom-2-[4-hydroxy-2-isopropyl-5-methyl-phenyl]- 2423
–, 2-[3-Brom-2-hydroxy-5-methyl-phenyl]- 2407
–, 6-Brom-2-[3-hydroxy-phenyl]- 2395
–, 6-Brom-2-[4-hydroxy-phenyl]- 2398
–, 6-Brom-3-hydroxy-2-phenyl- 2385
–, 2-[3-Brom-4-hydroxy-phenyl]-3-methyl- 2411
–, 6-Brom-2-[4-hydroxy-phenyl]-3-methyl- 2410
–, 6-Brom-2-[4-hydroxy-phenyl]-3-phenyl- 2445
–, 6-Brom-2-[4-methoxy-2,6-dimethyl-phenyl]- 2416
–, 6-Brom-2-[4-methoxy-2-methyl-phenyl]- 2405
–, 6-Brom-2-[4-methoxy-3-methyl-phenyl]- 2407
–, 6-Brom-2-[4-methoxy-2-methyl-phenyl]-3-methyl- 2417
–, 6-Brom-2-[4-methoxy-3-methyl-phenyl]-3-methyl- 2418
–, 6-Brom-2-[4-methoxy-2-methyl-phenyl]-3-phenyl- 2447
–, 6-Brom-2-[4-methoxy-3-methyl-phenyl]-3-phenyl- 2448
–, 2-[5-Brom-6-methoxy-[2]naphthyl]-2438
–, 6-Brom-2-[6-methoxy-[2]naphthyl]-2438
–, 2-[5-Brom-6-methoxy-[2]naphthyl]-6,8-dichlor- 2439
–, 2-[5-Brom-6-methoxy-[2]naphthyl]-6-methyl- 2440
–, 6-Brom-2-[6-methoxy-[2]naphthyl]-3-methyl- 2440
–, 6-Brom-2-[6-methoxy-[2]naphthyl]-3-phenyl- 2451
–, 2-[3-Brom-4-methoxy-phenyl]- 2398
–, 2-[3-Brom-4-methoxy-phenyl]-3-methyl- 2411
–, 6-Brom-2-[4-methoxy-phenyl]-3-methyl- 2410
–, 2-[3-Brom-4-methoxy-phenyl]-3-phenyl- 2445
–, 6-Brom-2-[6-methylmercapto-[2]naphthyl]- 2439
–, 6-Brom-3-[4-methylmercapto-phenäthyl]-2-phenyl- 2448
–, 6-Brom-3-methyl-2-[6-methylmercapto-[2]naphthyl]- 2440
–, 2-[4-Brom-phenyl]-3-hydroxy- 2385
–, 2-[4-Brom-phenyl]-3-hydroxy-6-jod-2386
–, 2-Butoxy- 2270
– [äthyl-(2-diäthylamino-äthyl)-amid] 2285
– amid 2282
– [bis-(2-diäthylamino-äthyl)-amid] 2285
– butylester 2272
– diäthylamid 2282
– [2-(2-diäthylamino-äthoxy)-äthylester] 2273
– [2-diäthylamino-äthylamid] 2284
– [*N*-(2-diäthylamino-äthyl)-2,6-dimethyl-anilid] 2285
– [2-diäthylamino-äthylester] 2275
– [2-(2-diäthylamino-äthylmercapto)-äthylamid] 2283
– [2-(2-diäthylamino-äthylmercapto)-äthylester] 2273
– [4-diäthylamino-butylamid] 2285
– [3-diäthylamino-1,2-dimethyl-propylester] 2276
– [3-diäthylamino-2,2-dimethyl-propylester] 2277
– [3-diäthylamino-2-hydroxy-propylamid] 2286
– [diäthylaminomethyl-amid] 2283
– [4-diäthylamino-1-methyl-butylamid] 2286
– [2-diäthylamino-propylamid] 2285
– [3-diäthylamino-propylamid] 2285
– [3-diäthylamino-propylester] 2276
– [2-dibutylamino-äthylamid] 2284
– [2-dimethylamino-äthylamid] 2283
– hydrazid 2292
– [hydroxymethyl-amid] 2283
– [2-methylmercapto-äthylamid] 2283
– [2-piperidino-äthylamid] 2284
– [2-(3-piperidino-propylmercapto)-äthylester] 2273
– [3-triäthylammonio-propylester] 2276
– [2-trimethylammonio-äthylester] 2275
– [3-trimethylammonio-propylester] 2276
–, 6-Butoxy- 2298
– [2-diäthylamino-äthylamid] 2301
–, 2-[4-Butoxy-3-methyl-phenyl]- 2406
–, 2-[4-Butoxy-3-methyl-phenyl]-3-methyl- 2418

Chinolin-4-carbonsäure (Fortsetzung)
–, 2,6-Dimethyl-3-*m*-tolyloxy- 2339
–, 2,6-Dimethyl-3-*o*-tolyloxy- 2339
–, 2,6-Dimethyl-3-*p*-tolyloxy- 2339
–, 8,8'-Disulfandiyl-bis- 2304
– dimethylester 2304
–, 6-Fluor-2-hydroxy- 2292
–, 2-[3-Fluor-4-hydroxy-phenyl]-3-methyl- 2409
–, 2-[3-Fluor-4-hydroxy-phenyl]-3-phenyl- 2444
–, 2-[5-Fluor-2-hydroxy-phenyl]-3-phenyl- 2444
–, 2-[3-Fluor-4-methoxy-phenyl]- 2397
–, 2-[5-Fluor-2-methoxy-phenyl]- 2395
–, 2-[3-Fluor-4-methoxy-phenyl]-3-methyl- 2409
–, 2-[3-Fluor-4-methoxy-phenyl]-6-methyl- 2413
–, 2-[5-Fluor-2-methoxy-phenyl]-3-methyl- 2408
–, 2-[3-Fluor-4-methoxy-phenyl]-3-phenyl- 2445
–, 2-[5-Fluor-2-methoxy-phenyl]-3-phenyl- 2444
–, 6-Fluor-2-oxo-1,2-dihydro- 2292
–, 2-[2-Glucopyranosyloxy-phenyl]-2394
– äthylester 2395
– hydrazid 2395
–, 2-Heptyloxy-,
– [2-diäthylamino-äthylamid] 2287
–, 2-[4-Hexadecyloxy-phenyl]-3-methyl-2409
–, 2-Hexyl-8-hydroxy- 2347
–, 2-Hexyloxy-,
– amid 2287
– [2-diäthylamino-äthylamid] 2287
– [3-diäthylamino-propylamid] 2287
–, 2-Hydroxy- 2269
– äthylester 2271
– amid 2278
– anilid 2278
– [2-chlor-äthylester] 2271
– diäthylamid 2278
– [2-diäthylamino-äthylester] 2274
– hydrazid 2291
– methylester 2271
– phenäthylamid 2278
–, 3-Hydroxy- 2296
– äthylester 2296
– amid 2296
– dimethylamid 2296
– methylester 2296
–, 6-Hydroxy- 2297
– äthylester 2299
– amid 2300
– [2-chlor-äthylester] 2299
– diäthylamid 2300
– hydrazid 2301
– isopropylester 2299
– isopropylidenhydrazid 2301
– methylester 2298
– [1-phenyl-äthylidenhydrazid] 2301
– propylester 2299
–, 2-[2-(2-Hydroxy-äthoxy)-4-methyl-phenyl]- 2408
–, 2-[2-(2-Hydroxy-äthoxy)-5-methyl-phenyl]- 2407
–, 2-[2-(2-Hydroxy-äthoxy)-phenyl]-2394
–, 2-[4-(2-Hydroxy-äthoxy)-phenyl]-2396
–, 6-[2-Hydroxy-äthoxy]-2-phenyl- 2386
–, 8-[2-Hydroxy-äthoxy]-2-phenyl- 2393
–, 3-[1-Hydroxy-äthyl]-2-[4-hydroxy-3,5-dijod-phenyl]-6-jod- 2559
–, 3-[2-Hydroxy-äthyl]-2-[4-hydroxy-3,5-dijod-phenyl]-6-jod- 2559
–, 2-[1-Hydroxy-äthyl]-3-isobutyl- 2347
–, 2-[1-Hydroxy-äthyl]-3-methyl- 2343
–, 2-[4'-Hydroxy-biphenyl-4-yl]- 2443
–, 2-[6-Hydroxy-biphenyl-3-yl]- 2442
–, 2-[6-Hydroxy-biphenyl-3-yl]-3-methyl-2446
–, 2-[6-Hydroxy-biphenyl-3-yl]-3-phenyl-2452
–, 2-[4-Hydroxy-3,5-dijod-phenyl]-6-jod-2399
–, 2-[2-Hydroxy-3,4-dimethoxy-phenyl]-2638
–, 2-Hydroxy-5,6-dimethyl- 2341
–, 2-Hydroxy-6,7-dimethyl- 2341
–, 4-Hydroxy-1,2-dimethyl-decahydro-,
– amid 2113
– methylester 2113
–, 3-Hydroxy-6,8-dimethyl-2-phenyl-2420
–, 7-Hydroxy-2,3-diphenyl- 2444
–, 7-Hydroxy-2-[2-hydroxy-phenyl]-2556
–, 2-[4-Hydroxy-2-isopropyl-5-methyl-phenyl]- 2423
– methylester 2423
–, 2-[4-Hydroxy-5-isopropyl-2-methyl-phenyl]- 2422
– äthylester 2423
–, 2-[6-Hydroxy-3-isopropyl-2-methyl-phenyl]- 2422
–, 2-[4-Hydroxy-5-isopropyl-2-methyl-phenyl]-6-jod- 2423
–, 3-Hydroxy-6-jod- 2297
–, 3-Hydroxy-6-jod-2-[4-jod-phenyl]-2386
–, 3-Hydroxy-2-[4-jod-phenyl]- 2385
–, 3-Hydroxy-6-jod-2-phenyl- 2385
–, 2-Hydroxy-3-mercapto- 2525

Chinolin-4-carbonsäure (Fortsetzung)
–, 3-Hydroxy-2-mesityl- 2421
–, 3-Hydroxy-2-mesityl-6,8-dimethyl- 2424
–, 2-Hydroxy-6-methoxy- 2525
– äthylester 2525
– methylester 2525
–, 3-Hydroxy-6-methoxy- 2526
–, 2-[4-Hydroxy-3-methoxy-2-nitro-phenyl]-8-methoxy- 2638
–, 3-Hydroxy-6-methoxy-2-phenyl- 2555
–, 2-[4-Hydroxy-3-methoxy-phenyl]-8-methoxy- 2638
–, 2-Hydroxy-3-methyl- 2329
–, 2-Hydroxy-6-methyl- 2332
–, 3-Hydroxy-2-methyl- 2323
–, 3-Hydroxy-6-methyl- 2333
–, 6-Hydroxy-2-methyl- 2326
–, 3-Hydroxy-2-methyl-5-nitro- 2325
–, 2-[2-Hydroxy-5-methyl-phenyl]- 2407
–, 3-Hydroxy-2-methyl-6-phenyl- 2413
–, 3-Hydroxy-6-methyl-2-phenyl- 2413
–, 7-Hydroxy-2-methyl-3-phenyl- 2408
–, 2-[2-Hydroxy-5-methyl-phenyl]-3-methyl- 2418
–, 2-[4-Hydroxy-2-methyl-phenyl]-3-methyl- 2417
–, 2-[4-Hydroxy-2-methyl-phenyl]-3-phenyl- 2447
–, 3-Hydroxy-6-methyl-2-*p*-tolyl- 2418
–, 2-[1-Hydroxy-[2]naphthyl]- 2438
–, 3-Hydroxy-2-[1]naphthyl- 2438
–, 2-Hydroxy-6-nitro- 2293
– äthylester 2293
– hydrazid 2294
–, 3-Hydroxy-6-nitro-2-oxo-1,2-dihydro- 2525
–, 3-Hydroxy-2-oxo-1,2-dihydro- 2524
–, 6-Hydroxy-2-oxo-1,2-dihydro- 2525
–, 2-[2-Hydroxy-5-*tert*-pentyl-phenyl]-3-methyl- 2424
–, 2-[3-Hydroxy-phenyl]- 2395
–, 2-[4-Hydroxy-phenyl]- 2395
– hydrazid 2397
–, 3-Hydroxy-2-phenyl- 2383
– äthylester 2384
– butylester 2384
– methylester 2384
– pentylester 2384
– propylester 2384
–, 6-Hydroxy-2-phenyl- 2386
– äthylester 2387
– benzylidenhydrazid 2389
– hydrazid 2389
– isopropylidenhydrazid 2389
– methylester 2386
–, 8-Hydroxy-2-phenyl- 2392
– äthylester 2393
–, 2-[4-Hydroxy-phenyl]-6,8-dimethyl- 2420
–, 2-[2-Hydroxy-phenyl]-8-methoxy- 2556
–, 2-[4-Hydroxy-phenyl]-6-methoxy- 2556
–, 2-[2-Hydroxy-phenyl]-3-methyl- 2408
–, 2-[4-Hydroxy-phenyl]-3-methyl- 2408
–, 2-[4-Hydroxy-phenyl]-6-methyl- 2413
–, 2-[4-Hydroxy-phenyl]-7-methyl- 2414
–, 2-[4-Hydroxy-phenyl]-8-methyl- 2414
–, 2-[4-Hydroxy-phenyl]-3-phenyl- 2444
–, 7-Hydroxy-2-propyl- 2343
–, 2-Hydroxy-5,6,7,8-tetrahydro- 2200
–, 3-Hydroxy-2-*p*-tolyl- 2408
–, 4-Hydroxy-1,2,8a-trimethyl-decahydro-,
– methylester 2114
–, 2-Isobutoxy- 2270
– [2-diäthylamino-äthylamid] 2286
– [2-diäthylamino-äthylester] 2275
–, 2-[4-Isobutoxy-2-methyl-phenyl]-2405
–, 2-Isobutyl-3-isopropoxy- 2346
–, 3-Isobutyl-2-[1-methoxy-äthyl]- 2348
–, 2-Isopentyl-3-isopropoxy- 2346
–, 2-Isopentyloxy- 2270
– [äthyl-(2-diäthylamino-äthyl)-amid] 2286
– [2-diäthylamino-äthylamid] 2286
– [2-diäthylamino-äthylester] 2275
–, 6-Isopentyloxy- 2298
– [2-diäthylamino-äthylamid] 2301
–, 2-[2-Isopentyloxy-4,5-dimethyl-phenyl]- 2417
–, 2-[2-Isopentyloxy-4,5-dimethyl-phenyl]-3-methyl- 2421
–, 2-[2-Isopentyloxy-4,5-dimethyl-phenyl]-3-phenyl- 2450
–, 2-[2-Isopentyloxy-5-methyl-phenyl]-2407
–, 2-[4-Isopentyloxy-3-methyl-phenyl]-2406
–, 2-[2-Isopentyloxy-5-methyl-phenyl]-3-methyl- 2418
–, 2-Isopentyl-3-propoxy- 2346
–, 2-Isopropoxy- 2270
– [2-(2-diäthylamino-äthoxy)-äthylester] 2273
– [2-diäthylamino-äthylester] 2275
– [4-diäthylamino-1-methyl-butylamid] 2282
–, 3-Isopropoxy-2-pentyl- 2346
–, 3-Isopropoxy-2-phenyl- 2383
–, 3-Isopropoxy-2-propyl- 2343
–, 2-[5-Isopropyl-4-methoxy-2-methyl-phenyl]- 2423
–, 3-[2-Isopropyl-5-methyl-phenoxy]-2-methyl- 2324

D

E

Essigsäure (Fortsetzung)
–, [2-Hydroxy-4-methoxy-[3]chinolyl]-,
– äthylester 2529
– methylester 2529
–, [4-Hydroxy-6-methoxy-[2]chinolyl]-,
– äthylester 2528
–, Hydroxy-[6-methoxy-[4]chinolyl]-,
– äthylester 2529
–, [4-Hydroxy-7-methoxy-2-oxo-1,2-dihydro-[3]chinolyl]-,
– methylester 2612
–, [2-Hydroxy-4-methyl-[3]chinolyl]- 2336
– äthylester 2336
–, [2-Hydroxy-6-methyl-[4]chinolyl]- 2336
– äthylester 2336
– methylester 2336
–, [2-Hydroxy-7-methyl-[4]chinolyl]- 2337
– äthylester 2337
– methylester 2337
–, [2-Hydroxy-8-methyl-[4]chinolyl]- 2337
– äthylester 2337
– methylester 2337
–, [4-Hydroxy-2-methyl-[6]chinolyl]-,
– äthylester 2335
–, [4-Hydroxy-6-methyl-[2]chinolyl]- 2335
– äthylester 2335
–, [4-Hydroxy-7-methyl-[2]chinolyl]-,
– äthylester 2336
–, [4-Hydroxy-8-methyl-[2]chinolyl]-,
– äthylester 2336
–, [3-Hydroxymethyl-chinuclidin-3-yl]-,
– hydrazid 2112
– [*N'*-phenyl-hydrazid] 2112
–, [6-Hydroxymethyl-1,2,4,5,6,7-hexahydro-azepino[3,2,1-*hi*]indol-7-yl]- 2244
–, Hydroxy-[2-methyl-indol-3-yl]- 2239
–, Hydroxy-[1-methyl-2-phenyl-indol-3-yl]-,
– dimethylamid 2376
–, Hydroxy-[1-methyl-2-phenyl-indol-3-yl]-phenyl-,
– dimethylamid 2440
–, [4-Hydroxy-1-methyl-piperidin-3,5-diyl]-di-,
– diäthylester 2566
–, [4-Hydroxy-1-methyl-[4]piperidyl]-,
– *tert*-butylester 2074
–, [4-Hydroxy-1-methyl-[4]piperidyl]-phenyl- 2208
– methylester 2208
–, Hydroxy-[6-methyl-[2]pyridyl]- 2179
–, [1-Hydroxymethyl-2,3,5,6-tetrahydro-1*H*-pyrrolo[2,1-*a*]isochinolin-10b-yl]-,
– hydrazid 2244
–, [4-Hydroxy-2-oxo-1,2-dihydro-[3]chinolyl]- 2528
– äthylester 2529
– methylester 2529
–, [4-Hydroxy-piperidin-3,5-diyl]-di-,
– diäthylester 2566
–, [3-Hydroxy-pyridin-2-carbonyl]→threonyl→leucyl→4-hydroxy-prolyl→*N*-methyl-glycyl→3,*N*-dimethyl-leucyl→alanyl→methylamino-phenyl- 2134
–, Hydroxy-[2]pyridyl- 2167
– äthylester 2167
– methylester 2167
–, Hydroxy-[3]pyridyl- 2169
– äthylester 2169
– amid 2169
–, [2-Hydroxy-[3]pyridyl]- 2168
–, Hydroxy-[4]pyridyl-,
– äthylester 2170
– amid 2170
–, [5-Hydroxy-[3]pyridyl]- 2168
–, [6-Hydroxy-[2]pyridyl]-,
– äthylester 2166
– amid 2166
–, [1-Hydroxy-5,6,7-trimethoxy-[4]isochinolyl]- 2656
–, [3-Isobutyl-9,10-dimethoxy-1,3,4,6,7,11b-hexahydro-2*H*-pyrido[2,1-*a*]isochinolin-2-yl]- 2509
– [3,4-dimethoxy-phenäthylamid] 2509
–, [3-Isobutyl-9,10-dimethoxy-1,6,7,11b-tetrahydro-4*H*-pyrido[2,1-*a*]isochinolin-2-yl]- 2542
–, [1]Isochinolyl-[4-methoxy-phenyl]-,
– amid 2415
–, [3-Methoxycarbonyl-[2]pyridylmercapto]- 2144
– methylester 2144
–, [6-Methoxy-[2]chinolyl]-,
– äthylester 2314
–, [5-Methoxy-1,2-dimethyl-indol-3-yl]- 2237
– amid 2238
–, [5-Methoxy-indol-3-yl]- 2222
– äthylester 2223
–, [6-Methoxy-indol-3-yl]- 2225
–, [7-Methoxy-indol-3-yl]- 2226
–, [5-Methoxy-1-methyl-indol-3-yl]- 2225
– amid 2225
–, [5-Methoxy-2-methyl-indol-3-yl]- 2237
– amid 2237
– dimethylamid 2237

Essigsäure (Fortsetzung)
–, [3-Methoxymethyl-[2]pyridyl]-,
– äthylester 2178
–, [4-Methoxy-2-oxo-1,2-dihydro-[3]chinolyl]-,
– äthylester 2529
– methylester 2529
–, [6-Methoxy-4-oxo-1,4-dihydro-[2]chinolyl]-,
– äthylester 2528
–, [4-Methoxy-phenyl]-[2-methyl-1,2,3,4,5,6,7,8-octahydro-[1]isochinolyl]-,
– amid 2348
–, [4-Methoxy-phenyl]-[5,6,7,8-tetrahydro-[4]chinolyl]-,
– amid 2368
–, [4-Methoxy-phenyl]-[5,6,7,8-tetrahydro-[1]isochinolyl]-,
– amid 2369
–, [4-Methoxy-[2]piperidyl]-,
– äthylester 2074
–, [6-Methoxy-1,2,3,4-tetrahydro-[1]isochinolyl]-,
– äthylester 2202
–, [4-Methoxy-1,4,5,6-tetrahydro-[2]pyridyl]-,
– äthylester 2095
–, [5-Methoxy-1,3,3-trimethyl-indolin-2-yliden]-,
– äthylester 2242
– anilid 2242
– benzylester 2242
– methylester 2242
– phenylester 2242
–, [2-Methylmercapto-indol-3-yl]- 2221
–, [1-Methyl-2-methylmercapto-indol-3-yl]- 2221
–, [2-Methyl-4-oxo-1,4-dihydro-[6]chinolyl]-,
– äthylester 2335
–, [4-Methyl-2-oxo-1,2-dihydro-[3]chinolyl]- 2336
– äthylester 2336
–, [6-Methyl-2-oxo-1,2-dihydro-[4]chinolyl]- 2336
–, [6-Methyl-4-oxo-1,4-dihydro-[2]chinolyl]- 2335
– äthylester 2335
–, [7-Methyl-2-oxo-1,2-dihydro-[4]chinolyl]- 2337
–, [7-Methyl-4-oxo-1,4-dihydro-[2]chinolyl]-,
– äthylester 2336
–, [8-Methyl-2-oxo-1,2-dihydro-[4]chinolyl]- 2337
–, [8-Methyl-4-oxo-1,4-dihydro-[2]chinolyl]-,
– äthylester 2336
–, [2-Oxo-1,2-dihydro-[3]chinolyl]-,
– äthylester 2315
–, [2-Oxo-1,2-dihydro-[4]chinolyl]- 2315
–, [4-Oxo-1,4-dihydro-[2]chinolyl]- 2313
– äthylester 2313
–, [4-Oxo-1,4-dihydro-[3]chinolyl]-,
– äthylester 2315
–, [2-Oxo-1,2-dihydro-[3]pyridyl]- 2168
–, [6-Oxo-1,6-dihydro-[2]pyridyl]-,
– äthylester 2166
– amid 2166
–, [2-Oxo-indolin-3-yliden]- 2269
–, [3-Phenylcarbamoyloxy-[2]piperidyl]- 2072
–, [3-*p*-(Tolylmercapto-methylen)-indolin-2-yliden]-,
– äthylester 2333
–, [6,7,8-Trimethoxy-3,4-dihydro-[1]isochinolyl]-,
– äthylester 2605
–, [5,6,7-Trimethoxy-1-oxo-1,2-dihydro-[4]isochinolyl]- 2656
–, [6,7,8-Trimethoxy-1,2,3,4-tetrahydro-[1]isochinolyl]-,
– äthylester 2601
Etamycinsäure 2134

F

γ-**Fagarinsäure** 2606
Flindersinsäure 2515
Fumarsäure
–, [5-Äthoxycarbonyl-2-methoxymethyl-4-methyl-pyrrol-3-yl]-,
– dimethylester 2676

G

Gentianinsäure 2199
Glucose
– [2,4-dihydroxy-6-methyl-5-nitro-nicotinoylhydrazon] 2469
Glutaminsäure
–, *N*-[1-Benzyloxycarbonyl-4-hydroxy-prolyl]-,
– diäthylester 2062
–, *N*-[4-Hydroxy-prolyl]- 2053
Glycerin
–, O^1,O^3-Bis-[6-methoxy-2-phenyl-chinolin-4-carbonyl]- 2387

Glycerin (Fortsetzung)
–, O^1-[6-Methoxy-2-phenyl-chinolin-4-carbonyl]- 2387
Glycin
–, *N*-[1-Benzyloxycarbonyl-4-hydroxy-prolyl]-,
– benzylester 2061
–, *N*-[*N*-(1-Benzyloxycarbonyl-4-hydroxy-prolyl)-glycyl]- 2061
– äthylester 2061
–, *N*-[(5-Benzyloxy-indol-3-yl)-acetyl]- 2224
– äthylester 2224
–, *N*-[(5-Hydroxy-indol-3-yl)-acetyl]- 2223
–, *N*-[4-Hydroxy-prolyl]- 2051
–, *N*-[*N*-(4-Hydroxy-prolyl)-glycyl]- 2052
–, *N*-[4-Methoxy-prolyl]- 2053
Glykolsäure
s. Essigsäure, Hydroxy-

H

Harnstoff
–, *N*,*N'*-Bis-[6-methoxy-2-phenyl-chinolin-4-carbonyl]- 2388
–, [6-Methoxy-2-phenyl-chinolin-4-carbonyl]- 2388
Heptansäure
–, 7-[2-Äthoxycarbonyl-4-hydroxy-[3]chinolyl]-,
– äthylester 2625
–, 7-[2-Äthoxycarbonyl-4-oxo-1,4-dihydro-[3]chinolyl]-,
– äthylester 2625
–, 7-[2-Carboxy-4-hydroxy-[3]chinolyl]- 2625
–, 7-[2-Carboxy-4-oxo-1,4-dihydro-[3]chinolyl]- 2625
–, 7-[5,8-Dimethoxy-4-methyl-[2]chinolyl]-,
– methylester 2538
–, 7-[4-Hydroxy-[3]chinolyl]- 2347
–, 7-[4-Oxo-1,4-dihydro-[3]chinolyl]- 2347
Hexa-2,4-diensäure
–, 6-[1-Äthyl-1*H*-[2]chinolyliden]-3-äthylmercapto-2-cyan-,
– äthylester 2634
–, 3-Äthylmercapto-2-cyan-6-[1,3,3-trimethyl-indolin-2-yliden]-,
– äthylester 2633
–, 2-Cyan-6-[1-methyl-1*H*-[4]chinolyliden]-3-methylmercapto-,
– äthylester 2634
Hexan
–, 1,6-Bis-[3-benzoyloxy-3-methoxycarbonyl-8-methyl-nortropanium-8-yl]- 2108
–, 1,6-Bis-[3-hydroxy-3-methoxycarbonyl-8-methyl-nortropanium-8-yl]- 2108
Hexansäure
–, 6-[2-Äthoxycarbonyl-4-hydroxy-[3]chinolyl]-,
– äthylester 2625
–, 6-[2-Äthoxycarbonyl-4-oxo-1,4-dihydro-[3]chinolyl]-,
– äthylester 2625
–, 6-[2-Carboxy-4-hydroxy-[3]chinolyl]- 2625
–, 6-[2-Carboxy-4-oxo-1,4-dihydro-[3]chinolyl]- 2625
–, 3-[6,7-Dimethoxy-3,4-dihydro-[1]isochinolylmethyl]- 2502
– methylester 2502
–, 6-[5,8-Dimethoxy-4-methyl-[2]chinolyl]-,
– methylester 2538
–, 3-[6,7-Dimethoxy-1,2,3,4-tetrahydro-[1]isochinolylmethyl]-,
– methylester 2489
–, 6-[4-Hydroxy-[3]chinolyl]- 2346
–, 6-[4-Oxo-1,4-dihydro-[3]chinolyl]- 2346
Himandrelin 2658
Himandridin 2658
Himandrin 2616
Himbosan
Bezifferung s. 2616 Anm.
Himbosan-18-säure
–, 16-Benzoyloxy-13,20-dihydroxy-14-methoxy-,
– methylester 2658
–, 16-Benzoyloxy-20-hydroxy-14-methoxy-,
– methylester 2616
–, 13,16,20-Triacetoxy-14-benzoyloxy-,
– methylester 2659
Himbosin 2659
Hydrazin
–, *N*-[2-Äthoxy-isonicotinoyl]-*N'*-[2-methyl-isonicotinoyl]- 2158
–, *N*-Benzolsulfonyl-*N'*-[7,8-dimethoxy-2-methyl-chinolin-3-carbonyl]- 2532
–, *N*-Benzolsulfonyl-*N'*-[2-hydroxy-4,6-dimethyl-nicotinoyl]- 2183
–, *N*,*N'*-Bis-[2-butoxy-chinolin-4-carbonyl]- 2292
–, *N*,*N'*-Bis-[2,4-dihydroxy-6-methyl-nicotinoyl]- 2467

Indol-2-carbonsäure (Fortsetzung)
–, 5-Methoxy-3,3-dimethyl-3*H*- 2239
–, 5-Methoxy-1-methyl- 2216
– [2,2-diäthoxy-äthylamid] 2217
–, 7-Methoxy-1-methyl- 2218
–, 5-Methoxy-3-[2-phenoxy-äthyl]- 2495
– äthylester 2495
–, 5-Methoxy-3-phenyl-,
– äthylester 2374
–, 6-Methoxy-3-phenyl-,
– äthylester 2375
–, 5-Methoxy-3-propyl-,
– äthylester 2241
–, 3-Oxo-2,3,4,5,6,7-hexahydro-,
– äthylester 2190
–, 3-[2-Phenoxy-äthyl]- 2237
– äthylester 2237
–, 5-Propoxy- 2215
– äthylester 2216
–, 3,3′-Sulfandiyl-bis- 2214
– diäthylester 2214
–, 3-[Tetra-*O*-acetyl-glucopyranosyloxy]-,
– methylester 2212
–, 3,4,5,6-Tetramethoxy-,
– äthylester 2654

Indol-3-carbonsäure
–, 7-[3-Äthoxycarbonyl-4-hydroxy-2-methyl-indol-5-yloxy]-4,5-dihydroxy-2-methyl-,
– äthylester 2604
–, 5-Äthoxycarbonylmethoxy-2-methyl-,
– äthylester 2228
–, 5-Äthoxycarbonylmethoxy-2-methyl-1-phenyl-,
– äthylester 2230
–, 2-Äthoxy-5-hydroxy-,
– äthylester 2491
–, 2-Äthoxy-5-hydroxy-6-methoxy-,
– äthylester 2604
–, 2-Äthoxy-5-methoxy-1-methyl-,
– äthylester 2491
–, 1-Äthyl-5-benzoyloxy-2-methyl-,
– äthylester 2229
–, 1-Äthyl-4,7-dichlor-5-hydroxy-2-methyl-,
– äthylester 2232
–, 1-Äthyl-6,7-dichlor-5-hydroxy-2-methyl-,
– äthylester 2233
–, 1-Äthyl-6,7-dichlor-5-methoxy-2-methyl-,
– äthylester 2233
–, 1-Äthyl-5-hydroxy-2-methyl-,
– äthylester 2229
–, 1-Äthyl-5-methoxy-2-methyl- 2229
– äthylester 2229
–, 5-Benzoyloxy-1-[2-cyan-äthyl]-2-methyl-,
– äthylester 2232
–, 5-Benzoyloxy-2-methyl-1-phenyl-,
– äthylester 2230
–, 5-Benzoyloxy-2-methyl-1-*o*-tolyl-,
– äthylester 2231
–, 1-Benzyl-5-hydroxy-2-methyl-,
– äthylester 2231
–, 6-Benzylmercapto-5-hydroxy-1,2-dimethyl-,
– äthylester 2493
–, 1-Benzyl-5-methoxy-2-methyl-,
– äthylester 2231
–, 5-Benzyloxy- 2219
–, 5-Benzyloxy-2-methyl-,
– äthylester 2228
–, 5-Carboxymethoxy-2-methyl-1-phenyl- 2230
–, 7-Chlor-4,5-dihydroxy-2,6-dimethyl-,
– äthylester 2495
–, 7-Chlor-4,5-dihydroxy-2-methyl-,
– äthylester 2493
–, 6-Chlor-5-hydroxy-2-methyl-,
– äthylester 2232
–, 1-[2-Cyan-äthyl]-5-hydroxy-2-methyl-,
– äthylester 2232
–, 1-[2-Cyan-äthyl]-5-methoxy-2-methyl-,
– äthylester 2232
–, 1-Cyclohexyl-5-hydroxy-2-methyl-,
– äthylester 2230
–, 4,5-Diacetoxy-7-[4-acetoxy-3-äthoxycarbonyl-2-methyl-indol-5-yloxy]-2-methyl-,
– äthylester 2604
–, 4,5-Diacetoxy-2-methyl-,
– äthylester 2493
–, 4,7-Dichlor-5-hydroxy-2-methyl-,
– äthylester 2232
–, 6,7-Dichlor-5-hydroxy-2-methyl-,
– äthylester 2233
–, 6,7-Dichlor-5-methoxy-2-methyl-,
– äthylester 2233
–, 4,5-Dihydroxy-2,6-dimethyl-,
– äthylester 2495
–, 4,5-Dihydroxy-2-methyl-,
– äthylester 2492
–, 5,6-Dihydroxy-2-methyl-,
– äthylester 2493
–, 4,5-Dihydroxy-2,6,7-trimethyl-,
– äthylester 2497
–, 5,6-Dihydroxy-2,4,7-trimethyl-,
– äthylester 2496
–, 5,7-Dimethoxy- 2491
–, 1-[3-Dimethylamino-propyl]-5-hydroxy-2-methyl-,
– äthylester 2232
–, 5-[3,5-Dinitro-benzoyloxy]-2-methyl-1-*o*-tolyl-,
– äthylester 2231
–, 1-Hexyl-5-hydroxy-2-methyl-,
– äthylester 2230

Isochinolin-4-carbonitril
–, 1-Benzyl-3-hydroxy-5,6,7,8-tetrahydro- 2369
–, 1-Benzyl-3-oxo-2,3,5,6,7,8-hexahydro- 2369
–, 1,3-Dihydroxy-6-methyl-5,6,7,8-tetrahydro- 2486
–, 1,3-Dihydroxy-5,6,7,8-tetrahydro- 2482
–, 4a-Hydroxy-1,3-dioxo-decahydro- 2482
–, 1-Hydroxy-6-methyl-3-oxo-1,2,3,5,7,8-hexahydro- 2486
–, 3-Hydroxy-5-methyl-5,6,7,8-tetrahydro- 2203
–, 3-Hydroxy-6-methyl-5,6,7,8-tetrahydro- 2203
–, 3-Hydroxy-7-methyl-5,6,7,8-tetrahydro- 2203
–, 1-Hydroxy-3-oxo-2,3,5,6,7,8-hexahydro- 2482
–, 3-Hydroxy-5,6,7,8-tetrahydro- 2201
–, 5-Methyl-3-oxo-2,3,5,6,7,8-hexahydro- 2203
–, 6-Methyl-3-oxo-2,3,5,6,7,8-hexahydro- 2203
–, 7-Methyl-3-oxo-2,3,5,6,7,8-hexahydro- 2203
–, 3-Oxo-2,3,5,6,7,8-hexahydro- 2201

Isochinolin-1-carbonsäure
–, 2-[2-Äthoxycarbonylmethyl-butyryl]-6,7-dimethoxy-1,2,3,4-tetrahydro-,
– äthylester 2481
–, 1-Äthyl-6,7-dihydroxy-1,2,3,4-tetrahydro- 2487
–, 1-Äthyl-6,7-dimethoxy-1,2,3,4-tetrahydro-,
– methylester 2487
–, 1-Benzyl-6,7-dihydroxy-1,2,3,4-tetrahydro- 2546
–, 1-Benzyl-6,7-dimethoxy-2-methyl-1,2,3,4-tetrahydro- 2546
– methylester 2547
–, 1-Benzyl-6,7,8-trihydroxy-1,2,3,4-tetrahydro- 2631
–, 2-[2-(Bis-äthoxycarbonyl-methyl)-butyryl]-6,7-dimethoxy-1,2,3,4-tetrahydro-,
– äthylester 2481
–, 6,7-Diäthoxy-2-benzoyl-1-phenyl-1,2,3,4-tetrahydro- 2546
–, 6,7-Diäthoxy-1-[3,4-diäthoxy-phenyl]-1,2,3,4-tetrahydro-,
– amid 2667
–, 6,7-Diäthoxy-1-methyl-1,2,3,4-tetrahydro-,
– anilid 2485
–, 6,7-Diäthoxy-1-phenyl-1,2,3,4-tetrahydro- 2545
– amid 2545
–, 6,7-Dihydroxy-1-[3-hydroxy-benzyl]-1,2,3,4-tetrahydro- 2632
–, 6,7-Dihydroxy-1-[4-hydroxy-benzyl]-1,2,3,4-tetrahydro- 2632
–, 6,7-Dihydroxy-1-methyl-1,2,3,4-tetrahydro- 2485
–, 6,7-Dihydroxy-1-salicyl-1,2,3,4-tetrahydro- 2632
–, 6,7-Dihydroxy-1-vanillyl-1,2,3,4-tetrahydro- 2668
–, 6,7-Dimethoxy- 2527
– amid 2527
–, 6,7-Dimethoxy-3,4-dihydro-,
– äthylester 2491
–, 6,7-Dimethoxy-3-methyl- 2533
– äthylester 2533
– methylester 2533
–, 6,7-Dimethoxy-1-methyl-1,2,3,4-tetrahydro-,
– methylester 2485
–, 6,7-Dimethoxy-1,2,3,4-tetrahydro-,
– äthylester 2481
–, 6-Hydroxy-1-[3-hydroxy-benzyl]-7-methoxy-1,2,3,4-tetrahydro- 2632
–, 6-Hydroxy-7-methoxy-1-methyl-1,2,3,4-tetrahydro- 2485
–, 6-Hydroxy-7-methoxy-1-vanillyl-1,2,3,4-tetrahydro- 2668
–, 4a-Hydroxy-2-methyl-decahydro-,
– äthylester 2111
–, 6,7,8-Trihydroxy-1-[3-hydroxy-benzyl]-1,2,3,4-tetrahydro- 2667
–, 6,7,8-Trihydroxy-1-[4-hydroxy-benzyl]-1,2,3,4-tetrahydro- 2668
–, 6,7,8-Trihydroxy-1-[3-hydroxy-4-methoxy-benzyl]-1,2,3,4-tetrahydro- 2679
–, 6,7,8-Trihydroxy-1-methyl-1,2,3,4-tetrahydro- 2602
–, 6,7,8-Trihydroxy-1-[3,4,5-trimethoxy-benzyl]-1,2,3,4-tetrahydro- 2681
–, 6,7,8-Trihydroxy-1-vanillyl-1,2,3,4-tetrahydro- 2679
–, 6,7,8-Trihydroxy-1-veratryl-1,2,3,4-tetrahydro- 2679

Isochinolin-3-carbonsäure
–, 8-Acetoxy-6-[2-acetoxy-propyl]-7-methyl- 2537
–, 6-Acetoxy-5-chlor-8-hydroxy-7-methyl- 2534
– methylester 2534
–, 8-Acetoxy-5-chlor-6-hydroxy-7-methyl- 2534
– methylester 2534
–, 7-Äthoxy-1-[4-äthoxy-3-methoxy-benzyl]-6-methoxy- 2672
– methylester 2672
–, 7-Äthoxy-1-[4-äthoxy-3-methoxy-benzyl]-6-methoxy-3,4-dihydro- 2669
– methylester 2670

K

L

M

Malonsäure (Fortsetzung)
–, [1-Äthoxycarbonylmethyl-6,7-dimethoxy-3,4-dihydro-1*H*-[2]isochinolylmethyl]-benzyl-,
– dimethylester 2485
–, [1-Äthoxycarbonylmethyl-6,7-dimethoxy-3,4-dihydro-1*H*-[2]isochinolylmethyl]-butyl-,
– dimethylester 2484
–, [1-Äthoxycarbonylmethyl-6,7-dimethoxy-3,4-dihydro-1*H*-[2]isochinolylmethyl]-hexyl-,
– dimethylester 2485
–, [1-Äthoxycarbonylmethyl-6,7-dimethoxy-3,4-dihydro-1*H*-[2]isochinolylmethyl]-isobutyl-,
– dimethylester 2484
–, [1-Äthoxycarbonylmethyl-6,7-dimethoxy-3,4-dihydro-1*H*-[2]isochinolylmethyl]-isopropyl- 2484
– dimethylester 2484
–, [1-Äthoxycarbonylmethyl-6,7-dimethoxy-3,4-dihydro-1*H*-[2]isochinolylmethyl]-methyl-,
– dimethylester 2484
–, Äthyl-[6,7-dimethoxy-1-methoxycarbonylmethyl-3,4-dihydro-1*H*-[2]isochinolylmethyl]-,
– dimethylester 2484
–, Allyl-[6,7-dimethoxy-1-methoxycarbonylmethyl-3,4-dihydro-1*H*-[2]isochinolylmethyl]-,
– dimethylester 2485
–, [5-Benzyloxy-indol-3-ylmethyl]-hydroxy- 2656
–, [1,2-Bis-äthoxycarbonyl-4-(β-äthoxy-isopropyl)-pyrrolidin-3-yl]-,
– diäthylester 2675
–, [2-(3,5-Bis-methoxymethyl-[2]pyridyl)-äthyl]-,
– diäthylester 2653
–, Brom-[6-chlor-2-methoxy-acridin-9-yl]-,
– diäthylester 2639
–, [2]Chinolylmethyl-hydroxy-,
– diäthylester 2619
–, [6-Chlor-2-methoxy-acridin-9-yl]-,
– diäthylester 2639
–, [1,3-Di-[4]chinolyl-2-oxa-propandiyl]-di- 2619
–, [2,4-Dihydroxy-[3]chinolylmethylen]- 2665
–, Hydroxy-indol-3-ylmethyl- 2613
–, Hydroxy-[5-methoxy-indol-3-ylmethyl]- 2656
–, [4-Hydroxy-2-oxo-1,2-dihydro-[3]chinolylmethylen]- 2665
–, Hydroxy-[1-[4]pyridyl-äthyl]-,
– diäthylester 2599
–, Hydroxy-[2]pyridylmethyl-,
– diäthylester 2598
–, Hydroxy-[4]pyridylmethyl-,
– diäthylester 2598
–, [3-(2-Methoxy-äthyl)-[4]piperidylmethyl]-,
– diäthylester 2571
–, [3-(2-Methoxy-äthyl)-[4]pyridylmethylen]-,
– diäthylester 2605
–, [6-(5-Methoxy-[2]pyridyl)-hexyl]-,
– diäthylester 2603
Mecarbinat 2229
Methandiyldiamin
–, *N*,*N'*-Bis-[2-butoxy-chinolin-4-carbonyl]- 2283
2,6-Methano-benz[*d*]azocin-6-carbonsäure
–, 8-Acetoxy-3-acetyl-7-hydroxy-2,3,4,5-tetrahydro-1*H*- 2498
Milchsäure
s. Propionsäure, 2-Hydroxy-

N

Naphth[1,2-*c*]acridin-7-carbonsäure
–, 14-Methoxy-5,6-dihydro- 2445
–, 14-Methoxy-9-methyl-5,6-dihydro- 2448
Naphth[2',1';4,5]indeno[1,2-*b*]chinolin-12-carbonsäure
–, 2-Hydroxy-6a-methyl-5,6,6a,13,13a,13b,14,15-octahydro-4b*H*- 2442
Naphth[2,3-*e*]indol-2-carbonsäure
–, 3-Acetyl-1-hydroxy-3*H*-,
– äthylester 2425
–, 3-Acetyl-1-oxo-2,3-dihydro-1*H*-,
– äthylester 2425
–, 1-Hydroxy-3*H*-,
– äthylester 2425
–, 1-Oxo-2,3-dihydro-1*H*-,
– äthylester 2425
Naphth[3,2,1-*cd*]indol-5-carbonsäure
–, 1-Hydroxy-5a,6,7,8,9,10-hexahydro-,
– äthylester 2367
–, 1-Methoxy-5a,6,7,8,9,10-hexahydro-,
– äthylester 2367
Naphtho[1,2-*h*]chinolin-2-carbonitril
–, 3-Hydroxy-11,12-dihydro- 2431
–, 3-Oxo-3,4,11,12-tetrahydro- 2431
Naphtho[1,2-*h*]chinolin-2-carbonsäure
–, 3-Hydroxy-11,12-dihydro- 2430

Nicotinsäure (Fortsetzung)
–, 4-Acetoxymethyl-2-hydroxy-6-methyl- 2473
–, 5-[2-Äthoxy-äthyl]-2,4-dihydroxy-6-methyl-,
– äthylester 2578
–, 2-Äthoxy-5-carbamoyl-6-hydroxy-,
– äthylester 2651
–, 2-Äthoxy-5-cyan-6-hydroxy- 2652
– äthylester 2652
–, 4-Äthoxy-2,6-dimethyl-,
– äthylester 2182
–, 6-Äthoxy-2-methyl-,
– äthylester 2171
–, 4-Äthoxymethyl-5-brom-2-hydroxy-6-methyl-,
– äthylester 2475
– amid 2475
–, 4-Äthoxymethyl-2-hydroxy-6-methyl- 2473
– äthylester 2474
– amid 2474
– hydrazid 2475
–, 6-Äthoxymethyl-2-hydroxy-4-methyl- 2472
–, 5-Äthyl-2,4-dihydroxy-6-methyl-,
– äthylester 2476
–, 4-Äthyl-2-hydroxy-5-methyl-6-phenyl- 2359
–, 6-Äthylmercapto-,
– hydrazid 2153
–, 6-Äthylmercuriomercapto- 2151
–, 2-[2-Amino-äthoxy]-,
– anilid 2141
–, 6-[4-Amino-phenylmercapto]- 2151
–, 2,2′-[3-Aza-pentandiyldioxy]-di-,
– dianilid 2141
–, 5-Brom-2,4-dihydroxy-6-methyl- 2467
– äthylester 2468
–, 5-Brom-2-hydroxy-4,6-dimethyl-,
– amid 2184
–, 5-Brom-6-hydroxy-2-methyl-,
– äthylester 2172
–, 5-Brom-6-mercapto- 2153
–, 6-Butoxy-,
– äthylamid 2148
– amid 2149
– [amid-imid] 2150
– [2-diäthylamino-äthylester] 2148
–, 5-Butyl-2,4-dihydroxy-6-methyl-,
– äthylester 2478
–, 5-*sec*-Butyl-2,4-dihydroxy-6-methyl-,
– äthylester 2478
–, 6-Butyl-2-hydroxy-5-methyl- 2193
–, 6-Butylmercuriomercapto- 2151
–, 6-Carbamimidoylmercapto-,
– amid 2152
–, 5-Carbamoyl-6-hydroxy-2-methoxy-,
– methylester 2651
–, 5-Carbamoyl-4-hydroxy-2-methyl-,
– äthylester 2590
–, 4-Carbamoyl-5-methoxy-6-methyl- 2593
–, 5-Carbazoyl-6-[β-hydroxy-phenäthyl]-2-styryl- 2644
–, 2-[3-Carboxy-3-hydroxy-butyl]- 2600
–, 2-Carboxymethylmercapto- 2143
–, 2-[2-Carboxy-phenylmercapto]- 2144
–, 6-Chlor-5-cyan-2-methyl-4-phenoxymethyl-,
– hydrazid 2598
–, 5-Chlor-4,6-dihydroxy-,
– äthylester 2458
–, 6-Chlor-2,4-dihydroxy- 2457
– methylester 2458
–, 5-Chlor-6-hydroxy-,
– methylester 2150
–, 5-Chlor-6-mercapto- 2153
–, 5-[4-Chlor-phenyl]-2,6-dihydroxy-,
– amid 2542
–, 5-Cyan-2,6-dihydroxy-,
– äthylester 2652
–, 5-Cyan-2,6-dihydroxy-4-phenyl-,
– äthylester 2664
–, 5-Cyan-4-[3,4-dimethoxy-2-nitro-phenyl]-2,6-dimethyl-,
– äthylester 2666
–, 5-Cyan-4-[3,4-dimethoxy-phenyl]-2,6-dimethyl-,
– äthylester 2666
–, 5-Cyan-6-hydroxy-2-methoxy- 2652
– methylester 2652
–, 5-Cyan-4-[4-hydroxy-3-methoxy-2-nitro-phenyl]-2,6-dimethyl-,
– äthylester 2666
–, 5-Cyan-4-[4-hydroxy-3-methoxy-phenyl]-2,6-dimethyl-,
– äthylester 2666
–, 5-Cyan-2-hydroxy-6-[4-methoxy-phenyl]-4-phenyl-,
– äthylester 2673
–, 5-Cyan-6-hydroxy-2-methyl-,
– äthylester 2590
–, 5-Cyan-6-hydroxy-2-methyl-4-[4-nitro-phenyl]-,
– äthylester 2629
–, 5-Cyan-6-hydroxy-2-methyl-4-phenoxymethyl- 2653
– äthylester 2653
–, 5-Cyan-6-hydroxy-2-methyl-4-phenyl-,
– äthylester 2629
–, 5-Cyan-2-hydroxy-4-phenyl-6-*p*-tolyl-,
– äthylester 2643
–, 5-Cyan-6-[4-methoxy-phenyl]-2-methyl-4-phenyl-,
– äthylester 2644

O

P

Propionsäure (Fortsetzung)
–, 3-[2-Äthoxycarbonylmethyl-6,7-dimethoxy-1,2,3,4-tetrahydro-[1]isochinolyl]-,
– äthylester 2487
–, 3-[2-Äthoxycarbonylmethyl-6,7-dimethoxy-1,2,3,4-tetrahydro-[1]isochinolyl]-2-methyl-,
– äthylester 2488
–, 3-[2-Äthoxycarbonyl-4-oxo-1,4-dihydro-[3]chinolyl]-,
– äthylester 2620
–, 2-[1-Äthoxycarbonyl-pyrrolidin-3-yl]-3-hydroxy-,
– äthylester 2075
–, 2-[1-Äthoxycarbonyl-pyrrolidin-3-yliden]-3-hydroxy-,
– äthylester 2095
–, 3-[4-Äthoxy-1-methyl-1,2,5,6-tetrahydro-[3]pyridyl]-,
– piperidid 2095
–, 3-[1-Benzoyl-3-(2-hydroxy-äthyl)-[4]piperidyl]-,
– äthylester 2090
–, 3-[1-Benzoyl-[4]piperidyl]-2-hydroxy-,
– äthylester 2075
–, 3-[5-Benzyloxy-2-carboxy-indol-3-yl]-2614
–, 2-[4-Benzyloxy-indol-3-yl]-,
– dimethylamid 2236
– hydrazid 2236
–, 3-[5-Benzyloxy-indol-3-yl]-2234
– äthylester 2234
– hydrazid 2235
– methylester 2234
–, 3-[5-Benzyloxy-indol-3-yl]-2-hydroxy-2494
–, 3-[5-Benzyloxy-2-methoxycarbonyl-indol-3-yl]-,
– methylester 2614
–, 3-[2-Carboxy-4-hydroxy-[3]chinolyl]-2619
–, 3-[5-Carboxy-2-hydroxymethyl-4-methyl-pyrrol-3-yl]- 2581
–, 2-[2-Carboxy-4-isopropyl-pyrrolidin-3-yl]-3-hydroxy- 2572
–, 3-[2-Carboxy-9-methoxy-benz[f]indol-1-yl]- 2360
–, 3-[2-Carboxy-5-methoxy-indol-1-yl]-2217
–, 3-[2-Carboxy-7-methoxy-indol-1-yl]-2218
–, 3-[2-Carboxy-7-methoxy-indol-3-yl]-2614
–, 3-[2-Carboxy-5-methoxy-1-methyl-indol-3-yl]- 2614
–, 3-[2-Carboxy-4-oxo-1,4-dihydro-[3]chinolyl]- 2619
–, 3-[6-Chlor-2-hydroxy-4-methyl-[3]pyridyl]- 2188
–, 3-[6-Chlor-4-methyl-2-oxo-1,2-dihydro-[3]pyridyl]- 2188
–, 2-[2-(4-Chlor-phenyl)-1-methyl-indol-3-yl]-2-hydroxy-,
– diäthylamid 2377
–, 3-[3-Cyan-2,6-dihydroxy-[4]pyridyl]-,
– äthylester 2652
–, 2-Cyan-3-indol-3-yl-3-[3-methoxy-phenyl]-,
– methylester 2639
–, 2-[2,4-Dihydroxy-[3]chinolyl]-2535
–, 3-[2,4-Dihydroxy-[3]chinolyl]-2535
–, 3-[2,6-Dihydroxy-[4]pyridyl]-2469
–, 3-[6,7-Dimethoxy-[4]chinolyl]-2535
–, 2-[6,7-Dimethoxy-3,4-dihydro-[1]isochinolyl]-2-methyl-,
– äthylester 2497
–, 3-[9,10-Dimethoxy-1,3,4,6,7,11b-hexahydro-2*H*-pyrido[2,1-*a*]isochinolin-3-yl]-,
– äthylester 2502
–, 3-[5,6-Dimethoxy-indol-3-yl]- 2494
– hydrazid 2494
– methylester 2494
–, 3-[6,7-Dimethoxy-2-methyl-[4]chinolyl]- 2536
– [2-diäthylamino-äthylester] 2536
– hydrazid 2536
– methylester 2536
–, 3-[9,10-Dimethoxy-1-methyl-1,3,4,6,7,11b-hexahydro-2*H*-pyrido[2,1-*a*]isochinolin-3-yl]- 2504
– [3,4-dimethoxy-phenäthylamid] 2504
–, 3-[6,7-Dimethoxy-2-phenyl-[4]chinolyl]- 2559
–, 3-[4,6-Dimethyl-[2]pyridyl]-2-hydroxy- 2192
– äthylester 2192
–, 3-[1,2-Dimethyl-5-(toluol-4-sulfonyloxy)-indol-3-yl]- 2242
–, 3-[3-(2-Hydroxy-äthyl)-[4]piperidyl]-,
– äthylester 2090
–, 3-[4-Hydroxy-[3]chinolyl]- 2333
–, 3-[5-Hydroxy-1,2-dimethyl-indol-3-yl]-2241
–, 3-Hydroxy-2,3-diphenyl-3-[2]pyridyl-2435
– methylester 2435
–, 3-Hydroxy-2,3-diphenyl-3-[4]pyridyl-2435
– methylester 2435

Pyridin-3-carbonitril
–, 5-[2-Acetoxy-äthyl]-4,6-dimethyl-2-oxo-1,2-dihydro- 2478
–, 5-Acetoxy-4,6-dimethyl-2-oxo-1,2-dihydro- 2471
–, 5-Acetoxy-4-methoxymethyl-6-methyl-2-oxo-1,2-dihydro- 2576
–, 5-Acetoxymethyl-6-chlor-4-hydroxy-2-oxo-1,2-dihydro- 2575
–, 5-[2-Äthoxy-äthyl]-6-methyl-2-oxo-1,2-dihydro- 2477
–, 4-Äthoxymethyl-6-äthyl-5-nitro-2-oxo-1,2-dihydro- 2477
–, 4-Äthoxymethyl-6-äthyl-2-oxo-1,2-dihydro- 2477
–, 4-Äthoxymethyl-6-methyl-5-nitro-2-oxo-1,2-dihydro- 2476
–, 4-Äthoxymethyl-6-methyl-2-oxo-1,2-dihydro- 2474
–, 6-Äthoxymethyl-4-methyl-2-oxo-1,2-dihydro- 2473
–, 4-[2-Äthoxy-phenyl]-2-methyl-6-phenyl-1,4-dihydro- 2421
–, 5-Äthyl-4,6-dimethyl-2-oxo-1,2-dihydro- 2192
–, 6-Äthyl-4-methoxymethyl-5-nitro-2-oxo-1,2-dihydro- 2477
–, 6-Äthyl-4-methoxymethyl-2-oxo-1,2-dihydro- 2477
–, 6-Äthyl-2-oxo-4-phenyl-1,2-dihydro-2357
–, 4-Benzyloxymethyl-6-methyl-2-oxo-1,2-dihydro- 2475
–, 4,6-Bis-methoxymethyl-2-oxo-1,2-dihydro- 2576
–, 6-[3-Brom-propenyl]-2-oxo-1,2-dihydro- 2197
–, 6-Butyl-5-methyl-2-oxo-1,2-dihydro-2193
–, 5-Chlor-4,6-dimethyl-2-oxo-1,2-dihydro- 2183
–, 6-Chlor-4-hydroxy-5-hydroxymethyl-2-oxo-1,2-dihydro- 2575
–, 6-Chlor-4-hydroxy-2-oxo-1,2-dihydro-2458
–, 6-Cyclopropyl-2-oxo-1,2-dihydro-2197
–, 4,6-Diäthyl-2-oxo-1,2-dihydro-2192
–, 4,6-Dichlor-2-oxo-1,2-dihydro-2143
–, 4,6-Dichlor-2-thioxo-1,2-dihydro-2145
–, 4,5-Dihydroxy-6-methyl-2-oxo-1,2-dihydro- 2574
–, 4,6-Dimethyl-5-nitro-2-oxo-1,2-dihydro- 2184
–, 4,6-Dimethyl-2-oxo-1,2-dihydro-2183
–, 5,6-Dimethyl-2-oxo-1,2-dihydro-2181
–, 6-Hydroxymethyl-4-methyl-2-oxo-1,2-dihydro- 2472
–, 4-Hydroxy-6-methyl-5-nitro-2-oxo-1,2-dihydro- 2469
–, 4-Hydroxy-2-oxo-1,2-dihydro- 2457
–, 6-Isobutyl-4-methoxymethyl-5-nitro-2-oxo-1,2-dihydro- 2479
–, 6-Isobutyl-4-methoxymethyl-2-oxo-1,2-dihydro- 2479
–, 6-Isobutyl-2-oxo-1,2-dihydro- 2191
–, 6-Isopropyl-2-oxo-1,2-dihydro- 2188
–, 4-Methoxymethyl-6-methyl-5-nitro-2-oxo-1,2-dihydro- 2476
–, 6-Methoxymethyl-4-methyl-5-nitro-2-oxo-1,2-dihydro- 2473
–, 4-Methoxymethyl-6-methyl-2-oxo-1,2-dihydro- 2474
–, 6-Methoxymethyl-4-methyl-2-oxo-1,2-dihydro- 2472
–, 4-Methoxymethyl-5-nitro-2-oxo-6-pentyl-1,2-dihydro- 2479
–, 4-Methoxymethyl-2-oxo-6-pentyl-1,2-dihydro- 2479
–, 5-Methoxy-2-oxo-4,6-diphenyl-1,2-dihydro- 2560
–, 4-[2-Methoxy-phenyl]-2-methyl-6-phenyl-1,4-dihydro- 2421
–, 4-[4-Methoxy-phenyl]-2-oxo-6-phenyl-1,2-dihydro- 2560
–, 6-Methyl-5-nitro-2-oxo-1,2-dihydro-2175
–, 6-Methyl-2-oxo-1,2-dihydro- 2174
–, 5-Methyl-2-oxo-4,6-diphenyl-1,2-dihydro- 2434
–, 4-Methyl-2-oxo-6-phenyl-1,2-dihydro-2354
–, 5-Methyl-2-oxo-6-phenyl-1,2-dihydro-2353
–, 6-Methyl-2-oxo-4-phenyl-1,2-dihydro-2353
–, 4-Methyl-2-oxo-6-*p*-tolyl-1,2-dihydro-2356
–, 6-Methyl-2-oxo-4-*p*-tolyl-1,2-dihydro-2356
–, 5-Nitro-2-oxo-1,2-dihydro- 2143
–, 6-[4-Nitro-phenyl]-2-oxo-4-phenyl-1,2-dihydro- 2428
–, 2-Oxo-1,2-dihydro- 2142
–, 6-Oxo-1,6-dihydro- 2149
–, 2-Oxo-4,6-diphenyl-1,2-dihydro-2427
–, 2-Oxo-6-pentyl-1,2-dihydro- 2193
–, 2-Oxo-6-phenäthyl-1,2-dihydro-2356
–, 2-Oxo-6-phenyl-1,2-dihydro-2349

Pyridin-3-carbonitril (Fortsetzung)
–, 2-Oxo-4-phenyl-6-*p*-tolyl-1,2-dihydro- 2433
–, 2-Oxo-6-phenyl-4-*p*-tolyl-1,2-dihydro- 2433
–, 2-Oxo-4-propyl-1,2-dihydro- 2188
–, 2-Oxo-6-propyl-1,2-dihydro- 2187
–, 2-Oxo-6-*p*-tolyl-1,2-dihydro- 2352
–, 6-Thioxo-1,6-dihydro- 2152
–, 2,5,6-Trimethoxy-4,6-diphenyl-1,4,5,6-tetrahydro- 2634
–, 4,5,6-Trimethyl-2-oxo-1,2-dihydro- 2189
Pyridin-2-carbonsäure
–, 3-[4-Äthoxycarbonylamino-phenylmercapto]- 2135
–, 3-[4-Amino-phenylmercapto]- 2135
–, 5-Butoxy-4-hydroxy- 2455
– äthylester 2456
– hydrazid 2456
–, 5-Butoxy-4-oxo-1,4-dihydro- 2455
– äthylester 2456
– hydrazid 2456
–, 6-Carbazoyl-4-hydroxy-,
– äthylester 2586
–, 6-Carbazoyl-4-oxo-1,4-dihydro-,
– äthylester 2586
–, 3-[4-Carboxy-phenylmercapto]- 2135
–, 4-Chlor-6-hydroxy- 2139
–, 3-Chlor-6-methoxy- 2139
–, 4-Chlor-5-methoxy-,
– äthylester 2138
–, 4-Chlor-6-oxo-1,6-dihydro- 2139
–, 5-Cyan-6-hydroxy-4-methyl-,
– äthylester 2591
–, 5-Cyan-4-methyl-6-oxo-1,6-dihydro-,
– äthylester 2591
–, 3,5-Diäthoxy- 2454
–, 3,5-Diäthoxy-6-brom- 2455
–, 3,5-Diäthoxy-6-hydroxy- 2573
–, 3,5-Diäthoxy-6-oxo-1,6-dihydro- 2573
–, 3,5-Dibrom-4-hydroxy- 2137
–, 3,5-Dibrom-4-oxo-1,4-dihydro- 2137
–, 3,5-Dichlor-4-hydroxy- 2137
–, 4,5-Dichlor-6-hydroxy- 2139
–, 4,6-Dichlor-5-methoxy- 2138
– methylester 2138
–, 3,5-Dichlor-4-oxo-1,4-dihydro- 2137
–, 4,5-Dichlor-6-oxo-1,6-dihydro- 2139
–, 4,5-Dihydroxy- 2455
– äthylester 2456
– diäthylamid 2456
– hydrazid 2456
– methylester 2455
– vanillylidenhydrazid 2456
–, 4,6-Dihydroxy- 2457
– äthylester 2457
–, 5,6-Dihydroxy- 2457
–, 3,5-Dijod-4-oxo-1,4-dihydro- 2137
–, 3,5-Dijod-6-oxo-1,6-dihydro- 2139
–, 5,6-Dimethoxy- 2457
–, 3,3′-Disulfandiyl-bis- 2135
– dimethylester 2136
–, 3-Hydroxy- 2134
– äthylester 2134
– amid 2134
– methylester 2134
–, 4-Hydroxy- 2136
– äthylester 2136
– hydrazid 2136
–, 5-Hydroxy- 2137
– hydrazid 2138
– methylester 2137
–, 6-Hydroxy- 2138
– amid 2139
– methylester 2138
–, 4-Hydroxy-3,5-dijod- 2137
–, 6-Hydroxy-3,5-dijod- 2139
–, 4-Hydroxy-5-methoxy- 2455
– äthylester 2456
– hydrazid 2456
– methylester 2455
–, 3-Hydroxy-6-methyl- 2175
–, 5-Hydroxy-6-methyl- 2175
–, 6-Hydroxymethyl- 2175
– hydrazid 2176
– methylester 2176
–, 6-Hydroxy-3-methyl- 2170
–, 4-Hydroxy-6-methyl-3,5-dinitro- 2175
–, 5-Hydroxymethyl-4-methyl-,
– äthylester 2182
–, 6-Hydroxymethyl-1-oxy- 2176
–, 6-[6-Hydroxymethyl-pyridin-2-carbonyloxymethyl]- 2176
–, 4-Hydroxy-6-oxo-1,6-dihydro- 2457
– äthylester 2457
–, 5-Hydroxy-4-oxo-1,4-dihydro- 2455
– äthylester 2456
– diäthylamid 2456
– hydrazid 2456
– methylester 2455
–, 5-Hydroxy-6-oxo-1,6-dihydro- 2457
–, 3-Mercapto- 2135
– [2,4-dichlor-benzylidenhydrazid] 2136
– hydrazid 2136
–, 4-Methoxy-,
– hydrazid 2136
–, 5-Methoxy- 2137
– äthylester 2138
–, 3-Methoxy-6-methyl- 2175
–, 5-Methoxy-6-methyl- 2175
–, 5-Methoxy-4-oxo-1,4-dihydro- 2455
– äthylester 2456
– hydrazid 2456
– methylester 2455

Pyridin-3,5-dicarbonsäure (Fortsetzung)
–, 4-[4-Hydroxy-3-methoxy-phenyl]-2,6-dimethyl-,
– diäthylester 2665
–, 4-[3-Hydroxy-4-methoxy-phenyl]-2,6-dimethyl-1,4-dihydro-,
– diäthylester 2660
–, 4-[4-Hydroxy-3-methoxy-phenyl]-2,6-dimethyl-1,4-dihydro-,
– diäthylester 2660
–, 2-Hydroxy-6-methyl- 2590
– 5-äthylester 2590
– diäthylester 2590
–, 4-Hydroxy-2-methyl-,
– diäthylester 2590
– diamid 2590
–, 2-Hydroxy-6-methyl-2,4-diphenyl-1,2,3,4-tetrahydro-,
– diäthylester 2639
–, 2-[5-Hydroxy-2-nitro-phenyl]-4,6-dimethyl-1,2-dihydro-,
– diäthylester 2621
–, 4-[2-Hydroxy-5-nitro-phenyl]-2,6-dimethyl-1,4-dihydro-,
– diäthylester 2621
–, 4-[3-Hydroxy-4-nitro-phenyl]-2,6-dimethyl-1,4-dihydro-,
– diäthylester 2622
–, 4-[4-Hydroxy-3-nitro-phenyl]-2,6-dimethyl-1,4-dihydro-,
– diäthylester 2623
–, 4-[5-Hydroxy-2-nitro-phenyl]-2,6-dimethyl-1,4-dihydro-,
– diäthylester 2622
–, 4-[3-Hydroxy-phenyl]-2,6-dimethyl-,
– diäthylester 2630
– monoäthylester 2630
–, 2-[5-Methoxy-2-nitro-phenyl]-4,6-dimethyl-,
– diäthylester 2621
–, 4-[5-Methoxy-2-nitro-phenyl]-2,6-dimethyl-,
– diäthylester 2630
–, 2-[5-Methoxy-2-nitro-phenyl]-4,6-dimethyl-1,2-dihydro-,
– diäthylester 2621
–, 4-[2-Methoxy-5-nitro-phenyl]-2,6-dimethyl-1,4-dihydro-,
– diäthylester 2622
–, 4-[3-Methoxy-2-nitro-phenyl]-2,6-dimethyl-1,4-dihydro-,
– diäthylester 2622
–, 4-[3-Methoxy-4-nitro-phenyl]-2,6-dimethyl-1,4-dihydro-,
– diäthylester 2622
–, 4-[4-Methoxy-3-nitro-phenyl]-2,6-dimethyl-1,4-dihydro-,
– diäthylester 2623
–, 4-[5-Methoxy-2-nitro-phenyl]-2,6-dimethyl-1,4-dihydro-,
– diäthylester 2622
–, 4-[2-Methoxy-phenyl]-2,6-dimethyl- 2629
– monoäthylester 2629
–, 4-[3-Methoxy-phenyl]-2,6-dimethyl-,
– diäthylester 2630
– monoäthylester 2630
–, 4-[4-Methoxy-phenyl]-2,6-dimethyl- 2631
– diäthylester 2631
– monoäthylester 2631
–, 4-[4-Methoxy-phenyl]-2,6-dimethyl-1,4-dihydro-,
– diäthylester 2623
–, 2-Methyl-4-oxo-1,4-dihydro-,
– diäthylester 2590
– diamid 2590
–, 6-Methyl-2-oxo-1,2-dihydro- 2590
– 5-äthylester 2590
– diäthylester 2590
–, 4-Oxo-1,4-dihydro- 2589
– diamid 2589
– dihydrazid 2589
– dimethylester 2589
Pyridin-2,6-dicarbonylazid
–, 4-Hydroxy- 2586
–, 4-Oxo-1,4-dihydro- 2586
Pyridin-2,6-dicarbonylchlorid
–, 4-Äthoxy- 2585
–, 3,5-Dijod-4-oxo-1,4-dihydro- 2589
–, 4-Hydroxy-3,5-dijod- 2589
–, 4-Methoxy- 2585
Pyridinium
–, 2-Äthoxy-5-äthoxycarbonyl-1-phenäthyl- 2150
–, 4-Äthoxy-1,1-dimethyl-3-[2-(piperidin-1-carbonyl)-äthyl]-1,2,5,6-tetrahydro- 2096
–, 1-Äthyl-4-{[4-chlor-phenyl]-hydroxy-[4-(2-triäthylammonio-äthoxycarbonyl)-phenyl]-methyl}- 2432
–, 1-Benzyl-4,5-dicarbamoyl-3-hydroxy-2-methyl- 2595
– betain 2595
–, 1-Benzyl-3-hydroxy-4,5-bis-methoxycarbonyl-2-methyl- 2594
– betain 2594
–, 1-Benzyl-3-hydroxy-4,5-bis-methoxycarbonyl-2-phenyl- 2627
–, 1-Benzyl-3-hydroxy-2-isobutyl-4,5-bis-methoxycarbonyl- 2601
–, 1-Benzyl-3-hydroxy-2-isopropyl-4,5-bis-methoxycarbonyl- 2599
–, 4,5-Bis-äthoxycarbonyl-1-benzyl-3-hydroxy-2-methyl- 2595

Pyrrol-2-carbonsäure (Fortsetzung)
–, 5-Acetoxymethyl-4-[2-äthoxycarbonyl-äthyl]-3-cyanmethyl-,
– äthylester 2676
–, 5-Acetoxymethyl-4-[2-äthoxycarbonyl-äthyl]-3-methyl-,
– benzylester 2581
– *tert*-butylester 2581
–, 5-Acetoxymethyl-3-äthyl-4-methyl-,
– äthylester 2131
–, 5-Acetoxymethyl-4-äthyl-3-methyl-,
– äthylester 2130
– benzylester 2130
–, 5-Acetoxymethyl-4-brom-3-methyl-,
– äthylester 2124
–, 4-Acetoxymethyl-3,5-dimethyl-,
– äthylester 2127
–, 5-Acetoxymethyl-3,4-dimethyl-,
– äthylester 2128
– *tert*-butylester 2128
–, 5-Acetoxymethyl-3,4-dipropyl-,
– äthylester 2132
–, 5-Acetoxymethyl-4-[2-methoxycarbonyl-äthyl]-3-methyl-,
– benzylester 2581
–, 5-Acetoxymethyl-3-methyl-,
– äthylester 2124
– benzylester 2124
–, 1-Acetyl-3-hydroxy-5-phenyl- 2313
–, 1-Acetyl-3-methoxy-5-phenyl-,
– methylester 2313
–, 1-Acetyl-3-oxo-5-phenyl-2,3-dihydro- 2313
–, 4-Acetylselanyl-3,5-dimethyl-,
– äthylester 2123
–, 4-Äthoxy- 2115
– methylester 2115
–, 4-[2-Äthoxy-2-äthoxycarbonyl-vinyl]-3,5-dimethyl-,
– äthylester 2599
–, 3-[2-Äthoxycarbonyl-äthyl]-4-äthoxycarbonylmethyl-5-hydroxymethyl-,
– äthylester 2676
–, 4-[2-Äthoxycarbonyl-äthyl]-3-äthoxycarbonylmethyl-5-hydroxymethyl-,
– äthylester 2675
–, 4-[2-Äthoxycarbonyl-1,2-dimethoxy-äthyl]-3,5-dimethyl-,
– äthylester 2650
–, 5-Äthoxycarbonylmethyl-3-hydroxy-,
– äthylester 2575
–, 3-Äthoxycarbonyloxy-4-isopropyl-,
– äthylester 2126
–, 4-Äthoxy-2,3-dihydro- 2092
–, 4-Äthoxy-2,5-dihydro- 2092
–, 5-Äthoxymethyl-4-äthyl-3-methyl-,
– äthylester 2129
–, 5-Äthoxymethyl-3,4-dichlor-,
– äthylester 2120
–, 4-Äthoxy-5-[3-nitro-phenylazo]- 2115
–, 4-Äthoxy-1-phenylcarbamoyl-2,3-dihydro- 2092
–, 4-[2-Äthoxy-vinyl]-3,5-dimethyl-,
– äthylester 2190
–, 4-Äthyl-5-benzyloxymethyl-3-methyl-,
– äthylester 2129
– benzylester 2130
–, 3-Äthyl-4-cyan-5-hydroxymethyl-,
– äthylester 2580
–, 4-Äthyl-3-hydroxy-5-methyl-,
– äthylester 2127
–, 3-Äthyl-5-hydroxymethyl-4-methyl- 2131
–, 4-Äthyl-5-hydroxymethyl-3-methyl- 2129
– äthylester 2129
–, 4-Äthyl-3-methoxy-5-methyl-,
– äthylester 2127
–, 4-Äthyl-5-methoxymethyl-3-methyl-,
– äthylester 2129
– benzylester 2130
–, 4-Äthyl-5-methyl-3-oxo-2,3-dihydro-,
– äthylester 2127
–, 4-Äthyl-3-methyl-5-thiocyanatomethyl-,
– äthylester 2130
–, 3-Benzyloxy-4-isopropyl-,
– äthylester 2125
–, 4,4′-Bis-[2-carboxy-äthyl]-3,3′-dimethyl-5,5′-sulfandiyl-bis- 2579
–, 4-Brom-5-hydroxymethyl-3-methyl-,
– äthylester 2124
–, 3-Brom-5-methoxy-4-phenyl-4,5-dihydro-3*H*- 2234
– methylester 2234
–, 4-Brommethyl-5-hydroxymethyl-3-methyl-,
– äthylester 2124
–, 4-[2-Brom-vinyl]-5-methoxymethyl-3-methyl-,
– äthylester 2190
–, 4-[2-Carboxy-äthyl]-5-hydroxymethyl-3-methyl- 2581
–, 3-Chlor-4-cyan-5-hydroxymethyl-,
– äthylester 2576
–, 4-[2-Cyan-1-hydroxy-äthyl]-3,5-dimethyl-,
– äthylester 2582
–, 4-Cyan-5-hydroxymethyl-3-methyl-,
– äthylester 2577
–, 4-Cyan-3-hydroxymethyl-5-tribrommethyl-,
– äthylester 2577
–, 4-[3-Cyan-1-hydroxy-propyl]-3,5-dimethyl-,
– äthylester 2582

Pyrrol-2-carbonsäure (Fortsetzung)
–, 3,4-Dichlor-5-formyloxymethyl-,
– äthylester 2120
–, 3,4-Dichlor-5-[α-hydroxy-isopropyl]-,
– äthylester 2127
–, 3,4-Dichlor-5-hydroxymethyl-,
– äthylester 2120
–, 3,4-Dichlor-5-methoxymethyl-,
– äthylester 2120
–, 4-[1,2-Dimethoxy-äthyl]-3,5-dimethyl-,
– äthylester 2454
–, 3,5-Dimethyl-4-phenylmercapto-,
– äthylester 2122
–, 3,5-Dimethyl-4-phenylselanyl-,
– äthylester 2123
–, 3,5-Dimethyl-4-selenocyanato-,
– äthylester 2123
–, 3,5-Dimethyl-4-thiocyanato-,
– äthylester 2122
–, 3,5-Dimethyl-4-thioxo-4,5-dihydro-,
– äthylester 2122
– methylester 2122
–, 3,5-Dimethyl-4-[toluol-4-sulfonyl]-,
– äthylester 2122
–, 4-Hydroxy- 2114
–, 4-[1-Hydroxy-äthyl]-3,5-dimethyl-,
– äthylester 2130
–, 3-[1-Hydroxy-äthyl]-4-isopropyl-,
– methylester 2131
–, 4-Hydroxy-3,4-dihydro-2*H*- 2093
–, 3-Hydroxy-4-isopropyl-,
– äthylester 2125
– isopropylidenhydrazid 2126
–, 3-Hydroxy-4-methyl-,
– äthylester 2119
–, 3-Hydroxy-5-methyl-,
– äthylester 2119
–, 5-Hydroxymethyl- 2120
– äthylester 2120
–, 5-Hydroxymethyl-3,4-dimethyl- 2127
–, 3-Hydroxy-1-methyl-5-phenyl-,
– methylester 2313
–, 4-[3-Hydroxy-propyl]-3,5-dimethyl-,
– äthylester 2131
–, 4-Isopropyl-3-[4-nitro-benzoyloxy]-,
– äthylester 2126
–, 4-Isopropyl-3-oxo-2,3-dihydro-,
– äthylester 2125
– isopropylidenhydrazid 2126
–, 4-Isopropyl-3-[toluol-4-sulfonyloxy]-,
– äthylester 2126
–, 4-Mercapto-3,5-dimethyl-,
– äthylester 2122
– methylester 2122
–, 4-Methoxy- 2114
–, 4-[1-Methoxy-äthyl]-3,5-dimethyl-,
– äthylester 2131
–, 3-Methoxy-5-methyl-,
– äthylester 2120
–, 4-Methoxymethyl-3,5-dimethyl-,
– äthylester 2127
–, 5-Methoxymethyl-3,4-dimethyl-,
– äthylester 2127
–, 5-Methoxy-4-phenyl- 2312
– methylester 2312
–, 4-Methyl-3-[4-nitro-benzoyloxy]-,
– äthylester 2119
–, 4-Methyl-3-oxo-2,3-dihydro-,
– äthylester 2119
–, 5-Methyl-3-oxo-2,3-dihydro-,
– äthylester 2119
–, 1-Methyl-3-oxo-5-phenyl-2,3-dihydro-,
– methylester 2313
–, 4-Oxo-4,5-dihydro- 2114
–, 3,5,3′,5′-Tetramethyl-4,4′-diselandiyl-bis- 2123
– diäthylester 2123
–, 3,5,3′,5′-Tetramethyl-4,4′-disulfandiyl-bis-,
– diäthylester 2123
–, 3,5,3′,5′-Tetramethyl-4,4′-sulfandiyl-bis- 2122
– diäthylester 2122
–, 5-Thiocyanato-,
– methylester 2115
Pyrrol-3-carbonsäure
–, 5-Acetoxy-,
– äthylester 2116
–, 4-Acetoxy-5-[4-acetoxy-benzyliden]-2-methyl-5*H*-,
– äthylester 2543
–, 4-Acetoxy-1-acetyl-2-methyl-,
– äthylester 2119
–, 5-Acetoxy-1-äthyl-,
– äthylester 2116
–, 4-Acetoxy-1,5-diacetyl-2-methyl-,
– äthylester 2119
–, 4-Acetoxy-2,5-dimethyl-1-phenyl- 2125
–, 4-Acetoxy-2-methyl-,
– äthylester 2119
–, 5-Acetoxy-2-methyl-,
– äthylester 2119
–, 4-Acetoxy-2-methyl-1-phenyl-,
– methylester 2119
–, 5-Acetylmercapto-2,4-dimethyl-,
– äthylester 2121
–, 2-Äthoxycarbonylmethyl-4-[2,4-dihydroxy-phenyl]-,
– äthylester 2660
–, 2-Äthoxycarbonylmethyl-4-hydroxy-,
– äthylester 2575
–, 2-Äthoxycarbonylmethyl-5-[4-hydroxy-benzyl]-4-methyl-,
– äthylester 2623
–, 2-Äthoxycarbonylmethyl-4-[4-hydroxy-phenyl]-,
– äthylester 2619

Pyrrol-3,4-dicarbonitril
–, 2,5-Bis-äthylmercapto- 2649
–, 2,5-Bis-[2-chlor-äthansulfonyl]- 2649
–, 2,5-Bis-[2-hydroxy-äthylmercapto]- 2649
–, 2,5-Bis-methylmercapto- 2649
–, 2,5-Bis-[2-pyridinio-äthansulfonyl]- 2649
Pyrrol-1,2-dicarbonsäure
–, 3-Acetoxy-4-isopropyl-,
– 1,2-diäthylester 2126
–, 4-Äthoxy-,
– diäthylester 2115
–, 3-Äthoxycarbonyloxy-4-isopropyl-,
– diäthylester 2126
–, 3-Benzyloxy-4-isopropyl-,
– diäthylester 2126
–, 4-Methoxy-,
– diäthylester 2115
Pyrrol-1,3-dicarbonsäure
–, 4-Methoxy-2-phenyl-2,5-dihydro-,
– diäthylester 2233
–, 2-Methyl-4-[4-nitro-benzoyloxy]-2,5-dihydro-,
– diäthylester 2095
–, 4-[4-Nitro-benzoyloxy]-2,5-dihydro-,
– diäthylester 2093
–, 4-[4-Nitro-benzoyloxy]-2-phenyl-2,5-dihydro-,
– diäthylester 2234
Pyrrol-2,3-dicarbonsäure
–, 4-Äthyl-5-[4-hydroxy-benzyl]- 2623
– 3-äthylester 2623
–, 5-[4-Hydroxy-benzyl]-4-methyl- 2620
– 3-äthylester 2620
–, 5-[4-Hydroxy-benzyl]-4-propyl- 2624
– 3-äthylester 2624
–, 4-[4-Hydroxy-phenyl]-,
– 3-äthylester 2618
–, 4-Methyl-5-[2-methylmercapto-äthyl]- 2579
– 3-äthylester 2580
Pyrrol-2,4-dicarbonsäure
–, 5-[1-Acetoxy-äthyl]-3-methyl-,
– diäthylester 2580
–, 5-Äthoxymethyl-3-methyl-,
– 4-äthylester 2577
–, 5-Dibrommethyl-3-hydroxymethyl-,
– diäthylester 2577
–, 5-Dibrommethyl-5-hydroxy-3-methyl-5*H*-,
– diäthylester 2577
–, 5-[1-Hydroxy-äthyl]-3-methyl-,
– diäthylester 2580
–, 5-Hydroxy-3,5-dimethyl-5*H*-,
– diäthylester 2576
–, 5-Hydroxymethyl-1,3-dimethyl-,
– diäthylester 2578
–, 3-Hydroxymethyl-5-methyl-,
– diäthylester 2576
–, 5-Hydroxymethyl-3-methyl-,
– diäthylester 2577
–, 5-[1-Hydroxy-2-nitro-äthyl]-3-methyl-,
– diäthylester 2580
–, 3-Methyl-5-thiocyanatomethyl-,
– diäthylester 2578
Pyrrol-2,5-dicarbonsäure
–, 1-Äthyl-3,4-dihydroxy-,
– diäthylester 2649
–, 3,4-Diacetoxy-,
– dimethylester 2648
–, 3,4-Diacetoxy-1-phenyl-,
– dimethylester 2649
–, 3,4-Dihydroxy-,
– dimethylester 2648
–, 3,4-Dihydroxy-1-phenyl-,
– dimethylester 2649
–, 3-[1-Hydroxy-äthyl]-4-methyl- 2580
Pyrrolidin-2-carbonitril
–, 5-Äthoxy-1,2-diphenyl- 2202
–, 5-Äthoxy-3-methyl-1,2-diphenyl- 2207
–, 5-Hydroxy-5-methyl-1,2-diphenyl- 2207
–, 5-Hydroxy-5-methyl-3-[3-nitro-phenyl]-1,2-diphenyl- 2369
–, 5-Hydroxy-1-[2]naphthyl-2,3-diphenyl- 2368
–, 5-Hydroxy-1,2,3-triphenyl- 2368
–, 5-Hydroxy-1,2,3-triphenyl-5-styryl- 2441
–, 5-Methoxy-1,2-diphenyl- 2202
–, 5-Methoxy-3-methyl-1,2-diphenyl- 2207
–, 5-Methoxy-3-methyl-1-[1]naphthyl-2-phenyl- 2207
–, 5-Methoxy-3-methyl-2-phenyl-1-*p*-tolyl- 2207
–, 5-Methoxy-3-[2-nitro-phenyl]-1,2-diphenyl- 2368
–, 5-Methoxy-3-[4-nitro-phenyl]-1,2-diphenyl- 2368
Pyrrolidin-1-carbonsäure
–, 3-[1-Äthoxycarbonyl-2-hydroxy-äthyl]-,
– äthylester 2075
–, 2-Azidocarbonyl-4-hydroxy-,
– benzylester 2063
–, 2-Carbazoyl-4-hydroxy-,
– benzylester 2063
–, 2-Cyan-3-hydroxy-,
– äthylester 2045
–, 4-Hydroxy-2-[2]naphthylcarbamoyl-,
– benzylester 2061
–, 4-Hydroxy-2-phenylcarbamoyl-,
– benzylester 2060

Q

S

Salicylaldehyd (Fortsetzung)
– [4-hydroxy-6,8-dimethoxy-chinolin-3-carbonylhydrazon] 2608
– [4-hydroxy-6-methoxy-chinolin-3-carbonylhydrazon] 2519
– [4-hydroxy-8-methoxy-chinolin-3-carbonylhydrazon] 2523
Schwefligsäure
– bis-[3-carbamoyl-1-(2,6-dichlor-benzyl)-1,4-dihydro-[4]pyridylester] 2116
– bis-[5-carbamoyl-1-(2,6-dichlor-benzyl)-1,2,3,4-tetrahydro-[3]pyridylester] 2093
Sclerazinsäure 2533
12,13-Seco-dendroban-12-säure 2132
– methylester 2133
–, 13-Acetyl-,
– methylester 2133
6,7-Seco-morphinan-6,7-disäure
–, 1-Brom-3,4-dimethoxy-17-methyl- 2657
–, 3,4-Dimethoxy-17-methyl- 2657
3,4-Seco-morphin-7-en-3,4-disäure
–, 6-Chlor-5-hydroxy-17-methyl- 2615
12,13-Seco-14-nor-dendroban-12-säure 2132
26,28-Seco-solanidan-26-säure
–, 3-Hydroxy- 2211
–, 3-Hydroxy-28-nitroso- 2211
Sinomeninsäure
–, *O*-Methyl- 2657
Skimmianinsäure 2655
– methylester 2656
Spiro[indolin-3,2′-oxiran]-7-carbonsäure
–, 2-Oxo-,
– methylester 2526
Stachydrin-a
–, 3-Hydroxy- 2045
Stachydrin-b
–, 3-Hydroxy- 2045
Sulfanilsäure
–, *N*-[6-Methoxy-chinolin-4-carbonyl]-,
– amid 2300
Sulfid
–, Bis-[3-(2-äthoxycarbonyl-äthyl)-5-cyan-4-methyl-pyrrol-2-yl]- 2579
–, Bis-[5-äthoxycarbonyl-3-(2-carboxy-äthyl)-4-methyl-pyrrol-2-yl]- 2579
–, Bis-[4-äthoxycarbonyl-3,5-dimethyl-pyrrol-2-yl]- 2121
–, Bis-[5-äthoxycarbonyl-2,4-dimethyl-pyrrol-3-yl]- 2122
–, Bis-[3-äthoxycarbonyl-4-hydroxy-[6]chinolyl]- 2521
–, Bis-[2-äthoxycarbonyl-indol-3-yl]- 2214
–, Bis-[3-(2-carboxy-äthyl)-5-cyan-4-methyl-pyrrol-2-yl]- 2579
–, Bis-[5-carboxy-3-(2-carboxy-äthyl)-4-methyl-pyrrol-2-yl]- 2579
–, Bis-[6-carboxy-[5]chinolyl]- 2307
–, Bis-[5-carboxy-2,4-dimethyl-pyrrol-3-yl]- 2122
–, Bis-[3-carboxy-4-hydroxy-[6]chinolyl]- 2520
–, Bis-[2-carboxy-indol-3-yl]- 2214
Sulfon
–, Bis-[3-carboxymethyl-2-methyl-indol-5-yl]- 2238

T

Thioisonicotinsäure
–, 2-[1-Acetoxy-äthyl]-,
– amid 2179
–, 2-Acetoxymethyl-,
– amid 2173
–, 2-[1-Acetoxy-propyl]-,
– amid 2186
–, 2-[1-Hydroxy-äthyl]-,
– amid 2179
Thionicotinsäure
–, 5-Brom-6-mercapto-,
– amid 2154
–, 5-Chlor-6-mercapto-,
– amid 2154
–, 5-Jod-6-mercapto-,
– amid 2154
–, 6-Mercapto-,
– amid 2154
Tropan-3-carbonitril
–, 3-Hydroxy- 2108
Tropan-2-carbonsäure
–, 3-Acetoxy- 2098
–, 3-Benzoyloxy- 2098
– diäthylamid 2105
– methylester 2100
– propylester 2104
–, 3-[α-^{14}C]Benzoyloxy-,
– methylester 2101
–, 3-[9-Chlor-fluoren-9-carbonyloxy]-,
– methylester 2104
–, 3-[3,4-Dimethyl-benzoyloxy]-,
– methylester 2104
–, 3-[Furan-2-carbonyloxy]-,
– methylester 2104
–, 3-Hydroxy- 2096
– äthylester 2104
– methylester 2098
–, 3-[9-Hydroxy-fluoren-9-carbonyloxy]-,
– methylester 2104
Tropan-3-carbonsäure
–, 3-Acetoxy-,
– methylester 2107

U

V

W

X

Formelregister

Im Formelregister sind die Verbindungen entsprechend dem System von *Hill* (Am. Soc. **22** [1900] 478)

1. nach der Anzahl der C-Atome,
2. nach der Anzahl der H-Atome,
3. nach der Anzahl der übrigen Elemente

in alphabetischer Reihenfolge angeordnet. Isomere sind in Form des „Registernamens“ (s. diesbezüglich die Erläuterungen zum Sachregister) in alphabetischer Reihenfolge aufgeführt. Verbindungen unbekannter Konstitution finden sich am Schluss der jeweiligen Isomeren-Reihe.

Formula Index

Compounds are listed in the Formula Index using the system of *Hill* (Am. Soc. **22** [1900] 478), following:

1. the number of Carbon atoms,
2. the number of Hydrogen atoms,
3. the number of other elements,

in alphabetical order. Isomers are listed in the alphabetical order of their Index Names (see foreword to Subject Index), and isomers of undetermined structure are located at the end of the particular isomer listing.

C_2

$[C_2H_5Hg]^+$
Äthylquecksilber(1+) 2151
$[C_2H_5Hg]C_6H_4NO_2S$ 2151

C_3

$[C_3H_7Hg]^+$
Propylquecksilber(1+) 2151
$[C_3H_7Hg]C_6H_4NO_2S$ 2151

C_4

$[C_4H_9Hg]^+$
Butylquecksilber(1+) 2151
$[C_4H_9Hg]C_6H_4NO_2S$ 2151

C_5

$C_5H_5NO_3$
Pyrrol-2-carbonsäure, 4-Hydroxy- 2114
$C_5H_7NO_3$
Pyrrol-2-carbonsäure, 4-Hydroxy-3,4-dihydro-2*H*- 2093
$C_5H_8N_2O_4$
Prolin, 4-Hydroxy-1-nitroso- 2066
$C_5H_9NO_3$
Prolin, 4-Hydroxy- 2045
$C_5H_9NO_6S$
Prolin, 4-Hydroxy-1-sulfo- 2066
$C_5H_{10}NO_6P$
Prolin, 4-Phosphonooxy- 2050
$C_5H_{10}N_2O_2$
Prolin, 4-Hydroxy-, amid 2051

C_6

$C_6H_2Cl_2N_2O$
Nicotinonitril, 4,6-Dichlor-2-hydroxy- 2143

$C_6H_2Cl_2N_2S$
Nicotinonitril, 4,6-Dichlor-2-mercapto- 2145
$C_6H_2Cl_3NO_3$
Pyridin-2-carbonsäure, 3,4,5-Trichlor-6-hydroxy- 2139
$C_6H_3Br_2NO_3$
Pyridin-2-carbonsäure, 3,5-Dibrom-4-hydroxy- 2137
$C_6H_3ClN_2O_2$
Nicotinonitril, 6-Chlor-2,4-dihydroxy- 2458
$C_6H_3Cl_2NO_3$
Pyridin-2-carbonsäure, 3,5-Dichlor-4-hydroxy- 2137
—, 4,5-Dichlor-6-hydroxy- 2139
$C_6H_3I_2NO_3$
Nicotinsäure, 6-Hydroxy-2,5-dijod- 2150
Pyridin-2-carbonsäure, 4-Hydroxy-3,5-dijod- 2137
—, 6-Hydroxy-3,5-dijod- 2139
$C_6H_3N_3O_3$
Nicotinonitril, 2-Hydroxy-5-nitro- 2143
$C_6H_4BrNO_2S$
Nicotinsäure, 5-Brom-6-mercapto- 2153
$C_6H_4ClNO_2S$
Nicotinsäure, 5-Chlor-6-mercapto- 2153
$C_6H_4ClNO_3$
Pyridin-2-carbonsäure, 4-Chlor-6-hydroxy- 2139
$C_6H_4ClNO_4$
Nicotinsäure, 6-Chlor-2,4-dihydroxy- 2457
$C_6H_4FNO_3$
Nicotinsäure, 5-Fluor-6-hydroxy- 2150
$C_6H_4INO_2S$
Nicotinsäure, 5-Jod-6-mercapto- 2154
$C_6H_4N_2O$
Nicotinonitril, 2-Hydroxy- 2142
—, 6-Hydroxy- 2149
$C_6H_4N_2O_2$
Nicotinonitril, 2,4-Dihydroxy- 2457
$C_6H_4N_2O_3$
Nicotinonitril, 2,4,6-Trihydroxy- 2574
$C_6H_4N_2O_5$
Nicotinsäure, 2-Hydroxy-5-nitro- 2143
—, 6-Hydroxy-5-nitro- 2151
$C_6H_4N_2O_6$
Nicotinsäure, 4,6-Dihydroxy-5-nitro- 2458
$C_6H_4N_2S$
Nicotinonitril, 6-Mercapto- 2152
$C_6H_4N_4O_2$
Isonicotinoylazid, 2-Hydroxy- 2159
Pyridin-2-carbonylazid, 5-Hydroxy- 2138
$C_6H_5BrN_2S_2$
Thionicotinsäure, 5-Brom-6-mercapto-, amid 2154
$C_6H_5ClN_2S_2$
Thionicotinsäure, 5-Chlor-6-mercapto-, amid 2154
$C_6H_5IN_2S_2$
Thionicotinsäure, 5-Jod-6-mercapto-, amid 2154
$C_6H_5NO_2S$
Isonicotinsäure, 2-Mercapto- 2162
—, 3-Mercapto- 2165
Nicotinsäure, 2-Mercapto- 2143
—, 4-Mercapto- 2146
—, 6-Mercapto- 2151
Pyridin-2-carbonsäure, 3-Mercapto- 2135
$C_6H_5NO_3$
Isonicotinsäure, 2-Hydroxy- 2154
—, 3-Hydroxy- 2164
Nicotinsäure, 2-Hydroxy- 2139
—, 4-Hydroxy- 2145
—, 5-Hydroxy- 2147
—, 6-Hydroxy- 2147
Pyridin-2-carbonsäure, 3-Hydroxy- 2134
—, 4-Hydroxy- 2136
—, 5-Hydroxy- 2137
—, 6-Hydroxy- 2138
$C_6H_5NO_3S$
Isonicotinsäure, 2-Mercapto-1-oxy- 2163
$C_6H_5NO_4$
Isonicotinsäure, 2,6-Dihydroxy- 2459
Nicotinsäure, 2,4-Dihydroxy- 2457
—, 2,6-Dihydroxy- 2458
Pyridin-2-carbonsäure, 4,5-Dihydroxy- 2455
—, 4,6-Dihydroxy- 2457
—, 5,6-Dihydroxy- 2457
$C_6H_6N_2OS$
Nicotinsäure, 6-Mercapto-, amid 2152
$C_6H_6N_2O_2$
Nicotinsäure, 2-Hydroxy-, amid 2140
—, 4-Hydroxy-, amid 2145
—, 6-Hydroxy-, amid 2148
Pyridin-2-carbonsäure, 3-Hydroxy-, amid 2134
—, 6-Hydroxy-, amid 2139
$C_6H_6N_2O_2S$
Isonicotinsäure, 2-Mercapto-1-oxy-, amid 2164
$C_6H_6N_2O_3$
Isonicotinsäure, 2,6-Dihydroxy-, amid 2465
$C_6H_6N_2O_3S$
Isonicotinohydroxamsäure, 2-Mercapto-1-oxy- 2164
$C_6H_6N_2O_4$
Nicotinsäure, 2,4,6-Trihydroxy-, amid 2574
$C_6H_6N_2S_2$
Thionicotinsäure, 6-Mercapto-, amid 2154
$C_6H_7NO_3$
Pyrrol-2-carbonsäure, 5-Hydroxymethyl- 2120
—, 4-Methoxy- 2114

$C_6H_7NO_3$ (Fortsetzung)
Pyrrol-3-carbonsäure, 4-Hydroxy-2-methyl- 2117
$C_6H_7N_3OS$
Isonicotinsäure, 3-Mercapto-, hydrazid 2165
Nicotinsäure, 2-Mercapto-, hydrazid 2144
–, 4-Mercapto-, hydrazid 2147
Pyridin-2-carbonsäure, 3-Mercapto-, hydrazid 2136
$C_6H_7N_3O_2$
Isonicotinsäure, 2-Hydroxy-, hydrazid 2157
–, 3-Hydroxy-, hydrazid 2165
Nicotinsäure, 4-Hydroxy-, hydrazid 2146
Pyridin-2-carbonsäure, 4-Hydroxy-, hydrazid 2136
–, 5-Hydroxy-, hydrazid 2138
$C_6H_7N_3O_2S$
Isonicotinsäure, 2-Mercapto-1-oxy-, hydrazid 2164
$C_6H_7N_3O_3$
Isonicotinsäure, 2,6-Dihydroxy-, hydrazid 2465
Pyridin-2-carbonsäure, 4,5-Dihydroxy-, hydrazid 2456
$C_6H_7N_3S$
Nicotinamidin, 6-Mercapto- 2153
$C_6H_{11}NO_2S$
Prolin, 4-Methylmercapto- 2066
$C_6H_{11}NO_3$
Piperidin-2-carbonsäure, 3-Hydroxy- 2067
–, 4-Hydroxy- 2067
–, 5-Hydroxy- 2068
Prolin, 4-Hydroxy-, methylester 2050
–, 4-Hydroxymethyl- 2072
–, 4-Methoxy- 2049
$C_6H_{11}N_3O_3$
Prolin, 1-Carbamimidoyl-4-hydroxy- 2059

C_7

$C_7HCl_2I_2NO_3$
Pyridin-2,6-dicarbonylchlorid, 4-Hydroxy-3,5-dijod- 2589
$C_7H_3I_2NO_5$
Pyridin-2,6-dicarbonsäure, 4-Hydroxy-3,5-dijod- 2586
$C_7H_3N_7O_3$
Pyridin-2,6-dicarbonylazid, 4-Hydroxy-2586
$C_7H_4BrNO_5$
Pyridin-2,3-dicarbonsäure, 5-Brom-6-hydroxy- 2582
$C_7H_4BrNO_6$
Pyridin-2,3-dicarbonsäure, 5-Brom-4,6-dihydroxy- 2650
$C_7H_4ClNO_5$
Pyridin-2,3-dicarbonsäure, 5-Chlor-6-hydroxy- 2582
$C_7H_4Cl_2N_2O$
Nicotinonitril, 2,4-Dichlor-5-hydroxy-6-methyl- 2173
$C_7H_4Cl_3NO_3$
Pyridin-2-carbonsäure, 3,4,5-Trichlor-6-hydroxy-, methylester 2139
$C_7H_4INO_5$
Pyridin-2,3-dicarbonsäure, 6-Hydroxy-5-jod- 2583
$C_7H_5ClN_2O_3$
Nicotinonitril, 6-Chlor-2,4-dihydroxy-5-hydroxymethyl- 2575
$C_7H_5Cl_2NO_3$
Pyridin-2-carbonsäure, 4,6-Dichlor-5-methoxy- 2138
$C_7H_5NO_5$
Pyridin-2,5-dicarbonsäure, 6-Hydroxy-2583
Pyridin-2,6-dicarbonsäure, 3-Hydroxy-2583
–, 4-Hydroxy- 2583
Pyridin-3,4-dicarbonsäure, 5-Hydroxy-2589
Pyridin-3,5-dicarbonsäure, 4-Hydroxy-2589
$C_7H_5NO_6$
Pyridin-2,3-dicarbonsäure, 4,6-Dihydroxy-2650
$C_7H_5N_3O_3$
Nicotinonitril, 2-Hydroxy-6-methyl-5-nitro- 2175
$C_7H_5N_3O_4$
Nicotinonitril, 2,4-Dihydroxy-6-methyl-5-nitro- 2469
$C_7H_5N_3O_7$
Pyridin-2-carbonsäure, 4-Hydroxy-6-methyl-3,5-dinitro- 2175
$C_7H_6BrNO_4$
Nicotinsäure, 5-Brom-2,4-dihydroxy-6-methyl- 2467
$C_7H_6ClNO_3$
Isonicotinsäure, 2-Chlor-6-methoxy- 2159
Nicotinsäure, 5-Chlor-6-hydroxy-, methylester 2150
Pyridin-2-carbonsäure, 3-Chlor-6-methoxy-2139
$C_7H_6ClNO_4$
Nicotinsäure, 6-Chlor-2,4-dihydroxy-, methylester 2458
$C_7H_6INO_4$
Nicotinsäure, 2,4-Dihydroxy-5-jod-6-methyl- 2468
$C_7H_6N_2O$
Acetonitril, Hydroxy-[2]pyridyl- 2168
–, Hydroxy-[3]pyridyl- 2169
–, Hydroxy-[4]pyridyl- 2170

$C_7H_6N_2O$ (Fortsetzung)
Acetonitril, [5-Hydroxy-[3]pyridyl]- 2169
Isonicotinonitril, 2-Methoxy- 2157
Nicotinonitril, 2-Hydroxy-6-methyl- 2174
—, 2-Methoxy- 2142
—, 4-Methoxy- 2146
—, 6-Methoxy- 2149

$C_7H_6N_2O_2$
Acetonitril, Hydroxy-[1-oxy-[2]pyridyl]- 2168
—, Hydroxy-[1-oxy-[3]pyridyl]- 2169
—, Hydroxy-[1-oxy-[4]pyridyl]- 2170
Nicotinonitril, 2,6-Dihydroxy-4-methyl- 2469

$C_7H_6N_2O_2S$
Nicotinonitril, 6-Methansulfonyl- 2152
Pyrrol-2-carbonsäure, 5-Thiocyanato-, methylester 2115

$C_7H_6N_2O_3$
Nicotinonitril, 2,4,5-Trihydroxy-6-methyl- 2574

$C_7H_6N_2O_5$
Nicotinsäure, 2-Hydroxy-6-methyl-5-nitro- 2175
—, 6-Hydroxy-5-nitro-, methylester 2151

$C_7H_6N_2O_6$
Nicotinsäure, 2,4-Dihydroxy-6-methyl-5-nitro- 2468

$C_7H_6N_2S$
Nicotinonitril, 6-Methylmercapto- 2152

$C_7H_6N_4O_2$
Nicotinoylazid, 2-Hydroxy-6-methyl- 2174

$C_7H_6N_4O_3$
Pyridin-2-carbonylazid, 4-Hydroxy-5-methoxy- 2456

$C_7H_6N_4S$
Isothioharnstoff, *S*-[5-Cyan-[2]pyridyl]- 2153

$C_7H_7NO_2S$
Nicotinsäure, 2-Mercapto-, methylester 2144
—, 4-Mercapto-, methylester 2146

$C_7H_7NO_3$
Essigsäure, Hydroxy-[2]pyridyl- 2167
—, [2-Hydroxy-[3]pyridyl]- 2168
—, Hydroxy-[3]pyridyl- 2169
—, [5-Hydroxy-[3]pyridyl]- 2168
Isonicotinsäure, 2-Hydroxy-, methylester 2155
—, 3-Hydroxy-, methylester 2164
—, 2-Hydroxy-6-methyl- 2172
—, 2-Methoxy- 2154
Nicotinsäure, 2-Hydroxy-, methylester 2140
—, 4-Hydroxy-, methylester 2145
—, 6-Hydroxy-, methylester 2147
—, 2-Hydroxy-6-methyl- 2173
—, 4-Hydroxy-5-methyl- 2176
—, 4-Hydroxy-6-methyl- 2173
—, 6-Hydroxy-2-methyl- 2171
Pyridin-2-carbonsäure, 3-Hydroxy-, methylester 2134
—, 5-Hydroxy-, methylester 2137
—, 6-Hydroxy-, methylester 2138
—, 3-Hydroxy-6-methyl- 2175
—, 5-Hydroxy-6-methyl- 2175
—, 6-Hydroxymethyl- 2175
—, 6-Hydroxy-3-methyl- 2170
—, 5-Methoxy- 2137
Pyridin-x-carbonsäure, 3-Hydroxy-5-methyl- 2176

$C_7H_7NO_3S$
Isonicotinsäure, 2-Mercapto-1-oxy-, methylester 2163

$C_7H_7NO_4$
Nicotinsäure, 4-Methoxy-1-oxy- 2146
Pyridin-2-carbonsäure, 4,5-Dihydroxy-, methylester 2455
—, 4-Hydroxy-5-methoxy- 2455
—, 6-Hydroxymethyl-1-oxy- 2176

$C_7H_7N_3O_3$
Pyridin-3,5-dicarbonsäure, 4-Hydroxy-, diamid 2589

$C_7H_7N_3O_5$
Nicotinsäure, 2,4-Dihydroxy-6-methyl-5-nitro-, amid 2468

$C_7H_8ClN_3O_2$
Isonicotinsäure, 2-Chlor-6-methoxy-, hydrazid 2161

$C_7H_8N_2OS$
Nicotinsäure, 6-Methylmercapto-, amid 2152

$C_7H_8N_2O_2$
Essigsäure, Hydroxy-[3]pyridyl-, amid 2169
—, Hydroxy-[4]pyridyl-, amid 2170
—, [6-Hydroxy-[2]pyridyl]-, amid 2166
Isonicotinsäure, 2-Hydroxymethyl-, amid 2173
Nicotinsäure, 2-Methoxy-, amid 2141

$C_7H_8N_2O_3$
Nicotinsäure, 2,4-Dihydroxy-6-methyl-, amid 2467
—, 2,6-Dihydroxy-4-methyl-, amid 2469
—, 4-Methoxy-1-oxy-, amid 2146

$C_7H_8N_2O_3S$
Nicotinsäure, 6-Methansulfonyl-, amid 2152

$C_7H_8N_4OS$
Isothioharnstoff, *S*-[5-Carbamoyl-[2]pyridyl]- 2152

$C_7H_8N_4O_5$
Nicotinsäure, 2,4-Dihydroxy-6-methyl-5-nitro-, hydrazid 2469

$C_7H_9NO_3$
Pyrrol-2-carbonsäure, 4-Äthoxy- 2115
$C_7H_9N_3O$
Nicotinamidin, 6-Methoxy- 2150
$C_7H_9N_3O_2$
Isonicotinsäure, 2-Hydroxy-6-methyl-, hydrazid 2172
–, 2-Methoxy-, hydrazid 2157
Nicotinsäure, 2-Hydroxy-6-methyl-, hydrazid 2174
Pyridin-2-carbonsäure, 6-Hydroxymethyl-, hydrazid 2176
–, 4-Methoxy-, hydrazid 2136
$C_7H_9N_3O_2S$
Nicotinamidin, 6-Methansulfonyl- 2153
$C_7H_9N_3O_3$
Pyridin-2-carbonsäure, 4-Hydroxy-5-methoxy-, hydrazid 2456
$C_7H_9N_3O_4$
Prolin, 4-Diazoacetoxy- 2049
$C_7H_9N_3S$
Nicotinamidin, 6-Methylmercapto- 2153
$C_7H_9N_5O_3$
Pyridin-2,6-dicarbonsäure, 4-Hydroxy-, dihydrazid 2586
Pyridin-3,5-dicarbonsäure, 4-Hydroxy-, dihydazid 2589
$C_7H_9N_5O_4$
Pyridin-2,6-dicarbonsäure, 3,4-Dihydroxy-, dihydrazid 2650
$C_7H_{11}NO_3$
Pyrrol-2-carbonsäure, 4-Äthoxy-2,3-dihydro- 2092
–, 4-Äthoxy-2,5-dihydro- 2092
$C_7H_{11}NO_4$
Prolin, 4-Acetoxy- 2049
–, 1-Acetyl-4-hydroxy- 2055
$C_7H_{12}N_2O$
Piperidin-4-carbonitril, 4-Hydroxy-1-methyl- 2072
$C_7H_{12}N_2O_4$
Glycin, *N*-[4-Hydroxy-prolyl]- 2051
Prolin, 1-Glycyl-4-hydroxy- 2063
$C_7H_{13}NO_3$
Piperidin-3-carbonsäure, 4-Hydroxy-1-methyl- 2070
Prolin, 4-Hydroxy-, äthylester 2050
–, 4-Hydroxy-1-methyl-, methylester 2053
Pyrrolidinium, 2-Carboxy-3-hydroxy-1,1-dimethyl-, betain 2045
–, 2-Carboxy-4-hydroxy-1,1-dimethyl-, betain 2053
$C_7H_{13}NO_4$
Piperidin-2-carbonsäure, 4,5-Dihydroxy-1-methyl- 2454
$[C_7H_{14}NO_3]^+$
Pyrrolidinium, 2-Carboxy-3-hydroxy-1,1-dimethyl- 2045
$[C_7H_{14}NO_3]Cl$ 2045
$[C_7H_{14}NO_3]C_6H_2N_3O_7$ 2045
–, 2-Carboxy-4-hydroxy-1,1-dimethyl- 2053
$[C_7H_{14}NO_3]AuCl_4$ 2053
$C_7H_{14}N_2O_2$
Piperidin-3-carbonsäure, 4-Hydroxy-1-methyl-, amid 2071

C_8

$C_8H_4N_4O_3$
Pyridin-3,4-dicarbonitril, 2-Hydroxy-6-methyl-5-nitro- 2597
$C_8H_5Cl_2NO_3$
Pyridin-2,6-dicarbonylchlorid, 4-Methoxy- 2585
$C_8H_5I_2NO_5$
Pyridin-2,6-dicarbonsäure, 3,5-Dijod-4-methoxy- 2587
$C_8H_5N_3O$
Pyridin-3,4-dicarbonitril, 2-Hydroxy-6-methyl- 2597
–, 5-Hydroxy-6-methyl- 2594
$C_8H_6ClNO_5$
Pyridin-3,4-dicarbonsäure, 2-Chlor-5-hydroxy-6-methyl- 2595
$C_8H_6N_2O_3$
Isonicotinsäure, 3-Cyan-2-hydroxy-6-methyl- 2595
$C_8H_6N_2O_4$
Nicotinsäure, 5-Cyan-6-hydroxy-2-methoxy- 2652
$C_8H_7ClN_2O$
Isonicotinonitril, 5-Chlormethyl-3-hydroxy-2-methyl- 2182
Nicotinonitril, 5-Chlor-2-hydroxy-4,6-dimethyl- 2183
$C_8H_7Cl_2NO_3$
Pyridin-2-carbonsäure, 4,6-Dichlor-5-methoxy-, methylester 2138
$C_8H_7NO_4$
Isonicotinsäure, 3-Acetoxy- 2164
$C_8H_7NO_4S$
Nicotinsäure, 2-Carboxymethylmercapto- 2143
$C_8H_7NO_5$
Pyridin-2,3-dicarbonsäure, 5-Hydroxy-6-methyl- 2591
Pyridin-2,5-dicarbonsäure, 6-Hydroxy-, monomethylester 2583
Pyridin-2,6-dicarbonsäure, 4-Methoxy- 2584
Pyridin-3,4-dicarbonsäure, 2-Hydroxy-6-methyl- 2595

$C_8H_9NO_4$ (Fortsetzung)
Nicotinsäure, 2-Hydroxy-4-hydroxymethyl-6-methyl- 2473
–, 2-Hydroxy-6-hydroxymethyl-4-methyl- 2472
–, 5-Hydroxy-4-hydroxymethyl-6-methyl- 2471
–, 4-Methoxy-1-oxy-, methylester 2146
Propionsäure, 3-[2,6-Dihydroxy-[4]pyridyl]- 2469
Pyridin-2-carbonsäure, 4,5-Dihydroxy-, äthylester 2456
–, 4,6-Dihydroxy-, äthylester 2457
–, 5,6-Dimethoxy- 2457
–, 4-Hydroxy-5-methoxy-, methylester 2455

$C_8H_9NO_6$
Pyrrol-2,5-dicarbonsäure, 3,4-Dihydroxy-, dimethylester 2648

$C_8H_9N_3O_3$
Pyridin-2,6-dicarbonsäure, 4-Methoxy-, diamid 2585
Pyridin-3,4-dicarbonsäure, 5-Hydroxy-6-methyl-, diamid 2593
Pyridin-3,5-dicarbonsäure, 4-Hydroxy-2-methyl-, diamid 2590

$C_8H_9N_3O_3S$
Isonicotinsäure, 2-Carbamimidoylmercapto-1-oxy-, methylester 2163

$C_8H_9N_3O_4$
Nicotinsäure, 2-Hydroxy-4,6-dimethyl-5-nitro-, amid 2184

$C_8H_9N_3O_5$
Nicotinsäure, 2-Hydroxy-4-hydroxymethyl-6-methyl-5-nitro-, amid 2475

$C_8H_{10}ClN_3O_2$
Isonicotinsäure, 2-Äthoxy-6-chlor-, hydrazid 2161

$C_8H_{10}NO_7P$
Isonicotinsäure, 3-Hydroxy-2-methyl-5-phosphonooxymethyl- 2470

$C_8H_{10}N_2OS$
Thioisonicotinsäure, 2-[1-Hydroxy-äthyl]-, amid 2179

$C_8H_{10}N_2O_2$
Isonicotinsäure, 2-[1-Hydroxy-äthyl]-, amid 2179
Nicotinsäure, 6-Hydroxy-, äthylamid 2148
–, 2-[2-Hydroxy-äthyl]-, amid 2178
–, 4-[2-Hydroxy-äthyl]-, amid 2180
–, 2-Hydroxy-4,6-dimethyl-, amid 2182
–, 2-Hydroxy-5,6-dimethyl-, amid 2181
–, 6-Hydroxy-2,4-dimethyl-, amid 2180

$C_8H_{10}N_2O_3$
Isonicotinsäure, 3-Hydroxy-5-hydroxymethyl-2-methyl-, amid 2470
Nicotinsäure, 2-Hydroxy-4-hydroxymethyl-6-methyl-, amid 2474

$C_8H_{10}N_2O_4$
Isonicotinohydroxamsäure, 2,6-Dimethoxy- 2465

$C_8H_{11}NO_2S$
Pyrrol-2-carbonsäure, 4-Mercapto-3,5-dimethyl-, methylester 2122

$C_8H_{11}NO_3$
Pyrrol-2-carbonsäure, 4-Äthoxy-, methylester 2115
–, 3-Hydroxy-4-methyl-, äthylester 2119
–, 3-Hydroxy-5-methyl-, äthylester 2119
–, 5-Hydroxymethyl-, äthylester 2120
–, 5-Hydroxymethyl-3,4-dimethyl- 2127
Pyrrol-3-carbonsäure, 4-Hydroxy-2-methyl-, äthylester 2117
–, 2-Methyl-4-oxo-4,5-dihydro-, äthylester 2117

$C_8H_{11}NO_4$
Verbindung $C_8H_{11}NO_4$ aus 5-Methoxy-6-methyl-pyridin-3,4-dicarbonsäure 2592

$C_8H_{11}N_3OS$
Isonicotinsäure, 2-Äthylmercapto-, hydrazid 2162
Nicotinsäure, 6-Äthylmercapto-, hydrazid 2153

$C_8H_{11}N_3O_2$
Isonicotinsäure, 2-Äthoxy-, hydrazid 2158
Nicotinsäure, 2-Hydroxy-4,6-dimethyl-, hydrazid 2183

$C_8H_{11}N_3O_3$
Isonicotinsäure, 2,6-Dimethoxy-, hydrazid 2466
–, 3-Hydroxy-5-hydroxymethyl-2-methyl-, hydrazid 2471

$C_8H_{11}N_3O_3S$
Isonicotinsäure, 2-Äthansulfonyl-, hydrazid 2162

$C_8H_{11}N_5O_3$
Pyridin-2,6-dicarbonsäure, 4-Methoxy-, dihydrazid 2586

$C_8H_{12}N_2O$
Chinuclidin-3-carbonitril, 3-Hydroxy- 2109
Nortropan-3-carbonitril, 3-Hydroxy- 2107

$C_8H_{12}N_2O_3$
Pyrrolidin-1-carbonsäure, 2-Cyan-3-hydroxy-, äthylester 2045

$C_8H_{13}NO_3$
Chinuclidin-3-carbonsäure, 3-Hydroxy- 2109
Nortropan-2-carbonsäure, 3-Hydroxy- 2096
$C_8H_{13}NO_4$
Prolin, 1-Acetyl-4-hydroxy-, methylester 2056
–, 1-Acetyl-4-methoxy- 2055
$C_8H_{13}NO_5$
Prolin, 1-Äthoxycarbonyl-4-hydroxy- 2058
$C_8H_{14}Cl_2N_2O_5$
Verbindung $C_8H_{14}Cl_2N_2O_5$ aus Hydroxy-[2]pyridyl-acetonitril 2168
$C_8H_{14}N_2O$
Piperidin-4-carbonitril, 4-Hydroxy-2,5-dimethyl- 2079
$C_8H_{14}N_2O_3$
Prolin, 1-Acetyl-4-hydroxy-, methylamid 2057
$C_8H_{14}N_2O_4$
Alanin, *N*-[4-Hydroxy-prolyl]- 2052
Glycin, *N*-[4-Methoxy-prolyl]- 2053
Prolin, 1-Glycyl-4-methoxy- 2064
$C_8H_{15}NO_3$
Piperidin-3-carbonsäure, 4-Hydroxy-1-methyl-, methylester 2070
Piperidin-4-carbonsäure, 4-Hydroxy-2,5-dimethyl- 2079
Piperidinium, 2-Carboxy-5-hydroxy-1,1-dimethyl-, betain 2069
Prolin, 4-Methoxy-, äthylester 2051
Propionsäure, 2-Hydroxy-3-[4]piperidyl- 2075
Pyrrolidin-2-carbonsäure, 3-Hydroxy-4-isopropyl- 2087
$[C_8H_{16}NO_3]^+$
Pyrrolidinium, 4-Hydroxy-2-methoxycarbonyl-1,1-dimethyl- 2054
$[C_8H_{16}NO_3][C_{24}H_{20}B]$ 2054

C_9

$C_9H_6BrNO_3$
Indolin-2-carbonsäure, 6-Brom-3-hydroxy- 2213
$C_9H_7BrN_2O$
Nicotinonitril, 6-[3-Brom-propenyl]-2-hydroxy- 2197
$C_9H_7ClN_2O_4$
Nicotinonitril, 5-Acetoxymethyl-6-chlor-2,4-dihydroxy- 2575
$C_9H_7Cl_2NO_2$
Isonicotinoylchlorid, 2-Allyloxy-6-chlor- 2160
$C_9H_7Cl_2NO_3$
Pyridin-2,6-dicarbonylchlorid, 4-Äthoxy- 2585
$C_9H_7I_2NO_5$
Pyridin-2,6-dicarbonsäure, 4-Äthoxy-3,5-dijod- 2587
–, 4-Hydroxy-3,5-dijod-, dimethylester 2587
$C_9H_7NO_3$
Indol-2-carbonsäure, 5-Hydroxy- 2215
–, 6-Hydroxy- 2217
–, 7-Hydroxy- 2217
Indol-3-carbonsäure, 5-Hydroxy- 2219
$C_9H_7NO_4$
Indol-2-carbonsäure, 5,6-Dihydroxy- 2489
$C_9H_7NO_7$
Pyridin-2,3,4-tricarbonsäure, 5-Hydroxy-6-methyl- 2676
$C_9H_7N_3O$
Pyridin-3,4-dicarbonitril, 5-Methoxy-6-methyl- 2594
$C_9H_7N_3O_2$
Pyridin, 2,6-Bis-[cyan-hydroxy-methyl]- 2653
$C_9H_7N_3O_5$
Isonicotinsäure, 3-Cyan-2-hydroxy-6-methyl-5-nitro-, methylester 2597
$C_9H_8BrNO_5$
Pyridin-2,3-dicarbonsäure, 5-Brom-6-hydroxy-, dimethylester 2582
$C_9H_8BrN_3O_3$
Nicotinonitril, 2-Brom-4-methoxymethyl-6-methyl-5-nitro- 2185
$C_9H_8ClNO_5$
Pyridin-2,3-dicarbonsäure, 5-Chlor-6-hydroxy-, dimethylester 2582
$C_9H_8ClN_3O_3$
Nicotinonitril, 2-Chlor-4-methoxymethyl-6-methyl-5-nitro- 2185
–, 2-Chlor-6-methoxymethyl-4-methyl-5-nitro- 2184
$C_9H_8INO_5$
Pyridin-2,3-dicarbonsäure, 6-Hydroxy-5-jod-, dimethylester 2583
$C_9H_8N_2O$
Nicotinonitril, 6-Cyclopropyl-2-hydroxy- 2197
$C_9H_8N_2O_2$
[2]Pyrindin-4-carbonitril, 1,3-Dihydroxy-6,7-dihydro-5*H*- 2480
$C_9H_8N_2O_3$
Isonicotinsäure, 3-Cyan-2-hydroxy-6-methyl-, methylester 2596
$C_9H_8N_2O_4$
Isonicotinsäure, 3-Cyan-2,6-dihydroxy-, äthylester 2651
Nicotinsäure, 2-Äthoxy-5-cyan-6-hydroxy- 2652
–, 5-Cyan-2,6-dihydroxy-, äthylester 2652
–, 5-Cyan-6-hydroxy-2-methoxy-, methylester 2652

$C_9H_9ClN_2O$
Nicotinonitril, 2-Chlor-4-methoxymethyl-6-methyl- 2184
$C_9H_9ClN_2O_3$
Pyrrol-2-carbonsäure, 3-Chlor-4-cyan-5-hydroxymethyl-, äthylester 2576
$C_9H_9Cl_2NO_4$
Pyrrol-2-carbonsäure, 3,4-Dichlor-5-formyloxymethyl-, äthylester 2120
$C_9H_9NO_3$
Crotonsäure, 4-[6-Hydroxy-[2]pyridyl]- 2196
Isonicotinsäure, 2-Allyloxy- 2155
Nicotinsäure, 6-Cyclopropyl-2-hydroxy- 2197
[1]Pyrindin-3-carbonsäure, 2-Hydroxy-6,7-dihydro-5*H*- 2197
[1]Pyrindin-4-carbonsäure, 2-Hydroxy-6,7-dihydro-5*H*- 2197
$C_9H_9NO_4S$
Essigsäure, [3-Methoxycarbonyl-[2]pyridylmercapto]- 2144
$C_9H_9NO_5$
Bernsteinsäure, 2-Hydroxy-2-[3]pyridyl- 2598
Pyridin-2,3-dicarbonsäure, 6-Hydroxy-, dimethylester 2582
Pyridin-2,5-dicarbonsäure, 6-Hydroxy-, monoäthylester 2583
Pyridin-2,6-dicarbonsäure, 4-Äthoxy- 2584
–, 4-Hydroxy-, dimethylester 2584
Pyridin-3,4-dicarbonsäure, 5-Hydroxy-6-methyl-, monomethylester 2591
–, 5-Methoxy-6-methyl- 2591
Pyridin-3,5-dicarbonsäure, 4-Hydroxy-, dimethylester 2589
Pyridinium, 4,5-Dicarboxy-3-hydroxy-1,2-dimethyl-, betain 2594
$C_9H_9NO_6$
Pyridin-3,5-dicarbonsäure, 2-Äthoxy-6-hydroxy- 2651
Verbindung $C_9H_9NO_6$ aus 2-Hydroxy-4-hydroxymethyl-chinolin-6-carbonsäure 2532
$C_9H_9N_3O_3$
Nicotinonitril, 2-Methoxy-4,6-dimethyl-5-nitro- 2184
$C_9H_9N_3O_4$
Nicotinonitril, 2-Hydroxy-4-methoxymethyl-6-methyl-5-nitro- 2476
–, 2-Hydroxy-6-methoxymethyl-4-methyl-5-nitro- 2473
$C_9H_{10}BrNO_3$
Nicotinsäure, 5-Brom-6-hydroxy-2-methyl-, äthylester 2172
$C_9H_{10}BrNO_4$
Nicotinsäure, 5-Brom-2,4-dihydroxy-6-methyl-, äthylester 2468
$C_9H_{10}ClNO_2$
Isonicotinoylchlorid, 2-Propoxy- 2157
$C_9H_{10}ClNO_3$
Isonicotinsäure, 2-Chlor-6-isopropoxy- 2159
–, 2-Chlor-6-methoxy-, äthylester 2160
–, 2-Chlor-6-propoxy- 2159
Propionsäure, 3-[6-Chlor-2-hydroxy-4-methyl-[3]pyridyl]- 2188
Pyridin-2-carbonsäure, 4-Chlor-5-methoxy-, äthylester 2138
$C_9H_{10}ClN_3O_2$
Isonicotinsäure, 2-Allyloxy-6-chlor-, hydrazid 2161
$C_9H_{10}INO_4$
Nicotinsäure, 2,4-Dihydroxy-5-jod-6-methyl-, äthylester 2468
$[C_9H_{10}NO_5]^+$
Pyridinium, 4,5-Dicarboxy-3-hydroxy-1,2-dimethyl- 2594
$C_9H_{10}N_2O$
Acetonitril, [6-Äthoxy-[2]pyridyl]- 2167
–, [4,6-Dimethyl-[2]pyridyl]-hydroxy- 2189
–, [3-Methoxymethyl-[2]pyridyl]- 2178
Nicotinonitril, 2-Hydroxy-6-isopropyl- 2188
–, 2-Hydroxy-4-propyl- 2188
–, 2-Hydroxy-6-propyl- 2187
–, 2-Hydroxy-4,5,6-trimethyl- 2189
–, 2-Methoxy-4,6-dimethyl- 2183
–, 2-Methoxy-5,6-dimethyl- 2181
$C_9H_{10}N_2O_2$
Nicotinonitril, 2-Hydroxy-4-methoxymethyl-6-methyl- 2474
–, 2-Hydroxy-6-methoxymethyl-4-methyl- 2472
[1]Pyrindin-3-carbonsäure, 2-Hydroxy-6,7-dihydro-5*H*-, amid 2197
$C_9H_{10}N_2O_2S$
Thioisonicotinsäure, 2-Acetoxymethyl-, amid 2173
$C_9H_{10}N_2O_3$
Nicotinonitril, 2,6-Dihydroxy-5-[2-hydroxy-äthyl]-4-methyl- 2579
$C_9H_{10}N_2O_4$
Isonicotinsäure, 5-Carbamoyl-3-methoxy-2-methyl- 2593
Nicotinsäure, 4-Carbamoyl-5-methoxy-6-methyl- 2593
$C_9H_{10}N_2O_5$
Nicotinsäure, 5-Carbamoyl-6-hydroxy-2-methoxy-, methylester 2651
$C_9H_{10}N_2O_6$
Nicotinsäure, 2,4-Dihydroxy-6-methyl-5-nitro-, äthylester 2468

$C_9H_{11}Br_2NO_2$
Verbindung $C_9H_{11}Br_2NO_2$ aus Bis-[5-äthoxycarbonyl-2,4-dimethyl-pyrrol-3-yl]-sulfid 2123

$C_9H_{11}Cl_2NO_3$
Pyrrol-2-carbonsäure, 3,4-Dichlor-5-methoxymethyl-, äthylester 2120

$C_9H_{11}HgNO_2S$
s. bei $[C_3H_7Hg]^+$

$[C_9H_{11}HgN_2O_3]^+$
Propylquecksilber(1+), 2-Hydroxy-3-[6-hydroxy-nicotinoylamino]- 2148
$[C_9H_{11}HgN_2O_3]C_2H_3O_2$ 2148

$C_9H_{11}NO_3$
Essigsäure, Hydroxy-[2]pyridyl-, äthylester 2167
—, Hydroxy-[3]pyridyl-, äthylester 2169
—, Hydroxy-[4]pyridyl-, äthylester 2170
—, [6-Hydroxy-[2]pyridyl]-, äthylester 2166
Isonicotinsäure, 2-Äthoxy-, methylester 2155
—, 2-Hydroxy-6-isopropyl- 2188
—, 2-Hydroxy-6-propyl- 2186
—, 2-Methoxy-, äthylester 2156
—, 2-Propoxy- 2155
Nicotinsäure, 2-Hydroxy-4,6-dimethyl-, methylester 2182
—, 2-Hydroxy-6-isopropyl- 2188
—, 4-Hydroxy-2-methyl-, äthylester 2171
—, 5-Hydroxy-2-methyl-, äthylester 2171
—, 6-Hydroxy-2-methyl-, äthylester 2171
—, 2-Hydroxy-6-propyl- 2186
—, 2-Hydroxy-4,5,6-trimethyl- 2189
—, 6-Propoxy- 2147
Propionsäure, 3-[2-Hydroxy-4-methyl-[3]pyridyl]- 2188
—, 3-[5-Hydroxy-6-methyl-[2]pyridyl]- 2187
Pyridin-2-carbonsäure, 5-Methoxy-, äthylester 2138

$C_9H_{11}NO_4$
Isonicotinsäure, 2,6-Dihydroxy-, isopropylester 2461
Nicotinsäure, 2,4-Dihydroxy-6-methyl-, äthylester 2467
—, 2-Hydroxy-4-methoxymethyl-6-methyl- 2473
—, 2-Hydroxy-6-methoxymethyl-4-methyl- 2472
Pyridin-2-carbonsäure, 4-Hydroxy-5-methoxy-, äthylester 2456
Pyrrol-3-carbonsäure, 5-Acetoxy-, äthylester 2116

$C_9H_{11}NO_5$
Isonicotinsäure, 2,6-Dihydroxy-, [2-methoxy-äthylester] 2462
Pyrrol-2,5-dicarbonsäure, 3-[1-Hydroxy-äthyl]-4-methyl- 2580

$C_9H_{11}N_2O_6P$
Acetonitril, Hydroxy-[3-hydroxy-2-methyl-5-phosphonooxymethyl-[4]pyridyl]- 2578

$C_9H_{11}N_3O_2$
Isonicotinsäure, 2-Allyloxy-, hydrazid 2158

$C_9H_{11}N_3O_3$
Pyridin-2,6-dicarbonsäure, 4-Äthoxy-, diamid 2585
Pyridin-3,4-dicarbonsäure, 5-Methoxy-6-methyl-, diamid 2593

$C_9H_{11}N_3O_4$
Pyridin-2-carbonsäure, 6-Carbazoyl-4-hydroxy-, äthylester 2586

$C_9H_{12}BrNO_3$
Pyrrol-2-carbonsäure, 4-Brom-5-hydroxymethyl-3-methyl-, äthylester 2124

$C_9H_{12}ClN_3O_2$
Isonicotinsäure, 2-Chlor-6-isopropoxy-, hydrazid 2161
—, 2-Chlor-6-propoxy-, hydrazid 2161

$C_9H_{12}N_2O_2$
Isonicotinsäure, 2-[1-Hydroxy-propyl]-, amid 2186
Nicotinsäure, 2-[2-Hydroxy-propyl]-, amid 2186
—, 2-Hydroxy-4,5,6-trimethyl-, amid 2189
Propionsäure, 3-[5-Hydroxy-6-methyl-[2]pyridyl]-, amid 2187

$C_9H_{12}N_2O_3$
Isonicotinohydroxamsäure, 2-Propoxy- 2157

$C_9H_{13}NO_2S$
Pyrrol-2-carbonsäure, 4-Mercapto-3,5-dimethyl-, äthylester 2122

$C_9H_{13}NO_3$
Pyrrol-2-carbonsäure, 3-Äthyl-5-hydroxymethyl-4-methyl- 2131
—, 4-Äthyl-5-hydroxymethyl-3-methyl- 2129
—, 3-Methoxy-5-methyl-, äthylester 2120
Pyrrol-3-carbonsäure, 4-Hydroxy-2,5-dimethyl-, äthylester 2124
—, 5-Hydroxymethyl-2-methyl-, äthylester 2125

$C_9H_{13}N_3O_2$
Isonicotinsäure, 2-Propoxy-, hydrazid 2158

$C_9H_{13}N_5O_3$
Pyridin-2,6-dicarbonsäure, 4-Äthoxy-, dihydrazid 2586
$C_9H_{14}N_2O$
Tropan-3-carbonitril, 3-Hydroxy- 2108
$C_9H_{14}N_2O_2$
Piperidin-4-carbonitril, 4-Acetoxy-1-methyl- 2072
$C_9H_{14}N_2O_6$
Asparaginsäure, *N*-[4-Hydroxy-prolyl]- 2053
$C_9H_{15}NO_3$
Chinuclidin-3-carbonsäure, 3-Hydroxy-, methylester 2109
Chinuclidinium, 3-Carboxy-3-hydroxy-1-methyl-, betain 2109
Nortropan-3-carbonsäure, 3-Hydroxy-, methylester 2107
Tropan-2-carbonsäure, 3-Hydroxy- 2096
Verbindung $C_9H_{15}NO_3$ aus 3-Hydroxy-tropan-2-carbonsäure-methylester 2098
$C_9H_{15}NO_4$
Prolin, 1-Acetyl-4-methoxy-, methylester 2056
$C_9H_{15}NO_5$
Pyrrolidin-2-carbonsäure, 3-Carboxymethyl-4-[1-hydroxy-äthyl]- 2569
$C_9H_{15}N_3O_5$
Glycin, *N*-[*N*-(4-Hydroxy-prolyl)-glycyl]- 2052
Prolin, 1-[*N*-Glycyl-glycyl]-4-hydroxy- 2064
$[C_9H_{16}NO_3]^+$
Chinuclidinium, 3-Carboxy-3-hydroxy-1-methyl- 2109
$[C_9H_{16}NO_3]Cl$ 2109
$[C_9H_{16}NO_3]C_6H_2N_3O_7$ 2109
$[C_9H_{16}NO_4]^+$
Pyrrolidinium, 4-Acetoxy-2-carboxy-1,1-dimethyl- 2054
$[C_9H_{16}NO_4]Cl$ 2054
$C_9H_{16}N_2O$
Piperidin-4-carbonitril, 4-Hydroxy-1,2,5-trimethyl- 2083
$C_9H_{17}NO_3$
Buttersäure, 2-Hydroxy-3-[4]piperidyl- 2088
Piperidin-2-carbonsäure, 5-Methoxy-, äthylester 2069
Piperidin-3-carbonsäure, 4-Hydroxy-1-methyl-, äthylester 2070
—, 4-Hydroxy-1,2,6-trimethyl- 2077
Piperidin-4-carbonsäure, 4-Hydroxy-2,5-dimethyl-, methylester 2079
—, 4-Hydroxy-1-methyl-, äthylester 2071
—, 4-Hydroxy-1,2,5-trimethyl- 2079
$C_9H_{18}N_2O_2$
Piperidin-4-carbonsäure, 4-Hydroxy-1,2,5-trimethyl-, amid 2083

C_{10}

$C_{10}H_4N_6O_6$
Chinolin-3-carbonylazid, 2-Hydroxy-6,8-dinitro- 2259
$C_{10}H_5BrClNO_3$
Chinolin-2-carbonsäure, 3-Brom-5-chlor-4-hydroxy- 2251
—, 3-Brom-7-chlor-4-hydroxy- 2252
$C_{10}H_5Br_2NO_3$
Chinolin-2-carbonsäure, 5,7-Dibrom-4-hydroxy- 2252
$C_{10}H_5ClINO_3$
Chinolin-2-carbonsäure, 5-Chlor-4-hydroxy-3-jod- 2253
—, 7-Chlor-4-hydroxy-3-jod- 2253
$C_{10}H_5ClN_2O$
Chinolin-3-carbonitril, 7-Chlor-4-hydroxy- 2264
$C_{10}H_5Cl_2NO_3$
Chinolin-2-carbonsäure, 3,5-Dichlor-4-hydroxy- 2249
—, 3,7-Dichlor-4-hydroxy- 2250
—, 5,7-Dichlor-4-hydroxy- 2250
—, 5,8-Dichlor-4-hydroxy- 2250
—, 6,8-Dichlor-4-hydroxy- 2250
Chinolin-4-carbonsäure, 6,8-Dichlor-3-hydroxy- 2297
$C_{10}H_5N_3O_7$
Chinolin-3-carbonsäure, 2-Hydroxy-6,8-dinitro- 2259
$C_{10}H_6BrNO_3$
Chinolin-2-carbonsäure, 3-Brom-4-hydroxy- 2251
—, 4-Brom-8-hydroxy- 2256
—, 7-Brom-4-hydroxy- 2251
Chinolin-3-carbonsäure, 6-Brom-4-hydroxy- 2267
—, 7-Brom-4-hydroxy- 2267
Chinolin-4-carbonsäure, 6-Brom-3-hydroxy- 2297
$C_{10}H_6ClNO_2$
Chinolin-4-carbonylchlorid, 6-Hydroxy- 2299
$C_{10}H_6ClNO_3$
Chinolin-2-carbonsäure, 3-Chlor-4-hydroxy- 2248
—, 4-Chlor-8-hydroxy- 2256
—, 5-Chlor-4-hydroxy- 2248
—, 7-Chlor-4-hydroxy- 2248
Chinolin-3-carbonsäure, 2-Chlor-4-hydroxy- 2262
—, 5-Chlor-4-hydroxy- 2263
—, 6-Chlor-4-hydroxy- 2263
—, 7-Chlor-4-hydroxy- 2264

$C_{10}H_8N_2O_3$
Chinolin-7-carbohydroxamsäure, 8-Hydroxy- 2308
$C_{10}H_8N_2O_5$
Indol-2-carbonsäure, 3-Hydroxy-6-nitro-, methylester 2214
$C_{10}H_8N_4O_4$
Chinolin-4-carbonsäure, 2-Hydroxy-6-nitro-, hydrazid 2294
Chinolin-7-carbonsäure, 8-Hydroxy-5-nitro-, hydrazid 2309
$C_{10}H_9Br_3N_2O_3$
Pyrrol-2-carbonsäure, 4-Cyan-3-hydroxymethyl-5-tribrommethyl-, äthylester 2577
$C_{10}H_9ClN_2O_2$
Nicotinonitril, 5-Acetoxy-2-chlor-4,6-dimethyl- 2182
$C_{10}H_9Cl_2N_3O_4S_2$
Pyrrol-3,4-dicarbonitril, 2,5-Bis-[2-chlor-äthansulfonyl]- 2649
$C_{10}H_9I_2NO_5$
Pyridin-2,6-dicarbonsäure, 3,5-Dijod-4-methoxy-, dimethylester 2587
–, 3,5-Dijod-4-propoxy- 2587
$C_{10}H_9NO_3$
Essigsäure, Hydroxy-indol-3-yl- 2227
–, [5-Hydroxy-indol-3-yl]- 2222
–, [7-Hydroxy-indol-3-yl]- 2226
Indol-2-carbonsäure, 5-Hydroxy-, methylester 2215
–, 7-Hydroxy-, methylester 2218
–, 3-Hydroxymethyl- 2227
–, 3-Methoxy- 2211
–, 4-Methoxy- 2214
–, 5-Methoxy- 2215
–, 6-Methoxy- 2217
–, 7-Methoxy- 2218
$C_{10}H_9NO_4$
Indol-2-carbonsäure, 5,6-Dihydroxy-, methylester 2490
–, 5,6-Dihydroxy-3-methyl- 2492
–, 6-Hydroxy-7-methoxy- 2491
$C_{10}H_9NO_7$
Pyridin-2,3,4-tricarbonsäure, 5-Methoxy-6-methyl- 2676
$C_{10}H_9N_3O_2$
Chinolin-3-carbonsäure, 4-Hydroxy-, hydrazid 2261
Chinolin-4-carbonsäure, 2-Hydroxy-, hydrazid 2291
–, 6-Hydroxy-, hydrazid 2301
Chinolin-7-carbonsäure, 8-Hydroxy-, hydrazid 2309
$C_{10}H_9N_3O_5$
Isonicotinsäure, 3-Cyan-2-hydroxy-6-methyl-5-nitro-, äthylester 2597
$C_{10}H_{10}ClN_3O_3$
Nicotinonitril, 4-Äthoxymethyl-2-chlor-6-methyl-5-nitro- 2185
–, 6-Äthyl-2-chlor-4-methoxymethyl-5-nitro- 2189
$C_{10}H_{10}N_2O$
Chinolin-3-carbonitril, 2-Hydroxy-5,6,7,8-tetrahydro- 2200
Isochinolin-4-carbonitril, 3-Hydroxy-5,6,7,8-tetrahydro- 2201
$C_{10}H_{10}N_2O_2$
Acetonitril, Acetoxy-[4-methyl-[2]pyridyl]- 2179
–, Acetoxy-[6-methyl-[2]pyridyl]- 2180
Essigsäure, Hydroxy-indol-3-yl-, amid 2227
–, [5-Hydroxy-indol-3-yl]-, amid 2223
Indol-2-carbonsäure, 3-Hydroxy-, methylamid 2212
Isochinolin-4-carbonitril, 1-Hydroxy-3-oxo-2,3,5,6,7,8-hexahydro- 2482
Isonicotinonitril, 2-Acetoxymethyl-6-methyl- 2185
Propionitril, 2-Acetoxy-2-[4]pyridyl- 2177
$C_{10}H_{10}N_2O_3$
Isonicotinonitril, 5-Acetoxymethyl-3-hydroxy-2-methyl- 2471
Isonicotinsäure, 3-Cyan-2-hydroxy-6-methyl-, äthylester 2596
–, 3-Cyan-2-methoxy-6-methyl-, methylester 2596
Nicotinonitril, 5-Acetoxy-2-hydroxy-4,6-dimethyl- 2471
Nicotinsäure, 5-Cyan-6-hydroxy-2-methyl-, äthylester 2590
Pyridin-2-carbonsäure, 5-Cyan-6-hydroxy-4-methyl-, äthylester 2591
$C_{10}H_{10}N_2O_4$
Essigsäure, [3-Cyan-2,6-dihydroxy-[4]pyridyl]-, äthylester 2652
$C_{10}H_{11}BrN_2O_2$
Pyridin-2-carbonitril, 3,5-Diäthoxy-6-brom- 2455
$C_{10}H_{11}ClN_2O$
Nicotinonitril, 4-Äthoxymethyl-2-chlor-6-methyl- 2185
$C_{10}H_{11}ClN_2O_2$
Nicotinonitril, 2-Chlor-4,6-bis-methoxymethyl- 2476
$[C_{10}H_{11}HgN_2O_4]^+$
Propylquecksilber(1+), 3-[3-Carboxy-pyridin-2-carbonylamino]-2-hydroxy- 2143
$[C_{10}H_{11}HgN_2O_4]C_6H_4NO_2S$ 2143
$C_{10}H_{11}NO_3$
Acrylsäure, 3-[3-(2-Hydroxy-äthyl)-[4]pyridyl]- 2199
Chinolin-3-carbonsäure, 2-Hydroxy-5,6,7,8-tetrahydro- 2199

$C_{10}H_{11}NO_3$ (Fortsetzung)
Chinolin-4-carbonsäure, 2-Hydroxy-5,6,7,8-tetrahydro- 2200
Crotonsäure, 3-Hydroxymethyl-4-[2]pyridyl- 2198
Isochinolin-3-carbonsäure, 7-Hydroxy-1,2,3,4-tetrahydro- 2201
Isochinolin-4-carbonsäure, 3-Hydroxy-5,6,7,8-tetrahydro- 2201
Nicotinsäure, 4-[2-Hydroxy-äthyl]-5-vinyl- 2199
$C_{10}H_{11}NO_4$
Isonicotinsäure, 3-[2-Acetoxy-äthyl]- 2180
$C_{10}H_{11}NO_4S$
Nicotinsäure, 2-Methoxycarbonylmethylmercapto-, methylester 2144
$C_{10}H_{11}NO_5$
Isochinolin-5-carbonsäure, 4,6,7-Trihydroxy-1,2,3,4-tetrahydro- 2600
Nicotinsäure, 4-Acetoxymethyl-2-hydroxy-6-methyl- 2473
Pyridin-2,3-dicarbonsäure, 5-Hydroxy-6-methyl-, dimethylester 2591
Pyridin-2,6-dicarbonsäure, 4-Methoxy-, dimethylester 2584
—, 1-Methyl-4-oxo-1,4-dihydro-, dimethylester 2584
Pyridin-3,4-dicarbonsäure, 2-Hydroxy-6-methyl-, dimethylester 2595
—, 5-Hydroxy-6-methyl-, dimethylester 2592
Pyridin-3,5-dicarbonsäure, 2-Hydroxy-6-methyl-, 5-äthylester 2590
$C_{10}H_{11}N_3O_2$
Indol-2-carbonsäure, 3-Hydroxymethyl-, hydrazid 2228
$C_{10}H_{11}N_3O_2S_2$
Pyrrol-3,4-dicarbonitril, 2,5-Bis-[2-hydroxy-äthylmercapto]- 2649
$C_{10}H_{11}N_3O_3$
Nicotinonitril, 2-Äthoxy-4,6-dimethyl-5-nitro- 2184
$C_{10}H_{11}N_3O_4$
Nicotinonitril, 4-Äthoxymethyl-2-hydroxy-6-methyl-5-nitro- 2476
—, 6-Äthyl-2-hydroxy-4-methoxymethyl-5-nitro- 2477
$C_{10}H_{11}N_3S_2$
Pyrrol-3,4-dicarbonitril, 2,5-Bis-äthylmercapto- 2649
$C_{10}H_{12}BrNO_4$
Pyridin-2-carbonsäure, 3,5-Diäthoxy-6-brom- 2455
$C_{10}H_{12}ClNO_2$
Isonicotinoylchlorid, 2-Butoxy- 2157
$C_{10}H_{12}ClNO_3$
Isonicotinoylchlorid, 2,6-Diäthoxy- 2464
Isonicotinsäure, 2-Äthoxy-6-chlor-, äthylester 2160
—, 2-Butoxy-6-chlor- 2159
$C_{10}H_{12}N_2O$
Nicotinonitril, 5-Äthyl-2-hydroxy-4,6-dimethyl- 2192
—, 6-Butoxy- 2149
—, 4,6-Diäthyl-2-hydroxy- 2192
—, 2-Hydroxy-6-isobutyl- 2191
$C_{10}H_{12}N_2O_2$
Chinolin-3-carbonsäure, 2-Hydroxy-5,6,7,8-tetrahydro-, amid 2200
Nicotinonitril, 4-Äthoxymethyl-2-hydroxy-6-methyl- 2474
—, 6-Äthoxymethyl-2-hydroxy-4-methyl- 2473
—, 6-Äthyl-2-hydroxy-4-methoxymethyl- 2477
—, 4,5-Diäthyl-2,6-dihydroxy- 2478
—, 2-Methoxy-4-methoxymethyl-6-methyl- 2474
—, 5-Methoxy-4-methoxymethyl-6-methyl- 2472
Pyridin-2-carbonitril, 3,5-Diäthoxy- 2454
$C_{10}H_{12}N_2O_2S$
Pyrrol-2-carbonsäure, 3,5-Dimethyl-4-thiocyanato-, äthylester 2122
Pyrrol-3-carbonsäure, 2,4-Dimethyl-5-thiocyanato-, äthylester 2121
Thioisonicotinsäure, 2-[1-Acetoxy-äthyl]-, amid 2179
$C_{10}H_{12}N_2O_2Se$
Pyrrol-2-carbonsäure, 3,5-Dimethyl-4-selenocyanato-, äthylester 2123
Pyrrol-3-carbonsäure, 2,4-Dimethyl-5-selenocyanato-, äthylester 2121
$C_{10}H_{12}N_2O_3$
Isochinolin-4-carbonitril, 4a-Hydroxy-1,3-dioxo-decahydro- 2482
Isochinolin-4-carbonsäure, 1,3-Dihydroxy-5,6,7,8-tetrahydro-, amid 2482
Isonicotinsäure, 2-[1-Acetoxy-äthyl]-, amid 2179
Nicotinonitril, 2-Hydroxy-4,6-bis-methoxymethyl- 2576
Pyrrol-2-carbonsäure, 4-Cyan-5-hydroxymethyl-3-methyl-, äthylester 2577
$C_{10}H_{12}N_2O_4$
Nicotinsäure, 5-Acetoxy-2-hydroxy-4,6-dimethyl-, amid 2471
—, 5-Carbamoyl-4-hydroxy-2-methyl-, äthylester 2590
$C_{10}H_{13}BrN_2O_3$
Nicotinsäure, 4-Äthoxymethyl-5-brom-2-hydroxy-6-methyl-, amid 2475
$C_{10}H_{13}Cl_2NO_3$
Pyrrol-2-carbonsäure, 5-Äthoxymethyl-3,4-dichlor-, äthylester 2120

$C_{10}H_{13}Cl_2NO_3$ (Fortsetzung)
Pyrrol-2-carbonsäure, 3,4-Dichlor-5-[α-hydroxy-isopropyl]-, äthylester 2127
$C_{10}H_{13}HgNO_2S$
s. bei $[C_4H_9Hg]^+$
$C_{10}H_{13}NO_3$
Buttersäure, 4-[3-Hydroxy-6-methyl-[2]pyridyl]- 2191
Isonicotinsäure, 2-Äthoxy-, äthylester 2156
–, 2-Äthyl-6-methoxy-, methylester 2178
–, 2-Butoxy- 2155
–, 2-Butyl-6-hydroxy- 2191
–, 2-*tert*-Butyl-6-hydroxy- 2192
–, 2-Hydroxy-6-isobutyl- 2191
–, 2-Isobutoxy- 2155
Nicotinsäure, 6-Hydroxy-2,5-dimethyl-, äthylester 2181
–, 2-Hydroxy-6-isobutyl- 2191
–, 2-Methoxy-4,6-dimethyl-, methylester 2182
–, 6-Methoxy-2-methyl-, äthylester 2171
Propionsäure, 3-[4,6-Dimethyl-[2]pyridyl]-2-hydroxy- 2192
–, 3-Hydroxy-3-[2]pyridyl-, äthylester 2177
–, 3-Hydroxy-3-[4]pyridyl-, äthylester 2177
Pyridin-2-carbonsäure, 5-Hydroxymethyl-4-methyl-, äthylester 2182
Valeriansäure, 2-Hydroxy-5-[2]pyridyl-2190
$C_{10}H_{13}NO_4$
Isonicotinsäure, 2-Äthoxy-6-hydroxy-, äthylester 2460
–, 2-Butoxy-6-hydroxy- 2459
–, 2,6-Diäthoxy- 2459
–, 2,6-Dihydroxy-, *sec*-butylester 2461
–, 2,6-Dihydroxy-, isobutylester 2461
–, 2,6-Dimethoxy-, äthylester 2460
Nicotinsäure, 4-Äthoxymethyl-2-hydroxy-6-methyl- 2473
–, 6-Äthoxymethyl-2-hydroxy-4-methyl- 2472
–, 2,4-Dihydroxy-5,6-dimethyl-, äthylester 2470
–, 5-Methoxy-4-methoxymethyl-6-methyl- 2471
Pyridin-2-carbonsäure, 5-Butoxy-4-hydroxy- 2455
–, 3,5-Diäthoxy- 2454
Pyrrol-2-carbonsäure, 5-Acetoxymethyl-, äthylester 2120
Pyrrol-3-carbonsäure, 4-Acetoxy-2-methyl-, äthylester 2119
–, 5-Acetoxy-2-methyl-, äthylester 2119
$C_{10}H_{13}NO_4S$
Pyrrol-2,3-dicarbonsäure, 4-Methyl-5-[2-methylmercapto-äthyl]- 2579
$C_{10}H_{13}NO_5$
Nicotinsäure, 2-Hydroxy-4,6-bis-methoxymethyl- 2576
Pyridin-2-carbonsäure, 3,5-Diäthoxy-6-hydroxy- 2573
Pyrrol-2-carbonsäure, 4-[2-Carboxy-äthyl]-5-hydroxymethyl-3-methyl- 2581
$C_{10}H_{14}BrNO_3$
Pyrrol-2-carbonsäure, 4-Brommethyl-5-hydroxymethyl-3-methyl-, äthylester 2124
$C_{10}H_{14}ClN_3O_2$
Isonicotinsäure, 2-Butoxy-6-chlor-, hydrazid 2161
$C_{10}H_{14}N_2O_2$
Chinuclidin-3-carbonitril, 3-Acetoxy- 2109
Nicotinsäure, 6-Butoxy-, amid 2149
$C_{10}H_{14}N_2O_3$
Isonicotinohydroxamsäure, 2-Butoxy-2157
Nicotinsäure, 4-Äthoxymethyl-2-hydroxy-6-methyl-, amid 2474
–, 2-Methoxy-4-methoxymethyl-6-methyl-, amid 2474
–, 5-Methoxy-4-methoxymethyl-6-methyl-, amid 2472
Pyridin-2-carbonsäure, 4,5-Dihydroxy-, diäthylamid 2456
$C_{10}H_{14}N_2O_4$
Isonicotinohydroxamsäure, 2,6-Diäthoxy-2465
$C_{10}H_{14}N_4O_2$
Pyrrol-2-carbonylazid, 4-Äthyl-5-methoxymethyl-3-methyl- 2130
$C_{10}H_{15}NO_3$
Pyrrol-2-carbonsäure, 4-Äthyl-3-hydroxy-5-methyl-, äthylester 2127
–, 3-Hydroxy-4-isopropyl-, äthylester 2125
Pyrrol-3-carbonsäure, 2-[1-Hydroxy-äthyl]-5-methyl-, äthylester 2127
–, 4-Hydroxy-2-methyl-, *tert*-butylester 2118
–, 5-Hydroxymethyl-2,4-dimethyl-, äthylester 2128
$C_{10}H_{15}N_3O$
Nicotinamidin, 6-Butoxy- 2150
$C_{10}H_{15}N_3O_2$
Isonicotinsäure, 2-Butoxy-, hydrazid 2158
–, 2-Isobutoxy-, hydrazid 2158
$C_{10}H_{15}N_3O_3$
Isonicotinsäure, 2,6-Diäthoxy-, hydrazid 2466

$C_{10}H_{15}N_3O_3$ (Fortsetzung)
Nicotinsäure, 4-Äthoxymethyl-2-hydroxy-6-methyl-, hydrazid 2475
Pyridin-2-carbonsäure, 5-Butoxy-4-hydroxy-, hydrazid 2456
$C_{10}H_{16}BrNO_5$
Pyrrolidin-2-carbonsäure, 4-[β-Brom-α-hydroxy-isopropyl]-3-carboxymethyl- 2570
$C_{10}H_{16}N_2O_4$
Nortropan-2-carbonsäure, 8-Carbamoyl-3-hydroxy-, methylester 2107
Prolin, 4-Hydroxy-1-prolyl- 2065
$C_{10}H_{16}N_2O_6$
Glutaminsäure, *N*-[4-Hydroxy-prolyl]- 2053
$C_{10}H_{17}NO_3$
Essigsäure, [4-Methoxy-1,4,5,6-tetrahydro-[2]pyridyl]-, äthylester 2095
Nortropanium, 2-Carboxy-3-hydroxy-8,8-dimethyl-, betain 2105
Tropan-2-carbonsäure, 3-Hydroxy-, methylester 2098
Tropan-3-carbonsäure, 3-Hydroxy-, methylester 2107
$C_{10}H_{17}NO_4$
Azetidin-3-carbonsäure, 1-Acetyl-3-hydroxy-2,2,4,4-tetramethyl- 2088
$C_{10}H_{17}NO_5$
Piperidin-3,5-dicarbonsäure, 4-Hydroxy-1,2,6-trimethyl- 2568
Prolin, 1-Äthoxycarbonyl-3-hydroxy-, äthylester 2045
—, 1-Äthoxycarbonyl-4-hydroxy-, äthylester 2060
Pyrrolidin-2-carbonsäure, 3-Carboxymethyl-4-[α-hydroxy-isopropyl]- 2569
—, 3-Carboxymethyl-4-[β-hydroxy-isopropyl]- 2570
—, 4-[1-Hydroxy-äthyl]-3-methoxycarbonylmethyl- 2569
Pyrrolidin-1,3-dicarbonsäure, 4-Hydroxy-, diäthylester 2067
$[C_{10}H_{18}NO_3]^+$
Chinuclidinium, 3-Carboxy-3-hydroxymethyl-1-methyl- 2110
$[C_{10}H_{18}NO_3]C_6H_2N_3O_7$ 2110
—, 3-Hydroxy-3-methoxycarbonyl-1-methyl- 2109
$[C_{10}H_{18}NO_3]Cl$ 2109
$[C_{10}H_{18}NO_3]I$ 2109
Nortropanium, 2-Carboxy-3-hydroxy-8,8-dimethyl- 2105
$[C_{10}H_{18}NO_3]I$ 2105
$C_{10}H_{18}N_2O$
Piperidin-4-carbonitril, 1-Äthyl-4-hydroxy-2,5-dimethyl- 2084
$C_{10}H_{19}NO_3$
Buttersäure, 3-Hydroxymethyl-4-[2]piperidyl- 2089
Essigsäure, [4-Methoxy-[2]piperidyl]-, äthylester 2074
Piperidin-3-carbonsäure, 1-Äthyl-4-hydroxy-, äthylester 2071
—, 4-Hydroxy-2,5-dimethyl-, äthylester 2075
—, 4-Hydroxy-1,2,6-trimethyl-, methylester 2077
Piperidin-4-carbonsäure, 4-Hydroxy-1,2,5-trimethyl-, methylester 2080
Propionsäure, 2-Hydroxy-3-[4]piperidyl-, äthylester 2075
Pyrrolidin-2-carbonsäure, 4-[β-Äthoxy-isopropyl]- 2087
Valeriansäure, 4-Hydroxy-3-[2]piperidyl- 2089
$C_{10}H_{19}N_3O_2$
Essigsäure, [3-Hydroxymethyl-chinuclidin-3-yl]-, hydrazid 2112
$C_{10}H_{20}N_2O_2$
Piperidin-4-carbimidsäure, 4-Hydroxy-1,2,5-trimethyl-, methylester 2083

C_{11}

$C_{11}H_5F_3N_2O$
Chinolin-3-carbonitril, 4-Hydroxy-7-trifluormethyl- 2331
$C_{11}H_6ClN_3O_3$
Chinolin-3-carbonitril, 4-Chlor-6-methoxy-8-nitro- 2269
$C_{11}H_6F_3NO_3$
Chinolin-3-carbonsäure, 4-Hydroxy-7-trifluormethyl- 2331
$C_{11}H_6N_4O_{10}$
Chinolin-2-carbonsäure, 4-Hydroxy-7-methoxy-3,6,8-trinitro- 2512
$C_{11}H_7ClINO_3$
Chinolin-2-carbonsäure, 7-Chlor-4-hydroxy-3-jod-, methylester 2253
$C_{11}H_7Cl_2NO_3$
Chinolin-4-carbonsäure, 6,8-Dichlor-3-hydroxy-2-methyl- 2325
$C_{11}H_7NO_5$
Chinolin-3,4-dicarbonsäure, 2-Hydroxy- 2616
Chinolin-3,8-dicarbonsäure, 4-Hydroxy- 2617
Chinolin-4,8-dicarbonsäure, 3-Hydroxy- 2618
$C_{11}H_7N_3O_4$
Chinolin-3-carbonitril, 4-Hydroxy-6-methoxy-8-nitro- 2520

$C_{11}H_9NO_3$ (Fortsetzung)
Chinolin-3-carbonsäure, 4-Hydroxy-2-methyl- 2322
—, 4-Hydroxy-5-methyl- 2330
—, 4-Hydroxy-6-methyl- 2330
—, 4-Hydroxy-7-methyl- 2331
—, 4-Hydroxy-8-methyl- 2332
—, 7-Hydroxy-2-methyl- 2323
Chinolin-4-carbonsäure, 2-Hydroxy-, methylester 2271
—, 3-Hydroxy-, methylester 2296
—, 6-Hydroxy-, methylester 2298
—, 2-Hydroxy-3-methyl- 2329
—, 2-Hydroxy-6-methyl- 2332
—, 3-Hydroxy-2-methyl- 2323
—, 3-Hydroxy-6-methyl- 2333
—, 6-Hydroxy-2-methyl- 2326
—, 6-Methoxy- 2297
Chinolin-5-carbonsäure, 8-Methoxy- 2305
Chinolin-6-carbonsäure, 4-Hydroxy-2-methyl- 2327
Chinolin-8-carbonsäure, 4-Hydroxy-, methylester 2309
—, 3-Hydroxy-2-methyl- 2329
—, 5-Methoxy- 2309
—, 6-Methoxy- 2310
Essigsäure, [2-Hydroxy-[4]chinolyl]- 2315
—, [4-Hydroxy-[2]chinolyl]- 2313
—, [6-Hydroxy-[5]chinolyl]- 2317
Isochinolin-3-carbonsäure, 1-Hydroxy-, methylester 2311
—, 1-Hydroxy-4-methyl- 2333
Pyrrol-3-carbonsäure, 4-Hydroxy-1-phenyl-2115

$C_{11}H_9NO_4$
Chinolin-2-carbonsäure, 3,4-Dihydroxy-, methylester 2510
—, 4,5-Dihydroxy-, methylester 2511
—, 4,8-Dihydroxy-, methylester 2514
—, 4-Hydroxy-6-methoxy- 2511
—, 4-Hydroxy-7-methoxy- 2512
—, 4-Hydroxy-8-methoxy- 2513
Chinolin-3-carbonsäure, 2,4-Dihydroxy-, methylester 2516
—, 2-Hydroxy-4-methoxy- 2515
—, 4-Hydroxy-2-methoxy- 2515
—, 4-Hydroxy-2-methoxy- 2516
—, 4-Hydroxy-6-methoxy- 2517
—, 4-Hydroxy-7-methoxy- 2522
—, 4-Hydroxy-8-methoxy- 2522
Chinolin-4-carbonsäure, 2-Hydroxy-6-methoxy- 2525
—, 3-Hydroxy-6-methoxy- 2526
—, 6-Methoxy-1-oxy- 2302
Chinolin-6-carbonsäure, 2-Hydroxy-4-hydroxymethyl- 2532
Chinolin-8-carbonsäure, 2,3-Dihydroxy-, methylester 2526
—, 2,4-Dihydroxy-, methylester 2526
—, 2-Hydroxy-3-methoxy- 2526
Essigsäure, [2,4-Dihydroxy-[3]chinolyl]-2528
Indol-2-carbonsäure, 1-Acetyl-3-hydroxy-2212
Indolin-2-carbonsäure, 3-Acetoxy- 2212
Isochinolin-4-carbonsäure, 1-Hydroxy-7-methoxy- 2528
Spiro[indolin-3,2′-oxiran]-7-carbonsäure, 2-Oxo-, methylester 2526

$C_{11}H_{10}INO_4$
Indol-2-carbonsäure, 5,6-Dihydroxy-7-jod-, äthylester 2490

$C_{11}H_{10}N_2O$
Acetonitril, [5-Methoxy-indol-3-yl]- 2224
—, [6-Methoxy-indol-3-yl]- 2226
Indol-4-carbonitril, 3-Methoxymethyl-2233

$C_{11}H_{10}N_2O_2$
Chinolin-2-carbonsäure, 4-Methoxy-, amid 2246
—, 6-Methoxy-, amid 2254
Chinolin-3-carbonsäure, 2-Methoxy-, amid 2257
—, 4-Methoxy-, amid 2260
Chinolin-4-carbonsäure, 6-Methoxy-, amid 2300
Essigsäure, [4]Chinolyl-hydroxy-, amid 2317

$C_{11}H_{10}N_2O_3$
Acetonitril, Acetoxy-[1-acetyl-1*H*-[4]pyridyliden]- 2170

$C_{11}H_{10}N_4O_4$
Chinolin-4-carbonsäure, 2-Methoxy-6-nitro-, hydrazid 2294

$C_{11}H_{11}Br_2NO_5$
Pyridin-2,6-dicarbonsäure, 3,5-Dibrom-4-hydroxy-, diäthylester 2586

$C_{11}H_{11}Cl_2NO_5$
Pyridin-2,6-dicarbonsäure, 3,5-Dichlor-4-hydroxy-, diäthylester 2586

$C_{11}H_{11}I_2NO_5$
Pyridin-2,6-dicarbonsäure, 4-Äthoxy-3,5-dijod-, dimethylester 2588
—, 4-Butoxy-3,5-dijod- 2587
—, 4-Hydroxy-3,5-dijod-, diäthylester 2588

$C_{11}H_{11}NO_2S$
Essigsäure, [2-Methylmercapto-indol-3-yl]-2221

$C_{11}H_{11}NO_3$
Chinolin-6-carbonsäure, 7-Hydroxy-4-methyl-1,2-dihydro- 2234
Essigsäure, Hydroxy-indol-3-yl-, methylester 2227
—, Hydroxy-[2-methyl-indol-3-yl]- 2239
—, [5-Methoxy-indol-3-yl]- 2222
—, [6-Methoxy-indol-3-yl]- 2225
—, [7-Methoxy-indol-3-yl]- 2226

$C_{11}H_{11}NO_3$ (Fortsetzung)
Indol-2-carbonsäure, 5-Äthoxy- 2215
–, 6-Äthoxy- 2217
–, 3-Hydroxy-, äthylester 2212
–, 5-Methoxy-1-methyl- 2216
–, 7-Methoxy-1-methyl- 2218
Propionsäure, 2-Hydroxy-3-indol-3-yl- 2235
$C_{11}H_{11}NO_4$
Indol-2-carbonsäure, 5,6-Dimethoxy- 2490
Indol-3-carbonsäure, 5,7-Dimethoxy- 2491
Indolin-2-carbonsäure, 1-Acetyl-3-hydroxy- 2197
$C_{11}H_{11}NO_6$
Pyridin-3,4-dicarbonsäure, 5-Acetoxy-6-methyl-, monomethylester 2592
$C_{11}H_{11}N_3O_2$
Chinolin-4-carbonsäure, 6-Methoxy-, hydrazid 2301
Chinolin-6-carbonsäure, 4-Hydroxy-2-methyl-, hydrazid 2328
Pyridin-2,6-dicarbonitril, 3,5-Diäthoxy- 2651
$C_{11}H_{11}N_3O_3$
Chinolin-3-carbonsäure, 4-Hydroxy-6-methoxy-, hydrazid 2518
–, 4-Hydroxy-8-methoxy-, hydrazid 2523
$C_{11}H_{11}N_3O_7$
Prolin, 1-[2,4-Dinitro-phenyl]-4-hydroxy- 2054
$C_{11}H_{12}ClN_3O_3$
Nicotinonitril, 4-Äthoxymethyl-6-äthyl-2-chlor-5-nitro- 2189
$C_{11}H_{12}Cl_3NO_3$
Pyridin-2-carbonsäure, 6-[3,3,3-Trichlor-2-hydroxy-propyl]-, äthylester 2187
$C_{11}H_{12}INO_4$
Indolin-2-carbonsäure, 5,6-Dihydroxy-7-jod-, äthylester 2480
$C_{11}H_{12}N_2O$
Cyclohepta[*b*]pyridin-3-carbonitril, 2-Hydroxy-6,7,8,9-tetrahydro-5*H*- 2202
Isochinolin-4-carbonitril, 3-Hydroxy-5-methyl-5,6,7,8-tetrahydro- 2203
–, 3-Hydroxy-6-methyl-5,6,7,8-tetrahydro- 2203
–, 3-Hydroxy-7-methyl-5,6,7,8-tetrahydro- 2203
$C_{11}H_{12}N_2O_2$
Acetonitril, Acetoxy-[4,6-dimethyl-[2]pyridyl]- 2189
Essigsäure, Hydroxy-indol-3-yl-, methylamid 2227
Isochinolin-4-carbonitril, 1,3-Dihydroxy-6-methyl-5,6,7,8-tetrahydro- 2486
$C_{11}H_{12}N_2O_3$
Isonicotinsäure, 6-Äthyl-3-cyan-2-hydroxy-, äthylester 2598
–, 3-Cyan-2-methoxy-6-methyl-, äthylester 2596
$C_{11}H_{12}N_2O_4$
Nicotinonitril, 5-Acetoxy-2-hydroxy-4-methoxymethyl-6-methyl- 2576
Nicotinsäure, 2-Äthoxy-5-cyan-6-hydroxy-, äthylester 2652
Propionsäure, 3-[3-Cyan-2,6-dihydroxy-[4]pyridyl]-, äthylester 2652
$C_{11}H_{13}NO_3$
Chinolin-3-carbonsäure, 2-Hydroxy-4-methyl-5,6,7,8-tetrahydro- 2202
Cyclohepta[*b*]pyridin-3-carbonsäure, 2-Hydroxy-6,7,8,9-tetrahydro-5*H*- 2202
Isochinolin-3-carbonsäure, 6-Methoxy-1,2,3,4-tetrahydro- 2200
Isochinolin-4-carbonsäure, 3-Hydroxy-5-methyl-5,6,7,8-tetrahydro- 2203
–, 3-Hydroxy-6-methyl-5,6,7,8-tetrahydro- 2203
–, 3-Hydroxy-7-methyl-5,6,7,8-tetrahydro- 2203
$C_{11}H_{13}NO_4$
Essigsäure, Acetoxy-[2]pyridyl-, äthylester 2167
Isochinolin-1-carbonsäure, 6,7-Dihydroxy-1-methyl-1,2,3,4-tetrahydro- 2485
Isonicotinsäure, 2-[1-Acetoxy-äthyl]-, methylester 2178
–, 2-Acetoxymethyl-, äthylester 2173
[1]Pyrindin-3-carbonsäure, 2,4-Dihydroxy-6,7-dihydro-5*H*-, äthylester 2480
[2]Pyrindin-4-carbonsäure, 1,3-Dihydroxy-6,7-dihydro-5*H*-, äthylester 2480
$C_{11}H_{13}NO_5$
Isochinolin-1-carbonsäure, 6,7,8-Trihydroxy-1-methyl-1,2,3,4-tetrahydro- 2602
Nicotinsäure, 2-[3-Carboxy-3-hydroxy-butyl]- 2600
Pyridin-2,6-dicarbonsäure, 4-Hydroxy-, diäthylester 2585
Pyridin-3,4-dicarbonsäure, 5-Methoxy-6-methyl-, dimethylester 2592
$C_{11}H_{13}NO_6$
Pyridin-2,6-dicarbonsäure, 3,5-Diäthoxy- 2651
$C_{11}H_{13}N_3O_4$
Nicotinonitril, 4-Äthoxymethyl-6-äthyl-2-hydroxy-5-nitro- 2477
$C_{11}H_{14}BrNO_4$
Pyrrol-2-carbonsäure, 5-Acetoxymethyl-4-brom-3-methyl-, äthylester 2124
$C_{11}H_{14}ClNO_3$
Isonicotinsäure, 2-Chlor-6-isopentyloxy- 2159
–, 2-Chlor-6-isopropoxy-, äthylester 2160

$C_{11}H_{14}ClNO_3$ (Fortsetzung)
Isonicotinsäure, 2-Chlor-6-propoxy-, äthylester 2160
$C_{11}H_{14}Cl_3NO_3$
Pyrrol-3-carbonsäure, 2,4-Dimethyl-5-[2,2,2-trichlor-1-hydroxy-äthyl]-, äthylester 2129
$C_{11}H_{14}HgN_2O_5$
s. bei $[C_9H_{11}HgN_2O_3]^+$
$C_{11}H_{14}N_2O$
Nicotinonitril, 6-Butyl-2-hydroxy-5-methyl- 2193
–, 2-Hydroxy-6-pentyl- 2193
$C_{11}H_{14}N_2O_2$
Nicotinonitril, 5-[2-Äthoxy-äthyl]-2-hydroxy-6-methyl- 2477
–, 4-Äthoxymethyl-6-äthyl-2-hydroxy- 2477
–, 4-Äthoxymethyl-2-methoxy-6-methyl- 2475
Prolin, 4-Hydroxy-, anilid 2051
$C_{11}H_{14}N_2O_2S$
Thioisonicotinsäure, 2-[1-Acetoxy-propyl]-, amid 2186
$C_{11}H_{14}N_2O_3$
Isonicotinsäure, 2-[1-Acetoxy-propyl]-, amid 2186
Nicotinonitril, 5-[2-Äthoxy-äthyl]-2,6-dihydroxy-4-methyl- 2579
Pyrrol-2-carbonsäure, 3-Äthyl-4-cyan-5-hydroxymethyl-, äthylester 2580
$C_{11}H_{14}N_2O_5$
Nicotinsäure, 2-Äthoxy-5-carbamoyl-6-hydroxy-, äthylester 2651
$C_{11}H_{15}NO_2S$
Nicotinsäure, 6-Pentylmercapto- 2151
$C_{11}H_{15}NO_3$
Essigsäure, [6-Äthoxy-[2]pyridyl]-, äthylester 2166
–, [3-Methoxymethyl-[2]pyridyl]-, äthylester 2178
Indol-2-carbonsäure, 3-Hydroxy-4,5,6,7-tetrahydro-, äthylester 2190
Isonicotinsäure, 2-Hydroxy-6-pentyl- 2192
–, 2-Isobutoxy-, methylester 2156
–, 2-Isopentyloxy- 2155
–, 2-Propoxy-, äthylester 2156
Nicotinsäure, 6-Äthoxy-2-methyl-, äthylester 2171
–, 6-Butyl-2-hydroxy-5-methyl- 2193
–, 5-Hydroxymethyl-2,6-dimethyl-, äthylester 2189
–, 2-Hydroxy-6-pentyl- 2192
–, 2-Hydroxy-6-propyl-, äthylester 2187
Propionsäure, 3-Hydroxy-2-methyl-3-[3]pyridyl-, äthylester 2185
–, 3-[5-Hydroxy-6-methyl-[2]pyridyl]-, äthylester 2187
$C_{11}H_{15}NO_3S$
Pyrrol-3-carbonsäure, 5-Acetylmercapto-2,4-dimethyl-, äthylester 2121
$C_{11}H_{15}NO_3Se$
Pyrrol-2-carbonsäure, 4-Acetylselanyl-3,5-dimethyl-, äthylester 2123
$C_{11}H_{15}NO_4$
Isonicotinsäure, 2-Hydroxy-6-isopentyloxy- 2460
Nicotinsäure, 5-Äthyl-2,4-dihydroxy-6-methyl-, äthylester 2476
–, 5-Methoxy-4-methoxymethyl-6-methyl-, methylester 2472
Pyrrol-2-carbonsäure, 5-Acetoxymethyl-3-methyl-, äthylester 2124
Pyrrol-3-carbonsäure, 5-Acetoxy-1-äthyl-, äthylester 2116
$C_{11}H_{15}NO_5$
Essigsäure, [4-Äthoxycarbonyl-2-hydroxymethyl-5-methyl-pyrrol-3-yl]- 2581
Pyrrol-2-carbonsäure, 5-Äthoxycarbonylmethyl-3-hydroxy-, äthylester 2575
Pyrrol-3-carbonsäure, 2-Äthoxycarbonylmethyl-4-hydroxy-, äthylester 2575
Pyrrol-1,2-dicarbonsäure, 4-Methoxy-, diäthylester 2115
$C_{11}H_{16}ClNO_3$
Tropan-2-carbonylchlorid, 3-Acetoxy- 2105
$C_{11}H_{16}ClN_3O_2$
Isonicotinsäure, 2-Chlor-6-isopentyloxy-, hydrazid 2161
$C_{11}H_{16}N_4O_2$
Pyrrol-2-carbonylazid, 3,4-Diäthyl-5-methoxymethyl- 2132
$C_{11}H_{17}NO_3$
Pyrrol-2-carbonsäure, 4-Äthyl-5-hydroxymethyl-3-methyl-, äthylester 2129
–, 4-Äthyl-3-methoxy-5-methyl-, äthylester 2127
–, 4-[1-Hydroxy-äthyl]-3,5-dimethyl-, äthylester 2130
–, 3-[1-Hydroxy-äthyl]-4-isopropyl-, methylester 2131
–, 4-Methoxymethyl-3,5-dimethyl-, äthylester 2127
–, 5-Methoxymethyl-3,4-dimethyl-, äthylester 2127
$C_{11}H_{17}NO_4$
Pyrrol-3-carbonsäure, 5-[Hydroxymethoxy-methyl]-2,4-dimethyl-, äthylester 2128
Tropan-2-carbonsäure, 3-Acetoxy- 2098

$[C_{11}H_{17}N_2O_2]^+$
Chinuclidinium, 3-Acetoxy-3-cyan-1-methyl- 2110
$[C_{11}H_{17}N_2O_2]I$ 2110
$C_{11}H_{17}N_3O_2$
Isonicotinsäure, 2-Isopentyloxy-, hydrazid 2158
Pyrrol-2-carbonsäure, 3-Hydroxy-4-isopropyl-, isopropylidenhydrazid 2126
$C_{11}H_{18}N_2O$
Chinolin-8a-carbonitril, 4a-Hydroxy-1-methyl-octahydro- 2111
Piperidin-4-carbonitril, 1-Allyl-4-hydroxy-2,5-dimethyl- 2086
[1]Pyrindin-4-carbonitril, 4-Hydroxy-1,2-dimethyl-octahydro- 2112
$C_{11}H_{18}N_2O_5$
Pyridin-3-carbonsäure, 4-Hydroxy-1,4,6-trimethyl-5-nitro-1,4,5,6-tetrahydro-, äthylester 2096
$C_{11}H_{19}NO_3$
Chinolizin-3-carbonsäure, 9-Hydroxy-octahydro-, methylester 2111
Chinuclidin-2-carbonsäure, 5-[2-Methoxy-äthyl]- 2112
Pyridin-3-carbonsäure, 4-Äthoxy-2-methyl-1,4,5,6-tetrahydro-, äthylester 2095
–, 6-Äthoxy-2-methyl-1,4,5,6-tetrahydro-, äthylester 2095
Tropan-2-carbonsäure, 3-Hydroxy-, äthylester 2104
$C_{11}H_{19}NO_4$
Azetidin-3-carbonsäure, 1-Acetyl-3-hydroxy-2,2,4,4-tetramethyl-, methylester 2088
Pyrrolidin-2-carbonsäure, 1-Acetyl-4-[β-hydroxy-isopropyl]-, methylester 2087
$C_{11}H_{19}NO_5$
Essigsäure, [1-Äthoxycarbonyl-3-methoxy-[2]piperidyl]- 2074
Pyrrolidin-2-carbonsäure, 3-[1-Carboxy-2-hydroxy-äthyl]-4-isopropyl- 2572
$[C_{11}H_{20}NO_3]^+$
Nortropanium, 3-Hydroxy-2-methoxycarbonyl-8,8-dimethyl-2106
$[C_{11}H_{20}NO_3]I$ 2106
$C_{11}H_{20}N_2O$
Piperidin-4-carbonitril, 4-Hydroxy-2,5-dimethyl-1-propyl- 2085
–, 4-Hydroxy-1-isopropyl-2,5-dimethyl- 2085
$C_{11}H_{20}N_2O_4$
Leucin, *N*-[4-Hydroxy-prolyl]- 2052
$C_{11}H_{21}NO_3$
Buttersäure, 2-Hydroxy-3-[4]piperidyl-, äthylester 2088
Piperidin-3-carbonsäure, 4-Hydroxy-1,2,5-trimethyl-, äthylester 2076
Piperidin-4-carbonsäure, 1-Äthyl-4-hydroxy-2,5-dimethyl-, methylester 2084
–, 4-Hydroxy-1,2,5-trimethyl-, äthylester 2081
$[C_{11}H_{22}NO_3]^+$
Piperidinium, 4-Hydroxy-4-methoxycarbonyl-1,1,2,5-tetramethyl-2083
$[C_{11}H_{22}NO_3]I$ 2083

C_{12}

$C_{12}H_7N_3O_2S$
Nicotinonitril, 6-[4-Nitro-phenylmercapto]-2152
$C_{12}H_8ClNO_3$
Isonicotinsäure, 2-Chlor-6-phenoxy- 2160
$C_{12}H_8ClNO_5$
Chinolin-2,4-dicarbonsäure, 5-Chlor-8-methoxy- 2616
$C_{12}H_8F_3NO_3$
Chinolin-2-carbonsäure, 4-Hydroxy-3-methyl-5-trifluormethyl- 2337
–, 4-Hydroxy-3-methyl-7-trifluormethyl- 2339
$C_{12}H_8N_2O$
Nicotinonitril, 2-Hydroxy-6-phenyl- 2349
–, 4-Phenoxy- 2146
$C_{12}H_8N_2O_2$
Chinolin-5-carbonitril, 8-Acetoxy- 2307
$C_{12}H_8N_2O_4S$
Isonicotinsäure, 3-[4-Nitro-phenylmercapto]- 2165
Nicotinsäure, 6-[4-Nitro-phenylmercapto]-2151
Pyridin-2-carbonsäure, 3-[4-Nitro-phenylmercapto]- 2135
$C_{12}H_8N_2O_4S_2$
Disulfid, Bis-[2-carboxy-[3]pyridyl]- 2135
–, Bis-[4-carboxy-[2]pyridyl]- 2162
–, Bis-[4-carboxy-[3]pyridyl]- 2165
$C_{12}H_8N_2O_5$
Acrylsäure, 3-[2-Hydroxy-6-nitro-[7]chinolyl]- 2351
Äther, Bis-[3-carboxy-[2]pyridyl]- 2140
$C_{12}H_8N_2O_6S$
Nicotinsäure, 6-[4-Nitro-benzolsulfonyl]-2151
$C_{12}H_8N_2S$
Nicotinonitril, 4-Phenylmercapto- 2146
$C_{12}H_9BrClNO_3$
Chinolin-2-carbonsäure, 3-Brom-5-chlor-4-hydroxy-, äthylester 2251
–, 3-Brom-7-chlor-4-hydroxy-, äthylester 2252

$C_{12}H_9Br_2NO_3$
Chinolin-2-carbonsäure, 5,7-Dibrom-4-hydroxy-, äthylester 2252
$C_{12}H_9ClINO_3$
Chinolin-2-carbonsäure, 5-Chlor-4-hydroxy-3-jod-, äthylester 2253
–, 7-Chlor-4-hydroxy-3-jod-, äthylester 2253
$C_{12}H_9ClN_2O_3$
Nicotinsäure, 5-[4-Chlor-phenyl]-2,6-dihydroxy-, amid 2542
$C_{12}H_9Cl_2NO_3$
Chinolin-2-carbonsäure, 3,5-Dichlor-4-hydroxy-, äthylester 2249
–, 3,7-Dichlor-4-hydroxy-, äthylester 2250
–, 5,7-Dichlor-4-hydroxy-, äthylester 2250
–, 5,8-Dichlor-4-hydroxy-, äthylester 2250
–, 6,8-Dichlor-4-hydroxy-, äthylester 2250
Isochinolin-3-carbonsäure, 5,6-Dichlor-8-hydroxy-7-methyl-, methylester 2534
–, 5,8-Dichlor-6-hydroxy-7-methyl-, methylester 2534
Isochinolin-3-carbonylchlorid, 1-Chlor-7,8-dimethoxy- 2528
$C_{12}H_9NO_2S$
Isonicotinsäure, 3-Phenylmercapto- 2165
Nicotinsäure, 2-Phenylmercapto- 2143
–, 4-Phenylmercapto- 2146
Pyridin-2-carbonsäure, 3-Phenylmercapto-2135
$C_{12}H_9NO_3$
Acrylsäure, 3-[2-Hydroxy-[7]chinolyl]-2351
–, 3-[8-Hydroxy-[2]chinolyl]- 2349
Benzoesäure, 2-Hydroxy-4-[3]pyridyl- 2349
–, 2-Hydroxy-6-[3]pyridyl- 2349
Isonicotinsäure, 2-Hydroxy-6-phenyl- 2349
Nicotinsäure, 2-Hydroxy-6-phenyl- 2349
–, 2-Phenoxy- 2140
$C_{12}H_9NO_4$
Chinolin-4-carbonsäure, 3-Acetoxy- 2296
–, 8-Acetoxy- 2303
Chinolin-5-carbonsäure, 8-Acetoxy- 2306
Chinolin-7-carbonsäure, 8-Acetoxy- 2308
$C_{12}H_9NO_4S$
Chinolin-6-carbonsäure, 5-Carboxymethylmercapto- 2307
$C_{12}H_9NO_5$
Chinolin-2-carbonsäure, 3-Carboxymethyl-4-hydroxy- 2618
Chinolin-4,8-dicarbonsäure, 3-Hydroxy-2-methyl- 2618
$C_{12}H_9NO_5S_2$
Pyridin-2-carbonsäure, 3-[4-Sulfo-phenylmercapto]- 2135
$C_{12}H_9NO_6$
Chinolin-2,3-dicarbonsäure, 7-Hydroxy-8-methoxy- 2659
$C_{12}H_9N_3O$
Chinolin-1,2-dicarbonitril, 6-Methoxy-1,2-dihydro- 2219, 2220
–, 6-Methoxy-1,4-dihydro- 2219
$C_{12}H_9N_3O_7$
Chinolin-3-carbonsäure, 2-Hydroxy-6,8-dinitro-, äthylester 2259
$C_{12}H_{10}BrNO_3$
Chinolin-2-carbonsäure, 3-Brom-4-hydroxy-, äthylester 2251
–, 7-Brom-4-hydroxy-, äthylester 2251
Chinolin-3-carbonsäure, 6-Brom-4-hydroxy-, äthylester 2267
–, 7-Brom-4-hydroxy-, äthylester 2268
Essigsäure, [6-Brom-2-hydroxy-[4]chinolyl]-, methylester 2316
–, [7-Brom-2-hydroxy-[4]chinolyl]-, methylester 2316
–, [8-Brom-2-hydroxy-[4]chinolyl]-, methylester 2316
$C_{12}H_{10}ClNO_2$
Chinolin-4-carbonylchlorid, 2-Äthoxy-2277
$C_{12}H_{10}ClNO_3$
Chinolin-2-carbonsäure, 8-Äthoxy-4-chlor-2256
–, 3-Chlor-4-hydroxy-, äthylester 2248
–, 5-Chlor-4-hydroxy-, äthylester 2248
–, 7-Chlor-4-hydroxy-, äthylester 2248
–, 8-Chlor-4-hydroxy-3,5-dimethyl-2338
Chinolin-3-carbonsäure, 4-Chlor-2-hydroxy-, äthylester 2258
–, 5-Chlor-4-hydroxy-, äthylester 2263
–, 6-Chlor-4-hydroxy-, äthylester 2263
–, 7-Chlor-4-hydroxy-, äthylester 2264
–, 8-Chlor-4-hydroxy-, äthylester 2266
Chinolin-4-carbonsäure, 6-Chlor-2-hydroxy-, äthylester 2293
–, 2-Hydroxy-, [2-chlor-äthylester] 2271
–, 6-Hydroxy-, [2-chlor-äthylester] 2299
Essigsäure, [6-Chlor-2-hydroxy-[4]chinolyl]-, methylester 2316

$C_{12}H_{10}ClNO_3$ (Fortsetzung)
Essigsäure, [7-Chlor-2-hydroxy-[4]chinolyl]-, methylester 2316
—, [8-Chlor-2-hydroxy-[4]chinolyl]-, methylester 2316
$C_{12}H_{10}ClNO_4$
Chinolin-2-carbonsäure, 7-Chlor-4-hydroxy-3-methoxy-, methylester 2510
Isochinolin-3-carbonsäure, 5-Chlor-6,8-dihydroxy-7-methyl-, methylester 2534
—, 1-Chlor-7,8-dimethoxy- 2527
$C_{12}H_{10}ClN_3O_2$
Isonicotinsäure, 2-Chlor-6-phenoxy-, hydrazid 2161
$C_{12}H_{10}FNO_3$
Chinolin-3-carbonsäure, 6-Fluor-4-hydroxy-, äthylester 2262
$C_{12}H_{10}INO_3$
Chinolin-2-carbonsäure, 4-Hydroxy-3-jod-, äthylester 2252
—, 4-Hydroxy-7-jod-, äthylester 2252
Chinolin-3-carbonsäure, 4-Hydroxy-7-jod-, äthylester 2268
$C_{12}H_{10}N_2O$
Acetonitril, [2-Hydroxy-4-methyl-[6]chinolyl]- 2336
—, [4-Hydroxy-2-methyl-[6]chinolyl]- 2335
Chinolin-2-carbonitril, 4-Äthoxy- 2247
—, 6-Äthoxy- 2255
Chinolin-3-carbonitril, 2-Äthoxy- 2258
—, 2-Methoxy-4-methyl- 2329
Chinolin-4-carbonitril, 2-Äthoxy- 2290
—, 3-Methoxy-2-methyl- 2325
—, 5-Methoxymethyl- 2332
Chinolin-5-carbonitril, 6-Äthoxy- 2305
—, 8-Äthoxy- 2307
Chinolin-6-carbonitril, 4-Methoxy-2-methyl- 2328
$C_{12}H_{10}N_2O_2$
Acetonitril, Hydroxy-[6-methoxy-[4]chinolyl]- 2529
Chinolin-2-carbonitril, 6-Äthoxy-1-oxy- 2255
—, 6,7-Dimethoxy- 2514
Isochinolin-1-carbonitril, 6,7-Dimethoxy- 2527
Nicotinsäure, 2-Hydroxy-, anilid 2141
—, 4-Phenoxy-, amid 2145
$C_{12}H_{10}N_2O_2S$
Nicotinsäure, 6-[4-Amino-phenylmercapto]- 2151
Pyridin-2-carbonsäure, 3-[4-Amino-phenylmercapto]- 2135
$C_{12}H_{10}N_2O_4S$
Nicotinsäure, 6-Sulfanilyl- 2152
$C_{12}H_{10}N_2O_5$
Chinolin-2-carbonsäure, 4-Hydroxy-3-nitro-, äthylester 2253
—, 4-Hydroxy-6-nitro-, äthylester 2253
Chinolin-3-carbonsäure, 4-Hydroxy-6-nitro-, äthylester 2268
—, 4-Hydroxy-8-nitro-, äthylester 2268
Chinolin-4-carbonsäure, 2-Hydroxy-6-nitro-, äthylester 2293
—, 6-Methoxy-8-nitro-, methylester 2303
Chinolin-7-carbonsäure, 8-Hydroxy-5-nitro-, äthylester 2309
$C_{12}H_{10}N_2O_6$
Chinolin-3-carbonsäure, 4-Äthoxy-2-hydroxy-6-nitro- 2517
Indol-2-carbonsäure, 1-Acetyl-3-hydroxy-6-nitro-, methylester 2214
$C_{12}H_{11}ClN_2O_2$
Chinolin-2-carbonsäure, 4-Äthoxy-7-chlor-, amid 2249
Chinolin-3-carbonsäure, 6-Äthoxy-4-chlor-, amid 2269
$C_{12}H_{11}Cl_2NO_3$
Indol-3-carbonsäure, 4,7-Dichlor-5-hydroxy-2-methyl-, äthylester 2232
—, 6,7-Dichlor-5-hydroxy-2-methyl-, äthylester 2233
$C_{12}H_{11}I_2NO_5$
Pyridin-2,6-dicarbonsäure, 4-Allyloxy-3,5-dijod-, dimethylester 2588
$C_{12}H_{11}NO_3$
Chinolin-2-carbonsäure, 4-Äthoxy- 2245
—, 6-Äthoxy- 2254
—, 4-Hydroxy-, äthylester 2246
—, 4-Hydroxy-3,5-dimethyl- 2337
—, 4-Hydroxy-3,6-dimethyl- 2338
—, 4-Hydroxy-3,7-dimethyl- 2338
—, 4-Hydroxy-3,8-dimethyl- 2339
Chinolin-3-carbonsäure, 2-Äthoxy- 2257
—, 4-Hydroxy-, äthylester 2259
—, 4-Hydroxy-2,6-dimethyl- 2338
Chinolin-4-carbonsäure, 6-Äthoxy- 2298
—, 2-Äthyl-3-hydroxy- 2334
—, 2-Hydroxy-, äthylester 2271
—, 3-Hydroxy-, äthylester 2296
—, 6-Hydroxy-, äthylester 2299
—, 2-Hydroxy-5,6-dimethyl- 2341
—, 2-Hydroxy-6,7-dimethyl- 2341
—, 6-Methoxy-, methylester 2298
—, 6-Methoxy-2-methyl- 2326
—, 7-Methoxy-2-methyl- 2327
Chinolin-5-carbonsäure, 8-Äthoxy- 2305
—, 8-Hydroxy-, äthylester 2306
Chinolin-7-carbonsäure, 8-Hydroxy-, äthylester 2308

$C_{12}H_{11}NO_3$ (Fortsetzung)
Essigsäure, [2-Hydroxy-4-methyl-[3]chinolyl]- 2336
—, [2-Hydroxy-6-methyl-[4]chinolyl]- 2336
—, [2-Hydroxy-7-methyl-[4]chinolyl]- 2337
—, [2-Hydroxy-8-methyl-[4]chinolyl]- 2337
—, [4-Hydroxy-6-methyl-[2]chinolyl]- 2335
Isochinolin-3-carbonsäure, 1-Hydroxy-, äthylester 2311
Isochinolin-4-carbonsäure, 1-Hydroxy-, äthylester 2312
Propionsäure, 3-[4-Hydroxy-[3]chinolyl]- 2333
Pyrrol-2-carbonsäure, 5-Methoxy-4-phenyl- 2312
Pyrrol-3-carbonsäure, 4-Hydroxy-2-methyl-1-phenyl- 2118
—, 4-Methoxy-1-phenyl- 2115

$C_{12}H_{11}NO_4$
Chinolin-2-carbonsäure, 8-Äthoxy-4-hydroxy- 2514
—, 6,7-Dimethoxy- 2514
—, 7,8-Dimethoxy- 2515
—, 4-Hydroxy-8-methoxy-, methylester 2514
—, 4-Hydroxy-6-methoxy-3-methyl- 2530
—, 4-Hydroxy-7-methoxy-3-methyl- 2530
—, 4-Hydroxy-8-methoxy-3-methyl- 2531
Chinolin-3-carbonsäure, 2-Äthoxy-4-hydroxy- 2517
—, 6-Äthoxy-4-hydroxy- 2517
—, 8-Äthoxy-4-hydroxy- 2522
—, 2,4-Dihydroxy-, äthylester 2516
—, 4,8-Dihydroxy-, äthylester 2522
—, 2-Hydroxy-4-methoxy-, methylester 2516
Chinolin-4-carbonsäure, 2-Hydroxy-6-methoxy-, methylester 2525
Chinolin-8-carbonsäure, 2-Hydroxy-3-methoxy-, methylester 2526
Essigsäure, [2,4-Dihydroxy-[3]chinolyl]-, methylester 2529
Indol-2-carbonsäure, 1-Acetyl-3-hydroxy-, methylester 2213
Isochinolin-1-carbonsäure, 6,7-Dimethoxy- 2527
Isochinolin-4-carbonsäure, 1-Hydroxy-7-methoxy-, methylester 2528
Propionsäure, 2-[2,4-Dihydroxy-[3]chinolyl]- 2535
—, 3-[2,4-Dihydroxy-[3]chinolyl]- 2535

$C_{12}H_{11}NO_5$
Chinolin-2-carbonsäure, 4-Hydroxy-5,8-dimethoxy- 2606
—, 4,5,8-Trihydroxy-, äthylester 2606
Chinolin-3-carbonsäure, 2-Hydroxy-4,8-dimethoxy- 2606
—, 2-Hydroxy-6,7-dimethoxy- 2607
—, 4-Hydroxy-5,8-dimethoxy- 2607
—, 4-Hydroxy-6,7-dimethoxy- 2607
Indol-2-carbonsäure, 3-Carboxymethyl-5-methoxy- 2612
—, 3-Carboxymethyl-6-methoxy- 2613
Isochinolin-3-carbonsäure, 1,8-Dihydroxy-7-methoxy-, methylester 2610
—, 1-Hydroxy-7,8-dimethoxy- 2609
Malonsäure, Hydroxy-indol-3-ylmethyl- 2613

$C_{12}H_{11}N_3O_8$
Prolin, 1-[3,5-Dinitro-benzoyl]-4-hydroxy- 2057

$C_{12}H_{12}BrNO_3$
Pyrrol-2-carbonsäure, 3-Brom-5-methoxy-4-phenyl-4,5-dihydro-3*H*- 2234

$C_{12}H_{12}ClNO_3$
Essigsäure, [4-Chlor-7-methoxy-2-methyl-indol-3-yl]- 2238
Indol-3-carbonsäure, 6-Chlor-5-hydroxy-2-methyl-, äthylester 2232

$C_{12}H_{12}ClNO_4$
Indol-3-carbonsäure, 7-Chlor-4,5-dihydroxy-2-methyl-, äthylester 2493

$C_{12}H_{12}N_2O$
Acetonitril, [5-Äthoxy-indol-3-yl]- 2224
Pyrrolo[3,2,1-*ij*]chinolin-6-carbonitril, 6-Hydroxy-1,2,5,6-tetrahydro-4*H*- 2243

$C_{12}H_{12}N_2O_2$
Acetonitril, [5,6-Dimethoxy-indol-3-yl]- 2492
Chinolin-2-carbonsäure, 6-Äthoxy-, amid 2254
Chinolin-3-carbonsäure, 2-Äthoxy-, amid 2257
—, 2-[2-Hydroxy-äthyl]-, amid 2334
Chinolin-4-carbonsäure, 2-Äthoxy-, amid 2279
—, 3-Hydroxy-, dimethylamid 2296
Chinolin-5-carbonsäure, 8-Hydroxy-, äthylamid 2306

$C_{12}H_{12}N_2O_3$
Chinolin-2-carbonsäure, 6-Äthoxy-1-oxy-, amid 2255
Chinolin-3-carbonsäure, 4-Hydroxy-, [2-hydroxy-äthylamid] 2260
Isochinolin-1-carbonsäure, 6,7-Dimethoxy-, amid 2527

$C_{12}H_{12}N_2O_3$ (Fortsetzung)
[1]Pyrindin-4-carbonsäure, 3-Cyan-2-hydroxy-6,7-dihydro-5*H*-, äthylester 2604
$C_{12}H_{12}N_2O_4$
Glycin, *N*-[(5-Hydroxy-indol-3-yl)-acetyl]- 2223
Isonicotinonitril, 3-Acetoxy-5-acetoxymethyl-2-methyl- 2471
$C_{12}H_{12}N_2O_6$
Indolin-2-carbonsäure, 1-Acetyl-3-hydroxy-6-nitro-, methylester 2198
$C_{12}H_{12}N_4O_4$
Chinolin-4-carbonsäure, 2-Äthoxy-6-nitro-, hydrazid 2294
$C_{12}H_{13}I_2NO_5$
Pyridin-2,6-dicarbonsäure, 3,5-Dijod-4-methoxy-, diäthylester 2588
—, 3,5-Dijod-4-propoxy-, dimethylester 2588
$C_{12}H_{13}NO_2S$
Essigsäure, [1-Methyl-2-methylmercapto-indol-3-yl]- 2221
$C_{12}H_{13}NO_3$
Essigsäure, [5-Äthoxy-indol-3-yl]- 2222
—, [5-Methoxy-1-methyl-indol-3-yl]- 2225
—, [5-Methoxy-2-methyl-indol-3-yl]- 2237
Indol-2-carbonsäure, 5-Äthoxy-1-methyl- 2216
—, 3-Äthyl-5-methoxy- 2236
—, 3-Methoxy-, äthylester 2212
—, 4-Methoxy-, äthylester 2214
—, 5-Methoxy-, äthylester 2216
—, 6-Methoxy-, äthylester 2217
—, 7-Methoxy-, äthylester 2218
—, 5-Methoxy-3,3-dimethyl-3*H*- 2239
—, 5-Propoxy- 2215
Indol-3-carbonsäure, 5-Hydroxy-2-methyl-, äthylester 2228
—, 5-Methoxy-, äthylester 2219
—, 5-Methoxy-1,2-dimethyl- 2229
Propionsäure, 3-[5-Hydroxy-2-methyl-indol-3-yl]- 2241
—, 3-[7-Methoxy-indol-3-yl]- 2235
$C_{12}H_{13}NO_4$
Essigsäure, [5,6-Dimethoxy-indol-3-yl]- 2492
Indol-2-carbonsäure, 5,6-Dihydroxy-4-propyl- 2495
—, 5,6-Dihydroxy-7-propyl- 2496
—, 5,6-Dimethoxy-3-methyl- 2492
Indol-3-carbonsäure, 4,5-Dihydroxy-2-methyl-, äthylester 2492
—, 5,6-Dihydroxy-2-methyl-, äthylester 2493
Indolin-2-carbonsäure, 1-Acetyl-3-hydroxy-, methylester 2198
Prolin, 4-Benzoyloxy- 2049
Propionsäure, 2-Hydroxy-3-[5-methoxy-indol-3-yl]- 2494
$C_{12}H_{13}NO_6$
Nicotinsäure, 5-Acetoxy-4-acetoxymethyl-6-methyl- 2472
Pyridin-3,4-dicarbonsäure, 5-Acetoxy-6-methyl-, dimethylester 2593
$C_{12}H_{13}NO_8$
Pyrrol-2,5-dicarbonsäure, 3,4-Diacetoxy-, dimethylester 2648
$C_{12}H_{13}N_3O$
Chinolin-5-carbamidin, 8-Äthoxy- 2307
$C_{12}H_{13}N_3O_2$
Chinolin-2-carbonsäure, 6-Äthoxy-, hydrazid 2255
Chinolin-4-carbonsäure, 2-Äthoxy-, hydrazid 2292
—, 6-Äthoxy-, hydrazid 2302
Pyrrol-3-carbonsäure, 4-Hydroxy-2-methyl-1-phenyl-, hydrazid 2119
$C_{12}H_{13}N_3O_4$
Chinolin-3-carbonsäure, 4-Hydroxy-6,8-dimethoxy-, hydrazid 2608
$C_{12}H_{14}ClN_3O_3$
Nicotinonitril, 2-Chlor-6-isobutyl-4-methoxymethyl-5-nitro- 2193
$C_{12}H_{14}N_2O_2$
Essigsäure, [5-Methoxy-1-methyl-indol-3-yl]-, amid 2225
—, [5-Methoxy-2-methyl-indol-3-yl]-, amid 2237
$C_{12}H_{14}N_2O_3$
Chinolin-3-carbonsäure, 2-Acetoxy-5,6,7,8-tetrahydro-, amid 2200
Indolin-2-carbonsäure, 1-Acetyl-3-hydroxy-, methylamid 2198
Isonicotinsäure, 3-Cyan-2-hydroxy-6-isopropyl-, äthylester 2599
—, 3-Cyan-2-hydroxy-6-propyl-, äthylester 2599
Nicotinonitril, 5-[2-Acetoxy-äthyl]-2-hydroxy-4,6-dimethyl- 2478
$C_{12}H_{15}Br_2NO_5$
Pyrrol-2,4-dicarbonsäure, 5-Dibrommethyl-3-hydroxymethyl-, diäthylester 2577
—, 5-Dibrommethyl-5-hydroxy-3-methyl-5*H*-, diäthylester 2577
$C_{12}H_{15}NO_3$
Acrylsäure, 3-[3-(2-Hydroxy-äthyl)-[4]pyridyl]-, äthylester 2199
Crotonsäure, 4-Methoxy-3-[4]pyridyl-, äthylester 2196
Isochinolin-3-carbonsäure, 6-Methoxy-1,2,3,4-tetrahydro-, methylester 2200
Isochinolin-4-carbonsäure, 3-Hydroxy-5,6,7,8-tetrahydro-, äthylester 2201
Prolin, 4-Hydroxy-, benzylester 2051

$C_{12}H_{15}NO_4$
Chinolin-3-carbonsäure, 2,4-Dihydroxy-5,6,7,8-tetrahydro-, äthylester 2481
Isochinolin-1-carbonsäure, 1-Äthyl-6,7-dihydroxy-1,2,3,4-tetrahydro- 2487
–, 6-Hydroxy-7-methoxy-1-methyl-1,2,3,4-tetrahydro- 2485
Isochinolin-3-carbonsäure, 6,7-Dimethoxy-1,2,3,4-tetrahydro- 2481
Isonicotinsäure, 2-[1-Acetoxy-propyl]-, methylester 2186
–, 2-Cyclohexyloxy-6-hydroxy- 2460
–, 2,6-Dihydroxy-, cyclohexylester 2462

$C_{12}H_{15}NO_5$
Chinolin-3,4-dicarbonsäure, 8a-Hydroxy-2-methyl-4a,5,6,7,8,8a-hexahydro- 2602
Isochinolin-5-carbonsäure, 6,7-Dihydroxy-4-methoxy-1,2,3,4-tetrahydro-, methylester 2600
Pyridin-3,4-dicarbonsäure, 5-Hydroxy-6-isopropyl-, dimethylester 2599
–, 5-Hydroxy-6-methyl-, diäthylester 2593
Pyridin-3,5-dicarbonsäure, 2-Hydroxy-6-methyl-, diäthylester 2590
–, 4-Hydroxy-2-methyl-, diäthylester 2590
Pyrrol-3-carbonsäure, 4-Acetoxy-1-acetyl-2-methyl-, äthylester 2119

$C_{12}H_{15}NO_5S$
Prolin, 4-Hydroxy-1-phenylmethansulfonyl-2066
–, 4-Hydroxy-1-[toluol-4-sulfonyl]-2066
–, 4-[Toluol-4-sulfonyloxy]- 2050

$C_{12}H_{15}N_3O_2$
Isonicotinsäure, 3-Cyan-2-hydroxy-6-methyl-, diäthylamid 2597

$C_{12}H_{15}N_3O_4$
Nicotinonitril, 2-Hydroxy-6-isobutyl-4-methoxymethyl-5-nitro- 2479

$C_{12}H_{16}BrNO_3$
Pyrrol-2-carbonsäure, 4-[2-Brom-vinyl]-5-methoxymethyl-3-methyl-, äthylester 2190

$C_{12}H_{16}BrNO_4$
Nicotinsäure, 4-Äthoxymethyl-5-brom-2-hydroxy-6-methyl-, äthylester 2475

$C_{12}H_{16}ClNO_3$
Isonicotinoylchlorid, 2,6-Dipropoxy- 2464
Isonicotinsäure, 2-Butoxy-6-chlor-, äthylester 2160

$C_{12}H_{16}N_2$
Pyrrolo[3,2,1-*ij*]chinolin, 6-Aminomethyl-1,2,5,6-tetrahydro-4*H*- 2243

$C_{12}H_{16}N_2O_2$
Nicotinonitril, 2-Hydroxy-6-isobutyl-4-methoxymethyl- 2479
Prolin, 4-Hydroxy-1-methyl-, anilid 2053

$C_{12}H_{16}N_2O_2S$
Pyrrol-2-carbonsäure, 4-Äthyl-3-methyl-5-thiocyanatomethyl-, äthylester 2130

$C_{12}H_{16}N_2O_3$
Pyrrol-2-carbonsäure, 4-[2-Cyan-1-hydroxy-äthyl]-3,5-dimethyl-, äthylester 2582

$C_{12}H_{16}N_2O_6$
Nicotinsäure, 2,4-Dihydroxy-6-methyl-5-nitro-, pentylester 2468

$C_{12}H_{17}NO_3$
Isonicotinsäure, 2-Butoxy-, äthylester 2156
–, 2-Hexyl-6-hydroxy- 2193
–, 2-Hydroxy-6-pentyl-, methylester 2192
Nicotinsäure, 4-Äthoxy-2,6-dimethyl-, äthylester 2182
Propionsäure, 3-[4,6-Dimethyl-[2]pyridyl]-2-hydroxy-, äthylester 2192
Valeriansäure, 2-Hydroxy-5-[2]pyridyl-, äthylester 2190

$C_{12}H_{17}NO_4$
Isonicotinsäure, 2,6-Diäthoxy-, äthylester 2460
–, 2,6-Diisopropoxy- 2459
–, 2,6-Dipropoxy- 2459
Nicotinsäure, 4-Äthoxymethyl-2-hydroxy-6-methyl-, äthylester 2474
–, 2,4-Dihydroxy-5-isopropyl-6-methyl-, äthylester 2477
–, 2,4-Dihydroxy-6-methyl-, pentylester 2467
–, 2,4-Dihydroxy-6-methyl-5-propyl-, äthylester 2477
Pyridin-2-carbonsäure, 5-Butoxy-4-hydroxy-, äthylester 2456
Pyrrol-2-carbonsäure, 3-Acetoxy-4-isopropyl-, äthylester 2125
–, 4-Acetoxymethyl-3,5-dimethyl-, äthylester 2127
–, 5-Acetoxymethyl-3,4-dimethyl-, äthylester 2128

$C_{12}H_{17}NO_4S$
Pyrrol-2,3-dicarbonsäure, 4-Methyl-5-[2-methylmercapto-äthyl]-, 3-äthylester 2580

$C_{12}H_{17}NO_5$
Propionsäure, 3-[5-Äthoxycarbonyl-2-hydroxymethyl-4-methyl-pyrrol-3-yl]-2581
Pyrrol-3-carbonsäure, 2-Äthoxycarbonylmethyl-4-methoxy-, äthylester 2575
Pyrrol-1,2-dicarbonsäure, 4-Äthoxy-, diäthylester 2115
Pyrrol-2,4-dicarbonsäure, 5-Äthoxymethyl-3-methyl-, 4-äthylester 2577

$[C_{12}H_{24}NO_3]^+$
Piperidinium, 4-Äthoxycarbonyl-4-hydroxy-1,1,2,5-tetramethyl- 2084
$[C_{12}H_{24}NO_3]I$ 2084

C_{13}

$C_{13}H_7N_3O_2$
Pyridin-3,5-dicarbonitril, 2,6-Dihydroxy-4-phenyl- 2665
$C_{13}H_8N_2O_4$
Acrylsäure, 2-Cyan-3-[2,4-dihydroxy-[3]chinolyl]- 2665
$C_{13}H_9Cl_2N_3OS$
Isonicotinsäure, 3-Mercapto-, [2,4-dichlor-benzylidenhydrazid] 2165
Nicotinsäure, 2-Mercapto-, [2,4-dichlor-benzylidenhydrazid] 2144
—, 4-Mercapto-, [2,4-dichlor-benzylidenhydrazid] 2147
Pyridin-2-carbonsäure, 3-Mercapto-, [2,4-dichlor-benzylidenhydrazid] 2136
$C_{13}H_9NO_3$
Carbazol-1-carbonsäure, 2-Hydroxy- 2360
—, 8-Hydroxy- 2362
Carbazol-2-carbonsäure, 1-Hydroxy- 2362
—, 3-Hydroxy- 2362
Carbazol-3-carbonsäure, 2-Hydroxy- 2363
$C_{13}H_9NO_4S$
Nicotinsäure, 2-[2-Carboxy-phenylmercapto]- 2144
Pyridin-2-carbonsäure, 3-[4-Carboxy-phenylmercapto]- 2135
$C_{13}H_9NO_5$
Isophthalsäure, 2-Hydroxy-4-[3]pyridyl-2626
Pyridin-2,6-dicarbonsäure, 4-Hydroxy-3-phenyl- 2626
Pyridin-3,4-dicarbonsäure, 5-Hydroxy-6-phenyl- 2626
$C_{13}H_9NO_6$
Malonsäure, [2,4-Dihydroxy-[3]chinolylmethylen]- 2665
$C_{13}H_{10}ClNO_5$
Isochinolin-3-carbonsäure, 6-Acetoxy-5-chlor-8-hydroxy-7-methyl- 2534
—, 8-Acetoxy-5-chlor-6-hydroxy-7-methyl- 2534
$C_{13}H_{10}F_3NO_3$
Chinolin-3-carbonsäure, 4-Hydroxy-7-trifluormethyl-, äthylester 2331
$C_{13}H_{10}N_2O$
Nicotinonitril, 2-Hydroxy-4-methyl-6-phenyl- 2354
—, 2-Hydroxy-5-methyl-6-phenyl-2353
—, 2-Hydroxy-6-methyl-4-phenyl-2353
—, 2-Hydroxy-6-*p*-tolyl- 2352
$C_{13}H_{10}N_2O_6$
Chinolin-4-carbonsäure, 3-Acetoxy-2-methyl-5-nitro- 2325
$C_{13}H_{11}ClN_2O_5$
Chinolin-3-carbonsäure, 4-Chlor-6-methoxy-8-nitro-, äthylester 2269
$C_{13}H_{11}NO_2S$
Isonicotinsäure, 2-Benzylmercapto- 2162
$C_{13}H_{11}NO_3$
Acrylsäure, 3-[6-Methoxy-[4]chinolyl]-2350
—, 3-[8-Methoxy-[2]chinolyl]- 2349
Cyclopenta[*b*]chinolin-5-carbonsäure, 9-Hydroxy-2,3-dihydro-1*H*- 2354
Cyclopenta[*b*]chinolin-6-carbonsäure, 9-Hydroxy-2,3-dihydro-1*H*- 2354
Cyclopenta[*b*]chinolin-7-carbonsäure, 9-Hydroxy-2,3-dihydro-1*H*- 2355
Cyclopenta[*b*]chinolin-8-carbonsäure, 9-Hydroxy-2,3-dihydro-1*H*- 2355
Isonicotinsäure, 2-Benzyl-6-hydroxy- 2352
Nicotinsäure, 2-Hydroxy-4-methyl-6-phenyl- 2353
—, 2-Hydroxy-5-methyl-6-phenyl-2352
—, 2-Hydroxy-6-*p*-tolyl- 2352
$C_{13}H_{11}NO_3S_2$
Chinolin-6-carbonsäure, 5-Äthoxythiocarbonylmercapto- 2307
$C_{13}H_{11}NO_4$
Pyrrol-2-carbonsäure, 1-Acetyl-3-hydroxy-5-phenyl- 2313
$C_{13}H_{11}NO_5$
Chinolin-2-carbonsäure, 3-[2-Carboxy-äthyl]-4-hydroxy- 2619
Chinolin-3,4-dicarbonsäure, 2-Hydroxy-, 3-äthylester 2617
Chinolin-3,8-dicarbonsäure, 4-Hydroxy-, dimethylester 2617
Isochinolin-3,4-dicarbonsäure, 1-Hydroxy-, 4-äthylester 2618
$C_{13}H_{11}NO_6$
Chinolin-2,3-dicarbonsäure, 7,8-Dimethoxy- 2659
Indol-2-carbonsäure, 5,6-Diacetoxy- 2490
$C_{13}H_{11}NO_7$
Indolizin-1,2-dicarbonsäure, 3-[Carboxy-methoxy-methyl]- 2678
$C_{13}H_{12}BrNO_3$
Chinolin-2-carbonsäure, 5-Brom-4-hydroxy-3-methyl-, äthylester 2320
—, 6-Brom-4-hydroxy-3-methyl-, äthylester 2320
—, 7-Brom-4-hydroxy-3-methyl-, äthylester 2321
—, 8-Brom-4-hydroxy-3-methyl-, äthylester 2321

$C_{13}H_{12}BrNO_3$ (Fortsetzung)
Essigsäure, [6-Brom-2-hydroxy-[4]chinolyl]-, äthylester 2316
–, [6-Brom-4-hydroxy-[2]chinolyl]-, äthylester 2314
–, [7-Brom-2-hydroxy-[4]chinolyl]-, äthylester 2316
–, [7-Brom-4-hydroxy-[2]chinolyl]-, äthylester 2314
–, [8-Brom-2-hydroxy-[4]chinolyl]-, äthylester 2316
–, [8-Brom-4-hydroxy-[2]chinolyl]-, äthylester 2314

$C_{13}H_{12}ClNO_2$
Chinolin-4-carbonylchlorid, 2-Propoxy- 2277

$C_{13}H_{12}ClNO_3$
Chinolin-2-carbonsäure, 5-Chlor-4-hydroxy-3-methyl-, äthylester 2319
–, 6-Chlor-4-hydroxy-3-methyl-, äthylester 2319
–, 7-Chlor-4-hydroxy-3-methyl-, äthylester 2319
–, 7-Chlor-4-hydroxy-8-methyl-, äthylester 2329
–, 8-Chlor-4-hydroxy-3-methyl-, äthylester 2320
–, 5-Chlor-4-hydroxy-3-propyl- 2342
–, 7-Chlor-4-hydroxy-3-propyl- 2342
–, 4-Chlor-6-methoxy-, äthylester 2255
Chinolin-3-carbonsäure, 7-Chlor-4-hydroxy-6-methyl-, äthylester 2331
–, 8-Chlor-4-hydroxy-7-methyl-, äthylester 2332
–, 4-Chlor-6-methoxy-, äthylester 2269
Chinolin-4-carbonsäure, 2-Chlor-6-methoxy-, äthylester 2303
–, 6-Methoxy-, [2-chlor-äthylester] 2299
Essigsäure, [6-Chlor-2-hydroxy-[4]chinolyl]-, äthylester 2316
–, [6-Chlor-4-hydroxy-[2]chinolyl]-, äthylester 2313
–, [7-Chlor-2-hydroxy-[4]chinolyl]-, äthylester 2316
–, [7-Chlor-4-hydroxy-[2]chinolyl]-, äthylester 2314
–, [8-Chlor-2-hydroxy-[4]chinolyl]-, äthylester 2316
–, [8-Chlor-4-hydroxy-[2]chinolyl]-, äthylester 2314

$C_{13}H_{12}ClNO_4$
Chinolin-2-carbonsäure, 7-Chlor-4-hydroxy-3-methoxy-, äthylester 2510
–, 7-Chlor-4-hydroxy-6-methoxy-, äthylester 2512
Chinolin-3-carbonsäure, 7-Chlor-4-hydroxy-5-methoxy-, äthylester 2517
–, 7-Chlor-4-hydroxy-6-methoxy-, äthylester 2520
Isochinolin-3-carbonsäure, 1-Chlor-7,8-dimethoxy-, methylester 2527
–, 5-Chlor-6,8-dimethoxy-7-methyl- 2533

$C_{13}H_{12}ClN_3O_2$
Chinolin-3-carbonsäure, 6-Chlor-4-hydroxy-, isopropylidenhydrazid 2264
–, 7-Chlor-4-hydroxy-, isopropylidenhydrazid 2265
–, 8-Chlor-4-hydroxy-, isopropylidenhydrazid 2266

$C_{13}H_{12}Cl_2N_2OS$
Pyridin-3-carbonsäure, 1-[2,6-Dichlor-benzyl]-4-mercapto-1,4-dihydro-, amid 2116

$C_{13}H_{12}FNO_3$
Chinolin-2-carbonsäure, 5-Fluor-4-hydroxy-3-methyl-, äthylester 2318
–, 6-Fluor-4-hydroxy-3-methyl-, äthylester 2318
–, 7-Fluor-4-hydroxy-3-methyl-, äthylester 2318
–, 8-Fluor-4-hydroxy-3-methyl-, äthylester 2319

$C_{13}H_{12}INO_3$
Chinolin-2-carbonsäure, 4-Hydroxy-5-jod-3-methyl-, äthylester 2321
–, 4-Hydroxy-6-jod-3-methyl-, äthylester 2321
–, 4-Hydroxy-7-jod-3-methyl-, äthylester 2322
–, 4-Hydroxy-8-jod-3-methyl-, äthylester 2322

$C_{13}H_{12}N_2O$
Acetonitril, [4-Methoxy-2-methyl-[6]chinolyl]- 2335
Chinolin-2-carbonitril, 4-Propoxy- 2247
Chinolin-3-carbonitril, 2-Isopropoxy- 2258
–, 2-Propoxy- 2258
Chinolin-4-carbonitril, 2-Isopropoxy- 2291
–, 2-Propoxy- 2291
Propionitril, 3-[6-Methoxy-[4]chinolyl]- 2334

$C_{13}H_{12}N_2O_2$
Chinolin-4-carbonsäure, 2-Allyloxy-, amid 2287
Nicotinsäure, 2-Hydroxy-4-methyl-6-phenyl-, amid 2354
–, 6-Hydroxy-4-methyl-5-phenyl-, amid 2354

$C_{13}H_{12}N_2O_3$
Nicotinsäure, 2,4-Dihydroxy-6-methyl-, anilid 2467

$C_{13}H_{12}N_2O_4$
Chinolin-4-carbonsäure, 3-Carbamoyl-2-hydroxy-, äthylester 2617
$C_{13}H_{12}N_2O_5$
Chinolin-2-carbonsäure, 4-Hydroxy-3-methyl-5-nitro-, äthylester 2322
–, 4-Hydroxy-3-methyl-6-nitro-, äthylester 2322
–, 4-Hydroxy-3-methyl-7-nitro-, äthylester 2322
Chinolin-3-carbonsäure, 2-Hydroxy-4-methyl-6-nitro-, äthylester 2329
Chinolin-4-carbonsäure, 3-Methoxy-2-methyl-5-nitro-, methylester 2325
–, 6-Methoxy-8-nitro-, äthylester 2303
Propionsäure, 3-[4-Hydroxy-2-methyl-6-nitro-[3]chinolyl]- 2342
$C_{13}H_{12}N_2O_6$
Chinolin-3-carbonsäure, 4-Hydroxy-6-methoxy-8-nitro-, äthylester 2520
$C_{13}H_{12}N_4O_5$
Pyrrol-2-carbonsäure, 4-Äthoxy-5-[3-nitro-phenylazo]- 2115
$C_{13}H_{13}ClN_2O_2$
Chinolin-4-carbonsäure, 5-Chlor-8-methoxy-, äthylamid 2303
$C_{13}H_{13}Cl_2NO_3$
Indol-3-carbonsäure, 6,7-Dichlor-5-methoxy-2-methyl-, äthylester 2233
$C_{13}H_{13}NO_3$
Aceton, 1-Hydroxy-3-[6-methoxy-[8]chinolyl]- 2310
Buttersäure, 4-[4-Hydroxy-[3]chinolyl]-2342
Carbazol-3-carbonsäure, 2-Hydroxy-5,6,7,8-tetrahydro- 2345
Chinolin-2-carbonsäure, 6-Äthoxy-, methylester 2254
–, 4-Hydroxy-3-methyl-, äthylester 2317
–, 4-Hydroxy-6-methyl-, äthylester 2327
–, 4-Hydroxy-3,5,6-trimethyl- 2344
–, 4-Hydroxy-3,6,7-trimethyl- 2344
–, 6-Methoxy-, äthylester 2254
–, 4-Propoxy- 2245
Chinolin-3-carbonsäure, 4-Hydroxy-2-methyl-, äthylester 2322
–, 4-Hydroxy-5-methyl-, äthylester 2330
–, 4-Hydroxy-6-methyl-, äthylester 2330
–, 4-Hydroxy-7-methyl-, äthylester 2331
–, 4-Hydroxy-8-methyl-, äthylester 2332
–, 4-Methoxy-, äthylester 2260
Chinolin-4-carbonsäure, 6-Äthoxy-, methylester 2298
–, 3-Äthoxy-2-methyl- 2323
–, 6-Äthoxy-2-methyl- 2326
–, 6-Hydroxy-, isopropylester 2299
–, 6-Hydroxy-, propylester 2299
–, 2-[1-Hydroxy-äthyl]-3-methyl-2343
–, 7-Hydroxy-2-propyl- 2343
–, 2-Isopropoxy- 2270
–, 6-Methoxy-, äthylester 2299
–, 2-[1-Methoxy-äthyl]- 2335
–, 3-Methoxy-2-methyl-, methylester 2325
–, 6-Methoxy-2-methyl-, methylester 2326
–, 2-Propoxy- 2270
Chinolin-6-carbonsäure, 4-Hydroxy-2-methyl-, äthylester 2328
Chinolin-8-carbonsäure, 6-Methoxy-, äthylester 2310
Essigsäure, [4]Chinolyl-hydroxy-, äthylester 2317
–, [2-Hydroxy-[3]chinolyl]-, äthylester 2315
–, [4-Hydroxy-[2]chinolyl]-, äthylester 2313
–, [4-Hydroxy-[3]chinolyl]-, äthylester 2315
–, [2-Hydroxy-6-methyl-[4]chinolyl]-, methylester 2336
–, [2-Hydroxy-7-methyl-[4]chinolyl]-, methylester 2337
–, [2-Hydroxy-8-methyl-[4]chinolyl]-, methylester 2337
Isochinolin-3-carbonsäure, 6-Methoxy-, äthylester 2312
Propionsäure, 3-[6-Methoxy-[4]chinolyl]-2333
Pyrrol-2-carbonsäure, 3-Hydroxy-1-methyl-5-phenyl-, methylester 2313
–, 5-Methoxy-4-phenyl-, methylester 2312
Pyrrol-3-carbonsäure, 4-Hydroxy-2,5-dimethyl-1-phenyl- 2124
–, 4-Hydroxy-2-methyl-, benzylester 2118
–, 4-Hydroxy-2-methyl-1-phenyl-, methylester 2118
–, 4-Hydroxy-1-phenyl-, äthylester 2116
–, 4-Hydroxy-2-phenyl-, äthylester 2312
–, 4-Methoxy-2-methyl-1-phenyl-2118
$C_{13}H_{13}NO_4$
Chinolin-2-carbonsäure, 6-Äthoxy-4-hydroxy-3-methyl- 2530

$C_{13}H_{13}NO_4$ (Fortsetzung)
Chinolin-2-carbonsäure, 7-Äthoxy-4-hydroxy-3-methyl- 2530
–, 8-Äthoxy-4-hydroxy-3-methyl- 2531
–, 4-Äthoxy-6-methoxy- 2511
–, 4,8-Dimethoxy-, methylester 2514
–, 4-Hydroxy-6-methoxy-, äthylester 2511
–, 4-Hydroxy-8-methoxy-, äthylester 2514
[4-^{14}*C*]Chinolin-2-carbonsäure, 4-Hydroxy-8-methoxy-, äthylester 2514
Chinolin-3-carbonsäure, 5,6-Dimethoxy-2-methyl- 2531
–, 6,7-Dimethoxy-2-methyl- 2531
–, 7,8-Dimethoxy-2-methyl- 2532
–, 2-Hydroxy-4-methoxy-, äthylester 2516
–, 4-Hydroxy-6-methoxy-, äthylester 2517
–, 4-Hydroxy-7-methoxy-, äthylester 2522
–, 4-Hydroxy-8-methoxy-, äthylester 2523
Chinolin-4-carbonsäure, 2-Hydroxy-6-methoxy-, äthylester 2525
–, 6-Methoxy-1-oxy-, äthylester 2302
Chinolin-6-carbonsäure, 2-Hydroxy-4-methoxymethyl-, methylester 2532
Essigsäure, [2,4-Dihydroxy-[3]chinolyl]-, äthylester 2529
–, [2-Hydroxy-4-methoxy-[3]chinolyl]-, methylester 2529
Indol-2-carbonsäure, 3-Acetoxy-, äthylester 2212
–, 1-Acetyl-3-hydroxy-, äthylester 2213
Isochinolin-1-carbonsäure, 6,7-Dimethoxy-3-methyl- 2533
Isochinolin-3-carbonsäure, 6,7-Dimethoxy-, methylester 2527

$C_{13}H_{13}NO_5$
Chinolin-3-carbonsäure, 4-Äthoxy-2-hydroxy-8-methoxy- 2607
Essigsäure, [2,4-Dihydroxy-7-methoxy-[3]chinolyl]-, methylester 2612
Indol-2-carbonsäure, 1-[2-Carboxy-äthyl]-5-methoxy- 2217
–, 1-[2-Carboxy-äthyl]-7-methoxy-2218
–, 3-[2-Carboxy-äthyl]-7-methoxy-2614
Isochinolin-3-carbonsäure, 1-Hydroxy-7,8-dimethoxy-, methylester 2610
–, 1,7,8-Trimethoxy- 2609

$C_{13}H_{13}NO_6$
Chinolin-2-carbonsäure, 4-Hydroxy-5,6,8-trimethoxy- 2654
Chinolin-3-carbonsäure, 2,4-Dihydroxy-6,7-dimethoxy-, methylester 2655
–, 2,4-Dihydroxy-7,8-dimethoxy-, methylester 2655
–, 2-Hydroxy-4,6,7-trimethoxy- 2655
–, 2-Hydroxy-4,7,8-trimethoxy- 2655
Indol-2-carbonsäure, 3-Carboxymethyl-5,6-dimethoxy- 2656
Malonsäure, Hydroxy-[5-methoxy-indol-3-ylmethyl]- 2656
Verbindung $C_{13}H_{13}NO_6$ aus 3-[Carboxymethoxy-methyl]-1,2,3,8a-tetrahydro-indolizin-1,2-dicarbonsäure 2677

$C_{13}H_{13}N_3OS$
Isonicotinsäure, 2-Benzylmercapto-, hydrazid 2162

$C_{13}H_{13}N_3O_2$
Chinolin-3-carbonsäure, 4-Hydroxy-, isopropylidenhydrazid 2261
Chinolin-4-carbonsäure, 6-Hydroxy-, isopropylidenhydrazid 2301

$C_{13}H_{13}N_3O_3S$
Isonicotinsäure, 2-Phenylmethansulfonyl-, hydrazid 2163

$C_{13}H_{13}N_3O_8$
Piperidin-2-carbonsäure, *N*-[3,5-Dinitro-benzoyl]-5-hydroxy- 2069

$C_{13}H_{14}BrNO_3$
Pyrrol-2-carbonsäure, 3-Brom-5-methoxy-4-phenyl-4,5-dihydro-3*H*-, methylester 2234

$C_{13}H_{14}ClNO_3$
Buttersäure, 4-[4-Chlor-7-methoxy-indol-3-yl]- 2240
–, 4-[7-Chlor-5-methoxy-indol-3-yl]-2240

$C_{13}H_{14}ClNO_4$
Indol-3-carbonsäure, 7-Chlor-4,5-dihydroxy-2,6-dimethyl-, äthylester 2495

$C_{13}H_{14}ClN_3O_2$
Chinolin-3-carbonsäure, 8-Chlor-4-hydroxy-, [*N'*-isopropyl-hydrazid] 2266

$[C_{13}H_{14}NO_3]^+$
Isochinolinium, 3-Äthoxycarbonyl-4-hydroxy-2-methyl- 2311
$[C_{13}H_{14}NO_3]ClO_4$ 2311
$[C_{13}H_{14}NO_3]C_6H_2N_3O_7$ 2311

$C_{13}H_{14}N_2O$
Chinolin-4-carbonitril, 5-Methoxymethyl-1-methyl-1,4-dihydro- 2234

$C_{13}H_{14}N_2O_2$
Acetonitril, [6,7-Dimethoxy-3,4-dihydro-[1]isochinolyl]- 2493

$C_{13}H_{14}N_2O_2$ (Fortsetzung)
Acetonitril, [6,7-Dimethoxy-3,4-dihydro-2*H*-[1]isochinolyliden]- 2493
Chinolin-4-carbonsäure, 2-Propoxy-, amid 2282
Propionsäure, 3-[6-Methoxy-[4]chinolyl]-, amid 2334
$C_{13}H_{14}N_2O_3$
Chinolin-3-carbonsäure, 6-Äthoxy-4-methoxy-, amid 2518
Chinolin-4-carbonsäure, 3-Cyan-2-hydroxy-5,6,7,8-tetrahydro-, äthylester 2605
—, 6-Methoxy-, [2-hydroxy-äthylamid] 2300
$C_{13}H_{14}N_2O_7$
Prolin, 4-Hydroxy-1-[4-methoxycarbonyl-2-nitro-phenyl]- 2063
—, 4-Hydroxy-1-[4-nitro-benzyloxycarbonyl]- 2058
$C_{13}H_{14}N_4O_4$
Chinolin-4-carbonsäure, 6-Nitro-2-propoxy-, hydrazid 2294
Prolylazid, 1-Benzyloxycarbonyl-4-hydroxy- 2063
$C_{13}H_{15}ClN_2O_2$
Isochinolin-1-carbonitril, 1-Chlormethyl-6,7-dimethoxy-1,2,3,4-tetrahydro- 2486
$C_{13}H_{15}I_2NO_5$
Pyridin-2,6-dicarbonsäure, 4-Butoxy-3,5-dijod-, dimethylester 2588
$C_{13}H_{15}NO_3$
Buttersäure, 4-[5-Methoxy-indol-3-yl]- 2239
Essigsäure, [5-Methoxy-1,2-dimethyl-indol-3-yl]- 2237
—, [5-Methoxy-indol-3-yl]-, äthylester 2223
Indol-2-carbonsäure, 5-Äthoxy-, äthylester 2216
—, 7-Äthoxy-, äthylester 2218
—, 5-Äthoxy-3,3-dimethyl-3*H*- 2239
—, 5-Äthoxy-3-methyl-, methylester 2227
Indol-3-carbonsäure, 1-Äthyl-5-methoxy-2-methyl- 2229
—, 5-Hydroxy-1,2-dimethyl-, äthylester 2229
—, 5-Hydroxy-2,6-dimethyl-, äthylester 2239
—, 5-Methoxy-2-methyl-, äthylester 2228
Propionsäure, 3-[5-Hydroxy-1,2-dimethyl-indol-3-yl]- 2241
—, 3-[5-Methoxy-1-methyl-indol-3-yl]- 2235
$C_{13}H_{15}NO_4$
Indol-2-carbonsäure, 5,6-Dihydroxy-3-methyl-4-propyl- 2497
—, 5,6-Dihydroxy-3-methyl-7-propyl- 2498
—, 5,6-Dimethoxy-, äthylester 2490
Indol-3-carbonsäure, 2-Äthoxy-5-hydroxy-, äthylester 2491
—, 4,5-Dihydroxy-2,6-dimethyl-, äthylester 2495
—, 5-Hydroxy-6-methoxy-2-methyl-, äthylester 2493
Indolin-2-carbonsäure, 1-Acetyl-3-hydroxy-, äthylester 2198
Isochinolin-3-orthocarbonsäure, 1-Hydroxy-, trimethylester 2311
Piperidin-2-carbonsäure, 1-Benzoyl-4-hydroxy- 2068
Piperidin-3-carbonsäure, 1-Benzoyl-4-hydroxy- 2071
Propionsäure, 3-[5,6-Dimethoxy-indol-3-yl]- 2494
$C_{13}H_{15}NO_5$
Indol-3-carbonsäure, 4,5,7-Trihydroxy-2,6-dimethyl-, äthylester 2606
Prolin, 1-Benzyloxycarbonyl-4-hydroxy- 2058
$C_{13}H_{15}NO_7$
Indolizin-1,2-dicarbonsäure, 3-[Carboxy-methoxy-methyl]-1,2,3,8a-tetrahydro- 2677
$C_{13}H_{15}N_3O$
Propionamidin, 3-[6-Methoxy-[4]chinolyl]- 2334
$C_{13}H_{15}N_3O_2$
Chinolin-3-carbonsäure, 4-Hydroxy-, [*N'*-isopropyl-hydrazid] 2261
Chinolin-4-carbonsäure, 2-Propoxy-, hydrazid 2292
Propionsäure, 3-[6-Methoxy-[4]chinolyl]-, hydrazid 2334
$C_{13}H_{15}N_3O_3$
Chinolin-3-carbonsäure, 7,8-Dimethoxy-2-methyl-, hydrazid 2532
$C_{13}H_{15}N_3O_4$
Isochinolin-3-carbonsäure, 1,7,8-Trimethoxy-, hydrazid 2612
$C_{13}H_{16}ClN_3O_3$
Nicotinonitril, 2-Chlor-4-methoxymethyl-5-nitro-6-pentyl- 2194
$C_{13}H_{16}N_2O_2$
[x]Chinolylamin, 3-Methoxy-4-methoxymethyl-2-methyl- 2471
Essigsäure, [5-Methoxy-1,2-dimethyl-indol-3-yl]-, amid 2238
$C_{13}H_{16}N_2O_3$
Isonicotinsäure, 6-Butyl-3-cyan-2-hydroxy-, äthylester 2600
—, 6-*tert*-Butyl-3-cyan-2-hydroxy-, äthylester 2601
—, 3-Cyan-2-hydroxy-6-isobutyl-, äthylester 2601

$C_{13}H_{19}N_3O$
Chinuclidin-3-ol, 2,2-Bis-[2-cyan-äthyl]- 2573
$C_{13}H_{20}N_2O_3$
Nicotinsäure, 6-Methoxy-, [2-diäthylamino-äthylester] 2148
$C_{13}H_{21}NO_3$
Pyrrol-2-carbonsäure, 5-Äthoxymethyl-4-äthyl-3-methyl-, äthylester 2129
$C_{13}H_{21}NO_4$
Indol-2-carbonsäure, 1-Acetyl-3-hydroxy-octahydro-, äthylester 2110
Pyrrol-2-carbonsäure, 4-[1,2-Dimethoxy-äthyl]-3,5-dimethyl-, äthylester 2454
$C_{13}H_{21}NO_5$
Pyrrolidin-2-carbonsäure, 4-[*β*-Acetoxy-isopropyl]-1-acetyl-, methylester 2088
$C_{13}H_{22}N_2O$
Chinolin-4-carbonitril, 4-Hydroxy-1,2,8a-trimethyl-decahydro- 2114
$C_{13}H_{23}NO_3$
Chinolin-4-carbonsäure, 4-Hydroxy-1,2-dimethyl-decahydro-, methylester 2113
Chinuclidin-2-carbonsäure, 5-[2-Methoxy-äthyl]-, äthylester 2112
Isochinolin-1-carbonsäure, 4a-Hydroxy-2-methyl-decahydro-, äthylester 2111
Isochinolin-8a-carbonsäure, 6-Hydroxy-2-methyl-octahydro-, äthylester 2111
Pyrrol-3-carbonsäure, 3-Äthyl-2-hydroxy-4-isopropyl-2-methyl-2,3-dihydro-, äthylester 2113
$C_{13}H_{23}NO_4$
Piperidin-4-carbonsäure, 1,2,5-Trimethyl-4-propionyloxy-, methylester 2080
Pyrrolidin-2-carbonsäure, 1-Acetyl-4-[*β*-äthoxy-isopropyl]-, methylester 2088
$C_{13}H_{23}NO_5$
Piperidin-4-ol, 3,5-Bis-äthoxycarbonylmethyl- 2566
Pyrrolidin-1,2-dicarbonsäure, 3-Hydroxy-4-isopropyl-, diäthylester 2087
$[C_{13}H_{23}N_2O]^+$
Chinolinium, 4-Cyan-4-hydroxy-1,1,2-trimethyl-decahydro- 2114
$[C_{13}H_{23}N_2O]I$ 2114
$[C_{13}H_{24}NO_3]^+$
Piperidinium, 1-Allyl-4-hydroxy-4-methoxycarbonyl-1,2,5-trimethyl- 2086
$[C_{13}H_{24}NO_3]I$ 2086
[1]Pyrindinium, 4-Hydroxy-4-methoxycarbonyl-1,1,2-trimethyl-octahydro- 2112
$[C_{13}H_{24}NO_3]I$ 2112
$C_{13}H_{24}N_2O$
Piperidin-4-carbonitril, 4-Hydroxy-1-isopentyl-2,5-dimethyl- 2085
$C_{13}H_{24}N_2O_2$
Chinolin-4-carbimidsäure, 4-Hydroxy-1,2-dimethyl-decahydro-, methylester 2113
$C_{13}H_{25}NO_3$
Piperidin-3-carbonsäure, 4-Äthoxy-1,2,6-trimethyl-, äthylester 2078
Piperidin-4-carbonsäure, 1-Butyl-4-hydroxy-2,5-dimethyl-, methylester 2085
—, 4-Hydroxy-1-isobutyl-2,5-dimethyl-, methylester 2085
—, 4-Hydroxy-1,2,5-trimethyl-, butylester 2082

C_{14}

$C_{14}H_7ClN_2O$
Acridin-9-carbonitril, 6-Chlor-2-hydroxy- 2371
$C_{14}H_8ClNO_3$
Acridin-9-carbonsäure, 6-Chlor-2-hydroxy- 2370
$C_{14}H_8N_2O_5$
Phenanthridin-1-carbonsäure, 6-Hydroxy-10-nitro- 2374
$C_{14}H_9I_2NO_5$
Pyridin-2,6-dicarbonsäure, 4-Benzyloxy-3,5-dijod- 2587
$C_{14}H_9NO_3$
Acridin-9-carbonsäure, 3-Hydroxy- 2371
Benzo[*f*]chinolin-2-carbonsäure, 1-Hydroxy- 2372
Benzo[*f*]chinolin-3-carbonsäure, 1-Hydroxy- 2373
Benzo[*f*]chinolin-8-carbonsäure, 9-Hydroxy- 2373
Benzo[*f*]chinolin-9-carbonsäure, 8-Hydroxy- 2373
Benzo[*g*]chinolin-4-carbonsäure, 2-Hydroxy- 2369
Benzo[*h*]chinolin-2-carbonsäure, 4-Hydroxy- 2371
Benzo[*h*]chinolin-3-carbonsäure, 4-Hydroxy- 2372
Benzo[*h*]chinolin-8-carbonsäure, 9-Hydroxy- 2372
Benzo[*h*]chinolin-9-carbonsäure, 8-Hydroxy- 2372
Phenanthridin-1-carbonsäure, 6-Hydroxy- 2374
Phenanthridin-2-carbonsäure, 6-Hydroxy- 2374
Phenanthridin-4-carbonsäure, 6-Hydroxy- 2374

$C_{14}H_9NO_4$
Acridin-9-carbonsäure, 1,3-Dihydroxy- 2547
$C_{14}H_9NO_6$
Carbazol-2,7-dicarbonsäure, 1,8-Dihydroxy- 2668
$C_{14}H_9N_3O$
Pyridin-3,4-dicarbonitril, 5-Methoxy-6-phenyl- 2627
$C_{14}H_{10}N_2O_2$
Acetonitril, Benzoyloxy-[2]pyridyl- 2168
–, Benzoyloxy-[3]pyridyl- 2169
–, Benzoyloxy-[4]pyridyl- 2170
$C_{14}H_{11}NO_3$
Benz[*f*]indol-2-carbonsäure, 9-Methoxy-1*H*- 2360
Carbazol-2-carbonsäure, 3-Hydroxy-9-methyl- 2362
Carbazol-3-carbonsäure, 2-Hydroxy-9-methyl- 2363
Nicotinsäure, 6-[2-Hydroxy-styryl]- 2366
$C_{14}H_{11}NO_4S$
Nicotinsäure, 2-[2-Methoxycarbonyl-phenylmercapto]- 2144
$C_{14}H_{11}NO_5$
Pyridin-3,4-dicarbonsäure, 6-Benzyl-5-hydroxy- 2628
$C_{14}H_{12}BrNO_5$
Indol-2-carbonsäure, 3-Acetoxy-1-acetyl-6-brom-, methylester 2214
$C_{14}H_{12}ClNO_3$
Isonicotinsäure, 2-Chlor-6-phenoxy-, äthylester 2160
$C_{14}H_{12}ClNO_5$
Chinolin-3-carbonsäure, 4-[1-Carboxy-1-methyl-äthoxy]-2-chlor- 2262
Isochinolin-3-carbonsäure, 6-Acetoxy-5-chlor-8-hydroxy-7-methyl-, methylester 2534
–, 8-Acetoxy-5-chlor-6-hydroxy-7-methyl-, methylester 2534
$C_{14}H_{12}F_3NO_3$
Chinolin-2-carbonsäure, 4-Hydroxy-3-methyl-5-trifluormethyl-, äthylester 2337
–, 4-Hydroxy-3-methyl-7-trifluormethyl-, äthylester 2339
$C_{14}H_{12}N_2O$
Acetonitril, [4-Benzyloxy-[2]pyridyl]- 2166
–, [2-Methoxy-phenyl]-[2]pyridyl- 2351
–, [3-Methoxy-phenyl]-[2]pyridyl- 2352
Indeno[1,2-*b*]pyridin-3-carbonitril, 9b-Hydroxy-2-methyl-5,9b-dihydro-1*H*- 2358
Nicotinonitril, 6-Äthyl-2-hydroxy-4-phenyl- 2357
–, 2-Hydroxy-4-methyl-6-*p*-tolyl- 2356
–, 2-Hydroxy-6-methyl-4-*p*-tolyl- 2356
–, 2-Hydroxy-6-phenäthyl- 2356
$C_{14}H_{12}N_2O_3$
Acridin-9-carbonsäure, 9,10-Dihydroxy-9,10-dihydro-, amid 2366
Essigsäure, Benzoyloxy-[2]pyridyl-, amid 2168
–, Benzoyloxy-[3]pyridyl-, amid 2169
–, Benzoyloxy-[4]pyridyl-, amid 2170
Indol-4-carbonitril, 3-Acetoxymethyl-1-acetyl- 2233
$C_{14}H_{12}N_2O_4S_2$
Disulfid, Bis-[2-methoxycarbonyl-[3]pyridyl]- 2136
–, Bis-[4-methoxycarbonyl-[3]pyridyl]- 2165
$C_{14}H_{12}N_2O_5$
Pyridin-2-carbonsäure, 6-[6-Hydroxymethyl-pyridin-2-carbonyloxymethyl]- 2176
$C_{14}H_{13}NO_3$
Acridin-2-carbonsäure, 9-Hydroxy-5,6,7,8-tetrahydro- 2358
Acrylsäure, 3-[8-Äthoxy-[2]chinolyl]- 2349
–, 3-[2-Hydroxy-[7]chinolyl]-, äthylester 2351
–, 3-[8-Hydroxy-[2]chinolyl]-, äthylester 2350
–, 3-[2-Methoxy-[7]chinolyl]-, methylester 2351
Isonicotinsäure, 2-Hydroxy-6-phenäthyl- 2355
Nicotinsäure, 2-Hydroxy-6-phenäthyl- 2356
–, 6-[2-Hydroxy-phenäthyl]- 2356
–, 5-[4-Methoxy-phenyl]-6-methyl- 2352
$C_{14}H_{13}NO_4$
Chinolin-4-carbonsäure, 3-Butyryloxy- 2296
Essigsäure, [6-Benzyloxy-1-oxy-[2]pyridyl]- 2167
$C_{14}H_{13}NO_5$
Chinolin-2-carbonsäure, 3-[3-Carboxy-propyl]-4-hydroxy- 2620
Chinolin-3-carbonsäure, 4-[1-Carboxy-1-methyl-äthoxy]- 2263
Chinolin-3,8-dicarbonsäure, 4-Hydroxy-, 3-äthylester-8-methylester 2618
Pyrrol-2,3-dicarbonsäure, 5-[4-Hydroxy-benzyl]-4-methyl- 2620
–, 4-[4-Hydroxy-phenyl]-, 3-äthylester 2618

$C_{14}H_{13}NO_6$
Chinolin-3-carbonsäure, 4-[1-Carboxy-1-methyl-äthoxy]-2-hydroxy- 2515
Indol-2-carbonsäure, 5,6-Diacetoxy-, methylester 2490
Pyrrol-2,5-dicarbonsäure, 3,4-Dihydroxy-1-phenyl-, dimethylester 2649
$C_{14}H_{13}NO_7$
Indolizin-1,2-dicarbonsäure, 3-[Methoxy-methoxycarbonyl-methyl]- 2679
$C_{14}H_{13}N_3O_2$
Isonicotinsäure, 2-Hydroxy-6-methyl-, benzylidenhydrazid 2172
$C_{14}H_{13}N_3O_3$
Pyridin-3,4-dicarbonsäure, 5-Methoxy-6-phenyl-, diamid 2627
$C_{14}H_{13}N_3O_5$
Pyridin-2-carbonsäure, 4,5-Dihydroxy-, vanillylidenhydrazid 2456
$C_{14}H_{14}ClNO_2$
Chinolin-4-carbonylchlorid, 2-Butoxy- 2277
—, 6-Butoxy- 2299
$C_{14}H_{14}ClNO_3$
Chinolin-2-carbonsäure, 8-Chlor-4-hydroxy-3,5-dimethyl-, äthylester 2338
Chinolin-3-carbonsäure, 6-Äthoxy-4-chlor-, äthylester 2269
Essigsäure, [4-Chlor-6-methoxy-[2]chinolyl]-, äthylester 2314
$C_{14}H_{14}ClNO_4$
Isochinolin-3-carbonsäure, 1-Chlor-7,8-dimethoxy-, äthylester 2527
—, 5-Chlor-6,8-dimethoxy-7-methyl-, methylester 2534
—, 5-Chlor-6-methoxy-2,7-dimethyl-8-oxo-2,8-dihydro-, methylester 2535
—, 5-Chlor-8-methoxy-2,7-dimethyl-6-oxo-2,6-dihydro-, methylester 2535
Isochinolinium, 5-Chlor-6-hydroxy-8-methoxy-3-methoxycarbonyl-2,7-dimethyl-, betain 2535
—, 5-Chlor-8-hydroxy-6-methoxy-3-methoxycarbonyl-2,7-dimethyl-, betain 2535
$C_{14}H_{14}N_2O$
Chinolin-2-carbonitril, 4-Butoxy- 2247
Chinolin-3-carbonitril, 2-Butoxy- 2258
Chinolin-4-carbonitril, 2-Butoxy- 2291
—, 2-*sec*-Butoxy- 2291
—, 2-*tert*-Butoxy- 2291
—, 2-Isobutoxy- 2291
$C_{14}H_{14}N_2O_5$
Chinolin-4-carbonsäure, 2-Äthoxy-6-nitro-, äthylester 2293
—, 6-Nitro-2-propoxy-, methylester 2293
$C_{14}H_{14}N_4O_2$
Chinolin-4-carbonylazid, 2-Butoxy- 2292
$C_{14}H_{14}N_4O_3$
Hydrazin, *N*-[2-Methoxy-isonicotinoyl]-*N'*-[2-methyl-isonicotinoyl]- 2158
$C_{14}H_{14}N_4O_6$
Hydrazin, *N*,*N'*-Bis-[2,4-dihydroxy-6-methyl-nicotinoyl]- 2467
$[C_{14}H_{15}ClNO_4]^+$
Isochinolinium, 5-Chlor-6-hydroxy-8-methoxy-3-methoxycarbonyl-2,7-dimethyl- 2535
—, 5-Chlor-8-hydroxy-6-methoxy-3-methoxycarbonyl-2,7-dimethyl- 2535
$C_{14}H_{15}ClN_2O_2$
Chinolin-4-carbonsäure, 5-Chlor-8-methoxy-, propylamid 2303
$C_{14}H_{15}Cl_2NO_3$
Indol-3-carbonsäure, 1-Äthyl-4,7-dichlor-5-hydroxy-2-methyl-, äthylester 2232
—, 1-Äthyl-6,7-dichlor-5-hydroxy-2-methyl-, äthylester 2233
$C_{14}H_{15}NOS_2$
Dithioessigsäure, [1-Äthyl-6-methoxy-1*H*-[2]chinolyliden]- 2315
$C_{14}H_{15}NO_3$
Carbazol-4-carbonsäure, 4b-Hydroxy-5,6,7,8-tetrahydro-4b*H*-, methylester 2345
Chinolin-2-carbonsäure, 4-Butoxy- 2246
—, 4-Hydroxy-3,5-dimethyl-, äthylester 2337
—, 4-Hydroxy-3,6-dimethyl-, äthylester 2338
—, 4-Hydroxy-3,7-dimethyl-, äthylester 2339
—, 4-Hydroxy-3,8-dimethyl-, äthylester 2339
Chinolin-3-carbonsäure, 2-Butoxy- 2257
—, 4-Hydroxy-2,6-dimethyl-, äthylester 2338
Chinolin-4-carbonsäure, 2-Äthoxy-, äthylester 2271
—, 3-Äthoxy-2-äthyl- 2334
—, 2-Butoxy- 2270
—, 6-Butoxy- 2298
—, 2-Isobutoxy- 2270
—, 2-[1-Methoxy-äthyl]-3-methyl- 2343
—, 6-Methoxy-2-methyl-, äthylester 2327
—, 2-Propoxy-, methylester 2271
Chinolin-6-carbonsäure, 4-Methoxy-2-methyl-, äthylester 2328
Essigsäure, [2-Hydroxy-4-methyl-[3]chinolyl]-, äthylester 2336
—, [2-Hydroxy-6-methyl-[4]chinolyl]-, äthylester 2336

$C_{14}H_{15}NO_3$ (Fortsetzung)
Essigsäure, [2-Hydroxy-7-methyl-[4]chinolyl]-, äthylester 2337
–, [2-Hydroxy-8-methyl-[4]chinolyl]-, äthylester 2337
–, [4-Hydroxy-2-methyl-[6]chinolyl]-, äthylester 2335
–, [4-Hydroxy-6-methyl-[2]chinolyl]-, äthylester 2335
–, [4-Hydroxy-7-methyl-[2]chinolyl]-, äthylester 2336
–, [4-Hydroxy-8-methyl-[2]chinolyl]-, äthylester 2336
–, [6-Methoxy-[2]chinolyl]-, äthylester 2314
Propionsäure, 3-[6-Methoxy-[4]chinolyl]-, methylester 2333
–, 3-[5-(4-Methoxy-phenyl)-pyrrol-2-yl]- 2341
Pyrrol-3-carbonsäure, 4-Methoxy-2,5-dimethyl-1-phenyl- 2125
–, 4-Methoxy-2-methyl-1-phenyl-, methylester 2118
Valeriansäure, 5-[4-Hydroxy-[3]chinolyl]- 2345

$C_{14}H_{15}NO_4$
Carbazol-3-carbonsäure, 4b-Hydroperoxy-5,6,7,8-tetrahydro-4b*H*-, methylester 2345
Carbazol-4-carbonsäure, 4b-Hydroperoxy-5,6,7,8-tetrahydro-4b*H*-, methylester 2345
Chinolin-2-carbonsäure, 3-Äthoxy-4-hydroxy-, äthylester 2510
–, 4-Hydroxy-6-methoxy-3-methyl-, äthylester 2530
–, 4-Hydroxy-7-methoxy-3-methyl-, äthylester 2530
–, 4-Hydroxy-8-methoxy-3-methyl-, äthylester 2531
Chinolin-3-carbonsäure, 2-Äthoxy-4-hydroxy-, äthylester 2516
–, 4-Äthoxy-2-hydroxy-, äthylester 2517
–, 6-Äthoxy-4-hydroxy-, äthylester 2518
–, 8-Äthoxy-4-hydroxy-, äthylester 2523
Essigsäure, [2,4-Dimethoxy-[3]chinolyl]-, methylester 2529
–, [2-Hydroxy-4-methoxy-[3]chinolyl]-, äthylester 2529
–, [4-Hydroxy-6-methoxy-[2]chinolyl]-, äthylester 2528
–, Hydroxy-[6-methoxy-[4]chinolyl]-, äthylester 2529
Isochinolin-1-carbonsäure, 6,7-Dimethoxy-3-methyl-, methylester 2533
Propionsäure, 3-[6,7-Dimethoxy-[4]chinolyl]- 2535
Pyrrol-3-carbonsäure, 4-[2,4-Dihydroxy-phenyl]-2-methyl-, äthylester 2535

$C_{14}H_{15}NO_5$
Chinolin-2-carbonsäure, 4-Hydroxy-5,8-dimethoxy-, äthylester 2606
Chinolin-3-carbonsäure, 2-Hydroxy-6,7-dimethoxy-, äthylester 2607
–, 4-Hydroxy-5,8-dimethoxy-, äthylester 2607
–, 4-Hydroxy-6,7-dimethoxy-, äthylester 2607
–, 4-Hydroxy-6,8-dimethoxy-, äthylester 2608
Essigsäure, [3-Äthoxycarbonyl-2-methyl-indol-5-yloxy]- 2228
–, [4,7-Dimethoxy-2-hydroxy-[3]chinolyl]-, methylester 2612
Indol-2-carbonsäure, 3-Äthoxycarbonylmethyl-5-methoxy- 2612
–, 3-Äthoxycarbonylmethyl-6-methoxy- 2613
–, 3-Äthoxycarbonylmethyl-7-methoxy- 2613
–, 3-[2-Carboxy-äthyl]-5-methoxy-1-methyl- 2614
Indolin-2-carbonsäure, 3-Acetoxy-1-acetyl-, methylester 2198
Isochinolin-3-carbonsäure, 1-Äthoxy-7,8-dimethoxy- 2609
–, 1-Hydroxy-7,8-dimethoxy-, äthylester 2611
–, 1,7,8-Trimethoxy-, methylester 2610
Prolin, 1-Acetyl-4-benzoyloxy- 2056

$C_{14}H_{15}NO_6$
Chinolin-3-carbonsäure, 4-Äthoxy-2-hydroxy-7,8-dimethoxy- 2655
–, 2-Hydroxy-4,7,8-trimethoxy-, methylester 2656
Essigsäure, [1-Hydroxy-5,6,7-trimethoxy-[4]isochinolyl]- 2656

$C_{14}H_{15}NO_7$
Chinolin-3-carbonsäure, 2-Hydroxy-4,5,7,8-tetramethoxy- 2677

$C_{14}H_{15}N_3O_2$
Chinolin-4-carbonsäure, 6-Methoxy-, isopropylidenhydrazid 2301
Nicotinsäure, 2-[2-Amino-äthoxy]-, anilid 2141

$C_{14}H_{15}N_3O_3$
Chinolin-3-carbonsäure, 4-Hydroxy-6-methoxy-, isopropylidenhydrazid 2519
–, 4-Hydroxy-8-methoxy-, isopropylidenhydrazid 2523

$C_{14}H_{15}N_3O_4S$
Hydrazin, *N*-Benzolsulfonyl-*N'*-[2-hydroxy-4,6-dimethyl-nicotinoyl]- 2183
$C_{14}H_{16}ClNO_3$
Buttersäure, 4-[4-Chlor-7-methoxy-indol-3-yl]-, methylester 2240
$C_{14}H_{16}N_2O$
Propionitril, 3-[5-Methoxy-1,2-dimethyl-indol-3-yl]- 2242
$C_{14}H_{16}N_2O_2$
Chinolin-3-carbonsäure, 2-Butoxy-, amid 2258
–, 4-Butoxy-, amid 2260
Chinolin-4-carbonsäure, 2-Äthoxy-, äthylamid 2279
–, 2-Äthoxy-, dimethylamid 2279
–, 2-Butoxy-, amid 2282
–, 2-Hydroxy-, diäthylamid 2278
–, 6-Hydroxy-, diäthylamid 2300
Propionitril, 2-[6,7-Dimethoxy-3,4-dihydro-[1]isochinolyl]- 2495
–, 2-[6,7-Dimethoxy-3,4-dihydro-2*H*-[1]isochinolyliden]- 2495
$C_{14}H_{16}N_2O_4$
Pyrrol-2-carbonsäure, 4-Äthoxy-1-phenylcarbamoyl-2,3-dihydro- 2092
$C_{14}H_{16}N_2O_4S$
Sulfid, Bis-[5-carboxy-2,4-dimethyl-pyrrol-3-yl]- 2122
$C_{14}H_{16}N_2O_4Se_2$
Diselenid, Bis-[5-carboxy-2,4-dimethyl-pyrrol-3-yl]- 2123
$C_{14}H_{16}N_4O_4$
Chinolin-4-carbonsäure, 2-Butoxy-6-nitro-, hydrazid 2294
$C_{14}H_{17}NO_3$
Buttersäure, 4-[5-Äthoxy-indol-3-yl]- 2239
Essigsäure, [5-Äthoxy-indol-3-yl]-, äthylester 2223
Indol-2-carbonsäure, 5-Äthoxy-3-methyl-, äthylester 2227
–, 5-Äthoxy-3-propyl- 2241
–, 7-Äthoxy-3-propyl- 2241
–, 3-Äthyl-5-methoxy-, äthylester 2236
–, 5-Propoxy-, äthylester 2216
Indol-3-carbonsäure, 1-Äthyl-5-hydroxy-2-methyl-, äthylester 2229
–, 5-Hydroxy-2,6,7-trimethyl-, äthylester 2242
–, 5-Methoxy-1,2-dimethyl-, äthylester 2229
Propionsäure, 3-[5-Methoxy-1,2-dimethyl-indol-3-yl]- 2241
Valeriansäure, 5-[2-Hydroxy-7*H*-[1]pyrindin-6-yl]-, methylester 2243
$C_{14}H_{17}NO_4$
Acrylsäure, 3-[3-(2-Acetoxy-äthyl)-[4]pyridyl]-, äthylester 2199
Essigsäure, [1-Benzoyl-3-hydroxy-[2]piperidyl]- 2072
Indol-2-carbonsäure, 5,6-Dimethoxy-3-methyl-, äthylester 2492
–, 5,6-Dimethoxy-4-propyl- 2496
–, 5,6-Dimethoxy-7-propyl- 2496
Indol-3-carbonsäure, 4,5-Dihydroxy-2,6,7-trimethyl-, äthylester 2497
–, 5,6-Dihydroxy-2,4,7-trimethyl-, äthylester 2496
–, 5-Hydroxy-1-[2-hydroxy-äthyl]-2-methyl-, äthylester 2231
Isochinolin-1-carbonsäure, 6,7-Dimethoxy-3,4-dihydro-, äthylester 2491
Piperidin-3-carbonsäure, 1-Benzoyl-4-hydroxy-, methylester 2071
Propionsäure, 3-[5,6-Dimethoxy-indol-3-yl]-, methylester 2494
$C_{14}H_{17}NO_5$
Indol-3-carbonsäure, 2-Äthoxy-5-hydroxy-6-methoxy-, äthylester 2604
Piperidin-1,2-dicarbonsäure, 5-Hydroxy-, 1-benzylester 2069
Prolin, 4-Hydroxy-1-[6-methyl-3,4-dioxo-cyclohexa-1,5-dienyl]-, äthylester 2055
$C_{14}H_{17}NO_6$
Indol-2-carbonsäure, 3-Hydroxy-4,5,6-trimethoxy-, äthylester 2653
–, 3-Hydroxy-5,6,7-trimethoxy-, äthylester 2654
Isochinolin-3-carbonsäure, 1-Carboxymethyl-6,7-dimethoxy-1,2,3,4-tetrahydro- 2654
Pyrrol-3-carbonsäure, 4-Acetoxy-1,5-diacetyl-2-methyl-, äthylester 2119
$C_{14}H_{17}NO_6S$
Prolin, 1-Acetyl-4-[toluol-4-sulfonyloxy]- 2056
$C_{14}H_{17}N_3O_2$
Chinolin-4-carbonsäure, 2-Butoxy-, hydrazid 2292
Propionsäure, 3-[5-(4-Methoxy-phenyl)-pyrrol-2-yl]-, hydrazid 2341
$C_{14}H_{17}N_3O_3$
Chinolin-3-carbonsäure, 4-Hydroxy-6-methoxy-, [*N'*-isopropyl-hydrazid] 2519
–, 4-Hydroxy-8-methoxy-, [*N'*-isopropyl-hydrazid] 2523
$C_{14}H_{17}N_3O_4$
Isochinolin-3-carbonsäure, 1-Äthoxy-7,8-dimethoxy-, hydrazid 2612
$C_{14}H_{18}N_2O$
Piperidin-4-carbonitril, 4-Hydroxy-2,5-dimethyl-1-phenyl- 2087

$C_{14}H_{18}N_2O$ (Fortsetzung)
Piperidin-4-carbonitril, 4-[2-Methoxy-phenyl]-1-methyl- 2204
–, 4-[3-Methoxy-phenyl]-1-methyl- 2205
–, 4-[4-Methoxy-phenyl]-1-methyl- 2206

$C_{14}H_{18}N_2O_2$
Essigsäure, [5-Methoxy-2-methyl-indol-3-yl]-, dimethylamid 2237

$C_{14}H_{18}N_2O_3$
Isonicotinsäure, 3-Cyan-2-hydroxy-6-pentyl-, äthylester 2602

$C_{14}H_{18}N_2O_4$
Essigsäure, [3-Phenylcarbamoyloxy-[2]piperidyl]- 2072
Phenylalanin, *N*-[4-Hydroxy-prolyl]- 2052
Prolin, 4-Hydroxy-1-phenylalanyl- 2065

$C_{14}H_{18}N_2O_5$
Tyrosin, *N*-[4-Hydroxy-prolyl]- 2052

$C_{14}H_{19}NO_3$
Chinolin-4-carbonsäure, 2-[1-Methoxy-äthyl]-3-methyl-1,2,3,4-tetrahydro- 2210
Essigsäure, [4-Hydroxy-1-methyl-[4]piperidyl]-phenyl- 2208
–, [6-Methoxy-1,2,3,4-tetrahydro-[1]isochinolyl]-, äthylester 2202
Piperidin-4-carbonsäure, 4-[3-Methoxy-phenyl]-1-methyl- 2204
Valeriansäure, 5-[2-Hydroxy-6,7-dihydro-5*H*-[1]pyrindin-6-yl]-, methylester 2210

$C_{14}H_{19}NO_4$
Essigsäure, [6,7-Dimethoxy-1,2,3,4-tetrahydro-[1]isochinolyl]-, methylester 2482
Isochinolin-1-carbonsäure, 6,7-Dimethoxy-1-methyl-1,2,3,4-tetrahydro-, methylester 2485
–, 6,7-Dimethoxy-1,2,3,4-tetrahydro-, äthylester 2481
Isochinolin-3-carbonsäure, 6,7-Dimethoxy-1,2,3,4-tetrahydro-, äthylester 2481
Valeriansäure, 5-[2,5-Dihydroxy-6,7-dihydro-5*H*-[1]pyrindin-6-yl]-, methylester 2488

$C_{14}H_{19}NO_5$
Isochinolin-5-carbonsäure, 4-Äthoxy-6,7-dihydroxy-1,2,3,4-tetrahydro-, äthylester 2600
Malonsäure, Hydroxy-[1-[4]pyridyl-äthyl]-, diäthylester 2599

$C_{14}H_{19}NO_6$
Malonsäure, Acetoxy-pyrrol-2-ylmethyl-, diäthylester 2576

$C_{14}H_{19}N_3O_2$
Buttersäure, 4-[5-Äthoxy-indol-3-yl]-, hydrazid 2240

$C_{14}H_{19}N_3O_3$
Buttersäure, 3-[5,6-Dimethoxy-indol-3-yl]-, hydrazid 2495

$C_{14}H_{20}ClNO_3$
Isonicotinoylchlorid, 2,6-Dibutoxy- 2464

$C_{14}H_{20}N_2O_2$
Piperidin-4-carbonsäure, 4-[3-Methoxy-phenyl]-1-methyl-, amid 2205

$C_{14}H_{21}NO_3$
Octansäure, 8-[3-Hydroxy-6-methyl-[2]pyridyl]- 2195
–, 8-[5-Hydroxy-6-methyl-[2]pyridyl]- 2194

$C_{14}H_{21}NO_4$
9-Aza-bicyclo[3.3.1]non-2-en-2-carbonsäure, 3-Acetoxy-9-methyl-, äthylester 2131
Isonicotinsäure, 2-Butoxy-6-hydroxy-, butylester 2461
–, 2,6-Dibutoxy- 2459
–, 2,6-Diisobutoxy- 2460
–, 2,6-Diisopropoxy-, äthylester 2461
–, 2,6-Dipropoxy-, äthylester 2461
–, 2-Hydroxy-6-isobutoxy-, isobutylester 2462
Nicotinsäure, 2,4-Dihydroxy-5-isopentyl-6-methyl-, äthylester 2479
Pyrrol-2-carbonsäure, 5-Acetoxymethyl-3,4-dimethyl-, *tert*-butylester 2128

$C_{14}H_{21}NO_7$
Pyrrol-1,2,3-tricarbonsäure, 4-Methoxy-2,5-dihydro-, triäthylester 2572

$C_{14}H_{22}N_2O_2$
Octansäure, 8-[5-Hydroxy-6-methyl-[2]pyridyl]-, amid 2195

$C_{14}H_{23}NO_3$
Decansäure, 10-Hydroxy-10-pyrrol-2-yl- 2132

$C_{14}H_{23}NO_6$
Pyrrolidin-2-carbonsäure, 1-Acetyl-4-[α-hydroxy-isopropyl]-3-methoxycarbonylmethyl-, methylester 2569

$C_{14}H_{23}N_3O_3$
Isonicotinsäure, 2,6-Dibutoxy-, hydrazid 2466
–, 2,6-Diisobutoxy-, hydrazid 2466

$C_{14}H_{24}N_2O$
Piperidin-4-carbonitril, 1-Cyclohexyl-4-hydroxy-2,5-dimethyl- 2086

$C_{14}H_{25}NO_3$
Chinolin-4-carbonsäure, 4-Hydroxy-1,2,8a-trimethyl-decahydro-, methylester 2114

$C_{14}H_{25}NO_4$
Propionsäure, 3-[3-(2-Acetoxy-äthyl)-[4]piperidyl]-, äthylester 2090

$C_{14}H_{25}NO_4$ (Fortsetzung)
Propionsäure, 3-[1-Acetyl-3-(2-hydroxy-äthyl)-[4]piperidyl]-, äthylester 2090
$C_{14}H_{25}NO_5$
Piperidin-3,5-dicarbonsäure, 4-Hydroxy-1,2,6-trimethyl-, diäthylester 2568
Piperidin-4-ol, 3,5-Bis-äthoxycarbonylmethyl-1-methyl- 2566
Pyrrolidin-1,2-dicarbonsäure, 4-[1-Hydroxy-äthyl]-3,5-dimethyl-, diäthylester 2089
$C_{14}H_{26}N_2O_2$
Piperidin-4-carbonsäure, 1-Cyclohexyl-4-hydroxy-2,5-dimethyl-, amid 2086
$C_{14}H_{27}NO_3$
Decansäure, 10-Hydroxy-10-pyrrolidin-2-yl- 2092
Octansäure, 8-[5-Hydroxy-6-methyl-[2]piperidyl]- 2091
Piperidin-4-carbonsäure, 4-Hydroxy-1-isopentyl-2,5-dimethyl-, methylester 2085
–, 4-Hydroxy-1,2,5-trimethyl-, isopentylester 2083
$[C_{14}H_{27}N_2O]^+$
Piperidinium, 4-Cyan-4-hydroxy-1-isopentyl-1,2,5-trimethyl- 2086
$[C_{14}H_{27}N_2O]I$ 2086
$[C_{14}H_{28}NO_3]^+$
Piperidinium, 4-Butoxycarbonyl-4-hydroxy-1,1,2,5-tetramethyl- 2084
$[C_{14}H_{28}NO_3]I$ 2084
–, 1-Butyl-4-hydroxy-4-methoxycarbonyl-1,2,5-trimethyl- 2085
$[C_{14}H_{28}NO_3]I$ 2085

C_{15}

$C_{15}H_9ClN_2O$
Acridin-2-carbonitril, 9-Chlor-7-methoxy- 2370
Acridin-3-carbonitril, 9-Chlor-7-methoxy- 2370
Acridin-9-carbonitril, 6-Chlor-2-methoxy- 2371
$C_{15}H_9Cl_2NO_2$
Acridin-9-carbonylchlorid, 6-Chlor-2-methoxy- 2371
$C_{15}H_9NO_5$
Benzo[*f*]chinolin-2,6-dicarbonsäure, 1-Hydroxy- 2636
$C_{15}H_{10}ClNO_3$
Acridin-9-carbonsäure, 6-Chlor-2-methoxy- 2370
$C_{15}H_{10}Cl_2N_2O_2$
Nicotinoylchlorid, 6-Chlor-5-cyan-2-methyl-4-phenoxymethyl- 2598
$C_{15}H_{10}N_2O$
Acridin-9-carbonitril, 2-Methoxy- 2370
$C_{15}H_{10}N_2O_2S$
Essigsäure, [3-Cyan-carbazol-2-ylmercapto]- 2365
$C_{15}H_{11}ClN_2O_2$
Acridin-9-carbonsäure, 6-Chlor-2-methoxy-, amid 2371
$C_{15}H_{11}NO_3$
Acridin-9-carbonsäure, 3-Hydroxy-, methylester 2371
Benzo[*f*]chinolin-6-carbonsäure, 1-Hydroxy-3-methyl- 2376
Benzo[*g*]chinolin-2-carbonsäure, 4-Methoxy- 2369
Benzo[*g*]chinolin-4-carbonsäure, 2-Hydroxy-, methylester 2370
Indol-2-carbonsäure, 6-Hydroxy-3-phenyl- 2375
Indol-3-carbonsäure, 5-Phenoxy- 2219
Phenanthridin-7-carbonsäure, 6-Hydroxy-9-methyl- 2376
$C_{15}H_{11}NO_4$
Benzo[*f*]chinolin-3-carbonsäure, 1-Hydroxy-7-methoxy- 2548
–, 1-Hydroxy-10-methoxy- 2549
Benzo[*h*]chinolin-2-carbonsäure, 4-Hydroxy-6-methoxy- 2547
Acetyl-Derivat $C_{15}H_{11}NO_4$ aus 2-Hydroxy-carbazol-1-carbonsäure 2360
$C_{15}H_{11}NO_5$
Phenanthridin-8,10-dicarbonsäure, 9-Hydroxy-5,6-dihydro- 2633
$C_{15}H_{11}N_3O$
Pyridin-3,4-dicarbonitril, 6-Benzyl-5-methoxy- 2628
–, 5-Benzyloxy-6-methyl- 2594
$C_{15}H_{12}ClNO_6$
Isochinolin-3-carbonsäure, 6,8-Diacetoxy-5-chlor-7-methyl- 2534
$C_{15}H_{12}N_2O_2$
Propionitril, 2-Benzoyloxy-2-[4]pyridyl- 2178
$C_{15}H_{12}N_2O_3$
Isonicotinsäure, 3-Cyan-2-hydroxy-6-phenyl-, äthylester 2627
$C_{15}H_{12}N_2O_4$
Nicotinsäure, 5-Cyan-2,6-dihydroxy-4-phenyl-, äthylester 2664
–, 5-Cyan-6-hydroxy-2-methyl-4-phenoxymethyl- 2653
$C_{15}H_{12}N_4O_2$
Propan, 1,3-Bis-[5-cyan-[2]pyridyloxy]- 2149
$C_{15}H_{13}ClN_4O_2$
Nicotinsäure, 6-Chlor-5-cyan-2-methyl-4-phenoxymethyl-, hydrazid 2598

$C_{15}H_{13}NO_3$
Acrylsäure, 2-[4-Methoxy-phenyl]-3-[3]pyridyl- 2366
Benz[*f*]indol-2-carbonsäure, 3-Hydroxy-1*H*-, äthylester 2360
Carbazol-3-carbonsäure, 9-Äthyl-2-hydroxy- 2365

$C_{15}H_{13}NO_4S$
Nicotinsäure, 2-[2-Methoxycarbonyl-phenylmercapto]-, methylester 2144

$C_{15}H_{13}NO_5$
Pyridin-3,4-dicarbonsäure, 5-Hydroxy-6-phenyl-, dimethylester 2626

$C_{15}H_{14}ClNO_2$
Chinolin-4-carbonylchlorid, 2-Cyclopentyloxy- 2278

$C_{15}H_{14}N_2O_2$
Acetonitril, [3,4-Dimethoxy-phenyl]-[2]pyridyl- 2543
Nicotinonitril, 4-Benzyloxymethyl-2-hydroxy-6-methyl- 2475

$C_{15}H_{14}N_2O_4S$
Pyridin-2-carbonsäure, 3-[4-Äthoxycarbonylamino-phenylmercapto]- 2135

$C_{15}H_{14}N_2O_6$
Pyrrol-2-carbonsäure, 4-Methyl-3-[4-nitro-benzoyloxy]-, äthylester 2119

$C_{15}H_{14}N_2O_6S$
Nicotinsäure, 2,4-Dihydroxy-6-methyl-5-[4-nitro-phenylmercapto]-, äthylester 2574

$C_{15}H_{14}N_2O_8S$
Nicotinsäure, 2,4-Dihydroxy-6-methyl-5-[4-nitro-benzolsulfonyl]-, äthylester 2574

$C_{15}H_{15}ClN_2O_8$
Prolin, 4-Chloracetoxy-1-[4-nitro-benzyloxycarbonyl]- 2059

$C_{15}H_{15}NO_3$
Acrylsäure, 3-[8-Methoxy-[2]chinolyl]-, äthylester 2350
–, 3-[8-Propoxy-[2]chinolyl]- 2350
Chinolin-4-carbonsäure, 2-Cyclopentyloxy- 2270
Nicotinsäure, 4-Äthyl-2-hydroxy-5-methyl-6-phenyl- 2359
–, 2-Hydroxy-4-methyl-6-phenyl-, äthylester 2353
–, 5-Hydroxy-6-phenäthyl-, methylester 2355
–, 4-[2-Methoxy-phenyl]-2,6-dimethyl- 2357
–, 4-[3-Methoxy-phenyl]-2,6-dimethyl- 2357
–, 4-[4-Methoxy-phenyl]-2,6-dimethyl- 2357

$C_{15}H_{15}NO_4$
Benzo[*h*]chinolin-2-carbonsäure, 4-Hydroxy-6-methoxy-7,8,9,10-tetrahydro- 2544
Pyrrol-2-carbonsäure, 1-Acetyl-3-methoxy-5-phenyl-, methylester 2313
Pyrrol-3-carbonsäure, 4-Acetoxy-2,5-dimethyl-1-phenyl- 2125
–, 4-Acetoxy-2-methyl-1-phenyl-, methylester 2119

$C_{15}H_{15}NO_5$
Chinolin-2-carbonsäure, 3-[4-Carboxy-butyl]-4-hydroxy- 2624
Chinolin-3-carbonsäure, 4-Acetoxy-6-methoxy-, äthylester 2518
Chinolin-3,4-dicarbonsäure, 2-Hydroxy-, diäthylester 2617
Essigsäure, [2,6-Dihydroxy-3-phenoxyäthyl-[4]pyridyl]- 2578
Indolin-2-carbonsäure, 3-Acetoxy-1-acetyl-, äthylester 2213
Pyrrol-2,3-dicarbonsäure, 4-Äthyl-5-[4-hydroxy-benzyl]- 2623

$C_{15}H_{15}NO_6$
Indolin-2-carbonsäure, 3-Acetoxy-1-lactoyl-, methylester 2213

$C_{15}H_{15}N_3O_2S$
Isonicotinsäure, 2-Äthylmercapto-, salicylidenhydrazid 2162

$C_{15}H_{15}N_3O_3$
Pyridin-3,4-dicarbonsäure, 6-Benzyl-5-methoxy-, diamid 2628
–, 5-Benzyloxy-6-methyl-, diamid 2594
Pyridinium, 1-Benzyl-4,5-dicarbamoyl-3-hydroxy-2-methyl-, betain 2595

$C_{15}H_{15}N_5O_8$
Prolin, 4-Azidoacetoxy-1-[4-nitro-benzyloxycarbonyl]- 2059

$C_{15}H_{16}ClNO_2$
Chinolin-4-carbonylchlorid, 6-Isopentyloxy- 2299
–, 2-Pentyloxy- 2277

$C_{15}H_{16}ClNO_3$
Chinolin-2-carbonsäure, 5-Chlor-4-hydroxy-3-propyl-, äthylester 2342
–, 7-Chlor-4-hydroxy-3-propyl-, äthylester 2342

$C_{15}H_{16}ClNO_4$
Isochinolin-3-carbonsäure, 1-Chlor-7,8-dimethoxy-, propylester 2527

$C_{15}H_{16}Cl_2N_2OS$
Pyridin-3-carbonsäure, 4-Äthylmercapto-1-[2,6-dichlor-benzyl]-1,4-dihydro-, amid 2116

$C_{15}H_{16}N_2O$
Acetonitril, [1-Methoxy-5,6,7,8-tetrahydro-carbazol-4-yl]- 2346

$C_{15}H_{17}N_3O_4$
Chinolin-3-carbonsäure, 4-Hydroxy-6,8-dimethoxy-, isopropylidenhydrazid 2608
$C_{15}H_{18}N_2O_2$
Chinolin-3-carbonsäure, 4-Methoxy-, diäthylamid 2260
Chinolin-4-carbonsäure, 2-Methoxy-, diäthylamid 2278
$C_{15}H_{18}N_2O_3$
Chinolin-4-carbonsäure, 2-Butoxy-, [hydroxymethyl-amid] 2283
$C_{15}H_{18}N_2O_4S$
Prolin, 1-Benzoylthiocarbamoyl-4-hydroxy-, äthylester 2060
$C_{15}H_{18}N_2O_6$
Piperidin-3-carbonsäure, 1-Methyl-4-[4-nitro-benzoyloxy]-, methylester 2070
Prolin, 1-[*N*-Benzyloxycarbonyl-glycyl]-4-hydroxy- 2063
$C_{15}H_{18}N_2O_7$
Indol-2-carbonsäure, 3-Glucopyranosyloxy-, amid 2212
$C_{15}H_{18}N_4O_{10}$
s. bei $[C_9H_{16}NO_3]^+$
$C_{15}H_{19}NO_3$
Buttersäure, 4-[5-Äthoxy-indol-3-yl]-, methylester 2240
–, 4-[5-Methoxy-indol-3-yl]-, äthylester 2240
Essigsäure, [6-Hydroxymethyl-1,2,4,5,6,7-hexahydro-azepino[3,2,1-*hi*]indol-7-yl]- 2244
–, [5-Methoxy-1,3,3-trimethyl-indolin-2-yliden]-, methylester 2242
Indol-2-carbonsäure, 5-Methoxy-3-propyl-, äthylester 2241
Indol-3-carbonsäure, 1-Äthyl-5-methoxy-2-methyl-, äthylester 2229
Valeriansäure, 4-Hydroxy-3-methyl-4-[1-methyl-indol-3-yl]- 2244
$C_{15}H_{19}NO_4$
Essigsäure, [1-Benzoyl-3-methoxy-[2]piperidyl]- 2073
–, [1-Benzoyl-4-methoxy-[2]piperidyl]- 2074
–, [6,7-Dimethoxy-3,4-dihydro-2*H*-[1]isochinolyliden]-, äthylester 2494
Indol-2-carbonsäure, 5,6-Dimethoxy-3-methyl-4-propyl- 2498
–, 5,6-Dimethoxy-3-methyl-7-propyl- 2498
Indol-3-carbonsäure, 2-Äthoxy-5-methoxy-1-methyl-, äthylester 2491
–, 1-[2-Hydroxy-äthyl]-5-methoxy-2-methyl-, äthylester 2231
Nicotinsäure, 2-Methyl-6-[2-oxo-cyclohexyloxy]-, äthylester 2172
Piperidin-3-carbonsäure, 1-Benzoyl-4-hydroxy-, äthylester 2071
–, 4-Benzoyloxy-1-methyl-, methylester 2070
$C_{15}H_{19}NO_5$
Essigsäure, [2-Acetyl-6,7-dimethoxy-1,2,3,4-tetrahydro-[1]isochinolyl]- 2483
Tropan-2-carbonsäure, 3-[Furan-2-carbonyloxy]-, methylester 2104
$C_{15}H_{19}NO_6$
Indol-2-carbonsäure, 3,4,5,6-Tetramethoxy-, äthylester 2654
$C_{15}H_{19}NO_6S$
Prolin, 1-Acetyl-4-[toluol-4-sulfonyloxy]-, methylester 2056
$C_{15}H_{19}N_3O_2$
Chinolin-4-carbonsäure, 2-Pentyloxy-, hydrazid 2292
$C_{15}H_{19}N_3O_3$
Propionsäure, 3-[6,7-Dimethoxy-2-methyl-[4]chinolyl]-, hydrazid 2536
$C_{15}H_{19}N_3O_4$
Chinolin-3-carbonsäure, 4-Hydroxy-6,8-dimethoxy-, [*N'*-isopropyl-hydrazid] 2608
Isochinolin-3-carbonsäure, 7,8-Dimethoxy-1-propoxy-, hydrazid 2612
$C_{15}H_{19}N_3O_5$
Prolin, 1-[*N*-Benzyloxycarbonyl-glycyl]-4-hydroxy-, amid 2065
$C_{15}H_{20}N_2O$
Azepin-4-carbonitril, 4-[3-Methoxy-phenyl]-1-methyl-hexahydro- 2208
Piperidin-4-carbonitril, 4-[2-Methoxy-5-methyl-phenyl]-1-methyl- 2209
–, 4-[3-Methoxy-phenyl]-1,2-dimethyl- 2210
$C_{15}H_{20}N_2O_2$
Piperidin-4-carbonitril, 4-[2,3-Dimethoxy-phenyl]-1-methyl- 2486
–, 4-[2,5-Dimethoxy-phenyl]-1-methyl- 2486
–, 4-[3,4-Dimethoxy-phenyl]-1-methyl- 2487
$C_{15}H_{20}N_2O_3$
Isonicotinsäure, 3-Cyan-6-hexyl-2-hydroxy-, äthylester 2602
$C_{15}H_{20}N_2O_4$
Piperidin-3-carbonsäure, 4-[4-Amino-benzoyloxy]-1-methyl-, methylester 2070
$C_{15}H_{21}NO_3$
Essigsäure, [1-Äthyl-4-hydroxy-[4]piperidyl]-phenyl- 2208
–, [4-Hydroxy-1-methyl-[4]piperidyl]-phenyl-, methylester 2208
Piperidin-3-carbonsäure, 5-[4-Methoxy-phenyl]-6-methyl-, methylester 2209

C_{16}

$C_{16}H_{11}NO_5$ (Fortsetzung)
Chinolin-4-carbonsäure, 2-[3,4-Dihydroxy-phenyl]-7-hydroxy- 2637
$C_{16}H_{11}N_3O$
Pyrazolo[4,3-*c*]chinolin-3-on, 4-Phenyl-1,2-dihydro- 2379
$C_{16}H_{12}N_2OS$
Chinolin-4-carbonsäure, 2-Phenylmercapto-, amid 2295
$C_{16}H_{12}N_2O_2$
Chinolin-3-carbonsäure, 4-Hydroxy-, anilid 2260
–, 4-Hydroxy-2-phenyl-, amid 2380
Chinolin-4-carbonsäure, 2-Hydroxy-, anilid 2278
Chinolin-5-carbonsäure, 8-Hydroxy-, anilid 2306
$C_{16}H_{12}N_4O_3$
Pyridin-3,5-dicarbonitril, 4-[2-Methoxy-5-nitro-phenyl]-2,6-dimethyl- 2630
$C_{16}H_{13}I_2NO_5$
Pyridin-2,6-dicarbonsäure, 4-Benzyloxy-3,5-dijod-, dimethylester 2588
$C_{16}H_{13}NO_3$
Benzo[*f*]chinolin-2-carbonsäure, 1-Hydroxy-, äthylester 2372
Benzo[*f*]chinolin-3-carbonsäure, 1-Hydroxy-, äthylester 2373
Benzo[*f*]chinolin-6-carbonsäure, 1-Hydroxy-3-methyl-, methylester 2376
Benzo[*h*]chinolin-2-carbonsäure, 4-Hydroxy-, äthylester 2372
Benzo[*h*]chinolin-3-carbonsäure, 4-Hydroxy-, äthylester 2372
Indol-2-carbonsäure, 4-Benzyloxy- 2214
–, 5-Benzyloxy- 2215
–, 6-Benzyloxy- 2217
–, 7-Benzyloxy- 2218
–, 6-Hydroxy-5-methyl-3-phenyl- 2377
Indol-3-carbonsäure, 5-Benzyloxy- 2219
$C_{16}H_{13}NO_4$
Benz[*f*]isochinolin-2-carbonsäure, 1,4-Dihydroxy-, äthylester 2548
Benz[*h*]isochinolin-3-carbonsäure, 1,4-Dihydroxy-, äthylester 2548
$C_{16}H_{13}NO_5$
Benz[*f*]indol-2-carbonsäure, 3-Carboxymethyl-9-methoxy-1*H*- 2633
Benz[*e*]indol-2,4-dicarbonsäure, 1-Hydroxy-3*H*-, 2-äthylester 2633
$C_{16}H_{13}N_3O$
Pyridin-3,5-dicarbonitril, 4-[2-Methoxy-phenyl]-2,6-dimethyl- 2630
$C_{16}H_{13}N_3O_2$
Chinolin-4-carbonsäure, 2-[4-Hydroxy-phenyl]-, hydrazid 2397
–, 6-Hydroxy-2-phenyl-, hydrazid 2389
$C_{16}H_{13}N_3O_4$
Acrylonitril, 2-[4,5-Dimethoxy-2-nitro-phenyl]-3-[2]pyridyl- 2544
$C_{16}H_{13}N_3O_5$
Nicotinsäure, 5-Cyan-6-hydroxy-2-methyl-4-[4-nitro-phenyl]-, äthylester 2629
$C_{16}H_{13}N_3S$
Malononitril, [2-(1-Methyl-1*H*-[4]chinolyliden)-1-methylmercapto-äthyliden]- 2629
$C_{16}H_{14}ClNO_6$
Isochinolin-3-carbonsäure, 6,8-Diacetoxy-5-chlor-7-methyl-, methylester 2534
$C_1H_{14}N_2O$
Chinolin-3-carbonitril, 2-Hydroxy-4-phenyl-5,6,7,8-tetrahydro- 2367
$C_{16}H_{14}N_2O_2$
Acrylonitril, 2-[3,4-Dimethoxy-phenyl]-3-[2]pyridyl- 2544
–, 2-[3,4-Dimethoxy-phenyl]-3-[3]pyridyl- 2544
–, 2-[3,4-Dimethoxy-phenyl]-3-[4]pyridyl- 2544
$C_{16}H_{14}N_2O_3$
Isonicotinsäure, 6-Benzyl-3-cyan-2-hydroxy-, äthylester 2628
Nicotinsäure, 5-Cyan-6-hydroxy-2-methyl-4-phenyl-, äthylester 2629
$C_{16}H_{14}N_4O_3$
Pyridin-3,5-dicarbonitril, 4-[2-Methoxy-5-nitro-phenyl]-2,6-dimethyl-1,4-dihydro- 2622
$C_{16}H_{14}N_4O_4$
Pyridin-3,5-dicarbonitril, 4-[4-Hydroxy-3-methoxy-2-nitro-phenyl]-2,6-dimethyl-1,4-dihydro- 2661
$C_{16}H_{15}HgN_3O_6S$
s. bei $[C_{10}H_{11}HgN_2O_4]^+$
$C_{16}H_{15}NO_3$
Benz[*f*]indol-2-carbonsäure, 9-Methoxy-1*H*-, äthylester 2360
Benz[*g*]indol-3-carbonsäure, 5-Hydroxy-2-methyl-1*H*-, äthylester 2366
Carbazol-3-carbonsäure, 6-Äthoxy-, methylester 2365
$C_{16}H_{15}NO_4$
Benz[*g*]indol-3-carbonsäure, 4,5-Dihydroxy-2-methyl-1*H*-, äthylester 2545
Essigsäure, Benzoyloxy-[2]pyridyl-, äthylester 2168
–, Benzoyloxy-[3]pyridyl-, äthylester 2169
$C_{16}H_{15}NO_5$
Pyridin-3,4-dicarbonsäure, 6-Benzyl-5-hydroxy-, dimethylester 2628

$C_{16}H_{19}NO_4$ (Fortsetzung)
Tropan-2-carbonsäure, 3-Benzoyloxy- 2098
$C_{16}H_{19}NO_4S$
Pyrrol-2-carbonsäure, 3,5-Dimethyl-4-[toluol-4-sulfonyl]-, äthylester 2122
$C_{16}H_{19}NO_5$
Essigsäure, [3-Acetoxy-1-benzoyl-[2]piperidyl]- 2073
–, [3-Äthoxycarbonyl-2-methyl-indol-5-yloxy]-, äthylester 2228
Indol-2-carbonsäure, 3-Äthoxycarbonylmethyl-5-methoxy-, äthylester 2612
–, 3-Äthoxycarbonylmethyl-6-methoxy-, äthylester 2613
–, 3-Äthoxycarbonylmethyl-7-methoxy-, äthylester 2613
Isochinolin-3-carbonsäure, 1-Äthoxy-7,8-dimethoxy-, äthylester 2611
–, 1-Butoxy-7,8-dimethoxy- 2610
–, 7,8-Dimethoxy-1-propoxy-, methylester 2610
–, 1-Hydroxy-7,8-dimethoxy-, butylester 2611
$C_{16}H_{19}NO_6$
Essigsäure, [3-Äthoxycarbonyl-1-(2-hydroxy-äthyl)-2-methyl-indol-5-yloxy]- 2232
Piperidin-4-ol, 1-Benzoyl-3,5-bis-carboxymethyl- 2567
$C_{16}H_{19}N_3O_2$
Nicotinsäure, 2-[2-Dimethylamino-äthoxy]-, anilid 2141
$C_{16}H_{19}N_3O_3$
Chinolin-4-carbonsäure, 2-Äthoxy-, [2-acetylamino-äthylamid] 2280
Nicotinsäure, 2-[2-(2-Hydroxy-äthylamino)-äthoxy]-, anilid 2141
$[C_{16}H_{20}NO_3]^+$
Azepino[3,2,1-*hi*]indolium, 7-Carboxymethyl-6-hydroxymethyl-3-methyl-1,2,4,5-tetrahydro- 2347
$[C_{16}H_{20}NO_4]^+$
Pyrido[2,1-*a*]isochinolinylium, 2-Carboxy-9,10-dimethoxy-1,2,3,4,6,7-hexahydro- 2537
$[C_{16}H_{20}NO_4]I$ 2537
$C_{16}H_{20}N_2O_2$
Chinolin-3-carbonsäure, 2-Äthoxy-, diäthylamid 2257
Chinolin-4-carbonsäure, 2-Äthoxy-, diäthylamid 2279
–, 2-Hexyloxy-, amid 2287
$C_{16}H_{20}N_2O_2S$
Chinolin-4-carbonsäure, 2-[2-Diäthylamino-äthylmercapto]- 2294
$C_{16}H_{20}N_2O_3$
Chinolin-4-carbonsäure, 2-[2-Diäthylamino-äthoxy]- 2270
–, 2-Hydroxy-, [2-diäthylamino-äthylester] 2274
$C_{16}H_{20}N_2O_6$
Alanin, *N*-[1-Benzyloxycarbonyl-4-hydroxy-prolyl]- 2061
Prolin, 1-[*N*-Benzyloxycarbonyl-alanyl]-4-hydroxy- 2065
$C_{16}H_{20}N_4O_{10}$
s. bei $[C_{10}H_{18}NO_3]^+$
$C_{16}H_{21}NO_3$
Buttersäure, 4-[5-Äthoxy-indol-3-yl]-, äthylester 2240
Essigsäure, [5-Methoxy-1,3,3-trimethyl-indolin-2-yliden]-, äthylester 2242
Indol-2-carbonsäure, 5-Äthoxy-3-propyl-, äthylester 2241
–, 7-Äthoxy-3-propyl-, äthylester 2241
Valeriansäure, 4-Hydroxy-3-methyl-4-[1-methyl-indol-3-yl]-, methylester 2244
$C_{16}H_{21}NO_4$
Essigsäure, [1-Benzoyl-4-hydroxy-[4]piperidyl]-, äthylester 2075
Indol-2-carbonsäure, 5,6-Dimethoxy-4-propyl-, äthylester 2496
–, 5,6-Dimethoxy-7-propyl-, äthylester 2496
Isochinolin-3-orthocarbonsäure, 1-Hydroxy-, triäthylester 2311
Piperidin-3-carbonsäure, 1-Acetyl-5-[4-methoxy-phenyl]-6-methyl- 2209
Piperidin-4-carbonsäure, 4-Benzoyloxy-2,5-dimethyl-, methylester 2079
–, 4-Benzoyloxy-1-methyl-, äthylester 2072
Pyrido[2,1-*a*]isochinolin-2-carbonsäure, 9,10-Dimethoxy-1,3,4,6,7,11b-hexahydro-2*H*- 2499
Pyrido[2,1-*a*]isochinolin-3-carbonsäure, 9,10-Dimethoxy-1,3,4,6,7,11b-hexahydro-2*H*- 2499
$C_{16}H_{21}NO_5$
Essigsäure, [6,7,8-Trimethoxy-3,4-dihydro-[1]isochinolyl]-, äthylester 2605
Malonsäure, [3-(2-Methoxy-äthyl)-[4]pyridylmethylen]-, diäthylester 2605
$C_{16}H_{21}NO_7$
Fumarsäure, [5-Äthoxycarbonyl-2-methoxymethyl-4-methyl-pyrrol-3-yl]-, dimethylester 2676
Indolizin-1,2-dicarbonsäure, 3-[Methoxy-methoxycarbonyl-methyl]-1,2,3,8a-tetrahydro-, dimethylester 2677

$C_{16}H_{21}N_3O_2$
Chinolin-4-carbonsäure, 2-Äthoxy-, [2-dimethylamino-äthylamid] 2280

$C_{16}H_{21}N_3O_4$
Isochinolin-3-carbonsäure, 1-Butoxy-7,8-dimethoxy-, hydrazid 2612
Piperidin-4-ol, 1-Benzoyl-3,5-bis-carbamoylmethyl- 2568

$C_{16}H_{22}N_2O_3$
Isonicotinsäure, 3-Cyan-6-heptyl-2-hydroxy-, äthylester 2603

$C_{16}H_{23}NO_3$
Azepin-4-carbonsäure, x-Hydroxy-1-methyl-4-phenyl-hexahydro-, äthylester 2207
Essigsäure, [1-Äthyl-4-hydroxy-[4]piperidyl]-phenyl-, methylester 2208
–, [1-Benzyl-4-hydroxy-[4]piperidyl]-, äthylester 2074
Piperidin-3-carbonsäure, 5-[4-Methoxy-phenyl]-1,6-dimethyl-, methylester 2209
Piperidin-4-carbonsäure, 4-[3-Methoxy-phenyl]-1-methyl-, äthylester 2205

$C_{16}H_{23}NO_4$
Buttersäure, 2-[6,7-Dimethoxy-1,2,3,4-tetrahydro-[1]isochinolyl]-, methylester 2487

$C_{16}H_{23}NO_5$
Chinolin-3,4-dicarbonsäure, 8a-Hydroxy-2-methyl-4a,5,6,7,8,8a-hexahydro-, diäthylester 2602
Essigsäure, [6,7,8-Trimethoxy-1,2,3,4-tetrahydro-[1]isochinolyl]-, äthylester 2601
Pyrrol-2-carbonsäure, 4-[2-Äthoxy-2-äthoxycarbonyl-vinyl]-3,5-dimethyl-, äthylester 2599

$C_{16}H_{23}NO_7$
Bernsteinsäure, [5-Äthoxycarbonyl-2-methoxymethyl-4-methyl-pyrrol-3-yl]-, dimethylester 2675
Pyrrol-1,2-dicarbonsäure, 3-Äthoxycarbonyloxy-4-isopropyl-, diäthylester 2126

$[C_{16}H_{23}N_2O]^+$
Azepinium, 4-Cyan-4-[3-methoxy-phenyl]-1,1-dimethyl-hexahydro- 2208
$[C_{16}H_{23}N_2O]Cl$ 2208

$C_{16}H_{23}N_3O_2$
Essigsäure, [3-Hydroxymethyl-chinuclidin-3-yl]-, [*N'*-phenyl-hydrazid] 2112

$C_{16}H_{23}N_3O_3$
Pyrido[2,1-*a*]isochinolin-2-carbonsäure, 9,10-Dimethoxy-1,3,4,6,7,11b-hexahydro-2*H*-, hydrazid 2499

$C_{16}H_{24}ClNO_3$
Isonicotinoylchlorid, 2,6-Bis-isopentyloxy- 2465

$C_{16}H_{24}N_2O_2$
Nicotinsäure, 6-Cyclohexyloxy-, diäthylamid 2149

$C_{16}H_{24}N_2O_6$
Piperidin-1-carbonitril, 4-Acetoxy-3,5-bis-äthoxycarbonylmethyl- 2568

$C_{16}H_{25}NO_3$
Octansäure, 8-[3-Hydroxy-6-methyl-[2]pyridyl]-, äthylester 2195
–, 8-[5-Hydroxy-6-methyl-[2]pyridyl]-, äthylester 2195

$C_{16}H_{25}NO_4$
Isonicotinsäure, 2,6-Bis-isopentyloxy- 2460
–, 2,6-Dibutoxy-, äthylester 2461
–, 2-Hydroxy-6-isopentyloxy-, isopentylester 2462
Octansäure, 8-[5-Hydroxy-6-hydroxymethyl-[2]pyridyl]-, äthylester 2479
–, 8-Hydroxy-8-[5-methoxy-6-methyl-[2]pyridyl]-, methylester 2480
Pyrrol-2-carbonsäure, 5-Acetoxymethyl-3,4-dipropyl-, äthylester 2132

$C_{16}H_{25}NO_6$
Pyrrol-2-carbonsäure, 4-[2-Äthoxycarbonyl-1,2-dimethoxy-äthyl]-3,5-dimethyl-, äthylester 2650

$C_{16}H_{26}N_2O_3$
Isonicotinsäure, 2-Butoxy-, [2-diäthylamino-äthylester] 2156
Nicotinsäure, 6-Butoxy-, [2-diäthylamino-äthylester] 2148

$C_{16}H_{26}N_2O_4$
Isonicotinsäure, 2,6-Diäthoxy-, [2-diäthylamino-äthylester] 2462

$C_{16}H_{27}NO_3$
12,13-Seco-dendroban-12-säure 2132

$C_{16}H_{27}NO_5$
Chinuclidin-2,2-dicarbonsäure, 5-[2-Methoxy-äthyl]-, diäthylester 2573
Propionsäure, 3-[3-(2-Acetoxy-äthyl)-1-acetyl-[4]piperidyl]-, äthylester 2090

$C_{16}H_{27}NO_6$
Piperidin, 4-Acetoxy-3,5-bis-äthoxycarbonylmethyl-1-methyl- 2566

$C_{16}H_{27}N_3O_2$
Isonicotinsäure, 2-Butoxy-, [2-diäthylamino-äthylamid] 2157
Nicotinsäure, 2-[2-Diäthylamino-äthoxy]-, diäthylamid 2141

$C_{16}H_{27}N_3O_3$
Isonicotinsäure, 2,6-Bis-isopentyloxy-, hydrazid 2466
–, 2,6-Diäthoxy-, [2-diäthylamino-äthylamid] 2465

$C_{16}H_{28}N_2O_2$
Propionsäure, 3-[4-Äthoxy-1-methyl-1,2,5,6-tetrahydro-[3]pyridyl]-, piperidid 2095

$C_{16}H_{29}NO_5$
Malonsäure, [3-(2-Methoxy-äthyl)-[4]piperidylmethyl]-, diäthylester 2571
$[C_{16}H_{30}NO_3]^+$
Piperidinium, 1-Cyclohexyl-4-hydroxy-4-methoxycarbonyl-1,2,5-trimethyl- 2086
$[C_{16}H_{30}NO_3]I$ 2086
$C_{16}H_{31}NO_3$
Decansäure, 10-Hydroxy-10-pyrrolidin-2-yl-, äthylester 2092
Octansäure, 8-[5-Hydroxy-6-methyl-[2]piperidyl]-, äthylester 2091

C_{17}

$C_{17}H_{10}BrNO_5$
Chinolin-4,8-dicarbonsäure, 2-[4-Brom-phenyl]-3-hydroxy- 2642
$C_{17}H_{10}ClNO_3$
Benzo[*a*]carbazol-3-carbonsäure, 9-Chlor-2-hydroxy-11*H*- 2426
$C_{17}H_{10}ClNO_5$
Chinolin-4,8-dicarbonsäure, 6-Chlor-3-hydroxy-2-phenyl- 2641
–, 2-[4-Chlor-phenyl]-3-hydroxy- 2642
$C_{17}H_{10}Cl_3NO_2$
Chinolin-4-carbonylchlorid, 7-Chlor-2-[4-chlor-phenyl]-6-methoxy- 2391
$C_{17}H_{10}Cl_3NO_3$
Chinolin-4-carbonsäure, 6,8-Dichlor-2-[3-chlor-4-methoxy-phenyl]- 2398
$C_{17}H_{10}I_3NO_3$
Chinolin-4-carbonsäure, 2-[3,5-Dijod-4-methoxy-phenyl]-6-jod- 2399
$C_{17}H_{10}N_4O_9$
Trinitro-Verbindung $C_{17}H_{10}N_4O_9$ aus 2-[4-Methoxy-3-nitro-phenyl]-6-nitro-chinolin-4-carbonsäure 2400
Trinitro-Verbindungen $C_{17}H_{10}N_4O_9$ aus 2-[4-Methoxy-phenyl]-chinolin-4-carbonsäure 2396
$C_{17}H_{11}BrClNO_2S$
Chinolin-4-carbonsäure, 6-Brom-2-[3-chlor-4-methylmercapto-phenyl]- 2400
$C_{17}H_{11}BrClNO_3$
Chinolin-4-carbonsäure, 6-Brom-2-[3-chlor-4-methoxy-phenyl]- 2399
$C_{17}H_{11}BrFNO_3$
Chinolin-4-carbonsäure, 6-Brom-2-[3-fluor-4-methoxy-phenyl]- 2399
$C_{17}H_{11}Br_2NO_3$
Chinolin-4-carbonsäure, 6,8-Dibrom-2-[4-methoxy-phenyl]- 2399
$C_{17}H_{11}Cl_2NO_2$
Chinolin-4-carbonylchlorid, 7-Chlor-2-[4-methoxy-phenyl]- 2398
–, 7-Chlor-6-methoxy-2-phenyl- 2391
–, 2-[4-Chlor-phenyl]-6-methoxy- 2391
$C_{17}H_{11}Cl_2NO_2S$
Chinolin-4-carbonsäure, 6-Chlor-2-[3-chlor-4-methylmercapto-phenyl]- 2400
$C_{17}H_{11}Cl_2NO_3$
Chinolin-4-carbonsäure, 7-Chlor-2-[4-chlor-phenyl]-6-methoxy- 2391
$C_{17}H_{11}NO_3$
Benzo[*a*]carbazol-3-carbonsäure, 2-Hydroxy-11*H*- 2426
Benzo[*a*]carbazol-8-carbonsäure, 9-Hydroxy-11*H*- 2427
Benzo[*c*]carbazol-10-carbonsäure, 9-Hydroxy-7*H*- 2427
Indeno[2,1-*f*]chinolin-2-carbonsäure, 1-Hydroxy-11*H*- 2425
$C_{17}H_{11}NO_5$
Chinolin-4-carbonsäure, 2-[3-Carboxy-4-hydroxy-phenyl]- 2640
Chinolin-4,6-dicarbonsäure, 3-Hydroxy-2-phenyl- 2640
Chinolin-4,8-dicarbonsäure, 3-Hydroxy-2-phenyl- 2640
$C_{17}H_{11}N_3O_7$
Chinolin-4-carbonsäure, 2-[4-Methoxy-3-nitro-phenyl]-6-nitro- 2400
Dinitro-Derivat $C_{17}H_{11}N_3O_7$ aus 6-Methoxy-2-phenyl-chinolin-4-carbonsäure 2386
$C_{17}H_{12}BrNO_3$
Chinolin-4-carbonsäure, 2-[3-Brom-2-hydroxy-5-methyl-phenyl]- 2407
–, 2-[3-Brom-4-hydroxy-phenyl]-3-methyl- 2411
–, 6-Brom-2-[4-hydroxy-phenyl]-3-methyl- 2410
–, 2-[3-Brom-4-methoxy-phenyl]- 2398
$C_{17}H_{12}ClNO_2$
Chinolin-4-carbonylchlorid, 6-Methoxy-2-phenyl- 2388
$C_{17}H_{12}ClNO_2S$
Chinolin-4-carbonsäure, 2-[3-Chlor-4-methylmercapto-phenyl]- 2400
$C_{17}H_{12}ClNO_3$
Chinolin-4-carbonsäure, 2-[3-Chlor-4-hydroxy-phenyl]-3-methyl- 2410
–, 6-Chlor-2-[4-hydroxy-phenyl]-3-methyl- 2410
–, 2-[3-Chlor-4-methoxy-phenyl]- 2398

$C_{17}H_{12}ClNO_3$ (Fortsetzung)
Chinolin-4-carbonsäure, 7-Chlor-2-[4-methoxy-phenyl]- 2397
–, 7-Chlor-6-methoxy-2-phenyl- 2391
–, 2-[4-Chlor-phenyl]-6-methoxy- 2391

$C_{17}H_{12}ClNO_3S$
Chinolin-3-carbonsäure, 6-Benzylmercapto-7-chlor-4-hydroxy- 2521

$C_{17}H_{12}ClN_3O_2$
Chinolin-3-carbonsäure, 6-Chlor-4-hydroxy-, benzylidenhydrazid 2264
–, 7-Chlor-4-hydroxy-, benzylidenhydrazid 2265
–, 8-Chlor-4-hydroxy-, benzylidenhydrazid 2266

$C_{17}H_{12}ClN_3O_3$
Chinolin-3-carbonsäure, 7-Chlor-4-hydroxy-, [4-hydroxy-benzylidenhydrazid] 2265
–, 7-Chlor-4-hydroxy-, salicylidenhydrazid 2265
–, 8-Chlor-4-hydroxy-, [4-hydroxy-benzylidenhydrazid] 2267
–, 8-Chlor-4-hydroxy-, salicylidenhydrazid 2266

$C_{17}H_{12}Cl_2N_2O_2$
Chinolin-4-carbonsäure, 5-Chlor-8-methoxy-, [4-chlor-anilid] 2304

$C_{17}H_{12}FNO_3$
Chinolin-4-carbonsäure, 2-[3-Fluor-4-hydroxy-phenyl]-3-methyl- 2409
–, 2-[3-Fluor-4-methoxy-phenyl]- 2397
–, 2-[5-Fluor-2-methoxy-phenyl]- 2395

$C_{17}H_{12}N_2O$
Chinolin-2-carbonitril, 4-Benzyloxy- 2248

$C_{17}H_{12}N_2O_2$
Chinolin-3-carbonitril, 5-Hydroxy-6-methoxy-2-phenyl- 2553
–, 7-Hydroxy-8-methoxy-2-phenyl- 2554

$C_{17}H_{12}N_2O_5$
Chinolin-4-carbonsäure, 6-Methoxy-2-[3-nitro-phenyl]- 2392
–, 8-Methoxy-2-[3-nitro-phenyl]- 2393
Mononitro-Derivat $C_{17}H_{12}N_2O_5$ aus 6-Methoxy-2-phenyl-chinolin-4-carbonsäure 2386

$C_{17}H_{12}N_4O_2$
Chinolin-4-carbonylazid, 6-Methoxy-2-phenyl- 2390

$C_{17}H_{13}ClN_2O_2$
Chinolin-4-carbonsäure, 5-Chlor-8-methoxy-, anilid 2304

$C_{17}H_{13}NO_2S$
Chinolin-4-carbonsäure, 6-Methylmercapto-2-phenyl- 2392
–, 8-Methylmercapto-2-phenyl- 2393
–, 2-Methyl-3-phenylmercapto- 2326
–, 2-Phenylmercapto-, methylester 2294

$C_{17}H_{13}NO_3$
Acrylsäure, 3-[3-Hydroxy-indol-2-yl]-3-phenyl- 2415
Benzo[*a*]carbazol-8-carbonsäure, 9-Hydroxy-6,11-dihydro-5*H*- 2415
Benzoesäure, 2-[3-Hydroxy-[2]chinolyl]-, methylester 2379
Chinolin-2-carbonsäure, 6-Benzyl-4-hydroxy- 2405
–, 4-Benzyloxy- 2246
Chinolin-3-carbonsäure, 4-Hydroxy-6-methyl-2-phenyl- 2412
–, 4-Hydroxy-8-methyl-2-phenyl- 2413
–, 4-Hydroxy-2-*m*-tolyl- 2406
–, 4-Hydroxy-2-*o*-tolyl- 2405
–, 4-Hydroxy-2-*p*-tolyl- 2407
Chinolin-4-carbonsäure, 2-[2-Hydroxy-5-methyl-phenyl]- 2407
–, 3-Hydroxy-2-methyl-6-phenyl- 2413
–, 3-Hydroxy-6-methyl-2-phenyl- 2413
–, 7-Hydroxy-2-methyl-3-phenyl- 2408
–, 3-Hydroxy-2-phenyl-, methylester 2384
–, 6-Hydroxy-2-phenyl-, methylester 2386
–, 2-[2-Hydroxy-phenyl]-3-methyl- 2408
–, 2-[4-Hydroxy-phenyl]-3-methyl- 2408
–, 2-[4-Hydroxy-phenyl]-6-methyl- 2413
–, 2-[4-Hydroxy-phenyl]-7-methyl- 2414
–, 2-[4-Hydroxy-phenyl]-8-methyl- 2414
–, 3-Hydroxy-2-*p*-tolyl- 2408
–, 2-[4-Methoxy-phenyl]- 2396
–, 3-[2-Methoxy-phenyl]- 2404
–, 3-[4-Methoxy-phenyl]- 2404
–, 6-Methoxy-2-phenyl- 2386
–, 7-Methoxy-2-phenyl- 2392
–, 2-Methyl-3-phenoxy- 2323
–, 2-Phenoxymethyl- 2327
Essigsäure, [8-Hydroxy-[5]chinolyl]-phenyl- 2404
Monomethyl-Derivat $C_{17}H_{13}NO_3$ aus 2-[4-Hydroxy-[2]chinolyl]-benzoesäure 2379

$C_{17}H_{19}NO_5$ (Fortsetzung)
Pyrrol-3-carbonsäure, 2-Äthoxycarbonylmethyl-4-[4-hydroxy-phenyl]-, äthylester 2619
Pyrrol-2,3-dicarbonsäure, 4-Äthyl-5-[4-hydroxy-benzyl]-, 3-äthylester 2623

$C_{17}H_{19}NO_6$
Chinolin-2,3-dicarbonsäure, 5,6-Dimethoxy-, diäthylester 2659
–, 7,8-Dimethoxy-, diäthylester 2660
2,6-Methano-benz[*d*]azocin-6-carbonsäure, 8-Acetoxy-3-acetyl-7-hydroxy-2,3,4,5-tetrahydro-1*H*- 2498
Pyrrol-3-carbonsäure, 2-Äthoxycarbonylmethyl-4-[2,4-dihydroxy-phenyl]-, äthylester 2660

$C_{17}H_{20}ClNO_5$
3,4-Seco-morphin-7-en-3,4-disäure, 6-Chlor-5-hydroxy-17-methyl- 2615

$C_{17}H_{20}N_2O_2$
Chinolin-4-carbonsäure, 2-Äthoxy-, piperidid 2280
–, 2-Allyloxy-, diäthylamid 2287

$C_{17}H_{20}N_2O_3$
Pyridin-3-carbonsäure, 5-Cyan-2-hydroxy-2,6-dimethyl-4-phenyl-1,2,3,4-tetrahydro-, äthylester 2615

$C_{17}H_{20}N_2O_4$
Nortropan-2-carbonsäure, 3-Benzoyloxy-8-formimidoyl-, methylester 2106

$C_{17}H_{20}N_2O_5$
Nortropan-2-carbonsäure, 3-Benzoyloxy-8-carbamoyl-, methylester 2107

$C_{17}H_{20}N_2O_6$
Tropan-3-carbonsäure, 3-[4-Nitro-benzoyloxy]-, methylester 2108

$C_{17}H_{20}N_2O_8$
Asparaginsäure, *N*-[1-Benzyloxycarbonyl-4-hydroxy-prolyl]- 2062
Prolin, 1-Äthoxycarbonyl-4-[4-nitro-benzoyloxy]-, äthylester 2060

$C_{17}H_{20}N_4O_4$
Hydrazin, *N*-[2,6-Diäthoxy-isonicotinoyl]-*N'*-[2-methyl-isonicotinoyl]- 2466

$C_{17}H_{21}ClN_2O_2$
Chinolin-4-carbonsäure, 5-Chlor-8-methoxy-, hexylamid 2304

$C_{17}H_{21}NO_3$
Chinolin-3-carbonsäure, 6-Heptyl-4-hydroxy- 2348
Chinolin-4-carbonsäure, 2-Butyl-3-isopropoxy- 2345
–, 2-Butyl-3-propoxy- 2345
–, 2-Isobutyl-3-isopropoxy- 2346
–, 3-Isobutyl-2-[1-methoxy-äthyl]- 2348
Octansäure, 8-[4-Hydroxy-[3]chinolyl]- 2348
Pyrrol-2-carbonsäure, 4-Äthyl-5-methoxymethyl-3-methyl-, benzylester 2130
–, 3-Benzyloxy-4-isopropyl-, äthylester 2125

$C_{17}H_{21}NO_4$
Buttersäure, 4-[4-Hydroxy-7-methoxy-2-methyl-[3]chinolyl]-, äthylester 2536
Tropan-2-carbonsäure, 3-Benzoyloxy-, methylester 2100
Tropan-3-carbonsäure, 3-Benzoyloxy-, methylester 2107

$C_{17}H_{21}NO_5$
Indol-2-carbonsäure, 3-[2-Äthoxycarbonyl-äthyl]-7-methoxy-, äthylester 2614
Isochinolin-3-carbonsäure, 1-Butoxy-7,8-dimethoxy-, methylester 2610
Pyrrol-1,3-dicarbonsäure, 4-Methoxy-2-phenyl-2,5-dihydro-, diäthylester 2233

$C_{17}H_{21}NO_5S$
Pyrrol-2-carbonsäure, 4-Isopropyl-3-[toluol-4-sulfonyloxy]-, äthylester 2126

$C_{17}H_{21}NO_6$
Indol-2-carbonsäure, 3-Äthoxycarbonylmethyl-5,6-dimethoxy-, äthylester 2656
Malonsäure, [3-(2-Acetoxy-äthyl)-[4]pyridylmethylen]-, diäthylester 2605

$C_{17}H_{21}NO_7S$
s. bei $[C_{16}H_{18}NO_3]^+$

$C_{17}H_{21}N_3O_3$
Chinolin-4-carbonsäure, 2-Äthoxy-, [2-propionylamino-äthylamid] 2280

$C_{17}H_{21}N_3O_7$
Glycin, *N*-[*N*-(1-Benzyloxycarbonyl-4-hydroxy-prolyl)-glycyl]- 2061

$C_{17}H_{22}N_2O_2$
Chinolin-3-carbonsäure, 2-Isopropoxy-, diäthylamid 2258
–, 2-Propoxy-, diäthylamid 2257
Chinolin-4-carbonsäure, 2-Propoxy-, diäthylamid 2282

$C_{17}H_{22}N_2O_2S$
Chinolin-4-carbonsäure, 2-Butoxy-, [2-methylmercapto-äthylamid] 2283

$C_{17}H_{22}N_2O_3$
Chinolin-4-carbonsäure, 2-[2-Diäthylamino-äthoxy]-, methylester 2271
–, 2-Methoxy-, [2-diäthylamino-äthylester] 2274
Isochinolin-3-carbonsäure, 2-[3-Cyan-propyl]-6-methoxy-1,2,3,4-tetrahydro-, äthylester 2201

$C_{17}H_{25}NO_5$
Chinolin-3,4-dicarbonsäure, 8a-Hydroxy-2,6-dimethyl-4a,5,6,7,8,8a-hexahydro-, diäthylester 2602
–, 8a-Hydroxy-2,7-dimethyl-4a,5,6,7,8,8a-hexahydro-, diäthylester 2603
–, 8a-Hydroxy-2,8-dimethyl-4a,5,6,7,8,8a-hexahydro-, diäthylester 2603
$C_{17}H_{25}NO_7$
Bernsteinsäure, [5-Äthoxycarbonyl-2-hydroxymethyl-4-methyl-pyrrol-3-yl]-, diäthylester 2675
Pyrrol-2-carbonsäure, 3-[2-Äthoxycarbonyl-äthyl]-4-äthoxycarbonylmethyl-5-hydroxymethyl-, äthylester 2676
–, 4-[2-Äthoxycarbonyl-äthyl]-3-äthoxycarbonylmethyl-5-hydroxymethyl-, äthylester 2675
$[C_{17}H_{26}NO_3]^+$
Piperidinium, 4-Äthoxycarbonylmethyl-1-benzyl-4-hydroxy-1-methyl- 2074
$[C_{17}H_{26}NO_3]I$ 2074
–, 1-Äthyl-4-hydroxy-4-[methoxycarbonyl-phenyl-methyl]-1-methyl- 2209
$[C_{17}H_{26}NO_3]Br$ 2209
$C_{17}H_{27}NO_5$
Pyrrolidin-3-carbonsäure, 2-Acetoxymethylen-1-acetyl-3-äthyl-4-isopropyl-, äthylester 2113
$C_{17}H_{27}NO_6$
Chinuclidin-2,2-dicarbonsäure, 5-[2-Acetoxy-äthyl]-, diäthylester 2573
$C_{17}H_{29}NO_3$
Cyclopent[*cd*]indolium, 5-Carboxy-7-hydroxy-6-isopropyl-1,1,7b-trimethyl-decahydro-, betain 2133
12,13-Seco-dendroban-12-säure-methylester 2133
$C_{17}H_{29}NO_6$
Malonsäure, [3-(2-Acetoxy-äthyl)-[4]piperidylmethyl]-, diäthylester 2572
$C_{17}H_{29}NO_7$
Pyrrolidin-1,2-dicarbonsäure, 3-Acetoxy-4-[*β*-äthoxy-isopropyl]-, diäthylester 2454
–, 4-[*β*-Äthoxy-isopropyl]-3-methoxycarbonylmethyl-, 1-äthylester-2-methylester 2571
$[C_{17}H_{30}NO_3]^+$
Cyclopent[*cd*]indolium, 5-Carboxy-7-hydroxy-6-isopropyl-1,1,7b-trimethyl-decahydro- 2133
$[C_{17}H_{30}NO_3]I$ 2133
$C_{17}H_{31}NO_4$
Octansäure, 8-[1-Acetyl-5-hydroxy-6-methyl-[2]piperidyl]-, methylester 2092
$[C_{17}H_{31}N_2O_2]^+$
Pyridinium, 4-Äthoxy-1,1-dimethyl-3-[2-(piperidin-1-carbonyl)-äthyl]-1,2,5,6-tetrahydro- 2096
$[C_{17}H_{31}N_2O_2]I$ 2096
$C_{17}H_{33}NO_3$
Octansäure, 8-[5-Hydroxy-1,6-dimethyl-[2]piperidyl]-, äthylester 2091
$[C_{17}H_{34}NO_3]^+$
Piperidinium, 3-Hydroxy-6-[7-methoxycarbonyl-heptyl]-1,1,2-trimethyl- 2092
$[C_{17}H_{34}NO_3]I$ 2092

C_{18}

$C_{18}H_{10}I_3NO_5$
Chinolin-4-carbonsäure, 2-[4-Carboxymethoxy-3,5-dijod-phenyl]-6-jod- 2399
$C_{18}H_{11}Cl_2NO_3$
Chinolin-4-carbonylchlorid, 2-[4-Chlorcarbonyl-phenyl]-6-methoxy- 2640
$C_{18}H_{11}I_2NO_5$
Chinolin-4-carbonsäure, 2-[4-Carboxymethoxy-3,5-dijod-phenyl]- 2399
$C_{18}H_{11}N_3O_3$
Nicotinonitril, 2-Hydroxy-6-[4-nitro-phenyl]-4-phenyl- 2428
$C_{18}H_{12}Br_2ClNO_3$
Chinolin-4-carbonsäure, 6-Chlor-2-[3,5-dibrom-4-methoxy-phenyl]-3-methyl- 2411
$C_{18}H_{12}Cl_3NO_3$
Chinolin-4-carbonsäure, 2-[4-Äthoxy-3-chlor-phenyl]-6,8-dichlor- 2398
–, 6-Chlor-2-[3,5-dichlor-4-methoxy-phenyl]-3-methyl- 2410
$C_{18}H_{12}I_3NO_3$
Chinolin-4-carbonsäure, 2-[4-Äthoxy-3,5-dijod-phenyl]-6-jod- 2399
–, 3-Äthyl-2-[4-hydroxy-3,5-dijod-phenyl]-6-jod- 2419
$C_{18}H_{12}I_3NO_4$
Chinolin-4-carbonsäure, 2-[3,5-Dijod-4-methoxymethoxy-phenyl]-6-jod- 2399
–, 3-[1-Hydroxy-äthyl]-2-[4-hydroxy-3,5-dijod-phenyl]-6-jod- 2559
–, 3-[2-Hydroxy-äthyl]-2-[4-hydroxy-3,5-dijod-phenyl]-6-jod- 2559
$C_{18}H_{12}N_2O$
Naphtho[1,2-*h*]chinolin-2-carbonitril, 3-Hydroxy-11,12-dihydro- 2431
Nicotinonitril, 2-Hydroxy-4,6-diphenyl- 2427

$C_{18}H_{12}N_2O_2$
Acetonitril, Benzoyloxy-[2]chinolyl- 2315
–, Benzoyloxy-[4]chinolyl- 2317
$C_{18}H_{12}N_2O_3$
Chinolin-4-carbonsäure, 2-[4-Cyan-phenyl]-6-methoxy- 2640
$C_{18}H_{12}N_2O_4S$
Sulfid, Bis-[2-carboxy-indol-3-yl]- 2214
$C_{18}H_{12}N_2O_5$
Indeno[1,2,3-*de*]chinolin-1-carbonsäure, 2-Hydroxy-6-nitro-, äthylester 2424
–, 2-Hydroxy-9-nitro-, äthylester 2425
$C_{18}H_{13}BrClNO_2S$
Chinolin-4-carbonsäure, 6-Brom-2-[3-chlor-4-methylmercapto-phenyl]-3-methyl- 2412
$C_{18}H_{13}BrClNO_3$
Chinolin-4-carbonsäure, 2-[4-Äthoxy-3-chlor-phenyl]-6-brom- 2399
–, 6-Brom-2-[3-chlor-4-methoxy-phenyl]-3-methyl- 2411
$C_{18}H_{13}BrFNO_3$
Chinolin-4-carbonsäure, 6-Brom-2-[3-fluor-4-methoxy-phenyl]-3-methyl- 2411
$C_{18}H_{13}Br_2NO_3$
Chinolin-4-carbonsäure, 2-[3,5-Dibrom-4-methoxy-phenyl]-3-methyl- 2411
$C_{18}H_{13}ClFNO_3$
Chinolin-4-carbonsäure, 6-Chlor-2-[3-fluor-4-methoxy-phenyl]-3-methyl-2410
$C_{18}H_{13}Cl_2NO_2S$
Chinolin-4-carbonsäure, 6-Chlor-2-[3-chlor-4-methylmercapto-phenyl]-3-methyl- 2412
$C_{18}H_{13}Cl_2NO_3$
Chinolin-4-carbonsäure, 2-[3,5-Dichlor-4-methoxy-phenyl]-3-methyl- 2410
$C_{18}H_{13}NO_3$
Benzo[*a*]carbazol-3-carbonsäure, 2-Hydroxy-8-methyl-11*H*- 2431
–, 2-Hydroxy-10-methyl-11*H*- 2431
–, 2-Hydroxy-11-methyl-11*H*- 2426
Indeno[1,2-*g*]chinolin-4-carbonsäure, 10-Hydroxy-2-methyl-10*H*- 2431
Indeno[1,2,3-*de*]chinolin-1-carbonsäure, 2-Hydroxy-, äthylester 2424
Naphtho[1,2-*h*]chinolin-2-carbonsäure, 3-Hydroxy-11,12-dihydro- 2430
Nicotinsäure, 2-Hydroxy-4,6-diphenyl-2427
$C_{18}H_{13}NO_4$
Chinolin-4-carbonsäure, 2-[4-Acetoxy-phenyl]- 2396
–, 8-Acetoxy-2-phenyl- 2393
Isonicotinsäure, 2,6-Diphenoxy- 2460
$C_{18}H_{13}NO_5$
Chinolin-4-carbonsäure, 2-[4-Carboxy-phenyl]-6-methoxy- 2640
$C_{18}H_{13}NO_6$
Chinolin-4,8-dicarbonsäure, 3-Hydroxy-2-[4-methoxy-phenyl]- 2673
–, 3-Hydroxy-6-methoxy-2-phenyl-2673
$C_{18}H_{14}BrNO_3$
Chinolin-2-carbonsäure, 7-[4-Brom-phenyl]-4-hydroxy-, äthylester 2402
Chinolin-3-carbonsäure, 2-[3-Brom-phenyl]-4-hydroxy-, äthylester 2381
–, 2-[4-Brom-phenyl]-4-hydroxy-, äthylester 2382
Chinolin-4-carbonsäure, 6-Brom-2-[4-methoxy-2-methyl-phenyl]- 2405
–, 6-Brom-2-[4-methoxy-3-methyl-phenyl]- 2407
–, 2-[3-Brom-4-methoxy-phenyl]-3-methyl- 2411
–, 6-Brom-2-[4-methoxy-phenyl]-3-methyl- 2410
$C_{18}H_{14}ClNO_2S$
Chinolin-4-carbonsäure, 2-[3-Chlor-4-methylmercapto-phenyl]-3-methyl-2412
–, 2-[3-Chlor-4-methylmercapto-phenyl]-6-methyl- 2414
$C_{18}H_{14}ClNO_3$
Chinolin-2-carbonsäure, 7-[2-Chlor-phenyl]-4-hydroxy-, äthylester 2401
–, 7-[4-Chlor-phenyl]-4-hydroxy-, äthylester 2401
Chinolin-3-carbonsäure, 6-Chlor-4-hydroxy-2-phenyl-, äthylester 2380
–, 7-Chlor-4-hydroxy-2-phenyl-, äthylester 2381
–, 8-Chlor-4-hydroxy-2-phenyl-, äthylester 2381
–, 2-[2-Chlor-phenyl]-4-hydroxy-, äthylester 2381
Chinolin-4-carbonsäure, 2-[4-Äthoxy-3-chlor-phenyl]- 2398
–, 7-Chlor-6-methoxy-2-phenyl-, methylester 2391
–, 2-[3-Chlor-4-methoxy-phenyl]-3-methyl- 2410
Chinolin-3-carbonylchlorid, 6,7-Dimethoxy-2-phenyl- 2554
$C_{18}H_{14}ClN_3O_3$
Chinolin-3-carbonsäure, 7-Chlor-4-hydroxy-, [4-methoxy-benzylidenhydrazid] 2265
–, 8-Chlor-4-hydroxy-, [4-methoxy-benzylidenhydrazid] 2267
$C_{18}H_{14}FNO_3$
Chinolin-4-carbonsäure, 2-[3-Fluor-4-methoxy-phenyl]-3-methyl- 2409

$C_{18}H_{14}FNO_3$ (Fortsetzung)
Chinolin-4-carbonsäure, 2-[3-Fluor-4-methoxy-phenyl]-6-methyl- 2413
—, 2-[5-Fluor-2-methoxy-phenyl]-3-methyl- 2408

$C_{18}H_{14}N_2O$
Acetonitril, [1]Isochinolyl-[4-methoxy-phenyl]- 2415
Propionitril, 3-[4]Chinolyl-3-hydroxy-2-phenyl- 2415

$C_{18}H_{14}N_2O_2$
Chinolin-2-carbonitril, 1-Benzoyl-6-methoxy-1,2-dihydro- 2219
Chinolin-3-carbonitril, 5,6-Dimethoxy-2-phenyl- 2553
—, 7,8-Dimethoxy-2-phenyl- 2554

$C_{18}H_{14}N_2O_3$
Essigsäure, Benzoyloxy-[2]chinolyl-, amid 2315
—, Benzoyloxy-[4]chinolyl-, amid 2317

$C_{18}H_{14}N_2O_5$
Anthranilsäure, *N*-[2,4-Dihydroxy-chinolin-3-carbonyl]-, methylester 2517
Chinolin-3-carbonsäure, 4-Hydroxy-2-[4-nitro-phenyl]-, äthylester 2382
—, 4-Hydroxy-6-nitro-2-phenyl-, äthylester 2382
—, 4-Hydroxy-8-[4-nitro-phenyl]-, äthylester 2404

$C_{18}H_{14}N_2O_7$
Chinolin-4-carbonsäure, 2-[4-Hydroxy-3-methoxy-2-nitro-phenyl]-8-methoxy- 2638

$C_{18}H_{14}N_4O_2$
Chinolin-4-carbonylazid, 6-Äthoxy-2-phenyl- 2390

$C_{18}H_{14}N_4O_3$
Isochinolin-3-carbonylazid, 6,7-Dimethoxy-1-phenyl- 2559

$C_{18}H_{14}N_4O_5$
Pyridin-3,5-dicarbonitril, 4-[4-Acetoxy-3-methoxy-2-nitro-phenyl]-2,6-dimethyl- 2667

$C_{18}H_{15}NO_2S$
Chinolin-4-carbonsäure, 2-[4-Äthylmercapto-phenyl]- 2400
—, 2,6-Dimethyl-3-phenylmercapto- 2340
—, 6-Methylmercapto-2-phenyl-, methylester 2392
—, 8-Methylmercapto-2-phenyl-, methylester 2394
—, 2-[4-Methylmercapto-phenyl]-3-methyl- 2411
—, 2-Methyl-3-*m*-tolylmercapto- 2326
—, 2-Methyl-3-*o*-tolylmercapto- 2326
—, 2-Methyl-3-*p*-tolylmercapto- 2326
—, 2-Phenylmercapto-, äthylester 2295

$C_{18}H_{15}NO_3$
Chinolin-2-carbonsäure, 4-Benzyloxy-, methylester 2246
—, 4-Hydroxy-6-phenyl-, äthylester 2400
—, 4-Hydroxy-7-phenyl-, äthylester 2401
—, 4-Hydroxy-8-phenyl-, äthylester 2402
Chinolin-3-carbonsäure, 2-Hydroxy-4-phenyl-, äthylester 2403
—, 4-Hydroxy-2-phenyl-, äthylester 2379
—, 4-Hydroxy-8-phenyl-, äthylester 2404
Chinolin-4-carbonsäure, 2-[4-Äthoxy-phenyl]- 2396
—, 6-Äthoxy-2-phenyl- 2386
—, 3-Äthyl-2-[2-hydroxy-phenyl]- 2418
—, 3-Äthyl-2-[4-hydroxy-phenyl]- 2418
—, 3-Benzyl-7-hydroxy-2-methyl- 2417
—, 2,6-Dimethyl-3-phenoxy- 2339
—, 3-Hydroxy-6,8-dimethyl-2-phenyl- 2420
—, 2-[2-Hydroxy-5-methyl-phenyl]-3-methyl- 2418
—, 2-[4-Hydroxy-2-methyl-phenyl]-3-methyl- 2417
—, 3-Hydroxy-6-methyl-2-*p*-tolyl- 2418
—, 3-Hydroxy-2-phenyl-, äthylester 2384
—, 6-Hydroxy-2-phenyl-, äthylester 2387
—, 8-Hydroxy-2-phenyl-, äthylester 2393
—, 2-[4-Hydroxy-phenyl]-6,8-dimethyl- 2420
—, 2-[4-Methoxy-2-methyl-phenyl]- 2405
—, 2-[4-Methoxy-3-methyl-phenyl]- 2406
—, 7-Methoxy-2-methyl-3-phenyl- 2408
—, 2-[4-Methoxy-phenyl]-3-methyl- 2409
—, 2-Methyl-3-phenoxy-, methylester 2325
—, 2-Methyl-3-*m*-tolyloxy- 2324
—, 2-Methyl-3-*o*-tolyloxy- 2324
—, 2-Methyl-3-*p*-tolyloxy- 2324
—, 2-Phenoxy-, äthylester 2271
—, 2-Phenoxymethyl-, methylester 2327

$C_{18}H_{15}NO_3$ (Fortsetzung)
Chinolin-8-carbonsäure, 2-[2,4-Dimethyl-phenyl]-3-hydroxy- 2416
$C_{18}H_{15}NO_4$
Chinolin-2-carbonsäure, 6,7-Dimethoxy-3-phenyl- 2552
–, 6,7-Dimethoxy-4-phenyl- 2555
Chinolin-3-carbonsäure, 6-Äthoxy-4-hydroxy-2-phenyl- 2552
–, 5,6-Dimethoxy-2-phenyl- 2553
–, 6,7-Dimethoxy-2-phenyl- 2554
–, 4-Hydroxy-6-phenoxy-, äthylester 2518
–, 4-Hydroxy-7-phenoxy-, äthylester 2522
Chinolin-4-carbonsäure, 2-[2,4-Dihydroxy-phenyl]-, äthylester 2557
–, 2-[2,4-Dimethoxy-phenyl]- 2556
–, 2-[2,5-Dimethoxy-phenyl]- 2557
–, 2-[3,4-Dimethoxy-phenyl]- 2557
–, 3-[2,4-Dimethoxy-phenyl]- 2557
–, 3-[3,4-Dimethoxy-phenyl]- 2558
–, 6,7-Dimethoxy-2-phenyl- 2555
–, 2-[2-(2-Hydroxy-äthoxy)-phenyl]- 2394
–, 2-[4-(2-Hydroxy-äthoxy)-phenyl]- 2396
–, 6-[2-Hydroxy-äthoxy]-2-phenyl- 2386
–, 8-[2-Hydroxy-äthoxy]-2-phenyl- 2393
–, 8-Methoxy-2-[4-methoxy-phenyl]- 2556
–, 3-[4-Methoxy-phenoxy]-2-methyl- 2324
Isochinolin-3-carbonsäure, 6,7-Dimethoxy-1-phenyl- 2558
$C_{18}H_{15}NO_4S$
Chinolin-4-carbonsäure, 2-Benzolsulfonyl-, äthylester 2295
$C_{18}H_{15}NO_5$
Benzo[*f*]chinolin-2,6-dicarbonsäure, 1-Hydroxy-3-methyl-, dimethylester 2639
Chinolin-3-carbonsäure, 4-Hydroxy-6-methoxy-2-[4-methoxy-phenyl]- 2636
Chinolin-4-carbonsäure, 2-[3,4-Dimethoxy-phenyl]-6-hydroxy- 2637
–, 2-[3,4-Dimethoxy-phenyl]-7-hydroxy- 2637
–, 2-[3,4-Dimethoxy-phenyl]-8-hydroxy- 2638
–, 2-[2-Hydroxy-3,4-dimethoxy-phenyl]- 2638
–, 2-[4-Hydroxy-3-methoxy-phenyl]-8-methoxy- 2638
Essigsäure, [3-Carboxy-2-methyl-1-phenyl-indol-5-yloxy]- 2230
$C_{18}H_{15}N_3O_2$
Chinolin-4-carbonsäure, 6-Hydroxy-, [1-phenyl-äthylidenhydrazid] 2301
$C_{18}H_{15}N_3O_3$
Chinolin-3-carbonsäure, 4-Hydroxy-, [4-methoxy-benzylidenhydrazid] 2261
–, 4-Hydroxy-6-methoxy-, benzylidenhydrazid 2519
–, 4-Hydroxy-8-methoxy-, benzylidenhydrazid 2523
Harnstoff, [6-Methoxy-2-phenyl-chinolin-4-carbonyl]- 2388
Isonicotinsäure, 2,6-Diphenoxy-, hydrazid 2467
$C_{18}H_{15}N_3O_4$
Chinolin-3-carbonsäure, 4-Hydroxy-6-methoxy-, [4-hydroxy-benzylidenhydrazid] 2519
–, 4-Hydroxy-6-methoxy-, salicylidenhydrazid 2519
–, 4-Hydroxy-8-methoxy-, [4-hydroxy-benzylidenhydrazid] 2523
–, 4-Hydroxy-8-methoxy-, salicylidenhydrazid 2523
$C_{18}H_{16}N_2O$
Propionitril, 2-[4-Benzyloxy-indol-3-yl]- 2236
–, 3-Indol-3-yl-3-[3-methoxy-phenyl]- 2377
$C_{18}H_{16}N_2O_2$
Acetonitril, [2-(3,4-Dimethoxy-phenyl)-indol-3-yl]- 2550
Chinolin-2-carbonitril, 1-Benzoyl-6-methoxy-1,2,3,4-tetrahydro- 2199
Chinolin-3-carbonsäure, 4-Hydroxy-6-methyl-, *p*-toluidid 2330
–, 4-Hydroxy-8-methyl-, *p*-toluidid 2332
Chinolin-4-carbonsäure, 2-Äthoxy-, anilid 2279
–, 2-Hydroxy-, phenäthylamid 2278
Essigsäure, [1]Isochinolyl-[4-methoxy-phenyl]-, amid 2415
$C_{18}H_{16}N_2O_4$
Chinolin-3-carbonsäure, 2-Hydroxy-6,7-dimethoxy-, anilid 2607
$C_{18}H_{16}N_4O_2$
Propionylazid, 3-[5-Benzyloxy-indol-3-yl]- 2235
$C_{18}H_{16}N_4O_5$
Pyridin-3,5-dicarbonitril, 4-[4-Acetoxy-3-methoxy-2-nitro-phenyl]-2,6-dimethyl-1,4-dihydro- 2661
$C_{18}H_{17}NO_2$
Chinolin-3-carbonsäure, 2-Phenyl-3,4-dihydro-, äthylester 2379
$C_{18}H_{17}NO_3$
Buttersäure, 4-[5-Phenoxy-indol-3-yl]- 2239

$C_{18}H_{17}NO_3$ (Fortsetzung)
Essigsäure, [1-Benzyl-5-methoxy-indol-3-yl]- 2225
Indol-2-carbonsäure, 3-Äthyl-5-benzyloxy- 2236
–, 5-Benzyloxy-, äthylester 2216
–, 5-Methoxy-3-phenyl-, äthylester 2374
–, 6-Methoxy-3-phenyl-, äthylester 2375
Indol-3-carbonsäure, 5-Hydroxy-2-methyl-1-phenyl-, äthylester 2230
Propionsäure, 3-[5-Benzyloxy-indol-3-yl]- 2234

$C_{18}H_{17}NO_4$
Indol-2-carbonsäure, 3-[3,4-Dimethoxy-phenyl]-1-methyl- 2549
–, 5-Methoxy-3-[2-phenoxy-äthyl]- 2495
Propionsäure, 3-[5-Benzyloxy-indol-3-yl]-2-hydroxy- 2494

$C_{18}H_{17}NO_6$
Phenanthridin-6-carbonsäure, 2,3,8,9-Tetramethoxy- 2668

$C_{18}H_{17}NO_7$
Chinolin-3-carbonsäure, 6-[2,2-Bis-äthoxycarbonyl-vinyl]-2-hydroxy- 2679

$C_{18}H_{17}NO_8$
Pyrrol-2,5-dicarbonsäure, 3,4-Diacetoxy-1-phenyl-, dimethylester 2649

$C_{18}H_{17}N_3O_2$
Chinolin-4-carbonsäure, 6-Äthoxy-2-phenyl-, hydrazid 2390
–, 2-[2-Amino-äthoxy]-, anilid 2289

$C_{18}H_{17}N_3O_3$
Chinolin-2-carbamidoxim, 1-Benzoyl-6-methoxy-1,2-dihydro- 2220
Isochinolin-3-carbonsäure, 6,7-Dimethoxy-1-phenyl-, hydrazid 2559

$C_{18}H_{17}N_3O_6$
Nicotinsäure, 5-Cyan-4-[4-hydroxy-3-methoxy-2-nitro-phenyl]-2,6-dimethyl-, äthylester 2666

$C_{18}H_{18}N_2O$
Acetonitril, [4-Methoxy-phenyl]-[5,6,7,8-tetrahydro-[4]chinolyl]- 2368
–, [4-Methoxy-phenyl]-[5,6,7,8-tetrahydro-[1]isochinolyl]- 2369
Pyrrolidin-2-carbonitril, 5-Hydroxy-5-methyl-1,2-diphenyl- 2207
–, 5-Methoxy-1,2-diphenyl- 2202

$C_{18}H_{18}N_2O_2$
Essigsäure, [1-Benzyl-5-methoxy-indol-3-yl]-, amid 2225
–, [4-Benzyloxy-indol-3-yl]-, methylamid 2222
–, [5-Benzyloxy-indol-3-yl]-, methylamid 2223
–, [5-Benzyloxy-2-methyl-indol-3-yl]-, amid 2237
Indol-2-carbonsäure, 3-Äthyl-5-benzyloxy-, amid 2237
–, 4-Benzyloxy-, dimethylamid 2215
–, 5-Benzyloxy-, dimethylamid 2216

$C_{18}H_{18}N_2O_4$
Nicotinsäure, 5-Cyan-4-[4-hydroxy-3-methoxy-phenyl]-2,6-dimethyl-, äthylester 2666

$C_{18}H_{18}N_4O_4$
Prolin, 4-Hydroxy-1-[4-phenylazo-phenylcarbamoyl]- 2059

$C_{18}H_{18}N_4O_4S$
Sulfid, Bis-[3-(2-carboxy-äthyl)-5-cyan-4-methyl-pyrrol-2-yl]- 2579

$C_{18}H_{19}NO_3$
Benz[*g*]indol-3-carbonsäure, 1-Äthyl-5-hydroxy-2-methyl-, äthylester 2367
Chinolin-3-carbonsäure, 4-Hydroxy-2-phenyl-1,2,3,4-tetrahydro-, äthylester 2367
Naphth[3,2,1-*cd*]indol-5-carbonsäure, 1-Hydroxy-5a,6,7,8,9,10-hexahydro-, äthylester 2367

$C_{18}H_{19}NO_5$
Isochinolin-1-carbonsäure, 6-Hydroxy-1-[3-hydroxy-benzyl]-7-methoxy-1,2,3,4-tetrahydro- 2632
Pyridin-3,5-dicarbonsäure, 4-[2-Methoxy-phenyl]-2,6-dimethyl-, monoäthylester 2629
–, 4-[3-Methoxy-phenyl]-2,6-dimethyl-, monoäthylester 2630
–, 4-[4-Methoxy-phenyl]-2,6-dimethyl-, monoäthylester 2631

$C_{18}H_{19}NO_6$
Isochinolin-1-carbonsäure, 6,7-Dihydroxy-1-vanillyl-1,2,3,4-tetrahydro- 2668
Isochinolin-3-carbonsäure, 8-Acetoxy-6-[2-acetoxy-propyl]-7-methyl- 2537

$C_{18}H_{19}NO_7$
Isochinolin-1-carbonsäure, 6,7,8-Trihydroxy-1-[3-hydroxy-4-methoxy-benzyl]-1,2,3,4-tetrahydro- 2679
–, 6,7,8-Trihydroxy-1-vanillyl-1,2,3,4-tetrahydro- 2679

$C_{18}H_{19}N_3O_2$
Propionsäure, 2-[4-Benzyloxy-indol-3-yl]-, hydrazid 2236
–, 3-[5-Benzyloxy-indol-3-yl]-, hydrazid 2235

$[C_{18}H_{20}NO_4]^+$
Pyrido[2,1-*a*]isochinolinylium, 3-Äthoxycarbonyl-9,10-dimethoxy-6,7-dihydro- 2545
$[C_{18}H_{20}NO_4]I$ 2545

$C_{18}H_{20}N_2O_2$
Chinolin-4-carbonsäure, 2-Äthoxy-, diallylamid 2279
Essigsäure, [4-Methoxy-phenyl]-[5,6,7,8-tetrahydro-[4]chinolyl]-, amid 2368
–, [4-Methoxy-phenyl]-[5,6,7,8-tetrahydro-[1]isochinolyl]-, amid 2369

$C_{18}H_{20}N_2O_3$
Pyridin-3-carbonsäure, 5-Cyan-6-methoxy-2,5-dimethyl-4-phenyl-4,5-dihydro-, äthylester 2621

$C_{18}H_{20}N_2O_4$
Pyridin-3-carbonsäure, 5-Cyan-4-[4-hydroxy-3-methoxy-phenyl]-2,6-dimethyl-1,4-dihydro-, äthylester 2661

$C_{18}H_{20}N_2O_8$
Pyrrol-1,3-dicarbonsäure, 2-Methyl-4-[4-nitro-benzoyloxy]-2,5-dihydro-, diäthylester 2095

$C_{18}H_{20}N_2O_8S$
Sulfid, Bis-[5-carboxy-3-(2-carboxy-äthyl)-4-methyl-pyrrol-2-yl]- 2579

$C_{18}H_{21}NO_3$
Valeriansäure, 5-Phenoxy-2-[2]pyridyl-, äthylester 2190

$C_{18}H_{21}NO_4$
9-Aza-bicyclo[3.3.1]non-2-en-2-carbonsäure, 3-Benzoyloxy-9-methyl-, methylester 2131
Pyrrol-2-carbonsäure, 5-Acetoxymethyl-4-äthyl-3-methyl-, benzylester 2130

$C_{18}H_{21}NO_5$
Chinolin-2-carbonsäure, 3-[3-Äthoxycarbonyl-propyl]-4-hydroxy-, äthylester 2620
–, 3-[7-Carboxy-heptyl]-4-hydroxy- 2625
Pyrrol-2,3-dicarbonsäure, 5-[4-Hydroxy-benzyl]-4-propyl-, 3-äthylester 2624

$C_{18}H_{21}N_3O_2$
Chinolin-4-carbonsäure, 6-Äthoxy-, cyclohexylidenhydrazid 2302

$[C_{18}H_{22}NO_3]^+$
Pyridinium, 2-Äthoxy-5-äthoxycarbonyl-1-phenäthyl- 2150
$[C_{18}H_{22}NO_3]I$ 2150

$C_{18}H_{22}N_2O_2$
Nicotinsäure, 2-Hydroxy-4,6-dimethyl-, [1,1-dimethyl-2-phenyl-äthylamid] 2183

$C_{18}H_{22}N_2O_3$
Acrylsäure, 3-[8-(2-Diäthylamino-äthoxy)-[2]chinolyl]- 2350

$C_{18}H_{22}N_2O_4$
3-Pyridin-carbonsäure, 5-Cyan-2-hydroxy-6-methoxy-2,5-dimethyl-4-phenyl-2,3,4,5-tetrahydro-, äthylester 2657

$C_{18}H_{22}N_2O_6$
Prolin, 1-[1-Benzyloxycarbonyl-prolyl]-4-hydroxy- 2065

$C_{18}H_{23}NO_3$
Chinolin-4-carbonsäure, 2-Butoxy-, butylester 2272
–, 2-Isopentyl-3-isopropoxy- 2346
–, 2-Isopentyl-3-propoxy- 2346
–, 3-Isopropoxy-2-pentyl- 2346
Indol-3-carbonsäure, 1-Cyclohexyl-5-hydroxy-2-methyl-, äthylester 2230
Pyrrol-2-carbonsäure, 4-Äthyl-5-benzyloxymethyl-3-methyl-, äthylester 2129

$C_{18}H_{23}NO_4$
Essigsäure, [9,10-Dimethoxy-3-methyl-1,6,7,11b-tetrahydro-4*H*-pyrido[2,1-*a*]isochinolin-2-yl]- 2538

$C_{18}H_{23}NO_5$
Indol-2-carbonsäure, 3-[2-Äthoxycarbonyl-äthyl]-5-methoxy-1-methyl-, äthylester 2614
Isochinolin-3-carbonsäure, 7,8-Dimethoxy-1-propoxy-, propylester 2611

$C_{18}H_{23}NO_6$
Piperidin-2,4-dicarbonsäure, 1-Benzoyl-5-hydroxy-, diäthylester 2566

$C_{18}H_{23}N_3O_2$
Nicotinsäure, 2-[2-Diäthylamino-äthoxy]-, anilid 2141
–, 6-[2-Diäthylamino-äthoxy]-, anilid 2149

$C_{18}H_{24}BrN_3O_2$
Chinolin-4-carbonsäure, 2-Äthoxy-6-brom-, [2-diäthylamino-äthylamid] 2293

$C_{18}H_{24}ClN_3O_2$
Chinolin-2-carbonsäure, 4-Äthoxy-7-chlor-, [2-diäthylamino-äthylamid] 2249

$[C_{18}H_{24}NO_4]^+$
Pyrido[2,1-*a*]isochinolinylium, 2-Äthoxycarbonyl-9,10-dimethoxy-1,2,3,4,6,7-hexahydro- 2537
$[C_{18}H_{24}NO_4]I$ 2537
–, 9,10-Dimethoxy-2-methoxycarbonylmethyl-1,2,3,4,6,7-hexahydro- 2537
$[C_{18}H_{24}NO_4]I$ 2537

$C_{18}H_{24}N_2O_2$
Chinolin-3-carbonsäure, 2-Butoxy-, diäthylamid 2258
Chinolin-4-carbonsäure, 2-Äthoxy-, dipropylamid 2279
–, 2-Butoxy-, diäthylamid 2282
–, 2-[1-Methoxy-äthyl]-3-methyl-, diäthylamid 2343
Pyrido[2,1-*a*]isochinolin-2-carbonitril, 3-Äthyl-9,10-dimethoxy-1,3,4,6,7,11b-hexahydro-2*H*- 2503

$C_{18}H_{24}N_2O_3$
Chinolin-3-carbonsäure, 2-Äthoxy-, [2-diäthylamino-äthylester] 2257
Chinolin-4-carbonsäure, 2-Äthoxy-, [2-diäthylamino-äthylester] 2274
—, 2-[2-Diäthylamino-äthoxy]-, äthylester 2272
Chinolin-5-carbonsäure, 8-Äthoxy-, [2-diäthylamino-äthylester] 2306

$C_{18}H_{24}N_2O_4S$
Sulfid, Bis-[4-äthoxycarbonyl-3,5-dimethyl-pyrrol-2-yl]- 2121
—, Bis-[5-äthoxycarbonyl-2,4-dimethyl-pyrrol-3-yl]- 2122

$C_{18}H_{24}N_2O_4S_2$
Disulfid, Bis-[4-äthoxycarbonyl-2,5-dimethyl-pyrrol-3-yl]- 2125
—, Bis-[5-äthoxycarbonyl-2,4-dimethyl-pyrrol-3-yl]- 2123

$C_{18}H_{24}N_2O_4Se_2$
Diselenid, Bis-[4-äthoxycarbonyl-3,5-dimethyl-pyrrol-2-yl]- 2122
—, Bis-[5-äthoxycarbonyl-2,4-dimethyl-pyrrol-3-yl]- 2123

$C_{18}H_{25}IN_2O_2S$
Methojodid [$C_{18}H_{25}N_2O_2S$]I aus 2-Butoxy-chinolin-4-carbonsäure-[2-methylmercapto-äthylamid] 2283

$C_{18}H_{25}NO_3$
Indol-3-carbonsäure, 1-Hexyl-5-hydroxy-2-methyl-, äthylester 2230

$C_{18}H_{25}NO_4$
Essigsäure, [9,10-Dimethoxy-1-methyl-1,3,4,6,7,11b-hexahydro-2*H*-pyrido[2,1-*a*]isochinolin-3-yl]- 2502
Hexansäure, 3-[6,7-Dimethoxy-3,4-dihydro-[1]isochinolylmethyl]- 2502
Isonicotinsäure, 2-Cyclohexyloxy-6-hydroxy-, cyclohexylester 2462
Piperidin-3-carbonsäure, 4-Benzoyloxy-1,2,5-trimethyl-, äthylester 2076
Piperidin-4-carbonsäure, 4-Benzoyloxy-1,2,5-trimethyl-, äthylester 2082
—, 1,2,5-Trimethyl-4-phenylacetoxy-, methylester 2081
Pyrido[2,1-*a*]isochinolin-2-carbonsäure, 3-Äthyl-9,10-dimethoxy-1,3,4,6,7,11b-hexahydro-2*H*- 2503
Pyrido[2,1-*a*]isochinolin-3-carbonsäure, 9,10-Dimethoxy-1,3,4,6,7,11b-hexahydro-2*H*-, äthylester 2499

$C_{18}H_{25}NO_5$
Piperidin-4-carbonsäure, 1,2,5-Trimethyl-4-phenoxyacetoxy-, methylester 2081

$C_{18}H_{25}N_3OS$
Chinolin-4-carbonsäure, 2-Äthylmercapto-, [2-diäthylamino-äthylamid] 2295

$C_{18}H_{25}N_3O_2$
Chinolin-2-carbonsäure, 4-Äthoxy-, [2-diäthylamino-äthylamid] 2247
Chinolin-4-carbonsäure, 2-Äthoxy-, [2-diäthylamino-äthylamid] 2280
—, 2-Butoxy-, [2-dimethylamino-äthylamid] 2283

$C_{18}H_{25}N_3O_3$
Chinolin-4-carbonsäure, 2-Methoxy-, [3-diäthylamino-2-hydroxy-propylamid] 2279

$C_{18}H_{26}N_2O_3$
Essigsäure, [9,10-Dimethoxy-1-methyl-1,3,4,6,7,11b-hexahydro-2*H*-pyrido[2,1-*a*]isochinolin-3-yl]-, amid 2502
Isonicotinsäure, 3-Cyan-2-hydroxy-6-nonyl-, äthylester 2604
Pyrido[2,1-*a*]isochinolin-2-carbonsäure, 3-Äthyl-9,10-dimethoxy-1,3,4,6,7,11b-hexahydro-2*H*-, amid 2503

$C_{18}H_{27}NO_3$
Valeriansäure, 5-Phenoxy-2-[2]piperidyl-, äthylester 2089

$C_{18}H_{27}NO_4$
Essigsäure, [6,7-Diäthoxy-1-methyl-1,2,3,4-tetrahydro-[1]isochinolyl]-, äthylester 2487
Valeriansäure, 2-[6,7-Dimethoxy-1,2,3,4-tetrahydro-[1]isochinolyl]-4-methyl-, methylester 2489

$C_{18}H_{27}NO_6$
Malonsäure, [2-(3,5-Bis-methoxymethyl-[2]pyridyl)-äthyl]-, diäthylester 2653
Pyrrol-2-carbonsäure, 5-Acetoxymethyl-4-[2-äthoxycarbonyl-äthyl]-3-methyl-, *tert*-butylester 2581

$C_{18}H_{28}N_2O_3$
Piperidin-4-carbonsäure, 4-Hydroxy-2,2,6,6-tetramethyl-, *p*-phenetidid 2090

$C_{18}H_{29}NO_4$
Isonicotinsäure, 2,6-Bis-isopentyloxy-, äthylester 2461

$C_{18}H_{29}N_3O_3$
Buttersäure, 2-[Äthyl-(6-hydroxy-2,4-dimethyl-nicotinoyl)-amino]-, diäthylamid 2180

$C_{18}H_{30}N_2O_4$
Isonicotinsäure, 2,6-Dipropoxy-, [2-diäthylamino-äthylester] 2462

$C_{18}H_{31}NO_6$
Malonsäure, [1-Acetyl-3-(2-methoxy-äthyl)-[4]piperidylmethyl]-, diäthylester 2572

$C_{18}H_{31}N_3O_3$
Isonicotinsäure, 2,6-Dipropoxy-, [2-diäthylamino-äthylamid] 2465
Nicotinsäure, 2-[2-Diäthylamino-äthoxy]-, [2-diäthylamino-äthylester] 2140

$C_{18}H_{32}N_4O_2$
Nicotinsäure, 2-[2-Diäthylamino-äthoxy]-, [2-diäthylamino-äthylamid] 2142

C_{19}

$C_{19}H_{11}N_3O$
Pyridin-3,5-dicarbonitril, 2-Hydroxy-4,6-diphenyl- 2643

$C_{19}H_{13}ClN_2O$
Benzonitril, 4-[2-(4-Chlor-6-methoxy-[2]chinolyl)-vinyl]- 2429

$C_{19}H_{13}ClN_2O_2$
Carbazol-1-carbonsäure, 2-Hydroxy-, [4-chlor-anilid] 2360

$C_{19}H_{13}NO_3$
Carbazol-3-carbonsäure, 2-Hydroxy-9-phenyl- 2365

$C_{19}H_{13}NO_4$
Acetyl-Derivat $C_{19}H_{13}NO_4$ aus 2-Hydroxy-11*H*-benzo[*a*]carbazol-3-carbonsäure 2426

$C_{19}H_{13}NO_6$
Chinolin-4,8-dicarbonsäure, 3-Acetoxy-2-phenyl- 2640

$C_{19}H_{14}BrNO_2S$
Benz[*c*]acridin-7-carbonsäure, 9-Brom-2-methylmercapto-5,6-dihydro- 2430

$C_{19}H_{14}BrNO_3$
Benz[*c*]acridin-7-carbonsäure, 9-Brom-3-methoxy-5,6-dihydro- 2430
Indeno[1,2-*b*]chinolin-10-carbonsäure, 8-Brom-1-methoxy-4-methyl-11*H*- 2431

$C_{19}H_{14}ClNO_3$
Benz[*c*]acridin-7-carbonsäure, 3-Chlor-2-methoxy-5,6-dihydro- 2430
Benzoesäure, 4-[(4-Chlor-phenyl)-hydroxy-[4]pyridyl-methyl]- 2432

$C_{19}H_{14}Cl_2N_4O_5S$
Pyridin-3-carbonsäure, 1-[2,6-Dichlor-benzyl]-5-[2,4-dinitro-phenylmercapto]-1,4-dihydro-, amid 2117
–, 1-[2,6-Dichlor-benzyl]-5-[2,4-dinitro-phenylmercapto]-1,6-dihydro-, amid 2116

$C_{19}H_{14}N_2O$
Acetonitril, [2-Hydroxy-4-styryl-[6]chinolyl]- 2434
Acrylonitril, 2-[2]Chinolyl-3-[4-methoxy-phenyl]- 2428
–, 2-[4]Chinolyl-3-[4-methoxy-phenyl]- 2428
–, 3-[4]Chinolyl-2-[2-methoxy-phenyl]- 2428
–, 3-[4]Chinolyl-2-[4-methoxy-phenyl]- 2428
Nicotinonitril, 2-Hydroxy-5-methyl-4,6-diphenyl- 2434
–, 2-Hydroxy-4-phenyl-6-*p*-tolyl- 2433
–, 2-Hydroxy-6-phenyl-4-*p*-tolyl- 2433

$C_{19}H_{14}N_2O_2$
Nicotinonitril, 2-Hydroxy-5-methoxy-4,6-diphenyl- 2560
–, 2-Hydroxy-4-[4-methoxy-phenyl]-6-phenyl- 2560

$C_{19}H_{14}N_2O_3$
Chinolin-3-carbonitril, 5-Acetoxy-6-methoxy-2-phenyl- 2553
–, 7-Acetoxy-8-methoxy-2-phenyl- 2554

$C_{19}H_{14}N_2O_5$
Indeno[2,1-*f*]chinolin-2-carbonsäure, 1-Hydroxy-5-nitro-11*H*-, äthylester 2426

$C_{19}H_{14}N_4O_7$
Chinolin-3-carbonsäure, 2-Hydroxy-4-methyl-6-nitro-, [2-acetyl-4-nitro-anilid] 2329

$C_{19}H_{15}BrFNO_3$
Chinolin-4-carbonsäure, 3-Äthyl-6-brom-2-[3-fluor-4-methoxy-phenyl]- 2419

$C_{19}H_{15}Br_2NO_3$
Chinolin-4-carbonsäure, 2-[α,β-Dibrom-phenäthyl]-8-methoxy- 2416

$C_{19}H_{15}Cl_2NO_3$
Chinolin-4-carbonsäure, 7-Chlor-2-[4-chlor-phenyl]-6-methoxy-, äthylester 2391

$C_{19}H_{15}Cl_3N_4O_5S$
Pyridin-3-carbonsäure, 4-Chlor-1-[2,6-dichlor-benzyl]-5-[2,4-dinitro-phenylmercapto]-1,4,5,6-tetrahydro-, amid 2094
–, 6-Chlor-1-[2,6-dichlor-benzyl]-5-[2,4-dinitro-phenylmercapto]-1,4,5,6-tetrahydro-, amid 2094

$C_{19}H_{15}I_2NO_3$
Chinolin-4-carbonsäure, 2-[4-Äthoxy-3,5-dijod-phenyl]-6-methyl- 2414

$C_{19}H_{15}NO_2S$
Benz[*c*]acridin-7-carbonsäure, 2-Methylmercapto-5,6-dihydro- 2430
Chinolin-4-carbonsäure, 6-Allylmercapto-2-phenyl- 2392
–, 8-Allylmercapto-2-phenyl- 2394

$C_{19}H_{15}NO_3$
Benz[*c*]acridin-7-carbonsäure, 2-Methoxy-5,6-dihydro- 2429
–, 3-Methoxy-5,6-dihydro- 2430
Chinolin-4-carbonsäure, 8-Methoxy-2-styryl- 2429
Indeno[1,2-*b*]chinolin-10-carbonsäure, 1-Methoxy-4-methyl-11*H*- 2431

$C_{19}H_{15}NO_3$ (Fortsetzung)
Indeno[1,2-*g*]chinolin-4-carbonsäure, 10-Hydroxy-2-methyl-10*H*-, methylester 2431
Indeno[2,1-*f*]chinolin-2-carbonsäure, 1-Hydroxy-11*H*-, äthylester 2425
Naphth[2,3-*e*]indol-2-carbonsäure, 1-Hydroxy-3*H*-, äthylester 2425
Nicotinsäure, 2-Hydroxy-5-methyl-4,6-diphenyl- 2433

$C_{19}H_{15}NO_4$
Chinolin-4-carbonsäure, 8-Acetoxy-2-phenyl-, methylester 2393
—, 2-[4-Acetoxy-phenyl]-6-methyl- 2413
—, 2-[4-Acetoxy-phenyl]-7-methyl- 2414
—, 2-[4-Acetoxy-phenyl]-8-methyl- 2414

$C_{19}H_{15}NO_4S$
Chinolin-4-carbonsäure, 3-Carboxymethyl-2-[4-methylmercapto-phenyl]- 2642

$C_{19}H_{15}NO_5$
Chinolin-4-carbonsäure, 3-Carboxymethyl-2-[4-methoxy-phenyl]- 2642
Chinolin-4,8-dicarbonsäure, 2-[2,4-Dimethyl-phenyl]-3-hydroxy- 2643
—, 3-Hydroxy-2-phenyl-, dimethylester 2641

$C_{19}H_{16}BrNO_3$
Chinolin-4-carbonsäure, 2-[4-Äthoxy-3-methyl-phenyl]-6-brom- 2407
—, 3-Äthyl-2-[3-brom-4-methoxy-phenyl]- 2419
—, 6-Brom-2-[4-methoxy-2,6-dimethyl-phenyl]- 2416
—, 6-Brom-2-[4-methoxy-2-methyl-phenyl]-3-methyl- 2417
—, 6-Brom-2-[4-methoxy-3-methyl-phenyl]-3-methyl- 2418

$C_{19}H_{16}ClNO_3$
Chinolin-4-carbonsäure, 2-[4-Äthoxy-3-chlor-phenyl]-3-methyl- 2410
—, 3-Äthyl-2-[3-chlor-4-methoxy-phenyl]- 2419
—, 2-[3-Chlor-4-methoxy-phenyl]-3,6-dimethyl- 2420
—, 6-Methoxy-2-phenyl-, [2-chlor-äthylester] 2387

$C_{19}H_{16}ClNO_3S$
Chinolin-3-carbonsäure, 6-Benzylmercapto-7-chlor-4-hydroxy-, äthylester 2521

$C_{19}H_{16}FNO_3$
Chinolin-4-carbonsäure, 3-Äthyl-2-[3-fluor-4-methoxy-phenyl]- 2419

$C_{19}H_{16}N_2O_2$
Acetonitril, [1-Acetyl-5-benzyloxy-indol-3-yl]- 2225
Acrylonitril, 2-[3,4-Dimethoxy-phenyl]-3-indol-3-yl- 2559
Chinolin-2-carbonitril, 6-Äthoxy-1-benzoyl-1,2-dihydro- 2220

$C_{19}H_{16}N_2O_3$
Isochinolin-1-carbonitril, 2-Benzoyl-6,7-dimethoxy-1,2-dihydro- 2491

$C_{19}H_{16}N_2O_5$
Acrylsäure, 3-[2-Phthalimido-äthoxy]-3-[3]pyridyl-, methylester 2196
Chinolin-4-carbonsäure, 6-Methoxy-8-nitro-2-phenyl-, äthylester 2391

$C_{19}H_{16}N_4O_{10}$
s. bei $[C_{13}H_{14}NO_3]^+$

$C_{19}H_{17}ClN_2O$
Propionitril, 3-[5-Chlor-2-methyl indol-3-yl]-3-[3-methoxy-phenyl]- 2378

$C_{19}H_{17}ClN_2O_2$
Carbazol-3-carbonsäure, 2-Hydroxy-5,6,7,8-tetrahydro-, [4-chlor-anilid] 2345

$C_{19}H_{17}ClN_4O_2$
Chinolin-3-carbonsäure, 7-Chlor-4-hydroxy-, [4-dimethylamino-benzylidenhydrazid] 2265
—, 8-Chlor-4-hydroxy-, [4-dimethylamino-benzylidenhydrazid] 2267

$C_{19}H_{17}NO_2S$
Chinolin-4-carbonsäure, 2-[4-Äthylmercapto-phenyl]-3-methyl- 2411
—, 2,6-Dimethyl-3-*m*-tolylmercapto- 2341
—, 2,6-Dimethyl-3-*o*-tolylmercapto- 2341
—, 2,6-Dimethyl-3-*p*-tolylmercapto- 2341
—, 6-Methylmercapto-2-phenyl-, äthylester 2392
—, 8-Methylmercapto-2-phenyl-, äthylester 2394
—, 2-Phenylmercapto-, isopropylester 2295

$C_{19}H_{17}NO_3$
Chinolin-2-carbonsäure, 6-Benzyl-4-hydroxy-, äthylester 2405
Chinolin-3-carbonsäure, 4-Hydroxy-5-methyl-2-phenyl-, äthylester 2412
—, 4-Hydroxy-6-methyl-2-phenyl-, äthylester 2412
—, 4-Hydroxy-7-methyl-2-phenyl-, äthylester 2412
—, 4-Hydroxy-8-methyl-2-phenyl-, äthylester 2413

$C_{19}H_{17}NO_3$ (Fortsetzung)
Chinolin-3-carbonsäure, 2-Hydroxy-4-*o*-tolyl-, äthylester 2406
—, 4-Hydroxy-2-*m*-tolyl-, äthylester 2406
—, 4-Hydroxy-2-*o*-tolyl-, äthylester 2405
—, 4-Hydroxy-2-*p*-tolyl-, äthylester 2407
Chinolin-4-carbonsäure, 2-[4-Äthoxy-3-methyl-phenyl]- 2406
—, 6-Äthoxy-2-phenyl-, methylester 2387
—, 2-[4-Äthoxy-phenyl]-3-methyl- 2409
—, 2,6-Dimethyl-3-*m*-tolyloxy- 2339
—, 2,6-Dimethyl-3-*o*-tolyloxy- 2339
—, 2,6-Dimethyl-3-*p*-tolyloxy- 2339
—, 3-Hydroxy-2-mesityl- 2421
—, 3-Hydroxy-2-phenyl-, propylester 2384
—, 3-Isopropoxy-2-phenyl- 2383
—, 2-[2-Methoxy-4,5-dimethyl-phenyl]- 2416
—, 2-[4-Methoxy-2,6-dimethyl-phenyl]- 2416
—, 2-[2-Methoxy-5-methyl-phenyl]-3-methyl- 2418
—, 2-[4-Methoxy-2-methyl-phenyl]-3-methyl- 2417
—, 2-[4-Methoxy-3-methyl-phenyl]-3-methyl- 2417
—, 8-Methoxy-2-phenäthyl- 2416
—, 2-[4-Methoxy-phenyl]-, äthylester 2396
—, 6-Methoxy-2-phenyl-, äthylester 2387
—, 8-Methoxy-2-phenyl-, äthylester 2393
—, 2-Phenyl-3-propoxy- 2383
$C_{19}H_{17}NO_4$
Chinolin-3-carbonsäure, 4-Hydroxy-2-[4-methoxy-phenyl]-, äthylester 2555
—, 4-Hydroxy-6-methoxy-2-phenyl-, äthylester 2552
—, 4-Hydroxy-7-methoxy-2-phenyl-, äthylester 2553
Chinolin-4-carbonsäure, 3-[4-Äthoxy-phenoxy]-2-methyl- 2324
—, 3-[2,4-Dimethoxy-phenyl]-, methylester 2558
—, 2-[2-(2-Hydroxy-äthoxy)-4-methyl-phenyl]- 2408
—, 2-[2-(2-Hydroxy-äthoxy)-5-methyl-phenyl]- 2407
—, 3-[2-Methoxy-4-methyl-phenoxy]-2-methyl- 2325
—, 3-[4-Methoxy-phenoxy]-2,6-dimethyl- 2340
Isochinolin-3-carbonsäure, 6,7-Dimethoxy-1-phenyl-, methylester 2558
$C_{19}H_{17}NO_5$
Benzo[*f*]chinolin-2,6-dicarbonsäure, 1-Methoxy-3-methyl-, dimethylester 2639
Chinolin-3-carbonsäure, 6-Äthoxy-4-hydroxy-2-[4-methoxy-phenyl]- 2636
—, 8-Äthoxy-4-hydroxy-2-[4-methoxy-phenyl]- 2637
Chinolin-4-carbonsäure, 2-[2-(2,3-Dihydroxy-propoxy)-phenyl]- 2394
—, 2-[3,4-Dimethoxy-phenyl]-6-methoxy- 2637
—, 2-[3,4-Dimethoxy-phenyl]-7-methoxy- 2638
—, 2-[3,4-Dimethoxy-phenyl]-8-methoxy- 2638
—, 2-[2,3,4-Trimethoxy-phenyl]- 2638
Indol-2-carbonsäure, 5-Benzyloxy-3-[2-carboxy-äthyl]- 2614
Indolin-2-carbonsäure, 1-Acetyl-3-benzoyloxy-, methylester 2198
Prolin, 1-Benzoyl-4-benzoyloxy- 2057
$C_{19}H_{17}NO_6$
Chinolin-3-carbonsäure, 4-Hydroxy-5,7-dimethoxy-2-[4-methoxy-phenyl]- 2670
—, 4-Hydroxy-6,8-dimethoxy-2-[4-methoxy-phenyl]- 2670
Indol-2-carbonsäure, 5,6-Dimethoxy-1-piperonyl- 2490
Malonsäure, [5-Benzyloxy-indol-3-ylmethyl]-hydroxy- 2656
$C_{19}H_{17}N_3O_2$
Chinolin-4-carbonsäure, 6-Hydroxy-2-phenyl-, isopropylidenhydrazid 2389
—, 6-Methoxy-, [1-phenyl-äthylidenhydrazid] 2302
$C_{19}H_{17}N_3O_4$
Chinolin-3-carbonsäure, 4-Hydroxy-6,8-dimethoxy-, benzylidenhydrazid 2608
—, 4-Hydroxy-6-methoxy-, [4-methoxy-benzylidenhydrazid] 2519
—, 4-Hydroxy-8-methoxy-, [4-methoxy-benzylidenhydrazid] 2524
Chinolin-4-carbonsäure, 2-[4-Methoxy-phenyl]-3-[2-nitro-äthyl]-, amid 2419
$C_{19}H_{17}N_3O_5$
Chinolin-3-carbonsäure, 4-Hydroxy-6,8-dimethoxy-, [4-hydroxy-benzylidenhydrazid] 2608
—, 4-Hydroxy-6,8-dimethoxy-, salicylidenhydrazid 2608
$C_{19}H_{17}N_5O_7S_2$
Pyridin-2,6-dicarbonsäure, 4-Hydroxy-, bis-[4-sulfamoyl-anilid] 2585

$C_{19}H_{18}BrNO_4$
Brom-Derivat $C_{19}H_{18}BrNO_4$ aus [2-(3,4-Dimethoxy-phenyl)-1-methyl-indol-3-yl]-essigsäure 2550

$C_{19}H_{18}Cl_2N_2OS$
Pyridin-3-carbonsäure, 1-[2,6-Dichlor-benzyl]-4-phenylmercapto-1,4,5,6-tetrahydro-, amid 2093
—, 1-[2,6-Dichlor-benzyl]-6-phenylmercapto-1,4,5,6-tetrahydro-, amid 2094

$C_{19}H_{18}N_2O$
Acetonitril, [1-Benzyl-5-methoxy-2-methyl-indol-3-yl]- 2238
Propionitril, 3-[3-Methoxy-phenyl]-3-[2-methyl-indol-3-yl]- 2378

$C_{19}H_{18}N_2O_2$
Benzonitril, 4-[6,7-Dimethoxy-3,4-dihydro-[1]isochinolylmethyl]- 2550
Chinolin-4-carbonsäure, 2-Äthoxy-, benzylamid 2279

$C_{19}H_{18}N_2O_3$
Benz[*f*]indol-2-carbonsäure, 1-[2-Cyan-äthyl]-9-methoxy-1*H*-, äthylester 2360
Chinolin-4-carbonsäure, 6-Methoxy-2-phenyl-, [2-hydroxy-äthylamid] 2388

$C_{19}H_{18}N_2O_4$
Glycin, *N*-[(5-Benzyloxy-indol-3-yl)-acetyl]- 2224

$C_{19}H_{18}N_2O_8S$
Nicotinsäure, 2,4-Diacetoxy-6-methyl-5-[4-nitro-phenylmercapto]-, äthylester 2575

$C_{19}H_{18}N_4O_2$
Chinolin-3-carbonsäure, 4-Hydroxy-, [4-dimethylamino-benzylidenhydrazid] 2262

$C_{19}H_{19}NO_3$
Buttersäure, 4-[5-Benzyloxy-indol-3-yl]- 2240
Essigsäure, [1-Benzyl-5-methoxy-2-methyl-indol-3-yl]- 2238
Indol-2-carbonsäure, 5-Äthoxy-3-phenyl-, äthylester 2375
—, 7-Äthoxy-3-phenyl-, äthylester 2375
—, 3-[2-Phenoxy-äthyl]-, äthylester 2237
Indol-3-carbonsäure, 1-Benzyl-5-hydroxy-2-methyl-, äthylester 2231
—, 5-Benzyloxy-2-methyl-, äthylester 2228
—, 5-Hydroxy-2-methyl-1-*o*-tolyl-, äthylester 2230
—, 5-Methoxy-2-methyl-1-phenyl-, äthylester 2230
Propionsäure, 3-[5-Benzyloxy-indol-3-yl]-, methylester 2234

$C_{19}H_{19}NO_4$
Essigsäure, [2-(2,4-Dimethoxy-phenyl)-1-methyl-indol-3-yl]- 2550
—, [2-(3,4-Dimethoxy-phenyl)-1-methyl-indol-3-yl]- 2550
Indol-2-carbonsäure, 5,6-Dimethoxy-3-phenyl-, äthylester 2549
Isochinolin-3-carbonsäure, 6,7-Dimethoxy-1-phenyl-3,4-dihydro-, methylester 2549

$C_{19}H_{19}NO_6$
Acrylsäure, 2-Acetoxy-3-[3-äthoxycarbonyl-[2]chinolyl]-, äthylester 2627
Pyrrol-3-carbonsäure, 4-Acetoxy-5-[4-acetoxy-benzyliden]-2-methyl-5*H*-, äthylester 2543

$C_{19}H_{19}N_3O$
Malononitril, [4-(5-Methoxy-1,3,3-trimethyl-indolin-2-yliden)-but-2-enyliden]- 2632

$C_{19}H_{19}N_3O_2$
Chinolin-4-carbonsäure, 6-Methoxy-2-phenyl-, [2-amino-äthylamid] 2389

$C_{19}H_{19}N_3O_5S$
Hydrazin, *N*-Benzolsulfonyl-*N'*-[7,8-dimethoxy-2-methyl-chinolin-3-carbonyl]- 2532

$C_{19}H_{19}N_3O_6$
Nicotinsäure, 5-Cyan-4-[3,4-dimethoxy-2-nitro-phenyl]-2,6-dimethyl-, äthylester 2666

$C_{19}H_{20}N_2O$
Pyrrolidin-2-carbonitril, 5-Äthoxy-1,2-diphenyl- 2202
—, 5-Methoxy-3-methyl-1,2-diphenyl- 2207

$C_{19}H_{20}N_2O_2$
Acetonitril, [3,4-Dimethoxy-phenyl]-[5,6,7,8-tetrahydro-[4]chinolyl]- 2546
Essigsäure, [1-Benzyl-5-methoxy-2-methyl-indol-3-yl]-, amid 2238
—, [4-Benzyloxy-indol-2-yl]-, dimethylamid 2220
—, [4-Benzyloxy-indol-3-yl]-, äthylamid 2222
—, [5-Benzyloxy-indol-3-yl]-, äthylamid 2223
—, [5-Benzyloxy-indol-3-yl]-, dimethylamid 2223
—, Hydroxy-[1-methyl-2-phenyl-indol-3-yl]-, dimethylamid 2376

$C_{19}H_{20}N_2O_2S$
Crotonsäure, 2-Cyan-4-[1,6-dimethyl-1*H*-[2]chinolyliden]-3-methylmercapto-, äthylester 2631

$C_{19}H_{20}N_2O_3$
Isonicotinsäure, 3-Cyan-2-hydroxy-6-[2-methyl-2-phenyl-propyl]-, äthylester 2631
$C_{19}H_{20}N_2O_4$
Nicotinsäure, 5-Cyan-4-[3,4-dimethoxy-phenyl]-2,6-dimethyl-, äthylester 2666
Prolin, 1-Benzyloxycarbonyl-4-hydroxy-, anilid 2060
$C_{19}H_{21}NO_3$
Naphth[3,2,1-*cd*]indol-5-carbonsäure, 1-Methoxy-5a,6,7,8,9,10-hexahydro-, äthylester 2367
Piperidin-4-carbonsäure, 1-Benzyl-4-[3-hydroxy-phenyl]- 2206
$C_{19}H_{21}NO_4$
Isochinolin-3-carbonsäure, 6-Methoxy-2-[3-methoxy-benzyl]-1,2,3,4-tetrahydro- 2201
$C_{19}H_{21}NO_5$
Pyridin-3,4-dicarbonsäure, 5-Benzyloxy-6-methyl-, diäthylester 2593
Pyridin-3,5-dicarbonsäure, 4-[3-Hydroxy-phenyl]-2,6-dimethyl-, diäthylester 2630
$C_{19}H_{21}NO_6$
Isochinolin-1-carbonsäure, 6-Hydroxy-7-methoxy-1-vanillyl-1,2,3,4-tetrahydro- 2668
$C_{19}H_{21}NO_7$
Isochinolin-1-carbonsäure, 6,7,8-Trihydroxy-1-veratryl-1,2,3,4-tetrahydro- 2679
$C_{19}H_{21}N_3O$
Malononitril, [5-(3-Methoxy-phenyl)-2-methyl-2-aza-bicyclo[3.3.1]non-9-yliden]- 2625
$C_{19}H_{21}N_3O_2$
Essigsäure, [5-Benzyloxy-indol-3-yl]-, [2-amino-äthylamid] 2224
Malononitril, [9,10-Dimethoxy-3-methyl-1,3,4,6,7,11b-hexahydro-pyrido[2,1-*a*]isochinolin-2-yliden]- 2662
$[C_{19}H_{22}NO_5]^+$
Pyridinium, 1-Benzyl-3-hydroxy-2-isopropyl-4,5-bis-methoxycarbonyl- 2599
$[C_{19}H_{22}NO_5]Cl$ 2599
—, 4,5-Bis-äthoxycarbonyl-1-benzyl-3-hydroxy-2-methyl- 2595
$[C_{19}H_{22}NO_5]Cl$ 2595
$C_{19}H_{22}N_2O_3$
Essigsäure, [3,4-Dimethoxy-phenyl]-[5,6,7,8-tetrahydro-[1]isochinolyl]-, amid 2546
$C_{19}H_{22}N_2O_4$
Pyridin-3-carbonsäure, 5-Cyan-4-[3,4-dimethoxy-phenyl]-2,6-dimethyl-1,4-dihydro-, äthylester 2661
$C_{19}H_{22}N_2O_7$
Pyridin-3,5-dicarbonsäure, 2-[5-Hydroxy-2-nitro-phenyl]-4,6-dimethyl-1,2-dihydro-, diäthylester 2621
—, 4-[2-Hydroxy-5-nitro-phenyl]-2,6-dimethyl-1,4-dihydro-, diäthylester 2621
—, 4-[3-Hydroxy-4-nitro-phenyl]-2,6-dimethyl-1,4-dihydro-, diäthylester 2622
—, 4-[4-Hydroxy-3-nitro-phenyl]-2,6-dimethyl-1,4-dihydro-, diäthylester 2623
—, 4-[5-Hydroxy-2-nitro-phenyl]-2,6-dimethyl-1,4-dihydro-, diäthylester 2622
$C_{19}H_{23}NO_3$
Chinolin-2-carbonsäure, 3-[3-Cyclohexyl-propyl]-4-hydroxy- 2359
Valeriansäure, 5-Benzyloxy-2-[2]pyridyl-, äthylester 2191
$C_{19}H_{23}NO_5$
Chinolin-2-carbonsäure, 3-[4-Äthoxycarbonyl-butyl]-4-hydroxy-, äthylester 2624
Pyridin-3,4-dicarbonsäure, 5-Benzyloxy-6-methyl-x,x-dihydro-, diäthylester 2593
Pyrrol-3-carbonsäure, 2-Äthoxycarbonylmethyl-5-[4-hydroxy-benzyl]-4-methyl-, äthylester 2623
$C_{19}H_{23}N_3O$
Malononitril, [5-(3-Methoxy-phenyl)-2-methyl-2-aza-bicyclo[3.3.1]non-9-yl]- 2615
$C_{19}H_{23}N_3O_2$
Nicotinsäure, 2-[2-Piperidino-äthoxy]-, anilid 2141
$C_{19}H_{24}BrNO_6$
6,7-Seco-morphinan-6,7-disäure, 1-Brom-3,4-dimethoxy-17-methyl- 2657
$C_{19}H_{24}N_2O_3$
Chinolin-4-carbonsäure, 2-[2-Diäthylamino-äthoxy]-, allylester 2272
$C_{19}H_{24}N_2O_8$
Piperidin-3,5-dicarbonsäure, 1,2,6-Trimethyl-4-[4-nitro-benzoyloxy]-, dimethylester 2568
$C_{19}H_{25}NO_3$
Chinolin-2-carbonsäure, 6-Heptyl-4-hydroxy-, äthylester 2348
Chinolin-3-carbonsäure, 6-Heptyl-4-hydroxy-, äthylester 2348
$C_{19}H_{25}NO_4$
Essigsäure, [3-Äthyl-9,10-dimethoxy-1,6,7,11b-tetrahydro-4*H*-pyrido[2,1-*a*]isochinolin-2-yl]- 2539
Hexansäure, 6-[5,8-Dimethoxy-4-methyl-[2]chinolyl]-, methylester 2538

$C_{19}H_{25}NO_4$ (Fortsetzung)
Piperidin-4-carbonsäure, 4-Cinnamoyloxy-1,2,5-trimethyl-, methylester 2081
Tropan-2-carbonsäure, 3-Benzoyloxy-, propylester 2104
—, 3-[3,4-Dimethyl-benzoyloxy]-, methylester 2104
$C_{19}H_{25}NO_5$
Indol-2-carbonsäure, 5-Äthoxy-3-[3-äthoxycarbonyl-propyl]-, äthylester 2615
$C_{19}H_{25}NO_6$
Indol-2-carbonsäure, 3-[3-Äthoxycarbonyl-propyl]-5,6-dimethoxy-, äthylester 2657
Piperidin-3,5-dicarbonsäure, 4-Benzoyloxy-1,2,6-trimethyl-, dimethylester 2568
Pyrrol-3-carbonsäure, 2-Methyl-4-[1,2,3,4-tetrahydroxy-butyl]-1-*p*-tolyl-, äthylester 2647
6,7-Seco-morphinan-6,7-disäure, 3,4-Dimethoxy-17-methyl- 2657
$C_{19}H_{25}NO_7$
Pyrrol-3-carbonsäure, 1-[4-Methoxy-phenyl]-2-methyl-4-[1,2,3,4-tetrahydro-butyl]-, äthylester 2647
$C_{19}H_{25}N_3O_2$
Chinolin-4-carbonsäure, 2-Allyloxy-, [2-diäthylamino-äthylamid] 2287
$C_{19}H_{25}N_3O_7$
Glycin, *N*-[*N*-(1-Benzyloxycarbonyl-4-hydroxy-prolyl)-glycyl]-, äthylester 2061
$C_{19}H_{26}ClNO_4$
Buttersäure, 2-Äthyl-2-[6,7-dimethoxy-3,4-dihydro-[1]isochinolyl]-, [2-chlor-äthylester] 2500
$C_{19}H_{26}ClN_3O_2$
Chinolin-2-carbonsäure, 7-Chlor-4-propoxy-, [2-diäthylamino-äthylamid] 2249
$[C_{19}H_{26}NO_4]^+$
Isochinolinium, 1-[2-Carboxy-cyclohexyl]-6,7-dimethoxy-2-methyl-3,4-dihydro- 2538
$[C_{19}H_{26}NO_4]I$ 2538
Pyrido[2,1-*a*]isochinolinylium, 3-Äthoxycarbonyl-9,10-dimethoxy-1-methyl-1,2,3,4,6,7-hexahydro- 2537
$C_{19}H_{26}N_2O_2$
Acetonitril, [3-Äthyl-9,10-dimethoxy-1,3,4,6,7,11b-hexahydro-2*H*-pyrido[2,1-*a*]isochinolin-2-yl]- 2508
Essigsäure, [4-Methoxy-phenyl]-[2-methyl-1,2,3,4,5,6,7,8-octahydro-[1]isochinolyl]-, amid 2348
$C_{19}H_{26}N_2O_3$
Chinolin-4-carbonsäure, 2-Äthoxy-, [3-diäthylamino-propylester] 2276
—, 2-[2-Diäthylamino-äthoxy]-, propylester 2272
—, 2-Isopropoxy-, [2-diäthylamino-äthylester] 2275
—, 2-Propoxy-, [2-diäthylamino-äthylester] 2274
Essigsäure, [3-Äthyl-9,10-dimethoxy-1,6,7,11b-tetrahydro-4*H*-pyrido[2,1-*a*]isochinolin-2-yl]-, amid 2539
$C_{19}H_{26}N_2O_4$
Pyridin-3-carbonsäure, 1-Benzoyl-4-[2-dimethylamino-äthoxy]-1,2,5,6-tetrahydro-, äthylester 2094
$C_{19}H_{26}N_2O_6$
Leucin, *N*-[1-Benzyloxycarbonyl-4-hydroxy-prolyl]- 2061
Piperidin-3,5-dicarbonsäure, 4-[4-Amino-benzoyloxy]-1,2,6-trimethyl-, dimethylester 2568
$C_{19}H_{27}NO_3$
14-Aza-podocarpa-8,11,13-trien-15-säure, 7-Hydroxy-13-isopropyl- 2245
$C_{19}H_{27}NO_4$
Buttersäure, 2-Äthyl-2-[6,7-dimethoxy-3,4-dihydro-[1]isochinolyl]-, äthylester 2500
Cyclohexancarbonsäure, 2-[6,7-Dimethoxy-2-methyl-1,2,3,4-tetrahydro-[1]isochinolyl]- 2502
Essigsäure, [3-Äthyl-9,10-dimethoxy-1,3,4,6,7,11b-hexahydro-2*H*-pyrido[2,1-*a*]isochinolin-2-yl]- 2504
—, [9,10-Dimethoxy-1,3,4,6,7,11b-hexahydro-2*H*-pyrido[2,1-*a*]isochinolin-2-yl]-, äthylester 2500
—, [9,10-Dimethoxy-1,3,4,6,7,11b-hexahydro-2*H*-pyrido[2,1-*a*]isochinolin-3-yl]-, äthylester 2501
Hexansäure, 3-[6,7-Dimethoxy-3,4-dihydro-[1]isochinolylmethyl]-, methylester 2502
Piperidin-4-carbonsäure, 4-Benzoyloxy-1,2,5-trimethyl-, propylester 2082
—, 1,2,5-Trimethyl-4-[3-phenyl-propionyloxy]-, methylester 2081
Propionsäure, 3-[1-Benzoyl-3-(2-hydroxy-äthyl)-[4]piperidyl]-, äthylester 2090
—, 3-[9,10-Dimethoxy-1-methyl-1,3,4,6,7,11b-hexahydro-2*H*-pyrido[2,1-*a*]isochinolin-3-yl]- 2504
Pyrido[2,1-*a*]isochinolin-2-carbonsäure, 3-Äthyl-9,10-dimethoxy-1,3,4,6,7,11b-hexahydro-2*H*-, methylester 2503
Pyrido[2,1-*a*]isochinolin-3-carbonsäure, 9,10-Dimethoxy-1-methyl-1,3,4,6,7,11b-hexahydro-2*H*-, äthylester 2501

$C_{19}H_{27}NO_5$
Essigsäure, [2-(2-Äthoxycarbonyl-äthyl)-6-methoxy-1,2,3,4-tetrahydro-[1]isochinolyl]-, äthylester 2202
Isochinolin-3-carbonsäure, 2-[3-Äthoxycarbonyl-propyl]-6-methoxy-1,2,3,4-tetrahydro-, äthylester 2201

$C_{19}H_{27}NO_8$
Pyrrol-2-carbonsäure, 5-Acetoxymethyl-4-[2-äthoxycarbonyl-äthyl]-3-äthoxycarbonylmethyl-, äthylester 2676

$[C_{19}H_{27}N_2O_3]^+$
Ammonium, [2-(2-Butoxy-chinolin-4-carbonyloxy)-äthyl]-trimethyl- 2275
$[C_{19}H_{27}N_2O_3]Br$ 2275

$C_{19}H_{27}N_3O_2$
Chinolin-2-carbonsäure, 4-Propoxy-, [2-diäthylamino-äthylamid] 2247
Chinolin-4-carbonsäure, 2-Äthoxy-, [2-diäthylamino-propylamid] 2281
–, 2-Äthoxy-3-methyl-, [2-diäthylamino-äthylamid] 2330
–, 2-Butoxy-, [diäthylaminomethyl-amid] 2283
–, 2-Methoxy-, [äthyl-(2-diäthylamino-äthyl)-amid] 2278
–, 2-Propoxy-, [2-diäthylamino-äthylamid] 2282

$C_{19}H_{27}N_3O_3$
Chinolin-3-carbonsäure, 6-Äthoxy-4-methoxy-, [2-diäthylamino-äthylamid] 2518
Chinolin-4-carbonsäure, 2-Äthoxy-, [3-diäthylamino-2-hydroxy-propylamid] 2282
–, 2-[2-Methoxy-äthoxy]-, [2-diäthylamino-äthylamid] 2289

$C_{19}H_{28}N_2O$
Cyclopentadeca[*b*]pyridin-3-carbonitril, 2-Hydroxy-6,7,8,9,10,11,12,13,14,15,16,17-dodecahydro-5*H*- 2211

$C_{19}H_{29}NO_3$
Valeriansäure, 5-Benzyloxy-2-[2]piperidyl-, äthylester 2089

$C_{19}H_{29}NO_4$
Hexansäure, 3-[6,7-Dimethoxy-1,2,3,4-tetrahydro-[1]isochinolylmethyl]-, methylester 2489
Piperidin-3-carbonsäure, 3-Äthyl-4-[2,3-dimethoxy-phenyl]-6-methyl-, äthylester 2488
Piperidin-4-carbonsäure, 5-Äthyl-2-[2-äthyl-4,5-dimethoxy-phenyl]-1-methyl- 2489

$C_{19}H_{29}NO_5$
Malonsäure, [6-(5-Methoxy-[2]pyridyl)-hexyl]-, diäthylester 2603

$C_{19}H_{29}N_3O_3$
Essigsäure, [3-Äthyl-9,10-dimethoxy-1,3,4,6,7,11b-hexahydro-2*H*-pyrido[2,1-*a*]isochinolin-2-yl]-, hydrazid 2508

$C_{19}H_{31}NO_4$
12,13-Seco-dendroban-12-säure, 13-Acetyl-, methylester 2133

$C_{19}H_{32}N_2O_4$
Isonicotinsäure, 2,6-Dipropoxy-, [3-diäthylamino-propylester] 2463

$C_{19}H_{35}NO_4$
Octansäure, 8-[5-Acetoxy-1,6-dimethyl-[2]piperidyl]-, äthylester 2091

C_{20}

$C_{20}H_{10}Cl_2N_2O_6S_2$
Disulfid, Bis-[3-carboxy-7-chlor-4-hydroxy-[6]chinolyl]- 2521

$C_{20}H_{12}N_2O_4S$
Sulfid, Bis-[6-carboxy-[5]chinolyl]- 2307

$C_{20}H_{12}N_2O_4S_2$
Disulfid, Bis-[4-carboxy-[8]chinolyl]- 2304
–, Bis-[6-carboxy-[5]chinolyl]- 2308

$C_{20}H_{12}N_2O_6S$
Sulfid, Bis-[3-carboxy-4-hydroxy-[6]chinolyl]- 2520

$C_{20}H_{12}N_2O_6S_2$
Disulfid, Bis-[3-carboxy-4-hydroxy-[6]chinolyl]- 2521
–, Bis-[3-carboxy-4-hydroxy-[8]chinolyl]- 2524

$C_{20}H_{13}NO_3$
Benzo[*f*]chinolin-2-carbonsäure, 1-Hydroxy-3-phenyl- 2437
Benzo[*h*]chinolin-4-carbonsäure, 2-[2-Hydroxy-phenyl]- 2436
Chinolin-3-carbonsäure, 4-Hydroxy-2-[2]naphthyl- 2437
Chinolin-4-carbonsäure, 2-[1-Hydroxy-[2]naphthyl]- 2438
–, 3-Hydroxy-2-[1]naphthyl- 2438

$C_{20}H_{13}NO_4$
Benzoesäure, 2-[2,7-Dihydroxy-acridin-9-yl]- 2562

$C_{20}H_{13}NO_5$
Benzoesäure, 2-[2,7-Dihydroxy-10-oxy-acridin-9-yl]- 2562

$C_{20}H_{13}N_3O$
Pyridin-3,5-dicarbonitril, 2-Hydroxy-4-phenyl-6-*p*-tolyl- 2644

$C_{20}H_{13}N_3O_2$
Pyridin-3,5-dicarbonitril, 2-Hydroxy-6-[4-methoxy-phenyl]-4-phenyl- 2674

$C_{20}H_{14}N_2O_4$
Chinolin-3-carbonitril, 7,8-Diacetoxy-2-phenyl- 2555

$C_{20}H_{15}ClN_2O_2$
Carbazol-3-carbonsäure, 2-Hydroxy-9-methyl-, [4-chlor-anilid] 2363
$C_{20}H_{15}ClN_2O_3$
Carbazol-2-carbonsäure, 3-Hydroxy-, [4-chlor-2-methoxy-anilid] 2362
$C_{20}H_{15}NO_3$
Carbazol-3-carbonsäure, 9-Benzyl-2-hydroxy- 2365
$C_{20}H_{16}BrNO_2S$
Benz[*c*]acridin-7-carbonsäure, 9-Brom-3-methyl-2-methylmercapto-5,6-dihydro- 2434
$C_{20}H_{16}ClNO_3$
Benzoesäure, 4-[(4-Chlor-phenyl)-hydroxy-[4]pyridyl-methyl]-, methylester 2432
$C_{20}H_{16}N_2O$
Acrylonitril, 2-[4-Äthoxy-phenyl]-3-[4]chinolyl- 2428
Benzonitril, 4-[2-(6-Äthoxy-[2]chinolyl)-vinyl]- 2429
Nicotinonitril, 4-[2-Methoxy-phenyl]-2-methyl-6-phenyl- 2434
$C_{20}H_{16}N_2O_2$
Acetonitril, [2-Hydroxy-4-(4-methoxy-styryl)-[6]chinolyl]- 2562
Acrylonitril, 3-[2]Chinolyl-2-[3,4-dimethoxy-phenyl]- 2561
—, 3-[4]Chinolyl-2-[3,4-dimethoxy-phenyl]- 2561
—, 2-[3,4-Dimethoxy-phenyl]-3-[3]isochinolyl- 2561
Carbazol-3-carbonsäure, 2-Hydroxy-9-methyl-, anilid 2363
$C_{20}H_{16}N_2O_3$
Carbazol-1-carbonsäure, 2-Hydroxy-, *o*-anisidid 2361
Carbazol-3-carbonsäure, 2-Hydroxy-, *o*-anisidid 2363
$C_{20}H_{16}N_2O_4S_2$
Disulfid, Bis-[3-carboxymethyl-indol-2-yl]- 2221
$C_{20}H_{16}N_2O_5$
Propionsäure, 3-[4-Hydroxy-6-nitro-2-styryl-[3]chinolyl]- 2435
$C_{20}H_{17}NO_2S$
Benz[*c*]acridin-7-carbonsäure, 3-Methyl-2-methylmercapto-5,6-dihydro- 2434
—, 9-Methyl-2-methylmercapto-5,6-dihydro- 2435
$C_{20}H_{17}NO_3$
Benz[*c*]acridin-7-carbonsäure, 2-Methoxy-3-methyl-5,6-dihydro- 2434
—, 3-Methoxy-9-methyl-5,6-dihydro- 2435
Naphtho[1,2-*h*]chinolin-2-carbonsäure, 3-Methoxy-11,12-dihydro-, methylester 2431
Nicotinsäure, 2-[*β*-Hydroxy-phenäthyl]-6-phenyl- 2435
Propionsäure, 3-Hydroxy-2,3-diphenyl-3-[2]pyridyl- 2435
—, 3-Hydroxy-2,3-diphenyl-3-[4]pyridyl- 2435
$C_{20}H_{17}NO_4$
Benz[*c*]acridin-7-carbonsäure, 2,3-Dimethoxy-5,6-dihydro- 2561
Chinolin-4-carbonsäure, 2-[4-Acetoxy-phenyl]-6,8-dimethyl- 2420
Isonicotinsäure, 2,6-Diphenoxy-, äthylester 2461
$C_{20}H_{17}N_3O_2S$
Isonicotinsäure, 2-Benzylmercapto-, salicylidenhydrazid 2163
$C_{20}H_{17}N_3O_3$
Pyridin-2,6-dicarbonsäure, 4-Methoxy-, dianilid 2585
$C_{20}H_{18}BrNO_3$
Chinolin-4-carbonsäure, 6-Brom-2-[4-hydroxy-2-isopropyl-5-methyl-phenyl]- 2423
$C_{20}H_{18}BrNO_4$
Chinolin-4-carbonsäure, 3-Äthyl-6-brom-2-[3,4-dimethoxy-phenyl]- 2559
$C_{20}H_{18}ClNO_3$
Chinolin-4-carbonsäure, 2-[4-Äthoxy-3-chlor-phenyl]-3-äthyl- 2419
$C_{20}H_{18}Cl_2N_2OS$
Pyridin-3-carbonsäure, 4-Benzylmercapto-1-[2,6-dichlor-benzyl]-1,4-dihydro-, amid 2117
$C_{20}H_{18}INO_3$
Chinolin-4-carbonsäure, 2-[4-Hydroxy-5-isopropyl-2-methyl-phenyl]-6-jod- 2423
$C_{20}H_{18}N_2O$
Pyridin-3-carbonitril, 4-[2-Methoxy-phenyl]-2-methyl-6-phenyl-1,4-dihydro- 2421
$C_{20}H_{18}N_2O_3$
Propionsäure, 2-Cyan-3-indol-3-yl-3-[3-methoxy-phenyl]-, methylester 2639
$C_{20}H_{18}N_2O_4$
Carbamidsäure, [8-Methoxy-2-phenyl-chinolin-4-carbonyl]-, äthylester 2393
Chinolin-4-carbonsäure, 6-Methoxy-, [3,4-methylendioxy-phenäthylamid] 2300
Isochinolin-1-carbonitril, 6,7-Dimethoxy-2-[4-methoxy-benzoyl]-1,2-dihydro- 2492
$C_{20}H_{19}NO_2S$
Chinolin-4-carbonsäure, 3-Äthyl-2-[4-äthylmercapto-phenyl]- 2420
Essigsäure, [3-*p*-(Tolylmercapto-methylen)-indolin-2-yliden]-, äthylester 2333

$C_{20}H_{19}NO_3$

Chinolin-4-carbonsäure, 2-[4-Äthoxy-3-methyl-phenyl]-3-methyl- 2417
–, 6-Äthoxy-2-phenyl-, äthylester 2387
–, 2-[4-Äthoxy-phenyl]-3-äthyl- 2418
–, 3-Äthyl-2-[4-methoxy-3-methyl-phenyl]- 2422
–, 2-[4-Hydroxy-2-isopropyl-5-methyl-phenyl]- 2423
–, 2-[4-Hydroxy-5-isopropyl-2-methyl-phenyl]- 2422
–, 2-[6-Hydroxy-3-isopropyl-2-methyl-phenyl]- 2422
–, 3-Hydroxy-2-phenyl-, butylester 2384
–, 2-[2-Methoxy-4,5-dimethyl-phenyl]-3-methyl- 2421
–, 6-Methoxy-2-phenyl-, isopropylester 2387
–, 6-Methoxy-2-phenyl-, propylester 2387
–, 2-[4-Methoxy-phenyl]-6-methyl-, äthylester 2413
–, 2-[4-Methoxy-phenyl]-7-methyl-, äthylester 2414
–, 2-[4-Methoxy-phenyl]-8-methyl-, äthylester 2414
–, 2-[6-Methoxy-2,3,4-trimethyl-phenyl]- 2421
–, 2-[2-Methyl-4-propoxy-phenyl]- 2405
Propionsäure, 3-Hydroxy-3-[1]isochinolyl-2-phenyl-, äthylester 2420

$C_{20}H_{19}NO_4$

Chinolin-3-carbonsäure, 6-Äthoxy-4-hydroxy-2-phenyl-, äthylester 2552
–, 6,7-Dimethoxy-2-phenyl-, äthylester 2554
Chinolin-4-carbonsäure, 3-[4-Äthoxy-phenoxy]-2,6-dimethyl- 2340
–, 3-[3,4-Dimethoxy-phenyl]-, äthylester 2558
–, 3-[2-Methoxy-4-methyl-phenoxy]-2,6-dimethyl- 2340
–, 2-Methyl-3-[4-propoxy-phenoxy]- 2324
Isochinolin-3-carbonsäure, 6,7-Dimethoxy-1-phenyl-, äthylester 2558
Propionsäure, 3-[6,7-Dimethoxy-2-phenyl-[4]chinolyl]- 2559

$C_{20}H_{19}NO_5$

Chinolin-3-carbonsäure, 4-Hydroxy-6-methoxy-2-[4-methoxy-phenyl]-, äthylester 2636
Chinolin-4-carbonsäure, 6-Methoxy-2-phenyl-, [2,3-dihydroxy-propylester] 2387

$C_{20}H_{19}NO_6$

Indol-2-carbonsäure, 5,6-Dimethoxy-1-piperonyl-, methylester 2490
Isochinolin-3-carbonsäure, 1-[3,4-Dimethoxy-phenyl]-6,7-dimethoxy- 2671
Phenanthridin-8,10-dicarbonsäure, 5-Formyl-9-hydroxy-5,6-dihydro-, diäthylester 2633

$C_{20}H_{19}N_3O$

Benzimidsäure, 4-[2-(6-Äthoxy-[2]chinolyl)-vinyl]-, amid 2429

$C_{20}H_{19}N_3O_5$

Chinolin-3-carbonsäure, 4-Hydroxy-6,8-dimethoxy-, [4-methoxy-benzylidenhydrazid] 2609

$C_{20}H_{19}N_3O_7$

Nicotinsäure, 4-[4-Acetoxy-3-methoxy-2-nitro-phenyl]-5-cyan-2,6-dimethyl-, äthylester 2667
–, 4-[4-Acetoxy-3-methoxy-5-nitro-phenyl]-5-cyan-2,6-dimethyl-, äthylester 2667
–, 4-[4-Acetoxy-5-methoxy-2-nitro-phenyl]-5-cyan-2,6-dimethyl-, äthylester 2667

$[C_{20}H_{19}N_5O_4S_2]^{2+}$

Pyrrol-3,4-dicarbonitril, 2,5-Bis-[2-pyridinio-äthansulfonyl]- 2649
$[C_{20}H_{18}N_5O_4S_2]Cl$ 2649

$C_{20}H_{20}N_2O_2$

Chinolin-4-carbonsäure, 2-Phenoxy-, diäthylamid 2288

$C_{20}H_{20}N_2O_2S$

Hexa-2,4-diensäure, 2-Cyan-6-[1-methyl-1*H*-[4]chinolyliden]-3-methylmercapto-, äthylester 2634

$C_{20}H_{20}N_2O_5$

Nicotinsäure, 4-[4-Acetoxy-3-methoxy-phenyl]-5-cyan-2,6-dimethyl-, äthylester 2666

$C_{20}H_{20}N_4O_2$

Chinolin-4-carbonsäure, 6-Methoxy-, [4-dimethylamino-benzylidenhydrazid] 2302

$C_{20}H_{20}N_4O_3$

Chinolin-3-carbonsäure, 4-Hydroxy-6-methoxy-, [4-dimethylamino-benzylidenhydrazid] 2519
–, 4-Hydroxy-8-methoxy-, [4-dimethylamino-benzylidenhydrazid] 2524

$C_{20}H_{21}ClN_2O_3$

Essigsäure, [1-Benzoyl-3-hydroxy-[2]piperidyl]-, [4-chlor-anilid] 2073

$C_{20}H_{21}NO_3$

Essigsäure, [5-Methoxy-1,3,3-trimethyl-indolin-2-yliden]-, phenylester 2242

$C_{20}H_{21}NO_3$ (Fortsetzung)
Indol-2-carbonsäure, 3-Äthyl-5-benzyloxy-, äthylester 2236
Indol-3-carbonsäure, 1-Benzyl-5-methoxy-2-methyl-, äthylester 2231
Propionsäure, 3-[5-Benzyloxy-indol-3-yl]-, äthylester 2234

$C_{20}H_{21}NO_3S$
Indol-3-carbonsäure, 6-Benzylmercapto-5-hydroxy-1,2-dimethyl-, äthylester 2493

$C_{20}H_{21}NO_4$
Indol-2-carbonsäure, 5-Methoxy-3-[2-phenoxy-äthyl]-, äthylester 2495
Isochinolin-3-carbonsäure, 6,7-Dimethoxy-1-phenyl-3,4-dihydro-, äthylester 2549

$C_{20}H_{21}NO_5$
Prolin, 1-Benzyloxycarbonyl-4-hydroxy-, benzylester 2060

$C_{20}H_{21}NO_5S$
Propionsäure, 3-[1,2-Dimethyl-5-(toluol-4-sulfonyloxy)-indol-3-yl]- 2242

$C_{20}H_{21}NO_7S$
Prolin, 1-Benzyloxycarbonyl-4-[toluol-4-sulfonyloxy]- 2059

$C_{20}H_{21}N_3O$
Malononitril, [1-Äthoxy-4-(1,3,3-trimethyl-indolin-2-yliden)-but-2-enyliden]- 2633

$C_{20}H_{21}N_3O_2$
Chinolin-4-carbonsäure, 2-[2-Dimethylamino-äthoxy]-, anilid 2289

$C_{20}H_{21}N_3O_7$
Pyridin-3-carbonsäure, 4-[4-Acetoxy-3-methoxy-2-nitro-phenyl]-5-cyan-2,6-dimethyl-1,4-dihydro-, äthylester 2661

$C_{20}H_{22}N_2O$
Piperidin-4-carbonitril, 1-Benzyl-4-[3-methoxy-phenyl]- 2206
—, 4-[2-Benzyloxy-phenyl]-1-methyl- 2204
Pyrrolidin-2-carbonitril, 5-Äthoxy-3-methyl-1,2-diphenyl- 2207
—, 5-Methoxy-3-methyl-2-phenyl-1-*p*-tolyl- 2207

$C_{20}H_{22}N_2O_2$
Essigsäure, [5-Methoxy-1,3,3-trimethyl-indolin-2-yliden]-, anilid 2242
Propionsäure, 2-[4-Benzyloxy-indol-3-yl]-, dimethylamid 2236
—, 2-Hydroxy-2-[1-methyl-2-phenyl-indol-3-yl]-, dimethylamid 2377

$C_{20}H_{22}N_2O_3$
Benzo[*f*]chinolin-2-carbonsäure, 1-Hydroxy-, [2-diäthylamino-äthylester] 2372

$C_{20}H_{22}N_2O_7$
Pyridin-3,5-dicarbonsäure, 2-[5-Methoxy-2-nitro-phenyl]-4,6-dimethyl-, diäthylester 2621
—, 4-[5-Methoxy-2-nitro-phenyl]-2,6-dimethyl-, diäthylester 2630

$C_{20}H_{22}N_2O_{10}$
Pyrrol-1,2,3-tricarbonsäure, 4-[4-Nitro-benzoyloxy]-2,5-dihydro-, triäthylester 2572

$C_{20}H_{23}NO_3$
Piperidin-4-carbonsäure, 1-Benzyl-4-[3-methoxy-phenyl]- 2206

$C_{20}H_{23}NO_4$
Isochinolin-1-carbonsäure, 1-Benzyl-6,7-dimethoxy-2-methyl-1,2,3,4-tetrahydro- 2546
—, 6,7-Diäthoxy-1-phenyl-1,2,3,4-tetrahydro- 2545

$C_{20}H_{23}NO_5$
Pyridin-3,5-dicarbonsäure, 4-[3-Methoxy-phenyl]-2,6-dimethyl-, diäthylester 2630
—, 4-[4-Methoxy-phenyl]-2,6-dimethyl-, diäthylester 2631

$C_{20}H_{23}NO_6$
Pyridin-3,5-dicarbonsäure, 4-[4-Hydroxy-3-methoxy-phenyl]-2,6-dimethyl-, diäthylester 2665
Pyrrol-2-carbonsäure, 5-Acetoxymethyl-4-[2-methoxycarbonyl-äthyl]-3-methyl-, benzylester 2581

$C_{20}H_{23}NO_8$
Isochinolin-1-carbonsäure, 6,7,8-Trihydroxy-1-[3,4,5-trimethoxy-benzyl]-1,2,3,4-tetrahydro- 2681

$C_{20}H_{23}N_3O_2$
Malononitril, [3-Äthyl-9,10-dimethoxy-1,3,4,6,7,11b-hexahydro-pyrido[2,1-*a*]isochinolin-2-yliden]- 2663

$[C_{20}H_{24}NO_5]^+$
Pyridinium, 1-Benzyl-3-hydroxy-2-isobutyl-4,5-bis-methoxycarbonyl- 2601
$[C_{20}H_{24}NO_5]Cl$ 2601

$C_{20}H_{24}N_2O_2$
Chinolin-4-carbonsäure, 2-[1-Methoxy-äthyl]-3-methyl-, diallylamid 2344

$C_{20}H_{24}N_2O_3$
Isochinolin-1-carbonsäure, 6,7-Diäthoxy-1-phenyl-1,2,3,4-tetrahydro-, amid 2545

$C_{20}H_{24}N_2O_7$
Pyridin-3,5-dicarbonsäure, 2-[5-Methoxy-2-nitro-phenyl]-4,6-dimethyl-1,2-dihydro-, diäthylester 2621
—, 4-[2-Methoxy-5-nitro-phenyl]-2,6-dimethyl-1,4-dihydro-, diäthylester 2622

$C_{20}H_{24}N_2O_7$ (Fortsetzung)
Pyridin-3,5-dicarbonsäure, 4-[3-Methoxy-2-nitro-phenyl]-2,6-dimethyl-1,4-dihydro-, diäthylester 2622
—, 4-[3-Methoxy-4-nitro-phenyl]-2,6-dimethyl-1,4-dihydro-, diäthylester 2622
—, 4-[4-Methoxy-3-nitro-phenyl]-2,6-dimethyl-1,4-dihydro-, diäthylester 2623
—, 4-[5-Methoxy-2-nitro-phenyl]-2,6-dimethyl-1,4-dihydro-, diäthylester 2622

$C_{20}H_{24}N_2O_8$
Pyridin-3,5-dicarbonsäure, 4-[3-Hydroxy-4-methoxy-5-nitro-phenyl]-2,6-dimethyl-1,4-dihydro-, diäthylester 2662
—, 4-[4-Hydroxy-3-methoxy-2-nitro-phenyl]-2,6-dimethyl-1,4-dihydro-, diäthylester 2661

$C_{20}H_{25}NO_5$
Chinolin-2-carbonsäure, 3-[5-Äthoxycarbonyl-pentyl]-4-hydroxy-, äthylester 2625
Pyridin-3,5-dicarbonsäure, 4-[4-Methoxy-phenyl]-2,6-dimethyl-1,4-dihydro-, diäthylester 2623
Pyrrol-1,2-dicarbonsäure, 3-Benzyloxy-4-isopropyl-, diäthylester 2126

$C_{20}H_{25}NO_6$
Pyridin-3,5-dicarbonsäure, 4-[3-Hydroxy-4-methoxy-phenyl]-2,6-dimethyl-1,4-dihydro-, diäthylester 2660
—, 4-[4-Hydroxy-3-methoxy-phenyl]-2,6-dimethyl-1,4-dihydro-, diäthylester 2660

$C_{20}H_{25}NO_7$
Pyrrol-1,2,3-tricarbonsäure, 4-Benzyloxy-2,5-dihydro-, triäthylester 2572

$[C_{20}H_{26}NO_4]^+$
Nortropanium, 8-Allyl-3-benzoyloxy-2-methoxycarbonyl-8-methyl- 2106
$[C_{20}H_{26}NO_4]Br$ 2106

$C_{20}H_{26}N_2O_2$
Chinolin-4-carbonsäure, 2-Cyclohexyloxy-, diäthylamid 2288

$C_{20}H_{26}N_2O_3$
Acrylsäure, 3-[8-(2-Diäthylamino-äthoxy)-[2]chinolyl]-, äthylester 2350

$C_{20}H_{26}N_2O_6$
Isochinolin-8a-carbonsäure, 2-Methyl-6-[4-nitro-benzoyloxy]-octahydro-, äthylester 2111

$C_{20}H_{27}NO_4$
Acrylsäure, 3-Äthoxy-2-[1-benzoyl-[4]piperidylmethyl]-, äthylester 2110
Chinolin-4-carbonsäure, 4-Benzoyloxy-1,2-dimethyl-decahydro-, methylester 2113
Essigsäure, [3-Äthyl-9,10-dimethoxy-1,6,7,11b-tetrahydro-4*H*-pyrido[2,1-*a*]isochinolin-2-yl]-, methylester 2539
Heptansäure, 7-[5,8-Dimethoxy-4-methyl-[2]chinolyl]-, methylester 2538

$C_{20}H_{27}NO_5$
Isochinolin-3-carbonsäure, 1-Butoxy-7,8-dimethoxy-, butylester 2611

$C_{20}H_{27}NO_6$
Piperidin-4-ol, 3,5-Bis-äthoxycarbonylmethyl-1-benzoyl- 2567

$C_{20}H_{27}NO_7$
Pyrrol-3-carbonsäure, 1-[4-Äthoxy-phenyl]-2-methyl-4-[1,2,3,4-tetrahydroxy-butyl]-, äthylester 2647

$C_{20}H_{27}NO_9$
Pentendisäure, 3-[4-Äthoxycarbonyl-5-äthoxycarbonylmethyl-3-hydroxy-pyrrol-2-yl]-, diäthylester 2682

$C_{20}H_{27}NO_{10}$
Pyrrol-3-carbonsäure, 2-Methyl-4-[1,2,3,4-tetraacetoxy-butyl]-, äthylester 2647

$C_{20}H_{27}N_3O_2$
Nicotinsäure, 2-[2-Diäthylamino-äthoxy]-, [*N*-äthyl-anilid] 2142

$C_{20}H_{27}N_3O_3$
Nicotinsäure, 2-[2-Diäthylamino-äthoxy]-, *p*-phenetidid 2142

$C_{20}H_{28}BrN_3O_2$
Chinolin-4-carbonsäure, 6-Brom-2-butoxy-, [2-diäthylamino-äthylamid] 2293

$C_{20}H_{28}ClN_3O_2$
Chinolin-2-carbonsäure, 4-Butoxy-7-chlor-, [2-diäthylamino-äthylamid] 2249

$[C_{20}H_{28}NO_4]^+$
Piperidinium, 4-Cinnamoyloxy-4-methoxycarbonyl-1,1,2,5-tetramethyl- 2084
$[C_{20}H_{28}NO_4]I$ 2084

$C_{20}H_{28}N_2O_2S$
Chinolin-4-thiocarbonsäure, 2-Butoxy-, *S*-[2-diäthylamino-äthylester] 2295

$C_{20}H_{28}N_2O_3$
Chinolin-3-carbonsäure, 2-Butoxy-, [2-diäthylamino-äthylester] 2257
Chinolin-4-carbonsäure, 2-Butoxy-, [2-diäthylamino-äthylester] 2275
—, 2-Isobutoxy-, [2-diäthylamino-äthylester] 2275
—, 2-Propoxy-, [3-diäthylamino-propylester] 2276
Essigsäure, [3,4-Dimethoxy-phenyl]-[2-methyl-1,2,3,4,5,6,7,8-octahydro-[1]isochinolyl]-, amid 2539
Tropan-2-carbonsäure, 3-Benzoyloxy-, diäthylamid 2105

$C_{20}H_{28}N_2O_4$
Chinolin-4-carbonsäure, 2-Äthoxy-, [2-(2-diäthylamino-äthoxy)-äthylester] 2273
$C_{20}H_{28}N_2O_5$
Äther, Bis-[4-äthoxycarbonyl-3,5-dimethyl-pyrrol-2-ylmethyl]- 2128
$C_{20}H_{28}N_2O_6$
Leucin, *N*-[1-Benzyloxycarbonyl-4-hydroxy-prolyl]-, methylester 2062
$C_{20}H_{29}NO_4$
Essigsäure, [3-Äthyl-9,10-dimethoxy-1,3,4,6,7,11b-hexahydro-2*H*-pyrido[2,1-*a*]isochinolin-2-yl]-, methylester 2504
–, [9,10-Dimethoxy-3-methyl-1,3,4,6,7,11b-hexahydro-2*H*-pyrido[2,1-*a*]isochinolin-2-yl]-, äthylester 2503
Piperidin-4-carbonsäure, 4-Benzoyloxy-1,2,5-trimethyl-, butylester 2082
Propionsäure, 3-[9,10-Dimethoxy-1,3,4,6,7,11b-hexahydro-2*H*-pyrido[2,1-*a*]isochinolin-3-yl]-, äthylester 2502
$C_{20}H_{29}NO_6$
Essigsäure, [2-(2-Äthoxycarbonyl-äthyl)-6,7-dimethoxy-1,2,3,4-tetrahydro-[1]isochinolyl]-, äthylester 2483
Isochinolin-3-carbonsäure, 2-[3-Äthoxycarbonyl-propyl]-6,7-dimethoxy-1,2,3,4-tetrahydro-, äthylester 2481
Propionsäure, 3-[2-Äthoxycarbonylmethyl-6,7-dimethoxy-1,2,3,4-tetrahydro-[1]isochinolyl]-, äthylester 2487
$[C_{20}H_{29}N_2O_3]^+$
Ammonium, [3-(2-Butoxy-chinolin-4-carbonyloxy)-propyl]-trimethyl- 2276
$[C_{20}H_{29}N_2O_3]Cl$ 2276
$[C_{20}H_{29}N_2O_4]^+$
Ammonium, [2-(5-Äthoxycarbonyl-1-benzoyl-1,2,3,6-tetrahydro-[4]pyridyloxy)-äthyl]-trimethyl- 2094
$[C_{20}H_{29}N_2O_4]I$ 2094
$C_{20}H_{29}N_3O_2$
Chinolin-2-carbonsäure, 4-Butoxy-, [2-diäthylamino-äthylamid] 2247
Chinolin-3-carbonsäure, 4-Butoxy-, [2-diäthylamino-äthylamid] 2260
Chinolin-4-carbonsäure, 2-Äthoxy-, [äthyl-(2-diäthylamino-äthyl)-amid] 2281
–, 2-Äthoxy-, [4-diäthylamino-butylamid] 2281
–, 2-Butoxy-, [2-diäthylamino-äthylamid] 2284
–, 6-Butoxy-, [2-diäthylamino-äthylamid] 2301
–, 2-[2-Diäthylamino-äthoxy]-, diäthylamid 2289
–, 2-Isobutoxy-, [2-diäthylamino-äthylamid] 2286
–, 2-Methoxy-, [4-diäthylamino-1-methyl-butylamid] 2278
$C_{20}H_{29}N_3O_3$
Chinolin-4-carbonsäure, 2-[2-Äthoxy-äthoxy]-, [2-diäthylamino-äthylamid] 2289
$[C_{20}H_{30}NO_4]^+$
Piperidinium, 4-Methoxycarbonyl-1,1,2,5-tetramethyl-4-[3-phenyl-propionyloxy]- 2084
$[C_{20}H_{30}NO_4]I$ 2084
$C_{20}H_{30}N_2O_2$
Propionsäure, 3-[4-Hydroxy-1-methyl-4-phenyl-[3]piperidyl]-, piperidid 2210
$C_{20}H_{31}NO_4$
Piperidin-3-carbonsäure, 3-Äthyl-4-[2,3-dimethoxy-phenyl]-1,6-dimethyl-, äthylester 2489
Piperidin-4-carbonsäure, 5-Äthyl-2-[2-äthyl-4,5-dimethoxy-phenyl]-1-methyl-, methylester 2489
$C_{20}H_{34}N_2O_4$
Isonicotinsäure, 2,6-Dibutoxy-, [2-diäthylamino-äthylester] 2463
$C_{20}H_{35}NO_5$
Octansäure, 8-[5-Acetoxy-1-acetyl-6-methyl-[2]piperidyl]-, äthylester 2092
$C_{20}H_{35}N_3O_3$
Isonicotinsäure, 2,6-Dibutoxy-, [2-diäthylamino-äthylamid] 2465

C_{21}

$C_{21}H_{12}BrCl_2NO_3$
Chinolin-4-carbonsäure, 2-[5-Brom-6-methoxy-[2]naphthyl]-6,8-dichlor- 2439
$C_{21}H_{13}Br_2NO_3$
Chinolin-4-carbonsäure, 6-Brom-2-[5-brom-6-methoxy-[2]naphthyl]- 2439
$C_{21}H_{13}Cl_2NO_2S$
Benzo[*f*]chinolin-1-carbonsäure, 3-[2,4-Dichlor-phenyl]-8-methylmercapto- 2437
–, 3-[3,4-Dichlor-phenyl]-8-methylmercapto- 2437
$C_{21}H_{14}BrNO_2S$
Chinolin-4-carbonsäure, 6-Brom-2-[6-methylmercapto-[2]naphthyl]- 2439
$C_{21}H_{14}BrNO_3$
Chinolin-4-carbonsäure, 2-[5-Brom-6-methoxy-[2]naphthyl]- 2438
–, 6-Brom-2-[6-methoxy-[2]naphthyl]- 2438

$C_{21}H_{20}N_2O_5$ (Fortsetzung)
Isochinolin-1-carbonitril, 6,7-Dimethoxy-2-veratroyl-1,2-dihydro- 2492

$C_{21}H_{21}NO_3$
Chinolin-4-carbonsäure, 2-[4-Äthoxy-3-methyl-phenyl]-3-äthyl- 2422
–, 2-[4-Butoxy-3-methyl-phenyl]- 2406
–, 2-[4-Butoxy-phenyl]-3-methyl- 2409
–, 2-[5-*tert*-Butyl-2-methoxy-phenyl]- 2422
–, 2-[2,5-Dimethyl-4-propoxy-phenyl]- 2416
–, 2-[4-Hydroxy-2-isopropyl-5-methyl-phenyl]-, methylester 2423
–, 3-Hydroxy-2-mesityl-6,8-dimethyl- 2424
–, 3-Hydroxy-2-phenyl-, pentylester 2384
–, 2-[4-Isobutoxy-2-methyl-phenyl]- 2405
–, 2-[5-Isopropyl-4-methoxy-2-methyl-phenyl]- 2423
–, 3-[2-Isopropyl-5-methyl-phenoxy]-2-methyl- 2324
–, 2-[4-Methoxy-phenyl]-6,8-dimethyl-, äthylester 2420
–, 3-Methyl-2-[2-methyl-4-propoxy-phenyl]- 2417

$C_{21}H_{21}NO_4$
Chinolin-4-carbonsäure, 3-[4-Butoxy-phenoxy]-2-methyl- 2325
–, 2,6-Dimethyl-3-[4-propoxy-phenoxy]- 2340
Essigsäure, [1-Benzoyl-5-hydroxy-1,2,2a,3,4,5-hexahydro-benz[*cd*]indol-5-yl]-, methylester 2243
Indol-3-carbonsäure, 1-Äthyl-5-benzoyloxy-2-methyl-, äthylester 2229

$C_{21}H_{21}NO_5$
Chinolin-3-carbonsäure, 6-Äthoxy-4-hydroxy-2-[4-methoxy-phenyl]-, äthylester 2637
–, 8-Äthoxy-4-hydroxy-2-[4-methoxy-phenyl]-, äthylester 2637
Indol-2-carbonsäure, 5-Benzyloxy-3-[2-methoxycarbonyl-äthyl]-, methylester 2614

$C_{21}H_{21}NO_6$
Chinolin-3-carbonsäure, 6,7-Dimethoxy-2-veratryl- 2671
–, 4-Hydroxy-5,7-dimethoxy-2-[4-methoxy-phenyl]-, äthylester 2670
–, 4-Hydroxy-6,8-dimethoxy-2-[4-methoxy-phenyl]-, äthylester 2671
Isochinolin-3-carbonsäure, 1-[3,4-Dimethoxy-phenyl]-6,7-dimethoxy-, methylester 2671
–, 6,7-Dimethoxy-1-veratryl- 2671

$C_{21}H_{21}NO_7$
Chinolin-2-carbonsäure, 6,7-Dimethoxy-4-[3,4,5-trimethoxy-phenyl]- 2680

$[C_{21}H_{21}N_2O_4]^+$
Chinolinium, 6-Methoxy-1-methyl-4-[3,4-methylendioxy-phenäthylcarbamoyl]- 2301
$[C_{21}H_{21}N_2O_4]$I 2301

$C_{21}H_{21}N_3O$
Malononitril, [1-Äthoxy-4-(1-äthyl-1*H*-[2]chinolyliden)-2-methyl-but-2-enyliden]- 2634
–, [6-(5-Methoxy-1,3,3-trimethyl-indolin-2-yliden)-hexa-2,4-dienyliden]- 2635

$C_{21}H_{21}N_3O_2$
Chinolin-4-carbonsäure, 6-Äthoxy-2-phenyl-, isopropylidenhydrazid 2390

$C_{21}H_{22}N_2O_2$
Chinolin-4-carbonsäure, 6-Methoxy-2-phenyl-, diäthylamid 2388
Piperidin-4-carbonitril, 1-Benzoyl-4-[2-methoxy-5-methyl-phenyl]- 2209

$C_{21}H_{22}N_2O_3$
Pyridin-3-carbonitril, 2,5,6-Trimethoxy-4,6-diphenyl-1,4,5,6-tetrahydro- 2634

$C_{21}H_{22}N_2O_4$
Glycin, *N*-[(5-Benzyloxy-indol-3-yl)-acetyl]-, äthylester 2224
Piperidin-3-carbonsäure, 4-Acetoxy-1-benzoyl-, anilid 2071

$C_{21}H_{22}N_2O_5$
Essigsäure, [1-Benzoyl-3-phenylcarbamoyloxy-[2]piperidyl]- 2073

$C_{21}H_{22}N_4O_4$
Chinolin-3-carbonsäure, 4-Hydroxy-6,8-dimethoxy-, [4-dimethylamino-benzylidenhydrazid] 2609

$C_{21}H_{23}NO_3$
Chinolin-3-carbonsäure, 2-[4-Methoxy-styryl]-5,6,7,8-tetrahydro-, äthylester 2378
Essigsäure, [5-Methoxy-1,3,3-trimethyl-indolin-2-yliden]-, benzylester 2242

$C_{21}H_{23}NO_6$
Isochinolin-3-carbonsäure, 1-[3,4-Dimethoxy-phenyl]-6,7-dimethoxy-3,4-dihydro-, methylester 2669
–, 6,7-Dimethoxy-1-veratryl-3,4-dihydro- 2669
Pyridin-3,5-dicarbonsäure, 4-[3-Acetoxy-phenyl]-2,6-dimethyl-, diäthylester 2630

$C_{21}H_{23}NO_7S$
Prolin, 1-Benzyloxycarbonyl-4-[toluol-4-sulfonyloxy]-, methylester 2060
$C_{21}H_{24}N_2O_2$
Essigsäure, [1-Benzyl-5-methoxy-2-methyl-indol-3-yl]-, dimethylamid 2238
–, [5-Benzyloxy-indol-3-yl]-, diäthylamid 2223
$C_{21}H_{24}N_2O_3$
Essigsäure, [1-Benzoyl-4-methoxy-[2]piperidyl]-, anilid 2074
$C_{21}H_{25}NO_3$
Piperidin-4-carbonsäure, 1-Benzyl-4-[3-hydroxy-phenyl]-, äthylester 2206
$C_{21}H_{25}NO_4$
Essigsäure, [3,4-Dimethoxy-phenyl]-[5,6,7,8-tetrahydro-[4]chinolyl]-, äthylester 2546
Isochinolin-1-carbonsäure, 1-Benzyl-6,7-dimethoxy-2-methyl-1,2,3,4-tetrahydro-, methylester 2547
Isochinolinium, 1-Benzyl-1-carboxy-6,7-dimethoxy-2,2-dimethyl-1,2,3,4-tetrahydro-, betain 2547
$C_{21}H_{25}NO_6$
Pyridin-3,5-dicarbonsäure, 4-[3-Acetoxy-phenyl]-2,6-dimethyl-1,4-dihydro-, diäthylester 2622
–, 4-[3,4-Dimethoxy-phenyl]-2,6-dimethyl-, diäthylester 2666
Pyrrol-2-carbonsäure, 5-Acetoxymethyl-4-[2-äthoxycarbonyl-äthyl]-3-methyl-, benzylester 2581
$[C_{21}H_{25}N_2O]^+$
Piperidinium, 1-Benzyl-4-cyan-4-[2-methoxy-phenyl]-1-methyl- 2204
$[C_{21}H_{25}N_2O]Br$ 2204
–, 1-Benzyl-4-cyan-4-[3-methoxy-phenyl]-1-methyl- 2206
$[C_{21}H_{25}N_2O]Br$ 2206
$[C_{21}H_{26}NO_4]^+$
Isochinolinium, 1-Benzyl-1-carboxy-6,7-dimethoxy-2,2-dimethyl-1,2,3,4-tetrahydro- 2547
$[C_{21}H_{26}NO_4]Cl$ 2547
$C_{21}H_{26}N_2O_3$
Isochinolin-1-carbonsäure, 6,7-Diäthoxy-1-methyl-1,2,3,4-tetrahydro-, anilid 2485
$C_{21}H_{26}N_2O_8$
Pyridin-3,5-dicarbonsäure, 4-[3,4-Dimethoxy-2-nitro-phenyl]-2,6-dimethyl-1,4-dihydro-, diäthylester 2661
–, 4-[3,4-Dimethoxy-5-nitro-phenyl]-2,6-dimethyl-1,4-dihydro-, diäthylester 2662
–, 4-[4,5-Dimethoxy-2-nitro-phenyl]-2,6-dimethyl-1,4-dihydro-, diäthylester 2662
$C_{21}H_{27}NO_3$
Chinolin-2-carbonsäure, 3-[3-Cyclohexyl-propyl]-4-hydroxy-, äthylester 2359
$C_{21}H_{27}NO_5$
Chinolin-2-carbonsäure, 3-[6-Äthoxycarbonyl-hexyl]-4-hydroxy-, äthylester 2625
$C_{21}H_{27}NO_6$
Pyridin-3,5-dicarbonsäure, 4-[3,4-Dimethoxy-phenyl]-2,6-dimethyl-1,4-dihydro-, diäthylester 2660
$C_{21}H_{27}N_3O_7$
Prolin, 1-[1-(*N*-Benzyloxycarbonyl-glycyl)-prolyl]-4-hydroxy-, methylester 2066
–, 1-[*N*-(1-Benzyloxycarbonyl-prolyl)-glycyl]-4-hydroxy-, methylester 2064
$C_{21}H_{28}N_2O_8$
Asparaginsäure, *N*-[1-Benzyloxycarbonyl-4-hydroxy-prolyl]-, diäthylester 2062
$C_{21}H_{29}NO_4$
Chinolin-4-carbonsäure, 4-Benzoyloxy-1,2,8a-trimethyl-decahydro-, methylester 2114
Essigsäure, [3-Butyl-9,10-dimethoxy-1,6,7,11b-tetrahydro-4*H*-pyrido[2,1-*a*]isochinolin-2-yl]- 2541
–, [3-Isobutyl-9,10-dimethoxy-1,6,7,11b-tetrahydro-4*H*-pyrido[2,1-*a*]isochinolin-2-yl]- 2542
Undecansäure, 11-[5,8-Dihydroxy-4-methyl-[2]chinolyl]- 2542
$C_{21}H_{29}NO_5$
Propionsäure, 3-[3-(2-Acetoxy-äthyl)-1-benzoyl-[4]piperidyl]-, äthylester 2090
$C_{21}H_{29}NO_8$
Malonsäure, [1-Äthoxycarbonylmethyl-6,7-dimethoxy-3,4-dihydro-1*H*-[2]isochinolylmethyl]-äthyl- 2484
$C_{21}H_{29}N_3O_2$
Chinolin-4-carbonsäure, 2-Butoxy-, [2-piperidino-äthylamid] 2284
$[C_{21}H_{30}NO_4]^+$
Pyrido[2,1-*a*]isochinolinylium, 2-Äthoxycarbonylmethyl-3-äthyl-9,10-dimethoxy-1,2,3,4,6,7-hexahydro- 2541
$[C_{21}H_{30}NO_4]ClO_4$ 2541
$[C_{21}H_{30}NO_4]I$ 2541
$C_{21}H_{30}N_2O_3$
Chinolin-4-carbonsäure, 2-Äthoxy-, [3-diäthylamino-2,2-dimethyl-propylester] 2277
–, 2-Butoxy-, [3-diäthylamino-propylester] 2276

$C_{21}H_{30}N_2O_3$ (Fortsetzung)
Chinolin-4-carbonsäure, 2-[2-Diäthylamino-äthoxy]-, isopentylester 2272
—, 2-Isopentyloxy-, [2-diäthylamino-äthylester] 2275
$C_{21}H_{30}N_2O_4$
Chinolin-4-carbonsäure, 2-Isopropoxy-, [2-(2-diäthylamino-äthoxy)-äthylester] 2273
Propionsäure, 3-[6,7-Dimethoxy-2-methyl-[4]chinolyl]-, [2-diäthylamino-äthylester] 2536
$C_{21}H_{31}NO_4$
Essigsäure, [3-Äthyl-9,10-dimethoxy-1,3,4,6,7,11b-hexahydro-2*H*-pyrido[2,1-*a*]isochinolin-2-yl]-, äthylester 2505
—, [3-Butyl-9,10-dimethoxy-1,3,4,6,7,11b-hexahydro-2*H*-pyrido[2,1-*a*]isochinolin-2-yl]- 2509
—, [3-Isobutyl-9,10-dimethoxy-1,3,4,6,7,11b-hexahydro-2*H*-pyrido[2,1-*a*]isochinolin-2-yl]- 2509
Piperidin-4-carbonsäure, 4-Benzoyloxy-1,2,5-trimethyl-, isopentylester 2083
$C_{21}H_{31}NO_6$
Buttersäure, 2-[2-(2-Äthoxycarbonyl-äthyl)-6,7-dimethoxy-1,2,3,4-tetrahydro-[1]isochinolyl]-, methylester 2487
Essigsäure, [2-(2-Äthoxycarbonyl-propyl)-6,7-dimethoxy-1,2,3,4-tetrahydro-[1]isochinolyl]-, äthylester 2483
Propionsäure, 3-[2-Äthoxycarbonylmethyl-6,7-dimethoxy-1,2,3,4-tetrahydro-[1]isochinolyl]-2-methyl-, äthylester 2488
$C_{21}H_{31}NO_7$
Essigsäure, [2-(2-Äthoxycarbonyl-äthyl)-6,7,8-trimethoxy-1,2,3,4-tetrahydro-[1]isochinolyl]-, äthylester 2601
$C_{21}H_{31}N_3O_2$
Chinolin-4-carbonsäure, 2-Äthoxy-, [4-diäthylamino-1-methyl-butylamid] 2282
—, 2-Äthoxy-, [5-diäthylamino-pentylamid] 2281
—, 2-Butoxy-, [2-diäthylamino-propylamid] 2285
—, 2-Butoxy-, [3-diäthylamino-propylamid] 2285
—, 2-Isopentyloxy-, [2-diäthylamino-äthylamid] 2286
—, 6-Isopentyloxy-, [2-diäthylamino-äthylamid] 2301
—, 2-Pentyloxy-, [2-diäthylamino-äthylamid] 2286
—, 2-Propoxy-, [äthyl-(2-diäthylamino-äthyl)-amid] 2282
$C_{21}H_{31}N_3O_3$
Chinolin-4-carbonsäure, 2-Butoxy-, [3-diäthylamino-2-hydroxy-propylamid] 2286
$[C_{21}H_{32}N_3O_2]^+$
Ammonium, Diäthyl-[2-(2-butoxy-chinolin-4-carbonylamino)-äthyl]-methyl- 2284
$[C_{21}H_{32}N_3O_2]I$ 2284
$C_{21}H_{33}NO_4$
Cyclopentadeca[*b*]pyridin-3-carbonsäure, 2,4-Dihydroxy-6,7,8,9,10,11,12,13,14,15,16,17-dodecahydro-5*H*-, äthylester 2489
Piperidin-4-carbonsäure, 5-Äthyl-2-[2-äthyl-4,5-dimethoxy-phenyl]-1-methyl-, äthylester 2489
$[C_{21}H_{33}N_2O_2]^+$
Piperidinium, 4-Hydroxy-1,1-dimethyl-3-[3-oxo-3-piperidino-propyl]-4-phenyl- 2211
$[C_{21}H_{33}N_2O_2]I$ 2211
$C_{21}H_{34}N_2O_4$
Isonicotinsäure, 2,6-Dibutoxy-, [2-piperidino-äthylester] 2463
$C_{21}H_{36}N_2O_4$
Isonicotinsäure, 2,6-Dibutoxy-, [3-diäthylamino-propylester] 2463
—, 2,6-Dibutoxy-, [3-dimethylamino-1,1-dimethyl-propylester] 2464

C_{22}

$C_{22}H_{12}N_2O$
Acenaphtho[1,2-*b*]pyridin-9-carbonitril, 8-Hydroxy-10-phenyl- 2450
$C_{22}H_{13}BrFNO_3$
Chinolin-4-carbonsäure, 6-Brom-2-[3-fluor-4-hydroxy-phenyl]-3-phenyl- 2445
$C_{22}H_{14}BrNO_3$
Chinolin-4-carbonsäure, 2-Biphenyl-4-yl-6-brom-3-hydroxy- 2443
—, 6-Brom-2-[4-hydroxy-phenyl]-3-phenyl- 2445
$C_{22}H_{14}ClNO_3$
Chinolin-4-carbonsäure, 2-[3′-Chlor-4′-hydroxy-biphenyl-4-yl]- 2443
$C_{22}H_{14}FNO_3$
Chinolin-4-carbonsäure, 2-[3-Fluor-4-hydroxy-phenyl]-3-phenyl- 2444
—, 2-[5-Fluor-2-hydroxy-phenyl]-3-phenyl- 2444
$C_{22}H_{15}NO_2S$
Chinolin-4-carbonsäure, 2-[4-Phenylmercapto-phenyl]- 2400
$C_{22}H_{15}NO_3$
Chinolin-4-carbonsäure, 2-Biphenyl-4-yl-3-hydroxy- 2443

$C_{22}H_{15}NO_3$ (Fortsetzung)
Chinolin-4-carbonsäure, 2-[4'-Hydroxy-biphenyl-4-yl]- 2443
–, 2-[6-Hydroxy-biphenyl-3-yl]- 2442
–, 7-Hydroxy-2,3-diphenyl- 2444
–, 2-[4-Hydroxy-phenyl]-3-phenyl- 2444
–, 2-[4-Phenoxy-phenyl]- 2396
–, 3-Phenoxy-2-phenyl- 2383
Chinolin-8-carbonsäure, 2-Biphenyl-4-yl-3-hydroxy- 2444
Phenaleno[1,2,3-*de*]chinolin-1-carbonsäure, 2-Hydroxy-, äthylester 2442

$C_{22}H_{15}NO_4$
Chinolin-4-carbonsäure, 2,3-Bis-[4-hydroxy-phenyl]- 2564

$C_{22}H_{16}BrNO_2S$
Chinolin-4-carbonsäure, 6-Brom-3-methyl-2-[6-methylmercapto-[2]naphthyl]- 2440

$C_{22}H_{16}BrNO_3$
Chinolin-4-carbonsäure, 2-[5-Brom-6-methoxy-[2]naphthyl]-6-methyl- 2440
–, 6-Brom-2-[6-methoxy-[2]naphthyl]-3-methyl- 2440

$C_{22}H_{16}ClNO_2S$
Chinolin-4-carbonsäure, 6-Chlor-3-methyl-2-[6-methylmercapto-[2]naphthyl]- 2440

$C_{22}H_{16}N_2O_4S_2$
Disulfid, Bis-[4-methoxycarbonyl-[8]chinolyl]- 2304

$C_{22}H_{17}NO_2S$
Chinolin-4-carbonsäure, 3-Methyl-2-[6-methylmercapto-[2]naphthyl]- 2440
–, 6-Methyl-2-[6-methylmercapto-[2]naphthyl]- 2440

$C_{22}H_{17}NO_3$
Benzo[*f*]chinolin-2-carbonsäure, 1-Hydroxy-3-phenyl-, äthylester 2437
Benzo[*h*]chinolin-3-carbonsäure, 4-Hydroxy-2-phenyl-, äthylester 2436
Chinolin-3-carbonsäure, 4-Hydroxy-2-[2]naphthyl-, äthylester 2437
Chinolin-4-carbonsäure, 2,6-Dimethyl-3-[1]naphthyloxy- 2340
–, 2,6-Dimethyl-3-[2]naphthyloxy- 2340
–, 2-[2-Methoxy-6-methyl-[1]naphthyl]- 2439
–, 2-[6-Methoxy-[2]naphthyl]-3-methyl- 2439

$C_{22}H_{17}NO_3S$
Benzo[*f*]chinolin-1-carbonsäure, 3-[4-Methoxy-phenyl]-8-methylmercapto- 2562

$C_{22}H_{17}NO_4$
Benzo[*f*]chinolin-1-carbonsäure, 3-[3,4-Dimethoxy-phenyl]- 2562
Chinolin-4-carbonsäure, 2-[3,6-Dimethoxy-[2]naphthyl]- 2563
–, 2-[4,5-Dimethoxy-[1]naphthyl]- 2563
–, 2-[4,6-Dimethoxy-[1]naphthyl]- 2563
–, 2-[4,7-Dimethoxy-[1]naphthyl]- 2563
–, 2-[6,7-Dimethoxy-[2]naphthyl]- 2563

$C_{22}H_{18}N_2O_3$
Isonicotinsäure, 6-Biphenyl-4-yl-3-cyan-2-methoxy-, äthylester 2643
Nicotinsäure, 5-Cyan-2-hydroxy-4-phenyl-6-*p*-tolyl-, äthylester 2643

$C_{22}H_{18}N_2O_4$
Nicotinsäure, 5-Cyan-2-hydroxy-6-[4-methoxy-phenyl]-4-phenyl-, äthylester 2673

$C_{22}H_{19}ClN_2O_3$
Carbazol-3-carbonsäure, 9-Äthyl-2-hydroxy-, [4-chlor-2-methoxy-anilid] 2365

$C_{22}H_{19}NO_3$
Benz[*g*]indol-3-carbonsäure, 5-Hydroxy-2-methyl-1-phenyl-, äthylester 2367

$[C_{22}H_{20}NO_5]^+$
Pyridinium, 1-Benzyl-3-hydroxy-4,5-bis-methoxycarbonyl-2-phenyl- 2627
$[C_{22}H_{20}NO_5]Cl$ 2627
$[C_{22}H_{20}NO_5]C_6H_2N_3O_7$ 2627

$C_{22}H_{20}N_2O_2$
Carbazol-3-carbonsäure, 9-Äthyl-2-hydroxy-, *o*-toluidid 2365

$C_{22}H_{20}N_2O_3$
Carbazol-3-carbonsäure, 2-Hydroxy-9-methyl-, [4-methoxy-2-methyl-anilid] 2364
–, 2-Hydroxy-9-methyl-, *o*-phenetidid 2364

$C_{22}H_{20}N_2O_4$
Carbazol-2-carbonsäure, 3-Hydroxy-9-methyl-, [2,5-dimethoxy-anilid] 2363
Carbazol-3-carbonsäure, 2-Hydroxy-9-methyl-, [2,5-dimethoxy-anilid] 2364
Indol-3-carbonsäure, 5-Benzoyloxy-1-[2-cyan-äthyl]-2-methyl-, äthylester 2232

$C_{22}H_{20}N_2O_4S$
Sulfid, Bis-[2-äthoxycarbonyl-indol-3-yl]- 2214

$C_{22}H_{20}N_2O_4S_2$
Disulfid, Bis-[3-carboxymethyl-1-methyl-indol-2-yl]- 2221

$C_{22}H_{20}N_2O_6S$
Sulfon, Bis-[3-carboxymethyl-2-methyl-indol-5-yl]- 2238

$C_{22}H_{21}NO_8$
Chinolin-4-carbonsäure, 2-[2-Glucopyranosyloxy-phenyl]- 2394

$C_{22}H_{21}N_3O_4$

Buttersäure, 3-[2-Hydroxy-3-phenyl-chinolin-4-carbonylhydrazono]-, äthylester 2403

—, 3-[2-(4-Hydroxy-phenyl)-chinolin-4-carbonylhydrazono]-, äthylester 2397

$C_{22}H_{22}N_2O_5$

Äther, [3-Methoxycarbonylmethyl-indolin-2-yl]-[3-methoxycarbonylmethyl-indol-2-yl]- 2221

$C_{22}H_{23}ClN_2O_4$

Essigsäure, [3-Acetoxy-1-benzoyl-[2]piperidyl]-, [4-chlor-anilid] 2073

$C_{22}H_{23}NO_3$

Chinolin-4-carbonsäure, 2-[6-Äthoxy-3-isopropyl-2-methyl-phenyl]- 2422

—, 2-[4-Butoxy-3-methyl-phenyl]-3-methyl- 2418

—, 2-[2-*tert*-Butyl-4-methoxy-6-methyl-phenyl]- 2423

—, 2-[2,5-Dimethyl-4-propoxy-phenyl]-3-methyl- 2421

—, 2-[4-Hydroxy-5-isopropyl-2-methyl-phenyl]-, äthylester 2423

—, 2-[2-Hydroxy-5-*tert*-pentyl-phenyl]-3-methyl- 2424

—, 2-[2-Isopentyloxy-5-methyl-phenyl]- 2407

—, 2-[4-Isopentyloxy-3-methyl-phenyl]- 2406

$C_{22}H_{23}NO_4$

Chinolin-4-carbonsäure, 3-[4-Butoxy-phenoxy]-2,6-dimethyl- 2340

Essigsäure, [1-Benzoyl-5-hydroxy-1,2,2a,3,4,5-hexahydro-benz[*cd*]indol-5-yl]-, äthylester 2243

$C_{22}H_{23}NO_5$

Essigsäure, [3-Äthoxycarbonyl-2-methyl-1-phenyl-indol-5-yloxy]-, äthylester 2230

$C_{22}H_{23}NO_6$

Isochinolin-3-carbonsäure, 6,7-Dimethoxy-1-veratryl-, methylester 2672

$C_{22}H_{23}N_3O_7$

Chinolin-4-carbonsäure, 2-[2-Glucopyranosyloxy-phenyl]-, hydrazid 2395

$C_{22}H_{24}N_2O_2$

Chinolin-4-carbonsäure, 2-Phenäthyloxy-, diäthylamid 2288

Essigsäure, [5-Benzyloxy-indol-3-yl]-, piperidid 2224

$C_{22}H_{24}N_2O_2S$

Hexa-2,4-diensäure, 6-[1-Äthyl-1*H*-[2]chinolyliden]-3-äthylmercapto-2-cyan-, äthylester 2634

$C_{22}H_{24}N_2O_6$

Glycin, *N*-[1-Benzyloxycarbonyl-4-hydroxy-prolyl]-, benzylester 2061

Phenylalanin, *N*-[1-Benzyloxycarbonyl-4-hydroxy-prolyl]- 2062

$C_{22}H_{24}N_2O_7$

Tyrosin, *N*-[1-Benzyloxycarbonyl-4-hydroxy-prolyl]- 2062

$C_{22}H_{25}ClN_2O_2$

Propionsäure, 2-[2-(4-Chlor-phenyl)-1-methyl-indol-3-yl]-2-hydroxy-, diäthylamid 2377

$C_{22}H_{25}NO_4$

Pyridin-3-carbonsäure, 4,6-Bis-[4-methoxy-phenyl]-2,3,4,5-tetrahydro-, äthylester 2551

—, 4,6-Bis-[4-methoxy-phenyl]-3,4,5,6-tetrahydro-, äthylester 2551

$C_{22}H_{25}NO_6$

Isochinolin-3-carbonsäure, 6,7-Dimethoxy-1-veratryl-3,4-dihydro-, methylester 2669

$C_{22}H_{25}NO_7$

Pyridin-3,5-dicarbonsäure, 4-[4-Acetoxy-3-methoxy-phenyl]-2,6-dimethyl-, diäthylester 2666

$C_{22}H_{25}N_3O_2$

Chinolin-4-carbonsäure, 2-[2-Diäthylamino-äthoxy]-, anilid 2289

$[C_{22}H_{26}NO_3]^+$

Chinolinium, 3-Äthoxycarbonyl-2-[4-methoxy-styryl]-1-methyl-5,6,7,8-tetrahydro- 2378

$[C_{22}H_{26}NO_3]CH_3O_4S$ 2378

$C_{22}H_{26}N_2O_2$

Propionsäure, 2-Hydroxy-2-[1-methyl-2-phenyl-indol-3-yl]-, diäthylamid 2377

$C_{22}H_{26}N_2O_2S$

Hexa-2,4-diensäure, 3-Äthylmercapto-2-cyan-6-[1,3,3-trimethyl-indolin-2-yliden]-, äthylester 2633

$C_{22}H_{26}N_4O_4S$

Sulfid, Bis-[3-(2-äthoxycarbonyl-äthyl)-5-cyan-4-methyl-pyrrol-2-yl]- 2579

$C_{22}H_{27}NO_3$

Piperidin-4-carbonsäure, 1-Benzyl-4-[3-methoxy-phenyl]-, äthylester 2206

$C_{22}H_{27}NO_7$

Pyridin-3,5-dicarbonsäure, 4-[4-Acetoxy-3-methoxy-phenyl]-2,6-dimethyl-1,4-dihydro-, diäthylester 2661

$[C_{22}H_{27}N_2O_2]^+$
Piperidinium, 1-Benzyl-4-cyan-4-[2,3-dimethoxy-phenyl]-1-methyl- 2486
$[C_{22}H_{27}N_2O_2]Br$ 2486

$C_{22}H_{27}N_3O_2$
Malononitril, [3-Butyl-9,10-dimethoxy-1,3,4,6,7,11b-hexahydro-pyrido[2,1-*a*]isochinolin-2-yliden]- 2664
–, [3-Isobutyl-9,10-dimethoxy-1,3,4,6,7,11b-hexahydro-pyrido[2,1-*a*]isochinolin-2-yliden]- 2664

$C_{22}H_{28}N_2O_4$
Essigsäure, [3-Äthyl-9,10-dimethoxy-1,3,4,6,7,11b-hexahydro-pyrido[2,1-*a*]isochinolin-2-yliden]-cyan-, äthylester 2662

$C_{22}H_{28}N_2O_8S$
Sulfid, Bis-[5-äthoxycarbonyl-3-(2-carboxy-äthyl)-4-methyl-pyrrol-2-yl]- 2579

$C_{22}H_{29}NO_5$
Chinolin-2-carbonsäure, 3-[7-Äthoxycarbonyl-heptyl]-4-hydroxy-, äthylester 2626

$[C_{22}H_{30}NO_6]^+$
Isochino[1,2-*a*]isochinolinium, 5,6-Dicarboxy-11,12-dimethoxy-7-methyl-2,3,4,4a,5,6,8,9,13b,13c-decahydro-1*H*- 2663
$[C_{22}H_{30}NO_6]I$ 2663

$C_{22}H_{30}N_2O_2S$
Chinolin-4-thiocarbonsäure, 2-Butoxy-, *S*-[3-piperidino-propylester] 2295

$C_{22}H_{30}N_2O_3$
Chinolin-4-carbonsäure, 2-Cyclohexyloxy-, [2-diäthylamino-äthylester] 2275
–, 2-[2-Diäthylamino-äthoxy]-, cyclohexylester 2273

$C_{22}H_{30}N_2O_4$
Essigsäure, [3-Äthyl-9,10-dimethoxy-1,3,4,6,7,11b-hexahydro-2*H*-pyrido[2,1-*a*]isochinolin-2-yl]-cyan-, äthylester 2657

$C_{22}H_{30}N_2O_8$
Glutaminsäure, *N*-[1-Benzyloxycarbonyl-4-hydroxy-prolyl]-, diäthylester 2062

$C_{22}H_{31}NO_7$
Isochinolin-1-carbonsäure, 2-[2-Äthoxycarbonylmethyl-butyryl]-6,7-dimethoxy-1,2,3,4-tetrahydro-, äthylester 2481

$C_{22}H_{31}NO_8$
Malonsäure, [1-Äthoxycarbonylmethyl-6,7-dimethoxy-3,4-dihydro-1*H*-[2]isochinolylmethyl]-isopropyl- 2484
–, [1-Äthoxycarbonylmethyl-6,7-dimethoxy-3,4-dihydro-1*H*-[2]isochinolylmethyl]-methyl-, dimethylester 2484
–, Äthyl-[6,7-dimethoxy-1-methoxycarbonylmethyl-3,4-dihydro-1*H*-[2]isochinolylmethyl]-, dimethylester 2484

$C_{22}H_{31}N_3O_2$
Chinolin-4-carbonsäure, 2-Cyclohexyloxy-, [2-diäthylamino-äthylamid] 2288
Nicotinsäure, 2-[2-Dibutylamino-äthoxy]-, anilid 2141

$C_{22}H_{32}N_2O_3$
Chinolin-4-carbonsäure, 2-Propoxy-, [3-diäthylamino-2,2-dimethyl-propylester] 2277
Piperidin, 1-[3-(4-Acetoxy-1-methyl-4-phenyl-[3]piperidyl)-propionyl]- 2210

$C_{22}H_{32}N_2O_3S$
Chinolin-4-carbonsäure, 2-Butoxy-, [2-(2-diäthylamino-äthylmercapto)-äthylester] 2273

$C_{22}H_{32}N_2O_4$
Chinolin-4-carbonsäure, 2-Butoxy-, [2-(2-diäthylamino-äthoxy)-äthylester] 2273

$C_{22}H_{32}N_2O_5$
Äther, Bis-[5-äthoxycarbonyl-3-äthyl-4-methyl-pyrrol-2-ylmethyl]- 2130

$C_{22}H_{33}NO_4$
Essigsäure, [3-Äthyl-9,10-dimethoxy-1-methyl-1,3,4,6,7,11b-hexahydro-2*H*-pyrido[2,1-*a*]isochinolin-2-yl]-, äthylester 2508

$C_{22}H_{33}NO_6$
Essigsäure, [2-(2-Äthoxycarbonyl-butyl)-6,7-dimethoxy-1,2,3,4-tetrahydro-[1]isochinolyl]-, äthylester 2483

$C_{22}H_{33}N_3O$
Chinolin-4-carbimidsäure, 2-Butoxy-, dibutylamid 2291

$C_{22}H_{33}N_3O_2$
Chinolin-4-carbonsäure, 2-Äthoxy-, [2-dibutylamino-äthylamid] 2280
–, 2-Butoxy-, [äthyl-(2-diäthylamino-äthyl)-amid] 2285
–, 2-Butoxy-, [4-diäthylamino-butylamid] 2285
–, 2-Hexyloxy-, [2-diäthylamino-äthylamid] 2287
–, 2-Isopropoxy-, [4-diäthylamino-1-methyl-butylamid] 2282

$C_{22}H_{33}N_3O_2S$
Chinolin-4-carbonsäure, 2-Butoxy-, [2-(2-diäthylamino-äthylmercapto)-äthylamid] 2283

$C_{22}H_{33}N_3O_3$
Chinolin-4-carbonsäure, 2-[2-Diäthylamino-äthoxy]-, [2-diäthylamino-äthylester] 2276

$C_{22}H_{36}N_2O_4$
Isonicotinsäure, 2,6-Dibutoxy-, [3-piperidino-propylester] 2463

$C_{22}H_{37}NO_9$
Pyrrolidin-1,2-dicarbonsäure, 4-[*β*-Äthoxy-isopropyl]-3-[bis-äthoxycarbonyl-methyl]-, diäthylester 2675

$C_{22}H_{38}N_2O_4$
Isonicotinsäure, 2,6-Bis-isopentyloxy-, [2-diäthylamino-äthylester] 2463

$C_{22}H_{39}N_3O_3$
Isonicotinsäure, 2,6-Bis-isopentyloxy-, [2-diäthylamino-äthylamid] 2465

C_{23}

$C_{23}H_{15}ClN_2O_2$
Benzo[*a*]carbazol-8-carbonsäure, 9-Hydroxy-11*H*-, [2-chlor-anilid] 2427
—, 9-Hydroxy-11*H*-, [3-chlor-anilid] 2427
—, 9-Hydroxy-11*H*-, [4-chlor-anilid] 2427
Benzo[*c*]carbazol-10-carbonsäure, 9-Hydroxy-7*H*-, [3-chlor-anilid] 2427
—, 9-Hydroxy-7*H*-, [4-chlor-anilid] 2427

$C_{23}H_{15}NO_5$
Chinolin-4-carbonsäure, 3-[4-Carboxy-phenoxy]-2-phenyl- 2384
Chinolin-4,8-dicarbonsäure, 2-Biphenyl-4-yl-3-hydroxy- 2645

$C_{23}H_{16}BrNO_3$
Chinolin-4-carbonsäure, 2-[3-Brom-4-methoxy-phenyl]-3-phenyl- 2445

$C_{23}H_{16}ClNO_3$
Chinolin-4-carbonsäure, 2-[3′-Chlor-4′-hydroxy-biphenyl-4-yl]-3-methyl- 2447
—, 2-[3′-Chlor-2′-methoxy-biphenyl-4-yl]- 2443
—, 2-[3′-Chlor-4′-methoxy-biphenyl-4-yl]- 2443
—, 2-[5-Chlor-6-methoxy-biphenyl-3-yl]- 2443
—, 2-[3-Chlor-4-methoxy-phenyl]-3-phenyl- 2445

$C_{23}H_{16}FNO_3$
Chinolin-4-carbonsäure, 2-[3-Fluor-4-methoxy-phenyl]-3-phenyl- 2445
—, 2-[5-Fluor-2-methoxy-phenyl]-3-phenyl- 2444

$C_{23}H_{16}N_2O_4S$
Chinolin-3-carbonitril, 5-Benzolsulfonyloxy-6-methoxy-2-phenyl- 2553

$C_{23}H_{17}ClN_2O_2$
Benzo[*a*]carbazol-8-carbonsäure, 9-Hydroxy-6,11-dihydro-5*H*-, [3-chlor-anilid] 2415
—, 9-Hydroxy-6,11-dihydro-5*H*-, [4-chlor-anilid] 2415

$C_{23}H_{17}NO_2S$
Chinolin-4-carbonsäure, 3-Methyl-2-[4-phenylmercapto-phenyl]- 2412

$C_{23}H_{17}NO_3$
Chinolin-2-carbonsäure, 6-Benzhydryl-4-hydroxy- 2445
Chinolin-4-carbonsäure, 3-Benzyl-7-hydroxy-2-phenyl- 2446
—, 2-[6-Hydroxy-biphenyl-3-yl]-3-methyl- 2446
—, 2-[4-Hydroxy-2-methyl-phenyl]-3-phenyl- 2447
—, 2-[4′-Methoxy-biphenyl-4-yl]- 2443
—, 2-[6-Methoxy-biphenyl-3-yl]- 2442
—, 7-Methoxy-2,3-diphenyl- 2444
—, 3-Methyl-2-[4-phenoxy-phenyl]- 2409
Naphth[1,2-*c*]acridin-7-carbonsäure, 14-Methoxy-5,6-dihydro- 2445

$C_{23}H_{17}NO_4$
Chinolin-4-carbonsäure, 2-[4-Methoxy-phenyl]-3-phenoxy- 2555

$C_{23}H_{17}N_3O_2$
Chinolin-4-carbonsäure, 6-Hydroxy-2-phenyl-, benzylidenhydrazid 2389

$C_{23}H_{18}BrNO_3$
Chinolin-4-carbonsäure, 3-Äthyl-6-brom-2-[6-methoxy-[2]naphthyl]- 2441

$C_{23}H_{18}N_2O_2$
Chinolin-3-carbonsäure, 4-Hydroxy-2-phenyl-, *p*-toluidid 2380

$C_{23}H_{19}NO_2S$
Chinolin-4-carbonsäure, 3,6-Dimethyl-2-[6-methylmercapto-[2]naphthyl]- 2441

$C_{23}H_{19}NO_3$
Chinolin-4-carbonsäure, 2-[5-Äthyl-6-methoxy-[2]naphthyl]- 2441
—, 3-Äthyl-2-[6-methoxy-[2]naphthyl]- 2441

$C_{23}H_{19}NO_4$
Chinolin-4-carbonsäure, 2-[6,7-Dimethoxy-[2]naphthyl]-3-methyl- 2563

$C_{23}H_{20}N_2O$
Pyrrolidin-2-carbonitril, 5-Hydroxy-1,2,3-triphenyl- 2368

$C_{23}H_{20}N_2O_3$
Nicotinsäure, 5-Cyan-6-[4-methoxy-phenyl]-2-methyl-4-phenyl-, äthylester 2644

$C_{23}H_{21}Cl_3N_2OS$
Isonicotinsäure, 2-Äthylmercapto-6-chlor-, [3,3-bis-(4-chlor-phenyl)-propylamid] 2164
$C_{23}H_{21}Cl_3N_2O_2$
Isonicotinsäure, 2-Äthoxy-6-chlor-, [3,3-bis-(4-chlor-phenyl)-propylamid] 2160
$C_{23}H_{21}NO_5$
Pyridin-3,4-dicarbonsäure, 6-Benzyl-5-benzyloxy-, dimethylester 2628
Pyridinium, 1,2-Dibenzyl-3-hydroxy-4,5-bis-methoxycarbonyl-, betain 2628
$C_{23}H_{21}NO_6$
Chinolin-4,8-dicarbonsäure, 3-Hexanoyloxy-2-phenyl- 2641
$C_{23}H_{21}N_3O_4$
Nicotinsäure, 5-Carbazoyl-6-[*β*-hydroxy-phenäthyl]-2-styryl- 2644
$C_{23}H_{21}N_5O_8$
Pyridin-2,6-dicarbonsäure, 3,4-Dihydroxy-, bis-vanillylidenhydrazid 2651
$[C_{23}H_{22}NO_5]^+$
Pyridinium, 1,2-Dibenzyl-3-hydroxy-4,5-bis-methoxycarbonyl- 2628
$[C_{23}H_{22}NO_5]Cl$ 2628
$C_{23}H_{22}N_2O$
Pyrrolidin-2-carbonitril, 5-Methoxy-3-methyl-1-[1]naphthyl-2-phenyl- 2207
$C_{23}H_{22}N_2O_4$
Benzo[*c*]phenanthridin-6-carbonitril, 2,3,7,8-Tetramethoxy-5-methyl-5,6-dihydro- 2673
–, 2,3,8,9-Tetramethoxy-5-methyl-5,6-dihydro- 2673
Prolin, 1-Benzyloxycarbonyl-4-hydroxy-, [2]naphthylamid 2061
$C_{23}H_{22}N_2O_8$
Pyrrol-1,3-dicarbonsäure, 4-[4-Nitro-benzoyloxy]-2-phenyl-2,5-dihydro-, diäthylester 2234
$C_{23}H_{23}NO_5$
Chinolin-3-carbonsäure, 7,8-Dimethoxy-2-[4-methoxy-styryl]-, äthylester 2642
Chinolin-4,8-dicarbonsäure, 3-Hydroxy-2-phenyl-, dipropylester 2641
$C_{23}H_{24}N_2O_2$
Acrylonitril, 2-[3,4-Dimethoxy-phenyl]-3-[2,3,6,7-tetrahydro-1*H*,5*H*-pyrido[3,2,1-*ij*]chinolin-9-yl]- 2560
$C_{23}H_{24}N_2O_3$
Chinolin-4-carbonsäure, 2-Phenyl-6-[2-piperidino-äthoxy]- 2386
$C_{23}H_{25}NO_3$
Chinolin-4-carbonsäure, 2-[4-Äthoxy-5-isopropyl-2-methyl-phenyl]-3-methyl- 2424
–, 3-Äthyl-2-[4-butoxy-3-methyl-phenyl]- 2422
–, 2-[2-Isopentyloxy-4,5-dimethyl-phenyl]- 2417
–, 2-[2-Isopentyloxy-5-methyl-phenyl]-3-methyl- 2418
Pyrrol-2-carbonsäure, 4-Äthyl-5-benzyloxymethyl-3-methyl-, benzylester 2130
$C_{23}H_{25}NO_5$
Indol-2-carbonsäure, 3-[2-Äthoxycarbonyl-äthyl]-5-benzyloxy-, äthylester 2614
$C_{23}H_{25}NO_6$
Chinolin-3-carbonsäure, 6,7-Dimethoxy-2-veratryl-, äthylester 2671
Isochinolin-3-carbonsäure, 7-Äthoxy-1-[4-äthoxy-3-methoxy-benzyl]-6-methoxy- 2672
–, 6,7-Dimethoxy-1-veratryl-, äthylester 2672
$C_{23}H_{25}N_3O_2$
Chinolin-4-carbonsäure, 2-[2-Piperidino-äthoxy]-, anilid 2290
$C_{23}H_{26}N_2O_3$
Chinolin-4-carbonsäure, 2-[2-Diäthylamino-äthoxy]-, benzylester 2273
–, 6-Methoxy-2-phenyl-, [2-diäthylamino-äthylester] 2388
$C_{23}H_{26}N_2O_4$
Chinolin-4-carbonsäure, 2-[2-(2-Diäthylamino-äthoxy)-4-methoxy-phenyl]- 2556
$C_{23}H_{26}N_2O_6$
Phenylalanin, *N*-[1-Benzyloxycarbonyl-4-hydroxy-prolyl]-, methylester 2062
$C_{23}H_{27}NO_6$
Isochinolin-3-carbonsäure, 7-Äthoxy-1-[4-äthoxy-3-methoxy-benzyl]-6-methoxy-3,4-dihydro- 2669
–, 6,7-Dimethoxy-1-veratryl-3,4-dihydro-, äthylester 2670
$C_{23}H_{27}N_3O_2$
Chinolin-4-carbonsäure, 2-Benzyloxy-, [2-diäthylamino-äthylamid] 2288
–, 2-[2-Diäthylamino-äthoxy]-, benzylamid 2290
$C_{23}H_{27}N_3O_3$
Chinolin-4-carbonsäure, 2-[4-Methoxy-phenoxy]-, [2-diäthylamino-äthylamid] 2289
$C_{23}H_{29}NO_6$
Chinolin-3-carbonsäure, 6,7-Dimethoxy-2-veratryl-1,2,3,4-tetrahydro-, äthylester 2667

$C_{23}H_{29}NO_7S$
s. bei $[C_{22}H_{26}NO_3]^+$

$C_{23}H_{29}N_3O_2$
Indol-2-carbonsäure, 5-Äthoxy-3-phenyl-, [2-diäthylamino-äthylamid] 2375

$C_{23}H_{31}NO_8$
Aconit-15-en-4-carbonsäure, 20-Formyl-8,13,14-trihydroxy-1,6-dimethoxy-, methylester 2678
Malonsäure, Allyl-[6,7-dimethoxy-1-methoxycarbonylmethyl-3,4-dihydro-1*H*-[2]isochinolylmethyl]-, dimethylester 2485

$C_{23}H_{33}NO_4$
Essigsäure, [3-Hexyl-9,10-dimethoxy-1,6,7,11b-tetrahydro-4*H*-pyrido[2,1-*a*]isochinolin-2-yl]- 2542
Undecansäure, 11-[5,8-Dimethoxy-4-methyl-[2]chinolyl]- 2542

$C_{23}H_{33}NO_8$
Malonsäure, [1-Äthoxycarbonylmethyl-6,7-dimethoxy-3,4-dihydro-1*H*-[2]isochinolylmethyl]-äthyl-, dimethylester 2484

$C_{23}H_{34}N_2O_3$
Chinolin-4-carbonsäure, 2-Butoxy-, [3-diäthylamino-1,2-dimethyl-propylester] 2276
—, 2-Butoxy-, [3-diäthylamino-2,2-dimethyl-propylester] 2277
—, 2-[2-Diäthylamino-äthoxy]-, heptylester 2272

$C_{23}H_{34}N_2O_4$
Chinolin-4-carbonsäure, 2-Pentyloxy-, [2-(2-diäthylamino-äthoxy)-äthylester] 2274

$C_{23}H_{35}NO_4$
Essigsäure, [3-Hexyl-9,10-dimethoxy-1,3,4,6,7,11b-hexahydro-2*H*-pyrido[2,1-*a*]isochinolin-2-yl]- 2509

$[C_{23}H_{35}N_2O_3]^+$
Ammonium, Triäthyl-[3-(2-butoxy-chinolin-4-carbonyloxy)-propyl]- 2276
$[C_{23}H_{35}N_2O_3]Br$ 2276

$C_{23}H_{35}N_3O_2$
Chinolin-4-carbonsäure, 2-Butoxy-, [4-diäthylamino-1-methyl-butylamid] 2286
—, 2-Heptyloxy-, [2-diäthylamino-äthylamid] 2287
—, 2-Hexyloxy-, [3-diäthylamino-propylamid] 2287
—, 2-Isopentyloxy-, [äthyl-(2-diäthylamino-äthyl)-amid] 2286
—, 2-Pentyloxy-, [äthyl-(2-diäthylamino-äthyl)-amid] 2286

$C_{23}H_{36}N_2O_4$
Buttersäure, 2-Äthyl-2-[6,7-dimethoxy-3,4-dihydro-[1]isochinolyl]-, [2-diäthylamino-äthylester] 2500

$C_{23}H_{38}N_2O_4$
Isonicotinsäure, 2,6-Bis-isopentyloxy-, [2-piperidino-äthylester] 2463

$C_{23}H_{40}N_2O_4$
Isonicotinsäure, 2,6-Bis-isopentyloxy-, [3-diäthylamino-propylester] 2463
—, 2,6-Bis-isopentyloxy-, [3-dimethylamino-1,1-dimethyl-propylester] 2464
—, 2,6-Dibutoxy-, [3-diäthylamino-2,2-dimethyl-propylester] 2464

C_{24}

$C_{24}H_{16}N_2O_5$
[2]Naphthoesäure, 3-Hydroxy-5-[2-hydroxy-carbazol-1-carbonylamino]- 2361
—, 3-Hydroxy-6-[2-hydroxy-carbazol-1-carbonylamino]- 2361

$C_{24}H_{17}ClN_2O_2$
Benzo[*a*]carbazol-8-carbonsäure, 9-Hydroxy-11*H*-, [4-chlor-2-methyl-anilid] 2427
—, 9-Hydroxy-11*H*-, [5-chlor-2-methyl-anilid] 2427

$C_{24}H_{17}ClN_2O_3$
Benzo[*a*]carbazol-8-carbonsäure, 9-Hydroxy-11*H*-, [4-chlor-2-methoxy-anilid] 2427
—, 9-Hydroxy-11*H*-, [5-chlor-2-methoxy-anilid] 2427

$C_{24}H_{17}NO_3$
Indeno[1,2-*g*]chinolin-4-carbonsäure, 2-[4-Methoxy-phenyl]-10*H*- 2450
Indeno[2,1-*f*]chinolin-1-carbonsäure, 3-[4-Methoxy-phenyl]-11*H*- 2451

$C_{24}H_{18}BrNO_3$
Chinolin-4-carbonsäure, 6-Brom-2-[4-methoxy-2-methyl-phenyl]-3-phenyl- 2447
—, 6-Brom-2-[4-methoxy-3-methyl-phenyl]-3-phenyl- 2448

$C_{24}H_{18}BrNO_4$
Chinolin-4-carbonsäure, 6-Brom-2,3-bis-[4-methoxy-phenyl]- 2564
—, 6-Brom-2-[2,4-dimethoxy-phenyl]-3-phenyl- 2564

$C_{24}H_{18}ClNO_3$
Chinolin-4-carbonsäure, 3-Äthyl-2-[3′-chlor-4′-hydroxy-biphenyl-4-yl]- 2449
—, 3-[4-Chlor-benzyl]-2-[4-methoxy-phenyl]- 2446

$C_{24}H_{18}ClNO_3$ (Fortsetzung)
Chinolin-4-carbonsäure, 2-[3'-Chlor-4'-methoxy-biphenyl-4-yl]-3-methyl- 2447

$C_{24}H_{18}Cl_2N_2O_6S_2$
Disulfid, Bis-[3-äthoxycarbonyl-7-chlor-4-hydroxy-[6]chinolyl]- 2521

$C_{24}H_{18}N_2O_2$
Benzo[*c*]carbazol-10-carbonsäure, 9-Hydroxy-7*H*-, *o*-toluidid 2427
Carbazol-3-carbonsäure, 2-Hydroxy-9-methyl-, [1]naphthylamid 2364
–, 2-Hydroxy-9-methyl-, [2]naphthylamid 2364

$C_{24}H_{18}N_2O_3$
Benzo[*a*]carbazol-3-carbonsäure, 2-Hydroxy-11*H*-, *p*-anisidid 2426
Benzo[*a*]carbazol-8-carbonsäure, 9-Hydroxy-11*H*-, *p*-anisidid 2427

$C_{24}H_{18}N_2O_4$
Essigsäure, Biphenyl-4-ylcarbamoyloxy-indol-3-yliden-, methylester 2312

$C_{24}H_{19}NO_3$
Chinolin-4-carbonsäure, 2-[4-Äthoxy-phenyl]-3-phenyl- 2444
–, 3-Äthyl-2-[6-hydroxy-biphenyl-3-yl]- 2449
–, 3-Äthyl-2-[4-phenoxy-phenyl]- 2418
–, 3-Benzyl-2-[4-methoxy-phenyl]- 2446
–, 3-Benzyl-7-methoxy-2-phenyl- 2446
–, 2-[4'-Methoxy-biphenyl-4-yl]-3-methyl- 2447
–, 2-[6-Methoxy-biphenyl-3-yl]-3-methyl- 2447
–, 2-[4-Methoxy-2-methyl-phenyl]-3-phenyl- 2447
–, 2-[4-Methoxy-3-methyl-phenyl]-3-phenyl- 2447
–, 2-*p*-Tolyl-3-*p*-tolyloxy- 2408
Naphth[1,2-*c*]acridin-7-carbonsäure, 14-Methoxy-9-methyl-5,6-dihydro- 2448

$C_{24}H_{19}NO_4$
Chinolin-4-carbonsäure, 2,3-Bis-[4-methoxy-phenyl]- 2564
–, 6,7-Dimethoxy-2,3-diphenyl- 2564

$C_{24}H_{19}N_3O_2$
Chinolin-4-carbonsäure, 6-Methoxy-2-phenyl-, benzylidenhydrazid 2390

$C_{24}H_{20}N_2O_2$
Benzo[*a*]carbazol-8-carbonsäure, 9-Hydroxy-6,11-dihydro-5*H*-, *o*-toluidid 2415

$C_{24}H_{20}N_2O_3$
Benzo[*a*]carbazol-8-carbonsäure, 9-Hydroxy-6,11-dihydro-5*H*-, *p*-anisidid 2415

$C_{24}H_{20}N_2O_6S$
Sulfid, Bis-[3-äthoxycarbonyl-4-hydroxy-[6]chinolyl]- 2521

$C_{24}H_{20}N_2O_6S_2$
Disulfid, Bis-[3-äthoxycarbonyl-4-hydroxy-[6]chinolyl]- 2521
–, Bis-[3-äthoxycarbonyl-4-hydroxy-[8]chinolyl]- 2524

$C_{24}H_{21}NO_3$
Chinolin-4-carbonsäure, 2-[2-Methoxy-6-propyl-[1]naphthyl]- 2441
Indol-2-carbonsäure, 6-Benzyloxy-3-phenyl-, äthylester 2375

$C_{24}H_{21}NO_6$
Acrylsäure, 3-[3-Äthoxycarbonyl-[2]chinolyl]-2-benzoyloxy-, äthylester 2627

$C_{24}H_{21}N_3O_3$
Pyrrolidin-2-carbonitril, 5-Hydroxy-5-methyl-3-[3-nitro-phenyl]-1,2-diphenyl- 2369
–, 5-Methoxy-3-[2-nitro-phenyl]-1,2-diphenyl- 2368
–, 5-Methoxy-3-[4-nitro-phenyl]-1,2-diphenyl- 2368

$C_{24}H_{22}N_2O_2$
Essigsäure, [5-Benzyloxy-indol-3-yl]-, benzylamid 2224

$C_{24}H_{22}N_4O_4$
Äthylendiamin, *N,N'*-Bis-[6-methoxy-chinolin-4-carbonyl]- 2300

$C_{24}H_{23}NO_5$
Acrylsäure, 3-[4-Äthoxycarbonyl-3-hydroxy-5-phenyl-pyrrol-2-yl]-3-phenyl-, äthylester 2644

$C_{24}H_{24}ClNO_4$
Tropan-2-carbonsäure, 3-[9-Chlor-fluoren-9-carbonyloxy]-, methylester 2104

$C_{24}H_{24}N_2O_5$
Nortropan-2-carbonsäure, 8-[*N*-Benzoyl-formimidoyl]-3-benzoyloxy-, methylester 2106

$C_{24}H_{24}N_2O_8$
Indol-3-carbonsäure, 7-[3-Äthoxycarbonyl-4-hydroxy-2-methyl-indol-5-yloxy]-4,5-dihydroxy-2-methyl-, äthylester 2604

$C_{24}H_{25}NO_5$
Tropan-2-carbonsäure, 3-[9-Hydroxy-fluoren-9-carbonyloxy]-, methylester 2104

$C_{24}H_{25}NO_8$
Chinolin-4-carbonsäure, 2-[2-Glucopyranosyloxy-phenyl]-, äthylester 2395

$C_{24}H_{26}BrNO_{12}$
Indol-2-carbonsäure, 6-Brom-3-[tetra-*O*-acetyl-glucopyranosyloxy]-, methylester 2213

$C_{24}H_{27}NO_3$
Chinolin-4-carbonsäure, 2-[2-Isopentyloxy-4,5-dimethyl-phenyl]-3-methyl- 2421

$C_{24}H_{27}NO_5$
Pyridin-3,5-dicarbonsäure, 2-Hydroxy-6-methyl-2,4-diphenyl-1,2,3,4-tetrahydro-, diäthylester 2639
Tropan-3-carbonsäure, 3-Benziloyloxy-, methylester 2108

$C_{24}H_{27}NO_6$
Isochinolin-3-carbonsäure, 7-Äthoxy-1-[4-äthoxy-3-methoxy-benzyl]-6-methoxy-, methylester 2672

$C_{24}H_{27}NO_{12}$
Indol-2-carbonsäure, 3-[Tetra-*O*-acetyl-glucopyranosyloxy]-, methylester 2212

$C_{24}H_{27}N_3O_7$
Prolin, 1-[*N*-(*N*-Benzyloxycarbonyl-glycyl)-glycyl]-4-hydroxy-, benzylester 2064

$[C_{24}H_{28}NO_6]^+$
Pyrido[2,1-*a*]isochinolinium, 3,4-Dicarboxy-9,10-dimethoxy-5-methyl-2-phenyl-1,3,4,6,7,11b-hexahydro-2*H*- 2672
$[C_{24}H_{28}NO_6]I$ 2672

$C_{24}H_{28}N_2O_4$
Isochinolin-3-carbonsäure, 6,7-Dimethoxy-1-phenyl-, [2-diäthylamino-äthylester] 2558
Tropan-3-carbonsäure, 3-Benzoyloxy-, *p*-phenetidid 2108

$C_{24}H_{28}N_2O_6$
Phenylalanin, *N*-[1-Benzyloxycarbonyl-4-hydroxy-prolyl]-, äthylester 2062
Piperidin-3-carbonsäure, 2,6-Dimethyl-4-[4-nitro-benzoyloxy]-1-phenäthyl-, methylester 2078

$C_{24}H_{29}NO_6$
Isochinolin-3-carbonsäure, 7-Äthoxy-1-[4-äthoxy-3-methoxy-benzyl]-6-methoxy-3,4-dihydro-, methylester 2670

$C_{24}H_{29}N_3O_2$
Chinolin-4-carbonsäure, 2-Äthoxy-, [*N*-(2-diäthylamino-äthyl)-anilid] 2281
—, 2-Äthoxy-3-phenyl-, [2-diäthylamino-äthylamid] 2403
—, 6-Äthoxy-2-phenyl-, [2-diäthylamino-äthylamid] 2389
—, 2-[2-Diäthylamino-äthoxy]-, phenäthylamid 2290
—, 6-Methoxy-2-phenyl-, [3-diäthylamino-propylamid] 2389
—, 2-Phenäthyloxy-, [2-diäthylamino-äthylamid] 2288

$C_{24}H_{31}N_3O_2$
Malononitril, [3-Hexyl-9,10-dimethoxy-1,3,4,6,7,11b-hexahydro-pyrido[2,1-*a*]isochinolin-2-yliden]- 2664

$C_{24}H_{32}N_2O_4$
Essigsäure, [3-Butyl-9,10-dimethoxy-1,3,4,6,7,11b-hexahydro-pyrido[2,1-*a*]isochinolin-2-yliden]-cyan-, äthylester 2663
—, Cyan-[3-isobutyl-9,10-dimethoxy-1,3,4,6,7,11b-hexahydro-pyrido[2,1-*a*]isochinolin-2-yliden]-, äthylester 2664

$C_{24}H_{32}N_2O_5$
Isochinolin-1-carbonsäure, 6,7-Diäthoxy-1-[3,4-diäthoxy-phenyl]-1,2,3,4-tetrahydro-, amid 2667

$C_{24}H_{34}N_2O_3S$
Chinolin-4-carbonsäure, 2-Butoxy-, [2-(3-piperidino-propylmercapto)-äthylester] 2273

$C_{24}H_{34}N_2O_4$
Essigsäure, [3-Butyl-9,10-dimethoxy-1,3,4,6,7,11b-hexahydro-2*H*-pyrido[2,1-*a*]isochinolin-2-yl]-cyan-, äthylester 2658
—, Cyan-[3-isobutyl-9,10-dimethoxy-1,3,4,6,7,11b-hexahydro-2*H*-pyrido[2,1-*a*]isochinolin-2-yl]-, äthylester 2658

$C_{24}H_{35}NO_8$
Malonsäure, [1-Äthoxycarbonylmethyl-6,7-dimethoxy-3,4-dihydro-1*H*-[2]isochinolylmethyl]-isopropyl-, dimethylester 2484

$C_{24}H_{35}N_3O_2$
Chinolin-4-carbonsäure, 2-Cyclohexyloxy-, [äthyl-(2-diäthylamino-äthyl)-amid] 2288

$C_{24}H_{36}N_2O_2$
Chinolin-4-carbonsäure, 2-[1-Methoxy-äthyl]-3-methyl-, diisopentylamid 2343

$C_{24}H_{36}N_2O_3$
Chinolin-4-carbonsäure, 2-[2-Diäthylamino-äthoxy]-, octylester 2272

$[C_{24}H_{36}N_3O_4]^+$
Ammonium, Äthoxycarbonylmethyl-diäthyl-[2-(2-butoxy-chinolin-4-carbonylamino)-äthyl]- 2285
$[C_{24}H_{36}N_3O_4]Br$ 2285

$C_{24}H_{37}N_3O_2$
Chinolin-4-carbonsäure, 2-Butoxy-, [2-dibutylamino-äthylamid] 2284
—, 2-Octyloxy-, [2-diäthylamino-äthylamid] 2287

$C_{24}H_{38}N_4O_2$
Chinolin-4-carbonsäure, 2-Äthoxy-, [bis-(2-diäthylamino-äthyl)-amid] 2281

$C_{24}H_{40}N_2O_4$
Isonicotinsäure, 2,6-Bis-isopentyloxy-, [3-piperidino-propylester] 2464

C_{25}

$C_{25}H_{15}N_3O$
Pyridin-3,5-dicarbonitril, 4-[4-Hydroxy-phenyl]-2,6-diphenyl- 2646
$C_{25}H_{16}ClNO_6$
Isochinolin-3-carbonsäure, 6,8-Bis-benzoyloxy-5-chlor-7-methyl- 2534
$C_{25}H_{17}NO_2S$
Benzo[*f*]chinolin-1-carbonsäure, 8-Methylmercapto-3-[1]naphthyl- 2451
$C_{25}H_{17}NO_6$
Chinolin-2-carbonsäure, 4,8-Bis-benzoyloxy-, methylester 2514
$C_{25}H_{17}N_3O$
Pyridin-3,5-dicarbonitril, 4-[3-Hydroxy-phenyl]-2,6-diphenyl-1,4-dihydro- 2645
—, 4-[4-Hydroxy-phenyl]-2,6-diphenyl-1,4-dihydro- 2645
$C_{25}H_{20}BrNO_2S$
Chinolin-4-carbonsäure, 6-Brom-3-[4-methylmercapto-phenäthyl]-2-phenyl- 2448
$C_{25}H_{20}BrNO_3$
Chinolin-4-carbonsäure, 2-[3-Benzyl-4-methoxy-phenyl]-6-brom-3-methyl- 2449
$C_{25}H_{20}ClNO_3$
Chinolin-4-carbonsäure, 3-Äthyl-2-[3′-chlor-4′-methoxy-biphenyl-4-yl]- 2449
$C_{25}H_{20}ClNO_8S_2$
Isochinolin-3-carbonsäure, 5-Chlor-7-methyl-6,8-bis-[toluol-4-sulfonyloxy]- 2534
$C_{25}H_{20}N_2O_3$
Benzo[*a*]carbazol-3-carbonsäure, 2-Hydroxy-11*H*-, [4-methoxy-2-methyl-anilid] 2426
$C_{25}H_{21}NO_2S$
Chinolin-4-carbonsäure, 3-[4-Methylmercapto-phenäthyl]-2-phenyl- 2448
$C_{25}H_{21}NO_3$
Chinolin-2-carbonsäure, 6-Benzhydryl-4-hydroxy-, äthylester 2446
Chinolin-4-carbonsäure, 3-Äthyl-2-[6-methoxy-biphenyl-3-yl]- 2449
—, 2-[2-Methoxy-4,5-dimethyl-phenyl]-3-phenyl- 2450
—, 2-[4-Methoxy-phenyl]-3-[4-methyl-benzyl]- 2448
—, 2-[4-Methoxy-phenyl]-3-phenäthyl- 2448
$C_{25}H_{21}NO_4$
Indol-3-carbonsäure, 5-Benzoyloxy-2-methyl-1-phenyl-, äthylester 2230
$C_{25}H_{21}N_3O_2$
Chinolin-4-carbonsäure, 6-Äthoxy-2-phenyl-, benzylidenhydrazid 2390
—, 6-Methoxy-2-phenyl-, [1-phenyl-äthylidenhydrazid] 2390
$C_{25}H_{22}N_2O_3$
Benzo[*a*]carbazol-8-carbonsäure, 9-Hydroxy-6,11-dihydro-5*H*-, [4-methoxy-2-methyl-anilid] 2415
Chinolin-4-carbonsäure, 6-Methoxy-2-phenyl-, *p*-phenetidid 2388
$C_{25}H_{23}NO_3$
Indol-2-carbonsäure, 6-Benzyloxy-5-methyl-3-phenyl-, äthylester 2377
$C_{25}H_{23}NO_7S_2$
Chinolin-3-carbonsäure, 1-[Toluol-4-sulfonyl]-4-[toluol-4-sulfonyloxy]-1,2-dihydro-, methylester 2220
$[C_{25}H_{24}NO_9]^+$
Pyrrolo[2,1,5-*de*]chinolizinylium, 5-Hydroxy-2a,3,4,5-tetrakis-methoxycarbonyl-2-phenyl-1,2,2a,5-tetrahydro- 2682
$[C_{25}H_{24}NO_9]NO_3$ 2682
$C_{25}H_{24}N_2O_2$
Essigsäure, [5-Benzyloxy-indol-3-yl]-, [benzyl-methyl-amid] 2224
—, Hydroxy-[1-methyl-2-phenyl-indol-3-yl]-phenyl-, dimethylamid 2440
$C_{25}H_{27}ClN_2O_3$
Benzoesäure, 4-[(4-Chlor-phenyl)-hydroxy-[4]pyridyl-methyl]-, [2-diäthylamino-äthylester] 2432
$C_{25}H_{27}NO_5$
Chinolin-4,8-dicarbonsäure, 3-Hydroxy-2-phenyl-, dibutylester 2641
$C_{25}H_{29}NO_6$
Isochinolin-3-carbonsäure, 6,7-Diäthoxy-1-[3,4-diäthoxy-benzyl]- 2672
$[C_{25}H_{30}NO_5]^+$
Nortropanium, 3-Benziloyloxy-3-methoxycarbonyl-8,8-dimethyl- 2108
$[C_{25}H_{30}NO_5]I$ 2108
$C_{25}H_{31}NO_6$
Isochinolin-3-carbonsäure, 6,7-Diäthoxy-1-[3,4-diäthoxy-benzyl]-3,4-dihydro- 2669
$C_{25}H_{31}N_3O_2$
Chinolin-4-carbonsäure, 2-Benzyloxy-, [äthyl-(2-diäthylamino-äthyl)-amid] 2288
—, 3-Phenyl-2-propoxy-, [2-diäthylamino-äthylamid] 2403
$C_{25}H_{32}N_2O_4$
Piperidin-4-carbonsäure, 4-Benzoyloxy-2,2,6,6-tetramethyl-, *p*-phenetidid 2090

$C_{25}H_{32}N_2O_5$
Buttersäure, 4-[6,7-Dimethoxy-3,4-dihydro-[1]isochinolyl]-, [3,4-dimethoxy-phenäthylamid] 2497
$C_{25}H_{35}NO_9$
Isochinolin-1-carbonsäure, 2-[2-(Bis-äthoxycarbonyl-methyl)-butyryl]-6,7-dimethoxy-1,2,3,4-tetrahydro-, äthylester 2481
$C_{25}H_{37}NO_8$
Malonsäure, [1-Äthoxycarbonylmethyl-6,7-dimethoxy-3,4-dihydro-1*H*-[2]isochinolylmethyl]-butyl-, dimethylester 2484
—, [1-Äthoxycarbonylmethyl-6,7-dimethoxy-3,4-dihydro-1*H*-[2]isochinolylmethyl]-isobutyl-, dimethylester 2484
$C_{25}H_{44}N_2O_4$
Isonicotinsäure, 2,6-Bis-isopentyloxy-, [3-diäthylamino-2,2-dimethyl-propylester] 2464

C_{26}

$C_{26}H_{16}Cl_4N_6O_2S_2$
Disulfid, Bis-[4-(2,4-dichlor-benzylidencarbazoyl)-[3]pyridyl]- 2166
$C_{26}H_{17}NO_3$
Chinolin-4-carbonsäure, 3-[1]Naphthyloxy-2-phenyl- 2383
—, 3-[2]Naphthyloxy-2-phenyl- 2384
$C_{26}H_{17}N_3O$
Pyridin-3,5-dicarbonitril, 4-[2-Methoxy-phenyl]-2,6-diphenyl- 2646
$C_{26}H_{18}N_2O_4$
[2]Naphthoesäure, 3-[4-Hydroxy-2-methyl-benzo[*g*]chinolin-3-carbonylamino]- 2375
$C_{26}H_{18}N_4O_4$
Pyridin-3,5-dicarbonitril, 4-[4-Hydroxy-3-methoxy-2-nitro-phenyl]-2,6-diphenyl-1,4-dihydro- 2674
$C_{26}H_{19}NO_2S_2$
Benzo[*f*]chinolin-1-carbonsäure, 8-Methylmercapto-3-[2-methylmercapto-[1]naphthyl]- 2565
$C_{26}H_{19}NO_3S$
Benzo[*f*]chinolin-1-carbonsäure, 3-[2-Methoxy-[1]naphthyl]-8-methylmercapto- 2564
$C_{26}H_{19}N_3O$
Pyridin-3,5-dicarbonitril, 4-[2-Methoxy-phenyl]-2,6-diphenyl-1,4-dihydro- 2645
$C_{26}H_{20}N_2O_2$
Carbazol-3-carbonsäure, 2-Hydroxy-9-phenyl-, *o*-toluidid 2365
$C_{26}H_{20}N_2O_9$
Äther, Bis-[2,2-dicarboxy-1-[4]chinolyl-äthyl]- 2619
$C_{26}H_{21}NO_4$
Chinolin-2-carbonsäure, 6-Äthoxy-, [α'-oxo-bibenzyl-α-ylester] 2254
$C_{26}H_{21}N_3O_8$
Indol-3-carbonsäure, 5-[3,5-Dinitro-benzoyloxy]-2-methyl-1-*o*-tolyl-, äthylester 2231
$C_{26}H_{22}ClNO_8S_2$
Isochinolin-3-carbonsäure, 5-Chlor-7-methyl-6,8-bis-[toluol-4-sulfonyloxy]-, methylester 2535
$C_{26}H_{22}Cl_4N_4O_2S_2$
Disulfid, Bis-[3-carbamoyl-1-(2,6-dichlor-benzyl)-1,4-dihydro-[4]pyridyl]- 2117
$C_{26}H_{22}Cl_4N_4O_5S$
Schwefligsäure-bis-[3-carbamoyl-1-(2,6-dichlor-benzyl)-1,4-dihydro-[4]pyridylester] 2116
$C_{26}H_{23}NO_3$
Chinolin-4-carbonsäure, 3-[2-Isopropyl-5-methyl-phenoxy]-2-phenyl- 2383
—, 3-[4-Isopropyl-3-methyl-phenoxy]-2-phenyl- 2383
—, 2-[2-Methyl-4-propoxy-phenyl]-3-phenyl- 2447
$C_{26}H_{23}NO_4$
Indol-3-carbonsäure, 5-Benzoyloxy-2-methyl-1-*o*-tolyl-, äthylester 2231
$C_{26}H_{25}NO_3$
Östra-1,3,5(10),16-tetraeno[17,16-*b*]chinolin-4'-carbonsäure, 3-Hydroxy- 2442
$C_{26}H_{26}Cl_4N_4O_5S$
Schwefligsäure-bis-[5-carbamoyl-1-(2,6-dichlor-benzyl)-1,2,3,4-tetrahydro-[3]pyridylester] 2093
$C_{26}H_{26}N_4O_4$
Äthylendiamin, *N,N'*-Bis-[2-äthoxy-chinolin-4-carbonyl]- 2280
$C_{26}H_{27}ClN_2O_3$
Benzoesäure, 4-[(4-Chlor-phenyl)-hydroxy-[4]pyridyl-methyl]-, [2-piperidino-äthylester] 2432
$C_{26}H_{31}NO_6$
Isochinolin-3-carbonsäure, 6,7-Diäthoxy-1-[3,4-diäthoxy-benzyl]-, methylester 2672
$C_{26}H_{31}N_3O_2$
Chinolin-4-carbonsäure, 2-[2-Diäthylamino-äthoxy]-, [1,2,3,4-tetrahydro-[1]naphthylamid] 2290

$C_{26}H_{32}N_2O_6$
Isochinolin-3-carbonsäure, 1-[3,4-Dimethoxy-phenyl]-6,7-dimethoxy-, [2-diäthylamino-äthylester] 2671
$C_{26}H_{33}NO_5$
Piperidin-3,5-dicarbonsäure, 4-Äthyl-4-hydroxy-1-methyl-2,6-diphenyl-, diäthylester 2635
$C_{26}H_{33}NO_6$
Isochinolin-3-carbonsäure, 6,7-Diäthoxy-1-[3,4-diäthoxy-benzyl]-3,4-dihydro-, methylester 2670
$C_{26}H_{33}N_3O_2$
Chinolin-4-carbonsäure, 2-Äthoxy-, [*N*-(2-diäthylamino-äthyl)-2,6-dimethyl-anilid] 2281
–, 2-[2-Diäthylamino-äthoxy]-3-phenyl-, diäthylamid 2403
–, 2-[2-Dibutylamino-äthoxy]-, anilid 2290
$C_{26}H_{34}N_2O_5$
Pyrido[2,1-*a*]isochinolin-2-carbonsäure, 9,10-Dimethoxy-1,3,4,6,7,11b-hexahydro-2*H*-, [3,4-dimethoxy-phenäthylamid] 2499
$C_{26}H_{36}N_2O_4$
Essigsäure, Cyan-[3-hexyl-9,10-dimethoxy-1,3,4,6,7,11b-hexahydro-pyrido[2,1-*a*]isochinolin-2-yliden]-, äthylester 2664
$C_{26}H_{38}N_2O_4$
Essigsäure, Cyan-[3-hexyl-9,10-dimethoxy-1,3,4,6,7,11b-hexahydro-2*H*-pyrido[2,1-*a*]isochinolin-2-yl]-, äthylester 2659
$C_{26}H_{42}N_4O_2$
Chinolin-4-carbonsäure, 2-Butoxy-, [bis-(2-diäthylamino-äthyl)-amid] 2285
$[C_{26}H_{46}N_2O_6]^{2+}$
Hexan, 1,6-Bis-[3-hydroxy-3-methoxycarbonyl-8-methyl-nortropanium-8-yl]- 2108
$[C_{26}H_{46}N_2O_6]I_2$ 2108

C_{27}

$C_{27}H_{18}BrNO_3$
Chinolin-4-carbonsäure, 6-Brom-2-[6-methoxy-[2]naphthyl]-3-phenyl- 2451
$C_{27}H_{19}NO_2S$
Benzo[*f*]chinolin-1-carbonsäure, 3-Acenaphthen-5-yl-8-methylmercapto- 2451
$C_{27}H_{19}NO_3$
Benzo[*f*]chinolin-1-carbonsäure, 3-[4-Benzyl-2-hydroxy-phenyl]- 2451
Chinolin-4-carbonsäure, 2-[4-Methoxy-[1]naphthyl]-3-phenyl- 2451
–, 2-[6-Methoxy-[2]naphthyl]-3-phenyl- 2451
$C_{27}H_{19}NO_4$
Essigsäure, Benzoyloxy-indeno[1,2-*b*]chinolin-11-yliden-, äthylester 2436
$C_{27}H_{19}N_3O$
Pyridin-3,5-dicarbonitril, 4-[4-Hydroxy-phenyl]-2,6-di-*p*-tolyl- 2646
$C_{27}H_{19}N_3O_3$
Pyridin-3,5-dicarbonitril, 4-[4-Hydroxy-phenyl]-2,6-bis-[4-methoxy-phenyl]- 2680
$C_{27}H_{21}NO_4$
Acrylsäure, 2-Benzoyloxy-3-[3-phenyl-[2]chinolyl]-, äthylester 2429
$C_{27}H_{21}NO_6$
Benz[5,6]indolo[1,2-*a*]chinolin-7-carbonsäure, 8,13-Diacetoxy-, äthylester 2563
$C_{27}H_{21}N_3O$
Pyridin-3,5-dicarbonitril, 4-[2-Hydroxy-phenyl]-2,6-di-*p*-tolyl-1,4-dihydro- 2645
–, 4-[3-Hydroxy-phenyl]-2,6-di-*p*-tolyl-1,4-dihydro- 2646
–, 4-[4-Hydroxy-phenyl]-2,6-di-*p*-tolyl-1,4-dihydro- 2646
$C_{27}H_{21}N_3O_3$
Pyridin-3,5-dicarbonitril, 4-[3-Hydroxy-phenyl]-2,6-bis-[4-methoxy-phenyl]-1,4-dihydro- 2680
–, 4-[4-Hydroxy-phenyl]-2,6-bis-[4-methoxy-phenyl]-1,4-dihydro- 2680
$C_{27}H_{22}N_2O$
Pyrrolidin-2-carbonitril, 5-Hydroxy-1-[2]naphthyl-2,3-diphenyl- 2368
$C_{27}H_{25}NO_3$
Chinolin-4-carbonsäure, 2-[2,5-Dimethyl-4-propoxy-phenyl]-3-phenyl- 2449
$C_{27}H_{25}NO_5$
Indol-3-carbonsäure, 5-[2-Methoxy-benzoyloxy]-2-methyl-1-*o*-tolyl-, äthylester 2231
$C_{27}H_{26}N_2O_3$
Isochinolin-1-carbonitril, 6,7-Diäthoxy-2-benzoyl-1-phenyl-1,2,3,4-tetrahydro- 2546
$C_{27}H_{27}NO_5$
Isochinolin-1-carbonsäure, 6,7-Diäthoxy-2-benzoyl-1-phenyl-1,2,3,4-tetrahydro- 2546
$C_{27}H_{27}N_3O_4$
Essigsäure, [1-Benzoyl-3-phenylcarbamoyloxy-[2]piperidyl]-, anilid 2073
$C_{27}H_{31}ClN_2O_3$
Benzoesäure, 4-[(4-Chlor-phenyl)-hydroxy-[4]pyridyl-methyl]-, [2-dipropylamino-äthylester] 2432

$C_{27}H_{31}N_3O_7$
Prolin, 1-[1-(*N*-Benzyloxycarbonyl-glycyl)-prolyl]-4-hydroxy-, benzylester 2066
—, 1-[*N*-(1-Benzyloxycarbonyl-prolyl)-glycyl]-4-hydroxy-, benzylester 2064

$C_{27}H_{33}NO_{11}$
Pyrrol-3-carbonsäure, 1-[4-Methoxy-phenyl]-2-methyl-4-[1,2,3,4-tetraacetoxy-butyl]-, äthylester 2648

$C_{27}H_{34}N_2O_6$
Isochinolin-3-carbonsäure, 6,7-Dimethoxy-1-veratryl-, [2-diäthylamino-äthylester] 2672

$C_{27}H_{35}NO_5$
Naphtho[1,2-*f*]chinolin-2,9-dicarbonsäure, 1-Hydroxy-5-isopropyl-9,12a-dimethyl-7,8,8a,9,10,11,12,12a-octahydro-, 2-äthylester-9-methylester 2636
Piperidin-3,5-dicarbonsäure, 1,4-Diäthyl-4-hydroxy-2,6-diphenyl-, diäthylester 2635
—, 4-Hydroxy-1-methyl-2,6-diphenyl-4-propyl-, diäthylester 2635

$C_{27}H_{38}N_2O_3$
Essigsäure, [3-Äthyl-9,10-dimethoxy-1,6,7,11b-tetrahydro-4*H*-pyrido[2,1-*a*]isochinolin-2-yl]-, [2-cyclohex-1-enyl-äthylamid] 2539

$C_{27}H_{41}NO_8$
Malonsäure, [1-Äthoxycarbonylmethyl-6,7-dimethoxy-3,4-dihydro-1*H*-[2]isochinolylmethyl]-hexyl-, dimethylester 2485

$C_{27}H_{43}N_3O_2$
Chinolin-4-carbonsäure, 2-Octyloxy-, [4-diäthylamino-1-methyl-butylamid] 2287

$C_{27}H_{44}N_2O_4$
26,28-Seco-solanidan-26-säure, 3-Hydroxy-28-nitroso- 2211

$C_{27}H_{45}NO_3$
26,28-Seco-solanidan-26-säure, 3-Hydroxy- 2211

C_{28}

$C_{28}H_{18}ClNO_3$
Chinolin-4-carbonsäure, 2-[3′-Chlor-4′-hydroxy-biphenyl-4-yl]-3-phenyl- 2452

$C_{28}H_{18}N_4O_5$
Pyridin-3,5-dicarbonitril, 4-[4-Acetoxy-3-methoxy-2-nitro-phenyl]-2,6-diphenyl- 2674

$C_{28}H_{19}NO_2S$
Chinolin-4-carbonsäure, 3-Phenyl-2-[4-phenylmercapto-phenyl]- 2445

$C_{28}H_{19}NO_3$
Chinolin-4-carbonsäure, 2-[6-Hydroxy-biphenyl-3-yl]-3-phenyl- 2452
—, 2-[4-Phenoxy-phenyl]-3-phenyl- 2444

$C_{28}H_{20}N_4O_5$
Pyridin-3,5-dicarbonitril, 4-[4-Acetoxy-3-methoxy-2-nitro-phenyl]-2,6-diphenyl-1,4-dihydro- 2674

$C_{28}H_{21}NO_3$
Chinolin-4-carbonsäure, 2-[6-Benzyloxy-[2]naphthyl]-3-methyl- 2439

$C_{28}H_{22}N_4O_6$
Hydrazin, *N,N′*-Bis-[2,4-dihydroxy-6-styryl-nicotinoyl]- 2545

$C_{28}H_{22}N_4O_{12}$
s. bei $[C_{22}H_{20}NO_5]^+$

$C_{28}H_{24}N_2O_5$
Carbazol-1-carbonsäure, 2-Hydroxy-, [2,5,4′-trimethoxy-biphenyl-4-ylamid] 2361

$C_{28}H_{25}N_3O_4$
Propionsäure, 3-[2-(4-Methoxy-phenyl)-chinolin-4-carbonylhydrazono]-3-phenyl-, äthylester 2397

$C_{28}H_{27}NO_3$
Chinolin-4-carbonsäure, 2-[3-Benzyl-5-isopropyl-4-methoxy-2-methyl-phenyl]- 2450

$C_{28}H_{27}N_5O_4$
Amin, Bis-[2-(3-phenylcarbamoyl-[2]pyridyloxy)-äthyl]- 2141

$C_{28}H_{30}N_4O_4$
Hydrazin, *N,N′*-Bis-[2-butoxy-chinolin-4-carbonyl]- 2292

$C_{28}H_{34}N_2O_5$
Essigsäure, [3-Äthyl-9,10-dimethoxy-1,6,7,11b-tetrahydro-4*H*-pyrido[2,1-*a*]isochinolin-2-yl]-, [2-benzo[1,3]dioxol-5-yl-äthylamid] 2540

$C_{28}H_{35}NO_8$
Malonsäure, [1-Äthoxycarbonylmethyl-6,7-dimethoxy-3,4-dihydro-1*H*-[2]isochinolylmethyl]-benzyl-, dimethylester 2485

$C_{28}H_{35}NO_{11}$
Pyrrol-3-carbonsäure, 1-[4-Äthoxy-phenyl]-2-methyl-4-[1,2,3,4-tetraacetoxy-butyl]-, äthylester 2648

$C_{28}H_{36}N_2O_4$
Essigsäure, [3-Äthyl-9,10-dimethoxy-1,6,7,11b-tetrahydro-4*H*-pyrido[2,1-*a*]isochinolin-2-yl]-, [3-methoxy-phenäthylamid] 2539

$C_{28}H_{36}N_2O_5$
Essigsäure, [3-Äthyl-9,10-dimethoxy-1,3,4,6,7,11b-hexahydro-2*H*-pyrido[2,1-*a*]isochinolin-2-yl]-, [2-benzo[1,3]dioxol-5-yl-äthylamid] 2508

$C_{28}H_{36}N_2O_5$ (Fortsetzung)
Essigsäure, [9,10-Dimethoxy-3-methyl-1,6,7,11b-tetrahydro-4*H*-pyrido[2,1-*a*]isochinolin-2-yl]-, [3,4-dimethoxy-phenäthylamid] 2538

$C_{28}H_{37}NO_5$
Piperidin-3,5-dicarbonsäure, 4-Butyl-4-hydroxy-1-methyl-2,6-diphenyl-, diäthylester 2635

$C_{28}H_{37}N_3O_2$
Chinolin-4-carbonsäure, 2-Butoxy-, [*N*-(2-diäthylamino-äthyl)-2,6-dimethyl-anilid] 2285

C_{29}

$C_{29}H_{19}NO_2S$
Benzo[*f*]chinolin-1-carbonsäure, 8-Methylmercapto-3-[9]phenanthryl- 2453

$C_{29}H_{20}ClNO_3$
Chinolin-4-carbonsäure, 2-[3′-Chlor-4′-methoxy-biphenyl-4-yl]-3-phenyl- 2452

$C_{29}H_{20}N_2O_3$
Chinolin-3-carbonsäure, 2-Hydroxy-4-phenyl-, [2-benzoyl-anilid] 2403

$C_{29}H_{21}NO_3$
Chinolin-2-carbonsäure, 4-Hydroxy-6-trityl- 2452
Chinolin-4-carbonsäure, 2-[6-Methoxy-biphenyl-3-yl]-3-phenyl- 2452

$C_{29}H_{23}NO_4$
Benz[*g*]indol-3-carbonsäure, 5-Benzoyloxy-2-methyl-1-phenyl-, äthylester 2367

$C_{29}H_{25}NO_5$
Pyridin-3,4-dicarbonsäure, 5-Benzyloxy-6-methyl-, dibenzylester 2593

$C_{29}H_{29}NO_3$
Chinolin-4-carbonsäure, 2-[2-Isopentyloxy-4,5-dimethyl-phenyl]-3-phenyl- 2450

$C_{29}H_{32}N_4O_4$
Methandiyldiamin, *N,N′*-Bis-[2-butoxy-chinolin-4-carbonyl]- 2283

$C_{29}H_{33}NO_9$
Aconit-15-en-4-carbonsäure, 14-Benzoyloxy-20-formyl-8,13-dihydroxy-1,6-dimethoxy- 2678

$C_{29}H_{35}ClN_2O_3$
Benzoesäure, 4-[(4-Chlor-phenyl)-hydroxy-[4]pyridyl-methyl]-, [2-dibutylamino-äthylester] 2432

$[C_{29}H_{37}ClN_2O_3]^{2+}$
Pyridinium, 1-Äthyl-4-{[4-chlor-phenyl]-hydroxy-[4-(2-triäthylammonio-äthoxycarbonyl)-phenyl]-methyl}- 2430
$[C_{29}H_{37}ClN_2O_3]I_2$ 2430

$C_{29}H_{38}N_2O_5$
Essigsäure, [3-Äthyl-9,10-dimethoxy-1,6,7,11b-tetrahydro-4*H*-pyrido[2,1-*a*]isochinolin-2-yl]-, [3,4-dimethoxy-phenäthylamid] 2540

$C_{29}H_{40}N_2O_5$
Essigsäure, [3-Äthyl-9,10-dimethoxy-1,3,4,6,7,11b-hexahydro-2*H*-pyrido[2,1-*a*]isochinolin-2-yl]-, [3,4-dimethoxy-phenäthylamid] 2505
Propionsäure, 3-[9,10-Dimethoxy-1-methyl-1,3,4,6,7,11b-hexahydro-2*H*-pyrido[2,1-*a*]isochinolin-3-yl]-, [3,4-dimethoxy-phenäthylamid] 2504

C_{30}

$C_{30}H_{29}NO_{12}$
Chinolin-4-carbonsäure, 2-[2-(Tetra-*O*-acetyl-glucopyranosyloxy)-phenyl]- 2394

$C_{30}H_{30}N_2O_{11}$
Indol-3-carbonsäure, 4,5-Diacetoxy-7-[4-acetoxy-3-äthoxycarbonyl-2-methyl-indol-5-yloxy]-2-methyl-, äthylester 2604

$C_{30}H_{31}N_3O_{11}$
Chinolin-4-carbonsäure, 2-[2-(Tetra-*O*-acetyl-glucopyranosyloxy)-phenyl]-, hydrazid 2395

$C_{30}H_{33}NO_5$
Piperidin-3,5-dicarbonsäure, 4-Hydroxy-1-methyl-2,4,6-triphenyl-, diäthylester 2644

$C_{30}H_{35}NO_9$
Aconit-15-en-4-carbonsäure, 14-Benzoyloxy-20-formyl-8,13-dihydroxy-1,6-dimethoxy-, methylester 2678

$C_{30}H_{37}NO_6$
Himbosan-18-säure, 16-Benzoyloxy-20-hydroxy-14-methoxy-, methylester 2616

$C_{30}H_{37}NO_7$
Himbosan-18-säure, 16-Benzoyloxy-13,20-dihydroxy-14-methoxy-, methylester 2658

$C_{30}H_{37}N_3O_5$
Essigsäure, [3-Äthyl-9,10-dimethoxy-1,3,4,6,7,11b-hexahydro-pyrido[2,1-*a*]isochinolin-2-yliden]-cyan-, [3,4-dimethoxy-phenäthylamid] 2662

$C_{30}H_{39}N_3O_5$
Essigsäure, [3-Äthyl-9,10-dimethoxy-1,3,4,6,7,11b-hexahydro-2*H*-pyrido[2,1-*a*]isochinolin-2-yl]-cyan-, [3,4-dimethoxy-phenäthylamid] 2658

$C_{30}H_{40}N_2O_6$
Essigsäure, [3-Äthyl-9,10-dimethoxy-1,6,7,11b-tetrahydro-4*H*-pyrido[2,1-*a*]isochinolin-2-yl]-, [3,4,5-trimethoxy-phenäthylamid] 2540

$C_{30}H_{41}NO_4$
Chol-3-eno[3,4-*b*]indol-24-säure, 7,12-Dihydroxy-1'*H*- 2551

$C_{30}H_{42}N_2O_6$
Essigsäure, [3-Äthyl-9,10-dimethoxy-1,3,4,6,7,11b-hexahydro-2*H*-pyrido[2,1-*a*]isochinolin-2-yl]-, [3,4,β-trimethoxy-phenäthylamid] 2507
—, [3-Äthyl-9,10-dimethoxy-1,3,4,6,7,11b-hexahydro-2*H*-pyrido[2,1-*a*]isochinolin-2-yl]-, [3,4,5-trimethoxy-phenäthylamid] 2507

$C_{30}H_{43}NO_9$
Aconitan-4-carbonsäure, 14a-Cyclohexancarbonyloxy-20-formyl-8,13-dihydroxy-1,6-dimethoxy-, methylester 2677

$[C_{30}H_{54}N_2O_6]^{2+}$
Decan, 1,10-Bis-[3-hydroxy-3-methoxycarbonyl-8-methyl-nortropanium-8-yl]- 2108
$[C_{30}H_{54}N_2O_6]I_2$ 2108

C_{31}

$C_{31}H_{19}NO_2S$
Benzo[*f*]chinolin-1-carbonsäure, 8-Methylmercapto-3-pyren-1-yl- 2453

$C_{31}H_{25}NO_3$
Chinolin-2-carbonsäure, 4-Hydroxy-6-trityl-, äthylester 2453

$C_{31}H_{26}N_2O$
Pyrrolidin-2-carbonitril, 5-Hydroxy-1,2,3-triphenyl-5-styryl- 2441

$C_{31}H_{28}N_2O_2$
Essigsäure, [5-Benzyloxy-indol-3-yl]-, dibenzylamid 2224

$C_{31}H_{35}NO_5$
Piperidin-3,5-dicarbonsäure, 1-Äthyl-4-hydroxy-2,4,6-triphenyl-, diäthylester 2645

$C_{31}H_{41}NO_3$
Chinolin-4-carbonsäure, 3-Methyl-2-[4-tetradecyloxy-phenyl]- 2409

$C_{31}H_{42}N_2O_5$
Essigsäure, [3-Äthyl-9,10-dimethoxy-1,6,7,11b-tetrahydro-4*H*-pyrido[2,1-*a*]isochinolin-2-yl]-, [3,4-diäthoxy-phenäthylamid] 2540
—, [3-Butyl-9,10-dimethoxy-1,6,7,11b-tetrahydro-4*H*-pyrido[2,1-*a*]isochinolin-2-yl]-, [3,4-dimethoxy-phenäthylamid] 2541

$C_{31}H_{44}N_2O_5$
Essigsäure, [3-Äthyl-9,10-dimethoxy-1,3,4,6,7,11b-hexahydro-2*H*-pyrido[2,1-*a*]isochinolin-2-yl]-, [3,4-diäthoxy-phenäthylamid] 2507
—, [3-Butyl-9,10-dimethoxy-1,3,4,6,7,11b-hexahydro-2*H*-pyrido[2,1-*a*]isochinolin-2-yl]-, [3,4-dimethoxy-phenäthylamid] 2509
—, [3-Isobutyl-9,10-dimethoxy-1,3,4,6,7,11b-hexahydro-2*H*-pyrido[2,1-*a*]isochinolin-2-yl]-, [3,4-dimethoxy-phenäthylamid] 2509

C_{32}

$C_{32}H_{18}N_2O_2$
[2,2']Bi[naphth[2,3-*e*]indolyliden]-1,1'-dion, 3*H*,3'*H*- 2425

$C_{32}H_{21}N_3O_2S_2$
Amin, Bis-[2-phenylmercapto-chinolin-4-carbonyl]- 2295

$C_{32}H_{22}N_4O_4$
Hydrazin, *N*,*N'*-Bis-[2-(4-hydroxy-phenyl)-chinolin-4-carbonyl]- 2397

$C_{32}H_{27}NO_4$
Pyridin-3-carbonsäure, 4-Benzoyloxy-1,2,6-triphenyl-1,2,5,6-tetrahydro-, methylester 2377

$C_{32}H_{37}N_3O_6$
Amin, Bis-{2-[2-(1-methoxy-äthyl)-3-methyl-chinolin-4-carbonyloxy]-äthyl}- 2343

$C_{32}H_{43}NO_{10}S$
Methomethylsulfat $[C_{31}H_{40}NO_6]CH_3O_4S$ aus 16-Benzoyloxy-20-hydroxy-14-methoxy-himbosan-18-säure-methylester 2616

C_{33}

$C_{33}H_{29}NO_4$
Pyridin-3-carbonsäure, 4-Benzoyloxy-1,2,6-triphenyl-1,2,5,6-tetrahydro-, äthylester 2378

$C_{33}H_{45}NO_3$
Chinolin-4-carbonsäure, 2-[4-Hexadecyloxy-phenyl]-3-methyl- 2409

$C_{33}H_{46}N_2O_5$
Essigsäure, [3-Hexyl-9,10-dimethoxy-1,6,7,11b-tetrahydro-4*H*-pyrido[2,1-*a*]isochinolin-2-yl]-, [3,4-dimethoxy-phenäthylamid] 2542

$C_{33}H_{48}N_2O_5$
Essigsäure, [3-Hexyl-9,10-dimethoxy-1,3,4,6,7,11b-hexahydro-2*H*-pyrido[2,1-*a*]isochinolin-2-yl]-, [3,4-dimethoxy-phenäthylamid] 2510

C_{34}

$C_{34}H_{26}N_4O_4$
Hydrazin, *N,N'*-Bis-[2-(4-methoxy-phenyl)-chinolin-4-carbonyl]- 2397

C_{35}

$C_{35}H_{25}N_5O_8$
Pyridin-2,6-dicarbonsäure, 3,4-Bis-benzoyloxy-, bis-[*N'*-benzoyl-hydrazid] 2651

$C_{35}H_{26}N_4O_5$
Harnstoff, *N,N'*-Bis-[6-methoxy-2-phenyl-chinolin-4-carbonyl]- 2388

$C_{35}H_{41}NO_{10}$
Himbosan-18-säure, 13,16,20-Triacetoxy-14-benzoyloxy-, methylester 2659

$C_{35}H_{47}NO_6$
Chol-3-eno[3,4-*b*]indol-24-säure, 7,12-Diacetoxy-1'*H*-, methylester 2551

C_{36}

$C_{36}H_{30}N_4O_4$
Äthylendiamin, *N,N'*-Bis-[6-methoxy-2-phenyl-chinolin-4-carbonyl]- 2389

$C_{36}H_{47}NO_7$
Chol-3-eno[3,4-*b*]indol-24-säure, 7,12-Diacetoxy-1'-acetyl-1'*H*- 2551

C_{37}

$C_{37}H_{30}N_2O_7$
Propan-2-ol, 1,3-Bis-[6-methoxy-2-phenyl-chinolin-4-carbonyloxy]- 2387

$C_{37}H_{49}NO_7$
Chol-3-eno[3,4-*b*]indol-24-säure, 7,12-Diacetoxy-1'-acetyl-1'*H*-, methylester 2551

C_{40}

$C_{40}H_{30}N_4O_6$
Benzidin, *N,N'*-Bis-[2-hydroxy-carbazol-1-carbonyl]-3,3'-dimethoxy- 2361

$[C_{40}H_{54}N_2O_8]^{2+}$
Hexan, 1,6-Bis-[3-benzoyloxy-3-methoxycarbonyl-8-methyl-nortropanium-8-yl]- 2108
$[C_{40}H_{54}N_2O_8]I_2$ 2108

C_{44}

$[C_{44}H_{62}N_2O_8]^{2+}$
Decan, 1,10-Bis-[3-benzoyloxy-3-methoxycarbonyl-8-methyl-nortropanium-8-yl]- 2108
$[C_{44}H_{62}N_2O_8]I_2$ 2108

$C_{44}H_{64}N_8O_{12}$
Essigsäure, [3-Hydroxy-pyridin-2-carbonyl]→threonyl→leucyl→4-hydroxy-prolyl→*N*-methyl-glycyl→3,*N*-dimethyl-leucyl→alanyl→methylamino-phenyl- 2134

8296157
3 1378 00829 6157